等院校公共基础课规划教材

1. 思想道德修养与法律基础
2. 毛泽东思想、邓小平理论和“三个代表”重要思想概论
3. 马克思主义基本原理概论
4. 中国近现代史纲要
5. 实用大学英语（第1册　配盘）
6. 实用大学英语（第2册　配盘）
7. 实用大学英语（第3册　配盘）
8. 实用大学英语（第4册　配盘）
9. 高等数学（上册）
10. 高等数学（下册）
11. 大学语文
12. 应用写作（配盘）
13. 体育与健康
14. 大学生就业指导

院校公共基础课规划教材

大学语文

武汉大学出版社

ISBN 978-7-307-05561-2
9 787307 055612 >
定价：28.00元

《采矿手册》编辑委员会

《采矿手册》总编辑部

《采矿手册》第七卷编写人员

（按章节顺序排列）

主　编　彭兆德

副主编　云庆夏　刘兴国　李一智

编写人员

第三十八章　师利熙　彭兆德　任启明　潘秀保　鲍镇泉　李祁望　汤裕国

第三十九章　云庆夏　胡清淮　朱　敏　熊国华

第四十章　苏文贤　王振生　刘兴国　李国乔

第四十一章　李一智　李自如　邓水清　徐念慈　陈廷美

附　录　鲍爱华　尹健生　邓洪贵　陈尚文

《采矿手册》第七卷审稿人员

（按姓氏笔画排列）

王玉俊（第三十九章主审） 邓洪贵 王一平 王云宜 王保生 王国良 王衍丰 云庆夏 尹健生 刘玉珂 齐国明 朱保宁 李中祥 刘时杰 李耀娟（第四十章主审） 李福德 李一智 刘兴国 陈仁宪（第三十八章主审）陈志学 沈道周 苏毅莘 苏宏志 陈三良 肖有鼎 肖文华 邹佩麟 陈尚文 杨康德 周日乐 林宝奎 郑之英 周志瑜 周素慧 祝尔荣 钟云岩（第四十一章主审） 施之猷 陶树仁 高茂贵 章寿梧 曹燮明 彭 觥 彭兆德 曾庆国 焦承祖 董业建 鲍爱华

《采矿手册》总目录

第1卷

第2卷

第3卷

第4卷

目　　录

CONTENTS

第38章　矿山技术经济

38.1　矿山建设项目可行性研究

38.1.1　可行性研究的含义

可行性研究是西方国家在第二次世界大战以后发展起来的一种分析、评价各种建设方案和生产经营决策的科学方法。它通过对建设项目的主要问题，如市场需求，资源条件，原料、燃料、动力供应条件，建设规模，设备选型等，从技术、经济、工程等方面进行调查研究，分析比较，并对这个项目建成后可能取得的技术经济效果进行预测，从而提出该项目是否值得投资和怎样进行建设的意见，为项目决策提供可靠的依据。

在我国，为改进建设项目的管理，避免和减少决策的失误，提高建设投资的综合效益，可行性研究已成为建设前期工作的重要内容，是基本建设程序中的组成部分[1]。

矿山建设是国家经济建设重要领域之一。矿山建设由于其本身的一系列特点，可行性研究任务比较繁重，它不仅要就矿山建设本身的技术、经济条件进行研究，还要就其社会性，与各行各业的相关性几方面结合起来研究。加强矿山建设的可行性研究，充分估计矿山建设的难度，正确对项目进行决策，以最优方案建设我国矿山，是关系到我国现代化建设成败的大事。

38.1.2　可行性研究的任务、内容和作用

可行性研究的任务是根据国民经济长期规划和地区规划、行业规划的要求，对建设项目在技术、工程和经济上是否合理和可行，进行全面分析、论证，作多方案比较，提出评价，为编制和审批设计任务书提供可靠的依据[1]。

矿山项目的可行性研究，一般要求具备以下主要内容[1]：

（1）总论。

1）项目提出的背景（改扩建项目要说明企业现有概况），投资的必要性和经济意义。

2）研究工作的依据和范围。

（2）需求预测和拟建规模。

1）国内外需求情况的预测。

2）国内现有企业生产能力的估计。

3）销售预测、价格分析、产品竞争能力，进入国际市场的前景。

4）拟建规模、产品方案和发展方向的技术经济比较分析。

（3）资源、材料、燃料及公用设施情况。

1）经过储量委员会正式批准的资源储量、品位、成分以及开采、利用条件的评述。

2）辅助材料、燃料的种类、数量、来源和供应可能。

3）所需公用设施的数量、供应方式和供应条件。

（4）建厂条件和厂址选择。

1）建厂的地理位置、气象、水文、地质、地形条件和社会经济现状。

2）交通、运输及水、电、气的现状和发展趋势。

3）厂址比较与选择。

（5）设计方案。

1）项目的构成范围，技术来源和生产方法、主要技术工艺和设备选型方案的比较，引进技术、设备的来源国别，设备的国内外分交或与外商合作制造的设想。改扩建项目对原有固定资产利用的可能。

2）全厂布置方案选择和土建工程量估算。

3）公用辅助设施和厂内外交通运输方式的比较和选择。

（6）环境保护。调查环境现状，预测项目对环境的影响，提出环境保护和三废治理方案。

（7）企业组织、劳动定员和人员培训。

（8）实施进度的建议。

（9）投资估算和资金筹措。

1）主体工程和协作配套工程所需的投资。

2）生产流动资金估算。

3）资金来源、筹措方式及贷款的偿付方式。

（10）社会及经济效果评价。概括起来，可行性研究最终是要阐明项目建设的必要性，技术上的可行性和经济上的合理性三个问题。

可行性研究报告经过审查批准后，可以起到以下作用[2]：

（1）作为拟建项目投资决策和编制设计任务书的依据；

（2）作为筹措资金和向银行申请贷款的依据；

（3）作为与建设项目有关部门商谈合同和协议的依据；

（4）作为项目开展初步设计的基础；

（5）作为拟采用新技术、新设备研制计划的依据；

（6）作为项目补充勘探和补充工业性试验的依据；

（7）作为安排基本建设计划和开展各项建设前期工作的参考；

（8）作为环保当局审查建设项目对环境影响的依据。

38.1.3　可行性研究的阶段与建设程序[3,4]

38.1.3.1　项目发展周期

工程项目从其设想，提出，到建成投产，从资金使用角度可分为投资前时期、投资时期和生产时期；从建设角度讲就是建设前期、建设期和生产期。建设期是资金的大量投入时期，生产期是预期投资效果的兑现时期；而投资前时期则是投资期和生产期的基础，是规划及可行性研究时期，国外把它称为决定投资命运的环节。

38.1.3.2　可行性研究的三个阶段

可行性研究通常根据建设条件的成熟程度将其分为机会研究、初步可行性研究和可行性研究三个阶段。

机会研究，主要是鉴别投资机会或项目设想，以提出投资建议。机会研究一般要通过分析产品的发展趋势，资源的可靠程度，储量的大小，项目所在地的经济地理条件，为取得本项产品现有国内外生产工艺水平，建设过程以及建成后该项目与国民经济和其他部门的关系，生产成本，经济效益的估算等，来鉴别投资机会或项目设想。通过研究如果证明项目可行或者尚不足以否定项目，则提出投资建议或者建议开展下步工作。机会研究本身要求迅速而经济地确定投资方向。主要依靠情报信息资料来估计，建设投资和生产成本是通过与现有矿山企业对比而得到，估算误差允许 ±30%，研究周期较短，一般大中型项目为 1 ~ 3 个月。

初步可行性研究，又称预可行性研究。任务是初步选择项目。初步可行性研究是介于机会研究与可行性研究之间的阶段，往往不是非做不可的，只是当机会研究尚不足以否定项目，但又不能决定是否值得进行可行性研究时才进行。初步可行性研究要对机会研究中难以决定的问题做进一步调查，取得进一步的基础资料，做进一步的估计和分析，目的仍是鉴别投资机会是否有希望，是否可能有较高的经济效益。这阶段有时要对关键性的问题进行专题性的辅助研究。这阶段投资和成本的估算误差应缩小到 ±20%，所需时间也较长，约为 4 ~ 6 个月。这阶段的内容和详细可行性研究相近，只是研究的基础资料详细程度和深度不同，故有时可省略此步。

可行性研究，也称详细可行性研究，或最终可行性研究，或技术经济可行性研究。我国基本建设程序中所指的可行性研究就是指这个阶段的研究。可行性研究是项目的拟定阶段，是建设项目投资决策的基础，也是技术经济综合论证的阶段。这个阶段，必须深入研究有关生产纲领，厂区厂址选择、工艺技术，设备选型，土木工程，机构设置和组织管理，资金筹措，建设周期等各种可能选择的方案，并进行优化，使投资费用和生产成本降到最低限度，以求投入的资金能取得最为显著的效果。这阶段需要大量详尽资料，需要做大量的工作，要求估算的质量高，投资和成本误差要求控制在 ±10% 以内，花费时间也较长、大中型项目需要 8 ~ 12 个月。

38.1.3.3 可行性研究和建设程序的关系

实践中，通过机会研究或初步可行性研究鉴别和初步筛选项目，对有希望者则形成项目建议书。项目建议书批准后才开始可行性研究。可行性研究是项目决策基础，要进行评估，确认无误，编制设计任务书报呈审批。小型项目或简单项目，程序可适当简化。大中型项目可行性研究和建设程序关系如图 38-1 所示。

38.1.4 可行性研究中的专题研究

某些大型复杂的矿山项目，往往需要对其中的一个或几个方面的问题（如市场预测、经济规模、建设顺序、厂区厂址、生产方法、大型关键性设备选型和试制、资金筹措等）进行专题研究，作为可行性研究的前提或辅助。

这些研究，由于承担可行性研究的机构不具备该项研究的合格人力，或者缺乏必要的研究手段。这样就需要分开进行。

38.1.5 经济评价

经济评价是项目可行性研究的核心，是项目决策的手段。它贯穿于可行性研究的全过程，并反映项目研究的最终成果。

经济评价的目的是确定建设项目是否可以接受和推荐为最好的投资方案。其评价方法见手册本卷 38.2 矿山建设项目经济评价。

38.1.6 可行性研究的依据和工作步骤[2]

38.1.6.1 可行性研究的依据

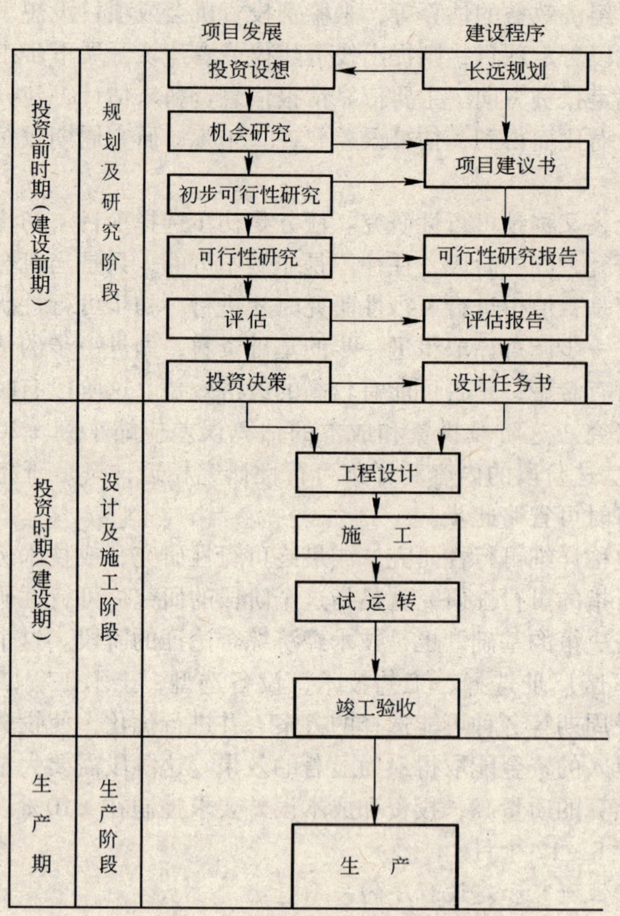

图 38-1　可行性研究和建设程序

进行可行性研究要有足够的依据。主要有：

(1) 国民经济建设方针,政策和长远规划。它是对整个国民经济和社会发展的策略和部署。可行性研究如果离开这些宏观经济的指导，就不可能很好地评价建设项目的实际价值。研究中，对产品的要求，协作配套工程、综合平衡等问题，都需要从国家建设长远规划去考虑。

(2) 项目建议书和委托单位的设想。

(3) 经过国家各级储委正式批准的资源报告、工业基地规划。

(4) 可靠的自然、地理、气象、地质、经济、社会资料。

(5) 采矿方法，选矿方法试验报告。

(6) 国家正式颁发的有关工程技术方面的标准、规范和指标。

(7) 国家制定的用于经济评价的参数、指标。

(8) 根据项目特点需要的其他有关基础资料。

38.1.6.2　可行性研究工作步骤

负责可行性研究的单位，要经过资格审定，对工作成果的可靠性、准确性承担责任。可行性研究任务，一般是由主管部门下达计划，或者由有关部门，建设单位进行委托。在主管部门下达计划或与委托单位签定的合同中，要规定研究的工作范围，前提条件，进度安排，费用支付办法以及协作方式等内容。承担可行性研究的单位，要有合格人选组成的工作班子。开展可行性研究工作大致可以分为如下几个步骤：

筹划阶段。这个阶段要了解项目提出的背景，摸清委托者的目标和意图，明确研究内容，检查基础资料掌握情况，制订工作计划。

调查研究。包括市场情况研究，经济规模研究，原辅材料、能源、厂址、工艺技术、设备选型、运输条件、外围工程、环境保护要求，企业组织、劳动工资、培训条件等等，每项调查研究，都要分别作出评价。

优化方案。这是可行性研究的主要内容。要把各方面的调查研究进行综合，拟定各种可供选择的方案，确定鉴别方案的原则和标准，通过分析和比较，在局部方案优化的基础上，进行整体方案优化，推荐相对最佳方案。对推荐的方案要有评价，对放弃的方案要说明理由。优化方案过程中，对选择方案的原则和标准，要与委托者进行深入讨论。

对推荐方案的详细研究。在优化方案阶段，着重在方案间的相对研究，要求能判断好坏优劣即可，方案间的定量研究也是相对定量之差。在详细研究阶段，着重要对选择的最佳方案进行更详细、更准确的分析计算工作。要复查和核定各项分析资料，进一步明确建设项目的范围，详细测算投资，经营费用和收入，对项目的经济特性和财务特性作出评价。通过分析研究，应能说明所推荐方案在设计施工方面是可以顺利实现的，在经济上是合理的，是令人满意的方案。为检验项目承受风险的能力，还要进行风险分析，表明成本、价格、销售、工期等不确定因素变化时，对项目的影响程度。

编写报告书。要按可行性研究报告书要求的内容，格式和结构编写，为投资决策和资金筹措提出建议。

可行性研究重在研究贵在客观公正。可行性研究是进行正确投资决策的科学方法，要保持其科学的严肃性。研究人员要坚持实事求是的原则，据实比选，据理论证，可行就是可行，不可行就是不可行。

38.1.7 可行性研究报告的评估和审批[1]

可行性研究报告要按照国家规定的程序进行评估和审批。

基本建设项目，必须先提出项目建议书。项目建议书经批准后，可以开展前期工作，进行可行性研究。可行性研究报告必须达到规定的深度。计委规定报大中型项目设计任务书时，必须附可行性研究报告。可行性研究报告要经过有资格的咨询公司评估，提出评估报告，再由国家计委审批。设计任务书经批准后，可以进行项目设计。

现有企业限额以上更新改造项目的项目建议书、设计任务书，按建设程序由国家计委会同国家经委审批。设计任务书所附可行性研究报告，由国家计委会同国家经委委托有关咨询公司进行评估。

小型项目，按照隶属关系由各主管部，各省、市、自治区或全国性专业公司审批。

38.1.8 可行性研究报告的编制提纲[5]

一般矿山建设项目可行性研究报告，可参考下述提纲内容编制。各部分详略程度，可根据具体项目特点确定。报告应能反映项目的特点和关键。

（1）总论。

1）项目基本概况：

——可行性研究的依据，开展该项工作的有关上级文件，指示或委托单位的具体要求；

——项目地理交通位置，隶属关系和区域经济地理概况；

——现有基础资料概况；

——可行性研究的工作范围，目的以及工作的简单过程。

2）推荐的基本生产及辅助生产方案及其经济效果概况。

3）尚需进行的工作和存在的重大问题。

（2）市场供需及拟建规模。

1）国内外资源储量，生产量、品级、消费量及价格情况分析。

2）国内外市场需要量，产品质量、销售价格，竞争能力的分析和预测。

3）拟建规模的论证：

——拟建规模方案的技术经济比较；

——一次建设和分期建设的分析和比较；

——主要产品及附属产品品种质量方案分析；

——产品进入国际市场前景；

——拟建规模与建设条件，外部条件如材料供应、水电交通等关系的论证；

——拟建规模综合经济效果的分析。

（3）资源。

1）经过储量委员会正式批准的资源储量以及开采利用条件的评述：

——矿区地质、矿床地质、水文地质特征；

——矿石物质组成、化学成分、伴生有益组分；

——主要有益组分和伴生有益组分的工业储量、远景储量；

——矿床开采技术条件；

——地质勘探程度评述，地质储量可靠程度评价以及地质勘探工作存在的主要问题和补充地质勘探工作的要求。

2）工业生产所需其他材料的来源、提供量、特征、供应条件。

（4）建设条件和厂址方案。

1）建设条件及区域协作条件：

——水源及供排水的可靠性；

——供电及供电的安全性；

——燃料消耗及供应方案；

——铁路运输通过能力及接轨条件，公路交通、码头航运条件，原材料和产品运输方式及解决办法；

——工程地质、水文地质、气象条件；

——建筑材料来源及供应条件。

2）厂址方案比较：

——产供销最优建设地点的分析；

——厂址方案的技术经济比较及推荐方案。

3）企业占地、施工基地规划、居民区规划、预留及发展的设想。

4）企业总平面方案。

（5）采矿工艺及主要设备选型。

1）矿山开拓：

——开拓范围（境界）、开采顺序、开拓方案的比较；

——运输系统、破碎系统、通风、排水、充填系统的确定；

——基建工程量的确定。

2）采矿方法选择、废石处理，基建采掘进度计划编制。

3）生产辅助设施。

4）矿山机械设计及大型控制性工程所需设备的选型。

5）矿区环保。

6）岩石力学试验。

7）采矿方法试验及设备试制的要求和意见。

（6）选矿工艺及主要设备选型。

1）原矿物理化学特性，矿石和矿物分析。

2）选矿工艺流程方案比较及确定。

3）选矿主要设备选型，选矿机械化、自动化和检修装备水平。

4）原矿分析，选矿试验和设备，药剂的试制要求和意见。

（7）总图运输。

1）企业布局：企业组成，工程布局及其依据。

2）企业总平面布置：厂区，工业场地（包括生产，辅助车间，行政福利设施）布置的原则和主要依据。

3）内外部运输：运输量，运输方式、运输系统、线路标准、通过能力的论证。

（8）公用设施及土木建筑。

1）公用设施方案：

——企业用水量、水源、输送方式、排水系统、污水处理及尾矿设施方案；

——企业用电负荷，供电系统方案；

——燃料用量，来源及能源综合利用方案；

——机汽修设施方案，装备水平及内外协作的安排。

2）土木建筑原则及特殊构筑物的结构形式及材料。

3）行政福利设施。

4）工人村规划。

（9）环境保护评价。

1）建设项目情况。

2）环境现状。

3）环保治理方案比较及结论性意见。

4）建成后对环境影响的估计。

（10）劳动。

1）企业生产组织系统及管理机构。

2）工作制度、劳动定员、工资及劳动生产率。

3）职工培训。

（11）实施计划及建设进度。

1）项目建设、生产进度安排的设想。

2）设计、建设、生产各阶段横线进度图：

——设计完成进度；

——大型、制造周期长的设备预订货；

——其他设备的订货；

——建设周期长的控制性工程如井巷、剥离、隧道、尾矿坝等进度安排；

——施工前准备工程如道路、仓库、修理间等进度；

——设备到货，厂房建设竣工期限的安排；

——试运转时间安排。

3）外部协作工程施工计划进度要求：

——铁路专用线、公路、码头；

——外部输电线路，总变电所；

——外部供水工程。

（12）投资估算及资金筹措。

1）基建投资，包括主体工程，公用及辅助工程以及其他工程费用的估算。

2）生产流动资金估算。

3）与工程项目有关的外部协作，配套工程的投资估算，外部协作工程的隶属关系及本企业应承担的投资额。

4）各项投资年进度计划。

5）各项资金来源及贷款条件方案选择。

（13）产品成本估算。

1）材料、水、电、气的消耗定额及价格。

2）固定资产折旧、修理等各项费率。

3）人工及工资的确定。

4）车间经费及企业管理费估算。

5）主要作业成本及综合成本估算。

6）多种产品成本分摊原则。

7）产品销售费用估算。

8）总成本及经营成本的确定。

（14）财务分析。

1）产品及产品销售收入、税金、利润。

2）贷款偿还能力及清偿测算。

3）资产负债表、外汇平衡表、财务平衡表的编制。

4）投资回收期。

5）现金流量、投资收益率及按基准收益率计算的净现值。

（15）国民经济评价。

（16）不确定性分析。

（17）综合评价及建议。

（18）主要附件、附表、附图。

38.2 矿山建设项目经济评价[2,6,7]

经济评价是建立在项目的技术先进可靠的基础上进行的。任何一项技术可行的投资方案，必须要求经济合理。经济评价就是对技术方案的经济合理性的评价，因此它是建设项目可行性研究的核心，是项目决策科学化的重要手段。

项目经济评价包括财务评价和国民经济评价两个内容。财务评价是根据国家现行财税制度，用现行价格、官方汇率和部门基准收益率分析测算项目的效益和费用，考察项目的获利能力、清偿能力及外汇效果等财务状况，以判别建设项目财务上的可行性；国民经济评价是从国家整体角度考察项目的效益和费用，用影子价格、影子工资、影子汇率和社会折现率，计算分析项目给国民经济带来的净效益，评价项目经济上的合理性。财务评价和国民经济评价是既有联系又相互独立的两个层次。对一般项目和方案，根据财务评价的结果能够满足投资决策的需要时，可不再进行国民经济评价；对于大中型项目或对国民经济有重要作用的重点工程，特别是由于价格严重扭曲，不能正确反映经济效益的项目，在财务评价的基础上还要进行国民经济评价。国民经济评价能将个别项目与整个社会生产发展联系起来。从宏观角度分析建设项目在国民经济中的作用和贡献，从社会最佳效益的观点对项目进行综合分析和评价，所以，当财务评价和国民经济评价的结论发生矛盾时，一般应以国民经济评价的结论作为项目或方案取舍的主要依据。

本手册根据采矿工作者的需要，介绍几种常用的经济分析和评价方法。

38.2.1 项目经济效果评价方法

经济效果的概念是“所得”与“所费”的比较，或者说是“产出”与“投入”的比较。所谓项目经济效果评价，就是对投资者的收益评价。企业性质不同。项目的费用和效益的划分范围也不尽相同，投资者所能获得的经济效益也不一样。因此在进行经济评价时，必须根据不同的所有制企业，将投资者的实际所得与所费全部包括在内进行分析和计算，才能真实地反映建设项目的经济效果。

项目或方案的经济效果评价，按是否考虑资金的时间价值分为静态分析和动态分析两种方法，其分类如图 38-2 所示。

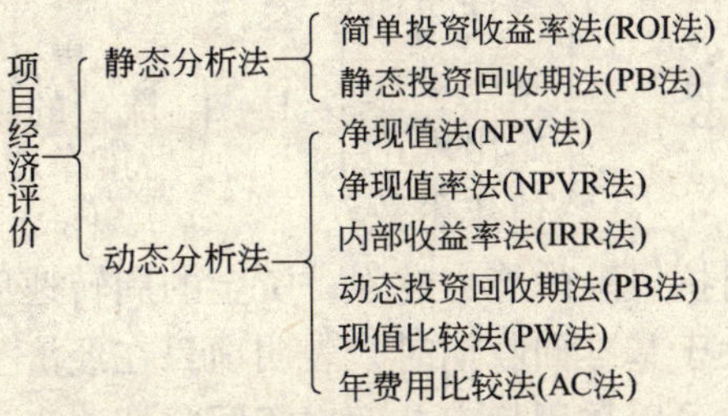

图 38-2 常用的项目经济评价方法

38.2.1.1 静态分析法

A 简单收益率法（ROI 法）

简单收益率是指建设项目投产后，达到设计规模的一个正常年度或年平均所获得的净收益与初始全部投资的比率，其表达式为：

$$R = \frac{B}{I} \times 100\% \tag{38-1}$$

式中 R——简单收益率；

B—— 一个正常年度或年平均净收益；

I——全部投资（包括固定资产投资和流动资金）。

简单收益率是评价项目或方案经济效果的一种常用指标，其值越高，表明项目的经济效果越好；等于或超过国家规定的基准收益率时，在经济上可取，否则，不可取。

在进行方案比较时，为了简化起见，也可以不进行全面的经济计算，仅就不同因素（不计算相同因素）计算比较经济效益。为此，可以采用静态差额收益率法来对比方案年经营成本节约额与投资差额之比。计算公式为：

$$R_b = \frac{C_1 - C_2}{I_2 - I_1} \times 100\% \tag{38-2}$$

式中 R_b——静态差额收益率；

C_1、C_2——分别为两个方案的年经营成本；

I_1、I_2——分别为两个方案的全部投资。

静态差额收益率大于基准收益率时，表明投资大的方案在经济上较为优越。

B 静态投资回收期法（PB 法）

静态投资回收期是指建设项目投产后，通过其年净收益抵偿全部投资所经历的时间，以年为计算单位。其表达式为：

$$\sum_{t=0}^{P_s} CF_t = 0 \tag{38-3}$$

式中 P_s——静态投资回收期（含建设期）；

t——年份；

CF_t——第 t 年的净现金流量（现金流入量－现金流出量）。

静态投资回收期可以直接用全投资现金流量表推算。当累计净现金流量等于零或出现正值的年份，即为项目投资回收期的最终年份。投资回收期的小数部分（即不足一整年的部分）是用上年累计净现金流量的绝对值除以当年净现金流量求得。其计算公式为：

$$\begin{matrix}\text{静态投资}\\ \text{回收期}(P_s)\end{matrix} = \begin{pmatrix}\text{累计净现}\\ \text{金流量开}\\ \text{始出现正}\\ \text{值年份数}\end{pmatrix} - 1 + \left(\frac{\text{上年累计净现金流量的绝对值}}{\text{当年净现金流量}}\right) \tag{38-4}$$

投资回收期越短，项目抗风险的能力越强，资金的周转速度就越快，矿山的经济效果就越好。静态投资回收期大于基准回收期时，表明项目在经济上不可取。

在进行方案比较时，也可以采用静态差额投资回收期法来选优。计算公式为：

$$P_b = \frac{I_2 - I_1}{C_1 - C_2} \tag{38-5}$$

式中 P_b——静态差额投资回收期（不含建设期）。

静态差额投资回收期短于基准回收期时，表明投资大的方案在经济上较为优越。

静态分析法的主要优点是计算简便，直观易懂，但由于没有考虑资金的时间价值，计算精度不高，因而只能对投资项目或方案的经济效果进行初步评价，以看出大体方向。

38.2.1.2 动态分析法

A 净现值法（NPV 法）

净现值是指投资项目在建设和生产服务年限内，按选定的折现率将各年的净现金流量折现到建设起点的现值之和。其表达式为：

$$\mathrm{NPV} = \sum_{t=0}^{n} \frac{CF_t}{(1+i)^t} \tag{38-6}$$

式中 n——项目整个寿命期或计算期；

i——选定的折现率（财务评价为部门基准收益率，国民经济评价为社会折现率）。

一个项目的净现值是正数，说明它的收益水平除保证得到所选定的折现率以外，尚能取得这么多的净现值；等于零时，说明投资计划可以达到预期的效果，其收益率等于折现率；如果是负数，并不一定是出现亏损，而是收益率低于折现率。一般只有当项目或方案的净现值大于或等于零时，才是可以接受的。

B 净现值率法（NPVR 法）

净现值率是指投资项目的净现值与全部投资现值之比。其表达式为：

$$\mathrm{NPVR} = \frac{\mathrm{NPV}}{I_p} \tag{38-7}$$

式中 I_p——全部投资（包括固定资产投资和流动资金）的现值。

净现值率（NPVR）是净现值（NPV）的一个补充指标，它表明单位投资现值能取得净现值多少，其值越大越好。一般大于或等于零时，项目或方案才是可取的。

净现值代表投资方案的绝对效果，净现值率代表投资方案的相对效果，两者可通过现金流量表计算求得。

在进行投资额相同的多方案比较时，一般净现值最大者为优。在进行投资额不同的多方案比较时，则不能简单地根据净现值的大小来选优。因为净现值只能表明各方案净收益的大小，而没有表明单位投资的经济效益。如果单纯用净现值最大为标准进行方案选优，往往会促使投资者倾向于采用投资大，收益多的方案，而忽视收益额较多，但投资更少，经济效益更好的方案。为了避免错误，将净现值与净现值率两个指标组合使用进行方案选优，就可以得到比较合理的评价结论。例如，在目前我国资金极为缺乏的情况下，选用净现值比较大，而净现值率最大的方案，可能会比选用净现值最大的方案更为合理。

净现值考虑了项目整个寿命期内或计算期内的现金流量和货币的时间价值，它与净现值率组合使用，既能表明项目净收益的大小，也能表明单位投资现值取得净收益的高低，它是进行方案选择和项目最终评价的一项主要指标。其缺点是，它不能直接说明项目或矿山每年的经营效果，也不能求得项目确切的收益率，仅说明所得的收益率是大于、小于或等于预先选定的折现率。

C 内部收益率法（IRR 法）

内部收益率是指投资项目在建设和生产服务年限内，各年净现金流量现值累计等于零时的折现率。其表达式为：

$$\mathrm{NPV} = \sum_{t=0}^{n} \frac{CF_t}{(1+\mathrm{IRR})^t} = 0 \qquad (38\text{-}8)$$

式中　IRR——项目内部收益率。

对某一项目来说，其净现值的大小与所选用的折现率有关。折现率越小，净现值越大；反之，折现率越大，净现值越小。当折现率大到一定程度后，净现值就由正值变为负值，当净现值为零时所对应的折现率即为该项目的内部收益率，它是投资项目本身实际能达到的收益率。按财务评价或国民经济评价求出的项目内部收益率，应与部门基准收益率或社会折现率比较，当它大于或等于部门基准收益率或社会折现率时，一般应认为项目在财务上或经济上是可以考虑接受的。

在缺乏电算的条件下，内部收益率可通过试算法求得。首先选择两个适当的折现率，分别求出接近于零的正、负两个净现值，然后用“插入法”找到一个净现值等于零的某个折现率，它就是所要求的内部收益率。但要注意，正、负净现值的两个折现率的差额应尽量小，最大不应超过2%，否则就不够准确。

“插入法”的计算公式如下：

$$\text{内部收益率} = \text{偏低的折现率} + \frac{\text{偏低折现率净现值} \times \text{两个折现率的差额}}{\text{两个折现率的净现值绝对数之和}} \qquad (38\text{-}9)$$

项目内部收益率分为全部投资内部收益率和自有资金内部收益率，前者是在假设没有外来资金的情况下计算的内部收益率。后者是指扣除贷款资金后的那部分投资的内部收益率。例如，某项目的总投资中包括一部分国外贷款，这时除了要计算全部投资的内部收益率来反映项目本身可以达到的最大收益率以外，还要计算国内自有资金的内部收益率来反映自有资金的最大收益率。在计算国内自有资金收益率时，应将国外贷款不作为投资考虑，而是从偿还贷款的那一年开始。将每年按规定需要偿还的贷款额连同本息一起计入现金流出，然后计算国内自有资金内部收益率。

内部收益率与净现值一样，都考虑了项目整个寿命期内的现金流量和货币的时间价值，但其更为显著的优点是，它不需要在预先选定的折现率的情况下求出来，其数值的大小完全取决于项目本身的现金流量，并能把项目的全部效益与费用直接联系起来，指出投资项目在某种特定的情况下，将能取得的最大收益率，因此财务评价和国民经济评价都以它作为主要评价指标，也是投资者十分关心的一项指标。它的缺点是，采用手算工作量较大；在进行多方案比较时，由于内部收益率表现的是一个比率，而不是绝对值，所以不能单按它的大小直接取舍方案，还必须与净现值结合起来考虑。一般说来，当采用内部收益率和净现值进行评价的结论一致时，则两者均为最大的方案为最优；当评价结果发生矛盾时，一般取净现值最大的方案。虽然净现值大的方案可能投资也大，但只要它的净现值大于或等于零时，表明已满足投资者的要求，该方案也是可取的。

方案比较的实质是评价多花投资是否能带来更多的经济效益，因此在进行方案比较时，常采用差额投资内部收益率法来选优。差额投资内部收益率是两个方案净现金流量差额的现值之和等于零时的折现率。其表达式为：

$$\sum_{t=0}^{n} \frac{(CF_2 - CF_1)_t}{(1+\Delta\mathrm{IRR})^t} = 0 \qquad (38\text{-}10)$$

式中　CF_2——投资大的方案的净现金流量；

CF_1——投资小的方案的净现金流量；

$(CF_2 - CF_1)_t$——第 t 年两个方案净现金流量差额；

ΔIRR——差额投资内部收益率。

根据上式，用“插入法”求得 ΔIRR 值，即为两个方案的差额投资内部收益率。

差额投资内部收益率是方案比较的主要评价指标。它大于部门基准收益率（财务评价）或社会折现率（国民经济评价）时，则投资大的方案较优。否则，投资小的方案较优。

D 动态投资回收期法（PB 法）

动态投资回收期是指选定一个折现率 i，将基建时期逐年的投资和生产时期各年的净收益分别折现到建设起点，直到年净收益的现值能抵偿全部投资现值的那一年为止，即为动态投资回收期。其表达式为：

$$\sum_{t=0}^{P_d} \frac{CF_t}{(1+i)^t} = 0 \tag{38-11}$$

式中 P_d——动态投资回收期（含建设期）。

动态投资回收期可以直接用全投资现金流量表推算。当累计净现金流量现值等于零或出现正值的年份，即为项目投资回收期的最终年份。投资回收期的小数部分（即不足一整年的部分）是用上年累计净现金流量现值的绝对值除以当年净现金流量现值求得。其计算公式为：

$$\begin{matrix}\text{动态投资}\\ \text{回收期}(P_d)\end{matrix} = \begin{pmatrix}\text{累计净现金}\\ \text{流量现值开}\\ \text{始出现正值}\\ \text{年份数}\end{pmatrix} - 1 + \left(\frac{\text{上年累计净现金流量现值的绝对值}}{\text{当年净现金流量现值}}\right) \tag{38-12}$$

显然可见，当选定的折现率 i 刚好等于投资项目的内部收益率 IRR 时，其动态投资回收期就等于项目的整个寿命期或计算期，即 $P_d = n$。所以，只有当 $i \leqslant \text{IRR}$，即 $P_d \leqslant n$ 时，项目的全部投资才能在整个寿命期（或计算期）以内得到抵偿；如果 $i > \text{IRR}$，即 $P_d > n$ 时，说明考虑了货币的时间价值之后，其全部投资到项目整个寿命期或计算期终止时，尚不能全部回收。

E 现值比较法（PW 法）和年费用比较法（AC 法）

在进行效益相同或不计产品销售收入的方案比较时，常采用现值比较法和年费用比较法。

a 现值比较法（PW 法）

是把各个比较方案在项目整个寿命期或计算期内的全部费用支出（如投资及年经营成本等），按选定的折现率折算成现值（PW）并进行对比。现值较低的方案即为可取的方案。各方案的通用公式为：

$$\text{PW} = \sum_{t=1}^{n} (I + C - S_V - W)_t \times F_{SP} \tag{38-13}$$

式中 I——全部投资（包括固定资产投资和流动资金）；

C——年经营成本；

S_V——期末回收固定资产残值或余值；

W——期末回收流动资金；

F_{SP}——折现系数，$F_{SP}=\frac{1}{(1+i)^n}$（见表 38-24）。

b　年费用比较法（AC 法）

是把各个比较方案在项目整个寿命期或计算期内的全部费用支出，先按规定的折现率折算成现值（PW），然后乘以“资金回收系数”求得等额年费用（AC）并进行对比。年费用较低的方案即为可取的方案。各方案的通用公式为：

$$AC=\sum_{t=1}^{n}[(I+C-S_V-W)_t\times F_{SP}]\times F_{PR} \tag{38-14}$$

式中　F_{PR}——资金回收系数，$F_{PR}=\frac{i(1+i)^n}{(1+i)^n-1}$（见表 38-24）。

现值比较法和年费用比较法都是把投资和年经营成本两个要素统一起来，并结合时间因素对方案进行评价。现值比较法是把投资和年经营成本两个要素统一换算为现值；年费用比较法则是把两个要素统一换算为年费用，然后比较各方案的差额，以此作为评价的依据。因为投资和年经营成本都是费用支出，所以求得的现值或年费用均以最小的方案为优，故二者统称为“最小费用法”。现值比较法适用于计算期相同的方案。年费用比较法无论各方案的计算期是否相等，都可以直接进行比选。

动态分析法考虑了资金的时间价值，较能确切地反映客观的经济发展情况。因此，从理论上讲，动态分析法比静态分析法前进了一步。

对静态和动态两种分析方法的选用。可根据具体对象和要求予以选择。也可以同时运用，互为补充。

38.2.2　项目偿还能力分析

项目偿还能力分析主要是计算固定资产投资借款偿还期。借款偿还期是指在国家财政规定及项目具体财务条件下，项目投产后以可用作还款的利润、折旧及其他收益额偿还固定资产投资借款本金和利息所需要的时间，其表达式为：

$$I_d=\sum_{t=1}^{P}(R_P+D+R_o-R_r) \tag{38-15}$$

式中　I_d——固定资产投资借款本金和利息之和；

P——借款偿还期（从建设开始年计算）；

R_P——年利润总额；

D——年可用于还款的折旧及矿山维简费；

R_o——年可用于还款的其他收益；

R_r——还款期间的年企业留利；

$(R_P+D+R_o-R_r)$——第 t 年可用于还款的收益额。

矿山项目投产后，各生产年度用于还款的收益额一般不可能是等量的，因此，借款偿还期可用借款偿还平衡表直接推算（见表 38-1），以年表示，其计算公式为：

$$\text{借款偿还期}=\begin{pmatrix}\text{借款偿还后}\\\text{开始出现盈余}\\\text{年份数}\end{pmatrix}-\text{开始借款年份}+\left(\frac{\text{当年应偿还借款额}}{\text{当年可用于还款的收益额}}\right) \tag{38-16}$$

借款利息可以按以下简单测算方法求得近似值：

(1) 建设期每年应计利息 $= \left(年初借款累计 + \frac{本年借款支用数}{2}\right) \times 年利率$ (38-17)

(2) 生产期每年应计利息 $= \left(年初借款累计 - \frac{本年还本付息}{2}\right) \times 年利率$ (38-18)

(3) 还清年份应计利息 $= \frac{年初借款累计}{2} \times 年利率$ (38-19)

表 38-1 借款偿还平衡表

项目		建设期		投产期		达产期	合计
		第 1 年	第 2 年	第 3 年	第 4 年	第 5 年……第 t 年	
借款使用及还本付息（万元）	年初借款累计						
	本年借款支用						
	本年应计利息（年利率%）						
	本年还本付息						
	年末借款累计						
还款资金来源（万元）	利润总额						
	可用于还款的折旧及矿山维简费						
	可用于还款的其他收益						
	还款期企业留利						
	用于还款的收益额						

借款偿还期（含建设期），一般小型矿山不应超过 5 年，大中型矿山不应超过 10 年，特大型矿山不应超过 15 年。

偿借比是指项目的一笔借款在整个偿还期内偿还借款的全部本利和与借款本金额之比。

上述偿还计算是按照目前我国普遍采用的不等额偿还的方式进行测算的。即每年有多少偿还能力就偿还多少。还有其他偿还方式。例如贷方要求在规定的时间内，每年等额偿还本金和利息或每年等额偿还本金而利息递减。对某个项目来说，这种偿还方式有可能出现某一年的偿还能力不够支付当年的本息，此时就要采取临时贷款的办法予以解决。临时贷款也要按合同规定，参与上述的偿还计算。

借款偿还期与上述各项静态和动态评价指标是既有联系，又有区别的两类不同概念的评价指标。简单收益率、净现值、内部收益率及投资回收期等效益指标，是根据项目本身的实际投入与产出通过现金流量表推算出来的，它们都能从某一侧面反映投资项目的实际收益水平。借款偿还期则是按照国家某个时期的财政规定来考核一个项目偿还全部借款的能力，只需计算固定资产投资中属于借款部分的偿还时间，其数值的长短虽然与项目的收益水平有关，但它更取决于固定资产投资借款额的多少，借款利率的高低以及偿还资金的来源等因素。对某一个项目而言，借款金额越少，利率越低，偿还资金的来源种类越多，借款偿还期就越短；反之，就越长。因此，借款偿还期并不属于投资项目经济效果评价指标，它仅是按照现行财政规定来考核项目投资中借款部分的偿还速度，据以反映企业的经营效果和生存能力，为银行评估提供依据。

38.2.3 不确定性分析

在进行投资项目经济效果评价时，人们不可能对将来发生的所有情况都预计得十分准确，例如市场调查、产品价格、生产规模、技术可靠性、建设周期、固定资产投资、生产成本以及其他各种经济参数等，实际情况与估计的有可能出现差别，从而可能引起项目的效益指标（如净现值、内部收益率、投资回收期等）的变化，为了分析不确定因素对各种效益指标的影响，需进行不确定性分析，以预测项目可能承担的风险。确定项目在经济上的可靠性。

不确定性分析，根据其分析的内容和所侧重的方面不同。可分为盈亏平衡分析、敏感性分析和概率分析（又称风险分析）。盈亏平衡分析只用于财务评价。敏感性分析和概率分析可同时用于财务评价和国民经济评价。对矿山项目目前国内一般只进行盈亏平衡分析和敏感性分析。

38.2.3.1 盈亏平衡分析

在市场经济或某些产品生产受供求关系影响很大的条件下，为了使拟建矿山在投产后保持必要的盈利。需要认真研究在一定时间内生产与销售、费用与售价之间的关系。盈亏平衡分析就是探讨这种关系的一种分析方法，利用它测算矿山投产后的盈亏平衡点。在这点上，矿山当年的生产经营恰好不盈不亏。

盈亏平衡点分析的假定条件：

（1）采用矿山投产后一个正常年度的数据；

（2）生产量等于销售量；

（3）产品单位销售价格不变，与销售量无关；

（4）年固定总成本不变，与产量无关；

（5）单位可变成本不变，年可变总成本与产量成正比；

（6）矿山生产单一产品，如果同时生产几种产品，应将产品组合折算为一种产品；

（7）产品组合在一定时期内应保持不变。

盈亏平衡点一般用年产量和生产能力利用率表示。其计算公式为：

（1）盈亏平衡产量

$$盈亏平衡产量=\frac{年固定总成本}{单位产品价格-单位产品可变成本-单位产品销售税金} \quad (38\text{-}20)$$

（2）盈亏平衡生产能力利用率（用盈亏平衡产量除以设计生产能力即得）

$$=\frac{年固定总成本}{年销售收入-年可变总成本-年销售税金}\times 100\% \quad (38\text{-}21)$$

盈亏平衡分析属于不确定性分析中的一种最简单的分析方法，它能够反映矿山在一定时期内生产、销售、成本、收益等的相互关系，但由于它需要受上述许多假定条件的限制。

而实际上这些条件随着时间的推移不会一成不变，这就影响盈亏分析结果的准确性。因此，一般只能把它作为其他评价方法的一种辅助手段。来反映拟建矿山投产后的经营水平。盈亏平衡点越低，矿山投产后的盈利越大，表明矿山可以承受较大程度的减产、滞销、降价等风险。

38.2.3.2 敏感性分析

敏感性分析是通过分析、预测项目主要因素发生变化时对经济评价指标的影响，从中找出敏感因素，并确定其影响程度。结合矿山特点，可能发生变化的主要因素，一般是生产规模、产品产量（因出矿品位或选别指标的变化）、建设周期、达产周期、固定资产投资、生产成本、产品价格等。为了了解各种变量变化时对项目经济效益的影响程度，需要对这些变量进行逐个的敏感性分析，通过分析从中找出哪些变量可以在较大的范围内变化。而对矿山效益的影响并不大，这些变量称之为不敏感性变量。另一些变量虽有很小的变化，而对矿山效益大小有较大的影响，这些变量则称为敏感性变量。这样就可以预测到上述各种变量在多大范围内变化，还不会影响原来的评价结论；超过一定的范围，原来的选择就会变成不可行，或者原视为最优方案，就会变成不是最优的。从而就可以避免对原来分析评价所得的结论作绝对化的理解，以便事先考虑好较为灵活的对策和措施。以防止决策上的失误，给矿山的生产经营带来不应有的损失。

尽管敏感性分析对不定因素难以作出较为确切的定量分析，而且计算工作量也较大，但是，它对于找出最敏感的因素及其可行的临界点，改进设计方案以利于决策等具有重要的作用。

38.2.4 实例——德兴铜矿三期工程可行性研究经济评价[8]

38.2.4.1 基本数据

A 设计规模及生产方法

德兴铜矿属于特大型斑岩铜矿床，储量大，埋藏浅，形态简单，易采易选，矿石含铜平均品位为0.433%，伴生有金、银、钼、硫可以回收。该矿总规模为日采选矿石9万吨。三期工程是在一、二期3万吨的基础上新增6万吨能力；从1986年开始建设，于1990年底先扩建3万吨投产；1991～1992年续建后3万吨，到1993年全矿达到9万吨规模。矿山服务年限为28年。设计采用露天开采。露天境界内矿岩总量为18.49亿吨，其中矿石量7.45亿吨，岩石量11.04亿吨，总平均剥采比为1.48t/t；基建剥离量为3400万吨。全矿平均生产剥采比为1.44t/t。年最大采剥总量为8019万吨。其中矿石量2970万吨。

露天开采采用251mm牙轮钻机、12t装药车、13和16.8m^3电铲、154t电动轮汽车、301和235kW推土机进行穿、爆、装、运、排作业。

新增的能力为6万吨/日的原矿运输和选矿厂形成独立的生产系统，矿石通过设置在采场边缘的1524×2261mm液压旋回破碎机破碎后，经带宽为1400mm、长约1.25km的两条平行的钢绳芯胶带输送机，运到大山村新建的三选厂处理。

三选厂采用“多碎少磨”的新常规碎磨和混合分离浮选流程。矿石先通过2.4×6.1m^2重型振动筛进行强力筛分，筛上矿石采用ϕ2130mm特种超重型圆锥破碎机进行中、细碎，再经ϕ5.03×8.83m^2大型球磨机进行一段磨矿。磨矿产品细度为65% -200目。浮选采用混合浮选和粗精矿再磨再选流程。在主选厂选出的铜钼混合精矿和硫精矿，分别用长约7km管道自流到山下泗洲庙铜钼分选及硫精矿脱水车间处理，然后用火车运往交货地点。

尾矿经长约10km的自流槽送到西源尾矿库。

B 资金筹措

三期工程新增日采选矿石6万吨综合能力需要基建投资118826万元，其中由德兴铜矿自筹资金17824万元，占基建投资的15%；从国家贷款101002万元，占基建投资的85%，贷款年利率为3.6%，估计需要流动资金14000万元：从工商银行贷款。现行年利率为7.2%。三期工程全部投资为基建投资和流动资金之和，共为132826万元。

C 产品产量及销售收入

矿石经选矿，产出铜精矿、钼精矿及硫精矿三种产品，按新增年处理矿石1980万吨计算，生产头十年的年平均产品产量及销售收入见表38-2。

表38-2 1991～2000年年平均产品产量及销售收入

产品名称	产品产量（t/a）	现行价格	销售收入（万元/年）
铜精矿	322900	1270元/吨	41017
其中：含铜	80726	4510元/吨	36407
含金	2.260	17500元/千克	3955
含银	6.978	220元/千克	154
含硫	100100	50元/吨	501
钼精矿（含钼45%）	2420	13050元/吨	3158
硫精矿（含硫40%）	467775	62.8元/吨	2938
合计			47113

D 产品成本、税金、利润

a 产品成本

按照《国营企业成本管理条例》估算的1991～2000年年平均成本见表38-3。

表38-3 矿石成本分项构成表

成本项目	1991～2000年平均成本（万元/年）	单位矿石成本（元/吨）
采矿费用	6332	3.20
选矿费用	10992	5.55
更新改造资金	14573	7.36
其中：矿山维简费	12870	6.50
选矿基本折旧	1703	0.86
大修理基金	1802	0.91
企业管理费	1723	0.87
其中：流动资金借款利息	1010	0.51
工厂成本	35422	17.89
销售费用	218	0.11
销售成本	35640	18.00
其中：固定成本	8316	4.20
可变成本	27324	13.80
经营成本	27344	13.81

注：1. 经营成本=销售成本－矿山维简费－选矿基本折旧－流动资金借款利息+生产期实际发生的更新改造费用。

=35640－12870－1703－1010+7287

=27344万元/年

2. 结合德兴情况，生产期实际发生的更新改造费用，按矿山维简费加选矿基本折旧之和的二分之一计算。

b　税金

三种精矿产品都在国内销售，按国发（1984）125号文规定，除铜精矿含金免税外，其余产品均需征收产品税。1991～2000年年平均产品税见表38-4。

表38-4　产品税计算表

产品名称	应纳税收入（万元/年）	税率（%）	产品税（万元/年）
铜精矿	41017－3955＝37062	3	1112
钼精矿	3158	3	95
硫精矿	2938	5	147
合　计	43158		1354

c　利润

1991～2000年年平均利润总额按下式计算：

$$\text{年平均利润总额}=\text{销售收入}-\text{销售成本}-\text{销售税金}=47113-35640-1354=10119\text{万元}$$

38.2.4.2　项目经济评价

A　项目投资效果评价

关于国营项目投资效果的评价问题，应遵循效益与费用计算口径对应一致的原则，即应以其为国家新创造的全部收益（含利税等）进行经济评价，才能真实反映项目的投资效果。根据以上基本数据，对德兴铜矿日采选矿石6万吨规模的全投资现金流量进行预测，见表38-5。

从现金流量表可以推导出静态和动态评价指标。

a　静态评价指标

（1）简单收益率。由于德兴铜矿逐年的出矿品位、剥采比及矿岩运距有变化，每年的经营成本是变化的，其净收益也随之变化，按公式（38-1），取生产头10年的平均值作为一个正常年度计算的简单收益率为：

$$\text{简单收益率}=\frac{\text{年平均净收益}}{\text{全部投资}}\times100\%$$

$$=\frac{\text{年销售收入}-\text{年经营成本}}{\text{基建投资}+\text{流动资金}}\times100\%$$

$$=\frac{47113-27344}{118826+14000}=14.9\%$$

（2）静态投资回收期，从现金流量估算表看出。累计净现金流量在第13年出现正值。当年的净现金流量为18413万元，第12年累计净现金流量的绝对值为1047万元。按公式（38-4）计算的投资回收期（含建设期）为：

$$13-1+\frac{1047}{18413}=12.1(\text{a})$$

表 38-5 现金流量估算表（全部投资） 单位：万元

项 目	建设期					投产和续建期		达产期									
	1	2	3	4	5	6	7	8	9	10	11	12	13	14	15	16	17
年 份	1986	1987	1988	1989	1990	1991	1992	1993	1994	1995	1996	1997	1998	1999	2000	2001	2002
计算矿石产量（万吨）	0	0	0	0	0	990	990	1980	1980	1980	1980	1980	1980	1980	1980	1980	1980
一、现金流入																	
1. 产品销售收入	0	0	0	0	0	25028	24295	48312	47963	46710	46656	46566	46307	46307	45869	45869	45869
2. 回收固定资产余值	0	0	0	0	0	0	0	0	0	0	0	0	0	0	0	0	0
3. 回收流动资金	0	0	0	0	0	0	0	0	0	0	0	0	0	0	0	0	0
现金流入小计	0	0	0	0	0	25028	24295	48312	47963	46710	46656	46566	46307	46307	45869	45869	45869
二、现金流出																	
1. 基建投资	3887	10885	13995	21770	27213	20876	20200	0	0	0	0	0	0	0	0	0	0
2. 流动资金	0	0	0	0	3500	3500	3500	3500	0	0	0	0	0	0	0	0	0
3. 经营成本	0	0	0	0	0	11037	11487	22220	26783	26885	27461	27878	27894	27965	27737	27812	27892
现金流出小计	3887	10885	13995	21770	30713	35413	35187	25720	26783	26885	27461	27878	27894	27965	27737	27812	27892
三、净现会流量	-3887	-10885	-13995	-21770	-30713	-10385	-10892	22592	21180	19825	19195	18688	18413	18342	18132	18057	17977
四、累计净现金流量	-3887	-14772	-28767	-50537	-81250	-91635	-102527	-79935	-58755	-38930	-19735	-1047	17366	35708	53840	71897	89874
指标计算：																	
一、净现值																	
折现系数（$i=10\%$）	0.90909	0.82645	0.75131	0.68301	0.62092	0.56447	0.51316	0.46651	0.42410	0.38554	0.35049	0.31863	0.28966	0.26333	0.23939	0.21763	0.19784
净现值	-3534	-8996	-10515	-14869	-19070	-5862	-5589	10539	8982	7643	6728	5955	5334	4830	4341	3930	3557
累计净现值	-3534	-12530	-23045	-37914	-56984	-62846	-68435	-57896	-48914	-41271	-34543	-28588	-23254	-18424	-14083	-10153	-6596
二、内部收益率																	
折现系数（$i=12\%$）	0.89286	0.79719	0.71178	0.63552	0.56743	0.50663	0.45235	0.40388	0.36061	0.32197	0.28748	0.25668	0.22917	0.20462	0.18270	0.16312	0.14564
净现值	-3471	-8677	-9961	-13835	-17427	-5261	-4927	9124	7638	6383	5518	4797	4220	3753	3313	2945	2618
折现系数（$i=13\%$）	0.88496	0.78315	0.69305	0.61332	0.54276	0.48032	0.42506	0.37616	0.33288	0.29459	0.26070	0.23071	0.20416	0.18068	0.15989	0.14150	0.12522
净现值	-3440	-8525	-9699	-13352	-16670	-4988	-4630	8498	7050	5840	5004	4312	3759	3314	2899	2555	2251

续表 38-5

项目	达产期													减产期			合计
	18	19	20	21	22	23	24	25	26	27	28	29	30	31	32	33	
年份	2003	2004	2005	2006	2007	2008	2009	2010	2011	2012	2013	2014	2015	2016	2017	2018	
计算矿石产量（万吨）	1980	1980	1980	1980	1980	1980	1980	1980	1980	1980	1980	1980	1980	1485	990	758	50753
一、现金流入																	
1. 产品销售收入	43193	43193	43193	43171	43171	43171	43171	43171	43171	43076	43076	43076	43076	32305	21537	16490	1146992
2. 回收固定资产余值	0	0	0	0	0	0	0	0	0	0	0	0	0	0	0	40000	40000
3. 回收流动资金	0	0	0	0	0	0	0	0	0	0	0	0	3500	3500	1600	5400	14000
现金流入小计	43193	43193	43193	43171	43171	43171	43171	43171	43171	43076	43076	43076	46576	35805	23137	61890	1200992
二、现金流出																	
1. 基建投资	0	0	0	0	0	0	0	0	0	0	0	0	0	0	0	0	118826
2. 流动资金	0	0	0	0	0	0	0	0	0	0	0	0	0	0	0	0	14000
3. 经营成本	27577	27678	27780	27882	27985	27852	27950	27924	28020	25075	25169	20943	19505	14896	9993	7721	667001
现金流出小计	27577	27678	27780	27882	27985	27852	27950	27924	28020	25075	25169	20943	19505	14896	9993	7721	799827
三、净现金流量	15616	15515	15413	15289	15186	15319	15221	15247	15151	18001	17907	22133	27071	20909	13144	54169	401165
四、累计净现金流量	105490	121005	136418	151707	166893	182212	197433	212680	227831	245832	263739	285872	312943	333852	346996	401165	401165
指标计算：																	
一、净现值																	
折现系数（$i=10\%$）	0.17986	0.16351	0.14864	0.13513	0.12285	0.11168	0.10153	0.09230	0.08391	0.07628	0.06934	0.06304	0.05731	0.05210	0.04736	0.04306	
净现值	2809	2537	2291	2066	1866	1711	1545	1407	1271	1373	1242	1395	1551	1089	622	2333	20512
累计净现值	−3787	−1250	1041	3107	4973	6684	8229	9636	10907	12280	13522	14917	16468	17557	18179	20512	20512
二、内部收益率																	
折现系数（$i=12\%$）	0.13004	0.11611	0.10367	0.09256	0.08264	0.07379	0.06588	0.05882	0.05252	0.04689	0.04187	0.03738	0.03338	0.02980	0.02661	0.02376	
净现值	2031	1801	1598	1415	1255	1130	1003	897	796	844	750	827	904	623	350	1287	4261
折现系数（$i=13\%$）	0.11031	0.09806	0.08678	0.07680	0.06790	0.06014	0.05323	0.04710	0.04168	0.03689	0.03264	0.02889	0.02557	0.02262	0.02002	0.01772	
净现值	1723	1521	1338	1174	1032	921	810	718	631	664	584	639	692	473	263	960	−1079

b 动态评价指标

（1）净现值：从现金流量表得知，当选定的折现率（或部门基准收益率）为 10% 时，项目的累计净现值为 20512 万元，说明该项目的收益水平除能保证得到 10% 的收益之外，尚能盈余净现值 20512 万元。

（2）净现值率：

$$净现值率 = \frac{项目的净现值}{全部投资现值} = \frac{20512}{84539} = 0.24(元)$$

说明该项目除能得到 10% 的收益率水平之外，每单位投资现值尚能取得净现值 0.24 元。

（3）内部收益率：通过现金流量表按公式（38-9）计算的项目内部收益率为：

$$12\% + \frac{4261 \times (13\% - 12\%)}{4261 + 1679} = 12.7\%$$

（4）动态投资回收期：从现金流量表看出，当选定的折现率为 10% 时，累计净现值在第 20 年出现正值，当年的净现值为 2291 万元；第 19 年累计净现值的绝对值为 1250 万元，按公式（38-12）计算的投资回收期（含建设期）为：

$$20 - 1 + \frac{1250}{2291} = 19.6(a)$$

这表明如果按 10% 折现率体现资金的时间价值时，项目全部投资回收期为 19.6 年。比不考虑时间因素的静态投资回收期 12.1 年延长 7.5 年。

从以上各项评价指标看出，新增 6 万吨/日规模的简单收益率为 14.9%，静态投资回收期为 12.1 年。内部收益率为 12.7%，均优于全国有色金属矿山历史平均指标。表明德兴铜矿三期工程的投资经济效果是比较好的。

c 敏感性分析

影响项目经济效益的因素很多，现仅就基建时间的延长与缩短，基建投资的增加与减少。经营成本的升高与降低。对投资内部收益率进行敏感性分析。其计算结果见表 38-6。

从上述三个不定因素来看，成本对项目的效益最为敏感。其次是基建投资，基建时

表 38-6 敏感性分析表

项目		全投资内部收益率（%）	内部收益率变化率（%）
按设计方案实现		12.7	0
基建时间	延长一年	11.9	-6.3
	缩短一年	12.9	+1.6
基建投资	增加 10%	11.6	-8.7
	减少 10%	14.0	+10.2
经营成本	升高 10%	11.0	-13.4
	降低 10%	14.4	+13.4

表 38-7 借款偿还平衡表

单位：万元

项目		建设期					投产期		达产期						合计
		第1年	第2年	第3年	第4年	第5年	第6年	第7年	第8年	第9年	第10年	第11年	第12年	第13年	
借款使用及还本付息	年初借款累计		2634	11163	23114	43410	69927	78350	87531	67785	52266	37398	22570	7671	
	本年借款支用	2587	8285	11345	19120	24513	17876	17276	—	—	—	—	—	—	101002
	本年应计利息	47	244	606	1176	2004	2622	2933	2746	2123	1585	1060	535	138	17819
	本年还本付息						12075	11028	22492	17642	16453	15888	15434	7809	118821
	年末借款累计	2634	11163	23114	43410	69927	78350	87531	67785	52266	37398	22570	7671	0	
还款资金来源	利润总额						6940	5777	12038	11507	10186	9558	9053	8785	73844
	可用于还款的折蓄及矿山维简费						5829	5829	11658	7286	7286	7286	7286	7286	59746
	还款期企业留利						694	578	1204	1151	1019	956	905	879	7386
	用于还款的收益额						12075	11028	22492	17642	16453	15888	15434	15192	126204

间的影响也值得关切。因此，在今后的基建和生产过程中，除了保证基建投资和建设时间达到设计指标之外。应采取一切有效措施降低生产成本，以求获得更好的经济效果。

B 企业经营效果评价

a 项目借款偿还期计算

借款偿还期是从企业经营的角度，按现行财税制度来考察项目固定资产投资借款部分的偿还速度，据以评价企业的生存能力。

德兴铜矿三期工程基建投资为 118826 万元，其中国家银行贷款 101002 万元。占基建投资的 85%，年利息按 3.6% 复利计算。从投产开始偿还。推算的借款偿还期见表 38-7。

从借款偿还平衡表看出，从建设开始到第 13 年（或投产第 8 年）可以还清全部贷款，即当年可用于还款的收益额为 15192 万元，扣除当年还本付息 7809 万元外，尚可盈余 7383 万元，按公式（38-16）计算的借款偿还期为：

$$13-1+\frac{7809}{15192}=12.5(\mathrm{a})$$

通过预测，该项目借款偿还期为 12.5 年（含建设期），未超过规定的十五年借款期限，说明项目具有偿还能力。在此期间共计偿还本息 118821 万元。其中本金 101002 万元，利息 17819 万元，偿借比为 1.176。

b 盈亏平衡分析

盈亏平衡分析，也是从企业经营角度，通过盈亏平衡点分析项目适应市场变化的能力。

（1）按公式（38-21）计算的盈亏平衡生产能力利用率为：

$$\frac{8316}{47113-27324-1354}\times 100\% = 45.1\%$$

（2）盈亏平衡矿石产量 = 1980 × 45.1% = 893（万吨/年）[或 2.7 万吨/日]

从计算看出，项目生产能力利用率达到 45.1%，即年采选矿石量达到 893 万吨时，企业可以做到不赔不赚；超过此产量时，即可盈利。表明项目在生产经营上抗风险能力较强。

C 评价结论

根据以上评价，从国家投资角度来看，项目的内部收益率为 12.7%。简单收益率为 14.9%，静态投资回收期（含建设期）为 12.1 年，均优于全国有色金属矿山历史平均指标，通过敏感性分析，如果基建时间、固定资产投资和经营成本在 ±10% 的范围内变动时，项目内部收益率波动在 11% ~14.4% 之间。也都超过历史平均水平，表明该项目的经济效果是好的。从企业经营效果来看，项目借款偿还期为 12.5 年（含建设期），未超过规定的 15 年借款期限；其盈亏平衡点的生产能力利用率为 45.1%。抗风险能力也较强。因此，从总的来看，该项目在经济上是可行的。

38.3 矿床工业指标的确定

38.3.1 矿床工业指标的主要内容及其相互关系

我国现行储量计算的矿床工业指标体系尚不完全统一，双指标和单指标两套体系并存。双指标系统主要指标为边界品位、最低工业品位；单指标系统主要是边际品位。二者均有最小可采厚度及夹石剔除厚度等指标。对于一些特殊矿床则应根据不同要求，补充部分辅助指标，如薄矿脉的米百分值，铝土矿的铝硅比，非金属矿的某些物理特性。宝石矿的颜色、粒度等。

矿床的各种工业指标，从形式上看是各自孤立的，有的把它分为技术指标和经济指标。但实质是一组有内在联系的指标，在确定工业指标时，必须作为一组指标体系同时确定，而不能孤立的分别确定。

38.3.2 矿床工业指标的阶段性和可变性

一个矿区从勘探到生产结束，需要经过十几年到几十年的时间。其中经历勘探、设计、建设和生产等阶段。由于不同阶段对矿床的揭露和认识程度差别很大，对资源的开发利用水平及可能获得的经济效益的认识，也随着开发阶段的发展而逐步加深，并随着国民经济的发展及品种需求程度而不断变化。因此，在勘探、设计和生产阶段对工业指标的深度要求也应区别对待。应根据实际条件拟定相应的工业指标，这就是矿床工业指标的阶段性。

另一方面，矿床工业指标及矿石储量也是一个相对的概念，即在一定技术经济条件下的特定概念。从长远观点来讲，矿床工业指标是动态的和可变的。根据国内外生产实践情况，随着资源条件的变化及生产技术的发展，可供利用的资源也会相应变化，但总的趋势是矿石品位逐步下降。矿床工业指标也应相应调整。所以矿床工业指标不变是相对的，可变是绝对的。

及时调整矿床工业指标的目的。是在保证经济合理的前提下，尽可能的提高有限资源的利用程度，而不能单纯追求最大利润，不适当地提高矿床工业指标，造成资源的永久损失。

38.3.3 确定矿床工业指标应考虑的因素

矿床工业指标影响着矿山技术经济状况的全局。它被列为矿床开发的主要参数之一，因此，确定矿床工业指标一般应综合考虑下列各种因素：

(1) 国内外市场需求及资源丰度；

(2) 合理利用资源；

(3) 矿床开采技术条件；

(4) 矿石的选、冶加工技术条件；

(5) 产品质量；

(6) 外部建设条件；

(7) 经济条件；

(8) 其他特殊因素。

在研究上述各项因素时，必须综合分析，全面考虑各因素的影响，并着重考虑那些对经济效益影响最大的因素。

38.3.4 经济品位计算

38.3.4.1 经济品位的概念

经济品位又称临界品位。一般是指矿山生产达到盈亏平衡时的最低品位要求。经济品位是一个平均值的概念，是由多个工程组合或一定生产期间的平均要求，而不是孤立的一个工程的最低品位要求。

38.3.4.2 经济品位计算公式

按照盈亏平衡原则计算经济品位的一般公式如下：

（1）企业最终产品为精矿

$$a_j = \frac{\beta_o C_a}{(1-\rho)\varepsilon_o(P_o - T_o)} \times 100\% \qquad (38\text{-}22)$$

（2）企业最终产品为金属

$$a_j = \frac{\beta_m C_a}{(1-\rho)\varepsilon_o\varepsilon_m(P_m - C_m - T_m)} \times 100\% \qquad (38\text{-}23)$$

式中 a_j——经济品位；

ρ——采矿贫化率；

β_o、β_m——分别为选矿和冶炼产品品位；

ε_o、ε_m——分别为选矿和冶炼回收率；

C_a——每吨矿石采选成本，元/吨；

P_o、P_m——分别为精矿和金属产品价格，元/吨；

C_m——每吨金属产品的冶炼加工费，元/吨；

T_o、T_m——分别为每吨精矿和金属产品税金，元/吨。

对于有营业外净支出的矿山，应从公式（38-22）、（38-23）分母的产品价格中将其扣除。

另一学派认为，公式（38-22）、（38-23）中的税金（以及营业外净支出），对于企业而言实属支出，但对社会主义国家而言，税金是国家的一种收益，是生产企业积累的一种分配形式，而不是生产必需的支出；营业外净支出则是企业负担的社会费用，也不是生产必需的开支，而是利润分配的一种形式。因此，为了更有效地利用有限资源，在计算盈亏平衡的经济品位时，可以不考虑税金和营业外净支出费用。

在上述公式中，产品价格是经济品位计算的主要因素，目前价格变动较大，市场价格和出厂价格差别悬殊。因此，在计算经济品位时应考虑现行价格和预测价格两种方案，合理处理企业经济效益和资源合理利用之间的矛盾。

38.3.4.3 经济品位的运用

作为确定矿床最低工业品位的主要参考数据的经济品位，具体运用时可分为以下几种情况：

（1）对资源稀缺、品位分布均匀、矿石价值高的有色、稀有、贵金属矿床，在保证矿区平均品位高于经济品位的前提下，最低工业品位可以低于经济品位。在这类矿床中，如果要求单工程品位都应等于或高于经济品位，则会损失大量资源，并可能使开采的矿体分布过于零星。在有色和稀贵金属矿床勘探实践中，绝大多数矿区采用低于经济品位的最低工业品位，也能圈出高于经济品位的矿区平均品位，保证了资源的充分利用、矿体的完整性和一定的经济效益。

（2）一般储量丰富、品位分布较均匀的黑色金属及化学矿山，可采用经济品位作为最低工业品位。因为这类矿床矿石价值较低，品位相对变化较小。如果使最低工业品位低于经济品位，有可能圈入大量贫矿带，将影响企业的经济效果。

（3）对于一些低价的，储量丰富的非金属矿床（如石灰石、石材等），一般品位指标不起主导作用，而是矿石质量，矿床开采及建设条件起主导作用。对于经济品位的研究可以粗略一些。

38.3.5 单金属矿床最低工业品位的确定

38.3.5.1 最低工业品位的概念

最低工业品位又称为最低平均工业品位，为表内矿体与表外矿体的分界品位，是对表内矿的最低品位要求，加上“平均”两字是指在一个工程的表内矿中（或储量计算单元）允许夹有零星的低于或等于边界品位的样品，在其与相邻工程间对应连续长度小于夹石剔除厚度时，参与表内储量计算，但参与计算后的平均品位必须大于或等于最低平均工业品位的要求。也就是说最低工业品位是单工程（或储量计算单元）要求达到的最低平均品位。

经济品位和最低工业品位是两个既有联系又有区别的不同概念。其区别在于两个品位指标所代表的储量范围不同。前者代表一定生产区段的平均品位要求。而后者代表单工程（或储量计算单元）的最低极限平均品位。其联系在于最低工业品位的确定往往要以经济品位作重要参照指标。在实际工作中，应根据不同的矿床类型正确地使用这两个指标。

38.3.5.2 确定最低工业品位的方法

目前国内储量计算有单指标和双指标两种计算体系。它们所要求的工业指标内容不全相同，同一指标的内涵也不一致。但确定方法的原则基本一致，只是采用的指标数据应根据具体情况区别对待。

A 经验法（又称类比法）

经验法主要根据矿床特点，如矿床类型，矿体形态、产状、赋存条件、开采及加工技术条件、矿区外部建设条件等，参照同类型生产或勘探矿山的实际统计分析资料，来拟定本矿区的工业指标。

经验法常用于初勘阶段。对于一般矿体轮廓明显的简单矿床，并有类似生产矿山可资比照时采用。详勘阶段有时也可采用。

经验法的优点是简便易行，工作量小，要求的基础资料少。但由于矿床的成矿地质条件复杂、变化大，极少有完全相同的对象，故类似企业的生产指标难以反映新矿区的特殊性，且随着时间变化和市场开放，价格、生产成本及技术经济指标均会发生变化，历史上使用过的指标不一定能适用于新的经济条件，因此，此法应用范围常常受到限制。

采用经济法的典型实例是50年代勘探的赣南钨矿，这些矿山一般为石英脉型钨矿，开采和选矿工艺流程基本相同，勘探工作基本同时进行。经参考国外钨矿工业指标，确定WO_3的边界品位为0.08%，最低工业品位为0.12%。

B 统计分析法

统计分析法是根据矿床特点，参照类似矿山资料拟定几组指标，对全矿区或局部典型矿段分别进行初步圈定，得出不同方案的矿体产状、形态、矿化连续性及储量、品位变化等资料，进行分析对比，从中寻求最佳方案。

该法的优点是通过大量的统计分析工作，反映不同工业指标方案对矿体圈定的影响，能比较客观的反映矿体特性。缺点是储量圈定计算工作量大，缺少经济比较数据，往往难于作出结论，因此很少单独使用。一般都在此基础上，补充必要的经济比较，才能确定工业指标。

C 经济品位法

如果把经济品位用于确定最低工业品位时，即称经济品位法。

经济品位法的优点是方法简单，要求的基础资料不多，计算工作量少，能反映一定的经济特点；缺点是考虑因素少，不能完全适应矿床特点。因此，一般只适用于低价值的品位分布均匀的矿种。

实例：某汞矿属于低温热液单汞型矿床，以层控型汞矿为主，矿石类型以稀疏浸染状辰砂碳酸盐岩矿石为主。矿体顶板为薄层状泥质白云岩，稳固性差，矿石及底板岩石较稳定，但有断层破裂带穿过，这部分矿体极不稳固。矿床水文地质条件简单，矿石可选性良好。

矿床采用平窿溜井开拓系统，电机车运输，采矿方法为房柱法、浅孔留矿法及中深孔空场法。选矿方法采用单一浮选，冶炼采用电热回转窑蒸馏冷凝产出精汞。

用经济品位法试算矿床工业指标时采用的各项指标为：

每吨原矿的出矿成本为15元，选矿成本为12元，分摊的企业管理费为4元，销售费0.2元，每吨产品汞的冶炼加工费为2000元，营业外净支出为1000元。产品价格为30000元/吨。产品税率为10%。

主要技术指标为贫化率10%。选矿回收率94%，冶炼回收率94%，产品含汞99.99%。

根据上列指标按公式（38-23）计算的汞的经济品位如下：

$$a_j = \frac{0.9999 \times 31.2}{(1-0.1) \times 0.94 \times 0.94 \times (30000-2000-3000-1000)} \times 100\% = 0.16\%$$

如不计税金和营业外净支出，则汞的经济品位为：

$$a_j = \frac{0.9999 \times 31.2}{(1-0.1) \times 0.94 \times 0.94 \times (30000-2000)} \times 100\% = 0.14\%$$

D 方案法

方案法是根据矿床特点，利用经验法和经济品位法初步拟定几组工业指标，全面圈定矿体，得出不同指标方案的矿体储量、品位等资料，再用方案比较的方法进行全面的技术经济比较、评价，寻求最佳经济效果的工业指标方案。

具体做法是首先分析矿床特点，根据矿床特点和初步试算结果拟定2~3组工业指标，全面圈定矿体，得出不同方案的矿体规模、产状、形态及储量、品位等资料。

其次，根据上述资料，结合选矿实验资料拟定各方案的生产规模、开采方式、开拓运输方案、采矿方法、选冶加工流程及产品方案等技术方案。

第三，选用与技术方案相适应的技术经济指标，进行全面的技术经济比较。一般比较因素有矿石储量、品位及资源利用程度，矿体完整性及开采技术条件，矿床开采规模、产量、投资、成本、利润，以及各种经济效益指标。

第四，分析论证，推荐最佳工业指标方案。从矿体完整性，开采技术条件，资源利用程度及经济效益等方面进行综合分析论证，寻求资源利用程度及经济效果都较好的方案。

方案法的优点是方案比较的内容全面，能如实地反映矿床开采的技术、经济特点，选择的指标能符合矿床实际。其缺点是所需资料繁多，计算工作量大，尤以圈定几套矿体及储量计算工作量大。该法一般只在详勘末期，地质条件和矿石加工试验资料都比较清楚，以及不同指标对矿体形态和储量都有较大影响时采用。

实例：某铜矿为一特大型细脉浸染型铜矿床，矿体赋存于蚀变花岗闪长岩和千枚岩接触的蚀变带，主矿体沿花岗闪长斑岩体南、北两侧平缓产出，分为南山、北山两矿体，南山矿体走向长2100m，宽700～900m，北山矿体走向长2100m，宽800～1000m，矿体厚度大，最厚达423m。南山矿体赋存标高较高，覆盖岩层较薄，平均剥采比低，北山矿体赋存标高较低，上部覆盖岩层较厚，基建剥离量大。从矿床赋存条件看，宜采用露天开采，但因当时（1957年）国内缺少大型露天采掘、运输设备，故采用地下开采方式进行矿床工业指标方案比较。

矿区采用平窿溜井开拓，电机车运输，采矿方法采用阶段崩落法，房柱法及分段空场法。矿体矿化均匀，矿石储量大，品位低，全区铜的平均品位为0.49%，上富下贫（上部0.5%～0.6%，下部0.3%～0.4%），矿床开采技术条件和水文地质条件均简单。

矿石中除含铜外，伴生金、钼及硫，均可综合回收利用。选矿试验证明矿石易选，选矿试验铜的原矿品位为0.45%，磨矿粒度为-200目占55.6%时，选矿回收率可达91%。

根据国内铜矿生产企业一般采用边界品位为0.3%、最低工业品位为0.5%，及该矿计算的经济品位为0.476%的情况，拟定了三套矿床工业指标及其经济比较结果见表38-8。

三个矿床工业指标方案比较表明：

（1）Ⅰ方案资源利用率最高，按铜储量计算Ⅰ方案资源利用率比Ⅱ方案多34.41%，比Ⅲ方案多64.75%。从金属绝对量看，Ⅰ方案比Ⅱ方案多121.18万吨铜，较Ⅲ方案多228.02万吨铜，这些被圈出的铜金属量相当于一个大型矿床的储量规模。从矿体完整性来看。Ⅰ方案圈出以南山Ⅰ-2号及北山Ⅰ-1号矿体为主的9个矿体，而Ⅱ方案则分割为119个矿体，Ⅲ方案为188个矿体。Ⅱ、Ⅲ方案矿体的完整性差，给采矿生产带来麻烦，且因矿体形态变化后，勘探类型改变，相应地增加勘探工程量、勘探时间及勘探费用。

（2）上述比较是建立在采选规模相同的基础上，年产金属量Ⅰ方案最低。比Ⅱ方案少产铜5200t、比Ⅲ方案少15800t。但矿石储量增加，矿山生产规模也应相应增大，年产铜金属量应相应增大，各方案产量差距应相应缩小。从企业总产量来看，Ⅰ方案比Ⅱ方案多产出电铜74.76万吨。比Ⅲ方案多产电铜近150万吨。从充分利用国家资源来讲，Ⅰ方案占有较大优势。

（3）Ⅰ方案由于相同规模影响，年盈利最低。但从整个生产年限总盈利分析，则比Ⅱ方案多3.55亿元，比Ⅲ方案多9.3亿元。是总盈利最高的方案。

（4）按相同采、选规模计算Ⅰ方案净现值最低。如按合理生产年限及采矿技术可能计算，则Ⅰ方案规模可以增大。而Ⅲ方案则无潜力。从目前实际看，该矿已建成大型的露天矿。若当时按露天开采比较，则Ⅰ方案平均剥采比为2，Ⅱ方案为3～4，Ⅲ方案为7～8。而按相同采剥总量计算，则Ⅰ方案实际矿石生产能力会大得多，逐年净现值及累积净现值将会发生大的变化。

从资源利用程度，矿体完整性，开采技术条件的优劣以及经济效果全面比较结果，推荐Ⅰ方案的工业指标作为储量计算的依据。

须指出，方案法对全矿区进行圈定比较是一种较完善的方法。但因其全区储量计算工作量大，而且要等全区勘探资料完毕后才能进行此项工作。由于受工作量及进度的限制。对矿区都进行全面比较，有时有一定困难。因此常采用选取勘探程度较高的、有代表性的地段或局部矿体来代替全区的方案比较，是实际工作中经常使用的方法。当主要矿体投入

表 38-8 矿床工业指标方案比较

项目名称		单位	Ⅰ方案	Ⅱ方案	Ⅲ方案
边界品位		%	0.2	0.3	0.4
最低工业品位		%	0.4	0.5	0.6
矿石储量		万吨	73500	42800	18600
平均品位		%	0.48	0.54	0.67
铜金属储量		万吨	352.18	231.00	124.16
资源利用率（按铜储量计）		%	100	65.59	35.25
生产规模	采选厂	吨/日	30000	30000	30000
		万吨/年	990	990	990
	冶炼厂	t/a	40000	50000	60000
采矿贫化率		%	6	10	12
采矿损失率		%	20	18	16
原矿品位		%	0.46	0.51	0.63
采出总矿石量		万吨	62550	39000	17760
采出矿石量含铜		万吨	287.7	200.9	111.9
矿山生产年限		a	63	39	18
选矿回收率		%	91	92	93
冶炼回收率		%	95.5	95.5	95.5
年产电铜量（99.99%）		t/a	39600	44800	55400
生产年限内电铜总产量		万吨	249.48	174.72	99.72
企业建设总投资		万元	14400～17000	15000～18000	15600～19000
生产成本	出矿成本	元/吨	5.4	5.9	6.8
	原矿运输	元/吨	0.65	0.65	0.65
	选矿处理	元/吨	5.0	5.0	5.0
	精矿运输	元/吨	4.2	4.2	4.2
	冶炼加工费	元/吨铜	460	460	460
	企业管理费	元/吨铜	150	150	140
电铜成本		元/吨	3407	3184	2840
年利润		万元	3932	5448	8602
生产年限总利润		亿元	24.8	21.25	15.5
年产一吨电铜所需投资		元/吨	3650～4300	3350～4000	2800～3400
净现值（$j=10\%$）		%	100	135	180

注：表中各方案最小可采厚度均为2m，允许夹石厚度4m。

大量勘探工程量后，即可进行方案拟定和比较，确定矿床工业指标，以加快勘探速度，并可对次要矿体是否应该进行详细勘探加以验证。

近年来从国外引入了确定工业指标的动态评价法。其实质是在方案法中增加动态分析。即考虑资金的时间价值，用贴现方法计算的指标——净现值、内部收益率或级差矿利等作为工业指标择优准则的方法。总的来看，用这些动态方法所确定的工业品位一般高于静态法所确定的工业品位。亦即在寻求最佳经济效果指标和资源利用程度之间还有一些矛盾，如何正确协调这个矛盾。国内外都还存在一些不同观点，有待于更多的实践予以验证。

38.3.6 多金属矿床工业指标的确定

多金属矿床主要是指同一矿体内含有多种有用矿物的矿床，或是同一矿区虽为几种单金属矿体，但因技术上和经济上的原因，必须混合开采和加工的矿床。同一矿区内虽有几种矿体，但可单独开采和处理的矿床，不属于多金属矿床。

在多金属矿床中，如果主金属达到工业品位并且用主金属指标圈定矿体，而不引起伴生金属损失时，就可用主金属单指标来圈定矿体。只有在主金属无法满足工业要求或用主金属指标圈定矿体后引起伴生金属损失时，才须用综合指标来圈定矿体。

目前，确定多金属矿床最低工业品位的方法和单金属矿床基本相同，只是在计算经济品位时考虑了多金属这一特点。常用方法有综合换算经济品位法和直接计算主金属经济品位法。

38.3.6.1 综合换算经济品位法

综合换算经济品位法是指圈定矿体时，将若干种可回收的伴生金属换算为某一主金属所要求的最低品位，即综合经济品位 a_{sj}，并用它去衡量矿床中某块段的实际综合地质品位 a_s，如 $a_s \geqslant a_{sj}$，则该块段可圈入表内储量。

矿床综合经济品位的计算公式为：

$$a_{sj} = \frac{C_s}{(1-\rho)\varepsilon_Z P_Z} \times 100\% \tag{38-24}$$

式中 a_{sj}——多金属矿床换算为主金属的综合经济品位；

C_s——一吨矿石采选综合成本，元/吨；

ρ——采矿贫化率；

ε_Z——主金属选矿回收率；

P_Z——主金属精矿中单位金属含量价格，元/吨。

矿段综合地质品位的计算公式为：

$$a_s = a_Z + \sum_{i=1}^{n} K_i a_{bi} \tag{38-25}$$

式中 a_s——块段换算为主金属的综合地质品位；

a_Z、a_{bi}——分别为块段中主、伴生金属地质品位；

K_i——伴生金属品位换算系数，其值按等值原理求得。

$$K_i = \frac{\varepsilon_{bi} P_{bi}}{\varepsilon_Z P_Z} \tag{38-26}$$

ε_{bi}——伴生金属选矿回收率；

P_{bi}——伴生金属精矿中单位金属含量价格，元/吨。

综合换算品位法采用等值原理进行品位换算，考虑了主、伴生金属的价格和选矿回收率的差异，在理论上比较完善，被普遍使用。其不足之处，因选矿实验难以求得不同原矿品位的回收率变化曲线，各块段一般只能按相同的回收指标计算品位换算系数；也未考虑回收伴生金属加工费用的影响。

38.3.6.2 直接计算主金属经济品位法

此法是考虑综合回收伴生金属对主金属经济价值的影响后，降低对主金属的品位要求，仍以主金属计算经济品位和圈定矿体。其方法有二：

(1) 从综合成本中扣除伴生金属产值后计算主金属的经济品位。其公式为:

$$a_{zj} = \frac{(C_s - V_b)}{(1 - \rho)\varepsilon_Z P_Z} \times 100\% \tag{38-27}$$

$$V_b = \sum_{i=1}^{n} ab_i(1 - \rho)\varepsilon_{bi}P_{bi} \tag{38-28}$$

式中 a_{zj}——主金属经济品位;

V_b—— 一吨矿石中伴生金属产品产值总和，元/吨;

其他符号意义同前。

用公式 (38-27) 计算主金属经济品位，只能适用于伴生金属品位分布均匀，品位及价值均较低的矿床，不宜用在伴生金属产值较高的矿床。

(2) 按主、伴生金属产值比例分摊综合成本的方法计算主金属的经济品位。其公式为:

$$a_{zj} = \frac{C_s\omega}{(1 - \rho)\varepsilon_Z P_Z} \times 100\% = a_{sj} \times \omega \tag{38-29}$$

式中 ω——主金属产品产值比重;

其他符号意义同前。

38.3.7 其他工业指标的确定方法

这里所指的其他工业指标主要是指边界品位、最低可采厚度和米百分值、夹石剔除厚度等指标。边界品位是指双指标系统的边界品位，即单个样品参与组合品位的最低极限值。最低可采厚度是在一定开采与加工技术经济条件下，与最低工业品位相互依存的具有开采价值的最小厚度指标，也就是说，在一定的最低工业品位时必需的矿体厚度。最低米百分值是最低可采厚度和最低工业品位的乘积，是最低工业品位和最小可采厚度的派生指标，是当矿体厚度小于最小可采厚度时，用于圈定矿体的辅助指标。夹石剔除厚度是指矿体中的岩石或表外矿石的最大允许厚度。

确定这类指标的常用方法有经验法，统计分析法和方案法，个别指标也可用图解法确定。

经验法是参照同类矿山实际资料或经验数据拟定本矿相应的工业指标。如边界品位习惯上按大于或等于尾矿品位的 1.5 ~2 倍来确定。最低可采厚度可根据采矿开采技术条件、开采方式、采矿方法及采掘机械设备类型等，并参照类似矿山确定。夹石剔除厚度可根据采矿技术条件、采矿工艺要求及选矿方法等参考类似企业指标确定。

统计分析法是根据矿床勘探成果进行分类统计。计算各类数据的分布情况。最终确定指标数值。

当矿床赋存情况复杂或上述指标对矿床圈定影响较大时，则应分别拟定几组指标方案，相应地计算储量，并进行经济比较，最终确定工业指标。

38.3.8 系统工程在优化矿床工业指标中的应用及其实例[9]

运用系统工程原理和电子计算机工具优化矿床工业指标是确定矿床工业指标方法的新进展。首先应用地质统计学方法建立矿床块段模型，然后计算出不同边际品位的矿石储量，结合经济模型及一定的目标函数，求得最优的矿床工业指标。现以某钼矿为例说明系统工程在优化矿床工业指标中的应用。

38.3.8.1 应用地质统计学方法建立矿床块段模型

某钼矿矿床为细脉浸染型斑岩钼矿床，矿体形状如巨形扁豆体，故采用三维矿床块段模型，先将整个矿体划分成 50m×50m×15m 的规则块段，然后用地质统计学方法（或称克立格法）利用已知的各种地质勘探资料，估计出每一个块段的品位，再用校正系数计算出 25m×25m×15m 块段的品位，并赋值于该块段中，即成为矿床块段模型，据此可以求出各种不同边际品位的矿石储量，作为确定最佳边际品位的地质资源依据。

38.3.8.2 确定矿床最佳边际品位

边际品位是指在当前技术经济条件下，作为划分矿石与废石分界线的一项重要指标。边际品位确定的正确与否，将关系到矿物资源的利用程度、矿山建设规模、基建投资、生产成本和企业劳动生产率等主要技术经济指标，以致最后决定矿山企业是盈利还是亏损的大问题。本例是在充分利用国家矿产资源的条件下，选取项目的净现值为正值或最大时的边际品位和生产规模为最佳边际品位及相应的生产规模。按照两种方法叙述如下：

（1）在矿山服务年限相同的条件下，按照不同的生产规模的净现值确定最佳边际品位。该矿虽是个大型矿山，根据目前矿山内、外部条件，生产规模不宜过大。经研究确定矿山服务年限为 72 年较妥，年工作 330 天。按不同边际品位和生产规模计算净现值的步骤如下：

1）估算基建投资 I_{dx}。以 3 万吨规模的 6.2 亿元基建投资为基础，边界品位个数为 13 个，用下式估算：

$$I_{dx} = \left(\frac{D_x}{D_o}\right)^{0.8} I_{do} \tag{38-30}$$

式中 I_{dx}——第 x 个边际品位的估计投资；

I_{do}——设计规模的基建投资；

D_o——设计规模；

D_x——第 x 个边际品位的生产规模；

x——边际品位个数。

2）按照每年等额还本付息，计算投资贷款每年需要偿还的费用 T_x：

$$T_x = I_{dx} \cdot F_{PR} \tag{38-31}$$

式中 F_{PR}——资金回收系数，$F_{PR} = \left[\frac{i(1+i)^n}{(1+i)^n - 1}\right]$（见表 38-24）。

当贷款利率 $i=0.08$，投资偿还期 $n=18$ 年时，则 $F_{PR}=0.1067$，故上式可写成

$$T_x = 0.1067 \times I_{dx}$$

3）计算年经营费用。年经营费用按以下指标估算：平均剥采比为 1.21t/t；每吨矿岩采掘费用 0.611 元，运输费用 1.11 元；选矿费用 7.0 元/吨；每吨矿石管理费按不同规模分别为 0.75～1.35 元。

4）计算年销售收入。以各种生产规模相应的边际品位圈定的矿石储量和平均品位，按选矿回收率为 85%，精矿品位 47% 和每吨精矿销售价格为 10810 元计算年销售收入。

5）计算现金流量和净现值。年现金流入减去年现金流出等于净现金流量，再按公式

表 38-9 不同边际品位的生产规模及净现值比较表

边际品位（%）	25m×25m×15m块矿石储量（万吨）	平均品位（%）	生产规模（吨/日）	生产年份（a）	现金流入（销售收入）（万元/年）	现金流出（万元/年）						净现金流量（万元/年）	累计净现值（万元）
						采矿费	运输费	选矿费	管理费	投资偿还费	合 计		
0.020	107228	0.0737	45130	1~18 19~72	21458	2011 2011	3653 3653	10425 10425	1117 1117	9171	26377 17206	-491 4252	-27858
0.025	97032	0.0799	40838	1~18 19~72	21051	1820 1820	3306 3306	9434 9434	1078 1078	8467	24105 15638	-3054 5413	-15795
0.030	88581	0.0848	37282	1~18 19~72	20397	1661 1661	3018 3018	8612 8612	1046 1046	7872	22209 14337	-1812 6060	-7844
0.035	81022	0.0897	34100	1~18 19~72	19734	1520 1520	2760 2760	7877 7877	1013 1013	7329	20499 13170	-765 6564	-1158
0.040	74947	0.0939	31543	1~18 19~72	19109	1406 1406	2553 2553	7286 7286	989 989	6886	19120 12234	-11 6875	3627
0.045	70999	0.0969	29882	1~18 19~72	18681	1332 1332	2419 2419	6903 6903	986 986	6595	18235 11640	446 7041	6528
0.050	66554	0.1002	28011	1~18 19~72	18107	1248 1248	2268 2268	6471 6471	971 971	6262	17220 10958	887 7149	9294
0.055	61638	0.1027	25942	1~18 19~72	17188	1156 1156	2100 2100	5993 5993	942 942	5889	16080 10191	1108 6997	10562
0.060	57115	0.1077	24038	1~18 19~72	16702	1071 1071	1946 1946	5553 5553	912 912	5541	15023 9482	1623 7220	14177
0.065	52685	0.1117	22174	1~18 19~72	15979	988 988	1795 1795	5122 5122	878 878	5194	13077 8783	2002 7196	16139
0.070	48696	0.1143	20495	1~18 19~72	15113	913 913	1659 1659	4734 4734	845 845	4877	13028 8151	2085 6962	16516
0.075	44556	0.1193	18752	1~18 19~72	14433	836 836	1518 1518	4332 4332	804 804	4543	12033 7490	2400 6943	18447
0.080	41290	0.1221	17378	1~18 19~72	13691	774 774	1407 1407	4015 4015	774 774	4275	11245 6970	2446 6721	18604

(38-6) 计算的净现值如表38-9所示。

从表38-9可以看出，当边际品位低于0.04%时，项目的净现值为负值，在边际品位等于0.04%时，净现值才为正值，并随着边际品位的增加，净现值也相应增大。若从最大经济效益观点考虑，边际品位最好为0.08%，这显然脱离我国钼矿资源实际情况。因此从充分利用国家资源出发，取净现值为正值时的边界品位0.04%为最佳边际品位是较为合理的。

(2) 在生产规模相同的条件下，按照不同的服务年限的净现值确定最佳边际品位。按日采选矿石3万吨规模考虑，不同边际品位矿石储量不同，服务年限相异。因规模相

表38-10　生产规模相同净现值比较表

边际品位(%)	服务年限(a)	生产年份	现金流入(万元/年)	现金流出(万元/年)	净现金流量(万元/年)	累计净现值(万元)
0.020	108	1~18 19~108	14260	18300 11685	-4040 2575	-23370
0.025	98	1~18 19~98	15460	18300 11685	-2840 3775	-15370
0.030	89	1~18 19~89	16410	18300 11685	-1890 4725	-9030
0.035	82	1~18 19~82	17360	18300 11685	-940 5675	-2700
0.040	76	1~18 19~76	18170	18300 11685	-130 6485	2700
0.045	72	1~18 19~72	18750	18300 11685	450 7065	6570
0.050	67	1~18 19~67	19390	18300 11685	1090 7705	10830
0.055	62	1~18 19~62	19880	18300 11685	1580 8195	14090
0.060	58	1~18 19~58	20840	18300 11685	2540 9155	20470
0.065	53	1~18 19~53	21620	18300 11685	3320 9935	25650
0.070	49	1~18 19~49	22120	18300 11685	3820 10435	28960
0.075	45	1~18 19~45	23090	18300 11685	4790 11405	35350
0.080	42	1~18 19~42	23630	18300 11685	5330 11945	38870

同，各边际品位方案的年经营费用相同，投产后前18年每年的投资偿还额也相同，但因矿石平均品位不同，相同规模的年销售收入不同，项目的累计净现值不同。净现值结果见表38-10。

从表38-10也可以看出，当边际品位为0.04%时，项目的净现值为正，说明确定0.04%为最佳边际品位是合适的。

通过上述两个方面的分析，最佳边际品位定为0.04%是合理的。

运用系统工程原理和电子计算机优化工业指标的方法是目前比较先进的方法。其核心是矿块模型和经济模型的建立。从技术经济角度分析，由于矿床的特殊性较强，不同规模和不同边界品位的经济变化都有其特定的规律，有的有函数关系，有的并无函数关系，或是不连续的函数变化。在系统工程优化过程中，建立的经济模型是否正确，直接关系到计算结果是否能真实反映不同边界品位的经济效果及其结论是否正确。对于矿床经济模型的建立，国内尚处于研究阶段，如不同规模的投资变化，生产成本变化等等，都还不够成熟，还有不同的看法。上述实例只是作为优化方法的参考。

38.4 矿山生产能力的确定

38.4.1 确定矿山生产能力的基本原则

矿山企业生产能力是指在适应矿床开采技术条件下，所采取的开采方法、工艺设备、人员与管理达到最佳状态的协调与配合，形成整体功能的开采系统，稳定达到所需要的矿石年产量。矿山生产能力的正确确定，必然是需要和可能的统一，经济和安全的统一。

在确定矿山生产能力时，一般应遵循下列原则：

（1）要全面考虑市场需求、技术可能和经济合理三大因素。切忌片面强调某一因素，例如片面强调需求，而忽视其他因素，以致造成矿山建成后长期不能达到设计产量或经济效益不好等严重不良后果。

（2）由小到大，分期建设。实践证明，中小型矿山一般应一次建成，大型尤其是特大型矿山一般应在全面规划的基础上，考虑由小到大，循序渐进、分期建设的原则。分期确定各期生产能力，以达到集资容易、见效快的目的。

（3）严格遵守合理的开采顺序。一般应遵守由上而下、贫富兼采、大小矿体兼顾的原则，要尽量避免违反正常开采顺序先挖富矿、采富丢贫、采近丢远的做法。当然，这里所说的贫矿和边远小矿体是指从矿山总体看开发利用在经济上是合理的那部分。

（4）搞好综合利用，充分利用资源。例如，对于不同矿种的共生矿床，应在经济合理的基础上，同期或后期考虑开发利用。

（5）矿山投产后持续达到设计年产量的年数，不应少于矿山服务年限的三分之二。

38.4.2 影响确定矿山生产能力的主要因素

影响确定矿山生产能力的主要因素有三：即市场需求、技术可能性和经济合理性。一般情况下均应根据以上三个因素进行综合研究后确定矿山生产能力。

38.4.2.1 市场需求

随着我国经济体制改革的深化和商品经济的日益发展，无论是工厂或矿山企业都必须以销定产，而不是以产定销，因此，在确定矿山生产能力时，无论资源规模大小，首先应考虑该种矿产品市场需求的有无和大小，尤其是对于资源比较丰富的矿产品，如某些建材、化工、有色金属中的钨、钼、锑等矿产品更须以销定产，以免造成矿山投产后产品大量滞销，达不到预期经济效益。为此必须进行市场需求预测，其内容包括供需情况调查、矿产品价格及其发展趋势等。市场需求包括国家需要、地方需要和国外市场即出口的需要。

38.4.2.2 技术可能性

技术上可能是确定矿山生产能力的一个前提条件。矿山生产与工厂生产的条件截然不同，前者在技术上严格受客观条件的限制，而且每一个矿山的建设和生产条件均有其特殊性。因此在确定矿山生产能力时，需特别注意解决好该矿山最突出的或主要的矛盾。影响矿山生产能力的技术因素是多方面的，不仅有矿山本身的因素，也有矿山外部的种种因素。主要有以下几点：

(1) 矿山资源条件：包括矿床勘探程度的可靠性、矿石储量及矿石品位等。

(2) 开采技术条件：包括开采方法，开拓运输方式，采矿方法，基建开拓工程量和达产时间等。

(3) 外部建设条件：如交通运输、电源、水源、地区经济条件等。

(4) 设备及材料供应条件：如大型生产设备及备品备件、主要材料、燃料（如轮胎、柴油、坑木等）供应的可能性和可靠性。

(5) 基建施工条件：包括复杂的井巷工程和大型基建剥离工程的施工技术和装备水平，人员素质等。如果基建施工力量不足，或技术水平低，造成基建和达产时间过长，则需适当缩小矿山建设规模或分期建设。

38.4.2.3 经济合理性

影响确定矿山生产能力的经济因素主要有：

(1) 建设资金来源是否充足及贷款条件是否优越。如果资金来源充足，贷款条件优惠，则有可能进行大规模建设，反之，如果资金有限，贷款条件苛刻，尽管市场需求大，技术上可能，也只能根据资金条件确定矿山生产能力，有多少钱办多少事，地方企业的这个问题尤其突出。

(2) 经济效益是否理想。同一个矿山，在技术可能的前提下，建设规模不同，其经济效益往往是不同的。如果预计的经济效益不理想，应采取加大矿山生产能力或缩小矿山生产能力并合理选择较富矿段优先开采，进行多方案比较，以取得较理想的经济效益。矿产品的生产成本和市场价格对经济效益有直接影响，所以应特别注意对生产成本和市场价格的预测和核定。评价经济效益的主要指标是内部收益率、贷款偿还期、净现值等。

(3) 经济合理的矿山服务年限。一般情况下，如果矿山设计服务年限明显低于规定的经济合理服务年限，则应适当缩小矿山生产能力。

38.4.3 矿山规模类型的划分

国家为了便于对矿山企业进行管理，确保重点矿山的生产和建设，对中小型矿山进行系统的技术改造，扭转矿山原料工业长期落后的局面。对不同规模的矿山进行分类管理。根据国家计委、国家建委、财政部 1978 年 4 月颁布的《关于基本建设项目和大中型划分标准的规定》，我国矿山规模类型划分标准见表 38-11。

黑色及有色金属矿山根据近年发展情况，当矿石生产能力为：露天矿大于 1000 万吨/年，地下矿大于 300 万吨/年，可以考虑划为特大型矿山。

表 38-11 矿山规模类型划分标准 单位：万吨/年矿石

工业部门		矿山规模类型		
		大型	中型	小型
黑色金属	铁矿山	200以上	60~200	60以下
有色金属	露天矿	200以上	30~100	100以下
	地下矿	100以上	20~100	20以下
化学工业	磷矿	100以上	30~100	30以下
	硫铁矿	100以上	20~100	20以下
建材工业	石灰石矿	100以上	50~100	50以下
	石膏矿	30以上	10~30	10以下
	石墨矿	1以上	0.3~1	0.3以下
	石棉矿	1以上	0.1~1	0.1以下

38.4.4 矿山合理服务年限

矿山合理服务年限是指一个矿山企业以最佳经济效益确定的矿山建设规模及保有的工业储量求得的服务年限。不同规模类型的矿山具有不同的合理服务年限。在实际工作中，常用规定的或经验推导的矿山合理服务年限指标来检验设计矿山的生产能力确定得是否合理。

38.4.4.1 按经验公式确定矿山合理服务年限[10]

此法是以最佳经济效益确定的矿山生产能力和保有的工业矿石储量来计算矿山合理服务年限。西方国家矿山生产能力主要是依据资源条件、市场价格和最佳经济效益来确定的。在此基础上，H. K. 泰勒在《矿山评价与可行性研究》一文中提出在西方工业水平和管理水平条件下，矿石储量、生产能力和服务年限三者相互关系的经验公式如下：

$$A = 5R^{\frac{3}{4}} \quad 或 \quad T = 0.2R^{\frac{1}{4}} \tag{38-32}$$

式中 A——矿山生产能力，吨/年；

T——矿山合理服务年限，年，$T = \frac{R}{A}$；

表 38-12 矿石储量与矿山服务年限的关系

矿石储量（万吨）	西方国家		中国	
	矿山规模（万吨/年）	服务年限（a）	矿山规模（万吨/年）	服务年限（a）
100	15.8	6.3	7.9	12.6
150	21.4	7.0	10.9	13.7
200	25.6	7.5	13.7	14.0
300	36.0	8.3	19.0	15.8
350	40.5	8.6	21.4	16.2
600	60.6	9.9	33.0	18.1
1000	88.9	11.3	49.7	20.1
1200	102.0	11.8	57.5	20.8
1300	108.0	12.0	61.3	21.1
2500	176.0	14.1	103.0	24.1
3000	202.0	14.8	120.0	25.0
5000	297.0	16.8	180.0	27.7
10000	500.0	20.0	314.0	31.8

R——保有的矿石工业储量，t。

根据我国目前实际情况，矿山服务年限与储量和规模的关系，上列经验公式可调整如下：

$$A = 1.25R^{\frac{4}{5}} \quad 或 \quad T = 0.8R^{\frac{1}{5}} \tag{38-33}$$

根据上述公式，分别计算出西方国家和中国的矿山合理服务年限见表38-12。

从表38-12可以看出，在同等矿石储量条件下，西方国家的矿山生产能力比我国的大，矿山服务年限比我国的短。这主要是因为我国矿山生产技术水平和管理水平与西方先进水平相比差距较大。但是由于国外矿山远景储量比例一般比较大。因此国外矿山实际服务年限并不短。

从表38-12可以求出我国矿山合理服务年限见表38-13。

表38-13 经验公式法求矿山合理服务年限

规模类型	合理服务年限（a）	
	波动范围	平均
大型矿山	24~32	28
中型矿山	16~23	19
小型矿山	12~15	13

此法的优点是计算简便。但计算结果必须考虑采矿工程下降速度的可能性。

38.4.4.2 按建设周期确定矿山合理服务年限

从全国来说，为了使某种矿产品的社会总需求与总供给保持基本平衡，每个矿山的合理服务年限一般均不应小于该矿山的勘探，设计和基建累计需要的时间。现以金属矿山为例，按目前管理体制，其建设周期见表38-14。

表38-14 金属矿山建设周期

规模类型	建设周期（a）			
	勘探	设计①	基建	累计
大型矿山	6	3	6	15
中型矿山	4	2	4	10
小型矿山	2	1	2	5

①设计时间包括勘察、测量、工业试验研究、技术考察等所需时间。

从上表的基础上还应考虑一个备用系数K，K值的大小取决于国家各个不同时期的经济情况和方针政策。例如可能分配给本部门的基建投资额和贷款条件；国家对该种产品自给率的要求；能提供给工业利用的地质勘探成果等。在目前情况下，K值可以取1.5~2。由此得出，按矿山建设周期计算的矿山合理服务年限为：

大型矿山 22.5~30a，平均26a；

中型矿山 15~20a，平均18a；

小型矿山　7.5～10a，平均9a。

38.4.4.3　按固定资产折旧年限确定矿山合理服务年限

为了充分利用矿山固定资产，避免过早报废或转移造成经济损失，同时也避免过分延长使用年限，造成维修费用增加和效率大幅度降低，因此要求矿山服务年限应与其固定资产平均使用年限大体相适应。这个平均使用年限具体反映在矿山各类固定资产平均折旧年限及平均折旧率上。根据国务院国发［1985］63号文《国营企业固定资产折旧试行条例实施细则》，矿山各类固定资产平均折旧年限大致可归纳见表38-15。

表38-15　矿山各类固定资产平均折旧年限

固定资产类别	折旧年限（a）		
	大型矿山	中型矿山	小型矿山
建筑物、构筑物	40	30	20
设备及安装	18	15	8
其　他	15	10	5

据统计，在一般矿山企业固定资产总值中，建筑物和构筑物约占总值的50%，设备及安装约占45%，其他固定资产约占5%。由此可以计算矿山合理服务年限见表38-16。

表38-16　按固定资产折旧年限计算矿山合理服务年限

固定资产分类	占总值的比例（%）	大型矿山		中型矿山		小型矿山	
		折旧年限（a）	折旧率（%）	折旧年限（a）	折旧率（%）	折旧年限（a）	折旧率（%）
建筑物、构筑物	50	40	1.25	30	1.67	20	2.50
设备及安装	45	18	2.50	15	3.00	8	5.63
其　他	5	15	0.33	10	0.50	5	1.00
合　计	100	24.5	4.08	19.3	5.17	11.0	9.13
折旧年限（a）							

从上表可以看出，按固定资产折旧年限计算的矿山合理服务年限一般应大于下列数值：

大型矿山　大于　24.5a

中型矿山　大于　19.3a

小型矿山　大于　11.0a

现将以上三种计算方法求出的矿山合理服务年限对比见表38-17。

在一定的资源条件下，设计矿山服务年限如果明显低于表38-17所推荐的指标，将产生以下不良后果：

（1）由于矿山服务年限过短，企业经济效益可能变坏；

（2）由于矿山提前结束，将增加地质勘探和矿山基建的负担；

（3）需要提前处理闭坑后搬迁和劳动力安排问题。

表 38-17 矿山合理服务年限

计算方法	矿山合理服务年限（a）		
	大型矿山	中型矿山	小型矿山
经验公式法	28	19	13
建设周期法	26	18	9
平均折旧法	25	19	11
推荐指标	25 以上	18 以上	10 以上

38.4.5 矿山生产能力的确定

矿山生产能力确定或计算方法一般可分为三大类，即按技术因素、经济因素和综合因素计算。三者的相互关系是，以技术上可能为前提，以经济上合理为目标，最后需通过综合因素分析得出结论。矿山生产能力主要计算方法如下：

（1）按技术因素：

1）露天矿：矿山工程年下降速度法；新水平准备速度法；可能布置电铲台数法。

2）地下矿：矿山工程年下降速度法；新中段准备速度法；矿块布置法。

（2）按经济因素：

1）最终产品计划需要量法。

2）经济合理服务年限法。

3）折现现金流量法。

（3）按综合因素：综合分析法。

38.4.5.1 露天矿生产能力的确定

露天矿生产能力的确定，在技术上主要取决于矿山工程延深速度和可能布置的电铲、挖掘机台数。设计中一般采用以下三种计算方法：

（1）矿山工程年下降速度法；（2）新水平准备速度法；（3）可能布置电铲台数法。对于改扩建矿山还应对已有运输线路通过能力进行验证。上述方法所确定的生产能力是近似的，在设计中还必须通过编制采掘进度计划进行最终校核。

A 矿山工程年下降速度法[11]

矿山工程（或采矿工程）年下降速度是指露天矿采剥工程每年平均下降的深度，用每年下降进尺表示。这个指标能全面反映露天矿采矿和剥离工作的总水平。一般在编制露天矿开采规划和项目建议书（可行性研究）时采用此法估算矿山生产能力。计算公式如下：

$$A = \frac{vS\delta\varepsilon_k}{1-e} \tag{38-34}$$

式中 A——露天矿生产能力，t/a；

v——矿山工程（或采矿工程）年下降速度，m/a；

δ——矿石体重，t/m^3；

S——有代表性的水平分层的矿体面积，m^2；

e——废石混入率，一般取 3% ~7%；

ε_k——矿石回采率，一般取 93% ~97%。

矿山工程年下降速度，可参考同类型矿山的实际指标或设计指标选取。根据我国当前露天矿装备和开采技术水平，设计推荐的采矿工程年下降速度见表38-18。

表38-18　一般露天矿矿山工程年下降速度

开拓运输方式		矿山类型	下降速度 v (m/a)
铁路运输	固定干线	山坡露天矿 深凹露天矿	6~10 6~8
	移动干线	深凹露天矿	5~7
汽车运输	10~40t汽车	山坡露天矿 深凹露天矿	12~15 10~12
	100t以上汽车	山坡露天矿 深凹露天矿	12~16 10~14

表38-18中 v 值均按倾斜、急倾斜矿体考虑。表中1、2、3项按3~4.6m^2 电铲、段高12m，工作帮坡面角10°~15°，第4项按7.6~15m^2 电铲、段高12~15m，工作帮坡面角10°~15°条件验算的。铁路运输的矿山，采用汽车掘沟时，v 值可适当提高或取上限。

B　新水平准备速度法[12]

新水平准备速度系指为准备新水平而完成的掘斜沟、开段沟及为完成下水平掘沟的扩帮工作量所需的总时间，根据这个总时间计算矿山生产能力。公式如下：

$$A = \frac{R_1 \varepsilon_k}{t(1-e)} \tag{38-35}$$

$$t = t_1 + t_2 + t_3 = \frac{q_1 + q_2 + q_3}{cQ} \tag{38-36}$$

式中　R_1——有代表性的新水平（阶段）矿量，t；

t——准备新水平所需的总时间，a；

t_1、t_2、t_3——分别为新水平掘斜沟、开段沟、扩帮所需的时间，a；

q_1、q_2、q_3——分别为新水平斜沟、段沟、扩帮工程量，m^3；

Q——电铲效率，米^3/(台·年)；

c——电铲效率降低系数，汽车运输时，c=0.85~0.95；铁路运输时，一般 c=0.6~0.8；

ε_k、e——含义同前。

新水平准备速度是根据矿体埋藏特征、开拓运输方式、采场结构参数、机械装备水平、排水疏干方法等综合因素确定，并通过编制开拓准备进度计划校核各开采区段的延深速度。例如山坡露天矿新水平准备速度在于扩帮和剥离，而深凹露天矿新水平准备速度关键取决于斜沟、段沟及相应的扩帮工程，最后求出不同开采区段的矿山生产能力。

此法主要用于可行性研究和初步设计阶段。

C　可能布置电铲台数法[11]

按可能布置电铲台数确定露天生产能力，可按以下两种情况分别计算。

（1）矿体产状规则、构造简单的，按同时开采阶段工作面可布置的采矿电铲台数确定矿山生产能力：

$$A = nNQ \tag{38-37}$$

$$N = \frac{L}{L_0} \tag{38-38}$$

式中 N—— 一个阶段上可布置的采矿电铲台数，台；

Q—— 一台电铲平均生产能力，吨/(台·年)；

L—— 一个阶段上采矿工作线长度，m；

L_0—— 一台电铲正常生产所需工作线长度，m；

n——同时开采的采矿阶段数。

n 值取决于矿体厚度、倾角、工作帮坡面角或工作平台宽度、工作面推进方向。n 值计算如下：

1）当工作面沿走向布置，采场由矿体上盘向下盘推进时，按下式计算：

$$n = \frac{M}{1 - \mathrm{ctg}\theta \cdot \mathrm{tg}\varphi} \times \frac{1}{B + H\mathrm{ctg}\alpha} \tag{38-39}$$

2）当采场由矿体下盘向上盘推进时，按下式计算：

$$n = \frac{M}{1 + \mathrm{ctg}\theta \cdot \mathrm{tg}\varphi} \times \frac{1}{B + H\mathrm{ctg}\alpha} \tag{38-40}$$

式中 M——矿体水平厚度，m；

B——工作平台宽度，m；

H——阶段高度，m；

θ——矿体倾角，(°)；

φ——工作帮坡面角，(°)；

α——阶段坡面角，(°)。

（2）矿体产状，构造比较复杂时，按同时开采阶段工作面可布置采矿、剥离、开沟的电铲台数计算露天矿采剥生产能力：

$$A' = n'N'Q' \tag{38-41}$$

$$N' = \frac{L'}{L_0} \tag{38-42}$$

式中 A'——露天矿采剥生产能力，t/a；

N'——每个阶段采矿、剥离、掘沟的电铲总台数，台；

Q'——采矿、剥离、掘沟的电铲平均生产能力，吨/(台·年)；

L'—— 一个阶段上采矿、剥离或掘沟工作线总长度，m；

L_0—— 一台电铲（采矿、剥离、掘沟）正常生产所需工作线长度，m；

n'——同时工作的采、剥、掘沟台阶数，n' 值取决于工作帮坡面角、露天境界边坡角及开采分层水平宽度。

$$n' = \frac{M}{1 - \mathrm{ctg}\beta \cdot \mathrm{tg}\varphi} \times \frac{1}{B + H\mathrm{ctg}\alpha} \tag{38-43}$$

式中 M——露天境界内开采某一分层的水平宽度，m；

β——露天境界边坡角，(°)；

H、B、φ、α——含义同前。

采场无论是从上盘往下盘推进，或从下盘往上盘推进，n'的取值均按公式（38-43）计算。当采用顺矿岩接触面上、下盘同时推进时，n'值需分别求得累加。

按可能布置电铲台数法确定露天矿生产能力，其结果一般都偏大，主要原因是：（1）路堑掘进不取决于工作线有效长度，而在于掘进效率；（2）实际生产中电铲既采矿又剥离并在分层之间调动，影响电铲台年效率；（3）深凹露天由于排水设施影响采场作业，电铲效率降低；（4）矿床地质构造变化及露天边坡稳定性的影响等。因此，根据此法计算的矿山生产能力应乘以0.75～0.8的产量降低系数。

D　**实例**——某露天钼矿生产能力的确定

（1）概况。

某露天钼矿属细脉浸染型矿床，矿体呈柱状，全长2200m，宽600～700m，产状近于直立，垂直延深超过600m，其中C_1级矿体平均长度为1200m，平均宽度为450m，深420m，覆盖层厚10m左右，平均剥采比1.2m³/m³。

根据方案比较，设计采取了分期开采方案。该方案避开了矿体东部高山剥离工程和矿体中部的河流改道工程，从而大大减少了开采前期的基建工程量。达到了建设快、投资省，成本低、效益好的目的，因此，露天矿生产能力应按开采前期的采场境界进行计算。

（2）露天矿生产能力的确定。

1）按矿山工程年下降速度法。

采用式（38-34）计算，$v=8\text{m/a}$，$S=1200\times450=540000\text{m}^2$，$\delta=2.7\text{t/m}^3$，$\varepsilon_k=95\%$，$e=5\%$，则：

$$A=\frac{vS\delta\varepsilon_k}{1-e}=\frac{8\times540000\times2.7\times0.95}{1-0.05}=11700000\text{t/a},\text{或}35000\text{t/d}$$

2）按新水平准备速度法。

采用式（38-35）、（38-36）计算，$q_1=150\times20\times7=21000\text{m}^3$，$q_2=30\times20\times14.2+80\times30\times13.3=40500\text{m}^3$，$q_3=580000\text{m}^3$，Q=40000米³/(台·月)，$c_1=0.8$，$c_2=0.9$，$c_3=1$，$R_1=1200\times450\times12\times2.7\times10^{-4}=1750$万吨，则

$$t=\frac{q_1+q_2+q_3}{CQ}=\left(\frac{q_1}{c_1}+\frac{q_2}{c_2}+\frac{q_3}{c_3}\right)\Big/Q=1.36(\text{a})$$

$$A=\frac{R_1\varepsilon_k}{t(1-e)}=\frac{1750\times0.95}{1.36(1-0.05)}=1286\text{万吨/年},\text{或}3900\text{t/d}$$

3）按可能布置电铲台数确定露天矿生产能力。

采用式（38-37）～（38-40）计算。$M=450-150=300\text{m}$，$B=150\text{m}$，$H=12\text{m}$，$\theta=90°$，$\varphi=45°$，$\alpha=60°$，$L=1200\text{m}$，$L_0=750\text{m}$，$Q=135$万吨/(台·年)，则：

$$n=\frac{M}{1-\text{ctg}\theta\cdot\text{tg}\varphi}\times\frac{1}{B+H\text{ctg}\alpha}$$
$$=\frac{300}{1-\text{ctg}90°\text{tg}45°}\times\frac{1}{50+12\times0.577}=5$$

$$N=\frac{L}{L_0}=\frac{1200}{750}=1.6,\text{取2台}$$

$$A = nNQ = 5 \times 2 \times 135 = 1350 \text{万吨/年,或} 41000\text{t/d}$$

4）按运输条件验证露天矿生产能力。

$$\begin{aligned} A' &= A_0 n_0 q \\ &= 180 \times 6 \times 100 \times 0.9 \\ &= 97000 \text{ 吨/日(矿岩)} \end{aligned}$$

式中 A'——露天矿矿岩运输能力，吨/日；

A_0——限制区间的通过能力，$A_0 = 180$ 对/日；

n_0——每列车牵引车厢数，$n_0 = 6$ 辆/列；

q——每个车厢的装载量，$q = 100$ 吨 $\times 0.9 = 90$ 吨。

如按生产剥采比 $2\text{m}^3/\text{m}^3$ 计算，则矿石生产能力为 32000 吨/日。按 $1.5\text{m}^3/\text{m}^3$ 计算，为 38000 吨/日。

根据上述几种计算方法的结果知，该露天钼矿生产能力为从 32000 吨/日到 41000 吨/日，根据该矿水源条件和工业场地条件，矿山生产规模发展到 30000 吨/日，在技术上是可能的。由此得出矿山服务年限：前期 45 年，全部 70 多年。

38.4.5.2 地下矿山生产能力的确定

地下矿山生产能力的确定，在技术上主要取决于矿体规模产状、采矿方法、工艺设备和配套的辅助设施等。设计中常用的地下矿山生产能力计算方法主要有矿山开采年下降速度法、新阶段准备速度法和矿块布置法。

A 矿山开采年下降速度法

该法又分为垂直下降速度法和倾斜下降速度法。

a 垂直下降速度法

该法是根据矿山生产能力应与三级矿量和新阶段开拓准备速度相适应，确保回采掘进、充填、采空区处理等作业协调的原则，参考类似矿山开采下降速度指标，简捷计算矿山生产能力。其计算公式如下：

$$A = \frac{vS\delta\varepsilon_k}{1-e} K_1 K_2 E \tag{38-44}$$

式中 A——矿山生产能力，t/a；

v——矿山开采年下降速度，m/a；

S——矿体水平面积，m^2；

δ——矿石体重，t/m^3；

ε_k——矿石回采率；

e——废石混入率；

K_1——矿体倾角修正系数。当设计矿山与类比矿山的条件基本一致时，不需修正，当设计矿山矿体倾角大于类比矿山时，K_1 取 1.1～1.2，小于类比矿山时，取 0.8～0.9；

K_2——矿体厚度修正系数。当设计矿山矿体厚度大于类比矿山时，K_2 取 0.7～0.9，小于类比矿山时，取 1.1～1.2；

E——地质影响系数，一般 $E = 0.7 \sim 0.9$。

该法适用于较规则的单一矿体，矿体倾角大于 30°。一般情况下，均按一个阶段回采计算矿山生产能力，但也要考虑多阶段生产的必要性。此法适用于矿山规划、项目建议书阶段估算矿山生产能力，在可行性研究和初步设计阶段可作为验证计算矿山生产能力的方法之一。

b 倾斜下降速度法

此法实质与垂直下降速度法完全相同，只是下降速度指标不是按垂直下降计算，而是按倾斜下降计算。该法只适用于缓倾斜薄矿体和中厚矿体。计算公式如下：

$$A = \frac{v'R_1}{L} \times \frac{\varepsilon_k E}{1 - e} \tag{38-45}$$

式中 v'——倾斜下降速度，m/a；

R_1——阶段工业矿石储量，t；

L——阶段斜长，m；

其他符号含义同前式。

B 新阶段准备速度法[11]

地下矿山生产能力，可以通过对一个有代表性阶段的开拓采准工程所需全部时间进行计算，公式如下：

$$A = \frac{R_1 \varepsilon_k E}{tK_3(1 - e)} \tag{38-46}$$

式中 t——阶段开拓、采准所需总时间，a；

K_3——阶段开拓、采准所需超前系数，一般取1.1~1.5；

其他符号意义同前式。

公式（38-46）中的t值取决于开拓、运输、通风、排水方式和采矿方法等。新阶段开拓采准工程量根据开拓系统布置图及采矿方法标准图计算求得，然后按井巷工程掘进速度和可能同时工作的掘进面安排进度计划。

c 矿块布置法[11]

在编制地下矿山的可行性研究和初步设计时，确定矿山生产能力一般常用矿块布置法。该法是以矿块（包括矿房、矿柱）年出矿能力或平均日出矿能力，乘以年或日同时出矿的矿块数，再加上副产矿石量，求得矿山年产矿石量。按以下三种情况分别计算。

（1）一步骤回采。矿房矿柱采用一步骤回采时，如缓倾斜薄矿层壁式采矿法，厚矿体无底柱或有底柱进路采矿法，其生产能力按下式计算：

$$A = \frac{L}{l}K_4K_5A_k + A_f \tag{38-47}$$

式中 A_k——矿块平均生产能力，t/a；

L——各阶段（或分段）水平矿体有效长度，m；

l——矿块平均长度（无底柱分段崩落法一般4~6条进路为一个矿块），m；

K_4——矿体开采长度利用系数，一般K_4=0.7~0.9；

K_5——回采矿块利用系数，一般K_5=0.3~0.5；

A_f——采准、切割副产矿石量，t/a。

（2）两个步骤回采。即矿房矿柱分两个步骤回采（例如有色矿山使用胶结和砂充填分别回采矿房、矿柱），其矿山生产能力计算公式如下：

$$A = \left(\frac{L_1}{l_1}A_1 + \frac{L_2}{l_2}A_2\right)K_4K_5 + A_f \tag{38-48}$$

式中 A_1、A_2——分别为矿房、矿柱回采平均生产能力，t/a；

L_1、L_2——分别为各阶段水平布置矿房、矿柱的有效长度，m；

l_1、l_2——分别为每个矿房、矿柱（指顶柱和间柱）平均长度，m；

其他符号意义同前式。

(3) 盘区（或分采区）开采，（例如缓倾斜薄矿体、特厚矿体、分散的囊状矿体等），其矿山生产能力按下式计算：

$$A = \frac{L}{l_p}K_4(1 - K_6)A_p + A_f \tag{38-49}$$

式中 A_p——盘区平均生产能力，t/a；

K_6——盘区备用系数，一般取 $K_6 = 0.20$；

l_p——盘区平均长度，m；

其他符号意义同前式。

(4) 矿块布置法有关参数的确定。按矿块布置法验证矿山生产能力时，关键在于合理选择计算参数。设计中一般参考类似矿山的生产实际指标，并结合具体矿床的特点分析研究确定。这些参数主要有：矿块生产能力；有效矿块数；回采矿块利用系数；矿体开采长度利用系数；副产矿石量。

1) 矿块生产能力的确定。矿块生产能力主要取决于所选用的采矿方法和机械化装备水平及组织管理水平，但一般都根据同类型矿山实际的矿块生产能力指标资料分析选用。近年来由于矿柱回采多数矿山采用高效率深孔崩落法，使矿柱的回采效率基本接近矿房生产水平，在这种情况下，矿房、矿柱可采用综合平均效率，按一步骤回采方式验算矿山生产能力。

盘区开采生产能力是根据所采用的回采方法，以一个盘区内同时回采的工作面数量确定。如缓倾斜薄层盘区开采，一个盘区不宜超过四个工作面，即每翼为 1 ~ 2 个长壁工作面回采。厚矿体采用分段崩落法时，一个中段的回采分段为 2 ~ 3 个，不宜大于 3 个。采用阶段崩落法时，按单阶段回采考虑。

2) 有效矿块数的确定。根据选用的采矿方法，按标准矿块结构尺寸（当一步骤回采时，是指矿房或进路的结构尺寸，两步骤回采时，是指矿房和矿柱的结构尺寸），在矿体阶段平面图上（分段法在分段平面图上）C_1 级储量以上的矿体范围内布置矿块，然后按阶段或分段统计矿块数，统计时应剔除阶段边角不完整的矿块和因地质构造影响暂时不能回采的矿块数。

产量验证时，则根据阶段或分段中有效矿块数，按矿区开拓、采准、切割、回采关系，以及通风、运输的影响因素，确定同时开采的阶段或分段数，按年份统计阶段或分段同时开采的有效矿块个数。统计时应剔除前后上下重合不能同时回采的矿块。

开采中段或分段个数的确定，直接关系到各阶段同时开采的有效矿块数，设计应遵循“采掘并举，掘进先行”的原则进行合理权衡后确定。

一般情况下，一步骤回采的缓倾斜薄矿体，采取两个阶段进行回采、准备、切割，一个阶段进行开拓。厚矿体无底柱分段崩落法，采取一个分段回采出矿，一个分段凿岩，一个分段采准切割，下阶段进行开拓。对于极厚矿体也可两个分段同时回采，但上分段应超前下阶段25～30m。两步骤回采时，一般是一个阶段回采矿房，一个阶段回采矿柱，一个阶段进行开拓准备。

3）回采矿块利用系数。回采矿块利用系数，是指生产中同时回采出矿的矿块数与同期开采有效矿块总数之比值。有效矿块包括回采、采准、切割矿块。回采矿块包括大量放矿、局部放矿、存窿、凿岩、二次爆破和维修的矿块。采准、切割矿块包括采准、切割及生产探矿的矿块。

回采矿块利用系数与矿床地质条件、采矿方法、采掘比及生产组织管理等因素有关。一般回采矿块利用系数 $K_5=0.3\sim0.5$。

4）矿体开采长度利用系数。由于矿床勘探报告资料不可能完全反映地下资源情况，对于矿体产状、构造往往要经过生产探矿、采准切割才能摸清楚。既便是高级储量也允许有10%～30%的误差。因此，在计算矿山生产能力时，不能满打满算，要考虑地质因素的影响。金属矿山矿体开采长度利用系数 $K_4=0.7\sim0.9$，当矿体产状比较稳定，构造比较简单或地质勘探程度较高者，K_4 值取上限，否则取下限。

5）副产矿石量。采准、切割副产矿石量的大小，与所采用的采矿方法、矿体产状等有关。一般按副产矿石率计算。设计推荐金属矿山副产矿石率如下：薄矿体副产矿石率占矿山年产量6%～10%，厚和特厚矿体副产矿石率占矿山年产量10%～15%。

38.4.5.3　按经济因素确定矿山生产能力

按经济因素确定矿山生产能力的方法主要有三种。

A　最终产品计划需要量法[11]

我国国民经济各部门是有计划按比例发展的，为了满足国家或某一地区对黑色金属、有色金属、建材、化工等矿产品的需求，在设计任务中常常规定了最终产品需求量，因此设计需根据金属产品、化工制品、建材制品或合格品的需求量推算或验证矿山生产能力，计算公式如下：

$$A=\frac{A_m\beta(1+K_7)}{C_c\varepsilon_j(1+K_8)} \tag{38-50}$$

式中　A——矿山生产能力，t/a；

A_m——最终合格产品或制成品需要量，t/a；

β——最终合格产品或制成品的品位、有用元素或组分的含量,%；

C_c——采出矿石的品位,%；

ε_j——矿石加工时金属或有用元素总回收率,%；

K_7——备用系数，一般为10%～20%；

K_8——运输过程中的损失率,%。

此法适用于资源储量比较丰富，而提出的需求量相对较小的情况。

B　经济合理服务年限法[11]

按经济合理服务年限确定或验证矿山生产能力，计算公式如下：

$$A=\frac{R\varepsilon_k}{T(1-e)} \tag{38-51}$$

式中 A——矿山生产能力，t/a；

R——矿床工业矿石储量（但需减去永久矿柱损失和地质构造、断层等原因引起的矿量损失），t；

ε_k——采矿回收率，%；

e——废石混入率，%；

T——矿山经济合理服务年限，a。

使用此法时需注意：（1）当矿体延深大大超过走向延长，或呈密集脉状产出时，计算结果常常偏大，此时需用其他方法加以验证。（2）矿床可采储量规模很大时，尚需根据市场需求、建设资金、开采技术、建设速度等条件对矿山生产能力加以验证。该法适用于矿山规划阶段。

C 折现现金流量法

对一个矿山或几个矿山生产能力方案进行比较时，通常使用折现现金流量法。

为了较全面的对矿山生产能力方案进行经济评价，选用的评价指标必须考虑各方案整个经济寿命期的现金收支情况和货币的时间价值。折现现金流量法就是把各个矿山生产能力方案，在整个寿命期内不同年份的现金流量通过动态分析，然后进行对比评价，来确定矿山经济合理的生产规模，该法的主要评价指标有：内部收益率、净现值、净现值率。此外还必须考虑贷款偿还期。

矿山生产能力方案是综合性方案，所以在方案比较时，必须进行全部因素，包括各方案相同因素和不同因素的综合比较。采用折现现金流量法对不同生产技术条件的矿山生产能力方案进行技术经济评价，是一个比较完善的方法。

38.4.5.4 综合分析法确定矿山生产能力

综合分析法确定矿山生产能力是指在确定矿山生产能力时，综合考虑所有的因素，包括各种技术因素、经济因素和非技术经济因素。并在考虑分析过程中，紧紧抓住主要矛盾，辩证地处理各种有利与不利因素之间的关系，从而求得最佳的矿山生产能力的一种方法。

综合分析法确定矿山生产能力的一般工作步骤如下：

（1）检查落实资源储量规模、级别、图鉴、文字资料等是否符合勘探规范和设计要求；

（2）按采矿工艺条件，确定技术上可能的矿山最大生产能力；

（3）按市场需求量验证矿山生产能力。以避免产品滞销和低的生产能力利用率；

（4）按矿山外部建设条件验证矿山生产能力，包括电源、水源、交通运输等能否满足需要；

（5）落实大型矿山设备、关键的备品配件、大宗材料燃料等供应的可能性和可靠性；

（6）落实建设资金来源及贷款条件；

（7）对各方案进行技术经济比较和评价；

（8）综合分析比较，选出最优生产能力方案。

实践证明，在条件复杂的情况下，对矿山生产能力进行多方案比较时，用综合分析法确定矿山生产能力是最完善的。当然，不是所有的矿山生产能力方案都必须经过详细的方案比较后才能正确地定案。

38.5　经济合理剥采比的计算方法

38.5.1　经济合理剥采比的内涵

露天矿的经济合理剥采比（简称经济剥采比），是指开采露天矿最终分层时单位地质矿石量或单位原矿量在经济上允许分摊的最大岩石剥离量。其表示单位是 m^3/m^3、m^3/t 或 t/t。因此，经济剥采比以及其他剥采比（如生产剥采比、平均剥采比等）可分为地质经济剥采比和原矿（工业）经济剥采比两种。现有生产的露天矿因有计量条件，而常采用原矿（经济）剥采比。但设计露天矿时，则常用地质（经济）剥采比，因为可直接从地质剖面图上的岩矿面积、长度或厚度等的比例推算相应的剥采比。

地质剥采比 n_G 与原矿剥采比 n 的数量关系可简化为

$$n_G = K_l' n \tag{38-52}$$

式中　K_l'——露天采矿视在回收率,%。

经济剥采比的概念，是建立在露天矿最终分层的不同类型矿石储量比例、品位及其开采加工技术、经济条件等都大体上和整个矿床平均值[13]一致的基础上的，即只有在矿床各部分的地质、技术经济等要素基本稳定的情况下，才能有效地运用经济剥采比。如果这些要素的变化过大，则无法选取计算经济剥采比所需有代表性的（代表最终分层开采）基础指标数据，因而也不能根据计算的经济剥采比控制合理开采境界，而需要采用方案法或系统工程等其他方法。

38.5.2　需要计算经济剥采比的矿床赋存条件分类

38.5.2.1　*第一类矿床*

第一类矿床为开采方式的合理选择还不明确的矿床，即矿体延深很大，覆盖层较薄的矿床和赋存于平缓地区的水平或倾角甚小、延伸较长、覆盖层较厚的矿床，虽可预计在技术上上部可能采取露天、下部可能采取地下的联合开采方式，但对这种方式相对于整个矿床用地下开采方式的经济合理性，尚难直观判断。此类矿床还包括在技术上可以用地下或露天方式采完全部矿量的矿床，以及考虑是否应该延深到原定开采深度以下的现有露天矿矿床在内。

38.5.2.2　*第二类矿床*

第二类矿床是能明显判定只应采用露天方式开采部分或全部矿量的矿床。它又分为：

（1）在经济上只宜采取露天开采的矿床。如埋藏不深，覆盖层薄或无覆盖层的较厚和厚的矿床，以及矿产品现行价格低于地下开采成本的矿床等。

（2）在技术上只能采取露天开采的矿床。如各类地表砂矿床，高硫易燃、矿岩松碎破裂，已产生移动和表土含泥过多的矿床，涌水量很大的矿床，含放射性元素和氡气的矿床，以及对矿石分采、分运和配矿要求严格的矿床等。

38.5.3　经济剥采比的计算方法分类及其应用范围

国内外现有计算经济剥采比的方法繁多，可概括为两类：

（1）以比较露天地下开采方式为基础。上述第一类矿床需要进行露天和地下开采有关技术经济指标的比较，以选择对整个矿床而言，在经济上最有利的露天与地下开采的分界线，具体的计算方法有成本法（分原矿和产品成本法），储量盈利法和折算费用法等。

这一类计算经济剥采比的方法，大都应用于资源不甚丰富，或较稀缺、国家需要量大和矿产品价值较高的有色冶金工业、黑色冶金工业、核工业和化学工业等部门。

（2）以矿产品的某种价格或成本为基础。第二类矿床没有和地下开采比较的必要，需要另行选择其他经济指标作比较基础。具体计算方法有产值法，允许最高成本法和允许最低利润法等。

此类计算方法多用于资源丰富，容易满足国家需要和矿产品价值较低的建筑材料工业和某些非金属工业部门。

38.5.4 经济剥采比计算公式中采用的字母符号及说明

38.5.4.1 字母符号的含义

在列举经济剥采比主要计算公式之前，将各种公式中有关的技术经济指标的代表字母符号统一规定见表38-19。符号的右下标 l 和 d 分别代表露天和地下开采。为简化起见，在具体运算中将习惯用百分数表示的指标，一律改用小数表示。

38.5.4.2 指标说明

（1）表38-19中的指标选取，应和按有关公式计算经济剥采比所确定的最终露天境界分层的实际情况基本吻合（特别是其中的露天剥、采成本和运输成本应随深度而变），但须通过逐步试算和调整，才能达到。

所采用的指标虽理应反映矿山未来情况，但因预测未来有困难，故常假设现在采用的指标能符合未来的情况。

（2）产品成本法中的产品，指企业最终产品，即矿山只算到加工后的精矿或矿产品为止，而联合企业则应算到冶炼或加工成品为止。

（3）凹型露天矿矿石运距 L 应从最终分层算起，而剥离运距则取平均运距 L'，粗算时可取 $L=\dfrac{H}{\phi}$ 和 $L'=(0.35\sim0.40)L$，式中 H 为最终开采深度，ϕ 为运输线路平均坡度。此外，也可根据矿山生产统计数字，求得运费增值与 H 增值之间的线性回归方程式备用。地下开采成本指标，在一般开采深度（小于500m）下，假定不随深度变化。

但山坡型露天开采的山坡部分，随回采的下降，从开采水平到卸矿点的高差逐渐减少，运输成本也随之降低。

（4）露天和地下开采的排水费均由年产矿石量分摊。

（5）回采及剥离车间成本（a、b 和 c）中应按基本折旧率计提折旧费，不用规定的维简费用定额。

（6）一般情况下，露天与地下开采的原矿选矿处理车间成本相同，即 $d_l=d_d=d$，又如二者所产精矿品位相同（或相差甚小）时，则精矿价格相等，即 $P_l=P_d=P$，且其冶炼加工成本也可视为相等，即 $e_d=e_l=e$。

（7）基准投资效果系数 E_H 尚待国家统一规定，目前可暂按0.10～0.15计算。

38.5.5 地质经济剥采比计算公式汇编

目前国内外有关计算地质经济剥采比的主要公式见表38-20[14,15]。

38.5.6 各种计算方法的经济特征与适用条件

38.5.6.1 原矿成本法

A 经济特征

（1）按公式（38-53）确定的露天与地下开采分界线，能使全部矿床储量的原矿车间成本达最低值（相对于其他境界而言）。

（2）本方法建立在露天和地下的回采率与贫化率看成相等的基础上，或者说把二者的原矿品位视为相等。从有关公式可看出，不论产品成本法或储量盈利法，在上述条件下，最终都将简化成原矿成本法的计算公式。

B　适用条件

（1）因本方法所需基础数据最少，计算简捷，且数据易于在试算中调整，故一般适用于金属矿山和化工原料矿山的建设前期，如建设规划和初步可行性研究等工作中，但某些

表 38-19　经济剥采比计算所需指标的统一代表符号表

指标名称		计量单位	代号	
			露天开采	地下开采
地质勘探指标	工业矿石平均品位	%	α	α
	围岩含有用矿物品位	%	α''	α''
	矿石体重	t/m^3	δ	δ
	剥离岩、土体重	t/m^3	δ'	
回采指标	采矿实际回采率	%	κ_l	κ_d
	采矿实际贫化率	%	ρ_l	ρ_d
	采矿视在回采率	%	κ_l'	κ_d'
	原矿品位 $\alpha' = \alpha - \rho(\alpha - \alpha'')$	%	α_l'	α_d'
矿物加工回收率指标	选矿（或矿石加工）回收率 ε	%	ε_l	ε_d
	冶炼回收率 ε'	%	ε_l'	ε_d'
单位原矿产品产出率	计算到选矿（或矿石加工）为止 $R = \alpha'\varepsilon$	t/t	R_l	R_d
	计算到冶炼为止 $R' = \alpha'\varepsilon\varepsilon'$	t/t	R_l'	R_d'
单位原矿成本指标	采矿车间成本（含原矿运输）			
	露天（不含剥离）	元/吨	a	
	地下	元/吨		c
	剥离车间成本（含运输）	元/吨	b	
	选矿车间成本（含尾矿处理）d	元/吨	d_l	d_d
	分摊的冶炼车间加工费 e	元/吨	e_l	e_d
	分摊的企业管理费及销售费 f	元/吨	f_l	f_d
	单位原矿的计算销售成本 D（露天不含剥离）	元/吨	D_l	D_d
其他经济指标	产品价格 P	元/吨	P_l	P_d
	单位原矿的采、选、冶等固定资产含投资（露天不含剥离）	元/吨年	S_l	S_d
	单位剥离量的投资	元/吨年	S_b	
	基准投资效果系数	小数	E_H	E_H
	产品允许最高销售成本	元/吨	C_o	
	产品允许最低销售成本利润率	%	η	

表 38-20　地质经济剥采比主要计算公式汇总表

矿床类别	露天开采比较对象	计算方法	开采露天最终分层的经济要求	计算公式（单位：m^3/m^3）	公式编号
第一类矿床	地下开采经济指标	原矿成本法	单位原矿开采车间成本等于地下开采成本	$n_{GE}=\frac{\delta k_l'}{\delta' b}(c-a)$	(38-53)
		产品成本法	单位矿产品销售成本等于地下开采成本	$n_{GE}=\frac{\delta k_l'}{\delta' b}\left(\frac{R_l D_d}{R_d}-D_l\right)$	(38-54)
		储量盈利法	单位矿石储量的开采盈利等于地下开采盈利	$n_{GE}=\frac{\delta}{\delta' b}[P(k_l'R_l-k_d'R_d)+(k_d'D_d-k_l'D_l)]$	(38-55)
		折算费用法	单位矿产品的折算费用等于地下开采折算费用	$n_{GE}=\frac{\delta k_l'}{\delta'}\left[\frac{\frac{R_l}{R_d}(D_d+E_HS_d)-(D_l+E_HS_l)}{b+E_HS_b}\right]$	(38-56)
第二类矿床	其他经济指标	产值法	单位矿产品的销售收入等于其开采加工成本	$n_{GE}=\frac{\delta k_l'}{\delta' b}(R_lP-D_l)$	(38-57)
		允许最高成本法	单位矿产品的销售成本等于预定的允许最高成本	$n_{GE}=\frac{\delta k_l'}{\delta' b}(R_lC_o-D_l)$	(38-58)
		允许最低利润法	单位矿产品的销售成本等于预定的允许最低利润	$n_{GE}=\frac{\delta k_l'}{\delta' b}[R_lP-D_l(1+\eta)]$	(38-59)

属于第一类型的非金属矿床的设计，甚至在可行性研究和初步设计中，也习惯于采用本法（如石棉矿）。

（2）矿床的露天与地下开采的回采率和贫化率相差很小时，本方法可适用于任何设计阶段。

38.5.6.2　*产品成本法*

A　经济特征

（1）按公式（38-54）确定的露天开采境界，可使开采矿体全部储量所获产品的销售成本达最低水平（对其他境界来说）。

（2）突出地反映了不同开采方式的贫化率的差别，即原矿品位的差别。至于两种开采方式的精矿品位和选矿、冶炼回收率的差别，也都产生于贫化率的不同。但此法完全没有反映二者回采率的差异。

当露天和地下开采的贫化率的差异不足以引起精矿品位及选冶回收率的差异，并且围岩不含矿时，公式（38-54）可变为

$$n_{GE}=\mu\left[\frac{(1-\rho_l)D_d}{1-\rho_d}-D_l\right]\tag{38-60}$$

式中　$\mu=\frac{\delta K_l'}{\delta' b}$。

这即是说，在前述条件下，单金属（元素）矿床采用产品成本法计算 n_{GE} 时，矿石地质品位不必参与计算。不难证明，在同样条件下，即使是多金属（元素）矿床，也可以撇开品位因素，即不必进行原矿的综合换算品位的计算，直接运用公式（38-60）即可，这就简化了计算手续。但在相同条件下，若围岩含矿，则矿石地质品位仍须参与计算。

B　适用条件

（1）当露天、地下开采的回采率差别很小，而贫化率相差悬殊足以引起产品成本的差异时，宜采用本法。如因贫化率的不同而引起精矿品位，甚至选、冶回收率的变动时，以及在个别情况下，足以影响原矿要不要选矿（例如磷原矿品位达 24% P_2O_5 时，可不选矿）问题时，则更以采用本法为合理。

（2）当矿产品法定价格偏离价值过多，不宜采用储量盈利法时，宜采用本法。

（3）常用于可行性研究或初步设计中。

38.5.6.3　储量盈利法

A　经济特征

（1）按公式（38-55）确定的露天开采境界，可使矿体全部储量的开采盈利多于原矿成本法和产品成本法，同时所回收的有用矿物的总量也最多。

（2）公式（38-55）展开后，可全面反映露天、地下回采率和贫化率之差别。当原矿品位的变化引起二者所产精矿（或商品矿石）质量的不同时，也可通过本法所采取的产品价格的差别上体现出来。

（3）本方法算得的经济剥采比由两部分构成。设围岩不含矿，则公式（38-55）可分解为：

$$n_{GE} = n_a + n_b$$

$$n_a = \frac{\delta P}{\delta' b}(K_l' R_l - K_d' R_d)$$

$$n_b = \frac{\delta}{\delta' b}(K_d' D_d - K_l' D_l)$$

其中 n_a 为因露天开采单位矿石储量的产值高于地下开采而允许增加的剥采比（主要由于回采率较高），n_b 则为因露天成本低于地下而允许增加的剥采比。一般情况下 $n_b > n_a$。

（4）此法计算值对产品价格的变化很敏感，特别是高价产品。

B　适用条件

（1）露天、地下开采的贫损指标均有显著差异的矿床，特别是资源稀缺和矿产品价值很高，而价格基本符合其价值的矿床，采用本方法确定经济剥采比最为合理。目前，本方法较多地用于有色、黑色冶金工业和化学原料开采工业。

（2）此法所需数据较多，宜在矿床勘探程度较好和矿石加工试验资料较为详实的条件下采用，故多用于可行性研究、初步设计中以及生产的露天坑延深方案研究中。

38.5.6.4　折算费用法

A　经济特征

折算费用即单位原矿的计算销售成本 D 与按基准投资效果系数折算成同一量度的投资费用 $E_H S$ 之和，即 $D + E_H S$（S——投资），其性质类似“年成本”，但年成本为动态指标，折算费用为静态指标。折算费用法本质上同产品成本法，但多一个投资因素，此其优点。按本法确定的露天、地下开采界线，可使全部矿床储量开采的总折算费用为最少。

B　适用条件

本方法需要有一个法定的基准投资效果系数 E_H。我国目前尚无明文规定的这项指标，加上习惯因素，对第一类矿床，一般只限于采用成本法和储量盈利法来确定 n_{GE}，至今还少有采用此法的。如国家今后颁布法定的 E_H，则本法可能因有反映露天和地下开采投资的差异的特点，而被作为成本法的一种改进方法予以运用。

38.5.6.5 *产值法、允许最高成本法和允许最低利润法*

A 经济特征

公式（38-57）、（38-58）及（38-59）的经济实质相同，即都采用某个经济指标作为允许的最高成本值，以保证整个露天矿开采范围内的产品成本低于预定值。

B 适用条件

这三种方法一般适用于无地下开采条件和矿石价值不高，而要求开采成本低的矿床。有几个特殊情况应予说明：

（1）冶金工业部门某些用作熔剂或地下开采充填骨料的石灰岩、白云岩、硅石等附属露天采矿场，一般采用产值法的 n_{GE} 确定露天境界，n_{GE} 一般为（1～1.5）m^3/m^3。但地质及建材部则明文规定石灰矿“覆盖层及夹层之总量和矿石总量之比不大于 $0.5m^3/m^3$，且把它作为露天矿平均剥采比之极限值，并结合可供开采的年限圈定开采境界”。但因石灰岩资源丰富，选择矿段的余地很大，故几乎全部水泥厂的石灰岩采场的平均生产剥采比低于 0.2 甚至 $0.1m^3/m^3$，远低于一般计算值 $1～1.5m^3/m^3$。这就是一般不采用公式求 n_{GE} 的主要原因。

某些低品位金属矿床，经济上不允许用地下开采，若露天开采可行，也可采取上列三种方法之一求 n_{GE}，圈出部分有盈利的储量供开采。

（2）当考虑现有水泥厂、氧化铝厂等的持续生产问题时，如工厂附近只剩下一些露天开采条件差的矿床，因而产生在外地开发新矿床，或外购矿石，或就近开采条件差的矿床等方案时，则在应用产值法确定本地和外地矿床经济剥采比的计算中，矿石运输到厂的费用差别，可能成为重要的因素。

38.5.7 经济剥采比计算实例

实例 湖北省大冶县铜绿山铜铁矿Ⅰ、Ⅱ号矿体扩帮延深的经济剥采比研究[16]。该矿体上部露天采场的原施工图设计的最终开采深度定为 -124m 水平，按投产后第 10 年（1979 年）年底保有储量计算，只能采到 1986 年年初。露天矿消失的能力，将由第二期建设的地下开采（胶结充填采矿法）来弥补。故地下二期工程必须在三四年内建成投产。但因当时资金不足，该工程暂未列入国家计划，矿山如何保证持续生产，成为亟待解决的问题，矿山考虑到Ⅰ、Ⅱ号矿体的矿量有所增加，以及现有设备和人力等有利条件，要求原设计单位研究合理延深露天开采深度问题，使地下二期工程推迟几年，以缓和资金筹措问题。

计算延深部分的经济剥采比所需基本数据见表 38-21。

地质经济剥采比的计算步骤和露天延深深度的确定如下：

（1）计算原矿的综合换算品位。由于是多种类型矿石的多金属矿床，故应先按 38.3.6.1 综合品位换算法中所述的等值换算原理，并考虑各种类型矿石储量占总储量的比重和选择硫化铜铁矿中的铜作为主元素，计算不同开采方式的原矿综合换算品位如下：

1）露天开采

表 38-21 经济剥采比计算所需基本数据表

序号	指标名称	单位	露天开采				地下（胶结充填法）开采			
			单铜矿	铜铁矿	单铁矿	合 计	单铜矿	铜铁矿	单铁矿	合 计
1	现有露天坑延深至 -148 ~ -173m 水平地质矿量比例									
	氧化矿	%	7.18	29.23	1.05	37.46	7.18	29.23	1.05	37.46
	硫化矿	%	3.94	58.60		62.54	3.94	58.60		62.54
	合 计	%	11.12	87.83	1.05	100	11.12	87.83	1.05	100
2	工业矿石品位									
	氧化矿 铜	%	1.91	0.72			1.91	0.72		
	铁	%		50.53	53.17			50.53	53.17	
	硫化矿：铜	%	1.25	1.44			1.25	1.44		
	铁	%		46.54				46.54		
3	体重：矿石	t/m³				3.50				3.50
	岩石	t/m³				2.60				2.60
4	采矿回采率：实际	%				97				95
	视在回收系数					1.0211				1.0215
	采矿贫化率（围岩不含矿）	%				5				7
5	原矿品位									
	氧化矿：铜	%	1.815	0.684			1.776	0.670		
	铁	%		48	52.51			46.99	49.45	
	硫化矿：铜	%	1.188	1.368			1.163	1.339		
	铁	%		44.21				43.28		
6	选矿回收率									
	氧化矿：铜	%	86	82			86	82		
	铁	%		60	不选矿			60	不选矿	
	硫化矿：铜	%	93	93			93	93		
	铁	%		70				70		
7	精矿品位									
	氧化矿：铜精矿含铜	%	16	16			16	16		
	金/银	g/t	8/50	8/50			8/50	8/50		
	铁精矿含铁	%		65				65		
	铁矿石含铁	%			52.51				49.45	
	硫化矿：铜精矿含铜	%	20	20			20	20		
	金/银	g/t	10/60	10/60			10/60	10/60		
	硫	%	20	20			20	20		
	铁精矿含铁	%		65				65		
8	产品价格									
	铜精矿（含铜、金、银、硫）									
	品位 16% Cu	元/吨铜				5300				5300
	品位 20% Cu	元/吨铜				5460				5460
	铁精矿（品位 65% Fe）	元/吨铁				111.54				111.54
	铁矿石	元/吨铁				55				55

续表 38-21

序号	指标名称	单位	露天开采				地下（胶结充填法）开采			
			单铜矿	铜铁矿	单铁矿	合　计	单铜矿	铜铁矿	单铁矿	合　计
9	单位成本									
	采矿（露天不包括剥离）	元/吨				3.24				25
	剥离	元/吨				2.08				
	选矿	元/吨				11.04				11.04
	企业管理费及销售费									
	铜精矿含铜一吨	元/吨铜				300				300
	铁精矿含铁一吨	元/吨铁				0.80				0.80
	铁矿石含铁一吨	元/吨铁				0.60				0.60

$$
\begin{aligned}
\text{氧化矿 } \alpha_0' &= \frac{1}{\varepsilon_1 P_1}\sum_{i=1}^{n}\alpha_i\varepsilon_i P_i \\
&= \frac{1}{0.93\times 5460}(0.0718\times 0.01815\times 0.86\times 5300+0.2923 \\
&\quad \times 0.00684\times 0.82\times 5300+0.2923\times 0.48\times 0.60\times 111.54 \\
&\quad +0.0105\times 0.5251\times 1.00\times 55) \\
&= \frac{24.32}{5078}=0.00479=0.479\%\,\mathrm{Cu}
\end{aligned}
$$

同样可求得硫化矿的 $\alpha_s'=1.247\%\,\mathrm{Cu}$。

故露天最终分层的氧化矿与硫化矿换算为硫化铜铁矿中的铜的综合品位为 $\alpha_l'=\alpha_0'+\alpha_s'=1.726\%\,\mathrm{Cu}$。

2）地下开采。用相同方法求得 $\alpha_d'=(0.469+1.220)\%=1.689\%\,\mathrm{Cu}$。

（2）计算每吨原矿的综合折铜产出率、产值与成本指标。

这些指标均应按主金属的选矿回收率和价格计算，结果见表 38-22（详算过程从略）。

表 38-22　折算指标表

序　号	单位原矿折算指标	计算单位	露天开采	地下（胶结充填法）开采
1	综合折铜产出率	t/t	0.01605	0.01571
2	综合折铜产值	元/吨	87.634	85.774
3	采运成本	元/吨	3.24	25.00
4	全部采选综合成本①	元/吨	17.690	39.379

①计算到销售成本，露天开采不含剥离费。

（3）按照第一类型矿床常用的三种方法求地质经济剥采比。

1）原矿成本法，按公式（38-53）计算：

$$n_{CE}=\frac{3.5\times 1.0211}{2.6\times 2.08}\times(25-3.24)=14.38\mathrm{m^3/m^3}$$

故原矿经济剥采比 $n_E=\frac{n_{GE}}{K'_l}=\frac{14.38}{1.0211}=14.08\text{m}^3/\text{m}^3=10.46\text{t/t}$

2）产品（铜精矿含铜）成本法，按公式（38-54）计算：

$$n_{GE}=\frac{3.5\times1.0211}{2.6\times2.08}\left(\frac{0.01605\times39.379}{0.01571}-17.69\right)=14.9\text{m}^3/\text{m}^3$$

$$n_E=\frac{14.9}{1.0211}=14.59\text{m}^3/\text{m}^3=10.84\text{t/t}$$

3）储量盈利法，按公式（38-55）计算：

$$n_{GE}=\frac{3.5}{2.6\times2.08}[5460(1.0211\times0.01605-1.0215\times0.01571)$$

$$+(1.0215\times39.379-1.0211\times17.69)]$$

$$=1.2045+14.3433=15.55\text{m}^3/\text{m}^3$$

$$n_E=\frac{15.55}{1.0211}=15.23\text{m}^3/\text{m}^3=11.31\text{t/t}$$

（4）设计延深深度的确定。设计采用储量盈利法计算的地质经济剥采比为15.55m^3/m^3（原矿成本法和产品成本法的计算值只用于分析比较）。据专门的岩矿量计算资料，该矿体-149～-161m延深的平均境界剥采比为 $n_K=15.26\text{m}^3/\text{m}^3$，平均剥采比为 $n_A=13.37\text{m}^3/\text{m}^3$，而-161～-173m水平的 $n_K=19.69\text{m}^3/\text{m}^3$。$n_A=14.62\text{m}^3/\text{m}^3$，照理应选择延深至-161m的方案，但考虑到露天矿如果只延深到该水平，其底部将留下高36m之底柱（矿量62万吨），要从坑内-185m或-245m中段采出，因段高太低或过高，将给地下开采在技术上和经济上带来不利因素；而且露天矿的扩帮宽度仅20～25m，扩帮技术条件也差于延深到-173m水平方案（底部平均宽度大于30m）。其次，延深到-173m，其增加的储量可供露天开采约三年之久，加上-149m以上的剩余产量，足可供开采六年以上，这就为缓和二期地下工程建设创造了必要条件。第三，-161～-173m分层的 n_A 为14.62m^3/m^3 也低于 $n_{GE}=15.55\text{m}^3/\text{m}^3$，在经济上仍有所盈利。经综合权衡上列各方面因素后，设计确定露天矿延深到-173m水平的方案。

38.6 露天与地下开采方法选择

38.6.1 正确选择露天与地下开采方法的重要意义

矿床开采方法的比较和选择，是一项复杂的综合性技术经济工作，也是矿山建设中一个重大原则方案问题，因为开采方法的选定，既构成矿山建设的技术骨架，又决定着矿山未来生产和经济效益的基本面貌。实践工作表明，开采方法选择正确合理，符合矿床实际，就能使矿山顺利地进行建设和生产，获得稳定、高效和好的经济效益，为矿山基础工业的生产和发展作出应有的贡献。如开采方案选择不当或失误，则会造成矿山生产上的被动局面和经济上的重大损失，严重的则会影响国家的生产建设计划。

露天与地下开采方案在基建投资、生产成本、建设工期、资源回收利用、劳动生产率及占地面积等方面都有较大的差别，有的还引起相关费用的差异。因此，在进行开采方法选择中，必须根据我国的国情、国力和国策，从矿床和矿山的实际情况出发，充分研究分析各种影响因素和条件，总结实践经验，采用先进技术，因时因地制宜地拟定多个开采及主要技术方案，进行全面细致的方案比选和综合评价工作，从中选定综合经济效益最佳的开采方法，这对于发展我国的矿山基础工业和经济建设都具有重要的意义。

实践经验表明，努力提高对矿床地质和矿山建设的规律性的认识，使主观和客观一致；努力提高矿床开发的经济效益，把速度与效益，数量与质量统一起来，这对保证开采方案的合理选择具有特别重要的作用。

38.6.2 开采方法方案比较的条件

在矿床开采设计的实际工作中，通常遇到下列三种情况：

（1）根据矿床的赋存条件、地形特征及技术经济条件，能很明显的看出只能用露天开采，如某些出露地表、埋藏不深的缓倾斜或水平矿床，以及沉积矿床等；

（2）矿床的埋藏深度很大，覆盖层又厚，用露天法开采很明显的不合理，只能用地下开采，如某些埋藏很深、矿体厚度较小的急倾斜矿床及盲矿体；

（3）矿床的全部或大部既可用露天开采也可用地下开采；或者矿床的上部用露天开采或地下开采都有可能，而其下部只能用地下开采。

在第三种情况下，就需要进行露天与地下开采方法的选择，并确定露天开采的经济合理境界。

露天开采和地下开采各有特点。但在较多的情况下露天开采一般优于地下开采，主要表现在：资源回采率高，采出矿石质量好，作业灵活性大，机械化程度和劳动生产率高，达产速度快，劳动条件及安全条件好等。但露天开采的主要问题是，当矿床埋藏较深，地形条件复杂时，就需要剥离、排弃大量的表土和废石，相应地要求凿岩铲装、运输等设备的数量多而规格大，占地面积也多，从而投资大，剥离费用高，有时还存在环境保护的问题，由此可以看出基建剥离量和生产剥采比的大小，对采用露天开采具有重大的影响。地下开采虽然不要进行表土和废石的剥离、排弃工作，但一般需要进行大量的井巷开拓工程和采矿准备工作。地下开采由于受工作环境和作业条件的限制、机械化装备水平和劳动条件不如露天，但基建投资一般低于露天。若在某些特殊地质条件下：如矿体中有足以引起火灾的易燃矿物时；或矿体破碎程度剧烈及地压力大时；或水文地质复杂及涌水量很大时；或矿体含有较高的游离二氧化硅及其他有害气体（如氡）时，地下开采就需要采取安全防范措施，因而要增加较多的投资和采矿成本，并使生产管理工作复杂化。这些条件对采用地下开采会产生不良影响。

由于影响露天开采和地下开采的各种因素、条件错综复杂，程度不一，不易明显判断哪一个开采方法具有显著的技术优越性和经济合理性，这就必须进行详细的方案比较和综合分析评价工作，全面权衡方案的优劣和取舍。

38.6.3 开采方法方案比较的基本原则和方法[17]

38.6.3.1 认真落实建设条件

矿床开采方式的选择和建设，有几个主要特点：

（1）要与地下资源打交道。而矿床资源赋存条件及其地质构造特征，矿石工业类型及矿石品位分布状况，矿石和围岩的物理机械性质，矿石质量及其加工技术性能、水文地质及工程地质条件等，这些条件在矿体未揭露以前，通常具有一定的隐蔽性和复杂性，往往导致设计人员在对它的认识上有一定的模糊性和不确切性。

（2）矿床的开发建设与外部条件有多方面的联系和制约关系。外界条件的变化，对其正常的建设和生产影响很大。

（3）矿床的开采及其相应项目的建设（形成完整的生产能力）所需的投资多，经营费高，基建时间长，而各项建设方案均须事先确定，如果条件不落实，定案不准，将会造成局部或整体的经济损失，难于弥补。

这些条件和特点，要求设计工作者必须深入实际，认真调查研究和落实各项建设条件，把开采方案和矿山建设建立在可靠基础上。

38.6.3.2 坚持多方案比较

坚持多方案比较，是防止主观片面，实现方案最优化和保证决策质量的先决条件之一，也是设计工作的一条基本经验。只有坚持适度的多方案比较，即既不进行多余的方案比较，又不缺漏最优方案，才能达到方案数量和质量的统一。

多方案比较是多因素、多条件、多变量的不同组合方式的比较，故能客观地反映各方案的不同技术、经济特征，有利于横向综合评价，从中择优。当最优方案受到某些因素的限制而难于采用时，可以退而求其次，改用其他比较经济而又现实可行的方案。还可以通过诸方案的因素变化对经济效果影响分析，找出某些经济规律，或者据此取长补短，重新组合效果更优的方案。

38.6.3.3 因时因地制宜

矿床开采和矿山建设的自然条件和经济条件，是客观存在和相对不变的，不随人的意志而转移。但是各项建设方案都是人为的和相对可变的。不同开采方式及其开拓运输方案等的经济效果和现实可能性的差别，在极大程度上取决于其因时因地制宜程度的差别。因此，矿山的建设方案及开采方式的选择，都必须从当时（有时还要考虑今后一段时间）的国情、国力、国策和矿山以及建设方案的实际情况出发，充分挖掘、利用客观条件的优势，实事求是地寻求综合经济效益最优的建设方案，这就是因时因地制宜的原则，它应成为设计经济工作的指导思想，也是设计人员充分发挥主观能动性和创造性工作的具体表现。

38.6.3.4 方案比较力求全面完整

矿床开采方法的方案比较有三个要点：一是要达到必要的完整性；二是要有正确的指标数据和计算、分析方法；三是要有正确的评价标准。这里只谈比较的完整性问题。

方案比较的完整性的含义是，对比各方案间的全部差异所引起的全面影响。简而言之，即差异到哪里，就比较到哪里，所谓全部差异的全面影响，从开采方案比较来说，有下列三个方面的内容：

（1）按影响的性质可分为技术的、经济的、社会的影响；

（2）按影响的范围可分为方案本身的和相关部分的影响，亦即由本方案所引起的全面影响。在较多的情况下，相关部分的影响，一般可算至一级相关为止。

（3）按影响的时间性可分为静态的和动态的，近期的和远期的影响。在露天与地下开采方法比较中，往往由于矿石贫化、损失率相差较大，引起矿石质量（出矿品位）有较大的差别，从而影响相关部分生产环节的增减和经济效果的变化。如某些富铁矿采用露天开采，则矿石可以直接入炉或烧结入炉冶炼。若采用地下开采，因贫化率高，出矿品位下降，则需选矿、烧结方能入炉冶炼，从而使采矿以后的选烧等生产环节及相应的水、电、运输等项目的增加，因而增加相关部分的投资和经营费。如方案比较仅计算矿石产品（富矿块或精矿）为止的差别，显然就未能全面反映必须增加的相关部分的各项费用，这就未达到应有的完整性，因而必须计算到生铁产品才合理。某些富磷矿及其他矿种也有类似的情况。

在进行一些复杂的综合性方案比较时，尤其要达到必需的广度和深度，即完整性，以避免简单化或片面性，因为方案比较达不到应有的广度和深度，往往不能全面地客观地反映方案间的全部差异。由于不同层次和范围的比较结果不尽相同，有时甚至相反，所以对方案比较的广度和深度应有一定的要求，才能得出正确结论。如果失之过简或不全，就不能保证方案的质量，甚至会导致方案决策失误。

38.6.3.5 *方法和步骤*

开采方法方案比较的方法，应能保证方案比较的完整性，可比性和准确性，全面地如实地反映方案的经济效益和优缺点。

方案比较的方法步骤，一般分为三个阶段，即拟定（研究）方案阶段；方案比较阶段和推荐（定案）方案阶段。拟定方案阶段，主要是强化方案研究，因时因地制宜地拟定多种可行的方案，通过深入细致的研究分析和初步筛选，淘汰那些明显不合理的方案，并进一步充实完善几个优选方案，这是做好方案择优和提高经济效益的重要环节。方案比较阶段主要是对形成完整生产能力的几个优选方案及其配套方案，进行具体的技术经济计算和全面的比较分析，选定一两个综合经济效益最佳的方案。推荐方案阶段，就是对推荐方案进行深入的分析论证和综合评价，提出结论性的意见、为定案决策提供科学论据。

值得注意的是，在露天与地下开采方法的比较选择中，本身就有各自的多方案比较，如多种开拓运输方案（有时须结合选矿厂厂址进行），采矿方法方案，采矿工艺方案，通风、排水方案以及露天开采境界方案和废石场方案等。这些方案都需通过多方案的比较和筛选，挑选各自的最优方案，而后组合起来再进行露天与地下两大开采方法方案的综合比较。只有坚持进行这种多项目的方案初选和方案择优，才能评选出客观上的最佳方案，保证方案决策的正确性。

38.6.4 开采方法方案比较的范围及应注意的几个问题

38.6.4.1 *应以全部储量作为比较基础*

露天与地下开采的方案比较应以采完矿床全部工业储量为基础，才能如实地完整地反映开采方案的全部差异。如果仅比较其中的一部分工业储量或以不同部分的工业储量来比较，则比较基础不完整或缺乏可比性，就可能导致错误结论。例如在矿床全部工业储量中，露天开采范围内若有部分挂帮及边角矿量需要采出，或地下开采需要回采一部分零星矿量时，就要增加相应的开采投资和采矿费用，如不采取措施进行回采，这部分矿量就要变成损失。只有这样，才能如实地完整地反映这部分矿量在开采方法方案比较中所引起的全部差异。同样，如露天开采或地下开采能顺便采出主矿物工业储量以外的有工业价值的其他有用矿物以及可以利用的表外矿石时，这部分可以综合利用矿石的处理费用和产出价值也应该计算到开采方法方案的比较中去，以全面反映方案的全部经济效益及其差别。

38.6.4.2 *必须计算开采全储量的所得和所费*

如前面所述，既然矿床开采方案比较应以全部工业储量为比较基础，因此，开采方案比较的建设投资、生产费用及各项指标，也应该计算到采完全部工业储量为止的全部费用以及引起的相关部分的全部费用，而不能只计算达到设计产量时所花的投资和费用（实际上是部分投资和费用）。只有计算到以采完全部工业储量为止的全部所费和所得，才能客观地全部地反映两个不同开采方案采出、加工的矿石量直接或间接所引起的主要生产、辅助生产及民用福利设施的全部工程量和相应的全部投资。同时也决定着劳动工资、物料、能源等消耗量和年度生产费用以及企业的产品产量、生产成本和盈利水平。如矿床开采采取分期建设方式时，也应该计算前、后期总的全部投资和费用，只不过是先分别计算前期和后期的投资和费用而后再综合而已。

38.6.4.3　分别计算各方案的折旧费

露天与地下开采方案的建设投资总额（包括流动资金）一般相差较大，其投资结构（一般分为剥离、开拓工程、建构筑物工程，设备及安装工程、工器具工程及其他费用）也有差别。因此，形成的固定资产的折旧费应有差异。为了如实地正确地反映这部分差异，保证方案比较的质量，故在方案比较中应根据国家规定的固定资产的分类折旧年限或基本折旧率，分别计算各方案的固定资产折旧费，而不能使用按矿石产量提取的相同的“维简费”。但在设计和生产企业的采矿车间成本中按规定提取“维简费”，则是另一回事，两者并不矛盾。

根据露天矿与地下矿的生产特点及其投资结构，基建剥离工程或井巷开拓工程投资，一般按服务的矿石量分摊基本折旧费；设备及安装工程投资和工器具投资则按其使用年限（或折旧年限）分类分别计提折旧费；建构筑物工程投资（如生产厂房、废石场、道路工程、水池等）可分别按矿山生产服务年限或所服务的矿石量计提折旧费。

38.6.4.4　在不同的规模上比较

在露天与地下开采生产规模方案比较中，通常习惯于按相等的年（日）采出、加工的矿石量来计算，认为这具有“在同等基础上比较”的基础，方案比较的工作量也较小。但在实际工作中，依据一些矿床开采强度计算的实际可能的露天或地下开采的生产规模，往往是不相同的。为了如实地反映这种规模差别，就应该按不同的生产规模来进行比较，从中选择综合经济效益最佳的开采方案，而不应人为的把规模搞成相等，也不应拘泥于“在同等基础比较”的做法，而使方案比较失去真实性和经济合理性。如果说开采规模方案要具有“同等基础”，正如前面所述，矿床开采方案比较的前提，是以采完矿床全部工业储量为基础，这个基础本身就是最基本的“同等基础”，是具有可比性的，只不过方案计算的工作量较大，对比分析比较复杂而已。

38.6.4.5　宜于用露天开采的条件

露天开采比地下开采具有较多的优点。根据我国金属矿山开发的生产实践，从我国当前技术、经济发展水平和矿山管理水平来看，在开采方法方案选择中，在下列条件下宜于选用露天开采：

（1）当露天与地下开采方案在总体经济效益上大体相等；或露天开采的投资效果指标虽略低于地下开采时；

（2）当露天采出的矿石质量可以直接作为商品（合格）矿石出售，或可直接（或烧结）入炉冶炼，而地下采出矿石必须进行选矿才能达到质量要求时；

（3）当矿床上部主矿物品位较高，露天开采还可附带采出可综合利用的其他有用矿物或低品位矿石；或露天开采可采取分期扩帮或陡帮开采方式，以推迟或减少基建剥离量并能降低初期剥采比，因而前期露天开采的经济效益显著地高于地下开采时（虽总的经济效益两者相差不大）；

（4）当矿石品种严格要求分采分运，或对矿石质量、规格有特殊要求（如铝土矿对铝硅比及配矿的要求，石棉矿对纤维长度及长棉比例的要求等），而地下开采难以达到要求或在经济上明显不合理时；

（5）当地质条件非常复杂（如矿岩易燃发火、矿岩破碎、地压大、涌水量大，含有较高的自由硅，及其他有害气体等），用地下开采在技术上有较大困难，在经济上花费过大，并使管理工作复杂化，而露天开采在这几方面具有较明显的效果时。

38.6.5 开采方法方案比较实例[18]

桐柏银矿区属于低山丘陵带，地形西北高，东南低，山坡坡度一般在15°左右。

该矿属混合岩化热液矿床。已探明11个矿体，走向长约2800m，垂直分布于－160m以上。主矿体走向长约2000m，垂直分布于－70m以上。各矿体在不同程度上出露地表，露头最高为306m，最低为207m，侵蚀基准面标高210m。

主矿体含矿层为变粒岩夹碳质绢云母石英片岩，石英片岩，斜长角闪片岩。中等稳固。近矿围岩主要为绢云母石英片岩，局部地段为黑云母变粒岩。顶盘围岩稳固，底盘围岩稳固至中等稳固。

矿石中有用矿物有方铅矿、闪锌矿、黄铁矿及少量黄铜矿等硫化矿物，含银矿物以辉银矿、自然银为主，深红银矿、银金矿次之。金属矿物占矿石中矿物量10%，脉石矿物占90%。

矿石工业类型有氧化矿（银矿石），混合矿及原生矿（银铅锌及铅锌矿）三种。氧化矿石占全矿储量的12.5%，主要赋存于矿床上部，其氧化深度一般为37～58m，平均为52m。

矿体上部老硐、古坑较多，一般均在210m标高以上。

矿山设计规模为600吨/日（控制性工程为800吨/日）。露天开采与地下开采方案的基本情况如下：

（1）露天开采方案。露天开采的经济合理剥采比为12.2m^3/m^3，平均剥采比为11.36m^3/m^3或10.9t/t，矿山计算年的年均生产剥采比为10.35m^3/m^3或9.88t/t。

露天采剥矿岩总量为1383万立方米，其中剥岩量为1271万立方米或3305万吨。基建剥离量为235万立方米（其中附产氧化矿10.76万立方米或27.55万吨）。采出矿量112万立方米或303万吨，其中氧化矿73.9万吨，混合矿及原生矿229.1万吨。采出矿量占总矿量的44%，尚余56%矿量转为地下开采。

为了改善露天开采初期经济效果，生产前六年氧化矿每年处理量控制在2万吨左右，银的品位在200g/t以上，其余氧化矿（约56万吨）需送往储矿场暂时堆存。

该矿地形平坦，采用汽车运输开拓。210m以上为山坡露天，各台阶有通往选矿厂和废石场的临时出入沟和线路。210m以下为凹陷露天，采用顶盘折返坑线，东西端均有单独的出入沟。最终边坡角为48°～52°。固定坑线的平均坡度为6.5%。整个服务年限内平均运距：矿石1.8km，废石1.04km。

工作面选用YQ-150A型潜孔钻机，W1-1002型1m^3电铲采矿装车，QD-351型黄河牌自卸汽车运输，W-4型4m^3电铲剥离，BJ-371型（20t）自卸汽车运送废石。

后期（第13～15年）转入地下开采，其开拓运输及采矿方法等工艺与单一地下开采方案基本相同。井巷开拓基建工程量约8.01万立方米。

（2）地下开采方案。矿床采用一对斜井开拓，主斜井（箕斗、提升矿石）位于矿床底盘，倾角35°，斜长506m，高差290m。采用3.74m^3翻转式箕斗带平衡锤提升方式，提出的矿石直接卸至选矿厂粗碎矿仓。串车副井（提升人员、废石、材料）位于矿床底盘，倾角25°，斜长686m，高差290m，采用单钩串车提升方式，中段高度35m。

表38-23 开采方案技术经济比较表

项 目	单 位	Ⅰ方案	Ⅱ方案	Ⅰ—Ⅱ
开采地质储量	万吨	677	677	
其中：露天	万吨	296.5	55	
地下	万吨	380.5	622	
贫化率：露天	%	9	9	
地下	%	15	15	
损失率：露天	%	7	7	
地下	%	18	18	
原矿品位：银	克/吨	273.9	241	
建设规模	吨/日	600	600	
	万吨/年	19.8	19.8	
基建工程量	万立方米	露天剥离235	2.07	
	万立方米	地下8.01	8.60	
基建时间	年	2.5	3	-0.5
职工人数	人	872（后期1300）	1300	-428（前期）
占地面积	公顷	9.45	3.88	+5.57
矿石总回收率	%	87	82.9	+4.1
银金属总采出量	吨	1713.9	1633.13	+80.77
基建投资	万元	6835.68	5464.43	+1371.25
其中：前期	万元	5137.16	5359.73	-222.57
总经营费	万元	30845	30992	-147
其中：前期	万元	14463	14121	+342
总销售收入	万元	44731	42692	+2039
其中：前期	万元	21860	21134	+762
总实现利润	万元	10738	8157	+2581
其中：前期	万元	6108	5774	+334
留成后总利润	万元	10063	7375	+2688
其中：前期	万元	5861	5406	+455
投资本利和偿还总金额	万元	8287	7272	+1015
偿还投资后总利润	万元	4740	2944.76	+1795.24
投资偿还期（前期）	年	16.7	14.67	+2.03
银金属回收率	%	64.72	61.66	+3.06
银金属回收量	吨	1274.94	1214.68	+60.26
资金利润率：静态	%	4.74	4.49	+0.25
动态	%	3.68	3.60	+0.08
资金利税率：静态	%	5.54	5.49	+0.05
动态	%	5.09	4.49	+0.6

注：该矿在初步设计中，已将斜井开拓改为竖井开拓。

表 38-24 报酬率因数表

1. 复利息系数 $[F_{pS}]$：$(1+i)^n$

n \ i	1%	2%	3%	4%	5%
1	1.01000	1.02000	1.03000	1.04000	1.05000
2	1.02010	1.04040	1.06090	1.08160	1.10250
3	1.03030	1.06121	1.09273	1.12486	1.15762
4	1.04060	1.08243	1.12551	1.16986	1.21551
5	1.05101	1.10408	1.15927	1.21665	1.27623
6	1.06152	1.12616	1.19405	1.26532	1.34010
7	1.07214	1.14869	1.22987	1.31593	1.40710
8	1.08286	1.17166	1.26677	1.36857	1.47746
9	1.09369	1.19509	1.30477	1.42331	1.55133
10	1.10462	1.21899	1.34392	1.48024	1.62889
11	1.11567	1.24337	1.38423	1.53945	1.71034
12	1.12683	1.26824	1.42576	1.60103	1.79586
13	1.13809	1.29361	1.46853	1.66507	1.88565
14	1.14947	1.31948	1.51259	1.73168	1.97993
15	1.16097	1.34587	1.55797	1.80094	2.07893
16	1.17258	1.37279	1.60471	1.87298	2.18287
17	1.18430	1.40024	1.65285	1.94790	2.29202
18	1.19615	1.42825	1.70243	2.02582	2.40662
19	1.20811	1.45681	1.75351	2.10685	2.52695
20	1.22019	1.48595	1.80611	2.19112	2.65330
21	1.23239	1.51567	1.86029	2.27877	2.78596
22	1.24472	1.54598	1.91610	2.36992	2.92526
23	1.25716	1.57690	1.97359	2.46472	3.07152
24	1.26973	1.60844	2.03279	2.56330	3.22510
25	1.28243	1.64061	2.09378	2.66584	3.38635
26	1.29526	1.67342	2.15659	2.77247	3.55567
27	1.30821	1.70689	2.22129	2.88337	3.73346
28	1.32129	1.74102	2.28793	2.99870	3.92013
29	1.33450	1.77584	2.35657	3.11865	4.11614
30	1.34785	1.81136	2.42726	3.24340	4.32194
32	1.37494	1.88454	2.57508	3.50806	4.76494
34	1.40258	1.96068	2.73191	3.79432	5.25335
36	1.43077	2.03989	2.89828	4.10393	5.79182
38	1.45953	2.12230	3.07478	4.43881	6.38548
40	1.48886	2.20804	3.26204	4.80102	7.03999
44	1.54932	2.39005	3.67145	5.61652	8.55715
48	1.61223	2.58707	4.13225	6.57053	10.40127
52	1.67769	2.80033	4.65089	7.68659	12.64281
56	1.74581	3.03117	5.23461	8.99222	15.36741
60	1.81670	3.28103	5.89160	10.51963	18.67919
70	2.00676	3.99956	7.91782	15.57162	30.42643
80	2.21672	4.87544	10.64089	23.04980	49.56144
90	2.44863	5.94313	14.30047	34.11933	80.73036
100	2.70481	7.24465	19.21863	50.50495	131.50126
110	2.98780	8.83118	25.82823	74.75966	214.20169
120	3.30039	10.76516	34.71099	110.66256	348.91198

续表 38-24

n \ i	6%	7%	8%	10%
1	1. 06000	1. 07000	1. 08000	1. 10000
2	1. 12360	1. 14490	1. 16640	1. 21000
3	1. 19102	1. 22504	1. 25971	1. 33100
4	1. 20248	1. 31080	1. 36049	1. 46410
5	1. 33823	1. 40255	1. 46933	1. 61051
6	1. 41852	1. 50073	1. 58687	1. 77156
7	1. 50363	1. 60578	1. 71382	1. 94872
8	1. 59385	1. 71819	1. 85093	2. 14359
9	1. 68948	1. 83846	1. 99900	2. 35795
10	1. 79085	1. 96715	2. 15892	2. 59374
11	1. 89830	2. 10485	2. 33164	2. 85312
12	2. 01220	2. 25219	2. 51817	3. 13843
13	2. 13293	2. 40984	2. 71962	3. 45227
14	2. 26090	2. 57853	2. 93719	3. 79750
15	2. 39656	2. 75903	3. 17217	4. 17725
16	2. 54035	2. 95216	3. 42594	4. 59497
17	2. 69277	3. 15882	3. 70002	5. 05447
18	2. 85434	3. 37993	3. 99602	5. 55992
19	3. 02560	3. 61653	4. 31570	6. 11591
20	3. 20714	3. 86968	4. 66096	6. 72750
21	3. 39956	4. 14056	5. 03383	7. 40025
22	3. 60354	4. 43040	5. 43654	8. 14027
23	3. 81975	4. 74053	5. 87146	8. 95430
24	4. 04893	5. 07237	6. 34118	9. 84973
25	4. 29187	5. 42743	6. 84848	10. 83471
26	4. 54938	5. 80735	7. 39335	11. 91818
27	4. 82235	6. 21387	7. 98806	13. 10999
28	5. 11169	6. 64884	8. 62711	14. 42099
29	5. 41839	7. 11426	9. 31727	15. 86309
30	5. 74349	7. 61226	10. 06266	17. 44940
32	6. 45339	8. 71527	11. 73708	21. 11378
34	7. 25103	9. 97811	13. 69013	25. 54767
36	8. 14725	11. 42394	15. 96817	30. 91268
38	9. 15425	13. 07927	18. 62528	37. 40434
40	10. 28572	14. 97446	21. 72452	45. 25926
44	12. 98548	19. 62846	29. 55597	66. 26408
48	16. 39387	25. 72891	40. 21057	97. 01723
52	20. 69689	33. 72535	54. 70604	142. 04293
56	26. 12934	44. 20705	74. 42696	207. 96506
60	32. 98769	57. 94643	101. 25706	304. 48164
70	59. 07593	113. 98939	218. 60641	789. 74696
80	105. 79599	224. 23439	471. 05483	2048. 40021
90	189. 46451	441. 10298	1018. 91509	5313. 02261
100	339. 30208	867. 71632	2199. 76125	13780. 61232
110	607. 63835	1706. 92935	4749. 11956	35743. 35930
120	1088. 18775	3357. 78838	10252. 99292	92709. 06867

续表 38-24

n \ i	12%	14%	16%	18%
1	1. 12000	1. 14000	1. 16000	1. 18000
2	1. 25440	1. 29960	1. 34560	1. 39240
3	1. 40493	1. 48154	1. 56090	1. 64303
4	1. 57352	1. 68896	1. 81064	1. 93878
5	1. 76234	1. 92541	2. 10034	2. 28776
6	1. 97382	2. 19497	2. 43640	2. 69955
7	2. 21068	2. 50227	2. 82622	3. 18547
8	2. 47596	2. 85259	3. 27841	3. 75886
9	2. 77308	3. 25195	3. 80296	4. 43545
10	3. 10585	3. 70722	4. 41144	5. 23384
11	3. 47855	4. 22623	5. 11726	6. 17593
12	3. 89598	4. 81790	5. 93603	7. 28759
13	4. 36349	5. 49241	6. 88579	8. 59936
14	4. 88711	6. 26135	7. 98752	10. 14724
15	5. 47357	7. 13794	9. 26552	11. 97375
16	6. 13039	8. 13725	10. 74800	14. 12902
17	6. 86604	9. 27646	12. 46768	16. 67225
18	7. 68997	10. 57517	14. 46251	19. 67325
19	8. 61276	12. 05569	16. 77652	23. 21444
20	9. 64629	13. 74349	19. 46076	27. 39303
21	10. 80385	15. 66758	22. 57448	32. 32378
22	12. 10031	17. 86104	26. 18640	38. 14206
23	13. 55235	20. 36158	30. 37622	45. 00763
24	15. 17863	23. 21221	35. 23642	53. 10901
25	17. 00006	26. 46192	40. 87424	62. 66863
26	19. 04007	30. 16658	47. 41412	73. 94898
27	21. 32448	34. 38991	55. 00038	87. 25980
28	23. 88387	39. 20449	63. 80044	102. 96656
29	26. 74993	44. 69312	74. 00851	121. 50054
30	29. 95992	50. 95016	85. 84988	143. 37064
32	37. 58173	66. 21483	115. 51959	199. 62928
34	47. 14252	86. 05279	155. 44317	277. 96381
36	59. 13557	111. 83420	209. 16432	387. 03680
38	74. 17966	145. 33973	281. 45151	538. 91004
40	93. 05097	188. 88351	378. 72116	750. 37834
44	146. 41750	319. 01673	685. 72744	1454. 81685
48	230. 39078	538. 80655	1241. 60509	2820. 56655
52	362. 52435	910. 02279	2248. 09904	5468. 45169
56	570. 43908	1536. 99224	4070. 49660	10602. 11251
60	897. 59693	2595. 91866	7370. 20136	20555. 13995
70	2787. 79983	9623. 64488	32513. 16481	107582. 22229
80	8658. 48309	35676. 98179	143429. 71573	563067. 65989
90	26891. 93420	132262. 46731	632730. 87913	
100	83522. 26564	490326. 23785		
110	259407. 47907			
120	805680. 25400			

续表 38-24

i / n	20%	22%	24%	26%
1	1.20000	1.22000	1.24000	1.26000
2	1.44000	1.48840	1.53760	1.58760
3	1.72800	1.81585	1.90662	2.00038
4	2.07360	2.21533	2.36421	2.52047
5	2.48832	2.70271	2.93163	3.17580
6	2.98598	3.29730	3.63522	4.00150
7	3.58318	4.02271	4.50767	5.04190
8	4.29982	4.90771	5.58951	6.35279
9	5.15978	5.98740	6.93099	8.00451
10	6.19174	7.30463	8.59443	10.08569
11	7.43008	8.91165	10.65709	12.70796
12	8.91610	10.87221	13.21479	16.01204
13	10.69932	13.26410	16.38634	20.17516
14	12.83918	16.18220	20.31906	25.42071
15	15.40702	19.74229	25.19563	32.03009
16	18.48843	24.08559	31.24259	40.35792
17	22.18611	29.38442	38.74081	50.85097
18	26.62333	35.84899	48.03860	64.07223
19	31.94800	43.73577	59.56786	80.73100
20	38.33760	53.35764	73.86415	101.72107
21	46.00512	65.09632	91.59155	128.16854
22	55.20614	79.41751	113.57352	161.49236
23	66.24737	96.88936	140.33116	203.48038
24	79.49685	118.20502	174.63064	256.38528
25	95.39622	144.21013	216.54199	323.04545
26	114.47546	175.93636	268.51207	407.03727
27	137.37055	214.64236	332.95497	512.86696
28	164.84466	261.86368	412.86416	646.21236
29	197.81359	319.47368	511.95156	814.22758
30	237.37631	389.75789	634.81993	1025.92675
32	341.82189	580.11565	976.09913	1628.76131
34	492.22352	863.44413	1500.85002	2585.82145
36	708.80187	1285.15025	2307.70699	4105.25014
38	1020.67470	1912.81763	3548.33027	6517.49511
40	1469.77157	2847.03776	5455.91262	10347.17524
44	3047.71832	6307.14114	12898.94369	26079.78369
48	6319.74871	13972.42773	30495.86016	65733.41046
52	13104.63093	30953.60204	72098.73222	165679.33621
56	27173.76270	68572.58435	170456.81478	417590.41947
60	56347.51433		402996.34696	
70	348888.95674			
80				
90				
100				
110				
120				

续表 38-24

n \ i	28%	30%	40%	50%	100%
1	1.28000	1.30000	1.40000	1.50000	2.
2	1.63840	1.69000	1.96000	2.25000	4.
3	2.09715	2.19700	2.74400	3.37500	8.
4	2.68435	2.85610	3.84160	5.06250	16.
5	3.43597	3.71293	5.37824	7.59375	32.
6	4.39805	4.82681	7.52954	11.39062	64.
7	5.62950	6.27485	10.54135	17.08594	128.
8	7.20576	8.15731	14.75789	25.62891	256.
9	9.22337	10.60450	20.66105	38.44336	512.
10	11.80592	13.78585	28.92547	57.66504	1024.
11	15.11157	17.92160	40.49565	86.49756	2048.
12	19.34281	23.29809	56.69391	129.74634	4096.
13	24.75880	30.28751	79.37148	194.61951	8192.
14	31.69126	39.37376	111.12007	291.92926	16384.
15	40.56482	51.18589	155.56810	437.69389	32768.
16	51.92297	66.54166	217.79533	656.84084	65536.
17	66.46140	86.50416	304.91347	985.26125	131072.
18	85.07059	112.45541	426.87885	1477.89188	262144.
19	108.89036	146.19203	597.63040	2216.83782	524287.
20	139.37966	190.04964	836.68255	3325.25673	1048575.
21	178.40596	247.06453	1171.35558	4987.88509	2097151.
22	228.35963	321.18389	1639.89781	7481.82764	4194303.
23	292.30033	417.53905	2295.85693	11222.74146	8388607.
24	374.14442	542.80077	3214.19970	16834.11219	16777215.
25	478.90486	705.64100	4499.87958	25251.16828	33554431.
26	612.99822	917.33330	6299.83141	37876.75243	67108863.
27	784.63772	1192.53329	8819.76398	56815.12864	134217727.
28	1004.33628	1550.29328	12347.66957	85222.69295	268435455.
29	1285.55043	2015.38126	17286.73739	127834.03943	536870911.
30	1645.50456	2619.99564	24201.43235	191751.05915	
32	2695.99467	4427.79264	47434.80740	431439.88306	
34	4417.11766	7482.96955	92972.22250	970739.73686	
36	7237.00557	12646.21855	182225.55610		
38	11857.10993	21372.10934	357162.08996		
40	19426.68891	36118.86479	700037.69631		
44	52148.12095	103159.08971			
48	139984.04627	294632.67611			
52	375766.81290	841500.38619			
56					
60					
70					
80					
90					
100					
110					
120					

2. 现值系数 $[F_{sp}]$；$\frac{1}{(1+i)^n}$

n \ i	0.5%	1%	1.5%	2%	2.5%	3%	3.5%	4%
1	0.99502	0.99010	0.98522	0.98039	0.97561	0.97087	0.96618	0.96154
2	0.99007	0.98030	0.97066	0.96117	0.95181	0.94260	0.93351	0.92156
3	0.98515	0.97059	0.95632	0.94232	0.92860	0.91514	0.90194	0.88900
4	0.98025	0.96098	0.94218	0.92385	0.90595	0.88849	0.87144	0.85480
5	0.97537	0.95147	0.92826	0.90573	0.88385	0.86261	0.84197	0.82193
6	0.97052	0.94205	0.91451	0.88797	0.86230	0.83748	0.81350	0.79031
7	0.96569	0.93272	0.90103	0.87056	0.84127	0.81309	0.78599	0.75992
8	0.96089	0.92348	0.88771	0.85349	0.82075	0.78941	0.75941	0.73069
9	0.95610	0.91434	0.87459	0.83676	0.80073	0.76642	0.73373	0.70259
10	0.95135	0.90529	0.86167	0.82035	0.78120	0.74409	0.70892	0.67556
11	0.94661	0.89632	0.84893	0.80426	0.76214	0.72242	0.68495	0.64958
12	0.94191	0.88745	0.83639	0.78849	0.74356	0.70138	0.66178	0.62460
13	0.93722	0.87866	0.82403	0.77303	0.72542	0.68095	0.63940	0.60057
14	0.93256	0.86996	0.81185	0.75788	0.70773	0.66112	0.61778	0.57748
15	0.92792	0.86135	0.79985	0.74301	0.69047	0.64186	0.69689	0.55526
16	0.92330	0.85282	0.78803	0.72845	0.67362	0.62317	0.57671	0.53391
17	0.91871	0.84438	0.77639	0.71416	0.65720	0.60502	0.55720	0.51337
18	0.91414	0.83602	0.76491	0.70016	0.64117	0.58739	0.53836	0.49363
19	0.90959	0.82774	0.75361	0.68643	0.62553	0.57029	0.52016	0.47464
20	0.90506	0.81954	0.74247	0.67297	0.61027	0.55368	0.50257	0.45639
21	0.90056	0.81143	0.73150	0.65978	0.59539	0.53755	0.48557	0.43883
22	0.89608	0.80340	0.72069	0.64684	0.58086	0.52189	0.46915	0.42196
23	0.89162	0.79544	0.71004	0.63416	0.56670	0.50669	0.45329	0.40573
24	0.88719	0.78757	0.69954	0.62172	0.55288	0.49193	0.43796	0.39012
25	0.88277	0.77977	0.68921	0.60953	0.53939	0.47761	0.42315	0.37512
26	0.87838	0.77205	0.67902	0.59758	0.52623	0.46369	0.40884	0.36069
27	0.87401	0.76440	0.66899	0.58586	0.51340	0.45019	0.39501	0.34682
28	0.86966	0.75684	0.65910	0.57437	0.50088	0.43708	0.38165	0.33348
29	0.86533	0.74934	0.64936	0.56311	0.48866	0.42435	0.36875	0.32065
30	0.86103	0.74192	0.63976	0.55207	0.47674	0.41199	0.35628	0.30832
32	0.85248	0.72730	0.62099	0.53063	0.45377	0.38834	0.33259	0.28506
34	0.84402	0.71297	0.60277	0.51003	0.43191	0.36604	0.31048	0.26355
36	0.83564	0.69892	0.58509	0.49022	0.41109	0.34503	0.28983	0.24367
38	0.82735	0.68515	0.56792	0.47119	0.39128	0.32523	0.27056	0.22529
45	0.81914	0.67165	0.55126	0.45289	0.37243	0.30656	0.25257	0.20829
44	0.80296	0.64545	0.51939	0.41840	0.33740	0.27237	0.22010	0.17805
48	0.78710	0.62026	0.48936	0.38654	0.30567	0.24200	0.19181	0.15219
52	0.77155	0.59606	0.46107	0.35710	0.27692	0.21501	0.16715	0.13010
56	0.75631	0.57280	0.43441	0.32991	0.25088	0.19104	0.14566	0.11121
60	0.74137	0.55045	0.40930	0.30478	0.22728	0.16973	0.12693	0.09506
70	0.70530	0.49831	0.35268	0.25003	0.17755	0.12630	0.08999	0.06422
80	0.67099	0.45112	0.30389	0.20511	0.13870	0.09398	0.06379	0.04338
90	0.63834	0.40839	0.26185	0.16826	0.10836	0.06993	0.04522	0.02931
100	0.60729	0.36971	0.22563	0.13803	0.08465	0.05203	0.03206	0.01980
110	0.57774	0.33469	0.19442	0.11324	0.06613	0.03872	0.02273	0.01338
120	0.54963	0.30299	0.16752	0.09289	0.05166	0.02881	0.01611	0.00904

续表 38-24

n \ i	5%	6%	7%	8%	9%	10%
1	0.95238	0.94340	0.93458	0.92593	0.91743	0.90909
2	0.90703	0.89000	0.87344	0.85734	0.84168	0.82645
3	0.86384	0.83962	0.81630	0.79383	0.77218	0.75131
4	0.82270	0.79209	0.76290	0.73503	0.70843	0.68301
5	0.78353	0.74726	0.71299	0.68058	0.64993	0.62092
6	0.74622	0.70496	0.66634	0.63017	0.59627	0.56447
7	0.71068	0.66506	0.62275	0.58349	0.54703	0.51316
8	0.67684	0.62741	0.58201	0.54027	0.50187	0.46651
9	0.64461	0.59190	0.54393	0.50025	0.46043	0.42410
10	0.61391	0.55839	0.50835	0.46319	0.42241	0.38554
11	0.58468	0.52679	0.47509	0.42888	0.38753	0.35049
12	0.55684	0.49697	0.44401	0.39711	0.35553	0.31863
13	0.53032	0.46884	0.41496	0.36770	0.32618	0.28966
14	0.50507	0.44230	0.38782	0.34046	0.29925	0.26333
15	0.48102	0.41727	0.36245	0.31524	0.27454	0.23939
16	0.45811	0.39365	0.33873	0.29189	0.25187	0.21763
17	0.43630	0.37136	0.31657	0.27027	0.23107	0.19784
18	0.41552	0.35034	0.29586	0.25025	0.21199	0.17986
19	0.39573	0.33051	0.27651	0.23171	0.19449	0.16351
20	0.37689	0.31180	0.25842	0.21455	0.17843	0.14864
21	0.35894	0.29416	0.24151	0.19866	0.16370	0.13513
22	0.34185	0.27751	0.22571	0.18394	0.15018	0.12285
23	0.32557	0.26180	0.21095	0.17032	0.13778	0.11168
24	0.31007	0.24698	0.19715	0.15770	0.12640	0.10153
25	0.29530	0.23300	0.18425	0.14602	0.11597	0.09230
26	0.28124	0.21981	0.17220	0.13520	0.10639	0.08391
27	0.26785	0.20737	0.16093	0.12519	0.09761	0.07628
28	0.25509	0.19563	0.15040	0.11591	0.08955	0.06934
29	0.24295	0.18456	0.14056	0.10733	0.08215	0.06304
30	0.23138	0.17411	0.13137	0.09938	0.07537	0.05731
32	0.20987	0.15496	0.11474	0.08520	0.06344	0.04736
34	0.19035	0.13791	0.10022	0.07305	0.05339	0.03914
36	0.17266	0.12274	0.08754	0.06262	0.04494	0.03235
38	0.15661	0.10924	0.07646	0.05369	0.03783	0.02673
40	0.14205	0.09722	0.06678	0.04603	0.03184	0.02209
44	0.11686	0.07701	0.05095	0.03383	0.02255	0.01509
48	0.09614	0.06100	0.03887	0.02487	0.01598	0.01031
52	0.07910	0.04832	0.02965	0.01828	0.01132	0.00704
56	0.06507	0.03827	0.02262	0.01344	0.00802	0.00481
60	0.05354	0.03031	0.01726	0.00988	0.00568	0.00328
70	0.03287	0.01693	0.00877	0.00457	0.00240	0.00127
80	0.02018	0.00945	0.00446	0.00212	0.00101	0.00049
90	0.01239	0.00528	0.00227	0.00098	0.00043	0.00019
100	0.00700	0.00295	0.00115	0.00045	0.00018	0.00007
110	0.00467	0.00165	0.00059	0.00021	0.00008	0.00003
120	0.00287	0.00092	0.00030	0.00010	0.00003	0.00001

续表 38-24

i / n	11%	12%	13%	14%	15%	16%
1	0. 90090	0. 89286	0. 88496	0. 87719	0. 86957	0. 86207
2	0. 81162	0. 79719	0. 78315	0. 76947	0. 75614	0. 74316
3	0. 73119	0. 71178	0. 69305	0. 67497	0. 65752	0. 64066
4	0. 65873	0. 63552	0. 61332	0. 59208	0. 57175	0. 55229
5	0. 59345	0. 56743	0. 54276	0. 51938	0. 49718	0. 47611
6	0. 53464	0. 50663	0. 48032	0. 45559	0. 43233	0. 41044
7	0. 48166	0. 45235	0. 42506	0. 39964	0. 37594	0. 35383
8	0. 43393	0. 40388	0. 37616	0. 35056	0. 32690	0. 30503
9	0. 39092	0. 36061	0. 33288	0. 30751	0. 28426	0. 26295
10	0. 35218	0. 32197	0. 29459	0. 26974	0. 24718	0. 22668
11	0. 31728	0. 28748	0. 26070	0. 23662	0. 21494	0. 19542
12	0. 28584	0. 25668	0. 23071	0. 20756	0. 18691	0. 16846
13	0. 25751	0. 22917	0. 20416	0. 18207	0. 16253	0. 14523
14	0. 23199	0. 20462	0. 18068	0. 15971	0. 14133	0. 12520
15	0. 20900	0. 18270	0. 15989	0. 14010	0. 12289	0. 10793
16	0. 18829	0. 16312	0. 14150	0. 12289	0. 10686	0. 09304
17	0. 16963	0. 14564	0. 12522	0. 10780	0. 09293	0. 08021
18	0. 15282	0. 13004	0. 11031	0. 09456	0. 08081	0. 06914
19	0. 13768	0. 11611	0. 09806	0. 08295	0. 07027	0. 05961
20	0. 12403	0. 10367	0. 08678	0. 07276	0. 06110	0. 05139
21	0. 11174	0. 09256	0. 07680	0. 06383	0. 05313	0. 04430
22	0. 10067	0. 08264	0. 06796	0. 05599	0. 04620	0. 03819
23	0. 09069	0. 07379	0. 06014	0. 04911	0. 04017	0. 03292
24	0. 08170	0. 06588	0. 05323	0. 04308	0. 03493	0. 02838
25	0. 07361	0. 05882	0. 04710	0. 03779	0. 03038	0. 02447
26	0. 06631	0. 05252	0. 04168	0. 03315	0. 02642	0. 02109
27	0. 05974	0. 04689	0. 03689	0. 02908	0. 02297	0. 01818
28	0. 05382	0. 04187	0. 03264	0. 02551	0. 01997	0. 01567
29	0. 04849	0. 03738	0. 02889	0. 02237	0. 01737	0. 01351
30	0. 04368	0. 03338	0. 02557	0. 01963	0. 01510	0. 01165
32	0. 03545	0. 02661	0. 02002	0. 01510	0. 01142	0. 00866
34	0. 02878	0. 02121	0. 01568	0. 01162	0. 00864	0. 00643
36	0. 02335	0. 01691	0. 01228	0. 00894	0. 00653	0. 00478
38	0. 01896	0. 01348	0. 00962	0. 00688	0. 00494	0. 00355
40	0. 01538	0. 01075	0. 00753	0. 00529	0. 00373	0. 00264
44	0. 01013	0. 00683	0. 00462	0. 00313	0. 00213	0. 00146
48	0. 00668	0. 00434	0. 00283	0. 00186	0. 00122	0. 00081
52	0. 00440	0. 00276	0. 00174	0. 00110	0. 00070	0. 00044
56	0. 00290	0. 00175	0. 00107	0. 00065	0. 00040	0. 00025
60	0. 00191	0. 00111	0. 00065	0. 00039	0. 00023	0. 00014
70	0. 00067	0. 00036	0. 00019	0. 00010	0. 00006	0. 00003
80	0. 00024	0. 00012	0. 00006	0. 00003	0. 00001	0. 00001
90	0. 00008	0. 00004	0. 00002	0. 00001	0. 00000	0. 00000
100	0. 00003	0. 00001	0. 00000	0. 00000	0. 00000	0. 00000
110	0. 00001	0. 00000	0. 00000	0. 00000	0. 00000	0. 00000
120	0. 00000	0. 00000	0. 00000	0. 00000	0. 00000	0. 00000

续表 38-24

n \ i	18%	20%	22%	24%	26%	28%
1	0.84746	0.83333	0.81967	0.80645	0.79365	0.78125
2	0.71818	0.69444	0.67186	0.65036	0.62988	0.61035
3	0.60863	0.57870	0.55071	0.52449	0.49991	0.47684
4	0.51579	0.48225	0.45140	0.42297	0.39675	0.37253
5	0.43711	0.40188	0.37000	0.34111	0.31488	0.29104
6	0.37043	0.33490	0.30328	0.27509	0.24991	0.22737
7	0.31393	0.27908	0.24859	0.22184	0.19834	0.17764
8	0.26604	0.23257	0.20376	0.17891	0.15741	0.13878
9	0.22546	0.19381	0.16702	0.14428	0.12493	0.10842
10	0.19106	0.16151	0.13690	0.11635	0.09915	0.08470
11	0.16192	0.13459	0.11221	0.09383	0.07869	0.06617
12	0.13722	0.11216	0.09198	0.07567	0.06245	0.05170
13	0.11629	0.09346	0.07539	0.06103	0.04957	0.04039
14	0.09855	0.07789	0.06180	0.04921	0.03934	0.03155
15	0.08352	0.06491	0.05065	0.03969	0.03122	0.02465
16	0.07078	0.05409	0.04152	0.03201	0.02478	0.01926
17	0.05998	0.04507	0.03403	0.02581	0.01967	0.01505
18	0.05083	0.03756	0.02789	0.02082	0.01561	0.01175
19	0.04308	0.03130	0.02286	0.01679	0.01239	0.00918
20	0.03651	0.02608	0.01874	0.01354	0.00983	0.00717
21	0.03094	0.02174	0.01536	0.01092	0.00780	0.00561
22	0.02622	0.01811	0.01259	0.00880	0.00619	0.00438
23	0.02222	0.01509	0.01032	0.00710	0.00491	0.00342
24	0.01883	0.01258	0.00846	0.00573	0.00390	0.00267
25	0.01596	0.01048	0.00693	0.00462	0.00310	0.00209
26	0.01352	0.00874	0.00568	0.00372	0.00246	0.00163
27	0.01146	0.00728	0.00466	0.00300	0.00195	0.00127
28	0.00971	0.00607	0.00382	0.00242	0.00155	0.00100
29	0.00823	0.00506	0.00313	0.00195	0.00123	0.00078
30	0.00697	0.00421	0.00257	0.00158	0.00097	0.00061
32	0.00501	0.00293	0.00172	0.00102	0.00061	0.00037
34	0.00360	0.00203	0.00116	0.00067	0.00039	0.00023
36	0.00258	0.00141	0.00078	0.00043	0.00024	0.00014
38	0.00186	0.00098	0.00052	0.00028	0.00015	0.00008
40	0.00133	0.00068	0.00035	0.00018	0.00010	0.00005
44	0.00069	0.00033	0.00016	0.00008	0.00004	0.00002
48	0.00035	0.00016	0.00007	0.00003	0.00002	0.00001
52	0.00018	0.00008	0.00003	0.00001	0.00001	0.00000
56	0.00009	0.00004	0.00001	0.00001	0.00000	0.00000
60	0.00005	0.00002	0.00001	0.00000	0.00000	0.00000
70	0.00001	0.00000	0.00000	0.00000	0.00000	
80	0.00000	0.00000	0.00000	0.00000	0.00000	
90	0.00000	0.00000	0.00000	0.00000	0.00000	
100	0.00000	0.00000	0.00000	0.00000	0.00000	
110	0.00000	0.00000	0.00000	0.00000	0.00000	
120	0.00000	0.00000	0.00000	0.00000	0.00000	

续表 38-24

n \ i	30%	35%	40%	50%	60%	70%	80%	100%
1	0.76923	0.74074	0.71429	0.66667	0.62500	0.58824	0.55556	0.50000
2	0.59172	0.54870	0.51020	0.44444	0.39063	0.34602	0.30864	0.25000
3	0.45517	0.40644	0.36443	0.29630	0.24414	0.20354	0.17447	0.12500
4	0.35013	0.30107	0.26031	0.19753	0.15259	0.11973	0.09526	0.06250
5	0.26933	0.22301	0.18593	0.13169	0.09537	0.07043	0.05292	0.03125
6	0.20718	0.16520	0.13281	0.08779	0.05960	0.04143	0.02940	0.01562
7	0.15937	0.12237	0.09486	0.05853	0.03725	0.02437	0.01633	0.00781
8	0.12259	0.09064	0.06776	0.03902	0.02328	0.01434	0.00907	0.00391
9	0.09430	0.06714	0.04840	0.02601	0.01455	0.00843	0.00504	0.00195
10	0.07254	0.04974	0.03457	0.01734	0.00909	0.00496	0.00280	0.00098
11	0.05580	0.03684	0.02469	0.01156	0.00568	0.00292	0.00156	0.00049
12	0.04292	0.02729	0.01764	0.00771	0.00355	0.00172	0.00086	0.00024
13	0.03302	0.02021	0.01260	0.00514	0.00222	0.00101	0.00048	0.00012
14	0.02540	0.01497	0.00900	0.00343	0.00139	0.00059	0.00027	0.00006
15	0.01954	0.01109	0.00643	0.00228	0.00087	0.00035	0.00015	0.00003
16	0.01503	0.00822	0.00459	0.00152	0.00054	0.00021	0.00008	0.00002
17	0.01156	0.00609	0.00328	0.00101	0.00034	0.00012	0.00005	0.00001
18	0.00889	0.00451	0.00234	0.00068	0.00021	0.00007	0.00003	0.00000
19	0.00684	0.00334	0.00167	0.00045	0.00013	0.00004	0.00001	0.00000
20	0.00526	0.00247	0.00120	0.00030	0.00008	0.00002	0.00001	0.00000
21	0.00405	0.00183	0.00085	0.00020	0.00005	0.00001	0.00000	0.00000
22	0.00311	0.00136	0.00061	0.00013	0.00003	0.00001	0.00000	0.00000
23	0.00239	0.00101	0.00044	0.00009	0.00002	0.00001	0.00000	0.00000
24	0.00184	0.00074	0.00031	0.00006	0.00001	0.00000	0.00000	0.00000
25	0.00142	0.00055	0.00022	0.00004	0.00001	0.00000	0.00000	0.00000
26	0.00109	0.00041	0.00016	0.00003	0.00000	0.00000		
27	0.00084	0.00030	0.00011	0.00002	0.00000	0.00000		
28	0.00065	0.00022	0.00008	0.00001	0.00000	0.00000		
29	0.00050	0.00017	0.00006	0.00001	0.00000	0.00000		
30	0.00038	0.00012	0.00004	0.00001	0.00000	0.00000		
32	0.00023	0.00007	0.00002	0.00000				
34	0.00013	0.00004	0.00001	0.00000				
36	0.00008	0.00002	0.00001	0.00000				
38	0.00005	0.00001	0.00000	0.00000				
40	0.00003	0.00001	0.00000	0.00000				
44	0.00001	0.00000	0.00000					
48	0.00000	0.00000	0.00000					
52	0.00000	0.00000	0.00000					
56	0.00000	0.00000	0.00000					
60	0.00000	0.00000	0.00000					
70								
80								
90								
100								
110								
120								

3. 等额序列复利系数 [F_{RS}]; $\frac{(1+i)^n-1}{i}$

n \ i	1%	2%	3%	4%
1	1.00000	1.00000	1.00000	1.00000
2	2.01000	2.02000	2.03000	2.04000
3	3.03010	3.06040	3.09090	3.12160
4	4.06040	4.12161	4.18363	4.24646
5	5.10101	5.20404	5.30914	5.41632
6	6.15202	6.30812	6.46841	6.63298
7	7.21354	7.43428	7.66246	7.89829
8	8.28567	8.58297	8.89234	9.21423
9	9.36853	9.75463	10.15911	10.58280
10	10.46221	10.94972	11.46388	12.00611
11	11.56683	12.16872	12.80780	13.48635
12	12.68250	13.41209	14.19203	15.02581
13	13.80933	14.68033	15.61779	16.62684
14	14.94742	15.97394	17.08632	18.29194
15	16.09690	17.29342	18.59891	20.02359
16	17.25786	18.63929	20.15688	21.82453
17	18.43044	20.01207	21.76159	23.69751
18	19.61475	21.41231	23.41444	25.64541
19	20.81090	22.84056	25.11687	27.67123
20	22.01900	24.29737	26.87037	29.77808
21	23.23919	25.78332	28.67649	31.96920
22	24.47159	27.29898	30.53678	34.24797
23	25.71630	28.84496	32.45288	36.61789
24	26.97346	30.42186	34.42647	39.08260
25	28.24320	32.03030	36.45926	41.64591
26	29.52563	33.67091	38.55304	44.31174
27	30.82089	35.34432	40.70963	47.08421
28	32.12910	37.05121	42.93092	49.96758
29	33.45039	38.79223	45.21885	52.96629
30	34.78489	40.56808	47.57542	56.08494
32	37.49407	44.22703	52.50276	62.70147
34	40.25770	48.03380	57.73018	69.85791
36	43.07688	51.99437	63.27594	77.59831
38	45.95272	56.11494	69.15945	85.97034
40	48.88637	60.40198	75.40126	95.02552
44	54.93176	69.50266	89.04841	115.41288
48	61.22261	79.35352	104.40840	139.26321
52	67.76889	90.01641	121.69620	167.16472
56	74.58098	101.55826	141.15377	199.80554
60	81.66967	114.05154	163.05344	237.99069
70	100.67634	149.97791	230.59406	364.29046
80	121.67152	193.77196	321.36302	551.24498
90	144.86327	247.15666	443.34890	827.98333
100	170.48138	312.23231	607.28773	1237.62370
110	198.77972	391.55916	827.60781	1843.99152
120	230.03869	488.25815	1123.69957	2741.56402

续表 38-24

n \ i	5%	6%	7%	8%
1	1.00000	1.00000	1.00000	1.00000
2	2.05000	2.06000	2.07000	2.08000
3	3.15250	3.18360	3.21490	3.24640
4	4.31012	4.37462	4.43994	4.50611
5	5.52563	5.63709	5.75074	5.86660
6	6.80191	6.97532	7.15329	7.33593
7	8.14201	8.39384	8.65402	8.92280
8	9.54911	9.89747	10.25980	10.63663
9	11.02656	11.49132	11.97799	12.48756
10	12.57789	13.18079	13.81645	14.48656
11	14.20679	11.97164	15.78360	16.64549
12	15.91713	16.86994	17.88845	18.97713
13	17.71298	18.88214	20.14064	21.49530
14	19.59863	21.01507	22.55049	24.21492
15	21.57856	23.27597	25.12902	27.15211
16	23.65749	25.67253	27.88805	30.32428
17	25.84037	28.21288	30.84022	33.75023
18	28.13238	30.90565	33.99903	37.45024
19	30.53900	33.75999	37.37896	41.44626
20	33.06595	36.78559	40.99549	45.76196
21	35.71925	39.99273	44.86518	50.42292
22	38.50521	43.39229	49.00574	55.45676
23	41.43048	46.99583	53.43614	60.89330
24	44.50200	50.81558	58.17667	66.76476
25	47.72710	54.86451	63.24904	73.10594
26	51.11345	59.15638	68.67647	79.95442
27	54.66913	63.70577	74.48382	87.35077
28	58.40258	68.52811	80.69769	95.33883
29	62.32271	73.63980	87.34653	103.96594
30	66.43885	79.05819	94.46079	113.28321
32	75.29883	90.88978	110.21815	134.21354
34	85.06696	104.18375	128.25876	158.62667
36	95.83632	119.12087	148.91346	187.10215
38	107.70955	135.90421	172.56102	220.31595
40	120.79977	154.76197	199.63511	259.05652
44	151.14301	199.75803	266.12085	356.94965
48	188.02539	256.56453	353.27009	490.13216
52	232.85617	328.28142	467.50497	671.32551
56	287.34825	418.82235	617.24359	917.83706
60	353.58372	533.12818	813.52038	1253.21329
70	588.52851	967.93217	1614.13417	2720.08007
80	971.22882	1746.59989	3189.06268	5886.93542
90	1594.60730	3141.07519	6287.18542	12723.93860
100	2610.02515	5638.36805	12381.66178	27484.51566
110	4264.03384	10110.63924	24370.41992	59351.49444
120	6958.23970	18119.79578	47954.11969	128149.91152

续表 38-24

n \ i	10%	12%	14%	16%
1	1.00000	1.00000	1.00000	1.00000
2	2.10000	2.12000	2.44000	2.16000
3	3.31000	3.37440	3.43960	3.50560
4	4.64100	4.77933	4.92114	5.06650
5	6.10510	6.35285	6.61010	6.87714
6	7.71561	8.11519	8.53552	8.97748
7	9.48717	10.08901	10.73049	11.41387
8	11.43589	12.29969	13.23276	14.24009
9	13.57948	14.77566	16.08535	17.51851
10	15.93742	17.54874	19.33730	21.32147
11	18.53117	20.65458	23.04452	25.73290
12	21.38428	24.13313	27.27075	30.85017
13	24.52271	28.02911	32.08865	36.78620
14	27.97498	32.39260	37.58107	43.67199
15	31.77248	37.27971	43.84241	51.65951
16	35.94973	42.75328	50.98035	60.92503
17	40.54470	48.88367	59.11760	71.67303
18	45.59917	55.74971	68.39407	84.14072
19	51.15909	63.43968	78.96923	98.60323
20	57.27500	72.05244	91.02493	115.37975
21	64.00250	81.69874	104.76842	134.84051
22	71.40275	92.50258	120.43600	157.41499
23	79.54302	104.60289	138.29704	183.60138
24	88.49733	118.15524	158.65862	213.97761
25	98.34706	133.33387	181.87083	249.21402
26	109.18177	150.33393	208.33274	290.08827
27	121.09994	169.37401	238.49933	337.50239
28	134.20994	190.69889	272.88923	392.50277
29	148.63093	214.58275	312.09373	456.30322
30	164.49402	241.33268	356.78685	530.31173
32	201.13777	304.84772	465.82019	715.74746
34	245.47670	384.52098	607.51991	965.26979
36	299.12681	484.46312	791.67288	1301.02703
38	364.04343	609.83053	1030.99808	1752.82197
40	442.59256	767.09142	1342.02510	2360.75724
44	652.64076	1211.81253	2271.54807	4279.54647
48	960.17234	1911.58980	3841.47533	7753.78178
52	1410.42932	3012.70289	6493.01994	14044.36898
56	2069.65057	4745.32565	10971.37314	25434.35375
60	3034.81639	7471.64111	18535.13328	46057.50849
70	7887.46956	23223.33188		
80	20474.00212	72145.69244		
90	53120.22605	224091.11833		
100	137796.12321	696010.54701		
110	357423.59300	2161720.65890		
120	927080.68671	6713993.78350		

续表 38-24

i / n	18%	20%	22%	24%
1	1. 00000	1. 00000	1. 00000	1. 00000
2	2. 18000	2. 20000	2. 22000	2. 24000
3	3. 57340	3. 64000	3. 70840	3. 77760
4	5. 21515	5. 36800	5. 52425	5. 68422
5	7. 15421	7. 44160	7. 73958	8. 04844
6	9. 44197	9. 92992	10. 44229	10. 98006
7	12. 14152	12. 91590	13. 73959	14. 61528
8	15. 32700	16. 49908	17. 76231	19. 12294
9	19. 08585	20. 79890	22. 67001	24. 71245
10	23. 52131	25. 95868	28. 65742	31. 64344
11	28. 75514	32. 15042	35. 96205	40. 23787
12	34. 93107	39. 58050	44. 87370	50. 89495
13	42. 21866	48. 49660	55. 74591	64. 10974
14	50. 81802	59. 19592	69. 01001	80. 49608
15	60. 69527	72. 03511	85. 19221	100. 81514
16	72. 93901	87. 44213	104. 93450	126. 01077
17	87. 06804	105. 93056	129. 02009	157. 25336
18	103. 74028	128. 11667	158. 40451	195. 99416
19	123. 41353	154. 74000	194. 25350	244. 03276
20	146. 62797	186. 68800	237. 98927	303. 60062
21	174. 02100	225. 02560	291. 34691	377. 46477
22	206. 34479	271. 03072	356. 44323	469. 05632
23	244. 48685	326. 23686	435. 86075	582. 62984
24	289. 49448	392. 48424	532. 75011	723. 46100
25	342. 60349	471. 98108	650. 95513	898. 09164
26	405. 27211	567. 37730	795. 16526	1114. 63363
27	479. 22109	681. 85276	971. 10162	1383. 14570
28	566. 48089	819. 22331	1185. 74398	1716. 10067
29	669. 44745	984. 06797	1447. 60765	2128. 96483
30	790. 94799	1181. 88157	1767. 08134	2640. 91639
32	1103. 49598	1704. 10946	2632. 34386	4062. 91304
34	1538. 68781	2456. 11762	3920. 20060	6249. 37508
36	2144. 64890	3539. 00937	5837. 04658	9611. 27913
38	2988. 38913	5098. 37350	8690. 08013	14780. 54279
40	4163. 21302	7343. 85784	12936. 53526	22728. 80259
44	8076. 76025	15233. 59161	28664. 27789	53741. 43205
48	15664. 25859	31593. 74357	63506. 48969	127061. 91735
52	30374. 73160	65518. 15466	140693. 64564	300407. 21757
56	58895. 06953	135863. 81349	311689. 01979	710232. 56158
60	114189. 66640	281732. 57164	690500. 98172	
70				
80				
90				
100				
110				
120				

续表 38-24

n \ i	26%	28%	30%	40%	50%	100%
1	1.00000	1.00000	1.00000	1.00000	1.00000	1.
2	2.26000	2.28000	2.30000	2.40000	2.50000	3.
3	3.84760	3.91840	3.99000	4.36000	4.75000	7.
4	5.84798	6.01555	6.18700	7.10400	8.12500	15.
5	8.36845	8.69991	9.04310	10.94560	13.18750	31.
6	11.54425	12.13588	12.75603	16.32384	20.78125	63.
7	15.54575	16.53393	17.58284	23.85338	32.17187	127.
8	20.58765	22.16343	23.85769	34.39473	49.25781	255.
9	26.94043	29.36919	32.01500	49.15262	74.88672	511.
10	34.94495	38.59256	42.61950	69.81366	113.33008	1023.
11	45.03063	50.39847	56.40535	98.73913	170.99512	2047.
12	57.73860	65.51005	74.32695	139.23478	257.49268	4095.
13	73.75063	84.85286	97.62504	195.92869	387.23901	8191.
14	93.92580	109.61166	127.91255	275.30017	581.85852	16383.
15	119.34651	141.30293	167.28631	386.42024	873.78778	32767.
16	151.37660	181.86774	218.47220	541.98833	1311.68167	65535.
17	191.73451	233.79071	285.01386	759.78367	1963.52251	131071.
18	242.58548	300.25211	371.51802	1064.69719	2953.78376	262143.
19	306.65771	385.32270	483.97343	1491.57594	4431.67564	524287.
20	387.38871	494.21306	630.16546	2089.20639	6648.51346	1048574.
21	489.10978	633.59272	820.21510	2925.88894	9973.77019	2097150.
22	617.27832	811.99868	1067.27963	4097.24451	14961.65528	4194302.
23	778.77069	1040.35831	1388.46351	5737.14232	22443.48292	8388606.
24	982.25107	1332.65864	1806.00257	8032.99925	33666.22438	16777214.
25	1238.63634	1706.80306	2348.80334	11247.19895	50500.33657	33554430.
26	1561.68179	2185.70791	3054.44434	15747.07853	75751.50485	67108862.
27	1968.71906	2798.70613	3971.77764	22046.90994	113628.25728	134217726.
28	2481.58602	3583.34385	5164.31093	30866.67391	170443.38591	268435454.
29	3127.79838	4587.68012	6714.60421	43214.34348	255666.07887	536870910.
30	3942.02596	5873.23056	8729.98548	60501.08087	383500.11830	
32	6260.62041	9624.98095	14755.97545	118584.51851		
34	9941.62096	15771.84878	24939.89851	232428.05626		
36	15785.57744	25842.87705	42150.72849	455561.39026		
38	25063.44275	42343.24975	71237.03114	892902.72491		
40	39792.98171	69377.46039				
44	100303.01420	186239.71770				
48	252816.96330	499939.45097				
52	637224.37003					
56						
60						
70						
80						
90						
100						
110						
120						

4. 投入基金系数 $[F_{SR}]$; $\frac{i}{(1+i)^n-1}$

n \ i	0. 5%	1%	1. 5%	2%	2. 5%	3%	3. 5%	4%
1	1. 00000	1. 00000	1. 00000	1. 00000	1. 00000	1. 00000	1. 00000	1. 00000
2	0. 49875	0. 49751	0. 49628	0. 19505	0. 49383	0. 49261	0. 49140	0. 49020
3	0. 33167	0. 33002	0. 32838	0. 32675	0. 32514	0. 32353	0. 32193	0. 32035
4	0. 24813	0. 24628	0. 24444	0. 24262	0. 24082	0. 23903	0. 23725	0. 23549
5	0. 19801	0. 19604	0. 19409	0. 19216	0. 19025	0. 18835	0. 18648	0. 18463
6	0. 16460	0. 16255	0. 16053	0. 15853	0. 15655	0. 15460	0. 15267	0. 15076
7	0. 14073	0. 13863	0. 13656	0. 13451	0. 13250	0. 13051	0. 12854	0. 12661
8	0. 12283	0. 12069	0. 11858	0. 11651	0. 11447	0. 11246	0. 11048	0. 10853
9	0. 10891	0. 10674	0. 10461	0. 10252	0. 10046	0. 09843	0. 09645	0. 09449
10	0. 09777	0. 09558	0. 09343	0. 09133	0. 08926	0. 08723	0. 08524	0. 08329
11	0. 08866	0. 08645	0. 08429	0. 08218	0. 08011	0. 07808	0. 07609	0. 07415
12	0. 08107	0. 07885	0. 07668	0. 07456	0. 07249	0. 07046	0. 06848	0. 06655
13	0. 07464	0. 07241	0. 07024	0. 06812	0. 06605	0. 06403	0. 06206	0. 06014
14	0. 06914	0. 06690	0. 06472	0. 06260	0. 06054	0. 05853	0. 05657	0. 05467
15	0. 06436	0. 06212	0. 05994	0. 05783	0. 05577	0. 05377	0. 05183	0. 04994
16	0. 06019	0. 05794	0. 05577	0. 05365	0. 05160	0. 04961	0. 04768	0. 04582
17	0. 05651	0. 05426	0. 05208	0. 04997	0. 04793	0. 04595	0. 04404	0. 04220
18	0. 05323	0. 05098	0. 04881	0. 04670	0. 04467	0. 04271	0. 04082	0. 03899
19	0. 05030	0. 04805	0. 04588	0. 04378	0. 04176	0. 03981	0. 03794	0. 03614
20	0. 04767	0. 04542	0. 04325	0. 04116	0. 03915	0. 03722	0. 03536	0. 03358
21	0. 04528	0. 04303	0. 04087	0. 03878	0. 03679	0. 03487	0. 03304	0. 03128
22	0. 04311	0. 04086	0. 03870	0. 03663	0. 03465	0. 03275	0. 03093	0. 02920
23	0. 04113	0. 03889	0. 03673	0. 03467	0. 03270	0. 03081	0. 02902	0. 02731
24	0. 03932	0. 03707	0. 03492	0. 03287	0. 03091	0. 02905	0. 02727	0. 02559
25	0. 03765	0. 03541	0. 03326	0. 03122	0. 02928	0. 02743	0. 02567	0. 02401
26	0. 03611	0. 03387	0. 03173	0. 02970	0. 02777	0. 02594	0. 02421	0. 02257
27	0. 03469	0. 03245	0. 03032	0. 02829	0. 02638	0. 02456	0. 02285	0. 02124
28	0. 03336	0. 03112	0. 02900	0. 02699	0. 02509	0. 02329	0. 02160	0. 02001
29	0. 03213	0. 02990	0. 02778	0. 02578	0. 02389	0. 02211	0. 02045	0. 01888
30	0. 03098	0. 02875	0. 02664	0. 02465	0. 02278	0. 02102	0. 01937	0. 01783
32	0. 02889	0. 02667	0. 02458	0. 02261	0. 02077	0. 01905	0. 01744	0. 01595
34	0. 02706	0. 02484	0. 02276	0. 02082	0. 01901	0. 01732	0. 01576	0. 01431
36	0. 02542	0. 02321	0. 02115	0. 01923	0. 01745	0. 01580	0. 01428	0. 01289
38	0. 02396	0. 02176	0. 01972	0. 01782	0. 01607	0. 01446	0. 01298	0. 01163
40	0. 02265	0. 02046	0. 01843	0. 01656	0. 01484	0. 01326	0. 01183	0. 01052
44	0. 02038	0. 01820	0. 01621	0. 01439	0. 01273	0. 01123	0. 00988	0. 00866
48	0. 01849	0. 01633	0. 01437	0. 01260	0. 01101	0. 00958	0. 00831	0. 00718
52	0. 01689	0. 01476	0. 01283	0. 01111	0. 00957	0. 00822	0. 00702	0. 00598
56	0. 01552	0. 01341	0. 01152	0. 00985	0. 00837	0. 00708	0. 00597	0. 00500
60	0. 01433	0. 01224	0. 01039	0. 00877	0. 00735	0. 00613	0. 00509	0. 00420
70	0. 01197	0. 00993	0. 00817	0. 00667	0. 00540	0. 00434	0. 00346	0. 00275
80	0. 01020	0. 00822	0. 00655	0. 00516	0. 00403	0. 00311	0. 00238	0. 00181
90	0. 00883	0. 00690	0. 00532	0. 00405	0. 00304	0. 00226	0. 00166	0. 00121
100	0. 00773	0. 00587	0. 00437	0. 00320	0. 00231	0. 00165	0. 00116	0. 00081
110	0. 00684	0. 00503	0. 00362	0. 00255	0. 00177	0. 00121	0. 00081	0. 00054
120	0. 00610	0. 00435	0. 00302	0. 00205	0. 00136	0. 00089	0. 00057	0. 00036

续表 38-24

n \ i	5%	6%	7%	8%	9%	10%
1	1.00000	1.00000	1.00000	1.00000	1.00000	1.00000
2	0.48780	0.48544	0.48309	0.48077	0.47847	0.47619
3	0.31721	0.31411	0.31105	0.30803	0.30505	0.30211
4	0.23201	0.22859	0.22523	0.22192	0.21867	0.21547
5	0.18097	0.17740	0.17389	0.17046	0.16709	0.16380
6	0.14702	0.14336	0.13980	0.13632	0.13292	0.12961
7	0.12282	0.11914	0.11555	0.11207	0.10869	0.10541
8	0.10472	0.10104	0.09747	0.09401	0.09067	0.08744
9	0.09069	0.08702	0.08349	0.08008	0.07680	0.07364
10	0.07950	0.07587	0.07238	0.06903	0.06582	0.06275
11	0.07039	0.06679	0.06336	0.06008	0.05695	0.05396
12	0.06283	0.05928	0.05590	0.05270	0.04965	0.04676
13	0.05646	0.05296	0.04965	0.04652	0.04357	0.04078
14	0.05102	0.04758	0.04434	0.04130	0.03843	0.03575
15	0.04634	0.04296	0.03979	0.03683	0.03406	0.03147
16	0.04227	0.03895	0.03586	0.03298	0.03030	0.02782
17	0.03870	0.03544	0.03243	0.02963	0.02705	0.02466
18	0.03555	0.03236	0.02941	0.02670	0.02421	0.02193
19	0.03275	0.02962	0.02675	0.02413	0.02173	0.01955
20	0.03024	0.02718	0.02439	0.02185	0.01955	0.01746
21	0.02800	0.02500	0.02229	0.01983	0.01762	0.01562
22	0.02597	0.02305	0.02041	0.01803	0.01590	0.01401
23	0.02414	0.02128	0.01871	0.01642	0.01438	0.01257
24	0.02247	0.01968	0.01719	0.01498	0.01302	0.01130
25	0.02095	0.01823	0.01581	0.01366	0.01181	0.01017
26	0.01956	0.01690	0.01456	0.01251	0.01072	0.00916
27	0.01829	0.01570	0.01343	0.01145	0.00973	0.00826
28	0.01712	0.01459	0.01239	0.01049	0.00885	0.00745
29	0.01605	0.01358	0.01145	0.00962	0.00806	0.00673
30	0.01505	0.01265	0.01059	0.00883	0.00734	0.00608
32	0.01328	0.01100	0.00907	0.00745	0.00610	0.00497
34	0.01176	0.00960	0.00780	0.00630	0.00508	0.00407
36	0.01043	0.00839	0.00672	0.00534	0.00424	0.00344
38	0.00928	0.00736	0.00580	0.00454	0.00354	0.00275
40	0.00828	0.00646	0.00501	0.00386	0.00296	0.00266
44	0.00662	0.00501	0.00376	0.00280	0.00208	0.00153
48	0.00532	0.00390	0.00283	0.00204	0.00146	0.00104
52	0.00429	0.00305	0.00214	0.00149	0.00103	0.00071
56	0.00348	0.00239	0.00162	0.00109	0.00073	0.00048
60	0.00283	0.00188	0.00123	0.00080	0.00051	0.00033
70	0.00170	0.00103	0.00062	0.00037	0.00022	0.00013
80	0.00103	0.00057	0.00031	0.00017	0.00009	0.00005
90	0.00063	0.00032	0.00016	0.00008	0.00004	0.00002
100	0.00038	0.00018	0.00008	0.00004	0.00002	0.00001
110	0.00023	0.00010	0.00004	0.00002	0.00001	0.00000
120	0.00014	0.00006	0.00002	0.00001	0.00000	0.00000

续表 38-24

n \ i	11%	12%	13%	14%	15%	16%
1	1.00000	1.00000	1.00000	1.00000	1.00000	1.00000
2	0.47393	0.47170	0.46948	0.46729	0.46512	0.46296
3	0.29921	0.29635	0.29352	0.29073	0.28798	0.28526
4	0.21233	0.20923	0.20619	0.20320	0.20027	0.19738
5	0.16057	0.15741	0.15431	0.15128	0.14832	0.14541
6	0.12638	0.12323	0.12015	0.11716	0.11424	0.11139
7	0.10222	0.09912	0.09611	0.09319	0.09036	0.08761
8	0.08432	0.08130	0.07839	0.07557	0.07285	0.07022
9	0.07060	0.06768	0.06487	0.06217	0.05957	0.05708
10	0.05980	0.05698	0.05429	0.05171	0.04925	0.04690
11	0.05112	0.04842	0.04584	0.04339	0.04107	0.03886
12	0.04403	0.04144	0.03899	0.03667	0.03448	0.03241
13	0.03815	0.03568	0.03335	0.03116	0.02911	0.02918
14	0.03323	0.03087	0.02867	0.02661	0.02469	0.02290
15	0.02907	0.02682	0.02474	0.02281	0.02102	0.01936
16	0.02552	0.02339	0.02143	0.01962	0.01795	0.01641
17	0.02247	0.02046	0.01861	0.01692	0.01537	0.01395
18	0.01984	0.01794	0.01620	0.01462	0.01319	0.01188
19	0.01756	0.01576	0.01413	0.01266	0.01134	0.01014
20	0.01558	0.01388	0.01235	0.01099	0.00976	0.00867
21	0.01384	0.01224	0.01081	0.00954	0.00842	0.00742
22	0.01231	0.01081	0.00948	0.00830	0.00727	0.00635
23	0.01097	0.00956	0.00832	0.00723	0.00628	0.00545
24	0.00979	0.00846	0.00731	0.00630	0.00543	0.00467
25	0.00874	0.00750	0.00643	0.00550	0.00470	0.00401
26	0.00781	0.00665	0.00565	0.00480	0.00407	0.00345
27	0.00699	0.00590	0.00498	0.00419	0.00353	0.00296
28	0.00626	0.00524	0.00439	0.00366	0.00306	0.00255
29	0.00561	0.00466	0.00387	0.00320	0.00265	0.00219
30	0.00502	0.00414	0.00341	0.00280	0.00230	0.00189
32	0.00404	0.00328	0.00266	0.00125	0.00173	0.00140
34	0.00326	0.00260	0.00207	0.00165	0.00131	0.00104
36	0.00263	0.00206	0.00162	0.00126	0.00099	0.00077
38	0.00213	0.00164	0.00126	0.00097	0.00074	0.00057
40	0.00172	0.00130	0.00099	0.00075	0.00056	0.00042
44	0.00133	0.00083	0.00060	0.00044	0.00032	0.00023
48	0.00074	0.00052	0.00037	0.00026	0.00018	0.00013
52	0.00049	0.00033	0.00023	0.00015	0.00010	0.00007
56	0.00032	0.00021	0.00014	0.00009	0.00006	0.00004
60	0.00021	0.00013	0.00009	0.00005	0.00003	0.00002
70	0.00007	0.00004	0.00003	0.00001	0.00001	0.00000
80	0.00003	0.00001	0.00001	0.00000	0.00000	0.00000
90	0.00001	0.00000	0.00000	0.00000	0.00000	0.00000
100	0.00000	0.00000	0.00000	0.00000	0.00000	0.00000
110	0.00000	0.00000	0.00000	0.00000	0.00000	0.00000
120	0.00000	0.00000	0.00000	0.00000	0.00000	0.00000

续表 38-24

n \ i	18%	20%	22%	24%	26%	28%
1	1.00000	1.00000	1.00000	1.00000	1.00000	1.00000
2	0.45872	0.45455	0.45045	0.44643	0.44248	0.43860
3	0.27992	0.27473	0.26966	0.26472	0.25990	0.25521
4	0.19174	0.18629	0.18102	0.17593	0.17100	0.16624
5	0.13978	0.13438	0.12921	0.12425	0.11950	0.11494
6	0.10591	0.10071	0.09576	0.09107	0.08662	0.08240
7	0.08236	0.07742	0.07278	0.06842	0.06433	0.06048
8	0.06524	0.06061	0.05630	0.05229	0.04857	0.04512
9	0.05239	0.04808	0.04411	0.04047	0.03712	0.03405
10	0.04251	0.03852	0.03489	0.03160	0.02862	0.02591
11	0.03478	0.03110	0.02781	0.02485	0.02221	0.01984
12	0.02863	0.02526	0.02228	0.01965	0.01732	0.01526
13	0.02369	0.02062	0.01794	0.01560	0.01356	0.01179
14	0.01968	0.01689	0.01449	0.01242	0.01065	0.00912
15	0.01640	0.01388	0.01174	0.00992	0.00838	0.00708
16	0.01371	0.01144	0.00953	0.00794	0.00661	0.00550
17	0.01149	0.00944	0.00773	0.00636	0.00522	0.00428
18	0.00964	0.00781	0.00631	0.00510	0.00412	0.00333
19	0.00810	0.00646	0.00515	0.00410	0.00326	0.00260
20	0.00682	0.00536	0.00420	0.00329	0.00258	0.00202
21	0.00575	0.00444	0.00343	0.00265	0.00204	0.00158
22	0.00485	0.00369	0.00281	0.00213	0.00162	0.00123
23	0.00409	0.00307	0.00229	0.00172	0.00128	0.00096
24	0.00345	0.00255	0.00188	0.00138	0.00102	0.00075
25	0.00292	0.00212	0.00154	0.00111	0.00081	0.00059
26	0.00247	0.00176	0.00126	0.00090	0.00064	0.00046
27	0.00209	0.00147	0.00103	0.00072	0.00051	0.00036
28	0.00177	0.00122	0.00084	0.00058	0.00040	0.00028
29	0.00149	0.00102	0.00069	0.00047	0.00032	0.00022
30	0.00126	0.00085	0.00057	0.00038	0.00025	0.00017
32	0.00091	0.00059	0.00038	0.00025	0.00016	0.00010
34	0.00065	0.00041	0.00026	0.00016	0.00010	0.00006
36	0.00047	0.00028	0.00017	0.00010	0.00006	0.00004
38	0.00033	0.00020	0.00012	0.00007	0.00004	0.00002
40	0.00024	0.00014	0.00008	0.00004	0.00003	0.00001
44	0.00012	0.00007	0.00003	0.00002	0.00001	0.00001
48	0.00006	0.00003	0.00002	0.00001	0.00000	0.00000
52	0.00003	0.00002	0.00001	0.00000	0.00000	0.00000
56	0.00002	0.00001	0.00000	0.00000	0.00000	0.00000
60	0.00001	0.00000	0.00000	0.00000	0.00000	0.00000
70	0.00000	0.00000	0.00000	0.00000	0.00000	0.00000
80	0.00000	0.00000	0.00000	0.00000	0.00000	0.00000
90	0.00000	0.00000	0.00000	0.00000	0.00000	0.00000
100	0.00000	0.00000	0.00000	0.00000	0.00000	0.00000
110	0.00000	0.00000	0.00000	0.00000	0.00000	0.00000
120	0.00000	0.00000	0.00000	0.00000	0.00000	0.00000

续表 38-24

n \ i	30%	35%	40%	50%	60%	70%	80%	100%
1	1. 00000	1. 00000	1. 00000	1. 00000	1. 00000	1. 00000	1. 00000	1. 00000
2	0. 43478	0. 42553	0. 41667	0. 40000	0. 38462	0. 37037	0. 35714	0. 33333
3	0. 25063	0. 23966	0. 22936	0. 21053	0. 19380	0. 17889	0. 16556	0. 14286
4	0. 16163	0. 15076	0. 14077	0. 12308	0. 10804	0. 09521	0. 08423	0. 06667
5	0. 11058	0. 10046	0. 09136	0. 07583	0. 06325	0. 05304	0. 04470	0. 03226
6	0. 07839	0. 06926	0. 06126	0. 04812	0. 03803	0. 03025	0. 02423	0. 01587
7	0. 05687	0. 04880	0. 04192	0. 03108	0. 02322	0. 01749	0. 01328	0. 00787
8	0. 04192	0. 03489	0. 02907	0. 02030	0. 01430	0. 01018	0. 00733	0. 00392
9	0. 03124	0. 02519	0. 02034	0. 01335	0. 00886	0. 00595	0. 00405	0. 00196
10	0. 02346	0. 01832	0. 01432	0. 00882	0. 00551	0. 00349	0. 00225	0. 00098
11	0. 01773	0. 01339	0. 01013	0. 00585	0. 00343	0. 00205	0. 00125	0. 00049
12	0. 01345	0. 00982	0. 00718	0. 00388	0. 00214	0. 00120	0. 00069	0. 00024
13	0. 01024	0. 00722	0. 00510	0. 00258	0. 00134	0. 00071	0. 00038	0. 00012
14	0. 00782	0. 00532	0. 00363	0. 00172	0. 00083	0. 00042	0. 00021	0. 00006
15	0. 00598	0. 00393	0. 00259	0. 00114	0. 00052	0. 00024	0. 00012	0. 00003
16	0. 00458	0. 00290	0. 00185	0. 00076	0. 00033	0. 00014	0. 00007	0. 00002
17	0. 00351	0. 00214	0. 00132	0. 00051	0. 00020	0. 00008	0. 00004	0. 00001
18	0. 00269	0. 00158	0. 00094	0. 00034	0. 00013	0. 00005	0. 00002	0. 00000
19	0. 00207	0. 00117	0. 00067	0. 00023	0. 00008	0. 00003	0. 00001	0. 00000
20	0. 00159	0. 00087	0. 00048	0. 00015	0. 00005	0. 00002	0. 00001	0. 00000
21	0. 00122	0. 00064	0. 00034	0. 00010	0. 00003	0. 00001	0. 00000	0. 00000
22	0. 00094	0. 00048	0. 00024	0. 00007	0. 00002	0. 00001	0. 00000	0. 00000
23	0. 00072	0. 00035	0. 00017	0. 00004	0. 00001	0. 00000	0. 00000	0. 00000
24	0. 00055	0. 00026	0. 00012	0. 00003	0. 00001	0. 00000	0. 00000	0. 00000
25	0. 00043	0. 00019	0. 00009	0. 00002	0. 00000	0. 00000	0. 00000	0. 00000
26	0. 00033	0. 00014	0. 00006	0. 00001	0. 00000	0. 00000		
27	0. 00025	0. 00011	0. 00005	0. 00001	0. 00000	0. 00000		
28	0. 00019	0. 00008	0. 00003	0. 00001	0. 00000	0. 00000		
29	0. 00015	0. 00006	0. 00002	0. 00000	0. 00000	0. 00000		
30	0. 00011	0. 00004	0. 00002	0. 00000	0. 00000	0. 00000		
32	0. 00007	0. 00002	0. 00001	0. 00000				
34	0. 00004	0. 00001	0. 00000	0. 00000				
36	0. 00002	0. 00001	0. 00000	0. 00000				
38	0. 00001	0. 00000	0. 00000	0. 00000				
40	0. 00001	0. 00000	0. 00000	0. 00000				
44	0. 00000	0. 00000	0. 00000					
48	0. 00000	0. 00000	0. 00000					
52	0. 00000	0. 00000	0. 00000					
56	0. 00000	0. 00000	0. 00000					
60	0. 00000	0. 00000	0. 00000					
70								
80								
90								
100								
110								
120								

5. 资金回收系数 $[F_{PR}]$；$\frac{i\ (1+i)}{(1+i)^n-1}$，$\frac{i}{1-\ (1+i)^{-n}}$

n \ i	0.5%	1%	1.5%	2%	2.5%	3%	3.5%	4%
1	1.00500	1.01000	1.01500	1.02000	1.02500	1.03000	1.03500	1.04000
2	0.50375	0.50751	0.51128	0.51505	0.51883	0.52261	0.52640	0.53020
3	0.33667	0.34002	0.34338	0.34675	0.35014	0.35353	0.35693	0.36035
4	0.25313	0.25628	0.25944	0.26262	0.26582	0.26903	0.27225	0.27549
5	0.20301	0.20604	0.20909	0.21216	0.21525	0.21835	0.22148	0.22463
6	0.16960	0.17255	0.17553	0.17853	0.18155	0.18460	0.18767	0.19076
7	0.14573	0.14863	0.15156	0.15451	0.15750	0.16051	0.16354	0.16661
8	0.12783	0.13069	0.13358	0.13651	0.13947	0.14246	0.14543	0.14853
9	0.11391	0.11674	0.11961	0.12252	0.12546	0.12843	0.13145	0.13449
10	0.10277	0.10558	0.10843	0.11133	0.11126	0.11723	0.12014	0.12329
11	0.09366	0.09645	0.09929	0.10218	0.10511	0.10808	0.11109	0.11415
12	0.08607	0.08885	0.09168	0.09456	0.09749	0.10046	0.10348	0.10655
13	0.07964	0.08241	0.08524	0.08812	0.09105	0.09403	0.09706	0.10014
14	0.07414	0.07690	0.07972	0.08260	0.08554	0.08853	0.09157	0.09467
15	0.06936	0.07212	0.07494	0.07783	0.08077	0.08377	0.08683	0.08994
16	0.06519	0.06794	0.07077	0.07365	0.07660	0.07961	0.08268	0.08582
17	0.06151	0.06426	0.06708	0.06997	0.07293	0.07595	0.07904	0.08220
18	0.05823	0.06098	0.06381	0.06670	0.06967	0.07271	0.07582	0.07899
19	0.05530	0.05805	0.06088	0.06378	0.06676	0.06981	0.07294	0.07614
20	0.05267	0.05542	0.05825	0.06116	0.06415	0.06722	0.07036	0.07358
21	0.05028	0.05303	0.05587	0.05878	0.00179	0.06487	0.06804	0.07128
22	0.04811	0.05086	0.05370	0.05663	0.05965	0.06275	0.06593	0.06920
23	0.04613	0.04889	0.05173	0.05467	0.00770	0.06081	0.06402	0.06731
24	0.04432	0.04707	0.04992	0.05287	0.05591	0.05905	0.06227	0.06559
25	0.04265	0.04541	0.04826	0.05122	0.05428	0.05743	0.06067	0.06401
26	0.04111	0.04387	0.04673	0.04970	0.05277	0.05594	0.05921	0.06257
27	0.03969	0.04245	0.04532	0.04829	0.05138	0.05456	0.05785	0.06124
28	0.03836	0.04112	0.04400	0.04699	0.05009	0.05329	0.05660	0.06001
29	0.03713	0.03990	0.04278	0.04578	0.04889	0.05211	0.05545	0.05888
30	0.03598	0.03875	0.04164	0.04465	0.04778	0.05102	0.05437	0.05783
32	0.03389	0.03667	0.03958	0.04261	0.04577	0.04905	0.05244	0.05595
34	0.03206	0.03484	0.03776	0.04082	0.04401	0.04732	0.05076	0.05431
36	0.03042	0.03321	0.03615	0.03923	0.04245	0.04580	0.04928	0.05289
38	0.02896	0.03116	0.03472	0.03782	0.04107	0.04446	0.04798	0.05163
40	0.02765	0.03046	0.03343	0.03656	0.03984	0.04326	0.04683	0.05052
44	0.02538	0.02820	0.03121	0.03439	0.03773	0.04123	0.04488	0.04866
48	0.02349	0.02633	0.02937	0.03260	0.03601	0.03958	0.04331	0.04718
52	0.02189	0.02476	0.02783	0.03111	0.03457	0.03822	0.04202	0.04598
56	0.02052	0.02341	0.02652	0.02985	0.03337	0.03708	0.04097	0.04500
60	0.01933	0.02224	0.02539	0.02877	0.03235	0.03613	0.04009	0.04420
70	0.01697	0.01993	0.02317	0.02667	0.03040	0.03434	0.03846	0.04275
80	0.01520	0.01822	0.02155	0.02516	0.02903	0.03311	0.03738	0.04181
90	0.01383	0.01690	0.02032	0.02405	0.02804	0.03226	0.03666	0.04121
100	0.01273	0.01587	0.01937	0.02320	0.02731	0.03165	0.03616	0.04081
110	0.01184	0.01503	0.01862	0.02255	0.02677	0.03121	0.03581	0.04054
120	0.01110	0.01435	0.01802	0.02205	0.02636	0.03089	0.03557	0.04036

续表 38-24

n \ i	5%	6%	7%	8%	9%	10%
1	1.05000	1.06000	1.07000	1.08000	1.09000	1.10000
2	0.53780	0.54544	0.55309	0.56077	0.56847	0.57619
3	0.36721	0.37411	0.38105	0.38803	0.39505	0.40211
4	0.28201	0.28859	0.29523	0.30192	0.30867	0.34547
5	0.23097	0.23740	0.24389	0.25046	0.25709	0.26380
6	0.19702	0.20336	0.20980	0.21632	0.22292	0.22961
7	0.17282	0.17914	0.18555	0.19207	0.19869	0.20541
8	0.15472	0.16104	0.16747	0.17401	0.18067	0.18744
9	0.14069	0.14702	0.15349	0.16008	0.16680	0.17364
10	0.12950	0.13587	0.14238	0.14903	0.15582	0.16275
11	0.12039	0.12679	0.13336	0.14008	0.14695	0.15396
12	0.11283	0.11928	0.12590	0.13270	0.13965	0.14676
13	0.10646	0.11296	0.11965	0.12652	0.13357	0.14078
14	0.10102	0.10758	0.11434	0.12130	0.12843	0.13575
15	0.09634	0.10296	0.10979	0.11683	0.12406	0.13147
16	0.09227	0.09895	0.10586	0.11298	0.12030	0.12782
17	0.08870	0.09544	0.10243	0.10963	0.11705	0.12466
18	0.08555	0.09236	0.09941	0.10670	0.11421	0.12193
19	0.08275	0.08962	0.09675	0.10413	0.11173	0.11955
20	0.08024	0.08718	0.09439	0.10185	0.10955	0.11746
21	0.07800	0.08500	0.09229	0.09983	0.10762	0.11562
22	0.07597	0.08305	0.09041	0.09803	0.10590	0.11401
23	0.07414	0.08128	0.08871	0.09642	0.10438	0.11257
24	0.07247	0.07968	0.08719	0.09498	0.10302	0.11130
25	0.07095	0.07823	0.08581	0.09368	0.10181	0.11017
26	0.06956	0.07690	0.08456	0.09251	0.10072	0.10916
27	0.06829	0.07570	0.08343	0.09145	0.09973	0.10826
28	0.06712	0.07459	0.08239	0.09049	0.09885	0.10745
29	0.06605	0.07358	0.08145	0.08962	0.09806	0.10673
30	0.06505	0.07265	0.08059	0.08883	0.09734	0.10608
32	0.06328	0.07100	0.07907	0.08745	0.09610	0.10497
34	0.06176	0.06960	0.07780	0.08630	0.09508	0.10407
36	0.06043	0.06839	0.07672	0.08534	0.09424	0.10334
38	0.05928	0.06736	0.07580	0.08454	0.09354	0.10275
40	0.05828	0.06646	0.07501	0.08386	0.09226	0.10226
44	0.05662	0.06501	0.07376	0.08280	0.09208	0.10153
48	0.05532	0.06390	0.07283	0.08204	0.09146	0.10104
52	0.05429	0.06305	0.07214	0.08149	0.09103	0.10071
56	0.05348	0.06239	0.07162	0.08109	0.09073	0.10048
60	0.05283	0.06188	0.07123	0.08080	0.09051	0.10033
70	0.05170	0.06103	0.07062	0.08037	0.09022	0.10013
80	0.05103	0.06057	0.07031	0.08017	0.09009	0.10005
90	0.05063	0.06032	0.07016	0.08008	0.09004	0.10002
100	0.05038	0.06018	0.07008	0.08004	0.09002	0.10001
110	0.05023	0.06010	0.07004	0.08002	0.09001	0.10000
120	0.05014	0.06006	0.07002	0.08001	0.09000	0.10000

续表 38-24

n \ i	11%	12%	13%	14%	15%	16%
1	1.11000	1.12000	1.13000	1.14000	1.15000	1.16000
2	0.58393	0.59170	0.59948	0.60729	0.61512	0.62296
3	0.40921	0.41635	0.42352	0.43073	0.43798	0.44526
4	0.32233	0.32923	0.33619	0.34320	0.35027	0.35738
5	0.27057	0.27741	0.28431	0.29128	0.29832	0.30541
6	0.23638	0.24323	0.25015	0.25716	0.26424	0.27139
7	0.21222	0.21912	0.22611	0.23319	0.24036	0.24761
8	0.19432	0.20130	0.20839	0.21557	0.22285	0.23022
9	0.18060	0.18768	0.19487	0.20217	0.20957	0.21708
10	0.16980	0.17698	0.18429	0.19171	0.19925	0.20690
11	0.16112	0.16842	0.17584	0.18339	0.19107	0.19886
12	0.15403	0.16144	0.16899	0.17667	0.18448	0.19241
13	0.14815	0.15568	0.16335	0.17116	0.17911	0.18718
14	0.14323	0.15087	0.15867	0.16661	0.17469	0.18290
15	0.13907	0.14682	0.15474	0.16281	0.17102	0.17936
16	0.13552	0.14339	0.15143	0.15962	0.16795	0.17641
17	0.13247	0.14046	0.14861	0.15692	0.16537	0.17395
18	0.12984	0.13794	0.14620	0.15462	0.16319	0.17188
19	0.12756	0.13576	0.14413	0.15266	0.16134	0.17014
20	0.12558	0.13388	0.14235	0.15099	0.15976	0.16867
21	0.12384	0.13224	0.14081	0.14954	0.15842	0.16742
22	0.12231	0.13081	0.13948	0.14830	0.15727	0.16635
23	0.12097	0.12956	0.13832	0.14723	0.15628	0.16545
24	0.11979	0.12846	0.13731	0.14630	0.15543	0.16467
25	0.11874	0.12750	0.13643	0.14550	0.15470	0.16401
26	0.11781	0.12665	0.13565	0.14480	0.15407	0.16345
27	0.11699	0.12590	0.13498	0.14419	0.15353	0.16296
28	0.11626	0.12524	0.13439	0.14366	0.15306	0.16255
29	0.11561	0.12466	0.13387	0.14320	0.15265	0.16219
30	0.11502	0.12414	0.13341	0.14280	0.15230	0.16189
32	0.11404	0.12328	0.13266	0.14215	0.15173	0.16140
34	0.11326	0.12260	0.13207	0.14165	0.15131	0.16104
36	0.11263	0.12206	0.13162	0.14126	0.15099	0.16077
38	0.11213	0.12164	0.13126	0.14097	0.15074	0.16057
40	0.11172	0.12130	0.13099	0.14075	0.15056	0.16042
44	0.11113	0.12083	0.13060	0.14044	0.15032	0.16023
48	0.11074	0.12052	0.13037	0.14026	0.15018	0.16013
52	0.11049	0.12033	0.13023	0.14015	0.15010	0.16007
56	0.11032	0.12021	0.13014	0.14009	0.15006	0.16004
60	0.11021	0.12013	0.13009	0.14005	0.15003	0.16002
70	0.11007	0.12004	0.13003	0.14001	0.15001	0.16000
80	0.11003	0.12001	0.13001	0.14000	0.15000	0.16000
90	0.11001	0.12000	0.13000	0.14000	0.15000	0.16000
100	0.11000	0.12000	0.13000	0.14000	0.15000	0.16000
110	0.11000	0.12000	0.13000	0.14000	0.15000	0.16000
120	0.11000	0.12000	0.13000	0.14000	0.15000	0.16000

续表 38-24

n \ i	18%	20%	22%	24%	26%	28%
1	1.18000	1.20000	1.22000	1.24000	1.26000	1.28000
2	0.63872	0.65455	0.67045	0.66643	0.70248	0.71860
3	0.45992	0.47473	0.48966	0.50472	0.51990	0.53521
4	0.37174	0.38629	0.40102	0.41593	0.43100	0.44624
5	0.31978	0.33438	0.34921	0.36425	0.37950	0.39494
6	0.28591	0.30071	0.31576	0.33107	0.34662	0.36240
7	0.26236	0.27742	0.29278	0.30842	0.32433	0.34048
8	0.24524	0.26061	0.27630	0.29229	0.30857	0.32512
9	0.23239	0.24808	0.26411	0.28047	0.29712	0.31405
10	0.22251	0.23852	0.25489	0.27160	0.28862	0.30591
11	0.21478	0.23110	0.24781	0.26485	0.28221	0.29984
12	0.20863	0.22526	0.24228	0.25965	0.27732	0.29526
13	0.20369	0.22062	0.23794	0.25560	0.27356	0.29179
14	0.19968	0.21689	0.23449	0.25242	0.27065	0.28912
15	0.19640	0.21388	0.23174	0.24992	0.26838	0.28708
16	0.19371	0.21144	0.22953	0.24794	0.26661	0.28550
17	0.19149	0.20944	0.22775	0.24636	0.26522	0.28428
18	0.18964	0.20781	0.22631	0.24510	0.26412	0.28333
19	0.18810	0.20646	0.22515	0.24410	0.26326	0.28260
20	0.18682	0.20536	0.22420	0.24329	0.26258	0.28202
21	0.18575	0.20444	0.22343	0.24265	0.26204	0.28158
22	0.18485	0.20369	0.22281	0.24213	0.26162	0.28123
23	0.18409	0.20307	0.22229	0.24172	0.26128	0.28096
24	0.18345	0.20255	0.22188	0.24138	0.26102	0.28075
25	0.18292	0.20212	0.22154	0.24111	0.26081	0.28059
26	0.18247	0.20176	0.22126	0.24090	0.26064	0.28046
27	0.18209	0.20147	0.22103	0.24072	0.26051	0.28036
28	0.18177	0.20122	0.22084	0.24058	0.26040	0.28028
29	0.18149	0.20102	0.22069	0.24047	0.26032	0.28022
30	0.18126	0.20085	0.22057	0.24038	0.26025	0.28017
32	0.18091	0.20059	0.22038	0.24025	0.26016	0.28010
34	0.18065	0.20041	0.22026	0.24016	0.26010	0.28006
36	0.18047	0.20028	0.22017	0.24010	0.26006	0.28004
38	0.18033	0.20020	0.22012	0.24007	0.26004	0.28002
40	0.18024	0.20014	0.22008	0.24004	0.26003	0.28001
44	0.18012	0.20007	0.22003	0.24002	0.26001	0.28001
48	0.18006	0.20003	0.22002	0.24001	0.26000	0.28000
52	0.18003	0.20002	0.22001	0.24000	0.26000	0.28000
56	0.18002	0.20001	0.22000	0.24000	0.26000	0.28000
60	0.18001	0.20000	0.22000	0.24000	0.26000	0.28000
70	0.18000	0.20000	0.22000	0.24000	0.26000	0.28000
80	0.18000	0.20000	0.22000	0.24000	0.26000	0.28000
90	0.18000	0.20000	0.22000	0.24000	0.26000	0.28000
100	0.18000	0.20000	0.22000	0.24000	0.26000	0.28000
110	0.18000	0.20000	0.22000	0.24000	0.26000	0.28000
120	0.18000	0.20000	0.22000	0.24000	0.26000	0.28000

续表 38-24

n \ i	30%	35%	40%	50%	60%	70%	80%	100%
1	1.30000	1.35000	1.40000	1.50000	1.60000	1.70000	1.80000	2.00000
2	0.73478	0.77553	0.81667	0.90000	0.98462	1.07037	1.15714	1.33333
3	0.55063	0.58966	0.62935	0.71053	0.79380	0.87889	0.96556	1.14286
4	0.46163	0.50076	0.54077	0.62308	0.70804	0.79521	0.88423	1.06667
5	0.41058	0.45046	0.49136	0.57583	0.66325	0.75304	0.84470	1.03226
6	0.37839	0.41926	0.46126	0.54812	0.63803	0.73025	0.82423	1.01587
7	0.35687	0.39880	0.44192	0.53108	0.62322	0.71749	0.81328	1.00787
8	0.34192	0.38489	0.42907	0.52030	0.61430	0.71018	0.80733	1.00392
9	0.33124	0.37519	0.42034	0.51335	0.60886	0.70595	0.80405	1.00196
10	0.32346	0.36832	0.41432	0.50882	0.60551	0.70349	0.80225	1.00098
11	0.31773	0.36339	0.41013	0.50585	0.60343	0.70205	0.80125	1.00049
12	0.31345	0.35982	0.40718	0.50388	0.60214	0.70120	0.80069	1.00024
13	0.31024	0.35722	0.40510	0.50258	0.60134	0.70071	0.80038	1.00012
14	0.30782	0.35532	0.40363	0.50172	0.60083	0.70042	0.80021	1.00006
15	0.30598	0.35393	0.40259	0.50114	0.60052	0.70024	0.80012	1.00003
16	0.30458	0.35290	0.40185	0.50076	0.60033	0.70014	0.80007	1.00002
17	0.30351	0.35214	0.40132	0.50051	0.60020	0.70008	0.80004	1.00001
18	0.30269	0.35158	0.40094	0.50034	0.60013	0.70005	0.80002	1.00000
19	0.30207	0.35117	0.40067	0.50023	0.60008	0.70003	0.80001	1.00000
20	0.30159	0.35087	0.40048	0.50015	0.60005	0.70002	0.80001	1.00000
21	0.30122	0.35064	0.40034	0.50010	0.60003	0.70001	0.80000	1.00000
22	0.30094	0.35048	0.40024	0.50007	0.60002	0.70001	0.80000	1.00000
23	0.30072	0.35035	0.40017	0.50004	0.60001	0.70000	0.80000	1.00000
24	0.30055	0.35026	0.40012	0.50003	0.60001	0.70000	0.80000	1.00000
25	0.30043	0.35019	0.40009	0.50002	0.60000	0.70000	0.80000	1.00000
26	0.30033	0.35014	0.40006	0.50001	0.60000	0.70000		
27	0.30025	0.35011	0.40005	0.50001	0.60000	0.70000		
28	0.30019	0.35008	0.40003	0.50001	0.60000	0.70000		
29	0.30015	0.35006	0.40002	0.50000	0.60000	0.70000		
30	0.30011	0.35004	0.40002	0.50000	0.60000	0.70000		
32	0.30007	0.35002	0.40001	0.50000				
34	0.30004	0.35001	0.40000	0.50000				
36	0.30002	0.35001	0.40000	0.50000				
38	0.30001	0.35000	0.40000	0.50000				
40	0.30001	0.35000	0.40000	0.50000				
44	0.30000	0.35000	0.40000					
48	0.30000	0.35000	0.40000					
52	0.30000	0.35000	0.40000					
56	0.30000	0.35000	0.40000					
60	0.30000	0.35000	0.40000					
70								
80								
90								
100								
110								
120								

6. 等额序列现值系数 $[F_{RP}]$；$\dfrac{(1+i)^n-1}{i\,(1+i)^n}$，$\dfrac{1-\ (1+i)}{i}$

n \ i	1%	2%	3%	4%	5%	6%	7%	8%
1	0.99010	0.98039	0.97087	0.96154	0.95238	0.94340	0.93458	0.92593
2	1.97040	1.94156	1.91347	1.88609	1.85941	1.83339	1.80802	1.78326
3	2.94099	2.88388	2.82861	2.77509	2.72325	2.67301	2.62432	2.57710
4	3.90197	3.80773	3.71710	3.62990	3.54595	3.46511	3.38721	3.31213
5	4.85343	4.71346	4.57971	4.45182	4.32948	4.21236	4.10020	3.99271
6	5.79548	5.60143	5.41719	5.24214	5.07569	4.91732	4.76654	4.62288
7	6.72819	6.47199	6.23028	6.00205	5.78637	5.58238	5.38929	5.20637
8	7.65163	7.32548	7.01969	6.73274	6.46321	6.20979	5.97130	5.74664
9	8.56602	8.16224	7.78611	7.43533	7.10782	6.80169	6.51523	6.24689
10	9.47130	8.98258	8.53020	8.11090	7.72173	7.36009	7.02358	6.71008
11	10.36763	9.78685	9.25262	8.76048	8.30641	7.88687	7.49867	7.13896
12	11.25508	10.57534	9.95400	9.38507	8.86325	8.38384	7.94269	7.53608
13	12.13374	11.34837	10.63496	9.98565	9.39357	8.85268	8.35765	7.90378
14	13.00370	12.10625	11.29607	10.56312	9.89864	9.29498	8.74547	8.24424
15	13.36505	12.84926	11.93794	11.11839	10.37966	9.71225	9.10791	8.55948
16	14.71787	13.57771	12.56110	11.65230	10.83777	10.10590	9.44665	8.85137
17	15.56225	14.29187	13.16612	12.16567	11.27407	10.47726	9.76322	9.12164
18	16.39827	14.99203	13.75351	12.65930	11.68959	10.82760	10.05909	9.37189
19	17.22601	15.67846	14.32380	13.13394	12.08532	11.15812	10.33560	9.60360
20	18.04555	16.35143	14.87747	13.59033	12.46221	11.46992	10.59401	9.81815
21	18.85698	17.01121	15.41502	14.02916	12.82115	11.76408	10.83553	10.01680
22	19.66038	17.65805	15.93692	14.45112	13.16300	12.04158	11.06124	10.20074
23	20.45582	18.29220	16.44361	14.85684	13.48857	12.30338	11.27219	10.37106
24	21.24339	18.91393	16.93554	15.24696	13.79864	12.55036	11.46933	10.52876
25	22.02310	19.52346	17.41315	15.62208	14.09394	12.78336	11.65358	10.67478
26	22.79520	20.12104	17.87684	15.98277	14.37519	13.00317	11.82578	10.80996
27	23.55961	20.70690	18.32703	16.32959	14.64303	13.21053	11.98671	10.93516
28	24.31644	21.28127	18.76411	16.66306	14.89813	13.40616	12.13711	11.05108
29	25.06579	21.84438	19.18845	16.98371	15.14107	12.59072	12.27767	11.15841
30	25.80771	22.39646	19.60044	17.29203	15.37245	13.76483	12.40904	11.25778
32	27.26959	23.46833	20.38877	17.87355	15.80268	14.08404	12.64656	11.43500
34	28.70267	24.49859	21.13184	18.41120	16.19290	14.36814	12.85401	11.58693
36	30.10751	25.48884	21.83225	18.90828	16.54685	14.62099	13.03521	11.71719
38	31.48466	26.44064	22.49246	19.36786	16.86789	14.84602	13.19347	11.82887
40	32.83469	27.35548	23.11477	19.79277	17.15909	15.04630	13.33171	11.92461
44	35.45545	29.07996	24.25427	20.54884	17.66277	15.38318	13.55791	12.07707
48	37.97396	30.67312	25.26671	21.19513	18.07716	15.65003	13.73047	12.18914
52	40.39419	32.14495	26.16624	21.74758	18.41807	15.86139	13.86212	12.27151
56	42.71999	33.50469	26.96546	22.21982	18.69854	16.02881	13.96256	12.33205
60	44.95504	34.76089	27.67556	22.62349	18.92929	16.16143	14.03918	12.37655
70	50.16851	37.49862	29.12342	23.39451	19.34268	16.38454	14.16039	12.44282
80	54.88821	39.74451	30.20076	23.91539	19.59646	16.50913	14.22201	12.47351
90	59.16088	41.58693	31.00241	24.26728	19.75226	16.57870	14.25333	12.48773
100	63.02888	43.09835	31.59891	24.50500	19.84791	16.61755	14.26925	12.49432
110	66.53053	44.33824	32.04276	24.66560	19.90663	16.63924	14.27735	12.49737
120	69.70052	45.35539	32.37302	24.77409	19.94268	16.65135	14.28146	12.49878

续表 38-24

n \ i	10%	12%	14%	16%	18%	20%	22%
1	0.90909	0.89286	0.87719	0.86207	0.84746	0.83333	0.81967
2	1.73554	1.69005	1.64666	1.60523	1.56564	1.52778	1.49153
3	2.48685	2.40183	2.32163	2.24589	2.17427	2.10648	2.04224
4	3.16987	3.03735	2.91371	2.79818	2.69006	2.58873	2.49364
5	3.79079	3.60478	3.43308	3.27429	3.12717	2.99061	2.86364
6	4.35526	4.11141	3.88867	3.68474	3.49760	3.32551	3.16692
7	4.86842	4.56376	4.28830	4.03857	3.81153	3.60459	3.41551
8	5.33493	4.96764	4.63886	4.34359	4.07757	3.83715	3.61927
9	5.75902	5.32825	4.94637	4.60654	4.30302	4.03097	3.78628
10	6.14457	5.65022	5.21612	4.83323	4.49409	4.19247	3.92318
11	6.49506	5.93770	5.45273	5.02864	4.65601	4.32706	4.03540
12	6.81369	6.19437	5.66029	5.19711	4.79322	4.43922	4.12737
13	7.10336	6.42355	5.84236	5.34233	4.90951	4.53268	4.20277
14	7.36669	6.62817	6.00207	5.46753	5.00806	4.61057	4.26456
15	7.60608	6.81086	6.14217	5.57546	5.09158	4.67547	4.31522
16	7.82371	6.97399	6.26506	5.66850	5.16235	4.72956	4.35673
17	8.02155	7.11963	6.37286	5.74870	5.22233	4.77463	4.39077
18	8.20141	7.24967	6.46742	5.81785	5.27316	4.81219	4.41866
19	8.36492	7.36578	6.55037	5.87746	5.31624	4.84350	4.44152
20	8.51356	7.46944	6.62313	5.92884	5.35275	4.86958	4.46027
21	8.64869	7.56200	6.68696	5.97314	5.38368	4.89132	4.47563
22	8.77154	7.64465	6.74294	6.01133	5.40990	4.90943	4.48822
23	8.88322	7.71843	6.79206	6.04425	5.43212	4.92453	4.49854
24	8.98474	7.78432	6.83514	6.07263	5.45095	4.93710	4.50700
25	9.07704	7.84314	6.87293	6.09709	5.46691	4.94759	4.51393
26	9.16095	7.89566	6.90608	6.11818	5.48043	4.95632	4.51962
27	9.23722	7.94255	6.93515	6.13636	5.49189	4.96360	4.52428
28	9.30657	7.98442	6.96066	6.15204	5.50160	4.96967	4.52810
29	9.36961	8.02181	6.98304	6.16555	5.50983	4.97472	4.53123
30	9.42691	8.05518	7.00266	6.17720	5.51681	4.97894	4.53379
32	9.52638	8.11159	7.03498	6.19590	5.52773	4.98537	4.53762
34	9.60857	8.15656	7.05985	6.20979	5.53557	4.98984	4.54019
36	9.67651	8.19241	7.07899	6.22012	5.54120	4.99295	4.54192
38	9.73265	8.22099	7.09371	6.22779	5.54525	4.99510	4.54308
40	9.77905	8.24378	7.10504	6.23350	5.54815	4.99660	4.54386
44	9.84909	8.27642	7.12047	6.24089	5.55174	4.99836	4.54473
48	9.89693	8.29716	7.12960	6.24497	5.55359	4.99921	4.54513
52	9.92960	8.31036	7.13501	6.24722	5.55454	4.99962	4.54531
56	9.95191	8.31872	7.13821	6.24846	5.55503	4.99982	4.54539
60	9.96716	8.32405	7.14011	6.24915	5.55529	4.99991	4.54542
70	9.98734	8.33034	7.14211	6.24981	5.55550	4.99999	4.54545
80	9.99512	8.33237	7.14266	6.24996	5.55555	5.00000	4.54545
90	9.99812	8.33302	7.14280	6.24999	5.55555	5.00000	4.54545
100	9.99927	8.33323	7.14284	6.25000	5.55556	5.00000	4.54545
110	9.99972	8.33330	7.14285	6.25000	5.55556	5.00000	4.54545
120	9.99989	8.33332	1.14286	6.25000	5.55556	5.00000	4.54545

续表 38-24

n \ i	24%	26%	28%	30%	40%	50%	100%
1	0.80645	0.79365	0.78125	0.76923	0.74429	0.66667	0.50000
2	1.45682	1.42353	1.39160	1.36095	1.22449	1.11111	0.75000
3	1.98130	1.92344	1.86844	1.81611	1.58892	1.40741	0.87500
4	2.40428	2.32019	2.24097	2.16621	1.84923	1.60494	0.93750
5	2.74538	2.63507	2.53201	2.43557	2.03546	1.73663	0.96875
6	3.02047	2.88498	2.75938	2.64275	2.16797	1.82442	0.98437
7	3.24232	3.08331	2.93702	2.80211	2.26281	1.88294	0.99219
8	3.42122	3.24073	3.07579	2.92470	2.33060	1.92196	0.99609
9	3.56550	3.36566	3.18421	3.01900	2.37900	1.94798	0.99805
10	3.68186	3.16481	3.26892	3.09154	2.41357	1.96532	0.99902
11	3.77569	3.54350	3.33509	3.14734	2.43826	1.97688	0.99951
12	3.85136	3.60595	3.38679	3.19026	2.45590	1.98459	0.99976
13	3.91239	3.65552	3.42718	3.22328	2.46850	1.98972	0.99988
14	3.96160	3.69485	3.45873	3.24867	2.47750	1.99315	0.99994
15	4.00129	3.72607	3.48339	3.26821	2.48393	1.99543	0.99997
16	4.03330	3.75085	3.50265	3.28324	2.48852	1.99696	0.99998
17	4.05911	3.77052	3.51769	3.29480	2.49180	1.99797	0.99999
18	4.07993	3.78613	3.52945	3.30369	2.49414	1.99865	1.00000
19	4.09672	3.79851	3.53863	3.31053	2.49582	1.99910	1.00000
20	4.11026	3.80834	3.54580	3.31579	2.49701	1.99940	1.00000
21	4.12117	3.81615	3.55141	3.31984	2.49787	1.99960	1.00000
22	4.12998	3.82234	3.55579	3.32296	2.49848	1.99973	1.00000
23	4.13708	3.82725	3.55921	3.32535	2.49891	1.99982	1.00000
24	4.14281	3.83115	3.56188	3.32749	2.49992	1.99988	1.00000
25	4.14742	3.83425	3.56397	3.32861	2.49944	1.99992	1.00000
26	4.15115	3.83670	3.56560	3.32970	2.49960	1.99995	
27	4.15415	3.83865	3.56688	3.33054	2.49972	1.99996	
28	4.15657	3.84020	3.56787	3.33118	2.49980	1.99998	
29	4.15853	3.84143	3.56865	3.33168	2.49986	1.99998	
30	4.16010	3.84240	3.56926	3.33206	2.49990	1.99999	
32	4.16240	3.84379	3.57010	3.33258	2.49995	2.00000	
34	4.16389	3.84467	3.57062	3.33289	2.49997	2.00000	
36	4.16486	3.84522	3.57094	3.33307	2.49999	2.00000	
38	4.16549	3.84556	3.57113	3.33318	2.49999	2.00000	
40	4.16590	3.84578	3.57124	3.33324	2.50000	2.00000	
44	4.16634	3.84601	3.57136	3.33330	2.50000		
48	4.16653	3.84610	3.57140	3.33332	2.50000		
52	4.16661	3.84613	3.57142	3.33333	2.50000		
56	4.16664	3.84614	3.57143	3.33333	2.50000		
60	4.16666	3.84615	3.57143	3.33333	2.50000		
70	4.16667	3.84615	3.57143				
80	4.16667	3.84615	3.57143				
90	4.16667	3.84615	3.57143				
100	4.16667	3.84615	3.57143				
110	4.16667	3.84615	3.57143				
120	4.16667	3.84615	3.57143				

进风斜井在矿床中部，采用对角抽出式通风，于东西两端设两个回风井。

采矿方法为空场法，电耙出矿。矿柱回采用中深孔崩矿。空场处理在回采矿柱时崩落顶板或用废石、尾矿嗣后充填。

210m 中段以上 69 万吨氧化矿和 11 万吨混合矿留到后期回采，其中约 55 万吨矿石可用小露天法开采。

两个方案主要技术经济指标对比见表 38-23。

（3）开采方案评价。综合上述情况，两个开采方案在技术上都是可行的，在经济上前期露天开采比地下开采略占优势，并具有露天开采的一般优点，但主要问题是后期要转入地下开采，需要再花投资和进行井巷工程基建，对生产管理会增加一定的困难。考虑到建设、生产单位职工已有地下开采的生产经验和习惯，故推荐并经批准定为地下开采方案。

参 考 文 献

1 中国国际工程咨询公司，建设项目评价咨询手册，中国计划出版社，1988，第 114 ~ 115 页，第 68、69 页

2 颜崇伦等，建设项目可行性研究基本知识与应用，电子工业出版社，1986，第 14 ~ 18 页，第 209 ~ 233 页

3 联合国工业发展组织，工业可行性研究报告编写手册，中国对外翻译出版公司，1985，第 10 ~ 17 页

4 傅家骥主编，工业技术经济学，清华大学出版社，1985，第 99 ~ 105 页

5 北京有色冶金设计研究总院，有色冶金企业可行性研究内容和深度参考提纲，1983，未公开发表著作

6 中国有色金属工业总公司，有色金属工业设计项目技术经济计算与评价方法若干问题的补充规定（试行），1987 年，第 38 ~ 56 页，未公开出版

7 国家计划委员会，建设项目经济评价方法与参数，中国计划出版社，1987 年，第 1 ~ 14 页

8 北京有色冶金设计研究总院，江西铜业公司德兴铜矿三期工程初步设计书，1985，未公开发表著作

9 陈仁宪，刘克宗，有色矿山，1983，№10，4

10 常林彝，李泽临，有色矿山，1980，№6，33

11 参考资料编写组，黑色冶金矿山技术经济设计参考资料，上册，1978，第 93、104、118、157 页，未公开出版著作

12 采矿设计手册编委会，采矿设计手册，上卷，中国建筑工业出版社，1987，第 54、863 页

13 美国采矿工程师协会 A. B. 卡明斯，I. A. 吉文，采矿工程手册，第四分册，冶金工业出版社，1981，第 17、19 页

14 П. И. Городецкий，矿山企业设计，重工业出版社，1953，第 214 ~ 215 页

15 A. N. 阿尔先捷也夫，露天矿设计原理，冶金工业出版社，1958，第 211 ~ 212 页

16 长沙有色冶金设计研究院，铜录山铜铁矿Ⅰ、Ⅱ号矿体扩帮延深方案意见书，1979，未公开发表著作

17 李祁望，经济研究分析，1984，№3，13

18 长沙有色冶金设计研究院，河南桐柏银矿可行性研究，1985，未公开发表著作

第 39 章　采矿系统工程

39.1　概　　述

39.1.1　采矿系统工程的基本概念

39.1.1.1　系统

系统是由相互作用、相互依赖的若干个部分组成的具有特定功能的有机整体，而且这个系统本身又是它所从属的一个更大系统的组成部分。

一般地说，系统应具备以下五个特征：

(1) 整体性。系统总是由两个或更多个要素（或称子系统）按一定的结构方式结合起来的一个整体。

(2) 层次性。系统的结构总是具有层次，任一系统由若干子系统组成，而系统本身又从属于某个更大的系统。

(3) 相关性。系统的各要素是相互联系、相互影响、相互制约的。

(4) 目的性。系统是按照某种目的而将各要素组合起来。

(5) 环境适应性。系统能适应外部环境的变化，能够作出及时和正确的响应。

39.1.1.2　系统工程

系统工程是一门综合性的科学技术，它是以大型的复杂系统为研究对象，有目的地发挥各组成部分的功能，以期达到总体最优的效果[2]。

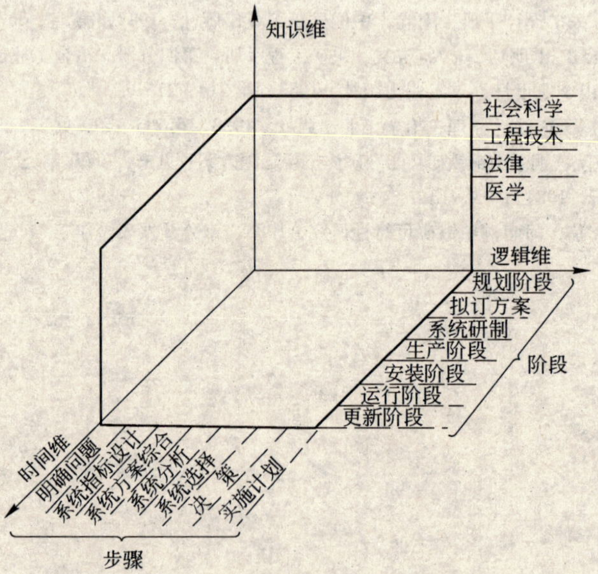

图 39-1　霍尔三维结构图

系统工程的内容，可以用霍尔的系统三维结构图表示（图39-1）。

三维图中的时间维表示系统工程活动按时间顺序的工作阶段，即：

(1) 规划阶段。制定活动的战略。

(2) 拟订方案阶段。提出具体的计划方案。

(3) 研制阶段。对所提出的方案进行研制。

(4) 生产阶段。制造系统的零部件。

(5) 安装阶段。对系统进行组装。

(6) 运行阶段。将系统交付使用。

(7) 更新阶段。改进或取代旧系统。

三维结构中的逻辑维表示每个工作阶段的思维过程，可分成七个步骤：

(1) 明确问题。收集资料，搞清问题的实质。

(2) 系统指标设计。选择具体的评价指标。

(3) 系统方案组合。形成一组可供选择的方案。

(4) 系统分析。分析可能入选的方案。

(5) 系统选择。选择出较优方案。

(6) 决策。在综合评价的基础上进行决断。

(7) 实施计划。将系统具体实施。

三维结构的知识维是完成上述各阶段、各步骤所需要的知识，它包括社会科学、工程技术、法律、医学等，在工程技术中除了使用各专业工程自身的知识外，常常要应用下述知识：

(1) 运筹学。它是在既定条件下对系统进行全面筹划，以期达到最优目的的学科。运筹学的主要分支有：规划论（线性规划、整数规划、非线性规划、动态规划）、图论与网络技术、排队论、库存论、决策论、博弈论、可靠性理论、搜索论、质量控制、计算机模拟等。

(2) 概率论与数理统计。研究大量偶然事件出现的基本规律，收集、分析和整理有关数据的数学学科。

(3) 计算机科学。指电子计算机、计算方法及其应用技术。

(4) 控制论。研究系统的调节与控制的一般规律的科学，特别是从数量上研究系统的动态特性。

(5) 信息论。研究信息的提取、传递变换、存储和流动的学科。

(6) 系统论。研究系统的一般模式、原则和规律的学科。

39.1.1.3　采矿系统工程

采矿系统工程就是用系统工程的理论和方法来解决采矿系统各个阶段中的设计、生产和管理的优化问题。

众所周知，采矿工业是原材料工业，它的产品结构难于随市场的变化而调整；矿山建设过程中投资大、周期长、涉及的部门也多；矿山生产条件复杂，受许多不定因素的影响。因此，矿山是一个庞大的复杂系统，有必要运用系统工程的观点，使用运筹学和计算机技术，深入研究采矿过程的各个环节及它们之间的相互关系，为最优决策提供必要的依据。通常，采矿系统工程包括矿山设计、生产和管理等工作，其中各子系统的划分视矿山具体情况而定。

39.1.2　采矿系统工程的内容及方法

早在1950年加拿大的一个地下铅锌矿就首次使用了IBM360/44计算机进行生产管理。1961年在美国召开的第一届计算机和运筹学在矿业中的应用会议（APCOM），标志着采矿系统工程已发展成为一门独立的学科。我国在50年代也有人提出这方面的问题，但一直到70年代才大规模开展这项工作。近年来，国内外在这一领域中进行了大量的工作，并取得丰硕的成果。概括起来，当前采矿系统工程的工作内容及方法是：

（1）矿山地质工作的优化。

1）边界品位理论。通常，它充分考虑投资和盈利的时间价值，动态地圈定矿体。

2）地质资源评估。常用插值法或拟合法推断矿体的轮廓，计算矿石储量及质量分布，进而评价矿床的开采价值。

3）地质统计学。它综合运用概率论和数理统计学，科学地推测矿床中主要组分的分布。

4）矿床模型。它将矿体划分成一系列小模块，把各种地质信息数据化，便于用计算机处理。

5）矿石质量控制。采用线性规划等方法配矿，优化开采，充分利用矿山资源，使矿山盈利最大。

（2）矿山设计工作的优化。

1）矿山总体规划。采用混合整数规划及投入产出等方法，综合安排各矿区的建设顺序及生产规模，使经济效果最佳。

2）矿山生产能力。综合考虑投资及生产成本，使矿山的规模最合理。

3）露天开采境界。深入研究矿床中每一方块的开采效益，合理确定露天开采境界。

4）矿山采掘进度计划。在满足各种开采技术要求下，寻求经济上最优的采掘进度计划。

5）矿山开采设备。充分考虑生产中的各种随机因素，合理地确定设备的类型和数量。

6）地下开拓运输系统。综合考虑矿岩、材料及风流的输送，使井下巷道系统最合理，运输效率最佳，费用最小。

7）采矿方法。在方案优化、结构优化及参数优化的基础上，确定最合理的采矿方法。

8）矿井通风。运用网络技术及其他优化技术，使通风系统的设计、运行和控制更加合理。

9）矿山安全。运用概率统计、预测技术及专家系统等科学手段，对矿山安全工作进行科学管理。

10）矿山投资风险分析。用计算机模拟及概率统计等技术，预测和分析矿山投资的效果。

11）计算机辅助设计。将计算机的高速运算能力和设计者的经验智慧综合在一起，科学地进行各项工程设计。

12）矿山总图布置。运用数学规划和网络技术，合理布置各种工业设施和场地。

(3) 矿山管理工作的优化。

1) 矿山管理信息系统。应用数据处理、数据库等信息技术，采集、加工及输出矿山生产中的各种信息。

2) 矿山生产计划。运用线性规划等方法，合理安排矿山的年、季、月、周、日等生产计划。

3) 矿山施工组织。借助统筹方法，合理地组织人力、物力及财力。

4) 矿山生产过程控制。利用传感技术、信息论、控制论和专家系统等技术，使矿山生产处于最佳状态。

5) 矿山生产工艺过程。运用数学规划、计算机模拟、CAD技术和各种优化技术，使矿山各生产环节充分发挥效率。

6) 矿山设备维修管理。利用可靠性理论、动态规划和随机过程等方法、科学地组织设备的维修和更新。

7) 全面质量管理。运用数理统计技术，严格控制矿山生产各环节的质量。

8) 矿山预测技术。通过因果分析和时间序列分析等方法，预测矿山各种技术经济指标。

9) 矿山库存控制。利用库存论及数据库技术，合理控制矿山零部件及材料的库存。

10) 矿山企业经济活动分析。采用数理统计和各种经济财务分析方法研究矿山的经济效果。

总之，采矿系统工程的范围很广，涉及到的学科很多，需要采矿专业人员与计算机专业人员的密切配合，互相取长补短，共同开展工作。本章仅论述其中几个比较突出的课题。

39.2　系统工程常用的方法

系统工程要使用许多数学方法和科学技术。有些方法将在第41章及其他章节中论述，这里着重介绍运筹学及有关的方法。应该指出，下述的每一种方法都是一门独立的学科或数学分支，内容很丰富，此处仅作简要介绍[1~3]。

39.2.1　线性规划

线性规划是运筹学中应用最广泛的一个分支，特别是由于计算机技术的发展，使得线性规划可以解算具有成千上万个变量和方程的复杂课题。

39.2.1.1　数学模型

为了说明线性规划的数学模型，现以配矿问题为例。设某选矿厂由三个矿山供应矿石，各矿山生产的矿石质量和成本如表39-1所示。

表39-1　各矿山矿石的质量和成本

矿　山	含铁量(%)	含磷量(%)	成本(元/吨)
1号	54	0.13	35
2号	49	0.22	28
3号	45	0.34	22

选矿厂将这三种矿石混合使用，要求混合矿石的含铁量不低于48%，含磷量不高于

0.25%。今问这三种矿石应该怎样混合才难使选矿厂的原矿成本最低。

为了解答这个问题，设1号、2号、3号三种矿石的百分配比是 x_1、x_2、x_3，我们的目标是使原矿成本最小，即：

求：$\text{Min} \quad z = 35x_1 + 28x_2 + 22x_3$ (39-1)

要满足的条件是：

$$\begin{cases} 54x_1 + 49x_2 + 45x_3 \geqslant 48 \\ 0.13x_1 + 0.22x_2 + 0.34x_3 \leqslant 0.25 \\ x_1 + x_2 + x_3 = 1 \\ x_1、x_2、x_3 \geqslant 0 \end{cases} \tag{39-2}$$

这是一个典型的线性规划问题。式（39-1）称作目标函数，方程式组（39-2）称作约束条件。线性规划中满足约束条件的解称作可行解，在可行解中，又能满足目标函数的解，称作最优解。线性规划的目的就是要求出最优解。

一般地，线性规划可表示为：

目标函数：$\text{Max} \quad z = c_1x_1 + c_2x_2 + \cdots + c_nx_n$

$$\text{s.t.} \quad \begin{cases} a_{11}x_1 + a_{12}x_2 + \cdots + a_{1n}x_n = b_1 \\ a_{21}x_1 + a_{22}x_2 + \cdots + a_{2n}x_n = b_2 \\ \cdots\cdots \\ a_{m1}x_1 + a_{m_2}x_2 + \cdots + a_{mn}x_n = b_m \\ x_1、x_2\cdots\cdots x_n \geqslant 0 \end{cases} \tag{39-3}$$

这里，我们把式（39-3）的表达方法称作线性规划的标准形式。当数学模型是其他形式时，用下述方法就能将它们转化为标准形式：

（1）若目标函数是最小化时，即有：

$$\text{Min} \quad z = c_1x_1 + c_2x_2 + \cdots + c_nx_n$$

这时，令 $z' = -z$，则目标函数变成：

$$\text{Max} \quad z' = -c_1x_1 - c_2x_2 - \cdots - c_nx_n$$

这就与标准形式的目标函数的形式一致了。

（2）约束条件为不等式时，这里有两种情况：一种是约束条件为“≤”形式的不等式，这时可在“≤”号的左端加入非负的松弛变量，把原“≤”形式的不等式变为等式；另一种是约束条件为“≥”形式的不等式，则可在“≥”号的左端减去一个非负的松弛变量（或称剩余变量），从而变成等式的约束条件。

（3）若存在无非负要求的变量，即变量 x_k 取正值或负值都可以时，可令 $x_k = x'_k - x''_k$，其中 $x'_k \geqslant 0$，$x''_k \geqslant 0$。例如，有线性规划

$$\text{Min} \quad z = 2x_2 - x_1 - 3x_3 \tag{39-4}$$

$$\text{s.t.} \quad \begin{cases} x_1 + x_2 + x_3 \leqslant 7 & (39\text{-}5) \\ x_1 - x_2 + x_3 \geqslant 2 & (39\text{-}6) \\ -3x_1 + x_2 + 2x_3 = 5 & (39\text{-}7) \\ x_1 \text{ 及 } x_2 \geqslant 0, x_3 \text{ 无符号约束} & (39\text{-}8) \end{cases}$$

变成标准形式后有：

$$\text{Max}\quad z' = x_1 - 2x_2 + 3(x_4 - x_5) + 0x_6 + 0x_7 \tag{39-9}$$

$$\text{s. t.}\quad \begin{cases} x_1 + x_2 + (x_4 - x_5) + x_6 = 7 & (39\text{-}10) \\ x_1 - x_2 + (x_4 - x_5) - x_7 = 2 & (39\text{-}11) \\ -3x_1 + x_2 + 2(x_4 - x_5) = 5 & (39\text{-}12) \\ x_1、x_2、x_4、x_5、x_6、x_7 \geqslant 0 & (39\text{-}13) \end{cases}$$

(39-4) 式中，利用$z' = -z$，把最小值问题变成最大值问题，(39-5) 式中的“≤”不等式，由于加上松弛变量 x_6；变成等式约束式 (39-10)，相应在目标函数方程 (39-5) 式中加上 $0x_6$。(39-6) 式中的“≥”不等式，减去松弛变量 x_7，也就变成等式约束式 (39-11)，在目标函数中相应有 $0x_7$。至于无符号约束的变量 x_3，已由非负约束的变量 x_4、x_5 所代替。

39.2.1.2 解法

线性规划的标准解法是单纯形法。现就下述例子说明单纯形法的基本步骤。

求：Max $z = 6x_1 + 8x_2$

$$\text{s. t.}\quad \begin{cases} 5x_1 + 10x_2 \leqslant 60 \\ 4x_1 + 4x_2 \leqslant 40 \\ x_1、x_2 \geqslant 0 \end{cases}$$

其解算过程如下：

A 列出初始单纯形表

(1) 变不等式为等式，引入松弛变量 s_1、s_2，则约束条件可写作：

$$5x_1 + 10x_2 + s_1 = 60$$

$$4x_1 + 4x_2 + s_2 = 40$$

相应地，目标函数改写成：

$$z = 6x_1 + 8x_2 + 0s_1 + 0s_2$$

(2) 列初始单纯形表，如表 39-2 所示。其中：

1) 常数列的 z_j 值是常数列与目标列 c_j 系数乘积之和。本例中该值为：

$$0 \times 60 + 0 \times 40 = 0$$

表 39-2 初始单纯形表

c_j 列——目标列：进入基础解中目标函数变量的系数

基础解列——进入基础解的变量（调入变量）

常数列——列入约束方程组等号右边的变量

c_j	基础解	常数列	6	8	0	0	←目标行（列入目标函数的系数）
			x_1	x_2	s_1	s_2	←变量行（列入目标函数的变量）
0	s_1	60	5	(10)	1	0	约束方程组的系数
0	s_2	40	4	4	0	1	约束方程组的系数
z_j		0	0	0	0	0	
$c_j - z_j$		0	6	8	0	0	←判别指数行

2) 变量 x_1、x_2、s_1、s_2 的 z_j 值是所在列的约束方程组系数与目标列 c_j 系数乘积之和，本例中

$$z(x_1) = 0 \times 5 + 0 \times 4 = 0$$

$$z(x_2) = 0 \times 10 + 0 \times 4 = 0$$

$$z(s_1) = 0 \times 1 + 0 \times 0 = 0$$

$$z(s_2) = 0 \times 0 + 0 \times 1 = 0$$

3）（$c_j - z_j$）项，若目标函数是最小值问题，则该项改为（$z_j - c_j$）。

B 单纯形表的改进

（1）确定关键列（调入变量）。在判别行（$c_j - z_j$）中选择具有最大正值的变量作调入变量，本例中为 x_2 列，因为它的（$c_j - z_j$）值为 8。

（2）确定关键行（调出变量）。用关键列的系数去除常数列的值，选择其商为最小正值的那一行作为关键行。本例中：

[s_1 行] $60 \div 10 = 6$

[s_2 行] $40 \div 4 = 10$

其中，s_1 行的值最小，选作关键行。

（3）编制新单纯形表。具体步骤有三：

1）用关键列与关键行交叉的那个关键数（表 39-2 中的 10）去除关键行的各个数，见表 39-3。

表 39-3 第一次改进后的单纯形表

c_j	基础解	常数列	6	8	0	0
			x_1	x_2	s_1	s_2
8	x_2	$\frac{60}{10}=6$	$\frac{5}{10}=\frac{1}{2}$	$\frac{10}{10}=1$	$\frac{1}{10}$	$\frac{0}{10}=0$
0	s_2	16	2	0	$-\frac{2}{5}$	1
z_j		48	4	8	$\frac{4}{5}$	0
$c_j - z_j$			2	0	$-\frac{4}{5}$	0

2）计算出非关键行的系数。其计算公式：

非关键行某一列的系数 = 非关键行的原系数 − 关键行该列的新系数 × 非关键行中关键列的原系数

本例中 S_2 列的各系数计算依次为：

$$40 - 6 \times 4 = 16$$

$$4 - \frac{1}{2} \times 4 = 2$$

$$4 - 1 \times 4 = 0$$

$$0 - \frac{1}{10} \times 4 = -\frac{2}{5}$$

$$1 - 0 \times 4 = 1$$

3）编制新单纯形表（表 39-3）。按前述方法计算新单纯形表中的 z_j 值与（$c_j - z_j$）值。若（$c_j - z_j$）值有一项大于零说明要进一步迭代。本例中 x_1 列的（$c_j - z_j$）值是 2，就要继续计算下去。

C 单纯形表的再次改进

（1）确定关键列。方法同前，表 39-3 为 x_1 列。

（2）确定关键行。方法同前，表 39-3 为 s_2 行。

（3）编制新单纯形表。方法同前，见表 39-4。

表 39-4 第二次改进后的单纯形表

c_j	基础解	常数列	6	8	0	0
			x_1	x_2	s_1	s_2
8	x_2	2	0	1	$\frac{1}{5}$	$-\frac{1}{4}$
6	x_1	8	1	0	$-\frac{1}{5}$	$\frac{1}{2}$
z_j		64	6	8	$\frac{2}{5}$	1
c_j-z_j			0	0	$-\frac{2}{5}$	-1

由于表 39-4 的判别行（c_j-z_j）的值全部为 0 或负值，说明已得出最优解：

$$x_1=8;\ x_2=2;\ z=64$$

上例是针对“小于或等于（≤）”的约束条件，当约束条件为其他类型时，其处理方法如表 39-5 所示。

表 39-5 各种约束条件的处理方法

约束条件的三种类型	转换时要求的附加变量与转换后的约束方程	附加变量在目标函数中系数的变化
“小于或等于”型 $\sum a_{ij}x_j \leqslant b_j$	加一个松弛变量 s $\sum a_{ij}x_j+s=b_i$	松弛变量的系数为 0 $z_{\max}=c_jx_j+0s$
“等于”型 $\sum a_{ij}x_j=b_j$	加一个人工变量 A $\sum a_{ij}x_j+A=b_i$	人工变量的系数是一个较大的数值 M $z_{\max}=c_jx_j-MA$ $z_{\min}=c_jx_j+MA$
“大于或等于”型 $\sum a_{ij}x_j \geqslant b_j$	减去一个松弛变量 s 加上一个人工变量 A $\sum a_{ij}x_j-s+A=b_i$	松弛变量的系数为 0 人工变量的系数按上项处理 $z_{\max}=c_jx_j+0s-MA$ $z_{\min}=c_jx_j+0s+MA$

上面介绍的，是普通的单纯形算法。在这基础上，还有修正单纯形算法和对偶单纯形算法等，它们可以大大减少运算的时间和所需要的内存，应用最广。目前已有许多解算线性规划的计算机程序，可供用户选用。近年来，还出现一些新算法，如哈奇杨算法、卡马卡算法等。

在用线性规划解算实际问题时，还可以进行敏感性分析。通常，线性规划中目标函数的系数 c_i 和约束条件的系数 a_{ij} 和 b_j 会发生变化。利用敏感性分析，我们可以知道这些系数变化对最优解的影响，明确指出各种系数的影响大小和允许变动范围。计算机所附有的单纯形算法软件。一般都有敏感性分析这种功能。

39.2.1.3 采矿中的应用

在采矿工程中，线性规划得到广泛的应用，其中主要有：

（1）配矿问题。将不同品级的矿石按要求混合（详见40.3）。

（2）采掘进度计划的编制。在满足矿山各种生产技术约束条件的前提下，使采掘工作的经济效果最佳（详见39.4及39.5）。

（3）露天矿排土工作组织。根据排土场的位置及容量，合理安排各工作面的排土路线，使排土工作的经济效果最佳[4]。

（4）矿山生产调度。运用线性规划，合理调度矿山大型设备，提高矿山的经济效果[5]。

（5）运输问题。根据货源产量、用户需求量及运输成本，合理安排运输计划使总的运输成本最低[6]。

（6）生产布局。根据联合企业所属矿山、选厂、冶炼厂的生产能力、生产成本和运输费用，合理组织生产任务，使企业盈利最大[7]。

此外，有关人力、设备、原料和产品的调配问题，都可以用线性规划处理。

39.2.2 整数规划

39.2.2.1 数学模型

整数规划是指变量只能取整数时的数学规划。例如，某矿山有两种型号的电铲，其挖掘能力、操作工人数和辅助工人数如表39-6所示。该矿山要求控制操作工人总数在56人/班以下、辅助工人总数在70人/班以下，问如何安排这两种电铲的工作台数，才能使矿山的挖掘能力最大。

表39-6 两种电铲的挖掘能力及要求

电铲型号	挖掘能力（万吨/台年）	操作工人数（人/班）	辅助工人数（人/班）
Ⅰ型	40	9	7
Ⅱ型	90	7	20

为了解算这个问题，设Ⅰ型电铲工作 x_1 台、Ⅱ型电铲工作 x_2 台。这里的目标是使挖掘能力最大，即：

$$\text{Max} \quad z = 40x_1 + 90x_2 \tag{39-14}$$

要满足的约束条件是：

$$9x_1 + 7x_2 \leqslant 56 \tag{39-15}$$

$$7x_1 + 20x_2 \leqslant 70 \tag{39-16}$$

$$x_1 \geqslant 0、x_2 \geqslant 0 \tag{39-17}$$

$$x_1、x_2 \text{为整数} \tag{39-18}$$

这也是一个线性规划问题，有目标函数式（39-14）及约束条件式（39-15）~（39-18）。所不同的是，变量 x_1 及 x_2 是表示电铲的台数，只能是整数。假如用四舍五入的办法将不是整数的 x_1、x_2 之解变为整数，往往会破坏原来的约束条件。即使不破坏约束条件，它们也不一定是最优解。

一般地，当数学规划的变量要求是整数解时，称此规划为整数规划。具体地说，当所有变量都要求是整数时，此数学规划称作纯整数规划；当只有部分变量有这种整数要求时，称混合规划。特别地，当整数变量只在 0 或 1 这两个数进行选择时，称作 0-1 整数规划，这是一种简单而常见的整数规划。此外，在非线性规划中也可以有这种整数要求，称作非线性整数规划。不过这种数学规划的求解很复杂，应用不广。

39.2.2.2 解法

整数规划的解法有分枝限界法和割平面法等。对于 0-1 整数规划还可以用隐枚举法。限于篇幅，这里仅介绍实际中最常用的分枝限界法，现用前述的派车问题为例进行解算。

A 定界

先不考虑整数约束条件式（39-18），将式(39-14)～(39-17)按一般线性规划求最优解，得问题①。

$$\text{Max} \quad z = 40x_1 + 90x_2$$
$$\text{s.t.} \begin{cases} 9x_1 + 7x_2 \leqslant 56 \\ 7x_1 + 20x_2 \leqslant 70 \\ x_1、x_2 \geqslant 0 \end{cases}$$

用单纯形法解算，得 $x_1=4.809$，$x_2=1.187$，$z_1=355.89$，其中 z_1 值是可能有的最大 z 值，称作 z 的上界。

B 分枝

由于 x_1、x_2 不满足整数要求，现任取一变量 x_1。鉴于 $x_1=4.809$，说明 x_1 的最优解法在 $x_1 \leqslant 4$ 或 $x_1 \geqslant 5$ 这两个区域内。这样，原问题分解成两个分枝。

问题②：

$$\text{Max} \quad z = 40x_1 + 90x_2$$
$$\text{s.t.} \begin{cases} 9x_1 + 7x_2 \leqslant 56 \\ 7x_1 + 20x_2 \leqslant 70 \\ x_1 \leqslant 4 & (39\text{-}19) \\ x_1、x_2 \geqslant 0 \\ x_1、x_2 \text{ 整数} & (39\text{-}20) \end{cases}$$

问题③：

$$\text{Max} \quad z = 40x_1 + 90x_2$$
$$\text{s.t.} \begin{cases} 9x_1 + 7x_2 \leqslant 56 \\ 7x_1 + 20x_2 \leqslant 70 \\ x_1 \geqslant 5 & (39\text{-}21) \\ x_1、x_2 \geqslant 0 \\ x_1、x_2 \text{ 整数} & (39\text{-}22) \end{cases}$$

请注意，问题②和③的差别仅在约束条件式（39-19）及（39-21）上。

C 再定界

删去整数约束条件式（39-20）及（39-22），将问题②和③用一般线性规划处理，得问题②的解：$x_1=4$，$x_2=2.1$，$z_2=349$ 和问题③的解：$x_1=5$，$x_2=1.571$，$z_3=341.39$。其中 z_2 及 z_3 分别是这两个分枝问题的上界（图 39-2）。

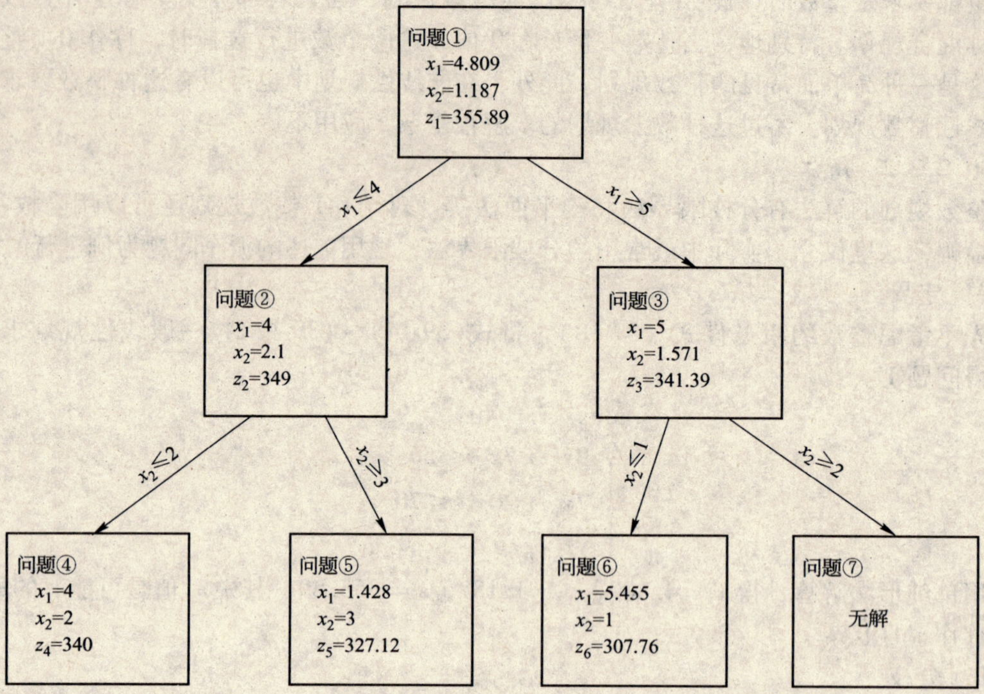

图39-2　分枝限界面

D　再分枝

由于 z_2 大于 z_3，先分解问题②，根据 $x_2=2.1$，增加两个约束条件 $x_2 \leqslant 2$ 和 $x_2 \geqslant 3$，将问题②又分解成两个问题。

问题④：

$$\text{Max}\quad z = 40x_1 + 90x_2$$

$$\text{s.t.}\begin{cases} 9x_1 + 7x_2 \leqslant 56 \\ 7x_1 + 20x_2 \leqslant 70 \\ x_1 \leqslant 4 \\ x_2 \leqslant 2 & (39\text{-}23) \\ x_1、x_2 \geqslant 0 \\ x_1、x_2\ \text{整数} & (39\text{-}24) \end{cases}$$

问题⑤：

$$\text{Max}\quad z = 40x_1 + 90x_2$$

$$\text{s.t.}\begin{cases} 9x_1 + 7x_2 \leqslant 56 \\ 7x_1 + 20x_2 \leqslant 70 \\ x_1 \leqslant 4 \\ x_2 \geqslant 3 & (39\text{-}25) \\ x_1、x_2 \geqslant 0 \\ x_1、x_2\ \text{整数} & (39\text{-}26) \end{cases}$$

E　再定界

删去整数约束条件式（39-24）及（39-26），可得出问题④的解：$x_1=4$，$x_2=2$，$z_4=340$和问题⑤的解：$x_1=1.428$，$x_2=3$，$z_5=327.12$，这时，问题④已是整数解，但问题⑤仍不是。不过，由于z_5是问题⑤的上界，它小于z_4，说明没有必要再分解下去。因此，回过头来看另一分枝问题③，由于z_3大于z_4，说明这一分枝的解有可能优于问题④。

F　再分枝

问题③中$x_2=1.571$，可分解出：

问题⑥：

$$\text{Max}\quad z=40x_1+90x_2$$

$$\text{s.t.}\begin{cases}9x_1+7x_2\leqslant 56\\ 7x_1+20x_2\leqslant 70\\ x_1\geqslant 5\\ x_2\leqslant 1 & (39\text{-}27)\\ x_1、x_2\geqslant 0\\ x_1、x_2\ \text{整数} & (39\text{-}28)\end{cases}$$

问题⑦：

$$\text{Max}\quad z=40x_1+90x_2$$

$$\text{s.t.}\begin{cases}9x_1+7x_2\leqslant 56\\ 7x_1+20x_2\leqslant 70\\ x_1\geqslant 5\\ x_2\geqslant 2 & (39\text{-}29)\\ x_1、x_2\geqslant 0\\ x_1、x_2\ \text{整数} & (39\text{-}30)\end{cases}$$

G　再定界

删去整数约束条件式（39-28）及（39-30），问题⑥的解是$x_1=5.444$，$x_2=1$，$z_6=307.76$；问题⑦无解。由于z_6小于z_4，说明问题⑥再分解下去所得出的解都不会比z_4大。至此，计算结束，最优解就是问题④的解，即：$x_1=4$，$x_2=2$，$z_4=340$。

总之，这种算法通过不断地对原来的整数规划进行分解，然后比较各分枝的目标函数z值，用线性规划的方法逐渐逼近整数规划的解。

39.2.2.3　采矿中的应用

在采矿过程中，有关人员、设备、线路的选择，都只能是整数而不是小数，常常需要应用整数规划。然而整数规划的解算远比线性规划复杂，其计算时间较长，要求整数变量小于20～50个，因而限制了它的使用。目前应用整数规划的地方有：

（1）采掘进度计划的编制。矿山中，每个矿块是开采或不开采，可分别用0或1两个数表示，从而构成0-1整数规划[8]。

（2）矿山设备和人员的安排。例如，露天矿中电铲的配车问题，其车数只能是整数，有人就使用整数规划求解[9]。

（3）一次性费用的处理。在进行开采费用计算时，往往先要集中一次性地支出基建费用，然后才有经常性支出的生产费用。为了反映基建费用的这种一次性支出，也可用 0 或 1 来表示要支出或不支出，从而构成 0-1 整数规划问题[10]。

39.2.3 非线性规划

39.2.3.1 数学模型

非线性规划是指目标函数或约束条件中存有非线性关系的数学规划。现在先用一个简单例子予以说明。

设某准轨自翻车呈长方形，其容积是 $44m^3$。假定底板的费用是 150 元/米^2；四周侧板的费用是 100 元/米^2。问车厢尺寸如何才使它的造价最低。

为了解算这个问题，设车厢的长、宽、高各为 x_1、x_2、x_3m。根据车厢造价最低这个目标，有：

$$\text{Min}\quad z = 100(2x_1x_3 + 2x_2x_3) + 150x_1x_2 \tag{39-31}$$

根据容积要求，有：

$$\begin{cases} x_1x_2x_3 = 44 & (39\text{-}32) \\ x_1、x_2、x_3 \geqslant 0 & (39\text{-}33) \end{cases}$$

显然，这也是一个数学规划。其目标函数是式（39-31），约束条件是式（39-32）及（39-33）。然而，这些关系式是非线性的，故称作非线性规划。

一般地，非线性规划的标准形式是：

$$\text{Min}\quad z = f(x)$$

$$\text{s. t.}\begin{cases} g_i(x) \geqslant 0,\ i = 1\cdots m \\ h_j(x) = 0,\ j = 1\cdots l \\ x \in R \end{cases}$$

其中 $f(x)$、$g_i(x)$ 或 $h_j(x)$ 中只要有一个函数是非线性关系，就构成非线性规划。这也就是非线性规划和线性规划的差别所在。

39.2.3.2 解法

非线性规划在解法上不同于线性规划，它不仅没有统一的解法，而且视问题的数学形式的不同，有各种各样的解法。其中主要有：

（1）用线性规划逐步逼近非线性规划的方法。它又分：1）序列线性规划法（*SLP*）；2）近似规划法（*MAP*）；3）割平面法。

（2）二次规划的 *Walfe* 算法。

（3）容许方向法。

（4）投影梯度法。

（5）简约梯度法。

（6）罚函数法。

（7）直接法。它又分：1）网格法；2）随机试验法；3）复合形法。

限于篇幅关系，这里仅介绍比较实用的复合形法[12]。

设有非线性规划。

$$\text{Min}\quad f(x) = x_1^2 + 2x_2^2 - 2x_1^2x_2^2 \tag{39-34}$$

$$\text{s.t.}\quad \begin{cases} x_1x_2 + x_1^2 + x_2^2 \leqslant 2 & (39\text{-}35) \\ x_1、x_2 \geqslant 0 & (39\text{-}36) \end{cases}$$

复合形法的计算步骤如下：

A 产生 k 个顶点

通常 k 等于变量个数的二倍。本例中取 $k=4$。

（1）根据约束条件，找出 t 个容许的顶点 $x^{(0)}$、$x^{(1)}$、…、$x^{(t-1)}$，其中 $t<k$。设本例中已找出满足约束条件的 $x^{(0)}=(0.25,0.5)^T$，$x^{(1)}=(0,1)^T$，$x^{(2)}=(1,0)^T$ 等三个点。

（2）随机产生一个顶点 $x^{(i)}$。设本例中得 $x^{(3)}=(1,1)$，它不满足约束条件。

（3）求内插点。先求 t 个顶点的中心点 $\bar{x}$：

$$\bar{x} = \frac{1}{t}\sum_{i=0}^{t-1} x^{(i)} \tag{39-37}$$

然后求内插点：

$$\hat{x} = (1-\alpha)\bar{x} + \alpha x^{(t)} \tag{39-38}$$

其中 $0<\alpha<1$。于是以 $\hat{x}$ 作为第（$t+1$）个顶点 $x^{(t)}$。若求出的 $x^{(t)}$ 不是容许点，则代入式（39-38）右边再求 $\hat{x}$，直到求得满足约束条件的容许点。

在本例中，当取 $\alpha=0.1$ 时，则有：

$$\bar{x} = \frac{1}{3}(0.25+0+1, 0.5+1+0)^T = (0.42, 0.5)^T$$

$$\hat{x} = [(1-0.1)0.42+0.1\times1, (1-0.1)0.5+0.1\times1]^T = (0.48, 0.55)^T$$

$\hat{x}$ 满足约束条件，故得初始 4 个顶点：

$$x^{(0)} = (0.25, 0.5)^T \qquad x^{(1)} = (0,1)^T$$

$$x^{(2)} = (1,0)^T \qquad x^{(3)} = (0.48, 0.55)^T$$

B 迭代

（1）找出 k 个顶点中目标函数值最大的点（最坏点）$x^{(h)}$ 和最小的点（最好点）$x^{(l)}$，求 $x^{(h)}$ 以外的（$k-1$）个点的中心点：

$$\bar{\bar{x}} = \frac{1}{k-1}\left(\sum_{i=0}^{k-1} x^{(i)} - x^{(h)}\right) \tag{39-39}$$

本例中，4 个顶点的目标函数值分别是：

$$f(x^{(0)}) = 0.5312,\quad f(x^{(1)}) = 2,$$

$$f(x^{(2)}) = 1,\quad f(x^{(3)}) = 0.464$$

其中，$f(x^{(1)})$ 最大，故 $x^{(h)}=x^{(1)}=(0,1)^T$；$f(x^{(3)})$ 最小，故 $x^{(l)}=x^{(3)}=(0.48、0.55)$。中心点：

$$\bar{\bar{x}} = \frac{1}{3}(0.25+1+0.48, 0.5+0+0.55)^T$$

$$= (0.57, 0.35)^T$$

（2）求 $x^{(h)}$ 关于 $\bar{\bar{x}}$ 的反射点：

$$x^{\Delta} = (1+\beta)\bar{\bar{x}} - \beta x^{(h)} \tag{39-40}$$

其中，$\beta>0$ 为反射系数（一般取 $\beta=1.3$）。

本例中：

$$x^{\Delta} = [(1+1.3)0.57 - 1.3\times 0, (1+1.3)0.35 - 1.3\times 1]^T$$
$$= (1.31, -0.495)^T$$

（3）检查及调整 x^{Δ}。若 x^{Δ} 破坏显式约束，则向上、下界约束的边界移动至界内。若 x^{Δ} 破坏隐式约束，则将 x^{Δ} 向中心点 $\bar{\bar{x}}$ 移动一半距离，即以：

$$x = \frac{1}{2}(x^{\Delta} + \bar{\bar{x}}) \tag{39-41}$$

代替 x^{Δ}。若新的 x^{Δ} 仍不满足约束，则重复应用式（39-41）直到 x^{Δ} 为容许点。

本例中 x^{Δ} 不满足显式约束条件（39-36），故令 $x^{\Delta} = (1.31, 0)^T$。

（4）计算 $f(x^{\Delta})$ 。若：

$$f(x^{\Delta}) < \underset{i\neq h}{\mathrm{Max}} f(x^{(i)}) \tag{39-42}$$

则以 x^{Δ} 代替 $x^{(h)}$，第一次迭代完成；否则，也将 x^{Δ} 向中心点 $\bar{\bar{x}}$ 移动一半距离，即再由式（39-41）求 x 代替 x^{Δ}，直到式（39-42）满足。

本例中 $f(x^{\Delta}) = 1.716 > \mathrm{Max}[f(x^{(0)}), f(x^{(2)}), f(x^{(3)})] = 1$ 故将中心点 x^{Δ} 向中心点 $\bar{\bar{x}}$ 收缩，即：

$$x^{\Delta} = x = \frac{1}{2}(0.57+1.31, 0.35+0)^T = (0.94, 0.175)^T$$

而 $f(x^{\Delta}) = 0.89$，故以 x^{Δ} 代替 $x^{(1)}$，得新的四点：

$$x^{(0)} = (0.25, 0.5)^T \quad x^{(1)} = (0.94, 0.175)^T$$
$$x^{(2)} = (1, 0)^T \quad x^{(3)} = (0.48, 0.55)^T$$

反复迭代，直至：

$$\| x^{(h)} - x^{(l)} \| \leqslant \varepsilon$$

其中 ε 是给定的小数，则以 $x^{(l)}$ 为近似最优解。

39.2.3.3 采矿中的应用

严格地讲，采矿工程中的许多关系是非线性关系而不是线性的，因此非线性规划有着广泛的使用前景。然而，由于解题上的困难，人们常常把非线性问题简化为线性问题来求近似解。目前，使用非线性规划的领域有：

（1）矿山总体规划。在大型联合企业里，采矿-选矿-冶炼三者的关系是一个非线性关系，为了合理安排采-选-冶各部门的生产能力，需要用非线性规划来求解[11]。

（2）露天矿大型设备的选择。露天采剥设备的生产效率与其自身尺寸的关系，也是个非线性关系，可用非线性规划来解决设备选择问题[13]。

（3）通风井直径的确定。通风井直径与通风效果的关系，也是非线性的，可用非线性规划处理[14]。

39.2.4 动态规划

39.2.4.1 数学模型

动态规划是研究多阶段决策过程最优化的一种方法。现以管网铺设问题为例进行说明。

某矿山拟铺设一条从 A 到 N 的管道，两者之间可能有的连接路线及距离如图 39-3 所示，问如何选择管道线路才能使 A 到 N 的总长度最小。

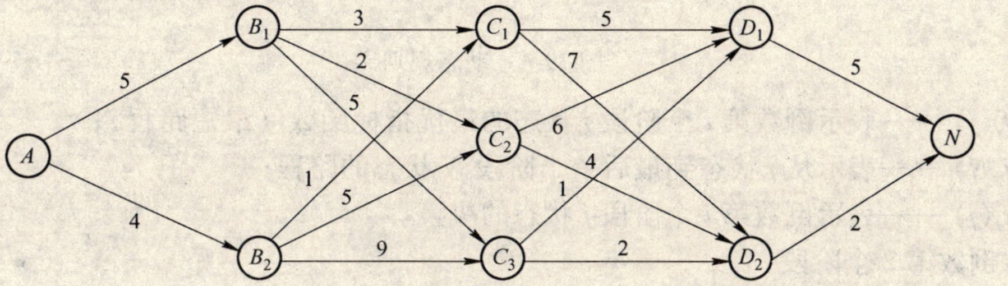

图 39-3 管道路线

从图 39-3 可以看出，从 A 到 N 的路线很多，可以是 $A—B_1—C_1—D_1—N$，也可以是 $A—B_1—C_2—D_2—N$ 以及其他等等。今把 A 到 N 分为四个阶段，从 A 点到 B 点为第一阶段，这时有两个选择，一是走到 B_1，一是走到 B_2。若我们选择 B_2，则 B_2 就是第一阶段决策的结果，又是下一个阶段的始点。在第二阶段，再从 B_2 点出发，可以选择 C_1、C_2 或 C_3 点。若选择 C_2 点，则 C_2 就是第二阶段决策的结果，又是下一个阶段的始点。如此递推下去，各个阶段的决策不同，铺管的路线就不同。很明显，当某段的始点给定时，它直接影响着后面各阶段的路线，而后面各阶段路线的具体发展却不受这点以前各路线的影响。问题是在各阶段中都要选取一个恰当的决策，使得由这些决策所决定的一条路线，其总长度最短，这种分阶段进行决策的方法，就叫做动态规划。

一般地，动态规划把问题分成若干个相互联系的阶段（图 39-4 为 N 个阶段），每个阶段又有若干个状态（图 39-4 中第 k 阶段有 m 个状态），每个状态是该段某支路的始点，又是前一段某支路的终点。从某个状态演变到下一阶段另一状态的选择，称作决策。以 k 阶段的 j 状态为例，它可以来自第 $k-1$ 阶段的任一个状态。只有通过比较从原点 0 经各阶段到达 j 的距离后，才能选出最小者作为 j 状态的最优决策。假定是从 i 到 j，这就是说，一旦我们选用 j 状态，它一定要追溯至 i。以此方式搜索每个阶段的每一个状态，这样，由每一个阶段决策组成的决策序列就称作全过程的策略，衡量每种决策或策略优劣程度的数量指标，就叫作指标函数。很明显，动态规划的目的，就是要求出具有最优指标的最优策略。

39.2.4.2 解法

动态规划可以采用前进式算法或后退式算法，现以图 39-3 为例说明后退式算法。

A 倒数第 1 个阶段

这时状态间的联络线是固定的，即：

从 D_1 到 N: $f_1(D_1) = d(D_1,N) = 5 \qquad x_1(D_1) = N$

从 D_2 到 N: $f_1(D_2) = d(D_2,N) = 2 \qquad x_2(D_2) = N$

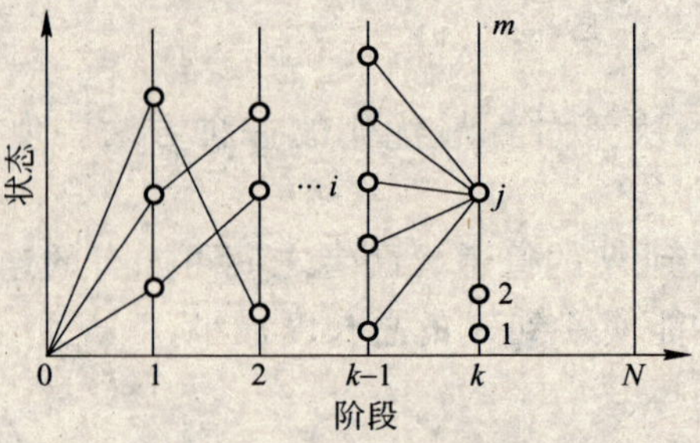

图39-4　动态规划

式中　$f_i(j)$ ——表示倒数第 i 个阶段 j 状态的最优指标函数（最短路程）；

$d(j,N)$ ——表示从 j 状态到最后一个阶段 N 状态的路程；

$x_i(j)$ ——表示倒数第 i 个阶段 j 状态的决策。

B　倒数第2个阶段

这时状态间的联系路线要经过比较才能确定。以 C_1 状态为例，它可以通向 D_1，也可以通向 D_2，只有综合考虑 $C_1—D_1—N$ 和 $C_1—D_2—N$ 两条路线之后才能决定，即：

$$f_2(C_1)=\mathrm{Min}\begin{Bmatrix}d(C_1,D_1)+f_1(D_1)\\d(C_1,D_2)+f_1(D_2)\end{Bmatrix}=\mathrm{Min}\begin{Bmatrix}5+5\\7+2\end{Bmatrix}=9$$

$$x_2(C_1)=D_2$$

这说明假如选中 C_1，则它一定要通向 D_2，而 C_1 至 N 的总长度是9。

同理，对于 C_2，C_3 有：

$$f_2(C_2)=\mathrm{Min}\begin{Bmatrix}d(C_2,D_1)+f_1(D_1)\\d(C_2,D_2)+f_1(D_2)\end{Bmatrix}=\mathrm{Min}\begin{Bmatrix}6+5\\4+2\end{Bmatrix}=6$$

$$x_2(C_2)=D_2$$

$$f_2(C_3)=\mathrm{Min}\begin{Bmatrix}d(C_3,D_1)+f_1(D_1)\\d(C_3,D_2)+f_1(D_2)\end{Bmatrix}=\mathrm{Min}\begin{Bmatrix}1+5\\2+2\end{Bmatrix}=4$$

$$x_2(C_3)=D_2$$

C　倒数第3个阶段

这时状态间的联系路线，也要经过比较才能确定。以 B_1 为例，它可以通向 C_1，C_2 或 C_3。要比较它们至 N 点的长度：

$$f_3(B_1)=\mathrm{Min}\begin{Bmatrix}d(B_1,C_1)+f_2(C_1)\\d(B_1,C_2)+f_2(C_2)\\d(B_1,C_3)+f_2(C_3)\end{Bmatrix}=\mathrm{Min}\begin{Bmatrix}3+9\\2+6\\5+4\end{Bmatrix}=8$$

$$x_3(B_1)=C_2$$

这说明假如选中 B_1，则它一定要通往 C_2，而 B_1 至 N 的总长度是8。

同理，对于 B_2 有：

$$f_3(B_2)=\mathrm{Min}\begin{Bmatrix}d(B_2,C_1)+f_2(C_1)\\d(B_2,C_2)+f_2(C_2)\\d(B_2,C_3)+f_2(C_3)\end{Bmatrix}=\mathrm{Min}\begin{Bmatrix}1+9\\5+6\\9+4\end{Bmatrix}=10$$

$$x_3(B_2) = C_1$$

D　倒数第4个阶段

$$f_4(A) = \text{Min}\begin{Bmatrix} d(A_1,B_1) + f_3(B_1) \\ d(A_1,B_2) + f_3(B_2) \end{Bmatrix} = \text{Min}\begin{Bmatrix} 5+8 \\ 4+10 \end{Bmatrix} = 13$$

$$x_4(A) = B_1$$

E　反向追踪最优路线

从倒数第4个阶段开始，由于 $x_4(A) = B_1$，可知 A 要通向 B_1。再从倒数第3个阶段的 $x_3(B_1) = C_2$，可知 B_1 要通向 C_2。又从倒数第2个阶段的 $x_2(C_2) = D_2$，可知 C_2 要通向 D_2。再从倒数第1个阶段的 $x_1(D_2) = N$，知 D_2 通向 N。这样，最优路线是 $A—B_1—C_2—D_2—N$，其总长度是 $f_4(A) = 13$。

39.2.4.3　采矿中的应用

系矿工程中的许多问题，具有明显的多阶段性，宜用动态规划处理。而且动态规划解算方法简单，更促进它的应用。目前，主要的应用领域有：

(1) 边际品位的确定。矿山的边际品位可以逐年变动。为此以年为单位构成不同的阶段，每年可以有不同的边际品位方案供选择（状态），借助动态规划的方法即可求出每年最优的边际品位[15]。

(2) 露天开采境界的确定。在以规则方块组成的矿床模型中，每一纵列可视作阶段，每列中的每一方块视作不同的状态，通过动态规划可以找出各列各方块间的联系，从而确定出露天矿境界[50]。

(3) 采掘进度计划的编制。这时以年（月）作为阶段划分整个计划时期，每一阶段又有不同的方案（状态），从而按动态规划的模式去安排采掘进度计划[59,61]。

(4) 库存控制。矿山设备的备品备件及主要材料，要有适当的库存量，根据每年的消耗、库存费用和购置费用，可以用动态规划的方法求解[16]。

(5) 设备更新。矿山设备到了使用后期，由于效率降低和维修费增加，应该用新设备代替。为了确定合理的设备更新策略，可用动态规划处理[17]。

39.2.5　网络分析

网络分析是运筹学中的一个重要分支，它可以直观地解决工程技术和管理中的许多问题。

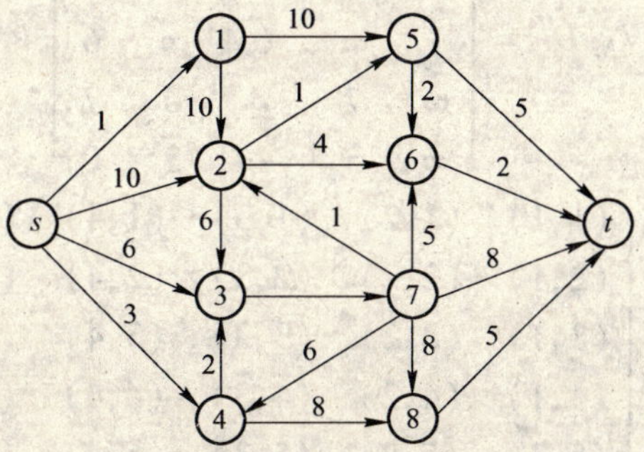

图 39-5　最短路问题

39.2.5.1　最短路问题

A　数学模型

现以运输网络为例进行说明，图 39-5 表示某矿山 s 通往冶炼厂 t 可能有的运输线路及其运输费用，问哪一条路线可使运输费用最小。

对于这种问题，假如我们把运输费用视作距离，它就变成求 s 到 t 的最短路问题，亦即要在图上找出一条 s 到 t 的路线，使其上数学（费用）之和为最小。

一般地，网络图上的点称作节点；点对之间的连线称作边。当连线有方向标识时则称作弧，弧（边）上的数目字表示权，它可以代表距离、时间、费用、人力消耗等。最短路问题，就是在网络图中找出权数总和为最小的一条路线。

B　解法

这里介绍常用的 Floyd 算法。现以图 39-6 为例，求点④到点②的最短路。

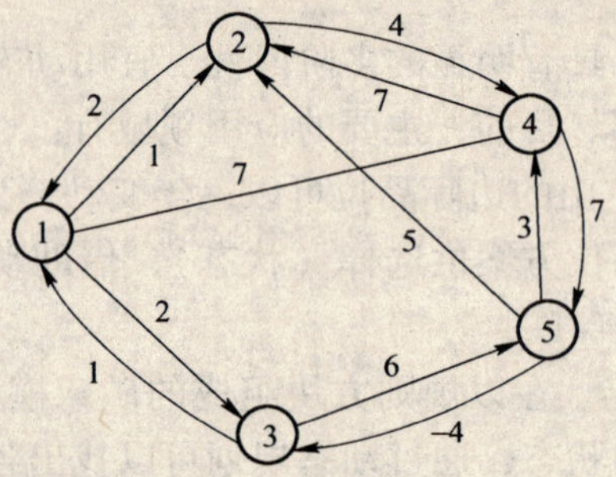

图 39-6　Floyd 算法

（1）列出初始路长矩阵 D^0 及路径矩阵 P^0

$$D^0 = [d_{ij}^0]_{n\times n}$$
$$P^0 = [p_{ij}^0]_{n\times n}$$

式中　d_{ij}^0——中间不经过任何点由点 i 到点 j 的最短距离。若 $i=j$，则 $d_{ij}^0=0$，若 i、j 不直接相连，则 $d_{ij}^0=\infty$；

p_{ij}^0——中间不经过任何点由点 i 到点 j 的路径；

n——网络图中的节点数。

$$D^0 = \begin{bmatrix} 0 & 1 & 2 & 7 & \infty \\ 2 & 0 & \infty & 4 & \infty \\ 1 & \infty & 0 & \infty & 6 \\ \infty & 7 & \infty & 0 & 7 \\ \infty & 5 & -4 & 3 & 0 \end{bmatrix}$$

$$P^0 = \begin{bmatrix} (1,1) & (1,2) & (1,3) & (1,4) & (1,5) \\ (2,1) & (2,2) & (2,3) & (2,4) & (2,5) \\ (3,1) & (3,2) & (3,3) & (3,4) & (3,5) \\ (4,1) & (4,2) & (4,3) & (4,4) & (4,5) \\ (5,1) & (5,2) & (5,3) & (5,4) & (5,5) \end{bmatrix}$$

（2）计算允许使用前 m 个点时的最短路长 $d_{ij}^{[1]}$，列出其路长矩阵 D^m 及路径矩阵 P^m，其中：

$$d_{ij}^{m}=\mathrm{Min}\{d_{ij}^{m-1},d_{im}^{m-1}+d_{mj}^{m-1}\}$$

$$D^{m}=[d_{ij}^{m}]_{n\times n}$$

$$P^{m}=[p_{ij}^{m}]_{n\times n}$$

式中 d_{ij}^{m}——中间允许经过 m 个点时的最短路长；

D^{m}——中间允许经过 m 个点时的路长矩阵；

P^{m}——中间允许经过 m 个点时的路径矩阵。

以 d_{23}^{1} 为例：

因为 $d_{23}^{0}=\infty$

$$d_{21}^{1-1}=d_{21}^{0}=2$$

$$d_{13}^{1-1}=d_{13}^{0}=2$$

所以 $d_{23}^{1}=\mathrm{Min}\{d_{23}^{0},d_{21}^{0}+d_{13}^{0}\}=\mathrm{Min}\{\infty,2+2\}=4$

这就是说，点②和③原来没有直接连通，但经过点①过渡后其距离变成4。

同理，可求出其他 d_{ij}^{1}，从而有：

$$D^{1}=\begin{bmatrix}0&1&2&7&\infty\\2&0&4&4&\infty\\1&2&0&8&6\\\infty&7&\infty&0&7\\\infty&5&-4&3&0\end{bmatrix}$$

$$P^{1}=\begin{bmatrix}(1,1)&(1,2)&(1,3)&(1,4)&(1,5)\\(2,1)&(2,2)&(2\text{-}1\text{-}3)&(2,4)&(2,5)\\(3,1)&(3\text{-}1\text{-}2)&(3,3)&(3\text{-}1\text{-}4)&(3,5)\\(4,1)&(4,2)&(4,3)&(4,4)&(4,5)\\(5,1)&(5,2)&(5,3)&(5,4)&(5,5)\end{bmatrix}$$

对照 D^{0} 和 P^{0} 后可知，添加点①作中间点后，点对（2，3）、(3，2)（3，4）的最短距离发生变化。

（3）重复执行第（2）步，直至 $m=n$。本例中，再加点②为中间点后有：

$$D^{2}=\begin{bmatrix}0&1&2&5&8\\2&0&4&4&\infty\\1&2&0&6&6\\9&7&11&0&7\\7&5&-4&3&0\end{bmatrix}$$

$$P^{2}=\begin{bmatrix}(1,1)&(1,2)&(1,3)&(1\text{-}2\text{-}4)&(1,5)\\(2,1)&(2,2)&(2\text{-}1\text{-}3)&(2,4)&(2,5)\\(3,1)&(3\text{-}1\text{-}2)&(3,3)&(3\text{-}1\text{-}2\text{-}4)&(3,5)\\(4\text{-}2\text{-}1)&(4,2)&(4\text{-}2\text{-}1\text{-}3)&(4,4)&(4,5)\\(5\text{-}2\text{-}1)&(5,2)&(5,3)&(5,4)&(5,5)\end{bmatrix}$$

重复上述过程，最后得：

$$D^5 = \begin{bmatrix} 0 & 1 & 2 & 5 & 8 \\ 2 & 0 & 4 & 4 & 10 \\ 1 & 2 & 0 & 6 & 6 \\ 4 & 5 & 3 & 0 & 7 \\ -3 & -2 & -4 & 2 & 0 \end{bmatrix}$$

$$P^5 = \begin{bmatrix} (1,1) & (1,2) & (1,3) & (1\text{-}2\text{-}4) & (1\text{-}3\text{-}5) \\ (2,1) & (2,2) & (2\text{-}1\text{-}3) & (2,4) & (2\text{-}1\text{-}3\text{-}5) \\ (3,1) & (3\text{-}1\text{-}2) & (3,3) & (3\text{-}1\text{-}2\text{-}4) & (3,5) \\ (4\text{-}5\text{-}3\text{-}1) & (4\text{-}5\text{-}3\text{-}1\text{-}2) & (4\text{-}5\text{-}3) & (4,4) & (4,5) \\ (5\text{-}3\text{-}1) & (5\text{-}3\text{-}1\text{-}2) & (5,3) & (5\text{-}3\text{-}1\text{-}2\text{-}4) & (5,5) \end{bmatrix}$$

（4）查找点对的路长及路径。本例中，从 D^5 可找出点④到点②的最短距离是5，其路径是④→⑤→③→①→②，明显小于直接由④→②的距离7。

39.2.5.2　最小支撑树问题

A　数学模型

先举一个简单例子，设某矿山有7个矿区。其道路联系及距离如图39-7所示。今欲沿道路架设电话线沟通各工区，问如何选择线路才能使总长度最短。

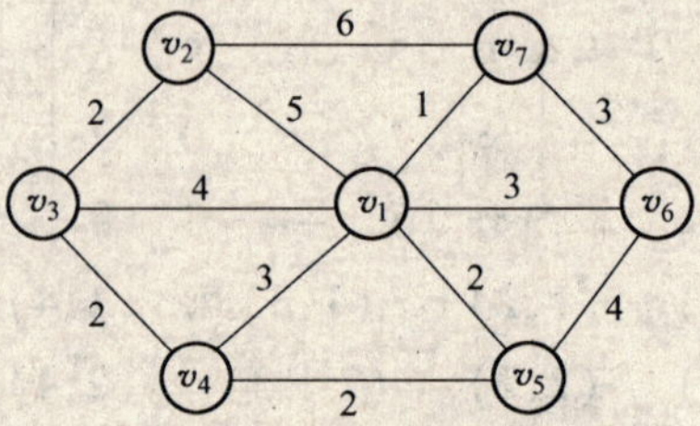

图39-7　最小支撑树问题

很明显，电话线路要通到每一个工区，而且为了减少线路总长度，线路不需要闭合，以免重复连通工区。这就是一个典型的最小支撑树问题。

一般地，从网络图中删去一些弧，所构成的图称作部分图。当部分图的任意两个节点都由唯一的一条弧联结时，则这种部分图又称作支撑树。图39-8就是图39-7的一个支撑树。网络图中，总长度最短的支撑树，就称作图的最小支撑树。最小支撑树的特点是：（1）保留原图中的每个节点：（2）两节点间有唯一的一条弧联结；（3）弧的总长度最短。当然，这里所说的长度也可以表示时间、成本、劳动力消耗等。

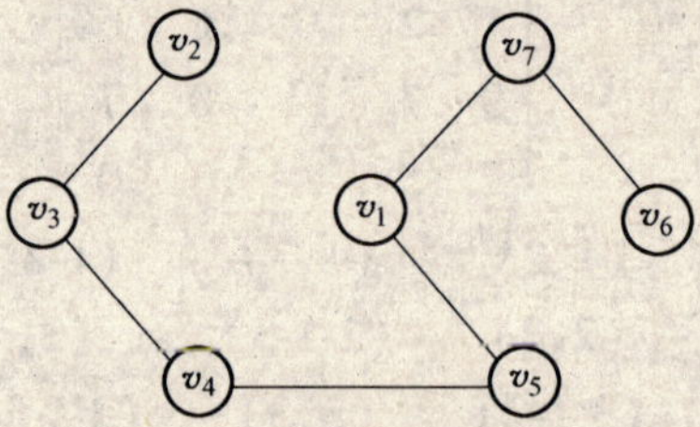

图39-8　支撑树

B　解法

现有图 $G=(V, E)$，其中 V——节点集，E——弧集，$w_{(ij)}$——弧 (i, j) 的权。现

结合图39-7介绍常用的Dijkstra算法。

(1) 任取一点v_j，令标号点集$S=\{v_j\}$，未标号点集$T=\{V-S\}$，最小支撑树弧集$R=\phi$。

本例中，任取v_2，则$S=\{v_2\}$，$T=\{v_1, v_3, v_4, v_5, v_6, v_7\}$，$R=\phi$。

(2) 选权w最小的弧（v_i，v_l），即：

$$w(v_i, v_l) = \mathrm{Min}\{w(v_i, v_m)\}, i\in S, m\in T$$

然后，令 $S=S+v_l$

$T=T-v_l$

$R=R\cup(v_i, v_l)$

本例中，因为

$$\begin{aligned}&\mathrm{Min}\{w(v_2, v_1), w(v_2, v_3), w(v_2, v_7)\}\\ =&\mathrm{Min}\{5, 2, 6\} = 2\\ =&w(v_2, v_3)\end{aligned}$$

故有：

$$S=S+v_3=\{v_2, v_3\}$$

$$T=T-v_3=\{v_1, v_4, v_5, v_6, v_7\}$$

$$R=R\cup(v_2, v_3)=(v_2, v_3)$$

(3) 重复第（2）步，直至$T=\phi$，可得最小支撑树R。本例中，下一次迭代计算是：

$$\begin{aligned}&\mathrm{Min}\{w(v_2, v_1), w(v_2, v_7), w(v_3, v_1), w(v_3, v_4)\}\\ =&\mathrm{Min}\{5, 6, 4, 2\}\\ =&2 = w(v_3, v_4)\\ &S=S+v_4=\{v_2, v_3, v_4\}\\ &T=T-v_4=\{v_1, v_5, v_6, v_7\}\\ &R=R\cup(v_3, v_4)=\{(v_2, v_3), (v_3, v_4)\}\end{aligned}$$

如此重复计算，最后得最小支撑树R：

$$R=\{(v_2, v_3), (v_3, v_4), (v_4, v_5), (v_5, v_1), (v_1, v_7), (v_7, v_6)\}$$

39.2.5.3　最大流问题

A　数学模型

设某矿山通风系统如图39-9所示。图中s表示入风井，t表示出风井，箭头表示风流方向，其上数字表示该段巷道允许通过的最大流量。问这一通风系统最大允许通过的风量是多少。

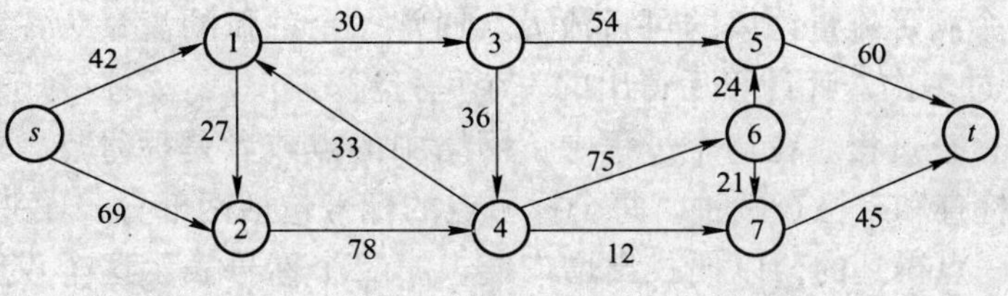

图39-9　最大流问题

这是一个典型的最大流问题，在其他系统中也有类似的流量问题，如运输系统的车流、控制系统的信息流、供水系统的水流等。一般地，在一个有向网络图上，有发点 s、收点 t，已知每个弧（i，j）上最大允许通过的流量为 C_{ij}，最大流问题就是要找出允许从 s 点发出（或 t 点能收到）的最大流量 Q。

在这种网络流中，假设弧（i，j）通过的流量是 f_{ij}，根据物质不灭的原理，下述三种约束条件应得到满足：

（1）弧容量约束。对所有的弧（i，j），有 $0 \leqslant f_{ij} \leqslant C_{ij}$。

（2）点流量约束。除了 s、t 点以外，任何节点流入的流量等于流出的流量，即：

$$\sum_j f_{ij} = \sum_j f_{ji}$$

（3）总流量约束。从 s 点发出的流量等于 t 点收到的流量，即：

$$Q_s = -Q_t$$

网络中满足上述三种约束条件的弧流量的组合，称作可行流。

最大流问题，实质上是在满足上述三种约束条件下求 s 到 t 的最大流量，它可以表示成一个线性规划的形式，即：

$$\text{Max} \quad Q$$

s. t.

$$\begin{cases} \sum_j f_{ij} - \sum_j f_{ji} = \begin{cases} Q & 当\ i = s \\ 0 & 当\ i \neq s\ 或\ t \\ -Q & 当\ i = t \end{cases} \\ 0 \leqslant f_{ij} \leqslant C_{ij} \end{cases}$$

B 解法

在介绍解法之前，先解释增广链的概念。在网络图中，链是指首尾相接的一连串弧，如图 39-9 的 s—②—①—④—⑦—t。若给出一个可行流 $f = \{f_{ij}\}$。我们把网络中使 $f_{ij} = C_{ij}$ 的弧称为饱和弧，把 $f_{ij} < C_{ij}$ 的弧称为非饱和弧，把 $f_{ij} = 0$ 的弧称为零流弧，把 $f_{ij} > 0$ 的弧称为非零流弧。此时，如果在网络中存在一条从发点 s 至收点 t 的链 μ，我们定义链的方向是从 s 到 t，则链上的弧被分为两类：一类是弧的方向与链的方向一致，叫做前向弧，前向弧的全体记为 μ^+。另一类是弧与链的方向相反，称为后向弧，后向弧的全体记为 μ^-。增广链是指满足下列条件从 s 到 t 的一条链 μ：

（1）在弧（i, j）$\in \mu^+$ 上，$0 \leqslant f_{ij} \leqslant C_{ij}$，即 μ^+ 中每一个弧是非饱和弧；

（2）在弧（i, j）$\in \mu^-$ 上，$0 \leqslant f_{ij} \leqslant C_{ij}$，即 μ^- 中每一个弧是非零流弧。下面结合图 39-10，介绍常用的 Ford—Fulkson 算法。该图中弧旁的数字表示：（弧容量 C_{ij}，弧流量 f_{ij}）。

（1）找出一个满足流量约束的可行流 f_{ij}。通常，令各弧的流量为零就是一个可行流。图 39-10a 表示经过多次迭代计算后得出的一个可行流。

（2）标号和检查过程。在这个过程中，网络中的点或者是标号点，或者是未标号点。标号点又分为已检查和未检查两种。每个标号点的标号包括两部分：第一个标号表明这个点的标号是从哪一点得到的，以便找出增广链；第二个标号表示这个点能增加多少流量，以便确定增广链的调整量 θ。

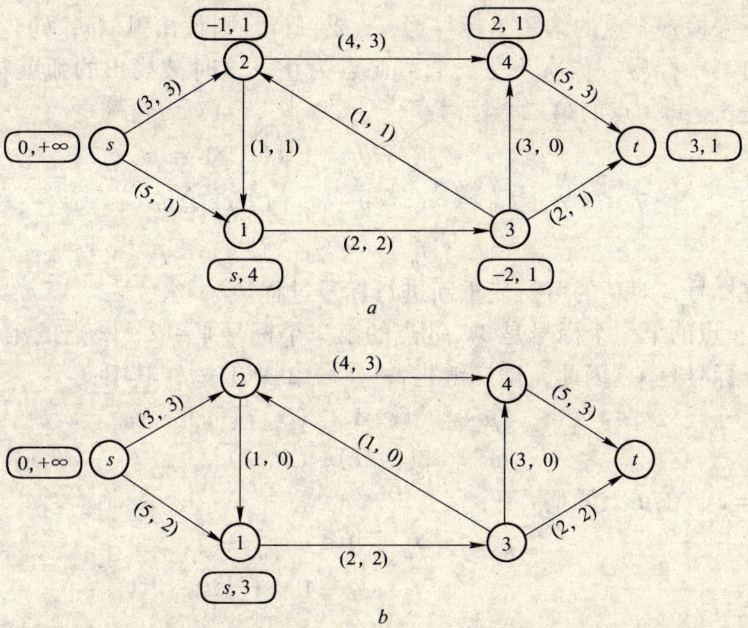

图 39-10 Ford—Fulkson 算法

标号过程中，总是先给 s 点标上 0，$+\infty$，这时 s 是标号而未检查的点，其余都是未标号点。然后取一个标号而未检查的点 i，对一切未标号点 j 作：

1）若在弧（i，j）上 $f_{ij}<C_{ij}$，则给点 j 标号（i，δ_j）。这里

$$\delta_j = \mathrm{Min}\{C_{ij}-f_{ij}\}$$

2）若在弧（j，i）上 $f_{ji}>0$，则给点 j 标号（$-i$，δ_j）。这里

$$\delta_j = \mathrm{Min}\{f_{ji},\delta_i\}$$

于是 i 点成为已检查过的标号点。重复上述步骤，直至 t 点已被标号，转入调整过程。

若所有标号点都已检查过，而标号过程再也进行不下去时，则计算结束，这时的可行流就是最大流。

本例中，先检查 s 点。在弧（s，2）上 $f_{s2}=C_{s2}=3$，不满足标号条件。在弧（s，1）上，$f_{s1}=1\%$，$C_{s1}=5$，即 $f_{s1}<C_{s1}$，有：

$$\delta_1 = \mathrm{Min}\{C_{s1}-f_{s1},\delta_s\} = \mathrm{Min}\{5-1,\infty\} = 4$$

给点①标号（$\overline{s,\ 4}$）。

接着检查点①，在弧（1，3）上，$f_{13}=C_{13}=2$，不满足标号条件。在弧（2，1）上，$f_{21}=1>0$，有：

$$\delta_2 = \mathrm{Min}\{f_{21},\delta_1\} = \mathrm{Min}\{1,4) = 1$$

给点②标号（$\overline{-1,\ 1}$）。

重复上述过程，依次检查点②和点③，直至点 t 被标号为止。

（3）调整过程。首先，按 t 点及其他点的第一个标号，利用“反向追踪”的办法，

找出增广链μ。假如t点的第一个标号为k（或$-k$），则弧（k，t）（或弧（t，k）），是μ上的弧。接下来检查k点的第一个标号为i（或$-i$），则找出弧（i，k）（或弧（k，i））。再检查i点的第一标号。依次下去，直到s点为止。这时被找出的弧就构成了增广链μ。令调整量θ是δ_t，即t点的第二个标号。

$$令\quad f'_{ij}=\begin{cases}f_{ij}+\theta & (i,j)\in\mu^+\\ f_{ij}-\theta & (i,j)\in\mu^-\\ f_{ij} & (i,j)\overline{\in}\mu\end{cases}$$

去掉所有标号，对新的可行流重新进行标号过程。

本例中，t点的第一个标号是3。③点的第一个标号是-2，②点的第一个标号是-1，①点的第一个标号是s，因此，增广链是s—①—②—③—t，其中：

$$\mu^+=\{(s,1),(3,t)\}$$
$$\mu^-=\{(2,1),(3,2)\}$$

按$\theta=\delta_t=1$，在μ上调整f有：

$$\mu^+上:f_{s1}+\theta=1+1=2$$
$$f_{3t}+\theta=1+1=2$$
$$\mu^-上:f_{21}-\theta=1-1=0$$
$$f_{32}-\theta=1-1=0$$

其余的f_{ij}不变。

调整后得图39-10b所示的可行流，对这个可行流进行标号过程，重新寻找增广链。首先检查s，在弧$(s,2)$上$f_{s2}=C_{s2}=3$，不满足标号条件。在弧(s,1)上$f_{s1}=2$，它小于C_{s1}，则：

$$\delta_1=\mathrm{Min}\{C_{s1}-f_{s1},\delta_s\}=\mathrm{Min}\{5-2,\infty\}=3$$

给①点标以（$\overline{s,3}$），接着检查①点，在弧（1，3）上$f_{13}=C_{13}$，在弧（2，1）上$f_{21}=0$，均不符合标号条件，标号过程无法继续下去，算法结束。

这时的可行流为所求的最大流，最大流量是：

$$Q=f_{s1}+f_{s2}=f_{4t}+f_{3t}=5$$

（4）构造最小截集。

直观地讲，截集是从发点s到收点t的必经之路，在网络图中，若把全部节点分为两个非空集合V_1和V_2，使发点$s\in V_1$，收点$t\in V_2$，则所有V_1通向V_2的弧集便称为（分离s和t的）截集。截集中所有弧的容量之和，称为这个截集的容量，而容量最小的截集，即为最小截集，网络流的“咽颈”，也就是限制总流量的地方，就是这个最小截集。

在最大流算法中，迭代终止后标号点的集合便是V_1，而未标号点的集合是V_2。最小截集就是由V_1通向V_2的弧集合。

本例中，$V_1=\{s,①\}$

　　　　$V_2=\{②,③,④,t\}$

因此最小截集是｛（s，2），（1，3）｝，它的容量也就是5。

39.2.5.4　最小费用流问题

A　数学模型

在上一节最大流问题中，没有涉及到流的费用问题，然而在实际使用中，往往要考虑流的费用。

图 39-11 表示某矿一个运输系统。货物从 s 点运至 t 点，弧上的箭头表示输送的方向，括弧内的第一个数字表示单位货物的运输费用，第二个数字是最大允许通过的货运量。今欲从 s 点运送 4 个单位的货物至 t 点，问沿哪一条路线才能使费用最小。

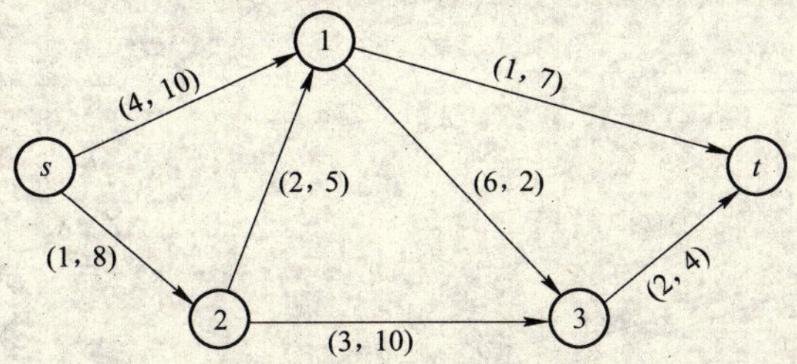

图 39-11　最小费用流

这是一个典型的最小费用流问题。一般地，在一个有向网络图中，如果有一个从 s 到 t 的流，它流经弧容量为 C_{ij} 的弧（i，j）的流量是 f_{ij}，而该弧的一个单位流量的运输费用是 a_{ij}，那么流经该弧的费用就是 $a_{ij}f_{ij}$。同理，网络中由 s 到 t 的流的费用就是组成这个 $s-t$ 流的各弧的费用之和。所谓最小费用流，就是在保证给定流量 Q 的前提下使输送费用最小的那个从 s 到 t 的流。

特殊地，当流量 Q 是 $s-t$ 的最大流，求输送费用最小问题就是最小费用最大流问题。

B　解法

现结合图 39-11，介绍常用的对偶算法。求该图中要求出流量 $Q=10.5$ 的最小费用流。

先从零流开始，令 $Q^{(0)}=0$。

一般地，在第 k 次迭代中，依次作：

（1）构造费用网络。该网络的单位运输费用是：

$$a'_{ij}=\begin{cases}a_{ij} & \text{当} f_{ij}<C_{ij}\\ \infty & \text{当} f_{ij}=C_{ij}\end{cases}$$

$$a'_{ji}=\begin{cases}-a_{ij} & \text{当} f_{ij}>0\\ \infty & \text{当} f_{ij}=0\end{cases}$$

本例中，第一次迭代时 $f_{ij}=0$，故 $a'_{ji}=\infty$，即没有反向通路，其费用网络见图 39-12a。

（2）在费用网络中，求出由 s 到 t 的费用最短路。本例中，根据 39.2.5.1 的 Floyd 算法求出由 s 到 t 的费用最短路如图 39-12a 双线所示，即 s—②—①—t。

（3）以费用最短路作增广链 μ，求出使流量增加最多的调整量 θ：

$$\theta=\mathrm{Min}\{\mathop{\mathrm{Min}}_{\mu^+}(C_{ij}-f_{ij}^{(k-1)}),\mathop{\mathrm{Min}}_{\mu^-}(f_{ij}^{(k-1)})\}$$

本例中有：

$$\theta=\mathrm{Min}\{\mathop{\mathrm{Min}}_{\mu^+}(C_{s2}-f_{s2}^{(0)},C_{21}-f_{21}^{(0)},C_{1t}-f_{1t}^{(0)}),\mathop{\mathrm{Min}}_{\mu^-}(\phi)\}$$

$$=\mathrm{Min}\{C_{s2},\ C_{21},\ C_{1t}\}=\mathrm{Min}\{8,5,7\}=5$$

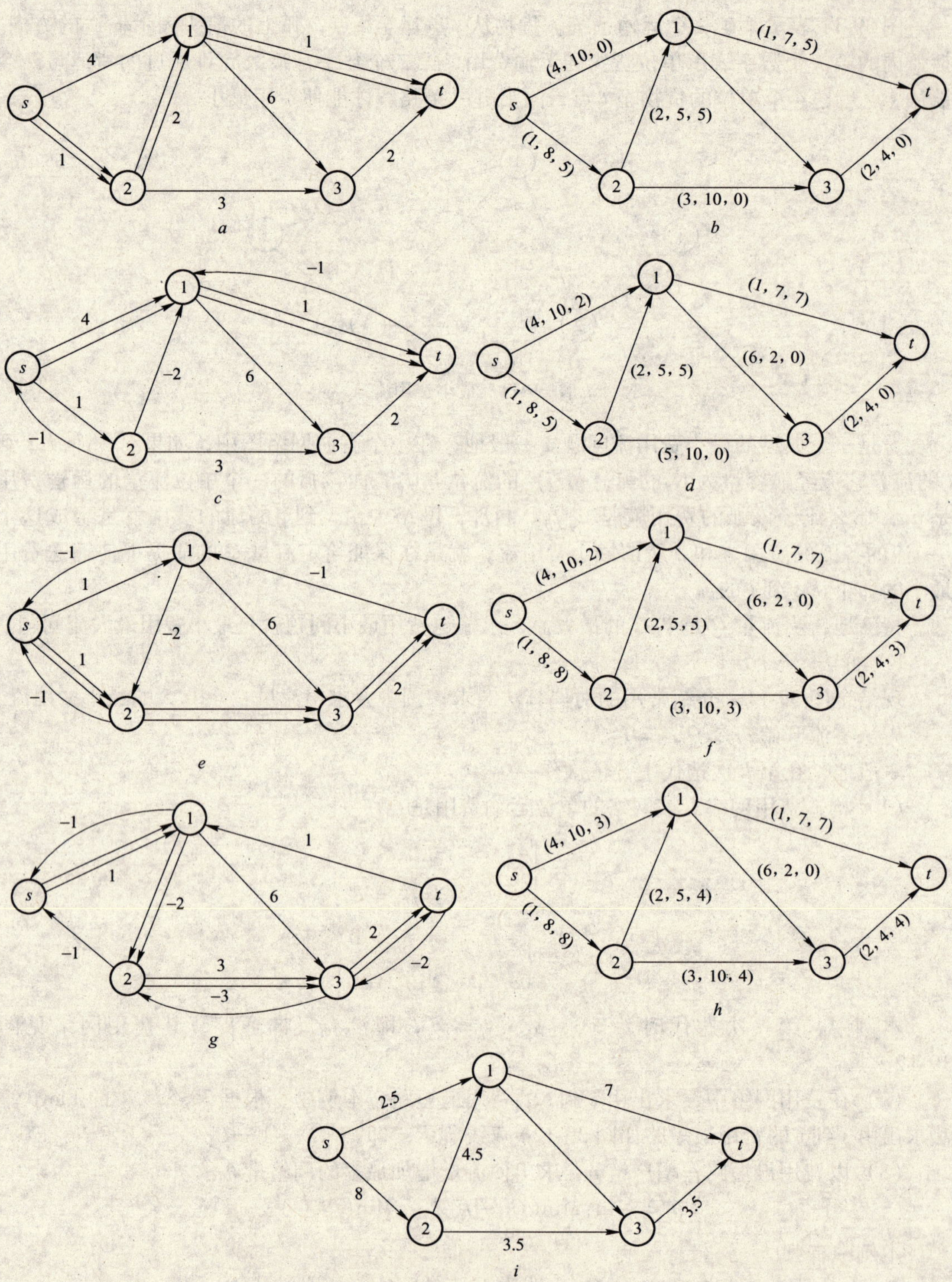

图 39-12　最小费用流算法

(4) 沿增广链 μ 调整流量 f_{ij}，其中：

$$f_{ij}^{(k)} = \begin{cases} f_{ij}^{(k-1)} + \theta & (i,j) \in \mu^+ \\ f_{ij}^{(k-1)} - \theta & (i,j) \in \mu^- \\ f_{ij}^{(k-1)} & (i,j) \overline{\in} \mu \end{cases}$$

本例中，有：

$$f_{s2}^{(1)} = f_{s2}^{(0)} + \theta = 0 + 5 = 5$$
$$f_{21}^{(1)} = f_{21}^{(0)} + \theta = 0 + 5 = 5$$
$$f_{1t}^{(1)} = f_{1t}^{(0)} + \theta = 0 + 5 = 5$$

其余弧的流量 $f_{ij}=0$。新的网络流如图 39-12b，括号中数字代表（a_{ij}，C_{ij}，f_{ij}）。这时的流量 $Q^{(1)}=5$。

接着进行第二次迭代。

(1) 构造费用网络，如图 39-12c。这时，由于在弧（s，2）（2，1）及（1，t）中有流量通过，所以有反向通路，（2，s）、（1，2）及（t，1）。其中：

$$a'_{2s} = -a_{s2} = -1$$
$$a'_{12} = -a_{21} = -2$$
$$a'_{t1} = -a_{1t} = -1$$

至于弧（2，1），由于流量 $f_{21}=5=C_{21}$，有 $a_{21}=\infty$，即没有由②至①的通路。

(2) 在费用网络中求出由 s 到 t 的费用最短路为 s—①—t，如图 39-12c 中双线所示。

(3) 以费用最短路作增广链 μ，求出使流量增加最多的调整量：

$$\theta = \mathrm{Min}\{\mathop{\mathrm{Min}}_{\mu^+}(C_{s1} - f_{s1}^{(1)}, C_{1t} - f_{1t}^{(1)}, \mathop{\mathrm{Min}}_{\mu^-}(\phi))\}$$
$$= \mathrm{Min}\{\mathop{\mathrm{Min}}_{\mu^+}(10 - 0, 7 - 5)\} = 2$$

(4) 沿增广链 μ 调整流量，其中：

$$f_{s1}^{(2)} = f_{s1}^{(1)} + \theta = 0 + 2 = 2$$
$$f_{1t}^{(2)} = f_{1t}^{(1)} + \theta = 5 + 2 = 7$$

第二次迭代后的网络流见图 39-12d，这时的流量 $Q^{(2)}=Q^{(1)}+\theta=5+2=7$。

再接着执行第三次迭代，其费用网络见图 39-12e，其网络流见图 39-12f，流量 $Q^{(3)}=10$。

第四次迭代的费用网络见图 39-12g，其网络流见图 39-12h，流量 $Q^{(4)}=11$。

第四次迭代后的流量 $Q^{(4)}$ 已超出要求的流量 $Q=10.5$，所以将四次迭代时的调整量 θ 由 1 改为 0.5，则最终的网络流图如图 39-12i。

39.2.5.5 采矿中的应用

工程中有关网络流的问题，常常可以用线性规划来表示。然而，由于网络图比较直观，许多问题常常要用网络流法来求解。在采矿工程中，使用网络流的地方有：

(1) 露天开采境界的确定。露天开采中各方块之间的上下超前关系，可以表示成树的形式。露天开采境界就是要在满足这种约束关系的前提下综合考虑矿石块和岩石块的价值，寻找一个最大的闭包[18]。

(2) 地下开拓运输系统的确定。地下开采中的矿石运输，可视作物流。这一物流发自采场，经各种运输巷道运送至选厂或矿仓，因此，地下开拓运输系统可视作一个网络流，通过最小费用流的方法可求出最优布置[10]。

（3）通风网络的计算。地下开采中的通风问题，也是一个典型的网络问题，可以采用网络流的方法去求解[19]。

（4）运输线路的确定。在节点很多的运输网络系统中，为了求出运输费用最小的路线，可以采用最短路的方法。

39.2.6 统筹方法

39.2.6.1 数学模型

统筹方法又称网络计划技术，是组织施工和进行计划管理的科学方法。现以平巷掘进中的一个循环过程为例进行说明。

平巷掘进中一个循环可分为10个工作，即：*A*——进入工作面，*C*——安全检查，*E*——凿岩准备，*D*——装岩准备，*F*——凿岩，*G*——爆破准备，*H*——装岩，*I*——铺轨，*J*——装药爆破，*K*——通风。这些工作有些要单独进行，有些可以平行作业，它们的相互关系如图39-13所示。每项工作分别用箭头线表示，线上的数字表示该工作所需要的时间，箭头表示它们之间的相互关系，从这个图可以清楚看出，*A—D—H—I—J—K*是平巷掘进的主要工作，它们决定了循环所需的时间。相反，*C—F—G*工作稍稍延长，也无碍大局。

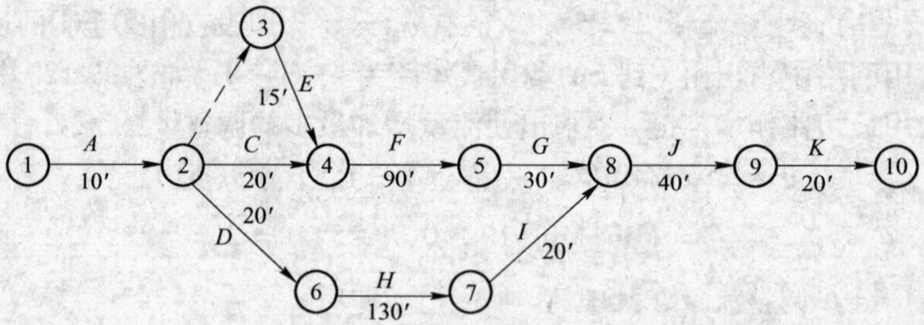

图39-13 平巷掘进工序流线图

一般地，统筹方法用箭线表示一项工作。箭线所指的方向表示工作前进的方向，箭线的箭尾和箭头分别表示一项工作的开始和结束，并相应地用节点表示，称作箭尾事件和箭头事件。只有当进入某节点的箭线工作全部结束后，从该节点引出的新箭线才能开始工作，这样构成的图，叫作工序流线图。统筹方法的目的，就是要找出从始点到终点的关键路线和关键工序，并对网络进行调整，求得有关工期、资源与成本的最优化方案。

39.2.6.2 工序流线图

在画工序流线图时，要注意：

（1）箭头顺序要符合工艺流程。

（2）只能有一个始点和一个终点，不允许有缺口。

（3）不允许出现回路，即不允许从某一事件出发后又回到原来的事件，如图39-14*a*所示。

（4）不允许用同一箭头事件和箭尾事件代表两个或两个以上的工作，如图39-14*b*所示。

（5）充分利用虚工作。所谓虚工作，是指作业时间为零，实际上并不存在的工作。采用虚工作，可以清楚地表示工作之间的逻辑关系。如图 39-13 中事件②→③就用虚工作相连，消除了缺口。当两项工作 A 和 B 采用交叉作业时，可表示成图 39-15。即 A_1 结束后可开展 B_1，如此类推，使得由ⓐ到ⓑ的工期是 $A_1+A_2+A_3+B_3$（当 B_1+B_2 小于 A_1+A_3 时）。

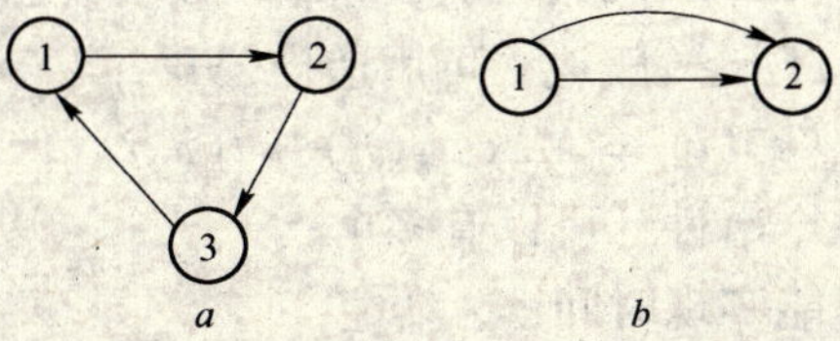

图 39-14　错误的画法

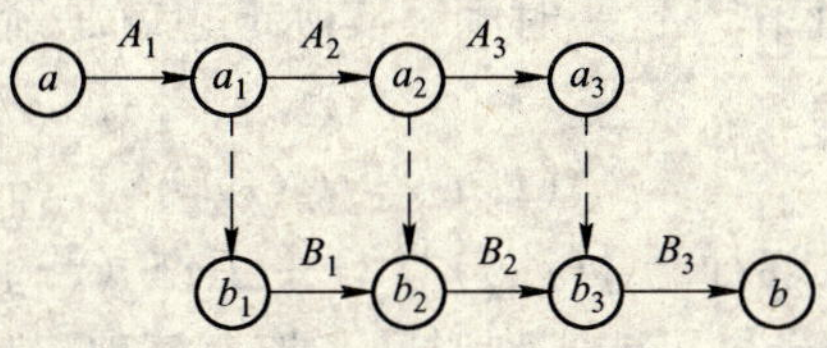

图 39-15　交叉作业

39.2.6.3　时间参数的计算

兹结合图 39-16 介绍时间参数的计算。

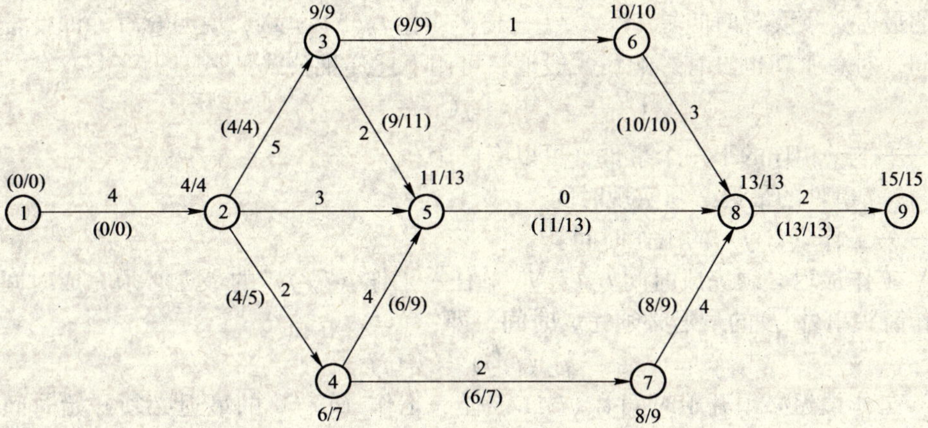

图 39-16　时间参数计算

9/9—事件最早开始时间/事件最迟完成时间；(9/9)—工作最早开始时间/工作最迟开始时间；5—工作时间；①～⑨—节点号

（1）工作时间 $t(i,j)$。这是指工作（i，j）所需要的时间，通常，这个时间是不确定，可按（39-43）式计算：

$$t(i,j)=\frac{t_a+4t_c+t_b}{6} \tag{39-43}$$

式中　t_a——最乐观估计的工作时间；

t_b——最悲观估计的工作时间；

t_c——最有可能的工作时间。

（2）事件的最早可能实现时间 $t_E(i)$ 。它是从始点计算起进入该事件以前所有工作都已完工的时间。以图39-16的节点⑤为例。①—②—⑤的总工作时间是 $4+3=7$，①—②—③—⑤的时间是 $4+5+2=11$，而①—②—④—⑤是 $4+2+4=10$，在这三个时间中取最大值，则 $t_E(5)=11$ 。一般地，可用递推公式：

$$t_E(i) = \mathrm{Max}\{t_E(h) + t(h,i)\} \tag{39-44}$$

式中　h——与 i 相连的前一个事件，可以有多个；

$t_E(h)$——h 事件的最早可能实现时间；

$t(h, i)$——工作（h, i）的工作时间。

（3）工作的最早可能开始时间 $t_{ES}(i, j)$ 。任一工作（i, j），只有当所有与 i 相连的紧前工作都做完后，才能开始工作。这一时间，实际上也就是箭尾事件①的最早可能实现时间，即：

$$t_{ES}(i, j) = t_E(i) \tag{39-45}$$

（4）工作的最早可能完成时间 $t_{EF}(i, j)$ 。任一工作（i, j）的最早可能完成时间，等于该项工作箭尾事件（i）的最早可能实现时间，加上该项工作的工作时间，即：

$$t_{EF}(i, j) = t_E(i) + t(i, j) \tag{39-46}$$

（5）事件的最迟必须实现时间 $t_L(i)$ 。一个事件若晚于某一时间实现，就会推迟整个工程的最早完工时间，则这个时间称为事件的最迟必须实现时间，它是从终点反向推算出来的。图39-16的总工期（即终点⑨的最早可能实现时间）是15。由⑨—⑧—⑤反算，知节点⑤的最迟必须实现时间是 $15-2-0=13$。对比 $t_E(5)=11$，说明⑤事件即使推迟2个单位时间，对总工期也没有影响。一般地，可用下述递推公式：

$$t_L(i) = \mathop{\mathrm{Min}}_{j}\{t_L(j) - t(i, j)\} \tag{39-47}$$

式中　j——与 i 相连的下一个事件，可以有多个；

$t_L(j)$——j 事件的最迟必须实现时间；

$t(i, j)$——工作（i, j）的工作时间。

（6）工作最迟必须完成时间 $t_{LF}(i, j)$ 。任一工作（i, j）的最迟必须完成时间，等于该项工作箭头事件ⓙ的最迟必须完成时间，即：

$$t_{LF}(i, j) = t_L(j) \tag{39-48}$$

（7）工作最迟必须开始时间 $t_{LS}(i,j)$ 。任一工作（i, j）的最迟必须开始时间等于该项工作箭头事件（j）的最迟必须实现时间减去该项工作的工作时间，即：

$$t_{LS}(i, j) = t_L(j) - t(i, j) \tag{39-49}$$

（8）事件时差 $R(i)$ 。在不影响工程最早完工时间的前提下，某个事件可以推迟开始或推迟完成的时间，称为事件时差，它可按（39-50）式计算：

$$R(i) = t_L(i) - t_E(i) \tag{39-50}$$

（9）工作总时差 $R(i, j)$ 。在不影响工程的最早完工时间的前提下，某项工作可以推迟开始或推迟完成的时间，称为工作总时差。它可按（39-51）式计算：

$$R(i, j) = t_{LS}(i, j) - t_{ES}(i, j) \tag{39-51}$$

或　$$R(i,\ j)\ =\ t_{LF}(i,\ j)\ -\ t_{EF}(i,\ j)$$

（10）工作单时差 $r(i,\ j)$ 。在不影响其紧后工作的最早可能开始时间 $t_{ES}(j、k)$ 的前提下，某项工作最早可能完成时间 $t_{EF}(i,\ j)$ 可以推迟的时间，称为工作单时差。它可按（39-52）式计算：

$$r(i,\ j)\ =\ t_{ES}(j,\ k)\ -\ t_{EF}(j,k) \tag{39-52}$$

图39-16上详细列举了上述各种时间参数的计算结果。

39.2.6.4　关键路线

在工序流线图中，从始点到终点存在着许多条路线，其中长度（即组成该路线的各工作时间之和）最长的一条路线，就称为关键路线，因为这条路线上各工作的开工和完工日期决定着整个工程的总工期。从时间因素来说，它就是整个工程的关键所在。

在关键路线上的各工作，称为关键工作。其上各事件则称为关键事件。因此，关键路线上的事件时差 $R(i)$ 或工作总时差 $R(i,\ j)$ 都等于零。图39-16中的关键路线是①—②—③—⑥—⑧—⑨。

39.2.6.5　概率计算

由于工作时间 $t(i,\ j)$ 不确定，采用了“三点估计法”（式（39-43））来求工作的平均时间，因此必须进一步计算总工期实现的概率，其方法是：

（1）计算关键路线各工作时间方差。

$$\sigma_{ij}^2\ =\ \left(\frac{t_b\ -\ t_a}{6}\right)^2 \tag{39-53}$$

式中　σ_{ij}^2——工作时间 $t(i,\ j)$ 的方差；

t_a——最乐观估计的工作时间；

t_b——最悲观估计的工作时间。

（2）计算总工期的方差及均方差。总工期的方差 σ^2 是：

$$\sigma^2\ =\ \sum_{i=1}^{m}\sigma_i^2 \tag{39-54}$$

式中　σ_i^2——关键路线上的工作时间方差；

m——关键路线上的工作数目。

总工期的均方差则是：

$$\sigma\ =\ \sqrt{\sigma^2} \tag{39-55}$$

（3）计算总工期实现的概率。先计算概率系数 λ：

$$\lambda\ =\ \frac{T_s\ -\ T}{\sigma} \tag{39-56}$$

式中　T——平均总工期，沿关键路线累加各工作时间而得；

T_s——某一规定的总工期；

σ——总工期的均方差。

然后根据标准正态分布表，查出 $x=\lambda$ 的概率，它就是实现 T_s 总工期的概率。

在统筹方法中，求出关键路线后，由于资源（人力、物力、财力）的限制，需要再进一步调整某些工作，这称作网络计划的优化。例如：在资源有限的情况之下使工期最短，在规定的工期下使投入的资源最小，或者在最短工期下使成本最低等，都属于优化的问题，具体方法可查阅有关书籍[24]。

39.2.6.6 采矿中的应用

统筹方法在采矿工程中已得到广泛的应用。特别当工程项目比较多、相互衔接关系比较复杂时，更需要采用统筹方法。通过统筹方法，我们可以了解各工序之间的连接关系，及时作出调整及工作部署。目前，它常用于：

（1）露天矿新水平的准备。为了保证露天矿正常地延深，及时准备出新的开采水平是关键，在新水平准备的施工组织中可采用统筹方法。

（2）井巷掘进。在井巷掘进的施工组织中，特别是竖井掘进这样的复杂工程中，也广泛应用统筹方法。

（3）设备维修。矿山设备维修，通常是时间短、工序多、任务复杂，应用统筹方法，可以大大改善设备维修工作。

（4）设计工作组织。矿山企业设计，涉及到地质、采矿、选矿、机电、总图、土建、技经等各专业的工作，为了把各个部门的工作有机地组织起来，曾运用了统筹的方法[23]。

39.2.7 计算机模拟

39.2.7.1 基本模式

计算机模拟，就是在计算机上对客观系统的结构和行为进行仿真试验，研究有关系统性能的各种数据。现以露天矿中电铲和汽车配合为例，进行简要说明。

假设汽车到达电铲的时间间隔均匀分布在1~10min之间，而每辆汽车所需要的装载时间均匀分布在1~6min之间。模拟的任务，是要研究汽车和电铲的平均空闲时间以及汽车在电铲前的等待时间。

为了产生汽车的到达时间及电铲的装载时间，选用一个有1~6点数的六面体骰子和标有1~10号码的十张扑克牌，任意抽一张牌，上面的号码表示一辆汽车到达电铲工作面时与前一辆汽车到达电铲工作面之间的时间间隔。然后把扑克牌放回，再掷一下骰子，上面的点数表示此辆汽车所需的装载时间。重复这个过程，就产生一系列表示汽车到达时间间隔和相应的汽车被装载时间的数据，如表39-7所示。很明显，当一辆汽车到达电铲工作面而前一辆汽车尚未装完，则这辆汽车就要等待。表中第一辆汽车就无需等待，但第二辆汽车就要从8∶02等到8∶03。反之，当汽车已被装完而下一辆汽车还没有来，则电铲要空闲等车，表中第二辆车装完和第三辆车到来之间，电铲就等了3min。如此计算下去，最后可以统计出汽车未被装载的空闲时间是5min；电铲的空闲时间是53min。根据这个结果，可以推测出这台电铲配备的汽车少了，未能充分发挥作用。

当然，这是一个简化的例子。一般地说，计算机模拟的过程是：

（1）系统分析。通过深入分析，明确模拟的目标及可控变量，并对其加以数量化。

（2）确定随机分布规律。根据实际的统计数据，确定所模拟事件发生的概率分布，并用计算机产生符合上述分布的随机数和随机变量。

（3）构造模型。根据所模拟对象的特点，选择合适的模拟方法，编写计算机程序。

（4）上机运算。在计算机上反复执行上述程序，得出所需要的模拟结果。

（5）分析决策。根据所得结果进行统计分析，从而得出结论。不过，计算机模拟是

表 39-7 电铲-汽车的配合

序 号	汽车到达时间间隔(min)	装载时间(min)	汽车到达的时钟时间	电铲装载的时钟时间		汽车等待时间(min)	电铲空闲时间(min)
				开始	终结		
1	0	3	8:00	8:00	8:03	0	0
2	2	4	8:02	8:03	8:07	1	0
3	8	4	8:10	8:10	8:14	0	3
4	4	2	8:14	8:14	8:16	0	0
5	8	1	8:22	8:22	8:23	0	6
6	10	5	8:32	8:32	8:37	0	9
7	6	4	8:38	8:38	8:42	0	1
8	8	6	8:46	8:46	8:52	0	4
9	8	1	8:54	8:54	8:55	0	2
10	8	3	9:02	9:02	9:05	0	7
11	7	5	9:09	9:09	9:14	0	4
12	3	5	9:12	9:14	9:19	2	0
13	8	3	9:20	9:20	9:23	0	1
14	4	6	9:24	9:24	9:30	0	1
15	4	1	9:28	9:30	9:31	2	0
16	7	1	9:35	9:35	9:36	0	4
17	1	6	9:36	9:36	9:42	0	0
18	6	1	9:42	9:42	9:43	0	0
19	7	2	9:49	9:49	9:51	0	6
20	6	2	9:55	9:55	9:57	0	5
合 计						5	53

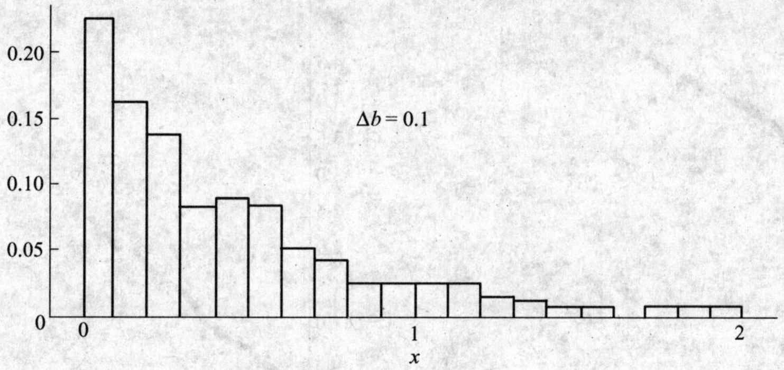

图 39-17 直方图

针对某一个特定系统而运行的，一旦系统的结构变动，模拟的结果也不同。因此，需要对众多的系统结构进行对比模拟后才能得到最佳的结论。

总之，计算机模拟就是用计算机对系统的模型进行试验，综合考虑各种随机因素，从而得出有益的结论。

39.2.7.2 随机分布的确定

由概率论可知，某一随机事件的发生，服从一定的概率分布。为了确定这种分布，常用的方法有直方图法和概率图法。

A 直方图法

设有实测数据 x_i （$i=1, 2, \cdots, N$），欲确定这些数据的概率分布，其步骤是：

（1）将所有数据按大小顺序排列。

（2）将这些数据按间隔 Δb 分成 K 组，并统计每组内出现 x_i 的个数 q_j （$j=1, 2, \cdots k$）。

（3）计算每组 x_i 的出现频数 $f_i=\dfrac{q_i}{N}$。

（4）绘制直方图。横坐标表示数据区间，纵坐标表示此区间内 x_i 出现的频数，图39-1就表示219个数据所得的直方图。

（5）根据直方图，推测概率分布。图39-17就是一个负指数分布。

B 概率图法

前述的直方图法用于确定概率的密度函数，而概率图法是确定概率的分布函数，具体步骤是：

（1）将实测数据由小到大顺序排列得 $x_1, x_2, \cdots, x_i, \cdots, x_N$。

（2）假设它们服从某一个理论分布函数 $F(x)$。

（3）绘图判别。用横坐标表示 x_1，纵坐标表示 $F^{-1}\left(\dfrac{i-0.5}{N}\right)$。若绘出的图是一条45°的斜线，则 $F(x)$ 为所求。否则重新执行（2）、（3）两步。

上例219个数据中，先假设 $F(x)$ 是正态分布，其曲线如图39-18*a*所示，不是直线；然后假设它是负指数分布，得直线如图39-18*b*，再次证明这219个数据服从负指数分布。

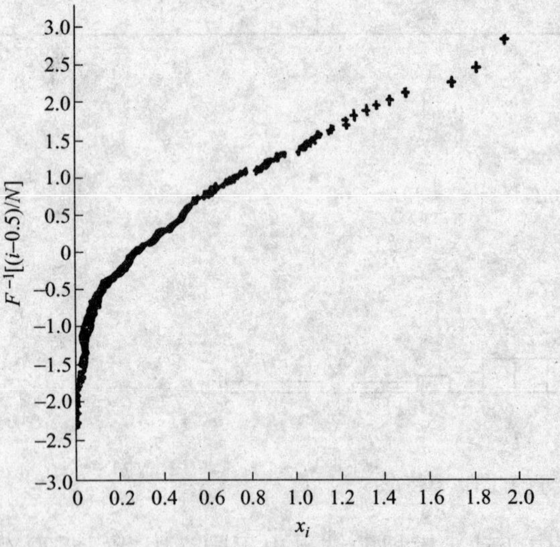

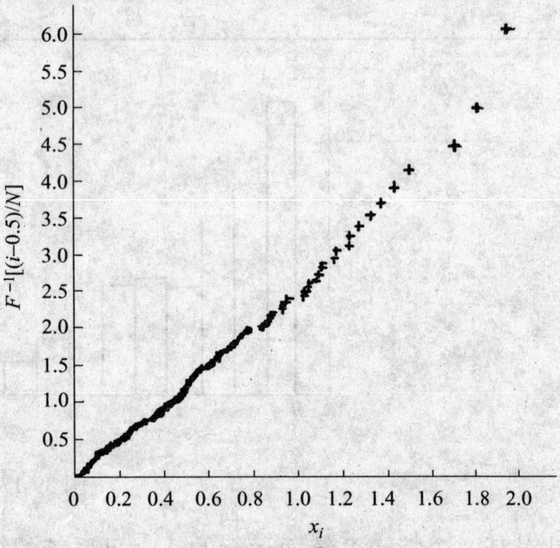

图39-18 概率图

上述两种方法得出的概率分布规律，还仅仅是初步结果，进一步，还要进行统计检验（如 x^2 检验）和参数估计，在一般数理统计书籍上都有这方面的详细介绍。

39.2.7.3 随机变量的产生

为了在计算机上产生符合某种概率分布的随机变量，首先要生成在（0，1）区间内均匀分布的随机数，然后再用它产生所需的随机变量。

A 随机数的产生

在随机系统模拟中，要产生在［0，1］区间内均匀分布的随机数 $U(0,1)$。通常若是用某种数学方法产生的，称作伪随机数。因此，伪随机数必须满足以下要求：

（1）它要尽可能在［0，1］区间内均匀分布，且彼此独立；

（2）它的重复周期要足够长；

（3）它的算法所占内存少、运算速度快；

（4）它应有再现性。

现今普遍采用的算法是乘同余法，即：

$$x_i = ax_{i-1}(\text{Mod M}) \qquad (39\text{-}57)$$
$$U_i = x_i/M$$

式中 x_i——第 i 个中间值，其中 x_0 为初始值，应是不能被 3 和 5 整除的奇数，且与 M 互素；

U_i——第 i 个伪随机数；

a——常数，应是不能被 3 和 5 整除的奇数，且与 M 互素；

M——模，取充分大的正整数；

Mod M——求余，是将 ax_{i-1}除以 M 并取其余数作为 x_i，即：

$$x_i = ax_{i-1} - \left[\frac{ax_{i-1}}{M}\right]M$$

$[ax_{i-1}/M]$ 表示整除运算，即取商值的整数部分。

例如，设 $a=5$，$M=7$，从 $x_0=1$ 开始，有：

i	0	1	2	3	4	5	6	7
ax_{i-1}		5	25	20	30	10	15	5
x_i	1	5	4	6	2	3	1	5
U_i		0.714	0.571	0.857	0.286	0.429	0.143	0.714

由上可见，在 $i=1$ 和 $i=7$ 时出现重复性循环。为了增大循环周期，M 要取充分大的正整数。通常，M 为 2^b 数量级上的一个奇数，其中 b 为所用计算机的字长。此外，为了满足随机数的其他要求，a 要取 2^{b-1}数量级以下的一个奇数。现推荐一组参数如下：

$$a = 7^5 = 16807$$
$$M = 2^{31} - 1 = 2147483643$$

通常，计算机上都附有专门的程序来产生随机数，可直接调用。必要时，可对这种随机数序列进行各种统计检验。

B 随机变量的生成

任何概率分布的随机变量，其累积概率分布都在［0，1］区间，因而以均匀分布的 U（0，1）随机数为基础，可以产生所需概率分布的随机变量。现介绍常用的两种随机变量的生成方法。

a 负指数分布的随机变量

通常采用逆变换法。假设要求出符合下述概率密度函数的随机变量 X：

$$\varphi(x) = \begin{cases} \lambda e^{-\lambda x} & \text{当 } x \geqslant 0 \\ 0 & \text{当 } x < 0 \end{cases}$$

首先，产生［0，1］区间内均匀随机数 r，则所求的 x 是：

$$x = -\frac{\ln r}{\lambda}$$

b　正态分布的随机变量

通常采用近似法，设要求出随机变量 x，使之符合概率密度函数：

$$\varphi(x) = \frac{1}{\sqrt{2\pi\sigma}}e^{-\frac{(x-\mu)^2}{2\sigma^2}}$$

为此，首先产生 12 个（0，1）区间内的均匀随机数 r_1，r_2，…，r_{12}。然后计算：

$$Q = (r_1 + r_2 + \cdots + r_{12}) - 6$$

则所求的 x 是：

$$x = \mu + \sigma Q$$

至于其他分布的随机变量，可查阅有关参考书。

39.2.7.4　构造模型

计算机模拟中，描述系统变化的方法有事件步长法和时间步长法。

A　事件步长法

本方法中，以事件发生的时间间隔为增量，按照事件的进展一步步地研究系统内所发生的变化，直至预定模拟的时间结束为止。图 39-19 为表示这个方法的框图。

在采矿工程中，一般都采用事件步长法。前述的电铲-汽车配合问题，就是一个典型的应用。

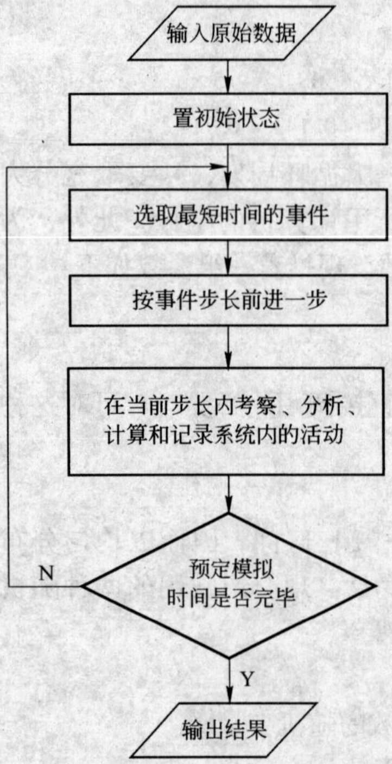

图 39-19　事件步长法

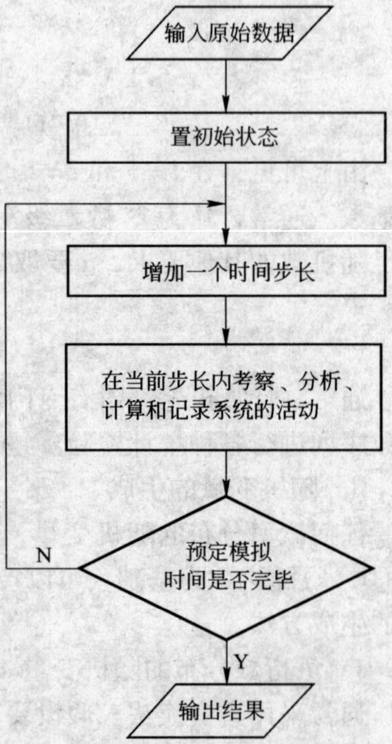

图 39-20　时间步长法

B 时间步长法

本方法以固定的时间为增量，按照时间的进展依次研究这一段时间内系统所发生的变化，图 39-20 是相应的框图。

时间步长法是每隔固定的时间就对整个系统进行扫描和记录，它常用于事件很多，而且出现在频繁的复杂系统中。

利用上述两种方法，可针对所研究的问题编写计算机程序。编写时除了使用 BASIC、FORTRAN 等通用语言外，还可以采用 GPSS，SLAM 等专用模拟语言。

在编制程序时，为了直观地表示模拟结果，可以在屏幕上显示各种图形或曲线，供操作者参考。操作者根据这些中间结果或最终结果，可以用人-机对话的方式适当修改个别参数，使模拟过程按预定的方向发展。

39.2.7.5 结果分析

计算机模拟中，每次运行都输入许多随机数，因此相应的输出结果也是随机的，需要反复模拟多次才能下结论。

设某个模拟重复运行 N 次后有结果 x_1、$x_2 \cdots x_i \cdots x_N$，则：

$$\text{样本平均值}\bar{x} = \frac{\sum_{i=1}^{N} x_i}{N}$$

$$\text{样本方差}\ s = \frac{\sum_{i=1}^{N} (x_i - \bar{x})^2}{N-1}$$

满足概率为（$1-\alpha$）的置信区间是（$\bar{x} \pm t_{\frac{\alpha}{2},(n-1)}$）。反之，为了使结果在某一范围 β 内波动，所需重复模拟的次数 N 可用试凑法求出，即：

$$n = \mathrm{Min}\left\{ i:\ t_{\frac{\alpha}{2},(i-1)} \sqrt{\frac{S^2}{i}} \leqslant \beta \right\} \tag{39-58}$$

39.2.7.6 采矿中的应用

采矿中遇到的现象大多是随机现象，很难用简单的数学公式表达。因此，在采矿工程中，计算机模拟是一个非常有效的工具，可以研究各种复杂问题，这主要有：

（1）开采工艺过程的配合[67]。如采装和运输、运输与提升之间的配合等（详见 39.4 及 39.5）。

（2）开拓运输方案的选择。综合考虑各种随机因素，研究各种开拓运输方案的优劣[76]。

（3）库存控制。矿山的零部件及材料消耗是个经常变化的随机变量，利用计算机模拟可以研究各种控制手段的效果[25]。

（4）风险分析。矿山投资建设的效果受各种因素的影响，借助计算机模拟可以预测其结果[26]。

39.2.8 排队论

39.2.8.1 基本概念

在采矿生产中，常常会遇到排队现象。例如，在露天矿中汽车在电铲前排队等待装载，工作面上损坏的设备排队等待修理等。用排队论的述语，我们把要求服务的对象称作“顾客”，把提供服务的机构称为“服务台”。图 39-21 表示这种抽象的排队现象。

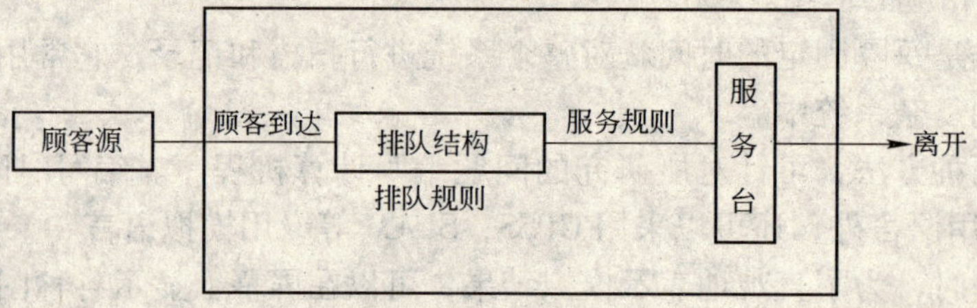

图 39-21　排队系统

在实际生活中，顾客的到来时刻和服务台进行服务的时间常随条件的变化而变化。若服务台设立得太多，则会出现服务设施闲置浪费。反之，如果服务台太少，则顾客排队等待时间太长。因此，要求在顾客和服务台之间取得平衡，互相协调，这就是排队论要解决的问题。

一般排队系统具有三要素，即顾客、排队规则和服务台。

（1）顾客。顾客的来源和到达排队系统的情况是多种多样的。顾客源（也称顾客总体）可能是有限的，也可能是无限的。顾客到达的方式可能是连续的或离散的，也可能是一个一个的或是成批的。顾客相继到达的间隔时间可以是确定型的，也可以是随机型。后者服从某种统计规律，如泊松分布等。

（2）排队规则。顾客到达时，如果所有服务台都在工作，顾客可以当即离去，也可以排队等待。前者称为损失制，后者称为等待制。

等待制又分如下几种服务规则：

1）先到先服务。这是常用的服务规则。

2）后到先服务。在流水装配线上，后到的零件先装配。

3）有优先权的服务。重要的顾客优先服务。

4）随机服务。由服务台随机选取顾客。

排队的队列有单列和多列之分。在多队列排队情况下，各队列之间的顾客可以转移或不允许转移。

至于排队空间，有时是无限的，有时要限制顾客数。

（3）服务台。服务台有单个和多个之分。后者又有串联式和并联式。服务方式可以对单个顾客，也可以对成批顾客进行。服务时间有确定型和随机型。后者服从某种概率分布，如负指数分布。

为了描述排队系统，用下式表示：

$$[A/B/C]:[d/e/f]$$

式中　A——顾客相继到达间隔时间的概率分布，常用 M 表示泊松分布，G 表示任意分布；

B——服务时间的概率分布；常用 M 表示负指数分布，G 表示任意分布，D 表示确定型分布，E_k 表示参数为 K 的爱尔朗分布；

C——服务台的数目；

d——排队系数的最大容量；

e——顾客总体的数量；

f——排队规则。常用 FCFS 表示先到先服务原则。这里也用 G 表示任意规则。

例如，排队过程［$M/M/1$］:［$\infty/\infty/FCFS$］表示顾客到达为泊松过程。服务时间服从负指数分布。只有一个服务台。系统最大容量无限。顾客总体无限。先到先服务原则。

39.2.8.2　常见排队模型的计算公式

对于随机型排队模型。要研究的系统指标有：

(1) 系统内的顾客总数（包括排队等待的顾客和正被服务的顾客)。其期望值用 L 表示。

(2) 排队等待的顾客数，其期望值用 L_q 表示。

(3) 顾客在系统内的总时间（包括排队等待时间和被服务时间)，其期望值用 W 表示。

(4) 顾客排队等待的时间，其期望值用 W_q 表示。

(5) 顾客到达时不必等待就被服务的概率 P。

(6) 系统内有几位顾客的状态概率 P_n。

假若顾客到达过程服从参数为 λ 的泊松过程（λ 表示单位时间内到达的顾客数)，服务时间服从参数为 μ 的负指数分布（μ 表示单位时间内可以服务完的顾客数)，则定义服务程度 $\rho=\dfrac{\lambda}{\mu}$。这时，各种排队模型计算公式如下[24]：

(1) 单服务台［$M/M/1$］模型的计算公式（表 39-8)。

表 39-8　单服务台［$M/M/1$］模型的计算公式

参数	$[M/M/1]:[\infty/\infty/FCFS]$	$[M/M/1]:[N/\infty/FCFS]$	$[M/M/1]:[N/N/FCFS]$
P_0	$1-\rho$	$\dfrac{1-\rho}{1-\rho^{N+1}}$	$\left[\sum_{n=0}^{N}\left(\dfrac{\lambda}{\mu}\right)^n\dfrac{N!}{(N-n)!}\right]^{-1}$
P_n	$\rho^n(1-\rho)$	$\rho^n\dfrac{1-\rho}{1-\rho^{N+1}}\quad n\leqslant N$	$\left(\dfrac{\lambda}{\mu}\right)^n\dfrac{N!}{(N-n)!}P_0\quad n\leqslant N$
L	$\dfrac{\rho}{1-\rho}$	$\dfrac{\rho}{1-\rho}-\dfrac{(N+1)\rho^{N+1}}{1-\rho^{N+1}}$	L_q+1-P_0
L_q	$\dfrac{\rho^2}{1-\rho}$	$L-\rho(1-P_N)$	$N-\dfrac{\mu+\lambda}{\lambda}(1-P_0)$
W	$\dfrac{1}{\mu-\lambda}$	$\dfrac{L}{\lambda(1-P_N)}$	$\dfrac{L}{\lambda(N-L)}$
W_q	$\dfrac{\lambda}{\mu(\mu-\lambda)}$	$\dfrac{L_q}{\lambda(1-P_N)}$	$\dfrac{L_q}{\lambda(N-L)}$
备注	$\rho=\dfrac{\lambda}{\mu}<1$	$\rho=\dfrac{\lambda}{\mu}\neq1\quad\lambda_e=\lambda(1-P_N)$	$\lambda_e=\lambda(N-L)$

(2) 单服务台［$M/G/1$］模型的计算公式（表 39-9)。

(3) 多服务台［$M/M/C$］模型的计算公式（表 39-10)。

39.2.8.3　采矿中的应用

在采矿工程中，排队论常常用于研究各工艺之间或设备之间的相互配合问题。这主要有：

表 39-9　单服务台［M/G/1］模型的计算公式

参数	$[M/G/1]:[\infty/\infty/G]$	$[M/D/1]:[\infty/\infty/G]$	$[M/E_k/1]:[\infty/\infty/G]$
L	$\lambda E[\nu]+\frac{\lambda^2\{[E[\nu]]^2+D[\nu]\}}{2[1-\lambda E[\nu]]}$	$\frac{\lambda}{\mu}+\frac{\lambda^2}{2\mu(\mu-\lambda)}$	$\frac{\lambda}{\mu}+\frac{1+k}{2k}\cdot\frac{\lambda^2}{\mu(\mu-\lambda)}$
L_q	$L-\lambda E[\nu]$	$\frac{\lambda^2}{2\mu(\mu-\lambda)}$	$L-\frac{\lambda}{\mu}$
W	$\frac{L}{\lambda}$	$\frac{L}{\lambda}$	$\frac{L}{\lambda}$
W_q	$\frac{L_q}{\lambda}$	$\frac{L_q}{\lambda}$	$\frac{L_q}{\lambda}$
备注	$E[\nu]$ 表示服务时间 ν 的期望值，$D[\nu]$ 表示服务时间 ν 的方差		

表 39-10　多服务台［M/M/C］模型计算公式

系统	$[M/M/C]:[\infty/\infty/G]$	$[M/M/C]:[N/\infty/G]$	$[M/M/C]:[N/N/G]$
P_0	$\left[\sum_{n=0}^{C-1}\frac{\lambda^n}{\mu^n n!}+\frac{1}{C!}\left(\frac{\lambda}{\mu}\right)^C\frac{1}{(1-\rho)}\right]^{-1}$	$\left[\sum_{n=0}^{C}\frac{\lambda^n}{\mu^n n!}+\frac{1}{C!}\left(\frac{\lambda}{\mu}\right)^C\sum_{n=C+1}^{N}\rho^{N-C}\right]^{-1}$	$\left[\sum_{n=0}^{C}\frac{N!}{(N-n)!n!}\left(\frac{\lambda}{\mu}\right)^n+\sum_{n=C+1}^{N}\frac{N!}{(N-n)!C!C^{n-C}}\left(\frac{\lambda}{\mu}\right)^n\right]^{-1}$
P_n	$\frac{\lambda^n}{\mu^n n!}P_0\quad 1\leqslant n\leqslant C$ $\frac{\lambda^n}{\mu^n C!\,C^{n-C}}P_0\quad n\geqslant C$	$\frac{\lambda^n}{\mu^n n!}P_0\quad 1\leqslant n\leqslant C$ $\frac{\lambda^n}{\mu^n C!\,C^{n-C}}P_0\quad C\leqslant n\leqslant N$	$\frac{N!}{(N-n)!\,n!}\left(\frac{\lambda}{\mu}\right)^n P_0\quad 1\leqslant n\leqslant C$ $\frac{N!}{(N-n)!\,C!\,C^{n-C}}\left(\frac{\lambda}{\mu}\right)^n P_0\quad C\leqslant n\leqslant N$
L	$L_q+\frac{\lambda}{\mu}$	$L_q+\frac{\lambda_e}{\mu}$	$\sum_{n=0}^{N}nP_n$
L_q	$\frac{\lambda^C\rho}{\mu^C C!\,(1-\rho)^2}\cdot P_0$	$\frac{P_0\rho\,(C\rho)^C}{C!\,(1-\rho)^2}[1-\rho^{N-C}-(N-C)\,\rho^{N-C}\,(1-\rho)]$	$L-\frac{\lambda_e}{\mu}$
W	$\frac{L_q}{\lambda}+\frac{1}{\mu}$	$\frac{L_q}{\lambda_e}+\frac{1}{\mu}$	$\frac{L_q}{\lambda_e}+\frac{1}{\mu}$
W_q	$\frac{L_q}{\lambda}$	$\frac{L_q}{\lambda_e}$	$\frac{L_q}{\lambda_e}$
备注	$\rho=\frac{\lambda}{C\mu}<1$	$\rho=\frac{\lambda}{C\mu}\neq 1$ $\lambda_e=\mu\left[C-\sum_{n=0}^{C}(C-n)P_n\right]$	$\lambda_e=\lambda\,(N-L)$

（1）露天矿装运设备之间的配合，特别是电铲和汽车之间的配合问题，从而选择电铲、汽车的类型和数目[90,91]。

（2）地下采掘设备之间的配合，合理确定设备类型和数目[93,94]。

（3）矿山地面设施的研究，如贮矿仓尺寸的确定等[92]。

应该指出，排队论的公式推导中作了一些简化，未能考虑各种复杂的随机现象。因此，采矿生产中的一些实际课题，常常依赖于计算机模拟。不过，若在模拟过程中局部地引用排队论，可以大大减少模拟时间及费用。

39.2.9 可靠性分析

可靠性分析是研究产品可靠性指标的一门新兴学科，它以产品的寿命特征为研究对象。这里，“产品”二字具有广义性，它可以是一些元器件，也可以是部件，或是由元器件和部件组成的系统。“寿命”一词，则是指产品维持其性能的时间长短，这是一个随机变量。

39.2.9.1 基本概念

A 产品的可靠性

产品的可靠性，就是这个产品在规定的条件下和规定的时间内，完成规定功能的能力，在这个定义中，“规定的时间”是定义的核心，“规定的条件”是比较的基础，“规定的功能”用性能指标刻画，而“能力”大小，用不同的指标来量度。

B 不维修产品的可靠性指标

所谓不维修产品，是指产品从开始工作到发生故障后，都不能对它进行任何维修。至于不维修的原因，或是经济上不值得，或是技术上不允许。

（1）寿命。不维修产品从开始工作到失效所经历的时间，称为该产品的寿命，用ξ表示。

（2）失效分布。设ξ为产品的寿命，对于给定的时间t，事件“$\xi \leqslant t$”发生的概率称为产品的失效分布（函数）或寿命分布（函数），记为：

$$F(t) = P\{\xi \leqslant t\}$$

它表示在规定的条件下产品的寿命ξ不超过t的概率。

如果存在函数$f(t)$，使得：

$$F(t) = \int_{-\infty}^{t} f(t)\mathrm{d}t = \int_{0}^{t} f(t)\mathrm{d}t$$

则$f(t)$称为产品的失效密度（函数）。

（3）产品的平均寿命 *MTTF*（*Mean Time to Failure*）。它是寿命的数学期望值，即：

$$MTTF = E[\xi] = \int_{0}^{\infty} t\mathrm{d}F(t) = \int_{0}^{\infty} tf(t)\mathrm{d}t$$

（4）可靠度。若把前述可靠性的定义狭义地解释作“产品”在规定的条件下和规定的时间内，完成规定功能的概率，则这一定义称作可靠度，记为$R(t)$，其数学表达式是：

$$R(t) = P\{\xi > t\} = 1 - P\{\xi \leqslant t\} = 1 - F(t)$$

或者：

$$R(t) = \int_{t}^{\infty} f(t)\mathrm{d}t$$

（5）失效率。已工作到时刻t的产品，在时刻t后单位时间内发生失效的概率称为该产品在时刻t的失效率（函数），记为$\lambda(t)$，即：

$$\lambda(t) = \mathop{\mathrm{Lim}}_{\Delta t \to 0} \frac{F(t + \Delta t) - F(t)}{R(t)\Delta t} = \frac{f(t)}{R(t)}$$

或者

$$\lambda(t) = -\frac{R'(t)}{R(t)}$$

进一步解这个微分方程，有：

$$R(t) = e^{-\int_0^t \lambda(t)\mathrm{d}t}$$

C　可维修产品的可靠性指标

所谓可维修产品，是指产品发生故障后花费一定时间对其维修，从而使产品恢复功能。

（1）寿命。可维修产品的寿命，就是它无故障工作的时间。

（2）首次故障分布与可靠度。对于可维修产品，在发生第一次故障以前的情况和不维修产品一样，设首次发生故障的时间是 ξ_1，其分布：

$$F_1(t) = P\{\xi_1 \leqslant t\}$$

称为首次故障分布，相应地有失效密度 $f_1(t)$。

首次故障前的平均时间 *MTTFF*（*Mean Time to First Failure*）也是个数学期望值，即：

$$MTTFF = E[\xi_1] = \int_0^{\infty} t\mathrm{d}F_1(t) = \int_0^{\infty} tf_1(t)\mathrm{d}t$$

可维修产品的可靠度 $R(t)$ 则是：

$$R_1(t) = 1 - F_1(t)$$

（3）平均无故障工作时间。可维修产品在发生故障后仍可修复，假如每次无故障工作时间 ξ_i（$i=1, 2, \cdots$）都服从同一失效分布 $F(t)$，则平均无故障工作时间 *MTBF*（*Mean Time Between Failure*）是：

$$MTBF = E[\xi_i] = \int_0^{\infty} t\mathrm{d}F(t) = \int_0^{\infty} tf(t)\mathrm{d}t$$

（4）维修分布与修复率。可维修产品从开始故障到维修完毕所经历的时间 η_i（$i=1, 2, \cdots$）称为产品的维修时间。η_i 所服从的分布

$$G_i(t) = P\{\eta_i \leqslant t\}$$

称为可维修产品的维修分布。假如对于任意的 i，η_i 都服从同一分布 $G(t)$，则 $G(t)$ 称为可维修产品的维修度，它表示产品到时间 t 为止被恢复到原来功能的概率。

相应地，平均修理时间 *MTTR*（*Mean Time to Repair*）可表示成：

$$MTTR = E[\eta_i] = \int_0^{\infty} t\mathrm{d}G(t) = \int_0^{\infty} tg(t)\mathrm{d}t$$

式中，$g(t)$ 是 $G(t)$ 的密度函数。

类似于不维修产品的失效率概念，对可维修产品，把修理时间已到某个时刻 t 的产品，在该时间后单位时间内完成修复的概率称为可维修产品的修复率，记为 $\mu(t)$，并有公式：

$$\mu(t) = \frac{G'(t)}{1 - G(t)} = \frac{g(t)}{1 - G(t)}$$

$$G(t) = 1 - e^{-\int_0^t \mu(t)\mathrm{d}t}$$

(5) 可用度。产品在某个时刻 t 具有或维持其规定功能的概率，称为产品在 t 时刻的瞬时可用度，或称有效度，并用 $A(t)$ 表示。令：

$$X(t) = \begin{cases} 1, \text{产品在时刻 } t \text{ 工作} \\ 0, \text{产品在时刻 } t \text{ 故障} \end{cases}$$

则 $A(t) = P\{X(t) = 1\} = E[X(t)]$ 。

为了反映产品在 (0, t) 期间正常工作的时间与总的时间之比，工程中使用平均可用度 $\bar{A}(t)$ 。即：

$$\bar{A}(t) = \frac{1}{t}\int_0^t A(t)\,\mathrm{d}t$$

进一步，若 $\lim\limits_{t\to\infty} A(t) = A$ ，则 $\lim\limits_{t\to\infty}\bar{A}(t) = A$ ，我们把这个共同的极限值 A 称为产品的稳定可用度，它是工程上最感兴趣的一个可靠性指标。

39.2.9.2 基本系统

系统的可靠性不仅依赖于每个单元的可靠性，而且与单元之间的连接方式有密切的关系。下面介绍一些基本系统。

A 串联系统和并联系统

假定系统 S 由 n 个单元 $e_i(i = 1,2,\cdots,n)$ 组成，如果任一单元的失效都会引起整个系统的失效，则称 S 为 n 个单元的串联系统（图 39-22a）。类似地，如果所有单元都失效时整个系统才失效，则称 S 为 n 个单元的并联系统（图 39-22b）。

B $k/n(G)$ 系统和 $k/n(F)$ 系统

假定系统 S 由 n 个单元组成，若有 k 个或 k 个以上单元正常工作时系统才能正常工作，则称 S 为 k/n (G) 系统（图 39-22c）。相仿，若有 k 个或 k 个以上单元失效时系统就失效，则称 S 为 k/n (F) 系统。很明显，$k/n(G)$ 系统就是 $(n-k+1)$ $/n$ (F) 系统，而 n/n (G) 系统是串联系统，$1/n$ (G) 系统是并联系统。

C 混联系统

设系统 S 由 n 个子系统串联构成，而第 i 个子系统又由 m 个单元并联组成（$i=1, 2, \cdots, n$），则称系统 S 为串-并联系统（图 39-22d）。相类似，若系统 S 由 n 个子系统并联构成，而第 i 个子系统由 m 个单元串联组成（$i=1, 2, \cdots, n$），则称 S 为并-串联系统（图 39-22e）。显然，它们推广了串联、并联系统的概念，简称为混联系统。

D 网络系统

假定组成系统 S 的 n 个单元是随意连接的，如果能找到若干单元连成的无故障通路时系统才能正常工作，则称这种系统 S 为网络系统（图 39-22f）。

E 贮备系统

为了提高系统的可靠度，除了多装一些单元外，还可以贮备一些单元，以便当工作单元失效时立即由贮备单元接替，这样的系统被称为贮备系统。若贮备单元在贮备期间失效率为零，则称为冷贮备系统。若贮备单元在贮备期间也可能失效，则称为热贮备系统。

39.2.9.3 典型不维修系统分析

A 串联系统

假定系统 S 由 n 个单元 e_i ($i=1, 2, \cdots, n$) 串联组成，则系统的可靠性指标计算见

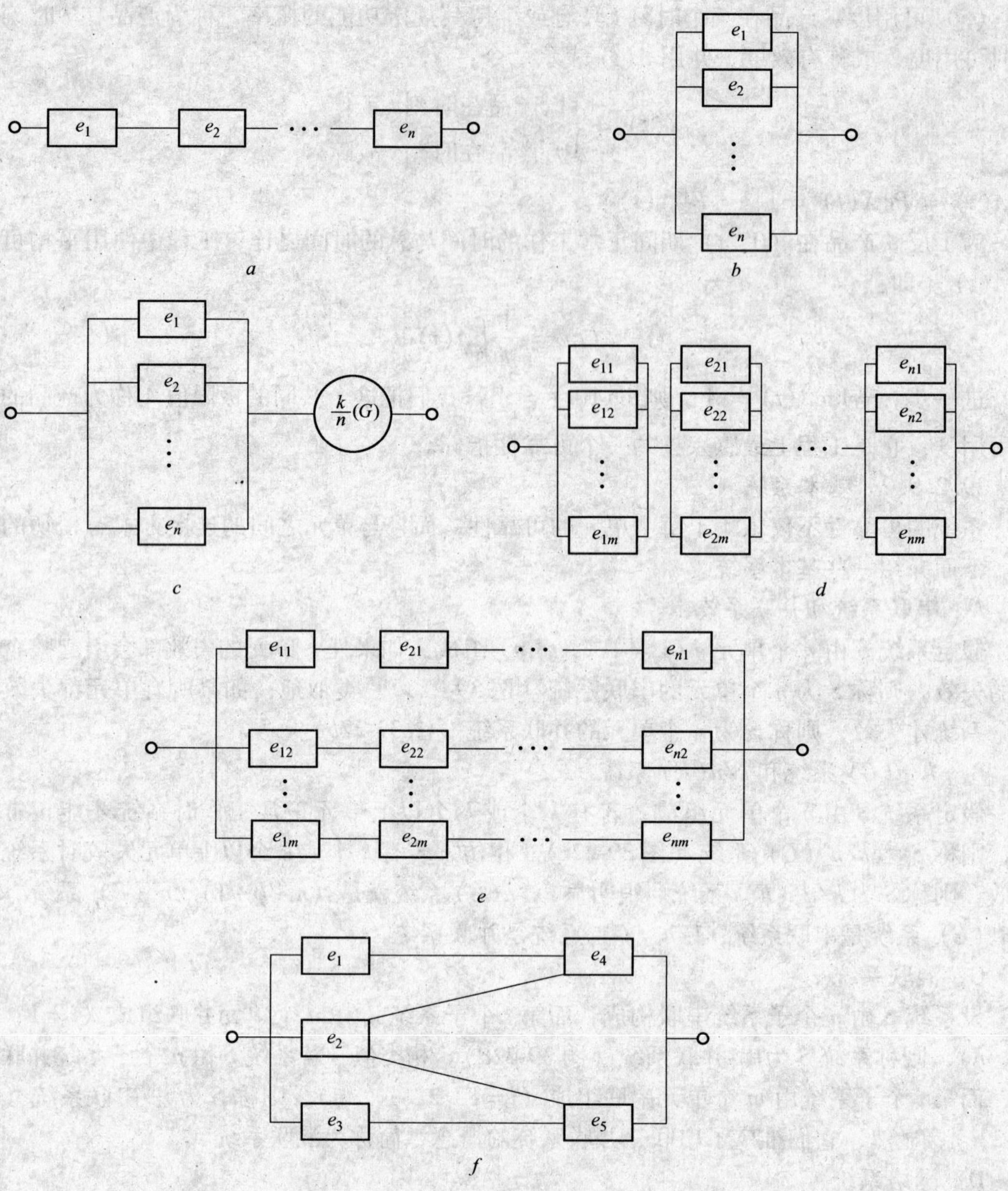

图 39-22 基本系统

表 39-11。

B 并联系统

假定系统 S 由 n 个单元 e_i（$i=1, 2, \cdots, n$）并联组成，则系统的可靠性指标计算见表 39-12。

39.2.9.4 典型可维修系统分析

A 串联系统

假设系统 S 由 n 个单元 $e_i(i=1,2,\cdots,n)$ 串联组成，n 个单元的寿命 ξ_1，ξ_2，$\cdots$，ξ_n 的分布是 $P\{\xi_i \leqslant t\} = 1 - e^{-\lambda_i t}$（$i=1, 2, \cdots, n$），失效后的修理时间 η_1，η_2，$\cdots$，η_n 的分

布是$P\{\eta_i \leqslant t\} = 1 - e^{-\mu_i t}(i=1, 2, \cdots, n)$。一旦第 i 个单元发生故障，则系统处于故障状态，修理工立即进行修复。假定失效单元修复后的寿命分布仍为 $1 - e^{-\lambda_i t}$。这时，系统的可靠性指标计算见表 39-13。

B　并联系统

假设系统 S 由 n 个单元 e_i（$i=1, 2, \cdots, n$）并联组成，每个单元的寿命分布都是 $1 - e^{-\lambda t}$，单元故障后的修理时间分布均为 $1 - e^{\mu t}$，故障单元修复后其寿命分布仍为 $1 - e^{-\lambda t}$。这时，系统的可靠性指标计算见表 39-14。

至于其他不维修系统和可维修系统的分析，可查阅有关资料。

39.2.9.5　采矿中的应用

近年来，可靠性分析在采矿中得到足够的重视，主要应用领域有：

表 39-11　串联不维修系统可靠性指标

可靠性指标	计算公式	备注
系统的寿命	$\xi = \min \xi_i$	当 $F_i(t) = 1 - e^{-\lambda t}$， 则： $R_s(t) = e^{-\lambda s t}$ $F_s(t) = 1 - e^{-\lambda s t}$ $\lambda_s = \sum_{i=1}^{n} \lambda_i$ $MTTF_s = \frac{1}{\lambda_s}$
系统的可靠度	$R_s(t) = \prod_{i=1}^{n} R_i(t)$	
系统的失效分布	$F_s(t) = 1 - \prod_{i=1}^{n} R_i(t)$	
系统的失效密度	$f_s(t) = \sum_{i=1}^{n} f_i(t) \prod_{\substack{j=1 \\ j \neq i}}^{n} [1 - F_i(t)]$	
系统的失效率	$\lambda_s(t) = \sum_{i=1}^{n} \lambda_i(t)$	

表 39-12　并联不维修系统可靠性指标

可靠性指标	计算公式	备注
系统的寿命	$\xi = \mathrm{Max}\, \xi_i$	当每个单元失效率都等于 λ 时，则： $R_s(t) = 1 - (1 - e^{-\lambda t})^n$ $\lambda_s(t) = \frac{n\lambda e^{-\lambda t}(1 - e^{-\lambda t})^{n-1}}{1 - (1 - e^{-\lambda t})^n}$ $MTTF_s = \frac{1}{\lambda} \sum_{i=1}^{n} \frac{1}{i}$
系统的可靠度	$R_s(t) = 1 - \prod_{i=1}^{n} [1 - R_i(t)]$	
系统的失效分布	$F_s(t) = \prod_{i=1}^{n} F_i(t)$	
系统的失效密度	$f_s(t) = \sum_{i=1}^{n} f_i(t) \prod_{\substack{i=1 \\ j \neq i}}^{n} F_i(t)$	

（1）设备可靠性分析。对于矿山水泵站、压气机站、运输线路等有多台设备同时运行的设施，可进行可靠性分析，进而确定合理的备用台数[21,22]。

（2）工作面可靠性分析。矿山通常有多个工作面同时工作，借助可靠性分析，可得出矿山总产量的可靠性及备用工作面数目。

表 39-13 串联可维修系统可靠性指标

可靠性指标	计算公式	备注
系统稳态可用度	$A=\left(1+\sum_{i=1}^{n}\frac{\lambda_i}{\mu_i}\right)^{-1}$	$\lambda=\sum_{i=1}^{n}\lambda_i$
系统可靠度	$R(t)=e^{-\lambda t}$	
系统首次故障前的平均时间	$MTTFF=\frac{1}{\lambda}$	
系统平均无故障工作时间	$MTBF=\frac{1}{\lambda}$	
系统平均修理时间	$MTTR=\frac{\frac{\lambda_1}{\mu_1}+\frac{\lambda_2}{\mu_2}+\cdots+\frac{\lambda_n}{\mu_n}}{\lambda}$	

表 39-14 并联可维修系统可靠性指标

可靠性指标	计算公式
系统的稳态可用度	$A=\frac{\sum_{k=0}^{n-1}\frac{1}{(n-k)!}\left(\frac{\lambda}{\mu}\right)^k}{\sum_{k=0}^{n}\frac{1}{(n-k)!}\left(\frac{\lambda}{\mu}\right)^k}$
系统的平均无故障工作时间	$MTBF=\frac{1}{\mu}\sum_{k=0}^{n-1}\frac{1}{(n-k)!}\left(\frac{\lambda}{\mu}\right)^k$
系统的平均修理时间	$MTTR=\frac{1}{\mu}$

（3）设备维修和更新。通过可靠性分析，确定更换设备的零部件策略，使设备运行处于良好状态。

39.2.10 模糊数学

39.2.10.1 基本概念

在采矿工程中经常遇见许多含糊的概念。例如，关于岩石的“稳固性”、工作环境的“安全性”等，都没有明确的界限。为了使这些定性问题定量化，常常需要应用模糊数学。

模糊数学是用数学方法研究和处理具有“模糊性”现象的数学。这里所谓的模糊性，主要是指客观事物差异的中间过渡的不分明性。

为了用精确的数学语言描述模糊现象，模糊数学采用隶属函数的方法。设 A 是论域 U 上的一个模糊子集，对任意 $x\in U$，都指定一个数 $\mu_A(x)\in[0,1]$，叫做 x 对 A 的隶属程度，而映射：

$$\mu_A: u\rightarrow[0,1]$$
$$x\in U\rightarrow\mu_A(x)$$

叫做 A 的隶属函数。

例如，令 U 表示人体身高的集合。

$U=\{1.5\ \ 1.6\ \ 1.7\ \ 1.8\ \ 1.9\ \ 2.0\ \ 2.1\ \ 2.2\ \ 2.3\ \ 2.4\}$

单位是 m，令 H 表示 U 的一个模糊子集。它代表“身材高大”的集合。H 的定义用隶属函数 μ_H 来实现。它的定义是：

$0\leqslant\mu_H(x)\leqslant 1$，$\mu_H(x)$ 表示 x 属于 H 的程度。下面给出一种隶属函数赋值：

U(m)	1.5	1.6	1.7	1.8	1.9	2.0	2.1	2.2	2.3	2.4
μ_H	0.2	0.4	0.6	0.9	0.95					

表中数据说明，身高 2m 以上的人，是身材高大；而身高 1.5m 的人，说他是身材高大却只有 20% 的可靠性。

39.2.10.2 模糊子集的运算

两个模糊子集间的运算，实际上就是逐点对隶属度作相应的运算，现列表对照如下：

$$A=\phi \Leftrightarrow \text{对 } \forall x\in U, \mu_A(x)=0$$

$$A=B \Leftrightarrow \text{对 } \forall x\in U, \mu_A(x)=\mu_B(x)$$

$$\bar{A} \Leftrightarrow \text{对 } \forall x\in U, \mu_{\bar{A}}(x)=1-\mu_A(x)$$

$$A\subseteq B \Leftrightarrow \text{对 } \forall x\in U, \mu_A(x)\leqslant\mu_B(x)$$

$$C=A\cup B \Leftrightarrow \text{对 } \forall x\in U, \mu_C(x)=\max\{\mu_A(x),\mu_B(x)\}$$

$$D=A\cap B \Leftrightarrow \text{对 } \forall x\in U, \mu_D(x)=\min\{\mu_A(x),\mu_B(x)\}$$

39.2.10.3 模糊数学的主要内容

模糊数学研究的主要内容有[95,96]：

（1）模糊数。它研究数的模糊性。

（2）模糊关系。它研究模糊集合之间的关系。

（3）模糊度。它研究集合的模糊性及其量度。

（4）模糊聚类分析。它研究模糊事物的分类。

（5）模糊综合评判。它研究模糊事物的评判方法。

（6）模糊规划。它用模糊集合论的方法研究数学规划。

（7）模糊逻辑。它对逻辑推理进行模糊处理。

（8）模糊语言。它用模糊集合论的方法研究语言。

（9）模糊控制。它用模糊集合论的方法研究控制论。

（10）模式识别。它用模糊集合论的方法识别各类事物。

39.2.10.4 采矿中的应用

近年来，采矿工程技术人员对模糊数学日益重视，已应用模糊数学的主要领域有：

（1）岩石分级。根据岩石的物理力学指标，利用模糊聚类分析的方法进行分级[97]。

（2）采矿方法选择。根据矿床的开采技术条件，用模糊综合评判的方法选择采矿方法[98]。

（3）多目标决策。综合考虑各个方案的技术经济指标，用模糊综合评判的方法选择最佳方案。

39.2.11 专家系统

39.2.11.1 基本概念

采矿工程中许多问题的决定，都要依赖于工程技术人员的经验和判断，没有严格的数学计算方法。因此，对问题决策的好坏，在很大程度上取决于决策人员的智慧。为了把这些宝贵的经验总结出来，就要采用专家系统的技术。它是人工智能中目前最活跃的一个分支。

专家系统是一种计算机程序，它以人类专家的水平完成专门的、一般较困难的专业任务。研制专家系统的目的，是要在特定的领域中起该领域的人类专家的作用。因此，设计专家系统的基本思想是使计算机的工作过程竭尽全力地模拟人类专家解决实际问题的工作过程。

39.2.11.2　基本结构

专家系统的基本结构，大致包括以下五个部分。

（1）知识库。这是专家知识、经验与书本知识、常识的存贮器。它是专家系统的基础。为了表达知识，可以采用谓词逻辑表示法、语义网络表示法、产生式表示法、框架表示法和过程表示法等。

（2）数据库。专家系统中的数据库不同于一般意义上的数据库（如关系数据库DBASE）。它用于存储领域内的初始数据和推理过程中得到的各种中间信息。

（3）推理机。这是专家系统的核心，用于控制协调整个系统。它根据当前输入的数据，利用知识库的知识，按一定的推理策略去得出结论。推理的方法可分为：

1）正向推理。它以已知的事实作出发点，利用规则推导出结论。

2）反向推理。它先假设结论成立，然而利用规则寻求支持这些结论的事实。

3）混合推理。上述二者的综合。

根据推理的确定性，又分精确推理和不精确推理。后者采用概率论或模糊数学的方法，描述事实、规则和结论的不确定性。

（4）解释部分。它负责对推理给出必要的解释，使用户易于理解和接受，并帮助用户向系统学习和维护系统。

（5）知识获取部分。它为修改、扩充知识库中的知识提供手段。

39.2.11.3　采矿中的应用

在采矿过程中应用专家系统，始于80年代前后。目前，国内外已建立的矿业专家系统有：

（1）矿床预测。它根据地质勘探资料，通过推理分析，预测矿体存在及其规律。著名的PROSPECTOR系统，拥有1100多条推理规则[99]。

（2）岩体稳固性预报。它根据现场测试的岩石力学数据（应力、应变、位移等），通过综合分析，预报采场和巷道顶板的稳固性[100]。

（3）设备故障分析。它根据设备发生故障的种种迹象，推断出故障发生的部位及原因。

（4）采矿设计。它总结矿山设计的经验，用计算机提出最优的采矿设计方案[101]。

39.3　矿山计算机配置

采矿系统工程与现代化科学管理都以电子计算机作为其有力手段。目前电子计算机已广泛而深入地应用于采矿工业的各个部门，它的发展和应用情况标志着一个国家采矿工业的现代化水平。

1946年世界上诞生了第一台电子计算机。40多年来，应用于采矿工业部门的电子计算机也经历了从以电子管为主要元件的第一代（1953~1959年），以晶体管为主要元件的第二代（1958~1969年），和采用固体集成电路元件的第三代（1961~1974年），发展到自1973年以来的采用中型（MSI）和大型（LSI）集成电路的第四代，目前电子计算机朝着巨型、微型网络和智能等方面发展。

39.3.1　基本配置[27]

39.3.1.1　硬件

一个完整的电子计算机系统包括硬件和软件两大部分。计算机硬件即为计算机的基本结构，它由运算器、控制器、存贮器和输入与输出设备五个部分组成（图39-23）。其中运算器、存贮器和控制器合在一起常被称为计算机主机。主机中运算器和控制器合在一起又称为中央处理单元（CPU）。微型机就是把CPU集成在一个或几个称为微处理器的芯片上。各种输入输出设备统称为外部设备，此外还有数-模和模-数转换器等外围设备。

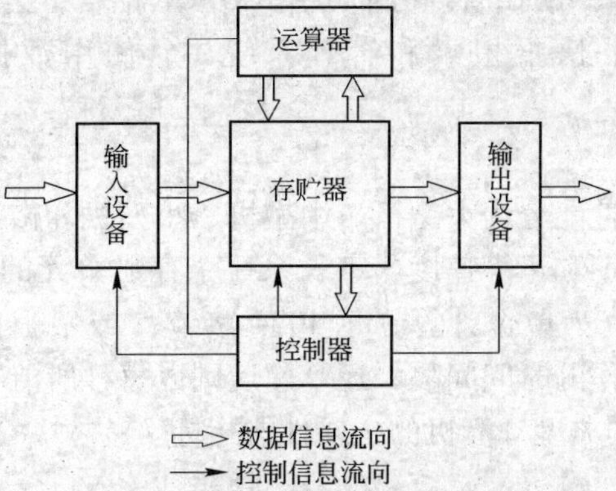

图39-23　计算机硬件组成

计算机是按照所谓指令进行操作运算的，机器所具有的指令全体称为指令系统。依靠指令控制器控制和协调机器各部分工作，使运算器进行相应的算术和逻辑运算。存贮器分为内存贮器和外存贮器。内存贮器容量小，但存取速度快，常用的有磁芯存贮器和半导体存贮器。微型机大部分用体积小、速度很快的半导体存贮器。半导体存贮器又分为读写存贮器RAM和只读存贮器ROM两种。前者既可读出又可写入或改写，用于运算和存放中间结果；后者只能读出而不能写入，用来存放固定的机器内部程序或表格等。外存贮器的容量大，但存取速度慢，常用的有磁盘（硬盘和软盘）和磁带等。输入设备常用键盘、纸带读入机和卡片读入机等，此外还有光学和声音输入设备。输出设备常用CRT显示器、各种打字机和绘图机等。

39.3.1.2　软件

计算机软件是为计算机运行、管理和维修而编制的各种程序的总和，它分系统软件和应用软件两大部分。系统软件是由机器设计者提供的用于使用和管理计算机的软件。通常，它分为三类，一类是面向用户的，包括各种高级语言的解释或编译程序、汇编程序以及应用程序库；二是面向管理人员的，如调试（Debug）程序、故障检查和诊断程序；三是面向计算机本身的，如监控程序和操作系统等。其中操作系统控制计算机内部各部件和各外部设备的操作和运行，也进行程序和数据的交换。除了上述系统软件外其他都是属于应用软件。它是用户利用计算机和它所提供的系统软件自己编制的用以解决各种实际问题的程序。解决各种典型问题的应用程序集合称为软件包（Package）。

计算机执行的程序是以二进制编码表示的机器指令形式的目标程序，称为机器语言程序。由于这种程序编写困难，因而常采用以符号代表机器指令和地址等的“汇编语言”来编写源程序，经汇编程序（Assembler）汇编成机器语言程序。这种语言具有内存容量省、执行速度快以及可以直接使用计算机全部资源等优点，常用于实时控制和通信软件中。但这种语言随机器类型而异，不能通用。因此很多应用程序（特别是科学计算方面）一般都用通用性强、易学易用的各种高级语言来编写。用高级语言编写的源程序也必须经过编译程序（Compiler）或解释程序（Interpreter）翻译成目标程序才能执行。

常用的高级语言有 BASIC、FORTRAN、PASCAL 和 COBOL 等；此外还有用于模拟仿真的 LISP 和 GPSS 等专用语言。在采矿工程设计和计算方面，多用 BASIC（包括编译 BASIC）和 FORTRAN 语言；矿山管理方面可用 COBOL 语言，至于 PASCAL 多用于管理与系统软件。在信息处理、情报检索和管理系统中，使用数据库管理系统（如汉字 C-dBASE）是很方便的。

39.3.1.3 性能

计算机一般按其技术性能分为大型机、中型机、小型机和微型机等。性能指标主要有字长、内存容量、存取周期和运算速度。字长系一个存贮单元的二进制位数（*bit*）。内存容量按字长或字节（*byte*）为单位计算，每 1024 字节（或字）简称为 1k 字节（或字）。存取周期是指连续读写操作的时间间隔；运算速度则以每秒所能执行的指令条数表示。表 39-15 列出目前矿山常用的典型计算机的主要性能指标。

表 39-15 典型计算机性能表

性能	类别					
	中型机	小型机		微型机		
典型型号	IBM 4381-3	VAX 11/785	VAX 8250	IBM PC/XT	IBM PC/AT	IBM PS/80
CPU				Intel 8088	Intel 80286	Intel 80386
主存容量	8-32 MB	2-32 MB	2-16 MB	640 kB	640 kB（可扩至1MB）	2MB（可扩至16MB）
字长（Bit）	32	32	32	16	16	32
速度(百万次/分)	4.6	1.7	1.5			
存取周期(或主频)	68ns	160ns	200ns	2.5MHz	6MHz	16MHz
外存及终端	磁盘机与磁带机 PC5550 终端等	磁盘机、磁带机磁盘 RA81，可达456MB/个，VT200 终端等	磁盘机、磁带机，磁盘 RA81，可达456MB/个，VT200 终端等	10-20 MB 硬盘	10-20 MB 硬盘	40-70 MB 硬盘

39.3.1.4 多用户系统

上述各类计算机常配置成网络或多用户系统提供给矿山应用。所谓多用户系统，是由中央处理机（CPU）和与其相连的多个终端及多用户操作系统构成。用户通过终端共用中央主机。终端一般由键盘和显示器（CRT）组成。这种终端一般不具有单独的数据处理能力而是靠中央计算机把一部分内存（RAM）分配给终端用户，并为终端用户执行程序。此外，还有本身能编程序、具有一定处理与存贮能力的智能终端。图39-24表示小型机多用户系统的配置。

a

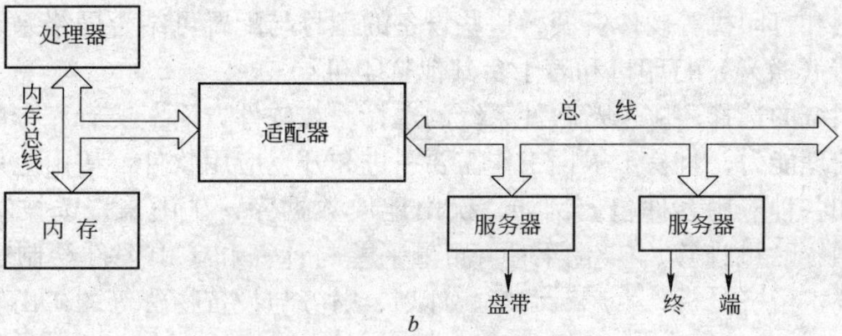

b

图39-24 小型机多用户系统配置

39.3.1.5 计算机选择

由于现代科技的高度发展，计算机的更新换代很快。例如80年代初行销一时的小型机VAX700系列，现已为体积更小、速度更快、价格更廉的VAX8000系列所取代。在16位微机IBM PC/XT推出不到四年，又推出容量更大的、速度更快的32位PC 386和PS/Ⅱ的微机系列。因此矿山企业对计算机的选择，应有一个较全面和较长远的筹划，尽可能在经济可行的基础上选择较新和实用的机型。

计算机选择首先要进行系统分析，在系统分析中应着重考虑下列问题：

（1）系统目标。即首先要进行详细的用户调查，确定系统装置的目的和将要担负的任务，确定它是信息管理或办公室自动化系统、生产过程控制系统、科学计算或CAD/CAM系统，还是上述目标兼而有之的系统。

（2）系统的规模、性能及层次结构。一般地说，系统的规模与性能取决于矿山企业的规模及各职能部门对计算机的全面要求。而系统的结构层次则应与矿山企业的管理与决策层次相适应。因此系统往往取一种分布式系统或网络系统。据此选择系统中主机的容量与型号，终端或微机的数量与配置。

（3）系统的兼容性。这一问题涉及系统的扩充及应用软件的开发与引进。目前，由于我国采矿工业部门一般选用国际商用机器公司（IBM）的计算机系列为基本系列，因此矿山对计算机硬件与软件的选择，应注意他们与IBM机型系列的兼容性。此外还应注意到矿山内部以及上级公司或部门联网通信的要求。

（4）系统维护的可能性、可靠性、人员培训条件以及经济效益。对主机的选择，主要考虑的性能是容量、速度、总线（*Bus*）特性及可带终端与外部设备的数量等。结合主机的选择，配套地选择终端和磁盘机、磁带机、打印机和绘图机等外部设备。

微型机对我国大部分矿山都是适用的。微型机的选择包括主机、键盘、显示器和打印机等的选择。选择主机时应考虑到CPU型号、位数、内存与计存容量及可扩充性、接口及扩充板插件的设置等。这些接口及扩充板有：并行打印机接口，RS-232串行通信接口，内存扩充板，单色或彩色监视器，硬盘和软盘控制器，以及支持网络功能的配件和汉卡等。如要提高数值计算速度，可增加8087、80287或80387协处理器。显示器有单色和彩色两种，一般是14英寸（355.6mm）彩色显示器，分辨率在640×200以上，这时主机应选彩色监视器与之配套。如要求更强的图形显示功能，可选分辨率更高（高达1024×1024）的大屏幕（如20英寸，即508mm）显示器。打印机型号的选择，主要考虑打印宽度，点针数和打印速度。激光打印机的速度最高，但价格昂贵。对于微机网络系统，由于可以共享磁盘和打印机等硬件资源，这些设备的型号与配置可结合网络系统考虑，例如可以配一台优质（激光）打印机和若干台其他打印机。

计算机系统的选择还应包括软件系统的选择。在软件方面，要有充分的系统支持软件和汉字信息处理能力，且易于根据工作需要引进和开发应用软件，矿山应用软件一般是指矿山数据库和各种应用软件包。例如，矿山地质数据库，矿山采、选技术经济指标数据库；矿床模型、贮量计算、矿量管理，测量平差与计算和矿山图件绘制软件包；矿山规划，预测，技术经济分析，生产、调度、计划，财务与设备物资等的矿山管理与决策系统软件包等。

例表39-16列出江西铜业公司德兴露天矿20世纪80年代初引进的计算机系统配置、分布与用途。该矿的计算机系统与公司的计算中心进行联网。南芬露天铁矿开发的计算机管理信息系统的应用软件有：（1）地质测量工作；（2）年、季计划工作；（3）短期计划工作；（4）生产调度；（5）主要设备维护与管理；（6）备品备件、原件与燃料供应；（7）成本分析；（8）网络信息传输。

39.3.2 计算机网络[28~30]

矿山计算机网络系统的建立，既是实现矿山计算机管理的需要，也是为了提高计算机的使用效率，共享数据库、优质打印机、绘图机等昂贵的软硬件资源。更重要的是矿山网络系统一旦与上级或国家的计算机联网通信，能迅速地向上级传递生产信息和报表，并及时地从上级得到指示和文件，以及远程访问它们的数据库和信息处理中心。

39.3.2.1 计算机通信

（1）ISO七层模型。为了实现计算机网络中数据的通信，各种计算机系统之间的通信设备、通信控制与管理都必须符合一定的规则和约定，这称为通信规程或通信协议。为

表 39-16 德兴露天矿计算机配置与用途

分布	计算机型号	数量	主要性能		主要外设	用途
			主存容量	字长		
矿部	VAX 11/785	1	8 MB	32 位	20 个终端，其中中文终端 10 个	矿山管理与计算
中心站	IBM PC/XT IBM PC/AT	4 1	572 KB 640 KB	16 位 16 位		程序开发
选厂	PDP 11－23 PDP 11－24	1 1	64 KB 512 KB	16 位 16 位		生产自控
矿山科室及二级单位	IBM PC/XT	6	512 KB	16 位		企业管理

了使这种规程或协议标准化，国际标准化组织提出了通用的七层协议模型。即：

第一层	物理控制层	第五层	会晤控制层
第二层	链路控制层	第六层	表示层
第三层	网络控制层	第七层	应用
第四层	传送控制层		

（2）传送方式。通信中数据是按位来传送的，传送方式有并行方式和串行方式两种。计算机内部和近距离数据传送一般用并行方式，即贮存器内一字节的 8 个数据位同时从一个设备送到另一个设备。长距离通过电话线的传输则是用串行方式。这时在源（发送设备）和宿（接收设备）之间一次只传送一位数据。因此，在数据传送之前必须进行并-串的转换，接收时则相反的进行串-并的转换。显然，并行传递比串行传递快得多，但在长距离传送时安装并行信号放大器和并行电缆是不经济的。

（3）规程。为了使发送站和接收站之间串行数据的传递同步，做到发送和接收的定时与准确，并提供各种校验，发送和接收必须按照相应的规程来管理。这些规程有异步方式的电传机（TTY）规程；同步方式的双同步（BSC）规程，同步数据链路控制（SDLC）规程和高级数据链路控制（HDLC）规程等。这些规程都属于 ISO 模型的链路控制层的规则。

（4）通信码。类似于邮电部门的电报码，计算机通信也必须有一套通信码。所谓计算机通信码，是可被接收者翻译成有意义的信息的一种标准信号系列。一般都用美国信息标准码，或称 ASCII 码作为这种标准码；也有用美国 IBM 公司发展和扩充的二进制编码或十进制交换码（EBCDI 码）。ASCII 码除构成各种数学和文本字符外，还提供了一组标准的通信控制码。

39.3.2.2 调制解调型网络

调制解调型网络是借助调制解调器进行远距离数据通信的计算机网络。主要的通信介质是由若干本地交换机和低级话音线路组成的普通公用电话系统。另一方面，这些本地交换机又通过波导等传输线与上级机关或国家的计算机网络相连，进行它们之间的通信。这种网络在矿山公司远离其下属矿山时是必须采用的。

（1）硬件组成与拓扑结构。这种网络系统的典型硬件组成，包括：计算机及其外部设备，用于通信及网络控制的小型计算机（前端处理机），线路接口，调制解调器，通信通道及设备，远距离计算机及终端设备等。这些设备的选择取决于所要处理的数据量，网络的拓扑结构形式和系统所要执行的功能，包括对错误允许度和传输速度的考虑。网络拓扑结构形式一般分为集中式（星形）、环形式和分布式等。应用一些仿真程序（如仿真IBM 终端的软件包 SNA3270），微型机除用作本地处理外还可用作一台特定型号的主机的终端加入网络。

（2）调制解调器。调制解调器是计算机通信中很重要的一个设备。它提供了计算机和公用电话系统之间的关键性的连接，其作用是把终端接收来的二进制电信号转换为能在公共电话线上传递的音频信号，同时又接收由远程调制解调器通过电话系统发送来的音频信号并将其转换为二进制信号送往终端。因此，调制解调器在发送时是将数字信号（方波信号）调制成模拟信号（振荡信号），而接收时将模拟信号调制成数字信号。

表征调制解调器工作特性的主要参数是它的速率，且由发送和接收数据的最大速率来决定，以比特（Bit）/秒来度量。按速率它分为三类：小于600 比特/秒为低速；1200 ~ 9600 比特/秒为中速；大于9600 比特/秒为高速、低速调制解调器特别适用于需要大量对话方式的通信和小型文件的传递，对于经常性的大型文件的传送和来自几个终端的输入，最好选择中速的调制解调器。微型机一般用1200 比特/秒的中速调制解调器，按工作方式考虑，调制解调器又分为数据只能向一个方向流动的单工方式；允许数据向两个方向的任一方向流动，但每个时刻只能朝一个方向的半双工方式，和允许同时向两个方向传递数据的全双工方式。在功能上调制解调器又分为手动拨号、自动拨号和自动应答三种。此外，有的调制解调器还有自动重拨号、自动复位和测试等功能。

（3）通信设备连接。通信网络中，设备之间是通过各种线接口与电缆互相连接。几乎每个调制解调器都有一个 DB-25（2531 线）的插座；它要求一根具有 DB-25 插头的电缆与之相配。为了与计算机连接，则用各种计算机接口。对微型机（例如 IBM PC），则是插入计算机内部扩展槽中称为通信适配器的电路板，以及计算机后部的插头或插座。这些接口和通信适配器的作用，是在发送和接收数据时进行并-串和串-并的转换，同时借通信软件控制数据传送的速率，使发送和接收的速率相匹配。此外，它还可给每个发送的字符加上奇偶校验位和停止位等。这些接口一般都符合美国电子工业协会（EIA）的 RS-232-C 标准。

（4）通信软件。通信软件是支持网络功能的软件，一般用汇编语言编写。通信软件必须和操作系统兼容，它除和操作系统进行内部通信之外，还控制网络内部的通信处理，参与建立各设备之间的逻辑数据通路，规定接收数据的设备和控制通信链路上数据的发送和接收，并对网络中的信息流进行辨认、诊断和出错处理。

选择通信软件包时应特别注意它的工作环境，全面考虑它的特征和能力，包括汉字处理和远程通信的能力。通信参数的选择包括速率、数据位数，奇偶校验类型和停止位个数等。通信软件特征和能力包括：双工方式及切换；命令方式和对话方式的操作；出错处理；数据获存，即把接收到的数据存入内存或磁盘文件；支持的通信速率规程；协议式文件的传送；远程控制等。

39.3.2.3　微型机局部地区网络

微型机局部地区网络（简称局部网）是指有限的地理区域中的计算机网络。在矿山管理和其他应用中，大部分的通信是在比较近的范围内进行的，例如局限在矿办公大楼各办公室之间的及矿本部与下层各工区办公室之间进行。新的一代微型机连成的微机局部网（LAN）为这种短距离的内部通信提供了廉价且方便的方法。通常它们不用调制解调器。除共享打印机和磁盘等资源外，每台微型机还有自己的独立处理功能。相对于调制解调型网络来说，这种网络的操作速度要快得多，一般为每秒几兆比特到50兆比特，或每秒5百万字符以上。

（1）局部网连接。局部网中的设备一般用同轴电缆相连，也有用廉价的双绞线或先进的光缆的，用一个T形连接器把电缆连于微型机后部的通信适配器插头上，适配器则插在微型机的扩充槽中。此外还有把一个智能或半智能的外部设备连到网络上的接口装置，称为服务器。服务器有磁盘服务器，打印机服务器和调制解调服务器等。网络上的微型机和服务器统称为设备或节点，连接在网上的微型机则称为工作站。

局部网的基本连接形式有星形、环形、分布总线形和树形等。任何一种局部网最好没有关键性的节点。所谓关键性的节点，就是它发生故障会导致整个网络的瘫痪。分布总线形符合这一条件，它可靠且易于扩充，即可灵活地增加网络设备。

（2）带宽与协议。带宽是衡量网络数据传输能力的参数，分为基带和宽带。基带系统是按一定格式把单个数据组合成数据包，在网络上高速发射和接收。宽带局部网则用调制解调器进行数据转换，并把信道分割成具有各种功能的若干子信道，按用户要求选择子信道带宽，一般微型机局部网多用基带型的，宽带型的价格较高。

作为微型机局部网通信规则的协议（protocal），目前最有成效的是美国电气及电子工程师学会（IEEE）802组技术规范。其中逻辑链路控制（LLC）提供寻址、差错控制及信息流动控制等功能。网络访问控制（MAC）一般有轮询（polling）、令牌传递（Tokenpassing）和载波侦听多址访问（CSMA）协议，它们都适用于星形，环形和分布总线形网络。完全的CSMA协议称为CSMA/CD协议，它还有冲突检测功能，应用最普遍。

局部网的访问控制是最引人关注的，因为局部网信息以分组交换形式高速传输，直接送到网络的传输总线上，访问操作由各节点处理机自行控制。因此必须采取某种控制方式，避免某些节点在同一时间都企图访问网络总线而引起冲突。采用CSMA/CD方式时，节点在发信前首先必须检测总线是否空闲，若空闲就开始发信，否则就要等待总线空闲才发送信息，或者按一定算法等待一段随机时间后再行发信。CSMA/CD的优点是简单，可靠，传输延迟小且成本低，但只能在负载不太重的局部网中使用。

（3）局部网软件。局部网软件指操作局部网的支持软件，它与宿主机的操作系统及网络所支持的应用软件之间的关系至关重要，一般来说，网络支持软件由联网通信支持软件、输入输出和文件处理支持软件、用户管理支持软件和应用程序支持软件四部分组成。通信支持由网络适配器提供，通常采用固件（ROM）和电路形式，或直接用硬件电路来实现。输入输出及文件处理和用户管理支持软件是增补在操作系统的文件，它们使操作系统能操纵局部网中的远程输入输出设备，管理网络的设置，例如拆掉共享的设备、给用户分配专用的盘区卷面以共享硬盘、控制用户的访问等。应用程序支持软件是为了运行诸如数据库管理系统、电子邮件、文字处理和远距离通信等网络应用程序，管理对共享文件的并发访问。选择网络软件时还要特别注意它的汉化特性和汉字远程通信的能力。

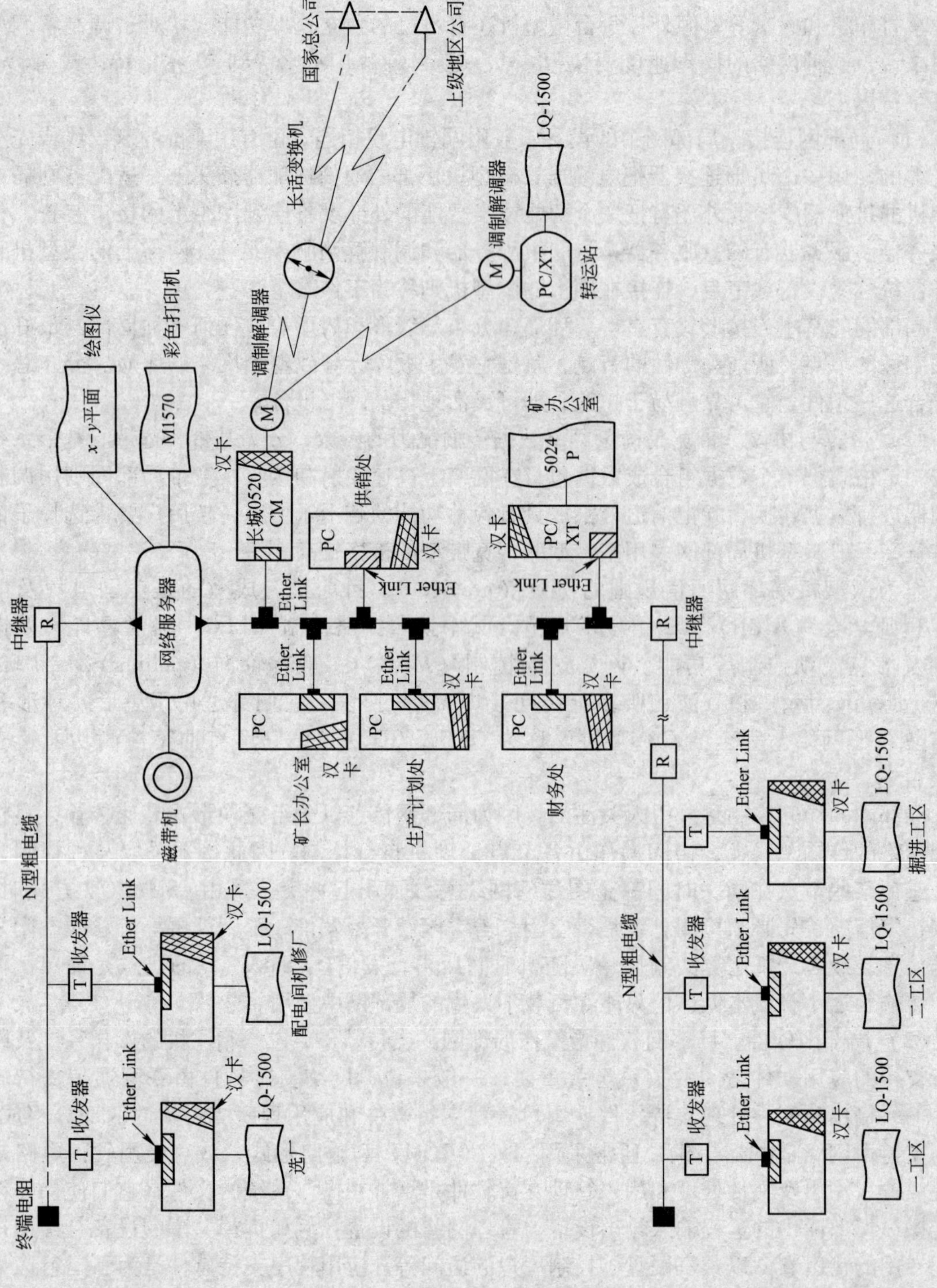

图 39-25　某金属矿以太局部网

（4）局部网选择，微机局部网的硬件与软件已有固定形式的产品出售，表 39-17 列出的是目前市面常见的几种典型微机局部网的性能参数。

表 39-17 典型微型机局部网络性能

特 性 参 数	局 部 网 名 称			
	Ethernet（以太网）	Cmninet	Plan4000	PC-NET
拓扑结构	总线式	总线式	簇形（总线式）	总线式
访问控制式	CSMA/CD	CSMA	Tokenpassing	CSMA/CD
调制方式	基带	基带	基带	基带
传输介质	同轴电缆	双绞线电缆	同轴电缆	标准 75ΩCATV 同轴电缆
数据传输速率（Mbps）	10	1	2.5	1
每段最大距离（m）	300 ~ 2000	300	600	900 ~ 2100
最长距离（加中继器）（km）	10	1.2	6.7	6.5
可连接节点数	1024	64	255	256 以上
可用微机型号	IBM PC，XT，AT 及兼容机	IBM PC，APPIE II，TRS-80	IBM PC，XT，长城 0520	IBM PC，XT，AT 长城 0520

选择局部网时应考虑它的功能与成本。配置上要与它的工作任务相匹配。设备选择包括微型机、打印机、硬磁盘，各类服务器或连接器及其他网络资源的型号与数量，是否要用调制解调器，数据通路是采用同轴电缆还是双轴线对。此外，还应考虑网络上允许连接的工作站数，网络适配板的型号与价格，电缆的特性与安装及最大允许长度等。对网络的连接和功能的考虑还应包括它的拓扑扩充形式，数据通路容量（带宽），网络的访问控制规则，微机操作系统与网络支持软件，以及为发挥局部网功能而设计的应用程序。

图 39-25 是某金属矿的以太（Ether Link）IBM PC/XT 微型机局部网的布置图，它是分布式总线型网络。

39.3.2.4 网络的互联

网络之间也可以互相连接和通信。这种互联有三种类型：两个或几个同类型的局部网的互联；不同局部网间的互联；局部网和调制解调型网络的互联。

同类型局部网是用中继器（有源中继器）互联的，其功能是增加局部网和覆盖距离，且能增加网络上工作站的个数。

门路器（Gatway）是连接两种不同网络的设备。两个不同网络，可以都是同类型的或不同类型的局部网。门路器的两边分别按与其连网的网路协议进行通信。有些门路器还有一个通常称为网间协议的协议转换器，能适应两个网络的同时通信。

门路器也能实现局部网和调制解调型网的连接，但他们所用的协议和带宽是不同的。更简单的办法是使用调制解调（或通信）服务器把两种网连接起来。调制解调器和门路器都能把差别悬殊的传输或带宽混合在一起使用。

图 39-26 为江西铜业公司计算机网络设计图。

39.3.3 计算机辅助设计（CAD）

计算机辅助设计（CAD）是设计者和计算机相结合的一种设计。它运用设计者的直

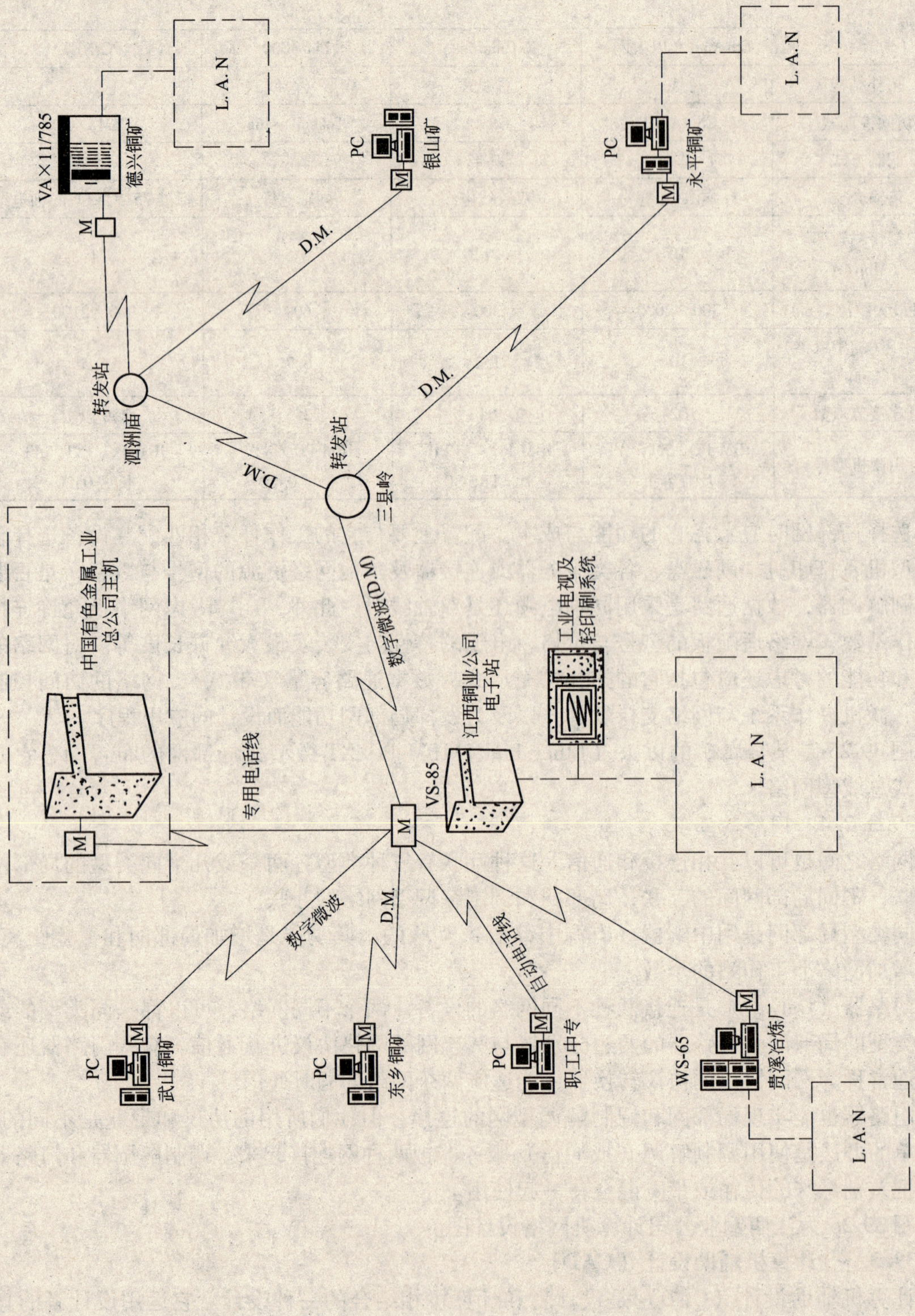

图 39-26 江西铜业公司计算机网络系统

观判断、智慧与经验，借助于数据库与计算机的快速分析计算、图形显示和绘图，高速高质量地完成设计任务。计算机辅助设计最好和优化设计相结合，一方面运用数学模型（例如矿床模型、经济模型和岩石力学模型）和数据库（例如地质数据库）进行分析计算；另一方面设计中大量采用人机对话——交互式的工作方式，利用屏幕显示反复修改或调整设计参数和设计图，估算设计效果，力图使设计在实际可能的基础上达到最优化。设计图和设计文件都可由计算机系统自动控制和打印，并以照相胶卷或磁盘文件存贮。在计算机辅助设计的基础上，用计算机控制加工，控制材料和成本，这就是计算机辅助制造（CAM）[33]。

39.3.3.1 工作站

计算机辅助设计系统称为CAD工作站或图形工作站。工作站硬件设备包括主计算机，图像输入设备、图像显示设备以及绘图与复制设备。工作站中央处理机一般采用小型机，也可用微型机，或者把图形终端直接与大中型主机相连，计算机则通过控制器（接口）与工作站的其他设备相连，这取决于图像输入与显示的形式，系统的组成一般可分为两种：一是使用光笔的刷新式图像系统，另一种是基于数字化仪的图像系统。前者是老式的，已逐渐为后者所取代。表39-18为当前国内外主要采用的CAD工作站的配置与性能表。图39-27则为基于数字化仪的CAD工作站的照片。

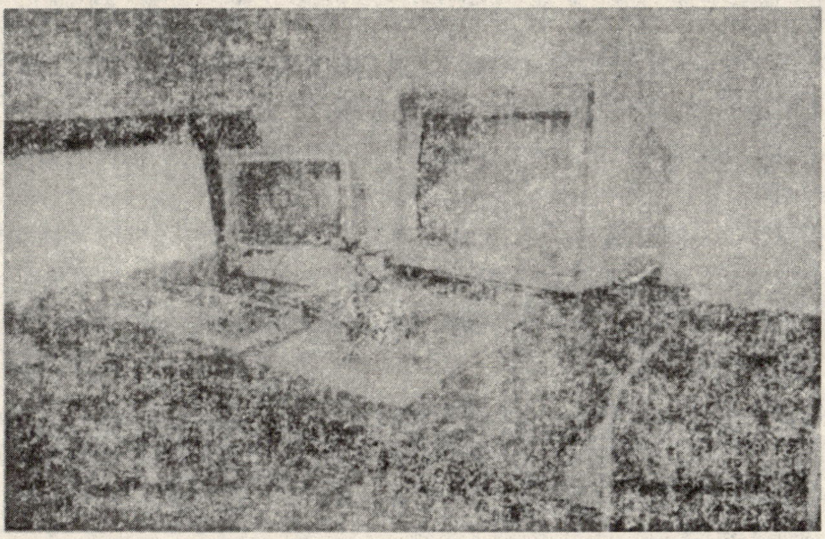

图39-27 CAD工作站配置图

39.3.3.2 图形输入设备

刷新式系统的输入设备是光笔。它是一支外形像圆珠笔的光信号检测装置。操作者手握光笔，操纵装在笔体或笔头上的开关，以指点和跟踪的方式或借助于光钮和功能键等在屏幕上进行交互式绘图和输入。所谓光钮，是以约定的汉字或字符命名表达的一些专门的程序和命令，显示在屏幕右方。当光笔指点它们时则调出相应的程序进行相应的操作或绘图。和其他输入方式相比，光笔的分辨率较低，因此多用于绘制草图，不宜于精确绘图。

矿山设计主要采用数字化仪系统。数字化仪是一种模-数转换装置，通常由两个部件组成：数字化板（或数字化台）与手持式指位器。前者可小至A_4号图纸的大小或大至A_0号图纸或更大些。仪板分为背光式和非背光式两种。指位器是带有尖触点的细长仪器（触笔），

表 39-18 主要的 CAD 工作站配置与性能

工作站名称	Auto CAD	DDM/DimensionⅢ	Intergraph	Application	PDMS
制造公司	Autodesk	Calma	Intergraph	Application	Prime
主　机	IBM PC，XT，AT，长城 0520	MICRO VAXⅡ VAX 系列小型机．Apdlo 系列	MICRO VA XⅡ（Inter-200）	VAX 系列（除 MICRO VAXⅡ）	PRIME 5550，750
图形显示器	图形屏幕最大为 20 英寸	20 英寸单屏彩色	单屏或双屏彩色	单色或彩色	
绘图仪	1024×1024 DMP 型及其他型号 $A_0 \sim A_4$ Suston 型及其他型号	1024×1024 HP 及其他型号 $A_0 \sim A_4$ ALTEK 及其他型号	1024×1024 HP 及其他型号 $A_0 \sim A_4$	彩色为 1024×1024 HP 及其他型号 $A_0 \sim A_4$	$A_0 \sim A_4$
数字化仪	$A_0 \sim A_4$	$A_0 \sim A_4$	$A_0 \sim A_4$	$A_0 \sim A_4$	$A_0 \sim A_4$
主机操作系统	CDOS 或 CCDOS	VMS/VAX Domean	VMS/VAX	VMX/VAX	MVS TSO
CAD 支持系统	Auto CAD	DDM/DimensionⅢ	IGDS	BRA VO1	PDMS
资料年份	1988	1987	1986	1986	1985

也可以是带有十字丝的扁盒式仪器（游标）。指位器沿着放置在板上的图线移动并操纵上面的按钮，可复绘图纸，即把图纸资料（如地形图，工程图和照片等）转换为计算机数据。通过移动显示在屏幕上的光标和指点数字化仪板上的菜单（类似于光钮的专用程序），可编辑和修改图形。

输入过程实际上是测量图形的 x、y 坐标值，然后由计算机换算成各种实用长度，它的分辨率在 100～1000 单位/英寸的范围内，输入时既可联机作业，以实时地反馈出图像和设计结果，进行创造性的设计；也可脱机作业，用于图像数据的输入和交互式的图像编辑，以避免占用主机时间太长。

图像系统中诸如数字、字符或汉字等非图形数据以及程序命令，均可由键盘输入。每个图形终端都配有键盘、键盘不但用作输入设备，还可用于控制光标的移动，控制图像的输入和显示。

39.3.3.3 显示器

显示器是图形系统中最引人注目的设备。一个系统能否称为交互式的，关键是看它能否立即以图像形式的反馈来响应操作者的操作。

产生屏幕图像有两种方法——笔划式和光栅式，前者以划线的方式产生图像，后者则以紧密分布的图像点阵来拼成图像。保持图像的方法有刷新式和存贮管式两种。所谓刷新式，就是在屏幕上连续不断地产生图像；而存贮管式则是在显示屏上保持图像，直到被程序命令擦去为止[34,35]。

显示器的主要性能是屏幕尺寸、分辨率和显示速度。大多数 TECTRONIX 公司的图形终端都属于带笔划式屏幕的存贮式显示设备，它的图像分辨率较高，但划线速度较慢，影像亮度较暗，单色，显示时间过长时影像发暗。由于数据传输速度较慢，一台小型机可带多台终端，而且可远距离传输。相反，刷新式的图形终端以每秒 30～60 次的刷新速度在屏幕上周期性地显示图形，使用存贮在主计算机或图形终端的刷新内存区内的显示文件，它的图形较明亮，还可调节亮度和作彩色显示，其分辨率高达 1024×1024。光栅式屏幕是用电子枪扫描刷新的办法使屏幕上的显示点具有各种不同的亮度而显示图像的，使用全色监控器还可进行全色显示，可显示 8 种或 64 种彩色和各种不同的灰暗度。

为了工作的方便，常把显示器的中部设置为图形显示区，上部或两侧设为菜单命令区，下部则为字符及字符命令显示区。也有用双屏幕的配置，其中大屏幕显示器显示图形和菜单命令，小屏幕显示器显示字符及字符命令。

图像系统中一般配有显示诸如直线、矩形、圆、椭圆等各种图形和各种文字与符号的图形卡，也可配显示汉字的汉卡，这实际上是把各种图形的矢量图形发生器和各种文字与符号的点阵图形发生器，作为一个寻址单元，置于只读存贮器芯片（PROM）作固件存贮，供显示时调用。

39.3.3.4 绘图机

由计算机辅助设计产生的图形文件可提交绘图机绘图，有三种主要的绘图机——笔式绘图机、静电绘图机和摄影记录器。矢量形式的数据适用于笔式绘图机，点阵形式的数据则适用于静电绘图机，这两种数据都可以通过硬件装置或软件进行互相转换。

笔式绘图机是最普遍的绘图机，有平板式，滚筒式和胶带式三种。它的主要性能指标为绘图精度、绘图速度、加速度以及图纸尺寸等。有一种带数字化仪的平板绘图机可进行图像的输入和重绘，如用不同颜色的笔重绘，可对原图进行比较和检查。静电绘图机类似于静电复印机，一般只能产生黑白图，最新式的静电复印机是用激光束来代替显示器的电子光束，从而构成影像得出彩色图，甚至在绘画计算图的同时可复制某种背景图像，得出综合性的结果。图可投影于纸上，也可投置于透明材料上作投影之用。摄影记录器是对显示器（CRT）进行拍照的照相机，也称摄影绘图机，它可用 16mm、35mm、70mm、100mm 的彩色胶卷和 4in×6in，8in×10in（101.6mm×152.4mm、203.2mm×254mm）的直接成像相纸（Polerai-el）。目前可直接拍相当于图板大小的 42in×60in（1066.8mm×1524mm）的设备[42]。

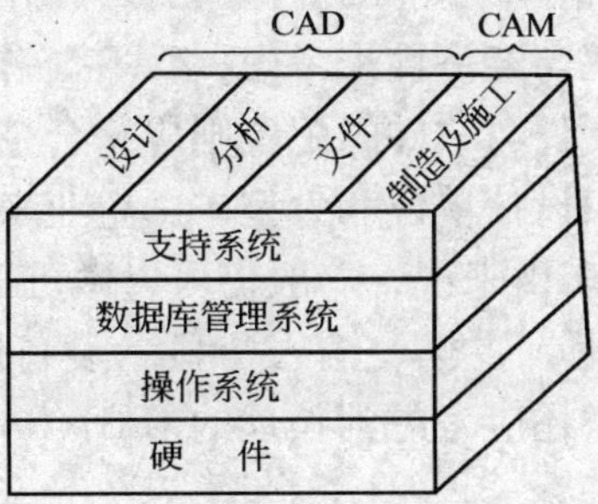

图 39-28 CAD/CAM 软件的组成

绘图方式有硬拷贝、联机、脱机与远距离绘图四种。硬拷贝是直接从屏幕获得图象数据进行绘图，它常用在要记录某些变换的屏幕图象或中间步骤的场合，或用高分辨绘图机绘最终图之前要对结果作检查的时候。硬拷贝只能用摄影绘图机和静电绘图机。联机作业是绘图数据通过诸如磁带、硬磁盘或软磁盘等可移动的存贮装置，从计算机传送到绘图机进行绘图。远距离绘图要用电视传真方法传送图形数据。当在远处的计算机上运行绘图程序而在当地绘图时，就按这种作业方式，这时电视传真的成本较高。

39.3.3.5 CAD 软件

使用 CAD 离不开软件系统的支持，典型的 CAD/CAM 软件系统的组成如图 39-28 所示[31]。除操作系统外，基本软件还可包括数据库管理系统和系统支持软件。数据库一般分为主要数据库、工作数据库和参数数据库等多种。数据分为图形数据和非图形数据，此外还有描述诸如颜色、亮度、线的形状和粗细等的属性。

支持软件包括系统的标准图形子程序（或绘图软件包）、图形管理程序和其他基本功能函数及子程序等，其作用是用作通用的图形系统和支持应用软件的执行。支持软件的基本功能有：菜单驱动，图形的生成、编辑、删除与修改以及数据属性命令；二维和三维基本图形（如直线、圆、椭圆等）的绘制；绘图语言及绘图控制；各种线型、线宽以及各种字符、字体的确定；实体模型的建立，包括构成立体图、平面图和剖面图，消除隐线和显示色调等；旋转、着色和透视图；全景缩放与窗口操作；提供设计文件层面以及层面控制；样条曲线插值技术等；此外它还提供与第三者或应用软件的接口。

39.3.3.6 应用软件

图 39-28 中的设计和分析以及文件模块就代表应用软件层，应用软件是在基本软件的支持下为解决各种工程设计问题所开发的软件。

应用程序多用 FORTRAN 等高级语言编写，它组织和控制设计全过程，甚至直接担负重大的创造性的设计部分，具体内容一般包括：设计模型的建立，图形的生成，数据结构与内容的确定，参数的选择和计算，视图的选择和计算，视图的选择和显示对象的定义，建模输入数据的处理及有关分析计算（如最优化分析，有限元分析等）；技术文件和图形文件的形成与检查以及图纸说明等。

世界上有很多公司出售包括基本软件和应用软件的完整的 CAD 工作站，有的公司销售某个行业的应用软件。在采矿方面的应用软件主要有用于矿床勘探、矿山企业的可行性研究、矿山规划与设计以及矿山开拓工程与地下工程等方面的软件[36]。

39.3.3.7 CAD 系统的选择

从满足设计要求、使用效率与经济性来考虑，CAD 工作站的数量设置应符合矿山企业设计的任务量的要求，而系统硬件与软件的配置则应符合企业的设计规范与规格，因此对任务较多和设计要求较高的矿山设计单位和大型矿山企业来说，可配置以小型机为主机的高档 CAD 工作站，而对中小型矿山来说，一般仍可以微机工作站为主（参见表 39-18）。

系统的配置应作整体的考虑，主机、输入与显示设备以及绘图机应相配套。更进一步，除考虑系统本身的功能外，还应考虑到长远的 CAD/CAM 网络系统的扩展要求，因此系统最好具有联网的灵活性。

主机的容量和性能，除考虑到 CAD 系统的要求外，还可以考虑企业的科学计算和管理方面的要求，以便充分发挥主机的效率。选择输入设备时主要考虑输入速度、精度和尺寸。数字化仪板的尺寸可参考企业常用的输入图纸资料（地质地形图等）的尺寸，或按最大图纸尺寸（例如 A_0 图纸）考虑。显示设备的性能指标主要是屏幕尺寸、分辨率和显示速度。绘图机则为绘图精度、绘图速度和大小规格，绘图机大小可按企业的最大图纸规格考虑。

除硬件系统外，对 CAD 系统的选择还应包括对软件系统的选择，注意操作系统的功能、兼容性及汉化特性，应有充分的支持软件，而且支持软件对用户应是开放的，以增强人机对话、交互式设计的功能，便于用户调用已有的应用软件包和独立开发自己的 CAD 应用软件。

最后，在选择系统的主要配置的同时，还应注意到它的外部设备（如打印机，磁带机等）和内部设备（如图形卡，汉卡等）的配置。

39.3.3.8 CAD 的应用

一个完整的 CAD 应用的概念如图 39-29 所示。设计的基本过程为：基于数据库技术的数据输入与数据处理；模型的建立与修改；分析与计算；设计比较与反馈；绘图与输出等。

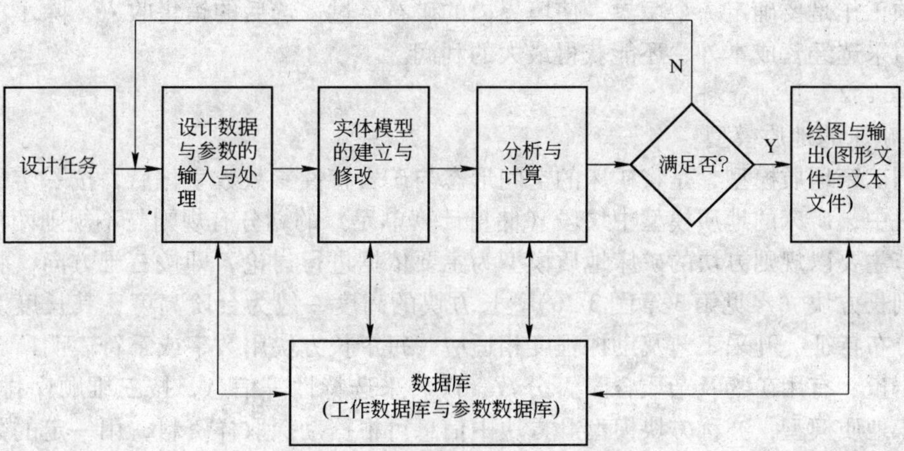

图 39-29 CAD 设计的概念图

模型的建立与修改是 CAD 应用最活跃的部分，它是通过图形的输入、编辑与显示，来建立设计所需的二维或三维实体模型。

图形如地质图、地形图、开采图和剖面图等，可以用数字化仪追踪图形的方法输入，并且在屏幕上显示，也可以用系统命令从一些简单图元（如圆、直线、弧、轨迹等）来构造图形，系统命令则可用触笔来操作光标或指点屏幕菜单，或用触笔指点数字化板菜单来输入，或直接通过键盘输入；命令中所涉及的参数和信息则都由键盘输入。使用系统的编辑命令，如擦去、重绘、移动、旋转、复制、排列、消除、测量等，可以对图形进行编辑与修改，图形可以分层，即把不同的实体放在不同层上，对每个层可赋予不同的颜色与线型，编辑时可显示一个层，几个层或所有层的组合，以便于观察与编辑。一个预先输入与建立的图形或模型，又可以作为一个整体加进到当前的模型中去，形成更复杂的图形或模型。因此一个设计中的不同部分可以先单独设计，然后再把它们合并。使用系统的显示命令，可以在图形编辑的同时灵活地在屏幕上显示和观察图形，如屏幕与窗口布置，模型视图的旋转，平移与缩放等。

CAD 应用中的分析计算，例如计算矿体各分层平面内矿岩体积与矿岩量、最优化分析与有限元分析等，是通过运行应用软件中的相应模块，或通过接口调用其他应用软件进行的，而接口则由支持软件提供。

CAD 在采矿工业中已获得广泛的应用，特别是在建立矿床模型和编制露天矿开采进度计划等方面，应用很成功[32]。在地下开采中应用 CAD 技术，也有许多成功的实例[40,41]。

39.4 系统工程在露天开采中的应用

露天开采是一个复杂的系统，目前难于用一个统一的模型来表达与分析，而必须将它分成若干个彼此独立而又相互关联的子系统来描述，其中，某些子系统应用系统工程方法已取得比较成熟的经验，鉴于有的子系统的优化方法将在手册有关章节说明，本章仅说明四个主要的子系统的优化方法。

39.4.1 露天矿开采境界圈定的优化

39.4.1.1 目标

本项工作是要确定一个境界，使境界内的矿石经过采选后的销售收入，除了能偿还境界内矿岩采选经营成本外，还能获得最大的利润。

39.4.1.2 基础资料

A 矿床的地质模型

所谓矿床地质模型，是将矿床的空间形态与矿岩特性参数数字化后，按一定的规则存入计算机中，矿床的地质模型中块段（储量计算单元）的划分有规则与不规则两种。

本节主要以规则方块的矿床地质模型为主要依据进行讨论，即按三维方向，将矿床划分成规则长方块（参见第3章图3-26）。长方块的高度一般为台阶高度，其长度及宽度要和品位分布特征、开采工艺及勘探程度相适应。每个长方块用数字或字符表明所含矿岩类型、矿岩量、有用矿物及杂质含量百分数、矿岩采选特性等信息，按三维顺序排列起来，构成矿床地质模型，亦称方块模型。方块中信息可根据勘探取样资料，用一定的数学地质方法推断得出，推断方法详见3.6.4。

B 矿床经济模型

计算出矿床地质模型中各方块的价值后，可进一步构成矿床的经济模型，即：

$$方块价值 = 商品销售额 - 矿岩生产经营成本$$

商品销售额根据方块中矿石采选回收得到的最终产品数量、品质及其销售单价计算。生产经营成本中包括矿岩采、选、运输、企管、销售等成本，还应包括税息等。其中运输、排水费用与方块所在空间位置有关。具体计算方法因各矿而异。

方块中矿岩比例与矿石品质不同，价值也高低正负不一。方块价值可作为区分方块可否作为露天坑底单独开采的判据，在确定露天矿开采范围时，可用来累计露天矿包含的总价值。

C 最终边坡角

最终边坡角在各个方位可以都相同，也可以相异，在不同部位与深度也可不同。最终边坡角除了与岩体稳定性有关外，还取决于固定运输线路的布置。为了使最终边坡角的选择更精确，可以先初步圈定一个境界，然后在此境界上布置线路，计算最终边坡角，再用这个角度重新圈定境界[57]。

39.4.1.3 优化方法

圈定露天开采境界的优化方法很多，有动态规划法、图论法、网络流法、多重倒锥法等，它们又各自衍生出多种算法，这里仅重点介绍应用最为广泛的多重倒锥法[43~45]。

A 原理

多重倒锥法将露天坑开采境界视作数以万计的“可采”倒锥体的集合（见图39-30），

所谓“可采”的判据，应根据各自的具体情况确定，常见的有以下几种：

（1）一般情况下要求该倒圆锥体包含的方块总价值大于0，即开采后能赢利；

（2）方块总价值满足某一机会利润或政策允许亏损值；

（3）露天转地下时，方块总价值大于或等于地下开采利润。

图 39-30　可采倒圆锥体集合形成露天境界

今用图 39-31 所示二维矿床模型说明如何形成可采倒圆锥体集合。图中矿体用粗实线圈出，矿石方块价值为 +6，岩石方块价值为 -2，单位为 10 万元，可采判据为能否赢利，即要求倒锥体内方块总价值不小于 0。先从上往下搜索矿石方块，以它们为顶点发生倒锥。首先以第五层的（5，6）方块为顶点发生的倒锥中方块的总价值为 $6\times7+(-2)\times18=6$，大于 0，可采。以后相继出现的正值倒锥体的顶点方块坐标及倒锥体总价值分别为(5,7)——6；（5，8）——6；（6，8）——4；（6，9）——12；（6，10）——4；（7，8）——4；（7，9）——6。如果再次从上向下搜索，找到（4，4）——8，可采。由此圈成露天开采境界，境界由 9 个倒锥体集合而成。含 22 个矿石块，38 个岩石块，总赢利 560 万元，还有两个矿石方块（4，3）及（5，12）因不满足判据要求，未圈入开采境界内。

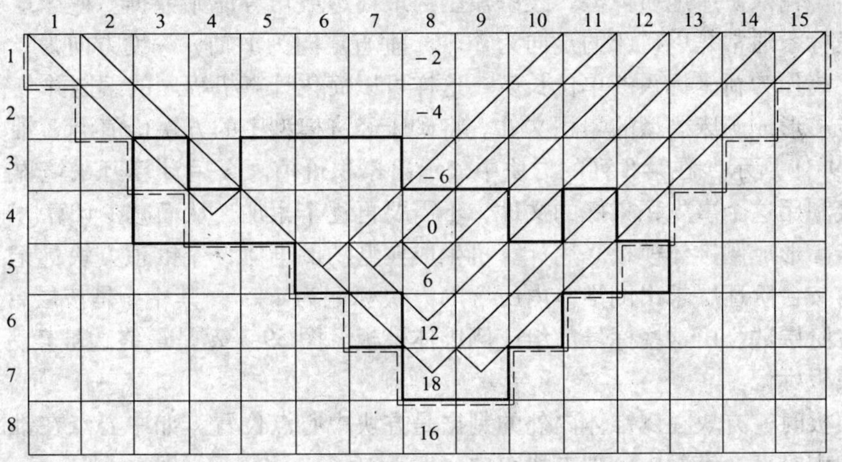

图 39-31　二维矿床形成的露天开采境界（第 8 列为累积价值）

B　具体方法与步骤

多重倒锥法的计算步骤可参考图 39-32。

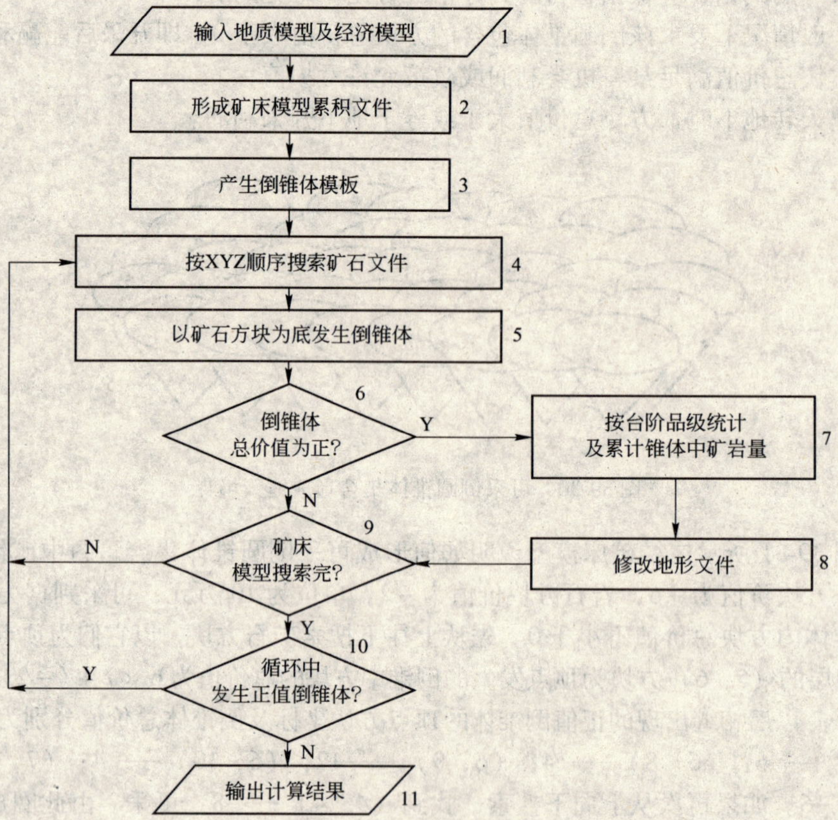

图 39-32　多重倒锥法的程序框图

第一步。输入矿床地质模型，经济模型与最终边坡角等原始数据。矿床地质模型、经济模型的坐标系通常是以矿床的走向为 X 轴，垂直走向为 Y 轴，深度方向为 Z 轴，以方块的长、宽、高作为新坐标系的单位长度，这样可以简化计算机程序的编制并节省机时。

第二步。形成矿床模型的累积文件。将矿床经济模型中的方块价值沿 Z 轴方向逐层累加。如图 39-31 所示，在第 8 列的方块中表示出累积价值。今后计算开采境界内的总价值时，就直接利用这个事先积累好的文件，不需要再逐个累加，从而减少计算时间。

第三步。形成倒锥体模板。用计算机生成典型的倒锥体，令锥顶方块标记为 O，根据最终边坡角按台阶逐层求出倒锥体内所含的方块标记为 $z-n$，其中 z 是该层台阶号，n 是露天矿总台阶层数。由这些标号值组成倒锥体模板。图 39-33a 是最终边坡角为 45°时共五层台阶的模板标记。

构筑模板时，方块在倒锥体内外的判据是方块中心点位置。如中心点在锥面外，则方块在外；如中心点在锥面内，则方块在内。

最终边坡角用作倒锥体的锥面角，如果最终边坡角在不同方位上有所不同，那么，可使倒锥体模板的不同方位具有不同的锥面角。图 39-34 所示是各向具有不同边坡角的倒锥体模板，各方位的边坡角分别为：0°方位为 45°，45°方位为 45°，90°方位为 40°，180°方位为 45°，225°方位为 45°，270°方位为 45°，315°方位为 45°。图中表示了模板中 8 个台阶

			−4	−4	−4			
	−4	−4	−3	−3	−3	−4	−4	
	−4	−3	−2	−2	−2	−3	−4	
−4	−3	−2	−1	−1	−1	−2	−3	−4
−4	−3	−2	−1	0	−1	−2	−3	−4
−4	−3	−2	−1	−1	−1	−2	−3	−4
	−4	−3	−2	−2	−2	−3	−4	
	−4	−4	−3	−3	−3	−4	−4	
			−4	−4	−4			

a

	−1	−1	0	0	0	−1	−1	
	−1	0	1	1	1	0	−1	
−1	0	1	2	2	2	1	0	−1
−1	0	1	2	3	2	1	0	−1
−1	0	1	2	2	2	1	0	−1
	−1	0	1		1	0	−1	
	−1	−1	0	0	0	−1		
			−1	−1	−1			

b

图 39-33 模板标记

Y \ X	4	3	2	1	0	−1	−2	−3	−4
−4					−7				
−3			−7	−6	−5	−6	−7		
−2		−7	−5	−4	−3	−4	−5	−6	−7
−1		−6	−4	−2	−1	−2	−4	−5	−6
0	−7	−5	−3	−1	0	−1	−3	−5	−6
1		−6	−4	−2	−1	−2	−3	−5	−7
2		−7	−5	−4	−3	−3	−4	−6	
3			−6	−5	−5	−5	−6	−7	
4				−7	−6	−6	−7		

图 39-34 边坡角不同时的模板

的边界方块[49]。

第四步。按 X、Y、Z 顺序搜索矿石方块。为了节省用机时间，可以事先把每层矿石方块的坐标单独列举出来，形成一个顶点文件。使用时，打开顶点文件，依次调用矿石方块的坐标，直接在矿床模型中找出相应的矿石方块。

第五步。搜索到矿石方块后，以方块坐标（x，y，z）为顶点产生倒锥体。为了节省机时，用模板来产生倒锥体。这时将方块（x，y，z）放在模板中标记为 0 处，模板中的标号值与矿床模型中对应方块的 z 值相加。凡相加值大于 0 的方块便是圈入倒锥体内可能要开采的方块。

图 39-33*b* 是用图 39-33*a* 所示的模板，以每三层台阶为露天底时圈定的采出倒锥体轮廓。

第六步。用倒锥体方块总价值判断倒锥体是否可采。如不可采，进入第九步，如可采则执行第七步。

第七步。按台阶分品位等级累计可采倒锥体中的矿岩量，即开采境界内的矿岩量。

第八步。修改地形文件，随着开采范围的扩大和延深修改地形线。

第九步。检查本矿床模型范围内的矿石方块全部搜索完毕否。如未完，返回第四步，接着按原 X、Y、Z 顺序搜索下一个矿石方块。如已搜索完，进入第十步。

第十步。检查本搜索循环中，是否找到可采倒锥体，如找到，回到第四步，重新按 X、Y、Z 顺序再搜索一个循环。如未曾找到，进入第十一步。

第十一步。结束计算。分层（台阶）输出采出的方块，构成境界内分层平面图。分台阶输出按品位等级划分的矿岩的累计值，即境界内的矿岩开采量。

39.4.1.4 讨论

多重倒锥法将全部的可采倒锥体都搜索殆尽，似乎应该认为，这些可采倒锥体的集合可以获得最大限度的利润。很多场合确是如此，但有时也会发生较大的偏差。偏差的原因有[46]：

（1）倒锥体之间不能互相支援，例如两个相邻的倒锥体彼此相交，相交的部分是岩石。假设两者分别单独评价时，都不值得开采；但合在一起评价时，可能值得开采。这时若用前述方法去单独评价，就会做出不采这个倒锥体的错误结论，从而损失这两个可赢利的倒锥体。

（2）按上述依次顺序搜索矿石方块生成倒锥体时，有时还将不可采的部分夹在可采倒锥体中圈入开采的境界。

因此可见，多重倒锥法只是一种相对优化的模拟方法。

为此，很多研究工作试图提出一种严格的最优化方法，目前见到的不外乎两种方法。

第一种方法：改进多重倒锥法。这种方法是先用正锥法求出肯定要开采的范围，再用负锥法求出一定不会开采的范围，然后将剩余的部分地综合考虑，择优开采，实现最大利润[46]。这种方法的数学模型易于理解，但反复搜索的程序复杂，计算工作所占机时长，要求的内存也大。因此，实际采用还有一定困难。此外，还可采用组合锥的方法，将相邻的倒锥组合在一起计算总价值，以扩大开采范围。

第二种方法：寻求数学最优的方法。目前比较成功的方法有如下两种：

（1）用图论方法求最优露天矿境界。勒奇斯（Lerchs）等人首先提出这种方法[47]。他们把露天坑视作一棵“树”，为了开采最下面一个方块（根），按最终边坡角要求的超前关系向上逐层依次向外扩大，一直延伸到地表。利用图论方法求出这棵树的最大开采闭包，即最优露天矿境界。随后很多人据此提出了具体的解法，其中，利普克威奇（Lipkewich）等提出了一种较好的方法，称为“层饼法”[48]，可以实际使用，但计算工作量大。陈岱在此基础上，提出了一种“预超法”的改进意见[49]，使计算工作量大大减少，并将这种方法付诸实用。

（2）用动态规划方法求最优露天矿境界。矿床模型中每一铅垂的列可视作动态规划中的一个阶段，每列内诸方块的关系可以视作多种状态。利用动态规划的方法，可以求出每一个阶段中各状态与其相邻阶段各状态之间的最优关系，从而求出最优露天矿境界。但是这种方法大多在二维模型上规划，不能实际运用。特·布·约翰逊（T. B. Johnson）。曾提出两阶段三锥动态规划方法[50]，但露天坑轮廓可能出现明显的不规则形状，需作修改。近年来,许多人提出了解决这个方法的有益建议[51~53]。

此外，圈定境界的优化方法还有网络流法[58]、参数化法[54]及搜索比较法[55]等。

39.4.2 编制露天矿采剥计划的优化

39.4.2.1 采剥计划的种类

根据我国的惯例，露天矿采剥计划分为三类，即长期计划，年度计划与短期计划。长期计划指矿山整个寿命期间采剥顺序的安排，也可以只安排十年或五年。年度计划指一年内的采剥顺序安排，但要细分到季，短期计划为月、旬、周、日、班计划。

三类计划的优化方法不尽相同，但又不存在严格的界限，可以互用。

39.4.2.2 数学模型考虑的因素

长期采剥计划的数学模型往往以规划时期的总利润最大为目标，同时要满足资源、生产能力、质量均衡、剥采比均衡、生产任务、几何关系等约束。

年度采剥计划在长期计划的指导下进行，其数学模型的目标可以是质量均衡稳定，也可以是产品利润最大，或产量最高。它也要考虑资源、生产能力、质量与剥采比均衡、年生产任务、几何关系等约束条件，有时还要考虑实际存在的问题，如欠剥时不严格要求最小平盘宽度，优先保证重点部位的推进，某些工程施工时对正常生产的干扰等。

短期计划是在月计划的指导下进行的，其采剥位置已经确定。短期计划的数学模型的目标往往是矿石质量均衡，使选厂生产稳定，实质上是个配矿问题。岩石剥离计划往往只是在数字上分摊上级计划数据。

39.4.2.3 基础资料

(1) 矿床地质模型、经济模型与境界模型，长期计划往往采用方块模型，便于数学规划。长期计划要求精度不高，以方块为开采单位安排计划就可以满足要求。

年度计划也可用方块模型，计划时可以只采部分方块，使推进线符合实际情况，它也可采用不规则块模型。

短期计划规划量较少，最好采用生产炮孔取样的资料来组成地质模型。

(2) 技术经济指标。根据实际情况和各种数学模型的不同而要求各异，一般为铲车、台阶、选厂的生产能力，选矿参数，工艺成本，商品售价，工作帮坡角，最小工作平盘宽度，最小转弯半径等。

(3) 上级指令。上级规定计划期间应保证的产量、质量、三级矿量等。

39.4.2.4 优化模型

下面介绍几种典型的优化模型。

A 用 (0, 1) 整数规划编制长期采掘进度计划[59,60]

数学模型

$$\text{Max} \sum^{L,M,N} p(i,j,k)x(i,j,k) \tag{39-59}$$

$$\text{s.t.} \quad \underline{S} \leqslant \sum^{L,M,N} s(i,j,k)x(i,j,k) \leqslant \bar{S} \tag{39-60}$$

$$\underline{T} \leqslant \sum^{L,M,N} t(i,j,k)x(i,j,k) \leqslant \bar{T} \tag{39-61}$$

$$\underline{C} \leqslant \sum^{L,M,N} c(i,j,k)x(i,j,k) \leqslant \overline{C} \tag{39-62}$$

$$x(i,\ j,\ k) \leqslant x(i',\ j',\ k')$$

$$i,\ i' \in 1,\ 2,\ \cdots,\ L;\ j,\ j' \in 1,\ 2,\ \cdots,\ M;\ k,\ k' \in 1,\ 2,\ \cdots,\ N \tag{39-63}$$

$$x(i,\ j,\ k) = \{0,\ 1\}\ i = 1,\ 2,\cdots,L;\ j = 1,\ 2,\cdots,M;\ k = 1,\ 2,\cdots,N \tag{39-64}$$

式中　i，j，k——方块坐标；

L，M，N——方块模型中有 $L \times M \times N$ 个方块；

$x(i,j,k)$ ——待解未知数，$x=1$ 指方块当年采出，$x=0$ 指方块当年不采；

$p(i,j,k)$ ——方块（i，j，k）的价值；

$s(i,j,k)$ ——方块（i，j，k）需用电铲台班数；

$t(i,j,k)$ ——方块（i，j，k）含矿量；

$c(i,j,k)$ ——方块（i，j，k）含金属量；

$\underline{S}$，$\overline{S}$——年电铲开动台班数下、上限；

$\underline{T}$，$\overline{T}$——年需求矿量下、上限；

$\underline{C}$，$\overline{C}$——年需求金属量下、上限。

目标式（39－59）表示当年开采方块的总价值最大。式(39-60)～式(39-62)表示当年开采方块所需年电铲台班数、年采矿总量与年采金属总量必须在规定的上、下限范围内。式(39-63）表示位于下方的方块（i，j，k）的开采要滞后于其上方的方块（i'，j'，k'）的开采一定距离，以保证几何约束。

用上述数学模型解出当年开采的方块，这些方块的 $x(i,j,k) = 1$。因此每年开采的方块的价值 $p(i,j,k)$ 置零，不再参加下一年的规划。这样逐年优化，构成整体的长期采掘计划。

上述模型是一个巨大的线性方程组，不能用常规的方法解算。因此，引入拉格朗日乘子 λ_s、λ_t、λ_c，使模型简化如下：

$$\text{Max} \sum^{L,M,N} \{p(i,\ j,k) - \lambda_s s(i,\ j,k) - \lambda_t t(i,\ j,k) - \lambda_c c(i,\ j,k)\} \cdot x(i,\ j,k)$$

进一步表示为：

$$\text{Max} \sum^{L,M,N} p'(i,j,k) \cdot x(i,j,k) \tag{39-65}$$

$$\text{s. t.}\quad x(i,\ j,k) \leqslant x(i',j',k'),$$

$$i,i' \in 1,2,\cdots,L;\ j,\ j' \in 1,2,\cdots,M;\ k,k' \in 1,\ 2,\ \cdots,\ N \tag{39-66}$$

$$x(i,\ j,k) = \{0,1\},i = 1,2,\cdots,L;\ j = 1,\ 2,\ \cdots,\ M;\ k = 1,\ 2,\ \cdots,N \tag{39-67}$$

式（39-65）中的 $p'(i,j,k)$ 为方块的伪价值，比 $p(i,j,k)$ 小。

对上述方程求解，具体步骤如图 39-35 所示。

第一步。输入原始数据及 λ_s、λ_t、λ_c 的初始值。

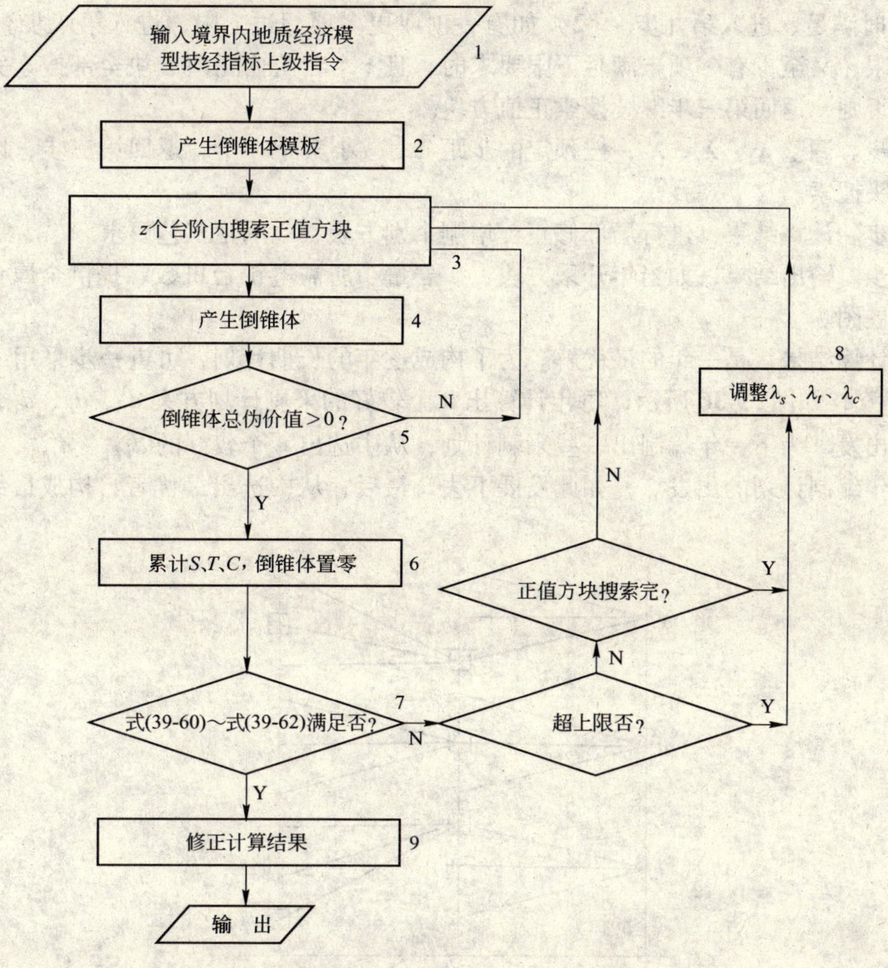

图 39-35 长期采剥计划（0，1）规划解法框图

第二步。用工作帮坡角生成倒锥体模板，方法同 39.4.1 中所述。

第三步。在境界内，逐层（台阶）搜索伪价值 $p'(i,j,k)$ 为正的方块，每年只搜索 z 个台阶，z 为同时开采台阶数，尽量从掘沟位置搜索起，按推进方向扩展，顺序搜索。

第四步。以搜索到的正值方块中心为顶点，利用模板产生倒锥体。

第五步。判断倒锥体内方块总伪价值是否大于等于零，如小于零返回第三步；如大于等于零，倒锥体开采。其中方块加开采标记，即 $x(i,j,k)=1$，执行第六步。

第六步。累计所有开采方块（即所有开采倒锥体内方块）的 S、T、C。

$$S=\sum_{i,j,k\in\{D\}} s(i,j,k)$$

$$T=\sum_{i,j,k\in\{D\}} t(i,j,k)$$

$$C=\sum_{i,j,k\in\{D\}} c(i,j,k)$$

$$\{D\}=\{(i,j,k)\mid x(i,j,k)=1\}$$

第七步。将求出的 S、T、C 与式（39-60）~式（39-62）对比，看是否满足。(1) 如同时满足，进入第九步。(2) 如有一项或更多项超过上限，进入第八步。(3) 如未超过上限，又至少有一项未满足下限要求时，且 z 个台阶内正值方块全部搜索完，进入第八步；否则，返回第三步继续搜索正值方块。

第八步。调整 λ_s、λ_t、λ_c，按预定的步距 $\Delta\lambda$ 减小其中一个，返回第三步，以前搜索作废，从头搜索。

第九步。计算结果，进行局部修正，增删个别方块，以满足工艺要求。

第十步。输出结果，如当年开采方块、矿岩量、所需电铲台班数、提供金属量等，输出采剥进展图。

上述计算结果，是一年的最优解。为了构成逐年的长期计划，可进一步采用 *N-Best* 动态规划法[59]，如图 39-36 所示，每年计算出 n 个较好的采剥计划方案 d_t^1、d_t^2、d_t^3，然后从这些结果出发，为下一年编制出一些采剥计划，从中选出 n 个较好的 d_{t+1}^1、d_{t+1}^2、d_{t+1}^3，作为再下一年编制计划的出发点，如此发展下去。最后，从中选出最优者，构成最终长期采剥计划。

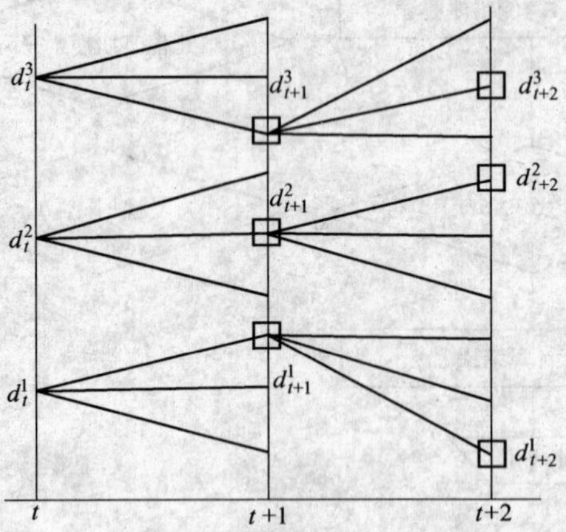

图 39-36　*N-Best* 动态规划原理

从运筹学衡量，*N-Best* 过程不是严格的最优解。但由于可能有的方案太多，只能这样逼近动态规划的最优解。

B　用交互式动态优化法编制长期采剥计划[61]。

这一方法由三部分组成。

a　用存贮论理论求逐年最优生产剥采比

如果提前剥离，其优点是可缓解剥离洪峰，可以减少设备购买总量，减少设备投资；但缺点是提前剥离需要提前投资，积压资金。为此可用动态规划法综合优化，求出逐年最优生产剥采比，计算步骤如下：

第一步。计算每下降一个台阶所能采出的矿量 q_i 与必须采出的岩量 r_i（$i=1, 2, \cdots, N$；N 为境界内台阶总数）。

第二步。按台阶累计采出总矿量 Q_i 与总岩量 R_i（$i=1, 2, \cdots, N$）

$$Q_i = \sum_{i=1}^{N} q_i, R_i = \sum_{i=1}^{N} r_i$$

第三步。由给定的历年采矿量 p_t，求出历年累计总采矿量 $P_t t=1, 2, \cdots, T$；T 为矿山服务年限，用插值法求出与 P_t 对应的历年累计总剥岩量 V_t

$$V_t = R_i \frac{(P_t - Q_{i+1})(P_t - Q_{i+2})}{(Q_i - Q_{i+1})(Q_i - Q_{i+2})} + R_{i+1} \frac{(P_t - Q_i)(P_t - Q_{i+2})}{(Q_{i+1} - Q_i)(Q_{i+1} - Q_{i+2})} + R_{i+2} \frac{(P_t - Q_i)(P_t - Q_{i+1})}{(Q_{i+2} - Q_i)(Q_{i+2} - Q_{i+1})} \tag{39-68}$$

式中 Q_i，Q_{i+1}，Q_{i+2}——最接近 P_t 的三点，且

$$Q_i < P_t < Q_{i+2}$$

由此构成 $P_t - V_t$ 曲线，即临界剥离曲线。

第四步。用动态规划求逐年最优剥采比。

令动态规划分为 T 个阶段（T 年）。设阶段 t 有 m 个状态，每一个状态对应的提前剥离量为 r_t^i（$t=1, 2, \cdots, T$；$i=1, 2, \cdots, m$）如果 $t-1$ 阶段的状态为 i，t 阶段的状态为 j，则 t 阶段的剥岩量为 X_t^{ij}，总支付费用为 f^{ij}，它包括 t 阶段的设备购买费与剥离费。

用前进式动态规划方法，其递推方程是：

$$C_{\min}^{(t)}(j) = \operatorname*{Min}_i \left\{ \frac{f^{ij}}{(1+\alpha)^{t-1}} + C_{\min}^{(t-1)}(i) \right\} \tag{39-69}$$

式中 $C_{\min}^{(t)}$ (j) ——从 0 到 t 阶段 j 状态所支付的最小费用现值；

α——贴现率。

递推方程的边界条件为：

$$C_{\min}^{(1)}(j) = C(0,j) \tag{39-70}$$

递推方程的约束条件为：

$$X_t^{ij} + r_{t-1}^i = d_t + r_t^j \tag{39-71}$$

式中 d_t——第 t 年必须剥离的岩石量，即第 t 年临界剥岩量的增量，$d_t = V_t - V_{t-1}$。

由式（39-69）反复递推，到达最后一年时，得 $C_{\min}^{(t)}$ (j)，根据其中费用最小的一种状态，再反向追踪、可以得到每年的设备添置数，剥岩量与提前剥岩量，由此得逐年最优生产剥采比、作为第二部分的目标。

b 模拟法编制各年采剥计划

第一步。确定可采方块。

方块（i, j, k）可采的条件为：

$$G(i,j,k) > 0 \tag{39-72}$$

$$\sum_{x=1}^{mx} \sum_{y=1}^{my} G(i \pm x, j \pm y, k-1) = 0 \tag{39-73}$$

$$(i - i_a)^2 + (j - j_b)^2 \geqslant L^2 \tag{39-74}$$

式中 $G(i,j,k)$ ——方块（i, j, k）的状态参数，方块为矿石时等于 1，为岩石时为 2，境界外或空气为 0，采去后也为 0；

mx，my——x、y 方向的最小平台宽度；

i_a，j_b——k 台阶上另一台电铲所在位置；

L——最小工作线长度。

式（39-72）说明（i，j，k）为境界内未采方块。式（39-73）说明上一台阶（$k-1$）的推进已能保证最小平台宽度；式（39-74）说明同一台阶上两台电铲之间间距应大于最小工作线长度。如不是直线段，则逐块累计工作线长度。

此外，还应按开采推进方式来挑选方块（i，j，k）。

第二步，选择最优的开采方块。

在上面确定的可采方块集合中，为各台电铲选择开采方块，使生产剥采比与第一部分计算得到的最优生产剥采比最接近，即

$$\left|\frac{R_{t-1}+r_t}{Q_{t-1}+q_t}-B_t\right|\rightarrow \mathrm{Min} \tag{39-75}$$

式中 R_{t-1}，Q_{t-1}——起点至（$t-1$）阶段采出的累计岩量与矿量；

r_t，q_t——t阶段开采的岩石与矿石增量；

B_t——t阶段的最优生产剥采比。

如果采剥计划对矿石的品位有限制时，式（39-75）改用式（39-76）

$$\left|\frac{(R_{t-1}+r_t)G_t}{Q'_{t-1}+q'_t}-B_t\right|\rightarrow \mathrm{Min} \tag{39-76}$$

式中 Q'_{t-1}——起点到（$t-1$）阶段所采出的金属量；

q'_t——t阶段开采的金属增量；

G_t——t阶段选厂要求的原矿品位。

c 人机对话式修改采剥计划

操作人员根据计算机屏幕上显示的采场开采状态图，适当添删某些矿岩方块，使开采状态完全满足各种工艺技术要求。

C 用有向图模拟法编制露天矿长期计划[56]

对于大型露天矿，有时会出现几个区段分别开采，为了安排这些区段的开采顺序，可以采用有向图模拟法。

有向图模拟法通过方案比较法寻优。它模拟不同区段各种可能的开采顺序，分别计算各方案的技术经济效果，最后从中选出最佳的开采顺序。

有向图模拟法模拟及择优步骤如下：

第一步。输入矿床模型及其他参数。

第二步。拟定若干个开采顺序方案，在露天开采境界内将开采全过程划分为若干个开采阶段。各个方案应注明：开段沟位置及尺寸；工作线推进方向；开采要素，包括台阶总数、台阶高度、平盘宽度、工作帮坡角、非工作帮坡角等。

第三步。在每个开采阶段上建立开采底盘有向图，如图39-37所示，它是一个顺时针方向的闭合图，顶点编号可由任意点开始，弧（边）的编号与该弧尾顶点相同。

底盘有向图的参数是：各顶点的三维坐标；各边的方位角θ_i及扩展方位角θ'_i；各边的特征指标A，$A=0$表示旧边（即上一阶段已采到的边界），$A=1$表示新边（即本开采阶段将采到的边界）；各边的另一特征指标B，$B=0$表示最终边帮，$B=1$表示工作帮，$B=2$表示松方最终边帮，$B=3$表示重复剥离的最终边帮。

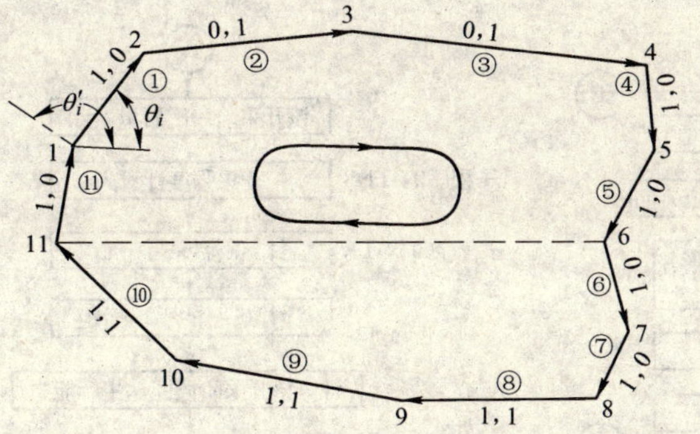

图 39-37 底盘有向图

——底盘形状；——→模拟闭合图；----虚边；N—顶点及其编号，$N=1，2，\cdots，11$；

θ_i—弧 i 的方位角；θ'_i——弧 i 的扩展方位角

在圈定底盘有向图时，为避免扫描计量误差，有向图在 y 方向上不应出现两个以上的凹形轮廓，若凹形过多，可增设如图 39-37 的（6，11）虚弧，将有向图分成两个子图。

第四步。在底盘有向图的基础上，按照特定的开采参数，发展出各开采水平的有向图，形成该开采阶段的角锥台，如图 39-38 所示。

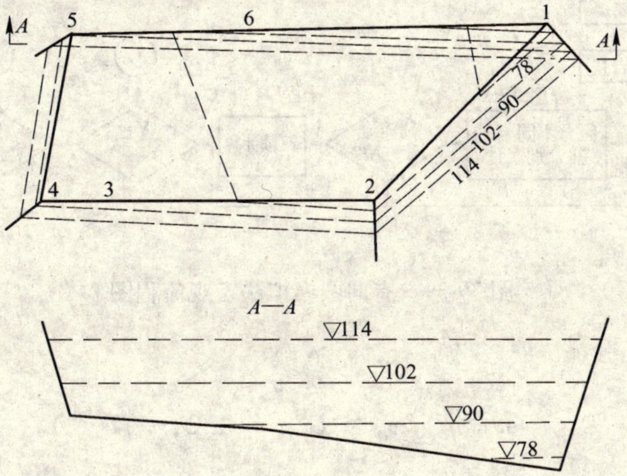

图 39-38 发展角锥台

第五步。利用角锥台图形及相应的各开采水平有向图进行各种计算，如开采阶段的矿岩量、矿石质量、运输距离、开采强度及开采成本等。

第六步。输出各项技术经济指标及图纸资料，通过对比分析，选出最优的开采方案。

有向图模拟法的宏观流程如图 39-39 所示。

D 用线性规划编制年度采掘计划[63]

数学模型如下：

$$\mathrm{Max}\sum_{t=1}^{T}\left[U+n(\beta_t-\beta)-C_t\right]\eta\cdot\sum_{e=1}^{M}x_{et}$$

$$-\sum_{t=1}^{T}\sum_{e=1}^{M}C'_{et}x_{et}S'_{et}-\sum_{t=1}^{T}\sum_{e=1}^{M}C''_{et}y_{et}S''_{et} \tag{39-77}$$

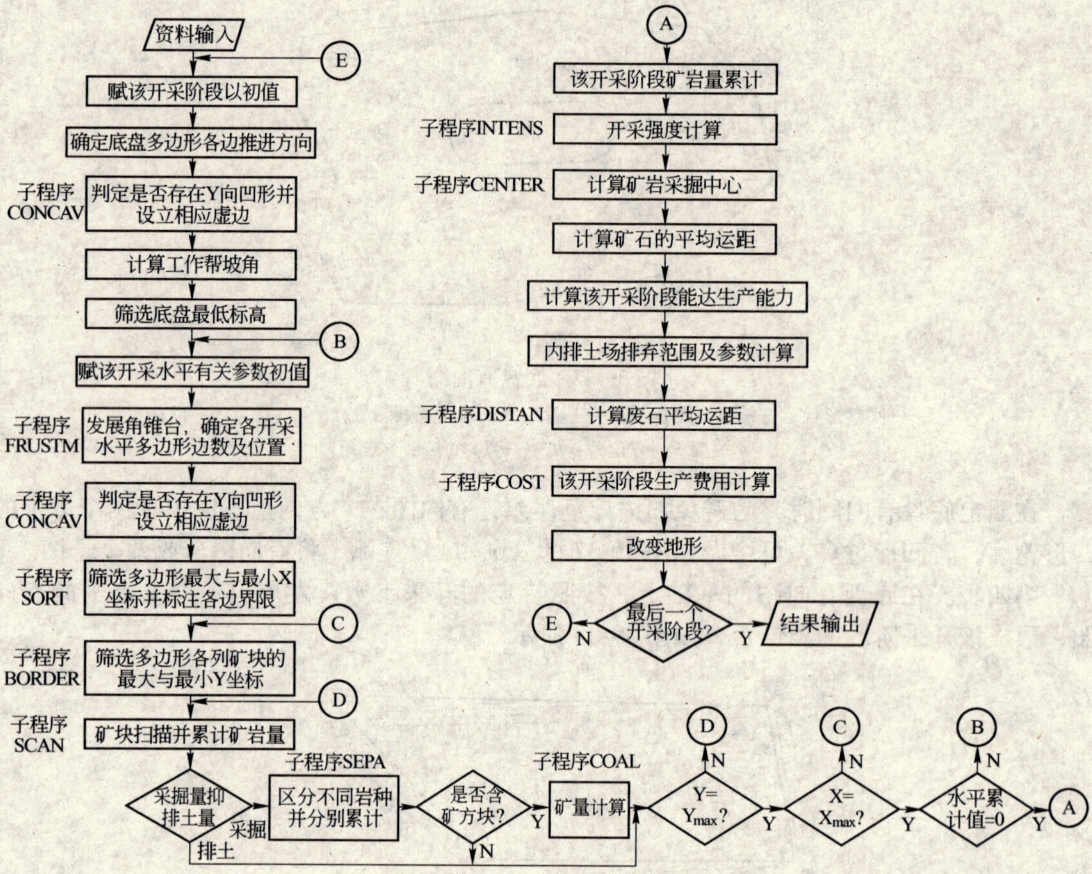

图 39-39　有向图模拟法宏观流程图

$$\text{s. t. } \eta \sum_{e=1}^{M} x_{et} \geqslant D_t, t = 1,2,\cdots,T \tag{39-78}$$

$$\eta \sum_{e=1}^{M} x_{et} \leqslant D_t, t = 1,2,\cdots,T \tag{39-79}$$

$$\sum_{e=1}^{M} \alpha_{et} x_{et} \geqslant \alpha_{t\,\min} \sum_{e=1}^{M} x_{et}, t = 1,2,\cdots,T \tag{39-80}$$

$$\varepsilon_{t\min} \leqslant \frac{\sum_{e=1}^{M} x_{et} u_e}{\sum_{e=1}^{M} x_{et} v_e} \leqslant \varepsilon_{t\max}, t = 1,2,\cdots,T \tag{39-81}$$

$$\frac{1}{\phi} \sum_{t=1}^{T} \sum_{e=1}^{M} \left(\frac{x_{et} g_e}{\gamma_{et}} + \frac{y_{et} g_e}{\gamma_{et}} \right) - \sum_{t=1}^{T} \sum_{e=1}^{M} x_{et} \geqslant 0 \tag{39-82}$$

$$\sum_{t=1}^{T} x_{et} \leqslant Q_e, e = 1,2,\cdots,M \tag{39-83}$$

$$b'_{et} \leqslant \frac{y_{et}}{x_{et}} \leqslant b_{et}, t = 1,2,\cdots,T; e = 1,2,\cdots,M \tag{39-84}$$

$$Q'_{et} \leqslant x_{et} + y_{et} \leqslant Q_{et}, t = 1,2,\cdots,T; \tag{39-85}$$

$$e = 1,2,\cdots,M$$

$$\frac{1}{\sum_{e=1}^{M} L_{et}H_{et}} \sum_{e=1}^{M} \sum_{t=1}^{t'} \left(\frac{x_{et}h_{ie}}{\gamma_{et}} + \frac{y_{et}h_{ie}}{\gamma'_{et}} \right) + B_0$$

$$- \frac{1}{\sum_{e=1}^{M} L_{et}H_{et}} \sum_{e=1}^{M} \sum_{t=1}^{t'} \left(\frac{x_{et}q_{ie}}{\gamma_{et}} + \frac{y_{et}q_{ie}}{\gamma_{et}} \right) \geqslant B_{\min}$$

$$i = 1,2,\cdots,N; t' = 1,2\cdots,T; e = 1,2\cdots,M \tag{39-86}$$

$$x_{et} \geqslant 0, y_{et} \geqslant 0, t = 1,2\cdots,T; e = 1,2\cdots,M \tag{39-87}$$

式中 x_{et}、y_{et}——t 期 e 采区计划采出矿量与岩量，t；

M——以电铲为单元的采区数；

T——时间分段，一般为四个季，$T=4$；

U——标准品位 β 时的精矿售价，元/吨；

n——品位差价，元/吨；

β_t——t 时期实际精矿品位；

C_t——t 时期扣除运输部分的精矿成本，元/吨；

η——精矿回收率；

C'_{et}，C''_{et}——t 时期 e 采区矿石与岩石的运输成本，元/(吨·公里)；

S'_{et}，S''_{et}——t 时期 e 采区的矿石与岩石的运距，km；

D_t，D'_t——t 时期精矿国家任务与选厂能力，t；

α_{et}——t 时期 e 采区的品位；

$\alpha_{t\min}$——t 时期要求的最低原矿品位；

u_e，v_e——e 区为硬矿石时，$u_e=1$，$v_e=0$；为软矿石时，$u_e=0$，$v_e=1$；

$\varepsilon_{t\min}$，$\varepsilon_{t\max}$——t 时期硬软矿石比值的下限与上限；

g_e——$g_e=1$，采区为开拓工程；否则，$g_e=0$；

γ_{et}，γ'_{et}——t 时期 e 采区矿岩的比重；

ϕ——开拓矿量保有系数，t/m^3；

Q_e——e 采区保有矿量，t；

b_{et}，b'_{et}——t 时期 e 采区要求剥采比的上限与下限；

Q_{et}，Q'_{et}——t 时期 e 采区设备能力的上限与下限；

B_0，$B_{\min}$——计划开始时平盘宽度及最小平盘宽度，m；

L_{et}，H_{et}——t 时期 e 采区的工作线长度与台阶高度，m；

h_{ie}，q_{ie}——第 i 对上下相邻采区标志，凡参与规划的采区 $q_{ie}=1$，否则 $q_{ie}=0$；其上部采区如同时参与规划，则 $h_{ie}=1$，否则 $h_{ie}=0$；

N——共有 N 对相邻上下采区。

式（39-77）为目标函数，要求赢利最大。式（39-78）为精矿任务约束；式（39-79）为选厂能力约束；式（39-80）为最低品位约束；式（39-81）为硬软矿配比约束；式（39-82）为保有开拓矿量约束；式（39-83）为采区储量约束；式（39-84）为采区剥采比约束；式（39-85）为采区设备能力发挥的约束；式（39-86）为最小平盘宽度约束，式（39-87）为非负约束。

上述数学模型为典型的线性规划模型，可以用单纯形法求解。

模型以采区作为规划单元，故适用于采区内矿石质量比较均匀的场合，否则品位约束与硬度配比约束不一定能满足。

E　用线性规划优化短期开采计划

在长期（年度）计划优化后，短期计划的目标在于落实年度计划的实施。为了做到这一点，可以用线性规划方法使某些重点区段能优先开采[62]。

数学模型如下：

$$\mathrm{Max}\sum_{i=1}^{j}x_iw_i+\sum_{i=j+1}^{k}x_iw_i \tag{39-88}$$

$$\mathrm{s.\,t.}\ \sum_{i=1}^{j}(\alpha_i-F_u)x_i\leqslant 0 \tag{39-89}$$

$$\sum_{i=1}^{j}(\alpha_i-F_l)x_i\geqslant 0 \tag{39-90}$$

$$\sum_{i=1}^{j}x_i\leqslant M_{BB} \tag{39-91}$$

$$x_i\leqslant m_i \tag{39-92}$$

$$\sum_{i=j+1}^{k}x_i\geqslant V \tag{39-93}$$

$$\sum_{i=1}^{j}x_i-\sum_{i=j+1}^{R}Rx_i\leqslant 0 \tag{39-94}$$

$$\sum_{i=1}^{R}x_iL_i\leqslant C_L \tag{39-95}$$

$$\sum_{i=1}^{R}x_it_i\leqslant C_T \tag{39-96}$$

$$x_i\geqslant 0 \tag{39-97}$$

式中　x_i——未知量，规划期 i 方块计划开产量；

w_i——权系数；

α_i——方块 i 的品位；

F_u，F_l——矿石品位的上下限；

M_{BB}——混料场容积，该时期出矿量为一次混料量；

m_i——方块 i 规划时尚存的矿岩量；

V——规定开采的岩石总量；

R——采剥比；

L_i，t_i——分别为方块 i 的装载系数与运输系数；

C_L，C_T——分别为总装载能力与运输能力；

j，k——1 ~ j 为矿石方块，$j+1$ ~ k 为岩石方块。

式（39-89）及式（39-90）为品位约束；式（39-91）为混料场约束；式（39-92）为资源约束；式（39-93）为岩石开采量约束；式（39-94）为剥采比约束；式（39-95）及式（39-96）为装载及运输能力约束。如果还有其他共生矿物品位与矿石物理性质的约束，可仿照式（39-89）及式（39-90）模式增加。

该模型最大的特点是在目标函数式（39-88）中引用了权系数 w_i。

下面说明权系数设定与调整方法。

（1）w_i 的初始设定——短期计划是在年、月计划指导下进行的，年、月计划中已安排开采方块的 w_i 值最大，周围方块次之，越远越小。

（2）人工调整 w_i——w_i 初始值设定后，用单纯形法求解，输出计算结果，将结果中不宜开采的方块的 w_i 值人为降低，应优先开采而未计划开采的方块的 w_i 值人为加大，重新用单纯形法求解。

（3）计算机自动调整 w_i——每个方块都用四位码标志，表示东南西北，1 表示该方向可进电铲，0 表示不能，如为 0000，说明无法采，计算机自动将其 w_i 值降低；如为 0001，说明只有一个方向可进入电铲，要检查作业空间与回转半径，进一步判断是否可采；如不可采，w_i 值降低。编码中 1 的位数越多，说明电铲越容易进入，应该开采，可加大 w_i 值。计算机自动调整后，重新用单纯形法求解。

F 用试凑法编制短期配矿计划[64]

数学模型如下

$$\mathrm{Min}\left|\frac{\sum_{i=1}^{n} V_{i,1}}{\sum_{i=1}^{n}\sum_{j=1}^{m} V_{ij}} - K_{01}\right| \tag{39-98}$$

$$\mathrm{s.t.}\ \sum_{i=1}^{n}\sum_{j=1}^{m} V_{ij} \geqslant A_0 \tag{39-99}$$

$$\frac{1}{K_k}A_{0k} \leqslant \sum_{i=n'_{k-1}+1}^{n'_k}\sum_{j=1}^{m} V_{ij} \leqslant K_k A_{0k}, k = 1,2,\cdots,t \tag{39-100}$$

$$V'_i \leqslant \sum_{j=1}^{m} V_{ij} \leqslant V''_i, i = 1,2,\cdots,n \tag{39-101}$$

$$-\Delta d \leqslant \frac{\sum_{i=1}^{n}\alpha_{id}\sum_{j=1}^{m} V_{ij}}{\sum_{i=1}^{n}\sum_{j=1}^{m} V_{ij}} - \alpha_d \leqslant \Delta d, d = 1,2,\cdots,D \tag{39-102}$$

$$K_{1j} \leqslant \frac{\sum_{i=1}^{n} V_{ij}}{\sum_{i=1}^{n} \sum_{j=1}^{m} V_{ij}} \leqslant K_{2j}, j = 2,3,\cdots,m \tag{39-103}$$

$$V_{ij} \geqslant 0, i = 1,2,\cdots,n;\ j = 1,2,\cdots,m \tag{39-104}$$

式中 t——露天坑数；

n——总工作面数；

n_k——k 坑工作面数；

n'_k——k 坑最后一个工作面在工作面总序号中的序号，$n'_k = \sum_{l=1}^{k} n_l$；

m——矿石工业类型数；

D——原矿中考核的成分及特性参数的种数；

A_0——公司要求的最低出矿量；

A_{0k}——公司要求 k 坑出矿量；

K_k——允许不均衡系数；

V'_i，V''_i——i 工作面出矿量的下限与上限；

α_d——要求原矿中 d 种成分的比例；

Δd——原矿中 d 种成分比例的允许偏差；

α_{id}——i 工作面 d 种成分含量；

K_{01}——选矿工艺要求原矿中第一种工业类型矿石所占的比例；

K_{1j}、K_{2j}——原矿中第 j 种工业类型矿石所占比例的下限与上限；

V_{ij}——i 工作面 j 种矿石的产量，为待定未知量。

由模型可以看到，这是一个配矿计划。模型保证全矿、各坑、各工作面的产量满足公司要求，各种成分的平均含量与各种工业类型矿石所占的平均比重满足公司要求，并使第一种工业类型矿石比重最大程度接近公司给定的指标 K_{01}。

上述模型是一个带限定条件的非线性规划问题。由于问题比较简单，可采用试凑法来寻优，计算机过程如图 39-40 所示。

计算步骤如下：

第一步。根据 V'_i 及 V''_i，将 V_i 按步距 ΔV_i 分成若干级。将步距 ΔV_i（$i=1$，2，…，n）及其他参数输入计算机，开关 S_1、S_2、S_3、S_4 均置 1，表明全部约束条件有效。以 V'_i 作为 V_i 的初始值。

第二步。将 V_i 值代入式（39-99）、式（39-100）、式（39-102）及式（39-103）。

第三步。检查式（39-99）、式（39-100）、式（39-102）及式（39-103）是否满足。假如满足，进入第四步；如不满足，进入第五步。

第四步。将 V_i 代入式（39-98），记录计算结果 V_i（$i=1$，2，…，n）为一个可行解。

第五步。所有步距如均已完毕，进入第七步；否则进入第六步。

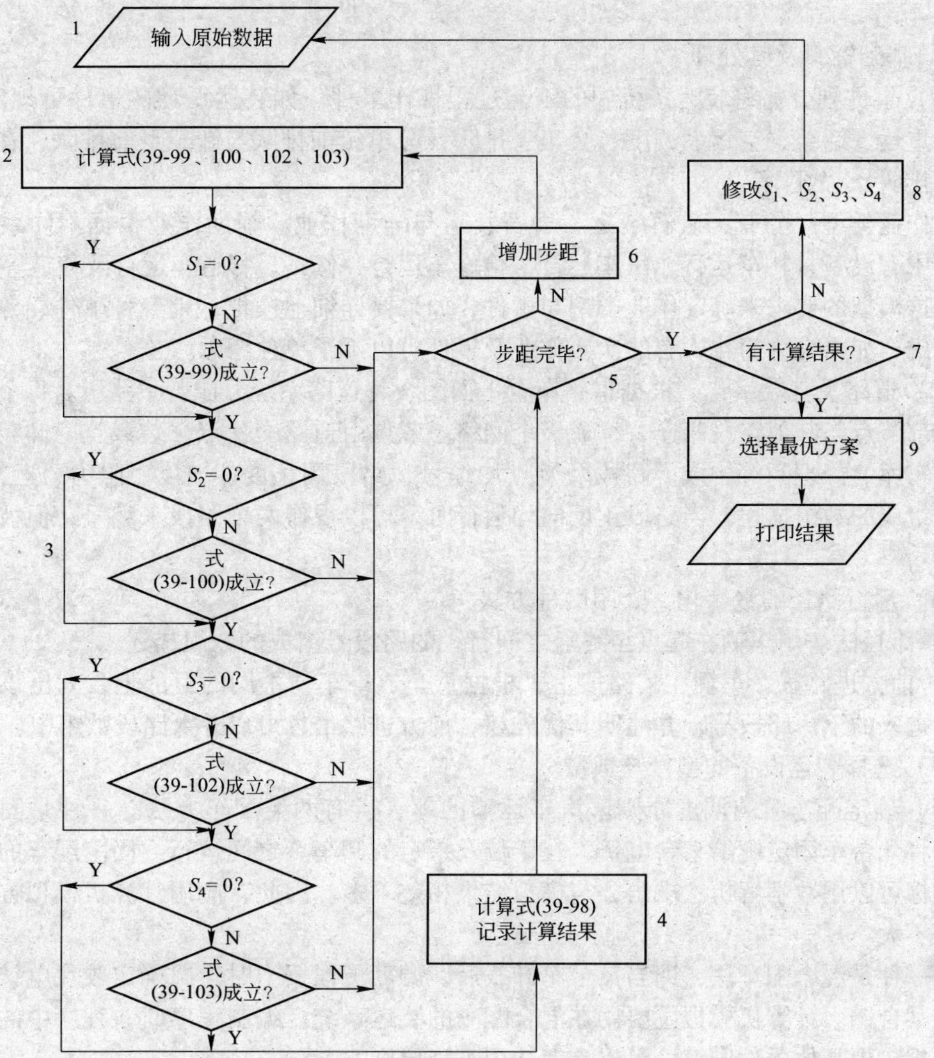

图 39-40 露天矿短期计划试凑法框图

第六步。增加步距，返回第二步。

第七步。如已有可行解，进入第九步；如没有可行解，说明约束太紧，进入第八步。

第八步。修改 S_1、S_2、S_3、S_4 中任一项，令其等于 0，然后返回第一步，从头开始计算。此时，取消了一个约束条件。

第九步。从可行解中，选择最优解，然后打印输出结果。

39.4.3 露天矿生产工艺系统的优化

39.4.3.1 用计算机模拟优化露天矿装运系统

露天矿装运系统是一个复杂的系统，很难用数学分析方法计算装运系统的指标，这种问题最好用计算机模拟方法（见 39.2.7）求解。

可以用计算机模拟各种类型的装运系统，如铁道系统，公路系统，带式输送系统，箕斗系统以及混合系统。下面以公路系统及铁路系统为例，其他系统的模拟方法与它们是一样的[66]。

A 基础资料及其处理

（1）事件划分。将装运系统中的工艺过程视作事件。如装运循环的事件可规定如下：装载、重运、卸载、空运、调度、会车、排队（分电铲前排队与卸载点前排队，有时考虑会车点排队）、故障等。

按作业类型区分有：矿石装运、岩石装运与辅助作业。辅助作业根据不同系统而不同，其中有设备材料车运行，吊车运行，检修车运行，修路，移道车运行及移道等。

根据模拟的要求来确定作业类型与事件，如果要详细地模拟，则各种事件、各种作业都要考虑；如果允许简化，有的次要作业及事件可以不予单独考虑。

（2）道路及其数字化。根据道路布置平面图，将道路系统分成若干路段。每个路段用两个端部节点与其他路段相连，构成一个网络。节点由道路交岔点、装载点、卸载点、转载点、车库、修理间等构成。路段及节点均编号，路段用长度、坡度、阻力、运行时间、节点号组成的数组描述。当路段正反向均运行时，可以视作两个路段来编号，但彼此可对应检索。

（3）运行路径的数字化。介绍两种方法：

1）路径法。用车辆在起点至终点之间行径的路段号组成的数组描述。

2）前方进路法。车辆在某路段上，根据重车、空车与不同的目的地，列出该路段前方可能进入的下一路段号，并注明其优先权，前方进路信息可以并入路段数组中。

（4）选择装运设备的型号与数量。

（5）确定配车时的调度原则。汽车运输的露天矿有两类配车方法。一种是固定配车法，即将几台车固定配给某台电铲，在铲位及指定的卸车点之间运行。固定配车的装运系统的指标可以用数学解析法求出，与模拟结果相差不多。因此，应用计算机模拟方法求解的意义不大。

另一种是混合配车法，即当某台车卸载后，调度员根据当时情况确定驶往电铲号，不固定于某台铲。计算机模拟主要用在混合配车的装运系统。编制程序时，程序中的调度原则要根据矿山具体条件制订。可以参考选用下列原则：

1）确定重点部位的优先权。优先权高的电铲优先配车，但不超过某一预先规定的限额，如某产量比值或最大理论配车数。

2）按各电铲计划作业量的完成系数配车。配车电铲若为 j 时的条件为：

$$\frac{X_j}{Q_j} = \mathrm{Min}\left\{\frac{X_i}{Q_i}\right\}, i = 1,2,\cdots,N$$

式中 N——电铲数；

Q_i，X_i——i 铲计划作业量与已完成量。

3）按实际配车数与理论配车数比值最小原则配车。第 i 台电铲的理论配车数 m_i 为

$$m_i = \frac{t_{Li} + t_{Hi} + t_{Ei} + t_D}{t_{Li}}, i = 1,2,\cdots,N$$

式中 N——电铲数；

t_{Li}, t_{Hi}, t_{Ei}——i 电铲装车时间均值，i 铲到卸车点间重运与空运时间均值；

t_D——卸载时间均值。

配车电铲若为 j 的条件是

$$\frac{m'_j}{m_j} = \operatorname*{Min}_{i}\left\{\frac{m'_i}{m_i}\right\}, i = 1,2,\cdots,N$$

式中 m'_i——i 铲已配给车数。

铁道运输装运系统的调度原则与汽车运输时相似。但当一条铁路线上有两台电铲作业，在列车要进入该线路中的铲位时，要考虑以下两种情况：

1）里面的电铲正在给一列车装载，列车是否进入外面电铲铲位的判据是 Q_1 及 Q_2 两个衡量装载量的数值。当里面电铲已装量为 Q，当 $Q < Q_1$ 时列车可进入铲位；$Q > Q_2$ 时，列车在外等待，直到里面列车装完并且驶出后再进入；$Q_1 < Q < Q_2$ 时，列车既不进入，也不等待，重新调度往新电铲。Q_1 及 Q_2 的值根据具体情况确定，但 $Q_1 < Q_2$。

2）外面电铲正在给一列车装载，列车是否等待以便进入里面铲位的判据是 Q_3。当外面列车已装载量为 Q，如 $Q_1 > Q_3$，列车等待；如 $Q < Q_3$，列车不等待，重新调度。Q_3 根据具体情况确定。

（6）收集各工艺环节的作业时间。需要输入的作业时间有电铲装车时间，重车在各路段的运行时间、空车在各路段的运行时间，卸车时间以及其他要模拟的辅助作业时间。

作业时间可以是确定型的，也可以是随机型的。作业时间可由测时写实后整理取得。有时作业时间可以由厂商提供的数据选取，或根据厂商提供的特性曲线计算得到。

（7）收集模拟中考虑的各种因素，如故障、停工影响、会车、上下班集散等所占的时间。它们可以是随机型，也可以是确定型。

B 模拟时间

由于模拟中引入了随机因素，模拟班数太少，不容易得到稳定的运行指标。因此，运行模拟程序时，都要模拟数十个班。模拟班数越多，指标越稳定。可以在模拟时确定一个收敛原则或波动程度来截止模拟。

C 模拟结果

模拟结果可以得到装运系统的下列指标：系统的通过能力，各路段的车流密度与其概率分布，堵塞部位、频率与延续时间的概率分布，装运设备的效率与工时利用，电铲等车时间与车辆排队时间等。

在研究装运系统时，对比各方案的模拟结果指标，然后从中择优。

D 模拟用途

如前所述，通过模拟结果可以评价各种装运系统方案的优劣。下列项目的不同，可以构成不同装运系统方案：道路布置，路段结构参数，出入沟及卸载点位置，设备型号与数量，工艺制度等。

因此，装运系统可以有如下用途：

（1）为新矿山选择装运系统。

（2）为老矿山选择装运系统的改造方案。

（3）选择合理的装运设备的规格与数量。

（4）选择合理的工艺制度，如上下班集散法、调度原则等。

E 模拟实例

实例 1[68] 某矿采用电铲-汽车装运系统，有多台电铲，多个卸点和多台汽车。模拟时考虑故障及会车影响。计算机模拟的目的是要了解不同汽车数量所产生的装运结果。采用时间步长法模拟装运过程，具体步骤见图39-41。

第一步。输入原始数据。将数字化了的道路系统与运行路径，装运时间的随机参数等原始数据输入。

第二步。班记录清零。

第三步。产生设备故障时间表。即按39.2.7中所示的产生随机变量的方法，根据故障发生的概率与延续时间的概率特性参数，产生一班中各种设备发生故障的时刻及其延续时间，即修复的时刻，记入故障时间表。

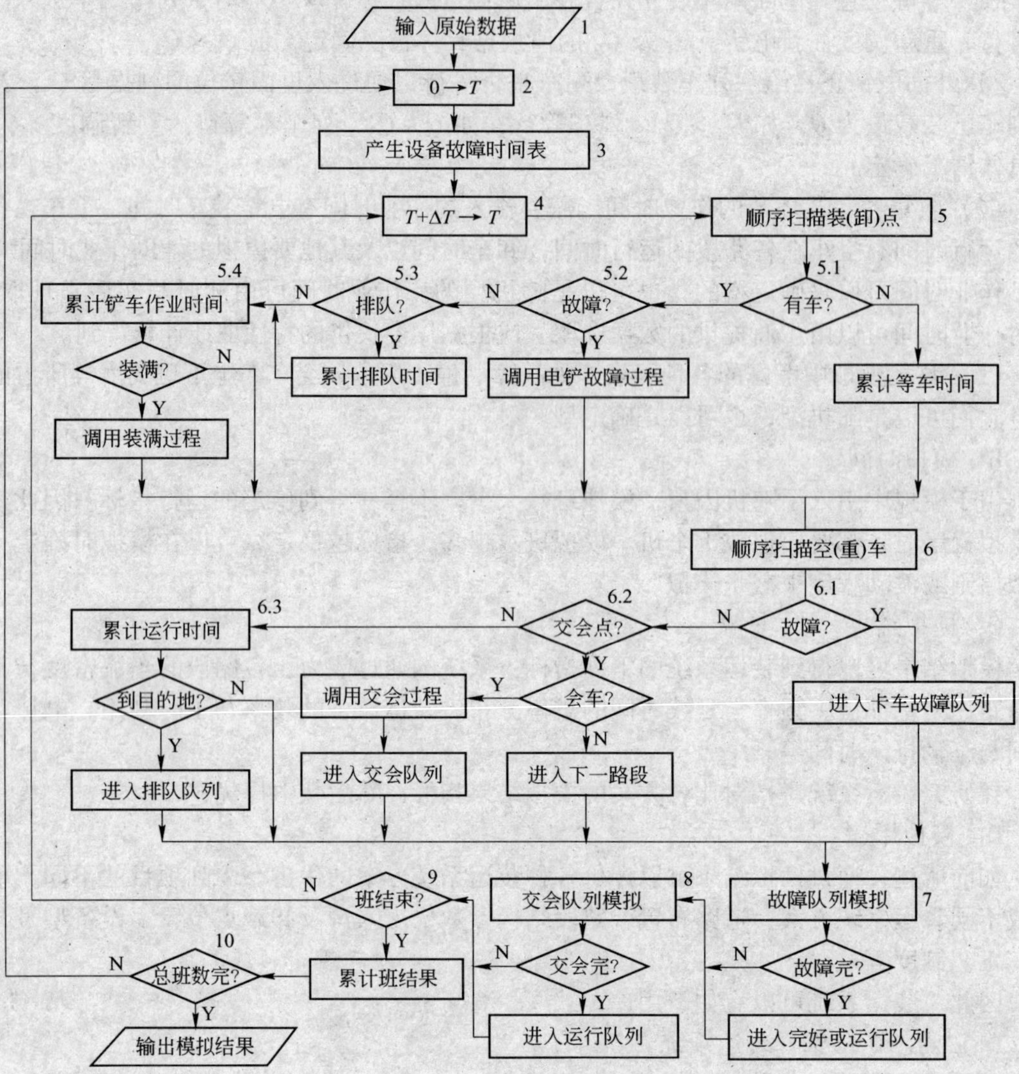

图39-41　电铲-汽车装运系统模拟流程框图

第四步。增加一个ΔT时间步长。

第五步。顺序扫描完好电铲与卸点队列，记录其在ΔT时间内事件的进展，一般有下列几种情况：

（1）电铲及卸点如没有卡车在装或卸，在电铲及卸点等车时间中累加一个 ΔT 时间；

（2）如有车在装卸，电铲及卸点在 ΔT 时间内发生故障（根据故障时间表），电铲及卸点进入故障队列；排队卡车重新调度进入空运队列；

（3）如电铲或卸点未发生故障，有车排队，在车辆排队时间中累加一个 ΔT 时间；

（4）在电铲或卸点的作业时间中累加一个 ΔT，检查装卸完否？如完，累计电铲或卸点及卡车的产量；卡车进入空（重）运行队列，产生电铲随机装车时间，安排卡车前往的卸点或电铲，产生运行时间；如未完，跳过上述内容。

第六步。顺序扫描卡车重运队列及空运队列，记录其在 ΔT 时间内事件的进展。一般有下列几种情况：

（1）如发生故障，卡车进入故障队列。

（2）如在交会点且会车，累计交会次数，进入交会队列；不会车则进入下一路段，产生运行时间，并在运行时间中累加一个 ΔT 时间。

（3）如不在交会点，在运行时间中累加一个 ΔT；检查是否到达电铲或卸点，如到达，进入排队队列。

第七步。模拟故障队列的电铲、卸点与卡车。在故障时间中累加一个 ΔT；故障如已结束，进入完好电铲或卸点队列或卡车运行队列。

第八步。模拟交会队列。在交会时间中累加一个 ΔT；如交会已完，则卡车进入运行队列，产生运行时间。

第九步。班结束否？未结束继续模拟；否则累计当班结果。

第十步。模拟总班数满否？未满则继续模拟，否则输出结果停机。

实例 2[69] 某矿采用电铲-铁道装运系统。该矿拟改造现有部分线路，以期提高总装运能力，现提出了几种改造方案，要求检查几种方案各能达到的总装运能力及其指标。

采用最短时间事件步长法进行模拟，模拟的流程框图如图 39-42 所示。由于模拟的过

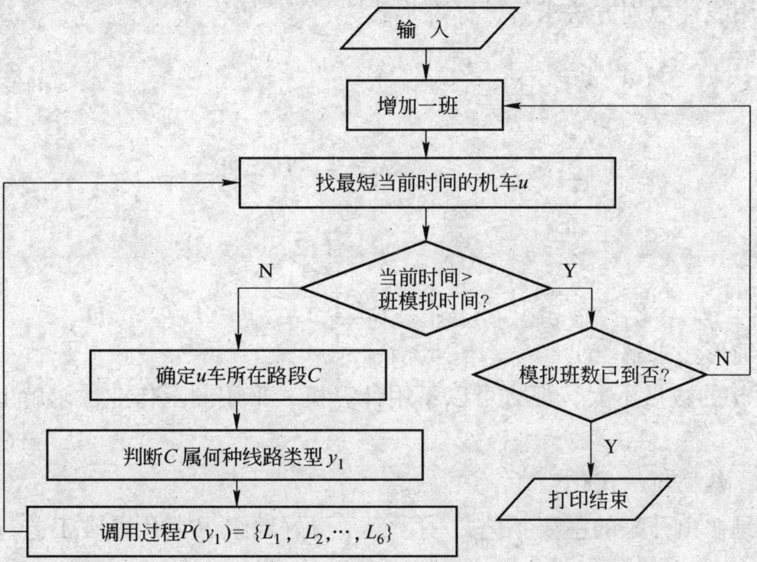

图 39-42 电铲-铁道装运系统模拟程序主框图

程比较复杂，下面仅说明模拟的思路。

（1）将道路系统中的路段分成六种类型，分别为：

1）电铲工作线前的路段。列车在此处时，要判断是否可以进入工作线，如不能进入，重新调度；如需等待，执行等待事件；否则进入铲位，执行装车事件。

2）排土线前的路段，列车在此处也要判断是重新调度或是等待，或是进入卸车。

3）破碎机前的路段。列车在此处要判断进入哪一台破碎机的翻车线执行翻车事件，或者执行等待事件。

4）前方道岔有两个可能进入的路段。列车在此判断前方进路是否有列车或占线，如有，执行等待事件；如无，执行进入下一路段的运行通过事件。

5）前面有连续安设的两个岔道，因而有多个可能进入的路段。类似于4），判断是等待还是进入前方某一个进路。

6）自动闭塞路段。在一条线路上由信号分成若干路段，尾随列车之间要相隔一个路段。

（2）将列车看成顾客，上述路段作为服务台。计算机扫描所有列车，寻出当前具有最短时间事件的机车 u，由机车状态表中找出 u 列车所在路段 C，由路段表中找出 C 路段属于哪一类路段，然后由六个路段过程 L_1，L_2，…，L_6 中找出与该路段相应的路段过程，加以调用。

（3）调用路段过程，执行相应事件，修改列车的时钟，记录产量、等待时间、空闲时间、会车次数等，最后累计出模拟结果。

39.4.3.2 排土优化[88,89]

露天矿开采时，经常会遇到下述问题：有多个剥离地点 n，剥离量为 Q_1，Q_2，…，Q_n，有多个排土地点 m，容纳量为 Z_1，Z_2，…，Z_m；而各剥离地点到各排土地点的运费单价为 C_{ij}元/吨（$i=1, 2, \cdots, n$；$j=1, 2, \cdots, m$）；求运费最低的运量分配 x_{ij}。

由此，可用线性规划方法求解，标准形式为：

$$\text{Min}\quad f = \sum_{i=1}^{n}\sum_{j=1}^{m} C_{ij}x_{ij} \tag{39-105}$$

$$\text{s.t.}\ \sum_{i=1}^{n} x_{ij} \leqslant Z_j, \qquad j = 1,2,\cdots,m \tag{39-106}$$

$$\sum_{j=1}^{m} x_{ij} = Q_i, \qquad i = 1,2,\cdots,n \tag{39-107}$$

$$x_{ij} \geqslant 0, \qquad i = 1,2,\cdots,n;\ j = 1,2,\cdots,m \tag{39-108}$$

可以用单纯形法求解。

如果 n 与 m 的数量不大，那么可以不用计算机，采用图上作业法求解上述线性规划模型[4]。

39.4.3.3 钻机组织优化[102]

穿孔爆破是矿山开采的主要工艺之一，为了更好地组织穿孔爆破工艺，可以多方面应用优化技术。

某矿有多种牙轮钻机及潜孔钻机。采用如下数学模型进行优法，并用单纯形法求解。

$$\text{Min} \quad f = \sum_{i=1}^{n} (C_i + y_i + N_i\lambda_i)x_i \tag{39-109}$$

$$\text{s. t.}\ x_i \leqslant [24(D-G)n_i - T_i x_i - 24u_i]p_i, \quad i = 1,2,\cdots,n \tag{39-110}$$

$$\sum_{i=1}^{n} q_{1i}x_i \leqslant B_1 \tag{39-111}$$

$$\sum_{i=1}^{n} q_{2i}x_i \leqslant B_2 \tag{39-112}$$

$$\sum_{i=1}^{n} \lambda_i x_i \geqslant Q \tag{39-113}$$

$$x_1 \geqslant W \tag{39-114}$$

$$x_i \geqslant 0, \qquad i = 2,3,\cdots,n \tag{39-115}$$

式中 x_i——i类钻机月任务量，为待定值，m；

n——钻机种数；

C_i——i类钻机单位产量修理费，元/米；

y_i——i类钻机单位产量人工费，包括工资及15%管理附加费，元/米；

N_i——i类钻机爆破费，包括爆破器材及人工费，元/吨；

λ_i——i类钻机每米孔爆破量，t/m；

D——月工作日数，d；

G——月末停产检修时间，d；

n_i——i类钻机台数；

T_i——i类钻机停产时间，包括待修、检修、停水等影响，h/m；

u_i——i类钻机月检修天数，d；

p_i——i类钻机近两年最高生产能力，m/h；

q_{1i}，q_{2i}——i类钻机单位产量机修与电器检修工作量，工时/米；

B_1，B_2——钻机的机械与电器检修能力，工时/月；

$$B_1 = 8m_1\eta(D-V) \quad B_2 = 8m_2\eta(D-V)$$

m_1，m_2——机械与电器检修工人数；

η——班有效作业系数；

V——月工休天数，d；

Q——月爆破任务，t；

W——月边坡减震孔任务，m；

x_1——第一类钻机的任务，边坡减震孔必须由它完成。

该矿用历史资料验证，用优化方法可以产生巨大经济效益。

如何设计炮孔布置参数，以便充分利用爆破能量，获得合理块度，使穿孔、爆破、装载、运输、破碎总费用最低是矿业科技界瞩目与探索的问题，在优化中要运用爆炸能量传递衰减与岩体裂隙强度及其交互作用的机理，这些可参阅其他资料[103]。

39.4.4 露天矿生产调度的计算机方法

露天矿生产调度计算机化是露天矿生产管理计算机系统中的一个重要组成部分。它要根据短期计划给定的生产任务，结合设备管理部门提供的情况，组织当班的生产；并随时采集各种生产信息进行分类、汇总、统计及预测，反馈给计划、设备管理部门。然后，根据变化了的情况修改计划，指导生产。因此，露天矿生产调度计算机系统是一个关键的子系统。

根据国内外的经验，露天矿生产调度计算机管理有两种方法，其一是计算机辅助调度方法，其二是计算机自动调度方法[71,72]。

39.4.4.1 计算机辅助调度方法

A 概念

计算机辅助调动的实质是：由计算机记录生产信息，自动统计并提供辅助调度决策信息，完成报表编制及打印；但最终调度决策及指令下达仍由工程师人工完成。其工作方法是：设备司机用无线电话向调度工程师报告生产进展情况，调度工程师将其输入计算机进行汇总与统计，并组织辅助调度的决策信息，这些信息反映当前采剥任务完成情况，采场与设备状态以及下一步调整生产组织的提示信息，通过网络传输给矿长及计划，设备管理等职能部门，协同调度工程师调整生产组织，由调度工程师用无线电话向设备司机下达指令。

B 硬件配备

图39-43为典型的硬件配备。其中，高分辨率显示器1，数字化仪3，工业电视系统5，6，7并非必需的。可以根据各矿开发的系统的复杂程度自行选配。

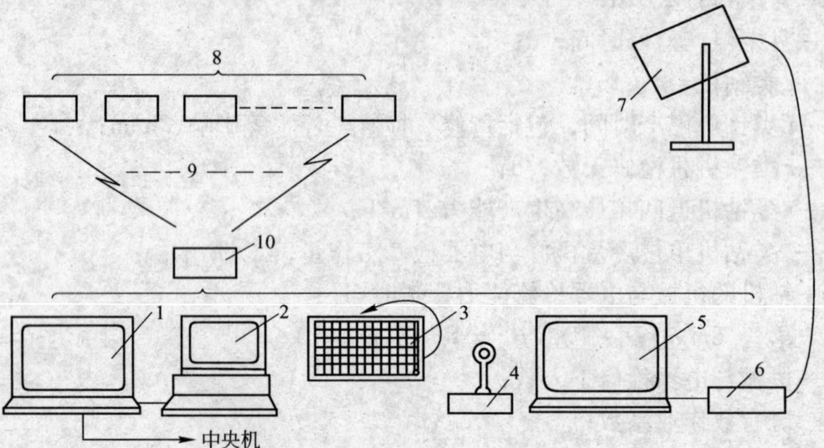

图39-43 调度系统硬件配置

1—高分辨率显示器；2—微机；3—数字化仪；4—无线电话盘；5—工业电视显像管；6—工业电视控制盘；7—工业电视摄像管；8—采矿设备；9—无线电话；10—调度室

C 系统功能

(1) 记录（输入）。调度工程师接到无线电话后，通过下述两种方法将报告内容输入计算机。

1) 数字化仪输入。在数字化仪上贴上输入表（菜单），输入表呈方格形式，每一小格中注明各种设备的编号与动作（如装卸、到达、离开、上班、吃饭、休息、故障等）地点信息（如台阶号、排土场号、停车场、修理间等）、物料类别（如矿、岩）以及各种指令

(如查询、某些键盘输入等)。例如，当收到5号电铲装完12号卡车的报告时，调度员用触笔相继接触表中 5 号电铲 + 装完 + 12 号卡车 + 结束 等方格，此事件即记入计算机，计算机记录电铲产量、采场产量、全矿产量及质量。这种输入方法直观、方便、迅速。当菜单中方格不足时，可只用于记录频繁发生的事件，保证输入速度，不常发生的事件可根据屏幕上显示的二级菜单用键盘输入。

2）键盘输入。键盘输入适用于输入量不大的信息，有时数字化仪方格不够，也可以用键盘作二级菜单的输入。例如，5号电铲钢绳断，调度员接到报告后，用触笔接触数字化仪菜单上的 12 号电铲 + 故障 + 结束 方格，屏幕上出现故障分类编码菜单，用键盘输入断钢绳的类号即可。

(2) 数据处理与统计：指采集与统计下列信息。

1）设备的位置、状态与作业量；

2）作业面电铲号、物料类型、矿岩生产计划量、完成量、贮量；

3）全矿采选任务计划量、完成量、计划质量、实际质量、作业面矿石质量；

4）设备故障及停工影响；

5）人员出勤情况、用电情况等。

(3) 查询与显示。系统可供矿长、职能部门、调度员快速查询当时生产情况，有时可以配置高分辨率显示器显示运行情况。

(4) 打印输出报表。可分班、日、周（旬）、月报表等。

(5) 需要时提供辅助调度决策信息。

上述辅助调度方法广泛用于国外大型露天矿，根据布干维尔（Bougainville）露天铜矿的经验，系统投资16.65万美元，而年收益为66.58～110.99万美元[70]。我国某矿目前也在开发这一系统，如图39-44所示的配置。

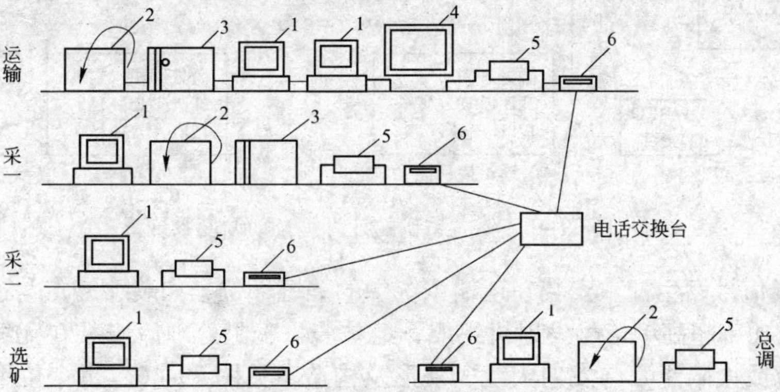

图39-44 我国某矿的辅助调度系统

1—PC/XT微机；2—A_3数字化仪；3—A_1绘图仪；4—高分辨率显示器；5—打印机；6—调制解调器

该矿为电机车运输为主的露天矿，由运输车间执行电机车运输任务。其采矿一车间为主要采矿车间，用电机车运输，但掘沟时用卡车运输，然后运至上一台阶向铁路中的矿车中倒装。采矿二车间用卡车运输，在坑外向机车倒装。然后由机车运往与采一车间共用的破碎机与排土场。矿石破碎后，用带式输送机运往选矿厂。

该矿的辅助调度系统由五部分组成。总调度室为系统的中心，除输入作业计划，采场矿石品位、能耗等数据外，通过调制解调器接收其他部分的信息，并按规定将各部分需要的信息发送出去作为信息集中及交换的中心。

采矿一车间掌握钻机、电铲、卡车、推土机的作业情况，并进行调度，每隔一小时将采矿情况通过调制解调器传输给总调度室，并从总调度室获取所需要的信息。

运输车间掌握电机车装车、运输、排土等情况，自动绘制运行图，并进行调度，每隔一小时与总调度室通讯一次，交换信息。

采矿二车间与选矿厂只设置报表系统、每隔一定时间输入生产状况，并与总调度室通讯，尚不是一个实时系统。

39.4.4.2　计算机自动调度方法

目前，有为数不多的公司，如美国的莫杜拉系统公司、摩托罗拉电子通讯公司提供成套软硬件，已有十多个大型露天矿使用。

A　系统的组成

图39-45所示为铁龙铁矿的计算机自动调度系统。

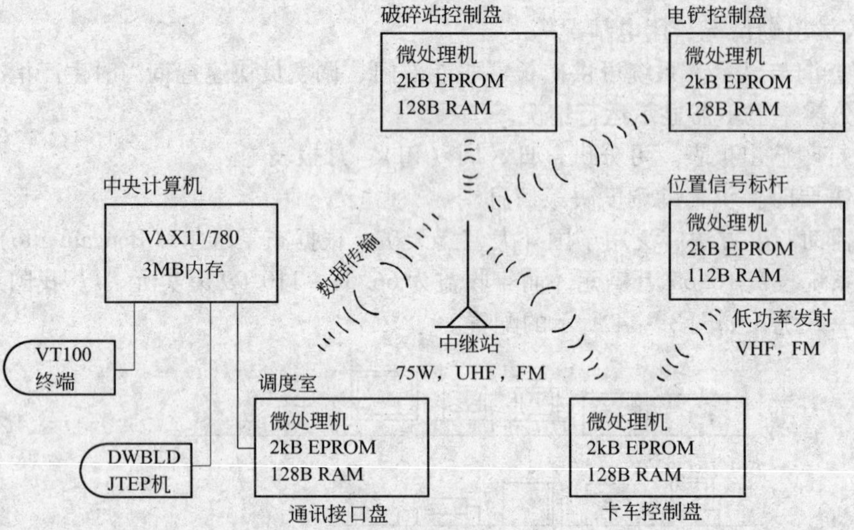

图39-45　铁龙铁矿的计算机自动调度系统

（1）位置信号发生柱。安装在运输系统中的关键部位，如装、卸点与道路分岔点。由微处理机及低功率超高频信号发射机组成，经防震、密封处理后安装在无缝钢管中。配有电源（交直流或太阳能）与发射天线，外形及构造参见图39-46。每个位置编码调制在超高频信号中向外发射。调整发射功率，可使信号覆盖范围为50～100m。

（2）设备上安装的野外控制盘及发报机。控制盘由微处理器及调制解调器等组成。当卡车驶进位置信号发生柱覆盖范围时，接收位置信号，经过解调、检验、在位置编码上加上卡车编码，调制成甚高频信号，发射给中央计算机站的控制盘，由此掌握全矿卡车的位置与动态。

图39-47是卡车野外控制盘的面板图。面板上有数码显示，用来显示中央计算机的指令。显示的运行目的地编码在未到达目的地前不能清除，还可装16个功能键，表示“故

障”、“求援”等信息，报告中央计算机。

图 39-46　位置信号发生柱及其构造

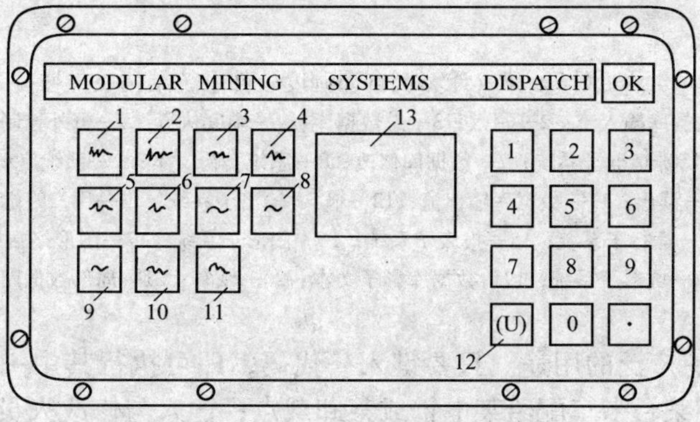

图 39-47　卡车野外控制盘的面板

1—请求调度；2—到达；3—装载；4—休息；5—作业停顿；
6—故障；7—空闲；8—待命；9—司机代号；10—加油；
11—求援；12—清零；13—数码显示

电铲、钻机、推土机等设备上均有各自的野外控制盘，其功能键的内容略有不同。

（3）调度室的通讯接口盘。该盘控制中央计算机与野外控制盘之间的通讯。其结构及功能与野外控制盘大体相同。通讯要执行通讯协议（CSMA/CD——载波监听多路存取/冲突检测）可避免同时发射来的信号冲突。

（4）中继台。当矿区范围大或有死点时设置。

（5）中央计算机。记录各种设备发送来的信息，进行加工，并发出调度指令。国外现行系统中，往往采用 VAX-750 或 780 型计算机，新推出的系统采用多台 MC-68000 微机。

B　软件功能

莫杜拉系统公司的 DISPATCH 软件的结构如图 39-48 所示，其核心是总数据库，它记录和贮存各种生产信息。信息主要由野外控制盘 5 采集，记入总数据库 3，经过调度执行模块 4 作出调度决策，反馈给野外的控制盘；如有特殊情况，由特殊情况子系统 6 处理后由显示屏警告调度工程师。

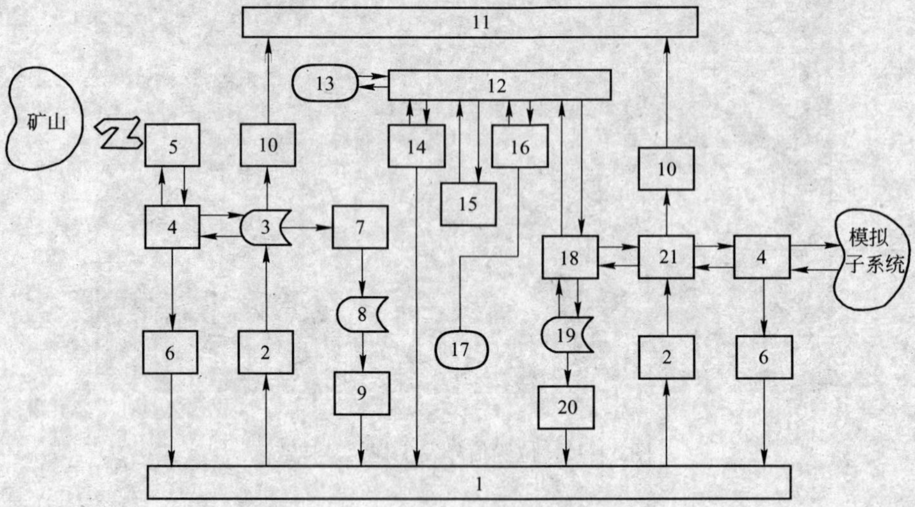

图 39-48 计算机自动调度软件系统结构

1—数据库输入流；2—写入；3—总数据库；4—调度执行；5—野外控制盘；6—特殊情况子系统；7—数据库修改；8—系统备份文本；9—系统启动；10—读出；11—数据库输出流；12—输入/输出子系统；13—用户终端；14—运行子系统；15—报表子系统；16—图形子系统；17—图形终端；18—坑形子系统；19—数据库影子文本；20—恢复；21—局部数据库

运行子系统 14 有广泛的用途。只要键入一代码，即可执行其中一个功能，如给电铲或爆堆优先权；强制某台卡车配给某电铲或某卸载点；输入与修改人员姓名、特征、设备作业地点、调度准则、道路特征、物料类型等；输出与显示各作业面、设备、卸载点的状态、任务完成量、工时利用、加油数量等汇总数字。

特殊情况子系统 6 执行报警功能，除显示屏闪烁显示外，伴有声响信号。警报内容有：运行方向错误；上班、中餐、加油、停工、复工后超时限不报告；某一地点停留过长；两个位置信号发生柱之间运行时间超限；运行速度过快；各种控制器失灵；司机求援；设备故障等。

系统还配有一个坑形子系统 18，用来输入道路系统的特殊参数，通过局部数据库供附属的模拟子系统模拟装运过程，提供各种控制值，预测任务可能完成的指标等。

其他为报表子系统 15，显示运输状态的图形子系统 16，备份文本模块 19，数据库修改、备份、恢复模块 7，8，9 等。

C 优化配车程序的数学模型[73]

莫杜拉系统公司的 DISPATCH 软件中含有调度车辆的优化程序，由两个线性规划程序，一个动态规划程序组成。

a 线性规划实现总体最优

这一部分的目标是满足选厂供矿要求，使重复运输量（贫矿储矿堆吞吐量）最小及混矿均匀。目标函数用伪成本最小表示。

数学模型如下：

$$\text{Min}\quad C = \sum_{i=1}^{N_m} C_m Q_i + C_p\Big(p_t - \sum_{i=1}^{N_m+N_s} Q_i\Big) + \sum_{i=1}^{N_s} C_s Q_i + \sum_{i=1}^{N_m+N_s}\sum_{j=1}^{N_q} L_j C q x_{ij} Q_i \tag{39-116}$$

$$\text{s.t.}\ 0 \leqslant Q_i \leqslant R_i, \qquad i = 1,2,\cdots,N_m + N_s \tag{39-117}$$

$$p_t \geqslant \sum_{i=1}^{N_m+N_s} Q_i \tag{39-118}$$

$$x_{jl} \leqslant x_{Aj} + \sum_{i=1}^{N_m+N_s} (x_{ij} - x_{Aj}) Q_i T_c / (M_c / S_g) \leqslant x_{ju}, j = 1,2,\cdots,N_q \tag{39-119}$$

式中　C——伪成本，无因次；

N_m，N_s——工作面及储矿堆电铲数；

C_m，C_s，C_p，C_q——工作面矿石装运、储矿堆贫矿石装运、选厂欠供及配矿的伪成本；

p_t——选厂生产能力，m^3/h；

N_q——质量考核种类数；

L_j——质量状态指数，按低标准配矿时，$L_j = 1$，按高标准配矿时，$L_j = -1$；

x_{ij}——i 电铲 j 种质量的比例数值；

Q_i——i 电铲的产量，为待定值，m^3/h；

R_i——i 电铲生产能力，m^3/h；

x_{jl}，x_{ju}——j 种质量所占比例的下、上限；

x_{Aj}——迄今已采矿石中 j 种质量的累计平均比例值；

T_c——每次规划的间隔时间，h；

M_c——迄今累计的出矿量，t；

S_g——矿石比重，t/m^3。

式（39-116）中，C_m，C_q，C_s，C_p 实质是权系数、是任意确定的，但要求 $C_m < C_q < C_s < C_p$。如 C_p 最小，只有在 $Q_i \to 0$ 时才能使 $C \to \text{Min}$，这显然毫无意义。如 C_s 最小，则优先运储矿堆的矿石，使重复运输量加大。如 $C_s < C_q$，说明由储矿堆装运矿石比配矿更重要；反之，配矿较重要。

式（39-117）和式（39-118）为生产能力约束。

式（39-119）为质量平稳约束。在已采出总矿量 M_c 中加上新开采的 ΣQ_i 后，总矿量的平均质量在质量上下限之间。T_c 越小，质量越易稳定。M_c 总额定得越大，矿石质量偏离后，越不易调整回来。由此得到的 Q_i 是整体最优解。

b　线性规划使生产能力最大

这部分的目标是使卡车吨位数总量最小，其生产能力自然最大。

数学模型如下：

$$\text{Min} \quad V = \sum_{i=1}^{N} P_i T_i + \sum_{j=1}^{N_d} P_j D_j + N_e T_s \tag{39-120}$$

$$\text{s. t.} \sum_{k=1}^{N_{pij}} p_k - \sum_{k=1}^{N_{p0j}} p'_k = 0, \quad j = N_m + N_s + 1, \cdots, N_k \tag{39-121}$$

$$\sum_{k=1}^{N_{p0j}} p'_k = R_j, \quad j = 1, 2, \cdots, N_m \tag{39-122}$$

$$\sum_{k=1}^{N_{p0j}} p'_k \leqslant R_j, \quad j = N_m + 1, \cdots, N_m + N_s \tag{39-123}$$

$$P_j = Q_i, \quad i = j = 1, 2, \cdots, N_m + N_s \tag{39-124}$$

$$P_i \geqslant 0, \quad i = 1, 2, \cdots, N_k \tag{39-125}$$

式中 N_p——路段数；

N_d——卸载点数；

P_i——路段 i 的通过量，未知量，m^3/h；

T_i——路段 i 的运行时间，h；

P_j——卸载点 j 的运入量，m^3/h；

D_j——卸载点 j 的作业时间，h；

N_e——作业电铲数；

T_s——平均车容量，m^3；

N_{pij}，N_{p0j}——分别为 j 节点流入的道路数与流出的道路数；

N_k——节点总数，其中有 N_m 个采场装载节点，N_s 个储矿堆装载节点；

R_j——j 节点的装载能力，应充分发挥采场装载能力（$=R_j$），且不超过储矿堆装载能力（$\leqslant R_j$）；

p_k——流入节点 j 的路段号；

p'_k——流出节点 j 的路段号。

式（39-120）目标函数中，右边第一项表示在路段上运行的空重车总吨位数，第二项表示在翻车的卡车总吨位数，第三项表示在电铲处的卡车总吨位数，因此，目标为卡车总吨位数最小。式（39-121）为各路段之间流量平衡。式（39-122）和式（39-123）为电铲与流出路段间流量平衡。式（39-124）中的 Q_i 为第一阶段线性规划的解，P_j 为第二阶段线性规划的解，两者应相等，这样把两个阶段线性规划耦合起来。

c 动态规划

第二阶段线性规划得出了最优的路段流量 P_i，但在实际生产中，车辆是一台一台调度的，要临时决定该汽车应分配给哪一台电铲，而该电铲又很远，卡车驶抵电铲时，状态发生变化，该电铲可能已不是最优选择了。因此，用动态规划分配车辆，以道路上的车流密度 P_i 为考核指标，使之逼近第二阶段线性规划得到的最优解 P_i（$i=1, 2, \cdots, N$；其中 N 为路段数），就可以得到最优生产状态。

调度每一台卡车时，选出一组道路，由此可以分别驶向各台电铲。先计算各条道路的最优（最大）车流吨位数 $H_{i\max}$ 及该台卡车分配给该道路前的道路拥有的车流吨位数 H_{ij}。

$$H_{i\max} = P_i \cdot T_i \tag{39-126}$$

$$H_{ij} = H_{i0} - P_i(A_j - L_i) \tag{39-127}$$

式中 P_i——第二阶段线性规划解得 i 路段应保持的最佳车流通过量，m^3/h；

T_i——驶过 i 路段全长所需运行时间，h；

H_{i0}——i 路段在上一次配到卡车时所拥有的卡车吨位数，m^3；

L_i——i 路段上一次配到卡车的时刻，h；

A_j——j 车将配往 i 路段的时刻，h。

要求有下述关系

$$H_{i\max} - H_{ij} > 0 \tag{39-128}$$

否则 i 路段已拥有过多卡车容量，在卡车驶抵电铲时会排队。因此当式（39-128）不满足时该道路不参加择优。

将式（39-126）、式（39-127）代入式（39-128）中，移项得：

$$A_j > L_i + H_{i0}/P_i - T_i$$

令：

$$x_i = L_i + H_{i0}/P_i - T_i$$

取最小的 x_i 配车，将时间最近的车 j 配给 i 路段（相当于驶向最需要卡车的电铲）。如 j 车不在 i 路段区域范围内，则在 i 路段区域范围内选时间最近的车 k。

比较 x_j 与 x_k，如 $x_k - x_j < D$，则将 k 车配给 i 路段；否则，则将 j 车配给 i 路段。D 为区间补偿因数，D 及上面参与规划的其他常量都可以通过模拟程序确定，也可以根据经验确定。

39.4.5 CAD 技术在露天矿的应用

CAD 技术由于其强大的功能，可以应用在露天矿的多个领域，特别是与图形处理有关的各个方面。下面介绍目前应用最广泛的地测管理、采掘计划编制、炮孔设计 CAD 系统。此外，它还可用于矿山测量、露天境界设计、工业广场地面布置等方面[32,39]。

39.4.5.1 露天矿地测管理 CAD 系统

露天矿地测管理工作中，下述内容可以包含在一起，形成地测管理 CAD 系统。

（1）地测原始数据的管理。其中有台阶与采空区测量的控制点坐标，钻孔、槽探、炮孔取样坐标与样品的检验等。

（2）地测图件的管理。其中有综合地形图、台阶平面图及各类断面图等。

（3）储量管理。其中包括储量、采出量、三级矿量与损失贫化管理。

由于地测管理中含有大量数据、图形和计算，而且作业频繁，因此，地测管理 CAD 系统一般含有数据库与图形处理功能，它可以为其他管理系统准确、迅速地提供基础资料，是露天矿计算机管理软件中极其重要的一环。其系统结构如图 39-49 所示，它表示地测管理 CAD 系统结构的一个实例。

整个系统原则上可分为三大部分：

第一部分为原始数据库。输入台阶地形及采出验收测点坐标、钻探、槽探、炮孔取样坐标与化验值，建立数据库进行管理。

第二部分为图形处理部分。由磁盘读出测点坐标并自动上图，自动或人工辅助生成台阶地形线，此外钻孔、槽探沟和炮孔也自动上图，并附有样号。然后在数字化仪上输入台阶平面素描图等补充信息，在此基础上自动或人工辅助连接地质构造线与地层界限，从而组成台阶分层平面图。若在数字化仪上输入块段或采空区多边形顶点（坐标），可进行面积计算，并提供有关矿量计算的信息，如该面积范围内的样品品位、体重、高度、储量与矿

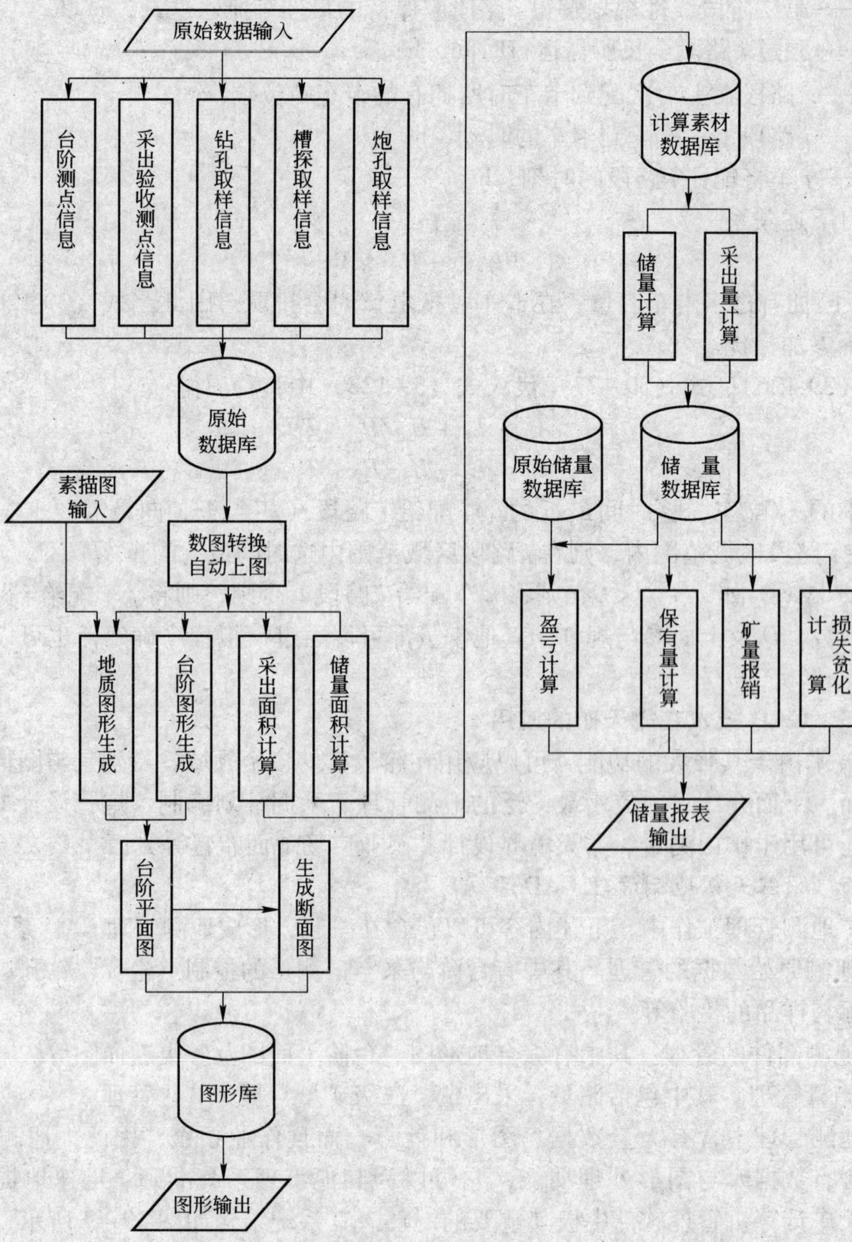

图39-49　露天矿地测管理CAD系统结构框图

量等级、计算公式选择等，连同算出的面积，传输到储量管理数据库（集）中，作为储量计算的素材。根据台阶平面图，用人工辅助可以生成所需要的断面图。

第三部分为储量管理数据库部分。前面提到，储量计算的素材已由图形处理部分传输来，于是，可以根据相邻台阶的对应数据计算块段储量与采出矿量，组成储量计算表、三级矿量表、储量计算盈亏量表、采出矿岩量表，进而可以计算保有矿量、报销矿量与损失贫化指标。如果由调度报表系统反馈矿山商品矿石的数量与质量，还可以算出二次损失贫化值。

39.4.5.2 露天矿采掘计划编制 CAD 系统

采掘计划编制 CAD 系统一般以地测管理 CAD 系统为基础，直接调用后者生成的台阶平面图与有关地质信息，可编制年、季、月计划。在编制逐年计划基础上还可生成长期采掘计划。

图 39-50 表示一个露天矿年采掘计划编制 CAD 软件。该软件的运行环境为 IBM 系列微机与在 DOS 支持下的 Auto CAD 及 BASIC 软件[37,65]。

由图 39-50 可以看到，首先要建立分层块段模型。先直接输入台阶平面图，其中含地质构造线，地层界线及台阶推进线，代表矿岩分布及开采现状。然后分层建立各台阶平面图，不同台阶从上到下依次采用蓝、红、白各种色素区分，使用户可以方便地识别各分层。分层块段模型采用规则方块。显示时，矿石方块具有较大的亮度，以与岩石方块区别。整个过程由计算机自动完成。

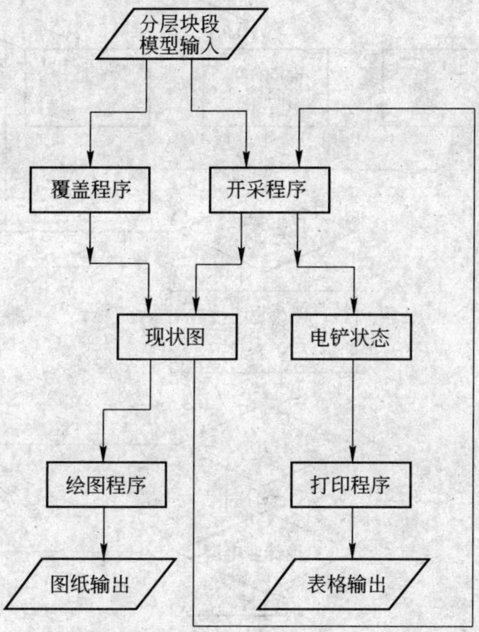

图 39-50 计算流程图

方块模型构成后，调用覆盖程序，将要开采的层与邻近相关的层调出，再用开采程序模拟开采过程。此时，用户用键盘移动屏幕上的光标，利用光标指示要开采的方块，模拟开采矿岩。开采模拟程序的逻辑框图如图 39-51 所示。

模拟时，用户首先输入计划年份、作业电铲号与台阶号，然后用键盘驱动光标，在屏幕上显示的方块模型上作业，按不同的要求进行掘沟或扩帮。由于覆盖技术可以方便地将需要的台阶叠合在一起显示，用户可以直观地判断相邻台阶开采几何约束的时空关系。这样逐个台阶反复开采与调整，形成全年开采的矿岩集合。

开采过程中，计算机自动累计采出矿岩量并显示在屏幕上，供用户判断是否满足采剥任务。最后，由打印机输出年计划结果。

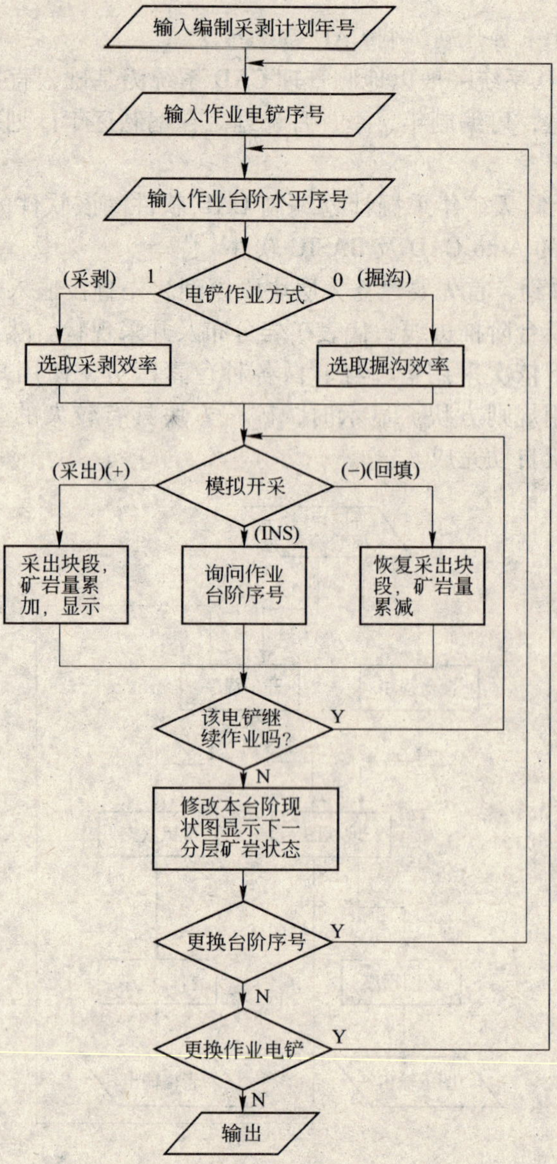

图39-51　开采模拟程序逻辑框图

根据全年采出的矿岩集合，修改方块模型。将采出方块的属性改为采出标志。然后调用等值线程序，经绘图机绘出平滑的年末进度图，如图39-52所示。

在实际应用该软件的过程中，还可对该软件进行修改，以适应矿山编制年、季、月采掘计划时圆滑推进线的需要。其中主要是：（1）不再用方块模型，直接采用矿岩分界线组成的不规则块段构成地质模型；（2）用户控制键盘，在屏幕上显示的图形上绘出推进线，圈出开采范围，不再用方块开采；（3）自动计算出圈定范围内的各层矿量与岩量，显示在屏幕上。软件经过这些修改后，更适合实际情况，更直观，而且操作迅速方便。

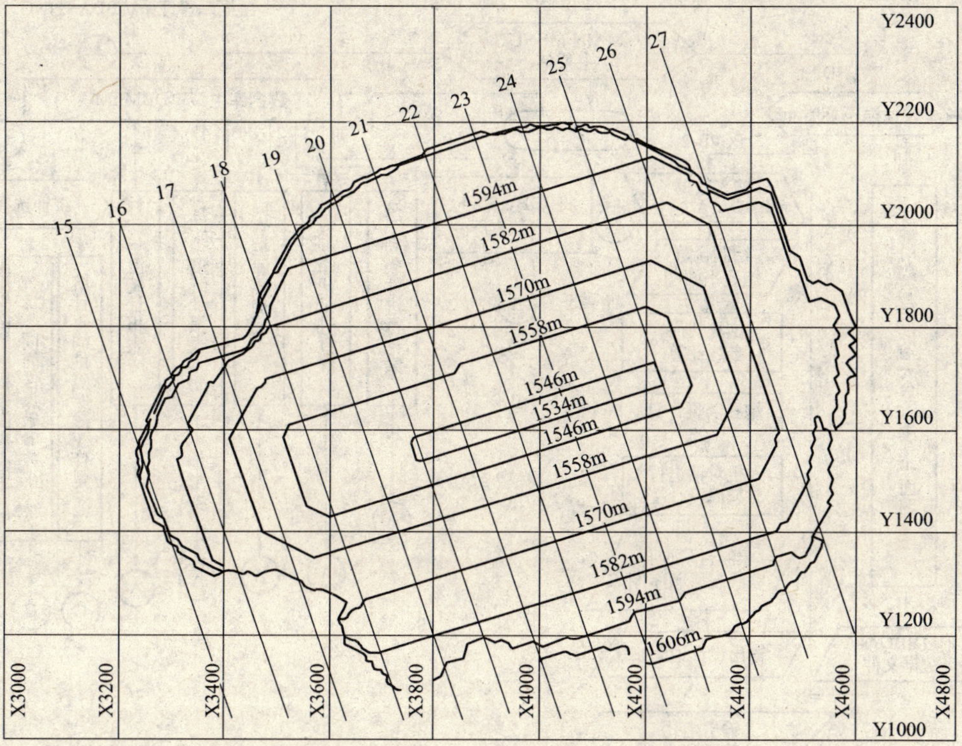

图 39-52 年末推进图

39.4.5.3 露天台阶炮孔设计 CAD 软件[38]

该软件在 IBM 微机上工作，配置 A_3 数字化仪与平板绘图仪。在 CCDOS 支持下，应用 BASIC 与 dBASE 语言。

系统逻辑框图如图 39-53 所示。

系统分为两大部分：以 BASIC 语言编制的设计子系统与以 dBASE 语言编制的数据库管理子系统。

调用设计程序时，先用数字化仪输入台阶平面图，并在其上布置炮孔。根据图形，用计算机计算抵抗线、孔距、排距、孔深等参数，然后以人机对话方式由用户选择炸药单耗、炸药类型、起爆形式与起爆顺序，计算机即可输出台阶炮孔平面布置图、起爆顺序和连线图、爆破设计说明书、孔深、装药量、起爆段号一览表、爆破材料领料单、避炮通知单等。

每次爆破设计存入数据库系统，并根据实际施工情况修改、补充爆破效果信息。系统根据这些资料，进行各种统计。系统能提供方便的修改、检索功能，并能打印季、年爆破作业报表。

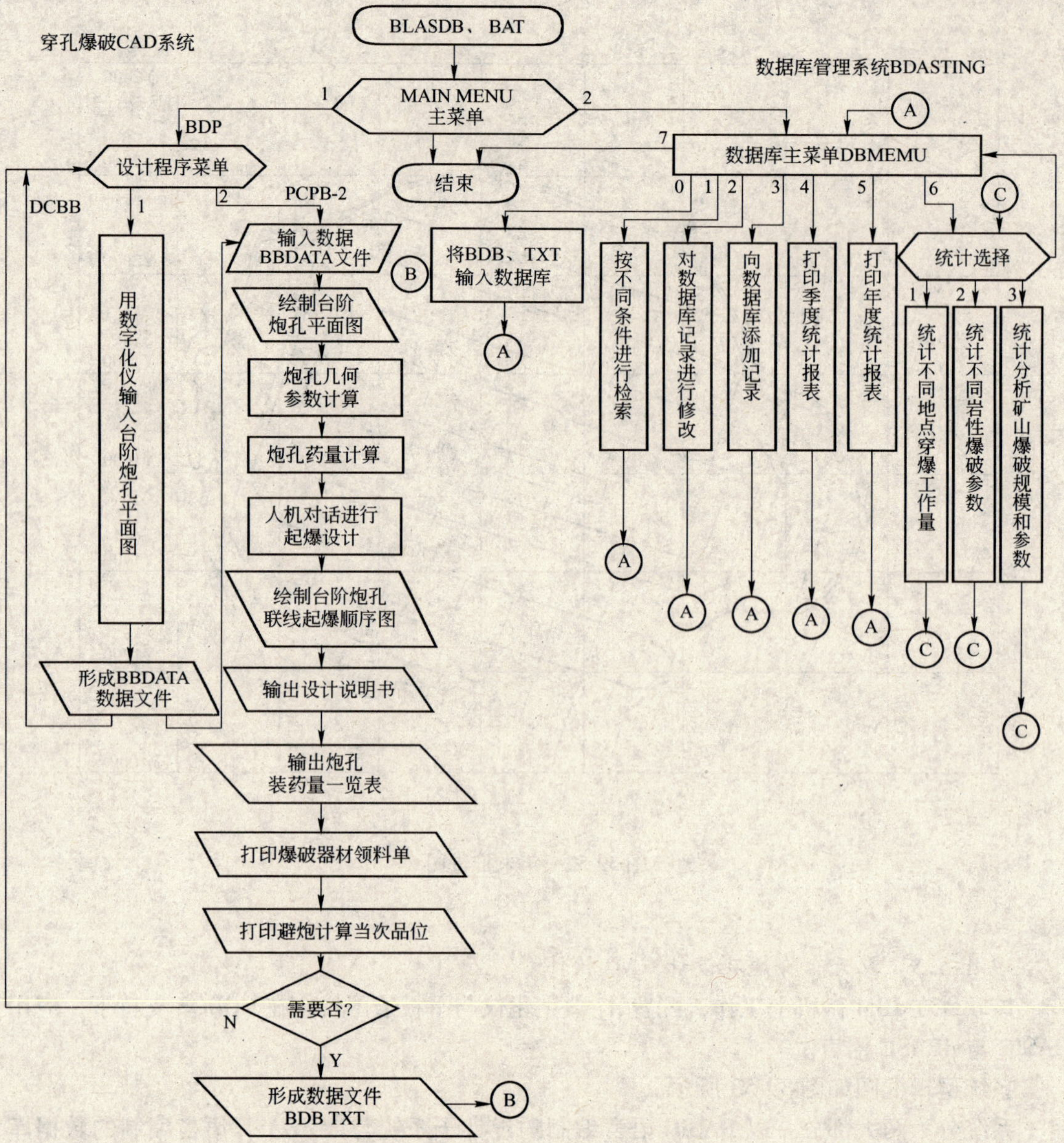

图39-53　露天矿炮孔设计系统逻辑框图

39.5　系统工程在地下开采中的应用

地下矿山是一个多层次、复杂的动态大系统，在时间、空间和资源方面限制较严，受众多随机因素的影响。在地下矿山规划、设计、建设和生产经营管理中广泛应用系统工程方法，将促进决策科学化和管理现代化，开拓企业潜力，为矿山企业带来综合经济效益，使资源得到更合理的应用。有关系统工程在地下采矿方法选择、工艺和结构参数优化、通风、管理等方面的应用见本手册相应章节。

39.5.1 地下矿开拓运输设计的优化

39.5.1.1 综合评价法

本方法是从多种可行的开拓方案中，依据选取的一系列优化标准，对各个方案进行综合性评价，从中找出较优开拓方案。步骤如下[74]：

(1) 提出可行开拓方案。根据矿山的地质地形条件及其他有关因素，用常规方法提出各种可行的开拓方案。经过分析比较，筛选出几个需要进一步比较的方案（见本手册17.11)。

(2) 确定评价标准。根据影响方案选择的重要性，选取评价各方案的标准，如基建投资、基建工期、生产经营费、对环境的影响等。然后计算各方案评价标准的指标值，求出方案指标矩阵 $F = [f_{ij}]_{m\times n}$，其中 m 为评价指标的数目，n 为待比较的方案数目。对定性指标也要给数值，使其定量化。

(3) 确定评价指标的重要性权数。在这个评价过程中，各个指标的作用不等，需要用重要性权数加以区别。通常，采用专家评分法决定权值。将可能选取的评价指标印成表格，请生产、设计、科研和教学的有关专家对指标重要性评分，评分标准常取0~20。然后，可用下述两种方法确定各指标权数 ϕ。

1) 取每一个指标得分的算术平均值作为权数：

$$\phi_j = \sum_{i=1}^{n} s_{ij}/n \tag{39-129}$$

$$i = 1,\cdots,n;\ j = 1,\cdots,m$$

式中 s_{ij}——第 i 个评分人对第 j 个指标的评分值；

n——评分总人数；

m——评价指标的数目。

2) 按指标重要性序列矩阵计算权数。各指标按专家评分高低排序，依次给分。最低的为1分，最高的为 N 分，将各专家评分所得分值列入序列得分矩阵 $A = [a_{ij}]_{m\times n}$。自序列得分矩阵算得指标重要性序列矩阵 $B = [b_{kl}]_{m\times m}$

$$b_{kl} = \sum_{i=1}^{n} \left\{ (a_{ik} - a_{il}) \begin{cases} = 1 & a_{ik} > a_{il} \\ = 0 & a_{ik} \leqslant a_{il} \end{cases} \right\}$$

$$k = 1,\cdots,m$$

$$l = 1,\cdots,m \tag{39-130}$$

由矩阵 $B = [b_{kl}]_{m\times m}$ 计算指标重要性权数 ϕ_j

$$\phi_j = \frac{N}{\mathrm{Max}\left\{ \sum_{l=1}^{m} b_{jl} \,\middle|\, j = 1,\cdots,m \right\}} \sum_{l=1}^{m} b_{jl} \tag{39-131}$$

式中 N——权数最高给分值，常取20。

(4) 将权数标准化。为便于比较，将权数除以权数平均值 ϕ_c，得标准权数 ϕ_i°。

$$\phi_i^{\circ} = \frac{\phi_i}{\phi_c} = \frac{\phi_i m}{\sum_{i=1}^{m} \phi_i} \tag{39-132}$$

（5）选出最优值。自各方案的各指标中选出其最优值 f_i°，作为理想最优方案的指标集，最大最优时取最大值，最小最优时取最小值。

（6）将标准值无量纲标准化。以理想最优方案指标值为准，取各方案指标值 f_{ij} 与理想方案最优值 f_i° 的差的绝对值，除以各相应指标最大值和最小值之和，使各指标值化为无量纲标准值 δ_{ij}，即：

$$\delta_{ij} = \frac{|f_i^{\circ} - f_{ij}|}{\mathrm{Max}f_{ij} + \mathrm{Min}f_{ij}}$$

（7）计算综合优化值。以每一方案无量纲标准值 δ_{ij} 与标准权数 ϕ_i° 的积的平方根作为综合优化值 F_j。

$$F_j = \frac{m}{\sum_{i=1}^{m} \phi_i} \sqrt{\sum_{i=1}^{n} (\delta_{ij}\phi_i^{\circ})^2} \tag{39-133}$$

具有最小 F_j 者为综合最优方案，即最优的方案 j 要求：

$$F_j^{\circ} = \mathrm{Min}\{F_j | j = 1, \cdots, n\}$$

表 39-19 是上述步骤的计算表格。

表 39-19　综合评价计算表

评价指标编号	n 个比较方案的指标值 1，2，…，j，…，n	理想方案指标	n 个方案的无量纲标准化指标值 1，2，…，j，…，n	重要性权数	标准化重要性权数
1	$f_{11}, f_{12}, \cdots, f_{1j}, \cdots, f_{1n}$	f_1^0	$\delta_{11}, \delta_{12}, \cdots, \delta_{1j}, \cdots, \delta_{1n}$	ϕ_1	ϕ_1^0
2	$f_{21}, f_{22}, \cdots, f_{2j}, \cdots, f_{2n}$	f_2^0	$\delta_{21}, \delta_{22}, \cdots, \delta_{2j}, \cdots, \delta_{2n}$	ϕ_2	ϕ_2^0
⋮	⋮　⋮　⋮　⋮		⋮　⋮　⋮　⋮	⋮	⋮
i	f_{i1}　$f_{i2}, \cdots, f_{ij}, \cdots, f_{in}$	f_i^0	$\delta_{i1}, \delta_{i2}, \cdots, \delta_{ij}, \cdots, \delta_{in}$	ϕ_i	ϕ_i^0
⋮	⋮　⋮　⋮　⋮		⋮　⋮　⋮　⋮	⋮	⋮
m	$f_{m1}, f_{m2}, \cdots, f_{mj}, \cdots, f_{mn}$	f_m^0	$\delta_{m1}, \delta_{m2}, \cdots, \delta_{mj}, \cdots, \delta_{mn}$	ϕ_m	ϕ_m^0
		$\sum_{i=1}^{m}$	$\delta_{i1}, \delta_{i2}, \cdots, \delta_{ij}, \cdots, \delta_{in}$		
算法	$f_i^0 = \mathrm{Max}\{f_{ij}\}$ 最大最优		$\delta_{ij} = \frac{\lvert f_i^0 - f_{ij}\rvert}{\mathrm{Max}f_{ij} + \mathrm{Min}f_{ij}}$		
	$f_i^0 = \mathrm{Min}\{f_{ij}\}$ 最小最优		$F_j = \frac{m}{\sum_{i=1}^{m}\phi_i^0}\sqrt{\sum_{i=1}^{m}(\delta_{ij}\phi_i^0)^2}$		
	$\phi_i^0 = \frac{\phi_{im}}{\sum_{i=1}^{m}\phi_i}$		$F_j^0 = Min\{F_j \lvert j = 1, \cdots, m\}$		

39.5.1.2　网络流法

地下矿开拓系统核心是物料流动（包括矿石、废石、材料、人员、空气等）的安排，力图用最小的费用完成各种物料输送。因此，可以把开拓系统视作一个网络流，然后根据最小费用流的计算（见 39.2.5），确定物流的最优路径，进而得出最优的开拓运输方案。具体方法步骤如下：

（1）提出各种可行的开拓运输方案。例如，在图 39-54 的矿山横剖面图中，可以采取单一竖井（AB）开拓，单一斜井（CD）开拓或是平硐盲竖井（EIFG）开拓等。

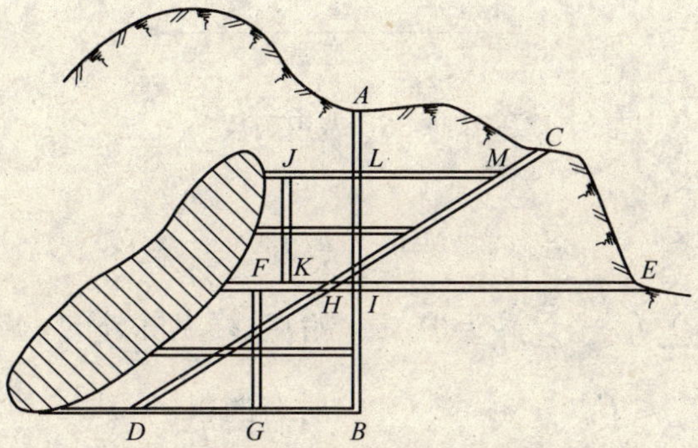

图 39-54　矿山横剖面图

（2）将上述各种开拓运输方案综合在一起，构成网络流图。图 39-55 是相应于图39-54 的网络流图，其中 O_1，O_2，…，O_5 是流的发点，T_1，T_2，T_3 是流的收点。A，B，C…诸点是节点，AL、CM、EI…诸线段是弧，其上的箭头表示物流的方向。

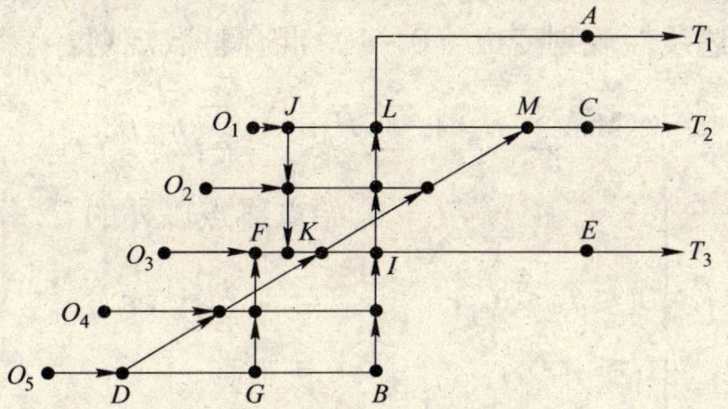

图 39-55　网络流图

（3）进行最小费用流的计算。在网络流理论中，最小费用流的主要参数是费用和弧容量两项。所谓费用，是指每条弧线上流量经过后所消耗的资金。它由两部分组成：一为建立这条弧（基道）的基建费用 H_f，它是一次性支付；另一为运送矿石的经营费用 H_v，它是经常性的消耗。对于给定的一条弧，H_f 是常数，H_v 是随流量大小而变化的一个变量，可视作线性关系。因此，费用函数是始于 H_f 的凹函数（图 39-56）。

最小费用流计算的第二个基本参数是弧容量。它是指每条弧所能通过的最大流量。严格地说，本课题的弧容量是没有限额的，因为巷道断面和运输设施可按需要增加。然而，为了减少有关凹函数的计算工作量，我们把每条弧上有可能通过的流量的总和视作弧容量。

在上述参数基础上，最小费用流问题可写作线性规划：

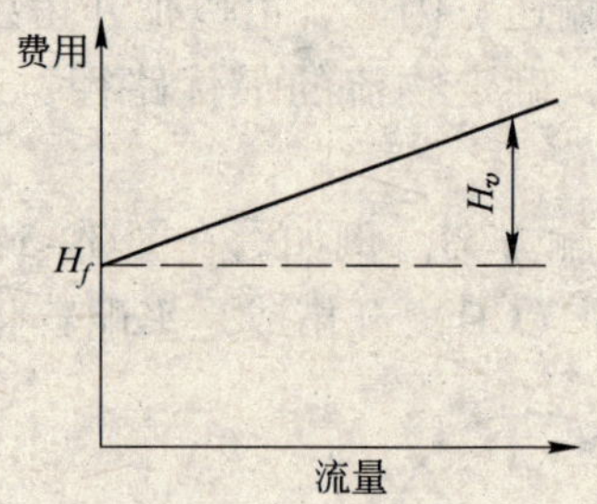

图 39-56 费用函数

$$\text{Min} \sum_{ij} h_{ij} f_{ij} \tag{39-134}$$

$$\text{s.t.} \begin{cases} \sum_{j} f_{ji} - \sum_{j} f_{ij} = 0 & \text{始点、终点除外的 } i \text{ 点} \\ f_{ij} \leqslant C_{ij} & \text{所有的}(i,j) \end{cases} \tag{39-135}$$

式中 C_{ij}——弧容量；

f_{ij}——在弧（i，j）上的流量；

h_{ij}——在弧（i，j）上的单位流费用；

i，j——节点。

由于费用函数是凹函数，需要采用隐枚举法，在每条凹函数弧上添加参数 x_i。若 x_i = 1，则意味着第 i 条弧“开放”，允许有货流通过，若 x_i =0，则指第 i 条弧线“关闭”，没有货流通过。这样，上述线性规划变成（0 -1）混合整数规划。

$$\text{Min} \sum_{i \in w^+} H_{fi} + \sum_{i \in w^\circ} H_{fi} x_i + \sum_{i=1}^{m} h_{vi} f_i \tag{39-136}$$

$$\text{s.t.} \begin{cases} \sum_{j} f_{ji} - \sum_{j} f_{ij} = 0, \text{始点终点以外的 } i \\ 0 \leqslant f_i \leqslant C_i, & i = 1,2,\cdots,m \\ f_i \leqslant x_i C_i, & i \in w^+ \\ f_i = 0, & i \in w^- \\ x_i = 0 \text{ 或 } 1, & i \in w^\circ \end{cases} \tag{39-137}$$

式中 H_{fi}——第 i 条弧线的基建费用；

h_{vi}——第 i 条弧线的单位流费用；

w^+——x_i =1 的弧子集；

w^-——x_i =0 的弧子集；

w°——x_i 有待确定的弧子集。

（4）确定开拓运输系统。经过最小费用流的计算，在原有网络图中存有物流的弧（基道），说明它必须存在（即要开掘）；对于没有物流的弧（巷道），说明它没有存在的必要，应该从图中删除。这样，删除后剩下的网络系统图，就是矿山的开拓运输系统。

39.5.2 地下矿生产工艺系统的优化

地下矿山生产工艺过程系统的结构如图 39-57 所示。把地下生产工艺过程当做一个系统进行总体优化很难实现，但各个生产工艺过程或作业的优化已有不少例子。凿岩爆破参数、地压管理、矿井通风、设备选型及维修等的优化方法在手册有关章节都有介绍。本节只介绍生产工艺过程的计算机模拟方法。

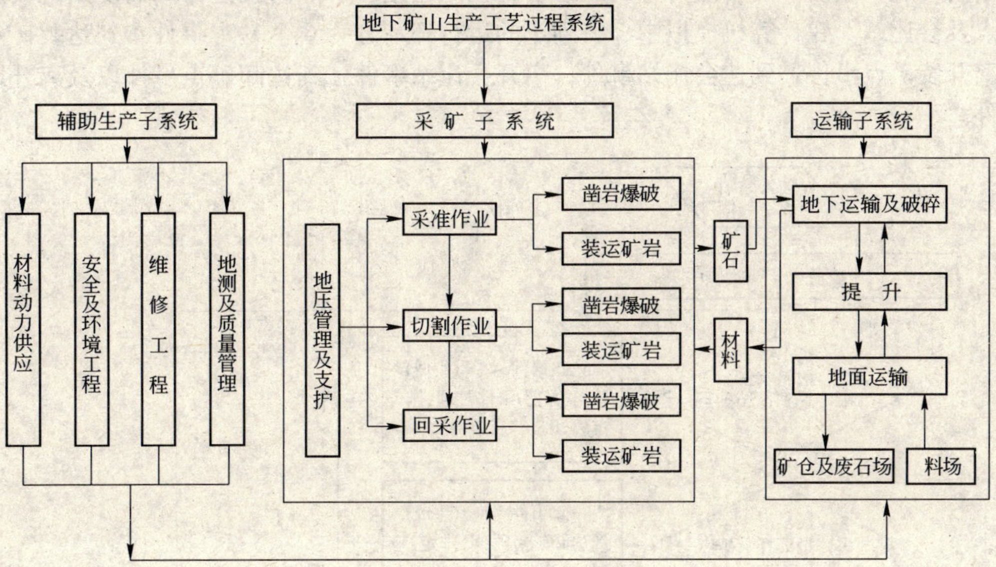

图 39-57 地下矿山生产工艺过程

39.5.2.1 地下矿山机车运输系统计算机模拟方法

地下矿山机车运输线路长度及其结构随开采工作推进而经常变化，列车运行受许多随机因素的影响，适于应用计算机模拟方法[77]。

地下矿山机车运输系统有两大类优化问题：一是选择运输设备类型、设备数量、线路布置及运输能力等设计问题；二是选择行车路线、行车组织等运输调度问题。

地下矿山机车运输系统研究的变量有：机车和矿车类型、运输设备生产能力、会让站数、运输路线调度、列车调度等。

通常，进行计算机模拟的步骤如下：

（1）问题分析。根据提出的问题，对地下矿山运输系统进行调查，得到所需要的原始数据。它通常包括装车点、卸车点和会让站的数量及位置；相邻各站点线段长度、线路坡度、线路数量；列车在各线段的运行速度和时间；机车和矿车的类型、数量和列车组成；列车装卸时间分布，卡漏、跑矿、掉道等事故发生及处理时间；溜矿井容量；运输调度原则、工作制度等。上述参数有些是确定的，可根据矿山实际选取；有些是随机性的，需实地调查及计算才能得出其概率分布函数。

（2）确定模拟目标。地下矿山运输问题的模拟目标通常有运输费用最小、运输能力最大、等待排队时间最短、运输设备配套最合理等，可视矿山具体情况选定。

（3）系统分析。对研究的运输系统进行分析，确定系统中的实体、属性、事件和活动。

（4）构造模型。地下矿山机车运输属离散事件，常用事件步长法进行模拟，在这基础上可编写计算机程序。

（5）运算分析。在计算机上执行模拟程序，并对其结果进行分析。图39-58是一个用单行线的地下矿山机车运输模拟模型[76]。列车在井下周期地行驶。空列车出发后经各会让站至装矿点，装满矿石后成为重列车经各会让站返至卸矿点。就这样周而复始地驶经各装卸点及会让站。在计算机模拟中，将列车的运行环节分为6个基本事件：到达装矿点事件，离开装矿点事件，到达会让站事件，离开会让站事件，到达卸矿点事件以及离开卸矿点事件。

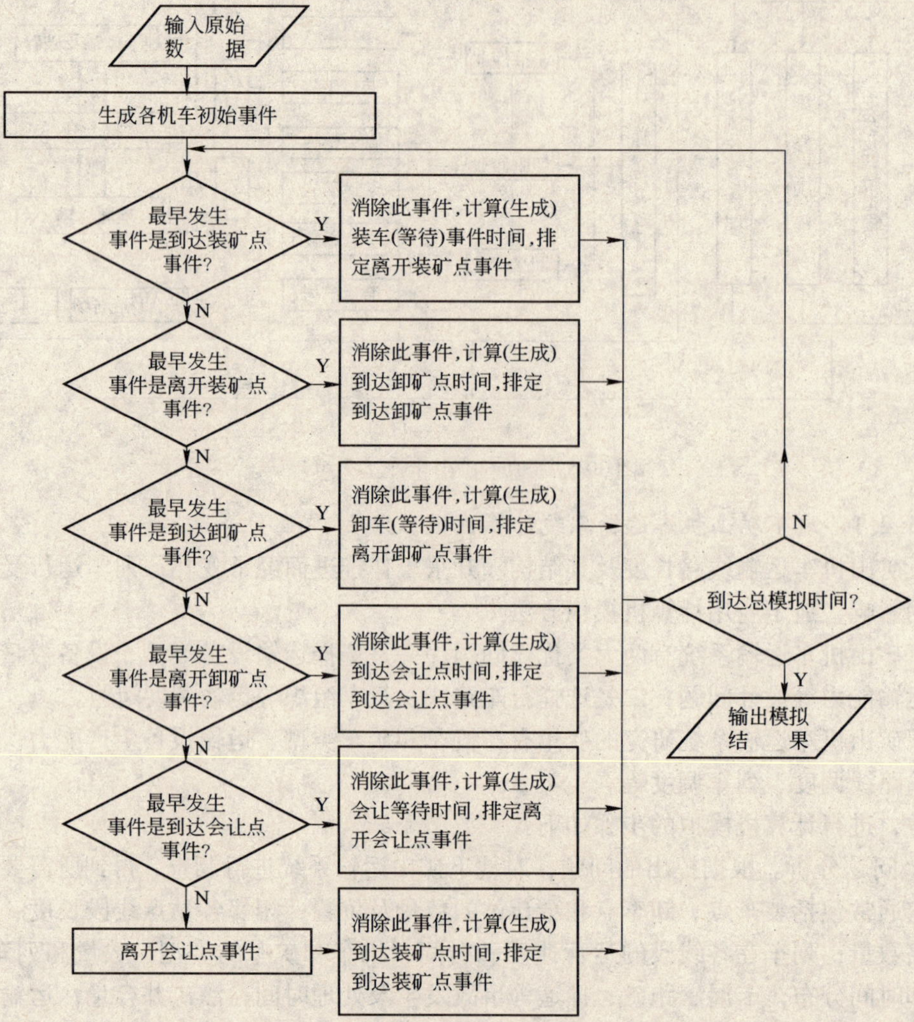

图39-58　地下矿山机车运输模拟总框图

模拟开始时，设各机车在指定的地点。首先，计算或按概率分布随机地生成各机车初始事件时间，按先后顺序列入事件表。然后执行事件表中最早发生的事件，随即从事件表中消除该事件，并计算或随机生成该事件持续的时间，以排定下一事件。若站内有车，则需计算等待时间。重车直接通过会让站，而空车则按需要在会让站等待。如果卸车点处溜井满或装车点处溜井空，列车也要排队等待。列车装完或卸完后，唤醒排队列车和同一溜井上口的卸车活动和溜井下口的装车活动，并生成行驶活动。若单行线被封锁，列车需排队等待，否则生成到达事件，并唤醒排队等待通行的其他列车。这六种事件按顺序被逐个从事件表中选出执行，执行后即被送入事件表待选，然后选取下一事件，并由时钟记录时间。对每一个列车都顺序进行模拟，直至规定的模拟时间为止。然后，输出需要的结果，如每列车的各类等待时间和总计等待时间、每列车的运输量和总的运输量、各溜井的装车量和生产故障时间等，并由此计算其他技术经济指标。

上面介绍的是一通用模拟模型。对每一矿山还要根据具体问题作适当的变动。

39.5.2.2　采矿工艺过程计算机模拟

自行设备用于地下矿山后，出现了各类高强度采矿方法。充分发挥设备效率，合理配备自行设备，已成为一个提高采矿方法经济效益的重要问题。对生产工艺、设备配置、设备选型等问题进行优化，日益引起人们重视，利用计算机模拟解决上述问题是一比较合适的方法。在房柱采矿法、无底柱分段崩落采矿法、胶结充填采矿法等采矿方法中应用无轨自行设备，都曾有人用计算机模拟进行研究。

无底柱分段崩落采矿法是机械化程度高、工艺衔接紧密、全部应用自行设备的采矿方法。下面介绍用计算机模拟方法研究其落矿和运矿工艺系统的例子。

无底柱分段崩落采矿法的最小回采单元是崩矿步距，其回采工艺是循环往复地爆破和装运各进路中每一步距的矿石，直至分段和矿块全部回采完毕。每一步距爆破运矿工艺可划分为待爆、爆破、悬顶、立槽、待装、装载、运行、卸载等八事件。用事件步长法进行模拟，自事件表中轮番选出和送回时间最小的事件，并由时钟记录活动时间，记录每一进路、分段、矿块和各设备模拟得到的结果，通过研究使这一回采工艺更加合理。图 39-59 是模拟模型总框图。

在待爆事件中，查询各矿块回采进路需要爆破的步距，从中找出最需要爆破的一个步距，产生爆破事件。如果某一矿块这时恰好回采完毕，则按回采顺序去查询另一新矿块。如果恰好到达规定的模拟期限，则输出模拟结果。

在爆破事件中，记录爆破时间，检查爆破是否正常。如正常则根据步距内的损失、贫化分布函数，确定本步距爆破出矿量、损失矿量、矿石出矿品位等。如爆破发生故障，例如出现立槽或悬顶，则产生处理立槽或处理悬顶事件。

在处理立槽或悬顶事件中，根据有关的概率分布，确定事故处理后本步距崩下的矿量及其品位，记录损失矿量及位置，供下分段回采时参考。记录处理立槽或悬顶时间。爆破、处理悬顶和处理立槽事件后产生待装事件。

在待装事件中将空闲的装运设备调入本进路装矿。若无空闲设备，进路处于呼叫设备状态。一旦有空闲设备，即来此进路装矿，并改变本矿块和原矿块的装运设备状态。如本矿块有装运设备，则调入呼叫进路装矿，同时记录该设备空闲时间和调入行走时间，产生装载事件。

在装载事件中，产生装矿量和处理堵塞、破大块、装车及重车运行至溜井口卸载时间，从爆破矿量中减去装出矿量。

运行期间间隔一定时间检查机器是否按设备故障发生概率出现故障。发生故障时，设备空闲待修，并按维修时间分布函数，记录维修时间，而后产生卸载事件。

在卸载事件中产生卸载时间和空车返回时间，记录可能发生的故障维修时间。检查本

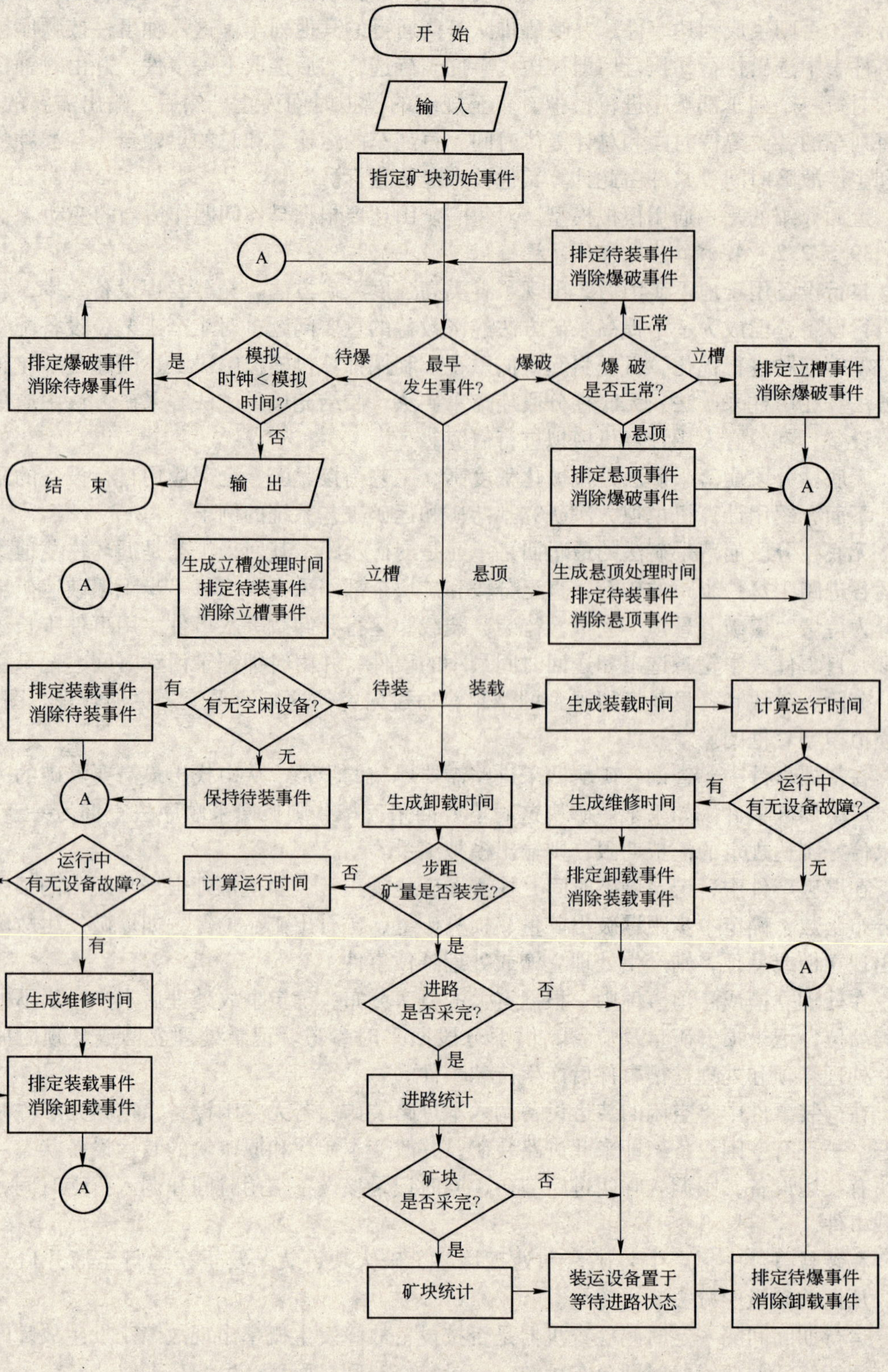

图39-59　无底柱分段崩落采矿法回采工艺模拟框图

步距矿石是否装完，溜井是否满。如溜井满则停止装车，记录设备空闲时间，并定期查询溜井允许卸矿时间，及时唤醒等待设备。如本步距矿量装完，将本进路的爆破步距减小，并使装运设备空闲等待。如本进路全部步距都已采完，则将本进路处于采完状态，装运设备空闲等待，记录进路采完时间，累计本进路的采出矿石量、采出金属量、损失贫化指标、回采起止时间、溜井满时间、维修时间、处理爆破故障及二次破碎时间等进路回采技术经济指标。矿块内各进路都回采完毕后，累计矿块回采技术经济指标，并将矿块处于采完状态。

模拟过程中每一事件完成后送回事件表，并自事件表中查找完成时间最早的事件取出模拟。一旦到达规定模拟时间，结束模拟，输出需要的结果。

回采工艺模拟可以粗略，也可以详细，视问题的性质而定。例如，可以以车为单元模拟，或以步距为单元模拟，也可以用进路或矿块为单元模拟。

回采工艺模拟的规模可大可小。例如，可以只模拟装运矿石单个工艺，或模拟凿岩爆破和装运回采过程，也可模拟自采准、切割至回采的全部采矿过程，进一步可将采矿和运输全部生产过程进行模拟，确定地下矿山生产的优化参数。

通过回采工艺计算机模拟可以确定下列技术经济指标：

矿块平均班产量、日产量；矿块生产能力与凿岩爆破参数、设备配置的关系；回采设备生产能力、利用系数及合理配置；开采顺序对矿山生产能力的影响；矿山采区的和全矿的生产能力；矿石回采成本及盈利等。

模拟回采工艺需要输入的数据有：设备故障及维修时间分布规律；爆破故障发生及处理结果的分布规律；处理大块及堵塞的时间分布规律；工作面回采工艺及设备配置；开采顺序；回采工作制度；装运设备行驶速度、装卸时间分布规律；每步距矿石品位、数量及损失、贫化指标等；阶段内矿块布置，同时开采矿块数及进路数、进路长度及步距数；溜井数目及布置；回采工人配置，材料、动力、人工消耗定额等。

其中的随机参数由本矿或类似矿山资料确定，或专门测定，这是一项关键且费力的工作，需要专门进行研究。根据采取数据的可靠程度，应对模拟得到的参数进行置信度和区间估计。

计算机模拟方法可以解决数学分析方法不能解决的许多问题。例如，有关带式输送机、矿仓位置与容积确定，都可以用计算机模拟进行研究[75]。

39.5.3 编制地下矿生产计划的优化

采掘生产计划编制是地下矿山的一项重要工作，包括长期计划、五年计划、年计划、季计划和月、周、日计划。用计算机编制生产计划要把全部计划工作当做一个系统，按时间和工程划分层次，最合理地安排各开采项目（矿体、阶段、分段、矿块、矿房、矿柱、盘区、进路等）中各类采掘工程（生产勘探、开拓、采准、切割、回采、充填空区、回采矿柱和处理空区等）的工作量、工期、施工顺序和设备、人力、资源的安排[78,79]

39.5.3.1 采掘生产计划系统的目标

编制采掘生产计划的总目标，是在地下矿山特定地质技术条件和有关规程约束下均衡地完成上级机关指令或市场需要的矿石产量和质量，并使企业获得最大经济效益。生产计划系统需要满足下述要求：

（1）各层次计划的目标都服从总目标的要求；

（2）下层次计划任务根据上层次计划要求制定。同一层次的不同采掘工程计划的完工期限应相互衔接；

（3）组织下层次计划完成上层次计划，并消除上层次计划执行中产生的偏差；

（4）满足矿山现有资源及其他有关条件的约束。

总目标可分解为三个子目标：

（1）按计划规定采出所需要矿石的数量和质量。为此要编制多层次出矿计划；

（2）及时准备新矿块、新分段和新阶段，按期投产，保证持续均衡地完成出矿任务；

（3）各工程按规定的时间和空间顺序发展，保证最有效地利用矿山资源，消除浪费，减少资金占用，防止采掘失调。为此要编制阶段、矿体、分段和矿块工程项目以及其他基建工程项目计划，使（1）和（2）项目标顺利实现。

为了在各期计划中能检查各相应工程项目的全过程，防止计划失误，根据矿山具体情况做滚动计划。通常根据阶段的开拓和开采持续的时间，做滚动的 5 ~ 8 年计划，延续时间应覆盖阶段开拓、开采全过程，使生产顺利衔接。每月再做后 3 ~ 5 月的滚动计划，以便调整生产，及时消除生产计划出现的偏差，使矿山处于主动地位。如果矿块开采时间超过一年以上，则根据矿块采准至回采完毕的延续时间，编制 1.5 ~ 2 年的采矿计划，使各矿块生产顺利衔接。

39.5.3.2 采掘生产计划系统的层次结构和联系

采掘生产计划系统的层次结构和联系如图 39-60 所示。按计划限期可划分为远景规划、五年计划、年计划、季计划、月计划、周日计划。与阶段开拓相关的是五年以上计划，与矿块开采有关的是一年以上计划。

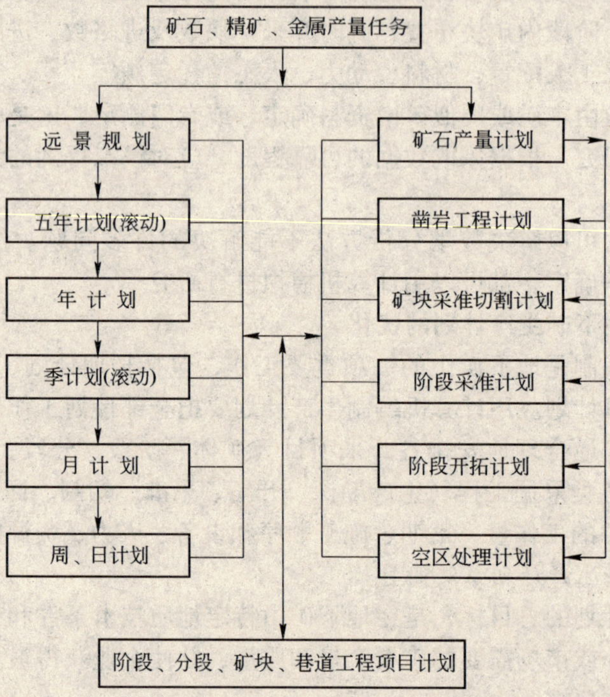

图 39-60 采掘生产计划系统

按采掘工程可划分为矿石产量计划、凿岩、矿块采准切割、阶段、分段采准、阶段开拓和空区处理计划。

为了较准确地估算各工程的起止和延续时间，要编制各类工程项目进度计划，并相应地进行各工程项目的工程设计，这一工作可由 *CAD* 系统完成。

39.5.3.3　采掘生产计划的优化方法

采掘生产计划的优化目标，应该是以最佳的经济效益，均衡地完成质量稳定的矿石产量任务。不同层次和不同矿山的优化目标不尽相同。由于目前多目标决策问题尚没有十分成熟的方法，在计划问题中大多是选取一个主要的目标，其他目标则作为约束条件参加运算，即将多目标问题转化为单目标问题来解算。

各层次计划中常用的优化目标见表 39-20。

表 39-20　生产计划优化目标

优化目标	长期，年计划		季、月、周计划	
	掘进	采矿	掘进	采矿
最大利润	−	+	−	+
最低成本	+	+	+	+
集中作业	−	+	−	−
最大产量或金属量	−	+	−	−
矿石质量稳定	−	+	−	+
三级矿量最优协调	+	−	−	−
均衡利用劳动力资源	+	+	+	+
设备利用均衡	+	−	+	−
采掘队工作均衡	+	+	+	+
按期完成工程计划	−	−	+	+

注："+"为常用标准，"−"为不用或少用标准。

表 39-21　生产计划约束条件

开采顺序约束	资源约束	上层次计划规定约束	采掘强度约束	工程完工期限约束
邻近矿体协调开采	投资限额	矿石产量质量	阶段、矿块采矿强度	计划规定完工期限
邻近矿块协调开采	选厂(破碎)能力	精矿产量质量	工作面出矿强度	工作面及巷道承受地压期限
矿房、矿柱协调开采	供电限额	金属(有用成分)产量	最大掘进速度	矿石氧化自燃期限
工作面协调开采	劳力限额	盈利指标	充填工作最大能力	矿石粘结期限
三级矿量协调要求	通风能力	成本指标	矿块最大凿岩能力	露天矿下降速度
回采作业协调要求	提升能力	损失贫化指标		（综合开采）期限
通风行人要求	运输能力	规定的采矿方法及其参数		
地压管理要求	金属资源	生产能力负荷水平		
充填，灌浆作业要求	矿量资源	采掘队劳动定额		
禁止掏底回采	灌浆能力			
采掘结合要求	设备数量限额			
疏干要求	采掘能力			
各类规程及其他规定				

各层次计划的约束条件按其性质划分为 5 组：

（1）上层次计划规定的指标约束；

（2）资源约束；

（3）技术可能性约束；

（4）工程完工期限约束；

（5）开采顺序约束。

常用的各类约束条件见表39-21。

根据计划层次和矿山具体条件的不同选用约束条件。选用不同的目标函数时，其约束条件也不同。常用的目标函数及约束条件的简易数学表达式见表39-22。

表39-22各式中符号意义如下：

A——某一工艺环节的生产能力；

a——完成某工程项目的最高允许强度；

b——完成某工程项目的最低允许强度；

D——矿石的计划生产任务；

F——上层次计划规定的完工期限；

H——实际完工期限；

P——工程项目的矿石开采极限完工期限；

G——分配给每一计划期限的平均工程量；

M——计划金属量任务；

Q——某一工程项目拥有的实际工业矿量或采准工程量；

R——某一工程项目拥有的计划工业矿量或采准工程量；

N——均衡利用劳动资源时某一工程的劳动消耗量；

v——单位工程量的劳动消耗定额；

W——单位工程量资源消耗定额；

x——计划中求解的未知量；

α——矿石品位；

δ，β——各类参数的允许偏差；

λ——矿块回采开始和结束时的降效系数；

S——回采作业可能开始期；

Z——采准工程可能完工期；

C——工程单价；

K——相邻矿块允许工程开始的最迟时间；

E——矿石成本；

η——优先权数；

L——盈利；

ε——极小的正数；

J——计划精矿任务；

θ——精矿产出率；

i——工程施工地点（矿体、阶段、矿块、矿房、矿柱、进路、巷道等）的下标，$i=1$，…，n，无下标代表全矿；

j——金属（有用矿物）种类下标；

l——工作条件类别或需用资源类别下标；

表 39-22　目标函数及约束条件公式表

项目	名　称	公　式	说　明
目标函数	1. 盈利最大	$L—E\to\text{Max}$	
	2. 成本最低	$E\to\text{Min}$	
	3. 产量最大	$\sum_{i=1}^{n}x_{it}\to\text{Max}$	
	4. 集中作业	$\sum_{i=1}^{n}\frac{x_{it}\eta_{it}}{x_{it}+\varepsilon}\to\text{Min}$	矿块单产 x 愈大，集中作业愈好
	5. 矿石质量稳定	$\left(1-\frac{\sum_{i=1}^{n}x_{it}\alpha_{ij}}{M_{jt}}\right)^2\to\text{Min}$	计划金属产量与实际金属产量方差最小
	6. 均衡利用劳动资源	$\sum_{t=1}^{T}\left(N_{vt}-\sum_{i=1}^{n}x_{vit}\nu_{vi}\right)^2\to\text{Min}$	T 期限内均衡利用劳动资源与实际利用劳动资源劳动消耗方差最小
	7. 均衡完成采掘任务	$\sum_{t=1}^{T}\left(G_{vt}-\sum_{i=1}^{n}x_{vit}\right)^2\to\text{Min}$	T 期限内计划平均完成任务量与实际完成任务量方差最小
	8. 按期完成计划	$\sum_{i=1}^{n}\left(\frac{Q_{vit}-R_{vit+1}-x_{vit}\pm\delta_{vit}}{Q_{vit}-R_{vit+1}+\varepsilon}\right)^2\to\text{Min}$	计划规定完成工作量与实际完成工作量方差最小
	9. 三级矿量协调且采准工作费用最少	$\sum_{t=1}^{T}\sum_{i=1}^{n}x_{vit}C_v(F_i-H)\to\text{Min}$	计划期内各工程中 ν 采准工作的费用投入最迟，完工极限期与实际完工期最符合
上层次计划规定任务约束	10. 矿石总产量	$D_t\leqslant\sum_{i=1}^{n}x_{it}\leqslant D_t(1+\delta)$	实际矿石产量等于、大于计划任务量，超产量小于 $D_t\delta$
	11. 分类矿石产量	$D_{ut}(1-\beta)\leqslant\sum_{i=1}^{n}x_{iut}\leqslant D_{ut}(1+\delta)$	实际分类矿石产量比计划超欠产不大于 $D_{ut}\delta$ 和 $D_{ut}\beta$
	12. 金属产量	$M_{jt}(1-\beta_j)\leqslant\sum_{i=1}^{n}x_{it}\alpha_{ij}\leqslant M_{jt}(1+\delta_j)$	实际金属产量比计划超欠产不大于 $M_{jt}\delta_j$ 和 $M_{jt}\beta_j$
	13. 精矿产量	$J_{jt}\leqslant\sum_{i=1}^{n}x_{it}\theta_{ij}\leqslant J_{jt}(1+\delta)$	实际精矿产量比计划超产不大于 $J_{jt}\delta$
	14. 采准切割（凿岩）工作量	$\sum_{v=1}^{m}(Q_{vi}-\sum_{t=1}^{F_i}x_{vit})=0$	按计划规定期限完成的各类采准工作量等于计划规定的采准工作量
资源约束	15. 劳力资源	$N_{vt}(1-\beta_v)\leqslant\sum_{i=1}^{n}x_{vit}v_{vi}\leqslant N_{vt}(1+\delta_v)$	实际劳力消耗比计划超欠不大于 $N_{vt}\beta_v$ 和 $N_{vt}\delta_v$
	16. 采掘能力	$\sum_{i=1}^{n}x_{vitl}w_{vil}\leqslant A_{vtl}$	实际各类采掘资源总消耗小于等于矿山采掘能力
	17. 生产能力均衡利用	$G_{vt}(1-\beta_v)\leqslant\sum_{i=1}^{n}x_{vit}\leqslant G_{vt}(1+\delta_v)$	每计划期内实际完成工作量比计划超欠不大于 $G_{vt}\beta_v$ 和 $G_{vt}\delta_v$
	18. 矿石资源	$\sum_{t=1}^{T}x_{it}\leqslant Q_{iT}$	各计划期自工程项目中采出的工业矿量小于等于其工业矿量

续表 39-22

项目	名　称	公　式	说　明
采掘强度约束	19. 采准强度	$x_{vitl} \leqslant a_{vit}$	采准强度小于等于最高允许强度
	20. 采矿强度	$x_{itl} \leqslant a_{il} \lambda_t$	实际采矿强度小于等于最高允许强度
完工期限约束	21a. 按期限完成任务	$x_{it} \geqslant Q_{it} - (P_{it} - H_{it})\ a_i$	计划期完成采矿量大于等于计划期工程项目中工业矿量减去该期最大计划剩余量
	21b. 按期限完成任务	$x_{itl} \geqslant b_{itl}$	计划完工期采出矿量大于等于最低允许采矿强度（用于粘结、自燃等条件）
开采顺序约束	22. 作业顺序	$\{q\}\ 1-p$	所有 q 作业都需在 p 作业开始之前完成
	23a. 回采作业开始期	$x_{it}\begin{cases} =0, & H_i \leqslant S_i; \\ >0, & H_i > S_i \end{cases}$	计划开始时间小于等于回采可能开始时间时回采作业量为0，大于可能开始时间时回采作业量大于0
	23b. 回采作业开始期	$S_i = Z_i$	回采可能开始期等于采准工程结束期
	23c. 回采作业开始期	$S_i = \mathrm{Max}\ (Z_{ij} K_i)$	回采开始期与相邻矿块有关时，则回采开始期自本矿块采准工程完工期和相邻矿块允许工程开始期中选大值

t——计划期顺序号（年、月或周、日），表示某一时间值时，t 相当于计划开始期，$t=1$，…，T；

u——矿石种类下标；

v——采准切割形式下标（包括凿岩、充填等）。无下标为采矿。

采掘计划系统优化最常用的算法是线性规划和网络技术[84]，后者主要是关键路线法（CPM）和计划评审法（PERT）。表 39-23 列出前述优化目标及约束条件在各层次计划中的大体应用范围，供矿山工程技术人员参考。表中数字为 39-22 表中公式的序号。在构造各层次计划的数学模型时，要根据本矿条件及课题要求对表内公式进行适当改造，使其适合本矿条件，且易于解算。数学模型建立后，可根据解题要求编写计算机程序，调试通过后，经过运算，最终输出优化的采掘计划，包括表格、计划图纸和施工作业进度图。由于目前的优化方法作了一些简化，输出结果可能不完全符合要求。因此，用优化法作出各层次计划后，可通过人机对话方式进行适当地调整，使之更适合生产实际要求。

39.5.3.4　实例

实例1　金川有色金属公司龙首矿长期采矿计划编制。为了解决深部开拓工程过渡中的生产衔接，减少金属产量波动，开发了长期计划优化软件。鉴于矿山要求生产过渡期多出金属量，且产量波动要小，所以目标函数选取镍金属产量最大。其表达式为：

$$\mathrm{Max}\left[\sum_t \sum_i (1 - D_i)\alpha_{it} x_{it}\right]$$

式中　D_i——第 i 采场的矿石贫化率；

α_{it}——第 i 采场 t 计划期的矿石品位；

x_{it}——第 i 采场 t 计划期的采出矿石量。

约束条件有采场生产能力约束、资源约束、矿石质量约束、产量任务约束、矿山生产能力约束、回采顺序约束等，用线性规划解算。

软件用 FORTRAN，BASIC 和 dBASE-Ⅲ三种语言编写，可与地质数据库连接，自动取出地质数据编制计划。计划系统在 IBM PC/XT 机上实现，有人机对话和汉字显示，

表 39-23　采掘计划编制的优化方法

	项目名称	掘进计划			凿岩充填计划		采矿计划				
		长期计划	年计划	月周计划	年计划	月计划	长期计划	年计划	季计划	月计划	周日计划
一	优化目标										
1	盈利及成本						1，2	1，2	1，2	1，2	
2	矿石、精矿、金属量最大						3	3			
3	集中作业						4	4			
4	矿石质量稳定										5
5	均衡利用劳动资源		6	6							
6	均衡完成采掘任务		7								
7	按期完成计划			8		8			8	8	8
8	三级矿量协调积压资金最少		9		9						
二	约束条件										
1	矿石产量、金属量、精矿量						10,11,12,13	10,11,12,13	10,11,12,13	10,11,12,13	10,11,12,13
2	掘进，凿岩工作量	14	14		14						
3	劳力资源	15	15	15	15	15	15	15	15	15	15
4	采掘能力资源	16	16	16	16	16	16	16	16	16	16
5	矿石资源						18	18	18	18	18
6	采掘强度	19	19	19	19	19	20	20	20	20	20
7	完工期限	21*b*	21*b*	21*b*	21*b*	21*b*	21*b*	21*b*，21*a*	21*b*，21*a*	21*b*	21*b*
8	开采顺序	22	22	22	23*a*		23*a*,23*b*,23*c*	23*a*,23*b*,23*c*	23*a*,23*b*,23*c*		

能输出矿山规定的成套计划表格。软件中包括模拟执行程序，可将编制出的计划模拟执行，检验其可靠程度。经几次应用，为该矿提出有价值的信息，有利于生产过渡工作的决策[87]。

实例2 黄沙坪铅锌矿生产计划编制。为了将该矿开采顺序理顺，目标函数是在采掘顺序最优的条件下使产量最大，其表达式为：

$$\mathrm{Max}\left\{\sum_t \sum_i p_i x_{it} + \sum_t \sum_j g_j y_{jt} + \sum_t \sum_k r_k z_{kt}\right\}$$

式中 x_{it}，y_{jt}，z_{kt}——第 t 计划时间内第 i 采场，第 j 矿柱回采和第 k 矿块采切工作量；

p_i，g_j，r_k——第 i 采场、第 j 矿柱、第 k 矿块的优先权数。

约束条件有矿山产量任务约束、总利润约束、采准能力约束、入选矿石品位约束、回采顺序约束、采矿强度约束、非负约束等，用线性规划求最优解[81]。

实例3 西石门铁矿生产计划系统。计划系统包括中长期计划、年季计划和月计划，采用优化方法导向，计划人员人机对话交互模拟控制调整的方法编制，同时发挥优化方法和计划人员经验的作用。利用搭接网络优化开采顺序，线性规划优化出矿品位，网络技术优化采掘工程施工组织，用交互式模拟方法通过人工干预编制出各期生产计划。计划编制由地质数据库支持，直接从地质数据库软盘或网络上取得需要的地质数据。可单机运行也可联网运行，在有CAD设备的矿山，可由CAD设备绘制计划图件。

39.5.4 地下矿工程施工计划的优化

地下矿山基建和生产施工，主要是在地下进行各类井巷硐室工程和构筑物、设备安装工程。将它们看作一个系统，对施工工程项目的时间和空间合理安排，使资源利用合理，成本费用最低。当工程项目的子工程超过15～20个以上时，常用网络技术进行优化。

矿山基建期间的施工工程全部为基建施工工程。矿山生产时期的生产施工工程则包括有基建施工工程、阶段采准施工工程、矿块采准切割工程（常包括深孔凿岩工程）和矿块回采工程。应用网络技术时，最常采用的总目标，对于基建施工工程是缩短工期，保证矿山按期投产或分阶段按期完成规定的施工工程；对生产施工工程则是紧缩工期，集中作业，保持合理的三级矿量接替，保证矿山完成规定的矿石产量和质量任务。在解决施工工程问题时，对外协工程（如供电、外运交通等）、设备材料及技术供应等，也要按施工网络要求，同步安排。

用网络技术解题步骤如下：

（1）搜集原始资料，包括有：

1）确定工程项目范围。基建工程可划分为矿井施工、井底车场施工、阶段水平开拓等工程。每一子工程又可进一步划分。如井底车场工程可划分为井底车场、破碎硐室、排水硐室等子工程。这些子工程还可继续划分。生产施工工程也是如此。

2）将确定的工程项目按解题要求及资源条件划分成许多单元工程项目，确定其工程量，并逐一编号。

3）确定工程项目最迟允许完工期和各单元工程所需工期，如属随机性问题，确定各单元工程的乐观、悲观和最可能工期。

4）按施工条件约束，确定各单元工程的紧前、紧后工程的逻辑关系。

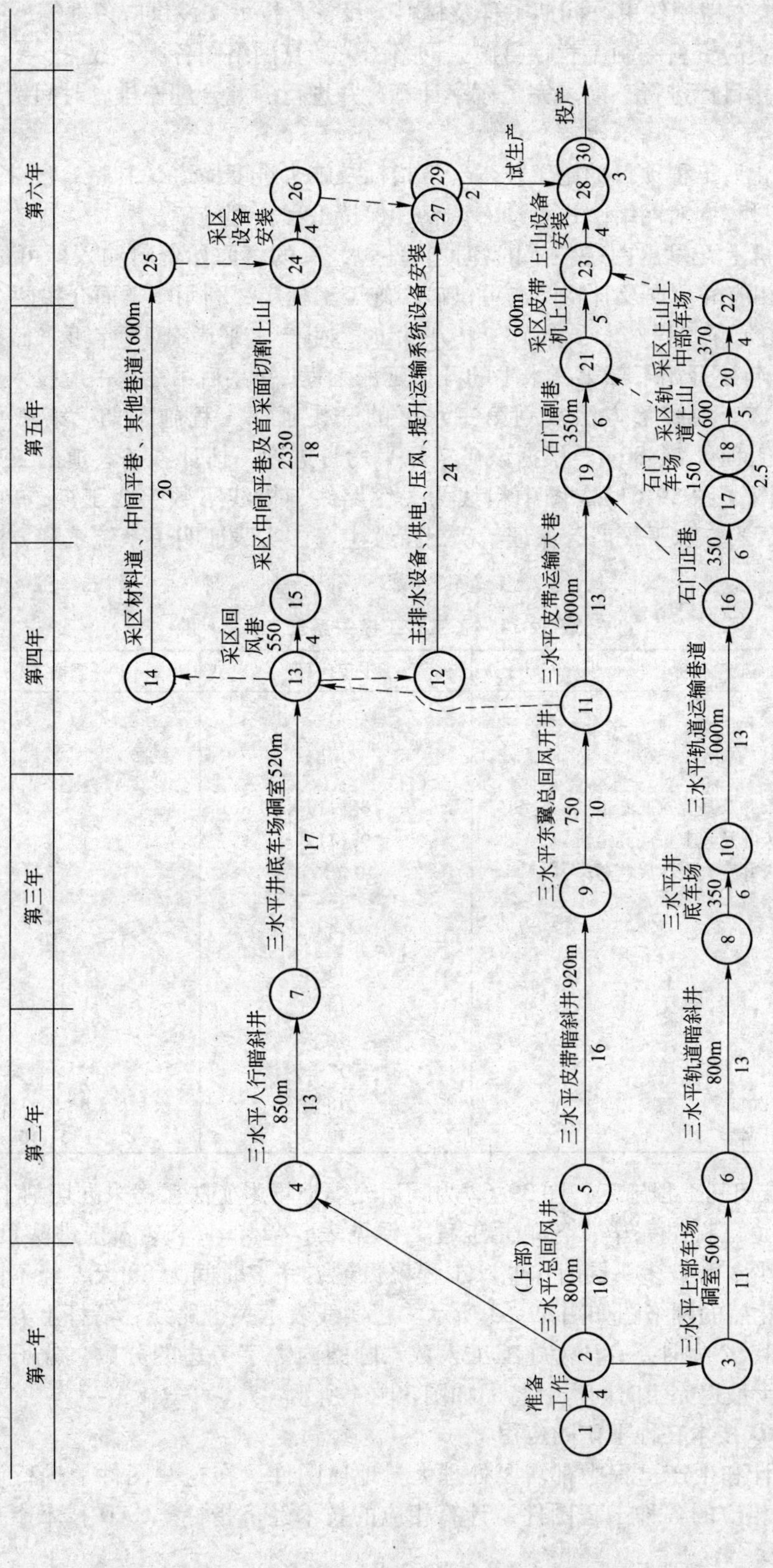

图 39-61 朱子埠矿第三水平开拓延深工程施工进度图

5）确定施工的资源条件。如采矿队、掘进队、安装队的队数及组织形式，使用设备及数量，资金及成本费用约束、同期工程及材料、设备、技术文件供应条件等。

（2）根据搜集的资料编制工程项目施工网络图，计算网络图各类参数。

（3）根据优化目标进行工期、完工概率计算，并进行资源合理安排、时间费用分析等网络优化。

（4）给出优化后工程项目的施工技术经济指标及施工进度横道（甘特）图。

（5）在施工过程中对网络图进行动态调整，保持工程合理施工。

目前已在微机上开发出网络技术的各种软件包，有的将原始资料输入即可进行 2 ~ 5 项的计算并输出相应的数据及甘特图，可供矿山施工工程广泛利用。下面介绍两个实例。

实例 1 开拓延深工程。朱子埠矿在 1979 年时，生产水平尚有 16 年可采储量，经长期规划得出 1980 年要开始下部第三水平的开拓延深工程。6 年后第三水平应投入生产才能保证矿山持续稳产。用统筹方法规划第三水平的开拓延深工程施工期。第三水平垂高 250m，规划井巷工程量 14880m。根据该矿实际平均月进度，估计各条巷道的工期，绘制成工程进度网络图（图 39-61）。图中粗线为关键路线，横线下数字为工期，单位为月。经组织施工 6 年后第三水平投产，保证了矿山持续生产。实践证明了系统工程方法能产生巨大的经济效益[83]。

表 39-24 子工程工序关系表

子工程名称	工程代号	紧前工程
人行天井	5	
矿石溜井	6	
电耙巷道	7	5、6
第一对漏斗天井及其上拉底巷道	8（11）	7
第二对漏斗天井及其上拉底巷道	9（11）	7
第三对漏斗天井及其上拉底巷道	10（11）	7
1 号切割巷道	12	13
2 号切割天井	13	10
凿岩巷道	14	
2 号切割巷道	15	13、14
2 号切割天井	16	15
充填道	17	14
拉底水平深孔凿岩	18	8、9、12
凿岩水平深孔凿岩	19	15、16

实例 2 采准切割工程施工。图 39-62 为嗣后充填空场采矿法矿房采准切割工程项目。1、2、3、4 诸巷道已掘进完毕，各单元工程关系见表 39-24。1 个 9 人掘进队负责施工，掘进队分组（最少 2 人）多头同时作业。工程项目最迟完工时间为 88 天，经不同劳动组织和施工顺序优化后的网络图如图 39-63 所示。粗实线表示关键路线，箭杆上方为工程代号，t 为施工时间，R 为时差，P 为施工工人数。圆圈内数字旁边的分数，分子表示最早开工时间，分母为最迟完工时间。甘特图如图 39-64 所示[78]。

39.5.5 CAD 技术在地下矿的应用

地下矿山设计和生产过程中都需要处理大量地质图件，在这些图件上进行设计和计划工作，并绘制相应的各种工程图件，计算相应的技术经济指标。CAD 技术十分适于上

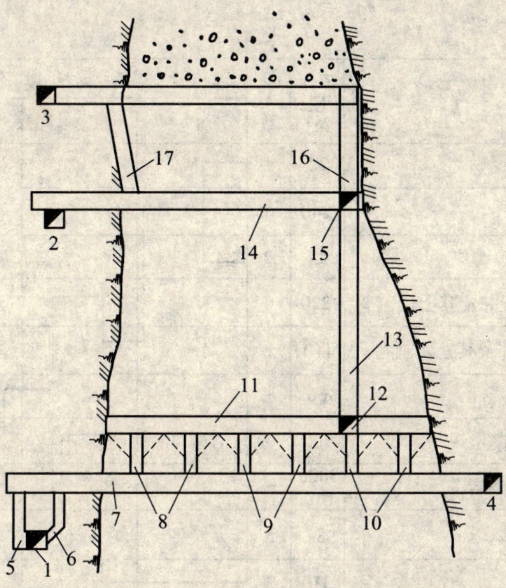

图 39-62 矿房采准切割工程项目示意图

1—运输沿脉巷道；2—上水平运输沿脉巷道；3—充填沿脉巷道；4—通风沿脉巷道；5—人行天井；6—矿石溜井；7—电耙巷道；8—第一对漏斗天井；9—第二对漏斗天井；10—第三对漏斗天井；11—拉底巷道；12—1 号切割巷道；13—1 号切割天井；14—凿岩巷道；15—2 号切割巷道；16—2 号切割天井；17—充填道

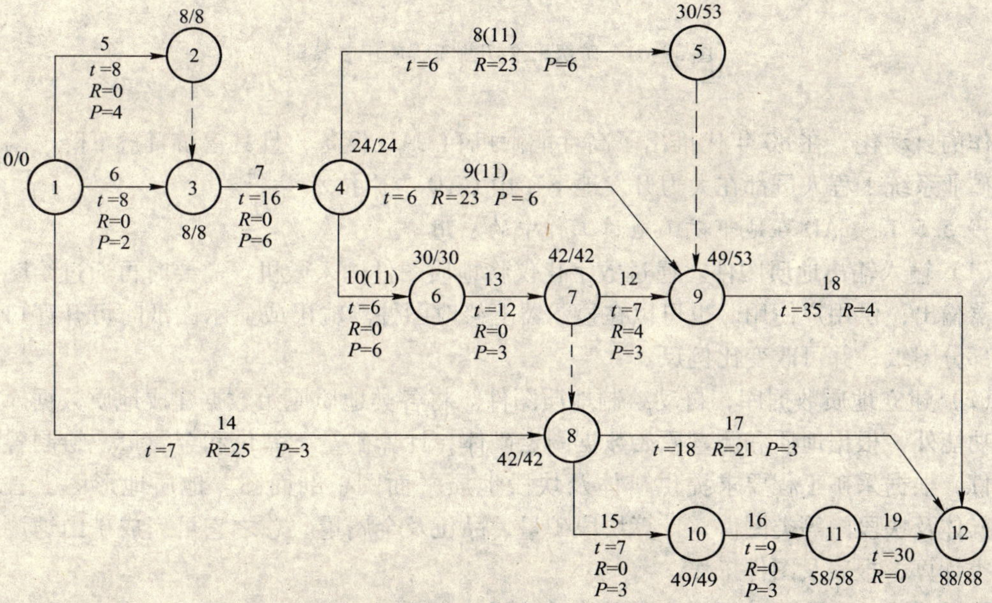

图 39-63 矿房施工优化网络图

t—施工时间；R—时差；P—施工工人数；8/8—最早开工时间/最迟完工时间；

工程编号 →

工程代号	名称	工作量(m^3)	工人数	月份 1	2	3	4
5	人行天井	72	4				
7	电耙道	240	6				
6	矿石溜井	28	2				
8,9,11	1,2对漏斗天井及其上切割巷	220	6				
10,11	3对漏斗天井及其上切割巷	110	6				
12	1号切割巷	66	3				
13	1号切割天井	102	3				
18	拉底层深孔凿岩	3000(m)	—				
17	充填道	84	3				
14	凿岩巷道	310	3				
15	2号切割巷道	60	3				
16	2号切割天井	76	3				
19	凿岩层深孔凿岩	1300(m)	—				
	总计 掘进工人数 掘进量(m^3) 深孔量(m)			9 615	9 640	6 119 2100	 2200

图39-64 矿房采准切割工程施工甘特图

述工作的自动化。在80年代推出了高性能微机和CAD设备，且其售价日益下降、因此国内外矿业系统工程人员都在大力开发地下矿山CAD应用技术[85,86]。

39.5.5.1 CAD在地下矿山地质工作中的应用

（1）输入输出地质图件。通过数字化仪将地质图件输入微机。需要时再通过绘图仪或显示器输出，供用户使用。也可以在显示器上修改图件。输出或显示图纸时可开窗口，仅输出部分图纸，并可改变比例尺。

（2）建立地质数据库，自动绘制地质图件。将各类地质原始数据建成地质数据库。除前述功能外，根据地质和测量原始数据圈定矿体，计算矿量、品位和金属量，绘制各种地测图件，根据采矿工程要求提供矿体及块段地质平面图、剖面图、地质地形图、三维地形、矿体及块段图等类图件，计算块段矿量、品位及金属量。总之它可完成矿山地测部门的各类计算、报表及图件工作。

39.5.5.2 CAD在地下矿山设计中的应用

利用CAD技术，在提供的地质图件上进行开拓工程、采准工程、回采工程设计，绘制阶段开拓平面图、单体巷道、硐室图，采矿方法图、采准切割布置图、炮孔布置图、通风系统图等采矿工程图件，计算相应的技术经济指标，修改各类设计图纸及数据，查询各类图纸及数据等。这些单项功能软件国内外都正在开发[20]，有些已投入使用。图39-65是用计算机绘制的图件示例。

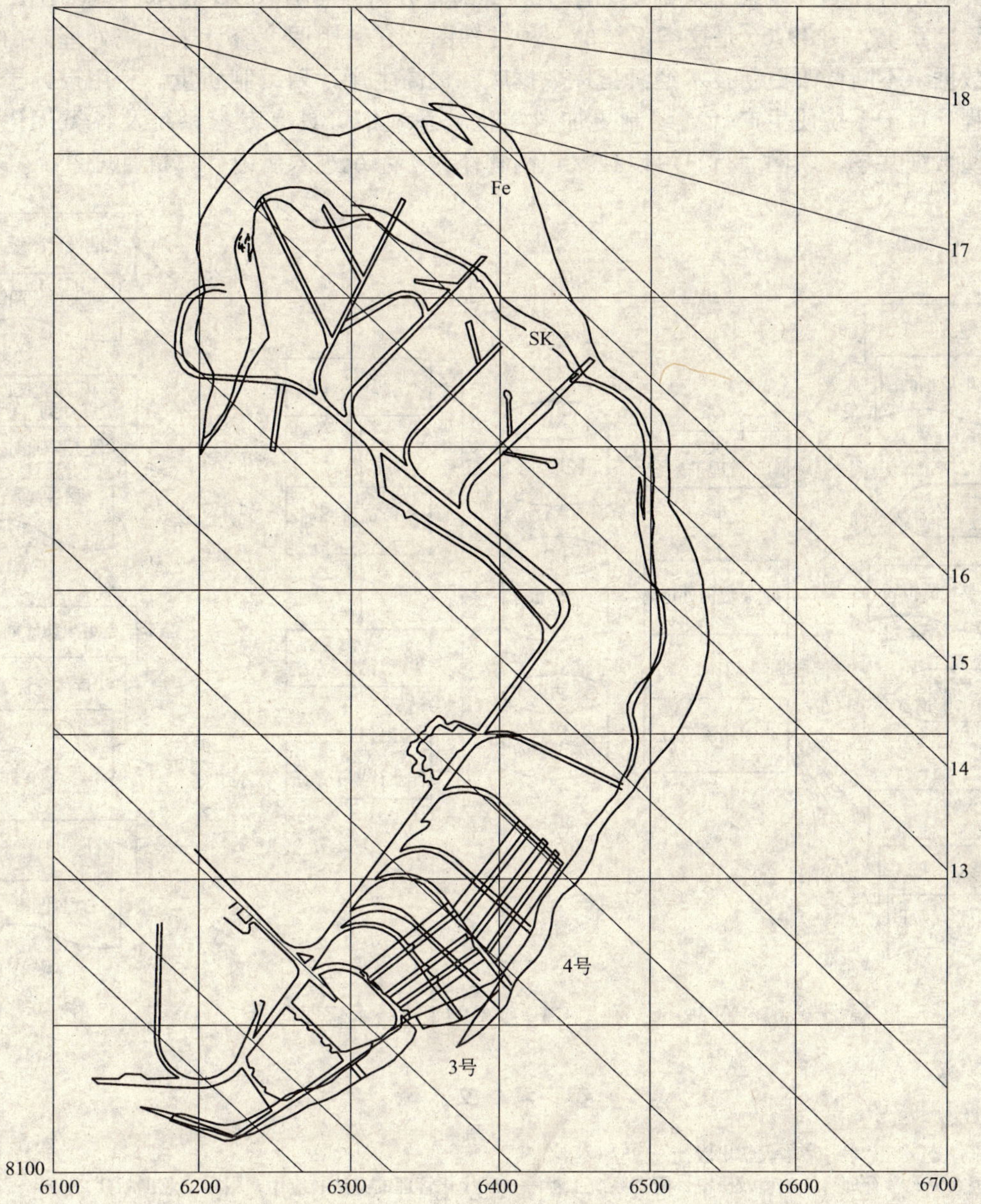

图 39-65 西石门铁矿北区阶段平面图

此外，人们还在研究建立计算机辅助设计系统的方法论、系统结构和组织实施的各类问题，以便建立包括处理地质数据、绘制地质图件、开拓和采矿方法方案优选、矿山基本参数优化、设备选择、辅助生产、进度计划、绘制各类采矿工程图纸及进行技术经济计算的完整计算机辅助地下矿山设计系统。系统将包括数据库、模型库、专家系统及图库，使数据共享、联网运行。

39.5.5.3 CAD在地下矿山生产计划管理中的应用

单项工程中可利用CAD技术调用地质数据，计算各矿块矿量、品位、金属量，编制各级计划，将计划进度绘于采掘设计图上。目前正在开发利用CAD技术的地下矿山生产计划管理系统。图39-66是这类系统的一种结构图。它利用调度统计子系统处理矿山生产反馈数据，不断修改更新技术经济指标数据库，提高生产计划编制质量。利用设计子系统和工程项目子系统使生产计划编制更加科学化。系统中可具有专家系统及各类优化模型库，使数据共享，联网运行，可以独立建网和作为子系统进入矿山计算机管理系统。

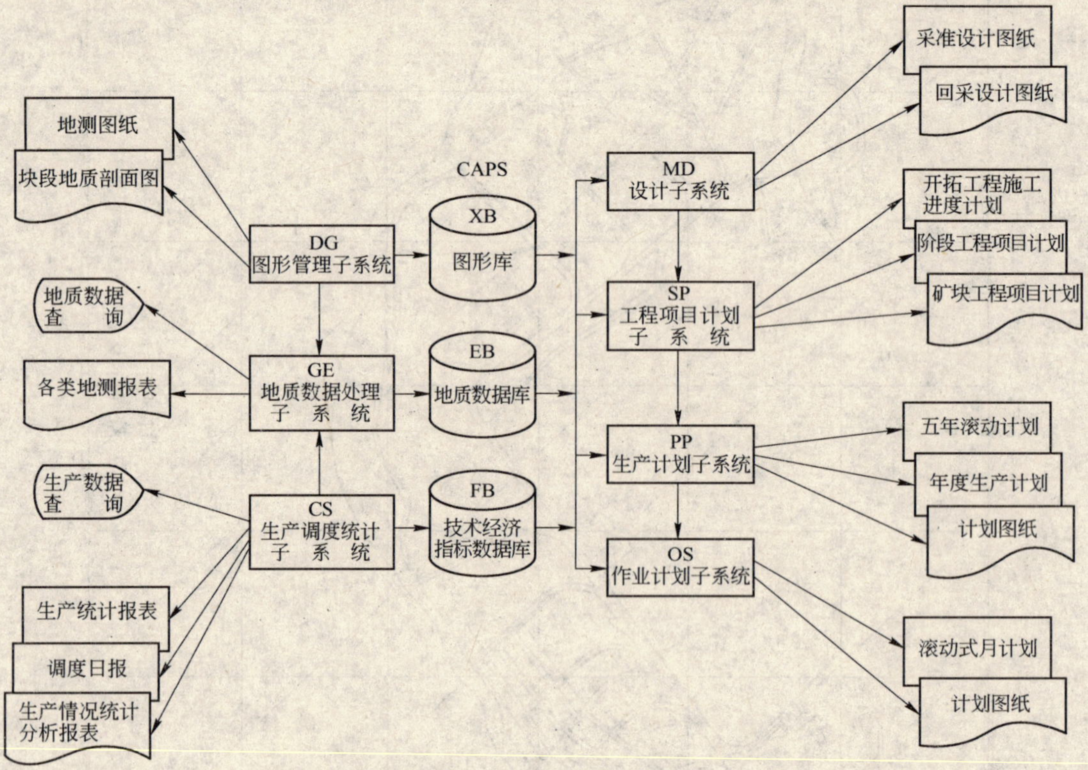

图39-66 利用CAD技术的生产技术管理框图

参 考 文 献

1 李维铮等，运筹学，清华大学出版社，1982

2 中国人民大学管理系统工程教研室，管理系统工程——现代化管理的方法和应用，国防工业出版社，1983

3 中国科学院数学研究所运筹室，最优化方法，科学出版社，1980

4 段维坤，线性规划图上作业法编制露天矿排土计划及选择汽车，有色金属，1984，№.1

5 Soukup. J.，Computerized Production Control in open-pit Mines，13th APCOM，1975

6 Johnson. T. B，Improving Returns from Mine Products Through Use of Operations Research Techniques，USBM RI 7230，1968

7 Williams. P. H.，Evaluation of Production Strategies in a Group of Copper Mines by Lineer Programminy，10th APCOM，1972

8 Gershon. M. E.，Mine Scheduling Optimization with Mixed Integer Programming，Mining Engineer Aptil，1983

9 Lambert. C.，Mutmanshy. J. M.，Application of Integer Programming Optimum Truck and Shovcl in Open-pit Mining，11th APCOM，1973

10 Yun. Q. X. , Optimization of Underground Transportation System Using a Network Flows Model, Intenational Journal of Mining Enyineeriny. Sep. 1983.

11 Splaine. M. *et al*, Optimizing Medium-term Operational Plans for a Group of Copper Mines, 10th APCOM, 1972.

12 席少霖，赵风冶，最优化计算方法，上海科学技术出版社，1983

13 Gibson. D. F. , Moocey. E. L. , A Methematical Programming Approach to the Selection of Stripping Technique and Dragline Size for Area Surface Mines, 17th APCOM, 1982

14 Wang. Y. J. , Ogbonlowo, D. B. , An Optimization problem for Cool-Mine Ventilation Shafts, 17th APCOM, 1982

15 Dowd. P. , Application of Dynamic and Stochastic Programming to Optimize Cut-off Grades and Production Rates, Transaction of Institute of Mining and Metallurgy, 1976.

16 颜基发，朱敏，库存控制管理，煤炭工业出版社，1987

17 Sheres. H. E. Gentry. D. W, An Operations Research Approach to the Equipment Replacement Problem, 17th APCOM, 192

18 Lerchs. H, Grossmann. I. F, Optimum Design of Open-pit Mines, CIM Transaction, 1965, 4

19 Wang. Y. J. , Hartman, H. L, Computer Solution of Three Dimensional Mine Ventilation. International Journal of Rach Mechanics and Mining Science. April 1967

20 白欣，申春平，扇形中深孔计算机辅助设计系统及应用，有色金属，1988，№1

21 方海秋，矿山运输系统可靠性分析的初步探讨，有色金属，1987. №1

22 唐健军，电爆网路的可靠性及其评价方法，有色金属，1988，№1

23 Ramani. R. V, 3. 1 Introductory Review, Computer Methods for the 80's in the Mineral Industry, 1979, U. S. A

24 刘龄德，夏国平，系统工程基础，中央广播电视大学出版社，1985

25 Caudill. M. , Lienert. C. E. , A Simulation Model of Storage Requirement for Open-pit Coal Mines, 19th APCOM, 1986

26 常本英，王国中，矿山开发的风险分析，马鞍山矿山研究院，1983，未发表著作

27 周明德编著，微型计算机——硬件、软件及其应用，清华大学出版社，1982

28 A. S. 达南伯姆，计算机网络，陕西省高校计算机网络领导小组出版编审组，1984，未公开出版

29 C. 韦茨曼，分布式微小型计算机系统——结构、实现及应用，科学出版社，1985

30 L. E. 乔丹，B. 邱吉尔，实用 IBM-PC 建网技术，电子工业出版社，1985

31 齐国明，计算机辅助设计和制造（CAD/CAM）技术的现状和发展趋势，矿山设计与研究，1987，№4

32 唐涛，联邦德国在露天采矿方面的 CAD 系统，矿山设计与研究，1985，№6

33 Besant. C. B. , Computer Aided Design and Manufacture, John Wiley & Sons, 1980

34 Scott. J. E, Introduction to Interactive Computer Graphics, John Wiley & Sens, 1982

35 Newman. W. M, Sproull. R. F, Principles of Interactive Computer Graphics, Second Edition McGraw-Hill Book Company, 1979

36 Kass. L. M. Impact of Advancement in Computer Technology, Computer Methods for the 80'S in the Mineral Industry. AIME. 1979

37 张生贵，董贺伟，用 CAD 技术在微机上编制矿山采剥进度计划，矿山技术，1986，№5、6，1987，№1、2.3.

38 邹定祥，CAD 技术与数据库系统在露天矿穿孔爆破设计和管理中的应用，金属矿山，1987，№3

39 Hirdee. C. G, Newton. M. J, Rickus. J. E, Application of an Interactive Graphics Mine Planning System at Majanikhand Open-pit Copper Mine, 18th APCOM, 1984

40 Barua. S. L, Kim, Y. C, Coal Mine Planning with Interactire Graphics, 18th APCOM, 1984

41 Hartley, D, Ranson, M. A, Development of Interactive Graphics with in the National Coal Board, 18th APCOM, 1984

42 帕夫利迪斯，计算机图形显示和图像处理的算法，科学出版社，1987

43 周文侯，用多重圆锥法圈定露天矿开采境界，金属矿山，1980，№5

44 吴国彝，圈定露天矿境界的电算方法介绍，有色矿山，1982，№6

45 张生贵等，确定露天矿境界的计算机方法，矿山技术，1983. №3

46 Lemieux. M. , Moving Cone Optimizing Algorithm, Computer Methods for the 80s in the Mineral Industry, AIME, 1979

47 Lerchs. H. *et al*, Optimum Design at Open-pit Mines, Trans CIM, Vol. 68, 1965

48 Lipkewich. M. P, *et al*, Two and Three Personnal Pit Design Optimization Technigues. A Decade of Digital Computing in the Mineral Industry, AIME, 1969.

49 Chen Tai. 3D Pit Design with Variable Wall Slope Capabilities, 14th APCOM, 1976

50 Johnson T. B *et al*, Three-Dimensional Dynamic Programming Method for Optimal ultimate Pit Design USBM, RI7553, 1971

51 Koenigsberg. E. , The Optimum Controls of Open-pit Mine—An Application of Dynamic Programming 17th APCOM, 1982
52 Zhang. S. G. , Stafield. A. M. , Dynamic Programming with Colour Graphics Smoothing for Open-pit Design On a Personal Computer, International Journal of Mining Engineering, 1985, 3
53 石忠民，论确定露天矿最优开采境界的动态规划法，武汉建材学院学报，1985，№4
54 Francois-Bongarcon. D, A New Method for Open-pit Design Parameterization of the Final Pit Contour, 14th APCOM, 1976
55 Wilke, F. L. *et al*, Ultimate Pit and Production Scheduling Optimization, 18th APCOM, 1984
56 Zhang. Y. D. *et al*, Orichted Graph Simulation for Long Rangc Surface Planning, 19th APCOM, 1986
57 朱保宁，露天矿优化系统应用软件研究报告，1985.7，未发表著作
58 胡清准，露天矿最佳开采境界的确定，长沙矿山研究院季刊，1983，№1
59 Davis. R. E. *et al*, Optimization Procedures for Open-pit Mine Scheduling. 11th APCOM, 1973
60 常本英，王国中，一种露天矿最佳生产进度计划及实践，有色金属，1981，№5，6
61 Zhang. Y. G. , Yun. Q. X. , A New Approach for Production Scheduling of Open-Pit Mines, 19th APCOM, 1986
62 Wilke. F. L. *et al*, Optimizing the Shortaterm Production Scheduling for an Cpen-Pit Iron Ore Mining Operation, 15th APCOM, 1977
63 李耀娟，用线性规划编制年采掘进度计划，化工矿山技术，1987，№1
64 Аленичеь. В. М. , Применение ЭВМ при Оперативнои Иланироъаний Добчных Работ-повышение качества сырой рубы, Горинй Журнал, 1984, №1
65 张生贵，应用CAD技术编制矿山采掘计划，第二届全国采矿学术会议论文集，金属分册，1986
66 马鞍山矿山研究院采一室，露天矿装运过程的几个数学问题，应用数学学报，1978，№1
67 汤卫平，李宝祥，露天矿生产工艺过程的模拟——某矿实例研究，矿山技术，1986，№6
68 冶金部马鞍山矿山研究院等，露天矿电铲汽车系统模拟（多坑多铲随机型），1987，11，未发表著作
69 陈文祥，沈大用，用电子计算机模拟方法研究露天矿铁道运输系统，金属矿山，1984，№7
70 Hempenstall. G. *et al*, Bongainville Increases Efficiency with Computers, World Mining, 1980, №2
71 Arnold. M. G. *et al*, Computer-based Truck Dispatching , World Mining, 1983, №4
72 White. G. W. *et al.* , Automated Open-Pit Truck Dispatching at Tyrone, E&MJ, 1982, 6
73 White. G. W. *et al.* , Recent Developments in Computer-Based Dispdtching, SME AIME Preprint №83～413, 1983
74 A. C. 布尔查柯夫，矿井设计，煤炭工业出版社，1982
75 南岳等，矿井主生产系统的计算机模拟，阜新矿业学院学报，1984，№4
76 王辉光等，地下矿机车运输系统计算机模拟模型的构造，北京钢铁学院科学研究论文集采矿专集，1982
77 Ryder. J. A. , 电子计算机及运筹学在矿业中的应用译文集，冶金工业出版社，1988，第226～232页
78 Рогинский. Ф. Н. , планирование Развития Горных Работ на Рудников, НЕДРА, 1978
79 Pye. R. D. , 电子计算机及运筹学在矿业中的应用译文集，冶金工业出版社，1988，第164～192页
80 陈伟玲，熊国华，应用微型电子计算机优化矿山采掘生产计划，金属矿山，1986，8
81 胡清淮，黄沙坪铅锌矿生产计划问题的数学模型，长沙矿山研究院季刊，1983，№3
82 Karlsson. P. L. , 电子计算机及运筹学在矿业中的应用译文集，冶金工业出版社，1988，第125～134页
83 唐延荣，系统工程在生产矿井开拓延深中的应用，系统工程理论与实践，1987，№7
84 侯运炳，熊国华，应用网络分析方法编制地下矿采掘进度计划，金属矿山，1988，№12
85 Houlding. S. W. , Robeits. M. A. , The Computer Station Applied to Undergronud Mining, Mining Magazine, January, 1985
86 Ferguson. G. A. , Computer-based Mining Design, Mining Magazine, January, 1985
87 胡乃琏，熊国华，地下矿山生产计划微型机管理系统，第二届全国采矿学术会议论文集，金属分册，1986
88 徐云龙，应用线性规划编制昆阳磷矿采区最优的排土计划，昆明工学院学报，1982，№2
89 付策，应用线性规划编制金堆城露天矿1982年下半年及1983年最优排岩计划，有色金属，1984，№2
90 徐光辉，随机服务系统，科学出版社，1980
91 Luo. Z. Z. , Lin. Q. N. , Erlangian Cyclic Queueing Model for Shovel-truck Haulage System. International Symposium on Mine Planning and Equipment Selection. №V, 1988, Canada
92 Elbrond. J. A Procedure for the Calculation of Surge Bin Size, Bulk Solids Handiling, Sep. 1982
93 Faulkneg, J. A. , The vse of Closed Queues in the. Development of Coal Face Machinery, Operations Research Qaurter, 1968. 1
94 Kerns. B. , The Queue in Mining-Applications of the Queueing Theory, J. S. Afr. Inst. Min. Met. 11, 1965

95 贺仲雄，模糊数学及其应用，天津科学技术出版社，1983
96 陈贻源，模糊数学，华中工学院出版社，1984
97 林韻梅，围岩稳定性的动态分级法，金属矿山，1985.8
98 云庆夏，黄光球，采矿方法选择中的模糊决策，化工矿山技术，1986，№5
99 林尧瑞等．专家系统原理与实践，清华大学出版社，1988
100 Fries，E. F.，Welsh. H.，Expert Systems and Real-time Mine Moritoring，19th APCOM，1986
101 云庆夏，陈永锋，采矿方法选择专家咨询系统，全国非金属矿学术会议论文集，1988
102 马少华，苏毅萍，钻机作业的最大分配，金属矿山，1987，№10
103 邹定祥，露天矿爆堆最优化和矿岩爆破过程的计算模拟，有色金属，1984，№1

第40章　矿石质量管理与资源综合利用

40.1　概　　述

矿产资源是国民经济建设的重要物质基础。社会主义企业对矿产资源的开发利用，不仅要考虑当前的需要，而且要考虑长运的需要。为此，在探矿、采矿、选矿和冶炼等方面必须充分合理地利用矿产资源，保护矿产资源，最大限度地减少损失和浪费。

（1）矿石损失率和贫化率是矿床开采中有关矿产资源回收的两项重要技术经济指标，同时也是反映矿山企业管理水平和生产技术经济效果的重要指标。国家统计局已将这两项指标列入国家统计表报。为了提高经济效益和保护矿产资源，必须降低矿石损失率、贫化率。据对全国近200座冶金统配矿山估算，若将矿石损失率、贫化率在现有水平分别降低5%，则每年可少采废石700万吨，多回收金属量5万~6万吨。

在矿床开采中要用动态的方法定期评价和圈定矿石储量，最大限度地回采地下资源。根据矿床赋存条件和采矿技术经济条件，确定最佳的损失贫化动态指标，并建立矿床开采全过程的损失贫化数据库。对于多金属矿床，因矿化不均匀，矿石中主金属元素与伴生元素的开采损失贫化各不相同，应该采用综合损失率与综合贫化率指标，即将开采前后的矿石伴生元素品位分别折算成主元素品位，据此，计算矿石损失贫化。

（2）矿石质量管理，除了在开采过程中加强工程质量控制和出矿管理以降低矿石损失贫化外，对于选矿和冶炼实行矿石质量优化控制，即用配矿方法，保持供应质量稳定合格的原料，使企业获得最大的金属回收率和经济效益。

国外一些大型采选企业实行日（或班、小时）矿石质量管理规划。我国大中型矿山一般是在月计划指导下实行周（或日）配矿计划的质量管理。实践证明，实施配矿可使生产工艺处于最佳状态，生产稳定，并取得良好的产品指标。

（3）为了保护和充分合理地利用矿产资源，必须坚持矿产资源的综合勘探、综合评价、综合开采及综合利用的技术政策。

在矿床勘探阶段要搞好综合勘探和综合评价，在矿床开采中要综合考虑全部有工业价值的矿床，实施综合开采，要打破部门、地区和行业的界限，不能“单打一”开采。对于采出矿石，在选矿和冶炼工艺流程中主要是提高主元素的回收率和伴生元素的综合利用率，以最大限度地综合回收和利用矿石中的有价元素。尤其是多金属矿床的综合利用水平，对比世界先进水平，我国还有较大差距。不断改进选矿和冶炼技术是提高综合利用水平的重要途径。

（4）制定合理的最低工业品位对于矿床的经济评价、综合利用和矿山企业的经济效益具有重要意义。矿床的最低工业品位是个可变的动态指标，它随着企业的技术经济指标的提高，损失贫化的降低，采选技术的进步，资源综合利用水平的提高等而相应降低。对于多金属矿床确定出综合最低工业品位指标，即将伴生元素折算成主元素，据此计算出综合工业品位指标。生产矿山按照不同级别的矿量计算出各种级别矿量的综合最低工业品位。工业指标是否合理，关系到矿床的经济评价和矿产资源的综合利用和回收。

搞好矿床经济评价以及最大限度地回收和综合利用矿产资源，都涉及到矿产品价格问题。现行的矿产品价格偏低。据127座统配冶金企业统计，平均人年利润冶炼厂比矿山高3.8倍，加工和联合企业比矿山高1倍。如鞍山钢铁公司职工中矿山职工占四分之一，而矿山年盈利只占全公司的十分之一，可见矿产品价格偏低。价格不合理必导致矿产资源的大量浪费，对资源的综合利用和保护起着消极作用。

40.2　矿石损失贫化

矿床开采过程中，由于某些原因造成一部分矿石储量未能采出以及采下的未能全部运出而损失于井下或露天坑，称之为矿石损失。矿石的损失量占开采矿石储量的比率，叫做矿石损失率；采出的矿石量（储量）占开采矿石储量的比率，叫做矿石回采率。

矿床开采过程中，由于混入岩石和少数情况下高品位粉矿的丢失使采出矿石品位降低，称之为矿石贫化。工业矿石品位与采出矿石品位差值，占工业矿石品位的比率，叫做矿石贫化率。

40.2.1　矿石损失与贫化的分类[1,2,25]

40.2.1.1　*矿石损失分类*

（1）按矿石储量是否参与生产，可将矿石损失分为开采损失和非开采损失两大类。在大类的下面又可按其产生矿石损失的原因，细分为采下损失、未采下损失、由于地质条件和水文地质条件而产生的损失，以及留保护矿柱损失和灾害造成的损失等（图40-1）。

- 矿石损失
  - 开采损失
    - 1. 采下损失
      - 1. 遗留在采场充填料中的损失
      - 2. 遗留在采场内放不出来的损失
      - 3. 运输途中的损失
    - 2. 未采下损失
      - 1. 设计应当开采而未采下的损失
      - 2. 留下各种矿柱不能全部采出的损失
      - 3. 采矿方法及其结构参数不当、开采顺序不合理、矿柱回采和空区处理不及时等所造成的未采矿区损失
  - 未开采损失
    - 1. 由于地质条件及水文地质条件而产生的损失
      - 1. 在断层及褶皱等地质构造内，由于矿床受到破坏，而不能全部采出的损失
      - 2. 由于矿体边缘复杂，不能全部采出的损失
      - 3. 由于地下大量涌水，致使个别矿体或其一部分不能采出所造成的损失
    - 2. 留永久矿柱造成的损失——为保护井筒、地面构筑物、铁路、河床及村庄等需保留矿柱而不能回采的损失
    - 3. 由于无法开采或采矿经济效益不好而损失的零星小矿体或矿体边角部分所造成的矿石损失
    - 4. 因灾害造成的矿石损失，例如防止和消除井下火灾而留下的隔绝矿柱损失

图40-1　矿石损失分类

（2）按采矿生产阶段的不同，可将矿石损失分为采准、切割、矿房回采和矿柱回采等损失。

（3）按采矿方法及其生产工艺的不同，可将矿石损失分为崩矿（或一次）损失与出矿（或二次）损失。

40.2.1.2 *矿石贫化分类*

（1）按贫化产生的原因，可将矿石贫化分为以下几类：

1）岩石混入造成的贫化。例如：矿脉厚度小于最小采幅宽度时，不可避免地要开采一部分岩石；矿体中夹石不能剔出；崩落采矿法覆岩下放矿也要不可避免的混入岩石；在落矿过程中，因对矿体边界控制不好，以及矿体上盘岩石不稳固都要混入岩石。

2）高品位矿石和粉矿损失造成的贫化。例如：充填采矿法高品位粉矿撒落丢失在充填料中；空场采矿法高品位粉矿撒落丢失在下盘面上；高品位矿石未能采出（或放出）等。

3）有用成分被氧化或被析出造成的贫化。

（2）按采矿设计是否允许可将矿石贫化分为不可避免的和可避免的两大类。不可避免的指采矿设计允许采下的围岩或夹石所造成的贫化；可避免的指设计不允许采下的围岩或夹石以及人为混入岩石造成的贫化。

（3）按采矿生产阶段不同，可将矿石贫化分为采准、切割、矿房回采和矿柱回采等贫化。

（4）按采矿方法及其生产工艺的不同，可将矿石贫化分为崩矿（或一次）贫化与出矿（或二次）贫化。

40.2.2 统计和计算矿石损失贫化的指标体系[1~3]

开采对象是具有等于和大于最低工业品位的矿段，其品位为 C，矿石储量为 Q。一般讲来，在开采过程中，不可避免的要产生一定数量的矿石损失(Q_s)；同时也要混进一定数量的岩石（Q_y），有的岩石还含有有用成分，品位为 C_y。最后从采场中放出的矿岩量（一

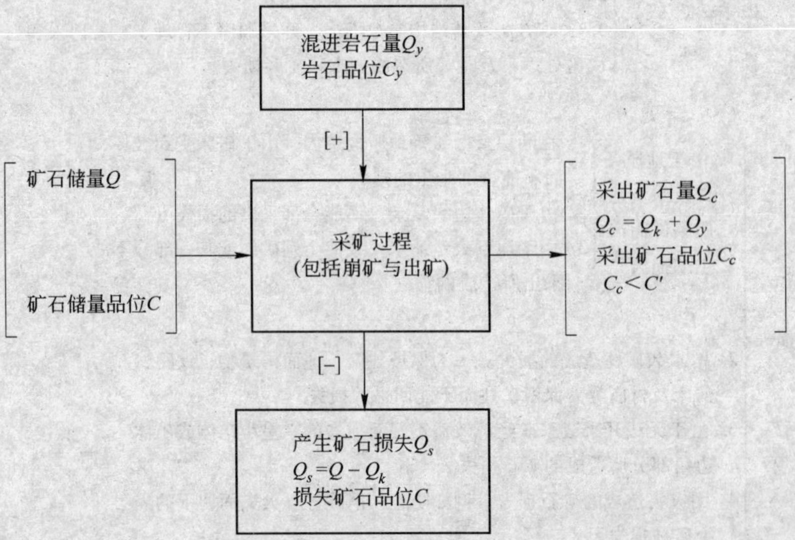

图40-2 采矿过程中矿岩量与品位变化关系

般称之为采出矿石量）为 Q_c，其中包括纯矿石（Q_k）和岩石（Q_y），即 $Q_c = Q_k + Q_y$，采出矿石品位为 C_c。它们之间的数量与品位关系如图 40-2 所示。

指标体系和指标的计算方法必须完整的准确的反映出采矿生产过程中矿石数量与质量的变化，这样才能用来作为分析比较评价采矿方法及其生产过程优劣的一个标准。为此，必须从矿石数量与质量两个方面建立指标体系。

（1）贫化（质量）指标要反映出采矿过程中矿石质量（品位）的变化程度，一般可用以下两个指标表示：

1）矿石贫化率

$$P = \frac{C - C_c}{C} \times 100\% \tag{40-1}$$

由上式可知，矿石贫化率就是采出矿石品位降低率，或质量损失率。

2）岩石混入率，它是混入采出矿石中的岩石量占采出矿石量的比率，即

$$Y = \frac{Q_y}{Q_c} \times 100\% \tag{40-2}$$

当计算式中的 Q_y 无法直接得到时，可使用（40-3）算式

$$Y = \frac{C - C_c}{C - C_y} \times 100\% \tag{40-3}$$

在一般情况下，矿石贫化是由岩石混入造成的，故矿石贫化率与岩石混入率两者是有联系的，在某个具体条件下，由这个指标可以推算出另一个指标。当岩石无品位（$C_y = 0$）时，$Y = P$；岩石有品位（$C_y > 0$）时，则 $Y > P$。

岩石混入对矿山企业经济效益具有严重影响，特别是矿山价值不高时，尤为突出，因此，在采矿工作中应力求减少岩石混入。Y 值在一定程度上反映了采矿技术工作质量，所以岩石混入情况常常是衡量采矿技术工作优劣的重要准则。从这方面看，Y 指标具有较好的可比性。但它不能直接的准确的反映出矿石品位的降低情况，故在比较矿石品位降低情况时，矿石贫化率是个最理想的指标，同时在经济计算时矿石贫化率是重要数据。总之，Y 与 P 各有各的功用，不能互相取代，只有这样才能全面的准确的反映出矿石质量的变化。

（2）损失（数量）指标反映出采矿过程中矿石数量变化的程度，可用以下两个指标表示：

1）矿石回采率

$$H_k = \frac{Q_k}{Q} \times 100\% \tag{40-4}$$

或矿石损失率

$$S_k = \frac{Q_s}{Q} \times 100\% \tag{40-5}$$

$$H_k + S_k = 1$$

矿石回采率直接表示矿石储量被回收利用的程度；矿石损失率表示矿石储量损失的程度。

2）金属回采率。在数量指标中，除了矿石回采率指标外，还需计算金属回采率

$$H_j = \frac{Q_c C_c}{QC} \times 100\% \tag{40-6}$$

当计算多采场（矿块）总的矿石损失贫化指标时，必须分别计算出矿石回采率与金属回采率。并将两者进行对比，当 $H_j < H_k$ 时，则表明高品位采场的矿石回采率低于低品位采场的矿石回采率；反之，$H_j > H_k$ 时，则表明高品位采场的矿石回采率高。通过这样的分析对比，有利于对矿石损失作出正确的分析，采取相应的措施，提高金属回采率。

矿石损失与贫化指标体系共有四个指标，即矿石贫化率、岩石混入率、矿石回采率或矿石损失率和金属回采率。四者缺一不可。

40.2.3　矿石损失贫化计算方法

矿石损失贫化计算方法，一般可分为直接法与间接法两大类。

40.2.3.1　*直接法*

直接法的基本特点是，在采矿过程中，地测人员能进入采场直接测定计算矿石损失贫化指标所需的各项数据。它适用于地下开采矿山的某些空场采矿法、充填采矿法。若是在出矿过程中发生二次贫化（如浅孔留矿法在放矿过程中有部分围岩崩落）时，不能使用该法。直接法也用于中小型露天矿开采的采场，按台阶、电铲工作面计算矿石损失贫化。

采场未崩下的矿石损失量，可根据地质平面和剖面图，用比较矿体边界同崩矿边界的方法确定。损失矿石品位根据取样确定。也用同样方法计算崩下的岩石量。采场采下矿石损失数量。例如损失在矿体下盘面上的已崩落矿石、撒落损失在充填料中的矿石等只能用专门检测方法确定。

采场采下矿石损失数量，也可用下式求得

$$D = B\gamma$$

$$B = (V_k + V_y) - \frac{Q_c}{\eta\gamma}$$

式中　D——采场采下矿石损失数量，t；

B——采下矿石损失体积，m^3；

V_k——采下矿石体积，m^3；

V_y——采下岩石体积，m^3；

Q_c——放出矿石量，t；

γ——采下矿石体重，t/m^3；

$$\gamma = \frac{V_k\gamma_k + V_y\gamma_y}{V_k + V_y}$$

γ_k——矿石体重，t/m^3；

γ_y——岩石体重，t/m^3；

η——放出矿石松散系数。

采出矿石量 Q_c 可用称量或按装运设备数量计算。

计算示例　招远金矿的矿体呈透镜状、囊状和脉状，矿体形态规则，矿岩接触面明显，矿体倾角为65°～85°，矿体多为极薄矿脉，品位较高，矿石和围岩均稳固，采用留矿法回采，采场沿走向布置，阶段高度为40m，采幅宽度1.1m。用直接法算矿石损失贫化值。

首先，当采场每采一定高度后，地测人员在采场中进行验收实测及取样工作。

根据每次验收实测和取样化验的数据，绘制采场分层验收实测图（图40-3）；计算每个分层的矿石损失贫化指标（表40-1）；计算分层金属量（表40-2）。

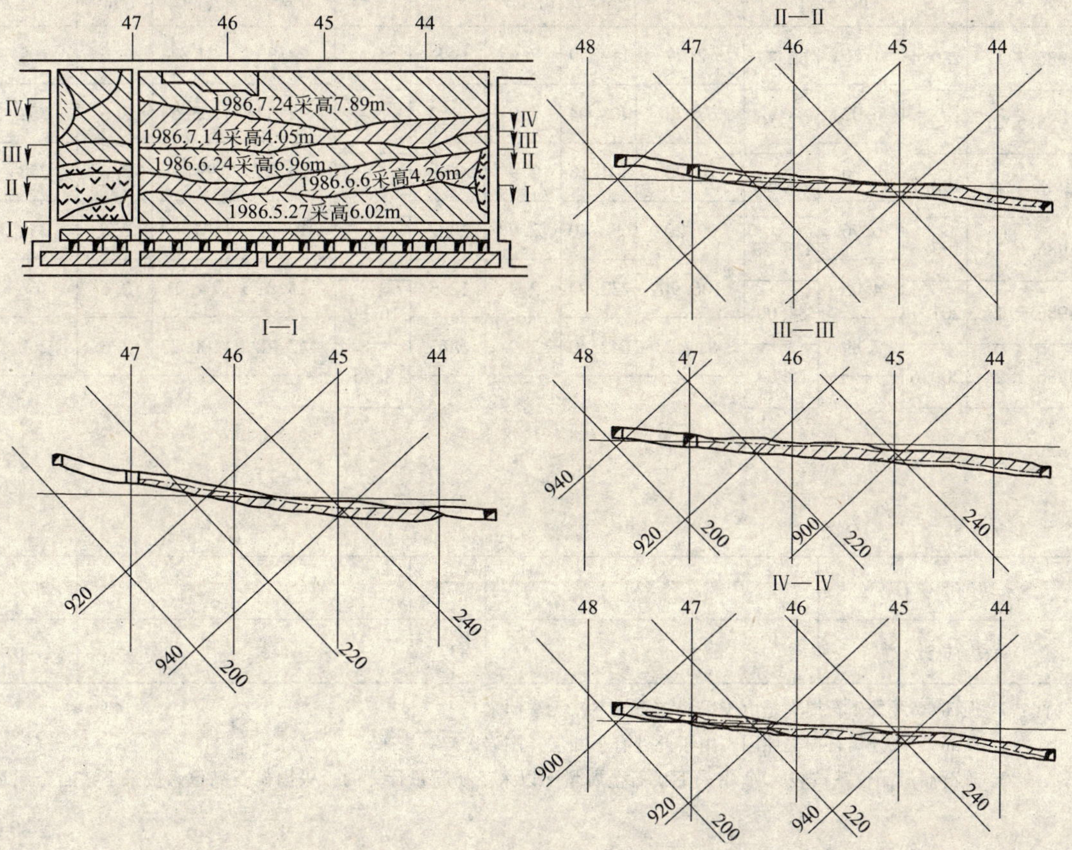

图40-3　采场验收实测图

各分层矿石损失与贫化指标的计算示例（表中第二分层）：

岩石混入率

$$Y=\frac{Q'_y+Q''_y}{Q_k+Q_y+Q''_y}$$

$$=\frac{352+114}{1183+352+114}=28.26\%$$

式中　Q'_y——采下不可避免围岩量，$Q'_y=352t$；

Q''_y——采下可避免围岩量，$Q''_y=114t$；

Q_k——采下矿石量，$Q_k=1183t$。

其中不可避免岩石混入率

$$Y'=\frac{Q'_y}{Q_k+Q'_y}$$

表 40-1 矿石损

日期 年.月.日	采高 (m)	层间平均距离 (m)	采下矿石 面积 (m^2)	平均面积 (m^2)	体积 (m^3)	体重 (t/m^3)	矿量 (t)	采下不可避免围岩 面积 (m^2)	平均面积 (m^2)	体积 (m^3)	体重 (t/m^3)	围岩量 (t)
1986.3.12	180.4	1.80	62.77	62.77	112.99	2.9	328	23.33	23.33	41.99	2.6	109
1986.5.27	186.4	6.02	72.80	67.78	408.04	2.9	1183	21.70	22.52	135.54	2.6	352
1986.6.6	190.7	4.26	68.60	70.70	301.18	2.9	873	24.80	23.25	99.04	2.6	258
1986.6.24	197.6	6.96	129.79	99.20	690.40	2.9	2002	14.81	19.81	137.84	2.6	358
1986.7.14	201.7	4.05	84.00	106.90	432.94	2.9	1255	16.80	15.81	64.01	2.6	166
1986.7.24	209.6	7.89	78.84	81.42	642.40	2.9	1863	8.76	12.78	100.83	2.6	262
采切副产矿石							873					237
采场总计							8377					1740

注：1. 顶部46线处矿石损失是由于采场矿石放空，无法回采；

2. 顶部47线处矿石损失原因，由于此处有小断层，围岩破碎，未采；

3. 矿石储量品位系按表40-2中采下矿石金属量除以采下矿石量计算的；采出矿石品位系按采下矿石金属量

表 40-2

计算日期 年.月.日	采高 (m)	层间平均距离 (m)	采下矿石 矿量 (t)	品位 (g/t)	平均品位 (g/t)	金属量 (kg)	采下不可避免围岩 围岩量 (t)	品位 (g/t)	平均品位 (g/t)	金属量 (kg)
1986.3.12	180.4	1.80	328	6.15	6.15	2.017	109	1.4	1.4	0.153
1986.5.27	186.4	6.02	1183	4.23	5.19	6.140	352	0.9	1.15	0.405
1986.6.6	190.7	4.26	873	4.79	4.51	3.937	258	0.8	0.85	0.219
1986.6.24	197.6	6.96	2002	7.25	6.02	12.052	358	1.49	1.15	0.412
1986.7.14	201.7	4.05	1255	18.82	13.04	16.365	166	1.25	1.37	0.227
1986.7.24	209.6	7.89	1863	18.82	18.82	35.062	262	1.25	1.25	0.328
采切副产矿石			873		6.15	5.369	237		14	0.332
采场总计			8377		9.64	80.742	1742		1.192	2.076

注：平均品位系按上、下分层品位平均数计算的。

失贫化计算

采下可避免围岩				损失矿量				不可避免岩石混入率（%）	可避免岩石混入率（%）	总的岩石混入率（%）	矿石损失率（%）	矿石贫化率（%）
面积（m^2）	平均面积（m^2）	体积（m^3）	围岩量（t）	面积（m^2）	平均面积（m^2）	体积（m^3）	矿量（t）					
				2.90	2.90	5.22	15	24.94		24.94	4.37	19.19
14.53	7.27	43.77	114	0.65	1.78	10.72	31	22.93	6.91	28.26	2.55	22.35
12.75	13.64	58.11	151	0.20	0.42	1.79	5	22.81	11.78	31.90	0.57	26.16
25.80	19.28	134.19	349	0.80	0.50	3.48	10	15.17	12.88	26.10	0.50	21.10
15.96	20.88	84.56	220	1.20	1.00	4.05	12	11.68	13.41	23.52	0.95	21.09
	7.98	62.96	164		0.60	4.37	14	12.33	7.16	18.61	0.75	17.38

46 线处损失 17 ×0.57 ×2.8 ×2.9 =79

47 线处损失 19.2 ×0.38 ×1.65 ×2.9 =35

			998				201	17.22	8.98	24.65	2.34	21.68

加上采下围岩金属量除以采下矿量加上围岩量计算的。

金属量计算

采下可避免围岩				损失矿量				金属回采率（%）
围岩量（t）	品位（g/t）	平均品位（g/t）	金属量（kg）	矿量（t）	品位（g/t）	平均品位（g/t）	金属量（kg）	
				15	6.15	6.15	0.092	
114	0.9	0.9	0.103	31	5.23	5.69	0.176	
151	0.8	0.85	0.111	5	5.44	5.34	0.027	
349	1.49	1.15	0.401	10	4.9	5.17	0.052	
220	1.25	1.37	0.301	12	2.4	3.65	0.044	
164	1.25	1.25	0.205	14	18.82	10.61	0.149	
				79	9.66	9.66	0.763	
				35	7.60	7.60	0.266	
998		1.123	1.121	201		7.81	1.569	98.09

$$= \frac{352}{1183 + 352} = 22.93\%$$

可避免岩石混入率

$$Y'' = \frac{Q''_y}{Q_k + Q'_y + Q''_y}$$

$$= \frac{114}{1183 + 352 + 114} = 6.91\%$$

矿石损失率

$$S_k = \frac{31}{1183 + 31} = 2.55\%$$

矿石贫化率

$$P = \frac{5.19 - 4.032}{5.19} = 22.35\%$$

工业矿石品位

$$C = \frac{6140}{1183} = 5.19\text{g/t}$$

采出矿石品位

$$C_c = \frac{6140 + 405 + 103}{1183 + 352 + 114} = 4.032\text{g/t}$$

其他各分层计算依此计算。

其次，当采场生产结束后，再计算出整个采场的矿石损失与贫化指标。并根据有关资料填写采场台账。

最后，将各采场的矿石损失与贫化指标汇总，计算出全矿的矿石损失与贫化指标。

40.2.3.2　间接法

矿石损失贫化值不能用直接法计算时，则使用间接法计算。间接法是通过测定采出矿石量（Q_c）和品位（C_c），以及地质部门提供的矿石储量（Q）和品位（C），当岩石有品位时还须给出岩石品位（C_y），间接计算矿石损失与贫化值。该法用于地下开采矿山的各种深孔采矿法，如分段空场法、分段崩落法与阶段崩落法等。也用于大、中型露天采场。

用间接法计算矿石损失贫化，可按下列程序和方法进行。

（1）岩石混入率

$$Y = \frac{C - C_c}{C - C_y} \times 100\%$$

（2）矿石回采率

$$H_k = \left[\frac{Q_c}{Q}(1 - Y)\right] \times 100\%$$

（3）矿石贫化率

$$P = \frac{C - C_c}{C} \times 100\%$$

（4）多个采场（矿块）总的矿石损失贫化计算是以单个采场计算值为基础，可按表40-3和下列计算式计算。

$$Y_z = \frac{\Sigma Q_{ci} Y_i}{\Sigma Q_{ci}} \times 100\% = \frac{\Sigma Q_{yi}}{\Sigma Q_{ci}} \times 100\% \tag{40-7}$$

$$H_{kz} = \frac{\Sigma Q_{ci} - \Sigma Q_{yi}}{\Sigma Q_i} \times 100\% = \frac{\Sigma Q_{ci}}{\Sigma Q_i}(1 - Y_z) \times 100\% \tag{40-8}$$

$$P_z = \frac{C_p - C_{ep}}{C_p} \times 100\% \tag{40-9}$$

$$H_{jz} = \frac{\Sigma Q_i C_{ci} - \Sigma Q_{yi} C_{yi}}{\Sigma Q_i C_i} \times 100\% \tag{40-10}$$

根据表40-3计算结果，还要对矿石损失贫化作出判断分析，并提出降低矿石损失贫化的有效措施。

表40-3 多个采场总的矿石损失贫化计算表

采场号	原始数据						指标			
	矿石储量 Q	矿石储量品位 C	岩石品位 C_y	采出矿石量 Q_c	采出矿石品位 C_c	岩石混入率 Y	岩石混入量 Q_y	矿石回采率 H_k	矿石贫化率 P	金属回采率 H_j
1	Q_1	C_1	C_{y1}	Q_{c1}	C_{c1}	Y_1	Q_{y1}	H_{k1}	P_1	
2	Q_2	C_2	C_{y2}	Q_{c2}	C_{c2}	Y_2	Q_{y2}	H_{k2}	P_2	
⋮										
i	Q_i	C_i	C_{yi}	Q_{ci}	C_{ci}	Y_i	Q_{yi}	H_{ki}	P_i	
总的	ΣQ_i	C_p	C_{yp}	ΣQ_{ci}	C_{cp}	Y_z	ΣQ_{yi}	H_{kz}	P_z	H_{jz}

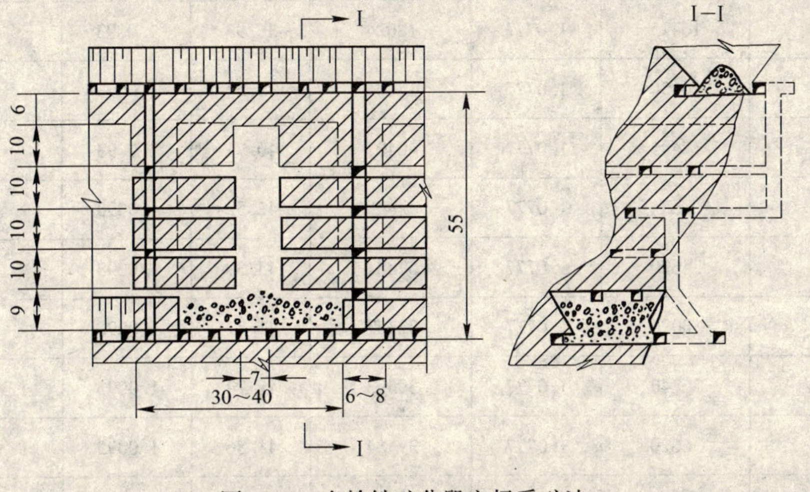

图40-4 金岭铁矿分段空场采矿法

计算示例 金岭铁矿铁山坑矿床类型为接触变质磁铁矿床，共有七个矿体，呈扁豆状产出。矿体倾角为50°～60°，厚度为5～90m。矿石中等稳固，围岩稳固，矿石和围岩接触明显。采用分段空场采矿法。当矿体厚度小于14m时，矿块沿走向布置。矿房长30～40m。

表 40-4 1985 年铁山坑 502 采场出矿量和平均出矿品位

月 份	采场出矿量（t）	金属量（t）	平均出矿品位（%）
5	3030	1312.28	43.31
6	3135	1710.77	41.37
7	8045	3339.25	41.51
8	9525	3949.55	41.47
9	6555	2620.88	39.93
10	4875	2038.58	41.82
11	5220	2173.70	41.64
12	3960	1682.62	42.49
全年	45345	1882.763	51.52

表 40-5 出矿量和出矿品位调整

地 点	出矿量（t）	调整系数	调整后出矿量（t）	出矿品位（%）	调整系数	调整后出矿品位（%）
No6 矿体 501 采场	1170	1.0777	1261	45.12	1.0093	45.54
502 采场	45345	1.0777	48866	41.52	1.0093	41.91
503 采场	37825	1.0777	40762	41.32	1.0093	41.70
504 采场	9140	1.0777	9850	36.08	1.0093	36.42
505 采场	16725	1.0777	18024	36.93	1.0093	37.27
506 采场	16150	1.0777	17404	35.34	1.0093	35.67
507 采场	37495	1.0777	40407	40.72	1.0093	41.10
509 采场	5520	1.0777	5949	42.52	1.0093	42.92
403 采场	34690	1.0777	37884	45.39	1.0093	45.81
405 采场	30025	1.0777	32357	41.77	1.0093	42.16
No3 矿体	36740	1.0777	39593	41.73	1.0093	42.12
No5 矿体	36620	1.0777	39464	43.86	1.0093	44.27
副产	1135	1.0777	1223	38.74	1.0093	39.10
No7 矿体	235	1.0777	242	35.65	1.0093	35.98
合计	308805	1.0777	332786	41.44	1.0093	41.83

阶段高度40～60m，分段高度10m。沿走向布置运输巷道，沿脉运输巷道每隔7m开一条装矿横巷通堑沟。用装岩机出矿。采矿法的结构如图40-4所示。

该矿采用间接法计算矿石损失贫化，其计算程序和方法如下：

（1）计算各采场出矿数量和出矿品位。由矿山计量和取样人员负责统计各采场的每班出矿数量和出矿品位取样工作，月末计算出各采场当月出矿量和平均出矿品位（表40-4）。

（2）对各采场的出矿数量和出矿品位进行调整。当井下统计的出矿数量和平均出矿品位与选矿厂实收的矿量和平均品位不一致时，应以选矿厂实收量为准，对各采场出矿数量和出矿品位加以调整（表40-5）。

（3）计算矿石损失贫化指标。以502采场为例：

1）计算岩石混入率和岩石混入量

$$Y = \frac{57.46 - 41.91}{57.46} = 27.06\%$$

$$Q_y = 0.2706 \times 48866 = 13223\text{t}$$

2）计算矿石回采率（或矿石损失率）

$$H_k = \frac{48866 - 13223}{54092} = 65.89\%$$

$$S_k = 1 - 0.6589 = 34.11\%$$

3）计算矿石贫化率

$$P = \frac{57.46 - 41.91}{57.46} = 27.06\%$$

其他采场也依此计算。

4）计算全矿总的矿石损失贫化值

$$Y_z = \frac{\Sigma Q_{yi}}{\Sigma Q_{ci}} = \frac{87697}{332786} = 26.35\%$$

$$H_{kz} = \frac{\Sigma Q_{ci} - \Sigma Q_{yi}}{\Sigma Q_i} = \frac{332786 - 87697}{368085} = 66.58\%$$

$$P_z = \frac{C_p - C_{cP}}{C_p} = \frac{56.80 - 41.83}{56.80} = 26.35\%$$

$$H_{jz} = \frac{\Sigma Q_{ci}C_{ci} - \Sigma Q_{yi}C_{yi}}{\Sigma Q_i C_i} = \frac{332786 \times 0.4183}{368085 \times 0.5680}$$

$$= 66.58\%$$

将计算结果填到表40-6。

40.2.4 矿石损失贫化统计与计算中存在的问题及注意事项

（1）岩石的混入量相同时，从采矿技术工作质量与水平方面比较，应认为两者是相同的。但此时岩石有品位的P（贫化率）值小于岩石无品位的P值，所以P值并没有正确反

表 40-6　1985 年铁山坑矿石损失贫化计算表

采场号	原始数据					指标				
	矿石储量 Q (t)	矿石储量品位 C (%)	岩石品位 C_y (%)	采出矿石量 Q_c (%)	采出矿石品位 C_c (%)	岩石混入率 Y (%)	岩石混入量 Q_y (t)	矿石回采率 H_k (%)	矿石贫化率 P (%)	金属回采率 H_j (%)
No6 矿体 501 采场	1627	56.74		1261	45.54	19.74	249	62.20	19.74	
502 采场	54092	57.46		48866	41.91	27.06	13223	65.89	27.06	
503 采场	44051	58.03		40762	41.70	28.14	11470	66.49	28.14	
504 采场	9748	59.22		9850	36.42	38.50	3792	62.15	38.50	
505 采场	17619	58.57		18024	37.27	36.37	6555	65.09	36.37	
506 采场	14685	59.98		17404	35.67	40.53	7054	70.48	40.53	
507 采场	42927	58.96		40407	41.10	30.29	12239	65.62	30.29	
509 采场	6299	57.32		5949	42.92	25.12	1495	70.71	35.12	
403 采场	45643	56.58		37384	45.81	19.03	7115	66.31	19.03	
405 采场	34429	58.40		32357	42.16	27.81	8998	67.85	27.81	
No3 矿体采场	45131	54.91		39593	42.12	23.29	9221	67.30	23.29	
No5 矿体采场	50807	51.97		39464	44.27	14.82	5848	66.16	14.82	
副　产	860	55.63		1223	39.10	29.71	363	100	29.71	
No7 矿体采场	167	52.24		242	35.98	31.13	75	100	31.13	
合　计	368085	56.80		332786	41.83	26.35	87697	66.58	26.35	66.58

映出采矿技术工作的优劣差异。或当两种情况下的 P 值相同，此时有品位的岩石混入量大于无品位的岩石混入量，亦即 P 值相同时，也不能说两种情况下的采矿技术工作质量与水平没有差异。为此，才提出岩石混入率（Y）指标。

现有矿山称 Y 为实际贫化率，同时称 P 为视在贫化率。而在实际应用中，并未真正把 Y 与 P 区别开来，经常把两者混淆在一起，同称贫化率，这就失去了设 Y 指标的意义。究其原因，与 Y 的名字（实际贫化率）有关。为此建议对 P 取消“视在贫化率”的称呼，改称为矿石贫化率；对 Y 取消“实际贫化率”的称呼，改称为岩石混入率。因为它们本来的意义就是矿石贫化率和岩石混入率。

（2）在指标体系中应增加金属回采率[3]。在计算多采场总的损失贫化指标时，必需计算出矿石回采率与金属回采率。并将两者进行分析对比，提出有效措施提高金属回采率。

在岩石有品位的情况下，分析 H_k 与 H_j 关系时，要从采出金属量（$\Sigma Q_c C_c$）中减去岩石金属量（$\Sigma Q_y C_y$），即仅用矿石中的金属量计算金属回采率。

（3）为了分析崩矿过程（或称一次）与放矿过程（或称二次）各自所产生的矿石损失贫化，以便分别采取措施降低矿石损失贫化，所以必需对崩矿过程与放矿过程进行矿石损失贫化计算[3]。

一次与二次的矿石损失贫化过程如图 40-5 所示。

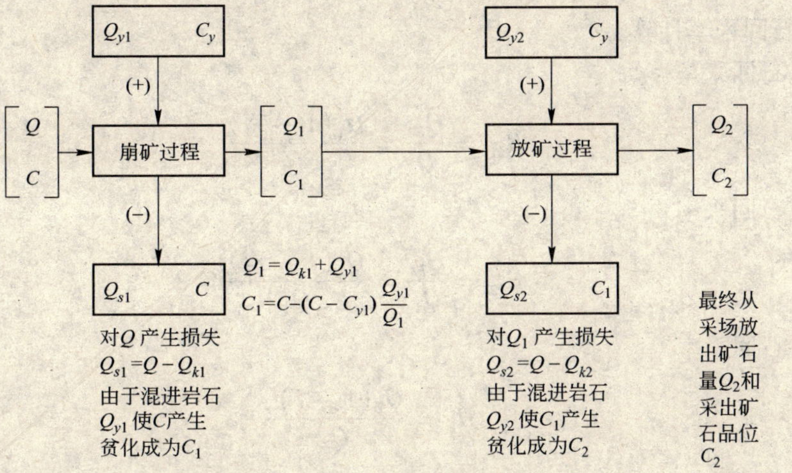

图 40-5　一次与二次矿石损失贫化过程

1）矿石贫化率计算

一次贫化率

$$P_1 = \frac{C - C_1}{C} \times 100\% \tag{40-11}$$

二次贫化率

$$P_2 = \frac{C_1 - C_2}{C_1} \times 100\% \tag{40-12}$$

总的贫化率

$$P = \frac{C - C_2}{C} \times 100\% \tag{40-13}$$

三者关系式

$$P = P_1 + P_2 - P_1 P_2 \tag{40-14}$$

2）岩石混入率计算

一次岩石混入率

$$Y_1 = \frac{C - C_1}{C - C_y} \times 100\% \tag{40-15}$$

二次混入率

$$Y_2 = \frac{C_1 - C_2}{C_1 - C_y} \times 100\% \tag{40-16}$$

总的岩石混入率

$$Y = \frac{C - C_2}{C - C_y} \times 100\% \tag{40-17}$$

三者关系式

$$Y = Y_1 + Y_2 - Y_1Y_2 \tag{40-18}$$

3）矿石回采率计算

一次矿石回采率

$$H_{k1} = \frac{Q_{k1}}{Q} = \frac{Q_1(1 - Y_1)}{Q} \tag{40-19}$$

二次矿石回采率

$$H_{k2} = \frac{Q_{k2}}{Q_1} = \frac{Q_2(1 - Y_2)}{Q_1} \tag{40-20}$$

总的矿石回采率

$$H_k = \frac{Q_2(1 - Y)}{Q} \tag{40-21}$$

三者的关系式

$$H_k = H_{k1}H_{k2} \tag{40-22}$$

（4）开采极薄矿脉时按采矿设计是否允许将矿石贫化分为不可避免（设计）矿石贫化和可避免矿石贫化，其计算式[3]如下：

1）岩石混入率

总岩石混入率

$$Y = \frac{(L - L_o)\gamma_y}{L_o\gamma_k + (L - L_o)\gamma_y} \times 100\% \tag{40-23}$$

不可避免岩石混入率

$$Y' = \frac{(L' - L_o)\gamma_y}{L_o\gamma_k + (L' - L_o)\gamma_y} \times 100\% \tag{40-24}$$

可避免岩石混入率

$$Y'' = \frac{(L - L')\gamma_y}{L_o\gamma_k + (L - L_o)\gamma_y} \times 100\% \tag{40-25}$$

式中　L——采场实际平均采幅宽度，m；

L_o——矿脉平均宽度，m；

L'——采场设计平均采幅宽度，m；

γ_k——矿石体重，t/m^3；

γ_y——岩石体重，t/m^3。

2）矿石贫化率

已知岩石混入率，就可按（40-26）式算出矿石贫化率。

$$P = \frac{C - C_y}{C}Y \tag{40-26}$$

式中　C——矿石储量品位，%；

C_y——岩石品位，%。

（5）损失矿石储量品位与矿石储量品位不一致时，应按下面要求代入 C 值，计算岩石混入率。

首先分析计算式的建立过程

$$Q_c = Q_k + Q_y$$
$$Q_c C_c = Q_k C_k + Q_y C_y$$

解上列两式得

$$Y = \frac{Q_y}{Q_c} = \frac{C_k - C_c}{C_k - C_y} \times 100\% \tag{40-27}$$

在矿石采出过程中金属量变化可用图40-6说明之。

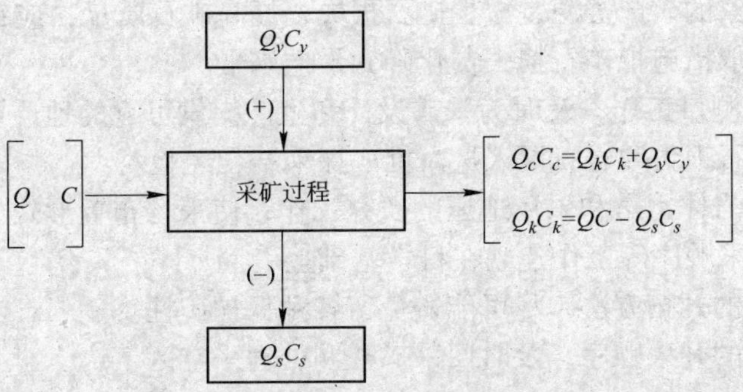

图40-6 采矿过程中金属量变化图

从建式过程和图40-6可知，Q_k 是采出的矿石储量，或采出的纯矿石量，其数值为 $Q_k = Q - Q_s$；C_k 是采出纯矿石（或采出矿石储量）品位，它不是整个（包括损失矿石）矿石储量品位。只有当 $C_s = C$，此时 $C_k = C$，Y 值计算式中 C 才代以矿石储量品位。

总之，计算式中的 C、C_c、C_y 三个数据都是指介入计算量的品位，即参与过程的矿岩品位。

如果得不到采出矿石储量品位（或损失矿石储量品位），而以矿石储量品位代入时，将使 Y、P 值失真，从而矿石回采率（或矿石损失率）也随之产生失真。

（6）统计计算矿石损失贫化指标所需的原始资料和参数来源不统一，计算的范围不一致，所用的表格不相同。例如矿石损失贫化的计算范围，有的按当年结束回采矿块计算；有的按当年实际出矿矿块计算；有的按矿房计算；有的按矿块计算。矿石损失与贫化的计算范围，应包括采场（矿块）崩矿和出矿，以及采场（矿块）采准和切割的副产矿石，并将矿石运出坑口（或露天坑）的整个采、出过程中矿石损失与贫化。地下开采矿山应以采场（矿块）为计算单位。露天开采矿山应以台阶、电铲工作面进行矿石损失与贫化的计算。用浅孔回采的极薄矿脉，采场（矿块）还要按不可避免的岩石混入率和可避免的岩石混入率分别计算。统计计算所用的表格应根据矿山损失贫化指标的要求和计算所需的参数规定出统一格式。

（7）坑口与采场的出矿量和矿石品位同选矿厂收到的矿石量和矿石品位常有差异，有的差异很大，主要原因是规章制度不严和措施不当等造成的。采出矿石应以专设的地中衡称出重量，出矿品位应按矿车取样化验确定。进入选矿厂的矿石应在矿仓处过磅计量，品位应以矿浆取样化验确定。管理上应实行责任制，以确保矿石数量和品位的准确性。

（8）加强对矿石损失贫化的管理工作。矿石损失贫化管理工作多数矿山由地测部门兼管，少数矿山设立了专门管理机构。

专门管理机构和管理人员的职责明确，除负责日常检查监督、测算分析工作外，还参与设计和指标的审核，损失贫化指标的测定以及有关技术会审工作，做到现场情况掌握准、分析透、措施得当，解决问题及时。因此，有条件的矿山，都应设立专门管理机构和管理人员。

（9）使用先进的仪器设备，快速的准确的确定各种参数的数值。例如使用X射线荧光分析仪快速测定矿石品位；设地中衡称量矿石数量。

40.2.5 降低矿石损失贫化的措施

为充分利用国家的矿产资源，减少矿石损失，提高矿石质量，应针对产生矿石损失贫化的各种原因，采取措施把矿石损失贫化降到最低水平。

（1）加强地质测量工作，及时为采矿设计和生产提供可靠的地质资料，以便正确确定采掘范围，减少矿石损失和岩石混入量，推广探采结合经验。

（2）加强矿山岩体力学和采场地压的研究工作，使采场布置形式、矿房面积、矿柱尺寸、支护型式、回采顺序等工作建立在科学基础上。

（3）选择合理的开拓方法，尽可能避免留各种保护矿柱。

（4）选择合理的开采顺序，及时回采矿柱和处理采空区。

（5）选择合理的采矿方法及其结构参数，改进回采工艺，以便减少回采的矿石损失贫化。

采矿方法及其结构参数要与矿体赋存条件、矿岩力学性质等相适应。例如当矿体倾角不陡时可采取开掘下盘岩石或设置下盘漏斗的措施来减少下盘损失；崩落法放矿应采用合理放矿顺序和放矿制度等。

（6）改进底部出矿结构，推广使用无轨装运设备和振动放矿设备，加强出矿管理，以提高矿石回采率，降低岩石混入率。

（7）选择适宜的提升、运输方式和盛器，避免多次转运矿石，以减少粉矿损失。

（8）提倡和推广强掘、强采、强出开采经验，提倡综合开采、综合利用，严格执行《矿产资源法》。

（9）把矿石损失贫化指标作为考核矿山企业的重要指标。

40.2.6 矿石损失贫化经济计算

40.2.6.1 *矿石损失贫化经济计算概述*

矿石损失贫化是分析比较、评价采矿方法及其结构参数等优劣的重要指标之一。除了要比较矿石损失贫化的数量之外，还要比较由矿石损失贫化所造成的经济损失。

矿石损失贫化所造成的经济损失除了需要分别计算由矿石损失与贫化造成经济损失，用以从各个方面作出经济分析评价之外，为了判别优劣，还需将矿石损失贫化综合成一个经济指标。这个指标可从两个方面进行计算：

（1）单位矿石储量盈利额；

（2）单位矿石储量分摊的因矿石损失贫化造成的经济失额。

上述两种经济计算方法的结果是一致的，前种计算方法是从盈利角度提出的，优劣判别原则是以单位矿石储量盈利额最大者为优；后一种计算方法是从经济损失角度提出的，以单位矿石储量分摊的经济损失额最小者为优。

40.2.6.2 单位矿石储量盈利额计算

若矿山以矿石为产品（商品矿石）时，可按（40-28）式计算

$$r_Q = \frac{H_k Q}{1-Y}(L_k - F_c)\frac{1}{Q} = \frac{H_k}{1-Y}(L_k - F_c),\text{元/吨} \tag{40-28}$$

式中 Q——矿石储量，t；

H_k——矿石回采率，%；

Y——岩石混入率，%；

L_k——矿石售价，元/吨；

F_c——采矿费用，元/吨。

若矿山以精矿为产品时，可按（40-29）式计算

$$r_Q = \frac{H_k}{1-Y}(rL_j - F) = \frac{H_k}{1-Y}\left[\frac{C(1-P)H_x L_j}{C_j} - F\right],\text{元/吨} \tag{40-29}$$

$$r = \frac{C_c H_x}{C_j}\times 100\% = \frac{C(1-P)H_x}{C_j}\times 100\%$$

式中 r——精矿产出率，%；

L_j——精矿售价，元/吨；

H_x——选矿金属回收率，%

C_j——精矿品位，%

F——矿石的采选费用，元/吨。

40.2.6.3 矿石损失贫化的经济损失计算

A 矿石贫化的经济损失

一般情况下，矿石贫化是由开采过程中岩石混入造成的。由于矿石贫化，采出矿石品位降低，使生产单位精矿需要的矿石量增加，从而使企业生产单位精矿的开采、运输和选矿费用增加。又由于混入的岩石（不含有用成分时）在选矿过程中不但不能提供有用成分，反而还要在尾矿中被它带走一部分有用成分，增加了有用成分损失，从而减少了盈利额。

（1）岩石的开采和选矿费用，每吨矿石储量推销额

$$S_{p1} = \frac{H_k Y}{1-Y}F_y,\text{元/吨} \tag{40-30}$$

式中 F_y——岩石的采选费用，元/吨。

（2）岩石变成尾矿后，带走有用成分造成的经济损失，每吨矿石储量摊销额

$$S_{p2} = \frac{H_k Y C_\omega L_j}{(1-Y)(1-C_\omega)C_j},\text{元/吨} \tag{40-31}$$

式中 C_ω——尾矿品位，%。

（3）矿石贫化总的经济损失

$$S_p = S_{p1} + S_{p2} = \frac{H_k Y}{1-Y}\left(\frac{C_\omega L_j}{C_j(1-C_\omega)} + F_y\right),\text{元/吨} \tag{40-32}$$

B 矿石损失的经济损失

矿石损失使矿石生产成本提高，盈利减少。因矿石损失造成的经济损失每吨矿石储量摊销额

$$S_s = (1 - H_k)\left(\frac{CH_xL_j}{C_j} - K_1 - K_2\right),\text{元/吨} \qquad (40\text{-}33)$$

式中 K_1——采场放矿前已支付的费用，每吨矿石储量摊销额；

K_2——采场出矿和出矿后的费用，每吨矿石储量摊销额。

C 矿石损失贫化造成的经济损失的每吨工业储量摊销额

$$S = S_p + S_s = \frac{H_kY}{1 - Y}\left(\frac{C_\omega L_j}{C_j} + F_y\right) + (1 - H_k)\left(\frac{CH_xL_j}{C_j} - K_1 - K_2\right),\text{元/吨} \qquad (40\text{-}34)$$

将不同方案的矿石损失贫化值代入上式，就可得出不同的S值，以S值小者为优。

40.2.6.4 崩落法放矿截止品位确定方法

A 概述

无论何种崩落法或者是何种放矿方式，对某一漏孔的放矿都可以分为两个阶段（见图40-7）。首先是纯矿石回收段，纯矿石放出一定数量之后，便开始有岩石混入，采出矿石品位开始下降，进入贫化矿石回收段。随着放出矿石量的增加，在放出单位矿石中混入岩石量增加，放出矿石品位也随之下降。

当次放出矿石品位（C_{cd}）下降到一定数值时便应停止放矿，封闭放矿漏斗。这个截止放矿时的矿石品位称为放矿的截止品位。截止品位是崩落法放矿中一个重要技术经济指标，若是过高即在有利可得情况下停止放矿，将使总的盈利额减少和矿石损失增大；反之，截止品位过低，也就是在后放出的这一部分矿石中混入岩石量过多，使这部分矿石的精矿卖价抵补不了这部分矿石的放矿、运输、提升和选矿等项费用，产生经济亏损，势必从已经获得的总盈利中又被亏损掉一部分，因而此时总盈利额也不是最大的。

当前不少的铁矿山将矿石工业指标中的边界品位作为放矿截止品位使用。从经济分析讲，这是不合适的，因为边界品位是用来圈定矿石储量边界的最低品位，它是对开采前的矿石而言，这样的矿石需要经过一系列的工作，如开拓、采准、切割、回采、运输、提升和选矿加工等才能变成矿山最终产品（精矿）。而截止品位是用来控制采场放矿的最低品位，它是对存储在采场中的待放矿石而言，这样的矿石变成精矿所需费用，只包括放矿和放矿以后的各项费用。

两种矿石变成精矿所需要的费用差异很大，因此，两者的品位不应该是相同的。若是边界品位合理时，截止品位应低于边界品位。

有的矿山按下列关系确定截止品位：

$$\text{截止品位} = \text{边界品位} \times (1 - \text{采矿方法矿石贫化率})$$

例如边界品位为20%，采矿方法贫化率为18.5%时，得

$$\text{截止品位} = 0.2 \times (1 - 0.185) = 16.3\%$$

若当边界品位在经济上是合理的，这种确定截止品位方法比前种方法好些。但目前边界品位指标不区分矿体开采条件和所用采矿方法等因素的不同，都使用相同数值，显然是

不合适的。若是边界品位不当，这种方法自然也就随之产生错误。

放矿截止品位必须根据矿山的具体条件和国家技术经济政策确定，不能采用同一指标，要因矿而异。

在一般条件下确定截止品位的经济准则主要的有两种：一为单位采出矿石盈利额最大。在年产量一定条件下，即年盈利额最大；另一为报销单位矿石储量盈利额最大，亦即矿体或矿块开采后的总盈利额最大。

B　按单位采出矿石盈利额最大准则（$r_P \to \max$）确定截止品位

图 40-7 是根据某铁矿无底柱分段崩落法放矿实际资料绘制的矿石损失贫化曲线图，它可以代表该矿的一般情况。

每吨采出矿石的平均生产费用

$$f(Q_c) = f_1(Q_c) + f_2 = \frac{F_1}{Q_c} + f_2$$

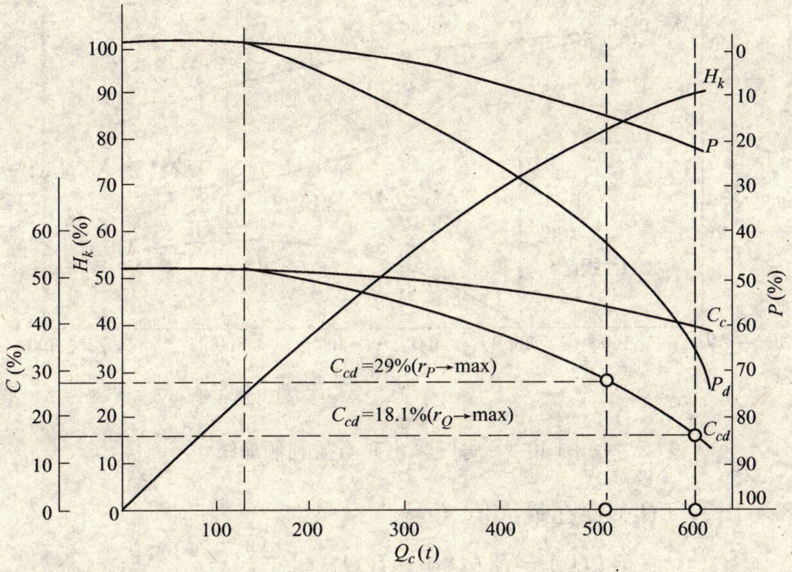

图 40-7　矿石损失贫化曲线

H_k—矿石回采率；P—矿石贫化率；P_d—当次矿石贫化率；C—工业矿石品位；

C_c—放出矿石品位；C_{cd}—当次放出矿石品位

每吨采出矿石的平均卖价

$$S_p(Q_c) = \frac{C_c(Q_c)H_x(Q_c)L_f}{C_j}$$

式中　F_1——放矿前已支付的总生产费用；

Q_c——放出矿石量；

f_2——放矿和放矿以后的费用，包括放矿、井下运输、提升、地面运输和选矿等费用，在计算中 f_2 可以近似的取定值；

$C_c(Q_c)$——与放出矿石 Q_c 相对应的平均品位；

$H_x(Q_c)$——与放出矿石 Q_c 相对应的选矿回收率。

$$H_x(Q_c) = \frac{C_j(C_c - C_w)}{C_c(C_j - C_w)} \times 100\%$$

L_j，C_j——精矿卖价和精矿品位；

C_w——尾矿品位。

每吨采出矿石平均盈利额

$$r_p(Q_c) = S_p(Q_c) - f(Q_c)$$

根据图 40-7 所示资料，绘出 $S_p(Q_c)$、$f(Q_c)$ 和 $r_p(Q_c)$ 曲线，如图 40-8 所示，图的横坐标为每个崩矿步距采出矿石量 Q_c，纵坐标为每吨矿石的金额（元/吨）。

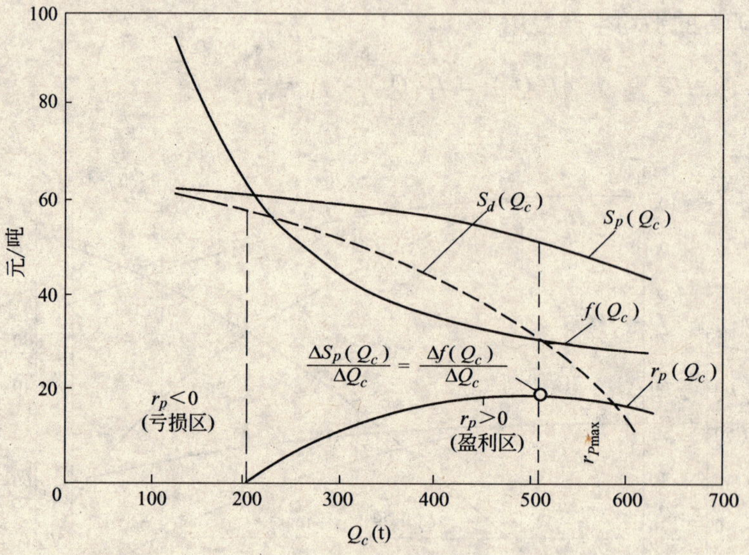

图 40-8　每吨采出矿石盈利额曲线

由图 40-8 看出，$r_p(Q_c)$ 存在最大值（r_{pmax}）

$$r_p(Q_c) = S_p(Q_c) - f(Q_c)$$

$$= S_p(Q_c) - \left(\frac{F_1}{Q_c} + f_2\right)$$

$$= \frac{1}{Q_c}\int_o^{Q_c} S_d(Q_c)\,\mathrm{d}Q_c - \left(\frac{F_1}{Q_c} + f_2\right)$$

求 $r_p(Q_c)$ 的极值条件，得

$$\frac{\mathrm{d}r_p(Q_c)}{\mathrm{d}Q_c} = S_d(Q_c) - f_2 - r_p(Q_c) = 0$$

可写成

$$f_2 + r_p(Q_c) = S_d(Q_c) \tag{40-35}$$

式中　$S_d(Q_c)$——与放出矿石量 Q_c 相对应的每吨矿石当次卖价（图 40-8）

$$S_d(Q_c) = \frac{C_{cd}(Q_c)H_x(Q_c)L_j}{C_j}$$

$C_{cd}(Q_c)$——与放出矿石量 Q_c 相对应的采出矿石当次品位。

由此可得，符合 $f_2+r_p(Q_c)=S_d(Q_c)$ 关系的每吨矿石盈利额就是最大的盈利额。若在年产量不变的情况下，此时年盈利额最大。

由图 40-8 得出，符合年盈利额最大要求的每吨采出矿石盈利额为 19.67 元/吨。与之相对应截止品位为29%（见图40-7），矿石回采率为82%，矿石贫化率为14%，采出矿石品位为44%。

C　按单位矿石储量盈利额最大准则（$r_Q \rightarrow \max$）确定截止品位

报销单位矿石储量盈利额（r_Q）最大原则可以写成下式

$$r_Q = \frac{R(Q_c)}{Q} \rightarrow \max$$

$$Q_c = \frac{QH_k}{1-Y}$$

式中　$R(Q_c)$——与采出矿石量 Q_c 相对应的总盈利额；

Q——与采出矿石量 Q_c 相对应的报销矿石储量，Q 与 Q_c 关系见上式；

H_k，Y——矿石回采率与岩石混入率。

若将 r_Q 最大准则改写为

$$r_Q Q = R(Q_c) \rightarrow \max$$

便得出开采总盈利额最大准则。

由此可见，单位矿石储量盈利额最大准则与开采总盈利额最大准则两者是一致的。

开采总盈利额可以从正面计算盈利额，按总盈利额最大时的瞬时（或当次）品位作为放矿的截止品位；或者从反面进行计算，以矿石损失贫化造成的经济损失最小条件确定截止品位，两者虽然计算方法不一样，但两者实质是一致的，若计算正确，两者所得的结果是相同的。

本书按总盈利额最大准则进行计算，计算方法有两种，一种是按总值计算，根据放出矿石量计算当时总收入与总支出，得出总盈利额，
即

$$R(Q_c) = S(Q_c) - F(Q_c) \tag{40-36}$$

直接按总盈利额最大条件确定截止品位（图 40-9）。

由总盈利额曲线可以得出总盈利额最大的出矿点，再由图 40-7 得出与该出矿点相对应的放矿截止品位为 18.1%，对应该截止品位的采出矿石品位为 40%，矿石回采率 89%，矿石贫化率为 19%。

另一种计算方法是按边际经济条件，取当次（瞬时）收支平衡条件确定截止品位

$$\begin{aligned} R(Q_c) &= S(Q_c) - F(Q_c) \\ &= \int_0^{Q_c} S_d(Q_c)\,dQ_c - (F_1 + f_2 Q_c) \end{aligned}$$

求 $R_{\max}$ 值条件

$$dR(Q_c) = Sd(Q_c)\,dQ_c - f_2\,dQ_c$$

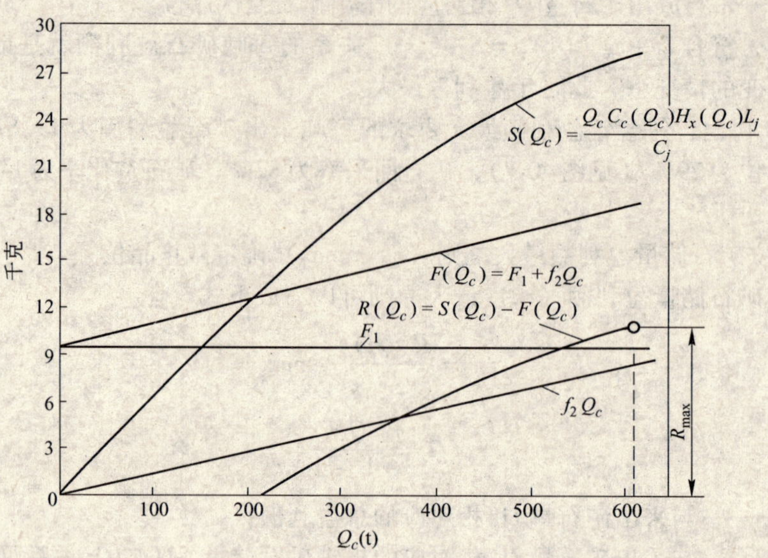

图40-9　开采总盈利额曲线

$$\frac{dR(Q_c)}{dQ_c}=S_d(Q_c)-f_2=0$$

由此得R_{max}条件为

$$S_d(Q_c)=f_2$$

$$S_d(Q_c)=\frac{C_{cd}(Q_c)H_x(Q_c)L_j}{C_j}$$

由此得截止品位计算式

$$C_{cd}=\frac{f_2C_j}{H_xL_j}\times100\% \tag{40-37}$$

由式（40-37）得出，只用每吨矿石放矿及放矿后的各项费用（f_2）进行经济计算，即可求得截止品位，比总收入与总支出进行计算大为简化，在一般条件下采用上面计算式即可。若计算中所取用的指标正确，计算结果与前面用$R(Q_c)$曲线确定的截止品位是相同的。

按上面两项经济准则（$r_P\to\max$与$r_Q\to\max$）结合某铁矿具体条件进行计算，计算结果列于表40-7。

在一般条件下，推荐采用$r_Q\to\max$经济准则确定截止品位。

40.2.7　制定矿石损失贫化指标定额的原则

目前各生产矿山多数是按各矿的矿体赋存情况、采用的采矿方法和采取的技术措施，从实际发生的矿石损失贫化值中选取平均先进指标，作为矿石损失贫化定额，即计划指标。

确定矿石损失贫化指标定额水平时不仅应考虑到矿产资源利用程度，而且还应考虑到技术可能以及采选生产费用等。所以对某一具体条件下的矿床讲，都存在着技术上可能和经济上合理的矿石损失贫化指标最佳定额。这个最佳定额是与选择出最合理的采矿方法和最正确的使用这种采矿方法相适应的。

表 40-7 两种经济原则计算结果对比

指标	单位	$r_p \to \max$	$r_Q \to \max$
截止品位	%	29	18.1
矿石回收率	%	82	89
矿石贫化率	%	14	19
采出矿石品位	%	44	40
每吨矿石储量盈利额	元/吨	20.08	20.47
每吨采出矿石盈利额	元/吨	19.67	17.87

经济上合理的矿石损失贫化指标定额，应以报销单位矿石储量盈利为最大；或者以矿石损失贫化造成的经济损失为最小为确定准则。

制定矿石损失贫化定额的程序和方法大致是，根据矿床某个地段的地质条件，选择出几个技术上可行的采矿方法方案；其次确定各个采矿方法方案的技术经济指标，其中包括矿石损失贫化指标；最后依据采矿和选矿生产费用以及矿石损失贫化造成的经济损失，从经济上比较各方案优劣，据此选出适应该矿段的采矿方法，该采矿方法的矿石损失贫化值，即可作为定额标准。

矿山企业年度计划中矿石损失贫化指标定额，应取该年度应报销矿块的加权平均值作为该企业的矿石损失贫化定额标准。

计划年度矿山企业矿石损失贫化定额取加权平均值。可按（40-38，40-39）式计算。

$$H_{kp} = \frac{\sum_{i=1}^{m} H_{ki} Q_i}{\sum_{i=1}^{m} Q_i} \tag{40-38}$$

$$P_p = \frac{\dfrac{\sum_{i=1}^{m} Q_i C_i}{\sum_{i=1}^{m} Q_i} - \dfrac{\sum_{i=1}^{m} Q_i C_{ci}}{\sum_{i=1}^{m} Q_{ci}}}{\dfrac{\sum_{i}^{m} Q_i C_i}{\sum_{i=1}^{m} Q_i}} \tag{40-39}$$

式中 H_{ki}——某个矿块的矿石回采率,%；

P_p——某个矿块的矿石贫化率,%；

Q_i——某个矿块的矿石储量，t；

Q_{ci}——某个矿块的采出矿石量，t；

C_i——某个矿块的矿石储量品位,%；

C_{ci}——某个矿块的采出矿石品位。

当矿床地质条件和采选技术经济条件如有变化时，矿石损失贫化指标定额标准也应加以修订。

40.3　配　　矿

黑色、有色金属矿石、化工原料矿石和其他矿石的有用成分含量常常变化很大，同时在采矿生产过程中还混入一些岩石和贫矿石，也引起有用成分含量波动。

矿山生产的原矿石一般地来自几个出矿点，矿石质量随时间和空间而变化；即使由同一个出矿点采出的矿石，其质量也常常是不同的。

配矿就是规划与管理矿石质量，旨在提高矿石质量和矿石产品质量的均匀性和稳定性，以期充分利用矿产资源和获取好的经济效益。

由于选矿、烧结和冶炼加工工艺日趋现代化，对矿石质量的均匀性和稳定性要求越来越高，配矿问题越来越被重视。因此，在采矿和选冶加工环节研制和应用更为完善的配矿技术和工艺具有很大经济意义。

40.3.1　配矿对选矿生产的影响

选矿工艺环节和流程设计以及设备选择等都是按计划的平均生产能力和矿石平均质量指标进行的。为保证系统在接近最佳状态下工作，必须保持工艺操作制度平稳，其中最重要的因素是保持矿石质量指标的均匀性和稳定性。

供给选矿厂的矿石一般是由几个矿山或一个矿山的几个出矿点生产的。这些出矿点矿石质量变化影响入选矿石质量指标。

随着工业技术的发展，贫矿石、难选矿石和组分复杂的矿石不断被开采，供给选矿厂的矿石质量指标波动很大，造成选矿工艺复杂化。选矿工艺操作规程要求日益严格，对选矿生产有影响的矿石质量和性质指标相应增多了。

选矿厂要求，在选矿生产之前必须按选矿厂日处理量、班处理量或小时处理量以及按对选矿生产有影响的全部质量指标进行配矿。首先应使矿石品位达到计划水平和相对均匀，或波动在允许范围内；有害物质含量限制在一定水平以下。此外，还应按矿石块度和湿度、矿石中矿物组分嵌布粒度、可磨性、可选性等指标配矿。

生产实践经验和专门研究表明，降低入选、入炉矿石质量波动程度，能提高选矿和冶炼加工环节劳动生产率、改善产品质量、降低生产成本、提高企业综合经济效益。据国外文献介绍[11]，经过配矿，矿石质量稳定，可以提高铁矿石选矿厂的回收率0.5%～1.5%，精矿粉品位提高0.5%～1%，生产能力提高5%～8%；对于有色和稀有金属（多金属）选矿厂能提高回收率1.5%～3%，精矿品位提高1.0%～1.5%，生产能力提高3%～5%，药剂消耗降低10%～15%。

用于配矿措施的费用可在2～3年内回收。

40.3.2　配矿方法

40.3.2.1　*配矿方法分类*

配矿是多阶段工艺过程，从采矿场生产开始，直到冶炼加工之前，都可实行配矿。

A　矿山配矿

在矿山设计阶段和矿山生产时期，都要搞配矿规划和管理。设计阶段规划是矿山未来生产发展的战略规划，是以地质勘探数据为基础制定的远景和短期生产规划，以保证矿山生产过程中矿石质量的均衡。

矿山远景配矿规划（或称长期配矿规划）是在矿山整个服务年限或5年、1年期间，规划矿石质量指标及允许的质量波动范围。

短期配矿规划是按季、月规划矿石质量。

矿山生产阶段是按周、日或班矿石质量计划通过配矿工艺环节实施矿石质量管理。这些配矿工艺环节有：

1）控制采矿场出矿点产量；

2）管理矿内运输组织工作；

3）配矿堆和中间混矿仓配矿。

B　选矿厂、破碎筛分厂和冶炼厂配矿

实行受矿仓卸矿作业管理，在多分层混矿堆上和专用混矿设施中配矿，提高矿石质量均匀程度。

此外，按矿石矿物组成，可分为按有用矿物含量和有害物质限量配矿，包括按单一元素和多种元素配矿。有的企业根据实际需要还按矿石可选性质（如矿物嵌布粒度，磁性率等）、硬度、块度和湿度配矿。

目前，国内外对于配矿分类没有充分讨论。本书所做分类只是为了叙述方便和概括层次清楚。

40.3.2.2　*配矿方法*

为保证矿石质量相对稳定和均匀，实行配矿计算工作所必须的前提是搞清矿石的种类、矿石品位、有害成分含量以及其他有关的质量和性质指标。

目前，关于获得这些数据和信息除根据地质勘探资料外，主要是以爆破钻孔超前取样分析结果为依据。

在取得了上述地质数据的基础上，必须同回采顺序、采准工作、工作平台宽度以及铲装线长度等开采工艺条件相适应，并考虑技术可能性，选择配矿方法和系统。通常，为了实行配矿，必须备有足够多的出矿点和贮矿量，尤其对于地下矿山，各出矿点的产量是由采矿方法决定的，有的采矿方法（如留矿法）产量可以改变，而有的采矿方法产量是不能改变的。

我国大、中型矿山一般是在年、月计划指导下按周或日配矿计划实行矿石质量管理的。

在国外，先进大型采选企业多实行日或班甚至小时的矿石质量管理规划。

实行周、日（或班）配矿计划是在技术可能条件下通过调节各出矿点产量和相应地组织运输工作实现。各采矿作业地点的电铲（或出矿点）产量分配应满足矿石产量和质量指标，其条件是：

$$\sum_{i}^{n} Q_i = Q_n \geqslant \overline{Q}_n \tag{40-40}$$

$$\frac{\sum_{i}^{n} C_i Q_i}{\sum_{i}^{n} Q_i} = C_n \geqslant \overline{C}_n \tag{40-41}$$

式中　Q_i——第 i 出矿点矿石产量；

Q_n——全部出矿点矿石产量；

$\overline{Q}_n$——计划矿石产量；

C_i——第 i 出矿点矿石品位；

C_n——全部出矿点产量矿石平均品位；

$\overline{C}_n$——计划矿石平均品位。

当矿石按可选性质和工艺特性划分为不同品级时，应考虑各种品级矿石合理搭配。

采用控制出矿点产量来调配矿石质量时，确定合理的爆破顺序和铲装地点，对于保证矿石质量均匀和稳定起关键作用。尤其是铁路运输时，电铲工作位置移动受到限制，应按具体条件确定爆破顺序，既要保证矿石质量满足规划要求，又尽量减少电铲移动造成损失，同时还不使运输设备调车复杂化。

为了使各出矿点采出的矿石总量达到平均计划质量指标，各出矿点产量分配应满足下列条件：

$$T_i \leqslant Q_i \leqslant A_i \tag{40-42}$$

$$\frac{Q_i}{\sum_i^n Q_i} = g_i \tag{40-43}$$

$$\sum_i^n C_i g_i = C_n \tag{40-44}$$

$$\sum_i^n g_i = 1 \tag{40-45}$$

式中　Q_i——第 i 出矿点矿石产量；

T_i——第 i 出矿点矿石生产任务；

A_i——第 i 出矿点矿石生产能力；

C_i——第 i 出矿点矿石品位；

C_n——全部出矿点矿石平均品位；

g_i——第 i 出矿点矿石产量所占比重。

在某个具体时间，矿石品位最高或最低（C_g 或 C_d）的出矿点可作为“配矿出矿点”。

设计划矿石质量指标为 C_j，可有下面几种情况：

（1）$C_n = C_j$ 时，表示各出矿点矿石产量分配满足矿石质量要求。若 $\sum_i^n C_i/n = C_j$ 时，说明各出矿点矿石产量比重 g_i 相同，均为总产量的 $1/n$。

（2）$C_n > C_j$ 时，为保证 n 个出矿点矿石满足计划质量指标，必须减少高品位配矿点产量比重，增加低品位配矿点产量比重。增减量应为：

$$\Delta g = \frac{C_n - C_j}{C_g - C_d} \tag{40-46}$$

这时应为：

$$\begin{cases} g'_g = g_g - \Delta g \\ g'_d = g_d + \Delta g \end{cases} \tag{40-47}$$

式中　C_g，C_d——高、低品位配矿出矿点的矿石品位，%；

g_g，g_d——高、低品位配矿出矿点矿石产量所占比重，%；

（3）$C_n < C_j$ 时，这时必须减少低品位配矿点矿石产量比重，增加高品位配矿点矿石产量比重：

$$\Delta g = \frac{C_j - C_n}{C_g - C_d} \tag{40-48}$$

$$\begin{cases} g'_g = g_g + \Delta g \\ g'_d = g_d - \Delta g \end{cases} \tag{40-49}$$

上述第二种和第三种情况，除配矿出矿点之外，其他出矿点的产量都是不变的。通过改变配矿出矿点产量来调整矿石质量平均值。

必须指出，用调整出矿点产量的办法可实现配矿，但有时会损失某些采矿设备生产能力。通过合理组织矿山运输，可减少这种不利影响。

当矿山采用铁路运输时，有 n 个矿石产量相同的出矿点，在矿山地表处有两个配矿堆，其中一个处于形成阶段，另一个已经配好处于回收阶段，如图 40-10 所示。当由这 n 个出矿点采出的矿石平均品位 C_n 同计划品位 C_j 不平衡时，就由配矿出矿点向正在形成中的矿石堆卸矿。例如：

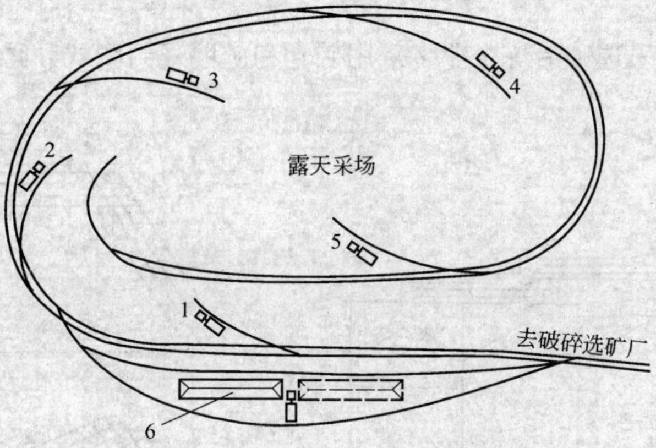

图 40-10　铁路运输时配矿堆布置图

1、2、3、4、5—出矿点号码；6—配矿堆

当 $C_n < C_j$ 时，由低品位配矿出矿点向矿石堆的卸矿量按下式计算：

$$Q_d = \frac{C_j - C_n}{C_j - C_d} Q_n \tag{40-50}$$

如果 $C_n > C_j$ 时，就要由高品位配矿出矿点向上述配矿堆运送矿石量为：

$$Q_g = \frac{C_n - C_j}{C_g - C_j} Q_n \tag{40-51}$$

式中　Q_n——全部出矿点矿石产量。

列车向正在形成中的矿石堆卸矿后，该列车由在配矿堆处作业的电铲从已经配好的矿石堆上补装相应的矿量，并运往用户。

由于是按规划把高、低品位矿石卸到正在形成中的矿石堆上去的，所以矿石堆上的矿石总量平均质量基本上接近或等于计划质量指标。利用配矿堆调节矿石质量的作用，不需要采取其他限制设备生产能力的措施，就能使矿石质量基本上稳定在计划水平。

汽车运输时，也可使用上述方法配矿。这样的配矿堆也是两个，其中一个正在形成，另一个已经配好。这些矿堆可以和台阶坡面相毗连。从上台阶底板向矿堆卸矿，由下台阶底板装矿。汽车卸矿工作线方向要垂直矿堆长度方向，由矿堆回收矿石时应使电铲铲装方向垂直汽车卸矿时形成的矿石层方向，如图40-11所示。

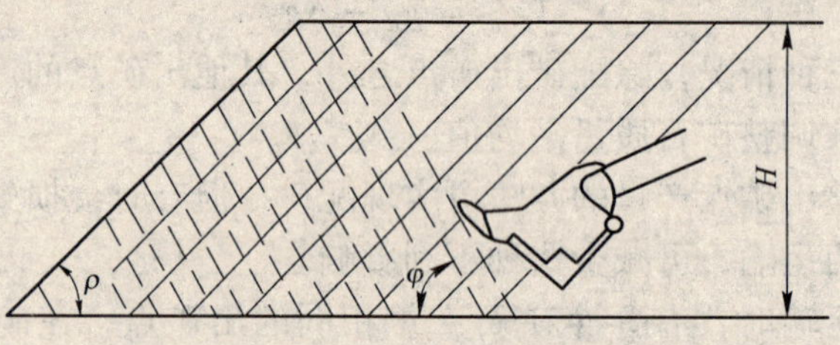

图40-11　垂直于矿堆分层走向铲装方案

近年来，由于冶炼企业生产能力和自动化程度提高，对配矿要求也越来越高，出现了许多新的配矿方法和新型专用配矿设备，保证了高质量配矿和堆栈与回收矿石作业连续化。

在国外，现代化采选和冶炼企业多采用矿仓和矿堆（封闭式和露天式的）堆存矿石和配矿，如图40-12所示[10,11]。

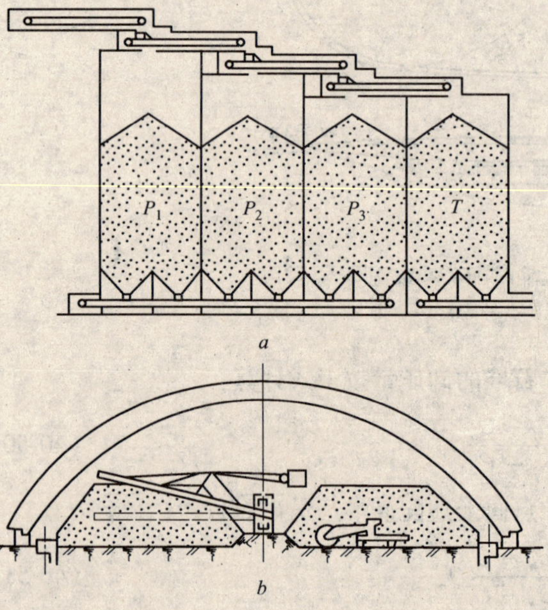

图40-12　矿仓（a）和矿堆（b）

P_1、P_2、P_3—不同品种矿石；T—废石

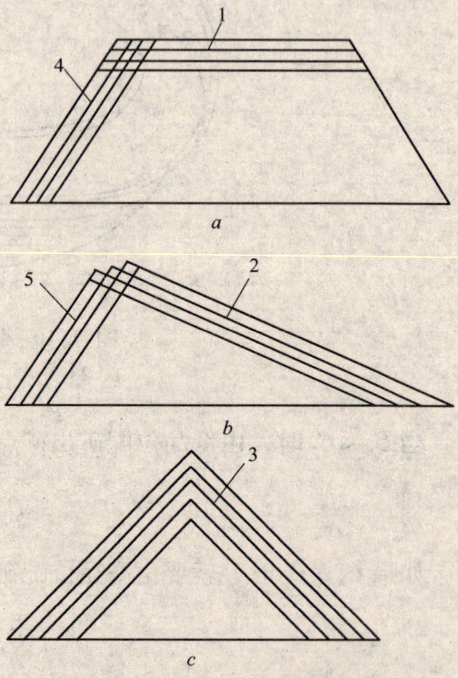

图40-13　矿堆形成方法

1—水平堆积分层；2—缓倾斜堆积分层；3—倾斜堆积分层；4、5—倾斜回收分层

形成配矿堆和回收矿石的方法如图 40-13 所示。

固定式带式输送机是广泛应用的形成矿石堆最简单的设备。目前，专用配矿机械也被应用，见图 40-14 ~ 图 40-17。

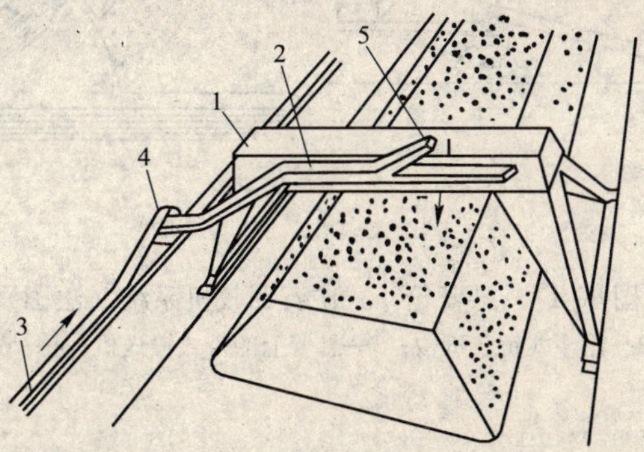

图 40-14 桥式矿石堆积机

1—栈桥；2—带式输送机；3—供矿带式输送机；4、5—喷射嘴

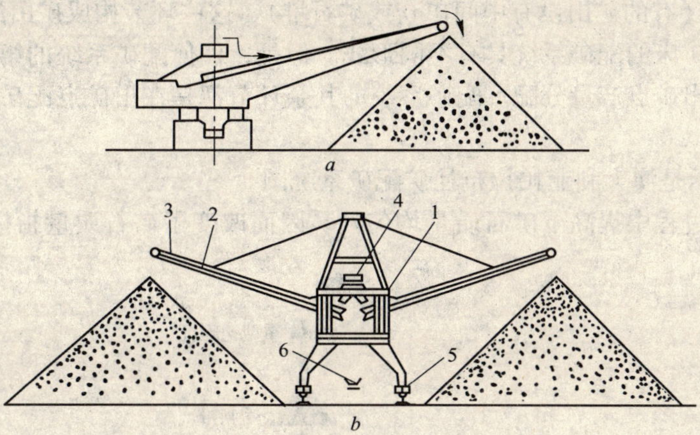

图 40-15 悬臂式矿石堆积机

a—单臂式；*b*—双臂式

1—塔楼；2—悬臂；3—带式输送机；4—卸矿装置；5—轨道；6—供矿带式输送机

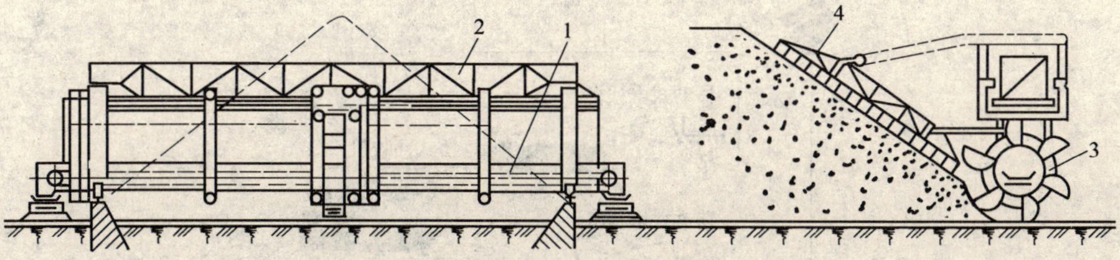

图 40-16 轮斗式矿石回收机系统（美国）

1—带式输送机；2—栈桥；3—轮斗式铲装机构；4—矿石松动装置

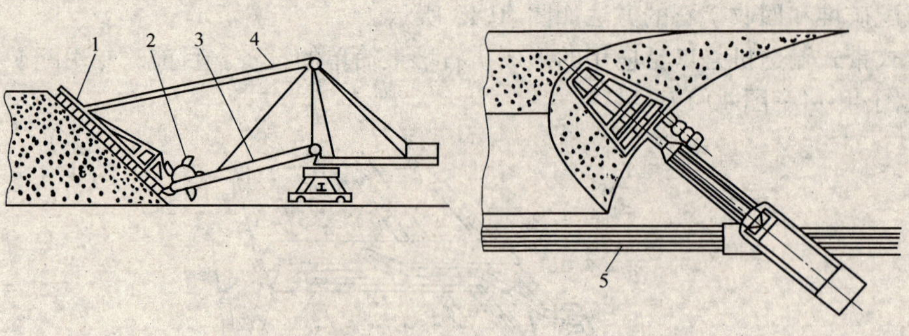

图40-17 悬臂轮斗式矿石回收机系统（法国）

1—矿石松动机构；2—轮斗式铲装机构；3—悬臂上的带式输送机；4—吊绳；5—带式输送机

40.3.2.3 配矿系统

如前所述，配矿是多阶段生产过程。在开采和加工的各阶段配矿工艺和设备的总和构成配矿系统。

在矿山，由出矿点开始，经出矿溜井或卸矿平台，经过矿内运输，把矿石倒入选矿厂或破碎厂受矿仓（有的矿山设有中间矿仓或矿石堆），这些环节构成矿山配矿系统。

不同类型的矿床的配矿系统具有不同形式。但是，任何配矿系统的第一个环节也是首要环节乃是矿山出矿点产量分配。配矿系统的其余环节都是在出矿点配矿的基础上起混匀作用。

图40-18所示是澳大利亚帕拉布杜矿配矿系统图。

由于在配矿过程中提高了矿石质量均匀性，因而改变了矿石质量指标统计分布规律。

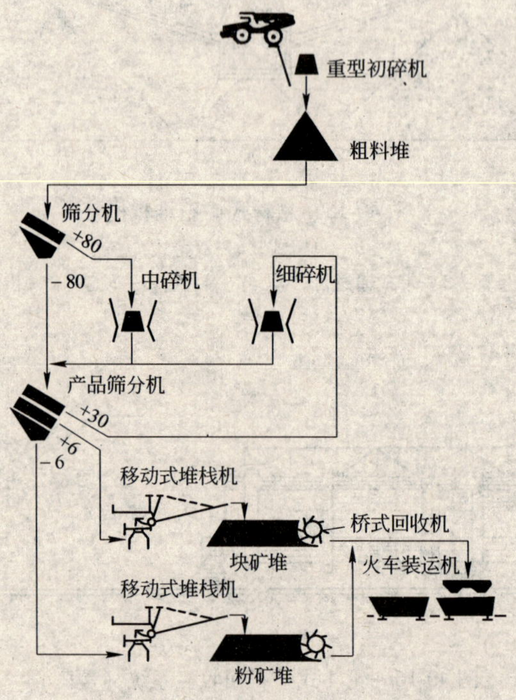

图40-18 帕拉布杜矿配矿流程图

图 40-19 为苏联库尔斯克磁力异常区列别金露天矿原矿石和成品矿石品位统计分布图[9]。由图可见，经过配矿之后，矿石质量得到改善。

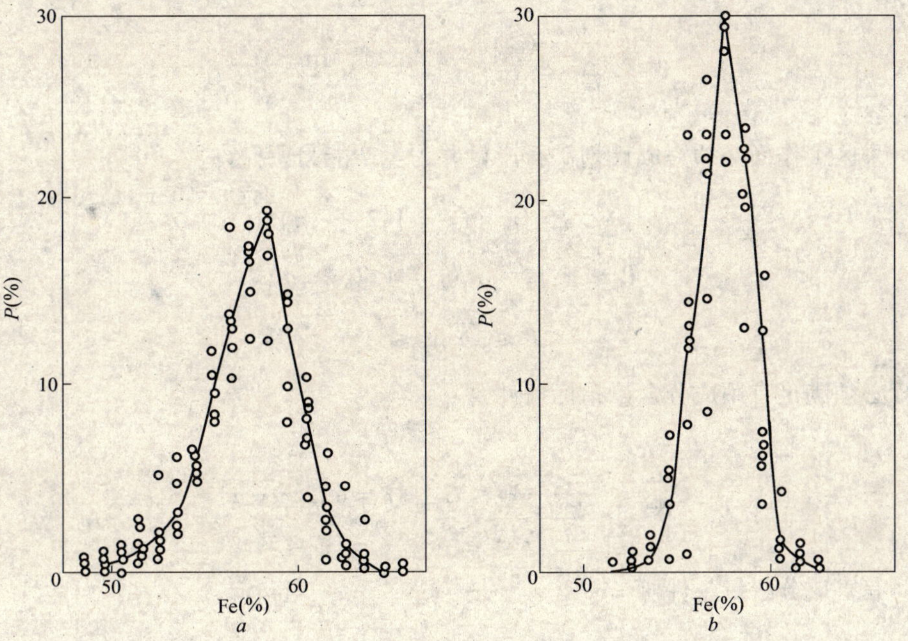

图 40-19　苏联列别金露天矿原矿石品位（a）和成品矿石品位（b）统计分布图

40.3.3　优化配矿的数学方法

配矿工作的远景规划、短期规划和生产作业计划之间在数据输入和逐步寻优方法等方面没有原则区别。区别在于要求的数据精度和实现规划的时间长短是不同的。这主要决定于矿体空间变异程度。对于空间控制指标变异性不大的矿体，可以实行按日管理配矿的制度；对于空间变异性大的矿体、则实行班配矿制度为宜，并考虑每小时矿石质量变化。

为保证应用计算机编制配矿规划能最大程度地反映生产实际情况，最主要的任务是建立自然因素之间和生产过程之间的数学联系。

正确制定配矿规划的关键环节是获得矿石质量信息的及时性和精确程度，以及这些信息的传递和处理方法。目前，我国矿山生产实践中基本上是用钻孔超前取样分析法获取矿石质量数据。用这种方法需要几小时，甚至 1 ~ 2 天，而且劳动量大，远不能满足日、班矿石质量管理的要求。

近年来，开始使用 X 射线荧光技术快速地获得这些数据，满足作业计划管理的要求。

在矿石产量猛增、强化生产过程、对商品矿石质量要求日益提高的条件下，要求生产调度部门在很短时间内根据大量信息对生产过程进展的各种方案作出分析。必须利用计算机才能完成这些任务。

应用电子计算机和线性规划方法求解这方面的课题十分有效，可以准确地计算出矿石产量分配和矿石质量特性指标。

线性规划数学模型是按给定的目标函数，并满足一组约束条件，求得决策变量的最优解。

配矿问题线性规划数学模型一般表达式为

目标函数

$$\sum_{j=1}^{n}\sum_{i=1}^{m} d_j x_{ij} \rightarrow \text{Max 或 Min}$$

约束条件

（1）采区工作面必须完成计划矿石产量并为生产能力所允许

$$\sum_{i=1}^{m} x_{ij} = x_j \quad (j = 1,2,\cdots,n) \tag{40-52}$$

$$T_j \leqslant x_j \leqslant A_j \quad (j = 1,2,\cdots,n) \tag{40-53}$$

$$T \leqslant \sum_{j=1}^{n} x_j \leqslant A \tag{40-54}$$

（2）必须满足有用成分含量指标条件

$$C_{j\min} \leqslant \frac{\sum_{i=1}^{m} C_{ij} x_{ij}}{\sum_{i=1}^{m} x_{ij}} \leqslant C_{j\max} (j = 1,2,\cdots,n) \tag{40-55}$$

（3）有害成分限量条件

$$\frac{\sum_{i=1}^{m} \beta_{ij}^{k} x_{ij}}{\sum_{i=1}^{m} x_{ij}} \leqslant \beta_j^k \begin{pmatrix} j = 1,2,\cdots,n \\ k = 1,2,\cdots,e \end{pmatrix} \tag{40-56}$$

（4）设计变量为非负的

$$x_{ij} \geqslant 0 \begin{pmatrix} i = 1,2,\cdots,m \\ j = 1,2,\cdots,n \end{pmatrix} \tag{40-57}$$

式中　x_{ij}——第 j 采区第 i 出矿点矿石产量；

x_j——第 j 采区矿石产量；

d_j——第 j 采区生产的矿石效益指标；

C_{ij}——第 j 采区第 i 出矿点矿石品位；

$C_{j\min}$，$C_{j\max}$——第 j 采区矿石最低和最高计划品位；

β_{ij}^{k}——第 j 采区第 i 出矿点矿石中第 k 种有害成分含量；

β_j^k——第 j 采区第 k 种有害成分限量；

A_j——第 j 采区生产能力；

T_j——第 j 采区生产任务；

A——全矿生产能力；

T——全矿生产任务；

i——出矿点序号；

j——采区序号；

k——有害物质序号；

m——出矿点数；

n——采区数；

e——有害物质种类数。

除上述约束条件外，根据矿山生产具体条件和对配矿要求，还可有它种约束条件。

目标函数中 d_j 是经济效益系数，它取决于求解的目标。求解目标对于不同矿山企业可确定为产量或产值最高、利润最大、综合成本最低、各出矿点（铲区）矿石质量波动均方差最小、选矿金属回收率最高、选矿尾矿品位最低等。

这类线性规划问题是用单纯形法求解。单纯形解法的原理和详细求解步骤见本书第39章（39.2.1）。

应用计算机管理矿石质量的计算机程序多为 BASIC 和 FORTRAN 语言程序。在矿石质量管理工作中应用 CAD 技术越来越多。

由于采矿生产过程具有随机特性，且可供选择的方案很多，所以规划的编制和实施往往需要人的参与。在我国目前条件下，采用“人机对话”方法编制计划具有实际意义。

40.3.4　配矿效果和效益评价

40.3.4.1　配矿效果指标

数值评价矿山生产原矿石和选矿厂产品质量波动，多采用概率、数理统计及随机函数理论。

一般采用下列指标评价矿石质量波动过程的特性：

（1）波动极值。表示质量指标的最大值和最小值之差，它指出偏离计划均值正、负方向的范围。例如，某种矿石班产量品位最大值为5.2%，最小值为0.5%，波动极值为4.7%。若这种矿石计划品位为2.2%，则波动范围为 $2.2\begin{pmatrix}+3.0\\-1.7\end{pmatrix}\%$，偏差为 −1.7% 和 +3.0%。

（2）矿石质量波动均方差。在分配规律已知情况下，均方差 σ 是评价矿石质量波动最方便的指标，计算公式

$$\sigma = \frac{\sqrt{\Sigma(C_i - \bar{C})^2}}{n} \tag{40-58}$$

式中　C_i——第 i 出矿点矿石品位实际值；

$\bar{C}$——矿石品位平均值；

n——统计总体中样品数。

为了确定配矿过程效益，在国外采选企业多采用配矿效率和配矿系数。

（3）配矿效率。配矿效率是未配矿石和已配矿石质量波动的均方差之比：

$$p = \frac{\sigma_q}{\sigma_h} \tag{40-59}$$

（4）配矿系数。按下式计算

$$\eta = 1 - \frac{\sigma_h}{\sigma_q} \tag{40-60}$$

40.3.4.2　配矿经济评价

生产矿山配矿可按技术改造项目评价。配矿经济效果是根据配矿消耗同配矿获得的效益比较决定的。

评价配矿经济效果同评价矿山其他投资项目相类似，是按企业设计中技术经济部分规

定的计算内容和程序进行的。

用于配矿的费用是由建立配矿系统基建投资和配矿经营费所组成。由于采取配矿措施改善了入选原矿石质量均匀性，因而提高选矿厂精矿回收率和生产能力，增加产品产量，降低选矿成本，并且由于产品质量改善而提高了产品售价。

配矿的年经济效益可按下式估算

$$A = R - (EK + C + S) \tag{40-61}$$

式中　R——由于配矿增加的年产值；

K——建立配矿系统的基建投资；

C——用于配矿的年经营费；

S——增加的税金部分；

E——额定的基建投资效果系数。

当配矿系统投资较大，建设周期较长，适合于采用动态方法计算，这时可采用净现值或内部收益率做评价指标。

40.3.5　配矿应用实例

实例1　符山铁矿最优配矿方案计算[4,5]

符山铁矿有一个露天矿（一采区）和两个地下矿（二、三采区）。一采区矿石较富，但矿石储量已不多。二采区矿石储量大，但矿石质量差，含硫较高。三采区矿石储量最小，矿石质量居前二者之间。

近年来，该矿资源和生产条件变化很大。在新的条件下，需要确定生产计划中各种矿石最佳品位和最佳生产配矿方案，均衡生产，以获得更好的经济效益，合理利用矿产资源。

计算上述课题的数据列于表40-8和表40-9。

表40-8　符山铁矿1983年矿石生产指标

项　目	单　位	一采区	二采区	三采区	全矿合计
设计规模	万吨/年	50	100	25	175
1983年矿石产量	万吨/年	42	65	25	132
采出矿石平均品位	%	46	36	37	
矿石含硫量	%	0.64	0.91	0.11	
车间成本	元/吨	6.00	9.00	8.90	
内部运输费	元/吨	0.47			
矿管理费	元/吨	1.02			

用线性规划方法和电子计算机求解。

课题目标为企业年盈利指标最大，即

$$\max S = \sum_{j=1}^{n} \sum_{i=1}^{m} d_{ij} x_{ij}$$

式中　d_{ij}——由第j采区的原矿石生产的第i种成品矿石的盈利指标；

x_{ij}——由第j采区的原矿石生产的第i种成品矿石量；

表 40-9　符山铁矿 1983 年成品矿石生产指标

项　目	单　位	粉　矿	精 矿 粉	内销矿石
加工能力	万吨/年	70	35	
1983 年生产量	万吨/年	40	24	40 ~ 50
TFe 含量	%	45^{+5}_{-2}	65^{+2}_{-1}	≥35
S 含量	%	≤1.8		
售　价	元/吨	23.50 (TFe45 ±1， ±0.50)	52.50 (TFe65 ±1， ±2.00)	11.80 (TFe37 ±1，$^{+0.90}_{-0.80}$)
加工费	元/吨	0.48	6.77	

约束条件有：

（1）采区计划产量必须满足原矿石生产能力和生产任务

$$T_j \leqslant x_j \leqslant A_j \qquad (j = 1,2\cdots,n)$$

$$T \leqslant \sum_j^n x_j \leqslant A$$

（2）原矿石按成品矿石类型分配条件

$$x_j = \sum_i^m x'_{ij} \qquad (j = 1,2,\cdots,n)$$

$$\sum_j^n x'_{ij} \leqslant A'_i \qquad (i = 1,2\cdots,m)$$

（3）成品矿石产量、质量和技术经济约束有：

1）成品矿石质量约束

$$\frac{\sum_j^n C_j x'_{ij}}{\sum_j^n x'_{ij}} = C_i (i = 1,2\cdots,m)$$

2）成品矿石产量约束

$$\frac{x'_{ij}}{k_{ij}} = x_{ij} (i = 1,2,\cdots,m;\quad j = 1,2,\cdots,n)$$

$$\sum_j^n x_{ij} = x_i (i = 1,2,\cdots,m)$$

3）相应的成品矿石生产能力和生产任务约束

$$T_i \leqslant x_i \leqslant A_i \qquad (i = 1,2,\cdots,m)$$

式中　A_j——第 j 采区矿石生产能力；

T_j——第 j 采区矿石生产任务；

A——全矿矿石生产能力；

T——全矿矿石生产任务；

x_j——第 j 采区矿石产量；

x_{ij}——第 j 采区矿石分配去生产第 i 种成品矿石的数量；

A'_i——生产第 i 种成品矿石的车间处理原矿石的能力；

C_j——第 j 采区矿石品位；

C_i——第 i 种成品矿石品位；

k_{ij}——第 j 采区矿石分配去生产第 i 种成品矿石的原矿量与成品矿石量的比值；

x_i——第 i 种成品矿石产量；

A_i——第 i 种成品矿石生产能力；

T_i——第 i 种成品矿石生产任务。

计算结果表明，在矿山年产量和各采区产量不变条件下，粉矿品位和入选矿石品位对利润指标的影响如图40-20所示。当原矿石品位一定时，对于某个粉矿品位值，存在一个与之相匹配的较优入选品位区间，如表40-10所列。

铁精粉质量对企业经济效益有明显的影响。把铁精粉品位由65%提高到66%，利润指标变化如图40-21所示。它启示我们，应创造条件实行配矿，改革选矿工艺，提高精矿粉质量，改善企业经济效益。

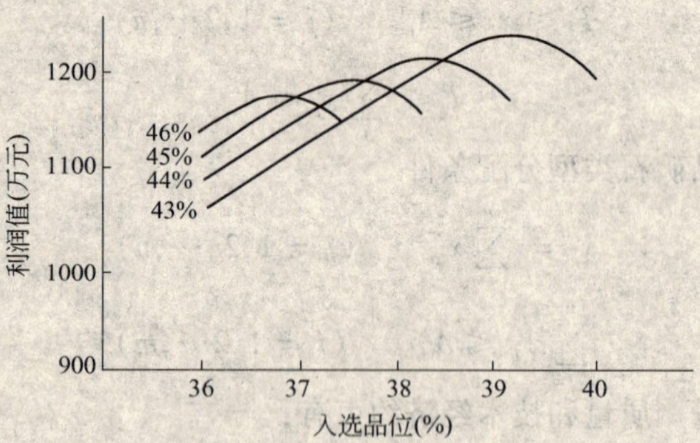

图40-20 粉矿品位和入选品位对企业利润指标的影响
（精矿粉品位65%）

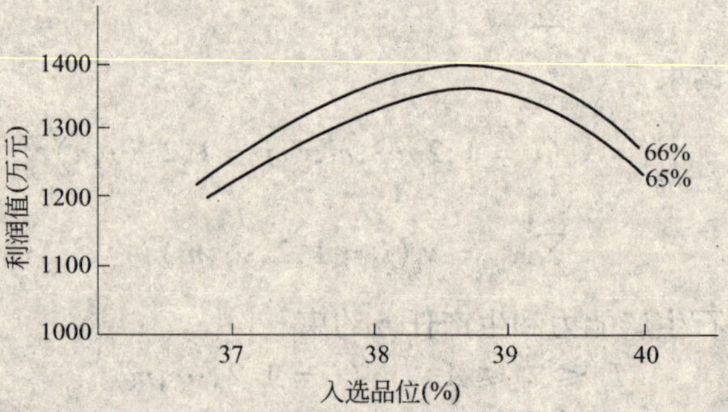

图40-21 铁精粉品位对企业利润的影响

实例2 红透山矿矿石品位控制[6]

红透山矿开采铜、锌、硫化铁复杂多金属矿床。生产规模60万吨/年，选矿厂主要生产铜精矿，副产锌精矿和硫铁精矿。

该矿开采的矿石性质有明显差异，主要矿物相对含量随矿体延深有较大变化，矿物结构和嵌布粒度差异甚大，且含硫量不同。

表 40-10　粉矿品位与入选品位相互关系

粉矿品位（%）	合理入选品位（%）	
	最　低	最　高
43	38.5	39.5
44	37.5	39.0
45	37.0	38.0
46	36.5	37.2

该矿生产实践证明，在铜、锌、硫的综合影响下，随铜品位提高，铜的实收率、铜精矿品位和选矿效率都相应提高。然而，若入选矿石含硫量增高，则上述指标都会恶化。

为了稳定选矿生产，提高选矿效益，主要应控制矿石含硫量的波动。

研究成果表明，通过建立矿床开采模型，控制各采场产量，合理配矿，就可达到选矿厂要求的最优入选矿石品位。

从 1981 年起，根据矿石不同质量情况，用最优化方法，分配采场或出矿点产量。

模型以控制入选矿石含硫量最低为目标函数。

约束条件包括：

（1）达到规划要求的矿山总产量；

（2）在总产量中，确定掘进巷道副产矿量和采场采出矿量的比重，防止采掘失调；若同时应用几种采矿方法，还应确定每种采矿方法采矿量的比重，保证回采作业总体协调；

（3）每个采场或出矿点的产量应满足技术可能性和完成生产任务。

（4）高硫和低硫矿石采场的产量应满足一定比例；

（5）矿石和精矿中含铜品位和其他成分的控制。

在电子计算机上运行上述模型，得出产量最优分配方案。在不增加配矿工程辅助设施情况下，可控制入选矿石最佳品位（1.20%～1.25%）和含硫量（小于 20%），提高企业综合经济效益。

实例 3　大冶铁矿优化配矿实践[8]

武钢大冶铁矿是兼有露天开采和地下开采的以铁铜为主的多金属矿山，矿石类型多，品位波动大，矿点分配广，可选性复杂。

多年来，该矿以传统方法“以质定采”进行配矿。

1982 年该矿利用线性规划方法和电子计算机编制年生产配矿计划。编制配矿计划的数据有：当年该矿共有 14 个出矿点，它们的贮矿量和铁品位如表 40-11 所列。

要求入选原矿石平均品位 45%。

数学模型：

目标函数为配矿量最大，即

$$\max f(x) = \sum_{j}^{14} x_j$$

约束条件

$$\begin{cases} x_j \leqslant Q_j \qquad (j = 1,2,\cdots 14) \\ \dfrac{\sum_j^{14} C_j x_j}{\sum_j^{14} x_j} = C_x \\ x_j \geqslant 0 \end{cases}$$

式中　x_j——各出矿点矿石产量，万吨；

Q_j——各出矿点矿石贮量，万吨；

C_j——各出矿点矿石品位,%；

C_x——入选原矿石品位,%。

计算机实现：用BASIC语言程序，在WANG-2200VP小型机和IBMPC、APPLE-Ⅱ微机和PC-1500袖珍机上实现。计算结果列于表40-11。

表40-11　配矿方案

出矿点号	贮矿量（万吨）	平均品位（%）	TFe=45%		TFe=44%		TFe=43%		TFe=42%	
			配矿量（万吨）	结存量（万吨）	配矿量（万吨）	结存量（万吨）	配矿量（万吨）	结存量（万吨）	配矿量（万吨）	结存量（万吨）
1	70	37.16	31.1	38.9	51.9	18.1	70.0	0	70.0	0
2	7	51.25	7	0	7	0	7	0	7	0
3	17	40.00	17	0	17	0	17	0	17	0
4	23	47.00	23	0	23	0	23	0	23	0
5	3	42.00	3	0	3	0	3	0	3	0
6	9.5	49.96	9.5	0	9.5	0	9.5	0	9.5	0
7	1	51.41	1	0	1	0	1	0	1	0
8	15.4	48.34	15.4	0	15.4	0	15.4	0	15.4	0
9	2.7	49.08	2.7	0	2.7	0	2.7	0	2.7	0
10	7.6	40.22	7.6	0	7.6	0	7.6	0	7.6	0
11	13.5	52.71	13.5	0	13.5	0	13.5	0	0	13.5
12	2.7	56.92	2.7	0	2.7	0	0	2.7	0	2.7
13	1.2	40.73	1.2	0	1.2	0	1.2	0	1.2	0
14	7.2	50.20	7.2	0	7.2	0	4.53	2.67	0.77	6.43
矿量合计（万吨）	180.8		141.9	38.9	162.7	18.1	175.4	5.4	158.2	22.6
平均品位（%）		43.31	45.0	37.16	44.0	37.16	43.0	53.55	42.0	52.5

结论：若按入选矿石品位45%，必须使用全部富矿石配以1号出矿点的贫矿石31.1万吨，总入选矿量141.9万吨，尚余38.9万吨贫矿石不能单独入选。

经分析研究，降低入选品位为43%，180.8万吨矿量全部入选，充分利用矿产资源，可净增产值900多万元。

实例4　水厂铁矿配矿实践

水厂铁矿是首都钢铁公司铁矿石原料主要基地之一。

矿石主要类型为磁铁石英岩，矿石的矿物组分以磁铁矿为主，S和P含量都很低，全铁品位28.98%，磁性铁品位26.71%。矿石可选性好，配矿和供矿质量是确保成品矿石质量的主要生产环节。

该矿用露天方法开采，设计规模为年产铁矿石750万吨；台阶高度12m，分三个采矿场，北采场用铁路运输将矿石直接运至选矿厂，南和东采场用汽车将矿石先由采矿工作面运至卸矿平台，再运往选矿厂。

该矿实行年、月计划指导下按周计划配矿并按班实施矿石质量管理的办法。根据矿石产量和质量要求，利用矿石质量分布图，制定年、月配矿计划。坚持在现场实地调查、取样化验分析的基础上，编制周生产配矿计划。

配矿计划考虑的矿石质量参数包括原矿石品位、铁精粉品位、磁性率、精矿粉回收率、尾矿品位和硅铁限量等6项指标。

该矿严格执行系统承包责任制，任务落实到人，对确保矿石质量稳定从组织上给予了保证。

该矿配矿工作中注意新技术应用,正在研究利用电子计算机和最优化方法进行配矿计算。

1985年各项矿石质量指标水平如表40-12所列。

表40-12　水厂铁矿矿石质量指标（%）

质量指标	指标	
	计划值	实际值
原矿石品位	27.03	27.17
磁性率	35.04	40.42
精矿粉品位	68.50	68.48
尾矿品位	8.80	8.96
硅铁含量	1.67	1.45
回收率	76.60	76.77

实例5　澳大利亚帕拉布杜矿矿石质量管理

澳大利亚哈默斯利铁矿公司年产商品矿石4600万吨，主要向日本、亚洲和欧洲国家出口。

该公司所属的帕拉布杜矿以开采赤铁矿为主，商品矿石分为块矿（+6～-30mm）和粉矿（-6mm），前者平均品位64.5%。后者为62.5%。这两种矿石在矿堆上掺和均匀，再运往丹皮尔港，装船外运。

帕矿为确保连续供应质量均匀和稳定的矿石，满足用户需要，充分利用矿产资源，根据矿体特性，制定了一套由开采至装运全过程矿石质量管理系统。

利用勘探钻孔资料建立起立体矿体模型，显示矿石中铁、磷、矾土和硅的含量。绘制工程地质图。

长期开采计划对未来1～10年的开采作业做出详细安排。以此为依据制定短期生产计划，排定周、班作业计划。确保供应的各类矿石达到质量标准。

按照采矿生产计划，在指定矿段严格按设计钻孔取钻粉，分析确定含铁品位及其他成分含量，对整个矿段矿石质量进行推断。

在矿主办公室里有一幅大比例矿区平面图，随时显示各采区和爆破区的电铲位置，指挥电铲作业，用汽车把矿石运往破碎机。

矿石经过粗碎、中碎和三次破碎，进入产品筛选机，把矿石筛分为块矿和粉矿，分别存贮到配矿堆。如图 40-22 所示。

帕矿有四个配矿堆，两个贮存块矿，两个贮存矿粉，每个容量为 25 万吨。用两台矿石堆积机向配矿堆输送矿石，用两台桥式轮斗矿石回收机从矿堆取矿。当回收机分别在一个块矿堆和一个粉矿堆作业至完全回收时，另两个矿石堆已堆积起来。

每个矿堆在形成过程中根据取样分析计算矿石质量指标。依据这些资料安排电铲作业地点。以确保堆内矿石综合质量指标达到计划要求水平。

为使堆内矿石混合均匀，采用“人”字形堆积法形成矿石堆。如图 40-22 所示。

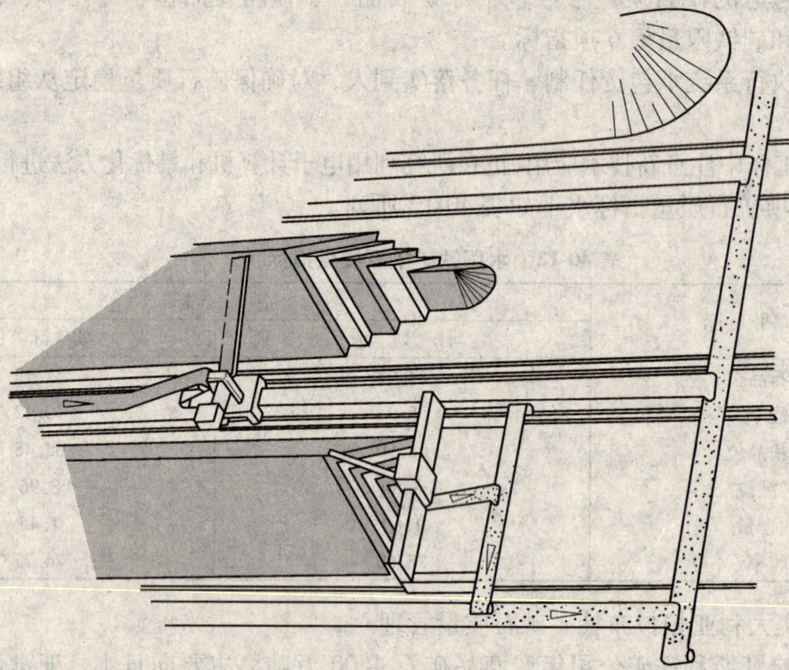

图 40-22　帕拉布杜矿矿石堆和回收

回收矿石时，桥式矿石回收机需包跨矿堆整个横截面，切取的“切片”含有各层矿石。

由配矿堆用铁路运输把矿石运往港口，在那里再堆栈和混匀，装船外运。

在交货时进行的分析结果表明，这套质量管理系统效果优良，矿石品位波动在 ±0.2% 之内。

实例 6　瑞典基鲁纳矿矿石质量管理[14]

基鲁纳矿是大型地下铁矿山，它生产的矿石中约有 1/3 是低磷磁铁矿石，铁的平均品位 67%，含磷 0.03%；2/3 是高磷磁铁矿石和磷灰石混合物，铁的平均品位 52% ~60%，含磷 2% ~4%。使用无底柱分段崩落法开采。

该矿生产多种铁矿产品，如果商品矿石含磷量低于 0.1%，售价比高磷矿石高得多。用户要求高磷矿石平均含磷量在 1.5% 左右。

该矿在矿石质量管理和配矿工艺方面，首先是应用电子计算机和数学方法规划合理爆破顺序。每天从500个爆破点中确定出30个，保证不同品位矿石正确比例，使含磷量最低，并尽量生产低磷商品矿石。

铲运机严格按生产指令作业，实行"责任制"，按量按质按车铲装，并随时将生产记录、统计、监控、故障等数据报告有关部门。

矿石运输是该矿实现矿石质量管理的基本工艺环节。对采下矿石进行取样和快速分析，用铲运机运至溜矿井，下放到主要运输水平，用计算机控制车辆装载和运行路线，监控运行速度，根据所载矿石数量和质量引导矿车到指定溜井和破碎机。破碎的矿石倒入矿仓，用箕斗提升到地表，在选厂进行破碎和选矿，按矿石质量要求分级后装车运往港口、在港口设贮矿堆，还可进一步进行配矿。这是一个完整的矿石质量管理系统。

采用先进技术和仪器及时准确地掌握矿石质量和数量信息，已建立起一套信息反馈和处理系统以及一套矿石质量管理规程。

上述矿石质量管理措施保证了矿石质量稳定性，图40-23是该矿1976年秋季高磷矿石计划含磷量和实际含磷量对比。

计算机系统运行后，实行科学配矿，低磷矿石产量提高约15%，获得很大经济效益。

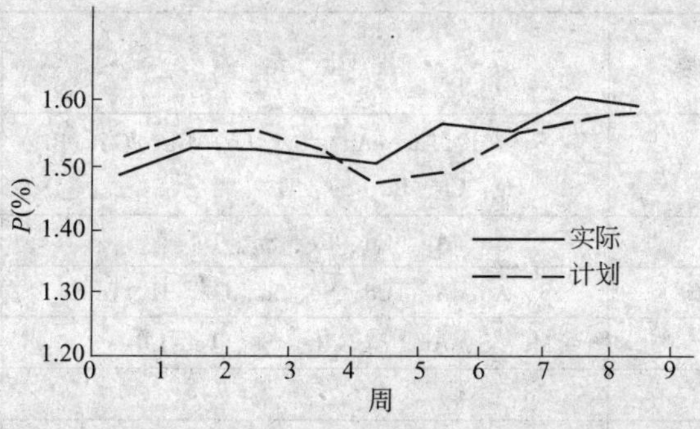

图40-23　基鲁纳矿矿石计划含磷量与实际含磷量对比

40.4　矿产资源保护与综合利用

40.4.1　矿产资源保护与综合利用的意义

矿产资源是我国宝贵财富，是实现社会主义现代化建设的重要物质基础。保护矿产资源的目的在于使矿产资源得到充分的开发和利用，尽可能减少损失和浪费。

目前，我国已发现矿产一百六十多种，探明储量的近一百五十种，其中有不少矿产的储量居世界前列。建国以来我国矿业获得很大发展，煤炭、冶金、有色、石油、化工、建材、核原料等工业共建了5600多处矿山企业。全国矿石产量从1949年的4000多万吨增加到现在的12亿多吨，增加了30多倍。但是多年来，在矿产资源的勘查与开发工作中仍存在不少问题。很多企业不够重视综合勘探、综合评价、综合开采、综合利用，采、选、冶回收率比较低。

矿产资源保护与综合利用具有重大意义。

（1）矿产资源属于非再生资源，随着矿山大量开采，矿产资源逐渐减少。

（2）我国矿产资源虽然丰富，但按人口平均占有矿产资源并不充足。

（3）我国金属矿床中贫矿和难采矿床所占比例较大，有的矿种储量日益减少，尚存数量不多。

(4) 很多金属矿床属多元素共生矿床，需要综合回收，尤其是许多稀、贵金属都与其他元素伴生于多元素共生矿床中，必须进行综合回收与利用。

(5) 矿山企业搞好综合利用，意味着一矿变多矿，并可增加采、选、冶的产品种类和经济效益。

(6) 搞好综合回收对于减少三废污染具有很大的社会效益。

因此，加强矿产资源保护和综合利用，关系着国家社会主义建设的长远利益。

40.4.2　矿产资源保护与综合利用现状[16,17]

矿产资源是人类赖以生存和发展的重要物质基础。它具有开采后不能再生，分布不均衡及多种元素共生的特点，因此，世界各国都很重视矿产资源的保护与综合利用，进行了多方面的工作和研究，取得很好成果。

以多种元素共生矿床为例，综合利用不仅充分的利用矿产资源给社会增加了物质财富，而且也给企业带来了巨大的经济效益（表40-13）。据苏联主要有色冶金企业的资料，在冶炼加工中综合利用得到的副产品产值占企业利润的30%～50%。

表40-13　回收伴生元素的经济效益[15]

矿　床	主要元素	共　生　元　素	共生元素价值占矿石总价值比率（%）
多金属矿	Pb、Zn、Cu	S、Cd、Au、Ag、In、Fe、Ga、Ge、Bi、Sb、Hg、Co、Ba、Se、Tl	38
铜　矿	Cu	S、Au、Ag、Cd、Re、Se、Te	44
铜锌矿	Cu、Zn	S、Au、Ag、Cd、Se、In、Ge、Tl、Te	50
铜钼矿	Cu	Mo、S、Au、Ag、Re、Se、Te、Cd	45
氧化镍矿	Ni	Co	24
硫化铜	Ni、Cu	Co、S、Pt、Pd、Rn、Ru、Os、Ir、Au、Ag、Se、Te	34
铝土矿	Al	Ga、V	15
明矾岩	Al	Na、K、S、Ga、Si、V	44

40.4.2.1　国外矿产资源保护与综合利用现状[18]

最大限度地经济合理地回收和利用矿产资源，是资源开发的基本原则。损失率和贫化率是衡量矿山生产和资源保护的重要技术经济指标。美国、加拿大、苏联、瑞典等工业发达国家的采矿损失与贫化都是比较低的。露天开采矿石损失率一般不大于3%～5%，贫化率一般不大于5%～10%；在量崩矿法的损失率约为10%～15%，贫化率为15%左右；而充填法的损失率、贫化率指标都能控制在5%～10%以内。

矿产资源综合利用程度也提高很快，如美国杜拉尔铜矿综合利用系数达83%～90%；迈阿密铜矿含铜0.5%、含钼0.005%，经浮选后获得品位27%的铜精矿（含钼0.6%）和品位为90%的MoS_2钼精矿（含铜1.25%），铜和钼的回收率分别为87%及54%。苏联有色金属工业除生产12种主要金属外，还从原矿中提取62种元素。同时还利用低品位矿石提取铜、铅、锌、钼等金属，其产量占金属总量的10%以上，选矿厂的金属回收率已达90%。

除生产有色金属精矿外，每年还生产数百万吨黄铁矿、重晶石、长石、石英等多种精矿。精矿中90% ~95%的金属得以回收。经过综合利用还可回收镉、铟、铼、镓、硒、碲等金属。此外每年从冶炼厂废气中回收的硫酸总产量的四分之一以上。炼铝工业也回收了副产品碳酸钾和苏打等。

美国黄金产量的40%、银产量的75%、钼产量的48%、稀有金属的95% ~100%都是通过综合利用途径回收的；加拿大综合利用回收的黄金占其产量的30%；苏联回收的黄金占20%。日本在选冶铜、铅、锌多金属硫化矿时的综合利用系数达到85%以上；加拿大国际镍公司除生产铜、镍外，还回收钴、铂族、金、银等15种元素，其综合利用系数达90%左右。

40.4.2.2 我国矿产资源保护与综合利用现状

A 矿产资源保护与回收[26]

生产矿山加强了矿区地质勘探和生产勘探，开展了矿区成矿规律的研究和成矿预测。在矿床“探边”、“摸底”、“找盲”方面也取得了相当大的成绩，为老矿山增加储量和延长矿山寿命做出了贡献。

地质测量加强了对工程质量的监督验收工作以及加强了采矿和出矿的技术管理，有的矿山并制定了矿石损失贫化定额和矿石质量管理规程，使矿山损失贫化有了显著降低。据冶金部九大露天矿统计资料，损失率和贫化率分别由设计值的7.0%和7.5%降到5.7%和6.2%。有的地下矿山矿石损失与贫化均在15%以下。但就我国矿山总体讲，特别是地下矿山，矿产资源回收利用还是很差，矿石损失很大。

我国金属矿床虽然储量较多，但是特大型的少，贫矿多，而且有的赋存条件复杂。如铁矿储量400多亿吨中贫矿占四分之三，可直接入炉的富矿只占2%以下；磷矿探明储量约100亿吨，但平均品位比世界几个主要产磷国家都低。我国占优势的几种有色金属和稀有金属与建国初期比较，目前矿石储量品位普遍下降，开采品位也随之下降。如钨矿品位约下降90%，锡矿品位约下降80%。为回收一吨有色金属需要采出的矿石量比工业大国要高出许多[24]。

目前，多数矿山回采率达不到设计指标，远低于矿业发达国家的水平。据13个省的国营矿山调查资源，在97个露天矿中回采率低于部颁标准的占40%；在919个井下矿中回采率低于设计要求的占56%。另外，在168个冶金、化工和建材等矿山中，矿石贫化率大于10% ~40%的占72%；选矿回收率低于设计指标的占42.5%[22]。例如，冶金系统地下矿山的开采损失率一般为25% ~40%，如果再考虑选、冶过程的损失，则资源的利用率只有50%左右。

为了保护矿产资源，要严禁采富弃贫、采厚弃薄、采大弃小，只顾当前、不顾长远，只顾产量、不顾保矿的做法是不符合社会主义经济原则的。

根据“矿产资源法”国家只允许在零星矿点和边缘矿体实行群众办矿，但有些地区出现农民拥向国营矿山的露头、旧采区，甚至到尚未开采的新矿区进行乱采乱挖，使资源遭到破坏，同时也严重干扰矿山的正常生产。此外，由于不正规的开采，造成安全事故频繁，这个问题亟待解决，要认真执行“矿产资源法”。

长期以来我国实行的勘探成果无偿使用和矿产资源无偿开采的政策，已不适应今天社会主义商品经济的发展，以及矿产资源的合理开发和综合利用的准则。必须健全法制，依靠矿产资源法，并利用经济的办法加强资源开发管理与保护。

B　资源综合利用

我国很多金属矿床中除了主要元素之外，还含有多种共生、伴生元素（表40-14，表40-15）。例如白云鄂博、攀枝花、柿竹园、金川、滦川等矿区的矿物种类多，含有多种伴生元素，其经济价值都超过了主元素。

表40-14　不同类型铁矿石中可能含有的元素

矿石类型	主要元素	次要元素
基性岩中的钛磁铁矿和钛铁矿-磁铁矿矿石	Ti、Cr、V、Ni、Cu	Cr、Se、Te、Pb、Zn、In、稀土、Sc、Au、Ag、Pt、Pd、S、P
碱性岩中的伴有稀有金属矿化的铁矿石	Ti、V、Nb、Zr、稀土、Pb、Ba、F	Cu、Co、Sr、Sm、Mo、Ta、Pb、Ag、V、Th、U
含硫化物的矽卡岩-磁铁矿矿石（接触交代型）	Co、Ni、Cu、Se、Te、Zn、Cd、In、Pb、Au、Ag、Bi	Sb、V、Rb、Ge、Sn、W、Mo、Be
含铁石英岩及其富铁矿石和赤铁矿矿石	Ge	Mn、Cr、Ga、Co、Ni、Zn、Mo、Cu、Ag、Cs、Sr、Ba
沉积岩及火山-沉积岩中磁铁矿和赤铁矿矿石	Mn、Ge、Pb	Zn、Tl、Mo
沉积岩中水针铁矿（或赤铁矿）-鲕绿泥石-菱铁矿矿石	Mn、V、Cr、P、As、S	Cu、Co、Ni、Zn、In、Cd、Pb、Be、V、Se、B、稀土
超基性岩风化壳中的含有金属元素的矿石	Mn、Cr、V、Co、Ni	Ga、Cu、Zn、Se
沉积岩与沉积-火山岩中的含镁铁矿石	B	Co、Ni、Cu、Zn、Sn、W、Mo、Ag、Sr、V、Ge、Nb、U、稀土

我国许多选、冶加工厂在长期生产实践中对矿物原料的综合回收、利用已积累了丰富的经验。特别是1978年国家将包头、攀枝花、金川等多金属矿床的综合利用列入科技攻关计划后，获得很多科技成果，大大提高了综合利用水平。当前冶金矿山能从铜矿石中回收铁精矿、硫精矿、钼精矿、金、银等；从铅锌矿石中回收硫精矿和铜精矿；从硫铁矿石中回收铁精矿等。我国冶炼厂能够综合回收的伴生的元素见表40-16。

目前我国生产的全部铂族和银、绝大部分的稀有元素，约有40%的金及25%的硫酸产量来自有色金属硫化矿的综合利用。如沈阳冶炼厂综合回收的元素有19种。株洲冶炼厂可综合回收21种元素，其综合回收率已达70.3%（1983年）。各主要伴生元素的回收率（%）分别为：Cd（81.7%），Bi（91.1%），Co（46.1%），Ag（83.7%），Au（95.7%），Se（42.2%），F（16.5%），In（32.4%）。综合利用获得产值6464万元，利润905万元，分别占全厂的17.7%和24%，经济效益十分可观[17]。

但是我国矿产资源开发利用的领域还不够广泛，与世界工业发达国家比较，矿产资源的综合利用水平还较低。据全国246个含有伴生、共生元素的大、中型矿山的资料，有32%的企业尚没有进行综合利用。又据1845个重要矿山的统计，目前能够综合利用伴生元素70%以上的矿山只占2%，综合利用伴生元素50%的矿山约15%，而伴生元素回收率在25%以下的矿山则占75%。湖南省含有两种以上伴生元素的矿山129个，其中只有27个进

表 40-15 有色金属矿石中可能含有的各种伴生元素

矿种	含有伴生元素	元素总数	备注
铜矿	As、Sb、Pb、Ni、Fe、Cd、Zn、Au、Ag、Co、Ga、Ge、Te、Re、Mo、In、Te、U、Sc、TR、Pt、Pd、Nb、Ta	24	
锡矿	As、Sb、Pb、W、Bi、Fe、Mo、Zn、Ti、Ag、Zr、Ta、Nb、Y、Yb、Ce、Th、S、Hf、Cu	20	
钨矿	Be、As、Sb、Pb、Sn、Bi、Cu、Mo、Zn、Au、Ag、Ta、Nb、Li	14	还应注意查定分散元素，水晶、黄玉、萤石等
铬矿	Ni、V、Ti、Co、Pt族元素、Si、P、S	13	
铅锌矿	Sb、Sn、Bi、Cu、Au、Ag、Zr、Ga、Ge、In、Te、Mo、Se、As、Cd、Hg	16	还有铁和萤石
铌钽矿	Be、Mn、Sn、Fe、Ti、Zr、Hf、Y、Yb、Ce、U、Th	12	
钼矿	Be、Sn、W、Bi、Cu、Zn、Au、Ag、Re、S、Li	11	
锰矿	Pb、Zn、K、Li、Ba、As、Ni、Cu、Fe、Al、W、Ag、Zr、Co、P	15	
镍矿	Mn、Fe、Cu、Zr、Cr、Co、铂族元素、S	13	
铂矿	As、Sb、Sn、Bi、Ni、Cu、Au、Ag、Co、Ba、Te	11	
金矿	Sb、Pb、W、Sn、Bi、Mo、Cu、Zn、Ti、Co、Y、Ce	12	注意有刚玉
铝矿	(1) V、Ga、Ge、Ag、Pt、Nb、Th、金刚石 (2) Si、Mg、Fe、Ti、Cd、P、S、F	16	
汞矿	As、Bi、Mo、Cu、Au、Ag、U、Te	8	有萤石
铍矿	Pb、Sn、W、Fe、Cu、Zn、Ta、Nb、Li	9	有云母
铋矿	As、Pb、Su、W、Ni、Mo、Cu、Co	8	单独矿床很少，主要从多金属矿产提取
钛矿	Fe、V、Zn、Ta、Nb、Hf、Ce、Au、Sn、Pb、Y	11	
锑矿	W、Hg、Au、Ag、Zn、As、Pb、Bi	8	
钴矿	As、Mn、Ni、Cu、Zn、S	6	
银矿	Pb、Ni、Cu、Zn、Au	5	单独矿床很少
磷矿	Ba、Y、U、Li、Sr、I、F	7	含有稀土
锂矿	Be、Ta、Nb、K、Rb、Cs	6	常与云母、苍岩盐、芒硝、镁盐、天然碱、溴碘伴生
锆矿	Ti、Ta、Nb、Hf、Ce	5	
铯矿	Na、Ba、K、Li、Rb	5	单独矿床少，从其他矿床中综合回收
钒矿	Fe、Al、P、U	4	单独矿床少，常与磁铁矿、铝土矿、多金属矿、铀矿、磷矿、煤矿伴生

续表 40-15

矿种	含有伴生元素	元素总数	备注
锶矿	Mg、Ca	2	在黏土层、岩盐、卤水、白云岩、石灰岩中有锶
镁矿	Si、Na、Ca、K	4	
铀矿			
轻稀土矿	Sn、W、Ti、Zr、Nb、Au、Hf、Y、Th、Ra	10	
重稀土矿	Fe、Zr、Nb、P、Ce	5	

行过综合评价，占21%，其中仅有少数矿山搞综合利用。一些冶炼厂对伴生元素的综合利用率也比较低，如沈阳冶炼厂为20.62%。冶炼厂的低浓度（<1.5%）二氧化硫烟气尚不能有效回收，稀有元素的综合回收工艺及设备还不完善，回收率低，一些有害元素（如砷、汞、镉、铅、氟）的污染还未得到有效控制。

目前不少的矿山选矿由于设备与技术力量不足，选矿综合回收率不高，大量伴生元素和矿物流失到尾矿中。如湖南某钨矿精选车间排放的尾矿中含有品位较高的银、铋、铜、铅、钼等[15]。

表 40-16 我国部分冶炼厂技术指标及综合利用

矿种	冶炼方法	冶炼回收率（%）			炉渣品位（%）	已综合回收的元素
		最高	最低	一般		
铜	电炉 电解	94.65	92.31	93		Cu、Au、Ag、Pt、Pd、Se、Te、Ni、Co、Pb、Zn、Cd、S
铅	火法	79.46	34.06	56~79.5	14~15	Pb、Zn、Cd、Pi、Sb、Cu、Au、Ag、In、Tl、Ga、Te、S、As
锌	火法 湿法	67.44	42.76	80.0 53	20~40	Zn、Pb、Cd、Cu、Co、Ge、In、Tl、Ga、Ag、S
锡	火法 电解	97.88 96.64	89.71 93.09	94 95		Sn、Cu、Pb、Zn、In、Cd、Bi、As
锰	火法 电炉			96~99 55~68		
镍	火法 湿法			83~92		Ni、Cu、Co、Pt、Pd、Rh、In、Os、Ru、Au、Ag、Se、Te、S

我国铅锌选矿厂主要处理硫化矿，产出的铅精矿品位52%~73%，平均回收率88.3%。铅锌冶炼厂在处理铅精矿、锌精矿或铅锌混合精矿时，只注重主要金属的回收，而伴生元素的综合回收率只有40%~70%，相应的国外水平都在80%以上。硫的回收率一般为60%~70%，而国外水平在90%以上。至于稀有元素如锗、镓、铟、铊等的回收率则更低。

40.4.3 矿产资源保护与综合利用途径

矿产资源常以一种为主多种伴生元素共生在一起，这种客观的分布规律就决定了我们对矿产资源的寻找、开发和利用必须综合考虑，即要实行综合勘探、综合评价、综合开发、综合利用。

40.4.3.1 综合勘探[15,16]

综合勘探是指在普查及勘探中不能只找一种矿种，要兼顾与其有关的其他矿种或元素。例如在碳酸盐地层发育的地区找菱铁矿时，就应当注意与之共生的铅、锌或多金属矿床；在找煤矿时就应注意与之共生的黄铁矿、菱铁矿、黏土矿等。

综合评价是指对矿床包括主要元素和伴生元素在内的多种元素或矿物进行综合分析，查明伴生元素的赋存状态和地质储量；同时结合矿石选、冶综合利用的试验研究，从技术与经济两个方面进行综合评价。特别是对贫矿和难选的矿石，其技术加工性能必须进行多次的试验研究才能研究清楚不同元素的赋存状态及分布规律、主元素及伴生元素品位、精矿品位、尾矿品位、选矿金属回收率、冶炼实收率、选冶流程及其技术经济指标等试验资料，然后才能进行决策，判断其开发利用价值。并为工业开发利用提供设计依据。

综合勘探与综合评价必须贯穿于从普查找矿开始到勘探结束的整个过程，应该避免各工业部门单打一的找矿，这样不仅可以减少资源的损失和浪费，同时也可消除不同工业部门间出现的重复勘探。白云鄂博铁矿早期对伴生元素未作详细评价，直接影响了包头钢铁公司的建设，加上当时选、冶技术水平低，大量稀有元素未能回收。湖南七宝山多金属矿从1958年到1973年一直认为是一个黄铁矿床，后来发现是一个铜、铅、锌、硫多金属矿床，最近又发现含有金、银，致使长期矿山建设方针确定不下来。再如对铁矿床，以往在勘探阶段一律用磁性率（TFe/FeO）来划分氧化带和原生带，没有重视矿石物质组成的研究。如大冶铁矿未能将原生带中磁铁矿和菱铁矿分开，导致选矿流程设计不当，使大量菱铁矿损失在磁选后的尾矿中。峨口铁矿也是按磁性率划分氧化矿和磁铁矿，忽略了含有相当数量的菱铁矿，结果选矿指标一直不好，后来选矿流程经过改造，才有了好转。

40.4.3.2 综合开采[15,16]

综合开采是指在矿山开采过程中，对具有工业价值的全部矿体要统一规划，进行综合开采。《矿产资源法》指出："开采矿产资源，必须采取合理的开采顺序、开采方法和选矿工艺，矿山企业的开采回采率、采矿贫化率和选矿回收率应当达到设计要求"，"在开采主要矿产的同时，对具有工业价值的共生和伴生矿产应当统一规划，综合开采，综合利用，防止浪费"。要实施贫富兼采、大小兼采、厚薄兼采、难易兼采；不能单打一的煤矿只采煤，铁矿只采铁，而将具有工业价值的其他共生矿体弃之不管。

矿山综合开采应该从矿床综合勘探及综合评价做起，对矿体进行合理圈定和储量计算。在开采设计中要结合矿体赋存条件和综合利用价值等选择合理开采方法。发挥地测人员对工程质量的监督作用，严格执行矿石储量验收和报销制度。努力降低矿石损失贫化。国家统计局已把矿石损失率、矿石贫化率和选矿回收率列入全国统计报表，作为衡量矿山企业对资源综合利用开发及回收利用程度的指标。

40.4.3.3 选、冶过程中的综合回收[17]

综合回收是在选、冶过程中，对各种伴生元素最大限度地予以回收。在矿床进行综合评价的基础上，加强对矿石伴生元素的选、冶流程试验研究，以达到充分回收和利用矿产资源的目的。

近年来很多企业采用了新工艺新技术，提高了选矿回收率和冶炼综合利用率。如齐大山铁矿选厂用强磁弱酸浮选工艺取代碱性浮选工艺，提高了精矿品位，同时回收率从 60% 提高到 75%，使铁矿选矿技术有了新突破。云锡公司为回收粒度在 37 ~ 19μm 的锡石，采用了包括洗矿脱泥、阶段磨矿、多次选别、次精矿集中复洗、溢流单独处理的选矿新工艺，使锡矿回收率提高 10%。八家子铅锌矿铅锌精矿中银的选矿回收率过去一直在 65% 左右，后来减小给矿粒度和改变磨矿机钢球比等工艺，使银回收率达到 71.36%，每年增加经济效益 35 万元。

大冶铁矿对尾矿的综合利用进行研究，回收了铁、铜、金、银、钴、镍、硫、锡等八种元素。至 1980 年底共回收金 6741.7kg，铜 17.3 万吨，钴硫精矿 50.6t，共获得产值 8.49 亿元。包头、攀枝花、金川三大综合利用基地也获得了很大的成绩。包头钢铁公司采用细磨（ -0.033mm）反浮选工艺，使丢失在尾矿中的稀有元素变成合格精矿。攀枝花钢铁公司经过技术攻关回收了伴生的钛精矿。金川有色金属公司采用中性介质选矿新工艺，处理二矿区矿石 23 万吨，选矿回收率达到 88.19%，综合利用已能回收 14 种元素；由于采用了冶炼新流程，铂族元素的回收率有了大幅度提高。

A　硫化铜镍矿的综合利用

镍铜铂族金属共生硫化矿是镍、铜、钴及铂族金属的重要矿产资源。世界上 75% 的镍及 98% 以上的铂族金属产自这类矿床，我国金川镍矿的储量居世界第二位，目前已能回收其中的 14 种元素。

矿石经过浮选后产出的混合精矿成分包括（%）：Ni（4.6），Cu（2.6），Co（0.1），Pb（0.002），In（0.0002），Tl（0.0001），Se（0.005），Te（0.0004），S，此外还有贵金属（克/吨）：Pt（1.2），Pd（0.64），Os（0.082），Ir（0.056），Ru（0.15），Rh（0.04），Au（0.74），Ag（7 ~ 13）等。

冶炼工艺中伴生元素的分布及回收流程如图 40-24 所示。

火法熔炼及吹炼时稀有元素进入烟尘，钴富集在转炉碴中，镍铜及贵金属富集于高硫。高硫磨浮分离后得到镍精矿、铜精矿和富集了铂族金属的铜镍合金，再经过熔炼-电解流程分别从镍精矿、铜精矿中生产出镍、铜金属。镍电解阳极泥热滤出元素硫后，返回硫化熔炼其中的贵金属闭路回收在二次合金中。二次合金的成分一般为（%）：Ni(70)，Cu(23)，Fe(3)，S(2)；及贵金属（克/吨）：Pt(431)，Pd(157)，Au(167)，Rh(12)，Ir(18.6)，Os(18.6)，Ru(17.3)。

我国研究成功了具有特色的从铜镍合金中富集和分离铂族金属的新工艺，回收率可达：92%（Pt、Pd、Au）；67.7%（Rh、Ir、Os、Ru）。还从铜电解阳极泥中回收 Au、Ag、Se、Te 及少量的铂、钯。从转炉碴及镍电解液净化钴碴中产生电钴和氧化钴产品，钴回收率可达 50%，相对一万吨镍产量可回收 150 吨钴，成为我国最大的钴生产企业。

B　硫化铜矿的综合利用

铜矿石经浮选后铜精矿中各元素的含量一般为（%）：Cu（12 ~ 20），S（20 ~ 30），Pb（0.3 ~ 0.5），Zn（0.1 ~ 4.0），Co（0.01 ~ 0.22），Ni（0.01 ~ 0.08），As（0.06 ~ 0.11），Sb（0.006 ~ 0.01），Bi（0.08 ~ 0.014），In（0.004），Se（0.01），Te（0.0005），Au（1 ~ 2 克/吨），Ag（70 ~ 80 克/吨），Pt 和 Pd 为 0.005 克/吨。

铜精矿在冶炼过程中有价元素的分布及回收流程如图 40-25 所示。

稀有元素及铅、锌、镉、铋等金属在火法冶炼时易被氧化挥发进入烟尘，可从烟尘中

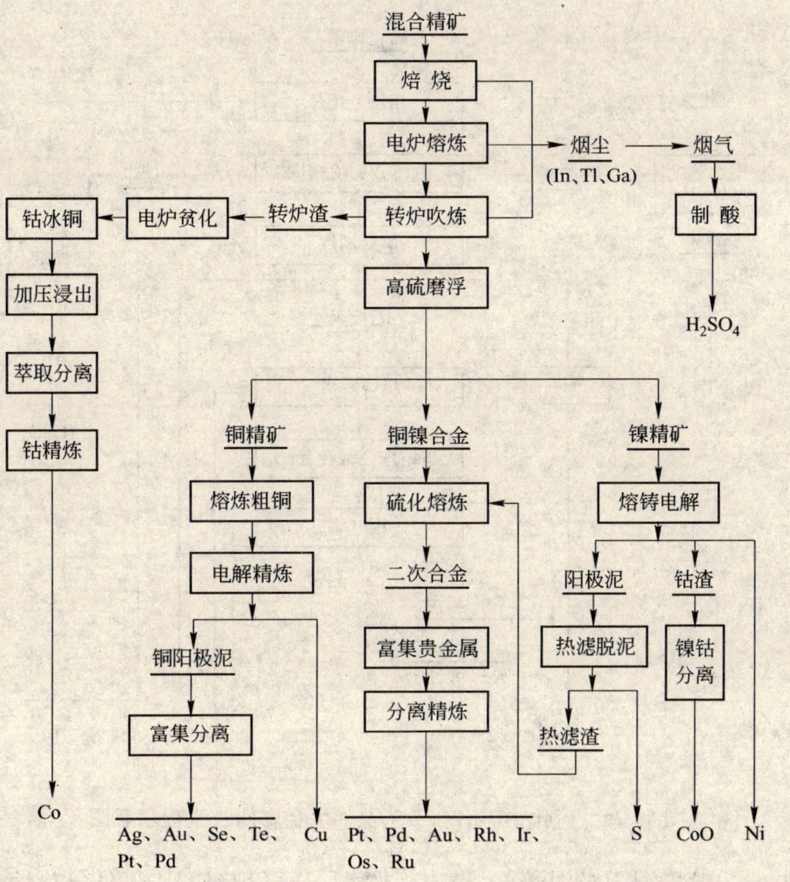

图 40-24　硫化铜镍矿冶炼工艺及伴生元素回收流程示意图

回收之，而所有贵金属都随铜富集起来，在铜电解时进入阳极泥中，因此不少铜冶炼厂可同时熔炼含金 80~200 克/吨的金精矿。最后从阳极泥中回收金。经典的方法是焙烧—浸出阳极泥分离 Cu，Se，再熔炼为金银合金阳极，最后电解出纯银，从银电解液及阳极泥中回收 Pt，Pd，Au。贵金属在铜冶炼过程中的回收率一般都达到 95% 以上。综合利用产生的利润可占冶炼厂利润的四分之一以上。

C　硫化铅矿的综合利用

硫化铅矿石经浮选后产出的硫化铅精矿，因矿石产地不同其成分波动很大。以株洲冶炼厂为例，来自 10 个矿山的精矿各元素平均含量为%：Pb（62.5），Zn（4.4），S（16.9），Cu（0.58），As（0.34），Sb（0.17），Bi（0.12），Cd（0.04），Ga（0.001），Ge（0.00065），In（0.0023），Tl（0.001），Se（0.0016），Te（0.0026），Hg（0.001）及 Au（0.7 克/吨），Ag（849 克/吨）。一般不含铂族金属。

通常先将铅精矿经过焙烧、熔炼、火法精炼产出粗铅，再电解精炼成电铅。在冶炼过程中伴生元素的分布及回收流程如图 40-26。

除贵金属及大部分 Sb、Bi、Te 随铅富集，并在电解时进入阳极之外，其他元素都比较分散，需要分别再富集回收。综合回收的重点是从阳极泥中回收贵金属。在铅的电解阳极泥中 Si、Bi、As 的含量比铜电解阳极泥中要高，而 Cu、Se 含量很低，故在同时冶炼铜、

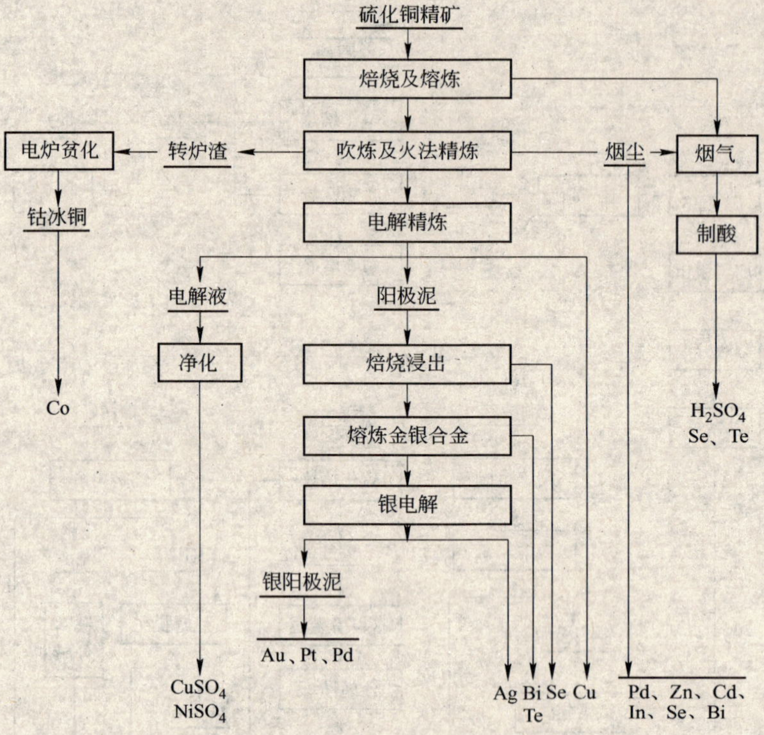

图40-25 硫化铜矿冶炼工艺及伴生金属回收流程示意图

铅的冶炼厂中，一般将铜阳极泥焙烧-浸出、脱铜、硒后与铅阳极泥合并熔炼贵铅。从贵铅氧化的各期渣中分别回收 Sb、Bi，经过电解精炼得到银，从银阳极泥中回收 Au、Pt、Pd。铅冶炼过程中伴生元素的回收率为（%）：Au（97），Ag（95），Sb（83），Cu（82），Zn（80），As（75），Zn（40），Te（6.7），Bi（94）。

D 硫化锌矿的综合利用

硫化锌矿石经浮选以后产出的硫化锌精矿，所含成分随产地不同波动很大，以株洲冶炼厂为例，进厂的硫化锌精矿平均成分为（%）：Zn（48），S（30.8），Pb（1.6），Cu（0.4），Cd（0.25），Hg（0.009），As（0.265），Sb（0.035），Sn（0.5），Ge（0.0019），Ga（0.0058），Zn（0.01），Tl（0.00046），Se（0.001），Te（0.0016）；以及 Au（0.2 克/吨），Ag（155 克/吨）。不含铂族金属。

目前锌精矿的处理方法有四种：即焙烧浸出法、加压浸出法和鼓风炉熔炼法以及竖罐蒸馏法。在这些方法中有价元素各有不同的走向和富集规律，其回收途径也不一样。前两种方法系湿法冶金的方法，贵金属富集在浸出渣中，而在火法流程中贵金属进入铅系统。其他的伴生元素在这些回收流程中的走向都比较分散，如我国目前较先进的焙烧浸出法：精矿经焙烧、浸出、电积为电锌。伴生元素的回收途径在流程中的走向如图40-27 所示。

在上述流程中硫的回收率达 90% 以上，达到充分地回收。其次是镉（83%）、铅（81%）、铊（39%）、铟（39%）；其他元素的回收率较差，分别为铜（30%）、银（30%）、钴（23%）、Ge（11.5%）、Ga（3.5%）。

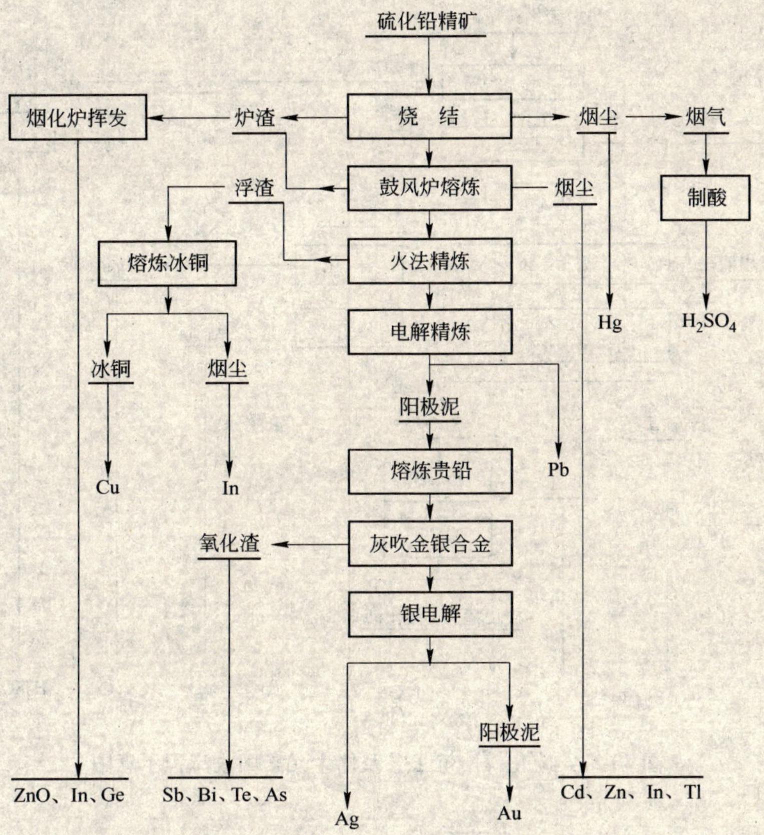

图 40-26 硫化铅矿冶炼工艺及伴生金属回收流程示意图

E 锡矿的综合利用

氧化锡矿经过重选得到锡精矿，当矿石中含硫化物时经浮选得硫化物精矿（主要是硫化铜），进行单独处理。锡精矿的成分为（%）：Sn（45），Pb（7），As（0.6），Zn（0.2），Cu（0.1），In（0.005），Cd（0.001），Bi（0.2），Ag（0.003）。某些矿石中还伴生高熔点金属 Ta、Nb、W。

在锡精矿冶炼过程中伴生元素的走向及回收流程如图 40-28 所示。在伴生元素中有 100% 的 Ca、Zn96%、Ge79%、Zn61%、As21% 进入烟尘。有 45% 的 As 进入乙级锡的熔析渣，经焙烧挥发，烟尘再蒸馏提取白砷。

F 钒、钛铁矿的综合利用

钒广泛分布于自然界中，常与钛结合，多赋存于钛铁矿-磁铁矿和钛磁铁矿中，此外还赋存于铝土矿中，在钒、钛磁铁矿中五氧化二钒的含量可达 2% ~2.5%。在钒铁矿石的选矿流程中钒进入铁-钒精矿，然后可作为合金元素回收，也可从冶炼渣中回收 V_2O_5，含量达 25%。

铝土矿中 V_2O_5 含量为 0.001% ~0.2%。用拜耳法处理铝土矿时部分钒进入铝酸盐熔液，经过沉淀得黑色的钒盐（含 $V_2O_5$5% ~12%），再净化除盐后用结晶法获得工业五氧化二钒，纯度达 88% ~91%，若用萃取法其纯度可达 99.9%。

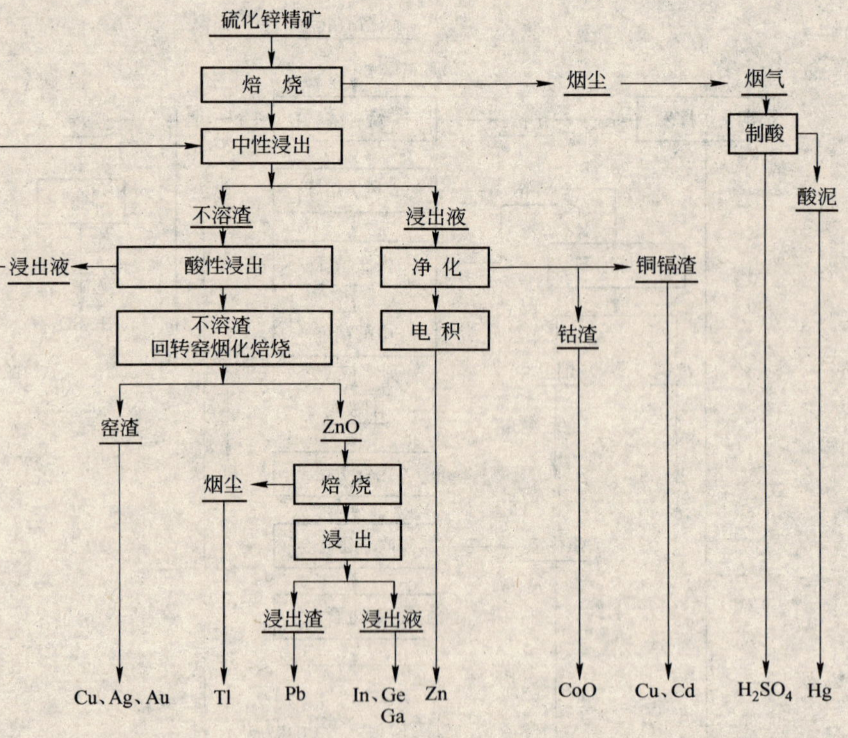

图40-27　硫化锌冶炼工艺及伴生元素回收流程示意图

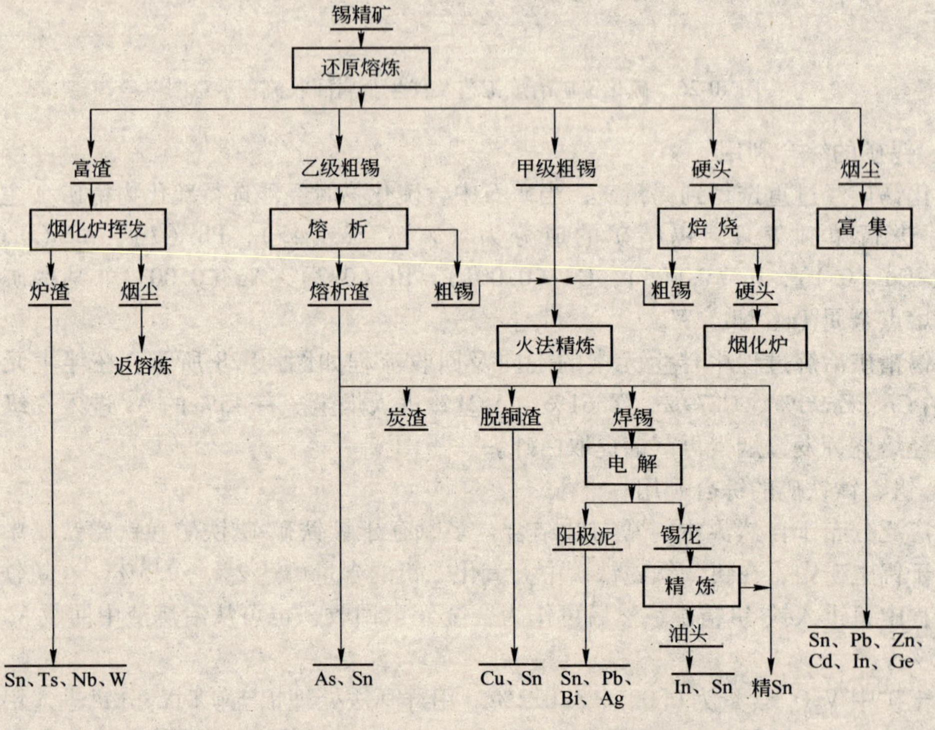

图40-28　锡精矿冶炼工艺及伴生元素回收流程示意图

钛矿石分为砂矿（钛铁矿-金红石-锆英石）和原生铁矿（钛铁矿-磁铁矿）。采用重选、磁选和电选处理砂矿，而很少采用浮选法。砂矿经洗矿和筛分后，筛下产品进入圆锥分选机得到混合粗精矿、中矿和尾矿。此时将有原矿量 1/6 ~ 1/7 的产品送入下道工序处理，而尾矿中有益元素的损失只有 1%。混合精矿经过湿式磁选，分选出铁。非磁性矿物在螺旋选矿机中进行多段选别，分离出含钛铁矿，锆英石和金红石等重矿物精矿；精矿再经过高压电选机分选出钛和锆的矿物，然后在磁选机中选出钛铁矿和金红石精矿。

对于原生矿的钛铁矿-磁铁矿，选矿流程为磁选-重选-浮选。首先将矿石细磨至 0.3mm，经过磁选得到含量为 60% ~63% 的铁精矿。再浮选出硫化物精矿。中矿经几次精选浮选出钛铁矿，最终得到含 35% ~47% TiO_2 钛铁精矿，其回收率可达 90%。在原矿中有钒时可得到铁钒精矿，再从中回收钒。

攀枝花钒钛磁铁矿属多金属共生矿，资源丰富，钒、钛储量分别占全国的 69.2% 和 94.3%，还伴生有钴、镍等多种元素。该矿资源综合利用取得了钒钛磁铁矿选冶技术的重大进展，突破了高炉冶炼高钛型钒钛磁铁矿的难点，成功地进行了雾化提钒；钛精矿品位达 47%，形成了钛白和海绵钛生产工艺流程。铁、钒、钛综合回收利用生产系统基本形成；硫、钴、镍综合回收技术已经鉴定。

矿石经过三段开路破碎，一段闭路磨矿流程，采用重选、磁选、浮选、电选四种方法，综合回收钒铁精矿、钛精矿和硫钴精矿（图 40-29）。选矿获得的铁精矿含 TFe51.5% ~52%、V_2O_5 0.55% ~0.6%、TiO_2 12.5% ~13%；钛精矿含量 TiO_2 46% ~48%；硫钴精矿含 Co0.335%、Ni0.25%、S25.64%。

40.4.4 综合利用评价方法[20]

矿产资源综合利用程度是评价企业生产技术水平的重要标志，它不仅与矿石回采率有关，而且与选、冶的回收率有关。

矿石综合利用系数常指矿石在选、冶过程中被回收的有用元素数量与矿石中有用元素数量之比。此外，根据不同条件和要求，对矿石综合利用系数提出不同的计算式[19]：

（1）产出率法

$$K = K_s K_y \tag{40-62}$$

式中 K_s——选矿过程中矿石综合利用系数

$$K_s = \frac{(q_1 + q_2 + \cdots + q_n)}{Q} \times 100\%$$

$$= \sum_{i=1}^{n} \frac{\alpha_i \varepsilon_i}{\beta_i} = \sum_{i=1}^{n} R_i \tag{40-63}$$

$q_1, q_2, \cdots, q_n$——各种精矿产量，t；

Q——矿石量，t；

α_i——矿石中有用元素含量，%；

β_i——精矿中有用元素含量，%；

ε_i——有用元素选矿回收率，%；

R_i——精矿产出率，%；

K_y——冶炼过程中矿石综合利用系数；

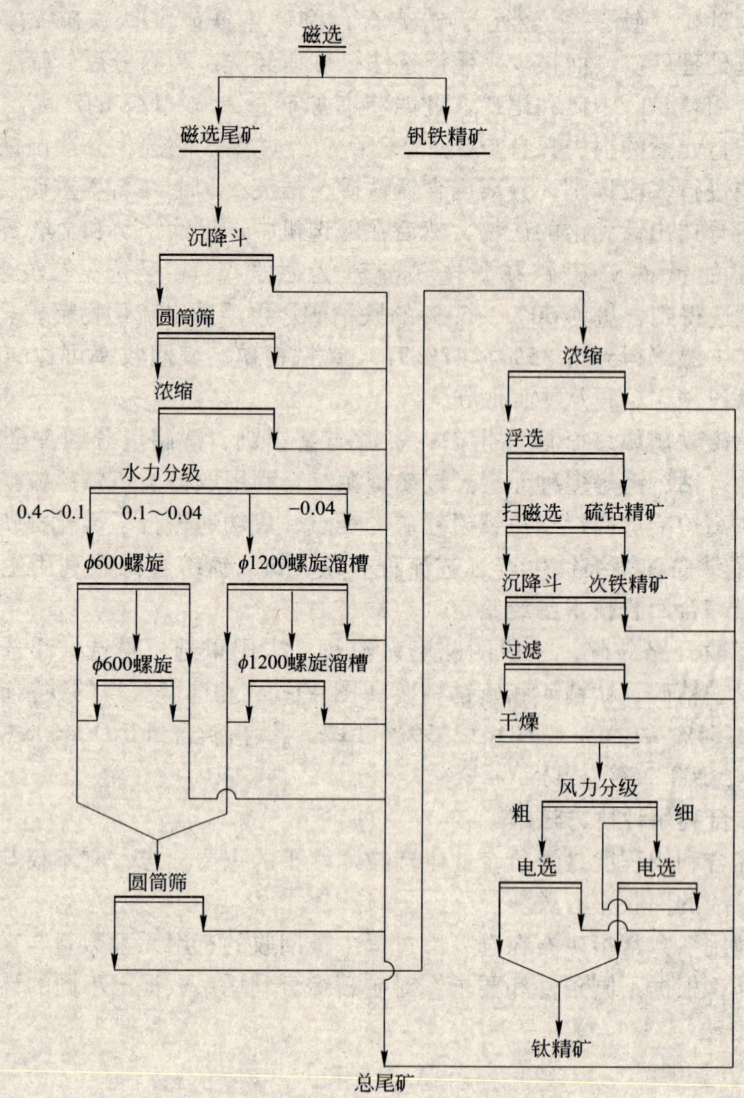

图 40-29 钒钛磁铁矿选矿流程图

$$K_y = \sum_{i=1}^{n} r_i \tag{40-64}$$

r_i——冶炼过程中各种产品产出率,%。

若不需冶炼即可利用的精矿，取 $K_y = 1$。当一种精矿时仅用主要成分进行计算，其他次要成分不参加计算。产出率法仅从产品重量出发，评价矿石中有用元素被综合利用的程度，而忽视了质量因素。

（2）元素回收法

$$K = K_{ys} K_{yy} \tag{40-65}$$

式中 K_{ys}——选矿过程中元素的利用系数；

K_{yy}——冶炼过程中元素的利用系数；

$$K_{ys} = \left(\sum_{i=1}^{n} \varepsilon_i\right) \Big/ n_s$$

$$K_{yy} = \left(\sum_{i=1}^{n} \eta_i\right) \Big/ n_y$$

ε_i——各元素在选矿中的回收率,%;

η_i——各元素在冶炼中的回收率,%;

n_s、n_y——分别为在选矿和冶炼过程中回收的元素数目。

此法是按各元素的平均回收率计算综合利用系数，而忽视了易选矿物回收率高和难选矿物回收率低以及有用成分价值等差别。

（3）价值法

$$K = \frac{C}{C_o} \tag{40-66}$$

式中 C——已回收的各元素的价值，或称矿石回收价值；

C_o——矿石中全部有用元素的总价值。

此法特点是从价值上反映矿石中有用元素在选、冶过程中的综合利用程度，但实际运用困难，因为矿石的回收价值及其总价值不容易准确计算。

上述综合利用评价方法各有利弊，目前尚没有形成统一的评价方法和计算式；不过任何一种方法都可从一个侧面反映出资源综合利用的程度。实践证明，搞好资源综合利用会带来巨大的经济效益和社会效益。

我国三大综合利用基地，通过“六五”科技攻关，取得了丰硕成果，为国家回收了许多稀贵金属产品。例如，金川硫化铜镍矿在解决钴的综合回收后，使之成为全国最大的钴生产企业。在解决了铂族元素的综合回收工艺后，每年创产值一千多万元，产量占全国的90%以上。

搞好综合利用，还可变害为利，使工业废渣、废液、废气得到充分利用，减少了环境污染又改善了劳动条件，具有重要的社会效益及经济效益。

40.4.5 矿产资源保护与综合利用法规[22,23]

为了发展矿业，加强矿产资源的勘查、开发利用和保护工作，保障社会主义现代化建设的当前和长远的需要，解放以来我国政府先后多次颁布了矿产资源法规，对于保护矿产资源都起到了积极的作用。

1951年政务院公布了《中华人民共和国矿业暂行条例》，在经济恢复时期对于发展我国矿山事业起到了推动作用。

经过十多年社会主义经济建设，取得了宝贵的经验，1958年国务院颁布了《矿产资源条例》；于1965年国务院又批转地质矿产部《矿产资源保护条例》，条例指出：“矿产资源的保护和合理利用，在社会主义建设中带有战略意义，是国家的一项重要技术政策”。1986年3月19日第六届人民代表大会常务委员会通过了《中华人民共和国矿产资源法》[21]，它包括总则，矿产资源的勘探、开采的原则和审批制度，关于矿产资源保护与综合利用的原则及其法律责任等共有七章五十条。

国务院根据《矿产资源法》，针对矿产资源勘查、采矿登记和矿产资源监督制定下列三项暂行办法，并于1987年4月29日公布实施：

（1）矿产资源勘查登记管理暂行办法；

（2）全民所有制矿山企业采矿登记管理暂行办法；

（3）矿产资源监督管理暂行办法。

《矿产资源法》与上列三项办法全文见本手册第1卷附录1～4（393～407页）。

参考文献

1 解世俊等，金属矿床地下开采（修订版），冶金工业出版社，1986，10～20页
2 《采矿设计手册》编委会，采矿设计手册，矿床开采卷（下），中国建筑工业出版社，1987，1513～1531页
3 中国有色金属工业总公司，有色金属矿山采场技术管理规定（试行），1987，10
4 李国乔，祝尔荣，金属矿山，№11，1984，16页
5 李国乔，汲遇春，李振海，第二届全国采矿学术会议论文集，№11，1986，139页
6 黄恩兆等，江西冶金，№3，1983，13～19页
7 陈孝华，金属矿山，№9，1984
8 武汉钢铁学院，武钢大冶铁矿，金属矿山，№2，1983，10～12页
9 Зарайский В. Н. *и др.*，Усреднение руд，Москва，Недра，1975
10 Бастан П. П.，Азбель Е. И.，Ключкин Е. И.，Теория и практика усреднение руд，Москва，НедРа，1979
11 Бастан П. П.，Полошин Н. Н.，Усредкение руд на горно-обогатительных предриятиях Москва，Недра，1981
12 Суменков М. С. *и др.*，*Горн. Журнал*，№9 1979，14
13 Luster G. R.，*International Symposium on the Appl. of Computers and OR in the Mineral Industries*，163
14 Karlsson P. L.，15*th International Symposium on the Appl. of Computers and OR in the Mineral Industries*
15 矿产资源保护问题，地质出版社，1982
16 涂光炽等，谈矿产资源的综合找矿、综合评价、综合利用，矿产综合利用，№1，1982
17 罗晋超，矿产资源综合利用在国民经济中的作用，矿产综合利用，№1 1982
18 方群英，国外矿产资源综合利用概况，矿产综合利用，№1 1982
19 李明新，关于矿产资源综合利用系数计算的探讨，№1，1982
20 Виноградов В. Н.，Экономическая Опенка Комплесного Минерального Сырья，1980
21 中华人民共和国矿产资源法，1986，3. 人民日报
22 朱训，贯彻执行《矿产资源法》振兴矿业促进四化，中国地质报，1986，9，8
23 宋健，为贯彻执行《矿产资源法》而奋斗，中国地质报，1986，9，5
24 苏文贤，董光，我国冶金矿山开采损失与贫化问题，金属矿山，№5，1985
25 B. P. 伊麦尼托夫，金属矿床地下开采过程，冶金工业出版社，1982，10～26页
26 吴福印，矿产资源保护，1987，未公开发表著作

第41章 矿 山 管 理

41.1 矿山企业管理组织

41.1.1 矿山企业的特征和任务[1]

社会主义矿山企业是以生产资料社会主义公有制为基础，采用现代生产技术，主要从事采矿（含选矿）工业生产经营活动，实行自主经营、自负盈亏的社会主义商品生产者和经营者，是具有一定权利和义务的法人。

矿山企业与一般工业企业比较，从企业管理角度考虑，具有以下六个特点：

(1) 矿山企业的劳动对象是自然生成的矿产资源，它大多埋藏在地表以下，而且矿体产状、走向、倾角、厚度以及矿物成分复杂多变，因此，矿山管理比较复杂，管理工作要有适当的灵活性。

(2) 随着矿石的开采，矿山生产能力不断消失，需要不断加以补充，因此，矿山基建开拓、生产探矿及生产准备工作量大，而且，它们必须同矿山生产平行进行，采准又必须超前于回采；有的矿山只能维持简单再生产，最后逐步减产直至闭坑；有的矿山还应根据矿床勘探情况考虑并进行扩建工作。因此，矿山计划管理工作比较繁重、复杂。

(3) 矿产资源是不可再生的资源，因此提高矿山企业的经济效益，不能只注意产值和利润指标，而是要少投入多产出，在矿山总投入中应当包括矿产资源的投入，在总产出方面，要注意资源的合理开发和利用，特别是矿产资源的综合利用。这是提高矿山经济效益的关键。

(4) 矿山是生产环节多、工序多、工种多的企业，作业地点分散，不能连续作业，生产条件多变，这些特点要求在矿山管理上加强计划调度、生产组织和劳动组织工作，把提高劳动生产率放在突出地位，尽可能培养一专多能的职工，特别是对于当前招收的合同工、农民轮换工必须加强培训，提高技术素质。

(5) 矿工常年在野外露天作业或坑内作业，劳动条件艰苦，不安全因素较多，而且，绝大多数矿山是采用凿岩爆破工艺，矿工经常受到众多有害因素的危害。因此矿山要特别贯彻安全生产方针，切实加强劳动保护工作。

(6) 矿山大都远离城镇，地处偏僻山区，交通不便，生活资源供应困难，职工文化福利设施较差。因此，一方面要加强矿工的思想政治工作和文化福利工作，以稳定职工队伍，提高职工思想政治素质，树立为四化建设努力开发矿业的思想；另一方面要逐步有条件地减轻矿山办社会的沉重负担，使矿山企业将主要精力用在加强生产经营管理上，提高劳动生产率和经济效益与社会效益。

按照系统工程观点，矿山企业是个系统，它由人、物资、设备、资金、任务和信息六个要素组成。矿山企业系统的模式，如图41-1所示。从图中可以看出，企业是由投入、转换、产出三个环节构成的动态系统。这个动态转换系统具有如下的特点：

(1) 两种流，物质流和信息流。物质流是指生产过程中物的流动，即输入材料、燃料、设备、资金和劳动力等，经过转换过程加工处理变成符合社会需要的产品和劳务，也

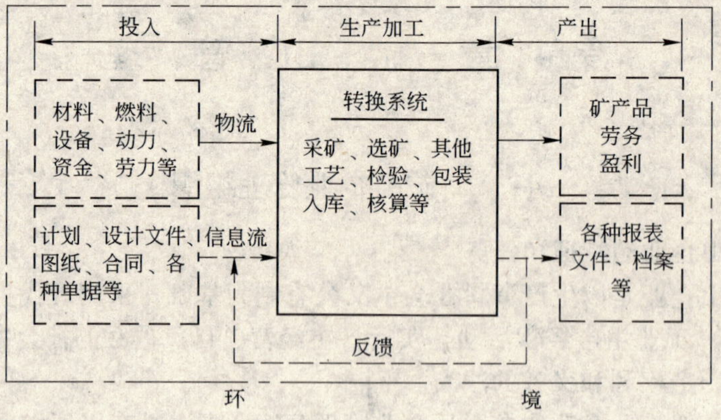

图41-1　企业系统模式

就是物质形态的变化过程。信息流是指伴随着物质流发生的信息，即管理活动的各种信息。信息流规划和调节着物质流的内容、方向、数量、速度、目标等。物质流和信息流互为条件，相辅相成。物质流和信息流畅通与否，速度快慢，决定着企业的效率。

（2）两种因素，企业内部因素和企业外部因素。企业的生产经营活动受两类因素的影响。一是企业内部因素，主要包括企业所拥有的人力、物力、财力条件，生产能力、销售能力、竞争能力、职工的素质、精神面貌和物质生活条件，人的积极性发挥等。企业外部因素包括党和政府的方针、政策、法令，政治经济、科学技术、社会的形势，能源、交通，市场需求以及竞争对手情况等。矿山企业是原材料采掘部门，矿产资源的自然赋存状况对企业的生产经营活动影响也很大。

（3）两种活动，生产活动和经营活动。生产活动主要是指生产过程中各种作业活动。它要求矿山企业充分利用人、财、物和自然资源，用最经济的办法，按预定计划把埋在地下的矿产资源开采出来。经营活动是指围绕着企业经营战略与经营决策的制定而进行的一系列活动。

我国矿山企业的基本任务是：（1）按照国家计划和社会需要，以最少的活劳动和物化劳动消耗，最大限度地为社会提供质量优良的矿产品，并实现矿产资源的综合利用；（2）满足国家建设需要和人民日益增长的物质文化需要，为国家积累资金，为企业自我发展作出贡献；（3）把矿山建设成为具有高度物质文明和高度精神文明的现代化企业。因此，不断提高经济效益和社会效益是矿山企业的中心任务，也是矿山企业经营活动的总目标。

41.1.2　企业管理的性质和职能[2,3]

41.1.2.1　企业管理的概念

矿山企业管理就是在国家计划指导下，按照社会需要，对矿山企业的生产经营活动，进行计划、组织、指挥、协调、控制，最有效地利用人力、物力、财力等企业资源和矿产资源，达到用尽可能少的消耗，取得尽可能大的经济效益。具体地讲，企业管理包括以下四方面的含义：

（1）企业管理的对象是企业的生产经营活动，矿山企业的生产经营活动可分为两大部分。一部分是企业内部的活动，它是以生产活动为中心，包括基本生产过程和辅助性及服务性生产过程。对这种以生产活动为中心的管理，通常称为生产管理。企业的另一部分活动，涉及到企业外部环境，联系到社会经济的流通、分配、消费等过程，它包括企业发展规划、计划、材料、动力等物资的供应，设备和劳动的补充与调整，产品销售和财务等。对这些活动的管理，通常称为经营管理。要把企业管理好，就必须对生产活动和经营活动进行统一管理，才能保证企业的再生产和扩大再生产的顺利进行。

(2) 企业管理的目的是充分利用企业的一切资源，完成企业基本任务，取得尽可能大的经济效益，矿山必须使产出大于投入，办企业就是要获得盈利。

(3) 企业管理的过程是行使企业一系列管理职能的过程。企业管理是通过发挥计划、组织、指挥、协调、控制等职能的作用而进行的。

(4) 企业管理的依据是生产技术活动和生产经营管理活动的客观规律，而企业管理又是依靠人们的主观能动行为进行的，但是，人们不能凭主观臆想、瞎指挥，必须尊重客观规律，按客观规律办事。

41.1.2.2 企业管理的性质和职能

任何社会的生产总是在一定的生产方式或一定的生产关系下进行的。生产过程具有二重性，既是物质资料的再生产，又是生产关系的再生产。因而，作为组织整个生产经营活动的企业管理也必然具有二重性，一方面，它具有与社会化大生产、生产力相联系的自然属性；另一方面，它又具有与生产关系、社会制度相联系的社会属性。

由企业管理二重性所决定的合理组织生产力和不断完善生产关系的两种基本职能是结合在一起发生作用的，由于生产过程是生产力和生产关系的统一，人与物的关系同人与人的关系紧密联系而不可分割，故在实际的管理活动中，可把企业管理的基本职能概括为五个具体职能：

(1) 计划职能。计划是企业管理的首要职能，它是企业各项工作的纲。这个职能包括：调查研究过去和现在的情况变化，对未来作出经济预测；对企业的经营方针，经营目标作出决策；编制实现经营目标的长期和年度经营计划；确定实现计划的措施方法，并将计划指标层层分解落实到各个部门、各个环节；计划的检查、控制和评价等。

(2) 组织职能。组织是根据已制定的计划，把企业生产的各要素、各生产环节、各部门，从分工协作上、相互关系上和空间、时间的结合上科学地划分职责，组织成为一个协调一致的整体，以便有效地进行生产经营活动。组织职能包括：建立科学的企业管理组织机构，规定各部门的职责分工；建立合理的生产结构和生产组织系统；根据“因事设职”、“因职配人”的原则，挑选和配备各级各部门的人选。组织职能中很重要的一项工作就是如何用人，即对人才的发现、选择、培养、提拔和聘任，把适当的人才，安排在适当的岗位上，从事适当的工作，使得人尽其才，各得其所，充分调动每个人的社会主义积极性。

(3) 指挥职能。指挥是对企业各级各类人员的指导，保证企业生产经营活动的正常进行和既定目标的实现。矿山企业的生产经营活动十分复杂，企业的职工成千上万，必须有统一的组织，服从统一的指挥，这是现代化大生产的客观要求。

(4) 协调职能。协调是指协调企业内部各级各部门的工作，各项生产经营活动，使它们建立良好的配合关系，消除工作中的脱节现象和矛盾，以期有效地实现企业的经营目标；协调是企业管理的一项综合性的职能，每项管理职能都要进行协调工作，因此协调可以看成是管理的本质。协调可分为上下级之间的纵向协调和同级部门之间的横向协调。

（5）控制职能。控制是指按预定计划和目标、标准进行检查，考察实际完成情况同原定计划、标准的差异，分析原因，采取对策，及时纠正偏差，保证计划目标的实现；同时，通过经常收集生产经营活动成果，进行信息反馈，对企业活动实行有效控制。

41.1.3　企业管理现代化[5]

41.1.3.1　*矿山企业管理现代化的概念*

中国自实行经济体制改革以来，企业正由过去高度集中体制下形成的封闭式的单纯生产型，逐步转变为开放式的生产经营型。企业管理现代化就是从企业管理的思想、组织、方法、手段等多方面对传统管理进行改革和提高，使企业从旧的僵化的管理模式中解脱出来，成为具有中国特色的，充满生机和活力的、自主经营的商品生产者和经营者。企业管理现代化既是当前进行的整个经济体制改革、政治体制改革的一项重要内容，又是接受世界新技术革命的挑战，缩小同世界先进水平差距的迫切需要。在现代科技突飞猛进的形势下，不仅要在采矿科学技术上，而且在矿山管理上也要加快现代化的进程。现代化的采矿技术，必然要有现代化矿山管理与之相适应，才能转化为现实的、先进的生产力。因此，应当把管理技术现代化和生产技术现代化放在同等重要的位置，使之互相促进。

41.1.3.2　*矿山企业管理现代化内容*

中国矿山企业管理现代化的内容主要包括以下五个方面：

（1）管理思想现代化。这是企业管理现代化的灵魂。随着经济体制改革的深化，要不断地更新观念，变革经营思想，适应有计划商品经济发展的要求。矿山企业管理思想现代化主要是：1）树立经济效益思想；2）树立质量第一、用户至上的思想；3）树立竞争开拓思想；4）树立信息是现代化经营重要资源的思想；5）树立管理科学化民主化的思想。

（2）管理组织现代化。根据企业的具体情况，从提高企业管理效率出发，按照职责分工明确，指挥灵活统一，信息迅速准确和精兵简政、反对官僚主义的要求，逐步改革企业管理体制和领导制度，合理设置组织机构，配置人员，并建立与健全以责任制为中心的科学、严格的规章制度，建立集权与分权相结合的新管理体制。在矿长全面领导下，充分发挥总工程师、总经济师、总会计师应起的作用。矿长是企业法人的代表，对企业负有全面责任；总工程师主要在加强企业生产技术管理，推动技术进步等方面发挥作用；总经济师主要在企业经营决策，提高企业综合经济效益等方面发挥作用；总会计师主要在维护财经纪律，增收节支，财务审计等方面发挥作用。企业中党的组织要满腔热情地支持矿长行使职权，切实发挥党组织的保证、监督作用，做好职工思想政治工作。

（3）管理方法现代化。这是在总结和继承行之有效的传统管理经验和方法的基础上，根据各个矿山的不同特点和需要，积极推行各种现代化的管理方法。如目标管理、市场预测、网络计划技术、全面质量管理、线性规划及其他优化技术、投入产出技术、决策技术、盈亏分析、*ABC*管理法等。

（4）管理手段现代化。在企业管理中积极采用包括电子计算机和现代计量检测手段以及通讯手段在内的先进管理手段、充分利用现代科学技术的最新成就，为管理现代化服务。

（5）管理人才现代化。管理人才是企业管理现代化的核心，是实现企业管理现代化的保证。没有大批具有现代化的管理知识、丰富实际经验、头脑敏锐、视野开阔、善于吸收国内外先进科学技术成果和管理经验的开拓人才，就不可能有企业管理的现代化。因此，必须重视人才开发、知识更新和岗位培训等工作。

41.1.4 矿山企业管理组织的制度与机构

41.1.4.1 矿长负责制[1]

矿长负责制，是指矿山企业的生产指挥和经营管理由矿长统一领导、全面负责，它的最明显的特征是明确矿长在企业中代表法人行使管理职权和应负的责任，突出矿长在企业中处于中心地位，保证矿长在企业生产经营重大问题上的决策权。

矿长受国家委托，担任企业生产经营管理的总指挥。为了保证矿长正确行使权力，必须明确矿长对企业生产经营和行政工作的责任和权限。矿长主要应承担以下的责任：

（1）矿长在企业贯彻执行党的方针政策和国家的法律、法令，全面完成国家计划，及时缴纳税金等方面对国家负责。

（2）矿长在企业履行经济合同，保证产品质量、降低产品成本和改善环保工作等方面对社会负责。

（3）矿长在企业改善劳动条件，做好安全生产，并在生产发展，提高劳动生产率的前提下，逐步提高职工的生活福利水平等方面对职工负责。

（4）矿长要认真履行矿长任期目标责任制，处理好当前与长远的关系。此外，矿长也有责任结合生产经营和行政工作做好职工的思想政治工作，正确处理国家、企业和职工个人三者的利益关系。

实行矿长负责制，在明确矿长职责的同时，必须有相应的权力。矿长受国家委托行使以下职权：决策权，指挥权，任免权，内部分配权，奖惩权，凡是有外贸、外经活动的矿山，矿长还应具有必要的开展外贸、外经活动的权力。

矿长对矿山日常的生产经营活动必须实行集中统一指挥。但是，矿长在作出重大决策时事先要认真听取各方面的意见，集思广益，避免片面性，使决策科学化、民主化，减少偏差和失误。矿长在决策前所采取的民主形式有：矿山管理委员会，矿务会议，职代会，咨询委员会等。

要在实行矿长负责制的同时，切实加强党组织在企业中对国家方针、政策贯彻执行的保证监督作用，搞好党的建设和思想政治工作，从而改善和加强企业中党的政治领导。

矿山还要健全职工民主管理。矿山职工代表大会是企业实行民主管理的基本形式，是职工行使民主管理权力并对行政领导实行监督的机构。

41.1.4.2 矿山企业组织机构设置的原则

为了保证矿长对矿山生产经营活动实行集中统一的指挥，必须建立一个统一的、高效率的生产指挥和经营管理系统，设置必要的组织机构。由于矿山企业的类型和特点不同，组织机构也就有所不同。企业建立组织机构，一般应遵循以下原则：

（1）有效性原则。组织机构的设置必须从矿山的具体情况出发，同矿山的生产技术相适应，有利于管理工作效率和经济效率的提高，达到组织合理，机构精简，职责明确，信息畅通，关系协调。

（2）统一指挥原则。统一指挥是社会化大生产的客观要求。统一指挥原则是指一个单位、一个人只接受一个上级的命令和指挥，并对这个上级负责。指挥者要负指挥之责，执行者要负执行之责，效率才可以提高，又便于建立起严格的岗位责任制，消除多头领导和无人负责现象。

(3) 有效管理幅度原则。它是指一名领导者直接而有效地领导与指挥下属的人数。管理幅度和管理层次是组织机构设计中两个互相矛盾的基本参数。有效地组织要求在尽量少的管理层次和不大的管理幅度之间求得平衡。管理幅度的大小，受到管理内容的相似程度和复杂程度，领导者的知识、能力、经验、精力，下属的能力强弱及其在空间上的分散程度等条件的制约，超过一定的限度，就不能实现具体的、有效的领导。

(4) 职务、职责、职权同等性原则。设置组织机构，既要明确规定每一管理层次和各个职能机构的职责范围，又要赋予履行职责所必须的管理权力。设置一个岗位，必须做到责任、权力、职务三者相对应。责任是指人们在一定职位或岗位上所应履行的义务，它是由职务性质和工作范围决定的。权力是指在规定的职务或岗位上所拥有的权力，它是保证完成职责的条件和手段。

(5) 集权和分权相结合原则。集权与分权是统一的，体现为统一领导、分级管理。矿山企业内部一般实行二级管理，即矿部和车间（坑口）两级，有的矿山实行矿部、车间（坑口）与工段三级管理。要正确处理集权和分权的关系。一般说来，凡是企业全局性、长远性、方向性的经营决策权力应集中在矿部，实行统一领导，以保证企业生产经营活动协调进行。在实行矿部领导的前提下，又要实行分级管理，把内部管理权利适当分散，授予下级及其所属人员，使各级组织在规定的职权范围内，能够灵活地处理与其本身有关的业务。

41.1.4.3 *矿山企业组织机构设置模式*

矿山管理的具体组织形式主要有以下五种：直线制、职能制、直线职能制、事业部制和模拟性分散管理制。

为了充分发挥行政组织作用，必须建立和健全以矿长为首的生产经营指挥系统，它包括矿级、车间（坑口）二级的行政领导人，以及作为行政领导人助手的职能科室和专职人员，也就是以矿长为首的一整套生产经营行政组织。目前，中国大多数矿山企业是采用直线职能制的管理组织形式。职能科室的设置，既要满足生产经营需要，又要力求精简，既要有利于分工负责，又要便于统一管理，提高工作效率。矿山行政组织机构如图 41-2 所示。

41.1.5 矿山企业的经济责任制

矿山企业经济责任制，是在国家计划指导下，以提高经济效益为目的，实行责、权、利相结合的企业生产经营管理制度，它把企业和职工的经济利益同其承担的经济责任，实现的经济效益和劳动成果联系起来。

经济责任制包括两个方面的内容：

(1) 经营责任制。解决国家与企业的责、权、利关系。这一制度首先要明确企业对国家应负的经济责任，这是企业的社会主义性质决定的。社会主义国家把厂房、设备、工具、原材料等生产资料委托给企业来管理，企业就要充分利用这些生产资料，按照国家计划要求和市场需要，生产适销对路，价廉物美的产品，满足社会需要，提高经济效益。其次，国家为了保证企业履行自己的职责，承包对国家的经济责任，必须赋予企业相对独立的经营权限，使企业能够主动地有效地组织生产，用尽可能少的消耗，为社会主义创造尽可能多的产品，取得尽可能大的经济效益。再次，正确处理国家与企业之间的经济效益，

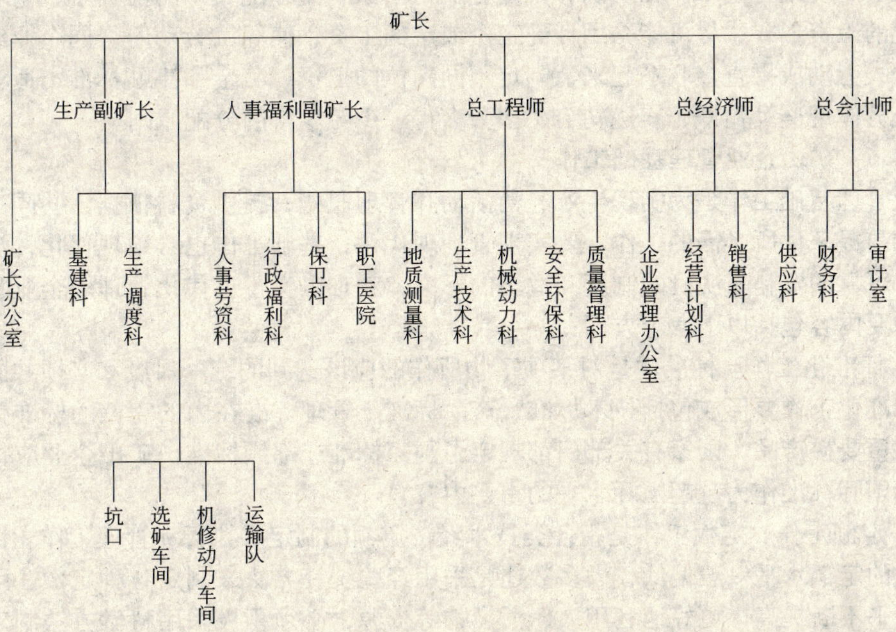

图 41-2 矿山行政组织机构

企业创造的经济效益，在利益分配关系上首先要为国家做贡献，然后，企业根据经营管理好坏，对国家贡献大小，经济效益的高低来决定企业利益分配的多少，这一经营责任制能较好地破除利益分配上的平均主义，使企业产生内在的经济动力。

（2）企业内部经济责任制[4]。它的基本要求仍然是以提高经济效益为目的，按照责、权、利相结合的原则，建立完整的经济责任制体系。实行企业内部经济责任制，是现代工业企业的生产特点决定的。在现代工业企业内部分工体系中，各个科室、车间、工段、班组以及每个生产者的活动，都具有高度的统一性和连续性。其中每一项经济活动，每一个生产环节和工作岗位，都可作为企业不可分割的有机组成部分而发挥作用。为了整个生产经营活动能够正常地协调地进行，节约人力、物力和财力，增加国家、企业和职工的收入，必须从上到下建立严格的经济责任制。实行企业内部经济责任制，也是企业对国家承担经营责任制的必然发展。经营责任制，主要是处理好企业和国家的经济关系，解决企业经营好坏一个样的问题；而企业内部经济责任制，则主要是处理企业与职工之间，企业内部职工之间的经济关系，解决职工之间干好干坏一个样的问题，克服职工之间分配上的平均主义，从而能较好地执行按劳分配的原则。

矿山企业要紧密结合采矿行业特点与企业实际，分别采用承包等多种形式的企业内部经济责任制，并把主要技术经济指标和工作指标纳入经济责任制体系中，以产品数量和质量、物质消耗、安全生产、经济效益为重点，严格进行考核和奖惩。实行企业内部经济责任任制必须坚持包、保、核相结合，形成上下左右，纵横交错的经济责任制体系。企业内部要自上而下逐级纵向承包，使每个单位、每个职工都明确自己承担的任务和经济责任；同时，要加强各单位之间，各岗位之间的横向协作关系，作为承担经济责任制的互保条件，并在承担、互保条件和逐项考核的基础上，实行按劳分配。完善企业经济责任制，必然要同改革工资制度结合起来。在明确和稳定企业与国家利益分配关系的前提下，采取适合本企业情况的工资形式，尽可能采用计件工资或定额工资，使职工劳动所得同企业经济效益好坏与个人劳动成果直接联系起来，制定不同岗位的工资、奖金和津贴标准，适当拉开档次，以充分体现奖勤罚懒、奖优罚劣、多劳多得、少劳少得的分配原则。

41.1.6 矿山企业管理基础工作

企业管理基础工作是为实现生产经营活动和管理职能，提供资料依据、共同准则、基本手段和前提条件所必需的工作。要实现管理现代化，基础工作也必须现代化，没有准确的数据、可靠的资料、明确的制度和适当的标准，就难以实行现代化管理。企业管理基础工作的主要内容包括以下六个方面：

（1）标准化工作。标准化是对某项事物所作的应该达到的统一尺度和必须共同遵守的规定。标准化工作要形成包括技术标准、产品标准、管理标准在内的完整的标准化管理体系。如对重要矿产品，国家有关部门都规定了国家标准或部颁标准。矿山企业应把重要矿产品采用国际标准作为赶超国际水平的重要内容。

（2）定额工作。定额工作是指各类技术经济定额的制定、执行和管理工作。目前我国矿山企业的定额水平一般偏低，大多数还是采用经验统计方法来制定各种定额。因此，要使定额水平不断提高，更好地利用人、财、物等资源，必须积极采用科学方法制定、修改和完善各类定额，要坚持采用平均先进定额水平。

（3）计量工作。计量工作是指计量的检验、测试、化验分析等方面的计量技术和计量管理工作。计量是工业生产的“眼睛”，对矿山生产来说，测量工作更具有特别重要的意义，它已成为矿山生产的重要环节。因此，矿山要严格按照《全国工业企业计量工作定级、升级标准》的要求，做到计量器具、手段齐全完备，计量工作准确完善，逐步实现检测手段和计量技术的现代化。

（4）信息工作。是指企业的生产经营活动所需资料数据的收集、加工处理、储存、检索等工作。它包括原始记录、台账、统计分析、技术经济情报和技术经济档案等。目前，我国矿山企业中的信息工作还很薄弱，主要还是人工信息系统。要实现管理现代化，首先要从各种原始记录、台账和统计报表抓起，这是企业收集资料数据的主要来源，要求真实、准确、及时，从而把生产经营全过程的信息工作，经济与科技的信息工作，扎扎实实地建立和健全起来。为建立和完善管理信息系统，要逐步过渡到用电子计算机进行信息的收集、传递、处理、储存、检索、分析与辅助决策，并进一步建立计算机网络系统，同时完善矿山生产调度和通讯手段。

（5）以责任制为核心的规章制度。规章制度是现代化大生产的客观需要，是为企业从事生产经营活动所作的规定，是指导职工行动的规范和准则。

（6）职工教育与培训。是指对全体在职工作人员的思想教育和技术业务教育。当前要对职工的岗位培训和知识更新给予特别的重视。它对提高人的素质有重要作用，是实行矿山企业管理现代化的重要前提。

41.2 矿山企业经营管理

41.2.1 矿山企业经营管理的基本要求和内容

企业的经营是指为实现企业预期目标所开展的产、供、销以及财务、人事等全部活动；经营管理则是对企业的全部经营活动进行计划、组织、指挥、协调和控制。

为了提高企业经营的效果及经营管理的水平，必须做到以下几点：

（1）树立正确的经营思想[3]。企业正确的经营思想必须符合我国社会经济制度和条件，以及有计划的商品经济的要求，又要顾及自主经营、自负盈亏、竞争开拓的要求。因此，企业正确的经营思想必须体现：全局观念，服从国家统一领导，正确处理局部与整体、当前与长远利益的关系；自主观念，实现相对独立经营，谋求自我改造和自我发展，克服依赖、被动和消极思想；动态自适应观念，搞好市场动态调查研究，以销定产、面向用户，分析企业环境，择优避短，联合协作，增强竞争能力；开拓观念，放眼未来，搞好发展战略决策，加强企业产品、技术、智力的更新，克服安于现状、保守落后的思想；效益观念，提高企业经济效益和社会效益。

（2）制订合理的经营目标。企业经营目标是企业在一定时期内预期达到的生产经营成果，它既是企业导向性的指标又是评价检验性的指标。它一般是多目标的，包含：体现为社会提供的产品、产量、税金以及资源利用率、环境保护等的贡献目标；体现市场占有率、出口创汇增长率、市场开发与渗透等的市场目标；表现为生产能力扩大、企业素质提高等的发展目标；体现为企业利润、福利水平等的利益目标。

企业经营目标的确定，应该通过对企业的诊断分析和发展战略的研究，运用定性分析和数量分析相结合的方法，结合企业发展规划和计划的编制来制订。既要有企业的长远目标，又要有近期目标，既有企业总目标，又有各层次的分目标。制订的目标必须是可行的、科学的、可靠的，能够激发职工的积极性，有效地实行多层次的目标管理。

（3）编制科学、可行的企业发展规划和计划。企业发展规划和计划的编制，必须结合上述目标的制订一并进行，是企业决策人的首要职责。没有科学、可行的发展规划和计划，企业经营决策将失去方向和依据，当面临环境、政策因素的变化时很难作出正确的应变决策。

（4）实行正确的经营决策。企业经营决策贯穿在发展战略方针、具体目标体系、规（计）划方案、经营策略的选择中，也反映在日常管理工作中。

矿山企业经营管理的内容不仅包括企业内部经营计划及其实施的经营活动，而且包括企业外部的经营活动。从矿山企业的业务划分来讲，经营管理的内容包含：企业发展规划和计划，供应和销售，财务和成本控制，人事、劳动和职工教育，以及其他方面的活动。处理这些活动的技术方法，则有：市场调查研究，经济预测，决策方法，最优计划，投入产出技术，库存最优控制，财务分析和成本控制，技术经济分析和系统分析等[3]。

41.2.2 市场调查研究

企业必须面向市场和用户，重视市场信息的调查研究，围绕市场需求作出正确决策。矿山企业的主要产品是工、农业生产所需的原料——矿产品。过去，它受市场调节的直接影响不大。但是，随着“对内搞活，对外开放”政策的贯彻，许多矿山企业都已直接或间接地介入矿产品的市场、市场竞争以及外贸出口，促进了企业经济效益的提高。

市场是商品经济的产物，是由买卖双方构成的，具有竞争性和信息万变等特点。对矿产品市场而言，其主要特点是：用户主要是生产企业；成交购买批量大、金额多；矿产品的品种、质量、规格要求较严，其效用将随科技进步而发生变化，因而影响对矿产品的需求；矿产品的价格（特别是国际市场上）多变。

针对上述矿产品市场的特点，市场调查研究的范围主要是矿产品的需求市场以及生产所需物资的供应市场，包括国际市场。其具体内容包括：

（1）产品质量。用户对产品质量的反映；与国内外市场上同类产品比较；水平差异如何；矿产品质量对以后冶炼加工或使用有何影响等。

（2）产品品种和规格。什么样的品种、规格最受用户欢迎，适销对路；各种不同品种、规格产品的市场占有率的变化如何；不同品种、规格的矿产品的采、选、冶总体经济效益及其同矿山企业的经济效益关系如何等。

（3）产品价格。产品价格的合理性及其对企业的影响如何；国际市场上矿产品价格的变化及其影响因素；矿产品出口价格的合理制订及其同外贸政策的协调；国内企业与企业之间的矿产品内部结算价格等。

（4）市场竞争情况及其对策。特别在矿产品贸易中，应该认真研究国际矿产品市场的变化及其对策。

市场调查一般采用抽样调查或普查两种方式。调查研究方法有：1）系统分析法，系统地搜集整理企业内部和外部的有关资料、数据，进行技术经济分析或系统分析（如马尔可夫状态转移法）；2）询问法，可通过各种方式找有关人员按事先拟定的调查提纲征询问题的回答；3）观察写实法，采用各种手段而不显露调查者身份，从侧面记录调查内容；4）实验、试销法，实地测试市场反映。

41.2.3 经济预测技术[22]

经济预测是对客观经济现象及其运动规律的一种认识手段，是通过以往的经济形势推测未来的经济前景。经济预测是编制计划的基础，因为计划是对未来的决策，而择优决策则要参考预测结果，无论销售计划或是经营计划，都要参考可靠的预测；经济预测也是促进统计水平提高的手段，将事后被动统计工作提高到统计分析、展望未来的水平上。

经济预测的程序为：（1）明确预测目的；（2）制订预测工作计划；（3）搜集资料，应注意各类数据的统计口径、核算方法、统计时间、计值的价格、计量单位等前后一致，具有可比性；（4）选择预测方法，确定样本数据，一般对每个预测对象应采用多种预测方法及其所选定的样本；（5）预测结果的分析、评判，除了在使用各种方法预测当中的统计检验以外，对通过了统计检验的预测结果，还必须分析其经济合理性，技术可行性，能否体现该经济现象的变化和发展趋势。

常用的经济预测方法有下列各类。

41.2.3.1 判断法

判断法是凭经验对预测对象的发展定性地作出判断，或者再辅以简单算术计算。它包括企业决策人员会诊、专家评判、市场调查（如用户抽样调查，展销会调查等）等方法。所用的简易计算大体有：根据现已实现的数据，推算未来可能的完成数；根据若干技术经济指标之间的平衡关系，推算预测指标；根据指标间的类比关系，推算预测指标；根据不同人员的判断值，加权平均，等等。判断法预测的质量，取决于判断者的业务水平、实际经验和分析洞察能力。

41.2.3.2 时间序列——延伸法

时间序列是预测指标数据由以往到当前按时间顺序排列而成的数列。以时间序列的（以往的）发展趋势作为今后的趋势，称为时间序列（趋势外推）法。其方法有：作图延伸法，移动平均法和指数平滑法，而以指数平滑法最常用。

指数平滑法是具有普遍意义的趋势外推法，它有一次、二次、三次指数平滑法。

A 一次指数平滑法

一次指数平滑法，主要用于短期预测，其构成平滑数列的算式为：

$$S_t^{(1)} = \alpha X_t + (1-\alpha)S_{t-1}^{(1)} \tag{41-1}$$

式中 α——平滑系数，其值域为［0，1］；应用中可枚举，选取适当值；

X_t——最新周期 t 的实际值；

$S_t^{(1)}$——第 t 周期的平滑值，可当作第 $t+1$ 周期的预测值；

$S_{t-1}^{(1)}$——第 $t-1$ 周期的平滑值。

可见，指数平滑法的预测值 $S_t^{(1)}$ 是全部数据的线性组合，也是全部数据的加权求和；最新周期的数据的权数为 α，越古老的数据，其权数越小于 α，越新近的数据对预测值的影响将越大。$S_0^{(1)}$ 对 $S_t^{(1)}$ 的计算结果影响很小故可取 $S_0^{(1)}=X_1$。

现将某矿产品销售额数及其一次指数平滑预测值（$\alpha=0.1$，0.5）列入表41-1。

表41-1 指数平滑法示例

周期	销售额 X_t	不同平滑系数的预测值 $S_t^{(1)}$		$S_t^{(2)}$
		$\alpha=0.1$	$\alpha=0.5$	$\alpha=0.5$
0		200.0	200.0	200.0
1	200.0	200.0	200.0	200.0
2	205.0	200.5	202.5	201.3
3	208.5	201.3	205.5	203.4
4	214.6	202.6	210.1	206.8
5	221.0	204.4	215.5	211.1
6	224.5	206.4	220.0	215.6
7	231.0	208.9	225.5	220.5
8	237.0	211.7	231.3	225.9
9	240.8	214.6	236.0	231.0
10	247.0	217.9	241.5	236.3

从表41-1可见，指数平滑系数越小，则对时间序列的修匀程度越显著，对新数据的考虑越小。

平滑系数的选择可根据不同 α 值所做的平滑值数列，分别按式（41-2）求出平均绝对误差。

$$E = \frac{1}{n}\sum_{t=1}^{n} |X_t - S_{t-1}^{(1)}| \tag{41-2}$$

式中 n——时间序列样本数。

再根据 E 值的大小，选用最小 E 值所对应的 α 值。如表41-1，E（$\alpha=0.1$）$=17.85$，E（$\alpha=0.5$）$=8.3$，故取 $\alpha=0.5$ 较好；第11周期的预测值为241.5。

B 二次指数平滑法

二次指数平滑是对一次指数平滑数列再做一次平滑（修匀），构成其数列的算式为：

$$S_t^{(2)} = \alpha S_t^{(1)} + (1-\alpha)S_{t-1}^{(2)} \tag{41-3}$$

式中 $S_t^{(2)}$——第 t 周期的二次指数平滑值；

$S_{t-1}^{(2)}$——第 $t-1$ 周期的二次指数平滑值；

$S_t^{(1)}$——第 t 周期的一次指数平滑值。

从表41-1中的 $S_t^{(2)}$ 列数据可见，其修匀程度比 $S_t^{(1)}$（α 值皆为0.5）更好。

当样本数据大体有线性趋势时，在求得 $S_t^{(1)}$ 和 $S_t^{(2)}$ 数列后，则可构造下列预测数模：

$$Y_{t+T} = a_t + b_t T \tag{41-4}$$

式中 $a_t = 2S_t^{(1)} - S_t^{(2)}$；

$b_t = \frac{\alpha}{1-\alpha}(S_t^{(1)} - S_t^{(2)})$；

t——当前周期数；

T——从周期 t 向未来预测周期数；

Y_{t+T}——从周期 t 往未来预测周期 T 的预测值。

例如，见表41-1，取 $\alpha = 0.5$，当前周期 $t = 10$，今要预测第15周期的销售额，则 $T =$ 5周期，

$$a_{10} = 2S_{10}^{(1)} - S_{10}^{(2)} = 2 \times 241.5 - 236.3 = 246.7$$

$$b_{10} = \frac{0.5}{1-0.5}(S_{10}^{(1)} - S_{10}^{(2)}) = 241.5 - 236.3 = 5.2$$

$$Y_{15} = a_{10} + b_{10} \times 5 = 246.7 + 5.2 \times 5 = 272.7$$

C 三次指数平滑法

该法适用于非线性趋势，其数列构成的算式为：

$$S_t^{(3)} = \alpha S_t^{(2)} + (1-\alpha) S_{t-1}^{(3)} \tag{41-5}$$

式中 $S_t^{(3)}$——第 t 周期的三次指数平滑值；

$S_{t-1}^{(3)}$——第 $t-1$ 周期的三次指数平滑值。

可见它也是在二次指数平滑数据的基础上作再一次平滑。

若对大体呈二次抛物线性趋势的时间序列，按上列诸式构成了一次、二次、三次指数平滑数列，如表41-2所示，则可按下列数模进行预测：

$$Y_{t+T} = a_t + b_t T + c_t T^2 \tag{41-6}$$

式中 $a_t = 3S_t^{(1)} - 3S_t^{(2)} + S_t^{(3)}$

$b_t = \frac{\alpha}{2(1-\alpha)^2}[(6-5\alpha)S_t^{(1)} - (10-8\alpha)S_t^{(2)} + (4-3\alpha)S_t^{(3)}]$

$c_t = \frac{\alpha^2}{2(1-\alpha)^2}(S_t^{(1)} - 2S_t^{(2)} + S_t^{(3)})$

其他符号意义见式（41-4）、式（41-5）。

41.2.3.3 回归分析法

某些经济变量之间往往存在因果或函数关系，回归分析就是处理变量间的相关关系。回归分析法预测中，要预测的某一指标就是因变量，与其相关的变量是自变量，亦称解释变量。若变量间函数关系是线性关系，可用线性回归；其他关系则用非线性回归。若只涉及到一个解释变量，即处理两个变量，称一元回归分析；若涉及两个或更多解释变量，则为多元回归分析。解释变量也可以是时间周期，亦即用回归分析也可处理时间序列。

A 一元线性回归

表 41-2　指数平滑数据 $\alpha=0.2$

周　期	时列 X_t	一次平滑 $S_t^{(1)}$	二次平滑 $S_t^{(2)}$	三次平滑 $S_t^{(3)}$
0		164	164	164
1	164	164	164	164
2	171	165.4	164.3	164.1
3	206	173.5	166.1	164.5
4	193	177.4	168.4	165.3
5	207	183.3	171.4	166.5
6	218	190.3	175.2	168.2
7	229	198	179.7	170.5
8	225	203.4	184.5	173.3
9	230	208.7	189.3	176.5
10	242	215.4	194.5	180.1

一元线性回归预测的数模为：

$$\hat{Y}_t = a + bX_t \tag{41-7}$$

式中　X_t——解释变量的未来实际值；

$\hat{Y}_t$——相关因变量的未来预测值；

a，b——回归系数，按最小二乘法导出为

$$a = \frac{\sum_{i=1}^{n} y_i}{n} - \frac{b\sum_{i=1}^{n} x_i}{n} \tag{41-8}$$

$$b = \frac{n\sum_{i=1}^{n}(y_i x_i) - \sum_{i=1}^{n} x_i \sum_{i=1}^{n} y_i}{n\sum_{i=1}^{n} x_i^2 - \left(\sum_{i=1}^{n} x_i\right)^2} \tag{41-9}$$

x_i——解释变量的样本数据；

y_i——因变量的样本数据；

n——样本中数据个数。

两变量 x 和 y 之间是否具有线性相关关系，可以利用下式计算出相关系数 R，并查附录表的临界相关系数 R_c 进行检验，R 愈接近 ± 1，则线性相关程度愈高。

$$R = \frac{n\sum_{i=1}^{n} x_i y_i - \sum_{i=1}^{n} x_i \sum_{i=1}^{n} y_i}{\sqrt{\left[n\sum_{i=1}^{n} x_i^2 - \left(\sum_{i=1}^{n} x_i\right)^2\right]\left[n\sum_{i=1}^{n} y_i^2 - \left(\sum_{i=1}^{n} y_i\right)^2\right]}} \tag{41-10}$$

当 $|R| \geqslant R_c$ 时，则相关检验通过。算例见本卷 41.4.1。

B　多元线性回归

原理基本与一元线性回归雷同，其回归方程为：

$$\hat{y} = b_0 + b_1 x_1 + b_2 x_2 + \cdots + b_m x_m \tag{41-11}$$

式中 x_1，x_2，…，x_m——m 个解释变量；

b_0，b_1，b_2，…，b_m——回归系数。

为了估计式（41-11）中的回归系数，今选用样本数为 n，则可列出 n 个式（41-11）的联立方程，其中 y 与 x 皆为已知的样本数据，而未知数是 $m+1$ 个回归系数。用矩阵表示，回归系数 $\boldsymbol{B}$ 估计值为

$$\boldsymbol{B} = \begin{pmatrix} b_0 \\ b_1 \\ b_2 \\ \vdots \\ b_m \end{pmatrix} = (\mathbf{X}^T\mathbf{X})^{-1}\mathbf{X}^T\mathbf{Y} \tag{a}$$

式中

$$\mathbf{Y} = \begin{pmatrix} y_1 \\ y_2 \\ y_3 \\ \vdots \\ y_n \end{pmatrix};\mathbf{X} = \begin{pmatrix} 1, x_{11}, x_{12}, \cdots, x_{1m} \\ 1, x_{21}, x_{22}, \cdots, x_{2m} \\ 1, x_{31}, x_{32}, \cdots, x_{3m} \\ \cdots\cdots \\ 1, x_{n1}, x_{n2}, \cdots, x_{nm} \end{pmatrix};$$

$\mathbf{X}^T$——$\mathbf{X}$ 的转置矩阵；

$(\mathbf{X}^T\mathbf{X})^{-1}$——$\mathbf{X}^T\mathbf{X}$ 的逆矩阵；

$\mathbf{X}$——m 个解释变量的 n 个样本数据构成的 n 行，$m+1$ 列矩阵；

$\mathbf{Y}$——预测（因）变量的 n 个样本数据列向量。

求得回归系数及其模型以后应进行下列检验：

1）R 检验。复相关系数 R 按下式计算：

$$R = \sqrt{\frac{\mathbf{B}^T\mathbf{X}^T\mathbf{Y} - n\,\overline{y}^2}{\mathbf{Y}^T\mathbf{Y} - n\,\overline{y}^2}} \tag{b}$$

式中 $\bar{y}$——因变量样本数据平均值。

再查附录中的临界相关系数表得 R_c（当显著水平为 α），

当 $|R| \geqslant R_c$ 时，相关检验通过。

2）F 检验。它主要是判断回归系数 b_1，b_2，b_3，…，b_m 是否都为零。按下式计算 F 值：

$$F = \frac{\mathbf{B}^T\mathbf{X}^T\mathbf{Y}}{mS^2} \tag{c}$$

式中 S^2——因变量的标准方差，

$$S^2 = \frac{\mathbf{Y}^T\mathbf{Y} - \mathbf{B}^T\mathbf{X}^T\mathbf{Y}}{n-m-1} \tag{d}$$

再查附录中的 F 分布表，其第一自由度为 m，第二自由度为 $n-m-1$，一般取显著水平 $\alpha = 0.05$，当（c）式算得的 F 值大于等于 F 表值时，检验通过。

3）t 检验。它是通过对回归系数逐一检验，以判断相应的解释变量是否必须予以剔除。首先分别计算各回归系数对应的 t_{bi}。

$$t_{bi} = \frac{b_i}{\sqrt{C_{ii}S^2}}, \quad (i = 1,2,\cdots,m) \qquad (e)$$

式中 C_{ii}——逆矩阵 $(\mathbf{X}^T\mathbf{X})^{-1}$ 的主对角线上第 i 行的元素值。

再查附录中的 t 分布表（取显著水平 $\alpha = 0.05$，自由度为 $n-m-1$）得 t 表值。若 $|t_{bi}| \geq t$（表值）成立，则检验通过；否则相应的解释变量 x_i 的选用存在问题（如多重共线），应予剔除。

［算例］锡矿山矿务局锑品成本预测。经定性分析确定，影响锑品成本（元/吨）的因素有产量、矿石品位、物价指数和金属总回收率，经回归分析，选择前三者作为解释变量。1960 年至 1984 年的样本数据见表 41-3。

表 41-3 锑品成本影响因素

序号	产量（吨）	矿石品位（%）	物价指数（%）	成本（元/吨）
1	12036.00000	3.57000	129.00000	600.10000
2	6050.00000	3.53000	150.00000	987.50000
3	6727.00000	3.30000	155.00000	1096.50000
4	8448.00000	3.43000	146.00000	1040.80000
5	9389.00000	3.31000	141.00000	965.60000
6	11022.00000	3.21000	139.00000	955.40000
7	10508.00000	3.14000	137.00000	1087.50000
8	9224.00000	2.96000	136.00000	1128.30000
9	4015.00000	2.89000	137.00000	2086.70000
10	7338.00000	2.69000	138.00000	1513.10000
11	11001.00000	2.62000	138.00000	1203.30000
12	11671.00000	2.72000	138.00000	1223.50000
13	6983.00000	2.54000	138.00000	1836.70000
14	11023.00000	2.65000	138.00000	1498.30000
15	6728.00000	2.63000	139.00000	1833.10000
16	10514.00000	2.78000	140.00000	1438.10000
17	9018.00000	2.83000	140.00000	1711.70000
18	9771.00000	2.69000	144.00000	1715.50000
19	10313.00000	2.48000	145.00000	1710.40000
20	11000.00000	2.50000	147.00000	1752.40000
21	12512.00000	2.60000	159.00000	1874.20000
22	12234.00000	2.70000	163.00000	2157.60000
23	12000.00000	2.80000	166.00000	2257.30000
24	11949.00000	2.78000	169.00000	2317.00000
25	13107.00000	2.69000	174.00000	2444.00000

对上表样本数据，设 x_1 为产量，x_2 为品位，x_3 为物价指数，y 为单位成本，通过多元线性回归，得回归预测模型为：

$$\hat{y} = 885.0337 - 0.0504x_1 - 967.1863x_2 + 26.9638x_3$$

该模型统计检验：复相关系数 $R = 0.914$；$F = 35.5413$；t 检验值 $t_{(x_1)} = -2.4424$，$t_{(x_2)} = -7.0347$，$t_{(x_3)} = 6.6268$；经查 t 分布表（取显著水平 $\alpha = 0.05$，自由度为 21），得表上 $t_{(0.05,21)} = 2.08$，可见检验通过。当有新的 x_1、x_2 和 x_3 值时，代入上式可求得新的 y

值。同时，从回归预测模型可见：单位成本随产量增加而降低，随矿石品位升高而降低，随物价上升而增大。（样本数据由王家贵同志收集和提供）

C　非线性预测模型

当解释变量与因变量之间样本数据呈非线性关系时，应构造适宜的非线性函数关系式进行预测。有些非线性一元函数式可以通过数学方法（如取对数等）转化成一元线性函数式，以利方便地估计出回归系数。另外，有一些经济变量大体符合生长曲线的规律增长，比如 S 生长曲线，前期增长率由慢渐快，后期则由快渐慢。现将常用的预测数模列于表41-4。

表 41-4　非线性预测数模

曲线类别	数　学　模　型	说　　明
二次曲线	$y = a + bx + cx^2$	
三次曲线	$y = a + bx + cx^2 + dx^3$	y——因变量（预测指标）；
双曲线	$y = x/(a + bx)$	x——自变量；
幂函数	$y = ax^b$	a，b，c，d——参数；
指数函数	$y = ae^{bx}$	K——参数；
对数函数	$y = a + b\ln x$	M——给定的极限值，
罗吉斯曲线	$y = \dfrac{M}{1 + be^{-cx}}$	即当 $x \to \infty$ 时 $y = M$
龚珀兹曲线	$y = Ka^{bx}$	
弹性预测	$y = ax^{a}$	α，β——弹性系数；
	$y = y_0\left(1 + \beta \times \dfrac{dx}{x}\right)^{\Delta t}$	$\dfrac{dx}{x}$——变量 x 的递增速度； Δt——时间增量； y_0——基（初始）时的 y 值

在实际预测工作中，由于样本数据量多，而且使用的方法多，计算量大，统计检验又比较繁，因此，可采用微型计算机和现有的经济预测软件包[6,22]，它既可优选平滑系数等，又可根据数理统计检验结果选出较好的方法模型。

41.2.4　经营决策的程序和基本方法

41.2.4.1　经营决策的概念

决策是人们为了实现未来的目标，而从两个以上可行方案或策略中选优的分析判断过程。

企业经营决策分析工作可分为：（1）战略决策，是在对企业内部条件、外部环境和经营形势进行分析的基础上，对企业发展方向，发展目标或重大经营项目目标，作出最优决策的工作，这是主要由高层决策者负责的战略决策；（2）战术决策，为了实现企业总体战略目标，对企业生产经营过程中所面临的具体计划、组织、控制和协调等管理性问题，作出最优决策的工作，属于战术决策，一般由中层和基层决策者负责。从现今管理科学水平来看，前一种决策多为非程序性决策。对此类决策问题可研究决策支持系统来解决。

企业是一个开放的动态系统，因而经营决策也是一个动态过程，是使企业内部条件、外部环境与企业目标始终维持动态平衡，不断地作出决策，调整新出现的不平衡，达到新的平衡，开创新局面。

经营决策的程序，一般可分如下阶段[3]：

（1）目标选择阶段。在决策过程中，首先要建立期望的一个或多个目标；目标常常表现为某种需要或追求。目标的建立最初是决策者审视企业系统内外条件、环境并考虑上级对企业的要求，通过思维和预测而产生的设想。设想的目标能否达到，需要什么样的内外条件，以及值得追求与否，还没有把握，不能下决心。因此，常常建立若干不同的目标方案。

（2）决策研究阶段。这个阶段是针对设想的目标方案通过具体的调查研究和分析综合，产生若干可供选择的策略或行动方案。这些方案是对信息的分析研究、预测研究和可行性研究等工作的成果，比设想的目标方案更为具体和清晰。

（3）决策形成阶段。这一阶段是针对策略方案，制订方案评价准则和指标，建立联系目标和所需各种条件的数学模型，采用优化技术，充分分析论证，最后再结合定性分析，做出满意决策，即选取最（较）优的方案。这一阶段中，必须注意决策者与智囊人员相结合，定性分析与定量分析相结合，充分体现决策的科学化和民主化。

（4）决策反馈阶段。做出了决策，还需要将决策变为行动，即按决策内容编制行动计划并予以实施。这时要设置决策实施结果的信息反馈的渠道和手段，以便发现实施结果同预期目标的偏差，并采取纠偏措施，以保证目标的实现和掌握企业的发展动态。

值得指出：在决策过程中，上述各阶段之间也常出现反馈。

41.2.4.2 经营决策方法

决策固然是为达到目标而从 m 个可供选择的行动方案 A_i（$i=1, 2, \cdots, m$）中选择一个最优的方案，但是，实际上，不同的方案又都可能遇到 n 个“自然”状态（如需求情况）S_j（$j=1, 2, \cdots, n$），而各状态出现的概率 $P(S_j)$ 是不同的。因此，决策方法的基本思想是根据不同状态下、不同方案的决策效果 a_{ij} 来抉择方案，而效果 a_{ij} 又是 A_i 与 S_j 的函数，其值在决策时应先计算出来。按此，决策方法可分为三类：

A 确定情况下的决策方法

所谓确定情况下的决策，如上述，是指只可能面临一种“自然”状态，即 $P(S_j)$ 中只有一个，其值为1。如某矿在同一目标下有三个投资方案，其总投资额大小不同，若它们不会遇到其他带有概率性的“条件”或“自然”状态，即只可能有一种状态，则可选择投资收益最好的方案。

B 风险情况下的决策方法

当各个方案又可能遇上几种不同状态，而不同状态出现的概率能够估计出来时，通常可以采用期望来评判抉择；但是，究竟会出现哪一种状态，是难以预料的，所以决策具有一定的风险性。风险型决策可以用决策表（表41-5）或决策树等手段来表述。

例如，假设某矿有两个建矿投资方案：建中型矿，起始年总投资为40000；建小型矿，起始年总投资为24000。两者服务年限均设为15年。估计在此期间，矿石出口销路好的概率是0.7；出口销路差的概率是0.3。经计算获得两方案、两状态下的年收益（可以年盈利表示）为 a_{ij}。如表41-5，其决策树可绘成图41-3。

设资金收益率取10%，现用现值法对各方案的期望收益计算于下：

建中型矿 $E_1 = [0.7\times10500+0.3\times(-1200)]\times(P/A, 10\%, 15)-40000$

$= 13167$

表41-5 风险型决策表

自然状态		销路好 S_1	销路差 S_2
自然状态的概率		$P(S_1) = 0.7$	$P(S_2) = 0.3$
行动方案	建中型矿 A_1	$a_{11} = 10500$	$a_{12} = -1200$
	建小型矿 A_2	$a_{21} = 6000$	$a_{22} = 2000$

建小型矿 $E_2 = (0.7 \times 6000 + 0.3 \times 2000) \times (P/A, 10\%, 15) - 24000$
$= 12509$

可见，建中型矿方案在经济上稍优，但两者的期望收益现值较差，仅5%。因此，若对首先建中型矿感到风险太大，可以提出第三方案，即先建小型矿，如果销路好，5年后扩建成中型矿，扩建投资为22000，服务期为10年，每年收益为10500。同样考虑货币时间价值，取资金收益率为10%。则此决策是一个多级决策问题，可分前五年和后十年两期予以考虑，其决策树如图41-4所示。

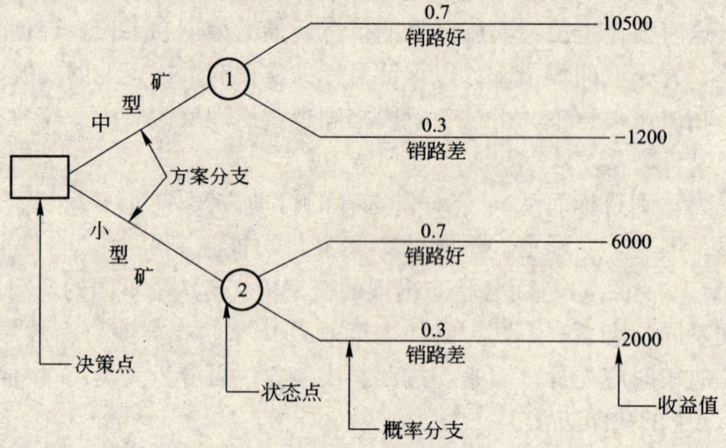

图41-3 决策树示意图

各状态点期望收益按现值法计算于下：

$$E_1 = [0.7 \times 10500 + 0.3 \times (-1200)] \times (P/A, 10\%, 15) - 40000$$
$$= 13167$$
$$E_4 = 1.0 \times 10500 \times (P/A, 10\%, 10) - 22000$$
$$= 42517$$
$$E_5 = 1.0 \times 6000 \times (P/A, 10\%, 10)$$
$$= 36867$$

故决策点3应取扩建方案，其第6年初收益现值为42517；

$$E_2 = 0.7 \times 6000 \times (P/A, 10\%, 5) + 0.7 \times 42517 \times (P/F, 10\%, 5) + 0.3 \times 2000 \times (P/A, 10\%, 15) - 24000$$
$$= 14964$$

对比 E_1 与 E_2，可见，应采取先建小型矿而后扩建成中型矿方案。

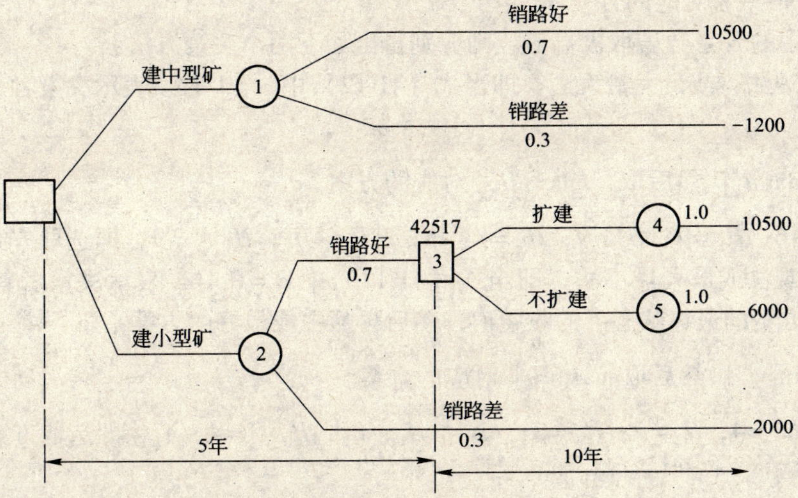

图 41-4 多级决策示意图

C 不确定情况下的决策方法

不确定情况下的决策，是指可能遇到的各个“自然”状态的概率皆无法估计出来，因而不能像上述风险型决策那样，计算出各方案的期望收益来抉择。对此类决策问题可采用如下方法：

a 乐观系数法（Hurwicz 决策准则法）

该方法实质是取一乐观系数 α，$0 \leqslant \alpha \leqslant 1$，对在各自然状态下各方案的收益矩阵（表 41-6）的各方案分别算出其 H_i 值，然后从中选最大值，对应的方案即为最优方案，计算式为：

$$H_i = \alpha \cdot \max_j \{a_{ij}\} + (1-\alpha) \min_j \{a_{ij}\} \tag{41-12}$$

表 41-6 乐观系数决策的收益矩阵

自然状态		自然状态 j				H_i
		S_1	S_2	S_3	S_4	
方案	A_1	4	5	6	7	6.4
	A_2	2	6	7	9	7.6
	A_3	5	8	3	4	7

表 41-6 表示有三个方案，有四种状态，但其出现概率皆不知道；但在不同状态下各方案的收益 a_{ij} 皆已算出。设决策者态度比较乐观，即取 $\alpha = 0.8$，计算如下：

$$\begin{aligned} H_1 &= \alpha\max\{4,5,6,7\} + (1-\alpha)\min\{4,5,6,7\} \\ &= 0.8 \times 7 + 0.2 \times 4 = 6.4 \\ H_2 &= \alpha\max\{2,6,7,9\} + (1-\alpha)\min\{2,6,7,9\} \\ &= 0.8 \times 9 + 0.2 \times 2 = 7.6 \\ H_3 &= \alpha\max\{5,8,3,4\} + (1-\alpha)\min\{5,8,3,4\} \\ &= 7.0 \end{aligned}$$

故此取 H_i 中最大者对应的方案 A_2。

该方法中的 α 系数若取极端值，则分别得出如下两个决策方法：

（1）乐观法，或最大最大法，即当式（41-12）中 $\alpha=1$ 时，表示决策者总是抱乐观态度，则

$H_i = \max\limits_j\{a_{ij}\}$，然后取 $\max\{H_i\}$ 对应的方案。

如表41-6，$H_1=7$；$H_2=9$；$H_3=8$；max $\{H_1, H_2, H_3\}=9$，即选取方案 A_2。

（2）悲观法或最大最小法，即当式（41-12）中 $\alpha=0$ 时，表示决策者首先抱悲观态度，先取各方案的最坏状态下的收益值，然后再从中找最好的方案。

$H_i = \min\limits_j\{a_{ij}\}$，然后取 $\max\{H_i\}$ 对应的方案。

如表41-6，$H_1=4$；$H_2=2$；$H_3=3$；max $\{H_1, H_2, H_3\}=4\sim A_1$，即选取方案 A_1。

b　等概率法（即 Laplace 法）

该方法的实质是设定各方案可能遇上的各个“自然”状态的概率皆相等，等于 $1/n$，其中 n 为状态数。这样，该方法的计算完全与上述风险性决策相同。

c　后悔值法（即 Savage 法）

顾名思义，决策者先从收益矩阵的各状态（列）中选一最大的 a_{ij} 值，作为最大目标，（若非收益矩阵，而是损失矩阵，即 a_{ij} 是各方案的亏损值，则从列中选一最小 a_{ij} 值）然后构造一个“后悔”矩阵。其方法是以各列最大 a_{ij} 值减各该列其他 a_{ij} 值，得 b_{ij}，即为后悔矩阵元素。表41-6收益矩阵的“后悔”矩阵见表41-7。然后再根据“后悔”矩阵，在每一方案（行）中取一最大 b_{ij}，再从中取最小值，对应的方案为最优方案。对表41-7而言，得

$$\min_i\{\max_j[b_{ij}]\} = \min_i\{3,3,4,5\} = 3$$

可选取对应的方案，为方案 A_1 或 A_2。这时可再根据其他因素，从方案 A_1 与 A_2 中作出抉择。

矿山企业经营决策贯穿在生产、经营管理的全过程中，因此各个环节还有各自的决策分析方法，如产品决策、销售决策、定价决策、生产规模决策等。

表41-7　表41-6的后悔矩阵

方　案	后悔值 b_{ij}			
A_1	1	③	1	2
A_2	③	2	0	0
A_3	0	0	④	⑤

41.2.5　投入产出方法的应用

41.2.5.1　投入产出方法的基本概念

投入产出法是利用数学模型来研究经济活动中投入与产出之间的数量依存关系，它既可以反映经济系统中各构成要素之间的技术经济联系，又可用以分析生产、消费、积累和分配之间的数量依存关系。

从经济数学模型来考察，投入产出模型是一种平衡模型（因而亦称部门联系平衡法），

研究再生产过程中的平衡问题。它还可用作经济预测模型，研究经济发展的相关条件。它与线性规划模型结合起来，可用作最优计划模型，研究最优计划方案。

投入产出法既可用于整个国民经济的部门间各种经济联系的分析，又可用于分析地区与地区之间以及地区、部门或企业内部的各种经济联系。这个方法最初多用于全国或省（市）范围内各产业部门间的经济分析，企业内部以及矿山企业应用投入产出法，刚刚开始。

按照计量单位的不同，投入产出模型又可分为价值型、实物型两个基本类型。前者所有数值皆按一种价值单位计量，后者则按各种实物单位计量。考虑到价格因素，价值型模型中可划一为某年不变价计算。

表 41-8 企业价值型投入产出表（价值型）

项目		自产产品（投入）					最终产品				总产量
		1	2	j	n	合计	积累	消费	商品量	合计	
自产产品（产出）	1	X_{11}	X_{12}	X_{1j}	X_{1n}					Y_1	X_1
	2	X_{21}	X_{22}	X_{2j}	X_{2n}					Y_2	X_2
	i	X_{i1}	X_{i2}	X_{ij}	X_{in}					Y_i	X_i
	n	X_{n1}	X_{n2}	X_{nj}	X_{nn}					Y_n	X_n
外购物资	1	L_{11}	L_{12}	L_{1j}	L_{1n}	L_1					
	2	L_{21}	L_{22}	L_{2j}	L_{2n}	L_2					
	k	L_{k1}	L_{k2}	L_{kj}	L_{kn}	L_k					
	m	L_{m1}	L_{m2}	L_{mj}	$L\ mn$	L_m					
固定资产折旧		D_1	D_2	D_j	D_n						
新创造价值	工资福利	V_1	V_2	V_j	V_n						
	管理费	M_1	M_2	M_j	M_n						
	其他费用	E_1	E_2	E_j	E_n						
	税金	T_1	T_2	T_j	T_n						
	利润	P_1	P_2	P_j	P_n						
新创造价值合计		Z_1	Z_2	Z_j	Z_n						
自产品总产量		X_1	X_2	X_j	X_n						

表 41-8 所示为企业价值型投入产出简表。其中，第Ⅰ区域表示若干个自产产品之间的生产、消耗关系，是个 $n \times n$ 方阵（n 为产品数），每行数据表示该行产出物分配到各列去的数量，或每列数据表示该列生产消耗了各行产出物的数量。第Ⅱ区域表示各行的自产产品最终产品量（供社会最终使用的商品量，即每行部门生产的总产品量扣除第Ⅰ区域中各列直接消耗的量所剩余的产品量）的分配情况；最终产品可分为用于消费（居民、社会）、积累（生产性、非生产性）、库存和储备、净出口等。第Ⅲ区域表示外购物资的消耗去向。第Ⅴ区域表示活劳动创造的价值。第Ⅳ、Ⅵ区域一般不列。

表 41-9 为实物型投入产出表，它与价值型的有所不同：其一，实物型表中第一区域一般按产品种类列入，由于往往不可能列入全部生产产品，故中间消耗分为两部分，一部分为

n 种表列产品对 n 种产品的生产消耗，另一部分为其他生产消耗，即 n 种产品分配给其他未列入表中的产品的消耗。其二，因各产品实物计量单位不同，故不能按列相加，只能按行相加求得 n 种表列产品的总产量。其三，实物型表没有第Ⅴ、Ⅵ区域。

表 41-9　企业实物型投入产出表[7]

项　目		单位	铁矿石	铁精矿	烧结矿	生　铁	钢　锭	钢　坯	钢　材	商品量	总产量
			1	2	3	4	5	6	7		
铁矿石	1	万吨		2866.389			88.403				2954.792
铁精矿	2	万吨			1358.4403						1358.4403
烧结矿	3	万吨				1275.529	76.1529				1351.6819
生铁	4	万吨					637.7645				637.7645
钢锭	5	万吨						528.3385		100	628.3385
钢坯	6	万吨							390.2096	50	440.2096
钢材	7	万吨								320	320
自产燃料	8	标准，万吨		15.3758	50.4283	363.7171	17.3149	17.6201	57.6535		522.1097
外购燃料	9	标准，万吨			79.8257	64.7331	69.7143	2.4308	12.5582		229.2621
废钢铁	10	万吨		4.378		24.1906	89.4765				118.0451
电力	11	千万度	23.4338	125.7774	17.7871	6.8049	9.1626	10.351	20.3754		213.6922

注：1～8项产品为自产品；9～11项产品为外购物资，故其总量为外购总量。

为了表述其数学模型，我们对表41-7的价值型表中的数量关系，用表中数值符号列出下列一般关系式。

从水平方向（行）来看，可列出如下方程组：

对自产产品而言有

$$\sum_{j=1}^{n} x_{ij} + Y_i = X_i,(i = 1,2,\cdots,n) \tag{41-13a}$$

对外购物资而言有

$$\sum_{j=1}^{n} L_{kj} = L_k,\quad (k = 1,2,\cdots,n) \tag{41-13b}$$

从垂直方向（列）来看，可列出如下方程组

$$\sum_{i=1}^{n} X_{ij} + \sum_{k=1}^{m} L_{kj} + D_j + Z_j = X_j,\quad (j = 1,2,\cdots,n) \tag{41-14}$$

从自产产品的最终产品总量与活劳动创造的价值总量来说，有如下平衡式：

$$\sum_{i=1}^{n} Y_i - \sum_{k=1}^{m} L_k = \sum_{j=1}^{n} (D_j + Z_j) \tag{41-15}$$

为了研究部门间的生产技术联系，现引入自产品的直接消耗系数 a_{ij}。

$$a_{ij} = \frac{X_{ij}}{X_j},\quad (i,j = 1,2,\cdots,n) \tag{41-16a}$$

自产品对外购物资的直接消耗系数为 d_{kj}。

$$d_{kj}=\frac{L_{kj}}{X_j},(k=1,2,\cdots m;\ j=1,2,\cdots,n) \tag{41-16b}$$

它表示产品之间的物质消耗，即第 j 自产品单位产值在生产过程中直接消耗第 i 自产品的产值，或第 k 种外购物的价值。

若引入直接消耗系数，则上列平衡式可改写为：

$$\sum_{j=1}^{n}a_{ij}X_j+Y_i=X_i,(i=1,2,\cdots,n) \tag{41-17a}$$

$$\sum_{j=1}^{n}d_{kj}X_j=L_k,(k=1,2,\cdots,m) \tag{41-17b}$$

令 $[a_{ij}]_{n\times n}=\mathbf{A}$，$\mathbf{X}=(X_1,\ X_2,\ \cdots,\ X_n)^T$，$\mathbf{Y}=(Y_1,\ Y_2,\ \cdots,\ Y_n)^T$，$[d_{kj}]_{m\times n}=\mathbf{D}$，$\mathbf{L}=(L_1,\ L_2,\ \cdots,\ L_m)^T$，则上式可写为矩阵形式：

$$\mathbf{AX}+\mathbf{Y}=\mathbf{X}\text{或}(\mathbf{I}-\mathbf{A})\mathbf{X}=\mathbf{Y} \tag{41-18}$$

$$\mathbf{DX}=\mathbf{L} \tag{41-19}$$

式（41-18）中 **I** 为单位矩阵。（**I** – **A**）为一非奇异矩阵，故有

$$\mathbf{X}=(\mathbf{I}-\mathbf{A})^{-1}\mathbf{Y} \tag{41-20}$$

垂直方向即各自产产品价值构成的平衡式可改写为：

$$\sum_{i=1}^{n}a_{ij}X_j+\sum_{k=1}^{m}d_{kj}X_j+D_j+Z_j=X_j,\quad (j=1,2,\cdots,n) \tag{41-21}$$

由此，当在一定时期内，通过现有数据编制成价值型投入产出表后，若能认为在下一计划期内，直接消耗系数值不会发生变化，则在已知计划自产品的最终产品 **Y** 的条件下利用（41-20）式可求得计划期内自产品的总产值 **X**；同理，在已知总产值（可达到的计划生产能力）**X** 时，利用式（41-18）可求得自产品的最终产品 **Y**。

必须指出，直接消耗系数 a_{ij} 与 d_{kj} 值是可能发生变化的，主要由于：（1）部门的生产技术水平和管理水平的变化；（2）部门的产品结构的变化；（3）对价值型表而言，价格的变化。因此，在利用投入产出表和模型对今后计划期作出计划时，必要的话应对直接消耗系数值进行修正。

若已求得对自产品的直接消耗系数矩阵 **A**，则可按下式求算其完全消耗系数矩阵 **C**（完全消耗系数表示生产单位最终产品对各产品的直接和间接消耗总和）：

$$\mathbf{C}=\mathbf{A}(\mathbf{I}-\mathbf{A})^{-1}\text{或}\mathbf{C}=(\mathbf{I}-\mathbf{A})^{-1}-\mathbf{I} \tag{41-22}$$

因此，上列（41-20）式可转化为：

$$\mathbf{X}=(\mathbf{I}-\mathbf{A})^{-1}\mathbf{Y}=(\mathbf{C}+\mathbf{I})\mathbf{Y}=\mathbf{BY} \tag{41-23}$$

式中 $\mathbf{B}=(\mathbf{I}-\mathbf{A})^{-1}$，可称为完全需要系数矩阵，它表明各项自产品若都要获得一个单位最终产品，需要各项自产品达到的总产值。

按式（41-19），则为要生产自产产品 **X**，或为要获得自产品的最终产品 **Y**，所需要外购的物资量 **L** 为

$$\mathbf{L}=\mathbf{DX}=\mathbf{DBY} \tag{41-24}$$

应当指出，上列投入产出数模仅适用于外购物全部消耗在自产品中而无剩余的情形。见表 41-7。

41.2.5.2　矿山企业投入产出表的编制

矿山企业随着生产规模的扩大或者横向联系的实现，技术经济的联系必将增强，对各种比例关系的要求也将提高，因而应该采用科学的、有效的方法进行经济分析和计划管理。企业的投入产出模型是反映各车间和各种产品之间的生产联系、物资供求、设备和劳力利用以及资金联系的经济数学模型，它与企业的生产经营计划管理、物资设备管理、劳动工资管理以及财务成本管理等密切相关，它是体现上述经济管理的一种综合或总体模型，即从企业总体角度来反映技术经济联系，因而更有助于企业高层决策者从全局来审视企业的经济活动。

工业企业实物型投入产出表编制要点：

（1）按工艺流程划分产品类。在全国性投入产出表中是以部门列表，而在企业性表中是以划分的产品类列表。所谓产品类是指相同品种和规格的同类产成品或半成品。若按一个一个品种的产成品或半成品来列表，则品种太多，表将太庞大。这里将企业的半成品看成与产成品具有同等意义，是因为它也是成本核算对象，有时也当作成品销售。产品归类的依据是：产品的消耗构成和消耗水平，产品品性特点，产品的工艺特点，产品的使用价值，以及企业规模，各种技术、经济数据的完备性和细致性，使用的计算机内存容量等。

在按产品类列表时，可能要打破企业内所属的分厂或车间的界限。如果编表的目的是有利于协调所属生产单位的计划、物资和其他资源的供求，则可以划分为所属生产单位来列表，可能时其中再按产品划分。

（2）注意抓住主体生产系统，以及它与辅助生产系统之间的技术、经济联系。矿山企业的主体生产系统是从矿体开采到精（中）矿产品的生产，其中包括多个生产环节，各环节又分属不同的矿（坑口）、厂（车间）；从横向看，在每个环节又联系着辅助生产系统，其中包含各种产品和半成品以及它们不同的消耗构成与消耗水平。先要从这个复杂生产系统中理出编表的产品目录、消耗物资资源目录以及外购物资资源目录，然后，再考虑编表目的等因素（如上述），最终确定表的模式。

（3）应该将外购物资和能源专辟一个区域编入表中。矿山企业生产中要消耗多种外购物资资源，这些资源按品种十分繁多，因此可以适当地归类，归类的依据是消耗它的产品以及它的品性特点及其产出行业。譬如，爆破材料，虽同属化工产品，但其品性与计量单位不同，也只能分别炸药、雷管等列出；钢材一般可以列为一类，但若其中某种钢材品种从消耗和货源讲比较关键，也应分列；能源一般分煤（折成标煤）、石油和电力分列。

（4）投入产出表的模式应该根据企业实际情况和编表的主要目的来确定，既不可千篇一律，又要尽可能反映各种技术经济的数量关系。对一个企业，它应做到能从数量上全面反映各种产品对自产产品的消耗、对外购物资资源的消耗和对活劳动的消耗（对价值型表而言）。这样的模式就可作为成本的分析、预测和核算，产品内部定价，以及经营计划（含物资供应）的良好工具。

41.2.5.3　投入产出法在矿山的应用

投入产出法在企业的应用涉及的面很广泛，概括说，它能够全面地分析经济系统的内在规律及其各构成要素间的数量关系。

A　企业生产结构的分析

对自产产品和外购物资的完全消耗系数表提供的数据，能够反映某种产品的增减所引起的对其他产品、物资的连锁影响，也表明生产自产品的单位最终产品所应具备的生产能力和外购物资需求量。这是任何其他方法较难分析得到的。表中 X_{ij} 和 L_{kj} 反映了产品间和物资的流向和流量；X_i 表明各产品间的比例；Y_i 反映最终产品量之间的比例；X_i 和 Y_i 之间又可看出产品的自消耗与商品量之间的关系。因此，投入产出技术对于企业发展计划的编制、生产结构的分析与调整、资金投放方向和比例，以及物资、能源的供需分析，都有很大的作用。如果表中已将能源划分为自产和外购以及不同种类（电力、煤、石油等），则可用它来分析能源消耗结构及其需求。

B 企业发展计划的预测和编制

企业的经营计划（和含物资供应计划）的核心，是以销定产、以消耗定购，产、供、销的综合平衡，以及求得最好的经济效益和社会效益。在投入产出表中，销体现在两方面：对企业讲，表上最终产品量反映企业的生产目的，即向社会提供的商品量，而且，最终产品的总量也反映活劳动创造的总价值，即从商品销售收入中取得工资福利和利税等支出；对企业内部讲，产品间的流量 X_{ij} 是中间产品，反映产品工序间的需求——销。因此，按需要组织生产，以最终产品为出发点，编制经营计划和物资供应计划以及综合平衡，是符合社会主义工业企业经济发展规律的。

为了编制企业发展最优（或满意的）计划，可以以投入产出技术为基础，结合线性规划方法，设计一种综合数学模型。

（1）模型的目标函数。目标函数可以是各自产产品的总产量（或总产值）之和最大，或者利税总额最大。决策变量一般选为各种自产产品的总产量（或产值）。如

$$\max Z = \mathbf{PX} \qquad (a)$$

式中 $\mathbf{X}$——自产产品产量（产值）列向量；

$\mathbf{P}$——系数行向量，当目标函数 Z 为总产量时，它的元素皆为 1；Z 为总产值时，它为产品单价向量；当目标函数 Z 为利税总额时，它为各产品单位产量（值）的利税率向量。

（2）约束条件式，大体有如下几类：

1）产品产量（值）上、下限约束

$$\text{下限} \quad \mathbf{X} \geqslant \boldsymbol{\alpha} \qquad (b)$$

$$\text{上限} \quad \mathbf{X} \leqslant \boldsymbol{\beta} \qquad (c)$$

式中 $\boldsymbol{\alpha}$——各自产产品按实际情况必须保证的产量（值）列向量；

$\boldsymbol{\beta}$——各自产产品按最好情形可能达到的产量（值）列向量。

2）投入产出关系约束

$$\mathbf{X} \geqslant (\mathbf{I} - \mathbf{A})^{-1}\mathbf{Y} \qquad (d)$$

该式的意义见（41-20）式，唯等式换为不等式。

3）资源约束（包含外购物资、能源、资金、水、劳力等，视实际需要考虑取舍），其通式为

$$\sum_{i=1}^{n} d_{ji}X_i \leqslant b_j, (j = 1,2,\cdots,k) \qquad (e)$$

此式适用于对资金、水、劳力等约束，故式中 b_j 分别为资金、水、劳力的可能供给总量；d_{ji} 是第 i 种产品对第 j 种资源的消耗定额。

对于投入产出表中已列的外购物资、能源，可利用其直接消耗系数矩阵 **D** 和各外购物可获量列向量 **L**，写出下列约束式：

$$\mathbf{DX} \leqslant \mathbf{L} \tag{f}$$

上列（*e*）与（*f*）式数学性质一样，可按具体情况选用。

4）结构协调约束。此类约束是反映所要求的各种产品量之间的比例关系，或者其他协调关系。

5）非负约束

$$\mathbf{X} \geqslant 0 \tag{g}$$

上列（*a*）～（*g*）式就是线性规划模型，取得数据建立具体数学式后可求解各产品产量。

C 其他应用

可以利用投入产出方法进行企业内部（如大公司、联合企业）产品的内部合理定价，因而也可成为成本核算、分析和预测的工具。为此要求投入产出表中要专栏列出各产品的车间经费、企业管理费、工资福利费、税、利的各种明细费栏目。也可以用投入产出方法分析和控制工业污染物，以加强环境保护。为此，投入产出表中应专栏列入各生产部门产出的污染物及其数量，以及消除污染的部门及其消耗等数据。这些方面，请参考专著［7］。

41.2.6 矿山企业经营计划

我国实行经济体制改革后在经济理论上承认工业企业是相对独立的商品生产者；在生产资料公有制基础上实行有计划的商品经济，采用指令性计划和指导性计划两种形式。因此矿山企业也应服从国家的计划指导并对企业生产经营活动实行全矿的、全过程的、全员的计划管理。经营计划或称生产经营计划是实行计划管理的综合性计划，具体体现企业经营战略、经营目标、经营策略和生产经营活动，是全体职工的行动纲领。

指令性计划是企业必须保证完成的；指导性计划则主要通过经济杠杆的作用给企业以指导，依据企业内部可能条件和市场需求等外部环境具体安排补充性的生产经营项目。例如邯邢矿山局1986年经营计划总产值为10312万元，其中国家指令性计划总产值为7524万元，占73%。计划的指导思想是以生产经营为中心提高企业的经济效益和社会效益，计划的作用是保证完成国家指令计划并充分地利用企业的人、财、物、时、空、信息等资源谋求尽可能好的经济效益。(数据由王一平同志提供)

41.2.6.1 经营计划的种类及其内容

矿山企业计划按期限分，有中、长期计划，年度计划和月度计划；按作用范围分，有全矿企业计划、坑（分厂或车间）计划、科室计划、班组和个人、机台计划；按内容分，有综合性计划，采掘技术计划、物资供应计划、财务计划和其他专业性计划，它们相互联系构成企业的计划体系。

中长期发展规划一般是指三五年以上的发展战略、纲领性的计划，其重点是根据矿山内外条件和环境做好发展战略决策，主要内容应包括：（1）矿山企业生产规模的发展目标，产品品种和质量发展方向；（2）技术改造和基本建设规划；（3）生产技术发展规划，包含新工艺、新设备、新材料的引用及其科学研究计划；（4）主要技术经济指标，如劳动生产率、矿石损失率与贫化率、产品成本、利润等；（5）工业卫生、安全设施以及环境保护规划；（6）职工培训、工程再教育规划；（7）矿区生活环境与职工福利改善规划。

矿山企业年度经营计划，从50年代起矿山每年编制生产技术财务计划，包括生产、劳资、物资供应、成本财务等内容，其中生产计划是采掘（剥）技术计划。近年，当企业由生产型转向生产经营型以后，虽然还采用这种计划形式，但不少企业已经对其加以扩充为综合计划，有的已称为经营计划。计划的指导思想已由以生产为中心，单纯完成国家下达的生产任务转向以生产经营为中心，提高经济效益；计划的作用除了保证完成国家规定的生产任务以外还充分利用企业资源以求最好的经济效益，因而计划的范围不仅限于生产过程，而且还要考虑市场需要，考虑供产销全过程。例如邯邢矿山局1986年度的计划除列出了国家下达的生产任务（计划）以外，还着重从企业生产能力和资源以及铁精粉等产品的市场需求出发，制订了力争一定利税额、提高经济效益的生产经营计划。年度经营计划一般应包含：采掘技术计划、矿量平衡计划、安全环保措施计划、节约挖潜降低成本计划、设备维修计划、销售计划、物资供应计划、重点工程或技术改造计划、收购群采矿石计划、技术经济指标计划、能源耗用计划、劳动工资计划、职工培训与福利计划以及资金、成本、利润计划。

月度经营计划是年度经营计划的分解和具体化，它同样应包含产品产量、生产作业安排、劳动力配置、设备配制与维修、动力配置与能源耗用、物资供应、产品销售与运输、成本、利润、资金、技术经济指标等计划。

41.2.6.2 经营计划的编制与执行

矿山企业中长期发展规划的编制可以参考我国当前区域经济发展规划的研制，其程序大体为[9]：

（1）企业分析诊断。分析与明确国家有关的长远规划、产品发展方向、国内与国际市场动向、经济与社会环境，分析本企业及其相关行业、企业的发展状况和现有及可能的内部条件，诊断本企业的潜力、优势和存在的主要问题，最终摸索企业发展的规律性认识并取得必要的技术经济数据序列。

（2）发展战略研究与决策。通过预测技术和专家咨询，分析与确定发展战略方针、方向、重点、目标和策略或步骤，这是中长期规划的关键。既要在分析诊断的基础上开展研讨，又要拟定不同方案，通过后面的规划优化设计阶段进行分析论证，才能最终做出战略决策。

（3）规划优化设计。对前面阶段拟定的发展战略不同的可行方案，通过经济数学模型的分析论证、专家与决策者的分析评价，抉择最优或较满意的战略目标方案，并且对此进行规划内容的编制。

年度计划的编制，应该在中长期发展规划的指导下进行，其中采掘（剥）技术计划的编制见本章41.3。所需资料主要是：中、长期规划拟定的本年度目标指标；上年度计划完成情况；下达的指令性计划指标；各种经营性合同；市场调查资料；有关的预测资料；矿产资源、能源供应以及企业内部生产条件；各种技术文件和技术经济指标定额资料等。年度经营计划的编制大体分以下三个步骤：

（1）确定年度经营目标。目标指标主要包括产品品种、产量、质量、主要消耗、劳动生产率、矿石损失率、贫化率、矿产资源综合回收率、成本、利润、税金等。目标要拟定得先进合理且留有余地，一般亦应拟定不同方案。目标方案初拟后即分解下达到下属坑口、矿、厂、车间和科室，以征求反馈信息和建议，通过反复审议，初步作出目标决策。

（2）综合平衡、分析论证、确定正式计划草案。对矿山企业而言，综合平衡主要是：社会需求、物资供应、资金与生产能力的平衡，包含矿产资源与资金保证、设备能力、能源供应、物资供应、劳力以及技术准备等；生产与基建的平衡，包含井筒延深、新水平的开拓、生产探矿等工程与生产作业的协调；采掘平衡，包括三级矿量的平衡；主要生产系统的平衡与协调；流动资金、财务收支的平衡；年度计划与长期计划的平衡等。平衡过程是分析论证与核算协调，但必要时可以建立多目标最优经营计划的数学模型。进行整体分析论证。在平衡、论证的基础上最终做出目标决策，继而确定正式计划草案。

（3）经营计划的编制。有了上述计划草案，可以下达有关部门具体编制各种专业性计划，如采掘技术计划、选厂生产计划、供销计划、财务计划、重点工程或技术改造计划、设备运行与维修计划，等等。最后汇总、协调平衡形成综合性的经营计划。

考虑到主客观因素的日后变动可能较大，规划或计划的编制可以采用流动式方法，如图41-5所示。

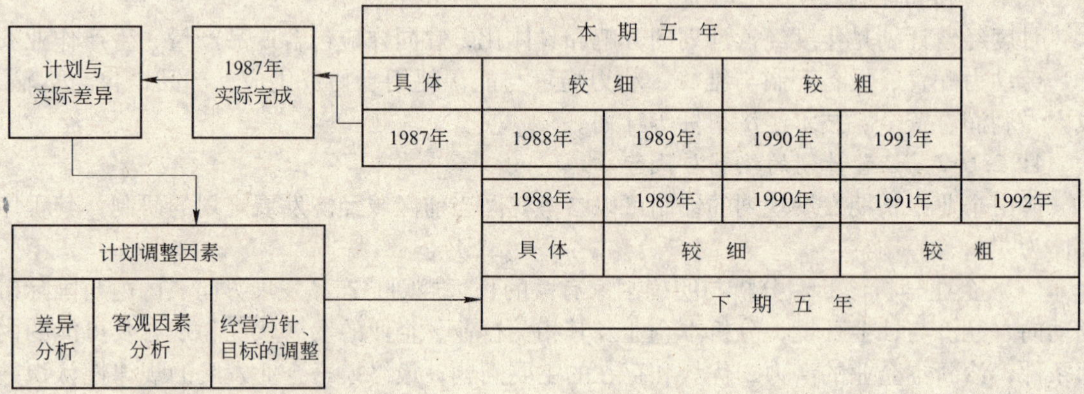

图41-5 滚动式计划示意图

计划的执行与控制要抓住两个环节，一是根据计划确定各项工作标准、定额，二是加强信息反馈工作、及时调整偏差。要做好以下工作：（1）指标层层分解，计划落实，职责分明；（2）加强检查，及时发现计划与实际的偏差，分析其原因，予以调整和控制；（3）充分运用原始记录、凭证、台账、统计、会计报表等信息工具反映生产经营活动，并进行分析总结，发现薄弱环节和主要矛盾，以利改善生产经营状况。

41.2.6.3 技术改造及其计划

由于主客观原因，有些矿山原用的装备水平低，原设计的生产系统已不再适用，工艺技术较落后，生产系统能力不平衡，劳动生产率低，回采强度不高，资源回收利用率低，能源与材料消耗高，产品质量低，经济效益较差，或者安全文明生产景况不合要求等，因此这些矿山只要进行必要的技术改造，就可改善生产经营状况，提高经济效益。从扩大再生产来讲，除了国家有计划新建矿山，即外延扩产以外，主要的还应对现有矿山采取内涵挖潜扩大再生产的方式，即进行扩建改造。矿山技术改造的主要内容是：

（1）更新或改造矿山关键设备，促使矿山生产能力和效率的提高。

（2）改进采矿方法、回采工艺或采用高效采矿方法，提高采矿强度，降低损失贫化。

（3）改造运输、提升、通风、排水、供风、供水、供电、充填等生产系统，促进综合生产能力的平衡与提高，降低能耗、物耗和成本。

（4）改造或更新选矿方法和工艺流程以及检测手段，提高选矿回收率，尽可能多地回收有价元素；采用优化技术确定产品类型和规格，以提高总体经济效益。

（5）改善矿山劳动条件与安全环保状况。

（6）依照内部条件和外部需要，开发多种经营，扩大横向联系，增加矿山活力和应变能力。

矿山技术改造应注意如下原则要求：

（1）以自力更生为主，积极引进先进技术。

（2）从我国国情和企业实际出发，选用适宜的先进技术和装备。

（3）应优先考虑改造生产中的薄弱环节；提高综合生产能力，并注意结合行业调整、技术政策，以确定改造项目。

（4）应以提高企业的经济效益和社会效益为目的。

（5）坚持边生产、边改造，尽量不影响或少影响正常生产。

技术改造方案的确定应采取如下程序：

（1）调查研究企业内部条件和外部环境，进行比较分析，找出企业潜力、优势、薄弱环节以及存在的差距和问题。

（2）分析与确定技术改造项目及其应达到的目的。

（3）根据内部条件和技术改造项目目标，制订技术改造方案。方案中应包含所采用的技术、装备及其来源，技术改造的工程项目特别是重点项目的资金及其来源，主要物资、能源及其来源，预估所能取得的经济效益等。

（4）进行可行性研究和技术改造方案的评价，其具体要求和方法见第38章。

（5）对最终决策确认的技术改造项目应具体编制其实施计划，纳入年度生产经营计划。

41.2.6.4　销售计划

销售计划是矿山企业在计划期内产品销售渠道、销售数量及其销售收入的一种计划。当前我国，销售计划是根据国家计划、市场预测和与用户签订的合同编制的。它是企业销售活动的纲领，是实现企业目标的桥梁。

销售计划的作用：（1）规定计划期内的经营目标，减少经营工作中的盲目性。（2）规定经营中所需资源，预测成本和费用开支，以利于节约人力和物力。（3）规定经营的具体策略，使各级工作人员明确自己的工作目标，以利于提高管理水平。（4）规定各有关单位的营销职责，以利于协调企业各部门和各环节的关系。（5）成为经营计划可靠的依据，以利于国家与企业对各种物资有计划的分配与采购。

销售计划的编制程序：（1）分析现状。分析企业的经营环境，如对社会购买力及增长速度，本企业产品近年来的销售额和边际收益，产品销售的有利条件和不利因素，产品的市场占有率和潜在销售量，竞争对手，销售渠道和促进工作等进行详细分析，然后进行销售预测。（2）确立销售目标。把前期计划的执行情况和预测结果结合起来，提出切实可行的销售目标。（3）制定销售策略。销售策略是研究用什么办法和手段把产品销售出去，以实现销售目标和计划。其内容包括价格策略、宣传与广告、商标策略、包装及服务策略、销售渠道选择等。(4) 综合编制销售计划。把各部门制订的计划汇集起来经过统一协调后，编制企业全面销售计划。

销售计划内容，主要有销售品种、销售数量、销售价格、用户对象、销售渠道、销售期限、销售收入、销售费用、销售利润等。

41.3 矿山企业生产管理

41.3.1 矿山生产管理的任务和内容

41.3.1.1 矿山生产管理的意义和基本任务

矿山企业生产管理是指与产品生产密切相关的各项活动的管理。这些活动包括矿山企业各种产品生产的技术准备、生产、检验，以及为保证生产正常持续进行所必须的各项辅助生产活动和生产中的服务工作。

矿山生产管理的基本任务，是在本企业经营目标确定的前提下，运用管理职能解决企业的生产技术活动同企业内部的人力、矿产资源、设备、物资、资金的平衡问题，使生产过程中的各种要素有效地结合起来，生产出国家规定与适销对路的产品，满足社会需要，并不断地提高企业的经济效益。矿山企业生产管理的具体任务有：

(1) 遵循社会主义生产目的，保证生产出社会需要的、适销对路的各种原料产品。

(2) 全面完成经营计划所规定的目标和任务，包括产品品种、产品产量、产值、质量、资金、成本、利润、税金、矿山作业量和采选主要技术经济指标。

(3) 认真贯彻执行“采掘（剥）并举，掘进（剥离）先行”的矿山采掘方针；坚持大小、贫富、远近、难易、厚薄矿体、矿房与矿柱兼采的技术政策，保持持续正规生产的条件。

(4) 做到综合勘探、综合开采、综合回收、综合利用，最大限度的利用矿产资源，不断扩大、提高企业的产品产量。

(5) 合理组织劳动分工，充分调动人的积极因素，不断提高矿山的劳动生产率。

(6) 加强物资管理，努力降低物资消耗，合理确定物资储备量，减少流动资金占用量，加速资金周转。

(7) 加强设备维修和管理，提高设备完好率和设备利用率，对陈旧设备应适时改造和更新，以不断提高企业装备水平，促进技术进步。

(8) 搞好安全生产和环境保护工作，认真贯彻安全生产方针和坚持以预防为主的原则，及时消除事故隐患，防止设备人身事故，降低千人负伤率；还要搞好矿山的通风防尘与个体保护，不断提高粉尘合格率，保持良好的生产条件和生活环境，保护作业人员的身体健康，避免安全环保工作管理不善而造成的不良社会影响。

41.3.1.2 矿山生产管理的内容

企业生产管理内容是指企业全部生产活动的管理，它包括产品生产工艺技术管理、质量管理、生产过程组织、劳动组织、设备管理和物资供应等管理内容。但矿山生产管理通常主要是采掘（剥）作业计划的编制、执行、检查与日常生产调度指挥等工作。

A 采掘（剥）作业计划的编制、贯彻执行与检查处理工作

根据采掘（剥）技术计划控制的年度任务指标和不同时期的生产条件，在每月下旬要编制下个月度的采掘作业计划。其程序是，一般由矿的经营计划或生产技术科提出控制指

标下达给工区（车间），工区（车间）结合现场实际生产条件进行编制报矿，然后由矿职能部门汇总、定案、下达。工区（车间）则根据下达的月度作业任务指标分解落实到班组或个人。

月度采掘（剥）作业计划的内容是以文字说明作业计划的要点、重点工程、完成任务的措施意见和安全注意事项；以表格列出基层生产工区（车间）应完成的产品产量、矿山作业量，以及计划考核的成本、流动资金、材料（备件）消耗量等计划指标。

在月度采掘（剥）作业计划的编制时，对采掘（剥）作业量及其相应完成的穿爆、挖掘、运输能力，出矿量及其品位等均需经过计算平衡；对完成月度作业计划任务指标所需的劳动力、设备、备件、材料、供水、供电、供风等施工条件，也必须落实保证。

在执行月度采掘作业计划的过程中，应定期或适时深入现场检查，了解生产任务指标的完成情况及其好坏的原因与存在的问题。生产调度会或专题讨论会就是用来解决问题的方式之一。旬（周）作业计划就是弥补月度作业计划发生不平衡的短期计划，确保月度作业计划更好地全面完成或超额完成。

B 重点工程施工组织计划与实施

由于某些原因，矿山生产中常有薄弱环节或重点工程要做，它的特点是往往工作量大、技术复杂、施工条件差、要求工期短，若不能如期完成则影响面大。对这类重点工程必须做好施工组织设计，在设计中选择合理的施工方法，计算所需的设备、材料、劳力、资金等，然后明确施工负责人并一一组织落实。在施工期间，还需加强检查与技术指导，掌握施工进度与施工质量，做到及时发现问题及时解决问题，促进工程任务按时按质按量安全地完成。

C 矿山生产调度

（1）矿山生产调度的组织形式有矿级综合调度和坑口专业调度两种。一个矿山设一级还是设两级生产调度，要视矿山具体情况而定，原则是有利于指挥生产。

（2）矿山生产调度的任务，是按照月度作业计划的要求，及时地、全面地了解生产过程，依据实际情况组织生产活动，适时采取有效措施，正确处理生产中出现的各种矛盾，克服薄弱环节，使生产过程中各工艺系统协调地进行，以适应矿山生产点多、面广、线长和作业地点多变的需要，同时应组织各方面的力量为基层生产服务，促进生产任务更好地全面超额完成。

（3）矿山生产调度人员应了解主要设备的布局与生产能力；熟悉采掘（剥）作业地点和供风、供水、供电、通讯、运输线路；随时掌握任务指标完成情况和关键设备运转动态；领会矿长指挥生产的意图；熟悉全矿生产管理机构的职能与有关人员，以便及时准确判断问题与解决问题，切实形成强有力的生产指挥系统。

（4）矿山生产调度制度，概括起来有如下几点：1）当班调度人员对其所作的决定、发出的指示、采取的措施、记录的情况和填写的日报要负全部责任；2）各基层生产单位，如二级调度室、工区（车间）、班（组），在班前、班中、班末应向矿级调度室值班人员汇报当班作业地点、作业量进展情况及现场状况；3）定期（每日、隔天或每周）召开生产调度会议，通报生产任务完成情况及其好坏原因，分析生产中尚存在的问题，提出完成任务的补救措施；4）遇到不能解决的重大问题时，及时向矿长汇报或组织有关职能科室人员共同研究解决。

41.3.2 矿山采掘（剥）技术计划

41.3.2.1 矿山采掘（剥）技术计划编制的意义

矿山采掘（剥）技术计划是矿山（综合）经营计划的组成部分或补充，它的编制是矿山企业生产管理的重要内容之一。通过计划的编制，既可了解矿山企业上半年和预计年度生产任务完成情况，执行矿山采掘（剥）方针与技术政策的好坏，又可知道矿山生产条件的现状，从而在编制下年度采掘（剥）技术计划中，予以及时调整平衡。所以编制采掘（剥）技术计划是促使矿山保持持续均衡生产的重要管理手段。

采掘（剥）技术计划中安排的采掘（剥）作业的地点、重点技措工程和生产系统调整项目是矿山企业在下年度生产的行动指南；计划编制的矿山作业量、产品产量和主要技术经济指标是矿山企业安排下年度劳力、财务、成本、利润、税金、更新改造和试验研究计划的依据；它也是矿山企业人、财、物、产、供、销的平衡与落实所必需的依据。计划通过上报审批后，矿山生产经营活动也就纳入了国家计划轨道，同时适应了市场需求。所以矿山采掘（剥）技术计划编制是一项具有重要意义的工作。

41.3.2.2 采掘（剥）技术计划编制的依据和原则

采掘（剥）技术计划的编制应该依据上级主管机关下达的指令性计划指标和具体要求，依据本企业中、长期发展规划，依据企业人、财、物（如劳力、资金、地质与三级生产矿量）和市场需求等具体情况积极地进行编制。

采掘（剥）技术计划编制的原则是，必须在发展国民经济总方针的指导下，认真贯彻执行挖潜、改造，走内涵扩大再生产的方针；坚持大小、贫富、远近、厚薄、难易矿体兼采，矿房与矿柱兼采，坚持合理开采顺序，坚持技术进步，积极扩大资源利用等矿山技术经济政策；搞好安全文明生产，使矿山实现持续正规开采，并不断改善矿山企业开采经营效果。

41.3.2.3 采掘（剥）技术计划编制的综合平衡工作

A 执行矿山采掘方针，平衡三级生产矿量

在采掘（剥）技术计划编制时，应合理处理采掘、采剥关系，根据矿山具体情况，确定必要的掘采比、剥采比，确保生产矿量达到上级主管部门确定的保有指标，如：地下开采矿山，开拓矿量保有三年以上，采准矿量保有一年以上，备采矿量保有半年以上；露天开采矿山，开拓矿量保有两年以上，采准（备采）矿量保有半年以上。如果因某种原因致使达不到上述保有指标时，可以减少，但应申述理由报上级主管部门核准。

计算三级生产矿量的规模，应取有效保有期末达到的规模。在有效保有期内不能利用的矿量不得列入计算，但应单独计算并说明有效保有期不能开采利用的原因，同时应积极避免或消除不能及时开采利用的因素（参看第1卷205~207页）。

B 坚持大小、贫富兼采和合理开采顺序，做好出矿品位的平衡工作

除了个别矿山经过生产经营决策，认为应该先采富矿体（段）并经上级批准以外，正常生产的矿山应坚持自上而下、由顶盘到底盘，阶段上按前进或后退式的合理开采顺序。在合理开采顺序范围内的大小、贫富、厚薄、难易、远近的所有矿体，应一并依次采完，真正做到采完一个阶段结束一个阶段，避免多阶段同时作业而带来管理不便。维护费用增高的缺点。

除了有的矿体沿走向或上下矿段品位高低分布悬殊以外，年度计划的出矿品位应是阶

段的加权平均值，年终实际达到的出矿品位，扣除贫化指标影响因素，一般不应超过或低于计划品位的8%～10%。

C 按照施工顺序，平衡采掘（剥）工作面

在安排掘进工作面时，要做到基建开拓、生产探矿、采准巷道、切割巷道依次超前。深部阶段低级别的地质储量应适时补钻探矿，为延深开拓和布置坑探提供依据；开拓阶段坑探工程应该超前。这样各类巷道才能经常按需要的比例如数施工，有利于促进各级生产矿量经常保持平衡。采场切采、落矿、出矿、充填作业也要做好工序衔接与生产能力的平衡工作。

露天开采的矿山要平衡采剥作业梯段，并根据作业量，结合穿孔、挖掘、运输、排土设备的台数、完好率与检修计划，平衡好穿孔、爆破、挖掘、运输的生产能力。在工序上应做到协调平衡。

D 调整生产工艺系统，平衡工艺生产能力

在计划编制时，对各种采矿工艺系统的生产能力应进行验算，能力不足的应采取针对性的措施解决，以适应采掘（剥）作业地点的变化与生产能力的需要。选矿工艺流程也要根据矿石品种和可选性的变化而进行必要的调整。采选能力也要进行综合平衡。

E 根据市场变化，调整产销关系

在采掘（剥）计划编制时，应根据国家和市场对产品的需求，调整产销关系，使生产的产品能够及时销售出去，并获得较好的经济效益。外部物资、能源供应条件也要认真落实。

除此以外，尚有技术经济指标方面的研究平衡工作，例如怎样配矿，才能使选矿回收率最好；生产什么级别的产品经济效益最佳等。

41.3.2.4 采掘（剥）技术计划编制的步骤及其具体工作

A 采掘（剥）技术计划编制过程及其组织工作

通常每年第三季度，上级主管部门下达编制下年度经营计划和采掘（剥）技术计划的通知后，矿长立即召开会议进行传达并明确参加计划编制的人员及其职责。接着各专业人员分别调研矿内现场和外部的有关情况，收集计划编制的原始资料。在此基础上预测当年全年生产任务指标完成情况及年末具备的生产条件，分析下年度生产经营的有利和不利因素，依据有关的指令性计划并参照长期规划，依据年度经营计划，初步计算下年度采掘（剥）计划的主要任务控制指标，以及分析存在问题和解决问题的措施，向矿级领导汇报。经矿级领导研究定案后，再编制计划文件上报，最后按照上级批复的意见逐级贯彻落实。

B 采掘（剥）技术计划编制的准备工作

编制人员在明确职责范围后，立即深入现场，查阅设计图纸，查看原始记录，分析统计资料，进行专题调查，了解市场信息。一般要求掌握如下企业内外情况。

对企业内部应了解采掘（剥）工作面现状，地质储量与生产矿量保有数量、品位及其分布地点；生产工艺系统配置情况及其主要设备性能与状态；备品备件与材料库存及年需用量；劳动力状况；财务收支情况；以及安全上存在的问题。

对企业外部应了解国家和市场对产品需求程度和质量要求；水、电、燃料、材料、设备与备件供应及运输条件有无变化；国内外同行业科技发展水平与可借鉴的成果，哪些先进管理手段可以推广使用等。此外，还应做好如下具体准备工作：

（1）根据上半年实际完成和下半年计划，预计全年生产任务和各项技术经济指标完成情况，并把到年终采掘（剥）地点的状况标在有关图纸上，作为编制下年度采掘（剥）作业计划的起点。

（2）按照上级下达的任务指标和采掘技术政策，结合现场状况部署下年度采掘（剥）作业地点，对各坑口、阶段作业任务初步进行分配。

（3）按照生产部署作好新阶段开拓延深、技术改造项目和系统调整方案的设计，并概算出所需的设备、材料、资金及预计完成的工期和效果。

（4）拟定下年度采掘（剥）计划编制所涉及的有关技术经济指标，如采矿贫化、损失率、选矿回收率和精矿品位等。

C 采掘（剥）技术计划编制的基本方法与具体工作

采掘（剥）技术计划编制的基本方法是：按上级下达的任务指标与市场需要，确定年产量；按矿量平衡原则确定掘进（剥离）量；按作业地点变化调整生产系统；按采掘方针和矿床开采技术政策布置作业地点等。在编排的过程中，要对矿山综合生产能力查定落实，因而一般需要进行多次反复的调整平衡，直到合理和满足需要为止。其具体编制步骤为：

（1）编排产品产量。在预计年底作业面状况的图纸上，按照采掘（剥）方针和技术政策与回采工艺，安排出矿量、采矿量，直至满足任务指标为止。

（2）安排掘进、剥离作业量。本着生产矿量平衡的原则，在作业阶段继续往前安排，直到生产矿量达到保有指标为止。各类坑道或剥离量应排到三级生产矿量平衡为止。

（3）计算生产矿量与地质储量保有数。根据安排的各类坑道和在具体地点完成的程度，按不同采矿方法和储量分级规范，分别算出各级生产矿量与地质储量保有数量。如果保有数量不够或超过太多，还需要重新调整掘进（剥离）作业量，直至符合要求为止。

（4）计算填表。根据图纸上安排的作业地点与工作量，通过周密的计算调整，分别填好计划规定的表格。

（5）绘制采掘（剥）计划所需的全部图纸。

（6）编写采掘（剥）技术计划文字说明书。

41.3.2.5 采掘（剥）技术计划编制的文件组成

采掘（剥）技术计划是以图纸、表格和文字说明三个组成部分来表达计划编制的意图与结果，要求三个组成部分互相配合，对照无误。

A 图纸部分

要求图纸能表达矿床主要开采技术条件，矿山开采现状，开拓与采矿方法，采选工艺系统与流程，采掘（剥）作业地点。图幅与比例视矿区范围大小而定，以反映矿山状况、翻阅方便为准。一般需配备的图纸有：

（1）矿区交通位置图。表明矿区所在的地理位置以及相关水陆交通情况。

（2）矿区总平面布置图。除包括总平面布置图应有的内容以外，矿体轮廓与主要坑道分布的范围，矿床开采影响所及的地表陷落与移动范围；露天开采境界，主要技术建筑与构筑物等，都应标注在图上。

（3）矿体纵剖面。表示开拓系统、采矿方法与主要采掘（剥）作业阶段以及矿体走向分布范围。

(4) 代表性矿体横剖面图数张。它配合矿体纵表面图表示矿体的产状、作业阶段和开采影响所及的地表移动和陷落界线。

(5) 主要作业阶段平面图。应标出地质界线、地质构造、矿块、坑道和工作面的布置。

(6) 采矿方法标准方案图。标出矿块构成要素尺寸与回采工艺和主要技术经济指标。

(7) 采矿工艺系统图。包括运输与提升、供风与供水、通风与安全出口、排水、充填、供电等系统图，各系统图上应标出主要设备型号及其安装地点，管线规格与长度，生产能力与负荷流向。

(8) 选矿工艺流程图。分产品品种系统标出主要设备规格型号。

B 表格部分

各种表格形式，不同类型的矿山有不同的要求，一般常用的有：

(1) 矿山产品产量汇总表。其内容包括产品产量、产值、单位成本（掘进、剥离、采矿、出矿、选矿处理、精矿等)、利润（实现、销售、上交)、税金等。

(2) 矿山作业量表。其内容包括采掘（剥）总量、采矿量（分矿房、矿柱、切采)、掘进量（分巷道类别)、剥离量（分基建与生产)、出矿量、充填量（分充填料种类)、选矿处理量（分矿石品种）等。

(3) 主要设备使用平衡表。分时间与地点，按作业量平衡。

(4) 主要技术经济指标表。其内容包括主要采选技术经济指标和材料能源单耗及其计划用量。

(5) 地质矿量表。分坑口（或矿体)、级别统计，并按生产规模算出各级别矿量保有的服务年限。

(6) 生产矿量平衡表。按坑口分别算出开拓、采准、备采与存窿矿量保有期（年)。

(7) 有价元素综合回收情况表。列出可回收的有价元素种类、品位和已回收的情况。

(8) 维简费提取和使用计划表。列出提出金额和使用项目。

(9) 更新改造工程项目计划表。分项目填写改造效果、投资额、施工进度及用款计划。

(10) 地质探矿计划表。列出钻探、坑探工作量及其探矿地点，并预计新增或变级地质储量。

C 文字说明部分

一般有如下主要内容：

(1) 本年度采掘（剥）技术计划执行情况。包括各项生产任务指标、重点工程和主要技术经济指标完成情况与取得的成绩，并对照采掘方针与技术经济政策检查存在的问题，明确改进的方向。

(2) 下年度采掘（剥）技术计划编制说明。其内容为：

1) 采掘（剥）技术计划编制的依据和原则；

2) 采掘（剥）作业量安排的地点与理由；

3）重点工程项目（如新阶段开拓延深、技术改造、增选新品种等）；

4）生产工艺系统调整（如运搬、提升、通风、排水、充填等）；

5）完成年度采掘（剥）技术计划的措施；

6）预计下年末具备的生产条件，并展望后一年可能达到的生产能力。

（3）要求上级机关解决的问题。

除此以外，对投资较大，工艺技术较复杂的重大技术改造工程项目，还需与采掘计划一道，上报其可行性研究方案的图纸和专题文字说明书，以便上级机关一并审批。

41.3.2.6 网络计划技术

它在采掘施工组织计划中的应用实例如图41-6所示，铜官山矿一竖井是在生产中进行掘进施工的，在施工组织设计中应用了网络计划技术进行优化。其具体做法如下：

（1）任务分解与确定工序时间。该竖井工程分解为井塔、井筒、措施井与废石溜井四个组成部分。按网络计划技术的要求列出竖井施工各主要工序，并按生产定额确定工序作业时间，填入明细表41-10。

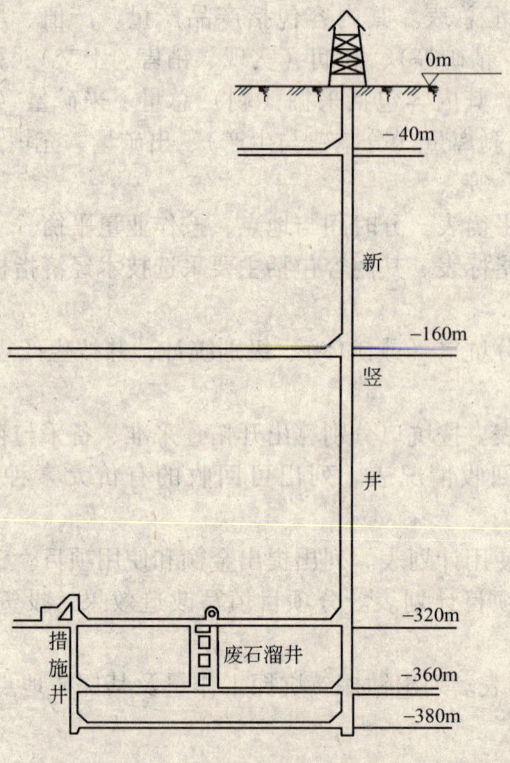

图41-6 新竖井工程示意图

（2）绘制网络图，计算各事项时间，找出关键线路。根据各工序施工前后的相互关系和网络计划图的绘制原则与方法，绘制网络图，见图41-7。

按41-7网络图，计算各个事项时间，填入表41-11，表中总时差为0的工序为关键工序，将其连接后得出图中的关键线路是：①→③→④→⑤→⑥→⑪→⑯→⑰→⑱→⑲→⑳→㉔→㉕→㉜→㉝，总工期为1080天，因此本工程的重点应是井筒掘进与井筒安装，把溜井掘进与井塔平行施工，结果减少时间约500天。

表 41-10 新竖井主要工序明细表

项目	编号	工序号	工序名称及内容	紧前工序	工序时间(d)	累计工时(d)
井筒掘进	1	1~2	地表平整，安掘进卷扬机等		90	90
	2	1~3	0~-160m，-160~-320m 工程钻孔		100	100
	3	3~4	0~-40m 井筒掘进与支护	1.2	80	180
	4	4~5	井口安全平台，测量平台安装	3	15	195
	5	5~6	-40~-160m 井筒掘进及支护	4	240	435
	6	6~11	-160~-320m 井筒掘进及支护	5	320	755
	7	7~8	措施井井筒掘进、安装投产		240	240
	8	8~9	-360m、-380m 阶段平巷掘进	7	100	340
	9	9~11	-380m、-320m 工程孔	8	20	360
	10	11~16	-320~-380m 井筒掘进及支护	6，9	120	875
井筒安装	11	16~17	钢梁与管道安装	10	80	955
	12	17~18	楔形木罐道安装	11，20	20	975
	13	18~19	风水管道安装	12	30	1005
	14	19~20	电缆安装	13	15	1020
	15	20~24	井口安全平台拆除	14	5	1025
	16	24~25	罐笼、平衡锤悬挂	15，23	10	1035
	17	25~32	井口机械及讯号安装	16	15	1050
井塔土建与安装	18	12~13	工程地质钻探	4	90	270
	19	13~14	井塔土建设计	18	90	360
	20	14~15	井塔施工	19	360	720
	21	15~21	行车、电梯安装与调试	20	50	770
	22	21~22	卷扬机及电器安装	21	80	850
	23	22~23	卷扬机调试	22	30	880
废石溜井工程	24	26~27	工程钻孔	8	15	355
	25	27~28	吊罐天井施工	24	30	335
	26	28~29	观察通道施工	25	20	405
	27	29~30	放矸硐室及漏斗安装	26	45	450
	28	30~31	翻罐笼硐室及翻罐笼安装	27	50	500
	29	32~33	总 试 车	17，28	30	1080

41.3.3 矿山生产过程组织和劳动组织

41.3.3.1 矿山生产过程的组织

矿山生产过程是从生产准备开始，直到把矿石采下、运出坑口，并加工成商品要求的粒度（形状），或选出规定品位的精矿所进行的全部生产活动。按矿山产品生产的整个工艺过程，它可分为开拓探矿准备过程、采矿-加工过程以及伴随的辅助生产过程和生产服务过程。每一个过程又可分为阶段、工序，每道工序又需要组织作业组去分别予以完成。

A 开拓探矿准备过程

矿山生产是开采埋藏在地下的矿产资源，必须通过开拓井巷（或剥离覆盖岩土）和进

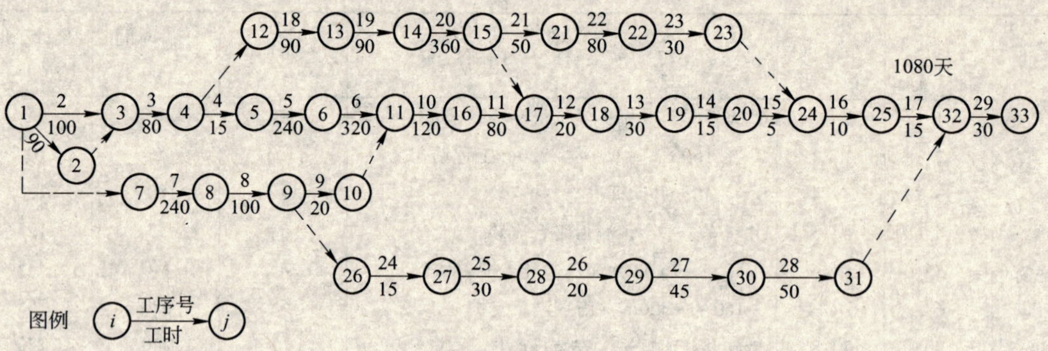

图41-7 新竖井掘进施工网络计划图

一步探清矿体的准备过程才能生产。在生产过程中，原准备的生产能力不断地消失，又需要做重复的开拓准备。在重新开拓准备过程中，需钻探深部低级别的地质储量，为开拓提供可靠的依据；开拓阶段的矿体，还需进一步坑探，为采准设计提供补充地质资料。所以开拓探矿是伴随矿山生产所必需的，且又超前的准备过程。

B 采矿-加工生产过程

它是矿山生产的基本过程，在这个过程中应做好如下生产组织工作：

（1）掌握合理的掘采（剥采）比例关系，安排足够的掘进（剥离）作业量，平衡三级生产矿量。

（2）保护采掘（剥）作业工序的连续性。地下开采矿山的开拓、坑探、采准、切割巷道要依次超前进行；采场切底、落矿、出矿要互相衔接。露天开采矿山的穿孔、爆破应超前挖掘。挖掘、运搬、排土工艺也要做到有机的配合。

（3）保持产量的均衡性。出矿量及其品位波动幅度不应过大；各种技术经济指标要保持稳定并力求逐步改善。

（4）矿山生产的运搬、提升、通风、供风、供水、供电、充填等生产工艺系统，应经常调整、延伸，以适应工作面变动的需要。生产的产品及其质量也要尽可能适应市场的需要。

C 辅助生产过程

它是保证基本生产过程正常进行所需要的各种辅助产品的生产过程及辅助的生产活动。如矿山生产的炸药加工、充填料制备、设备维修和备品备件的制造等。

D 生产服务过程

它是为基本生产和辅助生产服务的各种生产活动。如矿山生产中的供水、供电、辅助材料供应，以及运输、仓库、生活管理等。

41.3.3.2 *矿山劳动组织*

劳动组织工作的任务，在于正确处理生产过程中劳动者之间以及劳动者与劳动工具、劳动对象之间的关系。矿山生产的特点是，一般采用昼夜三班八小时连续工作制，作业地点与生产条件多变，设备工具移动频繁，因此必须适时调整和改善劳动组织形式，在合理分工与协作的基础上，正确配备劳动力，以充分利用工时，不断提高劳动生产率。

表 41-11 新竖井施工网络计划计算表

工序号	作业时间 (d)	最早开始时间 (d)	最早结束时间 (d)	最迟开始时间 (d)	最迟结束时间 (d)	总时差 (d)
(1)	(2)	(3)	(4)	(5)	(6)	(7)=(6)-(3)-(2)
1~2	90	0	90	10	100	10
1~3	100	0	100	0	100	0
1~7	0	0	0	395	395	395
2~3	0	0	0	100	100	100
3~4	80	100	180	100	180	0
4~5	15	180	195	180	195	0
4~12	0	180	180	325	325	145
5~6	240	195	435	195	435	0
6~11	320	435	755	435	755	0
7~8	240	0	240	395	635	395
8~9	100	240	340	635	735	395
9~10	20	340	360	735	755	395
9~26	0	340	340	890	890	550
10~11	0	360	360	755	755	395
11~16	120	755	875	755	875	0
12~13	90	180	270	325	415	145
13~14	90	270	360	415	505	145
14~15	360	360	720	505	865	145
15~21	50	720	770	865	915	145
15~17	0	720	720	955	955	235
16~17	80	875	955	875	955	0
17~18	20	955	975	955	975	0
18~19	30	975	1005	975	1005	0
19~20	15	1005	1020	1005	1020	0
20~24	5	1020	1025	1020	1025	0
21~22	80	770	850	915	995	145
22~23	30	850	880	995	1025	145
23~24	0	880	880	1025	1025	145
24~25	10	1025	1035	1025	1035	0
25~32	15	1035	1050	1035	1050	0
26~27	15	340	355	890	905	550
27~28	30	355	385	905	935	550
28~29	20	385	405	935	955	550
29~30	45	405	450	955	1000	550
30~31	50	450	500	1000	1050	550
31~32	0	500	500	1050	1050	550
32~33	30	1050	1080	1050	1080	0

做好劳动组织工作的原则是人尽其才，发挥专长，避免高级工干低级工的活，基本生产工人干辅助工的活；各班次配备的人数、能力要力求均衡，并建立良好的协作关系和交接班制度，安排好工人的轮休；工作量应该饱满，以充分利用工时。矿山常采用的劳动组织形式有专业组（队）和综合作业组（队）等。

A 专业作业组（队）

它是组内成员有严格的专业分工，每个成员按自己工种完成一道工序。专业作业组（队）适用于工序工作量较充足的情形，如露天矿穿孔组。其优点是职责明确，有利于提高工人的技术操作水平；能够充分利用工具与设备，有利于推行定额管理；能减少工序转换时间，有利于提高工时利用率。

B 综合作业组（队）

它是组内成员完成本专业工序之后接着干下一道工序的工作量，各工种互相配合，共同协作。它适宜于工序工作量小而转换到下一道工序时间快的条件下采用，如矿山掘进综合作业组。其优点是有利于充分利用工时，有利于培养工人“一专多能”，能促进组内成员团结协作和关心集体。但需配备组织能力较强、技术全面熟练、干劲大、体力强的人担任作业组长。

至于一个矿山完成某项作业任务时，究竟采用哪种劳动组织形式，则应根据具体条件并权衡利弊而定。如间断运转设备可采用“运修合一”作业组，它可充分利用工时，维修时考虑到使用，使用时注意保养；又如工序设备配合密切的露天矿剥离作业采用“装运一条龙”的作业队，它能互相紧密配合，有利于提高装运效率。

41.3.3.3 *矿山劳动定额*

A 劳动定额的概念与作用

劳动定额是在一定的生产条件下，为生产一定量的产品，或完成一定量的工作所规定的必要劳动量的标准。矿山生产过程中常用的定额形式有：工时定额，它是指在一定的生产技术条件下，生产一定产品所规定的时间消耗标准，如(工·班)/吨；产量定额是指在一定时间内生产合格产品的数量标准。如吨/(工·班)；除此以外还有设备看管定额，如人/台或台/人。

劳动定额的作用可概括为：

（1）劳动定额是编制作业计划，组织生产，配备各工序和各工种定员的必要依据。

（2）劳动定额是工人完成任务的奋斗目标，也是推广先进经验、开展劳动竞赛、提高劳动生产率的手段。

（3）劳动定额是企业进行经济核算和推行经济承包责任制的基础考核依据。

（4）劳动定额是合理确定工资与奖金的具体依据。施行计件工资时还要依照定额合理制定计件工资单价。

B 劳动定额的制定方法

a 经验估计法

它是由定额员、技术人员和工人一起，根据实践经验，并参照有关图纸、文件资料和实物以及结合现场具体条件直接估计制定。它简便易行，工作量小，需时间短，但准确性差。一般适宜于一次性临时工程或新建工程中采用。

b 统计分析法

它是根据实耗工时的统计数据资料，选用以下方法来确定劳动定额：

（1）平均先进定额算法一。先算总平均数，然后对高于总平均数的那一部分数，再求出其平均数，即为平均先进数。

（2）平均先进定额算法二。

$$T = \frac{2T_{max} + \bar{T} + T_{min}}{4} \qquad (a)$$

式中 T——平均先进数；

$\bar{T}$——总平均数；

T_{max}——最大的数；

T_{min}——最小的数。

（3）数理统计算法计算工时定额：

$$T = \frac{T_1 + 4T_0 + T_2}{6} \qquad (b)$$

式中 T_1——最先进的工时；

T_0——最有把握的工时；

T_2——最保守的工时。

则均方差为（设 $T_2 > T_1$）：

$$\sigma = \frac{T_2 - T_1}{6}$$

则估计工时定额为

$$T_s = T + \lambda\sigma \qquad (c)$$

式中 λ——概率参数，当 $\lambda = 0.56$ 时，则表明将有 71% 的人能达到此定额 T_s；当 $\lambda = 1$ 时，有 84% 的人能达到。

c 技术测定法

它是多次（一般 3 ~5 次）实地工时测定并对耗时加以分类整理、分析、改进后计算而制定出来的劳动定额。例如采用工作日写实方法测定浅孔留矿法上向孔凿岩台效的定额，其方法与步骤为：

（1）准备阶段。选定技术等级、年龄、身体健康与文化水平等有代表性的几名凿岩工，并向他们说明写实测定的目的，同时落实测定地点的设备与工具。

（2）派定额员跟班观察记录。按凿岩工时消耗顺序，把整个工作日的工时利用进行实地观察，并一一地详细记录下来，如搬机子、接风水管、安钎头、加油等。

（3）记录整理与工效指标的计算，见表 41-12。如测定某凿岩工，当班打了 19 个炮孔，总孔深 38.57m，平均孔深 2.03m，炮孔控制面积 13.3m^2，爆破效率达到 96.4%，矿石比重 3.12t/m^3，计算凿岩台效为 81.2 吨/(工·班)。

（4）分析编写提高工时利用率的总结报告。如表 41-12 中数字所示：纯凿岩时间占工时的 44.79%，加上凿岩必要的辅助时间 15.42%，全部凿岩时间为 60.21%。但非定额停工时间占工时 18.54%，如果加强管理，把非定额时间由 18.54% 降到 10%，按现有操作水平，提高工时利用率 8.54%，可多凿岩爆下矿石 11.52t，则凿岩工工效定额可定为 92.72 吨/（工·班）。

技术测定方法制定劳动定额，既结合现场具体条件，又可暴露不必要的工时消耗因素，便于提出针对性的改进措施，有利于改进操作程序与提高技术操作水平。国外甚至采用高速摄影机对作业进行录像分析来制定劳动定额。用这种方法制定劳动定额虽然工作量大，花费劳力，时间较长，但有条件的地方，作业量大的主要定额指标应争取采用此法制定，特别是对衔接工序不多的单机作业，更应该采用此法。

表41-12　工作日写实记录整理表

种　类	工时消耗分类	代号	工作日时间平衡				说　明
			实　测		计　划		
			延续时间（min）	占工作日（%）	延续时间（min）	占工作日（%）	
定额时间	纯凿岩时间	基	215	44.79	280	58.33	凿岩机移位、换钎、加油等
	凿岩辅助时间	辅	74	15.42	78	20.42	
	休息与自然需要时间	休	52	10.83	52	10.83	用餐、喝水，上厕所等
	准备与结束时间	准	50	10.42	50	10.42	安、收凿岩机，开、关风水等
	合计（min）		391	81.46	480	100	
非定额时间	非生产工作时间	非	45	9.38			停水、风、迟到、早退等
	停工时间	停	44	9.16			机子故障、钎头不够等
	合计（min）		89	18.54			
	总　计		480	100	480	100	

d　比较类推法

它是以同类作业或产品的定额为依据，经过分析对比后确定的劳动定额。如甲矿采用有底柱电耙道出矿的分段崩落法，采场面积350～450m²，矿石硬度系数8～10，用深孔凿岩，多年来采矿工作面效率为38～42吨/(工·班)。而新设计的乙矿，影响采矿工作面效率的因素基本与甲矿相似，但乙矿风压较高，而工人素质与管理水平不及甲矿，综合考虑，乙矿采矿工作面效率取40吨/(工·班)是适宜的。

以上几种制定劳动定额的方法，各有各的优缺点，必须根据具体条件选用，当然也可以选用两种方法分析对比来确定。在制定定额时，还应注意定额实际达到的水平、设备与工具的性能、供应条件，并全面考虑影响劳动定额的不同因素。最后制定出的劳动定额指标应使大多数工人通过努力可以达到或超过。基本采掘工与辅助工之间甚至同一工种内部也要注意平衡。计算月度定额时，还要考虑工人出勤率的因素，如坑下工人一般以23～24天来计算。

C　劳动定额的修改与贯彻

劳动定额制定以后，应逐级向下传达直至向工人说清定额制定的依据、合理性和达到的可能性，并落实到班（组）或个人。在执行中除做好定额原始记录和统计报表以外，还应做好如下工作：

（1）首先必须做好思想政治工作，提高职工对劳动定额的正确认识，使职工认识到劳动定额在社会主义建设中的作用，完成劳动定额是工人当班应尽的责任。

（2）必须制定与实现提高劳动定额的相应措施；推广先进操作经验，开展技术革新与技术革命；改进工艺与操作方法；改善作业场所的劳动作业和物质供应条件；为工人达到或突破定额创造必要的条件。

（3）加强工人技术培训，组织工人观摩、表演，开展比、学、赶、帮的社会主义劳动竞赛，做到互相取长补短，不断提高工人技术知识和操作技能，减少返工浪费。

（4）健全劳动定额管理机构，配备定额员，加强对定额的统计、检查、分析、处理工作，及时排除影响完成定额的不利因素。

（5）把定额的贯彻同正确的奖励制度结合起来，克服干多干少一个样，体现社会主义按劳分配的原则。

劳动定额是在一定的条件下制定的，随着工艺技术与操作技能的改进，先进设备与工具的采用，先进经验的推广，劳动组织的改善等因素的变化，为要保持定额的先进性并促进不断提高劳动生产率，必须掌握时机及时对定额进行修改。一般1~2年全面修改一次。如遇地质条件、设备、工艺、劳动组织方面发生重大变化或原制定的定额没有包含这些变化的因素，也可提前作临时性的修改，但修改不宜过分频繁，修改后同样要做过细的贯彻工作。

41.3.4 矿山全面质量管理

41.3.4.1 全面质量管理的概念

全面质量管理是企业为了保证和提高产品质量、工程质量和工作质量，综合运用一整套质量管理的体系、手段和方法所进行的系统管理活动。矿山企业全面质量管理主要在产品质量、工程质量和工作质量几个方面，它们之间必须互相保证、彼此协调；降低矿石损失率和贫化率，又是矿山产品质量管理的核心。矿石质量管理见第40章。

加强企业全面质量管理，提高工程质量和工作质量，降低矿石损失与贫化，对企业的存在和发展具有极为重要的意义。

41.3.4.2 矿山企业全面质量保证体系与基本工作

矿山全面质量保证体系是以提高产品质量为目标，运用系统的概念和方法，把矿山地测工作和采选设计、施工、生产过程中的各个环节、各道工序、各个部门和单位组织起来，建立一个统一协调、分工合作、又有各自任务、职责、权限的质量保证体系，保证矿山最终产品达到应有的质量标准。

矿山全面质量管理体系的基本工作主要是：

（1）标准化工作。它是衡量产品质量、工程质量和工作质量的尺度，也是企业进行产品管理以及技术管理的依据。标准化的范围分别是：技术方面的标准化有产品系列化、标准化、通用化，如设计规范、井巷工程验收标准、精矿品位等级标准等；管理方面的标准化有规章制度、技术操作规程、职责条例、业务守则以及职业道德规范等。

（2）计量工作。它是判断产品（或工程）数量和质量好坏的手段。如理化试验、标准鉴定、检测等。对化验、计量使用的器具应严格检查、认真标定、合理使用、经常维护、妥善保管，并不断革新，创造新计量方法和手段。

（3）质量情报工作。质量情报是反映在设计、施工、生产、销售服务等各个环节的质量管理基本数据，原始记录，以及产品使用过程中反映出来的技术经济资料。它还包括国内外同行业同类产品质量的发展方向和改进的工艺技术及其重要数据。对这些情报必须及时收集掌握。

对质量情报工作还应做好整理、归纳、分类、分级、存档，并要求及时、准确、全面、系统地提供使用参考，以指导企业不断改善质量管理工作。

（4）质量管理教育工作。它包括技术培训和“质量第一”的全面质量管理基本知识的教育。企业产品质量好坏，归根到底取决于职工思想的重视和操作技术以及管理水平的高低。因此，抓好质量管理教育是加强质量管理工作重要的一环。

(5) 开展质量管理小组活动。按照本企业的具体情况，在班组或跨班组、跨工序、跨部门建立质量管理小组，明确他们的质量管理任务或确定攻关课题。它对把好质量关，提高职工管理水平与技术素质、开展质量竞赛大有好处，也是组织职工参加质量管理的一种好形式。

(6) 建立质量管理责任制。它规定矿长、科室、工区（车间）、班（组）、工人和各类工程技术人员在质量工作上的具体任务、责任和权利，形成事事有人管、人人有职责、办事有标准、工作有检查的各级质量管理责任制。

41.3.4.3 矿山全面质量管理的任务和内容

A 矿山地质测量工作的质量管理

矿山地质测量的基本任务，是在矿山生产过程中，按规定为采掘（剥）作业和设计提供可靠的地测资料，保证和监督地下资源合理开发利用，努力减少资源损失与贫化，积极开展找矿工作，以延长矿山服务年限。

在矿山建设和生产过程中，应进一步认识矿床的成因、水文地质构造、赋存产状、矿岩物理化学性质等开采加工技术条件，为采掘（剥）作业提供必要的补充地质资料；测量工作应建立和健全地表与井下导线控制网，做好施工给线（点）、实测与验收工作，为生产设计施工提供实测图纸资料。地测工作还应及时、全面、准确地积累计算贫化率、损失率的原始资料，并按时算出贫化损失指标，提出降低贫化损失的措施意见。

B 矿山设计过程中的质量管理

矿山设计中质量管理的任务就是根据矿床开采技术条件与矿石加工性质，合理选择采、选方法与加工工艺系统流程，保证生产出的产品符合质量要求。在采、选设计工作中，首先应按规定评价地测资料的可靠性，精心设计消除差错，认真分析影响产品质量的不利因素，采取相应的有效措施。所采用的工艺流程及其施工方法，应能保证工程与产品质量。在审查设计时应注意吸收建设、生产与质管部门的人员参加，以做到集思广益，把好质量关。

C 矿山施工过程中的质量管理

工程质量是产品质量的保证条件之一，矿山的技术构筑物、井巷工程、设备安装和采掘（剥）作业的质量，必须按照设计图纸和有关技术规范与安全规程进行。在施工前按照图纸摸清现在施工条件，掌握影响工程质量的关键因素。编制施工组织计划时，应选用恰当的施工方法、设备、材料，以全面保证工程质量。在施工中还应做好如下工作：

(1) 核对图纸，拟订保证工程质量的措施；

(2) 做好材料试检工作，保证用料质量；

(3) 明确质量职责范围，落实到项目与人；

(4) 加强施工指导与检查，做到预防为主；

(5) 严格验收制度，把住工程质量关。

D 矿山生产过程中的质量管理

在生产过程中，应通过一系列的检测手段，以期各个工序和最终产品达到规定的质量指标。其具体工作内容有：

(1) 完善并制订生产质量指标。根据矿山实际情况并结合统计或有关资料，合理确定矿山的质量指标。如贫化率、损失率，出矿品位与有害杂质允许含量，矿石块度尺寸或规格形状，选矿回收率，精矿品位及其水分、杂质含量。同时还应拟定稳定质量指标的措施意见并贯彻落实，并在实施中加强检查。

（2）控制井巷工程质量。通过检测方法手段，确保井巷工程的断面尺寸、垂度与方位、支护强度、安全间隙、坑道坡道、水沟规格均要符合安全与技术规范要求。隐蔽工程要做处理、验收记录，以备生产过程中注意查找处理。

（3）加强回采作业的质量管理。在采场落矿、出矿、充填、运搬等回采工艺过程中，要按规定及时做好地质测量、素描工作，正确圈定矿体界线，合理布置炮孔，以控制矿柱轮廓尺寸与降低贫化率、损失率；选用的凿岩爆破参数要满足出矿、运输、选矿工艺的要求；在覆盖岩石下爆破与放矿，应合理确定起爆与放矿顺序，严格掌握矿岩接触面均匀下降的原则，控制出矿截止品位，尽量降低贫化率、损失率。

（4）加强选矿质量管理。在选矿过程中，各工序必须按照工艺需要，彼此联系，互相配合，精心操作。选矿回收率、精矿品位及其有关质量指标都应达到或超过计划要求。

（5）做好安全文明生产中的质量管理工作。应努力提高风源质量，采取综合防尘措施，提高粉尘合格率；及时处理事故隐患与机械设备故障；消除“跑、冒、滴、漏”，清除污水、垃圾，“三废”排放应达到国家规定的排放标准，以保持良好的作业条件和生活环境。

以上是矿山质量管理的几个主要方面，除此以外，还有辅助生产与生活服务方面的质量管理工作，如备品备件，材料的质量、饮食质量以及其他服务工作的质量。

41.3.4.4　*矿山质量管理统计方法*

A　质量统计基本概念的应用

矿山工程质量或产品质量都有一些表征其质量的特征值，质量特征值总会受许多因素影响。如精矿品位会受到矿石性质、工艺方法、操作水平、设备性能、检测仪器和自然条件的影响，一批产品与另一批产品的特征值多少会有差异。用数理统计方法对它们进行分析，用图表形式，可以找出影响产品质量好坏的原因与趋势，以便采取解决问题的措施。

B　质量管理常用的七种统计分析方法

a　排列图法

排列图法原名为巴雷特图法，也可称*ABC*分类法。它是找出影响质量的主、次因素的一种有效方法。例如，某矿某月份入选磁铁矿石出格品统计见表41-13。将表中各因素比率画一直方图，横坐标上因素的顺序是按因素的比率大小从左至右排列，再作出累计比率曲线，见图41-8，即可找出影响的主、次因素。一般按累计比率分成三类：0%～80%者为*A*类，属主要因素；80%～90%者为*B*类，属次要因素；90%～100%者为*C*类，属次要因素。如图41-8，其主要因素是矿石品位低出格与假象矿入选；次要因素是杂石超过返回处理。

b　分层法

分层法又叫分类法。它是处理数据，又是分析影响质量原因的一种有效方法。其方法的实质是对影响因素加以分类，大类中又分小类，层层分解，理出头绪。分类的标志一般为：材料、设备、人员、时间、工艺方法、检测手段等。

c　因果分析图法

因果分析图法即树枝图或鱼刺图法。它是用来寻找某种质量问题的所有可能原因的有

表41-13 入选矿石出格品统计表[11]

代 号	影响因素	频数（车）	比率（%）	累计比率（%）
A	矿石品位低出格	351	41.79	41.79
B	假象矿入选	244	29.05	70.84
C	矿石品位高出格	217	25.83	96.67
D	杂石超过返回处理	28	3.33	100
	合计	840	100	

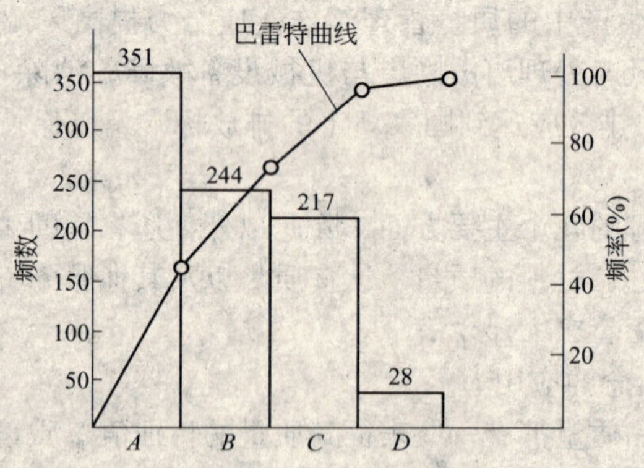

图41-8 因素排列图

效工具。在生产过程中，影响产品质量不外乎人、机器、资源、工艺方法、生产环境和其他六个原因，首先从前面五个大原因里找中原因，再从中原因里找小原因，逐步深入寻找，直到找到能采取措施解决质量问题的原因为止。如易门铜矿从工艺方法寻找采场质量管理原因的因果，见图41-9。该矿简称“采场三、五、九〇、五质量管理方法”，即用三强（强掘、强采、强出）组织生产，以把五关（资料、设计、施工、爆破、放矿）为手段，对采场质量管理逐步进行分析，找出90个数据后，以其中五个指标（贫化率、损失率、周期、掘采比、成本）作为对采场质量管理的考核指标。

d 直方图法

它是数据概率分布的一种图形，用于工序的质量管理，它把从生产工艺中收集来的数据整理后分为若干组，画出以组距为底边，以频数为高度的一系列矩形图。然后通过图形观察工序质量现状和变化趋势，判断、预测工序质量好坏和发展规律，算出工序有可能产生多少不合格品率，据此及时改进工序和操作方法。如坑道掘进，要求爆破效率达到89%~98%，实际达到的爆破效率见表41-14。

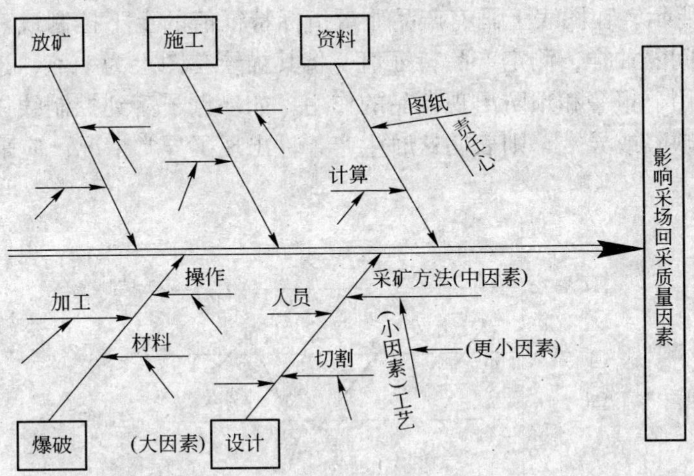

图 41-9 因果分析图

表 41-14 爆破效率分组情况表

项 目	单 位	共 计	不同爆破效率及其占总循环百分比（%）						
			96～97	95～96	94～95	93～94	92～93	91～92	90～91
爆破循环	个	187	18	30	38	40	35	20	6
占循环百分比	%	100	9.63	16.04	20.32	21.39	18.72	10.69	3.21

以表中不同爆破效率分组作直方图 41-10，观察此图，呈正态分布，爆破效率没有出现忽高忽低，稍有不完全对称形状，实际达到爆破效率变化幅度（B）未超过控制范围（T），评价可以。

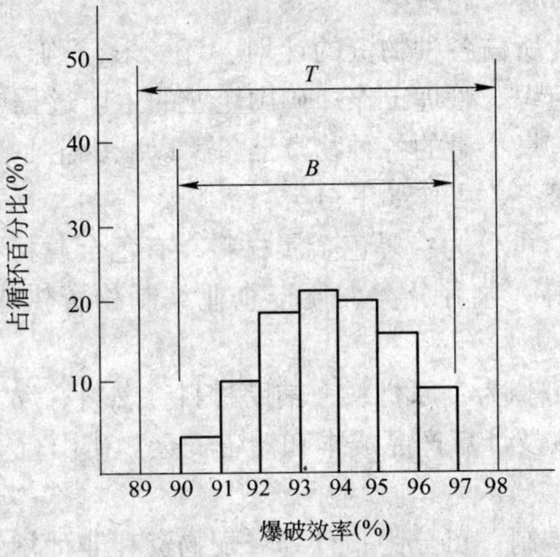

图 41-10 爆破效率直方图

e 控制图法

控制图法又称管理图。用作监控产品质量。它是按照数理统计原理，预先作好一张图表，如图41-11所示，在图表上画有产品质量指标特征值的上下控制线。然后在生产过程中按规定的时间间隔抽样，测定产品特征值，将其描绘在图上为一点，连成折线。此折线可以起到监控作用、报警和预防出现废品的作用。如果点子落到控制线以外，或点子虽未越界，但排列有缺陷或异常，则表明这时生产条件出现了异常情况，应采取措施。

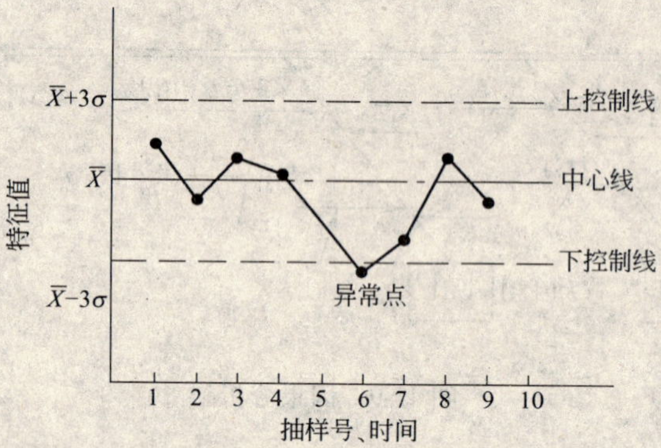

图41-11 质量控制图

f 相关图法

相关图法又称散布图。它是用来分析两种因素之间是否存在相关关系，若存在线性相关关系，则可建立线性回归分析模型（参看本章41.2），为判断和决策服务。

g 统计分析表

它是企业用于统计、整理数据和分析质量问题的各种表格。统计分析表可用以对影响产品质量的原因作粗略分析和判断。

41.3.5 矿山物资管理

41.3.5.1 物资管理的意义和任务

企业物资管理是对企业所需各种物资的计划、订（采）购、验收、保管、发放以及有关的统计分析等一系列的组织、管理工作。矿山企业的生产过程中，应该做到在保证顺利地持续生产的前提下，拥有最小量的各种物资储备，以减少企业流动资金占用量。

矿山企业的物资品种繁多，可作如下分类：

（1）按物资自然属性，可分为：黑色金属材料；有色金属材料；机械产品；电工和电子产品；木材；化工产品等。这种分类，便于企业编制物资供应目录和物资的采购、保管。

（2）按物资的作用，可分为：原材料；辅助材料；燃料；动力；工具等。这种分类便于制定各种物资消耗定额以及计算产品成本和储备资金。矿山企业所需物资主要是辅助材料，燃料，动力，工具等。

（3）按国家物资管理体制，可分为：计划分配物资和非计划分配物资。弄清这种分类的内容，将有助于组织各种物资的申请订购和采购。

此外，企业还可以按物资使用范围进行分类，如划分为：基建用料；技术改造用料；生产用料；科研用料；维修用料等。这种分类，主要便于按使用方向进行物资核算和平衡。

企业物资管理的任务可概括为：

（1）按质、按量、按时、成套地申请订购、采购、验收和供应企业所需的各种物资，确保企业生产经营的顺利进行。

（2）正确制定和执行物资消耗定额，严格物资收、发和利用制度，以节约物资，降低物耗。

（3）遵守国家有关物资的政策、法令，建立和执行各种物资的管理制度、防火和防变质等安全条例。

（4）加强对物资供应市场的调查研究，以便掌握和选择各种物资的最佳货源。

（5）加强科学研究，寻求某些物资的库存最优决策，以减少流动资金的占用量和加速流动资金的周转；搜集某些物资的代用品的信息，以促进企业生产技术的进步；摸索物资管理系统的结构、功能、信息流程，以利使用电子计算机对企业物资系统进行全面管理。

41.3.5.2 物资消耗定额的确定

物资消耗定额是在一定的生产技术条件下，生产单位产品或完成单位劳务所必须消耗的物资数量的标准。单位产品消耗的高低是反映企业生产技术和管理水平的重要标志。企业管理人员应该深入实际调查研究，制定、执行和不断修订科学合理的物资消耗定额，以尽可能少的物资消耗取得较多的生产效果。工业企业生产过程中的物资消耗，一般可分为三个部分：成为生产成品净重的物资消耗，如机械、加工、制造的产成品的净重，但对矿山企业中的矿石产品量而言，则没有这种物资消耗；生产工艺性物耗，如吨矿炸药消耗量、吨矿钢铁消耗量等，它是在生产过程中为要生产产品、完成劳务或改变物资性态所消耗的物资，它不构成产品净重；非生产工艺性物资消耗，它是生产中出现的废品、管理不善等所带来的物资消耗。因此物资消耗定额可按（41-25*a*）式或（41-25*b*）式计算：

$$S_1 = W(1 + K_1) \qquad (41\text{-}25a)$$

$$S = D(1 + K) \qquad (41\text{-}25b)$$

式中 S_1——单位产品（零件）原材料消耗定额。主要适用于机械产品；

W——单位产品净重；

K_1——各种工艺性消耗占产品净重的比率；

S——单位产品辅助材料消耗定额；

D——单位产品辅助材料工艺性消耗定额；

K——非工艺性损耗占工艺性消耗定额的比率。

对各种物资分别求得消耗定额后，则可汇总、核算物资需要量。

单位产品工艺消耗定额的确定，是一项值得重视、科学性很强的工作，一般可采用技术核算法、统计分析法以及经验估算法来确定，既要订得合理可行，又要体现先进性；它又是一项企业管理的基础工作，该定额不仅是向车间或班组发料和基层经济考核、核算的依据，而且是企业编制物资供应计划的基础数据。

41.3.5.3 物资储备定额的确定

物资储备定额是指在一定的生产、物资环境和管理条件下，为了保证生产顺利所必需的、经济合理的物资储备数量标准。企业物资储备一般包含经常储备和保险储备，对某些物资，可能还应包含季节性储备，如图41-12所示。

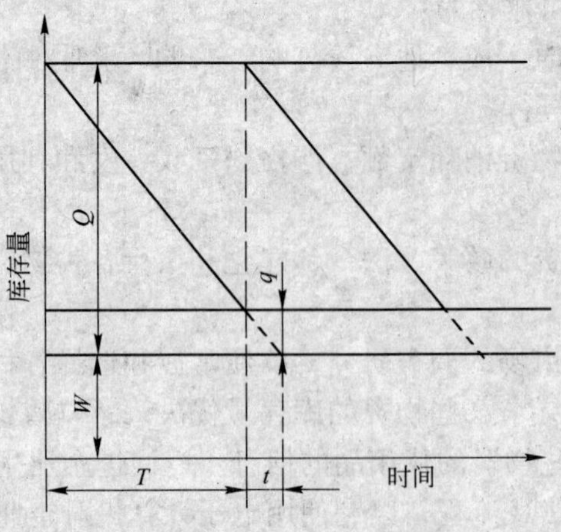

图 41-12 物资库存量参数图

经常储备定额的最优确定也是企业管理的一项重要基础工作。它既是企业编制物资供应和采购计划的依据，又是核定流动资金和控制库存水平的根据。如果主要考虑企业外部供货环境，则某种物资总储备定额为最大经常储备量与保险储备之和，按（41-26）式计算：

$$Q = (T + t)d \tag{41-26}$$

$$q = dt \tag{41-26a}$$

$$W = rd \tag{41-26b}$$

式中 Q——最大经常储备；

q——最小经常储备；

d——某物资的平均每天需要量；

T——根据供货环境确定的进货（供应）间隔期，d；

t——某物资在使用前所需的准备（如干燥、处理）天数，d；

W——保险储备；

r——保险储备所定的天数，主要考虑延期到货非常情况等而设定。

41.3.5.4 库存控制

如果主要考虑企业内部的经济效益，当不允许出现物资短缺时，则可按（41-27）式计算最优（经济）订购批量

$$Q^* = \sqrt{\frac{2RC}{H}} \tag{41-27}$$

式中 Q^*——一次订购物资的经济批量，单位/次；

R——物资需用量，单位/年（或月）；

C——订购费率，元/次；

H——每年（或月）单位物资存储费率，元/（单位·年（或月））。

当对全年物资的需要量或者对订购费用率、存储费率估算不准确时，可以运用上式进行灵敏度分析，以作出订购决策。

企业物资仓库存储的物品品种多、数量大，因而占用资金多，为了提高经济效益和便于控制，可以采用 ABC 分类控制法：将库存物品分为 A、B、C 三类，以便按其重要程度

次序分别实行控制。A 类存货，是其品种数约占总品种数 5% ~25%、而金额约占总金额 70% ~80% 的物品；B 类存货，品种占 25% ~30%，金额占 15% ~20%；C 类存货，品种占 50% ~70%，金额占 5% ~10%。通过对企业库存物资进行分类统计计算，可以具体求出 A、B、C 三类物资的品种。对 A 类物资应施以重点控制，以严格控制贮备时间，减少资金占用，必要时对 A 类物品的需用量还应专门进行技术经济分析或者存贮优化分析（如采用式（41-27））。对 C 类物资可以适当增加储备量，以减少订货工作量。对 B 类物资可适当地加以控制。石人沟铁矿等矿山曾应用此物资分类控制法，并进行了库存优化和管理策略的研究，取得了满意的效果[8]。

41.3.5.5 物资供应计划的编制与实施

企业物资供应计划是对计划期内（如年度）所需申请订（采）购的物资品种、规格、数量、用途、货源以及所需金额的计划。编制计划前应该调研和确定物资品种、规格及其货源。确定的原则是既要满足生产的正常要求，又要注意节约资金，提高生产和设备效率以及企业经济效益。此外，还应注意物资的节约和综合利用或代用。

某种物资的计划申请订（采）购量为：

$$X = R + Q_2 - Q_1 - B \tag{41-28}$$

式中 R——计划期内该物资需用量；

Q_2——计划期末库存量；

Q_1——计划期初库存量；

B——在企业内部可资利用的该物资量。

某物资需用量可按定额法直接计算：

$$R = (Y + V)S - A \tag{41-29}$$

式中 Y——计划产品量；

V——生产废品量；

S——物资消耗定额，参见式（41-25a）或式（41-25b）；

A——计划可回收废料的数量。

或者按比例法间接计算：

$$R = \frac{\text{上年实际消耗量}}{\text{上年产值(千元)}} \times \text{计划年度产值(千元)} \times (1 \pm \text{产值物耗变化率}) \tag{41-30}$$

期末库存量 Q_2，可为物资的最大经常储备定额加保险储备定额的平均值；而期初库存量 Q_1 是编此计划时刻库存盘点数加上此时至计划期初这一段时间内预计到货数与耗用数之差。

求得各种物品的申请计划量以后，即可编制物资申请计划表以便同企业的成本计划、财务计划相互协调。

物资供应计划的实施是经常性工作，它要包括下述三方面的工作：

（1）订货与采购。这里应注意物资供应渠道，物资市场的调研与预测，物资的价格，供货合同的签订，订货方式的选择以及物资供应人员的培训等。

（2）横向联系与物资调剂。做到与周围地区和企业互通有无、调剂余缺、串换品种、相互满足需要，以避免积压浪费，加速资金周转。

（3）物资供应计划实施情况的分析。及时掌握物资的收、发、存的动态变化及其平衡关系，发现物资管理工作中的问题和矛盾并加以解决。

41.3.5.6　仓库管理及其现代化

物资仓库管理工作主要有：(1) 物资的验收入库；(2) 物资的保管、维护和必要的处理、加工；(3) 物资的发放；(4) 清仓核资，统计分析。

要搞好这一工作，必须制订一定的工作制度和岗位责任条例，保证做到票据同物品相符，账、卡、物相符，物资归类存放以利收发，安全存放以防损失。

为了进一步搞好物资管理，应该将其作为一个子系统，从物资申请计划直到物资发放、清仓核算，建立信息管理子系统，使用电子计算机管理，其子系统功能、结构参见本章41.5。

41.3.6　矿山能源管理

41.3.6.1　能源管理

能源是指可以从其获得热、光和动力能的资源，例如煤、石油、天然气、水、蒸汽、电等。能源是国民经济发展的物质基础，是企业生存与发展的重要条件。

矿山能源管理就是对矿山所利用的有限能源进行组织、供应、计划、协调、控制，以达到生产更多的产品，获得更大的经济效益。目前我国矿山能源管理应做好以下几方面工作：

(1) 建立与健全能源管理机构，按国家规定凡年使用超过万吨标准煤的企业，应成立专门的能源管理机构，应配有专职能源工程师在生产副矿长或总工程师领导下进行本企业能源管理工作并建立相应的经济责任制。

(2) 根据国家能源情况及其方针、政策，做好能源的供应、分配和合理利用以及相应的技术经济分析、评价工作。

(3) 做好企业能源利用情况的调查和各主要用能设备以及全企业的能量平衡工作。

(4) 制定能源管理制度，制定各设备、各岗位、各工序、各单位以至企业用能标准或定额，把能源管理各项工作作为企业经济责任制的一项重要内容。

(5) 制定节能计划及其措施，做好节能项目的技术经济评定工作。

41.3.6.2　矿山节能

节能是指在满足相同需要或者达到相同目的条件下，使能源消耗量减少，其减少的量就是节约能源的数量。

我国能源方针是“开发与节能并重，近几年重点在于节能”。节能不是权宜之计，是项长期的战略任务，世界各国都把节能看作是第五大能源。矿山生产是我国消耗能源的重点环节之一，一般能源费用占其产品成本20%～50%，所以，矿山节能具有重大的经济意义。节能除了做好上述管理工作外，可从以下途径入手。

A　采矿方面

(1) 改造现有设备，降低能源消耗。如将交流电机改为串级调速，将直流电机改用脉冲调速，以提高电机的功率因数；将凿岩机以液压代替风动，以提高生产效率并直接节约能源；矿山运输设备如箕斗、罐笼、矿车等改用耐磨且轻型材料，以减轻其重量和增加使用寿命。

(2) 充分利用爆破能量，减少矿石破碎加工的电能消耗。如研究并应用适用于各种不同爆破技术需要的炸药以及应用超细破碎技术，以便装车、运输、提高生产效率，降低破碎能耗。

(3) 研究与应用井下采矿节能新工艺。凡需要进行井下充填作业的矿井，应简化充填工艺，增大一次充填量和以粗骨料进行充填；矿山深部开采，应用大量崩落采矿方法，以减少掘进量，且节约炸药；应用井下运输全盘电气化，采用电动铲运机代替柴油铲运机；采用地下开拓井巷或采场支护新工艺；研究废石不出坑的新采矿工艺等。

(4) 研究与推广应用露天开采的节能设备和工艺技术。如研究应用连续、半连续运输工艺；用大功率、高生产能力的大型设备代替小型、低效率设备；尽可能加大露天矿的边坡角度，大量减少露天开采的剥离量等。

B 选矿方面

(1) 实行“预选抛废”，减少磨矿量，提高入磨品位。

(2) 实行多碎少磨工艺，如将二段破碎改为三段破碎，应用高效率破碎设备，降低破碎作业能耗，减小入磨粒度等。

(3) 提高磨矿效率，如改进磨矿机衬板，提高磨矿介质质量并合理装球，采用助磨剂和介质阻化剂，选用大型、高效磨矿机等。

(4) 选择合理的选别工艺流程。根据矿石性质、产品要求、节能等方面综合考虑，选择选出率高、能耗低的选矿工艺。如矿石性脆容易过粉碎、贫化较大脉状矿，应采用预选富集抛尾作业；对于有用矿物嵌布不均匀，脉石与有用矿物集合体易单体分离的矿石，应采取阶段磨矿，增段选别流程等。

(5) 采用新型高效选矿设备和材料，如选用大型浮选槽等。

(6) 高浓度输送精矿和尾矿，以减少输送精矿和尾矿所需的水源和回水设备、设施的投资和经营管理费用。

(7) 适当提高精矿品位，降低选冶总能耗。据资料：以铜矿石为例，如果精矿品位由15.75%提高到18%～20%，可增加冶炼能力30%，减少废品35万吨，少用焦炭5万吨，水200万吨，电4000万千瓦·时，节约基建费用4000万元，每年节省生产费用1500万元。其中，对矿山来说增加了能耗，但给冶炼厂节省了大量能源，结果选冶总能耗降低了。

41.3.6.3 矿山节能经济评价

矿山节能经济评价是矿山能源管理的重要组成部分，也是节能投资决策的依据。由于新建与改、扩建矿山企业和矿山节能项目的情况不同，其节能评价的准则——指标也不尽相同。

A 新建与改、扩建矿山的节能技术经济评价指标

(1) 单位产品（产值）综合能耗：

$$\text{单位产品(万元产值)综合能耗} = \frac{\text{企业能耗总量(吨标煤/年)}}{\text{企业产品总量(吨(万元)/年)}}$$

(2) 各项作业单位能耗，系指穿孔、装载、运输、通风、排水、压气、破碎等作业的单位产品能源消耗量。

$$\text{单项作业单位能耗} = \frac{\text{单位作业耗能总量(吨标煤/年)}}{\text{单位作业产量(产值)(吨(万元)/年)}}$$

B 节能项目评价的技术经济指标

节能项目的评价，不但要评价本企业经济效益，而且还要评价社会经济效益，要采用

指标体系综合评价。其主要评价指标有：

(1) 单位节能投资，是指节能项目节约每吨标准煤所需的投资，其表达式为：

$$节能投资率 = \frac{节能项目投资额(元)}{节能项目所能节约标煤(吨)}$$

此指标可以直观地看出节约单位能源所需的投资的大小，其倒数称为投资节能率。节能投资率小，说明节约一吨能源所花的投资小，经济效果好；同一项目不同方案比较时。节能投资率较小的方案较好。

(2) 投资回收年限，是指用节能项目每年获得的节能纯收入偿还节能项目投资所需要的年限。其表达式为：

$$投资回收年限(年) = \frac{节能项目投资总额(元)}{节能项目节约能源金额(元/年) + 基本折旧费(元/年)}$$

(3) 节能投资收益率是投资回收年限的倒数。它综合反映节能项目投资的经济效果。

矿山节能经济评价还应注意以下几点：

1) 它是采用投资总效果和比较效果两种基本方法进行评价投资总效果：即通过项目本身的收益与费用比较，计算经济效果指标，然后再用基准收益率（或标准还本期）来衡量、评价项目优劣，以及通过不同方案（项目）之间的经济效果的比较，来选择最佳方案（项目），论证推荐方案（项目）的经济效果。

2) 要根据具体方案，选择所需的静态或动态方法。对于花钱少、规模小、工期短，节能经济效果特别明显的项目，一般采用静态方法，对于涉及国民经济范围比较大，工程复杂和利用外资项目，一般应采用动态方法。

3) 评价时应执行国家计委节能局《关于节约能源基本建设项目可行性研究的暂时规定》中的有关规定：节能项目投资回收年限一般不应超过五年，最长不超过七年，贷款偿还年限应不超过十年，年节约一吨标准煤的净投资原则上不应超过开发（包括运输）能源的投资。

4) 评价时既要考虑节能所带来的各方面效益，也应考虑节能可能带来的投资增加或产品成本提高等问题。如果对于一个可以节能，但需付出很大代价，从总的经济看并不好的方案，一般来说应该放弃。

41.4 矿山企业财务管理

矿山企业财务管理，就是对矿山生产经营过程中筹集、使用、耗费、回收资金活动中所进行的管理。它包括成本、固定资金、流动资金、专用资金、销售收入和盈利等管理。

41.4.1 成本管理[13]

41.4.1.1 成本概念和成本管理内容

A 成本概念

矿产品成本是矿山企业在一定时期内为了生产和销售矿产品，按照一定规定所支出的各种费用总和。

矿山企业产品成本，如图41-13所示。

按照我国现行成本规定，下列生产费用列入成本：

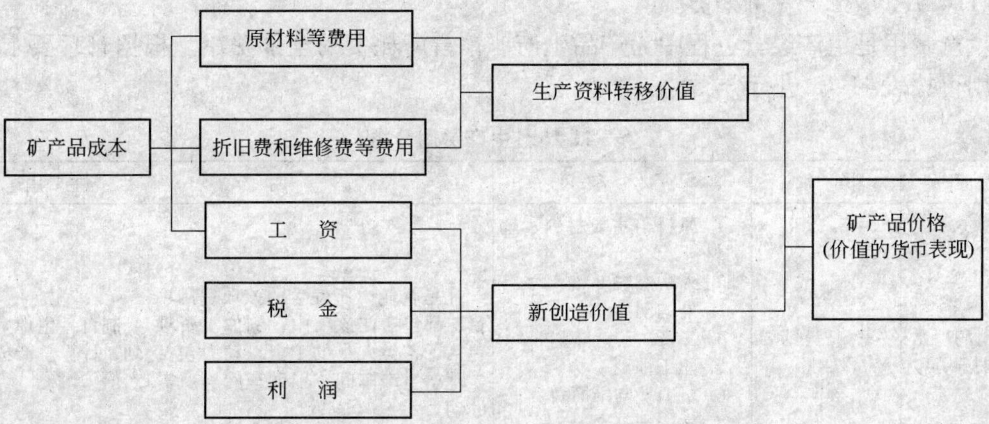

图 41-13 产品价值构成图

(1) 生产经营过程中实际消耗的各种原材料、辅助材料、备品配件、外购半成品、燃料、动力、包装物、低值易耗品的原价和运输、装卸、整理等费用;

(2) 固定资产的折旧费、按产量提取的更新改造资金、租赁费和修理费;

(3) 进行科学研究、技术开发和新产品试制所发生的不构成固定资产的费用,购置样品机和一般测试仪器的费用;

(4) 按国家规定列入成本的职工工资、福利费、吨煤奖、特定原材料节约奖、技术改造和合理化建议奖;

(5) 按规定比例计算提取的工会经费和按规定列入成本的职工教育经费;

(6) 产品包修、包换、包退的费用,废品的修复费用或报废损失,停工期间支付的工资、职工福利费、设备维护费和管理费,削价损失和经同级财政机关批准核销的坏账损失;

(7) 财产和运输的保险费,契约、合同公证费和签证费,咨询费,专用技术使用费以及应列入成本的排污费;

(8) 流动资金贷款利息;

(9) 销售商品发生的运输费、包装费、广告费和销售机构的管理费;

(10) 办公费、旅差费、会议费、劳动保护用品费、冬季取暖费、消防费、检验费、仓库经费、商标注册费、展览会等管理费;

(11) 经财政部审查批准列入成本的其他费用。

下列费用不得列入产品成本:

(1) 应在基本建设资金、各种专项基金和专项经费中开支的费用;

(2) 应在企业留用利润中开支的奖金;

(3) 超出国家规定开支标准部分的各项费用支出;

(4) 基本建设借款中专项借款的利息,以及流动资金贷款的罚息;

(5) 应在企业留用利润中开支的各项赔偿金、违约金、滞纳金和罚款;

(6) 与本企业生产经营活动无关的其他费用。

B 成本管理内容

成本预测、成本计划、成本核算、成本控制、成本分析与成本考核工作。

41.4.1.2 生产费用分类

生产费用是生产经营过程中为产品生产、销售所耗费的全部费用。根据管理要求，生产费用可按表41-15进行分类。

表41-15 生产费用分类

分类原理	类 别	内 容	说 明	主要用途
按费用的性质与来源分	生产费用要素	1. 原料与主要材料、辅助材料 2. 外购燃料 3. 外购动力 4. 工资 5. 职工福利 6. 折旧费与维简费 7. 大修理基金 8. 利息支出 9. 其他支出	凡是企业内所发生的该项费用项目，都包括在该项中，例如工资项包括了各类人员的工资。动力包括了基本生产车间、辅助车间等所需的动力	制订年生产费用计划，计算总产值与净产值
按用途分	成本项目	1. 原材料与辅助材料 2. 燃料与动力 3. 工资与福利 4. 车间经费 5. 企业管理费 6. 销售费用	1）计算产品成本即按此类项目进行（每项包括内容见成本计算），1~4项为车间成本；1~5项为工厂成本（又称生产成本）；1~6项为销售成本（又称完全成本） 2）各企业根据本企业的生产与成本管理特点，经主管部门同意计算产品成本时可对成本项目进行合并或分拆	核算、分析、控制、预测成本等各管理环节
按与产量关系分	固定费用（固定成本）与变动费用（变动成本）	凡纳入产品成本的所有生产费用	费用的发生额大小与产量多少无关的称为固定费用，例如办公费、折旧费等；凡随着产量增减而增减的费用称为变动费用，例如计件工资，按产量定额消耗的材料等	量—本—利分析和其他经营决策
按计入成本的方式分	直接费用（又称直接成本）与间接费用（又称间接成本）	凡纳入产品成本的所有生产费用	仅与某一产品有关的费用，计算该产品成本时把该费用直接计入某一产品，称该项费用为某一产品的直接成本；与几个产品同时有关的费用，称该项费用为该几个产品间接成本。核算产品成本时，需按一定方法把该项费用分摊到各产品成本中去	计算、分析产品成本
按岗位责任分	可控费用（或可控成本）与不可控费用（或不可控成本）	凡纳入产品成本的所有生产费用	某一部门或某一岗位对某费用的大小在一定程度上可以加以控制，称该项目费用为某一部门或某一岗位的可控费用（或称可控成本）。反之，为不可控费用，例如办公费对管理人员来说是可控成本，对生产工人来说是不可控成本	建立经济责任制与实行责任成本

41.4.1.3 成本预测与计划

A 成本预测

成本预测是在调查研究和掌握有关数据的基础上，对未来时期生产的产品或提供的劳务成本进行预计和测算，为成本计划和分析提供依据。

成本预测的内容：预测有关因素的变化对可比产品成本的影响；确定经营产品成本水

平和目标成本；预测成本计划在执行过程中完成的程度。

成本预测程序与前述经济预测程序相同。

成本预测方法主要有：

（1）调查研究及经验估算。参照国内外或本企业历史同样产品成本的先进水平，或上年实际成本，综合计划期技术经济可能变化的因素，进行分析研究，预测成本降低的可能性及实现目标成本的保证程度，进而确定成本计划。

（2）成本项目变动预测分析法。根据计划期有关因素的变化，按成本项目预测其影响成本升降的程度。计算公式如下。

1）变动费用降低对产品成本的影响程度为：

$$\begin{matrix}\text{产品成本}\\\text{降低率}\ \%\end{matrix}=\Sigma\left(\begin{matrix}\text{各变动费用分别占}\\\text{产品成本的比重}\ \%\end{matrix}\times\begin{matrix}\text{该变动费用}\\\text{计划降低率}\ \%\end{matrix}\right)$$

2）固定工资的变化对产品成本的影响程度为：

$$\begin{matrix}\text{产品成本}\\\text{降低率}\ \%\end{matrix}=\begin{matrix}\text{固定工资占}\\\text{成本的比重}\ \%\end{matrix}\times\left(1-\frac{1\pm\text{平均工资增加率}}{1\pm\text{劳动生产率提高率}}\right)$$

3）车间经费与企业管理费（固定费用部分）和产品产量变化对降低成本的影响程度为（以车间经费为例）：

$$\begin{matrix}\text{产品成本}\\\text{降低率}\ \%\end{matrix}=\begin{matrix}\text{车间经费占}\\\text{成本的比重}\ \%\end{matrix}\times\left(1-\frac{1\pm\text{车间经费增加率}}{1\pm\text{产量增加率}}\right)$$

设某矿矿石上年单位实际成本为100元/吨，各成本项目占成本比重及其计划年内计划降低率如表41-16，如果计划期矿石产量增加10%，劳动生产率提高8%，固定工资部分增加5%，则计划期内矿石各项成本项目影响程度及其单位成本如表41-16所列。

表41-16　成本项目计划降低表

成本项目	成　本（元/吨）	上期成本项目占实际成本比重（%）	计划期成本项目降低率（%）	对单位成本降低率（%）
材　料	30.00	30	5	1.5
动力与燃料	20.00	20	6	1.2
工资（变动部分）	20.00	20	5	1.0
工资（固定部分）	10.00	10	增加5%	0.3
车间经费	8.00	8	8	1.3
企管费	12.00	12	10	2.2
合　计	100元			7.5
计划年内该矿石单位成本为：100元×(1−7.5%)=92.50元				

（3）先确定目标利润，然后从下列公式中确定目标成本。

计划成本（目标成本）=销售收入−目标利润−税金

式中，目标利润是产品销售利润，税金是产品税和矿产资源税或增值税。

（4）通过历史成本分析确定计划成本。把企业历史的实际成本划分为固定成本和变动成本两部分，然后根据成本与产量或产值关系来确定计划成本，其成本预测方程为：

$$Y=a+bX$$

式中　Y——总成本；

a——回归系数，此处即为固定成本总额；

b——回归系数，此处即为单位产品变动成本；

X——产品产量或产值。

［算例］　现对表41-17的样本数据进行成本预测。

表41-17　成本预测计算

月　份	1	2	3	4	5	6	合　计
产量（X）万吨	2	6	4	8	12	10	42
总成本（Y）万元	24	34	28	34	46	38	204
XY	48	204	112	272	552	380	1568
X^2	4	36	16	64	114	100	364

$$b = \frac{n\Sigma XY - \Sigma X\Sigma Y}{n\Sigma X^2 - (\Sigma X)^2} = \frac{6 \times 1568 - 42 \times 204}{6 \times 364 - 42^2} = 2$$

$$a = \frac{\Sigma Y - b\Sigma X}{n} = \frac{204 - 2 \times 42}{6} = 20(\text{万元})$$

相关系数为

$$R = \frac{6 \times 1568 - 42 \times 204}{\sqrt{(6 \times 364 - 42^2)(6 \times 7232 - 204^2)}} = 0.973$$

查临界相关系数表（取显著性水平0.05），$R_0 = 0.811$，$R > R_0$，相关检验通过。于是成本预测方程为：

$$Y = 20 + 2X$$

如计划产量为15万吨，其总成本为：

$$Y = 20 + 2 \times 15 = 50(\text{万元})$$

单位成本为：

$$50 \div 15 = 3.33\ \text{元/吨}$$

B　成本计划

成本计划工作是以统一的货币形式，预先规定企业在计划期内各产品的成本水平，以及预先确定可比产品成本降低任务和降低成本主要措施的一种工作。

成本计划内容，一般包括：(1) 主要产品单位成本计划；(2) 全部商品产品成本计划，其中包括可比产品和不可比产品的单位成本、总成本以及可比产品成本降低额和降低率；(3) 生产费用计划（又称生产费用预算）。另外，企业为了某项生产经营活动的需要，有时还编制专项的成本计划，如材料采购成本计划、新产品试制成本计划等。

编制成本方法：在分级核算的情况下，一般采取自下而上的步骤，即先由坑口、车间编制车间成本计划，然后由企业根据各坑口、车间计划，经过与企业其他有关计划指标反复平衡后，编制企业成本计划。

在一级核算的情况下，直接由企业计划或财务部门编制成本计划方案，经有关科室、车间和群众讨论后确定。

41.4.1.4 成本控制

成本控制是指用一定标准对产品成本形成过程进行监督，并采取有效措施及时纠正超出标准的偏差，使实际的劳动消耗和各种费用支出限制在规定的标准范围之内，保证达到降低成本目标的一项成本管理工作。

成本控制内容有三个方面：

A 成本形成前即采矿生产前的控制

（1）在保证完成企业降低成本目标的前提下，规定各部门、各生产环节和职工进行成本控制的具体标准。

（2）根据控制范围和标准，下达有关成本费用指标，落实到单位、个人的经济责任和核算的办法中。

（3）建立与健全计量制度，配备计量器具，防止计量不实造成的浪费和虚报现象。

（4）根据成本目标，按不同内容确定不同的控制期（日、周、旬、月）及其费用支出标准。

B 成本形成过程中即采矿过程中的控制

（1）建立反映出现差异的信号凭证和报表，规定信息反馈传递程序。

（2）计算超出标准的偏差，评价成本执行情况。

（3）分析偏差发生的地点、原因和责任者，制定纠正偏差措施，明确改进措施的执行人和具体时间。

（4）及时向有关领导或部门报告成本目标的执行情况。

C 成本形成后即采矿生产后的控制

（1）建立经济责任仲裁制度，明确造成浪费损失的责任者。

（2）把成本降低目标的执行情况同奖励联系起来，按照降低成本的成果大小，确定奖金分配标准。

（3）制定下一步防止浪费的措施等。

表 41-18 成本项目表

①	②	③	④	⑤	⑥$_1$	⑥$_2$	⑦	⑧
原料及主要材料	辅助材料	生产工人工资及工资附加费	工艺过程用动力	工艺过程用燃料	采矿车间经费	选矿车间经费	企业管理费	销售费

①→⑤ 采矿车间直接成本

①→⑥$_1$ 采矿车间成本

①→⑥$_2$ 精矿粉车间成本

①→⑦ 采选矿石的工厂成本（生产成本）

①→⑧ 采选矿石的完全成本（销售成本）

41.4.1.5 成本核算与分析

A 成本核算

成本核算是对企业生产和销售矿产品的各项费用支出进行审核与控制，并且按照费用的用途和发生地点进行汇总与分配，最后计算出产品总成本和单位成本。

矿山企业一般包括采、选两部分，企业应分别计算采出原矿和选出精矿的单位成本、总成本。可按表41-18核算成本的项目。

a 直接成本的各项内容及其计算方法

采出矿石直接成本是按采准、回采、运输、破碎、通风、排水及充填等几个环节（或称作业）分别计算。然后相加汇总成为采矿车间直接成本：

（1）原料及主要材料。采矿中原料是指矿体，因它不计价值，采矿成本中可不列此项。选矿车间精矿石成本中的原料是指原矿石。

（2）辅助材料。是指上述几个作业的辅助材料，如采准、回采等环节的炸药、雷管、坑木、导火线、导爆线、钎子钢、硬质合金及其他材料，运输环节的润滑油、汽油、柴油、内外轮胎、钢丝绳、皮带等。辅助材料可分为定额材料和非定额材料两部分分别计算：

$$\text{定额材料费用} = \text{单位消耗量} \times \text{单价}$$

单位消耗量可采用企业实际的平均先进定额或者矿山专业设计中的单位消耗量。

非定额材料，可按规定每吨矿耗用金额来控制，或者按定额材料费用总和的百分数计算。其数值可采用现场历年来所发生的经验数字。

（3）工艺过程使用的动力费用是指上述几个作业所消耗的电力和压气等动力的费用。

$$\text{单位产品电费} = \text{单位耗电量} \times \text{单位价格}$$

单位耗电量，根据设备本身的功率和工作时间，或各个环节电表实际用量计算。

$$\text{单位耗电量} = \frac{\text{该作业昼夜耗电量}}{\text{昼夜产量(工作量)}}$$

$$\text{单位电价} = \frac{\begin{matrix}\text{外购电}\\\text{力费用}\end{matrix} + \begin{matrix}\text{变电车间工人}\\\text{工资及附加费}\end{matrix} + \begin{matrix}\text{辅助}\\\text{材料}\end{matrix} + \text{折旧费} + \text{修配费} + \begin{matrix}\text{车间}\\\text{经费}\end{matrix}}{\text{总耗电量}}$$

单位耗风量一般根据凿岩机开动台班分别计算。

单位风价就是压气车间单位成本。

$$\text{单位风价} = \frac{\begin{matrix}\text{车间生产工人工资}\\\text{及工资附加费}\end{matrix} + \text{电力费} + \text{材料费} + \text{折旧费} + \text{维修费} + \text{车间经费}}{\text{总耗风量}}$$

（4）车间生产工人工资，是指参加该项工作的基本生产工人和辅助生产工人的工资。

$$\text{单位产品工资费用} = \frac{\text{年工资总额} - (\text{病、伤、产假工资})}{\text{年产量(或工作量)}}, \text{元/吨}$$

$$\text{单位产品工时消耗} = \frac{8\text{小时}}{\text{产品定额(吨/(工·班))}}, \text{工时/吨}$$

$$\text{工时单价} = \frac{\text{单位产品工资费用}}{\text{单位产品工时消耗}}, \text{元/工时}$$

或者，

$$\text{工时单价} = \frac{\text{月平均工资}}{\text{每个工人每月计划工作日数} \times 8}, \text{元/工时}$$

（5）生产工人工资附加费，是指按照国家规定的工人工资总额的一定比例提取的，用于企业福利事业的费用。例如劳动保险金、工会经费、医药卫生补助金、福利补助金。

b　采矿车间直接成本计算方法

采矿生产过程各环节直接成本相加，即可得到采矿车间直接成本。在汇总时还必须做好以下几方面工作：

（1）各环节单位成本换算成统一的采出单位矿石直接成本。

（2）采准、生产探矿的费用应分期摊销。本期（本年度）采矿准备工作不仅是为了使本期的采矿工作能顺利进行，同时也为下期（下一年度）的采矿工作做好准备。为了正确计算产品成本，该费用不应由本年度采矿全部负担，而应分期摊入成本，分摊方法是

$$本期摊销费 = 本期摊销量 \times 计划平均单位采准成本$$

式中　本期摊销量 = 本期采矿量（万吨）×平均采掘比，米/万吨

$$平均采掘比 = \frac{本期采准工作量 + 上期结转采准工作量}{本期新增采准矿量 + 上期结转采准矿量},米/万吨$$

$$计划平均单位采准成本 = \frac{上期结转采准总费用 + 本期采准总费用}{上期结转采准工作量 + 本期采准工作量},元/米$$

本期摊销费求得以后，从上期结转采准总费用和本期采准总费用扣除本期摊销费，就是结转下期的待摊销费用。生产探矿费用也用同样方法计算。

当采准和生产探矿等工作如有副产矿石时，应先从其总成本中减去副产矿石的价值，再求出单位直接成本。

（3）采矿费用。在采落矿石后立即放矿的采矿工作面所发生的费用，应计入本年采矿成本；当采用留矿采矿法或大量落矿采矿法时，矿石不能立即放出，在年末或年初都有存窿矿石，在这种情况下采矿费用就由前期、本期两部分组成，其计算方法如下：

$$前期采矿费用 = \frac{上年度每吨矿石采矿直接成本 \times 年初存窿、本年放出矿量}{本期年产量},元/吨$$

$$本期采矿费用 = \frac{本年度每吨矿石采矿直接成本 \times (本年采矿量 - 年末存窿矿量)}{本期年产量},元/吨$$

（4）通风、运输、排水等环节和辅助车间（供电、压气、供水），除为生产服务外，还为企业的基本建设、大修理、地质勘探工程服务，在计算成本时，要先扣除它们应负担的费用，余下的由生产负担。分摊方法是根据各单位用量多少，分别算出分摊百分率后，确定各自的费用。

c　间接费用的计算方法

矿石的车间（坑口）成本、工厂成本和商品完全成本是由直接成本分别加上车间（坑口）经费、企业管理费和销售费等间接费用进行计算的。

（1）车间（坑口）经费，是车间（坑口）管理部门为管理和组织本车间（坑口）生产而发生的各种管理费用，业务费用，以及不能直接计入产品成本的机器设备维护、修理、折旧等费用。

车间（坑口）经费在作业成本计划中是逐项计算的。在设计时常用类似企业单位产品车间经费指标计算。车间（坑口）如果生产多种矿石，车间经费应分摊到各产品中去，分

摊办法可用直接成本的百分比进行。

(2) 企业管理费，是企业为管理和组织整个矿山生产而发生的属于全矿性的管理费用和业务费用，如行政人员工资及其附加费，管理工具费，折旧费，办公费等。

(3) 销售费，是企业在销售产品过程中所发生的各种费用，如包装运输、宣传广告等费用。

B 成本分析

a 产品成本完成情况分析

主要分析单位产品成本、总成本完成程度，其中可比产品成本降低的完成情况计算式为：

$$\text{可比产品成本实际降低额} = \text{可比产品按实际产量和上年实际平均单位成本计算的总成本} - \text{可比产品按实际产量和本年实际平均单位成本计算的总成本}$$

$$\text{可比产品成本实际降低率} = \frac{\text{可比产品成本实际降低额}}{\text{可比产品按实际产量和上年实际平均单位成本计算的总成本}} \times 100\%$$

b 各成本项目对产品成本影响程度分析

其分析方法通常用构成比率分析法和因素分析法，参见本章41.4.4。

41.4.1.6 降低产品成本的主要途径

矿山企业降低产品成本的主要途径有：

(1) 节约材料、燃料和动力消耗。正确地制定各种物质消耗定额，并据此控制物质耗用数量；改进生产技术，加强材料回收复用，积极利废代用。矿山生产中除炸药、雷管是一次性消耗外，其余许多材料，如坑木、电缆、钢丝绳、胶管、金属支架、钻头、钢钎等，能在生产中重复使用，应加强回收；通过选择合理的爆破参数，消除在供应、运输、保管中的浪费，以节约爆破材料；正确选择电机容量，提高功率因数，采用合适断面的电缆，保证电机正常负荷等；节约凿岩压气，合理布置压气管路，加强管路的维护检修，减少管路损失。

(2) 提高劳动生产率。不断地改善生产组织和劳动组织；贯彻按劳分配原则和精神文明与物质文明一起抓的方针，调动职工积极性；采用先进技术，提高机械化、自动化水平；改善环境，加强安全工作；加强职工培训，提高职工文化水平和技术素质。

(3) 合理利用机器设备，提高设备利用率和生产率。合理地选择、购置、使用设备，正确地制定设备利用定额，建立和健全设备各项管理制度；改善劳动组织，消灭不合理停工时间，增加设备运转时间；搞好设备维护、保养、修理和技术改造，提高设备完好率；及时处理不需用设备，减少闲置设备，充分利用设备生产能力等。

(4) 节约管理费用和减少非生产性开支，精减机构，减少非生产人员；严格遵守财政纪律，减少各项管理费用。

41.4.2 资金与利润管理

41.4.2.1 固定资金管理

A 固定资金的概念与来源

a 固定资金概念

企业用于房屋、构筑物、机器设备、运输工具等劳动资料方面的资金称为固定资金，其实物形态称作固定资产。在我国，列为固定资产的，应同时具备两个条件：（1）使用期限在一年以上；（2）单位价值在规定的限额以上（按照国家现行制度规定，小型企业为200元，中型企业为500元，大型企业为800元）。不同时具备这两个条件的，则列为低值易耗品。在矿山企业中，有些设备的使用期和单价虽然在限额以上，由于数量多，流动性大，更换频繁，根据规定不作为固定资产，例如7.5kW以下的电动机、10kVA的变压器、电钻、风镐、小风扇等作为低值易耗品，归属流动资金。

b 固定资金的来源

（1）国家财政拨款。它是由国家财政部按照批准的基本建设计划和基本建设财务计划，通过中国人民建设银行办理的基本建设投资拨款。

（2）企业内部形成的更新改造资金、生产发展基金和后备基金。

（3）科技三项费用和其他专项拨款中属于添置设备和土建工程部分的。

（4）专项借款中购置的固定资产及补偿贸易中引进的设备。

（5）经批准由其他单位无偿调入的固定资产等。

B 固定资产分类

固定资产分类见表41-19。

表41-19 固定资产分类

类别	内容
工业用固定资产——直接参加生产过程或直接服务于生产过程的固定资产	厂房：各车间使用和企业各行政管理部门所使用的房屋及其附属物； 构筑物：为生产或直接服务于生产的构筑物，如矿井巷道，运输用的铁路等； 动力设备：用于产生热能、电能或机械能的各种机器及其附属设备，如锅炉、发动机、变压器、水泵等； 传导设备：用于传送电力、热力、风力、其他动力和液体、气体的各种设备，如输电线路，气管、风管等； 生产设备：用于产品生产的工作机器和设备，如采矿机械和选矿机械等； 运输设备：运送货物或供人乘坐的各种陆地、水上和空中的运输工具。如机车、汽车、提升机、矿车等； 工具仪器和生产用具：工具有独立用途或同时为多台机器服务的工具、仪器和用具。如测量仪器、信号灯等； 管理工具，如写字台、沙发、保险柜、打字机、计算机等。 其他：指不属上述各类的其他各种工业用固定资产
非工业生产用的固定资产	住宅、公共设施：如职工宿舍、招待所、生活用锅炉房等； 文化生活设施：如学校、图书馆、俱乐部、浴室等。 卫生保健用固定资产，如医院、疗养院等
未使用固定资产	尚未开始使用、停止使用或调拨中固定资产
不需用固定资产	指不适合本企业生产需要，已经报上级机关等待处理的固定资产
封存的固定资产	经企业主管部门和同级财政部门批准封存不用的设备
出租的固定资产	出租给外单位使用的固定资产
土地	已经估价单独入账的土地，因征用地而支付的补偿费，应计入与土地有关的房屋、建筑物的价值内

C 固定资产折旧

（1）固定资产因磨损而转移到产品中去的那部分价值，称为固定资产折旧。折旧为产品成本的一部分，从产品销售收入中回收相应的货币资金，形成折旧基金。此外，为了维持固定资产正常生产能力，而进行的大、中、小修理的中、小修理费用直接计入产品成本，而大修理费用则要用预提的方法计入产品成本，从销售收入中回收后形成大修理基金。

（2）计算、提取折旧的范围。对土地、未使用和不需使用的固定资产，经企业主管部门和同级财政部门批准封存的固定资产，因购置不当、生产不需要、严重毁损的或因停产、转产，基本建设、技术改造而拆除的房屋、设备、连续停工一个月以上的企业，在停工期内未使用等设备可不提取折旧。但对房屋、建筑物不论使用与否，以及季节性停用或因大修理停用的固定资产仍要提取折旧；采用综合折旧率计算折旧的企业，已达原定使用年限仍在继续使用的固定资产，可以继续提取折旧；由于社会技术进步，以先进设备替换落后设备，经企业主管部门审定，同级财政机关批准，未达原定使用年限而报废的固定资产，可以补提折旧；采用个别折旧率或分类折旧率计算折旧的企业，已经提足折旧额的固定资产，不再提取折旧，但对提前报废尚未提足折旧额的固定资产，应补提折旧额。月份内增加的固定资产，当月不提折旧，对月份内减少的固定资产，当月按规定提取折旧；季节性生产企业的生产设备，其全年要提折旧，要在生产期间内全部提足，计入生产期成本。

（3）计算、提取固定资产折旧的方法

1）平均年限法，又称定额折旧法。计算公式为：

$$\text{固定资产年折旧额} = \frac{\text{原始价值} - (\text{残值} - \text{清理费用})}{\text{使用年限}}$$

在实际工作中，固定资产的折旧额 = 固定资产原值 × 该固定资产折旧率。折旧率是折旧额占固定资产原始价值的比率。

$$\text{固定资产年折旧率} = \frac{\text{年折旧额}}{\text{原始价值}} \times 100\% = \frac{\text{原始价值} - (\text{残值} - \text{清理费用})}{\text{使用年限} \times \text{原始价值}} \times 100\%$$

$$\text{固定资产月折旧率} = \frac{\text{年折旧率}}{12}$$

此法中折旧率分为：以每项固定资产为单位计算的个别折旧率（或称单项折旧率）；以性质、结构和使用年限相近固定资产类别计算的分类折旧率；以企业全部固定资产综合计算的综合折旧率。

2）产量法

对不常使用的设备计提折旧，按其工作时间计算：

$$\text{本期折旧额} = \frac{\text{原始价值} - (\text{残值} - \text{清理费})}{\text{使用年限内工作班(时)}} \times \text{本期实际工作班(时)}$$

维简费按其产量计算：

$$\text{本期折旧额} = \frac{\text{井筒、巷道等原始价值} - (\text{残值} - \text{清理费})}{\text{使用年限内计划总产量}} \times \text{本期实际生产总量}$$

$$= \text{维简费提取率(元/吨)} \times \text{本期实际生产总量(吨)}$$

维简费主要用于补充消失的生产能力、维持简单再生产所必须的井巷工程、生产设备和设施的更新补充，以及适当的文化生活设施。

车船计提折旧：

$$本期折旧额 = \frac{车、船原始价值 - (残值 - 清理费)}{使用年限内行驶里程} \times 本期实际行驶里程$$

3）余额递减法

$$年折旧额 = 年初折余价值 \times 年折旧率$$

式中 年初折余价值是指年初尚未折旧的价值。

$$R = 1 - \sqrt[n]{V_n/V}$$

R——年折旧率；

n——折旧年限；

V_n——净残值；

V——原值。

4）年数比率法

$$D_t = R_t(V - V_n) = \frac{(n - t) + 1}{n(n + 1) \div 2}(V - V_n)$$

式中 D_t——第 t 年提取的折旧额；

t——使用年份；

R_t——第 t 年的折旧率；

其余同上式。

D 年大修理费和月大修理费

$$年大修理费 = 固定资产原值 \times 年大修理费用提存率$$

$$月大修理费 = \frac{年大修理费}{12}$$

E 固定资产利用情况考核

(1) 采矿工业企业固定资产利用情况综合指标：

$$同类设备生产能力利用率 = \frac{设备运转时间}{日历时间} \times \frac{单位时间实际产量}{产量定额} \times \frac{运转设备数}{设备总数}$$

$$= 时间利用率 \times 强度利用率 \times 广度利用率$$

反映企业机器设备技术状况的指标：

$$设备完好率 = \frac{设备完好台数}{考核设备总台数} \times 100\%$$

(2) 综合反映固定资产使用经济效果指标：

$$固定资产产值率 = \frac{全年工业总产值}{固定资产年平均占用总额} \times 100\%$$

$$百元总产值占用固定资金 = \frac{固定资金年平均占用额(元)}{全年工业总产值(百元)}$$

$$固定资产利税率 = \frac{全年利税总额}{固定资产年平均占用总额} \times 100\%$$

41.4.2.2 流动资金管理

A 流动资金

在企业生产经营活动中，用于购买原材料、辅助材料、支付工资以及其他生产周转所需要的资金，称为流动资金。

流动资金分类如图41-14所示。

- 企业流动资金
  - 生产领域流动资金
    - 储备资金—生产前准备资金，如炸药、雷管、导爆索、浮选油、钢球等
    - 生产资金—在制品、半成品、待摊费用，如已采下在矿房中未放出矿石，矿仓存放矿石等
  - 流通领域流动资金
    - 成品资金—在库存中产成品所占用的资金
    - 结算资金—发出商品，应付购货款
    - 货币资金—银行存款、库存现金

（储备资金、生产资金、成品资金为定额流动资金；结算资金、货币资金为非定额流动资金）

图41-14 流动资金分类图

B 流动资金需要量的确定

a 因素分析法

流动资金定额 =（上年实际平均占用额 - 超储积压额）×（1 + 计划期生产增长率）×（1 - 资金计划节约率）×（1 ± 价格平均升降率）

b 比例法

如按产值资金率计算，则

流动资金定额 = 计划期总产值 × 计划产值资金率 = 计划期总产值 × 上期产值资金率 ×（1 - 资金计划节约率）×（1 ± 价格平均升降率）

c 余额法

根据有关资金项目的计划余额来确定金额。此法常用在下列情况：

（1）某些不常用、不易购买的又需要有一定数量储备的材料。

某种材料储备资金定额 =（该材料上年度占用资金余额 - 超储积压额）×（1 + 计划期生产增长率）×（1 - 资金计划节约率）×（1 ± 价格升降率）

（2）生产资金中待摊费用的计算

待摊费用资金定额 = 上年待摊费用余额 + 计划期发生额 - 计划期待摊额

d 其他方法

在设计新矿山时，企业定额流动资金的确定常用下列各法：

（1）定额流动资金额 = 企业年总成本 × 成本资金率

（2）当资料比较详细时，可参照类似企业流动资金定额，按储备资金、生产资金、成品资金分别计算。

储备资金按先进的消耗定额和合理的储备进行估算：

某项材料资金定额 = 某项材料平均日消耗量 × 计划单价 × 储备定额日数

储备定额天数是指购买某材料付款日起至该材料投入生产日所需天数。

生产资金定额，对采矿坑口而言，是指从采矿日起到运出矿石破碎止期间所需的流动资

金；对选矿车间是指从破碎日起至精矿入库日止期间所需流动资金，包括生产过程中的在产品、半成品和待摊费等所需资金。

$$\text{在产品资金占用额} = \Sigma(\text{在产品结存数量} \times \text{单位产品生产成本} \times \text{在产品系数})$$

$$\text{成品资金定额} = \text{该成品平均每日入库的成本额} \times \text{成品资金周转期(即定额天数)}$$

$$= \frac{\text{该成品计划期产量} \times \text{单位计划成本} \times \text{成品资金周转期}}{\text{计划期天数}}$$

式中，成品资金周转期是指成品验收入库之日起至销售后收到款之日止所需时间。

C 流动资金利用情况考核

a 利用效率的考核

生产经营过程中流动资金利用效率，常用流动资金周转率表示，其形式有两种：

$$\text{周转次数}\ n = \frac{\text{年度商品销售收入总额}\ S}{\text{流动资金年平均占用额}\ D}, \text{次/年}$$

$$\text{周转天数} = \frac{360}{\text{年周转次数}}, \text{d}$$

$$\text{月度流动资金平均占用额} = \frac{\text{月初流动资金占用额} + \text{月末流动资金占用额}}{2}$$

季内3月平均可求得季度流动资金平均占用额，年内4季平均则得年度流动资金平均占用额。月初、月末流动资金占用额，可以采用其余额。

例如某企业年精矿粉销售收入为2000万元，年流动资金平均占用额为100万元，每年计划周转次数为20次，每次周转天数为18天。如果资金周转次数增加2次，则给企业带来的经济效果见表41-20。

表41-20 流动资金利用效果表

使用情况	周转次数（n）次/年	周转天数（t）天/次	年销售收入（S）万元	年平均流动资金（D）万元
原计划	20	18	2000	100
D不变，n增加	22	16.36	2200	100
S不变，n增加	22	16.36	2000	90.9

可见，当D不变，n增加2次时，S从2000万元增加到2200万元，年销售收入增加10%；当S不变，n增加2次时，D从100万元减少到90.9万元，流动资金平均占用额下降9.1%。

b 利用效果的考核

流动资金利用后所取得经济效果大小的指标常有：

$$\text{百元产值流动资金占用额} = \frac{\text{流动资金占用额}}{\text{工业总产值}} \times 100\%$$

$$\text{流动资金利税率} = \frac{\text{利税额}}{\text{流动资金占用额}} \times 100\%$$

D 加速流动资金周转的主要途径

(1) 加强储备资金管理。做到消耗有定额，用料有计划，不断采取措施，降低消耗定额,简化用料品种；加强库存物资的管理，按照经济批量，确定最合适的采购数量，及时清查库存物资，并积极处理。

（2）改善生产资金的管理。合理确定中间矿仓贮矿量，减少在制品所占用的资金；根据矿床赋存条件、开拓方式、采矿方法合理确定三级矿量保有指标；减少待摊费用所占的资金。

（3）加强产品成品资金管理。按销售计划、交货期组织生产，及时销售；改进结算工作，及时收回货款等。

41.4.2.3　专项资金管理

企业生产经营资金以外的，有特定来源，供一定专门用途的资金，称为专项资金。其种类、来源、用途见表41-21。

表41-21　企业专项资（基）金类别、来源、用途

类别	来　源	用　途
更新改造资金	折旧基金； 维简费； 固定资产变价收入（包括固定资产有偿调拨价款和固定资产清理报废的残值收入）； 出租固定资产的租金收入（减折旧费）； 留给企业管理的“三废”产品净利润； 企业主管部门或财政部门拨款； 其他收入	设备更新和房屋建筑物等固定资产的重建； 在原有固定资产基础上进行的技术改造和技术措施； 综合利用、治理“三废”等措施； 劳动保护、安全措施等； 零星固定资产购置，零星自制设备和零星土建工程开支
大修理基金	按固定资产原值和大修理提存率计算的预提费，纳入成本，产品销售后回收	固定资产大修。（如大修结合固定资产更新改造，则可以与更新改造结合起来使用）
生产发展基金	企业留利中提取	可以与更新改造基金结合起来，此外，也可用于补充企业所需的流动资金
后备基金	企业留利中提取	企业发展中遇到特殊情况时用于补偿生产发展基金和奖励基金
职工福利基金	按职工工资总额的一定比例提取，纳入产品成本，产品销售后回收； 企业留利中提取	职工与其直系亲属医药费，医务人员工资； 职工生活困难补助； 集体福利设施支出； 职工食堂、炊具的购置与修理
职工奖励基金	企业留利中提取	职工奖励
科研费	企业留利中提取 有关部门、单位科研项目拨款	科学研究； 中间试验

41.4.2.4　利润管理[11]

A　利润的概念

社会主义工业企业的利润是销售产品和提供劳务而获得的总收入，扣除全部成本和营业外净支出以后所剩的金额，是职工在生产过程中创造的而在销售过程中实现的。利润指标可分为利润额和利润率。

（1）利润额表示企业在一定时期内取得的利润总额。

利润总额 = 产品销售利润 + 其他销售利润 ± 营业外收支净额

产品销售利润是指企业销售自制产品所得的利润。

产品销售利润 = 产品销售收入 − 产品销售成本 − 产品销售税金 − 资源税 − 教育费附加 − 城市维护建设税

产品销售税金（即产品税）= 产品销售收入 × 税率（国家规定）

资源税额 = 应税产品销售收入 × 适用税率

式中，适用税率，是根据产品销售利润率所规定的超额累进率来确定的：销售利润率不超过12%，不交纳资源税；销售利润率超过12% ~20%的部分，销售利润率每增加1%，税率累进0.5%；销售利润率超过20% ~25%的部分，销售利润率每增加1%，税率累进0.6%；销售利润率超过25%以上部分，销售利润率每增加1%，税率累进0.7%。

教育费附加 =（产品税或增值税或营业税）× 1%[12]

其他销售利润，是企业销售产品以外销售废料，外购商品、材料以及非工业性作业等所得的利润。

营业外收支净额，是指与企业生产经营无直接关系的收入和支出相抵后的差额。

营业外收入，如逾期包装物押金没收收入，收回调进职工欠款，产品价格津贴等。

营业外支出，如企业搬迁费，呆账损失，退休职工工资及其补贴，意外事件处理费用等。

（2）利润率指标。它表示企业在一定时期内的利润水平相对指标。计算公式有如下四种：

1）$成本利润率 = \frac{产品销售利润总额}{产品销售成本总额} \times 100\%$

2）$产值利润率 = \frac{产品销售利润总额}{产品产值（总产值或商品产值）} \times 100\%$

3）$资金利润率 = \frac{产品销售利润总额}{固定资金年平均占用额 + 流动资金年平均占用额} \times 100\%$

4）$销售利润率 = \frac{产品销售利润总额}{产品销售收入} \times 100\%$

四种利润率指标中资金利润率最为重要，可以作为同类企业或同一企业不同时期资金利用后的经济效益比较，但不能作为与不同行业比较的指标。

B 企业盈利分配

大中企业的盈利在国家、企业、职工个人之间的分配见表41-22。

小型企业按八级超额累进税制（见表41-23）纳税。

C 增加利润的途径

增加利润的途径概括为：（1）降低产品成本；（2）增加符合社会需要的产品产量；（3）提高产品质量；（4）减少流动资金占用量，节约流动资金借款利息；（5）严格控制营业外支出，增加营业外收入。

表41-22 企业盈利分配例表

项目	行次	说明与计算方法	金额(万元)
销售收入	(1)	产品税率为3%,(2)=(1)×3%(1+1%)	200.00
减:产品税与教育费附加	(2)	(3)=产品税×5%(大、中、小城市分别为7%,5%,3%)	6.06
城市维护建设税	(3)	销售成本为83.64万元	0.30
销售成本	(4)		83.64
销售利润	(5)	(5)=(1)-(2)-(3)-(4)	110.00
加:其他销售利润	(6)		10.00
加:营业外收入	(7)		2.00
减:营业外支出	(8)		21.00
资源税	(9)		0
企业利润总额	(10)	(10)=(5)+(6)+(7)-(8)-(9)	101.00
加:联营单位分来的利润	(11)		50.00
减:分给联营单位的利润	(12)		10.00
用于归还基建借款的利润	(13)		10.00
用于归还专项借款的利润	(14)		15.00
企业治理“三废”所得的利润	(15)		5.00
国外来料加工所得的利润	(16)		10.00
待业保险基金	(17)	(17)=工资总额×1%	0.20
应纳所得税的利润总额	(18)	(18)=(10)+(11)-(12)-(13)-(14)-(15)-(16)-(17)	100.80
减:所得税	(19)	(19)=(18)×55%	55.44
税后利润	(20)	(20)=(18)-(19)	45.36
减:能源交通基金	(21)	(21)=(20)×7%	3.1752
企业留利 企业留利后,建立五项基金: 奖励基金、福利基金 } 留利40% 后备基金、生产发展基金、新产品试制基金 } 留利60%	(22)	(22)=(20)-(21)	42.1848

另外:(1)增值税:计算方法有两种:

1)扣额法:应纳税额=(产品销售收入额-扣除金额)×税率

式中:扣除金额指为生产应税产品外购部分的金额

2)扣税法:应纳税额=产品销售收入额×税率-扣除项目的税额

式中:扣除项目税额指为生产应税产品的外购部分已纳税额

(2)房产税税额=原值×税率(税率国家规定)

(3)车、船税:

客车:应纳税额:以辆为单位交一定额。

货车:应纳税额=净吨位×税率(元/吨)

船:应纳税额=净吨位×税率(元/吨)

} 归属企业管理费,计入产品成本

41.4.3 矿山企业经济核算[14]

41.4.3.1 矿山企业经济核算的内容与方法

矿山企业经济核算是指对矿山生产经营活动中劳动消耗、资金占用和经济效果进行计

表 41-23 八级超额累进税率表

级 数	所 得 税 级 距	税率（%）	速算扣除数（元）
1	全年所得额在 1000 元以下	10	0
2	超过 1000 元至 3500 元部分	20	100
3	超过 3500 元至 10000 元部分	28	380
4	超过 10000 元至 25000 元部分	35	1080
5	超过 25000 元至 50000 元部分	42	2830
6	超过 50000 元至 100000 元部分	48	5830
7	超过 100000 元至 200000 元部分	53	10830
8	超过 200000 元以上部分	55	14830

划、记录、计算、控制和分析等工作。

全面经济核算是指：(1) 全厂的，即整个企业的生产、技术，经营管理，生产服务等各个领域都要实行经济核算；(2) 全员的，即从企业领导、管理人员、技术人员一直到生产工人等各类人员都应参与经济核算；(3) 全过程的，即从建厂、开采设计、生产、销售一直到为用户服务等诸环节均要实行经济核算。

矿山企业经济核算的内容，包括以下五个方面。

A 生产成果核算

生产成果主要有矿石或精矿，核算指标有反映其使用价值的品种、质量、产量和价值形态的总产值，商品产值、净产值等。

产品品种有原矿石、精矿、副产精矿粉等。

工业总产值是以货币表现的矿产品总量。它是研究国民经济比例关系，计算劳动生产率的重要依据。它采用《工厂法》计算，即按企业最终生产成果计算。计价有两种：一种是在一定时期全国统一使用的不变价格；另一种是在报告期内国家调拨用的现行价格。通常采用前一种价格计算，便于将不同时期总产值进行对比和分析，以观察企业生产增长速度。

商品产值是企业在报告期内能生产的并用作销售的产品价值。如仅有采矿的企业，则是指销售矿石的价值；如是采选企业，则它包括：1) 用本企业矿石进行选矿而得的精矿价值；2) 用其他企业采出的矿石进行选矿而得的精矿价值；3) 工业性作业价值。

净产值是本企业生产经营活动所创造的价值，它等于总产值中扣除了物质消耗以后的价值。包括产品销售利润、产品销售税金、工资总额、职工福利基金、企业利息支出等。

B 劳动工资核算

劳动工资核算指标有劳动生产率、职工人数和工资总额。

劳动生产率常用的指标见表 41-24。

考核中以原矿全员劳动生产率为主。

职工人数指标有两种：时点人数与平均人数。职工人数就其性质来说属于时点现象。某一时期末最后一天的“期末人数”，是编制和检查职工人数计划、研究人员比例的重要指标。平均人数是指在一个时期内平均每天有多少人，其计算公式是：

$$\text{月平均职工人数} = \frac{\text{月初职工人数} + \text{月末职工人数}}{2}$$

$$季(或年)平均职工人数=\frac{\sum 季(或年)内各月平均职工人数}{3(或12)}$$

工资总额是指企业在一定时期内以货币形式支付给职工的劳动报酬总额。它包括标准工资、经常性奖金、工资性津贴、其他工资。

表41-24 劳动生产率常用指标

指 标	计 算 方 法
企业全员劳动生产率	$\frac{本期工业总产值}{本期企业全部职工平均人数}$，元/（人·年）
原矿全员劳动生产率	$\frac{本期原矿总产量}{本期企业全部职工平均人数}$，吨/（人·年）
原矿生产人员劳动生产率	$\frac{本期原矿总产量}{本期原矿生产人员工作工日数}$，吨/（工·日）
回采工人劳动生产率	$\frac{本期回采矿量}{本期回采工人工作工日数}$，吨/（工·日）
掘进工人劳动生产率	$\frac{本期掘进工作量}{本期掘进工人工作工日数}$，米/（工·日）
采场凿岩工人劳动生产率	$\frac{回采矿量}{凿岩工人工作工日数}$，吨/（工·日）

C 资金占用核算

从一个企业来看，生产一定数量的产品，所占用资金（其中包括固定资金和流动资金）数量减少，或者占用同样数量资金，生产更多产品，都可以增大经济效益。从整个社会来看，企业占用的资金越少，社会上可以利用的资金越多，可以加快社会主义建设速度。所以，资金占用的核算，是企业经济核算的重要内容之一。资金占用的主要核算指标，参见本章41.4.2.1与41.4.2.2。

D 产品成本核算

产品成本核算主要是核算产品的单位成本和总成本，可比产品成本降低额和降低率，以及产值成本率、销售收入成本率等。

产值（或销售收入）成本率的计算式为：

$$产值(或销售收入)成本率=\frac{本期全部商品的总销售成本}{本期商品产值(或销售收入)}\times 100\%$$

此指标越小，说明产品成本越低，利润越多。其余指标的计算见41.4.1.5。

E 利润的核算

利润核算主要是核算企业利润额和利润率。指标及其计算方法见41.4.2.4。

41.4.3.2 经济核算的基本条件

企业经济核算基本条件一般是指原始记录、计量工作、定额管理、厂（矿）内计划价格等基础工作。原始记录是记载企业生产技术经济活动情况的最初的书面文件，是会计核算、统计核算、业务核算的依据。要求做到全面、准确、及时；计量工作是获得准确的原始记录手段之一，没有健全的计量工作，就不能提供正确的核算资料，也无法分清企业与企业、企业内部各级、各部门以致个人之间的经济责任。因此在供、产、销各个环节上，凡是需要计量的，都要严格地加以计量；定额是指在一定的生产、技术、组织条件下，企业在人力、物力、财力的消耗和占用方面应遵守或达到的数量标准。企业应建立和健全完整的、先进合理的定额体系，还应随着生产技术进步和管理工作改善，予以及时修订；计划价格是企业内部在计划和核算工作中运用的一种固定价格，利用它可以排除产品销售价格或成本波动对考核车间或部门工作成果的影响，有助于正确地评价各车间或部门的经济效果。制订价格要做到正确、及时，并保持一定时期的相对稳定。

41.4.3.3 经济核算组织工作

建立企业经济核算体制和经济核算指标体系。

企业的经济核算体制，视企业规模不同，可实行矿（厂）部，矿区或坑口（车间）、班组三级核算，或矿务局（公司）、分矿（分厂）、矿区或坑口（车间）、班组四级核算，或矿（厂）部、班组两级核算。矿务局（公司）或矿（厂）部是企业经济核算的法人。由矿务局（公司）或矿（厂）部统一计算成本与盈亏，统一向国家缴款、借款，统一处理内外各种经济关系。根据统一领导，分级管理原则，企业统一向内部各单位、部门下达各项技术经济指标并负责考核、奖惩。矿务局（公司）或矿（厂）部以财务会计部门（或计划部门）为中心，与其他部门、车间、单位的经济核算相互联系起来。形成上下左右统一完整的经济核算网，这样可以充分发挥企业各级、各部门和广大职工的积极性和主动性。

企业内部经济核算，要建立一套指标体系。一般做法是：

（1）指标分解。矿（厂）部应把国家下达给企业的产量、品种、质量、劳动生产率、材料消耗、成本、利润、资金占用等指标，层层分解下达到坑口（车间）、班组、以至个人。各单位应制定措施，保证完成本单位的任务，并且按月公布本单位经济指标的完成情况。

（2）核定资金。矿（厂）部应核定各坑口（车间）的流动资金和固定资金（资产），并定期进行考核，作为计奖依据。

（3）内部结算。企业与坑口（车间）、科室之间，车间之间，坑口（车间）同科室之间，凡是物资调拨、供应、劳务协作、产品交库等一律通过矿（厂）财务科按矿（厂）内计划价格实行等价交换，结算各单位之间的业务往来。企业内部结算方式，有的采用转账通知单的方式，有的采用托收结算单方式，有的采用内部银行方式。

（4）自计盈亏。企业内部各坑口（车间）要核算成本和收入，结算内部利润，以自身的生产收入补偿支出，并取得盈利（这里所说的盈亏，只是作为内部结算和考核用的指标，不等于企业的最终盈亏）。

（5）严格奖惩。根据各单位各项经济指标的完成情况，按月评分奖惩，把广大职工的经济利益同各单位的生产成果与职工自身的劳动成果联系起来，促使职工从物质利益上、精神上关心各项经济指标的完成情况。

41.4.4 矿山企业经济活动分析

41.4.4.1 经济活动分析概念与步骤

企业经济活动分析是企业经济核算的一个环节，是企业经济核算的继续，它以经济核算内容为基础，结合有关信息资料，系统而周密地分析企业经济指标水平、完成过程及其结果，查明影响指标的因素及其影响程度，揭示经济发展趋势，提出改善生产经营管理和提高经济效益的措施。

经济活动分析的步骤根据分析内容不同而有所差异，一般可分为四步：（1）收集资料，掌握情况；（2）对比分析，揭示矛盾；（3）分析矛盾，抓住关键；（4）提出措施，解决矛盾。

41.4.4.2　经济活动分析方法[15]

经济活动分析通常采用的技术方法如下。

A　对比分析法

对比分析法常用的对比形式有：实际指标与计划指标相比，以观察计划指标完成程度；本期实际指标与上期实际指标相比，以观察两期间指标的发展水平；本期实际指标与本企业历史最好时期或与同类企业指标相比，以观察先进、落后情况。表41-25就是对比分析法示例。从表中可以看出该企业甲乙两种产品产量、产值、全员劳动生产率均超额完成了本年计划，比上年有大幅度增长，取得了很好成绩；但产品合格率未完成计划，仅仅保持在上年的水平上，产品成本不但高于计划，且高于上年，利润下降，没有完成计划，也低于上年和历史最好水平。经这样分析，大致可以看出该企业完成了生产任务，但经济效益差，从而为进一步分析原因指出了方向。

表41-25　某企业主要技术经济指标完成情况

指标		单位	上年实际	本年计划	本年实际	历史最好
产品产量	甲产品	t	400	450	500	420
	乙产品	t	700	850	1000	800
总产值		万元	630	780	850	650
产品合格率		%	90	92	90	90
全员劳动生产率		元/人	14000	15600	17000	12000
单位产品成本	甲产品	元/吨	2400	2300	2500	2500
	乙产品	元/吨	3000	2900	3200	3200
利润		万元	130	150	120	150

指标		单位	本年实际与计划比		本年实际与上年比		本年实际与历史最好比	
			%	增减量	%	增减量	%	增减量
产品产量	甲产品	t	111.1	+50	125.0	+100	110	+80
	乙产品	t	117.6	+150	143.0	+300	125	+200
总产值		万元	108.9	+70	134.9	+220	130.8	+200
产品合格率		%	97.8	-2	100.0		100	
全员劳动生产率		元/人	108.9	+1400	121.4	+3000	141.7	+5000
单位产品成本	甲产品	元/吨	108.7	+200	104.2	+100	100	
	乙产品	元/吨	110.3	+300	106.7	+200	100	
利润		万元	80.0	-30	92.3	-10	80	-30

B　比率分析法

比率分析法就是把分析对比的数值变成一个相对比率后进行分析的一类分析方法。它常有以下几种方法：

（1）相关比率分析。即以某个项目指标与其他项目指标相比。如产量或产值与基本工人数或全体职工数相比，成为基本工人劳动生产率或全员劳动生产率两个新的指标，进而分析企业劳动生产率水平。

（2）趋势比率分析。把实际指标按历史时期顺序排列起来，用环比或定比指数反映该项指标发展变化趋势。例如，表41-26为某矿山近几年产值发展情况，从定比指数看，其产值逐年在提高，从环比指数看，每年提高的幅度有波动、不稳定。

（3）构成比率分析。这是确定某一指标各组成要素占总体的比重，以分析其结构特点的一种比率分析法。例如矿石成本构成为表41-27。

表41-26 产值发展分析

指　标	年　度				
	1980	1981	1982	1983	1984
产值（万元）	250	260	270	290	310
定比指数	100	104	108	116	124
环比指数		104	103.8	107.4	106.9

表41-27 矿石成本构成示例

项　目	材　料	燃料与动力	工　资	车间经费	企管费	合　计
单位（元/吨）	16	6	8	4	6	40
构成（%）	40	15	20	10	15	100

从表41-27中可以看出该矿石成本中，材料占的比重是40%，为最大。如果以这种结构与同类企业、或本企业不同历史时期比较，找出他们之间差异，可以进一步分析该项成本升降原因。

C　因素分析法（又称连环替代法）

它是将经济指标发生差异的原因，分解为互相联系的几个因素，然后用一定方法，分析各因素对经济指标的影响程度。

本法的分析程序为：

（1）根据影响某指标的因素，按其依存关系，分解为两个对比的指标体系；

（2）从对比的两个指标体系中，以所要对比的对象为基础，以另一指标体系中各因素，逐一替代基础指标中的相应因素，有几个因素就替代几次，每次替代时，应计算出该因素影响的实际结果，然后把这一结果与上因素变动结果相比较，两者差额，就是这一因素对该指标的影响程度；

（3）将各因素影响数值相加之和就是两对比指标总的差额。

例如矿石成本中的某种材料费用的实际与计划差异情况见表41-28。

表41-28 成本中某种材料费用

指　标	计　划	实　际	实际比计划（±）
矿石产量（t）	90	100	+10.0
单位矿石材料耗量（kg/t）	8	7	-1.0
材料单价（元/千克）	5	6	+1.0
材料总成本	3600	4200	+600

矿石成本中材料总成本（费用）由下式计算：

$$材料总成本 = 矿石产量 \times 材料单耗 \times 材料单价$$

各因素影响程度计算于下：

计划材料总成本 $M = 90 \times 8 \times 5 = 3600$ ①

以实际产量替代

① 中计划产量，则 $M = 4000$ ②　　② - ① = +400，为产量增加影响结果

以实际单耗替代

② 中计划单耗，则 $M = 3500$ ③　　③ - ② = -500，为单耗下降影响结果

以实际单价替代 ③ 中计划单价

则 $M = 4200$ ④　　④ - ③ = +700，为单价上升的影响结果

通过因素分析法可知，材料总成本实际比计划增加600元的原因是：矿石产量实际比计划增加10t，使材料成本增加400元；实际单耗比计划单耗降低1kg，使材料成本降低500元；材料单价实际比计划上升一元，使材料成本升高700元。三因素总结果为400元+（-500元）+700元=600元。

应用因素分析法应注意几点：

（1）经济指标组成因素及它们之间的关系，必须能反映企业管理的实际情况，否则会失去分析意义。

（2）同一指标在历年对比分析时，各因素在各年指标中的组成顺序要相同，这样才能正确地反映各年之间因素变化程度，因为顺序不同，各因素影响程度有可能不同。

（3）计算某一因素影响程度是在前因素变化基础上、后一因素不变的情况下进行计算的，表明该因素影响程度是假定其他因素暂时不变的结果。

（4）计算各因素影响程度，必须顺序地连环逐一进行，不可采用不连环的方法进行，否则算出的诸因素影响程度不一定正确，而且各因素影响数额之和不一定等于两个指标的总差异数。

D　分组分析法

本法是按有关标志将研究事物的对象分为性质相同的各组，借以分析事物结构，认识事物本质。应用分组分析法，主要是将事物的先进与落后，特殊与一般区别开来，以便总结先进经验，克服和消除落后或薄弱环节，充分发挥企业某方面的潜力。分组标志可视其对象与分析的目的而定，见表41-29，欲分析工人生产定额完成情况，则可按工人完成定额程度和完成数量分组。从表中可以看出，井下采矿工人共2483人，平均完成生产定额的129.48%，完成定额情况较好，但发现尚有200+930=1130（人）没有完成这个平均数，对此可进一步分析其原因。

表41-29　某矿工人完成生产定额情况

工人分类	工人完成定额程度					合　计	生产定额（平均完成）（%）
	100%以下	100%～119%	120%～149%	150%～199%	200%以上		
井下采矿工人	200	930	920	430	3	2483	129.48
机修工人	24	366	204	72	3	669	124.50
合　计	224	1296	1124	502	6	3152	128.70

E　平衡分析法

本法就是利用各类资金的占用与来源之间的对应关系，来分析企业是否按照指定用途运用资金，是否遵守财政、信贷、结算纪律的一种分析方法。企业所有资金的占用与来源均反映在企业资金平衡表中，所以本法是借助于资金平衡表资料进行的，例如表41-30。

表41-30　资金平衡表

198×年12月31日　单位：千元

资金占用	年初数	期末数	资金来源	年初数	期末数
固定资产			固定资金		
原价	3000	3500	国家固定资金	2400	2500
减折旧	600	750	企业固定资金		250
合计	2400	2750	合计	2400	2750
流动资产			流动资金		
定额流动资产合计	2730	2980	国家流动资金	1500	1500
（计划占用2400）			流动资金借款		
其中：储备资金	1800	2100	定额借款	600	600
生产资金	380	480	超定额借款	510	700
成品资金	550	400	超储积压借款	135	124
……			……		
其他流动资金合计	180	200	结算借款		
其中：发出商品	150	130	……		
货币资金	20	30	应付款	20	40
……			未交税金	18	34
应收款	10	40	未交折旧基金	5	
			未交资金占用费		2
			未交利润净额	37	77
合计	2910	3180	合计	2825	3077
专项资产			专用资金		
专项存款	10	15	专用基金	700	480
专项物资	90	100	专用拨款	80	40
专项工程支出	595	312	专用借款		10
……			……		
合计	695	427	合计	780	530
资金占用总计	6005	6357	资金来源总计	6005	6357

它们的对照关系是：

（1）“固定资产”的资金来源是国家拨入的“国家固定基金”和企业内部形成的“企业固定基金”。

（2）“定额流动资产”占用数的资金来源是“国家流动基金”、“定额借款”和“超定额借款”。如果定额流动资产的实际占用数超过了计划占用数，它的来源是追加的“超定额借款”和“超储积压借款”。

（3）其他流动资产中“发出商品”的资金来源是“结算借款”。

（4）应收款与应付款以及各种未交款之间占用和来源是在结算过程中形成的，具有特定的对照关系。

（5）“专项资产”的资金来源是“专项资金”。按照资金专用的要求，流动资金与专项资金不能相互挪用。所以“专项资产”占用的资金同它的来源数额应相等。但是由于它们之间存在着结算关系，往往也可不相等。本表的资金占用总额同资金的来源总额是平衡的。

41.4.4.3 经济活动分析的内容

A 生产经营成果分析

生产经营成果分析主要是产品品种和销售量预测分析，生产进度控制，生产均衡性分析，产品产量、品种完成情况分析，产品质量全面分析，产品销售计划完成情况分析等。

B 产品经营消耗效果分析

它包括劳动力、生产设备、材料、能源等生产条件利用效果分析；工时，物资消耗，费用支出及产品成本分析；利润预测、利润计划完成情况等分析。

C 生产经营资金占用效果分析

主要是指生产经营资金占用与生产经营成果对比分析。如存货控制分析、流动资金分析、固定资金分析等。

D 综合经济效益分析

指生产经营活动中劳动消耗和资金占用的经济效益的综合分析，如资金利润率，成本利润率分析等。

E 专项资金项目投资效果分析

主要是指基本建设投资和专项资金工程项目的效果分析，如基本建设工程、新产品试制、技术措施、技术改造、技术引进等经济效果评价分析。

41.5 矿山管理信息系统

41.5.1 矿山管理信息系统概述[16,18,20]

41.5.1.1 矿山管理信息系统的涵义

矿山管理信息系统，是以系统思想和计算机为基础建立起来的，为矿山企业数据处理和辅助决策服务的信息系统。它的输入是一些与管理有关的数据，经过计算机加工处理，输出的是供各级管理人员（或管理机构）使用的信息。它不仅能进行一般的事务处理，代替管理人员的繁杂劳动，而且能为管理人员提供辅助决策方案，为决策科学化提供现代化技术和手段。

矿山管理信息系统的建立是管理现代化的重要进程。它是借助计算机处理日益增多的信息量，达到提高企业管理效率、管理水平和经济效益的目的。它只是为企业管理现代化提供必要的手段，不能理解为用计算机来取代人们的职能；它所提供的辅助决策信息以及管理人员驾驭信息的能力和决策行为，都将直接影响企业的生产经营状况。因此，矿山管理信息系统是一个人-机系统。

矿山管理信息系统由以下三个重要部分组成：

（1）管理系统。是信息的使用者，又是其他两个组成部分的基础。信息处理是为管理系统服务的，必须根据管理的需要，与管理职能相适应，同时，要受到管理科学的指导和管理技术的支持。

（2）信息处理系统。它担负对企业内外有关的正确有用资料的收集和存贮，并进行整理、判断、分析、比较、组织等综合加工处理，使之成为适应某种特定目的所需的信息。它不仅是单纯的数据处理，为各管理部门提供有关报表，而且尽可能运用现代数学方法、统计方法、模拟方法等，根据特定的目的，设计和输入有关的模型，输出各种辅助决策信息。

(3) 传输系统。借助通信线路构成网络，把信息及时、可靠地传输到企业有关的管理部门。

随着计算机科学中的数据处理技术、数据库技术以及计算机网络技术的发展，为矿山管理信息系统中的数据处理、数据管理以及信息的传输和资源的共享提供了技术基础。因此，完整的矿山管理信息系统，是带有数据库和计算机通信网络的联机系统。近年来，随着模型库、方法库、专家知识库的发展，管理信息系统（MIS）正向着决策支持系统（DSS）方向发展。

矿山管理信息系统是一门新兴的学科，涉及到计算机科学、管理科学、系统科学、优化决策理论及通信技术等，正处于不断完善和发展阶段，但其发展速度之快，以为人们所震惊。

41.5.1.2 *矿山管理信息系统的总体结构*

管理信息系统的建立，一般从单项管理、数据成批处理开始，而且从处理日常事务入手，着眼于提高管理工作效率和报表的及时性。由于传统信息管理的特点是数据处理量大、繁杂，耗费人工多，而且处理过程具有一定规律性，应用计算机后则可显著提高效率和降低人工处理费用。随着各种单项管理的开发，在60年代中期以后，人们对各种单项管理的数据加以分析和综合，按照一定的规则组成具有共享性的基础资料，形成了公共数据库，以减少数据存贮和处理上的重复，提高了系统性。70年代后，随着计算机网络的发展，进一步扩大资源（硬件、软件、数据、通信设备）的共享范围和提高实时处理信息的能力，才使企业管理信息系统的结构日益完善。

矿山管理信息系统的总体结构是指各组成单元以及各职能子系统之间相互关系的总和，如图41-15所示。

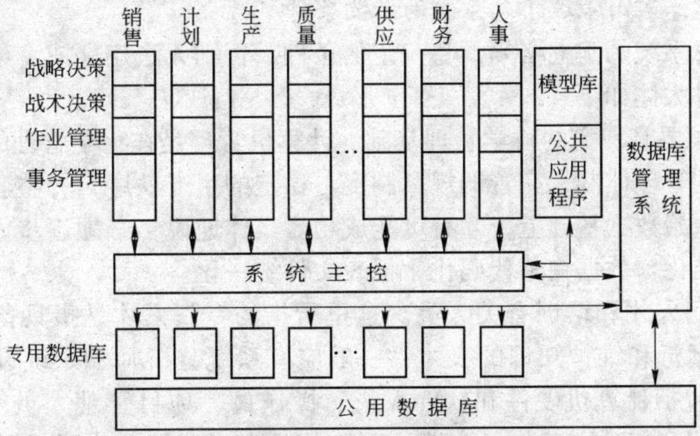

图41-15 矿山管理信息系统总体结构示意

根据矿山管理信息系统所提供的信息资源，可分为四个层次：最底层是应用微型机及小型数据库，从事基本事务处理及状态查询，以实现事务处理与控制；第二层是提供辅助日常作业管理控制用的信息，一般是采用分布式数据库，并利用局域网络作为通信手段。

把基本事务处理系统的微机工作站联系起来；第三层是管理控制层，是为了提供辅助管理的战术计划和决策用的信息资源，一般需采用小型机及专用的数据库和相应的决策模型；最高层是战略计划层，向高级管理人员提供战略决策所需的信息。它必须具有决策模型及支持决策功能，配合自动化办公设备和通信设备形成综合矿山管理信息系统。开发时必须从最底层逐步往上层开发，各层向下兼容。

根据管理对象的不同，矿山管理信息系统可分为若干职能子系统，如销售管理、计划管理等子系统，每个子系统独立完成某些管理职能。但子系统的划分与职能机构的划分不相同，它主要根据数据的综合，不仅保证每个子系统数据和功能有较大的独立性，而且使整个系统信息纵横畅通，以系统最优为原则，同时考虑实用性、扩充性和维护性。每个子系统有专用的程序和数据库，各子系统共享公用的应用软件、模型库和数据库。数据库管理系统控制公用数据库中的所有公用文件，也可以根据具体的应用情况用于专用数据库的管理。

41.5.1.3　矿山管理信息系统的数据处理方式

随着计算机系统应用领域的扩大，数据处理方式日趋多样化，目前一般分为下列四种：

（1）成批处理。是经过一定时间间隔集中处理一批数据。如单项管理，其目的是高效率地应用计算机资源，获得尽可能多的信息。

（2）远程批处理。是把数据与处理作业从分散的远程终端通过通信线路输入到计算机，经批处理后，再把处理结果送回到远程终端。

（3）分时处理。是多个用户同时访问一台中央处理机，系统把中央处理机的工作时间划分成若干时间片，轮流分配给各个终端用户，这种方式又称会话型处理。一般适用于终端数目较少，主机与终端距离较近的情况。

（4）实时处理。是用户通过终端向系统提出服务请求，系统立即响应并回送处理结果，其特点是处理的即时性，常用于生产管理、电力等资源分配的控制、库存管理、情报检索等。

41.5.1.4　建立矿山管理信息系统的必要条件

矿山管理信息系统的建立必须具备一定的条件，否则无法建立或者建立后也要失败或没有成效。其条件大体如下：

（1）企业必须要有一定的科学管理基础。计算机管理是在科学管理的基础上发展起来的，只有在合理的管理体制，完善的规章制度，稳定的生产秩序，一整套科学的管理方法和完整、准确的原始数据基础上，才有可能成功。具体地说，必须逐步做到管理工作程序化，管理业务标准化，数据完整代码化，报表文件统一化。

（2）配备专门人才和培训有关人员。这里所指的专门人才是指具备矿山管理信息系统开发、设计、运行和维护知识的人才；一般应有系统分析师、系统设计师、程序设计师、维护人员（包括计算机硬件和软件人员、操作员、项目管理人员等）。必须对他们进行培训，使之达到能独立工作。实践证明，从具有企业管理实践经验的专业管理人员中培养系统分析师和系统设计师，培养效果更好。其次，必须做好用户培训，主要是对企业管理人员进行正确有效地使用系统及现代化管理知识的培训，以便系统开发后能发挥其效用。

（3）必须做好系统规划和设计。因为矿山管理信息系统开发是一个影响全局的问题，它与企业内各个部门和人员都密切相关，同时开发周期长，耗资大，必须有步骤地分期分批地实现。所以，必须进行总体规划与设计，制定各个阶段的任务以及主、子系统分析和设计的统一规范和标准，以保证整个系统日后协调的运行，逐步达到系统的总目标，避免人力、物力和资金的浪费。这是保证系统能尽快开发成功，具有高效益的重要条件。

（4）领导重视和亲自参加规划是矿山管理信息系统开发的重要保证条件。随着矿山管理信息系统的开发，能促使管理方法向定性分析与定量分析相结合的方向发展。由于对信息解释的工作增加了，要求管理人员采用新的工作方法并具有新的专业知识，增强综合决策能力。

41.5.2 矿山管理信息系统的开发[17,19,20,23]

矿山管理信息系统的开发，是以矿山企业主管部门希望达到的目标和职能管理部门所提供的业务处理任务为依据。

41.5.2.1 矿山管理信息系统的目标

在系统开发之前，矿山企业必须根据管理业务、信息和功能的现状与需求，认真研究并提出矿山管理信息系统必须达到的目标。目标的要求必须适当，片面追求高目标，将导致投资过大，开发周期过长，甚至超越技术和经济的可能，最终以失败告终。如果目标过低，将使研制出来的系统不能适应管理决策的需要。制定目标时，必须从企业的实际情况出发，既要立足当前，又要考虑未来，满足企业管理现代化的需要。例如矿山企业，在认真分析原有管理系统的基础上，并充分考虑管理现代化的需要，可制定如下经过努力可望达到的系统目标。

总目标：利用计算机技术、数据通讯技术和系统工程的方法，及时收集、处理数据并提供各类信息，完成日常工作，运用各种辅助决策模型，辅助各级管理人员的决策，达到提高企业管理效率、管理水平和经济效益的目的，为企业上等级创造条件，最终实现企业管理现代化。

这个总目标可具体表述为：

（1）及时收集、处理和提供能反映全矿的主要生产经营活动的信息和有关外部信息，为矿领导提供决策支持。

（2）建立为计划、决策、控制所需要的基本数据库，保持数据完整、一致，减少冗余，达到数据集中管理、数据共享的目的。

（3）运用相应的决策模型和方法，辅助生产经营管理，提高经济效益。

（4）实现办公事务处理计算机化，增强统计分析功能，提高工作效率，逐步提高办公室自动化程度。

此外，各项管理业务或各个子系统还应研究和确定其具体功能目标。

41.5.2.2 建立矿山管理信息系统的原则

矿山管理信息系统的建立，必须遵循下列原则：

（1）实用性。必须满足企业生产经营管理的各种功能，但又不应脱离现实可能，避免不必要的复杂化。

（2）先进性。必须充分吸取和正确运用国内外有关的先进技术，使企业生产经营活动建立在现代化生产技术和现代化管理技术的基础之上。

(3) 系统性。必须根据企业的信息流、物流和资金流的合理流向和规律、构成一个完整的系统，采用系统工程方法进行开发，以总体最优为目标。

(4) 安全可靠性。系统运行必须可靠，所提供的信息必须准确，才能成为决策依据，同时必须具有信息的安全保密措施。

(5) 适应性。系统应能适应企业管理的外部环境和内部条件的变化而进行的调整，并且便于结构和功能的扩展。

(6) 经济性。系统硬、软件的配置尽可能立足国内，从实际出发，做到投资省、见效快，分期投资分期见效。

(7) 统一规范性。研制的系统应符合软件工程标准和管理信息系统设计规范，做到系统软件统一化，硬件系列化，系统结构模块化，程序结构化，数据格式标准化，代码规范化，文档资料统一化，并且实现公用数据共享。

41.5.2.3 矿山管理信息系统的研制过程

矿山企业是一个复杂的系统，随着经济活动和技术水平的发展，管理信息系统的规模将日益庞大，功能也将日益增强。此外，管理信息系统研制本身是一项综合性技术，它涉及到计算机科学，通信技术，信息论，预测技术，决策理论，最优化技术和管理科学等许多学科。因此，研制技术难度大，一般都要耗费大量的人力、财力、物力和时间。

矿山管理信息系统的研制，必须从系统的观点出发，运用系统工程方法，按照系统发展的客观规律开展研制工作。通常需要经过总体规划及可行性研究、系统分析、系统设计、系统实施和系统评价五个阶段，研制过程如图41-16所示，系统开发过程的各个阶段紧密衔接。前阶段的成果，经审批后，即成为后阶段的指导性文件和设计依据。各阶段的主要内容如表41-31所示。系统的开发，只有通过不断地发现问题或提出新要求，不断地完善，才能建立满足现代化管理需要的管理信息系统。

表41-31 系统开发各阶段主要内容

阶段	总体规划与可行性分析	系统分析	系统设计	系统实施	系统评价
内容	原系统情况调查 新系统目标分析 新系统功能需求分析 新系统信息需求分析 辅助决策需求分析 新系统方案比较 初步推荐采用的新系统开发方案，含硬件配置、软件系统、与系统结构功能 系统开发总体计划 技术、经济可行性分析	系统定义 功能需求详细分析 信息需求详细分析 信息流程分析 业务处理流程分析 辅助决策详细分析 建立新系统的逻辑模型 编写系统说明书，含系统的数据流图，结构，功能，性能与环境，软硬件环境，数据词典及文档等	数据分析与编码 分解子系统 文件及数据库设计 系统输出设计 系统输入设计 信息流程设计 系统功能模块设计 系统结构控制图设计 处理流程设计 系统规范设计 硬件、软件选择 编写模块设计说明书	硬、软件购置及安装 调试 程序设计 程序调试 系统调试 系统转换 编写技术手册及用户手册人员培训 系统运行与管理	系统功能评价 系统性能评价 经济效益评价 其他

41.5.3 矿山管理信息系统的结构功能分析[17,19,20,21]

随着经济体制改革的不断深入，矿山企业的管理水平与经济效益逐步提高，为电子计算机在矿山企业的应用，创造了条件。由于微型计算机价格低，体积小，对环境要求不

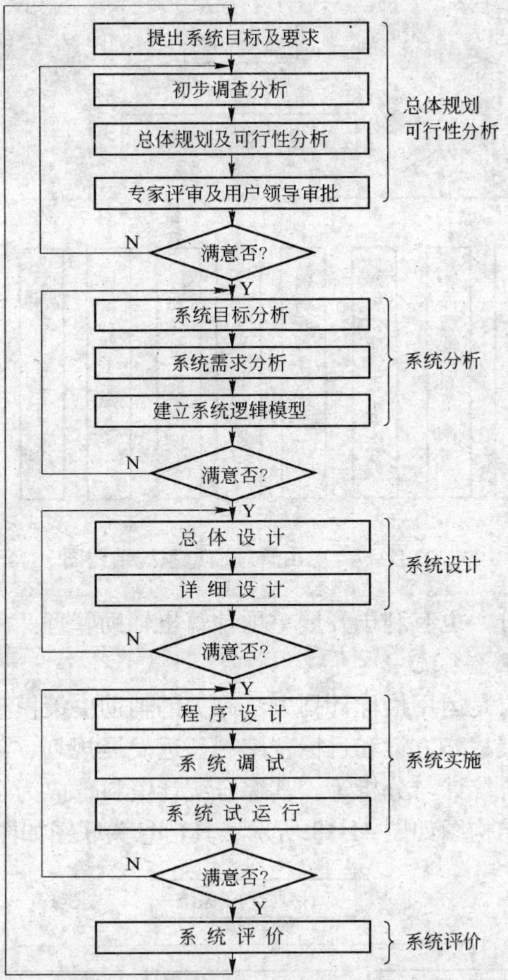

图 41-16　管理信息系统研制过程图

高，使用方便，微型机单项辅助管理已得到广泛应用，为矿山企业应用计算机打下了良好的基础。由于单项开发以局部最优为原则，无论系统的功能，信息流，还是数据的存贮或通讯，无法达到整体最优，已不能满足管理现代化的需要。因此不少企业正在进行矿山管理信息系统开发的前期工作。例如，德兴铜矿、大冶有色金属公司等。矿山管理信息系统总体结构的设计，必须采用自上而下与自下而上相结合的方法，即面向目标和面向过程相结合的方法，同时运用结构化设计思想进行设计。一个完整的矿山管理信息系统，必须以现行的组织机构及其管理职能为基础，从逻辑上考虑功能之间的关系，信息的合理流向等因素，把系统分解成若干子系统，每个子系统具有较独立的功能。矿山管理信息系统一般可由以下 11 个子系统组成：(1) 计划管理子系统；(2) 生产管理子系统；(3) 销售管理子系统；(4) 物资供应管理子系统；(5) 财务管理子系统；(6) 人事劳资教育管理子系统；(7) 技术管理子系统；(8) 质量管理子系统；(9) 设备动力管理子系统；(10) 办公事务处理子系统；(11) 综合辅助决策子系统。矿山管理信息系统结构图如图 41-17 所示。子系统的划分，可根据各个矿山企业的具体情况，进行分析和调整；随着管理信息系统向决策支持系统的过渡，关于决策子系统和决策功能的设置，还须进一步研究。当前，

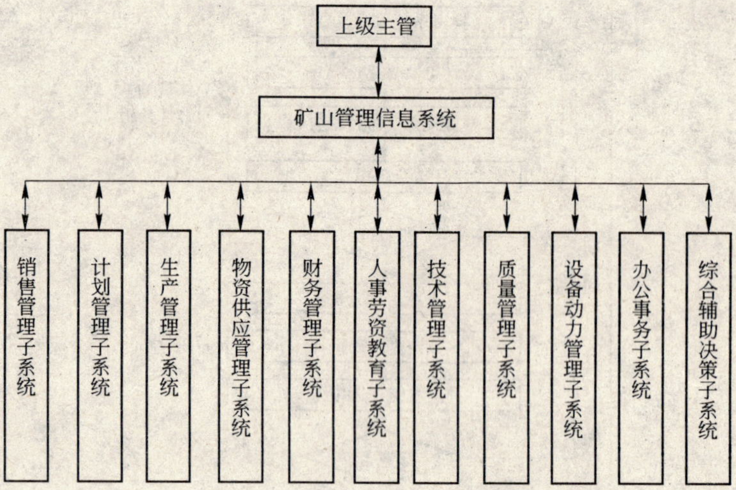

图 41-17 矿山管理信息系统结构图

如上所述进行子系统划分，也有利于开展单项计算机辅助管理。

41.5.3.1 计划管理子系统

计划管理子系统主要是运用最优计划方法有关的辅助决策模型及目标管理等现代化管理方法，制定企业的发展战略方针和目标，编制长远发展规划，年度、季度经营计划，并对计划执行情况进行综合统计与分析等。其综合统计资料，成为全矿生产经营情况的可靠依据。计划管理的功能结构图如图 41-18 所示，其信息关联图如图 41-19 所示。

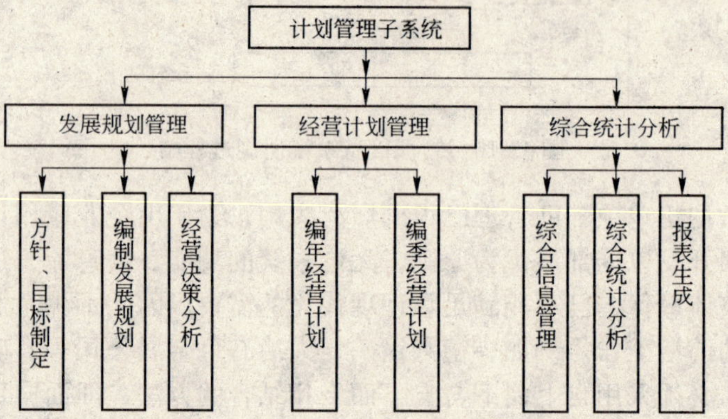

图 41-18 计划管理子系统功能结构图

41.5.3.2 生产管理子系统

生产管理子系统的基本任务是编制采掘技术计划，并据此制定季、月生产作业计划，并对计划的执行情况进行统计分析，不间断地检查和调整，以确保生产计划的完成，达到提高生产率和经济效益的目的。日常调度管理是对每天生产情况进行统计及控制。生产作业统计分析是为了形成生产统计月报，作为生产执行情况的依据。生产管理功能结构图如图 41-20 所示，其信息关联图如图 41-21 所示。

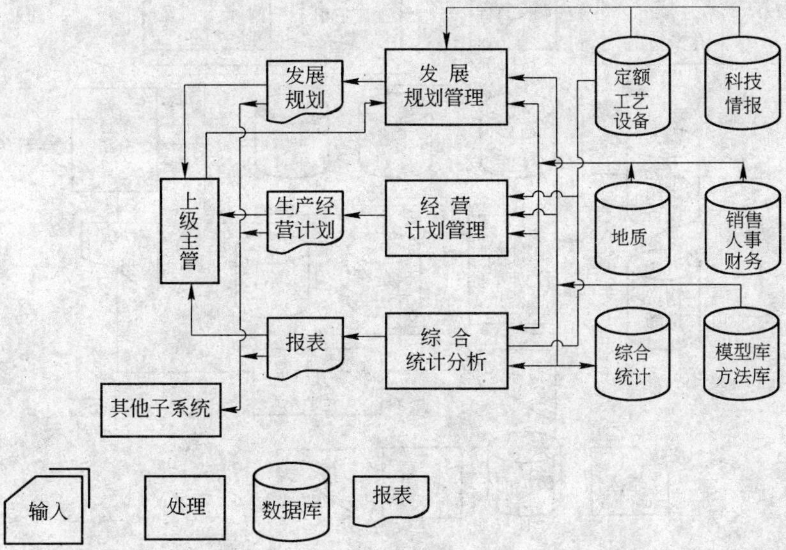

图 41-19　计划管理子系统信息关联图

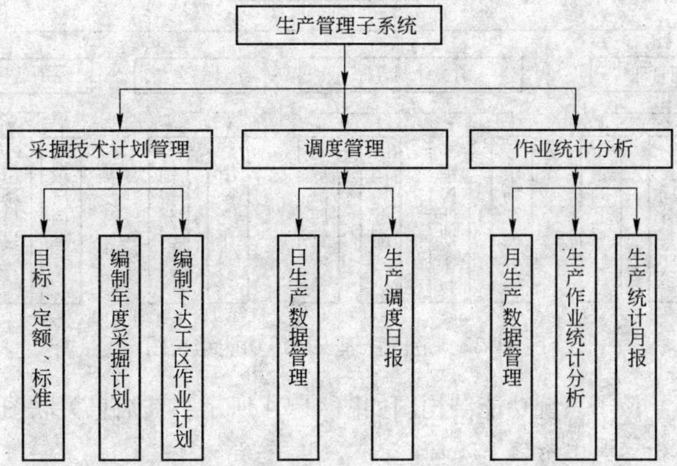

图 41-20　生产管理子系统功能结构图

41.5.3.3　销售管理子系统

本子系统的任务是进行市场需求预测，制定销售计划和分配计划，订货合同管理，销售统计与分析等。该子系统功能结构图如图 41-22 所示，其信息关联图如图 41-23 所示。

41.5.3.4　物资供应管理子系统

该子系统的任务是根据生产计划及有关的物资消耗定额，计算满足生产需要的各种物资需求量，结合库存情况，计算物资的净需求，编制年度及季、月物资供应计划；运用库存优化模型，物资 *A*、*B*、*C* 分类管理，编制物资采购计划，并进行购货合同管理；实行物资定额管理；实行物资仓库管理及统计，如物资进出库的登录、收发、处理、库存盘点

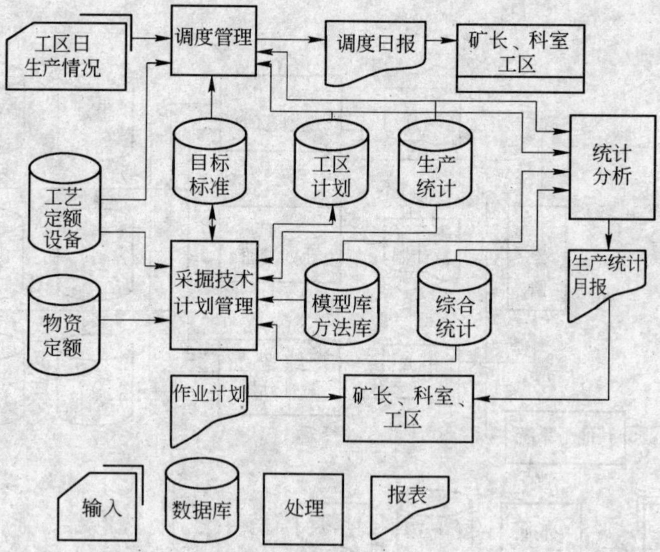

图41-21 生产管理子系统信息关联图

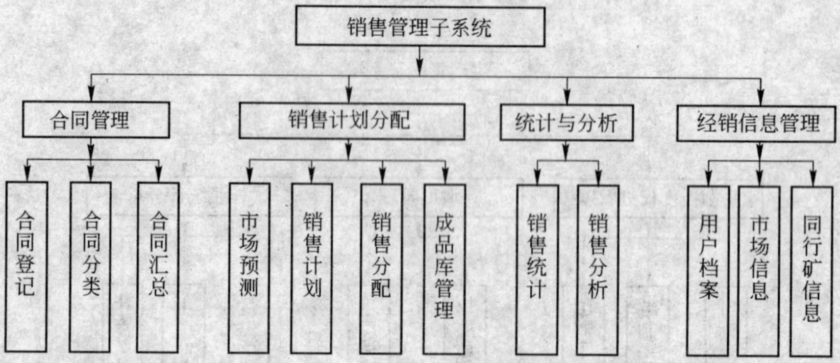

图41-22 销售管理子系统功能结构图

及资金占用计算等。该子系统功能结构图如图41-24所示。其信息关联图如图41-25所示。

41.5.3.5 财务管理子系统

矿山企业整个生产过程，就是产品成本的生产过程，因此，财务子系统不仅数据量大、且涉及到各个部门，汇集了整个企业与经济活动有关的所有信息。该子系统的主要任务有：

(1) 财务预算与控制，其中包括：制定年度财务成本计划，资金的筹措及合理分配等。

(2) 账目管理，其中包括各类财务明细账、总账的管理，各类资金的管理与控制。

(3) 财务核算，其中包括固定资产及折旧核算，材料和材料费用核算，产品销售核算，银行和信贷业务核算，工资核算，管理费用的核算与分摊，辅助生产费用核算，成本核算等，定期生成各种财务统计报表。

(4) 定期进行有关的决策分析。该子系统的功能结构图如图41-26所示，其信息关联图如图41-27所示。

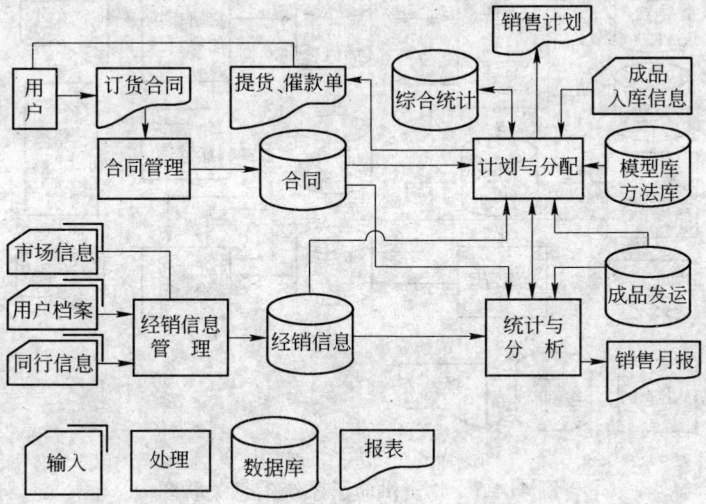

图 41-23 销售管理子系统信息关联图

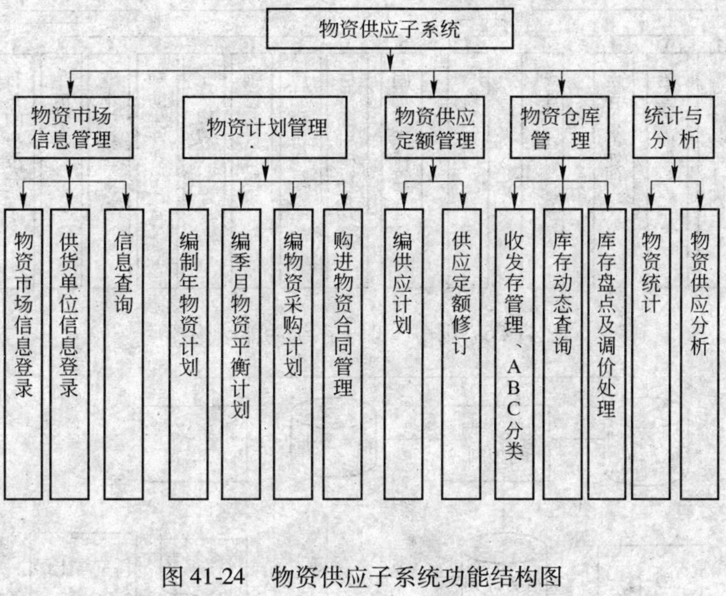

图 41-24 物资供应子系统功能结构图

41.5.3.6 人事劳资教育管理子系统

人事劳资教育管理子系统主要包括：人事档案管理，劳动工资管理，人才计划及职工教育管理等。其中：人事档案管理主要是建立和修改干部、职工档案，并完成例行统计、随机统计和打印制表功能；劳动管理主要是进行劳动生产率统计分析及安全事故统计分析；工资管理主要是编制工资计划、工资变动处理；人才计划及职工教育管理主要是人才结构分析，人才需求分析，招工计划，职工培训计划等。该子系统功能结构图如图 41-28 所示。其信息关联图如图 41-29 所示。

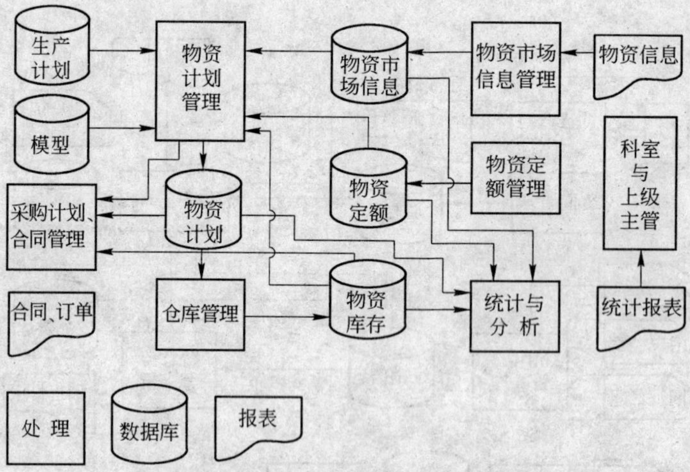

图 41-25 物资供应子系统信息关联图

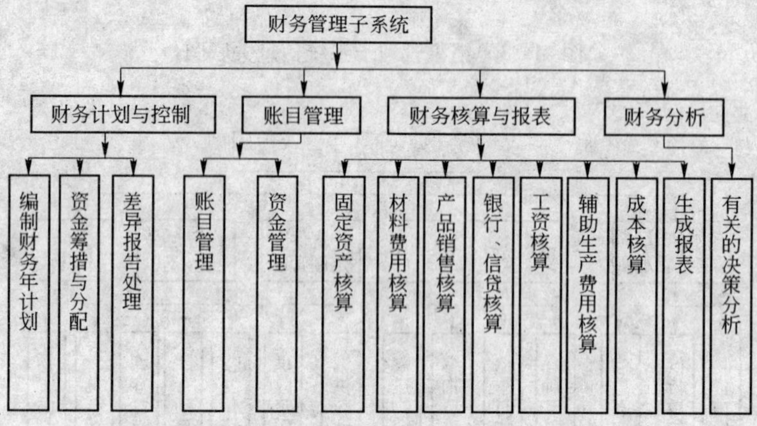

图 41-26 财务管理子系统功能结构图

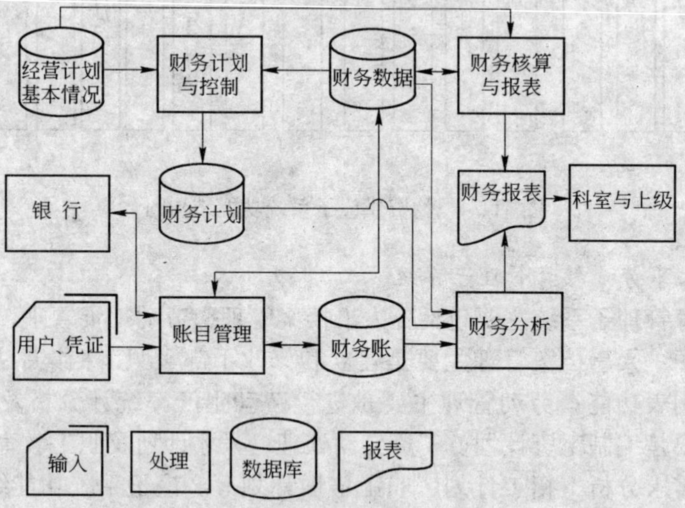

图 41-27 财务管理子系统信息关联图

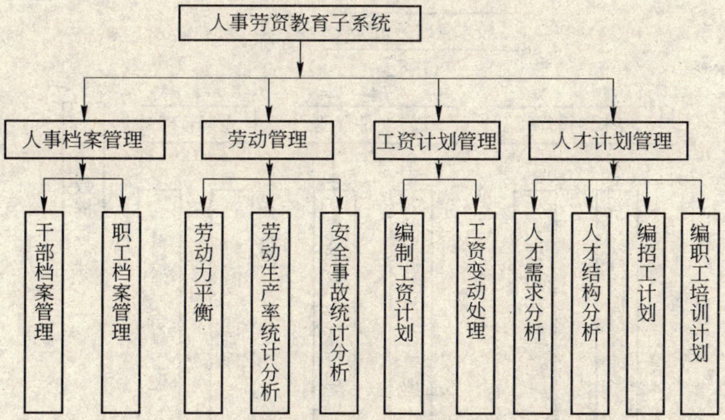

图 41-28 人事劳资教育子系统功能结构图

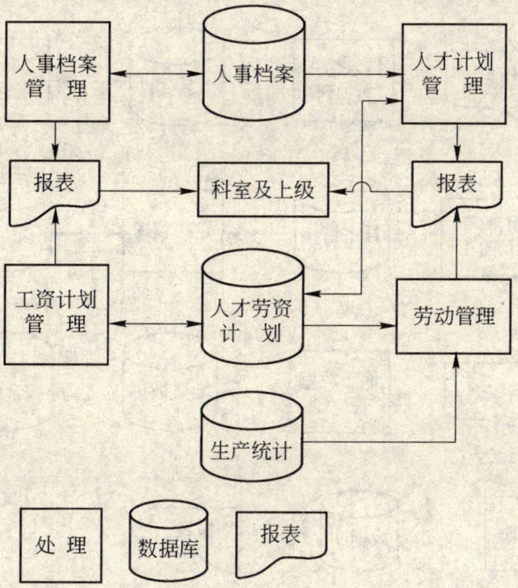

图 41-29 人事劳资教育子系统信息关联图

41.5.3.7 技术管理子系统

技术管理子系统主要为矿山企业的决策部门和设计部门提供科技情报、技术资料及定额数据等。其中包括：科技情报管理，标准化资料管理，地质数据管理，采掘工艺文件管理，选矿工艺文件管理，工时定额管理，材料消耗定额管理等。上述各种管理，均具有数据输入、修改、插入、追加、删除、查询、打印等功能。该子系统功能结构图如图 41-30 所示。其信息关联图如图 41-31 所示。

41.5.3.8 质量管理子系统

本子系统主要是对矿山企业的产品，如原矿、精矿或冶炼产品的质量信息进行管理，并对质量信息进行统计和分析，除完成质量统计分析报表外，并借助于一定的数学模型，对产品质量进行控制或对产品质量事故进行分析。该子系统功能结构图如图 41-32 所示。其信息关联图如图 41-33 所示。

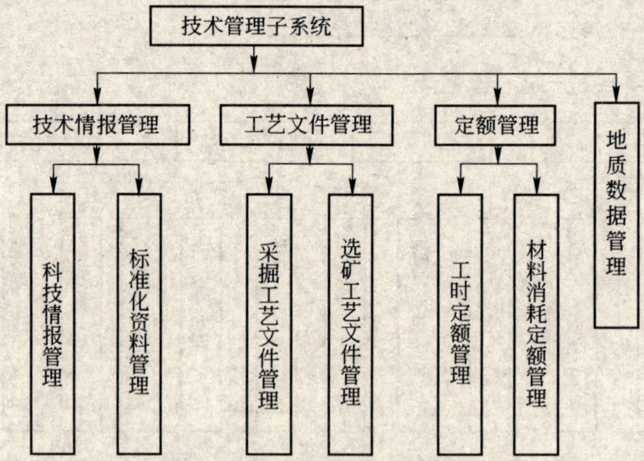

图41-30　技术管理子系统功能结构图

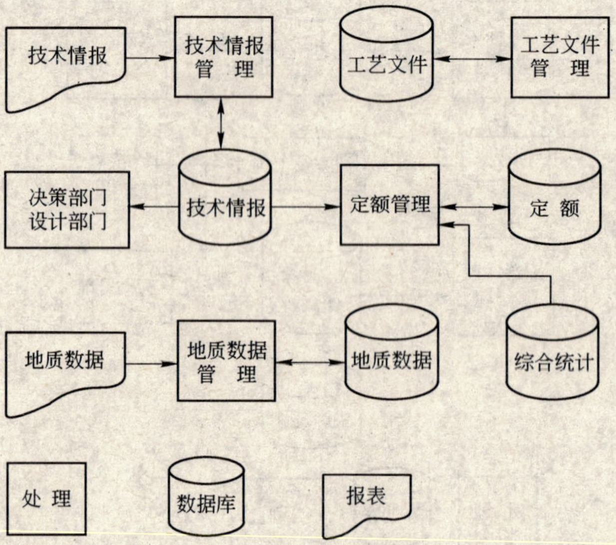

图41-31　技术管理子系统信息关联图

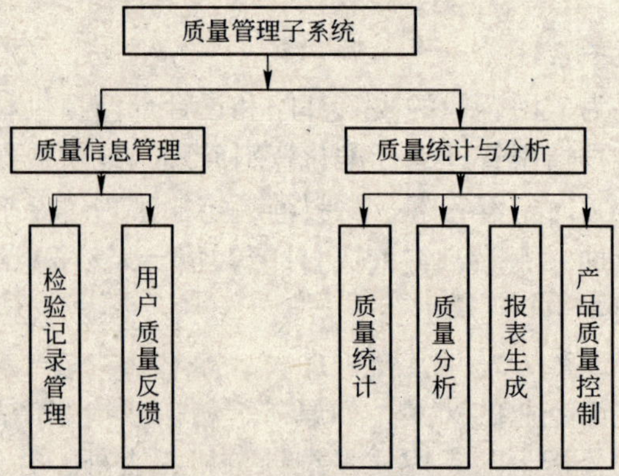

图41-32　质量管理子系统功能结构图

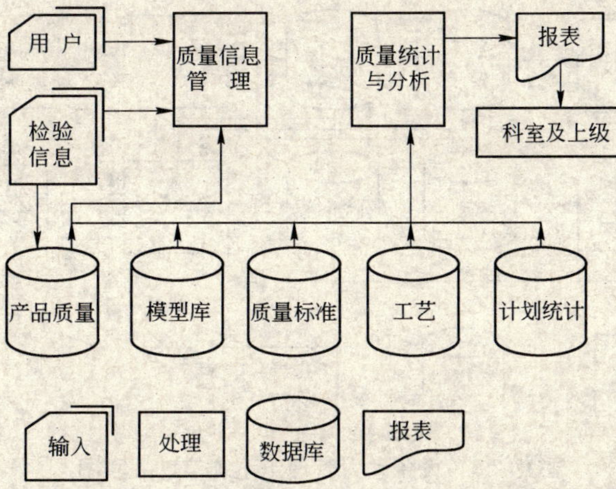

图 41-33　质量管理子系统信息关联图

41.5.3.9　设备动力管理子系统

设备动力管理的主要任务是建立设备档案，收集和存贮设备使用状况的数据，制定设备的维护检修计划，对水、电、气进行管理和统计分析，应用动态规划等模型，进行电能优化分配管理，应用价值工程或设备优化管理模型，为设备更新和改造提供辅助决策方案。该子系统的功能结构如图 41-34 所示。其信息关联图如图 41-35 所示。

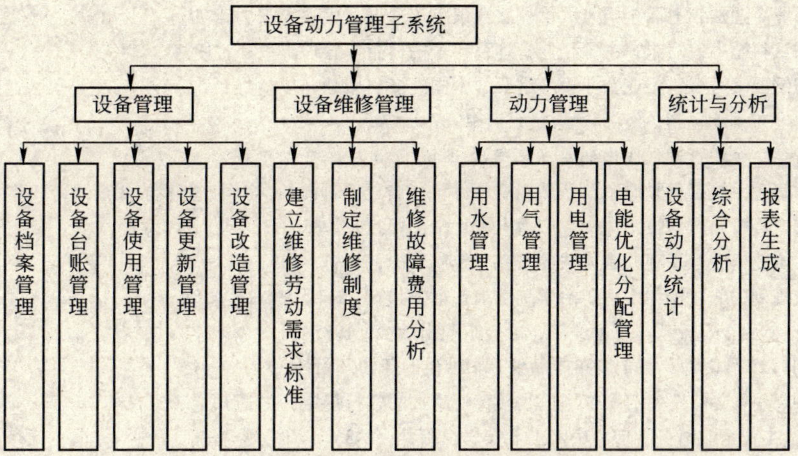

图 41-34　设备动力管理子系统功能结构图

41.5.3.10　综合辅助决策子系统

从目前我国矿山企业的管理现状来看，矿山管理信息系统当前的主要任务是完成事务处理，并向有关领导提供决策所需的数据报表。从长远来看，必须借助各种模型和方法，提供各种决策方案，为企业领导提供决策支持。但要实现这一点，首先必须打好科学管理的基础，因此，本子系统的建立和使用，必须根据具体条件，分阶段进行。初期一般在小范围建立和使用辅助决策模型，以解决企业迫切需要解决的决策问题，随着应用范围的逐步扩大，模型及方法的逐步增多，逐步建立完善的模型库及方法库的管理系统。对于矿山企

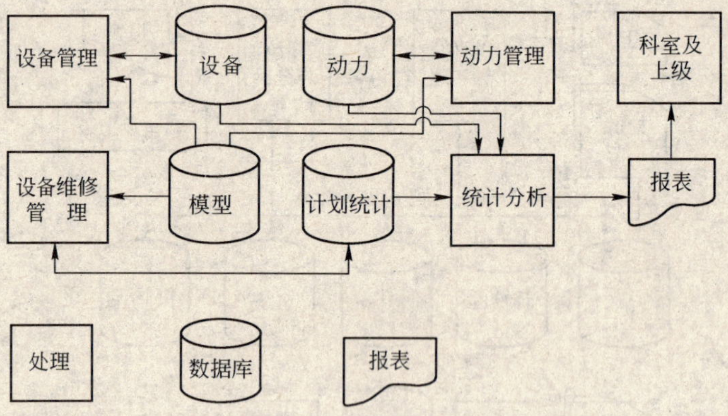

图41-35 设备动力管理子系统信息关联图

业来说，可以逐步开发和应用如下的辅助决策模型：

（1）线性规划模型；（2）非线性规划模型；（3）多目标规划模型；（4）动态规划模型；（5）投入产出模型；（6）量本利分析模型；（7）网络计划模型；（8）库存优化模型；（9）*ABC*分类模型；（10）预测模型；（11）价值工程模型；（12）质量管理模型；（13）设备维修与更新模型；（14）风险决策模型；（15）系统动态仿真模型等。

参 考 文 献

1 全民所有制工业企业法，七届全国人大第一次会议审议通过，1988年8月起实行
2 中国企业管理百科全书编写组，中国企业管理百科全书，企业管理出版社，1984
3 工业企业管理纲要编写组，工业企业管理纲要，中国经济出版社，1985
4 首都钢铁公司，首钢承包制，经济管理出版社，1987
5 国家经济委员会，企业管理现代化纲要（草案），1986年3月
6 中南工业大学管理系统工程教研室，区域规划软件包（含经济预测），全国计算机应用名录，1988.12，第4期
7 陈锡康、李秉全，投入产出技术，中央广播电视大学出版社，1983
8 李耀娟等，矿山物资合理库存控制方法的研究，金属矿山，1985，№9，p12—15
9 李一智，区域规划的方法论，中南矿冶学院学报，第19卷，№1，1988.8
10 万海川主编，矿山企业管理与技术经济，冶金工业出版社，1985
11 国发［1984］125号文件：关于发布产品税等6种税的通知及附件
12 国发［1986］50号文件：关于发布《征收教育费附加的暂行规定》的通知
13 罗育青主编，工业企业财务管理，中南工业大学出版社，1986
14 王定坤等，经济核算手册，四川科学技术出版社，1986
15 朱信诚等，工业企业经济活动分析，中央广播电视大学出版社，1985
16 黄梯云，管理信息系统导论，机械工业出版社，1986
17 中国标准化综合研究所，自动化管理系统设计手册，1985年，未公开发表著作
18 G.B.戴维斯著，管理信息系统——概念、结构和发展，哈尔滨工业大学出版社，1985
19 B.L.杰吉，R.格里茨等，管理信息系统手册，中国人民大学出版社，1984
20 陈廷美等，企业管理信息系统，中南工业大学出版社，1988
21 李友堂等，微机管理信息系统大全，陕西科学技术出版社，1986
22 李一智等，经济预测技术，清华大学出版社，1991
23 李一智，高阳等，汉化dBASE-Ⅲ管理软件分析与设计，清华大学出版社，1990

附　录

附录 1　计算机国际通用图形符号

附表 1-1　计算机国际通用图形符号

名　称		图　形	名　称		图　形
英　文	中　文		英　文	中　文	
process	处　理		punched tape	穿孔磁带	
decision	判　定		magnetic tape	磁　带	
preparation	制　备		communication link	通讯线路	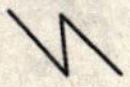
predefined process	预定处理过程		merge	合　并	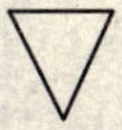
manual operation	手动操作	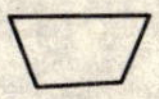	extract	析　取	
manual input	手动输入	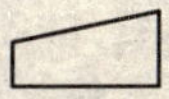	input/output	输入/输出	
auxiliary operation	辅助操作		online storage	联机存储器	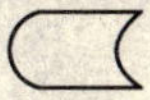
deck of cards	卡　片	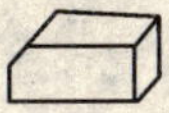	offline storage	脱机存储器	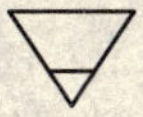
collate	依序整理		document	文件、资料	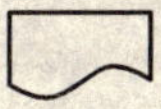
sort	分类、排序	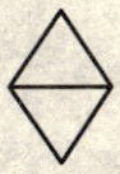	punched card	穿孔卡片	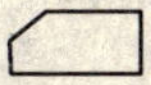
core memory	核心存储器	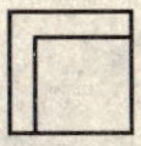	magnetic drum	磁　鼓	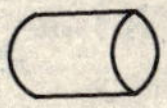
file of cards	卡片外存储	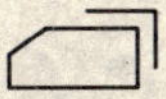	magnetic disk	磁　盘	

续附表 1-1

名称		图形	名称		图形
英文	中文		英文	中文	
entrance connector	入口连接符		comment annotation	注释 注解	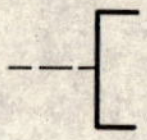
exit connector	出口连接符		display	显示	
terminal interruption	末端中断				

附录2 岩 石 分 级

附表 2-1 岩石稳定性分类参数及其指标

参数			数值范围						
1	完整岩石的材料强度	点载荷强度值（MPa）	>1.0×10.2	(0.4~1.0)×10.2	(0.2~0.4)×10.2	(0.1~0.2)×10.2	低强度单轴抗压试验		
		单轴抗压强度（MPa）	>25.0×10.2	(10.0~25.0)×10.2	(5.0~10.0)×10.2	(2.5~5.0)×10.2	(0.5~2.5)×10.2	(0.1~0.5)×10.2	<0.1×10.2
	指标		15	12	7	4	2	1	0
2	岩芯质量 RQD 指标		90%~100% 20	75%~90% 17	50%~75% 13	25%~50% 8	<25% 3		
3	不连续面间距（m） 指标		>2 20	0.6~2 15	0.2~0.6 10	0.06~0.6 8	<0.06 5		
4	不连续面情况		表面很粗糙，裂隙不连续无间隙，岩石未风化	表面稍粗糙，间隙<1mm岩石略风化	表面稍粗糙，裂隙间隙<1mm岩石高度风化	表面光滑有泥质夹层，厚度>5mm，间隙1~5mm且连续	软泥质夹层，厚度>5mm，间隙>5mm且连续		
	指标		30	25	20	10	0		
5	地下水	每10m隧道涌水量（L/min）	无	<10	10~25	25~125	>125		
		节理水压力与最大主应力之比	或 0	或 0~0.1	或 0.1~0.2	或 0.2~0.5	或 >0.5		
		一般情况	或 完全干燥	或 湿	或 潮湿	或 滴水	或 流水		
	指标		15	10	7	4	0		

附表 2-2 节理方位的修正指标

节理方位的走向和倾向		很有利的	有利的	中等的	不利的	很不利的
指标	隧道	0	-2	-5	-10	-12
	地基	0	-2	-7	-15	-25
	边坡	0	-5	-25	-50	-60

附表 2-3 根据指标总数确定岩体分级

指标	100~81	80~61	60~41	40~21	<20
级	Ⅰ	Ⅱ	Ⅲ	Ⅳ	Ⅴ
备注	很好的岩石	好岩石	中等的岩石	坏岩石	很坏的岩石

附表 2-4　岩体分级的意义

级	Ⅰ	Ⅱ	Ⅲ	Ⅳ	Ⅴ
平均坚持的时间	15m 跨度可达 10 年	8m 跨度可达 6 个月	5m 跨度可达 7 天	2.5m 跨度可能坚持 10 小时	1m 跨度只能坚持 30 分钟
岩体的内聚力（MPa）	>40.0 ×0.0102	（30.0～40.0）×0.0102	（20.0～30.0）×0.0102	（10.0～20.0）×0.0102	<10.0 ×0.0102
岩体的摩擦角（°）	>45	35～45	25～35	15～25	<15

附表 2-5　各级可钻性的代表性岩石

级别	凿碎比能（J/cm^3）	可钻性	代表性岩石
Ⅰ	～186	极　易	页岩、煤、凝灰岩
Ⅱ	187～284	易	石灰岩、砂页岩、橄榄岩（金川）、绿泥角闪岩（南芬）、云母石英片岩（南芬）、白云岩（大石桥矿）
Ⅲ	285～382	中　等	花岗岩（大孤山）、石灰岩（大连甘井子、本溪矿）、橄榄岩片岩、铝土矿（洛阳）、混合岩（大孤山、南芬）、角闪岩
Ⅳ	383～480	中　难	花岗岩、硅质灰岩、辉长岩（兰尖）、玢岩（大孤山）、黄铁矿（白银）、铝土矿（阳泉）、磁铁石英岩（北京）、片麻岩（云南苍山）、矽卡岩（杨家杖子）、大理岩（青城子）
Ⅴ	481～578	难	假象赤铁矿（姑山、白云鄂博）、磁铁石英岩（南芬三层铁、弓长岭）、苍山片麻岩、矽卡岩、中细粒花岗岩（湘东钨矿）、暗绿角闪岩（南芬）
Ⅵ	579～676	很　难	假象赤铁矿（姑山，白云鄂博富矿）、磁铁石英岩（南芬一、二层铁）、煌斑岩（青城子）、致密矽卡岩（杨家杖子松北）
Ⅶ	≥677	极　难	假象赤铁矿（姑山，白云鄂博）、磁铁石英岩（南芬）

附表 2-6　岩石爆破性分级

爆破等级		爆破性指数 N	爆破性程度	代表性岩石
Ⅰ	$Ⅰ_1$	<29000	极易爆	千枚岩、破碎性砂岩、泥质板岩、破碎性白云岩
	$Ⅰ_2$	29001～38000		
Ⅱ	$Ⅱ_1$	38001～46000	易　爆	角砾岩、绿泥岩、米黄色白云岩
	$Ⅱ_2$	46001～53000		
Ⅲ	$Ⅲ_1$	53001～60000	中　等	阳起石石英岩，煌斑岩、大理岩、灰白色白云岩
	$Ⅲ_2$	60001～68000		
Ⅳ	$Ⅳ_1$	68001～74000	难　爆	磁铁石英岩、角闪斜长片麻岩
	$Ⅳ_2$	74001～81000		
Ⅴ	$Ⅴ_1$	81001～86000	极难爆	矽卡岩、花岗岩、矿体浅色砂岩
	$Ⅴ_2$	>86000		

附录3　露天矿常用设备

附表 3-1　国产牙轮钻机主要技术性能参数

型　号	KY-150	KY-150	KY-200	KY-250A	KY-310	YZ-12	YZ-35	YZ-55
加压方式	油缸—钢绳—滑轮组式	滑差电机—封闭链—齿条式	油缸—链条—链轮组式	滑差电机—封闭链—齿条式		液压马达—封闭链—齿条式		
适应岩性	$f<12$	$f=8\sim12$	$f<16$	$f=6\sim20$	$f=6\sim20$	$f=4\sim14$	$f=6\sim20$	$f=6\sim20$
钻孔直径（mm）	150 ~ 170	120 ~ 150	150 ~ 200	220 ~ 250	250 ~ 310	95 ~ 171	170 ~ 270	250 ~ 380
钻孔方向（°）	90	70 ~ 90	70 ~ 90	90	90	70 ~ 90	90	90
钻孔深度（m）	21	18 ~ 20	15；21	17	17. 5	15；22. 5	17. 5	16. 5
轴压力（kN）	137. 2	127. 4	156. 8	411. 4	490	117. 6	343	539
钻具提升力（kN）		125	66. 1	421. 4	500	142. 1	230	400
钻具推进速度（m/min）	0 ~ 2. 5	0 ~ 0. 17 ~ 3. 4	0 ~ 3/10	0 ~ 1 0 ~ 2. 1	0. 1 ~ 1 0. 1 ~ 3	0 ~ 1. 8	0 ~ 1. 2	0 ~ 1. 2
钻具提升速度（m/min）	0 ~ 18. 63	0. 8 ~ 16	0 ~ 20	10	20	0 ~ 18	0 ~ 36. 7	0 ~ 34
钻具转速（r/min）	0 ~ 115	45,60,90	0 ~ 120	0 ~ 115	0 ~ 100	0 ~ 140	0 ~ 90	0 ~ 120
回转扭矩（kN · m）		4770,4060 3020	3870	6546	7840	4410	6500	8500
回转功率（kW）	30	28	30	50	54	20	50	95
回转动力	直流电机	交流电机	直　流　电　机					
钻杆直径（mm）	114	104；114；168	114；140；159	194；219	219；273	70；133	140 ~ 219	219；273；325
钻杆长度（m）	7. 5	9. 5	7. 55	9. 2	9	7. 5	17. 5	16. 5
钻杆数（根）	3	2	2	2	2		2	2
主空压机风量（m^3/min）	18	25	18	30	40	18	28	37/56
压气压力（MPa）	0. 35	0. 4 ~ 0. 7	0. 4	0. 35	0. 35	0. 28	0. 28	0. 28
行走方式	履　　带							
行走速度（km/h）	1	0. 85	1	0. 73	0. 72	0 ~ 1. 8	1. 3	1. 1
爬坡能力（°）	15	14	12	12	12	30%	15%	25%
外形尺寸(mm) 长×宽×高　工作时	7. 78 × 3. 34 × 12. 5	7. 8 × 3. 2 × 14. 5	8. 72 × 3. 58 × 12. 34	12. 04 × 6. 29 × 27. 6	13. 67 × 5. 7 × 25	8. 1 × 4. 38 × 13. 7	13. 3 × 5. 91 × 24. 57	14. 248 × 6. 11 × 27. 085
外形尺寸(mm) 长×宽×高　行走时	11. 78 × 3. 34 × 1. 625	13. 6 × 3. 2 × 5. 68		24. 03 × 6. 29 × 7. 2	22. 6 × 5. 7 × 7. 62	13. 05 × 4. 38 × 4. 94	23. 7 × 5. 91 × 6. 3	27. 033 × 6. 11 × 7. 547
总安装功率（kW）	216	304. 1	227. 4	351	416		335	399. 5
动力型式	电　　动							
机重（t） 投产年限（年）	32 1985	40 1983	39 1983	93 1984	114；120 1982	30 1985	85 1982	140 1985
制　造　厂	吉林重型机器厂	江西采矿机械厂				衡阳冶金机械厂		

附表 3-2 压气式牙轮钻头规格

<table>
<tr><th colspan="2">钻头直径</th><th rowspan="2">公差
(mm)</th><th rowspan="2">连接螺纹</th><th colspan="2">倒角直径</th><th colspan="2">螺纹高度</th><th rowspan="2">钻头全高
(mm)</th></tr>
<tr><th>(mm)</th><th>(≈in)</th><th>(mm)
±0.4</th><th>(in)
$\pm\frac{1}{64}$</th><th>(mm)</th><th>(in)</th></tr>
<tr><td>105</td><td>$4\frac{1}{8}$</td><td rowspan="2">$^{+1.5}_{0}$</td><td>$2\frac{3}{8}$</td><td>77.4</td><td>$3\frac{3}{64}$</td><td>76</td><td>3</td><td>180</td></tr>
<tr><td>120</td><td>$4\frac{3}{4}$</td><td>$2\frac{7}{8}$</td><td>91.7</td><td>$3\frac{39}{64}$</td><td>89</td><td>$3\frac{1}{2}$</td><td>200</td></tr>
<tr><td>150</td><td>$5\frac{7}{8}$</td><td rowspan="13">$^{+2.5}_{0}$</td><td rowspan="5">$3\frac{1}{2}$</td><td rowspan="5">104.4</td><td rowspan="5">$4\frac{7}{64}$</td><td rowspan="5">95</td><td rowspan="5">$3\frac{3}{4}$</td><td>250</td></tr>
<tr><td>158</td><td>$6\frac{1}{4}$</td><td>260</td></tr>
<tr><td>165</td><td>$6\frac{1}{2}$</td><td>270</td></tr>
<tr><td>170</td><td>$6\frac{3}{4}$</td><td>280</td></tr>
<tr><td>187</td><td>$7\frac{3}{8}$</td><td>290</td></tr>
<tr><td>200</td><td>$7\frac{7}{8}$</td><td rowspan="3">$4\frac{1}{2}$</td><td rowspan="3">135.3</td><td rowspan="3">$5\frac{21}{64}$</td><td rowspan="3">108</td><td rowspan="3">$4\frac{1}{4}$</td><td>315</td></tr>
<tr><td>215</td><td>$8\frac{1}{2}$</td><td>335</td></tr>
<tr><td>225</td><td>$8\frac{3}{4}$</td><td>325</td></tr>
<tr><td>255</td><td>$9\frac{7}{8}$</td><td rowspan="5">$6\frac{5}{8}$</td><td rowspan="5">186.9</td><td rowspan="5">$7\frac{23}{64}$</td><td rowspan="5">127</td><td rowspan="5">5</td><td>360</td></tr>
<tr><td>270</td><td>$10\frac{5}{8}$</td><td>385</td></tr>
<tr><td>280</td><td>11</td><td>395</td></tr>
<tr><td>315</td><td>$12\frac{1}{4}$</td><td>400</td></tr>
<tr><td>350</td><td>$13\frac{3}{4}$</td><td>440</td></tr>
<tr><td>380</td><td>15</td><td rowspan="2">$^{+3.5}_{0}$</td><td rowspan="3">$7\frac{5}{8}$</td><td rowspan="2">215.1</td><td rowspan="2">$8\frac{15}{32}$</td><td rowspan="3">133</td><td rowspan="3">$5\frac{1}{4}$</td><td>500</td></tr>
<tr><td>445</td><td>$17\frac{1}{2}$</td><td>580</td></tr>
<tr><td>508</td><td>20</td><td>$^{+4.0}_{0}$</td><td>242.5</td><td>$9\frac{35}{64}$</td><td>630</td></tr>
</table>

注：1. 根据岩石的软硬程度，牙轮钻头型号以 WK84（极硬）、WK74（硬）、WK64（中硬）、WK54（软）、WK44（极软）表示；

2. 连接螺纹用 API（美国石油工业）标准的公制正规螺纹；

3. 压气式牙轮钻头主要生产厂家为武汉冶金设备制造公司；

4. 1in = 0.0254m。

附表 3-3　储油密封式牙轮钻头规格

钻头代号	钻头直径与直径公差		连接螺纹	
	英寸	mm	螺纹尺寸（in）	螺纹代号
4A	$3\frac{7}{8}$	ϕ97 +1.0	$2\frac{3}{8}$	231A
5	$4\frac{5}{8}$	ϕ118 +1.0	$2\frac{3}{8}$	231A
6	$5\frac{5}{8}$	ϕ142 +1.0	$3\frac{1}{2}$	331A
6A	$5\frac{7}{8}$	ϕ149 +1.0	$3\frac{1}{2}$	331A
6B	6	ϕ152 +1.0	$3\frac{1}{2}$	331A
7A	$6\frac{3}{8}$	ϕ161 +1.5	$3\frac{1}{2}$	331A
7B	$6\frac{1}{2}$	ϕ165 +1.5	$3\frac{1}{2}$	331A
8	$7\frac{1}{2}$	ϕ190 +1.5	$4\frac{1}{2}$	421A
9	$8\frac{1}{2}$	ϕ215 +1.5	$4\frac{1}{2}$	421A
10	$9\frac{5}{8}$	ϕ244 +1.5	$4\frac{1}{2}$	421A
11	$10\frac{5}{8}$	ϕ269 +1.5	$5\frac{9}{16}$	521A
12	$11\frac{5}{8}$	ϕ295 +1.5	$6\frac{5}{8}$	621A
13	$12\frac{1}{4}$	ϕ311 +2.0	$6\frac{5}{8}$	621A 或 620A
14	$13\frac{5}{8}$	ϕ346 +2.0	$6\frac{5}{8}$	621A 或 620A
18	$17\frac{1}{2}$	ϕ445 +2.0	$6\frac{5}{8}$	621A 或 620A

注：1. 储油密封式牙轮钻头主要生产厂家是上海；

2. 1in =0.0254m。

附表 3-4 国外牙轮

机 型	HLM-120	HBM-160	SK-35	45-R	47-R	60-RV	
加压方式	油缸—链条—链轮组式					油马达—封闭链	
钻孔直径（mm）	65～159	130～187	159～200	171～279	311	311～381	
钻孔方向（°）	60～90	60～90		60～90	60～90	60～90	
钻孔深度（m）	44	40	45. 6	50. 3	16. 76	15. 24；19. 81	
轴压力（kN）	120	160	155. 9	306	363	567	
提升钻具的力（kN）	60	46		241	241	420	
钻具推进速度（m/min）	0～35	0～38	0～3/20	0～2. 1	0～5. 2	0～30	
钻具提升速度（m/min）	0～75	0～38	0～28	0～29. 9	—	0～31. 4	
钻具转速（r/min）	0～159	0～134	0～135	0～100	0～110	0～121	
回转扭矩（kN·m）	5230	6900	5830	10376	额定 7050	15551	
回转功率（kW）				2×50	2×50	78	
回转动力						直 流	
钻杆直径（mm）				138～228	159～273	273	
钻杆长度（m）	47	8	7. 6	0. 9，13. 6 16. 8		15. 2/19. 8	
钻杆数（根）	5～10	4	6	3	1	3	
主空压机风量（m^3/min）	79～12. 5	16. 8～25	21. 2	27. 8	41. 6	44. 50	60
压气压力（MPa）	0. 7/1. 2	0. 7～2. 0	0. 7	0. 28	0. 456	0. 28	0. 456
行走方式	轮胎和履带		轮胎履带			履	
行走速度（km/h）	3. 9	2. 6		1. 0		1. 0	
爬坡能力（%）	30	30		25		25	
外形尺寸 长×宽×高（m） 工作时	8. 4×2. 6×12. 9	10. 2×3×14. 8	10. 4×2. 4×11. 2	11×5. 9×17. 5～24. 4	11. 89×6. 25×24. 59	13×6. 2×24. 6～27. 7	
外形尺寸 长×宽×高（m） 运输时	12. 6×2. 6×4	14. 8×3×5	10. 7×2. 4×4	23. 7×5. 9×4. 4	24. 28×6. 25×6. 04	22. 8×6. 2×7. 1	
总功率（kW）				228		485	
动力形式	柴油机驱动或电机驱动						
机重（t）	22. 24	36	28. 2	68～71	113	14. 5	
制造单位	联邦德国豪斯公司		美国里德工具公司	美国布塞路易—丹佛公司			

钻机技术特征

61-R	GD-120	GD-130	M-4	M-5	RRC-40	СБШ-250МН	СБШ-320
—齿条式			油马达—链条—链轮组式		油马达—钢绳—滑轮组式	油缸—钢绳—滑轮组式	油钢—链条—链轮组式
381～445	251～560	251～444	311	381	158～200	243～269	320
60～90	60～90	60～90	60～90	60～90	60～90	60～90	60～90
45.7	15.2～20.1	45.7	79.3	79.3	38	32	40
569	534	578	460	525	175	300	588
420	342	342	372	438	85		
0～30	0～4.1	0～4.1	0～22.95	0～19.85	4.4～305	0～1.1	0.7
0～31.4	0～38.1	0～34	0～45.7	0～39.6	4.4～305	0～5	0～13
0～121	0～121	0～121	0～110	0～110	0～150	0～150	0～130
31184	16961/33923	33923	12870	25740		4200	9600
2×52	71.2；95.6	2×78	78	2×78		60	100
电　机			油马达			直流电机	
184～273	197～380	197～380	273	273			
15.2/19.8	15.3；20.1	15.3；20.1	17	17	7.6	8，18	20，14
3	1	1	1	1	4	3	3
74	42，50，55，73	82.9	37.1	74	23	25	2×29
0.28	0.387	0.378	0.28	0.28	0.34～0.86	0.7	0.7
带							
1.0	1.2	1.2	1.6	1.6	3.2	0.7	0.5
25			20	20	35	10(°)	15(°)
13×6.2×23.2×27.7	13.1×5.97×23.8	13.1×5.97×23.8	13.6×6.3×25.4	13.6×6.3×25.4	9.3×3.5×11.4	9.2×5.45×15.4	10.2×5.45×22.7
22.8～27.3×6.2×7.1	23.77×5.97×6.02	23.77×5.97×6.02	25.5×6.3×6.7	25.5×6.3×6.7	10.7×3.5×4.4	15×5.5×5.5	19.5×5.45×1
	505	860	465	765		384	550
电　动	柴油机或电机驱动	电　动	柴油机或电机驱动	电　动	Cummins 855C	电　动	电　动
125	136	136	91～120	102～127	32.4	65	130
美国加登纳-丹佛公司			美国马里昂动力机铲公司		美国乔伊公司	苏联沃罗涅什矿机厂	

附表 3-5 国内露天潜孔钻机主要技术特征

项目		机型						
		KQ-100	KQ-150	KQ-170	KQ-200	KQ-250	SQ100J（高气压）	KQD80/120
孔径（m）		80，100	150，170	170	200，210，220	230，250	80,100,105,127	80，120
垂直孔深（m）		18	17.5	18	19	16	30	20
孔向（°）		0～90	60，75，90	45，60，75，90	60～90	90	45～90	多方位
钻杆直径（mm）		60，70	133	127	168	194，219	75	60
一根钻杆长度（m）	接杆	3～6	9	8.5	10.2，9.5	9	3	1.5，2，3
	不接杆		18			17		
钻具回转转数（r/min）		30～50	21.7,29.2,42.9	60	13.5,17.9,27.2	22.3	0～30	35,45,53,67,77,115
钻具回转扭矩（kN·m）		0.49～0.736	2.906,2.447,2.141	1.107	5.802,4.812,4.312	9.4276	1.500	1.11，1.01，0.86，0.8，0.5，0.46
轴压力（kN）			0～5.8	0～11.76	0～14.5	0～29.4	24	
钻具提升速度（m/min）		15～20	16	16	12～16	12～16		
孔底有效提升力（kN）		9.8	24.5	14.7	34.3	98		
辅助提升力（N）			4900	4900	9800	19600		
工作气压（MPa）		0.49～0.69	0.49～0.69	0.59～0.74	0.49～0.69	0.49～0.69	0.6～1.5	0.5～0.7
耗气量（m^3/min）		3～10	15	15～18	22～27	25～30	12～17	9
除尘方式		干或湿式	干或湿式	湿式	干或湿式	干或湿式	干式扑尘	
行走形式		电动履带	电动履带	电动履带	电动履带	电动履带	气动马达履带	
钻机重量（t）		6～7	14	22	35	45	5.6	8
制造厂家		宣化风动机械厂	宣化风动机械厂	大冶铁矿	太原矿机厂	宣化风动机械厂	嘉兴冶金机械厂	宣化风动机械厂

附表 3-6 国产主要潜孔冲击器型号与规格性能

项目	板阀									无阀		
冲击器型号	J-80B	J-100B	J-150B	J-170B	J-200B	QCZ-80	QCZ-150	QCZ-170	QCZ-250	W-150	W-170	W-200
钻头直径（mm）	80	110	155	175	210	90	150	170	250	155	175	210
冲击器外径（mm）	76	95	136	156	185	78	136	146	215	142	159	185
活塞直径（mm）	53	68	104	118	130	53	90	100	155	98	110	130
活塞结构行程（mm）	140	140	140	140	120	140	125	125	125	120	130	130
活塞质量（kg）	3.4	5.5	13.8	17.5	20	2.75	8.0	8.8	29.7	12	15	22
单次冲击功（J）	90	150	330	420	520	9	260	280	700	280	340	400
冲击频率（Hz）	14.2	13.7	13.3	13.3	13.3	15	15	17	10.8	15.0	15	13
耗气量（m^3/min）	5.6	9	16	18	22	5	12	15	30	7.5	12	20
适用工作风压（MPa）	0.4~0.7	0.4~0.7	0.4~0.7	0.4~0.7	0.4~0.7	0.4~0.7	0.4~0.7	0.4~0.5	0.4~0.7	0.4~0.7	0.4~0.7	0.4~0.7
计算工作风压（MPa）	0.5	0.5	0.5	0.5	0.5	0.5	0.5	0.5	0.5	0.5	0.5	0.5
冲击器长（mm）	770	860	990	1153	1200	812	1035	1200	1417	983	1139	1275
冲击器重（kg）	16.5	35	82	115	160	21	72	90	260	90	121	184
钻头长（mm）	200	210	260	270	300				360	260	260	300
钻头重（kg）	4	6	16	22	32					16	21	32
适用钻机	CLQ-80 Ya-100		YQ-150 KQ-150	YQ-150 KQ-150	KQ-200	CLQ-80 YQ-100	KQ-150	KQ-150	KQ-250	YQ-150 KQ-150	KQ-150	KQ-200
生产厂家	嘉兴冶金机械厂、长沙矿山研究院	嘉兴冶金机械厂、长沙矿山研究院	嘉兴冶金机械厂、长沙矿山研究院	嘉兴冶金机械厂、长沙矿山研究院	嘉兴冶金机械厂、长沙矿山研究院	宣化风动机械厂	宣化风动机械厂	宣化风动机械厂	通化风动机械厂，嘉兴冶金机械厂	通化风动机械厂，嘉兴冶金机械厂	通化风动机械厂，嘉兴冶金机械厂	通化风动机械厂，嘉兴冶金机械厂

附表 3-7 我国矿山使用的高气压冲击器

指标名称	冲击器型号									
	DHD-340	DHD-360	COP-6	COP-42	COP-62	JWA-150	JG-100	JG-150	JC-150	JZ-150
钻头直径（mm）	105 ~ 114	152 ~ 165	152 ~ 165	105 ~ 114	150 ~ 165	155 ~ 165	105 ~ 114	152 ~ 165	155 ~ 165	155 ~ 165
冲击器外径（mm）	92	127	136	96	138	140	92	137	136	136
冲击器长度（mm）	1168	1570	1245	960	1280	1185	1160	1570	1243	
活塞直径（mm）	75	108	96	76	112	114	75	108	97	104
活塞结构行程（mm）		148	145	100	125	147		148	140	120
冲击器重量（kg）	36	105	86	35	93	95	36	105		100
工作风压（MPa）	1.1 ~ 1.8	1.1 ~ 2.5	0.6 ~ 1.8	0.6 ~ 1.8	0.6 ~ 1.8	0.7 ~ 1.5	1.1 ~ 1.8	1.1 ~ 1.5	0.6 ~ 1.5	0.7 ~ 1.5
下列风压时的耗气量（m^3/min）										
0.6（MPa）			6.7	3.4	6.9	8			6.7	6.7
1.1（MPa）	4.25	9.3	12.7	6.5	12.8	12	4.25	9.3	12.7	12.7
1.8（MPa）	8.5	16.1	21	11.8	21.6	24	8.5	16.1	21	
2.5（MPa）		26.6						26.1		
公司	美国英格索尔兰德	美国英格索尔兰德	瑞典阿特拉斯	瑞典阿特拉斯	瑞典阿特拉斯	嘉兴冶金机械厂	嘉兴冶金机械厂	嘉兴冶金机械厂	嘉兴冶金机械厂	长沙矿山研究院

附表 3-8　我国常用潜孔钻头型号和规格

钻头型号	钻头直径（mm）	总长（mm）	净重（kg）	适用冲击器
J-80B-85	85	200	4	J-80B
J-80B-90	90	200	4.2	J-80B
J-80B-95	95	200	4.4	J-80B
J-100B-110	110	210	6	J-100B
J-100B-115	115	210	6.3	J-100B
J-100B-120	120	210	6.3	J-100B
J-150B-155	155	255	15.6	J-150B
J-150B-160	160	255	16	W-150
J-150B-165	165	255	16.5	
J-170B-175	175	270	22	J-170B
J-170B-180	180	270	22.5	J-170B
J-200B-210	210	300	32	J-200B
J-200B-215	215	300	33	W-200
JC-150-156	156	400	26	
JC-150-165	165	400	26.8	C-150
JC-150-178	178	400	27.5	COP-6
JD-100-105	105	260	6.6	COP-42
JD-100-115	115	260	7.2	COP-42
JD-150-156	156	388	25.1	COP-62
JG-150-165	165	388	25.0	COP-62
JG-150-178	178	388	27.3	COP-62
JG-100-105	105	305	8.3	G-100
JG-100-115	115	305	8.7	DHD-340
JG-150-156	156	434	27.9	JG-150
JG-150-165	165	434	28.6	DHD-360
JG-150-178	178	434	30.1	DHD-360
JWA-150-155	155	348	20	JWA-150
JWA-150-165	165	348	20.7	JWA-150
JWA-150-175	175	348	22.2	JWA-150

附表 3-9 国外几种潜孔钻机主要技术特征

项目		机型											
		QM-5	DM-4 (T-4)	T-5	RCD-930	DH-650	T650W	T685H	ES-115	Rotamec 1702	СБУ-125	СБУ-150	СБУ-200
孔径(mm)		178~225	127~200	223~250	152~178	152~171	152~197		80~250	140~216	125	150	200
推进方式		气马达—链条式	双油缸—链条式	双油缸—链条式		气马达—链条式	双油缸—链条式	双油缸—链条式	气马达—链条式	双油缸—链条式			
推进力(kN)		0~176.4	0~176.4	0~266.56	44.1~88.2		0~137.2		0~137.2	0~170	4.9	4.9	4.9
旋转方式		气马达	油马达	油马达	油马达	气马达	油马达	油马达	油马达	油马达			
钻具转数(r/min)		0~75	0~100	0~79 0~111	0~52	7~38		0~140 0~70	0~40 0~110	0~80	27,40,80	0~60	
旋转扭矩(N·m)			5644.8	9231.6 6546.4	2979.2		4057.2	4635.4 10103.8	7350, 3430	5620			
空压机容量(m^3/min)		28.5	29.7		25.5	16.8		24	17	21			
供气压力(MPa)		0.685	2.41		0.685	0.685		2.41		2.0			
行走方式		履带,分传	履带,分传 (轮胎)	轮胎	履带,分传	履带	轮胎	轮胎	履带,分传	履带,分传			
原动机功率(kW)			216			216	146			300			
外形尺寸 (长×宽×高) (mm)	工作时	7200×4200 ×15800	8700~1070 ×2400~ 3200×10900	11150× 3050×12200				11150× 2438×12120		7210×3250 ×12960			
	运输时	15200×4200 ×400		11460×3050 ×4100				11995× 2438×3680		13340× 3250×3320			
钻机重量(t)		30	22~27	38.5				25	20	27.2	5	16	35
制造国家及厂家		美国 Ingersoll-Rand	G. D	C. P	Joy	Schramm		Atlas Copco					

附表 3-10　国内旋转式钻机主要技术性能

机　　型	KX-150A 旋转钻机	KX-120 旋转钻机	KXL-150 螺旋钻机	KXL-120 螺旋钻机	CZ-1 旋转钻机
钻孔直径（mm）	150	120	100～130	100～130	160
钻孔深度（m）	20	20	2.5（可以加深）	3.5（可以加深）	17.5
钻孔方向（°）	70～90	70～90	70～90	0～90	90
最大轴压力（kN）	70	70	30	30	
钻杆转速（r/min）	85，114	85，114	118，158	118，158	60
钻具推进速度（m/min）	0～3.16	0～3.16	0～2.36	0～2.36	
提升速度（m/min）	0～15.4	0～15.4	0～10.7	0～10.7	
快速下降速度（m/min）	17.3	17.3	5.6	5.6	
排碴风量（m^3/min）	12	12	螺旋排碴	螺旋排碴	22
行走速度（km/h）	1.26	1.26	1.12	1.12	
工作时电机最大容量（kW）	114	114	29.5	29.5	
机重（t）	15.4	15.23	10.4	12.6	13
外形尺寸（长×宽×高）（mm）：					
工作时	5875×3520×7950	5875×3250×7950	6335×2975×7350	5300×2950×8440	6.15×3.07×12
立架放倒时	7335×3250×4400	7335×3250×4400	6800×2975×4050	7640×2950×4300	
生产厂	吉林重型机器厂		吉林重型机器厂	吉林重型机器厂	

附表 3-11 国外旋转钻机技术性能

型号			H60（KS 95）	LB24-11	LB406	LB610	HBM-120	GD-25C
机重及外形尺寸	总机重量（kg）		2930	7950	11500～14000	24000	20000	25200
	长（mm）		2710				10000	7240
	宽（mm）		2400				8500	3150
	高（mm）		1650				10200	12540
	运输时全宽（mm）						3800	
行走机构	型式		铁轮拖动式	油马达—履带式	油马达—履带式	油马达—履带式	油马达—履带式	电动—履带式
	履带接地长（mm）						24.15	
	履带宽（mm）						400	
	接地压力（$\times 10^5$Pa）			0.7	0.82	0.79	0.7	
	爬坡能力（%或°）			30～35	35	30～35	30	
	行走速度（km/h）			5.2	3	3	4	3.5
钻孔装置	回转机构	工作压力（$\times 10^5$Pa）	机械传动	2.10	2.40	2.40	2.14	
		转速（r/min）	60，90，110，160	0～110	0～85；0～115	0～123；0～87	0～131	0～120
		回转扭矩（N·m）		3000	4180，3060	4100，5700	5230	5530
	加压系统	工作压力（$\times 10^5$Pa）	间断加压	210	240	240	183	
		给进力（kN）	0～25	60	67.3	102	120	
		给进速度（m/min）	0～0.64	0～31		0～30	0～35	
		空程返回速度（m/min）	0～0.90	0～31		0～30	0～75	45
	钻杆	直径（mm）	60	76，114	63.5～89	76，114	51～114	102
		长度（mm）	2500	4000；3000	4000	6000	4000	7620

续附表 3-11

型号			H60（KS 95）	LB24-11	LB406	LB610	HBM-120	GD-25C
钻孔装置	钻架	总长（mm）	7100				8050	
		钻孔角度（°）	0～90					0～30
		可容钻杆数（根）	带16根	15，10	7	7	10	6
	钻孔直径（mm）		85，95，105，115	90～120	80～3（upto 150）	95～135（upto 150）	65～143	130～171
	其他		最大深度120m	最大深度60m	upto 44m	upto 48m	备有潜孔冲击器	
动力	驱动油泵	型式	电力拖动油泵和回转机构	柴油机 MWM ZyptD308 3D308-4		柴油机 TYPE56912	柴油机 FSL413F	柴油机
		功率/转数（kW）/（r/min）	10	33，44/3000		61/2600	14/2000	
	驱动空压机	型式		或电动机			或电动机	
		功率/转数（kW）/（r/min）		30/2935			118/1485	
空气压缩机型式			不带空气压缩机				585M	
排气压力（$\times 10^5$Pa）			5			7.14，8.16，10.2，20.4	7.13	5.6
排气量（m^3/min）			5		8，17	7，10，14，18	8.8	15.58
除尘方式			干式负压除尘	旋风除尘布袋过滤	HY-A-25 旋风除尘和囊式过滤	旋风除尘 布袋囊装置	旋风除尘和囊式过滤	
吸气量（m^3/h）					1500	1200，1400	1800	
制造厂			西德 Sajzgitter					美国

附表 3-12 国产露天钻车主要技术性能参数

技术性能参数	型号					
	CL15	CLQ15	CL10	CLQ80	TLQ-100	CT400A
配用凿岩机型号	YGZ70	QC100 冲击器	C-100B 冲击器	C80，C100 冲击器	C80，C100	YG80
钻孔深度（m）	20	20	15	20	15	30
钻孔直径（mm）	100	105 ~ 110	100	85，100	80，100	60，70
钻孔角度（°）	任意角	任意角	任意角	下向倾斜， 可打横向水平	前后左右各 30 度	
水平孔位最高（mm）	3100	3100			下　向	
水平孔位最低（mm）	300	300	800	1850		
使用气压（MPa）	0.6342	0.5 ~ 0.7	0.5	0.5 ~ 0.7	0.5 ~ 0.7	0.5 ~ 0.6
总耗气量（m^3/min）	20	20	17	19	9	11
油泵功率（kW）	2.21	2.21				
工作油压（MPa）	10.0	10.0				
推进风马达功率（kW）	4.5	5			2.8	2.5
最大推进力（N）	10000	10000	10000	10000	7000	
有效推进行程（mm）	3660	3660	1500	300	3000	3000
推进器补偿推进长度（mm）	1300					
行走风马达功率（kW）	8.83	4.41 × 2	东方红 75 型拖拉机		安装在东方红 75 型拖拉机上	
最大牵引力（N）						
注油器容量（L）	13					5
捕尘器型号	FC902	FC901				
捕尘器耗气量（m^3/min）	≤4	4	耗水 7 ~ 15L/min	耗水 7 ~ 15L/min	耗水 7 ~ 15L/min	
总重量（kg）	4650	4700	6500	5300	7800	869
外形尺寸长 × 宽 × 高（mm）	5650 × 2700 × 1985	5650 × 2700 × 1985	4230 × 1900 × 3400	2800 × 2100 × 1400	6150 × 1700 × 4300	5000 × 1800 × 1000
生产厂家	天水风动工具厂		昆明风动机械厂	宣化风动机械厂		天水风动工具厂

附表 3-13 瑞典 ROC 系列露天钻车主要技术性能参数

技术性能参数	型号				
	ROC712H-00	ROC712H-01	ROC712HC-00	ROC712HC-01	ROC812H-00
钻孔直径（mm）	48 ~ 89	48 ~ 89	48 ~ 89	64 ~ 127	64 ~ 124
钎杆钎头型号	R32T38T45	R32T38	R32T38T45	R32T33	T38T45
一次推进长度（mm）	4400	4400	4400	4400	4400
机重（kg）	7500	7750	9650	9900	9200
机宽（mm）	2410	2410	2410	2410	2440
驱动方式	柴油机	柴油机	柴油机	柴油机	柴油机①
型　号	F_4L_{921}	F_4L_{912}	BF_6L_{913}	BF_6L_{913}	F_6L_{912}
功率（kW）	46.5	46.5	104	104	74
行走速度（km/h）	1.5 ~ 3.7	1.5 ~ 3.7	1.5 ~ 3.7	1.5 ~ 3.7	1.5 ~ 3.8
液压凿岩机型号	COP1238LE	COP1238LE	COP1238LE	COP1238LE	COP1238ME COP1238HE②
凿岩机最大功率（kW）	10	10	10	10	15.18
供风方式	机　分	机　外	自　带	自　带	机　外
空压机型号	XAS40 ~ XAS85	XAS40 ~ XAS85	XA85	XA85	XA85、XA125
风量（L/S）	40 ~ 83	40 ~ 83	83	83	83、122
风压（Pa）	8.8×10^5	8.8×10^5	8.8×10^5	8.8×10^5	8.8×10^5
吸尘器型号	DCT50-03F	DCT50-03F	DCT50-03F	DCT50-03F	DCT100-11F
机械化上卸钎杆	是	无	是	无	是
司机室	无	无	无	无	有

①备有 104kW 透平增加装置；

②COP1238HE 适于凿软岩，并在柴油机上有增加装置。

附表 3-14　国外几种露天钻车技术特征

项目		型号						
		ZOOMTRAK DBW	LM300	Ha[cotrack 400	SR501	KR901	CRP-9	TYCD-10
总重（t）		7.53	4	3.6	4.5	7.0	4.1	4.45
外形尺寸（mm）		7650×2420×1800			5200×1900×1900	2230×1850	2850×2200×1350	2880×2210×1480
钻孔深度（m）								
水平钻孔最高（mm）			3402	2031	5050	3360	2800	
水平钻孔最低（mm）			203	1245	1700	1850	254	
推进器	推进方式与功率（kW）	液压链条式	液压链条式					
	最大推力（N）	16				2700		2750
	有效推进长度（mm）	3570（4090）						550
工作尺寸范围	钻臂俯仰范围（°）	向上50.5°向下16°	向上60°向下15°		向上60°	向上60°，向下20°		向上45°，向下30°
	钻臂摆动范围（°）	向左47.5°向右46°			向左45°，向右45°	向左45°，向右45°		向左45°，向右45°
	推进器前后摆动范围(°)				向下105°			
	推进器左右摆动范围(°)				向左45°，向右45°	向左45°，向右45°		向左45°，向右45°
回转器	回转方式与功率（kW）			气马达钢绳式				
	回转扭矩（N·m）			2.98				
	回转转数（r/min）			0～62				
履带行走装置	爬坡能力（°）	23°					28	35°
	最大牵引力（N）							29400
	行走速度（km/h）	1.5	4～4.4		3	5	5	3
	行走功率（kW）	液压马达，2×9	7.3					气马达2×7.35
	履带摆动范围（°）				3.0	30°	20°	30°
油压系统	油泵功率（kW）							气马达驱动油泵
	工作油压（MPa）							2.98
钻具	钻具类型	ML428L液压凿岩机	DHD24潜孔冲击机		潜孔冲击器	B40001液压凿岩机	M120型凿岩机	TYPR型气动凿岩机
	气缸直径（mm）		68.3				120	120
	活塞直径（mm）						90	88
	回转转数（r/min）	0～300					0～300	
	回转扭矩（N·m）	170（16.6MPa时）						
	冲击能（J）	245				640		
	冲击频率（Hz）					31.6～61.6	21.6	
	钻头直径φ（mm）	35～102	101.6～114	89～127	67，120			
制造厂		芬兰泰姆劳科	美国英格索尔兰德	英国	联邦德国	联邦德国	日本	日本古河

附表 3-15 国产正铲式挖掘机主要技术性能参数

参数名称		型号																		
		W-501	W-502	W_1-06		W_2-06		W_1-1001	W_1-1002	W_1-1001A	W_1-1002A	W_1-2001	W_1-2002	WK-2	WK-4	WP-4	WK-10	WD-1200	P&H 2300XP	P&H 2800XP
标准斗容量（m^3）		0.5		0.6				1		1		2		2	4.6	4	8/10	10/12	16.8/30	19.1/38.5
悬架长度（m）		5.5		5.2				6.8		6.3		8.6		9	10.5	23.3	13	15.3	15.25	15.54
斗柄长度（m）		4.5		4.3				4.9		4.9		6.1		5.9	7.29	13.3	9	11.1	9.7	10.36
工作尺寸（m）	悬架倾角（°）	45	60	45	60	45	60	45	60	45	60	45	60	50	45	50	45	45	45	45
	停机面以下最大挖掘深度	1.5	1.1	2.05	1.65	1.3	0.9	2	1.5	1.8	1.3	2.2	1.8	2.2	2.92	2.9	3.2	2.6		
	停机面以上最大挖掘半径	4.7	4.35	3.96	3.4	4.1	3.7	6.4	5.7	6.25	5.7	7.4	6.25	5.6	8.23					
	停机面上最小挖掘半径	2.5	2.8	2.5	2.6	3.25	3.7	3.3	3.6	2.85	2.78									
	最大挖掘半径	7.8	7.2	7.7	7.2	7.7	7.2	9.8	9	9.4	8.95	11.5	10.8	11.6	14.4	24.9	18.9	19	21.08	23.29
	最大挖掘高度	6.5	7.9	5.85	7.45	6.4	8	8	9	6.9	8.6	9	10	9.5	10.1	22.1	13.63	13.5	14.33	16.03
	最大卸载半径	7.1	6.5	6.9	6.5	6.9	6.5	8.7	8	8.1	7.45	10	9.6	10.1	12.65	23.35	16.35	17	18.69	20.96
	最大卸载半径时的卸载高度	2.7	3.0	1.95	2.35	2.5	2.9	3.3	3.7	2.5	3.0	3.75	4.7	3.5					5.59	6.15
	最大卸载高度	4.5	5.6	3.85	5.05	4.4	5.6	5.5	6.8	4.7	6.15	6.0	7.0	6.7	6.3	18.3	8.6	8.3	8.99	10.16
	最大卸载高度时的卸载半径							8	7	7.7	6.35	10.2	8.5	8.7						
铲斗滑轮提升速度（m/s）		0.48	0.51	0.512		0.512		0.496		0.482		0.538		0.62	0.67	1.455	1	1.08	0.97	0.91
斗柄推压速度（推压/返回）（m/s）		0.43/0.57		0.435/0.655		0.435/0.655		0.404/0.88		0.43/0.75		0.415/0.476		0.51	0.45	0.462	0.65	0.69	0.05	0.64
铲斗提升力（kN）		112		118		118		160		160		300		285	450	420	1050	1150		
斗柄作用力（推压/返回）（kN）		116.4		130/88		130/88		146.3/97		170/95		344/286		128	230	240	650	690		
转向100°时每分钟的挖掘次数		3		3~4		3~4		3				2~3		2~3	2~3	~2	~2	~2		
挖掘机工作重力（kN）		205		227		205		410		345		775		840	1850	3380	4400/4430	4650	716/730	870/892
行走速度（km/h）		1.6，3.0				18.7		1.5						1.22	0.45	0.65	0.69	1.22	1.05	1.72
移动时土壤的平均比压（N/m^3）		0.7×10^5		0.88×10^5		轮胎式		0.91×10^5		0.94×10^5		1.27×10^5		1.25×10^5	2.24×10^5	2.24×10^5	2.30×10^5	2.76×10^5	$2.4/3.5\times10^5$	$2.7/3.4\times10^5$
最大爬坡角（°）		22°		20°		20°		20°						15°	12°	10°	13°	20°		
生产厂家		抚顺挖掘机厂		合肥矿山机器厂		合肥矿山机器厂		抚顺挖掘机厂		抚顺挖掘机厂		抚顺挖掘机厂		抚顺挖掘机厂	太原重型机械厂	抚顺挖掘机厂	太原重型机械厂	抚顺挖掘机厂	太原重型机械厂	第一重型机械厂

附表 3-16 国外采矿用正铲挖掘机主要技术性能参数

参数名称	美国布赛路斯-伊利公司						美国马利昂动力铲公司					
	150-B	190-B	195-B	280-B	280-BLR	295-B	191M-17	182M-7	183M-16	183M-15R	185M-13	191M-21
铲斗容量（m^3）	3.44～9.17	4.97～10.65	6.12～12.99	6.12～16.82	6.2	9.93～19.88	6.12	7.64	6.12	7.64	9.17	11.46
	5.35	6.88	9.93	11.46		15.29						
铲斗滑轮上最大提升力（kN）	576	794	1021	1129	714	1438	672	872	980		885	934
铲斗提升速度（m/min）	65.6	64.1	67.1	67.1	106.5	52.8	71.9	64.0				
行走速度（km/h）	1.72	1.60	2.22	1.77	1.75	1.45	2.09	1.61	1.77	1.77	2.42	1.77
回转平台转动速度（r/min）	3.1	3.2	3.3	3.0	3.0	2.9	3.6	3.0	2.6	2.6	2.8	3.0
最大爬坡能力（°）	21	25	23	19	19	22						
工作重力（kN）	2223	303	3270	4536	5189	5455	2136	3270	3647	2962	3402	3924
对地平均压力（N/m^2）	2.23×10^5	2.44×10^5	2.63×10^5	3.07×10^5	2.47×10^5	3.43×10^5	2.23×10^5	2.24×10^5	1.34×10^5	1.95×10^5	2.35×10^5	2.50×10^5
悬架长度（m）	11.42	12.65	12.65	15.24	27.43	15.24	11.58	13.87	21.34	13.87	12.80	14.30
悬架角度（°）	45	45	45	45	45	45	45	50	50	50	45	45
斗柄长度（m）	8.54	9.37	9.37	11.12	14	12.03	9.01	9.45	12.80	9.45	8.23	9.75
最大卸载半径（m）	13.1	14.47	14.78	16.54	27.43	16.76	13.27	15.70	21.03	15.70	15.08	16.84
最大卸载高度（m）	7.24	8.54	8.01	8.31	17.98	9.67	10.74	10.36	14.78	10.36	7.70	9.83
最大挖掘半径（m）	15.24	16.61	16.99	18.98	29.41	19.58	15.47	17.91	23.01	17.91	17.52	19.74
最大挖掘高度（m）	11.58	13.25	12.65	13.33	22.86	15.08	6.79	14.55	19.05	14.55	12.34	15.24
地面上最大挖掘半径（m）	10.28	10.74	11.73	12.34	20.27	12.95	10.34	11.65	13.41	11.65	12.57	13.33
地面以下挖掘深度（m）	3.05	2.59	2.59	2.59	2.44	2.59						
机棚尾部回转半径（m）	5.57	6.02	6.02	6.56	7.47	6.94	5.49	7.01	7.01	7.01	7.01	7.01
行走底架距地面高度（m）	0.33	0.35	0.35	0.45	0.45	0.55	0.58	0.64	0.58	0.58	0.64	0.50
回转平台后底面距地面高度（m）	1.65	1.88	1.88	2.03	2.03	2.59	1.91	1.75	1.52	1.52	1.75	2.13
履带板宽度（m）	0.91	1.07	1.07	1.07	1.52	1.07	0.91	1.07	1.68	1.27	1.07	1.07
履带行走部分长度（m）	6.25	6.71	6.71	7.03	8.01	8.64	6.33	7.85	9.14	7.01	7.85	8.23
履带行走部分宽度（m）	6.18	5.76	5.76	6.41	6.86	7.01	5.33	6.56	6.84	6.23	6.56	6.96
柴油机功率（kW）									470+213	470+213		
主电动机功率（kW）	261	335	448	522	522	597	336	448			448	597

续附表 3-16

参数名称	美国：马利昂动力铲公司									
	191M-20	191M-19	192M-3R	192M-6R	192M-2R	201-M	251-M	291-M	101M-3	111M-18
铲斗容量（m^3）	9.17	11.46	13.81	11.46	13.81	17.51	19.11	19.0	2.29	3.82
铲斗滑轮上最大提升力（kN）								1361	317	340
铲斗提升速度（m/min）										26.8
行走速度（km/h）	1.77	1.77	1.29	1.29	1.29	1.29	1.29	1.20	1.26	1.29
回转平台转动速度（r/min）	2.7	3.0	2.7	2.7	2.7	2.6	2.5		3.3	3.2
最大爬坡能力（°）										
工作重力（kN）	4232	3878	4695	5044	4595	6010	6577	9470	807	1287
对地平均压力（N/m^2）	2.11×10^5	1.93×10^5	2.66×10^5	2.73×10^5	2.66×10^5	1.95×10^5	1.85×10^5	2.86×10^5	1.05×10^5	1.64×10^5
悬架长度（m）	19.81	14.30	15.55	20.12	15.55	15.70	15.85		7.93	9.14
悬架角度（°）	50	50	45	50	45	45	45		45	45
斗柄长度（m）	13.23	9.75	9.90	12.65	9.90	9.90	10.51		6.10	7.22
最大卸载半径（m）	21.57	16.69	17.15	20.42	17.15	17.33	19.96	23.20	10.44	12.27
最大卸载高度（m）	14.10	10.36	9.22	14.10	9.22	10.21	10.28	14.78	5.57	6.25
最大挖掘半径（m）	24.08	19.20	16.69	23.10	19.69	18.57	22.40	25.98	11.88	13.94
最大挖掘高度（m）	19.43	15.62	14.63	19.48	14.63	15.85	19.28	21.03	8.92	10.21
地面上最大挖掘半径（m）	15.32	12.61	13.10	15.24	13.10		14.47		7.24	8.38
地面以下挖掘深度（m）								4.95		3.28
机棚尾部回转半径（m）	7.77	8.08	7.32	7.62	7.62	7.76	9.14		4.11	5.02
行走底架距地面高度（m）	0.50	0.50	0.56	0.56	0.56	0.76	0.76		0.41	0.36
回转平台后底面距地面高度（m）	2.01	2.21	1.83	1.83	1.83	2.37	2.52		1.14	1.37
履带板宽度（m）	1.40	1.07	1.17	1.17	1.17	1.16	1.52	1.93	0.91	0.91
履带行走部分长度（m）	8.23	8.23	8.36	8.36	8.36	8.34	9.75	11.28	4.77	4.87
履带行走部分宽度（m）	6.89	6.96	7.57	7.57	7.57	7.56	8.39		3.63	4.47
柴油机功率（kW）		2×515+588							282	529
主电动机功率（kW）	597		597	597	597		933			

续附表 3-16

参数名称	美国：哈尼施费格公司												
	P&H-1400DE	P&H-1500	P&H-1500DE	P&H-1600	P&H-1600CL	P&H-1900A	P&H-1900AL	P&H-1900CL	P&H-1900AL-CL	P&H-1900AL-CL	P&H-2100BL	P&H-2300	P&H-2800
铲斗容量（m^3）	3.44～4.59	3.82	3.82～5.35	4.6～7.64	10.7	7.64～13.76	8.4～13.76		13.76	13.76	11.46～19.11	13.76～22.94	15.29～30.6
铲斗滑轮上最大提升力（kN）	521.6			646.4		930	930	930	930	930	1134		
铲斗提升速度（m/min）													
行走速度（km/h）	1.37	1.37	1.37	1.37	1.37	1.40	1.60				1.60	1.45	1.43
回转平台转动速度（r/min）													
最大爬坡能力（°）													
工作重力（kN）	1678.3					3379	3651	3289		3910	4409	5897	7258
对地平均压力（N/m^2）	1.82×10^5			2.10×10^5		2.42×10^5	2.48×10^5	2.06×10^5		1.58×10^5	2.90×10^5		
悬架长度（m）	9.75	10.66	10.66	10.66	11.97	12.19	12.19	14.02	12.19	16.76	13.41	15.24	16.82
悬架角度（°）	4.5	45	45	45	45	45	45	50	45	50	45	50	50
斗柄长度（m）	6.41	6.86	6.86	6.86	8.61	7.93	8.23	9.14	8.23	10.87	8.34	9.45	11.21
最大卸载半径（m）	4.01	2.15	12.75	13.03	14.73	16.08	16.15	16.31	16.15	19.35	16.00	17.34	19.96
最大卸载高度（m）	6.33	6.36	7.24	7.01	7.17	8.23	8.23	10.05	8.23	13.10	9.24	11.12	22.34
最大挖掘半径（m）	13.41	14.40	14.46	14.82	16.61	17.37	17.62	18.16	17.83	21.03	18.29	20.27	22.64
最大挖掘高度（m）	9.15	8.39	10.94	10.84	11.73	12.95	12.95	14.69	12.95	17.37	14.04	16.51	18.29
地面上最大挖掘半径（m）	7.80	8.17	8.46	9.21	10.26	10.05	10.36	12.03	10.36	13.71	12.11	14.12	13.71
地面以下挖掘深度（m）	2.52	2.74	4.70	2.44		3.28	2.74	2.97	2.74	3.96	2.97	4.27	4.88
机棚尾部回转半径（m）	5.69	5.34	5.69	5.49	5.49	6.33	7.01	7.01	7.01	7.77	7.01	7.47	7.93
行走底架距地面高度（m）	0.33	0.33	0.33	0.46	0.46	0.53	0.53	0.53	0.53	0.53	0.56	0.58	0.71
回转平台后底面距地面高度（m）	1.63	1.63	1.61	1.72	1.72	1.75	2.18	1.75	2.18	2.18	2.44	2.18	2.46
履带板宽度（m）	0.91	0.91	0.91	0.91	1.07	1.07	1.07	1.22	1.07	1.52	1.07	1.22	1.42
履带行走部分长度（m）	5.64	6.10	6.10	6.51	6.42	7.45	1.62	7.32	7.62	8.84	8.23	8.59	10.16
履带行走部分宽度（m）	4.88	5.13	5.13	5.33	5.49	6.18	6.71	6.50	6.71	7.16	7.32	7.53	9.04
柴油机功率（kW）	370												
主电动机功率（kW）				224＋112		448	448	448	560	560	560		

续附表 3-16

参数名称	苏联									
	ЭКГ-4.6	ЭКГ-5	ЭКГ-3.2У	ЭКГ-6.3-0	ЭКГ-8И	ЭКГ-4У	ЭКГ-6.3УС	ЭКГ-12.5	ЭКГ-6.3У	ЭКГ-20
铲斗容量（m^3）	4.5	5.6	3.2	6.3	8	4	6.3	12.5	6.3	20
铲斗滑轮上最大提升力（kN）	450	600	415	500	750	450	700	1300	700	2000
铲斗提升速度（m/min）	0.87	0.75	1.25		0.94	1.36	1.08	1.10	1.50	
行走速度（km/h）	0.55	0.65	0.65	0.65	0.42～0.45	0.42～0.45	0.42～0.45	0.5	0.55	0.9
回转平台转动速度（r/min）					2.78	2.78	2.78	2.78		
最大爬坡能力（°）					12	12	12	12	12	
工作重力（kN）	1960	2480	2650	2850	3700	3670	3800	6600		10590
对地平均压力（N/m^2）	2.15×10^5	2.30×10^5	2.45×10^5	1.70×10^5	2.03×10^5	1.98×10^5	2.05×10^5	1.95×10^5	1.95×10^5	2.50×10^5
悬架长度（m）	10.50	11.40	16.00	16.00	13.35	20.60	16.50	18.00	31.0	
悬架角度（°）	45	50	55		47	50	50	45		
斗柄长度（m）	7.80	9.50	13.77	13.77	11.43	14.99	12.85	13.58	23.00	
最大卸载半径（m）	12.65	13.30	18.60	17.90	16.30	22.14	17.90	21.99	22.9	19.4
最大卸载高度（m）	6.75	7.50	14.50	14.50	9.10	17.52	12.50	11.00	29.2	11.0
最大挖掘半径（m）	14.40	15.30	20.20	19.80	18.20	23.70	19.80	22.50	35.0	24.0
最大挖掘高度（m）	10.30	11.70	18.20	18.20	12.48	22.10	17.10	15.60	26.8	18.0
地面上最大挖掘半径（m）	9.30	11.20	12.80	12.80	11.90	14.49	13.50	17.90	20.00	
地面以下挖掘深度（m）										
机棚尾部回转半径（m）	5.25	6.50	6.94	7.00	7.26	7.26	10.03	10.03		8.0
行走底架距地面高度（m）										
回转平台后底面距地面高度（m）	1.86	2.30	2.30	1.90	2.77	2.77	2.77	3.33	3.33	
履带板宽度（m）	0.90	0.90	0.90	1.40	1.00	1.40	1.40	0.90	0.90	
履带行走部分长度（m）	6.09	6.66	6.66	6.66	7.45～8.23	7.96～8.23	7.95～8.23	12.85	12.85～13.03	
履带行走部分宽度（m）	5.23	5.75	5.75	6.25	6.98	6.98	6.98	9.50	9.50	
柴油机功率（kW）										
主电动机功率（kW）	250	320	320		520	520	520	1250		

附表 3-17　国产履带式液压挖掘机型号和技术参数

技术参数	型号				
	W2-100	W2-200	R962	R972	R982
正铲斗容（m^3）		2.0	2.8～3.4	3.1～3.8	4.3～5.1
反铲斗容（m^3）	1.0		0.85～3.6	0.85～3.6	1.05～5.6
平台最大回转速度（r/min）	8.0	6.0			
液压系统最大压力（Pa）	320	300			
最大行走速度（km/h）	1.7、3.4	1.8			
最大爬坡能力（%）	45	45			
平值对地比压（Pa）	0.52×10^5	1.06×10^5			
发动机额定功率（kW）	130×0.7457	240×0.7457	192	233	252
机重（t）	25	56	54.9～56.6	63～63.7	85.6～88.3
制　造　厂	杭州重型机械厂	杭州重型机械厂	长江挖掘机厂	长江挖掘机厂	长江挖掘机厂

技术参数	型号			
	WY160	WY-250	H55	H85
正铲斗容（m^3）	1.6～2.5	2.5	3.3、2.7	7.5、4.2
反铲斗容（m^3）	0.8～2.5		3.0、1.7	5、1.8
平台最大回转速度（r/min）	7.6	5.35	7.4	5.8
液压系统最大压力（Pa）	300		300	300
最大行走速度（km/h）	1.8	2.0	2.2	2.2
最大爬坡能力（%）	70	35	80	80
平值对地比压（Pa）		0.98×10^5	1.2×10^5	1.6×10^5
发动机额定功率（kW）	129～156	300×0.7457	188	328
机重（t）	38～38.5	60	55	85
制　造　厂	长江挖掘机厂	杭州重型机械厂	杭州重型机械厂	杭州重型机械厂

附表 3-18 国外 4.0m³ 以上大型液压挖掘机主要技术性能

主要技术参数		国外公司挖掘机型号												
		联邦德国 Demag H85	联邦德国 Demag H121	联邦德国 Demag H185	联邦德国 Demag H241	联邦德国 O&K RH40C	联邦德国 O&K RH75C	联邦德国 O&K RH120C	联邦德国 O&K RH300	联邦德国 Liebheer R982	联邦德国 Licbheer R991	法国 POCLAIN 400	法国 POCLAIN 600	法国 POCLAIN 1000
工作重量（t）		86.5	112	188	287	744	117.5	182	485	97.3	180.9	75	107	170
发动机功率（kW）		335	541	772	975	294	441	2×441	2×865	252	2×265	301	308	664
铲斗容量范围(m^3)：	反铲	2.0~5.4	2.0~10.5	7.0~15	5.0~21	2.0~5.6	5.0~10	5.6~14.5		1.05~56	2.7~11.5	2.2~3.7	2.5~4.7	5.0~10
	正铲	4.2~7.5	5.5~10.5	7.5~15	9.0~21	3.6~5.3	6.5~12	8.5~17	8.0~34	4.3~5.1	5.2~12.3	3.4~5.4	5.5~7.5	10~15.3
工作压力（MPa）		30	30	30	30	30	30	30 35	30	30 34	28	32~40	40	40
系统流量（1/min）		1500	2000	3200	3500	2×304	2×440	4×490 2×390	8×535	2×400 1×230	4×300	159~636	224~896	318~1272
反铲最大挖深（m）		7.0~12.2	8.5~15	8.0	8.0~14.5	7.2~10.8	7.8~9.2	9.0~14	12~27	7.2~15	9.0~16	7.1~10.25	7.75~10.95	10.25
正铲最大挖掘半径（m）		10	11.8	13.4	14.5	9.8~10	11.5	12.8	16.2	10.8	13.3	9.0~10.25	10.6~11.4	11.95~12.9
斗齿挖掘力（t）：	反铲	31	50	62	35	33	40	75	100	31	59	30.5	36.6	52.3
	正铲	40	47	70	91	40	60	90	200	41.5	55	44	60.5	82
行走速度（km/h）		2.2	2.2	2.35	2.5	1.9	2.0	2.64		1.3~2.4	2.1	2.95	2.7	1.35
接地比压（kPa）						110~140				120~160	150			
爬坡能力（%）		80	70	55	60		65		47	30	60	65	61	41
牵引力						牵引力 550kN	牵引力 800kN	牵引力 1.37MN						

续附表 3-18

主要技术参数		国外公司挖掘机型号									
		日本 HITACHI UH30	日本 HITACHI UH80	美国 CATERPILL AR245	美国 AMHCIST 680	美国 KOEHRING 1166E	美国 KOEHRING 1266-D	美国 KOEHRING 1466	美国 P&H 1200	美国 P&H 2200	美国 MARION 3560
工作重量（t）		76.7	157	67	74	83.4	120（反铲） 121（正铲）	132（反铲） 140（正铲）	177	463	270（正铲）
发动机功率（kW）		400	880	325	462	421	2×283	2×335	912	2383	2×522
铲斗容量范围(m^3)：	反铲	3.0					3.4~6.9	6.1~12.2			9.2~17.6
	正铲	3.7	8.4~12	3.1~3.8	3.1~4.6	4.2~6.9	8.1~11.5	7.6~11.5	8.3~13.3	16.8~30.6	11.5~22.2
工作压力（MPa）		23	25	31	20.7	20.7~38.0			28.2	30	
系统流量（t/min）		1080		2×447 1×271							
反铲最大挖深（m）		10.7			10.8						
正铲最大挖径（m）		10.2	12.4	10		10.5			12	17.5	
斗齿挖掘力（t）：	反铲	38									
	正铲		62	43.45		30.7			63	200	
行走速度（km/h）		2.0	2.5	3.1	3.2	3.1			1.9	1.6	
接地比压（kPa）		100	170	80	65	90			140	180~230	
爬坡能力（%）		60	58	80	67	70			70	55	
牵引力											

附表 3-19 国内几种索斗铲的型号和技术参数

参数名称	W-50 $\frac{1}{2}$				W_1-100 $\frac{1}{2}$				W_1-100 $\frac{1}{2}$A				W_1-200 $\frac{1}{2}$						WB $\frac{4}{40}$
斗容量（m^3）	0.5				1.0				1.2				2.0		1.5		1.0		4
动臂长度（m）	10		13		13		16		12.5		15		15		20		25		10
动臂倾角（°）	30	35	30	45	30	45	30	45	30	45	30	45	30	45	30	45	30	45	25～30
最大卸载高度（m）	3.5	5.5	5.3	8.0	4.2	6.9	5.7	9.0	3.38	5.97	4.63	7.74	4.8	7.9	8.0	12.2	10.8	15.9	19.4
最大卸载半径（m）	10	8.3	12.5	10.4	12.8	10.8	15.4	12.9	12.13	10.1	14.3	11.9	15.1	12.7	19.4	16.3	23.8	19.8	39
最大挖掘半径（m）	11.1	10.2	14.3	13.2	14.4	13.2	17.5	16.2	14.6	12.6	16.8	14.4	17.4	15.8	22.8	20.3	27.4	25.3	45
横向移行挖掘深度（m）	4.4	3.8	6.6	5.9	5.8	4.9	8.0	7.1	5.84	4.56	7.24	5.70	7.4	6.5	10.7	9.4	14.0	12.5	
纵向移行挖掘深度（m）	7.3	5.6	10	7.8	9.5	7.4	12.2	9.6	9.2	7.2	11.4	9.0	12.0	9.6	16.3	13.1	20.6	16.5	32
牵引绳作用力（kN）					100				67.2										300
牵引绳速度（m/s）	0.96				0.797				1.18				1.01						1.26
提升绳作用力（kN）					6.6				8.34										25
提升绳速度（m/s）	10.5				1.24				1.47				1.08						1.48
挖掘机工作重量（kN）	205		217		436		441.2		310				778						1840
循环时间（s）																			46
移动时对土壤的平均比压（N/m^2）	0.67×10^5		0.70×10^5		0.95×10^5		0.96×10^5		0.88×10^5				1.25×10^5						1.05×10^5

附表 3-20 国外几种步行式索斗铲的型号和技术参数

型号	ЭШ-5/45	ЭШ-15/90	ЭШ-40/85	W700	W1300	W3000
国别	苏联	苏联	苏联	英国	英国	英国
制造厂家	HKM3	Y3TM	Y3TM	Rapier	Rapier	Rapier
标准斗容（m^3）	5	15	40	7.6~13	168~268	43~54
起重臂长（m）	45	90	85	43~57.8	61.3~91.4	90.5~105.5
工作重量（t）	200	1400~1600	3100	462~510	1275~1315	2987~3240
最大挖掘半径（m）	46	87		41.5~54.5	58.2~84.4	88~101
最大卸载半径（m）	50	82	82	37~48.5	55.5~80.2	81~93
最大挖掘深度（m）	30	41	40	22~42	38.1~53.3	47~56
理论生产率（m^3/h）	300	700	1200			
最大卸装高度（m）	20	36	32	12~29.2	23.2~44.8	31~51

附表 3-21 国产轮斗式挖掘机（堆取料机）型号和技术参数

主要技术参数	挖掘机型号										
	WUD 400/700 型轮斗挖掘机	WD $\frac{520}{0.9}$15 型轮斗挖掘机	DZ-45 型轮斗装轧机	DQL 200/450-20 型轮斗式堆取料机	DQLK 300/450-20 型轮斗式堆取料机	DQL 400/630-25 型轮斗式堆取料机	DQLK 600/1000-25 型轮斗式堆取料机	DQL 630/1000-30 型轮斗式堆取料机	DQL $\frac{1000}{1200}$ · 30 型轮斗式堆取料机	DQL $\frac{1500}{1300}$ · 30 型轮斗式堆取料机	DQL 1800-$\frac{1200}{1600}$ · 30 型轮斗式堆取料机
理论生产率：											
堆料（m^3/h）	700	2000(剥离时)	200	450	450	630	1000	1000	1200	1800	1600
取料（m^3/h）	400	1500(采煤)	100	200	300	400	600	830	1000	1500	800～1200
轮斗直径（m）	4.5	7.6	2.4	2.8	2.8	4.1	4.5	4.8			
挖掘高度(堆料高度)(m)	10	15	4	8	8	10	10	10	11.5	12	11.5
挖掘深度（m）	0.4	0.9	0.2	1.8	1.8	1.8	2.0	1.8	2.0	2.0	2.0
最大挖掘半径（m）	13.6	21.1	4.73								
最大卸料半径（m）	17	27.0	7.5								
卸料高度（m）	2.3/8	13.6	1.6～3.6								
轮斗转速（r/min）	5/7.3	4.5/5.8						10			
斗容量（L）	200	520	45					185			
斗数（个）	8	12	6					8			
单位切割力（N/cm）	(100/60)×9.8	(120/105)×9.8									
行走速度	0.4km/h	0.4km/h	20m/min								
爬坡能力	10°	1：10	1：10								
平均接地比压（Pa）	1.13×10^6		1×10^5								
总装机功率（kW）	340	1225	68.4	78.1	86.1	170	224.5	192.2	287.5	400	340
总重（t）	150	500	22	100	110	175	250	200			
外形尺寸(长×宽×高)(m)	32.35×7.1×6.5	51.5×12×13.5	13.4×3.26×3.45	40.94×6.6×14.3	42.4×6.6×14.3	48.9×9×18.4	49.8×9×18.6	53.8×9×18.6	63.7×9.1×15.65	67.4×10.94×16.83	63.7×11.1×15.65
行走方式	履带式	履带式	履带式	轨道式	轨道式	轨道式	轨道式	轨道式	轨道式	轨道式	轨道式
制造厂	杭州重型机器厂	杭州重型机器厂	长沙重型机器厂	长沙重型机器厂	长沙重型机器厂	长沙重型机器厂	长沙重型机器厂	长沙重型机器厂	哈尔滨重型机器厂	哈尔滨重型机器厂	哈尔滨重型机器厂

附表 3-22　国外几种“紧凑型”轮斗式挖掘机型号和技术参数

国　家	联邦德国				美　国	苏　联	日　本
生产厂家	克　虏　伯	吕　贝　克		德马克	B-E 公司	顿涅茨工厂	神户制钢
型　号	C-500	SH-630	SChRS · $\frac{2450}{1.5}$ · 18	1940	1910 · $\frac{12.2}{0}$	ЗРГВ-2500	KE-2000
斗轮直径（m）	7.8	8.0	12.5	9.0	9.15	8.0	5.2
理论生产率（m^3/h）	2100	3000	7865	4400	2300 ~ 9200	2500	2400
挖掘高度（m）	10.0	15.0	18	14.0	12.2	14.5	10.0
工作重量（t）	332	332	1900	600	735	750	180
总功率（kW）	846	800	3000	1050	1150	1800	440/527
斗轮功率（kW）	360 ± 45	315	2 × 500	2 × 300D · C	470		

附表 3-23　国产轮胎式前装机的型号和技术参数

技术参数	型　号												
	Z3O4	ZL08	ZLM10	ZL10	ZL20	ZL30	ZL40	ZL50	ZL70	ZL90	QJ-5	FL-460	ZL100
额定斗容（m^3）	0.25	0.4	0.5	0.5	1	1.5	2	3	4	4.5	5	4.6	5.4
额定载重量（t）	0.5	0.8	1.0	1.0	2	3	3.6	5	7	9	10	9.3	9.6
发动机总功率（kW）	9	18	40	40	55	73	100	162	220	94	294	220	275.8
最大卸载高度（m）	1.64	2.0	2.32	3.25	2.6	2.7	2.8	2.85	3.3	3.32	3.6	3.3	3.184
最大卸载距离（m）	0.95	1.0	0.87	0.8		14.5	1.58	1.60		1.77	1.6	1.44	2.116
最大牵引力（t）	1.25	1.12	3.91		5.5	7.2	10.5	16	24.5	28.5	28.8	23	
最小转弯半径（m）	1.84	4.0	4.67	4.48	4.5	5.06	5.96	6.5	7.5	8.33	7.48	7.11	7.87
机重（t）	1.8	2.65	5.2	4.2	7	9.2	11.5	16.8	27	35	37	28.5	40
外形尺寸（m）：长	3.13	4.4	5.16	4.45	5.68	6.0	6.44	6.76	8.8	9.16	9.36	9.06	
外形尺寸（m）：宽	1.45	1.5	1.89	1.8	2.15	2.35	2.5	2.85	3.33	3.4	3.66	3.15	
外形尺寸（m）：高	2.13	2.2	2.66	2.61	2.7	2.8	3.17	3.7	3.8	3.9	3.9	3.8	
爬坡度（°）					25	25	28 ~ 30	30	30	30	25	25	30
最高车速（km/h）	12	22.3	22.8	28	30	32	35	35	36	32	31	33	41.4
最小离地间隙（m）						0.4	0.45	0.3	0.4	0.52	0.55	0.415	
制造厂	北京建筑科学院	北京市政工程机械公司	常州林业机械厂	烟台等工程机械厂	成都、厦门等工程机械厂	宜春、厦门等工程机械厂	厦门、柳州等工程机械厂	柳州工程机械厂	成都工程机械厂	柳州工程机械厂	沈阳矿山机械厂	沈阳矿山机械厂	柳州工程机械厂

附表 3-24 国外主要型号的大中型轮胎式前装机型号和技术参数

国别	厂家与型号		额定斗容（SAE）（m^3）	发动机有效功率（SAE）（hp）	完全转向时的倾翻载荷（t）	操作重量（t）	在45°卸载角时的卸载高度（m）	在卸载高度时的卸载距离（m）	铲取力（kN）	转弯半径（铲斗外缘）（m）	最大前进速度（km/h）	铰接角（每边）（°）
美国	卡特匹勒	988B	5.4~6.0	375	20.3	42.5	3.2	2.1	259.3	8.6	36.0	35
		992C	9.6	690	43.9	89.9	4.16	2.31	472	9.98	21.1	35
	密执安	275B	5.0~6.1	359	21.9	36.0	3.9	1.4	214.5	8.3	34.8	35
		475B	7.6~16.8	631	41.1	70.0	4.2	1.9	439.9	10.3	29.5	35
		675B	18.4~27.5	1316	75.1	176.2	5.4	2.2	674.5	13.3	29.0	35
	达特	D600C[8]	11.5	670~859	43.1	79.2~87.4	4.5	2.2	529.3	10.1	24.1	40
		DE620	11.5	670~859	43.1	89.4	4.5	2.2	529.3	10.1	24.1	40
	阿勒斯	945B	4.6~6.5	335	17.5	29.5	3.3	1.2	213	6.9	32.0	45
	国际	560	5.7~7.1	283	20.8	36.0	3.7	1.5	253.7	8.65	35.7	35
		H400C	8.4	579	34.6	5.7	4.2	1.8	364.3	9.1	36.2	40
	勒·托尼	580	16.8	1075	76.8	131.1	5.4	2.0	856.0	12.4	28.7	40
		L800[8]	7.6~22.9	859	52.6	84.1	5.1	2.1	831.9	9.9	24.1	45
		L1000[8]	13.0	800	61.2	49.8	5.5	2.4	613.6	10.4	19.2	45
		L1200[8]	16.8	1200	87.5	148.3	5.9	2.5~2.8	729.4	12.1	19.3	43.5
	特雷克斯	72-71B	5.7~6.1	389	23.9	38.5	3.6	1.4	286.5	8.3	24.3	24+16
		72-81	6.9	434	30.7	52.8	4.0	1.6	275	8.7	24.1	26+14

续附表 3-24

国别	厂家与型号		额定斗容（SAE）(m^3)	发动机有效功率（SAE）(hp)	完全转向时的倾翻载荷 (t)	操作重量 (t)	在45°卸载角时的卸载高度（m）	在卸载高度时的卸载距离（m）	铲取力 (kN)	转弯半径（铲斗外缘）(m)	最大前进速度 (km/h)	铰接角（每边）(°)
日本	川 崎	KSS85Z	3.1	212	10.9	17.8	2.9	1.0	150	6.2	34	36
		KSS95Z	4.5	305	15.4	25.7	3.1	1.4	180	6.6	34	36
		KSS110Z	5.6	375	21.5	37.9	3.5	1.6	210	7.2	28	36
	小 松	W120	3.1	200	11.5	16.3	2.96	1.1	123.1	6.9	30	35
		W170	3.5	238	12.9	19.1	2.95	1.0	153.5	7.2	40	33.5
	古 河	FL320	3.2	154	13.5	17.5	3.1	9.1	166.7	6.6	38	38
联邦德国	O&K	L40	4.3～4.7	247DIN	17	30.0	3.4	1.4	295	6.9	35	40
	①	F3500	6.2	311DIN	24.3	34.9	3.5	1.45	263	8.7	32.2	40
	②	SL25	3.0～8.0	270	14.6	23.1	3.1	1.5	290	7.7	45	40
	③	77C	4.0～7.2	257	13.4	23.4	3.2	1.3	156.9	6.5	37	40
苏联	④	Д-660	4	200		16	3.3	1.18		6.2	40	
	⑤	Д-584	5	240		21	3.35	1.34		7.5	40	
英国	⑥	WXL024	3.44～5.34	210	16.4	24.7	2.9	1.5	145.9	7.0	37	40
	JCB	428	2.9～4.6	179	10.0	15.3	3.0	1.1	118.4	6.1	31	40
瑞典	⑦	11641	3.3～11	176	10.7	17.0	3.8	1.2	122.6	6.3	45	37.5

① Faun-Frish；② Kaelbe · Gmeinder；③ Hanomag；④ 别尔特杨斯基筑路机械厂；⑤ 莫吉里夫斯基汽车厂；⑥ Aveling Barford；⑦ Volvo BM。

附表 3-25 国产铲运机型号和技术参数

技术参数	铲运机型号					
	C3-6 拖式	CT-6 拖式	CT-6 拖式	CTX9 液压拖式	CL-7 自行式	C_4-3A 拖式
拖拉机或发动机型号	东方红 100	6135 QD	红 旗 100	征 山 200	6135 QD	东方红 75
功 率（kW）	73.5	118	73.5	147	118	55
铲斗容量 平装（m^3）	6	6	6	9	7	2.5
堆装（m^3）	8	8	8	11.5	9	2.75
铲刀宽度（mm）	2600	2600	2600	2800	2700	2160
最大铲土深度（mm）	300	300	300	300	300	150
最大积土厚度（mm）	380	380	380	380	400	
轮胎规格	前 14.0~20 后 18.0~24	21.0~24 18.0~24	14.0~20 18.0~24	16.0~20 18.0~24	21.0~24	
轮 距 前（mm）	1400	2080	1400	1400	2100	900
后（mm）	1980	1929	1980	2140		1650
轴 距（mm）	4840	5840	4840	5570	5800	3500
行走速度 前进（km/h）	4.2	4.2~2.8	4.2		4.0	3.59~7.9
后退（km/h）	4.8	4.8	4.8			
外形尺寸 长（mm）	8770			9220	10025	5600
宽（mm）	3120			3252	3222	2440
高（mm）	2540			2650	3000	2400
机 重 满载（t）	7.3	25.5		25.9	29.0	
空载（t）		14.0		9.6	16.0	
转弯半径（mm）	3750		3750		6700	2700
制 造 厂	山东推土机总厂	郑州工程机械厂	沈阳矿山机器厂	沈阳桥梁工厂	郑州工程机械厂	成都上游机械厂

附表 3-26　国外一些主要型号轮胎自行式铲运机型号和技术参数

制造厂家	型　号	斗容（m^3）（t）		最大铲装		机重（t）		功　率（kW）		最大速度（km/h）
				深度（mm）	宽度（mm）	重载	空载	前	后	
升　运　式　铲　运　机										
卡特皮勒	633B	26	34	419	3500	81.6	47.5	336		35
菲亚特阿利斯	261B	17.6	24	240	3213	52.5	28.5	240		55
卡特皮勒	623B	16.8	22.7	330	3150	55.2	32.5	246		50
卡特皮勒	615	12.2	17.4	414	2890	40.5	23.4	186		47
约翰迪尔	862B	12.2	…	…	…	…	…	198		46
菲亚特阿利斯	161	11.5	17	300	2700	37.8	20.3	175		51
卡特皮勒	613C	8.4	12	160	2350	26.6	14.7	131		45
德 雷 斯	412B	8.4	11.9	230	2440	27	15.2	125		46
约翰迪尔	762B	8.4	11.9	…	…	…	…	134		46
敞　斗　式　铲　运　机										
卡特皮勒	657E	33.7	47.2	440	3680	116	68.7	410	298	55
	651E					106.6	59.4	410	…	
特雷克斯	TS24C	26	37	483	3390	87.7	50.7	226	226	51
	S24C					82.9	45.9	358		
	WS23					81.2	47.2	272	272	
小　松	WS23C	24	34	900	3400	79.2	45.7	327		…
	637E					84.9	50.8	336	186	
卡特皮勒	631E	23.7	34	437	3490	77.9	43.9	336		55
小　松	WS16	16	22	650	3030	55.6	33.6	157	157	…
	WS16S	16	22			52.8	30.8	272		
卡特皮勒	627E	15.3	21.8	340	3030	56.4	34.6	168	168	…
	621E	15.3	21.8			52	30.2	246		
菲亚特阿利斯	262B	16.1	…	230	3140		30.8	247	150	…
	260B	16.1	…	280	3140		26.5	240		
特雷克斯	TS14B	15.3	21.3	355	3000	47.1	25.3	107	107	37
特雷克斯	TS8	8.9	10.9	270	2400	26.6	15.7	69	69	47

附表 3-27　准轨直流架线式电机车主要技术性能

技术性能	型号	
	ZG100-1500	ZG150-1500
粘着重量（t）	160^{+3}_{-1}	$150^{+4.5}_{-1.5}$
轴列式①	$Z_o - Z_o$	$Z_o - Z_c - Z_o$
轴荷重（t）	25 ±2%	25 ±0.5%
额定电压（V）	$1500^{+20}_{-33}\%$	$1500^{+20}_{-33}\%$
轴距，固定/全轴（mm）	2600/10400	2600/15900
最小通过半径（m）	60	80
车轮直径（mm）	1120	1120
外形尺寸：全长（mm）	14760	20260
全宽（mm）	3260	3200
正弓收下时高度（距轨面）（mm）	4700	4770
正弓最小工作高度（距轨面）（mm）	5100	5100
正弓最大工作高度（距轨面）（mm）	6500	6500
旁弓收下时高度（距轨面）（mm）	4000	4000
旁弓最小工作高度（距轨面）（mm）	4045	4045
旁弓最大工作高度（距轨面）（mm）	4600	4600
机车中心线至旁弓架线间距（mm）	2000～3300	2600～3300
机车小时功率（kW）	1400	2100
机车长时功率（kW）	1240	1860
轮周小时牵引力（N）	172000	256000
轮周长时牵引力（N）	142000	214000
运行速度：小时制（km/h）	29.30	29.30
长时制（km/h）	31	31
最大运行速度（km/h）	65	65
牵引电动机型号	ZQ350-1	ZQ350-1
牵引电动机功率（kW）	350	350
牵引电动机台数（台）	4	6
牵引电动机额定电压（V）	1500	1500
牵引电动机小时电流（A）	250	250
制动装置类型	EL-14（改进型）	EL-14（改进型）
空压机型号	Z-1.8/8 型	Z-1.8/8 型
空压机能力×台数（m^3/min）	1.8×2	1.8×3
制动卸尺寸（mm）	304.8	304.8
制动率（%）	70.5	70.5
制造厂	湘潭电机厂	湘潭电机厂

①轴列式说明：$Z_o - Z_o$ -4 轴，安在两个相互不连接的双轴转向架上，“o”表示电力传动；

$Z_o - Z_o - Z_o$ -6 轴，安在三个相互不连接的双轴转向架上，“o”表示电力传动。

附表 3-28 窄轨直流架线式电机车主要技术性能

技术性能	型号					
	ZL9-$\frac{6}{7}$/550	ZL-14/550	ZL14 $\frac{7}{9}$/550-1	XGC-14	ZL-20/750	ZL-40/750
粘着重量（t）	9	14	14	14	20	40
轨距（mm）	600 762	762 900	762 900	762 900	762 900	762 900
额定电压（V）	550	550	550	550	750	750
轴荷重（t）	4.5	7	7	7	10	10
固定轴距（mm）	1400	1800	2050	1900	3000	2000
最小通过半径（m）	10	15	20	15	30	40
动轮直径（mm）	680	760	840	800	840	840
外形尺寸：全长（mm）	4900	5332	5450	4700	7500	12000
全宽（mm）	1230	2135	2000	2100	2300	2500
全高（司机室高）（mm）	3000	3002	3000	3000	3440（3200）	3720（3200）
车摘高度（mm）	430 320	380、490、600	380、490、600	320	600	600
正弓工作高度（mm）	3600～4600	3550～4350	3550～4360	4200～5000	3750～4550	3750～4550
旁弓工作高度（mm）		2500～2900	2900～3300	2500	3050～3600	3050～3600
旁架线至车中心距（mm）		1700～2150	1750～2200	1700	2100～2600	2250～2750
机车小时功率（kW）	60	104	156	92	220	440
机车小时牵引力（N）	19300	27200	32000	24000	40000	80000
机车长时牵引力（N）	5400	9500	11000	10100	31700	63500
机车小时制速度（km/h）	10.5	12.9	15.8	14	18.6	18.9
机车长时制速度（km/h）	14	18	23.2	21	19.3	19.7
机车构造速度（km/h）	20	26	31		37	37.6
牵引电动机型号	ZQ-30-4	ZQ-52	ZQ-78	ZQ-46B	ZQ-110	ZQ-110
牵引电动机功率（kW）		52	78	46	110	110
单台电动机小时电流（A）		105	154	96.5	161	161
牵引电机数量（台）	2	2	2	2	2	4
制动装置	手、电、气	手、电、气	手、电、气	手、电、气	手、电、气	手、电、气
制动缸规格（mm）		ϕ130mm	ϕ130×2	203.2	317.5×10个	317.5(10个)
机车有效制动功率（%）		63～83	70～90		64～91	71～92
空压机型号及台数		仿捷克2台	2	KWP-450×1	Z-1.8/8×1	Z-1.8/8×2
空压机能力（m^3/min）		0.40×2	0.4×2	0.45×1	1.85×1	1.85×2
机车总风缸容积（m^3）		0.2	0.2	0.22	0.747	1.1
参考价格（元）		137500	137500		176000	352000
制造厂	常州工矿电机车厂	常州工矿电机车厂	常州工矿电机车厂	大连电车工厂	常州工矿电机车厂	常州工矿电机车厂

附表 3-29 准轨内燃机车主要技术性能

技术性能	型号											
	JM80Q	JMY380FX	JMY380FS	JMY380IV	JMY380VI	JMY600	JMD1000	东方红 5	东方红 5B	东方红 5C	东风 4	东风 4B
用途	调 车	调车、小运转	调车、小运转	调车、小运转	调车、小运转	调车、小运转		调车、小运转	调车、小运转	调车、小运转	货 运	干线客货运
车轴排列	0—3—0	2—2	2—2	2—2	2—2	2—2	2_0—2_0	2—2	2—2	2—2	3_0—3_0	3_0—3_0
传动方式	机 械	液 力	液 力	液 力	液 力	液 力	电 力	液 力	液 力	液 力	电 力	电 力
构造速度（km/h）	25	36 54	30 45	30 60	30 60	34 69	45	40 80	40 80	40 80	100	客运 120 货运 100
持续速度（km/h）		9 15.5	9 13.5	6.8 13.2	6.6 13.2	8 17.3	9.94	8.5 17	7.5 15	7.5 15	21.6	客运 26.3 货运 21.9
最小通过半径（m）	20	60	60	50	50	50	100	100	90	90	145	145
轮周启动牵引力（kN）	27.4			138 69	138 69	176.59 7	250	283.8 155.8	303.6 191.5	303.6 191.5	443.5	客运 351 货运 421
轮周持续牵引力（kN）			72.71 48.1	82 43	82 43	100 49	176	202 100.5	256.26 128.86	256.26 128.86	330.5	客运 257 货运 308
轴重（t）	4.2	8 10	8.5 10	10	11.25	16	21	21.5	23	23	23	23 ±3%
机车运转整备重量（t）	12.6	30	40	40	45	64	84	86	92	92	138	138
外形尺寸：全长（mm）	4480	11810	10200	11900	10507	12888	15470	14900	14900	14900	21100	21100
全宽（mm）	1950	2510 2660	3260	3160	3160	3160	3100	3376	3376	3776	3309	3308
全高（mm）	2188	3440	4450	4240	4530	4440	4490	4643	4756	4756	4725	4755
转向架中心线间距（mm）		6000	5000	5000	5000	5600	8420	6900	6900	6900	12000	12000
固定轴距/全轴距（mm）	900/1800	1800/6000	1800			2000/	2300/10720	2400/9300	2400/9300	2400/9300	1800/15600	1800/15600
车轮直径（mm）		840	840	840	840	840	1050	1050	1050	1050	1050	1050
柴油机 型号	4135AK-1	12V135Z	12V135Z	12V135Z	12V135Z	6200Z	12V180ZJ	12V180ZJ	12V180ZJ	12V180ZJ	16V240ZJB	16V240ZJB
柴油机 额定功率（kW）	54	280	280	280	280	442	670	791	920	920	2429	2944 （小时功率） 2429 （装车功率）
柴油机 燃料油消耗率(g/kW·h)		≤238	≤238				≤238	224 +7	244 +7	244 +7	211 +7	211 +7
柴油机 润滑油消耗率(g/kW·h)		≤3.4	≤3.4					≤7	≤7	≤7	≤2	≤2

续附表 3-29

技术性能	型号											
	JM80Q	JMY380FX	JMY380FS	JMY380IV	JMY380VI	JMY600	JMD1000	东方红 5	东方红 5B	东方红 5C	东风 4	东风 4B
牵引发动机型号	12V180ZJ	12V135Z	12V135Z	12V135Z	12V135Z	6200Z					TQFR-300	TQFR-300
牵引电动机型号							ZQDR-410				ZQDR-410	ZQDR-410
制动机形式	手、空气	空 气	空 气	空 气	空 气	空 气	空 气	JZ-7	JZ-7	JZ-7	JZ-7	JZ-7
燃料油装载量（kg）		490	490	800 升	1200 升	1500 升	2500 升	3200	2300 或 3200	2300	7500	9000
润滑油装载量（kg）								200	200	200	1200	1200
储水量（kg）		400	400				500	425	425	425	1200	1200
储砂量（kg）		150	150				800	600	600	600	800	800
制动率（%）		89.5	89.5				59	79.4	77.3	77.3	61	61（常用制动）78.5（非常用制动）
制 造 厂	常州工矿电机车厂	常州工矿电机车厂	常州工矿电机车厂	长沙重型机器厂	长沙重型机器厂	长沙重型机器厂	常州工矿电机车厂	贵阳内燃机车总厂	贵阳内燃机车总厂	贵阳内燃机车总厂	贵阳内燃机车总厂	大连机车车辆工厂

附表 3-30 窄轨内燃机车主要技术性能

主要性能	型号										
	JM20	JM40	JMY80	JM80	JM80Q	JM80R	JM80RI	JM120	JMY380	JMY380 Ⅰ	JMY380 Ⅱ
轨距（mm）	600 762	600 762 900	762（900）	600 750 762 900 1000	600 750 762 900 1000	600 750 762 900 1000	600 750 762	762	762 900	762（900）	762（900）
轴 式	0—2—0	0—2—0	0—2—0	0—3—0	0—3—0	0—2—0	0—2—0	0—3—0	2—2	2—2	2—2
整备重量（t）	3	7	10	11	12.6	10	8	15	24	24	24
轴荷重（t）	1.5	3.5	5	3.7	4.2	5	4	5	6	6	6
固定轴距	850	1000	1100	900	900	1200	1200	900	1500		
转向架中心线间距（mm）				1800	1800				5000	5000	5000
轮径（mm）	400	450	600	600	600	650 680	650 680	600	600	600	600（840）
最小通过半径（m）	6	7	8	20	20	10	10	20	60	60	60

续附表 3-30

主要性能	型号										
	JM20	JM40	JMY80	JM80	JM80Q	JM80R	JM80RI	JM120	JMY380	JMY380 Ⅰ	JMY380 Ⅱ
车钩高度（mm）	210　320	210　320　390	320　390　600	320　600	320　690　760　850	320　600	320　600	320　600	600	600	600
车钩形式	插销链环式	插销链环式	插销链环式	插销、链钩	自动插销链钩	插销　链钩	插销　链钩	自动链钩	自动链钩插销	自动链钩插销	自动链钩插销
构造速度（km/h）	12	19.3	20	25.61	25	27.8　29.8	27.8　29.8	30	45	45	45
轮周牵引力（N）	7200（持续）	18000（持续）	2800	2664	2741	2210	1766			11800　4820（持续）	11800　4820（持续）
外形尺寸：全长（mm）	2900	4000	5000	4380	4480	3900	3770	5768	10000	9740	10000
全宽（mm）	1100	1400	1600	1910　1948　2048	1950	1790　2028	1790	2080	2510	2350	2350
全高（mm）	1800	2188	3000	2740	2188	2380	2360	3000	3330	3320	3675
柴油机　型号	2105-1	X2105J	X6105J	4135AK-1	4135AK-1	4135AK-1	4135AK-1	6135C-1	12V　135Z	12V　135Z	12V　135Z
柴油机　额定功率（kW）	15	29	59	74	54	74	74	88.3	280	280	280
柴油机　耗油率（g/kW·h）				238	238	238	238		238		
传动形式	机械	机械	液力	机械	机械	机械	机械	机械	液力	液力	液力
驱动方式	链条	机械	万向轴	连杆	连杆	连杆	连杆		万向轴	万向轴	万向轴
制动装置	手		空气	手	手、空气	手、空气	手、空气	ET-6，手	ET-6，手	空气	空气
有效制动率（%）				79	72	68	68		76		
空压机型号					ZV-0.6/7	JN150	JN150	3Z-0.5/8	3W-1.6		
空压机台数×能力（m^3/min）					1×0.6	1	1	0.466	1×1.6		
总风缸容量（m^3）					0.16	0.06	0.06		0.38		
全车闸瓦总压力 ΣK（MPa）				0.87	0.87	0.821	0.821		1.824		
每块闸瓦压力 K（MPa）				0.145	0.145	0.2052	0.2052		0.228		
制造厂	长沙重型机器厂	长沙重型机器厂	长沙重型机器厂	常州工矿电机车厂	常州工矿电机车厂	常州工矿电机车厂	常州工矿电机车厂	石家庄动力机械厂	石家庄动力机械厂	长沙重型机器厂	长沙重型机器厂

附表 3-31　准轨自翻矿车主要技术性能

技术性能	型号					
	KF-60-5A（KF-60-5B）	KF-60	KF-65	KF-70	KF-100	KF-100
形式	气动自翻车	气动自翻车	气动自翻车	气动自翻车	液压自翻车	气动自翻车
载重量（t）		60	65	70	100	100
自重（t）	33.4(32.5)	33.5	33	34	48	59
车厢容积（m^3）	27	27	29	29	44	55
轴数（根）	4	4	4	4	6	6
转向架形式	铸钢侧架式	铸钢侧架式	铸钢侧架式	铸钢侧架式	HE 型	搭接式三轴转向架
固定轴距（mm）	1727	1727	1727	1800	1200×2	1300×2
两转向架中心距（mm）	8680(8686)	8686	7700	7700	10290	11700
轴荷重（t）	~23.4（23.1）	22.3	23.3	24.8	24.83	26.5（26.8）
最小通过半径（m）	80	80	80	80	80	80
构造速度（km/h）	50	80	80	80	80	80
外形尺寸：长（mm）	13890(13070)	13064	12238	12106	15446	16878（18078）
宽（mm）	3340	3325	3300	3322	3288	3384
高（mm）	2491	2462	2661	2853	2944	3100（4511）
车厢尺寸：长（mm）	11420	11628	10966	10850	13950	5642（内长 5290）
宽（mm）	3340	3325	3300	3322	2930	3384（内宽 3026）
车厢倾翻角（°）	45	45	45	45	45	45
车厢倾翻气压（MPa）	>0.5	0.50	0.50	0.5	10（油压）	0.55
车厢倾翻时间（s）	~15	35	35	35	30	
车厢起翻后离轨面间隙(mm)	~180	180	160	120	176	146
车厢起翻后最大高度(mm)	3580	3580	3900	3920	4038	4282
车厢起翻后距线路中心(mm)	2015	2015	2250	2240	2320	2525
制动机型号	GK	GK	GK	GK	GK	GK
制动缸尺寸（mm）	254×356	254×356	254×356	254×356	254×356	254×356
制动闸瓦块数（块）	8	8	8	8	16	16
制造厂	大连重型机器厂	哈尔滨车辆厂	哈尔滨车辆厂	哈尔滨车辆厂	哈尔滨车辆厂	大连重型机器厂

附表 3-32　准轨底开门车型号及主要技术性能

技术性能	型号					
	K60 矿石车	K13 石碴漏斗车	DK60-3 矿石车	K70 煤漏斗车	60 矿石漏斗车	K16 矿石漏斗车
载重量（t）	60	60	60	73	60	95
自重（t）	22.5	21.2	21.8	27	23	33.8
车厢容积（m^3）	20.8	36	27.4	73	37.4	45
固定轴距（mm）	1750	1750	1727	1750	1750	2640
两转向架中心距（mm）	7900	8000	6600	10500	9200	8200
最小通过半径（m）	145		60	145	145	80
轴数（根）	4	4	4	4	4	6
轴荷重（t）	21		20.45		20.75	21.4
构造速度（km/h）	100		80		100	100
外形尺寸：长（mm）	11942	12046	10450	14738	13438	14000
宽（mm）	3116	3156	2896	3310	3180	3200
高（mm）	2657	3104	2950	2593	2952	3362
车厢尺寸：长（mm）	7188		7000	12406	9100	12040

续附表 3-32

技术性能	型号					
	K60 矿石车	K13 石碴漏斗车	DK60-3 矿石车	K70 煤漏斗车	60 矿石漏斗车	K16 矿石漏斗车
宽（mm）	2734		2600	3240	2888	2890
高（mm）	1460		1900	2430	1750	1600
车门有效开度（mm）	600		500	2450	450	450
底开门机构型式	风动	风动或手动	手、风动	手、风动	风动	风动
制造厂	眉山车辆工厂	太原机车车辆厂	大连重型机械厂	齐齐哈尔车辆厂	株洲车辆厂	株洲车辆厂

附表 3-33　准轨粉状货物罐车主要技术性能

技术性能	型号		
	KG-2 型卧式氧化铝粉罐车	U60 粉状货物罐车	粉状货物罐车
载重（t）	60	60	58
自重（t）	24	24	26.5
容积（m^3）	64.5	48	48
外形尺寸：最大长度(钩舌内侧距离)(mm)	12856		13682
最大高度（mm）	3100		3220
最大宽度（mm）	4426		4295
轴数（根）	4	4	4
转向架中心距（mm）	8500		9440
固定轴距（mm）	1750		1750
最小通过半径（m）		145	
罐体外径（mm）	2820		
罐体外长（mm）	11000		
罐上部带人孔的装料孔(个)	1（ϕ400mm）		
罐上部装料孔（个）	3（ϕ300mm）		（ϕ500mm）
罐上部出料孔（个）	2（ϕ162mm）		（ϕ152mm）
物料输送距离（m）		100	
物料输送高度（m）		30	
卸料速度（t/min）		72	
装料口气压（MPa）	0.1962	工作压力	工作压力
出料口气压（MPa）	0.47	0.147	
特点	一个罐	三个罐	三个罐分上装上卸式和上装旁卸式两种罐车
制造厂	大连重型机器厂	西安车辆工厂	沈阳机车车辆工厂

附表 3-34　窄轨侧卸自翻矿车主要技术性能

技术性能	型号				
	A030507	SQF6.0-9	SQF6.0-7	SQF10-7	KF-20-1(QF20)
车厢容积（m^3）	3.5	6	6	10	11
载重（t）	6	9.0	15.0	15.0	20
自重	3.1（3.0）	6.405	9.0	9.236	14
轨距（mm）	762（750）	900	762	762	762　900
轴数（根）	2	2	4	4	4
轴荷重（t）	4.55（4.5）	7.5	6	6.1	8.5
轴距（mm）	1300	1600	1100 4300（全）	1100 6000（全）	1300 7000（全）
轮径（mm）	500	500	550	550	650
最小通过半径（m）		30	30	30	45

续附表 3-34

技术性能	型号				
	A030507	SQF6.0-9	SQF6.0-7	SQF10-7	KF-20-1（QF20）
最大行车速度（km/h）		20	30	30	35（直线） 25（曲线）
车钩高度（mm）	600	485	600	600	600
外形尺寸：长（mm）	4280	4863	7030	8774	9720
宽（mm）	1769	2166	2000	2000	2430
高（mm）	1817	1670	1750	1910	2000（1990）
卸载气压（MPa）		0.5	0.5	0.6	0.5
卸载耗气量（米^3/车）		0.41	0.8	0.8	1.3
连接器形式	单环链	自动挂钩	自动挂钩	自动挂钩	自动挂钩
制动方式		气动	气动	气动	气动
制动缸尺寸（mm）		471×242×202	471×242×202	471×242×202	203×305
每轴闸瓦数（个）		2	2	2	2
车厢起翻后离轨面间隙(mm)		~235	~100	~100	~180
车厢起翻后最大高度(mm)		2380	2650	2750	~3000
车厢起翻后车帮边缘距线路中心(最大)(mm)		1100	1280	1400	~1470 （~1400）
倾翻角（°）	40	45	45	45	45
倾翻特点	三支点式侧卸	气翻	气翻	气翻	气翻
倾翻时间（s）		30	30	30	45（35）
制造厂	本溪重型汽车制造厂	鹤壁市矿山机械厂	鹤壁市矿山机械厂	鹤壁市矿山机械厂	大连重型机器厂（吉林市矿山机械厂）

附表 3-35 窄轨底卸式矿车主要技术性能

技术性能	型号				
	06162	YDC4-7	DS364	4备110-1	YDC6-$\frac{7}{9}$
容积（m^3）	4	4	6	6	6
载重（t）	8	10	10	15	15
自重（t）	3.78	4.32	3.37	7.08	6.32 6.38
轨距（mm）	762	762	900	900	762 900
轴距（mm）	1500	1300	1700	2200	2500
轮径（mm）	450	450	400	450	400
车厢：长（mm）	3900	3415	4910	4392	4630
宽（mm）	1600	1600	1520	1772	1750
高（mm）	1010	1085	1120	955	1000
外形尺寸：全长（mm）	4045	3900	5520	5500	5400
全宽（mm）	1600	1600	1520	2010	1750
全高（mm）	1550	1600	1600	1670	1650
由轨面至连接器中心线高度(mm)	620	600	600	770	730
最小通过半径（m）		13			25
卸载角度（°）	45	50	50	45	50
连接器形式	单环链	单环链	单环链	自动挂钩	单环链
制造厂	本溪重型汽车制造厂	鹤壁矿山机械厂（金马矿山机械厂）	本溪重型汽车制造厂	本溪重型汽车制造厂	鹤壁矿山机械厂

附表 3-36 窄轨曲轨侧卸式矿车主要技术性能

技术性能	型号					
	YCC0.7-6	YFC0.7（6）	YCC1.2-6	JC1.2-6	JC1.6-6	JC1.6-7
车厢容积（m^3）	0.7	0.7	1.2	1.2	1.6	1.6
载重（t）	1.75	1.75	3.0	3.0	4.0	4.0
自重（t）	0.75	0.71	1.0	1.03	1.45	1.5
轨距（mm）	600	600	600	600	600	762
轴距（mm）	600	600	600	600	800	800
轮径（mm）	300	300	300	300	350	350
连接器高度（mm）	320		320	320	320	320
外形尺寸：长（mm）	1650	1650	1900	2100	2500	2500
宽（mm）	980	980	1050	1050	1200	1200
高（mm）	1050	1200	1200	1200	1300	1300
最小通过曲线半径（m）	6		6	6		
连接器最大拉力（N）	6000	6000	6000	6000	6000	6000
卸载角度（°）	40	40	40	45	45	45
连接器形式	单环链	单环链	单环链	单环链	单环链	单环链
制造厂	金马矿山机械厂（鹤壁矿山机械厂）	张家港市机械厂	金马矿山机械厂 鹤壁矿山机械厂 张家港市机械厂	金马矿山机械厂	本溪重型汽车制造厂	本溪重型汽车制造厂

技术性能	型号					
	JC1.6-6	YCC2-$\frac{6}{7}$	KC2.0-6	JC2.5-7	030507	JC4.0-7
车厢容积（m^3）	1.6	2.0	2.0	2.5	3.5	4.0
载重（t）	4.0	5.0	5.0	6.0	6.0	10.0
自重（t）	1.36 1.37(张力)	1.83　1.86	1.9	2.1	3.32　3.22	3.13
轨距（mm）	600	600　762	600	762	762　750	762
轴距（mm）	800	1000	1000	1300	1300	1300
轮径（mm）	350	300 400(鹤厂)	400	400	500	400
连接器高度（mm）	320	320	320	320	600	430
外形尺寸：长（mm）	2500	3000	3000	3500	3440	4200
宽（mm）	1200	1250	1250	1250	1760	1400
高（mm）	1300	1300	1300	1300	1565	1600
最小通过曲线半径（m）	3	10	10	11		
连接器最大拉力（N）	6000	6000	3000	6000	6000	6000
卸载角度（°）	45	40　42	45	45	40	45
连接器形式	单环链	单环链	单环链	单环链	单环链	单环链
制造厂	金马矿山机械厂 鹤壁机械厂 张家港市机械厂	金马矿山机械厂 鹤壁矿山机械厂	金马矿山机械厂	金马矿山机械厂	本溪重型汽车制造厂	本溪重型汽车制造厂

续附表 3-36

技术性能	型号					
	JCL4. 0-7	JC4. 0-9	KC4-7	YCC4-$\frac{7}{(9)}$	YCC4-$\frac{7}{9}$	KG-6
车厢容积（m^3）	4. 0	4. 0	4. 0	4. 0	4. 0	6. 0
载重（t）	10. 0	10. 0	10. 0	10. 0	10. 0	15. 0
自重（t）	3. 20	3. 27	3. 2	3. 23　3. 3	3. 2　3. 3	6. 5
轨距（mm）	762	900	762	762　900	762　900	762
轴距（mm）	1100	1300	1300	1300	1300	
轮径（mm）	500	400	450	450	450	
连接器高度（mm）	430	430	430	430	320	
外形尺寸：长（mm）	3600	4200	3900	3900	3900	5000
宽（mm）	1800	1500	1400	1400	1400	1800
高（mm）	1600	1600	1650	1650	1600	1700
最小通过曲线半径（m）			13	13	13	
连接器最大拉力（N）	60000	60000	60000	60000	60000	
卸载角度（°）	45	45	48	42	42	
连接器形式	单环链	单环链	单环链	单环链	单环链	
制造厂	本溪重型汽车制造厂	本溪重型汽车制造厂	金马矿山机械厂	鹤壁矿山机械厂	金马矿山机械厂	武汉第二通用机械厂

附表 3-37　铁路推土犁的主要技术参数

技术参数			型式	
			KT-1	KT-2
轨距（mm）			1435	762，900
自重（t）			88. 4	26
推土宽度（距线路中心）（mm）			6700	3800
推土高度（mm）			1600	1000
推土粒度（mm）			<800	<500
轴重（t）			22. 1	6. 5
两转向架中心距（mm）			11040	
工作速度（km/h）			10	5~8
通过最小曲线半径（m）			75	<40
大翅展开角（°）			45	40
大翅倾斜角	向上	（°）	2	2
	向下		14	8
翅翼移动行程	大翅	（mm）	1090	上 500，下 250
	小翅		240	
外形尺寸	长	（mm）	15700	10500
	宽		3675	2300
	高		4350	3400
车钩中心距轨面高（mm）			880	600
储气罐	容积（m^3）		3. 35	0. 42
	气压（MPa）		0. 6~0. 8	0. 6~0. 8
参考价格（万元）			16	9
制造厂			大连工矿车辆厂	大连工矿车辆厂

附表 3-38　准轨翻车机的主要技术参数

技术参数			型式	
			倾斜式	三座式
型号			KFJ-1A 型	KFJ-2 型
总重（t）			175（配重 62t）	128
每小时翻车数（辆）			25～30	30
运转周期（s）			60	
最大翻车重量（t）			100	100
电动机	型号		JZR_2B72-10	JZ_2R_263-10
	功率（kW）		80	41
	台数		2	2
减速机型号			ZHL-1150	ZHL-850ⅢJ
平台尺寸	长	（mm）	18500	17000
	宽		2515	2800
敞车界限	高	（mm）	3300	
	宽		3180	
外形尺寸	长	（mm）	25700	17000
	宽		8750	8750
	高		9360	8000
制造厂			大连工矿车辆厂	大连工矿车辆厂
备注			30～60t 敞车均可翻卸	30～60t 敞车均可翻卸

附表 3-39　铁路移道机的主要技术参数

技术参数			型号
			KY-26-1
轨距（mm）			1435
自重（t）			6
提升力（kN）			260
齿条提升速度（m/s）			0.06～0.2
一次移道距离（mm）			700
行驶速度（km/h）			6.75～59
发动机	型号		CA10
	功率（kW）		70
外形尺寸	长	（mm）	5200
	宽		2360
	高		2750
轴距（mm）			1800
联接器高度（mm）			445
制造厂			大连工矿车辆厂

附表 3-40 国产自卸汽车主要技术性能

型号	解放 BQ344C	解放 CA341	东风 EQ340-1 EQ341-1	DD349	DD347
驱动形式	4×2	4×2	4×2	4×2	4×2
载重（t）	4.5	4.5	4.5	4.5	4.5
自重（t）	4.37	4.49	4.74	4.7	4.50
总重（t）		9.2	9.45	9.41	9.24
轴荷分配：空载前轴（kg）			2110	2146	2040
空载后轴（kg）			2630	2464	2520
重载前轴（kg）			2415	2595	2560
重载后轴（kg）			7035	6815	6680
车厢容积（m^3）	3.6		4.2	4.05	3.6
卸载方式	后卸	后卸	后卸（340-1） 三面卸（341-1）	后卸	后卸
发动机：型号		CA6102 汽油	EQ6100-1 汽油	CA6102	Q6100-1
额定功率（kW）	85	99	99	99	99
最小转弯半径（m）	≤8.3	8.0	≤8	<8	<8
最大爬坡度（%）	28	28	≥28	28	28
最高车速（km/h）		90	90	90	90
最小离地间隙（mm）			265	240	265
外形尺寸：全长（mm）		6486	<6360	6640	6440
全宽（mm）		2300	2405	2350	2400
全高（mm）		2420	2510	2438	2470
车厢尺寸（内部）：长（mm）	3100	3100		3300	3248
宽（mm）	2400	2260		2244	2244
深（mm）	520		600	550	550
前轮距（mm）			1810	1800	1810
后轮距（mm）			1800	1740	1800
前弦至前桥（mm）			1055	1155	1055
轴距（mm）		4050	3950	4050	
后桥至车厢后端间距（mm）			1355	1435	1435
后桥至举升后车厢后端间距（mm）				1153	1106
车厢举升后离地最小间隙（mm）				580	730
车厢举升后离地最大高度（mm）			4760	4540	4480
车厢顶边离地高度（空载）（mm）				1788	1788
接近角（°）			38	28	40
离去角（°）			40	28.9	38
车厢最大倾角（°）	46		50	52	50
厢斗：举升时间（s）	11		<15	<12	<12
落下时间（s）			<15	<15	<16
轮胎规格			9.00—20	9.25—20	9.00—20
百公里耗油（L）		26.5		26.5	28
备注	车厢后有挡板	车厢后有挡板		车厢后有挡板	车厢后有挡板
制造厂	本溪重型汽车制造厂	四平汽车改装厂	第二汽车制造厂	丹东汽车制造厂	丹东汽车制造厂

续附表 3-40

型　号	东　风 BQ355E	东　风 BQ356E	黄　河 EQ356J	DD352	黄　河 BQ352
驱动形式	4×2	4×2	4×2	4×2	4×2
载重（t）	5	5	7	7	7
自重（t）	4.405	4.339	7.5	7.42	7.3
总重（t）				14.46	14.5
轴荷分配：空载前轴（kg）				3635	3625
空载后轴（kg）				3785	3675
重载前轴（kg）				4750	4980
重载后轴（kg）				9850	9580
车厢容积（m^3）	3.6	3.6	4.1	4.6	4.6
卸载方式	后　卸	三面卸	后　卸	后　卸	后　卸
发动机：型号	Q6100-1	Q6100-1		6120Q	6120Q
额定功率（kW）	99	99	118	118	118
最小转弯半径（m）	≤8	≤8	<8	8.8	7.7
最大爬坡度（%）	>28	<28	24	20	23.5
最高车速（km/h）	90	90		78	79.5
最小离地间隙（mm）				260	260
外形尺寸：全长（mm）			6780	7030	6420
全宽（mm）			2480	2444	2450
全高（mm）				2700	2580
车厢尺寸（内部）：长（mm）	3100	3100	4000	3800	3900
宽（mm）	2400	2400	2400	2220	2200
深（mm）	520	520	520	550	50
前轮距（mm）				1927	1927
后轮距（mm）				1744	1744
前弦至前桥（mm）				1361	1420
轴距（mm）	3590	3950	4000	3700	3700
后桥至车厢后端间距（mm）				1369	1300
后桥至举升后车厢后端间距（mm）				1896	1700
车厢举升后离地最小间隙（mm）				738	565
车厢举升后离地最大高度（mm）				5028	5000
车厢顶边离地高度（空载）（mm）				2030	1990
接近角（°）				29	27
离去角（°）				38	40
车厢最大倾角（°）	40	侧44，后46	50	60	60
厢斗：举升时间（s）	11	11	15	17	17
落下时间（s）				20	15
轮胎规格			11.00—20	11.00—20	11.00—20
百公里耗油（L）				25	24
备　注			车厢后有挡板	车厢后有挡板	车厢后有挡板
制造厂	本溪重型汽车制造厂	本溪重型汽车制造厂	本溪重型汽车制造厂	丹东汽车制造厂	青岛专用汽车制造厂

续附表 3-40

型　号	黄　河 QD361	黄　河 QD362	罗　曼 QR10	大通牌 SH360A	红　岩 CQ19210A
驱动形式	4×2	4×2	4×2	4×2	4×2
载重（t）	8	8.5	8	9	9
自重（t）	9.2	9	8		10
总重（t）	17.2	17.5	16	18.5	19
轴荷分配：空载前轴（kg）	4900	4790	4520		5190
空载后轴（kg）	4300	4230	3480		4800
重载前轴（kg）	5800	5900	6000		6330
重载后轴（kg）	11660	11880	10000		12720
车厢容积（m^3）	5.5	7.3	5.73	平6.5 堆9	7
卸载方式	后　卸	后　卸	后　卸	后　卸	后　卸
发动机：型号	X6130	X6130	HMN8	6135Q-2	X6130
额定功率（kW）	155	155	158	97	155
最小转弯半径（m）	7.5	8.5	6.5	9	6.75
最大爬坡度（%）	25	25	30	34	24
最高车速（km/h）	80	80	76.7	75	75
最小离地间隙（mm）	280	290	325	290	318
外形尺寸：全长（mm）	7245	7710	6565	7753	6787
全宽（mm）	2500	2600	2500	2600	2500
全高（mm）	2915	2915	2920	3020	2968
车厢尺寸（内部）：长（mm）	4150	4600	4200		4180
宽（mm）	2200	2200	2200		2300
深（mm）	680	720	620		800
前轮距（mm）	1972	1972	2050	2026	2006
后轮距（mm）	1820	1820	1761	1902	1810
前弦至前桥（mm）	1500	1500	1500		1500
轴距（mm）	3800	4300	3500	4780	3500
后桥至车厢后端间距（mm）	1945	1910	1565		1787
后桥至举升后车厢后端间距（mm）	2075	2350	2020		1473
车厢举升后离地最小间隙（mm）	660	525	320		920
车厢举升后离地最大高度（mm）	5860	5910	5668		4267
车厢顶边离地高度（空载）（mm）	2110	2160	2040		2878
接近角（°）	25	25	25		21
离去角（°）	41	40	35		23
车厢最大倾角（°）	60	57	60		53
厢斗：举升时间（s）	20	20	20		16.8
落下时间（s）	15	15	15		27
轮胎规格	11.00—20	11.00—20	11.00—20	11.00—20	12.00—20
百公里耗油（L）	26.5	26.5	32	30	30
备　注		车厢后有活动挡板	车厢后有活动挡板	车厢后有活动挡板	
制　造　厂	丹东汽车制造厂	丹东汽车制造厂	丹东汽车制造厂	上海重型汽车厂	重庆红岩专用汽车制造厂

续附表 3-40

型　号	QQ361A	QQ361B	QQ561	QQ562B	红　岩 CQ19210
驱动形式	4×2	4×2	4×2	4×2	4×2
载重（t）	10	10	10	10	10
自重（t）	7.9	7.9	8	7.9	9
总重（t）	18.1	18.1	18	18.1	19
轴荷分配：空载前轴（kg）	3000	3900	3800	3900	4600
空载后轴（kg）	4000	4000	4200	4000	4400
重载前轴（kg）	5900	5900	5800	5900	6400
重载后轴（kg）	12200	12200	12200	12200	12600
车厢容积（m^3）	6.5	6.5	5	6.5	7
卸载方式	后　卸	后　卸	后　卸	后　卸	后　卸
发动机：型号	6120Q-1	6120Q-1	6120Q-1	6120Q-1	X6130
额定功率（kW）	118	118	118	118	155
最小转弯半径（m）	左7.8，右8.7	左7.8，右8.7	左6.7	左7.8，右8.7	7
最大爬坡度（%）	28	28	30	28	24
最高车速（km/h）	67	67	50	67	75
最小离地间隙（mm）	289	289	289	289	318
外形尺寸：全长（mm）	6375	6350	5730	6350	6515
全宽（mm）	2547	2547	2547	2547	2498
全高（mm）	2900	2800	2800	2800	2964
车厢尺寸（内部）：长（mm）					3800
宽（mm）					2370
深（mm）					780
前轮距（mm）	1927	1927	1927	1927	2006
后轮距（mm）					1810
前弦至前桥（mm）					1576
轴距（mm）	3750	3750	3200	3750	3500
后桥至车厢后端间距（mm）	1565	1440	1470	1440	1724
后桥至举升后车厢后端间距（mm）					1470
车厢举升后离地最小间隙（mm）	360	50	340	500	846
车厢举升后离地最大高度（mm）	5210	5210	5210	5210	5500
车厢顶边离地高度（空载）（mm）	3040	3040	3040	3040	2270
接近角（°）	38	38	37	38	26
离去角（°）	42	42	50	42	17.5
车厢最大倾角（°）	47	54	64	54	55
厢斗：举升时间（s）	<20	<20	<20	<20	18
落下时间（s）	27	27	27	27	
轮胎规格	11.00—20	11.00—20	11.00—20	11.00—20	12.00—20
百公里耗油（L）	30	30	35	30	30
备　注					车厢后有活动挡板
制　造　厂	齐齐哈尔汽车制造厂	齐齐哈尔汽车制造厂	齐齐哈尔汽车制造厂	齐齐哈尔汽车制造厂	重庆红岩专用汽车制造厂

续附表 3-40

型　号	斯太尔QS1291066A	HY361F_8B	HY361	HY361C
驱动形式	4×2	4×2	4×2	4×2
载重（t）	10	10	10	10
自重（t）	8.65	9	9.7	9
总重（t）	18.65	19	19.7	19
轴荷分配：空载前轴（kg）	4602			
空载后轴（kg）	4048			
重载前轴（kg）	6055			
重载后轴（kg）	12595			
车厢容积（m^3）	6.65	4.8	6.9	9.3
卸载方式	后　卸	后　卸	后　卸	后　卸
发动机：型号	WD615061	F8L413F	杭发 X6130	杭发 X6130
额定功率（kW）	191	174	155	155
最小转弯半径（m）	8	8.5	10	9
最大爬坡度（%）	48	26.8	21	21
最高车速（km/h）	78.8	65	61	61
最小离地间隙（mm）	298	330	300	330
外形尺寸：全长（mm）	7056	4950	7415	6800
全宽（mm）	2458	2500	2500	2500
全高（mm）	2952	2850	2850	2870
车厢尺寸（内部）：长（mm）	4200	3350	4660	4050
宽（mm）	2200	2230	2300	2300
深（mm）	720	740	650	1000
前轮距（mm）	1958	2050	2050	2050
后轮距（mm）	1800	1840	1840	1840
前弦至前桥（mm）	1576			
轴距（mm）	3800	3500	4200	3800
后桥至车厢后端间距（mm）	1680			
后桥至举升后车厢后端间距（mm）	2220			
车厢举升后离地最小间隙（mm）	598			
车厢举升后离地最大高度（mm）	5570			
车厢顶边离地高度（空载）（mm）	2202			
接近角（°）	27			
离去角（°）	36			
车厢最大倾角（°）	58	57	55	55
厢斗：举升时间（s）	20			
落下时间（s）	15			
轮胎规格	12.00—20	12.00—20	12.00—20	12.00—20
百公里耗油（L）	30			
备　注	车厢后有活动挡板	车厢后有活动挡板	车厢后有活动挡板	车厢后有活动挡板
制　造　厂	青岛专用汽车制造厂	汉阳特种汽车制造厂	汉阳特种汽车制造厂	汉阳特种汽车制造厂

续附表 3-40

型　号	SX360	大通牌 SH361A-D	罗　曼 QR19	$T815S_1$
驱动形式	6×4	6×4	6×4	6×6
载重（t）	12	15	15	15
自重（t）	11.5	13	10.2	11.6
总重（t）	23.8	28	25.2	26.6
轴荷分配：空载前轴（kg）	4700	4900	4410	4800
空载后轴（kg）	中、后 6800	中、后 8100	中、后 5710	中、后 6500
重载前轴（kg）	5800	6000	5995	6200
重载后轴（kg）	中、后 18000	中、后 22000	中、后 19125	中、后 20400
车厢容积（m^3）	8	平 9　堆 12	10	9
卸载方式	后　卸	后　卸	后　卸	后　卸
发动机：型号	SX6130Q	6135Q—2a	D2156	T_3-929-11
额定功率（kW）	147	119	159	208
最小转弯半径（m）	<10.5	10	8.1	9.5±0.5
最大爬坡度（%）	23	29	24	43
最高车速（km/h）	70	75	75.3	88
最小离地间隙（mm）	300	290	280	300
外形尺寸：全长（mm）	8335	7885	7485	7190
全宽（mm）	2513	2600	2500	3130
全高（mm）	2950	3138	3020	2500
车厢尺寸（内部）：长（mm）	5100		5000	4300
宽（mm）	2200		2200	2290
深（mm）	700		910	970
前轮距（mm）	2080	2026	2050	1989
后轮距（mm）	1853	1902	1761	1754
前弦至前桥（mm）	1452		1500	920
轴距（mm）	前、中 4550 中、后 1350	前、中 4500 中、后 1300	前、中 3095 中、后 1310	
后桥至车厢后端间距（mm）	1685		1560	1400
后桥至举升后车厢后端间距（mm）	1670		2260	
车厢举升后离地最小间隙（mm）	~500		295	
车厢举升后离地最大高度（mm）	~6600		6300	
车厢顶边离地高度（空载）（mm）			2371	
接近角（°）	35		25	50
离去角（°）	41		45	45
车厢最大倾角（°）	55		50	50.5
厢斗：举升时间（s）	20		25	15
落下时间（s）	15		15	
轮胎规格	11.00—20	12.00—20	11.00—20	11.00—20
百公里耗油（L）	36	39（车速 35～40km/h）	39	32.5
备　注				
制　造　厂	陕西汽车制造厂	上海重型汽车制造厂	青岛专用汽车制造厂	长征汽车制造厂

续附表 3-40

型号	$T815S_2$	红岩 CQ30290	北京 BJ371	北京 BJ374
驱动形式	6×6	6×4	4×2	4×2
载重（t）	15.3	17	20	20
自重（t）	11.3	13	15.3	15.6
总重（t）	26.6	30	35.3	35.6
轴荷分配：空载前轴（kg）	4800	5500	7205	8050
空载后轴（kg）	中、后6500	中、后7500	8135	7550
重载前轴（kg）	6200	6100	11310	11300
重载后轴（kg）	中、后2040	中、后23900	24030	24300
车厢容积（m^3）	9	10	10.7	平10.7 堆13
卸载方式	三面卸	后卸	后卸	后卸
发动机：型号	T_3-929-11	康明斯 NTC-290	GM6V-71N	康明斯 XT-855-C250
额定功率（kW）	208	214	175	184
最小转弯半径（m）	9.5±0.8	7.6	9	9
最大爬坡度（%）	43	42.8	28	29
最高车速（km/h）	88	74	38	38　50
最小离地间隙（mm）	300	309	335	385
外形尺寸：全长（mm）	6980	7564	7195	7610
全宽（mm）	3130	2500	2909	2909
全高（mm）	2500	3144	3110	3110
车厢尺寸（内部）：长（mm）	4310	4700	4840	4840
宽（mm）	2305	2363	2620	2620
深（mm）	890	910	1000	1000 （1200）
前轮距（mm）	1989	2006	2350	2350
后轮距（mm）	1754	1810	2070	2070
前弦至前桥（mm）	920	1500	1685	2100
轴距（mm）		前、中3200 中、后1400	3600	3600
后桥至车厢后端间距（mm）	1190	1464	1910	1910
后桥至举升后车厢后端间距（mm）		1370	2110	2110
车厢举升后离地最小间隙（mm）		402	830	830
车厢举升后离地最大高度（mm）		6239	6560	6560
车厢顶边离地高度（空载）（mm）		2400	2758	2758
接近角（°）	50	27.5	36	28
离去角（°）	45	17.5	42	42
车厢最大倾角（°）	50^{-5}	50	50	50
厢斗：举升时间（s）	15	23	20	20
落下时间（s）		20	20	20
轮胎规格	11.00—20	12.00—20	14.00—24	14.00—24
百公里耗油（L）	32.5	48	70	60
备注				
制造厂	长征汽车制造厂	重庆红岩专用汽车制造厂	北京重型汽车制造厂	北京重型汽车制造厂

续附表 3-40

型 号	RD030	WABCO 大力 35D	TEREX 33-07	辽 宁 LN392
驱动形式	4×2	4×2	4×2	4×2
载重（t）	27	31.77	40.0	68
自重（t）	21	27.757	32.5	44.5
总重（t）	48	59.538	72.5	112.5
轴荷分配：空载前轴（kg）	10830	15363	15600	21983
空载后轴（kg）	10264	12394	16900	22517
重载前轴（kg）	15374	20303	24170	37665
重载后轴（kg）	32936	39235	48330	34835
车厢容积（m^3）	13.3	平16.8 堆22.2	平19.6 堆25.5	平33.04 堆40.53
卸载方式	后 卸	后 卸	后 卸	后 卸
发动机：型号	康明斯 NT A855C310	康明斯 KT-19-C	康明斯 KTA-1150	VTA-1710C
额定功率（kW）	228	331	386	515
最小转弯半径（m）	9.45	7.45	8.75	10.5
最大爬坡度（%）	43	>30	20	25
最高车速（km/h）	50.2	66.77	65.8	70
最小离地间隙（mm）	486	483	630	533
外形尺寸：全长（mm）	7480	8010	8410	9600
全宽（mm）	3962	3780	4140	4850
全高（mm）	3486	4250	4340	4675
车厢尺寸（内部）：长（mm）	4572	5110	5160	6650
宽（mm）	3226	3350（内部）	3530（内部）	4110（内部）
深（mm）		1730（内部）	1320（内部）	2160（内部）
前轮距（mm）	2667	3020	3280	3660
后轮距（mm）	2308	2530	2705	3300
前弦至前桥（mm）	2083	2260	2290	2670
轴距（mm）		3300	3960	4060
后桥至车厢后端间距（mm）	2044	2440	2160	2870
后桥至举升后车厢后端间距（mm）				
车厢举升后离地最小间隙（mm）	292	457	610	280
车厢举升后离地最大高度（mm）	7010	7630	7540	8690
车厢顶边离地高度（空载）（mm）	2876	3250	3530	4010
接近角（°）			24	20
离去角（°）			45	60
车厢最大倾角（°）	70	55	58	49
厢斗：举升时间（s）	12		13.1	20
落下时间（s）	8		9	15
轮胎规格	18.00—25	18.00—33	21.00—35	24.00—35
百公里耗油（L）		31.42L/h	207.49/kW·h	236
备 注				
制 造 厂	北京重型汽车制造厂	上海重型汽车制造厂	内蒙古第二汽车制造厂	本溪重型汽车制造厂

附表 3-41 国产电动轮汽车主要技术性能

主要技术性能	型号			
	辽 宁 LN3101	韶 峰 SF3102	MARK-36	DRESSER 170D
驱动形式	4×2	4×2	4×2	4×2
卸载方式	后 卸	后 卸	后 卸	后 卸
载重（t）	108	108	154.22	154
自重（t）	92	86	101.187	101
总重（t）	200	194	255.411	255
轴荷分配：空载前轴（kg）	38000	39560	45829	
空载后轴（kg）	54000	46440	52088	
重载前轴（kg）	67000	69840	87043	
重载后轴（kg）	133000	124160	168368	
车厢容积（m^3）	平47、堆62	50	70.4	平54、堆84
发动机型号	KTA-2300-C	KTA-2300-C	康明斯 KTA-50-C	康明斯 KTA-50-C
发动机额定功率（kW）	883	883	1178	1178
最小转弯半径（m）	12.5	12	12.8	12
最大爬坡度（%）	20	17.5	20	
最高车速（km/h）	40	45	55	57
最小离地间隙（mm）	530	600	860	
外形尺寸：全长（mm）	11050	10882	11810	11890
全宽（mm）	6300	5840	7030	7010
全高（mm）	4900	5070	5740	6370
车厢尺寸：长（mm）	6600	6250	7050	
宽（mm）	5000（内部）	5248（内部）	6480（内部）	
高（mm）	2213（内部）	2360（内部）	1980（内部）	
前轮距（mm）	4700	4680	4800	5380
后轮距（mm）	4340	4030	4115	4410
前弦至前桥（mm）	2870	2800	3050	
轴距（mm）	5130	5100	5440	5440
后桥至车厢后端间距（mm）	3050	2982	3430	
后桥至举升后车厢后端间距（mm）	2285	2335	3746	
车厢举升后离地最小间隙（mm）	1020	1244	690	
车厢举升后离地最大高度（mm）	10650	10380	10460	
车厢顶边离地高度（空载）（mm）	4595	4595	5260	
接近角（°）	18	15	25	
离去角（°）	50	35	60	
车厢后倾最大角度（°）	45	45	50	45
厢斗：举升时间（s）	21	20	31	
落下时间（s）		15	12	
轮胎规格	30.00—51	30.00—51	0.91×1.295m	36.00—51
百公里油耗（L）	526	230g/kW·h	11.8kg	
制 造 厂	本溪重型汽车制造厂	湘潭电机厂	常州冶金机械厂	湘潭电机厂

附表 3-42 国外自卸汽车主要技术性能

技术性能	БЕЛАЗ-540（贝拉斯）	БЕЛАЗ-548（贝拉斯）	玛斯 530	PERLINI DP-225（佩尔利尼）	PERLINI DP-306（佩尔利尼）	PERLINI DP-655（佩尔利尼）
驱动形式	4×2	4×2	4×2	4×2	4×2	4×2
载重（t）	27.0	40.0	40.0	20	36.0	50.0
自重（t）	20.925	27.0	38.4	14.5	27.1	39.0
总重（t）	48.0	67.0	78.4	34.5	63.1	89.0
轴荷分配 空载 前（t）						
轴荷分配 空载 后（t）						
轴荷分配 重载 前（t）	15.59	22.49				
轴荷分配 重载 后（t）	32.41	44.54				
车厢容积 平装/堆装（m^3）	15.3/	21.0/	22.0/	9.5/11	20.8/23.6	27.6/35.3
发动机型号	Д-12A-375	ЯАЗ-240H			12V 71N	16V-71N
发动机额定功率（kW）	265	368	331	195	324	447
最小转弯半径（m）	8.5	10	12	8.8	9.35	10.5
最大爬坡能力（%）				41		
最高车速（km/h）	55		43	44	49.2	55.8
最小离地间隙（mm）	475		450	370	450	
外型尺寸 全长（mm）	7200	8120	10520	7160	8330	9445
外型尺寸 全宽（mm）	3500	3780	3460	2850	3800	4350
外型尺寸 全高（mm）	3415	3800	3760	3130	3880	4135
车厢尺寸 长（mm）						
车厢尺寸 宽（mm）						
车厢尺寸 高（mm）						
轴距（mm）	3550	4200	6900	3650	3750	4350
轮距 前（mm）	2800		2620	2320	3070	3720
轮距 后（mm）	2400		2400	2050	2570	3050
车厢后倾最大角度（°）	55		65	55	55	55
倾卸时间 举升（s）				20	15	15
倾卸时间 落下（s）				20	15	15
前桥至前弦（mm）					2280	2570
后桥至车厢后端（mm）					2300	2525
后桥至举升后车厢后端（mm）						
车厢举升后离地最小间隙（mm）				1000	800	600
车厢举升后离地最大高度（mm）				6400	7730	8900
车厢边缘离地高度（mm）					3350	3670
轮胎规格（in）	18.00～25	20.00～33	18.00～32	14～24	18.00～33	21.00～35
制造国家	苏联	苏联	苏联	意大利	意大利	意大利

续附表 3-42

技术性能			PERLINI DP-855（佩尔利尼）	PERLINI DP-855（佩尔利尼）	BERLIET T-25（贝利特）	BERLIET T-60（贝利特）	BERLIET（贝利特）	BERLIET（贝利特）
驱动形式			4×2	4×2	4×2	4×2	4×2	4×2
载重（t）			77.0	68.0	29.43	60.0	8.0	10.0
自重（t）			52.0	50.5	23.57	42.0	9.5	9.0
总重（t）			129.0	118.5	53.0	102.0	17.5	19.0
轴荷分配	空载	前（t） 后（t）						
	重载	前（t） 后（t）			17.5 35.5			
车厢容积 平装/堆装（m^3）			38.5/49.0	35.0/45.0	13.0/18.0 四行程	35/45	/6.04	/7
发动机型号			16V-92T	16V-92N	MS640			
发动机额定功率（kW）			588	530	232	467	110	110
最小转弯半径（m）			13.1	13.1	9	9.6		9.4
最大爬坡能力（%）					32.5			44
最高车速（km/h）			60.2	56.6	63.05	65		59
最小离地间隙（mm）					365		290	260
外形尺寸	全长（mm） 全宽（mm） 全高（mm）		10600 4800 4750	10600 4800 4650	7230 3450 3650	9360 4500 4260	6900 2600 2800	7000 2400 2500
车厢尺寸	长（mm） 宽（mm） 高（mm）							
轴距（mm）			4800	4800	3500	4010	4000	4250
轮距	前（mm） 后（mm）				2715 2315	3640 3150	2000 1840	1990 1860
车厢后倾最大角度（°）			55	55	71			
倾卸时间	举升（s） 落下（s）		15 15	15 15	13		30 20	
前桥至前弦（mm）			2700	2700				
后桥至车厢后端（mm）			3100	31				
后桥至举升后车厢后端（mm）								
车厢举升后离地最小间隙（mm）							550	
车厢举升后离地最大高度（mm）						8100		
车厢边缘离地高度（mm）			4100	3850				
轮胎规格（in）			24.00～49	24.00～43	18.00～25	21.00～33	12.00～20	12.00～20
制造国家			意大利	意大利	法国	法国	法国	法国

续附表 3-42

技术性能			BERLIET TM_3(贝利特)	苏　码 MTP-2	苏　码 MTP-3	斯可达 760RM	太脱拉 111R	太脱拉 $138S_4$
驱动形式			4×2	4×2	4×2	6×4	6×4	6×4
载重（t）			15.0	12.0	20.0	6.5	10.24	12.0
自重（t）			11.0	11.33	14.5	6.1	8.44	10.3
总重（t）			26.0	23.33	34.5	12.6	18.68	22.3
轴荷分配	空　载	前（t）						
		后（t）						
	重　载	前（t）						
		后（t）						
车厢容积　平装/堆装（m^3）			/10	6/8	9/11.5	5.0	4.5	5.4
发动机型号								
发动机额定功率（kW）			133	110		107	129	96
最小转弯半径（m）			10.5	7.3	10.1	8.5	10.5	7.5
最大爬坡能力（%）				15		15	12	45
最高车速（km/h）			63			55	60	
最小离地间隙（mm）			250				270	290
外形尺寸	全长（mm）		8150	6670	8100	7990	8550	7430
	全宽（mm）		2500	2820	2820	2300	2500	2440
	全高（mm）		2710	2480	2480	2360	2570	2570
车厢尺寸	长（mm）							
	宽（mm）							
	高（mm）							
轴距（mm）			5200	3650		5000	4790	5010
轮距	前（mm）		2030	2030			2080	1930
	后（mm）		1870	1810			1800	1760
车厢后倾最大角度（°）			45				45	60
倾卸时间	举升（s）		20					
	落下（s）		20					
前桥至前弦（mm）								
后桥至车厢后端（mm）								
后桥至举升后车厢后端（mm）			400					
车厢举升后离地最小间隙（mm）								
车厢举升后离地最大高度（mm）								
车厢边缘离地高度（mm）								
轮胎规格（in）			12.00~20			12.00~20	10.5~20	12.00~20
制造国家			法　国	法　国	法　国	捷　克	捷　克	捷　克

续附表 3-42

技术性能			日立 15AI	日立 DH-321	KOMATSU HD320-2（小松）	KOMATSU HD680-2（小松）	WABCO 50（伟步）	WABCO 75B（伟步）
驱动形式			4×2	4×2	4×2	4×2	4×2	4×2
载重（t）			15.0	32.0	82.0	68.0	45.0	68.0
自重（t）			14.5	26.0	27.2	46.5	34.0	41.504
总重（t）			29.5	58.0	59.2	114.5	78.0	109.523
轴荷分配	空载	前（t）				22.3		19.686
		后（t）				24.2		21.818
	重载	前（t）			18.96	36.6		35.873
		后（t）			40.295	77.9		73.651
车厢容积　平装/堆装（m^3）			8.5	18/20.7	18.0/24.0	32.0/44.0 四冲程	23.5/30.6	33.6/43.6
发动机型号					NTA855	VTA-1710		16V71T
发动机额定功率（kW）			177	294	405	775	467	700
最小转弯半径（m）			7.9	7.2	7	8.8		10.5
最大爬坡能力（%）			30		39	31		
最高车速（km/h）			46.3	55.2	60	65	64.4	
最小离地间隙（mm）						565		533
外形尺寸	全长（mm）		7000	7850	7800	9790	8810	9601
	全宽（mm）		3000	3750	3975	4675	3815	4851
	全高（mm）		3230	3800	3950	4290	4312	4394
车厢尺寸	长（mm）					6600		6655
	宽（mm）					4495		4115
	高（mm）					1740		2159
轴距（mm）			3600	3350	3760	4750	3840	4064
轮距	前（mm）		2100	2900	3150	3840	3510	3658
	后（mm）		1760	2400	2550	3050	2820	3302
车厢后倾最大角度（°）			70	55		65		49
倾卸时间	举升（s）					13		
	落下（s）							
前桥至前弦（mm）						2050		2667
后桥至车厢后端（mm）						2990		2870
后桥至举升后车厢后端（mm）								
车厢举升后离地最小间隙（mm）				7500	500	540	390	279
车厢举升后离地最大高度（mm）					7060	8720	8330	8687
车厢边缘离地高度（mm）					2970	3690		4013
轮胎规格（in）			11.00～24	18.00～25	18.00～25	24.00～35	21.00～32	24.00～35 29.17
制造国家			日本	日本	日本	日本	美国	美国

附表 3-43　国外电动轮汽车主要技术性能

技术性能			БЕЛАЗ -549（贝拉斯）	БЕЛАЗ -7519（贝拉斯）	БЕЛАЗ -7521（贝拉斯）	KOMATSU HD-1200（小松）	PERLINI DP-12.55（佩尔利尼）	WABCO 120C（伟步）
驱动形式			4×2	4×2	4×2	4×2	4×2	4×2
载重（t）			75.0	110	180	120.0	120.0	108.86
自重（t）			68.0	85	145	84.5	80.4	80.847
总重（t）			143.0	195	325	204.5	200.8	189.711
轴荷分配	空载	前（t）				36.335		35.374
		后（t）				48.165		45.473
	重载	前（t）	45.0	65	105.8	65.44		63.35
		后（t）	98.0	130	219.2	139.06		126.361
车厢容积　平装/堆装（m^3）			41.0/	平 44 8ДМ-21А	平 70 12ЧН-21/22	46.0/70.0 四冲程	52.5/75.0	41.0/63.0
发动机型号				8РАЧ-185	12РАЧ-200	KTA-2300	12V-1497	12V149T
发动机额定功率（kW）			735	956，882	1692	1100	1350	1000～1200
最小转弯半径（m）			9	12	15	10.3	13.5	12.4
最大爬坡能力（%）								
最高车速（km/h）			60	52	50	57.5	64.5	51
最小离地间隙（mm）						715	740	660
外形尺寸	全长（mm）		9700	11250	13500	10885	12100	11150
	全宽（mm）		4900	6100	7600	6300	5800	6270
	全高（mm）		4400	5000	5910	4890	5300	5790
车厢尺寸	长（mm）							7520
	宽（mm）							5510
	高（mm）							1980
轴距（mm）			4300	5.3	6.65	5400	5800	5130
轮距	前（mm）		3850			4965		4670
	后（mm）		3460			3945		4320
车厢后倾最大角度（°）						47.5	55	45
倾卸时间	举升（s）					18	25	17
	落下（s）							
前桥至前弦（mm）						2305	3100	2970
后桥至车厢后端（mm）						3180	3200	3050
后桥至举升后车厢后端（mm）						2885		2540
车厢举升后离地最小间隙（mm）						1650		1170
车厢举升后离地最大高度（mm）						10440		10820
车厢边缘离地高度（mm）						4450	4500	4490
轮胎规格（in）			24.00～49	33.00～51	40.00～57	30.00～51	30.00～51	30.00～51
参考价格								48.41
制造国家			苏联	苏联	苏联	日本	意大利	美国

续附表3-43

技术性能			WABCO 170C (伟步)	WABCO 320B (伟步)	EUCiD R-170 (尤克里德)	UNITRIG M-120-17 (尤尼特-瑞格)	UNIT RIG MARK-36 (尤尼特-瑞格)	UNIT RIG M-200 (尤尼特-瑞格)
驱动形式			4×2	6×4	4×2	4×2	4×2	4×2
载重（t）			154.26	213.38	151.26	109.0	154.2	181.4
自重（t）			98.382	165.71	101.56	70.0	88.37	129.0
总重（t）			252.742	379.09	255.82	179.0	242.57	310.4
轴荷分配	空载	前（t）	46.158	57.022			38.97	
		后（t）	52.224	108.688			48.4	
	重载	前（t）	84.248	75.818	85.25	57.91	80.78	103.69
		后（t）	168.494	2×151.636	170.53	120.83	161.81	206.15
车厢容积 平装/堆装（m^3）			54.0/84.0	76.5/125.0	71.1/97.9	42.3/60.4	75.7/95.6	84.1/113.2
发动机型号			16V149T		16V149T			
发动机额定功率（kW）			1600	2475	1600	1000	1600	
最小转弯半径（m）			12.4	19.2	12.5	11.5	12.7	16.5
最大爬坡能力（%）								
最高车速（km/h）			56.3		55.4			
最小离地间隙（mm）			790	737	846		860	
外形尺寸	全长（mm）		11890	16550	11887	10590	11810	14630
	全宽（mm）		6960	7670	6883	5890	6430	7210
	全高（mm）		6100	6200	5690	5410	5790	6450
车厢尺寸	长（mm）		7950		8331			
	宽（mm）		6270		5994			
	高（mm）		2290		1778			
轴距（mm）			5440	6790+3460	5639	5180	5330	6700
轮距	前（mm）		5380	5620	5359	4500	4800	6100
	后（mm）		4410		4166			
车厢后倾最大角度（°）			45	51	58		50	
倾卸时间	举升（s）			30				
	落下（s）			28				
前桥至前弦（mm）			3100	2850	2616		3050	
后桥至车厢后端（mm）			3350	3450	3632		3430	
后桥至举升后车厢后端（mm）			2790					
车厢举升后离地最小间隙（mm）			1040		1295	760	690	860
车厢举升后离地最大高度（mm）			11480		11157	9700	10460	12670
车厢边缘离地高度（mm）			5030	5060	5309	4520	5560	5510
轮胎规格（in）			36.00~51	36.00~51	36.00~51	30.00~51	36.00~51	40.00~57
参考价格			62.77		62.44		62.53	
制造国家			美国	美国	美国	美国	美国	美国

附表 3-44　TD75 型通用带式输送机组成

带宽 B (mm)	输送带的帆布层数 Z / 许用最大张力（kN） 3	4	5	6	7	8	9	10	11	12	带速（m/s） 0.8	1.0	1.25	1.6	2.0	2.5	3.15	4.0	生产厂家
500	10.5	14									√	√	√	√	√	√			沈阳矿山机械厂 上海起重运输机械厂
650		18.2	20.2								√	√	√	√	√	√			
800		22.4	24.9	29.9								√	√	√	√	√	√		
1000			31.1	37.3	43.6	49.7						√	√	√	√	√	√		
1200			37.3	44.8	52.2	59.7	60.5	67.2				√	√	√	√	√	√	√	
1400				52.2	61.0	69.7	70.5	78.4	86.1	94.0		√	√	√	√	√	√	√	

注：表中许用最大张力值当 $Z=3\sim4$ 时按安全系数 $m=8$ 计算，$Z=5\sim8$ 时按 $m=9$ 计算，$Z=9\sim12$ 时按 $m=10$ 计算。

附表 3-45　GD 型系列胶带技术规格

宽度（mm） 带宽（绳槽距）	全宽	厚度（mm）	弹簧钢条（mm） 规格 厚×高×长	材质	间距	钢绳直径（mm）	胶带重量（kg/m）
800	854	13.5	5×5×826	$60Si_2Mn$	85	24.5	18.0
800	864	13.5	5×5×826	$60Si_2Mn$	85	28，30.5	18.4
800	864	13.5	5×5×826	$60Si_2Mn$	85	34.5，37	18.6
800	870	13.5	5×5×826	$60Si_2Mn$	85	40	19.0
1000	1064	13.5	5×5×1034	$60Si_2Mn$	40	28，30.5	24.8
1000	1064	13.5	5×5×1034	$60Si_2Mn$	40	34.5，37	25.3
1000	1070	13.5	5×5×1034	$60Si_2Mn$	40	40	25.6
1200	1270	14.5	6×6×1240	$60Si_2Mn$	40	30.5	33.1
1200	1270	14.5	6×6×1240	$60Si_2Mn$	40	34.5，37	33.4
1200	1270	14.5	6×6×1240	$60Si_2Mn$	40	40	33.6

注：1. 弹簧钢条的弯曲应力为 450 牛顿/毫米^2，硬度为 $R_c=50$；
2. 每卷胶带出厂时，长度为 50 米。

附表 3-46　GD 系列带式输送机主要技术参数

项目名称	主要技术数据	备注
运输物料松散容重（t/m^3）	1.6 以下	
胶带宽度（mm）	800，1000，1200	
牵引钢绳直径（mm）	24.5，28，30.5，34.5，37，40	
运输速度（m/s）	1.6，2，2.5，3.15	运人时速度为 1.2～1.6
电机功率（kW）	115，155，200，260，330，400，500 2×330，2×400，2×500	
传动方案	交流电机＋锥齿轮差速器＋摩擦轮	

附表 3-47 DX 型系列胶带技术规格

型号		DX650		DX800		DX1000		DX1250		DX1600		DX2000		DX2500		DX3000		DX3500		DX4000	
胶带强度（N/mm）		650		800		1000		1250		1600		2000		2500		3000		3500		4000	
上下覆盖胶厚度（mm）		6+6								7+7				8+8		8+8				8+8	
每根钢绳强度（N）		14000								33000				43000		55000				69000	
钢绳直径（mm）		4.5								6.75				8.1		9.18				10.3	
钢绳重量（kg/100m）		65								165				226		263				332.2	
粘着力（N/m）		56								86				102		116				130	
钢绳间距（mm）		20		17		13.5		11		20		16		17		18		15.5		17	
胶带重量（kg/m^2）		23.54		24.33		24.63		25.33		32.25		33.42		39.93		41.51		43.23		47.10	
钢绳根数 Z、边胶宽 A		Z	A	Z	A	Z	A	Z	A	Z	A	Z	A	Z	A	Z	A	Z	A	Z	A
胶带宽度 B（mm）	800	38	30	45	26	56	28.7	69	26	38	30	47	32	44	34.5	42	31	48	35.8	44	34.5
	1000			57	24	71	27.5	87	27	48	30	60	28	56	32.5	53	32	62	35	55	36
	1200					86	26	105	28	58	30	72	32	68	30.5	64	33	74	34	67	39
	1400							122	34.5	68	30	84	36	79	37	75	34	87	33.5	79	37
	1600									78	30	97	32	91	35	86	35	100	33	91	35
	1800									87	40	109	36	103	33	97	36	112	39	102	41.1
	2000											121	40	114	39.5	108	37	125	39	114	40

注：钢绳结构除 $d=4.5$ 为 7×7×3 外，其余全是 7×7×7。

附表 3-48 DX 型系列带式输送机主要技术参数

项目名称	主要技术数据						
胶带宽度（mm）	800	1000	1200	1400	1600	1800	2000
胶带强度（N/mm）	650，1000，	800，1200	1600 2000	2500	3000	3500	4000
夹钢绳芯直径（mm）	4.5		6.75	8.1	9.8		10.3
钢丝绳结构	7×7×3		7×7×7				
托辊直径（mm）	89　108　133　159						
改向辊筒直径（mm）	400，500，630，800，1000，1250，1400，1600						
驱动辊筒直径（mm）	800，1000，1250，1400，1600						
运行速度（m/s）	2，2.5，3.15，4，5						
电机功率级别（kW）	80，115，155，200，260，330，400，500，570						
托辊槽角（°）	30，35，45						
功率分配比例	2∶1∶1						
物料松散体重（t/m^3）	1~2.5						
适应工作环境温度（℃）	-20~+40						

附表 3-49 国产履带式推土机的主要技术性能

技术性能	型号						
	T-60	T-120	T-140	T-180	T-220		T_2-100
总重（t）	6.2	14.7	16.8				13.43
最大牵引力（$N\times10^4$）	3.66	12.0	14.02	18.8	24.0		9.0
推土能力（米^3/班）	300		120m^3/h				360
推土板：宽（mm）	2280	3760	3762	4200	4365	3725	3030
高（mm）	788	1100	1049	1100	1055	1315	1100
提升高度（mm）	625	1000	1000	1260	1290	1210	900
切土深度（mm）	290	300	410	530	535	500	180
发动机功率（kW）	44	88	103	132	162		74
行走速度：前进（km/h）	3.44～8.47	2.70～10.44	2.47～10.4	2.43～10.12	2.50～9.90		2.36～10.13
后退（km/h）	3.29～5.25	2.73～8.99	3.45～10.3	3.16～9.77	3.00～9.40		2.79～7.63
外形尺寸：长（mm）	4214	6506	5261	7176	7100	6790	5000
宽（mm）	2280	3760	3762	7200	4365	3725	3030
高（mm）	2300	2875	2842	3091	3575	3575	2992
两履带中心间距（mm）		1880	1880	2000	2000		
履带板宽度（mm）		500	560	560	560		
履带接地长度（mm）		2475	2730	2730	2730		
爬坡能力（°）		30	纵30 横25	30	30		
平均接地比压（0.1MPa）		0.59	0.633	0.64	0.92		
制造厂	山东推土机总厂	四川建筑机械制造厂	宣化工程机械厂	黄河工程机械厂	黄河工程机械厂		山东推土机总厂

续附表 3-49

技术性能	型号								
	D85A-18	T-140-1	TS140（湿地）	TY100	东方红-75	红旗 100	红旗 120	上海-320	上海-120
总重（t）	23.83	17.0	17.5	16.0	6.2	11.55	12.70	40.78	15.5
最大牵引力（N×10^4）	45	14.02	13.0	9.0				65.0	12.2
推土能力				75~80 米^3/时					
推土板：宽（mm）	4365	3762	4000	3810	2280	3810	3810	4130	3760
高（mm）	1050	1037	960	860	788	860	860	1590	1000
提升高度（mm）	1290	1000	1000	800	625	800	800	1560	1000
切土深度（mm）	535	400	400	600	290	600	600	560	350
发动机功率（kW）	162	114	103	74	55	74	88	235	88
行走速度：前进（km/h）	1.00~11.20	2.47~10.40	2.67~11.23	2.36~6.45		2.35	2.36	3.7~11.8	2.32~10.63
后退（km/h）	1.00~13.20	3.45~10.30	3.73~11.12	2.79~5.33		2.79	2.75	4.5~13.7	2.78~9.16
外形尺寸：长（mm）	6060	5846	5015	6900	4214	4260	4400	8560	5340
宽（mm）	4365	3762	4000	3810	2280	2460	2470	4130	3760
高（mm）	3395	2755	2883	3060	2300	2992	2990	3640	3100
两履带中心间距（mm）			2300	1880		1880	1880	2140	1880
履带板宽度（mm）	560		1060	500		500	500	560	500
履带接地长度（mm）	2730	2570	2920			2370	2515		
爬坡能力（°）	30	纵 30 横 25	纵 30 横 25	30		30	30		30
平均接地比压（0.1MPa）		0.611	0.28	0.68		0.50	0.524	1.16	0.65
制造厂	山东推土机总厂	宣化工程机械厂	宣化工程机械厂	长春工程机械厂	长春工程机械厂	鞍山红旗拖拉机厂	鞍山红旗拖拉机厂	上海彭浦机器厂	上海彭浦机器厂

附表 3-50　国产轮胎式推土机主要技术性能

型号	发动机		推土板尺寸（mm）		最大行驶速度（km/h）	最大爬坡能力（°）	接地比压（MPa）	外形尺寸（mm）长×宽×高	机重（t）	生产厂
	型　号	功率（kW）	宽度	高度						
TL160	6120Q	117.6	3192	998	49				12.8	
TL180	6135AZK-1	140	3300	1150	47	25.5	0.26	7290×3300×3250	11.8	厦门工程机械厂
TL180		132	3190	1000	55	25	0.25	6300×3190×3120	8.4	郑州工程机械厂

附表 3-51　国外常见履带式推土机的主要性能

型　号	工作重量（t）	发动机		铲　刀		底　盘			比压（MPa）	厂　家
		型　号	功率（kW）	型式	尺寸（mm）	传动	挡数	速度（km/h）		
D80A-12	21.79	NH220-C1	NT885 132	回转	3620×1280	机械	前5后4	2.4～10.5	0.071	小松（日本）
D80A-12	22.09	NH220-C1	132	回转	3620×1280	液力机械	前后各3	0～10 0～12	0.072	
D85A-18	18.95	NT855	162	万能	4365×1055	液力机械	前后各3	0～11.2 0～13.2	0.062	
D150A-1	33.2	S6D15	221	万能	4430×1590	机械	前6后4	2.5～12.9 3.6～9	0.094	
D155A-1	33.2	S6D155	235	万能	4430×1590	液力机械	前后各3	0～11.8 0～13.7	0.094	
D355A-1	44.7	SA6D155	301	万能	4315×1875	液力机械	前3后4	0～12.7 0～12.6	0.11	
D455A-1	68.42	456	456	万能	4800×2135	液力机械	前后各4	0～14.6 0～14.4	0.12	
D65AR-6①	15.75	NH220	103	回转	3970×1050	液力机械	前后各3	0～10.3 0～13.2	0.064	
D85AR-12①	22.39	NH220	132.3	万能	3620×1280	液力机械	前后各3	0～10.0 0～12.0	0.073	
D155AR-1①	33.58	SD155	235	万能	4130×1590	液力机械	前后各3	0～11.8 0～13.7	0.095	
D3	6.1	CAT3204	46.3	回转	2415×740	液力机械	前3后1	0～11.1 0～5.1	0.046	卡特皮勒（美国）
D4D	8.2	CAT3304	56	回转	3125×700	机械	前后各5	2.8～9.4 3.3～11.1	0.053	
D5	11.4	CAT3306	78	回转	3705×855	机械	前5后4	2.7～11.1 3.4～10.1	0.056	
D6C	13.85	CAT3306	104.1	万能	3210×1145	机械	前5后4	4～11.1 3.4～9.7	0.058	
D7G	20.6	CAT3306	149	万能		机械	前5后4	3.7～10.2 3.0～9.3	0.068	
D8K	31.6	CATD342	223	万能	3940×1520	液力机械	前后各3	0～10.6 0～13.2	0.090	
D9H	42.1	CATD353	306	万能	4390×1800	液力机械	前后各3	0～10.8 0～13.2	0.103	
D10	86.32	D348	514.5		5486×2159		前后各3	0～11.6 0～13.8		

续附表 3-51

型号	工作重量(t)	发动机		铲刀		底盘			比压(MPa)	厂家
		型号	功率(kW)	型式	尺寸(mm)	传动	挡数	速度(km/h)		
8	9.18	OMCO3/130MT	64.7	回转	3252×865	机械	前后各4	2.7~9.0 3.2~10.9	0.048	菲亚特·阿里斯(意大利)
10-B	12.08	DMCP3	81	回转	3580×865	机械	前4后3	2.5~8.6 3.0~10.3	0.050	
14	15.56	8205 1700	110.3	回转	3890×1056	液力机械	前后各3	0~10.5 0~11.47	0.056	
16B(PS)	20.859	MANRH 21000	143.3	回转	4216×978	液力机械	前后各2	0~10.1 0~11.3	0.058	
21-C	31.797	MKH	221	回转	3960×1535	液力机械	前后各3	0~10.3 0~12.2	0.080	
31	49.38	RT-1150-C	312.4	固定	4801×1880	液力机械	前后各3	0~10.8 0~12.1		
41-B	59.3	VT-1701-C	385.1	固定	5180×2160	液力机械	前后各3	0~10.5 0~11.9	0.081(拖拉机)	

①无线电遥控推土机。

附表 3-52 国外常见轮胎式推土机的主要性能

主要性能		814	815	821	825	280ART	380ART	V220	WD140-1
发动机	型号	CAT 3306	CAT 3306	CAT D343	CAT D343	CUMHT 855-C	CUM VT1710	GMDD 16V149T	NH220
	功率(kW)	125	125	221	221	246	386	1077	132
传动型式		液力机械	液力机械	液力机械	液力机械	动力换挡	动力换挡	电传动	液力机械
挡数		前后各四	前后各四	前后各三	前后各三	前八后四	前六后三	无级	前后各四
最高机速(km/h)	前	37.5	35.6	29.7	27.3	46.3	32.6	24.1	50
	后	31.8	30.0	29.7	27.3	45.2	31.9	24.1	43
铲刀(宽×高)(mm)		3650×1030	3620×860	4020×1220	4260×1020	4050×1320	4970×1650	7900×2730	3000×1150
侧倾角β(°)		25		23		7.5	6	11	400mm①
轮胎规格		23.5~25		29~29.5		25~29.5	33.25~35	40.00~57	23.5~25
轮距(mm)		2160	2230	2320	2490	2680	2680		2150
轴距(mm)		3100	3100	3550	3550	3800	4670	6640	3460
空机重量(t)		15.6	16.9	28.4	29.0	27.4	46.3	118.0	
工作重量(t)		18.4	17.3	32.6	30.0	31.6	52.7	136.0	18.0
生产厂		卡特皮勒(美国)				密西根(美国)		伟康(美国)	小松(日本)

①侧倾时一端离地高度。

附表 3-53 国产平地机的型号和技术参数

技术参数	型号			
	P_2-90	P_4-160	PY160A	16G
机重（kg）	13700	15200	4700	24500
铲刀长度（mm）	3700	3960	3705	
铲刀高度（mm）	540	630		
铲刀最大提升高度（mm）	400	410		
铲刀切削深度（mm）	200	530		
铲刀切削速度：前进（km/h）	3.9～28.48	4.26～34.77	4.3～35.1	3.9～42.6
后退（km/h）	4.13～5.8	4.33～14.9	4.4～15.1	
最小转弯半径（m）	16	11	8	
轴距（mm）	5800	6000	6000	
轮距（mm）	2000	2200	2200	
轮胎规格	14.00～20	14.00～24	14.00～24	
外形尺寸：长（mm）	8200	8130	8094～8146	9960
宽（mm）	2460	2600	2575～3232	
高（mm）	3300	3215	3258	
发动机功率（kW）	67	118	118	202
制造厂	天津工程机械厂	天津工程机械厂	天津工程机械厂	天津工程机械厂

附表 3-54 静压式压路机主要技术性能

技术性能		型号							
		两轮		三轮					轮胎式
		2Y6-8	2Y8-10	3Y6-8	3Y8-10	3Y10-12	3Y12-15	3Y15-18	YL9-16
机重：（t）	不加载	6	8	6	8	10	12	15	9
	加载	8	10	8	10	12	15	18	16
压轮直径：（mm）	前轮		1020			1020	1120	1170	轮数 前4
	后轮		1320			1500	1750	1800	后5
压轮宽度：（mm）	前轮	1270	1270	2100	1894		1270		
	后轮	1270	1270	2100	1894	530×2	530×2	530×2	
轴距（mm）		2800	3150			3330	3640	3640	3420
离地间隙（mm）		280	285			315	315	320	
最小转弯半径（m）		5.96	6.2			7.3	8.35	7.5	7
最大爬坡能力		1∶5	1∶5	1∶7	1∶7	1∶5	1∶5	1∶5	
最大行走速度（km/h）		7	5.6	14.3	14.3	5.4	7.5	7.7	23.55
发动机型号		2135	495A	2135K-1	2135K-1	2135K-1	4135K-2	4135AK-1	4135C-1
发动机功率		29.4	37.3	29.4	29.4	29.4	59.6	74.5	59.6
单位线压力：（N/cm）	前轮不加载	188	254	220	290	260	315	394	
	前轮加载	254	385	290	360	322	393	472	
	后轮不加载	284	378	360	480	632	754	493	
	后轮加载	378	472	480	600	745	943	1132	
外形尺寸（mm）：	长		4320			4920	5275	5300	5000
	宽		1560			2155	2155	2260	2054
	高		2240			2155	2155	2140	3055
制造厂		洛阳建筑机械厂	洛阳建筑机械厂	徐州工程机械厂	徐州工程机械厂	洛阳建筑机械厂	洛阳建筑机械厂	洛阳建筑机械厂	徐州工程机械厂

附表 3-55　铵油炸药混装车主要技术性能

技术性能	型号		
	南芬 18 吨型	GBC-8 型	BC-8 型
汽车底盘型号	玛斯-525	CE-160B	CZ-160
载重量（t）	18	8	8
装药效率（kg/min）	370	240/480	360
输药气压（MPa）	0.2～0.3	0.15～0.2	0.15
装药计量误差（%）	≤4	≤5	≤7
铵油混合比	96∶4	96∶4	96∶4
压风机排量（m^3/min）	8	6	0
螺旋输送机转速（r/min）	23		18
星形阀转速（r/min）	17.5	16	18
炸药品种	多孔粒状铵油炸药	多孔粒状铵油炸药	粉状或粒状铵油炸药
外形尺寸（mm）		9000×2520×3340	9000×2500×3340
研制单位	马鞍山矿山研究院	马鞍山矿山研究院	长沙矿山机器厂

附表 3-56　浆状炸药装车和运药车主要技术性能

技术性能	型号		
	CY-8 型	ZYC-8 型	YYC-6 型①
汽车底盘型号	上海 SH-361	东风 EQ140	黄河 JN151
载重量（t）	15	5	6
装药效率（kg/min）	110～150	130～150	
生产效率（t/h）	6～8	大于8	
装药计量误差（%）	≤±5	≤±5	
输药方式	泵送	泵送	泵送或压气
输药软管（内径×长度）	38×35000mm	38×35000mm	50×5000mm
卷管速度（r/min）		0～30	
压风机型号	3W-0.9/7	3W-0.9/7	
发电机功率（kW）	30	20	
爬坡能力（%）	40	28	23
外形尺寸（mm）	8142×2612×3250	8150×2500×3150	76000×2400×2550
特点	承担运药和混装	只能现场混装	只运药，无混装能力
研制单位	长沙矿山研究院	长沙矿山研究院	长沙矿山研究院

①YYC-6 型运药车与 ZYC-8 型混装车配套使用。

附表 3-57　乳化炸药混装车主要技术性能

技术性能	型号	
	RHC 型混装车	可泵送混装车
汽车底盘型号	CYC-16	克拉斯-2566
载重量（t）	7.8	7
装药效率（kg/min）	110～130	200
生产效率（t/h）	6～8	6
装药计量误差（%）	≤±5	≤±3
输药方式	泵　送	泵　送
输药软管（内径×长度）（mm）	50×30000	65×20000
卷管速度（m/sec）	0.17	0.73
发泡剂泵流量	100mL/r	100L/h
发电机功率（kW）	40	64
爬坡能力（%）	28	
外形尺寸（mm）	9500×2600×3360	9100×2640×3423
研制单位	长沙矿山研究院	包钢矿山研究院

附表 3-58　YZZC-1 型硝酸型液体炸药装药车的主要技术性能

汽车底盘型号	解放 CA10B
药罐容积（L）	3600
装药速度	125kg/min 或 88L/min
装药计量误差（%）	>1.4
载重（kg）	4000
自重（kg）	4500
外形尺寸（长×宽×高）（mm）	6560×2400×2400

附表 3-59　国内外风动碎石器的型号与性能

型号	技术性能						厂家
	活塞质量（kg）	总重（kg）	工作气压（MPa）	耗气量（m^3/min）	冲击能（J）	冲击频率（Hz）	
FC-300	84	950	0.6	17.4	3000	4	嘉兴冶金机械厂 通化风动工具厂
FC-420	110	1200	0.55	22.1	4200	3.88	沈阳冶金机械总厂
FP120L			0.6	12	1200	6.6	通化风动工具厂
Ram200		744	0.5	22	2770		美国肯特风动工具公司
Ram999		736			1387		美国肯特风动工具公司
Ram555		229			41460J/min		美国肯特风动工具公司
ABm500	51				580000J/min		美国英格索尔-兰德公司
ABm1000	90				995000J/min		美国英格索尔-兰德公司
BR450		450		9.5	1800	5.0	法国马考穆顿风动工具公司
VR15A	208	2132	蒸气压力 0.83	8.4	3660	3.8	联邦德国法马克公司
VR20A	703	3946	蒸气压力 0.83	10	9340	2.2	联邦德国法马克公司
BH-2			0.6		500	2.7	苏联矿山机械设计院
TB-1		150	0.5	6		8.7	日本大成凿岩机械公司
TB-2		330	0.5	8		7.5	日本大成凿岩机械公司
TB-3		440	0.5	10		6.0	日本大成凿岩机械公司
TB-4		700	0.5	11		6.3	日本大成凿岩机械公司
1PH-200	12.5	208	0.5	5.5	600	6.3	日本风动机械公司
1PH-400	25.2	405	0.5	6.5	1100	5.3	日本风动机械公司
1PH-500	26.9	500	0.5	8	1200	5.5	日本风动机械公司
1PH-600	30.5	624	0.5	9	1300	5.2	日本风动机械公司
1PH-1000	52	830	0.5	10	2200	3.7	
B. B55	32	450	0.5	7.2		9.7	日本帝国凿岩机械厂
B. B66	46	650	0.5	10.1		10.0	日本帝国凿岩机械厂
BB6		670		10.5	1700	6.5	日本古河公司
BB11		1800		17	2400	7.7	日本古河公司

附表 3-60 我国生产的液压碎石器型号和技术参数

技术参数	型号							
	液垫式高能液压碎石器				钢对钢直接冲击式液压碎石器			
	SYD-400	SYD-1500	SYD-2000	SYD-3000	SYG-70	SYG-100	SYG-300	YS-5000
单次冲击能（kg·m）	300~500	SY	1700~2200	2700~3000	60~70	100	250~300	500
冲击频率（次/分）	30~45	20~25	15~10	13~17	500~600	700	400~500	150~200
工作流量（L/min）	120~180	150~180	160~180	200	65~75	100~120	125~160	100~300
工作油压（kg/cm^2）	120~160	130~160	130~160	170~190	140~160	150	110~130	120~150
蓄能器氮气予充压力(kg/cm^2)	50~70	60~70	60~70	80~90	25~27	70	27	
重量（包括凿杆）(kg)	490	980	1460	2000	220	380	1082	1300
外形尺寸(长×宽×高)(mm)	1450×440×460	1890×505×542	2238×560×580	2520×600×620	1230×260×290	1685×210×430	2295×300×480	1480×660×530
研制单位	长沙矿山研究院、嘉兴冶金机械厂	长沙矿山研究院、嘉兴冶金机械厂	长沙矿山研究院、嘉兴冶金机械厂	长沙矿山研究院、嘉兴冶金机械厂	长沙矿山研究院、嘉兴冶金机械厂	长沙矿山研究院、嘉兴冶金机械厂	长沙矿山研究院、嘉兴冶金机械厂	北京钢铁学院、宣化风动机械厂

附表 3-61 国外几种液压碎石器型号与性能

型号	性能						厂家
	冲击频率(Hz)	单次冲击能(J)	重量(不包括锤头)(kg)	供油		氮气的充气压力(MPa)	
				油压(MPa)	油量(kg/min)		
H_1Ff_1-514	2.5	27600	1100	12.2~15.2	183~228	9.8	美国乔依机械制造公司
G-500	2.3/2.7	690	220	14	945	7.0	美国英格索尔-兰德公司
G-1100	1.0/10.0	1930	339	14	1641	9.8	美国英格索尔-兰德公司
HM-200	8.0/10.8		255	12~15	40/55	冲程和回程都装有外密封蓄能器	联邦德国克虏伯公司
HM-401	9.2	550	400	12.2~15.2	60/70	冲程和回程都装有外密封蓄能器	联邦德国克虏伯公司
HM-600	7.5	1860	550	13~16	70~90	冲程和回程都装有外密封蓄能器	联邦德国克虏伯公司
HM-800	7.5/15	7300/1650	710		90/120	冲程和回程都装有外密封蓄能器	联邦德国克虏伯公司
HM-1000	3.3	7350	1430		120	冲程和回程都装有外密封蓄能器	联邦德国克虏伯公司
HH420	8.3~10		420		60~70	冲程和回程都装有外密封蓄能器	联邦德国费恩塔尔·米勒机械设备公司
HH580	8.3~10		580		60~70	冲程和回程都装有外密封蓄能器	联邦德国费恩塔尔·米勒机械设备公司
HH960	4.2~5		960		60~70	冲程和回程都装有外密封蓄能器	联邦德国费恩塔尔·米勒机械设备公司
HH961	5.8~6.7		960		80~90	冲程和回程都装有外密封蓄能器	联邦德国费恩塔尔·米勒机械设备公司
BRH500	5.3~7.5	2020	415	65.7~13.2	60~70	冲程和回程都装有外密封蓄能器	法国蒙塔贝特公司
BIIT-301	0.167	30000	112000	10	140L/min		苏联卡拉甘达工业学院
FIu100n	2.7~3.0	2390	522	11.2~14	60	7.0	英国桑德公司
GB3000	10.0	4150	703	14	185	4.2~5.6	英国克利克·多布森公司
B200	5.0~9.3	920~1300	600	10~14	45~46		芬兰劳依机械公司

附表 3-62　运油车、加油车型号及主要技术性能

技术性能	型号											
	SC4461JY 加油车	黄河 JY580 加油车	DD401 加油车	CG144RY 运油车（CG144JY 加油车）	WH144JY 加油车	CG815JY 加油车	KY-15B 加油车	KY-15Z 运油车	东风 WX140RY 运油车	WH140RY 运油车	SC4560YY 运油车	黄河 XY512 运油车
类型	4×2	4×2	4×2	6×2		6×6	6×4	6×4	4×2	4×2	1×2	4×2
油罐容量（L）	6500	8000	4600	10000（9600）	9400	15300	19000	15000	6300	6500	9000	12000
自重（t）	4.36	8.19	5.15	6.2（6.5）	5.8	13.43	14.2	12.9		4.715	5.4	879
总重（t）	9.56	14.83	8.58	13.3	13.3	27.2	29.2	25.7		9.715	13.1	1785
轴荷分配：前（kg）	2430	4190	2400	2600（2632）	2660	6340	6500	4960		2500	2585	5568
后（kg）	7130	10640	6180	10700（10668）	10640	中、后 10430	中、后 11350	中、后 10370		7215	10515	12282
排油量（L/min）	120	1800	500	（833）	800	833						
最大吸油高度（m）	4	5	7	（5）	6	5	5					
全扬程（m）	28	64	24	（25）	24	25	41					
管径：出口（mm）	25	84	38	75	50	75	50			50		
入口（mm）	50	105	65	75	70	75	70					
外形尺寸：长（mm）	2875	7640	7200	8100（8150）	8200	9445	10200	8200		6800	8067	800
宽（mm）	2400	2400	2278	2430	2400	2500	2700	2700		2370	2400	2500
高（mm）	2675	2860	2580	2666	2740	3175	2900	2900		2560	2635	
运载油类	轻质燃油	经本车过滤的燃油	汽油、煤油	轻质燃油	燃油	轻质燃油	柴油	柴油		燃油	轻质燃油	轻质燃油
发动机功率（kW）	99	118	99	99	99	208	162	162		99	99	154
百公里油耗（L）	29	25	28	26.5	34	32.5				28	36	26.5
制造厂	四川专用汽车制造厂	西安锅炉总厂一分厂	丹东汽车制造厂	晨光工业总公司汽车改装厂	武汉专用汽车厂	晨光工业总公司汽车改装厂	温州冶金机械厂	温州冶金机械厂	武汉新光机械厂	武汉专用汽车厂	四川专用汽车厂	西安锅炉总厂一分厂

附表 3-63 酒水车型号及主要技术性能

技术性能	型号											
	CA141S50	CA15S50	QD145S55	解放 WX141AS	WH140CS	东风 WX144AS	黄河 WX150AS	EQ140 KS100	KS-15	BJ471	BJ374AS1	CYS30
驱动型式	4×2	4×2	4×2	4×2	4×2				6×4	4×2	4×2	4×2
水罐容量（m^3）	4.88	4.8	5.65	5.8	5.5	8.4	8.4	10.85	15.1	16.3	20	28
自重（t）	5.1	5	4.85	4.3	4.915	5.0	7.0	7.65	13.07	13.7	14.6	23.610
总重（t）	9.98	9.8	10.05	9.8	9.715	13.0	15.0	18	28	30	34.6	51.610
洒水宽度（m）	18	18	18	≥13	6~13	≥13	≥13	21	20	9~18	11~22	9~20
单嘴洒水宽度（m）	11	11	10	≥5（单向）	4~6	≥5（单向）	≥5（单向）	11	12		11	
喷洒距离（km）	8	8	8.5	3~5		5~8	5~8	16			4.87	
发动机功率（kW）	99	85		99			118	99	162	175	184	265
水泵：型式	自制离心泵	BS17	自制离心泵	BS17		BS17	BS17	BS24	BS24		BS17	BS24
流量（L/min）	900	1000	900	1100		1100	1100	1800	1800	1000	1000	1800
扬程（m）	82	90	82	90	120	90	90	110	110	35	90	100
轴功率（kW）	21	22	21					23	53		37	
吸水高度（m）	8.5	6.5	8.5	8	7	8	8	8.5	8.5			
进水口直径（mm）	90	100	90	100		100	100	100	100	76	100	75
外形尺寸：长（mm）	7505	6725	7530	6880	6840	9160	9200	10600	8200		8475	8865
宽（mm）	2476	2430	2450	2400	2420	2400	2400	2475	2700	2909	2900	3480
高（mm）	2395	2125	2210	2700	2435	2700	2700	2300	2900	3175	3350	3810
制造厂	北京市政工程机械公司	北京市政工程机械公司	北京市政工程机械公司	武汉新光机械厂	武汉专用汽车厂	武汉新光机械厂	武汉新光机械厂	北京市政工程机械公司	温州冶金机械厂	北京重型汽车制造厂	北京重型汽车制造厂	常州冶金机械厂

附表 3-64 消防车型号及主要技术性能

技术性能	型号									
	CP10C 型 泡沫消防车	CPP15 型 载炮泡沫 消防车	CFP1.5/1 型 干粉泡沫 联用消防车	CPP5 型 泡沫消防车	CG35/40 型 水罐消防车	CS45 型 供水消防车	CG36/42 型	CG36/40 型	CG60/50A 型 水罐消防车	CS7 水罐式
水（泡沫）容量（L）	泡沫 1000 水 2500	泡沫 1500 水 4500	干粉 1500 泡沫 1000 水 1100	泡沫 500 水 3000	水 3500	水 4500	水 3600	水 3600	水 6000	水 7000
自重（t）	5.118	9.11	10.28		5.12	4.8			9.01	
总重（t）	9.29	15.4	14.47	9.06	9.29	9.11	8.9	9.06	15.3	
载人数（名）	8	8	4	7	8	3	7	7	8	
最高车速（km/h）	90	70	70	90	90	90	90	90	70	
水泵型式	BD40 型	BD50A 型	BD50A 型	BD40 型	BD40 型	BD40 型	BD42 型	BD40 型	BD50A 型	
出水量（L/min）	2400	3000	3000	2400	2400	2400	2400	2400	3000	
最大吸水深度（m）	7	7	7	7	7	7	7	7	7	
吸水时间（s）	<30	<30	<30	<30	<30	<30	≤35	<30	<30	
进水口径（mm）	100×2	150	150	100×2	100×2	100×2	100×2	100×2	150	
出水口径（mm）	80×2	80×4	80×4	75×2	80×2	80×2	80×2	75×2	80×4	
轴距（mm）	4050	4000	4000	4050	4050	4050	3950	4050	4000	
外形尺寸：长（mm）	7472	7723	7650	7165	7472	7000	7100	7305	7723	8470
宽（mm）	2340	2490	2490	2300	2340	2385	2400	2300	2490	2500
高（mm）	2665	3340	3340	3050	2665	2570	2740	2690	3250	3000
轴荷分配：前（mm）	2430	5100	4781.5	2400	2430	2370	2295	2420	5100	
后（mm）	6860	10300	9688.5	6664	6860	6715	6645	6626	10200	
发动机功率（kW）	99	118	118	99	99	99	99	99	118	
制造厂	长春消防器材总厂	震旦消防设备总厂	震旦消防设备总厂	宝鸡消防器材厂	长春消防器材总厂	长春消防器材总厂	宝鸡消防器材厂	宝鸡消防器材厂	震旦消防设备总厂	上海消防器材厂

附表 3-65 振动式压路机主要技术性能

型　号	YZ45	YZB8A	YZJ10	YZJ10A	YZJ12	YZJ12A	YZT14	YZ18	YZJ19A
机重（t）	4.5	8	10	10	12	12	14	18	19
振动轮直径（mm）	700	800	1524	1524	1524	1524	1800	1600	1524
振动轮宽度（mm）	1100	1000×2	2134	2100	2100	2100	2000	2100	2544
轴距（mm）	2400	1136	2850	2850	2850	2850	单　轮	3500	
离地间隙（mm）	290	130	355	355	355	310			
最小转弯半径（m）	4	原地回转	5.2	5.2	5.2	5.2		6	7
最大爬坡能力	1∶5	振动时1∶4,不振动时1∶2.5	1∶4	1∶4	1∶5	1∶5		32%	1∶4
最大行走速度（km/h）	8.5	6.4	17.8	16.2	16.2	16.2		9.5	10.5
发动机型号	485	4120FT1	4135AK	4135AK	4135AK	4135AK	6120F	6135K-12C	6VEI108K
发动机功率（kW）	25.7	58.8	73.5	73.5	73.5	73.5	88.3	132.4	154.5
振动频率（Hz）	46.7	34.5	28.3	28.3	28.3	28.3	30	25/28	25
激振力（kN）	44	196	147	169	169	200	284	289	265
单位线压力（N/cm）：静线压力	270		215	219	219	219	700		430
动线压力		700	726	819	819	952	1450		1070
总线压力	679		940	103.8	103.8	1170	2150		
外形尺寸（mm）：长	3350	2200	5370	5415	5415	5530	5535	6520	6166
宽	1470	2775	2440	2400	2400	2356	2490	2635	2930
高	1750	2498	2300	2500	2500	3100	1975	2950	3300
制　造　厂		洛阳建筑机械厂	洛阳建筑机械厂	洛阳建筑机械厂	洛阳建筑机械厂	洛阳建筑机械厂	洛阳建筑机械厂	洛阳建筑机械厂	温州冶金机械厂

附录4　地下矿常用设备

附表 4-1　手持式凿岩机

技术性能	型号				
	Y26	Y24（YH24）	Y3	YO18①	01—30
重量（kg）	26	24	4.5	18	28
外形尺寸（长×宽×高）（mm）	650×465×125	长598	355×178×76	长550	长635
缸径（mm）	65	70	34	58	
活塞行程（mm）	70	70	32	45	
冲击能（气压0.5MPa）（J）	44	59	49	25	44
扭矩（N·m）	8.8	12.8	2	7.9	9
冲击频率（Hz）	27	30	43		27
耗气量（m^3/min）	2.52	2.82	0.72	1.38	2.4
气管内径（mm）	19	19	13	19	
水管内径（mm）	13	13		8	
凿孔直径（mm）	34～42	34～42	12～28	34～42	42
最大凿孔深度（m）	5	3	0.3	2	4
钎尾尺寸（mm）	22或25×108	22或25×108		22×108	25×108
制造厂家	沈阳风动工具厂	天水风动工具厂	沈阳风动工具厂	衢州凿岩机厂	上海风动工具厂

①配FT100型气腿可作气腿式凿岩机用。

附表 4-2　气腿式凿岩机

技术性能	凿岩机型号					
	YT27	7655	YT28	YT24	YT25DY	YT26
重量（kg）	26	24	26	24	24.5	26.5
全长（mm）	668	628	661	678	693	680
缸径（mm）	80	76	80	70	90	95
活塞行程（mm）	60	60	60	70	70	50
工作气压0.5MPa的冲击能(J)	64	59	64	59	64	59
扭矩（N·m）	18	15	18	12.8	19	18
冲击频率（Hz）	37	35	35	30	35	43
耗气量（m^3/min）	3.3	3.6	3.3	2.8	3.0	3.0
气管/水管内径（mm）	25/13	25/13	25/13	25/13	25/13	25/13
凿孔直径（mm）	34～42	34～42	34～42	34～42	34～42	34～46
最大凿孔深度（m）	5	5	5	5	5	5
钎尾尺寸（mm）	22×108	22×108	22/25×108	22/25×108	22/25×108	22/25×108
气腿推力（N）	1570	1570	1570	1370	1570	1670
制造厂家	沈阳风动工具厂	沈阳风动工具厂	天水风动工具厂	天水风动工具厂	湘潭风动机械厂	湘潭风动机械厂

附表 4-3　上向式凿岩机

技 术 性 能	凿 岩 机 型 号	
	YSP44	YSP45
重量（kg）	44	45
外形尺寸（mm）	1489×354×180	1420×390×160
换钎长度（mm）	750	750
推进缸径（mm）	75	75
缸径（mm）	95	95
活塞行程（mm）	50	74
冲击能（工作风压0.5MPa）（J）	88	68
扭矩（N·m）	30	18
冲击频率（Hz）	43	45
耗气量（m^3/min）	45	50
气管/水管内径（mm）	25/13	25/13
凿孔直径（mm）	34~46	34~46
最大凿孔深度（m）	5	4
钎尾尺寸（mm）	22×108	22×108
制造厂家	沈阳风动工具厂	沈阳风动工具厂

附表 4-4　导轨式气动凿岩机

技 术 性 能	凿 岩 机 型 号										
	YGP35	YGP28	YG40	YG80	YGZ40	YGZ50	YGZ40	YGZ70	YGZ90	YGZ100	YGZ170
重量（kg）	38	31	36	69	40	50	40	70	95	100	120
机长（mm）	665	630	680	900	475	595	635	800	876	890	890
缸径（mm）	100	95	85	120	110	110	95	110	125	125	125
活塞行程（mm）	48	50	80	70	42	50	52	45	62	102	102
冲击能（J）	98	89			98	103	90	98	96		
扭矩（N·m）	49	29			98	88	50	64	118	264	343
冲击频率（Hz）	43	43	29	29	50	40	42	38	33	29	29
转钎速度（r/min）					0~300	0~300	0~300	0~300	0~300	0~300	0~300
耗气量（m^3/min）	6.5	4.5	5.0	8.5	4.2	8.8	6.2	7.5	11.0	11.5	11.5
气管/水管内径（mm）	25/13	25/13	25/13	38/19	25/15	32/13	25/13	32/13	38/19	38/19	38/19
回转马达胶管内径（mm）					液压胶管	19	19	19	25	25	19
凿孔直径（mm）	38~52	38~48	40~55	50~75	38~55	38~55	38~55	38~55	50~80	50~80	65~100
最大钻孔速度（m）	6	6	15	20	8	8	8	8	30	25	25
钎尾尺寸（mm）	25×110	22×108	32×97	32×97	25×108	25×108	32×97	25×159	38×97	38×97	202/T38 202/T45
制造厂家	沈阳风动工具厂	沈阳风动工具厂	天水风动工具厂	天水风动工具厂	沈阳风动工具厂	沈阳风动工具厂	南京工程机械厂	南京工程机械厂	南京工程机械厂	天水风动工具厂	天水风动工具厂

附表 4-5　气镐主要技术性能系数

型　号	技术性能参数										
	机重（kg）	工作气压（MPa）	耗气量（m^3/min）	冲击能（J）	冲击频率（Hz）	气管内径（mm）	锤体重量（kg）	锤体行程（mm）	气缸直径（mm）	外形尺寸（长×宽）(mm)	制造厂家
G8	8		1.0	33	22	16	0.58		34	475×195	宜春风动工具厂
G10	10.6	0.5	1.2	40	18	16	0.9	155	38	570×165	通化风动工具厂

附表 4-6　国产液压凿岩机一览表

型　号	冲击机构输入功率			冲击机构输出功率			旋转机构		重量公称值（kg）	长度（mm）	钎杆尺寸（直径）（mm）	冲洗方式水，空气	制造厂家
	油压（MPa）	流量（L/min）	计算的输入功率（kW）	冲击次数（次/分）	冲击能量（J）	公称冲击功率（kW）	转速（r/min）	最大力矩（N·m）					
YYG90	12.0～16.0	80		2500～3000	200～240		0～260	200	94	870	38 <R>	水	桂林冶金机械厂
YYG90A	13.0	85		2900～3500	150～200		0～300	140	90	825	B35Y	水	广东有色冶金机械厂
TYYG-20	12.0	90		2850～3000	200		0～200	200	90	916	38 <R>	水	哈尔滨伟建机械厂
YYGJ-145	15.0～24.0	90		2500～3600	350	10～15	0～350	230	145	980	32/38 <R>	水	天水风动工具厂
YYGC-145	23.0～25.0	90			350	10～15	0～440	650	145	1000			天水风动工具厂
YYT-30	13.0～15.0	60～70	18	2600～2700	90		内回转	60	28	648	B25	水	湘潭风动工具厂
YYG-30	13.0～15.0	75	20	2600～2700	100		内回转	90		570	B25	水	湘潭风动工具厂
YYG-80A	10.0～12.0	80～90		2500～2900	140～160		0～300	150	84	790	B25	水	株洲矿山工具厂
YYG20	16.0	40(最大 46)	11	2800/3700	200	7/12	0～220	100/130	114	760	22/25	水	衢州煤矿机械厂
Hydrastar-200	最大 19.0	40(最大 46)	11	2800/3700	200	7/12	0～220	100/130	114	760	22/25	水	宣化风动工具厂
Cop1238	15.0～24.0	75～96	24～33	2400～3600 6000～6300	200～250 140	12～18 14	0～300 0～460	500～1000 1000～4300	150～160	1002	28/32 /38 <R>	气/水	沈阳风动工具厂

附表 4-7 国外液压凿岩机一览表

制造厂	冲击机构输入功率			冲击机构输出功率			旋转机构		重 量	长 度	钎杆尺寸	冲洗系统
型 号	油压（MPa）	流量（L/min）	计算的输入功率（kW）	冲击次数（次/分）	冲击能量（J）	公称冲击功率（kW）	转速（r/min）	最大力矩（N·m）	（公称值）（kg）	（mm）	（直径）（mm）	水 空气
瑞典 Alimak AB												
AD103	12.5	120	25	3400	195	11	0~230	270	106	665①	25	水
AD160D	14	108	25	2760	312	14	0~162	430	184	1120②	28/32（R）	水
AD160LS	15	138	34.5	2220	470	17	0~120	940	184	1120②	44/51（R）	水
瑞典 Atlas Copco MCT AB												
COP1022	11~14	41	12	3000	105	5.5	0~300	120	50	710	22/25	气/水
COP1032HD	15~24	50	20	2400~3180③	141	7.5	0~300	200	112	874	25/28/32（R）	水
COP1238LE	15~21	75	24	2460~3600③	200	13	0~2/300	500~700	150	1002	32R~38/45T	气/水
COP1238LP	12~24	82~96	22~33	3000~4800③	230~250	12~18	0~460	500~1000	150	1002	32/38/45R/T	气/水
英国 Boart UK												
HD65	15	65	16	3600~4500	可 变	可 变	0~250	80	69	660	22/25/28（R）⁺	水
英国 Compair Holman												
RDP45	74	34	8	6700	12	1.5	0~400	350	109	860	41	水
法国 Iimco-Secoma												
Hydrastar200	16（最大19）	40（最大46）	11	2800/3100	200	7/12	0~220	100/300	114	760④	22/25	水
Hydrastar300	16（最大19）	55（最大65）	15	2000/2500/3000	300	10/12/15	0~220	100/300	130	980④	32/25R，38T	水

续附表 4-7

制造厂	冲击机构输入功率			冲击机构输出功率			旋转机构		重　量	长　度	钎杆尺寸	冲洗系统
型　号	油压（MPa）	流量（L/min）	计算的输入功率（kW）	冲击次数（次/分）	冲击能量（J）	公称冲击功率（kW）	转速（r/min）	最大力矩（N·m）	（公称值）（kg）	（mm）	（直径）（mm）	水 空气
日本　Furukawa　Rock　Drill　Sales　Co　Ltd												
HD50	12	80	16	3900～4100	98	7	0～300	250	110	1181	25	水
HD100C	16	90	24	2800～3200	150	8	0～250	250	140	992	32	水
美国　Gardner-Denvcr Mining & Construction												
HPR	11/16	68/90	20	3000～3500	100/150	6/9	0～200	250	85	760	32	气/水
HPRIH	22	94	32	2500～4000	244/340	17	0～250	540	300	1150	38/44	气/水
德国　Krupplndustrictcchnik GmbH												
HB30	15	55	13.5	3000	135	7	0～540	65	34	555	22/25	气/水
HB53	15	85	21	3000	270	13.5	0～540	230/370	97	675	32	气/水
HB101	15～17	70～85	21	1800	380	11.5	0～140	950	240	1142	38/45	气/水
法国　Montabert　SA												
HC40F	13	80	17.5	3700	190	11.5	0～120/310	430	80	840	28	水
HC120F/FR	14	130	30.5	3100	400	20.5	0～80/160	1250	158	1250	45	气/水
芬兰　Tamrock												
HE55F	10～12	42	8.4				0～300		25	568	19/22	气/水
HL538	7.5～17	110	31	3700	245	15	0～300	240	120	970	32/38	气/水
HL850	9.0～13	145	31.5	2300	470	18	0～150	700/1800	255/295	1060/1205	38/45/51/102	气/水
HL4600	11～14	460	107	2200	2050	75	0～60	3500	1100	1400	150	气

①短机型；②带钎尾；③有三个冲程供选择；④包括螺纹支架和水管接头。

附表 4-8　电动凿岩机型号及规格

规　　格	型　　号			
	YDT30	YDT32KB	YD2A	YD3
凿岩机重量（kg）	30	32	30	35
外形尺寸(长×宽×高)(mm)	683×260×170	683×260×195	610×330×220	
结构形式	曲轴连杆压气活塞式	曲轴连杆压气活塞式	偏心块冲击活塞式	偏心块冲击活塞式
冲击能量（J）	45	45	30	45
冲击频率（Hz）	35	35	46	34
扭矩（N·m）	18	18	15	18
钎杆转速（r/min）	150	150		
钎尾规格（mm）	22×108	22×108	22×108	22×108
钻孔直径（mm）	35～43	35～43	34～45	34～45
钻孔深度（m）	4	4	4	4
水冷电机功率（kW）	3	3（隔爆型）	2.5（隔爆型）	3
电压/调波（V/Hz）	380/50	127/50	127/50	
配套设备	FTS100 型水力支腿重 12kg，水压 0.38～0.5MPa；DSA-386/3，电控箱，重5.5kg，KSG4/0.7 矿用隔爆式、干式变压器；活塞式水泵组 1.5kW		ST140 型水力支腿，重 15kg，水压 0.8MPa	
凿岩速度(f=8～10)(ϕ=35)(mm/min)	180		≈200	
制造厂家	宜春风动工具厂		无锡煤矿电动凿岩机厂浙江龙游探矿机械厂	

附表 4-9　内燃凿岩机的主要技术规格

技　术　规　格	凿岩机型号		
	YN30A	YN25	YN23
主机重量（kg）	28	26	23
外形尺寸（mm）	760×330×235	710×260×260	680×440×280
发动机缸径×行程（mm）	58×70	60×65	60×60
发动机排量（mL）	185	184	140
发动机负荷转速（r/min）	2700～3000	2600～2900	
发动机怠速（r/min）	2200	2000	
冲击频率（Hz）	45～50	43～48	50
冲击能（J）	27	40	40
扭矩（N·m）	18	18	18
钎杆转速（r/min）	≥150	≥180	

续附表 4-9

技术规格	凿岩机型号		
	YN30A	YN25	YN23
油箱容积（L）	1.65	1.8	
燃油消耗量（L/m）	≤0.14	≤0.12	≤0.125
混合油容积比（汽油：机油）	12：1	12：1	
火花塞牌号	4Z4	4Z4	
火花塞间隙（mm）	0.5～0.6	0.5～0.7	
进气阀钢球跳动间隙（mm）	0.4～0.7	0.4～0.8	
钎尾规格（mm）	22×108	22×108	
凿孔直径（mm）	42～48	42～48	36
凿孔深度（m）	6	6	6
凿孔速度（f=10～12）（ϕ=34mm）	≥200	250～300	300

附表 4-10　地下牙轮钻机的技术规格

技术规格	钻机型号	
	KY120	KY120
外形尺寸（长×宽×高）（m）：		
主　机	1.2×0.9×1.7	3.0×1.4×1.75
泵　站	1.3×1×1.3	
钻杆车	1.4×1×1.2	1.4×1×1.2
总重（主机+泵站+钻杆车）（t）	2.2+2.1+2=6.3	7+2=9
工作高度（m）	3	3.2
液压回转头扭矩（N·m）	3000	3000
液压回转头转速（r/min）	0～100	0～100
推力（kN）	0～130	0～130
牙轮钻头直径（mm）	118/170	118/170
扩孔直径（mm）	300	300
钻杆尺寸（直径ϕ×长）（mm）	ϕ91×1000	ϕ91/ϕ120×1000
钻孔深度（m）	60	60
泵站电机功率（kW）	35.5	39
最大工作压力（MPa）	25	25
油箱容积（L）	300	400
行走方式	轨　轮	履带（胶轮）
行走速度（km/h）		2
制造厂家	湖南津市机床厂	湖南津市机床厂

附表 4-11 地下潜孔钻机与钻架主要技术性能指标

技术性能	型号								
	QZJ100B 型	KQG-165 型（下向孔、横向 45°）	DQ-150J 型	SKZ-120	YQ100A	YQ100B	CTCQ500	DQ150J	DQG150
钻孔直径（mm）	80 ~ 130	105 ~ 165	105 ~ 165	75 ~ 100	100	100	100	105 ~ 216	165
钻孔深度（m）	60	50	100	上向 120 下向 30	40	40	40	下向 100	下向 100
适应矿岩坚固性系数 f	8 ~ 16	8 ~ 15		≤22					
钻具一次推进（mm）	1000	1900	1500	1000	1000	1000	1000	1700	1900
钻具回转速度（r/min）	90	0 ~ 25	33	60，100	89	90	90	0 ~ 33	0 ~ 25
工作气压（MPa）	0.5 ~ 0.7	1.05 ~ 1.5	0.6 ~ 1.0	0.5 ~ 0.7	0.5 ~ 0.7	0.5 ~ 0.7	0.5 ~ 0.7	1 ~ 1.5	1 ~ 1.5
耗气量（m^3/min）	12	16	9.3 ~ 18.4	5 ~ 6	6	12	14		
使用水压（MPa）	0.8 ~ 1.0	1.5	0.6 ~ 1.1	0.8 ~ 1.1	0.8 ~ 1	0.8 ~ 1	0.8 ~ 1		
耗水量（L/min）	8 ~ 12	9.5	5 ~ 8		8 ~ 12	8 ~ 12	8 ~ 12	JG150 JG150	QCWZ-165
冲击器型号	C100 C80	CGWZ100 CGWZ165	JC-150						
缸体内径（mm）	62 55								
锤体行程（mm）	75 91								
冲击功（J）	75 66	750							
冲击频率（min^{-1}）	1900 1650 ~ 1900	1500							
功率（kW）	2.53 1.98								
推进气缸直径（mm）	140	油马达							
推进气缸行程（mm）	1000								
最大推进力（N）	6500	15000			5000	5000	5000		
钻杆外径（mm）	50	133							
钻杆内径（mm）	39								

续附表 4-11

技术性能	型号								
	QZJ100B 型	KQG-165 型（下向孔、横向 45°）	DQ-150J 型	SKZ-120	YQ100A	YQ100B	CTCQ500	DQ150J	DQG150
钻杆长度（mm）	1045	1600							
钻杆重量（kg）	6.8								
气马达型式	QT6 叶片式	电动机	电　动		电　动	气马达	气马达	气马达	油马达
气马达功率（kW）	4.4	最大功率 17kW			3	3.4	3.4	2×3.4	2×5
外形尺寸：长×宽×高（mm）	2380×470	3110×1420 ×3450	3500×1420 ×2000		850×550 ×330	2380×400 ×490	3970×1810 ×2180	3500×1420 ×2000	3710×1420 ×2170
总重量（kg）	195	5765	4200	900	600	550	2630	4200	5760
支柱外径（mm）	108	履带式行走机构					胶　轮	履带行走机构	履带行走机构
升降范围（mm）	2500～2900								
重量（kg）	85								
制　造　厂	宣化风动机械厂	宣化风动机械厂	嘉兴冶金机械厂	宣化风动机械厂	宣化风动机械厂	宣化风动机械厂	昆明风动工具厂	嘉兴冶金机械厂	宣化风动机械厂

附表 4-12　地下金刚石钻机主要型号及规格

型　号	YL-3	YL-6	钻石-300	钻石-100A	ZSK50
钻进能力（m）	56.5/300	71/450	43/150～300	33/100	33/50
钻杆外径（mm）/深度（m）	42/400	43/940			
钻孔倾角（°）	0～360	90～20	0～360	0～360	0～360
外形尺寸：长（mm）	2000	2600			
宽（mm）	960	1100			
高（mm）	1650	1860			
机重（t）	1.0	1.5	0.91	0.330	0.150
钻机结构形式	立轴液压式	立轴液压式	全液压无塔提升	立轴液压式	立轴液压式
回转器转速（r/min）	正转：1205—46.5，共八挡 反转 154、38	正转 1240—35，共二十挡 反转 150—30 四挡	0～1500	正 0～1560 反 0～129	1460
回转器通孔直径（mm）	76、92	92	61	42	32
给进行程（mm）	600	610	850		
给进力（kN）	向下 30　向上 61	向下 75　向上 100		8.0	8.0

续附表 4-12

型　号	YL-3	YL-6	钻石-300	钻石-100A	ZSK50
最大提升力（kN）	85.6	140	26.0	2	2
卡盘夹紧力（kN）	93.1				
钻机动力（kW）	15（电）　18（油）	30（电）　30（油）	22（电）	10（电）	5.5（电）
油泵型号	2CB-F32/10C	BY2040/2010	Q×BS-E50		
工作压力（MPa）	10（14）	10（16）	20	8.0	8.0
升降机：					
卷筒直径×长度（mm）	200×600	280×185			
钢绳直径（mm）	ϕ12.5	ϕ15.5			
提升速度（m/s）	2.46～0.38 四挡	5～0.45 五挡		0.3	0.16
提升力（kN）	4.9～31.6	7.0～54.4		8.0	2.0
制　造　厂	中南冶金机械厂	中南冶金机械厂	赤峰钻机厂	赤峰钻机厂	赤峰钻机厂

附表 4-13　气动掘进钻车的主要技术规格

技术规格	钻　车　型　号						
	PYT-2C	CGJ-2	CGJ500.3	CGJ500.2	CTJ700	CTJ700.2	CTJ700.3①
适用巷道断面(宽×高)(m)	2×2～2.6×3.2	1.8×2～2.6×3.2	2.2×2.2～4.5×3.5	2.4×2.4～4.5×3.5	1.8×1.8～4×3	2.2×2.2～5×3.6	3×3～6×4.5
外形尺寸：长（mm）	4405	5600	6700	6800	6400	6750	7050
宽（mm）	950		1250	1600	1150	1500	1720
高（mm）	1575		1736	1600	1530	1800	2370
钻车总重（t）	1.85	2.2	5.5	6	4.5	6.5	8.5
配用凿岩机	YGP35	YGP28			YG270，YG270A，YGP35	YG270，YG270A，YGP35	YG270，YG270A，YGP35
钻臂数	2	2	3	2	1	2	3
钻臂型号					B25JD 或 BBOJD	B25JD 或 BBOJD	B25JD 或 BBOJD
钻臂动作组合	摆臂、起落、仰俯、摆角、补偿	摆臂、起落、仰俯、摆角、翻转、补偿	转臂、起落、仰俯、补偿	转臂、起落、仰俯、补偿	转臂、起落、仰俯、补偿	转臂、起落、仰俯、补偿	转臂、起落、仰俯、补偿
推进器型号及推进方式	气缸钢绳	气马达丝杠	液压缸钢绳	液压缸钢绳	TS715/720/725/730 气马达丝杠	TS715/720/725/730 气马达丝杠	TS715/720/725/730 气马达丝杠
推进力（N）	0～1680	0～1960	0～4900	0～4900	0～6870	0～6870	0～6870

续附表 4-13

技术规格	钻车型号						
	PYT-2C	CGJ-2	CGJ500.3	CGJ500.2	CTJ700	CTJ700.2	CTJ700.3①
推进行程（m）	2.0	2.0	2.5	2.5	1.5/2.0/2.5/3.0	1.5/2.0/2.5/3.0	1.5/2.0/2.5/3.0
行走方式	轨轮(轨距600mm)	轨轮(轨距600mm)	轨轮(轨距600mm)	胶　轮	胶轮（轮转向）	胶轮（轮转向）	胶轮（轮转向）
行走功率（kW）	直流电机3.5	直流电机3.5	电机7.5	电机22	气马达7.8	气马达11.2	气马达11.2
行走速度（kW/h）	6~8	6~8			0~2.5	0~2.5	0~3
液压系统压力（MPa）	6	6	10	10	8	8	8
最大耗气量（m^3/min）	14	14	20	13	8.5	17	26
生产厂家	湘东钨矿	哈尔滨机械厂	沈阳风动工具厂	沈阳风动工具厂	宣化风动工具厂	宣化风动工具厂	宣化风动工具厂

①CTJ700 系列钻车还有 CTJ700.D，CTJ700.2D，CTJ700.3D（电动、普通或防爆）和 CTJ700.3N（内燃铰接底盘）等型号。

附表 4-14　巷道掘进全液压钻车的主要技术规格

技术规格	钻车型号								
	MERCURY14（水星14）①	CTH-102F	Boomer NH174	Bcomer② NH175	Boomer H127	NTH529	NTH530	CTJ10-2Y	CGJS-2YB
最大巷道断面(宽×高)(m)	5.4×3.8	4.8×3.5	12.4×8	12.4×7.8	7.4×5.05	4.98×5.4	4.98×6.3	4×4.5	4×3.8
外形尺寸：长（mm）	8800	6400	13460	13000	10020	10000	10000	8750	7320
宽（mm）	1400	1000	2500	2500	1900	1200~1400	1300~1600	1500	1382
高（mm）	1760	1570	3035	3050	2250	2100	2100	2100	1500
钻车总重（t）	8.95	7.5	24.2	30	14.2	12	15	8.4	7.5
配用凿岩机	Hydrastar200	Hydrastar200	COP1238	COP1238	COP1032	COP1032	COP1032	YYG70/80	YYG80A

续附表 4-14

技术规格	钻车型号								
	MERCURY14（水星14）①	CTH-102F	Boomer NH174	Boomer② NH175	Boomer H127	NTH529	NTH530	CTJ10-2Y	CGJS-2YB
钻臂数	2	2	2	3	2	1	2	2	2
钻臂型号	BH36F	BH36F	BUT35	BUT35	BUT25	BUT30	BUT30	B25JD	
钻臂动作组合	摆臂、起落、旋转、仰俯、摆角、补偿	摆臂、起落、旋转、仰俯、摆角、补偿	摆臂、起落、仰俯、翻转、仰俯、摆角、补偿	摆臂、起落、仰俯、翻转、仰俯、摆角、补偿	摆臂、起落、仰俯、翻转、仰俯、摆角、补偿	摆臂、起落、仰俯、翻转、仰俯、摆角、补偿	摆臂、起落、仰俯、翻转、仰俯、摆角、补偿	转臂、起落、仰俯、补偿	摆臂、起落、仰俯、摆角、补偿
推进器型号及推进方式	CI510ECI508E 液压缸钢绳	CI510ECI508E 液压缸钢绳	BMH612/614/616/618 液压缸钢绳	BMH612/614/616/618 液压缸钢绳	BMH111/112/114 液压缸钢绳	BMH111/112/114 液压缸钢绳	BMH111/112/114 液压缸钢绳	TG1020/1030 液压缸钢绳	液压缸钢绳
推进力（kN）	4625	4545	12.5	12.5	7.9（1006ar）	7.9（1006ar）	7.9（1006ar）	12.1	12.6
推进器总长（mm）	4625	4545	5295/5895/6505/7125	5295/5895/6505/7125	4350/4825/5430	4350/4825/5430	4350/4825/5430	3450/4450	
行走方式	胶轮铰接	履　带	胶轮铰接底盘	胶轮铰接底盘	胶轮铰接	履　带	履　带	胶轮转向	轨　轮
行走功率（kW）	柴油机 30	液压马达	柴油机 110	柴油机 110	柴油机 55	液压马达	液压马达	液压马达	液压马达
行走速度（km/h）	10	3	16	16	13	2	2	2.5	4.3
泵站功率（kW）	电机 45	防爆电机 45	电机 2×45	电机 3×45	电机 2×30	电机 30	电机 2×30	电机 62.5	电机 2×30+15

①还生产 MERCURY14、1F/D3-E50 单臂全液压钻车，配用 Hyd300 液压凿岩机，CTH10-2F 钻车；

②还生产 Boomer NH178 三臂钻车，两侧钻臂可以升高，扩大工作断面到 12.9×10.26m。

附表 4-15 采矿凿岩钻架及钻车型号与技术规格

规格		TJ25 钻架	FJY27B 钻架	CTC14	CTC142	CTC700①	CTCQ500	CTC102	CTC300A
适用巷道断面（m）		2.5×2.5～3×3		2.8×2.8～5×4	3×3～5.5×4	2.8×3～5×4	2.8×3～5×4	高2.8～3.6	高2.6～3.5
最大巷道高（m）		3.37	3.5	4	4	4	4	3.6	3.5
外形尺寸	长（mm）	1725	1725	4330	4700	3970	3970	4600	2545
	宽（mm）	1000	1675	1680	2200	1810	1810	1600	1070
	高（mm）	2340	2057	1660	1800	2180	2180	1600	2105
总重（t）		0.6	0.8	3	5	2.7	2.63	3.8	0.4
配用凿岩机		YGZ90	YGZ100	YGZ90	2×YGZ90	YGZ90	J80/J100	2×YGZ70A	YGZ50
作业范围		360°环形	360°环形	平行孔距 1.7m 起落5°～95° 摆角90°	平行孔距 0.38～3.6m 起落5°～95° 摆角90°	平移1.7m 起落20°～95° 摆角90°	平移1.8m 起落35°～93° 左右摆角100°	平行孔距 0.66～3.5m 起落0°～101° 仰俯0°～90°	仰俯0°～33° 摆角±25°
推进方式		齿轮气马达丝杠	气马达丝杠	气马达丝杠	气马达丝杠	气马达丝杠	气马达丝杠	气马达丝杠	
推力（kN）		90	120	137	137	137	50	98	30
接杆长度（m）		1.1	1.2	1.2	1.2	1.2	1.0	1.2	1.2
行走方式		滑 橇	滑 橇	胶轮（轮转向）	胶 轮	胶轮（轮转向）	胶轮（轮转向）	三胶轮	二胶轮
行走功率（kW）				2×4.5	4×4.5	2×3.7	2×3.7	10.4	
行走速度（km/h）				1.5	1.5	1.5	1.5	1.7	
泵站功率（kW）				2	2	2	2	2	
液压系统压力（MPa）				8～10	8～10	8～10	8～10	10	
最大耗气量（m^3/min）		13	13.5	12	22	13	11	19	
进气管内径（mm）		38	38	38	50	15	50	50	
生产厂家		南京工程机械厂	天水风动工具厂	南京工程机械厂	南京工程机械厂	昆明风动机械厂	昆明风动机械厂	昆明风动机械厂	沈阳风动工具厂

①需要更换成 BQB 轻型摆式支臂（南京工程机械厂生产），才能使用 YGZ90 凿岩机。

附表 4-16 竖井钻机的主要技术特征

国　名	中　国				联邦德国		美　国		苏　联		
钻机型号	ND-I	SZ-9/700	QZ-1	BZ-1	L-40	SBV 1500/650	CSD2020	24ISB-184	YZTM8.75	УКБ-3.6	РТБ
钻井直径（m）	7.4	9.0	6.4	6.4		5.0~6.5	8	7.5	8.75	3.6	1.0~3.6
钻井深度（m）	500	700	250	400	600~1000	467	600		800	500	1000
钻进方式	多次扩孔	多次扩孔	多次扩孔	全断面 分级扩孔	ϕ4 全断面 ϕ8 扩孔	多次扩孔	全断面	全断面	多次扩孔	取岩芯	全断面
钻头直径（m）	2.5，5.7，7.4	2.5，4.6，5.8，6.9，7.9，9.0	3.2，5.0，6.4	阶梯钻头 2.2~6.4	4，8		8	7.44	3，5.5，7.5，8.75	岩芯 ϕ3.04 高 5.3	1.0~3.6
大钩提升能力（tf）	320	300	130	115 （龙门吊车）	400		907	推力油缸 9 个	500	250	130~200
铰车功率（kW）	400	400	230	125		油缸行程 0.8m		油缸行程 7.6m	540	350	
复滑车组(游车×天车)	7×8	7×8	5×6	5×6	7×8			油缸直径 75mm	12×14	6×7	
钻塔高度（m）	36.1	40	27.7	19.5	22	刀盘推力 0~550	20.75	刀盘推力 650	43.3	38	

续附表 4-16

国名	中国				联邦德国		美国		苏联		
钻机型号	ND-I	SZ-9/700	QZ-1	BZ-1	L-40	SBV 1500/650	CSD2020	24ISB-184	YZTM8.75	УКБ-3.6	PTБ
转盘转矩（kg·m）	20	30	4.9（表土）	12	41	刀盘扭矩 79.9	69	刀盘扭矩 285	50	20	2.5
转盘功率（kW）	320	400	2×5（表土）	2×100				刀盘功率	320	350	350
钻杆直径（mm）	402				355.6	支撑力 8 组 1130	508（三层）	1520	550	325	300
钻杆接头型式	花键牙嵌式				法兰、螺栓		锥螺纹		花键螺纹	锥螺纹	
钻机功率（kW）	2200	2550	1440	1000	864	240（不包括排碴系统）	895		3230	1015	2000～5500
钻机重量（t）	1200	990	600	300	507		1032		2376	672	200
钻机类型	地面动力转盘型	地面动力转盘型	井下动力潜入型	地面动力转盘型	地面动力转盘型	井下动力潜入型	地面动力动力头型	井下动力潜入型	地面动力转盘型	地面动力转盘型	反作用涡轮型
备注	上海大屯煤电公司	煤炭部特殊凿井公司试验	山东煤炭工业局等单位研制	北京煤炭研究院研制表土钻机	维尔特公司液压驱动	维尔特公司 1978 年首次试验液力排碴	休斯公司	罗宾斯公司 1978.1 试制，已试验干式排碴	1964 年研制	1956 年研制	1959 年研制

附表 4-17 国内平巷全断面联合掘进机主要技术特征

技术特征	掘进机型号			
	70-1	EJ-30	SJ-55	SJ-58A
设计制造单位	萍乡矿务局、上海煤炭研究所	上海煤炭研究所、萍乡矿务局、山西小峪煤矿	铁道兵科研所、上海水工机械厂	水电部机械制造局上海水工机械厂
直径（m）	2.6	3.0	5.5	6.8
实际掘进岩石抗压强度（MPa）	石灰岩灰砂岩 20.0～120.0	石灰岩，砾岩，风化片麻岩	白垩系砂岩 30.0～80.0	硅质石灰岩 60.0～83.6
实际掘进速度（m/h）	1～1.5	2.1	1～1.5	1.4～2.1
工作头刀盘形式	截锥，圆弧过渡	球　面	凹凸平面，折线过渡	凹凸平面，折线过1度，刀座埋入式
中心刀形式和数量（把）	三牙轮，单刃双支点，双刃双支点，3	单刀盘形刀 ϕ280，4	双刃悬臂转轴式，3	盘形双刃定轴式 ϕ310，2
正刀形式和数量（把）	单刃双支点，12	单刀盘形刀 ϕ280，17	单刃双支点定轴式 34	盘形单刃定轴式 ϕ400，34
过渡边刀形式和数量（把）	单刃，双刃双支点 8	单刀盘形刀 ϕ280，8	单刃双支点定轴式燕尾式刀座 12	盘形单刃定轴式 ϕ400，10
刀盘转速（r/min）	8	8	6.53 4.43 3.35	
刀盘功率（kW）	2×7.5	125×2	3×150 3×100 3×80	600
推进缸行程（mm）	600	1000	1000	1000
最大总推力（t）	4×50	300	111×4=444	150×6=900
最大支撑力（t）	2×250	800	373×4=1492	11.90×2
出碴皮带机宽度（mm）	500	500	600	650
电源进线电压（V）	660	660	6～10/0.4～0.23	6/0.4～0.23
机器总功率（kW）		303.5	500	685
机器总重量（t）	40	60	110	190

续附表 4-17

技术特征	掘进机型号			
	70-1	EJ-30	SJ-55	SJ-58A
机器长度（m）	11.43	14	14	16.86
备　注	1970 年 6 月起在萍乡青山煤矿掘进了几百米	1977 年～1982 年 12 月在安源煤矿，迁西南观洞及王坪矿井，共掘进 1500 多米	在甘肃“引大工程”1979 年 11 月～1980 年 12 月掘进 141 天计 563.42m	1981 年 12 月～1982 年 12 月在河北来润新王庄引水隧洞掘进 1038m

附表 4-18　国外悬臂式联合掘进机主要技术特征

技术特征	国　名											
	英　国				日本	奥地利	苏　联		联邦德国			
	制造公司及型号											
	多斯科公司		梅沃尔—考尔松公司		密特苏米格公司	阿尔卑尼公司	ПК-7	ПК-9Р	狄马克公司		艾克霍夫公司	
	DOS-CO	Bre-tby	RH-1	RH-20	MRHS 40B	F-6A			VS-1	VS-2E	EV-100	EV-100B
岩石坚固性系数 f	6～7	8	5.5～6.8	硬软煤岩	煤岩软	5	≤4	4～6	煤岩软	≤7	8～12	8～12
巷道断面（m^2）	16	16.2	19.5	25.5	15	6.5～12.7	4～8.2	7～16	4～8	10～24	14～30	16.6
切割头转速（r/min）	75	37.7	36.7	38.57	98	150	60	60，89			25.6	12～25
悬臂伸缩行程（mm）		508	560	508	1000		500	600			600	
总功率（kW）	2×37.5	79	97	97	55	60	66	173，189	50	165	218	200
其中切割头功率（kW）	37.5	30	48.5	48.5	40	30	25	88，93	26	75	100	60～120
适用坡度	90°30′	<10°	12°～14°			+10°－13°	15°	±6°	+20°－15°	25°	15°	18°
外形尺寸：												
长度（m）	6.11	7.30	10.30	8.40	9.88	6.00	5.60	7.70	6.00	7.80	12.60	
宽度（m）	2.90	2.70	2.70	2.59	1.66	2.00	1.23	1.80	3.50	4.90	3.20	
高度（m）	2.12	1.70	2.30	1.55	1.87	1.5	1.30	1.83	0.85	2.20	2.20	
重量（t）	18.5	19	21	24.5	14	8.50	10.65	30	11.5	50	45	60

附表 4-19　吊罐设备类型及其主要技术性能

技术性能		吊罐设备类型		
		华-1 型垂直吊罐	华-2 型斜吊罐	DT-2 气动吊罐
吊罐自重（kg）		400	500	1200
最大载重（kg）		600	600	
外形尺寸	折叠时的最小尺寸（mm）	（长×宽×高）900×900×1250	（长×宽×高）2200×1330×930	（长×宽×高）1656×1656×3210
	工作时的最大尺寸（mm）	1700×1400×2100	2200×2000×1410	（长×宽×高）1656×1656×3210
风动横撑	压力（牛顿/件）	1764	1764	—
	风压（MPa）	0.441～0.539	0.441～0.539	—
行走车轮轨距（mm）		600	600	600
适用天井倾角（°）		90	60～90	90

附表 4-20　爬罐主要技术性能

技术特征	中国		瑞典		苏联		法国
	PG-1	TD-1.6×1.6	STH-5E	STH-5D	КПВ-1	КПВ-2	HBL
驱动方式	气动	电动	电动	柴油	气动	气动	气动
最大掘进高度（m）	200	200	1000	1500	80	100	300
载重（kg）	570	570			500	400	500
驱动功率（kW）	2×6.25	2×5.51	2×7.35	2×2.8	1×0.96	2×7.35	2×6.25
气压（MPa）	0.588						0.588
耗气量（m^3/min）	7						7
上升速度（m/min）	12	18	18	22	12	12	18
下降速度（m/min）	借重力 18~30	借重力 24~30	借重力 25~30	借重力 25~30	借重力 15	借重力 18	借重力 25~30
工作平台尺寸（m^2）	2×2.1	1.6×1.6	2×2.5	2×2.5	1.5×1.5	2×1.5	1×1
自重（kg）	1050	1130	1075				950
生产单位	重庆矿山机械厂	杨家杖子矿务局					

附表 4-21　FJH 型环形钻架主要技术参数

技术参数	型号				
	FJH5	FJH55	FJH6	FJH6-5	FJH7
适用井筒净直径（m）	5	5.5	6	6.5	7
环形轨道外径（mm）	4600	5100	5600	6100	6600
悬臂轨道数（个）	4	4	5	6	6
悬臂长度（mm）	1350	1600	1850	2100	2350
使用凿岩机台数（台）	12	12~16	16~20	20~24	20~24
重量（t）	3.3	3.6~3.8	4.3~4.5	5~5.2	5.2~5.4
轨道宽度（mm）	180	180	180	180	180
凿岩机型号	YTP26G	YTP26G	YTP26G	YTP26G	YTP26G
钻孔直径/深度(mm/m)	ϕ34~46/3~4	ϕ34~46/3~4	ϕ34~46/3~4	ϕ34~46/3~4	ϕ34~46/3~4
悬吊方式	用治2t气动铰车悬吊在吊盘上或用治5t稳车悬吊在地表	用治2t气动铰车悬吊在吊盘上或用治5t稳车悬吊在地表	用治2t气动铰车悬吊在吊盘上或用治5t稳车悬吊在地表	用治2t气动铰车悬吊在吊盘上或用治5t稳车悬吊在地表	用治2t气动铰车悬吊在吊盘上或用治5t稳车悬吊在地表
悬吊钢丝绳直径(mm)	15.5	15.5	15.5	15.5	15.5

附表 4-22　伞形钻架的类型及主要技术特征

技术特征	型号		
	FJD-6 型	FJD-9 型	FJD-9A 型
支撑臂个数（个）	3	3	3
支撑臂支撑范围（直径）（m）	5~6.8	4.9~8.8	5.5~9.6
动臂个数（个）	6	9	9
配用凿岩机台数（台）	6	9	9
动臂摆动范围（°）	左右各摆60	左右各摆40	左右各摆40
径向凿岩范围（直径）（m）	最小1.34 最大6.80	1.64 7.84	最小20 最大8.8
动力形式	风动—液压	风动—液压	风动—液压
驱动油泵风马达型号	TJ8	TJ8	TJ8
功率（kW）	6	6	6
油泵型号	YB-A25C-FF	CB-C25C-FL	CB-C18C-FL

续附表 4-22

技术特征	型号		
	FJD-6 型	FJD-9 型	FJD-9A 型
工作压力（MPa）	50	60	60
推进形式	风马达—丝杠	风马达—丝杠	风马达—丝杠
推进行程（m）	3.0	4.0	4.2
推进风马达型号	TMIB-1 活塞式	TM1-4	TM1-4
使用风压（MPa）	0.5～0.6	0.5～0.6	0.5～0.6
使用水压（MPa）	0.4	0.4	0.4
最大耗风量（m^3/min）	50	80	80
适用井筒直径（m）	5～6	5～8	5.5～8
收拢后外形规格（m）	高4.5，直径1.5	高6，直径1.6	高7.6，直径175
重量（kg）	5000	8000	10500

附表 4-23　国内外天井钻机的技术性能

技术特征	中国						美国罗宾斯公司	
	TYZ-500	TYZ-1000	TYZ-1500	TYZ-2000①	AT-500④	AT-2000	81R	52R
总功率（kW）	72	92	92	93	83	148.5	224	112
导孔直径（mm）	216	216	250	250	216	250	353	
扩孔直径（m）	0.5	1	1.5	2.0	0.5	2.0	2.4，3.6	1500
钻进高度③（m）	120	120	120	100	120	120	615	100
钻进角度（°）	60～90	60～90	60～90	70～90	60～90	60～90	45～90	30～90
转速（r/min）	0～70，0～35	0～40，0～20	0～40，0～13	0～27，0～12	0～63，0～32	0～54，0～13	0～165	0～10
最大拉力(或推力)(t)	51	72	100	100	46	134	574	291.54
最大扭矩②（kg·m）	1340	2464	3752	5031（6475）	2000	6916（9629）	43300	12465
钻杆直径（mm）	176	176	200	200	180	200	333	
钻杆长度（m）	1.1	1.1	1.1	1.1	1.05	1.1		
主机重量（t）	3.447	4.000	5.000	5.500		10.5	44.45	12.56
外形尺寸(长×宽×高)：								
运输时(mm)	1900×1042×1220	1920×1000×1130	2200×1320×1375	2200×1200×1235		2890×1380×1398	2780×4000×7460	
工作时（mm）	2580×1340×2650	2940×1320×2833	3010×1630×3280	3046×1630×3327	2200×1060×3300	4555×1380×4029	工作高度×0470	2600×1550×3759
硐室尺寸(长×宽×高)(m)③	3.5×3.0×2.9	4.0×3.0×3.1	4.0×3.0×3.4	4.0×3.0×3.5		4.8×3×4.8		
备注	长沙矿山研究院	长沙矿山研究院	衡阳冶金机械厂		长沙矿山研究院	嘉兴冶金机械厂		盲天井钻机

①系用于f≤12 中硬以下岩石钻机，现出厂名改为 LTZ-2000 型；

②未加括号的数值是液压为 20.0MPa 的扭矩值；而括号内的数字是液压为 25.0MPa 时的扭矩值；

③表列高度值：TYZ 型指钻孔周围 1.5m^2 内的高度，其外围高度为 2.5m；AT-2000 型指孔周围 1.8m^2 内的高度，其外围为 3.2m；

④除 AT-500 为直流电动钻机外，其余均为液压钻机。

附表 4-24　靠壁式抓岩机主要技术性能

型号	HK4	HK6
抓头容积（m^3）	0.4	0.6
技术生产率（m^3/h）	25～30	50

续附表 4-24

型　　号		HK4	HK6
抓　斗	重量（kg）	1485	2305
	叶片数（片）	6	8
	闭合直径（mm）	1580	1600
	张开直径（mm）	1970	2300
	使用风压（MPa）	0.5~0.7	0.5~0.7
	耗风量（m^3/min）	5	5~6
回转变幅机构	回转速度（r/min）	1.2~2	1.5~2
	回转角度（°）	120	120
	最大工作压力（MPa）	65	108
	变幅平均速度（m/s）	0.4	0.4
	变幅位移量（m）	3.43	4.5
提升机构	提升速度（m/s）	0.2~0.3	0.35~0.4
	提升能力（kg）	2900	4000
	提升高度（m）	6.2	6.8
	最大工作压力（MPa）	10.0	120
	钢丝绳直径（mm）	15.5	20
	D-6×19+1-180		
油　泵	型号：供回转用	CB_3-10	CB_3-F10C-FL
	供提升变幅用	CB-46	CB-H80C-FL
	调整压力（MPa）	10.5	
气动机	额定功率	20	2×20
	使用气压（MPa）	0.5~0.7	0.5~0.7
	压气消耗量（m^3/min）	20	20
	型　式	叶片式	DI-200式
	机械外形尺寸(长×宽×高)(mm)	1190×770×5950	1306×1100×6325
	机械重量（kg）	5450	7640
	适用井筒直径(单机)(m)	4~5.5	5~6.5

附表 4-25　中心回转式抓岩机技术特征

型　　号		HZ_4	HZ_6
抓斗容积（m^3）		0.4	0.6
技术生产率（m^3/h）		25~30	50
抓　斗	重量（kg）	1446	2333
	抓片数（片）	8	8
	闭合直径（mm）	1296	1600
	张开直径（mm）	1965	2130
提升机构	提升气动机功率	25	25
	提升能力（kg）	3000	3500
	提升速度（m/s）	0.3~0.5	

续附表 4-25

型号		HZ_4	HZ_6
回转机构	回转气动机功率	8.5	8.5
	回转速度（r/min）	3～4	3～4
变幅机构	变幅油缸直径（mm）	540	600
	增压油缸直径（mm）	150	150
	推力油缸直径（2个）（mm）	100	100
	增压油缸油压（MPa）	6.4	8.0～11.0
	变幅平均速度（m/s）	～0.4	～0.4
使用气压（MPa）		0.5～0.7	0.5～0.7
压气消耗量（m^3/min）		17	17
机器外形尺寸工作状态	长（mm）	1170	1170
	宽（mm）	1400	1400
	高 吊盘上方（mm）	1675	1675
	高 吊盘下方（mm）	4860	4860
机器总重量（kg）		6173.7	8087
适用井筒直径（m）		4～6	4～6

附表 4-26 环形轨道式抓岩机技术特征

型号		HH6	2HH6
抓斗容积（m^3）		0.6	2×0.6
技术生产率（m^3/h）		50	80～100
抓斗	重量（kg）	2333	2333
	片数（片）	8	8
	张开直径（mm）	2130	2130
	闭合直径（mm）	1600	1600
提升机构	气动机功率（kW）	18.65	18.65
	提升能力（kg）	3500	3500
	提升速度	0.5	0.5
	卷筒容绳量	68	68
	钢丝绳直径 18(1+6)-140	15.5	15.5
行走机构	气动机功率（kW）	2.238	2.238
	牵引力（kg）	500	500
	牵引速度（m/s）	0.2	0.2
	钢丝绳直径（mm）	9.3	9.3
	6(1+6+12)-140		
环行小车	气动机功率（kW）	0.476	0.4476
	最大环行速度（m/s）	1.23	1.23
环形轨道	最大外径（mm）	4700～7700	6200～7700
	轨面内径（最大）（mm）	7330	7330

续附表 4-26

型号		HH6	2HH6
中心轴：中心通孔直径（mm）		160	160
固定装置	油压千斤顶工作压力（MPa）	10.5～12.0	15.0～16.0
	千斤顶在荒径中最大行程（mm）	960	960
	千斤顶在净径中最大行程（mm）	460	460
	油压千斤顶的推力（t）	～18	～20
气动机总功率（kW）		25.364	50.728
压气消耗量（m^3/min）		～15	～30
压气压力（MPa）		0.5～0.7	0.5～0.7
机器重量（kg）		7710～8580	14126～13636
适用井筒直径（m）		5～8	6.5～8

附表 4-27 铲斗正装后卸式电动装岩机主要技术性能

型号		Z-17	Z-17A	Z-17B	Z-20C	Z-25	Z-30	Z-30B	YJ-30B	ZLC-60B 侧卸式
生产能力（m^3/h）		20～30	20～30	35～40	40	25～35	60	45～60	45～55	90
铲斗容积（m^3）		0.17	0.17	0.2	0.2	0.25	0.3	0.3	0.3	0.6
装载宽度（mm）		1700	1700	1780	1950	2300	2200～2500	2350	4000	1800
轴距（mm）		850	850		850	850	960	980	1230	
轨距（mm）		600	600	600	600	600 762	600 762	600	600 762 900	
电动机台数（台）		2	2	2	2	2	2	2	2	
电动机型号		JI_2(JBI 755/110)	JBI755/110	JI_2	JI_2-8	JBI	JI_2-18	JBI15-8	IJBI-14	
电动机功率（kW）		10.5×2	10.5×2	10.5×2	10.5×2	18×2	18×2	15×2	14+5.5	52
电动机电压（V）		380	380	380	380	680	380	380(660)	380/660	
电动机转速（r/min）		670	670	670	868.5	670	685	680	980	
行走速度（km/h）		0.85	1.16	0.85	0.98	1.16	0.82	1.95	0.3	
最低卸料高度（mm）		1010	1216	1150	1250	1300	1300	1300	876～1480	
装岩块度（mm）		500	500	500	500	500	500	500	500	
巷道最小断面（m^2）		1.8×2	2×2.2	2×2.2	2×2.2	2.2×2.5	2.5×2.3	2.5×2.2	2.5×2.3	
设备重量（kg）		3458	3400	3395	3400（3820）	4000	4000	5000	8650	7430
外形尺寸(长×宽×高)（mm）	工作时	2120×1000×1750	2168×1210×1750		2184×1070×1940	2350×1228×2385	2590×1200×1448	2660×1615×1445	8500×1670×2150	
	运输时	2120×1000×1200	2139×1052×1200	2107×1070×1220	2184×1070×1305	2350×1228×1600	1700×1200×2250	2660×1410×1445	7650×1500×1760	4250×1800×2100
最大件重量（kg）		1543	1543		1540		1801	2495	1880	
最大件尺寸（mm）		1500×1070×700	1500×1070×700		1362×830×640		1615×970×637	1670×1090×740	3570×1510×370	
制造厂		太原矿山机械厂、南昌通用机械厂、南宁冶金矿山机械厂、淄博矿山机械厂		南宁冶金矿山机械厂	太原矿山机械厂		南京冶金矿山机械厂	上海采矿机械厂	青海矿山机械厂	太原矿山机器厂

附表 4-28 国产装岩机的主要技术性能

技术性能	装岩机型号①										
	ZCQ-1 ZZ31-1	华-I ZCZ-17	华-IA ZZ11-2	FZ-H5 GQ-117	ZCZ-20 ZZ11-2A	H600	ZCZ-26	ZCQ-4 ZZ31-5	ZCD-4 ZZ11-5	仿 日 MG-632H	ZLC-60
铲斗容积（m^3）	0.13	0.17	0.2	0.17	0.2	0.2	0.26	0.5	0.5	0.24	0.6
技术生产率（m^3/h）	15~20	25~30	30~35	25~30	25~35	30~40	50	70~90	70~90	25	90
装载宽度（mm）	1700	1700	1780	2000	1700	2200	2700	3500	3500	无 限	无 限
装载物料最大块度(mm)	300	500	500	400	400	400	750	750	750	400	800
行走部类型	轨轮式	轨轮式	轨轮式	轨轮式	轨轮式	轨轮式	轨轮式	轨轮式	轨轮式	履带式	履带式
行走速度（m/s）	1.02~1.41	1.0	0.85	0.78	0.97	0.79	1.2	0.9~1.57	1.37	0.7	0.84
轨距（mm）	600	550，600	550，600	600，750	600	600,762,900	600，762	750,762,900	762，900	不铺轨	不铺轨
卸载高度（mm）	1027	1210	1150	1300	1035	1280	1250	1710	1710		1200
卸载距离（mm）	270	310	300	310	285	250	480	605	605		900
最大外形尺寸(mm)：											
长度（工作时）	2000(1386)	2175(1320)	2120	2270(1330)	2040(1370)	2480(1580)	2375(1445)	3310(2200)	3310(2200)		4250
宽度(带踏板)	970	1040	1000	1320	1040	1426(1611)	1100(1370)	1588(1893)	1825(2064)		1400(1900)
高度(运输时)	1600(1250)	1860(1200)	1880(1200)	2200(1500)	1815(1069)	2180(1518)	2240(1375)	2930(1850)	2930(1850)		2100(2950)
挂车器至轨面高度(mm)	165，270	310	220，295	300	218，295	280	290	295，435	295，435	不挂车	不挂车
动力机型式	活塞式 风马达	交流电动机	交流电动机	活塞式 风马达	交流电动机	交流电动机	叶片式 风马达	活塞式 风马达	交流电动机	活塞式 风马达	交流电动机
动力机数量及功率(kW)	2×8.5	2×10.5	2×10.5	2×10.5	2×10.5	2×10.5	12，20	2×25	2×18.5	10.5，24	总 52
适用电压或风压	风压 0.5~ 0.6MPa	电压 380V	电压 380V	风压 0.4~ 0.6MPa	电压 380V	电压 380V	风压 0.5~ 0.7MPa	风压 0.4~ 0.6MPa	电压 380V	风压 0.4~ 0.7MPa	电压 380V
设备总重（t）	2	3.2	3.58	2.75	3.4	4.1	2.7	7.54	8.5	4.44	7.43
生 产 厂	太原矿山 机器厂	太原矿山 机器厂 南昌通用 机械厂	太原矿山 机器厂 南昌通用 机械厂	太原矿山 机器厂	青海矿山 机械厂 上海采矿 机械厂 济南重型 机械厂	上海采矿 机械厂 济南重型 机械厂	焦作矿山 机械厂 南昌通用 机械厂	太原矿山 机器厂	太原矿山 机器厂	南昌通用 机械厂	太原矿山 机器厂

①装岩机型号一栏上排型号为原型号，下排型号为新型号。

附表 4-29 耙斗装载机主要技术性能

技术性能	耙斗装载机							
	P-15B	P-30B	P-60B	PY-20B	PY-35B	PY-60B	PY-90B	ZTP-30①
耙斗容积（m^3）	0.15	0.3	0.6	0.2	0.35	0.6	0.9	0.6
装载能力（m^3/h）	15~30	35~50	70~105	25~35	40~55	80~100	120~150	70~105
牵引力（kN）	6.4~10.1	13.5~19.5	23.3~32.7	8.6~10	10.3~14.46	16.38~25.13	22~34	23.3~32.7
主直径（mm）	10~12.5	12.5~14	15.5~17					15.5~17
绳速度（m/s）	0.9~1.4	0.85~1.22	0.97~1.35	1.16~1.35	1.02~1.43	1.04~1.6	1.02~1.46	0.97~1.35
卷筒容绳量（m）	56	75~85	70~80					
轨距（mm）	600 762	600 762 900	600 762 900	600 762	600 762	600 762 900	600 762 900	轮胎式
配套电机 型号	YBB10-4	YBB17-4	YBB30-4	BJO_2-72-8	BJQ-62-4	BJQ-72-4	BJQ-82-4	YBB30-4
配套电机 功率（kW）	10	17	30	17	17	30	40	30
外形尺寸（mm）：								
长	5480	6600	9800	6199	6956	7725	8390	9800
宽	1550	2045	2750	1400	1496	1855	2000	3000
高	1750	1950	2200	1687	1900	2430	2423	3200
重量（kg）	1980	4300	6450	3390	4300	6140	8000	7010
生产厂	太原矿山机器厂	太原矿山机器厂	太原矿山机器厂	淄博矿山机械厂	青海矿山机械厂	青海矿山机械厂	青海矿山机械厂	太原矿山机器厂

①此机种用于露天矿。

附表 4-30　立爪、蟹立爪装载机主要技术性能

技术性能		立爪式			蟹立爪式
		LZ-100	LZ-120	LZ-200	LBZ-150
装载能力（m^3/h）		100	120	200	150
最大装载宽度（mm）		3300	4400	4150	2850
卸载高度（mm）		1400	1700	1700	
最小转弯半径（m）		9		9	12
轨距（mm）		600，762	762	600，762	
电动机	型号	JQ_2-82-4		JO_2-72-4	
	功率（kW）	40	30	45	60
油泵型号		CB-H80-F（X）	$CBG_2$100×1	CB-E105-EF×2	
外形尺寸 长×宽×高（mm）	工作时	5470×1600×1900	6420×1960×2360	6190×1900×2360	8957×2850×2120
	运行时	4900×1300×1500		6850×1600×2015	8520×1700×1720
整机重量（t）		7	10.5	11.3	12
制造厂家		南昌通用机械厂	南昌通用机械厂	南昌通用机械厂	江西矿山机械厂

附表 4-31　国产蟹爪式装载机的主要技术性能

技术性能	装载机型号						
	ZS-60	ZXZ-60	ZB-150	LB-150	HG-120	LB-80	ZB-1
技术生产率（m^3/h）	60	60	150～180	150	120～150	80	150
最大限制块度（mm）	350～500	500	500～600	600～700	400	600	650
铲板宽度（mm）	1350	1600	2220	2170	1700	1800	2290
耙爪耙取次数（次/分）	35	31.8	35	35	35，13	31.8	35
机头部功率（kW）	2×7	2×13	2×15	2×13	2×7.5		
行走装置类型	履带	履带	履带	履带	履带	履带	履带
行走速度（m/min）：							
插入	5.8	12.8	9.7	9.8	12	12.8	9.16
调运	22	20	9.7	35.7	12		
行走部功率（kW）	2×7	30	2×15	2×13	2×7.5		
设备总功率（kW）	22	64.5	97.5	97.5	41	89.5	100
机器重量（t）	6	15	20	23.43	10	20	25.98

续附表 4-31

技术性能	装载机型号						
	ZS-60	ZXZ-60	ZB-150	LB-150	HG-120	LB-80	ZB-1
外形尺寸（mm）：							
长	7570	8100	8837	8850	8440	8700	8837
宽	1350	1600	2290	2170	3100	1800	2290
高	1720	1770	1960	1700	1960	1700	1700
皮带运输机							
带宽（mm）	500	450	450	450	650	450	
带速（m/s）	1	1.25	1.25	1.25	1.6	1.25	
摆角（°）	±30	±30	±30	±35	±12	±30	±35
刮板或板式运输机：							
板速（m/s）	0.68	0.81	1.0	0.87	0.84		
功率（kW）	2×5.5		2×15	2×13	5.5		

附表 4-32　国产轮胎式风动装运机的主要技术性能

技术性能	装运机型号				
	ZYQ-12G	红　卫	ZYQ-14	C-30	C-50
铲斗容积（m^3）	0.12	0.12	0.3	0.3	0.5
储矿仓容积（m^3）	0.75	0.75	1.8	1.8	2.3
生产能力（m^3/h）	30	25~30	60	60	90~100
装载矿岩最大块度(mm)	500	500	650	650	800
平均行走速度（m/s）	1.3~1.5	1.3	1.0~1.2	1.0~1.2	1.0
重载爬坡能力（°）	10	12	8	8	14
最小回转半径（m）	2.35	2.3	5.0	5.0	原　地
提斗马达功率（kW）	7	7	15	15	2×15
行走马达功率（kW）	6.2	6.2	10.5	10.5	2×10.5
最大外形尺寸（mm）：					
长度（提起铲斗）	2850（2565）		3460（3025）	3460（3025）	3600
宽度（踏板放下）	1215（1540）		1830（2130）	1890（2190）	2320
高度（卸载时）	2080（2310）		2640（2185）	2640（2145）	2700
工作风压（MPa）	0.5~0.7	0.5~0.7	0.5~0.7	0.5~0.7	0.6~0.8
耗风量（m^3/min）	9	9	20	30	35~40
供风管直径（mm）	38~50.8	38~50.8	50.8	50.8	50.8~127
风马达型式	叶片式	叶片式	叶片式	叶片式	叶片式
轮胎型式	6.00~9	6.00~9	7.50~15	7.50~15	10.00~15
设备总重（t）	2.3	2.1	5.0	5.0	6.45
生产厂	太原矿山机器厂 上海采矿机械厂	衡阳冶金机械厂	太原矿山机器厂 济南重型机械厂	太原矿山机械厂	青海矿山机械厂

附表 4-33 国产电动铲运机型号及主要技术性能

技术性能	型号							
	WJ-75	WJ-76	DCY-1	WJ1.5D	DCY-2	DLK-1	改造 LK-1	WJD-1.5
铲斗容积（m^3）	0.75	0.76	1	1，5	2	2	2	1.5
额定载荷（t）	1.36	1.36	2	3	3.5	4	4	3
传动方式	电动液压机械	电动液压机械	电动液力机械	电动液力机械	电动液力机械	电动液力机械	电动液力机械	电动液力机械
型号		JO_3-200M-4	JZTT82-4/6	$JO_2$92-4	YZ805-4	$JO_2$93-4		Y
功率（kW）	40	40	55/37	75	75	100	70	55
电压（V）	380	380	380	380	380	380	直流 275	380
最大牵引力（kN）		44.1	60	68.6				
最大爬坡能力（°）		26	20	20	14	16.7		
行走速度（km/h）								
前进Ⅰ挡			0~5	0~5		0~5		
Ⅱ挡	0~7	0~8	0~10	0~10	0~12.5	0~10		
后退Ⅰ挡			0~5	0~5		0~5		
Ⅱ挡			0~10	0~10		0~10		
最小转弯半径（mm）								
内侧		1525	2067	2880	2850	3210		2890
外侧		3290	4051	5270	5000	6140		5000
最大卸载高度（mm）		1085	1045	1670				1498
最小离地间隙（mm）		165	210	280		250		250
转向角（°）	±40	±42.5	±42.5	±40	±35	±40	±40	±36
轴距（mm）		1880	2150			3300		
轮距（mm）			1085					
电缆长度（m）		75	80	75	120	120	架线式	100
外形尺寸：长×宽×高（mm）	5660×1250×1550	5635×1205×1880	5672×1400×1825	7150×1850×1600	7860×2000×1800	8300×2200×1800	8300×2200×1800	6330×1580×2032
轮胎型号		9.00~20	11.00~20	14.00~24		14.00~24		12.00~20
车重（t）	6.5	6.5	8.9	10		12.6		10.5
制造厂	南昌通用机械厂	南昌通用机械厂	沈阳冶金机械厂	扬州冶金机械厂	嘉兴冶金机械厂	小寺沟铜矿	中条山有色金属公司	南昌通用机械厂
备注	鉴定	鉴定	鉴定	鉴定	鉴定	鉴定	鉴定	未鉴定

附表 4-34　国产柴油铲运机型

技术性能	型			
	WJ-1	CY-1	WJ-1.5	WJ-1.5
铲斗容量（m^3）	1	1.3	1.5	1.5
额定载荷（t）	1.7	3	3.5	3
传动方式	液力机械	液压机械	全液压	液力机械
发动机：				
型号	F4L912W	X4105J	6105K	X6105A
功率（kW）	42	44	63	74
最大牵引力（kN）	48.980	86		68
最大爬坡能力	19.2°	35%		49%
行走速度（km/h）				
前进Ⅰ挡	3.8			0～9.6
Ⅱ挡	8.2			0～26.5
Ⅲ挡	17.4			
Ⅳ挡		0～9		
后退Ⅰ挡	0～3.8		0～10	0～12
Ⅱ挡	0～8.2			
Ⅲ挡	0～17.4			
Ⅳ挡				
最小拐弯半径：				
内侧（mm）	2730	2685		
外侧（mm）	4420	5008		5600
动臂提升时间（s）				5
最大卸载高度（mm）		1650		1780
最大卸载距离（mm）		1400		1246
斗宽（mm）				1700
轴距（mm）		2300		2670
轮距（mm）		1510		1280
最大离地间隙（mm）		270		300
外形尺寸(长×宽×高)(mm)	5630×1260×1840	6050×1800×1480	7570×1900×1920	7570×1700×1900
轮胎规格	10.00-20	11.00-20	12.00-20	12.00-20
车重（kg）	6300	10730	11000	10750
制　造　厂	江西拖拉机厂	长沙矿山研究院	太原矿山机械厂	抚州汽车制造厂
备　注	鉴　定	鉴　定	鉴　定	鉴　定

号及主要技术性能

号					
Eimco922D	ZLD40	CY35A	DZL50	WJ-4	WJL-1.5
1.7	2	2	3	4	1.5
3.63	4	4	6	8	3
液力机械	液力机械	液力机械	液力机械	液力机械	液力机械
F6L912W	6105K	F6L912W	6135ZK	6135Q-1	F6L912W
63	88	63	147	147	63
	130	123.86	150		
	20°	15°	30°	16°	
	0～6.8	0～3.1	0～10		
	0～21.7	0～6.95	0～34		
		0～11.30			
		0～18.00			
	0～9	0～3.1	0～13		
		0～6.95			
		0～11.30			
		0～18.00			
2591	4600	2800			2890
4521	6500	5100	6460	7200	5000
	6.34		6		
1498	1600	1800	1700		1498
	1690		1430		
	2100		2500		
	3200		3400		
	1650		1900		
280	300	325	320		250
6375×1524×2032	7800×2100×1700	6750×1800×1755	8804×2500×1950	8800×2500×1800	6400×1580×2032
12.00-24	14.00-24	14.00-24	16.00-25		12.00-24
8510	13000	11500	16700	19000	12000
衡阳冶金机械厂（进口件）	厦门工程机械厂	嘉兴冶金机械厂	柳州工程机械厂	锦州矿山机械厂	南昌通用机械厂
鉴　定	鉴　定	鉴　定	鉴　定	鉴　定	未鉴定

附表 4-35　国外部分电动铲运机主要技术性能

技术性能	铲运机型号											
	913E	925E	EHST-1A	EST-5B	EST-8A	LF-4.1E	LF-7.1E	LF12E	JS-350E	JS-500E	CT3500HE	TORO500E
铲斗容积（m^3）	2.3	3.82	0.76	3.8	6.0	2.0	3.8	6.0	2.66	3.8	1.95	5.0
有效载重（t）			1.36			3.8						
铲取力（$\times 10^4$N）			3.56									
功率（kW）	67	110	40	180	200	115×0.745	132	200	150	240	120	200
电压（V）	550/1100	1000		660/1000	1000	380/1000	1000	1000/3000	575	575		1000
空车重量（t）	12.7	19.5	5.8	21.1	36.0	11.5	24.5		16.0	21.5	12.0	34.0
最大车速（km/h）	16	11.0	9.7	9.6	9.3	19.3	12.1	10.1	9.3	9.3		14.3
最大爬坡度（%）												
外形尺寸（m）												
全长		8.36	5.51	10.00	11.10	6.77	10.50	11.70	9.10	8.89		10.58
全高	1.9	2.18	1.22	2.14	2.80	1.68	2.20	2.80	2.40	2.44	1.80	2.50
全宽	1.93	1.80	1.55	2.40	2.50	1.65	1.91	2.50	2.1	1.75	1.83	1.92
轴距（m）												
离地间隙（mm）												
最大卸载高度（m）												
铲斗最大举升高度（m）												
转弯半径（m）												
内		2.8	1.52			2.6	2.96			3.28		3.82
外	5.15	7.58	3.25			5.2	6.33	7.8		5.33	4.73	7.17
生产厂家	美国 EIMCO 公司		美国 WAGER 公司			联邦德国 GHH 公司			加拿大 JARUIS CLARK 公司		法　国	芬兰 TAMROK 公司

附表 4-36　国外部分柴油铲运机主要技术性能

技术性能	铲运机型号																
	HST-1A	ST5C	ST-8	ST-11	ST-12	915	920	GST-8A	GST11	CT1500	CT6000	TLF4	TORO 100DH	LK-1	LK-2	ДК-5	ДК-12
铲斗容积（m^3）	0.76	3.8	5.60	8.56	9.13	3.36	7.6~13.0	5.6	8.5	0.83	3.8	1.5	1.3	2.0	4.2	2.5	5.0
有效载重（t）	1.36	8.165	9.80			8.15	16.5	7.65	12.00	1.50	6.8	3.50	3.0			5.0	12.0
铲取力（$\times10^4$N）	3.56	11.54	11.00			13.15	27.18	11.00	20.30			5.50	5.0				
发动机型号	$F_4L_{912}W$									$F_4L_{912}W$	$F_8L_{413}W$	$F_6L_{912}W$	$F_4L_{912}W$	SW400/L-2			
功率（×0.745kW）	57	224~231	200	300		200		200	250	57	185	88	57×0.745		193×0.745	140	250
空车重量（t）	6.0	21.39				17.25	28.30	21.00	25.00	6.5	19.9	9.7	9.0	10.9	18.50	13.0	28.0
最大车速（km/h）	12	32	35			40		33.0	35.0	16.7	31.0	17	9.0	38		20	30
最大爬坡度（%）		35	35			35	40	51	54			40	45				
外形尺寸（m）：																	
全长	5.28	9.271	9.99	11.25		8.69	10.40	9.12 1.55	10.42 1.91	5.50	8.10	7.10	5.55	8.75		7.32	10.00
全高	1.21	2.286	1.88	2.03		1.65	1.98	3.33	3.28	1.24	2.50	1.60	5.24	1.80		2.20	2.65
全宽	1.85	2.235	2.45	3.00		2.44	3.05	3.31	3.65	1.73	2.00	1.90	1.73	2.20		1.90	2.80
轴距（m）		3.302	3.45	4.24		3.40	3.80	340	340			2.57	2.30	3.30			
离地间隙（mm）		432	300			380		1.71	1.94			210					
最大卸载高度（m）	1.01	1.60	1.83	1.65		1.75	1.98	270	1150			1.70	1.65				
铲斗最大举升高度(m)	2.94	4.293	4.75	5.56								4.32	3.53				
转弯半径（m）：																	
内	1.27	3.175	3.20			2.80	3.60	3.82	3.90			2.01	2.25				
外	3.02	6.045	6.60			6.17	7.62	7.58	6.53			4.15	4.50				
生产厂家	美国 WAGNER 公司	美国 WAGNER 公司	美国 WAGNER 公司	美国 WAGNER 公司	美国 WAGNER 公司	美国 EIMCO 公司	美国 EIMCO 公司	联邦德国 GHH 公司	联邦德国 GHH 公司	法国 EQUIP MENT MINER 公司	法国 EQUIP MENT MINER 公司	法国 JOY 公司	芬兰 TAMROK 公司	波兰	波兰	苏联	苏联

附表 4-37　矿用电机车主要技术性能参数

技术特性	架线式							蓄电池式		
	ZK1.5-$\begin{smallmatrix}6\\7\\9\end{smallmatrix}$/100	ZK3-$\begin{smallmatrix}6\\7\\9\end{smallmatrix}$/250	ZK$\frac{7}{10}$-$\begin{smallmatrix}6\\7\\9\end{smallmatrix}$/250	ZK$\frac{7}{10}$-$\begin{smallmatrix}6\\7\\9\end{smallmatrix}$/550	ZK14-$\frac{7}{9}$/250	ZK14-$\frac{7}{9}$/550	ZK20-$\frac{7}{9}$/550	XK2.5-$\begin{smallmatrix}6\\7\\9\end{smallmatrix}$/48A	XK8-6/110A	$\frac{\text{XK127}}{\text{KBT-9}}$/192
粘着重量（t）	1.5	3	7，10	7，10	14	14	20	2.5	8	12
轨距（mm）	600,762,900	600,762,900	600,762,900	600,762,900	760,900	700,900	700,900	600,762,900	600	762,900
固定轴距（mm）	650	816	1100	1100	1600	1700	2500	650	1100	1220
车轮直径（mm）	460	650	680	680	760	760	840	460	480	680
机械传动比 i	19.5	6.43	6.92	6.92	6.08	14.4	14.4	19.5	6.92	
连接器距轨面高（mm）	270,320	270,320	270,320,430	230,320,430		320，430	500	270，320	320，430	320，430
受电器工作高度（mm）	1600～2000	1700～2100	1800～2200	1800～2200	1800～2200	1800～2200	1800～2200			
制动方式	机　械	机　械	机械、电气	机械、电气	电气、压气机械	电气、压气机械	电气、压气机械	机　械	机　械	机械、电气
弯道最小曲线半径（mm）	5	5，7	7	7	10	10	20	5	7	10
轮缘牵引力（kN）：										
小时制	2.84/2.11	4.7	13.05	15.11	25.68	26.68	41.20	2.55	11.18	16.48
长时制	0.735/0.392	1.51	3.24	4.33	6.39	9.61	12.75		2.84	
速度（km/h）：										
小时制	4.54/6.47	9.1	11	11	12.4	12.9	13.2	4.51	6.2	8.7
长时制	6.6/12.5	12.0	16	16	19	17.7	19.7	6.1	10.5	
牵引电机车：最大			25	25		25	26	10	25	
型号	ZQ-4-2	ZQ-12	ZQ-21	ZQ-24	ZQ-46A	ZQ-52	ZQ-82	ZQ-4B	ZQ-11B	
额定电压（V）	100	250	250	550	250	550	550	48	110	192
电流（A）：										
小时制	45	58	95	50.5	212	105	162	105	112	560
长时制	18	25	34	19.6	84	50	75	42	44	
功率（kW）：										
小时制	3.5	12.2	20.6	24	46	52	82	3.5	11	
长时制	1.35	5.2	7.6	9.6		25.5	38	1.37	4.3	22
台数	1	1	2	2	2	2	2	1	2	2
外形尺寸：（mm）										
长	2340	2750	4500	4500	5000	4900	7400	2100	2100	4885
宽	950，1100	950，1250	1060，1360	1060，1360	1060，1360	1350	1600	920	1050	1350
高	1550	1550	1550	1550	1555	1550	1700	1550	1550	1600

注：本表所列电机车的生产厂家为湘潭电机厂、常州工矿电机厂。

附表 4-38　地下矿车技术参数表

类型	矿车型号	容积（m^3）	最大载重量（t）	轨距（mm）	外形尺寸（mm）			轴距（mm）	车厢长（mm）	卸载角度（°）	自重（t）	标准或设计制造单位
					长	宽	高					
固定式	YGC0.5（6）	0.5	1.25	600	1200	850	1000	400	900		0.45	GB2885.1—81
	YGC0.7（6）	0.7	1.75	600	1500	850	1050	500	1200		0.50	GB2885.1—81
	YGC1.2（6）	1.2	3	600	1900	1050	1200	600	1500		0.72	GB2885.1—81
	YGC1.2（7）	1.2	3	762	1900	1050	1200	600	1500		0.72	GB2885.1—81
	YGC2（6）	2	5	600	3000	1200	1200	1000	2650		1.33	GB2885.1—81
	YGC2（7）	2	5	762	3000	1200	1200	1000	2650		1.35	GB2885.1—81
	YGC4（7）	4	10	762	3700	1330	1550	1300	3300		2.62	GB2885.1—81
	YGC4（9）	4	10	900	3700	1330	1550	1300	3300		2.90	GB2885.1—81
	YGC10（7）	10	25	762	7200	1500	1550	4500（850）	6780		7.00	GB2885.1—81
	YGC10（9）	10	25	900	7200	1500	1550	4500（850）	6780		7.00	GB2885.1—81
翻斗式	YFC0.5（6）	0.5	1.25	600	1500	850	1050	500	1110	40	0.59	GB2882—81
	YFC0.7（6）	0.7	1.75	600	1650	980	1200	600	1160	40	0.71	GB2885.2—81
	YFC0.7（7）	0.7	1.75	762	1650	980	1200	600	1160	40	0.72	GB2885.2—81
侧卸式	YCC0.7（6）	0.7	1.75	600	1650	980	1050	600	1300	40	0.75	GB2885.3—81
	YCC1.2（6）	1.2	3	600	1400	1050	1200	600	1600	40	1.00	GB2885.3—81
	YCC2（6）	2	5	600	3000	1250	1300	1000	2500	42	1.83	GB2885.3—81
	YCC2（7）	2	5	762	3000	1250	1300	1000	2500	42	1.88	GB2885.3—81
	YCC4（7）	4	10	762	3900	1400	1650	1300	3200	42	3.29	GB2885.3—81
	YCC4（9）	4	10	900	3900	1400	1650	1300	3200	42	3.30	GB2885.3—81
底卸式	YDC4（7）	4	10	762	3900	1600	1600	1300	31150	50	4.32	GB2885.4—81
	YDC6（7）	6	15	762	5400	1750	1650	2500（800）	4540	50	6.32	GB2885.4—81
	YDC6（9）	6	15	900	5400	1750	1650	2500（800）	4540	50	6.38	GB2885.4—81
底侧卸式	DC-2-6	2		600	3240	1200	1310	1000			2.32	①
	$4m^3$	4		762	3500	1450	1700	1300			3.54	①
	$6m^3$	6	15	900	3833	1900	1800	1300			5.75	②
其他非标准矿车	$0.9m^3$ 电动自行	0.9	2	600	1615	1050	1225	620			0.60	③
	$1.4m^3$ 矿车	1.4	3.5	600	1900	1140	1350	600				③
	YDC0.9(6)-1	0.9	1.3	600	1600	1000	1200		3742		0.73	④
梭式矿车	S4	4	10	600	6250	1280	1620	3000（800）	搭接		6.00	⑤
	S6	6	15	600	7014	1450	1640	3600（800）	搭接		8.00	⑤
	S8	8	20	600	9540	1570	1640	5400（800）	搭接		10.00	⑤
	JS6	6		600	7040	1450	1650	3800（550）	单车		6.8	⑥
	SD4	4	6.4	600	5470	1212	1622	2530（700）	搭接		6.4	⑦

①北京有色冶金设计研究院；②长沙有色冶金设计研究院；③向山硫铁矿；④麻阳铜矿；⑤吉林市矿山机械厂；⑥北京矿冶研究总院、吉林市矿山机械厂；⑦沈阳有色冶金设备总厂、汝城钨矿、杨家杖子矿务局。

附表 4-39 服务运输车辆技术性能

类别	型号	容积 (m^3)	装载量 (kg)	轨距 (mm)	外形尺寸 (mm)			轴距 (mm)	车厢长度 (mm)	轮径 (mm)	连接器			重量 (kg)	标准或图号	设计单位或制造厂
					长	宽	高				形式	高度 (mm)	牵引力 (kN)			
平板车	YPC1（6）		10000	600	1500	850	400	500	1100	500	单环	320	59	430	GB2885. 5—81	
	YPC3（6）		3000	600	1900	1050	426	600	1500	300	单环	320	59	510	GB2885. 5—81	
	YPC3（7）		3000	762	1900	1050	426	600	1500	300	单环	320	59	540	GB2885. 5—81	
	YPC5（6）		5000	600	3000	1200	510	1000	2300	400	单环	320	59	1000	GB2885. 5—81	
	YPC5（7）		5000	762	3000	1200	510	1000	2300	400	单环	320	59	1050	GB2885. 5—81	
	YPC5（9）		5000	900	3000	1200	510	1000	2300	400	单环	320	59	1080	GB2885. 5—81	
	10t		10000	750	3020	1180	570			1100	链环	500			4 备 35	鞍山黑色冶金矿山设计研究院
材料车	2m 长木材车		3000	762	2000	1100	1176	700		300				610	131064	北京有色冶金设计研究总院
	3m 长木材车		2000	600	32400	1050	1200	1000		300	三环销	320	29	758	GB—011690	北京有色冶金设计研究总院
	YLC1（6）		1000	600	1900	1050	1200	600	1500	300	单环	320	59	580	GB2885. 5—81	
	YLC1（7）			762	1900	1050	1200	600		300	单环	320	59	590	GB2885. 5—81	
	2t		2000	600	2000	880	1151				三环	320		470		江油矿山机械厂
				762	2000	880	1151				三链环	320		470		
				900	2000	880	1151				三环	320		470		
	YLC3（6）		3000	600	3000	1200	1200	1000	2300	400	单环	320	59	990	GB2885. 5—81	
	YLC3（7）		3000	762	3000	1200	1200	1000	2300	400	单环	320	59	1040	GB2885. 6—81	
	YLC3（9）		3000	900	3000	1200	1200	1000	2300	400	单环	320	59	1060	GB2885. 5—81	
炸药车	0. 5t		500	600	2358	1050	1365					326		720	4 备 66	鞍山黑色冶金矿山设计研究院
水车	1t		1000	600	2390	1010	1277					320		892	4 备 70	鞍山黑色冶金矿山设计研究院
	3t		3000	900	3020	1410	1987					500		1798	4 备 78	鞍山黑色冶金矿山设计研究院
卫生车	0. 6m^3	0. 6		900	2092	1155	1000					320		670	4 备 107	鞍山黑色冶金矿山设计研究院
平巷人车	PRC-12		12 人	600	4280	1020	1525			450		320	29	1361		吉林市矿山机械厂
	PRC-18		18 人	762	4280	1300	1525			450		320	29	1344		吉林市矿山机械厂
	PRC-18		18 人	900	4280	1300	1525			450		320	29	1656		吉林市矿山机械厂

附表 4-40　推车机型号和主要技术性能

名　　称	用途	推车方式	矿车容积 (m^3)	轨距 (mm)	推力 (kN)	速度 (m/s)	行程 (m)	气缸直径 (mm)	电机功率 (kW)	质量 (kg)	图　号	资料来源
垂直式钢绳推车机	换车	推碰头	1.6×1	600	9.32	0.73	5.2		7.5	1243	TK0549	昆明有色冶金设计研究院
垂直式钢绳推车机	换车	推碰头	1.2×1	600	9.81	0.6	8		7.5	991	TK0612	昆明有色冶金设计研究院
垂直式钢绳推车机	换车	推碰头	2×1	600	12.75	0.63	12		13	4211	TK0622	昆明有色冶金设计研究院
垂直式钢绳推车机	换车	推碰头	1.1×1	600	9.81	0.7	6.6		7.5	2000	TK965	昆明有色冶金设计研究院
垂直式钢绳推车机	换车	推碰头	1.2×1	600	9.81	0.7	5.6		7.5	895	TK773	昆明有色冶金设计研究院
垂直式钢绳推车机	换车	推碰头	1.2×1	600	9.81	0.7	8		7.5	1231	TK795	昆明有色冶金设计研究院
水平式钢绳推车机	换车	推碰头	1.2×1	600	11.38	0.75	12.5		11	3522	13812	北京有色冶金设计研究总院
水平式钢绳推车机	换车	推碰头		600	4.76	1	18		5	2270	13488	北京有色冶金设计研究总院
垂直式钢绳推车机	换车	推轴	0.7×1	600	8.34	0.65	4		6	719	13431	北京有色冶金设计研究总院
水平式钢绳推车机	换车		1.2×1	762	18.64	0.9	18.5		22	4710	13931	北京有色冶金设计研究总院
垂直式钢绳推车机	换车	推轴	0.7×2	762	8.09	0.66	7		11	1273	06281	南昌有色冶金设计研究院
垂直式钢绳推车机	换车	推轴	0.7×1	600	6.87	0.8	15		7.5	2090	241-CJ-26	广东冶金设计院
水平式钢绳推车机	换车	推碰头	1.07×1	600	8.24	0.75	4		7.5	1308	FJT08	苏州非金属矿山设计研究院
水平式钢绳推车机	换车	推碰头	1.07×1	600	8.24	0.75	4		7.5	1356	FJT10	苏州非金属矿山设计研究院
水平式钢绳推车机	换车	推碰头	2×1	762	9.81	0.8	8		11	2271	通用 CJ796	长沙有色冶金设计研究院
垂直式钢绳推车机	换车	推碰头	0.7×1	600		0.79	6		5.5	1753	通用 CJ992	长沙有色冶金设计研究院
链式推车机	换车	推碰头	1.2×2	600	8.82	1	6.5		18.5	3769	CBK100	长沙有色冶金设计研究院
气动推车机	换车	推轴	0.7×2	762	9.76～14.6	0.65	7			1814	13　720	北京有色冶金设计研究总院
气动推车机	换车	推轴			7～10.4	0.75	4	ϕ150		750	13　420	北京有色冶金设计研究总院
气动推车机	换车	推轴	0.7×1	600	7～10.4		4	ϕ150		359	13　429	北京有色冶金设计研究总院
垂直式钢绳推车机	换车	推碰头	0.7×2	600		0.53	8		5.5	2951	CBK131	长沙有色冶金设计研究院
垂直式钢绳推车机	调车	推碰头	0.7×11	600		0.57	8		11	2886	CBK132	长沙有色冶金设计研究院

附表 4-41　钢丝绳爬车机主要技术性能

轨距（mm）	600	600	600	600
矿车容积（m^3）	1.07	0.7		1.07
电动机功率(kW)	4	5	2.2	2.8
爬速（m/s）	0.88	0.5	0.65	0.52
爬角（°）	15	10	15	12
补偿高差（m）	3.72		2.2	3
水平距离（m）	24.14	6.8	11.5	
重量（kg）	2188	1804	1036	2100
图　号	3K0351	13419	131266	
资料来源	昆明有色冶金设计研究院	北京有色冶金设计研究总院	北京有色冶金设计研究总院	苏州非金属矿工业设计院

附表 4-42　线路阻车器主要技术性能

名　称	轨距（mm）	矿车容积（m^3）	电机功率（kW）	气缸直径（mm）	阻车方式	重量（kg）	图　号	资料来源
电动单式阻车器	600	1.2　1.6	3		阻车轮	890	TK636	昆明有色冶金设计研究院
电动单式阻车器	600	1.6　2	3		阻车轮	1080	TK625	昆明有色冶金设计研究院
电动单式阻车器	600	1	2.2		阻车轮	1100	TK961.5	昆明有色冶金设计研究院
电动单式阻车器	600	1.2	2.2		阻车轮	1571	TK781.5	昆明有色冶金设计研究院
电动复式阻车器	600	1	1		阻车轮	950	K0331	昆明有色冶金设计研究院
电动复式阻车器	600	1.6	2.5		阻车轮	1265	TK591	昆明有色冶金设计研究院
电动复式阻车器	600	1.2	2.2		阻车轮	1316	TK771.5	昆明有色冶金设计研究院
气动单式阻车器	600	1.2		φ100	阻车轮	718	13819	北京有色冶金设计研究总院
气动复式阻车器	600	1.2		φ100	阻车轮	1539	13818	北京有色冶金设计研究总院
气动单式阻车器	600	1.1		φ100	阻车轮	470	FJT01	苏州非金属矿山设计研究院
气动复式阻车器	600	1.1		φ100	阻车轮	730	FJT03	苏州非金属矿山设计研究院
气动复式阻车器	600	0.5　0.7　1.2		φ100	阻车轮	1081	通用 CJ990	长沙有色冶金设计研究院
气动复式阻车器	762	2		φ150	阻车轮	2383	通用 CJ797	长沙有色冶金设计研究院
气动复式阻车器	600	1.2		φ100	阻车轮	2075	CBK101	长沙有色冶金设计研究院
气动单式阻车器	600	1.2　0.75		φ100	阻车轮	73.1	CBK102	长沙有色冶金设计研究院

附表 4-43　圆形翻车机主要技术性能

名　称	型　号	适　用　矿　车					电动机功率（kW）	重量（kg）
		型　号	长（mm）	宽（mm）	高（mm）	轨距（mm）		
0.7m^3 单车摘钩翻车机	YFD0.7	YGC-0.7（6）	1500	850	1050	600	4.2	7950
0.7m^3 双车不摘钩翻车机	YFS0.7	YGC0.7（6）	1500	850	1050	600	4.2×2	10750
1.2m^3 双车不摘钩翻车机	YFS1.2	YGC-1.2（6） （7）	1900	1050	1200	600 762	6.3×2	14970
2m^3 双车不摘钩翻车机	YFS2	YGC-2（6） （7）	3000	1200	1200	600 762	8.8×2	16100
4m^3 双车不摘钩翻车机	YFS4	YGC-4（7） （9）	3700	1330	1550	762 900	17.5×2	36000
10m^3 单车不摘钩翻车机	YFD10	YGC-10（7） （9）	7200	1500	1550	762 900	17.5×2	35510

注：1. 定位装置有气动与液压两种，可任选一种；

2. 资料来源：北京有色冶金设计研究总院。

附表 4-44　国内服务运输车辆主要技术性能

车类		运料车	运油车
型号		YCK-3	DYC-1
功能		运送各种材料、机器、炸药、锚杆	燃油、多种润滑油的运送与注油
作业参数		载重3.5t	油箱容积：柴油900L 机油180L 液压油80L 干油50kg
整机参数	长（mm）	5576	5282
	宽（mm）	2080	1810
	高（mm）	2170/2665（卸载）	2120
	自重（t）	6.6	8.68
底盘参数	轴距（mm）	2800	2823
	轮距（mm）	1700/2665	1454
	最小离地间隙（mm）	285	283
	转弯半径（mm）内侧	2950	3030
	外侧	5250	5110
	爬坡能力	12%～20%	
	运行速度（km/h）	4挡4.4～30	4挡2.44～25.0
柴油机	型号	X6105DW$_1$-20	F$_4$L$_{912}$W
	功率（kW）	66	42
	转数（r/min）	2000	2300
制造厂家		苏州冶金机械厂	邯邢矿山管理局研究所

附表 4-45　国外服务运输车辆技术性能

车辆类型		运人车			运料、运油车	
产品型号		EIMCO955	EIMCO975A	HF-PE18	HF PL3	МУЛИ-2400
载重量（t）		1.36		3	3	2
容纳人数（人）		8～10	18	14；18		16
外形尺寸（mm）	长	4674	7480	6120（14人） 6800（14人）	6800	4400
	宽	1575	1956	1950	1950	1750～1900
	高	1778（至顶棚）	1880	1850 2180	1920（至顶棚） 1850	2100
转弯半径（mm）	内侧	2210	3785	2922	2922	
	外侧	3886	4147	5380	5380	4000
发动机	型号	Deutz F$_3$L$_{912}$W	Caterpillar 3004NA	Deutz F$_4$L$_{912}$W	Deutz F$_4$L$_{912}$W	Deutz F$_4$L$_{912}$W
	功率（kW）	30	66	42	42	42
行走机构	类型	铰接车架四轮驱动	铰接车架四轮驱动	铰接车架四轮驱动	铰接车架轮胎行走	
	速度（km/h）	24		26.3	26	20
重量（t）		2.3		6.6（14人） 6.8（18人）		3.5
生产厂家		美国 EIMCO	美国 EIMCO	联邦德国 GHH	联邦德国 GHH	олеманн
其他		运输人员及设备	运输人员及设备	运输人员及设备	运料、运油设施	平板车，也附有运人设施

附表 4-46　地下矿用

型　号	有效装载量（t）	车厢容积（m^3）		发动机		重车速度（km/h）			
		平装	堆装	型　号	功率（kW）	1挡	2挡	3挡	4挡
联邦德国格哈哈（GHH）公司									
MK-A15	15		7.5	Deutz F6L413FW	109	4.2	8.6	14.4	24.3
MK-A20	20		10	Deutz F8L413FW	146	4.7	9.6	16.1	27.2
MK-A25	25		12.5	Deutz F10L413FW	170	6.4	11.3	18.6	30.4
MK-A30	30		15	Deutz BF12L413FW	240	6.9	12.4	21.6	37.8
MK-A35	35		17.5	Deutz BF12L413FW	277	7.4	13.2	23	40.1
MK-A40	40		20	Deutz BF12L413F	323	6.5	11.7	20.4	35.6
MK-F30	30		20	Deutz BF10L413FW	170	6.9	12.5	21.4	37.0
MK-F40	40		25	Deutz BF12L413FW	277	7.4	13.2	22.9	39.4
MK-F50	50		30	Deutz BF12L413F	323	6.5	11.5	20.0	34.5
瑞典沃尔沃（VOLVO）公司									
5350B6×6	22.5	9.4	12.0	VOLVO TD70G	157	5~6	9~14	12~20	21~37
5350B4×4	22.5	10.1	13.0	VOLVO TD70G	157	5~6	9~14	12~20	21~37
861	18.5	9.0	11.5	VOLVO TD60B	106	3.7~6	6.2~10	11.2~18	18.6~30
N10-N12	21.3	12		VOLVO TD121G	242				
瑞典基律纳卡车（KIRUNA TRUCK）公司									
K250-16	35	13	16.5	VOLVO TD100G	180	8.2	15	25.1	45
K250-21	35	18.5	21.0	VOLVO TD100G	180	8	14	25	45
K501-21	50	19.0	21.0	Detroit 12V71-TV	386	8	10.5	15	22
K501-28	50	26.0	28.0	Detroit 12V71-TV	386	8	11	15	22
K250COMB1-M	40	（活动车厢）		VOLVO TD100G	180	8	14	26	46
K501COMB1-M	60	（活动车厢）		Detroit 12V71-TV	386	8	11	15	22
美国瓦格纳（WAGNER）采矿设备公司									
MT-411-30	9.98	5	5.6	Deutz F6L-413FW	109	4.5	9.8	23.3	
MT-413-30	11.8	6.2	6.7	Deutz F6L-413FW	109	4.5	9.8	22.2	
MT-425-30	22.7	11	12.8	Deutz F12L-413FW	207	5.26	9.66	17.65	28.58
MT-433-30	29.9	13.8	16.8	Deutz F12L-413FW	207	5.51	10.12	18.29	24.4
芬兰阿拉（ARA）公司									
TORO 35D	32	12.5		DeutzBF12L413FW	240	6	11.5	22.0	
美国埃姆科（EIMCO）采矿机械国际公司									
P85-T15	13.61	6.12	7.65	DeutzF8L413FW	185	5.5	11.5	23	
日本三井造链埃姆科（EIMCO）公司									
980T-10	9.07	5			99.5				26.4
980T-15	13.6	7.8			136				26.1
980T-20/27	18/24	9.4/13			204				24.0
英国 DJB 公司									
D25B	25		14	Caterpillar3306PCTA	190				
D44	44		23.8	Caterpillar3308PCTA	336				
法国 CFBR 公司									
BK475MS35	62		35	Caterpillar3308PCTA	560				46
BK750MS20	44		20	Caterpillar3412PCTA	354				43

汽车主要技术性能参数

各种坡度重车速度(km/h)				车轮数×传动轮数(个)	空车重量(t)	外形尺寸（mm）			转弯半径(mm)		装载高(车厢高)(mm)	卸载高(mm)	卸载时间(斗箱抬起+放下)(s)
0	5%	10%	20%			宽	高	长	外	内			
24.3	10.5	6.2	3.5	4×4	14	1828	2305	8420	7960	5300	2000	4300	10+7
27.2	11.8	7.0	3.6	4×4	16.66	1975	2305	8885	8650	5600	2200	4475	11+14
30.4	9.4	5.6	3.1	4×4	24	3100	2350	9228	9200	4900	1800	5200	16+14
42.5	13.3	7.5	4.1	4×4	25	3100	2350	9228	9200	4900	2100	5350	20+18
40.1	12.5	7.0	3.4	4×4	30	2900	2580	10030	9500	4900	2500	5200	14+22
39.9	14.8	8.7	4.8	4×4	32.9	2900	2810	10030	9500	4800	2560	6260	18+22
37	11.2	6.4		4×2	25.2	3100	2350	10000	9200	4900	2300	5450	16+14
39.4	11.3	6.8		4×2	32.8	2900	2850	10500	9500	4800	2600	6300	18+22
37.7	11.8	6.6		4×4	40	3190	2600	11650	10750	5650	2600	7500	29+26
5挡				6×6	15.9	2480	3240	9505	7850	4250	2535	6100	16+22
31～51				6×4	15.3	2980	3240	8740	7500	3350	2805	5360	16+12
31～50				6×4	14.25	2480	2850	10180	7500	4100	2495	5775	18
60	21	14	8	6×4	9.3	2500	2900	8300	19460		2550		
				4×4	21.5	2760	2625	8870	7700	3410	2300	5930	18+
5挡	6挡			4×4	22	2760	2625	8870	7700	3360	2700	6960	18+
30	44			4×4	29.7	3450	2930	10180	8900	3970	2625	6295	18+
30	44			4×4	30.5	3450	2930	10450	9280	4240	3125	7210	18+
				4×4	26.8	3600	2300	10900	10200	4650		6220	20+
30	43			4×4	35	3830	2700	12270	11400	5410		6460	20+
				4×4	11.91	1910	1830	6960	5385	3175	1830	3910	15+
				4×4	11.34	1905	1981	6960	5385	3175	1981	3962	15+
				4×4	25.68	2970	2110	9680	8760	4780	2080	5210	10+
				4×4	28.07	3658	2260	9982	8991	4623	2184	5258	10+
				4×4	25	3036	2500	9685	8945	4897	2500	5750	16+
				4×4	127	2134	2248	6832	4935	2616	1981	4064	18+
				4×4	8.85	2120	1880	6200		4100			
				4×4	10	2390	2020	6950		4150			
				4×4	21	2740	2032/2200	8420/8600		4200			
					17	3000	3300	8000	7900		2400		
					28	3700	3900	10000	9900		2900		
			6		35	3700	3200	11200	9700		3000		
			11		35	3400	3100	9500	8600		3000		

附表 4-47　散状炸药装药器主要技术性能

技术性能	型号				
	BQF-100	BF-100	BF-200	AYZ 150	FZY-1
药桶装药量（kg）	100	100	200		
药桶容量（L）	153	130		150	45
装药方式	压　气	压　气	压　气	压　气	压　气
工作气压（MPa）	0.2～0.4	0.25～0.45	0.3～0.5	0.3～0.4	0.4～0.45
移动方式	抬杠式	抬杠式	手抬式	手推式	
装药效率（kg/h）	600	600	800	300～400	300～400
装药密度（g/cm³）	0.9～1.0	0.9～1.0	0.9～1.05		
返粉率（%）	3～6	3～6	3～7		
适应炮孔直径（mm）	40～70	40～70			
自重（kg）	85	65	179	125	38
外形尺寸：（mm）					
长	980	676	2100	1275	
宽	760	676	1050	1160	
高	1265	1360	1790	1540	
制　造　厂	长治矿山机械厂			山西五一机器厂	长沙矿山研究院

附表 4-48　药卷装药器主要技术性能

技术性能	型号		
	ZYK-1	FT-28-1	D29
装药孔深（m）	30	10	<20
孔径（mm）	100～105	45～50	110
炮孔方向（°）	45	0～90	
装药方式	压　气	压　气	压　气
工作气压（MPa）	0.4～0.6	0.3～0.4	0.4～0.5
装药效率（kg/h）	120	68～78	172
装药密度（g/cm³）	0.88～1.05		0.9
自　重	3.6	3.5	3.0

附表 4-49　锚杆机主要技术规格

技术规格	型号			
	CGM40	CTM40	CLM-1	MGJ-1
技术生产率（根/小时）	8~10	8~10		
外形尺寸(长×宽×高)(mm)	5019×1000×1740	4805×1500×1800	4800×1800×1500	4532×1200×1815
适应巷道断面（m^2）	8~14	8~14	2.8×3~3.5×3	8~14
锚杆类型	砂浆锚杆	砂浆锚杆		砂浆锚杆
重量（t）	3.52	3	3.7	
钻臂动作范围	摆臂±37°，起落0°~55°翻转360°，仰俯94°，补偿	摆臂±37°，起落0°~55°翻转360°，仰俯94°，补偿		前后倾角均为60°、摆臂±45°最大工作高度4m，回转最大宽度3.585m
转架推进长度（mm）	1780	1780	1880	1700
推进力（kN）	0~8.8	0~8.8		0.7
推进速度（m/min）	0~1.18	0~1.18		0~1.18
装锚杆进退注浆管速度（m/min）	4.2	4.2		4.2
注浆罐容积（L）	8	8		10
行走方式	轨　轮	胶轮转向	履　带	轨　轮
行走马达型式	液压马达	气马达	气马达	
行走速度（km/h）	1.8	1.5	0.5	
液压系统压力（MPa）	10	10		
总功率（kW）	电机10	气马达12		
配用钻孔设备	ZYG-10液压钻 YGZ40	YGZ40	YGZ70	
制造厂家	南京工程机械厂		宣化风动机械厂	广东煤矿机械厂

附表 4-50　混凝土喷射机主要技术性能

技术性能	干式				
	上下双罐式	转子式			
	冶建65	ZHP-2	PH30-74	转子Ⅱ型	HPZU-5
输送量（m^3/h）	4	4~5	2~6	5~7	3~5
最大骨料粒径（mm）	25	25	30	25	25
输送管内径（mm）	50	50	50/70	50	50
压气消耗（m^3/min）	7~8	5~10	10	5~8	7~10
工作气压（MPa）	0.1~0.6	0.1~0.5	0.1~0.6	0.15~0.4	
输送距离（m）：					
水平距离	140	200	250	300	200
垂直距离	60	60	100	60	60
电机型号	JO_{51-6}		$JO_2 51-6$	BJO_2-51-6	
电机功率（kW）	2.8	4	7.5	5.5	2.2
电机转速（r/min）	960		960	960	
外形尺寸：（mm）					
长	1650	1250	1500	1352	1436
宽	850	750	1000	774	868
高	1630	1435	1700	1160	1375
机重（t）		0.65	0.3	0.92	0.65
研制单位或生产厂家	冶金部建筑研究总院	长沙矿山研究院	扬州机械厂	江西煤矿机械厂 湘潭煤矿机械厂	常德通用机械厂

续附表 4-50

技术性能	干湿式			湿式		
	转子式		螺旋式	挤压泵式	活塞泵式	螺杆式
	ZP-IV 轻型	转 7 轻型	PX-4	PSB-5A	SHP-1	WSP
输送量（m^3/h）	4~5	3~6	4	4~5	3	4.5~4.8
最大骨料粒径（mm）	19	12~15	20	15	10	10
输送管内径（mm）	50	50	50	50	50	
压气消耗（m^3/min）		6~9	8~10	7~8	3	
工作气压（MPa）	0.12~0.4	0.1~0.4	0.13~0.3	0.1~0.2	0.5~0.6	
输送距离（m）：						
水平距离	200	250	100	70	50	40
垂直距离	50	60		25		
电动机　型号	BJO_2-41-6/A302	$YB132M_1$-60				
功率（kW）			11	11	22	
转速（r/min）						
外形尺寸：（mm）						
长	1026	1295	2165	2000	1600	2900
宽	754	740	850	1000	1015	850
高	1267	1090	1190	1100	1770	1665
机重（t）	0.51	0.494	0.8	1.4	1	1.5
研制单位或生产厂家	江西煤矿机械厂 湘潭煤矿机械厂	长沙矿山研究院 长沙长城通用机械厂	河南煤炭科研所	南京煤炭研究所	上海煤炭研究所	马鞍山矿山研究院

附表 4-51　混凝土喷射机械手型号及主要技术性能

技术性能	型号			
	JP	PHS-3	FS-1	CDG-1
喷头回转速度（r/min）	60~80	0~100		
喷头回转角度（°）	±150　135	左右 112，前后 42	31	180
大臂仰角（°）	32	45	50	
倾角（°）	3°56′	22	20	
水平回转角（°）	±120	±40	90	±90
小伸缩缸倾斜喷头角度（°）	+30　−22	40		
行走速度（km/h）	2.5	5.6	3	2.5
轴距（mm）	910			
轨距（mm）	600，762，900	600，762，900	600，900	
行走电机（马达）功率（kW）	油马达 CM-F180-FL	ZQ4-3，3.2	YMC-20	
前伸最大长度（mm）	3400~4200	4500	5500	6760
喷头最大高度（mm）	3300	2400	3725	
水平回转一侧最大宽度（mm）	2400		2510	
大臂伸缩行程（mm）	800	1000	1250	
液压油泵型号	CB-C180-FL CB-C250-FL	YB-A16-FL	YBC-12180	

续附表 4-51

技术性能	型号			
	JP	PHS-3	FS-1	CDG-1
液压油泵工作压力（MPa）	<8.0	5.0	7.0	2
电动机型号	JO_2-52-4	JO_2-41-6-L_2	AJO_2-32-4	
功率（kW）	10	3	3	
电压（V）	380	380/CD250	380/660	
料管直径（mm）	50	50	50	
总重量（kg）	2500		1030	2600
参考价格（元）	34000	1650	1200	
外形尺寸（mm）	4550×1030×1790	40000×1016×1360	3420×1000×1230	4420×1100×1850
制造厂家	扬州机械厂	昆明冶金机械厂	广东煤矿机械厂	江苏如皋矿山机械厂

附表 4-52　混凝土喷射机组型号及主要技术性能

技术性能		型号	
		HG 型	JP_4-HPH_6-SP_2 组合式
生产能力（m^3/h）		3~4	2~6
最大集料粒径（mm）		14	30
集料含水率（砂）（%）		<5	7
（石）（%）		<2	7
机旁粉尘浓度（mg/m^3）		<15	4.7
水平运输距离（m）		100~150	最大 240、垂直 52
适用断面（m^2）		3~4	
鼓风机电机	型　号		$10m^3$ 空压机
	功率（kW）	10	压力 0.7~0.8MPa
	转速（r/min）		
	电压（V）	380/660	380
喷射机电机	型　号		JO_2-51-$4T_2$
	功率（kW）	5.5	7.5
	转速（r/min）	960	1440
	电压（V）	380/660	380
喷射机型号		转子Ⅱ型	HPH6
机械手型号			JP_4
设备重量（kg）		2700	4500
外形尺寸（mm）		3900×950×1640	1000×1030×1800
制造厂家		江南矿山机械厂	扬州机械厂

附表 4-53　国内辅助作业车辆主要技术性能

车　类	锚杆安装车	装药车	碎石车	检修车
型　号	MAC-1	BC-2	YS-500 碎石器 YSJ-500 碎石车	DLJ-1
功　能	有拌浆、注浆、插杆、布网的装置与功能	T-1 号粘性炸药中深孔装药，无底柱采矿法中斜坡作业	破碎大块块度至 $6m^3$，亦可用于露天	井下就地检修；能进行焊接、钻孔、切割、打磨、起重等作业

续附表 4-53

车　类		锚杆安装车	装药车	碎石车	检修车
型　号		MAC-1	BC-2	YS-500 碎石器 YSJ-500 碎石车	DLJ-1
作业参数		锚杆直径 φ40 ~ 50mm，长度 ≤2m，剪式平台 1.5 × 2.0m，升举高度 1.24 ~ 2.45m，运输载重 1 ~ 1.5t，搅拌能力 30 升/次，气压 0.5MPa	平台升量 1.85 ~ 2.38m，底部搅拌式装药器总运药量 790kg，药管直径 φ25 ~ 32mm，装药速率 50 ~ 60kg/min，装药密度 0.9 ~ 1.1g/cm^3，返粉率 8% ~ 10%，气压 0.3 ~ 0.4MPa	液压碎石器，冲击能 5000Nm，频率 150 ~ 250 次/min，油压 12 ~ 15MPa，流量 100 ~ 130 L/min，碎石器水平摆动： 半径 1.4m 角度 ±90°	提重 500kg
整机参数	长（mm）	7245	6130	9210	6220
	宽（mm）	2030	1780	2300	1800
	高（mm）	2192	2245	2230	2200
	自重（t）	8.8	6.36	13.00	7.1
底盘参数	轴距（mm）	2800	3050		3100
	轮距（mm）	1700/2665	1480		1510
	最小离地间隙（mm）	285	300	300	270
	转弯半径（mm）外侧	6200		6140	5400
	内侧	4280	3100	3350	3600
	爬坡能力	15% ~20%	30%		20%
	运行速度（km/h）	3 挡 4.1 ~13.5	4 挡 4.02 ~25.7	4 挡 6 ~38	3 挡 8.18 ~25.7
柴油发动机	型　号	X6105DW$_1$-20	F$_4$L$_{912}$W	6105	F$_6$L$_{912}$W
	功率（kW）	66	42	85	65
	转数（r/min）	2000	2300	1300	2000
制　造　厂　家		苏州冶金机械厂	长治矿山机器厂	宣化重型机器厂	苏州冶金机械厂

附表 4-54　国外辅助作业车辆主要技术性能

车　类	运药、装药车			混凝土运输搅拌车			多用途作业车（顶板清理、撬毛、运输、装药、修理等）			
型　号	HF-PL3-SP1000/2000	EIMCO 975L	JUT-43	EIMCO 975-3/4	HБK-1	PK-40	JUT-41SL	B500	Secoma 437	HF-WA$_3$
载重量（t）			3	12.7	9.5	6	2.7		平台载重 0.8	3
外形尺寸（mm）：										
长	6975	8026	6270	7163	9100	6240	6350	7188	8320	6890
宽	1950	2134	2438	2032	2550	1800	2134；2438	2172	2400	1970
高	2350	1372	2032（至顶棚）	2540	2500	1820	3680（升降台升高）2362	2235	2250 ~ 5650	1950（至顶棚）
转弯半径（mm）：										
内侧	2922	4166	3650	4166			3650			2922
外侧	5380	6477	5490	6477	7400		5940	7467	5500	5380

续附表 4-54

车类	运药、装药车			混凝土运输搅拌车			多用途作业车（顶板清理、撬毛、运输、装药、修理等）			
型号	HF-PL31 SP1000/2000	EIMCO 975L	JUT-43	EIMCO 975-3/4	НБК-1	PK-40	JUT-41SL	B500	Secoma 437	HF-WA_3
发动机：										
型号	Deutz $F_4L_{912}W$	Deutz $F_4L_{912}W$	Deutz $F_4L_{912}W$	Deutz $F_4L_{912}W$			Deutz $F_6L_{912}W$	Deutz $F_4L_{912}W$	Deutz $F_4L_{912}W$	Deutz $F_4L_{912}W$
功率（kW）	42	56	56	56	140	46	56	42	42	42
行走机构：										
类型	铰接车架轮胎行走	铰接车架四轮驱动	铰接车架四轮驱动	铰接车架四轮驱动	铰接车架轮胎行走		铰接车架四轮驱动	轮胎行走	轮胎行走	铰接车架轮胎行走
速度（km/h）	26.3	27	15.4	27	20	16	15.4	19	5	26.3
爬坡能力（%）			25		15	10				
重量（t）	8.82						7.43	8.5		7
生产厂家	联邦德国 GHH	美国 EIMCO	加拿大 Vis-Klark	美国 EIMCO	苏联	芬兰 Normet	加拿大 Vis-Klark	美国 Getman	法国 Secoma	联邦德国 GHH
其他	炸药箱容积1000~2000L，压缩器能力2×450L/min，带有1.9×3.39升降平台，举重300~500kg	1~2个炸药罐，单位工作能力0.17 m^3/h，两个工作能力为0.51 m^3/h，有升降平台	运炸药，1或2个炸药箱，每个可装435kg	锥形搅拌滚筒，搅拌能力为2.23m^3	带20kW气马达及4.5m^3混凝土仓	搅筒容量3.4m^3带有液压升降装置	剪式升降平台，举升荷重907kg，平台尺寸0.43×2.286m^2	带伸缩支臂，最大仰角80°，最大举高7.77m，吊仓尺寸1.02×1.47m^2，举重227kg	带伸缩支臂，最大举高7.5m，工作平台尺寸1.8×1.8m^2	平台尺寸1.9×3.39m^2，带维修设施，可用于维修工作

附表 4-55 常用提升设备的技术性能参数

提升机型号	卷筒			钢丝绳				最大提升高度（或）拖运长度（m）			
	数量（个）	直径（mm）	宽度（mm）	最大静张力（kN）	最大静张力差（kN）	最大直径（mm）	各钢丝破断力总和（kN）	一层	二层	三层	四层
2JK-2/11.5 2JK-2/20 2JK-2/30	2	2000	1000	60	40	26	439.5	180	388	610	840
JK-2/11.5 JK-2/20 JK-2/30	1	2000	1500	60	60 ① 40	26	439.5	266	540	800	
JK-2.5/11.5 JK-2.5/20 JK-2.5/30	2	2500	1200	90	55	31	608.5	223	502	785	

续附表 4-55

提升机型号	卷筒			钢丝绳				最大提升高度（或）拖运长度（m）			
	数量（个）	直径（mm）	宽度（mm）	最大静张力（kN）	最大静张力差（kN）	最大直径（mm）	各钢丝破断力总和（kN）	一层	二层	三层	四层
JK-2.5/11.5 JK-2.5/20 JK-2.5/30	1	2500	2000	90	90 ① 55	31	608.5	402	810	1285	
2JK-3/11.5 2JK-3/20 2JK-3/30	2	3000	1500	130	80	37	876	289	640	1010	
2JK-3.5/11.5 2JK-3.5/15.5 2JK-3.5/20	2	3500	1700	170	115	43	1185	336	745		
2JK-4/10.5 2JK-4/11.5 2JK-4/20	2	4000	1800	180	125	47.5	1430	351	753		
2JK-5/10.5 2JK-5/11.5	2	5000	2300	230	160	52	1705	565			

钢丝绳最大速度（m/s）	减速器及传动比		电动机		外形尺寸（长×宽×高）（m）	机器总重（不包括电气设备）（kg）	机器旋转部分变位重量（不包括电机）（kg）
			最大近似功率（kW）	转速（r/min）			
6.55 5，3.7 3.3，2.5	ZHLR-115	11.5 20 30	300 230，170 153，115	720 960，720 960，720	9.5×9×3.5	27300	7000 7200 32000
6.55 5，3.7 3.3，2.5	ZHLR-115	11.5 20 30	453 348，256 207，174	720 960，720 960，720	9×9×3.5	23100	5520 6080 6950
8.2，6.6，5.5 4.7，3.8 3.14，2.5	ZHLR-130	11.5 20 30	520，420，350 300，240 197，160	720，580，480 720，580 720，580	10×9.5×3.5	37000	11000 11500 12000
8.2，6.6，5.5 4.7，3.8 3.14，2.5	ZHLR-150	11.5 20 30	850，687，575 487，394 320，260	720，580，480 720，580 720，580	10×9.5×3.5	37300	11400 13100 13600
10，8，6.8 5.6，4.5 3.7，3	ZHLR-150	11.5 20 30	924，740，610 517，415 342，277	720，580，480 720，580 720，580	11×10×3.5	53100	16300 17000 17500
11.4，9.25，7.65 8.5，6.85，5.67 6.6，5.3，4.4	ZHLR-170Ⅲ ZHD_2R-180 （双机拖动）	11.5	1510，1225， 1025	720，580，480	13.5×12×3.55	74000 95000	23490 29700
11.6，9.6 10.5，8.7 6.1，5.1	ZHD_2R-180 （双机拖动） ZLR-200	10.5 11.5 20	1675，1385 1515，1255 880，725	580，480 580，480 580，480	13.5×13×3.55 14.5×13×3.55 14.5×13×3.55	 122000 95000	30000 30800 31800
11.95 10，9，5	ZD-Z×220 （双机拖动）	10.5 11.5	2200 2000	480 480	10×12×3.55	17500	50050 49000

①表中电动机功率计算时，其中“①”者为双钩提升，应另计算；

注：1. 本系列产品 JK2～3.5m 是由原 XKT 经结构改进变型的，JK4～5m 是由原仿苏产品经结构改进变型的，选用时应加区别；

2. 型号的符号意义，如 2JK-2.5/11.5：“2”为双筒，“J”指卷扬机，“K”指矿井，2.5 为卷筒名义直径（m），11.5 为减速器速比；

3. 表内钢丝绳是按箕斗提升时的安全系数 $m\geqslant6.5$ 选配的，如需提高安全系数，可选用强度 >1850MPa 的钢绳。钢丝绳的允许最小的出绳角，单、双筒提升机的下出绳角为15°，上出绳角为0°；

4. 选用本系列产品时尚应注意：(a) 产品另配有动力制动和低频微拖两种控制方式电源，选用时应加说明；(b) 2.0m 和 2.5m 的单、双筒提升机的卷筒，具有整体和两半卷筒的形式，应加区别；(c) 3.5m、4m 和 5m 双筒提升机配有单机和双机两种减速器，如主电机功率超过 1000kW 时，则必须采用双电机拖动。

附表 4-56 JKA 型矿用提升机主要技术性能

型号	卷筒 个数	卷筒 直径 (m)	卷筒 宽度 (m)	卷筒 两中心卷筒距 (m)	钢丝绳 最大静张力 (kN)	钢丝绳 最大静张力差 (kN)	钢丝绳 最大直径 (mm)	提升高度或长度 一层缠绕 绳槽/木衬 (m)	提升高度或长度 二层缠绕 绳槽/木衬 (m)	提升高度或长度 三层缠绕 绳槽/木衬 (m)	最大提升速度 (m/s)	减速器 型号	减速器 传动比	电动机 最大功率计算值 (kW)	电动机 转速 (r/min)	旋转部分变位质量(除电动机和天轮)(t)	机器外形尺寸(长×宽×高)(不包括电机尺寸)(m)	机器重量(除电控设备和电动机)绳槽/木衬(t)
JK-2/20A	1	2	1.5		60	60	24.5	275/306	613/669	996/1044	5.11 / 3.82	PTH800（2）	20	326 / 244	975 / 730	10.14	10.4×8.7×2.9	34.89/33.76
JK-2/30A											3.40 / 2.55		30	218 / 163	975 / 730	11.09		
JK-2.5/20A	1	2.5	2		90	90	31	386/403	803/843	1253/1324	4.78 / 3.80	PTH1000（2）	20	458 / 364	730 / 580	21.39	13.0×9.7×2.9	54.77/53.82
JK-2.5/30A											3.19 / 2.53		30	306 / 243	730 / 580	20.67		
JK-3/20A	1	3	2.2		130	130	37	431/460	894/930	1395/1460	5.73 / 4.66 / 3.81	PTH1250（2）	20	794 / 631 / 528	730 / 580 / 485	28.28	13.5×10.5×2.9	77.06/74.79
2JK-2/11.5A	2	2	1	1.09	60	40	24.5	164/177	357/397	573/628	6.65	PTH710（2）	11.5	283	730	10.01	12.7×9.5×2.9	37.71/36.46
2JK-2/20A											5.11 / 3.82		20	218 / 163	975 / 730	11.40		
2JK-2/30A											3.40 / 2.55		30	145 / 109	975 / 730	11.94		
2JK-2.0/11.5A	2	2.5	1.2	1.29	90	55	31	205/215	435/460	700/745	8.31 / 6.60 / 5.52	PTH900（2）	11.5	487 / 387 / 324	730 / 580 / 485	17.66	13.9×9.5×2.9	54.98/53.20
2JK-2.5/20A											4.78 / 3.80		20	280 / 223	730 / 580	20.71		
2JK-2.5/30A											3.19 / 2.53		30	187 / 148	730 / 580	23.64		

续附表 4-56

型号	卷筒				钢丝绳			提升高度或长度			最大提升速度（m/s）	减速器		电动机		旋转部分变位质量（除电动机和天轮）(t)	机器外形尺寸（长×宽×高）（不包括电机尺寸）(m)	机器重量（除电控设备和电动机）绳槽/木衬(t)
	个数	直径（m）	宽度（m）	两卷筒中心距（m）	最大静张力（kN）	最大静张力差（kN）	最大直径（mm）	一层缠绕 绳槽/木衬（m）	二层缠绕 绳槽/木衬（m）	三层缠绕 绳槽/木衬（m）		型号	传动比	最大功率计算值（kW）	转速（r/min）			
2JK-3/11.5A											9.97 7.92 6.62		11.5	850 675 565	730 580 485	27.23		
2JK-3/20A	2	3	1.5	1.59	130	80	37	262/282	551/596	875/955	5.73 4.56	PTH1000（2）	20	489 348	730 580	27.94	14.5×10.0×2.9	74.11/70.89
2JK-3/30A											3.82 3.04		30	326 259	730 580	27.44		
2JK-3.5/11.5A	2	3.5	1.7		170	115	43	310/329	648/690		11.63 9.24 7.73	PTH1250（2）	11.5	1426 1136 947	730 580 485	30.96		
2JK-3.5/20A											6.69 5.31 4.44		20	820 651 545	730 580 485	34.40		99.60/96
2JK-4/11.5A	2	4	2.1		210	140	47.5				10.36 8.83		11.5	1576 1318	580 485			
2JK-4/20A											6.07 5.08		20	906 758	580 485			
2JK-5/11.5A	2	5	2.3		260	180	52				13.20 11.04		11.5	2533 2118	580 485			

附表 4-57　JKM 型多绳摩擦式提升机技术参数表

机器型号	总图号	主导轮直径（m）	导向轮直径（m）	钢丝绳最大直径		钢丝绳根数	钢绳最大静张力 10^4N	钢绳最大静张力差 10^4N	钢绳间距（mm）	最大提升速度（m/s）	重　量	
				有导向轮（mm）	无导向轮（mm）						最大不可拆件重（t）	机器总重量（t）
JKM-1.85/4（Ⅰ）	125C	1.85			23	4	20.4	6	200	9.7	6.17	29.3
JKM-1.85/4（Ⅱ）	137	1.85			23	4	20.4	6	200	9.7	6.95	34.0
JKM-2/4（Ⅰ）	124C	2			25	4	24.4	6	200	10.5	6.37	29.5
JKM-2/4（Ⅱ）	138	2			25	4	24.4	6	200	10.5	7.16	34.0
JKM-2.25/4（Ⅰ）	127C	2.25	2	22.5	28	4	21/24.4①	6	200	11.8	7.14	30.3
JKM-2.25/4（Ⅱ）	139	2.25	2	22.5	28	4	21/24.4①	6	200	11.8	7.93	35.4
JKM-2.8/4（Ⅰ）	128C	2.8	2.5	28		4	30	9	300	11.8	13.1	48.9
												49.1
												49.2
JKM-2.8/4（Ⅱ）	133C	2.8	2.5	28		4	30	9.5	300	11.8	13.6	54.9
												54.6
												54.7
JKM-3.25/4（Ⅰ）	129C	3.25	3	32.5		4	45	14	300	12	18.3	64.4
												64.9
												65
JKM-3.25/4（Ⅱ）	130C	3.25	3	32.5		4	45	14	300	12	18.5	64.4
												64.1
												64.2
JKM-2.8/6（Ⅰ）	134C	2.8	2.5	28		6	52.9	15	250	14.75	19.8	66.1
												64.1
												64.2
JKM-2.8/6（Ⅱ）	136	2.8	2.5	28		6	52.9	15	250	14.75	22.6	71.3
												71.3
												71.3
JKM-2.8/6（Ⅲ）	143	2.8	2.5	28		6	52.9	15	250	14.75	22.6	46.3
JKM-4/4（Ⅰ）	132C	4	3	40		4	60	18	300	14	26.2	82.3
												83.5
												83.5
JKM-4/4（Ⅱ）	140	4	3	40		4	60	18	300	14	29.3	94.7
												95.3
JKM-3.5/6（Ⅱ）		3.5	3	35		6	80	23	250	13		
JKM-3.5/6（Ⅲ）	135	3.5	3	35		6	80	23	250	14	28.6	55.6

注：机器型号的（Ⅰ）表为弹性基础减速器，（Ⅱ）表为刚性基础，（Ⅲ）表为无减速器；

生产厂：洛阳矿山机械厂。

①分子是指有导向轮时的最大静张力；分母是指无导向轮时的最大静张力。

附表 4-58 JKD 多绳摩擦式提升机的技术参数

技术参数	型号								
	JKD-1.85×4	JKD-2×4	JKD-2.25×4	JKD-2.8×4	JKD-2.8×6	JKD-3.25×4	JKD-4×4	JKD-4×6	JKD2-4×6
主导轮直径（m）	1.85	2	2.25	2.8	2.8	3.25	4	4	4
钢绳根数	4	4	4	4	6	4	4	6	6
钢绳最大静张力差:带导向轮(10^4N)			6.5	10	14	13	18	20	27
无导向轮(10^4N)	6.5	6.5	7						
带导向轮(10^4N)			21.5	33.5	48.5	45	70	95	103
钢绳最大静张力：无导向轮（10^4N）	22	25	31						
带导向轮（10^4N）			22	28	28	32	39.5	39.5	39.5
钢绳最大直径（mm）：无导向轮	23	24	28						
钢绳间距（mm）	200	200	200	250	250	300	300	300	300
最大提升速度（m/s）	7.78	10	10	10	11.95	14	12	11.75	14
导向轮直径（m）			2	2.5	2.5	3	3.2	3.2	3.2
重量（不包括电器）（t）	17.4				50		72	91	

注：上海冶金矿山机械厂制造。

附表 4-59 JKMD 型落地式多绳提升机技术参数

机器型号	主导轮直径（m）	天轮直径（m）	钢丝绳				最大提升速度（m/s）	钢丝绳仰角（°）
			最大静拉力（kN）	最大静拉力差（kN）	最大直径（mm）	间距（mm）		
JKMD-2.25×2	2.25	2.25	105	25	22	300	10	50~90
JKMD-2.8×2	2.8	2.8	165	45	28	300	10	50~90
JKMD-2.8×4	2.8	2.8	335	95	28	300	10	50~90
JKMD-3.5×2	3.5	3.5	265	70	35	300	10	50~90
JKMD-3.5×4	3.5	3.5	525	140	35	300	13	50~90
JKMD-4×2	4	4	340	95	30.5	350	12	50~90
JKMD-4×4	4	4	630	180	39.5	350	14	50~90
JKMD-4.5×4	4.5	4.5	900	220	45	350	14	50~90
JKMD-5×4	5	5	1070	270	50	350	14	50~90
JKMD-5.5×4	5.5	5.5	1300	340	55	350	14	50~90
JKMD-6×4	6	6	1570	420	57	350	14	50~90

注：表中落地式多绳提升机，可根据用户需要进行设计。洛阳矿山机器厂和上海冶金矿山机械厂生产。

附表 4-60　冶金矿山竖井单绳罐笼系列型谱

罐笼类型	罐笼代号[1]	断面尺寸（mm）	适应矿车类型	最大载重（t）	自重[2]（t）	钢绳终端质量（t）	乘人数
1 号单层	YJGS-1. 3-1 YJGG-1. 3-1	1300×980	YGC0. 5（6）	1. 2	1. 15	2. 35	6
2 号单层	YJGS-1. 8-1 YJGG-1. 8-1	1800×1150	YGC0. 7（6） YGC0. 5（6） YFC0. 5（6）	2. 2	2	4. 2	10
2 号 a 单层	YJGS-1. 8a-1 YJGG-1. 8a-1	1800×1150	YGC0. 7（6） YGC0. 6（6） YFC0. 5（6）	1. 7	1. 5	3. 2	10
3 号单层	YJGS-2. 2-1 YJGG-2. 2-1	2200×1350	YGC1. 2$\binom{6}{7}$ YCC1. 2（6） YFC0. 7$\binom{6}{7}$ YFC0. 5（6）	4. 2	3. 8	8	15
3 号 a 单层	YJGS-2. 2a-1 YJGG-2. 2a-1	2200×1350	YGC1. 2$\binom{6}{7}$ YCC1. 2（6） YFC0. 7$\binom{6}{7}$ YFC0. 5（6）	3. 3	3	6. 3	15
4 号单层	YJGS-3. 3-1 YJGG-3. 3-1	3300×1450		6. 7	6	12. 7	25
4 号 a 单层	YJGS-3. 3a-1 YJGG-3. 3a-1	3300×1450	YCC2$\binom{6}{7}$ YGC2$\binom{6}{7}$ YFC0. 5×2（6）	4. 8	4. 3	9. 1	25
5 号单层	YJGG-4-1	4000×1450	YFC0. 7×2（6）	5	4. 5	9. 5	30
2 号双层	YJGS-1. 8-2 YJGG-1. 8-2	1800×1150	YGC0. 7×2（6） YFC0. 5×2（6） YGC0. 5×2（6）	4. 4	4	8. 4	20
2 号 a 双层	YJGS-1. 8a-2 YJGG-1. 8a-2	1800×1150	YGC0. 7×2（6） YFC0. 5×2（6） YGC0. 5×2（6）	3. 4	3. 1	6. 5	20
3 号 a 双层	YJGS-2. 2a-2 YJGG-2. 2a-2	2200×1350	YGC1. 2×2$\binom{6}{7}$ YCC1. 2×2$\binom{6}{7}$ YFC0. 5×2（6） YFC0. 7×2$\binom{6}{7}$	6. 6	6	12. 6	30
4 号 a 双层	YJGS-3. 3a-2 YJGG-3. 3a-2	3300×1450	YCC2 $\binom{6}{7}$ YGC2 $\binom{6}{7}$ YFC0. 5×4（6）	5. 4	4. 9	10. 3	50
6 号双层	YJGG-4-2	4000×1800	YFC0. 7×2$\binom{6}{7}$	5	5	10	76

注：罐笼自重系初步估计。

附表 4-61 矿山竖井多绳

罐笼类型	罐笼图号	罐笼代号	适应矿车类型	断面尺寸（mm）	载重（t）
1号单层罐笼	YGL1	YMGS-1.3-1		1300×980	1.2
	YGL2	YMGG-1.3-1			
2号单层罐笼	YGL3	YMGS-1.8-1-Z_3(6)	YGC0.5(6)	1800×1150	2.2
	YGL4	YMGS-1.8-1-Z_4(6)	YGC0.7(6)		
	YGL5	YMGG-1.8-1-Z_3(6)	YGC0.5(6)		
	YGL6	YMGG-1.8-1-Z_4(6)	YFC0.5(6)		
3号单层罐笼	YGL7	YMGS-2.2-1-$Z_5\binom{6}{7}$	YGC1.2$\binom{6}{7}$	2200×1350	4.2
	YGL8	YMGG-2.2-1-$Z_5\binom{6}{7}$	YFC0.7$\binom{6}{7}$ YCC1.2(6)		
4号单层罐笼	YGL9	YMGS-3.3-1-$Z_1\binom{6}{7}$	YGC2$\binom{6}{7}$	3300×1450	6.7
	YGL16	YMGG-3.3-1-$Z_1\binom{6}{7}$	YCC2$\binom{6}{7}$		
	YGL10	YMGS-3.3-1-Z_6(6)	YFC0.5×2(6)		
	YGL13	YMGG-3.3-1-Z_6(6)			
	YGL11	YMGS-3.3-1-Z_7(6)	YGC2(6)		
	YGL14	YMGG-3.3-1-Z_7(7)	YCC2(6)		
	YGL12	YMGS-3.3-1-Z_7(7)	YGC2(7)		
	YGL15	YMGG-3.3-1-Z_7(7)			
5号单层罐笼	YGL18	YMGG-4(1)-1-$Z_6\binom{6}{7}$	YFC0.7×2$\binom{6}{7}$	4000×1450	10
	YGL43	YMGS-4(1)-1-Z_8(6)	YGC1.2×2(6)		
	YGL45	YMGG-4(1)-1-Z_8(6)			
	YGL46	YMGG-4(1)-1-Z_8(7)	YGC1.2×2(7)		

罐笼系列型谱

自重[①]（t）	钢绳终端重量（t）	提升绳		尾　绳		乘人数	下放大件名称	最大提升高度（m）	平衡锤规格	
		直径（mm）	根数	直径（mm）	根数				断面尺寸（mm）	重量（t）
1.446	3.45～6	15.5～22.5	4	20～25	2	6		1000	1000×300	1.4
1.475										
2.026	5.7～8.2	15.5～20.5	4	22～30	2	10	ZCZ-17型装岩机	1000	1000×300	3.7
2.026										
2.026										
2.059										
2.563	11～16.5	21～26.5	4	32～40	2	15	东风-2型装岩机	1000	1200×400	7.3
2.9										
3.822	16.6～25.2	23～25.5	4	37～40.5	2	25	3吨电机车 ZYQ-12G装运机	1000	1500×500	11.2
4.174										
3.958										
4.376										
4.364										
4.741										
4.394										
4.743										
6.026	25.8～36	25.5～30	4～6	40～46.5	2～3	30	3吨电机车 ZYQ-12G装运机	1000	1700×600	13.2
6.304										
6.814										
6.84										

罐笼类型	罐笼图号	罐笼代号	适应矿车类型	断面尺寸（mm）	载重（t）
6号单层罐笼	YGL19	YMGS-4(2)-1-Z_6	YFC0.7×2$\binom{6}{7}$	4000×1800	10
	YGL21	YMGG-4(2)-1-Z_6			
	YGL20	YMGS-4(2)-1-Z_7 Ⅱ	YGC2$\binom{6}{7}$		
	YGL22	YMGG-4(2)-1-Z_7 Ⅱ	YCC2$\binom{6}{7}$		
3号双层罐笼	YGL23	YMGS-2.2-2-$Z_5$$\binom{6}{7}$	YCC1.2×2(6) YGC1.2×2$\binom{6}{7}$ YFC0.7×2$\binom{6}{7}$	2200×1350	8.4
	YGL24	YMGG-2.2-2-$Z_6$$\binom{6}{7}$			
4号双层罐笼	YGL25	YMGS-3.3-2-$Z_1$$\binom{6}{7}$	YGC2×2$\binom{6}{7}$ YCC2×2$\binom{6}{7}$	3300×1450	13.4
	YGL29	YMGG-3.3-2-$Z_1$$\binom{6}{7}$			
	YGL26	YMGS-3.3-2-Z_6(6)	YFC0.5×4(6)		
	YGL30	YMGG-3.3-2-Z_6(6)			
	YGL27	YMGS-3.3-2-Z_7(6)	YGC2×2(6) YCC2×2(6)		
	YGL31	YMGG-3.3-2-Z_7(6)			
	YGL28	YMGS-3.3-2-Z_7(7)	YGC2×2(7)		
	YGL32	YMGG-3.3-2-Z_7(7)			
5号双层罐笼	YGL33	YMGS-4(1)-2-Z_8(6)	YGC1.2×4(6)	4000×1450	16
	YGL36	YMGG-4(1)-2-Z_8(6)			
	YGL34	YMGS-4(1)-2-$Z_6$$\binom{6}{7}$	YFC0.7×4$\binom{6}{7}$		
	YGL37	YMGG-4(1)-2-$Z_6$$\binom{6}{7}$			
	YGL35	YMGS-4(1)-2-Z_8(7)	YGC1.2×4(6)		
6号双层罐笼②	YGL39	YMGS-4(2)-2-Z_6	YFC0.7×4$\binom{6}{7}$	4000×1800	11
	YGL41	YMGG-4(2)-2-Z_6			
	YGL40	YMGS-4(2)-2-Z_7 Ⅱ	YGC2×2$\binom{6}{7}$ YCC2×2$\binom{6}{7}$		
	YGL42	YMGG-4(2)-2-Z_7 Ⅱ			

①罐笼自重不包括悬挂装置的重量，各参数均从施工图中收集；②此罐笼上层不进车。

续附表 4-61

自重①（t）	钢绳终端重量（t）	提升绳		尾　绳		乘人数	下放大件名称	最大提升高度（m）	平衡锤规格	
		直径（mm）	根数	直径（mm）	根数				断面尺寸（mm）	重量（t）
5.984	24.3～36.5	25.5～30	4～6	41～46.5	2～3	38	ZYQ-14 装运机 $4m^3$ 空车	1000	1700×600	13.7
6.31										
6.537										
6.458										
4.341	26.8～28.6	23～25.5	4	32～40	2	30		1000	1200×400	13.1
4.87										
7.847	28.6～36.3	25.5～30	4～6	40.5～46.5	2～3	50		1000	1500×500	20.7
7.732										
8.095										
8.147										
8.89										
8.947										
8.946										
7.86										
9.775	37～52.6	25.5～35	4～6	43.5～50	2～3	60		1000	1700×600	25.7
10.222										
9.227										
9.556										
9.885										
11	26.6～32	25.5～30	4～6	41～46.5	2～3	76	ZYQ-14 装运机 YGC4$\left(\frac{7}{9}\right)$ 矿车	1000	1700×600	18.3
8.962										
9.208										
9.575										

附表 4-62 翻转式箕斗及附属设备主要规格性能

型号	名称	图号	几何容积（m^3）	最大载重量（t）	斗箱内空尺寸（mm）	最大外形尺寸（mm）		箕斗自重（t）	矿石块度（mm）	钢丝绳罐道						
										罐道绳				悬挂拉紧形式	最大工作负荷（10^4N）	图号
										直径 φ（mm）	数量	间距				
					长×宽	长×宽	高					左右	前后			
FJD1.2（2.5）	1.2m^3 翻转式箕斗	YJD49	1.2	2.5	1000×900	1134×1338	3462	2.3	0～400	30.5	4	1195	600	液压拉紧 重锤拉紧	12	YSG1 YSG3
FJD1.6（3.5）	1.6m^3 翻转式箕斗	YJD50	1.6	3.5	1000×900	1134×1338	4102	2.717	0～400	32	4	1195	600	液压拉紧 重锤拉紧	12	YSG1 YSG3
FJD2（4）	2m^3 翻转式箕斗	YJD51	2	4	1100×1000	1236×1452	4321	3.675	0～400	34	4	1316	680	液压拉紧 重锤拉紧	12	YSG1 YSG3
FJD2.5（5.5）	2.5m^3 翻转式箕斗	YJD52	2.5	5.5	1100×1000	1236×1452	4831	4.184	0～400	35.5	4	1316	680	液压拉紧 重锤拉紧	12	YSG1 YSG3
FJD3.2（7）	3.2m^3 翻转式箕斗	YJD53	3.2	7	1400×1100	1548×1584	4960	5.076	0～500	38.5	4	1446	740	液压拉紧 重锤拉紧	20	YSG2 YSG4
FJD4（8.5）	4m^3 翻转式箕斗	YJD54	4	8.5	1400×1100	1548×1584	5605	5.955	0～500	40.5	4	1446	740	液压拉紧 重锤拉紧	20	YSG2 YSG4

型号	刚性罐道罐耳		计量装置（计容）							卸载装置			箕斗配置形式	提升机钢丝绳直径（φ）（mm）	井筒直径（供参考）（m）
	罐耳断面尺寸（mm）	间距（mm）	型号	板矿口尺寸（mm）	溜槽倾角（°）		中心距（mm）	适用罐道型式	图号	型式	自重（t）	图号			
				宽×高	上部	下部									
FJD1.2（2.5）	170×50	1115	FJLF（1.2）	800×800	40	45	1700	钢丝绳 刚性	YJD61	固定曲轨	1.823	YJD55	双	18～24.5	4
FJD1.6（3.5）	170×50	1115	FJLF（1.6）	800×800	40	45	1700	钢丝绳 刚性	YJD62	固定曲轨	2.041	YJD56	双	20～26.5	4
FJD2（4）	200×65	1240	FJLF（2）	900×800	40	45	1850 1700	钢丝绳 刚性	YJD63 YJD63A	固定曲轨	2.689	YJD57	双	22～30	4
FJD2.5（5.5）	200×65	1240	FJLF（2.5）	900×800	40	45	1700 1850	刚性 钢丝绳	YJD64 YJD64A	固定曲轨	2.902	YJD58	双	24～34	4
FJD3.2（7）	200×68	1370	FJLZ（3.2）	1000×1000	40	45	1930	钢丝绳 刚性	YJD65	固定曲轨	3.627	YJD59	双	28～37	4.5
FJD4（8.5）	200×68	1370	FJLZ（4）	1000×1000	40	45	1930	钢丝绳 刚性	YJD66	固定曲轨	3.886	YJD60	双	32～43	4.5

附表 4-63 底卸式箕斗及附属设备主要规格性能

型号	名称	图号	几何容积（m^3）	最大载重量（t）	斗箱内尺寸（mm）	最大外形尺寸（mm）		箕斗自重（t）	排矿口尺寸（mm）	箕斗全高（包括绳夹）（mm）
					长×宽	长×宽	高			
DJS1/2-3.2（7）	3.2m^3 底卸式箕斗	YJD2	3.2	7	1346×1214	1623×1590	7800	7.807	820	10157
DJD1/2-3.2（7）	3.2m^3 底卸式箕斗	YJD2A	3.2	7	1346×1214	1623×1696	7800	7.650	820	9507
DJS1/2-4（8.5）	4m^3 底卸式箕斗	YJD3	4	8.5	1346×1214	1623×1590	8450	8.920	820	11140
DJD1/2-4（8.5）	4m^3 底卸式箕斗	YJD3A	4	8.5	1346×1214	1623×1896	8450	8.686	820	10447
DJS1/2-5（11）	5m^3 底卸式箕斗	YJD4	5	11	1646×1204	1773×1590	8477	10.309	975	11587
DJD1/2-5（11）	5m^3 底卸式箕斗	YJD4A	5	11	1646×1204	1773×1696	8477	9.977	975	10787
DJS1/2-6.3（13.5）	6.3m^3 底卸式箕斗	YJD5	6.3	13.5	1646×1204	1773×1590	9307	11.109	945	12417
DJD1/2-6.3（13.5）	6.3m^3 底卸式箕斗	YJD5A	6.3	13.5	1646×1204	1773×1696	9307	10.777	945	11617
DJS2/2-8（17）	8m^3 底卸式箕斗	YJD6	8	17	1800×1388	1900×1744	9825	14.599	1040	13480
DJS2/2-8（17）	8m^3 底卸式箕斗	YJD6A	8	17	1800×1388	1900×1744	9825	14.375	1040	13050
DJD2/2-8（17）	8m^3 底卸式箕斗	YJD6B	8	17	1800×1388	1900×2136	9825	13.910	1040	12560
DJD2/3-8（17）	8m^3 底卸式箕斗	YJD6C	8	17	1800×1388	1900×2136	9826	13.850	1040	12130
DJS2/2-9Ⅰ（19）	9Ⅰ底卸式箕斗	YJD7	9	19	1800×1388	1900×1744	10365	15.399	1020	14020
DJS2/3-9Ⅰ（19）	9Ⅰ底卸式箕斗	YJD7A	9	19	1800×1388	1900×1744	10365	15.075	1020	13590
DJD2/2-9Ⅱ（19）	9Ⅱ底卸式箕斗	YJD8	9	19	1620×1808	1790×2136	10114	16.780	914	12914
DJD2/3-9Ⅱ（19）	9Ⅱ底卸式箕斗	YJD8A	9	19	1620×1808	1790×2136	10114	16.450	910	12484
DJD2/2-11Ⅱ（23.5）	11Ⅱ底卸式箕斗	YJD10	11	23.5	1620×1808	1790×2136	10914	18.080	900	13714
DJD2/3-11Ⅱ（23.5）	11Ⅱ底卸式箕斗	YJD10A	11	23.5	1620×1808	1790×2136	10914	17.750	900	13284
DJD2/2-14（30）	14m^3 底卸式箕斗	YJD11	14	30	1620×1808	1790×2236	12214	18	870	
DJD2/3-14（30）	14m^3 底卸式箕斗	YJD11A	14	30	1620×1808	1790×2236	12214	18	870	
DJD2/2-17（36）	17m^3 底卸式箕斗	YJD12	17	36	2000×2140	2150×2506	11774	23.8	1160	
DJD2/3-17（36）	17m^3 底卸式箕斗	YJD12A	17	36	2000×2140	2150×2506	11774	23.8	1160	

注：1. 表中相同规格带有“Ⅰ”表示双箕斗提升所用的箕斗，“Ⅱ”表示单箕斗提升所用的箕斗；2. 矿石块度均为 0～350mm。

续附表 4-63

型号	钢丝绳罐道							楔型罐道罐耳	
	罐道绳				悬挂拉紧形式	最大工作负荷 (10^4N)	图号	罐耳断面尺寸 (mm)	间距 (mm)
	直径 (φ) (mm)	数量	间距 (mm) 左右	间距 (mm) 前后					
DJS1/2-3.2 (7)	38.5	4	1430	820	油压拉紧，重锤拉紧	20	YSG2 YSG4	200×132	1326
DJD1/2-3.2 (7)	38.5	4	1490	820	油压拉紧，重锤拉紧	20	YSG2 YSG4	200×132	1326
DJS1/2-4 (8.5)	38.5	4	1430	820	油压拉紧，重锤拉紧	20	YSG2 YSG4	200×132	1326
DJD1/2-4 (8.5)	38.5	4	1600	820	油压拉紧，重锤拉紧	20	YSG2 YSG4	200×132	1326
DJS1/2-5 (11)	40.5	4	1430	940	油压拉紧，重锤拉紧	20	YSG2 YSG4	200×120	1350
DJD1/2-5 (11)	40.5	4	1600	940	油压拉紧，重锤拉紧	20	YSG2 YSG4	200×120	1350
DJS1/2-6.3 (13.5)	40.5	4	1430	940	油压拉紧，重锤拉紧	20	YSG2 YSG4	200×120	1350
DJD1/2-6.3 (13.5)	40.5	4	1600	940	油压拉紧，重锤拉紧	20	YSG2 YSG4	200×120	1350
DJS2/2-8 (17)	40.5	4	1600	1090	油压拉紧，重锤拉紧	20	YSG2 YSG4	200×120	1504
DJS2/2-8 (17)	40.5	4	1600	1090	油压拉紧，重锤拉紧	20	YSG2 YSG4	200×120	1504
DJD2/2-8 (17)	40.5	4	2040	1040	油压拉紧，重锤拉紧	20	YSG2 YSG4	200×120	1504
DJD2/3-8 (17)	40.5	4	2040	1040	油压拉紧，重锤拉紧	20	YSG2 YSG4	200×120	1504
DJS2/2-9Ⅰ (19)	40.5	4	1600	1090	油压拉紧，重锤拉紧	20	YSG2 YSG4	200×120	1504
DJS2/3-9Ⅰ (19)	40.5	4	1600	1090	油压拉紧，重锤拉紧	20	YSG2 YSG4	200×120	1504
DJD2/2-9Ⅱ (19)	45	4	2040	980	油压拉紧，重锤拉紧	20	YSG2 YSG4 YSG5	220×120	1956
DJD2/3-9Ⅱ (19)	45	4	2040	980	油压拉紧，重锤拉紧	20	YSG2 YSG4 YSG5	220×120	1956
DJD2/2-11Ⅱ (23.5)	45	4	2040	980	油压拉紧，重锤拉紧	20	YSG2 YSG4 YSG5	220×120	1956
DJD2/3-11Ⅱ (23.5)	45	4	2040	980	油压拉紧，重锤拉紧	20	YSG2 YSG4 YSG5	220×120	1956
DJD2/2-14 (30)	45	4	2140	980	油压拉紧，重锤拉紧	20	YSG2 YSG4 YSG5	220×120	1956
DJD2/3-14 (30)	45	4	2140	980	油压拉紧，重锤拉紧	20	YSG2 YSG4 YSG5	220×120	1956
DJD2/2-17 (36)	50	4	2410	1060	重锤拉紧		YSG5	240×115	2340
DJD2/3-17 (36)	50	4	2410	1060	重锤拉紧		YSG5	240×115	2340

续附表 4-63

型号	平衡锤			计量装置（计重）				
	型号	重量（t）	图号	型号	放矿口尺寸（mm）宽×高	压磁测力装置（10^4N）	自重（t）	图号
DJS1/2-3.2（7）				DJL3.2（7）	850×950	20	8	YJD27
DJD1/2-3.2（7）	DJP2（10）	10	YJD39	DJL3.2（7）	850×950	20	8	YJD27
DJS1/2-4（8.5）				DJL4（8.5）	850×950	20	8.3	YJD28
DJD1/2-4（8.5）	DJP2（12）	12	YJD40	DJL4（8.5）	850×950	20	8.3	YJD28
DJS1/2-5（11）				DJL5（11）	850×1050	30	10.5	YJD29
DJD1/2-5（11）	DJP2（14）	14	YJD41	DJL5（11）	850×1050	30	10.5	YJD29
DJS1/2-6.3（13.5）				DJL6.3（13.5）	850×1050	30	10.2	YJD30
DJD1/2-6.3（13.5）	DJP2（16）	16	YJD42	DJL6.3（13.5）	850×1050	30	11.2	YJD30
DJS2/2-8（17）				DJL8（17）	910×1100	40	13	YJD31
DJS2/3-8（17）	J		YJD43	DJL8（17）	910×1100	40	13	YJD31
DJD2/2-8（17）	DJP2（20）	20	YJD44	DJL8（17）	910×1100	40	13	YJD31
DJD2/3-8（17）	DJP3（20）	20	YJD44A	DJL8（17）	910×1100	40	13	YJD31
DJS2/2-9Ⅰ（19）				DJL9Ⅰ（19）	910×1100	40	13.8	YJD32
DJS2/3-9Ⅰ（19）				DJL9Ⅰ（19）	910×1100	40	13.8	YJD32
DJD2/2-9Ⅱ（19）	DJP2（24）	24	YJD45	DJL9Ⅱ（19）	1200×1100	40	14.3	YJD33
DJD2/3-9Ⅱ（19）	DJP3（24）	24	YJD45A	DJL9Ⅱ（19）	1200×1100	40	14.3	YJD33
DJD2/2-11Ⅱ（23.5）	DJP2（28）	28	YJD46	DJL11Ⅱ（23.5）	1200×1100	40	16	YJD35
DJD2/3-11Ⅱ（23.5）	DJP3（28）	28	YJD46A	DJL11Ⅱ（23.5）	1200×1100	40	16	YJD35
DJD2/2-14（30）				DJL14（30）	1200×1100	50	18	YJD36
DJD2/3-14（30）	DJP3（33）	33	YJD47	DJL14（30）	1200×1100	50	18	YJD36
DJD2/2-17（36）				DJL17（36）	1600×1300	60	23.8	YJD37
DJD2/3-17（36）	DJP3（43）	43	YJD48	DJL17（36）	1600×1300	60	23.8	YJD37

续附表 4-63

型号	卸载装置			箕斗配置形式	井筒直径 φ（m）（供参考）	配用提升机型号（供参考）
	型式	自重（t）	图号			
DJS1/2-3.2（7）	固定曲轨，活动直轨	1.347　1.25	YJD15　YJD19	双	5	
DJD1/2-3.2（7）	固定曲轨，活动直轨	1.347　1.25	YJD15　YJD19	单	4.5	JKM2.25×4
DJS1/2-4（8.5）	固定曲轨，活动直轨	1.347　1.25	YJD15　YJD19	双	5	
DJD1/2-4（8.5）	固定曲轨，活动直轨	1.347　1.25	YJD15　YJD19	单	4.5	JKM2.8×4　JKM3.25×4
DJS1/2-5（11）	固定曲轨，活动直轨	1.347　1.451	YJD15　YJD20	双	5	
DJD1/2-5（11）	固定曲轨，活动直轨	1.347　1.451	YJD15　YJD20	单	4.5	JKM2.8×4　JKM3.25×4
DJS1/2-6.3（13.5）	活动直轨	1.451	YJD20	双	5	
DJD1/2-6.3（13.5）	活动直轨	1.451	YJD20	单	4.5	JKM2.8×4　JKM3.25×4
DJS2/2-8（17）	活动直轨	1.475	YJD21	双	5.5	
DJS2/2-8（17）	活动直轨	1.475	YJD21	双	5.5	
DJD2/2-8（17）	活动直轨	1.475	YJD21	单	4.5	JKM3.25×4　JKM4×4
DJD2/3-8（17）	活动直轨	1.475	YJD21	单	4.5	JKM2.8×6
DJS2/2-9Ⅰ（19）	活动直轨	1.475	YJD21	双	5.5	
DJS2/3-9Ⅰ（19）	活动直轨	1.475	YJD21	双	5.5	
DJD2/2-9Ⅱ（19）	活动直轨	1.79	YJD23	单	5	JKM4×4
DJD2/3-9Ⅱ（19）	活动直轨	1.79	YJD23	单	5	JKM2.8×6
DJD2/2-11Ⅱ（23.5）	活动直轨	1.79	YJD23	单	5	JKM4×4
DJD2/3-11Ⅱ（23.5）	活动直轨	1.79	YJD23	单	5	JKM2.8×6
DJD2/2-14（30）	活动直轨	1.79	YJD23	单	5	
DJD2/3-14（30）	活动直轨	1.79	YJD23	单	5	
DJD2/2-17（36）	活动直轨	2.235	YJD24	单	5	
DJD2/3-17（36）	活动直轨	2.235	YJD24	单	5	

附表 4-64 HJJ 系列斜井后卸式箕斗规格主要参数

箕斗型号	箕斗几何容积（m^3）	最大载重量（kg）	运行轨距 r（mm）	附加轨距 r_a（mm）	箕斗最大外形尺寸			配用计量装置型号	配用卸载曲轨型号
					长 L（mm）	宽 B（mm）	高 h（mm）		
HJJ11.5	11.5	20700	1685	2125	6770	2310	2470	HJJ11.5（JL）	HJJ11.5（QG）－20° HJJ11.5（QG）－25° HJJ11.5（QG）－30° HJJ11.5（QG）－35°
HJJ8.5	8.5	15600	1685	2095	5870	2285	2305	HJJ8.5（JL）	HJJ8.5（QG）－20° HJJ8.5（QG）－25° HJJ8.5（QG）－30° HJJ8.5（QG）－35°
HJJ6	6	10800	1540	1930	5248	2114	1922	HJJ6（JL）	HJJ6（QG）－20° HJJ6（QG）－25° HJJ6（QG）－30° HJJ6（QG）－35°
HJJ4.5	4.5	8100	1350	1750	4835	1918	1855	HJJ4.5（JL）	HJJ4.5（QG）－20° HJJ4.5（QG）－25° HJJ4.5（QG）－30° HJJ4.5（QG）－35°
HJJ3	3	5400	1250	1610	3727	1800	1667	HJJ3（JL）	HJJ3（QG）－20° HJJ3（QG）－25° HJJ3（QG）－30° HJJ3（QG）－35°

附表 4-65 HJJ 系列计量装置规格主要参数

计量器型号	计量器名义容积（m^3）	计量器					放矿闸门							配用箕斗型号
		底板倾角（°）	导料溜槽出口尺寸		气缸		底板倾角（°）	溜槽出口尺寸		溜槽进口尺寸		气缸		
			宽（mm）	高（mm）	直径（mm）	行程（mm）		宽（mm）	高（mm）	宽（mm）	高（mm）	直径（mm）	行程（mm）	
HJJ11.5（JL）	11.5	45	950	1000	360	1100	50	1200	1000	1200	1150	300	900	HJJ11.5
HJJ8.5（JL）	8.5	45	950	1000	360	1000	50	1200	1000	1200	1150	300	900	HJJ8.5
HJJ6（JL）	6	45	900	1000	300	900	50	1200	1000	1200	1150	300	1000	HJJ6
HJJ4.5（JL）	4.5	45	700	900	250	1000	50	1100	900	1100	1050	250	1000	HJJ4.5
HJJ3（JL）	3	45	700	900	250	1000	50	1100	900	1100	1050	250	1000	HJJ3

附表 4-66 斜井人车规格主要参数

产品名称	型号规格	乘人数	安全制动方式	轨距（mm）	最大牵引力（kN）	最大速度（m/s）	巷道角度（°）	转弯半径（m）	转向架中心距（m）	外形尺寸（mm）	自重（t）	参考价格（元）
斜井人车	XRC10-6/6S	10	插爪	600	60	4	6~30	水平垂直12	3.2	4970×1024×1474	1.702	5400
斜井人车	XRC10-6/6W	10	插爪	600	60	4	6~30	水平垂直12	3.2	4970×1024×1474	1.821	5400
斜井人车	XRC15-6/6S	15	插爪	600	60	4	6~30	水平垂直12	3.2	4970×1200×1474	1.767	5750
斜井人车	XRC15-6/6W	15	插爪	600	60	4	6~30	水平垂直12	3.2	4970×1200×1474	1.908	5850
斜井人车	XRC15-7/6S	15	插爪	762	60	4	6~30	水平垂直12	3.2	4970×1200×1474	1.85	5750
斜井人车	XRC15-7/6W	15	插爪	762	60	4	6~30	水平垂直12	3.2	4970×1200×1474	1.90	5850
斜井人车	XRC15-9/6S	15	插爪	900	60	4	6~30	水平垂直12	3.2	4970×1334×1474	1.85	5750
斜井人车	XRC15-9/6W	15	插爪	900	60	4	6~30	水平垂直12	3.2	4970×1334×1474	1.90	5850
斜井人车	XRC20-9/6S	20	插爪	900	60	4	6~30	水平垂直12	3.2	4970×1540×1474	1.97	6000
斜井人车	XRC20-9/6W	20	插爪	900	60	4	6~30	水平垂直12	3.2	4970×1540×1474	2.09	6100
斜井人车	XRB15-6/6S	15	抱轨	600	60	4	10~40	水平垂直12	1.3	4203×1200×1538	2.20	S1S2 13500
斜井人车	XRB15-6/6W	15	抱轨	600	60	4	10~40	水平垂直12	1.3	3928×1200×1538	1.00	W1W2 6000

附表 4-67 斜坡提升箕斗的主要技术规格

斗箱容积(m^3)	最大载重(kg)	外形尺寸			使用倾角(°)	最大块度(mm)	最大牵引力(N)	轨距(mm)	卸载曲轨轨距(mm)	车轮直径(mm)	轴距(mm)	卸载方式	自重(kg)	箕斗图号	卸载曲轨图号	资料来源
		长(mm)	宽(mm)	高(mm)												
0.59	1000	3110	1152	947	45~70			900	1040	300	800	前翻	750	013794	0108179	北京有色冶金设计院
1.5	3190	4925	1714	1280	20	300		900	1600	350		前翻	1840	011617	014625	北京有色冶金设计院
1.5		1835	1432	945	20			900	640	300	1500	前翻	1028	2 备 37	2 备 36	鞍山矿山设计院
2.5		3968	1406	1280	30~35		67000	1100	1295	400	2000	后卸	2900	CS7	CS603	长沙矿山研究院
3.5	6000	3870	1040	1460	20~40		75000	1200	1400	450	2500	后卸	4050	2 备 40	2 备 49	鞍山矿山设计院
3.24	7950	6130	1550	1740				1200	1430	400	2000	前翻	3200	01089		北京有色冶金设计院
3.87		5940	1720	1470				1200		400	2000	前翻	3823	01199		北京有色冶金设计院
4.65	6000	6880	1700	1600	30	350	62000	1400	1600	450	1900	后卸	3480	1.8 备 14	1840	鞍山矿山设计院
6.0	9000	4660	2160	1700	30	550	70000	1680	2000	450	1900	后卸	4350	备采 5		长沙矿山研究院
8.8	12000	6220	2300	2300	14	450		1700	2100	600	3200	后卸	10240	TK0385	TK0385	昆明有色冶金设计院
12	20000	10380	3200	2440	25~40		260000	2000	3000	650	45000	前翻	20000	2 备 33	2 备 45/44	鞍山矿山设计院
18.83	36000	8630	3820	2756	15	1200	160000	3600	3600		3000	后卸	26500	CS1005		长沙矿山研究院
30	50000	9045	4290	3595	33.5	1900		3320	4020			后卸	45000	2 备 80		鞍山矿山设计院

附表 4-68 斜坡提升台车的主要技术规格

名称	台面尺寸（mm）		台面轨距（mm）	倾角（°）	轨距（mm）	轮径（mm）	轴距（mm）	台面轨道中心间距（mm）	矿车类型	一次装车辆数	自重（kg）	图号	资料来源
	长	宽											
台车	2060	1800	600	15	1435	300	1700		0.6m^3 矿车	1	902	05015844	北京有色冶金设计院
台车	2360	1600	600	20	900	300	1900	1180	0.55m^3 翻斗车	2	1151	通用 CJ-27	长沙有色冶金设计院
3.5t 台车	2200	1800	600	20	1435	400	2050		3.5t 矿车	1	997	通用 CJ-463	长沙有色冶金设计院
单车台车	300	2000	600	23	435	400	1900		0.55m^3 翻斗车 10t 平板车	1	1312	通用 CJ-102	长沙有色冶金设计院
单车台车	1600	1120	600	24	900	350	1690		0.6m^3 矿车	1	694	通用 CJ-821	长沙有色冶金设计院
2t 台车	2000	1800	600	28.5	435	300	1600		0.75m^3 翻斗车 10t 平板车	1	855	05012681	北京有色冶金设计院
台车	3595	2300	600	22	1435	400	2300			1	1085	4 备 71	鞍山矿山设计院
台车	2000	1500	600	30	900	400	1500			1	2285	4 备 38	
台车	2610	2100	600	32	1300	450	2200	1200	KF-0.7S	2	1802	通用 CJ-570	浏阳磷矿
台车	1500	1020	600	35	900	350	1500		1.5t 单矿车	1	873	通用 CJ-195	
台车	2360	1600	600	35	900	400	1900	1180	0.55m^3 翻斗车	2	1231	通用 CJ-495	黄沙坪矿
双车台车	2000	1130	600	35.5	1100	450	2400	1250	0.75m^3 翻斗车	2	2111	通用 CJ-105	长沙有色冶金设计院
2t 台车	2000	1525	600	37	1200	300	1450		0.75m^3 翻斗车	1	813	05012128	北京有色冶金设计院
台车	2283	1900	750	37	750	400	1500		0.7m^3 矿车	2	1574	4 备 63	鞍山矿山设计院
3t 台车	2100	1800	600	40	1435	300	1700		0.55m^3 翻斗车		955	05015018	北京有色冶金设计院
台车	2000	2000	900	45	900	400	1500			1	2285	4 备 88	鞍山有色冶金设计院
台车	2150	1800	600	47	1000	400	2550	1050		1	1460	4 备 60	鞍山有色冶金设计院
台车	2150	1800	600	40	100	400	2300	1050		4	1470	4 备 85	鞍山有色冶金设计院
台车	2120	2000	600	50	1300	600	5500	2240	0.55m^3 翻斗车	4	2086	通用 CJ-404	长沙有色冶金设计院

附表 4-69 JTP 及 JTK 型提升绞车技术参数

型号	容绳量	载荷 kN		卷筒			减速比	钢丝绳			配套电机		外形尺寸（长×宽×高）	重量
	m	最大静张力	最大静张力差	个数（个）	直径（mm）	宽度（mm）		直径 mm	速度 m/s	缠绕层数	功率 kW	转速 r/min	mm	kg
JTP-1.2	660	30		1	1200	1000	24	20.5	2.5 1.84	4	75 55	980 730	4630×1300×1450	7000
2JTP-1.2	520	30	20	2	1200	800	24	20.5	2.5 1.84	4	55 40	980 730	5480×4300×1450	8000
JTP-1.6	880	45		1	1600	1200	20	24.5	4 3.06 2.45	4	185 130 115	980 730 585	5826×1800×1925	11000
2JTP-1.6	640	45	30	2	1600	900	20	24.5	4 3.06 2.45	4	130 95 80	980 730 585	6671×4600×1925	12000
JTK-1.2	650	30		1	1200	1000	24	20.5	2.5 1.84	4	75 55	980 730	4721×3047×2063	7300
2JTK-1.2	500	30	20	2	1200	800	24	20.5	2.5 1.84	4	55 40	980 730	5421×3047×2063	8630
JTK-1.6	900	45		1	1600	1200	20	24.5	4 3.06 2.45	4	185 130 115	980 730 585	5876×3836×2063	11730
2JTK-1.6	650	45	30	2	1600	900	20	24.5	4 3.06 2.45	4	130 95 80	980 730 585	6456×3836×2063	14610

注：1. 生产厂家为锦州矿山机械厂；

2. 配套电机电压均为3800V。

附表 4-70 固定的活塞式空气压缩机规格

技术性能	空气压缩机型号				
	3L-10/8	4L-20/8	2L3. 5-20/7	ZL5. 5-40/7	5L/40/8
型 式	L	L 无基础	L 无基础	L 无基础	L
冷却方式	水	水	水	水	水
活塞行程（mm）	200	240	120	180	240
转数（r/min）	480	400	980	600	428
排气量（m^3/min）	10	20	20	40	40
排气压力（MPa）	0. 8	0. 8	0. 7	0. 7	0. 8
轴功率（kW）	59	118	103	202	220
电动机：				$TDK_2$99/27-10	TDK118/24-14
型 号	JR115-6	JR127-8	YW112-6/560	230	250
功率（kW）	75	130	112	6000	6000
电压（V）	380	380	380	2300	2960
重量（kg）	1100	1620		9. 6	8. 5
冷却水消耗量（m^3/h）	2. 4	3. 5	4. 8	150	150
气缸耗油量（g/h）	75	105	105	2890	3250
外形尺寸：				1600	1640
长（mm）	1900	2200	2121	2367	2430
宽（mm）	890	1150	1731	主机 3700	5000
高（mm）	1800	2130	2500	4	4. 6
机组重量（kg）	1600	2650	4200	1200	1300
贮气罐：				4070	4100
容积（m^3）	1. 2	2. 5	2	1240	1120
直径（mm）	800	1100	1016	90000	100000
高度（mm）	2420	3460	2950		
重量（kg）	340	840	532		

续附表 4-70

技术性能	空气压缩机型号				
	L5.5/40/8	L8-60/7	L8-60/8	L12-100/7	2D12-100/8
型 式	L	L	L	L	对称平衡型
冷却方式	水	水	水	水	水
活塞行程（mm）	180	240	220	280	
转数（r/min）	600	428	428	428	500
排气量（m^3/min）	40	60	60	100	103
排气压力（MPa）	0.8	0.7	0.8	0.7	0.8
轴功率（kW）	210	303	320	486	
电动机：	TDK299/30-10	TDK116/34-14	TDK116/34-14	TDK143/29-14	TDK550-12/1430
型 号	250	350	350	560	550
功率（kW）	6000	6000	6000	6000	6000
电压（V）	2500	3500	3500		
重量（kg）	9.6	14.4	14.4		
冷却水消耗量（m^3/h）	150	195	195		
气缸耗油量（g/h）	2580	2485	2500	2860	4480
外形尺寸：	1600	1800	1830	2070	2050
长（mm）	1880	2400	2390	2660	3000
宽（mm）	3700	7500	6000	主机 10000	主机 10500
高（mm）	4	8.5	6		
机组重量（kg）	1200	1500	1400		
贮气罐：	4070	5340			
容积（m^3）	1240				
直径（mm）	105000	135000	120000	190000	
高度（mm）					
重量（kg）					

附表 4-71 固定的螺杆式空气压缩机规格

技术性能	空气压缩机型号						
	LG20-10/7	KLGF20-10/6.5	LG25-20/7	LG25-20/7	LGF25-25/7	LG31/20-60/7	KLG50/31-200/8
型 式	单级 喷油	单级 喷水	单级 喷油	单级 喷油	两级 喷油	两级 无油	两级 无油
冷却方式	风冷 水冷	风	风	风	风	水	水
排气温度（℃）	≤120	≤75		<125	<120	180	188
转数（r/min）	3776	2499	2940	2950	1475	5200/8000	3850/5380
排气量（m^3/min）	10	10	20	25	40	60	200
排气压力（MPa）	0.7	0.65	0.7	0.7	0.7	0.7	0.8
轴功率（kW）	73.6	66	140	165	240		1146
电动机：							
型 号	Y280S-4	Y280S-4	JK113-2	JK122-2	JS127-4	JSQ148-4	JKZ1600-2
功率（kW）	75	75	150	185	260	440	1600
电压（V）	380	380	380	380	380	6000	6000
重量（kg）	650	650	525	1060	1520	3200	
冷却水消耗量（m^3/h）	3					25	100
润滑油耗量（g/h）	18						
外形尺寸：							
长（mm）	2550	3200	3328	2650	3250	2530	7630
宽（mm）	1300	1100	1870	1850	2180	1725	1600
高（mm）	1400	1310	1420	1620	1620		1600
机组质量（kg）	1500	2700	2380	2500	5800	4500	8000

附表 4-72 移动式空气压缩机规格

技术性能	空气压缩机型号													
	YV-3/8	CYV-3/8	YV-6/8	ZW-6/7	VY-9/7	W-9/7	2VY-12/7	LGY20-10/7	LGY31-12/7	LGY31-18/7	LGY20/12-23/20	LGX25-17/7	YH-10/7	BH-12/7
型 式	V	V	V	W	V	W	V	螺 杆	螺 杆	螺 杆	螺 杆	螺 杆	滑片式	滑片式
冷却方式	风	风	风	风	风	风	风	风	风	风	风	风	风	油
活塞行程（mm）	110	110	112	102	80	127	120							
转数（r/min）	980	980	980	1225	1500	1450	1500	3776	980	1470	4060	2250	1500	1800
排气量（m^3/min）	3	3	6	6	9	9	12	10	12	18	23	17	10	12
排气压力（MPa）	0.8	0.8	0.8	0.7	0.7	0.7	0.7	0.7	0.7	0.7	2	0.7	0.7	0.7
原动机：														
型 号	Y200L-4	4110A	Y280S-6	4135K-1	6135	6135C-1	6135AK-1	6135C-1	JS_2-355 S_2-6	JS_2-355 S_2-4	JS_2-400 S_2-4-B_{35}	6135ZD	6135C-1	6135K-3
功率（kW）	22	40HP	45	65HP	120HP	120HP	150HP	120HP	95	132	250	190HP	120HP	140HP
外形尺寸：														
长（mm）	3700	4440	3950	3560	3800	4120	3800	3810	4486	4486	7075	3715	3900	3600
宽（mm）	1600	1880	1600	1840	1650	1840	1700	1890	2300	2300	2040	1920	1750	1840
高（mm）	1850	1925	1910	2115	1800	2170	1950	2330	2700	2700	2783	1820	1850	2170
重量（kg）	1800	2800	2250	3200	2650	2900	2900	3000	7600	7600	7500	4000	2800	3000
参考价格（元）	9000	15000		23000	27000	27000	30000					37500	35000	

附表 4-73 4M12-173/8 型高原空气压缩机性能

项　　目	性　　能
吸气压力（MPa）	0.068～0.088（相应海拔高度1500～3000m）
排气压力（MPa）	0.8
排气量（m^3/min）	173（换算到 $t=20℃$。$p=0.1$MPa 时为 115.5～145.5m^3/min）
一级吸气压力（MPa）	0.068
一级排气压力（MPa）	0.13～0.17
二级排气压力（MPa）	0.8
排气温度冷却前（℃）	≤180
排气温度冷却后（℃）	≤30～40
轴功率（kW）	820～876
电动机功率（kW）	1000
设备总重量（t）	32.00
制造厂	沈阳气体压缩机厂

附表 4-74 国产增压机性能

性　　能	型　　号		
	VY-2.2/5-15	VY-4.4/5-15	LGY16-20/5-15
型　式	活塞型	活塞型	螺杆型
冷却方式	水	水	风
排气量（m^3/min）	12.2	24.2	20
进气压力（MPa）	0.5	0.5	0.5
排气压力（MPa）	1.5	1.5	1.5
空气压缩机转数（rpm）	980		2338
外形尺寸 $L\times B\times H$（mm）	2700×1220×1320		3700×1380×1723
电动机功率（kW）	45	100	
电动机转数（rpm）	980		1480
轨距（mm）	600		
设备质量（kg）	2100	3000	
制造厂	柳州空压机厂	柳州空压机厂	无锡压缩机厂

附表 4-75 BZT 系列玻璃钢冷却塔主要规格及性能

型号	冷却水量 (m^3/h)	水温（℃）			风机功率 (kW)	进塔水压 (MPa)	外形尺寸（m）		塔体分块	质量（t）		参考价（元）	制造厂
		进水	出水	进出水温差			直径	塔高		干塔	湿塔		
D700	650~420	37~47	32	5~15	30	1.61~1.17	7.0	8.10	10	7.0	20	75000	河南沁阳东风玻璃建材厂
D600	500~300	37~47	32	5~15	17	1.69~0.93	6.0	7.165	8	5.5	15	59000	
D500	350~210	37~47	32	5~15	13	1.54~0.86	5.0	6.95	8	4.5	10	43000	
D400	230~120	37~47	32	5~15	7.5	1.52~0.75	4.0	6.345	6	3.5	7.5	33000	
D300	120~60	37~47	32	5~15	5.5	1.55~0.66	3.0	5.15	4	1.5	4	14500	
D200	60~35	37~47	32	5~15	2.2	1.28~0.62	2.0	4.275	整体	1.2	2.5	9000	
D150	35~15	37~47	32	5~15	1.5	1.2~0.6	1.5	3.80	整体	0.8	2	5500	
D100	15~8	37~47	32	5~15	1.1	1.5~0.62	1.0	3.50	整体	0.4	1	4000	

附表 4-76 组合式空气消声过滤器

技术性能	型号							
	ZKSG-10X	ZKSG-10S	ZKSG-20X	ZKSG-20S	ZKSG-40X	ZKSG-40S	ZKSG-60X	ZKSG-100X
型式	下接管	上接管	下接管	上接管	下接管	上接管	下接管	下接管
流量（m^3/min）	10	10	20	20	40	40	60	100
吸气口噪声（dBA）	<85							
阻力（Pa）	≈500							
筒体直径（mm）	450	450	600	600	800	800	1000	1200
进气管径（mm）外径×壁厚	φ180×3	φ180×3	φ219×3	φ219×3	φ351×3	φ351×3	φ426×3	φ500×3
出气管径（mm）外径×壁厚	φ159×3	φ159×3	φ203×3	φ203×3	φ325×4	φ325×4	φ377×4	φ450×4
外形尺寸（mm）$L\times B\times H$	606×644×825	606×644×908	750×810×1118	750×810×1103	955×1016×1383	955×1016×1433	1175×1214×1630	1418×1484×1925
质量（kg）	105	95	164	148	319	279	493	726
参考价格（元）	675	675	926	926	1542	1542	2160	2681
制造厂	上海民生五金厂							

附表 4-77 常用水泵规格性能（ID 型单吸多级分段式离心泵）

泵型号	流量 (m^3/h)	扬程 (m)	配带电机		泵重 (kg)	生产厂家
			型 号	容量(kW)		
50D-8×2	18	19	$JO_2$22-2	2.2	60	哈尔滨水泵厂
50D-8×3	18	25.5	$JO_2$22-2	2.2	75	黑龙江通河县水泵厂
50D-8×4	18	34	$JO_2$31-2	3	87	辽宁锦西水泵厂
50D-8×5	18	42.5	$JO_2$32-2	4	90	浙江台州通用机械厂
50D-8×6	18	51	$JO_2$41-2	5.5	102	武汉水泵厂
50D-8×7	18	59.5	$JO_2$41-2	5.5	117	新乡水泵厂
50D-8×8	18	68	$JO_2$42-2	7.5	129	上海第一水泵厂
50D-8×9	18	76.5	$JO_2$42-2	7.5	141	天津第三工业泵厂 桂林机械厂
80D-12×2	34.6	22.8	$JO_2$32-2	4	102	哈尔滨水泵厂
80D-12×3	34.6	34.2	$JO_2$41-2	5.5	119	长春水泵厂
80D-12×4	34.6	45.6	$JO_2$42-2	7.5	136	辽宁锦西水泵厂
80D-12×5	34.6	57	$JO_2$51-2	10	153	浙江台州通用机械厂 佛山水泵厂
80D-12×6	34.6	68.4	$JO_2$52-2	13	170	武汉水泵厂
80D-12×7	34.6	79.8	$JO_2$52-2	13	187	桂林机械厂
80D-12×8	34.6	91.2	$JO_2$52-2	13	204	江苏泰县水泵厂 重庆水泵厂
80D-12×9	34.6	102.6	$JO_2$61-2	17	221	上海第一工业水泵厂 天津第三工业水泵厂
80D-30×3	43	90	$JO_2$71-2	22	145	辽宁锦西水泵厂
80D-30×4	43	120	$JO_2$72-2	30	163	江苏泰县水泵厂
80D-30×5	43	150	$JO_2$82-2	30	181	重庆水泵厂
80D-30×6	43	180	$JO_2$82-2	40	200	芜湖水泵厂
80D-30×7	43	210	$JO_2$91-2	55	218	
80D-30×8	43	240	$JO_2$91-2	55	236	
80D-30×9	43	270	$JO_2$91-2	55	255	
80D-30×10	43	300	$JO_2$92-2	75	275	
100D-16×2	54	31	$JO_2$42-2	7.5	135	哈尔滨水泵厂
100D-16×3	54	46.5	$JO_2$52-2	13	157	长春水泵厂 辽宁锦西水泵厂
100D-16×4	54	62	$JO_2$61-2	17	181	浙江台州通用机械厂
100D-16×5	54	77.5	$JO_2$71-2	22	205	佛山水泵厂
100D-16×6	54	93	$JO_2$71-2	22	279	武汉水泵厂 桂林机械厂
100D-16×7	54	108.5	$JO_2$72-2	30	253	上海第一水泵厂
100D-16×8	54	124	$JO_2$72-2	30	277	自贡工业泵厂 重庆水泵厂
100D-16×9	54	139.5	$JO_2$82-2	40	300	天津第三工业泵厂
100D×24×2	54	48	$JO_2$52-2	13	119	北京第二水泵厂
100D×24×3	54	72	$JO_2$71-2	22	137	磴口水泵厂（2~8 级）
100D×24×4	54	96	$JO_2$72-2	30	155	
100D×24×5	54	120	$JO_2$82-2	40	173	

续附表 4-77

泵型号	流量 (m^3/h)	扬程 (m)	配带电机		泵重 (kg)	生产厂家
			型　号	容量(kW)		
100D×24×6	54	144	$JO_2$82-2	40	191	
100D×24×7	54	168	$JO_2$91-2	55	209	
100D×24×8	54	192	$JO_2$91-2	55	227	
100D-45×2	85	90	$JO_2$82-2	40	180	辽宁锦西水泵厂
100D-45×3	85	135	$JO_2$91-2	55	220	
100D-45×4	85	180	$JO_2$92-2	75	260	江苏泰县水泵厂
100D-45×5	85	225	$JO_2$93-2	100	300	贵州贵定水泵厂
100D-45×6	85	270	$JO_2$93-2	100	340	重庆水泵厂
100D-45×7	85	315	JK112-2	125	380	芜湖水泵厂
100D-45×8	85	360	JK113-2	150	420	
100D-45×9	85	405	JK122-2	160	460	重庆九龙坡水泵厂
125D-25×3	101	64.5	$JO_2$72-2	30	298	哈尔滨水泵厂
125D-25×4	101	86	$JO_2$82-2	40	335	辽宁锦西水泵厂
125D-25×5	101	107.5	$JO_2$91-2	55	372	佛山水泵厂
125D-25×6	101	129	$JO_2$92-2	55	409	武汉水泵厂
125D-25×7	101	150.5	$JO_2$92-2	75	446	新乡水泵厂
125D-25×8	101	172.5	$JO_2$92-2	75	483	长沙水泵厂
125D-25×9	101	193.5	$JO_2$93-2	100	520	桂林机械厂 上海第一水泵厂 天津第三工业泵厂
150D-30×3	155	92.1	$JO_2$92-4	75	540	哈尔滨水泵厂
150D-30×4	155	12.8	$JO_2$93-4	100	620	长春水泵厂
150D-30×5	155	152.8	JS114-4	115	690	辽宁锦西水泵厂
150D-30×6	155	184.2	JS115-4	135	770	武汉水泵厂
150D-30×7	155	214.9	JS116-4	155	850	长沙水泵厂
150D-30×8	155	245.6	JS117-4	180	930	桂林机械厂
150D-30×9	155	276.3	JS126-4	225	1010	兰州水泵厂
150D-30×10	155	307	JS126-4	225	1090	上海第一水泵厂 江苏泰县水泵厂 自贡水泵厂 重庆水泵厂 天津第三工业泵厂 重庆九龙坡水泵厂
200D-43×2	288	81.6	J_R^S115-4	110	720	哈尔滨水泵厂 佛山水泵厂
200D-43×3	288	122.4	J_R^S117-4	150	830	武汉水泵厂
200D-43×4	288	163.2	J_R^S126-4	225	940	桂林机械厂 兰州水泵厂
200D-43×5	288	204	J_R^S127-4	260	1050	自贡水泵厂
200D-43×6	288	244.8	J_R^S136-4	300	1160	重庆水泵厂 天津第三工业泵厂

续附表 4-77

泵型号	流量 (m^3/h)	扬程 (m)	配带电机		泵重 (kg)	生产厂家
			型号	容量(kW)		
200D-43×7	288	285.6	J_R^S137-4	350	1270	重庆九龙坡水泵厂
200D-43×8	288	326.4	J_R^S138-4	410	1380	北京水泵厂 上海第一水泵厂
200D-43×9	288	367.2	J_R^S139-4	440	1490	上海水泵厂
200D-65×6	288	369	JSQ1410-4	500	1300	沈阳水泵厂
200D-65×7	288	430	JSQ158-4	680	1460	北京水泵厂
200D-65×8	288	492	JSQ158-4	680	1620	上海水泵厂
200D-65×9	288	554	JSQ1510-4	850	1780	自贡水泵厂
200D-65×10	288	615	JSQ1510-4	850	1940	重庆水泵厂
250D-60×4	420	240	J_R^SQ1410-4	500	2000	沈阳水泵厂
250D-60×5	420	300	J_R^SQ158-4	680	2250	上海第一水泵厂
250D-60×6	420	360	J_R^SQ158-4	680	2500	上海水泵厂
250D-60×7	420	420	J_R^SQ1510-4	850	2750	自贡工业泵厂
250D-60×8	420	480	J_R^SQ1510-4	850	3000	重庆水泵厂
250D-60×9	420	540	J_R^SQ1512-4	1050	3250	
250D-60×10	420	600	J_R^SQ1512-4	1050	3500	

附表 4-78 DA 型水泵性能

泵型号	原型号	流量 (m^3/h)	扬程 (m)	配带电机		泵重 (kg)	参考价格 (元)	生 产 厂
				型号	容量(kW)			
2DA-8×2	SSM50×2	18	16.6	$JO_2$32-4	3	105	520	南京水泵厂
2DA-8×3	SSM50×3	18	24.9	$JO_2$41-4	4	129	580	北京水泵厂
2DA-8×4	SSM50×4	18	33.2	$JO_2$41-4	4	147	650	阳泉水泵厂
2DA-8×5	SSM50×5	18	41.5	$JO_2$42-4	5.5	155	720	唐山水泵厂
2DA-8×6	SSM50×6	18	49.8	$JO_2$51-4	7.5	183	800	赣州水泵厂
2DA-8×7	SSM50×7	18	58.1	$JO_2$51-4	7.5	202	900	吉林永吉县水泵厂
2DA-8×8	SSM50×8	18	66.4	$JO_2$52-4	10	221	1000	芜湖水泵厂
2DA-8×9	SSM50×9	18	74.7	$JO_2$52-4	10	240	1100	连云港水泵厂 南昌水泵厂
3DA-8×2	SSM75×2	32.4	22.6	$JO_2$42-4	5.5	164	670	北京水泵厂
3DA-8×3	SSM75×3	32.4	33.9	$JO_2$51-4	7.5	208	700	阳泉水泵厂
3DA-8×4	SSM75×4	32.4	45.2	$JO_2$52-4	10	252	840	福建晋江水泵厂
3DA-8×5	SSM75×5	32.4	56.5	$JO_2$52-4	10	296	930	唐山水泵厂
3DA-8×6	SSM75×6	32.4	67.8	$JO_2$62-4	17	342	1030	赣州水泵厂 重庆水泵厂

续附表 4-78

泵型号	原型号	流量 (m^3/h)	扬程 (m)	配带电机		泵重 (kg)	参考价格 (元)	生产厂
				型　号	容量(kW)			
3DA-8×7	SSM75×7	32.4	79.1	JO_262-4	17	386	1150	芜湖水泵厂
3DA-8×8	SSM75×8	32.4	90.4	JO_271-4	22	430	1270	贵定水泵厂
3DA-8×9	SSM75×9	32.4	101.7	JO_271-4	22	474	1390	兰州水泵厂 连云港水泵厂 南京水泵厂 南昌水泵厂 哈尔滨水泵厂
4DA-8×2	SSM100×2	54	32	JO_252-4	10	263	840	北京水泵厂
4DA-8×3	SSM100×3	54	48	JO_262-4	17	325	940	阳泉水泵厂
4DA-8×4	SSM100×4	54	64	JO_271-4	22	378	1060	唐山水泵厂
4DA-8×5	SSM100×5	54	80	JO_272-4	30	437	1190	赣州水泵厂
4DA-8×6	SSM100×6	54	96	JO_272-4	30	498	1320	重庆水泵厂
4DA-8×7	SSM100×7	54	112	JO_282-4	40	556	1480	芜湖水泵厂
4DA-8×8	SSM100×8	54	128	JO_282-4	40	614	1650	贵定水泵厂
4DA-8×9	SSM100×9	54	144	JO_291-4	55	672	1800	兰州水泵厂 连云港水泵厂 南京水泵厂 南昌水泵厂 哈尔滨水泵厂
5DA-8×2	SSM125×2	108	40	JO_271-4	22	346	1120	阳泉水泵厂
5DA-8×3	SSM125×3	108	60	JO_282-4	40	418	1240	唐山水泵厂
5DA-8×4	SSM125×4	108	80	JO_282-4	40	489	1410	重庆水泵厂
5DA-8×5	SSM125×5	108	100	JO_291-4	55	561	1580	芜湖水泵厂
5DA-8×6	SSM125×6	108	120	JO_292-4	75	636	1850	贵定水泵厂
5DA-8×7	SSM125×7	108	140	JO_292-4	75	707	1970	连云港水泵厂
5DA-8×8	SSM125×8	108	160	JO_293-4	100	780	2200	南昌水泵厂
5DA-8×9	SSM125×9	108	180	JO_293-4	100	850	2420	哈尔滨水泵厂
6DA-8×2	SSM150×2	162	52	JO_282-4	40	508	1430	北京水泵厂
6DA-8×3	SSM150×3	162	78	JO_291-4	55	600	1580	唐山水泵厂
6DA-8×4	SSM150×4	162	104	JO_292-4	75	694	1760	重庆水泵厂
6DA-8×5	SSM150×5	162	130	JO_293-4	100	790	1960	石家庄水泵厂
6DA-8×6	SSM150×6	162	156	JR114-4	115	897	2160	连云港水泵厂
6DA-8×7	SSM150×7	162	182	JR115-4	135	992	2430	南昌水泵厂
6DA-8×8	SSM150×8	162	208	JR116-4	155	1087	2700	哈尔滨水泵厂
6DA-8×9	SSM150×9	162	234	JR117-4	180	1182	2960	
8DA-8×2	SSM200×2	288	75	JR114-4	115	1204	2360	唐山水泵厂
8DA-8×3	SSM200×3	288	112.5	JR117-4	180	1344	2590	石家庄水泵厂
8DA-8×4	SSM200×4	288	150	JR126-4	225	1484	2890	南昌水泵厂
8DA-8×5	SSM200×5	288	187.5	JR128-4	300	1624	3190	哈尔滨水泵厂
8DA-8×6	SSM200×6	288	225	JR137-4	350	1778	3500	重庆九龙坡水泵厂
8DA-8×7	SSM200×7	288	262.5	JR138-4	410	1918	3880	
8DA-8×8	SSM200×8	288	300	JRQ148-4	440	2058	4200	
8DA-8×9	SSM200×9	288	337.5	JRQ1410-4	500	2198	4600	

附表 4-79　BA 型离心泵的性能

泵型号	原型号	流量 (m^3/h)	扬程 (m)	配带电机		泵重 (kg)	参考价格 (元)
				型　号	容量 (kW)		
$1\frac{1}{2}$BA-6	$1\frac{1}{2}$K-6	11	17.4	$JO_2$21-2	1.5	30	115
$1\frac{1}{2}$BA-6A	$1\frac{1}{2}$K-6A	9.5	14.2	$JO_2$12-2	1.1	30	115
$1\frac{1}{2}$BA-6B	$1\frac{1}{2}$K-6B	9	11.4	$JO_2$12-2	1.1	30	115
2BA-6	2K-6	20	30.8	$JO_2$32-2	4	36	165
2BA-6A	2K-6A	20	25.2	$JO_2$31-2	3	36	165
2BA-6B	2K-6B	20	18.8	$JO_2$22-2	2.2	36	165
2BA-9	2K-9	20	18.5	$JO_2$22-2	2.2	27	140
2BA-9A	2K-9A	17	15	$JO_2$21-2	1.5	27	140
2BA-9B	2K-9B	15	12	$JO_2$21-2	1.5	27	140
3BA-6	3K-6	60	50	$JO_2$61-2	17	45	235
3BA-6A	3K-6A	50	37.5	$JO_2$52-2	13	45	235
3BA-9	3K-9	45	32.6	$JO_2$42-2	7.5	36	185
3BA-9A	3K-9A	35	25	$JO_2$41-2	5.5	36	185
3BA-13	3K-13	45	18.8	$JO_2$32-2	4	41	145
3BA-13A	3K-13A	39.6	15	$JO_2$31-2	3	41	145
3BA-13B	3K-13B	34.2	12	$JO_2$22-2	2.2	41	145
4BA-6	4K-6	115	81	$JO_2$91-2	55	138	320
4BA-6A	4K-6A	105	69.5	$JO_2$82-2	40	138	320
4BA-8	4K-8	109	47.6	$JO_2$72-2	30	76	275
4BA-8A	4K-8A	90	43	$JO_2$71-2	22	76	275
4BA-12	4K-12	90	34.6	$JO_2$61-2	17	64	260
4BA-12A	4K-12A	85	28.6	$JO_2$52-2	13	64	260
4BA-18	4K-18	90	20	$JO_2$51-2	10	59	223
4BA-18A	4K-18A	80	15.2	$JO_2$42-2	7.5	59	223
4BA-25	4K-25	79	14.8	$JO_2$41-2	5.5	50	172
4BA-25A	4K-25A	72	11	$JO_2$32-2	4	50	172
6BA-8	6K-8	170	32.5	$JO_2$72-4	30	159	370
6BA-8A	6K-8A	170	25.8	$JO_2$71-4	22	159	370
6BA-8B	6K-8B	140	22	$JO_2$62-4	17	159	370
6BA-12	6K-12	160	20.1	$JO_2$62-4	17	146	327
6BA-12A	6K-12A	150	15	$JO_2$52-4	10	146	327
6BA-18	6K-18	162	12.5	$JO_2$52-4	10	134	300
6BA-18A	6K-18A	144	9.5	$JO_2$51-4	7.5	134	300

续附表 4-79

泵型号	原型号	流量 (m^3/h)	扬程 (m)	配带电机		泵重 (kg)	参考价格 (元)
				型　号	容量（kW）		
8BA-12	8K-12	280	29.1	JO_282-4	40	191	420
8BA-12A	8K-12A	250	24	JO_272-4	30	191	420
8BA-18	8K-18	285	18	JO_271-4	22	180	395
8BA-18A	8K-18A	260	15.7	JO_262-4	17	180	395
8BA-25	8K-25	270	12.7	JO_262-4	17	143	350
8BA-25A	8K-25A	238	9.9	JO_252-4	10	143	350

注：部分生产厂：

博山水泵厂：生产全系列 BA 型。

兰州水泵厂，赤峰水泵厂，福建晋江水泵厂，江苏泰县水泵厂，黑龙江通河水泵厂，长春水泵厂，吉林永吉县水泵厂，昆明水泵厂，江西赣州水泵厂，浙江黄岩八一柴油机厂，平阳水泵一厂，佛山水泵厂，桂林机械厂：生产 $1\frac{1}{2}$BA ~ 8BA 或 $1\frac{1}{2}$B17 ~ 8B17 及其变形。

威海水泵厂，新乡水泵厂，兴城机械厂，贵州贵定水泵厂，吴忠县水泵阀门厂，梧州八步水泵厂，生产 $1\frac{1}{2}$BA ~ 6BA 或 $1\frac{1}{2}$17 ~ 6B20 及其变形。

福建龙岩水泵厂：生产 $1\frac{1}{2}$BA ~ 4BA 及其变形。

乌鲁木齐通用机械厂，天津第三水泵厂：生产 $1\frac{1}{2}$BA ~ 3BA 及其变形。

重庆新桥水泵厂：生产 3BA ~ 8BA，3B19 ~ 8B13 及其变形。

无锡水泵厂：生产 $1\frac{1}{2}$BA，8BA 及其变形。

山东泰安水泵厂：生产 2B31-8B29，6BA-18 及其变形。

内蒙古磴口水泵厂：生产 6BA-12，6BA-18，$6BA_2$-8。

自贡工业泵厂：生产 8B13 ~ 8B29 及其变形。

上海第一水泵厂：生产 4BA-6 ~ 8BA-25 及其变形。

附录5 常用坑木材积表

附表 5-1 常用坑木材积表

小头直径（mm）	材料长度（m）										
	2.0	2.2	2.4	2.6	2.8	3.0	3.2	3.4	3.6	3.8	4.0
80	0.013	0.015	0.016	0.018	0.020	0.021	0.023	0.025	0.027	0.029	0.031
100	0.019	0.022	0.024	0.026	0.029	0.031	0.034	0.037	0.040	0.042	0.045
120	0.027	0.030	0.033	0.037	0.040	0.043	0.047	0.050	0.054	0.058	0.062
140	0.036	0.040	0.045	0.049	0.054	0.058	0.063	0.068	0.073	0.078	0.083
160	0.047	0.052	0.058	0.063	0.069	0.075	0.081	0.087	0.093	0.100	0.106
180	0.059	0.065	0.072	0.079	0.086	0.093	0.101	0.108	0.116	0.124	0.132
200	0.072	0.080	0.088	0.097	0.105	0.114	0.123	0.132	0.141	0.151	0.160
220	0.086	0.096	0.106	0.116	0.126	0.137	0.147	0.158	0.169	0.180	0.191
240	0.102	0.114	0.125	0.137	0.149	0.161	0.174	0.186	0.199	0.212	0.225
260	0.120	0.133	0.146	0.160	0.174	0.188	0.203	0.217	0.232	0.247	0.262
280	0.138	0.154	0.169	0.185	0.201	0.217	0.234	0.250	0.267	0.284	0.302
300	0.158	0.176	0.193	0.211	0.230	0.248	0.267	0.286	0.305	0.324	0.344
320	0.180	0.199	0.219	0.240	0.260	0.281	0.302	0.324	0.345	0.367	0.389
340	0.202	0.224	0.247	0.270	0.293	0.316	0.340	0.364	0.388	0.412	0.437
360	0.226	0.251	0.276	0.302	0.327	0.353	0.380	0.406	0.433	0.460	0.487
380	0.252	0.279	0.307	0.335	0.364	0.393	0.422	0.451	0.481	0.510	0.541
400	0.278	0.309	0.340	0.371	0.402	0.434	0.466	0.498	0.531	0.564	0.597

附录6 矿用炸药分类及使用范围

附表 6-1 我国矿用炸药分类及使用范围

矿用炸药分类	炸药品种	使用范围	炸药外观	包装
铵油类炸药	粒状铵油炸药	干燥的中硬或中硬以下矿岩的露天中爆破或大爆破工程	颗粒状	散装（中包或大包）
	黏性粒状铵油炸药	潮湿的无沼气、无矿尘爆炸危险的中硬以上矿岩爆破工程	粒状	散装
	2 号铵油炸药	干燥的中硬或中硬以下矿岩的露天大爆破工程	粉状	散装
	3 号铵油炸药	干燥的中硬或中硬以下矿岩的露天大爆破工程	粉状	散装
	1 号铵松蜡炸药	有水的无沼气、无矿尘爆炸危险的中硬以上矿岩的爆破工程	粉状	散装
	2 号铵松蜡炸药	潮湿的无沼气、无矿尘爆炸危险的中硬以上矿岩的爆破工程	粉状	散装
	岩石铵沥蜡炸药	潮湿的无沼气、无矿尘爆炸危险的中硬以上矿岩的爆破工程	粉状	散装
	1 号铵油炸药	露天或无沼气、无矿尘爆炸危险的中硬以上矿岩的爆破工程	粉状	散装
	2 号煤矿铵油炸药	露天煤矿和二级沼气危险的矿井中硬以下矿岩的爆破工程	粉状	散装
	1 号煤矿铵沥蜡炸药	潮湿的中硬以上矿岩爆破，适用于一、二级瓦斯矿井	粉状	药卷
	铵油—乳化炸药	有水的或干燥的中硬和中硬以上露天爆破工程	乳胶体	散装（中包、大包）
含水炸药	小直径浆状炸药	有水的无沼气、无矿尘爆炸危险的中硬以上矿岩的爆破工程	胶凝体	药卷或散装
	含梯恩梯浆状炸药	有水的中硬以上矿岩的露天爆破工程	胶凝体	散装（中包或大包）
	含铝浆状炸药	有水的中硬以上矿岩的露天爆破工程	胶凝体	散装（中包或大包）
	无梯浆状炸药	有水的中硬以上矿岩的露天爆破工程	胶凝体	散装（中包或大包）
	煤矿浆状炸药	有水的中硬以上矿岩爆破、适用于煤矿井下使用	胶凝体	药卷
	岩石水胶炸药	有水的无沼气、无矿尘爆炸危险的中硬以上矿岩的爆破工程	胶凝体	药卷
	露天水胶炸药	有水的中硬以上的矿岩露天爆破工程	胶凝体	散装（中包或大包）
	煤矿水胶炸药	有水的中硬以上矿岩爆破，适用于一、二、三级瓦斯井	胶凝体	药卷或中包
	一级岩石乳化炸药	有水的无沼气、无矿尘爆炸危险的爆破工程	乳胶体	药卷、中包（或大包）
	二级岩石乳化炸药	有水的无沼气、无矿尘爆炸危险的爆破工程	乳胶体	药卷、中包（或大包）
	露天乳化炸药	有水的露天爆破工程	乳胶体	散装（中包或大包）
	煤矿乳化炸药	有水的有沼气或煤尘爆炸危险的煤矿爆破工程	乳胶体	药卷、中包或大包

续附表 6-1

矿用炸药分类	炸药品种	使用范围	炸药外观	包装
铵梯炸药	1号岩石铵梯炸药	干燥的无沼气、无矿尘爆炸危险的爆破工程	粉状	药卷或散装
	2号岩石铵梯炸药	干燥的无沼气、无矿尘爆炸危险的爆破工程	粉状	药卷或散装
	新2号岩石铵梯炸药	干燥或潮湿的无沼气、无矿尘爆炸危险的爆破工程	粉状	药卷或散装
	3号岩石铵梯炸药	干燥的无沼气、无矿尘爆炸危险的爆破工程	粉状	药卷或散装
	1号露天铵梯炸药	干燥的中硬以上的矿岩露天爆破工程	粉状	散装（中包、大包）药卷
	2号露天铵梯炸药	干燥的中硬以上的矿岩露天爆破工程	粉状	散装（中包、大包）药卷
	3号露天铵梯炸药	干燥的中硬以上的矿岩露天爆破工程	粉状	散装（中包、大包）药卷
	2号抗水露天铵梯炸药	干燥的中硬以上的矿岩露天爆破工程	粉状	药卷或散装
	4号抗水露天铵梯炸药	积水不多的中硬以上矿岩的露天爆破工程	粉状	药卷或散装
	1号煤矿铵梯炸药	干燥的中硬以上矿岩的爆破工程，适用于一级瓦斯矿井	粉状	药卷或散装
	2号煤矿铵梯炸药	干燥的中硬以上矿岩的爆破工程，适用于二级瓦斯矿井	粉状	药卷或散装
	3号煤矿铵梯炸药	干燥的中硬以上矿岩的爆破工程，适用于三级瓦斯矿井	粉状	药卷或散装
	1号抗水煤矿铵梯炸药	积水不多的中硬以上矿岩的爆破工程，适用于一级瓦斯矿井	粉状	药卷或散装
	2号抗水煤矿铵梯炸药	积水不多的中硬以上矿岩的爆破工程，适用于二级瓦斯矿井	粉状	药卷或散装
	3号抗水煤矿铵梯炸药	积水不多的中硬以上矿岩的爆破工程，适用于三级瓦斯矿井	粉状	药卷或散装
硝化甘油炸药	胶质炸药	有水的坚硬矿岩爆破不适于瓦斯矿井使用	塑胶体	药卷
	粉状硝化甘油炸药	坚硬小直径矿岩爆破，不适于瓦斯矿井使用	粉状	药卷
其他炸药	液体炸药	无沼气、无矿尘爆炸危险的中硬以上矿岩爆破工程	液态	塑袋、散装或药卷
	震源药柱	石油勘探	粉状、胶凝体、乳胶体	高密度聚乙烯圆柱筒装

附录7　地下水分类

附表7-1　地下水分类

按埋藏条件		按含水岩层空隙的性质		
		孔隙水	裂隙水	岩溶水
饱气带	上层滞水	隔水层以上季节性存在的水。如土壤水	岩石风化层中季节性存在的水	岩溶化岩石垂直渗入带季节性存在的水
饱水带	潜　水	各种成因类型松散沉积物中的水	坚硬岩石上部风化裂隙和构造裂隙中的水	裸露岩溶化岩层中的水
	承压水	由松散沉积物构成的自流盆地，单斜山前平原的水，以及平原的深部水	构造盆地、向斜或单斜层状裂隙岩层或破碎带中的脉状水	构造盆地、向斜或单斜构造中岩溶化岩层中的水

附录8　矿山安全与环境卫生

附表8-1　作业场所粉尘最高容许浓度

物　质　名　称	最高容许浓度（mg/m^3）
含有10%以上游离二氧化硅的粉尘①	2
石棉粉尘及含有10%以上石棉的粉尘	2
含有10%以下游离二氧化硅的滑石粉尘	4
含有10%以下游离二氧化硅的水泥粉尘	6
含有10%以下游离二氧化硅的煤尘	10
铝、氧化铝、铝合金粉尘	4
玻璃棉和矿渣棉粉尘	5
烟草及茶叶粉尘	3
其他粉尘②	10

①含有80%以上游离二氧化硅的生产性粉尘，宜不超过1mg/m^3；

②其他粉尘系指游离二氧化硅含量在10%以下，不含有毒物质的矿物性和动植物性粉尘。

附表 8-2 矿山常见有毒有害气体防护参数

气体名称	分子式	颜 色	嗅 味	密度（kg/m^3）	对空气比重	爆炸浓度（%）	水溶性（g/m^3（20℃））	容许浓度（mg/m^3）	简要物理化学性质
一氧化碳	CO	无	无	1.28	0.967	12.5～74.2	37.6	30	可进一步氧化成二氧化碳，高浓度可燃
二氧化硫	SO_2	无	刺激臭	2.972	2.26		115×10^3	15	溶于水后生成亚硫酸，可闻浓度 $1mg/m^3$
硫化氢	H_2S	无	腐蛋臭味	1.539	1.19	4.3～45.5	4.427×10^3	10	溶于水后生成硫氢酸，在空气中缓慢氧化，可闻浓度 $0.01mg/m^3$
一氧化氮	NO	无	甜气味	1.34	1.04		63.1	换算成 NO_2 5	在空气中易被氧化成二氧化氮，浓度越高，氧化越快
二氧化氮	NO_2	暗棕色	刺激臭	2.05	1.588		易 溶	5	溶于水后生成硝酸和亚硝酸，在空气中易聚合成 N_2O_4
甲 醛	$HCHO$	无	刺激臭	1.339	1.04	7.0～73	易 溶	3	
丙烯醛	CH_2CHCHO	无	强烈刺激臭	1.94	1.50	2.8～31	溶	0.3	在空气中易被氧化成丙烯酸
汞蒸汽	Hg	无	无	～9.05	～7		微 溶	0.01	室温下，空气中汞的饱和蒸汽浓度可达 $15\sim20mg/m^3$
二氧化碳	CO_2	无	无	1.977	1.529			工作面进风 0.5%	溶于水后生成碳酸
臭 氧	O_3	浅 蓝	刺鼻气味	2.14	1.657		溶解系数为 0.355	0.3	不稳定，有极强的氧化能力
甲 烷	CH_4	无	无	0.7168	0.554	5.0～15.0			易燃
氢	H_2	无	无	0.08376	0.0696	18.3～59.0			易燃
氡	Rn	无	无	9.727			溶解系数 0.252		惰性气体，放射性参数见本手册 36.4

附录9　矿山常用仪表

附表 9-1　爆破工程检测及起爆仪表

仪表名称	型　号	规格及主要技术性能	用　　途	研制单位
数字式炮孔测角仪	CJ-2	量程0°～±90°，精度≤±1°	检测炮孔角度	长沙矿山研究院 湘西矿山电子仪器厂
声波炮孔测深仪	CS-3	量程2～25m，精度≤±0.5m	检测炮孔深度	长沙矿山研究院 长沙电子仪器厂
爆破电表	B-1	电阻量程及精度0～200Ω，±5%交流电流量程及精度0～1A，±4%直流电流量程及精度0～1A，±2.5%	用于爆破工地检测杂散电流，网络和雷管电阻	湘西矿山电子仪器厂
爆速仪	BSW-1	量程0.1～9999×10^3μs 精度≤±0.1%±1字	测量炸药、导爆管、导爆索的爆速 测量电雷管，继爆管的延时	长沙矿冶研究院 湘西矿山电子仪器厂
	BS-1	量程0.1～999.9μs 精度<0.2μs	测量电雷管，继爆管的延时	常州煤矿电器厂
	SHBC-A	量程0.1～1000μs 精度≤2%	测量电雷管，继爆管的延时	营口电子研究所
环路电流、电阻无能点检测仪	HZ-1	电阻量程0～90Ω 交流电流量程0～1000μA 精度≤±5%	测量短接着的雷管电阻和网络电阻，电流	北京矿冶研究总院
电爆多功能检测仪	DCD-1	检测信号源：1mA，15kHz 钳式电流表：检测电阻和电流	检测电爆网络的电流分布，阻抗和杂散电流，寻找漏电点，断络点，对雷管和电磁感应起爆系统进行检测	北京矿冶研究总院
杂散电流测定仪	ZS-1	交流电流：0～5A，≤5% 直流电流:0～50A,≤±2.5%	测爆破工地杂散电流	湘西矿山电子仪器厂
雷电预警仪	LJ-1	探测范围：16km 场强指示范围：0～15kV/m	提前预报自然雷电，以免引起爆破器材发生爆炸事故	武汉安全环保研究院 湘西电子仪器厂
电磁感应起爆器	B-3	最大准爆能力：420～940发 输出电流频率：15kHz 精度：≤±5%	用于杂散电流较大，多水多雷雨地区的爆破作业	北京矿冶研究总院
数字式起爆仪	BS6-1	引爆段数：6段 引爆能力：8号电雷管50发串联 每段延时范围：1～2000ms	配合即发雷管进行微差爆破	长沙矿山研究院

附表 9-2　部分国产电容式起爆器的技术指标

型　号	输出电压(V)	最大负载		电容量(μF)	充电时间(s)	环境温度(℃)	外形尺寸(mm)	重量(kg)	电源	生产厂家
		(Ω)	雷管数							
79	1600			4	6	-40~50	150×170×70	1.9		营口市报警设备厂
YJGN-400	900	298	400发	75	15~30	-20~40	180×95×170	1.9	1号电池5节	营口市报警设备厂
YJGN-1200	1800	600	1200发	50	30~50	-15~40	230×130×225	3.7	1号电池9节	营口市报警设备厂
MFB-100T_2	1800	320	100发		20	-10~40	180×124×82	2	1号电池3节	太原无线电六厂
MFB-50T_1	900	170	50发		15	-10~40	200×130×56		1号电池3节	太原无线电六厂
DR-9J(防爆型)		250	120发			-30~40	200×130×170	3	1号电池4节	辽阳市电子仪表爆破仪厂
BCJ-5000（A）	5000			29	60	-10~40	350×200×130	8.5	15伏±10%	温州市无线电厂
FDF500	3600	2500	2500发		30		194×96×220	3.1	6F12-2单元电池	徐州无线电厂
GM-2000	2000		4000发	170			350×165×180	8		湘西矿山电子仪器厂
GNDF-1200B	1800	900	1200	50	50	-15~+40	220×120×190	4.8	1号电池9节	营口电子仪表研究所
GH-300	2000	1350	300	15	50	-10~+55	210×135×110	2.2	R20电池4节	湘西矿山电子仪表厂

附表 9-3　计量常用仪表

仪表名称	型　号	规格和性能参数	用　　途	研制和制造单位
插入式涡街流量计	CWL	管径：200~2000mm 流速量程：气体4~50m/s 液体0.4~8m/s 精度：≤±2.5%	用于矿山和工厂测量各种气体(压缩空气、蒸汽、煤气、废气等)和各种液体(水等)的流量、具有配套的压力、温度自动补偿流量积算仪	长沙矿山研究院自动化仪表厂
满管式涡街流量计	MWL	管径：25、40、50、80、100、150、200mm 流速量程：气体4~50m/s 液体0.4~8m/s 精度：≤±1.0%	用于矿山和工厂测量各种气体(压缩空气、蒸汽、煤气、废气等)和各种液体(水等)的流量、具有配套的压力、温度自动补偿流量积算仪	长沙矿山研究院自动化仪表厂
钻机调平数字显示仪	CP-2	量程:纵向、横向各为0°~±19.9° 精度：≤±1%	对现场牙轮钻机的调平作业进行平斜度显示	长沙矿山研究院
钻头位置数字显示仪	ZS-2	量程：0~99.9m 精度：≤1.5%	用于连续测量和显示钻孔作业时牙轮钻头在炮孔中的位置	长沙矿山研究院
空压机计时器	JS-1	量程：0~9999.99h 精度：≤0.01h	用于连续记录和显示空压机的工作时数	长沙矿山研究院
多组分流量显示积算仪		流体组分：水相、油相、发泡剂等，可分别显示各相流体的瞬时流量及累积炸药的总量，炮孔的装药量	用在装药车或乳化炸药生产线上测定各相流体的流量和炸药总量，也可自动控制填入炮孔的装药量	长沙矿山研究院
电子皮带秤	GGP-11	量程:0~2000t/h,精度:±1%	矿石和燃料的称量	营口市仪器三厂
电子皮带秤	GGP-10	量程:10~7000t/h,精度:±1%	矿石和燃料的称量	成都科学仪器厂
电子皮带秤	GGP-20	量程:0.5~10t/h,精度:±1%	矿石和燃料的称量	成都科学仪器厂

续附表 9-3

仪表名称	型　号	规格和性能参数	用　　途	研制和制造单位
电子皮带秤	GGP-50	量程:1～3000t/h,精度:±0.5%	矿石和燃料的称量	成都科学仪器厂
电子皮带秤	PPC-1	精度：±1%	矿石和燃料的称量	北京冶金设备研制厂
电子轨道衡	GGG-100	额定称量：96t 动态精度：±0.44%	对铁路车辆进行自动称量	苏州仪表元件厂
电子轨道衡	GGG-20	额定称量：100t 静态精度：±0.1%，动态精度：±0.26%	对铁路车辆进行自动称量	承德自动化计量仪器厂
电子轨道衡	GGG-30	额定称量：150t 动态精度：±0.3%	对铁路车辆进行自动称量	天水红山试验机厂
电子轨道衡	GCU-180	额定称量：180t	对铁路车辆进行自动称量	武汉衡器厂

附表 9-4　国内矿山常用地压监测仪器

仪器名称	型号规格	主要技术参数	用　　途	研制单位或生产厂家
钢弦测力仪	CO 型	最大负荷 $50kg/cm^2$ 灵敏度 $15Hz/kg/cm^2$	测支护或充填体载荷	长沙矿山研究院 长沙电子仪器厂
钢弦频率仪	FC-1 型	量程 550Hz～3000Hz 误差 <1Hz	与钢弦测力计配套的二次仪表	湘潭市无线电厂
光弹性应力计	R-50 型	外径 50mm，中心孔径 10mm 厚度 20mm，灵敏度为 1/3 条纹（随岩性而异，约 0.4～1MPa）	监测岩体或混凝土体应力变化及主应力方向	长沙矿山研究院
袖珍式光弹仪	L-60 型	偏振片及 1/4 波片直径 60mm	光弹性应力计日常观测必备仪器	长沙矿山研究院
光弹性单向应力计	GDY	用光学灵敏材料环氧树脂薄片制成，厚 3～6mm，宽 10mm，长 40～80mm，灵敏度 6～40με/mm，读数精度 1mm，防爆防潮，无需二次仪表	测量支架受力状态及载荷、测量喷混砌体或巷道表面受力状态	冶金部安全环保研究院
钻孔应力计	TJ-6 型	量程 0.1MPa，0.5MPa，1MPa，分辨力 200Pa	测岩体或混凝土体内的应力变化	国家地震局应力研究所
压磁式应力计	SYL-1 型	数显式	测原岩应力	北京无线电研究所
钢弦测力计	TP-9 型	最大拉力 9t，压缩力 4t	测锚杆、锚索受力状态	长沙矿山研究院
钢弦测力计	TP-25 型	最大拉力 25t，压缩力 5t	测锚杆、锚索受力状态	长沙矿山研究院
电阻式应变计	应变片 3×5mm	用应变片粘贴制成，分辨力是：		
		应变砖 1με；	测支护载荷	使用单位自制
		应变测杆 1με	测岩体应变	使用单位自制
		孔径变形计,灵敏度 7.2×10^{-5}mm	测原岩应力	武汉岩土力学研究所
钢弦应变计	SGY-135 型		钻孔式测孔径应变量，岩石喷射混凝土体内应变	铁道科学院铁建所
遥测应变计	BH-1 型	量程 +400 ～ －800με，灵敏度 3.68（10^{-6}/0.01%）	测胶结充填体内应变	北京航空学院 881 厂

续附表 9-4

仪器名称	型号规格	主要技术参数	用　途	研制单位或生产厂家
声波测定仪	SYC-2 型	测量范围 1μs ~ 10ms，分辨力 0.1μs	测围岩松动圈，岩体弹性参数，主应力方向、注浆及喷锚支护效果和工程岩分类与稳定性检测	湘潭市无线电厂
	SSJ-1 型声波测井仪	时间脉冲精度优于 1×10^{-4}μs	测岩体破碎带、裂隙位置等，进行工程地质分层分带	湘潭市无线电厂
声发射监测仪	YSS 型	主振频响 10Hz ~ 5kHz，可同时进行岩音频度记数，振时记数，能量记数，探头频响 400Hz ~ 80kHz，电压放大 70 倍	了解岩体内岩石破裂情况及位置，预报岩石冒落	冶金部安全环保研究院
	DY-2 型便携式	频响 <10kHz		冶金部安全环保研究院
	WD-1 型无线电地音仪	频响 <10kHz		湘西电子仪器厂
多通道无线电地音仪	WD-2	可同时测定四个点：一个测点的拾震作用范围，一般在 5m 半径内；接收距离为 40m	用于采场、巷道等工作面圈定松岩冒落位置和预报岩石冒落	冶金部安全环保研究院
无线电地音仪	WD_4-1	属四通道便携式，可同时测四个测点，无线电传输信息，数字显示结果，传感器安装在岩体表面，不需额外工程	用于采场、巷道等工作面圈定，预报松石隐患的大致位置、冒落时间，也可用于矿山危险区域岩体稳定性评价和大面积地压活动的检测	冶金部安全环保研究院
收敛计	GSL 型钢环式	量程 2 ~ 15m，分辨力为 0.01mm	测采场、巷道顶底板收敛	马鞍山矿山研究院
	KY-82 型顶板动态仪	量程 200mm，分辨力 0.01mm	测顶底板收敛值及收敛速度	国营南方机械厂
	DCC-1 型顶板动态遥测仪	量程 200mm，分辨力 0.02mm	测顶底板收敛值及收敛速度	济南无线电模具厂
位移计	DY-1 型电阻式	量程 75mm，分辨力 0.15mm		长沙矿山研究院
	WYJ-2 两点式	量程 0 ~ 30mm，分辨力 0.01mm		马鞍山矿山研究院
	WY 型差动变压器式位移传感器	灵敏量程 1 ~ 1000mm，0 ~ 500mm 灵敏度 0.5 ~ 20mV/μmm		安徽省传感器厂
	WYDC 直流位移传感器	量程 1 ~ 600mm，0.5 ~ 300mm，灵敏度 0.5 ~ 10mV/μmm		安徽省传感器厂
	HEL 型电感位移计	量程 0 ~ 200mm，0 ~ 150mm，0 ~ 100mm，0 ~ 50mm，分辨力 0.2mm		温州传感器厂

续附表 9-4

仪器名称	型号规格	主要技术参数	用　途	研制单位或生产厂家
顶板沉降记录仪	ADL-2.5	一次测量限度；不带自动记录器 800mm；带自动记录器 40 ~ 10mm	测量巷道顶板下沉量。如安装自动记录器，可自动记录一日或一周内顶板沉降值	抚顺煤矿安全仪器厂
电感式多点位移计		最大量程 20mm		水电部成都勘测设计院
机械式多点位移计	BM-1 型	最大量程 200mm		北京科技大学
钻孔多点位移测量仪	JDW-1	量程 100m，精度≤0.4mm，打印输出	监测深度岩石沿钻孔轴向的位移，从而判断岩体工程的稳定性	长沙矿冶研究院
多点边坡位移自动记录仪	JBW-2	量程 100mm，测点数 1 ~ 10 个报警速度范围 0.0001 ~ 100m/h	能在大面积范围内长期连续监测边坡位移，进行滑坡预报	长沙矿冶研究院
数字式综合测振仪	CZ-1	加速度量程 0.001 ~ 1000g 速度量程 0.001 ~ 1000cm/s 位移量程 0.01μm ~ 100mm 交直流电压量程 0.001 ~ 200U 测量精度：≤ ±2% ~4% ±1 频率范围 3Hz ~ 10kHz	检测爆破地震效应，测量机械振动和冲击	长沙矿山研究院 衡阳无线电厂
空气冲击波速度测试仪	CSR-1	量程 0.1 ~ 9999 × 10^3 μs 精度：≤ ±0.1% ±1 通道数：21	同时测量 10 个测点的冲击波速度和冲击波到达时间	武汉安全环保研究所 湘西矿山电子仪器厂

附表 9-5　有毒有害气体检测管

气体种类	灵敏度 (mg/m^3)	抽气量 (mL)	抽气速度	颜色变化	测量范围 (mg/m^3)	试　剂	类型
一氧化碳	10	100	1mL/s	白→棕	10 ~ 300	发烟硫酸、碘酸钾、硅胶、碘酸	比长
二氧化碳	400	50	50mL/min	蓝→白	400 ~ 60000	百里酚酞、氢氧化钠、氧化铝	比长
氮氧化物	3	100	1mL/s	白→黄绿	3 ~ 200	联甲胺、乙醇、甘油、硅胶	比长
二氧化硫	10	100	1mL/s	棕黄→红	10 ~ 200	氯化锌、亚硝基铁氰化钠、乌洛托品、陶瓷	比长
硫化氢	10	50	2mL/s	白→褐	10 ~ 500	醋酸铅、醋酸、氯化钡硅胶	比长
臭　氧	0.4	1000	25mL/min	红→紫	0.4	碱性品红、盐酸、硅胶	比长
汞蒸汽	0.01	4000	200mL/min	白→红橙	0.01 ~ 1.0	碘化钾、硫酸铜、亚硝酸、硝胺	比长

附表 9-6 有毒有害气体检测仪

仪器名称	型　号	规格及技术性能参数	用　　途	研制、生产厂家
一氧化碳检定器	AQY-50	测定浓度：0.0016%～0.144%或0.02～1.8mg/L	测定工业环境空气中CO浓度检测矿山，工厂环境空气中的CO浓度，进行危险报警	重庆煤矿安全仪器厂
一氧化碳警报器		警报范围：CO浓度200～1000ppm 警报误差：≤50ppm 响应时间≤30s		武汉安全环保研究院
多种气体检定器	DQJD-1	测定浓度范围： C_1D型检定管0.0005%～0.01% C_1Z型检定管0.005%～0.1% C_1G型检定管0.05%～1% C_2G型检定管0.05%～1% S_1D型检定管0.005%～0.01%	测定工业环境空气中CO、H_2S、CO_2的浓度	西安煤矿仪表厂

附表 9-7 我国铀矿用氡及其子体测量仪表

仪器用途	型　号	主要技术指标
射气仪	FD-105K	测量范围0.37～3700Bq/L，格值可7～60格/伏
氡气分析仪	FD-125	本底≤10t/100Sec，测量100秒，每脉冲为1.4×10^{-13}g镭
环境氡气仪	FT-626	灵敏度7.4Bq/L，本底25计数/小时
快速测氡仪	KF-602BM	灵敏度0.37Bq/L，本底0.5计数/min
快速氡子体测量仪	KF-602CM	灵敏度0.1WL；带CXY-2泵，流速1L/min
气球法测氡样仪	SY-70	配FJ-13，灵敏度0.05WL，$Q=0\sim80$L/min可调
取样泵	DK-60	取样能力：0～100升/分，可调，配FJ-13用
充电仪	ZC-1	配DK-60泵用
a计数仪	FJ-13	配SY-70成一套测氡、氡子体仪器
自动充电仪	ZKA-5/15	输入电压180～240V，输出电压0～15V，输出电流0～5A

附表 9-8 矿用氡子体过滤器性能

国家	设备主要特征	效率$\left(\frac{1}{f}\right)$
苏联	2×ϕ0.5圆筒，装一层ϕ型滤布，一层麻布，装填10cm乙二醇和对苯二甲酸聚合纤维，密度25～30kg/m^3	～(90～95)%
美国	涤纶丝袋式除尘器，加0.63cm厚亚微米玻璃纤维	>75%
美国	特制的纤维和特制的纸滤器，能力84.9～141.5m^3/min	～95%
中国	纤维过滤器（云锡公司井下实验）	>85%

附表 9-9 部分国产粉尘采样器技术参数

类别	型号	流量(L/min)	负压(Pa)	功率(W)	重量(kg)	电源
定点采样器	武安-76	20~40	1372	8	3	交、直流
	武安-84	20~80	3920	15		交、直流
	鞍劳 D-4	10~50	7056	90	3.5	交流
	FCC-4	6~40	6500		4.6	交流
	KBC	20~25	1568	25		直流防爆
	FC-A	~40			6.5	交、直流
	浙沈-A	~20	6500		4.6	交流
个体采样器	GTFC	3.0			1.5	
	MBC-Z	1.0			0.6	
	CG-2	0.3			0.52	
	GFC-1	0~2.5			2.0	

附表 9-10 测尘仪主要技术性能

仪表名称	型号	主要技术性能	研制、生产单位
数字式测尘仪	WBR-2	量程：0.5~400mg/m³ 采样体积0.03~0.48m³ 相对误差≤10.3% 一次测量时间6~20min	北京冶金安全仪器厂
	WBR-2G	量程：0.5~1000mg/m³ 采样体积2.6~667L 相对误差≤6.8% 放射源 ^{14}C	武汉安全环保研究院
粉尘连续自动监测仪	WAR-200	测量范围30~8000mg/m³ 采样体积0.75~12m³ 相对误差≤10% 一次测量时间20~150min	北京冶金安全仪器厂

附表 9-11 除尘器主要技术性能

名称	除尘效率(%)	阻力(Pa)	概略分级除尘效率(%)		
			1(μm)	5(μm)	50(μm)
重力沉降室	30~50	50~150		<10	90
惯性除尘器	40~70	300~800	3	16	95
旋风除尘器	60~90	500~1500	10	50	95
纤维层过滤器	70~90	100~500	50	90	99
袋式除尘器	95~99	1000~1500	90	99	>99
电除尘器	95~99	100~500	90	99	>99
水浴除尘器	~85	150~200	38	85	98
自激湿式除尘器	80~95	1000~1500	40	93	>99
湿式过滤除尘器	90~99	500~1000	85	99	>99
湿式旋流除尘器	80~95	500~1500	50	90	99

附表 9-12 武安型喷雾器水力性能

型号	出水孔径（mm）	水压（MPa）	耗水量（L/min）	作用长度（m）	射程（m）	扩张角（°）	雾粒尺寸（μm）	喷射体形状
2 型	3	0.5	3.71	2.3	1.35	90	250	空心锥体
	3.5	0.5	4.80	2.5	1.40	93	250	空心锥体
4 型	2.5	0.3	1.49	1.5	1.0	98	100～200	空心锥体
	2.5	0.5	1.95	1.7	1.2	108		空心锥体
	3.0	0.3	1.67	1.6	1.1	102	150～200	空心锥体
	3.0	0.5	2.11	1.8	1.3	110		
	3.5	0.3	1.90	1.7	1.2	106	150～200	空心锥体
	3.5	0.5	2.43	1.8	1.3	114		

附表 9-13 PZB 型喷雾器水力性能

型 号	出水孔径（mm）	下列水压（MPa）耗水量（L/min）				作用长度（m）	射程（m）	扩散角（°）	射体形状
		0.5	1.0	1.2	1.5				
2.5/70	2.5	5.2	7.4	8.4	9.1	2	1	70±5	实心锥体
3.2/70	3.2	9.1	12.8	14.0	15.7	2.8	1.6	70±5	实心锥体
3.5/70	3.5	9.7	14.0	15.2	16.3	2.8	1.6	70±5	实心锥体
4/70	4.0	14.1	20.0	21.9	24.5	2.8	1.6	70±5	实心锥体

附表 9-14 PAB 型喷雾器水力性能

型 号	出水孔径（mm）	下列水压（MPa）下耗水量（L/min）				作用长度（m）	射程（m）	扩散角（°）	射体形状
		0.5	1.0	1.2	1.5				
3.2/75	3.2	5.1	7.4	8.1	8.9	1.0	0.7	75±10	空心锥体
3.5/75	3.5	6.7	10.0	10.8	12.2	1.0	0.7	75±10	空心锥体
4/75	4	9.4	13.3	14.6	16.3	1.0	0.7	75±10	空心锥体

附表 9-15 风水喷雾器水力性能

出水环宽度（mm）	风压（MPa）	水压（MPa）	耗水量（L/min）	作用长度（m）	扩散角
1	6	4	38	18.3	18°
1	6	5	41	18.3	18°
1	6	6	45	18.3	19°6′
2	6	4	48	17.8	15°
2	6	5	53	17.8	16°
2	6	6	58	17.8	17°
3	6	4	53	17.0	20°
3	6	5	58	17.0	20°
3	6	6	62	17.0	18°

附表 9-16　AHG 系列呼吸器技术特性

参　数	型　号		
	AHG-4	AHG-3	AHG-2
氧气瓶容积（L）	2.0	1.4	1.0
氧气贮藏量（L）	400	280	
定量供氧量（L/min）	1.1～1.3	1.3～1.5	1.1～1.3
自动排气压力（Pa）	196～294	196±98	196～294
（毫米水柱）	20～30	20±10	20～30
自动补给压力（Pa）	-147～-245	-196±96	-147～-245
（毫米水柱）	15～25	20±10	
自动补给流量（L/min）	>60	>90	
手动补给流量（L/min）	>90	>90	
有效使用时间（h）	4	3	2
重量(不包括吸收剂及氧气)(kg)	<10	<10	<7
外形尺寸（mm）	<415×385×195	<390×330×130	<345×345×190
氧气瓶压力（kPa）	20265	20265	20265
（kgf/cm^2）	200	200	200

附表 9-17　AHK-40 型呼吸器技术特性

性能指标	数　值	性能指标	数　值
使用时间（min）		吸气压力（Pa）	-98～-392
重体力劳动	24(按耗氧量为48L/min 计算)	（毫米水柱）	-10～-40
中体力劳动	40(按耗氧量为20L/min 计算)	自动肺流量（L/min）	>280
静坐	90(按耗氧量为12L/min 计算)	膛室压力（kPa）	405～557
空气瓶		（kgf/cm^2）	4～5.5
数量	2	安全阀开启压力	
压力（kPa）	20265	（kPa）	810.6
（kgf/cm^2）	200	（kgf/cm^2）	8
容积（L）	3	报警压力	
重量（kg）	4.5	（kPa）	6079.5
空气贮藏量（L）	1200	（kgf/cm^2）	60

附表 9-18　AZL-40 自救器技术特征

性能指标	数　据	性能指标	数　据
有效防护时间（连续使用时间）（min）	40	呼吸阀逆向漏气量（mL/min）	<10
吸气阻力（Pa）	<294	开启扳手拉力（kg）	<10
（毫米水柱）	<30	外壳气密性	100 毫米水柱
呼气阻力（Pa）	<147		压差下不漏气
（毫米水柱）	<15	外形尺寸（mm）	100×94×145
呼气温度（℃）	<65	重量（kg）	<1.1

附表 9-19　化学生氧隔离式自救器技术特性

技术特性	型号		技术特性	型号	
	AZG-40A	TF-4		AZG-40A	TF-4
使用时间			排气阀开启压力（Pa）	147～245	294±98
中等劳动（min）	>40	>40	（毫米水柱）	15～25	30±10
静坐（h）	>2.5		气囊容积（L）	4.8	
生氧药缸吸气阻力（Pa）	<147	<294(用后)	封口带开启力（kg）	<18	3～10
（毫米水柱）	<15	<30(用后)	生氧剂重量（g）	530	420
呼吸温度（℃）	<60	<40	外形尺寸（mm）	235×190×95	180×160×87
初期放氧量（L）			重量（kg）	<2.5	<1.7
30 秒时	>2	>2			
50 秒时	>4	>4			

附表 9-20　AYG-45 型压缩氧自救器技术特性

技术特性	数　值	技术特性	数　值
使用时间（min）		自动补氧量（L/min）	>90
（中等劳动）	45	自动补给压力（Pa）	-98～-392
氧气瓶容积（L）	0.4	自动排气压力（Pa）	93～392
氧气瓶压力（kPa）	20265	总重量（kg）	<3.5
定量供氧量（L/min）	1.1～1.3	外形尺寸（mm）	235×105×270

附表 9-21　ASZ-30 苏生器技术特性

技术特性	数　值	技术特性	数　值
氧气瓶		耗氧 6L/min 时最小	
工作压力（kPa）	20265	换气量 L/min	15
（kgf/cm^2）	200	重量（g）	<250
容积（L）	1	自主呼吸供氧量（L/min）	>15
肺动盒		（含氧量 80%）	
换气量调整范围（L/min）	12～25	吸痰引射负压（Pa）	4410
充气正压（Pa）	1960～2490	（毫米水柱）	450
（毫米水柱）	200～250	仪器净重（kg）	<6.5
		外形尺寸（mm）	335×245×140

附表 9-22　ASY-1 型输氧器技术特性

技术特性	数　值	技术特性	数　值
输氧流量（L/min）	1±0.15	容积（L）	0.35
流量调节范围（L/min）	0～6	贮气量（L）	70
氧气瓶		重量（kg）	2.5
工作压力（kPa）	20265	外形尺寸（mm）	270×190×110
（kgf/cm^2）	200		

附表 9-23　ZYE-1 型元素含量分析仪的技术指标

测量元素范围（Z）	16（S）~92U	率表量程	0~100$KCPS$，三挡
样品窗口尺寸	ϕ40mm	含量显示范围	0%~100%
通道数	活动道1个，固定道3个	自动计算公式	$y = Ax + B$
能量分辨率	对于5.9keV 锰的 K_α 线，优于25%	打印格式	%含量，小数点及编号
整机分辨时间	<1.5μs	电　源	交流220/110V，直流GYN-3电池10节
稳定性	8小时计数漂移小于1%	使用环境	-5℃~40℃，相对湿度≤85%
计数器程	99999×10	重　量	主机7kg，探头1.7kg，微型机0.7kg
定时范围	1~400s及∞，8挡		

注：该表用于矿山现场对元素进行定量和半定量分析，对地质勘探、找矿以及采场矿石贫化损失的控制有一定使用价值。

附表 9-24　地中衡

型　号	称　量		精　度	承重台面尺寸（m）	重量（t）	制造厂家
	最大（t）	最小（kg）				
ZGT-10H	10	5	1/1000	2×2		沈阳衡器厂
ZGT-15	15	5	1/2000	6×2.8	3.6	长沙衡器厂
ZGT-20	20	5	Ⅲ级	7×3	4	北京衡器厂
ZGT-30A	30	10	1/1000	7×3	5.06	南京衡器厂
ZGT-30B	30	10	1/2000	12×3	8.44	南京衡器厂
ZGT-50A	50	20	Ⅲ级	14×3.5		徐州衡器厂
ZGT-60D	60	20	1/2000	25×3.2		长沙衡器厂
ZGT-80D	80	20	1/2000	25×3.2		长沙衡器厂
ZGT-100B	100	50	Ⅲ级	15×4.3		徐州衡器厂

附表 9-25　轨道衡

型　号	轨距（mm）	称　量		台面有效长（m）	外形尺寸（mm）		制造厂
		最大（t）	最小（kg）		长	宽	
GSQ-5-2.5	600（762）	5	2	2.5	2500	13000	长春衡器厂
GSQ-15-4B	900	15	5	4	4000	15000	长春衡器厂
GSQ-30-6.1B	900	30	20	6.1	6100	15000	长春衡器厂
GABC-100	1435	100	10	3.4			徐州衡器厂
GABCW150-13	1435	150	20	13	13000	3600	徐州衡器厂
GABCW200	1435	200	20	13	13000	3600	徐州衡器厂

附录10　五部[1]直属高等院校、科研与设计单位（设有采矿系、科、室）

附表10-1　高等院校

高等学校	所在地址	备注
东北工学院	辽宁省沈阳市和平区文化路	
北京科技大学	北京市学院路	原北京钢铁学院
中南工业大学	湖南省长沙市左家垄	原中南矿冶学院
昆明工学院	云南省昆明市	
西安冶金建筑学院	陕西省西安市雁塔路	
鞍山钢铁学院	辽宁省鞍山市中华路	
包头钢铁学院	内蒙古自治区包头市	
南方冶金学院	江西省赣州市	原江西冶金学院
武汉工业大学	湖北省武汉市武昌区珞狮路	原武汉建材学院
广西大学	广西壮族自治区南宁市	
衡阳工学院	湖南省衡阳市	
广东工学院	广东省广州市东风五路	
武汉钢铁学院	湖北省武汉市青山区任家路	
重庆大学	四川省重庆市	
武汉化工学院	湖北省武汉市武昌区鲁巷	
沈阳黄金专科学校	辽宁省沈阳市	
长沙有色金属专科学校	湖南省长沙市左家垅	
昆明有色金属专科学校	云南省昆明市	
连云港化学矿业专科学校	江苏省连云港市	
山东建材专科学校	山东省淄博市博山区	

注：本表排列顺序以设立采矿专业的时间为准。

[1] 五部系指中国有色金属工业总公司、冶金工业部、中国核工业总公司、化学工业部和中国非金属矿工业总公司。下同。

附表 10-2　科研院所

部属研究院	所　在　地　址
长沙矿冶研究院	湖南省长沙市左家垅
长沙矿山研究院	湖南省长沙市麓山南路
冶金部安全环保研究院	湖北省武汉市青山区任家路
北京矿冶研究总院	北京市西直门外文兴街一号
核工业部第六研究所	湖南省衡阳市 13 号信箱
马鞍山矿山研究院	安徽省马鞍山市湖北路
长春黄金研究所	吉林省长春市南湖大路
西北矿冶研究院	甘肃省白银市
咸阳非金属矿研究所	陕西省咸阳市渭阳西路

附表 10-3　设计研究院

部　属　设　计　院	所　在　地　址
北京有色冶金设计研究总院	北京市复兴门外皇亭子
长沙有色冶金设计研究院	湖南省长沙市文艺路
鞍山黑色冶金矿山设计研究院	辽宁省鞍山市市府广场
昆明有色冶金设计研究院	云南省昆明市东风路
南昌有色冶金设计研究院	江西省南昌市老福山
长沙黑色冶金矿山设计研究院	湖南省长沙市东塘
沈阳铝镁设计研究院	辽宁省沈阳市和平区和平大街三段
长春黄金设计院	吉林省长春市南湖大路
核工业部第四设计研究院	河北省石家庄市 189 号信箱
苏州非金属矿工业设计研究院	江苏省苏州市浒墅关
成都建筑材料设计院	四川省成都市
化工部化工矿山设计研究院	江苏省连云港市
兰州有色冶金设计研究院	甘肃省兰州市天水路
马鞍山钢铁设计研究院	安徽省马鞍山市湖南路
贵阳铝镁设计研究院	贵州省贵阳市北京路
化工部化学矿山规划设计院	河北省涿州市
冶金部冀东黑色冶金矿山设计研究院	河北省秦皇岛市迎宾路
长沙化学矿山设计研究院	湖南省长沙市洞井铺

附录11 有关矿山安环卫生的部分国家标准及法规

大气环境质量标准

（GB3095—82）

污染物名称	浓度限值（毫克/标准立方米）			
	取值时间	一级标准①	二级标准②	三级标准③
总悬浮微粒	日平均④	0.15	0.30	0.45
	任何一次⑤	0.30	1.00	1.50
飘　尘	日平均	0.05	0.15	0.25
	任何一次	0.15	0.50	0.70
二氧化硫	年日平均⑥	0.02	0.06	0.10
	日平均	0.05	0.15	0.25
	任何一次	0.15	0.50	0.70
氮氧化物	日平均	0.05	0.10	0.15
	任何一次	0.10	0.15	0.30
一氧化碳	日平均	4.00	5.00	6.00
	任何一次	10.00	15.00	20.00
光化学氧化剂（O_2）	一小时平均	0.12	0.16	0.20

大气质量区分为三类：

①一类区：为国家规定的自然保护区、风景游览区、名胜古迹和疗养地等。一般执行一级标准；

②二类区：为城市规划中确定的居民区、商业交通居民混合区、交化区，名胜古迹和广大农村等。一般执行二级标准；

③三类区：为大气污染程度比较重的城镇和工业区以及城市交通枢纽、干线等。一般执行三级标准；

④“日平均”为任何一日的平均浓度不许超过的限值；

⑤“任何一次”为任何一次采样测定不许超过的浓度限值。不同污染物“任何一次”采样时间见有关规定；

⑥“年日平均”为任何一年的日平均浓度均值不许超过的限值。

地面水环境质量标准　GB3838—88

代替 GB3838—83

为贯彻执行中华人民共和国《环境保护法（试行）》和《水污染防治法》，控制水污染，保护水资源，特制订本标准。

本标准适用于中华人民共和国领域内江、河、湖泊、水库等具有使用功能的地面水水域。

1. 水域功能分类

依据地面水水域使用目的和保护目标将其划分为五类：

Ⅰ类　主要适用于源头水、国家自然保护区。

Ⅱ类　主要适用于集中式生活饮用水水源地一级保护区、珍贵鱼类保护区、鱼虾产卵场等。

Ⅲ类　主要适用于集中式生活饮用水水源地二级保护区、一般鱼类保护区及游泳区。

Ⅳ类　主要适用于一般工业用水区及人体非直接接触的娱乐用水区。

Ⅴ类　主要适用于农业用水区及一般景观要求水域。

同一水域兼有多类功能的，依最高功能划分类别。有季节性功能的。可分季划分类别。

2. 水质要求

本标准规定不同功能水域执行不同标准值，地面水五类水域的水质要求按表1执行。

2.1　不得用瞬时一次监测值使用本标准。

2.2　标准值单项超标，即表明使用功能不能保证。危害程度应参考背景值及水生生物调查数据，硬度修正方程及有关基准资料综合评价。

3. 标准的实施

3.1　本标准由各环境保护部门及水资源保护部门负责监督与实施。

3.2　各地环境保护部门会同城建、水利、卫生、农业等有关部门，根据流域或水系整体规划，结合水域使用要求，将所辖水域划分功能类别，报省、自治区、直辖市人民政府批准后，按相应的标准值管理。

3.3　划分各水域功能，一般不得低于现状功能。需要降低现状功能时，应做技术经济论证，并报上级主管部门批准。

3.4　排污口所在水域形成的混合区，不得影响鱼类回游通道及邻近功能区水质。

3.5　渔业水域，由各级渔业行政部门按 TJ35—79《渔业水质标准》监督管理；生活饮用水取水点，由各级卫生防疫部门按 GB5749—85《饮用水卫生标准》监督管理；放射性指标执行国家 GB8703—88《辐射防护规定》。

3.6　本标准项目不能满足地方环境保护要求时，省、自治区、直辖市人民政府可以制订地方补充标准，并报国务院环境保护部门备案。

4. 水质监测

4.1　监测取样点，应布设于各功能区代表位置。

4.2　本标准各参数的检测分析方法按表2执行。（表2略）

附加说明：

本标准由国家环境保护局规划标准处提出。

本标准由中国环境科学研究院组织制订。

本标准由国家环境保护局负责解释。

表1　地面水环境质量标准　　mg/L

序号	参数　标准值　分类		Ⅰ类	Ⅱ类	Ⅲ类	Ⅳ类	Ⅴ类
	基本要求		所有水体不应有非自然原因所导致的下述物质： a. 凡能沉淀而形成令人厌恶的沉积物； b. 漂浮物，诸如碎片、浮渣、油类或其他的一些引起感官不快的物质； c. 产生令人厌恶的色、嗅、味或浑浊度的； d. 对人类、动物或植物有损害、毒性或不良生理反应的； e. 易滋生令人厌恶的水生生物的				
1	水温,℃		人为造成的环境水温度化应限制在： 夏季周平均最大温升≤1 冬季周平均最大温降≤2				
2	pH		6.5～3.5				6～9
3	硫酸盐*（以 SO_4^{2-} 计）	≤	250以下	250	250	250	250
4	氯化物*（以Cl计）	≤	250以下	250	250	250	250
5	溶解性铁*	≤	0.3以下	0.3	0.5	0.5	1.0
6	总锰*	≤	0.1以下	0.1	0.1	0.5	1.0
7	总铜*	≤	0.01以下	1.0(渔0.01)	1.0(渔0.01)	1.0	1.0
8	总锌*	≤	0.05	1.0(渔0.1)	1.0(渔0.1)	2.0	2.0
9	硝酸盐（以N计）	≤	10以下	10	20	20	25
10	亚硝酸盐（以N计）	≤	0.06	0.1	0.15	1.0	1.0
11	非离子氨	≤	0.02	0.02	0.02	0.2	0.2
12	凯氏氮	≤	0.5	0.5	1	2	2
13	总磷（以P计）	≤	0.02	0.1（湖、库0.025）	0.1（湖、库0.05）	0.2	0.2
14	高锰酸盐指数	≤	2	4	6	8	10
15	溶解氧	≥	饱和率90%	6	5	3	2
16	化学需氧量（COD_{Cr}）	≤	15以下	15以下	15	20	25
17	生化需氧量（BOD_5）	≤	3以下	3	4	6	10
18	氟化物（以F计）	≤	1.0以下	1.0	1.0	1.5	1.5
19	硒（四价）	≤	0.01以下	0.01	0.01	0.02	0.02
20	总砷	≤	0.05	0.05	0.05	0.1	0.1
21	总汞**	≤	0.00005	0.00005	0.0001	0.001	0.001
22	总镉***	≤	0.001	0.005	0.005	0.005	0.01
23	铬（六价）	≤	0.01	0.05	0.05	0.05	0.1
24	总铅**	≤	0.01	0.05	0.05	0.05	0.1
25	总氰化物	≤	0.005	0.05（渔0.005）	0.2（渔0.005）	0.2	0.2
26	挥发酚**	≤	0.002	0.002	0.005	0.01	0.1

续表 1

序号	标准值 分类 参数		Ⅰ类	Ⅱ类	Ⅲ类	Ⅳ类	Ⅴ类
27	石油酚** （石油醚萃取）	≤	0.05	0.05	0.05	0.5	1.0
28	阴离子表面活性剂	≤	0.2 以下	0.2	0.2	0.3	0.3
29	总大肠菌群…（个/L）	≤			10000		
30	苯并（a）芘…（μg/L）	≤	0.0025	0.0025	0.0025		

注：* 允许根据地方水域背景值特征做适当调整的项目；

** 规定分析检测方法的最低检出限，达不到基准要求；

*** 试行标准。

生活饮用水水质标准

（GB5749—85）

项　　目		标　　准	
感官性状和一般化学指标	色	色度不超过 15 度，并不得呈现其他异色	
	浑浊度	不超过 3 度，特殊情况不超过 5 度	
	臭和味	不得有异臭、异味	
	pH	6.5～8.5	
	总硬度（以碳酸钙计）	450	mg/L
	铁	0.3	mg/L
	锰	0.1	mg/L
	铜	1.0	mg/L
	锌	1.0	mg/L
	挥发性酚类（以苯酚计）	0.002	mg/L
	阴离子合成洗涤剂	0.3	mg/L
	硫酸盐	250	mg/L
	氯化物	250	mg/L
	溶解性总固体	1000	mg/L
毒理学指标	氟化物	1.0	mg/L
	氰化物	0.05	mg/L
	砷	0.05	mg/L
	硒	0.01	mg/L
	汞	0.001	mg/L
	镉	0.01	mg/L
	铬（六价）	0.05	mg/L
	铅	0.05	mg/L
	银	0.05	mg/L
	硝酸盐（以氮计）	20	mg/L
	氯仿*	60	μg/L
	四氯化碳*	3	μg/L
	苯并（a）芘*	0.01	μg/L

续表

项目		标准	
毒理学指标	滴滴涕*	1	μg/L
	六六六*	5	μg/L
细菌学指标	细菌总数	100	个/mL
	总大肠菌群	3	个/L
	游离余氯	在与水接触30min后应不低于0.3mg/L。集中式给水除出厂水应符合上述要求外，管网末梢水不低于0.05mg/L	
放射性指标	总α放射性	0.1	Bq/L
	总β放射性	1	Bq/L

注：* 试行标准。

农田灌溉水质标准

（TJ24—79）

编号	项目	标准
1	水温	不超过35℃
2	pH值	5.5～8.5
3	全盐量	非盐碱土农田不超过1500毫克/升
4	氯化物（Cl计）	非盐碱土农田不超过300毫克/升
5	硫化物（S计）	不超过1毫克/升
6	汞及其化合物（按Hg计）	不超过0.001毫克/升
7	镉及其化合物（按Cd计）	不超过0.005毫克/升
8	砷及其化合物（按As计）	不超过0.05毫克/升
9	六价铬化合物（按Cr^{6+}计）	不超过0.1毫克/升
10	铅及其化合物（按Pb计）	不超过0.1毫克/升
11	铜及其化合物（按Cu计）	不超过1.0毫克/升
12	锌及其化合物（按Zn计）	不超过3毫克/升
13	硒及其化合物（按Se计）	不超过0.01毫克/升
14	氟化物（按F计）	不超过3毫克/升
15	氰化物（按游离氰根计）	不超过0.5毫克/升
16	石油类	不超过10毫克/升
17	挥发性酚	不超过1毫克/升
18	苯	不超过2.5毫克/升
19	三氯乙醛	不超过0.5毫克/升
20	丙烯醛	不超过0.5毫克/升

注：放射性物质的标准，应按现行的《放射防护规定》中关于露天水源中放射性物质限制浓度的规定执行。

附录 本标准用词说明

一、对本标准条文执行严格程度的用词，采用以下写法：

1. 表示很严格，非这样作不可的用词：

正面词一般采用“必须”，反面词一般采用“严禁”。

2. 表示严格，在正常情况下均应这样作的用词：

正面词一般采用“应”，反面词一般采用“不应”或“不得”。

3. 表示允许稍有选择，在条件许可时，首先应这样作的用词：

正面词一般采用“宜”或“一般”；反面词一般采用“不宜”。

4. 表示一般情况下均应这样作，但硬性规定这样作有困难的，采用“应尽量”。

表示允许有选择，在一定条件下，可以这样作的，采用“可”。

二、条文中必须按指定的标准、规范或其他有关规定执行的，写法为“按现行的……执行”或“符合现行的……要求”。非必须按所指定标准、规范或其他有关规定执行的写法为“参照现行的……”。

渔业水质标准

（TJ35—79）

编　号	项　　目	标　　准
1	色、嗅、味	不得使鱼虾贝藻类带有异色、异嗅、异味
2	漂浮物质	水面不得出现明显油膜或浮沫
3	悬浮物质	人为增加的量不得超过 10 毫克/升，而且悬浮物质沉积于底部后，不得对鱼虾贝藻类产生有害的影响
4	pH 值	淡水 6.5～8.5，海水 7.0～8.5
5	生化需氧量（五天，20℃）	不超过 5 毫克/升；冰封期不超过 3 毫克/升
6	溶解氧	24 小时中，16 小时以上必须大于 5 毫克/升，其余任何时候不得低于 3 毫克/升，对于鲑科鱼类栖息水域冰封期其余任何时候不得低于 4 毫克/升
7	汞	不超过 0.0005 毫克/升
8	镉	不超过 0.005 毫克/升
9	铅	不超过 0.1 毫克/升
10	铬	不超过 1.0 毫克/升
11	铜	不超过 0.01 毫克/升
12	锌	不超过 0.1 毫克/升
13	镍	不超过 0.1 毫克/升
14	砷	不超过 0.1 毫克/升
15	氰化物	不超过 0.02 毫克/升
16	硫化物	不超过 0.2 毫克/升
17	氟化物	不超过 1.0 毫克/升
18	挥发性酚	不超过 0.005 毫克/升
19	黄磷	不超过 0.002 毫克/升
20	石油类	不超过 0.05 毫克/升
21	丙烯腈	不超过 0.7 毫克/升
22	丙烯醛	不超过 0.02 毫克/升
23	六六六	不超过 0.02 毫克/升
24	滴滴涕	不超过 0.001 毫克/升
25	马拉硫磷	不超过 0.005 毫克/升
26	五氯酚钠	不超过 0.01 毫克/升
27	苯胺	不超过 0.4 毫克/升
28	对硝基氯苯	不超过 0.1 毫克/升
29	对氨基苯酚	不超过 0.1 毫克/升

续表

编　号	项　　目	标　　准
30	水合肼	不超过0.01毫克/升
31	邻苯二甲酸二丁酯	不超过0.06毫克/升
32	松节油	不超过0.3毫克/升
33	1，2，3-三氯苯	不超过0.06毫克/升
34	1，2，4，5-四氯苯	不超过0.02毫克/升

注：放射性物质的标准，应按现行的《放射防护规定》中关于露天水源中放射性物质限制浓度的规定执行。

附录　本标准用词说明

一、对本标准条文执行严格程度的用词，采用以下写法：

1. 表示很严格，非这样作不可的用词：

正面词一般采用“必须”，反面词一般采用“严禁”。

2. 表示严格，在正常情况下均应这样作的用词：

正面词一般采用“应”，反面词一般采用“不应”或“不得”。

3. 表示允许稍有选择，在条件许可时，首先应这样作的用词：

正面词一般采用“宜”或“一般”，反面词一般采用“不宜”。

4. 表示一般情况下均这样作，但硬性规定这样作有困难的，采用“应尽量”。

5. 表示允许有选择，在一定条件下，可以这样作的，采用“可”。

二、条文中必须按指定的标准、规范或其他有关规定执行的，写法为“按现行的……执行”或“符合现行的……要求”，非必须按所指定标准，规范或其他有关规定执行的，写法为“参照现行的……”。

医院污水排放标准

（GBJ48—83）

1. 医院污水经处理与消毒后，应达到下列标准：

①连续三次各取样500毫升进行检验，不得检出肠道致病菌和结核杆菌。

②总大肠菌群数每升不得大于500个。

2. 当采用氯化法消毒时，接触时间和接触池出水中的余氯含量，应符合下表要求：

医院污水类别	接触时间（小时）	总余氯量（毫克/升）
综合医院污水及含肠道致病菌污水	不少于1	4～5
含结核杆菌污水	不少于1.5	6～8

3. 污水处理构筑物中的污泥；必须经过无害化处理，污泥排放时应达到下列标准：

①蛔虫卵死亡率大于95%；

②粪大肠菌值不小于105^2；

③每10克污泥（原检样中），不得检出肠道致病菌和结核杆菌。

4. 当污泥采用高温堆肥法进行无害化处理时，堆肥的温度必须大于 50℃，并应持续 5 天以上。

5. 无上、下水道设备或集中式污水处理构筑物的医院，对有传染性的粪便，必须进行单独消毒或其他无害化处理。

6. 医院污水经处理和消毒后，其所含的污染物质与有害物质的含量应符合现行的有关标准的要求。

附录：设计要求

1. 医院应设置集中式污水处理构筑物。严禁采用渗井、渗坑排放污水。

2. 医院职工生活区和行政区的污水，应与病区的污水分流。

3. 医院污水处理构筑物的位置，宜设在医院建筑物当地夏季最小频率风向的上风侧，与周围建筑物之间宜设绿化防护地带。

4. 处理构筑物的设计，应满足下列要求：

①采取防腐蚀、防渗漏措施；

表 2　第二类污染物最高允许排放浓度　mg/L

标准值 / 污染物　　标准分级 / 规模	一级标准		二级标准		三级标准
	新扩改	现　有	新扩改	现　有	
1　pH 值	6～9	6～9	6～9	6～9①	6～9
2　色度（稀释倍数）	50	80	80	100	—
3　悬浮物	70	100	200	250②	400
4　生化需氧量（BOD_5）	30	60	60	80	300③
5　化学需氧量（COD_{Cr}）	100	150	150	200	500③
6　石油类	10	15	10	20	30
7　动植物油	20	30	20	40	100
8　挥发酚	0.5	1.0	0.5	1.0	2.0
9　氰化物	0.5	0.5	0.5	0.5	1.0
10　硫化物	1.0	1.0	1.0	2.0	2.0
11　氨氮	15	25	25	40	—
12　氟化物	10	15	10	15	20
	—	—	20④	30④	—
13　磷酸盐（以 P 计）⑤	0.5	1.0	1.0	2.0	—
14　甲醛	1.0	2.0	2.0	3.0	—
15　苯胺类	1.0	2.0	2.0	3.0	5.0
16　硝基苯类	2.0	3.0	3.0	5.0	5.0
17　阴离子合成洗涤剂	5.0	10	10	15	20
18　铜	0.5	0.5	1.0	1.0	2.0
19　锌	0.0	2.0	4.0	5.0	5.0
20　锰	2.0	5.0	2.0⑥	5.0⑥	5.0

①现有火电厂和粘胶纤维工业，二级标准 pH 值放宽到 0.5。

②磷肥工业悬浮物放宽至 300mg/L。

③对排入带有二级污水处理厂的城镇下水道的造纸、皮革、食品、洗毛、酿造、发酵、生物制药、肉类加工、纤维板等工业废水、BOD_5 可放宽至 600mg/L；COD_{Cr} 可放宽至 1000mg/L。具体限度还可以与市政部门协商。

④为低氟地区（系指水体含氟量 <0.5mg/L）允许排放浓度。

⑤为排入蓄水性河流和封闭性水域的控制指标。

⑥合成脂肪酸工业新扩改为 5mg/L，现有企业为 7.5mg/L。

②确保处理效果，安全耐用；

③操作方便，便于消毒和清掏，有利于操作人员的劳动保护。

5. 氯化法消毒系统的设计，应满足下列要求：

①备有发生故障时的应急设施；

②使用液态氯时，应有安全设施，严禁直接以钢瓶向污水中投加氯气。

中华人民共和国国家标准 UDC 628.39：628.54

污水综合排放标准

GB 8978—88

代替 GBJ4—73

（废水部分）

Integrated wastewater discharge standard

根据中华人民共和国《环境保护法（试行）》、《水污染防治法》、《海洋环境保护法》和国务院环境保护委员会《关于防治水污染技术政策的若干规定》，为了控制水污染，保护江河、湖泊、运河、渠道、水库和海洋等地面水体以及地下水体水质的良好状态，保障人体健康，维护生态平衡，促进国民经济和城乡建设的发展，特制订本标准。

本标准适用于排放污水和废水的一切企、事业单位。

1. 标准分级

1.1 本标准按地面水域使用功能要求和污水排放去向，对向地面水水域和城市下水道排放的污水分别执行一、二、三级标准。

1.1.1 特殊保护水域，指国家 GB3838—88《地面水环境质量标准》Ⅰ、Ⅱ类水域、如城镇集中式生活饮用水水源地一级保护区、国家划定的重点风景名胜区水体、珍贵鱼类保护区及其他有特殊经济文化价值的水体保护区，以及海水浴场和水产养殖场等水体，不得新建排污口，现有的排污单位由地方环保部门从严控制，以保证受纳水体水质符合规定用途的水质标准。

1.1.2 重点保护水域，指国家 GB3838—88Ⅲ类水域和《海水水质标准》Ⅱ类水域，如城镇集中式生活饮用水水源地二级保护区，一般经济渔业水域、重要风景游览区等，对排入本区水域的污水执行一级标准。

1.1.3 一般保护水域指国家 GB3838—88Ⅳ、Ⅴ类水域和《海水水质标准》Ⅲ类水域，如一般工业用水区、景观用水区及农业用水区、港口和海洋开发作业区，排入本区水域的污水执行二级标准。

1.1.4 对排入城镇下水道并进入二级污水处理厂进行生物处理的污水执行三级标准。

1.2 对排入未设置二级污水处理厂的城镇下水道的污水，必须根据下水道出水受纳水体的功能要求按 1.1.2 和 1.1.3 条规定，分别执行一级或二级标准。

2. 标准值

2.1 本标准将排放的污染物按其性质分为二类

2.1.1 第一类污染物，指能在环境或动植物体内蓄积，对人体健康产生长远不良影响者，含有此类有害污染物质的污水，不分行业和污水排放方式，也不分受纳水体的功能类别，一律在车间或车间处理设施排出口取样，其最高允许排放浓度必须符合表 1 的规定。

表1　第一类污染物最高允许排放浓度　mg/L

污染物	最高允许排放浓度
1　总汞	0.5
2　烷基汞	不得检出
3　总镉	0.1
4　总铬	1.5
5　六价铬	0.5
6　总砷	0.5
7　总铅	1.0
8　总镍	1.0
9　苯并（a）芘20	0.00003

注：1. 烧碱行业（新建，扩建，改建企业）采用0.005mg/L；

2. 为试行标准，二级、三级标准区暂不考核。

2.1.2　第二类污染物，指其长远影响小于第一类的污染物质，在排污单位排出口取样，其最高允许排放浓度和部分行业最高允许排水定额必须符合表2的规定。

表2中列入的行业执行表2中所列项目的标准值，在表2中未列入的项目和行业仍需执行表2中规定的标准值。

对本标准未列入的污染物应执行相应的行业水污染物排放标准。

3. 其他规定

3.1　对于排放含有放射性物质的污水，除执行本标准外，其放射性物质浓度必须符合GB8703—88《辐射防护标准》的规定。

3.2　船舶为流动污染源，禁止其向本标准规定的特殊保护水域排放污水，在其他水域排放污水应执行GB3552—83《船舶污染物排放标准》。

3.3　医院污水排放除执行本标准外，还须符合GBJ48—83《医院污水排放标准（试行）》规定要求。

3.4　国家行业污染物排放标准宽于本标准的一律执行本标准。

4. 标准实施

4.1　各地环保部门会同有关部门根据流域水系整体规划，结合当地所辖地面水域使用要求，划定保护区和功能区类别，按相应的标准值进行管理。

4.2　本标准由各地环境保护部门负责监督管理。其中三级标准由市政部门协同环保部门管理。

省、自治区、直辖市人民政府对执行国家污染物排放标准不能保证达到水环境质量标准的水体，可以制定严于国家污染物排放标准的地方污染物排放标准，并报国务院环境保护部门备案。

5. 取样与监测

5.1　按本标准2.1.1及2.1.2和有关采样方法国家标准的规定确定监测取样点。其所取水样，必须代表水质和水量的真实现状。

5.2　本标准采用国家颁布的分析方法标准（包括采样方法标准）（见表4，略）

5.3　污水排放口的例行监测按国家《环境监测管理条例》执行。

附加说明：

本标准由国家环境保护局规划标准处提出。

本标准由上海市环境保护局、北京市环境保护科学研究所等负责起草。

本标准由国家环境保护局负责解释。

表 2　部分行业最高允许排水定额及污染物最高允许排放浓度

序号	行业类别	企业性质	最高允许排水量或最低允许水循环利用率	污染物最高允许排放浓度（mg/L）									
				BOD_5		COD_{Cr}		悬浮物		其他			
										石油类		硫化物	
				一级	二级	一级	二级	一级	二级	一级	二级	一级	二级
1	矿山工业 冶金系统选矿	新扩改	（90%）										
	矿山工业 有色金属系统选矿	新扩改	（75%）						300				
	矿山工业 其他矿山工业采矿，选矿、选煤等	新扩改	（选煤 90%）						300				
	矿山工业 冶金系统选矿	现有	大中(75%)小(60%)										
	矿山工业 有色金属系统选矿	现有	大中(60%)小(50%)					150	400				
	矿山工业 其他矿山工业采矿、选矿、选煤等	现有	（选煤 85%）					150	400				
	矿山工业 黄金矿山 脉金矿选矿 重选	新扩改	16.0m^3/吨矿石										
	浮选	新扩改	9.0m^3/吨矿石						500				
	氰化	新扩改	8.0m^3/吨矿石										
	碳浆	新扩改	8.0m^3/吨矿石										
	重选	现有	16.0m^3/吨矿石										
	浮选	现有	9.0m^3/吨矿石						500				
	氰化	现有	8.0m^3/吨矿石						500				
	碳浆	现有	8.0m^3/吨矿石										
2	钢铁、铁合金、钢铁联合企业（不包括选矿厂）	新扩改	（缺水区 90%） （南方丰水区 80%）						200				
		现有	（缺水区 85%） （南方丰水区 60%）					150	300				
3	焦化企业（煤气厂）	新扩改	1.2m^3/t 焦炭				200						
		现有	缺水区 3.0m^3/t 焦炭				350						
		现有	南方丰水区 6.0m^3/t 焦　炭				350						
4	有色金属冶炼及金属加工	新扩改	（80%）						200				
		现有	（60%）					150	300				
5	陆地石油开采 普通油田	新扩改	（回注率 90% ~95%）				200		200				
		现有	（回注率 85% ~90%）				200	150	200				
	陆地石油开采 气田及高含盐油田	新扩改	（回注率 75% ~80%）				200		200				
		现有	（回注率 60% ~65%）				200	300	500		30		5

工业污染源调查监测项目与评价标准

（一）监测项目

1. 工业废水监测项目

类　别		监 测 项 目
黑色金属矿山（包括磁铁矿、赤铁矿、锰矿等）		pH值、悬浮物、硫化物、铜、铅、锌、镉、汞、六价铬等
黑色冶金（包括选矿、烧结、炼焦、炼铁、炼钢、轧钢等）		pH值、悬浮物、COD硫化物、生化物、挥发性酚、氰化物、石油类、铜、铅、锌、砷、镉、汞等
选矿药剂		COD、BOD_5、悬浮物、硫化物、挥发性酚等
有色金属矿山及冶炼（包括选矿、烧结、冶炼、电解、精炼等）		pH值、悬浮物、COD硫化物、氟化物、挥发性酚、铜、铅、锌、砷、镉、汞、六价铬等
火力发电、热电		pH值、悬浮物、硫化物、挥发性酚、砷、铅、镉、石油类、水温等
煤矿（包括洗煤）		pH值、悬浮物、砷、硫化物等
焦　化		COD、BOD_5、悬浮物、硫化物、挥发性酚、氰化物、石油类、水温、氨、氮、苯类。多环芳烃等
石油开发		pH值、COD、悬浮物、硫化物、挥发性酚、石油类等
石油炼制		pH值、COD、BOD_5、悬浮物、硫化物、挥发性酚、氰化物、石油类、苯类、多环芳烃等
化学矿开采	硫铁矿	pH值、悬浮物、硫化物、铜、铅、锌、镉、汞、砷、六价铬等
	雄黄矿	pH值、悬浮物、硫化物、砷等
化学矿开采	磷　矿	pH值、悬浮物、氰化物、硫化物、砷、铅、磷等
	萤石矿	pH值、悬浮物、氟化物等
	汞　矿	pH值、悬浮物、硫化物、砷、汞等
无机原料	硫　酸	pH值（酸度）、悬浮物、硫化物、氯化物、铜、铅、锌、镉、砷等
	氯　碱	pH值（或酸、碱度）、COD、悬浮物、汞等
	铬　盐	pH值（或酸度）、总铬、六价铬等
有机原料		pH值（或酸、碱度）、COD、BOD_5悬浮物、挥发性酚、氰化物、苯类、硝基苯类、有机氯等
化　肥	磷　肥	pH值（酸度）、COD、悬浮物、氟化物、砷、磷等
	氮　肥	COD、BOD_5、挥发性酚、氯化物、硫化物、砷等
橡　胶	合成橡胶	pH值（酸、碱度）、COD、BOD_5、石油类铜、锌、六价铬、多环芳烃等
	橡胶加工	COD、BOD_5、硫化物、六价铬、石油类、苯、多环芳烃等
塑　料		COD、BOD_5、硫化物、氰化物、铅、砷、汞、石油类、有机氯苯类、多环芳烃等
化　纤		pH值、COD、BOD_5、悬浮物、铜、锌、石油类等
农　药		pH值、COD、BOD_5、悬浮物、硫化物、挥发性酚、砷、有机氯、有机磷等

续表

类　别	监　测　项　目
制　药	pH值（酸、碱度）、COD、BOD_5、悬浮物、石油类、硝基苯类、硝基酚类、苯胺类等
染　料	pH值（酸、碱度）、COD、BOD_5、悬浮物、挥发性酚、硫化物、苯胺类、硝基苯类等
颜　料	pH值、COD、悬浮物、硫化物、汞、六价铬、铅、镉、砷、锌、石油类等
油　漆	COD、BOD_5、挥发性酚、石油类、镉、氰化物、铅、六价铬、苯类、硝基苯类等
其他有机化工	pH值、（酸、碱度）、COD、BOD_5、挥发性酚、石油类、氰化物、硝基苯类等
合成脂肪酸	pH值、COD、BOD_5、油、锰、悬浮物等
合成洗涤剂	COD、BOD_5、油、苯类、表面活性剂等
机械制造	COD、悬浮物、挥发性酚、石油类、铅、氰化物等
电　镀	pH值（酸度）、氰化物、六价铬、铜、锌、镍、镉、锡等
电子、仪器、仪表	pH值（酸度）、COD、苯类、氰化物、六价铬、汞、镉、铅等
水　泥	pH值、悬浮物等
玻璃、玻璃纤维	pH值、悬浮物、COD、挥发性酚、氰化物、砷、铅等
油　毡	COD、石油类、挥发性酚等
石棉制品	pH值、悬浮物等
陶瓷制品	pH值、COD、铅、镉等
人造板、木材加工	pH值（酸、碱度）COD、BOD_5、悬浮物、挥发性酚等
食　品	COD、BOD_5、悬浮物、pH值、挥发性酚、氨氮等
纺织、印染	pH值、COD、BOD_5、悬浮物、挥发性酚、硫化物、苯胺类、色度、六价铬等
造　纸	pH值（碱度）、COD、BOD_5、悬浮物、挥发性酚、硫化物、铅、汞、木质素、色度等
皮革及皮革加工	pH值、COD、BOD_5、悬浮物、硫化物、氯化物、总铬、六价铬、色度等
电　池	pH值（酸度）、铅、锌、汞、镉等
火　工	铅、汞、硝基苯类、硫化物、锶、铜等
绝缘材料	COD、BOD_5、挥发性酚等

说明：1. 应根据生产工艺特点和污染物排放情况确定监测项目。

2. 凡是有统一监测分析方法的项目必须监测，暂时还没有统一监测分析方法的项目，可根据实际情况选测。

3. 上表未列出项目的行业按上述两条说明确定监测项目。

2. 工业废气监测项目

类　别	监 测 项 目
燃料燃烧	二氧化硫、氮氧化物、碳氢化合物（燃油、气）、一氧化碳、烟尘等
黑色金属冶炼	二氧化硫、氮氧化物、氰化物、硫化物、一氧化碳、粉尘、氟化物等
有色金属冶炼	二氧化硫、氮氧化物、汞、铍、氟化物、一氧化碳、粉尘（铜、砷、铅、锌、镉）等
炼　焦	二氧化硫、一氧化碳、苯、苯并（a）芘、氨、烟尘、硫化氢、酚等
矿　山	粉尘、氮氧化物、一氧化碳、硫化氢等
选矿药剂	二硫化碳、氯化氢、粉尘等
火力发电、热电	二氧化硫、氮氧化物、苯并（a）芘、一氧化碳、烟尘、碳氢化合物、（燃油、气）等
石油化工	二氧化硫、氮氧化物、铅、氟化物、烃、硫化氢、苯、酚、醛、粉尘、一氧化碳、氯化氢等
有机化工	酚、氰化氢、氯、苯、氯化氢、酸雾、粉尘等
氮　肥	一氧化碳、氨、硫化氢、酸雾、粉尘等
磷　肥	粉尘、氟化物、二氧化硫、酸雾等
化学矿山	氮氧化物、一氧化碳、硫化氢、粉尘等
氯　碱	氯、氯化氢、汞等
硫　酸	二氧化硫、氮氧化物、粉尘、氟化物、硫酸雾等
化　纤	硫化氢、二硫化碳、氨、粉尘等
染　料	氯、氯化氢、二氧化硫、氯、苯、苯酸类、硫化氢、硝基苯类、汞等
橡　胶	硫化氢、苯、粉尘、甲硫醇等
油脂化工	氯、氯化氢、氟化氢、氯磺酸、二氧化硫、氮氧化物、粉尘等
制　药	氯、硫化氢、二氧化硫、肼、醇、醛、苯、氯化氢、氨等
农　药	氯、硫化氢、苯、粉尘、汞、二硫化碳、氯化氢、硫化氢等
油　漆	苯、酚、铅、粉尘、醛、醇、酮类等
造　纸	硫化氢、粉尘、甲醛、硫醇等
纺织、印染	硫化氢、粉尘等
皮革及其制品	硫化氢、铬酸雾、粉尘、甲醛等
电　镀	铬酸雾、氟化氢、氮氧化物、粉尘等
灯泡仪表	汞、粉尘、铅等
水　泥	粉尘等
石棉制品	石棉尘等
铸　造	一氧化碳、氮氧化物、二氧化硫、氟化物、铅、粉尘等
玻璃钢制品	苯类等

续表

类　别	监　测　项　目
油　毡	沥青烟等
蓄电池、印刷	铅等
油漆施工	溶剂、苯类等

说明：同第458页工业废水的说明。

3. 工业固体废物及有害废弃物

调查对象具体可参照《工业固体废物及有害废物名目表》监测项目（见附件）

类　别	监　测　项　目
冶炼废渣	作成分全分析或重金属、非金属含量（%）及最大浸出量
化工废渣、废化学药品及药物	作成分全分析或有毒有害物质（胺基物、硝基物等）含量（%）及最大浸出量、反应性、腐蚀性、易燃性
尾矿、煤矸石、废矿石	作成分全分析或重金属、非金属、含量（%）及最大浸出量
粉煤灰、炉渣	硫、碳含量（%）、γ剂量率、水浸出液的pH值
污泥、残渣	作成分全分析或有毒有害物质含量（%）及最大浸出量
废油、废溶剂	有毒有害物质（如醇类、酮类、酯类、苯类等）含量和易燃性
工业垃圾及其他废物	有毒有害物质含量（%）及最大浸出量、反应性、腐蚀性、易燃性

说明：1. 排污企业提供废物的全分析结果，或有毒有害物质含量（%），如有疑义则应进行监测。
2. 工业废弃物种类繁多，仅作原则规定，具体项目可按其特性确定。

4. 工业噪声

（1）监测项目：主要噪声源强度及由此而产生的厂界外一米敏感处环境噪声强度。

（2）监测方法：采用声级计，置于慢挡，实行5秒时间间隔的间断读数。等效声级Leq由下式计算：

$$Leq = 10\lg\left\{\frac{1}{N}\sum_{i=1}^{N}{}_{10}0.1Lj\right\}$$

式中　L_i——第i个时间间隔中读取的A声级值；

N——读取的声级数据总数

$$N = 1000 \text{ 或 } N = 200$$

5. 放射性物质监测项目

类　别		废气监测项目	废水监测项目	固体废物监测项目
冶金工业	矿山冶炼厂	氡及其子体、α气溶胶	铀、镭、钍总α	铀、镭、钍总α
火电厂		总α、总β	总α、总β，放射性同位素	放射性同位素、γ剂量率
核工业	铀矿、水冶厂	氡及其子体、α气溶胶	铀、镭、氡、钍、总α	铀、镭、钍、γ剂量率
	铀精炼厂	α气溶胶	铀、总α、总β	γ剂量率、铀

续表

类　别		废气监测项目	废水监测项目	固体废物监测项目
核工业	气体扩散厂	α气溶胶	铀	
	核反应堆	α气溶胶、总β	H^3、C^{14}、I^{131}、总α、总β、Cs^{137}、Sr^{90}、Pu^{239}	总β、β、γ剂量率
	后处理厂	总β	H^3、C^{14}、I^{131}、总β、Sr^{90}、总α	总β、β、γ剂量率
磷矿及磷肥厂		总α、总β、γ剂量率		总α、总β、钠、钍、镭、γ剂量率
石煤矿及一般煤矿				γ剂量率、铀、钍、镭
其他使用放射性物质的有关厂				γ剂量率、总α、总β

6. 电磁辐射

（1）监测项目：主要测定源强和厂界外一米最敏感外的电磁辐射强度。其中不大于1000兆赫频段测电场强度与磁场强度，大于1000兆赫微波频段测能通量密度（毫瓦/厘米^2）。

（2）测量方法：按梅花瓣法使用近场仪及远场仪或漏能测试仪进行场强度测定，全方向转动天线，取最大值。

7. 振动

（1）监测项目：主要测定源强和厂界外一米最敏感处的振动强度。

（2）测量方法：采用振动测试仪测定。

附：工业固体废物及有害废物名目表

来　源	废　物
1. 矿物采选业	采选磁铁矿、硫铁矿、雄黄矿、铜、铅、锌、镍、铬、汞、锑等及各种稀有金属矿的废石、尾矿、煤矸石及洗煤泥 采选磷矿、石棉、萤石矿等各种非金属矿的废石及尾矿 选矿的废酸、碱、溶剂、药物等
2. 冶金、金属加工及铸造业	各种黑色和有色金属冶炼废渣、粉尘、污泥、炼焦倾析罐渣、废屑、废型砂、废油、溶剂、废液、工业垃圾等
3. 各种锅炉及工业窑炉	各种炉渣、粉煤灰、粉尘等
4. 电镀、喷镀及抛光	各种污泥、废液、废弃的树脂、清洗油、溶剂、盐浴、催化剂、添加剂和垃圾等
5. 有机化学品和颜料生产	废弃的催化剂、添加剂、焦油、釜废物、尾馏分、底流物、离心残渣、滤沥和压滤残液，及反应过程排出的凝缩物、残留物
6. 无机化学品和颜料生产	污泥、残渣、粉尘、盐泥、釜脚、废有机溶液、非标准液、滤饼等

我国环境保护的法规

一、宪法中关于环境保护的规定

《中华人民共和国宪法》第十一条第三款："国家保护环境和自然资源，防治污染和其他公害"。

二、中华人民共和国环境保护法（试行）

（一九七九年九月十三日第五届全国人民代表大会常务委员会第十一次会议原则通过）

第一章 总 则

第一条 根据中华人民共和国宪法第十一条关于"国家保护环境和自然资源，防治污染和其他公害"的规定，制定本法。

第二条 中华人民共和国环境保护法的任务，是保证在社会主义现代化建设中，合理地利用自然环境，防治环境污染和生态破坏，为人民造成清洁适宜的生活和劳动环境，保护人民健康，促进经济发展。

第三条 本法所称环境是指：大气、水、土地、矿藏、森林、草原、野生动物、野生植物、水生生物、名胜古迹、风景游览区、温泉、疗养区、自然保护区、生活居住区等。

第四条 环境保护工作的方针是：全面规划，合理布局，综合利用，化害为利，依靠群众，大家动手，保护环境，造福人民。

第五条 国务院和所属各部门、地方各级人民政府必须切实做好环境保护工作；在制定发展国民经济计划的时候，必须对环境的保护和改善统筹安排，并认真组织实施；对已经造成的环境污染和其他公害，必须作出规划，有计划有步骤地加以解决。

第六条 一切企业、事业单位的选址、设计、建设和生产，都必须充分注意防止对环境的污染和破坏。在进行新建、改建和扩建工程时，必须提出对环境影响的报告书，经环境保护部门和其他有关部门审查批准后才能进行设计；其中防止污染和其他公害的设施，必须与主体工程同时设计、同时施工、同时投产；各项有害物质的排放必须遵守国家规定的标准。

已经对环境造成污染和其他公害的单位，应当按照谁污染谁治理的原则，制定规划，积极治理，或者报请主管部门批准转产、搬迁。

第七条 在老城市改造和新城市建设中，应当根据气象、地理、水文、生态等条件，对工业区、居民区，公用设施、绿化地带等作出环境影响评价，全面规划，合理布局，防治污染和其他公害，有计划地建设成为现代化的清洁城市。

第八条 公民对污染和破坏环境的单位和个人，有权监督、检举和控告。被检举、控告的单位和个人不得打击报复。

第九条 凡进入或者经过中国领陆、领水、领空的外国人和外国的航空器、船舶、车辆、物资、生物等，必须遵守本法和其他有关环境保护的条例、规定。

第二章　保护自然环境

第十条　因地制宜地合理使用土地，改良土壤，增加植被，防止土壤侵蚀、板结、盐碱化、沙漠化和水土流失。

开垦荒地、围海围湖造地、新建大中型水利工程等，必须事先做好综合科学调查，切实采取保护和改善环境的措施，防止破坏生态系统。

第十一条　保护江、河、湖、海、水库等水域，维持水质良好状态。

保护、发展和合理利用水生生物，禁止灭绝性的捕捞和破坏。

严格管理和节约工业用水、农业用水和生活用水，合理开采地下水，防止水源枯竭和地面沉降。

第十二条　开发矿藏资源，必须实行综合勘探、综合评价、综合利用，严禁乱挖乱采，妥善处理尾矿矿渣，防止破坏资源和恶化自然环境。

第十三条　严格遵守国家森林法规，保护和发展森林资源，进行合理采伐，及时抚育更新，严禁毁林开荒、乱砍滥伐，防止森林火灾。

大力植树造林，绿化荒山荒地，绿化沙漠区和半沙漠区，绿化村庄、城镇和工矿区。要充分利用工厂、矿区、学校、机关内外和村旁、路旁、水旁、宅旁等一切零散空地，植树种草，实现大地园林化。

第十四条　保护和发展牧草资源。积极规划和进行草原建设，合理放牧，保持和改善草原的再生能力，防止草原退化，严禁滥垦草原，防止草原火灾。

第十五条　保护、发展和合理利用野生动物、野生植物资源。按照国家规定，对于珍贵和稀有的野生动物、野生植物，严禁捕猎、采伐。

第三章　防治污染和其他公害

第十六条　积极防治工矿企业的和城市生活的废气、废水、废渣、粉尘、垃圾、放射性物质等有害物质和噪声、震动、恶臭等对环境的污染和危害。

第十七条　在城镇生活居住区，水源保护区、名胜古迹、风景游览区、温泉、疗养区和自然保护区，不准建立污染环境的企业、事业单位。已建成的，要限期治理、调整或者搬迁。

第十八条　积极试验和采用无污染或少污染的新工艺、新技术、新产品。

加强企业管理，实行文明生产，对于污染环境的废气、废水、废渣，要实行综合利用、化害为利；需要排放的，必须遵守国家规定的标准；一时达不到国家标准的要限期治理；逾期达不到国家标准的，要限制企业的生产规模。

超过国家规定的标准排放污染物，要按照排放污染物的数量和浓度，根据规定收取排污费。

第十九条　一切排烟装置、工业窑炉、机动车辆、船舶等，都要采取有效的消烟除尘措施，有害气体的排放，必须符合国家规定的标准。

大力发展和利用煤气、液化石油气、天然气、沼气、太阳能、地热和其他无污染或者少污染的能源。在城市要积极推广区域供热。

第二十条　禁止向一切水域倾倒垃圾、废渣。排放污水必须符合国家规定的标准。

禁止船舶向国家规定保护的水域排放含油、含毒物质和其他有害废弃物。

严禁使用渗坑、裂隙、溶洞或稀释办法排放有毒有害废水，防止工业污水渗漏，确保地下水不受污染。

严格保护饮用水源，逐步完善城市排污管网和污水净化设施。

第二十一条　积极发展高效、低毒、低残留农药。推广综合防治和生物防治，合理利用污水灌溉，防止土壤和作物的污染。

第二十二条　加强对城市和工业噪声、震动的管理。各种噪声大、震动大的机械设备、机动车辆、航空器等，都应当装置消声、防震设施。

第二十三条　散发有害气体、粉尘的单位，要积极采用密闭的生产设备和生产工艺，并安装通风、吸尘和净化、回收设施。劳动环境的有害气体和粉尘含量，必须符合国家工业卫生标准的规定。

第二十四条　对有毒化学品必须严格登记和管理。对剧毒物品应当严加密封，防止在储存和运输过程中散漏。

对放射性物质、电磁波辐射等，必须按照国家有关规定，严加防护和管理。

第二十五条　严防食品在生产、加工、包装、运输、储存、销售过程中的污染。加强食品检验，不符合国家卫生标准的食品，严禁出售、出口和进口。

第四章　环境保护机构和职责

第二十六条　国务院设立环境保护机构，主要职责是：

（一）贯彻并监督执行国家关于保护环境的方针、政策和法律、法令；

（二）会同有关部门拟定环境保护的条例、规定、标准和经济技术政策；

（三）会同有关部门制定环境保护的长远规划和年度计划，并督促检查其执行；

（四）统一组织环境监测，调查和掌握全国环境状况和发展趋势，提出改善措施；

（五）会同有关部门组织协调环境科学研究和环境教育事业，积极推广国内外保护环境的先进经验和技术；

（六）指导国务院所属各部门和各省、自治区、直辖市的环境保护工作；

（七）组织和协调环境保护的国际合作和交流。

第二十七条　省、自治区、直辖市人民政府设立环境保护局。市、自治州、县、自治县人民政府根据需要设立环境保护机构。

地方各级环境保护机构的主要职责是：检查督促所辖地区内各部门、各单位执行国家保护环境的方针、政策和法律、法令；拟定地方的环境保护标准和规范；组织环境监测，掌握本地区环境状况和发展趋势；会同有关部门制定本地区环境保护长远规划和年度计划，并督促实施；会同有关部门组织本地区环境科学研究和环境教育；积极推广国内外保护环境的先进经验和技术。

第二十八条　国务院和地方各级人民政府的有关部门，大、中型企业和有关事业单位，根据需要设立环境保护机构，分别负责本系统、本部门、本单位的环境保护工作。

第五章　科学研究和宣传教育

第二十九条　中国环境科学研究院、有关的科学研究机构和大专院校应当大力开展环境科学基础理论、环境管理、环境经济、综合治理技术、环境质量评价、环境污染与人体健康、自然环境合理利用与保护等问题的研究。

第三十条　文化宣传部门要积极开展环境科学知识的宣传教育工作，提高广大人民群众对环境保护工作的认识和科学技术水平。

要有计划地培养环境保护的专门人才。教育部门要在大专院校有关科系设置环境保护必修课程或专业；在中小学课程中，要适当编写有关环境保护的内容。

第六章　奖励和惩罚

第三十一条　国家对保护环境有显著成绩和贡献的单位、个人，给予表扬和鼓励。

国家对企业利用废气、废水、废渣作主要原料生产的产品，给予减税、免税和价格政策上的照顾，盈利所得不上交，由企业用于治理污染和改善环境。

第三十二条　对违反本法和其他环境保护的条例、规定，污染和破坏环境，危害人民健康的单位，各级环境保护机构要分别情况，报经同级人民政府批准，予以批评、警告、罚款，或者督令赔偿损失，停产治理。

对严重污染和破坏环境，引起人员伤亡或者造成农、林、牧、副、渔业重大损失的单位的领导人员、直接责任人员或者其他公民，要追究行政责任、经济责任、直至依法追究刑事责任。

第七章　附　　则

第三十三条　国务院根据本法，可以制定有关环境保护的条例、规定。

中华人民共和国大气污染防治法

一九八七年九月五日第六届全国人民代表大会

常务委员会第二十二次会议通过

第一章　总　　则

第一条　为防治大气污染，保护和改善生活环境和生态环境，保障人体健康，促进社会主义现代化建设的发展，制定本法。

第二条　国务院和地方各级人民政府必须将大气环境保护工作纳入国民经济和社会发展计划，合理规划工业布局，加强防治大气污染的科学研究，采取防治大气污染的措施，保护和改善大气环境。

第三条　各级人民政府的环境保护部门是对大气污染防治实施统一监督管理的机关。

各级公安、交通、铁道、渔业管理部门根据各自的职责，对机动车船污染大气实施监督管理。

第四条　向大气排放污染物的单位，必须遵守国家有关规定，并采取防治污染的措施。

第五条　任何单位和个人都有保护大气环境的义务，并有权对污染大气环境的单位及个人进行检举和控告。

第六条 国务院环境保护部门制定国家大气环境质量标准。

省、自治区、直辖市人民政府对国家大气环境质量标准中未作规定的项目，可以制定地方标准，并报国务院环境保护部门备案。

第七条 国务院环境保护部门根据国家大气环境质量标准和国家经济、技术条件，制定国家大气污染物排放标准。

省、自治区、直辖市人民政府对国家大气污染物排放标准中未作规定的项目，可以制定地方排放标准；对国家大气污染物排放标准中已作规定的项目，可以制定严于国家排放标准的地方排放标准。地方排放标准须报国务院环境保护部门备案。

凡是向已有地方排放标准的区域排放大气污染物的，应当执行地方排放标准。

第八条 在防治大气污染、改善和保护大气环境方面成绩显著的单位和个人，由各级人民政府给予奖励。

第二章 大气污染防治的监督管理

第九条 新建、扩建、改建向大气排放污染物的项目，必须遵守国家有关建设项目环境保护管理的规定。

建设项目的环境影响报告书，必须对建设项目可能产生的大气污染和对生态环境的影响作出评价，规定防治措施，并按照规定的程序报环境保护部门审查批准。

建设项目投入生产或者使用之前，其大气污染防治设施必须经过环境保护部门检验，达不到国家有关建设项目环境保护管理规定的要求的建设项目，不得投入生产或者使用，

第十条 向大气排放污染物的单位，必须按照国务院环境保护部门的规定，向所在地的环境保护部门申报拥有的污染物排放设施、处理设施和在正常作业条件下排放污染物的种类、数量、浓度，并提供防治大气污染方面的有关技术资料。

排放污染物的种类、数量、浓度有重大改变的，必须及时申报。拆除或者闲置污染物处理设施的，应当征得所在地的环境保护部门同意。

第十一条 向大气排放污染物的单位超过规定的排放标准的，应当采取有效措施进行治理，并按照国家规定缴纳超标准排污费。征收的超标准排污费必须用于污染防治。

对造成大气严重污染的企业事业单位，限期治理。

第十二条 在国务院和省、自治区、直辖市人民政府划定的风景名胜区、自然保护区和其他需要特别保护的区域内，不得建设污染环境的工业生产设施，建设其他设施，其污染物排放不得超过规定的排放标准。在本法施行前企业事业单位已经建成的设施，其污染物排放超过规定的排放标准的，限期治理。

第十三条 市、县或者市、县以下人民政府管辖的企业事业单位的限期治理，由市、县人民政府的环境保护部门提出意见，报同级人民政府决定。中央或者省、自治区、直辖市人民政府直接管辖的企业事业单位的限期治理，由省、自治区、直辖市人民政府的环境保护部门提出意见，报同级人民政府决定。

第十四条 因发生事故或者其他突然性事件，排放和泄露有毒有害气体和放射性物质，造成或者可能造成大气污染事故、危害人体健康的单位，必须立即采取防治大气污染和危害的应急措施，通报可能受到大气污染危害的单位和居民，并报告当地环境保护部门，

接受调查处理。

在大气受到严重污染，危害人体健康和安全的紧急情况下，当地人民政府必须采取强制性应急措施，包括责令有关排污单位停止排放污染物。

第十五条　环境保护部门和其他监督管理部门有权对管辖范围内的排污单位进行现场检查，被检查单位必须如实反映情况，提供必要的资料。检查部门有义务为被检查单位保守技术秘密和业务秘密。

第十六条　国务院环境保护部门应当建立大气污染监测制度，组织监测网络，制定统一的监测方法。

第三章　防治烟尘污染

第十七条　国务院有关主管部门应当根据国家规定的锅炉烟尘排放标准，在锅炉产品质量标准中规定相应的要求；达不到规定要求的锅炉，不得制造、销售或者进口。

第十八条　新建造的工业窑炉、新安装的锅炉，烟尘排放不得超过规定的排放标准。

第十九条　城市建设应当统筹规划，统一解决热源，发展集中供热。

第二十条　国务院有关部门和地方各级人民政府应当采取措施，改进城市燃料结构，发展城市煤气，推广成型煤的生产和使用。

第二十一条　在人口集中地区存放煤炭、煤矸石、煤渣、煤灰、石灰，必须采取防燃、防尘措施，防止污染大气。

第四章　防治废气、粉尘和恶臭污染

第二十二条　严格限制向大气排放含有毒物质的废气和粉尘；确需排放的，应当经过净化处理，不超过规定的排放标准。

第二十三条　工业生产中产生的可燃性气体应当回收利用，不具备回收利用条件而向大气排放的，应当进行防治污染处理。

向大气排放转炉气、电石气、电炉法黄磷尾气、有机烃类尾气的，须报当地环境保护部门批准。

因回收利用装置不能正常作业确需排放可燃性气体的，应当将排放的可燃性气体充分燃烧或者采取其他减轻大气污染的措施。

第二十四条　炼制石油、生产合成氨、煤气和煤炭焦化、有色金属冶炼过程中排放含有硫化物气体的，应当配备脱硫装置或者采取其他脱硫措施。

第二十五条　向大气排放含放射性物质的气体和气溶胶，必须符合国家有关放射性防护的规定，不得超过规定的排放标准。

第二十六条　向大气排放恶臭气体的排污单位，必须采取措施防止周围居民区受到污染。

第二十七条　向大气排放粉尘的排污单位，必须采取除尘措施。

第二十八条　禁止在人口集中地区焚烧沥青、油毡、橡胶、塑料、皮革以及其他产生有毒有害烟尘和恶臭气体的物质；特殊情况下确需焚烧的，须报当地环境保护部门批准。

第二十九条　运输、装卸、贮存能够散发有毒有害气体或者粉尘的物质，必须采取密闭措施或者其他防护措施。

第三十条　机动车船向大气排放污染物不得超过规定的排放标准，对超过规定的排放标准的机动车船，应当采取治理措施。污染物排放超过国家规定的排放标准的汽车，不得制造、销售或者进口。具体监督管理办法由国务院规定。

第五章　法　律　责　任

第三十一条　违反本法规定有下列行为之一的，环境保护部门或者其他监督管理部门可以根据不同情节，给予警告或者处以罚款；

（一）拒报或者谎报国务院环境保护部门规定的有关污染物排放申报事项的；

（二）未经环境保护部门同意，擅自拆除或者闲置污染物防治设施，污染物排放超过规定的排放标准的；

（三）拒绝环境保护部门或者其他监督管理部门现场检查或者在被检查时弄虚作假的；

（四）违反本法第二十八条规定，在人口集中地区焚烧沥青、油毡以及其他产生有毒有害烟尘和恶臭气体的物质的；

（五）不按国家规定缴纳超标准排污费的。

第三十二条　建设项目的大气污染防治设施没有建成或者没有达到国家有关建设项目环境保护管理的规定的要求，投入生产或者使用的，由审批该建设项目的环境影响报告书的环境保护部门责令停止生产或者使用，可以并处罚款。

第三十三条　对经限期治理逾期未完成治理任务的企业事业单位，除按照国家规定加收超标准排污费外，可以根据所造成的危害后果处以罚款，或者责令停业、关闭。

罚款由环境保护部门决定。责令停业、关闭，由作出限期治理决定的人民政府决定；责令中央直接管辖的企业事业单位停业、关闭，须报国务院批准。

第三十四条　对违反本法规定、造成大气污染事故的企业事业单位，由环境保护部门根据所造成的危害后果处以罚款；情节较重的，对有关责任人员，由所在单位或者上级主管机关给予行政处分。

第三十五条　当事人对行政处罚决定不服的，可以在收到处罚决定通知之日起15日内，向人民法院起诉；期满不起诉又不履行的，由作出处罚决定的机关申请人民法院强制执行。

第三十六条　造成大气污染危害的单位，有责任排除危害，并对直接遭受损失的单位或者个人赔偿损失。

赔偿责任和赔偿金额的纠纷，可以根据当事人的请求，由环境保护部门处理；当事人对处理决定不服的，可以向人民法院起诉。当事人也可以直接向人民法院起诉。

第三十七条　完全由于不可抗拒的自然灾害，并经及时采取合理措施，仍然不能避免造成大气污染损失的，免予承担责任。

第三十八条　造成重大大气污染事故，导致公私财产重大损失或者人身伤亡的严重后果的，对有关责任人员可以比照《中华人民共和国刑法》第一百一十五条或者第一百八十七条的规定，追究刑事责任。

第三十九条　环境保护监督管理人员滥用职权、玩忽职守的，给予行政处分；构成犯罪的，依法追究刑事责任。

第六章　附　　则

第四十条　国务院环境保护部门根据本法制定实施细则，报国务院批准施行。

第四十一条　本法自 1988 年 6 月 1 日起施行。

附：刑法有关条文

第一百一十五条　违反爆炸性、易燃性、放射性、毒害性、腐蚀性物品的管理规定，在生产、储存、运输、使用中发生重大事故，造成严重后果的，处三年以下有期徒刑或者拘役；后果特别严重的，处三年以上七年以下有期徒刑。

第一百八十七条　国家工作人员由于玩忽职守，致使公共财产、国家和人民利益遭受重大损失的，处五年以下有期徒刑或者拘役。

中华人民共和国水污染防治法

一九八四年五月十一日第六届全国人民代表大会

常务委员会第五次会议通过

第一章　总　　则

第一条　为防治水污染，保护和改善环境，以保障人体健康，保证水质资源的有效利用，促进社会主义现代化建设的发展，特制定本法。

第二条　本法适用于中华人民共和国领域内的江河、湖泊、运河、渠道、水库等地表水体以及地下水体的污染防治。

海洋污染防治另由法律规定，不适用本法。

第三条　国务院有关部门和地方各级人民政府，必须将水环境保护工作纳入计划，采取防治水污染的对策和措施。

第四条　各级人民政府的环境保护部门是对水污染防治实施统一监督管理的机关。

各级交通部门的航政机关是对船舶污染实施监督管理的机关。

各级人民政府的水利管理部门、卫生行政部门、地质矿产部门、市政管理部门、重要江河的水源保护机构，结合各自的职责，协同环境保护部门对水污染防治实施监督管理。

第五条　一切单位和个人都有责任保护水环境，并有权对污染损害水环境的行为进行监督和检举。

因水污染危害直接受到损失的单位和个人，有权要求致害者排除危害和赔偿损失。

第二章　水环境质量标准和污染物排放标准的制定

第六条　国务院环境保护部门制定国家水环境质量标准。

省、自治区、直辖市人民政府可以对国家水环境质量标准中未规定的项目，制定地方补充标准，并报国务院环境保护部门备案。

第七条　国务院环境保护部门根据国家水环境质量标准和国家经济、技术条件，制定国家污染物排放标准。

省、自治区、直辖市人民政府对执行国家污染物排放标准不能保证达到水环境质量标准的水体，可以制定严于国家污染物排放标准的地方污染物排放标准，并报国务院环境保护部门备案。

凡是向已有地方污染物排放标准的水体排放污染物的，应当执行地方污染物排放标准。

第八条　国务院环境保护部门和省、自治区、直辖市人民政府，应当根据水污染防治的要求和国家经济、技术条件，适时修订水环境质量标准和污染物排放标准。

第三章　水污染防治的监督管理

第九条　国务院有关部门和地方各级人民政府在开发、利用和调节、调度水资源的时候，应当统筹兼顾，维护江河的合理流量和湖泊、水库以及地下水体的合理水位，维护水体的自然净化能力。

第十条　国务院有关部门和地方各级人民政府必须把保护城市水源和防治城市水污染纳入城市建设规划，建设和完善城市排水管网和污水处理设施。

第十一条　国务院有关部门和地方各级人民政府应当合理规划工业布局，对造成水污染的企业进行整顿和技术改造，采取综合防治措施，提高水的重复利用率，合理利用资源，减少废水和污染物排放量。

第十二条　县级以上人民政府可以对生活饮用水源地、风景名胜区水体、重要渔业水体和其他具有特殊经济文化价值的水体，划定保护区，并采取措施，保证保护区的水质符合规定用途的水质标准。

第十三条　新建、扩建、改建直接或者间接向水体排放污染物的建设项目和其他水上设施，必须遵守国家有关建设项目环境保护管理的规定。

建设项目的环境影响报告书，必须对建设项目可能产生的水污染和对生态环境的影响作出评价，规定防治的措施，按照规定的程序报经有关环境保护部门审查批准。在运河、渠道、水库等水利工程内设置排污口，应当经过有关水利工程管理部门同意。

建设项目投入生产或者使用的时候，其水污染防治设施必须经过环境保护部门检验，达不到规定要求的，该建设项目不准投入生产或者使用。

第十四条　直接或者间接向水体排放污染物的企业事业单位，应当按照国务院环境保护部门的规定，向所在地的环境保护部门申报登记拥有的污染物排放设施、处理设施和在正常作业条件下排放污染物的种类、数量和浓度，并提供防治水污染方面的有关技术资料。

排放污染物的种类、数量和浓度有重大改变的，应当及时申报。拆除或者闲置污染物处理设施的，应当提前申报，并征得所在地的环境保护部门的同意。

第十五条　企业事业单位向水体排放污染物的，按照国家规定缴纳排污费；超过国家或者地方规定的污染物排放标准的，按照国家规定缴纳超标准排污费，并负责治理。

第十六条　对造成水体严重污染的排污单位，限期治理。

中央或者省、自治区、直辖市人民政府直接管辖的企业事业单位的限期治理，由省、自治区、直辖市人民政府的环境保护部门提出意见，报同级人民政府决定。市、县或者市、县以下人民政府管辖的企业事业单位的限期治理，由市、县人民政府的环境保护部门提出意见，报同级人民政府决定。排污单位应当如期完成治理任务。

第十七条　在生活饮用水源受到严重污染，威胁供水安全等紧急情况下，环境保护部门应当报经同级人民政府批准，采取强制性的应急措施，包括责令有关企业事业单位减少或者停止排放污染物。

第十八条　各级人民政府的环境保护部门和有关的监督管理部门。有权对管辖范围内的排污单位进行现场检查，被检查的单位必须如实反映情况，提供必要的资料。检察机关有责任为被检查的单位保守技术秘密和业务秘密。

第四章　防止地表水污染

第十九条　在生活饮用水源地、风景名胜区水体、重要渔业水体和其他有特殊经济文化价值的水体的保护区内，不得新建排污口。在保护区附近新建排污口，必须保证保护区水体不受污染。

本法公布前已有的排污口，排放污染物超过国家或者地方标准的，应当治理；危害饮用水源的排污口，应当搬迁。

第二十条　排污单位发生事故或者其他突然性事件，排放污染物超过正常排放量，造成或者可能造成水污染事故的，必须立即采取应急措施，通报可能受到水污染危害和损害的单位，并向当地环境保护部门报告。船舶造成污染事故的，应当向就近的航政机关报告，接受调查处理。

第二十一条　禁止向水体排放油类、酸液、碱液或者剧毒废液。

第二十二条　禁止在水体清洗装贮过油类或者有毒污染物的车辆和容器。

第二十三条　禁止将含有汞、镉、砷、铬、铅、氰化物、黄磷等的可溶性剧毒废渣向水体排放、倾倒或者直接埋入地下。

存放可溶性剧毒废渣的场所，必须采取防水、防渗漏、防流失的措施。

第二十四条　禁止向水体排放、倾倒工业废渣、城市垃圾和其他废弃物。

第二十五条　禁止在江河、湖泊、运河、渠道、水库最高水位线以下的滩地和岸坡堆放、存贮固体废弃物和其他污染物。

第二十六条　禁止向水体排放或者倾倒放射性固体废弃物或者含有高放射性和中放射性物质的废水。

向水体排放含低放射性物质的废水，必须符合国家有关放射防护的规定和标准。

第二十七条　向水体排放含热废水，应当采取措施，保证水体的水温符合水环境质量标准，防止热污染危害。

第二十八条　排放含病原体的污水，必须经过消毒处理；符合国家有关标准后，方准排放。

第二十九条　向农田灌溉渠道排放工业废水和城市污水，应当保证其下游最近的灌溉取水点的水质符合农田灌溉水质标准。

利用工业废水和城市污水进行灌溉，应当防止污染土壤、地下水和农产品。

第三十条　使用农药，应当符合国家有关农药安全使用的规定和标准。

运输、存贮农药和处置过期失效农药，必须加强管理，防止造成水污染。

第三十一条　船舶排放含油污水、生活污水、必须符合船舶污染物排放标准。从事海洋航运的船舶，进入内河和港口的，应当遵守内河的船舶污染物排放标准。

船舶的残油、废油必须回收，禁止排入水体。

禁止向水体倾倒船舶垃圾。

船舶装载运输油类或者有毒货物，必须采取防止溢流和渗漏的措施，防止货物落水造成水污染。

第五章　防止地下水污染

第三十二条　禁止企业事业单位利用渗井、渗坑、裂隙和溶洞排放、倾倒含有毒污染物的废水、含病原体的污水和其他废弃物。

第三十三条　在无良好隔渗地层，禁止企业事业单位使用无防止渗漏措施的沟渠、坑塘等输送或者存贮含有毒污染物的废水、含病原体的污水和其他废弃物。

第三十四条　在开采多层地下水的时候，如果各含水层的水质差异大，应当分层开采；对已受污染的潜水和承压水，不得混合开采。

第三十五条　兴建地下工程设施或者进行地下勘探、采矿等活动，应当采取防护性措施，防止地下水污染。

第三十六条　人工回灌补给地下水，不得恶化地下水质。

第六章　法 律 责 任

第三十七条　违反本法规定，有下列行为之一的，环境保护部门或者交通部门的航政机关可以根据不同情节，给予警告或者处以罚款；

（一）拒报或者谎报国务院环境保护部门规定的有关污染物排放申报登记事项的；

（二）建设项目的水污染防治设施没有建成或者没有达到国家有关建设项目环境保护管理的规定的要求，投入生产或者使用的；

（三）拒绝环境保护部门或者有关的监督管理部门现场检查，或者弄虚作假的；

（四）违反本法第四章、第五章有关规定，贮存、堆放、弃置、倾倒、排放污染物、废弃物的；

（五）不按国家规定缴纳排污费或者超标准排污费的；

罚款的办法和数额由本法实施细则规定。

第三十八条　造成水体严重污染的企业事业单位，经限期治理，逾期未完成治理任务的，除按照国家规定征收两倍以上的超标准排污费外，可以根据所造成的危害和损失处以罚款，或者责令其停业或者关闭。

罚款由环境保护部门决定。责令企业事业单位停业或者关闭，由作出限期治理决定的地方人民政府决定；责令中央直接管辖的企业事业单位停业或者关闭的，须报经国务院批准。

第三十九条　违反本法规定，造成水污染事故的企业事业单位，由环境保护部门或者交通部门的航政机关根据所造成的危害和损失处以罚款，情节较重的，对有关责任人员，由所在单位或者上级主管机关给予行政处分。

第四十条　当事人对行政处罚决定不服的，可以在收到通知之日起十五天内，向人民法院起诉；期满不起诉又不履行的，由作出处罚决定的机关申请人民法院强制执行。

第四十一条　造成水污染危害的单位，有责任排除危害，并对直接受到损失的单位或者个人赔偿损失。

赔偿责任和赔偿金额的纠纷，可以根据当事人的请求，由环境保护部门或者交通部门的航政机关处理；当事人对处理决定不服的，可以向人民法院起诉，当事人也可以直接向人民法院起诉。

水污染损失由第三者故意或者过失所引起的，第三者应当承担责任。

水污染损失由受害者自身的责任所引起的，排污单位不承担责任。

第四十二条　完全由于不可抗拒的自然灾害，并经及时采取合理措施，仍然不能避免造成水污染损失的，免予承担责任。

第四十三条　违反本法规定，造成重大水污染事故，导致公私财产重大损失或者人身伤亡的严重后果的，对有关责任人员可以比照刑法第一百一十五条或者第一百八十七条的规定，追究刑事责任。

第七章　附　　则

第四十四条　本法中下列用语的含义是：

（一）“水污染”是指水体因某种物质的介入，而导致其化学、物理、生物或者放射性等方面特性的改变，从而影响水的有效利用，危害人体健康或者破坏生态环境，造成水质恶化的现象。

（二）“污染物”是指能导致水污染的物质。

（三）“有毒污染物”是指那些直接或者间接为生物摄入体内后，导致该生物或者其后代发病、行为反常、遗传异变、生理机能失常、机体变形或者死亡的污染物。

（四）“油类”是指任何类型的油及其炼制品。

（五）“渔业水体”是指划定的鱼虾类的产卵场、索饵场、越冬场、回游通道和鱼虾贝藻类的养殖场。

第四十五条　国务院环境保护部门根据本法制定实施细则，报国务院批准后施行。

第四十六条　本法自一九八四年十一月一日起施行。

土地复垦规定

中华人民共和国国务院令

第19号

《土地复垦规定》已经1988年10月21日国务院第二十二次常务会议通过，现予发布，自1989年1月1日起施行。

国务院总理　李　鹏

1988年11月8日

第一条　为加强土地复垦工作，合理利用土地，改善生态环境，制定本规定。

第二条　本规定所称土地复垦，是指对在生产建设过程中，因挖损、塌陷、压占等造成破坏的土地，采取整治措施，使其恢复到可供利用状态的活动。

第三条　本规定适用于因从事开采矿产资源、烧制砖瓦、燃煤发电等生产建设活动，造成土地破坏的企业和个人（以下简称企业和个人）。

第四条　土地复垦，实行“谁破坏、谁复垦”的原则。

第五条　土地复垦工作，任何部门、单位和个人不得阻挠。

第六条　各级人民政府土地管理部门负责管理、监督检查本行政区域的土地复垦工作。

各级计划管理部门负责土地复垦的综合协调工作；各有关行业管理部门负责本行业土地复垦规划的规定与实施。

第七条　土地复垦规划应当与土地利用总体规划相协调。

各有关行业管理部门在制定土地复垦规划时，应当根据经济合理的原则和自然条件以及土地破坏状态，确定复垦后的土地用途。在城市规划区内，复垦后的土地利用应当符合城市规划。

第八条　土地复垦应当与生产建设统一规划。有土地复垦任务的企业应当把土地复垦指标纳入生产建设计划，在征求当地土地管理部门的意见、并经行业管理部门批准后实施。

第九条　有土地复垦任务的建设项目，其可行性研究报告和设计任务书应当包括土地复垦的内容；设计文件应当有土地复垦的章节；工艺设计应当兼顾土地复垦的要求。

建设单位违反前款规定的，土地管理部门审批建设用地时不得批准。

第十条　土地复垦应当充分利用邻近企业的废弃物充填挖损区、塌陷区和地下采空区。

对利用废弃物进行土地复垦和在指定的土地复垦区倾倒废弃物的，拥有废弃物的一方和拥有土地复垦区的一方均不得向对方收取费用。

利用废弃物作为土地复垦充填物，应当防止造成新的污染。

第十一条　复垦后的土地达到复垦标准，并经土地管理部门会同有关行业管理部门验收合格后，方可交付使用。

复垦标准由土地管理部门会同有关行业管理部门确定。

第十二条　企业（不含乡村的集体企业和私营企业）在生产建设过程中破坏的集体所有土地，按下列情况分别处理：

（一）不能恢复原用途或者复垦后需要用于国家建设的，由国家征用；

（二）经复垦不能恢复原用途，但原集体经济组织愿意保留的，可以不实行国家征用；

（三）经复垦可以恢复原用途，但国家建设不需要的，不实行国家征用。

第十三条　在生产建设过程中破坏的土地，可以由企业和个人自行复垦，也可以由其他有条件的单位和个人承包复垦。

承包复垦土地，应当以合同形式确定承、发包双方的权利和义务。土地复垦费用，应当根据土地被破坏程度、复垦标准和复垦工程量合理确定。

第十四条　企业和个人对其破坏的其他单位使用的国有土地或者国家不征用的集体所

有土地，除负责土地复垦外，还应当向遭受损失的单位支付土地损失补偿费。

土地损失补偿费，分为耕地的损失补偿费、林地的损失补偿费和其他土地的损失补偿费。耕地的损失补偿费，以实际造成减产以前三年平均年产量为计算标准，由企业和个人按照各年造成的实际损失逐年支付相应的损失补偿费；集体经济组织承包复垦其原有的土地，补偿年限应当按照合同规定的合理工期确定。其他土地的损失补偿费，参照上述原则确定。

地面附着物的损失补偿标准，由省、自治区、直辖市规定。

第十五条　土地损失补偿费的具体金额，由破坏土地的企业和个人与遭受损失的单位根据第十四条确定的原则商定；达不成协议的，由当地土地管理部门会同有关行业管理部门作出处理决定。

当事人对土地损失补偿费金额的处理决定不服的，可以在接到处理决定之日起 15 日内，向人民法院起诉。

第十六条　基本建设过程中破坏的土地，土地复垦费用和土地损失补偿费从基本建设投资中列支。

生产过程中破坏的土地，土地复垦费用从企业更新改造资金和生产发展基金中列支；经复垦后直接用于基本建设的，土地复垦费用从该项基本建设投资中列支；由国家征用并能够以复垦后的收益形成偿付能力的，土地复垦费用还可以用集资或者向银行贷款的方式筹集。

生产过程中破坏的国家不征用的土地，土地损失补偿费可以列入或者分期列入生产成本。

第十七条　生产过程中破坏的国家征用的土地，企业用自有资金或者贷款进行复垦的，复垦后归该企业使用；根据规划设计企业不需要使用的土地或者未经当地土地管理部门同意，复垦后连续两年以上不使用的土地，由当地县级以上人民政府统筹安排使用。

企业采用承包或者集资方式进行复垦的，复垦后的土地使用权和收益分配，依照承包合同或者集资协议约定的期限和条件确定；因国家生产建设需要提前收回的，企业应当对承包合同或者集资协议的另一方当事人支付适当的补偿费。

生产过程中破坏的国家不征用的土地，复垦后仍归原集体经济组织使用。

第十八条　生产建设过程中破坏的国家征用的土地，经复垦后土地使用权依法变更的，必须依照国家有关规定办理过户登记手续。

第十九条　国家鼓励生产建设单位优先使用复垦后的土地。

复垦后的土地用于农、林、牧、渔业生产的，依照国家有关规定减免农业税；用于基本建设的，依照国家有关规定给予优惠。

第二十条　对不履行或者不按照规定要求履行土地复垦义务的企业和个人，由土地管理部门责令限期改正；逾期不改正的，由土地管理部门根据情节，处以每亩每年 200 元至 1000 元的罚款。对逾期不改正的企业和个人，在其提出新的生产建设用地申请时，土地管理部门可以不予受理。

罚款从企业税后留利中支付，依照国家规定上交国库。

第二十一条　当事人对土地管理部门作出的罚款决定不服的，可以在接到罚款通知之日起 15 日内，向作出罚款决定的土地管理部门的上一级机关申请复议；对复议决定不服的，可以在接到复议决定之日起 15 日内向人民法院起诉。当事人也可以在接到罚款通知之日起 15 日内，直接向人民法院起诉。当事人期满不申请复议也不向人民法院起诉又不执行罚款决定的，由作出罚款决定的土地管理部门申请人民法院强制执行。

第二十二条　扰乱、阻碍土地复垦工作或者破坏土地复垦工程设备，违反《中华人民共和国治安管理处罚条例》的，由当地公安机关给予治安管理处罚，构成犯罪的，由司法机关依法追究刑事责任。

第二十三条　负责土地复垦管理工作的国家工作人员玩忽职守、徇私舞弊的，由其所在单位或者上级主管机关给予行政处分；构成犯罪的，由司法机关依法追究刑事责任。

第二十四条　各省、自治区、直辖市人民政府可以根据本规定，结合本地区的实际情况，制定实施办法。

第二十五条　本规定由国家土地管理局负责解释。

第二十六条　本规定自 1989 年 1 月 1 日起施行。

附录 12 常用单位换算表

附表 12-1 长度单位换算

米 (m)	海 里 (n mile)	公 里 (km)	毫 米 (mm)	市 里
1	5.39957×10^{-4}	1×10^{-3}	1×10^{3}	2×10^{-3}
500	0.2699785	0.5	5×10^{5}	1
1000	0.539957	1	1×10^{6}	2
1609.344	0.868976	1.6093	1609347	3.2187
1852	1	1.852	1.852×10^{6}	3.704
0.3048	1.64579×10^{-4}	3.048×10^{-4}	304.8	6.096×10^{-4}
0.0254	1.37149×10^{-5}	2.54×10^{-5}	25.4	5.08×10^{-5}
0.3333	1.7998×10^{-4}	3.333×10^{-4}	333.3	6.666×10^{-4}
0.9144		9.144×10^{-4}	914.4	1.8288×10^{-3}

市 尺	英 里 (mile)	码 (yd)	英 尺 (ft)	英 寸 (in)
3	6.21371×10^{-4}	1.0936	3.2808	39.370
1500	0.3107	546.81	1640.4	19685
3000	0.6214	1093.61	3280.8	39370
4828	1	1760	5280	63360
5556	1.1508	2025.36	6076.12	72913.4
0.9144	1.89394×10^{-4}	0.3333	1	12
8.4667×10^{-3}	1.57828×10^{-5}	0.0278	0.0833	1
1	2.0712×10^{-4}	0.3645	1.0936	13.123
2.7432	5.6818×10^{-4}	1	3	36

附表 12-2 面积单位换算

平方米 (m^2)	平方公里 (km^2)	平方毫米 (mm^2)	公 顷 (ha)	市 亩
1	1×10^{-6}	1×10^{6}	1×10^{-4}	1.5×10^{-3}
1×10^{4}	1×10^{-2}	1×10^{10}	1	15
1×10^{6}	1	1×10^{12}	1×10^{2}	1.5×10^{3}
6.6667×10^{2}	6.6667×10^{-4}	6.6667×10^{8}	6.6667×10^{-2}	1
4.0469×10^{3}	4.0469×10^{-3}	4.0469×10^{9}	0.40469	6.0716
2.59×10^{6}	2.59	2.59×10^{12}	2.59×10^{2}	3.885×10^{3}
0.8361	8.361×10^{-7}	8.3613×10^{5}	8.3613×10^{-5}	1.2542×10^{-3}
9.2903×10^{-2}	9.29×10^{-8}	9.2903×10^{4}	9.29×10^{-6}	1.3935×10^{-4}
6.4516×10^{-4}	6.4516×10^{-10}	6.4516×10^{2}	6.4516×10^{-8}	9.6774×10^{-7}

英 亩 (acre)	平方英里 ($mile^2$)	平方码 (yd^2)	平方英尺 (ft^2)	平方英寸 (in^2)
2.471×10^{-4}	3.861×10^{-7}	1.196	10.7639	1.55×10^{3}
2.4711	3.9×10^{-3}	1.196×10^{4}	1.0764×10^{5}	1.55×10^{7}
2.4711×10^{2}	0.3861	1.196×10^{6}	1.0764×10^{7}	1.55×10^{9}
0.1647	2.574×10^{-4}	7.973×10^{2}	7.176×10^{3}	1.0333×10^{6}
1	1.5625×10^{-3}	4840	4.356×10^{4}	6.2726×10^{6}
6.4×10^{2}	1	3.0976×10^{6}	2.7878×10^{7}	3.885×10^{3}
2.0661×10^{-4}	3.2283×10^{-7}	1	9	1296
2.296×10^{-5}	3.587×10^{-8}	0.1111	1	1.44×10^{2}
1.5942×10^{-7}	2.491×10^{-10}	7.716×10^{-4}	6.944×10^{-3}	1

附表 12-3 体积（容积）单位换算

立方米（m^3）	升（L）	毫 升（mL）	立方码（yd^3）	立方英尺（ft^3）
1	1×10^{3}	1×10^{6}	1.308	35.3147
0.7646	764.6	7.646×10^{5}	1	27
0.02832	28.317	2.8317×10^{4}	0.037	1
10^{-3}	1	1×10^{3}	0.0013	0.0353
4.546×10^{-3}	4.546	4.546×10^{3}	0.006	0.1605
3.785×10^{-3}	3.7853	3.7853×10^{3}	0.00495	0.1337
4.4048×10^{-3}	4.4048	4.4048×10^{3}	5.76×10^{-3}	0.156
164×10^{-5}	0.0164	16.4	2.143×10^{-5}	5.787×10^{-4}

立方英寸（in^3）	美加仑（液量）（USgal）	美加仑（干量）（USgal）	英加仑（UKgal）
61023	264.17	227	219.969
46656	202		168.178
1728	7.4805	6.4288	6.2288
61.024	0.26417	0.227	0.21997
277.42	1.2009	1.0321	1
231	1	0.8594	0.8327
268.8	1.1636	1	0.9689
1	4.329×10^{-3}	0.00372	3.604×10^{-3}

附表 12-4 截面惯性矩、极惯性矩单位换算系数表

	m^4	cm^4	ft^4	in^4
四次方米 1 metre to the fourth power（m^4）	1	1×10^{8}	115.862	2 402 510
四次方厘米 1 centimetre to the fourth power（cm^4）	1×10^{-8}	1	$1.158\ 62\times10^{-6}$	0.024 025 1
四次方英尺 1foot to the fourth power（ft^4）	$0.863\ 097\times10^{-2}$	863 097	1	20 736
四次方英寸 1 inch to the fourth power（in^4）	41.6231×10^{-8}	41.6231	$4.822\ 53\times10^{-5}$	1

附表 12-5　平面角单位换算系数表

	rad	∟	(°)	(′)	(″)	(g)，(gon)
弧度 1 radian (rad)	1	0. 636 620	57. 2958	3437. 75	206 265	63. 6620
直角 1 right angle (∟)	1. 570 80	1	90	5400	324 000	100
度 1 degree (°)	0. 017 453 3	0. 011 111 1	1	60	3600	1. 111 11
分 1 minute (′)	$2.908\ 88\times10^{-4}$	$1.851\ 85\times10^{-4}$	0. 016 666 7	1	60	$1.851\ 85\times10^{-2}$
秒 1 second (″)	$4.848\ 14\times10^{-6}$	$3.086\ 42\times10^{-6}$	$2.777\ 78\times10^{-4}$	0. 016 666 7	1	$3.086\ 42\times10^{-4}$
冈 1 grade (or gon) (g)，(gon)	0. 015 708 0	0. 01	0. 9	54	3240	1

附表 12-6　时间单位换算系数表

	s	min	h	d	a
秒 1 second (s)	1	0. 016 666 7	$2.777\ 78\times10^{-4}$	$1.157\ 41\times10^{-5}$	$3.168\ 876\ 5\times10^{-8}$
分 1 minute (min)	60	1	0. 016 666 7	$6.944\ 44\times10^{-4}$	$1.901\ 325\ 9\times10^{-6}$
时 1 hour (h)	3600	60	1	0. 041 666 7	$1.140\ 795\ 6\times10^{-4}$
日 1 day (d)	86 400	1440	24	1	$2.737\ 909\ 3\times10^{-3}$
年 1 year (a)	31 556 926	525 948. 77	8765. 8128	365. 242 20	1

附表 12-7 加速度单位换算系数表

	m/s²	ft/s²	gn
米每二次方秒 1 metre per second squared (m/s²)	1	3.280 84	0.101 972
英尺每二次方秒 1 foot per second squared (ft/s²)	0.3048	1	0.031 081 0
标准重力加速度 standard acceleration due to gravity (gn)	9.806 65	32.1740	1

附表 12-8 速度单位换算

米每秒 (m/s)	国际海里/时 (kn)	公里/时	英尺/秒 (ft/s)	码/秒 (yd/s)	英尺/分 (ft/min)	英里/时 (mile/h)
1	1.94384	3.600	3.28084	1.093613	196.850	2.23694
0.3048	0.592484	1.09728	1	0.333333	60	0.681818
0.9144	1.777452	3.29184	3	1	180.0	2.045454
0.00508	0.009875	0.018288	0.016667	0.005556	1	0.011364
0.277778	0.539957	1	0.011344	0.303781	54.6807	0.621371
0.44704	0.868976	1.609844	1.466667	0.488889	88.0	1
0.514444	1	1.8520	1.68781	0.562603	101.269	1.15078

附表 12-9 角速度单位换算系数表

	rad/s	rad/min	r/s
弧度每秒 1 radian per second (rad/s)	1	60	0.159 155
弧度每分 1 radian per minute (rad/min)	0.016 666 7	1	0.002 652 58
转每秒 1 revolution per second (r/s)	6.283 19	376.991	1
转每分 1revolution per minute (r/min)	0.104 720	6.283 19	0.016 666 7
度每秒 1 degree per second((°)/s)	0.017 453 3	1.047 20	0.002 777 78
度每分 1 degree per minute((°)/min)	$2.908\ 88\times10^{-4}$	0.017 453 3	$4.629\ 63\times10^{-5}$

	r/min	(°)/s	(°)/min
弧度每秒 1 radian per second (rad/s)	9.549 30	57.2958	3437.75
弧度每分 1 radian per minute (rad/min)	0.159 155	0.954 930	57.2958
转每秒 1 revolution per second (r/s)	60	360	21 600
转每分 1revolution per minute (r/min)	1	6	360
度每秒 1 degree per second((°)/s)	0.166 667	1	60
度每分 1 degree per minute((°)/min)	$2.777\ 78\times10^{-3}$	0.016 666 7	1

附表 12-10　质量单位换算

千克(公斤)(kg)	吨(t)	市　斤	克拉(car)	盎司(常衡)(oz)	磅(常衡)(lb)	磅(金衡)(lb)	美吨(短吨)(shtn)	英吨(长吨)(tn)
1	0. 001	2	5000	35. 274	2. 20462	2. 6792	0. 001102	0. 000984
1000	1	2×10^{3}	5×10^{6}	35274	2204. 62	2679. 2285	1. 10231	0. 984207
0. 5	0. 0005	1	2500	17. 637	1. 10231	1. 3396	0. 000551	0. 000492
2×10^{-4}	2×10^{-7}	4×10^{-4}	1	7.0548×10^{-3}	4.40924×10^{-4}	5.35846×10^{-4}	2.20462×10^{-7}	1.968414×10^{-7}
0. 0283495	2.83495×10^{-5}	0. 056699	141. 7475	1	0. 0625	0. 07596	3.2×10^{4}	35840
0. 4535924	0. 0004536	0. 90786	2267. 965	16	1	1. 2153	0. 0005	0. 0004464
0. 373242	0. 0003732	0. 746484	1866. 208	13. 16587	0. 822865	1	0. 00041132	0. 0003673
907. 185	0. 907185	1814. 882	4.53593×10^{6}	32000	2000	2430. 5	1	0. 892857
1016. 047	1. 016047	2032. 520	5.08023×10^{6}	35840	2240	2722. 2	1. 12	1

附表 12-11　质量流量单位换算系数表

	kg/s	kg/h	lb/s	lb/h	UK ton/h
千克每秒 1 kilogram per second (kg/s)	1	3600	2. 204 62	7936. 64	3. 543 14
千克每小时 1 kilogram per hour (kg/h)	$2.777\ 78\times10^{-4}$	1	$6.123\ 94\times10^{-4}$	2. 204 62	$9.842\ 07\times10^{-4}$
磅每秒 1 pound per second (lb/s)	0. 453 592	1632. 93	1	3600	1. 607 14
磅每小时 1 pound per hour (lb/h)	$1.259\ 98\times10^{-4}$	0. 453 592	$2.777\ 78\times10^{-4}$	1	$4.464\ 29\times10^{-4}$
英吨每小时 1 UK ton per hour (UK ton/h)	0. 282 235	1016. 05	0. 622 222	2240	1

附表 12-12　体积流率单位换算

米³/秒 (m^3/s)	升/秒 (L/s)	米³/时 (m^3/h)	英尺³/秒 (ft^3/s)	码³/秒 (yd^3/s)	美加仑/秒 (USgal/s)	英加仑/秒 (UKgal/s)	英尺³/分 (ft^3/min)
1	1000	3600	35. 3147	1. 30795	264. 172	219. 9692	2118. 88
0. 028317	28. 3168	101. 9405	1	0. 037037	7. 48051	6. 22883	60
0. 764555	764. 555	2752. 398	27	1	201. 9740	168. 1786	1620
0. 0010	1	3. 6000	0. 0353147	0. 001308	0. 2642	0. 219969	2. 119
0. 0002778	0. 2778	1	0. 00980963	0. 000363	0. 0734	0. 0611	0. 5870
0. 003785	3. 7663	13. 626	0. 1357	0. 004951	1	0. 832674	8. 01
0. 004546	4. 5435	16. 3465	0. 1607	0. 0059	1. 2004	1	9. 02
0. 00047	0. 4720	1. 70	0. 0167	0. 000617	0. 1260	1. 040	1

附表 12-13 线密度单位换算

千克每米 (kg/m)	磅/英寸 (lb/in)	磅/英尺 (lb/ft)	磅/码 (lb/yd)
1	0.0559974	0.671969	2.01591
17.8580	1	12	36
1.48816	0.0833333	1	3
0.496055	0.0277778	0.3333333	1

附表 12-14 密度单位换算

千克每立方米 (kg/m^3)	吨每立方米 (t/m^3)	磅/英寸^3 (lb/in^3)	磅/英尺^3 (lb/ft^3)	磅/美加仑 (lb/USgal)	磅/英加仑 (lb/UKgal)
1	10^{-3}	3.61273×10^{-5}	6.24280×10^{-2}	8.34540×10^{-3}	1.00224×10^{-2}
10^3	1	3.61273×10^{-2}	62.428	8.3454	10.0224
2.76799	27.6799	1	1.728×10^3	2.31×10^2	2.7742×10^2
16.0185	1.60185×10^{-2}	5.78704×10^{-4}	1	0.133681	0.160544
1.19826×10^2	0.119826	4.32900×10^{-3}	7.48052	1	1.20095
99.7763	9.97763×10^{-2}	3.60465×10^{-3}	6.22883	0.832674	1

注：1. $1kg/m^3=1g/L$；

2. $1t/m^3=1g/cm^3$；

3. $1g/cm^3=0.75248$ 英吨/码^3，1 英吨/码$^3=1.32894g/cm^3$。

附表 12-15 力、重力单位换算

牛〔顿〕 (N)	千克力（公斤力） (kgf)	磅 力 (lbf)	磅 达 (pdl)
1	0.101972	0.224809	7.23301
9.80665	1	2.20462	70.9316
4.44822	0.453592	1	32.1740
0.138255	1.40981×10^{-2}	3.1081×10^{-2}	1

注：1. 德国及欧洲大陆一些国家常用符号 kp（Kilopond）代替 kgf，故 1kp = 9.80665N；

2. 1 斯坦（Sn） = 10^3N；

3. 1 达因（dyn） = 10^{-5}N；

4. 1 吨力（tf） = 9.80665×10^3N。

附表 12-16　压力、压强、应力单位换算

帕〔斯卡〕(Pa)	巴 (bar)	毫巴 (mbar)	公斤力/米^2 (kgf/m^2)	工程大气压 (at)	标准大气压 (atm)	水银柱高度 (mmHg)	水柱高度 (mH_2O)	英吨力/英尺^2 ($UKtonf/ft^2$)	磅力/英寸^2 (lbf/in^2)	英寸水柱 (inH_2O)
1	1×10^{-5}	0.01	0.102	1.02×10^{-5}	9.869×10^{-6}	7.5×10^{-3}	1.02×10^{-4}	9.32385×10^{-6}	1.45×10^{-4}	4.015×10^{-3}
10^5	1	1000	1.02×10^4	1.02	0.9869	750	10.2	0.932385	14.5	401.463
1.0725×10^5	1.0725	1072.5	1.09366×10^4	1.09366	1.0585	804	10.9366	1	15.5556	430.62
9.80665	9.80665×10^{-5}	0.0981	1	1×10^{-4}	9.67841×10^{-5}	0.0735	1×10^{-3}	9.14358×10^3	1.4223×10^{-3}	0.0394
9.80665×10^4	0.9807	981	1×10^4	1	0.967841	735	10	0.914358	14.223	394
1.0133×10^5	1.013	1013.25	1.0133×10^4	1.01333	1	760.00	10.133	0.9447	14.696	406.8
133.322	1.333×10^{-3}	1.33322	13.595	1.3595×10^{-3}	1.316×10^{-3}	1	0.0136	1.243×10^{-3}	0.0193	0.53524
9.80665×10^3	9.80665×10^{-2}	98.1	1×10^3	0.1	9.67841×10^{-2}	73.556	1	9.14358×10^6	1.4223	39.4
100	0.001	1	10.197	1.0197×10^{-3}	9.869×10^{-4}	0.750	0.0102	9.32385×10^{-4}	0.0145	0.401463
6894.76	0.068947	68.9476	0.070307×10^4	0.0703	0.068046	51.71	0.703	0.064285	1	27.68
249	2.49×10^{-3}	2.49	25.4	2.54×10^{-3}	2.457×10^{-3}	1.86832	0.0254	2.321×10^{-3}	0.0361	1

注：1. $1Pa=1N/m^2$；
2. $1at=1kgf/cm^2$；
3. 1 磅达/英尺^2（Pdl/ft^2）=1.488Pa；
4. 1mmHg=1 托（torr）；
5. 1 英寸水银柱（inHg）=3386.89Pa。

附表 12-17　功、能和热量单位换算

焦〔耳〕(J)	千瓦·小时 (kW·h)	千克力·米 (kgf·m)	英尺·磅力 (ft·lbf)	公制马力小时 (PS·h)	英制马力小时 (HP·h)	千卡 (kcal)	英热单位 (Btu)
1	2.778×10^{-7}	0.102	0.738	3.777×10^{-7}	3.725×10^{-7}	2.388×10^{-4}	9.472×10^{-4}
9.807	2.724×10^{-6}	1	7.233	3.704×10^{-6}	3.653×10^{-6}	2.342×10^{-3}	9.95×10^{-3}
3.6×10^6	1	3.671×10^5	2.655×10^6	1.360	1.341	859.845	3412.14
2.648×10^6	0.736	2.7×10^5	1.953×10^6	1	0.986	632.416	2509.63
2.685×10^6	0.746	2.737×10^5	1.98×10^6	1.014	1	641.186	2544.43
4186.6	1.163×10^{-3}	426.936	3.088×10^3	1.581×10^{-3}	1.560×10^{-3}	1	3.968
1055.06	2.931×10^{-4}	107.587	778.169	3.985×10^{-4}	3.930×10^{-4}	0.252	1
1.356	3.768×10^{-7}	0.1383	1	5.12×10^{-7}	5.05×10^{-7}	0.324×10^{-3}	1.285×10^{-3}

注：1. 1 尔格（erg）$=10^{-7}J$；
2. 1J=1N·m=1W·s；
3. 1 英尺·磅达（ft·pdl）=0.04214J。

附表 12-18 功率单位换算

瓦〔特〕 W	千瓦 (kW)	英制马力 (HP)	公制马力 (PS)	千克力·米/秒 (kgf·m/s)	英尺·磅力/秒 (ft·lbf/s)	千卡/秒 (kcal/s)	英热单位/秒 (Btu/s)
1	0.001	0.0013402	0.00135962	0.101972	0.737562	0.000238846	0.000948
1000	1	1.34102	1.35962	101972	737.562	0.238846	0.947817
746	0.745700	1	1.01387	760402	550	0.178107	0.706786
735	0.735499	0.986320	1	75	542.476	0.175671	0.697119
9.81	0.00980665	0.0131	0.0131509	1	7.23301	0.00234228	0.009295
1.356	0.00135582	0.00181818	0.00184340	0.138255	1	0.000323832	0.001285
4200	4.1868	5.61459	5.69246	426935	3088.03	1	3.968333
1055	1.055	1.414855	1.434475	107.585	778.210	0.251995	1

注：1. 1erg = 10^{-7}W；

2. 1W = 1N·m/s = 1J/s；

3. 1 英尺·磅达/秒（ft·pdl/s）= 0.04214W。

附表 12-19 动力黏度单位换算系数表

	Pa·s	cP	kgf·s/m²	pdl·s/ft²	lbf·s/ft²	lbf·h/ft²
帕斯卡秒 1 pascal second（Pa·s）	1	1000	0.101 972	0.671 969	$2.088\ 54\times10^{-2}$	$5.801\ 51\times10^{-6}$
厘泊 1 centipoise（cP）	0.001	1	$1.019\ 72\times10^{-4}$	$6.719\ 69\times10^{-4}$	$2.088\ 54\times10^{-5}$	$5.801\ 51\times10^{-9}$
千克力秒每平方米 1 kilogram-force second per square metre（kgf·s/m²）	9.806 65	9806.65	1	6.589 76	0.204 816	$5.689\ 34\times10^{-5}$
磅达秒每平方英尺 1 poundal second per square foot(=1lb/(ft·s))(pdl·s/ft²)	1.488 16	1488.16	0.151 750	1	0.031 081 0	$8.633\ 60\times10^{-6}$
磅力秒每平方英尺 1 pound-force second per square foot(=1slug/(ft·s))(lbf·s/ft²)	47.8803	47 880.3	4.882 43	32.1740	1	$2.777\ 78\times10^{-4}$
磅力小时每平方英尺 1 pound force hour per square foot(lbf·h/ft²)	$1.723\ 69\times10^{5}$	$1.723\ 69\times10^{3}$	$1.757\ 67\times10^{4}$	$1.158\ 27\times10^{5}$	3600	1

附表 12-20　运动黏度单位换算系数表

	m^2/s	cSt	in^2/s	ft^2/s	in^2/h	ft^2/h	m^2/h
二次方米每秒 1 metre squared per second（m^2/s）	1	1×10^{6}	1.55000×10^{3}	10.7639	5.58001×10^{6}	3.87501×10^{4}	3600
厘斯托克斯 1 centistokes（cSt）	1×10^{-6}	1	1.55000×10^{-3}	1.07639×10^{-5}	5.58001	3.87501×10^{-2}	0.0036
二次方英寸每秒 1 inch squared per second（in^2/s）	6.4516×10^{-4}	645.16	1	6.94444×10^{-3}	3600	25	2.32258
二次方英尺每秒 1 foot squared per second（ft^2/s）	9.29030×10^{-2}	92903.0	144	1	518400	3600	334.451
二次方英寸每小时 1 inch squared per hour（in^2/h）	1.79211×10^{-7}	0.179211	2.77778×10^{-4}	1.92901×10^{-6}	1	6.94444×10^{-3}	6.4516×10^{-4}
二次方英尺每小时 1 foot squared per hour（ft^2/h）	2.58064×10^{-5}	25.8064	0.04	2.77778×10^{-4}	144	1	0.0929030
二次方米每小时 1 metre squared per hour（m^2/h）	2.77778×10^{-4}	277.778	0.430556	2.98998×10^{-3}	1550.00	10.7639	1

附表 12-21　力矩和转矩单位换算

牛〔顿〕·米	千克力·米	磅力·英尺	磅力·英寸
（N·m）	（kgf·m）	（lbf·ft）	（lbf·in）
1	0.101972	0.737562	8.85075
9.80665	1	7.23301	86.7962
1.35582	0.138255	1	12
0.112985	1.15212×10^{-2}	8.3333×10^{-2}	1

注：1 磅达·英尺（pdl·ft）＝0.04214N·m。

附表 12-22　温度换算公式

法定计量单位		非法定计量单位	
摄氏度（℃）	开〔尔文〕（K）	华氏度（℉）	兰氏①度（°R）
C	C+273.15②	$\frac{9}{5}C+32$	$\frac{9}{5}C+491.67$
$\frac{5}{9}(F-32)$	$\frac{5}{9}(F+459.67)$	F	F+459.67
$\frac{5}{9}(R-491.67)$	$\frac{5}{9}R$	R−459.67	R
K−273.15②	K	$\frac{9}{5}K-459.67$	$\frac{9}{5}K$

①兰氏度（Rankine）是华氏温度的绝对温度，即 0°K＝0°R，0℉＝＝459.67°R，0℃＝491.67°R；

②摄氏温度的标度是以水的冰点为一个参照点作为 0℃，相对于开尔文温度上的 273.15K。开尔文温度的标定是以水的三相点为一个参照点作为 273.16K，相对于 0.01℃（即水的三相点高于水的冰点 0.01℃）。

索 引

W

X

Y

Z

冶金工业出版社部分图书推荐

《中国耐火材料工业年鉴》

2010～2014

编辑出版说明

2011年4月出版发行的，由中国耐火材料行业协会编纂的《中国耐火材料工业60年》（1949～2009）一书，作为首部记录新中国耐火材料工业60年发展历程的史料，较为客观、全面地反映了建国以来我国耐火材料工业在各级政府的领导和相关行业的支持下，作为一个相对独立的产业，进入国民经济工业发展的行列，伴随着社会主义经济建设的步伐不断成长壮大的发展过程；在改革开放动力的强劲推动和高温工业快速发展的带动下，坚持自主创新，科学发展的中国耐火材料工业整体实力得到全面提升，成为全球耐火材料生产、消耗和出口大国的整体状况。2011年9月，协会六届理事会决定，在《中国耐火材料工业60年》（1949～2009）的基础上，编辑出版首部《中国耐火材料工业年鉴》（2010～2014）。自第六届理事会始，原则上计划每届理事会编辑出版一部，时间节点由协会秘书处会同年鉴编辑委员会确定。

《中国耐火材料工业年鉴》（2010～2014）秉承为耐火材料行业和企业发展服务的宗旨，以党的十八大精神为指导，以创新驱动发展，实现从大国到强国的中国耐火梦为中心，宣传党和国家的各项方针政策，认真贯彻落实工业和信息化部《关于促进耐火材料产业健康可持续发展的若干意见》及《耐火材料行业规范条件》，推动耐火材料工业适应新常态，抓住新机遇，迎接新挑战，实现新跨越。

《中国耐火材料工业年鉴》（2010～2014）系统收录了中国（不含港、澳、台）2010年至2014年耐火材料工业运行的有关情况，正文内容分9个篇章：（1）专论专文；（2）政策法规；（3）中国耐火材料工业运行情况；（4）中国耐火材料工业统计；（5）中国耐火材料工业科技进步；（6）中国耐火材料工业大事记；（7）中国耐火材料行业重点企业和重点科研院所简介；（8）中国耐火材料行业协会及各省市地方协会简介；（9）附录，主要介绍耐火材料标准及获得国家专利的耐火材料产品。

《中国耐火材料工业年鉴》（2010～2014）所涉及的5年时间节点内的耐火材料行业统计数据，主要来源为耐火材料行业月度生产统计体系及各省市地方协会，有关中国耐火材料工业生产经营的历年综合数据，系国家统计局发布的年报数据。

本年鉴的编辑出版工作，得到了业内重点骨干企业、相关专业院校、研究院所及各省市地方耐材协会的大力支持和积极协助，在此一并表示诚挚的谢意！

年鉴的编辑出版工作是一个较为复杂的系统工程，由于水平和时间的关系，在编辑出版过程中存在漏误之处，敬请业内人士和读者批评指正。

《中国耐火材料工业年鉴》编辑委员会

2015年4月

2010年9月26日中国耐火材料行业协会成立二十周年纪念大会

2011年9月24日中国耐火材料行业协会第六届会员代表大会

2012年7月4日中国耐火材料行业协会赴欧考察交流团在奥地利奥镁公司总部

2012年11月20日中国耐火材料行业科技创新推进暨信用建设总结会议

2013年7月18日全国耐火材料行业准入条件调研座谈会

2014年3月21日中国耐火材料行业协会第六届四次理事扩大会议

郑州东方企业集团有限公司

董事長：

魏国钊

郑州东方企业集团有限公司坐落于河南省郑州市西南 40 千米的新密市境内，西依中岳嵩山，东临 107 国道，北靠郑少高速公路，东、西距郑州国际机场与闻名遐迩的少林寺各 35 千米，交通便利，物藏丰富，环境优雅，人文历史悠久。

公司建于 20 世纪 70 年代，有着 30 余年的建厂历史。注册资本 6800 万元，现有员工 1960 人，资产 5.8 亿元，占地面积 50 万平方米，建筑面积 30 万平方米，下辖 6 个分别从事耐火材料研发与生产、高温窑炉砌筑等业务的分公司，拥有 1 条铁路专用线及各种生产、检测、试验设备 800 余台（套），公司年产“东方”牌耐火材料 15 万吨，是集科研、开发、生产、销售于一体的国家大型企业集团。

公司以“打造东方品牌，积极奉献社会”为企业理念，以管理创新为先导，以技术创新为主线，不断强化科学发展观，提升企业综合实力。先后研制出 30 多种具有国内先进水平的新技术产品。其中，耐火材料不烧电炉顶砖获“河南省名优产品”，氧化法特制 33 号、41 号锆刚玉制品和优质半硅砖、硅砖分别被评为“河南省高新技术产品”和“河南省优质产品”，超级低气孔黏土砖被评为“河南省名牌产品”。

新研制的熔铸新型耐火材料 α-β 和 β 制品、高强硅藻土砖、烧结锆刚玉砖、烧结锆莫来石砖、GB0.3~1.0 轻质隔热砖等产品已成为当前耐火材料市场的换代产品，深受广大用户的欢迎。

“东方”牌产品广泛服务于冶金、有色金属、建材、电力等行业。“东方”牌商标被认定为河南省著名商标，在国内外市场享有较高的知名度和美誉度。河南省质量监督信息发布中心授予“东方”牌产品为“质量稳定、售后服务满意产品”荣誉称号。

近三年来，随着公司经济、技术实力的不断提升，企业的发展速度也不断加快。2006年，公司完成产值40580万元，实现销售收入38000万元，实现利税5177万元，完成入库税金3502万元；2007年，公司完成产值43000万元，实现销售收入40528万元，完成入库税金3334万元；2008年，公司完成产值47400万元，销售收入45200万元，完成入库税金4176万元。为国家和地方经济社会的发展做出了应有的贡献。

公司先后被国家评为“全国乡镇企业科技进步先进单位”、“国家计量合格单位”。并获得“河南省优秀民营企业”、“河南省双百强企业”、“河南省守合同重信用企业”、“河南省十佳魅力企业”、“2008 年全省质量管理先进企业”以及“郑州市 AAA 级企业”、“郑州市文明标兵单位”、“工业经济综合实力 100 强企业”、“新密市工业明星金杯企业”和“新密市明星企业”等荣誉称号。

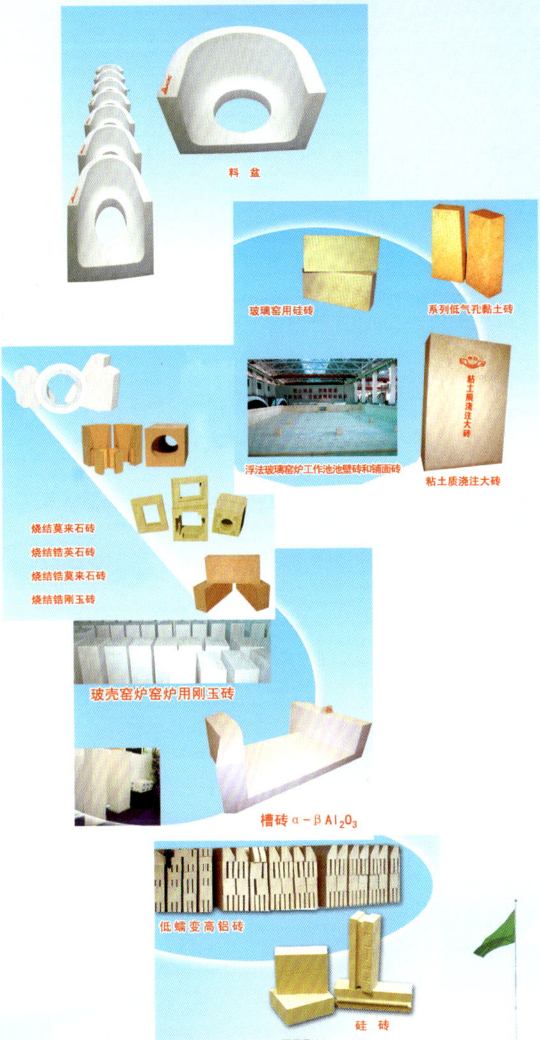

地　址：河南省新密市超化镇樊寨村　邮　编：452385
总　机：0371-69231155　电　话：0371-69231255
销　售：0371-69231287　传　真：0371-69232566
网　址：www.zzeast.com　电子信箱：zzdfjt@126.com

淄博裕民基诺新材料有限公司
淄博裕民耐火材料科技股份有限公司

淄博裕民基诺新材料有限公司隶属山东裕民集团，成立于2009年12月，为大型合资企业，注册资金990万美元，总投资6亿元人民币，占地面积300亩。目前，投资建设的3万吨／年高档碱性耐火材料项目、年产1万吨高档电熔耐火材料生产线、浇注工艺耐火材料项目和与天津大学共建先进耐火材料研发中心等项目陆续建成投产或启用，其他耐火材料、先进陶瓷等系列项目正在陆续建设中。公司致力于打造国际一流的玻璃、水泥窑用耐火材料和先进陶瓷研发生产基地，为国内外玻璃、水泥等窑炉提供优质的产品和服务。

淄博裕民耐火材料科技股份有限公司为国内专业研发生产玻璃、水泥窑用耐火材料的大型企业，现有三大生产基地。分别通过ISO9001国际质量体系、ISO14001环境管理体系等体系认证，“裕民”商标荣获“山东省著名商标”，产品多次荣获“山东名牌”、“山东省科技进步奖”等荣誉称号。

公司拥有多条国内先进水平的生产线，年生产能力10万吨。主要生产合成硅线石耐火制品、电熔AZS制品、镁质制品、低气孔黏土制品、高岭土浇注大砖、莫来石制品、刚玉制品、不定形材料等系列优质耐火材料，畅销全国，出口三十个国家和地区。

董事长、总经理王立平携全体员工热烈欢迎各级领导、广大客户、各界朋友莅临公司指导，精诚合作，共赢发展！

碱性耐火材料自动化高温隧道窑炉生产线

证书

淄博裕民耐火材料科技股份有限公司：

经审核，认定你单位申报的“裕民”牌合成硅线石耐火制品、镁砖、低气孔粘土砖、33#、36#、41#电熔锆刚玉系列产品及提供的技术指标，符合玻璃熔窑适用条件，可供玻璃行业推荐选用。

特颁此证！

二〇一二年十二月三十日

先进的梭式窑生产线

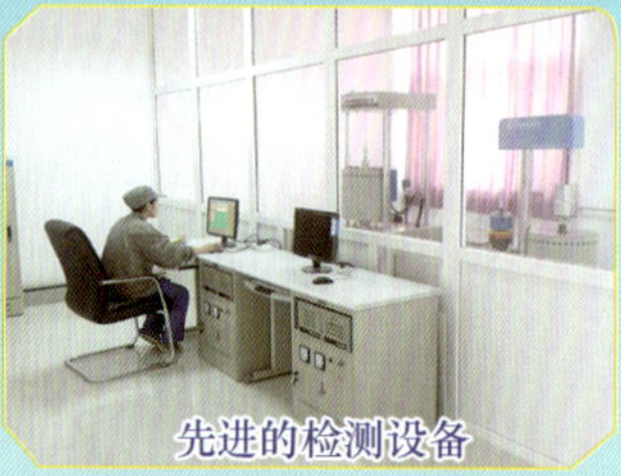

先进的检测设备

镁　砖

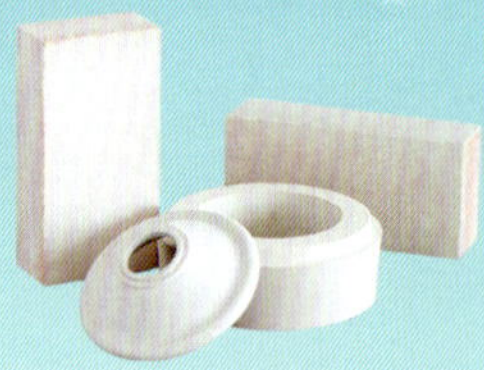

刚玉制品

电熔AZS项目车间

碱性耐火材料车间

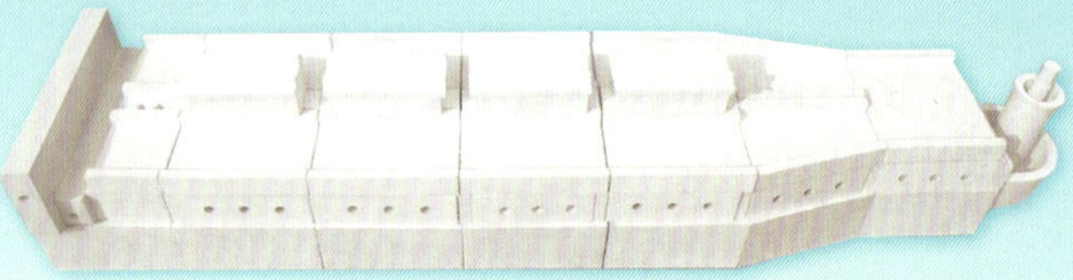

合成硅线石制品供料道

裕民基诺公司地址：山东省淄博高新区开发区北路北首西侧　　邮　编：255086
电　话：0533－3919996　3919998　3912188　3910288
传　真：0533－3919998　3912588

裕民科技公司地址：山东省淄博高新区四宝山办事处南石社区　邮　编：255086
电　话：0533－3916631　3916642　3913178
传　真：0533－3916698　3916642
网　址：www.chinayumin.cn　　邮　箱：yumin@chinayumin.cn

本公司愿为全球窑炉总包商提供配套服务！

The company is willing to provide supporting services for the global furnace contractor!

荣誉证书certificate of honour

优质原料及制品

High quality raw materials and products

完善的检测设备

Perfect testing equipment

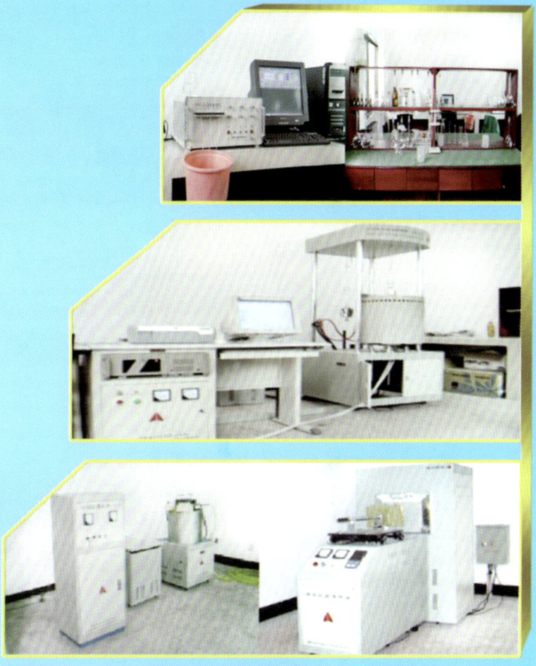

公司二分厂Company two branch

E-mail：shjingyingbu@163.com　　http：//www.shll.com.cn

Hens恒世®

徐州恒世磷酸盐有限公司

XUZHOU HENS PHOSPHATE CO., LTD.

专业生产、竭诚提供：

磷酸二氢铝（粉体、液体）、磷酸铝钠（酸式、碱式）、三聚磷酸钠、六偏磷酸钠、磷酸、酸式六偏磷酸钠等磷酸盐系列产品。

徐州恒世磷酸盐有限公司专注于精细磷酸盐产品研发；秉承多年磷酸盐生产与应用经验，本着“忠实科技、精益求精”的原则，竭诚向客户提供优质适用产品；现拥有：钠盐、钾盐、钙盐、铝盐等磷酸盐系列产品数十种，年综合产能8万吨；营销网络遍布全国各地并出口欧美、东南亚、中东等国家和地区，是国内高端磷酸盐生产型企业。

品　　名	指　　标	包装规格
磷酸二氢铝（粉体）	（P_2O_5）：60%～67%　（Al_2O_3）：15%～18%	25kg/袋
磷酸二氢铝（液体）	（P_2O_5）：32%～34%　（Al_2O_3）：7.5%～8.5%	25kg/桶、30kg/桶

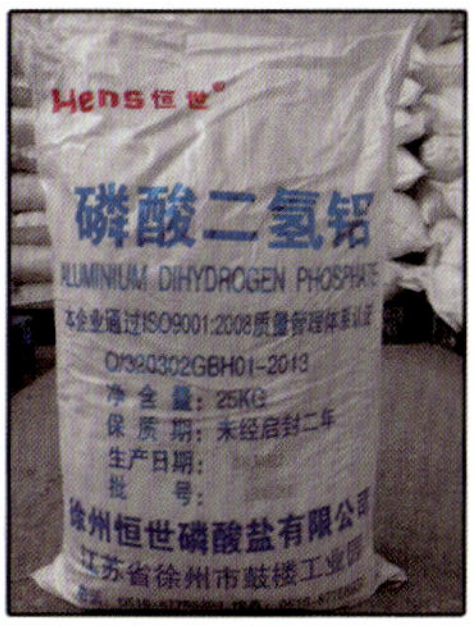

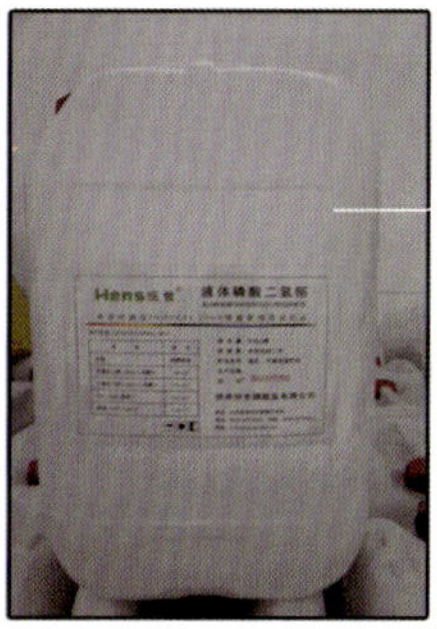

ISO 9001　CQC HACCP CERTIFIED　HALAL　KLBD

联系人：李先生13905206393　电话：0516-87766393　传真：0516-87768931

联系人：成先生13905203193　电话：0516-87766880　传真：0516-87766990

网址：www.hensgroup.com　邮箱：1367419723@qq.com

地址：江苏省徐州市鼓楼工业园　外贸联系：0516-87768879

目　录

第一篇　专论专文

第二篇　政策法规

第三篇　运行分析

第四篇　统计分析

第五篇　科技创新

第六篇　大事记

第七篇　企事业概况

第八篇　行业协会概况

第九篇　附　　录

[特殊版]

[目录前插页]

企业风采

[后特页]

第一篇

专论专文

把握机遇　科学发展　着力创新　促进转变 努力开创我国耐火材料工业“十二五”发展新局面

——在中国耐火材料行业协会第六次会员代表大会上的工作报告

（2011 年 9 月 24 日）

中国耐火材料行业协会会长　田学光

各位代表：

中国耐火材料行业协会第五次会员代表大会于 2007 年 9 月召开，至今已整四年，按照协会章程规定，第五届理事会任期届满。现在，我代表五届理事会向本次大会报告工作情况，请予审议。

一、2011 年上半年及过去四年我国耐材工业的发展情况

（一）2011 年上半年行业生产运行情况

2011 年上半年，我国工业经济运行总体态势良好，全国规模以上工业增加值同比增长 14.3%。工业生产平稳增长，企业利润大幅增长，固定资产投资保持较快增长，国内生产总值 204459 亿元，同比增长 9.69%。上半年，全国耐火材料产量 1316.3 万吨，同比增长 2.25%；其中致密定型耐火制品 810.11 万吨，同比增长 3.83%；不定形耐火制品 476.33 万吨，同比增长 -0.21%。主要耐材生产省河南、辽宁、山东、山西的耐材产量分别为 663.04 万吨，306.55 万吨，201.08 万吨，52.88 万吨，同比增长 -2.18%，11.79%，3.39%，8.76%。2011 年 1～6 月份全国耐火原材料出口总量 247.27 万吨，同比降低 10%，主要是原料出口大幅降低所致。其中耐火原料出口量 154.97 万吨，同比降低 18.09%，耐火制品出口量 92.3 万吨，同比增长 7.89%。耐火原材料出口贸易额 9.91 亿美元，同比增长 17.76%。耐火原材料出口综合平均价格同比增长 32%，比上年同期降幅增多 35.85 个百分点。其中原料出口综合平均价格同比增长 43.77%，制品出口综合平均价格同比增长 11.6%。主要下游行业，全国粗钢产量 3.51 亿吨，同比增长 9.6%；水泥产量 95083 万吨，同比增长 19.6%；十种有色金属产量 1690 万吨，同比增长 9.8%。综合以上情况，“十二五”开局之年的 1～6 月，从耐材及主要下游行业的生产运行指标看，仍然保持着平稳较快增长的运行态势。

（二）过去四年我国耐材工业取得的成绩和存在的问题

过去四年是我国经济社会发展进程中不平凡的四年。我国耐火材料工业，抵御了罕见冰雪，特大地震等严重自然灾害的侵袭，经受了席卷全球的金融风暴的影响和冲击。在科学发展观的指导下，全行业同心协力，克服上游产品价格高涨，下游行业需求萎缩，市场竞争日益激烈等困难，坚持自主创新，着力调整结构，转变发展方式，保持了健康、平稳发展的势头，为高温工业的正常运行，为实现我国“十一五”时期经济社会发展目标作出了应有的贡献。

1. 满足高温工业发展需求，耐材制品产量保持逐年增长

“十五”和“十一五”时期，是我国耐火材料工业发展速度最快的一个阶段。在钢铁、有色、水泥、玻璃等高温工业高速发展的强力拉动下，耐火材料工业实现了产销两旺，企业经济效益也保持了稳步增长。根据国家统计局统计，进入 21 世纪以来的全国耐火原料及制品产量保持了逐年增长，“十五”末比 2001 年增长 112.67%；2010 年比“十五”末增长 198.96%。过去四年耐火原料及制品总产量分别为 4182.39 万吨、4417.8 万吨、5927.2 万吨、6805.49 万吨。其中：2010 年耐火制品产量达 2808.6 万吨，比 2009 年增长

14.47%。特别需要肯定的是，2010年全国耐火材料进口量仅占国内耐火材料需求总量的0.012%。足以证明我国耐火材料产品的数量、品种和质量完全可以满足国内高温工业生产运行和技术发展的需求。

2. 不断开发国际市场，出口贸易跨上新台阶

在市场需求的拉动下，我国耐火材料工业的生产工艺和装备水平不断提升，产品质量不断提高，品种结构日趋完善，全国耐火材料制品产量约占全球耐材产量的65%。耐材制品的品种和总量在满足国内高温工业生产和发展的基础上，出口量也逐年递增，全行业开辟的国际市场遍及亚洲、欧洲和美洲等150多个国家和地区，耐材制品的外销量已多年稳居世界第一。近四年，全国耐火原料及制品出口量分别为468.60万吨、555.09万吨、338.64万吨、569.76万吨；外贸出口额分别为13.23亿美元、27.38亿美元、17.47亿美元、30.47亿美元。2010年全国耐火制品出口量和出口贸易总额比“十五”末分别增长27.18%和85.01%，实现了“出口创汇”向“出口创利”的转变，又上了一个新台阶。

3. 调整结构兼并重组加快强强联合步伐，运作资本上市融资增强企业发展后劲

近四年，我国耐火材料工业企业，紧跟党和政府大力推进产业结构调整的步伐，冲破经济成分所有制的禁锢，跨区域兼并重组、强强联合取得了令人欣慰的成果。通达耐火作为国有企业，成功兼并了河南巩义中原耐火；营口青花集团、山西西小坪耐材公司分别兼并了上海二耐、泰山耐火两家国有企业；辽宁丰华集团不仅并购了本省民营企业信威公司，还兼并控股了江西新余耐材公司；濮阳濮耐股份重组上海宝明、昆钢耐火后，又并购了海城鑫荣矿业；北京利尔与包钢耐火，瑞泰科技与河南火宝、新密荣耀实现了跨省市联合重组。一批优势企业根据经济全球化的发展趋势，努力创造条件进军资本市场，拓宽融资渠道，有力提高了企业持续健康发展的增长功能。继瑞泰科技成为我国耐材行业第一家上市公司后，山东鲁阳、河南耕生、濮阳濮耐、北京利尔、江苏华耐国际等优势企业也先后在境内外上市。日益强劲的联合重组势头和越来越多的上市公司，促进了耐材工业企业的科学管理和规范运营，不仅提高了行业企业管理的现代化水平，也标志着耐材工业在我国经济社会发展活动中的实力、地位和影响日趋增强。

4. 自主创新能力明显增强，耐材产品结构不断优化

从“十五”末期到现在，我国耐火材料工业紧随钢铁、有色、水泥和玻璃等下游行业快速发展和优化升级的步伐，以满足高温工业技术进步需求为切入点，着力自主创新，在产品结构调整和新产品开发方面取得了突破性进展，保持了与快速发展的高温工业并肩同行。

在高炉长寿方面，巩义五耐，郑州安耐克和通达中原等企业自主研发的高炉陶瓷杯用微孔刚玉砖和低蠕变砖等高炉热风炉系列高性能耐材产品，在武钢5号3200m^3高炉使用，寿命长达16年。北京科技大学自主研发的Si-SiC-棕刚玉陶瓷杯材料在国内100多座高炉使用，效果良好。

在高效连铸方面，濮阳濮耐高温材料股份有限公司、山东耐火材料有限公司、无锡南方耐材公司和唐山时创等企业开发研制的“中间包透气上水口”、“洁净钢用无炭无硅水口”、“整体复合塞棒”、“铝锆浸入式水口”、“不烘烤薄壁长水口”和“金属-氮化物结合滑板”等新产品，保证了高效连铸系统生产的正常运行。

在炉外精炼方面，营口青花集团、浙江金磊耐材公司等企业研制的镁钙系耐火制品在AOD炉使用，预计可替代镁铬砖70%以上，既保证了AOD炉的正常生产，又减少了铬污染；浙江自立股份研发的无铬不定形耐火材料在RH炉使用，也取得了初步成果；中钢耐火公司，营口青花集团等企业研制的电熔再结合砖在RH炉应用，填补了国内空白，替代了进口。

在水泥熟料煅烧方面，瑞泰科技、郑州华威、北京科技大学和山东鲁中及营口青花等企业研制的镁铝尖晶石、镁铁尖晶石和镁铁铝尖晶石砖在大型新干法水泥回转窑烧成带和过渡带使用，达到或超过了镁铬砖的使用寿命，完全可以替代镁铬砖，有效地减少了铬污染。

在玻璃熔窑方面，振中电熔锆业、瑞泰科技等企业研制的α-β和β刚玉耐火制品，在大型浮法玻璃窑应用，替代进口产品，填补了国内空白，取得了良好效果。

在有色金属冶炼方面，中钢洛耐院研制的氮

化硅结合碳化硅砖在铝电解槽应用，既满足了生产运行需求，又取得了显著的间接节能效果，获得国家科技进步二等奖。

5. 瞄准国际先进水平，加快工艺装备更新

随着耐火材料工业的快速发展，全行业，特别是重点骨干企业工艺装备更新升级的步子也不断加快。继营口青花集团、海城后英集团先后分别从日本、德国购进全自动液压机、机械手和高强混碾设备后，瑞泰科技、利尔股份、金龙集团、通达耐火和唐山时创等骨干企业也陆续配置了国外先进的成型混碾及热工装备。福建海源公司研制的系列液压成型设备、辽锻公司和桑德机械研制的全自动数控电动螺旋压砖机，也在各类耐材生产企业得到了普遍认可和广泛应用。目前，从原料制备的超磨、高强混碾、电子自动称量，成型工序高吨位全自动液压机、机械手，到烧成工序的各类全程自动控制高温炉窑，还有高、精、尖检测设备和仪器，已在全行业各重点企业得到了广泛应用和推广，使我国耐火材料工业的装备水平发生了质的飞跃，也为做精做强我国耐火材料工业奠定了扎实基础。

6. 面向市场探索全新服务模式，转变方式拓展行业生存空间

为了满足快速发展的高温工业对耐火材料研发、生产、销售全过程优质服务的要求，通达耐火、北京利尔、武钢耐火、浙江自立、瑞泰科技等骨干企业，以用户需求为目标，创造性地提出系统化、成套服务、总包服务、配套服务的全新经营理念，在探索以市场为重心的全过程服务模式，由耐材制造商向耐材服务商转型方面进行了成功尝试，对稳定市场、改善与用户的关系，保证供需双方共同利益发挥了积极的作用。为了保证耐材行业持续健康发展，更为了在日趋激烈的市场竞争中立于不败之地，海城后英、西洋集团、辽宁金鼎、武钢耐火、江苏苏嘉、浙江红鹰、郑州东方、登封春胜等重点企业，发挥自身优势，打破耐材生产“一元化”的传统格局，依托耐火、转变方式、跨行业发展，向金融、冶金、化工、家电、房地产开发和生物等非耐材领域进军，为拓展更大的生存空间作出了表率。

7. 践行绿色耐材战略，倡导低碳经济，推进行业节能减排和环保治理

为了响应国家建设环境友好型社会，大力推进节能减排和环保治理的号召，中国耐材协会第五次会员代表大会提出了“绿色耐材”发展战略。几年来，各省、地区协会和广大会员企业积极响应，努力争取政府支持和指导，全面开展了行业环境污染整治。据不完全统计，近年来，辽宁省拆除污染严重的炉窑 1193 座，治理各类高温窑炉 1653 座，矿山恢复植被 7 万多平方米；河南、山西两省拆除了全部燃煤倒焰窑；河南省还关停了污染严重的企业 300 余家；山东、江苏、浙江等地区的耐材企业，也主动配合当地政府推进治污减排工作，取得了长足进展。山东圣泉化工、山西西小坪等企业治污减排的成效不仅在业内得到肯定，还被所在省市树为环保治理的先进典范。随着绿色耐材战略的推进，低碳耐材、梯级式资源综合利用和循环经济理念的日益深入人心，业内涌现了一大批以废弃物为原料，研制生产具有高附加值和较强市场竞争力新产品的企业。由协会组织业内专家制定的以“品种质量优良化，资源能源节约化，生产过程环保化，使用过程无害化”为目标的镁质、铝硅质两大系列，十几个主要品种的“绿色耐材”产品标准将纳入行业企业信用等级评价指标体系，按要素权重实施考核。

8. 壮大科研力量，注重人才培养，为行业持续发展储备技术优势

科学技术是第一生产力的理念，有力推进了我国耐火材料工业科技创新的步伐。近年来，行业各科研院所和一批重点骨干企业，努力探索科技与经济结合的新途径，根据国家政策着力推进各类技术中心、工程研究中心和重点实验室的建设工作。随着国家科技体制改革的不断深化，一批国有科研单位转制为企业，科研创新机制更加灵活；国家级企业技术中心，省市级企业技术中心和重点实验室遍及业内重点骨干企业；博士后科研工作站也在耐材企业落了户。不仅为耐火材料工业的科技创新，新品研发和产品结构的优化创造了便利条件，也为加快科研成果转化为生产力的速度奠定了扎实的基础。为满足耐火材料工业快速发展对专业技术人才的需求，近年来，国内以武科大、北京科技大学、辽科大为代表的几十所知名院校的耐火材料专业院、系，集产、学、

研为一体，不仅形成了由专科、本科、硕士、博士四个层面构成的完整的耐材专业教学体系，还承担了国家、省、市各级科研项目，承接企业新工艺、新产品研发工程，培养了一批批从事耐火材料工业生产、实验、技术研发和管理的优秀专业人才，为保证我国耐火材料工业的持续发展做好了人才技术优势的充分储备。郑州大学和武汉科技大学还设立了博士后流动科研站。

在总结成绩的同时，我们还应看到产业发展过程中存在的问题，首先是全国耐火材料产能过高，总量过剩，不仅低水平的产能过剩，高附加值产品的产能也呈现出了过剩趋势；其次是产业集中度较低，企业规模小而且分散，不利于行业总体综合实力提高；三是耐火原料资源配置不尽合理，总体资源利用率不高，部分资源趋紧；四是全行业节能降耗、治污减排、环保建设任务繁重；五是耐火材料行业缺乏自主原创技术，产品结构优化、产业结构调整、发展方式转变任重道远。

二、协会第五届理事会开展的主要工作

四年来，协会第五届理事会坚持以服务为立会之本的宗旨，围绕“把协会建设成为业内有威信、国内有影响、国际有地位的行业组织”的发展目标，思想观念不断转变，工作效率不断提高，服务质量明显增强。

（一）积极应对全球金融危机的影响和冲击，保证行业持续平稳运行

2008 年四季度爆发的国际金融危机，使耐火材料工业遭遇到了前所未有的影响和冲击。面对严峻的形势，协会高度关注、反应迅速，一方面组织调研，收集信息并通过多种途径向会员企业通报国内外经济形势，报告主要下游行业生产经营状况和市场动态；另一方面及时召开行业非常时期生产经营分析会，组织各省市协会和重点企业负责人在对国内外经济形势进行认真分析的基础上，有针对性地提出了抵御金融风暴的 6 项应对措施。秘书处编制的情况通报定期印发给会员单位，协会杂志和网络平台，也在第一时间发布各类信息，为会员企业了解宏观形势，把握行业动态，调整经营策略，应对金融危机发挥了积极作用。

为了维护行业的整体利益，在国家有关部门为应对金融危机制定一系列政策措施的过程中，协会不失时机，加强与政府部门沟通，积极反映企业困难和行业诉求，专门制发文件多次向环保部、财政部、商务部等部门呈递恢复耐火制品出口退税政策的请求；向海关提出调整税号归类，鼓励高技术含量，低资源能耗消耗耐材制品出口的建议，引起了有关部门的关注。

（二）依法履行职能，组建并启动行业统计工作体系

2008 年 5 月，中国钢铁工业协会根据国家统计局的委托与授权，以钢信函【2008】12 号文件的形式，把全国耐火材料产品月度生产统计的工作委托给了中国耐火材料行业协会。这是协会五届理事会不畏困难、坚持不懈、努力工作争取的结果，也标志着中国耐材协会从此能名正言顺地依法履行行业生产统计职能。

接受委托后，在河南、辽宁、山东等主要省（市）地区协会的支持下，协会组建了行业统计工作体系和工作网络，用不到两个月时间，完成了行业统计工作规章制度的制定、网上统计系统程序的编制，并以集中、分散、网上交流和通信指导等多种方式对耐材生产企业的统计工作人员进行了业务培训。2008 年 6 月，首次成功实现了全国耐火材料生产统计数据的网上填报。在行业生产统计体系正常运行一年后，在钢协信息统计部的支持下，我们又争取到了把全国重点耐火材料企业生产数据纳入《钢铁统计月报》体系每月发布的条件，从 2009 年三季度始，全国重点统计耐材企业的生产动态在《钢铁统计月报》中有了一席之地，使行业统计信息工作的职能又得到了有效的延伸。

在广大会员企业，特别是各省（市）地区协会的支持下，行业生产统计和重点耐材企业的统计发布工作，已进入了规范、正常的运行轨道，每年度的统计工作年会制度也得到了落实。这项工作的顺利开展，对协会更好地履行服务、协调和引导职能，争取话语权创造了条件。

（三）主动参与、积极调研，为政府宏观调控当好参谋

参与政府部门组织的政策调研，为政府主管部门宏观决策提供服务，既是协会应尽的职责，也有利于协会保持与政府部门的交流沟通，为反映企业和行业诉求制造便利条件。近年来，协会先后参与了工业和信息化部组织的《产品结构调

整指导目录》、《工业和通讯业技术改造投资指南》的修订工作；参加了部分行业产品标准的评审和修订；由协会组织拟草的全国耐火黏土生产企业行业准入标准建议中，关于企业生产规模，高铝矾土熟料的技术质量要求和燃料消耗指标均被工信部采纳，并由工信部、环保部、国土资源部等七部委局联合行文颁发。低品位菱镁矿选矿技术，低品位高铝矾土选矿、均化技术，研发生产洁净钢冶炼用低碳、无碳耐火制品也被列入了《工业和通讯业技术改造投资指南》。

2008 年至今，协会连续 4 年承接了环保部、工业和信息化部下达的政策调研课题，组织业内专家，对拟纳入“双高名录”和“环境经济政策的配套综合名录”的产品进行调研和审议，并提出了具有可操作性的政策建议。关于“促进耐火材料工业结构升级政策措施研究”，“菱镁矿及镁质耐火材料发展思路研究”及“耐火黏土和耐火材料产业发展思路研究”的调研项目，也已于今年完成了所有分类子项的调查研究，统稿审议，分别呈送相关部门。

为了配合政府相关部门加强宏观调控，协会在中钢洛耐院等单位的支持下，在认真回顾“十一五”，全面分析行业现状和国内外经济形势的基础上，拟制了“中国耐火材料行业‘十二五’发展规划建议”，经过反复讨论、审议修订，于今年元月分别呈送给发改委、国资委、工信部、科技部等政府主管部门和中国钢铁工业协会。随着参与意识的增强，服务质量的提高，协会工作的外部环境有了明显改善，与政府主管部门和上级主管单位沟通交流的渠道日益通畅。参与机会多了，话语权增强了，反映企业诉求、维护行业整体利益的工作效率也更高了。

（四）反映诉求、排忧解难，为会员企业提供服务

为会员单位服务，为企业排忧解难，是协会工作的立足点。近几年协会服务职能的履行，一是在宏观层面上，注重开展对国际国内经济形势的分析，对中央经济工作会议制定的一系列方针、政策和对上下游行业市场动态信息的宣传、引导。协会秘书处自 2008 年四季度开始，坚持每季编制一期情况通报，较及时地向全体会员单位传递了特殊时期和每个不同时段的综合信息。协会主办的杂志和网站，不仅能在第一时间发布各类信息，而且还能主动地为会员单位搭建交流沟通的平台，为会员单位特别是生产企业了解上下游行业和市场动态，调整生产经营和市场营销方略起到了积极的作用，得到了广大会员单位的认可。二是在微观上，积极主动地为会员单位和企业提供技术咨询、诊断、工作协调、支持等全方位的服务，及时反映企业诉求，为会员排忧解难，对会员企业提出的技术、工艺、装备、市场行情等各类咨询，基本上做到了有求必应，有问必答，凡事都有回应。几年来，协会在组织专家为企业进行咨询、诊断，在支持相关单位举办展会、论坛、技术交流，在协调各省（市）地区协会开展省际交流、联谊，在为主要耐材产区，重点企业合资联姻，合作联营牵线搭桥等方面做了大量工作，也收到了良好效果。

（五）搭建平台、促进交流、扩大行业在国内外的影响

由中国耐材协会创办的中国国际耐材展已成功举办了八届。第七、第八届展会采取走出去，与专业公司合作、异地办展和与下游行业携手联合办展的全新模式，使展会的规模、档次、影响与效果都有了提升。协会继 2008 年成功举办“洛阳耐火峰会”后，于 2011 年 5 月在广州与中国钢铁工业协会联合举办了“中国耐火材料生产与应用国际大会”。除国内相关行业的专家、学者和企业代表，国外钢铁、耐材领域有 30 多家单位、上百人参加了这次会议，参会总人数近 400 人。不论是企业界代表，还是业内专家，甚至包括国外知名耐材企业的参会人员，都对这次会议给予了较高的评价，并一致要求协会按届次坚持办下去。由协会支持的辽宁省镁博会、山东淄博、山西阳泉耐火论坛，由河南、辽宁、山东三省协会联合举办的耐材产业发展交流会，还有金属学会耐火材料分会组织的各类专业技术交流等活动，都为促进耐材工业的持续发展，扩大我国耐材工业在国内外的影响发挥了积极作用。

近年来，中国耐材协会还加强了与印度、日本、欧盟等国耐材协会的联系，与澳、加、卢森堡等国企业家和学者的交流，有效地提升了中国耐火材料工业在国际耐材领域的地位和影响。

（六）注重监控预警，加强行业自律，维护产业安全

针对近年来贸易摩擦频发和耐材市场秩序紊乱的现实，协会一是注重加强监控预警机制，坚

持做好对国际耐材市场的监测，及时掌握我国耐火材料的出口量，销售价格和国际耐材市场动态，按时发布监控信息，预警通报和有关国际贸易争端的信息，帮助会员企业了解市场需求动态，规避国际贸易风险；二是保持与商务部的密切联系，了解动态，及时向贸易摩擦的涉案企业传递信息，配合商务部组织涉案企业积极应对贸易摩擦；三是加大宣传、引导力度，动员会员单位特别是重点骨干企业加强行业自律，自觉遵守行规公约，遵循市场经济的规律，杜绝低价倾销，规范市场秩序，维护产业安全和全行业的利益。去年三季度，根据上下游行业的运行状况和市场价格体系变化的实际，在广泛征求意见的基础上，对2007年拟制的行业自律指导价格进行了适当调整。

（七）推进“绿色耐材”战略，开展信用等级评价，履行社会责任

协会第五次会员大会提出的“绿色耐材”战略理念，得到了广大会员单位的积极响应，围绕建设环境友好型社会的目标，各生产企业自觉履行社会责任，下决心淘汰落后产能，加大节能降耗，治污减排力度，创造条件发展循环经济，收到了良好效果。2008年至2009年，由协会规划与生产协调部负责，组织中冶焦耐公司的专家，在相关企业配合下，完成了镁质、铝硅质两个系列“绿色耐材”产品评审标准的制定。该标准将纳入行业正在开展的企业信用等级评价指标体系中实施考核。

为规范行业市场秩序，增强行业信用意识，建立诚信经营的良好市场环境，根据国办发(2007) 12号文件精神，经商务部、国资委批准，协会五届八次常务理事会决定，在全行业组织开展企业信用等级评价的工作。对第一批50家申请参评企业中的43家单位的初步评审程序已经结束，这次会议后将提交信用评价委员会审定、公示。最终评审结果将在商务部指定的网站和媒体上公布。计划在今年四季度对获得3A级以上信用等级的企业举行颁证、授牌仪式。商务部还将专门印制《行业信用评价A级以上企业名录》向驻外经商机构、外国驻华使领馆、政府相关部门及金融机构推荐。

（八）加强协会自身建设，不断提高服务水平

四年来，协会在国资委行业办和中国钢铁工业协会的指导下，从完善制度、规范管理入手，把为会员单位服务，为行业发展服务作为一切工作的出发点和立足点，组织每一次会议，印发每一份文件，开展每一项活动，都必须考虑会员单位的实际情况和承受能力，都必须维护行业的整体利益，使协会自身建设得到了加强，影响力和号召力明显提升。协会第五次会员大会以来，发展新会员124家，对违反协会章程的12家单位作了自动除名处理，截至目前，协会共有会员309家，较2007年8月增加了56.8%。

按照协会章程规定和国资委关于规范整顿行业协会的要求，协会坚持了定期召开理事会、常务理事会的制度，凡涉及行业发展和协会全局的事项，都按程序由理事会、常务理事会决定。不定期召开的会长工作会，会长办公会和秘书处扩大会为保证协会各项工作的正常开展发挥了积极作用。

2009年5月，民政部在人民大会堂召开全国性行业协会商会评估授牌大会，中国耐材协会等84家获得3A以上评估等级的协会商会在会上领取了证书并获授牌。

2010年9月26日，协会在辽宁沈阳召开了中国耐火材料行业协会成立二十周年纪念大会，发布了中国耐火材料工业二十年改革创新大事要览、表彰了25名“杰出耐火人”和10名“优秀协会工作者”，还发行了协会成立20周年纪念册。

在中冶焦耐工程技术公司等单位的大力支持和协会理事、常务理事单位的配合下，协会历时两年，编辑出版了《中国耐火材料工业60年》一书，对新中国耐火材料工业60年的历史、现状和发展历程进行了客观全面的总结。

协会五届理事会四年来顺利开展的各项工作和取得的成绩，是广大会员单位和各省（市）地区协会及众多业内前辈、专家、学者关心支持的结果。我代表第五届理事会和协会秘书处，向大家表示衷心的谢意。

三、“十二五”时期我国耐火材料工业面临的形势与任务

（一）我国耐火材料工业面临的形势

“十二五”是我国全面建设小康社会的关键时期，是深化改革开放，加快转变经济发展方式的攻坚时期，我国耐火材料工业的发展，既面临难得的历史机遇，也将面对诸多风险和挑战。

第一，从全球局势看，国际环境总体上对我国工业发展有利。但与过去的十年相比，我国工业发展的国际环境将逐渐趋紧。首先是全球经济可能进入低速增长期，在后金融危机时期，世界经济将在一定时段内处于低速增长。其次是全球供需结构会发生明显变化，现在一些主要经济体国家纷纷谋划经济结构深度调整，谋求以先进制造业为核心的再工业化，希望振兴制造业，扩大出口。而新兴经济体和发展中国家也在加速发展具有自身比较优势的产业和技术。我国传统优势产业将面临更加激烈的国际竞争。再次是国际贸易环境不容乐观，金融危机加剧了贸易保护，贸易保护主义色彩日渐浓厚，贸易摩擦明显增加，世界贸易环境日趋复杂，国际贸易总量将呈下降趋势。

第二，从国内形势看，随着国家积极的财政政策和稳健的货币政策的施行，我国耐火材料工业面临的风险和挑战也显而易见。一是以大规模基础设施建设为主的超常规固定资产投资已转入下行减速通道，国内经济增速将有所降低。总体固定资产投资增速的大幅回落，对钢铁、水泥、玻璃等产业的需求就会下降，进而对耐火材料的市场也必然产生影响。二是货币政策由适度宽松转为稳健，原燃材料价格可能继续上涨，实体经济生产要素成本将呈逐步上升趋势，行业生产经营的利润空间也会受到挤压。三是资源环境约束将进一步趋紧。随着政府对资源、能源和环境管理力度的加强，对耐材工业生产的制约日益明显，全行业节能降耗，治污减排的任务十分繁重。部分耐火原料资源紧张的形势在短期内也难以缓解。

第三，从我国耐火材料工业自身看，尽管近年来取得了长足进展，但全行业的目前状况与国民经济各行业，尤其是高温行业的发展相比仍存在许多不适应的地方，与发达国家也还有一定的差距。除了前面提到的，行业普遍存在的总量过剩，产业集中度低，资源利用率不高等问题，我们特别应该认识到，作为全球耐材生产和消费大国，尽管耐材产品产能很大，但高技术含量的品种较少，"绿色新型"耐火制品的比重偏低；面对潜力很大的国际市场，高档次、高技术含量、高附加值的产品不多；普通制品比例高，不定形耐材制品比重低。此外，我国耐火材料工业科技创新、清洁生产的整体水平也低于国际先进水平。

（二）"十二五"我国耐火材料工业发展的主要任务

"十二五"时期的中国耐火材料行业工业，机遇与挑战并存。我们必须认清形势，坚定信心，牢固树立全局意识、国际视野和战略思维，在科学发展观的指导下，以加快转变发展方式为主线，研究新思路，制定新举措，开创新局面，切实抓住和用好重要战略机遇期，把行业持续健康发展建立在结构升级、产品优化、节能环保、综合实力提高的基础上，在发展中促转变，在转变中谋发展。

"十二五"期间，中国耐火材料工业要围绕《国民经济和社会发展第十二个五年规划纲要》，以促进我国耐火材料工业持续、健康发展为目标，努力实现五个明显提高：

（1）产业整体发展质量明显提高。要抓住我国发展战略性新兴产业以及高温工业推进先进技术的良好契机，加快兼并重组、强强联合步伐，淘汰落后产能、整合产业资源，做强做大现有产业，促进产业结构优化升级，引导创新要素向优势企业集聚，促进产业技术集成创新，面向低碳、新材料等新兴产业，拓展新的应用领域，提高产业的核心竞争力。

（2）自主创新能力明显提高。要以满足下游行业品种结构调整、技术进步和新兴产业对耐火材料的新需求为目标，充分发挥国家级创新平台、高等院校、产业技术创新战略联盟和企业技术中心的优势，突破关键技术瓶颈，大力发展先进耐火材料。

钢铁工业方面，要以发展高性能、长寿命、功能性耐火材料和高效应用技术为主，重点开展高炉长寿关键耐火材料、非高炉炼铁新工艺关键耐火材料和精炼用高效、低消耗、功能化耐火材料技术的研究。

建材、有色和化工等方面，要重点研究开发绿色碱性耐火材料、高档氧化物及熔铸耐火材料、无铬或低铬耐火材料、新型非氧化物复合材料、节能窑具、垃圾焚烧炉和熔灰炉用关键耐火材料、铸造用高性能多孔陶瓷过滤材料等技术和应用。

低碳节能领域高效高温隔热和不定形耐火材料方面，要研究开发高效高温隔热耐火材料，以及相配套的高效节能燃烧技术；大力推广使用各种优质高效不定形耐火材料，力争到2015年全国不定形耐火材料占比达到50%。

（3）技术装备水平明显提高。要根据耐火材料行业不断发展，对生产、检测、现场施工等装备技术以及生产线自动化程度要求越来越高的客观需求，瞄准国际先进水平，自主开发研制行业关键设备及其制造技术。重点研究开发耐火材料生产自动化技术及装备、特种耐火材料成型技术和装备、耐火材料窑炉节能技术和装备、不定形耐火材料施工装备及技术、新型耐火材料检测技术及装备。经过五年努力，全面提升行业的装备水平及自动化水平，为做精做强我国耐火材料工业开发一流的工艺技术，提供优良的装备。

（4）资源综合利用率明显提高。“十二五”期间，要推进以菱镁矿、高铝矾土等为主的耐火原料资源的综合利用开发。发展重点为合理规划、分级开采，采用先进加工技术，确保矿物原料的品位和质量，致力于废弃矿粉和中低品位矿石的综合利用。加快发展基于我国资源特点的优质合成原料，形成完整的烧结、还原氮化、电熔等合成原料新工艺，满足新型耐火材料的发展需要。在蓝晶石、红柱石、硅线石的开发应用方面，应以改善铝硅质耐材制品性能，研发多系列优质耐材新产品为目标，扩大“三石”应用领域，争取新的突破。要树立并不断增强“二次再生资源”理念，争取政府政策支持，借鉴发达国家的成功经验，在用后耐火材料的综合利用上下工夫，寻求合理的经营管理模式，解决回收加工过程中的关键技术，克服制约用后耐材高效利用的技术瓶颈，建立规范的标准体系，变废为宝，努力实现废弃耐火材料的资源化。

（5）节能减排成效明显提高。面对日趋强化的资源环境约束，全行业必须增强危机意识，以建设资源节约型、环境友好型耐材工业为目标，推进节能减排、发展循环经济。“十二五”期间，要坚定不移地依靠科技进步，加快淘汰落后及高能耗产能。围绕淘汰落后设备、改进工艺、提高能源利用效率，降低单位产品能耗，加快清洁能耗替代，重点开发和推广新型节能炉窑，开发综合节能技术，开展能源管理。要加大“三废”排放的控制力度，提高“三废”资源化回收利用。还要致力于用后耐火材料资源化和再利用，减少固废排放，提高资源综合利用率，促进循环经济发展。我们应该在“绿色耐火材料”系统化理念的指导下，建立从原料制备到生产、施工、使用、维护和用后处理的“绿色耐材”系统工程，发展有中国特色的环境生态友好型耐火材料工业。

四、当前和今后一个时期行业工作的指导思想及协会主要工作

我国耐火材料工业发展的指导思想：以邓小平理论和“三个代表”重要思想为指导，认真贯彻落实科学发展观，围绕国民经济和社会发展“十二五”规划纲要，认清形势，把握机遇，着力产业结构优化调整，加快行业发展方式转变，进一步加强技术创新，管理创新，调整产品结构，努力降本增效，控制生产总量，淘汰落后产能，抓好节能减排，培育“绿色耐材”，倡导全程服务，规范耐材市场，不断提高行业整体发展质量和综合实力，确保我国耐火材料工业持续健康发展。

按照以上指导思想，当前和今后一个时期，协会要重点抓好以下主要工作：

（1）深入贯彻党的十七届五中全会和中央经济工作会议精神，按照“十二五”规划纲要要求，努力提高行业整体发展质量和综合实力。要充分认识国家在“十二五”时期推进需求结构，产业结构、生产要素投入结构、城乡结构、区域经济结构等全方位的战略性调整，实现经济转型升级的必然性，把握耐材工业发展的环境和条件特别是市场需求结构必将发生转变的新形势、新特点，审时度势，抓住机遇，加快产业结构调整步伐，寻找经济发展方式转变的有效途径。支持优势耐材企业跨区域跨所有制兼并重组、强强联合、打造耐材航母。引导重点骨干企业根据市场需求，做好耐材品种结构调整的定位，研发新工艺、新材料、新产品，淘汰落后产能，整合生产要素，拓展发展空间，力争在行业发展方式的转变上有新的突破。到“十二五”末，努力实现功能型、节能型、长寿型和环境友好型等先进耐火材料产品的比例大幅度上升，耐火材料消耗显著降低，产业集中度进一步提高，产业结构得到优化，耐材产品品种和质量完全满足高温工业及新兴产业发展的需求，使我国真正成为全球耐火材料行业重要的研发和制造基地。

（2）坚持推进节能减排工作，积极倡导低碳经济理念。要认真总结推广业内企业在“十一五”期间节能降耗，治污减排取得的成功经验，加强对政府政策、约束条件等信息的跟踪研究，引导企业从履行社会责任，保证行业健康发展的高度出发，制定应对措施，在降低能耗、减少排放上加大投入，在清洁生产、研发环境友好型新产品

上下工夫。协会在推广先进节能环保技术和装备，组织开展绿色耐材制造，循环经济及低碳工艺技术研究的同时，要加强与政府主管部门的联系、参与政策调研、反映企业诉求、争取政策支持，努力使全行业的节能减排工作在“十二五”时期迈上一个新台阶。

（3）加强监测预警，应对贸易摩擦，维护产业安全。要密切关注国际贸易环境的变化，在配合政府主管部门和企业积极应对贸易摩擦的同时，引导企业自觉遵守行规公约，尊重市场游戏规则，杜绝低价竞销，维护市场秩序。协会要坚持做好行业重点监控产品出口信息资料的收集整理工作，加强监控和分析，及时制发预警通告，要充分利用有效渠道，尽早掌握国外对我反倾销、反垄断的相关信息，积极配合企业作好接受调查和应诉的准备工作，共同维护产业安全。

（4）持之以恒，认真履行行业生产统计职能。依法统计行业月度生产数据并定期发布，是协会经过不懈努力争取到的一项工作职能，运行近 4 年，得到了中国钢铁工业协会的肯定，也深受广大会员企业的认可。协会要在不断完善行业统计工作体系，保证统计工作质量的基础上，严格执行统计工作制度，按时向主管部门填报数据，及时向企业反馈生产运行信息，为企业经营决策提供参考依据。

（5）牢记宗旨，发挥桥梁纽带作用，努力为政府和企业服务。服务是行业协会一切工作的宗旨，要牢固树立积极主动为政府服务的理念，主动参与政府主管部门组织的调研，承接与行业发展有关的课题，参与产品标准管理和质量监控活动，保持与政府主管部门的紧密联系，争取话语权，争取有利于行业发展的政策支持；要坚定全心全意为会员单位服务的信念，把维护会员单位利益作为协会一切工作的出发点和立足点，为会员单位排忧解难，反映诉求，以优质的服务凝聚企业，取得广大会员单位的信任和支持。

（6）求真务实，不断加强协会自身建设。国资委关于规范行业协会运行的暂行办法，对加强协会自身建设作了明确规定，协会要以规范内部运行和管理为重点，完善制度建设，明确工作职责，规范管理程序，在各项业务工作中，突出重点，做细做精，打造品牌，以优异的管理水平和工作效率，提供一流的服务。

各位代表，回顾过去四年，我们创造了不平凡的业绩，展望未来，我们充满了再创辉煌的信心，今年是实施“十二五”规划的第一年，开好局对于今后耐火材料工业的发展意义重大，让我们团结一心，抓住机遇，开拓进取，扎实工作，为开创我国耐火材料工业“十二五”发展的新局面而努力！

认清形势 坚定信心 稳中求进 保证我国耐火材料工业持续健康发展

——在中国耐火材料行业协会六届二次理事(扩大)会议上的报告

(2012 年 4 月 13 日)

中国耐火材料行业协会会长 王守彬

各位代表：

2011 年是我国国民经济和社会发展第十二个五年规划的开局之年。面对复杂多变的国内外经济形势，我国耐火材料行业认真履行为高温工业服务，为经济社会持续平稳发展作贡献的社会责任，克服上游原燃材料价格上涨、供应紧张，下游产业运行不畅，耐材市场秩序紊乱等困难，努力减少不利因素的影响，保证了全行业生产经营的正常运行。

一、2011 年我国耐火材料工业生产运行的总体情况

（1）经受国际经济下滑，国内经济增速放缓，市场竞争激烈的考验，全国耐火材料工业生产运行较为平稳。

2011 年，全国耐材产量 2949.69 万吨，同比增长 5.04%。其中致密定型耐火制品 1765.22 万吨，同比增长 3.90%，保温隔热耐火制品 67.34 万吨，同比增长 4.57%，不定形耐火制品 1117.13 万吨，同比增长 6.93%。

致密定型耐火制品中，黏土质砖 421.96 万吨，高铝质砖 287.99 万吨，硅质砖 263.40 万吨，镁质砖 206.54 万吨，同比分别增长 4.98%、2.19%、6.48% 和 21.33%。特种耐火制品（包括含炭制品、熔铸制品、功能性耐火材料）407.24 万吨，同比下降 6.07%。

主要耐火材料生产地区，2011 年耐火材料产量依次为河南省 1386.24 万吨、辽宁省 618.19 万吨、山东省 442.28 万吨、山西省 115.55 万吨、浙江省 84.77 万吨、北京市 55.74 万吨、河北省 48.69 万吨、江苏省 48.09 万吨。分别增长 2.56%、11.67%、0.31%、-7.17%、17.04%、25.21%、5.77% 和 4.98%。除山西省外，其他省区均有增长。

（2）2011 年耐火原料出口贸易量下降，耐火制品出口贸易量上升，原材料出口平均价格明显增长，呈现出了良好势头。

2011 年，全国耐火原材料进出口贸易量 565.30 万吨，进出口贸易总额 37.22 亿美元。贸易量同比下降 6.8%，贸易额同比增长 13.5%。其中出口贸易量 528.5 万吨；进口贸易量 36.87 万吨，同比分别下降 7.24% 和 0.45%；出口贸易额 34.54 亿美元，进口贸易额 2.68 亿美元，同比分别增长 13.32% 和 16.45%。

2011 年全国耐火原材料平均出口价格 653.55 美元/吨，同比增长 22.17%。其中耐火原料平均出口价格 614.15 美元/吨，同比增长 26.66%；耐火制品平均出口价格 720.75 美元/吨，同比增长 11.92%。与此同时，耐火原材料平均进口价格 727.12 美元/吨，同比增长 16.98%，其中耐火原料平均进口价格 431.08 美元，同比增长 13.26%，而耐火制品平均进口价格则为 2981.27 美元/吨，同比下降了 7.76%。

（3）市场疲软企业运行困难，生产经营效益普遍下降。

首先是国际经济环境恶化特别是外需疲软，导致外贸出口增速放缓；其次是国内主要下游行业产能过剩，钢铁、玻璃、有色等行业增幅总体趋缓，尤其是钢铁行业产能严重过剩，耐材市场需求明显下滑；再次是上游原燃材料及动力价格持续上涨，耐材制品生产企业的成本压力也不断增加。再加上因耐材工业产能过剩引发的低价竞销，使全行业 2011 年的生产经营困难重重、举步维艰。根据行业统计体系提供的数据，我们随机挑选了在业内综合实力排名靠前的 15 家企业，对其近两年的生产经营情况进行了初步分析和比较：

2011年15家企业的销售收入为213.09亿元，比2010年增加21.32亿元，增长11.12%；2011年15家企业的利润为13.60亿元，比2010年减少1.20亿元，下降8.11%。此外，下游企业强制性降低耐材销售价格，无条件地长期大量拖欠货款，造成耐材制品企业财务费用大幅上升，流动资金异常紧张。有的企业应收货款比上年同期上升65%，人欠货款已接近全年销售收入的50%。制品企业的正常生产经营受到严重的影响与制约，2011年纳入《钢铁统计月报》的72家重点统计耐材企业，有30家企业产量明显下降，产量下降企业的比例为41.10%。

二、2011年耐材工业转型升级，自主创新取得的成绩

（一）坚持科学发展，产业结构调整得到有序推进

上市公司科学运作资本，加快了行业兼并重组的步伐。瑞泰科技股份在募集资金实现河南瑞泰“863”计划、湘潭分公司熔铸锆刚玉、河南瑞泰“特优硅质耐火材料”三个项目建成投产后，2011年又成立了郑州瑞泰耐火科技有限公司，并购重组了安徽宁国市开源电力耐磨材料有限公司，使瑞泰科技的年销售收入突破了13亿元，实现利润1.05亿元，同比分别增长了53.8%和36.04%。北京利尔股份与包钢股份合资成立了包钢利尔高温材料有限公司，成为西北地区产品品种最齐全，规模最大的耐火材料生产企业，仅包钢股份一个市场，就使利尔股份的销售收入增加了五个多亿；去年，北京利尔投资成立了辽宁利尔高温材料有限公司，将新建年产6万吨的炉外精炼用优质耐火材料生产线；此外，利尔股份还以73%的股份，收购了马鞍山开元新材料科技有限公司。濮耐股份根据公司资源战略发展计划，继2011年3月出资收购海城市琳丽矿业有限公司百分之百的股权后，又于9月收购了海城市华银高新材料有限公司95%的股权，同时收购了华银投资持股55%的翔晨镁业部分资产。2011年10月28日，以生产炉外精炼用耐火材料为主的浙江金磊高温材料股份有限公司正式登陆深交所，成为浙江省耐火材料行业第一家上市企业。据了解，浙江自立、江苏振球、青岛正望及辽宁、河南地区一些企业的上市申报工作也都在紧锣密鼓地进行。

优势企业着力调整结构，推动了产业转型升级的进程。营口青花集团冷静应对日趋复杂的国内外经济形势，调整销售战略，凭借自身实力，不仅稳定了欧洲、韩国、非洲等国际市场，扭转了独联体市场的被动局面，还新开辟了日本水泥窑市场。在保证耐材主业持续稳定发展的同时，集团多种矿业的开发规模和效益已逐渐形成，房地产业的运作也已有了良好开端。通达耐火股份把深化创新驱动作为推进企业转型升级的着力点，坚持新建项目与维保项目并举、不定形与定型产品市场并举，传统与新兴市场并举，国内与国际市场并举的市场战略，不但巩固并扩大了水泥、钢铁等传统市场，还开拓了余热发电、垃圾焚烧、煤化工等新兴热工产业领域。山东耐材集团在完成重组整合后，坚持一体化运行原则，企业结构调整有序推进，他们充分发挥热风炉、干熄焦用耐火材料的产品优势，开拓山钢市场，扩大国际市场，竞争国内市场，2011年耐材制品产量达到23.6万吨，出口产品交货量和交货值分别增长10.62%和10.83%。武钢耐火以增强持续创效能力为目标，着力寻求并培育新的效益增长点，在继续拓展国内外耐材总包市场的同时，滑板、连铸“三大件”等优势产品的市场占有率明显提高，非耐材产业的发展也呈现出了良好发展势头。攀钢耐火公司以培养核心员工、培育核心产品为抓手，深化内部承包，严格成本管理，去年年产量突破40万吨，成为攀钢集团为数不多的盈利单位。为了加快产业结构调整和转型升级的步伐，海城镁矿、辽宁金鼎、后英、青花等拥有原料资源优势的企业，或招商引资，或投入巨资，建设高端镁产业基地；濮阳濮耐、通达耐火、北京利尔、鲁阳股份、浙江自立、山西西小坪等优势耐材制品企业，也抓住机遇，调整战略，在辽宁、山西、内蒙古、贵州、新疆等地投资建设原料基地，为企业的持续发展储备资源奠定基础。为了分散经营风险，提高投资收益，江苏苏嘉、郑州东方、卫辉熔金、河南春胜、辽宁金鼎、海城后英、浙江红鹰等一批企业结合自身优势，在做强主业的基础上，依托耐火，转变方式，跨行业发展，在金融、冶金、化工、生物、房地产、旅游等领域寻求新的经济增长点，取得了良好效益。

（二）着力自主创新，新技术、新产品研发成果丰硕

中钢洛耐院研发的“超高温钨钼加工炉用高性能ZrO_2隔热制品”，为我国超高温领域提供了

可靠、有效、长寿命的隔热耐火材料，被科技部认定为国家新产品。作为第三批国家创新型企业，该院组织的“致密耐火浇注料快速升温致爆裂机理的研究”项目，为开发新一代致密耐火浇注料提供了理论支持，通过专家评审，获得了国家自然科学基金资助，“梯度功能耐火材料的研究开发”项目也通过了河南省科技成果鉴定。

武汉科技大学材料与冶金学院完成的“洁净钢冶炼用功能化耐火材料关键技术与工业应用”项目，先后在宝钢、武钢等30余家钢铁企业和濮耐、利尔等20余家耐材企业实施，产品市场占有率达80%，并出口东欧，根据近3年数据统计，仅8家耐材企业就增加产值14.73亿元。今年2月14日，该院李楠教授在人民大会堂全国科学技术奖励大会上接受了表彰。

2011年，瑞泰科技研发的“玻璃窑用高性能耐火材料技术”，作为国家“863”重点项目，被科技部列为“十一五”国家重大科技成果，作为“国家火炬计划重点新技术企业”和“资源节约型、环境友好型”试点企业，其“水泥窑用长寿命多功能系列不定形耐火材料”研究成果顺利经过验收后完成成果转化，得到了科技部有关部门的高度认可。

淄博工陶耐材公司与外方合作开发的“大型致密锆英石溢流砖及其系列产品联合研发项目”致力于加快第八代溢流砖的开发进程，被科技部列入2011年国际科技合作重大专项，并获435万元资金支持，该公司还被批准为全国十五家“国际科技合作基地”之一。

通达耐火技术股份有限公司研发的“新型干法水泥窑用湿法喷涂料及施工技术的研究与应用”和“高性能坯状耐火可塑料的研制及应用”两个项目，通过了中国建材联合会的科技成果鉴定。这两项科技成果解决了一系列相关技术难题，能大大缩短材料施工及检修时间，材料性能的指标优良。

河北瀛都耐火公司利用自主创新的“ZZX”技术，研制出体积密度仅为 $<0.4g/cm^3$ 的超轻质隔热耐火材料，产品耐压强度和抗折强度大大增强，导热率显著降低，解决了隔热材料制品韧性较差的难题。

郑州安耐克实业有限公司研发的“顶燃式热风炉主要耐火材料配置及AH系列红柱石的研究与使用”项目，科学地制定了我国顶燃式热风炉用耐火材料的配置和标准，突破了小孔格子砖计算方法和制造工艺，跨进了世界先进行列，被评为郑州市科技进步一等奖。

山东鲁阳股份作为“国家重点高新技术企业”，主导制定了陶瓷纤维7项国家标准中的5项，公司64项专利几乎涵盖了世界上这一行业所有技术，其“含锆纤维”、“陶瓷纤维”等产品被评定为“国家级重点新产品”。2011年，鲁阳陶瓷纤维产品成功入选“第九期节能产品政府采购清单”。

在辽宁营口市科技成果奖励名单中，东邦冶金设备耐材公司的“铁水预处理喷镁剂枪”获得科技一等奖，金龙耐材公司的“无碳钢包砖”和丰华公司的“干混法生产涂料颗粒镁粉”均获科技二等奖，荣源公司的“转炉炉底供气砖及在线热更换设备的研制”项目获辽宁省科技三等奖。

（三）履行社会责任，推进行业节能减排和环保治理

一是主动参与配合政府加大环保治理力度。辽宁省耐材工业协会针对该地区菱镁矿业存在的小型矿山企业过多，采富弃贫，随意排岩，矿山环境保护和恢复治理滞后的问题，在认真调研的基础上，积极配合各级政府开展矿业整治，关停了上百家开采手续不齐全、环保指标不达标的矿山企业。海城市还制定了投资1.2亿元，完成4000亩矿山植被恢复，烟尘、粉尘下降15%的治理目标。河南省耐材行业协会，树立“标本兼治”的环保治理理念，配合政府主管部门经过深入调研，分析整理数据，反复核定指标后，组织省内重点企业起草编制了《耐火材料单位产品能源消耗限额》。对规范河南省耐火材料单位产品的能源消耗指标的计算和考核，进一步降低耐材产品能源消耗发挥了积极作用。新密市在耐材产业集中的四个乡镇铺设天然气管道，建造了三个供气站，为近百家耐材生产企业使用清洁能源创造了条件。山东省以宣传贯彻《耐火材料产品生产许可证实施细则》为抓手，对耐材生产企业的生产规模、产品质量、安全生产和环保指标逐一量化，使企业有章可循。省耐材协会还积极参与政府宏观管理，在淄博市争创优质耐火材料生产基地的过程中，提出在耐材行业实行“5S”现场管理，整合重组，取优弃劣，淘汰落后产能，推进节能减排和环保治理。

二是在生产经营过程中自觉践行低碳经济、“绿色耐材”战略。浙江自立公司根据炼钢生产对耐火材料提出的环保、优质、节能、长寿的要求，历时八年，与宝钢共同配合攻关RH精炼炉用无铬耐火材料，已取得了阶段性成果，镁尖晶砖、

铝尖晶石浇注料、预制块不仅完全达到了镁铬砖的使用寿命，产品成本还略低于烧成镁铬砖。中钢洛耐公司年产15万吨优质环保无铬碱性耐材生产线顺利开工，该公司RH炉用无铬耐火材料在较短时间内完成从研制到生产的全过程，在宝钢试用取得良好效果。山东鲁中耐材公司与北科大研制的“干法水泥窑生产线回转窑烧成带用镁铁铝尖晶石砖”经中国建材联合会和省科技厅鉴定，综合技术性能指标达到国际领先水平，是替代直接结合镁铬砖的理想材料。郑州振中公司研发的“熔铸耐火砖再生综合利用技术”对实现熔铸耐火制品的综合利用和循环利用起到了引领作用，推动了我国耐材行业废弃耐材综合利用的产业化进程。大石桥东兴耐材公司研发的“电熔镁节能减排技术”和“新型电熔炉技术”，以其“低能耗、无污染、高效益”被列入国家“863”计划。据了解，这种新型节能、环保复合耐火材料熔炼装置如果在辽宁推广，可实现17.95万吨镁质复合材料生产能力。还有被列入“国家火炬计划”的通达耐火年产15万吨均质合成耐火原料项目、浙江锦成新建的国内第一条低碳环保炮泥生产线，河南耕生耐火投资建造的年产6万吨陶粒砂生产线，郑州振东科技研制的低碳包壁砖、无碳轻质预制块、山西高科耐材公司研发的纳米技术和纳米耐火材料等，都是全行业积极响应党和政府号召，为推进耐火材料工业节能减排，治理环境，发展循环经济的举措，也都收到了良好效果。

三、协会2011年开展的主要工作

（1）加强形势宣传引导力度，在中央经济工作会议精神指导下，围绕行业“十二五”开局之年的工作目标，按计划有步骤的开展协会工作。2011年是实施我国“十二五”规划的第一年，按照国资委和中国钢铁工业协会要求，协会会长工作会议和秘书处扩大会议，在全面总结2010年工作，认真分析国内外经济形势的基础上，确定了加大形势宣传力度，根据上下游产业生产运行和市场变化实际调整行业生产经营战略，应对形势、克服困难、降本增效，保持行业健康平稳运行的总体工作思路。一年来，协会秘书处根据这个总体思路，认真制定工作计划并组织实施。在加强形势宣传引导方面，除了召开各类会议专门安排宏观经济形势宣传，进行上下游产业生产经营及市场运行态势分析外，还充分发挥协会网站、期刊及媒体的作用，及时发布政府宏观调控，上游原燃材料价格走势，下游产业需求预测和耐火材料市场行情等信息，为会员企业了解形势，把握动态，调整经营策略提供了帮助。在履行协会职能方面，围绕目标、突出重点、制定措施、明确责任，按计划步骤推进各项工作，收到了预期效果。

（2）开展信用建设，创新履职内容，顺利完成了行业第一批企业信用等级的评价工作。根据“国务院办公厅关于社会信用体系建设的若干意见”国办发（2007）17号文件精神，协会五届八次常务理事会决定在全行业开展企业信用等级评价工作。经商务部、国资委批准，于2011年3月发文正式启动了全行业的信用等级评价工作。第一批申请参评企业共51家，经协会按规定条件筛选，确认参评企业共42家。经第三方信用评价机构依据企业提交的材料，对照全国统一的评价模型，按照设定的要素权重分析评定，向协会提出了全部参评企业的《企业信用评价报告》。协会先后于8月14日、9月24日召开信评办会议和信用评价委员会会议，原则通过了评定结果，按程序在协会和商务部相关网站上进行了两次公示。2011年12月2日，协会在济南召开了第一批行业信用等级评价工作总结会议，给获得A级以上信用等级的42家企业颁发了证书和牌匾。这是协会响应政府主管部门号召，为加强行业信用体系建设，创新履职内容的一次较为成功的尝试。

（3）主动配合，认真调研，谋求行业发展空间。近年来，协会十分注重与政府主管部门的交流沟通，积极参与国家有关耐火材料行业宏观调控政策出台前的调研，主动配合主管部门拟制产业准入标准、资源配置计划等管理办法，认真组织与国家环境经济政策配套综合名录相关的耐火材料产品的专题调研。继2010年按工信部要求完成耐火黏土企业准入标准拟制任务后，2011年协会又分别承接了工信部产业政策司关于《促进耐火材料工业结构升级的政策措施研究》和原材料工业司关于“耐火黏土、菱镁矿和耐火材料产业发展思路研究”的调研课题。还承担了环保部产业政策司组织的关于“国家环保经济政策配套综合名录”中有关耐材产品的调研任务。在行业重点骨干企业的支持，相关科研院校的配合和业内知名专家的参与下，工信部产业政策司和原材料工业司下达的两个调研课题已分别顺利通过了专家评审，环保经济政策的调研任务也已按时完成。积极参与主管部门的政策调研，主动配合政府加强宏观调控，不但密切了协会与政府各主管部门的合作关系，争取到了在国家制定有关耐火材料产业政策过程中的知情权和话语权，重要的是让主管部门对我国耐火材料工业的综合情况有了更客观、更全面、更及时地了解，让政府宏观调控政策更切合产业实际，进而为耐火材料工业的发展谋求更大、更有利的空间和条件。在协会的积极参与和配合下，工业和信用化部正在拟制“十二五”时期促进我国耐火原料资源及耐火材料产业发展的指导意见。如果顺利出台，将对我国耐火材料产业的健康持续发展起到极有力的推动作用。

（4）协调引导、履行职能，为会员单位提供良好服务。一是关注产业整体生产运行动态，关心会员企业的生产经营活动，及时反映诉求，脚踏实地的帮助企业解决生产经营活动中的具体困难。2011 年，针对上游部分原料价格暴涨，下游行业压价及拖欠货款等问题，协会除了向有关主管部门反映情况，与相关行业协会交流沟通外，还利用中国钢铁工业协会组织召开冶金炉料信息及贸易洽谈会的机会，在大会发言中向钢协和各钢厂陈述了耐材行业生产经营的困难，呼吁上下游行业互相理解，团结互助，携手共度寒冬，引起了各方关注。一年来，协会还积极开展工作，帮助会员企业解决在争取上市过程中遇到的各类困难，对行业共同关注的耐火原料资源问题，组织专题讨论，开展技术交流，为原料生产企业提供市场信息、技术咨询、现场指导等服务，对提高耐火原料的综合利用率，缓解原料供应紧张局面起到了一定的作用。二是不断加强和完善协会网站、期刊的管理，提高运行质量，努力做到宣传形势和政策及时，传递上下游行业运行及市场信息快捷，为会员企业服务热情。协会还坚持定期编制协会情况通报，向会员单位发布国内外经济形势发展变化信息，介绍耐火材料进出口动态，报告本行业及上下游运行情况。三是认真履行统计工作职能，克服经费紧、人员少、工作量大等困难，不断规范行业生产统计体系的管理，加强与各企业统计工作人员的联系，严格执行统计月报、年报制度，保证了行业生产统计工作的顺行。四是认真做好对国际耐火材料市场的监测，尽可能全面的掌握我国耐火材料出口贸易的综合动态，随时了解欧盟、美国等地区国际贸易摩擦的信息，定期按时发布监控信息、预警通报，为会员企业规避国际贸易风险提供服务。

（5）精心策划、认真组织，成功举办了“中国耐火材料生产与应用国际大会”。为了深入贯彻落实中央经济工作会议精神，应对日趋复杂的国内外经济形势，2011 年 5 月，协会与中国钢铁工业协会联合，在广州举办了以探讨耐火材料行业未来发展方向和战略，促进耐材工业持续健康发展为主题的“中国耐火材料生产与应用国际大会”。由于策划宣传工作启动早，会务筹备充分细致，除国内相关行业的专家、学者和企业代表，国外钢铁、耐材领域有 30 多家单位，上百人参加了这次会议，参会总人数近 400 人。不论是企业界代表，还是业内专家，甚至包括国外知名耐材企业的参会人员，都对这次会议给予了较高的评价，并一致要求协会按届次坚持举办下去。这是协会五届理事会继2008 年“洛阳峰会”后，组织举办的又一次规格高、影响大、质量优的行业盛会。

（6）按国资委行业办和中国钢铁工业协会要求，不断规范协会内部管理，加强协会自身建设，努力提高工作质量和服务水平。2011 年 9 月，协会在上海召开了第六次会员代表大会，选举产生了中国耐材协会第六届理事会，顺利完成了换届工作。第六次会员代表大会的筹备和换届选举工作，严格按国资委 154 号文件精神和中国钢铁工业协会关于代管协会换届选举管理暂行办法的规定，从筹备工作计划，换届选举方案报批，理事、常务理事职数比例确定、候选人民主推选产生，协会负责人上报预审，正式会议召开及组织选举等，每一个环节都严格按规定程序办理，为协会第六届理事会各项工作的顺行奠定了良好的基础。一年来，协会在内部制度完善、管理规范、工作质量及会费收支、财务审计等方面的工作力度不断加强，工作效率有了明显提高。过去的一年，协会组织编纂的《中国耐火材料工业 60 年》一书顺利出版发行，受到了业内外人士的欢迎和肯定；协会与国际耐火材料组织及知名企业的接触和业务往来日益频繁；与国内其他行业和业内各地方协会的交流沟通也十分通畅。中国耐材协会的凝聚力和影响力在不断扩大。

（7）协会工作存在的差距，与钢铁工业协会等大协会比，硬件条件较差，办公场地不固定、经费紧张、办公设施不全；与先进行业协会比，人员素质参差不齐，工作质量不稳定；与行业发展和会员单位的要求也存在一定差距。这些都有待在今后的工作中不断努力，克服改进。

四、当前面临的形势和2012年协会主要工作任务

温家宝总理在十一届全国人大五次会议的政府工作报告中，对国际政治经济环境和国内经济形势进行了客观全面的分析，明确提出要稳中求进，做好今年经济工作，巩固经济社会发展的良好势头，要采取一系列有力措施，保障和改善民生，保持经济平稳较快发展和物价总水平基本稳定，保持社会和谐稳定。

最近一个时期，世界形势的急剧变化超人预料，美债危机尚没有化解，欧债危机仍在扩散和演变，世界经济衰退长期化，全球性通货膨胀长期化的局势，使世界经济滞胀的风险越来越大。据有关专家分析，当前我们面临的国际形势比2008年美国次贷危机爆发时更为复杂，某些方面甚至更为严峻。

在复杂多变的国际环境影响下，国内经济运行也呈现出了新情况新变化，随着经济总量的不断扩大，保持较快增长的难度也在加大。同时，一些长期积累的体制性和结构性矛盾依然存在，影响经济稳定运行的不利因素仍然较多。经济增长下行压力和物价上涨压力并存，部分企业生产经营困难，节能减排形势严峻，经济金融等领域也存在一些不可忽视的潜在风险。对此，我们必须保持清醒头脑，增强忧患意识，充分估计形势的复杂性和严峻性，积极应对各种困难和挑战。

结合我国耐火材料工业2011年的运行情况看，作为实体经济，我们已深切感受到了严冬的寒冷。由于国际环境恶化特别是外需疲软，外贸出口增速放缓；又因为主要下游行业产能过剩，钢铁、玻璃、有色等行业的增幅也总体趋缓，尤其是钢铁行业产能严重过剩，生产经营十分艰难，国内外耐材市场需求明显下滑；同时，上游原燃材料及动力价格上涨，耐材制品生产企业的成本压力也不断增加。与钢铁行业一样，我国耐材行业产能过剩的问题已十分明显，而且由此引发的低价竞销也严重扰乱了耐火材料市场的经营秩序。上游厂家涨价、下游用户压价，使耐材制品企业的有限利润空间不断受到挤压，再加上无序竞争，相互压价，耐材产业生存与发展的前景十分令人担忧。

面对复杂多变的国内外经济形势，面对耐材行业当前所处困难，我们必须认真学习领会中央经济工作会议精神，在科学发展观的指导下，认清形势，坚定信心、克服困难，抱团过冬。要清醒认识、正确把握形势，既要对当前的严峻形势有充分认识，增强危机感，又要看到我们仍处于重要的发展机遇期，我国工业化、城镇化和农业现代化深入发展，国内市场的巨大潜力，坚定战胜困难的信心。面对新的挑战，要加快产业结构调整和发展方式转变的步伐，围绕耐材产业“十二五”发展规划制定的目标，积极主动地推进企业联合重组，提高行业的综合实力。要沉着应对困难，在合理调整经营战略、生产节奏的同时，要加大严格科学管理企业的力度，创新挖潜，降本增效。要自觉遵守行规公约，增强法制意识、信用意识、服务意识，杜绝低价倾销、恶性竞争的违规现象，营造良好的市场环境，抱团取暖，共度“寒冬”，维护全行业的整体利益。

2012年工作的指导思想：深入贯彻党的十七届五中、六中全会和中央经济工作会议精神，以科学发展观为主线，以提升我国耐材工业发展质量和综合实力为中心，求真务实、着力创新，推动产业结构调整、加快发展方式转变、优化产品结构、淘汰落后产能、推进节能环保、发展循环经济、保持质量稳定、服务高温工业。以优异的成绩，迎接党的十八大胜利召开。

今年是实施国家“十二五”规划承上启下的关键一年，我们要根据中央经济工作会议确定的目标和部署，围绕提升我国耐材工业的发展质量和综合实力，切实抓好以下工作：

（1）应对国内国际复杂多变的经济形势，认真贯彻中央经济工作会议精神，认清形势、坚定信心、克服困难，全力保证行业生产经营的正常运行秩序。全行业对日趋严峻且复杂多变的国内外经济形势要有清醒的认识和充分的思想准备。要看到，尽管我国经济较高增长速度的基础性特征未变，但受国内通胀和欧美债务危机影响，中国经济形势的复杂程度在上升，对实体经济的影响也一定会反映出来。要根据钢铁、水泥、玻璃等下游产业因产品需求萎缩，出口受阻，成本上升，价格大幅下跌，生产经营面临“寒冬”的客观实际，调整耐材行业特别是制品生产企业的经营战略，沉着应对。在着力控制生产总量，严格按合同组织生产的同时，特别要自觉遵守行规公约，保证耐材市场的正常秩序，为维护全行业的共同利益抱团取暖，共度“寒冬”。

（2）围绕国家和行业“十二五”发展规划目标，着力调整产业结构，提升产业核心竞争力。

要根据工业和信息化部正在拟制的促进耐材产业健康发展指导意见的要求，支持优势企业跨区域、跨所有制兼并重组、强强联合，打造耐材航母。引导重点骨干企业根据市场需求，做好耐材品种结构调整的定位，研发新工艺、新材料、新产品，淘汰落后产能，整合生产要素，拓展发展空间，力争在行业发展方式转变上有新的突破。

（3）牢固树立“绿色”、低碳发展理念，强化危机意识，推进节能减排，发展循环经济。耐材生产企业要从履行社会责任，保证行业健康发展的高度出发，不断增强企业节能减排，环保治理的内生动力，严格按国家主管部门的要求，降低能耗，减少排放，在提高资源综合利用率，在推进绿色耐材战略和循环经济发展方面作贡献。行业协会要加强与政府主管部门的联系，参与调研，反映诉求，争取支持，总结宣传业内节能降耗，治污减排的先进经验，推广先进节能环保技术和装备，组织开展绿色耐材制造、循环经济及低碳工艺技术的研究。

（4）不断增强服务意识，努力发挥桥梁纽带作用。

在为政府主管部门服务，争取行业发展政策支持方面：1）积极配合工业和信息化部拟制“促进耐火材料及镁砂、矾土产业健康发展指导意见”。2）协助工信部原材料工业司制定镁砂生产企业准入标准。3）建议并主动协助工信部制定耐火材料企业准入标准。4）争取接受工业和信息化部委托，承接全国耐火材料工业综合统计工作。5）争取国土资源部、工信部委托立项，组织开展全国铝土矿开采及使用现状的调研。6）继续配合环保部，组织“国家环境经济政策配套综合名录”相关耐火材料产品的调研。

在为会员单位服务，完善协会信息系统管理方面：1）在各地方协会支持配合下，共同搭建全国耐材行业信息交流平台，组建重点耐材产区之间的信息网络。2）进一步规范管理，完善工作制度，更好地发挥协会网站、中钢洛耐院行业服务中心网站和各类期刊的作用，为会员单位提供快捷优质的信息服务。3）加强与钢铁、水泥、玻璃、陶瓷及有色金属等相关行业组织的联系，保持相互间信息交流渠道的畅通。4）保持与海关总署的友好关联合作，争取建立与国家统计局的正常工作联系。5）坚持做好行业重点监控产品出口信息资料的收集工作，加强监控分析，及时制发预警通报，维护产业运行安全。6）继续定期按时编发耐材行业运行，主要下游产业生产经营及市场动态情况通报。

在为行业发展服务，组织开展专题活动方面：1）按国资委、商务部统一部署，继续组织开展行业企业信用等级评价工作。2）努力创造条件，组织全国钢铁用耐火材料消耗情况专项调查。3）在钢协信息统计部指导下，争取各地方协会和重点统计企业支持，在行业生产统计项目中增加销售收入、利润、税金和成本 4 项内容。4）加强与中国钢铁工业协会的合作，在第十三届国际冶金工业展览会期间，同期举办“第九届中国国际耐火材料及工业陶瓷展览会”。5）为帮助会员单位了解新形势下国际耐火材料工业的新格局和发展新动态，增强应对复杂经济形势和各类挑战的能力，选择时机举办“后危机时期耐火材料行业的挑战和发展新动态”交流研讨会。6）利用业内科研院校的师资力量优势，根据产业会员企业生产经营及管理工作的需求，分区域组织不同层次的短训班。7）创造条件，加强与欧盟、俄罗斯、韩国、日本、印度等国耐火材料同业组织联系，搭建中外耐材企业开展信息交流、技术交流和商贸洽谈的平台，建立贸易争端沟通协调渠道，不断增强中国耐火材料行业的话语权和影响力。8）争取钢协支持，组织开展耐材行业科技研发、管理创新成果评审活动。

（5）求真务实，加强协会自身建设。在国资委和中国钢铁协会的指导下，以规范内部运行和管理为重点，完善制度建设，明确工作职责，严格管理程序，在协会各项业务工作中，突出重点、关注难点，全心服务，打造品牌，营造和谐的工作氛围，为全行业提供满意的服务。

同志们，2012 年将是我们战胜更大困难的一年，我们必须坚定信心，迎接挑战。在科学发展观的指导下，认真贯彻落实中央经济工作会议提出的要求，以顽强的意志和拼搏精神，为促进我国耐火材料工业健康稳定发展而努力，以优异成绩迎接党的十八大胜利召开。

聚合正能量　迎接新挑战
推进我国耐火材料工业创新驱动稳步发展

——在中国耐火材料行业协会六届三次理事（扩大）会议上的报告

（2013 年 4 月 11 日）

中国耐火材料行业协会会长　王守彬

各位理事、各位代表：

大家上午好！

现在，我代表中国耐火材料行业协会常务理事会作年度工作报告，请予以审议。

2012 年是实施国家“十二五”规划承上启下的关键一年。中国经济在逆境中迎难而上稳步前行，我国耐火材料工业经受了进入新世纪以来最为严峻的考验。由于受国际经济下滑，国内经济增速趋缓的影响，形成了市场需求低迷，产能严重过剩，价格体系紊乱，企业效益下降的艰难局面。在严峻的形势面前，全行业按照“控产量、稳市场、保运行、谋发展”的方针，积极应对困难，采取各种措施，克服不利因素影响，以较为稳定的运行，保证了下游行业用户生产的需求，为经济社会的持续健康发展作出了积极的贡献。

一、2012 年全国耐火材料工业总体运行情况

（1）努力应对国内外复杂经济形势的影响，全国耐火材料工业生产稳中趋缓，总体运行平稳，经营压力增大。

根据协会统计体系提供的数据显示，2012 年，全国耐火材料产量 2818.91 万吨，同比降低 4.43%。其中：致密定型耐火制品 1633.87 万吨，同比降低 7.44%；保温隔热耐火制品 57.26 万吨，同比降低 14.97%；不定形耐火制品 1127.78 万吨，同比增长 0.95%。不定形耐火制品产量不仅保持了持续增长，而且其比例已达到甚至超过全国耐材制品总量的 40%，体现了我国耐火材料品种结构不断优化的良好态势。

致密定型耐火制品全部呈下降趋势，黏土质砖 401.2 万吨，同比降低 4.92%；高铝质砖 271.8 万吨，同比降低 5.6%；硅质砖 241.3 万吨，同比降低 8.37%；镁质砖 174.4 万吨，同比降低 15.5%；特种耐火制品（包括含炭制品、熔铸制品、功能性耐火材料）377 万吨，同比下降 7.41%。

全国主要耐火材料生产地区，河南省耐火材料产量 1332.07 万吨、同比降低 4.63%；辽宁省耐火材料产量 518.19 万吨、同比降低 16.18%；山东省耐火材料产量 421.66 万吨、同比降低 4.66%；山西省耐火材料产量 105.55 万吨、同比降低 8.65%；江苏省耐火材料产量 53.08 万吨、同比增长 10.4%；浙江省耐火材料产量 87.77 万吨、同比增长 3.54%；北京市耐火材料产量 65.74 万吨、同比增长 17.94%；河北省耐火材料产量 56.69 万吨、同比增长 16.43%。

（2）国际耐火材料市场复苏缓慢，2012 年耐材制品出口贸易量增长，耐火原料出口贸易量小幅下降。

2012 年，全国耐火原材料进出口贸易总额 34.46 亿美元，比上年同期降低 7.36%。其中出口贸易额 32.30 亿美元，同比降低 6.5%；进口贸易额 2.16 亿美元，同比降低 19.20%。耐火原材料出口总量 530.27 万吨，同比增长 0.33%。其中耐火原料出口量 326.29 万吨，同比降低 2.05%；出口贸易额 16.55 亿美元，同比降低 19.09%。

耐火制品出口总量继 2008 年后又一次突破 200 万吨，达 203.97 万吨，同比增长 4.4%，出口贸易额 15.74 亿美元，同比增长 11.79%。

2012 年耐火制品出口量和出口综合平均价格分别增长 4.4% 和 7.08%，价格增幅高于出口量增幅 2.68 个百分点。耐火原料出口价格延续了上年同期下行趋势持续下滑，出口综合平均价格同比

降低 17.4%。除棕刚玉出口平均价格同比增长 3.91%外，其他主要品种出口价格均有不同程度的下降。特别是碳化硅、烧结镁砂、电熔镁砂和轻烧镁出口平均价格同比分别降低 27.25%、19.81%、14.01%和14%。年末略显回升。

值得提出的是近年耐火制品进口量连续走低，2012 年我国耐火制品进口量 2.80 万吨，同比降低 34.47%。其中碱性制品进口量 0.80 万吨，同比降低 50.39%；铝硅质耐火制品进口量 1.66 万吨，同比降低 17.32%；其他耐火制品进口量 0.34 万吨，同比降低 47.94%。据估算，全国耐火材料制品进口总量仅占国内耐火材料需求量的 0.1% 左右，足以说明我国耐火材料产品无论数量、品种还是质量等方面，都能基本满足国内高温工业生产和技术发展的需求。

（3）国内外经济形势复杂多变，耐材企业生产经营举步维艰。

过去的一年，是我国耐火材料工业进入新世纪以来面临的形势最严峻，行业生产经营运行最困难的一年。国际上，由于国际金融危机的深层次影响不断发展，全球经济复苏步伐缓慢，一些结构性矛盾导致世界经济下行有增无减，市场需求低迷成为常态。国内经济运行也因面临许多新情况新问题，实体经济运行困难明显增大。耐火材料工业作为国民经济产业链中的一个环节，一方面要承受上游原燃材料及动力价格持续上涨和劳动力成本不断增加形成的巨大压力，另一方面更要面对因产能严重过剩而引发的市场无序竞争和下游产业打压价格，拖欠货款的残酷现实。经过一年的奋力打拼，呈现在我们面前的仍然是产量、销售额、利润水平集体下滑而应收货款明显升高的窘况。根据协会统计系统提供的数据信息显示，全行业综合实力排名靠前的 52 家重点耐火材料生产企业，2012 年产量比 2011 年下降了 15.2%；销售收入比 2011 年下降了 4.29%；实现利润比 2011 年下降了 21.44%。其中 50 家企业 2012 年末应收货款比 2011 年末增长了 10.5%。52 家重点企业中，2012 年实现利润增长的仅有 13 家，占 25%；2012 年利润下降百分之三十以上的有 16 家占 30.7%。

二、2012 年全行业应对危机，克服困难，创新发展取得的成效

（1）着力创新驱动，技术发明、新产品研发再创佳绩。由武汉科技大学牵头，有北京科技大学、武钢耐火材料公司和首钢耐材炉料公司参与的“高品质耐火材料制备过程微结构控制技术与工业应用”研发项目，针对制约耐火材料工业可持续发展所面临的关键性技术和共性问题，发明了国内首创的“分步控制技术”，达到了国际先进水平的“原位控制技术”和“隔热耐火材料微结构的气、固两相控制技术”，获授权国家专利 25 项，制定国家标准一项，被评定为国家技术发明二等奖。该技术在 11 家耐材企业应用，近三年新增产值 30.23 亿元，创直接经济效益 6.41 亿元，不仅促进了我国耐火材料行业技术跨越和产业结构优化，而且为我国高温工业的技术进步和节能减排作出了积极贡献。

濮阳濮耐高温材料股份有限公司承担的省重大科技专项优质钢精炼用透气功能元件关键技术研究，在特种透气陶瓷、安全显示材料、双防透气砖锁紧机构等关键技术上实现了重大突破，获得授权专利 10 项，技术整体上达到国际领先水平。该公司研发的“脱硫铁水包用铝碳化硅砖的研制与应用”和“高性能中间包镁质挡渣板的研制与应用”两项科技成果，分别在国内外数十家钢厂应用，效果良好，效益显著。

山东耐火材料有限公司在企业重组后确立了技术创新组织结构模式，制定了技术创新战略和规划。2012 年完成了工艺改进 30 余项，使干熄焦装置用新型耐火材料等多项产品保持了国际先进水平，仅鲁耐窑业公司就有 6 个新产品通过省级鉴定。

作为国家技术发明奖项目的主要参与企业，武钢耐火材料公司以项目承包的方式，瞄准市场抓研发、全年完成重点科研项目 36 项，在加大精炼系统，轧钢系统耐材，再生资源综合应用和新材料等方面研究力度的同时，注重试验产品和创新成果的转化。2012 年该公司在快干铁沟浇注料，中包涂料和炮泥等产品的研发都取得了较大进展。

中钢洛耐院研发的“大型铝电解槽侧衬材料复合关键技术的研究与应用”和“高炉长寿氮化硅结合碳化硅质组合风口成套技术开发应用”两项成果，技术分别达到了国际领先和国际先进水平。国家科技支撑计划“连铸用梯度功能耐火材料的研究开发”课题通过了审查验收。作为耐火材料国家工程研究中心，2012 年该院发表论文 54 篇，授理专利 36 项。其中发明专利 20 项，获得授权专利 38 项，其中发明专利 21 项。

通达耐火技术股份有限公司在耐材仿真模拟

领域先行先试，初步实现了耐火衬里和锚固件的温度场及应力场模拟分析，并在垃圾焚烧炉、回转窑、循环流化床锅炉等项目上成功应用；在材料传热、描图设计、热膨胀等方面应用模拟分析数据，开拓了智能化辅助设计的新领域。2012 年，该公司通过重点研发“大型干法水泥窑用无铬新型碱性砖的研发与应用”、“铁合金铁水包用耐火材料”、“高强低导轻质浇注料”等项目，提高了在水泥窑和炼铁两个系统的竞争力。

中钢耐火公司研发的“环保型轻质砖的研制”项目产品性能达到国际同类产品先进水平，性能稳定，经在宝钢股份等多家钢厂使用，效果良好，社会、经济和环保效益显著，“隧道窑供风系统变频技术及应用”达到国内领先水平，经济效益可观；“氧化炉用超大型莫来石陶瓷复合砖的开发与应用”技术水平国内领先，使用效果良好，市场前景广阔。

浙江金磊股份研制的“抗水化超高纯镁钙砖”、“高致密度超高纯镁钙砖”顺利通过省级新产品鉴定，“抗水化超高纯镁钙砖”还被评为浙江省科技成果转化一等奖。

卫辉熔金用三种原料以三种热处理工艺制备的“金属铝——氧化铝复合无碳滑板”，减少了浸渍和干馏处理工序，不仅节能环保还减轻了劳动强度，通过了省级鉴定。

浙江锦诚公司采用新材料、新工艺研制的“水泥窑篦冷机矮墙用高强耐磨预制件”，不仅耐高温、耐磨、高强、低蠕变、换装迅速，而且在相同条件下，使用寿命比浇注料提高 3 倍以上，深受国内外多家水泥生产企业的欢迎。

通达耐火、河北瀛都复合材料有限公司等企业率先在行业设立了耐火材料院士工作站，山东鲁阳股份有限公司被认定为国家企业技术中心，中钢洛耐院国家耐火材料工程研究中心获得国家发改委评定的“优秀业绩奖”，同时该院还被工信部、财政部认定为“国家技术创新示范企业”。

（2）践行科学发展，转型升级、结构调整又有突破。瑞泰科技股份有限公司是业内第一家上市企业。面对 2012 年的严峻形势，他们以管理提升活动为契机，制定了由依靠资源粗放式发展向科学规划，创新驱动持续发展转变的经营发展战略，扬长避短，在加大水泥工业用耐火材料投入的同时，通过设立华东瑞泰和收购湘钢宜兴耐材公司，成功进入钢铁行业。目前该公司已在全国 7 个省区组建了 9 家子公司和 1 家分公司，业务面已覆盖到水泥、玻璃、冶金、电力、化工等多个领域。2012 年，瑞泰公司实现销售收入 14.8 亿元，同比增长 7.18%。

北京利尔高温材料股份有限公司充分利用资本市场优势，采取发行股份购买资产的方式对辽宁中兴集团和辽宁金宏矿业公司进行重组，实现了同向同区域纵向与横向并购。纵向并购金宏矿业完善了产业链布局，获取稳定、优质、低成本的菱镁矿资源，横向并购辽宁中兴完善了产品和客户市场结构，提高综合产能，优化公司在全国范围内的生产和销售布局，并拓展国际市场。

为了加快转型升级步伐，营口青花集团在坚持稳定发展耐材制品主业的同时，本着“环保、低耗、高质、高效”的设计目标，建立了石棚峪原料生产基地，不仅满足了公司生产对耐火原料的需求，还为地区耐材健康发展起到了示范作用。

濮阳濮耐股份、山东耐材集团、中钢耐火公司、营口金龙、江苏苏嘉、济南镁碳砖等企业，努力适应经济全球化的形势发展需求，发挥自身品牌、技术、服务优势，积极参与国际耐材市场竞争，不仅给企业创造了可观经济效益，也拓宽了中国耐火材料产品的国际市场领域，提升了中国耐火材料工业在国际上的地位和影响。

2012 年，山东鲁桥新材料有限公司投资 14.5 亿元的新型耐火材料扩建项目第一、第二期工程已顺利竣工投产；浙江金磊股份年产 13 万吨镁钙系高温材料制品项目顺利开工；浙江自立股份年产 9.5 万吨绿色炼钢用耐火材料项目在杭州湾上虞工业园区正式奠基；宜兴华耐国际采用国内外先进设备与创新技术，年产 16800 吨的连铸三大件功能耐火材料项目已顺利建成投产。山东圣泉集团 20 万吨酚醛树脂重点技改扩建项目也将在 2013 年建成投入生产。

面对钢铁“寒冬”，市场需求低迷的不利形势，攀钢冶材、马钢耐火、鞍钢耐火、武钢耐火、济钢耐火等企业，依托集团，在努力争取政策支持和市场保证的同时，以降本增效为中心，加大对标挖潜和管理提升的工作力度，保主体、拓市场，严管理、练队伍，全部顺利完成了所在集团下达的生产经营考核指标。

辽宁金鼎、江苏嘉耐、海城后英、郑州东方、河南春胜、耕生股份、振东科技等企业，在非耐火材料领域寻求新的经济增长点，既增强了企业自身发展后劲，也为耐火材料产业结构调整、转变经济发展方式提供了有益的借鉴。

（3）强化生态文明建设理念，推进节能环保，履行社会责任。根据国家“十二五”规划关于节能减排、环境保护的总体部署和党的十八大提出的加强生态文明建设的要求，协会坚持把节能减排和环境保护摆在行业发展与进步的首要位置，在配合工信部制定“关于促进耐火材料产业健康可持续发展的若干意见”的过程中，经过认真调查研究，提出了“十二五”期间提高耐火资源综合利用率和主要产品综合能耗及二氧化硫、氮氧化物排放量指标。坚持淘汰落后产能的基本原则，提高了行业准入门槛。在履行协调、服务、引导职能的实践中，不断加大“绿色耐材”战略的推进力度，利用多种形式宣传节能减排、环境保护的重要意义，采取多种方式总结、宣传、推广业内践行“绿色耐材”理念的先进典型，强有力地推动了全行业的节能减排和环保治理工作。

我国耐火材料产业相对集中的河南、辽宁、山东三省的耐材工业协会，积极配合政府主管部门，结合本地区耐材工业的生产发展实际，不断加大环保治理力度。辽宁省在大规模整治矿业的基础上，进一步推进“标本兼治”，扩大了恢复矿山植被和淘汰落后产能的成果；河南省以《耐火材料单位产品能源消耗限额》的宣传贯彻为抓手，引领企业运用科技创新成果推动节能减排，通过改造提升装备的现代化水平降低能源消耗，效果良好；山东省耐材协会以淄博市出台“促进耐火材料行业结构调整的意见”为契机，按“提升一批、重组一批、淘汰一批、转移一批”的思路，引导企业严格执行节能减排标准，实现健康和可持续发展。

浙江省耐火材料行业协会把耐材企业最集中的长兴县作为节能减排工作的重点，提出“没有污染的行业，只有污染的企业”的理念，注重耐材工业发展的质量和效益，加强产学研合作，加快绿色、环保和节能性耐火材料的研发进度，逐渐消除了以往高污染、高能耗、高强度劳动的阴影，转型升级的路子越走越宽。山西阳泉市针对在引用天然气，推进倒焰窑改造后，该地区耐火材料工业仍然存在的技术工艺提升速度滞后，产品档次参差不齐等问题，多次组织专题研讨，请国内知名专家诊断，制定了加快科技成果转化、加大节能减排力度，提升耐火材料工业整体发展质量的工作计划。2012 年，辽宁营口、海城、郑州新密、巩义及江苏宜兴等地区耐材行业组织，围绕推进耐火材料产业节能减排环保治理和循环经济发展，积极争取地方政府支持，配合主管部门做了大量工作，也收到了预期效果。

近年来，业内许多重点企业与科研院所合作，研制新材料、研发新品种、采用新工艺、应用新技术，在冶金、建材、电力等高温工业领域推广低碳、无碳、无铬耐火材料，扩大不定形耐火制品的生产比例，使全行业的节能减排工作上了一个大台阶。由河南伯马股份有限公司与郑州大学合作，在行业泰斗钟香崇院士指导下，在国内外率先采用新工艺、新材料研发的“金属复合低碳刚玉基滑板系列产品制备的集成创新”技术，在降低碳含量的条件下，运用金属复合、原位生成非氧化物结合的原理，采用不烧和中、低温烧成工艺，成功研制出低碳金属复合刚玉基新型滑板系列产品，在滑板材质、生产工艺和配套技术等方面取得重大突破和技术创新，并开辟了绿色耐火材料制备的新途径。浙江自立股份有限公司近年来持续加大科研费用的投入，2012 年投入 4670 余万元，在镁碳砖的更低碳化、精炼钢包无炭化、RH 炉无铬化三个方面取得新的突破，经过在宝钢、武钢、马钢等大型钢厂应用，不仅提升了自立股份品牌的知名度，而且还取得了显著的经济效益和社会效益。营口青花集团为适应冶炼行业无铬化要求，研制开发的镁锆砖和镁铝锆砖在宝钢精炼炉试验，获得了认可。经过对渣线冷态修补料和围罐浇注料的分析研究，开发出了钢包用浇注料和渣线修补料等新产品。该公司研发的“炉外精炼用优质不烧镁钙碳砖”项目，被评为辽宁省第九届新产品并获得省科学技术进步奖。

此外，在通过装备更新、改造实现节能减排方面，海源机械高吨位液压机的出现，不仅填补了国内空白，而且与同类摩擦压力机比较，仅节电一项每台每年就可降低能耗成本近百万元。桑德机械研发的 SD 系列电动程控螺旋压力机，在中钢耐火、浙江自立、河南伯马、淄博鲁中、山西西小坪等企业经过几年的使用验证，每台压机可节省一个劳动力，维护费用节约 50%，产品质量稳定性也明显提高。最可观的是每吨成型制品的节电率均为 45%～52%，最高可达 65%。还有山东慧敏科技研发的高辐射覆层技术，已在 304 座高炉热风炉和焦炉上得到了较好应用，经在山东鲁桥新建高温隧道窑近 2 年的使用试验，天然气消耗量降低了 14.1%，吨产品燃气消耗节约 $25m^3$，全年节省天然气消耗 $36\times10^4m^3$。试想，如果对全国数以千计的成型压力机进行节能技术改造，在数以百计的隧道窑上应用高辐射覆层技术，不仅各企业的能耗成本可以大幅度下降，全行业创造的经济效益、环保效益和社会效益也绝对不可低估。

三、协会2012年开展的主要工作

（1）积极贯彻中央经济工作会议精神，围绕保证行业平稳运行开展工作。

首先是领会中央精神、分析面临形势、明确总体思路。为了应对日趋严峻的国内外经济形势，协会抢前抓早，争取主动，于2011年12月中旬提前召开了会长工作会议，在全面总结当年工作，认真分析国内外经济形势的基础上，确立了“认清形势　坚定信心　稳中求进，保证我国耐火材料工业持续健康发展”的总体工作思路，制定了“控产量、稳市场、保运行、谋发展”的工作方针。提出了加快产业结构调整、促进发展方式转变、推进企业联合重组、提高产业综合实力、沉着应对困难形势、合理调整经营战略、加强企业财务管理、创新挖潜降本增效、自觉遵守行规公约、维护行业整体利益的工作目标。为全行业认清形势、统一认识、克服困难、抵御严冬，保证耐火材料工业平稳运行奠定了扎实的思想基础。

其次是围绕年度工作的总体思路和目标，协会秘书处认真制定工作计划并组织实施。在4月召开的协会年度工作会议上，除了按会长工作会要求总结部署全年工作，组织参观交流，还专门安排了以形势宣传和引导为主要内容的专题讲座，向与会人员通报全国工业运行情况，介绍国内国际政治经济形势，进行上下游产业生产经营及市场运行态势分析，帮助大家认识形势、把握形势。引导会员企业面对现实、调整经营策略，严格按合同组织生产，加大货款催收力度，降低经营风险，确保平稳运行。

三是充分发挥协会网站、杂志及媒体的作用，及时发布政府宏观调控、原燃材料价格走势及下游产业需求预测和耐材市场动态信息，同时还定期印发耐火情况通报，宣传形势、传递信息、提供服务，收到了良好效果。

（2）主动参与、积极配合、认真调研，争取促进行业健康持续发展的政策支持。几年来，协会以参与拟制“全国黏土生产企业准入标准”为契机，加大了与政府主管部门的交流沟通力度，《促进耐火材料工业结构升级的政策措施研究》和“关于耐火黏土、菱镁矿和耐火材料产业发展思路研究”两个调研课题的完成，不仅使政府主管部门对耐火材料推进高温工业快速发展的客观现实加深了认识，引起了重视，对耐火材料工业为经济社会发展作出的贡献给予了充分肯定，工业和信息化部甚至已将耐火材料界定为战略性产业，关注度不断提高。依据工信部原材料司委托，自2011年下半年始，在组织完成“关于耐火黏土、菱镁矿和耐火材料产业发展思路研究”调研课题的基础上，协会积极配合参与了《工业和信息化部关于促进耐火材料产业健康可持续发展的若干意见》的拟草工作，历时近两年，开展了多次调查研究和专家论证。2013年2月21日，工业和信息化部给各省、市、自治区工业和信息化主管部门及有关行业协会印发了《工业和信息化部关于促进耐火材料产业健康可持续发展的若干意见》【工信部（2013）63号】。文件已抄送发改委、科技部、财政部等12个国家部、委、局及人民银行和金融管理单位。由政府主管部门制发有关行业发展若干意见的专门文件，在中国耐火材料工业64年发展史上是第一次。耐火材料作为国民经济和高温工业不可或缺的基础材料的重要地位得到了确认，耐火材料工业作为一个独立的产业，对其进行管理和调控，纳入了政府主管部门的管理程序。《若干意见》公布后，作为行业健康可持续发展保障条件的“行业准入标准”的制定，也将很快列入工信部工作日程。实践证明，只要我们坚持不懈地努力工作，就能得到政府主管部门的理解和支持，就能得到话语权，也就一定能争取到有利于行业健康持续发展的政策支持。

（3）履职尽责，全心全意为会员单位服务。2012年协会服务职能的履行，除了根据会长工作会议和理事（扩大）会议要求，在宏观层面上注重中央精神的贯彻落实，加强国内外经济形势的宣传引导，传递上下游产业和行业自身生产经营及市场动态的信息外，我们把全心全意为会员单位服务作为协会一切工作的立足点和出发点，一是持之以恒地依法认真履行行业生产统计职能、坚持不断规范对行业生产统计体系运行的管理，坚持按规定催报，汇总上报各类统计数据，坚持定期在《钢铁统计月报》上公布重点耐材统计企业的主要产品产量，坚持每年组织一次统计工作年会对统计人员进行表彰和培训。尽管协会生产统计工作仍然存在覆盖面不全，统计项目偏少等问题，但我们已坚持了五年，我们的工作也得到了中国钢铁工业协会和广大会员企业的一致肯定。

二是坚持做好对国际耐材市场的监测，及时掌握我国耐火材料的出口量、销售价格和国际耐材市场动态，按时发布监控信息，预警通报和有关国际贸易摩擦的信息，帮助会员单位尤其是有出口贸易业务的企业了解市场动态需求，规避国际贸易风险（2012年三季度巴西对产自我国的镁碳砖立案启动反倾销调查，四季度美国又开始了对我国硅砖的反倾销，协会获取信息后在第一时间就向涉案企业较为集中的地方协会通报情况，向有出口贸易业务的重点企业传递信息，还主动与商务部和相关省市商务部门联系，参与协调，为涉案企业接受调查或应诉开展相应工作）。三是认真对待会员企业的各类诉求，及时协调处理，即刻反馈办理信息。对会员单位申请上市、申报品牌、注册商标和申评科技成果奖励的协会资信需求，实事求是地给予支持。对企业提出的工艺、技术、装备及市场动态等各类咨询，努力做到有求必应，不推诿、不拖延。2012年，协会还支持山西阳泉市和河南巩义市政府协同地方耐材协会举办了“耐火材料行业发展研讨会”，支持并参与了由河南、辽宁、山东三省耐材协会举办的“促进耐火材料行业健康发展高峰论坛”。为推动行业技术进步，协会于2012年11月20日在武汉科技大学召开了科技创新推进会议，中国钢铁工业协会李克敏副秘书长出席会议并作了“科学发展、创新驱动”的专题演讲。全国60余家骨干耐火材料企业及重点科研院所的负责人齐聚一堂，以学习领会党的十八大精神，践行科学发展观为主题，总结交流了行业科技创新的经验成果。根据协会六届二次常务理事会决议，协会组织开展了全国耐火材料行业冶金科技奖的统一申评工作，得到了广大会员企业的积极响应，申请参评的企业有25家，申报各类科技创新成果30项。今年元月由协会组织专家组严格按照标准进行了初步评审，向“冶金科学技术奖”奖励委员会推荐了18项成果。

（4）认真策划、积极协调、成功举办了“第九届中国国际耐火材料及工业陶瓷展览会”。两年一届的国际耐材展既是协会的一项传统工作项目，也已逐渐被打造成了国内耐火材料展览会的品牌。继第七届展会进行了走出北京、与专业公司合作异地办展的尝试后，从第八届展会开始，我们与中国钢铁工业协会携手，依托主要下游产业，联合冶金贸促会，在北京新国展共同举办了国际冶金工业展和国际耐火材料及工业陶瓷展。今年5月在北京举办的“第九届中国国际耐火材料及工业陶瓷展览会”，总结了以往展会组织筹办的经验和教训，精心策划方案，提前启动运行，宣传拓展力度加大了，布展及展会期间的服务也改进了。由于钢铁耐火两个展会在同一展馆举办，展位又在毗邻的展区展出，参展商与用户的交流、洽谈方便了，观摩的观众多了，参观耐火展区的下游产业的客商也明显增加了。据统计，今年联合展会的参观人数突破了4万人次。经调查分析，在联合展馆布展的近20类产品中，观众对耐火材料产品的关注度和兴趣度排名第四位。第九届国际耐材展参展的耐火材料企业达114家，比第八届展会的46家增长了147.8%。由此可见，与下游行业联合办展，不仅提高了展会的档次，扩大了规模、增强了影响，为耐材企业展示生产、研发和经营成果搭建了平台，更为加强与下游产业的联系、合作创造了便利的条件。

（5）深化行业信用体系建设，组织第二批耐火材料行业企业信用等级评价工作。开展行业信用等级评价工作，是贯彻落实科学发展观，增强行业信用意识，规范行业市场秩序，建立诚信经营的良好市场环境，保证行业健康发展的重要举措。按照商务部、国资委统一部署，在2011年组织第一批企业信用等级评价工作的基础上，为了深化行业信用体系建设，根据协会会长工作会议及秘书处扩大会议关于2012年工作的总体安排，协会于2012年2月发文，启动了第二批耐火材料行业企业信用等级评价工作。从报送资料、申请参评，到资料分析、调查咨询，再对评价报告进行初评、审议和公示，协会信评办会同第三方评价机构严格按评价方案规定的每一个程序开展工作，历时半年，完成了第二批耐火材料企业的信用等级评价工作，于2012年11月下旬举行了颁证发牌仪式。2012年协会还对第一批30家获得A级以上信用等级的企业组织了复评。

（6）扩大对外交流，努力提高协会在国际耐材领域的影响力。为了促进我国耐火材料行业与国际业界的交流与合作，继2011年成功举办首届“中国耐火材料生产与应用国际大会”后，2012年7月，由王守彬会长为团长，徐殿利常务副会长为副团长的中国耐火材料行业协会代表团一行10人，应欧盟耐火材料制造者联合会及奥镁、维苏威和英格瓷等国际著名耐材企业的邀请，赴欧洲奥地利、比利时和法国进行了考察和访问。在为期两周的考察访问期间，代表团与受访单位的主要负责人就双方企业的发展历程、经营状况、产品结构、发展战略、技术创新、安全环保、职业教育及行业组织的现状、职能、管理及相关活动等方面进行广泛、充分的交流和讨论，参观了上述企业的工厂、研发中心和矿山。第一次正式组团出访欧洲，中国耐材协会代表团不仅受到了各方的高度重视和热情款待，通过参观考察、实地感受和广泛深入的交流，还扩大了视野，获取了信息，丰富了知识，加深了认识。特别是在与欧盟耐火材料制造者联合会的交流沟通过程中，双方就中国耐材协会提出的加强两会之间交往与合作的四点建议达成了共识。欧盟耐火材料制造者联合会承诺将在提交年度执委会讨论后尽快形成行动方案。同时双方还认同，利用各自协会的专业网站搭建加强沟通、交往与互利合作的工作平台。

（7）不断加强自身建设，保证协会各项工作的顺利开展。2012 年是协会第六届理事会推进各项工作的开局之年。按照国务院国资委关于加强协会品牌建设的要求，根据协会会长工作会和六届二次理事（扩大）会议的部署，协会秘书处围绕“服务政府、服务企业、服务行业、服务社会”的宗旨，一是在协会第六次会员代表大会完成换届选举工作程序后，严格按规定完成了向民政部、国资委申报协会负责人更换、法人变更、章程及会费管理办法的备案、审批手续。二是经协会常务理事会审议通过，对协会第六届理事会的办事机构进行了调整（由原来的七部一室调整为六部一室），聘任了协会副秘书长和各专业工作部门的负责人。三是按照规范管理、夯实基础的要求，在对协会机关各项管理制度进一步修订完善的基础上，制定了协会办公室职责条例及协会全体工作人员的工作职责，形成了分工明细、责任明确、程序完备的内部管理体系，为不断提高协会机关的工作质量和管理效率，保证协会各项工作的顺利开展奠定了基础。四是为配合迎接党的第十八次全国代表大会的召开，根据中国钢铁工业协会统一部署，协会组织了以“科学发展、辉煌十年”为主题的耐火材料工业发展成果征文活动，二十余家常务理事以上单位和骨干重点企业按时送交了成果展示资料，经协会与中国冶金报、中国建材报共同遴选、编排，已开辟专栏，进行了刊载。尽管协会机关人手紧张、条件有限、任务繁重，但在秘书处全体工作人员的共同努力和广大会员单位的理解支持下，协会各项工作都能紧张有序的顺利进行。

四、2013 年中国耐材协会的主要工作任务

2013 年是实现党的十八大提出的全面建成小康社会和全面深化改革开放目标的开局之年。综观国际国内大势，我国发展仍处于可以大有作为的重要战略机遇期，同时我们也面临着不同以往的风险和挑战。在国内外政治经济形势不断发生新变化的条件下，我国耐火材料工业必须要准确判断重要战略机遇期内涵和条件的变化，牢牢把握世界政治经济格局发生深刻变化，新科技革命方兴未艾，以及国内物质技术基础和内生动力不断增强，同时发展中不平衡、不协调、不可持续问题依然突出等给我们带来的新机遇、新挑战，树立在顺境时居安思危，逆境时危中求机的理念，变压力为动力，化挑战为机遇。努力适应行业面临的环境变化，有效化解行业发展进程中的各种矛盾，同步实现战略推进和责任担当，积极把握发展主动权。

2013 年协会工作的指导思想是：**认真贯彻落实党的十八大和中央经济工作会议精神，在科学发展观的指导下，以加快转变耐材行业经济发展方式为主线，推进产业结构战略性调整，加快形成新的行业发展模式；推进产品结构优化升级，增强高端耐火材料研发生产和供给保障能力；推进节能减排和环保治理、发展循环经济保护生态环境。以满足高温工业发展需求，推动行业健康发展为中心，着力兼并重组，实现规模效益；淘汰落后产能，提升发展质量；控制生产总量，规范市场秩序；努力实现我国耐火材料工业稳中求进的发展目标。**

依照以上指导思想，我们要围绕中央经济工作会议确定的“稳中求进”的发展目标，结合我国耐火材料工业的生产经营实际，扎扎实实地抓好以下工作：

（1）认真贯彻中央经济工作会议精神，积极应对世界经济波动冲击，引导会员企业客观冷静地分析国内外经济形势和我国耐火材料工业自身发展的优劣势，充分认识全行业产能严重过剩可能导致的危害性，尊重市场规律，强化市场机制、规范市场行为、完善市场秩序。2013 年必须以市场为导向进行产量决策，着力控制生产总量，降低产品库存，全行业，特别是重点骨干企业应自觉遵守行规公约、杜绝不正当竞争，保证全行业生产经营的正常运行秩序，维护各生产经营企业

乃至全行业的整体利益。

（2）围绕工业和信息化部《关于促进耐火材料产业健康发展的若干意见》制定的发展目标和主要任务，推进联合重组、优化产业布局，积极引导支持组建大型耐火材料企业集团，创建新型工业化产业示范基地；强化节能降耗，严格环境管理，继续着力推进“绿色耐材”战略，采取切实措施减轻对生态环境的影响；发展高端产品、淘汰落后产能，坚持创新驱动，整合创新资源，建立以企业为主体、市场为导向、产学研相结合的技术创新体系，倡导开展集成创新和引进消化吸收再创新，促进耐火材料新工艺、新材料、新产品的研发，坚决淘汰能效低、污染重、隐患多的落后产能。

（3）积极主动为政府主管部门提供服务，努力争取有利于行业发展的政策支持。1）认真做好学习宣传贯彻《关于促进耐火材料产业健康发展的若干意见》的工作，协同各地方协会收集了解各级政府主管部门执行工信部《意见》的情况，了解会员企业对《意见》的反应，及时向主管部门反馈。2）积极配合工信部原材料工业司拟制全国耐火材料企业准入条件。3）接受工信部委托，承接全国主要耐火原料生产经营的统计工作任务，制定统计目录，建立统计体系，启动统计工作程序。4）争取政府主管部门立项，协同各地方协会组织开展全国铝硅系矿产资源开采及利用现状的调研。5）配合商务部做好应对国际贸易摩擦的相关工作，保证耐火材料产业生产经营运行的安全。6）按环保部要求，协同中华环保联合会等单位继续做好与耐火材料工业相关的国家环境经济政策的调研等工作。7）在充分调查研究的基础上，向国家技术质量监督检验总局呈递关于取消镁碳砖等相关产品生产许可证的建议报告。

（4）立足行业持续健康发展、全心全意为会员单位服务。1）加强协调、规范管理，进一步完善工作制度，切实发挥协会网站和各类期刊等媒体的作用，及时为会员单位提供各类信息服务。定期编发行业生产运行及市场动态分析的情况通报。2）继续争取海关总署的支持，坚持做好行业重点监控产品出口贸易信息的收集整理和分析工作，及时编制预警通报，努力降低出口企业的经营风险。3）按商务部、国资委要求，不断深化行业信用体系建设，继续组织开展企业信用等级评价工作。4）根据钢协信息统计部工作部署，按时完成全国耐火材料生产统计的月报、年报工作任务，启动主要耐火原料生产经营的统计工作。5）积极争取中国钢铁工业协会的支持和指导，按中耐发办字（2012）6 号文件要求，在完成 2012 年耐材行业“冶金科学技术奖”的评审及推荐工作的基础上，计划组织好新一轮的评审工作。6）继续加强与欧盟、俄罗斯、日本、韩国、印度等国耐火材料同业组织的联系，不断扩大中国耐火材料行业在国际业界的影响。与中国钢铁工业协会合作，筹备召开 2013 年 5 月在江苏无锡召开的“第二届中国耐火材料生产与应用国际大会”。7）按协会第六届理事会的总体工作计划，组织力量编制“中国耐火材料工业年鉴”。2013 年要制订方案，启动并争取完成资料收集工作任务。

（5）加强协会自身建设，更好地发挥桥梁纽带作用：1）严格按国资委关于规范行业协会运行管理暂行办法的要求，不断健全和完善协会制度建设，夯实基础、明确职能、规范管理、提高效率。2）以保证行业生产经营正常运行为中心，深入企业加强调研，反映诉求排忧解难，为会员企业提供优良服务。3）努力争取各地方协会的支持与配合，不断健全和完善全国耐材协会工作体系，营造资源互补、信息互传、工作互动、联系密切、成果共享的和谐工作氛围。4）充分发挥协会各专业工作部门的积极性和主观能动性，围绕行业发展和企业生产经营运行，努力创造条件开展原料开发、工艺创新、新产品开发、装备升级、技术交流、员工培训、国际合作等专项活动。

各位理事、同志们：

时代造就机遇，更赋予责任。2013 年我国耐火材料工业面临的形势依然十分严峻，任务十分繁重。我们要在党的十八大精神指引下，坚定信心，聚合正能量，克难制胜，迎接新挑战，努力推进我国耐火材料工业创新驱动稳步发展！

深化改革创新　坚持稳中求进
推动我国耐火材料工业持续健康发展

——在中国耐火材料行业协会六届四次理事（扩大）会议上的报告

（2014 年 3 月 21 日）

中国耐火材料行业协会会长　刘百宽

各位理事、各位代表：

大家上午好！

现在我代表中国耐火材料行业协会常务理事会作年度工作报告，请予以审议。

2013 年，我国经济运行总体平稳、结构调整取得了新的进展，经济社会发展稳中求进，稳中向好，实现了良好开局。在钢铁、建材等主要下游产业保持产销增长态势的影响下，我国耐火材料工业以满足高温工业发展需求和提升行业自身发展质量为着力点，积极应对各种困难与挑战，坚持改革创新驱动发展，努力减少不利因素影响，全行业始终保持了较为稳定的运行，为服务高温工业，支撑国民经济稳中求进持续发展做出了积极的贡献。

一、2013 年全国耐火材料工业生产的总体运行情况

（1）积极应对挑战，努力克服困难，耐火材料产量增长、生产经营态势稳中趋紧。

2013 年，全国耐火材料制品产量 2928.25 万吨，同比增长 3.88%。其中：致密定型耐火制品 1730.70 万吨，同比增长 5.93%；保温隔热耐火制品 55.73 万吨，同比降低 2.67%；不定形耐火制品 1141.80 万吨，同比增长 1.24%。

致密定型耐火制品中，黏土质砖 384.41 万吨，同比降低 4.19%；高铝质砖 274.58 万吨，同比增长 1.0%；硅质砖 232.41 万吨，同比降低 3.70%；镁质砖 180.35 万吨，同比增长 3.36%；特种耐火制品（包括含炭制品、熔铸制品、功能性耐火材料）409.84 万吨，同比增长 8.70%。2013 年熔铸制品和功能性耐火材料增幅较明显，分别增长了 21.33% 和 11.09%。

2013 年全国主要耐火材料生产地区，河南省耐火材料产量 1385.92 万吨、同比增长 4.83%；辽宁省耐火材料产量 514.42 万吨、同比降低 0.73%；山东省耐火材料产量 411.13 万吨、同比降低 2.50%；山西省耐火材料产量 109.25 万吨、同比增长 3.50%；浙江省耐火材料产量 94.98 万吨、同比增长 8.21%；北京市耐火材料产量 87.75 万吨、同比增长 33.47%；河北省耐火材料产量 68.57 万吨、同比增长 20.96%。江苏省耐火材料产量 63.38 万吨、同比增长 19.37%；近年来，全国耐材主产区生产规模的整体格局变化不大，但 2013 年河北省、北京市的产量增幅较为明显。

（2）全球耐火材料市场需求持续低迷，2013 年我国耐火材料出口贸易量、贸易额及平均出口价格全部下滑。

2013 年，全国耐火原材料进出口贸易总额 32.24 亿美元，同比降低 6.44%。其中出口贸易额 29.92 亿美元，同比降低 7.34%；进口贸易额 2.32 亿美元，同比降低 7.26%。2013 年耐火原材料出口总量 502.71 万吨，同比降低 5.20%。其中耐火原料出口量 325.79 万吨，同比降低 0.15%；耐火制品出口总量 176.91 万吨，同比降低 13.27%（碱性耐火制品出口量同比降低 4.41%、铝硅质耐火制品同比降低 24.44%）。

2013 年耐火原材料出口贸易总额 29.92 亿美元，同比降低 7.34%。其中耐火原料出口总额为 15.94 亿美元，同比降低 3.68%；耐火制品出口总额为 13.98 亿美元，同比降低 11.19%。

2013 年耐火原材料出口综合平均价格同比降低 2.26%。其中耐火原料出口平均价格同比降低 3.53%；耐火制品出口平均价格同比增长 2.39%。

值得关注的是，尽管 2013 年我国耐火原材料的进口量尚不及出口量的 7%，但不论是耐火原料

还是制品的进口量和进口贸易额均呈上升趋势，耐火原材料的平均价格也增长了4.3%。

（3）世界经济复苏缓慢，国内经济下行压力增大，耐材企业经营困难重重。

首先是由于全球经济复苏缓慢，发达国家经济回暖的基础不牢固，新兴经济体和发展中国家也因内生增长动力不足，通胀压力上升等问题而导致外需疲软，使我国耐火材料工业在2013年的出口贸易量、贸易额及平均出口价格全部下滑，对行业经济运行的质量和效益都产生了不良影响。其次是随着我国经济进入从高速增长转向中速增长的转型发展期，尽管经济发展长期向好的基本面没有变，但国内经济稳中向好的基础并不稳固。固定资产投资增速趋缓，下游行业需求增速回落，对产能已全面严重过剩的耐火材料工业的冲击和影响日益严重。产能严重过剩引发的低价倾销，行业自律不力产生的竞相压价，资金紧张导致的长期大量货款拖欠，使耐材企业的生产经营困难重重。2013年，我们对近70家重点骨干企业的生产经营情况进行了调研，对59家统计数据完整企业的生产经营情况作了对比分析：59家重点企业2013年的产量同比增长3.19%；销售收入同比增长2.83%；利润同比下降10.36%；应收账款同比增长11.53%。其中：2013年利润下降的有32家，占被调查企业的54.23%，利润下降100%以上的有5家，连续两年亏损的有5家，占比为8.47%；应收账款同比上升的有43家，占被调查企业的72.88%，应收账款接近或大于销售收入50%的有19家，占比为32.2%。更有极个别企业的应收账款还超过了销售收入。从以上几组数据的分析可以让我们看到，全行业的生产经营形势稳中趋紧，前景不容乐观；经营效益持续下滑，趋势令人担忧；应收账款的大幅攀升则应引起各位同仁的高度警觉。

二、2013年耐火材料工业创新驱动发展取得的成效

（1）以工信部《若干意见》为指导，加快调整结构、联合重组和提高产业集中度的步伐。北京利尔股份在顺利完成对金宏矿业和辽宁中兴的收购行动后，2013年利尔股份与青钢公司及青岛坤博签订了投资协议，共同出资设立青岛斯迪尔盛新材料有限公司，拟建设两座800t/d生产转炉炼钢用石灰的回转窑。作为大股东，利尔将负责合资公司的生产经营和管理。通过资源整合、优势互补，将继续扩大利尔股份的产品链条延伸和经营规模，创新公司市场运营商务模式，提升盈利能力。此外，利尔股份还将增资、调整其马鞍山利尔的募投项目“滑动水口功能耐火材料产能提升项目”，由目前的3000吨/年增加至8000吨/年。

瑞泰科技以成为国内高温行业耐火材料和耐火技术的综合服务商为目标，在生产经营压力不断增加的困难形势下，先后设立了枣庄盖泽窑炉工程有限公司、宜兴瑞泰耐火材料有限公司和无锡机械科技有限公司，使公司实现了耐火材料主营业务全部覆盖钢铁、水泥、玻璃、有色、电力、石化及煤化工等行业。

鲁阳股份在不断加强和提升对内蒙古、贵州、新疆、济南等五家子公司的管理，稳定和巩固国内市场的同时，充分利用企业综合实力位居世界前三的优势，开始了走出国门，在海外投资建厂的创新尝试，该公司在发达国家设立生产基地项目的可行性研究正在按计划推进。

金磊股份上市两年，顺利完成了三个募集资金项目的建设，先进的工艺和国际一流的装备使公司综合实力显著提升。2013年，金磊品牌耐材，又开拓了有色金属、建材等新市场，全年产品销售量与销售收入同比分别增长了10%和16.7%。

濮耐股份2013年以发行股份收购资产的方式购买郑州华威100%的股权，完成了新一轮重组。此举实现了公司在建材和有色行业耐火材料领域的扩展，通过与标的资产之间的优势互补，资源互补，充分发挥协同效应，完善公司产品结构，拓宽公司的市场领域和市场份额，使公司的持续盈利能力和抗风险能力有了明显提升。同时，公司将依托郑州华威的平台，结合自有的高纯镁质原料优势，在水泥窑协同处置城市生活垃圾等环保领域发力，进一步提升公司的核心竞争力。

为了积极贯彻落实《若干意见》，着力调整产业结构，提高产业集中度，山东鲁阳建成了年产5万吨的建筑岩棉板生产线并顺利投产；河南新亚能源年产15万吨的高铝基均化高档复合耐火原料生产线在豫北建成投产；邢台兴国公司利用蓝晶石及蓝晶石尾矿研发了特种纤维制品，年产12万吨的生产基地已开始兴建；山东鲁中公司经国家发改委等部门批准，建立了镁铁铝尖晶石砖生产基地；中钢耐火也将投资4亿元与甘肃天祝县合作兴建碳化硅深加工项目。大石桥东兴耐火与中国台湾世界工业材料有限公司共同投资6000万美元的“石油冶炼催化反应含镁副产物的分离与利用”项目也已签署了合作协议。

工信部“关于促进耐火材料产业健康可持续发展的若干意见”发布后，不仅在业内产生了很大的反响，我国耐火材料工业相对集中的各级地方政府也非常重视，河南、辽宁、山东、山西、浙江等地方政府的主管部门相继出台措施，制订实施方案，以改组、改制、改造优化企业的组织结构，管理结构和产品结构，以集聚、集约、集效，促进空间布局优化，资源集约利用，功能集合构建，启动了以淘汰落后产能，推进联合重组，加快转型升级步伐为重点的新型耐火材料产业化示范基地的创建工作。

（2）新技术、新产品开发成果丰硕，耐材产品结构不断优化。通达耐火坚持以市场为导向，“五业并举”，充分发挥产品链和服务链优势，在稳定拓展水泥行业、钢铁行业、电力和垃圾焚烧行业、石化行业市场，加大耐火原料特性研究与应用开发力度的同时，还开发了石灰回转窑、镍铁回转窑等新领域。该公司承接并圆满完成的海南文昌火箭发射基地2号导流槽项目，被解放军某部评价为“现场组织合理、质量管理有效、安全保障到位”。获得了军方的感谢和嘉奖。由于工程服务化能力和技术支持水平的显著提升，该公司在2013年获得了“全国用户满意企业”的殊荣。

河南安耐克公司根据市场需求设计开发的“新型顶燃式热风炉”技术，不仅炉型结构，空间设计明显优于主流顶燃式热风炉，而且相应的投资成本也有明显降低。该公司研发的具有荷重软化温度高、高温抗震性好、耐压强度高，抗蠕变性好优点，可广泛应用于高风内燃式热风炉陶瓷燃烧器的“刚玉莫来石锆质耐火材料”，实现了高炉热风炉用耐火材料领域的新突破。

浙江自立公司自立创新研发的RH炉无铬耐火材料，以其环保、节能、优质、长寿的优势，不仅在宝钢占有了稳定的市场份额和满意的使用效果，而且还逐步进入了梅钢、兴澄特钢及鞍钢等市场。

营口青花集团努力践行科技创新理念，为适应冶炼行业无铬化的要求，坚持以科技为先导，积极开展无铬化耐火材料的研究，研发以镁铝锆砖替代含铬耐材制品，并不断改善其使用性能，取得了较大进展。

中钢耐火公司研发的“RH”精炼炉用优质环保无铬耐火材料关键技术研究项目被评为省级重大科技专项，并获省科技资助。该项目最终完成后，将解决国内外RH精炼炉用耐火材料无铬化的技术瓶颈，产生显著的经济效益和社会效益。2013年该公司耐火实验室通过了CNAS国家实验室认证，标志其资质和能力得到了国家认可的第三方证明，为相关产品出口避免重复检验，获得质量信任提供了保证。

中钢洛耐院充分发挥自身优势，组织申报各类科研项目30项，2013年“梯度功能耐火材料研究开发”获市科技进步一等奖，并被认定为国家重点新产品，“大型电解槽侧衬材料复合关键技术的研究与应用”获市科技进步一等奖，“氮化硅结合碳化砖功能耐火材料的开发和应用”获中钢集团科技进步一等奖。依托该院建设的“先进耐火材料国家重点实验室”顺利通过了科技部检查验收。

瑞泰科技作为主要参加单位，参与了1项国家标准与5项行业标准的制定。2013年该公司“熔铸耐火材料制备技术优化及在低导热锆刚玉砖的应用开发”技术项目，达到国内先进、国际领先水平，获得中国建材联合会科技进步二等奖，“大型水泥窑用镁铝尖晶石砖”技术获中国建材集团及建材联合会技术革新一等奖。

以海城后英集团等优势企业为骨干的辽宁（海城）菱镁新材料产业基地，积极进行基础性研究、产品应用研究、技术开发及产业化研究，攻克了一批具有全局性、带动性的关键共性技术和核心技术，形成了一批具有国际竞争力的菱镁资源深加工系列产品，被科技部认定为“国家示范型国际科技合作基地”。

河南耕生公司根据混铁炉工艺需要的工作温度，兑铁次数，铁水和渣的成分等工艺要求，研发了炉顶、渣线、炉底及出铁口用系列耐火浇注料，形成了混铁炉整体浇注工艺及配套用耐火材料，并实现了产业化。

北京利尔不断加大产品研发力度，持续加强技术创新，其自主研发的侵入式水口，无碳预制块、塞棒、稳流器、脱硫枪及低成本挡坝等6项产品，经评审公示，被认定为北京市第二批中关村国家自主创新示范区新技术、新产品。

2013年12月，濮耐股份研发的“高氧高锰钢在连铸用长寿命浸入式水口的研制与应用”、“VD精炼钢包用长寿命渣线镁碳砖的开发与应用”和“Al_2O_3-SiC质喷射浇注料的研制与应用”三个项目通过了省科技厅组织的成果鉴定，专家认为三个项目的整体技术达到了国际先进水平。

武科大坚持产学研用的发展方向，2013年，出色完成了“省部共建国家重点实验室”的遴选工作，经科技部评定为“耐火材料与冶金国家重点实验室”，申报并获准国家级科研项目5项，在众多获奖项目中，两项被认定为国际领先，一项被认定为国际先进。为推动耐火材料工业的创新驱动，该校与耐材产业相对集中的地方政府合作，在山东、江苏等地建立了耐火材料研究院，在主要下游行业组建了耐火材料联合实验室。

辽科大为推进我国镁质耐火材料产业的健康可持续发展，与政府主管部门及大型企业共同建立了6大科研平台，还承担了4项“十二五”科技研发项目。2013年，该校安排优秀师资力量，为海城、大石桥地区的耐材企业培训了300余名实用型生产技术骨干。

为了加快行业创新驱动发展的步伐，江苏振球集团与安徽工业大学签署合作协议，建立了产学研战略伙伴关系；武科大与宝钢工业技术服务公司将共同组建耐火材料联合实验室，在耐火材料领域开展战略合作；山东圣泉集团“国家级博士后科研工作站”于2013年11月获得授牌；中钢洛耐院与洛阳理工学院签订了全面战略合作框架协议，双方将在耐火材料研究领域开展全方位合作；2013年首家“热风炉及陶瓷燃烧器用优质高档耐火材料院士工作站”也在郑州安耐克挂牌落户。

（3）践行生态文明建设理念，着力推进节能减排环保治理。工信部关于促进耐火材料产业健康可持续发展的若干意见明确提出了今后一个时期促进产业发展的八项主要任务，围绕加强生态文明建设的任务有三项，即强化节能降耗、严格环境管理和淘汰落后产能。《若干意见》发布后，全国耐火材料行业协会系统立即作出了积极反应，中国耐材协会在年度工作会议后很快制定了贯彻落实工信部《若干意见》的工作方案，把“十二五”期间淘汰落后产能，推进节能环保的具体指标列入了工作目标体系并组织开展了一系列活动。山东省耐材协会在总结推广鲁阳股份经验的同时，把坚持创新驱动、发展高端产品、淘汰落后产能列为年度主要工作任务，作为创建耐火材料产业化示范基地的基础和前提着力推进。辽宁省非金属矿协会、营口、海城耐材协会配合政府主管部门，围绕打造高端、多元的菱镁产业基地为目标，引导企业淘汰落后产能，开发低能耗、低污染、高科技、高效益的循环经济项目，构建循环型产业发展模式。河南省耐材协会充分发挥37家省级高新技术耐材企业的示范作用，在全省耐材行业推进对传统工艺进行优化、对传统装备改造升级，既促进了河南耐材产品的结构优化升级和更新换代，节能环保工作也产生了显著的经济和社会效益。浙江省耐材协会在推动耐材企业转型升级的过程中，积极引导企业淘汰落后产能，大力推广新工艺、新装备、新产品，使主产区长兴县的耐材工业面貌发生了明显改变。山西阳泉郊区、河南新密等地方耐材协会采取多种方式，帮助企业对成型装备进行改造升级，也收到了可观的节能降耗成果。

为了践行生态文明建设理念，辽宁丰华实业承接的“菱镁矿高效利用绿色生产技术”项目，被科技部列为国家支撑计划；河北瀛都利用“针状纤维技术”开发生产的LTC超轻质耐火材料，各项理化指标处于世界领先水平，与普通轻质耐材相比还可节约热能40%；“国家环境友好企业”营口金龙集团，投资2000多万元引进了一条现代除尘设施生产线，不仅有效改善了企业生产及周边居民生活环境，还循环利用了回收的粉尘；辽宁群益集团自主研发电熔镁生产线全线封闭节能环保智能控制系统，实现了全封闭生产，树立了科技治污、生态环保的榜样。山西道尔集团年产10万吨黏土熟料示范项目通过了可行性研究，该项目的实施，将推动国内竖窑均化料技术的进一步成熟，引领矾土资源的可持续利用方向。马钢耐火在污水净化过程中提取高档原料，安徽瑞泰变废为宝的低碳经济发展效益，河南瑞泰的无污染排放高温隧道窑，以及福建海源、辽锻、桑德机械、山东慧敏等装备、配套企业在耐材行业推广成型设备改造和节能新材料技术等，都为耐材工业的节能降耗、环保治理作出了积极的贡献。

（4）冷静应对复杂的经济形势，积极调整经营策略，管理创新取得新进展。

濮耐股份积极关注市场变化，抓住下游产业政策调整的契机，优化业务模式，乘势扩大销售规模，以稳定的产品品质和优质的系统服务拓展市场，企业内生发展和并购重组同步推进，2013年取得了产量增长11.99%、销售收入增长13.33%、利润增长26.27%的佳绩。

山东耐材集团按市场化的需求深化企业内部改革，实施管理的制度化、标准化、规范化，在生产单元推进“产销一体”，模拟市场化运作，通过签订绩效考核协议，对关键绩效指标逐级分解考核，将市场机制引入企业内部，有效地增强了企业的生机与活力。

中钢耐火在市场竞争日趋激烈，成本压力不断增大的严峻形势面前，建立了“降本创效”的长效管理机制，分系统量化指标，强化责任、加强考核，2013年仅生产、营销两大系统就实现了近5000万元的降本创效目标。

武钢耐火公司着力创新管理机制，突出精益管理，强化预算控制和费用控制等措施，通过对市场进行全面清理和调整，努力提升了国内市场耐材总包和炉役承包效益。在国际市场上，他们与国际先进企业同台竞争。2013年该公司实现利润3600万元，国内国际市场实现利润同比分别增长了24%和37%。

江苏苏嘉集团在对市场形势进行认真分析判断后，及时调整营销战略，坚决摒弃重销售轻收款的观念，以资金信用、企业信誉为标准，分析、选择客户，从总经理到营销业务人员，全部按实现年度资金回收率100%的目标努力，2013年该公司的利润同比增长了63.75%。

攀钢冶材公司以市场化为导向加强员工队伍建设，以量化考核为切入点深化企业内部改革，新产品新业务同时推进，公司本部与德阳、西昌基地协同发挥效应。2013年，产量、销售收入及利润全部超额实现了计划目标。

浙江自立为增强企业的综合竞争能力，2013年投入7300多万元进行技术改造、节能减排和环保治理，建成了年产2.5万吨的板状刚玉新生产线，完成了大部分摩擦压力机的程控化改造，该公司1250吨以上高吨位抽真空压机及配套机械手的投入使用，填补了转炉用大型镁碳砖生产的空白。

马钢耐火以资产重组为契机，依托马钢，不断探索总包项目和现场管理服务的新管理模式，在巩固内部市场的同时，努力开拓外部市场，2013年的外销收入已接近公司销售总额的百分之三十。

唐山时创为加快企业的国际化发展步伐，采取增资扩股方式，与唐钢、德高共同组建成为中外合资企业，引进国际先进管理理念，建立适应现代企业制度的管理模式，大大提高了企业管理效率，2013年该公司利润同比增长79.9%，当年货款回收率达到95%。

三、中国耐材协会2013年开展的主要工作

（1）认真贯彻中央经济工作会议精神，结合实际确定行业总体工作思路，突出重点推进年度工作计划的实施。为了应对复杂多变且日趋严峻的国内外经济形势，协会会长工作会议，在认真总结2012年行业发展和协会工作的基础上，对国内外经济运行态势进行了分析，依据中央经济工作会议精神，结合行业生产经营实际，针对产业运行中存在的突出问题，讨论了促进我国耐材工业持续健康发展的对策和措施，确定了协会2013年工作的总体思路。协会秘书处扩大会议根据会长工作会议确定的总体工作思路，拟制了协会2013年的工作计划，同时对协会秘书处及各专业工作部门承担的20项主要工作任务进行了分解，制定了协会年度工作的推进计划，明确了工作责任，落实了具体措施。一年以来，协会秘书处根据协会六届三次理事（扩大）会议关于年度工作的总体部署，突出重点、注重实效、循序渐进地开展各项工作，保证了协会各项主要工作职能的顺利履行。

（2）宣传贯彻《若干意见》精神，推进行业结构调整、联合重组、转型升级。贯彻落实“工业和信息化部关于促进耐火材料产业健康可持续发展的若干意见”精神，是协会当前和今后一个时期的一项重要工作。根据协会六届三次理事（扩大）会议的部署，协会秘书处于5月上旬印发了《中国耐火材料行业协会贯彻落实工业和信息化部关于促进耐火材料产业健康可持续发展的若干意见的工作方案》，明确了贯彻落实《若干意见》的工作指导思想，成立了以徐殿利常务副会长为组长，各省（市）地方协会负责人和协会秘书处组成人员为组员的工作领导小组，拟定了第一阶段（“十二五”期间）的十项工作目标，制定了八条具体工作措施。近一年来，首先是充分利用与协会联系密切而且在国内外具有一定影响的网站、期刊等媒体，在第一时间登载工信部《若干意见》全文，同时配发协会秘书处专稿，集中同步向全行业进行宣传；其次是在协会年度工作会议上，请工信部《若干意见》起草编制负责人解读指导思想、基本原则和发展目标，讲意义、讲任务、讲责任、讲措施，大力宣传加强耐火材料行业管理的重要性、紧迫性和贯彻落实《若干意见》的必要性；再次是接受委托，配合政府主管部门，组织专家队伍调研耐火材料工业的综合现状，摸清家底，研讨论证，缜密拟草“耐火材料行业准入条件”；四是积极主动协调各省（市）地方协会，结合各自产业实际，突出本地区特点，引导优势企业以品牌、技术、资本等要素为纽带，聚集创新要素，按市场规律规范运作，横向联合重组，纵向延伸产业链，协同发展生产性服务业，

创建具有区域特色的新型耐火材料产业化示范基地。目前，河南新密市创建新型耐火材料产业化示范基地的工作已进入逐级申报程序，辽宁、山东等地区也在积极开展工作。在2013年9月协会六届三次常务理事（扩大）会议期间，我们特邀工业和信息化部原材料工业司潘爱华副司长、中国科学院钟香崇院士及业内知名专家李红霞、张森等人，围绕贯彻落实《若干意见》，促进耐火原材料产业发展进行了交流座谈。此后，又配合工信部在郑州召开了无铬耐火材料产业发展座谈会。同时，协会还利用会议及调研考察等机会，向有联合重组意愿的各类企业传递信息，牵线搭桥给寻求联合重组合作的企业提供交流沟通平台，为全力推进产业结构的调整和转型升级提供服务。

（3）配合工信部拟制行业准入条件，为政府主管部门加强宏观调控当好参谋。历时两年，在对全国耐火材料主要产区及重点耐火原材料生产企业进行深入调查研究，召开多次调研座谈会和专家论证会的基础上，协会先后完成了工信部下达的《促进耐火材料工业结构升级的政策措施研究》和“关于耐火黏土、菱镁矿和耐火材料产业发展思路研究”两个调研课题。据此，工业和信息化部于2013年2月21日以【工信部（2013）63号】文件的形式，印发了《工业和信息化部关于促进耐火材料产业健康可持续发展的若干意见》。在这份中国耐火材料工业64年发展史上第一次由政府主管部门制发的专门文件中，耐火材料作为国民经济和高温工业不可或缺的基础材料的重要地位得到了确认，耐火材料工业作为一个独立的产业，被纳入了政府主管部门的调控和管理系列。去年3月22日，工信部又以【工信部简函（2013）70号】的形式，正式委托协会开展耐火材料行业准入课题研究。要求在摸清行业现状、发展环境和发展趋势的基础上，研究提出耐火材料行业准入要求和相关建议。“行业准入条件”作为政府主管部门的管理法规，不仅关系我国耐材工业的持续健康发展，更涉及数以千计的耐火材料企业的切身利益，为了提出既符合经济社会发展方向和产业政策规定，又有利于产业健康发展和企业做优做强的行业准入要求和建议，协会组织专家工作组，对“准入条件”中的每一条规定反复斟酌推敲，每一组数据认真比对核实，每一项指标精确计算编制。完成初稿后，在辽宁、河南、山东、浙江等主要耐火材料产区省、市协会的配合下，按产品不同类型分别召开调研座谈会，认真广泛地听取重点骨干耐火原材料生产企业的意见，在此基础上，又以电话查询、网上交流、现场再次调研等方式逐条进行确认，于去年8月下旬形成了“耐火材料行业准入条件”和相关建议，现已呈送工业和信息化部，预计近期将在网上公示并征求意见，然后按规定程序成文发布。

（4）不断加强行业生产统计体系管理，坚持做好行业生产运行分析和国内外市场信息发布。行业生产统计体系自2008年组建至今已运行了6年，在中国耐材之窗网的配合下，我们克服各类困难，依法履行工作职责，严格按规定催收月报，认真汇总分析上报。在定期通过《钢铁统计月报》发布重点统计耐材企业信息的同时，还充分利用统计系统提供的数据，综合与上下游行业和海关总署建立信息交流机制获取的信息，对行业生产运行情况，耐火材料进出口贸易情况及上下游行业的生产经营动态和市场需求走向等进行客观求实的分析。公布现状、查找问题、探寻原由、提出建议，引导会员企业把握局势、正视困难、调整策略、规避风险，保持稳定运行。为了充分利用统计信息资源，耐材之窗网还在中国冶金报开辟专版，定期发布耐火原料市场行情信息，得到了广大会员企业的高度认可。2013年11月，协会在辽宁沈阳召开的年度生产统计工作会议上，总结表彰了行业统计工作的先进集体和先进工作者，发布了年报及定期报表制度，同时也对2014年的行业生产统计工作进行了部署。

（5）认真组织了“冶金科学技术奖”的集中申报和推荐工作。根据协会六届二次常务理事会议决定，协会2012年四季度开始启动了集中组织申报“冶金科学技术奖”的工作。经协会专家组严格按照标准进行初步评审后，向冶金科学技术奖奖励委员会推荐了18项成果，经评审，濮阳濮耐、中钢耐火、郑州安耐克及中冶焦耐等四家单位的成果分获二等奖和三等奖。第一次由行业协会集中组织统一申报冶金科技奖，获奖比例达到22%，结果令人欣慰。

（6）顺利举办了“第二届中国耐火材料生产与应用国际大会”。为了应对世界经济持续低迷，中国经济增速放缓，钢铁等高温工业进入低增长，低利润期的严峻形势，寻求耐火材料工业当前和今后一个时期的发展方向与战略，明确调整结构、转型升级、创新驱动、稳中求进的着力点，在总结2011年广州会议经验的基础上，协会联合中国钢铁工业协会，于2013年5月在江苏无锡举办了

“第二届中国耐火材料生产与应用国际大会”。来自欧盟、美国、澳大利亚、日本、印度及东欧、东南亚等十余个国家、地区的钢铁和耐火材料行业的专家、企业家，宝钢、武钢、沙钢、河北钢铁、攀钢等国内钢铁行业的代表，武科大、辽科大、郑州大学、河南科技大学等高等院校的专家学者和一百多家耐材企业的近三百名代表参加了会议。中国钢铁工业协会副会长张长富及国际钢铁协会首席经济学家韩来希出席会议并分别作了专题报告。会议历时两天，来自中外钢铁、耐材企业、协会和研究机构的21位嘉宾与大家交流研讨，共同分析了面临经济及耐火材料行业的形势，探讨了钢铁和耐火材料行业未来发展的趋势和战略，还交流了耐火材料生产与应用的最新技术动态，达到了预期效果。

（7）按计划完成了首届耐火材料基础知识培训班的组织工作。根据协会六届理事会的总体工作部署和2013年工作计划，由中国耐材协会主办，委托河南科技大学高温材料研究院和新密市耐材协会承办，得到郑州东方集团、安耐克实业有限公司及郑州瑞泰耐材公司等企业大力支持的首届耐火材料基础知识培训班于2013年8月在新密开班，来自铝硅系耐材主产区5省12个县市32家企业的40名学员，在为期3周的培训期间接受了耐火材料常规性能与检测、常用耐火原料、不定形耐火材料等基础知识培训，与特邀专家进行了耐火材料研发与新动态等专题交流，参观考察了郑州地区几家有特色的耐材企业及相关下游企业。

（8）不断加强协会自身建设，全心全意为会员单位服务。今年以来，协会秘书处严格按国资委行业办和中国钢铁工业协会的要求，完善工作制度、规范管理程序，围绕发挥桥梁纽带作用，加强行业自律，履行服务宗旨，推动企业发展四大主要职能开展工作，把为会员企业服务放在首位，把维护行业利益，促进行业健康持续发展作为开展协会工作的出发点和立足点，组织调研、召开会议、制发文件、办理会务、凡事都必须考虑会员单位的实际情况和承受能力，都必须坚持实事求是，全力维护行业的整体利益。协会自身建设得到了加强，办事效率、工作质量有了不同程度的提高。过去的一年，协会积极协同各省市地方协会开展了一系列推进产业创新驱动发展的专项活动，支持部分重点企业举办了新工艺、新技术、新产品研讨交流和创新成果发布会议。同时，我们还关心、协调了山西、贵州、湖南等三个耐材地区省级耐火材料行业协会的筹建工作。山西省耐火材料工业协会已于去年12月6日在太原正式成立，湖南省协会已完成了重新注册登记工作，贵州省协会预计也将在近期完成筹建工作任务，择机挂牌成立。2013年，协会会长工作会和六届三次理事（扩大）会议部署的各项工作都得到了落实，秘书处及各专业工作部（室）的职责履行处于良好状态。协会机关党支部按国资委和钢协党委要求，认真完成了党的群众路线教育实践活动的各项工作任务，接受并通过了钢协党委督导组的检查。

协会工作存在的问题：一是深入企业开展调研工作的力度不大；二是行业统计工作覆盖面不全，统计体系运行管理有待完善；三是由于协会人手紧张，人员年龄结构趋于老化，专业知识结构也不尽合理，所以工作效率、服务质量仍存在不尽如人意的地方。

四、中国耐火材料行业协会2014年工作的指导思想和主要任务

2014年是全面贯彻落实党的十八届三中全会精神，全面深化改革的第一年。尽管我国仍处于大有作为的重要战略机遇期，但耐火材料工业发展面临的形势依然错综复杂。从国内看，制约经济可持续发展的体制机制性障碍仍然存在，产能过剩、地方债务、影子银行等矛盾和问题值得警惕；从全球范围看，世界经济仍处于深度调整期，面临着基础不稳、动力不足、速度不均等问题。当前耐材行业化解产能严重过剩矛盾的任务十分艰巨，制约行业发展质量和效益提高的问题较为突出，保持行业持续健康运行面临着严峻的挑战。我们要按照中央部署和政府要求，坚定信心、迎接挑战，化解矛盾，克服困难，努力把产业发展的主动权掌握在自己手中。

2014年协会工作的指导思想。在党的十八届三中全会精神指导下，认真落实中央经济工作会议精神，以贯彻执行《工业和信息化部关于促进耐火材料产业健康可持续发展的若干意见》为主线，以“调结构、促转型、保运行、稳市场、提质量、增效益”为中心，努力化解产能过剩矛盾，着力引导行业创新驱动，切实加强产品创新、管理创新和商业模式创新，不断深化节能减排和环保治理工作，推动我国耐火材料工业稳中求进、稳中有为、持续健康发展。

2014年行业协会工作的主要任务：

（1）认真贯彻落实党的十八届三中全会精神，按照中央经济工作会议的部署，沉着应对依然错综复杂的国内外经济形势，确保耐火材料工业生产经营的正常运行。面对我国耐火材料市场竞争日趋激烈、耐材企业生产经营日益艰难的严峻形势，准确判断和把握走势，合理确定生产经营发展方向和目标。2014 年，全行业都必须认真思考化解耐火材料工业产能严重过剩的矛盾和切实维护国内国际耐火材料市场秩序的问题，深刻领会并贯彻落实党的十八届三中全会关于“建设统一开放、竞争有序的市场体系，建立公平开放透明的市场规则，完善主要由市场决定价格的机制，发挥市场在资源配置中的决定作用”的精神，坚持以市场为导向，对企业生产经营及发展方向进行重新定位，尊重市场规律，自觉遵守行规公约和市场规则。

协会要根据中央提出的指导原则和措施，积极配合政府主管部门，引导会员企业把化解产能严重过剩矛盾作为推进耐材行业结构战略性调整，提高耐材产业素质，加快转型发展的主攻方向，引导耐材生产企业把规范市场行为，杜绝不正当竞争，完善市场秩序作为缓解生产经营困局，维护行业整体利益和企业切身利益的有效措施。各会员企业尤其是会长、副会长及常务理事单位，要不断增强进取意识、机遇意识和责任意识，引领全行业认真思考化解行业产能严重过剩矛盾的新思路，发挥自身优势，探索规范和稳定市场运行秩序的有效途径。

（2）继续推进《工业和信息化部关于促进耐火材料产业健康可持续发展的若干意见》的贯彻和落实。首先，协会要继续加大宣传贯彻《若干意见》的工作力度，使促进行业健康可持续发展的指导思想、基本原则，发展目标和保证措施深入人心，让全体会员单位和广大耐材企业深刻认识自觉贯彻《若干意见》的必要性和紧迫性。其次，围绕中耐协发办字（2013）4 号文件制定的关于贯彻落实《若干意见》第一阶段的十项目标和八条具体工作措施，在深刻总结近年来我国耐火材料工业发展经验和教训的基础上，认真思考“十二五”到 2020 年行业发展的方向和重点，探究发展规律，树立行业创新驱动和企业科学发展的全新理念。再次，在党的十八届三中全会精神指导下，紧密结合耐火材料工业发展的实际，把贯彻落实《若干意见》的立足点和着力点放在推进联合重组、优化产业布局、强化节能降耗、严格环境管理、发展高端产品、鼓励技术创新、淘汰落后产能、加强安全生产等八个方面，引导会员单位结合行业发展及自身生产经营实际贯彻落实《若干意见》，齐心协力，共同促进耐火材料产业健康可持续发展。

我国耐火材料行业集中度低、企业规模小，我国的耐火材料企业必须通过规范治理，资本运作，做大做强，提升在国际耐火材料领域的竞争实力！

（3）配合政府主管部门做好宣传、执行“耐火材料行业准入条件”的相关工作。由工业和信息化部负责组织，委托行业协会拟制的“耐火材料行业准入条件”即将在 2014 年发布。行业准入条件与《若干意见》配套，作为政府主管部门的管理法规，将有力推进我国耐火材料工业结构调整、优化布局、淘汰落后产能，实现转型升级的步伐。我们要抓住机遇，在工业和信息化部的指导下，积极配合各级工信主管部门，大力宣传行业准入条件，严格执行行业准入条件，加快淘汰落后产能的力度，加强产业生态文明建设，加快联合重组进度，加速创新驱动发展，实现转型升级目标。“十二五”期间，要以耐火材料企业相对集中的河南、辽宁、山东、山西、江苏、浙江等省市或地区为重点，努力争取和创造条件，积极开展创建具有区域特色的新型耐火材料产业示范化基地的工作。

（4）加强行业生产运行的监测、分析和出口预警工作，维护产业生产经营运行安全。一是关注行业生产经营运行状况和走向，充分运用协会掌握的各类信息资源，依据行业统计体系提供的数据，加强趋势性、倾向性问题的分析和研究，按期发布运行情况通报，为企业正确经营决策、为政府加强宏观调控提供服务；二是加强与下游行业协会的联系与交流，及时了解耐火材料市场的供需动态和价格变化，引导企业坚持“以销定产”的原则，坚持按合同组织生产，不付款不发货，维护市场秩序的稳定，保障企业的基本利益；三是坚持做好对国际耐材市场的监测，加强出口预警工作，帮助会员企业了解国际耐材市场动态信息，有效规避国际贸易风险，规范有序地推进耐火材料出口。

（5）大力加强科技创新、推动行业科学发展。一要不断完善以企业为主体，以市场为导向，产学研用相结合的技术创新体系，充分发挥企业在科技创新中的主体作用，倡导协同创新，搭建共性技术研发平台，协同开发延伸耐材产业链，坚持开放创新，提高我国耐材工业科技创新的国际化水平。二要突出重点，扩大行业科研技术交流领域，加快科技成果的推广应用。2014 年，在组织企业和科研院所专家研究提出行业科技发展需求和重点技术创新方向的基础上，围绕耐火材料新技术、新工艺、新品种的研发，在耐火材料资源的综合利用，纳米技术在耐火材料的应用，无铬耐火材料的研究等方面力求有新的突破。三要积极响应中央关于加强生态文明建设的号召，不断提升耐火材料工业节能减排和资源综合利用效率。要加快先进节能减排技术的研发和推广应用，加强企业开展节能减排，资源综合利用技术的交流，在研究、发展环境生态友好型耐火材料的同时，还要注重用后耐火材料的回收与利用。四要发挥协会专家团队在行业发展中的支撑作用，为会员企业提供全方位服务，增强全行业的自主创新能力。为了贯彻落实《中共中央关于全面深化改革若干重大问题的决定》精神，建立满足行业发展技术需求的、产学研协同的行业创新体系，协会将组建中国耐火材料行业专家工作委员会，作为行业公益性组织，从宏观政策，技术、装备、研发等多层面为行业整体运行，为企业发展提供技术咨询和服务。

（6）适应经济全球化新形势，积极开展国际交流与合作。全球产业重新布局的新机遇和中央允许发挥自身优势到境外开展投资合作的政策，为我国耐火材料行业工业走出国门，拓展更大的发展空间创造了十分有利的条件，我们要加大与国际间同业组织的联系、交流与沟通，为会员企业了解中国耐火材料市场信息和技术动态，开展国际交流与合作搭建平台，提供服务。2014 年，在继续保持与欧盟、美国等发达地区同业组织联系的同时，要更加关注金砖四国、东南亚及周边发展中国家高温工业对耐火材料的需求动态，争取尽快与俄罗斯、印度、韩国、日本等国的同业组织建立友好交流与合作关系，创造机会组团互访，增进了解、加强合作。

2014 年，还要在认真总结经验的基础上，与中国钢铁工业协会合作，联合主办“第十届中国国际耐火材料及工业陶瓷展览会”。

（7）不断完善协会自身建设，努力提升管理水平，全心全意为会员单位服务。1）根据中共中央关于行业协会商会与行政机关真正脱钩的改革部署，按照推进社会组织明确权责、依法自治、发挥作用的要求，不断健全完善协会各项规章制度，努力规范协会机关管理程序，切实提高协会工作效率和服务质量。2）坚持依法履行行业生产统计职能，认真总结行业统计体系运行 6 年来的经验和教训，以完善规范统计工作制度为基础，克服困难、创造条件、适度增加统计项目，不断提高为政府和企业提供信息服务的质量。2014 年，对纳入《钢铁统计月报》的重点耐火材料生产企业要进行甄别筛选，适量增加重点企业的纳入数量。3）根据我国耐火材料工业创新驱动发展的客观需求，2014 年，要以培养高素质、梯队化的创新型工程技术人才、管理人员为目标，整合武汉科技大学、辽宁科技大学、河南科技大学、郑州大学等院校及业内知名企业的师资和技术力量，在各地方协会和骨干企业的支持下，择时举办“耐火材料专业基础知识”、“耐火材料专业英语及外贸基础知识”和“绿色耐火材料的新技术、新材料和新装备”短期培训班，为会员企业提供人力资源培训服务。4）根据我国耐火材料工业做优做强，不断发展的需要，努力争取政府主管部门立项，组织业内专家开展对耐火材料矿产资源和行业节能环保现状的调查研究；围绕贯彻落实工信部《若干意见》，拟制工作计划，创造条件，争取在近两年内，对我国耐火材料行业的企业现状进行一次全面调查，摸清家底，掌握实情，分析研究，规划发展。5）及时反映会员企业诉求，对我国耐火材料产品生产许可证的管理现状进行摸底调查，根据生产企业及各省市地方协会的意见，向政府主管部门提出规范管理，取消部分耐材产品生产许可证的建议。6）主动协调，积极争取各省市地方协会的支持，相互尊重、交流合作，支持并配合各地方协会开展具有各自区域优势和产业特色的活动，共同搭建促进耐火材料产业持续健康发展的服务平台。2014 年，要以完善并维护公平有序竞争的市场秩序为目标，选择市场供大于求、价格波动较大的主要耐材制品，协同生产企业和地方协会，建立产品营销联席会议机制，共同分析市场，核算产品成本，合理商议统一销售价格，自觉遵守行规公约，维护行业整体利益。7）落实协会六届理事会的总体工作计划，按中耐协发办字（2013）12 号文件要求，完成《中国耐火材料工业年鉴》第一部的资料收集整理工作任务，按计划组织专门力量启动编纂及出版发行的相关准备工作。

各位代表，2014 年的国内外经济形势依然十分严峻，耐火材料工业生产经营和发展的任务也异常艰巨。我们要防微虑远，趋利避害，深化改革创新，坚持稳中求进，风雨同舟、克难制胜，全力推动我国耐火材料工业持续健康发展。

转型升级应对新常态 改革创新促进新发展

——在中国耐火材料行业协会六届五次理事(扩大)会议上的报告

(2015年3月28日)

中国耐火材料行业协会会长 刘百宽

各位理事、各位代表：

大家上午好！

现在我代表中国耐火材料行业协会常务理事会作年度工作报告，请予以审议。

2014年我国经济增长速度明显放缓，全国GDP同比增长7.4%，增速滑落至1990年以来的新低。耐火材料产量近十余年来首次出现下降。2015年经济下行压力仍然很大，同时还要面临人民币贬值、出口回落等挑战。我国高温工业的寒冬仍将继续，耐火材料产业发展之路仍然艰难。希望全行业能够认真总结经验教训，对面临的国内外经济形势进行全面分析预测，积极应对可能出现的挑战。

一、2014年全国耐火材料行业总体生产运行情况

（一）下行压力显现，耐材产量略降

2014年全国耐火材料制品产量2797.15万吨，同比减少4.48%。其中，致密定型耐火制品1656.17万吨，同比减少4.31%；保温隔热耐火制品52.63万吨，同比减少5.56%；不定形耐火制品1088.35万吨，同比减少4.68%。

2014年全国主要耐火材料生产地区，河南省耐火制品产量1287.61万吨，同比减少7.1%；辽宁省耐火制品产量498.47万吨，同比减少3.1%；山东省耐火制品产量359.41万吨，同比减少12.6%；北京市耐火制品产量66.41万吨，同比减少24.3%；河北省耐火制品产量70.78万吨，同比减少3.2%；山西省耐火制品产量111.29万吨，同比增长1.9%；浙江省耐火制品产量98.10万吨，同比增长3.3%；江苏省耐火制品产量65.15万吨，同比增长2.8%。

在全国经济进入新常态后，钢铁、水泥、玻璃等下游产业增速明显减缓。在此种大环境中，耐火材料产量出现了2000年以来的首次下降。在工业转型、需求萎靡的情况下，耐火材料行业产能过剩矛盾会更加突出。

（二）2014年全国耐火材料进出口情况

2014年，全国耐火原材料进出口贸易总额35.61亿美元，比上年同期增长10.42%。其中，出口贸易额33.30亿美元，同比增长11.30%；进口贸易额2.31亿美元，同比降低0.49%。

全国耐火原材料出口总量566.09万吨，同比增长12.61%。其中，耐火原料出口379.86万吨，同比增长16.60%；出口贸易额17.96亿美元，同比增长12.67%；耐火制品出口186.23万吨，同比增长5.27%，出口贸易额15.34亿美元，同比增长9.73%，出口综合平均价格同比增长4.27%。

在海关查询的主要耐火原料出口品种中，除白刚玉和碳化硅出口平均价格略有增长，分别同比增长1.59%和0.63%外，其他主要品种均有不同程度的下降，耐火铝黏土、电熔镁砂和烧结镁砂出口平均价格分别降低2.95%、8.06%和5.29%。

近年来，我国耐火原料出口量逐年增多，但出口平均价格一路走低。这对资源保护、综合利用是不利的。希望能引起原料出口企业重视，努力扭转这一局面。

（三）国际经济复苏缓慢，国内经济增速放缓

联合国发布的《2015年世界经济形势与展望》预测世界经济2015年和2016年将小幅增长，增长率分别为3.1%和3.3%，而2014年的增速为2.6%。分析认为，欧元区的经济前景不容乐观，

许多欧元区国家徘徊在衰退边缘；中印等新兴经济体仍将是世界经济增长的重要动力。

我国经济增速放缓、经济结构调整已经是不争的事实。新常态是一种不同的经济增长模式，偏重于依靠拉动内需、发展服务业和国内创新促进总体经济增长。中国经济调整至新常态与国内经济放缓和国际经济形势困难的时期重合。悲观来看的话，经济增速放缓，城市房地产产能过剩，许多制造行业利润空间萎缩，公司和地方政府负债高昂。而乐观来看，一是中国经济在再平衡的过程中保持了相对高速的增长；二是已有迹象表明经济结构调整正朝着正确的方向发展。

在这种情势下，有以下几点值得企业注意：一是人口红利消失，提高劳动生产率迫在眉睫；二是产能过剩的矛盾将日益突出；三是企业必须减少债务，包括贷款；四是注意外部冲击可能影响中国的出口。

从协会统计的58家重点耐材生产企业2014年生产经营情况看，产量基本与2013年持平，主营业务销售收入增长3.44%，利润增长幅度较大。可以看到重点企业的生产经营情况正在向着合理健康的方向发展。但是应收货款持续增加，2014年末比2013年末增加7.86%。58家重点企业中应收货款占销售收入50%以上的企业14家，全部58家重点企业的应收货款均高于销售利润。应收货款的持续高位带来企业资金链的高风险，尤其是在当下钢铁等下游行业利润微薄、生产经营情况岌岌可危的情况下，更值得所有经营者重点关注。

二、2014年全国耐火材料行业的发展成效

（一）政策环境进一步完善，行业向健康可持续方向发展

无规矩不成方圆。行业要想在正确道路上发展，需要政策划定发展路线并保驾护航。2014年，国家、地方和行业层面的政策进一步完善，为耐火材料行业向健康可持续发展创造了条件。

2014年3月，国务院印发了《关于进一步优化企业兼并重组市场环境的意见》。与《意见》配套的关于消除体制机制障碍、政策环境及管理服务方面的相关措施和具体办法也已在2014年内陆续出台，包括修订完善兼并重组企业所得税特殊性处理的政策、完善企业改制重组涉及的土地增值税政策、优化融资及稳定岗位补贴相关政策、取消或简化审批程序等。

2014年年底，酝酿多时的《耐火材料行业规范条件（2014年本）》出台。《规范条件》的出台意在全面落实《工业和信息化部关于促进耐火材料产业健康可持续发展的若干意见》，引导合理投资，遏制低水平重复建设，加快结构调整，促进耐火材料产业健康可持续发展。《规范条件》在投资融资、土地供应、环境评价、节能评估、生产许可、安全生产监管和淘汰落后等方面对耐材生产企业进行了约束和规定。《规范条件》出台后，中国耐材协会第一时间发布了《中国耐火材料行业协会宣传贯彻<耐火材料行业规范条件>的工作计划》。徐殿利常务副会长接受耐材之窗网和《中国冶金报》的专访，针对疑问较集中的问题对《规范条件》进行了解读。

《意见》和《规范条件》两个文件的出台，分别从国家政策和行业发展两个层面为耐火材料产业加快联合重组进程、提高生产集中度、推进节能环保和安全生产奠定了良好的政策基础。相信随着这两个文件的全面贯彻落实，耐火材料行业将向健康可持续的方向发展。

为规范耐材市场秩序，鼓励业内公平竞争，中国耐火材料行业协会对《中国耐火材料行业行规公约》进行了修订。《行规公约》明确规定了耐火材料企业在维护行业秩序、推动行业发展中应遵守的法律法规，应承担的义务，以及违反规约将接受的处罚。中国耐材协会同时修订了《耐火材料产品自律指导价格汇编》，以期稳定耐材产品价格，维护耐材生产企业合法利益。

2014年11月，中国耐材协会专家委员会成立，并同期启动《中国耐火材料行业“十三五”规划建议》的制定工作。“十三五”规划建议分五个子课题进行，内容包括宏观经济形势与行业经济政策改革创新、耐火原料开发利用研究、耐材技术装备发展、节能减排和环境治理等。规划建议完成后将上报工信部，为“十三五”规划的制定和对耐材行业的宏观调控提供参考。

2014年11月，贵州省耐火材料行业协会在贵州省贵阳市成立。湖南省耐材协会也重新挂牌，恢复工作。随着这两家省级耐材协会工作的开展，耐材行业协会的工作网络进一步完善，工作效率也将进一步提高。

（二）各级政府积极应对新常态，推动地方产业转型升级

新常态的出现对耐火材料行业的发展提出了新要求。适应新常态，行业转型升级迫在眉睫。耐火材料生产集中地区的各地政府积极应对，推出节能改造、设备升级、淘汰落后的举措，推动地方产业向创新驱动发展方向改革。

辽宁营口是我国重要的镁质耐火原材料生产基地。近两年内，营口市协同营口市耐材协会开展耐材企业安全生产管理考核，建立失信企业黑名单，加大惩处力度，为当地建立健康有序的行业发展道路奠定基础。

浙江省长兴县全面推进耐火产业转型升级工作，全面推动6S现场管理。县内各企业的现场管理工作逐步加强，“脏、乱、差”的状况得到明显改善。全县165家耐火企业已全部制定了6S现场管理提升方案。县各部门联合围绕工艺装备、生产效益、6S现场管理、环境保护、员工职业卫生防护、安全生产、企业形象美化等七大方面，依据102条验收标准对企业制定的转型升级方案进行评审。

河南省耐材协会与郑州市工信委专门在新密市召开会议，讨论新形势下耐材行业面对的贷款融资形势，引导企业以市场为导向继续做精做专、做大做强，在具备条件的情况下，以技术、资本、管理等优势互补进行联合重组。

2014年年初，淄博市环保局制定了《耐火材料企业环保治理规范》，对耐火材料生产企业的原料存储、煤质监管、煤气站管理等提出明确要求。对全市重点燃煤行业企业实施环保限期治理，推动直燃煤企业关停，严惩环保不达标企业。

阳泉市质监局经过与耐火企业沟通、座谈、调研后，形成了《阳泉市耐火制品生产企业质量状况分析报告》，有针对性地提出了通过强强联合，发展壮大耐火工业园区；加快产品结构调整，优化产业升级；加大帮扶力度，打造“全国知名品牌示范区”；加大人才培养力度，形成梯形人才队伍；加大资源保护力度，规范采矿秩序；推进节能减排，发展循环经济等促进耐火企业健康发展的建议和措施。

海城市多部门及镇区组成的联合专项检查组历时四个多月对海城市冶金企业进行专项检查，从环评审批是否齐全、是否存在重大隐患及生产设备工艺、生产许可、企业用电、纳税等方面对企业进行评判，并将不符合评判标准的企业情况上报海城市政府，建议关停落后企业，淘汰落后产能。

多地政府部门都采取举措，在节能环保、安全生产等方面对企业提出更高的要求，为地区产业转型升级和健康发展做好保障。

（三）优势企业队伍进一步扩大，行业生产集中度提高

在国家和地方政策的保障下，众多重点企业抓住市场向优势企业倾斜的有利时机，有的企业登陆上市，有的企业扩大兼并重组成果，一方面提高了企业竞争力，另一方面提高了产业集中度，提升了行业生产技术装备水平。

今年河南熔金高温材料股份有限公司和济南圣泉集团股份有限公司先后在“新三板”上市，扩大了耐火材料行业上市企业队伍。

濮阳濮耐股份高温材料（集团）有限公司2014年以发行股份及支付现金的方式收购马鞍山市雨山冶金新材料有限公司100%股权和郑州汇特耐火材料有限公司100%股权。

北京利尔高温材料股份有限公司2014年3月以6139万元收购山西盂县西小坪耐火材料有限公司持有的上海新泰山高温工程材料有限公司100%股权。本次交易完成后，上海新泰山成为公司的全资子公司。北京利尔还将公司旗下涉及镁质材料的若干子公司进行了整合，形成了镁质原料合成、镁质制品生产、耐火材料国际贸易三大业务板块，镁质材料产业链纵向一体化将更为深入，资源配置得到优化，运营和管理成本将降低，公司盈利能力有望提高。

2014年美国奇耐公司收购中国山东鲁阳股份有限公司29%的股份，交易完成后，位于美国托诺万达镇的奇耐公司将成为鲁阳的最大股东。同时，鲁阳购买奇耐联合纤维（苏州）有限公司100%的股权，并享有商标及部分相关技术的许可权利。此举将鲁阳多年积累的市场影响及销售能力与奇耐苏州的技术优势相结合，有助于提升鲁阳的核心竞争力，是鲁阳长远战略布局的重要组成部分。

相信随着越来越多优势企业的上市、兼并重组、资源整合，耐火材料产业结构将更加合理，行业秩序将更加有序，发展前景将更加光明。

（四）产学研用一体化，创新科技促发展

新常态的一个重要特征是工业由规模效益型向技术创新效益型转变，也有越来越多的耐材企业重视自主创新和人才培养。2014 年，很多耐材企业与科研院所开展合作，加快产学研用一体化步伐，推进耐材技术创新，保障高温工业技术进步。

武汉科技大学分别与河南省兴亚能源有限公司和淄博市高新区合作，共建了武科大－兴亚能源高温材料研究院和武汉科技大学淄博耐火材料工程研究院。通达耐火技术股份有限公司与北京化工大学开启了校企合作，建立共享平台，实现优势互补，力争合作共赢。

2014 年 11 月，行业泰斗钟香崇院士重病住院期间向郑州大学捐赠 100 万元，成立"钟香崇研究生奖学基金"，用于资助和奖励有志于从事无机材料专业的硕士研究生。钟香崇院士投身耐火材料工业的研究与管理 70 余年，一直关心耐材人才培养，此次设立奖学基金，也是为了鼓励更多年轻人从事耐火材料研究，为耐材行业技术进步储备人才。钟院士的敬业精神和无私品格是我们学习的楷模。

经过近年来的发展，耐火材料行业涌现出一批以技术创新、质量稳定闻名的重点企业。在 2014 年，山东鲁阳股份有限公司荣获"山东省绿化模范单位"荣誉称号，濮阳濮耐高温材料（集团）股份有限公司获"河南省省长质量奖"荣誉称号，浙江铁狮高温材料有限公司生产的"镶嵌高锆水口砖"被评为浙江省名牌产品。

2014 年，还有一批耐材重点科技项目获得政府奖励。中钢集团洛阳耐火材料研究院有限公司的"大型铝电解槽侧衬材料复合关键技术的研究与应用"项目获河南省科技进步二等奖，青花集团"炉外精炼用优质不烧 MgO-CaO-C 砖"项目获中国钢铁工业协会冶金科技三等奖。

院企合作是一种重要的人才培养、科技创新方式，可以利用科研院所的人才优势、创新优势以及企业的科研成果转化能力，加快创新产生效益的速度。

（五）参加国际事务，在世界舞台扮演日益重要的角色

随着我国经济实力增强，中国越来越多地参与国际事务，中国耐火材料行业同仁也加强了与国际的交流，在世界耐火材料舞台上扮演着日益重要的角色。

2014 年，中国耐材协会全程参与了世界耐火材料协会的筹备工作和章程拟定。11 月 6 日世界耐材协会召开筹备会议，确定了世界耐材协会的标志、网站、章程等事项。随着世界耐材协会的成立，中国耐材协会和加入世界耐材协会的重点企业将积极参与国际耐材行业秩序维护、市场规则制定等事务，共同在世界贸易平台上维护中国耐材行业利益，促进中国耐材行业健康发展。

2014 年 5 月，第十届中国国际耐火材料及工业陶瓷展览会在北京中国国际展览中心成功举办，共有 118 家耐材和相关辅助企业参展，其中包括境外企业 8 家，参展企业数量创历史新高。

中国是耐火材料大国，在世界耐火材料市场上占有举足轻重的地位。相信随着中国耐火材料产业技术进步和与世界交流的增多，中国耐材行业将对世界耐材工业，乃至世界高温工业产生更重要的影响。

三、2014 年协会开展的主要工作

进入 2014 年以来，协会坚持秉承为行业服务、为企业服务、为政府服务的宗旨，加强协会自身建设，为行业技术发展、规范市场秩序、国内外沟通交流等方面做了很多工作。

（一）加强协会自身建设，不断完善服务职能

根据 2013 年 12 月协会会长工作会议精神，协会秘书处扩大会议在认真总结回顾 2013 年工作的同时，研究制定了协会 2014 年的工作计划，于 2014 年 3 月 21 日，在河南郑州召开中国耐火材料行业协会工作暨会员代表（理事扩大）会议，在总结协会 2013 年各项工作的基础上，提出了 2014 年协会工作的总体要求。2014 年 9 月 18 日协会在沈阳召开了六届四次常务理事（扩大）会议，合理高效地对协会工作进行了阶段总结。

2014 年，协会加强了企业调研力度。会长刘百宽、常务副会长徐殿利带领协会秘书处工作人员及相关专业工作部门的负责人先后赴河南开封、辽宁营口、鞍山、江苏无锡、浙江湖州、山东淄博、山西孝义、阳泉等耐火材料重点生产地区进行调研，并与当地重点企业进行座谈，了解不同地区耐火材料产业生产运行情况。

中国耐火材料行业2014年度统计工作顺利进行，于11月21日在浙江绍兴召开了2014年度统计工作会议。会议对2014年全国耐火材料行业统计工作做了总结，并对2015年统计工作进行了部署，对7家统计先进集体和53名先进统计个人进行了表彰。

2014年协会机构进一步完善。6月中国耐火材料行业协会刚玉分会在河南郑州成立，11月协会重新组建了协会专家委员会，制定了《专家委员会工作条例》，并在北京瑞泰科技股份有限公司召开了中国耐材协会专家委员会第一次全体会议。刚玉分会和专家委员会的成立是中国耐材协会工作细化和专业化的重要标志，将有效提高协会工作效率。

《耐火材料工业年鉴》的编撰工作已全面展开。资料收集工作目前已经基本完成，经过编辑整理，预计2015年可付梓成书。希望此《年鉴》可以成为耐火材料行业发展的一个阶段总结，以此回顾过去，展望未来。

（二）着力推进自主创新，宣传推广先进工艺技术

2014年协会继续组织冶金科技奖集中申报。经协会专家组严格按照标准进行初步评审后，向冶金科学技术奖奖励委员会推荐了6项成果。

6月6日在江苏盐城召开了长寿命钢包用新材料技术与应用创新研讨会。会上专家针对铝硅质耐火原料的综合利用及技术发展方向作了专题报告。

9月18日，第六届中国辽宁国际镁质耐火材料博览会在辽宁工业展览馆举行。协会组织参加六届四次常务理事（扩大）会议的代表赴会参观。

协会在山西省太原市组织了“新形势下全国耐火原料发展战略研讨会”，吸引了全国各地高校、科研机构和企业的近200人参会。研讨会还征集32篇专业技术论文，编撰成集，向与会人员发放。十三位专家学者和企业高管进行了认真精彩的演讲和交流。

10月17日，中国耐火材料行业协会主办的新常态下耐火材料行业转型升级研讨推进会议在浙江省长兴县举行。会议有针对性地讨论了耐火材料行业在新常态经济形势下的转型升级问题，希望能够对耐材企业起到一定的指导作用，引导耐火材料行业走向更好的明天。

（三）认真受理及时反映企业诉求，维护行业整体利益

2014年，根据地方耐材协会及部分生产企业的诉求，协会调研了耐火材料制品生产许可证管理制度的实行状况，拟制了《关于建议撤销部分耐火材料制品生产许可证的请示》（以下简称《请示》），并送呈国家质量监督检验检疫总局和国家工业产品生产许可证办公室。

目前耐火材料行业举步维艰，而钢铁企业拖欠货款和降点付款的行为无疑是雪上加霜。为保护耐材企业权益，维护行业利益，协会根据会员企业的诉求，将钢铁企业拖欠货款和降点付款的不诚信行为，专门拟制文件向工信部原材料司反映，希望能借助政府部门的力量使这一问题得到解决。

去年协会协调刚玉分会展开调研，并拟制文件送呈国家海关总署、国家税务总局和国家外汇管理局，建议加强对刚玉产品出口贸易商证件和手续的检查。还根据企业反映的情况，向海关总署提交了耐火材料现行海关编码修改的建议。希望能够进一步完善现有的海关编码制度，增加耐火材料进出口管理的规范性。

2014年以来，协会共印制《情况通报》五期，及时向各会员单位发放，将协会的工作以及行业动态实时向会员通报，获得了会员单位的认可。

（四）加强行业自律建设，规范耐材市场秩序

协会密切关注各地区耐火材料产业的发展，在开展广泛调研的基础上，与各地区政府、企业加强沟通交流，为促进各地耐火材料行业健康发展做了很多工作。

为规范镁质耐火材料市场秩序，加强镁质耐材企业沟通交流，协会于2014年4月26日在辽宁省大石桥市召开了“全国主要镁质耐火制品重点生产企业产品销售联席会议”。来自全国28家镁质耐材生产企业的40余位专家和辽宁省工业特种资源保护办公室以及营口耐材协会的代表参加了会议。

2014年，协会依据《中华人民共和国价格法》《反垄断法》《反不正当竞争法》《合同法》等相关国家法律法规，结合耐火材料行业面对的市场现状对《中国耐火材料行业行规公约》进行

了修订。《行规公约（修订）》明确规定了耐火材料企业在维护行业秩序、推动行业发展中应遵守的法律法规，应承担的义务，以及违反规约将接受的处罚。

与此同时，我们还在广泛征求企业意见的基础上，对2010年制定的《耐火材料产品自律指导价格汇编》进行了修订。

（五）加强行业调研，为政府主管部门调控政策出台提供支持

协会作为政府部门与企业之间的桥梁，起着上传下达的作用。在耐火材料产业面对结构调整的重要时期，协会在耐材之窗网站转发国发〔2014〕14号文件《国务院关于进一步优化企业兼并重组市场环境的意见》，并号召耐材企业充分利用自身的比较优势，争取政府政策支持，大胆审慎地抓住联合重组和产业调整的机遇，为尽快提升中国耐火材料行业综合实力和在国际市场上的竞争力而努力。

协会也加强了与政府部门的沟通交流，积极向相关政府部门反映企业诉求，为政府部门政策出台提供专业咨询和技术支持。

2014年，我们帮助山东省淄博市王村镇编制了《王村镇耐火材料产业五年发展规划》，并组织专家对规划方案进行了审查。此外，还分别与浙江省长兴县、山西省阳泉市的政府主管部门及部分耐材重要产区的重点企业代表进行了座谈，了解当地耐材企业发展现状，对当地产业的进一步发展提出意见与建议，介绍其他地区的改革经验与教训。

为了协助商务部办公厅开展关于地区封锁行业垄断的调研，我们采取多种方式了解企业对商务部《消除地区封锁打破行业垄断工作方案》的意见，提出了在维护统一市场、公平竞争方面的建议，为政府部门制定政策、解决问题提供依据。

7月，我们与中国非金属矿工业协会共同协助工信部举办了石墨、菱镁、滑石、耐火黏土等产品生产统计工作会议，宣传贯彻《工业和信息化部关于开展耐火黏土、萤石、石墨等产品生产统计的通知》，并进行重点统计样本企业报表填报培训。

根据工信部要求，我们完成了增加不定形耐火制品和镁炭、铝镁炭耐火制品单独税号的建议，并上报国务院关税税则委员会。希望通过协会和工信部的共同努力，促进耐火材料制品税则号列的完善，进一步规范耐火制品的进出口。

中国耐火材料行业协会协助工信部起草的《耐火材料行业规范条件（2014年本）》经过一年多的反复沟通，已经发布。在《规范条件》公开征求意见和正式发布过程中，耐材协会先后起草发布了《〈耐火材料行业准入条件（征求意见稿）〉产品综合能耗限额准入值解读》《中国耐火材料行业协会宣传贯彻〈耐火材料行业规范条件（2014年本）〉的工作计划》以及《规范条件》解读。相信《规范条件》的出台，会使耐材行业进入节能、环保、安全、健康的发展轨道，对耐火材料行业产生积极深远的影响。

《中国耐火材料工业"十三五"发展规划建议》的编制工作已经正式启动，由耐材协会专家委员会负责编制。"十三五"规划建议分五个子课题进行，内容包括宏观经济形势与行业经济政策改革创新、耐火原料开发利用研究、耐材技术装备发展、节能减排和环境治理等。规划建议完成后将上报工信部，为政府主管部门制定"十三五"规划提供参考。

（六）加强与世界的沟通，努力提升中国耐材行业的地位和影响

协会积极参与了世界耐火材料协会筹备工作，在章程制定、修改等环节发挥了重要作用。筹备工作小组充分考虑了中国耐材协会的意见，将世界耐材协会入会门槛定为年销售收入2亿美元，理事会成员门槛定为年销售收入3亿美元。世界耐火材料协会的成立标志着全球耐火材料行业协同合作平台的建立。能在耐火材料行业的国际舞台上争取到话语权，中国耐材协会的声音能得到响应，是我国耐火材料工业不断发展壮大的必然结果，更是会员企业对协会工作大力支持的客观反映。

通过参加世界耐材协会筹备工作会议，协会与日本耐火物协会、欧洲陶瓷工业协会、拉美耐火材料协会建立了联系。拉美协会主题为"耐火材料对环境的影响及回收利用"的年会筹备过程中向中国耐材协会发送了约稿函，并接收了协会题为《Concept and development trend of green refractories in China》（《中国绿色耐火材料理念和发展趋势》）的论文。

9月初，中国耐材协会组织重点企业代表一行10人，在会长刘百宽和常务副会长徐殿利带领下，赴中国台湾交流考察。在台期间，考察团拜会了

台湾中钢集团、台湾经济研究院、台湾钢铁公会以及成功大学耐火新材料研究单位的有关专家教授。考察团此行与台湾同仁进行了广泛交流，了解了台湾耐火材料行业生产经营状况，介绍了大陆耐火材料行业及下游行业现状和发展态势，就台湾和大陆钢铁、水泥等耐火材料下游行业运行状况和耐火材料需求开展交流，寻求大陆与中国台湾在耐材贸易和生产上的合作。

（七）协会工作中存在的问题和不足

协会在2014年的工作中，完善工作制度、规范管理程序，把为会员企业服务放在首位，把维护行业利益，促进行业健康持续发展作为开展协会工作的出发点和立足点，组织调研、召开会议、制发文件、办理会务，时时处处坚持从会员企业利益出发，全力维护行业的整体权益。协会自身建设得到了加强，办事效率、工作质量有了不同程度的提高。但在工作中仍存在若干不足。主要问题是，第一，协会工作人员有限，工作难以做到面面俱到；第二，协会工作信息化程度不够，工作效率不够高；第三，统计工作中尚有未纳入统计体系的死角，统计面有待进一步扩大。

在今后的工作中，协会将继续加强自身建设，努力争取政府主管部门的指导和广大会员单位的支持，为企业和政府部门提供更高效更完善的服务。

四、2015年工作指导思想和主要任务

（一）2015年全行业和协会工作的指导思想

以贯彻落实党的十八届三中、四中全会和中央经济工作会议精神为主线，以工业和信息化部关于促进耐火材料产业健康可持续发展的若干意见为指导，以加快转型升级，严格控制产能为重点，创新驱动，推进产业结构调整和发展方式转变，加速重组整合、提升综合实力，优化产品结构、淘汰落后产能，着力节能减排、发展循环经济，规范市场秩序、增强保障能力，努力实现新常态下我国耐火材料工业健康稳定的发展目标。

（二）2015年行业及协会的主要工作

今年是我国“十二五”规划的收官之年，我们要根据中央经济工作会议确定的目标和部署，围绕提升我国耐火材料工业的发展质量和综合实力，切实抓好以下工作：

（1）认清形势、坚定信心、扎扎实实做好2015年的各项工作。面对新常态下，钢铁、水泥、玻璃等主要下游产业增速放缓，需求萎缩，客观现实，我们不仅要有清醒的认识，更要有应对措施。2015年，全行业都要把调整产业结构、淘汰落后产能、加快转型升级作为化解行业产能严重过剩的主攻方向和重中之重，要以严格控制产能为前提，调整经营战略。各企业应自觉遵守行规公约，规范市场行为，杜绝不正当竞争，同舟共济，维护行业整体利益，全力保证行业生产经营的正常运行秩序。

（2）围绕《工业和信息化部关于促进耐火材料产业健康可持续发展的若干意见》制定的发展目标和主要任务，主动配合各级政府主管部门做好宣传、贯彻、执行《耐火材料行业规范条件》的相关工作。在贯彻《若干意见》、执行《规范条件》的过程中，要紧密结合耐火材料工业的实际，紧紧抓住新常态下企业分化加快、产业布局调整的契机，破解行业长期存在的“小、多、散、乱”的发展难题，切实提高产业集中度，提升我国耐火材料工业的综合实力和核心竞争力。

（3）在全面总结“十二五”期间耐火材料工业发展经验和教训的基础上，组织编制《中国耐火材料工业“十三五”发展规划建议》。规划编制的指导思想要科学、发展目标要明确，要把转方式、调结构放在突出的位置，把出发点和立足点放在提高行业创新驱动发展能力，提高产业竞争力，提高经济增长质量和效益上，切实为政府主管部门宏观调控和会员企业制定经营战略提供可信的参考依据。

（4）大力倡导“绿色耐材”和低碳发展理念，进一步强化危机意识，加大全行业节能减排和循环经济发展的力度。行业协会要配合政府主管部门加强宏观管理调控，认真总结宣传、推广业内节能降耗，治污减排的成功经验和先进工艺技术，力求使行业在成型装备改造，清洁能源应用和用后耐火材料的回收与利用方面有新的突破。

（5）坚持科技引领，促进产学研用结合，加快科研成果转换，提高我国耐材工业科技创新的国际水平。引导企业与大专院校、科研机构合作，围绕耐火材料新技术的研发和节能、环保新成果的推广应用，产学研用结合，协同创新、加快科技成果的转换。协会专家委员要从宏观政策引导、行业整体发展方向把握、企业技术装备升级、产

品市场开发、管理人才培训等多层面为会员单位提供咨询和服务。

（6）主动参与、积极配合，为政府主管部门决策调控提供良好服务。

1）继续加强《工业和信息化部关于促进耐火材料产业健康可持续发展的若干意见》的贯彻落实，高度关注《耐火材料行业规范条件》公布后各会员企业的反应，协调地方协会配合各级政府主管部门开展工作，了解情况、收集意见、反馈信息，要主动参与申报、审查、公告合格企业的工作。2）按照工信部委托，努力创造条件，争取尽快建立全国主要耐火原料生产经营的统计体系，根据要求开展原料专项的统计工作。3）争取相关政府主管部门立项，组织业内专家在地方协会的配合下，开展全国耐火原料矿产资源开采及利用状况的调查研究。4）根据耐火原材料出口贸易的发展趋势，配合商务部做好应对国际贸易摩擦的相关工作，维护会员企业利益，保证耐火原材料出口贸易活动的安全运行。5）配合政府积极营造公平竞争的市场环境，围绕使市场在资源配置中起决定性作用，对新常态下耐火材料工业面临的新情况、新问题开展调研，提出建议。6）继续做好与耐火材料工业相关的国家环境经济政策的调研，收集耐火材料企业在执行新的环境保护法过程中的意见和建议，及时向政府主管部门进行反馈。

（7）完善自身建设，认真履行职能，促进行业健康稳定发展。

1）切实发挥协会网站和各类期刊等媒体的作用，规范管理，加强协调，不断完善工作制度，定期编发行业生产运行动态及市场运行分析的情况通报，及时为会员单位提供各类信息服务。建立手机微信或短信公众交流平台，及时传递和发布行业运行动态及协会工作信息。2）根据钢协信息统计部工作要求，依法认真履行统计工作职能。行业月度生产统计是行业协调管理的一项重要的基础工作。我们要克服困难，坚持不懈，也希望各会员单位，尤其是地方协会和重点骨干企业给予大力支持。3）加强与钢铁、水泥、玻璃、陶瓷及有色金属等相关行业组织的联系，保持相互间信息交流渠道的畅通。努力创造条件，争取与国家统计局建立正常的工作联系。4）加强与中国钢铁工业协会的合作，精心组织，认真举办“第三届中国耐火材料生产与应用国际大会”和“第十一届中国国际耐火材料及工业陶瓷展览会”。5）保持与海关总署的友好关联关系，坚持做好行业重点监控的出口贸易产品信息资料的收集工作，加强监控分析，及时通报预警信息。6）继续加强与税务总局和外汇管理局的联系，客观求实地反映刚玉分会关于规范棕刚玉产品出口验证程序的诉求和各企业在进出口时遇到的问题。7）努力适应经济全球化和信息社会发展的客观需求，充分利用世界耐火材料协会搭建的交流平台，加大与国际同业组织间的联系和沟通，积极开展国际交流合作。在全球耐火材料领域和世界耐火材料协会争取话语权，为更多的中国耐材企业走出国门，开拓国际市场创造条件，提供服务。8）落实协会六届理事会的总体工作计划，完成《中国耐火材料工业年鉴》第一部的编辑出版工作。争取自2015年始，每年编纂发布中国耐火材料工业经济技术报告。9）在国资委及中国钢铁工业协会的指导下，按照协会章程做好召开中国耐火材料行业协会第七次会员代表大会、组织换届选举的各项工作，保持协会工作连续性、稳定性。10）在完善自身建设，不断提高协会工作效率和服务质量的同时，加强与各地方协会的相互联系，协调开展特色专项活动，共同促进我国耐火材料产业的健康可持续发展。

各位代表，2015年国内外经济形势依然严峻，耐火材料工业生产经营和发展的任务异常艰巨。我们要居安思危，抢前抓早加快行业转型升级步伐，应对新常态，直面新挑战。希望全体耐火材料行业同仁携手并肩，同舟共济，共同为耐火材料行业的健康发展而努力。

我国耐火材料工业发展现状及展望

中国耐火材料行业协会常务副会长　徐殿利

耐火材料属无机非金属材料，产品广泛应用于钢铁、有色、水泥、玻璃、陶瓷、化工、机械、电力等国民经济各领域的高温工业生产过程中，是保证上述产业生产运行和技术发展必不可少的支撑材料。在高温工业的发展中起着不可替代的重要作用。

一、耐火材料工业发展状况

2000年以来，是我国耐火材料工业发展速度最快的一个阶段，在钢铁、有色、水泥和玻璃等高温工业高速发展的强力拉动下，耐火材料工业实现了产销两旺，效益增长，产品结构调整效果显著，市场竞争力明显增强，到目前为止已成为世界耐火材料的生产和出口大国。

（一）耐火原料及制品产量稳步增长，满足了国内高温工业生产发展的需要

根据国家统计局统计，2001～2013年耐火原料及制品产量稳步增长，其中“十五”末比2001年增长112.67%；“十一五”末比“十五”末增长217.29%；2013年是2001年的8.34倍。2001～2013年我国耐火原料及制品生产量走势见图1。

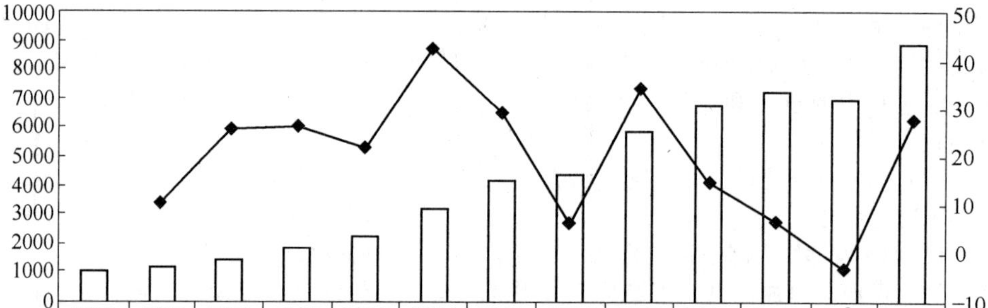

	2001	2002	2003	2004	2005	2006	2007	2008	2009	2010	2011	2012	2013
耐火原材料产量/万吨	1070	1177	1477	1868	2276	3244	4182	4418	5927	6805	7248	6994	8914
同比/%		9.98	25.5	26.4	21.8	42.4	28.9	5.62	34.1	14.8	6.5	−3.5	27.4

图1　2001～2013年中国耐火原料及制品生产量的走势

2013年，全国耐火材料产量2928.25万吨，同比增长3.88%。其中，致密定型耐火制品1730.71万吨，同比增长5.93%；保温隔热耐火制品55.73万吨，同比降低2.67%；不定形耐火制品1141.81万吨，同比增长1.24%。主要品种产量见图2。

从产业区域分布情况看，主要集中在河南、辽宁和山东三省，2013年三省耐火材料产量占全国耐材总量的78.94%。经过十多年的努力，河南、山东发展成铝硅系耐火材料的主产区，辽宁为镁质耐火材料的生产基地，见图3。

近年来，我国耐火材料进口量仅占国内耐火材料需求总量的0.1%左右，足以说明我国耐火材料产品无论是数量、品种还是质量等方面，基本能够满足国内高温工业生产和技术发展的需要。

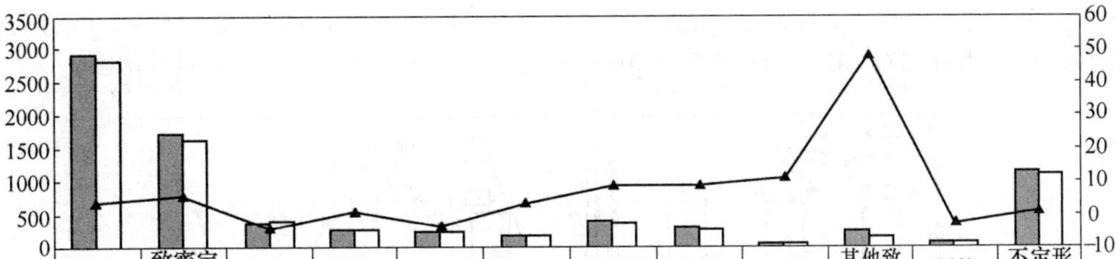

	耐火材料制品	致密定型耐火制品	黏土质砖	高铝质砖	硅质砖	镁质砖	特种耐火制品	含炭制品	功能材料	其他致密定型耐火制品	隔热制品	不定形耐火制品
2013年	2928.25	1730.71	384.41	274.58	232.42	180.35	409.85	295.03	50.66	249.10	55.73	1141.81
2012年	2818.91	1633.87	401.20	271.87	241.35	174.49	377.05	271.20	45.60	167.91	57.26	1127.78
同比/%	3.88	5.93	−4.19	1.00	−3.70	3.36	8.70	8.79	11.09	48.35	−2.67	1.24

图 2　我国耐火材料主要品种产量

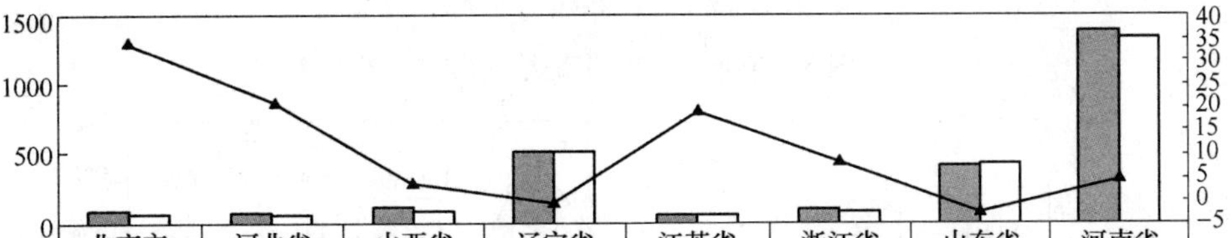

	北京市	河北省	山西省	辽宁省	江苏省	浙江省	山东省	河南省
2013年	87.75	68.57	109.25	514.42	63.38	94.98	411.13	1385.92
2012年	65.74	56.69	105.55	518.19	53.09	87.77	421.66	1322.07
同比/%	33.47	20.96	3.50	−0.73	19.37	8.21	−2.50	4.83

图 3　我国耐火材料主要生产省（市）的产量

（二）耐火原料品级进一步提升，结构进一步优化

我国耐火原料资源丰富。几十年来，在耐火原料精选、提纯、均化、合成、改性、高温煅烧、扩大品种和提高质量等方面取得了显著成效。目前，全国可生产各种耐火原料十几类百余种，产量高达3000多万吨，基本满足了耐火材料生产和技术发展的需要。

1. 镁质耐火原料

20世纪80年代初，以天然菱镁矿为原料，采用二步煅烧工艺生产出 $w(MgO) \geq 95\%$ 的中档镁砂。在此基础上，采用矿石浮选工艺，高温重油竖窑煅烧生产出 $w(MgO) \geq 98\%$ 的高纯镁砂，并迅速应用于工业生产。这是镁质耐火原料品位提升的重大突破。到目前为止，镁质耐火原料已形成了不同品级的产品序列，不但满足国内耐火材料的生产需要，同时每年出口100多万吨。图4为2006～2013年镁砂出口量。

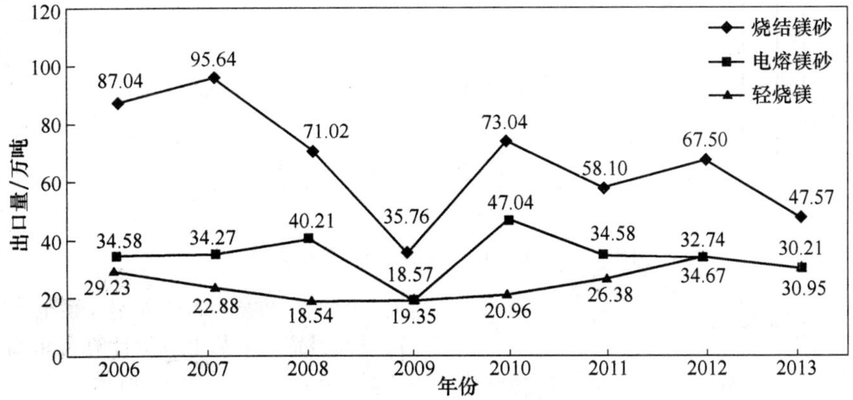

图 4　2006～2013年镁砂出口量

近年来，烧结镁砂、电熔镁砂和轻烧镁产量合计均在1000万吨左右，矿石的年消耗量2000万吨以上。图5～图7为2006～2013年烧结镁砂、电熔镁砂和轻烧镁的年产量及增幅。

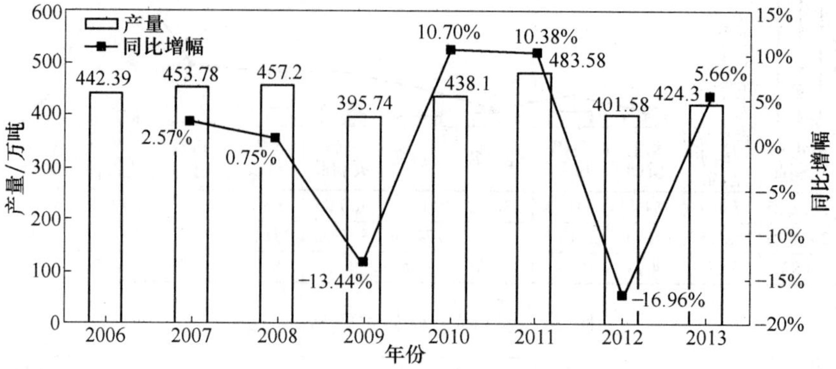

图5　2006～2013年烧结镁砂产量及增幅

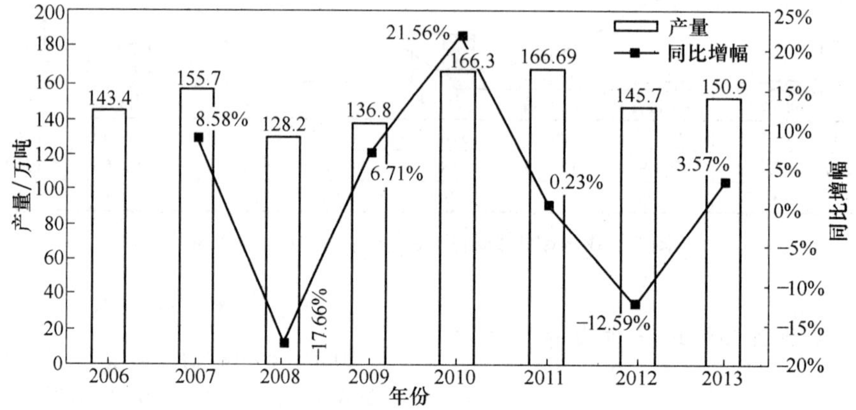

图6　2006～2013年电熔镁砂产量及增幅

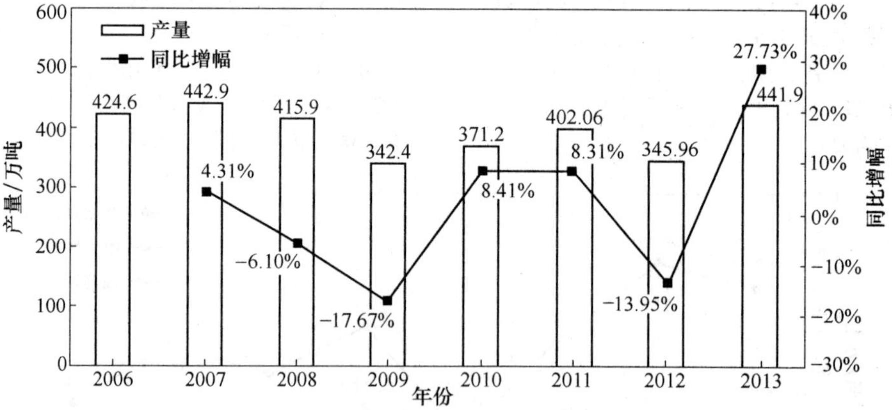

图7　2006～2013年轻烧镁产量及增幅

2. 铝硅质耐火原料

铝硅质耐火原料主要是高铝矾土熟料和硬质黏土熟料（焦宝石），其中高铝矾土熟料需求量较大。图8为2006～2013年耐火黏土出口量及增幅。按耐火制品产量及出口量计算得出高铝矾土熟料和铝土矿消耗量，如图9所示。

铝硅系耐火原料品种较多，除高铝矾土和硬

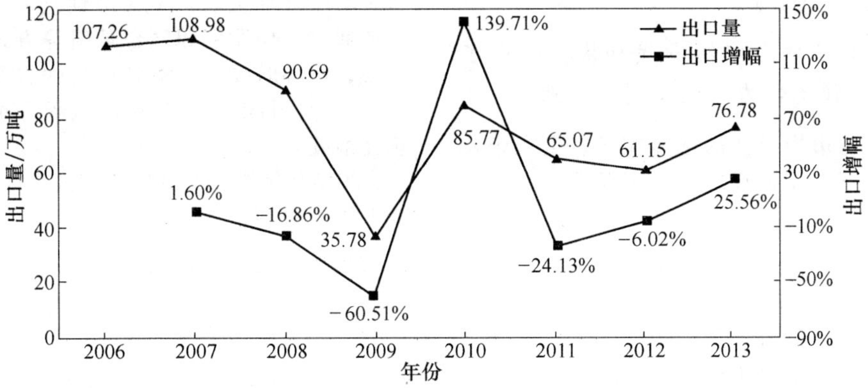

图 8　2006～2013 年耐火黏土出口量及增幅

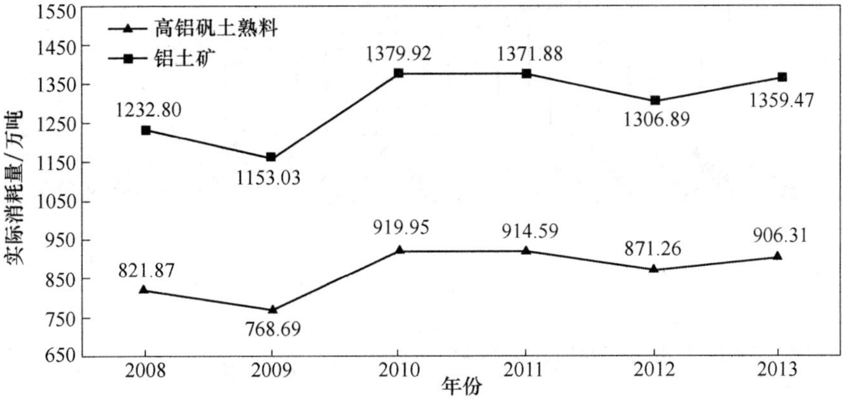

图 9　2008～2013 年高铝矾土熟料和铝土矿消耗量

质黏土熟料外，电熔刚玉、烧结刚玉、碳化硅、轻质耐火原料及各种合成耐火原料等也发展很快。近年来，随着市场需求的不断增加，产能也不断扩大。

（三）优势企业自主创新能力和工艺装备水平明显提升

2000 年以来，耐火材料工业紧随钢铁、水泥、有色和玻璃等下游行业快速发展和优化升级的步伐，围绕高温工业关键环节对耐材的需求，通过产品结构调整和新产品开发，保证了下游行业生产运行和技术发展的需要。

针对冶金、水泥、玻璃等下游行业对耐材的新要求，各优势企业与科研机构合作，开发出了性能优异、质量稳定、节能环保的新产品，如 Si-SiC 棕刚玉高炉陶瓷杯、氮化硅结合碳化硅铝电解槽、高效连铸用不烘烤薄壁长水口、金属-氮化物结合滑板等。这些产品在下游企业广泛应用，取得了很好的使用效果。

同时各企业积极推动耐材无铬化技术，开发出 AOD 炉用镁钙系列产品、水泥窑用镁铝尖晶石、镁铁尖晶石系列产品，RH 炉用无铬材料等，目前水泥窑用耐材无铬化已完成近 50%，70% 左右的 AOD 炉已用镁钙砖代替镁铬砖，为环境保护和下游产品无铬化提供技术支持。

随着耐火材料工业的快速发展，重点耐材企业的装备不断提升，自动化水平逐渐提高。优势企业先后购进日本、德国全自动液压机、机械手、混砂机等先进设备。同时，国内福州海源、山东桑德机械、辽锻等设备制造企业研制生产的液压成型设备、电动螺旋压砖机等，在各耐火材料企业也取得了广泛应用。

在耐材企业的装备水平上了一个新台阶的同时，生产自动化程度提高，人工成本降低，产品质量稳定性也有了很大提高。

近几年，河南、山西在节能减排和环保治理中，在先后拆除落后燃煤倒烟窑的同时，新建了一批先进的隧道窑和梭式窑，提高了耐材生产企业的热工装备整体水平。

(四)企业联合重组步伐加快，形成了几个具有较强竞争力的大型耐材企业

随着国内市场经济的逐步完善，生产企业的市场意识和自主研发能力明显增强。“十一五”以来耐材行业联合重组步伐明显加快，跨省市的联合重组取得了突破性进展。国内耐材企业通过自身发展和联合重组等方式扩大企业规模，逐步形成了一批具有较强竞争力的大型耐材企业。目前，企业跨区域联合重组的势头仍在继续。

2013 年销售收入前 15 名国内耐材企业年销售收入如图 10 所示。

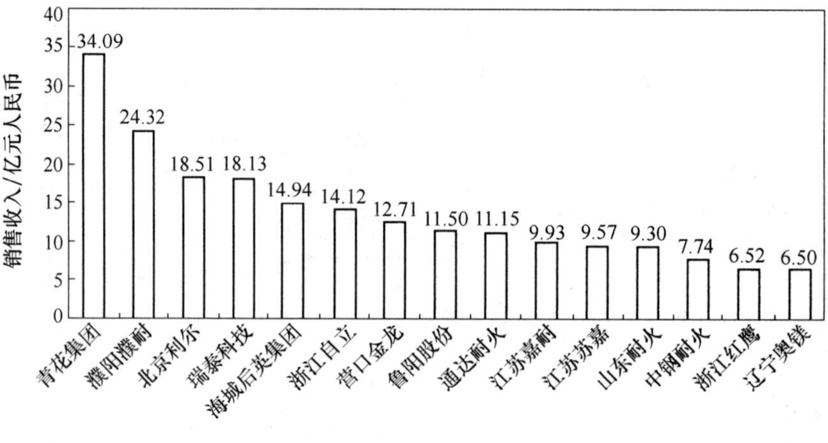

图 10 2013 年销售收入前 15 名的国内耐材企业销售收入

二、我国耐火材料工业在国际耐材市场中的优势和地位

在市场需求的拉动下，我国耐火材料工业发展迅速，生产工艺技术和装备水平不断提升，产品质量不断提高，品种结构不断完善。到目前为止，我国耐火材料产品的品种和总量不仅满足了国内高温工业生产和发展的需要，而且出口量也逐年递增，市场遍及亚洲、欧洲和美洲等 150 多个国家和地区，出口量已多年稳居世界第一。

我国耐火制品出口量稳定增长。2008 年出口量突破 200 万吨，达 210 万吨。2009 年受国际金融危机影响，出口量 145 万吨。2012 年又一次突破 200 万吨，达 203.97 万吨，同比增长 4.4%。2013 年受市场需求的影响，耐火制品出口量 176.91 万吨，同比降低 13.27%。2001～2013 年十三年间我国耐火制品的出口量及增长情况见图 11，2013 年耐火制品出口的主要去向如图 12 所示。

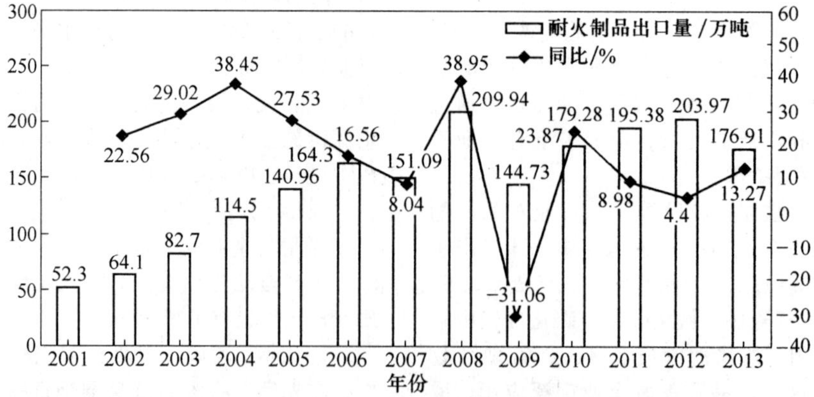

图 11 2001～2013 年我国耐火制品的出口量及增长情况

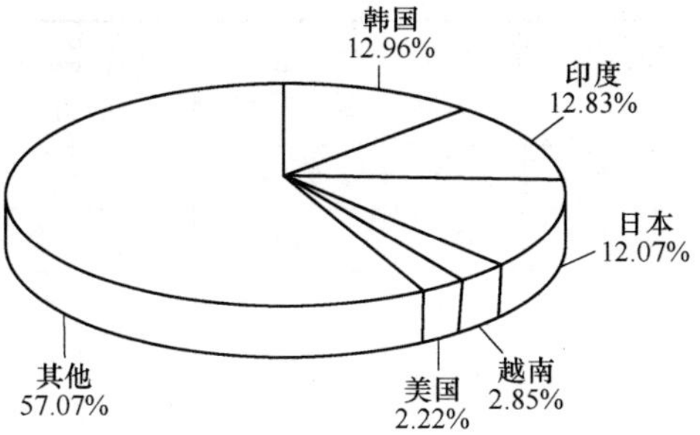

图 12　2013 年耐火制品出口的主要去向

（一）国外耐火材料产业现状及发展趋势

目前，全球耐火材料产量约 4500 万吨左右，中国耐火材料产量约占全球耐材总量的 65% 左右，其他产量主要集中在欧盟、独联体、美国、日本和韩国等国家和地区，如图 13 所示。

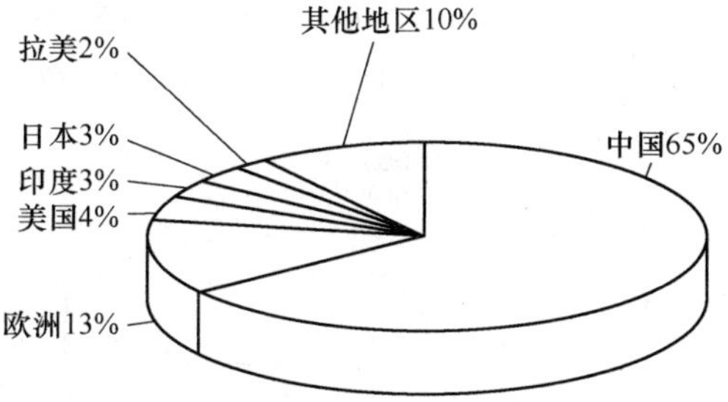

图 13　2013 年世界耐火材料的产量分布

国外耐火材料产业发展有如下特点：

（1）通过并购、重组和淘汰落后提高耐材工业生产集中度。发达国家 20 世纪 90 年代以来的并购、重组和在市场经济运行中自然淘汰，使生产集中度迅速提高，如日本 50 年代有 100 余家耐火材料生产企业，几十年来，通过并购、重组和在市场经济大潮中倒闭、商标注销等形式，到目前为止，仅有60 余家耐材企业。又如1970 年美国的 7 家独立的耐火材料生产企业，通过多次并购重组，到 2001 年合并成一个公司。即“RHI 耐火材料”。

（2）耐材总量增长逐步减弱，产品附加值稳步提高。在耐火材料需求量相对稳定的前提下，由于耐火材料品种结构的不断调整，产品质量的不断提高，将使耐火材料的需求量减少，但产品附加值仍在稳步提高。

美国、日本和欧洲等发达国家呈现了耐火材料销售收入增长幅度高于耐材产量的增长幅度的良性发展态势。特别是有的国家耐材产量在逐年下降，而销售收入在逐年增长。

（3）耐火材料行业向组建大型企业集团方向发展。目前，通过上百家企业的并购重组和企业自身发展，耐火材料产业形成了多家大型企业集团。2013 年世界大型耐火材料公司销售收入见图 14。大型企业集团使生产集约化程度不断提高，产业链逐渐延伸，并利用其强大的经济和技术实力及品牌优势，以谋取更大的利润空间。

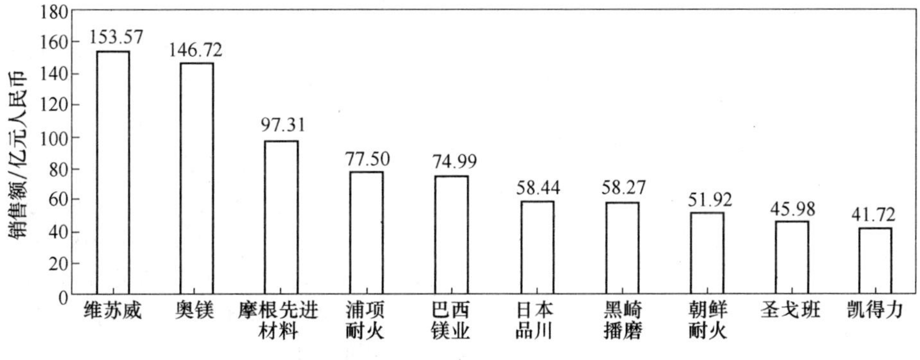

图 14　2013 年全球前十强耐材企业销售额

（二）我国耐火材料行业的资源优势

我国具有丰富的耐火原料资源，菱镁矿、铝土矿、石墨等为我国重要的耐火原料资源，均以储量大、品位高、易开采著称。我国耐火原料在精选、提纯、均化、合成、改性、高温煅烧、扩展品种和提高质量等方面取得了显著成效。目前，全国可生产的各类耐火原料有十几类百余种，产量高达3000多万吨。

1. 菱镁矿

目前，世界已探明菱镁矿储量约126.25亿吨，主要分布在中国、朝鲜、俄罗斯等国家和地区。其中晶质菱镁矿116.10亿吨，占菱镁矿资源总量的91.96%，隐晶质菱镁矿10.15亿吨，占8.04%。菱镁矿资源储量较大的国家储量所占比例见图15。其中，中国、朝鲜和俄罗斯占全球总储量的74.39%。分布情况见表1。

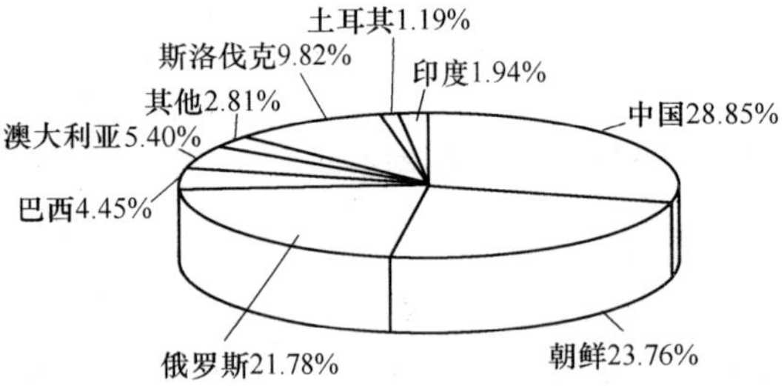

图15　菱镁矿资源储量较大国家储量所占比例

表1　世界菱镁矿的分布情况

国家或地区	总量/百万吨	晶质菱镁矿/百万吨	隐晶质菱镁矿/百万吨
阿尔巴尼亚	1.3		1.3
澳大利亚	682	132.3	549.7
奥地利	30	30	
巴　西	562	562	
加拿大	64		
中　国	3642	3571	71
埃　及	5		5
希　腊	30		30
印　度	245.2	186	59.2
伊　朗	3.3		3.3
哈萨克斯坦	5	5	
科索沃	8		8
尼泊尔	66		66
朝　鲜	3000	3000	
巴基斯坦	12		12
菲律宾	6		6.4
波　兰	12		12
罗马尼亚	2		2

续表1

国家或地区	总量/百万吨	晶质菱镁矿/百万吨	隐晶质菱镁矿/百万吨
俄罗斯	2750	2745	5
沙特阿拉伯	42	40	2
塞尔维亚	13.8		13.8
斯洛伐克	1240	1240	
南　非	18		18
西班牙	30	30	
土耳其	150		150
乌克兰	5	5	
美　国	66	66	
总　计	12625	11610.3	1014.7

我国已探明菱镁矿储量36.42亿吨，占世界总储量的28.85%，居世界首位。其中晶质菱镁矿储量35.71亿吨，占全国总储量的98.05%，隐晶质菱镁矿储量0.71亿吨，占1.95%。我国菱镁矿资源主要分布在辽宁、山东等地区，如图16所示。

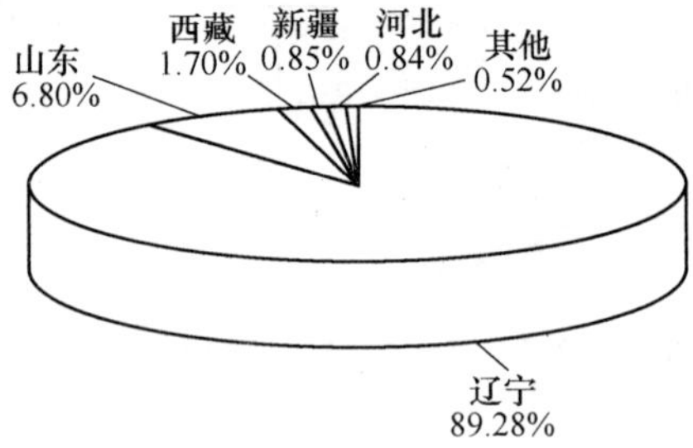

图16　我国菱镁矿资源的分布

2. 铝硅系原料

我国铝硅系耐火原料分布较广，目前查明资源储量：铝土矿37.53亿吨，黏土矿24.58亿吨；其中高铝黏土矿2.82亿吨。我国铝土矿的分布见图17，山西、河南、广西和贵州四省占全国总储量的91.13%。我国耐火黏土和高铝黏土的分布分别见图18和图19。

我国高岭土资源分布全国各地，已探明储量14亿吨。如果把煤系高岭岩和铝土矿伴生硬质黏土统计在内，全国资源总储量更大。

3. 石墨

我国的石墨资源也颇丰富，主要出产在黑龙

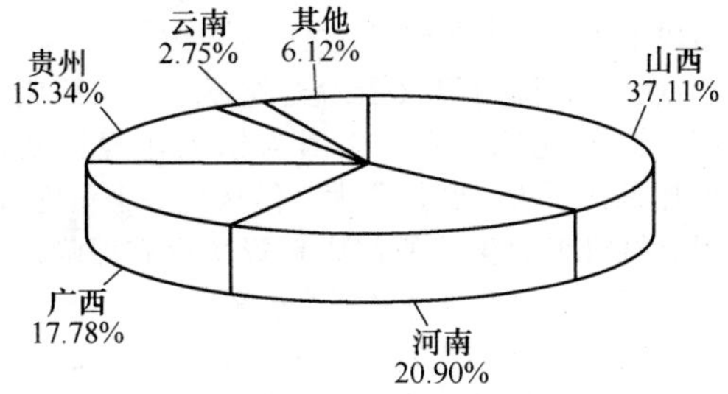

图 17　我国铝土矿的分布

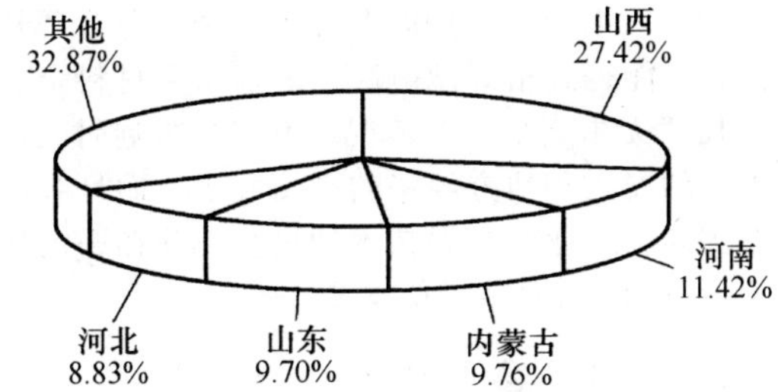

图 18　我国耐火黏土的分布

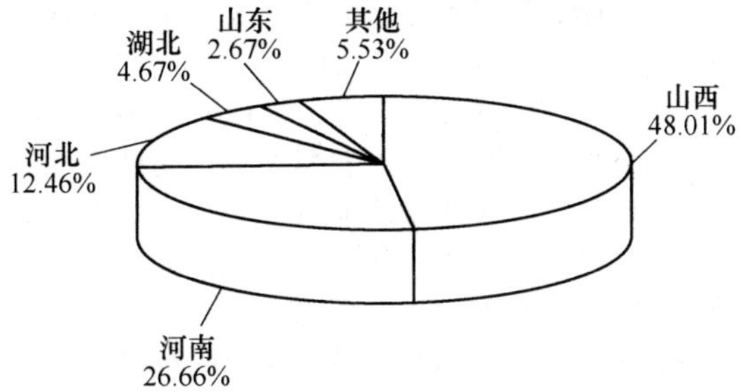

图 19　我国高铝黏土矿的分布

江和山东省。全世界已探明石墨矿物储量 3.7 亿吨，我国就占了 1.5 亿吨（其中晶质石墨 1 亿吨，隐晶质石墨 0.5 亿吨），见图 20，储量及产销量均居世界首位，在国际石墨市场上有着举足轻重的地位。石墨由于特殊的地质成因和性质，一直是军工与现代工业及高、新技术发展中不可或缺的重要战略资源。

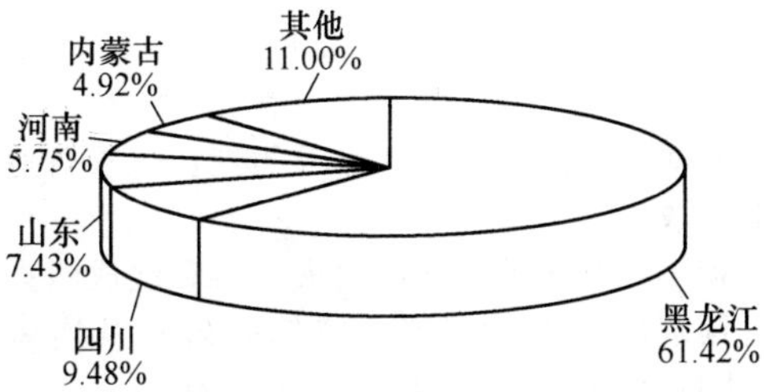

图 20　我国石墨（晶质）的分布

（三）我国耐火材料市场优势

中国不但是耐火材料生产大国，同时也是耐火材料的消耗大国。主要下游行业生产规模均排世界前列。2013 年重点下游行业产量及占世界总产量比例见表 2。

表 2　2013 年重点下游行业产量及占世界总产量比例

主要下游行业	产量	占世界总产量比例/%
粗钢/亿吨	7.79	49.3
水泥/亿吨	24.14	>50
十种有色金属/万吨	4029	>25
玻璃/亿重量箱	7.79	≈60

欧盟耐火材料制造者联合会对 2011 年全球耐火材料产量调查结果显示，2011 年全球耐火材料产量为 4275 万吨。其中中国耐材产量 2950 万吨，占全球产量的 69%。

如果扣除出口 195 万吨，国内企业在保持年末库存平衡的情况下，2011 年国内消耗耐火材料为 2755 万吨（包括陶瓷、火电、机械、化工等高温工业的消耗量），占世界耐材消耗总量的 65%。因此，不管经济形势如何变化，中国依然是耐火材料产品的“大市场”，为耐火材料工业带来了广阔的发展空间。

（四）我国耐火材料人才和技术优势

中国是培养和从事耐火材料专业技术人员最多的国家。武汉科技大学、辽宁科技大学、河南科技大学、北京科技大学、郑州大学等高校均开设耐火材料专业学科，每年为耐材行业培养大量的专业技术人员。同时设立了研究机构，实行了产学研用一体化的协同创新机制。加强了与生产企业的合作，为耐火材料行业的生产发展提供了技术保证。

虽然我国的资源丰富、市场大、人员多，但行业的整体竞争优势并不明显，这是我们今后努力的方向。

三、制约我国耐火材料行业发展的主要问题

（一）原料矿产资源问题

虽然我国耐火矿产资源储量丰富，但长期以

来对矿产资源规划不合理，重开发而轻保护，滥采滥挖、破坏和浪费现象较严重，如山西、河南的优质铝矾土资源几乎全部配置给了氧化铝行业。这种不合理规划不但造成了资源浪费，也影响到耐火材料行业的产业安全，如山东优质焦宝石已濒于枯竭，锆英砂、铬铁矿等少数特种耐火原料资源缺乏。

1. 菱镁矿开采存在的主要问题

一是未能按采矿设计正规开采。在目前开采的矿区中，有的矿区有矿山设计院的开采设计，有的矿区没有开采设计。据不完全统计，近十余年以来，一些有开采设计的矿区没有按开采设计或没有完全按开采设计进行开采，没有开采设计的矿区更是无序开采，滥采乱挖现象严重。这样下去，将造成矿山的服务年限缩短、资源的损失浪费严重。二是剥岩欠账较为严重。由于不按开采设计中确定的“剥采比”或无设计开采，出现了“只采不剥”、“多采少剥”和“采富弃贫”等问题。2004 年由中国耐材协会组织对辽宁省 12 个重点矿区进行调查，经初步测算，剥岩欠账约 1.0 亿吨左右。矿山采剥失调造成了矿石的品级失调。有的重点整体矿场分别由多家分采，向下挖坑采矿，形成多个露天坑。有的矿区表面无矿可挖，顺矿脉抠洞采矿，严重违反了采矿规程，使回采率大幅降低。还有的矿区级外矿及岩石无序堆放，堆积在已剥岩的矿体上，将造成二次剥岩。

2. 铝土矿存在的主要问题

目前，世界已探明耐火铝黏土资源的国家 49 个，但拥有一水铝石（耐火材料生产所需的优质原料）的只有我国和圭亚那。其他国家均为三水铝石（氧化铝生产所需的优质原料）。我国耐火铝黏土资源主要分布在山西、河南、贵州和广西等省区。当前，在耐火铝黏土的开采、使用和管理方面存在以下主要问题。

耐火铝黏土资源配置不合理。目前我国的耐火铝黏土资源主体矿块绝大部分配置给氧化铝行业，耐火材料行业多年来只能在小矿体群采的小企业中收购。而在群采过程中，私挖滥采导致浪费现象十分严重。

经东北大学有色冶金专业的教授测算，以进口的三水铝石为原料，每吨氧化铝的成本为 1000～1200 元/吨。如用国内的一水铝石生产，每吨氧化铝的成本为 1600～1800 元/吨，成本增加 30% 左右。而耐火材料用一水铝石为原料生产比用三水铝石成本则可降低 30% 左右。

据了解，国内耐火铝黏土资源之所以绝大部分配置给氧化铝行业，是因为铝工业规模及占 GDP 比例比耐火材料行业大。但从另一个角度看，若耐火材料工业生产所需原料资源没有保障，所有高温工业的生产都将受到严重影响。

在制约我国耐火材料工业可持续发展的诸多问题中，资源问题尤为突出，并且正向不断加剧的方向发展，应引起各企业和政府部门的高度关注。如果“十二五”期间资源配置和资源合理开发问题不能得到很好地解决，诸多耐火材料企业将面临“无米之炊”的境况。不但会影响耐火材料产业的安全和地方经济的平衡发展，而且会影响我国高温工业及高温技术的进步，并在一定程度上影响国民经济的平衡发展。

（二）生产集中度低

由于耐火材料行业生产工艺流程短，建厂投资小，在耐火材料发展过程中一大批中小耐材企业涌现出来，并造成了耐材行业“小、多、散”的状况。按国家统计局统计，2007 年全国销售收入大于 500 万元的耐火原材料企业平均销售收入仅 6500 万元。经过近几年的重组整合，规模以上企业，即销售收入高于 2000 万元的企业平均销售收入约为 1.0 亿元。如果将规模以下小企业计算在内，平均销售收入将更低。我国耐火材料产量占全球总量的 65% 左右，但世界销售收入前 10 名企业中没有中国企业。

按工信部下发的“关于促进耐火材料产业健康可持续发展若干意见”中的发展目标要求，2015 年前 10 家企业产业集中度要达到 25%，2020 年要达到 45%。就目前耐火材料行业现状来看，任重而道远。

（三）耐材行业产能过剩突出，市场无序竞争严重

耐火材料产能已由“结构性过剩”转变为“全面过剩”，导致产品低价竞销，市场秩序混乱，产品利润空间进一步缩小，且短期内仅靠行业自律难以改变。

据不完全统计，镁质耐火原料和烧成耐火制品、镁碳砖（含铝镁碳、镁铝碳砖）及连铸用“三大件”、滑板的产能过剩非常严重。

（1）烧结镁砂产能 1100 万吨/年，约是全国

烧结镁砂产量的2.2倍；电熔镁砂产能360万吨/年，约是全国电熔镁砂产量的2.1倍。

（2）烧成耐火制品仅山东省、营口市、海城市、新密市、巩义市等地区及阳泉郊区、中钢洛耐公司、山西西小坪等几个大厂，共有隧道窑1127条，梭式窑649座，产能2513万吨，约是全国致密定型耐火制品产量的1.4倍。

（3）含碳耐火制品（镁碳、铝镁碳和镁铝碳砖）产能360万吨/年（二班生产），约是全国含碳耐火制品产量的1.2倍。

（4）31家连铸用“三大件”和滑板生产企业产能分别为18和21万吨，产能大大高于市场需求，导致了连铸“三大件”和滑板的价格大幅下降。例如，板坯连铸侵入式水口从原12万元/吨左右，降到目前的4万元/吨左右；长水口从原4.5万元/吨左右，降到目前1.8万元/吨左右；铝锆碳滑板从原3.5万元/吨，降到目前1.8万元/吨左右等。

耐火材料市场的产能过剩由来已久。产能过剩必然导致市场竞争加剧，产品价格下降。这使得耐材企业在下游行业利润丰厚的年代也处于微利经营的状况。近年来耐火材料产能进入“全面过剩”，企业利润更是微薄。

（四）自主创新能力不足

由于耐火材料行业的利润水平不断下降，全行业的研发投入增长较慢，研发平台建设落后于目前的形势要求；缺乏公益性的研究机构；研发团队的水平不高，研发的手段还较落后；研发资源的配置不合理，基础研究相对薄弱，创新能力明显不足。同时，研发项目前瞻性不强，生产与应用的衔接不够顺畅，应用过程中的问题解决不够及时精确，难以很好地引领和支撑耐火材料行业今后的发展。

四、耐火材料行业发展趋势

2000年以来，耐火材料行业工业经历了一个高速发展阶段，耐材工业实现了产销两旺、效益增长。国内高温工业所用耐材基本自给，出口量不断增加，已成为世界耐火材料的生产和消费第一大国。下一步，耐火材料及主要下游行业生产增速将进一步放缓，国内耐火材料的需求量呈下降趋势，行业发展重点是调整产业结构，整合研发资源、增强创新能力、推动联合重组、提高产业集中度和整体竞争能力。

（一）耐火材料需求量下降趋势

（1）主要下游行业产品产量将逐步进入峰值平台区。我国钢材、水泥、玻璃等行业产品需求经过2000年以来的高速增长，将逐步进入峰值平台区，产品增速将进一步放缓，在峰值平台区波动运行，不会呈现大起大落，产品产量和耐材需求量将相对稳定。

（2）下游行业产能增速将进一步放缓。耐火材料的主要下游行业均属产能严重过剩行业，固定资产投资，特别是新建项目将快速减少，因此基建用耐火材料需求量将逐渐下降。

（3）耐火材料的消耗将逐渐下降。随着耐火材料的品种研发和质量的稳定提高，耐火材料的消耗将逐步降低。目前钢铁行业整体承包耐火材料消耗已下降到15kg/t左右，新干法水泥窑用耐火材料消耗已下降到0.5kg/t熟料，浮法玻璃窑寿命也基本达到了8年的水平。

综上所述，预计2～3年内，国内耐火材料需求量将降至2400万吨左右。如出口量保持在200万吨左右，年生产总量将维持在2600万吨左右。

（二）耐火材料行业集中度将进一步提高

近年来，优势企业通过在自身发展的基础上，优势互补，强强联合等方式进行战略重组，组建大型企业集团，实现耐火材料工业的结构调整和产业优化升级。尤其是2010年以来发展较快。2013年全国耐材企业销售收入前10家销售收入为169.40亿元，比2011年增长7.69%。如按全国耐火制品销售收入1200亿元计算，前10家占14.12%。前15家占17.42%。特别是濮阳股份、北京利尔和瑞泰科技，2013年销售收入比上市挂牌初始年份销售收入分别增长202.49%、122.74%和1142.67%。

目前，以大型企业为龙头、以产品为基础、以产权为纽带，跨所有制、跨地区的联合重组势头仍在继续，将有利于行业生产集中度的提高。

（三）对行业发展的几点看法

进入新世纪以来，全国各行业都得到了高速发展，耐火材料行业在高温工业高速发展的拉动和耐材行业员工的努力下，也得到了快速发展。全国耐火原材料产量从2000年的1000多万吨，到现在的每年6000多万吨，2013年耐火制品产量

2928万吨，约占世界耐材产量的65%以上。近年来，耐火材料出口量200万吨左右，2013年出口量176.91万吨。到目前为止，已成为名副其实的耐火材料生产和出口大国。

但是，10年来，在快速发展的过程中，也存在一些问题，有些教训是深刻的。

一是产能过剩问题。一个行业产品产能过剩最明显的表现主要是两个方面。一是行业内企业无序竞争，竞相杀价；二是下游行业持续压低采购价格，无端拖欠货款。这两个方面的问题已经困惑我们很长时间。

二是品种结构问题。近年来一直强调说，我们的普通产品比例高，高端产品、高附加值产品比例低，企业应上高技术含量、高附加值和功能性耐火制品等等，但有些问题值得我们思考。

（1）怎样的结构才叫合理呢？高端品种比例大产品结构就合理吗？从需求的角度看，高端品种比例大，并不能说明产品结构一定合理。应该是下游行业对产品和品种的需求结构，才是合理结构，绝不是高端品种越多越合理。如果我们“三大件”产品占总产量的1%，就是30万吨/年，远远高于市场需求。这样的结构肯定不合理。

（2）哪些品种是高端产品？哪些又是高技术含量产品？大家都能生产的产品还算是高技术含量和高端产品吗？我认为，同类产品相比，看谁的产品质量好、成本低、市场占有率高。在目前情况下，只要有利润就是好产品，哪怕普通黏土砖也是如此。

（3）哪些品种是高附加值的产品？由于产能过剩导致的市场秩序混乱，竞相杀价，所有品种的利润空间都不大，甚至有些过去利润颇丰的产品目前都已呈现出了微利状态。如镁碳砖，板坯连铸侵入式水口，氮化硅结合碳化硅砖等。

三是与国际先进水平比我们存在的差距。

2011年，中国耐材产量占全球的69%，但销售收入前10名的企业中没有中国企业。说明我们的企业规模不大，实力也不强，“小、多、散”的状态一直未能改变，集中度太低。

据PRE统计，2011年中国对欧洲的出口量占欧洲进口总量的61%，但出口额仅占41%。低20个百分点。2011年欧洲耐材产量600万吨，年营业额46亿欧元，综合平均价格6000元/吨以上，远高于我们的产品平均价格。

几点建议：

第一，作为行业协会应正确引导企业在不增加耐材总量的前提下，把现有的产品做好、做精，推动企业联合重组，提高生产集中度和整体竞争能力。近年来，企业联合重组有进展，如濮耐股份、青花集团、瑞泰科技、利尔股份等都带了好头。大宗产品，互补性较强的企业，应通过联合重组把企业规模做大。而由于耐材品种较多，有些中小企业应把自己的产品做精。提高生产集中度主要靠两个方面。一是政府宏观调控，制定政策。淘汰工艺装备落后，环保不达标，能耗高的落后企业。工信部对耐材行业的发展非常重视，近年来组织了两次调研，正式下发了“促进耐火原材料工业健康发展若干意见”。工信部已完成《耐火原料与制品准入条件》起草工作，并将于近期下发。二是在市场经济体制不断完善的过程中，逐步规范，优胜劣汰。

第二，关于新形势下耐材工业创新驱动的重点。一要重点研发含铬耐材的替代产品。根据环保部、工信部关于推进节能减排、淘汰落后产能的管理要求，各重点企业在新干法水泥窑、AOD炉、RH炉用耐材无铬化方面做了很多成功尝试，下一步应继续大力推广。二要加大洁净钢冶炼用低碳、无碳产品的研发速度。扩大镁钙系产品在钢铁工业的应用，降低污染、净化钢水。三要通过工艺改造和精细化管理，提高产品质量稳定性，提供用户满意的优质产品。四要重视废旧耐火材料的再生应用研究，提高资源的综合利用率。

第三，不断延伸产业链、大力发展非耐产品。应该看到，钢铁行业的利润总额中，非钢产业利润已达到50%左右。耐材行业也有所建树，目前耐材行业中已有数家企业涉足金融投资业，成为地方银行和信贷公司的大股东，利润丰厚；有的企业向新型建材产业、生物制药业、食品加工业和文化产业发展；还有一些强势企业在铁矿、金矿等矿产资源领域寻求新的发展空间。因此，我们的生产企业应该结合本企业和本地区的实际，在做好耐火材料主业的同时，向其他行业延伸、发展，以提高企业自身的应变能力，使企业健康发展、科学发展。

第四，调整经营战略，加强企业内部管理，努力降本增效，保证平稳运行，实现稳中求进。当前特别要关注的是应收货款的回收，加强资金管理，规避经营风险。

总之，企业发展和生产经营没有捷径可走。只有通过技术创新和精细化管理，降低成本、提高质量，为客户提供最优质的产品和服务，做到“人无我有，人有我精”，才能使企业在激烈的市场竞争中立于不败之地。

第二篇

政策法规

工业和信息化部文件

工信部原〔2013〕63 号

工业和信息化部关于促进耐火材料产业健康可持续发展的若干意见

各省、自治区、直辖市及计划单列市、新疆生产建设兵团工业和信息化主管部门，有关行业协会：

为深入贯彻《国务院办公厅关于采取综合措施对耐火黏土萤石的开采和生产进行控制的通知》（国办发〔2010〕1 号）精神，加强耐火材料行业管理，引导产业持续健康发展，现提出以下意见。

一、充分认识加强耐火材料行业管理的重要性和紧迫性

耐火材料是钢铁、建材、有色、机械、化工、电力等高温工业发展不可或缺的基础材料，耐火黏土、镁砂、石墨、棕刚玉等是生产耐火材料的关键原料。改革开放以来，我国耐火材料产业取得了长足进步，已成为世界上最大的生产国、消费国和出口国。但我国耐火材料产业大而不强，还存在矿山生产无序，资源利用粗放，产业集中度低，生态恢复滞后等问题，制约着耐火材料产业的健康可持续发展。提升耐火材料产业发展水平，对于保障高质量耐火材料供给，支撑高温工业发展具有重要意义。因此，要进一步提高对耐火材料产业重要性和加强耐火材料行业管理紧迫性的认识，采取有效措施，发挥比较优势，增强资源保障能力，做强做优耐火材料特色产业。

二、指导思想、基本原则和发展目标

（一）指导思想

深入贯彻落实科学发展观，加快转变耐火材料产业发展方式，立足我国高温工业发展需要，严格控制耐火材料总量，大力推进节能减排、淘汰落后和兼并重组，优化产业结构，加强技术改造，发展循环经济，保护生态环境，提高产业集中度，提升发展质量和效益，增强高端耐火材料保障能力，促进耐火材料产业持续健康发展。

（二）基本原则

坚持保护性开发和综合利用，节约资源，保护环境，鼓励利用再生耐火材料；坚持控制总量和优化存量，规范行业准入，着力扶优扶强，实现规模效益；坚持合理布局，促进产品升级，立足资源和技术优势，发展高技术含量、高附加值、无次生污染的新产品；坚持"引进来"和"走出去"并重，统筹国内国际两个市场、两种资源，积极开展国际合作。

（三）发展目标

提高资源综合利用水平和保障能力。到2015年，高端耐火材料基本自给，菱镁矿石资源综合利用率不低于90%，耐火黏土矿石资源综合利用率不低于80%。到2020年，两种矿石资源综合利用率分别高于95%和90%。

加大节能减排力度。到2015年，主要耗能设备能效水平达到一级，主要产品的综合能耗比2010年降低20%以上，二氧化硫、氮氧化物排放总量比2010年分别下降8%和10%以上，用后耐火材料回收再利用率不低于50%。到2020年，用后耐火材料回收再利用率高于75%。

提高产业集中度。到2015年，形成2～3家具有国际竞争力的企业，创建若干个新型工业化产业示范基地，前10家企业产业集中度达到25%。到2020年，前10家企业产业集中度提高到45%。

三、主要任务

（一）推进联合重组

建立完善新建项目与联合重组、淘汰落后、节能减排联动机制，坚持等量或减量置换落后产能。严格控制产能增长，加快优化存量。规范市场化运作，支持行业内优势骨干企业以品牌、技术、资本等要素为纽带，大力推进横向联合重组，纵向延伸产业链，协同发展生产性服务业，组建大型耐火材料企业集团。

（二）优化产业布局

按照矿产资源规划和相关政策要求，加强资源整合，优化耐火黏土、菱镁等矿产资源配置，推进资源利用的规模化、集约化，实现优质优价优用。在菱镁资源富集的辽宁、山东等地区优先发展镁质耐火材料。在耐火黏土富集的河南、山西、山东、贵州等地区优先发展铝硅质耐火材料。支持辽宁、河南、山东、江苏、浙江等资源富集或产业基础好的地区创建新型工业化产业示范基地。

（三）强化节能降耗

加强节能管理，加大技术改造，提高高温窑炉等高耗能设备能效水平，降低单位耐火材料产品的综合能耗，推进高温窑炉轻型化、节能化、高效化。发展不定形耐火材料和免烧制品。开发产品质量优良、资源能源节约、生产过程清洁、使用过程无害的"绿色耐材"，鼓励用后耐火材料回收再利用。

（四）严格环境管理

加强耐火原料开采与运输、耐火材料生产、用后耐火材料储存和回收再利用等环节的环境管理，注重生态保护，防止六价铬等重金属和水土流失，减轻对生态环境的影响。加大粉尘治理，健全作业场所防尘、降尘和除尘设施，配备降噪设施，按规定配套建设脱硫、脱硝等设施，减少污染物排放。

（五）发展高端产品

围绕高温工业和新兴产业发展需求，发展优质合成、改性原料和长寿命、无污染、节能型耐火材料。开发适用于高温工业先进工艺装备关键部位的结构功能一体化的长寿命新型耐火材料、微孔结构高效隔热材料，施工便利的高性能不定形耐火材料，防止重金属污染的无铬耐火材料等高端产品。

（六）鼓励技术创新

坚持需求牵引和创新驱动并重，整合行业创新资源，建立上下游相关单位共同参与、产学研用相结合的产业技术创新联盟，搭建行业技术创新和交流平台。着重开展集成创新和引进消化吸收再创新。协同攻克耐火原料均化、改性、合成，先进耐火材料制备以及高温工业生产装备应用中的重大共性技术。加快先进技术工程化，推动科技成果产业化。

（七）淘汰落后产能

逐步提高行业准入门槛，加快淘汰能效低、污染重、隐患多的落后产能。2015 年底前，淘汰单线产能低于 3 万吨/年、吨产品综合能耗高于 240 千克标煤的回转窑，单线产能低于 2 万吨/年、吨产品综合能耗高于 285 千克标煤的隧道窑等落后耐火黏土熟料产能；淘汰有效容积低于 18 立方米、吨产品综合能耗高于 330 千克标煤的轻烧菱镁反射炉，有效容积低于 30 立方米的重烧镁砂竖窑，变压器功率低于 1400 千伏安的镁砂电熔炉等落后产能；淘汰变压器功率 3000 千伏安以下普通棕刚玉冶炼炉、变压器功率 4000 千伏安以下固定式棕刚玉冶炼炉、变压器功率 3000 千伏安以下碳化硅冶炼炉等落后生产设备。

（八）加强安全生产

健全安全生产责任制，制定完备的安全生产规章制度和操作规程，依法参加工伤保险。完善制品冲压成型等工伤多发工序安全防护措施，加强高温作业安全防护，防治硅肺病等常见职业病。严格建设项目安全管理，确保配套建设的安全生产设施和职业病防护设施与主体工程同时设计、同时施工、同时投入生产和使用。鼓励企业采用自控水平高的先进工艺和装备，提高本质安全。

四、保障措施

（一）加强组织领导

各地工业和信息化主管部门要切实加强对耐火材料行业的指导和管理，严格执行相关政策，加强部门协调，推动产业政策与环保、国土、安全生产、能源、金融、进出口、财税等政策联动，促进耐火材料产业健康发展。河南、辽宁、山东、山西、贵州、江苏、浙江等资源禀赋或产业基础好的地区，要在本地区产业发展规划中统筹耐火材料产业发展。

（二）严格行业准入

依据耐火材料产业发展态势，及时制修订耐火材料行业准入条件，规范行业准入。在规划布局、工艺装备、生产规模、产品质量、能源消耗、环境保护和生态恢复、综合利用和安全生产等方面强化准入要求。加大监督检查力度，公告符合行业准入条件的企业名单，对不符合准入要求的责令限期整改。

（三）严肃指令性计划

根据矿产资源规划确定的勘查开采总量，结合产业现状，完善耐火黏土指令性生产计划管理，强化与行业准入、联合重组、技术改造、进出口等环节的衔接。指令性生产计划优先向骨干企业分配，不下达给不符合准入条件的企业。加强对计划执行情况的监督检查，杜绝无计划生产和超计划生产。公告违规企业名单，接受社会监督。

（四）加大技术改造

以品种质量、节能减排、安全生产、装备升级和两化融合等为重点，支持耐火材料行业开展技术改造，发展循环经济，积极利用煤矸石、赤泥等尾矿资源以及用后耐火材料，降低对一次资源的依赖，提高资源综合利用水平和高端产品保障能力，提升行业整体水平。

（五）发挥行业组织作用

建立完善耐火材料经济运行统计制度，监测行业经济运行，发布行业经济运行报告。加强行业自律，反映行业诉求，维护企业合法权益，增强企业社会责任，维护市场秩序，抵制假冒伪劣产品，防止不正当竞争。开展技术交流和人员培训，提高从业队伍综合素质和能力。

（六）完善标准规范

依据行业技术进步和经济社会发展的新要求，适时制修订耐火材料行业的产品、检测、环保、安全以及生产、使用等相关标准和规范，完善耐火材料标准体系。充分发挥耐火材料产品检测第三方机构的作用，监督标准实施。加强行业标准化基础工作，强化与上下游协调联动，加快与国际标准接轨，促进行业健康发展，做大做强耐火材料产业。

工业和信息化部
2013年2月21日

中国耐火材料行业协会

中耐协发 办字［2013］11号

关于印发《中国耐火材料行业协会贯彻落实工业和信息化部关于促进耐火材料产业健康可持续发展的若干意见的工作方案》的通知

各相关单位：

根据中国耐材协会六届三次理事（扩大）会议精神，现将《中国耐火材料行业协会贯彻落实工业和信息化部关于促进耐火材料产业健康可持续发展的若干意见的工作方案》印发给各省（市）地方协会，相关会员单位及协会专业工作部门，请结合本地区耐材产业发展需求及各单位生产经营实际认真组织落实。

中国耐火材料行业协会
2013年5月6日

中国耐火材料行业协会
贯彻落实工业和信息化部关于促进耐火材料产业健康可持续发展的若干意见的工作方案

为了贯彻落实《工业和信息化部关于促进耐火材料产业健康可持续发展的若干意见》（工信部原【2013】63号）文件精神（以下简称《若干意见》），根据中国耐材协会六届三次理事（扩大）会议决议，特制订以下工作方案。

一、指导思想

以党的十八大精神为指导，坚持科学发展，加快转变我国耐火材料产业发展方式，立足高温工业发展需要，以提升产业发展质量和效益为中心，严格控制耐火材料总量，创新驱动，加强技术改造，增强高端耐火材料保障能力，节能减排，淘汰落后，发展循环经济，保护生态环境，优化产业结构，联合重组，提高产业集中度，促进耐火材料产业持续健康发展。

二、组织领导

成立中国耐材协会贯彻落实工业和信息化部关于促进耐火材料产业健康可持续发展的若干意见工作领导小组。协会常务副会长徐殿利任组长，各省（市）地方协会常务副会长或秘书长为领导小组成员。协会秘书处在工作领导小组领导下负责计划、协调及方案落实的具体工作。

三、工作目标（第一阶段“十二五”期间）

（1）实现国内高温工业生产所需高端耐火材料基本自给；（2）培育2～3家具有国际竞争力的优势耐火材料企业；（3）创建3～5个新型工业化耐火材料产业示范基地；（4）前10家耐材企业产业集中度达到25%～30%；（5）菱镁矿石资源综合利用率不低于90%；（6）耐火黏土矿石资源综合利用率不低于80%；（7）全行业主要耗能设备能效水平达到一级；（8）全行业主要产品综合能耗比2010年降低20%以上；（9）全行业二氧化硫、氮氧化物排放总量比2010年分别下降8%和10%以上；（10）全行业用后耐火材料回收再利用率不低于50%。

四、主要工作措施

（一）加大宣传工作力度

充分利用协会网站、期刊等信息平台，集中登载《若干意见》，大力宣传贯彻落实《若干意见》对促进耐火材料产业健康可持续发展的意义。召开协会理事会议及各类专业会议解读指导思想、基本原则和发展目标，讲意义、讲任务、讲责任、讲措施，大力宣传加强耐火材料行业管理的重要性、紧迫性和贯彻落实《若干意见》的必要性。

（二）加强政策研究和行业调研

根据《若干意见》确定的发展目标、主要任务和保障措施，组织业内专家、各专业工作部门和重点企业管理人员，分专题对产业布局、生产规模、工艺装备、产品质量、能源消耗、环境保护、生态恢复、资源综合利用和安全生产等方面的情况进行深入系统的调查研究，了解现状、摸清家底。2013年要重点组织开展全国铝硅系矿产资源开采及利用现状的调查研究。

（三）配合政府主管部门严格行业准入

根据工信部“关于委托研究耐火材料准入条件的函”的委托【原简函（2013）70 号】，2013 年，协会要组织专门力量，在调查行业现状，发展环境和发展趋势的基础上，研究提出耐火材料行业准入要求和相关建议。严格企业规模、产能和节能减排指标，逐步提高行业准入门槛，加快淘汰能效低、污染重、隐患多的落后产能。

（四）推进联合重组、优化产业布局（第一阶段“十二五”期间）

协调辽宁省耐火材料工业协会，争取辽宁省工业特种资源保护办公室的支持，引导营口、鞍山等菱镁矿资源富集和耐材产业基础好的地区优势企业，以品牌、技术、资本等要素为纽带，聚集创新要素，按市场规律规范运作。横向联合重组，纵向延伸产业链，协同发展生产性服务业，创建以镁质耐火材料为主的新型产业化示范基地。

协调河南省和新密市耐火材料行业协会，配合新密市政府、利用该地区耐材工业基础扎实、品种齐全，企业相对集中的优势，联合郑州市、洛阳市及周边地区耐材研发院所和强市企业，创建综合性新型耐火材料产业化示范基地。

支持山东省耐火材料行业协会，以山东钢铁集团山东耐火材料集团有限公司为龙头，聚集淄博市及周边地区优势耐火原料、耐火制品生产企业，创建淄博市耐火材料产业化示范基地。

（五）促进产业技术集成创新

坚持需求牵引和创新驱动并重，整合行业创新资源，充分发挥国家级创新平台、高等院校、产业技术创新战略联盟和企业技术研发中心的优势，加强组织引导，重点研发含铬耐材的替代产品，加大洁净钢冶炼用低碳、无碳产品的研发速度，发展优质合成，改性原料和长寿命、无污染、节能型耐火材料。引导企业通过工艺改造和精细化管理，提高耐材产品质量的稳定性，为下游行业提供满意的优质产品。

（六）着力提升耐材工业装备水平

根据耐火材料工业快速发展对生产、检测、现场施工等装备技术以及生产线自动化程度不断提高的客观需求，制定“十二五”期间提升行业装备水平及自动化水平的推进计划，重点研发耐火材料生产自动化技术及装备，特种耐火材料成型技术装备，高温窑炉节能技术和装备，不定形耐火材料生产施工装备及技术，新型耐火材料检测技术及装备。2013 年，协会科技环保部要会同生产装备部，以耐材企业成型设备节电和热工窑炉节能为重点，考察、调研，收集整理生产数据和理论信息，组织成型设备，热工设备的节能降耗推广活动。

（七）不断完善行业生产及经济运行统计工作

在坚持依法履行耐火材料行业月度生产统计月度生产职能，不断规范统计体系管理的基础上，按工业和信息化部委托函要求，尽快建立全国耐火黏土和菱镁产品统计体系，确定统计目录和统计范围，按规定时间，提前对各地区各企业上报的统计数据进行分类整理，核查及分析，汇总形成行业统计资料，经主管部门审定后，定期发布行业生产经营运行情况通报。

（八）努力规范耐火材料行业标准管理

在工业和信息化部的支持与指导下，依据行业技术进步和经济社会发展的新要求，加强行业标准化基础工作，强化与上下游产业的协调联动，加快与国际标准接轨。要积极创新条件，争取建立相对统一的耐火材料行业产品标准管理体系，适时制修订耐火材料产品检测、环保、安全及生产、使用等标准，不断完善耐火材料标准体系。

中华人民共和国工业和信息化部

公　　告

2014年　第84号

为落实《工业和信息化部关于促进耐火材料产业健康可持续发展的若干意见》（工信部原〔2013〕63号），引导合理投资，遏制低水平重复建设，加快结构调整，促进耐火材料产业健康可持续发展，根据有关法律法规和产业规划政策，我部制定了《耐火材料行业规范条件》（2014年本），现予公告。

有关方面在投资融资、土地供应、环境评价、节能评估、生产许可、安全生产监管和淘汰落后等工作中应参照执行。

附件：耐火材料行业规范条件（2014年本）

工业和信息化部
2014年12月26日

附件

耐火材料行业规范条件

（2014年本）

工信部原2014年第84号

为引导合理投资，遏制低水平重复建设，加快结构调整，促进耐火材料产业健康可持续发展，根据《中华人民共和国清洁生产促进法》《中华人民共和国节约能源法》和《工业转型升级规划（2011～2015年）》等法律法规和规划政策，制定本规范条件。

一、生产布局

（1）耐火材料项目应综合考虑资源、能源、环境容量和市场需求，符合主体功能区规划、产业发展规划、环境保护规划和项目所在地城乡规划，符合土地利用总体规划和土地使用标准。（2）控制新增产能，鼓励实施等量或减量置换，依托现有耐火材料生产企业，通过联合重组，“退城入园”，开展技术改造，推进节能减排，生产和推广不定形耐火材料，优化产业结构，提高生产集中度。（3）世界遗产地、风景名胜区、生态保护区、饮用水水源保护区等需要特别保护的区域和非工业建设规划区不得新建、扩建耐火材料项目。

上述区域内已有的耐火材料企业，达不到本规范条件的，要通过整改达到。

二、工艺与装备

（1）耐火材料厂区布局要符合《工业企业总平面设计规范》（GB 50187）、《工业企业设计卫生标准》（GBZ 1）的要求。（2）采用《产业结构调整指导目录》鼓励类工艺和装备，使用列入《节能机电设备（产品）推荐目录》的产品或能效标准达到1级的机电设备。（3）不采用《部分工业行业淘汰落后生产工艺装备和产品指导目录》、《高耗能落后机电设备（产品）淘汰目录》等明令淘汰、限制的工艺和装备。（4）使用本质安全的技术和装备，采用清洁能源（燃料）。应用原料精选、提纯、均化、合成等新技术，提升关键原料综合利用水平。通过以新带老，全面提升企业管理信息化、生产自动化水平。

三、质量管理

（1）建立完善的产品质量保障体系和产品质量追溯制度，具备健全的质量管理机构和质量检验实验室，配备专职质量管理和质量检验人员。（2）耐火原料、耐火制品质量达到相应的国家标准或行业标准。

四、清洁生产

（1）原料堆场配建围墙和顶盖，破（粉）碎、筛分、均化、输送、成型和成品加工等易产生粉尘的环节，配套除尘装置，防止粉尘无组织排放。含尘气体经处理达标后排放。（2）配套建设窑炉烟气除尘、脱硫、脱硝等治理装置。烟气经治理达标后排放。（3）建立雨污分流系统。生产工艺废水回用率不低于90%，污水经治理达标后排放。（4）原料加工、制品成型等易产生噪声的工段，配套建设降噪设施。厂界噪声符合《工业企业厂界环境噪声排放标准》（GB 12348）。（5）固体废物贮存、处置按《一般工业固体废物贮存、处置场污染控制标准》（GB 18599）执行。堆存含有重金属的原料和固体废物场所配套建设防渗漏设施。(6) 采取清洁生产技术，依法开展清洁生产审核。建立环境管理体系，制订突发环境事件应急预案。

五、节能降耗和综合利用

(1) 依法开展工业节能评估与审查，采用节能环保型窑炉，并以新带老配套建设企业余热回收利用设施。(2) 耐火原料单位产品综合能耗限额符合表1的规定。(3) 耐火制品单位产品综合能耗限额符合表2的规定。(4) 回收再利用生产过程产生的碎矿、粉矿和回收的粉尘等固体废物，鼓励回收再利用用后耐火材料。(5) 年消耗标准煤5000吨及以上的耐火材料企业，应按照当地工业节能管理部门要求，定期提交本单位能源利用状况报告，提供可靠的能耗数据。

表1 耐火原料单位产品能耗限额

产品名称	品种/工艺	耐火原料单位产品综合能耗限额(标煤)/$kg \cdot t^{-1}$
高铝矾土熟料		227
烧结镁砂	MS97	83
	MS95	200
	MS92	300
电熔镁砂		339
烧结刚玉		151
电熔刚玉	棕刚玉	295
	白刚玉	184
镁铝尖晶石	电熔法生产	193
	烧结法生产	482
莫来石	电熔法生产	175
	烧结法生产	447

注：折算标煤系数为0.1229kg/(kW·h)。

表2 耐火制品单位产品能耗限额

产品名称	品种/工艺	耐火制品单位产品综合能耗(标煤)/$kg \cdot t^{-1}$
黏土砖（含低蠕变）特异型砖≤40%	—	172①
高铝砖（含低蠕变）特异型砖≤20%	—	318①
硅砖特异型砖≤20%	—	338②
镁质制品	镁 砖	184
	中档镁砖	232
	高纯镁砖	256
	镁铬砖	205
	直接结合镁铬砖	268
	镁钙砖	179
	镁铝尖晶石砖	245
含碳制品	镁碳砖及镁铝碳砖	31
不定形耐火制品		10

① 特异型砖（含低气孔致密黏土砖）比例每增加10%，综合能耗（标煤）增加15kg/t；
② 特异型砖比例每增加10%，综合能耗（标煤）增加20kg/t；折算标煤系数为0.1229kg/(kW·h)。

六、安全生产、职业卫生和社会责任

（1）严格遵守安全生产方面的法律、法规和标准。推进安全生产标准化建设，有健全的安全操作规程。新建、改扩建项目的安全生产设施与主体工程建设“三同时”。有重大危险源检测、评估、监控措施和应急预案。（2）严格遵守职业病防治方面的法律、法规和标准，建立健全职业病防治责任制。新建、改扩建项目必须依法履行职业卫生“三同时”。配备岗位必需的劳动防护用品和职业病防护设施，工作场所的有害气体、粉尘浓度、噪声、高温等指标符合国家要求，严防尘肺病等职业病。（3）依法纳税，足额缴纳养老保险、医疗保险、工伤保险、失业保险和生育保险费。

七、监督管理

（1）新建耐火材料建设项目需要达到规范条件。现有企业和生产线达不到规范条件的，要通过整改措施达到。（2）地方工业和信息化主管部门监督本地区耐火材料企业执行本规范条件。（3）工业和信息化部依企业申请，公告符合规范条件的耐火材料企业和生产线名单，接受社会监督并实行动态管理。

公告管理办法由工业和信息化部另行制定。

八、附则

（1）本规范条件适用于中华人民共和国境内（台湾、香港、澳门地区除外）耐火材料生产企业。

（2）本规范条件引用的法律法规、标准规范和相关政策，如遇修订，按新修订的执行。

（3）本规范条件自 2015 年 3 月 1 日起实施，由工业和信息化部负责解释。

中国耐火材料行业协会

中耐协发 办字［2015］01号

中国耐火材料行业协会
宣传贯彻《耐火材料行业规范条件》的
工 作 计 划

为了贯彻落实《耐火材料行业规范条件（2014年本）》（以下简称《规范条件》），加快耐火材料行业转型升级，推进行业节能环保，中国耐火材料行业协会特制定以下工作计划。

一、指导思想

坚持创新驱动发展，加快我国耐火材料产业发展方式，立足高温工业发展需要，提升行业发展质量和水平；加速行业转型，推进技术升级，鼓励创新驱动，增强高端耐火材料保障能力；优化产业结构，扩大联合重组，提高产业集中度；淘汰落后产能，推广节能减排，发展循环经济，保护生态环境，促进耐火材料产业持续健康发展。

二、组织领导

成立中国耐材协会宣传贯彻《规范条件》工作领导小组。协会常务副会长徐殿利任组长，各省（市）地方协会常务副会长或秘书长为领导小组成员。协会秘书处和专家委员会在工作领导小组领导下负责计划、协调及方案落实的具体工作。

三、工作计划

（一）加大宣传工作力度

充分利用协会网站、期刊等信息平台，集中登载《规范条件》，大力宣传贯彻落实《规范条件》对促进耐火材料产业健康可持续发展的意义。召开协会理事会议及各类专业会议解读《规范条件》，讲意义、讲任务、讲责任、讲措施，大力宣传加强耐火材料行业管理的重要性、紧迫性和贯彻落实《规范条件》的必要性。

（二）加强政策研究和行业调研

根据《规范条件》的内容，分专题对产业布局、生产规模、工艺装备、产品质量、能源消耗、环境保护、生态恢复、资源综合利用和安全生产等方面的情况进行深入系统的调查研究，了解全国各地区耐火材料产业发展现状。

（三）配合工信部拟制《规范条件》的管理办法，分批次发布合格企业名单

根据工信部的工作计划和要求，协会要在加强政策研究和行业调研的基础上，组织专门力量，协助拟制《规范条件》的管理办法，分批次发布合格企业名单，协同各省（市）耐材协会，配合各级政府主管部门敦促不符合《规范条件》的企业加紧整改、升级，切实提高企业管理水平。对改造后仍无法达到《规范条件》的企业，配合地方政府进行关停，加快淘汰能效低、污染重、隐患多的落后产能。

（四）协助工信部做好耐火原材料单位产品能耗限额国家标准制定

《规范条件》对部分原材料单位产品能耗限额进行了具体规定，这必将对耐火材料生产企业提出更高要求，将极大地降低耐材产业能耗，推进节能降耗技术和清洁高效能源的应用。但《规范条件》并未对所有品种的耐火原材料单位产品能耗限额进行规定。为了在耐材全行业推进节能减排，按照工信部的指导和建议，协会秘书处将协调科技环保部、生产装备部及专家委员会，组织业内专家、学者进行广泛调研、深入走访、严谨论证，拟定完整、规范、适用性强的耐火原材料单位产品综合能耗限额国家标准，并在全行业内推广应用。

（五）推进联合重组、优化产业布局

在《规范条件》指导下，协调各省（市）耐材协会，协助企业和地方政府做好企业发展规划、耐材产业重点生产地区发展规划、全行业发展规划等，引导全行业优化结构，推广节能减排新技术。与地方协会共同协助引导落后产能退出，严格控制新增产能。以等量或减量为前提，为优势生产企业和有意愿参与并购重组的企业搭建沟通渠道，扩大联合重组成果，提高行业生产集中度。

（六）促进产业技术集成创新，着力提升耐材工业装备水平

促进整合行业创新资源，充分发挥国家级创新平台、高等院校、产业技术创新战略联盟和各层次企业技术中心的优势，加强组织引导，发展资源综合利用率高的原料和节能、环保、长寿的耐火材料。引导企业通过工艺改造和精细化管理，提高耐材产品质量的稳定性，为下游行业提供满意的优质产品。

推广自动化程度高、能源消耗低、安全性高、质量稳定性好的耐火材料成型技术装备。协会科技环保部、生产装备部和专家委员会要以耐材企业成型设备节电和热工窑炉节能为重点，加强考察、调研，收集整理生产数据和理论信息，组织成型设备，热工设备的节能降耗推广活动。

（七）推进耐火材料行业标准化管理

按照《规范条件》的具体要求，在工信部的支持与指导下，依据行业技术进步和

经济社会发展的新要求，推广耐火材料产品质量检测、工艺装备、安全生产、清洁生产、使用条件等国家或国际标准，规范耐火材料行业标准化管理，强化与上下游产业的协调联动，加快与国际标准接轨。敦促相关部门建立相对统一的耐火材料行业产品标准管理体系，适时制修订不符合现状的落后标准，不断完善耐火材料标准体系。

（八）发挥全国耐火材料协会工作网络体系的作用

发挥全国耐火材料协会工作网络体系作用，协调各省（市）地方协会，对宣传、贯彻、落实《规范条件》的工作实行动态管理，利用协会网站、期刊及微信、短信公众平台等现代传媒发布信息、交流经验、推介成果，适时组织区域性或专业性的工作交流、研讨活动，扎扎实实地抓好宣传、贯彻、落实《规范条件》的各项工作。了解各地区政府主管部门宣传、贯彻、落实《规范条件》的工作动态，收集会员单位在执行《规范条件》过程中产生的问题和困难，调研核实，分析整理后及时向工业和信息化部反馈。

中国耐火材料行业协会

2015年1月14日

中国耐火材料行业行规公约

为使中国耐火材料行业更好地适应国际、国内市场变化，稳定耐火材料价格，鼓励业内各企业展开公平竞争，维护耐火材料市场秩序，促进耐火材料行业健康有序发展，依据《中华人民共和国价格法》《反垄断法》《反不正当竞争法》《合同法》等国家法律法规，结合耐火材料行业面临的市场现状制定本行规公约（以下简称“规约”）。

第一章　总　　则

第一条　本规约以建立行业和企业自律机制，规范行业和企业生产经营行为，提高行业整体素质，树立企业良好形象为宗旨，是行业协会加强行业自律管理的重要组成部分。

第二条　凡在中国境内从事耐火材料生产、经营的企业，都应遵守本规约。中国耐火材料行业协会会员应起带头模范作用。

第三条　遵纪守法，廉洁奉公，自觉维护行业形象，严格遵守国家相关法律法规，禁止一切违法行为。讲求信誉，自尊自爱，提倡敬业、团结、互助、协调，各企业共同承担耐火材料市场责任。提倡绿色生产、文明经商、优质服务，自觉规范生产经营管理行为。

第二章　行 业 规 约

第四条　各耐火材料生产企业应严格生产工艺、技术、质量等标准和规范，坚持质量第一、用户至上。禁止采购、生产、销售不合格产品。

第五条　保证供需平衡是维护耐火材料市场稳定的基本条件。各耐材企业应根据市场需求组织生产。市场发生较大变化时，生产企业应主动通过调控产量、优化品种结构、增减库存等措施调节供需关系，维护市场稳定，避免盲目的价格竞争。

第六条　各耐火材料生产企业，特别是大型企业要充分发挥稳定市场的主导作用，根据市场变化和产品结构调整合理制定产品价格。可与用户协商定价，反映产品价格的合理性，保持价格相对稳定，维护供需双方的共同利益。

第七条　各耐火材料生产企业应按照《中华人民共和国反不正当竞争法》第十一条“经营者不得以排挤竞争对手为目的，以低于成本的价格销售商品”和《中华人民共和国价格法》第十四条“经营者不得有下列不正当价格行为：……（二）为了排挤竞争对手或者独占市场，以低于成本的价格倾销，扰乱正常的生产经营秩序，损害国家利益或者其他经营者的合法权益；……”的规定，做到产品定价规范、公开、公平、合理，反对售价低于成本价的倾销行为。市场平稳情况下，应坚持产品售价不低于完全成本；市场需求减少、库存增加、销售困难情况下，应坚持产品售价不低于生产成本。坚决杜绝“保值销售”等不正当竞争行为，维护市场秩序。

第八条　建立、健全企业内部定价机制。企业内部要建立及时、准确的市场信息收集和分析系统，建立科学、有效的定价机制和决策管理系统，规范内部定价程序，减少价格制定的随意性和盲目性。规范企业分公司的销售行为，完善企业内部销售考核体系，把产品产销率与产品利润率一起考核。

第九条　各企业应遵守《中华人民共和国价格法》第八条“经营者定价的基本依据是生产经营成本和市场供求状况”的规定，坚持产品合理价位原则、价格可比性原则、优质优价原则、明码标价原则。

产品定价既要反映市场供需关系，也要反映产品价值，使产品价格保持相对合理，防止优质低价现象出现。同时，应及时关注国际市场价格情况，努力减少或避免贸易摩擦和反倾销案的发生。

第十条 各耐火材料生产企业应建立稳定的销售渠道和销售网络，与上下游企业建立利益共享、风险共担的合作机制，建立长期稳定的合作关系，共同维护市场秩序。同时加强和巩固出口产品销售渠道和网络，为稳定国内市场创造条件。

第十一条 各耐火材料生产企业之间要加强市场供需情况和价格信息的沟通和交流，正确分析市场变化，加强价格信息调研，防止耐材价格大起大落。

第十二条 发挥各省、市及地区行业协会的作用，及时对各地区市场状况、价格信息进行分析和研究，正确判断市场价格走势，交流企业营销经验。

第十三条 中国耐火材料行业协会每年适时召开市场信息交流会。在耐材市场出现较大波动和国家政策发生重大调整时，及时召开市场供需和价格形势分析会议，通报有关情况，研究行业经济运行的重大问题，制定稳定市场的策略。

第十四条 中国耐火材料行业协会要定期向耐材企业通报耐材生产、进出口和主要耐材品种国内外市场变化的情况，提出后期市场运行应关注的问题，必要时在行业内定期公布主要耐材品种平均成本。各耐材企业要及时向耐材协会报送本企业产量、价格、利润等生产经营状况。

第三章　规 约 管 理

第十五条 中国耐火材料行业协会常务理事会负责行规公约的制（修）定、实施、监督、检查和管理工作。

第十六条 中国耐火材料行业协会办公室负责接待、受理单位和个人的信访、举报，报请常务副会长批准后，进行处理。

第十七条 中国耐火材料行业协会每年对规约执行情况进行检查，对模范执行规约的突出单位及其法人给予通报表扬，并以多种形式在行业内外进行公开表彰宣传。

第十八条 对违反行规公约的行为，中国耐火材料行业协会要及时给予制止和协调，并在协会网站及相关媒体曝光；对继续违反规约者，根据违规危害情况，分别给予行业内部通报批评、社会公开通报、行业警告，直至开除会籍。

第十九条 对扰乱市场秩序、危害行业整体利益的严重违规及违反相关法律法规的行为，协会将及时向政府主管部门报告，并建议相关部门依据《中华人民共和国价格法》《中华人民共和国反不正当竞争法》《中华人民共和国产品质量法》等法律法规查处并给予处罚。

第二十条 对处理结果不服的可提出复议意见，由协会组织进行调查，并出具调查报告交由常务理事会审议。

第四章　附　　则

第二十一条 本行规公约经中国耐火材料行业协会常务理事会讨论通过，中国境内耐火材料企业遵照执行。

第二十二条 本行规公约解释权归中国耐火材料行业协会常务理事会所有。

第二十三条 本行规公约如与国家和地方政策法规相抵触，以国家和地方政策法规为准。

第二十四条 本行规公约自2014年9月18日起施行。

第三篇

运行分析

2010年全国耐火材料及主要下游行业生产运行情况简要分析

中国耐火材料行业协会常务副会长　徐殿利

2010年，在中央继续应对国际金融危机，加快推进经济发展方式转变，保持经济平稳较快增长的政策措施作用下，工业经济总体延续了上年下半年回升向好的运行态势，呈现了生产增长较快，结构逐步优化，出口加快恢复，节能减排取得积极进展的良好格局，工业经济运行由回升向好向稳定增长转变的态势基本确立。

一、全国工业经济运行情况

2010年，全国规模以上工业增加值同比增长15.7%，增速同比加快4.7个百分点；其中，12月份增长13.5%，同比减缓5个百分点，增长考虑上年同期同比增幅基数较低因素的影响，运行态势趋于平稳，各月增长情况如图1所示。

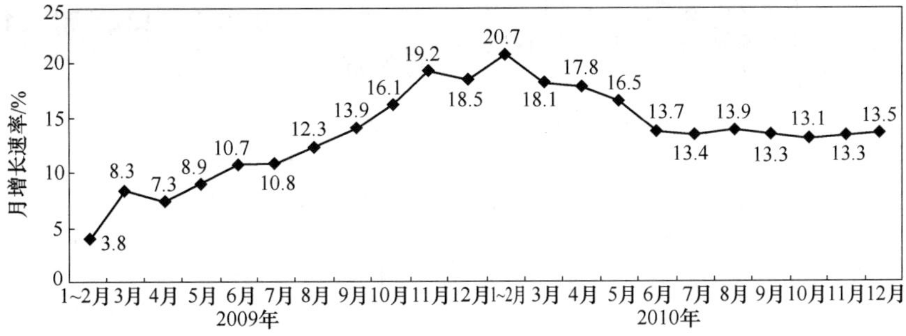

图1　2009年以来全国工业增加值分月增长速率

（1）轻工业运行平稳，重工业增速前高后低。轻工业增长13.6%，同比加快3.9个百分点；受节能减排等宏观调控政策影响，重工业增速从二季度开始放缓，全年增长16.5%，同比加快5个百分点，轻、重工业增速差由上半年的5.8个百分点缩小到2.9个百分点。进入下半年，轻、重工业各月增速基本稳定在一个相对较小的区间内波动，其幅度不超过1个百分点。12月份，轻、重工业分别增长13%和13.7%，比上月加快0.3个和0.1个百分点。各月增长情况如图2所示。

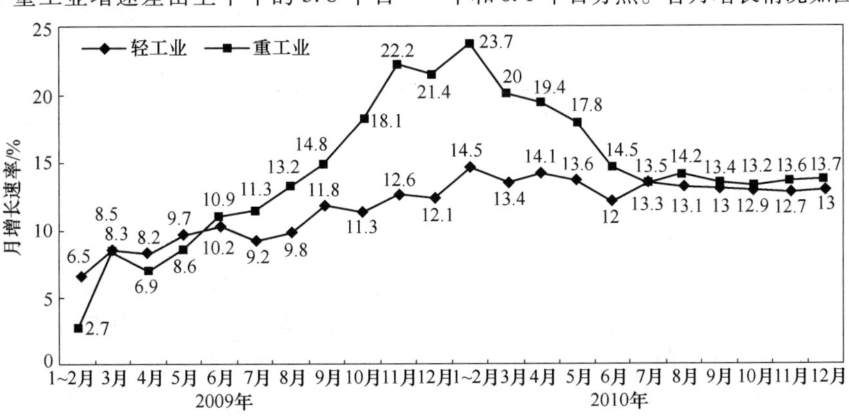

图2　2009年以来轻、重工业增加值分月增速

（2）高耗能行业产能过快增长势头得到遏制。2010年六大高耗能行业增加值同比增长13.5%，比上半年和前三季度分别回落3.7个和1.3个百分点，其中9～12月份当月增速均低于10%。其中，黑色金属冶炼及压延加工业、有色金属冶炼及压延加工业分别增长11.6%和13.2%，比前三季度回落2.1个和2.2个百分点。

（3）工业产品出口增速前高后稳，12月份出口交货值创年内新高。全年规模以上工业完成出口交货值9.1万亿元，同比增长25.4%，与2008年相比增长12.7%。其中12月份出口交货值8663亿元，创历史最高水平，同比增长18.3%。另据海关统计，2010年我国外贸出口额15779亿美元，同比增长31.3%，比2008年增长10.5%；其中12月份增长17.9%。

（4）高耗能行业投资增速明显回落。全年六大高耗能完成投资34754亿元，比上年增长14.8%（12月份增长15%），增速同比回落7个百分点。其中，非金属矿物制品业、化学原料及化学制品制造业投资分别增长28%和14.8%，同比回落15.5个和12.1个百分点；石油加工炼焦及核燃料加工业、有色金属冶炼及压延加工业投资分别增长12.9%和35.8%，同比加快12.5个和19个百分点；黑色金属冶炼及压延加工业投资由上年下降1.3%转为增长6.1%；电力、热力的生产与供应业增长6.6%，同比回落16.2个百分点。

（5）能源原材料价格涨幅快于工业品出厂价格。工业品出厂价格累计同比上涨5.5%，其中12月份同比上涨5.9%，比上月回落0.2个百分点，环比上涨0.7%。原材料、燃料、动力购进价格累计同比上涨9.6%，高出工业品出厂价格涨幅4.1个百分点，其中12月份上涨9.5%；燃料动力购进价格上涨16.3%。

（6）企业效益状况明显改观。1～11月，规模以上工业企业实现利润38828亿元，同比增长49.4%（去年同期增长7.8%）。企业亏损面12.9%，比上年4.5个百分点；亏损企业亏损额2457亿元，同比减亏799亿元，同比下降24.5%（上年同期下降33.5%）。11月末，产成品资金占用2.44万亿元，同比增长11.2%，比上年上升11个百分点；应收账款6.46万亿元，增长22.4%，上升8.4个百分点。

二、2010年1～12月耐材行业生产运行情况

1～12月，全国耐火材料产量2808.06万吨，同比增长14.45%；其中致密定型耐火制品1698.92万吨，同比增长8.99%；不定形耐火制品1044.74万吨，同比增长24.20%。主要品种产量如图3所示。

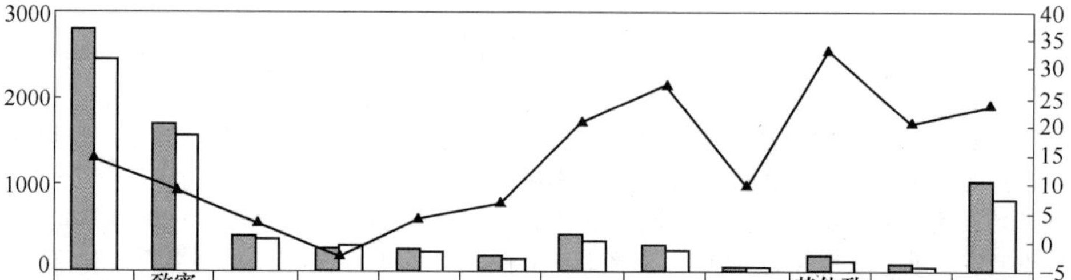

	耐火材料制品	致密定型耐火制品	黏土质砖	高铝质砖	硅质砖	镁质砖	特种耐火制品	含炭制品	功能材料	其他致密定型耐火制品	隔热耐火制品	不定形耐火制品
2010年1～12月	2808.06	1698.92	401.93	281.81	247.37	170.23	433.53	309.61	48.21	164.04	64.40	1044.74
2009年1～12月	2453.56	1558.79	390.52	290.17	237.61	159.40	358.24	243.10	43.86	122.84	53.57	841.21
同比/%	14.45	8.99	2.92	−2.88	4.11	6.80	21.02	27.36	9.92	33.54	20.21	24.20

图3　2010年1～12月产量情况（万吨）

耐材主要生产省（市）产量情况如图4所示。

耐火原材料进出口贸易情况：1～12月，全国耐火原材料进出口贸易总额32.78亿美元，比上年同期增长70.72%；其中出口贸易额首次突破30亿美元，达30.48亿美元，同比增长74.43%；进口贸易额2.30亿美元，同比增长33.4%。

出口量高幅增长：

1～12月，全国耐火原材料出口量569.76万吨，同比增长68.25%，其中耐火原料出口量

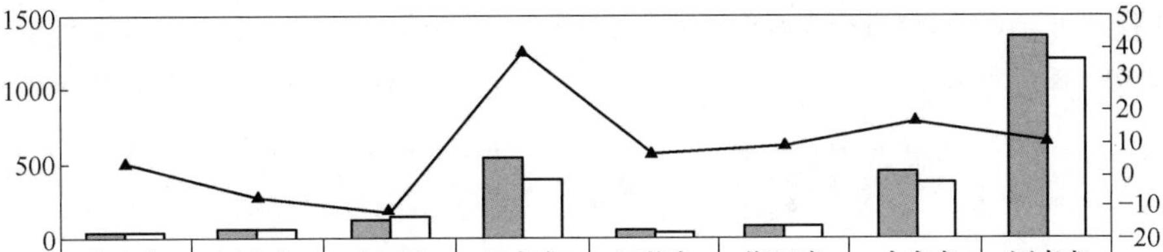

	北京市	河北省	山西省	辽宁省	江苏省	浙江省	山东省	河南省
2010年1~12月	44.52	46.03	124.48	553.57	45.81	72.43	440.93	1351.68
2009年1~12月	42.82	49.74	142.53	396.38	63.13	66.25	376.61	1216.36
同比/%	3.97	−7.46	−12.66	39.66	6.23	9.33	17.08	11.13

图4　2010年1~12月份主要耐材生产省（市）产量情况（万吨）

390.48万吨，同比增长101.37%；耐火制品出口量179.28万吨，同比增长23.87%。从海关查询的14个出口品种中，除其他耐火制品出口量同比降低5.16%外，其余品种均呈高幅增长态势。

1~12月耐火原料出口量及贸易额走势如图5所示。

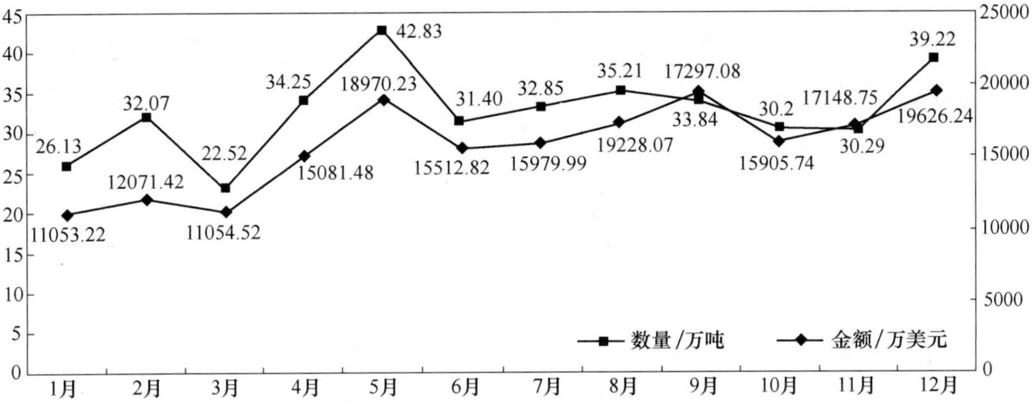

图5　2010年1~12月份耐火原料出口量及出口金额走势图

(一) 耐火原料出口情况

电熔镁砂和烧结镁砂出口情况：1~12月，电熔镁砂和烧结镁砂出口量分别为47.04万吨和73.04万吨，同比分别增长153.31%和104.25%，各月出口走势如图6所示。

耐火铝黏土、棕刚玉、白刚玉出口情况：1~12月，耐火铝黏土，棕刚玉和白刚玉出口量分别

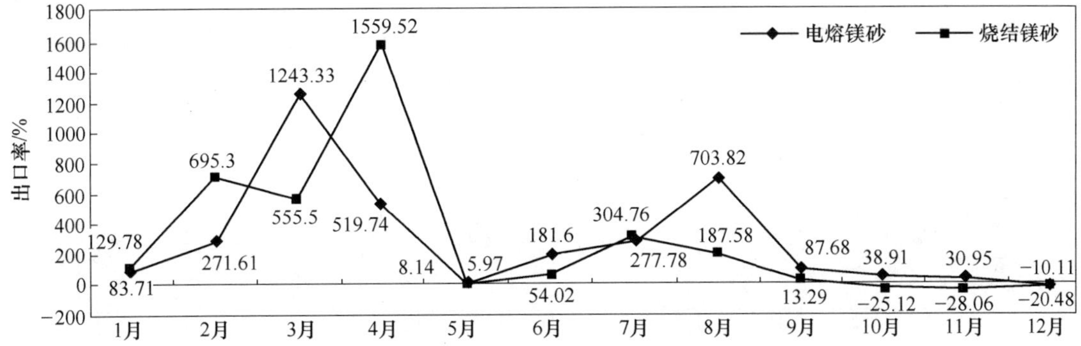

图6　2010年1~12月电熔镁砂、烧结镁砂出口情况

为 85.77 万吨、65.51 万吨和 13.38 万吨，同比分别增长 139.71%、169.92% 和 85.83%。各月出口量走势如图 7 所示。

石墨和碳化硅出口情况：1～12 月，石墨和碳化硅出口量分别为 18.88 万吨和 22.33 万吨，同比分别增长 93.24% 和 88.76%，各月出口量走势如图 8 所示。

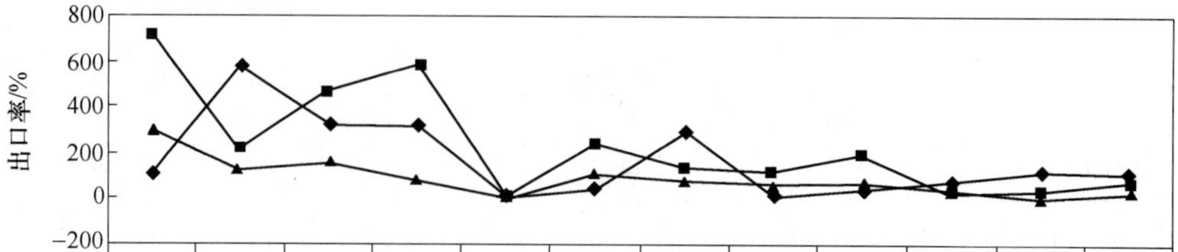

	1月	2月	3月	4月	5月	6月	7月	8月	9月	10月	11月	12月
耐火铝黏土	95.87	573.42	315.05	312.69	6.46	32.22	294.22	9.44	38.99	71.76	111.38	102.28
棕刚玉	721.81	210.84	462.65	591.11	9.04	231.28	135.86	112.8	175.89	12.05	29.85	69.35
白刚玉	305.1	125.64	154.05	76.19	1.65	105.38	84.62	63.03	67.65	40	−2.38	26.36

图 7　2010 年 1～12 月耐火铝黏土、棕刚玉、白刚玉出口情况

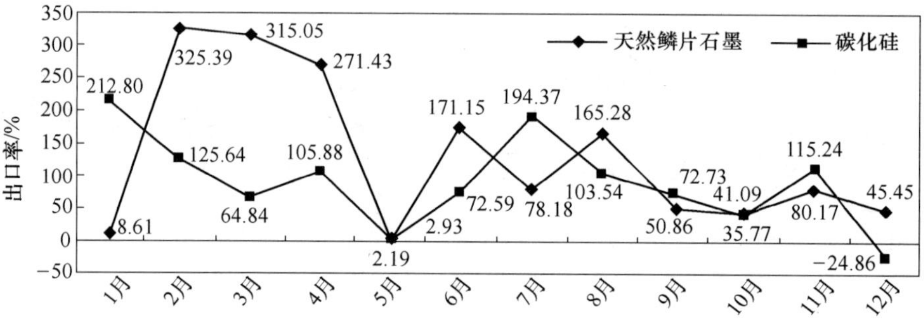

图 8　2010 年 1～12 月石墨、碳化硅出口情况

（二）耐火制品出口情况

1～12 月，耐火制品出口量 179.28 万吨，同比增长 23.87%。增幅比 1～9 月份上涨 1.14 个百分点。各月走势如图 9 所示。

碱性耐火制品出口情况：1～12 月，碱性耐火制品出口量 96.42 万吨，同比增长 32.35%，各月走势如图 10 所示。

铝硅质耐火制品出口情况：1～12 月，铝硅质耐火制品出口量 61.01 万吨，同比增长 24.92%，各月走势如图 11 所示。

其他耐火制品出口情况：1～12 月，其他耐火制品出口量 21.85 万吨，同比降低 5.16%，各月走势如图 12 所示。

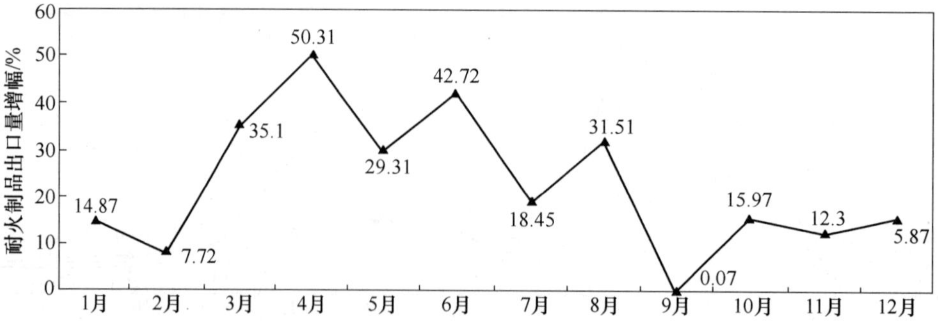

图 9　2010 年 1～12 月耐火制品出口情况

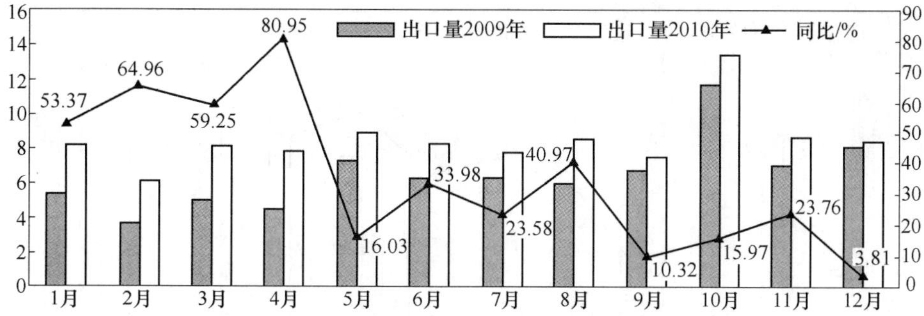

图 10　2010 年 1 ~ 12 月碱性耐火制品出口量走势图

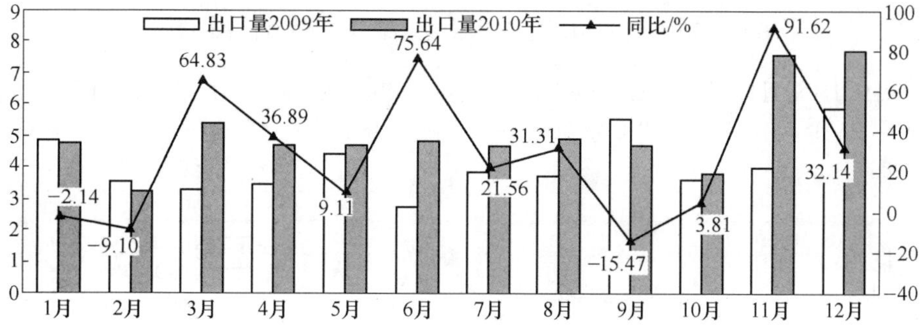

图 11　2010 年 1 ~ 12 月铝硅质耐火制品出口量走势图

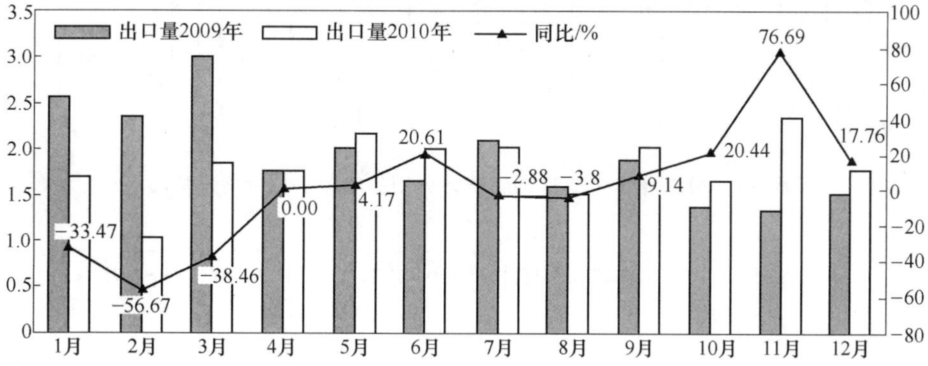

图 12　2010 年 1 ~ 12 月其他耐火制品出口量走势图

（三）出口价格有所回升

1 ~ 12 月，全国耐火原材料出口综合平均价格同比增长 3.68%，比 1 ~ 9 月份降幅回升 4.62 个百分点；其中耐火原料出口综合平均价格同比增长 16.69%，增幅比 1 ~ 9 月提高 3.45 个百分点；耐火制品出口综合平均价格同比降低 1.01%，比 1 ~ 9 月份降幅增长 0.32 个百分点，出口综合平均价格基本恢复到上年同期水平。

耐火原料除耐火铝黏土，白刚玉和膨润土出口平均价格同比分别降低 13.86%、0.83% 和 19.54% 外，其他品种出口平均价格扭转了上半年持续下滑态势，均超过上年同期水平。

1 ~ 12 月，耐火制品出口平均价格同比降低 1.01%，比上年同期回落 6.39 个百分点，其中：碱性耐火制品出口平均价格同比增长 1.28%，增幅比 1 ~ 9 月上涨 2.47 个百分点，比上年同期回落 2.39 个百分点，但从 8 月份开始，出口平均价格企稳回升态势明显。各月走势如图 13 所示。

铝硅质耐火制品出口平均价格同比降低

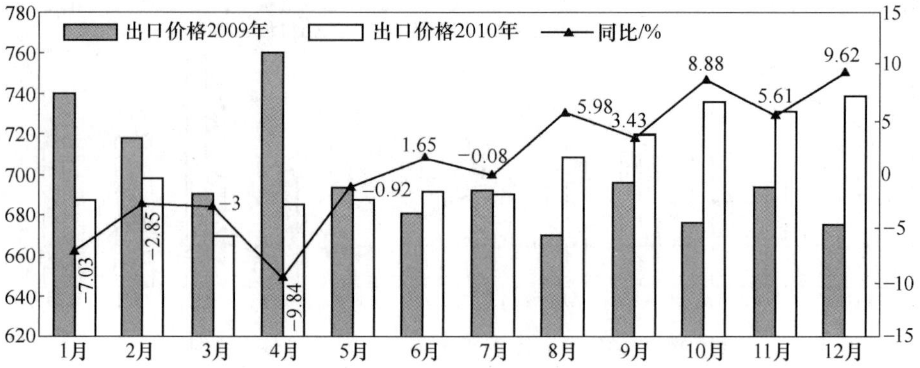

图 13　2010 年 1～12 月碱性耐火制品出口平均价格走势图

1.32%，增幅比 1～9 月降低 3 个百分点，比上年同期上涨 0.03 个百分点，各月走势如图 14 所示。

其他耐火制品出口平均价格同比降低 11.05%，降幅比 1～9 月下降 2.98 个百分点，比上年同期降低 33.49 个百分点。各月走势如图 15 所示。

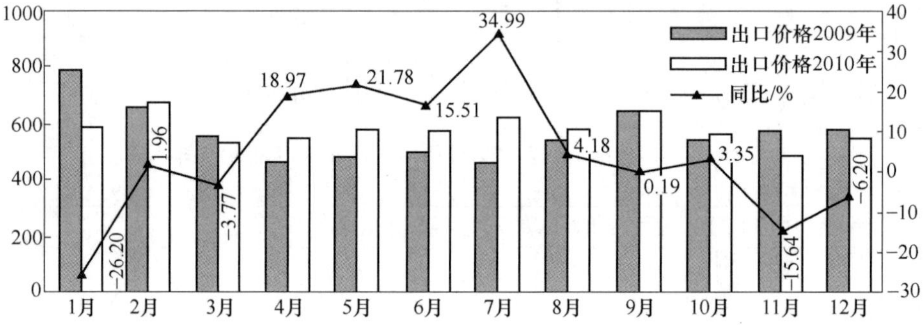

图 14　2010 年 1～12 月铝硅质耐火制品出口平均价格走势图

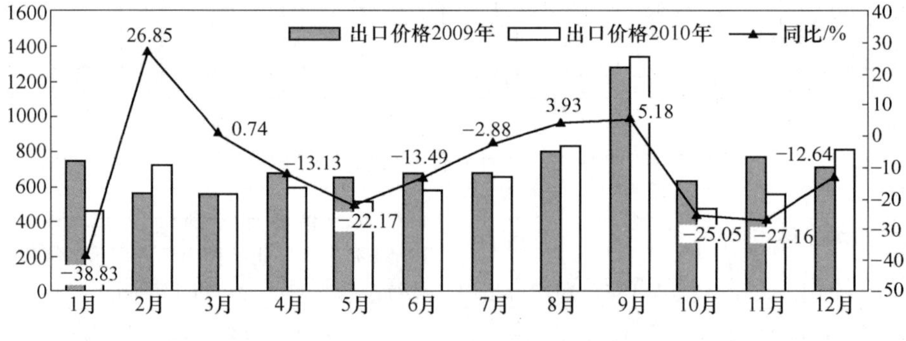

图 15　2010 年 1～12 月其他耐火制品出口平均价格走势图

1～12 月，耐火原材料出口贸易额突破 30 亿美元，达 30.48 亿美元。主要是耐火原料出口量同比增长 101.37%，出口综合平均价格同比增长 16.69% 所致，出口品种结构发生变化，耐火制品出口量 179.28 万吨，只占耐火原材料出口总量的 31.47%，仍未恢复到 2008 年水平（2008 年耐火制品出口量为 209.95 万吨）。

2010 年耐火制品出口去向，如图 16 所示。

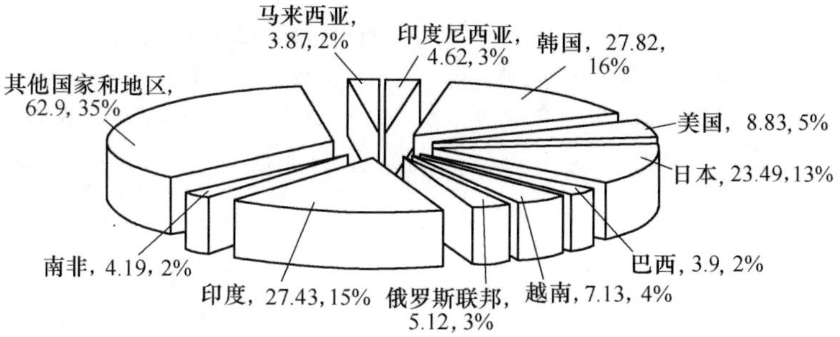

图 16 2010 年耐火制品出口国家和地区（万吨）

三、主要下游行业生产运行情况

（一）钢铁行业 1 ~ 12 月生产运行情况

1. 中国钢铁行业 1 ~ 12 月生产运行情况

1 ~ 12 月，全国粗钢产量 6.27 亿吨，同比增长 9.3%，钢材产量（含复合材）7.96 亿吨，同比增长 14.7%，1 ~ 12 月平均日产粗钢 166.21 万吨。各月产量情况如图 17 所示。

大型重点钢铁企业（1 ~ 12 月粗钢产量排名前 10 位）粗钢产量情况如图 18 所示。

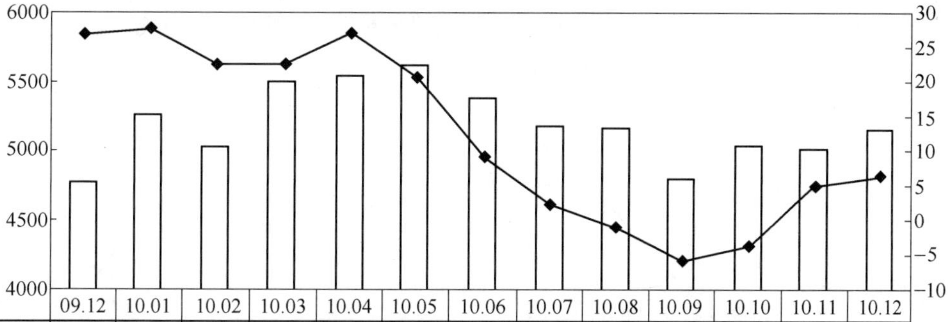

	09.12	10.01	10.02	10.03	10.04	10.05	10.06	10.07	10.08	10.09	10.10	10.11	10.12
月粗钢产量/万吨	4766.43	5253.5	5035.7	5496.8	5540.3	5614.3	5376.6	5174.3	5163.6	4794.5	5030.4	5017.3	5152.49
同比/%	26.59	27.54	22.48	22.47	27.02	20.66	9.04	2.17	−1.14	−5.92	−3.82	4.84	6.25

图 17 全国粗钢月产量及同比

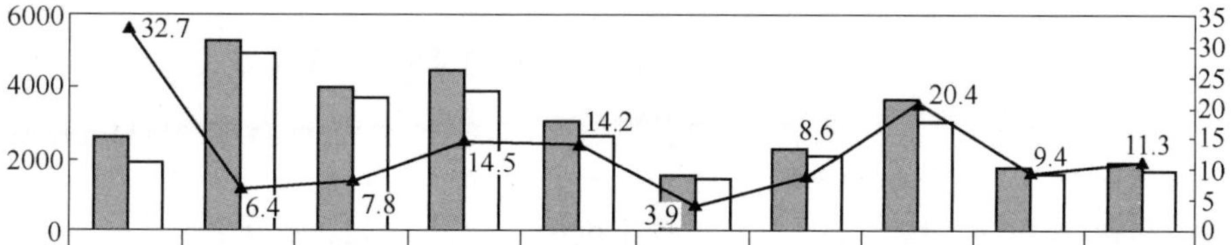

	首钢集团	河北钢铁集团	鞍钢集团	宝钢集团	沙钢集团	马钢集团	山东钢铁集团	武钢集团	渤海集团	新武安集团
2010年1~12月	2584.05	5286.00	4028.16	4449.51	3012.04	1539.76	2315.24	3654.60	1744.46	1859.48
2009年1~12月	1947.81	4968.91	3736.25	3886.54	2638.58	1482.63	2131.04	3034.49	1594.98	1671.07
同比/%	32.7	6.4	7.8	14.5	14.2	3.9	8.6	20.4	9.4	11.3

图 18 2010 年 1 ~ 12 月全国重点钢铁企业生产情况（万吨）

2. 世界钢铁工业生产情况

2010 年 1～12 月，全球粗钢产量 13.95 亿吨，同比增长 15.2%。主要产钢国家和地区粗钢产量情况如图 19 所示。

1～12 月，中国粗钢产量同比增幅比全球粗钢产量同比增幅低 5.9 个百分点，除去中国内地粗钢产量，世界其他国家（地区）粗钢产量 7.69 亿吨，同比增长 20.5%，增幅比中国高 11.20 个百分点。

全球十大产钢国家粗钢产量如图 20 所示。

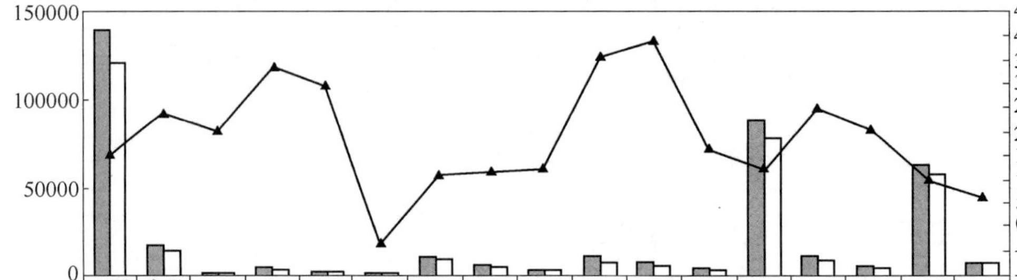

	66国合计	欧盟27国	法国	德国	意大利	英国	独联体6国	俄罗斯	乌克兰	北美	美国	南美	亚洲	日本	韩国	中国	印度
2010年1～12月	139545.	17290.6	1541.6	4381.5	2575.1	970.9	10842.5	6702.1	3355.9	11179.8	8059.4	4377.5	88119.7	10960.0	5845.3	62665.4	6684.8
2009年1～12月	121146	13883.4	1284.0	3267.0	1984.8	1007.9	9753.5	6001.1	2985.5	8240.3	5819.6	3777.5	78832.6	8753.4	4857.2	57356.7	6283.8
同比/%	15.2	24.5	20.1	34.1	29.7	–3.7	11.2	11.7	12.4	35.7	38.5	15.9	11.8	25.2	20.3	9.3	6.4

图 19 2010 年 1～12 月世界粗钢产量比较表（万吨）

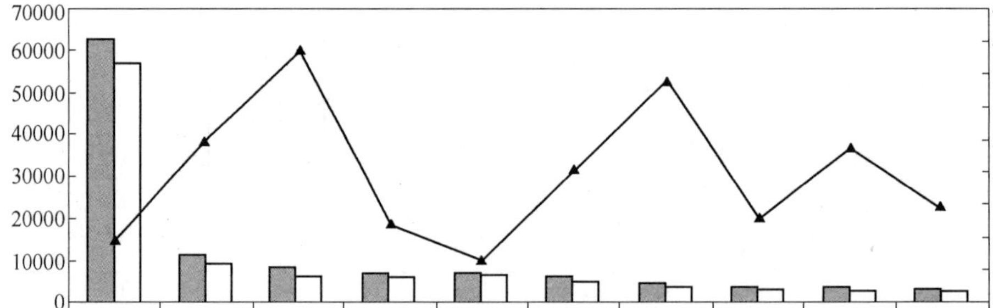

	中国 1	日本 2	美国 3	俄罗斯 4	印度 5	韩国 6	德国 7	乌克兰 8	巴西 9	土耳其 10
2010年1～12月	62665.4	10960.0	8059.4	6702.1	6684.8	5845.3	4381.5	3355.9	3282.0	2900.2
2009年1～12月	57356.7	8753.4	5819.6	6001.1	6283.8	4857.2	3267.0	2985.5	2650.7	2630.4
同比/%	9.3	25.2	38.5	11.7	6.4	20.3	34.1	12.4	23.8	14.6

图 20 2010 年全球十大产钢国家粗钢产量排名（万吨）

2010 年，全球十大产钢国家中，其他国家除印度外粗钢产量增速均快于中国。中国粗钢产量占全球粗钢产量的 44.3%（占十大产钢国家粗钢产量的 54%），与 2009 年同期相比降低 2.7 个百分点。世界各产钢大国产量比例如图 21 所示。

（二）建材行业生产运行情况

1～12 月，全国水泥产量 18.77 亿吨，同比增长 14.0%；平板玻璃产量 6.63 亿重量箱，同比增长 15.6%。各月产量增长情况如图 22 所示。

水泥、平板玻璃价格先降后升，12 月份价格均创年内新高。

据建材联合会统计，全年重点建材企业水泥平均出厂价 312 元/吨，比上年上涨 7.6%；平板玻璃平均出厂价 79.6 元/重量箱，比上年上涨 18.2%。12 月份，水泥平均出厂价为 366 元/吨，同比上涨 25.7%；平板玻璃出厂价为 84 元/重量箱，同比上涨 4.8%。12 月末，重点建材企业水泥库存 1412 万吨，同比增长 10.7%；平板玻璃库存 1989 万重量箱，增长 44.3%。

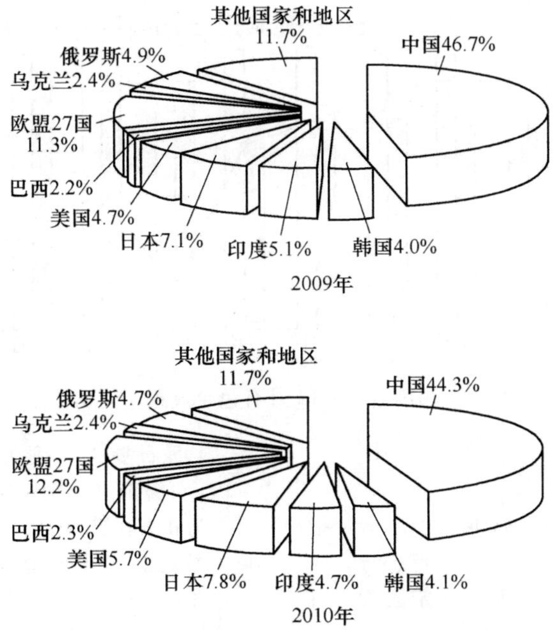

图 21　2009、2010 年世界主要产钢国家（地区）粗钢产量所占份额

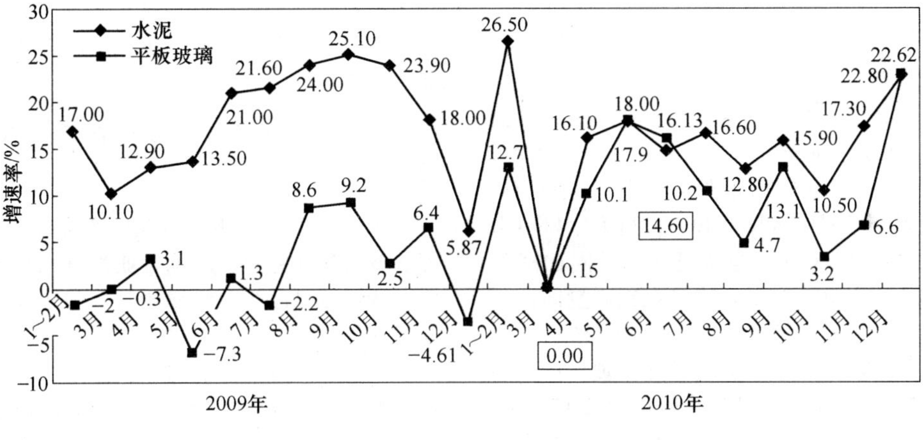

图 22　2009 年以来水泥、平板玻璃产量各月增速

（三）有色金属行业生产运行情况

1～12 月份，全国十种有色金属产量 3153 万吨，同比增长 17.3%。增速同比加快 11.5 个百分点，其中，电解铝产量 1565 万吨，增长 19.9%，加快 18.9 个百分点；铜产量 479 万吨，增长 12.2%，加快 2.6 个百分点；铅产量增长 9.8%，减缓 6.6 个百分点；锌产量增长 19.7%，加快 8.1 个百分点。氧化铝产量增长 22.4%，加快 18 个百分点。各月产量及增幅如图 23 所示。

有色金属价格先降后升高位运行。国内市场铜现货月度平均价格上半年震荡下行，于 6 月份跌至 52732 元/吨的年内低点后稳步回升，12 月份达到 66657 元/吨，创年内新高，同比上涨 19.7%；铝现货月度平均价格在 1 月份达到 16953 元/吨的年内高点后逐步回落，6 月份跌至 14429 元/吨的年内最低点，之后价格持续回升，12 月份为 16119 元/吨，同比上涨 1.8%。期货方面，12 月 31 日，铜三个月期货价格收于 72380 元/吨，创年内新高，比上年末提高 12360 元；铝、锌三个月期货价格分别收于 17010 元/吨和 19695 元/吨，比上年末降低 380 元和 1680 元。

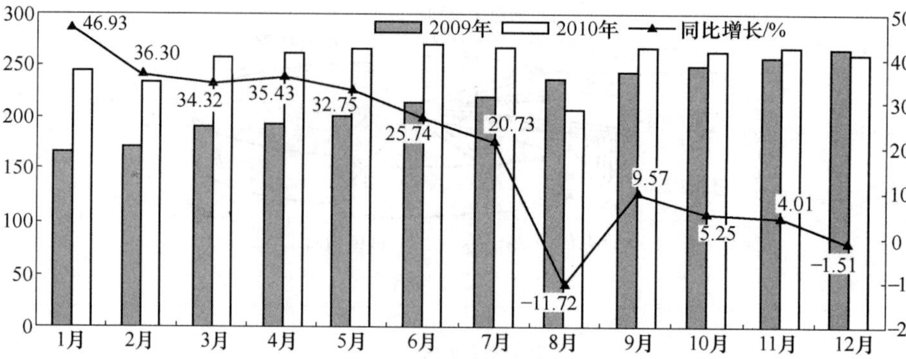

图23　2010年1～12月有色金属产量走势图

四、分析意见

2010年，耐材及主要下游行业从生产运行指标看，仍然保持着平稳快速增长的运行态势。仔细分析，依然存在着一些问题和不确定因素。对此，谈几点个人看法，供大家参考。

（一）决不能盲目乐观地看2010年月耐材及主要相关行业生产运行指标的高增长

2009年，对耐材及主要下游行业而言，是受国际金融危机影响最严重的一年，特别是一季度，是近十年来生产增速的最低点，从产量上看，2009年耐材产量同比增长1.49%，耐火原材料出口量同比降低43.82%；全球粗钢产量同比降低8.1%；不包括中国全球其他国家粗钢产量同比降低21.5%，而中国粗钢产量仅增长13.5%；十种有色金属产量同比仅增长5.8%；平板玻璃产量同比增长1.7%；仅水泥产量相对稳定增长17.9%，均是近十年来增速低点。所以2010年耐材及主要下游行业生产指标的高增长，仍属受金融危机影响后的恢复性增长，是在上年同期生产指标基数很低情况下的高增长。

（二）耐火材料企业持续高成本运行

2010年，耐火材料生产企业持续高成本运行，除全国平均原材料、燃料、动力类价格累计同比上涨9.6%外，耐火材料生产所需主要原料高幅上涨，据不完全统计，今年12月和1月份比，MS-95中档镁砂价格上涨8.6%；DMS-97电熔镁砂价格上涨10.87%；棕刚玉（段砂）价格上涨16.3%；碳化硅（90块）价格上涨33.8%；特别是-195石墨大幅度无序上涨。黑龙江和山东-195石墨价格分别上涨150%和134.5%后，到目前为止，山东-195石墨报价达到了6800元/吨；黑龙江-195石墨报价达到6500元/吨，给生产企业带来了巨大的成本压力。主要品种1～12月价格走势图，如图24所示。

由于石墨价格的疯狂上涨，导致镁炭砖生产企业利润空间大幅度缩小甚至亏损，如果产品价格不能合理提高，长此下去，可能影响到钢铁企业的生产运行。

（三）主要下游行业生产运行存在的主要问题

从2010年主要下游行业生产运行情况看，水泥、玻璃和有色金属冶炼行业恢复性增长相对稳定。特别是水泥行业平稳增长，问题较为突出的是钢铁行业。

（1）主要原燃材料价格持续上涨，企业成本压力加大，盈利能力减弱。受全球经济企稳回升的影响，今年大宗原燃材料价格持续上涨，钢铁企业成本明显上升。上半年进口铁矿石（粉矿）采购成本逐月大幅上涨，三季度处于高位相对平稳，四季度又开始上涨，12月高达1078元/吨，同比上涨59.34%，比1月上涨47.81%；国内精矿粉采购成本也一路上涨，12月达到1058元/吨，同比上涨51.52%，比1月份上涨41.26%。加之焦炭、冶金焦、喷吹煤及废钢等价格上涨，给钢铁企业造成巨大的成本压力。2010年，炼钢生铁制造成本增加额中，原料成本增加占66.7%，燃料动力成本占34.1%。

原燃材料价格的持续上涨导致生产成本的不断上升，钢铁企业的盈利空间也不断缩小。2010

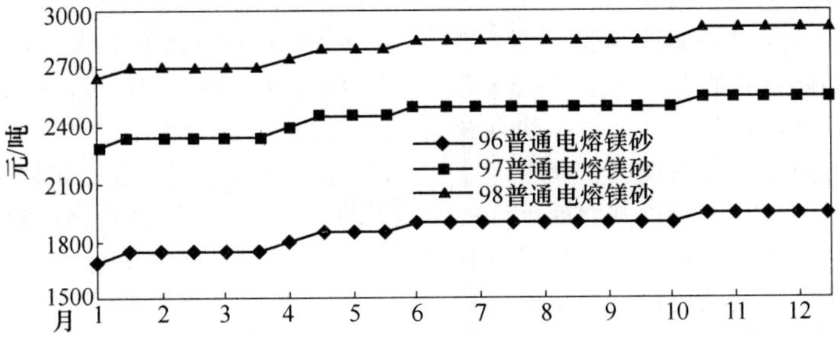

(a)

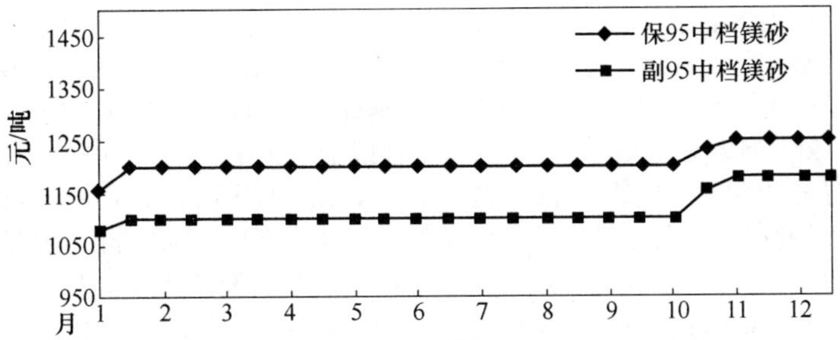

(b)

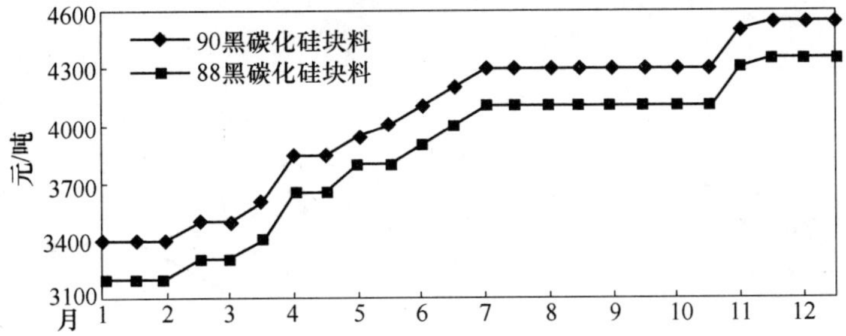

(c)

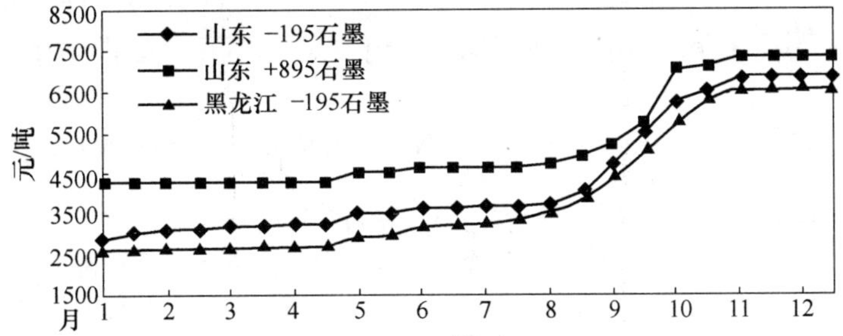

(d)

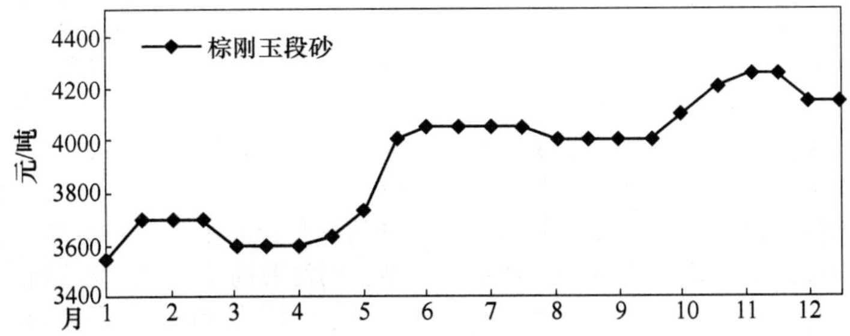

(e)

图 24　价格走势图

年全国规模以上工业企业销售利润率6.22%，其中钢铁企业仅2.57%。大中型钢铁企业平均销售利润率2.91%，若扣除投资收益，营业外收入等因素，主营业务利润率仅2.17%。如再扣除钢铁联合企业铁矿盈利的因素，有些钢铁企业生产主体实际处于亏损状态。2010年吨钢利润前十名的钢铁企业依次为：宝钢集团有限公司、新兴铸管股份有限公司、山西中阳钢铁公司、中信泰富特钢集团有限公司、西宁特殊钢集团有限责任公司、杭州钢铁集团公司、唐山港陆钢铁有限公司、山东石横特钢集团有限公司、江苏沙钢集团、四川省川威钢铁集团有限公司。大型重点钢铁企业只有宝钢集团有限公司和沙钢集团进入前十名。

（2）产能过剩导致钢材价格低位震荡运行。今年前两个月，钢材价格平稳运行，进入3月份，随着矿业巨头不断抬高新一年的铁矿石价格，钢铁企业成本大幅度提高，钢铁企业纷纷提高了钢材出厂价格，国内钢材综合价格指数快速冲高到126.4点，比年初上涨了19.2个百分点，上涨17.9%。钢材价格的上涨，刺激了钢铁行业的产能释放，4月份粗钢产量日产水平达到了历史以来的最高点。184.68万吨/日，相当于年产粗钢6.7亿吨的水平。因此，钢材价格4月份结束了连续9周的涨势，钢材综合价格指数开始持续回调。截至7月16日，国内钢材综合价格指数跌至110.6点，比年内高点下降了15.8个百分点，下降12.5%。7月份，粗钢日产水平降至166.91万吨/日。7月下旬，国内钢材价格结束了连续三个月的下滑，开始反弹。9月份，一些地区拉闸限电，粗钢日产水平降至159.82万吨/日，再次刺激钢材价格上涨。9月中旬，国内钢材综合价格指数120.6点，比8月末回升了4.1点，上升了3.5%。11月末，国内钢材市场综合价格指数124.51点，比9月中旬上升了3.91点。12月又上升到128.29点，这种局面今后还会反复。国内钢材综合价格指数和各月粗钢产量对比如图25所示。

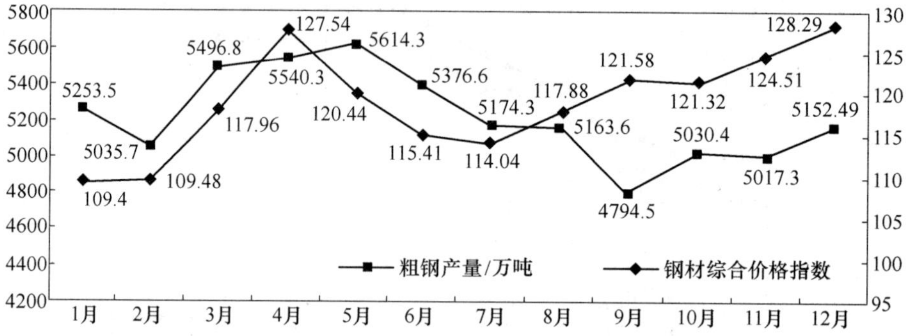

图25　国内市场钢材综合价格指数变化情况和粗钢产量情况对比图

（3）钢材库存仍居高位。上半年钢材库存总体上升，下半年有所下降，但仍居高位，各月企业和社会库存情况如图26所示。

五、耐材行业应该注意的几个问题

当前，我国经济正朝着宏观调控的预期方向发展。由刺激政策引发的超常增长逐步转入正常增长，更加强调要注重调整经济结构。国家实行的“一揽子”刺激政策效应将呈现减弱之势。对钢铁等耐材主要下游行业而言，依然存在着诸多不确定因素。对此，耐材生产企业要保持清醒的认识。

下游行业的形势变化，必然影响到耐材行业，特别是耐材生产企业的生产平稳运行。一是原燃材料价格的高幅上涨使生产企业的成本压力进一步加大。二是下游行业降低采购成本，耐材产品价格下降。三是下游行业企业利润空间缩小，甚至亏损，经营困难，导致耐材企业资金回笼难度加大，使耐材企业又将面临新一轮的挑战。对此，耐材生产企业应高度重视以下几个问题：

（1）在密切跟踪市场变化的同时，要严格控制生产总量和盲目扩大生产能力，自觉规范市场秩序，杜绝低价竞销，坚决实行以销定产，切实做到没有合同不生产，不发货，以品种质量求发展。同时要高度重视货款回收，根据本企业的经营实际，严格控制外欠款额度。（2）增强成本意识。强化成本管理，最大限度的控制产品制造成本，扩大利润空间。严格控制企业财务，管理和

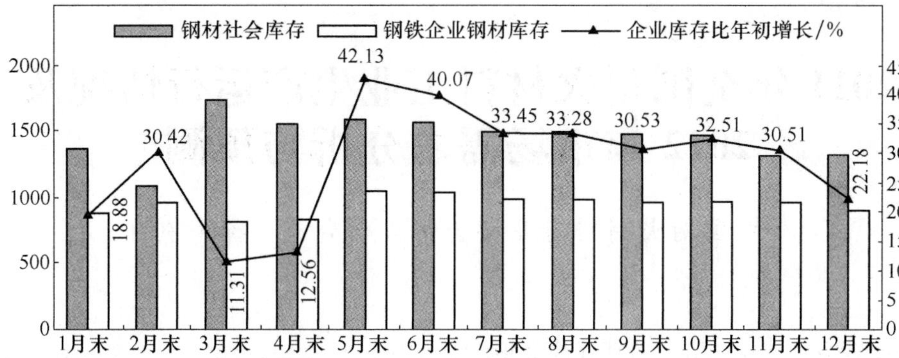

图 26　2010 年钢材社会库存和企业库存情况

销售三项费用，努力降低采购成本，精打细算，严格管理，千方百计的减少各项费用支出，尽最大努力把生产制造成本控制在最低限度，以保证企业生产经营活动的正常运行。（3）抓住世界钢铁行业恢复性增长的有利时机，扩大耐材制品的出口量。目前，全球粗钢产量已基本恢复到金融危机前的产量水平，生产企业要抓住这一有利机遇，扩大国际市场份额。而且出口价格相对稳定，货款回收相对及时。

总之，我们要理性对待经营活动中的各种变化，以正常的心态去面对经营活动中的各种困难，在困难中找机遇，在挑战中谋发展。

2011 年全国耐火材料工业生产运行情况及 2012 年市场需求分析与预测

中国耐火材料行业协会常务副会长　徐殿利

2011 年，是我国“十二五”时期开局之年，经济发展处于转型关键期。受国内宏观调控和欧美债务危机及主要下游产业运行困难加重的影响，耐材行业生产运行呈现前高后低态势，出现了利润空间大幅缩小，应收货款高幅上升，行业运行比较困难的局面。

一、全国规模以上工业整体运行情况

2011 年，规模以上工业增加值同比增长 13.9%。其中，重工业增加值同比增长 14.3%，轻工业增长 13.0%。工业增加值各月增幅走势如图 1 和图 2 所示。

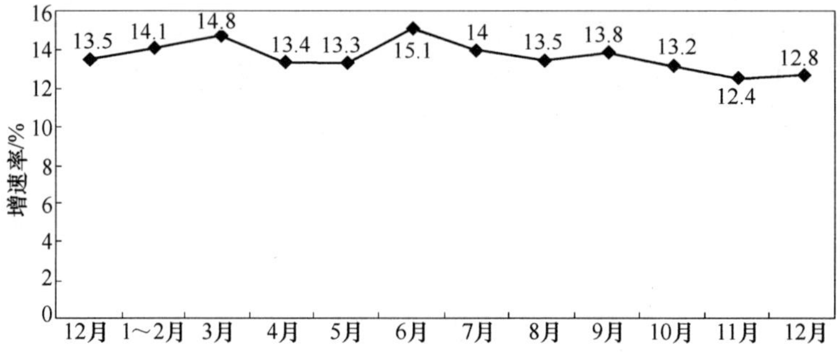

图 1　2011 年全国工业增加值分月增长速度

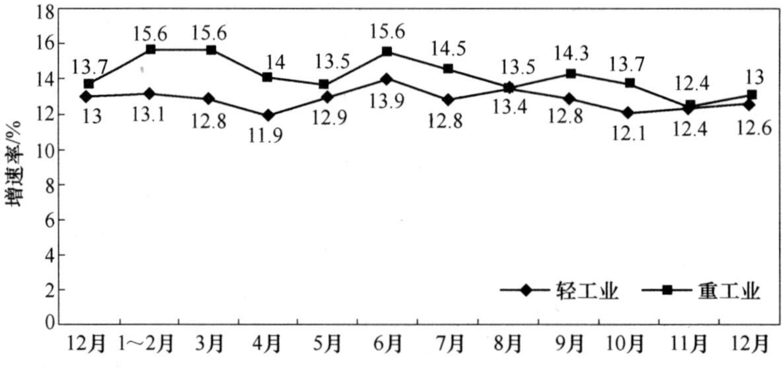

图 2　2011 年轻工业、重工业增加值分月增速

二、2011 年耐材行业生产运行情况

（一）耐火材料生产情况

2011 年，全国耐材产量 2949.69 万吨，同比增长 5.04%。其中致密定型耐火制品 1765.22 万吨，同比增长 3.90%；保温隔热耐火制品 67.34 万吨，同比增长 4.57%；不定形耐火制品 1117.13 万吨，同比增长 6.93%。主要品种产量如图 3 所示。

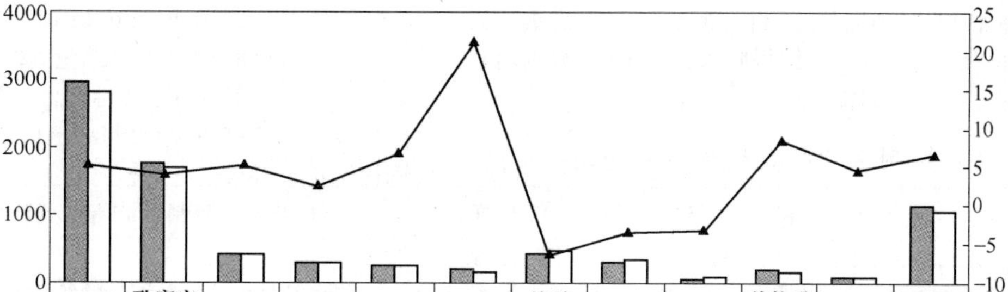

	耐火材料制品	致密定型耐火制品	黏土质砖	高铝质砖	硅质砖	镁质砖	特种耐火制品	含炭制品	功能材料	其他致密定型耐火制品	隔热耐火制品	不定形耐火制品
2011年1～12月	2949.69	1765.22	421.96	287.99	263.40	206.54	407.24	298.30	46.69	178.09	67.34	1117.13
2010年1～12月	2808.06	1698.92	401.93	281.81	247.37	170.23	433.53	309.61	48.21	164.04	64.40	1044.74
同比/%	5.04	3.90	4.98	2.19	6.48	21.33	−6.07	−3.66	−3.17	8.57	4.57	6.93

图 3　2011 年 1～12 月产量情况（万吨）

耐材主要生产省（市）产量情况如图 4 所示。

河南、辽宁和山东省耐材产量占总产量的 82.95%。

随着国内市场经济的逐步完善，耐材生产企业的市场意识和自主研发能力明显增强。国内耐材企业通过自身发展和联合重组等方式扩大企业规模，逐步形成了一批具有较强竞争力的大型耐材企业，2011 年国内前 15 名耐材企业销售收入情况如图 5 所示。

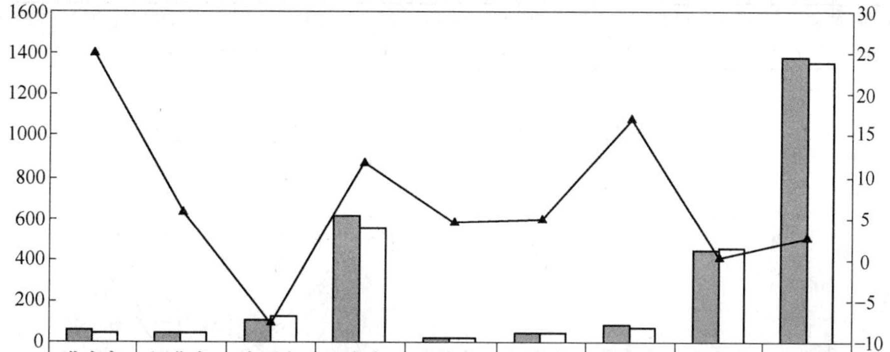

	北京市	河北省	山西省	辽宁省	上海市	江苏省	浙江省	山东省	河南省
2011年1～12月	55.74	48.69	115.55	618.19	19.64	48.09	84.77	442.28	1386.24
2010年1～12月	44.52	46.03	124.48	553.57	18.82	45.81	72.43	440.93	1351.68
同比/%	25.21	5.77	−7.17	11.67	4.37	4.98	17.04	0.31	2.56

图 4　2011 年 1～12 月份主要耐材生产省（市）产量情况（万吨）

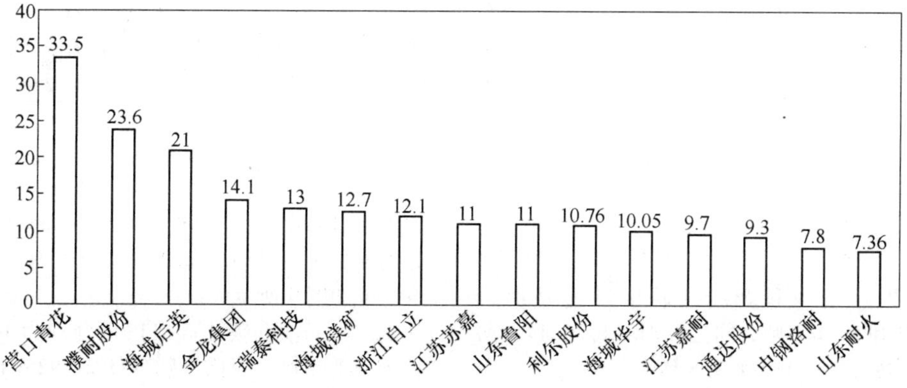

图 5　2011 年销售收入前 15 名的国内耐材企业情况（亿元）

特别是瑞泰科技、自立股份、海城后英、濮耐股份和利尔股份、销售收入比2010年分别增长53%、41%、28%、27%和19%。

（二）耐火原材料进出口贸易情况

全国耐火原材料进出口贸易总额37.22亿美元，比上年同期增长13.54%；其中出口贸易额34.54亿美元，同比增长13.32%；进口贸易额2.68亿美元，同比增长16.45%。

全国耐火原材料出口总量528.5万吨，同比降低7.24%。其中耐火原料出口量333.11万吨，同比降低14.69%；耐火制品出口量195.38万吨，同比增长8.98%。

2011年耐火原料出口量及贸易额走势如图6所示。

耐火制品出口量及贸易额各月走势如图7所示。

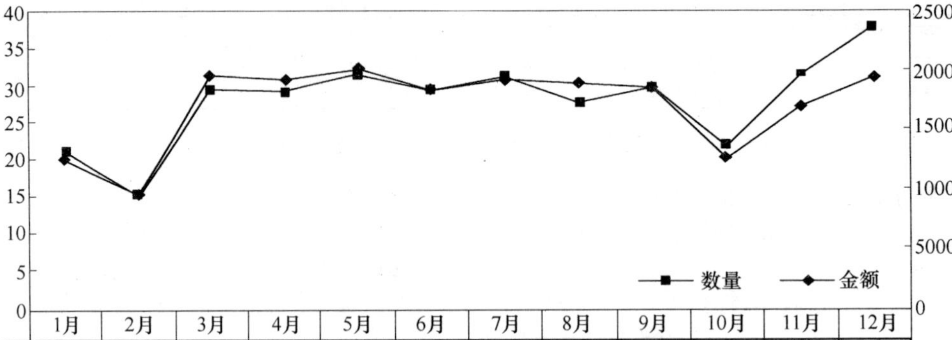

	1月	2月	3月	4月	5月	6月	7月	8月	9月	10月	11月	12月
数量/万吨	21.05	14.67	29.56	29.15	31.49	29.05	31.07	27.54	29.62	21.17	31.13	37.61
金额/万美元	12449.38	9483.33	19562.74	19159.63	20179.47	18310.54	19167.77	18858.2	18523.23	12501.81	16915.25	19468.2

图6　2011年耐火原料出口量及出口金额走势图

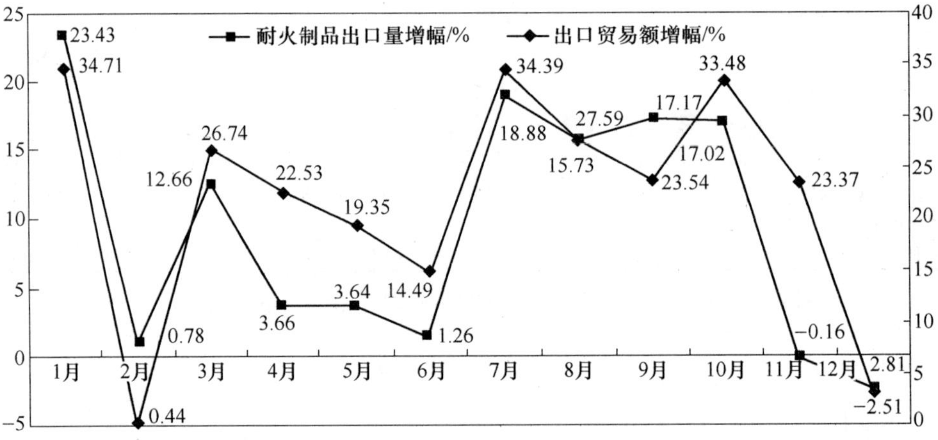

图7　2011年耐火制品出口量和贸易额增幅

1. 主要耐火原料出口情况

（1）电熔镁砂和烧结镁砂出口量分别为34.58万吨和58.1万吨，同比分别降低26.49%和20.45%，各月出口走势如图8所示。

（2）耐火铝黏土，棕刚玉和白刚玉出口量分别为65.07万吨、66.99万吨和14.66万吨，同比分别增长－24.13%、2.26%和9.57%。各月出口量走势如图9所示。

（3）石墨和碳化硅出口量分别为14.93万吨和21.62万吨，同比分别降低20.92%和3.18%，各月出口量走势如图10所示。

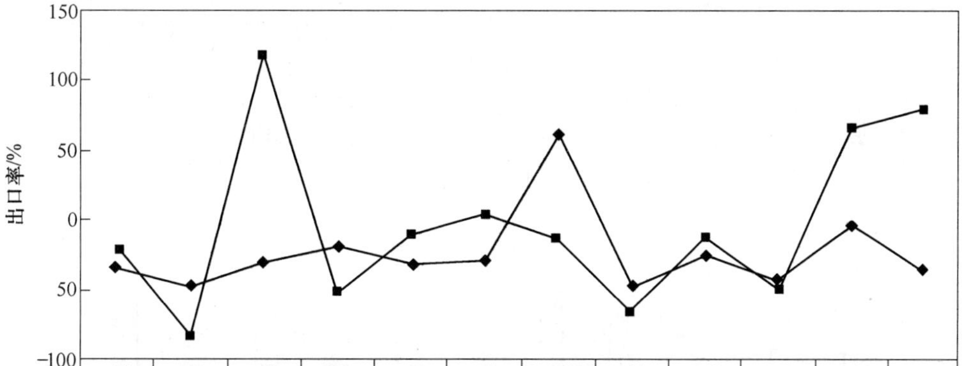

	1月	2月	3月	4月	5月	6月	7月	8月	9月	10月	11月	12月
—◆— 电熔镁砂	-35.2	-47.7	-29.8	-18.1	-31	-30.4	63.24	-48.5	-24.8	-44.8	-4.68	-35.5
—■— 烧结镁砂	-22.2	-83.4	118.4	-54.2	-11	2.92	-14.8	-68.2	-12.1	-48.5	65.36	78.35

图 8　2011 年电熔镁砂、烧结镁砂出口情况

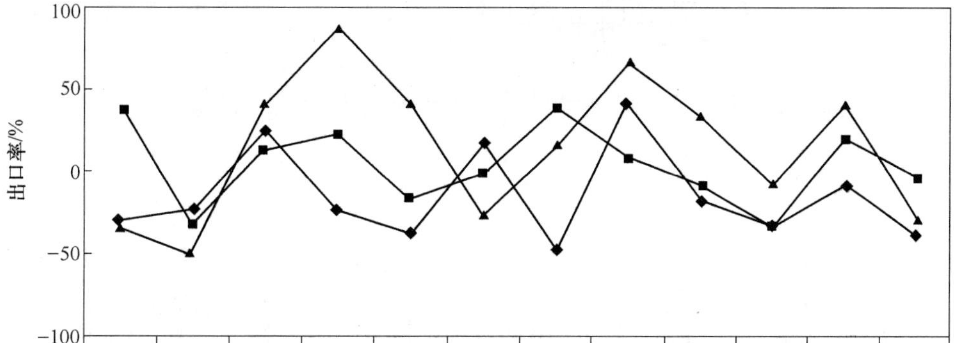

	1月	2月	3月	4月	5月	6月	7月	8月	9月	10月	11月	12月
—◆— 耐火铝黏土	-29.72	-23.44	25.13	-25.14	-38.32	16	-48.03	41.18	-19.14	-35.89	-8.5	-39.02
—■— 棕刚玉	38.05	-35	13.49	22.35	-16.99	-2.19	37.57	8.46	-9	-35.05	19.77	-6.19
—▲— 白刚玉	-35.33	-50.47	41.49	86.49	40.8	-27.23	15.83	66.25	32.46	-8.57	40.24	-28.06

图 9　2011 年耐火铝黏土、棕刚玉、白刚玉出口情况

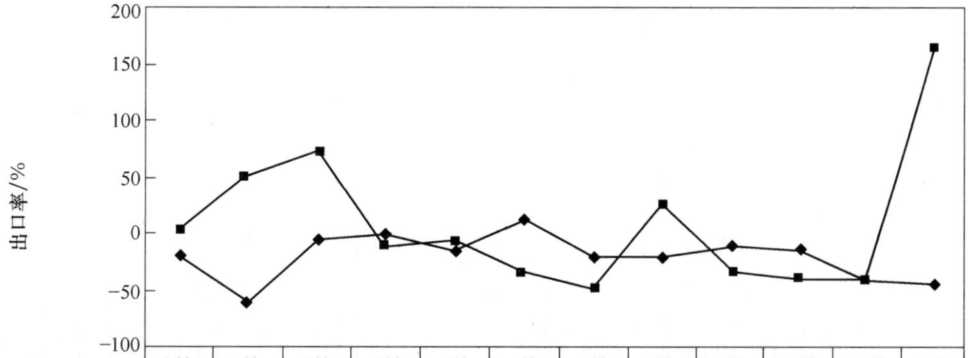

	1月	2月	3月	4月	5月	6月	7月	8月	9月	10月	11月	12月
—◆— 天然鳞片石墨	-21.15	-59.41	-5.21	0	-14.88	12.06	-19.9	-20.91	-11.43	-14.84	-40.67	-43.23
—■— 碳化硅	3.70	50.54	70.67	-9.52	-7.44	-34.33	-49.28	25.17	-35.71	-40.86	-39.82	158.8

图 10　2011 年石墨、碳化硅出口情况

2. 耐火制品出口情况

（1）碱性耐火制品出口量104.82万吨，同比增长8.71%，增幅比上年同期降低23.64个百分点，各月走势如图11所示。

（2）铝硅质耐火制品出口量71.16万吨，同比增长16.64%，增幅比上年同期降低8.28个百分点，各月走势如图12所示。

（3）其他耐火制品出口量19.41万吨，同比降低11.17%，比上年同期降幅高6.01个百分点，各月走势如图13所示。

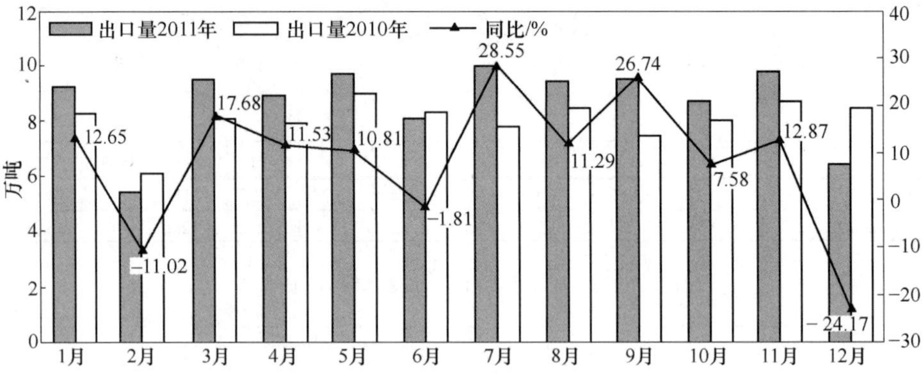

图11 2011年碱性耐火制品出口量走势图

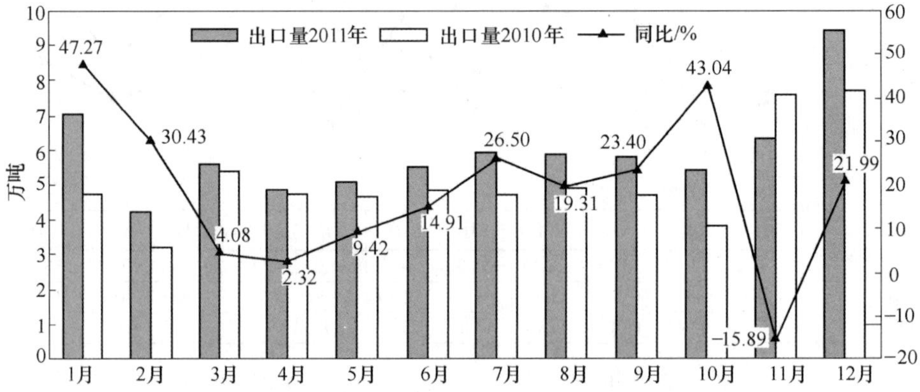

图12 2011年铝硅质耐火制品出口量走势图

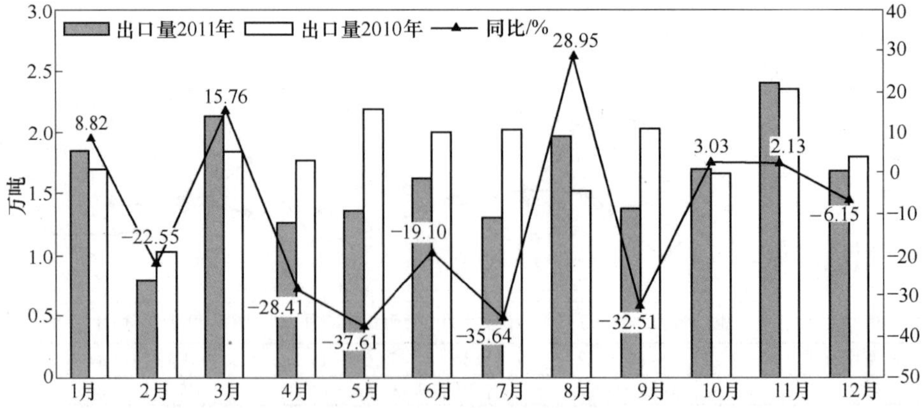

图13 2011年其他耐火制品出口量走势图

（三）生产及出口运行特点

（1）产量和销售收入有所增长，但生产企业成本压力加大，利润大幅下滑。2011 年，全国耐火材料产量和销售收入均有所增长，但受原燃材料价格上涨和主要下游行业压低采购价格等因素的影响，使企业的成本压力继续加大。与 2010 年比，主要耐火原料均有不同程度的上涨，其中：中档镁砂涨幅 5% ~5. 8%，高纯镁砂涨幅 31% ~36%，电熔镁砂涨幅 8% ~10%，石墨涨幅高达 43% ~56%。加之燃料及动力价格的上涨，企业成本不断提高，利润率大幅降低，有些品种出现亏损。

（2）应收货款数额剧增，企业经营困难加重。2011 年，特别是四季度，由于受主要下游行业经营困难的影响，使耐材企业应收货款数额大幅上升，财务费用不断加大，企业经营受资金的影响十分困难。

（3）耐火原料出口量下降，出口价格大幅上升。耐火原料出口综合平均价格同比增长 26. 66%。在海关查询的 11 个耐火原料出口品种中，除耐火铝黏土出口平均价格同比降低 6. 74% 外，其他 10 个品种的出口平均价格均有不同程度的增长。特别是石墨、电熔镁砂、烧结镁砂和轻烧镁粉出口量均同比下降 20% 以上，而出口平均价格均同比增长 20% 以上。其中石墨、电熔镁砂、烧结镁砂出口平均价格分别卖到 1162. 34 美元/吨、756. 49 美元/吨和 379. 33 美元/吨，分别增长 220. 98%、23. 56% 和 25. 43%。

但是，有的品种出口价格下行趋势明显，特别是烧结镁砂、电熔镁砂和碳化硅出口平均价格呈前高后低走势，下半年一路下滑，11 月、12 月均为同比负增长；棕刚玉则几乎全年一路下行。11 月、12 月几乎同比为零，如图 14 ~ 图 17 所示。

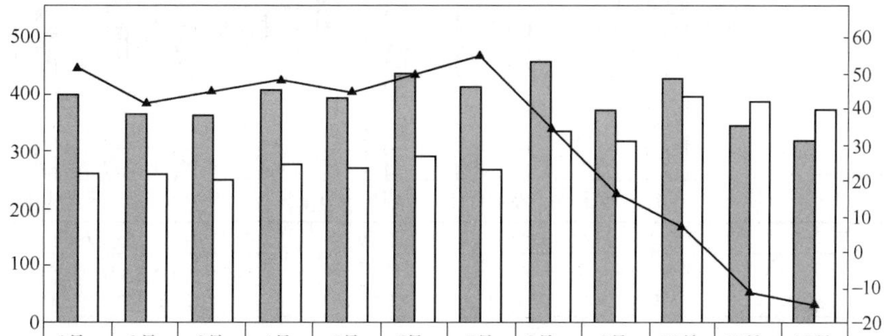

	1月	2月	3月	4月	5月	6月	7月	8月	9月	10月	11月	12月
2011年/$·t⁻¹	397.26	365.50	362.05	409.37	391.52	434.76	413.5	456.2	370.4	425.2	340.7	316.9
2010年/$·t⁻¹	261.16	258.80	249.57	276.54	268.91	290.72	266.7	335.5	316.6	394.6	383.8	372
同比/%	52.11	41.23	45.07	48.03	45.06	49.54	55.05	35.98	17.02	7.76	−11.2	−14.8

图 14　2011 年烧结镁砂出口价格走势

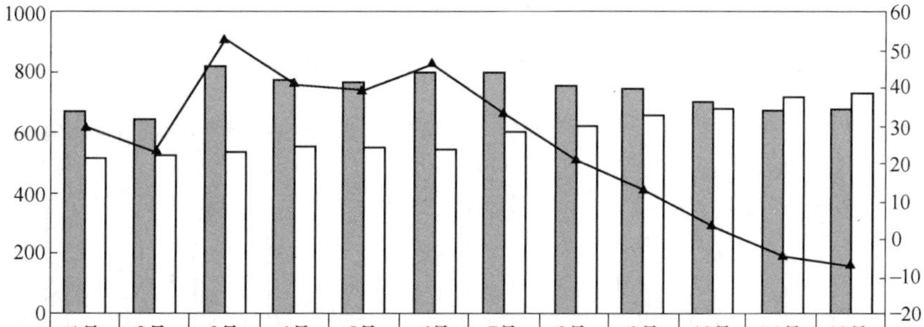

	1月	2月	3月	4月	5月	6月	7月	8月	9月	10月	11月	12月
2011年/$·t⁻¹	677.02	651.93	837.50	788.51	775.03	808.99	810.1	765.8	754	711.9	685.6	684.8
2010年/$·t⁻¹	520.56	529.57	541.30	555.58	552.24	547.94	606.8	628.4	666.7	690.7	723.7	737.7
同比/%	30.06	23.11	54.72	41.92	40.34	47.64	33.49	21.87	13.09	3.07	−5.27	−7.18

图 15　2011 年电熔镁砂出口价格走势

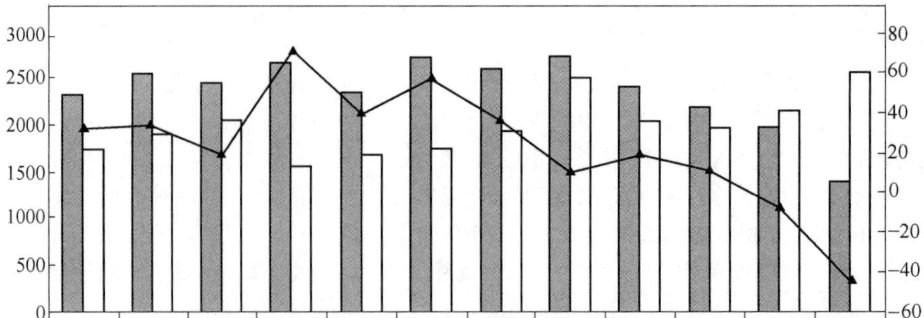

	1月	2月	3月	4月	5月	6月	7月	8月	9月	10月	11月	12月
2011年/$·t⁻¹	2325.2	2545.4	2446.9	2672.6	2340.6	2724.0	2603	2740	2412	2192	1976	1391
2010年/$·t⁻¹	1755.7	1917.2	2064.9	1561.2	1692.0	1739.3	1932	2503	2029	1977	2148	2571
同比/%	32.44	32.77	18.50	71.19	38.33	56.61	34.74	9.47	18.89	10.87	-8.04	-45.9

图 16　2011 年碳化硅出口价格走势

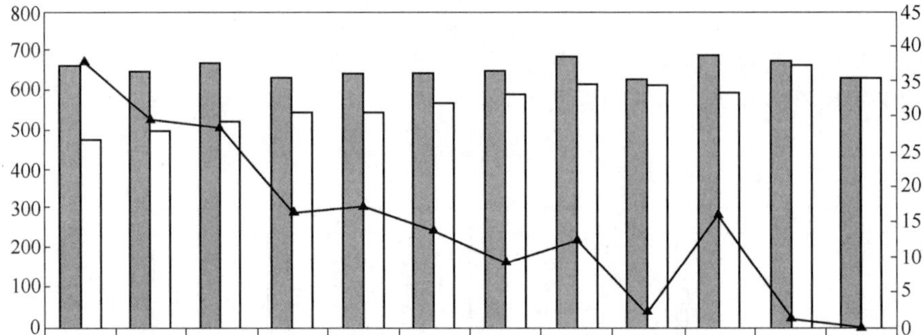

	1月	2月	3月	4月	5月	6月	7月	8月	9月	10月	11月	12月
2011年/$·t⁻¹	657.03	641.55	666.58	627.79	639.69	641.14	642.9	686.4	625.6	686.7	669	630.4
2010年/$·t⁻¹	475.04	495.44	518.07	540.09	545.35	564.14	589.8	611.4	615.6	588.9	663.2	628.6
同比/%	38.31	29.49	28.67	16.24	17.30	13.65	9.00	12.28	1.62	16.61	0.88	0.29

图 17　2011 年棕刚玉出口价格走势

（4）耐火制品出口量小幅增长，出口价格稳步攀升。耐火制品出口量除其他耐火制品同比降低 11.17% 外，碱性制品和铝硅质耐火制品分别增长 8.71% 和 16.64%，特别是碱性耐火制品出口量又一次突破 100 万吨（104.82 万吨），且出口贸易额增幅比出口量增幅高 13.37 个百分点，出口平均价格同比增长 12.3%，如图 18 ~ 图 20 所示。

（5）耐火制品进口量增幅较大，进口价格持

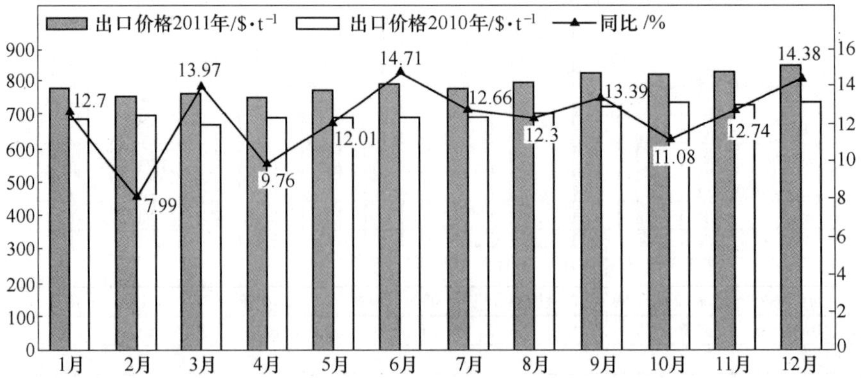

图 18　2011 年碱性耐火制品出口平均价格走势图

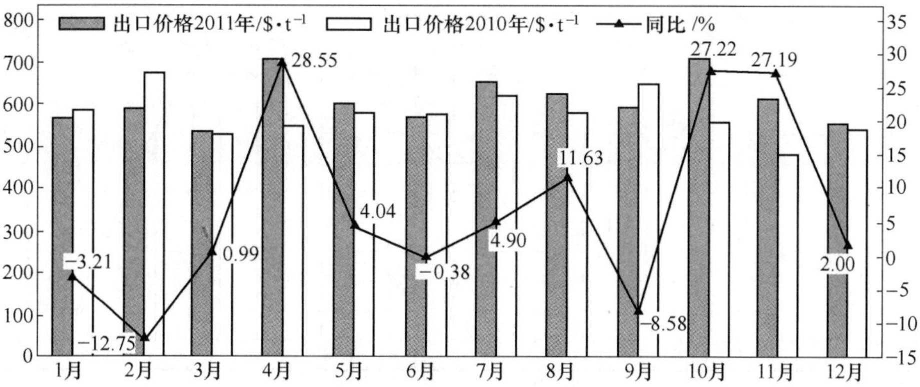

图 19　2011 年铝硅质耐火制品出口平均价格走势图

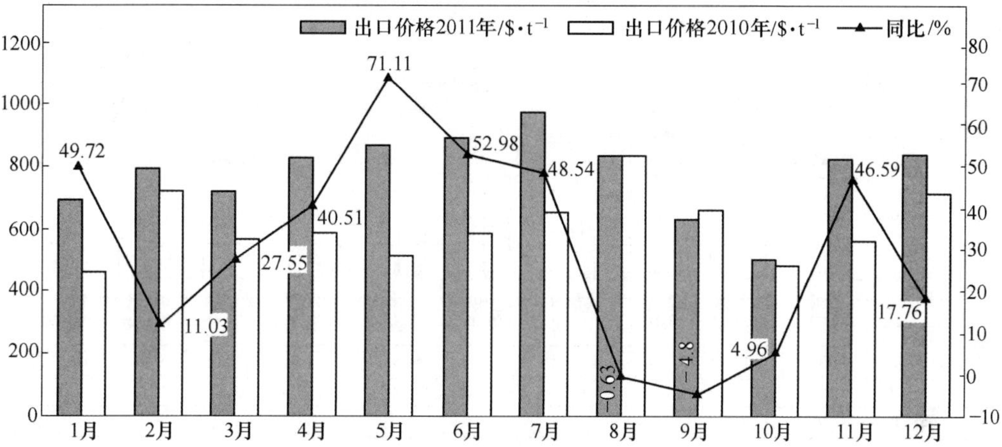

图 20　2011 年其他耐火制品出口平均价格走势图

续下降。2011 年耐火制品进口量 4.28 万吨，同比增长 36.75%，其中碱性制品进口量 1.62 万吨，同比增长 46.56%，铝硅质耐火制品进口量 2.01 万吨，同比增长 17.71%；其他耐火制品进口量 0.65 万吨，同比增长 105.51%。

耐火制品进口综合平均价格同比降低 7.76%，主要是其他耐火制品进口平均价格同比下降 58.28% 所致。碱性制品和铝硅质制品进口平均价格分别同比上涨 15.89% 和 15.56%。

三、主要下游行业生产运行情况

（一）钢铁行业运行情况

1. 中国钢铁行业生产运行情况

2011 年，全国粗钢产量 6.83 亿吨，同比增长 8.9%，增速同比减缓 0.4 个百分点；钢材产量 8.81 亿吨，增长 12.3%，减缓 2.4 个百分点。据海关统计，铁矿砂进口 6.86 亿吨，增长 10.9%。钢材出口 4888 万吨，增长 14.9%；钢材进口 1558 万吨，下降 5.2%。钢坯进口 64 万吨，下降 0.1%。各月产量情况如图 21 所示。

大型重点钢铁企业（粗钢产量排名前 10 名企业）粗钢产量情况如图 22 所示。

2. 世界钢铁工业生产情况

2011 年，全球粗钢产量 14.90 亿吨，同比增长 6.6%。主要产钢国家和地区粗钢产量情况如图 23 所示。

（二）建材行业生产运行情况

2011 年，全国水泥产量 20.63 亿吨，同

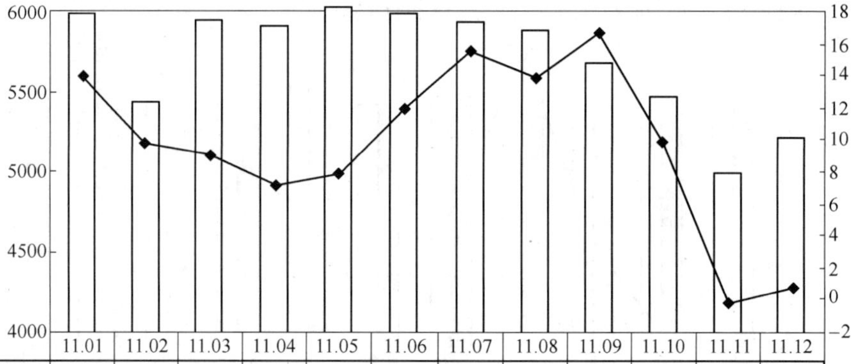

	11.01	11.02	11.03	11.04	11.05	11.06	11.07	11.08	11.09	11.10	11.11	11.12
月粗钢产量/万吨	5987.1	5430.7	5941.62	5903.2	6024.5	5993.2	5930	5875.2	5670	5467.3	4988.3	5216.4
同比/%	13.96	9.67	8.98	7.1	7.8	11.9	15.5	13.8	16.5	9.7	−0.2	0.7

图 21　2011 年全国粗钢月产量及同比

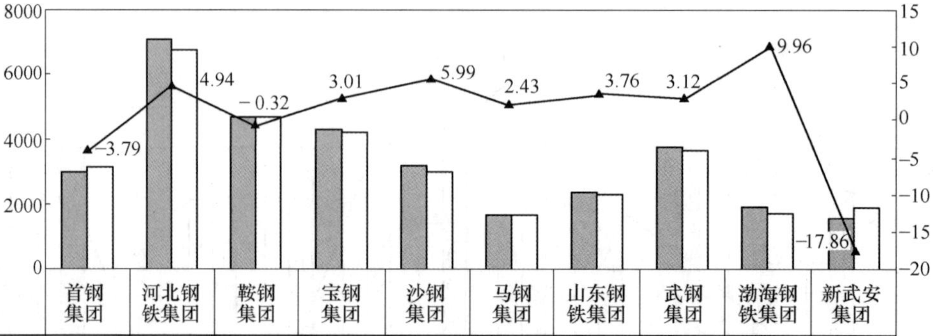

	首钢集团	河北钢铁集团	鞍钢集团	宝钢集团	沙钢集团	马钢集团	山东钢铁集团	武钢集团	渤海钢铁集团	新武安集团
2011年	3003.59	7113.45	4624.16	4334.09	3192.32	1668.40	2402.32	3768.49	1919.36	1527.32
2010年	3121.79	6778.64	4638.93	4207.34	3012.04	1628.83	2315.24	3654.60	1745.46	1859.48
同比/%	−3.79	4.94	−0.32	3.01	5.99	2.43	3.76	3.12	9.96	−17.86

图 22　2011 年全国重点钢铁企业生产情况（万吨）

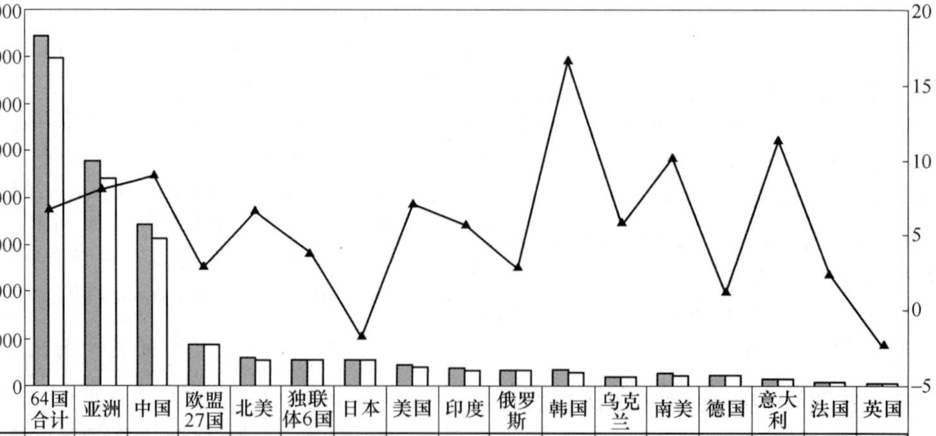

	64国合计	亚洲	中国	欧盟27国	北美	独联体6国	日本	美国	印度	俄罗斯	韩国	乌克兰	南美	德国	意大利	法国	英国
2011年	149006	95419.0	68326.5	17743.1	11892.7	11243.4	10759.5	8624.7	7220.0	6874.3	6847.1	3533.2	4835.7	4428.8	2866.2	1577.7	948.1
2010年	139509	88382.7	62750.6	17262.5	11140.6	10808.0	10959.9	8049.5	6832.1	6694.2	5864.7	3343.2	4387.2	4383.0	2575.0	1541.4	970.4
同比/%	6.6	8.0	8.9	2.8	6.8	4.0	−1.8	7.1	5.7	2.7	16.8	5.7	10.2	1.0	11.3	2.4	−2.3

图 23　2011 年世界粗钢产量比较表（万吨）

比增长 16.1%，增速同比加快 0.6 个百分点；平板玻璃产量 7.38 亿重量箱，增长 15.8%，加快 4.9 个百分点。各月产量增长情况如图 24 所示。

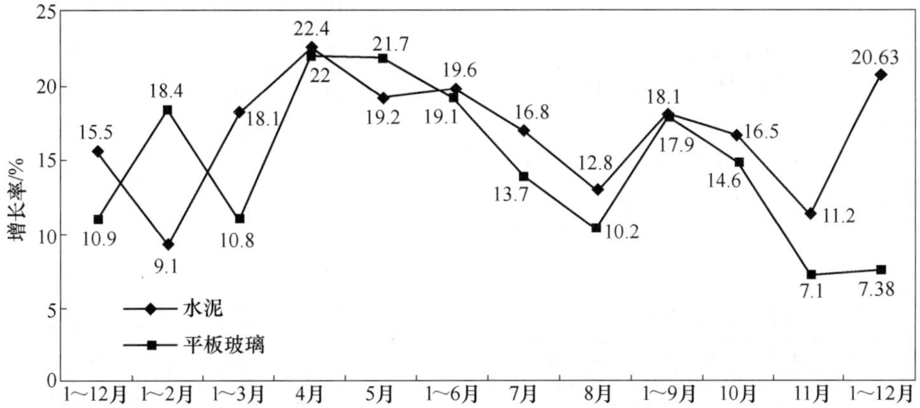

图 24　2011 年水泥、平板玻璃产量各月增速

水泥价格呈上涨态势，平板玻璃价格持续下滑。据建材协会数据，12 月份重点建材企业水泥平均出厂价为 407.5 元/吨，比上月上涨 5.4%，同比上涨 11.3%；平板玻璃出厂价 61.3 元/重量箱，比上月上涨 0.5%，同比下降 27%。

前 11 个月，水泥行业实现利润 933 亿元，同比增长 92.6%，增幅提高 58 个百分点；平板玻璃行业实现利润 14.7 亿元，同比下降 80.3%。

（三）有色金属行业生产运行情况

全国十种有色金属产量 3424 万吨，同比增长 10.6%，增速同比减缓 6.7 个百分点。其中电解铝产量 1756 万吨，增长 11.2%，减缓 8.7 个百分点；铜产量增长 14.2%，加快 2 个百分点；铅产量增长 12.5%，加快 2.7 个百分点；锌产量增长 3.8%，减缓 15.9 个百分点。氧化铝产量增长 14.8%，减缓 7.6 个百分点。各月产量如图 25 所示。

前 11 个月，有色金属行业实现利润 2114 亿元，同比增长 52.8%，增幅同比回落 27.5 个百分点。其中，有色金属矿采选业利润 659 亿元，增长 52.3%，增幅回落 24.3 个百分点；有色金属冶炼及压延加工业利润 1455 亿元，增长 53.1%，增幅回落 29 个百分点。

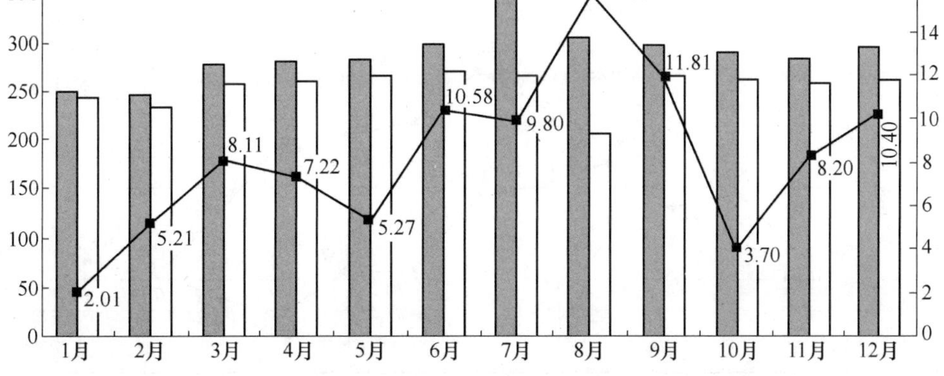

图 25　2011 年有色金属产量走势图（万吨）

（四）主要下游行业运行特点

1. 钢铁行业

（1）全球粗钢产量保持增长，中国增速高于平均水平。全球粗钢产量 14.9 亿吨，同比增长 6.6%，中国粗钢产量 6.83 亿吨，同比增长 8.9%，比全球平均增速高 2.3 个百分点。扣除中国粗钢产量，全球其他国家（地区）粗钢产量 8.07 亿吨，同比增长 5.1%，比全球其他国家平均增速高 3.8 个百分点。世界各地区产量情况见表 1。

表 1　世界各地区产量

国家或地区	2011 年	2010 年	同比增长/%
欧盟（27 国）	17743.1	17262.5	2.8
其他欧洲国家	3718.1	3189.5	16.6
独联体	11243.4	10808	4
北　美	11892.7	11140.6	6.8
南　美	4835.7	4387.2	10.2
非　洲	1396.6	1626.1	－14.1
亚洲国家和地区	95419	88382.7	8
大洋洲	724.8	814.9	－11.1
全球 64 国合计	149006	139509.4	6.6
扣除中国产量	80679.5	76758.8	5.1

上述数据来自国际钢协（WSA）统计。

世界粗钢产量前 10 个国家产量情况如图 26 所示。

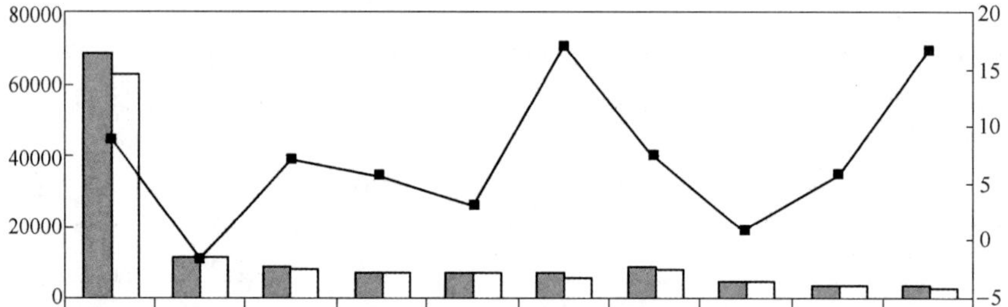

	中国	日本	美国	印度	俄罗斯	韩国	南美	德国	乌克兰	土耳其
2011年	68326.5	10759.5	8624.7	7220.0	6874.3	6847.1	8624.7	4428.8	3533.2	3410.3
2010年	62750.6	10959.9	8049.5	6832.1	6694.2	5864.7	8049.5	4383.0	3343.2	2914.3
同比/%	8.9	−1.8	7.1	5.7	2.7	16.8	7.1	1.0	5.7	17.0

图 26　2011 年全球十大产钢国家粗钢产量排名（万吨）

以上 10 国粗钢产量 12.86 亿吨，占全球粗钢产量的 86.3%。中国粗钢产量占全球粗钢产量的 45.8%，占以上 10 国粗钢产量的 53.1%。

（2）中国粗钢产量保持增长，增速进一步回落。2011 年全国平均日产粗钢 187.2 万吨，其中 6 月份日产达到峰值，下半年逐月回落，四季度大幅下降。粗钢日产水平及各月走势如图 27 所示。

（3）中小企业产量增幅较大。重点统计单位

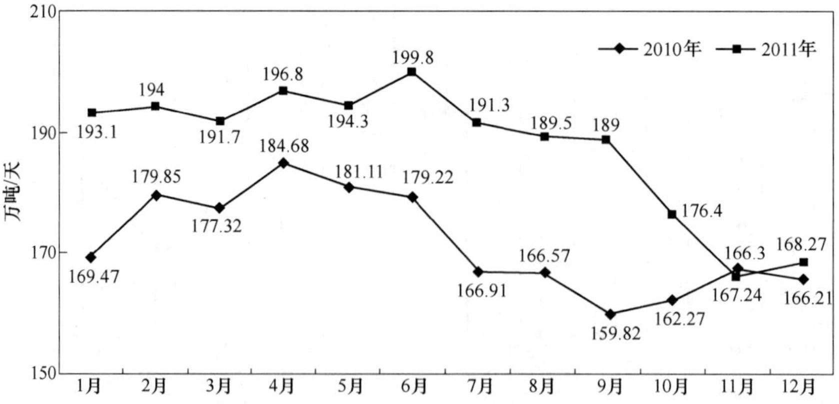

图 27　粗钢每天产量及月走势

粗钢产量5.9亿吨，同比增长5%，低于全国平均增幅3.9个百分点；其他企业粗钢产量9345.34万吨，同比增长42.28%，高于全国平均增幅33.38个百分点，高于重点企业增幅37.28个百分点。

（4）粗钢表观消费量波动较大。2011年，粗钢（折合量）累计表观消费量6.48亿吨，同比增加0.48亿吨，增长8.0%，如图28所示，四季度大幅下降。

（5）钢材库存有所增加（见图29）。2011年22个城市社会库存量有所增加，2月份达到历史高位，以后呈逐月下降态势。钢铁企业库存，2月份达到上半年最高，3月份以后逐月下降，8月份以后呈逐月增加态势，11月有所回落，12月份库存仍比年初库存量增长16.7%。

（6）钢材价格波动运行，四季度降幅明显，如图30和图31所示。

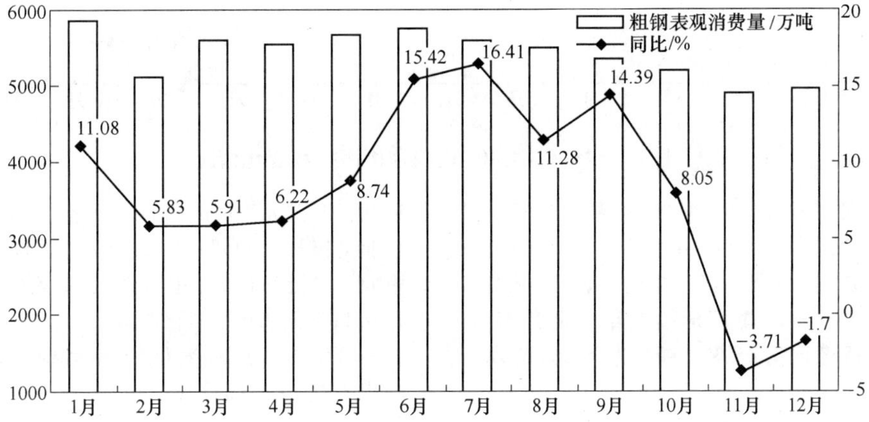

图28　2011年粗钢表观消费量走势图

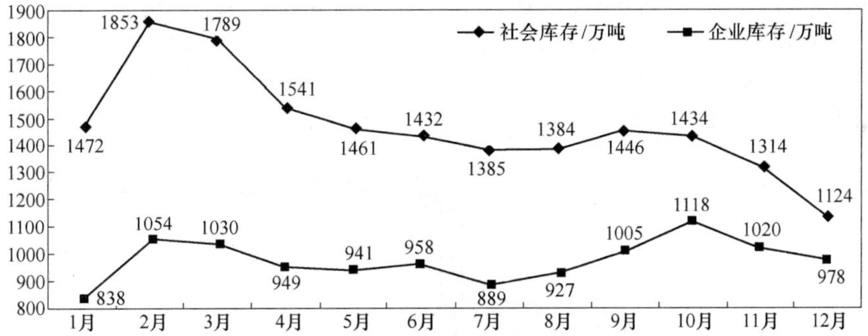

图29　2011年钢材库存变化情况

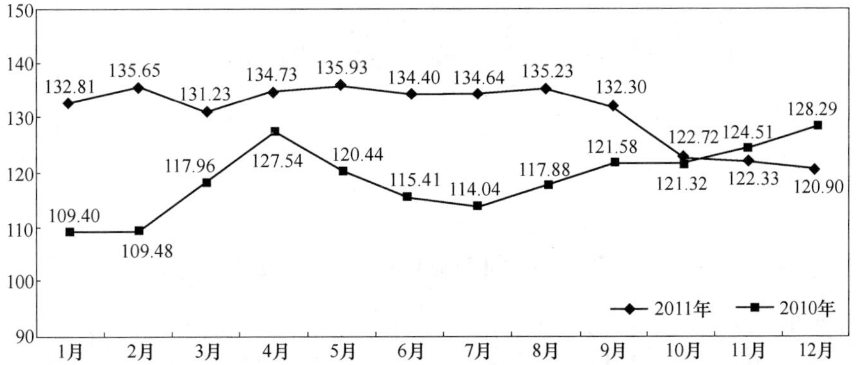

图30　国内市场钢材综合价格指数变化情况

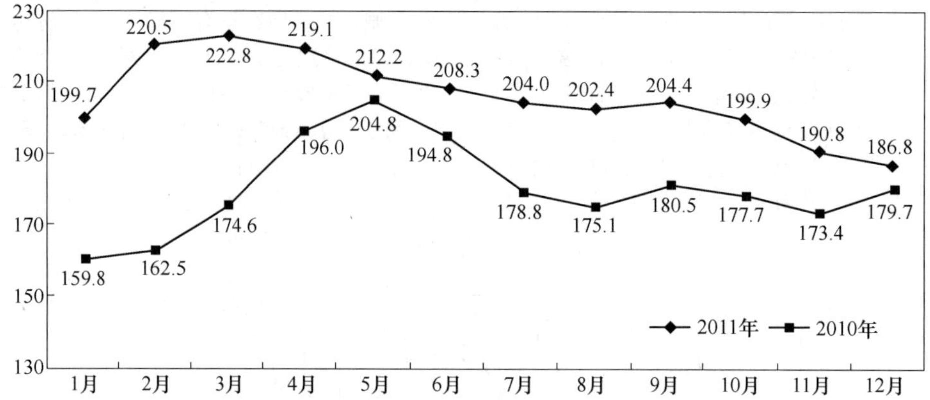

图 31　国际市场 CRU 综合价格指数变化情况

今年以来，国内市场钢材价格波动运行，其中 1～2 月上行、3 月下跌、4 月份以后开始回升、6～8 月窄幅震荡，9 月份以后持续回落。

国际市场价格一季度延续上年末上升态势，二季度后呈逐渐回落走势。主要是全球经济增长放缓，需求回落影响。

（7）钢铁企业效益大幅下滑。自去年四季度以来，国际市场矿石、焦炭、废钢、燃油等钢铁冶炼原、辅材料价格涨幅远大于钢材价格涨幅，如进口铁矿石平均到岸价格 8 月份同比上升 44.8 美元/吨，升幅达 37.5%，仅此一项约增加钢铁行业成本近 1300 亿元人民币，再加上人工成本增加等因素，钢铁行业已成为最低利的行业之一，1～11 月份全行业销售收入利润率仅 2.55%，在工业大类行业中处第二低利行业，比全国工业各行业平均利润率 6.11% 低 3.45 个百分点。

特别是 9 月份钢材价格大幅下跌以来，盈利水平更是大幅降低。10 月和 11 月，钢铁协会会员企业实现利润当月盈亏相抵后只有 14.04 亿元和 12.22 亿元，平均销售收入利润率分别只有 0.48% 和 0.43%，企业亏损面超过三分之一。12 月份利润总额虽稍有恢复，但企业亏损面依然接近三分之一。各月及上年同期情况如图 32 所示。

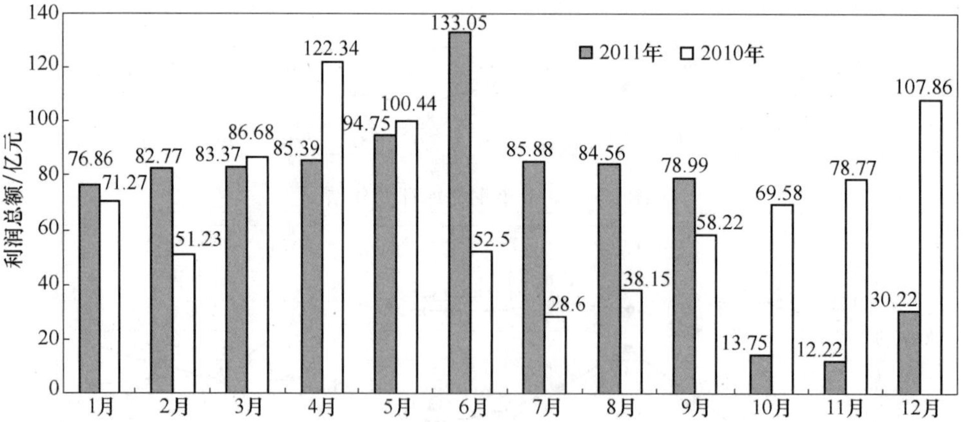

图 32　大中型钢铁企业月度利润变化情况

2011 年上半年，各月实现利润逐月增长，在 6 月份达到当年的峰值后，开始逐月下降。特别是进入第四季度后，大幅下降见表 2～表 5。

今年以来，2000 万吨以上的特大型钢铁企业利润同比下降较多，主要是板材市场需求较弱，市场竞争激烈。

表 2　不同规模企业实现利润情况

（亿元）

企业类型	2011 年 1～11 月	上年同期	同比 /%	利润比重 /%	产量比重 /%
2000 万吨（含）以上	376.76	487.79	-22.76	44.17	45.37
1000 万吨（含）～2000 万吨	132.42	46.53	184.59	15.52	11.17
500 万吨（含）～1000 万吨	199	128.51	54.85	23.33	24.27
500 万吨以下	144.78	126.47	14.48	16.97	19.19
合　计	852.97	789.29	8.07	100	100

表 3　不同业务板块实现利润情况

（500 万吨以上企业）　（亿元）

项　目	2011 年 1～11 月	上年同期	增加额	同比 /%	利润比重 /%
利润总额	666.66	652.33	14.33	2.20	100
其中：钢铁主业利润	342.78	462.27	-119.49	-25.85	51.42
内部矿山利润	133.57	71.8	61.77	86.03	20.04
金融企业利润	28.06	50.62	-22.5	-44.57	4.21
非钢产业利润	162.25	67.64	94.62	139.89	24.33

钢铁主业利润指集团公司中钢铁业务实现的利润；今年以来钢铁主业实现利润大幅下降。

表 4　实现利润前 10 名企业情况

（亿元）

序号	单　位	2011 年 1～11 月	上年同期	增加额	同比 /%
1	宝钢集团有限公司	174.85	225.68	-50.83	-22.52
2	包头钢铁（集团）有限责任公司	82.00	17.20	64.80	376.71
3	江苏沙钢集团	62.86	84.94	-22.08	-25.99
4	河北钢铁集团有限公司	39.54	37.50	2.04	5.45
5	山东钢铁集团	33.91	36.86	-2.94	-7.98
6	武汉钢铁（集团）公司	33.04	27.78	5.26	18.94
7	北京建龙重工集团有限公司	28.92	10.63	18.30	172.12
8	河北新武安钢铁集团	28.49	18.53	9.96	53.78
9	中信泰富特钢集团有限公司	25.99	23.83	2.16	9.06
10	河北纵横钢铁集团有限公司	24.88	15.12	9.76	64.54
小　计		534.49	498.06	36.43	7.31

前 10 名企业实现利润占大中型企业利润的 62.67%；包钢利润大幅增长，主要是稀土产品盈利水平大幅上升。

表 5　吨钢利润前 10 名企业情况

（元/吨）

企业类型	2011 年 1～11 月	上年同期	增加额	同比 /%
平　均	170.53	170.01	0.52	0.31
包头钢铁（集团）有限责任公司	875	187	688	367.91
新兴铸管股份有限公司	620	488	132	27.05
山西中阳钢铁有限公司	523	444	79	17.79

续表 5

企业类型	2011 年 1～11 月	上年同期	增加额	同比 /%
宝钢集团有限公司	503	665	－162	－24.36
山东石横特钢集团有限公司	428	291	137	47.08
西宁特殊钢集团有限责任公司	425	332	93	28.01
中信泰富特钢集团有限公司	418	414	4	0.97
杭州钢铁集团公司	415	350	65	18.57
河北纵横钢铁集团有限公司	319	273	46	16.85
南昌钢铁有限责任公司	316	144	172	119.44

包钢利润包括稀土产品盈利部分。

2. 建材行业

（1）水泥行业在市场需求的拉动下稳步增长，实现了产销两旺，效益增长的良好局面。比其他行业相对稳定，但 12 月末，水泥库存达 1042 万吨，同比上升 20.3%。

（2）平板玻璃行业受产能过剩的影响，出现了库存高幅增长，利润大幅下滑的被动局面。12 月末，平板玻璃库存 2937 万重量箱，同比上升 26.6%。行业利润同比降低 80.3%（上年同期为 1.3 倍）。

3. 有色金属行业

有色金属行业总体呈产量增速趋缓，主要有色金属价格下滑趋势。投资继续增长，价格高位波动。主要有色金属中，铜价前高后低，电解铝价格先涨后落，锌价总体呈下滑之势。12 月份，上海期货交易所铜、锌当月期货平均价分别为 56658 元/吨和 15239 元/吨，比上月上涨 0.8% 和 2.9%，同比下降 10.9% 和 13.1%；电解铝当月期货价格为 15996 元/吨，比上月下降 2.1%，同比下降 0.1%。

四、分析与预测

2012 年，世界经济发展面临的不利因素仍然很多，主要经济发达国家再次陷入衰退的风险加大，并将影响其他国家的经济增长，全球经济增长不容乐观。

据联合国经济合作组织和国际机构预测，2012 年全球经济增速将放缓至 3% 左右，从国内情况看，全年 GDP 增速将降至 7.5% 左右，城镇固定资产投资增速将降至 21% 左右。受世界经济复苏缓慢和我国经济增长放缓的影响，耐材及主要下游行业产品的市场需求将进一步减弱。

（1）主要下游行业产能过剩问题突出，将导致行业高成本，低价格和低利率的现状短期内难以改变，特别是钢铁和玻璃行业。到 2010 年底，全国粗钢产能 8.0 亿吨，根据对 40 多家钢铁设计院调研，目前在建的，正在设计的和列入“十二五”规划的钢铁项目，加上宝钢湛江和武钢防城港项目如恢复建设，产能又将增加 1.0 亿吨，如全部建设完成，全国粗钢产能将达 9.0 亿吨。近期，世界“四大”会计行之一“永安”预测中国 2012 年粗钢产能为 8.4 亿吨，中国钢铁协会预计 2012 年全国粗钢产量为 7.0 亿吨左右。那么 2012 年全国粗钢产能过剩 1.4 亿吨左右。

2011 年底，建筑玻璃与工业玻璃协会对 28 个省市的调研结果显示，在全国 268 条浮法玻璃生产线中，停产和冷修的生产线达 52 条，占总产能的 15.05%。

目前，在产的生产线 216 条，在建或已建成的生产线达 60 余条，其中 19 条已具备了点火条件。产能仍在继续增加。

产能过剩必然导致市场的无序竞争，产品价格难以拉升，加之原燃材料，动力及人工成本的不断上升，企业利润空间大幅度缩小，甚至出现亏损，这种现象短期内难以改变。

（2）耐材行业产能过剩更加突出，市场无序竞争更为严重。

1）耐火材料产能早已由“结构性过剩”转变为“全面过剩”，导致的产品低价竞销。市场秩序混乱的局面，在短期内靠行业自律难以解决。

最近对镁质耐火原料和烧成耐火制品、镁碳砖（含铝镁碳、镁铝碳转）及连铸用“三大件”、滑板的产能做了不完全统计，其结果显示，产能过剩非常严重。因此，导致市场无序竞争、竞相杀价、产品的利润空间大幅度缩小。

①烧结镁砂产能 1100 万吨/年，是 2011 年全国烧结镁砂产量的 2.23 倍；电熔镁砂产能 360 万吨/年，是 2011 年全国电熔镁砂产量的 2.10 倍。②烧成耐火制品调查了山东省、营口市、海城市、

新密市、巩义市、阳泉郊区和中钢洛耐公司、山西西小坪等几个大厂，共有隧道窑1127条，梭式窑649座，产能2513多万吨，是2011年全国致密定型耐火制品产量的1.42倍。③含碳耐火制品（镁碳、铝镁碳和镁铝碳转）产能360万吨/年（二班生产），是2011年全国含碳耐火制品产量的1.21倍。④连铸用“三大件”和滑板查到了各31家生产企业，产能分别为18和21万吨。产能大大高于市场需求。导致了板坯连铸侵入式水口从原12万元/吨左右，降到目前的4万元/吨左右；方坯连铸侵入式水口从原6~7万元/吨，降到目前3.5万元/吨左右；塞棒从原3.0万元/吨左右，降到目前1.3万元/吨左右；长水口从原4.5万元/吨左右，降到目前的1.8万元/吨左右；铝锆碳滑板从原3.5万元/吨左右，降到目前的1.8万元/吨左右；铝碳滑板从原1.8万元/吨左右，降到目前的1.1万元/吨左右。

2）下游企业，特别是钢铁企业的效益下滑，将使耐材企业的货款回收更加困难。财务费用大幅上升，流动资金异常紧张。

因此，2012年耐材行业将面临市场需求萎缩，成本压力加大。资金回笼困难等问题，生产经营将十分困难。

（3）面对困难，耐材企业应坚定信心，理性对待，积极应付挑战。

1）坚定不移地坚持以市场为导向，严格控制耐材生产总量。耐材产品产能严重过剩，在目前形势下显得更为突出。因此，一定要坚持市场导向。严格控制生产总量，坚决实行以销定产，仅仅抓住国内、国际两个市场。

①牢牢盯住国内这个大市场见表6。以上主要下游行业产品产量均排名世界第一位。因此中国不但是耐火材料的生产大国。同时也是耐火材料的消耗大国。再加上陶瓷、电力等行业对耐火材料的需求，中国耐火材料消耗量约占世界耐材消耗总量的60%左右。因此，不管经济形势如何变化。中国仍然是耐火材料产品的“大市场”。

表6　2011年重点下游行业产量及占世界总产量比例

主要下游行业	产量	占世界总产量比例/%
粗钢/亿吨	6.83	45.8
水泥/亿吨	20.63	>50
十种有色金属/万吨	3424	约25
玻璃/亿重量箱	7.38	约40

②稳定、巩固并进一步开发国际市场。2011年，全国耐火原材料出口量528.5万吨。其中耐火制品出口量195.38万吨，占耐材产量的6.62%。占致密定型耐火制品产量的11.07%。

耐火制品的出口去向见表7。

表7　2011年进口我国耐火材料最多的五个国家

（万吨）

国家	印度	日本	韩国	美国	越南
2011年	29.18	25.58	24.33	11.03	6.20

注：我国耐火材料对以上5国出口量占耐火材料出口总量的49%。

值得注意的是，印度和越南近年来钢铁工业发展较快，对耐火材料的需求量不断增加。

碱性耐火制品出口量104.82万吨，主要出口到印度、日本、韩国、荷兰、俄罗斯联邦等国家和地区如图33所示。

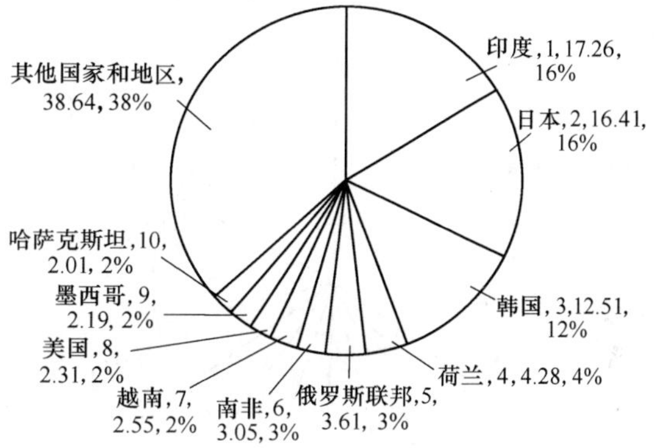

（a）

印　度	日　本	韩　国	荷　兰	俄罗斯联邦
17.26	16.41	12.51	4.28	3.61

注：对以上五国出口量占碱性耐火制品出口总量的51%。

（b）

图33　2011年碱性耐火制品出口国家和地区情况

铝硅质耐火制品出口量71.16万吨，主要出口到印度、韩国、日本、美国、伊朗等国家和地区如图34所示。

其他耐火制品出口量19.41万吨，主要出口到韩国、印度尼西亚、印度、美国等国家和中国台湾，如图35所示。

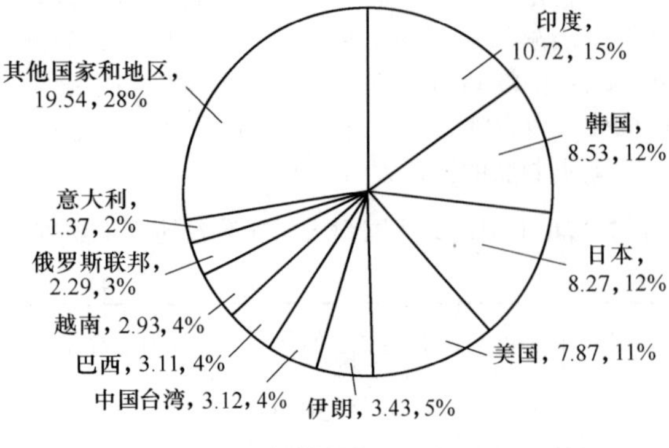

（a）

印　度	韩　国	日　本	美　国	伊　朗
10.72	8.53	8.27	7.87	3.43

注：对以上五国出口量占铝硅质耐火制品出口总量的54%。

（b）

图34　2011年铝硅质耐火制品出口国家和地区情况

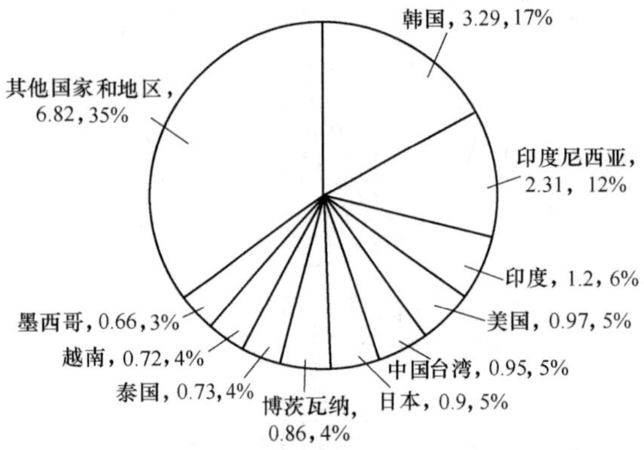

（a）

韩　国	印度尼西亚	印　度	美　国	中国台湾
3.29	2.31	1.2	0.97	0.95

注：对以上地区出口总量占其他耐火制品出口总量的44%。

（b）

图35　2011年其他耐火制品出口国家和地区情况

出口最大的优势是货款回收及时，而且价格也稳定增长，因此，稳定巩固现有市场，跟踪国际市场变化，进一步拓宽国际市场，扩大出口量尤为重要。

2）要严格控制新上项目和盲目扩大生产能力。目前，国内耐火材料产品无论在产量或品种质量等方面，基本能够满足国内钢铁和其他高温工业的生产和发展需要。目前耐火制品进口量只占国内耐火材料需求总量的0.3%以下。因此，建议对耐火材料产品的招商引资和扩大生产能力应严格控制。

3）自觉规范市场秩序，坚决杜绝低价竞销。耐材企业应该在产品价格不低于生产经营成本的前提下与下游企业，特别是钢铁企业真诚合作，共同度过困难时期。但是，耐材产品近年来由于原燃材料价格高幅上涨，已使耐材生产企业承受了巨大的成本压力，利润空间大幅度缩小，有的品种早已出现亏损。因此，耐材企业必须坚持以下经营原则。

①产品价格低于生产制造成本坚决不生产，不出售。保持耐材产品价格的相对稳定，在非常时期特别要注意防止竞相杀价等不正当竞争，共同营造一个良好的耐材市场秩序和环境。②没有合同坚决不生产。宁可减产、限产也必须严格控制企业的合理库存量，以缓解生产流动资金。③不给钱坚决不发货。坚持诚信第一，绝不能形成新的三角债。同时要注意经营风险，及时催收货款。

4）增强成本意识，强化成本管理，最大限度的控制产品制造成本扩大利润空间。严格控制企业财务、管理和销售三项费用。努力降低采购成本，按过紧日子的要求，精打细算，严格管理，千方百计的减少各项费用支出，尽最大努力把生产制造成本控制在最低限度。

5）抓住有利时机，积极主动的推进企业联合重组，淘汰落后生产能力。特别是大型重点企业，要抓住机遇，通过竞争采取兼并、控股等方式联合重组，调整和优化结构，促进竞争能力的提高。

6）增强忧患意识，紧紧跟踪国际国内市场变化，及时调整经营对策，增强企业的抗风险能力。

各耐材企业要积极主动跟踪市场变化，及时调整经营对策。中国耐材协会将继续安排专人专门收集、整理国内、国际市场变化情况等信息。特别是下游行业的生产经营运行情况和耐火材料进出口贸易等信息资料。按季向会员单位提供宏观经济形势，耐材及下游行业生产运行情况简要分析等相关信息，以“情况通报”的形式发给全体会员单位，为企业及时调整自己的经营策略提供参考依据。

2012年全国耐火材料行业生产运行情况及2013年耐火材料市场预测分析

中国耐火材料行业协会常务副会长　徐殿利

2012年，面对复杂多变的国内外形势，各行业按中央提出的稳中求进的工作总基调，着力稳增长、调结构、促转型，加快落实相关政策措施，缓解外需萎缩和经济下行的不利影响，工业经济运行整体上由缓中趋稳向企稳回升的方向发展。耐材行业企业在克服了市场需求萎缩、货款回笼困难，资金压力加大等不利因素的影响，基本保证了行业的稳定运行。

一、全国规模以上工业整体运行情况

1～12月，全国规模以上工业增加值同比增长10%（扣除价格因素的实际增长率），各月走势如图1所示。其中：重工业增加值同比增长9.3%，增速同比回落5个百分点；轻工业增加值同比增长9%，增速同比回落3.8个百分点。各月走势如图2所示。

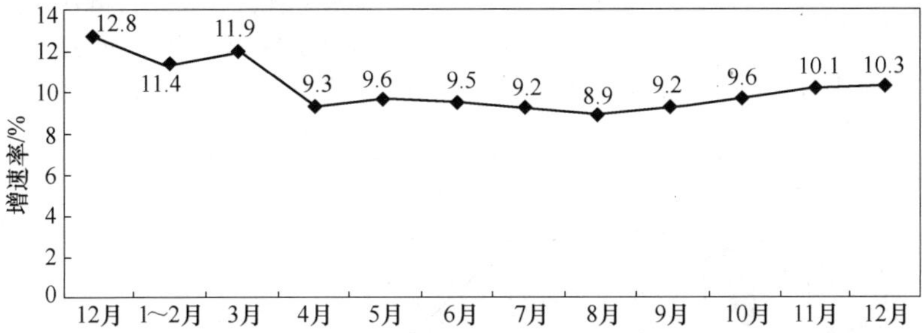

图1　规模以上工业增加值同比增长速度

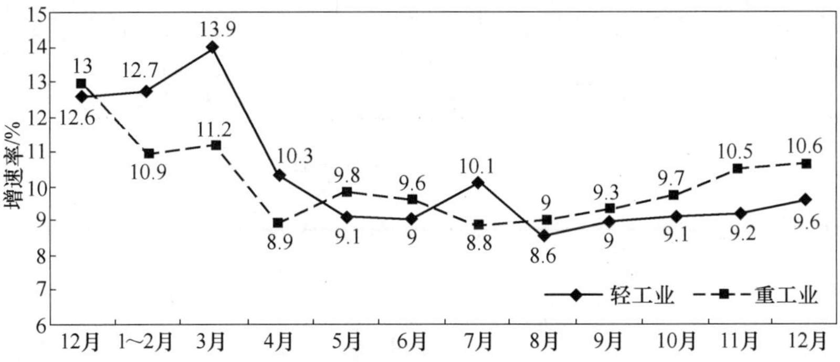

图2　规模以上轻、重工业增加值分月增速

2012年全国规模以上工业企业实现利润5.6万亿元，同比增长5.3%。12月当月实现利润8952亿元，同比增长17.3%。在41个工业大类行业中，29个行业利润同比增长，11个行业同比下降，一个行业由同期亏损转为盈利。

规模以上工业企业实现主营业务收入91.59万亿元，同比增长11%。每百元主营业务收入中的成本为84.77元，主营业务收入利润率为6.07%，如图3所示。

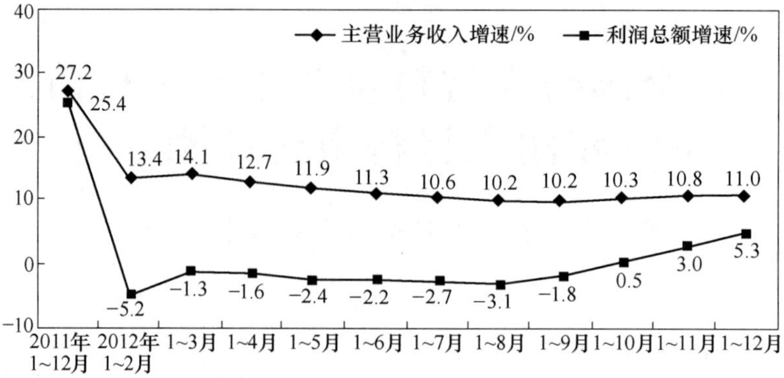

图 3　各月累计主营业务收入与利润总额同比增速

12 月末，规模以上工业企业应收账款 8.22 万亿元，同比增长 16.9%，产成品库存 3.02 万亿元，同比增长 7.2%。

二、耐材行业生产运行情况

（一）生产运行情况

2012 年，全国耐火材料产量 2818.91 万吨，同比降低 4.43%。其中：致密定型耐火制品 1633.87 万吨，同比降低 7.44%；保温隔热耐火制品 57.26 万吨，同比降低 14.97%；不定形耐火制品 1127.78 万吨，同比增长 0.95%。主要品种产量如图 4 所示。

耐火材料主要生产省（市）产量情况如图 5 所示。

重点耐材企业 2012 年生产经营情况（前 15 名）如图 6 所示。

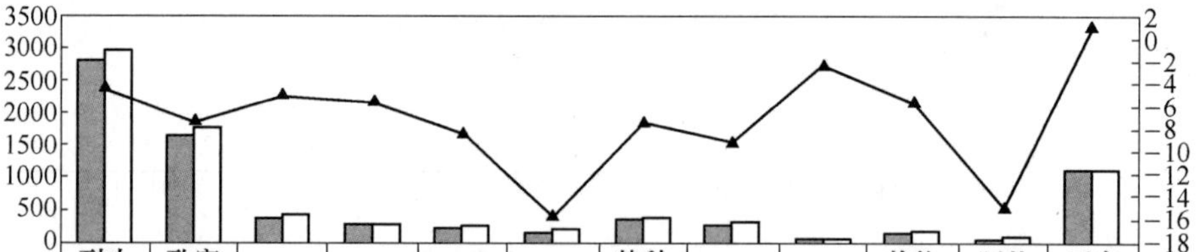

	耐火材料制品	致密定型耐火	黏土质砖	高铝质砖	硅质砖	镁质砖	特种耐火制品	含炭制品	功能材料	其他致密定型	隔热耐火制品	不定形耐火
2012年1~12月	2818.9	1633.8	401.20	271.87	241.35	174.49	377.05	271.20	45.60	167.91	57.26	1127.7
2011年1~12月	2949.6	1765.2	421.96	287.99	263.40	206.54	407.24	298.30	46.69	178.09	67.34	1117.1
同比/%	−4.43	−7.44	−4.92	−5.60	−8.37	−15.52	−7.41	−9.08	−2.32	−5.72	−14.97	0.95

图 4　2012 年主要品种产量情况（万吨）

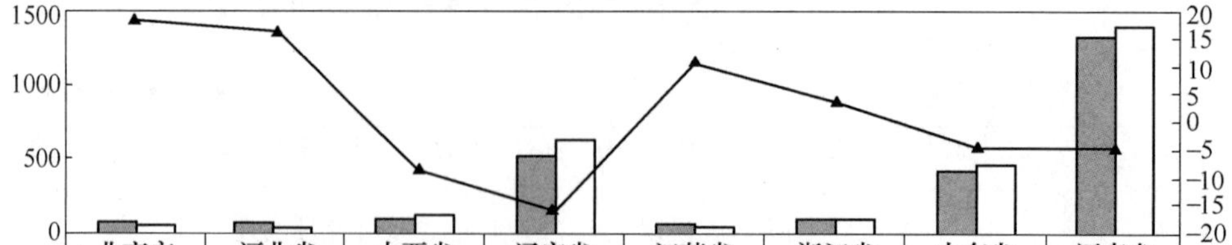

	北京市	河北省	山西省	辽宁省	江苏省	浙江省	山东省	河南省
2012年1~12月	65.74	56.69	105.55	518.19	53.09	87.77	421.66	1322.07
2011年1~12月	55.74	48.69	115.55	618.19	48.09	84.77	442.28	1386.24
同比/%	17.94	16.43	−8.65	−16.18	10.40	3.54	−4.66	−4.63

图 5　2012 年主要耐材生产省（市）产量情况（万吨）

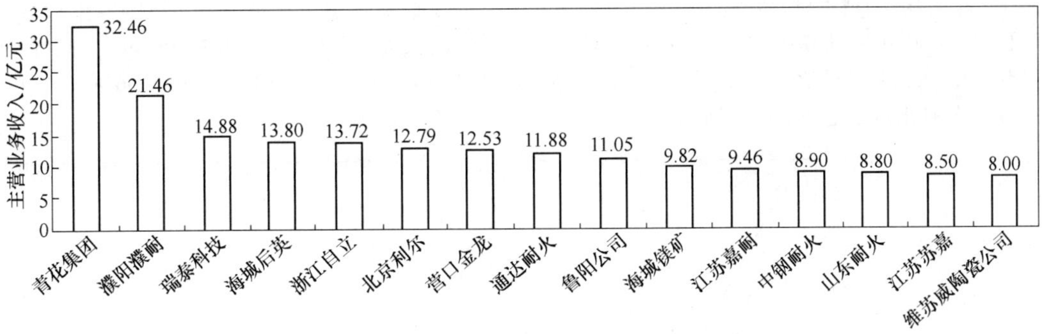

图 6　2012 年耐材企业主营业务收入前 15 名

（二）进出口贸易情况

2012 年，全国耐火原材料进出口贸易总额 34.46 亿美元，比上年同期降低 7.36%。其中出口贸易额 32.30 亿美元，同比降低 6.5%；进口贸易额 2.16 亿美元，同比降低 19.20%。

1. 出口贸易情况

全国耐火原材料出口总量 530.27 万吨，同比增长 0.33%。其中耐火原料出口量 326.29 万吨，同比降低 2.05%；出口贸易额 16.55 亿美元，同比降低 19.09%。

耐火制品出口总量又一次突破 200 万吨大关，达 203.97 万吨，同比增长 4.4%，出口贸易额 15.74 亿美元，同比增长 11.79%。

耐火原料出口量及贸易额走势如图 7 所示。

耐火制品出口量及贸易额各月走势如图 8 所示。

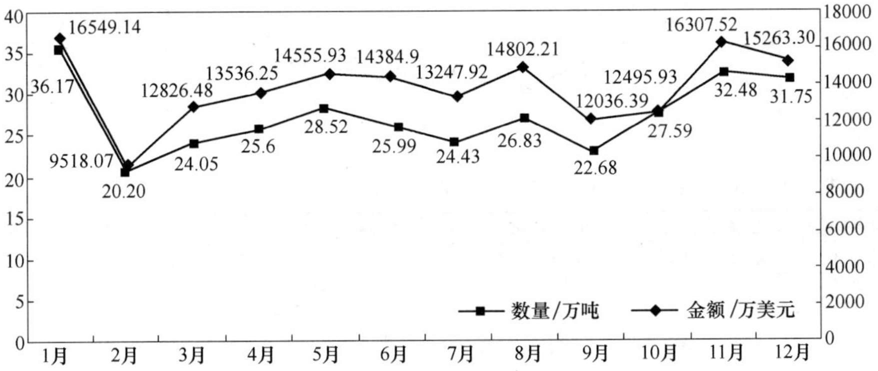

图 7　2012 年耐火原料出口量及出口金额走势图

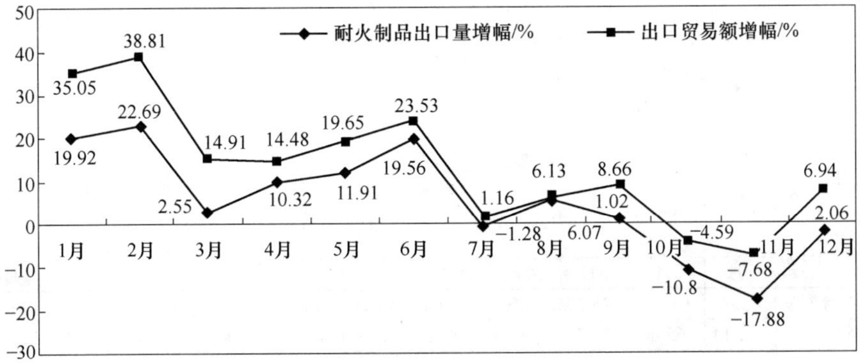

图 8　2012 年耐火制品出口量和贸易额走势图

（1）主要耐火原料出口情况：

①电熔镁砂和烧结镁砂出口量分别为 32.74 万吨和 67.5 万吨，同比分别增长 -5.32% 和 16.18%，各月出口量走势如图 9 所示。

②耐火铝黏土，棕刚玉和白刚玉出口量分别为 61.15 万吨、58.23 万吨和 15.49 万吨，同比分别增长 -6.02%、-13.08% 和 5.66%。各月出口量走势如图 10 所示。

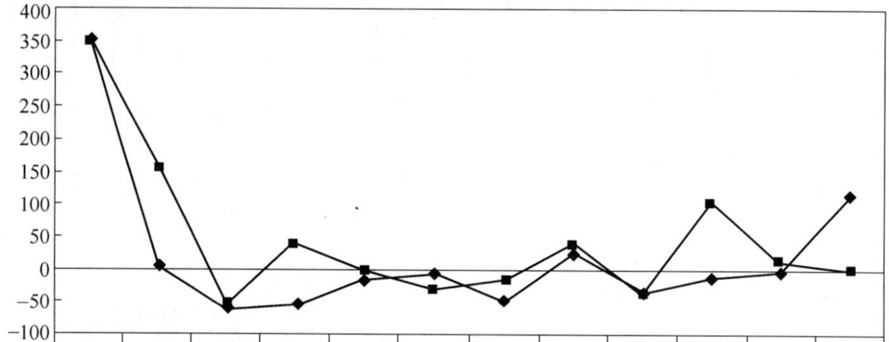

	1月	2月	3月	4月	5月	6月	7月	8月	9月	10月	11月	12月
◆ 电熔镁砂/%	349.2	2.38	-59.72	-53.63	-17.53	-8.57	-49.55	25.71	-34.23	-10.43	-0.54	111.6
■ 烧结镁砂/%	347.2	153.7	-53.95	37.93	-3.88	-32.05	-16.77	37.1	-32.67	105.4	8.17	1.7

图 9　2012 年电熔、烧结镁砂出口情况

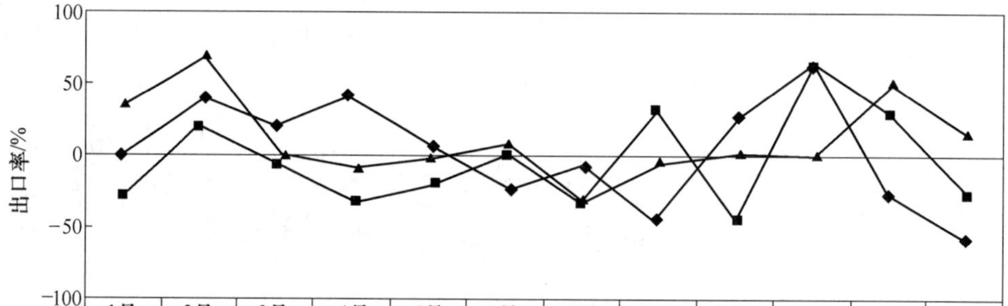

	1月	2月	3月	4月	5月	6月	7月	8月	9月	10月	11月	12月
◆ 耐火铝黏土	2.48	39.17	17.18	37.92	4.94	-24.28	-6.72	-47.22	25.1	61.11	-28.95	-58.22
■ 棕刚玉	-31.27	18.38	-6.98	-35.87	-22.62	0.17	-33.81	31.21	-48.16	62.91	26.87	-28.26
▲ 白刚玉	34.02	67.35	3.01	-8.7	-3.98	7.91	-31.65	-6.77	0.66	-1.04	51.3	15

图 10　2012 年耐火铝黏土、棕刚玉、白刚玉出口情况

③石墨和碳化硅出口量分别为 11.35 万吨和 16.49 万吨，同比分别降低 23.98% 和 23.73%。各月出口量走势如图 11 所示。

（2）耐火制品出口情况：

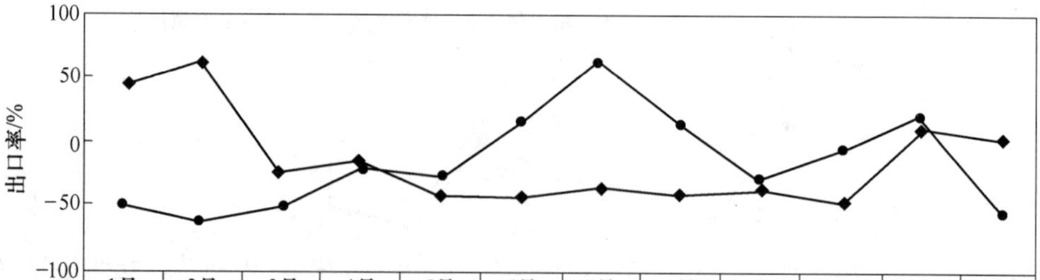

	1月	2月	3月	4月	5月	6月	7月	8月	9月	10月	11月	12月
◆ 天然鳞片石墨	43.90	63.41	-25.27	-17.31	-42.66	-44.94	-36.31	-41.38	-38.71	-48.39	12.9	0.92
● 碳化硅	-52.14	-65.00	-52.73	-23.16	-28.13	15.69	63.21	13.04	-30.41	-5.45	22.06	-55.11

图 11　2012 年石墨、碳化硅出口情况

①碱性耐火制品出口量107.63万吨，同比增长2.68%，增幅比上年同期降低6.03个百分点。各月走势如图12所示。

②铝硅质耐火制品出口量77.95万吨，同比增长9.54%，增幅比上年同期下降7.08个百分点。各月走势如图13所示。

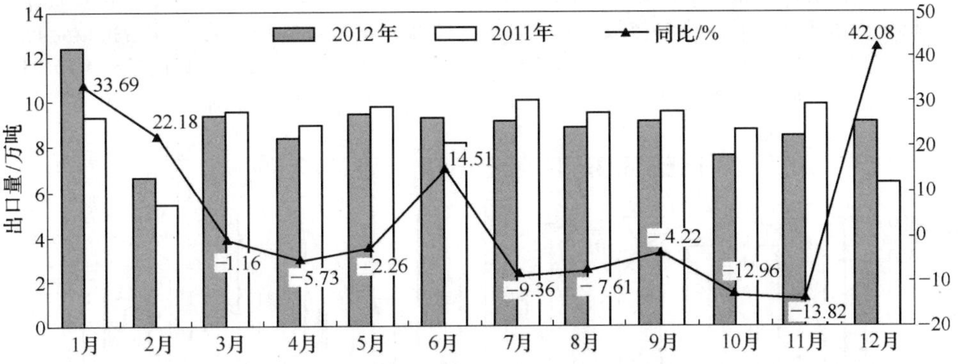

图12 2012年碱性耐火制品出口量走势图

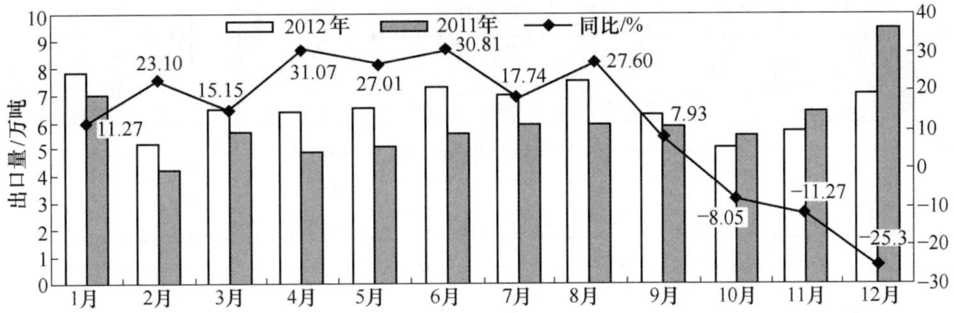

图13 2012年铝硅质耐火制品出口量走势图

③其他耐火制品出口量18.38万吨，同比降低5.31%，降幅比上年同期收窄5.86个百分点。各月走势如图14所示。

2. 生产及出口运行特点

（1）耐材产量下降。受下游行业固定投资减弱、基建用耐火材料需求量减少等因素，耐火材料企业订单数量减少，销量下降，加之资金紧张，企业不得不关停窑炉消耗原有库存，导致耐材产量继二季度后持续下降。

2012年，全国耐材产量比上年同期减少130.78万吨，同比降低4.43%。特别是镁质烧成

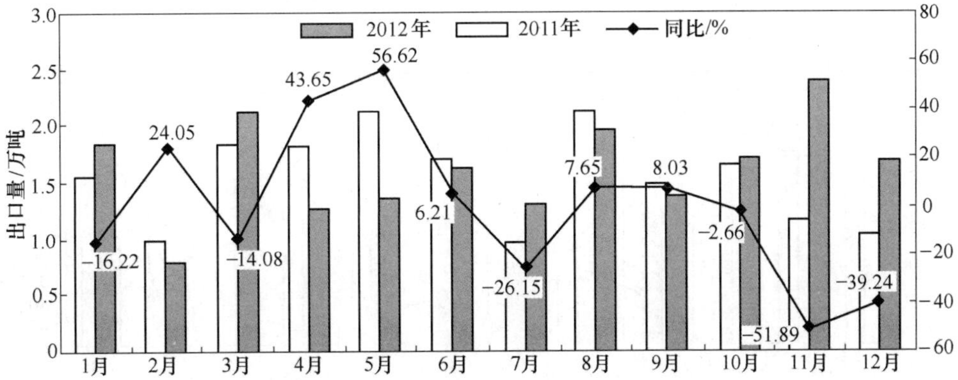

图14 2012年其他耐火制品出口量走势图

耐火制品，镁炭、铝镁炭耐火制品和硅质砖下降幅度较大，同比分别降低 15.52%、9.08% 和 8.37%。

（2）耐火原料出口价格全面下滑。耐火原料出口价格延续了去年同期下行趋势持续下滑，出口综合平均价格同比降低 17.4%。在海关查询的主要耐火原料出口品种中，除棕刚玉出口平均价格同比增长 3.91% 外，其他主要品种均有不同程度的下降。特别是碳化硅、烧结镁砂、电熔镁砂和轻烧镁出口平均价格分别同比降低 27.25%、19.81%、14.01% 和 14%，年末呈上升趋势。石墨出口平均价格从 2 月份开始持续走低，呈大幅下行趋势，出口平均价格同比下降 10.31%。主要原料平均出口价格如图 15～图 19 所示。

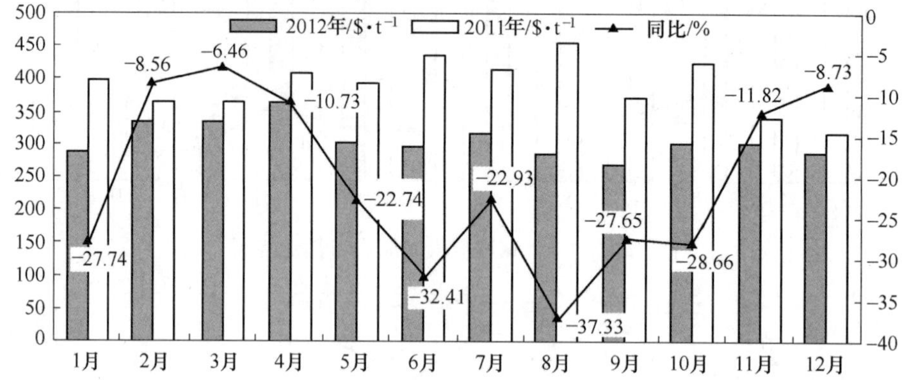

图 15 2012 年烧结镁砂出口价格走势

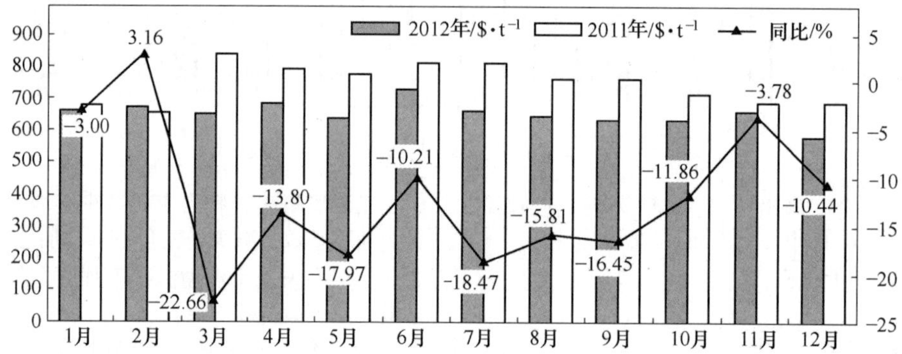

图 16 2012 年电熔镁砂出口价格走势

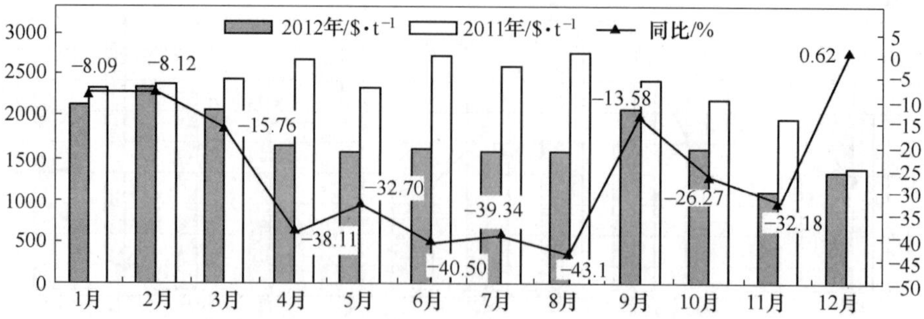

图 17 2012 年碳化硅出口价格走势图

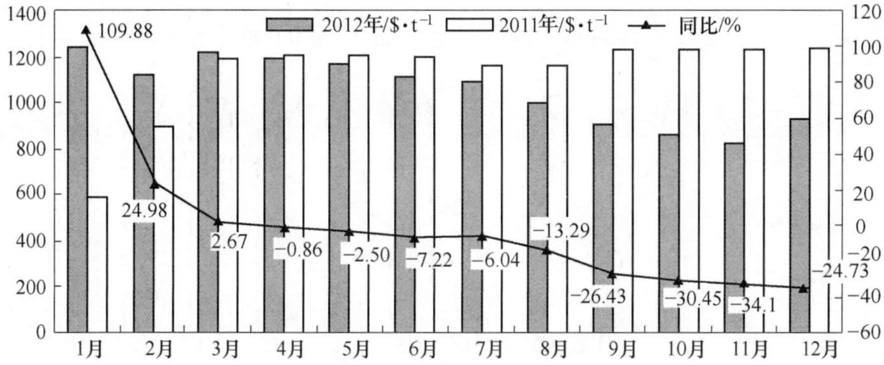

图 18　2012 年石墨出口价格走势

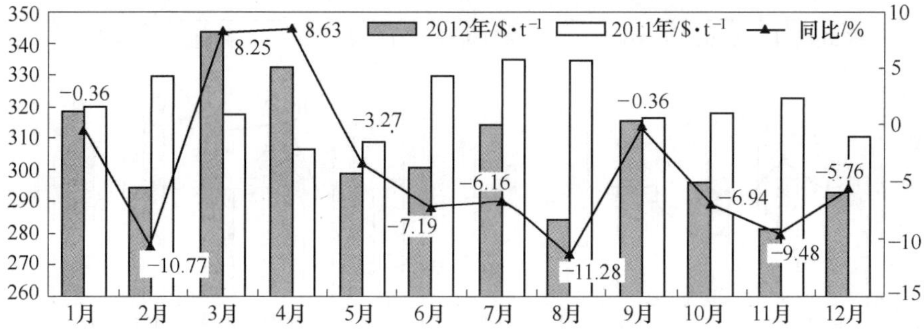

图 19　2012 年耐火铝黏土出口价格走势

（3）耐火制品出口量和出口价格稳步增长。耐火制品出口量和出口综合平均价格分别增长 4.4% 和 7.08%，价格增幅高于出口量增幅 2.68 个百分点。其中，碱性耐火制品和铝硅质耐火制品出口量分别增长 2.68% 和 9.54%；出口平均价格分别上涨 6.17% 和 13.91%；其他耐火制品出口量同比降低 5.31%，出口平均价格同比降低 4.87%。耐火制品各月出口平均价格如图 20 ~ 图 22 所示。

（4）耐火制品进口量持续走低。1 ~ 12 月份，耐火制品进口量 2.80 万吨，同比降低 34.47%。其中碱性制品进口量 0.80 万吨，同比降低 50.39%；铝硅质耐火制品进口量 1.66 万吨，同比降低 17.32%；其他耐火制品进口量 0.34 万吨，

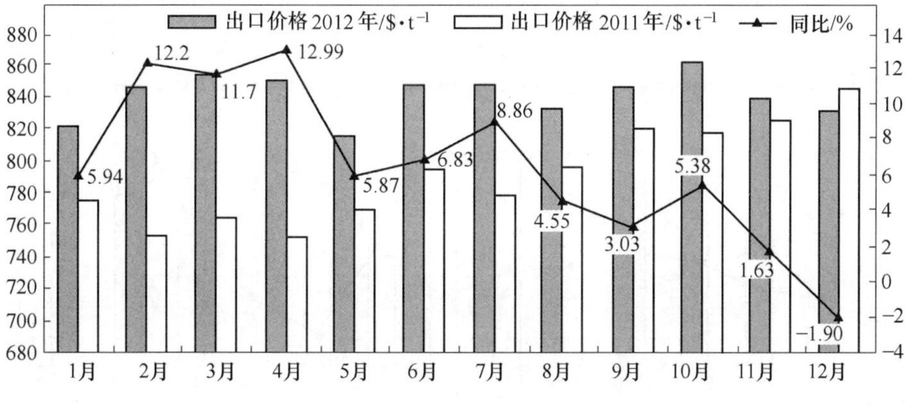

图 20　2012 年碱性耐火制品出口平均价格走势图

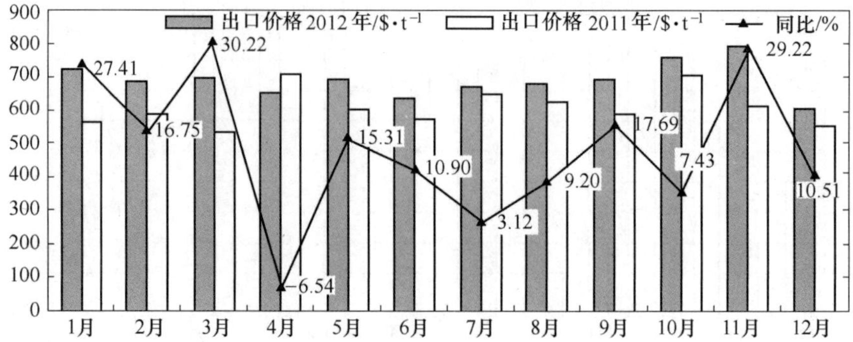

图21　2012年铝硅质耐火制品出口平均价格走势图

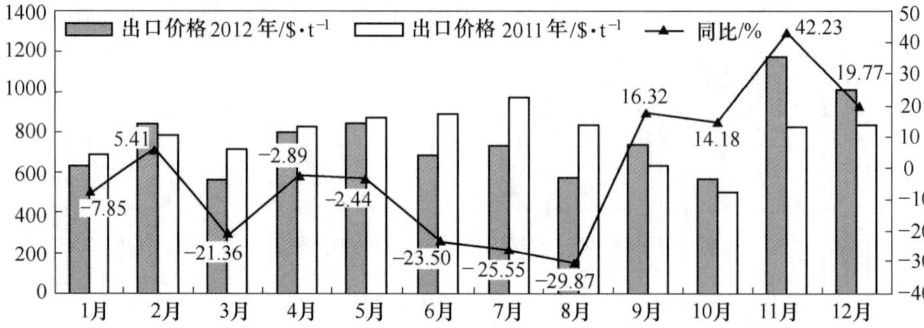

图22　2012年其他耐火制品出口平均价格走势图

同比降低47.94%。

三、主要下游行业生产运行情况

（一）钢铁行业运行情况

1. 中国钢铁行业生产运行情况

1～12月份，全国粗钢产量7.17亿吨，同比增长3.1%，增速同比减缓5.8个百分点；钢材产量9.52亿吨，增长7.7%，同比减缓4.6个百分点。各月产量情况如图23所示。

大型重点钢铁企业（粗钢产量排名前10名企业）粗钢产量情况如图24所示。

2. 世界钢铁工业生产情况

1～12月份，据世界钢协统计数据，2012年全球（62个国家和地区）粗钢产量达15.18亿吨，同比增长1.2%，又创历史新高。2012

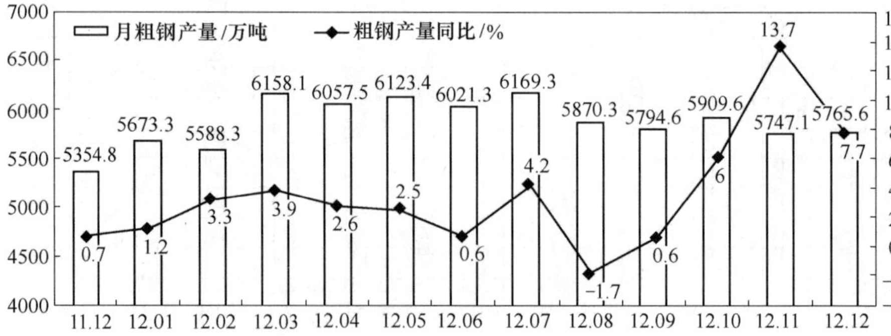

图23　全国粗钢月产量及同比

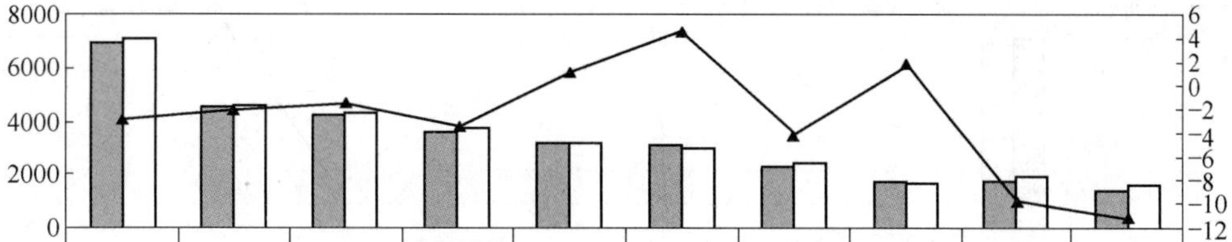

	河北钢铁集团	鞍钢集团公司	宝钢集团有限公司	武汉钢铁(集团)公司	江苏沙钢集团	首钢集团	山东钢铁集团	马钢集团	渤海钢铁集团	湖南华菱
2012年	6922.76	4531.64	4269.63	3642.35	3230.90	3141.78	2300.61	1733.86	1731.72	1411.32
2011年	7123.12	4624.16	4334.09	3768.49	3192.32	3004.16	2402.32	1701.34	1919.36	1588.97
同比/%	−2.81	−2.00	−1.49	−3.35	1.21	4.58	−4.23	1.91	−9.78	−11.18

图 24　2012 年大型重点钢铁企业粗钢产量情况（万吨）

年全球粗钢产量增加的地区主要在亚洲、北美和中东地区，欧盟 27 国和南美地区粗钢产量同比下降。主要产钢国家和地区粗钢产量情况如图 25 所示。

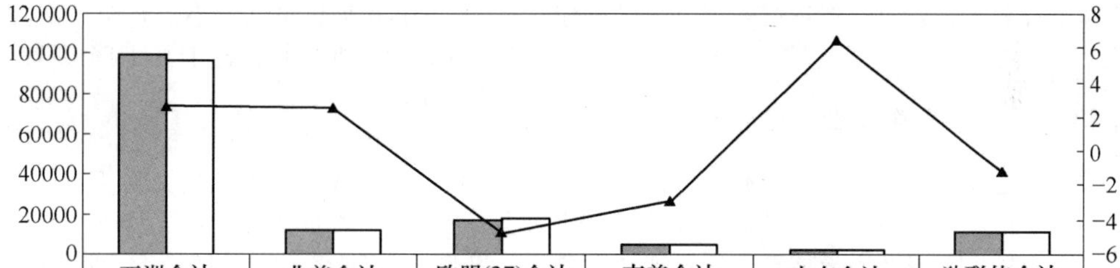

	亚洲合计	北美合计	欧盟(27)合计	南美合计	中东合计	独联体合计
2012年	99047.70	12187.20	16936.70	4692.90	1966.60	11117.90
2011年	96470.10	11889.30	17763.40	4836.60	1847.20	11254.30
同比/%	2.7	2.5	−4.7	−3.0	6.5	−1.2

图 25　2012 年世界主要产钢国家和地区粗钢产量情况（万吨）

亚洲地区粗钢产量为 9.9 亿吨，同比增长 2.7%，占全球钢材产量的 65.25%。其中中国粗钢产量为 7.17 亿吨，同比增长 3.1%；在全球粗钢产量中占比从 2011 年 45.4% 上升到 46.3%。日本粗钢产量为 1.07 亿吨，同比下降 0.3%；韩国粗钢产量为 0.69 亿吨，同比增长 1.2%。

欧盟地区粗钢产量为 1.69 亿吨，同比下降 4.7%。其中：德国粗钢产量为 0.43 亿吨，同比下降 3.7%；意大利粗钢产量为 0.27 亿吨，同比下降 5.2%；法国粗钢产量为 0.16 亿吨，同比下滑 1.1%；西班牙粗钢产量为 0.13 亿吨，同比下滑 12.1%。

北美地区粗钢产量为 1.219 亿吨，同比增长 2.5%。美国粗钢产量为 0.89 亿吨，同比增长 2.5%。

独联体粗钢产量为 1.112 亿吨，同比下降 1.2%。其中：俄罗斯粗钢产量为 0.71 亿吨，同比增长 2.5%。乌克兰粗钢产量为 0.33 亿吨，同比下降 6.9%。

南美地区粗钢产量为 0.47 亿吨，同比下降 3%。其中：巴西粗钢产量为 0.35 亿吨，同比下降 1.5%。2012 年世界前十名产钢国家和地区情况如图 26 所示。

（二）建材行业生产运行情况

2012 年，全国水泥产量 21.84 亿吨，同比增长 7.4%，增速同比减缓 8.7 个百分点。

平板玻璃产量 7.14 亿重量箱，同比下降 3.2%，上年为增长 15.8%。

（三）有色金属行业生产运行情况

2012 年我国十种有色金属产量 3691 万吨同比增长 9.3%，增速同比减缓 1.3 个百分点。其中：电解铝产量 1988 万吨，同比增长 13.2%，增速加

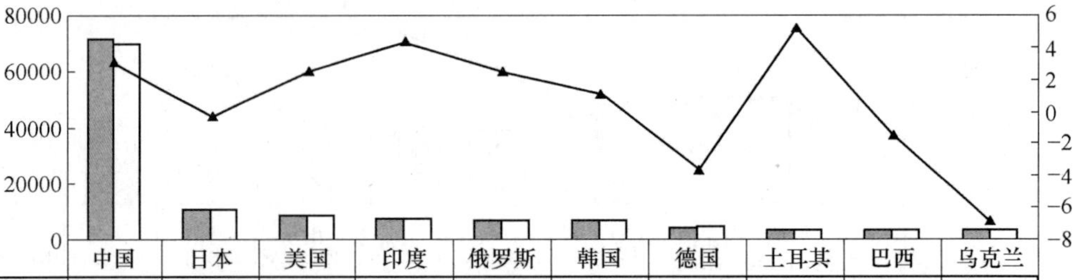

	中国	日本	美国	印度	俄罗斯	韩国	德国	土耳其	巴西	乌克兰
2012年	71654.20	10723.50	8859.80	7672.00	7060.70	6932.10	4266.1	3588.5	3468.2	3291.1
2011年	69481.20	10760.10	8639.80	7359.00	6885.20	6851.90	4428.4	3410.7	3522.1	3533.2
同比/%	3.1	−0.3	2.5	4.3	2.5	1.2	−3.7	5.2	−1.5	−6.9

图 26　2012 年世界前十名产钢国家和地区粗钢产量情况（万吨）

快 2 个百分点；铜产量同比增长 10.8%，增速减缓 3.4 个百分点；铅产量同比增长 9.3%，增速减缓 3.2 个百分点；锌产量同比下降 5.6%，增速减缓 9.4 个百分点；氧化铝产量增长 10.9%，增速减缓 3.9 个百分点。

（四）主要下游行业的运行特点

受产能过剩及全球经济增速趋缓等因素的影响，主要下游行业高成本，低利润的经营现状仍在继续。钢铁、水泥及平板玻璃等行业产能过剩问题进一步显现，产品价格低位运行，产能利用率处于较低水平，据相关协会估测，炼钢产能利用率不足 75%；水泥产能利用率也仅在 72% 左右。2012 年主要下游行业运行呈以下特点。

1. 产量增速持续下降

2012 年，主要下游行业产量虽有增长，但增速明显下降。其中粗钢产量增速下降 5.8 个百分点，钢材产量增速下降 4.6 个百分点；水泥产量增速下降 8.7 个百分点；平板玻璃产量增速下降 19 个百分点；十种有色金属产量增速下降 1.3 个百分点。其中铜产量增速下降 3.4 个百分点；锌产量增速下降 9.4 个百分点；铅产量增速下降 3.2 个百分点。

2. 产品价格下行趋势明显

2012 年，主要下游行业产品价格下行趋势明显。其中：钢材价格前三季度呈下滑态势，四季度企稳回升小幅波动。12 月份，国内钢材市场综合价格指数平均为 104.92 点，比上月回落 1.03 点，同比下降 16.03 点。

水泥价格前三季度持续回落、四季度企稳回升小幅波动，12 月份，重点水泥企业水泥平均出厂价格 342.5 元/吨，比上月下降 1.5%，同比下降 16%。

平板玻璃价格低位小幅波动，12 月份出厂价格 61.5 元/重量箱，比上月下降 4.3%，同比上涨 0.4%。

铜、铅、锌价格总体稳定，电解铝价格有所下滑，12 月份，上海期货交易所铜、电解铝、铅当月期货平均价格分别比上月下降 0.9%、0.4% 和 1.2%，同比下降 0.1%、5.2% 和 1.7%；锌价格比上月上涨 1.6%，同比下降 1.3%。

3. 企业效益大幅下滑

2012 年，钢铁行业规模以上企业实现利润 2024 亿元，同比下降 31.4%。其中：黑色金属矿采选业利润 1026 亿元，同比下降 1%；钢铁冶炼及加工业利润 855 亿元，同比下降 48.1%；其中：钢协重点统计钢铁生产企业利润总额 15.81 亿元，同比降低 98.22%；亏损企业亏损额 289.24 亿元，同比增长 738.85%。水泥行业利润 657 亿元，同比下降 32.8%；平板玻璃利润 9.8 亿元，同比下降 66.6%；有色金属行业利润 2192 亿元，同比下降 7.1%，其中有色金属矿采选业利润 764 亿元，同比下降 0.2%；有色金属冶炼及压延加工业利润 1427 亿元，同比下降 10.4%。

四、分析与预测

2012 年中国工业经济运行报告中指出：2013 年全球经济复苏依然脆弱，近期，在各国新一轮宽松货币政策的刺激下，世界经济形势有所好转。但总体看，欧盟、日本经济的持续低迷以及新兴经济体增速放缓，全球经济金融风险继续加大。

国际货币基金组织将2013年全球经济增长率从上年7月份预期的3.9%下调至3.6%。并警告全球经济面临再度陷入衰退的风险。

我国工业经济发展的基本面是好的，仍有较大的发展空间和潜力，但所面临的国内外形势依然复杂，不确定性、不稳定性因素不断增加。外需持续萎缩与内需增势放缓相互叠加，有效需求不足与产能过剩矛盾相互作用，长期问题与短期困难相互交织，形势仍不容乐观。

在工信部年度工作会议上，苗圩部长指出：工业经济还面临一系列新的重大风险和挑战。一是国际金融危机的深层次影响还在不断显现，世界经济面临的下行压力和潜在风险加大，经济低迷成为全球经济新常态；二是全球科技和产业竞争更加激烈，发达国家纷纷加快“再工业化”和扩大出口，市场需求成为全球竞争最稀缺的资源；三是我国经济发展内部条件发生了新的变化。资源供给日趋紧张，劳动力优势快速减弱，环境约束更加强化，经济潜在增长率区域下降。我国工业进入从数量规模扩张转向注重质量、效率的发展阶段。为此，工信部将2013年规模以上工业增加值增长目标确定在10%左右。

（1）主要下游行业受产能过剩及原燃材料价格上涨等不利因素的影响，行业高成本、低利润的局面仍将持续。根据国家统计局公布，2011年末我国粗钢产能为8.63亿吨，按2012年固定资产投资估算新增钢铁产能5000万吨。据此计算，2012年末全国粗钢产能9.2亿吨以上。另据目前冶金工业规划研究院调查，到2012年末，我国粗钢产能约为9.7亿吨。水泥、玻璃行业在经历了前几年的快速发展之后，行业产能过剩问题凸显。2012年水泥行业产能利用率仅在72%左右。

产能过剩必然导致市场的无序竞争，产品价格难以拉升，加之原燃材料、动力及人工成本的不断上升，企业的利润空间不断缩小，这种局面短期内难以改变。

（2）耐材行业产能过剩更加突出，市场无序竞争尤为严重。耐火材料行业产能早已由“结构性过剩”转变为“全面过剩”。在目前的经济形势下，耐材产品市场无序竞争、低价竞销、秩序混乱的局面短期内靠行业自律难以扭转。

（3）受耐材市场秩序混乱、无序竞争和下游行业效益下滑等因素的影响，耐材行业的生产运行呈现出了利润明显下滑，应收货款持续上升的艰难局面。近期，我们对协会常务理事和部分规模较大的理事单位共52家生产企业进行了调研，2012年，销售收入同比降低4.29%、实现利润同比降低21.40%，到2012年末，应收货款（50家企业）同比上升15.34%。

（4）面对困难，耐材企业应坚定信心，理性面对，积极应对挑战。坚定不移地坚持以市场为导向，严格控制耐材生产总量。耐材产品产能严重过剩，在目前形势下显得更为突出。因此，一定要坚持市场导向。严格控制生产总量，坚决实行以销定产，仅仅抓住国内、国际两个市场。

1）国内市场。中国不但是耐火材料生产大国，同时也是耐火材料消耗大国。主要下游行业生产规模均排世界前列见表1。

表1　2012年重点下游行业产量及占世界总产量比例

主要下游行业	产量	占世界总产量比例/%
粗钢/亿吨	7.17	46.3
水泥/亿吨	21.84	>50
十种有色金属/万吨	3691	>25
玻璃/亿重量箱	7.14	>40

欧盟耐火材料制造者联合会对2011年全球耐火材料产量调查结果显示，2011年全球耐火材料产量为4275万吨。其中中国耐材产量2950万吨，占全球产量的69%。

如果扣除出口195万吨，国内企业在保持年末库存平衡的情况下，2011年国内消耗耐火材料为2755万吨（包括陶瓷、火电、机械、化工等高温工业的消耗量），占世界耐材消耗总量的65%。因此，不管经济形势如何变化，中国依然是耐火材料产品的“大市场”。

中国钢铁协会在1月21日发布的市场分析中预测，2013年全球钢铁需求将增长3.2%，比上年增速提高1.1个百分点；中国钢铁需求将增长3.1%，比上年增速提高0.6个百分点。

另据2012年中国经济运行报告显示，2013年在国家“稳中求进”政策的带动下，基础设施投资将有所增加，钢材市场特别是长材需求有望恢复，钢铁产量及消费量将小幅增长。

建材行业水泥和平板玻璃等传统行业受产能过剩问题的影响，产销不畅问题较为突出，如果房地产市场不出现明显好转，2013年建材行业增速可能与上年大体相当，继续保持在适度的增长区间。

有色金属行业随着基础设施投资加快，“十二五”国家战略新兴产业发展规划和节能产品惠民工程的出台落实，对有色金属，尤其是有色金属精加工产品的消费需求将进一步加大，预计2013年整体运行环境可能好于上年，行业运行状况基本平稳。

因此，2013年从国内耐材市场需求的角度看应好于上年。

2）稳定，巩固并进一步开发国际市场。2012年，全国耐火原材料出口量530.27万吨。其中耐火制品出口量203.97万吨，占耐材产量的7.24%。占致密定型耐火制品产量的12.48%。

耐火制品的出口去向见表2。其中：碱性耐火制品出口量107.63万吨，主要出口去向如图27所示。

表2　2012年进口我国耐火材料最多的五个国家

（万吨）

国家	韩国	日本	印度	印度尼西亚	越南
2012年	31.51	26.01	25.21	12.93	6.27

注：我国耐火材料制品对以上5国出口量101.93万吨，占耐火材料制品总出口量的50%。

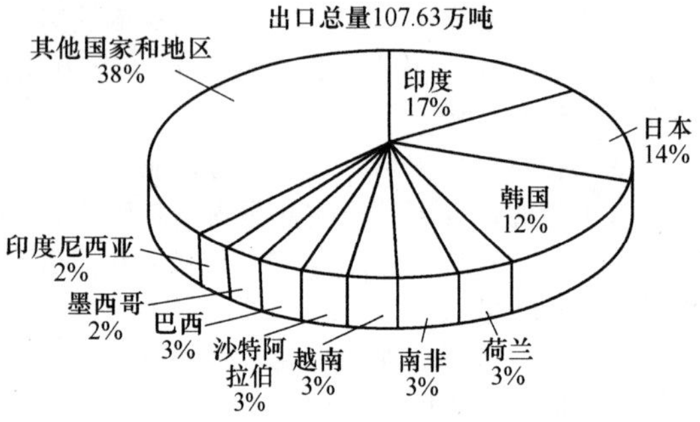

（a）

国家	印度	日本	韩国	荷兰	南非	其他国家和地区
出口量/万吨	17.78	14.9	13.28	3.6	3.59	54.48
比例/%	17	14	12	3	3	51

注：对以上五国出口量占碱性耐火制品出口总量的49%。

（b）

图27　2012年碱性耐火制品出口情况

铝硅质耐火制品出口量77.98万吨，主要出口去向如图28所示。

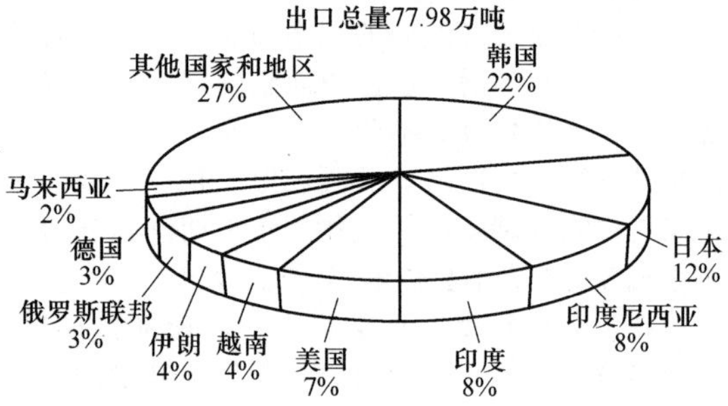

（a）

国家	韩国	日本	印度	印度尼西亚	美国	其他国家和地区
出口量/万吨	17	9.64	6.43	5.85	5.19	33.87
比例/%	22	12	8	8	7	43

注：对以上五国出口量占铝硅质耐火制品出口总量的57%。

（b）

图28　2012年铝硅质耐火制品出口情况

其他耐火制品出口量18.38万吨，主要出口去向如图29所示。

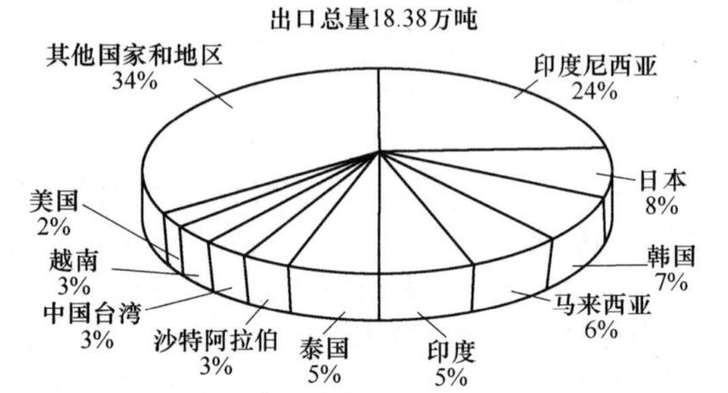

（a）

国家	印度尼西亚	日本	韩国	马来西亚	印度	其他国家和地区
出口量/万吨	4.46	1.47	1.23	1.03	1	9.19
比例/%	24	8	7	6	5	50

注：对以上五国出口量占其他耐火制品出口总量的50%。

（b）

图29　2012年其他耐火制品出口情况

出口最大优势是价格相对稳定，货款回收及时。因此，耐材企业应密切关注市场变化，在稳定和巩固现有市场的同时，进一步拓宽国际市场，努力扩大出口量。

五、对行业发展的几点看法

进入新世纪以来，全国各行业都得到了高速发展，耐火材料行业在高温工业高速发展的拉动和耐材行业员工的努力下，也得到了快速发展。全国耐火原材料产量从2000年的1000多万吨，到现在的每年6000多万吨，2012年耐火材料产量2818万吨，约占世界耐材产量的65%以上。近年来，耐火材料出口量200万吨左右，2012年出口量203.97万吨。到目前为止，已成为名副其实的耐火材料生产和出口大国，而耐火材料进口量只占国内耐材需求量的0.1%左右，足以说明我国耐火材料产品无论是数量、品种还是质量等方面，基本能够满足国内高温工业生产和技术发展的需要，取得了很大成就。

但是，10年来，在快速发展的过程中，也存在一些问题，有些教训是深刻的。

（1）产能过剩问题。一个行业产品产能过剩最明显的表现主要是两个方面：一是行业内企业间无序竞争，竞相杀价；二是下游行业持续压低采购价格，无端拖欠货款。这两个方面的问题已经困惑我们很长时间。

（2）品种结构问题。近年来一直强调说，我们的普通产品比例高，高端产品、高附加值产品比例低，企业应上高技术含量、高附加值和功能性耐火制品等等，但如果冷静地思考一下：

1）是否高端品种比例越大，产品结构就越合理。从需求的角度看，高端品种比例大，并不能说明产品结构一定合理。合理的结构应该是下游行业对产品和品种的需求结构，绝不是高端品种比例越大越合理。如果我们“三大件”产品占总产量的1%，就是30万吨/年，远远高于市场需求。这样的结构肯定不合理。2）目前，哪些品种是高端产品？哪些又是高技术含量产品？几乎所有品种都过剩，大家也都能干，还算是高技术含量和高端产品吗？我认为，同类产品相比，看谁的产品质量好、成本低、市场占有率高。在目前情况下，只要有利润就是好产品，哪怕普通黏土砖也是如此。3）目前，哪些品种是高附加值的产品？由于产能过剩导致的市场秩序混乱，竞相杀价，所有品种的利润空间都不大，甚至有些过去利润颇丰的产品目前都已呈现出了微利状态。如镁炭砖、镁钙砖、板坯连铸侵入式水口、氮化硅结合碳化硅砖等。

（3）与国际先进水平比我们存在的差距：

1）2011年，中国耐材产量占全球的69%，但销售收入前10名的企业中没有中国企业。说明我们的企业规模不大，实力也不强，“小、多、散”的状态一直未能改变，集中度太低。

2）据PRE统计，2011年中国对欧洲的出口量占欧洲进口总量的61%，但出口贸易额仅占41%，比出口量占比低20个百分点。2011年欧洲耐材产量600万吨，年营业额46亿欧元，综合平均价格6000元/吨以上，而我们的价格只有4000元/吨左右。

几点建议：

第一，作为行业协会应正确引导企业在不增加耐材总量的前提下，把现有的产品做好、做精。推动企业联合重组，提高生产集中度和整体竞争能力。近年来，企业联合重组有进展，如濮耐股份、青花集团、瑞泰科技、利尔股份等都带了好头。大宗产品，互补性较强的企业，应通过联合重组把企业规模做大。而由于耐材品种较多，有些中小企业应把自己的产品做精。

提高生产集中度主要靠两个方面。一是政府宏观调控，制定政策，淘汰工艺装备落后，环保不达标，能耗高的落后企业。工信部对耐材行业的发展非常重视，近年来组织了两个调研报告，制定了促进耐火原材料工业健康发展若干意见已正式下发（工信部原【2013】63号）。耐火原材料行业准入标准已起草完成报工信部。二是在市场经济体制不断完善的过程中自行淘汰。

第二，关于新形势下耐材工业创新驱动的重点：

一要重点研发含铬耐材的替代产品。根据环保部、工信部关于推进节能减排、淘汰落后产能的管理要求，瑞泰科技、鲁中耐火等企业在水泥窑用耐材方面，营口青花、浙江金磊等企业在AOD炉用耐材方面，洛耐公司、上虞自立等企业在RH炉用耐材方面都作了许多成功的尝试，下一步应大力推广。

二要加大洁净钢冶炼用低碳、无碳产品的研发速度。扩大镁钙系产品在钢铁工业的应用，降低污染、净化钢水。

三要通过工艺改造和精细化管理，提高产品

质量的稳定性，提供用户满意的优质产品。

四要重视废旧耐火材料的再生应用研究，提高资源的综合利用率。

第三，不断延伸产业链、大力发展非耐产品。应该看到，钢铁行业的利润总额中，非钢产业利润已达到50%左右。耐材行业也有所建树，目前耐材行业中已有数家企业涉足金融投资业，成为地方银行和信贷公司的大股东，利润丰厚；有的企业向新型建材产业、生物制药业、食品加工业和文化产业发展；还有一些强势企业在铁矿、金矿等矿产资源领域寻求新的发展空间。因此，我们的生产企业应该结合本企业和本地区的实际，在做好耐火材料主业的同时，向其他行业延伸、发展、以提高企业自身的应变能力，使企业健康发展、科学发展。

第四，调整经营战略，加强企业内部管理，努力降本增效，保证平稳运行，实现稳中求进。当前特别要关注的是应收货款的回收，加强资金管理，规避经营风险。

2013年4月11日

2013 年全国耐火材料行业生产运行情况及 2014 年耐火材料市场预测分析

中国耐火材料行业协会常务副会长　徐殿利

2013 年，我国经济实现了稳中求进、稳中向好，全国经济运行总体平稳。耐火材料行业企业在积极应对各种困难和挑战，着力推进管理创新，克服各种不利因素的条件下，产销仍然保持了增长态势。

一、全国规模以上工业整体运行情况

2013 年 12 月份，全国规模以上工业增加值同比实际增长 9.7 %（以下增加值增速均为扣除价格因素的实际增长率），比 11 月份回落 0.3 个百分点。1～12 月，全国规模以上工业增加值同比增长 9.7%。如图 1 所示。

2013 年全国规模以上工业企业实现利润总额 6.28 万亿元，比上年增长 12.2%。12 月份，规模以上工业企业实现利润总额 9425.3 亿元，比上年同期增长 6%。在 41 个工业大类行业中，31 个行业主营活动利润比上年增长，9 个行业主营活动利润比上年减少，一个行业主营活动亏损比上年减少。

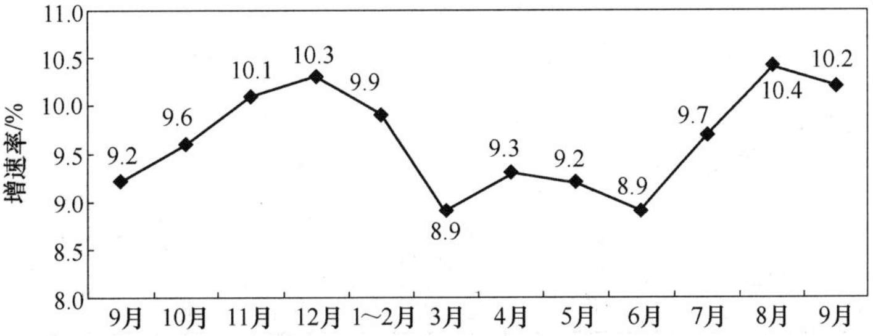

图 1　规模以上工业增加值同比增长速率

2013 年，规模以上工业企业实现主营业务收入 102.91 万亿元，比上年增长 11.2%。每百元主营业务收入中的成本为 85.27 元，以利润总额计算的利润率为 6.11%，以主营活动利润计算的利润率为 6.04%。如图 2 所示。

2013 年末，规模以上工业企业应收账款 9.57

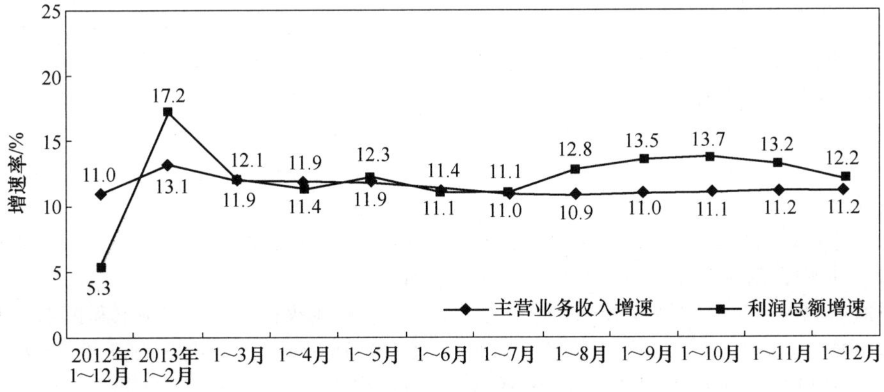

图 2　各月累计主营业务收入与利润总额同比增速

万亿元，比上年增长14%；产成品存货3.28万亿元，比上年增长6.8%。

二、耐材行业生产运行情况

（一）生产运行情况

2013年，全国耐火材料产量2928.25万吨，同比增长3.88%。其中，致密定型耐火制品1730.71万吨，同比增长5.93%；保温隔热耐火制品55.73万吨，同比降低2.67%；不定形耐火制品1141.81万吨，同比增长1.24%。主要品种产量如图3所示。

耐火材料主要生产省（市）产量情况如图4所示。

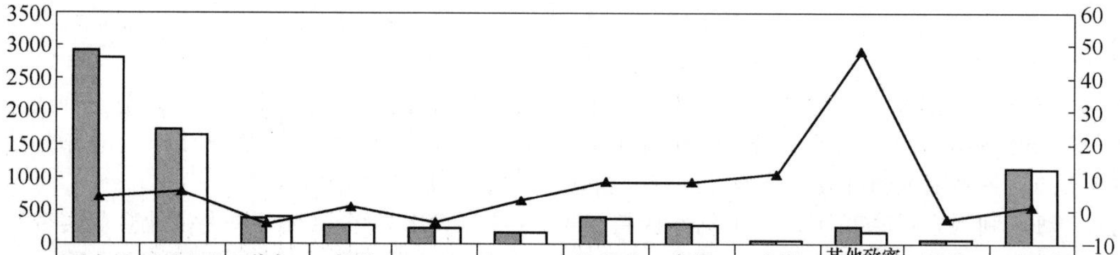

	耐火材料制品	致密定型耐火制品	黏土质砖	高铝质砖	硅质砖	镁质砖	特种耐火制品	含炭制品	功能材料	其他致密定型耐火制品	隔热制品	不定形耐火制品
2013年	2928.25	1730.71	384.41	274.58	232.42	180.35	409.85	295.03	50.66	249.10	55.73	1141.81
2012年	2818.91	1633.87	401.20	271.87	241.35	174.49	377.05	271.20	45.60	167.91	57.26	1127.78
同比/%	3.88	5.93	−4.19	1.00	−3.70	3.36	8.70	8.79	11.09	48.35	−2.67	1.24

图3　主要品种产量

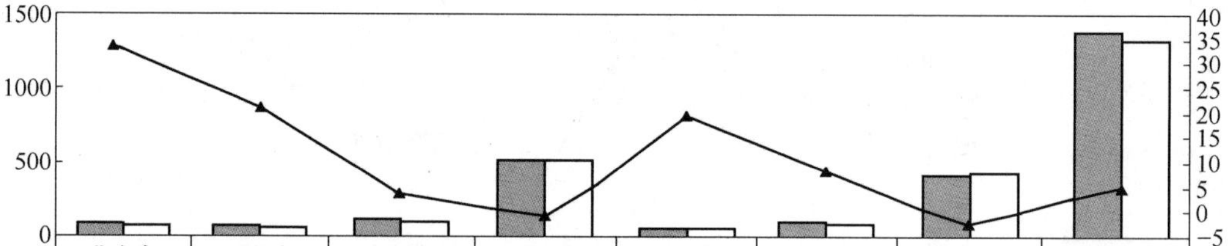

	北京市	河北省	山西省	辽宁省	江苏省	浙江省	山东省	河南省
2013年	87.75	68.57	109.25	514.42	63.38	94.98	411.13	1385.92
2012年	65.74	56.69	105.55	518.19	53.09	87.77	421.66	1322.07
同比/%	33.47	20.96	3.50	−0.73	19.37	8.21	−2.50	4.83

图4　2013年主要耐材生产省（市）产量情况（万吨）

（二）进出口贸易情况

2013年，全国耐火原材料进出口贸易总额32.24亿美元，比上年同期降低6.44%。其中，出口贸易额29.92亿美元，同比降低7.34%；进口贸易额2.32亿美元，同比增长7.26%。

出口贸易情况：

全国耐火原材料出口总量502.71万吨，同比降低5.20%。其中，耐火原料出口量325.79万吨，同比降低0.15%；出口贸易额15.94亿美元，同比降低3.68%。

耐火制品出口总量176.91万吨，同比降低13.27%，出口贸易额13.98亿美元，同比降低11.19%。

耐火原料出口量及贸易额走势如图5所示。

耐火制品出口量及贸易额各月走势如图6所示。

（1）主要耐火原料出口情况：

1）电熔镁砂和烧结镁砂出口量分别为30.21万吨和47.57万吨（合计77.78万吨），同比分别降低7.73%和29.53%，各月出口量走势如图7所示。

2）耐火铝黏土，棕刚玉和白刚玉出口量分别为76.78万吨、55.54万吨和15.73万吨，同比分别增长25.57%、－4.62%和1.53%。各月出口量走势如图8所示。

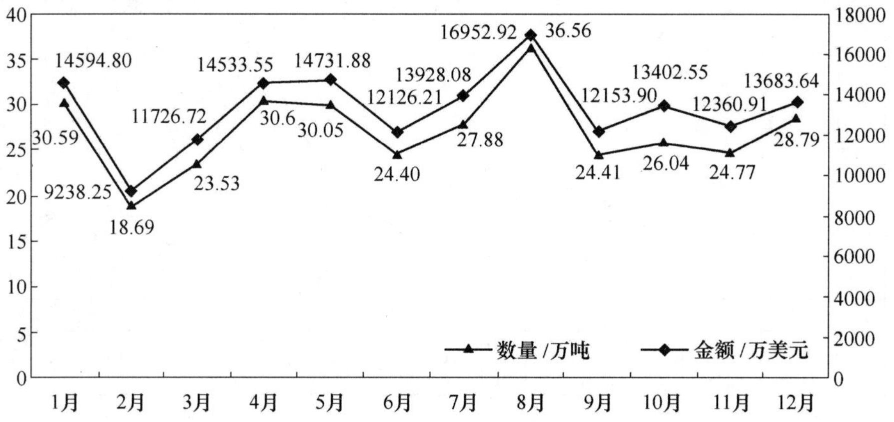

图5　2013 年耐火原料出口量及出口金额走势图

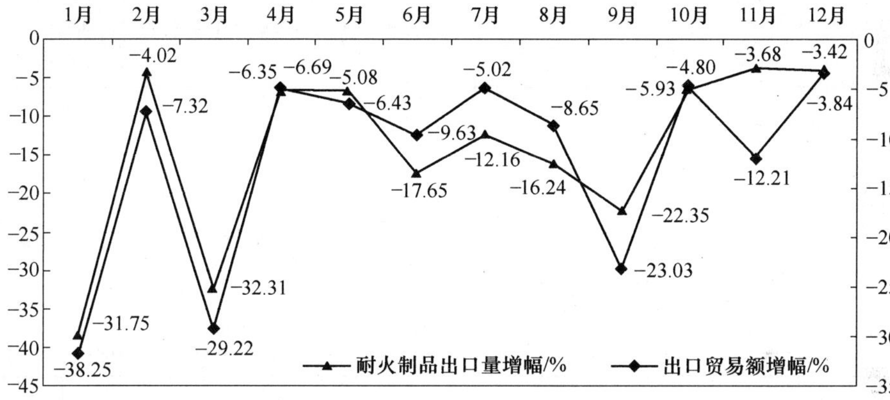

图6　2013 年耐火制品出口量和贸易额走势图

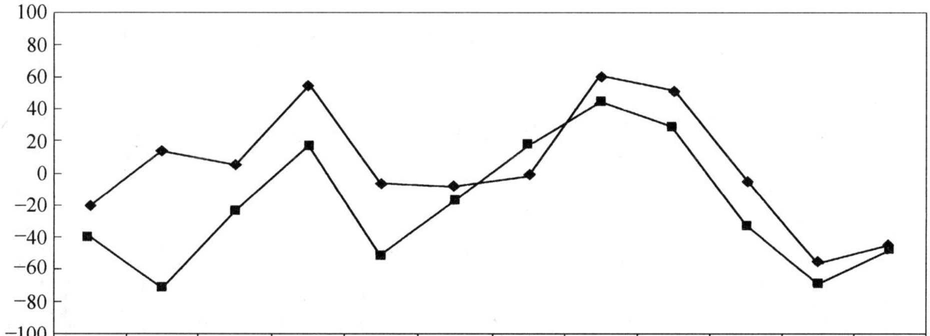

	1月	2月	3月	4月	5月	6月	7月	8月	9月	10月	11月	12月
电熔镁砂/%	−21.76	13.76	4.81	55.18	−7.17	−8.88	−1.51	61.07	51.17	−6.08	−56.09	−45.35
烧结镁砂/%	−39.13	−71.65	−24.08	16.49	−52.54	−16.61	16.75	45.11	28.49	−33.46	−70.25	−48.1

图7　2013 年电熔、烧结镁砂出口量情况

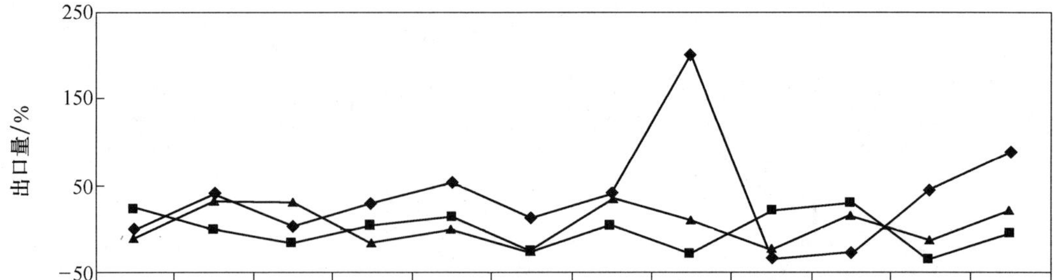

	1月	2月	3月	4月	5月	6月	7月	8月	9月	10月	11月	12月
—◆—耐火铝黏土	−2.72	40.54	1.31	27.91	53.5	10.28	39.38	199.84	−33.29	−29.2	45.31	89.64
—■—棕刚玉	22.82	−3.14	−17.7	5.36	14.68	−28.71	3.36	−27.78	20.21	30.73	−35.56	−5.93
—▲—白刚玉	−8.99	31.64	29.83	−13.69	−1.18	−25.73	36.40	8.31	−23.32	16.1	−14.41	23.28

图 8　2013 年耐火铝黏土、棕刚玉、白刚玉出口量情况

3）石墨和碳化硅出口量分别为 12.37 万吨和 28.68 万吨，同比分别增长 9.00% 和 73.90%。各月出口量走势如图 9 所示。

（2）耐火制品出口情况：

1）碱性耐火制品出口量 102.89 万吨，同比降低 4.41%。各月走势如图 10 所示。

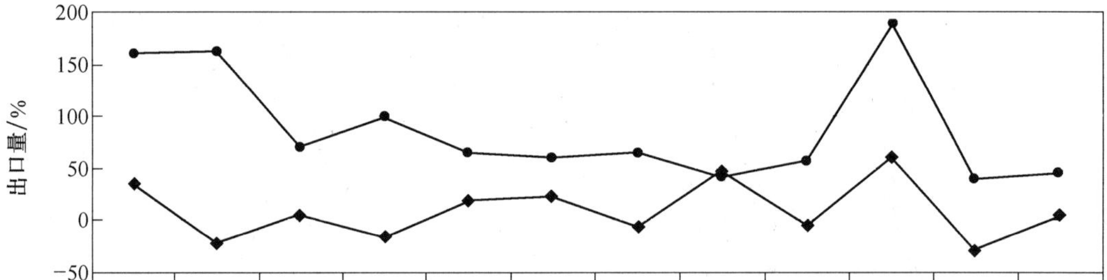

	1月	2月	3月	4月	5月	6月	7月	8月	9月	10月	11月	12月
—◆—天然鳞片石墨	36.25	−23.04	5.26	−14.73	19.86	22.31	−5.54	44.79	−4.68	60.22	−30.08	5.88
—●—碳化硅	158.42	161.35	70.39	98.55	63.65	59.11	64.32	41.88	55.59	186.95	39.32	46.16

图 9　2013 年石墨、碳化硅出口量情况

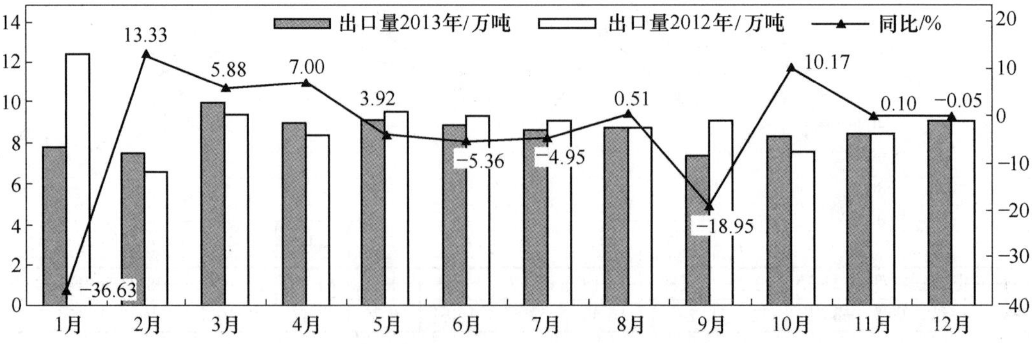

图 10　2013 年碱性耐火制品出口量走势图

2）铝硅质耐火制品出口量 58.90 万吨，同比降低 24.44%。各月走势如图 11 所示。

3）其他耐火制品出口量 15.12 万吨，同比降低 17.71%。各月走势如图 12 所示。

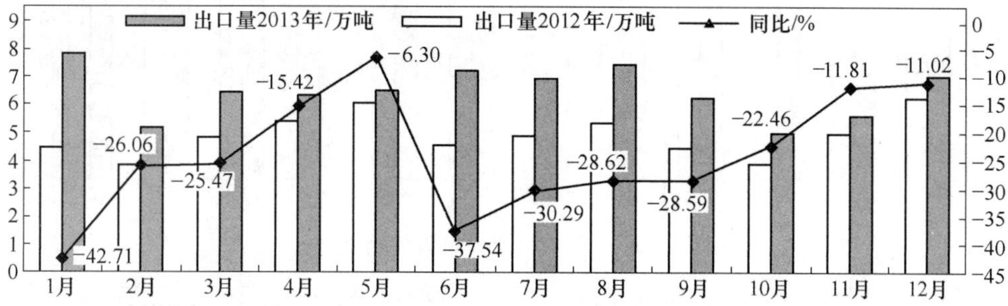

图 11　2013 年铝硅质耐火制品出口量走势图

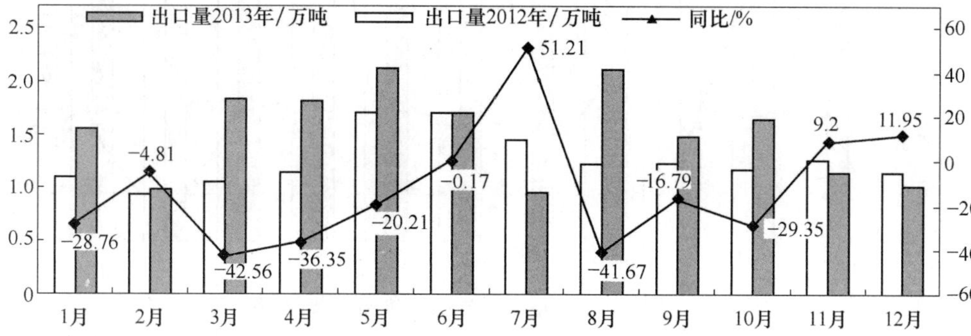

图 12　2013 年其他耐火制品出口量走势图

（三）生产及出口运行特点

（1）耐材产量略有增长。2013 年，受国内市场需求增长的拉动，全国耐材产量同口径比较比上年同期增加 109 万吨，同比增长 3.88%。

（2）耐火原料出口价格全面下滑。在海关查询的主要耐火原料出口品种中，除棕刚玉出口平均价格同比增长 3.14% 外，其他主要品种均有不同程度的下降。特别是耐火铝黏土、碳化硅和石墨出口量高幅增长，出口平均价格大幅下降。2013 年，出口量分别增长 25.57%，73.9% 和 9.00%，而出口平均价格分别降低 16.12%、33.90% 和 16.27%。其他品种出口平均价格仍在低位波动。如图 13 ~ 图 17 所示。

（3）耐火制品出口量下降，出口价格略有增长。耐火制品出口量和出口综合平均价格分别增长 -13.27% 和 2.39%。其中：碱性耐火制品、铝硅质耐火制品和其他耐火制品出口量分别降低 4.41%、24.44% 和 17.71%；出口平均价格分别上涨 -3.02%、1.4% 和

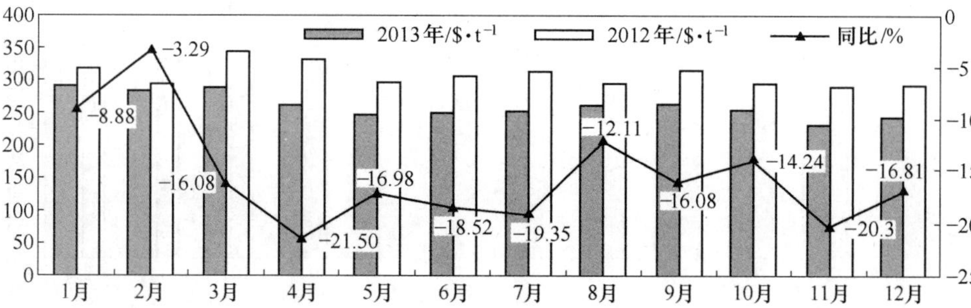

图 13　2013 年耐火铝黏土出口价格走势图

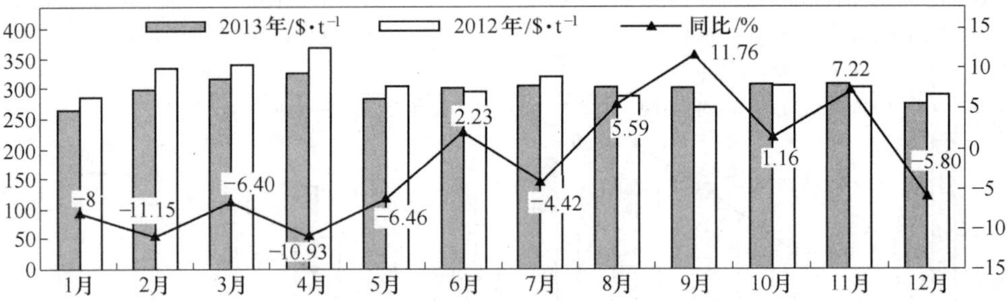

图 14　2013 年烧结镁砂出口价格走势图

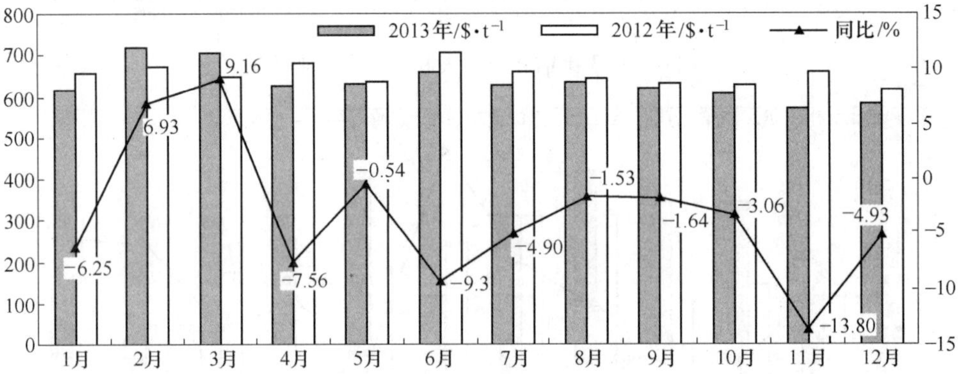

图 15　2013 年电熔镁砂出口价格走势图

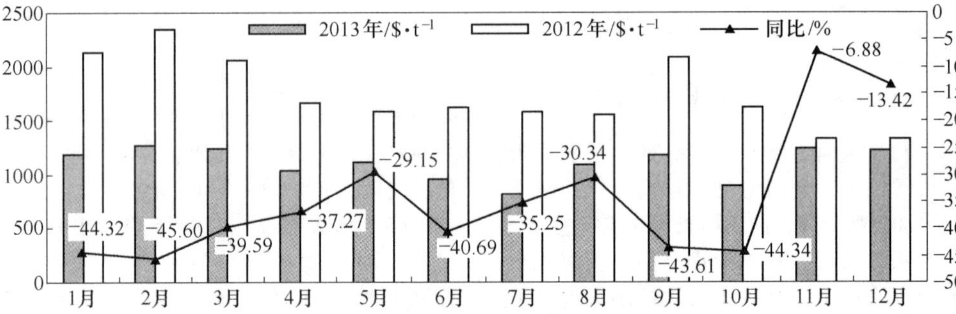

图 16　2013 年碳化硅出口价格走势图

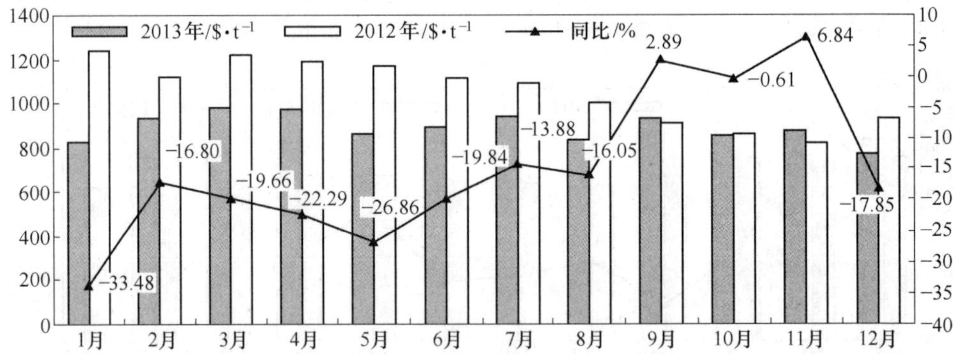

图 17　2013 年石墨出口价格走势图

34.85%；耐火制品各月出口平均价格如图18～图20所示。

（4）耐火制品进口量增加。1～12月份，耐火制品进口量3.42万吨，同比增长21.82%。其中碱性制品进口量1.1万吨，同比增长37.36%；铝硅质耐火制品进口量1.57万吨，同比降低5.4%；其他耐火制品进口量0.74万吨，同比增长118.86%。

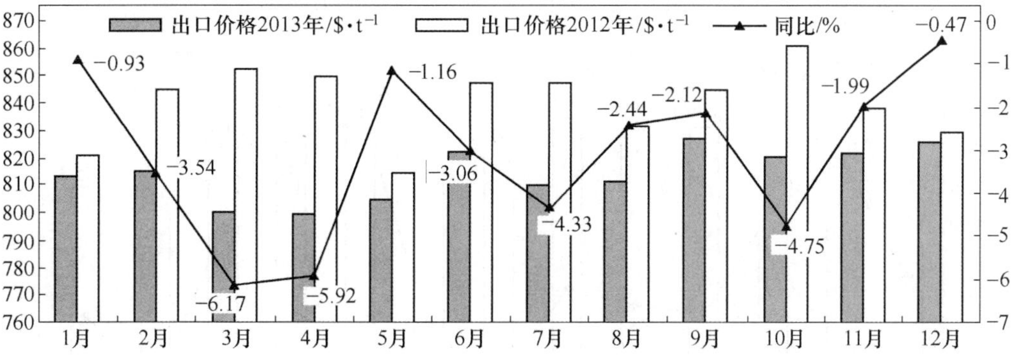

图18　2013年碱性耐火制品出口平均价格走势图

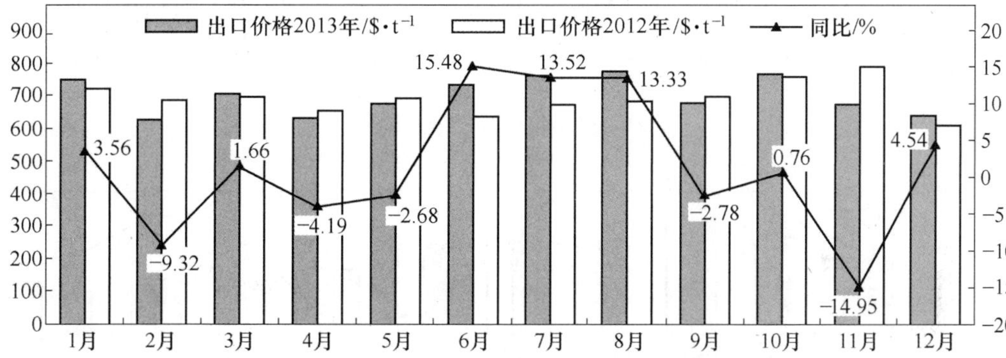

图19　2013年铝硅质耐火制品出口平均价格走势图

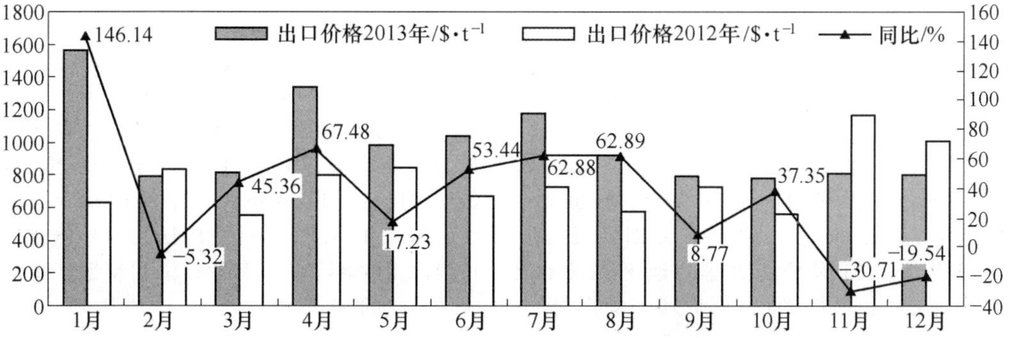

图20　2013年其他耐火制品出口平均价格走势图

三、主要下游行业生产运行情况

（一）钢铁行业运行情况

1. 中国钢铁行业生产运行情况

2013 年，全国粗钢产量 7.79 亿吨，同比增长 7.5%，增速同比加快 4.4 个百分点；钢材产量 10.68 亿吨，增长 11.4%，加快 3.7 个百分点。各月产量情况如图 21 所示。

大型重点钢铁企业（粗钢产量排名前 10 名企业）粗钢产量情况如图 22 所示。

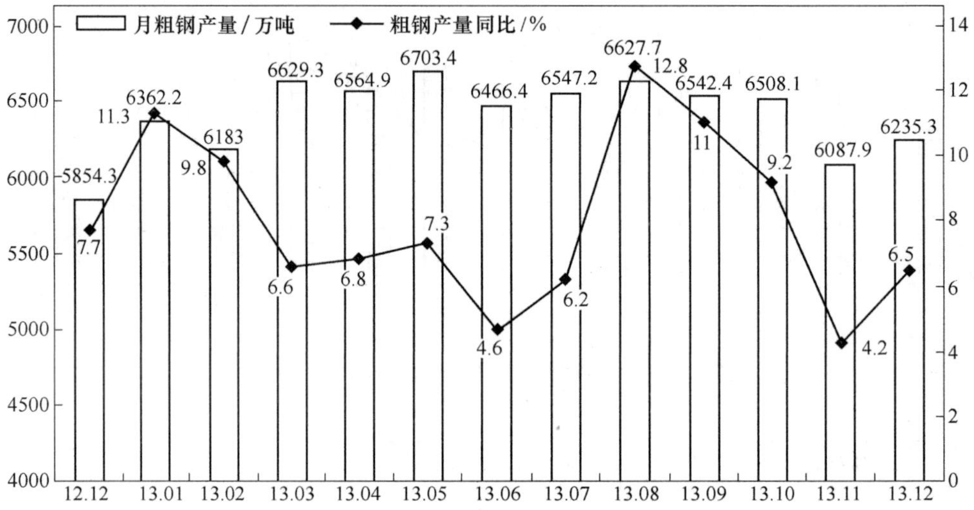

图 21　全国粗钢月产量及同比

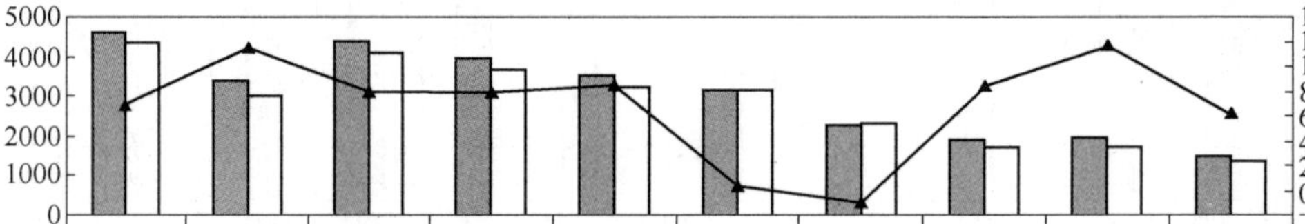

	河北钢铁集团	鞍钢集团公司	宝钢集团有限公司	武汉钢铁(集团)公司	江苏沙钢集团	首钢集团	山东钢铁集团	马钢集团	渤海钢铁集团	湖南华菱
2013年	4578.64	3368.68	4390.82	3931.08	3508.05	3152.33	2279.34	1879.41	1932.64	1498.83
2012年	4284.22	3023.34	4071.03	3642.35	3230.90	3141.78	2300.61	1733.83	1731.72	1411.32
同比/%	6.87	11.42	7.86	7.93	8.58	0.34	−0.92	8.40	11.60	6.20

图 22　2013 年大型重点钢铁企业粗钢产量情况（万吨）

2. 世界钢铁工业生产情况

1～12 月份，据世界钢协统计数据，2013 年全球（65 个国家和地区）粗钢产量达 15.81 亿吨，同比增长 3.4%，又创历史新高。2013 年全球粗钢产量增加的地区主要在亚洲和中东地区（其中：亚洲 10.58 亿吨，占全球的 66.88%）；北美、欧盟 27 国、南美和独联体地区粗钢产量同比下降。主要产钢国家和地区粗钢产量情况如图 23 和图 24 所示。

亚洲地区粗钢产量为 10.58 亿吨，同比增长 5.8%，占全球钢材产量的 66.89%。中国粗钢产量为 7.79 亿吨，同比增长 7.5%；在全球粗钢产量中占比从 2012 年 46.3% 上升到 49.27%。

2013 年，以上 10 国粗钢产量 13.36 亿吨，占世界总量的 84.5%。其中，中国粗钢产量占以上十国产量的 58.31%。

（二）建材行业生产运行情况

2013 年，全国水泥产量 24.14 亿吨，同比增

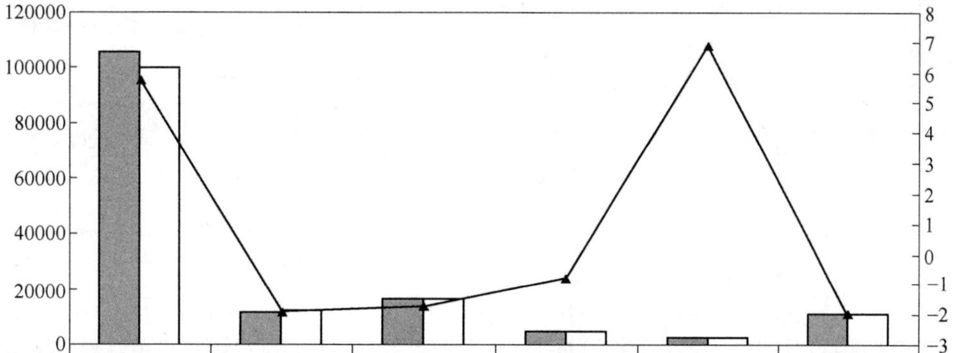

	亚洲合计	北美合计	欧盟(27)合计	南美合计	中东合计	独联体合计
2013年	105755.20	11925.10	16578.20	4602.30	2588.80	10874.10
2012年	99920.80	12160.50	16859.00	4637.70	2421.90	11083.80
同比/%	5.8	−1.9	−1.7	−0.8	6.9	−1.9

图 23　2013 年世界主要产钢国家和地区粗钢产量情况（万吨）

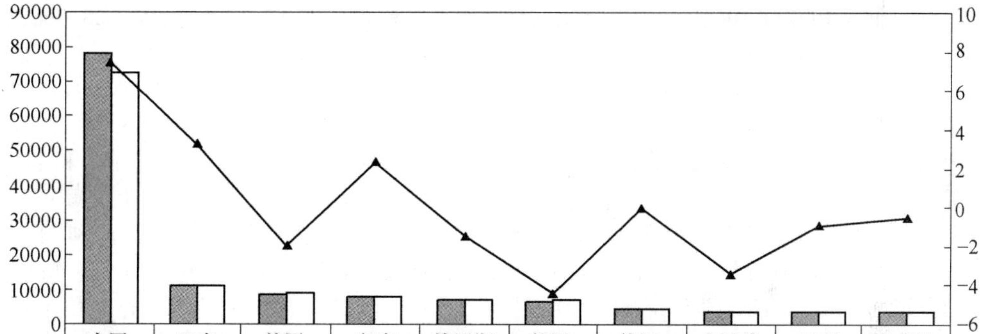

	中国	日本	美国	印度	俄罗斯	韩国	德国	土耳其	巴西	乌克兰
2013年	77904.0	11080.0	8695.5	7938.4	6940.2	6600.8	4264.1	3465.8	3417.8	3282.4
2012年	72468.8	10723.2	8869.50	7756.10	7042.60	6907.30	4466.1	3588.5	3452.4	3297.5
同比/%	7.5	3.3	−2.0	2.4	−1.5	−4.4	0	−3.4	−1.0	−0.5

图 24　2013 年世界前 10 名产钢国家和地区粗钢产量情况（万吨）

长 9.6%，增速同比加快 2.2 个百分点；平板玻璃产量 7.79 亿重量箱，增长 11.2%，去年同期为下降 3.2%。

（三）有色金属行业生产运行情况

2013 年，全国十种有色金属产量 4029 万吨，同比增长 9.9%，增速同比加快 0.6 个百分点。其中：电解铝产量 2205 万吨，增长 9.7%，减缓 3.5 个百分点；铜产量增长 13.5%，加快 2.7 个百分点；铅产量增长 5%，减缓 4.3 个百分点；锌产量增长 11.1%，去年同期为下降 5.6%。氧化铝产量增长 14.6%，加快 3.7 个百分点。

（四）主要下游行业的运行特点

1. 产量增速有所加快

2013 年，主要下游行业产量增速均有所加快。其中粗钢产量增速加快 4.4 个百分点，钢材产量增速加快 3.7 个百分点；水泥产量增速加快 2.2 个百分点；平均玻璃产量增速加快 14.4 个百分点；十种有色金属产量增速加快 0.6 个百分点。其中铜产量增速加快 2.7 个百分点；氧化铝产量增速加快 3.7 个百分点。特别是粗钢日产水平各月平均保持 200 万吨以上。2013 年各月粗钢日产水平如图 25 所示。

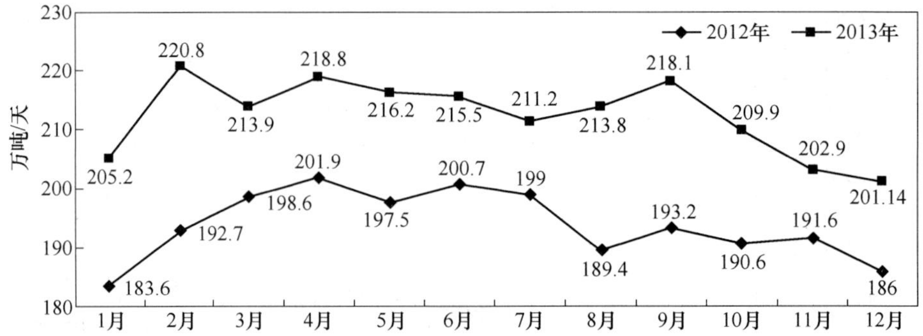

注：1～11月份，全国平均日产粗钢213.43万吨，其中2～9月日产水平均超过210万吨，10～11月日产水平呈回落趋势。

图25　2013年各月粗钢日产水平

2. 产品价格低位徘徊

钢材价格上半年一路下滑，下半年低位徘徊。12月份，国内市场钢材价格综合指数平均为99.28，（已低于1994年100点的水平）比上月回落0.39点，同比下降5.65点。

水泥、平板玻璃全年价格震荡上行。12月份，重点建材企业水泥平均出厂价为353.6元/吨，比上月上涨0.8%，同比上涨3.3%；平板玻璃出厂价63.5元/重量箱，比上月下降3.6%，同比上涨3.3%。

国内外市场主要有色金属价格总体震荡回落。12月份，上海期货交易所铜、电解铝、铅、锌当月期货平均价分别为50727元/吨、14257元/吨、13910元/吨和14871元/吨，比上月下降2.3%、1.2%、2.6%和0.9%，同比下降10.4%、6%、7.8%和1.1%。

3. 企业效益有所增长

2013年，除有色金属行业利润同比下降外，其他行业均有所增长。其中：钢铁行业实现利润2588亿元，同比增长28.9%。其中：黑色金属矿采选业利润1050亿元，增长1.8%；钢铁冶炼及加工业利润1305亿元，增长60%。建材行业实现利润4526亿元，同比增长18.2%。其中，水泥制造行业利润766亿元，增长16.4%；平板玻璃行业利润45亿元，增长10.9倍。有色金属行业实现利润2073亿元，同比下降5.9%。其中，有色金属矿采选业利润628亿元，下降17.2%；有色金属冶炼及压延加工业利润1445亿元，增长0.1%。钢铁行业盈利水平见表1。

表1　钢铁行业盈利水平处于工业行业最低水平

项　目	利润总额/亿元			销售利润率/%			资料来源
	2013年1～11月	上年同期	增减/%	2013年1～11月	上年同期	增减百分点	
规模以上工业企业	53338	47118	13.2	5.77	5.67	0.10	国家统计局
国有及国有控股企业	21484	19856	8.2	5.12	5.26	-0.14	财政部
大中型钢铁企业	161.80	-7.56	扭亏为盈	0.48	-0.02	0.50	中国钢铁协会

注：大中型钢铁企业销售利润率同比有所上升，但仍处于工业企业最低水平。

四、分析与预测

1. 主要下游行业运行存在的突出问题

受产能过剩的影响，主要下游行业微利经营的现状仍然在短期内难以改变，特别是钢铁行业。从钢铁行业2013年的经营情况看，高产量、高成本、低价格、低效益的现状依然没有改变，由于国家处于转变经济发展方式阶段，国有资产投资、工业增加值和工业产品出口交货值增速均同比回落，难以支撑钢铁产量的快速增长。2013 年前 11 个月，固定资产新开工项目计划总投资同比增长 14.3%，比上年同期大幅回落 14.5 个百分点，特别是建筑业固定资产投资同比降低 6.5%，与上年同期的增长 18.7% 相比，回落 25.2 个百分点。主要用钢行业多数增速下降，加之钢铁企业资金紧张，企业的负债水平明显上升，到 2013 年 11 月末，会员企业资产负债率 69.76%，如不含宝钢，资产负债率为 72.73%。因此，造成原燃材料高成本、钢材低价格、企业增产难增效。其他下游行业也同样存在因产能过剩而引发的类似问题。

截至 2012 年底，全国在产新干法水泥生产线 1637 条，设计水泥熟料产能 16 亿吨，2012 年，我国规模以上企业水泥熟料产量 12.79 亿吨，水泥产量 21.84 亿吨。以此计算，16 亿吨熟料可生产水泥 27.2 亿吨。且目前仍有拟建，在建的新干法水泥生产线 200 多条，预计新增熟料产能 3 亿吨，如果这些产能全部释放，又将增加水泥产能 5 亿吨。

总之，产能过剩问题在大部分工业行业普遍存在，2013 年上半年全国工业行业产能利用率不足 79%，仍处于 2008 年金融危机以来的较低水平。

其中，我们的主要下游行业钢铁、电解铝、水泥和平板玻璃产能过剩情况尤为突出。2013 年底，钢铁、电解铝、水泥和平板玻璃产能利用率分别均仅为 75% 左右。由于产品供大于求，价格下行压力不断加大，企业经营十分困难。

工信部总工程师朱宏任表示，“今后一个时期，工信部将把化解产能过剩矛盾作为产业结构调整的重点，并研究形成了化解产能过剩矛盾政策措施的思路”。国务院《关于化解产能严重过剩矛盾的指导意见》也已经出台。

产能过剩必然导致市场的无序竞争。产品价格低位运行，加之企业成本的不断上升，企业效益大幅下滑，企业亏损面不断扩大，这种状况将持续很长一段时间。

2. 耐材行业存在的主要问题

（1）产能过剩导致的市场无序竞争局面依然没有改变。耐材行业产能过剩更为突出，且先于钢铁等主要下游行业，由于耐火材料企业投资小，建设期短。在上个世纪 80 年代民营耐材企业就异军突起。2000 年以来，在钢铁等主要下游行业高速发展，效益丰厚的年代，耐材行业已抢先跟进。虽取得了快速发展和一定的经济效益，但无序的市场竞争也随之伴生。企业的无序竞争，需方无端的压价和拖欠货款早已成为耐材行业市场的普遍现象，而且愈演愈烈。这也是一个行业产能过剩的必然体现。

2013 年，主要下游行业经营情况虽有所好转，只是在效益低位徘徊中的波动增长，目前的经营状况短期内很难改变。

下游行业经营状况不好对耐材行业的影响主要有两个方面：一是压低采购价格；二是拖欠货款。更主要的是耐材行业自身产能过剩，企业间竞相杀价，无序竞争，致使耐材生产企业利润空间大幅度缩小，应收货款直线攀升，企业亏损面持续扩大，有的中小企业已处于停产状态。

（2）生产企业高成本、低效益的经营现状仍在持续。从 59 家耐材重点企业 2013 年的经营状况看，耐材产量同比增长 3.19%、销售收入同比增长 2.83%、实现利润同比下降 10.36%。销售收入利润率仅 3.2%，比全国工业企业平均销售收入利润率低 2.91 个百分点。亏损企业 9 家，亏损面 15.3%。加之原燃材料及人工成本高位运行，企业经营十分困难。如图 26 所示。

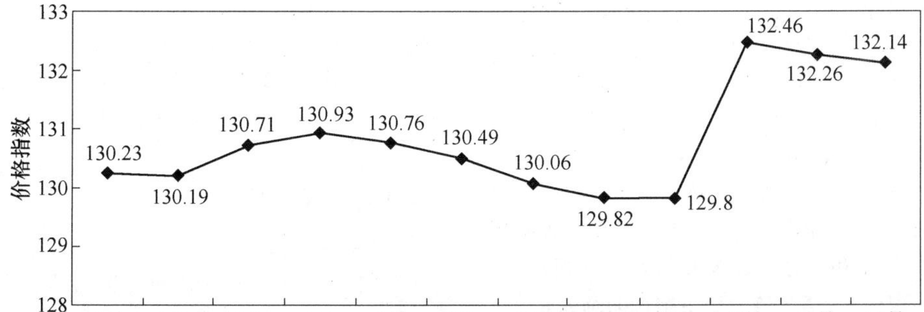

注：此价格指数以2008年的100点为基准计算。

图 26　2013 年耐火原料综合价格指数走势

应收货款持续上升，到 2013 年 59 家企业应收货款同比上升 11.53%，应收货款占销售收入总额的 37%。应收货款占本企业年销售收入 37% 以上的企业 27 家，其中超过 50% 的企业 14 家，有的个别企业应收货款超过了年销售收入。因此，企业资金压力进一步加大，企业经营十分艰难。

但也有的企业经营状况良好，呈现了利润增长，应收货款下降的良性经营局面，59 家企业中，实现利润增长 10% 以上的企业 19 家，占 32%；应收货款同比下降 10% 以上的企业 11 家，占 19%。企业经营状况分化明显。

（3）出口贸易形势不容乐观。耐火原材料出口贸易额从 2010 年突破 30 亿美元后，连续 3 年超过 30 亿美元。其中 2011 年达 34.54 亿美元。2013 年出口贸易额为 29.92 亿美元，同比降低 7.34%。出现了出口量、出口贸易额和出口综合平均价格全面下降的局面，分别下降 5.2%、7.34% 和 2.26%。

特别是占耐火制品出口量 55% 以上的碱性耐火制品出口平均价格从 2012 年四季度以来持续下降，应引起出口企业的高度重视。

3. 2014 年运行趋势及应对措施

中央经济工作会议对 2014 年经济工作提出了继续坚持稳中求进的总基调，其核心是要“坚持稳中求进，改革创新”。

2014 年，预计国内生产总值增长 7.5 左右，其中固定资产投资增长 19% 左右，社会消费品零售增长 13% 左右，进出口贸易增长 9% 左右，工业增加值增长 9.5 左右。

原材料工业将在保障房，城市轨道交通等基础设施建设的带动下，国内对钢铁、水泥等行业产品的需求有一定回升。但受产能过剩和成本高位运行的冲击，原材料工业的生产增速和盈利能力难以有明显改善，原材料工业整体将继续保持低速增长。钢铁工业协会预测 2014 年粗钢产量 8.1 亿吨，表观消费量为 7.5 亿吨，增长 3.1%。

因此，2014 年虽然经济下行压力依然存在，经济稳中向好的基础还不牢固，但中央经济工作会议明确指出“要充分发挥消费的基础作用，投资的关键作用和出口的支撑作用”。强调市场在资源配置中起决定性作用和更好的发挥政府作用有机结合，保证 2014 年中国经济总体上稳定增长的态势。

对此，耐材行业应继续坚持市场导向，生产经营要灵活适应市场变化，严格控制生产总量，坚决实行以销定产，经营中要注意以下问题：

（1）密切关注市场变化，及时调整经营策略。经测算，中国对耐火材料的需求量占全球耐材需求总量的 65% 以上，是名副其实的耐火材料消耗大国，耐火材料销售的主导市场见表 2。

表 2 耐火材料应用行业及年需求量

（万吨/年）

行业	钢铁	水泥	玻璃	有色	化工
消耗量	≈1400	≈85	120 ~ 125	≈150	≈20（保温材料）
行业	电力	基建	其他	出口	
消耗量	≈30（保温材料）	≈450	≈200	200 ~ 250	

由于主要下游行业均属产能严重过剩行业，固定资产投资，特别是新建项目将快速减弱，基建用耐火材料的需求量将逐渐下降，预计 1 ~ 2 年内，国内耐火材料需求量将降至 2600 万吨左右，应引起相关耐材生产企业的高度重视。

（2）稳定、巩固并进一步拓宽国际市场。2013 年，全球粗钢产量 15.81 亿吨，同比增长 3.4%，如果扣除中国钢产量，全球其他国家和地区粗钢产量 8.02 亿吨，同比下降 0.34%。重点产钢国家和地区均呈下降趋势，但是中东地区、日本、印度、中国台湾等地区粗钢产量均有增长，分别增长 6.9%、3.3%、2.4%、8.1%。2013 年耐火制品的出口去向见表 3。

表 3 2013 年进口我国耐火材料最多的五个国家

（万吨）

国家	韩国	印度	日本	越南	美国
2013 年	22.93	22.70	21.36	5.04	3.92

注：我国耐火材料对以上 5 国出口量 75.95 万吨占耐火材料出口量的 42.93%。

其中：碱性耐火制品出口量 102.89 万吨，主要出口去向如图 27 和表 4 所示。

表 4 2013 年进口我国碱性耐火制品最多的五个国家

国家	印度	日本	韩国	荷兰	南非	其他国家和地区
出口量/万吨	17.57	13.85	13.29	3.40	3.23	51.54
比例/%	17.08	13.46	12.92	3.30	3.14	50.09

注：以上五国出口量占碱性耐火制品出口总量的 49.91%。

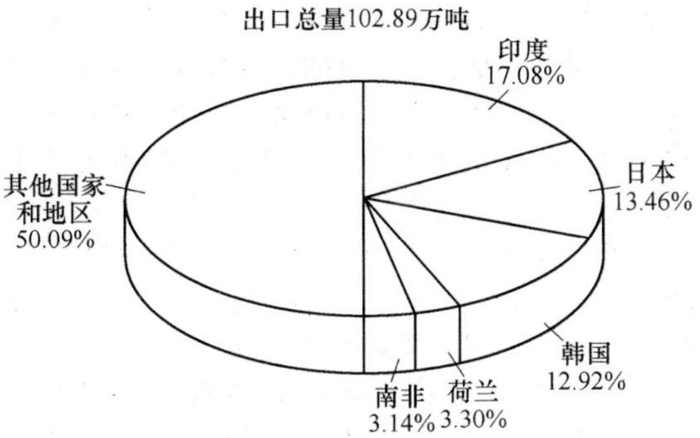

图 27　2013 年碱性耐火制品出口情况

铝硅质耐火制品出口量 58.90 万吨，主要出口去向如图 28 和表 5 所示。

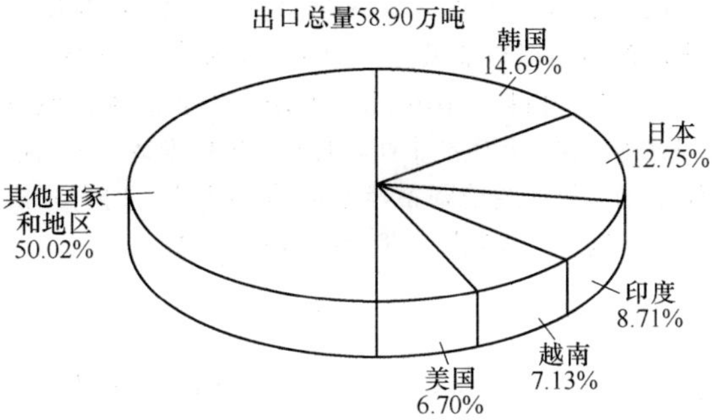

图 28　2013 年铝硅质耐火制品出口情况

表 5　2013 年进口我国铝硅质耐火制品最多的五个国家

国家	韩国	日本	印度	越南	美国	其他国家和地区
出口量/万吨	8.65	7.51	5.13	4.20	3.94	29.46
比例/%	14.69	12.75	8.71	7.13	6.70	50.02

注：以上五国出口量占铝硅质耐火制品出口总量的 49.8%。

其他耐火制品出口量 15.12 万吨，主要出口去向如图 29 和表 6 所示。

表 6　2013 年进口我国其他耐火制品最多的五个国家

国家	马来西亚	印度尼西亚	韩国	越南	土耳其	其他国家和地区
出口量/万吨	1.42	1.17	0.99	0.84	0.82	9.89
比例/%	9.37	7.73	6.57	5.54	5.40	65.39

注：以上五国出口量占其他耐火制品出口总量的 34.61%。

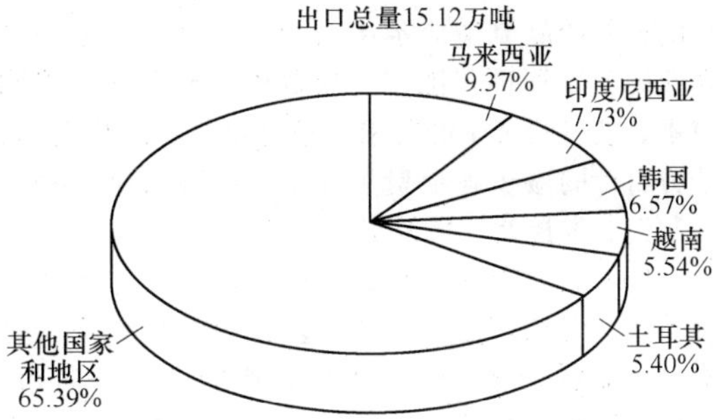

图 29　2013 年其他耐火制品出口情况

出口最大的优势是货款回收及时，价格相对稳定，耐材生产企业应密切关注国际市场变化，在稳定和巩固现有市场的同时，努力拓宽新兴市场，扩大出口量。

（3）严格控制生产总量，把总量控制和品种结构调整结合起来。耐材工业本来就存在产能过剩问题，在目前形势下显得更为突出。因此，耐材企业一定要严格控制生产总量，坚决实行以销定产，把企业的着眼点转移到调整、优化品种结构和推进产业结构优化升级上来。结合本企业的自身实际，积极推进企业的自主创新和自主研发能力，以品种质量求发展。同时，要严格控制新上项目和盲目扩大生产能力。目前，国内耐火材料产品无论在产量或品种质量等方面，基本能够满足国内钢铁和其他高温工业的生产和发展需要。因此，建议对耐火材料产品的招商引资和扩大生产能力应严格控制。

（4）自觉规范市场秩序，坚决杜绝低价竞销。耐材企业应该在产品价格不低于生产经营成本的前提下与下游企业真诚合作，共同度过困难时期。但是，耐材产品近年来由于原燃材料价格高幅上涨，已使耐材生产企业承受了巨大的成本压力，利润空间大幅度缩小，有的品种早已出现亏损。因此，耐材企业必须坚持以下经营原则：

1）产品价格低于制造成本坚决不生产，不出售。保持耐材产品价格的相对稳定，在非常时期特别要注意防止竞相杀价等不正当竞争，共同营造一个良好的耐材市场秩序和环境。2）没有合同坚决不生产。宁可减产、限产也必须严格控制企业的合理库存量，以缓解生产流动资金的困难。3）不给钱坚决不发货。坚持诚信第一，绝不能形成新的三角债。同时要注意经营风险，及时催收货款。

（5）增强成本意识，强化成本管理，最大限度的控制产品制造成本扩大利润空间。严格控制企业财务、管理和销售三项费用。努力降低采购成本，按过紧日子的要求，精打细算，严格管理，千方百计的减少各项费用支出，尽最大努力把生产制造成本控制在最低限度。

（6）抓住有利时机，积极主动的推进企业联合重组，淘汰落后生产能力。在目前形势下，是推动企业联合重组，淘汰落后产能的良好时机。从当前行业的总体经营情况看，市场在向综合实力强、成长性好的优势企业转移，这就给这些优势企业提供了联合重组的极好机会。同时，在市场经济条件下，落后的生产能力，也必然会被淘汰。

工信部产业政策司副司长苗长兴在一次行业会议上表示，工信部会同有关部门制定的“推进企业兼并重组的政策措施”已经国务院常务会议研究，不久即将发布。据悉，新的政策将进一步推进改革，完善市场机制，消除跨地区企业兼并重组的障碍。如加快相关行政审批制度改革，特别是涉及上市公司重组、海外并购等领域的审批制度；落实完善税收政策；加大财政资金支持力度；发挥金融和资本市场作用；完善土地管理和职工安置政策；加强产业政策引导和公共服务；努力营造有利于企业兼并重组的市场环境，推动企业兼并重组。同时，还要加强反垄断和不正当竞争执法力度，规范企业竞争行为，维护市场公平竞争。

苗长兴指出“对企业来说，不管是转型升级，还是兼并重组，都要注重提高核心竞争力，加强技术创新、走创新驱动、内生增长的发展道路；加强管理创新，提高企业管理精细化和现代化水平；加强机制创新，提高企业发展活力；加强商业模式创新”。

推进企业兼并重组政策的出台，无疑是推动企业联合重组，提高产业集中度的重大利好。优势企业应适时抓住机遇，充分利用政策，进一步加快跨地区、跨所有制的联合重组，做大做强企业，提高耐材行业的生产集中度和整体竞争能力。

总之，国际、国内市场不确定因素较多，挑战和机遇并存。各生产企业要有充分思想准备，密切跟踪市场变化，主动调整经营策略，抓住一切有利机遇，解近忧，谋发展，把自己的事情办好。

2014 年 3 月

2014 年全国耐火材料行业生产运行情况及 2015 年耐火材料市场预测分析

中国耐火材料行业协会常务副会长　徐殿利

一、全国规模以上工业整体运行情况

2014 年 12 月份，规模以上工业增加值同比实际增长 7.9%（以下增加值增速均为扣除价格因素的实际增长率），比 11 月份加快 0.7 个百分点。从环比看，12 月份比上月增长 0.75%。2014 年全年，规模以上工业增加值同比增长 8.3%。如图 1 所示。

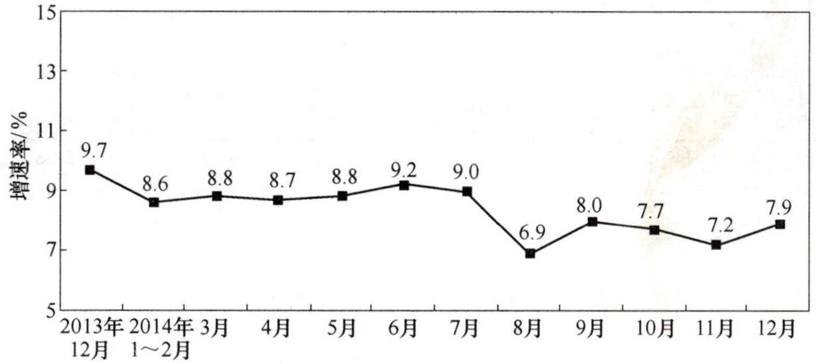

图 1　规模以上工业增加值同比增长速度

2014 年全国规模以上工业企业实现利润总额 6.47 万亿元，比上年增长 3.3%；实现主营活动利润 6.05 万亿元，比上年增长 1.6%。12 月份，规模以上工业企业实现利润总额 8507.3 亿元，同比下降 8%，降幅比 11 月份扩大 3.8 个百分点。

在 41 个工业大类行业中，28 个行业利润总额比上年增长，2 个行业持平，11 个行业下降。

2014 年，规模以上工业企业实现主营业务收入 109.46 万亿元，比上年增长 7%；发生主营业务成本 93.75 万亿元，增长 7.5%。

2014 年，规模以上工业企业主营业务收入利润率为 5.91%，每百元主营业务收入中的成本为 85.64 元，每百元资产实现的主营业务收入为 125.2 元，产成品存货周转天数为 13.3 天。如图 2 所示。

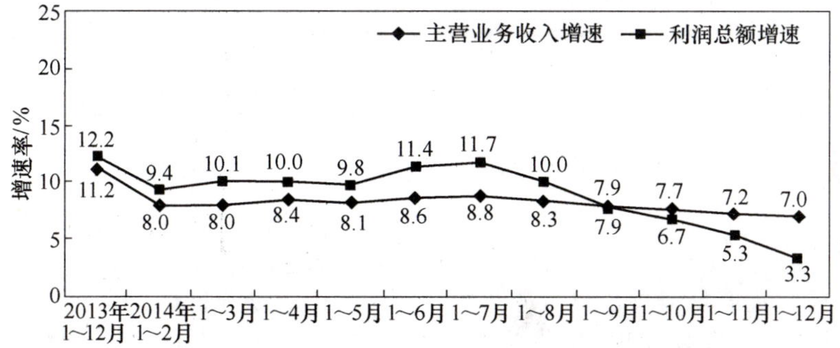

图 2　各月累计主营业务收入与利润总额同比增速

2014年末，主营业务收入和利润增速呈下行趋势，特别是下半年下行趋势明显。规模以上工业企业应收账款10.52万亿元，比上年增长10%；产成品存货3.71万亿元，增长12.6%。

二、耐材行业生产运行情况

（一）生产运行情况

2014年，根据协会统计全国耐火材料产量2797.15万吨，同比降低4.48%。其中，致密定型耐火制品1656.17万吨，同比降低4.31%；保温隔热耐火制品52.63万吨，同比降低5.57%；不定形耐火制品1088.35万吨，同比降低4.68%。主要品种产量如图3所示。

耐火材料主要生产省（市）产量情况如图4所示。

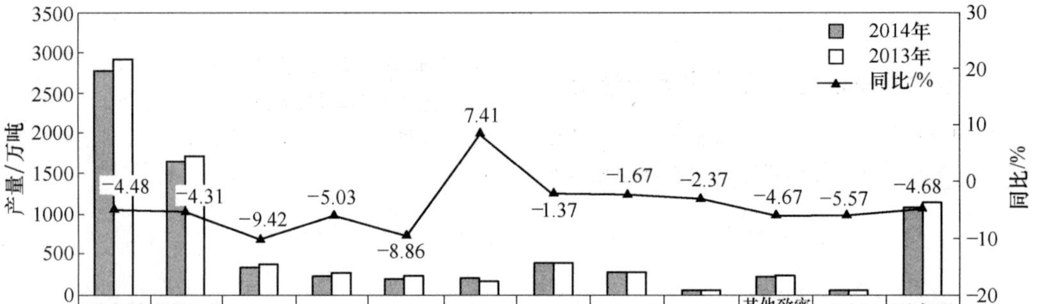

	耐火材料制品	致密定型耐火制品	黏土质砖	高铝质砖	硅质砖	镁质砖	特种耐火制品	含炭制品	功能材料	其他致密定型耐火制品	隔热制品	不定形耐火制品
2014年	2797.15	1656.17	348.18	260.79	211.82	193.71	404.22	290.10	49.46	237.46	52.63	1088.35
2013年	2928.25	1730.71	384.41	274.58	232.42	180.35	409.85	295.03	50.66	249.10	55.73	1141.81
同比/%	−4.48	−4.31	−9.42	−5.03	−8.86	7.41	−1.37	−1.67	−2.37	−4.67	−5.57	−4.68

图3 2014年耐火制品产量及同比增幅

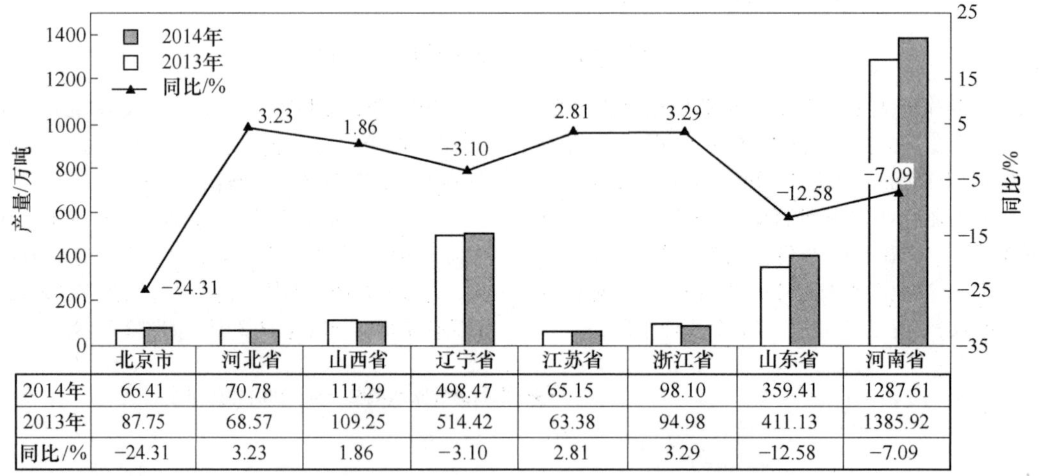

	北京市	河北省	山西省	辽宁省	江苏省	浙江省	山东省	河南省
2014年	66.41	70.78	111.29	498.47	65.15	98.10	359.41	1287.61
2013年	87.75	68.57	109.25	514.42	63.38	94.98	411.13	1385.92
同比/%	−24.31	3.23	1.86	−3.10	2.81	3.29	−12.58	−7.09

图4 2014年主要耐材生产省（市）产量及增幅

（二）进出口贸易情况

2014年，全国耐火原材料进出口贸易总额35.61亿美元，比上年同期增长10.45%。其中，出口贸易额33.30亿美元，同比增长11.30%；进口贸易额2.31亿美元，同比降低0.49%。

出口贸易情况：

全国耐火原材料出口总量566.09万吨，同比增长12.61%。其中，耐火原料出口量379.86万吨，同比增长16.60%；出口贸易额17.96亿美元，同比增长12.67%。

耐火制品出口总量186.23万吨，同比增长5.27%，出口贸易额15.34亿美元，同比增长9.73%。

耐火原料出口量及贸易额走势如图5所示。

耐火制品出口量及贸易额各月走势如图6所示。

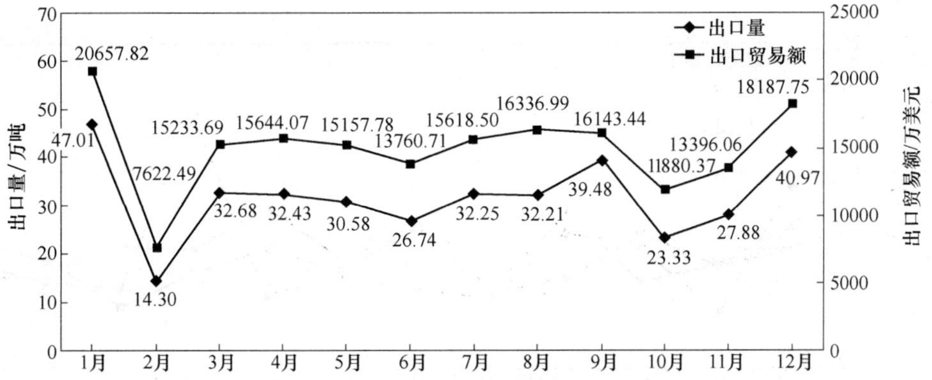

图5　2014年耐火原料出口量及出口贸易额走势图

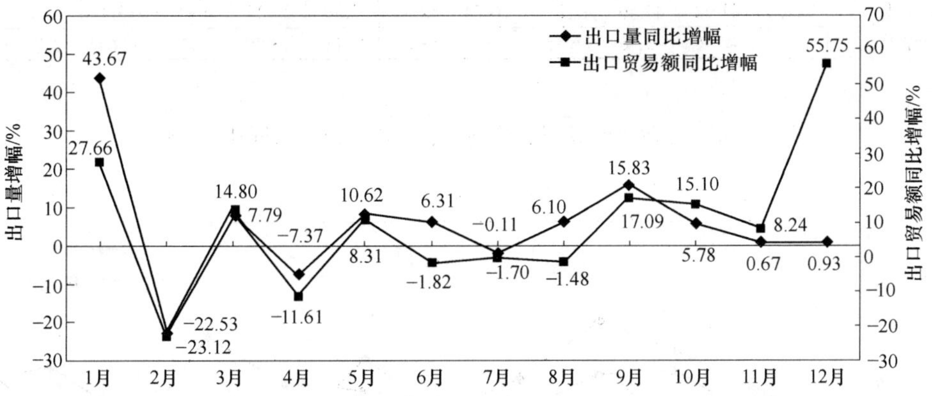

图6　2014年耐火制品出口量和出口贸易额同比增幅走势图

（1）主要耐火原料出口情况：

1）电熔镁砂和烧结镁砂出口量分别为36.92万吨和66.32万吨（合计103.24万吨），同比分别增长22.20%和39.42%，各月出口量走势如图7所示。

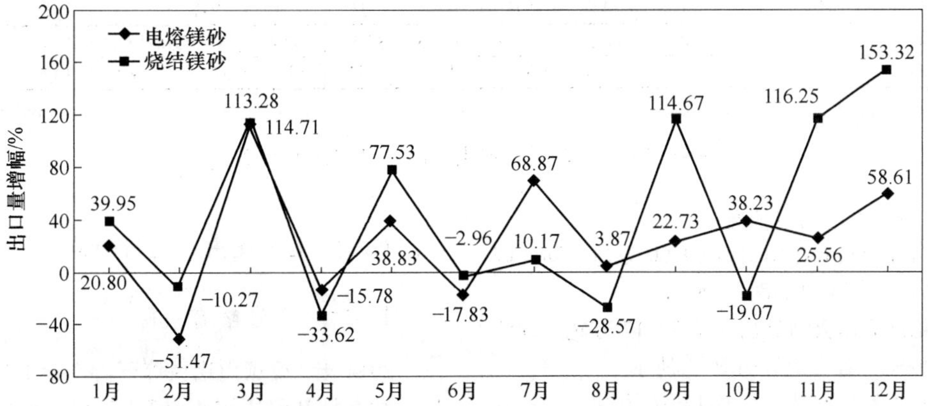

图7　2014年电熔、烧结镁砂出口量同比增幅情况

2）耐火铝黏土，棕刚玉和白刚玉出口量分别为86.85万吨、61.62万吨和19.40万吨，同比分别增长13.10%、10.94%和23.35%。各月出口量走势如图8所示。

3）石墨和碳化硅出口量分别为12.11万吨和31.98万吨，同比分别增长－2.14%和11.51%。各月出口量走势如图9所示。

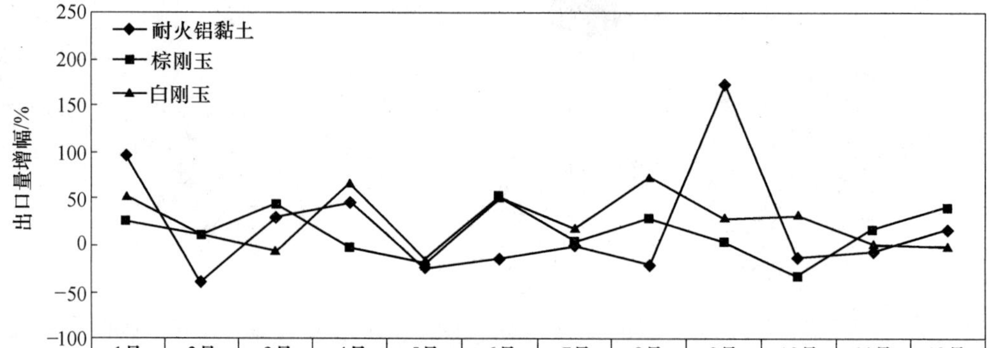

	1月	2月	3月	4月	5月	6月	7月	8月	9月	10月	11月	12月
耐火铝黏土	96.90	−40.02	29.56	45.86	−23.5	−14.39	−1.64	−20.58	174.03	−13.75	−7.17	16.26
棕刚玉	26.00	11.92	43.56	−2.27	−20.74	52.39	2.50	29.29	4.81	−33.37	17.37	40.16
白刚玉	54.24	12.46	−5.96	66.55	−15.2	53.21	19.06	73.59	28.72	32.67	2.11	−1.62

图8　2014年耐火铝黏土、棕刚玉、白刚玉出口量同比增幅情况

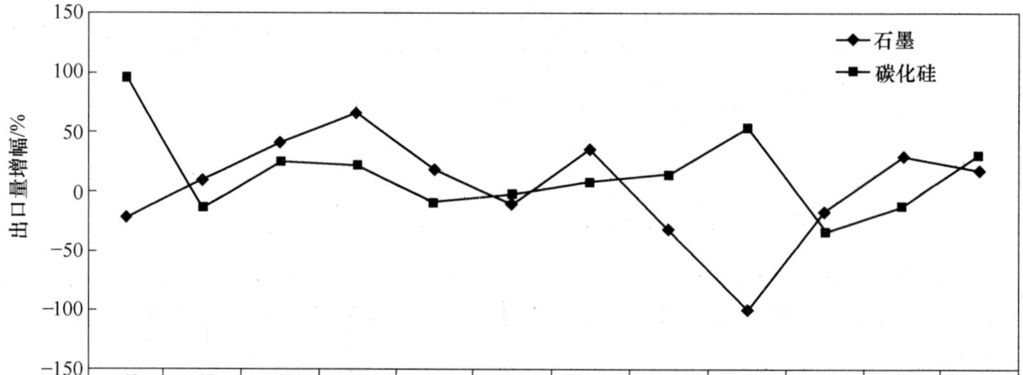

	1月	2月	3月	4月	5月	6月	7月	8月	9月	10月	11月	12月
石墨	−21.98	8.67	40.82	66.21	17.43	−11.33	35.57	−32.44	−100.00	−18.01	28.77	18.29
碳化硅	94.79	−14.59	26.61	21.81	−8.99	−1.98	8.11	13.02	54.36	−34.86	−13.48	29.88

图9　2014年石墨、碳化硅出口量同比增幅情况

（2）耐火制品出口情况：

1）碱性耐火制品出口量99.90万吨，同比降低2.91%。各月走势如图10所示。

2）铝硅质耐火制品出口量72.17万吨，同比增长22.54%。各月走势如图11所示。

3）其他耐火制品出口量14.16万吨，同比降低6.36%。各月走势如图12所示。

（三）生产及出口运行特点

1. 耐材产量略有下降

2014年，受国内钢铁等下游产业低迷状态影响，特别是基建用耐火材料需求量下降的影响，全国耐材产量同口径比较比上年同期降低131.10

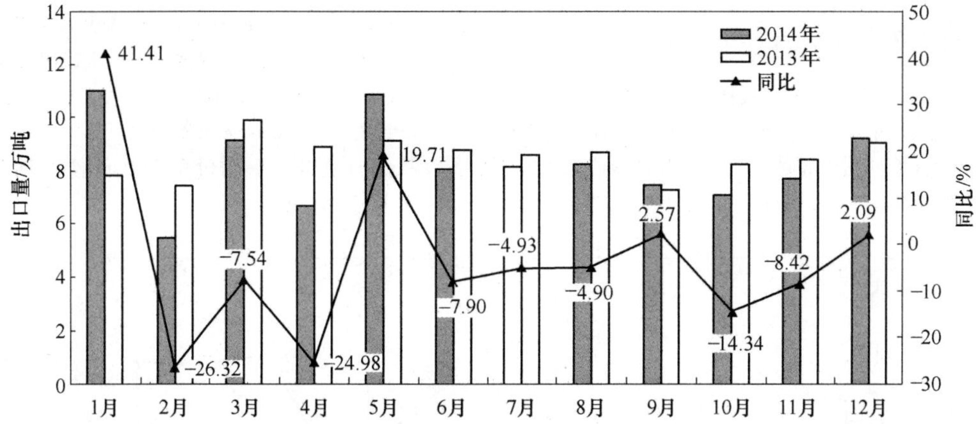

图 10　2014 年碱性耐火制品出口量走势图

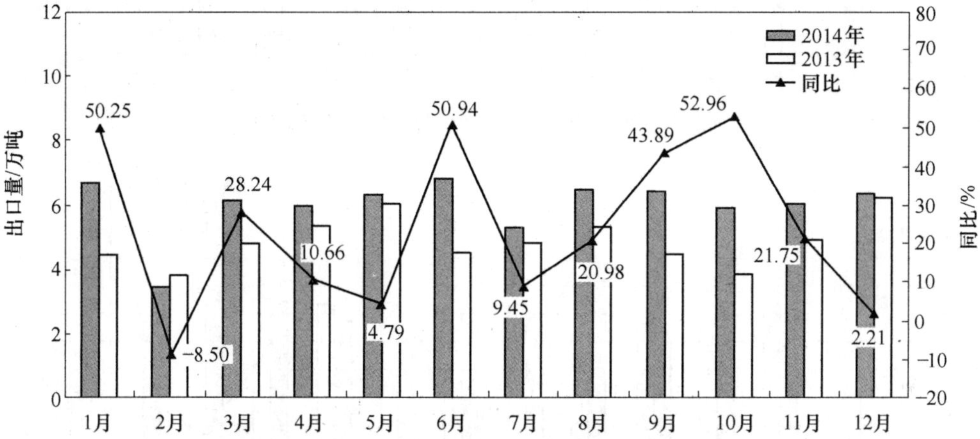

图 11　2014 年铝硅质耐火制品出口量走势图

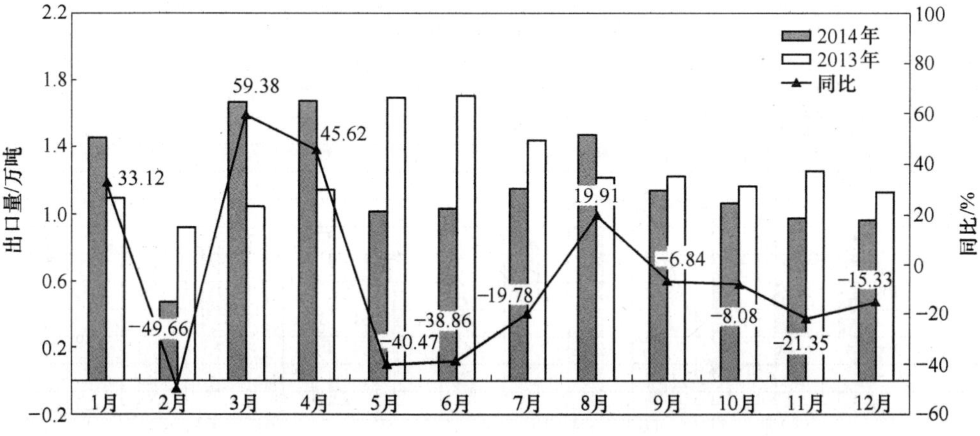

图 12　2014 年其他耐火制品出口量走势图

万吨，同比降低4.48%。

2. 耐火原料出口价格呈下滑趋势

耐火原料出口贸易额增幅比出口量增幅低1.31个百分点，出口平均价格同比降低1.16%。在海关查询的主要耐火原料出口品种中，除白刚玉和碳化硅出口平均价格略有增长，分别同比增长1.59%和0.63%外，其他主要品种均有不同程度的下降。特别是耐火铝黏土、电熔镁砂和烧结镁砂出口量高幅增长，出口平均价格明显下降。2014年，出口量分别增长13.10%、22.20%和39.42%，而出口平均价格分别降低2.95%、8.06%和5.29%。

其他品种出口平均价格仍在低位波动。如图13～图17所示。

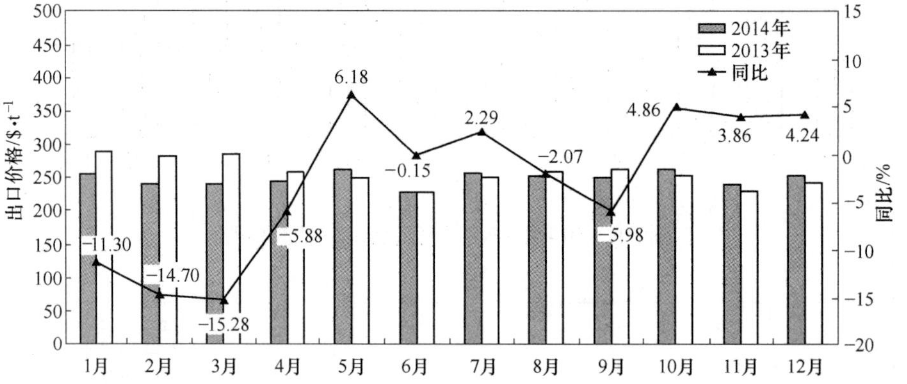

图13 2014年耐火铝黏土出口价格走势图

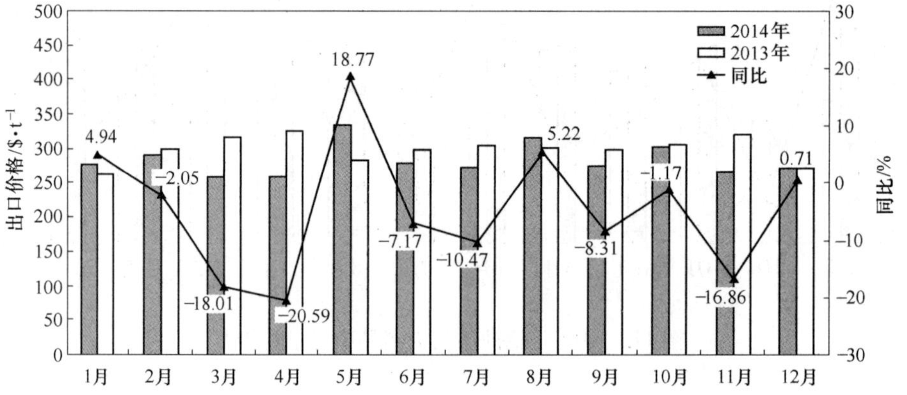

图14 2014年烧结镁砂出口价格走势图

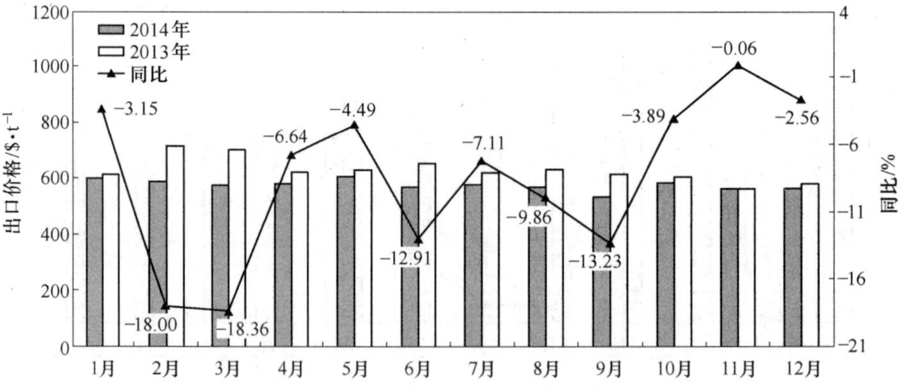

图15 2014年电熔镁砂出口价格走势图

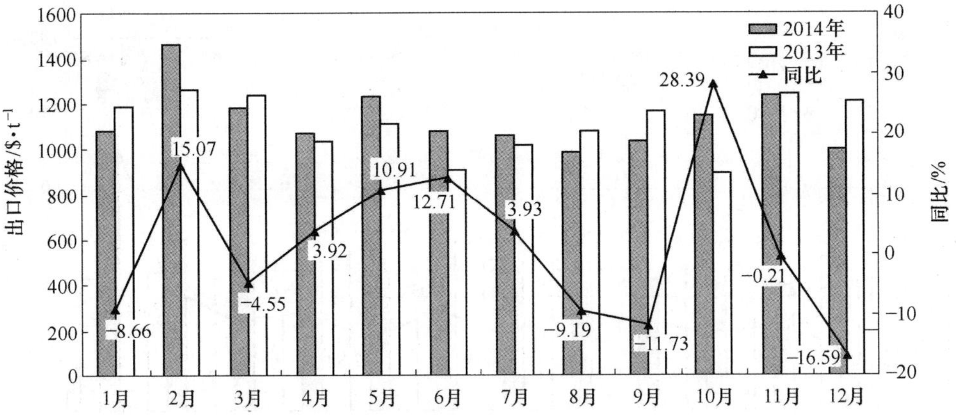

图 16　2014 年碳化硅出口价格走势图

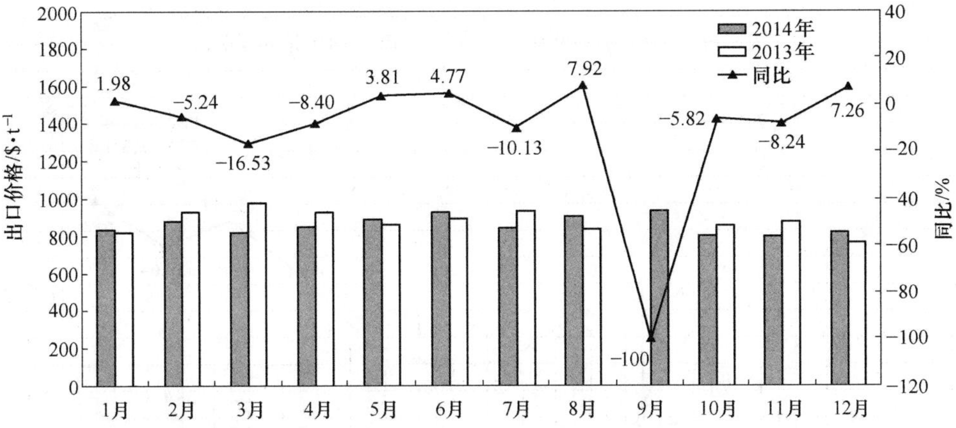

图 17　2014 年石墨出口价格走势图

3. 耐火制品出口量和出口综合平均价格均有增长

耐火制品出口量和出口综合平均价格分别增长 5.27% 和 4.27%。其中，碱性耐火制品、铝硅质耐火制品和其他耐火制品出口量分别增长 −2.91%、22.54% 和 −6.36%；出口平均价格分别上涨 4.38%、12.22% 和 −13.86%；耐火制品各月出口平均价格如图 18～图 20 所示。

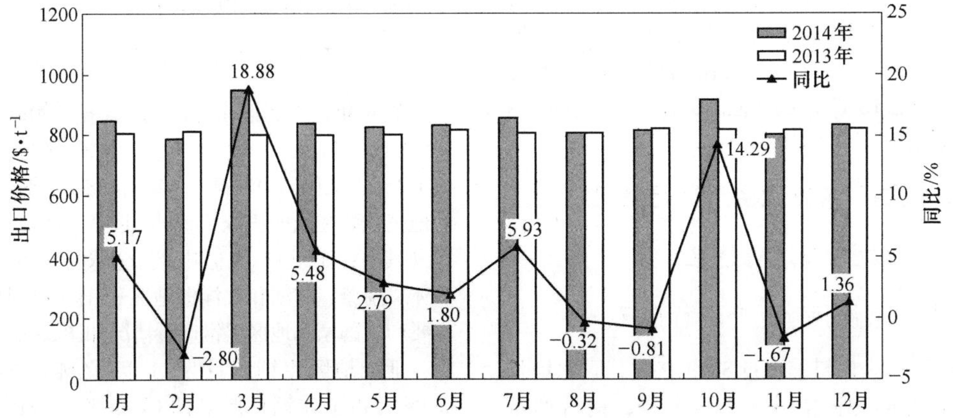

图 18　2014 年碱性耐火制品出口平均价格走势图

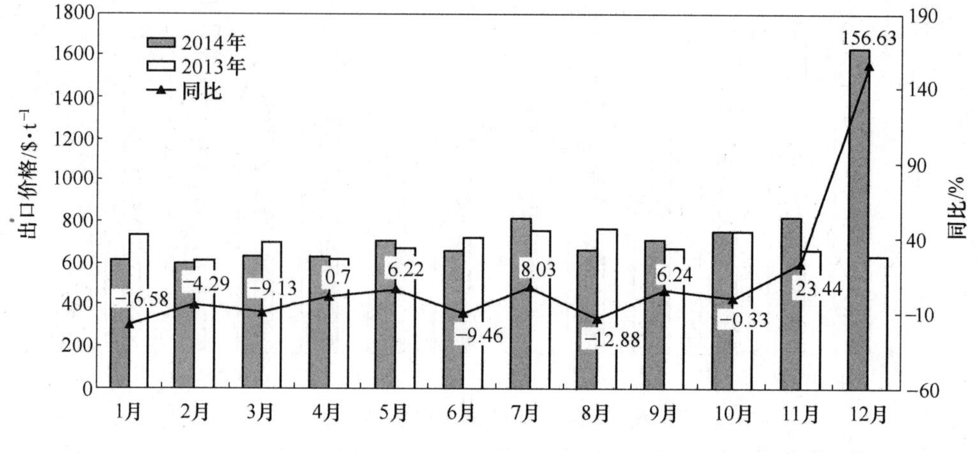

图 19　2014 年铝硅质耐火制品出口平均价格走势图

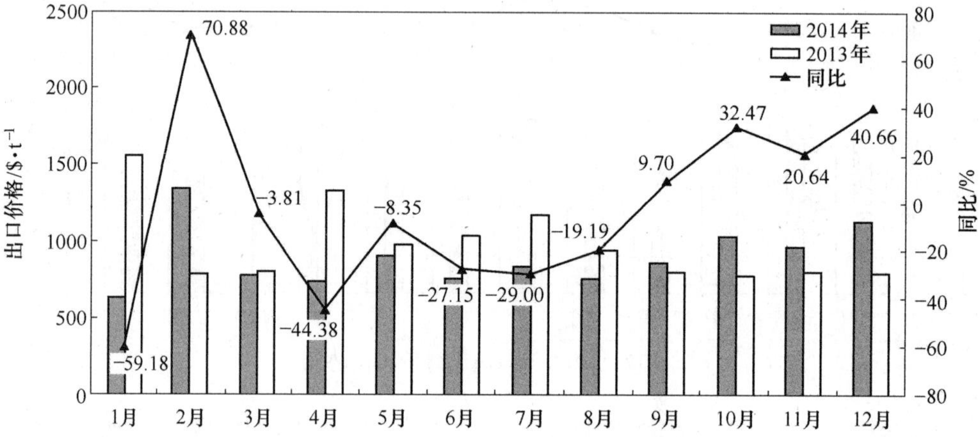

图 20　2014 年其他耐火制品出口平均价格走势图

4. 耐火制品进口量下降

2014 年，耐火制品进口量 2.51 万吨，同比降低 26.45%。其中碱性制品进口量 0.59 万吨，同比降低 46.42%；铝硅质耐火制品进口量 1.28 万吨，同比降低 18.87%；其他耐火制品进口量 0.64 万吨，同比降低 12.81%。

三、主要下游行业生产运行情况

（一）钢铁行业运行情况

1. 中国钢铁行业生产运行情况

2014 年，全国粗钢产量 8.23 亿吨，同比增长 0.9%，增速同比回落 6.6 个百分点；钢材产量 11.26 亿吨，同比增长 4.5%，回落 6.9 个百分点。各月产量情况如图 21 所示。

大型重点钢铁企业（粗钢产量排名前 10 名企业）粗钢产量情况如图 22 所示。

2. 世界钢铁工业生产情况

2014 年，据世界钢协统计数据，2014 年全球（65 个国家和地区）粗钢产量达 16.37 亿吨，同比增长 1.1%，又创历史新高。2014 年全球粗钢产量增加的地区主要在欧盟国家（28）、北美、中东和亚洲地区（其中：亚洲 11.11 亿吨，占全球的 67.87%）；独联体、南美、非洲和大洋洲地区粗钢产量同比下降。主要产钢国家和地区粗钢产量情况如图 23 所示。

亚洲地区粗钢产量为 11.11 亿吨，同比增长 1.4%，占全球钢材产量的 67.87%。中国粗钢产量为 8.23 亿吨，占全球粗钢总量的 50.27%。如

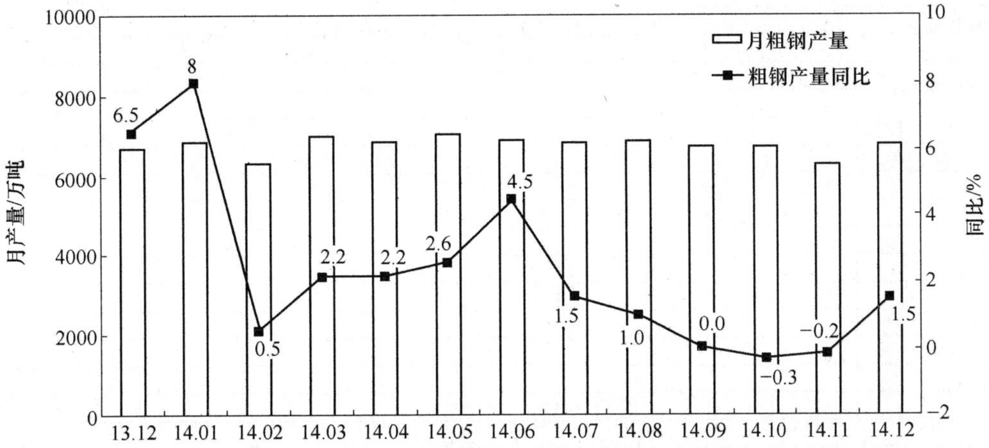

图 21　全国粗钢月产量及同比

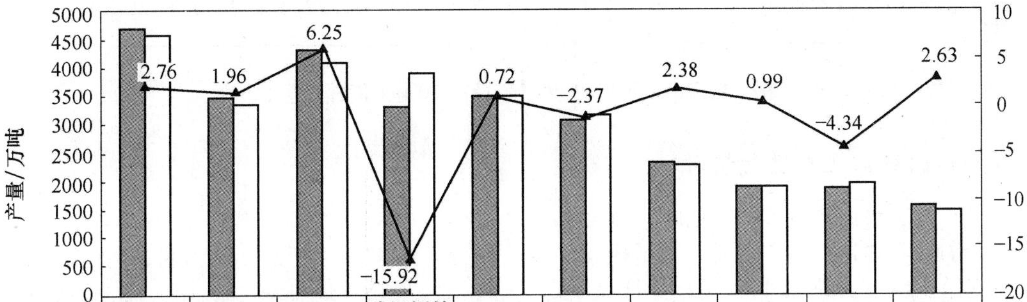

	河北钢铁集团	鞍钢集团公司	宝钢集团有限公司	武汉钢铁（集团）公司	江苏沙钢集团	首钢集团	山东钢铁集团	马钢（集团）	渤海钢铁集团	湖南华菱
■2014年	4709.44	3434.80	4334.67	3305.29	3533.19	3077.65	2333.64	1890.29	1848.81	1538.29
□2013年	4582.75	3368.68	4079.67	3931.08	3508.05	3152.33	2279.34	1871.83	1932.64	1498.83
▲同比	2.76	1.96	6.25	−15.92	0.72	−2.37	2.38	0.99	−4.34	2.63

图 22　2014 年大型重点钢铁企业粗钢产量情况

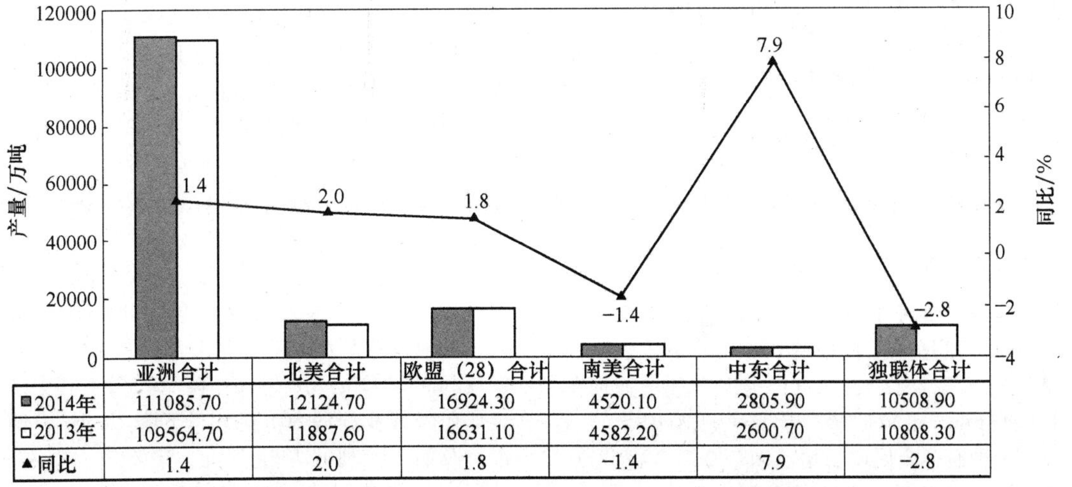

	亚洲合计	北美合计	欧盟（28）合计	南美合计	中东合计	独联体合计
■2014年	111085.70	12124.70	16924.30	4520.10	2805.90	10508.90
□2013年	109564.70	11887.60	16631.10	4582.20	2600.70	10808.30
▲同比	1.4	2.0	1.8	−1.4	7.9	−2.8

图 23　2014 年世界主要产钢国家和地区粗钢产量情况

图 24 所示。

2014 年，以上 10 国粗钢产量 13.85 亿吨，占世界总量的 84.59%。其中，中国粗钢产量占以上十国产量的 59.42%。

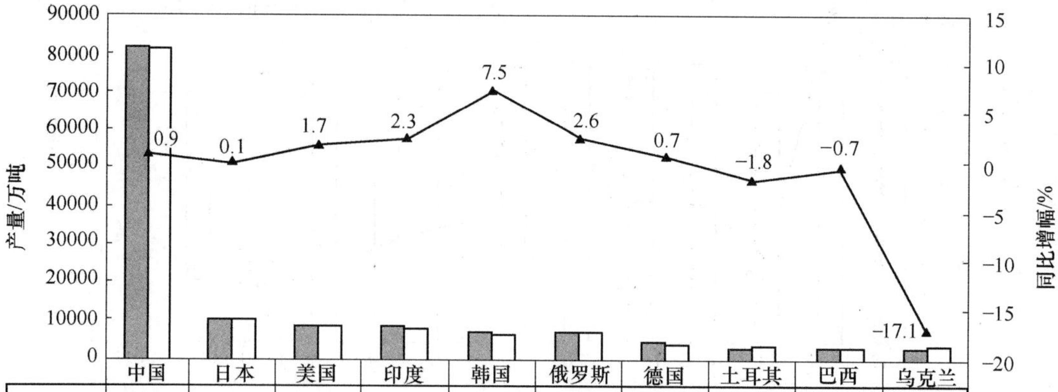

	中国	日本	美国	印度	韩国	俄罗斯	德国	土耳其	巴西	乌克兰
■ 2014年	82269.8	11066.5	8834.7	8320.8	7103.6	7065.1	4294.6	3403.5	3391.2	2717.0
□ 2013年	81541.0	11059.5	8687.8	8129.9	6606.1	6885.6	4264.5	3465.4	3416.3	3277.1
▲ 同比	0.9	0.1	1.7	2.3	7.5	2.6	0.7	−1.8	−0.7	−17.1

图 24 2014 年世界粗钢产量前 10 位国家情况

（二）建材行业生产运行情况

2014 年，全国水泥产量 24.76 亿吨，同比增长 1.8%，增速同比回落 7.8 个百分点。平板玻璃产量 7.93 亿重量箱，增长 1.1%，增速同比回落 10.1 个百分点。

（三）有色金属行业生产运行情况

2014 年，全国十种有色金属产量 4417 万吨，同比增长 7.2%，增速同比回落 2.7 个百分点。其中：电解铝产量 2438 万吨，增长 7.7%，回落 2 个百分点；铜产量 796 万吨，增长 13.8%，提高 0.3 个百分点；铅产量 422 万吨，下降 5.5%，去年同期为增长 5%；锌产量 583 万吨，增长 7%，回落 4.1 个百分点。氧化铝产量 4777 万吨，增长 7.1%，回落 7.5 个百分点。

（四）主要下游行业的运行特点

1. 产量增速明显回落

2014 年，主要下游行业产量增速均有所回落。其中粗钢产量增速同比回落 6.6 个百分点，钢材产量增速回落 6.9 个百分点；水泥产量增速回落 7.8 个百分点；平板玻璃产量增速回落 10.1 个百分点；十种有色金属产量增速回落 2.7 个百分点。其中：电解铝产量，增速回落 2 个百分点；锌产量增速回落 4.1 个百分点；氧化铝产量增速回落 7.5 个百分点。

2. 产品价格低位徘徊

钢材价格继续下跌。12 月份，国内市场钢材价格综合指数平均为 84.04，比上月下降 1.79 点，同比下降 15.24 点。

水泥、平板玻璃价格下跌。12 月份，重点建材企业水泥平均出厂价为 334.4 元/吨，比上月下跌 0.8 元/吨，同比下跌 19.3 元/吨，跌幅分别为 0.2% 和 5.5%。平板玻璃出厂价 57.4 元/重量箱，比上月上涨 2.6 元/重量箱，涨幅为 4.7%；同比下跌 6.1 元/重量箱，跌幅为 9.6%。

铜、电解铝、铅价格均下跌。12 月份，上海期货交易所铜、电解铝、铅当月期货平均价分别为 47260 元/吨、13517 元/吨和 13373 元/吨，比上月下跌 1.4%、1.5% 和 0.9%，同比下跌 6.8%、5.2% 和 3.9%。

3. 企业效益有所下降

2014 年，除水泥行业利润同比增长 1.38% 外，其他行业利润均有所降低。其中：钢铁行业实现利润 2192 亿元，同比下降 15.3%。其中黑色金属矿采选业利润 801 亿元，下降 23.9%；钢铁冶炼及加工业利润 1254 亿元，下降 3.8%。有色金属行业实现利润 2053 亿元，同比下降 1.5%。平板玻璃行业利润 14.86 亿元，同比下降 64.9%。

四、分析与预测

（一）主要下游行业生产运行存在的主要问题

（1）受产能过剩的影响，市场供需矛盾突出，低价格、低效益的局面短期内难以改变。耐火材料的主要下游行业均为产能严重过剩行业，供需矛盾十分突出。到2014年底，粗钢产能已达11.6亿吨，全年新开工项目2000多个，投资增幅尽管有较大幅度降低，但仍累计完成投资811.14亿元；水泥行业2014年建成投产水泥熟料生产线54条，又新增熟料产能7000多万吨；电解铝现有3500万吨产能中落后产能已不多，新增产能的集中释放将对市场产生又一轮冲击。近年来，主要下游行业产能利用率均在75%左右，有的行业可能更低。2014年粗钢产能利用率仅70.9%。

从目前市场需求看，国内市场对大宗原材料消费已进入峰值弧顶区，国内粗钢近三年表观消费量分别为6.7亿吨、7.7亿吨、7.4亿吨，已呈现了缓中趋降的态势。因此，预计在新常态下，原材料工业产能过剩问题及导致的低价格、低效益的经营局面将长期存在，短期内难以改变。

2014年，虽然经济效益略有改善，但整体盈利水平仍然较低。受益于铁矿石、煤炭价格的大幅下降，重点统计钢铁企业实现利润304亿元，增长40%，但销售利润率只有0.9%，仍处于行业最低水平；石化工业实现利润7652亿元，同比下降8.5%，其中炼油下降幅度最大，同比减少69%；建材行业实现利润4770亿元，同比增长4.8%。从利润构成来看，下游深加工产业占比加大。如有色金属采选冶炼同比分别降低12.4%和13.7%，但压延加工同比增长11.6%；建材行业中水泥制品、轻质建材、隔热材料和卫生陶瓷等利润增速均高于12%，但总体利润水平在低位徘徊。

（2）企业资金周转困难，债务压力进一步加大。到2014年末，钢协会员企业应收账款净额1258.30亿元，同比增长16.06%；应付账款净额4559.63亿元，同比增加5.97%；企业财务费用也持续上升。2014年钢铁、化工和有色金属行业财务费用同比分别增长21%、21%和20%，钢铁行业财务费用是利润的三倍之多，生产企业的资金周转压力进一步加大。

国有企业普遍经营困难的境况值得大家关注。钢协老会长吴溪淳同志在民营与国有钢铁企业改革与发展论坛上指出："钢铁协会会员企业中，62.5%产量的国有企业借了84.1%的债，地方国有钢铁企业资产负债率过高，财务费用在期间费用中占比较大，企业债务负担沉重，钢铁行业基本失去了在股市的融资能力。"2014年有色金属行业国有及国有控股企业利润仅占全行业的6.5%，亏损额占全行业的67%，铝行业国有骨干企业亏损额占全行业净亏损额的90%以上。

（二）耐材行业经营状况

2014年，通过对58家耐材重点企业经营状况调研显示，耐材产量（含部分耐火原料）1114.38万吨，同比增长0.7%；主营业务销售收入354.25亿元，同比增长3.44%；销售收入利润率4.27%，比全国工业企业主营业务销售利润率低1.64个百分点，总体处于相对平稳运行状态。经营效果有所改善，平均利润增幅较大，主要是重点企业中亏损企业亏损面下降，亏损额降低所致。58家重点企业中亏损企业亏损面12.07%，同比下降3.23个百分点，亏损额1.74亿元，同比减亏1.07亿元，同比降低38.14%。重点企业经营状况呈现以下特点：

（1）应收货款持续上升，企业资金压力进一步加大。2014年末，重点企业应收货款总额128.56亿元，同比增加9.37亿元，增长7.86%。其中应收货款同比增长20%以上的企业11家，占18.97%；增长30%以上的7家，占12.07%。应收货款下降20%以上的企业仅有6家，占10.34%。资金问题仍是企业经营的主要问题。

（2）耐材市场向优势企业倾斜，生产企业经营效果分化明显。经相关地方协会调研显示，到2014年三季度，耐材主产区近60%的中小耐材企业处于停产半停产状态。58家重点企业中，盈利企业51家，盈利额15.13亿元；亏损企业7家，亏损面12.07%，亏损额1.74亿元。其中实现利润同比增加30%以上的企业17家，占51家盈利企业的33.3%，占58家重点企业的29.3%。实现利润同比下降20%以上的企业12家，占重点企业的20.69%。

（三）2015年面临的形势与对策

联合国2014年12月发布的《2015年世界经济形势与展望》报告，预测2015年世界经济将增长3.1%，高于2014年的预计速度（2.6%）。其中预测东亚国家增速最快，将达到6%；美国经济前景良好，将达2.8%；欧元区经济增长仍不稳定。

国际钢铁协会2014年10月发布报告，预测2015年全球钢铁表观消费量增长幅度能继续保持2014年增长2.0%的水平，将达到15.94亿吨。

2015年，随着中央稳增长、促改革、调结构、惠民生等系列政策的细化落实，特别是棚户区改造，中西部基础设施建设力度不断加大，以及“一带一路”等重大战略的实施，国内原材料需求总体有望保持稳定。但在宏观经济调结构、促转型的总体形势下，受产能过剩的影响，有些行业增速会进一步放缓，特别是钢铁、电解铝等行业面临的困难较大。中国钢铁协会预测，2015年国内粗钢产量将保持2% ~3%的增长。

对此，耐材行业应继续坚持市场导向，生产经营策略要适应市场变化，严格控制生产总量，坚决实行以销定产。生产经营中要密切注意以下问题。

1. 密切关注市场变化，及时调整经营策略

经测算，目前我国耐火材料的需求量占全球耐火材料需求总量的65%左右，仍是耐火材料销售的主导市场。虽不会出现大起大落，但由于主要下游行业均为产能严重过剩行业，其产品的市场需求都已进入峰值弧顶区，国内耐材市场需求将呈现波动趋降的运行走势。

（1）主要下游行业产能增速将加速下降。近期工信部印发了《2015年原材料工业转型发展工作要点》，其中第一部分第一条明确规定：“严格控制新增产能，严禁以任何名义备案钢铁、电解铝、水泥和平板玻璃行业新增产能项目，确有必要建设的项目，必须坚持等量和减量置换原则，制定并公告产能置换方案，其中京津冀、长三角、珠三角等环境敏感区要实施减量置换。”这意味着主要下游行业的产能增速将快速下降，基建用耐火材料的市场需求也将同步减少。

（2）单位产品耐火材料消耗将逐步降低。随着耐火材料的品种研发和产品质量的稳定提高，单位产品的耐火材料消耗将逐步降低。到目前为止，钢铁行业整体承包耐火材料消耗已下降到15kg/t钢左右；新干法水泥窑用耐火材料消耗已下降0.5kg/t熟料以下；浮法玻璃窑寿命也基本达到了八年的水平。

因此，国内耐火材料市场需求将呈现波动趋降的态势。但尽管如此，中国仍然是耐火材料消耗的重要市场。各生产企业要密切关注市场变化，及时调整经营策略，在市场变化中找机遇，谋发展。

2. 进一步拓宽国际市场

2014年，全球粗钢产量达16.37亿吨，同比增长1.1%。主要产钢国家除乌克兰产量大幅下降17.1%，土耳其和巴西小幅下降外，其他国家产量均有增长，特别是韩国、俄罗斯和印度分别增长7.5%、2.6%和2.3%。

2014年我国耐火原材料出口贸易额又一次突破30亿美元，达33.30亿美元。其中耐火制品出口量186.23万吨（不含不定形耐火材料出口量），同比增长5.27%；出口贸易额15.34亿美元，同比增长9.73%，比出口量增幅高4.46个百分点，综合平均价格同比增长4.24%。见表1。

表1　2014年进口我国耐火材料出口最多的五个国家　（万吨）

国家	韩国	日本	印度	越南	印度尼西亚
出口量	26.24	21.40	18.18	9.54	6.82

注：我国耐火材料对以上5国出口量82.18万吨占耐火材料出口量的44.14%。

碱性耐火制品出口量99.87万吨，占耐火制品出口总量的53.63%。主要出口去向如图25所示。

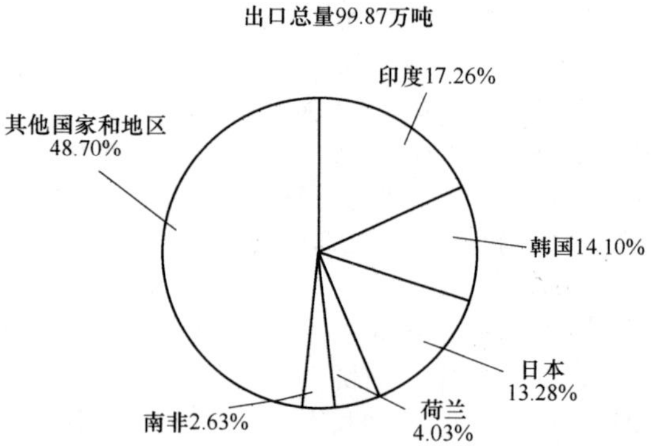

注：以上五国出口量占碱性耐火制品出口总量的51.30%。

图25　2014年碱性耐火制品出口情况

铝硅质耐火制品出口量72.17万吨，占耐火制品出口总量的38.75%。主要出口去向如图26所示。

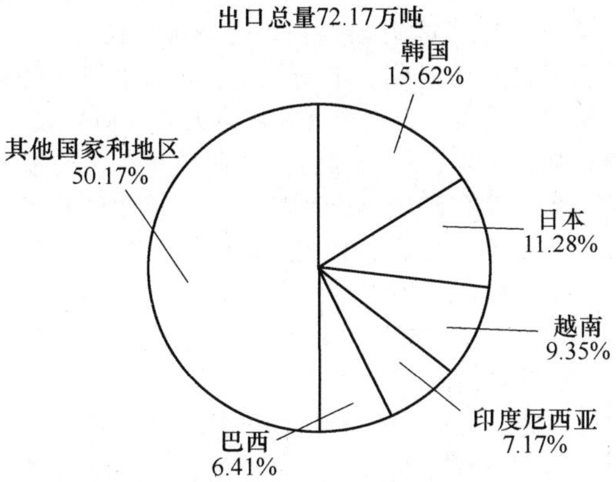

注：以上五国出口量占铝硅质耐火制品出口总量的49.83%。

图26　2014年铝硅质耐火制品出口情况

其他耐火制品出口量14.16万吨，占耐火制品出口总量的7.6%。主要出口去向如图27所示。

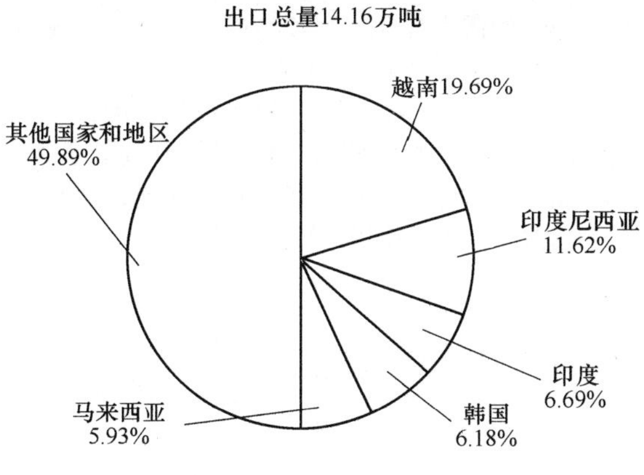

注：以上五国出口量占其他耐火制品出口总量的50.11%。

图27　2014年其他耐火制品出口情况

各耐材企业应密切关注国际市场变化，在稳定和巩固现有市场的同时，努力拓宽国际市场，特别是东南亚市场，扩大出口量。

3. 自觉规范市场秩序，遵守市场规则

从20世纪90年代初开始，耐材市场几乎一直处于无序竞争状态。耐材的市场竞争变化大致可分为三个阶段：

（1）20世纪90年代，主要是民营企业和国有企业的竞争（民进国退）；（2）2000～2010年，由于国内高温工业快速发展，耐火材料需求量快速增加，主要是新兴耐材企业、中小企业与大型企业的竞争；（3）随着市场经济的逐步规范，耐材市场逐步向优势企业倾斜，主要表现为优势企业之间的竞争。

市场向逐步规范的方向转变，是我们进一步整合和规范耐材市场秩序的极好机遇。这就要求耐材生产企业，特别是大型优势企业在市场相对集中的情况下，通过企业间的协商合作，合理整合现有市场，进一步规范市场秩序，提高企业的经营质量，达到互惠共赢的整合效果。

4. 资金压力和汇率风险对行业影响突出，生产企业经营风险加大

美国已于2014年11月起结束了量化宽松政策，市场普遍预期美联储2015年中期开始加息，这将直接推动美元走强，会增加我国人民币汇率波动和跨境资金流动的不确定性，企业汇兑损失风险加大。同时，国内银行系统仍然会严格控制对产能过剩行业的信贷规模；加之大量的应收货款难以回收，耐材生产企业的资金压力将更加突出。对此，耐材生产企业要严密防范企业经营风险，特别是要强化企业资金管理，把资金管理上升到影响企业经营安全的高度来认识。加强应收货款的回收工作，每年末与欠款单位核对陈欠款数额并出具确认，确保陈欠款在法律诉讼时效内。对“降点付款”单位的失信行为要坚决抵制。

从目前的企业经营状况看，催收货款比到银行融资货款更重要；搞好市场整合，提高经营质量比扩大企业规模更重要。

五、耐材工业面临的压力和机遇

新常态是经济高速增长之后的“换挡”期。新常态首先表现为经济增速放缓，同时包括经济增长质量的提升。具体表现为经济由高速增长转入中高速增长，经济增长模式从粗放式规模增长转入创新驱动增长。新常态对耐火材料工业的影响将是深远、长期的。

（1）耐火材料行业将面临三个方面的压力：

一是产能过剩导致的市场供大于求和无序竞争，耐材产品价格和经营质量长期下降的经营压力，在短期内难以改变。

二是企业自有资金不足，应收货款难以回收，银行贷款实际利率上升造成的财务成本过高和流动资金不足的压力。

三是环保投入欠账较多，环保成本将日益增

加的压力。

（2）生产企业应抓住转型升级发展的新机遇。对耐火材料企业来说新常态是压力，是挑战，但更是机遇。耐火材料行业应该抓住机遇，加快结构调整，提高技术创新能力和提高产业集中度，增强行业整体竞争能力。

第一，积极抓住企业联合重组政策环境优化的新机遇，提高产业集中度。近年来，耐材优势企业通过优势互补，跨区域的联合重组已取得了突破性进展。2014 年 3 月 7 日，国务院下发了《国务院关于进一步完善企业兼并重组市场环境的意见》（国发【2014】14 号），工信部产业政策司副司长苗长兴就“意见”发布后取得的新进展及正在拟定的相关配套政策等进行了梳理和介绍，其内容包括“完善财税政策，进一步减轻企业兼并重组税负；优化融资及稳定岗位补贴相关政策；取消或简化审批程序及政策引导等”。相关政策耐材企业，特别是优势企业要紧紧抓住市场资源配置向优势企业转移集中和联合重组政策环境优化的有利时机，积极推进跨地区、跨所有制的联合重组，扩大重组成果，提高生产集中度。

第二，紧紧抓住规模效益型向创新效益型转变的新机遇。徐乐江会长在钢协常务理事扩大会上指出“我国钢铁工业粗放式发展模式已经走到了尽头，由此带来的不利影响，需要我们花相当长的时间来化解”。耐火材料工业也是一样。近十几年来耐材产量高幅增长，生产能力逐年扩大，其结果是产能过剩、市场无序、效益低下，经营质量很低。因此，生产企业要加大科技研发投入，整合强化研发资源，加强与科研单位和大专院校的技术研发合作，形成产学研用一体化的技术创新模式，提高企业的自主创新能力，努力实现规模效益型向创新效益型、质量效益型的转变。

第三，要抓住产品需求结构变化的新机遇。今后，我国耐火材料的需求量不会再有二位数增长，将进入较低的增长区间，甚至还可能小幅下降。同时下游行业对耐火材料的需求结构也将发生变化。全国钢铁、水泥等 9 大产能严重过剩行业中，与耐火材料相关的就有 5 个，产能过剩行业的固定资产投资，特别是新建项目将快速减少，基建用耐火材料需求量将逐渐下降。同时下游行业结构调整，产品升级也将给耐火材料需求结构带来新变化、新要求。对此，耐材生产企业要深刻认识新常态对本企业带来的影响和机遇，紧紧跟踪市场的需求变化，积极拓展耐材市场的新领域，不断满足耐材市场的新要求。

总之，耐材行业面临的形势依然严峻，大家要以积极、理性的心态适应新常态，应对新挑战，抓住新机遇，紧密跟踪市场的需求变化，适时调整经营策略，着力推进耐材行业的创新发展。

第四篇

统计分析

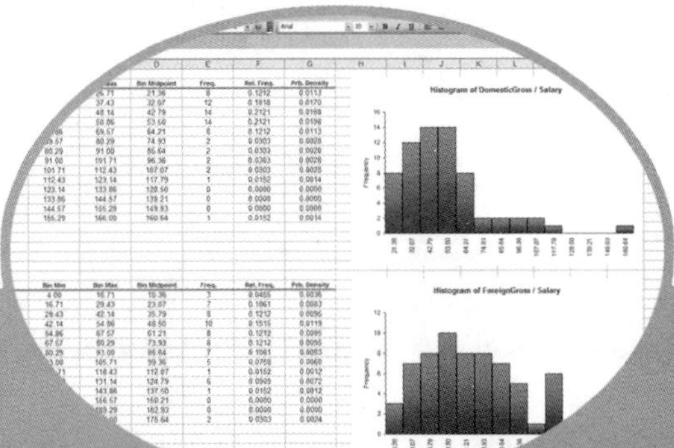

Histogram of DomesticGross / Salary
Histogram of ForeignGross / Salary

1949～2014年全国耐火材料行业主要生产经营情况统计

中国耐火材料行业协会信息统计部

1949～2014年全国耐火材料制品产量见表1。2010～2014年全国耐火材料制品产量及增幅情况见表2。2010年重点统计耐材企业耐火材料制品（钢铁用）产量见表3。2011年重点统计耐材企业耐火材料制品（钢铁用）产量见表4。2012年重点统计耐材企业耐火材料制品（钢铁用）产量见表5。2013年重点统计耐材企业耐火材料制品（钢铁用）产量见表6。2014年重点统计耐材企业耐火材料制品（钢铁用）产量见表7。2001～2014年全国耐火原材料出口量及贸易额见表8。2001～2014年全国耐火原材料进口量及贸易额见表9。2000～2014年辽宁省耐火材料工业主要经济指标见表10。2000～2014年辽宁省耐火原料及制品产量见表11。1949～2014年山东省耐火材料工业制品产量见表12。2010～2014年浙江省耐火材料工业制品产量见表13。2002～2014年浙江省耐火材料工业主要经济指标见表14。2010～2014年河南省耐火材料工业制品产量见表15。2010～2014年山西省耐火材料工业主要经济指标见表16。2010～2014年山西省耐火原料工业制品产量见表17。1949～2014年全国粗钢产量见表18。1949～2014年全国水泥产量见表19。1949～2014年全国10种有色金属产量见表20。2004～2014年全国平板玻璃产量见表21。

表1　1949～2014年全国耐火材料制品产量

年份	产量/万吨	年份	产量/万吨	年份	产量/万吨
1949	7.4	1971	386.0	1993	1053.4
1950	18.4	1972	423.4	1994	1277.0
1951	12.2	1973	389.9	1995	1755.0
1952	22.0	1974	327.6	1996	1477.3
1953	45.8	1975	371.3	1997	1565.4
1954	59.6	1976	356.4	1998	1473.7
1955	50.2	1977	427.4	1999	1350.4
1956	83.2	1978	487.3	2000	1210.4
1957	101.4	1979	432.3	2001	1070.4
1958	470.7	1980	382.3	2002	1177.2
1959	790.1	1981	384.2	2003	1477.4
1960	792.2	1982	383.5	2004	1867.5
1961	312.8	1983	411.2	2005	2276.4
1962	107.7	1984	471.5	2006	3243.7
1963	123.7	1985	546.1	2007	4182.4
1964	144.6	1986	542.4	2008	4417.8（2417.5）
1965	184.9	1987	609.1	2009	6842.9（含原料）（2453.6）
1966	220.7	1988	701.0	2010	6139.36（2808.06）
1967	181.6	1989	711.8	2011	7184.15（2949.69）
1968	129.0	1990	675.1	2012	7945.53（2818.91）
1969	206.4	1991	667.4	2013	8914.45（2928.25）
1970	285.7	1992	880.6	2014	11695.51（2797.15）

注：2008年始，中国耐火材料行业协会接受委托，依法履行耐材行业生产统计职能，括号内数据为行业协会统计的耐火材料制品产量。

表2 2010～2014年全国耐火材料制品产量及增幅情况

序号	指标名称	2010年		2011年		2012年		2013年		2014年	
		产量/万吨	同比/%	产量/万吨	同比/%	产量/万吨	同比/%	产量/万吨	同比/%	产量/万吨	同比/%
8.0	耐火材料制品合计	2808.06	14.45	2949.69	5.04	2818.91	-4.43	2928.25	3.88	2797.15	-4.48
8.0.1	(1)致密定型耐火制品	1698.92	8.99	1765.22	3.90	1633.87	-7.44	1730.71	5.93	1656.17	-4.31
8.0.1.1	黏土质砖	401.93	2.92	421.96	4.98	401.20	-4.92	384.41	-4.19	348.18	-9.42
8.0.1.2	高铝质砖	281.81	-2.88	287.99	2.19	271.87	-5.60	274.58	1.00	260.79	-5.03
8.0.1.3	硅质砖	247.37	4.11	263.40	6.48	241.35	-8.37	232.42	-3.70	211.82	-8.86
8.0.1.4	镁质砖	170.23	6.80	206.54	21.33	174.49	-15.52	180.35	3.36	193.71	7.41
8.0.1.5	特种耐火制品	433.53	21.02	407.24	-6.07	377.05	-7.41	409.85	8.70	404.22	-1.37
8.0.1.5.1	氧化物制品	18.91	3.90	17.47	-7.61	15.25	-12.72	16.29	6.82	16.50	1.29
8.0.1.5.2	非氧化物制品	35.86	0.73	28.90	-19.42	28.91	0.07	28.36	-1.93	28.71	1.23
8.0.1.5.3	熔铸制品	20.93	16.56	15.89	-24.11	16.08	1.24	19.51	21.33	19.46	-0.28
8.0.1.5.4	含炭制品	309.61	27.36	298.30	-3.66	271.20	-9.08	295.03	8.79	290.10	-1.67
8.0.1.5.5	功能材料	48.21	9.92	46.69	-3.17	45.60	-2.32	50.66	11.09	49.46	-2.37
8.0.1.6	其他致密定型耐火制品	164.04	33.54	178.09	8.57	167.91	-5.72	249.10	48.35	237.46	-4.67
8.0.2	(2)隔热耐火制品	64.40	20.21	67.34	4.57	57.26	-14.97	55.73	-2.67	52.63	-5.57
8.0.3	(3)不定形耐火制品	1044.74	24.20	1117.13	6.93	1127.78	0.95	1141.81	1.24	1088.35	-4.68

表 3 2010 年重点统计耐材企业耐火材料制品（钢铁用）产量

（吨）

序号	单位	2010 年 12 月	2009 年 12 月	同期比较		2010 年累计	2009 年累计	同期比较	
				增减量	增减/%			增减量	增减/%
1	重点合计	620981.31	616138.35	4842.96	0.79	6761089.71	5994440.49	766649.22	12.79
2	通达耐火技术股份有限公司	19017.85	23221.77	-4203.92	-18.10	245487.38	179497.23	65990.15	36.76
3	北京利尔高温材料股份有限公司	18478.02	12977.45	5500.57	42.39	185354.97	145583.53	39771.44	27.32
4	北京首钢耐材炉料有限公司	905.30	1132.24	-226.94	-20.04	15661.96	15091.24	570.72	3.78
5	河北瀛都复合材料有限公司	3936.63	3419.00	517.63	15.14	36800.66	40142.00	-3341.34	-8.32
6	唐山市国亮特殊耐火材料有限公司	9572.50	8241.49	1331.01	16.15	104705.17	85974.97	18730.20	21.79
7	唐山时创耐火材料有限公司	3599.00	3958.00	-359.00	-9.07	44169.00	38920.00	5249.00	13.49
8	唐山市六方碳化硅有限公司	436.52	274.22	162.30	59.19	4429.52	4720.09	-290.57	-6.16
9	孝义市和中兴矿产有限公司	2748.00	1845.00	903.00	48.94	27494.00	28879.00	-1385.00	-4.80
10	山西盂县西小坪耐火材料有限公司	33278.00	20359.97	12918.03	63.45	226223.21	164569.44	61653.77	37.46
11	山西禄纬堡太钢耐火材料有限公司	3621.49	4795.30	-1173.81	-24.48	60279.20	55853.00	4426.20	7.93
12	山西圣火炉料有限公司	3591.20	2070.80	1520.40	73.42	31140.72	18320.53	12820.19	69.98
13	内蒙古包钢耐火材料厂	2951.00	2535.00	416.00	16.41	25542.00	27129.00	-1587.00	-5.85
14	辽宁金鼎镁矿集团有限公司	3776.00	2594.00	1182.00	45.57	35180.00	25442.00	9738.00	38.28
15	辽宁群益集团耐火材料公司	7092.00	6620.00	472.00	7.13	63235.00	78021.00	-14786.00	-18.95
16	大石桥市三强耐火材料有限公司	2350.00	4570.00	-2220.00	-48.58	54564.00	56006.00	-1442.00	-2.58
17	大石桥市兴华镁矿有限公司	5366.00	5150.00	216.00	4.19	66541.00	61376.00	5165.00	8.42
18	营口青花耐火材料股份有限公司	32845.39	35942.63	-3097.24	-8.62	382342.19	343594.56	38747.63	11.28
19	海城市后英经贸集团有限公司	20835.00	18008.00	2827.00	15.70	243763.00	239412.00	4351.00	1.82
20	大石桥淮林耐火材料有限公司	8303.00	8150.00	153.00	1.88	87105.00	113324.00	-26219.00	-23.14
21	辽宁中镁控股股份有限公司	29936.00	29806.00	130.00	0.44	165906.00	162386.00	3520.00	2.17
22	大石桥市荣兴镁质材料有限公司	3849.00	3532.00	317.00	8.98	44357.00	43014.00	1343.00	3.12
23	营口金龙集团耐火材料有限公司	26533.00	24621.00	1912.00	7.77	288011.00	222125.00	65886.00	29.66
24	海城市西洋镁矿有限公司	32500.00	66500.00	-34000.00	-51.13	387100.00	349700.00	37400.00	10.70
25	海城华宇耐火材料有限公司	5449.00	3529.09	1919.91	54.40	58633.68	31994.32	26639.36	83.26

续表 3

序号	单位	2010 年 12 月	2009 年 12 月	同期比较		2010 年累计	2009 年累计	同期比较	
				增减量	增减/%			增减量	增减/%
26	大石桥市荣源镁矿有限公司	4417.00	5728.20	-1311.20	-22.89	47851.20	28628.90	19222.30	67.14
27	营口永吉麦格新型耐材有限公司	8327.00	7780.00	547.00	7.03	128953.00	110834.00	18119.00	16.35
28	大石桥市临峰耐火材料有限公司	332.00	0.00	332.00	0.00	2350.00	4356.00	-2006.00	-46.05
29	大石桥市石佛镁制品有限责任公司	1100.00	1160.00	-60.00	-5.17	14267.00	20175.00	-5908.00	-29.28
30	辽宁科英耐火材料有限公司	4767.68	5244.54	-476.86	-9.09	57285.60	50003.38	7282.22	14.56
31	营口欣立耐材科技有限公司	6637.13	7268.09	-630.96	-8.68	68106.58	70990.02	-2883.44	-4.06
32	鞍山市星火特种耐火材料有限公司	1234.60	1945.11	-710.51	-36.53	21082.89	35995.95	-14913.06	-41.43
33	辽宁中兴矿业集团有限公司	14783.00	11756.45	3026.55	25.74	129065.46	114139.68	14925.78	13.08
34	辽宁丰华实业有限公司	1750.55	3860.71	-2110.16	-54.66	50100.03	51700.03	-1600.00	-3.10
35	营口宁丰镁业有限公司	2350.00	1750.00	600.00	34.29	14699.77	7550.00	7149.77	94.70
36	营口麦格斯耐火材料有限公司	2788.00	2370.00	418.00	17.64	33916.00	32530.00	1386.00	4.26
37	宜兴新威利成耐火材料有限公司	3739.10	86.00	3653.10	4247.79	39177.36	38306.34	871.02	2.27
38	无锡市南方耐材有限公司	1975.00	4055.73	-2080.73	-51.30	22641.92	22234.37	407.55	1.83
39	江苏苏嘉集团新材料有限公司	13387.00	14973.00	-1586.00	-10.59	162313.00	142973.00	19340.00	13.53
40	无锡市宝宜耐火材料有限公司	2241.00	2254.30	-13.30	-0.59	26440.80	35938.80	-9498.00	-26.43
41	江苏昆山思创耐火材料有限公司	3854.63	2714.34	1140.29	42.01	41099.74	26673.84	14425.90	54.08
42	浙江自立股份有限公司	15277.52	10813.19	4464.33	41.29	161694.08	118219.96	43474.12	36.77
43	浙江湖州父子岭耐火集团有限公司	9096.00	7897.00	1199.00	15.18	93858.00	81793.00	12065.00	14.75
44	浙江铁狮高温材料有限公司	1050.00	710.00	340.00	47.89	7413.00	6590.00	823.00	12.49
45	浙江红鹰集团股份有限公司	34259.64	25144.05	9115.59	36.25	165938.10	122266.94	43671.16	35.72
46	马鞍山钢铁股份有限公司耐火材料公司	7177.00	7468.00	-291.00	-3.90	102367.00	97188.00	5179.00	5.33
47	济南鲁东耐火材料有限公司	6650.00	4800.00	1850.00	38.54	66700.00	51260.00	15440.00	30.12
48	山东鲁阳股份有限公司	14329.00	22520.00	-8191.00	-36.37	151757.00	196961.00	-45204.00	-22.95
49	青岛正望耐火材料有限公司	1170.00	723.00	447.00	61.83	8729.81	7024.82	1704.99	24.27
50	济南钢铁集团耐火材料有限责任公司	3849.00	4875.00	-1026.00	-21.05	55981.00	52821.00	3160.00	5.98

续表3

序号	单位	2010年12月	2009年12月	同期比较		2010年累计	2009年累计	同期比较	
				增减量	增减/%			增减量	增减/%
51	淄博鲁中耐火材料有限公司	10060.00	8723.00	1337.00	15.33	114092.00	88016.00	26076.00	29.63
52	山东鲁桥新材料股份有限公司	10123.39	8570.80	1552.59	18.12	127514.94	119997.84	7517.10	6.26
53	淄博鑫耐达耐火材料股份有限公司	658.00	645.00	13.00	2.02	7735.00	7998.50	-263.50	-3.29
54	山东耐火材料有限公司	17094.00	20920.00	-3826.00	-18.29	231555.00	220212.00	11343.00	5.15
55	河南熔金高温材料股份有限公司	2502.40	2859.00	-356.60	-12.47	31368.34	28778.00	2590.34	9.00
56	河南省耕生耐火材料有限公司	8387.46	9276.56	-889.10	-9.58	112045.49	121808.44	-9762.95	-8.02
57	焦作贝格耐火材料有限公司	2041.00	2798.00	-757.00	-27.06	42992.00	44315.00	-1323.00	-2.99
58	濮阳濮耐高温材料（集团）股份有限公司	19243.32	18737.28	506.04	2.70	229638.79	189888.75	39750.04	20.93
59	河南省开封特耐股份有限公司	42.96	205.80	-162.84	-79.13	3483.96	3110.90	373.06	11.99
60	郑州华威耐火材料股份有限公司	6310.00	6486.40	-176.40	-2.72	73309.00	71383.76	1925.24	2.70
61	中钢集团耐火材料有限公司	15560.63	15147.59	413.04	2.73	192125.99	170057.03	22068.96	12.98
62	郑州东方企业集团股份有限公司	8084.62	9907.93	-1823.31	-18.40	129987.55	120109.80	9877.75	8.22
63	中钢集团洛阳耐火材料研究院有限公司	4140.85	3091.64	1049.21	33.94	38811.40	30267.42	8543.98	28.23
64	河南省伯马股份有限公司	662.28	771.19	-108.91	-14.12	8469.47	7144.69	1324.78	18.54
65	河南春胜耐材有限公司	20665.00	6500.00	14165.00	217.92	176897.00	215403.00	-38506.00	-17.88
66	巩义市第五耐火材料总厂	8210.00	12206.60	-3996.60	-32.74	177265.28	106271.72	70993.56	66.80
67	河南竹林耐材有限公司	5603.00	5953.10	-350.10	-5.88	61605.76	59367.85	2237.91	3.77
68	郑州振东科技有限公司	11187.29	8558.42	2628.87	30.72	103105.74	80001.97	23103.77	28.88
69	郑州市才华耐火材料有限公司	6849.72	6006.19	843.53	14.04	76058.76	68694.78	7363.98	10.72
70	武钢耐火材料有限责任公司	5634.00	6572.00	-938.00	-14.27	150540.00	78692.00	71848.00	91.30
71	武汉瑞升特种耐火材料有限责任公司	2599.01	4245.28	-1646.27	-38.78	39326.05	32994.56	6331.49	19.19
72	成都府天新材料科技有限公司	2052.80	1186.63	866.17	72.99	17435.03	15972.22	1462.81	9.16
73	四川攀钢冶金材料有限责任公司	5757.83	5020.27	737.56	14.69	57913.16	55725.32	2187.84	3.93

表 4　2011 年重点统计耐材企业耐火材料制品（钢铁用）产量

（吨）

序号	单位	2011 年 12 月	2010 年 12 月	同期比较		2011 年累计	2010 年累计	同期比较	
				增减量	增减/%			增减量	增减/%
1	重点合计	596457.86	620981.31	-24523.45	-3.95	6721392.50	6761089.71	-39697.21	-0.59
2	通达耐火技术股份有限公司	24170.96	19017.85	5153.11	27.10	232121.40	245487.38	-13365.98	-5.45
3	北京利尔高温材料股份有限公司	20984.70	18478.02	2506.68	13.57	221849.43	185354.97	36494.46	19.69
4	北京首钢耐材炉料有限公司	108.44	905.30	-796.86	-88.02	5512.11	15661.96	-10149.85	-64.81
5	河北瀛都复合材料有限公司	3996.42	3936.63	59.79	1.52	33804.04	36800.66	-2996.62	-8.14
6	唐山市国亮特殊耐火材料有限公司	9129.00	9572.50	-443.50	-4.63	110260.47	104705.17	5555.30	5.31
7	唐山时创耐火材料有限公司	3599.00	3599.00	0.00	0.00	39417.00	44169.00	-4752.00	-10.76
8	唐山市六方碳化硅有限公司	414.00	436.52	-22.52	-5.16	3396.00	4429.52	-1033.52	-23.33
9	孝义市和中兴矿产有限公司	3433.00	2748.00	685.00	24.93	40594.00	27494.00	13100.00	47.65
10	山西盂县西小坪耐火材料有限公司	8604.00	33278.00	-24674.00	-74.15	218654.03	226223.21	-7569.18	-3.35
11	山西禄纬堡太钢耐火材料有限公司	7230.70	3621.49	3609.21	99.66	74563.07	60279.20	14283.87	23.70
12	山西圣火炉料有限公司	1584.60	3591.20	-2006.60	-55.88	30373.28	31140.72	-767.44	-2.46
13	内蒙古包钢耐火材料厂	2914.87	2951.00	-36.13	-1.22	26895.87	25542.00	1353.87	5.30
14	辽宁金鼎镁矿集团有限公司	3610.00	3776.00	-166.00	-4.40	39927.00	35180.00	4747.00	13.49
15	辽宁群益集团耐火材料公司	238.00	7092.00	-6854.00	-96.64	32868.80	63235.00	-30366.20	-48.02
16	大石桥市三强耐火材料有限公司	4677.00	2350.00	2327.00	99.02	57868.00	54564.00	3304.00	6.06
17	大石桥市兴华镁矿有限公司	5550.00	5366.00	184.00	3.43	66271.00	66541.00	-270.00	-0.41
18	营口青花耐火材料股份有限公司	34582.76	32845.39	1737.37	5.29	379897.76	382342.19	-2444.43	-0.64
19	海城市后英经贸集团有限公司	17960.00	20835.00	-2875.00	-13.80	234304.00	243763.00	-9459.00	-3.88
20	大石桥淮林耐火材料有限公司	7004.00	8303.00	-1299.00	-15.65	88576.00	87105.00	1471.00	1.69
21	辽宁中镁控股股份有限公司	32746.00	29936.00	2810.00	9.39	172121.00	165906.00	6215.00	3.75
22	大石桥市荣兴镁质材料有限公司	4391.00	3849.00	542.00	14.08	50003.97	44357.00	5646.97	12.73
23	营口金龙集团耐火材料有限公司	22543.00	26533.00	-3990.00	-15.04	269790.00	288011.00	-18221.00	-6.33
24	海城市西洋镁矿有限公司	19400.00	32500.00	-13100.00	-40.31	336900.00	387100.00	-50200.00	-12.97
25	海城华宇耐火材料有限公司	4377.80	5449.00	-1071.20	-19.66	65771.40	58633.68	7137.72	12.17

续表4

序 号	单 位	2011年12月	2010年12月	同期比较		2011年累计	2010年累计	同期比较	
				增减量	增减/%			增减量	增减/%
26	大石桥市荣源镁矿有限公司	5888.60	4417.00	1471.60	33.32	56073.50	47851.20	8222.30	17.18
27	营口永吉麦格新型耐材有限公司	8852.00	8327.00	525.00	6.31	137013.00	128953.00	8060.00	6.25
28	大石桥市临峰耐火材料有限公司	0.00	332.00	-332.00	-100.00	2895.00	2350.00	545.00	23.19
29	大石桥市石佛镁制品有限责任公司	440.00	1100.00	-660.00	-60.00	6737.00	14267.00	-7530.00	-52.78
30	辽宁科英耐火材料有限公司	4645.00	4767.68	-122.68	-2.57	51086.41	57285.60	-6199.19	-10.82
31	营口欣立耐材科技有限公司	6875.85	6637.13	238.72	3.60	75521.99	68106.58	7415.41	10.89
32	鞍山市星火特种耐火材料有限公司	12469.20	1234.60	11234.60	909.98	32266.05	21082.89	11183.16	53.04
33	辽宁中兴矿业集团有限公司	16535.40	14783.00	1752.40	11.85	147337.35	129065.46	18271.89	14.16
34	辽宁丰华实业有限公司	2431.32	1750.55	680.77	38.89	35830.00	50100.03	-14270.03	-28.48
35	营口宁丰镁业有限公司	345.10	2350.00	-2004.90	-85.32	11834.87	14699.77	-2864.90	-19.49
36	营口麦格斯耐火材料有限公司	180.00	2788.00	-2608.00	-93.54	20706.00	33916.00	-13210.00	-38.95
37	宜兴新威利成耐火材料有限公司	2978.91	3739.10	-760.19	-20.33	40145.16	39177.36	967.80	2.47
38	无锡市南方耐材有限公司	1761.13	1975.00	-213.87	-10.83	22868.17	22641.92	226.25	1.00
39	江苏苏嘉集团新材料有限公司	13283.00	13387.00	-104.00	-0.78	181907.00	162313.00	19594.00	12.07
40	无锡市宝宜耐火材料有限公司	2324.00	2241.00	83.00	3.70	28091.90	26440.80	1651.10	6.25
41	江苏昆山思创耐火材料有限公司	3512.03	3854.63	-342.60	-8.89	37848.58	41099.74	-3251.16	-7.91
42	浙江自立股份有限公司	15355.22	15277.52	77.70	0.51	176288.90	161694.08	14594.82	9.03
43	浙江湖州父子岭耐火集团有限公司	9386.00	9096.00	290.00	3.19	112008.00	93858.00	18150.00	19.34
44	浙江铁狮高温材料有限公司	1250.00	1050.00	200.00	19.05	7768.00	7413.00	355.00	4.79
45	浙江红鹰集团股份有限公司	9866.73	34259.64	-24392.91	-71.20	140110.63	165938.10	-25827.47	-15.57
46	马鞍山钢铁股份有限公司耐火材料公司	6687.00	7177.00	-490.00	-6.83	91746.00	102367.00	-10621.00	-10.38
47	济南鲁东耐火材料有限公司	6300.00	6650.00	-350.00	-5.26	74410.00	66700.00	7710.00	11.56
48	山东鲁阳股份有限公司	26810.00	14329.00	12481.00	87.10	170527.00	151757.00	18770.00	12.37
49	青岛正望耐火材料有限公司	1564.92	1170.00	394.92	33.75	17175.14	8729.81	8445.33	96.74
50	济南钢铁集团耐火材料有限责任公司	4031.00	3849.00	182.00	4.73	51585.00	55981.00	-4396.00	-7.85

续表 4

序号	单位	2011年12月	2010年12月	同期比较		2011年累计	2010年累计	同期比较	
				增减量	增减/%			增减量	增减/%
51	淄博鲁中耐火材料有限公司	10100.00	10060.00	40.00	0.40	110670.56	114092.00	-3421.44	-3.00
52	山东鲁桥新材料股份有限公司	9426.63	10123.39	-696.76	-6.88	111787.06	127514.94	-15727.88	-12.33
53	淄博鑫耐达耐火材料股份有限公司	520.00	658.00	-138.00	-20.97	7824.00	7735.00	89.00	1.15
54	山东耐火材料有限公司	19502.00	17094.00	2408.00	14.09	236342.00	231555.00	4787.00	2.07
55	河南熔金高温材料股份有限公司	2436.00	2502.40	-66.40	-2.65	31029.26	31368.34	-339.08	-1.08
56	河南省耕生耐火材料有限公司	9148.89	8387.46	761.43	9.08	107171.18	112045.49	-4874.31	-4.35
57	焦作贝格耐火材料有限公司	2061.00	2041.00	20.00	0.98	30989.00	42992.00	-12003.00	-27.92
58	濮阳濮耐高温材料（集团）股份有限公司	25102.79	19243.32	5859.47	30.45	270850.85	229638.79	41212.06	17.95
59	河南省开封特耐股份有限公司	412.64	42.96	369.68	860.52	4287.43	3483.96	803.47	23.06
60	郑州华威耐火材料股份有限公司	6697.00	6310.00	387.00	6.13	73848.00	73309.00	539.00	0.74
61	中钢集团耐火材料有限公司	13161.04	15560.63	-2399.59	-15.42	188124.08	192125.99	-4001.91	-2.08
62	郑州东方企业集团股份有限公司	8002.39	8084.62	-82.23	-1.02	129899.72	129987.55	-87.83	-0.07
63	中钢集团洛阳耐火材料研究院有限公司	3592.35	4140.85	-548.50	-13.25	35992.37	38811.40	-2819.03	-7.26
64	河南省伯马股份有限公司	961.29	662.28	299.01	45.15	9214.98	8469.47	745.51	8.80
65	河南春胜耐材有限公司	24180.00	20665.00	3515.00	17.01	218807.00	176897.00	41910.00	23.69
66	巩义市第五耐火材料总厂	10846.69	8210.00	2636.69	32.12	129367.31	177265.28	-47897.97	-27.02
67	河南竹林耐材有限公司	6307.03	5603.00	704.03	12.57	71490.66	61605.76	9884.90	16.05
68	郑州振东科技有限公司	12174.50	11187.29	987.21	8.82	125911.76	103105.74	22806.02	22.12
69	郑州市才华耐火材料有限公司	7357.87	6849.72	508.15	7.42	83418.93	76058.76	7360.17	9.68
70	武钢耐火材料有限责任公司	7604.00	5634.00	1970.00	34.97	75348.00	150540.00	-75192.00	-49.95
71	武汉瑞升特种耐火材料有限责任公司	2650.41	2599.01	51.40	1.98	30371.29	39326.05	-8954.76	-22.77
72	成都府天新材料科技有限公司	1505.00	2052.80	-547.80	-26.69	18402.86	17435.03	967.83	5.55
73	四川攀钢冶金材料有限责任公司	5686.68	5757.83	-71.15	-1.24	58723.92	57913.16	810.76	1.40

表 5 2012 年重点统计耐材企业耐火材料制品（钢铁用）产量

（吨）

序号	单位	2012 年 12 月	2011 年 12 月	同期比较		2012 年累计	2011 年累计	同期比较	
				增减量	增减/%			增减量	增减/%
1	重点合计	485314.46	596457.86	-111143.40	-18.63	6002610.09	6721392.50	-718782.41	-10.69
2	通达耐火技术股份有限公司	17737.52	24170.96	-6433.44	-26.62	183612.56	232121.40	-48508.84	-20.90
3	北京利尔高温材料股份有限公司	23245.00	20984.70	2260.30	10.77	243385.27	221849.43	21535.84	9.71
4	北京首钢耐材炉料有限公司	93.00	108.44	-15.44	-14.24	1218.26	5512.11	-4293.85	-77.90
5	河北瀛都复合材料有限公司	3615.59	3996.42	-380.83	-9.53	35053.50	33804.04	1249.46	3.70
6	唐山市国亮特殊耐火材料有限公司	9593.00	9129.00	464.00	5.08	100845.00	110260.47	-9415.47	-8.54
7	唐山时创耐火材料有限公司	3290.00	3599.00	-309.00	-8.59	36333.00	39417.00	-3084.00	-7.82
8	唐山市六方碳化硅有限公司	136.00	414.00	-278.00	-67.15	2192.00	3396.00	-1204.00	-35.45
9	孝义市和中兴矿产有限公司	4887.00	3433.00	1454.00	42.35	42365.00	40594.00	1771.00	4.36
10	山西盂县西小坪耐火材料有限公司	7127.00	8604.00	-1477.00	-17.17	148549.89	218654.03	-70104.14	-32.06
11	山西禄纬堡太钢耐火材料有限公司	7639.06	7230.70	408.36	5.65	88852.15	74563.07	14289.08	19.16
12	山西圣火炉料有限公司	1494.40	1584.60	-90.20	-5.69	20765.25	30373.28	-9608.03	-31.63
13	内蒙古包钢耐火材料厂	2136.00	2914.87	-778.87	-26.72	24092.00	26895.87	-2803.87	-10.43
14	辽宁金鼎镁矿集团有限公司	3384.00	3610.00	-226.00	-6.26	45664.00	39927.00	5737.00	14.37
15	辽宁群益集团耐火材料公司	1363.00	238.00	1125.00	472.69	6022.00	32868.80	-26846.80	-81.68
16	大石桥市三强耐火材料有限公司	4668.00	4677.00	-9.00	-0.19	57984.00	57868.00	116.00	0.20
17	大石桥市兴华镁矿有限公司	5750.00	5550.00	200.00	3.60	71665.00	66271.00	5394.00	8.14
18	营口青花耐火材料股份有限公司	36952.00	34582.76	2369.24	6.85	375988.63	379897.76	-3909.13	-1.03
19	海城市后英经贸集团有限公司	15014.00	17960.00	-2946.00	-16.40	177313.00	234304.00	-56991.00	-24.32
20	大石桥淮林耐火材料有限公司	6244.88	7004.00	-759.12	-10.84	72251.88	88576.00	-16324.12	-18.43
21	辽宁中镁控股股份有限公司	10376.57	32746.00	-22369.43	-68.31	107951.06	172121.00	-64169.94	-37.28
22	大石桥市荣兴镁质材料有限公司	5547.00	4391.00	1156.00	26.33	56881.45	50003.97	6877.48	13.75
23	营口金龙集团耐火材料有限公司	19005.00	22543.00	-3538.00	-15.69	218907.00	269790.00	-50883.00	-18.86
24	海城市西洋镁矿有限公司	2000.00	19400.00	-17400.00	-89.69	199300.00	336900.00	-137600.00	-40.84
25	海城华宇耐火材料有限公司	3752.00	4377.80	-625.80	-14.30	50049.93	65771.40	-15721.47	-23.90

续表5

序号	单位	2012年12月	2011年12月	同期比较		2012年累计	2011年累计	同期比较	
				增减量	增减/%			增减量	增减/%
26	大石桥市荣源镁矿有限公司	2320.00	5888.60	-3568.60	-60.60	21328.00	56073.50	-34745.50	-61.96
27	营口永吉麦格新型耐材有限公司	7234.00	8852.00	-1618.00	-18.28	142231.00	137013.00	5218.00	3.81
28	大石桥市临峰耐火材料有限公司	0.00	0.00	0.00	0.00	1812.00	2895.00	-1083.00	-37.41
29	大石桥市石佛镁制品有限责任公司	700.00	440.00	260.00	59.09	6360.00	6737.00	-377.00	-5.60
30	辽宁科英耐火材料有限公司	3550.00	4645.00	-1095.00	-23.57	43241.00	51086.41	-7845.41	-15.36
31	营口欣立耐材科技有限公司	6159.28	6875.85	-716.57	-10.42	59056.76	75521.99	-16465.23	-21.80
32	鞍山市星火特种耐火材料有限公司	714.00	12469.20	-11755.20	-94.27	21153.63	32266.05	-11112.42	-34.44
33	辽宁中兴矿业集团有限公司	12753.80	16535.40	-3781.60	-22.87	162770.71	147337.35	15433.36	10.48
34	辽宁丰华实业有限公司	2112.05	2431.32	-319.27	-13.13	16926.84	35830.00	-18903.16	-52.76
35	营口宁丰镁业有限公司	0.00	345.10	-345.10	-100.00	0.00	11834.87	-11834.87	-100.00
36	宜兴新威利成耐火材料有限公司	2686.24	2978.91	-292.67	-9.83	30452.64	40145.16	-9692.52	-24.14
37	无锡市南方耐材有限公司	1773.49	1761.13	12.36	0.70	20506.82	22868.17	-2361.35	-10.33
38	江苏苏嘉集团新材料有限公司	12301.00	13283.00	-982.00	-7.39	170945.00	181907.00	-10962.00	-6.03
39	无锡市宝宜耐火材料有限公司	1398.00	2324.00	-926.00	-39.85	25146.40	28091.90	-2945.50	-10.49
40	江苏昆山思创耐火材料有限公司	2225.01	3512.03	-1287.02	-36.65	32065.46	37848.58	-5783.12	-15.28
41	江苏嘉耐高温材料有限公司	1723.80	0.00	1723.80	0.00	19837.50	0.00	19837.50	0.00
42	浙江自立股份有限公司	18632.82	15355.22	3277.60	21.35	224286.65	176288.90	47997.75	27.23
43	浙江湖州父子岭耐火集团有限公司	8005.00	9386.00	-1381.00	-14.71	97512.00	112008.00	-14496.00	-12.94
44	浙江铁狮高温材料有限公司	980.00	1250.00	-270.00	-21.60	8613.00	7768.00	845.00	10.88
45	浙江红鹰集团股份有限公司	12012.99	9866.73	2146.26	21.75	141914.90	140110.63	1804.27	1.29
46	马鞍山钢铁股份有限公司耐火材料公司	6657.00	6687.00	-30.00	-0.45	81012.00	91746.00	-10734.00	-11.70
47	济南鲁东耐火材料有限公司	5510.00	6300.00	-790.00	-12.54	75890.00	74410.00	1480.00	1.99
48	山东鲁阳股份有限公司	19827.00	26810.00	-6983.00	-26.05	180686.00	170527.00	10159.00	5.96
49	青岛正望耐火材料有限公司	3613.00	1564.92	2048.08	130.87	25676.80	17175.14	8501.66	49.50

续表5

序号	单位	2012年12月	2011年12月	同期比较		2012年累计	2011年累计	同期比较	
				增减量	增减/%			增减量	增减/%
50	济南钢铁集团耐火材料有限责任公司	3897.00	4031.00	-134.00	-3.32	50036.00	51585.00	-1549.00	-3.00
51	淄博鲁中耐火材料有限公司	6971.00	10100.00	-3129.00	-30.98	92252.80	110670.56	-18417.76	-16.64
52	山东鲁桥新材料股份有限公司	12856.15	9426.63	3429.52	36.38	141424.43	111787.06	29637.37	26.51
53	淄博鑫耐达耐火材料股份有限公司	495.00	520.00	-25.00	-4.81	6451.00	7824.00	-1373.00	-17.55
54	山东耐火材料有限公司	16085.00	19502.00	-3417.00	-17.52	212188.00	236342.00	-24154.00	-10.22
55	河南熔金高温材料股份有限公司	2356.00	2436.00	-80.00	-3.28	27776.00	31029.26	-3253.26	-10.48
56	河南省耕生耐火材料有限公司	6561.88	9148.89	-2587.01	-28.28	84901.40	107171.18	-22269.78	-20.78
57	濮阳濮耐高温材料（集团）股份有限公司	25176.82	25102.79	74.03	0.30	262746.13	270850.85	-8104.72	-2.99
58	河南省开封特耐股份有限公司	374.40	412.64	-38.24	-9.27	5302.35	4287.43	1014.92	23.67
59	郑州华威耐火材料股份有限公司	7193.00	6697.00	496.00	7.41	72719.00	73848.00	-1129.00	-1.53
60	中钢集团耐火材料有限公司	15501.53	13161.04	2340.49	17.78	201087.78	188124.08	12963.70	6.89
61	郑州东方企业集团股份有限公司	5032.63	8002.39	-2969.76	-37.11	122049.08	129899.72	-7850.64	-6.04
62	中钢集团洛阳耐火材料研究院有限公司	2891.33	3592.35	-701.02	-19.51	34104.80	35992.37	-1887.57	-5.24
63	河南省伯马股份有限公司	985.00	961.29	23.71	2.47	9532.57	9214.98	317.59	3.45
64	河南春胜耐材有限公司	8178.00	24180.00	-16002.00	-66.18	196804.00	218807.00	-22003.00	-10.06
65	巩义市第五耐火材料总厂	8013.30	10846.69	-2833.39	-26.12	102764.50	129367.31	-26602.81	-20.56
66	郑州振东科技有限公司	12733.20	12174.50	558.70	4.59	135765.20	125911.76	9853.44	7.83
67	郑州市才华耐火材料有限公司	7420.74	7357.87	62.87	0.85	85241.45	83418.93	1822.52	2.19
68	武钢耐火材料有限责任公司	6006.00	7604.00	-1598.00	-21.02	75009.00	75348.00	-339.00	-0.45
69	武汉瑞升特种耐火材料有限责任公司	1756.01	2650.41	-894.40	-33.75	25518.26	30371.29	-4853.03	-15.98
70	成都府天新材料科技有限公司	870.00	1505.00	-635.00	-42.19	13778.00	18402.86	-4624.86	-25.13
71	四川攀钢冶金材料有限责任公司	6021.97	5686.68	335.29	5.90	61339.40	58723.92	2615.48	4.45

表 6　2013 年重点统计耐材企业耐火材料制品（钢铁用）产量

（吨）

序号	单位	2013 年 12 月	2012 年 12 月	同期比较		2013 年累计	2012 年累计	同期比较	
				增减量	增减/%			增减量	增减/%
1	重点合计	501555.09	485314.46	16240.63	3.35	5954302.01	6002610.09	-48308.08	-0.81
2	通达耐火技术股份有限公司	15879.00	17737.52	-1858.52	-10.48	198032.28	183612.56	14419.72	7.85
3	北京利尔高温材料股份有限公司	25815.00	23245.00	2570.00	11.06	278328.54	243385.27	34943.27	14.36
4	北京首钢耐材炉料有限公司	27.08	93.00	-65.92	-70.88	1108.32	1218.26	-109.94	-9.02
5	河北瀛都复合材料有限公司	3083.67	3615.59	-531.92	-14.71	32282.09	35053.50	-2771.41	-7.91
6	唐山市国亮特殊耐火材料有限公司	9120.00	9593.00	-473.00	-4.93	111951.00	100845.00	11106.00	11.01
7	唐山时创耐火材料有限公司	3259.00	3290.00	-31.00	-0.94	39227.00	36333.00	2894.00	7.97
8	唐山市六方碳化硅有限公司	47.00	136.00	-89.00	-65.44	2223.00	2192.00	31.00	1.41
9	孝义市和中兴矿产有限公司	5054.00	4887.00	167.00	3.42	48184.00	42365.00	5819.00	13.74
10	山西盂县西小坪耐火材料有限公司	9672.00	7127.00	2545.00	35.71	160538.65	148549.89	11988.76	8.07
11	山西禄纬堡太钢耐火材料有限公司	7386.36	7639.06	-252.70	-3.31	76072.83	88852.15	-12779.32	-14.38
12	山西圣火炉料有限公司	944.44	1494.40	-549.96	-36.80	29589.88	20765.25	8824.63	42.50
13	内蒙古包钢耐火材料厂	1360.00	2136.00	-776.00	-36.33	21797.00	24092.00	-2295.00	-9.53
14	辽宁金鼎镁矿集团有限公司	1775.60	3384.00	-1608.40	-47.53	41513.50	45664.00	-4150.50	-9.09
15	辽宁群益集团耐火材料公司	2274.00	1363.00	911.00	66.84	17502.00	6022.00	11480.00	190.63
16	大石桥市三强耐火材料有限公司	4467.00	4668.00	-201.00	-4.31	57205.00	57984.00	-779.00	-1.34
17	大石桥市兴华镁矿有限公司	5990.00	5750.00	240.00	4.17	74541.00	71665.00	2876.00	4.01
18	营口青花耐火材料股份有限公司	40156.00	36952.00	3204.00	8.67	403408.00	375988.63	27419.37	7.29
19	海城市后英经贸集团有限公司	13603.00	15014.00	-1411.00	-9.40	163669.00	177313.00	-13644.00	-7.70
20	大石桥淮林耐火材料有限公司	6275.23	6244.88	30.35	0.49	53668.82	72251.88	-18583.06	-25.72
21	辽宁中镁控股股份有限公司	10681.00	10376.57	304.43	2.93	143916.03	107951.06	35964.97	33.32
22	大石桥市荣兴镁质材料有限公司	6185.91	5547.00	638.91	11.52	63743.91	56881.45	6862.46	12.06
23	营口金龙集团耐火材料有限公司	20035.00	19005.00	1030.00	5.42	212772.00	218907.00	-6135.00	-2.80
24	海城市西洋镁矿有限公司	0.00	2000.00	-2000.00	-100.00	13900.00	199300.00	-185400.00	-93.03
25	海城华宇耐火材料有限公司	4311.00	3752.00	559.00	14.90	46276.57	50049.93	-3773.36	-7.54

续表 6

序号	单位	2013 年 12 月	2012 年 12 月	同期比较		2013 年累计	2012 年累计	同期比较	
				增减量	增减/%			增减量	增减/%
26	大石桥市荣源镁矿有限公司	1550.00	2320.00	-770.00	-33.19	19398.00	21328.00	-1930.00	-9.05
27	营口永吉麦格新型耐材有限公司	7035.00	7234.00	-199.00	-2.75	142266.00	142231.00	35.00	0.03
28	大石桥市临峰耐火材料有限公司	0.00	0.00	0.00	0.00	2184.00	1812.00	372.00	20.53
29	大石桥市石佛镁制品有限责任公司	960.00	700.00	260.00	37.14	10020.00	6360.00	3660.00	57.55
30	辽宁科英耐火材料有限公司	3772.00	3550.00	222.00	6.25	43220.00	43241.00	-21.00	-0.05
31	营口欣立耐材科技有限公司	6276.27	6159.28	116.99	1.90	65287.86	59056.76	6231.10	10.55
32	鞍山市星火特种耐火材料有限公司	1005.00	714.00	291.00	40.76	9780.50	21153.63	-11373.13	-53.76
33	辽宁中兴矿业集团有限公司	2931.07	12753.80	-9822.73	-77.02	106284.20	162770.71	-56486.51	-34.70
34	辽宁丰华实业有限公司	1029.37	2112.05	-1082.68	-51.26	17685.90	16926.84	759.06	4.48
35	营口宁丰镁业有限公司	0.00	0.00	0.00	0.00	0.00	0.00	0.00	0.00
36	宜兴新威利成耐火材料有限公司	2215.09	2686.24	-471.15	-17.54	23832.93	30452.64	-6619.71	-21.74
37	无锡市南方耐材有限公司	1819.78	1773.49	46.29	2.61	20476.36	20506.82	-30.46	-0.15
38	江苏苏嘉集团新材料有限公司	17821.00	12301.00	5520.00	44.87	177755.00	170945.00	6810.00	3.98
39	无锡市宝宜耐火材料有限公司	2004.00	1398.00	606.00	43.35	23806.91	25146.40	-1339.49	-5.33
40	江苏昆山思创耐火材料有限公司	2822.15	2225.01	597.14	26.84	29998.41	32065.46	-2067.05	-6.45
41	江苏嘉耐高温材料有限公司	14818.78	1723.80	13094.98	759.66	124471.07	19837.50	104633.57	527.45
42	浙江自立股份有限公司	23557.57	18632.82	4924.75	26.43	258274.18	224286.65	33987.53	15.15
43	浙江湖州父子岭耐火集团有限公司	8029.00	8005.00	24.00	0.30	114793.30	97512.00	17281.30	17.72
44	浙江铁狮高温材料有限公司	980.00	980.00	0.00	0.00	9950.00	8613.00	1337.00	15.52
45	浙江红鹰集团股份有限公司	12978.97	12012.99	965.98	8.04	144224.04	141914.90	2309.14	1.63
46	马鞍山钢铁股份有限公司耐火材料公司	7512.00	6657.00	855.00	12.84	87841.00	81012.00	6829.00	8.43
47	济南鲁东耐火材料有限公司	6480.00	5510.00	970.00	17.60	69140.00	75890.00	-6750.00	-8.89

续表 6

序 号	单 位	2013 年 12 月	2012 年 12 月	同期比较		2013 年累计	2012 年累计	同期比较	
				增减量	增减/%			增减量	增减/%
48	山东鲁阳股份有限公司	22486.00	19827.00	2659.00	13.41	203602.00	180686.00	22916.00	12.68
49	青岛正望耐火材料有限公司	3649.40	3613.00	36.40	1.01	38877.11	25676.80	13200.31	51.41
50	济南钢铁集团耐火材料有限责任公司	3303.00	3897.00	-594.00	-15.24	43955.00	50036.00	-6081.00	-12.15
51	淄博鲁中耐火材料有限公司	8388.00	6971.00	1417.00	20.33	86588.90	92252.80	-5663.90	-6.14
52	山东鲁桥新材料股份有限公司	11102.92	12856.15	-1753.23	-13.64	147352.27	141424.43	5927.84	4.19
53	淄博鑫耐达耐火材料股份有限公司	123.00	495.00	-372.00	-75.15	2485.00	6451.00	-3966.00	-61.48
54	山东耐火材料有限公司	14093.00	16085.00	-1992.00	-12.38	198751.00	212188.00	-13437.00	-6.33
55	河南熔金高温材料股份有限公司	2216.41	2356.00	-139.59	-5.93	27292.41	27776.00	-483.59	-1.74
56	河南省耕生耐火材料有限公司	5304.22	6561.88	-1257.66	-19.17	73354.58	84901.40	-11546.82	-13.60
57	濮阳濮耐高温材料（集团）股份有限公司	28515.85	25176.82	3339.03	13.26	286214.23	262746.13	23468.10	8.93
58	河南省开封特耐股份有限公司	472.87	374.40	98.47	26.30	6355.83	5302.35	1053.48	19.87
59	郑州华威耐火材料股份有限公司	8327.00	7193.00	1134.00	15.77	80581.00	72719.00	7862.00	10.81
60	中钢集团耐火材料有限公司	13161.94	15501.53	-2339.59	-15.09	184911.27	201087.78	-16176.51	-8.05
61	郑州东方企业集团股份有限公司	4360.00	5032.63	-672.63	-13.37	113740.13	122049.08	-8308.95	-6.81
62	中钢集团洛阳耐火材料研究院有限公司	2566.95	2891.33	-324.38	-11.22	34674.96	34104.80	570.16	1.67
63	河南省伯马股份有限公司	698.16	985.00	-286.84	-29.12	8391.29	9532.57	-1141.28	-11.97
64	河南春胜耐材有限公司	8682.40	8178.00	504.40	6.17	126500.71	196804.00	-70303.29	-35.72
65	巩义市第五耐火材料总厂	4163.77	8013.30	-3849.53	-48.04	68222.19	102764.50	-34542.31	-33.61
66	郑州振东科技有限公司	13880.46	12733.20	1147.26	9.01	150314.60	135765.20	14549.40	10.72
67	郑州市才华耐火材料有限公司	7357.87	7420.74	-62.87	-0.85	83227.55	85241.45	-2013.90	-2.36
68	武钢耐火材料有限责任公司	6153.00	6006.00	147.00	2.45	69219.00	75009.00	-5790.00	-7.72
69	武汉瑞升特种耐火材料有限责任公司	1650.59	1756.01	-105.42	-6.00	21959.98	25518.26	-3558.28	-13.94
70	成都府天新材料科技有限公司	2170.00	870.00	1300.00	149.43	19988.00	13778.00	6210.00	45.07
71	四川攀钢冶金材料有限责任公司	5729.94	6021.97	-292.03	-4.85	61924.93	61339.40	585.53	0.96

表 7 2014 年重点统计耐材企业耐火材料制品（钢铁用）产量

（吨）

序号	单位	2014 年 12 月	2013 年 12 月	同期比较		2014 年累计	2013 年累计	同期比较	
				增减量	增减/%			增减量	增减/%
1	重点合计	479941.94	501555.09	-21613.15	-4.31	5730377.42	5954302.01	-223924.59	-3.76
2	通达耐火技术股份有限公司	18806.55	15879.00	2927.55	18.44	175075.17	198032.28	-22957.11	-11.59
3	北京利尔高温材料股份有限公司	27166.00	25815.00	1351.00	5.23	290777.56	278328.54	12449.02	4.47
4	北京首钢耐材炉料有限公司	711.00	27.08	683.92	2525.55	11440.58	1108.32	10332.26	932.25
5	河北瀛都复合材料有限公司	1815.72	3083.67	-1267.95	-41.12	34007.34	32282.09	1725.25	5.34
6	唐山市国亮特殊耐火材料有限公司	14602.00	9120.00	5482.00	60.11	133190.00	111951.00	21239.00	18.97
7	唐山时创耐火材料有限公司	3243.00	3259.00	-16.00	-0.49	37828.00	39227.00	-1399.00	-3.57
8	唐山市六方碳化硅有限公司	193.00	47.00	146.00	310.64	2779.00	2223.00	556.00	25.01
9	孝义市和中兴矿产有限公司	5081.00	5054.00	27.00	0.53	48633.00	48184.00	449.00	0.93
10	山西盂县西小坪耐火材料有限公司	15843.00	9672.00	6171.00	63.80	165520.00	160538.65	4981.35	3.10
11	山西禄纬堡太钢耐火材料有限公司	3149.34	7386.36	-4237.02	-57.36	68705.05	76072.83	-7367.78	-9.69
12	山西圣火炉料有限公司	1028.55	944.44	84.11	8.91	25646.21	29589.88	-3943.67	-13.33
13	内蒙古包钢耐火材料厂	2498.00	1360.00	1138.00	83.68	21224.00	21797.00	-573.00	-2.63
14	辽宁金鼎镁矿集团有限公司	1657.00	1775.60	-118.60	-6.68	22254.18	41513.50	-19259.32	-46.39
15	辽宁群益集团耐火材料公司	1649.00	2274.00	-625.00	-27.49	19814.00	17502.00	2312.00	13.21
16	大石桥市三强耐火材料有限公司	4570.00	4467.00	103.00	2.31	57381.00	57205.00	176.00	0.31
17	大石桥市兴华镁矿有限公司	6220.00	5990.00	230.00	3.84	77365.00	74541.00	2824.00	3.79
18	营口青花耐火材料股份有限公司	26604.00	40156.00	-13552.00	-33.75	392222.00	403408.00	-11186.00	-2.77
19	海城市后英经贸集团有限公司	13309.83	13603.00	-293.17	-2.16	188270.83	163669.00	24601.83	15.03
20	大石桥淮林耐火材料有限公司	8226.50	6275.23	1951.27	31.10	57395.64	53668.82	3726.82	6.94
21	辽宁中镁控股股份有限公司	11778.55	10681.00	1097.55	10.28	145685.14	143916.03	1769.11	1.23
22	大石桥市荣兴镁质材料有限公司	6916.17	6185.91	730.26	11.81	64491.22	63743.91	747.31	1.17

续表 7

序号	单位	2014 年 12 月	2013 年 12 月	同期比较		2014 年累计	2013 年累计	同期比较	
				增减量	增减/%			增减量	增减/%
23	营口金龙集团耐火材料有限公司	19835.00	20035.00	-200.00	-1.00	224370.00	212772.00	11598.00	5.45
24	海城华宇耐火材料有限公司	7111.00	4311.00	2800.00	64.95	64639.77	46276.57	18363.20	39.68
25	营口永吉麦格新型耐材有限公司	6950.00	7035.00	-85.00	-1.21	142621.00	142266.00	355.00	0.25
26	辽宁科英耐火材料有限公司	2841.00	3772.00	-931.00	-24.68	41474.00	43220.00	-1746.00	-4.04
27	营口欣立耐材科技有限公司	3934.22	6276.27	-2342.05	-37.32	58064.08	65287.86	-7223.78	-11.07
28	辽宁中兴矿业集团有限公司	1947.98	2931.07	-983.09	-33.54	35116.21	106284.20	-71167.99	-66.96
29	辽宁丰华实业有限公司	2523.62	1029.37	1494.25	145.16	20092.63	17685.90	2406.73	13.61
30	营口宁丰镁业有限公司	0.00	0.00	0.00	0.00	0.00	0.00	0.00	0.00
31	宜兴新威利成耐火材料有限公司	2463.37	2215.09	248.28	11.21	23023.19	23832.93	-809.74	-3.40
32	无锡市南方耐材有限公司	1954.80	1819.78	135.02	7.42	19035.79	20476.36	-1440.57	-7.04
33	江苏苏嘉集团新材料有限公司	15487.00	17821.00	-2334.00	-13.10	187573.00	177755.00	9818.00	5.52
34	无锡市宝宜耐火材料有限公司	1727.33	2004.00	-276.67	-13.81	22093.45	23806.91	-1713.46	-7.20
35	江苏昆山思创耐火材料有限公司	3400.65	2822.15	578.50	20.50	32814.24	29998.41	2815.83	9.39
36	江苏嘉耐高温材料有限公司	15966.22	14818.78	1147.44	7.74	140027.38	124471.07	15556.31	12.50
37	浙江自立股份有限公司	22755.63	23557.57	-801.94	-3.40	276230.59	258274.18	17956.41	6.95
38	浙江湖州父子岭耐火集团有限公司	8060.00	8029.00	31.00	0.39	105388.03	114793.30	-9405.27	-8.19
39	浙江铁狮高温材料有限公司	1100.00	980.00	120.00	12.25	10590.00	9950.00	640.00	6.43
40	浙江红鹰集团股份有限公司	16677.93	12978.97	3698.96	28.50	135448.98	144224.04	-8775.06	-6.08
41	马鞍山钢铁股份有限公司耐火材料公司	5444.00	7512.00	-2068.00	-27.53	66339.00	87841.00	-21502.00	-24.48
42	济南鲁东耐火材料有限公司	6000.00	6480.00	-480.00	-7.41	78880.00	69140.00	9740.00	14.09
43	山东鲁阳股份有限公司	25166.00	22486.00	2680.00	11.92	230529.00	203602.00	26927.00	13.23
44	青岛正望耐火材料有限公司	3206.30	3649.40	-443.10	-12.14	31986.19	38877.11	-6890.92	-17.73

续表 7

序号	单位	2014年12月	2013年12月	同期比较		2014年累计	2013年累计	同期比较	
				增减量	增减/%			增减量	增减/%
45	济南钢铁集团耐火材料有限责任公司	1551.00	3303.00	-1752.00	-53.04	28213.00	43955.00	-15742.00	-35.81
46	淄博鲁中耐火材料有限公司	10872.00	8388.00	2484.00	29.61	108781.20	86588.90	22192.30	25.63
47	山东鲁桥新材料股份有限公司	1476.24	11102.92	-9626.68	-86.70	113801.40	147352.27	-33550.87	-22.77
48	山东耐火材料有限公司	12929.00	14093.00	-1164.00	-8.26	179694.00	198751.00	-19057.00	-9.59
49	河南熔金高温材料股份有限公司	2425.00	2216.41	208.59	9.41	26981.28	27292.41	-311.13	-1.14
50	河南省耕生耐火材料有限公司	2070.60	5304.22	-3233.62	-60.96	28474.14	73354.58	-44880.44	-61.18
51	濮阳濮耐高温材料（集团）股份有限公司	26819.83	28515.85	-1696.02	-5.95	260632.29	286214.23	-25581.94	-8.94
52	河南省开封特耐股份有限公司	419.05	472.87	-53.82	-11.38	5456.41	6355.83	-899.42	-14.15
53	郑州华威耐火材料股份有限公司	7553.00	8327.00	-774.00	-9.30	72602.00	80581.00	-7979.00	-9.90
54	中钢集团耐火材料有限公司	10408.58	13161.94	-2753.36	-20.92	161003.92	184911.27	-23907.35	-12.93
55	郑州东方企业集团股份有限公司	2641.00	4360.00	-1719.00	-39.43	99650.16	113740.13	-14089.97	-12.39
56	中钢集团洛阳耐火材料研究院有限公司	3696.59	2566.95	1129.64	44.01	41495.83	34674.96	6820.87	19.67
57	河南省伯马股份有限公司	583.94	698.16	-114.22	-16.36	7131.60	8391.29	-1259.69	-15.01
58	河南春胜耐材有限公司	5730.04	8682.40	-2952.36	-34.00	117607.33	126500.71	-8893.38	-7.03
59	巩义市第五耐火材料总厂	4940.53	4163.77	776.76	18.66	55923.69	68222.19	-12298.50	-18.03
60	郑州振东科技有限公司	12513.43	13880.46	-1367.03	-9.85	136309.80	150314.60	-14004.80	-9.32
61	郑州市才华耐火材料有限公司	9745.66	7357.87	2387.79	32.45	78928.65	83227.55	-4298.90	-5.17
62	武钢耐火材料有限责任公司	6774.00	6153.00	621.00	10.09	71284.00	69219.00	2065.00	2.98
63	武汉瑞升特种耐火材料有限责任公司	826.84	1650.59	-823.75	-49.91	15085.34	21959.98	-6874.64	-31.31
64	成都府天新材料科技有限公司	1638.00	2170.00	-532.00	-24.52	18745.00	19988.00	-1243.00	-6.22
65	四川攀钢冶金材料有限责任公司	4707.35	5729.94	-1022.59	-17.85	60115.95	61924.93	-1808.98	-2.92

表 8　2001 ~ 2014 年全国耐火原材料出口量及贸易额

产品类别	2001 年				2002 年				2003 年			
	数量/万吨	同比/%	金额/万美元	同比/%	数量/万吨	同比/%	金额/万美元	同比/%	数量/万吨	同比/%	金额/万美元	同比/%
耐火原料	374.1	—	38474.7	—	317.4	-15.2	34082.3	-11.4	366.7	15.5	41277.3	21.1
耐火制品	52.3	—	19605.2	—	64.1	22.6	25313.5	29.1	82.7	29.0	34217.5	35.2
耐火原材料合计	426.4	—	58079.9	—	381.5	-10.5	59395.8	2.3	449.4	17.8	75494.8	27.1
产品类别	2004 年				2005 年				2006 年			
	数量/万吨	同比/%	金额/万美元	同比/%	数量/万吨	同比/%	金额/万美元	同比/%	数量/万吨	同比/%	金额/万美元	同比/%
耐火原料	338.3	-7.7	41654.2	0.9	304.8	9.4	47515.5	16.5	306.4	0.5	42417.8	-10.7
耐火制品	114.5	38.5	47131.9	37.7	141.0	27.5	62403.6	35.2	164.3	16.6	80439.9	28.9
耐火原材料合计	452.8	0.8	88786.1	17.6	445.7	14.5	109919.1	26.4	470.7	5.6	122857.7	11.8
产品类别	2007 年				2008 年				2009 年			
	数量/万吨	同比/%	金额/万美元	同比/%	数量/万吨	同比/%	金额/万美元	同比/%	数量/万吨	同比/%	金额/万美元	同比/%
耐火原料	317.51	4.60	50057.60	18.27	284.31	-10.46	85013.57	69.83	193.9	-43.8	80579.1	-44.1
耐火制品	151.09	-8.04	82336.46	2.36	209.94	38.95	129604.23	57.41	144.7	-31.1	94154.4	-27.4
耐火原材料合计	468.60	0.16	132394.06	7.85	494.26	5.48	214617.80	62.11	338.6	-39.0	174733.5	-36.2
产品类别	2010 年				2011 年				2012 年			
	数量/万吨	同比/%	金额/万美元	同比/%	数量/万吨	同比/%	金额/万美元	同比/%	数量/万吨	同比/%	金额/万美元	同比/%
耐火原料	390.48	101.37	189337.40	134.97	333.11	-14.69	204579.60	8.05	326.29	-2.05	165524.04	-19.09
耐火制品	179.28	23.87	115458.00	22.63	195.38	8.98	140820.30	21.97	203.97	4.40	157427.06	11.79
耐火原材料合计	569.76	68.25	304795.40	74.43	528.50	-7.24	345399.90	13.32	530.27	0.33	322951.11	-6.50

产品类别	2013 年				2014 年			
	数量/万吨	同比/%	金额/万美元	同比/%	数量/万吨	同比/%	金额/万美元	同比/%
耐火原料	325.79	-0.15	159433.42	-3.68	379.86	16.60	179639.67	12.67
耐火制品	176.91	-13.27	139804.64	-11.19	186.23	5.27	153405.06	9.73
耐火原材料合计	502.71	-5.20	299238.06	-7.34	566.09	12.61	333044.73	11.30

注：2001 ~ 2004 年进出口数据中含硅砂石英砂和海关编码为 69010000 - 硅质滑石粉等硅土砖、块、瓦及其他陶瓷制品的进出口量值；2009 年耐火原料进出口数据量中含棕刚玉、其他人造刚玉（不论是否已有化学定义如白刚玉）和碳化硅的进出口量值。

表 9　2001 ~ 2014 年全国耐火原材料进口量及贸易额

产品类别	2001 年				2002 年				2003 年			
	数量/吨	同比/%	金额/万美元	同比/%	数量/吨	同比/%	金额/万美元	同比/%	数量/吨	同比/%	金额/万美元	同比/%
耐火原料	22996.0	—	1311.6	—	49015.0	113.1	1720.2	31.2	100153.4	104.3	2523.2	46.7
耐火制品	36563.0	—	8947.1	—	38690.0	5.8	7119.6	-20.4	64903.3	67.8	11468.4	61.1
耐火原材料合计	59559.0	—	10258.7	—	87705.0	47.3	8839.9	-13.8	165056.7	88.2	13991.6	58.3

产品类别	2004 年				2005 年				2006 年			
	数量/吨	同比/%	金额/万美元	同比/%	数量/吨	同比/%	金额/万美元	同比/%	数量/吨	同比/%	金额/万美元	同比/%
耐火原料	111943.3	11.8	2906.9	15.2	60406.1	28.7	1906.7	6.4	65908.8	9.1	2056.2	7.8
耐火制品	100509.6	54.9	15233.2	32.8	75162.1	-24.6	11612.2	-19.0	55283.1	-26.5	9150.8	-21.2
耐火原材料合计	212452.9	28.7	18140.1	29.6	135568.2	-7.6	13518.9	-16.2	121191.9	-10.6	11206.9	-17.1

产品类别	2007 年				2008 年				2009 年			
	数量/吨	同比/%	金额/万美元	同比/%	数量/吨	同比/%	金额/万美元	同比/%	数量/吨	同比/%	金额/万美元	同比/%
耐火原料	103067.3	56.4	2794.6	35.9	169590.4	64.5	4351.5	55.7	220788.6	4.0	8160.5	-6.4
耐火制品	65984.9	19.4	12477.2	36.4	42829.2	-35.1	9616.2	-22.9	34119.9	-20.3	9099.9	-5.4
耐火原材料合计	169052.1	39.5	15271.7	36.3	212419.5	25.7	13967.7	-8.5	254908.5	-0.1	17260.4	-5.9

产品类别	2010 年				2011 年				2012 年			
	数量/吨	同比/%	金额/万美元	同比/%	数量/吨	同比/%	金额/万美元	同比/%	数量/吨	同比/%	金额/万美元	同比/%
耐火原料	339158.80	53.61	12915.02	58.26	325977.54	-3.89	14058.90	8.86	301594.71	-7.48	12029.41	-12.90
耐火制品	31283.07	-8.31	10110.73	11.11	42780.81	36.75	12754.12	26.14	28034.69	-34.47	9635.25	-31.31
耐火原材料合计	370441.90	45.32	23025.75	33.40	368758.22	-0.45	26813.02	16.45	329629.40	-10.61	21664.66	-18.39

产品类别	2013 年				2014 年			
	数量/吨	同比/%	金额/万美元	同比/%	数量/吨	同比/%	金额/万美元	同比/%
耐火原料	304839.43	1.08	12420.24	3.25	325966.27	6.93	13036.85	4.96
耐火制品	34151.18	21.82	10817.56	12.27	25119.17	-26.45	10086.14	-6.76
耐火原材料合计	338990.61	2.84	23237.80	7.26	351085.43	3.57	23122.98	-0.49

注：2001 ~ 2004 年进出口数据中含硅砂石英砂和海关编码为 69010000 - 硅质滑石粉等硅土砖、块、瓦及其他陶瓷制品的进出口量值；2009 年耐火原料进出口数据量中含棕刚玉、其他人造刚玉（不论是否已有化学定义如白刚玉）和碳化硅的进出口量值。

表10　2000~2014年辽宁省耐火材料工业主要经济指标

年　份	2000年	2001年	2002年	2003年	2004年	2005年	2006年	2007年	2008年	2009年	2010年	2011年	2012年	2013年	2014年
销售收入/亿元	57.6	44.4	51.0	68.9	112.0	158.0	208.0	255.0	285.0	251.0	300.0	600.0	505.8	1343.5	1365.3
利润/亿元	3.2		4.1	4.9	10.8	16.0	17.6	16.7	17.0	12.1	18.0	22.2	12.2	73.2	62.7
税金/亿元	2.8		2.4	3.9	7.2	9.0	14.4	20.3	24.0	12.3	22.0	21.8	19.4	66.1	49.8
利税/亿元	6.0		6.5	8.8	18.0	25.0	32.0	37.0	41.0	24.4	40.0	44.0	31.6	139.3	112.5
出口创汇/亿美元	2.8	2.2	2.4	3.4	4.8	5.5	6.0	7.1	9.4	6.7	11.2	13.4	13.2	11.7	11.9

表11　2000~2014年辽宁省耐火原料及制品产量　（万吨）

品　名	2000年	2001年	2002年	2003年	2004年	2005年	2006年	2007年	2008年	2009年	2010年	2011年	2012年	2013年	2014年
镁　石	1140.2		767.6	893.8	1295	1606.5	1765.2	1580.2	1574.0	1408.8	1673.8	1663.4	1635.9	1894.6	1567.0
重烧镁砂	217.6	196.4	128.1	147.3	357.5	427.5	437.1	449.6	452.6	390.7	433.1	478.6	369.6	221.3	199.9
轻烧镁粉	274.5	176.2	215.8	248.4	327.7	393.6	404.6	422.9	395.9	322.4	351.2	382.1	325.9	421.9	359.6
电熔镁砂	56.6	46.2	59.6	131.8	105.9	155.9	143.4	155.7	128.2	136.8	166.3	166.7	145.7	150.9	156.1
合成镁砂	9.8	11.5	11.9	9.8	13.2	13.4	17.7	22.6	14.4	19.7	18.8	18.3	16.1	20.6	15.0
中档镁砂	96.5	40.6	50.7	61.8										82.7	67.7
高纯镁砂	15.2	20.2	29.5	56.4										115.3	84.2
不定形材料			29.4	36.8	62.8	77.9	91.3	111.7	101.2	109.9	278.1	306.7	271.7	138.5	150.1
镁质耐火制品			20.3	22.9	44.7	60.5	65.6	81.0	82.9	103.4	103.4	126.6	106.6	98.7	110.3
含炭制品			29.9	38.7	51.6	105.1	115.3	149.8	164.2	151.3	163.2	174.5	134.5	154.6	143.7
造渣球			55.2	58.6											
水镁石			23.4	39.9											
其　他	66.6	48.4	37.4	34.4	219.7	126.7	177.2	196.8	181.1	126.8	168.4	173.4	112.6	119.5	90.8
Σ2~12	736.8	575.4	691.2	886.8	1183.1	1360.6	1452.1	1590.1	1520.5	1361.0	1682.4	1827.0	1482.8	1524.0	1377.3
Σ	1907.8	575.4	1458.8	1780.6	2478.1	2967.1	3217.3	3170.3	3094.5	2769.8	3356.2	3490.4	3118.7	3418.6	2944.3

注：根据辽宁省内鞍山、营口、丹东、抚顺主产地县（市）重点生产企业统计。

表 12　1949～2014 年山东省耐火材料工业制品产量

年　份	耐火材料制品/万吨	年　份	耐火材料制品/万吨	年　份	耐火材料制品/万吨
1949	0.37	1971	29.21	1993	76.18
1950	0.94	1972	33.92	1994	84.39
1951	1.13	1973	29.60	1995	147.60
1952	1.57	1974	14.56	1996	144.40
1953	2.65	1975	30.14	1997	85.95
1954	3.32	1976	34.64	1998	100.96
1955	3.09	1977	49.58	1999	36.05 *
1956	4.60	1978	52.76	2000	38.48 *
1957	6.34	1979	40.32	2001	45.07 *
1958	13.52	1980	34.64	2002	59.85 *
1959	25.11	1981	32.54	2003	76.59
1960	33.75	1982	30.44	2004	107.00
1961	14.68	1983	29.35	2005	182.50
1962	6.28	1984	43.70	2006	224.32
1963	8.34	1985	42.88	2007	279.00
1964	10.24	1986	48.37	2008	296.45
1965	10.42	1987	91.66	2009	413.00
1966	14.41	1988	111.16	2010	440.93
1967	16.58	1989	85.90	2011	442.28
1968	14.20	1990	89.01	2012	421.66
1969	12.33	1991	83.83	2013	411.13
1970	22.16	1992	95.11	2014	359.41

注：＊年份统计资料不全。

表 13　2010～2014 年浙江省耐火材料工业制品产量

年　份	耐火材料制品/万吨	年　份	耐火材料制品/万吨	年　份	耐火材料制品/万吨
2010	72.43	2012	87.78	2014	98.10
2011	84.77	2013	94.98		

表 14　2002～2014 年浙江省耐火材料工业主要经济指标

年　份	工业总产值/亿元	销售收入/亿元	税收/亿元	利润/亿元
2002	22.1	20.6	1.0	1.0
2003	33.1	32.2	1.5	1.7
2004	36.5	35	2.28	2.14
2005	52.3	50.2	3.25	3.04
2006	55.4	52.3	3.1	2.8
2007	72.3	71.6	4.5	3.6
2008	95.3	92.4	5.6	4.2

续表 14

年 份	工业总产值/亿元	销售收入/亿元	税收/亿元	利润/亿元
2009	120	100	7.0	5.0
2010	135	108	7.5	5.4
2011	138	110	7.8	5.6
2012	145	122	8.5	6
2013	160	135	10	7.6
2014	165	138	10.3	7.8

表 15 2010～2014 年河南省耐火材料工业制品产量

年 份	耐火材料制品/万吨	年 份	耐火材料制品/万吨	年 份	耐火材料制品/万吨
2010	1351.68	2012	1322.07	2014	1287.61
2011	1386.24	2013	1385.92		

表 16 2010～2014 年山西省耐火材料工业主要经济指标

年 份	2010 年	2011 年	2012 年	2013 年	2014 年
销售收入/亿元	12.3	12.0	16.9	17.0	17.1
利润/亿元	0.6	0.6	1.0	1.1	1.2
税金/亿元	0.6	0.6	0.8	0.9	0.9
利税/亿元	1.2	1.2	1.8	2.0	2.1

表 17 2010～2014 年山西省耐火材料工业制品产量

年 份	耐火材料制品/万吨	年 份	耐火材料制品/万吨	年 份	耐火材料制品/万吨
2010	124.48	2012	105.56	2014	111.29
2011	115.55	2013	109.25		

表 18 1949～2014 年全国粗钢产量

年 份	产量/万吨	年 份	产量/万吨	年 份	产量/万吨	年 份	产量/万吨
1949	15.8	1970	1779	1986	5221	2002	18237
1952	135	1971	2132	1987	5628	2003	22234
1953	177	1972	2338	1988	5943	2004	28291
1957	535	1973	2522	1989	6159	2005	35324
1958	800	1974	2112	1990	6635	2006	41915
1959	1387	1975	2390	1991	7100	2007	48971
1960	1866	1976	2045	1992	8094	2008	50049
1961	870	1977	2374	1993	8956	2009	56784
1962	667	1978	3178	1994	9261	2010	62665
1963	762	1979	3448	1995	9536	2011	68327
1964	964	1980	3712	1996	10124	2012	71654
1965	1223	1981	3560	1997	10894	2013	77904
1966	1532	1982	3716	1998	11559	2014	82270
1967	1020	1983	4002	1999	12426		
1968	904	1984	4384	2000	12850		
1969	1333	1985	4679	2001	15163		

表 19　1949～2014 年全国水泥产量

年 份	产量/万吨	年 份	产量/万吨	年 份	产量/万吨	年 份	产量/万吨
1949	66	1966	2015	1983	10825	2000	59319
1950	141	1967	1462	1984	12302	2001	66104
1951	249	1968	1262	1985	14595	2002	72535
1952	289	1969	1829	1986	16606	2003	86271
1953	388	1970	2575	1987	18625	2004	97300
1954	460	1971	3158	1988	21013	2005	106885
1955	450	1972	3547	1989	21029	2006	123611
1956	639	1973	3731	1990	20971	2007	136117
1957	686	1974	3709	1991	25261	2008	142010
1958	930	1975	4626	1992	30822	2009	163000
1959	1227	1976	4670	1993	36333	2010	187700
1960	1565	1977	5565	1994	42119	2011	206300
1961	621	1978	6524	1995	47591	2012	218400
1962	600	1979	7390	1996	49212	2013	241440
1963	806	1980	7986	1997	51276	2014	247619
1964	1209	1981	8290	1998	52706		
1965	1634	1982	9520	1999	56105		

表 20　1949～2014 年全国 10 种有色金属产量

年 份	产量/万吨	年 份	产量/万吨	年 份	产量/万吨	年 份	产量/万吨
1949	1.3	1966	55.1	1983	132.7	2000	783.8
1950	3.1	1967	47.5	1984	144.2	2001	883.7
1951	5.7	1968	34.0	1985	155.8	2002	1012.0
1952	7.4	1969	54.6	1986	169.4	2003	1228.0
1953	10.3	1970	71.2	1987	188.9	2004	1430.6
1954	12.6	1971	82.9	1988	204.5	2005	1639.0
1955	16.5	1972	86.2	1989	239.3	2006	1915.2
1956	21.4	1973	92.7	1990	239.3	2007	2370.1
1957	21.5	1974	73.6	1991	259.1	2008	2550.7
1958	31.1	1975	81.1	1992	299.2	2009	2604.4
1959	40.1	1976	73.5	1993	343.2	2010	3153
1960	40.8	1977	81.9	1994	394.5	2011	3424
1961	21.5	1978	99.6	1995	496.6	2012	3691
1962	26.1	1979	113.6	1996	523.1	2013	4029
1963	31.0	1980	124.8	1997	581.0	2014	4417
1964	38.7	1981	126.2	1998	616.4		
1965	46.2	1982	125.3	1999	694.7		

表 21 2004～2014 年全国平板玻璃产量

年　份	产量/亿重量箱	年　份	产量/亿重量箱
2004	3.0	2010	6.3
2005	3.7	2011	7.4
2006	4.1	2012	7.6
2007	5.0	2013	7.8
2008	5.5	2014	7.9
2009	5.6		

第五篇

科技创新

耐火材料技术最新进展

李亚伟　魏耀武

耐火材料与高温陶瓷省部共建国家重点实验室培育基地　武汉　430081

摘　要：本文从以下几个方面回顾了耐火材料技术的新进展：（1）轻质骨料耐火材料技术；（2）含碳酸钙质耐火材料技术与钢质量；（3）溶胶-凝胶结合浇注料技术；（4）盐浸渍刚玉基浇注料技术；（5）碳纳米管复合耐火材料技术。

关键词：耐火材料，技术，最新进展

一、前言

节能降耗和降低二氧化碳的排放已经成为世界高温工业发展的要求，耐火材料作为高温工业的关键基础性材料正面临着严峻挑战，一方面是其作为高温工业之一，生产过程应符合上述高温工业发展要求，另一方面，其应为所服务的高温工业安全运行、节能降耗提供物质保障，为此，世界范围内的耐火材料工作者进行了大量的研究工作，并开发了新的耐火材料技术，有些已成功应用于实际。本文列举下面5个方面研究工作：（1）轻质骨料耐火材料技术；（2）含碳酸钙质耐火材料技术与钢质量；（3）溶胶-凝胶结合浇注料技术；（4）盐浸渍刚玉基浇注料技术；（5）碳纳米管复合耐火材料技术。

二、轻质骨料耐火材料技术

对于某些特定的耐火材料并不需要其骨料具有较高体积密度及低气孔率。例如，基于耐火材料的渣侵蚀机理，基质往往是容易受渣侵蚀的部分，熔渣会绕道通过基质渗透到耐火骨料的后面[1]，熔渣渗透到耐火材料的基质并与之反应形成一个渗透侵蚀层，由于侵蚀层和原质层之间热膨胀系数的差别，随后会在原质层和侵蚀层之间形成裂纹。随着裂纹的扩展，侵蚀层会和骨料一起剥落进入到渣中，这与骨料的体积密度及气孔率的高低无关。因此，对于使用于特定场合的耐火材料，可以使用轻质骨料代替高密度骨料，这样可以使耐火材料骨料和基质达到某种性能的平衡，同时，应用轻质骨料不但减少其在制备过程中能源消耗及CO_2的排放，还可降低耐火材料的热导率，减少使用过程中炉衬的散热损失[2~4]。

采用新开发的轻质镁铝尖晶石骨料M85（其化学成分与性能见表1）取代电熔镁砂制备方镁石尖晶石耐火材料，其常温和高温抗折强度、荷重软化温度及抗热震性能均高于采用电熔镁砂作为骨料的试样，而其热导率要低于镁砂骨料的试样见表2。其次，开发的另一种轻质方镁石尖晶石骨料M40（见表1）用于制备方镁石尖晶石浇注料，其与电熔镁砂骨料浇注料的抗渣侵蚀性相差不大，并不随二氧化硅微粉含量而改变。当二氧化硅含量高于2%时，轻质骨料制备浇注料的渗透指数低于镁砂骨料制备的浇注料，如图1所示。

表1　M85、M40及电熔镁砂化学组成及性能

原料	化学组成（质量分数）/%					显气孔率/%	体积密度/$g\cdot cm^{-3}$	主要物相组成
	Al_2O_3	MgO	SiO_2	CaO	TFe			
M85	12.07	84.47	1.72	0.84	0.65	18.1	2.96	方镁石　尖晶石
M40	57.63	39.66	0.69	0.32	0.16	2.97	16.1	方镁石　尖晶石
FM	0.14	97.90	0.11	0.78	0.40	5.6	3.39	方镁石

表 2 采用 M85 和电熔镁砂 FM 制备耐火材料的性能对比

性能指标	FM	M85
显气孔率/%	15.5	23.0
体积密度/g·cm^{-3}	2.93	2.77
抗折强度/MPa	5.8	10.8
常温耐压强度/MPa	45	60
1400℃抗折强度/MPa	1.4	3.8
热膨胀系数/×10^{-6}K^{-1}（25～1450℃）	11.5	11.0
荷重软化温度（T0.6）	>1650℃	>1650℃
断裂模数剩余率/%（1100℃下风冷 3 次）	50	75
热导率/W·m^{-1}·K^{-1}（800℃下）（YB/T 059—94）	2.3	1.6

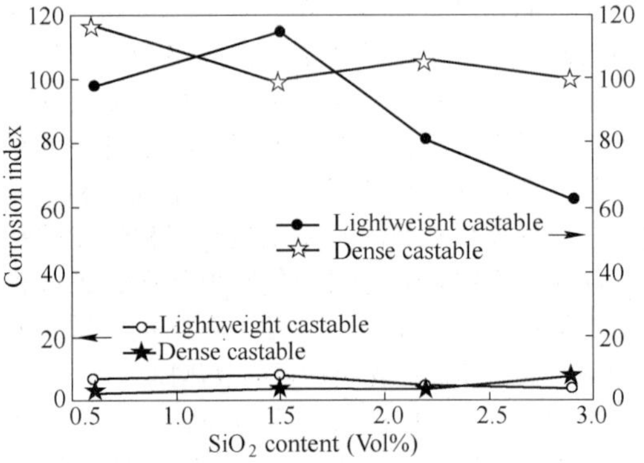

图 1 含轻质骨料与电熔镁砂骨料浇注料的抗渣性能

三、含碳酸钙质耐火材料技术与钢质量

氧化钙（CaO）能够吸附钢中的夹杂物以及 S、P 等有害元素，在已知的氧化物中它是最稳定的，对钢液的二次氧化很小，因此含 CaO 的耐火材料已广泛应用于洁净钢的生产中[5～19]。但是 CaO 易水化，不能直接引入到中包耐火材料中。在中包耐火材料中引入石灰石（$CaCO_3$）不仅可以避免 CaO 水化的问题，而且在炼钢过程中能够生成高活性的 CaO，对钢水的净化过程非常有利，同时使炉衬材料轻质化并起到了很好的保温效果。实际中发现在用后的中间包衬中仍发现有残留的石灰石，这意味着石灰石在预热阶段并未完全分解，而在炼钢过程中依然会继续分解，其分解产生的 CO_2 可能会与钢液中的合金元素反应并对钢液的总氧含量产生影响[20,21]。实验过程中将坩埚砌筑于感应炉，钢样放置于坩埚内，待钢样熔融，每间隔相同的时间对钢水取样。钢中总氧含量变化如图 2 所示，在含石灰石坩埚中所熔钢样的总氧含量在前 30 分钟显著增加，随后趋于稳定，而不含石灰石坩埚中所熔钢样中总氧含量在熔炼的前 90 分钟一直有所增加后趋于稳定。而钢样中的碳含量变化证实石灰石分解出的二氧化碳中的碳进入钢水，如图 3 所示。上述结果可以认为在炼钢过程中耐火材料中的石灰石分解所释放出的 CO_2 会与钢中某些元素反应，导致钢中的 C 含量和总氧含量的增加。

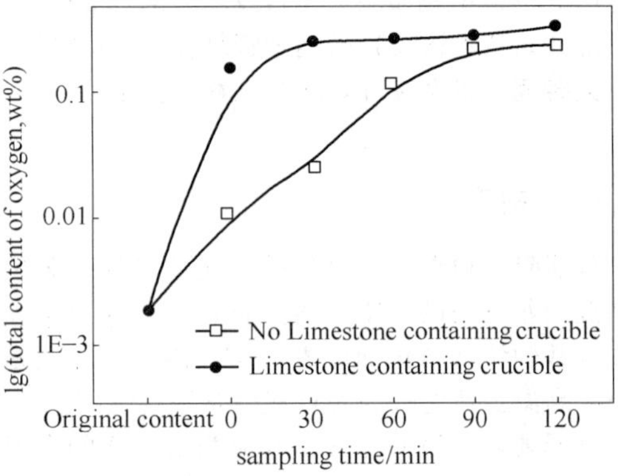

图 2 钢中总氧含量随取样时间的变化

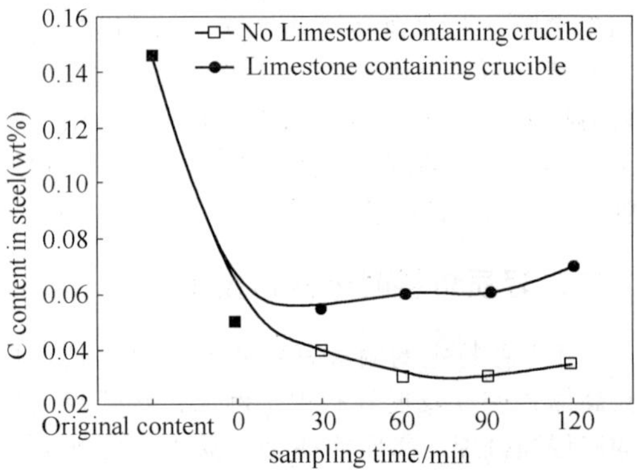

图 3 钢中碳含量随取样时间变化

四、溶胶-凝胶结合浇注料技术

为了减少浇注料干燥所需的时间，在过去十年间，胶体结合系统浇注料被证明能够快速有效地使试样达到干燥，避免了采用水泥结合浇注料所需要的严格干燥过程。国外研究者研究了各温度下溶胶-凝胶结合氧化铝基耐火浇注料的微观结构[22]，对比其与

水泥结合浇注料的力学和结构性能的差异，探明了溶胶-凝胶结合氧化铝基耐火浇注料结合强度产生的过程。DTA/TGA 给出了溶胶-凝胶结合浇注料在烧成过程中所发生的反应，如图 4 所示。500℃下试样中的结构水被去除，发生了由勃姆石到 γ-Al_2O_3 的转变。同时溶胶-凝胶结合浇注料的透气性较高，如图 5 所示，有效地避免了试样中结构水迅速挥发所带来爆裂的风险。室温干燥后，凝胶在骨料周围形成并产生强度，并将凝胶和骨料之间结合在一起，如图 6（a）、（b）所示。在 110℃时可明显观察到凝胶的收缩，

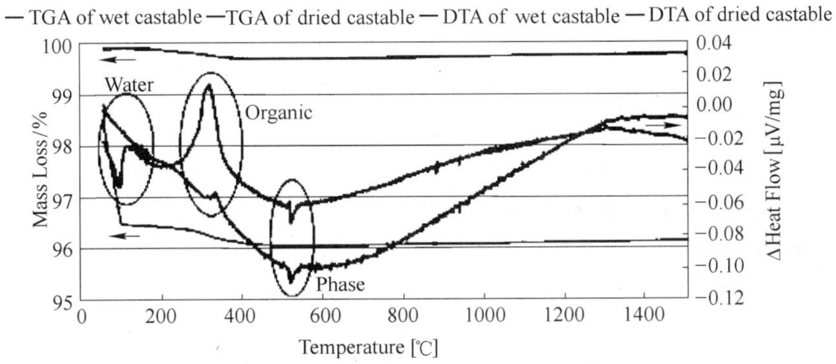

图4　湿样及干燥试样的 DTA-TGA 曲线

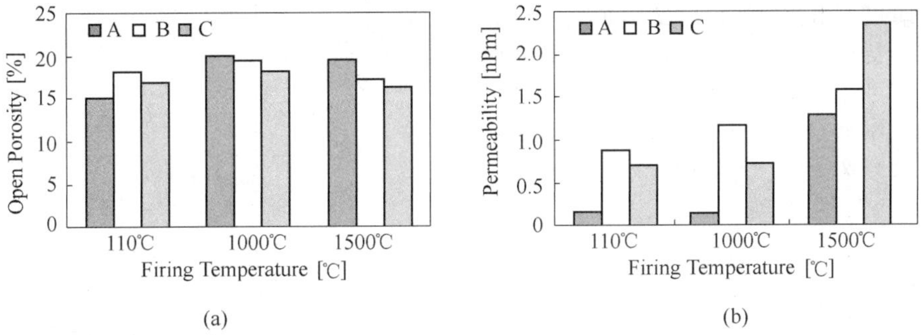

图5　各结合系统浇注料开口气孔率及透气性

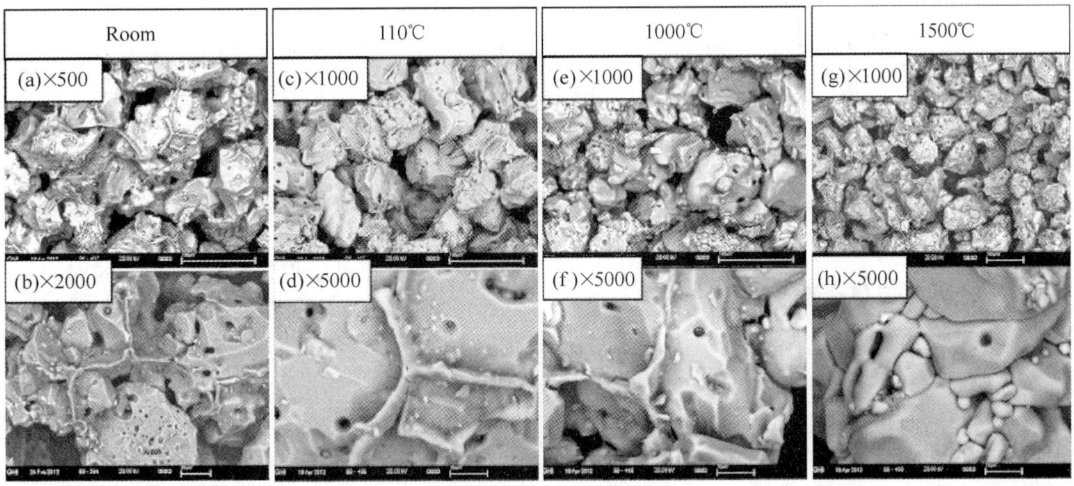

图6　凝胶基质受热中结构转变过程

如图6（c）、（d）所示。到1000℃时凝胶基质的体积再一次收缩，如图6（e）、（f）所示。这些凝胶的体积收缩是由试样中结构水的去除所引起的。当温度达到1500℃时试样中凝胶基质开始转变为氧化铝并与骨料通过烧结而结合，如图6（g）、（h）所示。

五、盐浸渍刚玉基浇注料技术

刚玉基浇注料的高温强度及抗热震性在许多部位的应用至关重要，而近期的研究结果发现盐溶液浸渍技术对提高刚玉基浇注料的应用性能十分有效[23]。通常在水泥结合刚玉基浇注料中会形成薄片状的六铝酸钙相，其将晶粒与晶粒间相互连接起来形成锁链状结构，而浸渍过硫酸镁溶液的刚玉基浇注料中会生成镁铝尖晶石相和六铝酸钙相，如图7所示，其中六铝酸钙的晶粒尺寸小于未浸渍过的试样。浸渍和没有浸渍的两组浇注料经1600℃处理后，测定了高温抗折强度和抗热震稳定性。可以看出盐浸渍后的试样高温抗折强度显著提高，抗热震稳定性明显提高，如图8和图9所示，这可能是浸渍后在试样基质中形成的尖晶石强化了刚玉相颗粒间的连接作用，同时尖晶石的存在能有效地阻止裂纹的扩展。

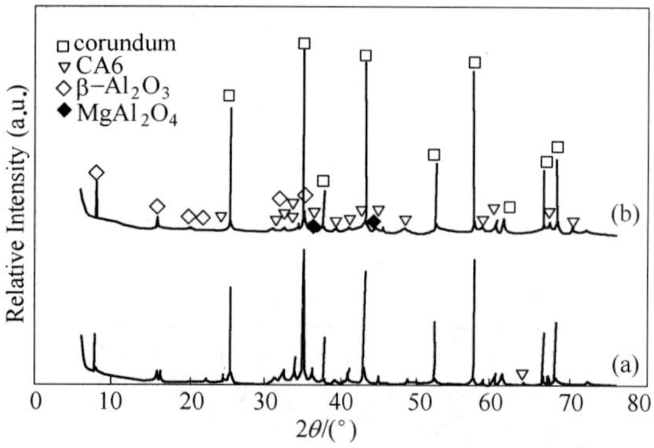

图7　试样基质的XRD衍射图谱

（a）浸渍前；（b）浸渍后

六、碳纳米管复合耐火材料技术

碳纳米管具有优异的力学性能，可作为一种新的碳源引入到含碳耐火材料中，开发高性能含碳耐火材料。然而碳纳米管在耐火材料中的应用涉及以下问题：首先，在高温下碳纳米管可能发生蚀变转变成陶瓷相或被氧化，其次，在材料的基质中碳纳米管易发生团聚，不利于分散，针对

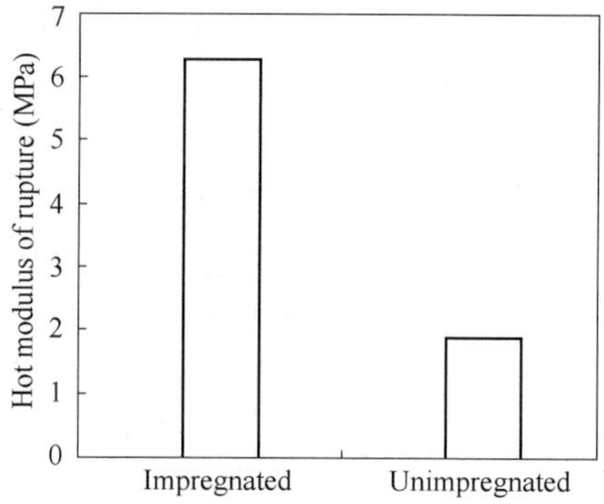

图8　试样的高温抗折强度变化

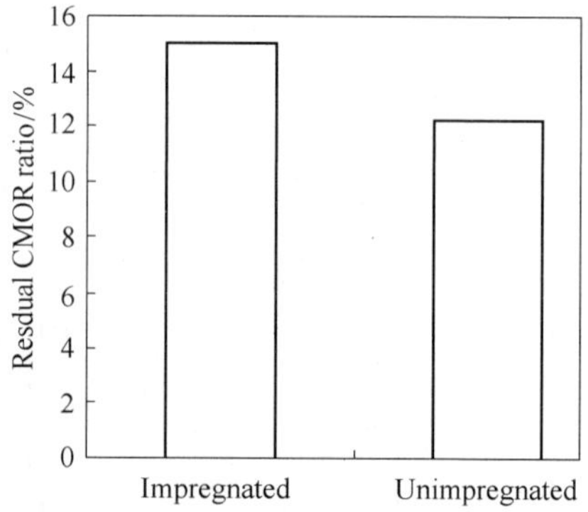

图9　浸渍前后试样的残余强度变化（空气淬冷）

这些问题，已开展了一些研究工作[24]。第一，高温下多壁碳纳米管结构演变与含碳材料中外加剂的关系。可以选择合适的硅源和处理温度，控制多壁碳纳米管发生结构蚀变，如图10所示。第二，通过在多壁碳纳米管的表面修饰含硅陶瓷前驱体，在高温下形成陶瓷涂层，一方面可阻止碳纳米管的蚀变，同时也提高了其抗氧化性，如图11所示。第三，采用过渡金属催化剂在高温下催化裂解酚醛树脂形成碳纳米管，提高铝碳耐火材料力学性能。例如以硝酸镍催化裂解基质中的酚醛树脂形成碳纳米管。同时，催化剂的存在促进了陶瓷晶须的生成量，如图12和图13所示，提高了铝碳耐火材料的力学性能，如图14所示。

七、结论

本文列举了主要耐火材料技术最新进展，可得到如下结论：（1）结合耐火材料特定场合

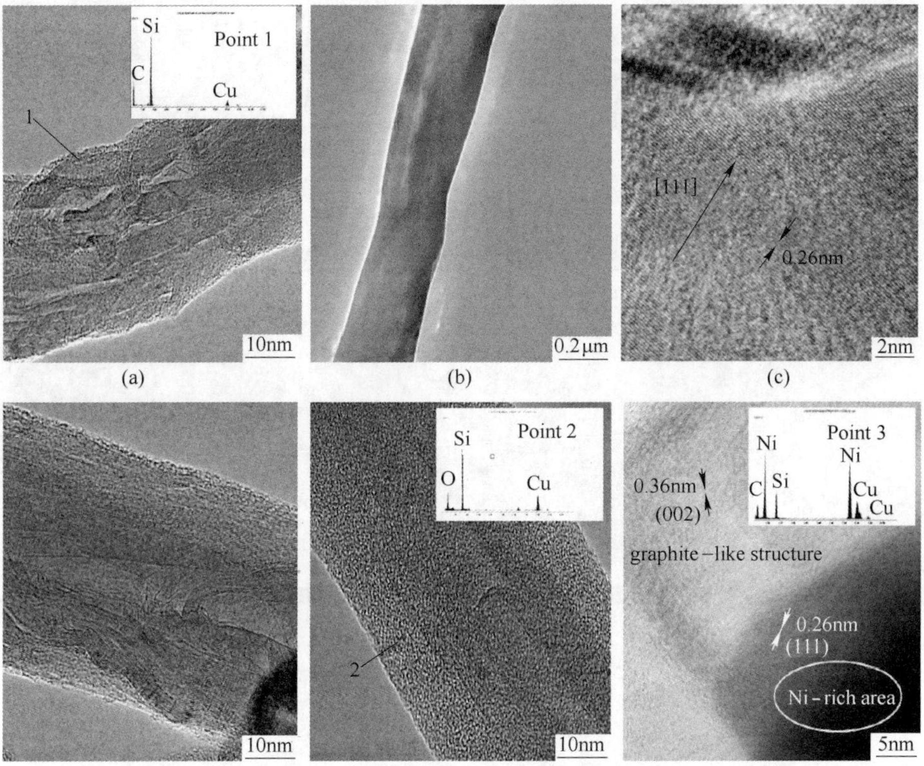

(a) (b) (c) (d) (e) (f)

图 10 多壁碳纳米管在高分辨透射电镜照片及能谱分析

(a) Si, 1400℃; (b) Si, 1500℃; (c) a higher magnification of (b);

(d) Al + SiO_2, 1500℃; (e) Si + SiO_2, 1500℃; (f) Si + SiO_2, 1500℃

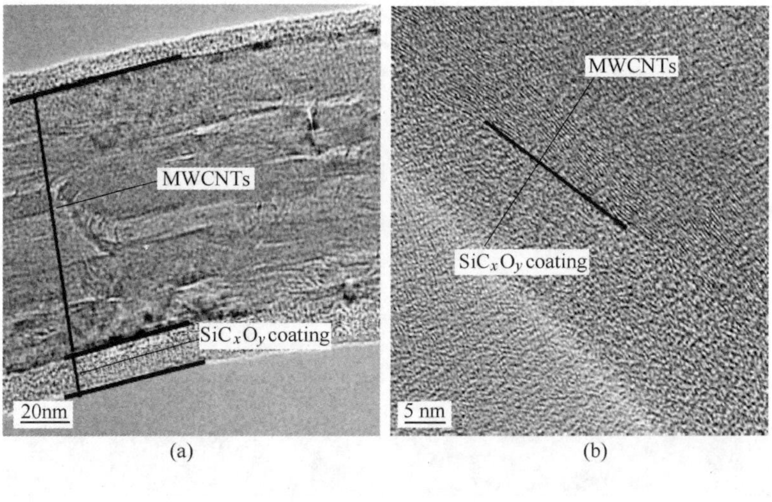

(a) (b)

图 11 多壁碳纳米管在高分辨透射电镜照片

(a) coated MWCNTs; (b) a higher manification of (a)

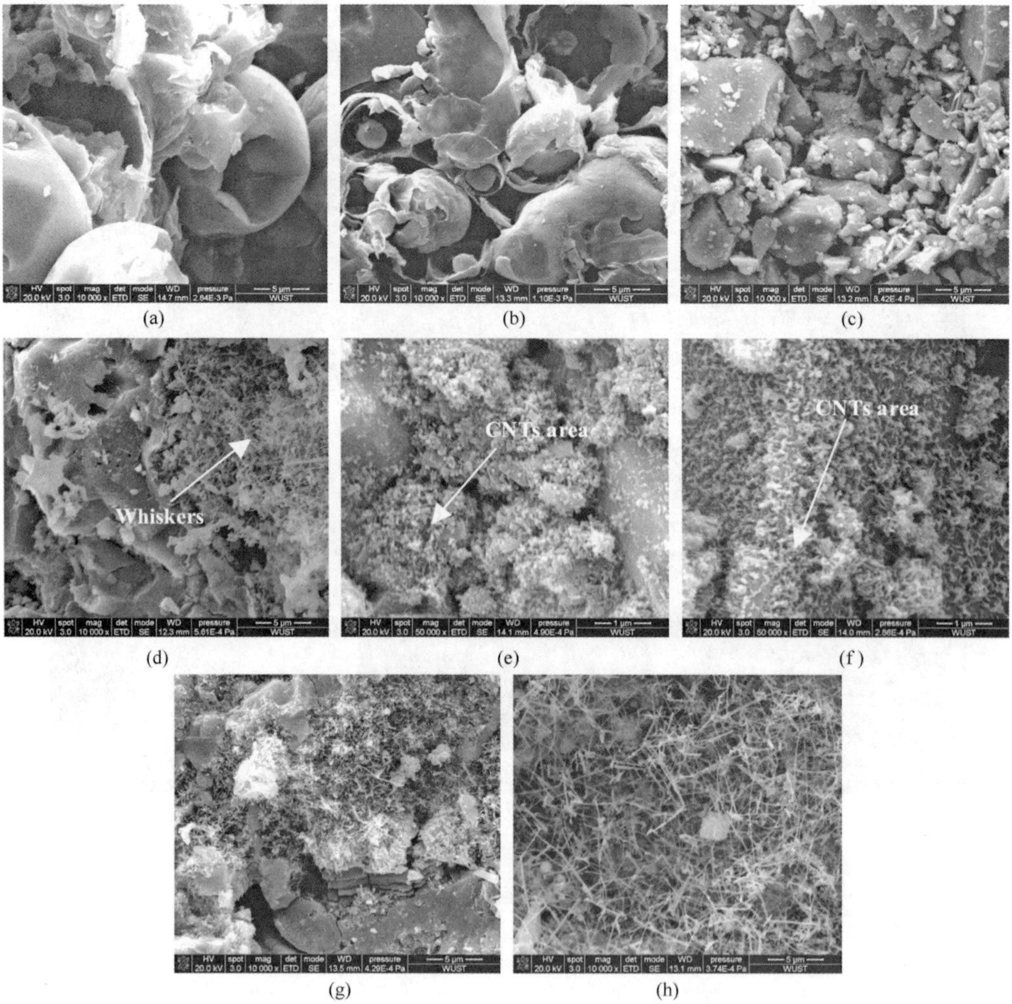

图 12 Al_2O_3-C 基质试样的扫描电镜照片

（a）M-A，800℃；（b）M-A，1000℃；（c）M-A，1200℃；（d）M-A，1400℃；
（e）M-AN，800℃；（f）M-AN，1000℃；（g）M-AN，1200℃；（h）M-AN，1400℃

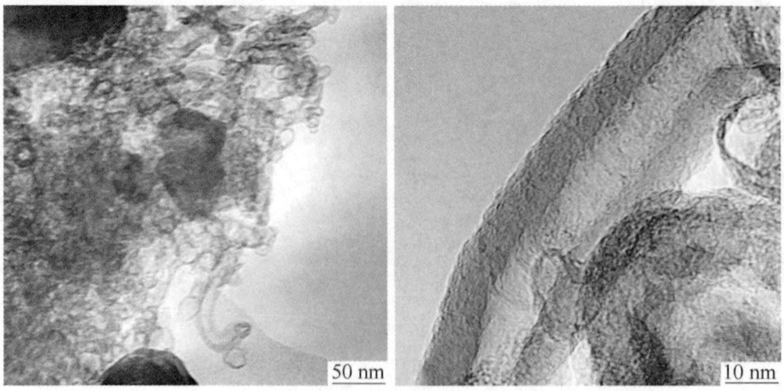

M-AN,1000℃

图 13 Al_2O_3-C 基质试样中碳纳米管高分辨透射电镜照片

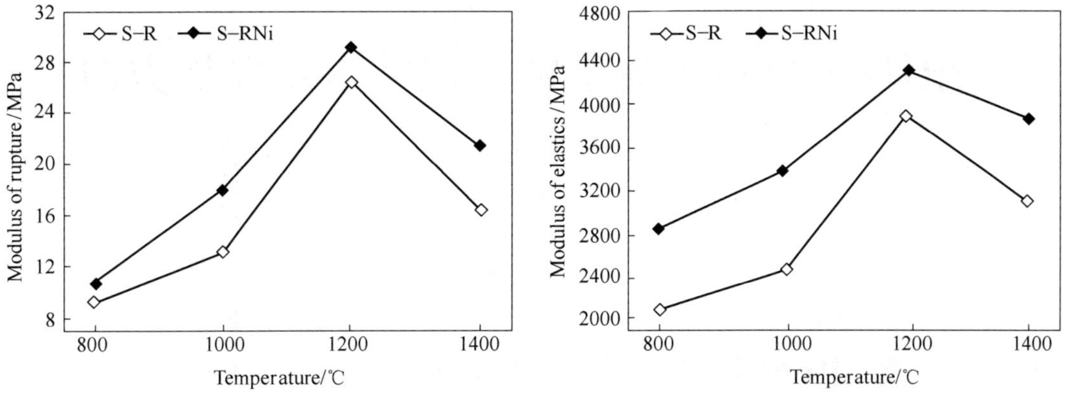

图 14 含镍催化剂的 Al_2O_3-C 材料的抗折强度和弹性模量变化

的使用要求，在优化耐火材料基质组成和结构的同时，采用轻质低密度的原料作为骨料用于耐火材料是可行和有益的；（2）耐火材料中的石灰石所释放出 CO_2 可与钢中合金元素反应生成碳和氧化物，从而增加钢中的总氧含量和碳含量；（3）采用溶胶-凝胶结合系统的浇注料能够减少生成过程中干燥过程所需的时间，并有利于提高浇注料的高温性能；（4）盐浸渍技术可以有效地提高浇注料的抗折强度和抗热震性能；（5）碳纳米管因其具有优异力学性能而将成为含碳耐火材料的新型碳源。

参考文献

[1] Wen Yan, Nan Li and Bingqiang Han. International Journal of Applied Ceramic Technology, 5(6)(2008) 633.

[2] Yan W, Li Nan and Han B. Interceram Refractories Manual, (2009)25-28.

[3] Wen Yan, Nan Li, Bingqiang Han, Xuanming Fang and Guangping Liu. Ceramics-Silikάty, 54(4)(2010) 315.

[4] 鄢文，李楠，等. 耐火材料，44(2)(2010)104.

[5] J. Härkki, M. Palander, Interceram, 40(1991)412-416.

[6] L. Kuchar, J. Härkki. Proceedings of UNITECR'93. Saopaulo, Brazil. pp. 1398-1402.

[7] Voicu Brable. Steel Research, 68(2)(1997)54-59.

[8] J. Härkki, Raija Rytilä, Marko Plander and Salla Sundström. Scandinavian Journal of Metallurgy, 19(1990) 116-126.

[9] J. Lehmann, M. Boher, H. Soulard, C. Gatellier. Proceedings of UNITECR'2001 Congress, November, Cancun, Mexico, pp. 23-27.

[10] N. Bannenberg. Proceeding of UNITECR'95 Congress, Vol. 1, pp. 36-50.

[11] V. Jikanovic, A. Spasic, R. Curcic. Interceram, 44(4) (1995)240-243.

[12] J. Lehmann, M. Boher and M. C. Kaerle. Proceedings of 35th Annual Conference of Metallurgists of CIM. Edited by M. Rigaud and L. Allaire, pp. 151-165.

[13] N. Bannenberg. Stahl und Eisen, 1994: 17-34.

[14] Nan Li. Metallurgical industrial publishing company. Beijing. 2005.

[15] J . Lehmann, M. Boher, H. Soulard. Proceedings of UNITECR'01 Congress, November, Cancun Mexico, Vol. 1: pp. 23-27.

[16] Voicu Brable. Steel Research, 68(2)(1997)54-59.

[17] J. Härkki, M. Palander. Interceram, 40(1991)412-416.

[18] L. Kuchar, J. Härkki. Proceedings of UNITECR'93. Saopaulo, Brazil, pp. 1398-1402.

[19] J. Härkki, Raija Rytilä and Marko Plander. Scandinavian Journal of Metallurgy, 19(1990)116-126.

[20] X. J. Gong, Y. Wei. Interceram Refractory Manual, 41 (2)(2011)109-111.

[21] Yaowu Wei, et al. Steel Grip, 9(2011)274-76.

[22] Thorsten Tonnesen. 2012 Annual Report of FIRE, pp. 30-44.

[23] Renhong Yu, Ningsheng Zhou, et al. Proceedings of UNITECR, 2011, Kyoto, Japan. (No. 31-D-10)

[24] Yawei Li, Ming Luo. Refractories Worldforum, 4(3) (2012)117-124.

我国耐火材料工业节能降耗技术及发展方向

刘俊光　魏　同

中冶焦耐工程技术有限公司

摘　要：我国耐火材料行业2013年能源消耗，经作者与业内人士测算折合标煤约为16595kt标煤。降低耐火材料工业能源消耗，是促进耐火材料产业健康可持续发展的关键。我国耐火材料产品能耗与先进工业化国家还有差距。目前国家耐火原料和制品准入条件正在制定，其中对能源消耗做出了明确规定。作者分析认为我国耐材工业能耗高的主要原因是存在先进与落后窑型并存，生产集中度低，热效率低，新技术的开发和应用周期长。要加强能源管理，规范能源标准，制定效能评定指标，针对性地做好新技术和新窑型开发，推广免烧制品和不定形耐材技术，全面促进耐火材料工业的提高和发展。

关键词：耐火材料，窑炉，节能，能耗

中国已成为世界耐火材料生产和消费大国，这早已是不争的事实。2011年至2013年，全国耐火材料年产量分别为29500kt、28190kt和29280kt。2013年产量中致密性耐火制品为17307kt，占比59.12%；保温隔热耐火制品557.3kt，占比1.90%；不定形耐火制品11418.1kt，占比39.00%[1]。我国耐火材料工业产能过剩、布局分散，正在经历联合重组、优化产业布局、强化节能降耗和鼓励发展创新的过程中。

一、我国耐火材料能耗现状

耐火材料的生产能耗由于产品品种不同而有很大差别，即使生产同一品种，也会因原料性质、生产工艺、窑炉类型、燃料种类以及其他种种条件不同，而使单位产品能耗波动也很大。其中窑炉能耗对耐火材料生产工序能耗有重大影响。

2013年全国耐火材料工业能耗，经作者与业内专业人士调查测算值为16595kt，其中耐火原料为9097kt，制品为7498kt，可以看出我国的耐火原料能源消耗高于制品。从2013年统计来看，我国不定形产品已占产量39%，用后耐火材料回收再利用发展很快。

近年来，受工信部委托，中国耐火材料协会组织编写《耐火原料及制品准入条件》（草稿），对能源消耗等做了详尽规定，提出了单位产品综合源消耗限额。单位产品综合能耗是指统计期内，生产单位合格产品时的工序能耗和公辅能耗之和，以每吨产品消耗折算为公斤标煤来表示。综合能耗包括了生产工序中单位产品燃料消耗、电等直接消耗的能源量，也包括了分摊到该产品的辅助生产系统和生产管理和福利设施的能耗量。限额是我国耐火材料生产的平均先进水平，也反映了耐火材料窑炉的能耗。见表1和表2。

表1　几种典型耐火原料拟议中的单位产品综合能耗限额指标

产品名称		单位产品燃料消耗		单位产品电耗		可比单位产品综合能耗 /kg·t⁻¹	备　注
		实物值 /kg·t⁻¹	折合标煤 /kg·t⁻¹	实物值 /kW·h·t⁻¹	折合标煤 /kg·t⁻¹		
轻烧氧化镁	CBM94A CBM94B	285	224	30	12	236	燃料：5500kcal/kg 煤 原料：矿石 产品粒度：200目、325目
	CBM92	266	210	30	12	222	
	CBM90	238	187	30	12	200	

续表 1

产品名称		单位产品燃料消耗		单位产品电耗		可比单位产品综合能耗 /kg·t⁻¹	备注
		实物值 /kg·t⁻¹	折合标煤 /kg·t⁻¹	实物值 /kW·h·t⁻¹	折合标煤 /kg·t⁻¹		
烧结镁砂	MS97	48	65	150	61	126	燃料：9500kcal/kg 燃料油；原料：轻烧镁粉干法压球
	MS95 MS94	190	190	80	32	222	燃料：7000kcal/kg 煤；原料：轻烧镁粉湿法压球
	MS92 MS90	295	295	39	16	311	燃料：7000kcal/kg 煤 原料：矿石
电熔镁砂		—	—	2755	1113	1113	原料：矿石 产品：不含皮砂
高铝熟料	中空回转窑	237	220	60	24	244	燃料：6500kcal/kg 煤粉块烧料
	隧道窑均化料	190m³/t	230	140	57	287	燃料：8400kcal/m³ 天然气湿法工艺
黏土熟料		100	93	28	11	104	6500kcal/kg 无烟煤
烧结莫来石		320	435	100	40	475	回转窑，9500kcal/kg 燃料油

表 2 几种典型耐火制品拟议中的单位产品综合能耗限额指标

种类	产品名称	单位产品燃料消耗		单位产品电耗		可比单位产品综合能耗/kg·t⁻¹	备注
		实物值 /kg·t⁻¹	折合标煤 /kg·t⁻¹	实物值 /kW·h·t⁻¹	折合标煤 /kg·t⁻¹		
黏土砖		175	160	100	40	200	含低蠕变，特异型砖≤40%
高铝砖		325	300	150	60	360	含低蠕变，特异型砖≤20%
硅砖		345	320	150	60	380	特异型砖≤20%
镁质制品	镁砖	120	163	170	70	233	燃料：燃料油 9500kcal/kg
	中档镁砖	152	206	210	85	291	
	高纯镁砖	170	230	210	85	315	
镁钙砖		115	156	190	77	233	
镁铝质制品	镁铝砖	143	195	190	77	272	燃料：油 9500kcal/kg
	镁铝尖晶石砖	160	220	210	85	305	
含碳制品	镁碳砖及铝镁碳砖	—	—	250	100	100	
滑动水口	高温烧成	717m³/t	860	350	140	1000	燃料：天然气 8400kcal/m
	中温处理	300m³/t	360	350	140	500	
	低温处理	67m³/t	80	300	120	200	
连铸三大件	扣钢罩烧成	208m³/t	250	435	200	450	
	埋炭烧成	500m³/t	600	435	200	800	

耐火材料生产工序能耗中主要是窑炉能源消耗。近年来，我国耐火材料窑炉中能耗高、劳动条件恶劣、污染严重的倒焰窑、土窑大部分已淘汰，一些新型节能的原料煅烧窑炉和制品烧成窑炉得以推广应用。从表 3 可看出，近年来我国耐火材料窑炉能耗在进步。

表3 部分原料和制品窑炉近年热耗情况对比

生产品种	窑 型	单位产品热耗/kg·t⁻¹（标煤）	
		10年前	近年
轻烧氧化镁	反射炉	250～330	250～300
	悬浮炉	约166	158
	多层炉		182～212
重烧镁砂	焦炭竖窑	320	290
高纯镁砂	超高温竖窑	54～82	45～60
高纯镁砖	高温隧道窑	约350	315

二、耐火材料窑炉新动向

（一）高温竖窑的改进和提高

高温竖窑生产效率高，能耗低，窑容积利用系数可达5～10t/(m^3·d)，单位产品热耗在1700～3300kJ/kg。目前，辽南地区已有70余座燃油高温竖窑，用于生产高纯镁砂[2]。近年来高温竖窑在多个方面在持续改进中：

扩大生产品种：近年高温竖窑不仅生产中档镁砂、高纯镁砂，还成功尝试用于生产镁钙砂、镁铝尖晶石、莫来石砂和烧结刚玉，取代回转窑煅烧原料，节能效果显著。

大型化：如煅烧刚玉高温竖窑，内径从ϕ400增至ϕ1200。

近年引进了国外更为先进的镁砂高温竖窑。

（二）高温隧道窑

高温隧道窑一般是指烧成温度达到1700℃以上的耐火制品烧成窑炉，可采用燃料油、天然气、液化气等高热值燃料。

近20年来的高温隧道窑的主要技术特征是烧成带采用双层拱顶结构。进入双层拱的空气被加热到1000℃左右后，通过窑墙上的气道送到各烧嘴作为一次空气[2]。这种形式的隧道窑在大量使用中，近年高温隧道窑的节能技术发展主要体现在如下几个方面：

（1）双层拱的热空气采用高温风机送各烧嘴，避免了引射配风不匀问题。（2）调整一两次风送配比例，采用新型烧嘴，加强窑内对流传热，提高传热效果。（3）通过加强控制窑体散热，诸如：加厚窑顶保温层、窑顶钢壳保护、窑内涂绝热保护层等方式，使单位产品热耗明显降低。（4）实现先进的智能化操作。

新近引进的高温隧道窑，采用新型平吊顶结构，解决了窑顶保温问题，使窑内温度更均匀。一家耐火材料厂使用表明，采用双层拱隧道窑单位产品燃油消耗最好为140kg/t，而采用新型平吊顶隧道窑单位产品燃油消耗可达到120kg/t，能耗明显降低。

（三）轻型节能梭式窑

梭式窑是用于制品烧成、取代倒焰窑的新型间歇式窑炉，也是我国近20年来发展最为迅速的窑型之一，特别适合于小批量制品的煅烧。

现代轻型节能梭式窑的主要特点是采用轻型薄壁窑衬结构（窑衬采用轻质材料，壁厚减少到460mm以下）及高速对流的窑内传热，使窑升温快，窑体蓄热少，达到节能降耗的目的。我国现有梭式窑多在10～80m^3，烧成温度在1000～1800℃之间。也有一些厂采用更大型的梭式窑，如中钢集团耐火材料公司采用300m^3梭式窑用于硅砖的烧成。轻型节能梭式窑的燃料消耗仅是普通倒焰窑的30%～40%[2]，但比隧道窑要高。

（四）轻烧设备[2]

近年来，随着菱镁矿浮选技术的进步，菱镁矿粉煅烧窑炉应运而生。悬浮焙烧炉、多层炉就是辽南地区近年采用的粉料煅烧设备。

1. 悬浮焙烧炉

悬浮焙烧炉特别适宜焙烧细料粉，与回转窑和多层炉相比，具有设备轻、占地小、投资省、热耗低的特点。

20世纪80年代引进的悬浮焙烧炉，生产能力5万吨/年，焙烧温度1100℃，单位产品热耗4600kJ/kg，但由于采用重油做燃料，生产成本高，限制了推广。近期正在辽南建设的气态悬浮焙烧炉，移植于$Al(OH)_3$的焙烧炉，用于菱镁石浮选精矿粉的焙烧，设计产量1500t/d，热耗4715kJ/kg，实现了焙烧炉的大型化，将投入试运行。

2. 多层炉

多层炉的基本特征是炉内有十余层上下叠置炉膛，炉中心有一可转动的轴，带动每层上的刮板一同转动。物料自炉顶加入，在每层刮板拨动下从上一层落到下一层，依次通过全窑各层，完成预热、煅烧、冷却全过程。燃料从多层炉中部的烧嘴喷入炉内。与传统反射炉相比，多层炉热耗低，环保效果好。多层炉的基本技术参数如下：

炉层数，最高达18层，可依物料特性确定层数；煅烧物料粒度：≤40mm，既可煅烧小块，又适合粉料煅烧；单位产品热耗，5400～6200kJ/kg。

三、耐火材料工业能耗高原因分析

（1）先进与落后窑型并存。我国是耐火生产大国，各生产企业发展过程中所采用的各种窑炉并存，虽然近年来对一些老旧的倒焰窑、土窑已经逐步淘汰，但一些老式原料煅烧竖窑、旧型梭式窑和隧道窑还在使用中。高铝矾土煅烧的土窑单位产品燃耗标煤约400kg/t，机械化竖窑约120kg/t，回转窑150kg/t。对轻烧氧化镁煅烧，单位产品标煤燃耗反射炉在250～300kg/t之间，多层炉在185～210kg/t之间，悬浮焙烧炉约162kg/t[3]。

（2）生产集中度低。由于生产集中度低，生产窑型难以大型化，单位产品生产的能耗势必加大。有生产实际统计反映，如高纯镁砂超高温竖窑，直径ϕ1.0m、ϕ1.4m和ϕ1.8m窑型，单窑产能可达45～170t/d之间，单位产品油耗从60kg/t降到40kg/t；黏土砖隧道窑单窑年产能从2万吨增加到5万吨时，单位产品标煤燃耗从160kg/t降到80kg/t；硅砖隧道窑单窑年产能从1.8万吨增加到2.6万吨时，单位产品标煤燃耗从300kg/t降到240kg/t。

（3）窑炉热效率偏低。表4列出了部分典型耐火材料炉窑的热效率实测数据。从表我们可以看出，大部分窑炉的热效率在30%～44%之间，窑炉的排烟损失和窑体表面散热损失是主要热损失，是影响窑炉热效率的重要因素。一般生产企业的窑炉在投产后多年不变，中大修前很少做节能改造策划，炉窑的热效率少有改进。与国外先进窑型比较，我们差距很大，如日本回转窑热效率约50%，隧道窑热效率60%，高出我国10余个百分点[3]。

表4　部分耐火材料炉窑热效率实测数据[4]

（%）

序号	炉窑名称	排烟热损失	窑体表面热损失	窑车蓄热热损失	热效率
1	ϕ700超高温镁砂竖窑	35.44	28.21	—	—
2	ϕ3m×60m冶金镁砂回转窑	26.23	15.27	—	39.90
3	ϕ2m×60m合成砂回转窑	30.88	52.50	—	33.83
4	27.75m隧道干燥器	48.52	4.01	0.99	20.80
5	80.52m高温镁砖隧道窑	34.90	35.60	4.30	44.51
6	菱镁矿悬浮轻烧炉	42.83	10.45		44.22
7	三级预热悬浮轻烧炉	17.72	2.5		约58

（4）新技术的开发和应用周期长。当前耐火材料工业窑炉多在10多年前甚至30年前引进或开发的窑炉技术上推广应用，没有专业队伍进行针对性开发。一些窑炉公司在钢铁、陶瓷等行业中都有建树，但对耐火材料工业窑炉缺乏专业性。以超高温镁砂竖窑煅烧高纯镁砂为例，国内现新建的窑型多是在20世纪80年代开发的窑型基础上推广，单位产品平均热耗水平约为2000～2500MJ/t，而国外先进指标已达到1500MJ/t，国内近年有引进，但转化推广受到诸多条件限制。

四、耐材工业的节能措施和方向

（一）实施能源全面管理是耐火材料节能工作的当务之急

目前国内耐火材料企业的能源管理工作还远不能适应形势的要求，设有能源管理机构的企业为数甚少，特别是缺乏必要的计量手段和科学的统计分析方法，因此有关能源消费及其变化的真实情况还难以掌握，建议中耐协在重点企业报表中增加能源消耗的相关填报。

（二）努力规范耐火材料行业节能标准管理

工业和信息化部《关于促进耐火材料产业健康可持续发展的若干意见》（工信部原［2013］63号）中，在发展目标中提出了："加大节能减排力度。到2015年，主要耗能设备能效水平达到一级，主要产品的综合能耗比2010年降低20%以上，二氧化硫、氮氧化物排放总量比2010年分别下降8%和10%以上"。具体如何规定"能效水平"和"主要产品的综合能耗"还需要进一步落实。2007年国家标准化管理委员会公布了铜、锌、铅、建筑卫生陶瓷、粗钢生产、水泥等第一批9项强制性单位产品能耗限额国家标准。耐火材料的单位产品能源消耗限额也应是行业节能管理的重要标准。笔者认为应与时俱进，加快修改制定耐火材料的单位产品能耗限额。

（三）制定耐火材料窑炉的效能评定指标和热平衡方法标准

耐火材料窑炉的种类繁杂，各窑炉的热效率差异很大，单位产品的燃料消耗也不尽相同。从行业传统上讲，耐火材料窑炉一般产品单位热耗作为热经济性能衡量的指标。但产品单位热耗仅能在同类产品之间对窑炉经济性作相对的比较，它并不能反映窑炉在热能利用方面的真实情况。没有一个对窑炉热利用情况的科学的衡量指标，势必会妨碍提高耐火窑炉热经济性能的努力。因此，根据耐火材料工业特性，制定适宜的耐火材料窑炉效能评定标准，有利于窑炉的更新换代，促进耐火材料生产的高效化。

建议采用“热效率”作为衡量耐火材料窑炉热能利用即效能的指标。热效率这一衡量指标还可以消除由于耐火原料性质不同而造成的不可比因素，对耐火材料窑炉具有相当的合理性。

耐火材料生产节能降耗应把重点放在窑炉燃料消耗的降低上。因此，制定窑炉热平衡方法标准，编制热平衡表，对热耗情况做出全面分析，找出降低热耗的对策，是提高窑炉热效率的有力措施。

（四）攻关克难，瞄准耐火行业节能的老大难

由2013年全国耐火材料工业能耗调查测算值为16595kt，其中耐火原料为9097kt，制品为7498kt，可以看出我国的耐火原料能源消耗高于制品。因此节能降耗应侧重于原料制备，尤其电熔砂、重烧镁砂的生产。

1. 提高电熔技术水平

电熔镁砂生产能耗很大，能耗电量占总成本的60%左右。“十一五”国家科技支撑计划“菱镁矿制备镁砂综合节能技术开发与示范”项目，围绕降低生产过程的能源消耗和提高菱镁矿资源综合利用率的迫切要求，开展了菱镁矿制备镁砂综合节能技术研究，取得了一系列成果，但并未解决电熔镁砂熔坨的余热回收。有分析表明，电熔镁砂熔坨余热量巨大，余热能量比矿石加热到700℃所需的热量大得多，具有很大的回收利用价值[5]。

2. 重烧镁砂混料煅烧

重烧镁砂是以三级矿石与焦炭或无烟烧混料煅烧的一种烧结镁砂，约占全国镁砂产量的50%。目前国内的重烧镁砂竖窑相对落后，单窑容积只有$50m^3$或$65m^3$，每吨产品能耗高达300kg标煤左右，操作环境差。积极开发新型重烧镁砂竖窑技术，是节能降耗的重要举措。

（五）开发新型煅烧技术和节能窑炉

（1）采用新技术和新工艺，做好耐火原料煅烧和成品烧成窑炉的开发提高，降低生产工序能耗[2]。要充分利用现代技术手段，前期做好窑炉的三维设计和仿真模拟，以缩短炉窑技术开发周期，提高开发的成功率。（2）提升耐火材料烧结、电熔和氮化三大关键技术装备，开发5000kV·A以上的大型电炉和高效氮化炉，推广节能环保的悬浮焙烧等轻烧设备[2]。（3）积极开发清洁燃料燃烧技术，主动做好窑炉节能降耗的促进作用。部分耐火材料企业近年来燃料种类已经历了从重油—焦炉煤气—天然气的转换进程，如何积极性转换，是降耗增效的重要一环。（4）推动耐火材料窑炉采用富氧助燃技术，降低燃料消耗，减少污染物排放。分析表明，高温隧道窑采用增氧技术改造后，综合燃料节省8%～12%以上。（5）提高炉窑自动化控制水平，实现智能化控制和品种自动调节控制。

（六）继续扩大免烧砖和不定形材料应用比例，逐步提高用后耐火材料回收利用率

发展不定形耐火材料和免烧制品、逐步提高用后耐火材料回收利用率是工信部倡导的行业政策。2013年我国不定形耐火材料占比已达到39%，比2012年有明显提高，但应当看到这与国外先进国家相比还有很大的发展空间。据测算，2013年我国用后耐火材料回收率约为25%，工信部倡导到2015年用后耐火材料回收再利用率不低于50%。到2020年，用后耐火材料回收再利用率高于75%。

参考文献

[1] 徐殿利．2013全国耐火材料行业生产运行情况及2013年耐火材料市场预测分析[J]．耐火材料信息，2014，03：1-8．

[2] 刘俊光，魏同．中国耐火材料工业装备的发展与展望[J]．耐火材料，2013，05：321-328．

[3] 魏同，吴运广．我国耐火材料生产节能方向[J]．耐火材料，2007．

[4] 魏同，刘俊光．我国耐火材料工业炉窑的技术进步[J]．镁矿与镁质材料，2005(3)：82-93．

[5] 谢兴，王承阳．电熔镁砂熔坨余热回收利用分析[J]．耐火材料，2014(3)：236-238．

钢铁工业用耐火材料新技术

王战民　李红霞　王　刚　王文武　曹喜营

中钢集团洛阳耐火材料研究院有限公司
先进耐火材料国家重点实验室　河南　洛阳　471039

摘　要：本文介绍了近期钢铁工业用耐火材料的新技术和新进展，包括干熄焦炉用复相结合碳化硅材料、优质钢精炼用耐火材料技术、连铸用梯度功能耐火材料、COREX 熔融气化炉用赛隆结合刚玉材料、金属铸造用泡沫陶瓷过滤器、高温窑炉用高效隔热材料、热态高炉渣的回收利用、富氧竖炉冶炼钢铁尘灰用关键耐火材料等。通过这些新技术的采用，可以满足钢铁工业新装备和新工艺的要求，提高现有炉衬或关键耐火材料的使用寿命，节省能源消耗，净化钢液或铁水，加强固废利用等。

关键词：钢铁工业，耐火材料，新技术

耐火材料是高温工业和所有高温装置赖以运行的重要基础材料和支撑材料。耐火材料的技术发展和技术进步与各高温工业的结构调整、节能降耗、环保和清洁生产、效率和能效的提高等息息相关，是所有高温工业重大技术进步不可或缺的重要环节。而钢铁工业是耐火材料消耗大户，钢铁工业所用耐火材料占耐火材料总量比例近70%。本文介绍了近期钢铁工业用耐火材料的新技术和新进展，包括干熄焦炉用复相结合碳化硅材料、优质钢精炼用耐火材料技术、连铸用梯度功能耐火材料、COREX 熔融气化炉用赛隆结合刚玉材料、金属铸造用泡沫陶瓷过滤器、高温窑炉用高效隔热材料、热态高炉渣的回收利用、富氧竖炉冶炼钢铁尘灰用关键耐火材料等。

一、干熄焦炉用复相结合碳化硅材料

熄焦是焦炭生产过程中的关键环节之一，与传统的湿法熄焦相比，干法熄焦具有回收红焦显热、减少环境污染与改善焦炭质量的优势。我国目前在建和运行的干熄焦装置大约 130 套，其中已投产的近 80 套。现阶段运行的干熄焦炉大约 1~2 年就要进行大修，常见的损坏点主要是斜道区、环形风道以及冷却段。这些部位特别是斜道区的耐火材料损坏严重，是影响干熄焦炉寿命的关键因素之一。

中钢洛耐院针对使用条件，开发出复相结合碳化硅材料，具有优良的抗冲刷、抗化学侵蚀以及极好的热震稳定性，解决了牛腿等部位在高温气流冲击、荷重等苛刻条件下易损毁的难题，使用效果良好，寿命大幅提高。图 1 示出了制品氮化后的显微结构。在此基础上进一步采用数模软件，合理设计内衬和外观结构，优化配置材料，使得干熄焦炉炉体，尤其是斜道区的热稳定性和结构稳定性得到提高。图 2 示出了干熄焦炉衬配

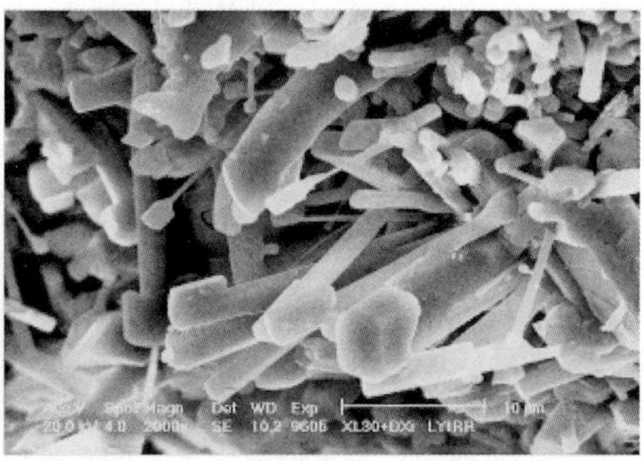

图 1　制品氮化后显微结构照片

置方案，预存室由原设计莫来石碳化硅砖改为复相结合碳化硅砖，斜道区由原设计莫来石刚玉砖和莫来石砖改为氧氮化物结合碳化硅砖。该方案已在国内外多套干熄焦炉得到应用，尤其斜道区采用氧氮化物结合碳化硅材料使用效果显著，从而有效提升了干熄焦炉运行稳定性，解决了关键部位耐火材料的易损问题。如国内某钢厂已连续使用 3 年，目前仍未出现破损现象，而以前使用的莫来石刚玉材料不到 1 年需要大修。图 3 示出了干熄焦炉运行 9 个月后斜道区使用情况对比。

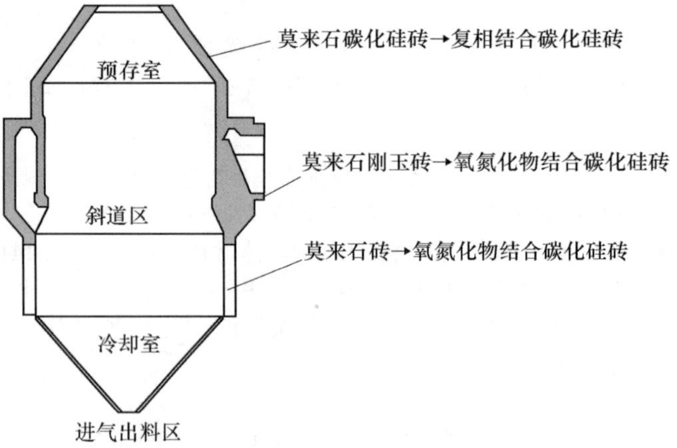

图 2　干熄焦炉衬配置方案

图 3　干熄焦炉运行 9 个月后斜道区使用情况对比

（a）传统干熄焦用莫来石刚玉材料；（b）氧氮化物结合碳化硅材料

二、优质钢精炼用耐火材料技术

炉外精炼已成为生产优质钢的必要手段，开发炉外精炼钢包用的高性能耐火材料相关技术和产品，是优质钢精炼技术对耐火材料的要求。炉外精炼技术的快速发展不仅要求钢包耐火材料实现长寿化，更为重要的是满足洁净钢的冶炼要求。因此，开发适应品种钢、洁净钢冶炼工艺的功能型、环境友好型耐火材料系列产品和应用技术，是洁净钢冶炼的要求，具有良好的应用前景。

目前优质钢精炼用耐火材料技术存在的问题有：（1）含碳耐火材料高温冶炼中对超低碳钢的增碳；（2）耐火材料中碳含量影响钢包冶炼过程的热平衡，加速钢包外壳的热疲劳损伤；（3）耐火材料中超标的磷、硅等成分对钢种造成负面影响；（4）钢包低寿命影响钢包周转效率；（5）钢包使用在线控制技术缺乏，钢包使用后期安全系数降低；（6）制造和使用过程中存在的污染问题。

针对以上问题，中钢洛耐院开发了优质钢精炼用耐火材料技术，其主要内容为：（1）新型渣线镁碳材料技术；（2）无碳钢包用系列耐火材料技术集成，包括镁质滑板、镁质座砖、熔池预制砖、无炭火泥、自流浇注料、包底砖、包壁修补料等；（3）精炼钢包综合保温技术；（4）钢包工作衬快速修补技术；（5）钢包工作衬挂渣和自修复技术。其主要技术特点为：（1）将热导率低的铝镁系无碳材料和低碳镁碳材料应用到钢包内衬上，大幅提高钢包的保温性能；（2）提出了钢壳温度对应衬体残厚、设立包底安全层、透气砖预警技术等安全预警理念和技术；（3）研究钢包工作衬结构，找出薄弱环节分析其损毁机理，提出综合砌筑方案；（4）开发的铝镁质自流修补料可用于钢包热态快速修补；（5）开发的铝镁系材料在使用中具有挂渣和自修复功能，能够有效自我保护，提高使用寿命。

系列优质钢精炼用耐火材料在国内某钢厂150吨精炼钢包上的应用表明：钢包使用寿命平均达到135炉次，较以前提高58%；冶炼超低碳钢精炼后终点碳达5×10^{-6}以下，钢包烘烤时间平均减少5h，钢包外壳温度比普通全碳钢包降低60～80℃，吨钢电耗降低5～8kW・h，吨钢电极消耗降低0.08kg；渣线镁碳砖及熔池无碳砖抗渣性能好，渣蚀损速率均匀，使用过程中整体性好，安全可控性强。

三、连铸用梯度功能耐火材料

连铸用功能耐火材料主要包括浸入式水口、整体塞棒、长水口和透气元件，作用为导流、控流、保护浇铸防止二次氧化、搅拌钢液等，对炼钢的生产效率、生产节奏和安全性有重要影响。这些耐火材料与国外先进水平存在一定差距，如浸入式水口、整体塞棒的使用寿命与国外先进水平相比低30%～50%；长水口使用寿命和浸入式水口、整体塞棒不同步；质量稳定性不足等。

中钢洛耐院基于材料梯度原理，开发了系列连铸用梯度功能耐火材料，其设计理念为：（1）长水口采用梯度复合结构设计，受高温钢液热冲击时最大热应力降低40%，温度梯度降低60%；（2）浸入式水口渣线采用梯度结构，低膨胀过渡层和低碳高抗侵蚀外层，提高抗热冲击性和抗侵蚀性；（3）铝碳材料中添加自修复型添加剂，抑制石墨氧化和生成高熔点陶瓷结合相；在ZrO_2-C渣线材料中加入纳微米复合ZrO_2粉，优化材料的力学性能和抗侵蚀性；（4）钢包透气元件以狭缝和弥散复合结构替代原单纯狭缝透气结构，以芯板组合狭缝结构替代原浇注预留狭缝结构，消除了应力集中和使用过程中的异常断裂、气道堵塞等问题。

与常规产品相比，复合结构透气砖吹通率超过98%，使用寿命提高30%以上；浸入式水口使用寿命提高50%；整体塞棒使用寿命由10～15h提高到20h以上；复合结构长水口使用寿命由8h提高到12h以上，实现了与浸入式水口、整体塞棒寿命同步，提高了连铸工艺的生产效率。

四、COREX熔融气化炉用赛隆结合刚玉材料

COREX是世界上技术最成熟、唯一实现工业化的熔融还原炼铁技术。随着COREX工业化技术的进一步提升，COREX工艺有望成为非高炉炼铁技术发展的重要方向。中国、印度、南非、韩国已有COREX炼铁装置。我国宝钢现有2套世界最大的COREX-C3000装置。COREX熔融气化炉是COREX熔融还原炼铁工艺的核心装置，赛隆结合刚玉材料是熔融气化炉的关键炉衬材料，对熔融气化炉的运行寿命有着重要影响。

中钢洛耐院开发的COREX熔融气化炉用赛隆结合刚玉材料具有以下特点：（1）微气孔结构，平均气孔孔径小于1μm，其中直径≤2.5μm的气孔容量超过80%，材料的抗渗透性、抗渣蚀性、抗氧化性等有明显提高；（2）复相结构结合，结合相除β-Sialon外，还有少量Sialon相。复相结合比单相具有更好的热震稳定性。目前中钢洛耐院已为国内外3座（宝钢2座、印度1座）COREX熔融气化炉提供近1000吨高性能赛隆结合刚玉材料，使用效果良好。图4示出了宝钢COREX-C3000装置陶瓷杯用塞隆结合刚玉材料的预砌。

五、金属铸造用泡沫陶瓷过滤器

在金属铸造生产中，由于非金属夹杂物等铸造缺陷导致铸件产生废品。采用泡沫陶瓷过滤器金属液过滤技术，可以有效地减少或消除其中的非金属夹杂物，净化液态铸造合金。

表1列出了中钢洛耐院开发的金属铸造用泡沫陶瓷过滤器的技术指标。铸钢用高纯氧化锆陶瓷过滤器特点为：强度高，韧性好，可耐受1700℃以上高温，孔径尺寸均匀、通孔率高，能有效去除金属液中的夹杂物，吸附小颗粒，提高

图4 宝钢 COREX-C3000 装置陶瓷杯用塞隆结合刚玉材料预砌

铸件性能。铸铁用碳化硅陶瓷过滤器特点为：高温强度高，抗热震性好，广泛用于铁、铜等合金的铸造过滤，使用中无须加热，不易堵塞，过滤精度高，能最大限度地降低铸件气孔、沙眼及夹杂物。

表1 金属铸造用泡沫陶瓷过滤器技术指标

项 目	铸钢用高纯氧化锆陶瓷过滤器	铸铁用碳化硅陶瓷过滤器
耐压强度/MPa	1.5～2.0	1.5～2
体积密度/g·cm^{-3}	0.35～0.45	0.35～0.45
孔隙率/%	80～87	80～87
使用温度/℃	1600～1700	1450～1500
应用范围	钢、超高温合金	球铁、灰铁

六、高温窑炉用高效隔热材料

“节能减排”越来越受到各行业的重视，节能对于高温高能耗的工业尤其重要。目前能耗高的高温窑炉热使用效率亟待提高，中钢洛耐院基于此开发了两种新型高效隔热材料，即微米孔氧化铝隔热材料和纳米孔隔热材料。

微米孔氧化铝隔热材料理化指标见表2，以微米及亚微米氧化铝为原料，将乳状液模板法与注凝成型结合，通过油相和乳化剂的选择和调节，实现氧化铝隔热材料孔径尺度、气孔率的可调，产品氧化铝含量可调控，使用温度高，热导率低，可在1600℃及以上温度使用，有较高的强度和较低的热导率。

表2 微米孔氧化铝隔热材料理化指标

项 目		指 标
Al_2O_3/%		80～99.9
体积密度/g·cm^{-3}		0.5～1.5
气孔尺寸/μm		20～200
使用温度/℃		1600～1750
耐压强度/MPa		4～85
导热系数/W·(m·K)$^{-1}$，0.5g·cm^{-3}	300℃	0.23
	1000℃	0.28
	1200℃	0.32

纳米孔隔热材料理化指标见表3，基于纳米微孔原理，以纳米级 SiO_2 为原料经特殊工艺研制而成的新型纳米超级绝热材料。该材料具有密度低、导热系数低、不可燃、绿色环保、耐腐蚀等特性，同时兼备吸声、减震、抗压的性能。通过以上两种产品及其配合使用，可用更薄的炉衬替代原隔热材料，减少炉体占用的空间，同时提高窑炉的热使用效率。

表3 纳米孔隔热材料理化指标

项 目		指 标
主要成分		纳米级 SiO_2
密度/g·cm^{-3}		约0.45
使用温度/℃		约1000
线收缩（1000℃）/%		<2
导热系数/W·(m·K)$^{-1}$	200℃	0.028
	400℃	0.035
	600℃	0.045
	800℃	0.052
	1000℃	0.061

以自制的高效隔热材料为内衬材料，搭建高温电炉，图5示出了高效隔热材料与传统隔热材料能耗对比图，图中功率为相对值。与传统的氧化铝空心球砖内衬相比，节能效果为30%左右。

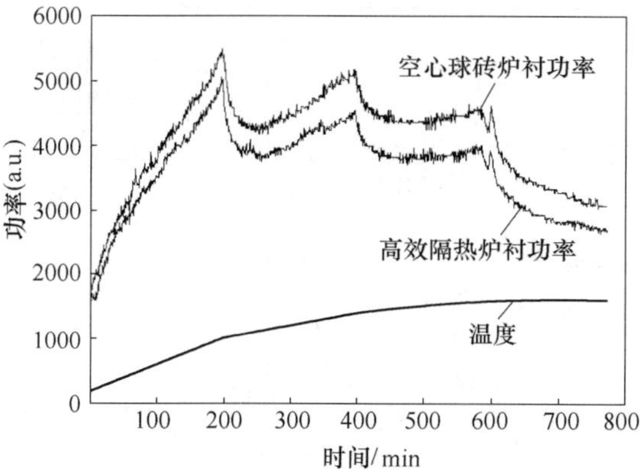

图 5　高效隔热材料与传统隔热材料能耗对比图

七、热态高炉渣的回收利用

资料显示，每炼出 1t 铁约产生 300～350kg 的热态高炉渣，且出渣温度超过 1400℃，吨渣含相当于 60kg 标准煤的热量。目前高炉渣大量用作水泥混凝土原料、填埋材料、道路材料、建筑材料等，利用效率低，附加值小。

中钢洛耐院采用热态高炉渣，利用喷吹法和甩丝法分别生产出了纤维棉，其指标见表 4，显微结构如图 6 所示。纤维棉可以使用在 600℃以下条件，经加工可制成纤维板、管、毡、带、纸等各种制品，具有重量轻，导热率低，耐高温等优点，广泛应用于建筑和工业装备、管道、窑炉的绝热、防火、吸声、抗震等。同时高炉渣棉具有生物可降解性，是致癌石棉很好的替代品，符合绿色生态材料的发展方向。

表 4　热态高炉渣纤维棉理化指标

项　目		典 型 值
化学成分/%	CaO	40
	MgO	7
	SiO_2	33
700℃ ×24h 加热线变化/%		−0.41
导热系数(700℃)/W·(m·K)$^{-1}$		0.084
渣球（>0.212mm）含量/%		19
纤维平均直径/μm		2
模拟人体肺液中综合溶解度(24h)		130×10^{-6}，硅酸铝纤维为 21×10^{-6}，国外环保纤维为 280×10^{-6}

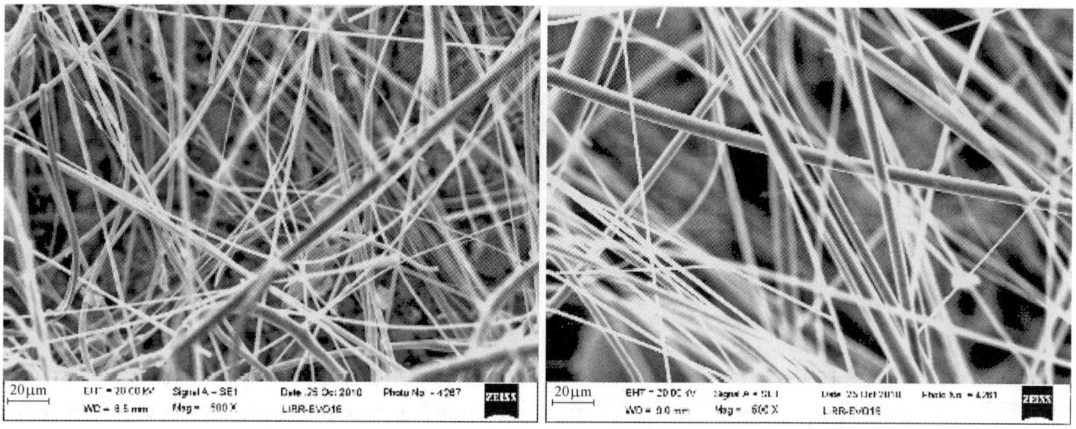

(a)　　(b)

图 6　热态高炉渣显微结构
（a）喷吹法生产的炉渣棉；（b）甩丝法生产的炉渣棉

八、富氧竖炉冶炼钢铁尘灰用关键耐火材料

含铁尘灰是钢铁工业种类最多、成分最杂的废弃物，约占钢铁总量的 10%～18%。尘灰中含有一定量的废钢铁，是可利用的再生资源。特别是不锈钢尘灰，含有大量的铬镍等贵重金属，Cr 10%，Ni 1%～2%，当前主要采用压球配入电炉冶炼方法处理，会二次扬尘，铬收得率低（仅约 80%），处理能力不足，导致不锈除灰尘大量堆

存，同时存在六价铬环境污染问题。

富氧竖炉冶炼工艺是一项新技术，将不锈钢、碳钢含铁尘灰还原为铁水，实现回收利用。该技术处理量大，生产过程环保，无二次污染，铬收得率超过90%，可回收全部除尘灰，具有较好的经济效益和社会效益。实际生产过程中，因富氧、高炉温、渣量大，且含有大量碱金属，致炉衬侵蚀快、使用周期短，严重制约效能的发挥，也限制了竖炉工艺的推广应用。

中钢洛耐院对富氧炉衬进行了优化配置，开发出了高致密含氧化铬浇注料和高致密低气孔的 Al_2O_3-SiC-C 浇注料，并对出铁口流道砖进行了结构优化设计，炉衬使用寿命从平均30天提高到50天以上，出铁口流道材料使用寿命从3～5天提高到20天，满足了设计使用要求。图7示出了优化后的炉衬结构示意图，表5列出了开发的 Al_2O_3-SiC-C 浇注料的理化指标。

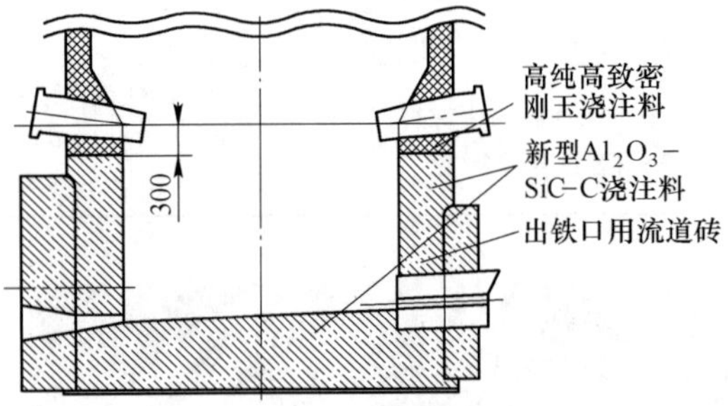

图7 优化后的炉衬结构示意图

表5 富氧竖炉用 Al_2O_3-SiC-C 浇注料的理化指标

检验项目		项目研制产品实测值	要求指标	原使用国外产品典型值
化学成分/%	Al_2O_3	71.04	≥63	66.5
	F·C	2.43		2.2
	SiC	22.29	≥20	24.3
体积密度/g·cm^{-3}	110℃×24h	3.15	≥2.80	2.90
	1500℃×3h，空气	3.13		
	1500℃×3h，埋碳	3.15		
显气孔率/%	1500℃×3h，空气	11.6		
	1500℃×3h，埋碳	9.7		
耐压强度/MPa	110℃×24h	43.8	≥35	40
	1500℃×3h，空气	115	≥60	44
	1500℃×3h，埋碳	167	≥60	
高温抗折强度(1400℃×1h)/MPa		6.9		

九、结语

本文列出了中钢洛耐院近期开发的钢铁行业用耐火材料新技术和新进展，包括干熄焦炉用复相结合碳化硅材料、优质钢精炼用耐火材料技术、连铸用梯度功能耐火材料、COREX熔融气化炉用赛隆结合刚玉材料、金属铸造用泡沫陶瓷过滤器、高温窑炉用高效隔热材料、热态高炉渣的回收利用、富氧竖炉冶炼钢铁尘灰用关键耐火材料等。通过这些新技术和新成果的应用，可以满足钢铁工业新装备和新工艺的要求，提高现有炉衬或关键耐火材料使用寿命，节省能源消耗，净化钢液或铁水，加强固废利用等，应该加大推广应用。

新形势下我国耐火原料的研发与创新趋向

李　勇　秦海霞

北京科技大学

摘　要：介绍了近年来出现的新型耐火原料，金属和金属间化合物原料（金属 Al、金属 Si、硅铁合金等）、非氧化物原料（Si_3N_4 和氮化硅铁）以及氧化物原料（Al_2O_3-SiO_2 系原料、“三石”）的最新发展状况，并讨论了我国耐火原料的未来发展创新趋势。

关键词：耐火原料，金属 Al，金属 Si，硅铁合金，Si_3N_4，氮化硅铁，Al_2O_3-SiO_2 系原料，“三石”

随着我国冶金钢铁行业的发展，对于耐火材料的要求也逐渐提高，传统耐火材料已经逐渐不能满足时代发展的需求，亟须开发出新的耐火材料。融合金属和高技术陶瓷研究的最新研究成果，采用新的原料添加到原有的耐火材料体系中，从而发展出新型的金属-非氧化物-氧化物复合耐火材料，这种将金属和高技术陶瓷结合的材料将是耐火材料未来极具发展前景的领域，如金属和金属间化合物原料（金属 Al、金属 Si、硅铁合金等）、非氧化物原料（Si_3N_4 和氮化硅铁）。此外氧化物原料（Al_2O_3-SiO_2 系原料、“三石”）的应用也有了新的进展。上述新型耐火原料的应用，不仅满足耐火材料高性能、低能耗、低成本、无污染的生产需求，并且有助于提高耐火材料的使用寿命。

一、金属原料

在非氧化物或者非氧化物复合材料体系中，Si_3N_4-SiC 砖，以及后来以 β-Sialon 作为结合相的材料，包括 Sialon-SiC 砖、β-Sialon-Al_2O_3 复合材料、β-Sialon-Al_2O_3-SiC 复合材料，以及 MgAlON 为结合相的材料，包括 MgAlON-Al_2O_3 复合材料以及 β-Sialon-MgAlON 复合材料，是由金属铝粉在相应气氛下形成 Al_2O_3 或 AlN；或者添加金属硅粉在氮化气氛下形成 Si_3N_4，制取的相应材料或在高温和适当气氛下与其他原料进一步反应形成 β-Sialon（见图 1）或 MgAlON 材料甚至两者的复合材料。研究发现，该过程的实质是将金属作为过渡相，在反应条件下转变成预想的化合物，从而获得性能较好的 SiC、Si_3N_4、Sialon 结合氧化物或非氧化物材料。

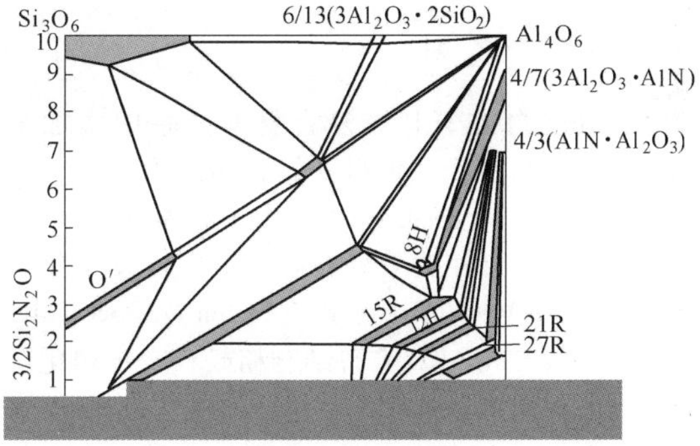

图 1　Si_3N_4-AlN-Al_2O_3-SiO_2 系 1700℃等温截面图（相图）

金属原料（金属 Al、Si、硅铁合金等）不仅可以起到过渡相的作用，还能使耐火材料兼具金属的某些特性。洪彦若[1]将这种在无机化合物中添加金属原料的工艺称为“塑性相成型”工艺，其成型原理如图 2 所示。

金属作为一个组元复合于耐火材料中，是耐火材料制备工艺上的一种突破，制得的金属-氧化物-非氧化物体系材料也是耐火材料体系上的创新。该工艺有许多优点，金属在适当的气氛下形成化合物使耐火材料兼具某些金属的塑性特性，从而改善耐火材料的脆性，尤其是对于抗热震性以及高温抗折性有较大贡献。塑性相工艺不仅能在试样成型时对砖坯密度有提高的作用，在烧结过程中，低熔点的金属会起促烧的作用，降低气孔率，促进致密化和反应进行。此外，在使用过程中，金属的存在使得金属能优先与钢水或者熔

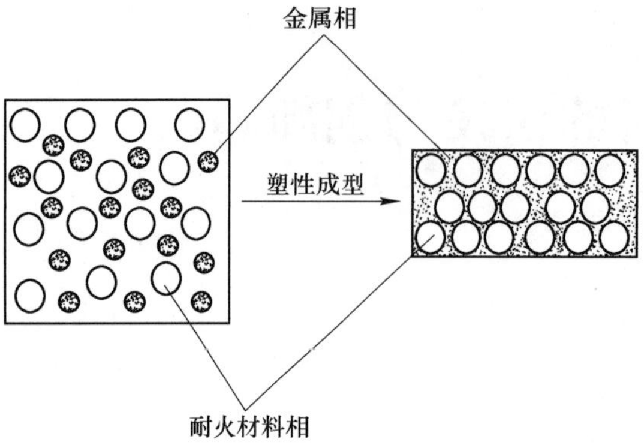

图2 塑性相成型工艺示意图

渣中的化合物反应，或者在高温下优先氧化，起到保护其他物相作用，并且在表面形成保护膜，起到“自修复”作用。

（一）金属Al

在氧化物-非氧化物复合材料体系中添加金属，高温烧结过程中可得到结合相或增强相，对材料的性能起着改善的作用。由于金属Al熔点较低（660℃），在相对较低的温度下即可发生化学反应，生成AlN、Al_4C_3或者Sialon、AlON、Mg-AlON、Al_2OC和Al_4O_4C等结合相或者增强相化合物，因此常常将金属Al作为添加剂添加到耐火材料中。在上述化合物中AlN和Al_4C_3易产生水化现象，影响制品使用性能，通常会控制实验条件将Al元素固定到其他化合物中，避免制品中出现过多AlN和Al_4C_3。

田守信[2]等报道过在铝碳转中添加金属Al，转化为增强相的结果。洪彦若[1]于2003年报道了在氧化镁-尖晶石-碳砖中添加金属Al作为过渡塑性相。研究表明Al在烧结过程中可以起助烧剂的作用。由于其熔点较低，在1300℃下发生液相烧结，使得材料更加致密，具有更高的高温抗折强度。洪彦若[1]在镁铝碳材料中添加金属Al，采用质量百分数为50%的铝矾土（5～1μm）、13%的铝矾土（≤1μm）、10.5%的煅烧氧化镁、8.1%的$MgAl_2O_4$尖晶石粉、7.5%的Al_2O_3、1.95%的SiC粉、1.95%的金属Al粉、7%的石墨以及4%～4.5%的树脂作为原料制备Al_2O_3-MgO-C砖，烧结过程中发生了如下的反应，成功制备出MgAlON材料。

$$5Al(l)+9Al_2O_3(s)+\frac{5}{2}N_2(g)+xMgO(s) = Al_{23}O_{27}N_5\cdot xMgO(s)$$

大量研究表明，添加金属铝，可以促进β-Sialon在相对较低的条件下形成。魏从军等[3]在刚玉-氮化硅体系中添加质量分数12.5%金属Al，有效降低了坯体显气孔率，增加了体积密度。烧结后Al发生原位氧化，减低了样品内部的氧分压；残留的部分Al在烧结过程中生成中间产物，促进了烧结反应的进行。李勇等[4]于2013年采用金属Al和Al_2O_3作为原料制备Al-Al_2O_3复合滑板，结果表明在烧结过程中生成了Al_2OC和Al_4O_4C等增强相，以板片状和柱状穿插在基质中，提高了材料的强度；游离态金属Al填充于基质的间隙和气孔中，提高材料的韧性和抗热震性能。

$$4Al(l)+2C(s)+O_2(g) = 2Al_2OC(s)$$

$$4Al(l)+C(s)+2O_2(g) = Al_4O_4C(s)$$

$$2Al(l)+N_2(g) = 2AlN$$

李改叶[5]采用金属铝粉作为添加剂改善了Al_2O_3-SiC材料的性能，当金属Al含量为18%时，1100℃保温3h后，试样的显气孔率最低达到17%，体积密度达到3.05g/cm³，常温耐压强度达到140MPa，常温抗折强度达到28MPa。

（二）金属Si

金属硅熔点为1412℃，在高温氮化条件下控制适当的气氛能原位合成Si_3N_4、SiC、SiO_2、Si_2N_2O等耐火中常用的化合物，因此也是耐火材料中较为常用的金属添加剂。图3为Si-O-N系在1723K时的相稳定图，由图3可知，在1450℃时控制气氛中氧气和氮气的分压，可以获得Si_3N_4、SiO_2、Si_2N_2O等化合物。

李改叶[5]采用电熔白刚玉连续颗粒、活性

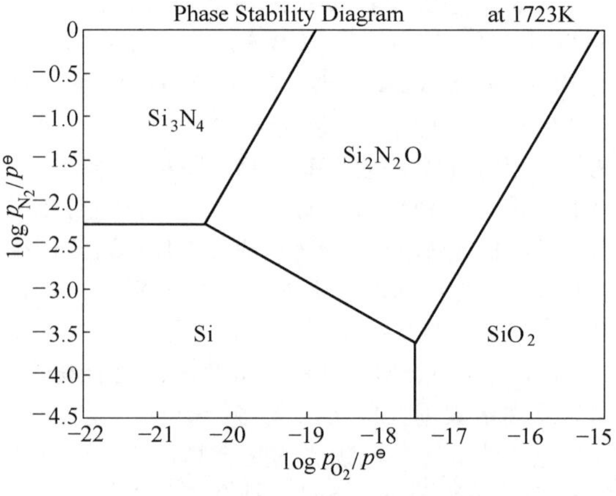

图3 Si-O-N系1450℃时的相稳定图

Al_2O_3 微粉、SiO_2 微粉，SiC 粉、Si 粉作为原料，研究金属 Si 粉作为添加剂，对 Al_2O_3-SiC 的性能改善。结果表明，金属 Si 粉能改善 Al_2O_3-SiC 材料的气孔率、体积密度、常温耐压强度等常规物理性能，并且可以优化微观结构，由于金属 Si 的塑性和延展性，可以改善 Al_2O_3 和 SiC 直接的脊性结合，将两者“拉”在一起，使得结构更加紧密。洪彦若[1]等采用金属 Si 塑性相复合 Al_2O_3-SiC 耐火材料，制取了比同类型产品具有更低的显气孔率、更高的体积密度、常温耐压强度和常温抗折强度的产品。同时，高温行为研究表明，添加相对低熔点的金属，并不会降低材料的高温力学性能，其高温抗折强度（17.5MPa）明显大于棕刚玉-碳化硅砖（12.5MPa）和刚玉-莫来石砖（6.5MPa）；其抗渣、碱、铁侵蚀性要优于棕刚玉-碳化硅砖和刚玉-莫来石砖。

肖俊明[6]采用 SiC 粗、中、细颗粒和 Si 粉作为原料，成功制备了以 Si_3N_4 为结合相的 Si_3N_4-SiC 复合材料，试样气孔率 24%、体积密度 2.42g/cm^3、常温抗折强度为 79.45MPa、高温抗折强度（1280℃）为 93.48MPa。洪彦若[1]采用金属 Si 和 SiC 作为原料在氧化气氛下制取 Si_3N_4-SiC 砖，制取了气孔率17%、体积密度2.48g/cm^3、抗折强度30.7MPa 的试样，烧结过程中熔点很高的 Si_3N_4 在1450℃就能和 SiC 很好地结合，这是因为金属 Si 在反应条件下氧化生成 SiO_2 和 Si_2N_2O 等化合物，新生成的产物与金属 Si 一起促进了活性烧结；该方法与用氮化反应烧结工艺和保护气氛下高温热压 Si_3N_4 和 SiC 相比，大大降低了成本。

已有研究者采用多晶硅废料，制备出氮化硅结合碳化硅产品。多晶硅废料中主要成分为金属 Si 和 SiC，在氮化气氛下高温烧结，原位生成 Si_3N_4，制备出性能比传统 Si_3N_4-SiC 复合材料性能更好的 SiC/Si_3N_4 复相结合 SiC 耐火材料，不仅可实现多晶硅废料的再利用，减少废料对于环境的污染，还能大大降低生产成本，为金属原料在耐火材料中的应用的理论研究做出了贡献。

（三）金属 Si 和金属 Al

一些研究表明，金属铝对于金属硅的反应有促进作用。人们通常在耐火原料中同时添加金属 Si 和金属铝，以制备 β-Sialon 以及 β-Sialon 复合材料，由于金属的存在，在较低的温度下即可形成液相，对于反应的进行有促进的作用，活化中间产物的形成对于反应也有促进的作用。

董鹏莉[7]采用硅粉、铝粉、氧化铝微粉合成单相 β-Sialon；采用硅粉、氧化铝微粉、碳化硅微粉合成了 β-Sialon 复合材料。黄朝晖[8]采用工业 Si 粉，Al 粉，Al_2O_3 微粉、电熔致密刚玉颗粒及其细粉、碳化硅颗粒及其细粉及少量添加剂作为原料，制备出具有优秀的高温抗折强度的 β-Sialon-Al_2O_3-SiC 复合材料。Al_2O_3-SiO_2 材料的高温抗折强度会在 1400℃ 急剧下降，而 β-Sialon-Al_2O_3-SiC 复合材料克服了这一缺点，在 1400℃ 仍有 46～57MPa。

（四）硅铁合金

硅铁即硅与铁的合金，目前主要用于炼钢领域作为脱氧剂和合金剂以及用于铸造领域作为铸铁孕育剂和球化剂。随着硅含量的不同，可形成各种硅铁化合物，具有 FeSi，α-$FeSi_2$，β-$FeSi_2$，Fe_3Si 等多种不同的物相结构，与之相对应的是不同的物理性能和应用。工业生产中，硅铁合金按含硅量有 45%、65%、75% 和 90% 多种品级，在不同牌号的硅铁中，目前应用最广泛的是 75% 的硅铁[9]，其中硅含量占 74%～80%，主要物相为结晶硅（灰色）及 ζ 相（FeSi2.3）。

由于工业生产中需要从空气中分离出氧气，因此，有大量氮气富余。在金属-氧化物-非氧化物体系中，通过将氮气与金属或合金复合，作为原料使用，在耐火材料中具有广阔的前景。添加硅铁合金在耐火材料中，在氮化气氛下烧结可以原位生成 Si_3N_4 和 Fe_3Si，为体系提供廉价的氮化硅来源，因此硅铁合金在耐火材料中的应用越来越引起人们的注意。

翟亚伟等[10]研究了采用碳化硅、氮化硅和硅铁合金粉（FeSi75）为原料，在 1300℃ 氮化烧成，制备出 Fe-Si_3N_4-SiC 复合材料；试验研究了硅铁含量对试样性能的影响，结果表明硅铁含量为 12% 时，试样常温耐压强度可达 181MPa，高温抗折强度为 27.4～39.8MPa，气孔率为 9.7%，体积密度为 2.87g/cm^3。朱晓燕等[11]采用碳化硅和硅铁合金粉（FeSi75）为原料，在高纯氮气中 1450℃ 下烧成，并在升温过程中分别在 1150℃、1280℃ 和 1360℃ 保温，成功制备出体积密度为 2.65g/cm^3，气孔率为 18%、常温耐压强度为 145MPa、荷重软化开始温度为 1750℃ 的 Fe-Si_3N_4-SiC 制品，其微观结构中硅铁金属间化合物呈直径小于 10μm 的小球状分散于材料中，是有益于材料的金属塑性相。郭有夫等[12]采用工业黑色 SiC（纯度为 SiC > 98%）、

Si 粉、硅铁粉（Si > 75.8%，Fe > 55.1%）作为原料，在氮化气氛下 1380℃保温 5h 制备出 Si_3N_4-SiC 制品。研究表明 Si 粉在坯体中发生原位生成的氮化硅作为结合相存在，提高了试样强度的提高；硅铁粉中 Fe 元素的存在对于硅粉的氮化起着加速催化的作用，当硅铁粉含量为 2% 时，性能最佳，显气孔率 10.4%、体积密度 2.73g/cm^3、常温耐压强度 150MPa、常温抗折强度 51MPa。

二、非氧化物原料

（一）氮化硅

氮化硅在陶瓷行业应用较为广泛，其结构决定它具有机械强度高、耐腐蚀性好、热震稳定性好、热膨胀系数低、耐高温等优点，现在已经被应用于钢铁冶金工业中[13]。20 世纪 70 年代氮化硅结合碳化硅开始用于高炉风口部位，目前氮化硅主要被用于水平连铸分离环[14]、炮泥和出铁沟浇注料中，此外高炉用氮化硅及赛隆结合碳化硅制品近年来也迅速发展[15]。一般把氮化硅作为耐火材料中的高温相或者结合相，主要用于与 Al_2O_3 复合，得到的 Al_2O_3-Si_3N_4 系复合材料，在高温使用的过程中发生固溶，形成 β-Sialon 结合相，具有很好的使用性能。目前的主要研究体系集中在 Al_2O_3-SiC-C 材料，Si_3N_4-SiC 复合材料，β-Sialon 单相材料、β-Sialon-Al_2O_3 复合材料、β-Sialon-Al_2O_3-SiC 复合材料等领域。

目前利用氮化硅作为结合相主要有三种方式：一是添加纯氮化硅作为原料；二是添加金属硅粉作为原料，在氮化气氛中原位合成氮化硅；三是同时添加部分纯氮化硅，同时添加金属硅粉，反应过程中在耐火材料基质中原位生成 Si_3N_4 结合相。吴宏鹏[16]采用 Si_3N_4 细粉、SiC、Si 粉、硅灰为原料，木质素磺酸钙水溶液作成型结合剂，在空气气氛中采用常规烧结炉在 1450℃烧成 Si_3N_4-SiC 复合材料，其性能为显气孔率 15%、体积密度 2.63t/m^3、常温耐压强度 157MPa、常温抗折强度 54MPa、高温抗折强度 38MPa。有学者通过引入 Si_3N_4 和提高 Si 的加入量等途径原位合成制备出 Sialon 增强耐火材料。此外，还有一些研究者以天然原料为原材料，原位合成氮化硅作为结合相。

（二）氮化硅铁

氮化硅铁是硅铁合金高温氮化合成产物，主要物相为 Si_3N_4，此外还有部分 Fe_3Si、少量 Fe 及少量的 SiO_2。它不仅具有 Si_3N_4 的高机械强度，良好的耐腐蚀性、良好的热震稳定性，较低的热膨胀系数等一系列优点，而且已经实现工业化生产，与昂贵的氮化硅相比，其价格低廉，便于工业化推广，是耐火行业中有望取代氮化硅的新型原料。目前国内对于氮化硅铁的研究尚处于初级阶段，文献报道多集中在高炉方面炮泥和铁沟浇注料上，并且已经能够实现批量使用。

近年，氮化硅铁的合成和应用研究有了初步的发展，20 世纪九十年代，日本的一些学者报道了氮化硅铁高温反应机理和氮化硅铁在高炉炮泥的应用性能。在国内，一些学者研究了其在出铁口炮泥中的应用。刘志军[17]2003 年对于采用硅铁合金氮化制备了氮化硅铁，并进行了物相分析，同时研究了氮化硅铁对于 Al_2O_3-SiC-C 体系耐火材料的影响。随之，祝少军[18]于 2005 年介绍了生成氮化硅铁的一种新的合成方法-闪速燃烧合成法，并对该方法的基础原理、反应、热力学、动力学进行了理论研究和计算，为氮化硅铁的理论研究奠定了基础，同时也对此后氮化硅铁的应用做了铺垫。随后，刘晓光[19]对于闪速燃烧合成的氮化硅铁的性能和应用进行了研究，将氮化硅铁添加到 Al_2O_3-SiC-C 体系中进行了研究，并研究了氮化硅铁的高温下的氧化行为，对于硅铁合金闪速燃烧制备氮化硅铁的过程进行了热力学分析，同时还对于 Fe-Si_3N_4-Al_2O_3-SiC-C 体系进行了简要的抗渣侵蚀的研究。同年，陈俊红[15]对于氮化硅铁的组成、结构以及在 Al_2O_3-SiC-C 体系中的高温行为进行了研究，此后，又有韩俊华[20]（2006 年）对于氮化硅和氮化硅铁合成进行了热力学分析和实验研究，探索了硅铁熔体氮化制备氮化硅铁的新方法，硅合金熔体氮化是以硅铁粉为原料，在一定温度下使其液化，然后喷吹高压氮气，充分搅拌溶液至沸腾，氮化反应快速高效地进行，从而制得氮化硅。陈博[21]（2010 年）采用石英粉和铁矿粉作为原料，研究了碳热还原氮化的方法制备 Fe-Si_3N_4、Fe-Sialon 和 Fe-Si_3N_4/TiN 复合材料，并将制备的原料加入到无水炮泥中，在 1520℃进行了抗渣侵蚀实验。宋文[9]（2011 年）研究了氮化硅铁的立式连续合成和渗透燃烧合成两种方法合成方法，并将氮化硅铁应用于 1080cm^3 高炉，出铁时间在 90min 以上，能迅速打开和封闭铁口，使用效果良好。

目前合成氮化硅铁普遍采用以 FeSi75 铁合金为原料经高温直接氮化制备合成，按照合成工艺的不同可以分为真空氮化法，隔焰氮化法，立式连续燃烧合成和渗透燃烧合成法。真空氮化法是常用的传统制备方法，工艺简单，但需抽真空设备，在氮化炉内形成高纯氮化环境，不利于控制成本。立式连续燃烧合成，又称为闪速燃烧，是近年来在金属氮化领域发展起来的新型工艺，适宜于大批量连续式生产。渗透燃烧是指多孔介质与在其中渗透的气体发生的自维持放热反应，由于其操作简便，可随需求适当调整其工艺路线，为实验室小试样的研究提供原料更为便捷，在自蔓延高温合成氮化硅的研究中得到广泛应用[9]。此外还有一些研究者在实验室制备氮化硅铁，陈博[21]通过碳热还原氮化法，利用石英粉和铁矿粉为原料制备合成 Fe-Si_3N_4；在 1450℃ 时焦炭过量 50% 保温 3h 就制备出了 Fe-Si_3N_4。

三、氧化物原料

传统的耐火材料大部分都是氧化物耐火材料，Al_2O_3-SiO_2 系传统原料中，无论是高铝矾土还是莫来石，都面临体积密度不高，烧结过程中会出现体积收缩的问题，因此，人们往往加入一些石英或者“三石（蓝晶石、红柱石、硅线石）”。加入的石英与刚玉反应形成莫来石，产生的部分体积膨胀正好抵消高温使用过程中的体积收缩，使得材料具有很好的高温蠕变性能。加入的“三石”在高温下转化为莫来石，同时伴随着体积膨胀效应，使制品中莫来石相增多，玻璃相减少，从而起到改善性能的作用。

我国对于“三石”的研究始于 20 世纪七十年代后期的上海宝钢引进项目，九十年代进行实验并成功投入生产。大量研究表明，无论是在定型还是不定形耐火材料中，加入适量的“三石”材料，对于材料的性能都有提高的作用。在黏土砖、高铝砖中加入适量硅线石其品质耐压强度明显获得提高；加入红柱石时，热震稳定性获得提高；加入适量蓝晶石减少产品的重烧线收缩等；在不定形耐火材料中（如浇注料）加入蓝晶石，可抵消材料在高温下的收缩；加入硅线石、红柱石用以提高材料的荷重软化温度、热震稳定性等。

目前，我国对于“三石”原料的应用主要集中在生产大型高炉热风炉用低蠕变砖、高炉热风炉用抗热震低蠕变砖以及抗热震砖。我国“三石”矿产齐全、资源丰富、矿石品位高、选矿水平也在逐步提升。目前，我国对于“三石”原料的应用还未形成完整、系统的体系，有待进一步提高，其应用有待进一步开发。

四、结语

在金属高技术陶瓷和“金属塑性相工艺”基础上发展出的金属-氧化物-非氧化物耐火材料体系，必将成为未来极具前景的发展方向之一。已有大量研究者将金属、金属间化合物、非氧化物以及一些性能优良的氧化物原料复合到耐火材料中，制备出性能优良的产品。然而，新型原料的发展尚未建立完整的理论研究，技术控制和应用经验仍然不足，还需要更加深入的理论研究；如何应用新型原料，实现性能稳定制品的大规模工业化推广，是新型耐火原料有待解决的问题。

参考文献

[1] 洪彦若，孙加林．非氧化物复合耐火材料[M]．北京：冶金工业出版社，2003.

[2] 田守信，Al 和 Si 添加物使含碳材料增强机理的研究[J]．无机材料学报，1998，4(3)：229-242.

[3] 魏从军，涂军波．铝粉对刚玉-氮化硅复合材料微观结构和性能的影响[J]．2011，39(3)：458-463.

[4] 李勇，张军杰，李进宝．用塑性金属工艺制备 Al-Al_2O_3 复合无碳滑板[J]．硅酸盐学报，2013(3)：416-421.

[5] 李改叶．Al_2O_3-SiC 复合材料结构与性能的研究[D]．武汉：武汉科技大学，2004.

[6] 肖俊明，刘莉萍，梁雪娟，等．浇注成型 Si_3N_4-SiC 制品的研究[J]．金刚石与磨料磨具工程，2008，6(168)：58-66.

[7] 董鹏莉，王习冬，张梅．SiAlON 及 β-Sialon-SiC 复合材料合成的研究[J]．耐火材料，2006，40(2)：110-113.

[8] 黄朝晖．Sialon-Al_2O_3-SiC 系复相材料的高温强度和显微结构[J]．硅酸盐学报，2004，32(7)：862-86.

[9] 宋文．氮化硅铁的合成与性能及其在含碳耐火材料中的应用[D]．北京：北京科技大学，2011.

[10] 翟亚伟．硅铁含量对反应烧结 Fe-Si_3N_4-SiC 复合材料性能的影响[J]．耐火材料，2010，44(4)：268-271.

[11] 朱晓燕．用 Si-Fe 反应烧结制备 Fe-Si_3N_4-SiC 复合材料的性能研究[J]．耐火材料，2010，44(2)：96-99.

[12] 郭有夫．FeSi 对 Si_3N_4 结合 SiC 材料烧结性能的影响[J]．陶瓷，2008(3)：34-36.

[13] 王华．氮化硅及其微粉的制备[J]．耐火材料，

1996，30(2)：113-115.
[14] 李亚伟．硅粉直接氮化反应合成氮化硅研究[J]．硅酸盐通报，2003(1)：30-34.
[15] 陈俊红．Fe-Si_3N_4 组成、结构及其对 Al_2O_3-SiC-C 体系材料高温性能的影响[D]．北京：北京科技大学，2005.
[16] 吴宏鹏．空气气氛中烧成 Si_3N_4-SiC 复合材料的性能、相组成和显微结构[J]．耐火材料，2005，39(4)249-252.
[17] 刘志军．Fe-Si_3N_4 的合成及对 Al_2O_3-SiC-C 系耐火材料性能的影响[D]．西安：西安建筑科技大学，2003.
[18] 祝少军．氮化硅闪速燃烧合成机理研究[D]．北京：北京科技大学，2005.
[19] 刘晓光．闪速燃烧合成氮化硅铁的性能与应用研究[D]．北京：北京科技大学，2005.
[20] 韩俊华．合成氮化硅与氮化硅铁的热力学分析与实验研究[D]．西安：西安建筑科技大学，2006.
[21] 陈博．铁-氮化物系耐高温材料制备及在炮泥中应用的研究[D]．北京：中国地质大学，2010.

耐火材料发展对原料适应性的新要求

石 凯[1] 周宁生[2]

(1) 河南省耕生耐火材料有限公司
(2) 河南科技大学高温材料研究院

一、前言

高温工业的持续快速发展及丰富的耐火原料资源支撑了我国耐火材料工业多年来的黄金发展期，同时也促进了耐火原料工业自身的发展，表现在产量不断增加，品种不断丰富，性能不断提升，质量不断改进。耐火原料堪称耐火制品的脊梁，与耐火制品相互依赖，互为促进。前者保证了后者特性的实现，后者为前者提供了广阔的应用空间，二者相互适应，共同发展。历史上镁铬砖性能的提升，就与预熔型镁铬原料的突破分不开。当今耐火材料的应用呈现特性化、功能化、多元化、精细化、高效化和低耗化的特点，耐火原料的发展必须与之相适应。现阶段受经济下行、需求不振、资源和环保约束力增大等因素的影响，高温工业及耐火材料行业进入提质增效的发展新阶段，对耐火原料的适应性也提出了超越传统的新要求。

本文就新形势下我国耐火原料该如何发展发表作者的一些看法和建议，希望抛砖引玉，引起同仁的关注，共同付诸努力。

二、耐火原料适应性的多元体现

耐火原料的适应性涉及诸多方面，呈多层次、多维度体现。现阶段用户工业的新需求、资源和环保约束力增强以及耐火材料应用的特性化、综合化、绿色化、低耗化取向是导致耐火原料适应性呈多元化的主要因素。

（一）用户工业的新要求

高温工业新技术、新工艺、新流程对耐火材料的性能和功能提出了新的要求。为此，耐火制品必须有性能和功能的提升或突破。相应地，耐火原料必须有新特性、新品种方能满足新需求。

1. 满足洁净钢冶炼的需要

随着钢铁行业调整品种结构及特种钢的发展，洁净钢冶炼技术被普遍采用，对炼铁、炼钢用相关辅料和耐火材料减少和避免污染铁水、钢水方面都提出了新的要求。人们在研究和实践中发现，铝硅系耐火材料对钢水会有所污染，镁质材料不污染，而含有游离 CaO 的材料则非但不污染，还具有洁净钢水的作用。CaO 含量越高，其效果越明显。为此，有良好抗水化性的烧结和电熔的含游离氧化钙的镁钙原料受到青睐。

为了减少含碳耐火材料对钢水的增碳污染，需要降低碳复合耐火材料的碳含量。为了消除降碳对其抗热震、抗侵蚀等性能的副作用，需要引入弥散化碳源。促进了适合耐火材料用各种纳米碳源如炭黑、纳米碳管、石墨烯的研发和生产。

除洁净钢的要求外，其他高温流程中有的也要求耐火材料不污染其所承载的介质。耐火材料的这一功能可谓广义上的“绿色环保”。

2. 满足耐火材料“绿色化”的要求

鉴于 Cr^{6+} 对人、畜有致癌作用，含铬耐火材料已被国家环保部列入限制使用的产品，用低铬和无铬新材料取代含铬材料势在必行。前些年开发了镁铝尖晶石砖应用于水泥回转窑烧成带取代镁铬砖。镁铝尖晶石砖虽然有较好的抗侵蚀、抗热震性能，但其挂窑皮性和柔韧性欠佳。为此，国外首先开发了铁铝尖晶石（$FeAl_2O_4$）电熔原料，用以开发的方镁石-铁铝尖晶石碱性砖成功取代了传统的镁铬砖，保证并改善了砖的挂窑皮性和柔韧性。近年来，我国在开发应用铁铝尖晶石的同时，镁铝铁复合尖晶石的新型原料也被合成出来并在水泥回转窑成功应用。

为了减少传统硅酸铝耐火纤维在生产、加工、使用安装、用后处理等过程对环境及人体的危害，具有生物可降解的环保型钙镁硅系耐火纤维已被开发使用，渐成流行态势。

3. 满足高温工业节能减排的要求

温室效应及雾霾天气增多，社会对高温工业实现节能减排的呼声不断高涨。作为工业炉的衬体材料，采用具有更好节能效果的节能型耐火材料势在必行。近几年开发和应用的有利于节能的新原料有：具有微孔结构的轻质莫来石质原料、莫来石质中空球，轻量化微孔烧结氧化铝，CA_6-MA 复相轻质骨料，橄榄石轻质料，尖晶石轻质料，纳米孔二氧化硅粉体及其聚合体，等等。如作者采用微孔轻质莫来石质骨料和莫来石质中空球骨料开发的体积密度 1.8g/cm^3 左右的高性能轻质浇注料，取代体积密度 2.5g/cm^3 左右的同用途重质浇注料，用于镁还原炉工作衬、轧钢用环形加热炉工作衬及轧钢加热炉水梁立柱水冷管包扎料取得了满意的使用效果，减轻了衬体重量，节能效果明显。

（二）发展经济型耐火材料的要求

目前需求不振、资金匮乏、要素成本增加，环保约束增强，产能过剩矛盾更加突出，与耐火原料产业链相关的耐火材料行业、高温工业处于低迷期，低价中标成为该供应链关系的方向标。另一方面，有的高品位天然矿物原料如高铝矾土逐渐枯竭、矿石品位下降且品质波动增大，靠高档原料提高性能、廉价原料降低成本的技术配置路线逐渐走到尽头。现状促使我们须调整研发方向、技术思路和工艺路线，摒弃传统的设计思路，紧扣低耗、高效、绿色的时代脉搏，提高资源利用率和优化配置水平，提高产品性价比。受此取向的引导，廉价型、经济型耐火原料和制品会成为目前的一种时尚和生存法则。

低消耗是经济型耐火材料的主要发展方向。原料实现低消耗的主要方向是扩大天然生料、轻烧料、再生料的采用和使用范围。为保证耐火材料的高温体积稳定性，天然原料多须在较高温度下烧结或电熔，使其达到脊性化，尽可能趋于热力学平衡态。这会导致能量消耗高，也会造成一定程度的能力富余，是某种意义上隐形的资源和能源浪费。应根据耐火材料具体使用环境的工况条件，选择合适烧结程度的骨料，不一定非达到死烧不可。可开发和应用比传统烧结温度有所降低的非平衡态原料，甚至可直接加入一定量的天然生料，可在一定程度上降低耐火材料的能耗。

研究发现，处于非平衡态的原料在使用过程中继续发生有益的原位反应，会带来某些有益的作用。河科大高温材料研究院和耕生公司的研究结果表明，添加一定量天然生料的浇注料有良好的效果，生料在加热过程中分解产生的气体形成气孔通道，有助于提高浇注料的抗爆裂性能。在高铝浇注料中加入生煤矸石或轻烧煤矸石，受热后生成原位莫来石，可提高热态抗折强度、荷重软化温度，改善抗热震性，同时也有助于实现重质材料的轻量化。

在经过了资源丰富、任意开采的富裕时期，从业者越来越感受到资源短缺带来的挑战。当高品位矿渐趋枯竭，低品位矿日益成为主要原料来源之时，以前弃之不用的碎矿、尾矿也逐渐成为有用之材。人们须重新考量原料和制品指标的科学性、合理性和适应性，重新设计产品的化学组成、物相组成，优化原料配置，使其更具优良的和有竞争力的性价比。应考虑适当降低某些非熔体冲刷、侵蚀部位所用高铝质耐火材料的 Al_2O_3 含量和体积密度，放宽对某些中低温部位所用铝硅质耐火材料杂质含量的要求。高铁矾土原料生产的耐火材料使用于磨损冲刷较严重的部位，前述的半轻质料取代重质料，是成功的例证。

近几年用后耐火材料的再生利用方兴未艾。废弃耐火材料的利用率稳步增长，再生利用技术水平逐渐提高，再生加工产业慢慢兴起，专业化、规模化、系统化、标准化逐步走向成熟，为耐火材料行业提供了一定量价廉物美、高性价比的再生料，提高了耐火材料资源高效利用、循环利用的水平和层次。这在一定程度上缓解了耐火原料资源紧张的局面，促进耐火材料工业向低消耗、减量化、经济型方向发展。除了用后耐火材料的再生利用，应拓展其他工业废弃物成为耐火材料资源化的利用，如将铬铁、钛铁、钢铁废渣、赤泥、煤矸石等废弃物用于耐火材料的原料。

（三）多元化的趋势

受发展阶段的限制，目前耐火原料以氧化铝基、氧化镁基、Al_2O_3-SiO_2 质、Al_2O_3-MgO 质和石墨为主，原料呈现“粗（牌号划分粗）、宽（指标范围宽）、重（重质料多）、高（烧结或电熔温度高）”的现象。多元化不够，系列化欠缺，精细化不足，标准局限性突显。从世界具有丰富多彩和多元化的角度考虑，应贯彻多元化与综合化兼顾的发展方向。

1. 原料材质、形式和特性的多元化

近几年在发展碱性原料新品种、多元化方面有新进展。如通过在氧化镁中添加其他成分，开发的镁基新原料有镁铁尖晶石、镁铝铁复合尖晶石、镁铝钛复合尖晶石等；合成镁橄榄石重质和轻质原料正在开展；稀土改性的 MgO-CaO 砂、电熔 MgO-CaO 砂已投放市场；方镁石-尖晶石二相复合的烧结料和电熔料已投放市场；等等。开发的含氧化钙的新原料有六铝酸钙、钙长石、钛铝酸钙、CA_6-MA 复合原料，等等。

半硅质原料指 SiO_2 含量大于 55%，Al_2O_3 含量小于 45% 的硅铝质原料，主要有蜡石、高岭土、硅质黏土、煤矸石、等，这类矿石有一定的储量，其成分波动范围也较大。半硅质耐火材料体积密度较低，不粘钢渣且有一定的保温效果，但目前半硅质原料的应用主要以叶蜡石为主，其他半硅质原料有待扩大开发利用。

为满足不同使用条件、使用温度的需要，铝土矿熟料的系列化尚需完善。目前 Al_2O_3 含量的划分尚粗放；体积密度似乎越高越好，没有系列化；粒度供应是传统型的，缺乏多元化。均化烧结料缺乏正确引导，有异化之虞。从原料的体积密度来考量，目前不缺乏重质和轻质原料，但中密度原料尚处于空白。目前使用重质耐火材料的部位并非都必须使用重质材料，有的可以使用相对轻量化的材料，或可将目前所用重质材料的体积密度降低 $0.1 \sim 0.5g/cm^3$ 甚至更多。为此，需要轻型化或半重质的原料与之相配套。江苏晶鑫高温材料公司的轻量化烧结刚玉的成功开发应用，是这方面的样板。从事铝土矿熟料生产的企业在多元化和精细化方面大有可为。

为了弥补单一耐火原料某一或某些性能的不足，平衡其综合性能，多相复合原料逐渐被接纳和关注。如在刚玉和莫来石原料基础上发展的锆莫来石原料，兼具抗侵蚀性和低膨胀性，其改进型锆刚玉原料的性能则更加优越。电炉炉底用 $MgO-CaO-Fe_2O_3$ 系合成料、镁铝铁尖晶石合成料、$MgO-ZrO_2-TiO_2$ 系合成料、ZrB_2-SiC 材料及新近出现的 $Al_2O_3-TiO_2-CaO$ 系合成料等多相复合原料都具有相对更好的综合性能，满足人们对原料“多面手、全能型”的需求。受梯度功能材料的启发，近几年梯度原料的概念被提出并进行制备探索。如用表面碳化法生产防水化的镁钙砂；为了兼顾颗粒的高强度和低导热性，可使其体积密度从表面到内部呈梯度变化；颗粒表面组分与内部组分的差异化设计，可有利于实现界面原位反应形成的正效应。

另一方面，原料在不定形耐火材料结合体系的复合化、高性能化方面也发挥着不可替代的作用。如结合剂水泥也向着多元化发展。凯诺斯公司开发了适用于钢包、透气塞等用 Al_2O_3-MgO 浇注料的含 MA 的水泥，除了纯铝酸钙水泥，铝酸钙-铝酸镁复合的水泥也投放市场，因为后者不会恶化材料的高温性能。受此启发，为了满足技术或经济的需要，除了主原料，在结合体系涉及的物料方面，我们也可以有所作为和创新。

近几年“组合原料”逐渐兴起。它突破了传统单一原料的概念。如水泥供应商根据季节、用户产品系列、特性及施工要求，将缓凝剂、促凝剂、增强剂、减水剂等添加剂与水泥混合后提供给客户，提高其使用的方便性、可操作性。有的供应商直接提供钢包用高档铝镁浇注料的添加物，将各种微粉及减水剂组合打包销售。

耐火原料可分为天然原料与人工合成原料。受高纯技术路线的引导，合成原料的发展速度和产量增长较快。从能量守恒和物质不灭定律来看，预合成原料未必是最有效的解决方案。人们发现原位耐火材料往往具有更优越的性能，如原位生成莫来石、尖晶石、碳化硅、氮化硅、塞隆等，对制品的强化和改性作用往往大于加入相应预合成的原料。将含有目标组分的原料配置于材料中使其在生产、服役过程中生成我们需要的目标成分和物相，才是较为物美价量、多快好省的技术路线和解决方案。这种概念应该成为我们新的“原料观”而大力实践、推广。

2. 原料状态的多元化

耐火原料的内涵和外延都在与时扩展。除了传统的氧化物、非氧化物原料，原料已从传统的非金属材料拓展到金属材料，原料状态由固态扩展到气态。如在滑动水口、陶瓷杯产品配料中普遍将金属 Al、Si 作为主原料使用，它们在生产和使用过程中与周围的 $N_2(g)$、CO(g) 反应原位生成非氧化物，强化材料的高温性能，在此同时采用了金属和气态原料。随着技术的发展，原料从刚性发展到柔性，从有形扩展到无形，不排除将来隐形的物质如有的将成为一种“特殊原料”的可能性。

3. 原料外形的有利化

除了原料组分和特性变化形成的“新型”原料，还有原料外形变化形成的“新型”原料。如细粉尺寸从普通细度（几十到上百微米级）到微米乃至亚微米、纳米级，可大大提升原料的技术附加值；球形和近球形的粒料有助于改善不定形耐火材料的流变性能；中空骨料有利隔热；表面凸凹不平骨料有利于握裹力提高；短柱状或管状骨料有利于改善抗热震性；用造粒法直接生产出不同粒径的球形轻质骨料可以避免轻质块料破碎时产生一定比例过小颗粒和细粉而不能使用造成的浪费；各向均等和钝角颗粒有利于泥料的压缩成型；等等。原料的内在和外形共同影响耐火制品的生产制造、施工、使用性能和最终寿命。由于原料在后期加工成颗粒时其形状难以控制，近几年“近终形”原料被人们提出并付诸努力。

原料形态有利化的另一种表现形式是预组合原料或称服务型原料。原料供应商按客户要求将一定比例不同粒度的颗粒料混合后供给客户，用户直接将该颗粒与细分混合使用，减少其原料加工、筛分、混合作业工序。

4. 原料标准的丰富化

细化原料牌号及标准。在资源丰富、富矿量大的时期，我们的原料品种划分较粗放。如《YB/T 5179—2005 高铝矾土熟料》中牌号划分明显比《GB/T 2273—2007 烧结镁砂》牌号划分粗；就同一牌号的矾土熟料，也可按体积密度形成系列化。原料标准尚有缺位。目前尚没有像叶蜡石、镁橄榄石、再生原料、耐火材料用非石墨碳质原料等标准。随着矿山开发管理水平的提高，加上矿藏的复杂性、多变性、独特性，有必要细化有关原料品种，对原料标准的牌号进行系统化、适应性、个性化的补充修订完善。

（四）特殊用途的要求

除了通用的高温行业和应用领域，还有一些特殊行业和应用领域，应工艺技术或加工过程的要求，对耐火材料的某一或某些性能提出了特别要求，或要求其具有独特的新性能，需要我们采用新的有突破性的原料，才能使耐火材料具有特性，以满足特殊用途。有时这种从市场→产品→原料的倒逼机制促成新原料的诞生。如为了提高材料的抗冲刷性，开发了致密电熔刚玉；研究表明，钙长石、六铝酸钙原料有较好的抗 CO 气体和碱蒸汽的侵蚀性；引入表面具有蜂窝状结构的焦炭可提高炮泥的透气性；为使耐火材料在高温时有良好的隔热性，减少对流传热，促使人们开发具有微孔结构的轻质原料；等等。

（五）物尽其用和可持续发展的要求

耐火材料分为酸性、碱性和中性，受历史发展的延续性和资源分布的局限性，铝硅质耐火材料产量占比一直居高。铝工业及耐火材料行业的快速发展造成耐火黏土、铝矾土的消耗量巨大，资源储量锐减引起矾土熟料价格高涨，长此下去势必影响铝硅质耐火材料的生产应用。从提高资源利用率及耐火材料行业可持续发展的角度思考，今后应多关注酸性、半酸性和碱性、半碱性耐火材料的品种和产量，将优势研发、技术、资金、政策等要素集聚于利用相对丰富且廉价的硅石、菱镁矿资源上，进行深加工，开发更多的品种，使其发挥更大的作用。适当平衡酸性、碱性和中性耐火材料产量的比例，平衡硅石、菱镁矿和铝矾土的消耗速度。在窑炉设计选材上多多关照酸性、碱性耐火材料，使其有更大的用武之地。提高原料供应对耐火材料发展的适应性及该行业今后发展的可持续性。

三、结语

传统大宗原料的品种、产量、质量能够满足目前耐火材料的生产使用要求。当前我国高温工业及耐火材料行业正处于从扩产增量发展期向提质增效发展期转变，对耐火原料提出了新要求，倒逼耐火原料要提高其适应性，围绕高温工业及耐火材料行业的新需求，坚持可持续的发展方向，开发多品种优质原料。除了传统原料的创新提升，今后值得关注和努力的方向为：（1）原料的系列化、多元化、综合化；（2）具有独特性能的新型原料；（3）广义的绿色环保型原料。为此，应加强科技对原料发展的预见、引导和支撑作用，积极开发低耗、高效、绿色的新型优质原料，满足耐火材料行业的新需求，促进耐火材料行业的健康可持续发展。

用后耐火材料的再生利用

陈树江 张国栋 田 林 李国华

辽宁科技大学

前言

2013 年我国粗钢产量达到了 7 亿多吨，耐火材料年产量约为 2900 万吨，每年产生的用后耐火材料近 900 万吨。这些废弃耐火材料往往被就地掩埋或降档使用，造成资源浪费和环境污染，如：(1) 粉尘污染；(2) 耐火原料氧化锆具有放射性；(3) 水泥窑用后镁铬砖中的 Cr^{6+} 可致癌，并污染地下水；(4) 耐火纤维和石棉的致癌性；(5) 沥青和树脂挥发分的污染等。

资源对所有的国家都是非常重要的，很多资源不可再生，因此，如何将用后耐火材料回收再利用，不断得到人们越来越多的重视，研究工作不断深入开展。由于用后耐火材料分布在全国各地范围，如得到充分有效利用，可减少我国耐火材料矿物的开采，降低耐火材料原料制备过程的生产费用和能耗，节约耐火材料原料的运输成本，利于节约资源、节能和环保。具有显著的经济效益和社会效益。

一、用后耐火材料再利用发展及现状

（一）国外情况

国外发达国家非常重视对用后耐火材料的再利用，从资源、环保的高度去认识，甚至制定法令法规，严格限制用后耐火材料的排放量。极大促进了对用后耐火材料再利用的研究，用后耐火材料再利用率已达到 60% 以上，还在不断提高。

日本有的钢厂以废砖为主原料，开发出了钢包底周边捣打料、钢包浇注料以及定型产品。例如：用 85% 再生料和 15% 的新料生产出的电炉熔池部位用不烧镁砖，以 90% 的再生料和 10% 新料生产出的电炉渣线用镁碳砖，以及全部用再生料生产出的 RH 底烧成镁铬砖等。黑崎公司利用废旧的刚玉石墨制品做原料开发了浸入式水口砖；鹿岛钢铁公司开发了滑板砖的二次利用工艺，采用表面打磨、浇注料浇注复原的方法、圆环镶嵌法，使修复后的滑板达到了新滑板相同的使用效果；出铁沟的废旧耐火材料均被重复使用，它主要用作 Al_2O_3-SiC-C 质浇注料的骨料。大同特钢公司知多厂针对大量用后耐火砖废弃占地增大的问题，进行了废砖循环使用技术的开发，通过将废砖用作原料的方法和将废砖分类、粉碎加工后，调整成分和粒度再作耐火材料，选择含 MgO-C、Al_2O_3-MgO-C 钢包废砖替代轻烧白云石作为 LF（钢包炉）造渣料，通过工业性试验，在成渣性、脱 S 速度方面的精炼能力优良，且操作过程中钢液不沸腾，达到了预期的试验效果。选择 AOD 炉的白云石废砖替代 CaO 作电炉不锈钢冶炼造渣剂，不仅达到了取代的冶炼效果，同时，起到了抑制耐火砖中 MgO 熔损的作用。选择 MgO-C、MgO 废砖作为主要原材料制备再生耐火砖，以废砖为主要原材料制备 MgO 质不定形耐火材料和 Al_2O_3 质捣打料，并成功地应用于钢包热负荷低的部位和非严重侵蚀的部位。新日铁针对目前作为废弃处理的用后耐火材料，正准备采取破碎筛分成粉料，在用熔化粉粒炉将其再生为氧化渣，实现用后耐火材料的 100% 循环使用。

法国在 1987 年成立的 Valoref 公司专门做全球废弃耐火材料生意。该公司专门处理来源于法国和国外的玻璃窑用耐材。法国压铸玻璃窑用耐火材料回收利用率，1993 年是 24%，1997 年是 60%。Valoref 公司发明了许多回收再利用的技术解决办法，其原料都来自于玻璃工业、钢铁工业、化学工业、焚烧工业的废弃耐火材料，还开发了一种最佳回收利用拆炉法。

意大利 Officine Meccaniche di Pon-zano Venetto 公司开发出一种回收用后耐火材料的方法，主要用于回收各种窑炉、中间包、铸锭模和钢包内衬的耐火材料，并将所回收的耐火材料直接喷吹入炉，以保护炉壁。

美国以前将废弃耐火材料少量回收，其余几乎全被掩埋。1998年美国能源部、工业技术部和钢铁生产者联合制订了3年计划，以延长耐火材料的使用寿命和回收利用废弃耐火材料。政府支持企业和研究机构合作，加强了对用后耐火材料的研究，可应用的范围是脱硫剂、炉渣改质剂（造渣剂）、溅渣护炉添加剂、铝酸钙水泥的原料、耐火混凝土骨料、铺路料、陶瓷原料、玻璃工业原料、屋顶建筑用粒状材料、磨料、土壤改质剂，耐火厂与用户合作，使废弃耐火材料量减至最少。美国还对用后白云石砖作为土壤调节剂和造渣剂进行了研究，取得了良好的效果。

印度最早开展废弃耐火材料的研究工作可以追溯到1978年，首先是在钢管公司开展的，利用印度钢管公司（现为TISCO钢管分公司）加热炉产生的废弃高铝砖（60%～62%氧化铝质量分数）生产可浇注材料（56%氧化铝质量分数）、灰泥（50%氧化铝质量分数）和耐火可塑料。其中所开发的可浇注材料常用于生产烧嘴砖、阻尼器、瓦片等，并能满足行业内部要求。

（二）国内情况

我国对用后耐火材料再利用的研究起步较晚，对用后耐火材料的再利用率还是很低的，据有关报道，我国用后耐火材料的再利用率约20%。即使利用的部分，也是以降低产品质量为代价的。近年来，国内各大钢厂和大部分耐火材料厂，都十分重视用后耐火材料的回收及再利用，不断开展各方面研究及应用。

宝钢用后耐火材料再利用工作进行的较好，高炉主沟浇注料已全部回收用作渣沟浇注料的原料，对用后镁碳砖进行再生处理后制备的再生镁碳砖具有抗氧化、抗渣性能强、使用寿命长的优势。

武钢将用后铝镁碳残砖经分类、清除杂质后，人工将黏渣层和过渡层铲除并进行磁选和水化处理，用颚式破碎机将物料破碎至25mm以下，最后用锤式破碎机加工成所需要的粒度，制备再生铝镁碳砖。

济钢用铝碳质耐火材料（用废弃滑板砖、座砖、水口、塞棒）用于铁沟捣打料来代替其中部分高铝料。以用后镁铬砖为原料并按一定比例加入到RH喷补料里，使用效果良好。同时，制备的再生镁铬砖性能较好，在水泥窑和RH的非关键部位有较好的应用前景。

重钢新区钢产量达650万吨/年，用后耐火材料回收量约6万吨。主要用于生产再生镁碳砖（以转炉和钢包渣线用后镁碳砖为原料，经过拣选、除去表面杂质、水化等处理后进行镁碳砖再生）、再生镁铬砖（将用后镁铬砖按一定比例加入到RH的喷补料里）、钢包内衬废镁铝尖晶石浇注料重新利用（将回收的钢包内衬废镁铝尖晶石浇注料，以一定比例加水玻璃结合镁铝尖晶石浇注料中，取代原浇注料中的部分新料，不影响原浇注料的使用性能）、铝碳化硅质铁沟料等（利用废弃铁沟料生产的铝碳化硅碳质再生料，用于铝碳化硅碳转的生产）。

鞍钢采用钢包内衬用后铝镁浇注料作为原料，制备混铁炉水套内衬与中间包永久层浇注料，得到应用，不仅满足了使用性能的要求，同时，使中间包永久层使用寿命提高40炉次。

国内的耐火材料的再生利用情况见表1。

表1　耐材再生利用情况

序　号	用后耐材名称	能再生的产品	再生产品用途
1	高炉主沟浇注料和挡渣板	浇注料、捣打料ASC砖和AS砖	大高炉渣沟、铁沟浇注料或捣打料和沟盖；鱼雷车用ASC砖；高炉和陶瓷窑用刚玉-碳化硅砖等
2	高炉渣沟浇注料和捣打料	浇注料、捣打料ASC砖	高炉渣沟、铁沟浇注料或捣打料；鱼雷车非关键部位用ASC砖；高炉用刚玉-碳化硅砖等
3	铁沟捣打料或浇注料	浇注料、捣打料ASC砖	高炉渣沟、铁沟浇注料或捣打料；鱼雷车非关键部位用ASC砖；高炉用刚玉-碳化硅砖等
4	热风炉用耐火材料	轻质莫来石砖、浇注料和喷射料	轻质砖用于钢包等炉衬保温和钢包永久层浇注料和喷射料

续表 1

序 号	用后耐材名称	能再生的产品	再生产品用途
5	高炉炉身	再生轻质浇注料、轻质砖；炮泥、出铁场捣打料、浇注料和修补料、ASC 砖和 SiC 陶瓷棚板	再生轻质浇注料、轻质砖等保温材料；碳砖可回复使用及炼钢增碳剂；碳化硅砖可作炮泥、出铁场捣打料、浇注料和修补料的原料，同时也可作为 ASC 砖和 SiC 陶瓷棚板的原料
6	焦炉硅砖	再生硅砖和各种散装料	用作架子砖、焦炉喷补料、修补料、钢包引流砂、电路 EBT 填料和型砂
7	干熄焦炉莫来石砖	再生轻质浇注料和轻质砖	用于热工窑炉保温和钢包永久层材料
8	鱼雷车渣线和冲击区 ASC 砖	再生 ASC 砖和各种散装料	用于鱼雷车衬、车扣、出铁场的铁沟、渣沟和铁水包
9	喷枪	再生浇注料	用于钢包用九层等热工设备保温
10	黏土砖	再生轻质砖和轻质浇筑料	用于热工窑炉保温层
11	混铁车包口浇注料	再生浇注料或捣打料和火泥	用于热工窑炉保温和接缝料
12	电炉、钢包和转炉镁碳砖	再生镁碳砖和铝镁碳砖、捣打料、修补料和溅渣料等冶金辅料	用于转炉、电炉、精炼炉和钢包以及冶金辅料等
13	镁砖	再生中间包涂料，镁质捣打料	回复使用；中间包涂料；镁质接缝料和捣打料用于钢包口；电炉、转炉和钢包喷补料的原料
14	电炉炉底捣打料	再生冶金辅料和散装耐火材料	作为炼钢造渣剂；炉底捣打料；喷补料和贴补料
15	电炉顶和精炼炉盖	再生铝镁（碳）砖、浇注料和捣打料	用于钢包衬、包口和接缝料
16	铝镁碳砖	再生铝镁碳砖、浇注料和捣打料	用于钢包衬和接缝料
17	镁铬砖	再生各种散装料、镁铬砖、捣打料和炼钢造渣剂	作为 EBT 填料、钢包引流砂和接缝料；再生镁铬砖用于钢包和水泥窑；炼钢造渣剂
18	钢包浇注料和透气砖等高纯 A-M 材料	再生浇注料、捣打料、AM 砖和铝镁碳砖、喷补料和湿式浇注料	浇注料和捣打料用于电炉盖、钢包衬、包口和接缝料；喷补料、湿式浇注料、AM 砖和铝镁碳砖用于钢包
19	AOD 和 YOD 用镁白云石砖	再生冶金辅料、喷补料和改质剂	溅渣剂和造渣剂；转炉和电炉等炼钢炉用喷补料；土壤改质剂
20	高铝砖	轻质砖和各种散装料	用于热工窑炉保温；冶金炉永久衬材料以及水泥和接缝料
21	普通铝镁砖	各种散装料和铝镁碳砖	小钢包用浇注料、铝镁碳砖、喷补料、可塑料、水泥和接缝料
22	蜡石碳化硅砖		使用温度在 1200℃以下的浇注料和砖，小高炉出铁沟捣打料和修补料
23	中间包永久层和盖浇注料	轻质浇注料和轻质砖	热工窑炉保温和钢包及中间包永久层

续表 1

序号	用后耐材名称	能再生的产品	再生产品用途
24	中间包涂料	冶金辅料和喷补料	溅渣护炉料、造渣剂、中间包覆盖剂、中间包工作层
25	碱性挡渣堰	再生溅渣料、挡渣堰和冶金辅料	挡渣堰；溅渣护炉料；造渣剂；中间包覆盖剂
26	锆质定径水口	再生定径水口和滑板等产品添加剂	定径水口、滑板等
27	刚玉质上水口和座砖	浇注料、捣打料、喷补料、湿式浇注料、铝镁（碳）砖	用于电炉盖、钢包衬、包口和接缝料；钢包的各种修补料，也可作为水泥原料和磨料
28	铝碳质上水口和下水口	再生浸入式水口、长水口、上水口和下水口、滑板和各种含碳散装料	用于连铸的控流系统和各种补炉料
29	滑板	再生滑板、长水口、高铝铝碳砖、AMC 砖和各种散装料	用作连铸控流的耐火材料和鱼雷车等盛铁水设备的炉衬和相应的修补料
30	整体塞棒、长水口和浸入水口	再生塞棒、长水口、浸入式水口和 AMC 砖	再生塞棒、长水口、浸入式水口用于连铸控流；AMC 砖用于钢包

二、用后耐火材料的处理工艺

由于耐火材料品种复杂，使用的原材料多样，造成用后耐火材料种类多样，对于用后耐火材料的处理，应从耐火材料的侵蚀情况、使用部位、耐火材料的种类等方面考虑采用不同的处理工艺。目前国内的钢厂往往把用后耐火材料进行统一堆放处理，这就造成不同品种、不同等级的耐火材料混杂在一起，分类拣选较困难，对耐火材料的再生利用不利。对用后耐火材料的处理应从以下几方面考虑：

（1）钢厂应对用后耐火材料根据使用部位和品种的不同进行分类堆放，便于进行拣选，防止混杂和有害物质进入。（2）对于分类堆放的用后耐火材料，根据烧结程度及侵蚀情况进行分别处理。首先进行人工拣选，去掉耐火材料表面的铁、钢、渣等。（3）对于不同耐火材料用后侵蚀情况及结合强度，采用不同的方法进行分别处理。（4）对于滑板等功能元件，由于少量损坏而废弃的可将侵蚀部位去除，进行复合处理，制备出新制品再利用。

下面对不同的侵蚀部位来分别描述：

（1）侵蚀严重的工作层和过渡层。将工作层及过渡层按图 1 的工艺进行处理制备的再生料用于造渣剂或降档使用。

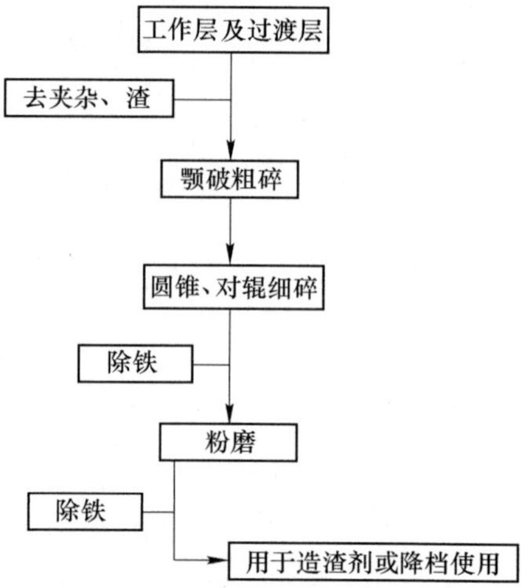

图 1　工作层及过渡层处理工艺

（2）非工作面（原砖层）。根据非工作面的烧结程度采用不同的处理工艺。下面以镁碳砖和浇注料来分别描述。

镁碳砖主要依靠树脂固化形成碳的网络结构，使制品具有强度，但使用后的镁碳砖非工作面基本不形成陶瓷结合，物料颗粒之间结合强度相对较弱，可采用图 2 的处理工艺。

对于用后浇注料首先进行粗破粉碎，然后将

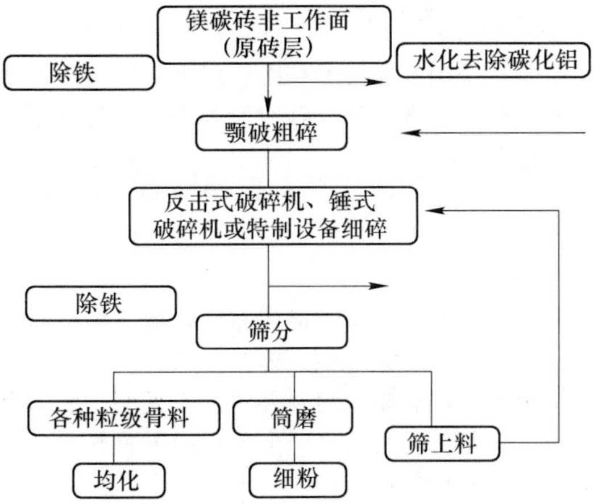

图 2　用后镁碳砖原砖层处理工艺

破碎后的颗粒料置入添加剂的水溶液中进行浸泡，以降低颗粒间的结合强度，浸泡后的颗粒料经细破、除铁、筛分、浮选提纯、均化处理后制得合格的再生料，用于耐火材料的生产。工艺流程如图 3 所示。

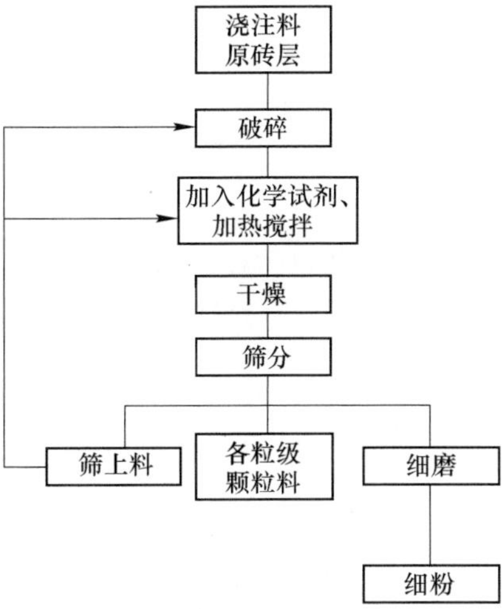

图 3　浇注料处理工艺流程

（3）对于已形成陶瓷相结合的非工作层，由于材料内部形成陶瓷相结合，物料颗粒间结合强度高，经过简单的破粉碎处理后，再生料中假颗粒含量高、物料体积密度低、物料内部气孔率高，影响再生料的利用，因此对于这类耐火材料的再利用往往细碎过程中延长破粉碎时间，通过反复研磨，以降低假颗粒含量，这种处理工艺生产的细粉量较大，细粉中杂质含量较高。

综上所述，为提高用后耐火材料的再利用率，耐火材料的科研人员应将研究的重点放于耐火材料的再生处理工艺上及再生处理使用的特制生产设备，对于不同品种采用不同的处理工艺，对用后耐火材料的非工作层进行加工处理，以制备出高档的再生耐火材料原料。

三、用后耐火材料再生利用方法和技术

（1）精料精用。经处理后的用后耐火材料颗粒，优先考虑再生主要耐火材料制品，细粉考虑其他用途，如冶金辅料或降级使用。

如：用后镁碳砖→处理→颗粒→再生镁碳砖

或→细粉→转炉修补料

（2）再生原来产品。如：用后镁铝砖再生镁铝砖，用后镁铬砖再生镁铬砖。

（3）再生其他产品。如：用后滑板再生用于主沟料，用后镁铬砖再生用于引流沙。

（4）降级使用。如：钢包工作衬用后铝镁浇注料再生用于钢包永久衬浇注料，用后主沟料再生用于铁沟料。

（5）消除假颗粒技术。采用特殊处理设备，如：处理用后镁碳砖特制碾压设备，消除假颗粒 95% 以上。采用特殊工艺，如：水浸 + 搅拌 + 温度。

（6）分离、提纯技术。采用风选分离细粉，如：通过风选将用后镁碳砖石墨收集。采用选矿技术，对用后耐火材料进行提纯。

（7）再生工艺技术。根据用后耐火材料再生原料特点，采取相应工艺生产再生制品。如：颗粒级配、混炼时间、结合剂种类、用量、成型压力等都要相应加以改变。

四、用后耐火材料再利用应注意的问题

（1）用后耐火材料来源。要清楚是什么高温容器、什么部位、什么材质、什么化学成分、什么相组成的用后耐火材料。

（2）物料成分的均化处理。由于耐火制品等级较多，所使用的原料等级也不同，造成相同的用后耐火材料制备的再生料化学成分具有一定偏差，因此应对再生料进行均化处理，降低再生料由于化学成分的不同对再生制品性能的影响。

（3）假颗粒的去除。假颗粒的密度较多，气孔率大，物料的结合程度相对于新料松散，用于制备再生制品，会严重影响制品性能，在生产中

应严格控制工艺，降低假颗粒含量。

（4）再生料生产时结合剂的选择。由于再生料表面性状发生变化，再制备再生砖时，应根据再生料的情况选择合适的结合剂及加入量进行生产。

（5）无害化再利用。对用后耐火材料中存在有害物质的必须无害化后再利用，如：含有 Cr^{6+} 的用后镁铬砖，只有将 Cr^{6+} 变成 Cr^{3+} 才能应用。

（6）形成陶瓷相结合的用后耐火材料的处理比较难，要采取相应特殊工艺进行处理。

（7）有些钢厂用后耐火材料混级堆放，由于成分复杂，只能降级使用。

（8）用后耐火材料组成、矿相、结构肯定发生变化，对再生耐火材料质量有较大影响，必须给予充分注意，要采取相应措施，保证再生产品的质量稳定性。

（9）要考虑对用后耐火材料处理的成本问题，采用的方法、工艺要有实际应用价值。

（10）要考虑再生耐火材料对钢水质量的影响，加强对有害成分的控制。

五、今后发展

（1）采用各种技术对用后耐火材料进行科学处理，有效分离出各级颗粒及细粉，作为再生制品原料用。

（2）根据用后耐火材料种类不同，采取相应技术和设备，最大限度消除假颗粒，提高再生耐火材料质量。

（3）为保证再生产品质量，根据再生原料特点，采用阶梯式模式，按级使用。

（4）对用后耐火材料要进行有效利用、综合利用、全部利用。既要再生各种耐火材料，也要考虑其他领域应用。

结语

用后耐火材料是重要的二次资源，国家重视，制定相关政策，限制用后耐火材料长期堆放，浪费资源，污染环境，鼓励钢厂、耐火材料企业对用后耐火材料开展各方面研究。相信我国今后对用后耐火材料再生利用率将不断提高。

"十二五"期间优势非金属矿资源高效综合利用技术进展

黄朝晖　房明浩　刘艳改　吴小文　陈树森　陈　凯　马　斌　李小超

中国地质大学（北京）材料科学与工程学院

摘　要：根据"十二五"期间我国优势非金属矿资源高效综合利用技术研究重点和耐火材料的发展方向，针对我国高品位铝矾土矿产资源面临消耗殆尽，大量煤矸石和粉煤灰固体废弃物排放堆积地表以及我国工业窑炉用炉衬材料急需更新换代的现状，介绍我国优势非金属矿资源包括中低品位铝矾土、菱镁矿、煤矸石、镁橄榄石、石英、锆英石等资源研究。提出利用中低品位铝矾土和煤矸石为原料合成了莫来石质材料，结果表明：莫来石含量在60%以上时，柱状莫来石和颗粒状刚玉交错生长，复相材料的体积密度为3.21g/cm^3，抗折强度为220.73MPa，材料试样经1500℃处理后，700℃条件下热导率为0.44W/(m·K)，和市售轻质莫来石浇注料相比，其热导率更低；针对我国优质铝矾土矿产资源储量小，大量固体粉煤灰废弃物排放、堆积的现状，提出了以中低品位铝矾土、菱镁矿矿粉和粉煤灰为原料合成铝硅镁系的复相材料，讨论了不同菱镁矿添加量、反应温度、保温时间对合成材料的物相、显微形貌和常温物理性能的影响。结果显示：以中低品位铝矾土、菱镁矿矿粉为原料，经高温处理后的产物物相主要为刚玉相和莫来石相，当菱镁矿矿粉添加量（质量分数）不小于6.2%时，合成的材料中开始有尖晶石物相的生成，当原料中菱镁矿含量（质量分数）为8.95%，试样经1450℃×4h处理后的抗折强度为163.05MPa；针对目前Si_3N_4-SiC复相耐火材料高温烧成过程中存在的成本高、能耗高、质量不稳定等突出问题，提出了利用石英和金红石经碳热还原氮化工艺合成Si_3N_4、TiCN等非氧化物原料，并进行了SiC-Si_3N_4耐火材料的免烧成制备技术与性能优化的研究，探讨免烧成耐火材料强度获得的机制，取得重要研究成果。分析了石英和金红石碳热还原氮化低成本合成TiCN和Si_3N_4耐火原料的物相行为，获得优化的工艺参数。以石英为原料，焦炭添加量为理论量，Fe_2O_3添加量为5%，在1600℃保温3h碳热还原氮化，可合成晶粒尺寸2~4μm的β-Si_3N_4粉体。以金红石和石英为原料，金红石和石英比例为1∶9，焦炭添加量为理论量，在1600℃保温3h碳热还原氮化，可合成TiCN-Si_3N_4复相粉体；针对窑炉内衬耐火材料稳定性、可靠性方面还需要改善的问题，提出利用天然金红石和石英为主要原料，采用铝热还原氮化法将TiN引入到β-Sialon结合刚玉复相材料中，对复相材料可以起到增韧增强的作用，结果显示：合成刚玉-Sialon-TiN材料的优化温度为1500℃，随着铝粉添加量的增加，试样体积密度增大，显气孔率减小，抗折强度和抗压强度呈增大的趋势。相关研究工作为我国耐火材料可持续发展提供重要支撑和矿物资源保障。

关键词：优势非金属矿资源，中低品位铝矾土，石英，菱镁矿，耐火材料

一、引言

非金属矿工业主要包括非金属矿采选和非金属矿加工制品业等。我国非金属矿工业为国民经济基础产业发展做出了不可替代的贡献。非金属矿及加工制品是经济社会发展不可或缺的基础原材料和产品，同时又是高新技术产业发展的重要支撑材料。非金属矿工业具有较大的发展潜力。"十二五"期间，改造提升传统产业、发展战略性新兴产业、加强生态环境保护，对非金属矿及加工制品的品种、性能、质量和产量均提出更高要求。耐火材料所用原料几乎全部来自于非金属矿

产资源。结合中低品位铝矾土、菱镁矿、煤矸石、镁橄榄石、石英、锆英石等我国优势非金属矿资源高效利用的现状以及研究工作，介绍非金属矿资源制备高性能耐火材料的技术和方法，相关研究为新型高性能低成本耐火材料的制备提供了重要理论依据，也为我国优势非金属矿资源高效综合利用在耐火材料中的应用奠定基础。

二、中低品位铝矾土

目前，世界上已知的富存铝矾土的国家有49个[1]。其中，中国有丰富的铝矾土资源，在全国18个省、自治区、直辖市已查明铝土矿产地205处，其中大型产地72处（不包括台湾）。总储量约37亿吨，主要分布在山西、山东、河南、河北、贵州、广西、四川、辽宁、湖南等地。我国的铝矾土矿的硅铝比值分布大部分在4～9之间，占储量总比例的73.96%，而硅铝比值较高的优质矿产总含量较低，硅铝比值大于9的仅占总含量的18.62%[2]。较低的硅铝比以及以一水硬铝石为主的矿物结构限制了我国铝矾土资源的应用范围，进入21世纪以来我国逐渐成为铝产品生产的世界第一大国，铝矾土的需求量极大，而相对有限的铝矾土资源更主要的应用方向为氧化铝及金属铝的生产，优质的铝矾土资源中能够应用于耐火材料方向的有限。优质铝矾土矿物的匮乏严重制约了我国耐火材料工业的持续健康发展，引起相关人员的广泛关注。要解决相关的问题，首先在原矿的开采和加工过程中要加强统一管理，采取更为科学的选矿管理方案，合理配置资源，并且要大力发展中低品位铝矾土资源利用途径[3]。

通达耐火技术股份有限公司利用难处理铝矾土生产出了氧化铝含量（质量分数）为60%、70%、80%的合成矾土基均质料系列产品，该矾土基均质料目前已经量产，产品技术指标见表1。图1为矾土基均质料的显微结构。矾土基均质料的理化性能稳定，主晶相为莫来石相，柱状莫来石晶形完好，直径约2μm，长度大于10μm，晶体之间互相穿插，呈无序状均匀排布。其中均化矾土在高炉炮泥耐火材料、火力发电锅炉耐火材料、水泥窑用耐火材料等应用，部分或全部取代了价格较高的电熔棕刚玉，取得了好的现场使用效果和良好的社会经济效益。

表1　矾土基均质料的技术指标

指标 / 等级		理化性能指标				
		$w(Al_2O_3)$ /%	$w(Fe_2O_3)$ /%	$w(TiO_2)$ /%	显气孔率 /%	体积密度 /$g \cdot cm^{-3}$
FJ80		80±2	≤2.0	≤4.0	≤5	≥2.90
FJ70	特级	70±2	≤1.5	≤2.5	≤3	≥2.80
	一级		≤2.0	≤3.0	≤4	≥2.75
FJ60	特级	60±2	≤1.5	≤2.5	≤3	≥2.75
	一级		≤2.0	≤3.0	≤4	≥2.65

三、菱镁矿

菱镁矿，又称碱菱镁苦土，菱镁石，是镁的碳酸盐矿物，根据我国冶金工业部1982年颁发的标准称为菱镁石，是耐火材料最主要的天然矿物原料之一，其化学分子式为$MgCO_3$。中国的菱镁矿储量极为丰富，我国菱镁矿的储量占世界总储

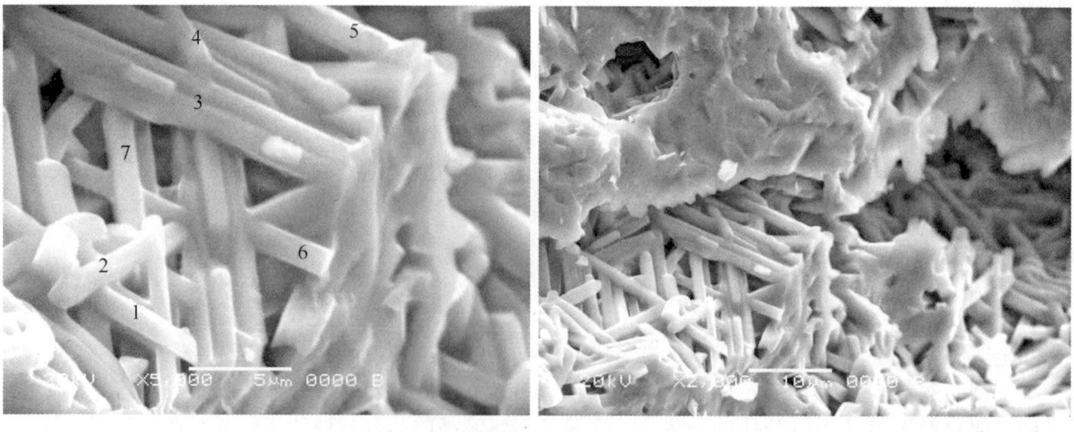

图1　矾土基均质料的显微结构

量的约 1/4，目前已探明的总储量约为 30×10^8 吨，其中工业储量 13×10^8 吨，总资源储量约为 50×10^8 吨。我国的菱镁矿资源主要集中在辽宁、河北、山东、新疆、四川、西藏、青海、甘肃等地[4]。

我国是全球最大的电熔镁砂生产国和供应国。但是目前国内电熔镁生产工艺落后，“能耗高”、“污染高”、“品位低”、资源能源浪费严重，已成为制约我国电熔镁产业持续发展的瓶颈问题。因此开发新一代电熔镁节能型生产工艺势在必行。为了研发新一代电熔镁生产系统，对现有电熔镁生产系统的热工诊断是十分必要的。为此对典型的电熔镁生产过程进行了热工测算，给出了电熔镁生产过程的能量平衡。通过热工测算结果分析，找出了电熔镁生产的节能途径，提出了电熔镁工艺系统节能的突破点在于对电熔镁坨所含的有效热的余热回收。回收电熔镁坨余热的关键难题是分析镁坨的结晶过程和冷却过程温度变化规律。通过上述的研究形成了菱镁矿高效制备电熔镁节能减排技术与装备项目主要研发新型密闭式电熔镁熔炼设备及工艺、低品位原料提纯、余热综合利用及二氧化碳回收利用等多项循环经济配套技术。该技术如果得到推广应用，将实现节能 20% 以上，年可节电 10 亿度，提高低品位菱镁资源利用率 40% 以上[5]。

四、煤矸石

我国是煤炭使用大国，煤矸石是采煤过程和洗煤过程中排放的固体废弃物，是一种成煤过程中与煤层伴生的一种含碳量较低、比煤坚硬的黑灰色岩石。煤矸石的主要成分为 Al_2O_3 和 SiO_2，其总含量占到了煤矸石的 80% 以上，不同地区的煤矸石中还含有不同含量的 CaO、Fe_2O_3 和 MgO 等。

煤矸石传统的处理方式是由井下提到地面堆积，这不仅造成耕地面积的浪费，而且大量堆积的煤矸石极易发生自燃，燃烧过程中排放的大量二氧化硫、二氧化碳、氮氧化物及烟尘等，严重污染环境，危害人的身体健康。同时，煤矸石在雨水淋溶作用下形成的酸性水渗透到地下，还会污染地下水[6]，因此，加强对煤矸石的综合利用显得尤为重要和急迫。

针对上述中低品位铝矾土、菱镁矿、煤矸石存在的特点和问题，我们提出以中低品位铝矾土、菱镁矿矿粉和粉煤灰为原料合成铝硅镁系的复相材料。结果表明：以中低品位铝矾土、菱镁矿矿粉为原料，经高温处理后的产物相主要为刚玉相和莫来石相，当菱镁矿矿粉添加量（质量分数）不小于 6.2% 时，合成的材料中开始有尖晶石物相生成，如图 2 所示，使用粉煤灰代替原料中的部分铝矾土可以促进试样的烧结，当菱镁矿添加量（质量分数）为 5.84%，处理条件为 1350℃ ×4h 时，试样的抗折强度为 159.10MPa。以低品位铝矾土为主要原料，添加 8.95% 的菱镁矿矿粉（质量分数），加入 5% 的锯末（质量分数）和 2.5% 的聚苯乙烯球（质量分数）为造孔剂，可以得到

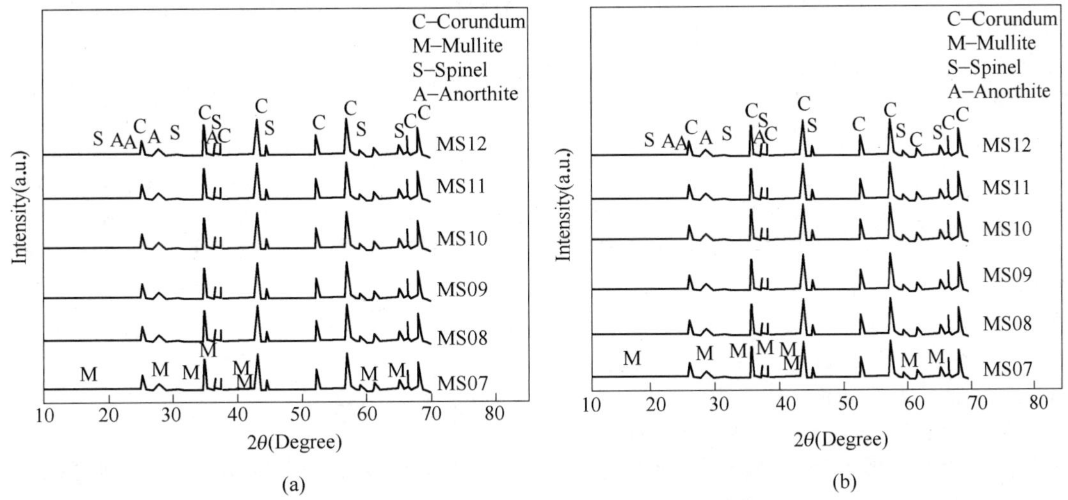

图 2　不同温度处理后试样的 XRD 图谱

（a）处理条件 1350℃ ×2h；（b）处理条件 1400℃ ×2h

体积密度最低为 0.98g/cm³，抗压强度为 12.47MPa 的轻质骨料。当原料中菱镁矿含量（质量分数）为 8.95%，试样经 1450℃ ×4h 处理后的抗折强度为 163.05MPa。

在相同背景下，我们提出以中低品位铝矾土和煤矸石为原料合成莫来石质原料，并制备轻质耐高温莫来石浇注料，不仅能够满足莫来石浇注料基本性能的要求，同时也充分发挥我国铝矾土资源优势，并促使中低品位铝矾土的高附加值利用。结果表明：以铝矾土/煤矸石和工业氧化铝为原料，按氧化铝含量（质量分数）为 70% 配料，经过 1600℃保温 4h 反应后主要物相为莫来石和刚玉，莫来石含量（质量分数）在 60% 以上，柱状莫来石和颗粒状刚玉交错生长如图 3 所示，复相材料具有体积密度为 3.21g/cm³，抗折强度为 220.73MPa。试样经 1500℃ 处理后的热导率为 0.44W/(m·K)（700℃），和市售轻质莫来石浇注料相比，其热导率更低。

图 3　试样经 1550℃和 1600℃烧后的 SEM 图

五、石英

石英矿又称硅石矿，主要成分为 SiO_2，伴生有长石、云母、含铁矿物等杂质。我国拥有丰富的石英矿产资源，但是，没有人利用天然的石英作为原料利用碳热还原氮化的方法制备低成本的 β-Si_3N_4 粉体。因此，我们以石英和焦炭粉作为原料，Fe_2O_3 为催化剂，通过碳热还原氮化的工艺制备了 β-Si_3N_4 粉体[7]，研究了温度、C/SiO_2 的摩尔比、Fe_2O_3 的添加量对最终产物的物相和微观形貌的影响，此外还分析了 β-Si_3N_4 的原位合成机制。实验证明：利用天然石英在流动氮气的条件下完全可以制备出 β-Si_3N_4 如图 4 所示。最佳的制备条件是：C/SiO_2 的摩尔比为 2，Fe_2O_3 的添加量为 5.0%，温度为 1600℃ 保温 3h。所得到的 β-Si_3N_4 呈现六方短柱状。上述实验条件的变化都会影响最后产物物相的组成和微观形貌，过量的碳会促使 β-Si_3N_4 的生成，Fe_2O_3 会形成低共熔体从而对 β-Si_3N_4 的生成具有明显的促进作用。

六、蛇纹石

蛇纹石是一种重要的富镁的黏土矿物。中国蛇纹石探明储量相当可观，超过 120 亿吨，主要分布在辽宁、江苏、江西、河南、安徽等地。品质优良的蛇纹石因为富含镁、硅、氧元素经常被用来制备镁橄榄石耐火材料。但是低品位的蛇纹石存在浪费严重，不能得到应用的问题，所以，研究了碳热还原氮化过程对低品位蛇纹石物相演变行为的影响[8]。结果发现温度和碳的添加量都会影响蛇纹石的物相演变行为。当温度高于 1400℃时，其中的主要物相为 Mg_2SiO_4，Si_2N_2O，β-Si_3N_4 和 β-SiC。当温度为 1550℃ 和碳添加量为理论添加量的 2 倍时，Si_2N_2O 被氮化为 β-Si_3N_4，蛇纹石中的 SiO_2 完全分解如图 5 所示。

七、锆英石

锆英石的分子式为 $ZrSiO_4$，其理论组成为 $w(ZrO_2)=67.2\%$，$w(SiO_2)=32.8\%$，但常会含少量 Al_2O_3、Fe_2O_3、TiO_2 等杂质。全球锆资源储量以 ZrO_2 计为 3800 万吨，我国的储量约为 50 万

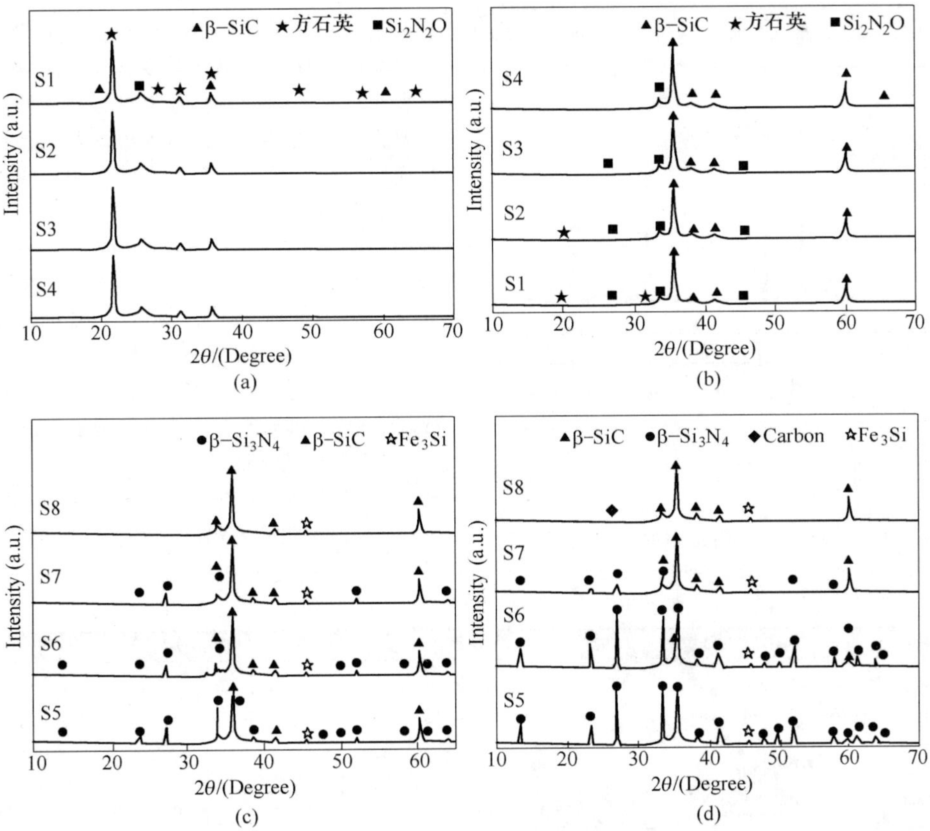

图4　石英试样经不同温度氮化后产物的 XRD 图谱
（a）S1～S4 在 1500℃氮化；（b）S1～S4 在 1540℃氮化；
（c）S5～S8 在 1580℃氮化；（d）S5～S8 在 1600℃氮化

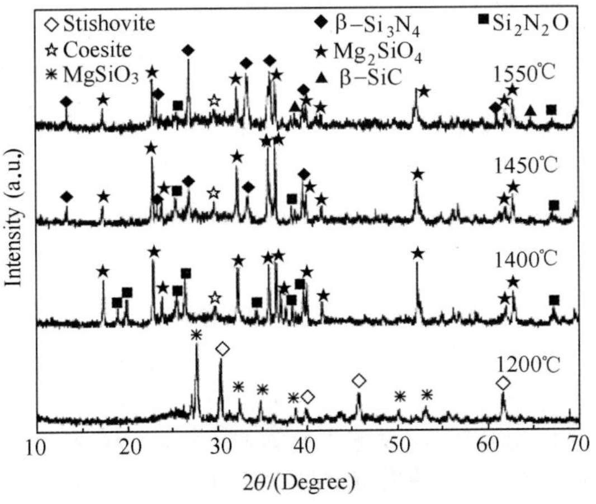

图5　不同温度下碳热还原氮化蛇纹石的 XRD 图谱

吨，居第七位。目前锆质耐高温材料应用中最突出的瓶颈问题是制备成本较高，无法获得大规模应用。锆英石矿物资源的高效综合利用实现锆质高性能耐高温材料的低成本化是一个亟待解决的关键问题。因此，我们提出利用锆英石矿物经碳热还原转型为 ZrO_2-SiC 复相粉体，研究物相调控技术实现锆英石碳热还原产物中 m-ZrO_2 一步转型为 t-ZrO_2 或 c-ZrO_2 如图 6 所示。研究分析了锆英石碳热还原反应涉及的 C-Si-O、C-Zr-O 和 C-Si-Zr-O 系统的热力学平衡条件，结合锆英石低温分解特征探讨其碳热还原反应过程。在标准状况下锆英石碳热还原制备 ZrO_2-SiC 复相材料的优化温度区间为 1544～1653℃[9]。研究了埋碳密闭还原性气氛下碳源种类、球磨方式、温度、添加剂等因素对锆英石反应产物物相组成的影响，分析了反应产物经 700℃氧化工艺除碳后的物相组成和显微

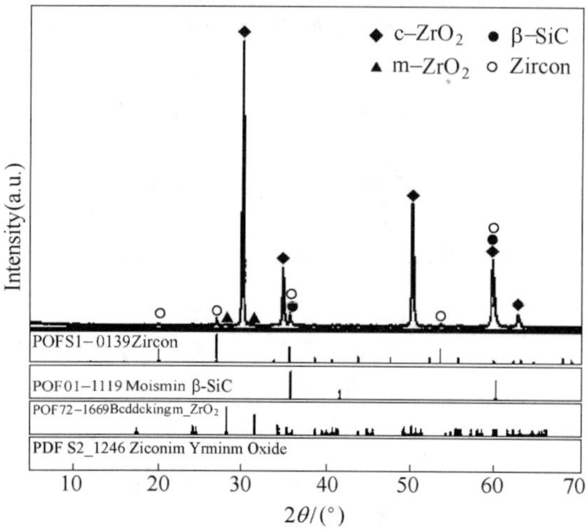

图 6　锆英石碳热还原反应产物的 XRD 图谱

形貌，并结合“C-氧化物”系统的热力学分析，探讨了 CaO、MgO、Y_2O_3 和 CeO_2 对锆英石碳热还原产物中氧化锆的物相转变行为的影响机制。结果表明：无添加剂时，锆英石碳热还原反应产物主要为 m-ZrO_2 和 SiC；引入添加剂后，锆英石碳热还原反应产物以高温稳定的 t-ZrO_2 或 c-ZrO_2 和 SiC 共同存在；形成了锆英石碳热还原反应产物的物相调控技术参数。Y_2O_3 作为添加剂时，通过埋碳还原性气氛下锆英石的碳热还原反应-气固反应联合工艺实现了锆英石中锆硅元素的富集分离并同步制备了 YSZ-SiC 复相粉体和纤维状 SiC 如图 7 所示。锆英石分别在添加 3mol%、5mol% 和 8mol% Y_2O_3 的条件下，锆英石经碳热还原氮化制备了 YSZ-SiC 复相材料，其中部分稳定的 ZrO_2 全部转变为稳定的 ZrO_2，试样的抗折强度达到 69.5MPa，说明该复相粉体用于制备耐高温材料能够满足强度的使用要求[10]。

(a)　　(b)

图 7　锆英石碳热还原后的 SEM 图

（a）无 Y_2O_3 添加；（b）添加 $w(Y_2O_3)$ 为 8%

我们还提出了利用锆英石和氧化铝为原料经碳热还原氮化转型为 ZrN-sialon 复相粉体。研究了反应温度对物相组成和显微形貌的影响。结果表明：合成 ZrN-sialon 复相粉体的最佳反应温度为 1550℃ 如图 8 所示。在 1500℃ 时，有颗粒状的 ZrN 和短棱柱状的 β-Sialon 生成，并伴随着富余的 ZrO_2 和 Al_2O_3；在 1550℃ 时，反应产物的物相为 ZrN 和 β-Sialon；在 1600℃ 时，反应产物的物相为 ZrN 和片状的 15R-$SiAl_4O_2N_4$[11]。

八、结语

耐火材料产业可持续发展依赖耐火矿产资源的保障，资源、能源和环境的发展战略是我国长期坚持实施的一项国策。矿产资源大多属于不可再生的资源，过量的不科学的消耗矿产资源将会对国民经济长期稳定的发展产生不利影响。近几十年来，随着我国天然矿物资源尤其是支撑耐火材料工业发展的矿产资源的过度开采和大量出口，我国的高品位耐火矿产资源已日益枯竭，耐火材

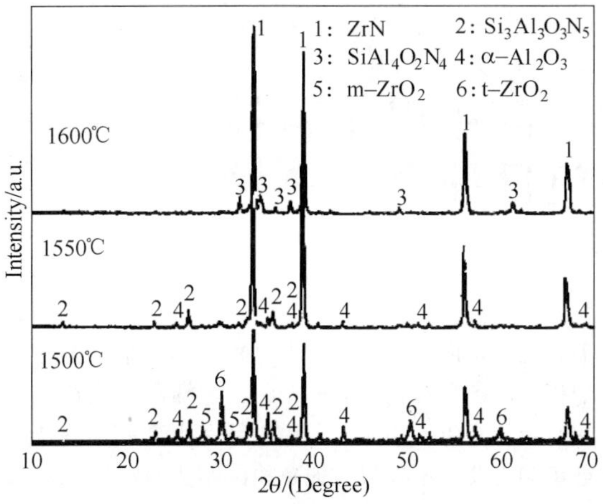

图 8 不同氮化反应温度对材料物相组成的影响

料由于天然高品质非金属矿物资源的逐渐匮乏将面临严重挑战。因此，研究非金属矿资源尤其是耐火矿产资源的高效综合利用显得特别重要和迫切，从提升装备质量到矿产资源的开采到加工制备耐火材料，每个环节都需要广大科研工作者继续努力和国家相关部门大力支持，共同开发新型高性能耐火材料支撑高温工业的发展。

参考文献

[1] 崔萍萍，黄肇敏，周素莲．我国铝土矿资源综述[J]．轻金属，2008(2)：6-8.

[2] 钟香崇．我国高铝矾土创新发展的战略思考[J]．耐火材料，2009，43(4)：241-243.

[3] 梁汉轩，鹿爱莉，李翠平，等．我国铝土矿贫矿资源的开发利用条件及方向[J]．中国矿业，2011，20(7)：10-13.

[4] 王兆敏．中国菱镁矿现状与发展趋势[J]．中国非金属矿工业导刊，2006(5)：6-8，23.

[5] 蒋小蒙．菱镁矿电熔镁砂新工艺及方镁石结晶过程研究[D]．沈阳：东北大学，2011.

[6] 王恒，张海波．煤矸石利用探索与实践[J]．金属矿山，2009，(S1)：822-823，829.

[7] Kai Chen, Zhaohui Huang, Yan-gai Liu, et al. Synthesis of β-Si_3N_4 powder from quartz via carbothermal reduction nitridation. Powder Technology, 2013, 235: 728-734.

[8] Li W J, Huang Z H, Liu Y G, et al. Phase behavior of serpentine mineral by carbothermal reduction nitridation [J]. Applied Clay Science, 2012, 57: 86-90.

[9] Youguo Xu, Yangai Liu, Zhaohui Huang, et al. Synchronistic preparation of fibre-like SiC and cubic-ZrO_2/SiC composite from zircon via carbothermal reduction process. Materials Research Bulletin, 2013, 48: 7-11.

[10] Youguo Xu, Zhaohui Huang, Yan-gai Liu, et al. Influence of yttria addition on the phase transformations of zirconia from zircon ore by carbothermal reduction process. Solid State Sciences, 2012, 14: 730-734.

[11] Yuetong Li, Zhaohui Huang, Youguo Xu, et al. Synthesis of ZrN-sialon composites from zircon and alumina by carbothermal reduction-nitridation. Materials Research Bulletin, 2012, 47: 3273-3276.

2010 ~ 2014 年获省、部级以上科技研发奖项的项目简介

炉外精炼用优质不烧 MgO-CaO-C 砖

获奖类别： 2011 年辽宁省科学技术研究成果
2012 年辽宁省科学技术三等奖
2013 年第九届辽宁省优秀新产品二等奖
2014 年冶金科学技术三等奖
获奖单位： 营口青花耐火材料股份有限公司

近年来，纯净钢和洁净钢的需求不断增加，炉外精炼条件越来越苛刻，对耐火材料质量要求也越来越高。炉外精炼钢包是一种经济而实用的冶炼不锈钢的装置，其冶炼工艺非常严酷，它要求内衬材料耐高温、真空稳定性好、不污染钢水、抗低碱度渣侵蚀性能及抗热震性能强。在冶炼不锈钢时，国内外主要使用的是不含碳的烧成镁铬砖，但由于镁铬砖产生的六价 Cr 离子会造成环境的污染，我国也是铬资源缺乏的国家，显然镁铬砖不是好的选择。由于 MgO-CaO-C 材料因具备上述优点，同时不会产生环境污染的问题，而被广泛地应用到炉外精炼钢包上。营口青花耐火材料股份有限公司通过大量的试验，针对炉外精炼钢包工作条件，开发的 MgO-CaO-C 砖，重点解决了渣线的抗渣性、包壁的热震稳定性等关键技术问题及生产过程中的抗水化难点；采用膨胀石墨和鳞片石墨混合加入方式，开发出了炉外精炼钢包包壁用超低碳 MgO-CaO-C 砖，并在实际使用中取得了优良使用效果。

本项目开发的优质 MgO-CaO-C 砖兼具镁碳砖和烧成镁钙砖的优点，具有较好的真空稳定性和抗热震性；开发出的低碳系列产品减少了耐材的高热导率引起的热量损失，降低了能源消耗，减少了冶炼时钢水增碳的概率，也不会带来环境污染的问题。

我国耐火材料技术水平有了很大的进步，许多产品已经达到或接近了国际先进水平，耐火材料基本满足了国内需求，但耐火材料整体水平与国际水平相比，还存在相当大的差距，也滞后于迅速发展的冶金、有色、建材、石化、环保等高温工业技术进步的需要。本项目对提高我国耐火材料的技术水平，提升行业竞争能力有着重要的意义。

大容积焦炉用硅砖生产工艺及装备研究

获奖类别： 2013 年冶金科学技术三等奖
获奖单位： 中冶焦耐工程技术有限公司

大容积焦炉用硅砖生产工艺及装备是中冶焦耐工程技术有限公司在 2009 年依据公司的技术储备和国内外市场需要而开发的，是拥有完全自主知识产权的新型优质硅砖生产线。可以替代国内现有硅砖的生产工艺和生产装备。在提高产量和质量，特别是降低能耗上，都有显著的经济效果的先进生产工艺及装备。与目前的正在运行的生产工艺及装备相比，在使用廉价原料上具有明显的优势，可以缓解企业能源和资源紧张状况，可以降低建设成本、全部替代引进的装备。

主要内容及特点：（1）采取四道除铁工艺，可以最大限度地减少成品砖坯中铁熔洞带来的废品，有效地提高了成品率。（2）开发了大容积焦炉用硅砖生产线添加剂自动精确添加系统，其采用了高精度计量装置、贮存均化输送装置，可以确保输送过程稳定，计量精确，最终提高了优质硅砖的产品质量和成品率，并大幅度提高了劳动效率，改善了生产环境。（3）采用高精度压砖机，保证砖坯误差小，尺寸稳定，提高成品率。（4）采用环保节能型隧道窑，181m × 2.6m 以天然气为燃料的硅砖隧道窑与国内类似硅砖隧道窑相对比具有如下特点：1）窑型结构简单、生产操作水平先进可靠；2）产品质量稳定，成品率高；3）单位产品热耗比国内类似隧道窑低，节能效果显著；同时所有装置和系统的清理和检修方便，可以最

大限度地保障生产产品的质量，而且所有生产工艺和设备的选用都尽可能地将稳定和可靠运行作为前提条件。

日产1000吨大型石灰回转窑煅烧装置

获奖类别：2013年冶金科学技术三等奖
获奖单位：中冶焦耐工程技术有限公司

本大型石灰回转窑煅烧装置主要用途是使用煤气或煤粉煅烧冶金、电石等行业所需的活性石灰。

本装置由竖式预热器（含顶部贮料分料装置、转运溜槽）、回转窑、竖式冷却器、燃烧装置等主要设备组成。简要工艺为石灰石由输送设备送至预热器窑顶部的贮料分料装置中，再由设在其下方的料封管自动溜入预热器内，石灰石在预热器内经来自回转窑的废气预热，然后进入回转窑内焙烧，焙烧好的石灰进入竖式冷却器冷却后，由电振卸料机连续卸到下面的成品输送皮带机上运往成品工段。焙烧所用的燃料煤气或煤粉送至专用煤气或煤粉烧嘴供入窑内。燃烧所用的一次助燃空气由一台独立设置的风机供给，由烧嘴供入窑内，作为二次助燃空气的冷却空气则由另一台独立设置的风机从冷却器下部送入冷却器内，冷却从窑内来的石灰后进入回转窑内助燃。窑内燃烧产生的废烟气进入预热器内预热石灰石后排出预热器，经除尘后通过排烟机排入大气中。

经济效益方面日产1000吨活性石灰回转窑煅烧装置主要技术经济指标都要优于国内较为传统的日产600吨活性石灰回转窑，其中单位产品热耗降低约10%，单位产品电耗降低约17.9%。采用本套具有自主知识产权的大型石灰回转窑煅烧装置，每条生产线可以节省技术引进费用、专利技术费用近500万美元，约合人民币3000余万元。

社会效益方面在保护环境、节约宝贵的能源，实现国家制定的节能减排目标方面效益也很显著。初步估算，仅一条日产1000吨大型活性石灰回转窑生产线比起同等规模的中小型石灰回转窑CO_2一年的排放量至少可以减少10000吨。

炉外精炼用优质镁钙碳耐火材料制备

获奖类别：2012年辽宁省科学技术进步三等奖
获奖单位：辽宁科技大学，营口青花集团

炉外精炼钢包其冶炼工艺很严酷，它要求内衬材料耐高温、真空稳定性好、不污染钢水、抗低碱度渣侵蚀性能及抗热震稳定性能强。镁钙碳材料因具备上述优点，而被广泛地应用到炉外精炼钢包上。传统的镁钙碳耐火材料在使用过程中，经常出现严重的剥落和侵蚀现象，已不能适应新的冶炼条件，必须更进一步地对传统镁钙碳镁钙碳砖的使用性能特别是抗渣侵蚀性能和热震稳定性能进行系统的研究和改善，使改善后的镁钙碳镁钙碳砖不仅要达到高炉龄，而且还要求其不污染钢水，能对钢的质量有所提高。

本项目采用新工艺，通过原料细磨、干压成型、以重油为燃料、1910℃×8h超高温烧成合成的优质镁钙砂；镁钙碳砖中碳的引入形式为膨胀石墨和鳞片状石墨以1∶1复合加入；开发出石墨含量为3%的超低碳镁钙碳砖。在实际使用中取得了优良使用效果，得到了推广应用，带来了较大的社会效益和经济效益。

大型全密闭节能环保自动化轻烧白云石竖窑技术与装备

获奖类别：2013年辽宁省科学技术进步三等奖
获奖单位：辽宁科技大学，辽宁丰华实业有限公司

轻烧白云石主要用于转炉炼钢用调渣剂，是钢铁冶金基础性原料。辽宁丰华实业有限公司与辽宁科技大学共同研发的“全密闭节能环保自动化轻烧白云石竖窑技术与装备”项目，建成内径6m，高36m，容积达1017m^3的大型煅烧轻烧白云石自动化竖窑。该竖窑采用上下双锥形窑体结构设计，定点布料机、免破碎出料机等关键装备，生产过程自动控制与系统集成优化技术，实现大型竖窑自动布料、卸料、出料和科学供风以及轻烧白云石竖窑微正压近平衡低过热度焙烧操作技术。

通过四座大型全密闭节能环保自动化轻烧白云石竖窑一年多的运行实践证明，单座竖窑年产量高达25万吨，产品合格率显著提高，质量稳定，相当于8～10座土窑的产量；吨产品耗标煤70kg以下，节煤30～40kg；整个生产过程全部实现机械化和自动化；粉尘排放量降低了75%，达到国家有关节能减排技术和清洁生产标准。仅大

石桥地区如果全部采用本项目形成的大型全密闭节能环保自动化轻烧白云石竖窑，每年可以提高优质轻烧白云石产量50万吨，节标煤16.5万吨，减少粉尘排放550吨，将3000多名生产一线工人从恶劣的工作条件中解放出来，直接经济效益近3亿元，同时对改善地区生态环境意义重大。

用后镁碳砖回收再利用

获奖类别：2013年辽宁省科学技术进步三等奖
获奖单位：辽宁科技大学，营口金龙集团公司

用后镁碳砖回收再利用项目属于环保、节能减排、综合利用项目，产品主要用于钢铁冶金炼钢转炉、电炉和钢包上使用。

目前我国每年生产镁碳砖约400万吨，占全球市场90%，用后镁碳砖大约200万吨，属于废弃耐火材料。近年来国内一些耐火材料企业进行少量回收，作为废砖使用加入量一般小于20%。该项技术的采用不仅可以节约大量我国菱镁矿资源，同时也降低了因煅烧镁砂所需的能耗及分解的CO_2对环境的污染，以及废弃镁碳砖堆放对环境的污染，节省大量劳动力，具有明显的社会效益和经济效益。

本项目主要针对冶金生产中产生的用后镁碳砖的回收再利用进行系统的研究和技术开发。对用后镁碳砖去除杂质和变质层，通过采取专用设备特殊的破粉碎工艺，将用后镁碳砖中的颗粒还原为真颗粒（真颗粒量超过95%），细粉采用水化处理工艺，消除废砖中的碳化铝，经过上述工艺处理后形成再生料，利用再生料按一定比例与新镁砂颗粒按不同粒级，不同比例进行配料，采用特殊的酚醛树脂作为结合剂，制砖工艺和热处理工艺与正常镁碳砖生产工艺基本相同。其中废弃镁碳砖的引入量70%～90%，其余剩余部分用于生产转炉镁碳质修补料，经以上工艺生产的镁碳砖理化性能达到了国家标准和用户合同标准。通过该项技术生产的再生镁碳砖，先后应用于首钢、唐钢、德国、哈萨克斯坦、印度等国内外大型钢铁企业的转炉和钢包上，结果表明，性能指标满足使用要求，每吨原料节约成本近2000元人民币。辽宁某企业采用该项技术，从2009年至今共生产10万余吨，创产值十几亿人民币。经专家评审，该项技术属国际领先。

环保型镁铬砖

获奖类别：2014年辽宁省科学技术进步三等奖
获奖单位：辽宁科技大学，辽宁海城中兴利尔集团

项目采用非碱性YTTJ结合剂，主原料选用电熔镁砂、镁铬砂、印度铬矿等。产品的Cr^{6+}含量在50ppm以下，符合发达国家严格规定镁铬砖中Cr^{6+}含量必须控制在50ppm以下的标准。该项目填补国内外环保型镁铬砖空白，对于治理解决国际工业癌症，改善生态环境，推动绿色耐火材料行业发展，造福人类健康具有非常重大的现实意义。

该产品降低了耐火材料的吨钢单耗，并且提高了钢材质量：提高了钢包的使用寿命，减少了修炉次数，减少了工人的劳动强度，节能降耗减少对环境的破坏，为钢铁企业节能减排降低成本创造了条件。绿色环保，保障安全生产：在湿法切割、砌筑使用过程中始终没有黄色的析出物，也没有工人烧伤手脸的情况发生。

环保型砖的开发应用具有良好的前景。同时对提高我国绿色耐火材料的技术水平，提升行业竞争能力也有重大意义。

隔热耐酸衬里NS-R16的研发与应用

获奖类别：2010年全国建材行业技术革新三等奖
获奖单位：通达耐火技术股份有限公司

目前，因全社会对环保及节能减排的迫切要求，大批的垃圾焚烧炉、硫黄回收装置及化学侵蚀性较强的废液处理设备等相继上马投产，人们的环保节能意识不断加强。所有的这一切，是对抗化学侵蚀耐火材料研究与应用的契机，更是我们不可推卸的社会责任。

通过对相关腐蚀机理的研究，选用合理的原料、技术及工艺，开发出这种抗化学侵蚀（酸性）耐火材料并推广应用，能大幅度提高设备的使用寿命，对提高设备运转效率，降低生产成本，节约资源和能源具有重大的意义。该项目的开发将会填补公司耐酸行业的一项空白，具有广阔的市场前景，为我公司积极开拓新市场起到很好的促进作用。

隔热耐酸衬里NS-R16是采用氧化铁含量低、

二氧化硅含量高的原料为骨料，以水泥为结合剂，并添加轻质粉料A作为耐腐蚀填料的新型隔热耐酸制品。它与以水玻璃为结合剂，氟硅酸钠为固化剂的传统耐酸制品相比，在耐酸侵蚀性能，耐热性能，施工性能等方面显示出突出的优点：

（1）NS-R16具有较高的机械强度，黏结力强，抗渗性好。

（2）NS-R16对多种化学介质和各种有机溶剂有较好的耐蚀性。

（3）NS-R16采用了非卤素型无毒固化剂，对人体无害，改善了施工环境，对所衬砌设备无腐蚀性。

（4）NS-R16可室温施工，常温固化，高温使用，施工简单，使用方便，贮存期长，易于运输。

（5）NS-R16具有良好的耐热性。

通过对相关腐蚀机理的研究，选用合理的原料、技术及工艺，开发出高抗化学侵蚀（酸性）耐火材料并推广应用，能大幅度提高设备的使用寿命，对提高设备运转效率，降低生产成本，节约资源和能源具有重大的意义。该项目的开发填补公司耐酸行业产品的空白，具有广阔的市场前景，为我公司开拓新市场起到很好的促进作用。

水泥窑用轻质耐碱耐火浇注料

获奖类别：2010年全国建材行业技术革新二等奖
获奖单位：通达耐火技术股份有限公司

本项目研究开发的轻质耐碱耐火浇注料GL-11NL，适用于水泥窑预热器的1～3级旋风预热筒及相应的风管部位，具有优异的耐碱性能，同时1.65～1.9g/cm³的体积密度值为庞大的预热器进行明显的“瘦身”，低于0.5W/(m·K)的导热系数，也给预热器更好的保温效果。项目进行的过程中，我们分别在安丘山水水泥有限公司、辽阳千山水泥有限责任公司、大连山水水泥有限公司、辽宁山水工源水泥有限公司等山水集团公司的水泥窑预热器一级筒与余热发电装置连接的出风管道上使用，取得了不错的保温节能效果。另外在鹿泉东方鼎鑫水泥有限公司、锡林浩特市金河水泥有限责任公司的一、二、三级旋风预热器及风管上也进行了使用，既满足了预热器对材料的耐碱性和强度要求，更为预热器减少散热、减轻负重做出了不小的贡献。当前，还有临朐山水水泥有限公司、枣庄创新山水水泥有限公司、涿鹿永兴水泥有限责任公司即将使用该产品。

本项目已完成了轻质耐碱耐火浇注料GL-11NL的开发，也对其使用方案进行了优化调整，并且在新型干法水泥窑上进行了试用。该产品实验室检测的物理及化学性能均能完全能够满足现场使用要求，其施工性能及使用寿命也同样满足要求，同时还具有低体积密度、低导热的节能性能。从性能指标来看，该项目研发的轻质耐碱耐火浇注料达到国家要求，并率先在实际工程中获得应用，取得了显著效果。

新型干法水泥窑用喷涂技术的研究与应用

获奖类别：2011年“华新杯”全国建材行业技术革新二等奖
获奖单位：通达耐火技术股份有限公司

干法喷涂是利用高速气流作为耐火材料的输送动力，搅拌时不加水，而在枪头迅速加入全部所需水量。干法喷涂料施工时具有施工面不需支撑模板，直接喷射形成衬体，实现无模施工，效率高、省时省力、施工速度快，尤其对于不易支模浇注施工部位的损坏衬里修复具有极大的优势；材料硬化快，施工后衬里可快速投入烘烤使用，为水泥厂家节省大量的紧急检修时间，大大提高水泥窑检修速度。

通过大量试验与分析，研究开发出的PT-160喷涂料和PT-100L喷涂料，在鹿泉鼎鑫水泥、内蒙君正水泥、北京水泥、烟台山水、金隅赞皇水泥、逐鹿金隅水泥、曲阳金隅水泥等水泥厂家分别取得了1200余吨和70余吨的成功应用。很好地实现了这些施工项目施工或检修的急切要求，其性能得到了广大用户的积极认可，取得良好的应用效果。

一种循环流化床锅炉用多阶弧形缓冲防磨装置

获奖类别：2011年“华新杯”全国建材行业技术革新三等奖
获奖单位：通达耐火技术股份有限公司

循环流化床（CFB）是近年来在国际上发展起来的新一代高效低污染清洁燃烧的发电技术，已被发电行业所接受和公认。循环流化床锅炉的防磨工作是保证锅炉长期安全稳定运行的关键。

目前对于循环流化床分离器的防磨均是采用耐磨耐火材料处理，但是由于分离器里的烟速达到25m/s以上，烟尘浓度达到10kg/Nm^3以上，温度达到800℃以上，且分离器的靶区位置直接受到来自炉膛的高速含尘粒子的正面冲刷，该部位的耐磨耐火材料的磨损较其他位置都严重很多，耐磨耐火材料的使用寿命相对于其他位置都短，一般每几个月或半年都要做一次维修。在这样恶劣的施工工况下，分离器经常出现一些运行上的问题，如果是气冷式结构的分离器，水冷壁管受到磨蚀严重而出现爆管，制造运行事故；如果是绝热式结构的分离器，则有可能使外护板暴露在恶劣的运行环境中，外壁超温，热损增加，进而碳化烧毁，锅炉必须被迫停炉，这给电厂带来很大的安全隐患。同时，每次停炉检修都导致电厂维修成本增加，运转率降低，所以，分离器靶区的磨损问题是困扰整个流化床锅炉运行当中的一个老大难问题。

为了解决现有的分离器靶区磨损严重，检修率高的问题，本技术革新提出一种耐磨装置，该装置是由耐磨材料、耐热锚固件和分离器钢结构组成。在分离器靶区沿着烟尘走向制作成若干道形似波浪的弧形防磨缓冲坡。

该技术革新的创新点是不需要对钢结构做任何变动，在原有耐磨材料内衬的基础上对耐磨材料做适当的结构调整，利用圆弧的导向作用，分解高温高速含尘粒子对靶区的冲刷磨损作用，能够有效地增强分离器靶区的抗磨损能力，保护水冷壁或外护板，降低该部位的检修率和锅炉的维护成本，提高锅炉安全运行率。同时，该结构的制作方便简单，成本低廉。

本技术革新已经先后在山东众泰电厂、内蒙古京海电厂、内蒙古京泰电厂、新疆独山子电厂等成功应用，效果良好，使用寿命至少达到了一年。

新型干法水泥窑高温带耐火砖无铬化配套技术的研究与产业化

获奖类别： 2012年北京市科学技术三等奖
2013年全国建材行业科学技术二等奖

获奖单位： 通达耐火技术股份有限公司

近年来，随着人们环保意识的增强和相应法规的日益完善，水泥窑用镁铬砖的发展受到了极大的限制。因此无铬化成为目前水泥窑用耐火材料的发展趋势。欧美等国的水泥窑用无铬砖的发展较快，已陆续研制出多种水泥窑高温带用无铬砖，目前国外应用较多的是白云石砖（含锆）、改性镁铝尖晶石砖和镁铁铝尖晶石砖等无铬砖。

镁铝尖晶石砖目前被广泛应用于水泥窑上下过渡带，尤其是过渡带和烧成带末梢部位。而镁质产品相比铝硅质产品的导热系数比较大，窑体温度过高，造成能源浪费。近些年，硅莫砖在水泥窑的过渡带上使用越来越普遍，可是在轮带区，其使用还存在一定的限制。由于硅莫砖导热系数比镁铝尖晶石砖小，如果能改进其高温性能、提高韧性，延长其使用范围，使其与烧成带无铬砖的使用范围相连接，将有效降低能源的损耗。

本项目通过与武汉科技大学的产学研合作，引入刚玉-铁铝尖晶石复合材料至镁质品中成功开发出了水泥窑高温带使用的方镁石-复合尖晶石砖，避免了镁铬砖的六价铬污染问题，达到水泥窑高温带用耐材的无铬化。并结合我公司自主研制产品塑性相结合刚玉砖的产品特点，通过引入金属塑性相、红柱石至传统铝-碳化硅体系中制取新型硅莫砖，解决了该部位使用镁铝尖晶石砖或镁铬砖的筒体温度较高的问题，实现水泥窑高温带用耐材的节能效果。通过研究和实践，确定了一套全新的新型干法水泥窑高温带耐火砖无铬化配套技术：方镁石-复合尖晶石砖+塑性相复合低导硅莫砖配套技术，该技术通过实践检验具有无铬环保、节能、降耗、长寿命和性价比优异的集成性特点。

2011年12月该项目通过了中国建筑材料联合会组织的科技成果鉴定，鉴定结果为配套技术居国际先进水平，其中方镁石复合尖晶石砖和塑性相复合低导硅莫砖的制备技术居国际领先水平。

铝硅质合成耐火原料先进生产工艺

获奖类别： 2013年全国建材行业技术革新奖技艺工法类三等奖

获奖单位： 通达耐火技术股份有限公司

本项目的主要研究内容为通过高温材料生产线的设计，实现利用低品位铝矾土矿山原料加工合成优质合成耐火原料，各项指标达到预定要求。

国内外耐火材料领域发展很快。近二十年来，国内外高温材料工业在采用原料方面的趋势是从主要用天然原料发展到天然原料与合成原料并用，而许多重要用途的高效制品越来越多地使用合成原料。这些新兴的优质合成原料多数是由人工原料合成制备的，价格相当昂贵，如：刚玉莫来石、锆莫来石和铝镁尖晶石等，都是以氧化铝为基料。又如：一些非氧化物（SiAlON、AlON、ZrB2 等）也是以化合料为基料。通达公司通过技术攻关，利用丰富的高铝矾土为基料，制备优质合成原料（简称天然合成原料），取得了可喜的成果。产品质量接近于人工合成原料，价格却可大幅度降低，以此生产新型不定形耐火材料和新型高档定型耐火制品，可以得到显著的经济效益。本设计就是通过生产线的设计，实现具体的生产过程，将这方面的研究成果转化为生产力。

COREX 炉用刚玉质系列耐火材料的研制与应用

获奖类别： 2014 年河南省工业和信息化科技成果三等奖

获奖单位： 通达耐火技术股份有限公司

熔融还原炼铁技术是当代世界冶金工业中引人注目的前沿开发技术之一，并认为是有可能取代传统高炉炼铁最有希望的炼铁生产工艺。COREX 熔融还原炉代替高炉简化了生产工艺，大幅度减少各类污染物的排放，并实现了余能，余热、副产煤气和固体废弃物的综合利用。熔融还原的突出优点在于生产过程中少量使用或者不使用焦炭，可解决全球冶金焦煤的短缺；利于环保，COREX 炉排放的污染物仅为焦炉-高炉工艺的 1% ~10%，可大大降低对环境的污染。

本项目旨在针对 COREX 熔融还原炉炉内温度高，侵蚀严重。特别是热风旋风分离器的热风冲击区，要求材料具有机械强度高，耐高温，耐磨损和抗侵蚀的特点，同时因为温度波动较大，要求材料具有非常优异的热震稳定性。这一点是目前国内市场上普通刚玉砖和锆刚玉砖所达不到的。

宝钢在建的 COREX-C3000 炉为当前世界上最大最先进的熔融还原炉，炉内耐火材料的工作环境会更加苛刻，对耐火材料的性能也提出了更高的要求。项目在分析现有刚玉砖和锆刚玉砖的技术指标和优缺点基础上，结合 COREX 炉的技术特点及损毁机理，对现有刚玉砖和锆刚玉砖进行技术改进，以适应 COREX 炉特殊的使用要求，延长其使用寿命。COREX 炉用配套刚玉质耐火材料的研制及其在宝钢 COREX-C3000 炉项目成功使用后，必然会为我公司耐火产品在 COREX 炉领域推广奠定良好的基础。

玻璃窑用熔铸耐火材料生产技术优化集成

获奖类别： 2010 年全国建材行业科学技术进步二等奖

获奖单位： 瑞泰科技股份有限公司

都江堰瑞泰科技有限公司

本项目针对我国熔铸耐火材料与国际先进水平的差距，研发了配有计算机程控系统的新型电弧炉和配套的不间断熔化工艺技术新的吹氧工艺、自行设计的电弧炉收尘装置、新型树脂砂型制造和型砂再生重复使用技术，三项关键技术的集成推广将加速我国熔铸耐火材料行业技术改造和产业升级，达到世界先进水平。成果已经相继在瑞泰科技 8 条熔铸耐火材料生产线上应用，批量应用的产品吨耗节电效果达到了 49% 以上，电弧炉粉尘排放浓度平均值降低到了 $30mg/m^3$ 以下，减少工业废渣排放 80% 以上。

红柱石复合耐磨、抗热震浇注料

获奖类别： 2011 年“华新杯”全国建材行业技术革新一等奖

获奖单位： 瑞泰科技股份有限公司

本成果是采用两种以上外加剂，以纯铝酸钙水泥为结合剂，以均化工艺处理的水硬性不定形耐火浇注料，现场施工方便，养护时间短，强度高，耐磨耗，耐碱侵蚀，抗热震性能优良，大大提高了使用寿命。在国内水泥企业，中联（枣庄）水泥、中联（淮海）水泥、华润（贵港）水泥、铜陵上峰水泥等多家企业使用。

纯低温余热发电设备中专用耐磨可塑捣打料

获奖类别： 2011 年“凯胜杯”全国建材行业技术革新二等奖

获奖单位： 瑞泰科技股份有限公司

纯低温余热发电项目是国家近年来制定的能源战略的重要组成部分，这一战略的实施，能使众多的工业企业大量的设备余热得到了利用，并产生了良好的经济效益。研制成功的一种纯低温余热发电设备中专用耐磨可塑捣打料，主要用于新型干法水泥余热发电系统中，特别是篦冷机至沉降室管道、沉降室、沉降室至AQC锅炉管道等部位，并可在其他行业需进行耐磨处理的管道中进行推广应用。目前该产品技术已经广泛应用于海螺水泥、冀东水泥、华润水泥、中联水泥、南方水泥、昌庆水泥等国内各主要水泥企业。

α-βAl_2O_3 产品新用途的研究与开发

获奖类别： 2012 年“北新建材杯”全国建材行业技术革新一等奖

获奖单位： 瑞泰科技股份有限公司

全氧燃烧玻璃熔窑具有节能和寿命长的特点，将会得到大力推广，为适应玻璃窑上部空间的温度和气氛环境，α-βAl_2O_3 除具备原有的特殊性能外，重点应增加其抗热震性，本项目是从退火工艺改良着手，有效解决了这一关键技术。研究成果已逐步在浙江大明玻璃有限公司、安徽中俊新能源玻璃有限公司、长沙普照科技、浙江长兴诺万特克玻璃有限公司等窑炉上进行了应用，取得了良好的应用效果，从而为我国玻璃窑节能开辟了一个方向。

大型水泥窑强热震部位用抗剥落耐侵蚀耐火浇注料制备技术及应用

获奖类别： 2013 年全国建材行业科学技术进步二等奖

获奖单位： 瑞泰科技股份有限公司

随着新型干法水泥生产线规模不断扩大，回转窑径随之增大，窑各部位耐火材料受力情况更为复杂。且随着水泥窑使用原料及燃料品种的多样化，对耐火材料影响变得复杂。项目研发出三个品种耐火浇注料：含锆的高性能镁铝尖晶石质耐火浇注料、具有优良性能的水泥结合含碳化硅的刚玉莫来石耐火浇注料、具有优良性能的磷酸盐结合耐火浇注料，成功解决了大中型水泥窑窑口、喷煤管耐火材料寿命低下的问题。研究成果已在河南登封宏昌、山东省枣庄中联水泥有限公司、安徽省铜陵上峰水泥有限公司等数十条水泥窑的窑口、喷煤管以及窑门罩、余热发电系统上应用，均取得满意的使用效果。

大型水泥窑用镁铁尖晶石砖的研究

获奖类别： 2013 年“晶牛微晶杯”全国建材行业技术革新一等奖

获奖单位： 瑞泰科技股份有限公司
河南瑞泰耐火材料科技有限公司

我国众多水泥企业仍在使用直接结合镁铬砖，残砖带来的 Cr^{6+} 对环境的危害不容忽视，本项目以不同存在形式铁为研究对象，用镁粉和铁矿粉按一定配比混合生产出镁铁尖晶石砖，同时掺入添加成分如稀土元素等改善烧成带耐火材料的挂窑皮性能，该产品已经成功在国内华润集团、中材集团的多条新型干法水泥窑上使用，其使用寿命最长达到15个月，使用镁铁尖晶石砖替代镁铬砖，完全可以消除铬污染，符合国家节能减排政策，对保护环境有利，社会和环境效益显著。

大型水泥窑用高性能镁铁碱性耐火材料的研究

获奖类别： 2013 年河南省建材行业技术革新一等奖
2014 年河南省科学技术进步二等奖

获奖单位： 河南瑞泰科技股份有限公司

随着水泥工业的发展，具有世界先进水平的生产线纷纷投产，水泥窑大型化、高效化及新的节能技术等一系列的先进措施，对耐火材料提出了更高的要求。镁铁尖晶石砖能使水泥窑烧成带挂好、挂牢窑皮，从而保护耐火砖本体，减轻其所受热应力、化学侵蚀、机械应力的破坏作用，延长使用寿命，降低耐火材料消耗。鉴于目前无铬耐火材料的研究现状，且在我国辽南地区拥有丰富的镁资源和铁矿资源，利用我国原料的优势，提出本项目 $MgO\text{-}MgO \cdot Fe_2O_3$ 耐火材料的研究，从而研究开发出可以替代镁铬砖的同时又提高窑炉使用寿命的镁铁尖晶石砖。

熔铸耐火材料制备技术优化及在低导热锆刚玉砖的应用开发

获奖类别： 2014 年全国建材行业科学技术进步二等奖

获奖单位： 瑞泰科技股份有限公司

为解决熔铸耐火材料生产过程中，人为因素影响大，产品性能质量稳定性差、不能批量生产高档和特异型的产品等问题。本项目研制出低导热功能复合熔铸锆刚玉材料，对于减少玻璃窑胸墙、后墙等散热损失，降低窑炉能耗，进一步提高玻璃制品质量具有重要作用。该成果已在成都平原尼普洛公司、四川玻璃有限公司、青岛金建玻璃公司等十多座窑炉上部结构上应用，均取得满意的使用效果。

碱性高温泥浆的研究

获奖类别： 2014 年“科达杯”全国建材行业技术革新三等奖
2014 年河南省建材行业技术革新一等奖

获奖单位： 河南瑞泰科技股份有限公司

国外对高档耐火胶泥的研究已经比较成熟，国内已有部分企业研究和销售该类型产品，使用效果较好。该功能型高温胶泥与传统耐火泥浆相比具有常温黏结强度高，利于施工及烘窑等特点，随温度升高黏结强度不断增强，升温或停窑过程中，能充分保证窑炉的正常运转，从而延长窑炉的使用寿命；由于结合剂加入量少，烘干收缩率较小，有利于提高泥浆的抗侵蚀性；同时碱性高温耐火泥浆可替代镁铬火泥，不含氧化铬，属于环境友好型耐火材料。

低导热多层复合莫来石砖的研制及在水泥窑上的应用

获奖类别： 2014 年全国建材行业科学技术进步二等奖

获奖单位： 郑州瑞泰耐火科技有限公司

项目开发了由工作层、保温层和隔热层组成的新型多层复合结构耐火材料，实现了低导热、高强度、高热震稳定性等综合性能。

研发了工作层和保温层材料组成、制备工艺和界面结合技术，解决了多层复合材料膨胀系数不匹配而导致的高温开裂、变形、脱落等难题，实现了同步成型、同步烧成，产品具有优良的结构整体性。

优化设计的耐火纤维板隔热层与保温层复合结构有效降低了整体材料的导热系数，综合导热系数≤1.65W/(m·K)，显著降低了水泥回转窑外表面温度，减轻筒体单位体积砌筑重量，有效降低轮带磨损及筒体变形速率，有利于延长水泥窑使用寿命。

易切削钢用高性能整体塞棒的研制与应用

获奖类别： 2010 年山东省冶金科技进步二等奖

获奖单位： 山东耐火材料集团有限公司

易切削钢浇铸温度高、锰和氧含量很高，这些特点导致浇铸易切削钢时耐材严重被侵蚀，耐材的使用寿命很低。通过选用抗氧化锰侵蚀能力强的耐火材料、降低材质中的二氧化硅含量、提高材质的高温抗氧化性能等途径，使整体塞棒的性能大幅提高，使用寿命提高了一倍。与原有材质相比，新研制的材质成本不变，高温抗氧化性能大幅提高，高温抗侵蚀性能大幅增强，完全满足了钢厂的最高要求，并在多家钢厂推广应用。

不烘烤铝锆碳浸入式水口的研制

获奖类别： 2010 年山东省冶金科技进步二等奖

获奖单位： 山东耐火材料集团有限公司

铝锆碳浸入式水口在生产过程中，其低温干燥周期 3 天，隧道窑烧成周期 8 天，烧成过程中产生大量废气污染环境。现拟采用高温干燥周期 5 天，制品不烧成。制品采用多层复合技术，喷涂裸烧涂层，提高制品在使用前的烘烤和使用过程中的抗氧性能，提高制品的热震稳定性。取消烧成工序，缩短生产周期，节约大量资源，保护环境。

无碳环保型中间包干式料的研制

获奖类别： 2010 年山东省冶金科技进步三等奖

获奖单位： 山东耐火材料集团有限公司

快速更换水口等高效连铸技术快速发展，对中间包工作衬要求越来越高。以酚醛树脂结合干式料，生产成本高，在烘烤使用过程中会给钢水增碳和增氢，产生大量有害刺激性气体，污染环境，不利于洁净炼钢和绿色环保。本项目采用新型有机结合剂和无机结合剂，取代酚醛树脂，具有成本低、施工方便、烘烤温度低和烘烤时间短、无刺激性气体产生、不污染环境、不给钢水增碳增氢、抗侵蚀使用寿命长、易于翻包解体的优点。

热风炉用 SDHR 级红柱石低蠕变制品的研制

获奖类别：2011 年山东省冶金科技进步二等奖
获奖单位：山东耐火材料集团有限公司

以刚玉和高档莫来石、红柱石为主原料，通过加法原理引入微粉研制而成。利用红柱石在烧成过程的相变变化，形成莫来石晶形网络结构以及富余 SiO_2 微粉形成的陶瓷结合形式，使制品的显微结构得到改善和优化。在由高纯原料为基体的架构下，形成的莫来石网络结构和陶瓷结合结构，显著提高了材料的抗高温蠕变性能和抗热冲击能力等综合性能。

干熄焦装置用新型耐火材料的研制

获奖类别：2011 年山东省冶金科技进步一等奖
获奖单位：山东耐火材料集团有限公司

根据干熄焦炉不同部位的使用要求，通过对材料的优化选择，以莫来石原料为基础，复合引用三石原料、氧化铝和碳化硅，适当引入添加物，通过不同配比的工艺优化试验，研制出干熄焦装置用新型耐火材料。

热风炉用 SDHD 级红柱石低蠕变制品的研制

获奖类别：2011 年山东省冶金科技进步二等奖
获奖单位：山东耐火材料集团有限公司

以莫来石、优质黏土为主要原料，通过对红柱石原料烧结性能及相变原理研究，采用加法原理，以红柱石为添加料，可以制得性能优良的热风炉用红柱石制品。制品的热震稳定性、蠕变性等综合高温性能优良，可以满足热风炉使用寿命要求，达到欧洲实物质量水平。

钒钛高炉炉底炉缸用复合莫来石砖的研制

获奖类别：2011 年山东省冶金科技进步二等奖
获奖单位：山东耐火材料集团有限公司

以刚玉、莫来石为主要原料，并引入“三石”和微粉。通过设计合理的组分配伍和粒级组成，提高材料的致密度；利用“三石”原料烧成过程的晶型转化和微粉作用，形成莫来石结合与陶瓷结合的双重结合机制。研制材料具有高强度、高荷软、低气孔的特点，气孔的分布呈微孔化，显著提高材料的抗侵蚀性和渗透性，可达到延长高炉炉底炉缸寿命一倍的效果。

热风炉用 SDHS 级红柱石低蠕变制品的研制

获奖类别：2011 年山东省冶金科技进步二等奖
获奖单位：山东耐火材料集团有限公司

以红柱石、莫来石、优质黏土为主要原料，通过对红柱石原料烧结性能及相变原理研究采用加法原理，以红柱石为主，通过引入莫来石和刚玉优化组织结构，可以制得性能优良的热风炉用红柱石制品，热震稳定性、蠕变性等综合高温性能优良，可以满足热风炉使用寿命要求，达到欧洲 HS 级实物质量水平。

改性氧化铝空心球制品的研制

获奖类别：2012 年山东省冶金科技进步二等奖
获奖单位：山东耐火材料集团有限公司

根据不同高温窑炉的使用要求，以氧化铝空心球、刚玉砂为主要原料，复合引用三石原料、氧化铝微粉、氧化硅微粉等，通过不同配比的工艺优化试验，研制出系列改性氧化铝空心球制品，体积密度从 1 ~ 2g/cm^3，使用温度从 1300 ~ 1800℃。除具有隔热、耐高温性能，还具有热震稳定性好、强度高、抗蠕变性好、高温体积稳定性好等特点，是高温窑炉理想的内衬材料。

钢包用刚玉-尖晶石砖的研制

获奖类别：2012 年山东省冶金科技进步二等奖
获奖单位：山东耐火材料集团有限公司

以刚玉、尖晶石为主要原料，引用微粉和镁质添加物。通过合理组分改善材料的组织结构和性能；选择适宜的结合剂，由化学结合过渡到陶瓷结合和固相反应形成的尖晶石晶相结合；并通过研究确定合理的烧成制度，达到提高材料的整体结构强度、耐高温、抗侵蚀、耐冲刷和提高使用寿命的目的。

焦炉用硅线石砖的研制

获奖类别：2012 年山东省冶金科技进步三等奖
获奖单位：山东耐火材料集团有限公司

以三石和莫来石料为主要原料，引入微粉强化基质，利用三石和微粉形成莫来石和陶瓷结合的双重结合机制，提高制品性能。通过合理的粒度组成，提高制品的致密化程度，增强高温荷重能力。该产品具有低气孔率、荷软高、抗热震性能好等特点。

莫来石-堇青石高炉冷却壁镶砖的研制

获奖类别：2013 年山东省冶金科技进步二等奖
获奖单位：山东耐火材料集团有限公司

采用高纯莫来石、红柱石、刚玉砂、堇青石为主要原料，引入氧化铝和低铝复合微粉，充分利用原料特性及烧成形成复相矿物，通过设计合理的组分配伍及粒级组成，研制出的莫来石-堇青石高炉冷却壁镶砖具有高强度、高荷软、良好的热震稳定性、优良的抗热冲击能力和抗碱性侵蚀能力。

活性石灰回转窑用高膨胀高铝砖的研制

获奖类别：2013 年山东省冶金科技进步三等奖
获奖单位：山东耐火材料集团有限公司

以特级矾土为主要原料，适当引入叶蜡石、焦宝石、蓝晶石等富硅原料，使之具有烧结莫来石的能力。利用合理的原料粒度组成，提高制品的膨胀性，有利于砌体的整体性和抗侵蚀性能，优化制品使用性能，研制的制品具有高强度、高膨胀性、良好的热震稳定性、较好的耐磨性、化学纯度高。各项理化指标均达到客户要求。

高热温稳板坯浸入式水口生产工艺的研究

获奖类别：2013 年山东省冶金科技进步三等奖
获奖单位：山东耐火材料集团有限公司

通过对板坯浸入式水口的结构设计，拟采用内孔复合壁厚均匀的保温材质，并设计一种添加高温隔热特殊原料的本体材质，复合渣线及侧孔部位，更好的保障水口的整体热稳性能。设计专用的成型加料工具盒及加工测量工具，有效保证所加泥料的精确，防止泥料偏析和加工时水口壁厚偏差的产生，更有宜于水口热稳性能的发挥。从而实现板坯浸入式水口质量的稳定。

优质钢精炼用透气功能元件关键技术研究

获奖类别：2013 年冶金科学技术二等奖
2013 年河南省科学技术进步二等奖
获奖单位：濮阳濮耐高温材料（集团）股份有限公司

项目针对现有透气功能元件存在的问题，将纳米粉体和尖晶石水泥用于材料性能的改善，效果显著；研发生产的特种透气陶瓷，具有高致密、高强度的特点；在透气砖中置入了新型安全的碳化硅质显示材料；开发了透气砖准确定位安装技术、金属浮子停气保压装置和金属熔断防漏技术，解决了透气砖渗钢和机构漏钢的问题。将上述技术科学合理地进行了集成优化，研发了新型的优质钢精炼用透气功能元件，获得了多项专利技术，成果达到了国际领先水平。

通过该项目的实施，濮耐股份在特种透气陶瓷、安全显示材料、双防透气砖锁紧机构等关键技术上实现了重大突破，取得了 10 项授权专利，发表论文 6 篇。特种透气陶瓷的体积密度达到了 3.50g/cm^3 以上、显气孔率小于 1.0%；透气砖的使用寿命比原产品提高了 20% 以上，吹成率达到 100%。

超高温钨钼加工炉用高性能 ZrO_2 隔热制品的开发与应用

获奖类别：2010 年河南省科学技术进步三等奖
获奖单位：中钢集团洛阳耐火材料研究院有限公司

钨钼冶炼炉由于使用温度高（可达 2300℃），间歇式运行，升降温迅速（24h 升到 2000℃ 左右），其内衬材料要具备耐高温，高强度，高抗热震性和低热膨胀等性能。然而传统氧化锆空心球砖存在烧成温度高（1800℃）、强度低、抗热震性差和热膨胀系数大等问题，在使用过程中容易出现断裂或者剥落，造成炉衬寿命较低，本项目主要开发一种能在较低温度下烧成的高性能 ZrO_2 隔热制品，以满足超高温加工行业对高性能耐火材料的迫切需要。

项目采用3方面的技术创新来实现产品的开发：（1）通过优化空心球和电熔细粉原料的相组成，利用相变体积效应和相变增韧机理，降低了制品的热膨胀量，提高了抗热震性，同时解决了单斜相的增加与制品强度降低之间的矛盾。（2）采用原位反应、活化烧结机制，添加复合添加剂和复合结合剂，实现了制品的活化烧结，达到了较低温（1630℃左右）烧成高强度高纯氧化锆制品的目的，节能环保。（3）通过生产工艺的优化，提高了 ZrO_2 隔热制品的成品率和质量稳定性，使开发产品具有使用温度高、抗热震性优良和强度大的优点，解决了钨钼加工炉用内衬材料使用寿命低的问题。

通过该项目产品的使用寿命较老产品提高40%以上，解决了钨钼加工用中频感应炉内衬材料使用寿命低的问题。由于项目产品采用活化烧结技术，实现在较低温度烧成高强度高纯氧化锆制品，对于降低企业能耗、节约成本，缓解我国的能源危机具有深远意义。本项目的实施为我国超高温领域提供了可靠、有效、长寿命的隔热耐火材料，对我国国防等高技术领域及世界特种金属冶炼行业用耐火材料的技术进步和发展做出了重大贡献。

梯度功能耐火材料的研究开发

获奖类别：2013年河南省科学技术进步一等奖
获奖单位：中钢集团洛阳耐火材料研究院有限公司

功能耐火材料是现代冶金技术的关键耐火材料，包括连铸三大件、透气元件等。我国连铸用功能耐火材料产品质量稳定性不足，使用寿命也不能适应快速发展的精炼和连铸技术需求，与国外先进水平尚存在一定差距，其中钢包透气元件尚未解决与钢包寿命协调、100%吹通率和免吹氧清扫三大技术难点；浸入式水口、整体塞棒的使用寿命与国外先进水平相比低30%～50%；长水口使用寿命和浸入式水口、整体塞棒不同步，是影响钢铁冶金精炼和连铸生产节奏和连续性的重要因素之一。

针对功能耐火材料服役过程中的蚀损特点，项目开发出了具有梯度结构功能耐火材料的集成技术：低热应力功能元件结构和材料配置优化设计、元件关键部位材料关键使用性能优化技术、梯度结构功能元件制造工艺等，解决了材料抗侵蚀性和抗热震性不能同步提高的技术瓶颈，大幅度提高了功能耐火材料使用寿命和使用可靠性。

通过开发梯度功能耐火材料，实现了向新一代功能耐火材料的跨越，产品使用寿命在原有水平基础上总体提高了30%以上，其中：梯度复合结构透气砖吹通率达到98%以上，使用寿命提高了30%以上；浸入式水口使用寿命提高了50%；整体塞棒使用寿命由10～15h提高到了20h以上；梯度复合结构长水口使用寿命由8h提高到12h以上并实现了与浸入式水口、整体塞棒寿命同步，提高了连铸工艺的生产效率。梯度复合技术达到了国际领先水平，产品使用寿命处于国际先进水平。

梯度复合概念为功能耐火材料提供了关键性能——抗热震性和抗侵蚀性同步提高的工程化解决方案，对其他类型耐火材料同样具有技术指导意义，促进了耐火材料的技术进步，社会经济效益显著。

大型铝电解槽侧衬材料复合关键技术的研究与应用

获奖类别：2014年河南省科学技术进步二等奖
获奖单位：中钢集团洛阳耐火材料研究院有限公司

铝电解槽用复合衬体采用高性能耐火泥浆将氮化硅结合碳化硅砖和炭块黏结在一起的组合体，因此泥浆的研究开发是复合砖制备技术的核心，本项目研制出的碳化硅—炭侧衬材料复合专用耐火泥浆，具有润湿性能好、施工性能好、黏结强度高和抗电解质性能好等特点。氮化硅结合碳化硅砖的改进提高以及合理地选择炭块是项目的组成部分，本项目根据大型铝电解槽的特点和复合侧衬材料的具体要求，提出了炭块的选择依据和标准。通过对铝电解槽侧衬用材料的研究，研制出抗冰晶石侵蚀性能优异的 Si_3N_4 结合 SiC 基体材料，其气孔结构实现微纳米化，孔径 D50 达到 1μm 以下，并开发了一种抗冰晶石实验方法和装备。碳化硅砖和炭砖的黏结过程是制备复合砖的关键步骤，本项目开发了针对大型炭块的加工刀具、复合侧衬黏结卡具和加压振动施工机具等专用装备，针对黏结工序制定了严格的操作步骤和规程。所黏结复合砖最大尺寸达到 1400mm × 525mm ×（102 ~ 332）mm。大批量的生产实践表明所制备复合侧衬材料黏结强度高、质量稳定性好、开胶率为 0.3%。

目前已在中钢洛耐院工程中心建立了泥浆散料自动化生产线和集机械搬运、电力加压振动黏结、电加热烘烤及自动包装于一体的复合侧衬材料生产线，产能达到 1 万吨/年的生产规模。复合侧衬材料的推广应用改善了客户施工现场环境，简化了施工过程，缩短了筑炉周期，保证了施工质量，提高了大型铝电解槽使用寿命。

窑炉热修补用高抗热震微膨胀硅砖的研制与应用

获奖类别： 2012 年河南省科学技术进步二等奖

获奖单位： 中钢集团耐火材料有限公司

该项目开发的窑炉热修补用高抗热震微膨胀硅砖，主要用于大型焦炉修补。传统焦炉修补是在冷态下修补，需要停窑，利用普通制品修完再烘窑，再调试焦炉的各项参数，更换面积大时要预留一定的膨胀缝，不仅操作不便，而且修补后需要较长的烘炉升温，对生产影响较大。而该项目利用高纯熔融石英作为原料，生产高热震优质硅砖，以期得到适合作为窑炉热修补用优质硅砖；它与普通硅质耐火材料相比，具有低热膨胀，较好的热震稳定性，高温耐压强度、高温抗折强度，耐火度可以与普通硅砖相媲美。运用于窑炉热修补，不仅表现出优良的使用性能，而且可以实现不停产热修，避免停产抢修所致的经济损失，前景广阔。经在金枫玉石新建熔炼炉加料口、上海宝钢焦炉炉墙、立火道修补，日本鹿岛钢厂应用于观察口等温度波动部位；目前还开始在玻璃熔窑碹顶修补，产品性能优良、质量稳定，使用效果非常显著。窑炉修补用高抗热震微膨胀硅砖的研制成功，不仅附加值高，同时，大大缩短了我国焦炉、热风炉、玻璃熔窑修补时间，延长了使用寿命。降低资源消耗，推动了我国焦化、建材工业技术的发展。该产品技术水平达到国际先进，替代了进口产品。由于产品膨胀率低、耐热性好，解决了运行中焦炉、热风炉、玻璃熔窑热态修补难题，市场前景非常广阔。

洁净钢冶炼用金属复合镁尖晶石不烧砖的研制与应用

获奖类别： 2013 年冶金科学技术三等奖

获奖单位： 中钢集团耐火材料有限公司

该项目主要应用于钢冶炼的 RH 精炼炉。RH 精炼技术由于其脱气效果好、降温少、适用范围广等特点，已越来越被国内外钢厂所青睐，成为目前世界钢水精炼用的主要设备。RH 精炼炉工况条件十分苛刻，耐火材料衬里需具有高热态强度、在真空下体积稳定性好、耐冲刷、耐剥落性好、抗侵蚀性强等优异性能。长期以来国内外 RH 精炼炉用主要耐材为须经 1700℃ 以上高温烧成的镁铬制品，耐材中的氧化铬含量从 8% 到 26% 不等。六价铬的公害问题引起全球重视。含铬残砖不易处理，国外如德国主要采取水密性包装或加水稀释；国内除少部分回收利用外，大部分作为工业垃圾丢弃。含铬残砖因风吹雨淋氧化富含六价铬而毒性超强，且水溶性很好，在雨水的冲刷下，极易流淌至河中，严重污染水源和土壤。饮用污染的水，易引起皮肤病、中毒性腹泻并致癌。此外，我国铬矿资源缺乏，95% 以上的铬矿依赖进口。因此，开发无铬化耐火材料，既可解决环境污染问题，又可以缓解我国铬矿资源的紧缺；避免高温烧成，有利于节能降耗和减少有害排放。

该项目在材质、高性能的获得和制作方法上进行了创新。以高纯大晶粒镁砂和高纯合成尖晶石为主要原料，以酚醛树脂为结合剂，实现了制作上只需较低温度热处理，不需高温烧成；引入高性能微粉，通过高速强力搅拌和高压成型工艺，实现了微粉在材料中的良好分散，使材料中气孔微细化并分布均匀；通过添加多种适宜的金属和金属氧化物，在高温使用过程中原位生成非氧化物，填充穿插在方镁石骨架结构中起到增强增韧作用。成功研制出满足 RH 精炼装置内衬使用的抗热震性好、抗渣侵蚀性强、抗氧化性强、热态强度高的金属复合不烧镁尖晶石砖，取代了传统高温烧成的镁铬产品。

无机材料热物性参数测试方法研究及相关国家标准制订

获奖类别： 2010 年湖北省科学技术进步一等奖

获奖单位：武汉科技大学

导热系数、热扩散系数、比热容都是材料常用的、重要的热物性参数，无论是现在提倡的节能减排、低碳经济无一不凸显这些热物性参数的重要性。然而，长期以来，我国仅有8类15项测量材料导热系数的标准，大量材料的热物性参数无法测得，严重制约了我国科技进步和发展，因此急需开发新的热物性参数测试方法。

很多国家早已建立了闪光法测量材料热物性参数的标准，但都是针对均质材料的。

然而，大量的工业用耐高温、高导热、非金属导电性材料都是非均质材料，如何使用闪光法测量非均质材料的热物性参数已成为各国科技工作者面临的难题。

用闪光法测量非均质材料，目前存在以下三大技术难题：（1）非均质材料各向异性，取样测量结果难有代表性；（2）非均质材料结构中存在大量气孔、缺陷，无法制得满足测试要求的试样表面；（3）非均质材料高硬度和脆性使得难以控制试样加工精度及经济性。

从2004年开始，针对以上技术难题，我们开展了闪光法测量非均质材料的研究，创新地开发出以下闪光法测量非均质材料的关键技术：（1）建立了非均质材料的取样技术及要求。要使测量结果具有代表性，必须依据材料的使用状态，沿材料使用时的热流方向分段在不同位置制取多个试样进行测量，可以确定材料实际使用时的热物性参数。（2）建立了非均质材料的试样表面处理技术。对气孔率不同的非均质材料采用材料涂覆试样表面或者金属箔覆盖试样表面，使得试样有理想的表面。（3）建立了非均质材料试样加工技术精度及要求。控制试样的加工精度，保证测量的准确性和满足试样加工的经济性。

上述关键技术的开发，使得用闪光法测量非均质材料热物性参数获得成功，将闪光法测定热物性参数的材料范围由均质材料拓展到了非均质材料，这是闪光法测量热物性参数技术的一项重大突破。

项目研究取得以下成果：（1）在多种专业期刊上发表相关论文6篇。（2）制订了我国第1项闪光法测定材料热物性参数的国家标准，该标准达到国际先进水平。

本项目制订的国家标准已经在全国推广应用，对产品质量监督与控制、确保工程用材料的质量安全、设备的设计及材料的选择起到了十分重要的作用，该标准的实施也打破了发达国家的技术壁垒，产生了明显的经济效益和社会效益。本标准几乎涵盖了所有现行测量材料热物性参数的标准，可以替代国内多种测量材料热物性参数的标准，为国内相关材料研究开发提供了相应的研究手段。

超纯净钢中间包冶金耐火材料关键技术

获奖类别：2010年湖北省科学技术进步一等奖

获奖单位：武汉科技大学，武汉钢铁股份有限公司炼钢总厂，武汉瑞升特种耐火材料有限责任公司，北京利尔高温材料股份有限公司，濮阳濮耐高温材料（集团）股份有限公司

钢水纯净度是衡量钢铁材料制造水平最重要的综合指标之一，钢中夹杂物是造成钢材疲劳断裂和腐蚀破坏的根源。中间包是连铸工艺中控制钢中夹杂物的最后环节，长期以来一直是国内外所关注的焦点，先后开展了“中间包冶金”一系列的研究工作。然而，对于超纯净钢冶炼，耐火材料方面仍然存在着许多问题。中间包传统的树脂结合干式振动材料在使用过程中易引起钢水增碳，并放出有害气体造成环境污染；传统的涂料低熔物多，亦会导致钢中夹杂物增多。中间包传统的钢水控流系统夹杂物去除率低，特别是微小夹杂物难以去除。可见，中间包耐火材料的制备与应用技术将直接影响钢水的质量。因此，开展超纯净钢中间包冶金耐火材料关键技术研究，具有十分重要的意义。

针对上述问题，一方面，采用耐侵蚀性强、高温下热力学性质稳定、具有钢水净化功能的碱性材料，并研究适用于碱性材料的无碳环保复合结合系统取代树脂，消除钢中碳的夹杂，由此开发了环境友好无碳碱性干式振动材料。另一方面，采用气幕挡墙冶金技术有效去除钢中夹杂物。气幕挡墙冶金技术是一种从中间包底部向钢中吹气形成气泡墙的新技术。其气泡的大小、分布、逃逸速度等因素与钢中夹杂物的自身上浮和微小夹杂物的吸附有直接关系。项目结合工业实际，采用数理模拟等手段优化气泡参数，并采用原位成孔和增强技术，制备了微孔高强气幕挡墙材料。

开发的干式振动材料使用寿命与文献报道的

美国同类产品相接近，同等条件下较武钢涂料提高了17.5倍；微孔高强气幕挡墙材料，使钢中总［O］含量有效降低14%以上，而在同等条件下，美国同类材料只降低7.3%。获得4项国家发明专利，其成果已在国内数十家钢铁、耐火材料企业推广应用。项目研究得到国家科技部、基金委等资助，通过鉴定，鉴定委员会一致认为，项目成果达到国际先进水平，气幕挡墙技术为国际领先。其成果为推动我国耐火材料行业进步作出了重要贡献，为促进我国纯净钢、超纯净钢冶炼技术的发展提供了有力保障。

洁净钢冶炼用耐火材料关键技术与工业应用

获奖类别：2011年国家科学技术进步二等奖

获奖单位：武汉科技大学，宝山钢铁股份有限公司，武汉钢铁股份有限公司，濮阳濮耐高温材料（集团）股份有限公司，北京利尔高温材料股份有限公司，浙江自立股份有限公司，上海彭浦特种耐火材料厂

洁净钢是生产用于苛刻条件下高附加值产品的基础，而耐火材料是钢中非金属夹杂和有害元素重要来源之一。项目研发的洁净钢冶炼用耐火材料关键技术在以下方面取得较大进展：（1）无碳钢包炉衬材料达到和超过日本、奥地利同类材料先进水平；（2）CaO具有有效去除钢液中的硫、磷及非金属夹杂洁净钢水的功能。采用含钙矿物原位分解技术，有效解决了高钙中间包涂料中CaO的水化技术难题，使高钙中间包涂料中CaO含量达到50%以上，取得较好的净化钢水效果；（3）透气材料对于提高钢水的洁净度具有重要作用。项目利用Al_2O_3-SiO_2溶胶-凝胶特性，优化透气材料的微气孔结构设计，解决了透气材料高强度、高抗热震性与高透气度、微小气泡之间的矛盾，优化设计的气幕挡墙的使用，可使钢中总氧量大幅度降低，效率比美国同类产品提高一倍左右。项目实现了大范围工业应用，不仅给耐火材料企业创造了显著的经济效益，而且为我国洁净钢生产作出了积极贡献。

高磷烧结矿铁精矿标准样品研制

获奖类别：2011年湖北省科学技术进步二等奖

获奖单位：武汉科技大学，武汉钢铁集团公司

该项目属于材料检测与分析技术学科。国际铁矿石价格不断高涨的经济压力、高杂质含铁工业废渣堆积的环境压力和高磷铁矿开发利用的资源压力驱使钢铁企业研究综合利用铁精矿、高磷铁矿和硫酸渣（包括其他含铁废渣）生产烧结矿。生产过程中，产品质量检验与控制急需系列化高磷硫烧结矿标准样品用于自动化的检测，以减少高温作业时间，满足节能减排的需要。目前，烧结矿标准样品存在这三方面的问题：（1）稳定性不好；（2）均匀性不佳；（3）没有系列化高磷（硫）标准样品供仪器自动化检测使用。项目采用独特的烧结制备工艺和加入稳定剂的技术对粉末样品进行稳定化处理，解决了烧结矿标准样品的稳定性问题；研究了粉末样品粒度与均匀性的关系，确定了烧结矿标准样品的最佳粒度，解决了均匀性问题；为了兼顾铁精矿、高磷铁矿和硫酸渣的综合利用，延伸磷、硫的测量范围，设计了能满足高磷（硫）烧结矿产品自动化检测需要的化学成分范围，解决了烧结矿标准样品的系列化和线性化问题。

项目研发的标准样品具有极其稳定、均匀好和成线性好的优点，解决了无高磷烧结矿系列标准样品的难题，满足了可持续发展和资源综合利用对高磷烧结矿标准样品的需要，达到了国际先进水平。国家质检总局、国家标准化管理委员会已批准发布。应用情况表明，在武钢涉及铁矿石进口和鄂西高磷铁矿的综合利用过程中，按武钢钢产量、目前高磷铁矿的消耗和产品质量检验中标准样品的贡献测算，近三年已为武钢创造经济效益9000万元。项目用于X射线荧光光谱分析，其分析效率是普通化学分析方法的10倍以上。从武钢、宝钢、省冶金质检站使用和全国的销售情况来看，烧结矿生产中使用系列高磷烧结矿标准样品进行自动化产品质量控制的方法正在全国逐步推广，对节能减排和解决环境压力作出了巨大的贡献，产生了良好的社会效益。

高品质耐火材料制备过程微结构控制技术与工业应用

获奖类别：2012年国家技术发明二等奖

获奖单位：武汉科技大学，北京科技大学，武汉钢铁集团耐火材料有限责任公司，北

京首钢耐材炉料有限公司

“国家中长期科学和技术发展规划纲要”中将制造业（基础原材料）“无机非金属结构材料”列为重点领域及其优先发展主题。耐火材料直接应用于钢铁、有色、水泥、玻璃、陶瓷和化工、机械、电力等各个领域的高温工业生产过程中，是保证其生产运行和技术发展必不可少的功能型材料，是现代高温工业的基础材料。其主要功能为：（1）保证高温流程稳定性与经济性；（2）满足质量与品种的新需求；（3）提高热效率，降低能耗。

耐火材料的微结构与其他陶瓷材料相比更加复杂，它是一种多相多组分的非均质结构，主要是由骨料（大颗粒）、基质与气孔构成，骨料与基质又由不同的物相组成。高温工业的发展使材料承受更苛刻的使用要求，微结构设计与调控日趋复杂。本项目针对制约耐火材料工业可持续发展所面临关键性技术、重大、共性问题，创新性提出耐火材料微结构的分步控制技术、原位控制技术和隔热控制技术，形成了一系列相关发明专利，研发新产品，并实现了大范围工业应用。

主要发明点：

（1）采用分步控制技术，通过对耐火材料原料制备、骨料与基质界面反应及基质内各组分之间反应的全程控制，使材料微结构的可控性得到较大提高。应用此技术开发了方镁石—复合尖晶石材料，发现控制熔制过程刚玉—铁铝尖晶石复合材料中的刚玉含量及其分布，可使其在后续制品烧成中形成更为有利的微结构，该制备技术居国际领先。开发的氮化硅铁复合刚玉—碳化硅—碳材料，利用合成的 Si_3N_4 包围 Si_3Fe 结构，在铁催化作用下新生成活性碳化硅，且其自身具有脆性以及释放氮气，大幅度提高了材料高温抗折强度和抗侵蚀性能，属国内首创。

（2）创新地通过引入一定比例的氧化物微粉和单质硅、金属铝等，控制反应条件，在材料烧成制备或高温服役过程中，在基质中原位形成非氧化物陶瓷增强相及期望的微结构，工艺相对简便地达到了提高传统耐火材料使用性能的目的。应用该技术研发了TiN/Sialon复合耐火材料，发现原位生成的Sialon相可吸收熔渣中CaO形成含钙固溶体，提高了材料抗冲刷性能和抗渗透性，材料性能达到国际先进水平。

（3）采用菱镁矿（$MgCO_3$）、氢氧化铝等为原料，利用其自身分解放出气体成孔，并设计固相组成与结构，通过改变粒度、配比以及烧成条件，控制材料气孔的尺寸与分布以及晶界与晶粒尺寸分布状况。应用该技术开发了低导热微孔莫来石质材料、方镁石—尖晶石多孔材料，降低了隔热材料生产中的能耗，大幅降低了材料导热系数，提高了窑炉热效率，其性能达到日本伊索公司和英国摩根公司同类材料先进水平。

项目获授权国家发明专利25项，湖北省技术发明一等奖1项，湖北省科技进步一等奖1项，制订国家标准1项。通过对应用基础理论和技术的不断突破与创新，新产品完全自主研发并工业化生产，在首钢、鹿泉鼎鑫等30余家大中型钢铁、水泥企业广泛应用。近三年11家耐火材料生产企业新增产值达30.23亿元，新增直接经济效益为6.41亿元，淘汰了落后生产工艺和产能，促进了我国耐火材料行业技术跨越和产业结构优化，为我国高温工业的技术进步和节能减排做出了积极贡献。

低碳钢冶炼用方镁石-碳化硅-碳耐火材料关键技术与工业应用

获奖类别：2012年湖北省科学技术进步一等奖

获奖单位：武汉科技大学，武汉钢铁股份有限公司，湖南华菱涟钢薄板有限公司，巩义市振华炉料有限公司

国家中长期科学和技术发展规划纲要（2006～2020）已将“高效率、低成本洁净钢生产技术”列为优先发展主题。耐火材料是炼钢过程中的炉衬材料，对钢水质量及高效安全生产起着至关重要的作用。项目针对洁净钢冶炼过程中碳复合耐火材料对钢水增碳和使用寿命低等问题，深入研究了耐火材料增碳机制和损毁机理，创新地提出适用于低碳钢冶炼用方镁石-碳化硅-碳耐火材料新体系，开发了材料基质组成与结构优化和有机-无机杂化结合系统等关键制备技术，并实现了方镁石-碳化硅-碳耐火材料工业化生产及应用。研究成果在国内多家耐火材料企业产业化，并在武钢和涟钢等钢铁企业的汽车板钢、高牌号无取向硅钢等低碳钢的冶炼中规模使用，不仅使钢水过程增碳得到控制，而且提高了关键耐火材料的使用寿命，为我国高品质钢的冶炼技术进步做出了贡献。

主要内容及特点：

（1）方镁石-碳化硅-碳耐火材料服役过程中

的阻碳防渗机制。在材料中引入高抗侵蚀性碳化硅组分不但可有效地减弱碳组分向钢水中扩散，而且其高温下的氧化产物与氧化镁生成高熔点镁橄榄石相堵塞气孔，可提高耐火材料的抗渣侵蚀性和渗透性。

（2）基质组成与结构优化技术。在基质中引入碳化硅-碳复相粉体和原位生成碳化硅纤维，显著提高材料的抗氧化性、热震稳定性和抗渣侵蚀性能。

（3）有机-无机杂化结合系统技术。采用溶胶-凝胶技术开发了有机-无机杂化结合剂，实现材料中的结合碳由单纯的玻璃碳转化为含低维碳纳米结构和碳化物的复合碳，使材料的抗氧化性和耐侵蚀得到改善，并降低结合碳对钢水碳含量的影响。

项目在湖北省科技厅、教育厅等资助下，进行了相关基础研究、产品开发和应用推广工作，取得了具有自主知识产权的成果，方镁石-碳化硅-碳耐火材料技术水平处于国际领先地位，申请国家发明专利六项，授权三项。近五年仅5家耐火材料企业应用该技术，累计新增产值2.21亿元，实现税利3397万元；产品在武钢和涟钢等企业使用，累计创造经济效益达7.4亿元。

水泥窑烧成带用无铬耐火材料方镁石-复合尖晶石砖的研制与应用

获奖类别： 2013年河南省工业和信息化科技成果二等奖

获奖单位： 巩义通达中原耐火技术有限公司，武汉科技大学，通达耐火技术股份有限公司

本项目属于材料科学领域，属于《国家重点支持的高新技术领域》中的第四大类新材料技术第二项无机非金属材料下的第5条：节能与环保用新型无机非金属材料制造技术。水泥窑用方镁石-复合尖晶石替代传统材料，可显著降低能源消耗，实现水泥窑生产的无铬化，属于无污染节能材料制造技术。

目前国内大型干法水泥窑烧成带主要采用镁铬砖，该产品存在严重的六价铬盐的污染问题。另外使用寿命低，尤其是烧成带与过渡带交界的轮带区域。该项目在分析水泥窑烧成带的热工特点和对耐火材料的使用要求基础上，采用电熔合成刚玉-铁铝尖晶石复合材料和高纯镁砂为主要原料，成功研制出方镁石-复合尖晶石砖。

技术特点和水平：该产品具有无铬环保、节能、降耗、长寿命和性价比优异的集成性特点。经国家建筑材料工业耐火材料产品质量监督检验测试中心检测，各项性能指标优于同类产品的指标。产品已经批量生产，质量稳定可靠。在湖南金山、邯郸太行、鹿泉金隅等多家企业应用，具有优良的挂窑皮性能，满足使用要求。

创新点：刚玉-铁铝尖晶石复合材料通过采用电熔合成工艺和富铝配料，晶体发育完整，不稳定的FeO完全转化成稳定的铁铝尖晶石和刚玉相。与国内外生产的同类型产品对比，具有更高的常温强度和高温强度，热震稳定性能优异。

鉴定结果：该产品整体技术达到了国际先进水平，其制备技术居国际领先水平。

非氧化物复合耐火材料的设计、制备理论及服役性能模拟

获奖类别： 2014年湖北省自然科学三等奖

获奖单位： 武汉科技大学，郑州大学

非氧化物复合耐火材料对现代冶炼技术的进步起着重要作用，其制备新理论的发展、制备新方法的提出和结构的设计优化是本领域研究的重点和难点，项目围绕这些关键问题开展工作，主要研究内容及取得的科学发现如下：

（1）创造性地提出“模板生长”和“溶解-析出”等熔盐法合成耐火材料纳米粉体反应机理，低温制备了碳化物包覆石墨复合粉体，解决了碳材料抗氧化性及水中润湿性差的难题。同时，建立无机材料复合溶胶组分浓度计算模型，解决了难以从理论上对纳米粉体的制备工艺进行指导的难题，率先采用溶胶凝胶-微波法低温制备了TiC、Ti(C,N)及赛隆(Sialon)等非氧化物纳米粉体。

（2）提出“矾土基非氧化物原位结合制备耐火材料”新概念，突破了非氧化物耐火材料制备成本高、难以大规模应用的技术瓶颈，率先采用原位合成方法制备了矾土基Sialon及一系列以其为结合相的性能优良的新型非氧化物复合耐火材料。以原位生成碳纳米管及晶须等为增强相，在微纳米结构层面设计并制备了低碳、超低碳复合耐火材料，拓展了非氧化物复合耐火材料的制备理论。

（3）在国际上率先将热力学模拟计算引入到非氧化物复合耐火材料服役过程的复杂体系中，结合显微结构分析建立了材料的服役侵蚀模型，

提出“耐火材料直接及间接侵蚀”理论，解决了缺乏系统性理论指导耐火材料侵蚀动力学的难题。提高了非氧化物复合耐火材料的高温抗侵蚀及抗氧化性能。

20篇核心论文发表在 Int. Mater. Rev. 及 J. Eur. Ceram. Soc. 等本领域国际顶级期刊上，论文被SCI期刊论文他引243次，8篇代表性论文被SCI期刊论文他引125次。授权国家发明专利6件，应邀6次在国内外学术会议上作大会报告。研究成果提升了非氧化物耐火材料制备理论及技术水平，增强了我国耐火材料制品在国际上的竞争力，为我国纯净钢和超纯净钢冶炼做出了积极贡献。

金属复合低碳刚玉滑板系列产品集成创新

获奖类别： 2012年河南省科学技术进步二等奖
获奖单位： 河南省伯马股份有限公司

该成果于2011年6月17日通过河南省科学技术厅科学技术成果鉴定，在国际上率先采用“金属复合、原位生成非氧化物结合”的自主创新工艺，在刚玉基材料中引入高含量Al、Si，高温使用过程中铝、硅与C、CO和N_2反应原位生成纤维状或针状碳化物、氮化物增强增韧相，从而显著提高材料高温使用性能。揭示了Al、Si在加热过程中的变化及对材料组成、结构和性能影响的基本原理，对原位非氧化物复合耐火材料的研究及新材质的开发具有指导作用。在国际上率先在金属复合滑板中引入自主创新合成的β-Sialon和ZrB_2-SiC复合粉体，碳含量从7%～14%降至2%～4%，滑板的高温强度、抗热震和抗氧化性等关键性能明显提高。攻克了材料在降低碳含量条件下，既保持优良抗热震和抗侵蚀性，又提高高温强度和抗氧化性的国际技术难题。研制的产品对超低碳钢的生产有重要意义。所用β-Sialon和ZrB_2-SiC采用天然矾土和锆英石合成，对天然原料提升附加值有重要示范和指导作用。该成果将烧成温度从1500℃分别降至1100℃、750℃和200℃（不烧不浸油），开发了中温、低温烧成和不烧系列新产品，并采用自还原烧成、微波干燥等节能技术和装备，形成了绿色清洁示范生产集成技术。

回转窑和隧道窑余热利用及综合节能改造项目

获奖类别： 2013年“晶牛微晶杯”全国建材行业技术革新奖三等奖
获奖单位： 河南省伯马股份有限公司

该项目针对原有的生产装备大部分没有实现自动控制，部分设备存在老化、工序设置不合理，设备分散，配料精度偏差大，能耗高的缺点，严重制约了产品质量和合格率的提高，并严重影响滑动水口这一高新技术产品的产业化生产和发展的实际状况，通过采取改造回转窑，更换系统电机、改变烧成方式和干燥方式等技术改造措施，完成了回转窑和隧道窑余热利用及综合节能技术改造。获得发明专利3项，实用新型专利2项。该项目通过实施回转窑和隧道窑综合利用和节能改造，缩短了特种耐火材料生产周期，降低了烧成温度，实现了产品低能高效的生产，节能效果显著，单位产品能耗下降42.28%，年节约标煤1.792万吨，煤炭消耗大幅降低，相当于每年可减排粉尘44800吨、SO_2减排322.17吨、CO_2减排48813.55吨。2010～2012年累计新增利润1376万元，节支总额1500万元，取得较好的经济效益和社会效益。

新型钢包滑动水口控流系统

获奖类别： 2014年“科达杯”全国建材行业技术革新奖二等奖
获奖单位： 河南省伯马股份有限公司

新型钢包滑动水口控流系统主要是为了满足钢铁连铸新技术需要，而整体开发的包括钢包滑动机构、钢包滑动水口和配套使用的滑板防氧化涂料三部分成果。随着快速、高效连铸和二次精炼技术及工艺的发展，滑动水口系统在现代钢铁冶炼过程中变得越来越重要，成为冶炼中不可缺少的部分。目前国内外钢铁企业已普遍在钢包、中间包上推广了滑动水口系统，滑动水口使用次数在1～2次，钢包机构在1500～2500炉，因此提高滑动机构控流系统的使用寿命还有很大的升值空间。新型钢包滑动水口控流系统把技术革新的重点放在了对钢包滑动机构、钢包滑动水口和配套使用的滑板防氧化涂料上进行整体技术创新，从而系统解决滑动水口与滑动机构的配合，及提高滑板的抗侵蚀性，并大幅提高滑板的使用寿命，并可为不同的现场条件提供不同的、最优的滑动机构、滑动水口组合。在滑动水口材质方面主要采用“金属复合、原位生成非氧化物结合”的自主创新工艺，使滑板的碳含量从7%～14%降至2%～4%，可减少碳对钢水的污染；在滑动机构方面主要采用了镍基合金双螺旋弹簧，并通过液压枪使弹簧组合产生压力压紧压紧框和运动框；在防氧化涂料方面的技术创新点，主要表现在防氧化涂料选用活性炭、含硼物质、含碳物质组成抗氧化功能添加剂，从而有效提高滑板的抗氧化性能和机械磨损性能。通过对钢包滑动机构、钢包滑动水口和配套使用的滑板防氧化涂料三部分成果进行系统创新，可提高滑板寿命2～3次。

添加硅铁的铝（锆）碳 Al_2O_3(ZrO_2)-Fe·Si-C 滑板的研制

获奖类别：2012年河南省科学技术进步三等奖
获奖单位：河南熔金高温材料股份有限公司

从2005年开始到2015年，我国钢铁工业发展的重点为高效连铸及生产高性能、高附加值的洁净钢，因而迫切希望国内尽快研究出用于连铸高洁净钢、高品质钢和超低碳钢种用的优质滑板。为了减少滑板对钢水的增碳污染，必须减少滑板中的碳，同时要求在减少滑板中碳含量的同时仍保持其较好的抗热震性和较高的高温强度。

本项目拟加入Fe·Si来减少或最终代替滑板中的碳，并改善滑板的性能。在初期实验的配料过程中，碳在原料中的含量仍旧不变。主要研究添加Fe·Si对滑板性能的影响。在此基础上，通过使用性能的改善，最终实现滑板的无碳化。

本项目对添加Fe·Si的 Al_2O_3(ZrO_2)-C滑板工艺条件的研究包括：Fe·Si的加入量和烧成工艺；此类材料的常温物理性能、高温强度、抗氧化性、显微结构等；材料的组成、工艺条件、显微结构和性能的关系；依照 Al_2O_3(ZrO_2)-Fe·Si-C滑板的工艺特征进行工业试制，并在钢厂钢包上进行现场使用；进一步优化和完善此种滑板的工艺方案，见表1。

表1　项目研制产品的主要技术指标

项　目	计划指标	完成指标
体积密度/g·cm^{-3}	≥3.20	3.30～3.32
显气孔率/%	≤6.0	1.0～1.3
常温耐压强度/MPa	≥120	217～235
高温抗折强度/MPa（1400℃×0.5h）	≥18	23～25
使用寿命/次	≥3	3～4

添加氮化硅的 Al_2O_3-ZrO_2-Si_3N_4-C 滑板的研制

获奖类别：2012年河南省工业和信息化科技成果三等奖
获奖单位：河南熔金高温材料股份有限公司

目前国内使用的滑板材质仍以铝碳质和铝碳锆质为主；在日本和欧美等国家还有镁质、氧化锆质等。

铝碳质滑板以烧结氧化铝和合成莫来石为主要原料，在基质部分添加碳组分和防氧化剂；加入酚醛树脂混练成型；在还原气氛下烧成，形成碳结合的耐火材料。这种滑板组织致密，气孔微细，耐侵蚀性良好，但其缺点是：由于组织致密，耐热冲击性则有所下降；由于碳易被氧化，导致结构疏松，耐侵蚀性降低。此种滑板不能多次连续使用。

铝碳锆滑板采用了低膨胀率的 Al_2O_3-SiO_2-ZrO_2 系原料，制成以斜锆石、莫来石、刚玉等为主晶相，以碳结合为特征的耐火材料。锆莫来石中的 ZrO_2 具有优良的抗侵蚀性，在约1000℃时发生晶型转变，伴有体积收缩的特点，晶粒内产生显微裂纹，大大改善了材料的耐热冲击性能。此种滑板可以实现多炉连滑。

镁质滑板（包括纯MgO质和MgO-尖晶石质），由于MgO的热膨胀系数大，强度低，抗热震性差，只能用于中小钢包或只用一次，难于多炉连铸。ZrO_2 质滑板（多采用镶嵌式和用于中间包滑板）价格昂贵，适用于钙处理钢，不适应高氧钢。

本项目与未加入 Si_3N_4 的铝锆碳滑板属同类材质。两者对比，前者的常温物理指标、高温抗折强度、抗氧化性能等均有明显改善，使用效果好于后者的优质品；当采用氮化烧成工艺时其生产成本和售价的比较优势明显。

金属铝-氧化铝复合无碳滑板的研制

获奖类别：2013年河南省工业和信息化科技成果二等奖
2013年度“康晖杯”河南省建材行业技术革新一等奖
2013年度“晶牛微晶杯”全国建材行业技术革新二等奖

2014 年河南省科学技术进步奖二等奖

获奖单位： 河南熔金高温材料股份有限公司

滑动水口系炼钢连铸钢包必备的功能耐火材料，滑板是滑动水口的关键部件，直接起开闭和控制钢流的作用。在使用过程中，由于需要长时期承受高温钢液的化学侵蚀和物理冲刷，激烈且瞬变的热冲击和机械磨损作用，使用条件极为苛刻。同时，为实现自由开闭钢流，滑动面平整度及板型尺寸均需严格要求。因此滑板必须具有高强度、耐磨损、耐渣蚀和热震性好等特性。目前，铝锆碳系列滑板仍为钢铁企业使用滑板的首选和主流。

从 2005 年到 2015 年，我国钢铁工业发展的重点为高效连铸及生产高性能、高附加值的洁净钢，因而迫切希望国内尽快研制出用于连铸高洁净钢、高品质和超低碳钢种用的优质滑板。为了减少滑板对钢水的增碳污染，必须减少滑板中的碳，同时要求在减少滑板中碳含量的同时仍保持其较好的抗热震性和较高的高温强度。本项目无碳滑板就属这种新产品，其技术原理在于无机材料中塑性金属相的存在会给材料带来以下优良性能：

（1）压制砖坯时，使刚性成型转变为塑性成型，在相同的压力下，可制得具有更高密度的砖坯。（2）由于金属熔点低于烧成温度，金属将起到助烧剂的作用，可使烧成制品的气孔率下降，体积密度上升。（3）提高烧成砖的韧性，提高砖承受热应力冲击的能力，使砖具有更高的抗热震性。解决了长期以来一直存在于耐火材料中的一对矛盾：为提高抗热震性必须保留相当高的气孔率，导致材料的强度和抗侵蚀能力下降，以牺牲强度和抗侵蚀性能换取抗热震性的矛盾。金属塑性相的存在使此矛盾自然解决。（4）由于金属始终存在于材料中，一旦材料的表面被侵蚀掉或出现新断口后，这个防腐层能自动生成，材料具有“自修复”的能力。

Al-Cr_2O_3-Al_2O_3 复合无碳滑板的研制

获奖类别： 2014 年度“真空杯”河南省建材行业技术革新一等奖

获奖单位： 河南熔金高温材料股份有限公司

随着我国对低碳钢、超低碳钢需求的快速发展，目前市场上炼钢连铸用的铝碳和铝锆碳质滑板已不能满足需求，因此无碳滑板的研制迫在眉睫。为提高滑板的抗侵蚀性，考虑添加与碳相似的氧化铬，同时为满足节能减排的目标，使用铝铬反应冶炼金属铬过程中产生的含 Al、Cr_2O_3 废渣和石化行业气化炉、反应炉的废铬刚玉砖，以替代价格比较贵的氧化铬，这既解决了环境污染问题又实现了变废为宝、资源再利用的目标。

该项目对添加铝粉与工业氧化铬细粉的 Al-Cr_2O_3-Al_2O_3 复合无碳滑板工艺条件的研究包括：铝粉、工业氧化铬细粉的加入量和烧成工艺；此类材料的常温物理性能、高温强度、抗氧化性、显微结构等；材料的组成、工艺条件、显微结构和性能的关系；进行工业试制，并在钢厂钢包上进行现场使用；进一步优化和完善此种滑板的工艺方案见表 2。

表 2　项目研制产品的主要技术指标

项　目	计划指标	完成指标
体积密度/$g \cdot cm^{-3}$	≥3.10	3.19 ~ 3.36
显气孔率/%	≤11	7.9 ~ 10.3
常温耐压强度/MPa	≥130	161 ~ 350
高温抗折强度/MPa（1400℃ ×0.5h 埋碳）	≥30	47.2 ~ 54.3

本项目滑板在柳州、邯郸三炼钢、三安等厂家使用，能够满足 3 连滑需求。用户采购成本有明显下降。

烧成后的滑板不再浸渍与干馏，缩短了生产周期，降低了生产成本，消除了沥青浸渍和干馏过程中产生的污染。

高炉自焙炭砖陶瓷砌体复合炉缸技术研究及其工业化应用

获奖类别： 2010 年冶金科学技术二等奖

获奖单位： 东北大学，鞍钢股份有限公司，北京科技大学

本项目是新型炉缸结构在炼铁高炉上的应用。

主要内容：（1）本项目首次对自焙炭砖陶瓷砌体的冶金性能进行了深入系统的基础研究，包括详细分析了自焙炭砖的石墨化过程及机理，全面测定了自焙炭砖的显气孔率、体积密度、比热、热扩散率、导热系数、热膨胀等性能，考察了自焙炭砖与铁液和含 FeO 渣的作用、刚玉莫来石砖与含 Al_2O_3 渣的作用及侵蚀机理。（2）在实验研

究基础上，借鉴陶瓷杯炉缸和综合炉底结构的优点，把综合炉底的结构形式扩展到炉缸侧壁，开发了国内外首创的自焙炭砖陶瓷砌体复合炉缸技术，并进行了工业化现场应用，对自焙炭砖陶瓷砌体复合炉缸的结构特点、烘炉过程、自焙过程、保温性能、温度场，及其对高炉基本操作制度、长寿、节能降耗的影响等方面进行了系统研究，并对比分析了本项目的技术先进性和经济优势。

特点：自焙炭砖陶瓷砌体复合炉缸技术是以新一代自焙炭砖代替传统的焙烧炭砖，并在自焙炭砖炉衬内用刚玉莫来石和黄刚玉砖环砌一定厚度的陶瓷杯砌体，将自焙炭砖和刚玉质耐火材料紧密砌筑，在高炉生产过程中炉衬单面受热的条件下使之结合为有机整体，利用两种耐火材料的互为保护及相辅相成作用，使高炉炉缸、炉底的内衬形成一个内侧保温、外侧导热、近于无缝的整体，解决了我国强化冶炼的大中型高炉采用传统焙烧大块炭砖砌筑炉底炉缸时出现的环形断裂、异常侵蚀等炉缸短寿的技术难题，实现了高炉长寿。

工业化应用证明，自焙炭砖陶瓷砌体复合炉缸兼具法国陶瓷杯炉缸和美国炭砖炉缸的双重优点，并具有其独创性，是我国大中型高炉实现长寿的一项新技术，达到了国外进口长寿炉缸的技术水平，且具有更显著的综合经济效益和社会效益。

应用推广情况：至今已有 3 座 2580m^3、14 座 1000m^3 级以上和 50 余座 380 ~ 900m^3 的高炉采用了自焙炭砖陶瓷砌体复合炉缸结构，应用的企业涉及鞍钢、杭钢、安钢、昆钢、天铁、南钢、太钢、酒钢、莱钢、鄂钢、重钢、宣钢等公司，并出口到印度和津巴布韦等国，取得了高炉长寿、炉缸活跃均匀、高炉稳定顺行及强化冶炼的良好效果。如在鞍钢 7 号和 10 号两座 2580m^3 大型高炉的使用寿命分别达 11 年和 13 年。工业应用表明，鞍钢应用自焙炭砖陶瓷砌体复合炉缸技术后，铁水温度提高 10 ~ 18℃，入炉焦比降低 6 ~ 8kg/tHM，生铁一级品率提高 16.5%，实现了高炉增产、节能降耗、增收节支的良好业绩。

红外辐射多孔陶瓷材料的研制与应用

获奖类别： 2010 年冶金科学技术三等奖

获奖单位： 武汉钢铁（集团）公司

本项目从 2004 年开始，历时 5 年，针对红外辐射多孔陶瓷材料所要求的体积密度小、强度高，导热系数低，红外辐射性能高等技术难题，深入开展了轻质骨料的选择、黏结剂的研制、微气孔结构与孔径分布的控制、提高材料发射率及制备与成型工艺优化等方面的研究工作。利用金属与酸、碱在常温常压下即可反应并产生气泡的特性，以铝粉为发泡剂、自配的水基硅、铬、铝溶胶为碱金属硅酸盐，封闭微孔漂珠为造孔剂，采用特定发泡和添加造孔剂相结合的工艺，烧结后形成了高性能、分布均匀的微孔制品；加入微量针状纤维，释放了坯体烧结过程中的应力，抑制了微裂纹扩展，显著地提高了制品的强度；加入复合助烧剂，改善了流动和烧结等力学性能，降低了烧结温度；采用“掺杂”途径，全红外波段获得高的发射率。利用铝原子与硅原子的空间链状结构研制的水基硅、铬、铝溶胶起到了四个作用：（1）与铝金属粒子反应发泡；（2）作为高温黏结剂；（3）作为泡沫稳定剂；（4）增加泡沫，并加速泡沫固化。引入高低温黏结剂，扩大了制品的烧结范围，使红外多孔陶瓷与炉衬基体在高温下形成牢固结合、经久耐用。取得了两项已授权的发明专利，3 项企业技术诀窍、4 篇论文。

本项目融合了多孔陶瓷与红外辐射材料这两种材料的优良性能，解决了 950 ~ 1200℃ 下随炉烧结等技术难题，开发了一种简便、成本低，能在较低温度烧结的新型轻质热工材料及制备工艺，弥补了红外涂料、陶瓷纤维、多孔陶瓷等热工材料的不足，不仅具有低的导热系数、较高的机械强度，热稳定与化学稳定性好，且红外辐射性能高，节能率 ≥ 30%，优于现有的热工节能材料。经权威机构检测，其 6 项性能指标达到或超过国际先进水平，主要材料性能为：体积密度分别为 0.94g/cm^3 和 0.95g/cm^3，抗压强度达 4.9MPa 和 5.2MPa，300℃ 时导热系数为 0.138W/(m · K) 和 0.117W/(m · K)；全红外波段的法向全发射率 ≥0.90 和 0.92；抗热震：能从 1200℃ 快速冷却至室温循环 10 次不开裂；有效使用寿命超过 3 年。

本项目近 3 年不仅成功应用于世界少有的大型现代化退火设备-环行炉机组，而且在武钢硅钢总厂的罩式炉、拉神线等其他大型炉窑，以及国内多家生产炉窑的单位都进行了推广应用，有效地改善了炉衬基体性能，延长了炉衬寿命，降低了能源消耗，提高了炉子的热效率，利于产量和质量的提高，取得了显著的经济和社会效益，具有很高推广应用价值。

高炉长寿用关键耐火材料技术和产品的研究开发及应用

获奖类别：2011年冶金科学技术二等奖

获奖单位：武汉钢铁（集团）公司，方大炭素新材料科技股份有限公司，河南省五耐集团实业有限公司，巩义市振中耐火材料有限公司

本项研究内容：（1）高炉耐火材料破损原因及提高高炉寿命研究。高炉大修时采用取样检验、测量、照相等方法研究砖衬破损情况，分析破损原因并提出延长高炉寿命的措施。（2）长寿高炉用关键耐火材料的研制及应用。以改善耐材性能和取代进口耐材为目标，研制开发了7种达到国际先进水平的高炉用耐材：半石墨炭砖、微孔炭砖、超微孔炭砖、高导热微孔模压炭砖、石墨砖、烧成微孔铝炭砖和微孔刚玉砖。

项目特点：（1）进行了20多座次高炉破损调查，并创造性地将高炉破损机理与耐材开发相结合，开发出满足高炉炉缸炉底部位长寿要求的耐材。这些工作经专业评审认为在炼铁和耐火材料领域是最系统、最深入的，技术水平居国际先进水平。总结武钢高炉长寿研究成果的《武钢高炉长寿技术》一书2009年出版，在业界产生了重要影响。制定了7项耐火材料特殊性能试验设备和方法国家标准或行业标准、6项长寿高炉用耐火材料产品标准，获得5项发明专利授权。（2）在研究炭砖中微气孔的形成机理、条件和技术措施的基础上，研制开发的长寿高炉用微孔炭砖、微孔刚玉砖等7种耐材，性能达到或超过同类用途耐材的国际先进水平，取代进口产品，节省大量高炉建设投资。（3）该成果应用后，武钢高炉在利用系数居国内大型高炉前列的情况下，炉缸炉底一直处于安全状态，国内领先，武钢的高炉长寿技术和经验对高炉炼铁生产有指导意义。

推广应用情况：高炉耐火材料使用性能方法及标准，在开发新型耐火材料和高炉设计中起了重要作用。武钢研究院接受了国内373座高炉，2875件耐火材料的检测任务。研制的耐火材料在武钢高炉和国内高炉推广应用至今未发现炉缸烧穿的事故的情况。武钢高炉应用实践证明，微孔炭砖和半石墨炭砖可满足15年长寿高炉的需要，超微孔炭砖可满足设计20年长寿高炉的需要。已为96座高炉提供56497.18t炭砖产品，巩义五耐为196座高炉提供微孔刚玉砖、高导热微孔模压炭砖、微孔铝炭砖36122t，巩义振中提供烧成微孔铝炭砖25606t。

钢包喷补、续衬技术开发应用

获奖类别：2012年冶金科学技术三等奖

获奖单位：莱芜钢铁集团有限公司，济南新峨嵋实业有限公司

钢包喷补续衬焊接技术是钢包内衬耐火材料循环再利用技术。目前国际上仅有德国Intocast公司等少数几家顶尖企业掌握该项技术，因投资费用高，较难推广应用。本项目以莱钢钢包整体浇注成套工艺设备为依托，自主研发，创造出一项具有自主知识产权的钢包浇注工作衬用后不剥离、直接喷补续衬、无限循环利用的新技术。

本项目攻克了以下关键技术：（1）钢包浇注工作衬喷补续衬焊接技术，包括研制开发喷补续衬焊接材料与工艺技术。（2）钢包浇注工作衬无限续衬技术，包括钢包工作衬套浇液压振动胎模胎模设计，钢包工作衬无限续衬工艺。（3）满足钢包工作衬长寿化要求的配套技术，包括长寿化的钢包包沿结构设计，钢包离线烘烤新工艺开发。

本项目开发的钢包喷补续衬焊接技术，主要技术指标达到国际领先水平。钢包浇注工作衬直接循环利用8～9个循环，喷补续衬寿命达到1500炉次以上。同比传统的剥皮套浇工艺降低包衬耐材消耗25%以上，减少废物排放50%以上。

本项目开发的喷补续衬焊接技术，取得国内外重大技术突破。国际上首次研发了钢包浇注工作衬用后不剥离、直接喷补续衬的焊接技术，首创了钢包工作衬无限续衬修砌工艺，独创了钢包包沿结构和离线钢包烘烤新工艺。项目中的关键技术申请国家发明专利5件，其中授权发明专利3件，拥有企业技术秘密3项。

本项目开发的钢包喷补续衬焊接技术，在莱钢130tLF、RH精炼钢包上推广应用，应用两年来创利润7119万元。其关键技术已在上海宝明耐火材料有限公司、苏嘉集团新材料有限公司、济钢、日钢等企业推广应用。2010年10月9日在山东金属学会炼钢技术交流会上进行了报告交流和现场参观，行业引领作用明显。

本项目创造了一项钢包浇注工作衬无限循环再利用的新技术，引领了国内外钢包长寿技术和残衬耐火材料直接循环再利用技术的发展，推动了炼钢清洁生产技术的进步，符合当前国家节能减排、循环经济的产业政策，具有广阔的推广应用前景，经济和社会效益显著。项目技术达到国际领先水平。

冶金球团用回转窑炉衬材料综合技术开发与应用

获奖类别：2013 年冶金科学技术三等奖

获奖单位：武汉钢铁（集团）公司，郑州市特种炉料有限公司，武汉新东方冶金材料有限公司

球团用回转窑长寿顺行是保障炼铁生产的基础。武钢鄂州年产 500 万吨的特大型球团回转窑采用美国 MESTO 的技术，2006 年投产后故障频繁，设备作业率仅为 57.1%。国内外虽有球团回转窑的报道，但炉衬材料未作系统研究。本项目从破损分析、材质、结构、热态在线修复等因素入手，对球团用回转窑炉衬的材质、砌筑与维护进行了综合技术开发，取得多项突破。球团回转窑采用带锚固件的预制砖沿窑筒长度方向焊接固定，砖间以浇注料施工填充，以避免局部剥落。引进 MESTO 技术建成的回转窑炉衬强度低、容易剥落断裂，局部破坏导致炉壳发红，形成热点，频繁检修，影响生产，成本增加。武钢考察过美国、巴西的类似装置，但国外都没有提供炉衬材料的技术细节。为满足高炉保产需要，本项目从 2006 年起，开始自主研发回转窑炉衬相关的成套技术。

本项目开发了炉衬监控与破损分析技术，发现破坏原因主要与炉衬材质、结构、砌筑、烘烤工艺相关；开发了回转窑用浇注料及预制砖生产与使用技术，预制砖的高温抗折强度提高到 7.66MPa；变形 0.6% 的荷重软化温度提高到 1563℃，炉衬具有抗结圈性能；开发了溶胶修补材料及使用技术，对新旧炉衬结合部位进行处理修复；开发了锚固件结构与耐高温合金钢材质的应用技术，锚固效果显著改善；开发了复合使用溶胶结合、碳结合、金属熔融结合的热态在线修补料，在炉衬存在粉尘、球团磨损的环境下，对凹坑、裂纹实行热态在线修补，修复时间在 30min 内，效果明显；开发了热态在线结圈修补料及使用技术，在线修补后形成人造结圈层作为工作衬，成本大幅度降低；配套研制出相应的喷补设备与相应的修补技术。到 2012 年设备作业率提高到 97.45%，超过 90.4% 的设计指标，寿命由 3～5 个月提高到 25 个月无大修。本项目共形成专利 13 项，授权 9 项。

本项目开发的技术，已在武钢、邯钢、首钢等公司的数十座球团回转窑上应用，炉窑技术指标达到国外同类产线水平，2009～2012 年仅武钢使用该技术节支创效累计 31016.3 万元。

热风炉陶瓷燃烧器用高荷软、高抗热震砖的研制与应用

获奖类别：2013 年冶金科学技术三等奖

获奖单位：郑州安耐克实业有限公司，郑州大学

本产品主要用于高炉热风炉陶瓷燃烧器组合砖的制造。热风炉陶瓷燃烧器使用条件恶劣，在使用年限上不能与热风炉其他部位同步。为了解决目前国内陶瓷燃烧器用砖的长寿化，我们决定进行《热风炉陶瓷燃烧器用高荷软、高抗热震砖的研制与应用》项目研究。红柱石由于其结构和性能的特殊性，如含有微孔，高 SiO_2 玻璃，针状莫来石和低膨胀性，我们选择红柱石为主要原料。为了原料国产化和降低产品成本，我们选用中、低品位红柱石，但是其生产的红柱石砖出现大量褐色斑点和熔洞，影响了合格率。鉴于此，我们研制出了外观好，高荷软、高抗热震陶瓷燃烧器用砖，并系统研究了莫来石加入量、堇青石加入量和加入形式对砖性能和显微结构的影响。

本项目创新点如下：(1) 采用中、低品位的红柱石（Al_2O_3：53%，55%，57%）为主要原料。其国产资源丰富，供应充足，价格较低。高品位的红柱石（Al_2O_3：58%，60%）资源储量少，供应不足，需进口，价格高。(2) 采用 M70 天然合成莫来石部分代替红柱石大颗粒（3～1mm），改善砖的外观缺陷（黑斑，熔洞，裂纹等），提高砖的合格率。(3) 加入部分中颗粒堇青石，既提高砖的高抗热震性（1100℃水冷，热震次数不小于 100 次；1300℃水冷，热震次数不小于 30 次），也保证砖的高荷软。(4) 砖 1100℃水冷热震不小于 100 次与 1300℃水冷热震不小于 20 次相当。

我公司生产的高荷软、高抗热震莫来石-红柱石-堇青石砖已在首钢京唐，宝钢集团梅山钢铁、

八一钢铁、唐山钢铁等47家钢铁公司使用，经用户反映，使用效果良好，完全能够满足客户的使用要求，得到用户的广泛好评。

安全长寿高炉炉缸炉底内衬及结构新技术

获奖类别： 2014年冶金科学技术三等奖

获奖单位： 巩义市五耐科技开发有限公司，北京科技大学，河南科技大学

本项目主要内容、特点：（1）本项目开发了微孔碳复合砖，集炭砖和传统陶瓷杯材料的优点于一身，既具有炭砖的高导热性和良好的抗碱金属侵蚀性能，又有传统陶瓷杯的诸如高耐压强度、耐磨性、优良的抗铁水溶蚀性等优良性能，同时具备较好的抗氧化性和低膨胀率，达到甚至超过了国外同类耐火材料的性能指标。（2）本项目提出的安全长寿高炉炉缸炉底结构设计方案采用单一的碳复合砖作为内衬结构材料，有利于结构稳定，炉底满铺碳复合砖有利于防漂浮效果。（3）采用本项目提出的安全长寿高炉炉缸炉底内衬及结构新技术的高炉，生产实践表明，在高炉保持强化冶炼，利用系数位居国内同类高炉前列的情况下，生产5～6年以来炉缸、炉底一直处于安全状态，炉缸温度点数据稳定，显示出较为理想的使用效果，可以实现永久型炉缸炉底结构的构想。（4）本项目提出的安全长寿高炉炉缸炉底内衬及结构新技术从内衬材料方面可以解决传统砖衬材料存在的问题，更加适合复杂多变的炉缸炉底使用条件，设计结构上更为合理，可将1150℃等温线和800℃等温线完全控制在碳复合砖内，避免了脆化层的形成，可以在相同条件下大大提高炉缸炉底的安全性，可能减小或消除“象脚状”侵蚀现象，从而显著延长高炉炉缸炉底寿命，具有良好的推广应用前景。

应用推广情况：“安全长寿高炉炉缸炉底内衬及结构新技术”将科技成果转化，实现了工业化。该技术成功应用于国内外近20座高炉。其中在山西建邦集团有限公司、襄汾县新金山特钢有限公司、河北纵横钢铁集团有限公司创造的经济效益分别为2789.7万元、4901.1万元、2944.9万元，效果良好，经济效益和社会效益显著。

天钢高炉侵蚀模型与在线监测预警系统

获奖类别： 2014年冶金科学技术三等奖

获奖单位： 天津钢铁集团有限公司，北京科技大学

本项目主要内容及特点：现代高炉炼铁正朝着炉容大型化、生产高效化的方向不断发展，高炉长寿和安全生产的重要性日益显现。高炉炉缸作为一个高温高压反应容器，承受着剧烈高温化学反应、熔融渣铁的冲刷和侵蚀等破坏作用，并且不能在生产过程中维修换衬，所以炉缸炉底寿命已成为高炉一代炉役寿命的限制性环节。本项目以天钢集团3200立方米高炉为研究对象，采用有限差分法开发了炉缸炉底温度场仿真软件、炉缸炉底炉衬侵蚀监测系统及炉缸炉底热流强度在线监测系统。利用该系统可以有效地了解当前炉缸炉底砖衬剩余厚度，并判断炉墙内是否有气隙生成，对危险位置进行预警，并结合专家知识库给出相应的操作指导建议，极大地提高了高炉炉缸炉底操作的安全性和长寿性。

本系统在国内率先采用全数字信息采集元件精确采集高炉相关冷却参数，可有效降低采集信息转化时数据漂移和失真影响，并独创性地采用了先进的两级总线技术减少现场布线，便于维护；同时本系统首次采用冷却壁热流强度实时监测结合热电偶温度这一方法突破性地解决了炉墙气隙判断这一难题，在此基础上改进了传统的炉缸炉底温度场稳态计算模型，首次开发了包含铁水凝固潜热的非稳态传热计算软件，计算结果更加真实可靠；本系统独创性采用神经网络这一先进的方法推导炉缸炉底侵蚀形貌，推导过程快速准确，并可根据计算结果对炉缸炉底工作状况进行评估，并给出相关操作维护建议。

本系统在天钢3200m^3高炉应用结果表明，该高炉炉缸炉底耐材目前均已经发生不同程度的侵蚀，并在其中两个方向发生较严重的侵蚀，系统计算结果与现场操作实际相符并可有效地指导生产操作。

我国目前钢铁年产能在7亿吨以上，服役高炉约1500多座，仅2000m^3以上高炉就有109座。近年来炉缸炉底烧穿事故频发，造成了极大的财产和工人生命损失。本系统可有效避免高炉烧穿事故，保证安全生产。目前本系统已经在国内多座1000m^3以上高炉上成功应用，取得良好的应用效果，在全国范围内有很大的推广应用价值。

第六篇

大事记

2010 年中国耐火材料工业大事记

1 月 2 日　为保护和合理利用可用竭的矿产资源，国务院办公厅发布《国务院办公厅关于采取综合措施对耐火黏土萤石的开采和生产进行控制的通知》（国办发【2010】1 号），提出对高铝黏土和萤石实行开采总量控制。

1 月 8 日　通达耐火技术股份有限公司举行国家认定的企业技术中心揭牌仪式。

1 月 10 日　常务副会长徐殿利、副会长冯运生与工信部原材料司陈燕海司长，贾银松巡视员、高云虎副司长等讨论商议贯彻落实（国办发【2010】1 号）文件的工作意见。

1 月 16 日　中国耐材协会 2010 年会长工作会议在北京通达耐火技术股份有限公司召开，确定了行业及协会 2010 年工作的总体思路。

1 月 19 日　中国耐材协会 2010 年秘书处扩大会议在北京协会会议室召开，根据会长工作会确定的总体工作思路，制定了具体工作计划。

3 月 19 日　工业和信息化部等 7 部委办发布《耐火黏土行业准入标准》。从生产布局、生产规模、工艺装备、资源综合利用和能源消耗、环境保护和土地复垦，主要产品质量，安全卫生和社会责任等方面，对高铝黏土开采和生产企业制定了明确的准入条件。

3 月 22 日　中国耐材协会 2010 年工作会议在山东淄博召开。田学光会长作了题为《保增长、调结构、促转变、谋发展，着力提高我国耐火材料工业的发展质量和综合实力》的工作报告，徐殿利常务副会长向大会通报了耐火材料行业 2009 年生产运行情况，并对主要下游行业的生产经营及市场动态进行了预测分析。协会理事单位及会员企业的代表共计 138 人参加了会议。

4 月 20 ~ 26 日　协会常务副会长徐殿利率领部分原料生产企业负责人赴日本参加了中日耐火原料交流活动，进行了商务考察。徐殿利还应邀参加了日本耐火技术物技术协会主办的学术交流会议。

4 月 28 日　国土资源部发布《国土资源部关于下达 2010 年高铝黏土矿萤石矿开采总量控制指标的通知》。

5 月 11 日　首次与中国钢铁工业协会联合主办的“第八届中国国际耐火材料及工业陶瓷展览会”在北京新国际展览馆开幕。

7 月 27 日　美国商务部发布公告，对原产于中国的镁碳砖作出反补贴终裁。

8 月 12 日　中国耐材协会五届八次常务理事会议在福州市福建海源自动化机械股份有限公司召开。会议审议通过了“杰出耐火人”评选结果。

9 月 26 日　中国耐材协会成立 20 周年庆典暨协会五届五次理事（扩大）会议在沈阳召开。中国钢铁工业协会名誉会长吴溪淳，工信部原材料司巡视员贾银松，中国工业经济联合会周进，水泥、玻璃等主要下游行业协会的负责人，中国耐材协会名誉会长陶若璋出席。会议举行了“杰出耐火人”授牌仪式，编发了中国耐火材料行业协会成立二十周年纪念册，协会五届五次理事（扩大）会议增补刘伟、薄钧为协会副会长。

9 月 27 日　第八届中国辽宁国际镁质材料博览会在沈阳辽宁工业展览馆开幕。

10 月 12 ~ 14 日　中国钢铁工业协会名誉会长、原冶金工业部副部长吴溪淳在中国耐材协会常务副会长徐殿利陪同下，考察了中钢耐火公司、中钢洛耐院及濮阳濮耐高温材料股份有限公司。

11 月 18 日　中国耐材协会行业生产统计工作年度会议在浙江长兴县召开，来自各省市地方协会和耐火材料统计重点企业的代表近 80 人参加了会议。

12 月 13 日　科技部正式批准中钢洛阳耐火材料研究院有限公司组建“先进耐火材料国家重点实验室”。

12 月 28 日　徐殿利常务副会长在协会会议室接待了来华访问的英格瓷公司亚太地区总经理。

2011年中国耐火材料工业大事记

1月7日　中国耐材协会2011年会长工作会议在海南三亚召开，会议确定了行业及协会2011年工作的总体思路。

1月14日　中国耐材协会2011年秘书处扩大会议在北京协会会议室召开，会议根据会长工作会确定的总体工作思路，制定了2011年协会工作计划。

1月20日　由中国耐材协会负责组织，委托中钢集团洛阳耐火材料研究院有限公司编制的《中国耐火材料行业“十二五”发展规划》，分别呈送国资委、工业和信息化部、科技部等政府主管部门及中国钢铁工业协会。

2月11日　商务部信用办公室，国务院国资委行业协会联系办公室联合下发《关于公布第六批行业信用评价参与单位名单的通知》（商信用函【2011】1号），正式批准中国耐火材料行业协会开展行业企业信用评价工作。

2月23日　北京利尔股份一期出资6000万元，在辽宁海城市经济开发区独资成立辽宁利尔高温材料有限公司。

3月2日　工业和信息化部原材料司以“工信部原简函【2011】30号”函件形式，正式委托中国耐火材料行业协会组织开展我国耐火黏土和耐火材料产业发展思路研究。

3月15日　濮阳濮耐高温材料有限公司与海城市鑫荣农林实业有限公司签署协议，公司以100，019，016.21元人民币收购海城市琳丽矿业有限公司100%股权。

3月15日　根据协会五届八次常务理事会议的决定，协会印发了“关于开展耐火材料行业企业信用评价工作的通知”，启动第一批耐火材料企业的信用等级评定工作。

3月29日　奥镁中国区新任总裁考夫曼在辽宁奥镁有限公司总经理赵晴晔陪同下，拜访中国耐火材料行业协会，徐殿利常务副会长热情接待了考夫曼，双方就共同关心的问题交换了意见。

3月31日　由包钢股份和北京利尔股份双方共同出资设立合资公司内蒙古包钢利尔高温材料有限责任公司成立，合资公司注册资本总额为15000万元人民币，合资双方各出资7500万元，各占公司50%的股权比例。

4月28日　由协会组织编纂的《中国耐火材料工业60年》出版发行。作为首部反映中国耐火材料工业60年发展历程的史料，共分综合篇、统计篇、创新篇、企业事业篇、行业协会篇和附录篇6个篇目，较为全面地展示了1949～2009年耐火材料行业的历史、现状和发展历程。

4月　为使新密市经济社会的支柱产业——耐火材料工业走上一个可持续的良性发展轨道，新密市委市政府按科学规划、合理布局的原则，在几个耐材企业集中的重点乡镇铺设燃气管道，建立供气站，积极引导全部耐材生产企业使用天然气等清洁能源。

5月10～12日　第一届中国耐火材料生产与应用国际大会在广州白天鹅宾馆举行。国内相关行业的专家、学者和企业代表，30多家近百名国外钢铁、耐材领域的专家、企业家近400人参会。中国工程院院士、原冶金工业部副部长、中国耐材协会名誉会长殷瑞钰，中国钢铁工业协会副会长兼秘书长张长富出席会议并分别作了专题报告。来自国内外钢铁、耐火材料等行业的23位嘉宾作了精彩演讲，会议收集近30篇专论专文编印了论文集。

6月3日　在郑州市2011年与中央企业合作项目签约仪式上，由新密市政府牵头，瑞泰科技投资5个亿的郑州瑞泰年生产10万吨优质耐火材料项目正式签约。

7月6日　河南省质量技术监督局以豫质监标备字（2011）1号文件批准发布了“耐火材料单位产品能耗限额”。河南省耐火材料行业协会是负责该标准起草的三家单位之一，中钢耐火、中钢洛耐院、濮耐股份、郑州东方、河南耕生等骨干耐材企业参与了该标准的起草工作。

7月22日　由中国耐火材料行业协会组织业

内专家编制的《郑州市耐火材料产业和建材产业“十二五”战略规划》，于2011年7月22日在郑州嵩山饭店通过评审。

8月5日　协会五届十一次常务理事会议在北京召开，会议审议通过了协会第六次会员代表大会换届选举筹备工作方案，审议通过了协会第六届理事会理事、常务理事及协会负责人候选人名单。

8月21日　工业和信息化部产业政策司于2011年8月21日在河南省洛阳市组织有关专家，对由中国耐火材料行业协会组织完成的《促进耐火材料工业结构升级政策措施的研究》项目进行了评审。在听取项目组汇报并进行提问和充分讨论后，与会专家一致同意通过评审。

9月24日　中国耐火材料行业协会第六次会员代表大会在上海召开（会议应到代表205人，实到169人）。田学光会长代表协会五届理事会作了题为《把握机遇、科学发展、着力创新、促进转变，努力开创我国耐火材料工业“十二五”发展新局面》的工作报告。大会以无记名投票的方式，选举产生了由155人组成的新一届理事会。在当日下午召开的六届一次理事会议上（会议应到理事155人，实123人），选举产生了有55人组成的协会第六届常务理事会，同时选举王守彬、刘百宽为轮值会长，徐殿利为常务副会长，王守业等14人为副会长，陈建雄为秘书长。选聘曾大凡等8人为协会特聘副会长。会议还聘请了殷瑞钰、陶若璋、田学光为名誉会长；邢守渭、魏同、薛启文、李楠、刘玉、窦淑菊为协会顾问。

10月28日　以专业从事炉外精炼用耐火材料生产的浙江金磊高温材料股份有限公司，在深圳证券交易所挂牌上市。

11月22日　中国耐材协会2011年度行业生产统计工作会议在河南新密市召开，会议在总结2011年行业生产统计工作的基础上，安排了2011年年报和2012年度统计工作任务。表彰了杨润春等50名行业生产统计先进个人。

12月2日　中国耐火材料行业首批企业信用等级评价工作总结会议在山东济南召开，徐殿利常务副会长主持会议，陈建雄秘书长总结了组织开展第一批耐火材料企业信用等级评价工作的基本情况。王守彬、刘伟、方元德等协会领导，给首批被评审为A级以上信用等级的42家企业颁发了证书和牌匾。

12月19～20日　中国耐火材料行业协会2011年会长工作会议在辽宁营口市召开。在王守彬会长主持下，会议总结了2011年耐火材料工业生产运行的基本情况，分析了面临的国内、国际经济形势，对主要下游产业的生产及市场需求进行了预测。在回顾协会全年工作的基础上，提出了全行业和协会2012年工作的基本思路。

2012年中国耐火材料工业大事记

1月29日　工业和信息化部原材料司以工信部原简函〔2012〕3号文件的形式，委托中国耐火材料行业协会组织开展镁砂行业准入条件调研。

2月10日　中国耐材协会六届理事会第一次秘书处扩大会议在江苏宜兴市召开。陈建雄秘书长宣布了协会秘书处组成人员名单（副秘书长及各专业工作部负责人），会议根据协会会长工作会议精神，拟制了2012年协会工作计划。

2月15日　王守彬会长、徐殿利常务副会长在辽宁大石桥青花集团会见了奥地利奥镁公司首席执行官及中国地区总经理等奥镁公司高层管理人员。

2月22日　由中国耐火材料行业协会组织编制的镁砂行业准入条件初稿完成，2月22日在辽宁省工业特种资源保护办公室会议室召开了征求意见座谈会，辽宁及山东镁砂生产重点企业的领导及专业技术负责人约40人参加会议。

2月23日　营口青花集团石硼窑业100万吨原料生产技改项目轻烧镁、重烧镁生产线正式投产运行。该生产线上的10座轻烧窑、4座重烧窑，采用二步煅烧工艺，实现了生产的清洁、高效、节能环保。

3月8日　镁砂行业准入条件第二次征求意见座谈会在辽宁省海城市召开，与会人员对修订后的镁砂行业准入条件表示认同。

4月11日　中国耐材协会2012年度工作暨六届二次理事扩大会议在辽宁省大石桥市召开。王守彬会长代表协会常务理事会作了题为《认清形势、坚定信心、稳中求进，保证我国耐火材料工业持续健康发展》的工作报告，徐殿利常务副会长作了2011年全国耐火材料及主要下游行业生产运行情况分析及2012年市场需求动态分析与预测的专题报告，会议还审议通过了协会2011年会费收支情况及2012年会费支出预算报告。

4月13～14日　武汉科技大学与德国富莱公司共同主办的优质铝硅系原料应用技术研讨会在武钢宾馆举行。

5月9～13日　由中国耐材协会与中国钢铁工业协会联合主办的“第九届中国国际耐火材料及工业陶瓷展览会”在北京新国展举行，由于耐材展与国际冶金展两个展会同期在同一展馆举办，联合参观人数突破了4万人次，耐材参展商也由上一届的46家猛增至114家，增长了147.8%。

5月11日　来华参加国际冶金展和国际耐材展的维苏威公司总裁冯斯万拜访了中国耐火材料行业协会，与徐殿利常务副会长进行了交流与沟通。

5月15日　根据工信部原材料司的委托，中国耐材协会组织业内专家开展了拟制“全国耐火原材料行业准入标准”的工作。为了更广泛地收集“标准”所涉及的相关指标、数据的意见和建议，于5月15日在北京瑞泰科技股份有限公司召开了“全国耐火原材料准入标准”调研座谈会。来自全国各重点耐材企业的管理人员及业内专家近40人参加了会议。

7月2日　根据商务部进出口公平贸易局传真信息，巴西于2012年7月2日对进口自中国碱性耐火材料启动反倾销调查。协会初步了解，涉案并将接受调查的有通达耐火、浙江金磊、奥镁（大连、辽宁）公司、鞍山奥安、辽宁佳益等十余家企业。

7月3～13日　为促进我国耐火材料行业与国际业界的交流与合作，中国耐火材料行业赴欧洲考察团一行10人，在王守彬会长、徐殿利常务副会长带领下，于2012年7月3～13日，分别访问了奥镁（RHI）、维苏威（VESUVIUS）、益瑞石（IMERRS）三家国际知名公司总部和欧洲耐火材料制造者联合会（PRE）、欧洲陶瓷工业协会（CERAME-UNIE）及法国耐火材行业协会（IFB）三个行业组织。第一次正式组团出访欧洲，中国耐材协会代表团受到了各方的高度重视和热情接待。在与欧盟耐火材料制造者联合会的交流沟通过程中，双方就中国耐材协会提出的加强两会之间交往合作的四点建议达成了共识。

7月23日　为了使“全国耐火原材料行业准入标准”中所设定的相关指标和数据尽可能切合行业生产实际，中国耐材协会于2012年7月23日在河南新密市召开了“铝硅系主要耐材制品能耗指标调研论证会议”。全国重点铝硅系生产企业、相关地区行业协会负责人及业内专家40余人参加了会议。

8月28日　益瑞石中国区总裁博海瑞访问中国耐火材料行业协会，徐殿利常务副会长、陈建雄秘书长及耐材之窗副总经理魏雨宝与博海瑞总裁就双方关心的问题进行了广泛的交流与沟通。

9月19日　中国耐材协会六届二次常务理事（扩大）会议在辽宁沈阳召开。协会常务理事及副秘书长参加会议，王守彬会长主持了会议。会议作出了由协会统一组织申报全国耐火材料行业冶金科学技术奖的决定。

9月20日　第五届中国辽宁国际镁质材料博览会在沈阳辽宁工业展览馆开幕。

9月20日　根据协会六届二次常务理事（扩大）会议决议，中国耐火材料行业协会制发《关于统一组织申报耐火材料行业“冶金科学技术奖”的通知》（中耐发办字【2012】16号）。自发文之日起，耐火材料行业“冶金科学技术奖”（耐材部分）的申报项目，将由中国耐材协会组织评审推荐委员会筛选初评后，统一向中国钢铁工业协会申报。

11月2日　协会在北京濮阳濮耐股份研发中心召开座谈会，征求业内主要骨干企业对工信部《关于促进耐火黏土镁砂等原材料产业健康发展的若干意见》的修改建议。营口青花、濮阳濮耐、中钢耐火、中钢洛耐院、瑞泰科技、北京利尔、通达耐火、山东耐火、海城镁矿、中冶焦耐等单位参加会议。

11月16日　中国耐火材料行业首家院士专家工作站北京通达耐火技术股份有限公司举行了授牌仪式。中国耐火材料行业泰斗、中科院资深院士钟香崇及郑州大学教授葛铁柱受聘成为首批进站院士专家。

11月20日　中国耐火材料行业科技创新推进会议在武汉科技大学召开。全国60余家骨干耐火材料企业及重点科研院所的代表参加会议，中国钢铁工业协会副秘书长李克敏出席会议并作了“科学发展、创新驱动”的主旨演讲。会议总结交流了近年来行业科技创新的成果和经验。

11月26日　由工业和信息化部制定的《工业和信息化部关于促进耐火材料产业健康可持续发展的若干意见》上网公示，征求意见。

12月11日　中国耐材协会会长工作会议在浙江长兴召开，协会全体会长、副会长参加会议。在王守彬会长主持下，会议总结回顾了行业2012年的运行情况和协会工作，提出了2013年行业和协会工作的基本思路。

12月18日　中国耐材协会行业生产统计工作年度总结表彰会议在河南洛阳召开，来自耐火材料统计重点企业的统计人员和各省市地方协会的负责人共70余人参加了会议。

2013 年中国耐火材料工业大事记

1 月 17～18 日　由协会组织的全国耐火材料行业冶金科学技术奖统一申评的初步评审会议在北京举行，申请参评企业 25 家，申报各类科技创新成果 30 项。专家评审组严格按标准和评审规则对每个项目进行了认真审议、评判，遴选了 18 项成果向“冶金科学技术奖”奖励委员会推荐。

1 月 18 日　中共中央、国务院在人民大会堂举行 2012 年度国家科学技术奖奖励大会。武汉科技大学李楠教授站上了国家科技奖的领奖台。由他主持完成的项目《高铝质耐火材料制备过程微结构控制技术与工业应用》荣获 2012 年度国家技术发明二等奖。

1 月 29 日　工信部印发《工业和信息化部关于开展耐火黏土、萤石、石墨等产品生产统计的通知》，决定组织开展耐火黏土、萤石、石墨等产品的生产统计工作。委托中国耐火材料行业协会承担耐火黏土和菱镁产品统计报表的整理与汇总工作。

2 月 16 日　濮耐股份第二届第二十三次董事会议审议通过了《关于减少焦作濮耐高温材料有限公司注册资本金的议案》。完成减资增资后，焦作濮耐更名为焦作银龙高铝材料有限公司。

2 月 21 日　工业和信息化部给各省、市、自治区工业和信息化主管部门及有关行业协会印发了《工业和信息化部关于促进耐火材料产业健康可持续发展的若干意见》（工信部原【2013】63 号）。文件同时抄送发改委、科技部、财政部等 12 个国家部、委、局及人民银行和金融机构。由政府主管部门制发有关行业发展若干意见的专门文件，在中国耐火材料工业 64 年发展史上是第一次。耐火材料作为国民经济和高温工业不可或缺的基础材料的重要地位得到了确认，耐火材料工业作为一个独立行业，对其进行管理和调控，纳入了政府主管部门的管理序列。据悉，工信部原材料司已将制定“耐火材料行业准入标准”列入了议事日程。

2 月 27 日　中国耐材协会秘书处扩大会议在山东淄博召开，协会全体副秘书长及各专业工作部负责人参加会议。根据协会会长工作会议精神，会议讨论制定了协会 2013 年工作计划。

2 月　山西阳泉市筹建国家硅铝质耐火材料质量监督检验中心的报告获得国家质检总局的批复。这是阳泉市获批的首个国家级质检中心。

3 月 25 日　濮耐股份董事会审议通过了《发行股份购买资产等议案》，以发行股份购买资产的方式购买郑化轸、陈瑞珍、李丙灿等 167 人持有的华威股份 100% 股权。

4 月 11 日　中国耐材协会 2013 年度工作暨六届三次理事扩大会议在广西桂林召开。王守彬会长代表协会常务理事会作了题为《聚合正能量、迎接新挑战，推进我国耐火材料工业创新驱动发展》的工作报告。工业和信息化部原材料司王威伟副处长在会议上作了宣传贯彻《关于促进耐火材料产业健康可持续发展的若干意见》的解读辅导报告。

5 月 15～17 日　由中国钢铁工业协会和中国耐火材料行业协会主办的“第二届中国耐火材料生产与应用国际大会”在江苏无锡举行，来自欧盟、美国、澳大利亚、日本、印度及东欧、东南亚等国家、地区的钢铁和耐火材料行业的专家、企业家及相关机构的近 300 名代表参加了会议。中国钢铁工业协会副会长兼秘书长张长富出席会议并作了题为《以创新为动力，以化解产能过剩为突破口，打造钢铁产业的升级版》的专题报告，国际钢铁协会首席经济学家韩来希等 21 位嘉宾围绕会议主题作了精彩演讲，会议还编发了论文集。

6 月 25 日　经证监会批准，北京利尔股份以 6.72 亿元收购了辽宁金宏矿业有限公司及辽宁中兴矿业集团有限公司 100% 股权。

7 月 10 日　中国耐材协会在沈阳组织全国 20 多家重点碱性耐火材料生产企业的代表，召开了“全国耐火材料行业准入条件调研座谈会”，与会代表对由耐材协会专家组草拟的《准入条件》进行了认真详细的讨论，提出了有建设性的意见和建议。

7 月 18 日　以重点铝硅系耐火材料生产企业代表及业内专家为主的“全国耐火材料行业准入条件调研座谈会”在河南新密市召开，参会的 50 多名代表对《准入条件》初稿提出了意见和建议。

8 月 13 ~ 14 日　武汉科技大学与德国富莱公司共同主办的优质铝硅系原料应用技术研讨会在武钢宾馆举行。

8 月 23 日　依托中钢洛耐院建设的“先进耐火材料国家重点实验室”全面完成了建设计划任务书规定的任务，顺利通过科技部验收。

8 月　由中国耐材协会主办，委托河南科技大学高温材料研究院和新密市耐材协会承办的首届耐火材料基础知识培训班在新密开班，来自铝硅系耐材主产区 5 省 12 个县市 32 家企业的 40 名学员，接受了为期三周的耐火材料常规性能与检测，常用耐火原料、不定形耐火材料等基础知识的培训。

9 月 10 日　在加拿大维多利亚举行的 2013 年联合国际耐火材料技术会议上，武汉科技大学教授李楠当选为“联合国际耐火材料技术会”“杰出终身会员”。

9 月 24 日　中国耐材协会六届三次常务理事（扩大）会议在洛阳召开。协会常务理事、副秘书长及部分重点企业的代表共计 70 余人参会，工信部原材料司潘爱华副司长出席会议并作了重要讲话。出席会议的还有业内知名专家钟香崇、李楠、李红霞等。工信部马琳作了“宣传贯彻工业和信息化部关于促进耐火材料产业健康可持续发展的若干意见的辅导报告”。会议进行了王守彬、刘百宽两位协会轮值会长的交接。

9 月 25 日　第十二届全国不定形耐火材料学术会议，2013 年耐火原料学术交流会暨首届铝硅质耐火原料博览会在河南洛阳成功举办。

9 月 26 日　由工信部原材料司组织的耐火黏土、萤石等非金属矿生产行业管理暨无铬耐材产业发展座谈会在郑州召开。工信部原材料司潘爱华副司长出席会议并讲话，来自耐火黏土、萤石等非金属矿主产区的省级工业主管部门，有关行业协会及部分耐火材料生产与使用企业的代表参加了会议。

9 月　美国商务部发布通知，决定对产自中国的镁碳砖反倾销和反补贴进行行政复审调查。

10 月 18 日　武汉科技大学孔建益宣布，该校将在山东淄博与淄博市高新区共建高性能耐火材料研究院。

10 月 30 日　经国家工商总局与辽宁省政府金融工作办公室批准，由东北亚现货商品交易所和辽宁丰华集团共同发起筹建的“东北亚镁质材料交易中心”于 2013 年 10 月 30 日正式挂牌成立。

11 月 22 日　中国耐材协会行业生产统计工作年会在辽宁沈阳召开，全行业重点统计耐材企业的统计人员、各地方协会负责人近 70 人参会。会议总结部署了行业生产统计工作，表彰了统计工作先进集体和先进个人。

11 月 25 日　北京利尔股份发布公告，该公司拟与青岛特殊钢铁有限公司、青岛博坤进出口有限公司共同出资（注册资金 1 亿元）设立青岛斯迪尔盛新材料有限公司、合资建厂生产转炉炼钢用石灰。出资比例为：北京利尔 49%、青钢公司 35%、青岛博坤 16%。

11 月 29 日　中钢洛耐院召开建院 50 周年庆祝会，总结回顾了该院成立以来立足耐火材料、服务高温工业、走科技为立院之本，产业为强院之路的发展历程。

12 月 6 日　山西省耐火材料工业协会成立。由 43 家企业发起，有 73 名代表参加的山西省耐火材料工业协会第一次会员代表大会在山西太原召开。会议宣读了山西省民政厅批文，通过了协会章程，选举产生了山西省耐材协会第一届理事会，山西道尔投资有限公司董事长霍平当选为会长。

12 月 10 日　中国耐材协会 2013 年度会长工作会议在江苏扬州召开。协会全体会长、副会长参加会议。在刘百宽会长主持下，会议总结回顾了 2013 年全行业的生产运行情况和协会工作，分析了面临的形势，拟定了 2014 年行业及协会工作的总体思路。

12 月 12 日　美国国际贸易委员会于 2013 年 12 月 12 日终裁中国输美硅砖未对美相关产业造成实质性损害或威胁，决定取消中国输美硅砖的反倾销税。

12 月 18 日　巴西外贸委员会 12 月 8 日发布 107 号令，决定对进口自中国的碱性耐火材料征收 536.52 美元/吨的反倾销税，征税限期五年。

12 月 20 日　中国耐材协会 2013 年秘书处（扩大）会议在山西孝义召开，协会副秘书长、各专业工作部负责人参加会议。会议根据协会会长工作会议精神，讨论制定了协会 2014 年的工作计划。

12 月　全国首家“热风炉及陶瓷燃烧器用优质高档耐火材料院士工作站”落户郑州安耐克实业有限公司。

2014年中国耐火材料工业大事记

2月　山东淄博市出台《耐火材料企业环保治理规范》，对耐火材料生产企业的原料存储、煤质监管、煤气站管理等作出了明确规定。

3月12日　北京利尔公司发布公告，公司拟以6139万元收购山西西小坪耐材公司持有的上海新泰山高温工程材料有限公司（简称“上海新泰山”）100%股权。交易完成后，上海新泰山将成为北京利尔的全资子公司。

3月21日　中国耐材协会2014年工作暨六届四次理事扩大会议在河南郑州召开。146家协会理事及会员企业的167位代表参加会议，工业和信息化部原材料司吕桂新副巡视员出席会议并作了主题演讲，刘百宽会长代表协会常务理事会作了题为《深化改革创新，坚持稳中求进，推动我国耐火材料工业持续健康发展》的年度工作报告。根据章程规定，会议审议通过了关于增补山西省耐材协会和河南新密正泰耐火材料有限公司为协会理事单位的议案。协会六届四次理事（扩大）会议增补了海城华宇集团等9家单位为协会常务理事单位，增补了史大业、马列鹰、李广达三名协会特聘副会长。

3月　由中国耐材之窗网精心打造的“耐材地图”在经过反复测试后正式上线运行。作为行业首部上线电子地图，为广大耐火材料用户了解我国耐火材料企业的分布提供了便捷有效的服务。

4月2日　中国耐材协会秘书长陈建雄，国际合作部部长周宁生参加了在比利时布鲁塞尔召开的世界耐火材料协会筹备工作会议。在讨论协会章程有关入会条件的问题时，会议接受了中国耐材协会提出的降低入会门槛的建议。

4月4日　奇耐联合纤维亚太控股有限公司与鲁阳股份公司控股股东沂源县南麻镇集体资产经营管理中心签署《股份购买协议》，奇耐亚太拟以每股10.6元的价格，购买鲁阳股份约6785万股股份，转让总价约7.2亿元。交易完成后，奇耐亚太将持有29%的股份，成为鲁阳股份第一大股东。

4月26日　全国主要镁质耐火制品重点生产企业产品销售联席会议在辽宁大石桥市召开。刘百宽、徐殿利、王守彬、王柏成、史大业、陈建雄等协会负责人出席会议。参加会议的重点镁质耐材生产企业代表，对当期镁质耐材市场存在的诸多问题及规范市场秩序应采取的措施展开了认真热烈的讨论，提出了许多有建设性的意见和建议。会议希望行业协会根据形势发展需求尽快修订《中国耐火材料行业行规公约》，尽早发布《耐火材料产品自律指导价格汇编》。

5月19日　第十届中国国际耐火材料及工业陶瓷展览会在北京中国国际展览中心新馆举行。在主要下游行业都面临生产经营困难的严峻形势下，举办国际展会，旨在为耐材企业展示产品、收集信息、洽谈贸易、交流技术、拓展市场、搭建展示和交流的平台。

5月19日　中国耐材协会会长刘百宽、常务副会长徐殿利、秘书长陈建雄，会见了来北京观摩国际冶金展和耐材展的世界耐材协会筹备负责人、VSV总裁冯斯万，双方就世界耐火材料协会的入会条件等问题进一步交换了意见。参加会见的有VSV东亚区总裁龙德泉、中国区负责人肖阳、濮阳濮耐股份总裁李学军及中国耐材协会龙梦龙。

5月21～23日　中国耐材协会刘百宽会长、徐殿利常务副会长一行，考察了江苏、浙江两地的重点耐火材料企业。5月22日，在浙江长兴县召开部分耐材企业负责人座谈会，围绕新常态下，耐火材料行业应对严峻形势，迎接挑战，推动行业转型升级等问题进行了交流和探讨。

6月6日　由通达耐火承办的“长寿命钢包用耐火材料技术创新与应用研讨会”在江苏盐城召开，协会秘书长陈建雄主持会议，14家耐材生产企业的30余名代表，围绕钢包长寿化、原料可控化等问题进行了广泛的研讨和交流。

6月8日　中国耐火材料行业协会刚玉分会在河南郑州挂牌成立，刘百宽会长出席会议并讲话。

会议选举渑池长城金刚砂有限公司赵爱侠为刚玉分会会长。协会秘书长陈建雄出席了成立大会。

6月13日 中国耐材协会在北京通达耐火召开修订“耐火材料产品自律指导价格汇编”的调研座谈会议。在徐殿利常务副会长主持下，来自各主要耐材产区重点生产企业的近30名代表，对修订耐材产品自律指导价格提出了许多合理的意见和建议。

6月18日 濮阳濮耐股份发布公告，公司拟以发行股份及支付现金方式收购雨山有限100%的股权，以发行股份的方式收购汇特耐材100%股权，并拟向公司实际控制人刘百宽发行股份募集配套资金。雨山股权的交易对价为15823.23万元，汇特耐材的交易对价为25648.63万元。

6月27日 由中国耐材协会组织专家编制的“淄博市周村区王村镇耐火材料产业五年（2014~2018）发展规划，在周村区政府会议室通过了由区、镇人民政府组织的专家评审会议评审。

6月 依托中钢洛耐院建设的高性能碳化物材料院士工作站通过河南省科技厅级组织的考核验收并获得优秀等级。

7月8日 河南熔金高温材料股份有限公司在北京新三板（全国性的非上市股份有限公司股权交易平台）举行了挂牌仪式。徐跃庆董事长表示熔金股份将加快企业产品结构调整步伐，打造全球最具竞争力的炼钢连铸用功能耐火材料一流企业。

7月15日 “武科大——亚兴能源”高温材料研究中心在河南济源新亚能源公司举行了揭牌仪式。该中心也将成为武汉科技大学的教学实习基地。

7月25日 为加强重点非金属矿产品统计工作，工信部原材料司在辽宁沈阳召开了石墨、菱镁、滑石、耐火黏土等产品生产统计工作会议。18个省（区）工信主管部门、54家重点生产企业的代表参会。原材料司吕桂新副巡视员出席会议并讲话。辽宁省经信委副主任全跃、中国耐材协会陈建雄秘书长、中国非金属矿工业协会王文利秘书长出席会议。

7月 济南圣泉集团股份有限公司登陆新三板。锐财首席经济分析师王政分析，圣泉登陆新三板，解决了历史遗留问题，为圣泉下一步登陆主板块奠定了基础。

8月12日 新形势下全国耐火原料发展战略研讨会在山西太原举行。来自各地耐材原料、制品企业的代表及相关院校的专家学者近200人参加会议，工信部原材料司王威伟副处长、山西省经信委王继军副处长出席会议并作了主题演讲及致辞。刘百宽、徐殿利等协会领导及各地方协会负责人出席会议。十三位业内专家围绕会议主题作了精彩演讲，会议还编发了论文集。

8月14日 山西省耐材产业技术创新联盟在阳泉市成立。中钢洛耐院、武汉科技大学、山西大学、西安电子科技大学、阳泉郊区耐材协会、西小坪等单位的50余名代表讨论通过了联盟章程、选举产生了第一届理事会、理事长、专家委员会主任和秘书长等。

8月29日 浙江金磊股份实现资产重组、置换，公司主营业务由炉外精炼用耐火材料研发、生产和销售，转变为影视剧的投资、制作和发行。公司控股股东变更为快乐永久（完美影视），构成借壳上市。

8月 浙江长兴县委县政府按照“扶优扶强一批，规范提升一批，关停并转一批”的原则，制订工作方案，采取“先行先试”的步骤、“一企一策”的方式，扎扎实实地推进了当地耐火材料企业的转型升级速度。

8月 为了规范耐火材料市场秩序，营口市耐材协会根据当地耐火材料产业生产经营发展需求，经过认真严格的评选，从570多家镁质耐材企业中，向下游行业推荐了首批19家“优秀承包服务商”和22家“优秀供应商”。

8月31日~9月6日 在刘百宽会长、徐殿利常务副会长带领下，中国耐材协会代表团一行10人赴台湾考察了台湾中钢集团、经济研究院、台湾钢铁公会等单位，就促进两岸耐火材料行业的合作沟通等问题，与台湾相关企业、研究单位进行了交流。

9月18日 中国耐材协会六届四次常务理事（扩大）会议在辽宁沈阳召开，协会常务理事、副秘书长及各省耐材协会负责人出席会议。会议以举手表决方式审议通过了《中国耐火材料行业行规公约》（修订稿）。作出了调整组建中国耐火材料行业协会专家委员会的决议，审议通过了《专家委员会工作条例》。

9月18日 美国国际贸易委员会作出日落复审裁定，继续对中国进口的棕刚玉产品征收135.18%的反倾销税。

9月18~20日 第六届中国辽宁国际镁质材料博览会在沈阳辽宁工业展览馆举办。

9月27日　由武汉科技大学省部共建耐火材料与冶金国家重点实验室主办的“2014年耐火材料论坛”在武汉科技大学召开。各地耐材企业及高校等30多个单位的近百名代表参加了会议。

10月12～14日　第十四届全国耐火材料青年学术报告会在江苏宜兴举行。来自全国各地的350余名耐火人参加会议，20多位业内知名专家、学者作了专题报告和大会演讲。会议还收集217篇专业论文编发了论文集。

10月17日　中国耐火材料行业协会主办的“新常态下耐火材料行业转型升级研讨推进会议”在浙江长兴县举行。来自全国各耐火材料产业集中省（区）的企业代表，长兴县的耐材企业家及部分耐材装备企业的近300名代表参加了会议。

11月6日　中国耐材协会常务副会长徐殿利出席了在英国伦敦召开的世界耐火材料协会第三次筹备工作会议，会议审查通过了协会章程、审议了协会2015年工作计划。形成了在全部协会文件完成法定的审查备案程序后，择机召开世界耐材协会成立大会的决议。在英国期间，徐殿利还在中国耐材之窗魏雨宝总经理陪同下访问了美顿公司和迪胜公司。

11月17日　贵州省耐火材料行业协会成立大会在贵阳清镇市举行。会议宣读了贵州省民政厅批文，选举产生了协会第一届理事会，程念生当选为会长。

11月21日　中国耐材协会2014年行业生产统计工作会议在浙江绍兴召开。会议总结了2014年行业统计工作，表彰了统计工作先进集体和先进个人，对2015年统计工作进行了部署。

11月26日　中国耐材协会专家委员会第一次全体会议在北京召开。会议宣读了协会常务理事会关于成立协会专家委员会的决议，公布了专家委员会组织机构。徐殿利常务副会长、曾大凡副会长代表协会向各位专家颁发了聘书。在陈建雄秘书长主持下，会议依据专家委员会工作条例，结合行业转型升级，创新驱动发展的实际，提出了2015年工作计划建议，根据耐材工业“十三五”规划编制目录，分配了调研任务，落实项目负责人，明确了工作责任。

11月　中国科学院资深院士，中国耐火材料行业的泰斗，93岁高龄的郑州大学高温材料研究所顾问钟香崇，决定捐赠100万元人民币，成立“郑州大学钟香崇研究生奖学基金”。用于资助和奖励有志于从事材料学，尤其是高温材料专业的硕士研究生，鼓励他们专心钻研专业，多出研究成果，为我国高温工业的发展作贡献。

12月12日　中国耐材协会2014年会长工作会议在山东济南召开。在刘百宽会长主持下，会议总结回顾了行业生产经营情况，分析了面临的国内外形势，提出了2015年行业和协会工作的总体思路。

12月31日　工业和信息化部2014年第84号公告，发布了《耐火材料行业规范条件》（2014年本）。这是落实《工业和信息化部关于促进耐火材料产业健康可持续发展的若干意见》的一项具体措施，旨在引导合理投资，遏制低水平重复建设，加快结构调整，促进耐材产业健康可持续发展。公告明确要求有关方面在投资融资、土地供应、环境评价、节能评估、生产许可、安全生产监管和淘汰落后等工作中参照执行。

第七篇

企事业概况

中国耐火材料行业重点企业简介

营口青花耐火材料股份有限公司

一、历史沿革

公司创建于1984年，经过30年的发展，已从单纯生产镁矿产品的初加工发展成为亚太地区最大的碱性耐火材料生产基地，年产各类耐火材料二百万吨以上，产值超四十亿元，在行业内具有领军地位。

二、基本情况

营口青花集团是伴随改革开放发展起来的大型非公有制企业集团，坐落在中国镁都大石桥市，现有员工7000多人，占地400万平方米，资产50亿元。

集团下辖辽宁青花耐火材料股份有限公司、营口青花耐火材料股份有限公司、营口青花石硼窑业有限公司、营口青花工业炉窑有限公司、营口青花集团进出口有限公司、上海青花二耐耐火材料有限公司、辽宁岫岩青花耐火材料有限公司、辽宁岫岩青花矿业有限公司、太仓青花二耐耐火材料有限公司、营口青花房地产开发有限公司、营口青鑫矿业有限公司、营口恒泰矿业有限公司、大石桥市青花小额贷款股份有限公司、辽宁青花耐火材料研究院等单位。拥有矿山10座，装备有轻烧镁砂反射窑86座、重烧镁砂竖窑16座、高纯镁砂燃油竖窑6座、电熔镁砂及电熔镁铬砂电炉22台（1600kV·A）；不定形生产线1条、不烧砖生产线3条、最高烧成温度达1850℃的超高温隧道窑23条；从德国、日本进口的2000~3600吨液压机12台，同时配备了德国爱立许混砂机、机器人等先进设备。

集团以碱性耐火材料为主导产品，年生产能力200万吨，深加工能力和技术水平居国内同行业领先地位，部分产品达到国际先进水平。“高级含碳制品”、“烧成浸渍镁白云石砖”、“优质镁铬砖”被国家科技部认定为高新技术产品；镁铬砖、铝碳锆滑板、中档镁砂被评为国家级新产品；镁碳砖被认定为国家免检产品。产品除满足国内钢铁、有色、建材、轻工等行业需求外，还有30%出口到40多个国家和地区。

集团被国家授予“出口创汇先进企业”、“优秀乡镇企业”、“守合同重信用企业”、“中国驰名商标”，列全国民营企业500强之一。青花耐火材料研究院被国家工信部评为“国家中小企业公共服务示范平台”。企业通过了GB/T 19001—2008/ISO9001：2008质量管理体系认证、GB/T 24001—2004/ISO14001：2004环境管理体系认证、GB/T 28001—2001职业健康安全管理体系认证。

董事长兼总经理王守彬连续当选第八~第十二届全国人大代表，并荣获“全国劳动模范”荣誉称号。他领导的青花峪村先后被国家中组部授予党建先进单位、被国家精神文明办授予全国文明村、被国家建设部授予村镇建设先进单位。基本实现了“生活城市化，居住楼房化，陈设现代化，环境公园化，农村工业化”，成为远近闻名的富裕村。

三、主要产品及工艺装备

公司现拥有矿山10座，装备有轻烧镁砂反射窑86座、重烧镁砂竖窑16座、高纯镁砂燃油竖窑6座、电熔镁砂及电熔镁铬砂电炉22台（1600kV·A）；不定形生产线1条、不烧砖生产线3条、最高烧成温度达1850℃的超高温隧道窑23条；从德国、日本进口的2000~3600吨液压机12台，同时配备了德国爱立许混砂机、机器人等先进设备。

主要产品有镁铝系列耐火材料、镁铬系列耐火材料、镁质砖、镁钙系列耐火材料、含碳耐火材料、铝碳锆滑板、不定形耐火材料以及各类镁砂等。年生产力达200万吨以上。

四、机构与人事

公司现有员工5500人，各类工程技术人员980人。其中技术人员中高级工程师19人，硕士以上学历的 15 人。其中有三人享受国务院特殊津贴。

五、企业管理

集团被国家授予“出口创汇先进企业”、“优秀乡镇企业”、“守合同重信用企业”、“中国驰名商标”，列全国民营企业 500 强之一。青花耐火材料研究院被国家工信部评为“国家中小企业公共服务示范平台”。企业通过了 GB/T 19001—2008/ISO9001：2008 质量管理体系认证、GB/T 24001—2004/ISO14001：2004 环境管理体系认证、GB/T 28001—2001 职业健康安全管理体系认证。

六、科研开发

公司成立了辽宁青花耐火材料研究设计院有限公司，成为了新产品研发基地，实验和检测设备完善。公司相继研制开发了“高级含碳制品”、“烧成浸渍镁白云石砖”、“优质镁铬砖”被国家科技部认定为高新技术产品；镁铬砖、铝碳锆滑板、中档镁砂被评为国家级新产品；镁碳砖被认定为国家免检产品。产品除满足国内钢铁、有色、建材、轻工等行业需求外，还有 30% 出口到 40 多个国家和地区。

七、销售与服务

公司有一支优秀的销售队伍，在市场竞争十分激烈的形势下，在国内销售产品的结构上延续了不锈钢耐材、黑色冶金耐材、玻璃耐材、炉后精钢耐材和有色冶金耐材的排序。狠挖潜力，在工作中坚持开展“吨钢结算”、“服务承包”营销模式，取得较好效果，使这种营销模式呈现逐渐扩大的趋势。

进出口公司在国际水泥市场增幅较大，约在 39% 左右。在稳定海德堡供货的同时，加大了新市场的开发力度，豪瑞水泥集团、墨西哥水泥集团等新客户订单大幅度增加。在韩国市场上，由于浦铁炉材采用“零库存”的管理，销售量下降较为明显。浦项马来西亚工厂镁砖的市场扩大，促使水泥、有色、RH 产品订货量不断增加，销售量得到显著恢复，基本与 2012 年持平。日本市场及东南亚市场相对平稳。欧美钢铁及独联体市场受欧洲经济低迷影响，导致该地区销售下降。

公司近期被评为“优秀承包服务商”和“优秀供应商”。

营口金龙集团

一、历史沿革

营口金龙集团前身为营口县家用电器材料厂，始建于 1979 年。1988 年更名为营口市镁碳砖厂；1994 年更名为大石桥市耐火材料公司；1997 年组建金龙集团，是国内较早生产镁碳砖的企业之一。集团以生产镁碳砖、铝镁碳砖及镁铝尖晶石烧成砖系列产品为主。历经 35 年的发展，已成长为中国耐火行业的领军企业，年产值达 16 亿元，出口创汇 1.5 亿美元。镁碳砖等不烧砖年生产能力 30 万吨，烧成砖年生产能力 16 万吨，电熔镁砂年生产能力 8 万吨，其他不定形耐火材料年生产能力 8 万吨。

二、基本情况

营口金龙集团是集科研、开发、生产、销售、服务为一体的综合性企业，是全球较大的镁质耐火材料生产基地之一。集团位于中国著名的镁都辽宁省大石桥市——金龙工业园区。所处地理位置优越，交通便利，其位于沈大高速公路营口市、大石桥市出口附近。距营口鲅鱼圈港 25 公里，距大连港 200 公里，距中长铁路大石桥站只有 5 公里，距沈阳桃仙机场 170 公里，距大连周水子机场 200 公里。集团始建于 1979 年，其核心单位是大石桥市金龙耐火材料有限公司，并拥有中日合资营口九州耐火材料有限公司、中韩合资营口光阳耐火材料有限公司、中德合资营口雷法耐火材料有限公司、中日合资营口和泉耐火材料有限公司、营口东方耐火材料有限公司、中建院大石桥镁砖厂、营口金龙真空设备有限公司、营口泰华房地产开发有限公司、营口丰泽实业有限公司等 10 个紧密层单位；拥有大石桥市和鑫电熔镁砂厂等 7 个半紧密层单位。现有职工 2080 多人，其中工程技术人员 197 人（高级耐火工程师 8 人，高级炼钢工程师 10 人，工程师 55 人）。集团现为中国耐火材料行业协会副会长单位，并受邀加入世界耐火材料协会。拥有资产总额 12 亿元，占地面积 45 万平方米；年产值 16 亿元，年创利税 1.5 亿元左右，是目前全国重点的镁质耐火材料生产基地之一。产品远销国内外，专向国际、国内知名钢铁公司供应镁碳砖、镁铝碳砖及镁铝尖晶石烧成砖系列产品。多年来，集团凭借精湛的工艺、过硬的产品、创新的理念、优质的服务，蜚声国内外耐火行业。

三、主要产品及工艺装备

集团公司拥有先进的生产设备：现有12台电熔镁砂炉，两条不定形耐火材料生产线，6条隧道窑，71台压砖机，11条破粉碎加工生产线，并含配套的混炼、干燥、包装等设备数十台，在研发试验及检化方面拥有各类先进齐全的设备、设施。主要有弹性模量检测设备、X射线荧光光谱分析仪（含熔片机、压片机等配套设施）、红外光谱分析仪、重油分析仪、树脂分析仪、动态回转法抗渣蚀试验炉、产品无损超声波探伤仪、导热系数测定仪、高温抗折试验机、高温真空气氛炉、热膨胀检测仪、耐磨蚀试验机抗氧化试验炉、热震稳定性测试炉、高温荷软蠕变仪、粒度分析仪、气孔率、体密检测仪、材料试验机、定碳仪等。

集团公司是以生产镁碳砖、铝镁碳砖及镁铝尖晶石烧成砖系列产品为主的企业。其产品有冶金、建材高温设备所用的镁碳砖、铝镁碳砖、镁钙碳砖、铝碳化硅碳砖；镁铝尖晶石砖、高纯镁砖、电熔再结合镁铬砖、直接结合镁铬砖以及各种不定形耐火材料等。镁碳砖等不烧砖年生产能力30万吨，烧成砖年生产能力16万吨，电熔镁砂年生产能力8万吨，其他不定形耐火材料年生产能力8万吨。金龙集团产品除销往国内的首钢、迁钢、京唐钢厂、包钢、南钢、唐钢、通钢等十几家大中型钢铁企业外，还大量出口到德国、日本、韩国、英国、美国、俄罗斯、乌克兰及东南亚、非洲等30几个国家和地区。

四、机构与人事

集团现有职工2050人，工程技术人员197人。其中高级耐火工程师8人，高级炼钢工程师10人，工程师55人。董事长王景斌为中国耐火材料行业协会副会长，营口耐火材料行业协会副会长，是中国耐火材料行业的领军人物。

五、企业管理

集团及其子公司于1997年12月通过了ISO-9001：1994国际质量管理体系认证，2003年4月顺利通过2000版换证审核，2003年、2009年公司又分别通过了ISO-14001环境管理体系认证和OH-SAS-18001职业健康管理体系认证，是国内耐火行业最早通过这些认证的企业。优质的管理体系，良好的生产环境，也成为企业的一张名牌标签，2004年2月被辽宁省环境保护局授予“辽宁省环境保护模范企业”，2006年底被国家环保总局授予“国家环境友好企业”称号。企业信用等级在2011年被行业协会评为“AAA”级，2012年1月又被中国出入境检验检疫协会授予“中国质量诚信企业”。

六、科研开发

为促进集团公司生产技术水平的不断提高，加快开发新产品的步伐，增强企业适应市场能力，公司在1999年10月与辽宁科技大学（原鞍山钢铁学院）成立了“金龙集团鞍山钢院耐火材料应用技术研究中心”，暨营口九州耐火材料研究所。2005年、2006年又分别获批省级企业技术中心和省级工程研究中心。研究中心的成立，拓宽了我公司研制开发新产品的渠道。与此同时，我们借助四个合资公司的力量，积极引进国际领先的技术，使公司的整体技术研究开发及产品质量控制能力大大加强。由于多年不断的科研实验和学科改革，集团在产品的科技创新上取得了优异的成绩，其生产的钢包内衬用无碳砖通过“省级科技成果鉴定”并获“营口市科技进步二等奖”；高温烧成镁碳砖和高钙镁钙碳砖分别获得“国家发明专利”；镁碳砖分别被国家和辽宁省质检总局授予“国家质量免检产品”和“辽宁名牌产品”称号。2012年，集团更被授予“中央机关青联科技创新调研基地”的荣誉称号！

七、销售与服务

集团在钢包系列耐火材料设计、生产、配套供应和综合砌筑施工的服务能力达到国际一流、国内领先水平。经过多年的实践和不懈地努力，现已成立一支具备转炉、电炉、钢包、中间包等耐材研发设计、施工、维护等服务能力的专业销售与售后服务队伍。无论从前期投标、设计、生产准备、生产供货，直到服务将始终坚持质量第一，安全第一的原则，充分发挥ISO9001：2000质量保证体系的作用，确保原料精品，工艺先进，设备可靠，管理到位。

现已研制开发了镁钙碳砖、无碳钢包砖、镁铝尖晶石砖、镁铁铝铬砖、电熔再结合镁铬砖、镁锆砖、中间包涂抹料、镁质喷涂料、镁质和镁钙质干式料、钢包整体浇注料等系列产品，并陆续在钢厂试验使用，取得了较好的效果。在实际销售和服务中，我集团对大型钢厂的钢包、转炉、中包耐材整体承包有丰富的经验，如首钢迁安钢厂210吨钢包转炉、曹妃甸钢厂300吨钢包转炉、南京钢厂和山东永锋钢厂的150吨钢包、营口中板100吨钢包等。

由于多年来，我们一直坚持只提供优质耐用，安全可靠的产品，产品在国内外多家钢厂均广受美誉，产品使用效果稳定且使用寿命高，极大地满足了钢厂降低耐材吨耗的要求。与此同时，我们始终坚持提供周到的全程式服务，主动同工程设计单位沟通耐材的设计，并派技术人员跟踪耐材砌筑施工及维护提供技术服务。在实际的工程施工过程中，完全按施工单位的工期要求，组织材料的供应，保质、保量、保工期的完成施工。公司专业的销售团队和敬业的售后服务，获得了国内外广大客商的一致好评。

海城华宇集团

一、历史沿革

公司创建于1983年，经过30年的发展，已从村办企业发展成为拥有全系列镁砂、镁质耐火材料、镁建材、镁化工等多系列、多品种的大型镁质材料企业集团，年产各类耐火材料40万吨以上，产值超10亿元，在辽南地区具有举足轻重的影响，并成为全国重点耐火材料生产企业之一。

二、基本情况

海城华宇集团坐落在辽宁省海城市菱镁产业园，铁路、公路网络发达，水路、陆路交通方便。集团占地面积40万平方米，建筑面积24万平方米，拥有资产总额5.7亿元。下设矿产品公司、镁砂公司、镁砖公司、耐火公司、资源再生公司、镁建材公司、进出口公司等7个子公司15个生产厂。现有员工3000人，中级以上工程技术人员208人。是国家首批高新技术企业、海城市纳税5000万元以上企业。产品涵盖了镁质耐火材料全系列，销往国内20几个省市自治区及欧美、东南亚、非洲等20几个国家和地区。

三、主要产品及工艺装备

（1）矿产品公司：拥有大型菱镁矿山1座，探明储量2.6亿吨，年产镁石70万吨。（2）镁砂公司：拥有轻烧窑103座、重烧窑36座、中档窑11座、高纯窑6座，年产各种镁砂40万吨。（3）镁砖公司：拥有破粉碎生产线1条、压砖机9台、高温隧道窑2条，年产各种镁砖5万吨。（4）耐火公司：拥有不定形耐火材料生产线2条，年产大面料、喷补料、捣打料、炉底料等不定形耐火材料10万吨。（5）资源再生公司：拥有浮选生产线2条，年回收处理矿山尾矿30万吨，可生产20万吨特级菱镁精矿粉。（6）镁建材公司：拥有镁质防火保温板生产线2条，年产镁质防火保温板、装饰板、隔断板等镁建材产品200万平方米。（7）进出口公司：产品销往欧美、东南亚、非洲等20几个国家和地区，年创汇1000万美元。

四、机构与人事

公司现有员工3000多人。总工程师张永禄曾担任国家“六五”、“七五”、“八五”重大课题公关组组长，多次获得国家科技进步奖，有多项耐火材料专著和多项发明专利。

五、企业管理

公司获得ISO9001：2008质量管理体系认证，“高钙低铁镁质干法捣打料”多次获得省市成果奖，2008年起获得高新技术企业认证资格。

六、科研开发

公司与沈阳化工大学、辽宁科技大学、大连建筑材料研究院等院所建立产学研战略联盟，拥有新产品研发中心，实验和检测设备完善。

产品研发方面：相继开发了高钙低铁镁质干法捣打料、$w(MgO)\geqslant 97.5\%$的高纯镁砂等高端产品。975镁砂填补了国内空白，一经推出，受到市场极大欢迎。

自动化、清洁化生产方面：不断投资进行自动化改造和清洁生产改造。自动化改造不但明显缓解了用工荒难题，而且为稳定生产、提高质量创造了条件。清洁化生产改造极大改变了目前镁行业高污染现状，为今后整个行业进行大规模清洁化生产改造探索了道路。

七、销售与服务

公司下游用户包括耐火材料企业、炼钢、铁合金生产企业，并具备炉前施工和总包能力。

尽管目前冶金行业处于低谷，市场整体疲软，但公司生产的镁砂仍然比较畅销，售价保持稳定。

尤其是铁合金矿热炉及炼钢电炉所用的炉底捣打料，更是我公司名牌产品，目前国内著名钢厂和铁合金企业均使用我公司的炉底料。例如炼钢行业的天津大无缝、浙江大红鹰、本溪特钢等；铁合金行业的福建鼎信、广东阳江、中钢滨海、中色（缅甸）达贡山等国内外最大的电炉均为我公司客户，捣打料市场份额超过30%。

鞍钢集团耐火材料公司

一、历史沿革

鞍钢耐火公司始建于1925年，1986年鞍钢试行以目标责任制为中心的分权管理体制，原鞍钢耐火材料厂改称为“耐火材料公司”。1999年成为独立法人单位，同时更名为“鞍钢集团耐火材料公司”。2003年，根据集团公司三炼钢改造总体规划，耐火公司所属西部厂区10.3万平方米整体搬迁。2004年，原鞍钢水泥厂2条年产12万吨活性石灰回转窑成建制划拨耐火公司。2009年8月26日，总投资2.85亿元的鞍钢维苏威耐火材料有限公司B1工厂在耐火东部厂区建成投产。

二、基本情况

（1）人员情况：公司共有职工1948人，其中维苏威合资公司436人。高级职称31人，中级职称71人，初级职称68人，高级技师11人、技师39人、高级工169人、中级工318人、初级工508人。

（2）资产情况：公司拥有固定资产原值6.57亿元，净值2.6亿元，厂区占地面积26万平方米，建筑面积16.3万平方米。主要设备有4座焦炭机械化竖窑、4座气烧机械化竖窑、6条回转窑和21座老竖窑等。

（3）扩建改造情况：一级石灰生产系统改造包括：1987年11月，活性石灰车间成立新建1号回转窑投产；1998年9月，活性石灰2号回转窑投产；2005年5月，投资1亿元的活性石灰3号回转窑投产；2010年12月8日，总投资1.6亿元的活性石灰4号回转窑点火投产。三级石灰生产系统改造包括：2000年末，1号、2号机械化石灰竖窑投产，年生产能力10万吨/台窑；2005年11月，3号、4号机械化竖窑投产，年生产能力10万吨/台窑。2013年8月，4座气烧机械化竖窑开工建设，总投资1.3亿元，年产冶金石灰66万吨，2014年7月份建成投产。

三、主要产品及工艺装备

鞍钢集团耐火材料公司现有冶金石灰生产分厂三个，年产一级冶金石灰、三级冶金石灰等熔剂材料180万吨。耐火材料生产线三条，年生产规模16万吨，其中不烧砖生产线6万吨，镁质生产线5万吨，铝硅质生产线5万吨。

石灰生产线：

（1）石灰一分厂位于耐火材料公司厂区北部，主要生产三级冶金石灰，产品供应鞍钢股份公司炼铁总厂。主要生产设备有：4座新式机械化竖窑，年生产能力10万吨/台窑；另有4座500吨气烧机械化竖窑，年产冶金石灰66万吨。

（2）石灰二分厂位于耐火材料公司厂区西南，北邻股份公司炼钢总厂三连轧工区，主要生产一级冶金石灰，产品供应股份炼钢总厂西区。主要生产设备有：日产600吨回转窑2条、日产750吨回转窑1条、日产1000吨回转窑1条。

（3）石灰三分厂位于耐火材料公司厂区东部，主要生产一级冶金石灰，供应股份公司炼钢总厂一工区。主要生产设备有：日产200吨回转窑2条，年生产能力11万吨/台窑。

（4）耐火材料生产线。转炉耐材：转炉衬及散料。钢包耐材：钢包永久衬、衬砖、控流组件及散料。精炼耐材：RH插入管、浇注料、ANS罩。中间包耐材：中间包衬材及中包控流组件。铁钩耐材：铁钩主沟及渣沟浇注料及预制件。

现有主要生产设备：不烧砖分厂包括7台摩擦压砖机、2台液压机、1座6洞热处理窑、2台筒式球磨机、5台搅拌机、3条破粉碎系统。铝硅质分厂包括3个振动台、4座热处理窑、5台搅拌机、2条破粉碎系统。镁质分厂包括5台搅拌机、2台雷蒙机、3条破粉碎系统。

四、机构与人事

机构设置：公司领导班子由4人组成。公司机关设“五部一会”，即综合管理部、生产质量部、设备部、财务部、党委工作部、工会。公司下设9个基层单位，其中有三个冶金石灰生产分厂，原料供应分厂、设备检修分厂、运输分厂、实业分厂、机电分厂和后勤服务中心。

五、企业管理

2011年2月取得国家质量监督总局颁发的镁碳砖 MT18C、MT14A、MT14B、MT14C、MT10A、MT10B、MT10C，树脂结合铝镁碳砖 LMT-74、LMT-72 生产许可证；2012年2月24日换版为辽宁省质量技术监督局颁发的镁碳砖 MT18C、MT14A、MT14B、MT14C、MT10A、MT10B、MT10C，树脂结合铝镁炭砖 LMT-74、LMT-72 生产许可证。

六、科研开发

公司拥有较强的科研技术团队，主要承担合资公司新产品研发、在线产品性能改进，原材料和产成品的质量控制，以及理化性能检测。有较先进的实验手段和检测设备。研发团队在炼铁、炼钢和连铸方面用耐火材料进行了专题研究。相继研制开发出几十个品种的耐火材料在鞍钢应用，取得了良好的使用效果。

炼铁方面：研制开发出大型高炉出铁沟浇注料，铁钩预制件和铁钩喷补料及铁水包用铝镁碳衬砖、铁水包沿浇注料和喷补料等。

炼钢方面：研制开发出转炉镁碳衬砖、大面补炉料、出钢口修补料，钢包无碳砖、铝镁碳砖、镁铝碳砖、渣线镁碳砖，钢包透气塞、透气座砖、水口座砖、永久衬浇注料、罐沿浇注料和罐底修补料等。

连铸方面：研制出中间包干式料、喷补料、挡渣墙、挡渣坝、湍流器、中间包座砖及镁质不定形料等。

炉外精炼方面：研制出无铬化 RH 插入管、ANSI 罩。

上述产品已在鞍钢、鲅鱼圈钢厂使用近4年，其中钢包等产品，使用效果良好，能够满足钢厂使用寿命的要求。

七、销售与服务

目前耐火材料公司石灰产品主要供给鞍山钢铁股份公司，合资公司产品主要市场也集中在鞍钢内部。鞍山钢铁本部及鲅鱼圈炼钢生产耐材产品总体计划采购额每年约15亿元，合资公司涉入品种计划采购额约10亿元。

辽宁丰华实业有限公司

辽宁丰华实业有限公司成立于2007年3月，坐落在素有“中国镁都”之称的辽宁省大石桥市，是一家集科研、生产、贸易于一体的综合性企业，是国家镁质材料产业化基地的大型骨干企业。公司注册资金8000万元，年产值超过3亿元，拥有雄厚的产业化基础。公司拥有资产6亿元，员工600余人，其中专业技术人员100人，大专以上学历人员占公司总人数的30%。公司设有省级技术中心，每年技术投入占销售收入的5%以上。近几年，公司注重技术创新，提高产品的科技含量，研发出多种镁质定型、不定形耐火材料产品。2008年公司被辽宁省人民政府授予最佳诚信企业；2009年公司被市政府授予“经济发展贡献突出单位”、省级企业技术中心；2011年公司成功申报国家科技支撑项目“菱镁矿高效利用绿色生产技术”；2012年公司荣获营口市科学技术一等奖，建成的辽宁镁质材料工程中心，主要用于科技创新和技术改革。

辽宁丰华实业有限公司下辖：辽宁丰华矿业有限公司、江西博丰耐火材料有限公司、辽宁华瑞实业有限公司、大石桥市信威耐火材料有限公司、辽宁西姆丰华耐火材料工程技术有限公司、辽宁丰华科技有限公司等六家子公司。

近年来，公司大力组织开展科技创新工作，积极走科技创新型道路。公司于2012年以“大型全密闭节能环保自动化轻烧白云石竖窑技术与装备”项目，荣获营口市科学技术一等奖，该奖项的获得不仅体现了企业在技术上的创新，更体现了企业对科学性、先进性的要求。在2012年初，公司在管理上突出了创新优势。为了保证公司档案的正规化管理，保证档案正常进出使用，公司对档案部进行整改，成立专门档案管理小组，并被评为“辽宁省企业科技事业档案工作规范化管理等级评估AA级企业”。

2011年3月，我公司成功申报菱镁矿高效利用绿色生产技术，该项目符合科学技术部社会发展科技司《关于征集“十二五”国家科技计划社会发展科技领域项目需求的通知》中资源领域“矿产资源高效勘探与开发技术”方向，是国家科技部领导和辽宁省政府领导会商的重点支持项目，目前已被国家科技部列入“十二五”首批重点支撑攻关项目，已经开始实施，该生产设备建成后，将成为重烧氧化镁生产的又一新装备、新技术，通过窑炉的建造以及对原生产工艺流程和设备的改进，该项目正式投产后，在菱镁行业迅速发展，为节能环保、资源整合利用、提高生产效率起到了决定性重大示范作用。可靠的产品质量、周到的售后服务、良好的信誉获得广大用户的一致好评。

辽宁丰华实业有限公司在以董事长史树威为核心的领导班子的管理下，公司获得国家ISO9001质量管理体系认证和ISO14001环境管理体系认证。质量是企业运营的保障，丰华公司本着诚信的原则，进行生产经营活动。公司的工业产品以炼钢用镁质耐火材料、冶金炉料、炼钢铁水预处理用脱硫喷枪、钝化颗粒镁粉等为主，矿山产品以铁矿石、铁精粉为主。公司拥有国内先进的冶金耐火材料生产线，其中拥有大型生产设备160余台，先进的检测设备30余种。年生产镁碳砖、铝镁碳砖、铝碳化硅砖等7万吨，滑动水口系列砖5千吨，冶金用各种不定形耐火材料4万吨。年生产高铁高钙镁砂5万吨，优质轻烧造渣镁球10万吨，终渣改质剂3万吨。拥有储量1500万吨铁矿山一座，年开采铁矿石40万吨，年产铁精粉15万吨；专业生产钝化颗粒镁粉和涂层颗粒镁粉2万吨，铁水预处理脱硫喷枪2000支。

公司是科研先导型企业，下设技术中心和钢铁冶金脱硫研究所，2009年公司技术中心被评为省级企业技术中心。本中心坚持"以技术为中心，以质量为保证，以人才为核心"的原则，在拥有镁质材料的研发基础上，不断开拓其他具有市场潜力的新产品储备新技术，尤其是开发一些有高附加值的产品。充分利用现有资源，与国内外有关企业、院校进一步合作，促进资产、技术、人才等方面的流动与融合，保持企业活力，促进企业发展，力争成为国内同行业中的优秀企业和耐火材料行业的研发中心。公司长期与东北大学、辽宁科技大学、北京大学、武汉科技大学、北京矿冶研究总院、沈阳工业大学等院所开展技术交流，建立产学研联盟，聘请知名专家、教授为技术指导，研发出多种定型、不定形耐火材料产品。计划1~2年镁钙质浇注料、镁钙质不烧砖、镁碳质浇注料等新型镁质散装系列材料的应用及脱硫喷枪系列产品开发；利用3~5年开发镁质材料在污水处理的应用；新型镁化工系列产品如纳米级氧化镁粉的研究，利用废弃耐火材料实现可持续发展。公司每年投入500余万元设立研发专项基金，用于新产品开发与研制工作，并对重大科技攻关项目、工艺攻关、单项攻关等项目进行激励，每年设立20万元作为科技奖，奖励具有独立知识产权的项目和科技工作者。

公司拥有"脱硫脱磷单混喷吹枪"、"铁水预处理脱硫搅拌头"及"碱浮渣脱磷剂的制造方法"三项专利，其中钝化颗粒镁粉、"信威"牌滑动水口系列砖被评为"辽宁名牌产品"，铁水脱硫喷枪注册"中国枪王"商标，高纯氧化镁及镁合金板的研发填补了国内市场空白。2012年公司成功获得"自动出料锁风装置"、"自动卸料锁风装置"、"新型全自动化环保节能机械化竖窑"三项实用新型专利，为公司的技术改进奠定了坚实的基础。我公司倡导从产品开发、设计、生产到现场施工并跟踪技术服务的整体承包营销理念，在打造优质产品的同时，建立了一支优秀的售后服务队伍。在此基础上，公司被辽宁省人民政府授予最佳诚信企业，企业信用等级"AAA"，并在2011年，被中国耐火材料行业协会授予"企业信用评价AAA级信用企业"。

实施信息化在企业管理上起着必要性作用。辽宁丰华实业有限公司科技展厅电子商务信息化建设得到了社会各行业的一致认可与好评。我国企业信息化应用总体上仍处于初级起步阶段，各个企业无论在信息化基础设施建设、应用水平，还是电子商务的认知度、参与程度等方面都远远落后于发达国家，特别是中小型企业的信息化市场亟须开发。我公司引进了电子磅微机称重、监控管理系统、金蝶ERP软件、DCS集散控制系统和MES生产实时系统等，企业深刻认识到，提高企业管理水平，最大限度地降低运行成本，需要不断地更新企业信息化系统内容。企业信息化需要即时更新换代，现在的信息网络本身成了重要的劳动工具，越来越多的商务沟通与交流都通过互联网。同时，信息化成为高科技的主要代表，它对经济和社会的渗透作用和带动作用不断强化，这些改变都会提升中小型企业对企业信息化的关注度和资金投入，信息化也必将成为企业未来发展的基础动力。企业投资1200万元建设科技研发中心，增加了科技研发方面的经费支出，保证企业自身科研项目的可持续发展。同时，企业投资了195万元推进科技展厅电子商务信息化建设项目，包括数字互动产品介绍系统、互动触摸系统、大屏幕企业宣传系统和中控系统。这四个系统建成整合后，将成为企业对外宣传、内部员工培训和内部信息交换的互动平台，将大大提高企业工作效率，降低企业各部门运行成本。

近三年来，公司经营业绩逐年上升，处行业内领先水平。公司注重产品质量，已获得国家

ISO9000 认证，得到客户的一致好评与认可。6S 生产管理经验已经成为公司管理的基本制度体系。公司 2012 年资产达 3 亿元，营业收入达 2.5 亿元，共获利润，利税 1500 万元以上。

辽宁丰华实业有限公司按照现代化企业管理制度，实施标准化管理。注重以员工为本，实施人性化管理；注重特色企业文化建设，塑造企业形象，注重产品科研开发，铸造丰华品牌！坚持走科技创新型发展道路，跟紧国家发展战略政策，计划 3～5 年完成创新式飞跃。秉持“尊重、务实、创新、超越”的核心理念，使得公司持续发展！

海城镁矿耐火材料总厂

一、历史沿革

海城镁矿耐火材料总厂（简称“海镁总厂”）坐落于辽宁省海城市牌楼镇。成立于 1951 年，具有 60 多年的发展历史，是从事菱镁矿开采和镁质耐火材料生产的专业化工厂，曾经为国家的经济建设做出过重大贡献。企业原隶属冶金工业部、鞍山市国资委，2014 年隶属海城市。

二、基本情况

海镁总厂是集采矿、轻烧、重烧、制品于一身，具备生产各种耐火材料生产工艺及技术，形成产、供、销于一体的大规模镁质耐火材料生产企业。

进入 90 年代以后，由于受各种因素影响，连续多年亏损。自 1997 年以来，海镁总厂在新领导班子的带领下，发奋图强，率领广大职工进行全方位的深化改革，在生产经营中坚持滚动发展，效益优先的原则，扩大销路好、效益高产品的生产规模，使生产经营状况明显好转。2000 年末实现扭亏持平；2003 年海镁总厂重新崛起，列入鞍山市 30 强企业；2004 年后，海镁总厂全体职工解放思想、克难奋进，不断加大技术改造力度，优化资源配置、加快企业改革步伐，扬长避短、创造优势、实施科学的营销策略，加强管理，坚持自强、奋进、创新、发展的企业精神，使企业的整体盈利能力得到很大提高。在建设鞍山一个基地三大产业布局中，寻求和抢占菱镁矿产品深加工基地的龙头地位。

海镁总厂具有丰富的菱镁矿资源。矿石质地优良、品位高，且分布集中，矿床大而厚，埋藏浅；开采成本低，经过几十年的发展，已经形成了一定规模。海镁总厂拥有一流的设备，并拥有一批在国内外市场有竞争力的产品和技术，现已开发出各种耐火材料原料的系列产品，在国内居领先水平，其中几项填补了国内空白。有适应市场经济良好的运营机构。有得天独厚的区域优势和良好的开放环境。地理位置优越，交通运输方便。有巨大的发展条件。

海镁总厂总占地面积为 625 万平方米，分金家堡子厂区、高纯厂厂区、下房身厂区。金家堡子厂区占地面积 416 万平方米，包括矿山和生产厂区。其中矿山占地 392 万平方米，厂区占地 24 万平方米，是海镁总厂的主要生产区；高纯厂厂区坐落于海岫公路西侧，占地面积 52.4 万平方米，是海镁总厂主要厂区之一。下房身厂区包括采场、办公场所及为生产提供辅助服务的服务区。

三、主要产品及工艺装备

海镁总厂的产品主要有：天然菱镁石、电熔镁砂、高纯镁砂、中档镁砂、轻烧镁粉、普通镁砂、浮选精矿、精矿球、普球等。

海镁总厂具有得天独厚的菱镁矿资源，其总储量大约为 8.3 亿吨，其中 $w(MgO) \geq 46\%$ 的优质矿石占 48% 以上。菱镁矿品位高，储量大。采区主要由下房身采场和金家堡子采场组成，采场东西延长 3500 米，矿体宽 500 米。矿山开采采取自上而下水平分层、平行推进分段式的露天开采，采场阶段高 10～12 米，矿山开采全部采用大型机械化作业。目前矿石年开采量为 226 万吨左右。

海镁总厂具有先进完整的生产工艺，主要生产设备有：采用国外先进技术自行建造的高温油窑 8 座、电熔镁窑炉 36 座、普通镁砂窑 16 座、轻烧反射窑 66 座，散装料生产线 2 条、高纯炉料生产线 6 条、浮选生产线两条，竖窑轻烧 4 座，镁砖生产线 1 条，并有完整的生产配套设施。38 公里准轨铁路专用线与沈大中长路接轨；海镁总厂距大连港 300 公里、距营口港 100 公里。丹锡高速牌楼入口与总厂仅 2 公里，与沈大高速相连，形成密集、便利的高速交通网络。周边临近通港大道、海岫公路等，交通十分便利，为镁质材料业的发展提供了良好的物流条件。

四、机构与人事

海镁总厂下设产、供、销及生产服务、管理等各个处室及部门，相互分工协作。海镁总厂有较高水平的生产经营管理者和素质较高的职工队伍，有自己的技术研发基地并具有较强的技术攻关力量，现有各类技术干部500多人，其中：中高级职称人员180多人。

五、企业管理

海镁总厂是通过ISO-9001国际质量认证体系认证的单位，严格遵照ISO：9001国际质量认证体系规定的制度和程序进行生产监控。切实体现通过工作质量，保证产品质量，最终满足客户需求。

六、科研开发

加快技术改造步伐，强化管理、深挖潜力、节能降耗，增加生产低能耗、少污染、高效益的产品，使海镁走向新型工业化道路。同时，把制度创新和管理创新作为一项重要工作目标。

实施人才战略。2014年海镁总厂从辽宁科技大学等科研院校引进十余名毕业生，充实海镁的人才力量，增强企业活力。随着改革进程的不断深入，改革分配制度，在企业效益递增职工收入不断提高的基础上，重点向科技人才倾斜，增加他们的收入，以激励他们为总厂尽心竭力地工作。

七、销售与服务

海镁总厂有较强销售能力和稳定的销售渠道，企业具有出口权，中国冶金进出口辽宁镁矿公司是海镁的进出口企业，直接办理各种进出口业务。总部设在鞍山，在大连港、鲅鱼圈港和营口港都设有对外办事处。海镁总厂有完善的销售与服务体系，为客户提供全方位的售后服务，最终达到客户满意。

海镁总厂视用户为“上帝”，重合同，守信誉。“海美”牌产品得到了国内外广大用户的认可，畅销钢铁、有色、机械、化工、建材等行业，远销欧美、日本、东南亚、中国香港等二十多个国家和地区。

海镁总厂热忱欢迎国内外厂商同我们进行技术合作。洽谈贸易、进行新产品研制开发、共同发展、共创大业。

营口永吉麦格新型耐材有限公司

一、历史沿革

公司创建于80年代初，20余年的耐火材料产品生产制造经验，源远流长的历史背景和企业文化孕育了企业深厚的人文底蕴，在岁月中锻造的风雨历程给予了企业钢铸般的实力。

公司年产各类耐火材料六万吨以上，产值超二亿元，在行业内具有一定影响的企业，并成为全国重点耐火材料生产企业之一。

二、基本情况

营口永吉麦格新型耐材有限公司坐落于素有“中国镁都”之称的辽宁省大石桥市，是一家集科研、开发、生产、销售于一体的镁质耐火材料公司，是营口金辉集团的一个子公司。这里人杰地灵，物华天宝，地理位置优越，菱镁资源跻身世界四大矿藏之列，紧邻渤海湾，水陆交通便捷，五条电气化高速路贯穿全境，中国一级的铁路枢纽站，把永吉耐材优质产品源源不断地运送到世界各地。营口永吉麦格新型耐材有限公司创建于2001年，占地面积19万平方米，拥有3476万元固定资产净值，下设黏土高铝、滑动水口、散状料3个生产车间及机械制造分厂和产品开发研究所，现有职工200人，是全国重点耐火材料生产企业，专为钢铁行业及其他热工窑炉提供系列定型和不定形耐火材料产品。

三、主要产品及工艺装备

公司拥有摩擦压力机几十台，行星式混炼机2台，高速混炼机4台，不定形耐火材料生产线1条，浇注预制件生产线1条，全自动电控干燥窑7条等。主要检测设备有：德国进口X射线荧光光谱仪1台、抗压试验机、抗折试验机、定碳分析仪、热膨胀仪等。特别是2012年公司领导审时度势，在全球经济危机爆发时高瞻远瞩，将公司的摩擦压力机改造成自动电子成型压力机，既节约了人工成本和维修费用，又增加了设备的安全系数，对企业的安全生产起到了一定的推动作用，在同行业处于领先水平，雄厚的技术力量，严谨的工艺流程，先进的生产设备，一流的检测仪器，铸就企业的产品质量一次又一次地实现突破性提升。

公司拥有自己的电熔镁砂厂，为生产定型及不定形耐火材料提供优质的原料。2001年，公司与美国因特资源集团合资成立，现年生产能力六万吨，其中不烧砖制品4万吨，主要产品有镁碳砖、铝镁碳砖、铝碳化硅碳砖、出钢口砖等；不定形制品两万吨，主要产品有喷补料、捣打料、补炉料、涂抹料、振动料等10余种产品。

四、机构与人事

公司现有员工200人，各类工程技术人员58人。其中技术人员中高级工程师9人，硕士以上学历的1人。总经理李季先生多次被营口市人民政府评为优秀企业家，优秀企业经营者，现在还担任市人大代表。

五、企业管理

营口永吉麦格新型耐材有限公司是国内最早通过ISO9001：2000国际质量管理体系认证，并获取全国工业生产许可证的诚信单位，严格执行整理、整顿、清扫、清洁、素养5S推进，坚持以素养为核心。公司优化企业团队建设，拥有一支年轻化、专业化，乐于奉献，勇于拼搏的管理、生产、销售为一体的核心队伍，共同为永吉麦格的腾飞规划蓝图。企业产品质量得到广大用户的认可，部分产品达到国际先进水平。

六、科研开发

公司与武汉科技大学、辽宁科技大学合作组建了实验室，拥有新产品研发中心，实验和检测设备完善。公司相继研制开发了低碳砖、无碳砖、钢包用系列耐火材料等，满足了本钢各类高炉基建、大中修和生产用耐火材料的需要。以良好的外观和实物质量得到本钢、新疆八一钢厂的普遍认可，在整体承包的各钢厂上使用，受到总包方和业主单位的一致好评。

七、销售与服务

营口永吉麦格新型耐材有限公司具有良好的经营业绩，在同行业中占据领先地位，即使在经济危机的严峻形势下，都取得较好的经营成果，年销售额，年均利润，人均产值等综合指标都居同行业领先地位，为地域经济发展做出了贡献。作为在改革开放中发展起来的非国有企业，认真履行自己的社会责任，积极参加各项公益活动，受到社会的普遍好评。在行业活动中认真履行行规，坚决反对无序竞争，在业内受到好评，被行业协会等推荐为首批30家耐火材料整体承包综合实力最佳企业。产品畅销本钢、鞍钢、新疆八一钢厂等全国各大钢铁集团，并出口到欧美、俄罗斯、日韩等国家和地区。产品性能稳定可靠，为提高炉包使用寿命，为钢铁企业降低吨钢成本做出了巨大贡献。

辽宁金鼎镁矿集团

一、历史沿革

辽宁金鼎镁矿集团成立于1918年，至今已有90余年的生产历史，其前身是鞍钢大石桥镁矿、辽宁镁矿公司大石桥镁矿耐火材料厂、冶金部大石桥镁矿耐火材料总厂、辽南镁矿耐火材料厂，是一个集采矿、运输、冶炼、成型、新产品开发、检测及精细化工为一体、以生产耐火材料为主导，兼营化工、金融、建材等产业的新型企业集团。

二、基本情况

集团占地14.2平方公里，资产总额74亿元人民币，现有员工4000人，各类专业技术人员500人。总部位于“中国镁都”——辽宁省大石桥市，地理位置优越，交通运输畅通发达。距沈大高速公路10公里；距哈大公路7公里；距东北大动脉中长铁路7.5公里；距鲅鱼圈港35公里；距高铁营口东站12公里，驱车一个半小时可分别到达沈阳或大连国际机场；5个半小时即可到达北京。集团下设辽宁金鼎镁矿集团有限公司、大石桥金鼎轻烧镁制品有限公司、辽南镁矿耐火材料厂、营口汇诚镁业有限公司、营口陈家堡子矿业有限公司、辽宁金鼎镁矿集团进出口有限公司、大石桥金鼎机械制造有限公司、大石桥金鼎运输有限公司等子公司。

三、主要产品及工艺装备

集团资源丰富，设备数量、自动化、半自动化水平居全省同行业前列。拥有华子峪镁矿、青山怀镁矿、陈家堡矿三座大型矿山，自有铁路专用线68公里，与东北大动脉中长铁路接轨，拥有大型矿山采掘设备，从日本引进的3000吨抽真空液压压砖机全自动生产线，10台国产大吨位摩擦机，1座 ϕ2.2m×38m回转窑，40座1600 kV·A 7级调压变压器电熔炉，20座新型轻烧粉窑炉，具有国内领先水平的高纯镁砂窑2座，ϕ3.4m两段式热煤气站1座，德国进口辊式致密压球机1台，年产10000吨金属镁生产线，LQY5.0压球机3台，ϕ3.2m两段式冷煤气炉2台，Mg还原罐离心铸造机2套，蓄热式镁精炼生产线一条，单面双排双蓄热54罐镁还原炉6座，回转窑水泥生产线2条，4辆机车、车辆数十台。

集团主导产品有镁砂、镁砖两大系列20多个品种，服务于钢铁、有色金属、建材、玻璃等行业，年产菱镁石150万吨，白云石180万吨，高纯镁砂12万吨，电熔镁砂20万吨，镁碳砖3万吨，不定形耐火材料3万吨，轻烧粉20万吨，镁化工产品5000吨，金属镁1万吨。

四、机构与人事

集团现有员工4000人，各类专业技术人员500人，其中高级工程师9人，工程师237人，硕士以上学历6人。

五、企业管理

集团通过中国冶金工业质量体系认证中心ISO9001—2008国际质量体系认证，产品在国家工商行政管理总局注册“金鼎”商标，荣获营口市名牌产品、辽宁省名牌产品称号，集团荣获“营口百强企业”、“大石桥市七星级企业”等荣誉称号。

六、科研开发

集团先后与鞍山科技大学、天津化工研究院、北京科技大学、武钢耐火材料公司、奥镁公司等科研机构和生产企业进行了广泛的技术合作与交流，拥有中间试验厂和全套检测装备的检测中心等，是耐火材料产品检测、试验定点单位。特种电熔镁砂（$CaO/SiO_2 \geqslant 2$）产量居世界首位，生产技术和质量均为世界领先水平。

七、销售与服务

集团拥有进出口经营权，金鼎产品除满足国内市场外，还远销奥地利、德国、美国、乌克兰、日本、新加坡等20多个国家。

辽宁中镁控股股份有限公司

辽宁中镁控股股份有限公司（证券简称：中镁控股　证券代码：831621）坐落于“中国镁都”辽宁省大石桥市，菱镁矿资源丰富，地理位置得天独厚，是一家集科研开发、生产、销售及技术服务于一体的综合性现代化企业。

公司创立于1989年，历经20多年不断发展壮大，现在除公司本部外，下设还有辽宁中镁高温材料有限公司、营口中耐装备技术有限公司，营口关山耐火材料有限公司三家全资子公司，现有员工1200多人，占地28万平方米；拥有镁碳砖、烧成砖、散状料生产线；电熔镁砂、重烧镁砂、合成镁砂等耐材原料生产基地；以高品质碱性耐火材料为主导产品，产品覆盖钢铁冶炼、重型机械、有色冶炼、玻璃熔炼、水泥窑炉等使用碱性耐材的全部领域；年生产电熔镁砂、合成镁砂、镁碳砖、烧成砖、不定形制品30万吨。

公司的产品远销韩国、日本、美国等20多个国家，在国内与40多家大中型钢铁企业建立了长期稳定的供需合作关系。公司率先在国内实现了对转炉、电炉、钢包、中间包等炼钢炉的整体承包，为钢铁企业和其他建材企业提供一站式服务，依靠优良的产品品质和完善的产品售后服务，在耐火材料行业树立了优秀的品牌形象。

公司是国家级高新技术企业，拥有雄厚的技术实力和完善的管理体系。现已拥有发明专利和实用新型专利20余项，并通过了ISO9001质量体系、环境管理体系认证，取得了安全标准化管理证书，耐火材料一级优秀承包商证书，辽宁省诚信示范企业等一系列资格证书和荣誉。

自成立以来，公司始终秉承“水远诚为岸，山高德为巅”的经营理念，以优质稳定的产品和独特周到的服务赢得了国内外客户的广泛好评。

辽宁中镁控股股份有限公司，愿与您携手共创美好未来！

山西盂县西小坪耐火材料有限公司

一、历史沿革

山西盂县西小坪耐火材料有限公司创建于

1989年，经过近二十多年的发展，已从单纯生产硅质耐火材料产品发展成为年产80余万吨焦炉硅砖、热风炉硅砖、高铝砖、黏土砖、轻质隔热砖、干熄焦用砖等，各种浇注料、铝矾土骨料、不定形耐火材料，天然莫来石、合成莫来石及合成铝矾土料、烧结高铝矾土料耐火材料制品的生产厂家，产值超5亿元，在行业内具有一定影响力，并成为全球最大的硅质耐火材料生产基地。

二、基本情况

公司坐落于中共第一城、百团大战战争遗址、忠义文化发祥地藏山的所在地——山西省阳泉市盂县。依托当地石太高铁、太阳高速、阳五高速，以及正在建设的阳泉西北环高速，交通十分便利。山西盂县西小坪耐火材料有限公司创建于1989年，占地面积30万平方米，拥有6亿元固定资产净值，下设10个生产车间及机械制造分厂和产品开发技术中心，现有职工1500人，是全国重点耐火材料生产企业，专为冶金、有色金属、石化、水泥、玻璃行业及其他热工窑炉提供系列定型和不定形耐火材料产品。

三、主要产品及工艺装备

公司现有各类产品生产线十条。主要生产设备有50吨大干碾18台，1500×5700球磨机12台，自动除铁系统30套，自动配料系统20条，1500×400混碾机60台，300～600吨程控压力机93台，隧道窑干燥220条，180米隧道窑9条，128米隧道窑3条，68米隧道窑1条，全部采用数字化控制天然气烧成，以及最先进的数控机床进行模具加工。投资2.4亿元的100万吨一期工程（20万吨）新型合成耐火材料生产线已顺利建成到试产阶段。

主要产品有焦炉硅砖、热风炉硅砖、高铝砖、黏土砖、轻质隔热砖、干熄焦用砖等，各种浇注料、铝矾土骨料、不定形耐火材料，天然莫来石、合成莫来石及合成铝矾土料、烧结高铝矾土料。其中焦炉、热风炉硅砖25万吨产能。高铝砖、黏土砖、轻质隔热砖、热风炉用砖、干熄焦用砖等15万吨产能。各种浇注料、铝矾土骨料、不定形耐火材料20万吨产能。天然莫来石、合成莫来石及合成铝矾土料、烧结高铝矾土料25～30万吨产能。

四、机构与人事

现拥有员工1500人，其中教授级高工5名，高级工程师30名，工程技术人员360余人，拥有专利33项，其中发明专利5项，外观专利18项，实用型专利10项。董事局主席武本有是阳泉地区耐火材料杰出领头人，并享受阳泉市政府特殊人才津贴。

五、企业管理

公司产品通过了ISO9001：2008质量体系、ISO14001环境管理体系、GB/T18001职业健康安全管理体系认证。产品曾获中国国际专利与名牌博览会金奖和中国国际专利与产品交易会金奖，是山西省著名商标和省名牌产品，并荣获中国耐火材料行业协会AAA级信用评价称号。

六、科研开发

山西盂县西小坪耐火材料有限公司，依托当地资源优势，不断研发新产品系列，将得天独厚的五台山胶结硅石、优质铝矾土的特点与先进的科学技术融为一体，拓展资源优势，推陈出新，生产出具有西小坪耐火材料公司特色的产品。企业与洛耐院等8所科研机构建立了产学研合作机制。产品技术发展水平、大型焦炉市场占有率国内领先，是国家耐火材料标准化技术委员会副主任委员，是中国耐火材料行业协会副会长单位，山西省转型发展百强潜力企业，山西省高新技术企业，被中冶焦耐工程公司定位大型焦炉用砖定点生产厂家。

七、销售与服务

山西盂县西小坪耐火材料有限公司采取多种形式加强产品研发和工艺装备的投入，年产达到80万吨以上的系列产品能力。产品除销往国内各大型钢厂、焦化厂、碳素厂以及有色冶金、石化行业外，同时远销日本、美国、加拿大、津巴布韦、巴西等国，赢得了用户的一致好评和信赖。今天的质量就是明天的市场，在生产与发展中，始终以科技指导生产，以质量求效益，信誉求生存。以干一项工程，树一座丰碑，交一批朋友，占一片市场的经营理念，打造品牌，面向市场。一个以耐火材料为主的工业园区已经形成，将为冶金、炼焦及耐火材料行业的发展做出更大的贡献。

通达耐火技术股份有限公司

一、历史沿革

通达耐火技术股份有限公司（以下简称“通达耐火”或“公司”）为北京金隅股份有限公司（02009. HK、601992. SH）成员单位，始建于1981年，其前身为北京市海淀通达浇注料厂，1999年改制为股份制公司，成立北京天坛股份有限公司通达耐火技术分公司；2006年5月公司注册成立北京通达耐火技术有限公司，2007年引入战略投资者私募增资，并发起成立北京通达耐火技术股份有限公司。在公司发展过程中，2003年投资成立北京通达耐火工程技术有限公司，2007年控股合作巩义市中原耐火材料有限公司（即“巩义通达”），2009年成立贵阳分公司，并以阳泉金隅通达高温材料有限公司为平台实施均质耐火原料项目。公司在新型耐火材料领域，形成了基础研究、工程设计、产品研发、规模化生产和专业化技术服务的完整体系。2010年，公司更名为通达耐火技术股份有限公司。2013年公司在山东淄博注册成立分公司，打造三位一体综合服务基地。

二、企业概况

2012年，公司进行增资扩股注册资本逾2.85亿元，公司总资产超过10亿元。注册主要经营范围为：研发、生产、销售各类新型耐火材料；技术咨询、技术服务；各型炉窑耐火材料的设计、修砌及维护；及上述产品的进出口业务。

通达耐火系国家火炬计划重点高新技术企业，为行业综合竞争力最强的科技先导型企业之一。公司拥有行业最先进的技术中心，2006年设立博士后科研工作站，2009年被认定为国家级企业技术中心，2012年建立企业院士专家工作站，公司现有3个省级工程（技术）研究中心、2个国家认可实验室（CNAS）。公司打造了一支以技术、工程和运营人才为主体的强大智力队伍，研发团队以硕士、博士、博士后为核心和中坚。公司相继与高等院校、科研院所、行业协会和大型集团合作，在业内率先打造了以企业为主体、市场为导向、产学研用相结合的技术创新体系，目前挂牌成立了北科大研究生教育基地和教学科研实习基地、武科大国家重点实验室培育基地北京研发中心、中国耐火材料行业协会培训中心、全国CFB机组协作网培训示范基地、北京高温材料检验中心等，承担着多种社会职责。公司先后荣获全国五一劳动奖状、全国模范职工之家、北京市先进基层党组织、首都文明单位标兵、北京市优秀院士专家工作站、全国建材行业科技创新先进集体等集体荣誉。

三、主要产品及装备工艺

新型不定形耐火材料是公司的拳头产品，涵盖国民经济四大高温基础行业和新兴节能环保产业，现产品有25个系列近300种产品型号。公司高强耐碱浇注料GT-13NL技术水平为国际领先水平，国内水泥市场占有率位列前茅，每年均有大量出口；G-17K、AS-A、GC-18等水泥窑关键部位材料，使用寿命较同类产品具有显著优势；新型高档定型耐火制品是公司的又一支撑产品，大型、特大型炼铁高炉及热风炉用耐火材料，具有较高的技术含量和附加值，其中塑性相结合刚玉复合砖、刚玉氮化硅制品、高纯全红柱石砖成为了我国新一代高炉陶瓷杯、热风炉耐火材料的换代产品，其使用性能如抗铁水、抗渣、抗碱侵蚀方面都大大优于传统产品，可使高炉使用寿命达至15～20年，属行业首创。其中，全红柱石产品在世界最大的我国首座熔融还原炼铁炉——宝钢新建COREX3000立方米炉体内得到了应用，同时还大量的出口到日本、巴西、俄罗斯、印度等国家。2014年公司研制的TD-I型陶瓷杯在原有塑性相结合的技术上，引入有机结合剂形成碳结合，以两种结合方式使刚玉和碳化硅深度复合，制备出氧化物和非氧化物复合材料，具有低气孔、高致密、适度的导热性能高的抗渣铁冲刷性能及极好的热震稳定性，可适用于大高炉陶瓷杯中，特别是经济料冶炼的高炉陶瓷杯中。公司大力开发节能、环保、长寿命的高性价比绿色耐材产品，创新性无铬碱性制品系列，技术先进、性能优异、使用成熟，其中镁钙锆制品在河北某2500T/D新型干法窑烧成带上安全使用12个月以上，创下了国内新高。公司自主创新的矾土基均质耐火原料技术体系，综合利用资源发展原料工业，致力于为制品工业提供绿色、均质原料，并已全面进入市场应用。

装备与工艺方面，公司1999年承担的北京市火炬计划项目实现了行业不定形耐材生产的工业化、标准化；2004年通达中原公司投产的定型制品技改项目，核心装备从国外引进，推进了制品生产的节能、环保和均质，2005 年投产的新线项目进一步推进了不定形耐材生产的信息化和管控一体化；2009 年投产的 5 万吨/年高档耐火制品生产线一期项目，高温隧道窑、自动转运系统、高端均化设备等均国外进口，烧成温差波动不大于 5℃，推动了行业技术装备水平实现新的跨越；2010 年公司建设的阳泉通达年产 15 万吨均质合成耐火原料项目，核心工艺装备体系集成创新，该项目还被列为国家火炬计划项目。

四、机构与人事

多年来，通达耐火不断完善公司法人治理结构，按照现代企业制度要求，规范公司股东会、董事会、监事会和经理层的权责，董事会在公司治理中发挥核心作用，董事会对股东会负责，维护股东的权益；董事会与股东、监事、经理层以及外部相关组织进行及时、有效的沟通，协调好各方面的工作。董事会授权总经理履行经营管理者职责，实行生产经营活动负责制，负责年度经营目标的实现，促进了公司的稳步、健康发展。公司北京本部有十余个职能部门，统筹管理各生产基地与服务基地的协同运行。公司党委书记、董事长冯运生，董事、总经理李平，其中公司带头人冯运生同志曾获得“北京市优秀思想政治工作者”、“首都劳动奖章”、“全国建材行业劳动模范”、“全国劳动模范”、“北京市群众心目中的好党员”、“北京市优秀党务工作者”、“全国优秀党务工作者”、“全国建材行业改革开放三十周年代表人物”、中国耐火材料工业“杰出耐火人”等荣誉称号，并于 2009 年庆祝中华人民共和国成立 60 周年庆典活动中，作为行业唯一代表，站在“工业发展”庆典彩车上，接受了党和国家领导人的检阅。

公司长期秉承“以人为本、科技兴企”的发展理念，通过多年的人才队伍建设，打造了一支富有创造力的科技队伍。截至 2013 年，公司本部从事研究与试验发展等科技活动的人数即占员工总数的 40% 以上，且 80% 以上拥有大学以上学历，硕士以上人才近 70 名。在人才引进上，平均每年有数十名专业人才进入公司，且每年均有博士进站开展博士后科研工作。公司党委实施“三培养”政策，把党员培养成业务、技术骨干，把业务、技术骨干培养成党员，把党员骨干培养成复合型经营管理人才，使人才在公司实现全面发展。

五、企业管理

公司运用现代企业管理制度和流程，始终保持企业高效、规范运营，并倡导“简单、轻松、和谐”的管理理念，使员工与企业共同发展、共赢成长，实现了企业高技术性和高成长性。在微观运行和管理上，一是大力推进信息化，推进“两化”融合，广泛利用现代信息技术、信息资源，建立信息网络系统，实现对管理资源的优化配置，由此不断提高企业的管理水平、运营效率和经济效益，荣获了北京市“两化综合集成”优秀示范企业称号。二是高度重视精细化管理、科学管理，以现代管理活动开展为载体提升企业管理水平。多年来，公司围绕效率提高、质量保证、安全环保、降低成本等课题深入、持续开展企业管理活动，包括改善提案、5S 活动、TQM 活动、KYT 活动（危险预知）、TPM（全员生产保全）活动等。通过融合力量、全员参与、自主改善和持续提升，大处着眼，小处着手，员工智慧和活力得以充分发挥。管理活动的开展使得公司的质量、安全、能效等指标始终处于优化水平，也体现了公司在新时期开展企业民主管理的创新实践。目前，公司的精细化管理已经成为企业的核心竞争力之一。

六、科研开发

公司把科技创新作为企业发展的核心驱动力，每年技术创新投入占销售收入比重达 5% 以上。公司依靠强大的技术团队、完善的研发设备、富有活力的考核激励机制，形成了持续的自主创新能力和核心技术，近三年获得授权的专利数量达 52 项、已受理的专利数量达 81 项，占据着行业技术制高点。近几年，公司科技人员在国内外核心刊物上发表论文 50 余篇，被 EI、SCI 收录 10 篇。公司先后主持起草了 GB/T 14983—2008、GB/T 4513—2000、DL/T 777—2001、SH 3531—2003、YB/T 4129—2005 等国家与行业标准。

通过持续的技术创新，公司一批高、精、尖产品服务于主流市场领域。水泥行业，公司水泥窑用耐火技术在国内处于领先地位；冶金行业，进入了该行业关键设备的高端市场领域；电力行业，循环流化床锅炉配套耐火材料与整体方案处于行业领先水平；石化行业，轻质隔热和重质耐磨耐火高档材料市场服务面广泛；垃圾焚烧行业，形成了适用不同垃圾焚烧炉型的耐材配套产品体系；余热发电行业，掌握并拥有了整体配套的全部技术；航空工业，开发并应用了适用于航空热压装置的特耐砖；合成耐火原料为国内首创，已形成全系列产品市场应用阶段；材料与工程设计领域，形成了国际一流的完整耐火工程与应用设计成果；先进施工工艺领域，公司自主创新的耐火喷涂技术步入广泛的市场应用。

七、服务业务

通达耐火把服务视为持续发展的保障，致力于为快速发展的高温行业提供"安、稳、长、满、优"的高质量服务，不断提升服务的专业化、个性化和贴身化水平。公司在业内率先推出"通达·耐火系统"服务体系，即向高温行业提供集诊断咨询、耐火设计、耐材研发、产品制造、整体配套、工程实施等于一体的EPC服务体系，这既是公司长期技术创新、服务创新、营销模式创新的集合，又是代表传统行业向"生产性服务企业"转型的成功典型案例，被评为2009年北京市企管现代化管理成果一等奖。在水泥行业，耐火系统应用于阿联酋ABMC10000TPD等10个国内外同量级水泥窑，为代表水泥行业全球顶级水平的高端项目提供从炉衬设计到材料整体配套的全面服务，所服务的沙特利雅得水泥项目还受到了国家领导人的肯定，为国家赢得了荣誉；石化行业，通达·耐火系统应用于国内第一个"大炼油+大乙烯"项目，中石油新疆独山子石化工程，并在"川气东送"节点项目普光气田全面应用；电力行业，通达·耐火系统凭借领先的设计和集成服务方案，独家服务于国内电气集团总承包的国外10台大型循环流化床（CFB）锅炉耐火整体服务项目；在冶金、节能环保等高温行业，通达·耐火系统都形成了自身独特的技术与服务优势，实现耐火材料全生命周期管理。

北京利尔高温材料股份有限公司

一、企业概况

北京利尔高温材料股份有限公司成立于2000年11月8日，坐落于北京市昌平区小汤山工业园，公司是一家集高温工业用耐火材料的研究开发、生产制造、工程设计、工程承包和使用维护为一体的国家级高新技术企业。

公司注册资本5.99亿元。2010年4月23日在深圳证券交易所上市（股票简称：北京利尔，股票代码：002392），截至2013年12月31日，公司总资产36.05亿元，净资产27.57亿元，实现营业收入14.81亿元，净利润1.73亿元。拥有洛阳利尔、上海利尔、辽宁利尔、马鞍山利尔、包钢利尔、辽宁中兴、金宏矿业、青岛斯迪尔等13家子公司，其中北京利尔、上海利尔、洛阳利尔、辽宁中兴和马鞍山利尔均为国家高新技术企业。公司通过了ISO9001：2008质量管理、ISO14001：2004环境管理及GB/T 28001—2001职业健康安全管理体系认证。

公司着力于建设"矿山开采—原料加工—制品生产—市场应用"全产业链型的一体化业务架构，为钢铁、有色、石化、建材等高温工业用耐火材料的生产和销售，并承担高温热工窑炉和装备的耐火材料研发设计、配置配套、生产制造、安装施工、使用维护与技术支持等服务。从成立至今，公司在钢铁工业用耐材行业里面，已经成为龙头企业之一。目前公司总产能约为45万吨，包括不定形耐火材料、机压定型耐火材料制品、耐火预制件、功能耐火材料、陶瓷纤维及制品和高纯氧化物烧成制品等六大系列200多个品种，公司的产品结构能够完全满足钢铁等高温工业全流程耐火材料的需要。

公司职工总数2543人，具有大学专科以上学历1380人，其中科技人员881人。公司以"人才强企"战略为根本，注重经营管理人才、专业技术人才的培养、选拔和使用，致力于形成广纳群贤、人尽其才、充满生机与活力的用人机制，积极营建尊重劳动、尊重知识、尊重人才、尊重创造，有利于优秀人才脱颖而出的优良环境，逐步建立了以人为本，公开、公平、竞争、择优的人才选拔任用机制，权利与责任相统一的监督约束机制，业绩与待遇相匹配的考核激励机制，使公司的人力资源优势为企业的可持续发展提供强有力的人才支撑。

公司研发中心为"北京市企业技术中心"，拥有先进的研发手段和完善的检验测试装备，检测中心实验室为"中国合格评定国家认可委员会实验室"（CNAS）。新产品开发实验室拥有各种不定形耐火材料试验设备、定型耐火材料制品试验设备；实验室拥有扫描式电子显微镜（SEM）、顺序式X射线荧光光谱仪、电子分析天平、分光光度计、火焰光度计、原子吸收光谱仪、定碳仪等；以及液压万能试验机、高温重烧炉、快烧炉、高温抗折试验仪、水模试验热震试验炉、高温荷软蠕变试验机、高温热膨胀仪、回转抗渣试验炉、抗CO侵蚀试验炉等；公司还拥有等静压成型机、X-射线无损探伤仪等大型先进的等静压成型设备和无损检测仪器装备；建有国内先进水模拟装备，拥有数学模型模拟实验室，可为冶金企业提供流场、温度场、粒子运动轨迹等模拟实验，为耐火材料设计提供支撑。

公司与北京科技大学、武汉科技大学、西安建筑科技大学等院校保持着密切的合作关系，时刻跟踪国内外耐火材料的应用趋势和国内外钢铁行业冶炼技术的发展动态；与首钢、宝钢、鞍钢、包钢、唐钢、本钢、天津钢管、鞍钢、邯钢等国内大中型钢铁企业建立有长期的新产品开发和技术合作关系，及时开发各种新型耐火材料，不断满足高温工业对优质高效耐火材料的需求。

公司申报发明和实用新型专利96项，获得授权专利65项，鉴定成果30余项，高新技术产品32个，新产品100余种，国家级、省部级各种奖项19项。其中“超纯净钢中间包冶金耐火材料关键技术”于2011年荣获“国家科学技术进步奖二等奖”和“湖北省科技进步一等奖”，达到国际先进，国内领先水平；公司产品“无碳预制块”、“低碳刚玉尖晶石砖”、“免烧的整体复合塞棒”、“优质环保中间包干式料”、“异形中间包复合式整体稳流器”等11项产品于2012、2013年被北京市科委等五部委认定为“中关村国家自主示范区新技术新产品”，达到国内领先水平；2013年公司承担的“无碳刚玉尖晶石钢包工作衬”项目被列入“国家火炬计划项目”。

公司坚持“共利共赢　卓尔不群”的核心价值观、“创新高效　诚信和谐”的企业精神、以“服务客户　创造价值　回报股东　造福社会”为企业使命，致力于打造具有国际竞争力和影响力的知名耐火材料企业集团。

二、　生产运营分析

（1）公司2010～2013年度的生产运营状况见表1。

表1　2010～2013年度的生产运营状况

指　标	2010年	2011年	2012年	2013年
产量/万吨	19.79	22.56	24.46	40.16
销售收入/亿元	7.1	9.2	11.01	14.81

（2）公司近2010～2013年度的生产运营状况分析。公司近几年面对下游行业景气度下降的不利环境，积极巩固现有市场份额，大力发展销售渠道与终端等基础建设工作，加大对整体承包业务的推广力度，不断完善产品结构，继续加大市场开拓力度，不断推进整体承包销售模式，积极开拓国际市场，加大研发投入，加强过程控制，强化全员质量成本意识，不断满足客户需求。充分发挥整体承包优势，通过改变客户现场施工工艺及砌筑方式，在不断满足客户现场需求的同时降低物料消耗；强化施工现场物料使用管理。公司通过建立ERP供应链平台，将客户现场物料收、发、存纳入远程控制，通过成立客户管理部加强对现场物料领用的监督和指导。近几年保持了业绩的持续稳健增长，取得了良好的经营业绩。

三、技术创新与专利情况

（一）研发中心建设情况

北京利尔高温材料股份有限公司成立有专门从事新产品开发的研发中心2010年研发中心被北京市经信委认定为“北京市企业技术中心”，研发中心是公司的核心部门之一，负责新产品、新工艺的研发、新产品中试、研发项目申报、成果鉴定、专利申请以及技术资料管理等工作。下设科技管理部、研究开发部、技术质量部、检测中心等。研发部设立有钢包、中间包、加热炉、连铸功能材料、炼铁系统、海绵铁、垃圾炉、石化行业用耐火材料等专题科研项目组。

公司每年组织实施新产品开发、工艺技术研究、节能降耗等研发项目40多项，取得了一大批具有自主知识产权和核心技术的科技成果。

（二）检测中心建设情况

为加强实验室实验手段建设和中试能力建设；逐步完善大型材料结构性能检测分析仪器装备；建设以应用性能研究为主的高温模拟实验装置。公司检测中心实验室为“中国合格评定国家认可委员会实验室”（CNAS）。检测中心拥有先进的科研开发与检测仪器200多台套，其中包括实验室所需的各种小型试验设备、具有中试能力的大型试验设备、常温和高温物理性能测试设备仪器等。其中包括进口的扫描电子显微镜、X荧光光谱仪分析仪、原子吸收光谱仪和定碳仪等。先进的研发设施设备为研发新技术、新产品提供了有力的保障。

（三）科研投入

公司成立之初就立足于发展高新技术产业，为了保持企业在耐火材料行业的技术领先地位，公司持续不断地加大研发投入，科研投入占主营业务收入的比例始终保持在5%左右。强大的科技创新投入，保持了公司的创新活力，取得了丰硕的科技成果，为公司生产经营业绩保持快速增长，奠定了坚实基础。

（四）公司设立国家级博士后科研工作站

2013年8月21日人力资源和社会保障部以人社部发（2013）61号文件批准北京利尔高温材料股份有限公司设立国家级博士后科研工作站，开展博士后工作。国家级博士后科研工作站的成立，标志着北京利尔科研工作将提升到一个新的层次。公司将充分利用好博士后科研工作站这一平台，发挥科研对企业的支持力度，不断提高研发实力，以更优质的服务、更先进的技术为我国的耐火材料事业做出更大的贡献。

（五）专利申请与授权情况

公司申报发明和实用新型专利96余项，获得授权专利65项，鉴定成果30余项，高新技术产品32个，新产品100余种，国家级、省部级各种奖项19项。2010年1月至2013年12月期间公司申报发明和实用新型专利68项，其中发明专利21项，获得授权专利48项，其中发明专利5项（见附录）。

四、注册商标情况

公司商标“”于2010年6月获国家工商行政管理总局商标局颁发的第6548043号商标注册证。

公司商标“”于2010年12月获国家工商行政管理总局商标局颁发的第7818984号商标注册证。

公司的“利尔”品牌在国内外钢铁企业市场享有较高的美誉度，已成为耐火材料行业的知名品牌。我公司被“我的钢铁 mysteel. com”评为2013年度中国耐材企业一级优秀供应商（炼钢）领域的第一名。

五、公司发展前景展望

经过近年来的高速发展，公司已经成为我国高温材料行业的龙头企业之一，在耐火材料的刚性需求保持稳定，行业经营模式转型升级，行业集中度有待提高的行业发展趋势下。公司将充分发挥业已确立的技术创新优势和“合同耗材管理”的商业模式，坚持需求牵引和创新驱动并重，加快先进技术工程化，科技成果产业化步伐，发展优质高效绿色耐火材料，提高公司核心竞争力。在提升为钢铁工业服务能力的基础上，逐步向煤化工、建材、有色等领域耐火材料的市场拓展的基础上，依托客户资源优势，逐步将公司打造成为钢铁等高温工业综合服务提供商。我们将秉承“共利共赢，卓尔不群”的经营理念，依托一流的人才、一流的技术、一流的产品和一流的服务，锐意进取、开拓创新，将北京利尔做大做强。北京利尔高温材料股份有限公司期待和各界朋友精诚合作，共利共赢，共同发展，走向未来！

瑞泰科技股份有限公司

一、历史沿革

瑞泰科技股份有限公司是中央企业中国建筑材料集团有限公司成员单位，控股股东为中国建筑材料科学研究总院。公司的前身为中国建筑材料科学研究院湘潭中间试验所。2001年12月，引入战略投资者进行股份制改造，发起成立北京瑞泰高温材料科技股份有限公司。2006年8月在深交所中小板上市，公司股票代码002066。2008年公司名称变更为瑞泰科技股份有限公司。

公司在发展过程中，通过联合重组的方式，先后在湖南、四川、安徽、河南、广东、浙江、江苏等省份设立了10家二级公司，6家三级公司。业务覆盖钢铁、水泥、玻璃、有色、电力、石化等行业。在耐火材料领域形成了基础研究、技术研发、热工设计、窑炉施工、产品出口、技术服务、工程总包等完整综合服务体系。

二、企业概况

2013年，公司注册资本2.31亿元，总资产30.89亿元，总收入18亿元。注册经营范围：耐火材料的制造、销售；无机非金属材料的研发、销售以及技术咨询、技术服务；货物进出口、技术出口、代理出口。经过13年发展，瑞泰科技公司已经形成了耐火材料、耐磨材料、工程服务三大主业，形成了钢铁、水泥、玻璃、有色、电力、石化、煤化工等七大业务单元。公司的综合实力、产品质量、服务水平均居行业领先地位。

公司按照中国建材集团和中国建筑材料科学研究总院提出的发展要求，坚持以高档耐火材料为主业的产品方向，坚持自主创新、引领行业技术进步，坚持成套化和国际化的经营模式，坚持依靠资本市场的融资方式，坚持走联合重组的扩张之路的发展指导思想。2013年，对公司发展重新进行定位：为推动钢铁、水泥、玻璃、有色、电力、石化、煤化工等高温工业结构调整，技术进步、节能减排，大力发展长寿命、无污染、节能新型耐火材料；强化高温工业窑炉耐火技术的原始创新和集成创新；做精玻璃工业耐火材料、做优水泥工业耐火材料、做强钢铁工业耐火材料。实现耐火材料研发、制造、总包服务协调发展，成为国内先进耐火技术的引领者，成为国内领先、具有国际竞争力的一流耐火材料企业。

多年来，公司秉承“诚信赢得市场，科技创造未来”的经营理念，引领和承担起行业发展的历史重任。公司是中国耐火材料行业协会副会长单位，中国建材联合会耐火材料分会理事长单位，中国硅酸盐学会耐火材料分会理事长单位，中国金属学会耐火材料分会副理事长单位，中国平板玻璃与工业玻璃协会副会长单位，中国日用玻璃协会副会长单位，中国耐火材料标准委员会副主任单位。

三、主要产品及装备

公司的主要产品为高档熔铸耐火材料、环境友好型碱性耐火材料、高效绝热隔热材料、低导热铝硅质耐火材料、水泥窑及余热发电用长寿命多功能系列不定形耐火材料、钢铁工业用功能材料。产品有70个系列1380产品型号。公司的“低导热熔铸锆刚玉”、“特优硅砖”、“长寿命多功能系列不定形耐火材料”、“镁铁尖晶石砖”，是国家“十二五”新材料计划重点产品。

公司的主要生产线有高档熔铸耐火材料生产线、环境友好型碱性耐火材料生产线、低导热铝硅质耐火材料生产线、全自动不定形耐火材料生产线、镁碳砖生产线、泡泥生产线、高炉陶瓷杯、热风炉耐材生产线、钢铁工业用功能材料（三大件、滑板）生产线、机构生产线、耐磨材料生产线等，其主要装备有全自动控制高温环保隧道窑，引进德国全自动莱思液压砖机、全自动配料生产线、程控节能型电弧炉等。使产品制造过程绿色、环保、安全、高效，产品质量达到或接近世界水平。

四、机构与人事

公司实行母子公司管理模式。母公司（总部）设有六个职能管理部门，一个技术中心、三个事业部。是公司的战略管理中心、投融资管理中心、技术创新管理中心、市场开发管理中心、企业文化和品牌管理中心，公司作为国有控股的上市公司，对国有资产保值增值负责，对广大投资者应享有的平等权益负责，对各分、子公司按照《公司法》有关规定行使出资人权力：重大事项决策权、经营者任免权和投资收益权。各分、子公司是公司生产经营的实体，从事具体的生产经营活动，是公司的利润创造中心。

分、子公司日常经营由子公司董事会聘任的经营管理团队负责，子公司董事会三分之二以上的董事由公司委派，董事长（法人代表）由公司推荐，财务负责人由公司统一委派。

根据《公司法》，公司设股东大会，股东大会是公司的最高权力机构，依照《公司法》行使职权。公司董事会对股东大会负责，依照《公司法》行使职权，公司外部董事2名，内部董事7名。公司设监事会，依照《公司法》行使职权，监事会成员3名，其中职工监事1名。

公司目前共有二级企业10家，分别为：瑞泰科技股份有限公司湘潭分公司、都江堰瑞泰科技有限公司、安徽瑞泰新材料科技有限公司、河南瑞泰耐火材料科技有限公司、佛山市仁通贸易有限公司、湖南瑞泰硅质耐火材料有限公司、浙江瑞泰耐火材料科技有限公司、郑州瑞泰耐火科技有限公司、华东瑞泰科技有限公司、湖南湘钢瑞泰科技有限公司；有三级企业6家，分别为：无锡双木机械科技有限公司、宜兴市耐火材料有限公司、宜兴瑞泰耐火材料有限公司、枣庄盖泽炉窑工程有限公司、宁国市开源电力耐磨材料有限公司、湘潭瑞泰高级硅砖有限公司。

公司坚持“企业是人，企业靠人，企业为人”的人才管理理念，通过多年努力、建设打造了一支思想纯洁、目标坚定、视野开阔、勇于开拓、敢于承担、群众拥护上级放心、懂经营、善管理的干部队伍。建设打造了一支年轻有为、忠诚可靠、技术娴熟、能打硬仗的员工队伍。截至2013年年底，公司员工数达3949人。其中大专以上404人，大学本科学历237人，研究生45人，博士生5人，教授级高工18人，政府特贴4人，高级工程师35人。

五、企业管理

公司通过联合重组的方式组建了10家二级公司，6家三级公司，管理整合是联合重组的保证。根据中国建材集团的要求，我们严格按照现代企业管理制度和流程，建立起“治理规范化、职能层级化、业务平台化、管理数字化和文化一体化”的管理体系，运用“三五”管理模式，严格规范内控制度，实施一系列协同措施，实现公司的既定目标。

“三五”管理模式的核心思想是建立统一的商业模式和管控模式，贯彻严格规范的内控制度，其内容具体为五N、五C和五I。

五N，即五化运行模式。包括一体化，即各企业做到战略一致、文化一致；模式化，形成统一的采购、营销、财务、生产、技术管理模式；制度化，体现大原则、大制度的上下一致，具有可操作性，并与国际接轨，不断改进；流程化，通过建立规范的管理流程，做到事事有流程，人人有权责、信息能共享，产供销、财务、商务、法律能衔接；数字化，实施数字化管理，做到目标定数据、经营讲数据、分析看数据。

五C，即五集中管理模式。指在企业内部实施市场营销集中、采购集中、财务集中、技术集中、投资决策集中，目的是稳定价格、降低成本、改进内控、规范决策，实现规模效益。

五I，即五类关键经营指标。指每个企业都必须高度关注净利润、售价、成本费用、现金流、资产负债率五个核心指标，要求每个人至少管好与自己相关的五个KPI。

“三五”管理整合模式的核心是一体化和数字化，就是各个下属企业要认同瑞泰科技的战略和文化，充分发挥资源集聚效应，通过整合优势、统一市场、集中采购、开展对标等，实现企业效益最大化。“三五”管理系统推进降本增效，使生产企业精细化管理水平和专业化水平不断提高。在“三五”管理模式基础上，进一步深入实施CRM管理整合，即以市场营销整合为龙头，财务和人力资源整合为支撑，采购和生产技术同步整合，打造核心利润区，使瑞泰科技的效益居行业领先水平。在“三五”模式中，文化的整合非常关键，在联合重组过程中，瑞泰坚持“三宽三力”（待人宽厚，处事宽容，环境宽松，及凝聚力、向心力、亲和力）的人文环境，倡导“创新、绩效、和谐、责任”的核心价值观。瑞泰科技把文化认同写进了每一个联合重组协议，并通过各种方式在企业中宣讲。管理整合之所以能够顺利推进，这种文化认同发挥了巨大作用。

六、科研开发

瑞泰科技的前身是总院的耐火材料研究所和湘潭中间试验所，是我国建材耐火技术的发源地，在水泥、玻璃工业用耐火材料领域承担了从“六五”到“十五”国家耐火材料科技攻关项目数十项，许多新技术、新产品、新工艺、新装备填补了国内耐火材料技术的空白，“新型干法水泥窑用耐火材料配套开发”和“玻璃窑用熔铸α—βAl_2O_3制品的开发”获得国家科技进步二等奖。

公司成立后，更加重视科技创新工作，在投入大量资金进行自主立项研究的同时，更是积极争取国家和行业的支持，承担了国家“863”计划项目4项，科技部重点支撑项目12项，国家科研院所技术开发研究专项资金课题4项，国际合作项目1项，是国内最先承担国家“863”计划项目的耐火材料企业。这些项目的研发成功，为公司快速可持续发展、增强核心竞争力奠定了坚实基础，为我国水泥、玻璃、钢铁行业的节能减排、转型升级做出了重要贡献。

公司玻璃窑用高抗侵蚀熔铸锆刚玉产品的开发应用，不仅提高了玻璃窑使用寿命3～5年，还使玻璃质量大幅提升，为我国生产高档玻璃提供了技术支持；“863”计划项目“低导热熔铸锆刚玉砖”的开发应用，为玻璃窑节能10%以上；获得国家科技进步二等奖的熔铸α-βAl_2O_3制品的开发应用，结束了我国玻璃工业此类产品长期依赖进口的局面。由于有这些高技术含量的产品推出，公司在玻璃窑用熔铸耐火材料上一直占领着技术的制高点，市场占有率在国内高中档玻璃窑中稳居第一，在国际上也形成了品牌，世界知名玻璃制造商超过50%是公司的客户，公司熔铸耐火材料品牌已成为国际三大品牌之一。

公司在水泥窑用耐火材料的产品升级、技术

创新、配套应用方面也进行了系列攻关，研究开发了十几种新产品、新技术，依托这些新产品、新技术建设了四个生产基地，形成了配套供应能力，实现了科技成果产业化，完全解决了水泥窑用新型耐火材料立足国内的问题，支持了水泥干法生产技术的发展。近年来，国家对节能环保提出了更高的要求，公司争取国家支持，承担的两个国家“863”计划项目“水泥窑用环境友好碱性耐火材料”和“水泥窑用长寿命、多功能系列不定形耐火材料”为水泥工业生产的无铬化和余热发电做出了重要贡献。在水泥工业产能严重过剩的形势下，我们正是以科技创新为驱动，以新技术、新产品增强公司的核心竞争力，虽然公司进军水泥用耐火材料领域才短短6年时间，但在国内水泥窑用耐火材料的市场占有率已稳居第一，水泥耐材业务已经占公司业务的半壁江山，利润也以每年20%的速度在增长，成为公司效益最好的业务板块。

河北瀛都复合材料股份有限公司

一、历史沿革

河北瀛都复合材料股份有限公司位于河北省清河县清连开发区，注册资金5208万元，是国家火炬计划重点高新技术企业，全国优秀星火示范企业，全国行业质量示范企业，全国科技企业创新先进单位，中国耐火材料AAA企业，是国内耐火材料及新材料研发和生产经营龙头企业，是国内乃至全世界最大的轻质耐火材料系列制品供应商。2004年率先通过至今保持ISO-9001：2008质量体系认证单位。

二、基本情况

河北瀛都公司在40年的发展历程中，先后研发有轻质隔热耐材、中间包耐材、不定形耐材、镁钙质耐材、特种耐材、尖晶石耐材以及JS复合材料等七大系列100多个品种的产品。其中获得国家发明专利6项，国家级新产品5项，共有50多项产品获国家和省部级科技成果和科技进步奖。产品畅销国内冶金、石化、军工、建材、电力等行业，1993年在同行业中第一批获自营进出口权企业，自营出口亚、欧、美等五大洲30多个国家和地区。

三、主要产品及工艺装备

主要生产设备有高温梭式窑两座、101M高温隧道窑1座、68M高温隧道窑两座，隧道式干燥器32条、1000t摩擦压砖机1台、630t压机1台、400t压机1台，350t压机1台、自动配料系统1套，自动磨砖设备1套，磨砖机3套，切割机3套，强制混炼机4台，搅拌机9台，雷蒙磨1台等，主要产品有目前拥有的生产能力：轻质隔热砖系列2.5万吨，不定形等产品6万吨，定径水口16万支。

四、机构与人事

公司现有员工256人，各类工程技术人员42人。拥有包括2名享受国务院特殊津贴工程技术专家在内的26名中、高级技术人才，在站院士1人，在站博士3人。

五、企业管理

河北瀛都公司在四十年的发展历程中，先后研发有轻质隔热耐材、中间包耐材、不定形耐材、镁钙质耐材、特种耐材、尖晶石耐材以及JS复合材料等七大系列100多个品种的产品。其中获得国家发明专利6项，国家级新产品5项，共有50多项产品获国家和省部级科技成果和科技进步奖。产品畅销国内冶金、石化、军工、建材、电力等行业，1993年在同行业中第一批获自营进出口权企业，自营出口亚、欧、美等五大洲30多个国家和地区。

六、科研开发

2006年经国家人事部批准建立了博士后科研工作站；2012年经河北省委组织部、科技厅批准设立了院士工作站；公司还与首钢院、北钢院、洛耐院、清华大学、武汉科技大学、中国地质大学等十几所大专院校、科研单位建立了长期技术协作关系，为企业研发创新奠定了人才基础。

七、销售与服务

为了强化企业内部管理，提高顾客对所期望产品的满意度，增强产品在市场中的竞争地位，为顾客提供了规范、完善、优质的服务体系。销售部负责监控顾客满意或不满意信息，作为对质量管理体系业绩的一种测量。对顾客以面谈、信函、电话、传真等方式进行咨询，提供的建议由销售部专人解答、记录、收集，暂时未作解答的要详细记录并与有关部门研究后予以答复。及时掌握市场动态和顾客的需求的动向，通过各种商品展销会积极与顾客沟通，收集有关信息，及时反馈给有关部门。季度销售部向各地代理商发出“销售情况反馈表”，要求填写销售、质量、服务等情况，以顾客意见和建议等整理后传递给企管办。由其组织进行原因分析，采取纠正预防措施，并跟踪实施效果。

每年年末销售部向顾客发送“顾客满意度调查表”，调查顾客对公司产品、服务以及代理商的满意程度，收集相关意见和建议，集中分析。对购买公司产品的顾客建立档案，详细记录其名称、地址、电话联系方式，订购每批产品规格、数量、使用公司产品反馈信息等，以便了解顾客的订货方向，及时做好新的服务。

公司目前按国内区域划分设立了16个办事处，负责信息的一线收集，并能在短时间内到达服务现场以解决顾客临时提出的要求。同时公司还成立了技术服务队，可到施工现场给予技术、砌筑试验等方面的技术服务。

北京首钢耐材炉料有限公司

一、历史沿革

北京首钢耐材炉料有限公司（简称“首钢耐材”）成立于2008年，是由始建于1958年的原首钢第一耐火材料厂和首钢第二耐火材料厂合并、改制组建。

二、基本情况

公司注册资本5000万元。2009年通过GB/T 19001质量管理体系、GB/T 24001环境管理体系及GB/T 28001职业健康安全管理体系认证。2001年经北京市外贸委批准，取得了独立进出口权。2003年以来被公示为北京市“守信企业”、被评为“纳税A级企业”、石景山区“纳税百强单位”；“首都精神文明创建工作先进单位”等称号。是中国耐材协会常务理事单位和中国石灰协会副会长单位。

三、主要产品及工艺装备

主要产品有：转炉、钢包、铁包、中间包、鱼雷罐耐材，连铸三大件、滑板水口、冶金喷枪，高炉炮泥、浇注料等不定形耐材，耐火纤维，冶金功能性辅助材料（包括合成渣、埋弧渣、脱硫剂、保温剂、石灰等），以及黏土、高铝制品等。

定型耐材主要生产镁碳砖、镁铝碳砖、铝碳砖、铝碳化硅碳等不烧耐火材料40000吨，生产设备包括：3000吨全自动液压真空压砖机1台，LAEIS2500t全自动液压机1台，1000吨摩擦压砖机5台，630吨摩擦压砖机6台，全自动远红外电干燥窑4座，混炼设备10余台及相关配套的破粉碎设备。

不定形耐材主要生产浇注料、可塑料、耐火泥、高温涂料及高温黏结剂、投补料、喷补料、喷涂料，以及轻质保温涂料和浇注料等，年产30000吨。主要生产设备包括：自动配料装置，混炼设备，自动包装设备等。

炮泥生产线主要生产高炉泥套泥、水炮泥和无水炮泥，年生产能力15000吨，生产设备自动配料装置1套，无水炮泥混炼-成型机3套，自动切泥机1套，水炮泥生产设备1套。

连铸功能用耐材主要包括年产3000吨铝碳质（及锆碳、镁碳复合）连铸“三大件”生产线、年产25000吨中间包其他耐材生产线，主要设备包括混炼造粒机、干燥机、冷等静压机（15000吨、6000吨各一台）、仿形车床、梭式窑及3010型X射线探伤机等。

氮化产品生产线主要生产氮化硅铁、氮化硅、氮化石灰以及氮化合金等，年生产能力1000吨。主要生产设备包括氮化炉2座，破粉碎加工线1套。

耐火预制品生产线主要生产精炼用喷枪、吹氮管、挡渣锥、耐火预制块（件）等，年产1500吨，主要设备有配料设备、混炼和震动成型机。

四、机构与人事

公司总部设在北京，在河北省秦皇岛、迁安、曹妃甸和京唐港地区建有专业化生产线。2013年，公司机关设置“4部1室1中心”，即生产供应协调部、计财部、人力资源部、党群工作部、经理办公室和技术研发中心；有迁钢、京唐、首秦和长钢4个直属套筒窑生产作业区以及2个分公司。另有1家全资子公司、4家控股和4家参股公司。

2013年末企业在册职工411人，现有大专以上学历的技术人员134人，占员工总数的三分之一以上；从事研究开发的技术人员54人，超过员工总数的

10%；现有教授级高工2人，高级工程师3人。工程技术人员覆盖了多个专业领域，相互补充，使公司具备了较强的新项目的研究和开发能力。

五、企业管理

公司坚持"科学管理、技术创新、诚实守信、合作共赢"的经营信念，坚持"以客户满意为宗旨，以持续改进为武器，不断提高产品质量和服务质量，服务于职工，服务于社会"的管理方针。积极适应首钢实现"伟大转型"的新形势，积极应对市场挑战，克服严峻困难挑战，以"三体系"管理标准完善基础工作，推进精细管理，完善ERP管理，成立"三大件整形工作室"，开展"管理年"竞赛活动；健全完善指标考核体系，分解落实各级责任和任务目标；坚持经营活动分析，开展内部审计，强化经营活动的进行；建立视频会议系统和OA办公系统，提高工作效率和及时应对市场变化的能力。

2013年以来，公司提出以"夯实基础管理，坚持持续改进，快速响应市场，提升顾客满意"为工作思路，以更加严细的作风促进"严精实"工作的落实，努力打造以"凡事有章可循，凡事有章必循，凡事有人负责，凡事有人检查，凡事违章必究"的质量文化，逐步建立产品质量预防机制和质量追查机制。公司拥有先进的检测设备和完善的质量管理体系。近年来积极参与大型冶金工业新建、改造工程的耐材供应与服务，提供总包项目在线技术支持，取得良好业绩。

六、科研及开发

50多年来，企业培育和聚集了一批具有丰富经验和专业技术的骨干力量，依托首钢的技术实力，并与北科大、郑大、西工大等院校建立长期合作关系，聘用知名专家作为技术指导，被北科大列为研究生实习基地。公司设立了技术研发中心，以最大限度地集合现有的研发力量，进行规模化地投入，提高企业的技术开发能力，控制、引导和支持所属战略单元的发展，有效降低技术开发的成本，减少技术开发的风险，提高企业的技术竞争能力。

公司建立有较为完整的技术开发体系，具有较强的技术开发实力。依托重点科技项目以及产学研合作项目，技术研发中心适时设立了专项项目组，2010年来先后完成了：套筒窑技术的研发与应用项目、铝硅质喷涂料的开发及应用项目、120吨转炉环型炉底的设计与应用项目、板坯低碳渣线砖的研制与应用项目、废旧耐材的综合利用研究项目、全纤维梭式窑技术改造项目、120吨铁包耐材优化与砌筑改进项目、4300m^{3}大高炉用无水炮泥的研究与试制项目、脱硫用吹氮管的研究与应用项目、LF精炼炉用发泡剂项目、浸入水口中包上水口无碳滑面料的开发项目、120吨转炉用分体挡渣锥的开发与利用项目、氮化硅铁及氮化硅的研究与开发项目、提高鱼雷罐整体寿命的研制与应用项目、210吨铁包包衬优化和综合修砌技术、300吨转炉综合炉衬设计与应用项目等。

近年来，先后获得国家技术发明奖二等奖一项、全国冶金科学技术三等奖一项，首钢科技进步二等奖一项、三等奖四项；北京市管理创新成果二等奖一项；申报专利9项，已获得授权专利6项。2013年12月首钢炉料公司由北京科技委等三部门认定为高新技术企业。

七、销售及服务

主要从事冶金石灰、炉料和耐火材料的研发、生产、销售、服务及工程承揽，拥有各种大中型冶金和工业窑炉耐火材料的设计开发、生产、砌筑及维护的技术能力。具备炉窑工程专业承包二级、钢结构专业承包三级和设备安装专业承包三级资质，以及窑炉砌筑施工队伍，可承担高温热工装备用耐火材料的设计、砌筑、安装施工、使用维护及技术服务为一体的整体承包业务。

建立了快速响应市场的技术支持体系，形成了一套客户服务体系，专业化的技术水准和客户至上的服务原则，是实现对客户一切承诺的有力保证。一流的质量、一流的信誉、一流的服务是公司的工作标准，用户的期望是我们追求的目标。多年来积极参与大型冶金工业新建、改造工程的耐材供应与服务，推行耐火材料总承包方式，与首钢迁钢、首钢首秦、首钢京唐、包钢、承钢、宣钢、吉林建龙、承德建龙、唐山国丰、天津钢厂等钢铁企业建立长期稳定的业务关系。同时开发国际市场，产品销往欧美、亚洲等地区。

唐山时创耐火材料有限公司

一、历史沿革

唐山时创耐火材料有限公司位于河北省唐山

市丰润区，毗邻京秦铁路和京沈高速公路，与京唐港、天津新港、秦皇岛港公路相通，水路、陆路交通便利。公司前身（唐钢耐火材料厂）始建于1943年，该厂位于古冶区工厂街3号。为适应市场，生产出高技术含量的炼钢用滑动水口，唐钢于1987年在丰润区东山路3号投资筹建唐钢耐火材料二厂，并于1991年顺利投产。为进一步整合编制，扩大企业规模及市场影响力，1997年3月，经唐钢研究决定两个耐火厂合并成立唐钢耐火材料有限公司（唐钢全资子公司）。2005年，遵照河北省国资委关于国有企业主辅分离、辅业改制的文件精神，改制更名为唐山时创耐火材料有限公司。2013年德高公司入股，时创公司成为中外合资企业。公司曾为新中国的钢铁工业设计生产第一批高铝砖，并获国家最高奖项——银质奖。经国家“七五”期间重点投资扩建，引进国外先进的关键工艺装备和连续不断的技术改造，渐渐成为国内具有先进工艺水平和检测手段、以滑动水口为主导产品的大型耐材骨干企业。

二、基本情况

公司注册资本8000万元人民币，地址为河北省唐山市丰润区东山路三号，占地面积12.987万平方米，古冶分厂区占地面积18.5万平方米，总资产2.3亿元。公司在册职工总人数930人。公司主要经营范围：耐火材料生产、销售；模具、通用零部件制造；电器机械、仪表批发、零售、维修；耐火材料产品设计、检验；耐火材料设备安装、维修；承担高温热工装备用耐火材料的整体设计、配置配套、安装施工、使用维护与技术服务为一体的整体承包业务。自营产品进出口业务。

经过68年的发展，公司已成为中国具有一流竞争力的耐火材料企业。其中滑动水口产销量连续占据全国第一。2010年公司产品产量44189吨，实现销售收入3.4亿元。2011年公司产品产量38675吨，实现销售收入3.34亿元。2013年公司产品产量39243吨，实现销售收入4.01亿元。

三、主要产品、工艺设备及市场

公司生产的主要产品有：钢包及中包用滑动水口系列产品；高炉及热风炉用系列产品；炼钢电炉顶用系列产品；鱼雷罐用系列产品；高级轻质隔热系列产品；各种热工设备用不定形耐火材料、不烧制品及钢包精炼用透气砖；锆制系列产品；Si_3N_4结合SiC系列产品。

丰润厂区滑板生产线主要设备有全自动电子称量车两台、湿碾机4台、莱斯混炼机1台、爱立许高效混炼机1台、630吨摩擦压砖机5台、350吨摩擦压砖机3台、260吨摩擦压砖机2台、1000吨外出模真空压砖机1台、2500吨莱斯压砖机1台（目前国际最先进设备）、104m烧成隧道窑1座、氮化炉7座、油浸系统1套、干馏隧道窑1座、立轴圆台平面磨床13台、电热辊道窑打箍机1套；检测设备有X荧光分析仪1台、碳分析仪1台、高温抗折机两台、高温应力应变仪1台、高温热膨胀仪2台、重烧炉1台、气氛炉1台、全自动万能压力机2台。

古冶厂区生产线主要设备有：颚式破碎机1台、干碾机2台、雷磨机2台、管磨机1台、料车5台、轮碾混合机2台、莱斯混炼机1台、1000t摩擦压砖机1台、630t摩擦压砖机1台、400t摩擦压砖机2台。

我公司是国内最大的滑动水口生产基地，生产装备处于国内领先水平。

公司产品目前用于唐钢、鞍钢、天管、包钢、首钢、酒钢、邯钢等国内几十家大中型钢铁企业，出口欧洲、美国、日本、加拿大等国家和地区。

为积极响应国家节能减排政策，公司将落后的电气设备全部更新，全体员工在日常的生产生活中节约用水、用电意识极强，详细分解各项指标并纳入生产经营责任制，实现常态化考核。

四、机构与人事

（一）行政组织机构

公司由古冶及丰润两个生产主体组成，共设22个职能部室，6个生产车间，1个销售公司。

（二）人员和领导班子状况

全公司拥有员工930人，其中高级职称16人，中级职称58人，硕士研究生6人，本科生82人，一般干部135人，正高级1人。

领导班子由9人组成：董事长姚力，总经理杨晓春，党委书记、纪委书记、工会主席吴喜民，副经理王金良、刘振义、白纯旺、赵声仁、温廷进、姚春战。

五、企业管理

公司在企业管理方面，建立了较完备的市场

营销、科研开发、生产安全、设备能源、技术质量、财务成本和人力资源等专业管理体系。1996年公司在中国耐材行业首家通过ISO9002质量保证体系认证。2003年通过了质量、环境、职业健康安全“三位一体”认证。

六、科研成果

公司十分重视科技创新，专门抽调专业技术人员35人成立研究所，从事新产品的研发试验工作。经过不懈探索与研究，我公司生产的滑动水口产品质量优良，稳定性和安全性较好，深受用户的好评。我公司自主研发高档铝锆碳滑板和高档不烧滑板项目，在国内外大型钢厂取得了很高的成绩，目前国内外大型钢厂都能看到我公司滑板的身影。为了扩展市场，从2003年起我公司对氮化硅结合碳化硅进行了研究，目前产品由国内市场转移到国外市场，进一步进军国外有色行业。

（1）金属氮化物结合滑板：在国内外钢铁企业中使用性能良好，主要应用于钙处理钢、高氧钢等，性能稳定，得到用户好评，在同行业中处于领先水平。（2）高性能铝锆碳滑板：在国内外大型钢铁企业中普遍推广使用，使用性能稳定，成为公司的主要产品。（3）新型金属结合不烧滑板，采用特殊结合剂，使得滑板中温强度不降低，保证了性能稳定性，采用不烧工艺，工序短，能源消耗少，性能稳定，在各种类型钢厂使用效果较好。（4）钙长石质轻质砖：2009年开发的钙长石质轻质砖，各项性能完全达到或超过英国摩根公司JM23性能指标，并批量出口，成为中国第一家真正意义可生产该产品的厂家，2010年申请了国际专利。（5）重大科技项目研发情况：我公司开发的金属氮化物结合滑板，获得2003年度冶金科技进步三等奖。（6）发明专利：滑板砖外观设计：专利号：01352363；下滑板砖外观设计：专利号：200336753。（7）重点试验室级别：河北省耐火材料检验站。（8）公司连续八年通过质量、安全、职业健康三体系认证的复评。（9）2011年，在丰润区工商部门的指导下，各部门通力合作，顺利通过河北省工商局验收，获得了省著名商标的荣誉。（10）本年度，在耐火材料行业信用等级评价中荣获首批AAA级信用企业称号。极大地提升了公司无形资产的价值。

七、服务领域

公司主要服务于国内、国外钢铁企业，主导产品滑动水口系列，其中滑板包括烧成铝碳滑板砖、烧成铝锆碳滑板砖、金属氮化物结合滑板、碱性滑板、树脂结合滑板五大系列，另外还生产铁钩料、浇注料等不定形耐火材料，能够满足不同浇钢、炼铁条件的要求，公司在国内百万吨以上的钢铁企业中多数已有供货，如鞍钢、河北钢铁集团（唐钢、承钢、宣钢、邯钢）、酒钢、首钢京唐等。2014年我公司滑动水口耐材产品在全国的市场占有率为16.97%。

八、发展前景

公司以“精心选择适宜的原料，周密制定细致的工作方法，不断进行工艺设备改进，以严格的管理及持续改进的工作为顾客提供持续满意的耐材产品”的质量方针为最高追求，靠高科技人才、一流的设备、精湛完美的工艺技术、先进合理的工艺设计、健全严格的质量保证体系，与顾客携起手来，共创冶金事业的辉煌！

孝义市和中兴矿产有限公司

一、历史沿革

孝义市和中兴矿产有限公司成立于1993年，经过20余年的发展，已从起初的铝矾土熟料、均化料、莫来石生产成为生产高铝砖、浇注料、环保型无水炮泥等七大产品系列，数百个品种，年产各类耐火材料10万吨以上，产值超过3亿元，在行业内铝硅系列耐火材料领域具有一定影响的企业，并成为在区域内行业内具有影响力的品牌企业之一。

二、基本情况

公司地处国内最大的优质铝矾土矿主产区，国家百强县市——孝义市，占地面积7万平方米，公司现有员工375人，是中国耐火材料行业协会的常务理事单位、省级高新技术企业。目前已成为在铝硅系列耐火材料领域实力较强、产品品种齐全、综合服务体系完善，在客户群具有良好影响的具有冶金窑炉工程设计、工程施工总包一体化的耐火材料生产企业。

三、主要产品及工艺装备

公司主要生产设备有152米长隧道窑两条、中低温干燥窑10条、高温干燥窑两条、630t压力机5台、400t压力机13台、20型振动成型机3台、各型混炼设备16条，破粉碎设备19台；三条自动化配料生产线；日产130吨的环保型无水炮泥生产线；用于高档铝硅系列原料煅烧的6座梭式窑，两条回转窑。

公司目前的主导产品有环保型无水炮泥、储铁式铁沟炉前料的整体承包、普通高铝砖、低蠕变高铝砖、抗剥落高铝砖、硅莫砖、磷酸盐免烧砖、高炉热风炉系列散装料。所有产品在铝硅系列耐火材料领域性价比层面具有的优势明显、客户满意度较高的经营业绩，为公司下一步的发展规划奠定了扎实的基础。

四、机构与人事

公司现有员工310人，各类工程技术人员51人，其中技术人员中高级工程师5人，硕士学历以上的3人，本科学历以上的5人。

公司的经营组织机构主要有：生产经营部、市场服务部、工程部、技术质量管理部、新产品技术中心、人力资源部、政务部、财税部。

五、企业管理

公司是ISO9001—2000质量体系认证单位，公司坚持以市场服务引领企业发展，与业内各类专家学者和专业设计院、专业窑炉工程公司展开了多方位的交流合作，目前已具有耐火材料产品生产和市场服务一体化的经营机制，于2009年与马钢耐火材料公司建立了全面战略合作伙伴型的合作关系。

六、科研开发

公司立足于创新发展，环保节能发展引领企业发展方向，针对各类生产设施具有性能互补的特征，经技术改造，针对余热利用、废弃资源综合利用领域取得了很大成就，各工艺流程的改进和新产品的开发获得了多项专利，其中，环保型无水炮泥的制备工艺获得的发明专利为公司关联产品性价比优势的品牌化、规模化、系列化发展又开启了一个新发展空间的平台，同时也为进一步巩固企业产品性价比优势的市场地位起到了决定性的作用。

七、销售与服务

公司本着以提升市场服务的综合实力来强化客户对企业信心程度的提高为目标转换经营机制，由单一的生产型企业转换为与相关业内专家和专业窑炉公司合作经营，已发展成为具有新产品研发、冶金窑炉工程设计和工程总包为一体经营的耐火材料企业。生产装备主要有材料工程总包已在炼铁高炉热风炉、加热炉、石灰窑、金属镁还原炉、硅锰行业、电厂、化工行业具有一定的市场影响力。

由于企业的创新发展和市场服务平台不间断的扩大和稳步提升，成就了企业在区域内、行业内诸多客户的影响力持续提升，得到了地方各级政府的大力支持和充分肯定，使企业自身发展的生存环境在资源、政策、市场方面均有了充分的保障。

唐山市国亮特殊耐火材料有限公司

一、公司简介

唐山市国亮特殊耐火材料有限公司始建于1994年，占地面积15万平方米，注册资本5000万元，主要从事耐火制品和不定形耐火材料的研发、生产和施工。公司现拥有两个分厂，十个现代化生产车间，总资产4.4亿元，员工600余名，其中技术人员191人，年生产各种耐火制品及不定形产品十几万吨，销售收入4.8亿元，其中高新技术产品收入2.9亿元。公司生产工艺先进，主体装备精良，环保设施配套，已于2006年率先通过“三合一”（质量、环境、职业健康安全）管理体系认证。

公司成立以来，坚持诚信经营、科技强企，走质量效益型发展之路，企业得到较快发展，产值、销售收入大幅增长，已成为集产品研发、生产、销售、施工、售后服务为一体的行业领军企业。产品不仅覆盖京、津、冀、鲁、豫、东北三省，而且远销美国、韩国、朝鲜、印度、澳大利亚、新加坡、日本、马来西亚等国。

公司经营目标一直是产品质量优良化、原料能耗节约化、生产过程环境友好化、产品使用无害化。优良的产品质量、完善的售后服务，赢得了众多的用户。产品畅销津西、瑞丰、燕钢、港陆、德龙、东海、建龙等众多钢铁企业，并已建立起比较稳定的合作关系。

坚持以科学发展观统揽全局，紧紧围绕“构建和谐企业和发展循环经济”两大主题，企业有了飞跃式发展，多年的诚信经营也使我公司硕果累累：先后荣获“河北省企业与产品质量信得过单位”“河北省第六届、第七届消费者信得过单位”“全国诚信守法乡镇企业”“全国守合同重信用企业”“河北省诚信企业”。2011 年“唐特”牌被评为“中国驰名商标”，同年，公司又被中国耐火材料行业协会评为“一级 AAA 信用企业”。2012 年公司被认定为“国家高新技术企业”。

公司领导非常重视产品研发和技术创新工作，与武汉科技大学、河北联合大学、唐山大学建立了常年合作关系，共同研发新产品。公司开发的“铁包用高性能 AS 铁水包浇注料研制与应用”项目获省科技成果奖、唐山市科技进步三等奖、开平区特等奖；“连铸中间包高性能内衬材料的研究与开发”项目荣获河北省科技进步三等奖。

公司坚持以诚信为本，科技作舟，管理为径，人才领航这样的理念，打造出诚信的企业文化，铸就了国亮特耐这一品牌形象，受到了社会各界的赞誉，在未来发展的道路上，我们将一如既往地坚持这种理念，促使企业发展得更加强大。

二、研发中心情况

公司非常重视研发中心建设，不断充实科技人员，现已拥有科研人员 60 余人；同时逐步完善科研手段、增设研究用设备仪器。目前研发中心占地面积已达到 800 多平方米。现拥有高温抗折仪、导热系数测定仪、荷重软化重烧炉、热震炉、高温重烧炉、显气孔率测定仪、金相显微镜、振动磨机、全自动压力机、旋转抗渣实验炉等物理检测实验设备以及全套化学分析仪器，能够实现对耐火原材料以及耐火制品的精确检测及相关试验研究。

公司研发中心成立以来，研发了多项新产品，并有效地实现了科技成果的转化。公司研发的“无碳钢包不烧砖”含碳量预计可控制在 0.2% 以下；“中间包用透气材料”可有效地去除钢水中的夹杂物；“无铬透气砖”，完全取代原产品中的氧化铬，减少对人体健康的威胁，同时有效地提高使用寿命；“废铁钩浇注料的回收利用”，可有效地实现资源再利用，保证耐火材料行业可持续发展。

三、近三年项目研发情况

公司每年投入巨资鼓励研发人员进行新技术、新产品开发工作，积极承担国家及省市级科技创新及科技支撑项目，同时自主研发了新型、环保、节能耐火材料新产品，已经成功应用于钢铁企业，为企业创造了显著的经济效益的同时，对社会节能减排也起到了积极作用。

（1）科技部科技型中小企业技术创新基金项目《连铸中间包新型透气材料》：立项代码：11C26211300401，项目研究周期：2011 年 2 月～2013 年 2 月，该项目累计投资额 1380 万元，其中科技部科技型中小企业技术创新基金管理中心无偿资助 60 万元，企业自筹 1320 万元。本项目于 2013 年 8 月份通过了河北省科技成果转化服务中心组织进行的技术鉴定，2013 年 10 月份通过了河北省科技厅组织进行的项目验收。

目前连铸中间包透气材料以镁质材料为主，我公司研发的气幕挡墙为刚玉尖晶石质。原镁质材料需要 1400℃ 以上高温烧成，我公司产品采用 450℃ 低温烘烤工艺，而且产品物理性能优于高温烧成镁质制品。本产品在连铸中间包上使用，经检测钢坯夹杂大大降低，解决了冶炼部分特种钢必须经过精炼的问题，吨钢成本降低 50 元左右，既节能，又环保。本项目的研究成功，填补该产品在河北省内的空白，为功能性、高附加值耐火材料的快速发展起到了积极的推动作用。

（2）唐山市科技计划项目《不定形耐火材料的免烘烤技术开发和应用》：项目编号为：12110217A。项目研究周期 2011 年 1 月～2013 年 12 月。本项目唐山市科技局拨款 40 万元，公司自筹资金 271.69 万元，总投资达到 311.69 万元。本项目已经申请唐山市科技局计划 2014 年 4 月份进行技术鉴定。

本项目针对不定形浇注料在烘烤使用过程中存在易爆裂和烘烤时间长等问题，以球体紧密堆积原理和胶体化学的相关理论为指导，通过采取颗粒级配优化、高效减水剂的选择、复合防爆剂的添加等技术措施，有效提高了浇注料的抗爆裂温度；借助基质泥浆材料综合热分析，揭示了 AC 发泡剂提高抗爆裂性能的机理；通过研究 AC 发泡剂对浇注料的综合性能的影响，开发出免烘烤铁钩浇注料；掌握了浇注料的免烘烤技术，并推广应用。本项技术已经成功应用于公司钢包浇注料、中包预制块及透气砖等系列产品中，已经形成年产6万吨以上规模，年产值超过1.7亿元。仅节省烘烤费用和产量增加两项创效958万元。将研制的免烘烤预制件应用于唐山瑞丰钢铁（集团）有限责任公司、唐山天柱钢铁集团有限公司等钢包和连铸中间包效果表明：研制的免烘烤材料不仅烘烤时间缩短60%以上，而且性能优异，使用寿命长，降低了设备周转率，降低了能源消耗。

（3）公司自主开发项目：2011年至2013年，公司自主研发了“钢包用系列耐火材料”、“滑动水口用系列耐火材料”、“钢包透气砖”、“连铸中间包用系列耐火材料”、“轧钢加热炉用系列耐火材料”等研发项目合计18项，投入研发费用3500万元以上，新产品销售收入三年累计超过7亿元。其中“中间包长寿命干式料”是中间包工作衬的换代产品，与过去使用的绝热板相比具有施工简单、净化钢水、使用寿命长的特点，使用寿命可达40～50小时，比原来使用绝热板寿命提高6～8倍，使吨钢成本下降5～6元；“铁水包用ASC复合砖”是为适应部分钢铁企业生产节奏快，烘烤铁包时间短的现状而研制开发的一种新产品，通过建龙钢铁公司试用，铁包的最高使用寿命可达2800次；“透气砖”是炉外精炼不可缺少的核心部件，采用复合配料，上下复合成型，随着精炼钢的发展，市场前景广阔。经钢铁厂试用使用寿命可达100～120次，比国内一般产品使用寿命提高10～20次；“环保型中间包干式料”，该种产品是在我公司研发的普通中间包干式料的基础上，为了减少环境污染和节约资源而研制开发的，主要是通过改变添加剂和采用新型复相结合剂代替原来的酚醛树脂，采用炼钢废弃的耐火材料代替原来使用的电熔镁砂。经津西钢铁有限公司使用，使用寿命达40～50小时，同时还消除了环境污染，取得了满意的使用效果；“精炼钢包用浇注料”为了适应精炼钢的发展，提高了精炼钢包的使用寿命，代替目前普遍采用的镁碳砖钢包衬，使用寿命120炉以上。

（4）申报专利情况：2013年1月～2014年3月，公司申报发明专利3项，分别为：《钢包包底用耐火材料及其制备方法》、《中间包弥散式透气砖及其制备方法》、《中间包复合稳流器及其制备方法》；实用新型专利1项《一种钢包浇注包胎》。4项专利国家知识产权局均已受理。

（5）2014年申报项目情况：申报河北省科技支撑计划项目一项《精炼钢包关键部位新型耐火材料的开发与应用》；申报唐山市科技支撑计划项目一项《高炉炉前新型不定形耐火材料的开发与应用》，公司自主研发项目7项。

济南镁碳砖厂有限公司

济南镁碳砖厂有限公司是我国一家大型耐火材料专业生产公司，下设有中日合资济南鲁东耐火材料有限公司、全盛耐火材料有限公司、华美环球进出口有限公司，为与国际市场接轨，公司于1999年通过ISO9002质量体系认证，2002年通过ISO9001质量体系换版认证，2006年3月通过ISO14001国际环境管理体系和OHSAS18001职业健康安全管理体系认证，直到现在仍保持着三标一体认证资格。

公司位于山东省济南市正在开发的东部产业带，交通便捷，环境优美。现拥有固定资产近1.5亿元，总资产3亿元，占地面积12万平方米，并有一流的生产设施和先进的检测手段，现有工程技术人员90多名，其中国内外高级工程师近30名。公司于1999年组建了企业技术开发中心，2004年被认定为省级技术开发中心，使公司形成了集设计、研究、开发、生产、砌筑、维护等服务于一体的综合性耐火材料企业。

公司生产设施、生产技术处于全国一流水平，拥有封闭式原料库、机加工车间、化工车间、原料破碎配料混炼车间、成型车间、修装车间、新建绿色无碳不定形耐火材料生产车间等。镁碳砖生产有封闭式破碎线5条，颗粒筛分采用多层振动筛、配料工序采用4级颗粒配料、微机控制、电子称量车称量；混炼工序有GHJ-600L型高速混炼机8台，混炼时间、加料顺序均实现自动控制，整个破粉碎、筛分、混炼过程采用高层楼房结构，实现了自动控制；公司现有压砖机19台。其中1600吨真空复合压砖机3台、1000吨抽真空复合式压砖机2台，1000吨压砖机5台，630吨压砖机4台，400吨普通双盘摩擦式压砖机5台。公司新安装的3600吨抽真空全自动液压压砖机，是国内首台抽真空全自动压力最大的压砖机，填补了国内空白，为中国耐材行业的发展起到了积极的推动作用；干燥工序采用环保型煤气化燃煤燃烧加热炉连续式干燥隧道窑4条，天然气干燥隧道窑1

条，全部达到了温度自动显示、均匀、恒定；产品采用超声波无损探伤流水线检测，确保产品合格出厂。

公司年产定型、不定形耐火材料8万吨，其中高档镁碳砖年产能力为6万吨，不定形耐火材料为2万吨。主导产品为镁碳砖，同时还生产镁铝碳砖、铝镁碳砖、铝碳砖、镁钙碳砖等定型耐火材料。生产镁质、镁钙质转炉、电炉喷补料、中间包涂料、刚玉（高铝）浇注料、电炉炉底干式捣打料、热补料、出钢口填料、出钢口修补料、各种炉底接缝料、火泥、高炉铁沟料、可塑料等系列不定形耐火材料产品。随着炼钢工艺的不断变化，近几年，公司根据市场需求组织专家、技术人员成功开发了金属皮镁碳砖、低碳微膨胀镁碳砖、转炉供气砖、钢包供气砖等功能性耐火材料，为钢铁用户提高钢材质量、增加炼钢品种提供了优质、可靠的保证。

公司于2005年被济南市科技局列为信息化示范企业，从财务物流、生产物流、办公自动化、人力资源管理及绩效考核等形成了公司网络信息化。

近几年国内外用户及产品销售量不断增加，目前镁碳砖产品在日本主要客户有JFE钢铁、新日铁等六大钢铁公司20余家钢厂用户，产品在美国用户有纽克钢厂、伯明翰钢厂，还出口德国、越南、俄罗斯、澳大利亚、韩国、印度、加拿大等国家和中国台湾的十几家用户，形成了较大的国际市场，国内用户有济钢集团、青钢、莱钢、潍坊钢厂、日照钢厂、鲁丽钢厂、泰山钢厂、宝钢集团上钢一厂、五厂、安阳钢厂、邢台钢厂、石家庄钢厂、酒泉钢厂、建龙钢厂、江苏沙钢集团、酒泉钢厂、云南玉溪钢厂、四川德阳二重、保定亚新钢厂、包头亚新钢厂、来源钢厂、山西中阳钢厂及新疆八一钢厂等60多家钢铁公司。企业建立和完善了稳固的销售网络。出口量稳定增长，企业规模、产品质量、出口创汇及全员劳动生产率均列全国同行业前茅。

“济”牌镁碳砖产品于2006年评为国家免检产品。并先后被评为“省优”、“部优”、“山东省名牌产品”。企业先后被评为“省级”、“部级”先进企业，省专利明星企业，山东省高新技术企业，连续多年被评为济南市出口创汇明星企业，“济”牌镁碳砖于2010年分别被济南市工商行政管理局和山东省工商行政管理局评为“济南市著名商标”和山东省著名商标，企业被济南市企业信誉评价工作委员会评定为“信用等级AAA企业信用等级”，2011年被中国耐火材料行业协会评定为“企业信用评价AAA级信用企业”等。公司截止到目前已申报专利10项、其中申报发明专利3项，已授权专利8项、其中已有2项发明专利授权、6项实用新型专利授权。公司通过三标一体化贯标工作的有效实施，环保设施配备齐全，环保条件均处达标状态，能源消耗每年均有目标指标控制，逐年处于下降水平。通过公司良好的管理和各方面的有效控制，目前公司产品质量、管理水平正处于可持续健康发展，“济”字牌镁碳砖享誉国内外钢铁企业。

公司企业技术开发中心是2004年认定的省级企业技术开发中心，研究所建有2400平方米科技大楼，研究所下设有化学分析室、设计室、物理检验室、实验室，各种实验仪器设备每年都有添加或更新，主要设备配备有激光粒度分析仪、热重矢量检测仪、高温线膨胀检测仪、抗渣蚀试验炉、常温高温抗折仪、导热系数测定仪、荷重软化试验仪等各种物理检测设备和齐全的化学分析仪器。作为产品研发机构形成了独立研发能力，为研究开发高档次镁碳砖和不定形耐火材料及炼钢设施配套使用的功能性产品奠定了良好的基础。公司及技术研发中心每年根据国内外市场和公司发展都制定有新产品研发和技术创新计划，2003年以来与日本品川耐火材料有限公司进行了长期技术合作，并签订了为期20年的技术合作协议，质量目标为定型、不定形耐火材料达到日本各种大型转炉、精炼炉（包）、钢包等各种炼钢设备、各部位的使用要求，逐步使产品达到国际先进水平，部分达到国际领先水平。为此，JFE炉材株式会社在本社设置产品开发人员3名，试验样品制造人员1名，试验样品检查及评价员1名，在我厂常驻人员1名，利用JFE炉材本社研发部门、设备为主，也利用我厂的研究所、中试车间，进行不断的品质改进设计，研究生产工艺、技术改进、降低生产成本的技术方案，进行新产品研究开发、砌筑设计及国内、外售后技术服务。近几年引进、研发几百个镁碳砖新品种，并自主开发了“金属皮镁碳砖”、“大结晶镁碳砖”、“不锈钢转炉用镁碳砖”、“转炉用供气砖”、“低碳微膨胀镁碳砖”、“RH炉用镁碳砖”、“大型钢包用尖晶石碳砖”、耐火材料用“低分子低黏性新型酚醛树脂”、“GOR不锈钢转炉用镁碳砖”、“转炉气幕挡渣技术”、“大型钢包用刚玉-尖晶石浇注料”、“用后废弃镁碳砖再生利用循环技术创新项目”等转炉、电炉、精炼包用新型耐火材料新产品、新品种、新技术，为我国钢铁工业降低吨钢耐材消耗及炼钢成本、节约能源、促进钢铁工业和耐材行业快速发展做出了较大贡献。并且“金属皮镁碳砖”、“低碳镁碳砖”、“转炉气幕挡渣技术”具有自主知识产品，近三年申报专利七项，其中已获得国家实用新型专利授权3项、发明专利授权2项，受理发明专利和实用新型专利各1项。

公司于1990年1月20日取得商标专用权，相应的商标注册号为510185，类别为19类。2010年11月，“济”字牌商标被认定为山东省著名商标。经过近几年来企业不断发展产品质量及企业效益快速增长，目前本公司镁碳砖产品产量和出口量名列全国前三、省内第一，产品年出口量占总产量的近50%，出口创汇近3000万美元。

济南镁碳砖厂有限公司奉行严格科学的企业管理理念，依靠先进的管理创造出了优良的业绩，公司高度重视品牌建设，注重企业在行业内的地位和影响，通过各类宣传推广，不断提高公司的知名度，凭借卓越的经济效益和社会影响力，公司现担任着中国耐材协会副会长单位、山东耐材协会副会长单位、山东中小企业协会副会长单位、山东金属学会副会长单位、济南外企协会副会长单位、济南儒商文化研究会理事单位等诸多社会职责。

济南镁碳砖厂有限公司在发展壮大、为当地经济发展和社会就业做出巨大贡献的同时始终不忘回报社会，积极承担社会责任，公司每年积极为当地小学进行捐资助学，为地区发展进行道路的建设和维护，同时在汶川地震和玉树地震时，积极组织公司员工进行爱心捐款，得到了良好的经济和社会效应。

济南镁碳砖厂有限公司严格遵循国家“节能减排、循环经济”的产业政策，加大投资力度，积极发展绿色环保、节能型技术产业，并取得了各级人民政府的积极肯定，2008年获得山东省人民政府颁发的“节能减排示范企业”荣誉称号，2011年获得济南市人民政府颁发的“济南市节能先进企业”荣誉称号，在发展经济的同时确保不对本地环境造成影响。

继往开来、再创辉煌，公司以“管理创新、持续改进、誉满中华、走遍世界”的理念，按“严肃、认真、务实、高效”的治厂方针，依靠先进的管理创造出了优良的业绩，先后多次荣获“全国外商投资双优企业”、“全国出口创汇先进乡镇企业”、“全国乡镇企业先进企业”、“山东省特级信誉企业”、“中国山东专利明星企业”、“济南市先进外商投资企业”、“济南市出口创汇明星企业”、“山东省高新技术企业”等荣誉称号。

山东耐火材料集团有限公司

一、基本情况

山东耐火材料集团有限公司（以下简称山东耐材）是隶属于山东钢铁集团有限公司的全资子公司，现有资产净值14.5亿元，占地348.6万平方米，职工4021人，下设六个子、分公司，分布于山东淄博、青岛、烟台等地，是一家跨地区的大型企业集团，其生产历史始自于1904年，至今已有110年的历史。

主要产品有耐火原料、建设用耐材、消耗性耐材三大类，主要品种有焦宝石、莫来石料、镁质原料，铝硅系耐火制品、含碳制品、不定形材料、特耐制品等，产品广泛应用于冶金、建材、化工、有色、电子等行业，其中70%的产品供应钢铁生产企业，国内大型钢铁企业均为山东耐材集团的主要客户，产品还出口到世界各地的知名钢铁企业，与世界著名的工程公司和设计公司、耐材生产企业等都有良好的合作。

公司设有专门的技术中心负责产品研发，现有产品中的高炉热风炉用系列耐火材料、干熄焦用耐火材料、连铸用三大件，以及高档焦宝石料和合成莫来石料都处于世界一流水平，有独特的技术优势。

二、工艺装备

采矿煅烧设备252台/辆，其中潜孔钻机3台、提升机5台、破碎机12台、空压机15台；耐材制品设备191台，其中等静压成型机4台（套）、摩擦压力机70台、隧道窑12条、梭式窑1座、倒焰窑11座、干燥塔1座，破粉碎设备69台、混炼机14台、混砂机1台、仿形车床5台、数控车床4台；省级技术中心有中试线1条、X光机2台、X射线衍射仪、荧光分析仪2台、化验和实验设备95台。“不定形、不烧制品”项目2011年1月开始建设，2012年8月实现联动试车，形成年产10万吨不定形、5万吨不烧砖和5万吨颗粒料生产能力。

三、历史沿革（2010～2013年）

2010年2月根据山钢集团《关于同意设立山

东耐火材料有限公司的批复》（山钢资字［2010］3号），山东耐火材料厂、山东第二耐火材料厂、青岛耐火材料厂、山东镁矿、山东王村铝土矿以及山东中齐耐火材料有限公司、山东鲁耐窑业有限公司、山东恒欣镁业有限公司等实体公司通过公司制改造和资产重组，设立山东耐火材料有限公司。

2010年9月，经山东省工商行政管理局核准，山东耐火材料有限公司完成变更登记注册。

2010年10月，山东耐火材料有限公司正式挂牌。

2011年5月，根据山东钢铁集团《关于山东耐火材料有限公司更名的批复》（山钢资字〔2011〕47号），组建山东耐材集团。

2011年8月，经山东省工商管理部门核准，公司更名为山东耐火材料集团有限公司。

四、生产经营（2010～2013年）

2010年生产耐火原材料37.94万吨，同比增长4%，其中：黏土质高炉、热风炉砖0.9万吨，低蠕变砖1.32万吨，干熄焦及其他黏土砖4.76万吨，高铝砖3.09万吨，硅质玻璃窑用砖0.2万吨，硅质焦炉砖5.7万吨，硅质热风炉砖0.6万吨，连铸用功能性耐火材料4293吨（其中铝碳水口821吨，锆碳水口950吨，塞棒2522吨），高纯氧化物等特种耐火材料0.5万吨，不定形耐火材料6.34万吨；耐火原料14.10万吨：硬质黏土熟料9.32万吨、莫来石1.85万吨、镁质原料2.93万吨。

实现销售收入8.02亿元，比上年降低2.44%，同口径相比与上年持平；上缴税金6088万元，同比增长2%。

2011年生产耐火制品39.28万吨、比上年增长4.11%，其中：黏土质高炉、热风炉砖1.7万吨，低蠕变砖1.96万吨，干熄焦及其他黏土砖3.85万吨，高铝砖3.17万吨，硅质玻璃窑用砖0.49万吨，硅质焦炉砖4.78万吨，硅质热风炉砖0.58万吨，连铸用功能性耐火材料3962吨（其中铝碳水口796吨，锆碳水口1115吨，塞棒2051吨），高纯氧化物等特种耐火材料0.62万吨，不定形耐火材料7.47万吨；耐火原料14.26万吨：硬质黏土熟料10.77万吨、莫来石1.48万吨、镁质原料2.01万吨。

实现销售收入8.48亿元，同比增长5.73%；上缴税金6076万元，同比基本持平。

2012年生产耐火原材料37.43万吨，比上年下降3.83%。其中钢铁及非钢建设用材料16.52万吨：高炉、热风炉黏土砖1.65万吨，干熄焦砖1.47万吨，低蠕变砖2.49万吨，高铝砖3.22万吨，焦炉硅砖3.52万吨，热风炉硅砖1.09万吨，高纯氧化物等特种耐火材料0.67万吨；钢铁生产消耗性材料5.55万吨：连铸用功能性耐火材料3425吨（其中铝碳水口922吨，锆碳水口890吨，塞棒1613吨），铁水罐用耐材2393吨，中间包用耐材22080吨，不定形耐火材料2.76万吨（其中镁质不定形2.1万吨，铝硅质铁沟料0.66万吨）；耐火原料15.36万吨：硬质黏土熟料11.17万吨、莫来石1.67万吨、镁质原料2.53万吨。

实现销售收入8.8亿元，比上年增长3.82%；上缴税金5330万元，比上年降低13.03%。

2013年生产耐火原材料34.86万吨，比上年下降6.89%。其中钢铁及非钢建设用材料15.07万吨：高炉、热风炉黏土砖0.69万吨，干熄焦砖1.89万吨，低蠕变砖2.74万吨，高铝砖2.97万吨，焦炉硅砖2.78万吨，热风炉硅砖0.55万吨，高纯氧化物等特种耐火材料0.4万吨；钢铁生产消耗性材料6.26万吨：连铸用功能性耐火材料3657吨（其中铝碳水口1252吨，锆碳水口811吨，塞棒1594吨），铁水罐用耐材6000吨，中间包用耐材2.6万吨，不定形耐火材料2.69万吨（其中镁质不定形1.15万吨，铝硅质铁沟料1.54万吨）；耐火原料13.53万吨：硬质黏土熟料10.88万吨、莫来石1.57万吨、镁质原料1.08万吨。

实现销售收入9.30亿元，比上年增加4%；上交税金6274万元，比上年增加17.23%。

五、科技进步，创新发展

山东耐材自2010年改制重组以来，高度重视技术创新工作，贯彻国家有关依靠科技进步、推动经济发展的政策，落实山东省全面贯彻落实科学发展观和省政府关于加快转变经济发展方式的重大战略部署，在科技进步方面取得了较大成绩。制订并实施了企业技术创新战略：在国家钢铁产业政策引导下，以钢铁行业技术建设规划为指针，提高生产、研发装备水平，提高自主创新能力，创办国家级耐火材料技术中心，提升企业核心竞争力；以市场为导向，以企业优势产品为基础，实施精品战略，适度扩大规模；加快开发长寿、节能、环保型产品，并快速形成规模；积极采用新工艺、新技术、新材料、新设备，淘汰落后工艺、装备和产能，建设节约型企业，提高资源利用率，节能减排达到国内领先水平。

公司大力实施“品牌化”和“国际化”战略，充分整合优势科研资源，优化资源配置。特别是经过近几年技术创新和科技体制改革，企业人、财、物得到充分优化，公司科技发展水平、生产技术装备水平、员工操作技能水平得到进一步提高，技术积累雄厚，多个耐材品种在国内外享有良好的声誉。铝硅系耐材在中国、乃至世界上水平领先、技术一流，市场涉及各个行业，有较强的市场竞争力；焦宝石、莫来石料，目前处于国际一流水平，品质水平达到国际领先水平，特别是焦宝石享有“焦宝石之王”美誉；连铸用耐材，目前技术处于国际一流水平。

2010 年至 2013 年制订技术创新年度计划 350 项，完成 200 余项。通过技术创新项目的实施，新产品数量显著增加。获得市、省级奖励项目 14 项；授权、申请专利 13 项，9 项发明专利；申报山东省技术创新项目 43 项；通过省经信委、省冶金公司新产品、新技术鉴定 13 项；2010～2013 年主持和参加制定国家、行业标准 6 项；拥有山东名牌产品 3 项，已注册商标 2 项。

六、主持和参加制定的国家、行业标准

（1）定型耐火制品验收抽样检验规则（GB/T 10325—2012），2012 年 11 月颁布；（2）高铝砖（GB/T 2988—2012），2012 年 11 月颁布；（3）硅砖（GB/T 2608—2012），2012 年 11 月颁布；（4）莫来石（YB/T 5267—2013），2013 年 4 月颁布；（5）铬刚玉砖（YB/T 4350—2013），2013 年 4 月颁布；（6）刚玉砖（YB/T 4348—2013），2013 年 4 月颁布。

七、注册商标、名牌产品

（1）2012 年 10 月注册“山耐”商标（第 9862291 号）、“山耐集团”商标（第 9862342 号），适用范围：耐火土；熟耐火粘土；非金属耐火建筑材料；耐火砂；耐火纤维；耐火砖、瓦；黏土火泥；镁泥；高炉用水泥；非金属建筑材料。

（2）2013 年 1 月获山东名牌产品 3 项：连铸用铝锆碳浸入式水口、干熄焦装置用莫来石-红柱石和莫来石-碳化硅砖、热风炉用红柱石低蠕变砖。

无锡市南方耐材有限公司

一、历史沿革

公司创建于 20 世纪 50 年代，原为国有企业，现改制为股份制企业。经过五十多年的变革和发展，现已成为研发、设计、科技创新、生产制造、安装施工、整体承包、服务培训的综合型连铸功能耐材生产制造企业。目前是全国最大、最具竞争力的连铸功能耐火材料生产企业，在行业内具有一定影响的科技创新型企业。是全国首批被认定为国家重点高新技术企业之一。

二、基本情况

无锡市南方耐材有限公司坐落于长江三角洲水陆空交通极为便利的江苏宜兴风景优美的阳羡生态旅游区——湖滏镇。无锡市南方耐材有限公司创建于 1958 年，占地面积 18 万平方米，资产总额 5.1 亿元，下设子公司：宜兴市连铸耐火材料厂有限公司，中外合资无锡南方德曼耐材有限公司，宜兴南方环球炉业有限公司。现在员工 880 人，是全国重点功能耐材生产企业，国家火炬计划宜兴非金属材料产业基地骨干企业、江苏省陶瓷产品出口基地骨干企业。生产的产品畅销全国钢铁行业以及机械、电子、化工、建材等行业，并出口美国、欧洲、俄罗斯、日本、韩国、中东、东南亚及中国台湾等国家和地区。

三、主要产品及工艺装备

（1）主要产品。主要生产冶金用耐火材料、高温窑炉用耐火材料、实验室用工业用电炉等三大系列。生产的产品主要有：1）炼钢区域功能耐材。转炉、电炉供气元件、整体出钢口、钢包上下水口、滑板、钢包透气砖、水口座砖等。2）连铸中间包区域功能耐材。长水口、整体塞棒、中间包滑板、中间包水口、浸入式水口、座砖等。3）高炉出铁沟系列、中间包系列耐材及各种不定形耐火材料。4）新型焦炉炉门、焦炉喷补料。5）各种窑炉耐火材料、轻质节能耐火材料。6）各种实验室电炉、工业电炉的设计、生产、安装等。其中：连铸三大件产量在 1 万吨以上，名列国际、国内前茅。

（2）主要装备。高温隧道窑 2 座，高温梭式窑 6 座、全自动隧道式干燥器、梭式干燥窑 6 座。

全自动电干燥烘箱30台。进口冷等静压机1套，国产冷等静压机6台；程控（原料）造料线6套；高吨位液压机8台；复合电动摩擦压力机8台。德国、国产磨床10台；X光探伤机2台等。连铸功能耐材生产线6条，今年投入5000万元按照国际一流标准新建一条连铸三大件功能耐材生产线，三大件功能耐材制品的质量和产量将进一步提升，技术和装备水平处于国内、国际领先水平。

四、机构与人事

公司现有员工880人，企业共有管理人员68人，其中大专以上学历的科技人员有96人，管理人员、技术开发人员、生产人员、销售人员分别占企业总数的7.73%、11.94%、68.90%、7.21%，其他人员4.22%。

企业负责人路济民，高级工程师，现任无锡市南方耐材有限公司董事长兼党委书记，中国耐材协会副会长，先后获国家“五一”劳动奖章，享受国务院特殊津贴，江苏省有突出贡献的中青年专家等。

企业管理者杭文明，毕业于南京工业大学无机非金属材料工程，后取得上海复旦大学金融学专业硕士学位，并取得中欧国际商学院EMBA工商学管理硕士学位。现任无锡市南方耐材有限公司总经理，是宜兴市耐材学术技术带头人，十佳（优秀）青年企业家，市青年科技英才。开发并实施的“洁净钢冶炼用耐火材料关键技术与工业应用”获国家科技进步二等奖，共获得国家发明专利2项。

五、企业管理

公司在企业管理方面，建立了完善的市场营销、科研开发、生产安全、设备能源、技术质量、财务成本和人力资源等专业管理体系。公司于1998年通过了ISO9002质量保证体系的认证；ISO14001环境管理体系认证；GB/T 28001—2001职业健康安全管理体系认证。产品曾先后获冶金工业局科技进步二等奖、国家科技进步二等奖，公司于1994年度被认定为首批江苏省高新技术企业，2000年起被认定为国家重点高新技术企业至今，全国重合同、守信用企业、3A级信用企业，无锡市重点培育和发展的国际知名品牌、专利、标准、商标（品牌）“三位一体”的知识产权优势企业。“火轮牌连铸用铝碳质耐火制品”、“南耐牌洁净钢用连铸功能耐火材料”获江苏省名牌产品，火轮牌商标为江苏省著名商标。

六、科研开发

公司在发展过程中，始终坚持走自主科技创新和产学研相结合的发展之路，积极整合国内的科研资源，与宝钢研究院、首钢研究院等使用单位及武汉科技大学、北京科技大学、上海硅酸盐研究所、中国地质大学等科研院校开展深入的产学研合作，形成了极具竞争力的科研开发体系。公司已创建江苏省连铸用功能耐材工程技术研究中心，技术中心形成以新材料新技术无机非金属材料为主体且各学科综合发展的专家群体以及多层次的研发队伍，公司多次参与为国家耐材的研发以及新标准的起草和制定，并一贯注重知识产权的保护，目前公司拥有国家发明专利8项。近年来企业的研发费用均占企业总销售收入的3%以上。

公司先后承担了国家“八五”、“九五”重点耐材科技项目和“十二五”国家科技支撑计划项目，开发的连铸用高耐蚀水口，不吹氩防堵塞浸入式水口、钢包透气砖、高耐磨长寿命滑板、金属陶瓷结合免烧低碳滑板砖等一系列连铸功能耐材，产品分别被认定为江苏省高新技术产品、江苏省名牌产品、国家级新产品，并列入国家火炬计划项目，技术水平达到国内领先、国际先进。

七、销售与服务

本公司历经近二十多年生产制造连铸“三大件”功能耐材制品的历程，在国内为几十家大中型、特大型钢铁企业长期供应连铸三大件功能耐材，及中间包整体承包或三大件功能耐材分包服务，无论是产能、产量、销售额总量，还是品质稳定性，均名列前茅。尤其是在国内大型特大型转炉，有着良好的使用业绩和承包业绩，连铸三大件在宝钢股份占有70%以上份额。

本公司产品分别在宝钢、首钢、马钢、武钢、鞍钢、本钢、包钢、太钢、沙钢等国内大中型钢铁企业使用，并远销欧美、俄罗斯、日本、韩国、中东、东南亚及中国台湾等国家和地区。多年来，被宝钢、首钢、马钢、本钢、江阴兴澄等钢铁企业评为A级合格供应商、特级供应商等称号。

江苏苏嘉集团新材料有限公司

一、历史沿革

江苏苏嘉集团新材料有限公司原名无锡市苏

嘉镁砖有限公司，始建于1986年，经过近30年的发展，已从单纯生产镁碳砖产品发展成为国内最大的综合性耐火材料生产企业之一，年产各类耐火材料十二万吨以上（其中镁碳砖产量居国内首位），产值超五亿元。公司是国家级高新技术企业，是中国耐火材料协会副会长单位。

二、基本情况

江苏苏嘉集团新材料有限公司坐落于江南鱼米之乡、国家生态城市、最具经济活力的城市——江苏省无锡市。水陆空交通极为便利。公司占地面积160000平方米，建筑面积128000平方米，资产达2亿多元，职工总数650余人，是国内最大的综合性耐火材料生产企业之一。公司主要生产炼钢用高级耐火材料，产品除了供应国内近百家钢铁企业外，还远销德国、俄罗斯、奥地利、新西兰、日本及东南亚等国家和地区。

1995年，苏嘉公司与日本黑崎窑业株式会社合资成立了无锡黑崎苏嘉耐火材料有限公司，生产具有世界一流技术水平的镁碳砖、不定形耐火材料；2000年8月，苏嘉公司通过引进、吸取日本黑崎的先进技术，研制成功了高性能滑板，平均使用寿命均达4次以上，引领了国内滑板连用技术的发展；此外具备世界先进水平的连铸“三大件”也于2002年底投产。

三、主要产品及工艺装备

公司现有各类产品生产线五条。主要生产设备全自动控制燃气隧道式干燥窑6条，1600t抽真空全自动摩擦压砖机1台，1000t抽真空全自动摩擦压砖机1台，1000t摩擦压砖机2台、630t压机18台、400t压机2台；各型混炼设备20台，破粉碎设备5台，磨粉设备1台，产品轻烧油浸设备2台。

主要产品有转炉用镁碳砖、镁砖、填缝料、捣打料、火泥，电炉用镁碳砖、捣打料、喷补料、引流砂，炼钢用镁碳砖、铝镁碳砖、镁铝碳砖、镁钙砖、无碳砖、透气砖、座砖，高性能滑动水口，连铸用耐火材料及其他功能性耐火材料等。耐火材料年生产能力超过12万吨。

四、机构与人事

公司现有职工总数650余人，工程技术人员79人，中级、高级技术职称人员38人。公司董事长龚育才，高级经济师，江苏省人大代表，优秀民营企业家；总经理张雪松，教授级高级工程师，是江苏省“333工程”培养对象，无锡市耐火新材料工程技术研究中心主任，获省级科技进步三等奖2项，在核心期刊发表论文12篇，有4项国家发明专利得到授权。生产厂长俞晓东工程师，多年来从事耐火材料研究，已开发多项产品，达到国际国内领先水平，并获多项国家发明专利授权。

五、企业管理

公司1996年通过了ISO质量管理体系认证，2008年通过ISO14001环境管理体系认证，2009年通过ISO18001职业健康安全管理体系认证。公司是国家冶金局颁布的“全国百家重点冶金企业”之一，2002年被评为国家级“高新技术企业”，连续多年被评为江苏省“明星企业”、省“高新技术企业”。2006年获国家“产品质量免检证书”。国内首批冶金部颁发的“镁碳砖工业生产许可证”企业之一。中国耐火材料行业协会副会长单位。

六、科研开发

江苏苏嘉集团新材料有限公司建立了无锡市最早的耐火新材料工程技术研究中心，2009年，该中心更名为“新型镁基复合耐火材料工程技术研究中心”，并且升级为省级工程技术研究中心。工程中心现拥有总资产1500余万元，现有专职科研人员41人，设有检测站、产品开发部、技术工程部、情报研究室、中试车间、综合办公室等部门。在国内同行业中拥有一流的科研攻关力量。中心先后得到了冶金部洛阳耐火材料研究总院、武汉科技大学、安徽工业大学、郑州大学、钢铁研究总院等国内院所的支持，先后成功研发了8个具有自主知识产权的新产品，其中有5个产品评为国家级高新产品，实施完成省级、国家级火炬计划3项，申报专利33项，其中发明专利17项。新产品的不断成功开发，确保了公司在同行业中的竞争优势。

七、销售与服务

苏嘉新材料公司坚持走“质量+技术”型发展道路，以“为国内外客户提供高品质产品”为宗旨，不断改革传统营销方式，根据客户需求，为钢厂提供各种定型、不定形耐火材料的设计、施工、维护及炼钢等配套的技术指导服务，并承包钢厂的吨钢耐材费用，最大限度地为钢厂降低成本，不仅极大地拓展了公司的市场，而且提高了自身的综合竞争能力。

“竞争、合作、勤勉、进取”的苏嘉精神，“优秀的人才、优质的产品、优良的服务”的企业灵魂，“管理科学严格和追求科技领先”的苏嘉理念，构筑了富有苏嘉特色的企业文化的内涵。江苏苏嘉集团新材料有限公司通过全面提高质量管理和企业运作水平，打造“苏嘉”品牌，为我国钢铁工业的发展贡献力量。

山东鲁阳股份有限公司

一、企业概况

山东鲁阳股份有限公司始建于1984年，2006年11月在深圳证券交易所上市，是集陶瓷纤维、玄武岩纤维、轻质耐火砖等节能材料研发、制造、销售等于一体的高科技企业，是业内唯一上市企业。公司总资产18.34亿元、员工2000余人、年利税2.3亿元，下设内蒙古鲁阳、新疆鲁阳、贵州鲁阳、济南鲁阳、青岛赛顿5个子公司。公司是亚洲最大的陶瓷纤维制造基地、行业国家标准起草单位、国家火炬计划重点高新技术企业、国家新材料产业化骨干企业、全国守合同重信用企业。

公司设有国家认定企业技术中心、国家级实验室、博士后科研工作站、山东省陶瓷纤维工程技术研究中心等，拥有99项专利和44项技术成果；是国家“863”计划的协作单位，自主研发的陶瓷纤维建筑隔热板、陶瓷纤维复合模块等四项产品被认定为“国家重点新产品”。

公司具备年产各类陶瓷纤维制品20万吨、玄武岩纤维制品10万吨的生产能力，连续二十年在国内同业中保持着规模、技术、品种与效益第一位置，并以其具有世界同步的先进核心技术、大规模、多品种及高品质跻身世界陶瓷纤维业三强。产品畅销全国，并远销美国、德国、英国等60多个国家和地区；广泛应用于工业炉衬、建筑防火保温、高温绝热等领域，新产品玄武岩纤维作为高端建筑保温材料，成为建筑节能领域的新秀。

二、企业管理

山东鲁阳股份有限公司实行集团组织领导型管理模式，推行“小总部，大单元”的管理体制。管控中心对重点项目实施组织领导，对运营流程进行监督检查。实施扁平化管理，精简管理岗位，减少审批层级，形成了顺畅快捷的业务流程和简捷高效的管理组织机构。

公司大力采取简政放权的有力措施，各事业部、分公司和子公司集供、产、销、研、推、建于一体，自主经营，独立核算。创新性的推行时段管理模式，对生产三级单元实行全天候无间断管理，有力提升了基础管理水平。

公司推行“公司搭台，能人唱戏”的激励政策，实施以目标引导、利益驱动为核心的绩效考核办法，激发调动全员干事创业、提高效益的积极性，增强生产、销售单元的自主经营管理能力。

公司创新岗位管理模式，对每个岗位进行职责、目标、权力等方面的“五定”，全面实施“岗位承包”制。同时，对岗位管理工具不断探索创新，实施量化管理，搭建最佳的岗位工作平台，有效促进了管理岗位职能的发挥。

三、生产经营

公司主要生产陶瓷纤维棉、毯、毡、板、纸、纺织品，硅酸镁保温毯，氧化铝纤维制品，可溶纤维制品，陶瓷纤维复合模块，整体模块，背衬板，轻质耐火砖，玄武岩纤维（岩棉）建筑保温板等产品。

公司致力于销售服务网络的建设与完善，为广大用户提供全方位、定制化、系统化服务。在全国各地设有30多个销售部和70余办事处，实现了销售服务网络的全覆盖。在国际市场开拓方面，设有国内代理部，市场开发部和客户服务部，并在印度、俄罗斯、巴西，美国、新加坡等国家和地区设立销售公司和办事处，壮大了鲁阳在国际市场的参与度，提升了鲁阳国际市场的知名度。

山东鲁阳股份有限公司坚持为客户创造价值的市场开发理念，认真研究客户定位、产品定位、渠道定位，为客户提供最有价值的服务。设有石化事业部、冶金建材事业部、有色事业部、电力事业等行业事业部，下设相应设计所，有专业工程师、设计师30余人，配有200余人的专业化施工队伍，与国内各大研究院所常年保持紧密合作关系，为炼油、化工、炼铁、炼钢、轧钢、电力、陶瓷、有色金属、水泥等不同行业客户提供专业化定向服务和设计服务。

四、品牌建设

山东鲁阳股份有限公司重视品牌建设，依靠自身不可复制的品牌核心竞争力，聘请专业团队对公司品牌形象进行再升级，不断的创新扩大，“以体贴、严谨、厚德”的品牌个性，坚守“高效节能、品质保障、系统定制化服务”的品牌核心价值，构建和完善了先进的品牌管理模式，形成规范有序的品牌管理运行机制，成为名副其实的耐火保温材料系统定制化服务专家。目前鲁阳拥有“东方暖阳”企业品牌，“鲁阳”“巴萨特”“沂河源”“威盾”“贝克”“陶盾”“捷能”等多个产品品牌。企业品牌与产品品牌并行推广，在做好企业品牌形象宣传的基础上，加大了对产品品牌的整体策划与推广保护，以品牌带动市场开发与产品销售，赢得社会和业界的高度认可与广泛关注。

公司以专业、专心、专注的态度和积极主动的行动服务贯穿于售前、售中、售后服务的每一个环节，让每一个用户实实在在地感受到“鲁阳品牌”的卓越品质。

五、科研技术

山东鲁阳股份有限公司通过不断的技术创新，共申请专利125项，有99项专利获得授权，其中发明专利52项，约占50%。取得科技成果40多项，其中有多项成果处于世界先进水平，获得省市科技成果奖20余项，负责或参与国家行业标准制修订20余项，包括《GB/T 3003—2006 耐火材料 陶瓷纤维及其制品》、《GB/T 16400—2003 绝热用硅酸铝棉及其制品》、《GB/T 17911—2003 耐火材料 陶瓷纤维及其制品实验方法》、《GB 50264—2013 工业设备和管道绝热设计规范》等陶瓷纤维类标准。在各类专业权威刊物发表科技论文20余篇。

公司产品通过三十年的技术研发，形成了10大系列，13个产品形态，240多个产品种类。利用煤矸石制造硅酸铝纤维发明专利，经成果转化，制造的硅酸铝纤维产品广泛应用于冶金、石化、机械和电力保温等行业，有利于节约能源、减少二氧化碳排放。煤矸石是采煤过程中产生的副产品，煤矸石的利用也改善了生态环境，资源得到综合利用，为国家生态建设和节能减排做出了很大贡献。硅酸镁纤维产品填补了国内空白，在电力、石化等保温领域得到大力推广，其不仅绝热效果好，而且对人体的危害性低，目前已出口欧洲多个国家，得到用户的一致认可。

六、质量管理

山东鲁阳股份有限公司在产品质量管理上推行分段管理、分级控制。把生产经营过程划分为原料采购、原料合成、合成料投用、产品生产、产品质检、产品入库、产品装运和用户投诉八个段点，设定每个段的质量关键控制点，通过下一个工段对上一工段的质量控制，杜绝不符合质量要求的产品流入下一工序，有效加强了产品生产过程的质量控制和工艺控制。为了提升产品质检准确率，确保产品品质，建立了质量三级控制体系，对产品实行三级质量控制，即生产工人自检、质检员分级、生产监理抽检。三级质量控制体系的实行，进一步提高了公司产品质检分级准确率，目前产品质检分级准确率达到100%。

公司制定修订了《产品检验管理规定》、《质量投诉管理办法》、《质量责任追究制度》等一系列质量制度，规范和推动了质量“分段管理、分级控制”的管控措施的全面落实。

公司十分重视质量、环境、职业健康和安全管理体系的建设与实施，先后通过了中国船级社“质量环境管理体系认证”、“环境管理体系认证”、“职业健康安全管理体系认证”，并对三大体系进行了全面整合，严格按照三大体系标准开展生产经营工作，进一步提升了产品质量保证能力。目前产品质量合格率超过了98%，用户投诉同比下降30%，用户满意率有了明显提高。

七、企业文化

山东鲁阳股份有限公司通过多年探索与实践，形成了符合自身特点的企业文化理念：

企业使命——以卓越的产品助推人与自然和谐发展；

企业愿景——成为在节能科技等关键领域具有核心优势的行业领导者；

企业精神——敢担当 敢开拓 敢创新 敢争先；

核心价值观——诚信、合作、合规、价值；

发展理念——专注专业、至优至强；

市场理念——品质化、差异化、国际化；

制度理念——丝丝有序、事事有章、身轻如棉、责比山重；

团队理念——公心则通、合力责赢；

垂范理念——严实律己、上行下从；

人才理念——棉出于火而优于石；

学习理念——结合岗位、契合专业、融合实践。

公司自创办伊始就把“办企业与尽义务”高度统一起来，牢固树立“做大企业，担大责任，尽大义务”的价值观与责任观。积极参与各项公益活动，通过捐资助学、修路架桥等回报社会。二十多年来，在教育事业、扶贫济困、道路建设、城市建设、慈善事业等方面作出了卓越而又无私的奉献，赢得了社会各界的广泛赞誉。

八、企业荣誉

（1）2007年被国家工商行政管理总局命名为“全国守合同重信用企业”。

（2）2005年12月被国家工商行政管理总局评定为“中国驰名商标”。

（3）2007年9月被国家质量监督检验检疫总局评定为“中国名牌”。

（4）2006年12月由国家质量监督检验检疫总局颁发“产品质量免检证书”。

（5）“国家重点高新技术企业”。

（6）“国家新材料产业化基地骨干企业”。

（7）山东省绿化模范先进单位。

（8）山东省抗震救灾先进集体。

（9）淄博市市长质量奖。

（10）淄博市“慈善奖”最具爱心慈善捐赠企业。

浙江自立股份有限公司

浙江自立股份有限公司（简称自立股份）创立于1985年，公司总部位于浙江省绍兴市上虞区百官街道百谢路338号，拥有上虞、上海宝山和江苏三个大型制造中心，是一家集耐火材料和高档氧化铝原料制造销售、国内外贸易于一体的综合型公司。公司致力于钢铁工业、有色冶炼行业、环保行业提供优质的耐火材料产品和高效保温材料产品，以及项目设计、项目承包、使用维护、仓储配送、技术咨询等服务。目前随着公司不断发展壮大，已经逐步开始迈入原料生产领域，完善了产业链的优化布局，为公司未来稳定发展奠定了坚实的基础。

通过不断的技术与管理创新，公司在行业、客户以及供应商中建立了卓越的声誉，与合作者之间建立了具有个性、真诚、开放和持久的良好关系。信任与友好的关系提升了整体合作的水平，确保了企业持续健康地发展。

随着低碳经济时代的来临，公司坚持绿色耐火材料战略，立足于技术进步坚持发展长寿命、低污染、节能环保型耐材，积极推进资源再生利用，努力追求低碳经济时代的可持续发展。

公司很好地抓住了宝钢建设所需耐火材料国产化的契机，以用户的需求为企业的追求，坚持科技创新，开发出了蜡石-碳化硅不烧砖、铝-碳化硅-碳不烧砖、低碳镁碳砖、大型钢包用刚玉尖晶石浇注料（原冶金部“95”科技攻关项目）、宝钢电炉钢包用透气砖（替代进口）、无碳钢包用预制块、RH炉用环保型无铬耐材等居国内领先地位的高附加值耐火材料制品。公司凭着精细的管理、精细的技术、精细的产品，作为宝钢和马钢的第一大耐火材料供应商，在本行业拥有良好的口碑，近年又凭借坚持不懈的技术创新一跃成为武钢的主要供货商，在日本、韩国、美国、俄罗斯等国拥有的市场也在不断扩大。公司在董事长、总经理马列鹰先生的带领下取得了突出的业绩，并于2010年度被中国耐火材料行业协会评选为“中国耐火材料工业20年杰出耐火人”（共计25人）。

根据中国耐火材料行业协会的统计资料，2013年公司耐火材料制品销量在全国耐火材料生产企业中排名第六位。在中国耐火材料行业协会组织的首批耐火材料行业企业信用等级评价中，公司获评AAA级的最高信用等级，并于2013年顺利通过复评。

公司自成立以来，一直注重技术开发与创新，注重提高服务质量，以技术与服务赢得市场，成为中国耐火材料行业中技术领先、服务领先的代表型企业之一。

公司十分重视科技创新能力的持续提高，并紧紧围绕市场的需求进行研发工作，以市场为导向、以满足市场需求为目标、以科技创新为龙头，使得公司迅速发展，并在同行中始终保持技术领先地位。

公司建立了完善的研发管理制度，建有专门的研究所，配备专职的技术研发人员，主要从事新产品的开发和老产品的改善工作。另外，公司技术中心、测试室等部门有众多人员直接从事研究开发工作。公司技术创新机制及安排情况如下：

(1) 注重技术创新战略研究。历年来，公司一直注重技术创新战略的研究，密切关注国家产业政策和国内外技术发展动向，深入分析市场需求，结合公司实际，制定公司新产品开发、老产品改善等计划，有效指导公司技术创新工作。

(2) 公司创新环境。公司构建了有利于创新的企业文化和创新环境，进一步激发员工的创造性、主动性和积极性，有效地促进了企业技术的发展。

公司根据耐火材料研发的需要，购买先进的试验、检测设备，建立良好的工作和开发环境，为公司技术创新工作的开展和深化打下良好的基础。

(3) 创新的激励机制。公司制订有《研发与设计项目立项管理办法》，每年年初制订当年的研发目标，落实各类技术人员在产品开发中的技术责任和工作内容分工。针对新产品开发等建立了以市场为导向和以加速产业化为目标的创新激励机制，公司制订了《关于统一新产品开发和奖励的规定》，体现责任大、贡献大、回报高的经济报酬原则。建立研发人才、研究成果的奖励制度，通过对开发新产品、改进老产品、改善工艺配方等进行科学分类，结合市场应用情况，从市场接受情况、成本降低情况、性能改进情况、应用情况等对每类创新情况设定了认定标准，对相应的技术创新进行针对性的奖励。

(4) 以市场需求为出发点进行技术创新。公司的各项技术创新都是围绕市场需求和客户需求展开。公司不断研究跟踪耐火材料发展的趋势，根据客户提出的各种需求，进行合理的系统策划、开发研制和测试反馈，从而保障技术创新的针对性和实效性。为保证技术创新的成功率，更好地满足市场和客户的需求，公司聘请行业内专家对项目开发方案进行可行性论证，保障公司技术创新的成功。同时，公司根据行业发展的趋势，开展一些前瞻性的研究与创新工作，在冶炼新品种钢的钢包与中间包用耐火材料技术、烧结尖晶石原料技术、镁钙砖(烧成、不烧)与镁钙碳砖技术、滑动水口用氧化锆环技术、中频炉用耐火材料、湿法喷涂料等方面进行一定的技术储备，为公司的可持续发展奠定良好的基础。

(5) 合理利用外部资源，加快产业化进程。公司十分注重内外部协作，合理配置资源，进行高效创新，与武汉科技大学形成了长期合作关系，与中国科学院上海硅酸盐研究所加强合作，充分发挥其在耐火材料研究领域的优势，为技术创新创造了良好的条件。与宝钢等下游用户保持密切合作，最大程度的提高研发效率，进一步加快技术成果的产业化进程。

长期以来，公司集中主要资源服务于国内最优秀的钢铁企业，为宝钢股份、马钢、梅山钢铁等钢铁企业部分热工设备耐火材料整体承包商和第一大耐火材料供应商，为武钢集团耐火材料的主要供应商，为鞍钢股份部分耐火材料的主要供应商，2011 年正式成为首钢京唐钢铁公司、太钢股份的耐火材料供应商。根据国家的钢铁产业政策，未来钢铁行业集中度将持续提高，国内优秀钢铁企业实力将进一步增强，公司将可能获得更多的发展机会；同时，国内优秀钢铁企业实力雄厚、信誉卓著，公司在应收账款回收方面有很好的保障。另外，公司产品经过东京贸易株式会社出口或通过自营出口等方式，应用于日本、韩国、俄罗斯、美国等国家的优秀钢铁企业。

公司销售集中于国内最优秀的钢铁企业或其附属耐火材料企业，主要包括宝钢股份、武钢耐火(武钢集团全资附属)、马钢耐火(马钢全资附属)、鞍钢股份、梅山钢铁，公司产品也通过东京贸易等中间商出口到日本优秀钢铁企业。公司主要客户保持稳定，未发生客户流失现象，对主要客户宝钢股份、武钢耐火、马钢耐火、鞍钢股份、梅山钢铁的销售金额也呈现稳步增长趋势。2013 年上半年，公司来自于宝钢股份及其关联企业的销售收入占公司销售收入的 55% 左右，但宝钢股份与梅山钢铁、宝钢德盛的耐火材料采购均为独立决策。宝钢股份是国内最优秀的钢铁企业，其建成与投产拉近了当时中国钢铁工业与世界一流水平二十年的距离，其主导与促进了中国中高档耐火材料国产化的进程，也拉近了耐火材料业界公认的耐火材料产品技术与世界先进水平近三十年的差距。因此，宝钢股份对耐火材料的要求是国内钢铁企业中最高的，其吨钢耐火材料单耗也为全国最低水平，能成为宝钢股份耐火材料第一大供应商，充分说明了公司产品质量与服务水平在全国处于领先水平。

我们的方针是“技术领先、强化管理、致力于达到最优良的服务、最合理的价格、最适用的功能、最全面的服务，以满足用户的需求”，并积极遵循“以创意、诚意和善意积极参与世界产业之发展，求得人与自然环境和谐共生，公司与社会共同繁荣”的经营理念，实现企业长期可持续发展。

济南钢铁集团耐火材料有限责任公司

一、历史沿革

济南钢铁集团耐火材料有限责任公司始建于1957年7月。1957年7月25日成立章丘县焦宝石厂，1959年4月改名为章丘县硬质粘土矿，1961年8月济南耐火材料厂、明水材料（陶瓷）厂、章丘县硬质粘土矿合并成立泰安地区明水黏土矿，1965年由山东省计划委员会批准，从金岭铁矿抽调450名熟练井巷施工队伍建设浅井矿区，为便于统一管理，减少非生产人员，经山东省冶金工业公司批准，1966年11月8日明水黏土矿、明水浅井黏土矿两矿合并成立山东明水浅井黏土矿，1982年4月更名为山东明水铝土矿，1989年1月1日划归济南钢铁总厂，更名为济南钢铁总厂明水铝土矿，1997年8月更名为济南钢铁总公司耐火材料厂，2007年10月经山东省国资委批准改制，由济南钢铁集团有限公司（股权比例26.37%）和企业内部职工（股权比例73.63%）共同出资成立济南钢铁集团耐火材料有限责任公司。

二、基本情况

公司位于山东省（济南）章丘市明水赭山路01号。注册资本16229.24万元，占地810亩，截至2013年底，总资产4.14亿元，职工人数为1165人。自1999年12月以来，分别取得了质量管理体系、环境管理体系、职业健康与安全管理体系认证证书并实施了三体系整合；企业主体信用等级AAA；积极推行总法律顾问制度，实施合同网上三级审核制度；获得济南市劳动关系和谐企业、分别于2010年、2013年两次获得济南市“五一”劳动奖状和奖章；现有山东省人才数据库储存高级管理专家型人才2人，体系认证评审专家6人。经过半个多世纪的发展，公司现已成为山东省内集工贸、科研、产供销于一体的耐火材料、冶金炉料、冶金辅料生产经营大型骨干企业，是济南钢铁集团公司重要的炉料生产、耐火材料生产基地，具有建筑业企业二级资质。生产经营重点包括：耐火材料、冶金炉料、冶金辅料、工业窑炉砌筑、建筑安装工程、铸锻、机械配件加工、普通货运、钢材经营与加工、技术进出口、货物进出口等。

三、主要产品及工艺装备

公司以碱性耐火材料（转炉、电炉用耐火材料、钢包、中间包用耐火材料、非钢产业用耐火材料、各型配套用耐火材料，其中包括定型、不定形及耐火预制件）、冶金炉料（冶金石灰、轻烧白云石）和冶金辅料为主导产品。现有7条定型（1000吨砖机4台、其他砖机12台）与不定形耐火材料生产线，年耐火材料生产能力12万吨；8条现代节能环保竖式预热回转窑和8座100立方、四座320立方节能环保机械化竖窑，年冶金炉料生产能力150万吨；四条冶金辅料生产线，年产能力可达10万吨；建有废旧耐火材料处理线2条，年处理综合利用能力3万吨；能够承担各型窑炉、钢包、中间包等耐火材料施工和整体承包砌筑与维修服务。各生产系统基本实现了自动化生产与在线监控，深加工能力和技术装备水平居国内先进水平，可生产转炉（电炉）炉衬、钢包包衬、中间包包衬、加热炉系列耐火材料、回转窑用耐火材料五大系列耐火材料产品、冶金及非钢产业用石灰和轻烧白云石、复合镁质膨润土等炉料和辅料。

四、机构设置与人事

公司董事会由五人组成、监事会由三人组成、经理层由五人组成。下设：4个生产厂：冶金炉料一厂、二厂、耐火材料事业部、冶金辅料厂；5个全资子公司：济南济耐冶金炉料有限公司、济南济耐钢材销售有限公司、济南济耐工贸有限责任公司、济南隆达汽车运输有限责任公司、平阴明铝冶金炉料有限责任公司；销售公司下设济钢市场经销部、外部炉料市场部；设8个管理部室（其中一个济南市级技术研发中心）；3个服务单位：建筑安装公司、物业公司、职工医院。

五、企业管理

【生产运营情况】 2010年1月至2013年12月共完成生产总量405.2万吨，其中冶金炉料382.0万吨、耐火材料15.2万吨、其他辅料8万吨；能源消耗平均降低5%，淘汰落后冶金炉料产能20万吨；连续实现了安全生产和环境达标排放，连续6年获得山东省节能环保产业示范性企业和山东省清洁生产先进单位、山东省花园式单位，2013年获得山东省安全生产标准化二级企业。所有窑炉通过了政府环评验收。

【财务管理】 截至2013年底资产总额41411万元，流动资产合计20436万元、非流动资产20975万元、固定资产净值10646万元、所有者权益13834万元，实现利税总额1262万元。

【科技创新与质量管理】 多年来，公司根据公司发展水平和行业特点，以市场需求引领自主创新，以省级技术中心创建和济钢集团公司耐火材料研究所为依托，充分发挥公司团队技术自主研发、投入的主体作用，实施开放式的技术创新战略，密切“产学研”之间的战略合作，构建多层次的技术开发体系。建立了公司、分厂、个人三级科技创新研发体系，同北京科技大学、济南大学等大专院校和研发机构构建产学研基地，聘请耐火材料技术专家4人，采用分体预热、沸腾炉煤粉制备、竖式多点冷却等专利技术全面对回转窑实施技术改造，推进主导产品的结构调整。先后投资1.37亿元实施了耐火材料和冶金炉料的技术改造与工程项目建设。依靠技术进步、产业升级和生产工艺优化实现了全流程、各系统节能减排和循环利用，积极推行节约、环保、清洁生产方式，使节能减排和循环经济成为公司新的发展方式、效益增长点和竞争力。

公司遵循耐材行业逐步向专业化、长寿化、功能化、环保型、总体承包等发展方向，抓住山东钢铁行业战略整合和集团公司不断发展的有利时机，按照“做细耐材、做大炉料、做好服务、做强企业”的发展思路，通过优化原料结构、培育核心产品和技术、拓展市场领域、强化内部管理，不断提升企业的竞争力，在巩固集团公司“耐材基地”和“炉料基地”的地位的同时，不断扩大外部市场和国际市场份额。

【市场开拓】 坚持技术服务融入市场营销全过程的市场营销模式，内外部市场相互带动，通过实施市场营销点对点市场供应、钢包整体运营承包、耐火材料对外砌筑服务等方式，开拓了河北、山东滨州等冶金炉料市场、耐火材料市场及山东非钢产业用耐火材料市场，增加冶金炉料市场8个、耐火材料覆盖山东45%的钢铁市场，经过努力销售总量突破180万吨，内外部市场销售比从9∶1提高到7∶3。

【转方式调结构】 实施了平阴白云石矿山筹建和投资3500万元完成平阴轻烧白云石窑炉建设；采用砌浇混砌技术和煤粉喷枪专利技术完成了4条回转窑节能改造，实施耐火砖机自动化改造，大力采用废旧耐火材料循环综合利用技术；实施完成了ERP、MES、OA系统、生产成本控制系统、人事劳资网上自动生成系统；分别实施了三次现金股权转让，共完成股权转让554.5万元。

六、科研成果

窑炉富氧燃烧、两化融合等适用性项目分别获得山东省政府、济南市政府项目奖励7项，共获资金支持360万元。专利技术获得实用新型专利6件，分别为：一种自动压砖机液压系统散热装置实用新型、一种变频式螺杆压缩机系统、一种试验用银坩埚熔样炉、一种耐火材料试样夹紧钳、一种煤球抗压强度测定装置、一种赤泥制作还原铁的工艺方法；镁碳砖获得山东省名牌产品，赭山牌商标获得山东省著名商标。

七、服务领域

公司产品与服务重点服务于钢铁冶炼、非钢行业、水泥建材及玻璃制品行业，可承揽窑炉、钢包等工程专业承包、建筑装修装饰工程专业承包、混凝土预制构件钢结构工程、机电设备安装工程等项目安装；冶金炉料可满足于医药、化工等有特殊要求的需求。

安徽马钢耐火材料有限公司

一、历史沿革

安徽马钢耐火材料有限公司（以下简称公司）创建于1958年，经过近50年的发展，历经马钢附属二级生产单位、模拟市场运作的分公司、具有独立法人资格的马钢集团全资子公司的演变，成为在行业内具有一定影响的全国重点耐火材料企业之一。

二、基本情况

公司坐落于国家园林、文明卫生城市——安徽省马鞍山市，水陆空交通极为便利。公司注册资金8000万元，固定资产净值3230万元，占地面积19万平方米。公司拥有八大产品系列，年产各类耐火材料十万吨以上，主营业务收入超6亿元。专业为冶金、有色金属、石化、水泥、玻璃行业提供耐火材料产品和服务。公司拥有自营进出口权。

三、主要产品及工艺装备

公司主要产品有各类高炉、转炉、钢（铁）包、中间包、加热炉、工业窑炉用黏土砖、高铝砖、低蠕变黏土砖和高铝砖、高铝莫来石质浇钢砖、镁碳砖、铝镁碳砖、镁铝碳砖、微粉结合钢包预制砖、铝碳化硅碳砖、滑动水口系列砖、钢包透气砖、转炉闸阀等定型产品，出铁沟用铝硅碳浇注料、转炉用系列补（护）炉料、钢包用系列浇注料、中间包用系列镁质涂抹料、干式料、加（均）热炉系列浇注料等不定形产品，以及大型高炉出铁沟、中间包用各类预制产品，砌筑用各类耐火泥浆等。

公司主要生产设备有破粉碎系统4套，自动配料系统5套，各型混碾设备30台（套），1250t全自动摩擦压砖机2台，1000t摩擦压砖机5台、630t压机2台、振动加压成型机2台、400～260t压机19台；隧道式干燥器22条，中温处理窑1座，高温梭式窑3座、高温隧道窑1座；滑动水口产品沥青高压浸煮及碳化设备2套等。

四、机构与人事

公司机构设置为八部、一室、一中心、一工会、三个分厂。即生产安环部、物资采购部、技术质量部、设备能环部、财务部、人力资源部、党群工作部、营销部、办公室、研发中心、工会、一分厂、二分厂、机制分厂。

公司现有员工436人，其中各类工程技术人员73人。工程技术人员中硕士以上学历的11人，高级工程师19人。公司董事长、总经理杨开保先生是马钢集团公司首届耐火材料学术带头人，享受安徽省政府特殊津贴。

五、企业管理

公司已通过ISO9001：2008（质量管理体系）、ISO14001：2004（环境管理体系）、GB/T 28001—2011（职业健康安全管理体系）认证。2001年获全国产品质量放心企业称号。2009年起连续6年获安徽省“守合同、重信用”单位称号。

六、科研开发

公司设有新产品研发中心，与武汉科技大学合作组建了实验室，实验和检测设备完善。公司相继成功研制开发了高炉黏土砖、高铝砖、热风炉低蠕变黏土砖、高铝砖、大型高炉出铁沟用系列耐火材料、钢包多炉连用滑板、转炉挡渣滑板、新型微粉结合钢包预制砖、高铝莫来石质浇钢砖、镁质挡渣堰（桶）、镁质稳流器、刚玉质钢包座砖和电炉盖等新产品30多项。其中“多次连用烧成铝锆碳滑板的开发与应用”获安徽省科学技术进步三等奖，“镁碳砖”和“生产洁净钢用中包耐火材料”通过省技术鉴定。

公司是加热炉用高铝质锚固砖行业标准的起草单位。

2006年公司在国内率先研制与生产转炉挡渣闸阀砖，在福建三明钢厂试用取得了较好的效果，2008年又在宝钢成功应用，此后在国内各钢厂近50座转炉上推广使用。

七、销售与服务

公司具备较强的转炉、钢包、中间包耐火材料流程总包服务能力。承接了马钢40吨至300吨转炉、电炉及钢包、中间包耐火材料的总承包业务，提供从耐火材料方案设计、生产供应、仓储配送、施工维护、使用跟踪、技术进步的全程精细化管理和个性化服务，为业主生产的安全稳定高效顺行提供有力保障。

公司具备丰富的钢水控流系统设计经验和综合配套能力。装备水平国内领先的滑动水口生产线，具备年产5000吨滑板系列产品能力。为宝钢、首钢（京唐）、马钢、太钢、杭钢、三明等十多家大型钢铁企业提供钢包、转炉滑板系列产品。

公司自主开发的高铝莫来石质浇铸用砖，具有优异的抗冲刷、抗热震性能，适应高质量、高纯度铸钢生产需要，年产6000吨。长期供应宝钢特钢、上海重机、贵阳特钢、武汉重工、苏南特钢、烟台华新等用户，并大量出口美国、欧盟、乌克兰等国家。

公司是加热炉用高铝质锚固砖行业标准起草单位，产品被中冶华天南京工业炉公司、重庆赛迪公司、北京凤凰公司等设计单位推荐使用，在国内多家钢厂和土耳其、巴西等国外钢厂加热炉上具有良好的使用业绩。

公司秉承“科技创新，质量第一，诚信经营，创立耐材品牌；以人为本，绿色制造，持续改进，满足顾客要求”的经营管理方针，热忱欢迎新老客户来公司洽谈合作，共创商机。

济南圣泉集团股份有限公司

一、历史沿革

济南圣泉集团股份有限公司始建于1979年，其前身是国家“一五”期间前苏联援华的156个项目之一，经过30余年的高速发展，圣泉集团已从单纯生产糠醛的小厂发展成为一家专注于各类植物秸秆的研究、开发与综合利用，涉足工业酚醛及高端新型复合材料、铸造系列材料、生物质综合利用、健康食品暨生物医药等四大产业的创新型企业集团。

二、基本情况

圣泉集团是全球生物质新材料与生物质能源行业的佼佼者。公司铸造材料和酚醛树脂产业的生产规模分居世界第一和世界前三。公司是农业产业化全国重点龙头企业和国家火炬计划重点高新技术企业，建有目前同行业唯一一家国家级企业技术中心，拥有一个国家博士后工作站、三个国家认证认可实验室，下设四家高新技术企业，是“神州”飞船保温原材料制定制造商。在销售收入、生产规模、利税总额、产品质量、出口创汇、管理品质等多方面处于全国同行业的领先地位，成为中国民营企业500强。2014年7月28日，公司经中国证监会核准，在全国中小企业股份转让系统正式挂牌上市，成为迄今新三板中营业收入最大、盈利能力最强的企业。

三、主要产品及工艺装备

济南圣泉集团股份有限公司现有四大产业，分别是工业酚醛及高端新型复合材料、铸造材料、生物质能源及生物质化工、食品及医药；具体情况如下：

（1）酚醛树脂亚洲第一、世界前五（产量35万吨），是耐火材料用酚醛树脂国家标准唯一起草单位；“轻芯钢”高端新型复合材料国内首创，产能第一。（2）呋喃树脂年产量居世界第一（产能12万吨）、固化剂、涂料产能5万吨、保温冒口产能400万只、陶瓷过滤器产量世界第二（产能1万立方米）。（3）生物质产业技术水平居于世界前列，突破商业瓶颈，生产生物质乙醇、木质素、纤维素等产品，糠醛、糠醇年产量居世界第一（产能10万吨）、生物质电厂2.7万千瓦/小时。（4）木糖、木糖醇、L-阿拉伯糖产能1万吨及生物制药。

四、机构与人事

公司现有员工3500余人，公司始终坚持以人才为基础、以科技为先导、以创新为核心的发展思想，现有研究生以上学历及高级职称人员100余人，大中专毕业生占公司职工总数的40%以上，拥有了一支高素质的管理团队和科研开发队伍。

五、企业管理

多年来，公司牢固树立市场经济观念，实施名牌发展战略，靠品牌拓展市场，靠品牌增加效益。公司于1988年注册使用“圣泉”牌商标，1997年和1998年分别在日本和韩国注册了“圣泉”商标，并于2005年对“圣泉”牌商标根据《马德里协议》在70多个国家和地区进行了全方位国际注册。十余年来，“圣泉”牌产品先后荣获国内同行业最高奖“金鼎奖”、山东省名牌产品、山东省著名商标、中国驰名商标、中国农业博览会名牌产品等荣誉称号，公司还分别于1997年和2002年通过了ISO9001质量体系和ISO14000环境体系认证。

六、科研开发

公司是国家火炬计划重点高新技术企业，建有目前同行业唯一一家国家级企业技术中心，拥有一个国家博士后工作站、三个国家认证认可实验室，下设四家高新技术企业，技术中心员工305人，其中：研究与实验发展人员265人，国务院特殊津贴获得者3人、省专业技术拔尖人才1人、星火带头人1人；全国标委会委员1人，博士13人，硕士70余人，外籍高级专家27人。购进了世界一流的科研检测设备，从而保证了公司的创新能力，确保了公司产品质量国际先进、国内领先的地位。

七、销售与服务

公司是亚洲最大酚醛树脂专业生产商，国内市场占有率第一，并远销东南亚、美洲、欧洲等国家和地区。圣泉拥有强大的售前及售后技术服务团队，可以为客户提供量身定制的酚醛树脂综合解决方案。

浙江金磊高温材料股份有限公司

一、历史沿革

1999年，金磊股份前身德清县金磊耐火有限公司成立。

2000年，开始生产镁碳砖。

2004年5月，成功研制超高纯镁钙砖，打破了南方地区绝无镁钙砖的传言。同时搬入新厂区（龙山工厂），建立第一条镁钙砖生产线。

2004年，第一座隧道窑投入运行。

2005年，第一座竖窑投入运行。

2006年，第一条回转窑投入运行。

2006年，产品开始出口至日本等海外国家。

2008年4月，自制回转窑成功投产，为生产提供了重要的原料保障（高纯镁钙砂）。

2008年，成功研发RH炉用耐火材料。

2009年7月，晋升“高新技术企业”。

2010年，开始生产镁钙碳砖。

2010年2月，金磊有限整体改制成为股份有限公司——浙江金磊高温材料股份有限公司。

2011年10月28日，成功登陆A股市场，在深交所中小板挂牌上市（股票代码：002624）。

2011年，引进2台德国LAEIS全自动液压机。

2012年，成立全资子公司——德清金磊炉窑工程有限公司。

2012年，新厂区（辉山工厂）开工建设。

2013年，新厂区（辉山工厂）引进5台德国LAEIS全自动液压机及1座德国全自动隧道窑，建成全新高效生产线。

二、基本情况

浙江金磊高温材料股份有限公司是一家集设计研发、生产销售和全程服务为一体的专业耐火材料企业，主营业务为钢铁、建材、有色等工业用耐火材料的生产和销售，并提供综合配套与系统集成服务。公司拥有国际领先的高压成型、高温烧成设备和检测、试验设备。2011年10月28日，金磊股份成功登陆A股市场，在深交所中小板挂牌上市（股票代码：002624）。

公司坐落于全国百强县——浙江省德清县，地处长三角腹地，毗邻沪、宁、杭三大城市，交通便利，地理位置优越。公司占地300余亩，员工千余人，注册资金2亿元，总资产7.6亿元，2013年实现销售收入4.7亿元，利税3000余万元。

公司长期专注于不锈钢、特种钢冶炼、大型水泥回转窑和有色金属冶炼窑炉用高温烧成镁钙系列制品，镁铬、镁铁、镁铝尖晶石系列制品，不烧镁钙、镁钙碳、镁碳、镁铝碳、铝镁碳、铝碳化硅碳系列制品，镁钙、镁铝、高铝系列不定形耐火材料以及镁钙合成原料的科研开发和生产销售。公司目前已形成30万吨/年的定型制品和5万吨/年的不定形制品的产能。

公司开创了我国南方地区生产镁钙原料与镁钙制品的先河，实现了从原料到制品完整的镁钙耐火材料产业链。公司自主开发的AOD、VOD、精炼钢包用系列镁钙制品产销量连续多年位居国内前列，使用性能达到国际先进水平。其中抗水化超高纯镁钙砖获浙江省科技成果转化一等奖，不烧镁钙砖产业化被列入国家火炬计划项目。公司被认定为国家高新技术企业；公司技术中心被认定为省级企业技术中心。

公司产品主要供应宝钢、太钢、杭钢、马钢、酒钢、广州联众不锈钢、张家港浦项不锈钢等国内近百家钢铁生产企业，并出口至日本、韩国、欧洲等国家和地区的国际主流钢厂。

金磊股份致力于成为一家具有社会责任感的“创新型”优质企业，成为国内耐火材料领军企业和行业发展的推动者。

三、主要产品及工艺装备

公司主要产品包括三大系列：（1）高温烧成制品，主要包括烧成镁钙系列制品，烧成镁铬系列制品，烧成镁铁铝尖晶石系列制品；（2）不烧制品，主要包括不烧镁钙、镁钙碳系列制品，不烧镁碳、镁铝碳、铝镁碳、铝碳化硅碳系列制品；（3）不定形产品，主要包括镁钙、镁铬系可塑料、捣打料，高铝/铝镁系浇注料，刚玉-尖晶石系列浇注料、预制件，刚玉质干式捣打料等。另外，公司还生产高温烧成镁钙制品用镁钙合成砂原料。公司具有合成原料15万吨/年，烧成和不烧制品30万吨/年和5万吨/年的不定形耐火材料的生产能力。公司产品主要应用于不锈钢冶炼企业的AOD转炉、VOD精炼炉、钢包等；钢铁企业的转炉、电炉、精炼钢包、RH精炼装置等；特种金属冶炼用中频炉等；有色金属冶炼企业的转炉、鼓风炉等；以及水泥行业的回转窑等。其中公司自主开发的AOD、VOD、精炼钢包用系列镁钙制品产销量连续多年位居国内前列，使用性能达到国际先进水平，在国内外不锈钢冶炼企业享有较高盛誉。

公司主要装备有：轻烧白云石回转窑1座，高温煅烧镁钙合成砂1800℃回转窑1座，高温煅烧镁钙合成砂1850℃竖窑2座；破粉碎生产线三条，其中一条自动化控制破碎-筛分-配料-混炼生产线一条；摩擦压砖机13台，最大规格1000吨；德国Laeis全自动液压机7台，其中2000型5台，2500型2台；高温烧成隧道窑7条，其中引进德国技术14m全自动控制燃油/燃气高温烧成隧道窑2条；利用高温烧成窑尾气干燥隧道式干燥器4条；不烧镁钙（碳）制品专用智能化控制隧道干燥窑1条；不定形耐火材料生产线2条。

四、机构与人事

公司组织结构如图1所示。

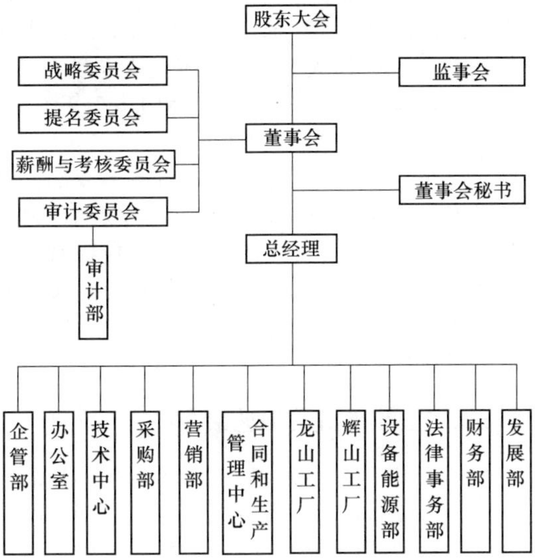

图1　公司组织结构

公司员工情况：

截至2013年12月31日，本公司及控股子公司在职员工总数为1116名。

（1）专业构成分类见表1。

表1　专业构成

类别项目	员工数/人	占员工总数比例/%
生产人员	739	66.22
销售人员	43	3.85
技术人员	217	19.44
财务人员	9	0.81
行政人员	108	9.68

（2）学历构成分类见表2。

表2　学历构成

类别项目	员工数/人	占员工总数比例/%
本科及以上	138	12.37%
本科以下、高中（中专）及以上	332	29.75%
初中及以下	646	57.89%

五、企业管理

金磊股份以上市为契机，不断完善公司法人治理结构，建立健全企业内部控制制度，在采购、生产、销售、人事、财务等方面均实现了规范化管理；ISO9001质量管理体系和ISO14001环境管理体系的贯彻实施，使企业管理日臻完善。

公司坚持以人为本，将人才战略作为企业发展的重点，严格遵守《劳动法》、《妇女权益保护法》等相关法律法规，尊重和维护员工的个人权益，切实关注员工健康、安全和满意度。公司重视人才培养，通过为员工提供职业生涯规划，鼓励在职教育、加强内部职业素质提升培训等员工发展与深造计划，提升员工素质，实现员工与企业的共同成长，构建和谐稳定的劳资关系。

公司高度重视环境保护工作，将环境保护、节能减排作为一项重要工作来抓。公司严格按照有关环保法规及相应标准对废水、废气进行有效综合治理，废水及废气处理设施正常运行。公司为加强减排管理和污染治理的工作，加大环保设施的投入，配备环境监测仪器和设备，设置专人进行管理，环保设施总体运行情况良好，节能减排工作有序进行。

公司通过不断完善生产工艺，强化全员质量意识，加强全流程质量控制和大力推进5S现场管理，努力将金磊股份打造成质量可靠、安全生产、环境优美、人企和谐的现代化耐火材料企业。

六、科研成果

自成立以来，公司坚持自主创新与引进技术相结合的公司创新战略，先后开发了多项专利产品，取得了丰硕科技成果。

公司目前拥有专利授权27项，其中发明专利5项，实用新型专利18项，外观专利4项。

公司获得浙江省级工业新产品11项，科技成果登记7项，国家火炬计划项目1项，浙江省重点技术创新项目1项，湖州市重点技术创新项目1项，德清县重点技术创新项目2项，德清县优秀新产品2项。

公司自主研制开发的“抗水化超高纯镁钙砖”获浙江省科技成果转化奖一等奖。另外公司还获得中国技术市场金桥奖优秀项目奖1项，湖州市科技成果转化奖一等奖1项，湖州市科技进步奖三等奖1项，德清县科技进步奖二等奖1项，德清县科技进步奖三等奖1项等。

公司为国家级高新技术企业，拥有浙江省级技术中心和浙江省高新技术企业研究开发中心，湖州市工业龙头骨干企业，湖州市专利示范企业，德清县纳税大户等，金磊商标被评为浙江省著名商标，金磊商号被评为浙江省知名商号，镁钙砖产品被评为浙江省名牌产品，公司被评为中国耐火材料行业协会企业信用AAA级单位，浙江省信用管理示范企业，浙江省工商企业守合同重信用AAA级企业，纳税信用等级AAA级等。

七、服务领域

金磊股份依托强大的技术实力、丰富的产品结构、优秀的设计能力和完备的施工能力，不但可以为客户提供从设计开发、生产施工到使用维护为一体的个性化全程在线服务，而且坚持持续改进，寻求最佳方案，实现供需共赢。

公司具备铁水储运系统、转炉电炉炼钢系统、精炼钢包系统、RH精炼系统、AOD、VOD、GOR等精炼系统，以及大型水泥回转窑和有色金属冶炼窑炉用整套耐火材料供应配套能力和整体承包服务能力。

公司一直遵循“自愿、平等、互利”的原则，积极构建和发展与供应商、客户的战略合作伙伴关系，注重与各相关方的沟通与协调，共同构筑信任与合作的平台，切实履行公司对供应商、对客户、对消费者的社会责任。公司与供应商和客户合同履约良好，各方的权益都得到了应有的保护。

金磊股份以优质的产品、完善的服务和互利共赢的理念，与国内的宝钢、太钢、酒钢、广州联众不锈钢、张家港浦项不锈钢等近百家国内外大中型钢铁企业、不锈钢冶炼企业、水泥制造企业和有色金属冶炼企业，以及韩国浦项制铁、日本金属工业、芬兰奥托昆普、德国蒂森克虏伯、中国台湾中钢等国际著名不锈钢企业建立了长期友好合作关系。

江苏晶鑫新材料股份有限公司

一、历史沿革

江苏晶鑫新材料股份有限公司成立于1979年8月，企业前身为江苏晶辉耐火材料有限公司、江苏晶鑫高温材料有限公司。经过30余年的发展，公司已从创办初期的低档日用瓷生产厂，发展成为在行业中具有较高知名度的烧结高纯耐火原料骨干企业，年产值近3亿元，各种烧结耐火原料年生产能力7万吨以上。

二、基本情况

公司坐落于历史文化名城扬州市东郊——江都区真武镇，南临长江，西傍运河，距京沪高速公路真武邵伯出口800米；20分钟可分别到达扬州泰州机场、扬州火车站，交通运输极为便利。公司注册资本3120万元，占地面积9.8万平方米，建筑面积4万平方米，企业净资产2亿元以上。设有营销事业部、高温事业部、行政事业部、财务事业部、党工建设部、技术中心等六个部门，高温事业部下设三个生产车间。具有独特的天然气资源优势，当地油田天然气、国家西气东输天然气由两条专线送至公司，为今后的发展奠定了很好的燃料基础。

三、主要产品及工艺装备

公司主要产品有烧结刚玉、烧结合成莫来石、镁铝尖晶石、超微粉四大系列10多个品种，以及新节能型新产品低导热微孔刚玉、轻质莫来石等。

拥有自行研发的1900℃以上超高温竖窑生产线3条，超微粉制备线3条。为确保产品质量的稳定可靠，公司建立了生产工艺自动控制系统，采用以太网技术，对整个生产工艺过程参数、设备运行状况进行全程监控；各类生产装备近500台(套)，动力设备均配套变频设施，技术水平与能耗指标在国内居领先地位，关键生产设备——超高温竖窑、成球机、烘干塔等拥有自主知识产权；并按照项目建设环保“三同时”要求，配备环保设施，实现高效、节能和清洁生产。目前正在建设第四条超高温、超大容量竖窑生产线，专一生产节能型高温合成材料，项目建成投产后，公司产品年生产能力将突破10万吨。

四、机构与人事

公司现有员工220人，其中各类工程技术人员56人，具有高级职称人员10人，硕士以上学历人员2人。企业领头人李正坤先生是江苏科技型企业家、扬州市有突出贡献中青年专家、扬州市优秀企业家，扬州市劳动模范。

五、企业管理

公司建立健全了较为完善的企业管理制度、运行流程和信息化管理平台，拥有ERP管理系统、OA系统、数据库以及数据分析系统；分别通过ISO9001、ISO14001、OHSAS18001三个管理体系认证。全面推行了卓越绩效与6S管理模式，先后荣获“中国耐火行业AAA信用企业”、“江苏省管理创新示范企业”、“江苏省‘重合同守信用’企业”、“江苏省著名商标”、“江苏省名牌产品”、“扬州市江都区质量管理先进单位”等称号。

六、科研开发

公司建有独立的研发平台——企业技术中心，拥有2000℃超高温电炉、激光粒度分析仪、多元素快速测定仪、颗粒图像分析仪等检测试验设备60台（套），总值200万元。通过了“江苏省高温合成材料工程技术研究中心”、“江苏省企业技术中心”、“江苏省博士后创新实践基地”认定。与武汉科技大学、西北工业大学、河南科技大学、南京工业大学等高校建立了紧密型“产学研”合作关系，是武汉科技大学“耐火材料产学研基地”和“学生实习与培养基地”，正常进行研发合作，取得了数十项科技成果。2009年被认定为“国家高新技术企业”；有6个产品获江苏省高新技术产品；6个项目获扬州市科技进步奖；参加了《镁铝尖晶石》国家标准、《烧结刚玉》与《莫来石》行业标准的制定；拥有专利21项，其中发明专利7项。

七、销售与服务

公司产品主要服务于钢铁、水泥、玻璃、陶瓷、石化等高温过程工业，建立健全了覆盖全球的市场营销网络，产品畅销全国20多个省市，远销中亚、欧美等10多个国家和地区，多年来产品深受用户青睐。

江苏嘉耐高温材料有限公司

一、历史沿革

公司创建于1992年，经过20余年的发展，已从产品单一的小企业发展成为主体业务有耐火材料、冶金辅料、环保材料、冶金溶剂等，年销售额超十五亿元，在行业内具有巨大影响的企业，并成为全国重点耐火材料生产企业之一。

二、基本情况

江苏嘉耐高温材料有限公司是江苏振球集团的子公司之一，是一家民营高科技股份制公司，公司坐落于中国历史文化名城——宜兴，注册资本1亿元人民币。公司是“国家非金属材料宜兴产业基地”的重点骨干企业。公司连续被评为“江苏省AAA级资信企业”、“无锡市先进企业”。

嘉耐公司与东北大学、郑州大学、武汉科技大学等科研院所保持着良好的合作关系，科研实力强劲，五年来，公司共申报了十二项专利，其中九项已获授权。先后承担了国家火炬计划重点项目两项，参与国家“十五”、“十一五”攻关项目子课题各一项。

三、主要产品及工艺装备

公司投入了大量资金配备各类自动化的先进生产、研发、检测的设备。现拥有不定形耐材全自动生产线7条，高压制球全自动生产线2条，喷雾造粒生产线1条，座砖、透气砖生产线2条，全自动高温烧成窑4座，各类中温烧成梭式窑20座，多台1000吨、630吨压砖机等为代表的国内领先的生产设备。并拥有全自动碳硫测定仪、抗热震性试验机、原子吸收分光光度计、数控压力试验机、高温抗折试验机、全自动黏度仪、熔点仪等为代表的40多种先进的研发、检测分析仪器。

四、机构与人事

公司现有员工500余人，拥有冶金、耐材、施工技术专家、博士和研究生20多名，高级工程师12名，工程师25名组成了各行业用耐材、冶金辅助材料的强大研发团队。

五、企业管理

企业从机构的设置，到质量保证体系的建立，质量标准、质量手册，各工序的工艺文件，各部门的规章制度等，都是严格按照科学的国际质量标准化体系运行。公司现运行的质量体系ISO9001：2000质量体系及ISO14000环境管理体系，并致力于持续改进，保障产品质量的稳定和基础管理工作的持续提高，能持续稳定地向顾客提供预期和满意的合格产品，同时注重于环境保护，为员工提供良好的工作环境。

六、科研开发

公司注重产学研相结合，现与东北大学联合创建了“东大——振球冶金材料研究所”，现拥有冶金、耐材、施工技术专家、博士和研究生20多名，高级工程师12名，工程师25名组成了各行业用耐材、冶金辅助材料的强大研发团队，将理论、生产、实践和现场施工、使用技术融为一体，提供快速高效的研发和应用技术。同时与郑州大学、武汉科技大学、东北大学等院校和研究所建立产学研的合作，围绕冶金技术与该技术相适应的新材料开展研发和创新工作。提供优良的研发和生活平台，充分保障科研人员能够面向同行，面向市场，开发出适用性、高科技、高附加值的产品与科技成果，实现研发与生产经营相互促进的良性循环。

七、销售与服务

嘉耐公司现年产各种不定形耐火材料12万吨，预制件6万吨，镁碳砖5万吨，透气砖3万套，冶金熔剂材料120万吨，冶金精炼材料3万吨，主要销往全国20多个省、市、自治区，部分产品还出口到东南亚、独联体等国家和地区。

嘉耐公司以冶金、建材等行业用高温材料为主，以科技创新为企业精神，积极把握中国经济改革开放带来的时代机遇，努力为股东、为社会创造稳定的价值回报。

山东鲁桥新材料股份有限公司

一、历史沿革

山东鲁桥新材料股份有限公司前身是山东大桥耐火材料厂，始建于1963年，系村办企业，位于山东省淄博市博山经济开发区大桥村。现有固定资产1.5亿元，占地面积9.05万平方米，建筑面积：26334平方米，绿化面积：7022平方米，绿化面积占8%。职工人数418人，其中工程技术人员56人。通过连续技术改造，烧成工艺1973年由圆窑改为方窑，1997年由方窑改为隧道窑。以滚雪球的形式自我改造、自我发展，企业从原来年产几千吨的小型耐火厂发展到年产8万吨生产规模。

二、公司基本情况

山东鲁桥新材料股份有限公司于2008年注册成立，位于淄博市博山区经济开发区新材料工业园。公司整个厂区占地800亩，建筑面积6.5万平方米。公司注册资本4528.2万元，资产总额为50207万元，其中固定资产13687万元。公司现有员工1200余人，其中工程技术人员268人。公司是中国耐火材料行业协会理事单位，国家耐火材料标准修订委员会成员，中冶焦耐工程技术有限公司的耐火材料定点生产厂，近几年来先后被评为：中国钢铁、耐火材料百强企业；中国耐火材料行业协会首批评为“AAA”级信用企业；通过了质量、环境、职业健康、测量、标准化五大体系认证；荣获“山东著名商标”、“山东名牌产品”等荣誉称号。被市、区人民政府连续评为纳税大户和诚信纳税先进单位，为地区经济发展做出了很大贡献。

三、主要产品及工艺装备

（一）主要产品

公司主要产品有黏土砖、高铝砖、硅砖、熔融硅砖、免烧砖及其他不定形耐火材料，并承揽各类窑炉的焊补及维护工作。

（二）工艺装备

公司现有11条隧道窑，4条梭式窑，形成了年产20万吨生产规模。生产工艺由中冶焦耐院给予设计，烧成工艺采用了国内外窑炉先进节能技术，采用先进的炉嘴设计，在窑炉内部涂刷节能材料，实现了节能20%以上。使用清洁的天然气为燃料，充分减少了有害物质排放，符合国家对企业节能减排的要求。成型工序使用1000吨以上液压自动控制压力机10台；400吨双盘摩擦压力机30台300吨双盘摩擦压力机26台，各种混炼设备30台，粉磨设备20台。引进混炼自动化仪表控制系统及自动成形、采用全自动微机密封配料，计量准确，为生产高质量产品创造了良好的条件。混炼系统及重点工序采用了高效除尘设施56台，粉尘排放达到国家标准要求，生产环境清洁，保障了职工职业健康安全，做到了安全文明生产。工艺先进，设备优良，质量稳定可靠，成为山东省耐火材料优质产品生产基地龙头企业，是国内耐材生产现代化企业之一。

四、机构与人事

公司现有员工1200余人，其中工程技术人员268人，其中技术员180人，中级工程师78人，高级工程师10人。大、中专以上学历116人。公司董事长、总经理张敦新是市、区党代表、人大代表；市级劳动模范。

五、企业管理

近几年来，公司先后通过了ISO9001质量管理体系、ISO14001环境管理体系、GB/T 18001职业健康安全、ISO10012测量管理体系和GB/T 15496标准化五大体系认证。2012年荣获“山东著名商标”、“山东名牌产品”、“山东材料行业优势企业”、“技术开发先进单位”等荣誉称号。2013年荣获市级清洁生产先进企业、顺利通过市级安全生产达标验收；2014年荣获能源体系认证和生产许可证审核验收。企业管理不断规范完善，管理水平不断提高。

六、科研成果

山东鲁桥新材料股份有限公司注重科技开发和创新发展工作，在产品开发、工艺创新和技术革新方面，取得了很好的成绩，为企业的科学发展奠定了良好的基础，主要取得了以下科技创新成果：

（1）研发出低热膨胀熔融硅砖。低热膨胀熔融硅砖具有很好的耐热性，能够经受急剧的温度变化，在节能减排方面具有很高的优势。

（2）申报陶瓷新型焊补技术发明专利。陶瓷焊补的最大优点是高温操作，避免了大幅度降温、升温对炉体的损坏，在很短的时间内就能恢复生产。陶瓷焊补又是干法喷补，避免了湿法或半干法喷补对炉体产生的负面影响。

（3）研发成功熔融石英砂、热修补料，填补了企业产品结构的空白，现已申报八项专利，荣获六项专利，做到了知识产权的保护。

（4）通过生产设备的改造，改变了传统烧成使用煤炭或煤气的工艺，通过改用天然气，大幅度降低了大气污染，节约能源，减少排放量，提高了产品质量和经济、社会效益，克服了传统工艺高耗能、高排放、高污染、附加值低的弊端，实现了清洁化生产。

（5）成功研制出超致密、高导热耐磨硅砖，导热率提高10%～20%，耐磨性能提高40%。

（6）山东鲁桥新材料股份有限公司市级企业技术中心审核通过，淄博市经济和信息化委员会淄经信发【2013】65号，批准日期为2013年6月17日。

公司自成立以来，就以高起点、高水平、高质量为出发点，着力建立成以科学技术带动企业发展壮大的新型现代化规范企业。十分重视人才的引进、培养，建立了一套完整的科学管理体系，具有引进、消化、吸收、利用、开发先进技术的能力。近几年，鲁桥公司依靠科技进步，不断推动产品升级换代，由过去的单一品种发展至目前的黏土砖、高铝砖、硅砖、熔融硅砖、不定形耐火材料、窑炉焊补材料等六大系列，能满足客户任意设计要求的多品种集约化，提升了企业装备水平和技术水平，使企业得到了长远的发展。

公司加强与大学及科研院所的合作，大力开发具有自主知识产权的关键技术，形成自己的核心技术和专有技术。目前公司与中冶焦耐工程技术有限公司建立了长久的合作关系，并与武汉科技大学材料系加强了联系和合作，大大增强了企业的技术力量。

七、服务领域

该产品主要用于钢铁、焦化、玻璃行业。国内拥有宝钢、鞍钢、首钢、攀钢、沙钢、韶钢、山东钢铁集团、河北钢铁集团、兖矿等国内知名大型客户，产品畅销国际市场，并出口美国、德国、意大利、英国、日本、韩国、印度、巴西、阿根廷、墨西哥、南非等26个国家和地区。

濮阳濮耐高温材料（集团）股份有限公司

一、历史沿革

濮阳濮耐高温材料（集团）股份有限公司是

在濮阳濮耐高温材料有限公司基础上改制设立的股份有限公司，其前身为濮阳县耐火材料厂。

濮阳县耐火材料厂成立于1988年12月，在2002年1月改制为濮阳濮耐高温材料有限公司，于2007年6月改制为濮阳濮耐高温材料（集团）股份有限公司，并于2008年4月25日，在深圳交易所A股正式挂牌上市，股票代码为“002225”，股票简称为“濮耐股份”。

二、基本情况

濮耐股份是国内最大的耐火材料制品和高温工业用耐材系统解决方案提供商，已为世界钢铁百强企业中的近70家提供优质产品和完善服务。注册商标“濮耐”和“PRCO”已经成为世界高温工业领域的知名品牌。濮耐股份是国家高新技术企业、国家创新型企业，设有博士后科研工作站，拥有国家认定企业技术中心，技术中心下设的高温陶瓷材料试验检测中心已通过中国实验室合格评定委员会的实验室认可，拥有完备的耐火材料性能检测、材料组成、结构表征和质量监控设备。

濮耐股份注册资本为79278.70万元，总资产达378320.85万元。公司下辖10个全资子公司、5个控股公司、4个分公司、1个制造部。现有员工4000多人，其中各类专业技术人员1200余人，形成了以博士后、博士、硕士等高级技术人才领衔的创新人才队伍。其中留美耐材专家2名，博士8名、在读博士2名，硕士57名，高中级职称127人。

濮耐使命：与高温艺术同行，为全球高温工业提供卓越的产品与系统解决方案。

濮耐愿景：成为客户信赖、社会尊重、最具价值的国际一流耐材企业。

濮耐未来发展目标是：2015年，建成一个跨地区、跨国界的高科技耐火材料企业集团，进入世界耐材行业前十名；2020年，建成一个以高科技为基础、以耐火材料为主业的跨国集团，进入世界耐材行业的前三名。

三、主要产品及工艺装备

濮耐股份的经营范围：耐火材料原料和制品、功能陶瓷材料、高温结构材料、水泥及建筑材料、冶金炉料及其他冶金配套产品、功能材料机构、包装材料和配套施工机械设备的开发、设计、生产、销售及技术转让、设计安装、施工技术服务及出口业务。主要产品包括透气砖类、座砖类、散料类、滑板水口类、三大件类、镁碳/镁铝碳类等20多个系列、200多个品种的耐火材料，广泛应用于钢铁、有色冶炼、电力、石化、铸造等行业，并出口到美洲、欧洲、东南亚、非洲、中东等国家和地区。濮耐主导产品透气砖、连铸三大件、中间包涂料、干式料均处于国内行业领导者的地位，镁碳砖/镁铝碳砖和碳化硅砖则处于国内行业的前列。

濮耐股份以自主创新、集成创新的方式，大量采用新工艺技术装备，有效地保证了产品的质量和使用性能。主要的试验检测和生产装备有：场发射扫描电镜、X射线荧光光谱仪、波谱能谱仪、X射线衍射仪、扫描电子显微镜、红外碳硫分析仪；等静压机、高温烧成窑炉、气体输送及自动配料系统、全自动液压成型系统、恒温恒湿系统等。

四、机构与人事

濮耐股份的最高权力机构为股东大会。公司设董事会，对股东大会负责。董事会成员10人，其中董事长1人、独立董事4人。董事会成员中有1人担任公司高级行政管理职务。监事会成员3人，其中职工监事1人。公司高级管理人员包括总裁1人、副总裁8人（其中1人兼任董事会秘书），由董事会决定聘任或解聘。

濮耐股份董事长，刘百宽，男，1961年出生，教授级高级工程师，留美耐材专家。主要社会职务有中国耐火材料行业协会会长，武汉科技大学、北京科技大学、西安建筑科技大学兼职教授，河南省第十届、第十一届、第十二届人大代表。全国劳动模范，中国最佳创富创新奖获得者。

五、企业管理

濮耐股份坚持以客户为中心，推行管理制度化、制度流程化、流程信息化、信息网络化。通过对工作过程严格管理控制，进行持续有效改进，实现过程管理绩效，确保战略目标和战略规划落实。

濮耐股份建立了完整的经营管理体系，先后通过GB/T 19001—2008质量管理体系、GB/T 24001—2004环境管理体系和GB/T 28001—2001职业健康安全管理体系认证。2002年以来，公司先后启动实施了ERP信息管理系统、OA办公自动化系统、CRM客户关系管理系统、ERH人力资源管理系统等信息化管理。2008 年，公司开始导入卓越绩效管理模式，公司运用卓越绩效模式的基本理念和系统的方法论，重新梳理了组织文化和战略体系，优化了流程和组织架构，强化了企业管理，以不断增强公司的核心竞争力。2009 年实施战略绩效管理咨询项目建设。2013 年实施集团管控管理咨询项目。通过持续地引入先进的现代企业管理模式和方法，濮耐股份的企业管理日臻完善。获得如下荣誉：中国科技名牌 500 强企业、河南省首批知识产权优势企业、河南省制造业信息化重点示范企业、河南省科技创新十佳单位、河南省国际知名品牌、河南省出口重点企业、河南省省长质量奖等。

六、科研成果

濮耐股份拥有授权专利 100 项，其中发明专利 15 项，实用新型专利 85 项；在国内注册了“濮耐”、“PRCO”、“PUNAI”、“PN”等 54 件商标，并在国外约 40 个国家注册了“PRCO”、“PN”等商标；主持和参与制定的行业标准 3 项；拥有国家重点新产品 7 个；承担国家级、省级、市级科技项目 62 项，荣获国家级、省级、市级科技成果奖 34 项，其中获国家科学技术进步二等奖 1 项，河南省科技进步奖 11 项。

七、服务领域

濮耐股份一直致力于耐火材料新技术、新产品的开发和推广应用，主要产品 10 大类、200 多个品种广泛应用于钢铁、石化、电力、建材、有色金属、铸造等行业领域。

武汉钢铁集团耐火材料有限责任公司

一、历史沿革

武汉钢铁集团耐火材料有限责任公司（以下简称公司）是武汉钢铁（集团）公司下属的全资子公司。前身为 1958 年 9 月建成的武钢耐火厂。1993 年 5 月，挂牌成立了武钢耐火材料公司。1998 年 7 月，在武钢实施“主辅分离”中，从武钢主业中剥离出来，成为武汉钢铁（集团）公司下属的全资子公司——“武汉钢铁集团耐火材料有限责任公司”，开始了新一轮的艰苦创业。

二、基本情况

公司坐落在“九省通衢”的武汉市东郊，占地面积 32.6 万平方米，资产净值 5.57 亿元。目前公司有 21 条生产线，年生产能力 130 余万吨。拥有 30000kN 全自动液压机、莱兹压机、环形套筒窑等生产设备，其中包括从德国、日本、意大利等国引进的关键装备。公司技术先进、研发实力雄厚、检测手段齐全，是中国重要的大型国有耐火材料企业。公司是武钢耐火材料和冶金炉料的保产基地，也是武钢耐火材料的总代理。

50 余年来在为武钢服务的经验基础上，公司在国内耐火材料行业中首创了全面耐材服务总包模式。公司形成了完整的耐材产品创意、策划、设计、研究、生产、使用、砌筑及维护等方面的技术和管理体系。除武钢市场外，开拓了宁波钢铁、鄂城钢铁、吉林钢铁、八一钢铁、昆钢、马钢、天钢、印度 JSW、TATA 等十多家耐材总包市场。另外，产品销往韩国、日本、美国、欧洲、巴西等几十个国家和地区。销售收入稳定在 20 亿元以上，是国内最具实力的全面耐材服务商之一。公司是中国耐火材料行业协会副会长单位，被中国耐火材料行业协会评为企业信用评价“AAAA 级”信用企业。多次被评为湖北省和武汉市“优秀企业”、“和谐企业”。

三、主要产品和工艺设备

公司产品涉及范围广泛，主要分为耐火材料、冶金炉料、新材料三大主业。耐火材料主要涉及钢铁冶金工序所需的系列耐火材料，其中转炉系列、钢包系列及连铸系列材料国内驰名，并多次创造和保持转炉顶底复吹寿命世界纪录；炮泥生产线满足了大容积高炉炼铁工艺快速发展的需求。冶金炉料主要指优质活性石灰、颗粒石灰、脱硫剂等。新材料主要是化工行业使用防腐材料等。

耐火材料产品涵盖焦炉、高炉、鱼雷罐、混铁炉、铁水包、转炉、电炉、钢包、中间包、连铸、加热炉等钢铁冶金系统全过程，累计 300 余种。此外，公司还根据各种不同工艺条件开发满足客户需求的产品。

部分关键设备从德国、日本等进口，另有 6300kN 以上大吨位压力机 25 台，其中含 25000kN 莱斯液压机 2 台、30000kN 全自动液压机 1 台、LDJ500/1500-300Y 冷等静压机 1 台。主要生产线装备有 ϕ4.2 活性石灰回转窑 2 座、600TPD 活性石灰套筒窑2条、5万吨/万吨的散状材料生产线2条、3万吨/年产炮泥自动化控制配料线1条。

四、机构与人事

截至2013年12月，公司在册职工1468人，专业技术人员216人，其中高级技术职称29人，中级技术职称134人；博士、硕士研究生55人、本科生241人、大专生310人；高级技师15人，技师53人。公司下设企业管理部、制造部、设备工程部等12个职能部（科）室、5个分公司、8个子公司、3个中心。

2012年12月，公司成立董事会，目前董事会由6名董事组成，同时设监事3名。公司董事会对母公司负责，按公司章程在公司治理和重大决策中积极发挥作用，履行相应职权。公司监事会制定《监事会议事规则》，认真履行职责，对公司资产质量和国有资产保值增值状态以及董事、经理和管理人员履行职责的合法合规性进行监督。

五、企业管理

公司按现代企业制度完善公司管理模式，提高运营管理水平和经营发展能力，持续优化组织结构，按照集团化运作发展方向设立相关事业部，以“定位准确、职能清晰、管理有力、精干高效”为原则，整合内部资源，压缩管理层级，优化业务流程，提高管理水平。

近年来，公司建立了ERP企业资源管理系统、PDM生产数据管理系统、SCM供应链管理系统、CRM客户管理系统等现代化管理系统，最大限度地满足企业现代化的管理要求，提高企业信息共享能力和对外竞争能力。同时，通过“加大投入抓治本，提高责任抓治标”，对照星级评价标准，简化工作流程，持续改进设备管理、6S管理、安全管理和质量控制等各个方面工作，散状料和炉料两条生产线获“全国现场管理四星级单位”。且一次性地通过了安全生产标准化全国一级企业创建现场验收。

公司积极构建“四个一流”的活动机制，成立了女蓝领工作室——“利钧工作室”，并从加强和充实基层技术人员力量入手，抽调技术力量在基层单位成立了技术组。同时，成立了以车间为单元，班组为基础的全员精益管理活动小组。通过不断完善现场电子看板管理，在6S管理中建立了DMAIC改进模式，优化工艺流程等举措加大质量、技术攻关力度，使公司产品质量控制在较高水平。

六、科研与成果

公司围绕市场需求和产品竞争力的提升，逐年增加研发投入，大力推进技术研发的“两个一”（一批具有国际一流的产品、一批拥有专有技术的产品）工程，加快新产品的研发与升级换代工作，通过选取重点品种成立专项小组，推进项目承包研发激励机制，形成了优质活性石灰、无水炮泥、转炉镁碳砖、滑动水口以及连铸“三大件”（整体塞棒、浸入式水口和长水口）等一批极具竞争实力的产品。制订及修订两项耐火材料国家标准（《回转窑用耐火砖形状尺寸》和《耐火砖形状尺寸：术语》）、1项《冶金石灰》行业标准通过国家审定。申报的《炼钢转炉用耐火砖尺寸》标准获湖北省标准创新贡献二等奖，注册商标两个。

在独立进行耐火材料新产品开发的同时，公司与国内外的企业、研究机构及大学进行了广泛、深入的合作。与华中科技大学、武汉科技大学、武汉理工大学、北京科技大学、洛阳耐火材料研究院、武钢研究院、北京钢铁研究总院、威苏维Pittsburgh研发中心、Saint-Gobain美国研发中心等国内外多所著名大学及研究机构在高级耐火材料、新材料等方面长期紧密合作，在所涉足的领域研究水平始终处于国内行业领先。同时，与韩国浦项铁、日本新日铁、中国台湾中钢及威苏维等知名企业建立了良好的交流合作关系，积极引进消化先进的耐火材料新技术，为公司技术改造和长远发展奠定坚实的基础。

七、服务领域

经过50余年的发展，公司从高炉、铁水预处理、到转炉冶炼、炉外精炼以及连铸等全流程，形成了整套系列化耐火材料解决方案。公司服务体系日趋完善。此外，公司产品还广泛应用于化工行业，市场延及欧美、巴西以及东南亚等国家和地区。

公司拥有70余名精通耐火材料和钢铁冶金炉料工艺流程的专家团队和近500名操作经验丰富的施工和维护团队。他们在国内外总包市场，发挥自身技术、经验专长，为客户提供高质量、专业化的产品和服务，强化保障程度、提高管理效率、降低成本，为客户创造巨大利益。公司将一直秉承“诚信、进取”的企业精神和“资源有限、创意无限”的经营理念，与用户双赢合作，和谐共进。

郑州东方企业集团有限公司

一、历史沿革

郑州东方企业集团有限公司1975年8月建厂，原名是“密县工业耐火材料厂”又名（超化镇第二耐火材料厂）系超化镇办集体企业。

1987年11月企业进行股份制改造，原有固定资产作价折股，由内部职工集资入股，利益分享，风险共担。

1988年2月与武汉钢院达成技术合作协议，由“密县工业耐火材料厂”更名为“武汉钢院密县联营耐火材料厂”。

1992年2月由“武汉钢院密县联营耐火材料厂”更名为“郑州东方耐火材料厂”。

1993年2月又着手在樊寨村筹建三分厂和总厂办公区，厂名由“郑州东方耐火材料厂”更名为“郑州东方耐火材料总厂”。

1994年11月更名为“郑州东方耐火材料集团公司”。1996年11月公司更名为“郑州东方耐火材料（集团）总公司”。

1997年公司进行了股份制改造，完成了“郑州东方企业集团股份有限公司”过度的申报登记工作。

1998年3月份公司名称变更为“郑州东方企业集团股份有限公司”。

2005年9月8日公司根据企业发展现状和经营需要正式更名为“郑州东方企业集团有限公司”。注册资金为6800万元人民币。

二、基本情况

郑州东方企业集团有限公司坐落于河南省郑州市西南40公里的新密市境内，西依中岳嵩山，东临107国道，北靠郑少高速公路，东、西距郑州国际机场与闻名遐迩的少林寺各35公里，交通便利，物藏丰富，环境优雅，人文历史悠久。公司现有资产6亿元，占地面积50公顷，建筑面积20万平方米，员工1030人，下辖7个子公司和一条铁路专用线，生产、检测、试验设施设备800余台（套），其中，中高温隧道窑6条，技术水平先进，年产“东方”牌耐火材料10万吨。

三、主要产品及工艺装备

公司主要产品是高温工业窑炉用耐火材料，主要服务行业有钢铁、玻璃、有色、电力等。公司核心产品烧结类的有硅酸铝系列、轻质保温系列、不定形系列，熔铸类的有熔铸AZS锆质系列和α—βAl_2O_3和βAl_2O_3等制品；公司各类原辅材料、机械设备及各种配件的采购主要由公司供应部以招标方式完成。年产电熔类耐火材料2万吨，年产烧结类耐火材料12万吨。主要设施设备800余台（套），其中，万吨级以上隧道窑生产线6条，各类检验、检测设施设备80余台（套）。

四、机构与人事

公司现有员工1030人，其中，中层以上管理干部134人，各类专业技术人员328人。董事长魏国钊，中共党员、研究生学历、高级经济师、中国耐火材料协会副会长、河南耐火材料协会副会长，是耐材行业的领军人物，先后荣获“全国优秀乡镇企业家”、郑州市专业技术拔尖人才、郑州市劳动模范、河南省劳动模范等荣誉称号。

五、企业管理

公司是ISO9001—2000质量体系认证单位，公司先后被评为“全国乡镇企业科技进步先进单位”、“河南省优秀民营企业”、“河南省双百强企业”、“河南省守合同重信用企业”，“河南省十佳魅力企业”、“郑州市文明标兵单位”、“郑州市工业经济综合实力100强企业”、“新密市明星企业”。

六、科技研发

公司现有技术人员328人，其中高级技术人员18人，中级技术人员48人。公司超低气孔黏土砖、高铝砖、氧化法33号、36号、41号锆刚玉制品和α—βAl_2O_3、βAl_2O_3制品均处于国内先进技术水平，企业技术研发工作由公司技术中心（省级）和专家小组负责完成，主要目前的研发方向是环保、节能、再生资源利用类耐火材料核心技术：特制33号锆刚玉制品拥有国家专利；超低气孔黏土砖被评为河南省名牌产品，特制33号锆刚玉制品、优质半硅砖被评为河南省优质产品。

七、销售与服务

公司经营主业是耐火材料的生产与销售，年产烧结、熔铸、不定形三大类耐火材料10余万吨，主业销售额占据我公司总销售额的95%以上。主要产品有熔铸刚玉系列、硅酸铝系列、高强轻质系列、碱性系列、黏土质系列和高档不定形系列等各种耐火材料。重点服务于冶金、建材、玻璃、有色、电力、石化、陶瓷、机械铸造等行业。

公司在开发中高档耐火材料方面发展迅速。氧化法特制33号锆刚玉制品、高强轻质隔热保温砖、抗剥落高铝砖、超低气孔黏土砖、低蠕变高铝砖已被广大客户列为使用效果最佳换代产品，其科技含量和产品质量均达到了国内先进水平，先后被评为河南省名牌产品和河南省优质产品。公司自行研制的“炼钢电炉顶用高铝砖”、“水泥窑用磷酸盐结合高铝砖”、“热风炉用繁体水平通道五孔格子砖”获“河南省科学技术进步三等奖”；“炼钢电炉顶用抗剥落高铝砖”获河南省政府“新产品二等奖”；“低蠕变黏土砖”获“河南省名优产品奖”。产品在国内大、中型企业用户中享有较高的声誉，先后被“中冶集团公司”、“洛阳浮法玻璃集团公司”“上海宝钢集团公司”“酒泉钢铁集团公司”“云南铝业股份公司”“中国铝业公司广西分公司”“武汉钢铁集团公司”等数十家用户评定为“耐火材料合格供应商”和“耐火材料供应最佳单位”，除此之外，在国际市场上也占有一席之地，产品远销越南、日本、印度、俄罗斯、荷兰、土耳其、巴西等国家和地区。目前正在研制的新产品有高强硅藻土砖、轻质隔热保温砖及各种高档不定形耐火材料。

中钢集团耐火材料有限公司

一、历史沿革

中钢集团耐火材料有限公司（简称中钢耐火公司）其前身为冶金工业部洛阳耐火材料厂，始建于1958年，1959年投产，是国家“一五”期间156个重点项目之一，也是我国自行设计建设的第一家大型耐火材料生产企业。经过五十余年的发展，公司已成为集产品设计、研发、生产、炉窑设计、耐材配置、施工及系统集成服务为一体具有较强竞争实力的大型国有企业。

二、基本情况

中钢耐火公司是中国中钢集团公司所属的生产企业。

中国中钢集团公司（简称中钢集团，英文简称 sinosteel）是国务院国资委管理的中央企业，进入美国《财富》杂志发布的2011年全球500强排行榜，荣列第354位。中国中钢集团公司主要从事冶金矿产资源开发与加工；冶金原料、产品贸易与物流；相关工程技术服务与设备制造，是一家为钢铁工业和钢铁生产企业及相关战略性新兴产业提供综合配套、系统集成服务的集资源开发、贸易物流、工程科技、设备制造、专业服务为一体的大型跨国企业集团。

中钢耐火公司位于千年帝都牡丹花城、华夏文明发源地——洛阳，占地面积100余万平方米，总资产约12亿元，年销售收入8亿元，现有在职员工3000余人，拥有各类专业技术人才1000余人，并拥有国家认可的耐火材料实验室，是河南省高新技术企业。公司主要为冶金、建材、有色、电力、化工等高温工业提供硅质、镁质、高铝质、镁钙、氧化物及非氧化物的定型、不定形中高档系列耐火材料，年产30余万吨，产品畅销全国各地，并远销世界五大洲40多个国家和地区，在国内外市场上享有良好的品牌信誉。

三、主要产品及工艺装备

公司年产各种耐火制品30余万吨，其中铝—硅质制品年产5万吨，硅质制品年产13万吨，碱性制品年产5万吨，非氧化物制品年产3万吨，不定形材料年产5万吨，高纯氧化物制品年产0.5万吨，功能材料（含碳耐火材料）年产0.5万吨。

公司主要生产各种定型和不定形耐火材料，产品有7大系列。现主导产品有氧化物及非氧化物复合耐火材料、高纯氧化物制品、高铝系列制品、硅质制品、高档碱性制品、含碳耐火材料、不定形耐火材料制品，许多产品填补了国内空白，达到并超过了国外同类产品质量水平，其中硅砖获国家耐材质量最高奖——银质奖，处于国际领先水平。产品广泛用于冶金、建材、有色、电力、机械、轻工、石化等行业的龙头企业及大中型企业，多年被宝钢、济钢等大客户评为优秀供应商，产品质量在同行业中一直处于领先地位，深得用户青睐。

公司拥有德国产爱立许混炼设备、自动配料控制室、破粉碎系统控制室等破粉碎、配料、混炼设备；拥有630吨、1000吨摩擦压力机及国产1250全自动液压成型机、意大利2500吨液压机等成型设备；拥有远红外线电热干燥器等干燥设备和超高温隧道窑及控制系统、亚洲最长的202.5米隧道窑及控制系统、国产全自动氮化梭式窑及控制系统、德国进口20立方米全自动氮化梭式窑及控制系统、德国进口218立方米全自动梭式窑及控制系统等烧成设备；拥有模型设计、模具精加工（数控）、模具初加工、模具后加工（退火）等模具制作设备；公司拥有三个大型组合车间，组合面积近6000平方米，其中有可调控的铸钢平台近1000平方米，配备有数控磨、钻、切设备50余台；拥有缠绕包装机、热塑包装机等包装设备。

公司检测手段完善，检测设备齐全，拥有各种检测设备87台（套），能够承担各种耐火材料理化性能的检测。还可针对客户的需求开展新的实验项目，并对材料提供特殊的性能评价。

四、机构与人事

公司下设办公室、人力资源部、资产财务部、企业发展部、生产安环部、技术质量部、设备能源部等13个职能部室；下设技术中心、物资部、营销公司、外贸公司、储运部、技术改造部等6个专业部门；下设高铝、硅质、镁质、不定形、炉窑工程公司等8个主业单位和模具制造、设备安检、动能等3个生产保障单位。

公司现有在职员工3000余人，拥有各类专业技术人才1000余人。经过50多年的发展，公司积累了一大批高水平的耐火材料优秀技术和管理人才，造就了一批高素质的技术职工队伍，积淀了浓厚的企业归属感和文化底蕴，职工企业主人翁的精神和态度一直在公司内部传承，使企业充满了凝聚力、感召力、激发力和创造力。

五、企业管理

公司2001年建立了ISO9001：2000标准的质量管理体系，2009年公司又按照ISO9001、ISO14001、GB/T 28001标准的要求建立了质量、环境、职业健康安全三标一体化的管理体系，并通过一体化管理体系的有效运行和持续改进，在不断向顾客提供优质产品和满意服务的同时，努力践行社会责任，节能减排，保护环境，维护企业员工的职业健康与安全。

六、科研开发

公司为河南省高新技术企业，拥有省级企业技术中心、省级工程实验室、河南省炼铁系统用耐火材料工程技术研究中心等科技创新平台，为企业的产品更新换代和生产技术水平提升提供有力支撑。公司拥有一支由研究生、本科、大中专学历构成的阶梯形研究开发队伍，专职研究人员300余人，每年承担着国家、省、市及公司科研开发项目近30项。公司每年研发投入均大于销售收入的3%，为公司的新产品研发提供了强有力的支撑。

公司坚持走产学研相结合的新产品开发捷径，与北京科技大学、中南大学、武汉科技大学、西安建筑科技大学等院校建立了密切的科研合作伙伴关系，形成强强联合的研究氛围。研发出一系列具有自主知识产权的绿色环保耐材产品——“大型焦炉用表面致密化预制材料”、“精炼炉炉衬用金属复合防渗不烧镁尖晶石砖”、“高导热硅砖”、“赛隆结合刚玉”、“氮化硅结合碳化硅”、“环保型炮泥”等，技术处于国内领先、国际先进水平。

公司获得省部级以上奖40余项，拥有耐火材料技术发明专利30余项，先后承担了国家重大研发课题2项。近三年公司自主研发高新产品70余项，其中，“大型焦炉用表面致密化预制材料”拥有自主知识产权的技术成果，该项技术在焦炉整体配套的耐火材料发展方面独占鳌头，替代了进口产品，填补了国内耐材产品的空白，居国际领先水平。

七、销售与服务

公司秉承信誉、专业、远见、共赢的营销理念，以客户至上、周到细致为服务理念。

公司拥有一支经验丰富的设计团队。具有应用三维软件整套设计RH炉、转炉、鱼雷罐等窑炉炉衬及高炉、热风炉组合砖的设计能力和丰富经验，可承担各种高温炉型的炉衬设计。

公司通过50余年的发展建立起完善的售后服务体系及各行业专业化售后服务队伍，为客户提供有关耐材的技术指导及解决方案。

本公司产品品种齐全，配套、施工、服务能力强，走工程总承包的经营模式，为钢铁、有色、建材、石化等行业提供系统配套集成服务，提升公司的综合能力，打造中钢耐火服务品牌。

河南春胜耐材有限公司

一、历史沿革

河南春胜耐材有限公司始创于1993年，公司始终坚持专注、专业的经营理念，经过二十年的不懈努力，使春胜从一个名不见经传的小厂逐步发展成为硅质耐材行业内最具影响力的耐材企业之一。

二、基本情况

河南春胜耐材有限公司位于闻名中外的嵩山少林寺东南30公里处的朝阳沟，占地面积35万平方米，现有职工1600人，公司现拥有11条生产线，其中硅砖生产线8条，莫来石砖、高铝砖、隔热耐火砖和散装耐火材料生产线各一条。

三、主要产品及工艺装备

年产热风炉、焦炉、玻璃窑、碳素炉用优质硅砖25万吨，莫来石砖、高铝砖、耐火耐酸砖3.5万吨，轻质硅砖、轻质莫来石砖1.5万吨，散装耐火材料1万吨，合计年产量31万吨。主要生产设备有$\phi1600 \times 800mm$湿碾机11台；成型设备75台，150～300m^3梭式窑6座，新型大断面高温环保节能隧道窑9条，烧成工序均采用绿色能源天然气做烧成介质。

四、机构与人事

公司现有员工1600人，各类工程技术人员285人。其中技术人员中高级工程师15人，硕士以上学历的17人。

五、企业管理

公司自2000年起先后通过了ISO9001质量管理体系、ISO14001环境管理体系和GB/T 28001职业健康安全管理体系认证，是全国耐火材料标准化技术委员会委员，负责起草了《热风炉用硅砖》YB/T 133—2005标准，并参与起草了《焦炉用硅砖》YB/T 5013—2005和《玻璃窑用硅砖》YB/T 147—2007标准，参与GB/T 2608—2012新版《硅砖》标准的起草和制定。公司研制开发出的新产品：G-D焦炉硅砖获国家级新产品奖，为日本国家级科研项目研制开发的超级焦炉用优质硅砖（SCOPE21硅砖）获省科学技术进步二等奖，2011年“春胜”牌硅砖获河南省“名牌称号”。

六、科研开发

公司下设的技术中心，拥有国内最先进的检测仪器设备，全自动化的操作程序，检测数据精确，为公司产品质量稳定和新产品研发提供了准确依据。公司始终注重以科技研发带动产品品质的提升，长期与郑州大学高温材料研究所合作，联合研制的“复合硅砖及其制备方法”获国家发明专利，公司研制开发出的新产品：G-D焦炉硅砖获国家级新产品奖；长期与日本黑崎播磨株式会社保持技术合作，为日本国家级科研项目研制开发的超级焦炉用优质硅砖（SCOPE21硅砖）产品理化指标均达到或优于国际先进水平。

七、销售与服务

公司的主导产品热风炉用硅砖在业内享有良好声誉，产品质量深得客户信赖。如公司所供：首钢京唐钢铁5500m^3顶燃式热风炉，安钢4680m^3顶燃式热风炉，本钢4350m^3内燃式热风炉，宝钢4350m^3外燃式热风炉，邯钢老区3200m^3、新区3200m^3内燃式热风炉，马钢4080m^3外燃式热风炉，宁波2500m^3内燃式热风炉，韶钢3200m^3内燃式热风炉，山东莱芜钢铁3200m^3顶燃式热风炉，山西太钢不锈钢4080m^3，天铁2800m^3顶燃式、首钢水钢2580m^3顶燃式风炉、日本JFE公司5000m^3顶燃式热风炉，俄罗斯北方钢厂5500m^3顶燃式热风炉，韩国现代制铁5250m^3外燃式热风炉等国内外多家客户，深受用户好评。

公司生产的5.5m、6m、6.25m、7m、7.5m焦炉用硅砖在业内享有良好声誉，产品质量深得客户信赖。近几年公司所供如：邯郸钢铁股份有限公司7m焦炉用硅砖2座，冀中能源峰峰集团新7m焦炉硅砖2座，孝义市华盛鹏飞贸易有限公司6.25m焦炉硅砖4座，山东潍焦集团薛城能源有限公司6.25m焦炉用硅砖2座，湖南华菱湘潭钢铁有限公司6m焦炉用硅砖，山东金能煤气化有限公司7m焦炉用硅砖，新疆伊力特煤化工责任有限公司5.5m捣固焦炉用硅砖，旺苍攀成钢集团5.5m捣固焦炉用硅砖，日本新日铁大分铁厂6m焦炉用硅砖，日本山井矿山6.5m焦炉用硅砖，日本北海道室兰钢厂7m，7.5m焦炉用硅砖等国内外多家客户，受到用户高度认同。

公司研发生产的耐火耐酸砖替代西德进口，在1994年公司为鞍钢冷轧1号酸再生焙烧炉内用耐火耐酸材料使用寿命16年，超出设计寿命10年。公司近期所供首钢京唐钢铁联合股份有限责任公司2号、3号冷轧线和鞍钢莆田冷轧线酸再生焙烧炉、文丘里、浓缩器用耐火耐酸酸材料等众多项目中，我公司产品均受到用户一致好评。

过硬的产品质量让春胜耐材在国内及国际耐

火材料市场占有极高的市场份额和行业地位。目前公司的产品不仅畅销国内各大钢铁企业，同时出口到日本、美国、英国、德国、法国、俄罗斯、韩国、印度、巴西、阿根廷、乌克兰、马来西亚、印度尼西亚、意大利、土耳其等国家和中国台湾。

用心做产品！我们始终坚信向客户提供高品质的产品才是企业的核心竞争力。当然，提供高品质的产品只是第一步，帮助客户解决实际问题、实现客户满意才是企业追求的终极目标。

河南省伯马股份有限公司

一、历史沿革

河南省伯马股份有限公司（以下简称河南伯马），其前身是1958年7月成立的新乡市耐火材料厂，分别经历1993年和2005年两次股份制改造，国有股份全部退出，并更名为河南省伯马股份有限公司。随着经营机制的转变，产业结构进一步调整，该公司形成了以专业生产钢铁、化工企业用特种功能耐火材料为主的高新技术企业。

二、基本情况

河南省伯马股份有限公司目前公司注册资本为人民币3528万元。公司法定地址为：河南省新乡市人民路45号。占地面积17万平方米，总资产5.6亿元。公司主要经营范围：耐火材料、耐火材料结合剂、滑动机构的生产、销售、检测及技术咨询；各型炉窑耐火材料的设计、修砌及维护；各类机械加工。

经过50多年的发展，公司已成为集科工贸、产供销于一体的耐火材料及其辅料生产经营型企业，是河南地区具有一流竞争力的特种耐火材料企业。

三、主要产品及工艺装备

主要设备有80m、65m、42m隧道窑各1条、50m^{3}高温梭式窑3座以及1000吨抽真空压砖机等生产设备650余台（套）。公司产品主要以生产滑动水口、化工窑炉用耐火材料为主，具备年产各种耐火材料5万吨的生产能力。主要产品有钢包用系列耐火材料、中间包用系列用耐火材料、化工气化炉用系列耐火材料以及各种优质不定形耐火材料系列产品。程控螺旋压力机，微波和红外干燥，高温烧成、全自动氮化保护烧成，自动预热浸渍等生产装备在国内属一流水平、具有较强竞争力。

四、机构与人事

河南伯马设置有生产中心、技术中心、销售中心、财务中心、行政中心等12个职能部室和4个分厂，另外还有河南省伯马矿业科技股份公司、河南省伯马风帆实业公司、太行建材经销公司等3个控股子公司。公司现有员工506人，其高级技术职称12人、中级技术职称139人，硕士研究生5人、本科生112人、大专生211人。

五、企业管理

在企业管理方面，建立了较完备的市场营销、科研开发、生产安全、设备能源、技术质量、财务成本和人力资源等专业管理体系，2013年8月公司通过了ISO17025：2005国家实验室认可复评，2012年12月，通过了ISO9001：2008质量管理体系认证复评，全面提升了公司的管理水平，2012年企业通过高新技术企业复评。

六、科研开发

河南伯马成立有河南省高温功能材料工程研究中心和省级企业技术中心，是郑州大学、武汉科技大学高温功能材料产学研基地，公司曾承担十余项国家、省、市重大和重点科技攻关计划，并瞄准高温前沿科技，遵循循环经济理念，实施品牌战略，打造核心竞争力，拥有镁质滑板、金属结合滑板、低碳Al_2O_3-矾土基β-Sialon滑板砖和纳米Al_2O_3不烧铝碳滑板8项国家发明专利和4项实用新型专利，10余项产品荣获国家级新产品、省高新技术产品和省市科技成果奖，形成结构合理、技术领先的产品结构体系，2010年和2012年先后两次荣获河南省科技创新奖。

七、销售与服务

河南伯马积极推行电子控制制造系统，以信息化提升企业整体竞争力，严格控制制造过程中的每一个细节，保证品质，严谨科学的管理体系和完善的售后服务，可为钢铁连铸整体承包、化工企业窑炉砌筑现场施工提供有效保障。目前，河南伯马正在遵循“循环经济理念，向所用资源、能源消耗少，生产和使用过程对环境负荷小，用后耐材再生利用率高”的材料进行研发。并借助公司现有优良设备基础和技术平台优势，加速高温功能材料产品的开发与创新，促进产品结构的调整，实现逐步向专业化、长寿化、功能化、总体承包等方向发展。通过调整产品结构、培育核心产品、拓展市场领域、强化内部管理、加快科研开发，不断提升企业竞争力，逐步实现由科技型企业向资源 + 科技型企业的过渡，通过实施年产 40 万吨镁钙合成料及其制品、年产 2 万吨的不定形耐火材料、年产 300 套钢包滑动机构，全力打造“环保、节能、绿色”耐火材料生产基地，力争把公司建设成为国际一流、综合竞争力最强的企业。

河南特耐工程材料股份有限公司

一、历史沿革

河南特耐工程材料股份有限公司的前身——开封市高铝瓷件厂，创建于 1971 年，是开封市南关区的一家区街小厂。

1983 年，经过民主选举，樊法东同志被推选为企业的厂长。在改革精神的鼓舞下，以“科学技术是第一生产力”为指导，立志走科技兴厂之路。通过与国家级科研院所合作，在国家“六五”、“七五”、“八五”、“九五”期间，先后开发了 8 项国家级科技攻关项目产品。1992 年成立开封特耐公司硅酸盐应用技术研究所，由耐火材料专家——周季楠教授挂帅，为公司科技兴厂打下了坚实的基础，并为企业培养出了一批技术骨干。

特耐公司通过深化企业内部改革，建立了科学的经营管理机制。1984 年，成立开封市特种耐火材料公司；1994 年，公司在开封市集体企业中第一家进行了股份制改造，成立了开封特耐集团股份有限公司；1997 年 9 月 1 日，“开封特耐”股权证在河南省产权交易中心挂牌交易。

2004 年 4 月 8 日，董事长张长喜走上了特耐公司的领导岗位。

2008 年，特耐公司组建团队，开发信息管理系统，特耐公司信息化系统以“财务管理为中心，生产自动化为基础”，通过数字、影像、声音等不同的表现方式，为企业经营要素所形成的物资流、资金流、信息流构建实时、规范的数据共享平台以及具备企业内部交流与反馈、内外交流与反馈的交流反馈网络；从决策、管理、考核三个方面提高企业经营静态分析、趋势分析、预算规划的执行能力。

2010 年 3 月，公司经过 3 年艰苦探索，凝聚着特耐人心血的拥有自主创新技术、取得多项工艺设计技术突破的新型冶炼生产线点火试车成功。其主体设备——冶炼炉，为当前行业中最先进、产能最高的炉子。

2012 年，开封特耐出口创汇创纪录达到 2300 万美元，成为河南省出口创汇重点企业、被评为河南省加工贸易先进企业。

2013 年度经营计划中，我公司提出了开封特耐的愿景：在以氧化铝为基础原材料的合成耐火原料的生产领域，借以领先行业的工艺技术和生产效率所形成的成本优势，借先进的品质管理装备和完善的品质管理制度所形成的品质优势，借领先于竞争对手的多品种产品组合和超过 40 年的经营历史所形成的品牌优势以及领先于国内竞争对手的客户服务能力尤其是大客户的服务能力优势，借以完善适宜的法人治理结构和信息共享平台所形成的管理和决策机制优势，使企业成为行业内可持续发展、供需双赢、劳资共同富裕的最优秀品牌之一。

经过 40 多年的发展，目前，河南特耐已成为全省新型特种耐火原料生产的龙头企业，资产总额：5.8 亿元，生产能力：16 万吨/年。同时跻身全国耐火材料行业先进行列，出口产品超过一半，展现出强劲的发展态势。

二、基本情况

河南特耐工程材料股份有限公司是一家科技先导型股份制企业，是河南省高新技术企业，已顺利通过 ISO9001：2008 国际质量管理体系认证、OHSAS18001：1999 职业健康安全管理体系认证、ISO14001：2004 环境管理体系认证。

河南特耐坚持可持续发展，在创建之初就把“花园中的工厂　工厂中的花园”定为建设、设计理念。根据这一理念，开封特耐围绕“高效、节能、环保”的发展目标，在产品方面，实现了均为国家或省部级新产品；在关键设备方面，实现了均为公司自主研发在国内同行业中首次使用的设备；在两化融合方面，实现了企业生产及管理全程信息化、自动化；在环保方面，实现了没有工业三废，对环境无污染，单位产品的节能技术在国内同行业中属于最高水平，在国际同行业中属先进水平。

河南特耐为推动管理升级，加快科学发展，以绩效管理为核心大幅度地强化内控制度的建设，显著提高了团队的凝聚力和预算编制、预算执行的系统能力。推动企业快速发展成一家管理规范、权责明晰的现代化耐火材料企业，并成为中国耐火材料协会常务理事单位、河南省耐火材料协会副会长单位，以及国家耐火材料创新战略联盟发起单位之一，向着国际一流的工程材料产业集团的目标奋进。

三、主要产品及工艺装备

河南特耐拥有1条年产20000吨活性α氧化铝微粉生产线；1条年产60000吨人造白刚玉生产线；1条年产60000吨合成铝镁尖晶石生产线；1条年产10000吨高温黏结剂生产线；1条年产10000吨合成莫来石/锆莫来石生产线；1座大型终端实验中心；1座河南省高温合成材料工程中心。

公司的主要产品有：优质α-Al_2O_3微粉、电熔纯铝酸钙水泥、氧化铝空心球、电熔白刚玉、高纯电熔铝镁尖晶石、莫来石、锆莫来石、KT系列高性能耐火浇注料、耐火制品、刚玉尖晶石砖、刚玉莫来石砖、硫酸钾窑成套耐火材料。产品销售网络遍布全国且出口到日本、荷兰、澳大利亚等30个国家和地区。成为河南省出口创汇重点企业，被评为河南省加工贸易先进企业。

四、机构与人事

公司现有员工400人，各类工程技术人员85人。技术人员中高级工程师19人，硕士以上学历10人。董事长兼总经理张长喜，曾获得开封市五一劳动奖章、开封市工业强市优秀厂长（经理）、开封市尊重知识尊重人才先进个人、开封市劳动模范、开封市非公有制经济发展突出贡献金奖、开封市十大杰出青年、开封市企业管理拔尖人才、改革开放三十年开封市功勋企业家、河南省科技创新先进个人、河南省优秀中国特色社会主义建设者、河南省创业企业家等荣誉。

五、企业管理

（一）加强内控制度建设

为推进改革和创新，我公司在加快企业管理体制改革和创新的基础上，2013年，以企业管理和经营的实际需要为出发点，以提高各管理部门的业务绩效为核心，采取制度建设与能力提升同步推进的方式，从预算管理入手，分期、分步发布了预算管理、成本费用控制、资金管理、财务报告的编制与披露、财务核算手册等内控制度系列文件，并核准和试行了与之对应的生产消耗定额、部门费用定额等文件，全面加快内控制度建设。同时，为提高内控制度的有效性，公司管理层优化了企业管理层的组织机制，形成了部门例会、经理联席会和总经理办公会三级例会制度。

为了最大限度地发挥内控制度的作用，推动企业跨越式、超常规发展，张长喜加快建立健全与内控制度相配套的企业经营管理体制，并通过收购、兼并、控股等资源整合方式，进一步壮大了企业的生产和经营规模，显著增强了企业的综合实力。

（二）在两化融合方面，实现了企业生产及管理全程信息化、自动化

特耐公司信息化系统以“财务管理为中心，生产自动化为基础”，通过数字、影像、声音等不同的表现方式，为企业经营要素所形成的物资流、资金流、信息流构建实时、规范的数据共享平台以及具备企业内部交流与反馈、内外交流与反馈的交流反馈网络；从决策、管理、考核三个方面提高企业经营静态分析、趋势分析、预算规划的执行能力。

（1）在生产现场，生产工艺和设备操作的自动化、可视化。

（2）在中控室，实现生产进度、能源电力、安全质量监控的远程化。

（3）依托数据中心和信息网络，实现单据、档案的电子化。

（4）以当前的管理制度、管理模式和管理流程为基础，建立数据共享平台，解决当前因统计误差、时间误差、传递流程误差等原因造成的数据不一致。

（5）实现单据传递无纸化。

（6）实现企业内部之间、企业与客户之间，数据交流与反馈的电子化和远程化。

六、科研开发

公司自成立以来先后参与和承担了多项国家“六五”、“七五”、“八五”、“九五”科技攻关项目，在科技成果转化为生产力方面取得了显著

效果。

RH外衬浇注料（KT-88R）属国家重大引进技术消化吸收项目，该产品是以致密刚玉、高纯尖晶石、优质α-Al_2O_3微粉及铝-80水泥为主要原料研制而成的高档不定形耐火材料，试用平均寿命为82.1次，处理钢水的使用时间平均为1625.1分钟，达到了国外同类产品的先进水平。

微粉FBF工艺生产技术为自主开发的活性α-Al_2O_3微粉FBF生产工艺技术，采用此工艺与传统工艺相比更加节能，产品质量稳定，晶粒尺寸可控。

KT-50S水泥窑预热器用抗结皮防堵塞耐火浇注料是国家“九五”重点科技攻关项目专题。该产品是以碳化硅、α-Al_2O_3超微粉及铝-80水泥为主要原材料研制而成的高档不定形耐火材料，通过微粉、超微粉的选择及合理使用，获得了高碳化硅含量、高强度、高致密度耐火浇注料的制作技术，经多家水泥厂试用，取得了消除结皮、堵塞的满意效果，该产品填补了国内空白，其理化指标和使用效果达到了国外同类产品的先进水平。

低钠微晶活性α-Al_2O_3微粉及双峰活性α-Al_2O_3微粉产品是在原公司承担的国家“八五”科技攻关项目产品的基础上，通过对除钠工艺、粉磨工艺、煅烧工艺等的研究开发，研制出的具有转相温度低、活性大、晶粒小、纯度高、钠含量低的新型系列化活性α-Al_2O_3微粉产品。双峰活性α-Al_2O_3微粉具有双峰值的粒度分布，用于耐火材料时有更低的用水量和更高的致密度，可有效提高其使用性能。

KT-Q100轻质耐火浇注料是应大中型新型干法水泥回转窑节能和长寿命的需要而开发生产的一种低体积密度、高强度、热导率低的优良的轻质耐火浇注料，用作其隔热层，达到节能、降耗和延长使用寿命的目的。现该产品已大量用于大中型新型干法水泥回转窑上。

KT-88RX刚玉—尖晶石质耐火浇注料具有优良的耐渣侵蚀性和渗透性，强度高、抗剥落性好，有益于钢水洁净度的提高，目前已大量用于炉外精炼COS-OB炉衬，受到用户广泛赞誉。

七、销售与服务

河南特耐以精湛的技术，严格的管理，快捷完善的售后服务，打造出“凯特”牌名牌商标。“凯特”牌系列特种耐火原料、“凯特”牌系列耐火浇注料及耐火制品，畅销国内31个省、市、自治区，并出口到亚、欧、非、美洲等30余个国家和地区，尤其是出口到日本的优质耐火原料，在2013年度占我国出口日本市场同类产品份额的60%，受到广泛好评。

河南特耐的信息化建设，实现了技术服务的电子化、远程化。实现企业内部之间、企业与客户之间，数据交流与反馈的电子化和远程化。根据开封特耐的实际生产情况，将整个系统采用分层设计的方案，分为控制层、网络层、数据汇聚层、执行层、管理层和门户层。最顶层是直接面向用户统一的、界面友好的企业信息门户，系统将综合集成的数据及业务管理的数据通过统一的门户形式进行展现，所有的系统通过单点登录即可实现全面的访问及控制。开封特耐可以通过internet随时了解其产品的使用情况，一旦出现问题，可以在第一时间进行远程诊断。这样，售后服务可以做到空前的及时和快速。

河南五耐集团实业有限公司

一、历史沿革

河南五耐集团实业有限公司创建于1968年，是炼铁系统用耐火材料为主的现代化大型专业生产企业。我公司在国内率先于1988年与达涅利（原霍戈文公司）合作生产红柱石砖应用于武钢$3200m^3$高炉，当时填补了国内空白，使用至2007年，至现在还是热风炉长寿的典范。2001年在国内首次采用俄罗斯卡鲁金技术的莱钢$750m^3$高炉热风炉用耐火材料由我公司生产供应。为达涅利技术和卡鲁金技术在中国的推广应用和高炉热风炉的长寿起到了巨大的推动作用。

二、基本情况

河南五耐集团实业有限公司地处中原腹地巩义市北山口镇，南倚嵩山，北望黄河，紧临310国道，陇海铁路近在咫尺，交通运输十分便利。本公司下设八个分厂、巩义市五耐科技开发有限公司、巩义市高效耐火材料有限公司、郑州建兴高科炉材有限公司和洛阳莱福工贸有限公司（外贸公司）。总面积30余万平方米，固定资产1.5亿元，自有流动资金2.5亿元。职工总数约2000人，其中技术人员280余人，研发人员85人，年产各种耐火材料20余万吨，广泛用于冶金、建材、陶瓷、石化、机械等行业的高温窑炉，产品畅销全国三十多个省市的200多家用户，并出口美国、日本、俄罗斯、荷兰、印度、巴西、土耳其、意大利、乌克兰、哈萨克斯坦、墨西哥等数十个国家和地区。

三、主要产品及工艺装备

本公司现有各类生产线8条。主要生产设备有：连环节能环保窑27座，200米高温隧道窑5条，低温处理窑8座，全自动配料生产线一条；2500t液压成型机2台，1000t液压成型机5台，800t摩擦压砖机5台，630t摩擦压砖机33台，500t摩擦压砖机2台，400t摩擦压砖机25台；各种破粉碎及加工粉料设备32台；另外表面加工设备铣磨砖机23台，各种组合砖预砌平台6个。

主要产品有高炉用微孔刚玉砖、碳复合砖、复合棕刚玉砖、刚玉莫来石砖、高导热微孔模压炭砖、烧成微孔铝碳砖、高炉高铝砖、高炉黏土砖及各种配套不定形耐火材料。热风炉用低蠕变高铝砖系列、低蠕变黏土砖系列、红柱石砖、陶瓷燃烧器用耐火材料及配套的不定形耐火材料。铁水预处理三脱、不三脱用铝碳化硅碳砖系列，及配套的不定形耐火材料。

四、机构与人事

本公司下设八个分厂、巩义市五耐科技开发有限公司、巩义市高效耐火材料有限公司、郑州建兴高科炉材有限公司和洛阳莱福工贸有限公司(外贸公司)。职工总数约2000人，其中技术人员280余人，研发人员85人，其中高级工程师12人，工程师58人，博士2人，硕士学历16人。

五、企业管理

公司是ISO9001—2000质量体系认证单位，技术的核心在原料与配方。生产的关键工序包括原料采购、配料-混碾、成型、烧成和检选。对这五个工序的质量控制我们称之质量“五把关”。

六、科研开发

从1986年起我们形成了以北京科技大学、武汉科技大学和河南科技大学的知名耐火材料专家为依托的研发队伍，技术实力不断提高。公司建立了河南省级企业技术中心和工程技术研究中心，本中心建筑面积2800平方米，配置现代化办公设施，公司下设开发部、中心实验室、质量检测部等业务部门。其中，开发部又下设四个研究所(林彬荫研究所、新材料研究所、碳质材料研究所、工艺技术研究所等)，开发部致力于各种定型、不定形耐火材料的理论研究、产品研制，中心实验室分为物理检测室和化学分析室，负责产品性能检测试验，拥有一套全新的、全部电脑控制的试验检测设备40台(套)，是一支技术创新和研发水平过硬的人才队伍。公司技术中心共有研制成果85项，共申请发明专利15项，实用新型专利12项。

七、销售与服务

公司以武汉钢铁设计研究院为依托的窑炉设计专家队伍和以一冶为依托的预砌施工专家队伍，为我公司的生产、质量和现场服务提供了强有力的保证。产品广泛用于冶金、建材、陶瓷、石化、机械等行业的高温窑炉，产品畅销全国三十多个省市的200多家用户，至今已为宝钢、鞍钢、武钢、首钢、攀钢、马钢、本钢等现代化钢铁企业的一百多座大型高炉、热风炉及炼钢系统生产供应了各种耐火材料，并承接了各大中型钢厂的球顶、管道、燃烧口、风口、铁口、渣口、陶瓷砌体的设计、生产和预砌组合，受到用户好评，并成为宝钢优秀供应商。并出口美国、日本、俄罗斯、荷兰、印度、巴西、土耳其、意大利、乌克兰、哈萨克斯坦、墨西哥等数十个国家和地区。我公司始终坚持“块块合格、户户满意、覆盖合国、永争第一”的质量目标，致力于高温窑炉长寿技术用耐火材料的研发、生产和应用。诚望与新老用户交知心朋友，做合作伙伴，共赢市场，同创辉煌！

郑州安耐克实业有限公司

一、历史沿革

公司创建于2003年，经过十多年的发展，已从单纯生产黏土高铝和硅质产品的小厂子发展成为国家高新技术企业，拥有七大产品系列，数百个品种，年产各类耐火材料15万吨以上，产值6~8亿元，在高炉热风炉用陶瓷燃烧器和格子砖系列产品中处于领军地位，并成为全国重点耐火材料生产企业之一。

二、基本情况

郑州安耐克实业有限公司位于河南省新密市，交通极为便利。郑州安耐克实业有限公司创建于2003年，占地面积14万平方米，拥有5624万元固定资产净值，下属安耐克富良、安耐克富华、安耐克富钢和安耐克富宝4个生产公司、安耐可（北京）工程技术有限公司和省级企业技术中心，现有职工890人。是全国重点耐火材料生产企业，主要生产高炉、热风炉、鱼雷罐、铁水包、钢包等铁前钢后用耐火材料，专业承揽高炉热风炉EPC工程。全方位提供高风温、长寿命、低能耗热风炉解决方案。

三、主要产品及工艺装备

公司现有各类产品生产线九条。主要生产设备有现代化轻型高温梭式窑两座、176～258m高温隧道窑4座、先进的轻型天然气推板窑3条，隧道式干燥器18格；300-1280T自动摩擦压砖机63台，各型混炼设备16台，破粉碎设备14台。高精度数控机床3台。

主要产品有高炉、热风炉、鱼雷罐、铁水包、钢包等铁前钢后用耐火材料，专业承揽高炉热风炉EPC工程。包括各类黏土质、高铝质、硅质、低蠕变黏土质和高铝质、镁碳质、铝镁碳质、红柱石质、堇青石质等各类定型、不定形耐材和砌筑用各类耐火泥浆等，特别是顶燃式热风炉陶瓷燃烧器及高档格式砖产品，有自主知识产权，在国内外市场上处于领先和主导地位。定型制品年生产能力超过12万吨，不定形产品年生产能力超过3万吨。

四、机构与人事

公司现有员工890人，各类工程技术人员169人。其中技术人员中高级工程师13人，硕士以上学历的8人。CTO孙庚辰先生，教授级高工，是国家耐火材料学术带头人，享受国务院特殊津贴。

五、企业管理

公司具有完善的质量保证体系。通过了ISO9001：2008国际质量管理体系认证、ISO14001：2004环境管理体系认证、GB/T 24001：2001职业健康安全管理体系认证。被评为“省级合格企业质检机构”和“省级企业技术中心”。

公司“大型高风温顶燃式热风炉装备技术开发与应用”项目被鉴定为“国际领先”水平，获得了2014年“河南省科技进步一等奖”。另有多个研发项目先后获得郑州市多个特等奖、一等奖和河南省科技进步二等奖。

公司先后还获得“中国名优品牌”、“中国杰出科技创新企业”、“中国质量、服务、信誉AAA级企业”、“中国信用评价AAA级信用企业”、“河南省高新技术企业”、“河南省优秀耐火材料企业”、“河南省守合同重信用企业”、“河南省十佳创新企业”、“河南省创新型企业”、“河南省标准化管理先进单位”、“河南省工业节能减排成效显著单位”、“郑州市市长质量奖”“郑州市首批创新型试点企业”和“郑州市环境保护工作先进集体”等荣誉。

六、科研开发

公司首席技术官、国家工程设计大师吴启常先生和总工程师、耐火材料博士生导师孙庚辰先生带领13位国家级专家，组成了热工与材料学科共融的研发团队。拥有专利32项。

公司与中冶集团旗下的京诚公司、赛迪公司、南方公司、东方公司及首钢国际工程技术公司、中钢设计院建立了长期稳固的合作关系，开发的具有安耐克特色的与钢铁冶金新技术相适应的新型耐火材料享誉全国，并远销印度、土耳其、韩国、德国、日本、美国等国际市场。

公司与北京科技大学、中冶京诚公司和首钢国际工程公司合作，建立了全球首个顶燃式热风炉CFD数模、冷态、热态仿真综合实验室，致力于新型耐火材料的研发与应用，为开发1300℃以上高风温、长寿命、低能耗热风炉提供数据，并为其配套用耐火材料技术研究提供方向。

2012.11.5主导修订《高铝砖国家标准（GB/T 2988—2012代替GB/T 2988—2004）》；

2012.11.29主导起草《热风炉陶瓷燃烧器用耐火砖标准》；

2009年，“大型高炉旋切式顶燃热风炉系统创新与应用”项目成果被鉴定为“国际先进”水平，并于2010年先后获得了“中冶集团科学技术奖”和“北京市科技成果三等奖”。

2010年“顶燃式热风炉主要耐火材料材质设计及其保准制定”和“AH系列高抗热震红柱石砖的研制与应用”两个项目成果被鉴定为“国际

先进”水平，并先后获得了郑州市科技进步一等奖和河南省科技进步二等奖。

2013.12.17“大型高风温顶燃式热风炉技术装备开发与应用”项目成果被鉴定为“国际领先”水平；并于2014年9月获得“河南省科技进步一等奖”。

2014.1.24“热风炉陶瓷燃烧器用高荷软、高抗热震砖的研制与应用”项目成果被鉴定为“国际先进”并先后获得郑州市科技进步一等奖和河南省科技进步三等奖。

七、销售与服务

公司主要生产高炉、热风炉、鱼雷罐、铁水包、钢包等铁前钢后用耐火材料，专业承揽高炉热风炉EPC工程。全方位提供高风温、长寿命、低能耗热风炉解决方案。

公司积极消化吸收了俄罗斯卡卢金、日本新日铁、意大利达涅利和卢森堡P.W等国际知名公司的先进技术。先后为江苏沙钢5800m^3高炉（P.W式外燃热风炉）、首钢京唐5500m^3高炉（BSK式顶燃热风炉）、本溪钢铁4350m^3、首钢迁钢4000m^3高炉（达涅利式内燃热风炉）、宝钢梅山4700m^3、3200m^3高炉（新日铁式外燃热风炉）、安阳钢铁4700m^3、天津钢铁、唐山钢铁3200m^3高炉（卡鲁金式顶燃热风炉）、江阴兴澄、北台钢铁3200m^3高炉（旋切式顶燃热风炉）等200余座大中型高炉热风炉生产配套了耐火材料；公司专利产品顶燃式热风炉燃烧器和37孔格子砖占领了80%以上的市场份额。

公司先后承揽了河北津西钢铁集团、山东泰山钢铁集团、天津荣程钢铁集团、常州中天钢铁集团等企业的20余座600m^3至1780m^3高炉热风炉工程总承包，为客户增值加大了空间。

硅质多孔蜂窝格子砖和红柱石质低蠕变高铝砖被评定为“河南省优质产品”和“河南省名牌产品”。公司与北京科技大学、郑州大学、合作建立了产学研基地，使公司在鱼雷罐、铁水包、中间包、钢包及热风炉领域用耐火材料技术实力处于国际领先水平，公司连年被宝钢集团、河北钢铁、中冶京诚、首钢国际等多家重点客户评定为“可信赖供应商”。产品出口到印度、巴西、美国、日本、韩国、德国、意大利、俄罗斯以及中亚等多个国家和地区。

郑州振东科技有限公司

郑州振东科技有限公司（原郑州振东耐磨材料有限公司）是集科研、生产、销售于一体的耐火材料专业生产厂家。公司创建于1988年8月，经过二十多年的艰苦奋斗，公司以“自力更生、艰苦创业、务实高效、滚动发展”的发展思路和“以人为本、以德治厂、务实高效、滚动发展”的经营理念，把起初仅靠二亩七分地、5000元起家的作坊式小厂发展成为中型民营科技企业，并在全国冶金行业具有较高的知名度。

公司现有员工1700多名，各类工程技术人员180多名，建筑面积50多万平方米，建筑面积36万多平方米，主要生产设备400多套，具有年产各种耐火材料20万吨的生产规模。2013年实现销售产值6亿元，上交税费5496万元；公司主要产品有镁碳砖、铝镁碳砖、铝镁尖晶石砖、刚玉预制块、刚玉机制砖、低碳镁碳砖、低碳镁铝碳砖、铝碳化硅砖、铝碳化硅碳砖、上下水口砖、座砖、透气砖、各种钢包配套不定形耐火材料及建筑墙体保温材料（发泡陶瓷保温板）、高档西瓦和抛光砖。

其中主导产品镁碳砖和铝镁碳砖2003年以来曾连续被评为“河南省名牌产品”。水口砖被评为“高新技术产品”。1999年7月公司在耐材行业率先通过GB/T 19001—1999质量管理体系认证，2010年5月，公司又顺利通过了GB/T 24001—2004环境管理体系认证和GB/T 28001—2001职业健康安全管理体系认证。公司产品畅销河北钢铁、宝钢、武钢、安钢、山东钢铁等30多家国营大型炼钢企业，产品质量及供货量在同行始终处于先进行列，并以良好的信誉深受用户好评。

公司2010年被认定为“高新技术企业”，公司拥有自己的企业技术中心和质检机构，2013年公司技术中心被认定为河南省省级技术中心；公司成立了专门的研发小组，小组成员8人，从工艺配比，配料，制作，化验，现场实验各个工序都有专业的人员跟踪；2011年公司用于科技项目研发支出将近1000万元，并与郑州大学等多家科研机构联合建立了产、学、研生产基地。在低碳、环保、节约长寿、优质、高效的耐火材料新科技、新工艺和新产品研发上下足了工夫。这些为提升企业科技创新能力和市场竞争能力，实现可持续发展打下了良好的基础。目前公司已申报专利70多项，被批准的有60余项，研发投入占销售收入的3%，具有自主知识产权的新工艺、新方法、新配方、新产品，满足了冶金企业各种精炼工艺的要求，成为炼钢和炼铁行业所需耐材产品方面最具竞争实力的企业之一。

20余年来，公司始终坚持“以人为本、以德治厂”的方针，在管理上突出了人性化管理的方式，增强了企业的凝聚力和竞争力。公司1000多名员工，都是来自周围三里五村的农民，他们文化水平低，随意性大。为了让他们有一技之长，成为合格的产业工人，公司开展了不同类型的培训，即对新员工进行上岗前培训；聘请外部专家进厂指导培训。员工建立了长期的以老带新培训机制，还利用各种会议对员工进行培训。

公司始终以“回报祖国、奉献社会、富裕职工”为宗旨，体现了侯董事长提出的“大家干企业，企业为大家”的思想理念。把职工当做兄弟姐妹，把职工利益放在第一位，为职工签订劳动合同，给他们家一样的温暖。1996年以来，公司先后投资近6000万元用于建厂和生产设施。建起了四层办公楼、三层综合楼、五层职工公寓和职工休闲娱乐广场（总建筑面积26000平方米），还有可容纳千人以上的职工礼堂、职工公寓、餐厅、浴池、娱乐室、洗衣房、理发店、停车场等服务性设施。职工上班均可免费享受就餐、理发、洗衣、洗澡、体检、防疫、旅馆化住宿等优厚待遇，还免费为职工办理了工伤保险、医疗保险、失业保险和社会统筹养老保险，解除了职工的后顾之忧，从而极大地激发了职工的工作积极性。

1998年以来，公司还先后无偿为当地三个居民组供水、修路、打井、填沟造田、架电、赈灾、扶贫、建校等公益事业累计捐款达1000多万元。每年资助贫困大学生，为贫困职工送温暖，慰问孤寡老人已是多年的惯例。企业稳定的发展和壮大，为国家作出了一定的贡献，为安排当地农民和下岗职工就业致富奔小康创造了有利条件，也为构筑和谐社会、为家乡、为群众和公益事业办了不少实事和好事，以良好的信誉受到上级政府和群众的一致好评。

公司为了发挥自身优势，精心打造具有振东品牌的“绿色耐材”，积极响应国家节约能源和环境保护的号召，彻底淘汰传统落后的生产工艺及设施，告别高投入，高消耗、高污染的粗放型经济增长方式，以节能降耗，减污增效为核心，大胆调整和优化产业结构，先后总投资2500多万元。新上了耐火材料生产用系统优化项目；管理（ERP）和制程（MES）信息化项目；混合料自动化生产线和不定形自动化生产线。安装脉冲袋式除尘器10台，极大地提升了产能和效率，解决了粉尘污染问题，降低了职工的劳动强度，实现了清洁化生产，2010年还被新密市卫生局评为“职业病防治先进单位”。具有可观的经济效益、社会效益和环保效益。

近年来，公司在稳定生产钢包用耐火材料的基础上，充分利用20多年耐火材料的生产经验，引进并采纳国外先进的墙体保温技术，在国内陶瓷专家的指导下，以新密境内储量丰富的“页岩”为原料，自主研制出“发泡陶瓷保温板”，获得成功，填补了国内、外以页岩为原料生产墙体保温材料技术上的空白。公司经过长期的考察论证和市场分析，2011年，公司新上年产50万立方米的新型建材（发泡陶瓷保温板）项目，项目设计总投资5.5亿元，占地面积20万平方米，目前该项目产品已投放市场。

2013年底公司新上年产2300万平方米建筑陶瓷项目，项目总投资8亿元人民币，征用建设用地22万平方米，建设车间5.5万平方米，仓库10万平方米，建设3条460米、2条360米辊道窑生产线。该项目建成后，市场前景良好，目前正在建设中。

发泡陶瓷保温板项目和建筑陶瓷项目的建设，为公司转型创新和多元化发展提供了强有力的基础和支持；也为打造新材料、外墙保温、新型建筑材料等系列产品的生产基地，为郑州乃至河南省的经济发展做出贡献。

20余年来，振东人以艰苦奋斗的创业精神、敢想敢干的拼搏精神、甘愿付出的奉献精神和诚实守信的经营理念塑造了振东形象。公司先后被新密市委市政府评为“先进企业”、“明星企业”、“突出贡献企业”“AAA级信用企业”等荣誉称号；被郑州市委、市政府评为“先进乡镇企业”、“郑州市功勋企业”“郑州市百强企业”；被河南省委、省政府评为“河南省诚信民营企业”、“河南省高成长型民营企业”、“河南省高新技术企业”、“全省质量管理先进单位”等称号；被国家评为“中国优秀民营科技企业”、“中国质量、信誉、服务AAA级企业”、“全国守合同重信用企业”等上百种荣誉称号。

河南熔金高温材料股份有限公司

一、历史沿革

河南熔金高温材料股份有限公司创建于2003年，前身是卫辉熔金高温材料有限责任公司；是从事炼钢系统转炉、钢包、中间包用全套功能耐火材料的专业生产企业，具备炼钢系统转炉、钢包、中间包用全套功能耐材设计、生产及现场施工服务整体承包能力。

公司先后被授予"国家高新技术企业"、"中国耐火材料百强企业"、"中国耐火材料协会AAA级信用等级企业"、"河南省科技创新最具影响力企业"、"河南省创新型企业"、首批"河南省耐火材料优秀企业"、"河南省诚信民营企业"；经过10多年的发展，公司主导产品滑动水口的产销量在国内同行同类产品中名列前茅，2013年实现销售收入2.76亿元。

2014年6月18日熔金股份公司在北京全国中小企业股份转让系统（新三板）成功上市，股票简称：熔金股份；股票代码：830813。

二、基本情况

河南熔金高温材料股份有限公司位于河南省新乡市卫辉市。紧邻京广铁路、京港澳高速、新乡高铁东站及107国道，交通极为便利。公司占地面积3.5万平方米，拥有1678万元固定资产净值。下辖原料、成型、烧浸、成品四个车间、机修动力工段及河南省炼钢连铸用滑动水口工程技术研究中心。现有职工235人，专为钢铁企业炼钢连铸提供滑动水口及配套产品。

三、主要产品及工艺装备

公司主要产品滑板，其材质包括铝碳、铝锆碳、铝镁碳、添加氮化硅或硅铁的铝锆碳质及无碳滑板；其生产技术包括高温烧成并浸渍、中温热处理并浸渍及免烧免浸工艺。

公司现有主要工艺设备有：自动配料设备3套，原料混碾机5台；压力机1000吨3台、630吨4台、500吨2台；燃气隧道干燥器4条，中、高温梭式窑各1座，中温隧道窑1条，氮化炉10座；抽真空二步加压浸渍系统；铣磨床12台；环保及通用设备12台；年产能为2.5万吨滑动水口和50万件中间包快换制品。理化检测设备、仪器15台（套），可以满足工艺、质量控制及出厂产品检验。

四、机构与人事

公司系新乡市首家在"新三板"上市的中小企业，有健全的人、财、物和产、供、销管理体系，管理层次呈偏平型，人员编制精干，高效。公司现有员工235人，各类工程技术、经济、财会等专业人员83人。其中，中、高级技术、专业职称者10人，本科以上学历的21人。

五、企业管理

公司是ISO 9001—2008质量体系认证、ISO14001：2004环境管理体系及GB/T 28001—2011职业健康安全管理体系认证单位；行业标准《滑板砖》（YB/T 5049—2009）和《铸口砖及座砖》（YB/T 4111—2002）制、修订单位之一，HBLTG-70滑板砖获河南省名牌产品。

六、科研开发

公司研发机构于2010年10月由河南省科技厅认定为"河南省炼钢连铸用滑动水口工程技术研究中心"，其学术技术委员会有应聘兼职的教授、专家。2013年5月获"新乡市优秀创新团队"表彰。相继承担国家火炬计划1项，市级技术创新项目2项（1项填补国家空白）；公司拥有专利59项，其中发明专利6项；完成包括新乡市、河南省科技重大项目、成果转化资金项目在内的科研成果转化47项。

从2009年至今，公司与学研单位合作完成的七项新产品通过河南省科技成果鉴定，其综合技术均达到国际先进水平。其中金属铝-氧化铝复合无碳滑板获河南省科学技术进步二等奖，添加硅铁的铝（锆）碳（Al_2O_3（ZrO_2）-Fe·Si-C）滑板的研制获河南省科学技术进步三等奖。

七、销售与服务

公司设有营销部、外贸部及整体承包工程部，分管国内销售、产品出品及用户钢包、中包耐火材料承包业务。

公司具备钢包、中间包控流系统耐火材料设计、生产、供应和施工（安装）维护服务的能力。目前有承包用户二十多家。

公司十分注重售后技术服务，有专职技能人

员常年深入用户从事服务活动，受到用户好评。

郑州远东耐火材料有限公司

一、企业概况、生产经营管理情况

郑州远东耐火材料有限公司创办于1998年，位于河南省省会郑州，地处中原腹地，交通便利。公司专业从事玻璃窑用熔铸锆刚玉耐火材料的研发、生产和销售，是河南省高新技术企业、河南省省级企业技术中心，自有知识产权涵盖产品制型、熔化、浇铸、加工、组装等工序。

公司在2004年通过ISO9001：2000质量管理体系认证、ISO14001：2004环境管理体系认证、GB/T 28001：2001职业健康管理体系认证；2006年引进ERP管理系统。

公司凭借健全的产品质量管理体系，雄厚的技术力量，已发展成业界领先的企业，在国内高端市场享有较高声誉、拥有稳定的客户群，服务于日用玻璃企业前20强、建材玻璃前20强等诸多企业，并出口欧美、亚太、非洲地区。

公司主要产品有熔铸锆刚玉AZS33号、AZS36号、AZS41号，各类特殊用途耐火材料，成型砖，锆质、锆铝质捣打料、浇铸料等，广泛应用于玻璃、石化、冶金、建材等行业。拥有胸墙复合保温砖、蓄热室用筒子砖、旋转管、匀料筒、料棒、坩埚等特色产品。

公司专注于为玻璃企业铸造心脏，认真、细致地为客户提供优质产品和高效服务。

二、企业技术创新发展情况

近三年公司加大自主创新力度，拥有专利100多项，其中国家发明专利9项，同时承担多项市级科技计划。

公司十分重视产品、技术的研发，近3年共投入研发经费2046万元，每月投入研发人次70人。在研发机构建设上，公司专门设立有研发技术中心。研发技术中心实行经理负责制，研究、开发课题实行项目经理负责制，项目经理人的产生，引入竞争机制，竞聘上岗；购置进口X荧光分析仪、雷达无损探测仪、抗玻璃液侵蚀试验炉、玻璃相初析温度试验炉等设备用于研发。同时积极与中国建筑材料科学研究院、洛阳耐火材料研究院、郑州大学材料科学与工程学院等进行了广泛的合作，充分利用其科研优势进行电熔锆刚玉AZS产品、关键技术、工艺的研发及产业化。在人才培养上公司选派优秀技术人员到上述院所深造，让他们和国内外专家一起工作交流，及时学习并掌握最新的技术知识。

公司在积极引进消化吸收的基础上，坚持走自主创新之路，努力提高我国电熔锆刚玉耐火新材料技术的制造水平，以达到国际先进为研发目标。近三年约投入2千万元，开展研发项目15项，涉及22项产品的技术研发与改造。共申请并获得专利100多项。运用这些专利和技术诀窍研制的电熔锆刚玉产品经华兴集团、力诺集团、旗滨玻璃集团等单位使用，满足生产要求，使用情况良好，达到同类进口产品的水平。

三、企业创新管理体制建设情况

公司以创立自主品牌为战略目标，2010年公司“大阳”商标获河南省著名商标称号，并计划将大阳品牌打造成国际电熔锆刚玉耐火材料的知名品牌。在知识产权战略上，公司积极适应国际形势，构建知识产权战略框架，配备知识产权管理员、聘请知识产权法律顾问，制定知识产权的保护与实施计划，完善研发体制，加大对研发人员奖励的奖励，鼓励创造发明以提高企业技术水平。同时建立企业技术标准管理办法。

为保证产品品质和经营管理全面落实到位，公司在完善自身体系建设的同时，优化了供应商的选择和管理，确保货源质量可靠，到位及时。在财务体系上合理编制单位预算，科学配置资金，努力节约支出；同时健全财务规章制度，规范内部经济秩序，加强研发核算与费使用的管理，使科研经费使用成效进一步提高。这些基础性的管理工作已全面实施，为郑州远东耐火材料有限公司的快速发展打下坚实基础。

河南省耕生耐火材料有限公司

河南省耕生耐火材料有限公司位于河南省巩义市耕生工业园区，创建于1986年，2007年在美国上市，通过二十多年的艰苦奋斗、开拓创新，现已发展成为集设计研发、加工制造、贸易服务于一体的综合性、多元化现代耐火材料企业集团。公司占地面积22万平方米，总资产59372万元，职工580人，其中博士3名，硕士12名，各类专业技术人员176名。公司系我国不定形耐火材料的龙头企业，主要产品有高炉、铁水包、混铁炉、钢包、中间包、加热炉等热工窑炉用系列不定形耐火材料及预制件十大系列六十多种产品，年生产能力20万吨。产品广泛应用于钢铁、有色金属、建材和电力等行业，耕生在国内外具有较高的信誉度和影响力。

公司靠科技兴企，广纳国内外专业技术人才，提高公司的创新能力。公司拥有一支较高水平的研发团队，建有河南省不定形耐火材料工程技术研究中心、省级企业技术中心和国家认实验室，与河南科技大学、郑州大学、武汉科技大学、加拿大蒙特利尔大学等院校建立了长期的协同创新关系。公司先后研制开发出80余项新产品，在国内率先把采用不定形耐火材料的整体工作衬应用于轧钢加热炉、钢包和混铁炉，使它们的寿命和安全性大幅提高，耐火材料消耗明显降低。公司具有完善的检测体系和先进的检测设备，各类检测仪器680万元。

公司获各种国家专利共112多项，获国家、省、市科技奖项30余项，或高新技术产品6项，其中“低、超低、无水泥系列浇注料”获国家科技进步二等奖，“矾土基铝镁钢包浇注料”等3项产品获河南省科技进步一等奖。参与起草标准多项，其中主持起草了“轧钢加热炉用耐火浇注料”国家标准、“混铁炉用耐火浇注料行业标准”行业标准。公司先后承担国家、省、市各级政府科技项目30多项，均取得明显成效，实现产业化后，使公司效益增加，企业发展壮大，并有力地促进了本地区耐材行业的技术进步和产业结构调整，带动了地方经济持续健康发展。

公司拥有先进的生产装备和研发设备，拥有耐火浇注料生产线两条，定型耐火制品、可塑料、炮泥、蓄热体生产线各一条，拥有各类生产设备56台（套），可满足各类耐火材料制品的生产。整体生产技术达到国际先进水平。拥有宝钢、武钢、鞍钢、首钢、马钢、包钢、酒钢等100多家国内用户，并出口俄罗斯、乌克兰、美国、印度、巴西等十几个国家。

公司拥有一支300多人的专业售后服务队伍，可承担高炉出铁沟、铁水包、混铁炉、钢包、中间包、加热炉等热工窑炉的安装施工、在线维护等整体承包。多年来他们以其精湛的施工技术、精益求精的管理和为用户创造价值的理念，赢得了国内外客户的广泛赞誉，为广大客户创造了巨大的经济效益和社会效益。与客户构建长期稳定的战略合作伙伴关系，成为大部分用户的优秀合作方。

公司靠诚信发展，以诚信铸就企业发展之基。公司建立了一整套系统的信用管理制度，把信用制度落实情况、信用建设情况作为对每个部门、每位干部职工工作业绩、工作成效的重要内容，使全体员工把日常工作与信用建设紧密结合起来，使信用意识入脑、入心，落实到日常的实际工作中，在内部的部门与部门之间、员工与员工之间始终保持着一种良好的沟通与和谐，公司与各合作方之间保持着一种良好的恪守信用、互利共赢的关系，在社会上、市场上赢得了良好的信誉。公司严格执行ISO9001：2008国际质量管理体系标准，始终坚持“三不放过”原则和“零缺陷”原则，产品出厂合格率、用户满意率始终保持100%。在招投标中严格执行行业准则、职业道德和公平竞争原则，无不正当价格行为，在全国同行业中具有代表性、示范性。公司坚持按时足额纳税，无偷逃骗漏税现象，连年被评为郑州市、巩义市纳税大企业。公司管理规范、产权明晰，自觉维护股东权益和职工的合法权益，按时缴纳职工养老保险，按时支付职工工资，连年被上级劳动部门和工会评为“先进单位”。

公司勇于承担社会责任，积极参与各种社会公益事业。公司作为全国不定形耐火材料龙头企业，带动本地区300余家不定形耐火材料企业不断发展进步，使数千名贫困农民和剩余劳动力就业。在贫困聚集区巩义市涉村镇建立扶贫企业，带动附近贫困村贫困居民实现就业，脱贫致富。同时大力支持杏花村新村建设，100多户村民已搬进新居，杏花村目前已完全脱贫致富，取消贫困村称号。公司还十分关心老区教育，巩义市重点中学二中建新校时，公司提供借款300万元，为新校按时建成、及时招生做出重要贡献；大峪沟镇一中、二中、杨里、柏林、杏花村等学校建校时也都给予了不同的援助和扶持。公司还积极为老区的农业、农村、农民办好事，岳杨河改造和修建4级公路时，公司先后捐资100多万元；硬化村间小道，村民架自来水，修建便民桥，公司也热心帮助；杨里村建村委大楼时公司及时出谋献力；镇里建电视台，公司捐款10多万元；为改善农民文化生活，公司赞助5万多元。在其他方面，为扶残助残，公司先后捐款200多万元；为抗洪救灾，先后捐款300多万元；逢年过节，公司为附近几个村的五保户、贫困户、残疾人家庭、子女上学困难家庭先后捐款捐物300多万元。多年来，公司为社会各项事业累计捐款1600万元以上，多次被评为“河南省重点扶贫企业”、“巩义市扶残助残先进单位”、“巩义市慈善之星”。

由于重视科技、重视人才、重视诚信、重视扶贫济困，公司先后荣获国家高新技术企业、中国耐材行业AAA企业、河南省民营科技五十强企业、河南省高技术工业60强企业、河南省创新型示范企业、河南省首批创新方法示范企业、河南省重点扶贫企业、河南省信用建设示范单位、河南省名牌产品、河南省著名商标、郑州市知识产权优势企业等荣誉。

郑州振中电熔新材料有限公司

郑州振中电熔新材料有限公司位于新密市苟堂镇，占地面积25万平方米，注册资本1200万元，现拥有总资产2亿元。公司始建于1987年，经过20几年拼搏，公司现已发展成为一个生产高技术、高科技含量、高附加值的熔铸AZS系列、熔铸氧化铝系列、熔铸耐磨系列制品、电熔氧化锆及锆复合耐火材料系列制品的有限责任公司。几年来，公司先后被农业部授予“大型二档乡镇企业”，“全面质量管理达标企业”，被河南省授予“一级先进企业”，“河南省百强企业”，“资源综合利用企业”，2003年4月份被认定为“专利示范企业”，2008年认定为高新技术企业；2010年公司顺利通过了ISO9001：2008国际质量管理体系认证。2010年、2011年、2012年连续三年被授予“中国建材500强”，公司连年获得“守合同、重信用企业”荣誉称号，是电熔氧化锆国家标准第一起草单位。

公司生产电熔锆质耐火材料可达25000吨。公司在佛山、潮州、宜兴、淄博等地设有销售网点，产品已销往全国各地，并出口到美国、日本、俄罗斯、德国、意大利、印度尼西亚、印度等国家和地区。

（1）熔铸耐材系列制品。生产规模15000吨，有AZS、氧化铝、耐磨砖三个品种八个牌号。产品具有先进的氧化法熔铸技术和普通、倾斜、密实、无缩孔等浇铸方法。其指标均采用国际标准，特别是氧化法锆刚玉砖具有最佳的氧化程度和致密的显微结构，产品具有容重大、耐玻璃液侵蚀、发泡率低等优良的使用性能。工艺设备先进，质量检测手段完备，产品主要用于玻璃、有色及冶金行业。

（2）电熔锆系列产品。生产规模10000吨，电熔氧化锆作为一种新型材料，由于它具有极高的热稳定性，优良的抗热震性，低热传导性，以及化学不活泼性等性能，广泛应用于我国金属冶炼行业、陶瓷行业及高端领域，产品销往全国28个省、市、自治区，并出口到美国、日本、韩国等国家和地区。

郑州市才华耐火材料有限公司

一、企业概况

郑州市才华耐火材料有限公司始建于20世纪80年代初，公司位于新密市北环路388号，地处中原嵩山脚下，毗邻京广、陇海两大铁路干线，厂区与郑少高速公路相连，交通运输方便，通信设施完善。境内铝矾土、煤炭资源丰富，品质优良，是全国耐火材料重要生产基地之一。

公司占地面积21万平方米，拥有5条生产线，年产各种定型、不定形耐火制品11万吨，现有员工1281人，其中中级技术职称158人，高级技术职称38人，各项经济指标和技术力量及企业规模位居全省同行业前列。

郑州市才华耐火材料有限公司凭借优质的产品及服务、良好的企业信誉及创新能力先后被郑州市政府授予“技术创新先进单位”，被河南省科技厅命名为“河南省高新技术企业”，被中国耐火材料行业协会评为“AA级”信用单位，被中国工商银行河南省分行评为“AA级”信用单位，被河南省工商行政管理局评为“守合同，重信用”单位，被中国保护消费者基金会评为“质量、服务、信誉”消费者信得过产品。

二、产品概况

才华公司自成立以来，就致力于为冶金、建材、碳素、化工、有色金属冶炼、石油、电力、机械制造等行业提供优质的耐火材料，销售覆盖全国31个省、市、自治区，以及德国、法国、比利时、印度、俄罗斯、日本、津巴布韦、阿尔及利亚、缅甸、越南、韩国、老挝、伊朗等国家和地区，得到了国内和国际用户的好评。

目前公司生产各种耐火制品已达140多个品

种，5800多个型号。主要产品：冶金工业热风炉用高铝质、低蠕变高铝质、黏土质、低蠕变黏土质、硅质、红柱石质大墙砖、格子砖（七孔、十九孔、三十七孔、六十五孔）、拱顶砖、各口组合砖、热风炉用各种比重轻质砖系列产品；高炉用高铝质、黏土质、复合棕刚玉质系列制品；玻璃窑用高铝质、低气孔质、黏土质、轻质系列产品及配套类型散装材料；焦炉用硅质、黏土质、高铝质、轻质系列产品；铝工业阳极焙烧炉、阴极焙烧炉、电解槽、熔铝炉、煅烧炉用低蠕变、黏土质、硅质、红柱石质系列制品；大中型水泥回转窑用高荷软系列、磷酸盐系列制品及刚玉质浇注料、钢纤维浇注料等系列散装制品；石化行业裂解炉用CHG-28型高级耐高温隔热系列制品。

三、质量控制

公司拥有全套耐火材料理化检测设备及先进检测手段并通过了ISO9001质量管理体系认证、ISO14001环境管理体系认证、ISO18001职业安全与健康管理体系认证。公司质量控制体系稳定、严格。

根据用户的不同要求，分材质、分品种、分砖型用不同的压砖机进行成型。每块砖的用料准确称量，加压次数和外观尺寸的要求，成型卡片都有明确规定。每出一块砖坯都要经过量尺和外观检验，合格后方可放在窑车上。每一道工序都有专人负责、记录和登记，不使一块残次品流入下道工序。

耐火制品出窑后分品种和材质码放，由专职检验员块块进行外观和尺寸检验，合格品加盖合格章码放整齐。不合格品进行责任划分。生产部门组织各生产车间每窑对不合格品进行质量分析，严把产品质量关，使本公司的产品合格率始终保持在稳定的水平上。专职检验员从外观和尺寸合格的批次上抽取样品进行断面检验和物理化学性能检验。发运部在收到合格检验报告后方可对合格品按合同要求进行包装和发运。

公司凭借着先进的技术和设备，通过高素质的管理人员及认真负责的一线工人的共同努力，企业的发展进入了一个良性循环的阶段。质量不断提高，产品的品牌和知名度不断扩大。

四、生产经营运行分析

目前才华公司主要注重于为冶金、建材、碳素、化工、有色金属冶炼、石油、电力、机械制造等行业提供优质的耐火材料及服务，与中冶南方工程技术有限公司、中钢集团耐火材料有限公司、中国建材国际工程有限公司、北京德富高公司、鞍钢股份有限公司等单位建立了长期友好合作的关系。

同时公司认为在未来的耐火材料行业要实现突破，有效地增加企业利润承担更多的社会责任，就要提高产品的科技含量及附加值，遵循人无我有，人有我精的产品宗旨，从制造迈向创造，提高企业的市场竞争力。

为此，公司决定在未来2年内，筹备优质赛隆刚玉耐火材料的产业化生产工作，投资1.2亿元新建一条产能20000吨的专业化高温隧道窑生产线，正式投产后，产值14600万元，每年可实现利润3600万元。为保证项目如期进行拟采取强有力措施：

（1）积极筹措资金，推进产业化项目实施，制订详细的项目建设计划，保证优质赛隆刚玉项目能尽早投产，实现效益。

（2）培养和吸纳高素质人才，培养吸纳高素质的人才是公司十分迫切的任务，必须采取措施，通过国内高校、科研院所等各种途径培养人才，吸纳一批硕士，甚至博士进入企业。对于现有人才要保护，要相信，要依靠，使之成为技术创新、企业改革和发展的骨干力量，努力造就一批适应地方耐火材料发展的高素质人才队伍。利用各种渠道，聘请常年顾问，使知识资本与资金有效结合。结合过程就是一个培训的过程，逐步把现有的企业人才，在不脱岗的情况下，把他们培养、培训和锻炼成有知识、懂管理、懂科学的优秀人才，同时不拘形式的对外招聘高级管理人才，直接拿来管理企业。

（3）加强环境保护工作，我们在追求发展的同时也要牢记环保工作的重要性，目前世界各国对环保越来越重视，为了改善人们的生存和居住环境，我国也制定了相关的法律法规来加强环境保护。耐火材料行业的污染主要是粉尘、废气和噪声三种污染，我公司坚定不移的采用三气净化高级技术及除噪技术，改善环境，减少污染，对未来企业的发展与壮大创造良好的条件和环境。

五、科技发展、创新进步

公司通过自主开发或引进联合研发等方式，加快企业技术创新、产品结构调整和技术改造步伐，使高档次、高性能、高附加值耐火材料技术，达到国内先进的高档耐火材料品种的比重增加到本公司65%以上，技术在国内处于领先水平的优质高效耐火材料品种比重增加到本公司15%以上。使产品具有较强的市场竞争能力和社会效益，成为地方耐火材料工业发展的大型企业集团。

公司同洛阳耐火材料研究院、郑州大学高温材料研究所、北京科技大学等高等院校建立了长期稳定的技术合作关系。现已是北京科技大学和郑州大学高温材料研究所的生产、教学、科研、试验基地，也是河南省科技厅、郑州市科技局、河南省耐火材料行业协会耐火材料新产品重要研发基地。多年的合作研发不仅使我公司现有的产品提高了档次，处于行业领先地位，而且在耐火材料研究领域的尖端课题也取得了较大的发展：

（1）与北京科技大学签订了《优质赛隆刚玉耐火材料制品的开发和应用研究》协议，现在该产品已成功地通过了实验室试验，生产小试、中试及实际应用试验，并于2010年8月1日，经河南省科技厅对该产品进行鉴定定为国际先进水平。

（2）与郑州大学无机非金属材料学院签订的《纳米低碳镁碳砖的研究与应用》也被河南省科技厅定位高新技术产品，为钢铁行业精炼提供了技术及产品支持。

（3）与北京科技大学合作成功研制出热风炉用长寿命新型莫来石砖，该产品主要采用在莫来石中添加不同含量的硅线石来改善高铝制品的抗蠕变性能，有效地提高了热风炉的使用寿命。

公司在不断加大在科技创新及新产品研发方面的实力和投入，一方面注重于科研单位合作进行新产品研发、科技创新，另一方面不断完善管理体制，建立创新鼓励机制，加大人力、物力、财力，向公司内部科技创新及新产品、新技术的推广倾斜，设立奖项鼓励广大职工创新发明。

（1）完善研发管理机制，加强专项资金管理。公司每年年底对产品研发部门进行年度考核，其中新产品研发工作为主要考核指标，根据考核结果进行有偿奖励，公司严格规定研发费用的开支范围和标准，并严格审批程序。

由研发部提出研发项目建议，经技术总工审阅后，由产品部完成项目的调研和立项，并评估所涉及的研发投入费用计划，在项目立项决策时由销售部门、研发部门、技术总工程师、总经理、财务经理等相关部门会议决策研发投入费用。决策通过后，由研发部门提出申请，技术总工程师审批，财务经理审批，总经理批准。

（2）完善奖励机制，鼓励创新研发。为鼓励新产品研发和产品创新，公司完善奖励机制，尊重科学技术，根据完成项目及市场情况，对于研发人员给予从3万元、20万元、50万元、100万元不等的资金奖励，同时还给予继续深造学习、出国考察等方面的优厚待遇，鼓励产品创新研发，将科学技术作为第一生产力。

（3）加强知识产权保护，打造优异的环境。近几年来，公司陆续同北京科技大学等高等院校合作，开发出了几种新产品，面对目前市场经济关于产权的保护，做出相应的决策，加大对知识的保护，一方面对于自主品牌要及时申请专利保护，特招聘专人负责申报；另一方面对于购进技术等也要充分考虑保护，加大力度。

才华公司秉承用户至上，质量第一的方针，以传统基础产品为支撑，以科技创新为驱动力，以为用户提供优质产品为目的，努力提高产品品质和服务质量，在国家经济发展浪潮中，紧踏时代的节拍，牢牢把握住自己的命运，为取得更大的辉煌而奋斗。

攀钢冶金材料有限责任公司

一、历史沿革

攀钢冶金材料有限责任公司是攀枝花钢铁有限责任公司的全资子公司，其前身是1974年11月建成投产的攀钢耐火厂，1994年4月将攀钢有限责任公司原燃料处耐火科、炼钢厂炉衬车间、炼铁厂碾泥工段以及财务处驻耐火厂财务科成建制划拨攀钢耐火厂，组建了攀钢耐火材料有限责任公司，并于2000年3月更名为攀钢冶金材料有限责任公司。2007年8月，以受让方式控股德阳金山耐材公司。经过30多年的发展，公司已成为集科工贸、产供销于一体的耐火材料、冶金辅料生产经营型企业，是西南地区具有一流竞争力的冶金材料企业。

二、基本情况

攀钢冶金材料有限责任公司设执行董事和监事，公司经理层下设职能部门和分子公司。目前攀钢实行板块化管理，攀钢冶金材料有限责任公司属于攀钢生产服务板块。

攀钢冶金材料有限责任公司有两个外埠企业，

分别为西昌分公司和德阳金山耐火材料股份有限公司。

西昌分公司成立于2010年，主要服务于西昌钢钒公司，目前从事西昌钢钒活性石灰生产线运营管理及按市场化原则进行耐火材料服务工作。

德阳金山耐火材料股份有限公司成立于1994年6月，系攀钢集团和德阳耐火材料总公司为主合资成立的股份制企业，注册资本6400万元。冶材公司持股51.36%。

攀钢冶金材料有限责任公司坐落于以花命名的城市——四川省攀枝花市。攀钢冶金材料有限责任公司创建于1974年，占地面积23.2万平方米，截至2014年6月底，公司总资产38974万元，其中固定资产原值35687万元，净值11802万元，流动资产28728万元，负债47276万元。下设综合管理部、人力资源部、生产技术部、机械动力部和财务部等5个管理部门；西昌分公司、耐材分公司、辅料分公司、窑炉分公司、技术研发中心、供销分公司、机加工分公司、机电分公司、物资配送中心、服务分公司、中志工程机械技术服务中心等11个分公司；金山耐材公司1个子公司。

三、主要产品及工艺装备

公司主要设备有活性石灰回转窑4座，隧道窑2座、梭式窑和高温隧道窑各1座、1250吨压砖机等生产设备800余台（套），具备年产冶金辅料102万吨，耐火材料6万吨的生产能力。

公司产品主要以冶金辅料、耐火材料为主区，包括活性石灰、长寿命钢包砖、炼钢和提钒转炉镁碳砖、连铸三大件、滑板、各类散状耐火材料及挡渣墙、脱硫喷枪等耐火预制件。

四、机构与人事

公司现有在册职工1031人（含金山13人），其中在岗973人。经营管理技术人员181人。公司现有博士生1人、研究生25人、大学137人、大专252人、中专中技197人、高中及以下361人；有高级技师2人，技师17人，高级工168人。

五、企业管理

公司在冶金行业率先通过了ISO9001质量体系、ISO14001环境管理体系和OHSAS18001职业健康安全管理体系一体化认证。

六、科研开发

开展钛冶炼用耐火材料应用技术的研究，为冶材公司全面承接海绵钛厂耐材相关业务提供了技术支撑。开展中试线相关耐材的研究，设计开发了熔分炉高碳镁碳衬砖、氧化铝空心球浇注轻质砖等产品并成功应用，明显提高了中试线熔分炉寿命和回转窑炉衬寿命。开展废弃耐火材料回收再利用技术研究，制定了用后耐火材料加工处理的相关管理制度与技术规范；开展炼钢富集污泥成球、炼铁除尘灰成球、桂林康密劳铁合金厂除尘灰成球等微细粒级二次资源利用以及钢坯防氧化脱碳喷涂技术开发和工业试验，取得了较大进展。同时，《预制件产品生产工艺优化攻关》、《废旧耐材回收利用规模化攻关》、《耐材总包市场技术、经济指标优化攻关》等8个攻关项目取得了显著的成绩，脱硫枪寿命显著提高，挡墙使用效果明显稳定，废旧耐材的使用品种和范围得到较大拓展，使用量大幅提高，总包市场经济技术指标得到明显优化。

七、销售与服务

冶材公司在攀钢钒、攀成钢、攀长钢、西钢钒、钛业公司、瑞钢等公司承接了多项耐火材料总包业务和技术服务。在2012年实现对攀长特二炼钢厂炼钢系统用耐火材料总承包基础上，2013年4月又实现对攀长特二炼钢浇钢系统用耐火材料总承包，钢包使用寿命从总包前的12次提高到总包后的25～32次；攀钢钒市场也相继在叠闸泥、脱硫枪、4号和5号提钒转炉，1号方坯等工序进行了耐材总包；西昌钢钒提钒转炉、铁水包等实现总包，钛业公司海绵钛厂耐材相关业务实现总包，钢城集团瑞钢公司总包业务也继续扩大，同时积极推动活性石灰在烧结中的应用，提升公司核心产品在攀钢钒的市场占有率。2013年，公司依靠新产品、新项目及新市场的快速增量发展，盈利能力和贡献度明显提高。

中国耐材之窗网

中国耐材之窗网由唐山成联电子商务有限公司创建于2003年，是中国耐火材料行业协会唯一指定官方网站、中国耐火材料行业电子商务第一品牌，致力于为耐火原料、耐火制品、冶金辅料、钢铁、水泥、玻璃等企业提供信息发布、行业研究、科技创新、人才交流、电子交易、品牌宣传、云数据等专业服务的行业公共服务平台。

中国耐材之窗网致力于探索适合中国耐火材料行业特点的电子商务模式，推进耐材行业信息化进程，以电子商务平台为依托构建新型耐火材料产业链。

中国耐材之窗网历经多年创新发展，取得了业内瞩目的成绩，书写了中国耐火材料工业信息化进程的新篇章。截至 2014 年 7 月，网站会员突破了 15 万家，行业覆盖率达到 96% 以上，服务续费率超过 90%，成为国家工信部工业形势运行分析重点平台、国家统计局耐材行业统计入口、河北省现代服务业“十二五”发展规划重大项目承担单位、唐山市两化融合支撑平台重点平台，连续多次获得发改、工信、商务、科技等政府部门的支持与表彰，为推动行业持续、健康发展，促进产业结构调整发挥了重要作用。

网站得到了国内外耐火材料和相关行业的企业、科研院所及专家、从业人员的认可、赞赏。成为宝钢、鞍钢、武钢等大规模钢企耐火材料采购的信息参考机构，与国内诸如：濮耐、利尔、青花、后英、武钢耐火、营口金龙、海城镁矿、瑞泰科技、自立股份、山东鲁阳等耐火材料企业达成了信息战略合作伙伴关系。

《耐材之窗》杂志创办于 2004 年，由中国耐火材料行业协会与中国耐材之窗网共同主办，作为中国耐火材料行业的会刊，月发行量五千余册。杂志是中国耐材之窗网为企业提供的增值服务，也是在网络平台基础上为客户提供的更为广阔的宣传渠道。

中国耐材之窗网国际站（www. refwin. com）致力于为世界耐火材料相关企业提供信息、商务交流的电子商务平台。目前拥有来自美国、印度、英国、德国、加拿大、澳大利亚、日本、法国、韩国、土耳其、意大利等国家的知名耐火材料企业近万家，已经发展成为世界耐火材料行业信息集散地。国际站包括了来自全球耐材产业链的生产、物流、商贸等企业单位。并且与欧盟耐火材料制造者联合会、美国耐火材料行业协会、德国耐火材料行业协会、西班牙耐火材料职业联合会、法国耐火材料行业协会、印度矾土与铝业协会等世界各国行业组织建立了良好的合作。是全球应用范围最广的，服务覆盖率最高国际行业电商平台。《refactories window》电子杂志单月发行量近万册，以电邮的方式发送给全球各地的企业、团体，有效阅读率超过 90%。

中国耐材之窗网国际站不仅为全球耐材企业提供了解中国耐材行业的窗口，也为推动中国耐火材料企业技术升级、扩大出口、提高企业国际知名度与竞争实力方面发挥了重要作用。同时，为中国与国际企业间营造和谐的贸易环境、减少贸易摩擦形成了深远影响。

依托中国耐材之窗网国际站，公司自 2008 年 1 月开始发行英文版电子杂志（月刊）。目前英文电子杂志的月发行量已上万册，读者遍布世界各国耐火材料及其上下游行业、企业和相关协会及媒体，已成为国外大型耐火材料企业的热门读物，也是国内耐火原材料企业对外宣传、开拓国际市场的首选刊物。

2011年中国耐火材料百强企业（按销售收入排名）

序号	公司名称	主要产品	2011年销售收入/亿元
1	营口青花耐火材料股份有限公司	碱性耐火材料	34.45
2	海城市后英经贸集团有限公司	镁质系列耐火材料	21
3	濮阳濮耐高温材料（集团）股份有限公司	透气砖、三大件、滑动水口、炉衬料、预制件	20.2
4	武汉钢铁（集团）耐火材料有限责任公司	镁碳砖、镁钙砖、镁铬砖、铝镁碳砖等	19.57
5	营口金龙集团	镁碳砖、铝镁碳砖等免烧砖系列	15.51
6	海城镁矿耐火材料总厂	镁砂、镁砖、轻烧镁粉、菱镁矿石	14.79
7	瑞泰科技股份有限公司	熔铸耐火材料、不定形耐火材料	13.89
8	浙江自立股份有限公司	镁碳砖、铝镁碳砖、板状刚玉等	12.1
9	山东鲁阳股份有限公司	陶瓷纤维、硅酸镁纤维、玄武岩纤维等	9.79
10	奥镁贸易（大连）有限公司	镁铬砖、镁锆砖、镁碳砖等	9.5
11	北京利尔高温材料股份有限公司	定型、不定形耐材，功能性耐材等	9.19
12	通达耐火技术股份有限公司	不定形耐火材料、定型耐火制品等	9.1
13	维苏威高级陶瓷（苏州）有限公司	钢包及中间包滑动水口等耐材	8.93
14	济南钢铁集团耐火材料有限责任公司	耐火材料、冶金炉料、冶金辅料	8.18
15	中钢集团洛阳耐火材料研究院有限公司	功能制品、不定形制品、陶瓷纤维等	7.91
16	中钢集团耐火材料有限公司	硅质、高铝质、碱性、不定形耐材	7.83
17	山东耐火材料集团有限公司	铝硅系耐材、连铸耐材、不定形耐材等	7.15
18	攀钢冶金材料有限责任公司	钢包砖、镁碳砖、连铸三大件	7.14
19	海城华宇集团	镁砖、镁质不定形耐材等	6.71
20	辽宁奥镁有限公司	不定形耐火材料、镁碳砖、铝镁碳砖等	6.7
21	辽宁群益集团耐火材料有限公司	电熔镁、矿产品加工，定型、不定形耐材	6.51
22	辽宁金鼎镁矿集团有限公司	镁碳砖、镁砖、铝镁碳砖等	6.41
23	摩根陶瓷中国	耐火纤维、轻质隔热砖、浇注料	6.08
24	巩义市第五耐火材料总厂	刚玉砖、炭复合砖、刚玉莫来石等	6
25	马鞍山钢铁股份有限公司耐火材料公司	黏土质、高铝质、镁碳质砖，滑动水口等	5.99
26	郑州安耐克实业有限公司	高炉、热风炉用各种耐火材料	5.89
27	辽宁中兴矿业集团有限公司	镁制耐材	5.55
28	无锡市南方耐材有限公司	连铸三大件、滑板砖、钢铁透气砖等	5.5
29	辽宁富城特种耐火材料有限公司	镁碳砖、铝镁碳砖、镁钙碳砖，镁铬砖等	5.5
30	济南新峨嵋实业有限公司	滑动水口及不定形耐火材料制品	5.45
31	江苏苏嘉集团新材料有限公司	滑动水口、连铸三大件及不定形耐材	5
32	江苏嘉耐高温材料有限公司	干式料、保护渣、镁碳砖、透气砖等	4.91
33	营口欣立耐材科技有限公司	镁碳砖、铝镁碳砖、滑板水口、镁砖	4.52

续表

序号	公司名称	主要产品	2011年销售收入/亿元
34	海城市峰驰耐火材料总公司	镁碳砖、烧镁砖等	4.5
35	浙江金磊高温材料股份有限公司	镁钙系耐火材料、碳复合耐火材料	4.22
36	河南春胜耐材有限公司	硅砖	4.15
37	郑州振东科技有限公司	钢包系列耐材、铁水包系列耐材	4.13
38	济南镁碳砖厂有限公司	镁碳砖、镁铝碳砖，电炉喷补料、涂料	4
39	湖南湘钢宜兴耐火材料有限公司	耐火材料	3.8
40	山东鲁桥新材料股份有限公司	焦炉用硅砖、黏土砖	3.6
41	唐山市国亮特殊耐火材料有限公司	定型和不定形耐火材料	3.6
42	郑州汇特耐火材料有限公司	镁铁尖晶石砖、镁铝砖、镁铬砖等	3.6
43	河南特耐工程材料股份有限公司	耐火原料	3.6
44	河南省耕生耐火材料有限公司	耐火材料	3.59
45	北京联合荣大工程材料有限责任公司	耐火材料、保温材料、灌浆料等	3.51
46	淄博市鲁中耐火材料有限公司	新型干法水泥生产线全套耐火材料	3.5
47	山西新型炉业集团有限公司	转炉、电炉、钢包耐材，连铸耐材	3.5
48	郑州玉发磨料集团有限公司	白刚玉	3.5
49	唐山时创耐火材料有限公司	滑动水口、铝镁碳系列等耐材	3.34
50	河南海格尔高温材料有限公司	不定形系列、透气砖系列、滑板系列等	3.28
51	河南省伯马股份有限公司	钢铁、中间包用滑动水口系列耐火材料等	3.23
52	华耐国际（宜兴）高级陶瓷有限公司	连铸用功能性耐火材料	3.2
53	沈阳东北大学冶金技术研究所有限公司	炮泥、镁碳砖、滑板、捣打料等	3.2
54	浙江湖州父子岭耐火集团有限公司	镁碳砖、刚玉料等	3.16
55	淄博裕民耐火材料股份有限公司	硅线石制品、镁砖、低气孔黏土砖等	3.15
56	郑州登峰熔料有限公司	铝酸盐水泥、耐火材料、炼钢用精炼剂	3.11
57	青岛正望钢水控制股份有限公司	连铸三大件、中间包耐材等	3.1
58	郑州市宝石耐火材料有限公司	炭砖及耐火材料，货物和技术进出口业务	3
59	郑州华威耐火材料股份有限公司	特种镁铬砖、再结合镁铬复合尖晶石砖等	2.88
60	北京首钢耐材炉料有限公司	耐火材料	2.81
61	巩义市金岭耐火材料有限公司	混铁炉、钢包、铁水包用耐材等	2.8
62	河南熔金高温材料股份有限公司	滑板及配套水口、中间包系列产品等	2.79
63	唐山首尔耐火材料有限公司	滑动水口	2.7
64	山西盂县西小坪耐火材料有限公司	焦炉、高炉、热风炉用硅砖、黏土砖等	2.66
65	辽宁丰华实业有限公司	镁碳砖、滑动水口系列	2.6
66	辽宁丰华耐火材料有限公司	镁碳砖、铝镁碳砖、水口砖及座砖等	2.5
67	营口永吉麦格新型耐材有限公司	镁碳砖、铝镁碳砖及各种不定形耐材	2.5

续表

序号	公司名称	主要产品	2011 年销售收入/亿元
68	山西高科耐火材料股份有限公司	钢包浇注料、预制件、不定形耐材	2.5
69	宜兴市诺明高温耐火材料有限公司	干熄焦用耐火材料、石灰窑用耐火材料等	2.49
70	宜兴新威利成耐火材料有限公司	镁铬砖、镁质砖、铝碳砖、氮化硅砖等	2.41
71	常州苏耐冶金耐火材料有限公司	镁碳砖	2.35
72	莱芜市九龙耐火材料厂	铁水罐、铁水包、钢包整体承包等	2.23
73	郑州华宇高炉工程技术有限公司	陶瓷杯耐材、炭块、红柱石、堇青石等	2.2
74	无锡兴达节能科技股份有限公司	水泥回转窑用耐材、钢厂用无水炮泥等	2.1
75	江苏君耀耐磨耐火材料有限公司	硅莫红砖	2.1
76	河南省宏达炉业有限公司	球团、白灰、镍铁回转窑耐材	1.9
77	河北瀛都复合材料有限公司	轻质隔热耐火制品等	1.86
78	大石桥市荣兴镁质材料有限公司	镁碳砖、镁铬砖、镁砖、喷补料、捣打料	1.83
79	成都府天新材料科技有限公司	钢包底吹氩透气砖、钢包中间包耐材	1.82
80	浙江翔发耐火材料有限公司	耐火材料、保温材料、建筑材料	1.81
81	河南省新密正泰耐材有限公司	热风炉用红柱石砖系列、低蠕变砖系列等	1.8
82	鞍山市神佳耐火材料有限公司	耐火制品、耐火散料、特种预制件等	1.8
83	郑州市中凯耐火材料有限公司	电熔锆刚玉系列、烧结耐材系列等	1.8
84	河南竹林力信炉业有限公司	塞棒、长水口、上水口、钢包砖	1.8
85	山东万乔集团有限公司	焦炉用硅砖等	1.77
86	江苏恒耐炉料集团有限公司	耐火浇注料	1.67
87	河南华西耐火材料有限公司	炼铁高炉、热风炉用各种耐火球制品等	1.66
88	辽宁富城耐火材料（集团）有限公司	高炉、转炉、连铸用不定形耐材等	1.62
89	山东鲁铭高温材料科技有限公司	各种材质浇注料、可塑料、预制件	1.57
90	浙江红鹰集团股份有限公司	镁碳砖、镁钙砖、座砖、浇注料	1.57
91	大石桥临峰耐火材料有限公司	镁碳砖、散状耐火材料等	1.56
92	郑州建信耐火材料成套有限公司	耐火砖、浇注料，窑炉耐材砌筑工程	1.55
93	重庆科健冶金材料有限公司	钢包浇注料系列产品、钢包渣线喷补料等	1.54
94	攀枝花顺腾集团冶金材料有限公司	环保型干式料、喷补料、钢包砖	1.5
95	巩义市欣昌耐火制品有限公司	铁水罐、鱼雷罐、竖炉用耐火材料	1.5
96	武汉瑞升特种耐火材料有限责任公司	透气砖、钢包砖、铁沟料、中包涂料	1.48
97	上海彭浦特种耐火材料厂有限公司	不定形耐火材料、预制件、整体喷枪等	1.47
98	无锡市宝宜耐火材料有限公司	高炉出铁场用耐材、水泥回转窑用耐材	1.46
99	山西阳泉华岭耐火材料有限公司	高炉、热风炉、电炉顶用高铝砖等	1.45
100	北京瑞普同创科技发展有限公司	钢铁冶金用耐火材料、高炉检修工程总包	1.4

2012年中国耐火材料百强企业（按照销售收入排名）

序号	公司名称	主要产品	2012年销售收入/亿元
1	营口青花耐火材料股份有限公司	镁碳砖、镁钙砖	33.23
2	濮阳濮耐高温材料（集团）股份有限公司	透气砖、滑动水口、三大件等	21.45
3	营口金龙集团	镁碳砖	14.95
4	瑞泰科技股份有限公司	熔铸耐材、不定形耐材	14.86
5	海城市后英经贸集团有限公司	耐火材料	13.8
6	浙江自立股份有限公司	钢包、铁水包、中间包、RH精炼炉耐材	13.72
7	通达耐火技术股份有限公司	定型、不定形耐材	11.88
8	北京利尔高温材料股份有限公司	耐火材料承包	11.01
9	江苏嘉耐高温材料有限公司	干式料、镁碳砖、透气砖	11
10	海城镁矿耐火材料总厂	轻烧镁、镁砂	10.68
11	中钢集团耐火材料有限公司	硅系、铝系、碱性、碳化硅质及不定形耐火材料	8.9
12	山东耐火材料集团有限公司	铝硅系耐材、连铸耐材、不定形耐材	8.84
13	攀钢冶金材料有限责任公司	冶金辅料、耐材	8.8
14	维苏威高级陶瓷（苏州）有限公司	连铸三大件	8
15	江苏苏嘉集团新材料有限公司	连铸三大件	8
16	海城市西洋镁矿有限公司	镁砂	8
17	武汉钢铁（集团）耐火材料有限责任公司	镁碳砖、镁钙砖、镁铬砖、滑动水口、连铸三大件、炮泥等	7.5
18	奥镁贸易（大连）有限公司	镁碳砖、铝镁碳砖、镁铬砖等	7.42
19	浙江红鹰集团股份有限公司	保温、耐材	6.91
20	巩义市第五耐火材料总厂	鱼雷罐耐材	6.5
21	中钢集团洛阳耐火材料研究院有限公司	原料、制品	6.17
22	辽宁富城特种耐火材料有限公司	镁碳砖、镁钙碳砖、镁铬砖、镁砖	5.9
23	马鞍山钢铁股份有限公司耐火材料公司	钢包、中间包、铁包用耐材	5.84
24	辽宁金鼎镁矿集团有限公司	镁碳砖、镁砖	5.83
25	济南新峨嵋实业有限公司	滑动水口、机构	5.6
26	辽宁群益集团耐火材料有限公司	电熔镁砂、镁碳砖	5.56
27	摩根陶瓷中国	耐火纤维、轻质隔热砖、浇注料	5.48
28	营口欣立耐材科技有限公司	镁铝碳砖、镁碳砖	5.34
29	无锡市南方耐材有限公司	连铸三大件	5
30	山东圣泉化工股份有限公司	酚醛树脂	4.98
31	济南钢铁集团耐火材料有限责任公司	耐材、辅料	4.78
32	淄博市鲁中耐火材料有限公司	干法水泥用耐材	4.77

续表

序号	公司名称	主要产品	2012年销售收入/亿元
33	河南省新密市正泰耐材有限公司	炼铁行业耐材	4.6
34	郑州东方企业集团有限公司	黏土砖、高铝砖、硅砖、锆刚玉砖	4.50
35	郑州振东科技有限公司	钢包耐材、铁水包耐材	4.46
36	郑州安耐克实业有限公司	高炉、热风炉耐材	4.32
37	济南镁碳砖厂有限公司	镁碳砖	4.26
38	唐山市国亮特殊耐火材料有限公司	钢包、铁包耐材	4.1
39	浙江金磊高温材料股份有限公司	镁铝系耐火材料	4.07
40	北京联合荣大工程材料有限责任公司	耐材、保温材料	4.01
41	海城市峰驰耐火材料总公司	镁砖、镁砂	4
42	郑州京华耐火材料实业有限公司	硅铝锆系定型、不定形耐材	3.9
43	常州苏耐冶金耐火材料有限公司	转炉、电炉、钢包用耐材	3.8
44	郑州玉发磨料集团有限公司	白刚玉	3.8
45	河南特耐工程材料股份有限公司	耐火原料	3.8
46	河南春胜耐材有限公司	硅砖	3.79
47	河南华西耐火材料有限公司	高炉、热风炉用耐火球、及不定形耐材	3.78
48	河南省耕生耐火材料有限公司	钢包、加热炉、混铁炉用耐材	3.7
49	山东大桥耐火材料厂	黏土砖、硅砖、高铝砖	3.65
50	江苏晶鑫高温材料有限公司	板状刚玉、镁铝尖晶石	3.58
51	河南省伯马股份有限公司	钢包、中间包用滑动水口系列耐材	3.56
52	唐山时创耐火材料有限公司	滑动水口	3.51
53	山西新型炉业集团有限公司	中间包快换机构	3.5
54	浙江湖州父子岭耐火集团有限公司	镁碳砖	3.5
55	淄博裕民耐火材料科技股份有限公司	镁砖、黏土砖、熔铸刚玉砖	3.5
56	北京首钢耐材炉料有限公司	耐火材料、辅料	3.34
57	山西盂县西小坪耐火材料有限公司	硅砖	3.33
58	河南熔金高温材料股份有限公司	滑动水口系列	3.31
59	鞍山市永恒特种耐火材料厂	不定形耐材	3.3
60	华耐国际（宜兴）高级陶瓷有限公司	连铸功能材料	3.22
61	沈阳东大冶金科技股份有限公司	炮泥、喷枪等	3.2
62	郑州登峰熔料有限公司	铝酸盐水泥	3.15
63	江苏君耀耐磨耐火材料有限公司	水泥窑耐材	3.1
64	青岛正望钢水控制股份有限公司	连铸三大件	3.1
65	郑州汇特耐火材料有限公司	直接结合镁铬砖	3.05
66	孝义市和中兴矿产有限公司	铁沟料、炮泥、高铝砖、铝矾土	2.95

续表

序号	公司名称	主要产品	2012年销售收入/亿元
67	无锡兴达节能科技股份有限公司	耐火砖、浇注料	2.91
68	巩义市金岭耐火材料有限公司	耐火球、钢包、铁水包承包	2.9
69	郑州华宇高炉工程技术有限公司	中高档耐材	2.8
70	莱芜市九龙耐火材料厂	铁水罐、铁水包整体承包	2.77
71	北京瑞尔非金属材料有限公司	陶瓷杯耐材、炮泥	2.69
72	河南海格尔高温材料有限公司	钢包砖、电炉砖、透气砖	2.64
73	安徽瑞泰新材料科技有限公司	耐火、耐磨材料	2.58
74	大石桥市兴华镁矿有限公司	镁碳砖、镁铝碳砖	2.58
75	唐山首尔耐火材料有限公司	滑动水口	2.5
76	辽宁丰华实业有限公司	喷枪、炉料、耐材	2.46
77	宜兴新威利成耐火材料有限公司	镁铬耐材、氮氧复合材料	2.44
78	郑州市中凯耐火材料有限公司	电熔锆刚玉砖	2.37
79	河南三松瓷业有限公司	蓄势球、蜂窝体	2.2
80	攀枝花顺腾集团冶金材料有限公司	中间包干式料、镁铬砖	2.1
81	江苏诺明高温材料股份有限公司	干熄焦、石灰窑、RH精炼炉耐材	2.15
82	河北瀛都复合材料有限公司	轻质隔热耐火制品	2.02
83	山东嘉和耐火材料有限公司	硅砖、黏土砖、高铝砖	1.98
84	中铝集团晋铝耐材有限公司	定型、不定形耐材	1.97
85	成都府天新材料科技有限公司	透气砖、中包耐材	1.91
86	山东鲁铭高温材料科技有限公司	浇注料、可塑料	1.89
87	北京瑞普同创科技发展有限公司	无水炮泥、浇注料	1.8
88	河南省宏达炉业有限公司	白灰回转窑耐材	1.8
89	营口永吉麦格新型耐材有限公司	镁碳砖及不定形耐材	1.8
90	浙江省长兴铁狮耐火材料有限公司	中包锆质水口、连铸三大件	1.78
91	郑州建信耐火材料成套有限公司	硅莫砖、耐碱砖	1.59
92	郑州真金耐火材料有限责任公司	镁铁尖晶石砖	1.58
93	天津新世纪耐火材料有限公司	镁碳砖、铝镁碳砖	1.52
94	辽宁富城耐火材料（集团）有限公司	高炉、转炉耐材	1.52
95	安徽金岩高岭土科技有限公司	莫来石	1.45
96	河南中原特种耐火材料有限公司	锡槽底砖、组合顶盖砖	1.39
97	无锡市宝宜耐火材料有限公司	冶金、建材用耐火材料	1.35
98	洛阳盛铁耐火材料有限公司	中间包总承包、无水炮泥	1.35
99	河南省新密市青屏耐火材料有限责任公司	热风炉黏土砖、高炉砖	1.34
100	武汉瑞升特种耐火材料有限责任公司	连铸三大件耐材	1.21

2013 年中国耐火材料百强企业（按销售收入排名）

序号	公司名称	主要产品	2013 年销售收入/亿元
1	营口青花耐火材料股份有限公司	镁碳砖、镁钙砖	34.09
2	濮阳濮耐高温材料（集团）股份有限公司	透气砖、滑动水口、三大件等	24.3247
3	北京利尔高温材料股份有限公司	耐火材料承包	18.51
4	瑞泰科技股份有限公司	熔铸耐材、不定形耐材	18.13
5	武汉钢铁（集团）耐火材料有限责任公司	镁碳砖、镁钙砖、镁铬砖、滑动水口、连铸三大件、炮泥等	17.68
6	海城市后英经贸集团有限公司	耐火材料	14.94
7	浙江自立股份有限公司	钢包、铁水包、中间包、RH 精炼炉耐材	14.12
8	营口金龙集团	镁碳砖	12.71
9	山东鲁阳股份有限公司	陶瓷纤维系列/氧化纤维系列/岩棉保温系列	11.5
10	通达耐火技术股份有限公司	定型、不定形耐材	11.15
11	江苏嘉耐高温材料有限公司	干式料、镁碳砖、透气砖	9.93
12	海城镁矿耐火材料总厂	轻烧镁、镁砂	9.7047
13	江苏苏嘉集团新材料有限公司	连铸三大件	9.57
14	山东耐火材料集团有限公司	铝硅系耐材、连铸耐材、不定形耐材	9.3
15	营口欣立耐材科技有限公司	镁铝碳砖、镁碳砖	8.1217
16	中钢集团耐火材料有限公司	硅系、铝系、碱性、碳化硅质及不定形耐火材料	7.74
17	营口和平三华矿产有限公司	钢包、中间包、转炉耐材整体承包	7
18	浙江红鹰集团股份有限公司	镁碳砖、镁钙砖	6.52
19	奥镁贸易（大连）有限公司	钢铁、水泥行业耐材	6.5
20	中钢集团洛阳耐火材料研究院有限公司	耐火原料、制品	6.28
21	济南新峨嵋实业有限公司	滑动水口	6.0984
22	辽宁群益集团耐火材料有限公司	镁碳砖、镁砂	6.0856
23	辽宁中镁控股股份有限公司（中镁集团）	镁碳砖、镁钙碳砖、镁铬砖、镁砖	5.98
24	马鞍山钢铁股份有限公司耐火材料公司	钢包用耐材	5.9575
25	海城华宇耐火材料有限公司	镁砂	5.69
26	攀钢冶金材料有限责任公司	冶金辅料、耐材	5.38
27	济南钢铁集团耐火材料有限责任公司	耐材、辅料	5.2438
28	辽宁金鼎镁矿集团有限公司	镁碳砖、镁砖	5.2215
29	摩根热陶瓷（上海）有限公司	耐火纤维、轻质隔热砖、浇注料	5.1606
30	无锡市南方耐材有限公司	连铸三大件	5.1

续表

序号	公司名称	主要产品	2013年销售收入/亿元
31	郑州振东科技有限公司	钢包耐材、铁水包耐材	5.0606
32	大石桥淮林耐火材料有限公司	镁碳砖、补炉料、捣打料	4.8
33	浙江金磊高温材料股份有限公司	镁铝系耐火材料	4.7542
34	江苏晶鑫高温材料有限公司	板状刚玉、镁铝尖晶石	4.529
35	海城市峰驰耐火材料总公司	镁砖、镁砂	4.5
36	郑州东方企业集团有限公司	黏土砖、高铝砖、硅砖、锆刚玉砖	4.3145
37	济南镁碳砖厂有限公司	镁碳砖	4.2
38	常州苏耐冶金耐火材料有限公司	转炉、电炉、钢包用耐材	4.2
39	唐山时创耐火材料有限公司	滑动水口	4.01
40	唐山市国亮特殊耐火材料有限公司	钢包、铁包耐材	4.0005
41	郑州玉发磨料集团有限公司	白刚玉	3.95
42	河南省伯马股份有限公司	钢包、中间包用滑动水口系列耐材	3.68187
43	江西鑫泰冶金材料有限公司	冶金辅料	3.6796
44	山东鲁桥新材料股份有限公司（山东大桥耐火材料厂）	黏土砖、硅砖、高铝砖	3.6389
45	河南省耕生耐火材料有限公司	钢包、加热炉、混铁炉用耐材	3.6379
46	河南特耐工程材料股份有限公司	耐火原料	3.6
47	河南竹林耐材有限公司	钢包、铁水包整体承包	3.6
48	青岛正望钢水控制股份有限公司	连铸三大件	3.55
49	郑州安耐克实业有限公司	高炉、热风炉耐材	3.5
50	湖南湘钢瑞泰科技有限公司	高炉、热风炉耐材	3.31
51	沈阳东大冶金科技股份有限公司	炮泥、喷枪等	3.304
52	郑州市宝石耐火材料有限公司	高炉整体承包	3.3
53	孝义市和中兴矿产有限公司	铁沟料、炮泥、高铝砖、铝矾土	3.248
54	河南熔金高温材料股份有限公司	滑动水口系列	3.2324
55	淄博裕民耐火材料科技股份有限公司	镁砖、黏土砖、熔铸刚玉砖	3.149
56	郑州汇特耐火材料有限公司	直接结合镁铬砖	3.1367
57	河南海格尔高温材料有限公司	钢包砖、电炉砖、透气砖	3.11
58	浙江湖州父子岭耐火集团有限公司	镁碳砖	3.1
59	山西盂县西小坪耐火材料有限公司	硅砖	3.0452
60	青岛华冶高温材料有限公司	塞棒/长水口/浸入式水口	2.86
61	天津新世纪耐火材料有限公司	镁碳砖、铝镁碳砖	2.8
62	巩义市第五耐火材料总厂	鱼雷罐耐材	2.73
63	河南省新密市正泰耐材有限公司	炼铁行业耐材	2.7
64	莱芜市九龙耐火材料厂	铁水罐、铁水包整体承包	2.67

续表

序号	公 司 名 称	主 要 产 品	2013 年销售收入/亿元
65	山西新型炉业集团有限公司	中间包快换机构	2.46
66	河南华西耐火材料有限公司	高炉、热风炉用耐火球及不定形耐材	2.4302
67	河南春胜耐材有限公司	硅砖	2.35
68	北京联合荣大工程材料有限责任公司	耐材、保温材料	2.306
69	江苏诺明高温材料股份有限公司	干熄焦、石灰窑、RH 精炼炉耐材	2.2638
70	辽宁丰华实业有限公司	镁质耐材	2.23
71	河北瀛都复合材料有限公司	轻质隔热耐火制品	2.2
72	营口永吉麦格新型耐材有限公司	镁碳砖及不定形耐材	2.2
73	浙江省长兴铁狮耐火材料有限公司	中包锆质水口、连铸三大件	2.19
74	巩义市金岭耐火材料有限公司	耐火球、钢包、铁水包承包	2.02
75	唐山首尔耐火材料有限公司	滑动水口	2
76	郑州建信耐火材料成套有限公司	硅莫砖、耐碱砖	1.9
77	汉中秦元科技新材料有限公司	烧结刚玉	1.8816
78	宜兴新威利成耐火材料有限公司	镁铬耐材、氮氧复合材料	1.8486
79	北京瑞尔非金属材料有限公司	陶瓷杯耐材、炮泥	1.8176
80	河南省宏达炉业有限公司	白灰回转窑耐材	1.8
81	河南三松瓷业有限公司	蓄势球、蜂窝体	1.8
82	洛阳盛铁耐火材料有限公司	中间包总承包、无水炮泥	1.78
83	鞍山市神佳耐火材料有限公司	耐火制品、耐火散料、特种预制件等	1.78
84	辽宁富城耐火材料（集团）有限公司	高炉、转炉耐材	1.7648
85	郑州真金耐火材料有限责任公司	镁铁尖晶石砖	1.646
86	大石桥市兴华镁矿有限公司	镁碳砖、镁铝碳砖	1.6305
87	大石桥市临峰耐火材料有限公司	镁质耐材	1.6046
88	攀枝花顺腾集团冶金材料有限公司	中间包干式料、镁铬砖	1.6
89	山东嘉和耐火材料有限公司	硅砖、黏土砖、高铝砖	1.6
90	成都府天新材料科技有限公司	透气砖、中包耐材	1.53
91	郑州远东耐火材料有限公司	玻璃窑耐材	1.53
92	中铝集团晋铝耐材有限公司	定型、不定形耐材	1.5175
93	上海彭浦特种耐火材料厂	镁碳砖	1.5
94	山西高科耐火材料股份有限公司	钢包耐材、玻璃窑耐材	1.46
95	北京瑞普同创科技发展有限公司	无水炮泥、浇注料	1.37
96	无锡市宝宜耐火材料有限公司	冶金、建材用耐火材料	1.3589
97	北京首钢耐材炉料有限公司	转炉、钢包、鱼雷罐耐材	1.34
98	郑州恒宇炉料制品有限公司	高炉、热风炉用耐火材料	1.3
99	梅河口市跃兴砂轮特耐有限责任公司	耐火原料	1.23
100	江西瑞达耐火材料有限公司	冶金辅料、定型耐火砖	1.2

中国耐火材料重点科研院所简介

中钢集团洛阳耐火材料研究院有限公司

一、历史沿革

中钢集团洛阳耐火材料研究院有限公司（以下简称“中钢洛耐院”）成立于1963年12月，隶属于冶金工业部，名称为“冶金工业部洛阳耐火材料研究所”；1988年6月，更名为“冶金工业部洛阳耐火材料研究院”。1999年7月，进入中国钢铁工贸集团公司，转制为科技型企业；2001年3月，更名为“洛阳耐火材料研究院”；2008年3月，完成改制并更名为“中钢集团洛阳耐火材料研究院有限公司”。

二、基本情况

中钢洛耐院是中国耐火材料专业领域唯一的大型综合性研究机构，也是我国耐火材料行业技术、学术、信息和服务中心。是国家创新型企业、国家技术创新示范企业、国家火炬计划重点高新技术企业。

先进耐火材料国家重点实验室、耐火材料国家工程研究中心、国家耐火材料质量监督检验中心、国家进出口商品检验局耐火材料认可实验室、中国耐火材料标准化委员会、中国金属学会耐火材料分会、中国耐火材料行业协会技术质量标准部、耐火材料行业生产力促进中心等行业机构均挂靠在中钢洛耐院；企业技术中心是国家级的企业技术中心；编辑出版有全国中文核心期刊《耐火材料》、英文《China's Refractories》和《耐火材料信息》等刊物。

中钢洛耐院是国务院授予的第二批硕士学位授予单位，并与北京科技大学联合申请了无机非金属材料学博士学位授予权。企业建有博士后科研工作站，与中科院上海硅酸盐研究所联合成立了河南省高性能碳化物材料院士工作站。

三、主要产品及工艺装备

中钢洛耐院建有以耐火材料国家工程研究中心和国家高技术产业化特种耐火材料示范工程两大园区为主体的产业基地。主导产品有碳化硅系列制品；连铸用功能耐火材料如浸入式口、长水口、塞棒、钢包透气砖、定径水口；水煤浆加压气化炉用高纯氧化物制品、高纯刚玉制品；优质不定形耐火材料；无碱玻纤池窑用致密氧化铬砖和致密锆英石砖；陶瓷纤维及制品；耐火材料检测仪器设备等。

四、机构与人事

中钢洛耐院现有职工611人，其中教授级高工21人、高工116人、工程师162人。学历与学位结构为博士16人、硕士91人、大学本科221人。拥有享受国务院政府津贴专家11人；入选“新世纪百千万人才工程”国家级人选2人；拥有博士研究生导师2人，硕士研究生导师10人。组建有10个不同方向的创新团队，其中功能耐火材料、复合材料、不定形耐火材料团队为河南省创新型团队。中钢洛耐院还荣获科技部颁发的“十一五”国家科技计划执行优秀团队奖。

五、企业管理

中钢洛耐院拥有完善的质量管理体系，企业先后通过了ISO9001质量管理体系、ISO14001环境管理体系和GB/T 28001职业健康安全管理体系认证。

六、科研开发

中钢洛耐院根据“创建一个体系、构建两级平台，着力三个面向”的指导思想，围绕解决高温工业新工艺、新技术及重要装备用先进耐火材料的关键、共性技术问题，打造了研发及成果转化两级创新平台，构筑了面向高温工业需求、行业技术进步和自身良性发展三个层面的先进耐火材料技术创新体系。

2011～2013年，中钢洛耐院共计承担国家、省市项目25项，其中国家级项目16项；发表论文171篇，其中SCI、EI收录50'篇；制修订标准36项；申报专利105项，其中发明专利63项；获得授权专利108项，其中发明专利63项；荣获国家重点新产品项目3项。为中小企业提供各类技术开发、合作项目100余项，培养各类技术人员400余人次，举办学术会议6次。

中钢洛耐院与国内众多企业建立了合作关系。与太钢建立了联合实验室；与上海硅酸盐研究所、中石化宁波技术研究院、安阳钢铁集团有限责任公司、安泰科技股份有限公司、南京钢铁联合有限公司等开展了全面的战略合作；牵头组建了河南省耐火材料产业技术创新战略联盟和全国范围的“耐火材料产业技术创新战略联盟”，促进企业间开展产学研合作。国际方面，同新西兰奥克兰大学、日本冈山陶瓷研究所、瑞典斯德哥尔摩大学等建有长期的合作关系；与法国DAMREC公司，澳大利亚HISMELT熔融还原炼铁有限公司开展项目合作；同日本黑崎-播磨公司、韩国朝鲜耐火材料株式会社等企业建立起交流渠道。

七、销售与服务

中钢洛耐院业务范围涵盖科研开发、中高端耐火材料产品及高温仪器设备生产、工程设计与总承包、产品质量监督检测、技术服务、行业服务和人才培养等多个业务领域。系列产品应用于冶金、有色、石化、电力、环保、机械、医疗等多个行业，远销美洲、欧盟、俄罗斯、东南亚等40多个国家和地区。其中氮化硅结合碳化硅制品年生产能力达30000吨，国际市场占有率达45%；水煤浆加压气化炉用高级氧化物制品国内市场占有率达60%。

中冶焦耐工程技术有限公司

中冶焦耐工程技术有限公司的前身始建于1953年，是国家在鞍山成立的重工业部黑色冶金设计公司；1956年分立冶金工业部鞍山黑色冶金设计分院；1958年分立冶金工业部鞍山焦化耐火材料设计院；1999年冶金工业部解体后成立中国冶金建设集团鞍山焦化耐火材料设计研究总院；2004年改制成立中冶焦耐工程技术有限公司，公司办公地址于2012年搬迁至大连。

中冶焦耐工程技术有限公司（英文缩写：“ACRE”）是以工程技术为基础，以工程总承包为主业，具备工程项目设计、采购、建设（EPC）总承包能力，具有法人治理结构健全、经营方式国际化、业务范围多元化、技术装备现代化、项目管理科学化的大型国际化工程公司。目前，在同行业中综合排名名列前茅。

中冶焦耐工程技术有限公司现有职工1280人，其中专业技术人员860人，各类执业注册人员280人，其中教授级高级工程师150人，高级工程师435人。

中冶焦耐工程技术有限公司具有以下资质：

●甲级工程咨询资质。

●甲级工程总承包资质。

●甲级工程设计资质（冶金、建筑、建材、市政、环境等）。

●甲级工程监理资质。

●甲级环境影响评价资质。

●甲级工程造价咨询资质。

●国家对外贸易部授予的对外经营权。

●1994年通过质量体系认证，通过GB/T 19001—2008—ISO9001：2008标准版换证。

中冶焦耐工程技术有限公司按照国际工程公司的先进管理模式进行全面管理，近几年投入巨资实现项目、文档、办公等网络办公，100% CAD出图，逐步实现三维设计的同时加强仿真模拟的能力，大大提高了劳动效率和质量控制，为用户提供优质高效服务。

ACRE的耐火技术随着我国耐火行业的发展而进步，60年间，为我国耐火事业的发展做出了卓越的贡献，先后承担了200多项大型耐火工程项目的设计或总承包建设，其中20多项工程获得国家及冶金部奖项。ACRE具有耐火材料研发及检测能力，拥有工程技术研发中心和工程技术检测中心。

ACRE经过60年的耐火技术积累，掌握了耐火材料设计领域从耐火原料到耐火制品的先进技术；ACRE从20世纪70年代末，开始冶金行业的活性石灰技术的研究开发，经过几代人对石灰煅烧技术不断改进和创新，目前形成了以回转窑和双膛竖窑为代表的具有自主知识产权的石灰煅烧设备和技术，可为用户量身定制方案，满足不同用户的需求。

ACRE通过多年的实践和积累，形成了完善的科研开发、设计管理、项目组织体系。ACRE还参与了大量国家和地方的行业标准和技术规范编制工作，同时拥有了几十项具有自主知识产权的专利技术。

我们将以国际工程公司的水准，面向全国、面向世界提供优质服务。

中国钢研科技集团有限公司特种陶瓷与耐火材料研究室

（1952 ~2014 年）

新冶集团热工装备与材料工程技术中心（原冶金部钢铁研究总院九室）隶属于国家大型科技型企业中国钢研科技集团，其前身是新中国成立前中国矿冶研究所的一个研究室。1952 年重工业部钢铁工业试验所成立时，全所四个主体室之一的耐火材料室成立了。九室是新中国成立的第一个耐火材料的专业研究开发机构，主要研制满足工业需要的普通耐火材料。1955 年成立钢铁研究所时，全室人员增加到 70 多人。1956 年成立钢铁工业综合研究所，同时建成了耐火材料试验厂，形成了从实验室到中间试验的规模，并可对全国耐火材料的质量问题进行仲裁。当时，全室对我国重点耐火材料原料基地开展了大量的试验工作，又结合资源成功研制了高钙镁砖、高铝砖、硅砖等，为我国三大钢铁基地（包钢、武钢、太钢）建设做出重要贡献。

1958 年冶金部钢铁研究院成立，全室人员增加到 100 余人。因客观需要，科研转向军工，开始研制特种耐火材料。耐火材料研究室（简称九室）重点开展了高温氧化物的研究。承担并出色完成了原子能工业急需的“初炼铀用 MgO 质反应容器”和“精炼铀用 CaO 坩埚”两项科研任务（也称：高纯度氧化镁坩埚、高纯度氧化钙坩埚），于 1965 年均获首批国家发明奖，受到国家领导人的重视，聂荣臻副总理曾到九室视察，二机部钱三强等领导亲临九室表示感谢。

1960 年后，一些技术人员下放或支援其他单位，其中，1965 年为支援洛阳耐火材料研究所，约占全室一半的成员去洛阳，包括全部工程师以上职称的技术人员，留下不足 30 人。

20 世纪 70 年代中期，我院的科研方向转为军民兼顾。1977 年以后，为了满足科研急需，自行研制出通氢钼丝炉、钨棒炉、氧化锆炉、氮化炉等试验装备，开发出多种特种陶瓷制品。为适应需要，先后于 1989 年和 1992 年将耐火材料研究室更名为“耐火材料与特种陶瓷研究室”和“特种陶瓷与耐火材料研究室”。为紧密结合钢铁工业的发展，重点开展了高炉、复吹转炉、超高功率电炉、连铸、炉外精炼、真空熔炼等用优质耐火材料的研究以及高温氧化物、硅化物、碳化物、氮化物、硼化物、陶瓷基复合材料等特种陶瓷的研究。1980 年“氧化锆发热元件用代铂铬酸锶镧引线体”项目（也称：氧化锆发热元件的新型“引线体”）获国家发明三等奖；1988 年又获国家发明展览会金奖（也称：铬酸锶镧基“引线体”的氧化锆质高温发热元件）；1989 年“高炉用氮化硅结合碳化硅砖”项目（也称：高炉用氮化硅结合碳化硅砖的研制和应用）获国家科技进步三等奖；1992 年“非晶态百吨级中试线的材料应用研究”（参加）项目（也称：非晶态百吨级中试线和材料应用研究）获国家科技进步二等奖；1995 年“转炉复吹用供气元件”项目（也称：转炉复吹供气元件的研制）获国家发明三等奖。

自 1952 年建所至今，共完成科研专题 150 多项，内容包括原料基建、钢铁工艺用耐火材料、特种陶瓷和耐火材料、专业基础理论研究等。在这些项目中，有 4 项获国家发明奖，23 项获得国家和部级科技成果奖，18 项为国内首创，9 项填补了国内空白，发表学术论文 400 多篇，获得各种专利成果 60 多项，50 多年来为国家建设做出了突出的贡献。

1984 年九室荣获 1983 年度《北京市文明单位》称号（这是钢研总院的首次）；1985 年又连续获此殊荣。

1999 年，九室并入钢铁研究总院工程技术中心，更名为“特种陶瓷与耐火材料事业部”。2002 年，钢铁研究总院工程技术中心更名为“新冶高科技集团有限公司”。2004 年又重组更名为“特种陶瓷与耐火材料分公司”。分公司于 2007 年承接了“10 万吨钒钛磁铁矿资源综合利用”项目，这是当时我国采用直接还原法处理钛铁矿最大的一条生产线。2010 年，九室则以更大的魄力承接了“50 万吨钒钛铁分离技术工业示范”项目，单个合同额首次突破 1 亿元，开创了九室新的一页。

2011 年，在全国三千家耐火材料企业“2011 钢铁中国 · 耐火材料企业百强榜”评选中，九室的综合实力排名第 21 名；同年还被推选为“耐火材料产业创新战略联盟”副理事长单位。2012 年九室被北京市批准为北京市重点实验室。为规范管理，保证产品质量，于 2001 年 9 月通过 ISO9001 国际质量保证体系的认证。

从 2000 年起，在国家的支持下，先后获取了两项“科技型中小企业技术创新基金”项目，建立了“优质功能耐火材料中试线”和“超高温氧化锆陶瓷发热材料和电炉”两条生产线。两条生产线的建立，为研究室产品生产规模的扩大，新产品的研制与开发以及经济效益的增长创造了良好的条件。2007 年，在中国钢研涿州冶金精品基地建设了 5000 平方米的生产厂房，主要生产特种功能耐火材料、不定形耐火材料和高温热工装备等产品。

目前现有职工 46 人，技术人员占 65%，其中教授级高级工程师 3 人，高级工程师 7 人，工程师 9 人。另外，具有授予博士和硕士学位的资格，培养从事陶瓷及耐火材料领域的研究生，已经先后培养了近 20 名研究生。目前在读博士研究生 5 人，硕士研究生 4 人。

九室（热工装备与材料工程技术中心）经过 60 年的风风雨雨，经受了改革开放的考验与洗礼，充分发挥了钢铁研究总院的综合学科优势，着眼于钢铁工业新工艺、新技术及国民经济发展急需的高级耐火材料和特种陶瓷应用研究与基础研究，以及热工装备的开发，在军工材料、科研生产、人才培养、企业创收和管理等诸多方面都取得了显著成绩，相信还会创造出更加美好的明天！

武汉科技大学材料与冶金学院
（无机非金属材料工程专业）

武汉科技大学材料与冶金学院无机非金属材料工程专业，1961 年开始招收本科生，1986 年获材料学硕士学位授予权，1998 年获材料学博士学位授予权，2005 年、2010 年分别获材料科学与工程一级学科硕士、博士学位授予权，2009 年设立材料科学与工程博士后流动科研站，是国家重点（培育）学科、原冶金部及湖北省重点学科和优势学科、湖北省“楚天学者”首批设点学科、国家级高等学校特色专业建设点、湖北省本科品牌专业。

专业建有在耐火材料与钢铁冶金交叉领域唯一的国家重点实验室——“省部共建耐火材料与冶金国家重点实验室”，建有“中央与地方共建材料结构与性能基础实验室”、“中央与地方共建先进耐火材料制造技术专业实验室”、“湖北省材料学基础实验教学示范中心”、“高温材料与炉衬技术湖北省工程研究中心”、“武汉市耐火材料与高温陶瓷工程技术研究中心”以及经中国实验室国家认可委员会认可的“湖北省耐火材料产品质量监督检验站”。本专业以耐火材料为特色，经过半个世纪的建设，已成为我国从事耐火材料专门技术人才培养及科学研究的重要基地，在耐火材料领域综合水平处于国内领先地位，在国际上有较大影响。

专业已经形成了一支年龄结构、学历结构和职称结构合理、朝气蓬勃、富于创新的学术队伍。目前专业现有教师 53 人，其中教授 23 人，副教授（含高工）12 人，具有博士学位 38 人。专业学科带头人李楠教授 2010 年被中国科协授予“全国优秀科技工作者”，并被评为首届中国耐火材料工业“杰出耐火人”，2013 年被授予国际联合耐火材料技术大会（UNITECR）杰出终生会员。有 2 人为国家及政府有突出贡献的专家，享受政府特殊津贴，国家“千人计划”专家 2 人，教育部新世纪人才 2 人，湖北省百人计划高层次人才 1 人，湖北省“楚天学者计划”特聘教授 4 人，湖北省新世纪高层次人才工程 2 人，省部级以上有突出贡献的中青年专家 3 人。全国师德标兵 1 人，湖北省五一劳动奖章 2 人，湖北省“五四”青年 1 人，宝钢优秀教师奖 3 人。10 余位教师在国内外各类学术团体中任职。

专业树立质量观念、特色观念和素质教育观念，坚持科研与教学协调互动，注重理论与实践有机结合。建有教育部面向冶金行业复合型人才培养模式创新实验区，无机非金属材料工程专业课程群跨学科国家级高等学校教学团队，《耐火材料工艺学》为国家级精品资源共享课程，《硅酸盐物理化学》为省级精品课程，承担教育部“面向行业需要的理工科应用型人才实践动手能力培养的改革与实践”、湖北省“材料学专业国际化人才培养模式研究”等教学研究及改革项目 10 余项，“面向行业培养应用型人才实践能力的改革与实践”获教育部国家级教学成果一等奖，“加强结业实践，重视能力培养”、“材料冶金类本科人才培养模式的改革与实践”分别获湖北省高等学校教学成果一等奖。在本科生和研究生培养上成绩显著，获湖北省优秀博士学位论文奖 5 人、获湖北省优秀硕士论文奖10余人，获全国先进班集体1次。

专业立足冶金行业，注重跟踪学科前沿，围绕我国耐火材料和冶金中的共性基础理论与所面临的节能降耗与资源环境问题，开展：（1）耐火材料设计理论与制备技术；（2）耐火材料高温服役行为及功能化；（3）耐火材料与特色冶金资源高效利用领域的前瞻性和基础性研究，加强具有自主知识产权的高性能耐火材料新技术开发。先后承担、完成国家"六五"至"十一五"科技攻关（支撑）、国家"973"计划、国家"863"计划、国家自然科学基金、省部级和宝钢、武钢、攀钢等项目，获得国家和省部级奖励30余项，其中国家技术发明二等奖1项，国家科技进步二等奖3项、三等奖1项，省部级一等奖6项，出版专著及教材10余部，授权发明专利126项，科研成果转化率在80%以上。2012年被科技部评为"优秀省部共建国家重点实验室培育基地"，2013年被人力资源和社会保障部、中国钢铁工业协会授予"全国钢铁工业先进集体"。

在先进耐火材料设计与制备技术方面，自20世纪80年代初开始，在对宝钢耐火材料引进、消化和吸收的基础上，系统地开展了耐火原料的提纯与烧结及其系列制品的开发、应用推广等工作。较早地开展了高技术陶瓷在耐火材料中的应用基础研究，利用氮化物、碳化物陶瓷熔点高、强度大、不易被熔渣/钢铁润湿等特点，开发了具有自主知识产权的原位制备高性能非氧化物复合耐火材料技术，在高炉炭砖、陶瓷杯、铁沟料、连铸"三大件"等产品中得以推广应用。利用纳米材料的优异特性改善耐火材料的微观结构，提高其物理化学性能，开拓性地开展了熔盐法、金属直接氮化、溶胶-凝胶法等合成与制备耐火氧化物、金属－氧化物、硼化物-氧化物复合耐火材料及纳米复合耐火材料的研究工作。近年来主持"973"计划"高性能耐火材料结构微细化设计研究"1项和国家自然科学基金5项，研究成果"高品质耐火材料制备过程微结构控制技术与工业应用"获国家技术发明奖二等奖，获湖北省技术发明一等奖1项，获湖北省科技进步一等奖1项，获授权国家发明专利25项，制订国家标准1项。编著出版的《碳复合耐火材料》是我国碳复合耐火材料发展的重要著作。

在耐火材料服役过程与仿真技术方面，长期以来系统地研究了耐火材料与高温熔体之间的反应规律，开发的系列耐火材料产品已得到广泛应用。随着洁净钢、品种钢冶炼技术的快速发展，率先深入地研究了耐火材料组成与钢中微量元素以及夹杂物的内在关系，提出液相隔离层的氧传质及耐火材料脱磷、脱硫机理，探索电磁场、LF精炼等苛刻条件下钢液/熔渣与耐火材料界面行为，揭示耐火材料微纳结构对其服役过程物理化学的影响，开展了耐火材料低/无碳化、碱性化技术研究，开发出适应于纯净钢冶炼用耐火材料，在武钢、宝钢等企业得到推广使用。同时，在国内率先开展了耐火材料结构参数与其服役中温度场、应力场、钢/铁水流场和夹杂物去除关系的研究工作，模拟多条件耦合下耐火材料的热震、侵蚀及冲刷损毁行为，为耐火材料损毁机理和性能优化研究提供了理论基础。近年来主持国家自然科学基金6项，研究成果"洁净钢冶炼用耐火材料关键技术与工业应用"、"钢铁冶金储运与精炼设备炉衬材料长寿高效技术"分别获国家科技进步二等奖。相关技术已在濮耐等耐火材料企业转化为生产力，形成了系列产品，已用于武钢、宝钢等56家钢铁企业，提高了设备寿命和钢质量。出版《耐火材料与钢铁的反应及对钢质量的影响》一书是我国第一部系统阐述耐火材料与钢反应的专著，为我国开展此领域研究作出了奠基性的工作。

在耐火材料资源综合利用与节能环保方面，针对我国资源特点，承担了国家"六五"至"九五"科技攻关等项目，开展了铝矾土、菱镁矿、白云石、"三石"及镁橄榄石的提纯与烧结研究，合成了莫来石、镁铝尖晶石、镁钙砂、锆莫来石等熟料，其中"用高铝矾土直接电熔98.5% Al_2O_3电熔刚玉"、"全天然合成莫来石"分别获国家科技进步二、三等奖。随着人们环境保护和能源节约意识的增强，钢铁工业等固体废弃物给环境造成的压力，成为耐火材料可持续发展中的重要问题。镁铬材料广泛应用于RH、有色冶炼、水泥回转窑、垃圾焚烧炉等，但由于六价铬对环境的污染，镁铬材料的取代材料受到广泛关注，开展了镁铝铁/稀土氧化物体系无铬化材料合成与制备方面的基础研究。其次，从事了用后耐火材料、钒钛渣、铝渣等资源的高效循环利用研究，进行了镁钙硅系可降解耐火纤维、莫来石等微纳孔隔热耐火材料、系列高性能不定形耐火材料及环保沥青等相关基础及应用开发。近年来主持国家"973"计划"天然镁橄榄石制备高性能耐火材料基础研究”1项、国家科技支撑计划“天然镁橄榄石高效利用关键技术与应用示范”1项，以及国家自然科学基金项目4项。其相关成果已在湖北、湖南、河南、山西等地实现年产数百万吨产能。研发的铝硅系、镁铝系、镁钙系等系列产品在宝钢二期工程中得到成功实施，并在武钢等数十家钢铁企业得到推广应用，多项成果填补了国内空白。该领域研究的相关成果曾获“国际烧结科学学会特别奖”。

专业每年主办和承办有关国内外学术会议。2014年主办国际耐火材料论坛，2012年举办“第二届化学、材料与冶金工程国际会议”、“优质铝硅系原料应用技术研讨会”、“中国耐火材料行业科技创新推进暨信用建设总结会议”，协办“国际耐火材料学术会议”。2011年度举办了“国际耐火材料教育与科学论坛”、“化学、材料与冶金工程国际会议”、“世界著名科学家武汉论坛”、“钢铁冶金与材料”国际研讨会。

专业积极与国内外学术机构建立合作关系，与美国、德国、英国、奥地利、巴西、法国、加拿大、韩国、日本等国家和中国香港地区高校、公司进行广泛的学术交流与合作，与宝钢、武钢、攀钢、濮耐等国内大中型企业建立了稳定的合作伙伴关系。加入了欧亚太平洋联盟，成为国内高校唯一的国际耐火材料教育与科学成员，与国内知名企业共建了17个产学研联合研究中心或实验室，成立了“武科大-宜兴陶瓷与耐火材料研究院”、“武科大淄博高性能耐火材料研究院”、“武科大-宝钢技术耐火材料联合实验室”、“莱钢-武科大耐火材料研究所”、“涟钢-武科大联合分析检测中心”，设立了“如星奖学金”、“涟钢奖学金”、“首安奖学金”、“濮耐奖学金”、“许家印奖学金”、“科力生奖学金”等8项社会奖学金。

专业具备检测所有耐火材料和冶金辅助材料、碳素材料的化学组成、物理性能、结构和使用及损毁分析的142项质量检验监督的资质，内设化学分析实验室、常温性能检测实验室、高温性能检测实验室和微观结构综合分析实验室，拥有70多台国内外先进的检测仪器和设备，如从美国、德国等进口的高温弹性模量仪、激光高温导热仪、热流计法高温导热仪、平行热线高温导热仪、双样品热膨胀仪、透射电镜、场发射扫描电镜、高温X射线衍射仪、超高温激光粒度仪、压汞仪、等离子发射光谱仪和X射线光谱仪等精密检测仪器，总价值达3000万元。其检测和检验水平在国内耐火材料检验机构中处于领先地位，如在国内新建的140多座高炉中，有70%以上的耐火材料检测任务由实验室完成，已经主持制定了闪光法测量材料热扩散系数或导热系数国家标准。参加每两年一次联合国际耐火材料ISO标准会议，和日本、美国等国家共同建立并制定国际耐火材料性能指标、新产品等相关检测标准、方法和体系。近年在设备的研究开发方面已获国家授权发明专利10余项，参与制定或修订国家标准10项，行业标准3项，研制3类11种标准样品。

专业将充分利用耐火材料与冶金国家重点实验室平台，发挥学科优势，不断探索，锐意进取，努力使专业成为耐火材料与冶金领域基础理论研究与应用技术的辐射中心，引领行业技术进步，为国家节能减排和可持续发展及地方经济建设作出新的、更大贡献。

北京科技大学材料科学与工程学院

北京科技大学是我国材料科学与工程类人才培养与科技创新的重要基地之一，有着悠久的历史和优良的传统。材料科学与工程学院于1996年10月由材料科学与工程系、金属压力加工系、表面科学与腐蚀工程系、冶金系的铸造教研室合并组建而成。1998年12月，应用科学学院的材料物理系和物理化学系无机非金属材料部分并入材料科学与工程学院，成立了材料物理系、金属材料系、无机非金属材料、功能材料与表面技术系、粉末材料系、表面科学与腐蚀工程系、金属压力加工系、铸造研究所等8个系（所）。2001年3月，8个系（所）重新整合，成立了材料学系、材料加工与控制工程系、材料物理与化学系、无机非金属材料系、粉末冶金研究所、功能材料研究所、腐蚀与防护中心、实验测试中心等4系2所2中心。2008年12月，根据学校的发展规划，以材料学院的2所2中心为主构建了新材料技术研究院。材料学院即形成了现在的架构，下设材料学系、材料加工与控制工程系、材料物理与化学系、无机非金属材料系。

材料科学与工程学科是首批国家一级重点学科和国家一级学科博士点，所属的3个二级学科也全部是首批国家重点学科、长江学者奖励计划特聘教授设岗学科，具有硕士学位和博士学位授予权，并设有博士后科研流动站。在2003年和2007年教育部的一级学科评估中，分别排名第3（高校排名第2）和第2。2006年在中国管理科学研究院的《中国大学评价》中，排名第1。美国汤森路透公司ESI（Essential Science Indicators）2000~2010年数据检索，我院材料科学与工程学科全球排名16，进入该学科领域的1%。2011年据美国ESI数据检索，我校材料学科SCI论文数量一直稳居全球该学科领域的前1%，2010年全球排名16位，2011年排名13位。10余个学会及其二级学会挂靠我院材料科学与工程学科。如中国腐蚀与防护学会及其近10个二级学会。

本学科师资力量雄厚，名师荟萃，在国内外享有盛誉。教授112人，副教授79人，其中中国科学院/工程院院士6人、千人计划入选者2人、长江学者特聘/讲座教授10人、国家杰青基金获得者6人、973首席科学家2人、国家级教学名师1人、教育部高校青年教师奖获得者1人、教育部跨世纪人才7人、百千万人才工程国家级人选4人、教育部新世纪人才29人等。拥有配套齐全的材料制备与分析条件，研究装备总值超过3亿元。材料科学与工程学院实验教学中心批准为北京市教学示范实验中心和国家级教学示范实验中心。获授权发明专利403项。出版专著、教材48部，获奖者2人。全国百篇优秀博士论文提名9人，北京市优秀博士论文获得者7人。近五年发表在国内核心期刊发表学术论文4726篇，SCI收录论文1456篇，EI收录论文1571篇。影响因子3.0以上论文195篇。

学院在科研工作中坚持“注重基础，加强应用，发展交叉，促进联合”的科技工作方针，面向国际科技前沿和国家重大需求，开展基础研究和技术创新，积极推进科技成果的转化和商业化。在科研工作中同时注重科技人才的培养以及研究队伍建设，以平台和基础建设为基础，以创新团队建设为重点，促进科研能力稳步提升。强调团队组合，积极承揽国家重大、重点科研项目。本学科近三年承担科研项目1215项，实到经费6.01亿元。同时近3年组织主办、参加国际、国内会议336次。国外大学和科研机构学术交流平均每年约百余人次，与英国牛津大学、德国亚琛工业大学等世界著名大学建立全面合作关系。已举办中国材料名师讲坛51场。

材料学科60年来为国家培养了2万余名优秀人才，目前大多是各领域的栋梁和骨干。其中杰出人才代表有罗干、黄孟复等党和国家领导人，有王崇愚、叶恒强、周邦新、柯伟、何季麟、王一德、陈国良、张统一等12名中国科学院或中国工程院院士，以及数十名国家特大型企业或高新企业的董事长、总经理等。

面向新世纪，学院的发展目标是：建成学科方向齐全、综合实力雄厚、国内前茅、国际上有重要影响的人才培养、基础研究与技术创新的高水平研究型学院。

辽宁科技大学高温材料与镁资源工程学院

（无机非金属材料工程专业）

辽宁科技大学建校于1948年，1958年成立本科学院——鞍山钢铁学院，隶属于原冶金工业部，是我国较早组建的冶金高校之一。1998年随着高等教育体制的改革，学校转为辽宁省与教育部共建共管，以省管为主。2002年经国家教育部批准更名为鞍山科技大学。2006年经国家教育部批准更名为辽宁科技大学。2009年，学校整合全校相关专业及研究中心，成立辽宁科技大学高温材料与镁资源工程学院。

辽宁科技大学高温材料与镁资源工程学院是辽宁科技大学具有鲜明特色的教学、科研单位，在学校的发展与建设中具有重要地位，它同时也是辽宁省镁质材料工程研究中心。主要承担高温材料、菱镁矿选矿提纯、镁合金三大方向人才培养和科学研究工作，其中无机非金属材料工程专业（以耐火材料为特色）在建校60多年历史进程中，为全国耐火材料行业培养专业人才3000多人。辽宁科技大学高温材料与镁资源工程学院下设无机非金属材料工程系（所）、材料科学与工程系（所）、镁化工、镁建材研究所、实验中心，并设综合办公室、学生办公室两个办公室。

学院现有教职工40余人，专业教师30人，其中具有博士学位12人，教授7人，副教授及高级工程师15人，博士生导师3人，硕士生导师15人，还聘任国内外知名学者兼职教授10余人。学院现有博士点1个、一级学科硕士点1个、二级学科硕士点4个。

无机非金属材料工程专业是学院以高温材料为特色的主体专业，目前承担博士、硕士研究生、本科生、非学历工程技术人员四个层次的人才培养任务，每年招收博士、硕士、本科生150余名，每年为耐火材料企业培训工程技术人员100名左右。

2010年对2006版本科生培养计划做了较大修改，无机非金属材料基础课获校级优秀课程。申报辽宁省人民政府镁资源保护办公室科研项目27项，获批19项，总经费200万元；承办第十二届耐火材料青年学术交流会；协助镁办筹备第四届国际镁博会；协助镁办2010年项目评审；协助镁办制订辽宁省耐火材料"十二五"规划；组建辽宁省耐火材料战略发展专家委员会；建立战略联盟。

2011年，学院无机非金属材料专业已经实施卓越工程师教育培养计划，《无机非金属材料工艺学实验》、《无机非金属材料热工基础》、《无机非金属材料热工设备》、《无机非金属材料基础》、《无机非金属材料机械设备》、《耐火材料工艺学》等六门课程通过遴选，被列为学校综合改革建设试点课程。无机非金属材料工程系获2011年校级优秀基层教学组织单位。科技建设方面，获批辽宁省科技厅辽宁省镁质材料工程中心；组建辽宁省镁质材料产业战略联盟，落户辽宁科技大学；组建辽宁省耐火材料产业战略联盟专家委员会；通过两项省科技厅科研项目鉴定，达到世界领先水平。

2012年，"3+0.5+0.5模式，全面培养学生工程实践能力"项目通过鉴定，达到国内教改领先水平，并获2012年校级教改一等奖，辽宁省教改三等奖。获2012年辽宁省普通学校本科工程人才培养模式改革试点专业；获批2012年卓越计划教改项目4项；出版专著一部。制定完善卓越计划培养方案，大二、大三学生参加科研训练比例超过10%。全年在国家、省、市、企业立项20项，到校经费480万元，其中国家"十二五"科技支撑4项，国家科技部252.8万元，省科技厅100万元，省工特办55万元。"炉外精炼用优质不烧MgO-CaO-C砖"获营口市科技进步一等奖、省科技进步三等奖，并通过省级鉴定；"废弃M-C砖回收再利用"通过省级鉴定，达到国际领先水平，获营口市科技进步一等奖；"菱镁矿风化石与叶蜡石合成堇青石的结构表征"获辽宁省自然科学学术成果二等奖。

近年来，围绕钢铁冶金、建材、有色金属等领域用高温材料进行广泛、深入、系统研究开发，尤其新型碱性耐火材料成果显著，和全国几十家企业有科技开发合作关系，为企业创造了可观的社会和经济效益。

河南科技大学高温材料研究院

河南科技大学高温材料研究院是2005年组建的高校研究机构，由留加博士周宁生领导。目前人员中有1名教授，1名副教授；2名博士学位和4名硕士学位获得者。承担着科研、对外技术合作、无机非金属材料专业的教学和研究生培养等工作。

该院是河南科技大学"环境友好、资源节约型高温材料"研究方向的学术带头人所在单位。研究方向包括新型合成原料、不定形耐火材料、耐火制品的组成、工艺过程、结构、性能与应用效果之间的关系及相关应用技术。开展的主要研发工作有：新型不定形耐火材料，适合洁净钢冶炼用耐火材料，轻质微孔耐火骨料，高性能轻质耐火材料，原位反应对耐火材料的改性，铁水包、钢包、中间包、石灰窑等用新型耐火材料等。

高温材料研究院已建立了较完备的专业实验室。建院以来，一直致力于为广大耐火材料企业提供技术开发、技术服务、技术咨询、技术转让、性能检测和人员培训等形式的技术支持。与省内外多家耐火材料企业和钢铁企业建立了合作关系；与法国Damrec公司开展了添加红柱石的致密和轻质浇注料的二项合作研究；与法国Kernos公司开展了尖晶石-铝酸钙水泥在Al_2O_3-MgO浇注料中的应用研究。在铁水包浇注料、钢包浇注料及其预制件、高炉陶瓷杯和炉缸炉底用新型耐火材料、石灰窑耐磨浇注料和轻质浇注料、高性能中密度浇注料、浇注料预制件通过碳化、氮化改性等方面取得多项成果；在国内外学术刊物和会议上发表论文80余篇；举办在业内有影响的学术交流活动10余次；举办了九届耐火材料基础知识培训，受培训学员超过500人次，受到业界广泛的认可和好评。

建院以来，承担了近30项次的本科生和研究生教学。培养了工学硕士和工程硕士研究生20余名，成为耐火材料行业的新生力量。该院是中国耐火材料行业协会常务理事单位和河南省耐火材料行业协会常务理事单位。

辽宁省人民政府工业特种资源保护办公室

辽宁省人民政府镁资源保护办公室于1994年12月14日成立。2011年6月，根据辽宁省机构编制委员会《关于组建省政府工业特种资源保护办公室的批复》（辽编发【2011】15号）文件精神，在原辽宁省人民政府镁资源保护办公室的基础上组建辽宁省人民政府工业特种资源保护办公室（以下简称辽宁工特办）。二十年来，辽宁工特办认真履行省政府赋予的各项工作职能，切实加强镁质材料行业综合治理工作，使行业发生了可喜的变化，镁质材料行业已经发展成为我省独具特色的优势行业。近十年省政府又陆续将硼、滑石、膨润土、萤石、岫岩玉、玛瑙、辽砚、琥珀、煤精、树化玉、紫砂等行业划归辽宁工特办管理。

镁质材料行业基本情况：

（1）资源现状。菱镁矿是我国的优势资源之一，其储量、镁质耐火材料生产量及出口量均居世界首位。辽宁省的菱镁矿资源得天独厚，是我国菱镁矿储量最集中的地区，品位高、埋藏浅、易开采，主要分布在海城、大石桥、岫岩、凤城、宽甸、抚顺等地区，目前已经地质勘察的矿区有12个，储量32.5亿吨，约占全国总储量的89.3%，占世界总储量的25.7%。

（2）行业生产现状。辽宁省现有各类镁质材料生产企业600多家，从业人员16万人，年开采菱镁矿石1800万吨，生产各种镁质材料1500万吨，出口300多万吨，产品覆盖约90%的国内市场和60%的国际市场，远销世界50多个国家和地区。涌现一批技术力量和生产实力比较雄厚的企业，海城后英、营口青花、营口嘉晨、海城西洋、海城华宇、大石桥金龙等集团公司进入全国民营企业500强行列，其产品产量及质量均居全国同行业前列，部分产品达到国际先进水平。

（3）经济运行情况。与2009年相比，2013年全省镁质材料行业完成现价工业总产值1398.2亿元，增长55.0%；实现销售收入1343.5亿元，增长52.6%；实现利税139.3亿元，增长48.4%；出口创汇11.7亿美元，同比下降74.6%。目前，镁质材料行业存在产能过剩、市场需求减少、生产成本上升、产品价格下降、应收账款回笼困难等问题。但随着国内宏观经济企稳回升、发达经济体经济缓慢复苏、国内粗钢产量增长，结构调整后的镁建材、镁化工、镁合金会扩大市场需求量。我省镁质材料行业经济将继续保持平稳增长。

主要工作成果：

2010年以来，通过对镁质材料行业实施综合治理，使全行业走上了快速、健康发展的道路，资源优势已逐渐转化为经济优势。

制定政策法规。编制《辽宁省工业特种资源行业发展“十二五”规划》，制定《辽宁省镁质材料行业发展指导目录（2011年本）》，规范企业行为，引导行业投资方向，指导行业结构调整，促进经济发展。

调整产业结构。我省镁质材料主要以镁耐火材料为主，主要应用钢铁、水泥、玻璃等领域。近几年，开发的镁化工、镁建材、镁合金产品，又拓展应用到化工、建筑、航空、航天、汽车、电子、食品、医药、环保和农牧业等领域。2013年行业规模以上企业396家，年销售收入超亿元以上的企业235家，其中10亿元以上的企业10家。镁化工、镁建材、镁合金生产企业发展到近60家，实现销售收入40亿元，新型产业结构初步形成。

调整产品结构。到2013年底，淘汰落后窑炉1000座，镁质耐火材料初级产品生产能力压缩40%～50%，高附加值产品产值比重提高到60%以上，初级产品出口比重由过去的90%下降到40%。镁质建筑材料与镁质化工产品等形成规模生产能力，镁合金产品已经具备生产能力。

提高技术创新能力。目前，全行业建立了12个省级企业技术中心、3个博士后流动站，成立了辽宁省镁合金工程技术中心、辽宁省镁质材料工程研究中心、辽宁省镁质材料产业技术创新战略联盟，自主创新能力明显提高。全省有59个产品获国家和省部级新产品奖，一大批科技含量高、附加值高、经济效益好的产品成为行业知名品牌，个别产品填补了国内空白。

强化矿山管理。全省依法关闭重组近100座乱采滥挖小型矿山企业，矿山企业由197家压缩到95家。通过对40多户重点矿山企业进行技术改造和剥岩扶持，完成剥岩近亿吨，获得可采矿量1.5亿吨，延长矿山服务年限5年以上。在污染地恢复植被2700万平方米，植树造林1500万株，有效缓解植被破坏现象。

引导节能减排。按照“低消耗、少排放、能

循环、可持续”的原则，积极推广新技术、新装备，提高高温窑炉等高耗能设备能效水平，降低单位产品综合能耗，减少污染物排放，推进高温窑炉高效化、清洁化、节能化。在行业推广的电熔窑炉节能技术，单位产品能耗下降300度/吨，产品综合成本下降300元/吨，污染物排放减少50%，社会、经济和环境效益十分明显。

促进企业信息化建设。全行业有近100家企业建立了信息化商务平台，在研发设计、生产经营、企业管理等各环节，大力推广应用计算机网络等现代信息技术手段；企业数字化设计制造能力明显得到加强，进一步提升了生产运营效率，有力促进了企业工业化和信息化融合。

搭建信息交流平台。成功举办六届“中国辽宁国际镁质材料博览会”，每届展会参展企业200多家、布置500多个展位，促进国内外企业间交流与合作。编发《辽宁工业特种资源》杂志、运营《中国镁质材料网》网站，宣传政策法规、行业资讯、行情资讯、相关科技信息等内容，为企业提供信息服务。

强化行业培训。建立辽宁省镁质材料行业培训基地，全面提高行业人员素质。与辽宁科技大学联合组织的企业技术人员定期培训，提高行业整体技术水平；对镁办系统工作人员进行深层次的培训，提高行业管理人员的专业知识及文字综合能力；结合财政预算绩效管理及税收政策，开展企业财务人员系统培训；举办企业信息化建设培训班，指导企业进行信息化商务平台建设及实现信息技术有效管控。

国家陶瓷与耐火材料产品质量监督检验中心

国家陶瓷与耐火材料产品质量监督检验中心于2007年6月26日经国家质检总局批准筹建。2008年8月，经国家质检总局验收，通过国家计量认证/审查认可验收、实验室认可三合一评审。2008年9月国家质检总局正式批准成立。母体单位为淄博市产品质量监督检验所，是一家独立的第三方检测机构。中心除承担国家、省局下达的监督抽查任务外，也接受社会各界委托检验、仲裁检验、工业产品生产许可证发证检验和3C发证检验，国家、行业标准、地方标准的制修订，生产企业新产品研制的型式试验，相关领域产品检测设备的研究开发等工作。能够为企业提供质量技术信息服务、质量认证咨询、检验技术人员培训及技术咨询服务等。

国家陶瓷与耐火材料产品质量监督检验中心拥有一支技术精湛的专业技术人员队伍，其中有博士3人、硕士8人、高级工程师7人、工程师10人。检验室面积6000m^2，各种国、内外先进检验仪器设备220余台（套），价值1500万元。

国家陶瓷与耐火材料产品质量监督检验中心是集检验、科研、国际交流、标准制修订、培训为一体的国家级陶瓷与耐火材料质检中心，是国内唯一的同时拥有陶瓷与耐火材料两大系列产品的国家级检测机构，能为陶瓷、耐火材料生产、销售和使用单位提供公正、科学、权威的质检技术服务，为推动陶瓷、耐火材料行业的发展提供有力的专业技术支持，以满足国民经济和社会发展的需要。

截至目前，国家陶瓷与耐火材料产品质量监督检验中心已通过国家认可委、国家认监委审查，取得认可/授权的包括209个产品及55大类产品的548个参数及方法。积极进行国际互认工作，能按国外最新先进标准进行检验的项目有102个，可以进行关键项目的检验。中心专业领域认可/授权产品范围为：

陶瓷产品：陶瓷砖、卫生陶瓷、便器水箱及配件、日用瓷器、骨质瓷器、陶瓷烹调器、陶瓷板、日用精陶器、陶管、陶瓷颜料等。

建材产品：水泥、烧结砖瓦、建筑石灰、花岗石板材、大理石板材、夹芯板、玻璃纤维制品、混凝土和钢筋排水管、石膏板、混凝土砌块等。

耐火材料产品：黏土质耐火砖、镁砖、镁钙砖、镁碳砖、镁铝砖、镁铬砖、硅砖、刚玉砖、碳质耐火制品、耐磨耐火材料、滑板砖、高铝质隔热耐火砖、硅藻土隔热制品、硅质隔热耐火砖、炭素泥浆、高强度耐火浇注料、普通磨料、烧结镁砂等。

在技术能力方面，中心通过培养造就一批从事陶瓷耐火产品检测、研发及标准研究的专业人员，提高了陶瓷耐火产品方面的检测能力。在国家有关部门组织的资质认定和实验室认可活动中，中心人员积极努力，完善相关检验项目，顺利通过。专家组对我中心的检验设备及技术给予了极高评价。2013年获瓷质砖产品强制性认证实验室资质。为确保国家监督检验任务、各种委托检验工作的圆满完成，中心主要设备的使用率一直很高，部分主要项目检验设备同类型2至3台（套）满足检验要求。在不影响公正的条件下，依托本专业技术优势，为行业协会、企业、政府主管部门、单位协会等开展了多方面的技术咨询和检测服务。

在业务开展方面，国家陶瓷与耐火材料产品质量质量监督检验中心成立至今，多次承担了国家局及省局耐火材料和陶瓷产品监督抽查任务。在抽样中严格遵守各项程序、制度，深入车间现场，严守职业道德，很好地完成了抽样工作；在检验工作中，工作人员加班加点，在规定的时间内很好地完成了国家监督抽查任务，树立了我们国家级质量监督检验中心的良好形象。中心凭借自身的技术优势，承担生产许可证产品的检验工作。除了山东省以外，目前业务范围已经覆盖浙江，江苏，辽宁，湖南，北京，上海等省市，为当地的企业及工业产品生产许可证办公室提供产品检验报告，为当地的质量监管工作提供有力保障。为广大耐火材料使用企业如石化、碳素、冶金、化工等行业的相关单位提供技术服务。业务合作单位包括日照钢铁有限公司、潍坊特钢集团有限公司、青岛钢铁集团有限公司，石横特钢集团有限公司，山东天阳炭素有限公司，山东晨阳新型碳材料股份有限公司等大型企业集团。为耐材使用企业进行进场材料把关，为这些大型企业产品质量安全提供技术保障。日用陶瓷的生产是淄博市的传统产业之一，为了更好地对日用陶瓷生产企业进行监管，在每年中国陶瓷博览会召开前夕，参与对日用陶瓷地域名牌企业实施了监督检查。对已取得地域名牌和新申请地域名牌的日用陶瓷生产企业的产品如骨质瓷、强化瓷，进行抽样检验，为山东省地域名牌的评选提供了技术保证。

在对外交流方面，积极参加全国性行业协会工作。与全国钢标准化技术委员会建立联系并成为理事成员，全国冶金矿业协会会员单位，山东省耐火材料行业协会理事，山东省陶瓷行业协会会员，并与山东省陶瓷行业协会积极合作，参与制定“淄博陶瓷，当代国窑”两项地方标准。2011年9月中国耐火材料行业协会第六次会员代表大会在上海召开，国家陶瓷与耐火材料产品质量监督检验中心正式被推选为中国耐火材料行业协会理事单位，中心主任被推选为中国耐火材料行业协会理事。参与进行日用陶瓷地域名牌评选前的监督检查。

在信息化建设工作方面，为了扩大中心影响，全面详细地介绍中心及中心服务，提高本中心形象，增强与同行之间的沟通与交流，更好地服务中国陶瓷耐火事业，中心有专业人员维护运行国家陶瓷与耐火材料产品质量监督检验中心网站，网址：www. nicrc. com。网页主要内容包括：质量公告、信息发布、产品查询、消费指南、质量论坛等，及时传递陶瓷耐火工作的各方面信息，服务生产企业和用户，陶瓷耐火产品的推广与使用。

在电子化业务管理方面，中心建立了网络管理系统，为了确保中心电子化业务管理的高效、快捷，2011年新建设了中心的网络系统。利用最新的Internet VPN技术，在国家陶瓷与耐火中心与淄博市质检所、之间通过公网构筑虚拟网，达到互相访问，交换信息的目的。业务电子化管理系统，以日常检验报告的登记、编制、审核、收费、发放为业务主线，围绕该主线附以财务、办公、设备管理、质量控制、标准资料、技术服务、通知发布与接收、办公文档自动化管理等信息管理功能。操作方便，功能齐全，信息量丰富。

国家陶瓷与耐火材料产品质量监督检验中心自2008年9月经国家质检总局批准成立以来，充分发挥监督检验职能，完成了政府部门下达的产品监督检验计划，先后为400余家陶瓷耐火材料企业出具质检报告4000余份，为近千家企业、用户委托业务进行检验，并帮助其分析产品质量存在的问题，指导其改进、提高产品品质。中心注重发挥人才、技术、设备优势，帮助企业加强质量管理和人才培养，先后为陶瓷、耐火材料企业培养技术人员500余名，为提高产品质量打下了坚实基础。积极引导企业增强质量意识。帮助企业建立健全产品质量体系，促进企业加强质量管理、提高产品质量，争创名牌产品，增强市场竞争力。深入企业，帮助解决工艺难题20余个，指导改进仪器设备50余台（套），帮助企业建立实验室30余个，使企业的质量管理水平有了新的提高。为提高陶瓷与耐火材料产品质量起到促进作用。

第八篇

行业协会概况

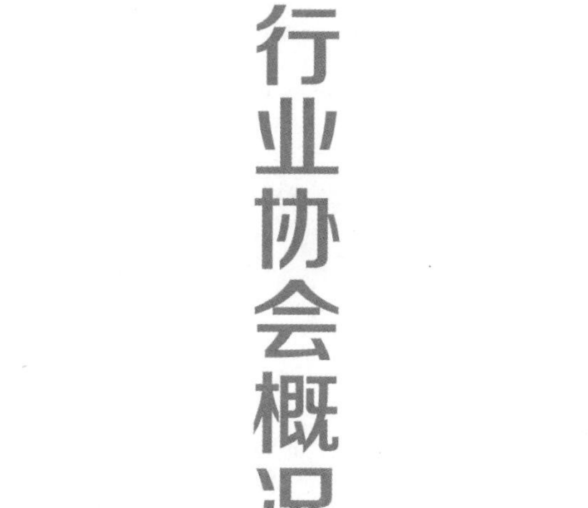

中国耐火材料行业协会

中国耐火材料行业协会是由国内耐火材料领域相关的企、事业单位及相关的社会团体和个人自愿结成的行业性、全国性、非营利性社会组织，具有法人资格。1990 年 10 月 8 日正式成立。

协会的宗旨是：以邓小平理论和“三个代表”重要思想为指导，全面贯彻落实科学发展观，按照完善社会主义市场经济的总体要求，坚持市场化方向，创造良好的发展环境，提高行业协会素质，增强服务能力，充分发挥行业协会在经济建设和社会发展中的重要作用。

中国耐火材料行业协会的主管单位是国务院国有资产监督管理委员会，社团登记管理机关是民政部。协会接受国务院国有资产监督管理委员会和民政部的业务指导、监督管理。

中国耐火材料行业协会的职能：

一、深入开展行业调查，研究行业发展问题，积极向政府及其部门反映行业会员诉求，提出行业发展和立法方面的意见和建议。

二、协调会员关系，制定并监督执行行规公约，实施行业自律，规范企业行为，协调会员间价格等争议，维护公平竞争和市场经济秩序，协助政府监督会员依法经营和活动，查处会员违法行为，大力推动行业诚信建设，建立行业自律机制，维护会员合法权益。

三、经政府有关部门授权或委托进行行业统计。收集、分析、发布耐火材料行业信息，创办行业出版物和网站，开展咨询活动，为会员提供国内外技术、市场、管理、人力资源开发等多方面、多层次的信息服务。

四、经政府有关部门授权或根据市场和行业发展需要，组织耐火材料产品展销会、展览会、供需洽谈会、科技成果推广会；举办报告会、研讨会及开展招商等活动，促进本行业的产品销售与技术交流合作，参与国内外耐材领域产品市场建设。

五、加强与国际同行业相关组织的联系，开展对外经济技术交流与合作，发展对外出口、利用外资、引进技术等工作，帮助会员企业开拓国际市场。

六、积极参与相关法律法规、宏观调控和产业政策的研究、制定，参与制修订行业标准和行业发展规划、行业准入条件，完善行业管理，促进行业发展。

七、经政府有关部门授权参与行业资质认证和新技术、新产品鉴定推广及事故认定等相关工作，引导企业不断优化产品结构，提高行业自我发展能力。

八、组织耐火材料行业的人才、技术、职业、管理、法规等培训，指导协助会员企业改善经营管理。

九、主动参与协调对外贸易争议，积极组织会员企业做好反倾销、反补贴和保障措施的应诉、申诉等相关工作，维护正常的进出口经营秩序；建立预警机制，保护本行业经济运行安全。

十、积极参与耐火材料领域重大投资和技术改造项目的前期论证工作。

十一、发展耐火材料工业和社会公益事业，开展本会宗旨所允许的各项活动。

十二、承担法律法规授权、政府部门委托的其他工作。

中国耐火材料行业协会现有（第六次会员代表大会）会员单位 384 个（其中个人会员 8 人），理事 157 人，常务理事 61 人。

中国耐火材料行业协会通过会员代表大会选举产生理事；理事会选举常务理事、会长、副会长和秘书长；协会聘任名誉会长、副秘书长。协会下设生产装备部、科技环保部、信息统计部、市场协调部、原料开发部、国际合作部和协会办公室等七个工作机构；协会秘书处负责协会的日常工作。

中国耐火材料行业协会历届理事会机构成员名单

（按姓氏笔画为序）

第一届　会长、副会长、秘书长

会　长：

施振权　洛阳耐火厂　厂长

副会长：

冯昆豪　上海耐火厂　厂长
刘月溪　首钢耐火厂　厂长
邢守渭　洛阳耐火材料研究院　院长
李安成　鞍钢耐火材料公司　经理
周季楠　北京建材研究院耐火研究所　所长
陶若璋　冶金部生产司耐火材料处　处长
黄景祖　辽宁镁矿公司　经理
藏宝常　中国日用玻璃协会　会长
魏　同　鞍山焦化耐火设计研究院　副院长

秘书长：

马炳初
许兆权

第二届　会长、副会长、秘书长

会　长：

施振权　洛阳耐火厂　厂长

副会长：

王崇展　辽宁镁矿公司　经理
任德和　中国建筑材料研究院耐火所　所长
刘修和　山东耐火原材料公司　经理
邢守渭　洛阳耐火材料研究院　院长
沈一戎　上海泰山耐火厂　厂长
侯春福　首钢耐火厂　厂长
陶若璋　冶金部生产协调司基本材料处处长
戴尔敏　鞍钢耐火材料公司　经理
藏宝常　中国日用玻璃协会　会长
魏　同　鞍山焦化耐火设计研究院副院长

秘书长：

陶若璋（兼）

第三届　会长、副会长、秘书长

会　长：

陶若璋　中国耐火材料天元公司　董事长

副会长：

王守彬　营口青花集团公司　经理
王金相　洛阳耐火材料研究院　院长
刘爱国　唐钢耐火材料公司　经理
刘修和　山东耐火原材料公司　经理
吕道生　北京首钢第一耐火厂　厂长
孙炜明　辽宁镁矿公司　经理
张佳科　鞍钢耐火材料公司　经理
沈一戎　上海泰山耐火材料公司　经理
施振权　洛阳耐火材料公司　经理
龚海涛　无锡苏嘉镁碳砖公司　经理
曾大凡　中国建材院陶耐所　所长
魏　同　鞍山焦化耐火设计研究院　副院长

秘书长：

陶若璋（兼）

第四届　会长、副会长、秘书长

会　长：

陶若璋

第一副会长：

杨志立　洛阳耐火材料有限责任公司董事长

副会长：

王守彬　营口青花集团公司　经理
田学光　武汉钢铁集团耐火材料有限公司董事长
龙远才　攀钢冶金材料有限责任公司　总经理
刘修和　山东耐火原材料公司　经理
张佳科　鞍钢耐火材料公司　总经理
李红霞　洛阳耐火材料研究院　院长

侯　谨　包钢新型耐火材料公司　经理
蔡承佑　中冶建设集团鞍山焦化耐材研究总院　副院长

秘书长：

徐殿利

第五届　会长、常务副会长、副会长、秘书长

会　长：

田学光　武汉钢铁集团耐火材料有限公司　董事长

常务副会长：

徐殿利

副会长：

方元德　山东济南镁碳砖厂有限公司　董事长
王长民　攀钢冶金材料有限责任公司　总经理
王守彬　营口青花集团公司　董事长、总经理
王柏成　浙江湖州父子岭耐火材料有限公司　董事长
王景斌　营口金龙耐火材料公司　董事长
冯运生　北京通达耐火技术股份有限公司　董事长
全　跃　辽宁省人民政府镁资源保护办公室　主任
刘百宽　濮阳濮耐高温（集团）股份有限公司　董事长
刘修和　山东耐火原材料公司　总经理
刘爱国　唐山时创耐火材料有限公司　董事长
何著胜　海城市后英经贸集团有限公司　总经理
李红霞　洛阳耐火材料研究院　院长
李国志　中冶焦耐工程技术有限公司　副院长
李国富　洛阳耐火材料有限责任公司　总经理
邱明金　鞍钢集团耐火材料公司　总经理
周福仁　海城市西洋镁矿有限公司　董事长
武本有　山西盂县西小坪耐火材料有限公司　董事长
鹿成滨　山东鲁阳股份有限公司　董事长
龚海涛　江苏苏嘉集团新材料有限公司　董事长
路济民　无锡南方耐火材料有限公司　董事长
魏国钊　郑州东方企业集团有限公司　董事长

秘书长：

徐殿利（兼）

第六届　会长、常务副会长、副会长、特聘副会长、秘书长

会　长：

王守彬（轮值）　营口青花耐火材料股份有限公司　董事长、总经理
刘百宽（轮值）　濮阳濮耐高温材料（集团）股份有限公司　董事长

常务副会长：

徐殿利

副会长：

王守业　中钢集团洛阳耐火材料研究院有限公司　执行董事
王长民　攀钢冶金材料有限责任公司　总经理
王柏成　浙江湖州父子岭耐火集团有限公司　董事长
王景斌　营口金龙耐火材料集团公司　董事长
方元德　山东济南镁碳砖厂有限公司　董事长
冯运生　通达耐火技术股份有限公司　董事长
刘　伟　山东耐火材料集团有限公司　董事长
李国志　中冶焦耐（大连）工程技术有限公司　副总经理
何著胜　海城市后英经贸集团有限公司　董事长
武本有　山西盂县西小坪耐火材料有限公司　董事长
黄志明　武汉钢铁集团耐火材料有限责任公司　总经理
路济民　无锡南方耐火材料有限公司　董事长

薄　钧　中钢集团耐火材料有限责任公司执行董事
魏国钊　郑州东方企业集团有限公司董事长
特聘副会长：
马列鹰　浙江自立股份有限公司　董事长（增补）
史大业　辽宁省非金属矿工业协会　理事长（增补）
李广达　海城华宇耐火材料有限公司　总经理（增补）
全　跃　辽宁省人民政府工业特种资源保护办公室　主任
靳亲国　河南省耐火材料行业协会　会长
曾大凡　瑞泰科技股份有限公司　董事长
赵继增　北京利尔高温材料股份有限公司董事长
张雪松　江苏苏嘉集团新材料有限公司总裁
邱明金　鞍钢集团耐火材料公司　总经理
周福仁　海城市西洋镁矿有限公司　董事长
鹿成滨　山东鲁阳股份有限公司　董事长
秘书长：
陈建雄

中国耐火材料行业协会第六届会长、副会长、常务理事、理事单位名单

会长单位：
营口青花耐火材料股份有限公司（轮值）
濮阳濮耐高温材料（集团）股份有限公司（轮值）
副会长单位：
徐殿利
营口金龙耐火材料集团公司
中冶焦耐（大连）工程技术有限公司
海城市后英经贸集团有限公司
鞍钢集团耐火材料公司
海城市西洋镁矿有限公司
辽宁省人民政府工业特种资源保护办公室
辽宁省非金属矿工业协会
海城华宇耐火材料有限公司
山西盂县西小坪耐火材料有限公司
通达耐火技术股份有限公司
北京利尔高温材料股份有限公司
瑞泰科技股份有限公司
山东济南镁碳砖厂有限公司
山东耐火材料集团有限公司
无锡南方耐火材料有限公司
浙江湖州父子岭耐火集团有限公司
江苏苏嘉集团新材料有限公司
山东鲁阳股份有限公司
浙江自立股份有限公司
武汉钢铁集团耐火材料有限责任公司
郑州东方企业集团有限公司
中钢集团洛阳耐火材料研究院有限公司
中钢集团耐火材料有限公司
攀钢冶金材料有限责任公司
靳亲国
陈建雄
常务理事单位：
徐殿利
陈建雄
营口青花耐火材料股份有限公司
营口金龙耐火材料集团公司
中冶焦耐（大连）工程技术有限公司
海城市后英经贸集团有限公司
辽宁省人民政府工业特种资源保护办公室
辽宁省非金属矿工业协会
海城华宇耐火材料有限公司
鞍钢集团耐火材料公司
海城市西洋镁矿有限公司
辽宁丰华实业有限公司
海城镁矿耐火材料总厂
辽宁科技大学
营口永吉麦格新型耐材有限公司

辽宁群益集团耐火材料有限公司
辽宁金鼎镁矿集团有限公司
大石桥荣源镁矿有限公司
山西盂县西小坪耐火材料有限公司
通达耐火技术股份有限公司
北京利尔高温材料股份有限公司
瑞泰科技股份有限公司
新冶高科技集团有限公司
河北瀛都复合材料有限公司
北京首钢耐材炉料有限公司
唐山时创耐火材料有限公司
山西孝义市和中兴矿产公司
山东济南镁碳砖厂有限公司
山东耐火材料集团有限公司
无锡南方耐火材料有限公司
浙江湖州父子岭耐火集团有限公司
江苏苏嘉集团新材料有限公司
山东鲁阳股份有限公司
浙江自立股份有限公司
济南钢铁集团耐火材料有限责任公司
淄博工陶耐火材料有限公司
安徽马钢耐火材料有限公司
山东圣泉新材料股份有限公司
浙江金磊高温材料股份有限公司
浙江省耐火材料行业协会
山东省耐火材料行业协会
江苏晶鑫耐火材料有限公司
江苏嘉耐高温材料有限公司
山东鲁桥新材料股份有限公司
濮阳濮耐高温材料（集团）股份有限公司
武汉钢铁集团耐火材料有限责任公司
郑州东方企业集团有限公司
中钢集团洛阳耐火材料研究院有限公司
中钢集团耐火材料有限公司
河南春胜耐材有限公司
河南省伯马股份有限公司
河南特耐工程材料股份有限公司
巩义市第五耐火材料总厂
武汉科技大学材料与冶金学院
郑州安耐克实业有限公司
河南科技大学高温材料研究院
郑州振东科技有限公司
河南熔金高温材料股份有限公司
郑州远东耐火材料有限公司
河南省耐火材料行业协会
靳亲国
攀钢冶金材料有限责任公司

理事单位：

徐殿利
陈建雄
营口青花耐火材料股份有限公司
营口金龙耐火材料集团公司
中冶焦耐（大连）工程技术有限公司
海城市后英经贸集团有限公司
辽宁省人民政府工业特种资源保护办公室
辽宁省非金属矿工业协会
海城华宇耐火材料有限公司
鞍钢集团耐火材料公司
海城市西洋镁矿有限公司
辽宁丰华实业有限公司
海城镁矿耐火材料总厂
辽宁科技大学
营口永吉麦格新型耐材有限公司
辽宁群益集团耐火材料有限公司
辽宁金鼎镁矿集团有限公司
大石桥荣源镁矿有限公司
辽宁中兴矿业集团有限公司
辽宁富城耐火材料（集团）有限公司
辽宁中镁控股股份有限公司
鞍山市奥鞍耐火材料有限公司
营口耐火材料行业协会
梅河口市跃兴砂轮特耐有限公司
辽宁科英耐火材料有限公司
营口宁丰集团有限公司
大石桥市兴华镁矿有限公司
营口和平三华矿产有限公司
大石桥中信耐材公司
大连华新冶金化工材料有限公司
辽阳锻压机床股份有限公司
辽宁新发展耐火材料集团有限公司
庄河特种耐火材料有限公司
鞍山市星火特种耐材公司
辽宁省非金属矿工业协会菱镁分会
营口 BL 矿业有限公司
鞍钢附企机电安装工程公司
山西盂县西小坪耐火材料有限公司
通达耐火技术股份有限公司
北京利尔高温材料股份有限公司
瑞泰科技股份有限公司
新冶高科技集团有限公司

河北瀛都复合材料有限公司
北京首钢耐材炉料有限公司
唐山时创耐火材料有限公司
孝义市和中兴矿产有限公司
河北联合大学材料科学与工程学院
阳泉郊区耐火材料行业协会
唐山东盛旺业耐火材料有限公司
唐山市慧芳保温材料有限公司
山西圣火炉料有限公司
内蒙古包钢利尔高温材料有限公司
山西省孝义市耐火材料行业协会
中冶建筑研究总院有限公司工程检测中心
山西沁新能源集团股份有限公司
天津太平洋机电技术及设备公司
冶金工业信息标准研究院
中铝集团晋铝耐材有限公司
山西西小坪耀森耐火材料有限公司
山西义龙耐火材料有限公司
高邑县北方窑业工程有限公司
唐山市六方碳化硅有限公司
唐山中联耐材电子商务有限公司
山西省孝义市京山耐火材料有限公司
山西大同特种耐火材料有限公司
山西太原刚玉特种耐火材料有限公司
山西高科耐火材料股份有限公司
天津世纪五矿贸易有限公司
唐山市国亮特殊耐火材料有限公司
山西省耐火材料工业协会
山东济南镁碳砖厂有限公司
山东耐火材料集团有限公司
无锡南方耐火材料有限公司
浙江湖州父子岭耐火集团有限公司
江苏苏嘉集团新材料有限公司
山东鲁阳股份有限公司
浙江自立股份有限公司
济南钢铁集团耐火材料有限责任公司
淄博工陶耐火材料有限公司
安徽马钢耐火材料有限公司
山东圣泉新材料股份有限公司
浙江金磊高温材料股份有限公司
浙江省耐火材料行业协会
山东省耐火材料行业协会
江苏晶鑫耐火材料有限公司
江苏嘉耐高温材料有限公司
山东鲁桥新材料股份有限公司
安徽宁国市先浩高温材料有限公司
福建海源自动化机械股份有限公司
国家陶瓷与耐火材料产品质量监督检验中心
华耐国际（宜兴）高级陶瓷有限公司
宜兴新威利成耐火材料有限公司
浙江红鹰集团股份有限公司
浙江锦诚耐火材料有限公司
浙江立鑫高温耐火材料有限公司
浙江铁狮高温材料有限公司
淄博桑德机械设备有限公司
淄博市鲁中耐火材料有限公司
淄博泰贝利尔铝镁有限公司
淄博鑫耐达耐火材料股份有限公司
淄博裕民耐火材料科技股份有限公司
济宁市运河精细磨料有限公司
江苏恒耐炉料集团有限公司
昆山思创耐火材料有限公司
江苏省陶瓷耐火材料产品质量监督检验中心
江西博丰耐火材料有限公司
青岛正望钢水控制股份有限公司
山东八三特种耐火材料厂
山东耐材集团鲁耐窑业有限责任公司
山东万乔集团有限公司
淄博八陡耐火材料有限公司
上海彭浦特种耐火材料有限公司
无锡宝宜耐火材料有限公司
无锡太耐耐火材料有限公司
宜兴市耐火材料行业协会
濮阳濮耐高温材料（集团）股份有限公司
武汉钢铁集团耐火材料有限责任公司
郑州东方企业集团有限公司
中钢集团洛阳耐火材料研究院有限公司
中钢集团耐火材料有限公司
河南春胜耐材有限公司
河南省伯马股份有限公司
河南特耐工程材料股份有限公司
巩义市第五耐火材料总厂
武汉科技大学材料与冶金学院
郑州安耐克实业有限公司
河南科技大学高温材料研究院
郑州振东科技有限公司
河南熔金高温材料股份有限公司
郑州远东耐火材料有限公司
河南省耐火材料行业协会
靳亲国

中冶武汉冶金建筑研究院有限公司
郑州才华耐火材料有限公司
广西宾阳县黎塘长宏耐材有限公司
焦作贝格耐火材料有限公司
巩义市金岭耐火材料有限公司
武汉瑞升特种耐火材料有限责任公司
河南省耕生耐火材料有限公司
河南竹林耐火材料有限公司
郑州振中电熔锆业有限公司
河南新密市耐火材料行业协会
郑州华威耐火材料股份有限公司
湖南湘钢瑞泰科技有限公司
三门峡电熔刚玉有限责任公司
河南新密正泰耐材有限公司
攀钢冶金材料有限责任公司
重钢集团矿业公司乐山耐火厂
云南濮耐昆钢高温材料有限公司
德阳中耐有限公司
重庆市博赛矿业集团有限公司
成都天府石墨坩埚有限公司
成都府天新材料科技有限公司
新疆宝安新能源矿业有限公司
汉中秦元新材料有限公司
宁夏金旌矿冶有限公司

河南省耐火材料行业协会

河南省耐火材料行业协会（简称河南耐协）成立于1989年10月，经河南省冶金建材厅批准，省民政厅备案，会员代表大会通过。25年来，政府机构改革，河南协会先后由省冶金建材厅、省经委、省发改委主管，日常工作由省工业经济联合会代管。

行业目前概况：河南省耐火原料和耐火材料企业计有1000余家，从业人员约25万人。2013年耐火原料和制品的产量2650万吨，规模以上企业完成工业总产值760亿元。自2005年以来，随着钢铁、建材、有色等高温工业的发展，耐火制品的产量快速上升，2013年产量达1386万吨，占全国总量近48%，成为全国耐火材料最大的生产基地。低气孔黏土砖、系列低蠕变砖、优质硅砖、镁铬砖、非氧化物复合耐火材料、高级氧化物制品、功能耐火材料、系列不定形耐火材料和优质电熔制品等各类产品已系列化并可整体配套，不定形耐火材料占整个耐火材料的比例已达约42%。依托省内外高等院校、科研单位、院士、教授、专家的多方技术支持，依靠企业的研发平台、独特的资源和人才优势，近年来取得了大批科技创新成果，100余项成果被评为国家、省或市级科技进步奖；获1000余项国家发明专利和实用新型专利。耐火材料高新技术产品的技术水平、研发、制造和整体配套能力居国内领先地位，形成了濮阳濮耐、中钢耐研院、中钢耐火等47家高新技术企业，技术装备达到了国内领先或国内先进水平。

协会工作情况：河南耐协历经七届，会长先后有常宗盛、成德义、魏存增、刘百宽、靳亲国担任。现有会员单位198家，主要由耐火原料、耐火材料生产企业和有关高校等单位组成，属非营利性社会团体，具备法人资格，经费开支主要来源于会费。河南耐协成立以来，紧紧围绕河南工业经济建设和企业发展需要，结合行业发展实际，搭建平台，不断探索，务实工作，促进了河南省耐火材料行业健康持续发展。先后受省市有关部门委托，组织有关专家编写了河南省耐火材料行业“七五”“八五”、“九五”、“十五”、“十一五”、“十二五”发展规划，提出了各阶段的发展目标和建议。起草编写了《河南省耐火材料单位产品能源消耗限额》地方标准（DB 41/669—2011）、“河南耐火材料产业关键技术创新专项规划”、“郑州市新型耐材产业集群发展规划2014～2020年”和“郑州市耐火材料行业节能减排技术改造发展规划”等，完成了政府有关部门安排的其他工作。围绕耐火材料行业、企业发展中的热点、难点及共性问题，结合市场需要，每年组织多次会议，邀请有关专家进行技术报告和交流讨论，帮助企业理清发展思路。积极与山东、辽宁等省级耐材协会一起组织会议，交流新技术、新动向、新装备，加强了省域间企业的交流与合作。坚持平均每月编写一期耐火材料简报（现已发行310期），及时反映了政府政策、行业动向和企业经验等，做到了上下沟通，推动了耐火材料行业技术进步。

辽宁省非金属矿工业协会镁质材料行业分会

辽宁省非金属矿工业协会镁质材料行业分会（简称辽非协镁行业分会）前身为辽宁耐火材料工业协会，该协会成立于2001年。2013年，为规范协会管理，加强企业交流，整合优势资源，经省民政厅批准，辽宁耐火材料工业协会变更为辽宁省非金属矿工业协会，并成立镁行业分会、硼行业分会、滑石行业分会、膨润土行业分会、琥珀（煤精）行业分会。

一、行业概况

辽宁菱镁矿资源得天独厚，储量居世界第一位，保有储量达到32.5亿吨，占全国储量的89.3%，占世界储量的25.7%，远景储量可达80亿吨。是国内最大的耐火材料生产基地，产品质量、档次居全国同行业前列，部分产品达到国际先进水平。2013年，全行业开采矿石1894万吨，实现主营业务收入1344亿元，出口创汇11.7亿美元，产品覆盖了90%的国内市场和60%的国际市场，远销世界50多个国家和地区。多年来，辽宁省镁质材料行业不断增强自主创新能力，与科研院所和大专院校共同建成12个省级企业技术中心，为镁质材料的开发和生产奠定了雄厚的技术基础。全行业不断提高对外开放水平，加强国际间交流与合作。在发展经济过程中，注重资源节约、环境保护工作，大力开展节能减排。目前，贯彻科学发展观，坚持走可持续发展道路，已经成为辽宁镁质材料行业和企业的奋斗目标和自觉行动。

二、协会情况

辽非协镁行业分会是辽宁省内从事菱镁矿山开采、耐火材料生产企业和相关的大专院校、科研院所、事业单位及个人自愿组成的非营利性社会团体。2013年，分会拥有会员154家，设有会长1人，由营口金龙集团董事长王景斌担任，设有副会长13人，秘书长1人。协会本着紧紧围绕全省镁质材料行业的发展规划开展工作，坚持以“调结构、促转型、保运行、稳市场、提质量、增效益”为重点，努力化解产能过剩矛盾，着力引导行业创新驱动，不断深化节能减排和环保治理工作，推动行业结构调整。

（1）调整产品结构，促进行业发展。根据主管部门的要求，协会聘请专家对会员单位申报的各类项目进行评审和论证，配合辽宁省人民政府工业特种资源保护办公室（简称省工特办）多次深入生产一线，检查指导矿山剥岩、恢复植被、炉窑改造、污染治理和厂区美化绿化等工作。为政府的政策扶持提供依据，增强了行业发展后劲。

（2）扎实办好协会，全方位为企业服务。与大石桥市政府共同举办“中德镁合金研讨会”，寻求合资合作，发展镁合金产业；召开重点企业座谈会，研究行业应对经济下行风险的措施；根据行业实际情况，对国家工信部《耐火材料准入条件》提出修改意见，保证会员单位合法权利；积极支持中耐协和中非协会的统计工作，做好行业经济运行工作。

（3）开展调查研究，协调解决行业问题。协会与省工特办会同专家多次深入行业进行调研，了解企业生产经营状况，针对共性问题制定对策，为企业把好脉、定好位，为行业把准方向。针对我省镁砂生产企业产品出口许可证使用情况，协会撰写了调查报告，为上级核定耐火材料出口合理配额提出了有价值的建议。

（4）促进行业健康发展，开展行业名优企业评选活动。2013年，分会根据省工特护办、辽非协《关于开展辽宁省镁质材料行业首届名优企业评选工作的通知》（辽工特办发【2013】2号）文件精神，开展首届全省镁质材料行业名优企业评选活动。评选过程严格按照规定的评选范围、条件、原则及程序，经企业申报、主产地行业主管部门和行业协会审核推荐、行业专家评审、征求当地安监、质监、环保、税务等部门意见以及公示等程序，最终评选出20户企业为“辽宁省镁质材料行业首届名优企业”荣誉称号。

（5）协办中国辽宁国际镁质材料博览会，为会员提供对外交流平台。2004～2014年，连续协办了六届由辽宁省工业特种资源保护办公室、中国五矿化工进出口商会、中国耐火材料行业协会、英国《工业矿产》信息有限公司主办、辽宁省非金属矿工业协会承办的中国辽宁国际镁质材料博览会（简称镁博会)。镁博会自2004年举办以来，伴随着辽宁省工业特种资源行业的发展，展示内容不断充实，展示形式不断创新，影响力逐步提高，受到国内外相关企业、机构的广泛关注。展会期间通过提供产品展示、技术交流、合资合作和项目对接等活动，有力地促进了辽宁镁质耐火材料生产企业与用户的贸易合作，提高了行业国际知名度。

(6) 提升行业水平，加强行业培训工作。主办或协办多个培训，提高了企业人员的整体素质。会同辽宁科技大学高镁学院分别在大石桥、海城市举办全省耐火材料实用技术学习班，对全省49户重点企业250余人进行了培训。举办企业纳税问题管理与策划专题培训班，使企业更好地了解和掌握国家税收政策，学习税收政策及策划技巧、纳税注意事项及节税筹划等专业知识。

(7) 办好《辽宁工业特种资源》杂志。由省工特办主办，辽非协承办的《辽宁工业特种资源》杂志是在原《镁矿与镁质材料》的基础上，将辽宁工业特种资源镁、硼、滑石、膨润土、岫岩玉、玛瑙、云石、煤精、琥珀等九种非金属矿产资源内容纳入其中而集成的综合性专业刊物。主要设置：政策法规、经济运行、专家论坛、研究与应用、海外译丛、综合信息、市场行情、相关行业等二十多个栏目。

(8) 发挥行业网站作用、推广行业信息。中国镁质材料网由辽宁省人民政府工业特种资源保护办公室主办，辽非协镁质材料行业分会协办，集自主开发、运营、管理于一体的镁质材料行业信息门户网站，主要发布镁质材料及相关行业的市场行情、前沿科技、行业分析报告、供求信息等资讯服务。截至目前，中国镁质材料网共发布行业资讯25000余条；网站共收录企业3072家。

山东省耐火材料行业协会

一、简介

山东省耐火材料行业协会（以下简称山东耐协)，经山东省民政厅批准于1998年12月19日正式成立。山东耐协是由山东省内涉及耐火材料领域的企事业单位及相关单位和个人自愿组成的社会团体，具有社会团体法人资格。是中国耐协常务理事单位。

山东耐协的主要任务：是在会员单位和政府之间起桥梁和纽带作用，客观及时反映会员单位的愿望和要求，维护行业成员的合法权益，引导会员单位自觉遵守国家的法律法规和产业政策，以及地方政府出台的有关政策，搞好行业自律。组织开展调查研究和咨询服务、人才培训、技术信息交流，促进行业技术进步和经营管理水平的提高，实现行业健康可持续发展。

山东省是我国近代最早生产耐火材料制品的省份之一，拥有1904年建厂的山东耐火材料集团鲁耐窑业有限公司。山东省耐火原料自然资源丰富，品质优良。耐火材料制品品种齐全，产品质量久享盛誉。产品覆盖了冶金、有色金属冶炼、化工、建材、军工、陶瓷、玻璃等行业。2013年全省生产耐火材料制品411.57万吨，排在河南、辽宁之后，列全国第三位。

二、历次会员代表大会情况

(一) 第一次会员大会

一九九八年九月三十日山东民政厅以［1998］鲁民团050号文“关于核准成立山东省耐火材料行业协会的批复”。协会登记证号为鲁社证字第01005号。山东省耐火材料行业协会第一次会员大会于1998年12月19日在淄博张店饭店举行，山东省冶金工业总公司总经理李国瑞、副总经理王安祥参加会议。会员单位均派出代表参加了会议，会议通过了协会章程。

通过了《山东省耐火材料行业协会关于缴纳协会会费的暂行管理办法》，会议选举产生了一届理事会并选举了会长、名誉会长、副会长、秘书长。会议选举王安祥为协会会长，李国瑞为协会名誉会长，董云明为协会副会长兼秘书长。一届理事会共召开了三次理事会。

(二) 第二次会员代表大会

2005年4月8日山东省耐火材料行业协会第二次会员代表大会暨二届一次理事会在淄博凤阳大厦举行。刘修和代表上届理事会做了工作报告。

会议选举产生了二届理事会。选举刘修和为会长，王安祥为名誉会长，张继明为副会长兼秘书长。二届理事会共召开了五次理事会。

（三）第三次会员代表大会

2010年10月30日山东省耐火材料行业协会第三次会员代表大会暨三届一次理事会在淄博国家陶瓷与耐火材料产品质量监督检验中心举行。会议听取了刘修和代表上届理事会所作的《坚持科学发展、不断改革创新、为把我省由耐火材料大省建成耐火材料强省而努力》的工作报告。会议通过了新修订的协会章程和缴纳会费标准及管理办法的报告。会议选举产生了三届理事会。会议选举刘伟为会长，刘修和为名誉会长，张继明为副会长兼秘书长。三届理事会已召开四次理事会。

三、协会所做的主要工作

（1）深入基层调查研究、积极参与行业政策、产品自律指导价的制定。协会每年都根据年初制定的工作任务确定调研内容，如面对硬质黏土资源开采中存在问题，在全省进行了全面详细的调研，写出了《山东省硬质黏土矿山开采情况的调研报告》上报中国耐协及政府有关部门，引起了高度重视；为国家工信部出台《促进耐火材料产业健康可持续发展的意见》深入到压机前、窑炉旁进行了全面细致的调研，掌握了翔实的第一手资料上报中国耐协，提出了山东耐材的意见和建议。山东耐协还三次参与起草了中国耐火材料产品行业自律指导价。

（2）推动诚信建设、维护行业自律。协会二届二次理事会上正式通过了《行业自律约定》共分三章、十条，约定要求会员单位以诚实守信锻造品牌，塑造企业形象，依靠信用赢商机、谋发展；严格执行国家的产业政策和环保法规，严格生产工艺、技术、质量标准，禁止采购、生产、销售不合格产品；严格执行社会公认的商业伦理和行为准则，禁止低价倾销；保护知识产权，共同承担耐火材料市场责任。2011年中国耐协授予山东耐火材料集团有限公司、山东大桥耐火材料厂、济南镁碳砖厂有限公司、山东鲁铭高温材料科技有限公司、山东圣泉化工有限公司为“AAA”级信用等级。2012年中国耐协授予淄博鲁中耐火材料有限公司、淄博八陡耐火材料有限公司、青岛正望耐火材料有限公司等单位为“AAA”级信用等级。

（3）积极推动名牌战略、叫响山东耐材品牌。为了提升山东耐材的国际化竞争优势，协会积极推动名牌战略，引导会员单位注重企业基础管理，加强全员质量管理。山东鲁阳股份有限公司在全国耐材行业首家取得中国名牌产品、中国驰名商标。济南镁碳砖厂、山东耐材集团鲁耐窑业有限公司、淄博鲁中耐火材料有限公司的部分产品被批准为国家免检产品；淄博八陡耐火、济南镁碳砖厂、淄博裕民、淄博鲁中耐火、济钢耐火、山东大桥、济南新峨嵋等单位先后取得了山东省著名商标、山东名牌产品；山东耐材集团鲁耐窑业有限公司、中齐公司，山东万乔、莱芜九龙、淄博永安达、青岛正望的部分产品被评为山东名牌产品；山东华岩冶金建材、淄博沈淄耐火等单位的注册商标被评为山东省著名商标。名牌战略的推进，带动了会员单位的各项基础管理，增强了企业的核心竞争力。2012年山东耐材集团的出口产品订货量占到产量的50%左右。

（4）组织了两次全省耐火材料行业职业技能大赛。为了加强全省耐火材料行业技能人才的培养选拔，协会组织了两次全省耐火材料行业职业技能大赛。每次竞赛都是从组织全员职工培训开始，然后从预赛、选拔到决赛，历时三个多月，近2000多名耐火材料特有工种职工参加了竞赛。部分优胜选手分别被授予山东省富民兴鲁劳动奖章、山东省技术能手，取得名次的选手分别被晋升了一个技术等级。两次大赛的开展促进了职工学技术、学业务，为培养耐材企业技术人才队伍起到了推动作用。

（5）参加组织了十期耐火材料新知识讲座。为了推动行业科技创新水平的提高，河南、山东、辽宁等省耐火材料行业协会共同举办了十期耐火材料新知识讲座。每期突出一个重点，围绕国家的产业政策、围绕行业的科技创新成果，邀请国内外知名专家、学者、企业家授课。如绿色耐材、新型环保产品的研制及开发，淘汰落后产能，窑炉节能技术的应用，新型节能压力机的研制及推广使用，铝硅质耐火原料的开发与利用等，对全行业科技创新、产业结构调整、节能减排起到了非常重要的推动作用。

（6）建立了行业统计。2008年山东省耐协受中国钢铁协会、中国耐材协会委托，进行山东省境内的耐火原材料产量的统计工作。协会通过大量的走访企业、政府统计部门，逐步建立起了月报。为政府、行业、企业的决策及时提供了有关的信息资料。

（7）编印了协会信息。为了更好地为会员单位服务，及时把国家的法律、法规、产业政策和地方政府的有关政策文件、行业内的重大活动；会员单位的科技创新成果、管理成果以及获得的荣誉，及时宣传出去，协会从2012年开始编印了“耐协信息”。现已编印七期。为了让大家及时掌握行业内的最新科研成果和产业发展动态，协会还统一为理事以上单位订阅了“耐火材料信息”。

四、荣誉

2000年协会一届副会长兼秘书长董云明被中国耐协评为优秀协会工作者。

2010年协会名誉会长刘修和、副会长鹿成滨、方元德被中国耐协评为“中国耐火材料工业杰出耐火人”。

2010年协会三届副会长兼秘书长张继明被中国耐协评为优秀协会工作者。

五、历届协会理事会名单，协会领导班子成员名单

（一）一届理事会（1998年12月）

山东省冶金工业总公司
济南钢铁集团总公司耐火材料厂
山东铝业公司研究院
济南镁碳砖厂
山东工业陶瓷研究设计院
淄博华庆耐火材料有限公司
博山八陡耐火材料厂
潍坊耐火材料厂
山东省生建八三厂特种耐火厂
博山石马耐火材料厂
山东建筑材料工业学院
鲁南新兴耐火材料厂
山东华岩集团有限公司淄川冶金建筑材料厂
山东省耐火材料行业协会
一届理事会名誉会长、会长、副会长、秘书长
名誉会长：李国瑞
会　　长：王安祥（1998.12～2001.3）
　　　　　刘修和（2001.3～2005.3）
副会长：于春宝、董云明、王绍明、张金群、曹心芝、胡绳兴、陈维国
秘书长：董云明（兼）（1998.12～2001.3）
　　　　张金群（兼）（2001.3～2005.3）
副秘书长：逄春平、李汝惠

（二）二届理事会（2005年4月）

山东省冶金工业总公司
山东省耐火原材料公司
济南钢铁集团总公司耐火材料厂
济南镁碳砖厂
淄博八陡耐火材料有限公司
济南大学材料科学与工程学院
山东耐火材料三厂
山东省工业职业学院
山东省生建八三厂特种耐火厂
潍坊耐火材料厂
山东铝业公司研究院
山东工业陶瓷研究设计院
山东省耐火材料行业协会
二届理事会名誉会长、会长、副会长、秘书长
名誉会长：王安祥
会　　长：刘修和
副会长：刘亚学、岳增文、韩庆民、方元德、陈维国、张继明
秘书长：张继明（兼）
副秘书长：张义贵、刘加善、曹伟、徐百银

（三）三届理事会（2010年10月）

山东耐火材料集团有限公司
山东省冶金工业总公司科技和规划部
山东鲁阳股份有限公司
济钢集团耐火材料有限公司
国家陶瓷与耐火材料产品质量监督检验中心
济南镁碳砖厂有限公司
淄博八陡耐火材料公司
淄博裕民耐材科技股份有限公司
淄博工陶耐火材料有限公司
山东圣泉化工股份有限公司
济南新峨嵋实业有限公司
淄博市鲁中耐火材料有限公司
山东大桥耐火材料厂
山东万乔集团有限公司
青岛正凯耐火材料公司
山东金都大展集团有限公司
山东耐火材料三厂
淄博华庆耐火材料公司
山东八三特耐厂
济南大学材料科学与工程学院
山东工业职业学院
莱芜市九龙耐火材料厂

淄博桑德机械设备有限公司
山东淄川特种耐火材料厂
淄博天炬耐火材料有限公司
淄博明宝耐火材料有限公司
淄博耀东耐火材料有限公司
山东东明中齐耐火材料有限公司
淄博永安达工贸有限公司
淄博博山志亚耐火材料有限公司
山东省耐火材料行业协会

三届理事会名誉会长、会长、副会长、秘书长
名誉会长：刘修和
会　　长：刘伟
副会长：金庆珍、鹿成滨、刘晓毅、方元德、刘加善、陈维国、王立平、张启山、唐路林、李庆林、封立杰、张敦新、高建立、李咸伦、刘宝刚、张继明
秘书长：张继明（兼）
副秘书长：王磊、孙敏、曹伟

浙江省耐火材料行业协会

浙江省耐火材料行业协会（简称浙耐协），是由浙江省从事耐火材料生产的企业自发组建而成，于2009年经浙江省民政厅、省经信委批准，具备法人资格的非营利性社会团体。浙耐协是覆盖浙江省的省级行业协会，业务上受中国耐火材料行业协会、浙江省经信委、浙江省民政厅、浙江省中小企业局指导和监督管理。

一、行业概况

浙江省的耐火材料研制、生产起始于20世纪50年代初，其耐材资源并不具优势，却是我国耐火材料生产强省之一，培育出国内多家知名的耐火材料企业。截至2013年，浙江省耐火材料行业共有各类耐火材料生产企业335家，从业人员近1.8万人，产销量均居全国第五位。2013年全行业完成工业总产值112亿元，销售收入105亿元，实现利税15亿元；目前全行业耐火材料年产量近165万吨，已形成高档耐火原料（氧化铝制品）、镁碳砖系列、铝硅质耐火砖系列、不定形耐火制品、特种陶瓷等五大类产品，产品广泛应用于冶金、建材、电力、环保、电子、航空、航天和农牧业等领域。浙江耐火材料行业引进技术与自行研发相结合，耐火行业迅速发展。目前，全省耐火材料行业具有高新技术企业资格的有13家，省级企业技术中心12家，并与武汉科技大学、浙江大学、中钢集团洛阳耐火材料研究院、中国建筑材料研究院、宝钢等科研院所及大型企业建立联合研究单位，共同开发相关技术与产品。通过持续创新，行业整体技术水平处于国内前列，涌现一批技术力量和生产实力比较雄厚的企业，如浙江自立、金磊股份、红鹰集团、父子岭耐火、盛旺耐火、欧诗漫晶体纤维、浙江瑞泰、锦诚耐火、浙江铁狮等一批行业领先企业，其产品产量及质量名列全国同行业前茅，部分产品达到国际先进水平。2014年以来浙江省耐火材料生产企业开展了行业转型升级专项行动，着力优化产业布局、加强企业培育、提升创新能力、拓展市场渠道、加快淘汰落后、搭建公共平台，实现结构优化、装备提档、产品升级、模式创新，加快推进耐火行业“规模化、特色化、现代化、规范化”发展，着力打造国内高端耐火材料制造基地，力争成为全国耐火产业转型升级示范区。

二、协会情况

浙江省耐火材料行业协会现有会员单位186家，会长由浙江湖州父子岭耐火集团有限公司董事长王柏成担任，姚令春担任常务副会长，另副会长12人，专职秘书长1人，专职工作人员3人。协会经费开支主要来源于会费、企业赞助和长兴县政府支持，基本上实现收支平衡。

浙耐协的主要任务：在会员单位和政府之间起桥梁和纽带作用；维护行业成员的合法权益；引导会员单位自觉的遵守国家的法律法规和产业政策，以及地方政府出台的有关政策，搞好行业自律；组织开展调查研究和咨询服务、人才培训、技术信息交流等，促进行业技术进步和经营管理水平的提高；为耐火材料行业服务，推动耐火材料行业体制改革，改善行业管理，实现行业可持续发展，更好地为国民经济各部门服务。

山西省耐火材料工业协会

山西省耐火材料工业协会于2013年11月19日经山西省民政厅批准筹建，2013年12月6日召开全体会员大会，正式成立。

一、行业概况

截至2014年6月，全省在工商行政管理机关注册登记涉及生产、经销耐火材料的企业487户，其中，生产企业375户，规模以上耐材企业82户，可生产耐材产品20多个系列，100多个种类，年产品产能200万吨，产品除在国内市场销售外，部分产品还销往欧美、东南亚地区。

全省耐火材料企业主要集中在太原、阳泉、吕梁、晋中、运城、忻州，从20世纪60年代就以高铝矾土为主要原料生产黏土砖、高铝砖、硅砖、镁砖，一直生产到20世纪90年代。改革开放后，80年代至90年代期间，耐火材料与其他行业一样进入了高速发展时期，新产品出现了不定形耐火材料、保温材料、连铸耐火材料、功能耐火材料等等。但是，全省总的趋势，从20世纪90年代开始出现产量下降，如：1990年全行业产品产能300万吨，销售收入3亿元，2005年产品产能下降至150万吨，销售收入15亿元，其主要原因是阳泉高铝矾土与黏土资源的不断减少；2000年后，我省吕梁的孝义、忻州的原平等地发现大量铝土矿石，产量才有所增加，2008年全省产品产能回升至200万吨，销售收入18亿元，2010年产品产能也是200万吨，销售收入25亿元。近几年，我省又在吕梁市的交口县发现较大规模的铝土矿，经专家论证，其规模及资源综合利用前景，可望建成一个世界级的原料基地，2013年以来，山西道尔投资有限公司已首期投资5亿元，2014年内可建成年产量100万吨铝土矿原料基地。

目前，耐火材料行业仍存在一些问题和不足，如：企业数量多，以中小企业为主，平均规模较小，产业集中度低，缺乏核心竞争力；企业生产工艺、技术及装备普遍落后，消耗高、污染重，经营管理普遍较粗放，行业整体发展落后；产品以耐火原料出口和低端产品为主，质量低，品种少，产品同质化严重，高端耐火材料数量少，新产品开发周期长，科技成果产业化进程缓慢等。

二、协会情况

1994年3月，经山西省民政厅〈1994〉晋民社函28号曾批准成立山西省耐火材料行业协会，此后，由于种种原因，该协会被省民政厅注销。

2013年初，根据我省耐火材料工业发展的形势，急需恢复建立耐材企业的工业协会。于是，山西道尔投资有限公司首先提出重新成立协会，此意向得到阳泉丰泽耐火材料有限公司、吕梁宏泽耐火材料有限公司、晋中鑫海耐火材料有限公司的积极响应。2013年7月，上述四公司为发起人，经协商成立筹备工作组。筹备组成立后，积极走访与联络相关企业，得到省内吕梁、阳泉、晋中、忻州等40多户耐火材料企业的支持。当年11月7日，筹备组代表43户耐材企业向山西省民政厅递交了申请，11月19日省民政厅即批复同意筹建“山西省耐火材料工业协会”。其间，曾得到中国耐火材料行业协会的大力支持和指导。2013年12月6日，在山西省太原市召开全体会员大会，正式成立“山西省耐火材料工业协会”。大会选举出第一届理事会，理事20名，常务理事11名；第一届理事会选举出会长：霍平；副会长：李永全、任晓军、任茂勇、任建全、武晓煜、郝良军、梁智军、韩忠毅；秘书长：张黎明。根据《山西省耐火材料工业协会章程》的规定，任命副秘书长：程爱团、赵刚；聘请大学教授孙加林、高峰为特聘专家；聘请顾问：宫波、武本有、郭新安。

2014年8月12日，山西省耐火材料工业协会召开第二次理事会，会议同意新增中铝集团晋铝耐材公司等8户耐材企业为本会会员单位；会议还表决增选闫承华等6名为本协会理事、常务理事；审议通过张黎明、程爱团辞去秘书长、副秘书长的辞呈；选举李肇喜为秘书长。

协会成立后，秉承尽心尽力为全省耐材企业服务的宗旨，力求做好“三个一”，即：当好广大会员联系政府及有关部门最便捷的一座桥梁，当好各会员单位与外省同行业沟通、洽谈最畅通的一条管道，当好本省各会员单位之间相互交流、协助最广泛的一个平台。为此，主要做了以下工作：一是充实、加强协会机构。2014 年 8 月份筹备并召开了第二次理事会，增加了本会成员，选举产生新理事、常务理事，改选了秘书长等；二是建立会员单位统计报表月报制度；三是建立了山西省耐火材料工业协会网站，为会员建立了一个新的信息平台；四是请专家作耐材行业发展专题讲座；五是组织参观新建成铝矾土企业，相互交流学习；六是对部分企业进行调研，了解耐材企业所思、所难、所需等。

湖南省耐火材料行业协会

湖南省耐火材料行业协会成立于 2013 年底，现有会员单位 39 家，是由湖南省内涉及耐火材料生产经营的相关单位和个人、有关大专院校、科研院所自愿组成的社会团体，具有社会团体法人资格。业务上受中国耐火材料行业协会、湖南省经信委冶金行业办、湖南省民政厅指导和监督管理。

湖南省耐火材料行业协会办公地点办公地点位于人杰地灵、风景秀丽的湘潭市区，是一代伟人毛泽东的故乡。湖南省各会员单位主要生产的产品为炼铁高炉、热风炉系统及炼钢转炉、连铸、精炼系统用定型与不定形耐火材料、陶瓷用耐火材料、玻璃窑用耐火材料、水泥用耐火材料。经过多年努力，已形成高炉、热风炉产品系列、铁水罐（鱼雷罐）砖产品系列、炮泥产品系列、钢水罐砖产品系列、滑板砖产品系列、炉外精炼用产品系列、玻璃窑用砖系列、陶瓷用匣钵系列、通用砖系列、不定形产品系列及各种耐火材料原料。

湖南省耐火材料在国内同行业有自己的一些特色：湖南辰溪为全国唯一的全天然莫来石生产基地；醴陵生产的硅质火泥全世界有名；湖南湘钢瑞泰科技有限公司（原湘钢耐火厂）自主研发的“离心成型组合砖”专利产品，以其砖型大，砖缝少，气孔低、寿命长等特点享誉国内外各大钢厂；由该公司牵头实施的对钢厂吨铁吨钢的总承包模式（耐材企业集耐火材料生产、砌筑、检修和维护为一体），不仅为钢厂提供了优质的产品和服务，降低了整体成本，还为耐材企业提供了一种全新的良性的经济模式和创新机制；瑞泰科技股份有限公司湘潭分公司为全球最大的玻璃窑用熔铸耐火材料生产基地；湖南生产的陶瓷用碳化硅棚板和碳化硅匣钵在全国也享有极好的声誉；有色冶炼用耐火材料产品由于其独特的技术在冶炼市场也得到了长足的发展。

湖南耐材企业一直积极推动名牌战略，叫响湖南耐材品牌。从 2006 年湖南湘钢瑞泰科技有限公司生产的组合砖获得湖南省名牌产品，到 2012 年镁碳砖获得湖南省名牌产品，从 2010 年获得高新技术企业到 2014 年获得省技术中心。湖南耐协今后也一如既往立足于湖南省耐火材料各大厂家的品牌战略，积极筹谋，促进企业的各项品牌宣传和实施，提升企业核心竞争力。

湖南耐协制定了行业自律约定，要求企业要以诚实守信锻造品牌，依靠信用赢商机、谋发展，保护知识产权，维护市场的有序竞争。同时根据企业要求做好技术培训工作，邀请武科大专家教授授课，获得各会员单位高度的评价。在新技术、新工艺的推广上，组织会员单位到标杆单位学习参观。在技术信息交流上，多次举行技术管理交流会，很好地促进了行业技术进步和经营管理水平的提高，实现行业可持续发展，为耐火材料行业服务。

湖南省耐火材料行业协会现处于起步阶段，很多工作还不完善，我们一定认真向兄弟单位学习，扬长避短，走具有自己特色的行业协会道路。

贵州省耐火材料行业协会

贵州省耐火材料行业协会是由贵州省内耐火材料领域相关的企、事业单位自愿结成的行业性的、全省性的、非营利性社会组织，为了加强企业交流，整合资源，提高我省耐火材料企业的生产水平和行业竞争力，于2014年11月17日经贵州省民政厅批准成立。

一、行业概况

贵州是铝工业大省，铝矾土资源储量十分丰富，分布相对集中。截至2010年底，全省已查明的铝土矿保有资源储量5.76亿吨，居全国第二位。贵州铝矾土大中型矿床量大，利于规模开发。全省大中型矿床共29处，占产地总数的28.15%，保有资源储量高达5.10亿吨，占全省的88.54%，资源的集中度高。我省的沉积型铝土矿的成矿条件尚好，据预测远景资源量为14亿吨，已查明的资源储量约占41%，资源潜力较大，具有良好的找矿前景。

目前贵州耐火材料行业企业主要分布在贵阳市地区、遵义地区、黔东南地区。产品有棕刚玉、耐火矾土，棕刚玉产能约80万吨/年，耐火矾土产能约60万吨。耐火制品目前还处于比较低端的产品，产能每年大约10万吨。贵州的耐火材料行业企业的产品结构单一，以原料生产为主。现在贵州耐火材料生产企业有100多家，其中大部分企业需要改造提升。

二、协会情况

贵州省耐火材料行业协会是贵州省内从事耐火材料、棕刚玉、耐火制品、铝矾土开采企业及相关单位自愿组成的非营利性社会团体。2014年拥有会员单位41家。设会长1人，由贵州博通特耐有限公司董事长程念生担任，设常务副会长1人，由贵州省白云特种水泥厂总经理张书军担任，设副会长9人，专职秘书长1人。

三、贵州省耐火材料行业协会的宗旨

（1）遵循国家的路线、方针、政策，遵守国家相关法律法规，自觉遵守社会道德风尚。

（2）在会员单位和政府之间起桥梁和纽带作用，客观及时反映会员单位的愿望和要求，维护行业成员的合法权益，引导会员单位自觉的遵守国家的法律法规和产业政策，以及地方政府出台的有关政策，搞好行业自律。

（3）组织开展调查研究和咨询服务、人才培训、技术信息交流，促进行业技术进步和经营管理水平的提高，实现行业可持续发展，为耐火原材料行业服务。

四、贵州省耐火材料行业协会的业务范围

（1）深入开展行业调查，研究行业发展问题，积极向政府及其部门反映行业会员诉求，提出行业发展和立法方面的意见和建议。

（2）协调会员关系，制定并监督执行行规公约，实施行业自律，规范企业行为。

（3）协调会员间价格等争议，维护公平竞争和市场经济秩序；协助政府监督会员依法经营和活动，查处会员违法行为。

（4）大力推动行业诚信建设，建立行业自律机制，维护会员合法权益；经政府有关部门授权或委托进行耐火材料行业统计，收集、分析耐火材料行业信息，开展咨询服务。

（5）举办政府授权的专业培训班，学术专题讲座，积极为企业培训专门人才，提高企业素质，指导协助会员企业改善经营管理。

（6）协调会员单位之间的经济技术合作和竞争中的问题，促进行业技术进步和经营管理水平的提高。

（7）加强与国内外同行业相关组织的联系，开展对外经济技术交流与合作。

（8）积极参与相关法律法规、宏观调控和产业政策的研究、制定，参与制订、修订行业标准和行业发展规划，完善行业管理，促进行业发展。

（9）主动参与对外贸易争议的处理，积极组织会员做好反倾销的应诉、申诉等相关工作，维护正常的进出口经营秩序。

（10）发展耐火材料行业和社会公益事业，开展本会宗旨所允许的各项活动。

（11）承担法律法规授权、政府部门委托的其他工作。

营口市耐火材料行业协会

营口市耐火材料行业协会于2002年5月经营口市民政局营民管办发［2002］6号文件批准正

式成立。协会成立和换届，通过会员大会讨论通过《营口市耐火材料行业协会章程》《会费缴纳及管理办法》《营口市耐火材料行业协会行规公约》选举理事会会长、副会长、常务理事、秘书长。选举连任五届全国人大代表、青花集团总经理王守彬任会长；连任两届全国人大代表嘉晨集团总经理孙寿宽、全国劳动模范金龙集团王景斌等14名知名企业家任副会长，45名常务理事，67名理事组成理事会。选举刘英民为常务副会长，王朝阳为秘书长主持协会工作。现有会员单位178家，规模以上企业157家。近年由于受美国金融危机、欧美债务危机冲击，全球经济发展速度回落。特别是耐火材料用户产能严重过剩，给耐材行业带来巨大压力和威胁，耐材行业骨干企业克服重重困难，强化管理，开发高科技产品，提质降成本取得较好的成效，见表1和表2。

表1　耐火材料产品产量　（万吨）

年　份	采矿	轻烧镁	重烧镁砂	电熔镁砂	合成砂	不烧砖	烧成砖	不定形制品	其他耐材制品	合计	出口量
2010年	510	128	137	114	10.5	157	47	72	103	1278.5	168.5
2011年	550	124	132	105	12	155	65	79	108	1330	163.4
2012年	475	120	145	108	11	139	63	87	112	1260	157.6
2013年	485	125	128	98	12	136	58	94	105	1241	128.7

表2　耐火材料主要经营指标　（万元）

年　份	工业产值	销售收入	出口创汇	企业利润	税金
2010年	413	401	7.2	7.4	11.8
2011年	422	411	6.9	6.3	12.1
2012年	416	399	8.8	5.8	11.4
2013年	411	391	7.63	3.2	12.6

协会于2004年6月建立协会党支部，强化党的领导，建立各项学习、工作和管理制度。牢固树立"为会员、为行业、为政府、为社会"服务的"四为"服务宗旨，确立"有思路才有出路，有作为才有权威，有创新才有发展，有服务才有回报"的工作理念。在营口市、大石桥市两级市委、市政府、民政局、经信委等领导和支持下，在理事会的共同努力下，会员单位由原80家发展到178家，还吸纳外省市企业10余家。会费由会员单位主动到协会交纳，获得会员单位的爱戴和支持。2004年底受国家民政部表彰为"全国先进民间组织"；2009年受省民政厅授予"辽宁省示范社团"。多次受营口市民政局表彰为"先进行业协会"和机关党工委授予"先进党支部"。分别受营口市、大石桥市委市政府表彰为"两新组织参与社会管理先进单位"，营口市民政局首批社会组织评估获得"AAAAA级社会组织"。

一、挖掘潜力出效益

素有"中国镁都"之称的大石桥市，耐材行业已有99年的历史，形成了资源优势、产品优势、经济总量优势，但今后依靠规模经济发展难以为继。协会引导企业通过强化管理、挖掘内部潜力，降低成本促进发展。从2005年以来降低成本的8项措施，按照各项当年降低的数额累计超过7亿元。

抑制扩大产能，避免新的投资损失。2004年4月，协会对新建重烧镁砂窑向政府提出否定的处理意见。2011年3月，8家企业计划投资5亿元，再新建10条超高温隧道窑。协会说服企业不能再扩大过剩产能；同时向市政府提交控制镁质耐材烧成砖产能严重过剩的建议，避免了项目上马。

向工艺设备产品的创新，向节能环保要效益。2006年5月，协会在电熔镁企业推广先进的电控自动化节能项目，使企业成本当年降低6000万元。2010年，协会推广用管道天然气做高温隧道窑燃料，轻烧窑用天然气或煤气做燃料使产品质量提高、污染减少，还降低成本5000万元。2010年初，协会把耐材行业专家组关于镁碳砖应有国家统一的"砖形尺寸标准"的意见反馈到中国耐材协会和国家耐标委，促成国家耐标委在营口市召开宣贯会，使企业模具成本当年降低7500万元。2012年5月31日，协会指导企业用现代数字技术将"双盘螺旋摩擦压力机"改造为"电控螺旋压力机"取得成功。每台设备投入约 20 万元，年节省人工费、电费、维修费在 12 万元以上，当年推广改造 100 台；2013 年又实现改造 110 台。为促进耐材废砖再生利用，协会 2012 年以来先后编发 40 多期有关信息得到企业重视，金龙集团熔炼废弃砖再生利用取得成功获得 2013 年度辽宁省科技成果奖。

协会还积极引导企业向设备的大型化、自动化、绿色化发展，通过提高产品质量、环保节能、提高生产效率，实现降低成本的新突破。国家科技部支撑计划——辽宁丰华实业有限公司的大型全封闭节能环保自动化轻烧白云石竖炉去年通过中期验收、今年底将结题，该项目以天然气为燃料，产品将没有燃煤残留的灰分污染而明显提高质量。新发展集团研发的高效节能全封闭自动化大结晶电熔镁转炉已经投入使用，取得 98 砂产品增加 20%，吨电耗降低 400 度，环保零排放的效果。

二、行业自律做根基

如何在市场竞争中得到钢铁等用户的青睐，协会引导企业把加强行业自律作为根基，其次是提高服务能力、延伸服务领域。

协会从 2004 年 4 月 1 日对违规新建重烧烧镁砂窑提出扒掉 4 座窑的处理意见开始，先后制定了《镁碳砖出口秩序行业自律暂行办法》、《行规公约》、《营口市耐火材料行业失信企业黑名单通报惩罚制度》，开展了企业信用等级评价、强化行业自律制止不正当竞争、评定钢企整体承包综合实力最佳企业评选 30 强等活动。面对钢铁企业实行耐材总承包中，出现的低成本竞标、鱼龙混杂现象，引导企业强化服务意识从加强行业自律做起。还为钢铁企业把关推荐最佳耐材企业，从营口 130 余家镁碳砖生产企业中评选 30 家钢企耐材总承包综合实力最佳企业，在相关报刊、网站公示，给钢铁企业发推荐信。被誉为“规范了耐材行业市场秩序，在一定程度上起到了压缩过剩产能的作用”。今年，协会为进一步加强行业自律、整治耐火材料市场秩序，开展评选耐材企业“优秀供应商”、“优秀承包服务商”资质评定工作。9 月 10 日做出决定，授予营口青花耐火材料股份有限公司等 19 家企业为首批“优秀承包服务商”、辽宁金鼎镁矿集团有限公司等 22 家企业为首批耐火材料“优秀供应商”向用户推荐。

在提高服务钢铁等下游企业能力上，协会从 2004 年 3 月到 2013 年底通过自办或联合地方大学举办了化验分析检测、设备节能改造、对外贸易、标准认证、企业现代信息化、协同办公管理等近 20 个类别的 34 次培训班，有 2713 人参加培训。与营口大学联合举办的 8 期化验分析工培训班，经技术职称鉴定中心考试考核，有 198 人获得中级、18 人获得高级化验分析工资质证书，解决了化验分析工紧缺问题。举办了 2 期 X 射线荧光光谱分析仪使用技术推广培训，有 233 参加。举办了 3 期镁碳砖生产许可证管理培训班，使 80 家企业具备了获取生产许可证的条件。从 2008 年到 2012 年，为把“双盘螺旋摩擦压力机”改造为“电控螺旋压力机”，从试点到推广应用举办 3 期培训班，370 人参加了培训，为设备升级改造提供了人力资源。为延伸钢铁企业服务，今年举办了砌筑技术培训班，近 10 家企业已完成砌筑资质申报手续。

三、依法维权保利益

企业个体维权非常难，行业协会维权就不难。2013 年，某职能部门派人到某企业要对电熔镁砂抽样并收检验费三千元，到了公司经理办公室看到这家企业是营口耐协会员后，马上说“您是耐协会员单位，我们就不抽样不收费了”。协会把维权工作作为一种应尽的责任，政策法规是维权的利器。

发挥桥梁纽带作用，维护企业合理诉求。协会建会以来先后向两级政府报送了 31 份调研报告，其中反映企业融资难、呼吁解决用电时限、减收不合理税费等问题，得到辽宁省、营口市政府的重视并迅速解决。2008 年，辽宁省电力公司的“电熔砂生产一律改为按最大需量收取基本电费”政策，经营口耐协抗辩后停止执行，为企业挽回不合理收费 10230 万元。2010 年 1 月，供电公司强制电熔镁砂企业实行夜、白两班生产的不合理问题得到解决，使企业减少白班高电价成本 4 亿元。2011 年 11 月，经信委强制电熔镁砂企业夜、白两班生产的不合理规定得到解决，使企业再次减少高电价成本 4 亿元。对铁路货运、电力、质监、会计审计等部门乱涨价、乱罚款、乱收费，通过协调或向辽宁省或国家的减负办、电监会、发改委等部门投诉，协会直接解决到企业乱收费乱罚款，10 多年来乱收费金额达 1.38 亿元，返还给企业现金数额达 1036 万元。2012 年营口市召开现场办公会议解决企业融资难问题，辽宁省解决用电时限和减收资源税问题；2013 年营口市解决了预收电费等问题。根据国家价格政策及原料、燃料、电力、运输等价格变动维权。从 2003 年 9 月以来因国家调整出口关税，原料、燃料、电费、运费涨价，使企业生产成本上升。营口耐协经调查核算后本着不搭车涨价尽量化解的原则，对耐材产品市场指导价格近相应调整，保证了产品供应，获得用户赞许。

积极应对国际贸易争端、维护企业声誉和产品出口市场。营口镁质耐产品出口到世界上98个国家，但近年来不断遭到反倾销。2003年6月，协会获知欧盟接受奥镁公司等提交的对中国出口镁炭砖反倾销信息后，建立预警机制、采取应对措施。调查企业镁炭砖出口数量并向市政府报告，提出市政府建立预警系统，编发20多期简报向企业介绍国外对中国的反倾销案例、WPO《反倾销协议》、欧盟反倾销法律，举办了7期共368人次的反倾销培训。2004年7月欧盟对我国出口镁碳砖反倾销公告后，协会立即组织企业应诉、对初裁又组织抗辩，终裁结果使协会2家企业获得市场经济地位、1家企业获得价格承诺、1家企业成为新出口商，7家企业继续出口。2011年6月份，五年期满又决定“日落复审”时，协会坚决抗辩，并与奥镁公司共同坚决反对“日落复审”。获得欧盟终裁决定取消“日落复审”反倾销措施，从2010年10月4日停止征收反倾销税，全面恢复了企业产品的出口欧盟市场。协会还先后组织了企业对美国反倾销、反补贴，对土耳其、巴西等对镁碳砖反倾销应诉。

营口是中国及全球镁质耐火材料主产区，协会决心把行业建成用户最放心最优秀的供应基地和服务队伍，实现供需双赢。热烈欢迎用户监督和支持。

新密市耐火材料行业协会

新密市耐火材料行业协会，成立于2004年。2014年，为规范协会管理，在市委市政府、市科技和工业信息化局、市民政局的正确领导下；在中国耐火材料行业协会和河南省耐火材料行业协会的工作指导下，按照协会章程积极传达政府有关方针政策，完成市委、市政府有关部门交办的工作。围绕行业热点问题，经常开展行业技术经验交流，及时了解掌握耐材行业的市场动态，推广新技术、新设备，引导行业调整产品结构，推进节能减排，安全生产，发展循环经济，积极开展技术交流活动，是行业平稳可持续发展，满足高温工业需要。

一、行业概况

新密市位于河南省会郑州西南30公里处，是河南省改革开放发展特别试点县（市）、扩权县（市）之一，河南省加快城镇化进程重点县（市）、对外开放重点县（市）、对外开放重点县（市）之一。

新密市耐火材料工业始于1958年，经过50多年的发展，已成为新密市的重要支柱产业和国家耐火材料产业基地。耐火材料产量约占全国的15%。新密市矿产资源丰富，种类繁多，分布广，储量广，品位高。已探明矿藏有25种，其中，煤炭储量50亿吨，石灰石储量50亿吨，工业硅储量10亿吨，铝矾土储量1.5亿吨，丰富的矿产资源为耐材工业发展奠定了雄厚的物质基础。产品质量、档次居全国同行业前列，部分产品达到国际先进水平。2006年，全市共有各类耐火材料生产企业800多家，按照省委省政府节能环保要求，引导耐材企业积极实施技术改造，提高技术装备水平，扩大生产规模，将多而小、小而散的小作坊手工业实施关闭280家，剩余496家企业完成治理改造任务。2012年，496家耐材企业通过兼并、收购、联营等方式，重组到390家，2013年按照市委、市政府《关于推动全市耐火材料企业联合重组的意见》（新密发［2011］14号文件）精神，实施151工程，依据企业纳税情况，选择150家企业作为联合重组，全市现390家耐材企业通过兼并重组、联营等方式重组到100家。重点扶持其发展。2014年，实现销售收入718亿元，同比增长6.8%，出口创汇1.7亿美元，产品覆盖了60%的国内市场和20%的国际市场，远销世界20多个国家和地区。

二、协会情况

市委市政府组织耐火材料生产企业和相关的大专院校、科研院所、事业单位及个人自愿组成的非营利性社会团体。2014年，拥有会员100家，设有会长1人，由时任市政府副市长王明安担任，执行会长1人，由时任市科技和工业信息化局长陈贺平担任，设有副会长15人，秘书长1人。协会本着紧紧围绕铝、硅、镁、锆质材料行业的发展规划开展工作，坚持以“调结构、促转型、保运行、稳市场、提质量、增效益”为重点，努力化解产能过剩矛盾，着力引导行业创新驱动，不断深化节能减排和环保治理工作，推动行业结构调整。

（1）调品结构，促进行业发展。根据主管部门的要求，协会聘请专家对会员单位申报的各类项目进行评审和论证，配合新密市耐火材料行业管理办公室，多次深入生产一线，检查指导铝、硅矿山开采、恢复植被、炉窑煤制气置换天然气节能改造、污染治理和厂区美化绿化等工作。为政府的政策扶持提供依据，增强了行业发展方向及目标。

（2）扎实办好协会，全方位为企业服务。与新密市市政府共同举办“耐材行业技能比赛”，制定多项优惠政策，设立耐材行业发展基金，用于耐材行业发展，寻求合资合作，发展支柱产业；召开重点企业座谈会，研究行业应对新常态经济下行融资难的风险及措施，保证会员单位正常生产经营；积极支持中耐协的统计工作，做好行业经济运行分析工作。

（3）开展调查研究，协调解决行业问题。协会与市科工信局、耐火材料行业管理办公室等有关部门会同专家多次深入行业进行调研，了解企业生产经营状况，针对共性问题制定对策，为企业把好脉、定好位，为行业把准方向。针对我市耐材生产企业原材料紧缺，协会撰写了调查报告，为上级核定耐火材料原料合理配额提出了有价值的建议。

（4）促进行业健康发展，开展名优企业产品评选活动。名优评选过程严格按照规定的评选范围、条件、原则及程序，经企业申报、主管部门和行业协会审核推荐、行业专家评审。目前，认定为省级高新技术企业13家、省级企业技术中心16家、郑州市级企业技术中心33家，耐材产品获得国家专利产品375项、国家高新技术产品1项、省优质产品43项、市长质量奖1家、国家著名商标2项、省著名商标6项、名牌产品6项，获郑州市科技进步一等奖5项、二等奖8项。

（5）提升行业水平，加强行业员工培训工作。主办或协办多个培训，提高了企业人员的整体素质。对企业上岗人员进行分工种各样式培训。全面提高我市耐火材料企业员工的操作技能水平。举办企业纳税问题管理与策划专题培训班，使企业更好地了解和掌握国家税收政策，学习税收政策及策划技巧、纳税注意事项及节税筹划等专业知识。

（6）发挥行业网站作用、推广行业信息。新密耐材之窗信息网由市科技和工业信息化局主办，市耐材协会协办，集自主开发、运营、管理于一体的铝、硅、镁、锆材料行业信息门户网站，主要发布政府信息，铝、硅、镁、锆质材料及相关行业的市场行情、前沿科技、行业动态分析报告、供求信息、专家咨询等服务。

宜兴市耐火材料行业协会

宜兴市耐火材料行业协会成立于1997年9月，同年10月加入中国耐火材料行业协会。成立18年来，协会始终从宜兴本地行业实际出发，着眼全行业发展大局，坚持科学发展观，在维护行业权益、推进有序竞争、搭建合作平台、促进行业可持续发展等方面发挥了重要作用。

到2014年底，协会拥有会员单位83家，设有会长1人，由江苏振球集团董事长黄振球担任，名誉会长1人，副会长8人，秘书长1人，顾问1人。协会按照科学发展观的要求，贯彻落实国家产业政策，坚持走可持续发展道路，以“调结构、促转型、保运行、稳市场、提质量、增效益”为重点，努力化解产能过剩矛盾，着力引导行业科技创新，不断深化节能减排和环保治理工作，推动了行业结构调整和优化升级。

（1）强化服务职能，维护会员权益。协会坚持行业自律，根据《行业规约》监督会员单位自觉执行行业自律公约和国家的政策、法规，促进行业健康稳定发展。充分发挥纽带作用，构架起政企之间桥梁，维护会员单位合法权益。协会多次组织行业内外情况调研活动，及时了解行业发展情况，为行业发展提供参考，解决企业发展遇到的难题。尤其是2004年以来，对于在企业实施“煤改气”的过程中、企业窑炉改造后出现了天然气不能满足供应的问题、近年来天然气价格上涨导致企业成本大幅增加的问题等，协会充分发挥桥梁纽带作用，及时与中国耐材协会、宜兴市政府、宜兴市港华燃气公司进行沟通、汇报和协调，使问题得到了及时较好解决。

（2）搞好培训工作，提升管理水平。耐火材料行业需要大批熟料技术工人和具有耐火材料专业知识的供销人员。协会积极组织会员单位技术人员参加各种技术学习班、技术交流会等，对满足多品种、小批量、异型及特异性耐材企业的生产需求起到了拾遗补缺的作用。通过举办企业纳税问题管理与策划专题培训班，使企业更好地了解和掌握国家税收政策、纳税注意事项及节税筹划等专业知识。做好《耐火材料准入条件》（2014年本）的学习宣传，提高企业对国家产业政策和《准入条件》的了解认识程度，把握政策调整方向。

（3）发挥平台作用，促进多方交流。协会一向注重对外交流，多次组织会员单位到国内重点耐材产地学习交流，也曾多次组织外地行业协会及企业到我市举办推介会，交流会。我市是“国家火炬计划非金属材料特色产业基地”，另有“江苏省宜兴市陶瓷产业园”和“江苏省宜兴工业陶瓷科技产业园”，协会积极利用三大平台促进产学研交流。例如我市嘉耐高温材料有限公司与东北大学、郑州大学、武汉科技大学、安徽工业科技大学等科研院所保持了良好的合作关系，并与武汉科技大学创办了“五科-嘉耐特钢精炼材料工程技术研究中心”，近年来，获得9项专利，先后承担国家火炬计划重点项目两项。协会通过举办信息交流会、技术交流会、学习参观会、经营方针交流会等活动促进企业、科研院所、政府部门等各方面互相交流，使企业和相关组织建立良好互动关系。

（4）抓好技术改造，推进节能减排。我国耐火材料行业普遍存在高资源消耗、高能耗、高环境污染的问题。实现行业健康可持续发展是宜兴耐材协会的宗旨之一。长期以来，协会注重引导企业通过实施清洁生产、加强末端治理、资源循环利用等手段，将污染物排放、能耗与水耗水平控制到较低水平，实现“增产不增污”确保满足污染物排放总量控制指标与节能减排要求。协会配合宜兴市政府促进企业更新生产设备，淘汰落后产能。近年来，企业落后设备已基本改造完毕，一批高耗能的倒焰窑被隧道窑、梳式窑替代，燃煤已基本被天然气、电和燃油替代。目前，我市耐材行业拥有高温隧道窑与电窑炉共近百座，千吨以上压砖机50余台，还有具备完善化学分析和先进高温检测设备的企业实验室20余家。

（5）注重标准化工作，促进转型发展。近年来，协会重视标准化工作在提升产业结构方面的作用，鼓励会员单位积极参与行业标准制订。我市为耐材企业全面实施标准化战略搭建科技服务平台，成立了省陶瓷耐火材料产品质量监督检验中心、武汉科技大学宜兴陶瓷与耐火材料研究院，为全市耐材企业引进和培养了一批标准化工作方面的专业人员。2014年10月，我市还成立全国耐火材料标准化技术委员会高温隔热耐火砖工作组，这是我市耐火行业成立的首个国家级标准化工作组。到2014年，我市无锡南耐集团、市耐火材料公司、宜刚耐火等10多家企业主持或参与过国家专业标准的制订，进一步掌握行业话语权。

在当前经济下行压力较大、节能减排力度加大、转型升级形势迫切的发展“新常态”下，要保持我市耐火材料行业的持续健康发展，还需要一个长期努力的过程。协会将在中国耐材协会和宜兴市经信部门的领导和指导下，创新思路，主动作为，进一步发挥好协调服务、桥梁纽带和参谋助手作用，促使广大会员企业走出一条以科技创新、管理创新为根本的可持续发展道路，为宜兴经济发展和中国耐材行业提升作出新的贡献。

山西省阳泉市郊区耐火材料行业协会

山西省阳泉市郊区耐火材料行业协会（简称阳郊耐协），是由山西省阳泉市郊区范围内耐火材料企业和关心支持郊区耐火材料行业发展的有识有志之士自愿组成的、以推动郊区耐火材料行业发展为宗旨的联合性、非营利性社会组织，经阳泉市郊区社团登记管理机关核准登记注册，具备法人资格。于2004年10月批准筹备组建，2005年11月27日正式成立。协会办公地址在阳泉市白泉工业园区耐火小区。阳泉市郊区耐火材料行业协会，主管单位是郊区经济商务信息化局，社团登记管理机关是郊区民政局。协会接受郊区经信局和民政局的业务指导、监督管理。

一、行业概况

山西省阳泉市郊区矿产资源丰富，具有“煤铁之都”之誉，以黑、白、黄为主，特别是铝矾土以其储量大、品位高、易开采而著称，境内已探明的铝矾土储量1.2亿吨，氧化铝含量在65%以上，铝矾土质地仅次于世界铝矾土王国圭亚那。凭借得天独厚的铝矾土资源优势，郊区耐火材料企业发展至今已有六十五年的生产历史。耐火材料是阳泉市郊区主导产业之一，主要分布于荫营镇、河底镇、义井镇、西南舁乡、杨家庄乡五个乡镇。截至2013年辖区内已注册的耐火材料企业240余家，拥有先进的高温隧道窑82条，从业人员近20000人，有3个市级耐火材料研究所，10个省级高新技术企业，3个耐火材料产学研基地，有自营出口权的企业7家，16个企业领取了耐火材料《全国工业产品生产许可证》，并与国内多所大专院校和科研院所建立了合作关系。目前全行业已形成铝质、硅质、锆质、镁质、碳质、轻质、不定形、功能性耐火材料等8大系列若干个品种，产品广泛应用钢铁、冶金、建材、化工、机械制造、电力、石油、有色金属等行业领域。产品覆盖国内多数高温工业，远销美国、日本、俄罗斯、南非、印度、东南亚等国家和地区。2013年全区耐材企业生产各类耐火材料200余万吨，实现销售收入45亿元，出口创汇0.8亿美元，实现税收1.28亿元。

二、协会情况

阳郊耐协现有会员单位53家，协会已历经二届，第一、二届会长由阳泉华岭耐火材料有限公司董事长史永记担任，常务副会长由山西圣火炉料有限公司董事长史通昭担任，秘书长由王永寿担任。15个耐火材料企业为副会长单位。

阳郊耐协成立以来，紧紧围绕省、市、区行业产业规划开展工作，以为会员企业提供一个完美的服务为宗旨，充分发挥行业协会桥梁纽带作用，向政府反映会员单位诉求，同时加强协会自身建设，扎实开展工作，促进阳郊耐材行业向健康可持续方向发展。

（一）依法履行职能，组建并启动行业统计工作体系

根据中国耐火材料行业协会的安排，协会组建了专业统计工作体系和工作网络，完善了行业统计工作的规章制度和网上统计系统程序的编制，实现了耐火材料生产统计数据网上填报，在广大会员单位的支持下，统计工作得到了开展，统计工作日趋完善，工作制度得到了落实。在中国耐火材料行业协会召开的全国耐火材料统计工作年会上，阳郊耐协会员企业累计有10人获得了全国耐火材料行业统计工作“先进个人”称号。

（二）搭平台、办论坛、扩大行业的影响

为扩大阳泉郊区耐火行业在外界影响，提高耐材行业知名度，宣传阳郊耐材行业，阳郊耐协在“中国（荫营）耐火产业创新发展论坛”的前期准备工作中，做了大量工作。2008年10月17日，由阳泉市郊区人民政府主办，中国耐火材料行业协会支持，阳郊耐协协办的“中国（荫营）耐火产业创新发展论坛”，在山西阳泉郊区隆重召开。全国知名学者、专家、教授和国内外客商约200余名参加论坛的开幕式。2010年12月8日，由阳泉市郊区人民政府主办，阳郊耐协组织耐火行业40余人参加的阳泉市郊区第二届“耐火材料创新发展论坛”赴中钢集团洛耐院交流活动在中钢集团洛耐院举行。论坛举办期间，出席郊区第二届耐火材料创新发展论坛的代表团成员认真聆听了专家教授的授课，耐火企业家与中钢集团洛耐院专家、教授进行了座谈，就耐火产业的振兴与发展进行了问计交流，中钢集团洛耐院研发中心、技术中心还进行了耐火材料技术成果发布，阳郊耐材企业分别同中钢集团洛耐院签订了合作意向。

（三）内强素质抓培训，外联学习促交流

为提高耐火企业职工的整体素质，阳郊耐协采用走出去、请进来的方式，开展多层次、多类别的培训。2006～2013年，阳郊耐协多次组织企业走出去参观学习交流，组织企业参加了河南、山东、辽宁三省耐协举办的第三届“新知识新材料”学术交流研讨；在中钢集团洛阳耐火材料研

究院《耐火材料》杂志社创刊40周年之际，协会组织20个企业组团参加了庆典活动并参加了洛耐院举办的耐火材料发展技术研讨会，听取了中国科学工程院钟香崇院士等专家教授的讲座；邀请原中国耐火材料行业协会会长陶若璋来阳泉郊区做耐火材料专题形势报告；邀请中国金属学会会长、武汉科技大学首席教授李楠来阳泉郊区进行学术、技术指导；组织10家耐材企业参加了全国耐火材料生产许可证宣贯会议；多次组织企业参加中国钢铁协会、中国耐火材料行业协会联合举办的中国国际陶瓷、耐火材料、工业窑炉技术博览会；中国耐火材料行业协会、河南科技大学高温材料研究所举办的全国耐火材料发展研讨会和由国家耐火材料质量检测中心举办的全国耐火材料产品质量分析会；中耐协组织的全国耐材工业用矾土均化开发推进会；国家耐火材料标准化委员会组织的中国耐火材料标准评审和制修订会议；河南、山东、辽宁、山西四省耐协主办的耐火原料发展研讨会、全国不定形耐火材料研讨会、耐火材料机械设备技术交流会等。

2006年我们和技术监督局合作，聘请有关工程技术人员对全区涉及领取耐火材料《全国工业产品生产许可证》5个单元13个品种的生产企业进行了生产许可证的宣贯和培训；2007年，和国家质量技术监督局职业技能鉴定指导中心密切合作，对全区20个耐材企业有检、化验室的60多名检、化验人员进行了为期10天的专业培训；2009年，山西省中小企业"金桥行动"阳泉活动日在郊区举行，阳郊耐协组织耐材企业100余人聆听了讲座；2011年，和人力资源和社会保障局合作，聘请业内相关技术人员对耐材企业800多名员工进行了职业技能培训。

（四）开展岗位技能竞赛，提高员工职业技能

2005年10月，根据阳泉市第四届职工技术大赛组委会的安排，阳郊耐协承担了阳泉市第四届职工技术大赛耐火材料专业的比赛。按照大赛组委会要求，协会做了大量的工作。阳泉市第四届职工技术大赛耐火材料专业顺利进行，阳郊耐协圆满完成了大赛组委会交办的任务。2010年10月，根据阳泉市郊区劳动竞赛委员会的安排，阳郊耐协和区总工会、区人力资源和社会保障局、区科技局联合组织了阳泉市郊区首届耐火材料行业职工技术大赛。

（五）倾力打造"漾泉耐材"，依托品牌占领市场

阳郊耐协和工商部门密切合作，在其会员单位中选择了29家规模较大、企业检测设施较为齐全、产品质量有保障、市场占有率较高的企业参与注册"漾泉耐材"集体商标的申报工作，旨在通过注册集体商标这一经济纽带，使企业联合起来，以统一的质量标准，统一的品牌，统一的包装来占领市场，从而推进全区耐火企业集约化经营发展的道路，这样既有利于创立企业集团信誉，提升集体竞争力，还能有效增强各企业抵御市场风险的能力，推进整个耐火企业的发展。同时，集体商标的注册使用本身极具广告效益，可以有效弥补企业规模小，力量不足的缺陷，把耐火企业的力量集中起来，形成拳头产品，帮助企业取得规模经济效益，扩大产品在国内、国际市场的影响。2012年，国家商标总局已对"漾泉耐材"集体商标批准注册。

（六）加强协会自身建设，不断提高服务水平

为贯彻落实省政府《山西省新型材料产业调整和振兴规划》，阳郊耐协积极申报，同时完善相关资料和设施建设，经阳泉市科技局推荐和审查，山西省科学技术厅以晋科高发（2010)60号文件批准了《阳泉市耐火材料行业生产力促进中心》的成立。

在2005年10月由阳泉市劳动竞赛委员会举办的阳泉市第四届职工技术大赛上，协会协办、阳泉市华岭耐火材料有限公司承办的耐火材料专业比赛获得圆满成功，阳郊耐协荣获阳泉市劳动竞赛委员会"一等功"称号。

在2006年4月太原召开的全省中小企业法律维权、行业协会服务体系建设会议上，阳郊耐协获得山西省中小企业系统行业协会"先进单位"称号。

在2008年1月召开的全省中小企业服务体系建设会上，阳郊耐协获2007年度中小企业服务体系建设"先进单位"称号。

第九篇

附录

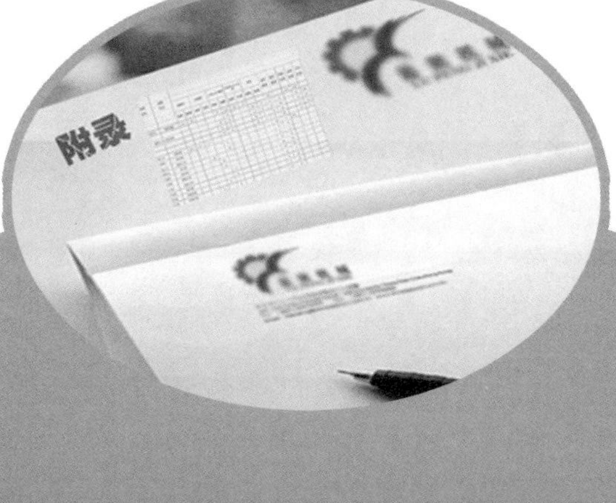

2010～2014年获国家专利的耐火材料产品

中国耐火材料重点企业（单位）获得国家专利（发明、实用）明细

序号	单　位	名　称	专利号	专利类别	授权时间
1	辽宁青花耐火材料股份有限公司	一种以二甲基硅油为结合剂的镁钙质耐火捣打料	ZL201210219985.8	发明专利	2014年1月29日
2	辽宁青花耐火材料股份有限公司	一种有色重金属冶炼用复合尖晶石锆耐火材料	ZL201210257706.7	发明专利	2013年12月4日
3	辽宁青花耐火材料股份有限公司	一种真空脱气炉用镁锆铝砖及其制备方法	ZL201210281153.9	发明专利	2014年6月11日
4	辽宁青花耐火材料股份有限公司	一种利用冶炼条件原位生成镁阿隆/β-塞隆复相的不烧无碳砖	ZL201210320052.8	发明专利	2013年12月4日
5	辽宁青花耐火材料股份有限公司	一种耐火材料轨道车用电拖车	ZL201320429344.5	实用新型	2014年1月18日
6	辽宁青花耐火材料股份有限公司	一种镁钙碳砖自动浸渍蜡液的工艺设备	ZL201320429435.9	实用新型	2014年1月8日
7	辽宁青花耐火材料股份有限公司	一种废镁碳砖回收处理竖窑	ZL201320731591.0	实用新型	2014年6月11日
8	辽宁青花耐火材料股份有限公司	一种颚式破碎机	ZL201420144035.8	实用新型	2014年9月24日
9	辽宁青花耐火材料股份有限公司	一种耐火厂干燥窑用网状多层干燥车	ZL201420221904.2	实用新型	2014年9月24日
10	辽宁青花耐火材料股份有限公司	一种水泥窑用镁钙锆钛砖及其生产方法	ZL201310125763.4	发明专利	2014年12月31日
11	大石桥市金龙耐火材料有限公司	高钙镁钙碳砖及其制造方法	ZL200810230157.8	发明专利	2011年10月5日
12	大石桥市金龙耐火材料有限公司	高温烧成镁碳砖及其制造方法	ZL200810230156.3	发明专利	2011年10月5日
13	大石桥市金龙耐火材料有限公司	一种自动称重给料机	ZL201320831537.3	实用新型	2014年5月21日
14	辽宁科技大学	高炉用金属钻头及其制造方法	ZL200810229107.8	发明专利	2010年
15	辽宁科技大学	用硼镁矿做添加剂生产镁碳砖的方法	ZL201110049501.5	发明专利	2011年
16	辽宁科技大学	含高氧化铝的废弃耐火材料生产高炉用无水炮泥的方法	ZL201010236869.8	发明专利	2012年
17	辽宁科技大学	一种不烧镁钙碳砖的防水化方法	ZL201210045056.X	发明专利	2013年

续表

序号	单　位	名　称	专利号	专利类别	授权时间
18	辽宁科技大学	轻烧氧化镁的热选方法及装置	ZL201110049511.9	发明专利	2014年
19	辽宁科技大学	一种防堵塞中间包上水口及其制造方法	ZL201110413610.0	发明专利	2013年
20	辽宁科技大学	一种连铸用高耐蚀性整体塞棒	ZL201110415487.6	发明专利	2013年
21	辽宁科技大学	高温箱式电炉炉衬预制体及其预制方法	ZL201110114414.3	发明专利	2014年
22	辽宁科技大学	一种检测耐火材料高温耐磨性能的旋转接触式试验机及方法	201310015696.00	发明专利	2014年
23	辽宁科技大学	一种高强度铁沟摆动溜嘴浇注料及其制备方法	201310015696.00	发明专利	2014年
24	辽宁中镁控股股份有限公司	一种用于钢包内衬的砌筑结构	ZL201220383299.X	实用新型	2013年1月30日
25	辽宁中镁控股股份有限公司	一种窑炉炉底阶梯式砌筑结构	ZL201220383270.1	实用新型	2013年1月30日
26	辽宁中镁控股股份有限公司	一种分体式出钢口管砖结构	ZL201220373309.1	实用新型	2013年1月30日
27	辽宁中镁控股股份有限公司	一种用于转炉炉底透气护砖的砌筑结构	ZL201220373177.2	实用新型	2013年1月30日
28	辽宁中镁控股股份有限公司	一种转炉炉底砌筑结构	ZL201220401124.7	实用新型	2013年2月13日
29	辽宁中镁控股股份有限公司	一种炼钢转炉用分节变径出钢口内套管	ZL201220521995.2	实用新型	2013年4月10日
30	辽宁中镁控股股份有限公司	一种底吹AOD炉炉底砌筑结构	ZL201320344424.0	实用新型	2013年6月17日
31	辽宁中镁控股股份有限公司	镁-镁橄榄石合成砂及其制备方法	ZL201210149376.X	发明专利	2013年6月26日
32	辽宁中镁控股股份有限公司	MgO-CaO-C质干式喷补料	ZL201210101172.9	发明专利	2013年6月12日
33	辽宁中镁高温材料有限公司	高性能镁铝锆复合尖晶石砖及其制造方法	ZL201210239826.4	发明专利	2013年9月11日
34	辽宁中镁高温材料有限公司	改进型RH合金加料口大砖	ZL201320344269.2	实用新型	2013年12月18日
35	辽宁中镁高温材料有限公司	一种球形炉底砌筑结构	ZL201320501942.9	实用新型	2014年3月5日
36	辽宁中镁高温材料有限公司	RH环流层上层双环砌筑结构	ZL201320501941.4	实用新型	2014年3月5日
37	辽宁中镁高温材料有限公司	用于砌筑球形炉底的双弧面环砖	ZL201320511899.4	实用新型	2014年3月5日

续表

序号	单　位	名　称	专利号	专利类别	授权时间
38	辽宁中镁高温材料有限公司	不定形耐火材料抗渣坩埚及耐压样块用三联模具	ZL201320508480. 3	实用新型	2014 年 4 月 9 日
39	辽宁中镁高温材料有限公司	镶嵌式复合结构风眼砖	ZL201420265933. 9	实用新型	2014 年 10 月 22 日
40	辽宁中镁高温材料有限公司	具有低热导率、高使用性能的复合镁钙砖及其制造方法	ZL201310352838. 2	发明专利	2014 年 10 月 22 日
41	通达耐火技术股份有限公司	一种循环流化床锅炉用多阶弧形缓冲防磨装置	ZL201020177453. 9	实用新型	2011 年 3 月 2 日
42	通达耐火技术股份有限公司	陶瓷锚固件金属件	ZL201030178366. 0	外观设计	2011 年 4 月 27 日
43	通达耐火技术股份有限公司	一种水泥窑用篦式冷却机喉部预制件	ZL201020555584. 6	实用新型	2011 年 5 月 25 日
44	通达耐火技术股份有限公司	一种耐磨耐火涂料的制备方法	ZL200810105562. 7	发明专利	2011 年 10 月 26 日
45	通达耐火技术股份有限公司	一种耐高温铁沟耐火材料厚度测量器	ZL201120120796. 6	实用新型	2011 年 11 月 30 日
46	通达耐火技术股份有限公司	高风温、长寿型热风炉所用高纯红柱石砖及其制备方法	ZL200810230960. 1	发明专利	2011 年 9 月 7 日
47	通达耐火技术股份有限公司	一种用于耐火合成原料的连续配料系统及方法	ZL201010219746. 3	发明专利	2011 年 12 月 28 日
48	通达耐火技术股份有限公司	锆酸钙以及利用锆酸钙制备的水泥窑用镁钙锆砖	ZL201010101619. 3	发明专利	2012 年 2 月 8 日
49	通达耐火技术股份有限公司	高炉风口侧用砖	ZL201120225267. 2	实用新型	2012 年 2 月 8 日
50	通达耐火技术股份有限公司	高炉风口顶部用砖	ZL201120225264. 9	实用新型	2012 年 2 月 8 日
51	通达耐火技术股份有限公司	正多边形高炉风口棱角用砖	ZL201120225261. 5	实用新型	2012 年 2 月 8 日
52	通达耐火技术股份有限公司	一种单组分磷酸盐结合耐磨耐火可塑料的制备方法	ZL200810113826. 3	发明专利	2012 年 3 月 21 日
53	通达耐火技术股份有限公司	一种 500kg 级节能隔热衬里材料及其制备方法	ZL200910090389. 2	发明专利	2012 年 3 月 21 日
54	通达耐火技术股份有限公司	一种 800kg 级节能隔热衬里材料及其制备方法	ZL200910090392. 4	发明专利	2012 年 3 月 21 日
55	通达耐火技术股份有限公司	一种 600kg 级节能隔热衬里材料及其制备方法	ZL200910090390. 5	发明专利	2012 年 4 月 11 日
56	通达耐火技术股份有限公司	隧道窑余热利用系统	ZL201120225262. X	实用新型	2012 年 4 月 18 日
57	通达耐火技术股份有限公司	蜂窝状的蓄热砖	ZL201120225263. 4	实用新型	2012 年 4 月 4 日

续表

序号	单 位	名 称	专利号	专利类别	授权时间
58	通达耐火技术股份有限公司	高炉风口角部用砖	ZL201120225265.3	实用新型	2012 年 4 月 25 日
59	通达耐火技术股份有限公司	高炉风口结构	ZL201120225266.8	实用新型	2012 年 4 月 25 日
60	通达耐火技术股份有限公司	一种 700kg 级节能隔热衬里材料及其制备方法	ZL200910090391.X	发明专利	2012 年 4 月 18 日
61	通达耐火技术股份有限公司	耐火材料衬里用金属锚固件	ZL201130240762.6	外观设计	2012 年 4 月 18 日
62	通达耐火技术股份有限公司	高炉综合炉底用陶瓷垫	ZL201120212670.1	实用新型	2012 年 5 月 2 日
63	通达耐火技术股份有限公司	日产 2500 吨的水泥回转窑的筒体内衬	ZL201120212648.7	实用新型	2012 年 5 月 2 日
64	通达耐火技术股份有限公司	一种矾土基高致密耐火合成料及生产方法	ZL201010219736.X	发明专利	2012 年 7 月 4 日
65	通达耐火技术股份有限公司	日产 5000 吨的水泥回转窑的筒体内衬	ZL201120298785.7	实用新型	2012 年 7 月 4 日
66	通达耐火技术股份有限公司	一种含均质料的刚玉-莫来石质高强耐磨可塑料	ZL201010535348.2	发明专利	2012 年 9 月 5 日
67	通达耐火技术股份有限公司	一种水泥窑用篦式冷却机的矮墙结构	ZL201220221802.1	实用新型	2012 年 12 月 12 日
68	通达耐火技术股份有限公司	高炉风口下部用砖	ZL201220432123.9	实用新型	2013 年 3 月 6 日
69	通达耐火技术股份有限公司	渣口角部用砖	ZL201220432124.3	实用新型	2013 年 3 月 6 日
70	通达耐火技术股份有限公司	隧道窑窑车台面	ZL201220432119.2	实用新型	2013 年 3 月 6 日
71	通达耐火技术股份有限公司	高炉铁口结构	ZL201220436157.5	实用新型	2013 年 3 月 6 日
72	通达耐火技术股份有限公司	高炉渣口组合结构	ZL201220432136.6	实用新型	2013 年 3 月 6 日
73	通达耐火技术股份有限公司	铁口组合砖	ZL201220436008.9	实用新型	2013 年 3 月 6 日
74	通达耐火技术股份有限公司	高炉炉底陶瓷垫	ZL201220462995.X	实用新型	2013 年 3 月 13 日
75	通达耐火技术股份有限公司	一种高铝均质料-氧化铬-氧化锆系耐磨浇注料	ZL201010535390.4	发明专利	2012 年 11 月 21 日
76	通达耐火技术股份有限公司	一种含均质料的刚玉-莫来石质高强耐磨浇注料	ZL201010535364.1	发明专利	2012 年 11 月 14 日
77	通达耐火技术股份有限公司	垃圾焚烧炉炉墙	ZL201220429588.9	实用新型	2013 年 3 月 13 日
78	通达耐火技术股份有限公司	高炉风口组合结构	ZL201220432145.5	实用新型	2013 年 4 月 3 日
79	通达耐火技术股份有限公司	垃圾焚烧炉炉墙用碳化硅拉固砖	ZL201220429589.3	实用新型	2013 年 5 月 1 日

续表

序号	单 位	名 称	专利号	专利类别	授权时间
80	通达耐火技术股份有限公司	垃圾焚烧炉炉墙碳化硅砖	ZL201220429601.0	实用新型	2013年5月29日
81	通达耐火技术股份有限公司	一种采用矾土基均质料制备的耐磨抗侵蚀浇注料及其方法	2.0101E+11	发明专利	2013年10月16日
82	通达耐火技术股份有限公司	一种高炉主铁沟沟壁耐火材料残厚即时测量器	2.0132E+11	实用新型	2013年10月16日
83	通达耐火技术股份有限公司	一种无水泥浇注料的制备方法	ZL201110408456.8	发明专利	2013年5月15日
84	通达耐火技术股份有限公司	成品砖拣选线的输送线	201320260283.40	实用新型	2013年11月6日
85	通达耐火技术股份有限公司	成品砖自动拣选生产线	201320260246.30	实用新型	2013年11月6日
86	通达耐火技术股份有限公司	成品砖拣选线的翻转结构	201320260342.80	实用新型	2013年11月6日
87	通达耐火技术股份有限公司	铁口预制件成型模具	201330241281.60	外观设计	2014年1月1日
88	通达耐火技术股份有限公司	预制块吊装件	201330241070.20	外观设计	2014年1月1日
89	通达耐火技术股份有限公司	一种铁口预制件成型模具	201320330559.10	实用新型	2014年1月1日
90	通达耐火技术股份有限公司	一种预制块吊装件	201320330450.80	实用新型	2014年1月1日
91	通达耐火技术股份有限公司	一种高炉风口垫结构	201420389275.40	实用新型	2014年12月3日
92	通达耐火技术股份有限公司	一种高炉风口帽结构	201420389300.90	实用新型	2014年12月3日
93	通达耐火技术股份有限公司	一种高炉上下部炉缸结构	201420392582.80	实用新型	2014年12月3日
94	通达耐火技术股份有限公司	一种高强耐碱抗结皮耐火浇注料	201210359603.10	发明专利	2014年9月17日
95	通达耐火技术股份有限公司	均化料为骨料的窑口用高强抗剥落浇注料及制备方法	201210303752.60	发明专利	2014年12月10日
96	通达耐火技术股份有限公司	煤矸石制备的高强耐碱浇注料及其方法	201210359733.50	发明专利	2014年9月3日
97	瑞泰科技股份有限公司	一种高铬磨球及其二次变质加工工艺	201010226726.90	发明专利	2010年7月15日
98	瑞泰科技股份有限公司	钢铁浇注方法及下水口砖	201010248986.60	发明专利	2010年8月5日
99	瑞泰科技股份有限公司	镁铁-镁铝复合尖晶石砖及其制备方法	201010582954.X	发明专利	2010年12月10日

续表

序号	单　位	名　称	专利号	专利类别	授权时间
100	瑞泰科技股份有限公司	镁铬质预制件	201010582942.70	发明专利	2010年12月10日
101	瑞泰科技股份有限公司	一种高纯硅质耐火材料及其生产工艺	201110091061.X	发明专利	2011年4月6日
102	瑞泰科技股份有限公司	一种具有高抗侵蚀性、高抗热震性的RH炉用镁铬砖及其生产工艺	201110091063.90	发明专利	2011年4月6日
103	瑞泰科技股份有限公司	一种快硬耐磨不定形耐火材料	201110281108.90	发明专利	2011年9月21日
104	瑞泰科技股份有限公司	一种耐火耐磨浇注料	201110400326.X	发明专利	2011年12月6日
105	瑞泰科技股份有限公司	一种复合结合耐磨耐火浇注料	201110400297.70	发明专利	2011年12月6日
106	瑞泰科技股份有限公司	提高耐火材料性能的浸渍介质	201110314681.50	发明专利	2012年5月9日
107	瑞泰科技股份有限公司	一种烧结铝硅质耐火材料及其制备方法	201210189310.30	发明专利	2012年6月8日
108	瑞泰科技股份有限公司	一种低铝烧结铝硅质耐火材料及其制备方法	201210189124.X	发明专利	2012年6月8日
109	瑞泰科技股份有限公司	一种耐碱砖及其制备方法	201210315304.80	发明专利	2012年8月30日
110	瑞泰科技股份有限公司	一种用于水泥窑的燃烧器耐火衬体预制筑块和生产方法及其应用	201210356204.X	发明专利	2012年9月24日
111	瑞泰科技股份有限公司	铜冶炼炉用镁铝钛砖	201210541602.90	发明专利	2012年12月14日
112	瑞泰科技股份有限公司	一种耐火材料热震稳定性能的测试方法	201310032764.40	发明专利	2013年1月28日
113	瑞泰科技股份有限公司	一种新型轻质莫来石砖及其制备方法	201310171084.00	发明专利	2013年5月10日
114	瑞泰科技股份有限公司	一种镁尖晶石质耐火制品	201310171085.50	发明专利	2013年5月10日
115	瑞泰科技股份有限公司	一种新型预混合电子配料车	201320251471.00	实用新型	2013年5月10日
116	瑞泰科技股份有限公司	一种耐磨可塑料及其生产方法	201310297896.X	发明专利	2013年7月16日
117	瑞泰科技股份有限公司	一种隔热耐火材料及其制作方法	201310297842.30	发明专利	2013年7月16日
118	瑞泰科技股份有限公司	一种水泥浇注料及其使用方法	201310299295.20	发明专利	2013年7月16日
119	瑞泰科技股份有限公司	一种耐火浇注料及其使用方法	201310299318.X	发明专利	2013年7月16日

续表

序号	单　位	名　称	专利号	专利类别	授权时间
120	瑞泰科技股份有限公司	一种低导热耐磨砖	201310308081.70	发明专利	2013年7月18日
121	瑞泰科技股份有限公司	一种节能型锆莫砖	201320439242.10	实用新型	2013年7月18日
122	瑞泰科技股份有限公司	一种用于水泥旋窑耐火砖砌筑用胶泥	201310308650.80	发明专利	2013年7月18日
123	瑞泰科技股份有限公司	一种纳米催化金属-陶瓷结合不烧不浸的环境友好型滑板及其制备工艺	201310337009.70	发明专利	2013年7月30日
124	瑞泰科技股份有限公司	一种富硅莫来石轻质骨料及其制备方法	201310392964.00	发明专利	2013年9月2日
125	瑞泰科技股份有限公司	一种新型多孔莫来石轻质骨料及其制备方法	201310392953.20	发明专利	2013年9月2日
126	瑞泰科技股份有限公司	一种低气孔镁铝尖晶石-铬刚玉氧化锆复合烧结耐火材料及其生产工艺	201310500475.20	发明专利	2013年10月9日
127	瑞泰科技股份有限公司	一种低气孔镁铝尖晶石-氧化锆烧结复合耐火材料及其生产工艺	201310500474.80	发明专利	2013年10月9日
128	瑞泰科技股份有限公司	耐材原料湿碾机除尘装置	201320718686.90	实用新型	2013年11月13日
129	瑞泰科技股份有限公司	麦尔兹石灰窑悬挂缸底座修复方法	201310574652.10	发明专利	2013年11月15日
130	瑞泰科技股份有限公司	一种矿山专用高铬磨球及其二次变质加工工艺	201310577827.40	发明专利	2013年11月16日
131	瑞泰科技股份有限公司	一种超抗磨高铬多合金磨球及其复合变质加工工艺	201310577826.X	发明专利	2013年11月16日
132	瑞泰科技股份有限公司	铸造辅助浇注小车	201310607157.60	发明专利	2013年11月25日
133	瑞泰科技股份有限公司	耐磨钢球回火集装箱	201310607208.50	发明专利	2013年11月25日
134	瑞泰科技股份有限公司	一种耐磨钢球振动除杂装置	201310607872.X	发明专利	2013年11月25日
135	瑞泰科技股份有限公司	一种钢球淬火辅助铁筐	201310607079.X	发明专利	2013年11月25日
136	瑞泰科技股份有限公司	一种耐磨钢球生产线辅助浇注装置	201310607198.50	发明专利	2013年11月25日
137	瑞泰科技股份有限公司	耐磨钢球包装辅助装置	201310607726.70	发明专利	2013年11月25日
138	瑞泰科技股份有限公司	低气孔方镁石-镁铝尖晶石-氧化锆烧结复合耐火材料及其生产工艺	201310587230.80	发明专利	2013年11月27日
139	瑞泰科技股份有限公司	锆莫红砖及其制备工艺	201310631791.30	发明专利	2013年11月29日
140	瑞泰科技股份有限公司	滑板砖及其制备方法	201310628229.50	发明专利	2013年11月29日

续表

序号	单　位	名　称	专利号	专利类别	授权时间
141	瑞泰科技股份有限公司	一种组合砖及其制备方法	201310629603.30	发明专利	2013年11月29日
142	瑞泰科技股份有限公司	一种复合砖及其制备方法	201310667424.90	发明专利	2013年12月9日
143	瑞泰科技股份有限公司	一种不烧砖及其制备方法	201310660113.X	发明专利	2013年12月9日
144	瑞泰科技股份有限公司	一种有色冶炼炉吹氧管用涂抹料	201310720153.90	发明专利	2013年12月14日
145	瑞泰科技股份有限公司	一种窑车用台面砖	201320847577.70	实用新型	2013年12月21日
146	瑞泰科技股份有限公司	一种镁铬锆复合砖	201310722920.X	发明专利	2013年12月25日
147	瑞泰科技股份有限公司	一种水泥窑喷煤管用新型锚固结构	201420074764.00	实用新型	2014年2月19日
148	瑞泰科技股份有限公司	一种催化裂化装置用高强隔热耐磨浇注料	201410060978.70	发明专利	2014年2月24日
149	瑞泰科技股份有限公司	再生叶蜡石碳化硅碳砖及其制备方法	201410254835.X	发明专利	2014年6月10日
150	瑞泰科技股份有限公司	一种CFB锅炉耐磨内衬工程节能环保烘炉方法	201410274841.00	发明专利	2014年6月19日
151	瑞泰科技股份有限公司	一种浇注料自动配料系统	201410306567.10	发明专利	2014年6月30日
152	瑞泰科技股份有限公司	锆莫砖	201410309230.60	发明专利	2014年6月30日
153	瑞泰科技股份有限公司	硅莫砖	201410309118.20	发明专利	2014年6月30日
154	瑞泰科技股份有限公司	一种浇注料粉料磁选装置	201410306957.90	发明专利	2014年6月30日
155	瑞泰科技股份有限公司	一种浇注料粉料处理装置	201410307095.10	发明专利	2014年6月30日
156	瑞泰科技股份有限公司	浇注料粉料处理装置	201410309074.30	发明专利	2014年6月30日
157	瑞泰科技股份有限公司	一种浇注料磁选装置	201410309359.70	发明专利	2014年6月30日
158	瑞泰科技股份有限公司	浇注料磁选装置	201410309342.10	发明专利	2014年6月30日
159	瑞泰科技股份有限公司	一种硅莫砖检砖台	201410328245.70	发明专利	2014年7月10日
160	瑞泰科技股份有限公司	一种浇注料筛选机	201410328652.80	发明专利	2014年7月10日
161	瑞泰科技股份有限公司	一种浇注料筛选装置	201410328046.60	发明专利	2014年7月10日
162	瑞泰科技股份有限公司	一种浇注料分级整理设备	201410327720.90	发明专利	2014年7月10日
163	瑞泰科技股份有限公司	一种泡沫轻质利废耐火浇注料及其制造工艺	201410338590.90	发明专利	2014年7月12日
164	瑞泰科技股份有限公司	一种泡沫轻质耐火材料制品及其生产工艺	201410338642.20	发明专利	2014年7月12日
165	瑞泰科技股份有限公司	一种玻璃窑用红柱石堇青石耐火材料及其制品	201410338626.30	发明专利	2014年7月12日

续表

序号	单　位	名　称	专利号	专利类别	授权时间
166	瑞泰科技股份有限公司	一种玻璃窑用红柱石耐火材料及其制品	201410338652.60	发明专利	2014年7月12日
167	瑞泰科技股份有限公司	一种泡沫轻质莫来石耐火浇注料及其制造工艺	201410338690.10	发明专利	2014年7月12日
168	瑞泰科技股份有限公司	一种感应电炉用中性炉衬耐火材料及其制作方法	201410356869.X	发明专利	2014年7月24日
169	瑞泰科技股份有限公司	一种高铬合金铸球	201410356366.20	发明专利	2014年7月24日
170	瑞泰科技股份有限公司	一种新型奥贝氏体磨球及其生产方法	201410356229.90	发明专利	2014年7月24日
171	瑞泰科技股份有限公司	一种颚式破碎机用高铬合金耐磨衬板	201410356018.50	发明专利	2014年7月24日
172	瑞泰科技股份有限公司	一种特高铬铸铁及其制备方法	201410356847.30	发明专利	2014年7月24日
173	瑞泰科技股份有限公司	一种防止铸铁磨球产生缩松、缩孔的方法	201410356830.80	发明专利	2014年7月24日
174	瑞泰科技股份有限公司	一种浇注料配料装置	201410355259.80	发明专利	2014年7月24日
175	瑞泰科技股份有限公司	一种高铬抗磨铸铁节能熔炼的方法	201410363879.60	发明专利	2014年7月25日
176	瑞泰科技股份有限公司	一种特高铬铸铁热处理方法	201410363943.00	发明专利	2014年7月25日
177	瑞泰科技股份有限公司	一种借助原位反应制备的炉外精炼用镁钙锆砖及其生产方法	201410373553.10	发明专利	2014年7月28日
178	瑞泰科技股份有限公司	一种铬镍氮稀土抗磨耐热钢	201410366080.20	发明专利	2014年7月28日
179	瑞泰科技股份有限公司	一种用于机械零部件上的耐磨涂料	201410366551.X	发明专利	2014年7月28日
180	瑞泰科技股份有限公司	一种耐热耐磨铁基自润滑材料	201410366641.90	发明专利	2014年7月28日
181	瑞泰科技股份有限公司	一种基于Ti和W元素的抗磨耐热钢	201410366644.20	发明专利	2014年7月28日
182	瑞泰科技股份有限公司	一种用感应炉铸造耐磨蚀耐热钢的工艺方法	201410366587.80	发明专利	2014年7月28日
183	瑞泰科技股份有限公司	一种基于钛合金表面热喷涂的镍包石墨涂层	201410366663.50	发明专利	2014年7月28日
184	瑞泰科技股份有限公司	一种添加膨润土的治理高炉铁口喷溅的无水炮泥	201410663344.00	发明专利	2014年8月1日
185	瑞泰科技股份有限公司	一种浇注料输料用的接通管结构	201410390943.X	发明专利	2014年8月9日
186	瑞泰科技股份有限公司	一种浇注料配料车	201410390866.80	发明专利	2014年8月9日
187	瑞泰科技股份有限公司	一种浇注料配料系统	201410390117.50	发明专利	2014年8月9日

续表

序号	单　位	名　称	专利号	专利类别	授权时间
188	瑞泰科技股份有限公司	一种水煤浆气化炉用高纯氧化铝空心球砖及其制备工艺	201410396340.00	发明专利	2014年8月12日
189	瑞泰科技股份有限公司	一种磷酸盐结合低铝硅莫砖及其制备方法	201410444238.30	发明专利	2014年8月29日
190	瑞泰科技股份有限公司	一种水泥回转窑砌砖设备用电驱液压合口机	201420535725.60	实用新型	2014年9月17日
191	瑞泰科技股份有限公司	一种含氧化铬的莫来石砖及其制备方法	201410488879.90	发明专利	2014年9月23日
192	瑞泰科技股份有限公司	一种早强抗爆耐火自流料	201410489400.30	发明专利	2014年9月23日
193	瑞泰科技股份有限公司	一种耐火材料用高温增强剂及其制备方法	201410488950.30	发明专利	2014年9月23日
194	瑞泰科技股份有限公司	耐火砖（圆弧形结合方式）	201430356715.10	外观设计	2014年9月24日
195	瑞泰科技股份有限公司	新型复合高强易换篦冷机矮墙预制件	201420551347.00	实用新型	2014年9月24日
196	瑞泰科技股份有限公司	复合型耐火砖结构	201420551368.20	实用新型	2014年9月24日
197	瑞泰科技股份有限公司	耐火砖（三角形结合方式）	201430356714.70	外观设计	2014年9月24日
198	瑞泰科技股份有限公司	耐材原料库房除尘系统	201420551400.70	实用新型	2014年9月24日
199	瑞泰科技股份有限公司	大型耐火砖坯吊装运输装置	201420551369.70	实用新型	2014年9月24日
200	瑞泰科技股份有限公司	一种基于热障和热辐射复合功能的高温环境节能用氧化铝质浇注料	201410519387.10	发明专利	2014年9月25日
201	瑞泰科技股份有限公司	一种基于热障和热辐射复合功能的高温环境节能用镁砖及其制备工艺	201410519390.30	发明专利	2014年9月25日
202	瑞泰科技股份有限公司	一种水泥回转窑砌砖设备用电驱液压合口机	201410529033.50	发明专利	2014年9月25日
203	瑞泰科技股份有限公司	一种用于高炉渣生产矿棉控流的塞棒及其工艺	201410578769.10	发明专利	2014年10月13日
204	瑞泰科技股份有限公司	一种用于高炉渣生产矿棉控流的水口及其生产工艺	201410578809.20	发明专利	2014年10月13日
205	瑞泰科技股份有限公司	一种石墨烯复合刚玉节能型滑板及其制备工艺	201410578823.20	发明专利	2014年10月13日
206	瑞泰科技股份有限公司	一种筑炉施工用切砖机	201420667221.X	实用新型	2014年11月8日
207	瑞泰科技股份有限公司	一种水泥窑分解带及过渡带冷端用改性高铝砖及其制备方法	201410758947.90	发明专利	2014年12月18日

续表

序号	单　位	名　称	专利号	专利类别	授权时间
208	瑞泰科技股份有限公司	纯低温余热发电设备中专用耐磨可塑捣打料	ZL200610166442.9	发明专利	2010年1月20日
209	瑞泰科技股份有限公司	用于生产高级硅质耐火材料的硅酸盐水泥及其生产工艺	ZL200710195251.X	发明专利	2010年2月24日
210	瑞泰科技股份有限公司	一种硅质耐火材料及其生产工艺	ZL200710195252.4	发明专利	2010年9月1日
211	瑞泰科技股份有限公司	一种航空垃圾焚烧炉用高强耐磨砖	ZL200810063625.7	发明专利	2010年10月20日
212	瑞泰科技股份有限公司	一种航空垃圾焚烧炉用高强耐磨浇注料	ZL200810063624.2	发明专利	2011年6月8日
213	瑞泰科技股份有限公司	烧结α-β氧化铝砖	ZL200810168821.0	发明专利	2010年12月8日
214	瑞泰科技股份有限公司	一种复合结合耐火浇注料	ZL200810168818.9	发明专利	2011年8月10日
215	瑞泰科技股份有限公司	熔融再结合复合氧化铝耐火材料	ZL200810168819.3	发明专利	2011年8月31日
216	瑞泰科技股份有限公司	一种大型、特异形莫来石-刚玉系烧结耐火材料制品及其生产工艺	ZL200810168822.5	发明专利	2012年5月23日
217	瑞泰科技股份有限公司	一种复合结合氧化铝-碳化硅-（碳）系不定形耐火材料	ZL200810168820.6	发明专利	2012年8月22日
218	瑞泰科技股份有限公司	复合结合刚玉质耐火材料	ZL200810180158.6	发明专利	2011年11月9日
219	瑞泰科技股份有限公司	大型特异型复合镁铝尖晶石制品及其生产工艺	ZL200810180556.8	发明专利	2012年1月25日
220	瑞泰科技股份有限公司	一种干式镁钙质自流耐火材料及其制备方法	ZL200910060458.5	发明专利	2012年7月18日
221	瑞泰科技股份有限公司	高强致密硅莫砖及其制作方法	ZL200910095683.2	发明专利	2012年2月1日
222	瑞泰科技股份有限公司	一种原料细粉制备装置	ZL200920007061.5	实用新型	2010年3月3日
223	瑞泰科技股份有限公司	高铬铸球的油淬处理工艺	ZL200910116961.2	发明专利	2011年1月26日
224	瑞泰科技股份有限公司	中铬铸球的淬火处理工艺	ZL200910116909.2	发明专利	2011年3月2日
225	瑞泰科技股份有限公司	一种复合耐磨、抗热震浇注料	ZL200910180706.X	发明专利	2012年2月22日
226	瑞泰科技股份有限公司	高致密熔铸AZS铺面砖专用冒口	ZL200920243113.9	实用新型	2010年7月21日
227	瑞泰科技股份有限公司	用于提高熔铸AZS无缩孔砖材容重的冒口	ZL200920243112.4	实用新型	2010年7月21日

续表

序号	单　位	名　称	专利号	专利类别	授权时间
228	瑞泰科技股份有限公司	高碳钢多合金耐磨球及其生产方法	ZL200910251476.1	发明专利	2012 年 6 月 8 日
229	瑞泰科技股份有限公司	钢铁浇铸用滑板砖	ZL201020196737.2	实用新型	2011 年 2 月 16 日
230	瑞泰科技股份有限公司	三层滑板滑动水口机构	ZL201020196769.2	实用新型	2011 年 2 月 16 日
231	瑞泰科技股份有限公司	滑动水口机构	ZL201020196748.0	实用新型	2011 年 2 月 16 日
232	瑞泰科技股份有限公司	一种高硅中铬磨球及其二次变质加工工艺	ZL201010226728.8	发明专利	2014 年 4 月 23 日
233	瑞泰科技股份有限公司	一种高硅中铬磨球及其二次变质加工工艺	ZL201010226728.8	发明专利	2014 年 4 月 23 日
234	瑞泰科技股份有限公司	熔铸 α-β 氧化铝筒形砖及其生产方法	ZL201010242756.9	发明专利	2012 年 4 月 18 日
235	瑞泰科技股份有限公司	钢铁浇注用下水口砖	ZL201020285826.4	实用新型	2011 年 6 月 29 日
236	瑞泰科技股份有限公司	一种整体性耐火材料吊挂碹顶结构	ZL201020293994.8	实用新型	2011 年 5 月 11 日
237	瑞泰科技股份有限公司	复合耐热钢锚固件	ZL201020294000.4	实用新型	2011 年 5 月 11 日
238	瑞泰科技股份有限公司	一种组合式侧墙及其锚固砖	ZL201020293996.7	实用新型	2011 年 5 月 11 日
239	瑞泰科技股份有限公司	组合砖造型用铣具	ZL201020503776.2	实用新型	2011 年 6 月 1 日
240	瑞泰科技股份有限公司	一种水泥窑用抗结皮浇注料	ZL201010541518.8	发明专利	2013 年 4 月 24 日
241	瑞泰科技股份有限公司	一种有机-无机复合耐磨涂抹料	ZL201010541523.9	发明专利	2013 年 11 月 20 日
242	瑞泰科技股份有限公司	镁铁-铁铝复合尖晶石砖及其制备方法	ZL201010582957.3	发明专利	2013 年 1 月 23 日
243	瑞泰科技股份有限公司	碱性高温耐火泥浆	ZL201010582755.9	发明专利	2013 年 4 月 24 日
244	瑞泰科技股份有限公司	镁铝锆复合尖晶石耐火材料	ZL201010582941.2	发明专利	2013 年 9 月 18 日
245	瑞泰科技股份有限公司	低导热熔铸锆刚玉复合砖及其生产方法	ZL201010609946.X	发明专利	2014 年 12 月 17 日
246	瑞泰科技股份有限公司	一种推杆式电阻炉	ZL201120122863.8	实用新型	2011 年 12 月 7 日
247	瑞泰科技股份有限公司	一种金属型耐磨球模具的补缩包装置	ZL201120122877.X	实用新型	2011 年 12 月 28 日
248	瑞泰科技股份有限公司	一种用于迪砂生产线的传动机构	ZL201120122858.7	实用新型	2011 年 12 月 28 日
249	瑞泰科技股份有限公司	一种金属性的钢球模具	ZL201120122955.6	实用新型	2011 年 12 月 28 日
250	瑞泰科技股份有限公司	一种高温油冷却装置	ZL201120122963.0	实用新型	2012 年 1 月 18 日
251	瑞泰科技股份有限公司	一种离心模具试验台	ZL201110231246.1	实用新型	2012 年 4 月 18 日
252	瑞泰科技股份有限公司	用于新型干法水泥窑三次风管的闸板	ZL201120255497.3	实用新型	2012 年 3 月 14 日
253	瑞泰科技股份有限公司	耐火砌块	ZL201120255519.6	实用新型	2012 年 3 月 14 日

续表

序号	单 位	名 称	专利号	专利类别	授权时间
254	瑞泰科技股份有限公司	浇注成形堇青石-莫来石耐火材料及其生产工艺	ZL201110319704. 1	发明专利	2014 年 7 月 2 日
255	瑞泰科技股份有限公司	一种陶瓷窑用高级堇青石-莫来石耐火材料及其生产工艺	ZL201110321507. 3	发明专利	2014 年 9 月 10 日
256	瑞泰科技股份有限公司	一种采用复合促硬剂的磷酸盐结合浇注料	ZL201110321754. 3	发明专利	2014 年 6 月 4 日
257	瑞泰科技股份有限公司	一种新型砂型球型板	ZL201120463474. 1	实用新型	2012 年 8 月 1 日
258	瑞泰科技股份有限公司	一种复合结合低温施工耐火浇注料	ZL201110400315. 1	发明专利	2014 年 5 月 7 日
259	瑞泰科技股份有限公司	一种微膨胀自流浇注料	ZL201110400300. 5	发明专利	2014 年 2 月 12 日
260	瑞泰科技股份有限公司	一种复合耐火浇注料	ZL201110400413. 5	发明专利	2014 年 11 月 5 日
261	瑞泰科技股份有限公司	一种水泥窑喷煤嘴防热瓦及其组件	ZL201220178851. 1	实用新型	2013 年 3 月 27 日
262	瑞泰科技股份有限公司	一种生产熔铸耐火材料的复合模具	ZL201210184412. 6	发明专利	2014 年 5 月 28 日
263	瑞泰科技股份有限公司	一种生产熔铸耐火材料的复合砂型成型工艺	ZL201210184410. 7	发明专利	2014 年 5 月 28 日
264	瑞泰科技股份有限公司	一种生产熔铸耐火材料制品用新型砂型工艺	ZL201210184414. 5	发明专利	2014 年 4 月 16 日
265	瑞泰科技股份有限公司	铅熔炼炉炉底用耐火浇注材料	ZL201210445366. 0	发明专利	2014 年 8 月 13 日
266	瑞泰科技股份有限公司	铜冶炼中间包用复合镁铝铬耐火浇注料	ZL201210445369. 4	发明专利	2014 年 7 月 9 日
267	瑞泰科技股份有限公司	铝镁铬复合尖晶石砖	ZL201210539980. 3	发明专利	2014 年 10 月 1 日
268	瑞泰科技股份有限公司	有色冶金窑炉用富镁尖晶石锆砖	ZL201210542051. 8	发明专利	2014 年 9 月 10 日
269	瑞泰科技股份有限公司	一种可更换组合式滑板砖	ZL201320047318. 6	实用新型	2013 年 8 月 21 日
270	瑞泰科技股份有限公司	一种电子配料车预放料装置	ZL201320251337	实用新型	2013 年 12 月 11 日
271	瑞泰科技股份有限公司	一种莫来石砖及其制备方法	ZL201310171229. 7	发明专利	2014 年 8 月 13 日
272	瑞泰科技股份有限公司	防堵塞 C 形格子砖	ZL201320318291. X	实用新型	2013 年 11 月 13 日
273	瑞泰科技股份有限公司	易退火筒型熔铸格子砖	ZL201320318149. 5	实用新型	2013 年 11 月 13 日
274	瑞泰科技股份有限公司	一种水泥窑喷煤管用锚固件	ZL201320424099. 9	实用新型	2014 年 4 月 2 日
275	瑞泰科技股份有限公司	一种磨球型板	ZL201320578272. 0	实用新型	2014 年 6 月 4 日
276	瑞泰科技股份有限公司	一种浇注嘴	ZL201320578324. 4	实用新型	2014 年 4 月 9 日
277	瑞泰科技股份有限公司	一种气缸用电磁阀	ZL201320578214. 8	实用新型	2014 年 4 月 23 日

续表

序号	单 位	名 称	专利号	专利类别	授权时间
278	瑞泰科技股份有限公司	一种淬火池淬火液循环装置	ZL201320577180	实用新型	2014年4月9日
279	瑞泰科技股份有限公司	一种镁尖晶石砖及其制备方法	ZL201310475475.1	发明专利	2014年11月26日
280	瑞泰科技股份有限公司	耐材原料提升系统	ZL201320714770.3	实用新型	2014年8月6日
281	瑞泰科技股份有限公司	耐材原料提升装置	ZL201320715284.3	实用新型	2014年6月18日
282	瑞泰科技股份有限公司	球磨机筛分除尘装置	ZL201320715124.9	实用新型	2014年6月18日
283	瑞泰科技股份有限公司	球磨机筛分除尘系统	ZL201320715123.4	实用新型	2014年6月18日
284	瑞泰科技股份有限公司	下料仓阀门启闭装置	ZL201320770122.X	实用新型	2014年6月18日
285	瑞泰科技股份有限公司	多下料仓混料除尘系统	ZL201320769748.9	实用新型	2014年6月18日
286	瑞泰科技股份有限公司	混料仓双向下料装置	ZL201320769907.5	实用新型	2014年8月6日
287	瑞泰科技股份有限公司	一种混料仓双向下料装置	ZL201320770113	实用新型	2014年6月18日
288	瑞泰科技股份有限公司	混料仓双向下料装置皮带张紧防跑偏机构	ZL201320770248.7	实用新型	2014年6月18日
289	瑞泰科技股份有限公司	混料仓除尘机构	ZL201320770271.6	实用新型	2014年6月18日
290	瑞泰科技股份有限公司	射砂头密封圈	ZL201320822201.0	实用新型	2014年5月28日
291	瑞泰科技股份有限公司	一种淬火液热交换机	ZL201320822370.4	实用新型	2014年6月18日
292	瑞泰科技股份有限公司	一种淬火摇架托盘二次缓冲装置	ZL201320822352.6	实用新型	2014年6月18日
293	瑞泰科技股份有限公司	一种新型压砖机挤压装置	ZL201320847582.8	实用新型	2014年7月9日
294	瑞泰科技股份有限公司	取砖钳用压缩空气分配器	ZL201320852845.4	实用新型	2014年7月9日
295	瑞泰科技股份有限公司	一种窑体环形砌筑找平器	ZL201420270178.3	实用新型	2014年9月24日
296	瑞泰科技股份有限公司	一种窑炉内衬锁缝钢板高效推进器	ZL201420268031.0	实用新型	2014年9月24日
297	瑞泰科技股份有限公司	浇注料磁选装置	ZL201420360798.6	实用新型	2014年10月29日
298	瑞泰科技股份有限公司	一种浇注料磁选装置	ZL201420359954.7	实用新型	2014年10月29日
299	瑞泰科技股份有限公司	浇注料粉料处理装置	2.0142E+11	实用新型	2014年10月29日
300	瑞泰科技股份有限公司	一种浇注料粉料处理装置	ZL201420359397.9	实用新型	2014年10月29日
301	瑞泰科技股份有限公司	一种浇注料粉料磁选装置	ZL201420360816.0	实用新型	2014年10月29日
302	瑞泰科技股份有限公司	硅莫砖	ZL201420360095.3	实用新型	2014年11月5日
303	瑞泰科技股份有限公司	锆莫砖	ZL201420360800.X	实用新型	2014年11月26日
304	瑞泰科技股份有限公司	一种浇注料自动配料系统	ZL201420357532.6	实用新型	2014年10月29日

续表

序号	单　位	名　称	专利号	专利类别	授权时间
305	瑞泰科技股份有限公司	一种硅莫砖检砖台	ZL201420380549. 3	实用新型	2014 年 11 月 5 日
306	瑞泰科技股份有限公司	一种浇注料筛选机	ZL201420381534. 9	实用新型	2014 年 11 月 5 日
307	瑞泰科技股份有限公司	一种浇注料筛选装置	ZL201420381555. 0	实用新型	2014 年 11 月 5 日
308	瑞泰科技股份有限公司	一种浇注料分级整理设备	ZL201420381310. 8	实用新型	2014 年 11 月 5 日
309	瑞泰科技股份有限公司	一种热处理淬火介质清理装置	ZL201420403349. 5	实用新型	2014 年 12 月 3 日
310	瑞泰科技股份有限公司	一种浇注料配料装置	ZL201420411747. 1	实用新型	2014 年 11 月 19 日
311	瑞泰科技股份有限公司	一种淬火槽清理过滤装置	ZL201420420360. 2	实用新型	2014 年 12 月 3 日
312	瑞泰科技股份有限公司	一种钢球分选机	ZL201420420313. 8	实用新型	2014 年 12 月 3 日
313	瑞泰科技股份有限公司	一种淬火槽搅拌装置	ZL201420420329. 9	实用新型	2014 年 12 月 3 日
314	瑞泰科技股份有限公司	一种锡槽顶盖结构	ZL201420432670. 6	实用新型	2014 年 12 月 10 日
315	瑞泰科技股份有限公司	一种浇注料输料用的接通管结构	ZL201420449253. 2	实用新型	2014 年 11 月 26 日
316	瑞泰科技股份有限公司	一种浇注料配料车	ZL201420449008. 1	实用新型	2014 年 12 月 31 日
317	瑞泰科技股份有限公司	一种浇注料配料系统	ZL201420447454. 9	实用新型	2014 年 11 月 26 日
318	北京利尔高温材料股份有限公司	一种精炼钢包用低碳刚玉尖晶石砖及其制备方法	ZL200810187706. 8	发明专利	2012 年 8 月 29 日
319	北京利尔高温材料股份有限公司	一种钢包工作层防爆浇注料	ZL201310050127. X	发明专利	2014 年 12 月 24 日
320	北京利尔高温材料股份有限公司	一种精炼钢包用无碳方镁石尖晶石免烧砖及其制备方法	ZL201310050113. 8	发明专利	2014 年 12 月 24 日
321	北京利尔高温材料股份有限公司	环保无碳中间包干式料	ZL201210553421. 8	发明专利	2014 年 8 月 13 日
322	北京利尔高温材料股份有限公司	一种连铸中间包用透气上水口及其制备方法	ZL200910204895. X	发明专利	2013 年 1 月 9 日
323	北京利尔高温材料股份有限公司	一种免烧的连铸用整体复合塞棒制作方法	ZL201110020452. 2	发明专利	2013 年 5 月 15 日
324	北京利尔高温材料股份有限公司	一种低成本挡渣坝的制作方法	ZL201110020453. 7	发明专利	2013 年 6 月 5 日
325	北京利尔高温材料股份有限公司	一种加热炉修补料及其制备方法	ZL201010522998. 3	发明专利	2014 年 1 月 8 日
326	北京利尔高温材料股份有限公司	热风循环式高速等温调温燃烧器	ZL201010523001. 6	发明专利	2013 年 5 月 15 日
327	北京利尔高温材料股份有限公司	一种出铁沟工作衬渣铁交汇处用预制件	ZL201120540534. 5	实用新型	2012 年 10 月 31 日
328	北京利尔高温材料股份有限公司	一种中间包在线加热用高炉煤气烧嘴	ZL201120540639. 0	实用新型	2012 年 10 月 31 日

续表

序号	单位	名称	专利号	专利类别	授权时间
329	北京利尔高温材料股份有限公司	一种中间包干式料烘烤用高炉煤气烧嘴	ZL201120540839.6	实用新型	2012年10月31日
330	北京利尔高温材料股份有限公司	一种分体式吹氩、脱硫喷枪	ZL201120540493.X	实用新型	2012年12月12日
331	北京利尔高温材料股份有限公司	一种整体电炉出钢槽	ZL201120540505.9	实用新型	2012年12月12日
332	北京利尔高温材料股份有限公司	一种钢包水口座砖	ZL201420455249.7	实用新型	2015年1月14日
333	北京利尔高温材料股份有限公司	一种复合式钢包水口座砖	ZL201220054729.3	实用新型	2012年10月17日
334	北京利尔高温材料股份有限公司	一种分体式钢包水口座砖	ZL201220054711.3	实用新型	2013年2月27日
335	北京利尔高温材料股份有限公司	一种组合式钢包冲击区预制块砖	ZL201420456071.8	实用新型	2015年1月14日
336	北京利尔高温材料股份有限公司	一种防漏钢钢包透气砖	ZL200920249895.7	实用新型	2010年6月23日
337	北京利尔高温材料股份有限公司	一种复合透气砖	ZL200920249894.2	实用新型	2010年11月3日
338	北京利尔高温材料股份有限公司	一种防漏钢钢包整体透气砖	ZL201020674779.2	实用新型	2011年7月27日
339	北京利尔高温材料股份有限公司	一种防漏钢钢包低吹整体透气砖	ZL201120455376.3	实用新型	2012年10月17日
340	北京利尔高温材料股份有限公司	一种钢包低吹透气砖	ZL201220300835.5	实用新型	2013年1月23日
341	北京利尔高温材料股份有限公司	一种钢包精炼底吹整体透气砖	ZL201220490097.5	实用新型	2013年4月3日
342	北京利尔高温材料股份有限公司	一种安全型低吹透气砖	ZL201320489026.3	实用新型	2013年5月15日
343	北京利尔高温材料股份有限公司	一种透气砖复合安全标识	ZL201120455366.X	实用新型	2013年1月16日
344	北京利尔高温材料股份有限公司	一种防漏钢分体式钢包透气座砖	ZL200920249893.8	实用新型	2010年9月1日
345	北京利尔高温材料股份有限公司	一种长寿命钢包透气砖座砖	ZL201120474090.X	实用新型	2013年1月2日
346	北京利尔高温材料股份有限公司	一种钢包透气砖座砖	ZL201220736287.0	实用新型	2013年9月4日
347	北京利尔高温材料股份有限公司	连铸用中间包定向吹氩透气上水口	ZL201120540817.X	实用新型	2012年11月21日
348	北京利尔高温材料股份有限公司	一种连铸品种钢矩形坯用大通量出钢的整体浸入式水口	ZL201120540472.8	实用新型	2012年10月31日
349	北京利尔高温材料股份有限公司	特种钢防絮狭缝针孔透气浸入式水口	ZL201120540802.3	实用新型	2012年11月21日

续表

序号	单 位	名 称	专利号	专利类别	授权时间
350	北京利尔高温材料股份有限公司	一种连铸用矩形坯270度开角扁平状出钢口的浸入式水口	ZL201120540464.3	实用新型	2012年11月21日
351	北京利尔高温材料股份有限公司	一种连铸用多孔式浸入式水口	ZL201320056130.8	实用新型	2013年7月3日
352	北京利尔高温材料股份有限公司	一种连铸矩形坯270度扁平状大通量的浸入式水口	ZL201120540445.0	实用新型	2012年11月21日
353	北京利尔高温材料股份有限公司	一种连铸中间包用挡渣墙	ZL201420456188.6	实用新型	2015年1月14日
354	北京利尔高温材料股份有限公司	一种连铸中间包挡渣墙	ZL201320719399.X	实用新型	2014年4月9日
355	北京利尔高温材料股份有限公司	一种中间包冲击区挡渣墙	ZL201320271855.9	实用新型	2013年12月4日
356	北京利尔高温材料股份有限公司	一种连铸中间包用挡渣堰	ZL201320719425.9	实用新型	2014年7月9日
357	北京利尔高温材料股份有限公司	一种连铸中间包导流板	ZL200920271161.9	实用新型	2011年1月5日
358	北京利尔高温材料股份有限公司	一种连铸中间包导流板	ZL201320719421.0	实用新型	2014年8月13日
359	北京利尔高温材料股份有限公司	一种用于异形中间包复合式整体稳流器	ZL201020514255.7	实用新型	2011年3月30日
360	北京利尔高温材料股份有限公司	一种中间包整体稳流器	ZL201120540617.4	实用新型	2012年11月21日
361	北京利尔高温材料股份有限公司	中间包复合式多功能整体稳流器	ZL201120540598.5	实用新型	2012年11月21日
362	北京利尔高温材料股份有限公司	一种长寿命多功能中间包稳流器	ZL201120540441.2	实用新型	2013年1月9日
363	北京利尔高温材料股份有限公司	中间包复合式多功能湍流器	ZL201120540573.5	实用新型	2012年11月21日
364	北京利尔高温材料股份有限公司	一种中间包衬板	ZL201320719438.6	实用新型	2014年4月9日
365	北京利尔高温材料股份有限公司	一种中间包冲击区衬板	ZL201420456112.3	实用新型	2015年1月14日
366	北京利尔高温材料股份有限公司	一种复合式多功能冲击垫	ZL201020580930.6	实用新型	2011年5月18日
367	北京利尔高温材料股份有限公司	中间包控流装置	ZL201220149767.7	实用新型	2012年12月5日
368	北京利尔高温材料股份有限公司	一种连铸中间包永久衬的一次性振动成型装置	ZL201120540521.8	实用新型	2013年5月15日
369	北京利尔高温材料股份有限公司	吹氧透气装置	ZL201220651957.9	实用新型	2013年6月5日

续表

序号	单 位	名 称	专利号	专利类别	授权时间
370	北京利尔高温材料股份有限公司	长水口吹氧透气装置	ZL201220652454.3	实用新型	2013年6月5日
371	北京利尔高温材料股份有限公司	一种中频炉炉壁整体施工机具	ZL200920249892.3	实用新型	2010年9月1日
372	北京利尔高温材料股份有限公司	一种中频炉干式炉衬施工胎具	ZL201120455389.0	实用新型	2012年10月17日
373	北京利尔高温材料股份有限公司	所化炉炉口塞	ZL201120455335.4	实用新型	2012年9月12日
374	北京利尔高温材料股份有限公司	一种炉体的锥底结构及使用该锥底结构的气化炉	ZL201220226010.3	实用新型	2013年1月2日
375	北京利尔高温材料股份有限公司	一种新型气化炉拱顶结构	ZL201220489025.9	实用新型	2013年5月22日
376	北京利尔高温材料股份有限公司	一种RH浸渍管内衬砖的砌筑结构	ZL201220489066.8	实用新型	2013年4月3日
377	北京利尔高温材料股份有限公司	一种改进的事故钢包	ZL201120540741.0	实用新型	2012年10月31日
378	北京利尔高温材料股份有限公司	一种改进的事故钢包	ZL201120540772.6	实用新型	2012年11月21日
379	北京利尔高温材料股份有限公司	一种砌包用支撑胎具	ZL201220079451.5	实用新型	2012年10月17日
380	山东耐火材料有限公司	焦炉热修补用熔融石英砖及其制造方法	ZL200810017183.2	发明专利	2011年
381	山东耐火材料有限公司	一种玻璃窑热修补用熔融石英砖及其制造方法	ZL200810017184.7	发明专利	2011年
382	山东耐火材料有限公司	阶梯式水口组合模具	ZL200810017198.9	发明专利	2010年6月2日
383	山东耐火材料有限公司	多曲线控流整体塞棒及制造方法	ZL200910014287.2	发明专利	2011年4月20日
384	山东耐火材料有限公司	水口双面切割机床	ZL200920022725.5	实用新型	2010年1月6日
385	山东耐火材料有限公司	一种整体塞棒丝杆连接装置及其制作方法	ZL200910019865.1	发明专利	2010年12月1日
386	山东耐火材料有限公司	干熄焦装置关键部位用莫来石-红柱石制品及其制法	ZL201010112582.4	发明专利	2013年9月4日
387	山东耐火材料有限公司	一种在连铸机使用的浸入式水口	ZL201120055194.7	实用新型	2011年10月19日
388	山东耐火材料有限公司	一种环保型中间包干式料	ZL201110059291.8	发明专利	2013年7月10日
389	山东耐火材料有限公司	吹氩长水口	ZL201120367387.6	实用新型	2012年6月6日
390	山东耐火材料有限公司	热脏煤气燃气锅炉	ZL201220195267.7	实用新型	2012年11月28日
391	山东耐火材料有限公司	热脏煤气燃气锅炉	201210134456.80	发明专利	
392	山东耐火材料有限公司	冷等静压机的工作缸缸口焊接工艺	201210522203.80	发明专利	

续表

序号	单 位	名 称	专利号	专利类别	授权时间
393	山东鲁阳股份有限公司	环保抗老化的硅酸钙陶瓷纤维建筑隔热板的制备方法	201210402240.5	发明专利	2013年12月4日
394	山东鲁阳股份有限公司	无机结合陶瓷纤维板	201110394379.5	发明专利	2013年7月3日
395	山东鲁阳股份有限公司	钙长石轻质隔热耐火材料及其制备方法	201110394559.3	发明专利	2013年5月1日
396	山东鲁阳股份有限公司	化学溶解法生产不燃硅酸铝陶瓷纤维布、带的方法	201110394558.9	发明专利	2013年6月19日
397	山东鲁阳股份有限公司	多晶氧化锆纤维及氧化锆/氧化铝复合纤维的制备方法	201010551036.0	发明专利	2013年10月2日
398	山东鲁阳股份有限公司	多晶莫来石纤维的制备方法	201010551335.4	发明专利	2014年2月19日
399	山东鲁阳股份有限公司	干法成型憎水型陶瓷纤维建筑防火板及其制备方法	201010551330.1	发明专利	2013年12月4日
400	山东鲁阳股份有限公司	无机结合陶瓷纤维板	201010555126.7	发明专利	2013年7月3日
401	山东鲁阳股份有限公司	轻质无机硅酸盐纤维增强防火涂料及其制法	200910231321.1	发明专利	2012年2月15日
402	山东鲁阳股份有限公司	一种长丝玻璃纤维增强憎水珍珠岩建筑隔热板及其制法	200910231319.4	发明专利	2011年7月27日
403	山东鲁阳股份有限公司	硅酸镁纤维毯及其制法	200910231320.7	发明专利	2011年10月12日
404	山东鲁阳股份有限公司	莫来石纤维砖及其制法	200810138342.4	发明专利	2012年6月6日
405	山东鲁阳股份有限公司	氧化铝纤维贴面模块及其制法（湿法）	200710014927.0	发明专利	2012年5月23日
406	山东鲁阳股份有限公司	氧化铝纤维贴面模块及其制法（干法）	200710014928.5	发明专利	2012年5月23日
407	山东鲁阳股份有限公司	纤维毯自动捆扎机	201220665329.6	实用新型	2013年6月19日
408	山东鲁阳股份有限公司	陶瓷纤维带	201220677614.X	实用新型	2013年6月19日
409	山东鲁阳股份有限公司	岩棉板自动水针横切机	201220633054.8	实用新型	2013年6月19日
410	山东鲁阳股份有限公司	岩棉板自动码垛机	201220633067.5	实用新型	2013年6月19日
411	山东鲁阳股份有限公司	高温炉用氧化铝纤维复合模块包覆结构	201220633141.3	实用新型	2013年6月19日
412	山东鲁阳股份有限公司	纤维复合辐射管加热盖板	201120498259.5	实用新型	2012年8月1日
413	山东鲁阳股份有限公司	纤维复合辐射管加热盖板	201120496666.2	实用新型	2012年8月1日
414	山东鲁阳股份有限公司	地面火炬纤维复合筒体	201120498247.2	实用新型	2012年8月1日

续表

序号	单位	名称	专利号	专利类别	授权时间
415	山东鲁阳股份有限公司	硅酸钙复合防火门芯板	201120497533.7	实用新型	2012年8月1日
416	山东鲁阳股份有限公司	纤维增强轻质莫来石质烟道盖板砖	201120494419.9	实用新型	2012年8月1日
417	山东鲁阳股份有限公司	蓄热焚烧炉全纤维衬里	201120494863.0	实用新型	2012年8月1日
418	山东鲁阳股份有限公司	高温加热炉炉门多晶氧化铝纤维复合模块衬里结构	201020620926.8	实用新型	2011年8月24日
419	山东鲁阳股份有限公司	陶瓷纤维自动下料机	201020616025.1	实用新型	2011年8月24日
420	山东鲁阳股份有限公司	焙烧炉全纤维炉盖	201020616025.4	实用新型	2011年8月3日
421	山东鲁阳股份有限公司	高温隔墙多晶氧化铝纤维复合模块衬里结构	201020616209.8	实用新型	2011年8月3日
422	山东鲁阳股份有限公司	靠墙柱钢结构防火板保护构造	201020616210.0	实用新型	2011年8月3日
423	江苏苏嘉集团新材料有限公司	一种加氢氧化铝的中间包镁质干式料	200810234855.50	发明专利	2012年1月25日
424	江苏苏嘉集团新材料有限公司	耐火材料用硼改性酚醛树脂结合剂	200910036024.10	发明专利	2012年6月20日
425	江苏苏嘉集团新材料有限公司	复合结合镁碳砖及其制备方法	201010549250.20	发明专利	2012年10月3日
426	江苏苏嘉集团新材料有限公司	含硼铁粉的镁碳质制品	201010549264.40	发明专利	2012年12月19日
427	江苏苏嘉集团新材料有限公司	含碳耐火制品的加工方法	201110247162.10	发明专利	2012年12月19日
428	江苏苏嘉集团新材料有限公司	镁铝尖晶石-与镁阿隆-和碳复合的不烧砖	200910036023.70	发明专利	2013年1月23日
429	江苏苏嘉集团新材料有限公司	一种无机结合镁碳砖	201110247063.30	发明专利	2013年1月23日
430	江苏苏嘉集团新材料有限公司	一种含碳耐火制品的加工方法	201110247062.90	发明专利	2013年6月5日
431	江苏苏嘉集团新材料有限公司	自动称量装置	201320063193.60	实用新型	2013年7月17日
432	江苏苏嘉集团新材料有限公司	镁碳砖的制备方法	201110178630.40	发明专利	2013年11月6日
433	江苏苏嘉集团新材料有限公司	环保型的低碳镁碳砖	201110365467.20	发明专利	2013年12月4日
434	江苏苏嘉集团新材料有限公司	树脂结合铝镁质耐火材料	201210289867.40	发明专利	2014年2月26日
435	江苏苏嘉集团新材料有限公司	镁钙碳耐火材料	201210400111.20	发明专利	2014年2月5日
436	江苏苏嘉集团新材料有限公司	镁锆碳质复合材料	201210400121.60	发明专利	2014年2月5日

续表

序号	单 位	名 称	专利号	专利类别	授权时间
437	江苏苏嘉集团新材料有限公司	镁碳质浇注料	201110365448. X	发明	2014 年 6 月 4 日
438	浙江自立股份有限公司	一种用于钢包包底冲击区的预制块	2010201261701. 00	实用新型	2011 年 5 月 11 日
439	浙江自立股份有限公司	网状环形通气缝透气砖	201020581701. 60	实用新型	2011 年 5 月 25 日
440	浙江自立股份有限公司	中间包湍流器	201020126178. 80	实用新型	2011 年 6 月 1 日
441	浙江自立股份有限公司	圆弧段状环形通气缝透气砖	201020581689. 90	实用新型	2011 年 6 月 8 日
442	浙江自立股份有限公司	铝碳芯片组合透气砖	201020581720. 90	实用新型	2011 年 6 月 15 日
443	浙江自立股份有限公司	金属管组合透气砖	201120071838. 10	实用新型	2011 年 11 月 9 日
444	浙江自立股份有限公司	一种 RH 精炼炉	201120268402. 10	实用新型	2012 年 5 月 9 日
445	浙江自立股份有限公司	一种轻质绝热板及制造方法	200810197090. 20	发明专利	2012 年 7 月 4 日
446	浙江自立股份有限公司	物料定置称量装置	201120415311. 60	实用新型	2012 年 7 月 4 日
447	浙江自立股份有限公司	螺旋压力机液压脱模设备	201120411580. 50	实用新型	2012 年 7 月 4 日
448	浙江自立股份有限公司	一种 Al_2O_3 插层膨胀蛭石隔热材料及其制备方法	201110342127. 80	发明专利	2013 年 2 月 13 日
449	浙江自立股份有限公司	一种钢包工作衬砖及其制备方法	201110376715. 30	发明专利	2013 年 3 月 20 日
450	浙江自立股份有限公司	一种钢包包底冲击区预制块	201220372974. 90	实用新型	2013 年 3 月 27 日
451	浙江自立股份有限公司	一种铁水罐罐底工作层砌筑结构	201220428728. 00	实用新型	2013 年 3 月 27 日
452	浙江自立股份有限公司	一种碳晶须增强树脂复合材料及其制备方法	201110359551. 30	发明专利	2013 年 4 月 3 日
453	浙江自立股份有限公司	一种铁水包工作衬砖砌筑结构	201010189144. 80	发明专利	2013 年 4 月 10 日
454	浙江自立股份有限公司	一种低热导率改性蛭石复合隔热材料及其制备方法	201110342128. 20	发明专利	2013 年 7 月 10 日
455	浙江自立股份有限公司	耐火散装料的包装结构及其包装方法	201110161637. 50	发明专利	2013 年 11 月 6 日
456	浙江自立股份有限公司	一种均质微晶化结构氧化锆耐火材料及其制备方法	201110211738. 90	发明专利	2013 年 9 月 11 日
457	浙江自立股份有限公司	一种能有效减少钢包残留钢水量的钢包包底结构	201320226472. X	实用新型	2013 年 9 月 18 日
458	浙江自立股份有限公司	一种钢包中的备用透气砖	201320507845. 00	实用新型	2014 年 2 月 19 日

续表

序号	单位	名称	专利号	专利类别	授权时间
459	浙江自立股份有限公司	一种防钢水增氮的RH精炼炉浸渍管	201320550403.40	实用新型	2014年3月12日
460	浙江自立股份有限公司	一种用于烧结刚玉球的竖窑以及带有该竖窑的烧结系统	201320571495.40	实用新型	2014年3月12日
461	浙江自立股份有限公司	一种刚玉原料球的烘干仓以及带有该烘干仓的烧结系统	201320571518.10	实用新型	2014年4月2日
462	浙江自立股份有限公司	一种包底砖	201320602251.80	实用新型	2014年4月9日
463	浙江自立股份有限公司	一种厚壁的板状刚玉空心球	201320713869.10	实用新型	2014年5月7日
464	浙江自立股份有限公司	一种机压烧成砖砌筑的中频感应炉炉衬及感应炉	201420066842.20	实用新型	2014年7月23日
465	浙江自立股份有限公司	钢包包壁预制砖的砌筑结构	201420079631.20	实用新型	2014年7月23日
466	浙江自立股份有限公司	炼钢钢包结构	201420079642.00	实用新型	2014年7月23日
467	浙江自立股份有限公司	钢包上水口砖修补装置	201420191272.X	实用新型	2014年9月3日
468	浙江自立股份有限公司	一种低导热型RH精炼炉浸渍管	201420235411.40	实用新型	2014年9月24日
469	浙江自立股份有限公司	一种烧成蜡石砖以及该烧成蜡石砖的制备方法	201310469644.00	发明专利	2014年11月5日
470	浙江自立股份有限公司	一种低碳的铝碳化硅碳砖的制备方法	201310574330.70	发明专利	2014年12月10日
471	浙江自立股份有限公司	刚玉镁铝尖晶石浇注料以及使用浇注料制备预制砖的方法	201310404811.30	发明专利	2014年12月10日
472	江苏晶鑫高温材料有限公司	一种刚玉的加工工艺	ZL200610161640.6	发明专利	2010年7月14日
473	江苏晶鑫高温材料有限公司	一种高纯镁铝尖晶石的生产方法	ZL200810195670.8	发明专利	2011年6月15日
474	江苏晶鑫高温材料有限公司	一种高纯莫来石的加工工艺	ZL200710022745.8	发明专利	2011年8月3日
475	江苏晶鑫高温材料有限公司	天然气热风炉	ZL200920256668.7	实用新型	2010年8月25日
476	江苏晶鑫高温材料有限公司	新型烧嘴	ZL200920234583.9	实用新型	2010年6月2日
477	江苏晶鑫高温材料有限公司	新型竖窑	ZL200920256670.4	实用新型	2010年8月4日
478	江苏晶鑫高温材料有限公司	竖窑的进出料装置	ZL200920256667.2	实用新型	2010年8月18日
479	江苏晶鑫高温材料有限公司	隧道窑窑尾的冷却换热装置	ZL200920234584.3	实用新型	2010年6月2日

续表

序号	单 位	名 称	专利号	专利类别	授权时间
480	江苏晶鑫高温材料有限公司	隧道窑预热带的改进结构	ZL200920235600.0	实用新型	2010 年 6 月 30 日
481	江苏晶鑫高温材料有限公司	成球机	ZL200920256669.1	实用新型	2010 年 9 月 1 日
482	江苏晶鑫高温材料有限公司	节能干燥塔	ZL201220097719.8	实用新型	2012 年 12 月 5 日
483	江苏晶鑫高温材料有限公司	一种燃烧器	ZL201220097718.3	实用新型	2012 年 12 月 5 日
484	江苏晶鑫高温材料有限公司	一种新型自循环增强高致密成球机	ZL20142078463.5	实用新型	2014 年 8 月 27 日
485	江苏晶鑫高温材料有限公司	一种微孔轻量刚玉耐火骨料的制备系统	ZL201310056878.2	发明专利	2014 年 8 月 27 日
486	江苏晶鑫高温材料有限公司	一种球磨闭路多峰超微粉制备系统	ZL201420079511.2	实用新型	2014 年 8 月 27 日
487	江苏晶鑫高温材料有限公司	锆莫来石及其加工工艺	ZL200910036280.0	发明专利	2009 年 10 月 13 日
488	濮阳濮耐高温材料（集团）股份有限公司	一种电炉出钢口砖	ZL200920108318.6	实用新型	2010 年 3 月 31 日
489	濮阳濮耐高温材料（集团）股份有限公司	一种连铸用中间包透气上水口及其固定所用的夹持头	ZL200810110892.5	发明专利	2010 年 6 月 2 日
490	濮阳濮耐高温材料（集团）股份有限公司	一种可拉拔透气砖	ZL200910089101.X	发明专利	2010 年 8 月 25 日
491	濮阳濮耐高温材料（集团）股份有限公司	一种免烧氧透气砖	ZL201020104628.3	实用新型	2010 年 10 月 13 日
492	濮阳濮耐高温材料（集团）股份有限公司	热补修补料及其热补压入方法	ZL200810000662.3	发明专利	2010 年 11 月 24 日
493	濮阳濮耐高温材料（集团）股份有限公司	一种中间包湍流控制器	ZL201020147751.3	实用新型	2010 年 12 月 1 日
494	濮阳濮耐高温材料（集团）股份有限公司	一种可更换内装式铁水包用透气砖	ZL201020147763.6	实用新型	2010 年 12 月 1 日
495	濮阳濮耐高温材料（集团）股份有限公司	一种中间包防漏钢的气幕挡墙	ZL201029251088.9	实用新型	2011 年 1 月 5 日
496	濮阳濮耐高温材料（集团）股份有限公司	一种防裂纹滑板	ZL201020243262.8	实用新型	2011 年 3 月 23 日
497	濮阳濮耐高温材料（集团）股份有限公司	一种座砖	ZL201020512899.2	实用新型	2011 年 3 月 23 日
498	濮阳濮耐高温材料（集团）股份有限公司	一种复合供气砖	ZL201120024239.4	实用新型	2011 年 8 月 10 日
499	濮阳濮耐高温材料（集团）股份有限公司	一种复合钢包水口座砖	ZL201120039120.7	实用新型	2011 年 11 月 23 日
500	濮阳濮耐高温材料（集团）股份有限公司	一种复合透气砖座砖	ZL201120136171.9	实用新型	2012 年 1 月 4 日

续表

序号	单 位	名 称	专利号	专利类别	授权时间
501	濮阳濮耐高温材料（集团）股份有限公司	一种出钢水口座砖	ZL201120338035.8	实用新型	2012年5月30日
502	濮阳濮耐高温材料（集团）股份有限公司	一种吹气出钢水口座砖	ZL201120408570.6	实用新型	2012年7月4日
503	濮阳濮耐高温材料（集团）股份有限公司	一种滑板	ZL201220054386.0	实用新型	2012年9月26日
504	濮阳濮耐高温材料（集团）股份有限公司	一种鱼雷罐喷注料以及使用该喷注料的喷注方法	ZL201010526685.5	发明专利	2012年9月26日
505	濮阳濮耐高温材料（集团）股份有限公司	复合式连铸中间包稳流器	ZL201220092419.0	实用新型	2012年11月21日
506	濮阳濮耐高温材料（集团）股份有限公司	一种转炉用透气砖	ZL201110057369.2	发明专利	2013年5月22日
507	濮阳濮耐高温材料（集团）股份有限公司	水口座砖	ZL201320124029.1	实用新型	2013年8月7日
508	濮阳濮耐高温材料（集团）股份有限公司	一种带有吹气功能的中间包稳流器	ZL201320117884.X	实用新型	2013年8月7日
509	濮阳濮耐高温材料（集团）股份有限公司	一种带有吹气功能的中间包挡渣坝	ZL201320117230.7	实用新型	2013年8月7日
510	濮阳濮耐高温材料（集团）股份有限公司	碳纳米管补强透气通道的透气功能元件及其制备方法	ZL201210131823.9	发明专利	2014年1月1日
511	濮阳濮耐高温材料（集团）股份有限公司	一种长寿命高吹通率透气砖	ZL201420093492.9	实用新型	2014年7月9日
512	中钢集团洛阳耐火材料研究院有限公司	一种氧化锆制品的制造方法	ZL200710055034.0	发明专利	2010年10月13日
513	中钢集团洛阳耐火材料研究院有限公司	一种轻质镁橄榄石原料的制备方法	200810049034.4	发明专利	2013年5月22日
514	中钢集团洛阳耐火材料研究院有限公司	高铬质耐火泥浆	ZL200810049036.3	发明专利	2010年4月7日
515	中钢集团洛阳耐火材料研究院有限公司	一种体积密度可控的氧化铬制品的烧成方法	ZL200810049231.6	发明专利	2011年9月21日
516	中钢集团洛阳耐火材料研究院有限公司	一种高温抗蠕变刚玉-莫来石承烧板材料及其制备方法	ZL200810231096.7	发明专利	2011年9月21日
517	中钢集团洛阳耐火材料研究院有限公司	软磁铁氧体烧结窑用推板及其制造方法	ZL200810231098.6	发明专利	2012年5月23日
518	中钢集团洛阳耐火材料研究院有限公司	一种内壁具有复合层的薄板坯连铸用浸入式水口	ZL200820221404.3	实用新型	2010年4月28日
519	中钢集团洛阳耐火材料研究院有限公司	一种含氧化镁的氧化铝空心球制品	ZL200810231127.9	发明专利	2012年3月28日
520	中钢集团洛阳耐火材料研究院有限公司	一种 Al_4SiC_4 粉体的制备方法	ZL200810231095.2	发明专利	2010年12月1日

续表

序号	单　位	名　称	专利号	专利类别	授权时间
521	中钢集团洛阳耐火材料研究院有限公司	一种制备 ZrB_2-Al_2O_3 复合粉体的方法	ZL200810231093. 3	发明专利	2011 年 9 月 21 日
522	中钢集团洛阳耐火材料研究院有限公司	一种低压铸造用特种复合结构升液管的制备方法	ZL200810231094. 8	发明专利	2011 年 12 月 28 日
523	中钢集团洛阳耐火材料研究院有限公司	低温烧成制备高性能氧化硅结合碳化硅耐火材料的方法	ZL200810231091. 4	发明专利	2012 年 7 月 11 日
524	中钢集团洛阳耐火材料研究院有限公司	一种储铁式主沟可更换式复合撇渣器	ZL200920089200. 3	实用新型	2010 年 1 月 13 日
525	中钢集团洛阳耐火材料研究院有限公司	一种高热震超高温氧化锆制品的低温制造方法	ZL200910064480. 7	发明专利	2012 年 2 月 15 日
526	中钢集团洛阳耐火材料研究院有限公司	一种加热炉用高强无水泥刚玉浇注料	ZL200910064481. 1	发明专利	2011 年 9 月 21 日
527	中钢集团洛阳耐火材料研究院有限公司	含纳米碳酸镁的刚玉-尖晶石质浇注料及其制备方法	ZL200910064482. 6	发明专利	2012 年 1 月 18 日
528	中钢集团洛阳耐火材料研究院有限公司	一种立式耐火度试验炉	ZL200920089452. 6	实用新型	2010 年 7 月 7 日
529	中钢集团洛阳耐火材料研究院有限公司	一种含铝氮化物原位复合铝碳耐火材料的制备方法	ZL200910066116. 4	发明专利	2012 年 7 月 11 日
530	中钢集团洛阳耐火材料研究院有限公司	一种硼化锆原位复合连铸用铝碳耐火材料的制备方法	ZL200910066117. 9	发明专利	2012 年 5 月 23 日
531	中钢集团洛阳耐火材料研究院有限公司	一种抗氧化剂复合粉体的制备工艺	ZL200910066119. 8	发明专利	2012 年 7 月 25 日
532	中钢集团洛阳耐火材料研究院有限公司	一种高铬砖的制备方法	ZL200910066118. 3	发明专利	2012 年 5 月 23 日
533	中钢集团洛阳耐火材料研究院有限公司	外装分体式透气砖防渗漏锁紧机构	ZL200920223715. 8	实用新型	2010 年 8 月 11 日
534	中钢集团洛阳耐火材料研究院有限公司	一种高温热重分析仪	ZL200920223715. 8	实用新型	2010 年 7 月 21 日
535	中钢集团洛阳耐火材料研究院有限公司	一种低密度烧结陶粒压裂支撑剂的低成本制备方法	ZL200910066232. 6	发明专利	2012 年 5 月 9 日
536	中钢集团洛阳耐火材料研究院有限公司	轻质多孔油气井压裂支撑剂的制备方法	ZL200910066233. 0	发明专利	2012 年 11 月 21 日
537	中钢集团洛阳耐火材料研究院有限公司	一种刚玉-莫来石浇注制品及其制备方法	ZL200910172488. 5	发明专利	2012 年 6 月 13 日
538	中钢集团洛阳耐火材料研究院有限公司	高能球磨辅助合成六钛酸钾晶须的方法	ZL200910172492. 1	发明专利	2012 年 1 月 18 日

续表

序号	单位	名称	专利号	专利类别	授权时间
539	中钢集团洛阳耐火材料研究院有限公司	铝合金低压铸造用升液管	ZL200920224248.0	实用新型	2010年9月22日
540	中钢集团洛阳耐火材料研究院有限公司	一种微孔氧化铝承烧板及其制备方法	ZL200910172491.7	发明专利	2011年12月28日
541	中钢集团洛阳耐火材料研究院有限公司	管状耐火材料窑具制品的挤出模具	ZL200920224241.9	实用新型	2010年7月7日
542	中钢集团洛阳耐火材料研究院有限公司	一种脉冲激振法弹性模量测试仪的试样支撑方法及装置	ZL20091066230.7	发明专利	2011年9月21日
543	中钢集团洛阳耐火材料研究院有限公司	一种脉冲激振法弹性模量测试仪的试样支撑装置	ZL200920224345.X	实用新型	2010年11月17日
544	中钢集团洛阳耐火材料研究院有限公司	用于脉冲激振法弹性模量测试仪的试样支撑装置	ZL200920224346.4	实用新型	2010年7月7日
545	中钢集团洛阳耐火材料研究院有限公司	一种碳化硅含量大于92%的自结合碳化硅制品及其制备方法	ZL200910227624.6	发明专利	2012年10月10日
546	中钢集团洛阳耐火材料研究院有限公司	一种连铸用镁碳复合整体塞棒的制备方法	ZL200910227625.0	发明专利	2011年6月15日
547	中钢集团洛阳耐火材料研究院有限公司	一种复相氮化物结合碳化硅泡沫陶瓷过滤器及其制备方法	ZL200910227626.5	发明专利	2011年5月25日
548	中钢集团洛阳耐火材料研究院有限公司	一种炼钢电炉顶用高铝制品	ZL200910227627.X	发明专利	2012年7月11日
549	中钢集团洛阳耐火材料研究院有限公司	一种抗铝液润湿的碳化硅浇注料的制备方法	ZL200910227628.4	发明专利	2012年8月8日
550	中钢集团洛阳耐火材料研究院有限公司	一种不被铝液润湿熔融石英耐火浇注料的制备方法	ZL200910227629.9	发明专利	2012年11月21日
551	中钢集团洛阳耐火材料研究院有限公司	一种抗铝液浸润的高铝可塑料及制备方法	ZL200910227630.1	发明专利	2012年7月11日
552	中钢集团洛阳耐火材料研究院有限公司	一种不被铝液润湿的高铝浇注料的制备方法	ZL200910227631.6	发明专利	2012年3月28日
553	中钢集团洛阳耐火材料研究院有限公司	一种旋转式差压纯钛铸造机	ZL200920298279.0	实用新型	2010年9月22日
554	中钢集团洛阳耐火材料研究院有限公司	一种耐磨陶瓷无料钟高炉布料溜槽	ZL201020144395.X	实用新型	2010年12月29日
555	中钢集团洛阳耐火材料研究院有限公司	一种整体式塞棒	ZL201020144224.7	实用新型	2010年11月17日
556	中钢集团洛阳耐火材料研究院有限公司	用于铝酸盐水泥结合的不定形耐火材料的复合早强防冻剂	ZL201010135124.2	发明专利	2012年10月10日
557	中钢集团洛阳耐火材料研究院有限公司	真空抽浆机	ZL201020237867.6	实用新型	2011年2月2日

续表

序号	单　位	名　称	专利号	专利类别	授权时间
558	中钢集团洛阳耐火材料研究院有限公司	一种精炼钢包用无碳渣线砖及其制备方法	ZL201010209713.0	发明专利	2012年11月21日
559	中钢集团洛阳耐火材料研究院有限公司	一种连铸中间包抑湍器	ZL201020237871.2	实用新型	2011年1月5日
560	中钢集团洛阳耐火材料研究院有限公司	一种节能型纤维制品干燥窑	ZL201020252539.3	实用新型	2011年2月2日
561	中钢集团洛阳耐火材料研究院有限公司	一种纤维制品干燥窑的干燥程度自动控制装置	ZL201020252549.7	实用新型	2011年2月2日
562	中钢集团洛阳耐火材料研究院有限公司	一种纤维制品的干燥窑	ZL201010221746.7	发明专利	2012年1月18日
563	中钢集团洛阳耐火材料研究院有限公司	一种带有管式成像机构的耐火度试验炉	ZL201020293628.2	实用新型	2011年3月30日
564	中钢集团洛阳耐火材料研究院有限公司	一种单出铁口高炉储铁式出铁沟主沟	ZL201020510105.9	实用新型	2011年4月20日
565	中钢集团洛阳耐火材料研究院有限公司	一种二氧化锡电极的制备方法	ZL201010266905.5	发明专利	2013年1月9日
566	中钢集团洛阳耐火材料研究院有限公司	一种复合耐火窑具的制备方法	ZL201010266923.3	发明专利	2012年10月10日
567	中钢集团洛阳耐火材料研究院有限公司	一种高温刚玉—莫来石推板及其制造方法	ZL201010266994.3	发明专利	2013年7月4日
568	中钢集团洛阳耐火材料研究院有限公司	一种高纯氧化锆耐火制品的制备方法	ZL201010267018.X	发明专利	2012年12月26日
569	中钢集团洛阳耐火材料研究院有限公司	一种高纯氧化锆重质耐火制品及制备方法	ZL201010266979.9	发明专利	2013年3月6日
570	中钢集团洛阳耐火材料研究院有限公司	一种高温弹性模量测试仪的信号传输接收装置	ZL201020552484.8	实用新型	2011年4月20日
571	中钢集团洛阳耐火材料研究院有限公司	一种赛隆-石墨复合碳化硅材料及其制备方法	ZL201010531023.7	发明专利	2013年3月6日
572	中钢集团洛阳耐火材料研究院有限公司	一种含特殊锆英石颗粒的锆英石制品	ZL201010530953.0	发明专利	2013年3月6日
573	中钢集团洛阳耐火材料研究院有限公司	一种高密度高强度油气井压裂支撑剂及其制备方法	ZL201010595801.9	发明专利	2013年3月6日
574	中钢集团洛阳耐火材料研究院有限公司	一种连铸用含碳耐火材料的热震评价方法	ZL201010596231.5	发明专利	2012年11月21日
575	中钢集团洛阳耐火材料研究院有限公司	一种含有纤维的二氧化硅气凝胶复合隔热材料的制备方法	201010596188.2	发明专利	2013年5月22日
576	中钢集团洛阳耐火材料研究院有限公司	耐火材料断裂能测试中试样形变量的测量装置	ZL201020668675.0	实用新型	2011年9月21日
577	中钢集团洛阳耐火材料研究院有限公司	一种手动氧化锆研磨机的水除尘装置	ZL201020696100.X	实用新型	2011年9月21日
578	中钢集团洛阳耐火材料研究院有限公司	连铸中间包水力学模拟装置	ZL201020667895.1	实用新型	2011年8月10日

续表

序号	单位	名称	专利号	专利类别	授权时间
579	中钢集团洛阳耐火材料研究院有限公司	一种牙科用全自动氩弧点焊机	ZL201020697410.3	实用新型	2011年10月5日
580	中钢集团洛阳耐火材料研究院有限公司	一种整体塞棒、长水口和浸入式水口生产用脱模设备	ZL201020697406.7	实用新型	2012年4月11日
581	中钢集团洛阳耐火材料研究院有限公司	一种便携式工程用钻磨两用机	ZL201020697391.4	实用新型	2011年9月21日
582	中钢集团洛阳耐火材料研究院有限公司	钻磨两用机的冷却装置	ZL201020697369.X	实用新型	2011年8月3日
583	中钢集团洛阳耐火材料研究院有限公司	钻磨两用机用可移动工作台	ZL201020697377.4	实用新型	2011年10月5日
584	中钢集团洛阳耐火材料研究院有限公司	乳状液结合凝胶注模工艺制备氧化铝多孔陶瓷的方法	ZL201110035304.8	发明专利	2013年3月6日
585	中钢集团洛阳耐火材料研究院有限公司	一种硅化钼型加热元件的制备方法	201110035302.9	发明专利	2013年10月30日
586	中钢集团洛阳耐火材料研究院有限公司	一种RH真空精炼炉用浸渍管	ZL201120035326.X	实用新型	2011年9月21日
587	中钢集团洛阳耐火材料研究院有限公司	一种薄板坯连铸用浸入式水口	ZL201120035319.X	实用新型	2011年9月21日
588	中钢集团洛阳耐火材料研究院有限公司	一种三点弯曲试验测量试样形变的载样板	ZL201120034751.7	实用新型	2011年10月5日
589	中钢集团洛阳耐火材料研究院有限公司	带警示标识的透气砖	ZL201120068195.5	实用新型	2011年11月16日
590	中钢集团洛阳耐火材料研究院有限公司	一种可用作高温烟尘过滤器的碳化硅多孔陶瓷的制备方法	ZL201110104548.7	发明专利	2013年1月9日
591	中钢集团洛阳耐火材料研究院有限公司	一种致密高强氧化铝质自流浇注料	201110104530.7	发明专利	2013年10月30日
592	中钢集团洛阳耐火材料研究院有限公司	一种直读式耐火度试验炉	ZL201120124995.4	实用新型	2011年12月28日
593	中钢集团洛阳耐火材料研究院有限公司	一种水煤浆加压气化炉的炉身结构	ZL201120244323.7	实用新型	2012年4月4日
594	中钢集团洛阳耐火材料研究院有限公司	一种氧化铝空心球隔热制品	ZL201110205737.3	发明专利	2013年3月6日
595	中钢集团洛阳耐火材料研究院有限公司	一种核心部分密闭的高温热膨胀仪	ZL201120280763.8	实用新型	2012年5月9日
596	中钢集团洛阳耐火材料研究院有限公司	一种非均质结构的Cr_2O_3-Al_2O_3耐火材料	ZL201110273942.3	发明专利	2013年7月4日
597	中钢集团洛阳耐火材料研究院有限公司	一种连铸功能耐火材料用防氧化涂料	ZL201110273472.0	发明专利	2013年1月9日

续表

序号	单 位	名 称	专利号	专利类别	授权时间
598	中钢集团洛阳耐火材料研究院有限公司	直通式气道透气砖的制备方法	201110279764.5	发明专利	2013 年 5 月 22 日
599	中钢集团洛阳耐火材料研究院有限公司	一种复合结构透气砖	ZL201120352995.X	实用新型	2012 年 6 月 13 日
600	中钢集团洛阳耐火材料研究院有限公司	一种具有纳米孔结构的刚玉-莫来石复相陶瓷材料的制备方法	201110273488.1	发明专利	2014 年 4 月 2 日
601	中钢集团洛阳耐火材料研究院有限公司	一种耐火材料试验仪施加荷载的方法	201110298053.2	发明专利	2014 年 2 月 26 日
602	中钢集团洛阳耐火材料研究院有限公司	一种耐火材料试验仪施加荷载的机构	ZL201120375434.1	实用新型	2012 年 5 月 30 日
603	中钢集团洛阳耐火材料研究院有限公司	一种内嵌陶瓷纤维的氮化硅结合碳化硅陶瓷升液管	ZL201120375433.7	实用新型	2012 年 8 月 15 日
604	中钢集团洛阳耐火材料研究院有限公司	一种耐火材料高温抗侵蚀试验装置	ZL201120415853.3	实用新型	2012 年 8 月 15 日
605	中钢集团洛阳耐火材料研究院有限公司	一种耐火材料高温抗侵蚀试验方法及试验装置	201110331284.9	发明专利	2013 年 5 月 22 日
606	中钢集团洛阳耐火材料研究院有限公司	一种耐火材料抗渣实验方法及抗渣实验炉	201110331290.4	发明专利	2014 年 2 月 26 日
607	中钢集团洛阳耐火材料研究院有限公司	一种耐火材料抗渣实验炉	ZL201120415844.4	实用新型	2012 年 7 月 4 日
608	中钢集团洛阳耐火材料研究院有限公司	一种氧化铝纳米多孔隔热材料的制备方法	201110331274.5	发明专利	2013 年 10 月 30 日
609	中钢集团洛阳耐火材料研究院有限公司	一种碳化硅陶瓷制品及制备方法	ZL201110331293.8	发明专利	2013 年 7 月 4 日
610	中钢集团洛阳耐火材料研究院有限公司	一种中间包水口的制备方法	ZL201110331283.4	发明专利	2013 年 8 月 28 [illegible]
611	中钢集团洛阳耐火材料研究院有限公司	一种导热系数可调的铝电解槽侧衬材料	201110338396.7	发明专利	2014 年 1 [illegible]
612	中钢集团洛阳耐火材料研究院有限公司	一种钢制模具爆裂的保护装置	ZL201120426862.2	实用新型	2012 年 [illegible]
613	中钢集团洛阳耐火材料研究院有限公司	一种采用喷雾造粒工艺制备氧化物空心球的方法	201110354478.0	发明专利	2014 [illegible]
614	中钢集团洛阳耐火材料研究院有限公司	一种氧化铝空心球隔热耐火材料的制备方法	201110363367.6	发明专利	201 [illegible]
615	中钢集团洛阳耐火材料研究院有限公司	一种内装浸入式水口的防氧化密封结构	ZL201120454340.3	实用新型	[illegible]
616	中钢集团洛阳耐火材料研究院有限公司	一种齿科用差压式纯钛铸钛机的气路系统	ZL201120454342.2	实用新型	[illegible]
617	中钢集团洛阳耐火材料研究院有限公司	一种齿科用差压式纯钛铸造机的铸圈夹紧机构	ZL201120454341.8	实用新型	[illegible]

续表

序号	单 位	名 称	专利号	专利类别	授权时间
618	中钢集团洛阳耐火材料研究院有限公司	一种含碳耐火材料荷软蠕变测试仪	ZL201120476173.2	实用新型	2012年9月12日
619	中钢集团洛阳耐火材料研究院有限公司	具有防氧化机构的含碳耐火材料荷软蠕变测试仪	ZL201120476148.4	实用新型	2012年9月12日
620	中钢集团洛阳耐火材料研究院有限公司	一种 MgO-C 质浇注料的制备方法	ZL201110437555.9	发明专利	2013年8月28日
621	中钢集团洛阳耐火材料研究院有限公司	一种铝铬质耐火材料	201110437574.1	发明专利	2013年11月20日
622	中钢集团洛阳耐火材料研究院有限公司	一种全纤维整体炉衬成型方法	201110437585.X	发明专利	2014年2月26日
623	中钢集团洛阳耐火材料研究院有限公司	一种狭缝角度倾斜的甩丝盘	ZL201120546447.0	实用新型	2012年8月15日
624	中钢集团洛阳耐火材料研究院有限公司	一种侧面进料的耐火纤维压滤装置	ZL201120546466.3	实用新型	2012年10月10日
625	中钢集团洛阳耐火材料研究院有限公司	一种铁铝尖晶石的合成方法	201210013925.0	发明专利	2014年6月4日
626	中钢集团洛阳耐火材料研究院有限公司	一种薄壁陶瓷坩埚的制备方法	201210013922.7	发明专利	2013年12月11日
627	中钢集团洛阳耐火材料研究院有限公司	氧化锆质空心球的制备方法	201210013921.2	发明专利	2013年10月30日
628	中钢集团洛阳耐火材料研究院有限公司	一种高温荷软蠕变测试仪	ZL201220094727.7	实用新型	2012年10月10日
629	中钢集团洛阳耐火材料研究院有限公司	一种可控气氛高温弹性模量测试仪	ZL201220179436.8	实用新型	2012年12月26日
630	中钢集团洛阳耐火材料研究院有限公司	一种被纳米碳包覆的陶瓷复合粉体及其制备方法	201210123568.3	发明专利	2013年10月30日
631	中钢集团洛阳耐火材料研究院有限公司	一种制备轻质镁铝尖晶石隔热材料的方法	201210123564.5	发明专利	2014年2月26日
632	中钢集团洛阳耐火材料研究院有限公司	一种具有可更换式耐火预制件的出硅槽	ZL201220179466.9	实用新型	2012年11月21日
633	中钢集团洛阳耐火材料研究院有限公司	一种钢包底吹用复合透气砖	ZL201220341229.8	实用新型	2013年3月13日
634	中钢集团洛阳耐火材料研究院有限公司	一种浸入式水口内腔的烘干设备	ZL201220341228.3	实用新型	2013年3月13日
[illegible]	中钢集团洛阳耐火材料研究院有限公司	一种薄壁陶瓷板烧成用夹具	ZL201220341227.9	实用新型	2013年3月13日
[illegible]	中钢集团洛阳耐火材料研究院有限公司	一种复合结构的氮化硅结合碳化硅陶瓷升液管	ZL201220432100.8	实用新型	2013年3月13日
[illegible]	[illegible]钢集团洛阳耐火材料[illegible]院有限公司	一种高温力学试验机施加载荷的动态密闭力值传递装置	201220580828.5	实用新型	2013年5月22日
[illegible]	[illegible]团洛阳耐火材料[illegible]限公司	一种金属铸造装置	201220575128.7	实用新型	2013年5月22日

续表

序号	单位	名称	专利号	专利类别	授权时间
639	中钢集团洛阳耐火材料研究院有限公司	一种碳化硅—炭复合砖用耐火泥浆及制备方法	201210424602.0	发明专利	2014年4月2日
640	中钢集团洛阳耐火材料研究院有限公司	一种陶瓷纤维粉尘的除尘系统	201220564086.7	实用新型	2013年5月22日
641	中钢集团洛阳耐火材料研究院有限公司	一种高温耐压强度试验机用载样台	201220620143.9	实用新型	2013年5月22日
642	中钢集团洛阳耐火材料研究院有限公司	一种钨钼烧结炉顶盖炉衬结构	ZL201220623415.0	实用新型	2013年7月3日
643	中钢集团洛阳耐火材料研究院有限公司	一种低热导率氮化硅结合碳化硅多孔陶瓷的制备方法	201310004557.8	发明专利	2014年6月4日
644	中钢集团洛阳耐火材料研究院有限公司	一种防开裂的内装整体式透气砖	201320006248.X	实用新型	2013年10月30日
645	中钢集团洛阳耐火材料研究院有限公司	一种刚玉莫来石坩埚的制备方法	201310004536.6	发明专利	2014年6月4日
646	中钢集团洛阳耐火材料研究院有限公司	一种具有较低导热系数的铝电解槽侧衬砖	ZL201320006184.3	实用新型	2013年8月28日
647	中钢集团洛阳耐火材料研究院有限公司	一种弧形狭缝透气砖	201320006183.9	实用新型	2013年11月20日
648	中钢集团洛阳耐火材料研究院有限公司	一种耐火纤维弧形板定型托盘	201320006056.9	实用新型	2013年11月20日
649	中钢集团洛阳耐火材料研究院有限公司	一种段差式水口的成型模具	201320302712.X	实用新型	2013年12月11日
650	中钢集团洛阳耐火材料研究院有限公司	一种长水口成型模具	201320302711.5	实用新型	2013年12月11日
651	中钢集团洛阳耐火材料研究院有限公司	一种高精度耐火材料力学性能试验机的加荷机构	201320446166.7	实用新型	2014年2月26日
652	中钢集团洛阳耐火材料研究院有限公司	一种大吨位耐火材料力学性能试验机的加荷机构	201320447243.0	实用新型	2014年2月26日
653	中钢集团洛阳耐火材料研究院有限公司	一种富氧竖炉用耐火预制件出铁口	201320843330.8	实用新型	2014年7月30日
654	中钢集团洛阳耐火材料研究院有限公司	一种纳米多孔高效隔热板的制备方法	201110363370.8	发明专利	2014年9月24日
655	中钢集团洛阳耐火材料研究院有限公司	自结合碳化硅耐火材料的一种烧结方法	201310004552.5	发明专利	2014年9月24日
656	中钢集团洛阳耐火材料研究院有限公司	一种镁铝尖晶石轻质耐火浇注料及其制备方法	201310004655.1	发明专利	2014年11月19日
657	中钢集团洛阳耐火材料研究院有限公司	一种高温试验仪的动态密闭的自动形变测试系统	201420061393.2	实用新型	2014年9月24日
658	中钢集团耐火材料有限公司	真空精炼炉浸渍管部位用钢结构体	200920089821.1	实用新型	2010年1月27日

续表

序号	单位	名称	专利号	专利类别	授权时间
659	中钢集团耐火材料有限公司	结构一体化高温窑车	200920089820.7	实用新型	2010年5月12日
660	中钢集团耐火材料有限公司	切砖机的除尘装置	200920088082.4	实用新型	2010年5月12日
661	中钢集团耐火材料有限公司	真空精炼炉浸渍管部位用钢网	201020132268.8	实用新型	2010年11月24日
662	中钢集团耐火材料有限公司	高炉用冷却壁镶砖模具	201020132265.4	实用新型	2010年11月24日
663	中钢集团耐火材料有限公司	镁铁铝尖晶石耐火材料	200810049559.8	发明专利	2011年8月24日
664	中钢集团耐火材料有限公司	新型沸腾炉烟道	201020242613.3	实用新型	2011年3月16日
665	中钢集团耐火材料有限公司	工业用液体加量控制装置	201020132267.3	实用新型	2011年3月16日
666	中钢集团耐火材料有限公司	真空精炼炉浸渍管精加工用自动翻转夹具	201020242598.2	实用新型	2011年8月24日
667	中钢集团耐火材料有限公司	曲面异型砖模具的加工方法	200910064052.4	发明专利	2012年5月30日
668	中钢集团耐火材料有限公司	真空精炼炉内置型氩气管	201120221104.7	实用新型	2012年4月4日
669	中钢集团耐火材料有限公司	大型熔铝炉的施工方法	201010213715.7	发明专利	2012年12月12日
670	中钢集团耐火材料有限公司	铝电解槽侧墙背缝填充用自流浇注料	200910064721.8	发明专利	2013年4月24日
671	中钢集团耐火材料有限公司	一种真空精炼炉浸渍管套装式焊接结构的金属壳体	201220344353.X	实用新型	2013年3月20日
672	中钢集团耐火材料有限公司	RH真空精炼炉浸渍管环流提升气管	201220344374.1	实用新型	2013年3月20日
673	中钢集团耐火材料有限公司	真空精炼炉加料口组合砖	2012206826581	实用新型	2013年8月7日
674	中钢集团耐火材料有限公司	热风炉热风出口管用组合砖	2012206882666	实用新型	2013年8月28日
675	中钢集团耐火材料有限公司	振动摩擦压力机	2012206847821	实用新型	2013年8月7日
676	中钢集团耐火材料有限公司	耐火砖用小长孔空心钻头	2012206848167	实用新型	2013年8月14日
677	中钢集团耐火材料有限公司	一种大型焦炉用装煤孔耐火砖	2013203602916	实用新型	2013年11月14日
678	中钢集团耐火材料有限公司	大型焦炉用表面复合陶瓷材料及制备方法	2011101595203	发明专利	2014年1月15日
679	中钢集团耐火材料有限公司	一种真空精炼炉用镁锆复合材料及制备方法	201110159504.4	发明专利	2014年8月20日

续表

序号	单 位	名 称	专利号	专利类别	授权时间
680	中钢集团耐火材料有限公司	瓶罐玻璃窑小炉燃烧室煤气通道部位用刚玉砖	201110281376	发明专利	2014年10月22日
681	中钢集团耐火材料有限公司	精炼炉用超微粉复合抗渗陶瓷预制块及制备方法	201110392565.5	发明专利	2014年9月3日
682	中钢集团耐火材料有限公司	同质同相大型焦炉用硅泥浆	2012104566809	发明专利	2014年9月24日
683	中钢集团耐火材料有限公司	氯化炉用莫来石陶瓷釉化复合大砖的制备方法	2012104545889	发明专利	2014年8月6日
684	中钢集团耐火材料有限公司	大型焦炉煤气上升管结构	2013203602920	实用新型	2014年4月9日
685	中钢集团耐火材料有限公司	高炉铁口组合砖	2013207817828	实用新型	2014年6月25日
686	中钢集团耐火材料有限公司	一种RH真空精炼炉真空室槽底	2014200242805	实用新型	2014年7月9日
687	中钢集团耐火材料有限公司	一种金属镁电解槽用耐火材料的新型结构	2014201782637	实用新型	2014年9月10日
688	中钢集团耐火材料有限公司	一种水煤浆加压气化炉拱顶与筒身结合部位结构	2014202579635	实用新型	2014年11月19日
689	中钢集团耐火材料有限公司	一种真空精炼炉浸渍管内衬结构	2014202580030	实用新型	2014年11月19日
690	中钢集团耐火材料有限公司	一种高炉陶瓷杯砌筑结构	2014203941394	实用新型	2014年12月10日
691	中钢集团耐火材料有限公司	一种碳金属化合物复合材料	2010101430761	发明专利	2014年10月1日
692	中钢集团耐火材料有限公司	焦炉异形斜道砖机压成型模具	2014203283826	实用新型	2014年12月31日
693	武汉科技大学	一种轻质泡沫陶瓷材料及其制备方法	ZL201210208710.4		2014年1月15日
694	武汉科技大学	一种含镁铝尖晶石的铝酸盐水泥及其制备方法	ZL201310059691.8		2014年7月30日
695	武汉科技大学	一种具有微量元素缓释功能的医用钛合金植入材料及其制备方法	ZL201210425086.3		2014年6月25日
696	武汉科技大学	一种多孔氮化钛纳米管阵列薄膜及其制备方法	ZL201210027249.2		2014年1月1日
697	武汉科技大学	一种莫来石轻质隔热砖及其制备方法	ZL201210542032.5		2014年2月26日
698	武汉科技大学	一种木质素改性酚醛树脂及其使用方法	ZL201210393232.9		2014年4月16日
699	武汉科技大学	具有微纳孔结构的刚玉骨料及其制备方法	ZL201310220651.7		2014年6月18日
700	武汉科技大学	一种粉煤灰基莫来石轻质隔热砖及其制备方法	ZL201210524919.1		2014年7月2日

续表

序号	单　位	名　称	专利号	专利类别	授权时间
701	武汉科技大学	含镁铝尖晶石和二铝酸钙的复合材料及其制备方法	ZL201110299297.2		2014年5月7日
702	武汉科技大学	一种MgAlON结合铝镁质透气砖及其制备方法	ZL201210100021.1		2014年1月15日
703	武汉科技大学	一种碳化锆粉体及其制备方法	ZL201110404096.4		2014年8月13日
704	武汉科技大学	一种耐高温生物可溶陶瓷纤维及其制备方法	ZL201110404069.7		2014年2月26日
705	武汉科技大学	一种镁橄榄石耐火原料及其制备方法	ZL201310016570.5		2014年4月16日
706	武汉科技大学	以花岗岩废料为原料的高强轻质保温材料及其制备方法	ZL201310353037.8		2014年10月1日
707	武汉科技大学	一种用于钙处理钢滑板的镁锆环及其制备方法	ZL201210149608.1		2014年2月26日
708	武汉科技大学	一种含碳耐火材料用复合碳素原料及其制备方法	ZL201310077577.8		2014年7月30日
709	武汉科技大学	一种水煤浆加压气化炉用预制件及其制备方法	ZL201310083219.8		2014年6月18日
710	武汉科技大学	一种堇青石-尖晶石轻质浇注料及其制备方法	ZL201210357366.5		2014年2月26日
711	武汉科技大学	一种堇青石轻质耐火砖及其制备方法	ZL201210272287.4		2014年3月12日
712	武汉科技大学	一种堇青石轻质浇注料及其制备方法	ZL201210272265.8		2014年8月13日
713	武汉科技大学	一种改性酚醛树脂及其制备方法	ZL201210161834.1		2014年2月26日
714	武汉科技大学	一种Al_2O_3-SiC-C质铁沟浇注料及其制备方法	ZL201310000610.7		2014年7月16日
715	武汉科技大学	La-Zn共掺杂永磁锶铁氧体料粉及其制备方法	ZL201210455765.5		2014年3月12日
716	武汉科技大学	一种刚玉质微孔隔热耐火材料及其制备方法	ZL201210229618.6		2014年1月5日
717	武汉科技大学	一种亚微米Al_2O_3纤维及其制备方法	ZL201210227025.6		2014年6月18日
718	武汉科技大学	一种堇青石及其制备方法	ZL201310598121.6		2014年10月22日
719	武汉科技大学	一种锆刚玉-氧化锆-碳复合粉体及其制备方法	ZL201310056345.4		2013年12月18日
720	武汉科技大学	一种洁净钢冶炼用中间包工作衬及其制备方法	ZL201310040295.0		2014年3月12日

续表

序号	单　位	名　称	专利号	专利类别	授权时间
721	武汉科技大学	一种镁碳复合材料及其制备方法	ZL201210293473.6		2014年4月2日
722	武汉科技大学	一种基于静电喷射的细晶粉末制备装置及其使用方法	ZL201310033505.3		2014年10月24日
723	武汉科技大学	一种高强超细贝氏体钢及其制备方法	ZL201310083257.3		2014年4月2日
724	武汉科技大学	控制过共析帘线钢盘条中钛夹杂尺寸的轧制前加热工艺	ZL201310281262.5		2014年10月22日
725	武汉科技大学	一种纳米碳化锆陶瓷粉体及其制备方法	ZL201310067259.3		2014年4月12日
726	武汉科技大学	一种黑色瓷砖及其制备方法	ZL201310110437.6		2014年4月30日
727	武汉科技大学	一种氧化铝轻质隔热耐火制品及其制备方法	ZL201310114702.8		2014年5月21日
728	武汉科技大学	一种水煤浆气化炉用尖晶石浇注料及其使用方法	ZL201310457558.8		2014年12月17日
729	武汉科技大学	一种高强氧化铝轻质隔热砖及其制备方法	ZL201310016464.7		2014年6月18日
730	武汉科技大学	一种高温下保护稻壳原有多孔织构的方法	ZL201210078026.9		2013年12月18日
731	武汉科技大学	一种高炉出铁沟用 Al_2O_3-SiC-C 浇注料及其制备方法	ZL201110226800.1		2013年9月11日
732	武汉科技大学	一种镁硅陶瓷纤维及其制备方法	ZL201210208706.8		2013年12月4日
733	武汉科技大学	一种多孔堇青石陶瓷材料及其制备方法	ZL201110038289.2		2013年3月6日
734	武汉科技大学	一种方镁石-铁铝尖晶石耐火材料及其制备方法	ZL201010212182.0		2013年4月17日
735	武汉科技大学	一种多孔 β-磷酸钙生物支架材料及其制备方法	ZL201110030831.X		2013年6月5日
736	武汉科技大学	一种弥散式透气材料的制备方法	ZL201110201348.3		2013年6月5日
737	武汉科技大学	一种多孔堇青石-莫来石复合陶瓷材料及其制备方法	ZL201210072947.4		2013年6月19日
738	武汉科技大学	原位反应制备方镁石-碳化硅-碳复合粉体的方法	ZL201210073016.6		2013年8月21日
739	武汉科技大学	一种质轻镁砖及其制备方法	ZL201210331829.0		2013年9月11日

续表

序号	单位	名称	专利号	专利类别	授权时间
740	武汉科技大学	一种碳化硅-碳复合材料及其制备方法	ZL201210260212.4		2013年10月23日
741	武汉科技大学	一种纳米晶氧化镁-碳复合粉体及其制备方法	ZL201010227689.3		2013年1月16日
742	武汉科技大学	一种纳米晶钛酸钡-碳复合粉体及其制备方法	ZL201010143594.3		2013年8月21日
743	武汉科技大学	一种硅酸镁陶瓷纤维的制备方法及由及其制备的纤维	ZL201110404068.2		2013年8月14日
744	武汉科技大学	一种碳晶须增强树脂复合材料及其制备方法	ZL201110359551.3		2013年4月3日
745	武汉科技大学	$FeAl_2O_3$-Al_2O_3复合粉体及其在还原气氛下的制备方法	ZL201210001521.X		2013年6月19日
746	武汉科技大学	$FeAl_2O_3$-Al_2O_3复合粉体及其在惰性气氛下的制备方法	ZL201210001429.3		2013年7月24日
747	武汉科技大学	一种Al_2O_3插层膨胀蛭石隔热材料及其制备方法	ZL201110342127.8		2013年2月13日
748	武汉科技大学	一种铝硅质轻质隔热砖及其制备方法	ZL201110023762.X		2013年3月6日
749	武汉科技大学	一种钢包工作衬砖及其制备方法	ZL201110376715.3		2013年3月20日
750	武汉科技大学	一种氧化铝空心球轻质隔热砖及其制备方法	ZL201110023753.0		2013年4月17日
751	武汉科技大学	一种低硅镁质中间包干式振动料及其制备方法	ZL200910063255.1		2013年4月17日
752	武汉科技大学	一种铝镁轻质浇注料及其制备方法	ZL201010595986.3		2013年6月5日
753	武汉科技大学	一种Al_2O_3-SiO_2质中间包透气砖及其制备方法	ZL201110231552.X		2013年6月5日
754	武汉科技大学	一种低热导率改性蛭石复合耐火材料及其制备方法	ZL201110342128.2		2013年7月10日
755	武汉科技大学	一种刚玉尖晶石轻质隔热材料及其制备方法	ZL201010265125.9		2013年1月6日
756	武汉科技大学	一种莫来石轻质砖及其制备方法	ZL201110186601.2		2013年3月6日
757	武汉科技大学	一种电熔镁砂和水玻璃及其制备方法	ZL201110169577.1		2013年3月6日
758	武汉科技大学	一种基于废弃型砂的莫来石轻质隔热砖及其制备方法	ZL201210105340.1		2013年6月19日

续表

序号	单　位	名　称	专利号	专利类别	授权时间
759	武汉科技大学	一种电熔镁橄榄石及其制备方法	ZL201110245710. 7		2013 年 6 月 26 日
760	武汉科技大学	一种钢包用铬质引流砂及其制备方法	ZL201110061808. 7		2013 年 3 月 6 日
761	武汉科技大学	一种合成镁钙砂及其制备方法	ZL201110148912. X		2013 年 4 月 17 日
762	武汉科技大学	一种氧化锆质滑板及其制备方法	ZL201110269635. 8		2013 年 3 月 6 日
763	武汉科技大学	一种高热震 Cr_2O_3-Al_2O_3-ZrO_2 砖及其制备方法	ZL201010553234. 0		2013 年 3 月 6 日
764	武汉科技大学	一种含碳耐火材料用改性碳素原料及其制备方法	ZL201010566519. 8		2013 年 4 月 17 日
765	武汉科技大学	用于铝电解槽侧壁的熔铸刚玉-尖晶石砖及其制备方法	ZL201210100102. 1		2013 年 6 月 5 日
766	武汉科技大学	一种微孔莫来石-碳化硅复相耐火材料及其制备方法	ZL201110269633. 9		2013 年 6 月 5 日
767	武汉科技大学	一种高炉炉底炉缸用炭砖及其制备方法	ZL201110279205. 4		2013 年 7 月 24 日
768	武汉科技大学	一种浸入式水口及其制备方法	ZL201210081010. 3		2013 年 8 月 14 日
769	武汉科技大学	一种高炉炉缸炉底用耐火材料及其制备方法	ZL201210102426. 9		2013 年 8 月 21 日
770	武汉科技大学	用于水煤浆气化炉的电熔镁铝尖晶石砖及其制备方法	ZL201210100108. 9		2013 年 9 月 18 日
771	武汉科技大学	一种铝电解槽上部侧壁用镁质复合材料及其制备方法	ZL201210159407. X		2013 年 9 月 18 日
772	武汉科技大学	一种铝电解槽下部侧壁用炭质复合材料及其制备方法	ZL201210186086. 2		2013 年 9 月 18 日
773	武汉科技大学	一种滑板耐火材料用复合结合剂及其制备方法	ZL201010289371. 8		2013 年 3 月 6 日
774	武汉科技大学	一种镍的有机配合物复合酚醛树脂及其制备方法	ZL201210074833. 3		2013 年 7 月 10 日
775	武汉科技大学	一种二氧化钛纳米复合结构薄膜及其制备方法	ZL201110190135. 5		2013 年 9 月 11 日
776	武汉科技大学	一种 Al_4SiC_4-$Al_8Si_2C_7$ 耐火材料及其制备方法	ZL201110236020. 5		2013 年 4 月 24 日

续表

序号	单 位	名 称	专利号	专利类别	授权时间
777	武汉科技大学	高硅菱镁矿合成 $MgAl_2O_4$/MgO-SiC-C 质耐火材料及制备方法	ZL201110277146.7		2013 年 8 月 21 日
778	武汉科技大学	一种轻质隔热保温材料及其制备方法	ZL200910063732.4		2012 年 11 月 16 日
779	武汉科技大学	一种陶瓷结合高强耐磨浇注料的制备方法	ZL201110302742.6		2012 年 12 月 12 日
780	武汉科技大学	一种碱土金属钛酸盐纳米粉体及其制备方法	ZL201110076579.6		2012 年 10 月 3 日
781	武汉科技大学	一种二氧化钛纳米粉体及其制备方法	ZL201110076036.4		2012 年 12 月 12 日
782	武汉科技大学	一种掺 Nd^{3+} 离子的钇铝石榴石粉体及其制备方法	ZL201110116504.6		2012 年 12 月 12 日
783	武汉科技大学	一种碳复合耐火材料及其制备方法	ZL201110157588.8		2012 年 12 月 12 日
784	武汉科技大学	含 B_4C-C 复合粉体和纳米 TiC 粉体的低碳镁碳砖及其制备方法	ZL200810197089.X		2012 年 3 月 21 日
785	武汉科技大学	一种 Al_4SiC_4-Al_2OC 复合耐火材料及其制备方法	ZL200810197744.1		2012 年 3 月 21 日
786	武汉科技大学	一种高热阻镁橄榄石轻质材料及其制备方法	ZL200910060875.X		2012 年 4 月 4 日
787	武汉科技大学	一种硅钢炉底辊套管及其制备方法	ZL200910273454.5		2012 年 9 月 19 日
788	武汉科技大学	C-Si-N 质硅钢炉底辊套管及其制备方法	ZL201010200962.3		2012 年 9 月 19 日
789	武汉科技大学	一种钙长石质材料及其制备方法	ZL200910061796.0		2012 年 7 月 4 日
790	武汉科技大学	一种干式镁钙质自流耐火材料及其制备方法	ZL200910060458.5		2012 年 7 月 18 日
791	武汉科技大学	一种电熔铁铝尖晶石-刚玉复合材料及其制备方法	ZL200910272184.6		2012 年 5 月 2 日
792	武汉科技大学	一种铝-镁系轻质浇注料及其制备方法	ZL200610125542.7		2012 年 3 月 21 日
793	武汉科技大学	一种提钒转炉用炉衬材料及其制备方法	ZL201010150265.1		2012 年 10 月 31 日
794	武汉科技大学	一种高强度镁橄榄石轻质保温材料及其制备方法	ZL200910060876.4		2012 年 7 月 4 日
795	武汉科技大学	一种高强度镁橄榄石轻质材料及其制备方法	ZL200910060874.5		2012 年 7 月 4 日

续表

序号	单　位	名　称	专利号	专利类别	授权时间
796	武汉科技大学	一种生物可溶性陶瓷纤维及其制备方法	ZL201010183301.4		2012年8月29日
797	武汉科技大学	一种镁碳砖无铝抗氧化涂层的制备方法	ZL201010274330.1		2012年5月23日
798	武汉科技大学	一种无机插层蛭石隔热耐火材料及其制备方法	ZL201010029020.3		2012年3月21日
799	武汉科技大学	一种轻质绝热板及其制造方法	ZL200810197090.2		2012年7月4日
800	武汉科技大学	一种 Al_2O_3-MgO 系耐火材料浇注料及其制备方法	ZL200810246334.1		2012年10月31日
801	武汉科技大学	一种连铸中间包洁净钢液的方法	ZL201110055740.1		2012年11月28日
802	武汉科技大学	以莫来石质辊棒废料为原料的轻质砖及其制备方法	ZL200910272910.4		2012年2月8日
803	武汉科技大学	一种炉衬用炭质耐火材料及其制备方法	ZL200910060989.4		2012年3月21日
804	武汉科技大学	一种氧化铝轻质砖及其制备方法	ZL200910272346.6		2012年5月23日
805	武汉科技大学	一种微孔高铬砖及其制备方法	ZL201010290267.0		2012年10月10日
806	武汉科技大学	以电熔棕刚玉除尘粉为原料的泡沫玻璃及其制备方法	ZL201010274486.X		2012年5月23日
807	武汉科技大学	一种多孔轻质隔热保温材料及其制备方法	ZL200910063733.9		2012年11月28日
808	武汉科技大学	一种镁橄榄石轻质材料及其制备方法	ZL200910060878.3		2011年12月14日
809	武汉科技大学	一种镁橄榄石保温材料及其制备方法	ZL200910060879.8		2011年12月21日
810	武汉科技大学	一种硅质耐火浇注料及其制备方法	ZL200910061986.2		2011年12月14日
811	武汉科技大学	一种耐火材料高温抗热震性的测试装置及其使用方法	ZL201010118949.3		2011年6月15日
812	武汉科技大学	一种碳硅化铝和碳化硅复合材料及其制备方法	ZL200810197740.3		2011年9月7日
813	武汉科技大学	用合成的 MgO-SiC-C 质材料制备耐火材料的方法	ZL200810048933.2		2011年6月15日
814	武汉科技大学	基于镁橄榄石-C 的 MgO-SiC-C 质耐火浇注料及其制备方法	ZL200810048985.X		2011年5月4日

续表

序号	单 位	名 称	专利号	专利类别	授权时间
815	武汉科技大学	一种 Al_4SiC_4-Al_2O_3 复合耐火材料及其制备方法	ZL200810197743.7		2011年9月7日
816	武汉科技大学	含镁橄榄石—C合成的MgO-SiC-C质耐火材料及其制备方法	ZL200810048349.7		2011年3月23日
817	武汉科技大学	一种水泥窑用无铬碱性砖及其制备方法	ZL200910060526.8		2011年9月7日
818	武汉科技大学	一种耐火材料用助磨剂及其制备方法	ZL200910062734.1		2011年10月5日
819	武汉科技大学	一种浇注料用有机—无机复合结合剂及其制备方法	ZL200810197008.6		2011年7月27日
820	武汉科技大学	一种连铸中间包气幕挡墙洁净钢液的方法	ZL200910062737.5		2011年11月16日
821	武汉科技大学	一种耐火材料用改性酚醛树脂及其制备方法	ZL200810047051.4		2011年5月18日
822	武汉科技大学	一种炼铁高炉炉衬用炭砖及其制备方法	ZL200910061204.5		2011年5月18日
823	武汉科技大学	一种镁橄榄石轻质砖及其制备方法	ZL200910272652.X		2011年6月1日
824	武汉科技大学	一种低温烧成陶瓷辊棒及其制备方法	ZL200810197922.0		2011年6月15日
825	武汉科技大学	一种 Al_4SiC_4/SiC 复合耐火材料及其制备方法	ZL200810197741.8		2011年11月16日
826	武汉科技大学	一种带电磁场的高温气氛炉	ZL201010212266.4		2011年10月5日
827	武汉科技大学	一种用于感应炉预制炉衬的成型模具	ZL201010212263.0		2011年11月16日
828	武汉科技大学	一种非金属材料高温膨胀力的测定装置及其使用方法	ZL200710053797.1		2011年7月27日
829	武汉科技大学	一种用于上水口的多孔透气耐火材料及其生产方法	ZL200810197270.0		2011年6月15日
830	武汉科技大学	一种测定非金属材料扭矩的设备	ZL200710053798.6		2009年12月23日
831	武汉科技大学	一种焦炉炉门衬砖及其制造方法	ZL200710053437.1		2010年5月26日
832	武汉科技大学	一种耐火自流浇注料及其制备方法	ZL200710052986.7		2010年3月17日

续表

序号	单　位	名　称	专利号	专利类别	授权时间
833	武汉科技大学	利用铝灰和镁橄榄石制备硅铁合金和镁铝尖晶石的方法	ZL200810236665.7		2010年6月2日
834	武汉科技大学	利用赤泥和铝灰制备硅铁合金和铝酸钙材料的方法	ZL200810236666.1		2010年6月16日
835	武汉科技大学	一种用于检测耐火材料耐火度的高温电炉	ZL200710053436.7		2010年5月19日
836	武汉科技大学	测量耐火材料大试样的高温热膨胀仪及其使用方法	ZL200810047223.8		2010年6月9日
837	武汉科技大学	一种测定非金属材料高温耐压强度的加热装置	ZL200710053796.7		2010年5月19日
838	武汉科技大学	一种贝壳状勃姆石粉体及其制备方法	ZL200910062936.6		2010年11月17日
839	武汉科技大学	一种碳复合耐火材料用炭质树脂的制备方法	ZL200610124567.5		2010年11月10日
840	河南熔金高温材料股份有限公司	钢包铸口砖	201030215057.6	外观设计	2010年10月15日
841	河南熔金高温材料股份有限公司	炼钢用下水口砖	201020173478.1	实用新型	2010年12月15日
842	河南熔金高温材料股份有限公司	塞棒控流用快换上水口	201020173464.X	实用新型	2010年12月15日
843	河南熔金高温材料股份有限公司	带有定位结构的滑板砖	201020173450.8	实用新型	2010年12月15日
844	河南熔金高温材料股份有限公司	滑板钢壳	201030215005.9	外观设计	2011年1月19日
845	河南熔金高温材料股份有限公司	一种补偿滑板铸孔强度的成型模具	201020236191.9	实用新型	2011年2月16日
846	河南熔金高温材料股份有限公司	组合式滑板砖	201020236192.3	实用新型	2011年2月16日
847	河南熔金高温材料股份有限公司	快换机构保护盖板及其保护装置	201020510642.3	实用新型	2011年3月16日
848	河南熔金高温材料股份有限公司	钢包滑动水口液压驱动装置	201020511373.2	实用新型	2011年5月4日
849	河南熔金高温材料股份有限公司	钢包液压机构肘铁块	201020511372.8	实用新型	2011年5月4日
850	河南熔金高温材料股份有限公司	中间包冲击区挡板	201020627267.0	实用新型	2011年7月13日
851	河南熔金高温材料股份有限公司	带有吹氩气装置的长水口砖	201020627162.5	实用新型	2011年7月13日

续表

序号	单位	名称	专利号	专利类别	授权时间
852	河南熔金高温材料股份有限公司	利用塞棒控流的双座砖水口砖	201020627313.7	实用新型	2011年7月13日
853	河南熔金高温材料股份有限公司	滑动水口装置	200910227512.0	发明专利	2012年1月25日
854	河南熔金高温材料股份有限公司	湿碾机齿轮及其制造方法	201010268026.6	发明专利	2012年3月28日
855	河南熔金高温材料股份有限公司	快换钢壳拉伸组合式模具	201120253039.6	实用新型	2012年3月28日
856	河南熔金高温材料股份有限公司	带定位槽的滑板砖	201120253147.3	实用新型	2012年4月11日
857	河南熔金高温材料股份有限公司	利用耐热球墨铸铁加工钢包滑动水口机构滑托的方法	201010267736.7	发明专利	2012年11月14日
858	河南熔金高温材料股份有限公司	连铸中间包稳流器	201120550807.4	实用新型	2012年11月21日
859	河南熔金高温材料股份有限公司	一种矩形滑板检具	201220096869.7	实用新型	2012年11月21日
860	河南熔金高温材料股份有限公司	一种铸口砖检验卡板	201220096997.1	实用新型	2012年11月21日
861	河南熔金高温材料股份有限公司	滑板砖修复环	201220162108.7	实用新型	2012年12月12日
862	河南熔金高温材料股份有限公司	分体式滑板砖贴面板	201220162099.1	实用新型	2012年12月12日
863	河南熔金高温材料股份有限公司	涂布滑板砖快速烘干装置	201220162098.7	实用新型	2012年12月12日
864	河南熔金高温材料股份有限公司	钢包滑动水口的防溅内护板	201220184035.1	实用新型	2012年12月12日
865	河南熔金高温材料股份有限公司	一种方便翻转的耐材型模装置	201220184016.9	实用新型	2012年12月12日
866	河南熔金高温材料股份有限公司	长方形烧嘴砖	201230291652.7	外观设计	2012年12月12日
867	河南熔金高温材料股份有限公司	多功能台面砖	201230292211.9	外观设计	2012年12月12日
868	河南熔金高温材料股份有限公司	钢包用浇铸料预制下铸口砖及其生产方法	200910065472.4	发明专利	2012年7月4日
869	河南熔金高温材料股份有限公司	添加氮化硅的滑板耐火材料及其生产方法	201010114443.5	发明专利	2012年8月22日
870	河南熔金高温材料股份有限公司	中间包快换滑板组合锆芯	201120550814.4	实用新型	2012年9月26日
871	河南熔金高温材料股份有限公司	中间包冲击板	201120550796.X	实用新型	2012年9月26日

续表

序号	单　位	名　称	专利号	专利类别	授权时间
872	河南熔金高温材料股份有限公司	滑动水口保护垫	201120562710.5	实用新型	2012年9月26日
873	河南熔金高温材料股份有限公司	异形滑板砖	201230291857.5	外观设计	2013年1月23日
874	河南熔金高温材料股份有限公司	紧固式滑板砖	201230292366.2	外观设计	2013年1月23日
875	河南熔金高温材料股份有限公司	滑板砖磨制旋转座	201220313032.3	实用新型	2013年1月30日
876	河南熔金高温材料股份有限公司	滑动水口组装机	201220313013.0	实用新型	2013年1月30日
877	河南熔金高温材料股份有限公司	钢包冲击模	201230292220.8	外观设计	2013年3月6日
878	河南熔金高温材料股份有限公司	钢包滑板砖加箍装置	201220311320.5	实用新型	2013年3月13日
879	河南熔金高温材料股份有限公司	一种钢包滑板砖验具	201220312663.3	实用新型	2013年3月13日
880	河南熔金高温材料股份有限公司	一种出钢口镶嵌有锆质耐冲刷层的滑板砖	201220689277.6	实用新型	2013年7月3日
881	河南熔金高温材料股份有限公司	一种滑板砖磨制夹紧装置	201220691645.0	实用新型	2013年7月3日
882	河南熔金高温材料股份有限公司	多功能钢包滑板砖磨床夹具	201220689276.1	实用新型	2013年7月3日
883	河南熔金高温材料股份有限公司	一种轨道转向盘	201220689250.7	实用新型	2013年8月7日
884	河南熔金高温材料股份有限公司	钢包分体复合座砖	201320411560.7	实用新型	2014年2月12日
885	河南熔金高温材料股份有限公司	一种下水口砖	201320411358.4	实用新型	2014年2月12日
886	河南熔金高温材料股份有限公司	一种钢包滑板砖验具	201320411359.9	实用新型	2014年2月12日
887	河南熔金高温材料股份有限公司	一种定位钢包座砖	201320411430.3	实用新型	2014年2月12日
888	河南熔金高温材料股份有限公司	一种定位钢包下水口钢壳	201320411360.1	实用新型	2014年2月12日
889	河南熔金高温材料股份有限公司	一种分体式滑板砖模具	201320428259.7	实用新型	2014年2月12日
890	河南熔金高温材料股份有限公司	一种钢包滑板模具	201320428336.9	实用新型	2014年2月12日
891	河南熔金高温材料股份有限公司	一种加长上水口砖	201320480670.9	实用新型	2014年2月12日
892	河南熔金高温材料股份有限公司	一种滑板砖磨制固定架	201320480713.3	实用新型	2014年2月12日
893	河南熔金高温材料股份有限公司	添加硅铁的滑板耐火材料及其生产方法	201210229448.1	发明专利	2014年6月4日

续表

序号	单　位	名　称	专利号	专利类别	授权时间
894	河南熔金高温材料股份有限公司	钢箍撑箍装置	201320715783.2	实用新型	2014年4月2日
895	河南熔金高温材料股份有限公司	加石棉毡的快换滑板	201320715911.3	实用新型	2014年4月2日
896	河南熔金高温材料股份有限公司	组合水口组装定位装置	201320715781.3	实用新型	2014年4月16日
897	河南熔金高温材料股份有限公司	复合式中间包稳流器	201320559505.2	实用新型	2014年4月16日
898	河南熔金高温材料股份有限公司	内镶锆芯的快换座砖	201320559504.8	实用新型	2014年4月16日
899	河南熔金高温材料股份有限公司	新型钢包上水口	2014201103585.0	实用新型	2014年7月16日
900	郑州安耐克实业有限公司	刚玉莫来石锆质耐火材料及其制备方法	ZL201210208864.3	发明专利	2013年7月31日
901	郑州安耐克实业有限公司	以低发热值和高温助燃空气获得高风温的装置	ZL201320401311.X	实用新型	2014年1月22日
902	郑州安耐克实业有限公司	锥柱复合型拱顶结构顶燃式热风炉	ZL201320402411.4	实用新型	2014年1月22日
903	郑州安耐克实业有限公司	顶燃热风炉新型排列装置	ZL201320402405.9	实用新型	2013年12月11日
904	郑州安耐克实业有限公司	高炉炉缸、炉底用碳钛基结合自护砖	ZL201210435107.X	发明专利	2014年5月14日
905	郑州安耐克实业有限公司	降低红柱石颗粒上限的耐火块	ZL201310377144.4	发明专利	2014年12月17日
906	郑州安耐克实业有限公司	高炉热风炉管口组合砖结构	ZL201310055145.7	发明专利	2015年1月28日
907	郑州安耐克实业有限公司	一种高荷软、低蠕变、高抗热震耐火砖及其制造方法	ZL201210125704.2	发明专利	2015年3月11日

耐火材料现行标准目录

一、基础标准

GB/T 2992.1—2011 耐火砖形状尺寸 第1部分：通用砖

GB/T 4513—2000（2004）不定形耐火材料分类

GB/T 10325—2012 定型耐火制品验收抽样检验规则

GB/T 10326—2001（2004）定型耐火制品尺寸、外观及断面的检查方法

GB 12434—2008 耐火材料企业防尘规程

GB/T 13794—2008 标准测温锥

GB/T 15545—1995（2004）不定形耐火材料包装、标志、运输和储存

GB/T 16546—1996（2004）定型耐火制品包装、标志、运输和储存

GB/T 16763—2012 定型隔热耐火制品分类

GB/T 17105—2008 铝硅系致密定型耐火制品分类

GB/T 17617—1998（2004）耐火原料和不定形耐火材料　取样

GB/T 17912—2014 回转窑用耐火砖形状尺寸

GB/T 18257—2000（2004）回转窑用耐火砖热面标记

GB/T 18930—2002（2004）耐火材料术语

GB/T 18931—2008 残碳量小于7%的碱性致密定型耐火制品分类

GB/T 20511—2006 耐火制品分型规则

GB/T 30757—2014 残碳量7%～50%的碱性致密定型耐火制品分类

GB/T 30870—2014 特种致密定型耐火制品分类

YB/T 060—2007 炼钢转炉用耐火砖形状尺寸

YB/T 2217—1999 电炉用球顶砖形状尺寸

YB/T 4014—1991（2012）玻璃熔窑用致密定型耐火制品的分类

YB/T 4016—1991（2012）玻璃熔窑用耐火制品抽样和验收方法

YB/T 4017—1991（2012）玻璃熔窑用耐火制品形状尺寸　硅砖

YB/T 4198—2009 钢包用耐火砖形状尺寸

YB/T 5012—2009 高炉及热风炉用耐火砖形状尺寸

YB/T 5018—1993（2012）炼钢电炉顶用砖形状尺寸

YB/T 5110—1993（2012）浇注用耐火砖形状尺寸

YB/T 5113—1993（2009）盛钢桶内铸钢用耐火砖形状尺寸

JC/T 2127—2012 建材工业用不定形耐火材料施工及验收规范

JC/T 2196—2013 水泥回转窑用耐火材料使用规程

（共30项，其中新增8项，复审5项）

二、原料标准

GB 201—2000 铝酸盐水泥

GB/T 2273—2007 烧结镁砂

GB/T 2478—2008 普通磨料　棕刚玉

GB/T 2479—2008 普通磨料　白刚玉

GB/T 2480—2008 普通磨料　碳化硅

GB/T 2881—2008 工业硅

GB/T 3518—2008 鳞片石墨

GB/T 21236—2007 电炉回收二氧化硅微粉

GB/T 26563—2011 电熔氧化锆

GB/T 26564—2011 镁铝尖晶石

YB/T 101—2005 电炉炉底用 $MgO\text{-}CaO\text{-}Fe_2O_3$ 系合成料

YB/T 102—2007 耐火材料用电熔刚玉

YB/T 132—2007 电熔镁铬砂

YB/T 834—1987 锆英石精矿

YB/T 4032—2010 蓝晶石　硅线石　红柱石

YB/T 4066—1991 铬精矿

YB/T 4131—2005 耐火材料用酚醛树脂

YB/T 4216—2010 烧结刚玉

YB/T 5057—1993 铝土矿石技术条件

YB/T 5179—2005 高铝矾土熟料

YB/T 5207—2005 硬质黏土熟料

YB/T 5265—2007 耐火材料用铬矿石

YB/T 5266—2004 电熔镁砂

YB/T 5267—2013 莫来石

YB/T 5268— 2007 硅石

YB/T 5278—2007 白云石

YS/T 89—1995（2005）煅烧 α 型氧化铝

JB/T 7986—2001 普通磨料　铬刚玉

（共28 项，其中新增3 项，修订2 项，废止1 项）

三、致密定型耐火制品

（一）硅质耐火制品

GB/T 2608—2012 硅砖

YB/T 133—2005 热风炉用硅砖

YB/T 147—2007 玻璃窑用硅砖

YB/T 4076—1991（2012）连铸用熔融石英质耐火制品

YB/T 5013—2005 焦炉用硅砖

JC/T 616—2003 玻璃窑用优质硅砖

（二）黏土质耐火制品

YB/T 112—1997（2012）高炉用磷酸浸渍黏土砖

YB/T 4168—2007 焦炉用黏土砖及半硅砖

YB/T 5106—2009 黏土质耐火砖

YB/T 5107—2004（2012）热风炉用黏土砖

JC/T 496—2007 水泥窑用耐碱砖

JC/T 638—2013 玻璃窑用低气孔率黏土砖

JB/T 3649. 1—1994（2005）电阻炉用耐火制品　黏土质耐火制品

（三）高铝质耐火制品

GB/T 2988—2012 高铝砖

YB/T 4129—2005（2012）塑性相复合刚玉砖

YB/T 4134—2005（2012）微孔刚玉砖

YB/T 5015—1993（2005）高炉用高铝砖

YB/T 5016—2000 热风炉用高铝砖

YB/T 5017—2000（2006）炼钢电炉顶用高铝砖

YB/T 5020—2002（2008）盛钢桶用高铝砖

JC/T 350—2013 磷酸盐结合高铝质砖

JC/T 494—2013 玻璃熔窑用熔铸氧化铝耐火制品

JC/T 1063—2007 水泥窑用抗剥落高铝砖

JB/T 3649. 2—1994（2005）电阻炉用耐火制品　高铝质耐火制品

（四）碱性耐火制品

GB/T 2275—2007 镁砖和镁铝砖

GB/T 22589—2008 镁碳砖

YB/T 4116—2003 镁钙砖

YB/T 5011—1997（2005）镁铬砖

JC/T 497—2013 建材工业窑炉用 000000 直接结合镁铬砖

JC/T 924—2003 玻璃窑用镁砖[w(MgO)≥95%]

（五）特种耐火制品

GB/T 23293—2009 氮化物结合耐火制品及其配套耐火泥浆

GB/T 23294—2009 耐磨耐火材料

GB/T 30759—2014 高铬砖

YB/T 007—2003 连铸用铝炭质耐火制品

YB/T 113—1997（2005）烧成微孔铝炭块

YB/T 164—2009 铁水预处理用 Al_2O_3-SiC-C 砖

YB/T 165—1999（2006）树脂结合铝镁炭砖

YB/T 4075—2013 锆质定径水口

YB/T 4111—2002（2008）铸口砖和座砖

YB/T 4118—2003 精炼钢包用透气砖和座砖

YB/T 4167—2007 烧成铝碳化硅砖

YB/T 4232—2010 球式热风炉用耐火球

YB/T 4348—2013 刚玉砖

YB/T 4350—2013 铬刚玉砖

YB/T 5049—2009 滑板砖

JC/T 493—2001 玻璃熔窑用熔铸锆刚玉耐火制品

JC/T 495—2013 玻璃熔窑用致密锆英石砖

JC/T 925—2003 玻璃窑用烧结 AZS 砖

JC/T 926—2003 浮法玻璃窑用锡槽底砖

JC/T 1064—2007 水泥窑用硅莫砖

JC/T 2197—2013 水泥窑用硅莫红砖

JB/T 3649. 6—1994（2005）电阻炉用用耐火制品　抗渗碳质耐火制品

（共 52 项，其中新增 5 项，修订 14 项，废止 1 项）

四、隔热耐火制品

GB/T 3003—2006 耐火材料　陶瓷纤维及制品

GB/T 3994—2013 黏土质隔热耐火砖

GB/T 3995—2014 高铝质隔热耐火砖

GB/T 3996—1983 硅藻土隔热制品

GB/T 10699—1998 硅酸钙绝热制品

YB/T 386—1994（2005）硅质隔热耐火砖

JC/T 804—1987（96）水泥窑用陶粒轻质耐火混凝土砌块

JB/T 3649.3—1994（2005）电阻炉用耐火制品　黏土质隔热耐火制品

JB/T 3649.4—1994（2005）电阻炉用耐火制品　高铝质隔热耐火制品

JB/T 3649.5—1994（2005）电阻炉用耐火制品　氧化铝质隔热耐火制品

五、不定形耐火材料

（一）耐火泥浆

GB/T 2994—2008 高铝质耐火泥浆

GB/T 14982—2008 黏土质耐火泥浆

YB/T 114—1997（2012）硅酸铝质隔热耐火泥浆

YB/T 134—1998（2012）高温红外辐射涂料

YB/T 150—1998（2012）耐火缓冲泥浆

YB/T 384—2011 硅质耐火泥浆

YB/T 4121—2004 中间包用碱性涂料

YB/T 5009—2011 镁质、镁铝质、镁铬质耐火泥浆

JC/T 2159—2012 水泥窑系统用特种耐火胶泥

（二）耐火浇注料

GB/T 22590—2008 轧钢加热炉用耐火浇注料

YB/T 116—1997（2012）耐热钢纤维增强耐火浇注料炉辊

YB/T 4110—2009 铝镁耐火浇注料

YB/T 4120—2004 中间包用挡渣堰

YB/T 4126—2012 高炉出铁沟浇注料

YB/T 4193—2009 抗结皮耐火浇注料

YB/T 4194—2009 高炉内衬维修用喷涂料

YB/T 4195—2009 防爆裂快速烘烤耐火浇注料

YB/T 4197—2009 自流耐火浇注料

YB/T 4275—2012 混铁炉用耐火浇注料

YB/T 4319—2012 高炉基建用炭质捣打料

YB/T 4320—2012 炭素焙烧炉用不定形耐火材料

YB/T 5083—1997（2005）黏土质和高铝质致密耐火浇注料

JC/T 498—2013 高强度耐火浇注料

JC/T 499—2013 钢纤维增强耐火浇注料

JC 708—2013 耐碱耐火浇注料

JC/T 807—2013 轻质耐碱浇注料

JC/T 2160—2012 水泥窑用高强莫来石耐火浇注料

（三）耐火可塑料

YB/T 4153—2006（2012）高炉用非水系压入料

YB/T 4196—2009 高炉用无水炮泥

YB/T 5115—1993 黏土质和高铝质耐火可塑料

（共 30 项，其中新增 5 项，修订 13 项）

六、物理试验方法

GB/T 2997—2000（2004）致密定型耐火制品体积密度、显气孔率和真气孔率试验方法

GB/T 2998—2001（2004）定型隔热耐火制品体积密度和真气孔率试验方法

GB/T 2999—2002（2004）耐火材料　颗粒体积密度试验方法

GB/T 3001—2007 耐火材料　常温抗折强度试验方法

GB/T 3002—2004 耐火制品　高温抗折强度试验方法

GB/T 3007—2006 耐火材料　含水量试验方法

GB/T 5071—2013 耐火材料真密度试验方法

GB/T 5072—2008 耐火材料　常温耐压强度试验方法

GB/T 5073—2005 耐火材料　压蠕变试验方法

GB/T 5988—2007 耐火材料　加热永久线变化试验方法

GB/T 5989—2008 耐火材料　荷重软化温度试验方法　示差升温法

GB/T 5990—2006 耐火材料　导热系数试验方法（热线法）

GB/T 7320—2008 耐火材料　热膨胀试验方法

GB/T 7321—2004 定型耐火制品试样制备方法

GB/T 7322—2007 耐火材料　耐火度试验方法

GB/T 8931—2007 耐火材料　抗渣性试验方法

GB/T 14983—2008 耐火材料　抗碱性试验方法

GB/T 17601—2008 耐火材料　耐硫酸侵蚀试验方法

GB/T 17732—2008 致密定型含碳耐火制品试验方法

GB/T 17911—2006 耐火材料　陶瓷纤维制品试验方法

GB/T 18301—2012 耐火材料常温耐磨性试验方法

GB/T 22459.1—2008 耐火泥浆　第 1 部分：

稠度试验方法（锥入度法）

GB/T 22459.2—2008 耐火泥浆　第 2 部分：稠度试验方法（跳桌法）

GB/T 22459.3—2008 耐火泥浆　第 3 部分：粘接时间试验方法

GB/T 22459.4—2008 耐火泥浆　第 4 部分：常温抗折粘接强度试验方法

GB/T 22459.5—2008 耐火泥浆　第 5 部分：粒度分布（筛分析）试验方法

GB/T 22459.6—2008 耐火泥浆　第 6 部分：预搅拌泥浆含水量试验方法

GB/T 22459.7—2008 耐火泥浆　第 7 部分：高温性能试验方法

GB/T 22588—2008 闪光法测量热扩散系数或导热系数

GB/T 24201—2009 高炉炭块抗铁水熔蚀性试验方法

GB/T 29650—2013 耐火材料　抗一氧化碳性试验方法

GB/T 30758—2014 耐火材料　动态杨氏模量试验方法（脉冲激振法）

GB/T 30873—2014 耐火材料　抗热震性试验方法

YB/T 118—1997 耐火材料气孔孔径分布试验方法

YB/T 172—2000 硅砖定量相分析　X 射线衍射法

YB/T 173—2000（2006）含炭耐火制品常温比电阻试验方法

YB/T 185—2001（2009 ）连铸保护渣黏度试验方法

YB/T 186—2001 连铸保护渣熔化温度试验方法

YB/T 187—2001（2009 ）连铸保护渣堆积密度试验方法

YB/T 188—2001（2009 ）连铸保护渣粒度分布试验方法

YB/T 189—2001（2009 ）连铸保护渣水分含量（110℃）测定试验方法

YB/T 370—1995 耐火制品荷重软化温度试验方法（非示差-升温法）

YB/T 376.1—1995 耐火制品抗热震性试验方法（水急冷法）

YB/T 376.2—1995 耐火制品抗热震性试验方法（空气急冷法）

YB/T 376.3—2004 耐火制品 抗热震性试验方法 第 3 部分：水急冷-裂纹判定法

YB/T 2203—1998 耐火浇注料荷重软化温度试验方法（非示差-升温法）

YB/T 2206.1—1998 耐火浇注料抗热震性试验方法（压缩空气流急冷法）

YB/T 2206.2—1998 耐火浇注料抗热震性试验方法（水急冷法）

YB/T 2208—1998 耐火浇注料高温耐压强度试验方法

YB/T 2429—2009 耐火材料用结合粘土可塑性检验方法

YB/T 4018—1991 耐火制品抗热震性试验方法

YB/T 4115—2003 功能耐火材料通气量试验方法

YB/T 4117—2003 致密耐火浇注料抗爆裂性试验方法

YB/T 4130—2005（2012）耐火材料 导热系数试验方法（水流量平板法）

YB/T 4161—2007 耐火材料　抗熔融冰晶石电解液侵蚀试验方法

YB/T 5116—1993 黏土质和高铝质耐火可塑料试样制备方法

YB/T 5119—1993 黏土质和高铝质耐火可塑料可塑性指数试验方法

YB/T 5180—2008 硬质黏土与高铝矾土熟料杂质检验方法

YB/T 5200—1993 致密耐火浇注料　显气孔率和体积密度试验方法

YB/T 5202.1—2003 不定形耐火材料试样制备方法　第 1 部分：耐火浇注料

YB/T 5204—1993 致密耐火浇注料　筛分析试验方法

JC/T 639—2013 玻璃熔窑用耐火材料气泡析出率试验方法

JC/T 805—2013 玻璃熔窑用耐火材料中玻璃相渗出温度试验方法

JC/T 806—2013 玻璃熔窑用耐火材料静态下抗玻璃液侵蚀试验方法

JC/T 808—2013 硅铝质耐火浇注料耐碱性试验方法

JC/T 2123—2012 耐火浇注料标准脱模时间试验方法

JB/T 3648.1—1994 电炉用耐火制品试验方法 定型隔热耐火制品的热震稳定性

（共 68 项，其中新增 4 项，修订 11 项）

七、化学分析方法

GB/T 3043—2000(2004)棕刚玉化学分析方法

GB/T 3044—2007 白刚玉、铬刚玉　化学分析方法

GB/T 3045—2003 普通磨料　碳化硅化学分析方法

GB/T 3521—2008 石墨化学分析方法

GB/T 4984—2007 含锆耐火材料化学分析方法

GB/T 5069—2007 镁铝系耐火材料化学分析方法

GB/T 5070—2007 含铬耐火材料化学分析方法

GB/T 6609.2—2009 氧化铝化学分析方法和物理性能测定方法 第 2 部分：300℃ 和 1000℃ 质量损失的测定

GB/T 6609.3—2004 氧化铝化学分析方法和物理性能测定方法 钼蓝光度法测定二氧化硅含量

GB/T 6609.4—2004 氧化铝化学分析方法和物理性能测定方法 邻二氮杂菲光度法测定三氧化二铁含量

GB/T 6609.5—2004 氧化铝化学分析方法和物理性能测定方法 氧化钠含量的测定

GB/T 6609.6—2004 氧化铝化学分析方法和物理性能测定方法 火焰光度法测定氧化钾含量

GB/T 6609.7—2004 氧化铝化学分析方法和物理性能测定方法 二安替吡啉甲烷光度法测定二氧化钛含量

GB/T 6609.8—2004 氧化铝化学分析方法和物理性能测定方法 二苯基碳酰二肼光度法测定三氧化二铬含量

GB/T 6609.9—2004 氧化铝化学分析方法和物理性能测定方法 新亚铜灵光度法测定氧化铜含量

GB/T 6609.10—2004 氧化铝化学分析方法和物理性能测定方法 苯甲酰苯基羟胺萃取光度法测定五氧化二钒含量

GB/T 6609.11—2004 氧化铝化学分析方法和物理性能测定方法 火焰原子吸收光谱法测定一氧化锰含量

GB/T 6609.12—2004 氧化铝化学分析方法和物理性能测定方法 火焰原子吸收光谱法测定氧化锌含量

GB/T 6609.13—2004 氧化铝化学分析方法和物理性能测定方法 火焰原子吸收光谱法测定氧化钙含量

GB/T 6609.14—2004 氧化铝化学分析方法和物理性能测定方法 镧-茜素络合酮分光光度法测定氟含量

GB/T 6609.15—2004 氧化铝化学分析方法和物理性能测定方法 硫氰酸铁光度法测定氯含量

GB/T 6609.16—2004 氧化铝化学分析方法和物理性能测定方法 姜黄素分光光度法测定三氧化二硼含量

GB/T 6609.17—2004 氧化铝化学分析方法和物理性能测定方法 钼蓝分光光度法测定五氧化二磷含量

GB/T 6609.18—2004 氧化铝化学分析方法和物理性能测定方法 N，N-二甲基对苯二胺分光光度法测定硫酸根含量

GB/T 6609.19—2004 氧化铝化学分析方法和物理性能测定方法 火焰原子吸收光谱法测定氧化锂含量

GB/T 6609.20—2004 氧化铝化学分析方法和物理性能测定方法 火焰原子吸收光谱法测定氧化镁含量

GB/T 6609.21—2004 氧化铝化学分析方法和物理性能测定方法 丁基罗丹明 B 分光光度法测定三氧化二镓含量

GB/T 6609.22—2004 氧化铝化学分析方法和物理性能测定方法 取样

GB/T 6609.23—2004 氧化铝化学分析方法和物理性能测定方法 试样的制备和贮存

GB/T 6609.24—2004 氧化铝化学分析方法和物理性能测定方法 安息角的测定

GB/T 6609.25—2004 氧化铝化学分析方法和物理性能测定方法 松装密度的测定

GB/T 6609.26—2004 氧化铝化学分析方法和物理性能测定方法 有效密度的测定 比重瓶法

GB/T 6609.27—2009 氧化铝化学分析方法和物理性能测定方法 第 27 部分：粒度分析 筛分法

GB/T 6609.28—2004 氧化铝化学分析方法和物理性能测定方法 小于 60μm 的细粉末粒度分布的测定 湿筛法

GB/T 6609.29—2004 氧化铝化学分析方法和物理性能测定方法 吸附指数的测定

GB/T 6609.30—2009 氧化铝化学分析方法和物理性能测定方法 第 30 部分：X 射线荧光光谱法测定微量元素含量

GB/T 6609.31—2009 氧化铝化学分析方法和物理性能测定方法 第 31 部分：流动角的测定

GB/T 6609.32—2009 氧化铝化学分析方法和

物理性能测定方法 第32部分：α-三氧化二铝 含量的测定 X-射线衍射法

GB/T 6609.33—2009 氧化铝化学分析方法和物理性能测定方法 第33部分：磨损指数的测定

GB/T 6609.34—2009 氧化铝化学分析方法和物理性能测定方法 第34部分：三氧化二铝含量的计算方法

GB/T 6609.35—2009 氧化铝化学分析方法和物理性能测定方法 第35部分：比表面积的测定 氮吸附法

GB/T 6609.36—2009 氧化铝化学分析方法和物理性能测定方法 第36部分：流动时间的测定

GB/T 6609.37—2009 氧化铝化学分析方法和物理性能测定方法 第37部分：粒度小于20 μm颗粒含量的测定

GB/T 6900—2006 铝硅系耐火材料化学分析方法

GB/T 6901—2008 硅质耐火材料化学分析方法

GB/T 14849.1—2007 工业硅化学分析方法 第1部分：铁含量的测定 1，10-二氮杂菲分光光度法

GB/T 14849.2—2007 工业硅化学分析方法 第2部分：铝含量的测定 铬天青-S分光光度法

GB/T 14849.3—2007 工业硅化学分析方法 第3部分：钙含量的测定

GB/T 14849.4—2008 工业硅化学分析方法 第4部分：电感耦合等离子体原子发射光谱法测定元素含量

GB/T 16555—2008 含碳、碳化硅、氮化物耐火材料化学分析方法

GB/T 21114—2007 耐火材料 X射线荧光光谱化学分析 熔铸玻璃片法

GB/T 24193—2009 铬矿石和铬精矿 铝、铁、镁和硅含量的测定 电感耦合等离子体原子发射光谱法

GB/T 24220—2009 铬矿石 分析样品中湿存水的测定 重量法

GB/T 24221—2009 铬矿石 钙和镁含量的测定 EDTA滴定法

GB/T 24222—2009 铬矿石 交货批水分的测定

GB/T 24223—2009 铬矿石 磷含量的测定 还原磷钼酸盐分光光度法

GB/T 24224—2009 铬矿石 硫含量的测定 燃烧-中和滴定法、燃烧-碘酸钾滴定法和燃烧-红外线吸收法

GB/T 24225—2009 铬矿石 全铁含量的测定 还原滴定法

GB/T 24226—2009 铬矿石和铬精矿 钙含量的测定 火焰原子吸收光谱法

GB/T 24227—2009 铬矿石和铬精矿 硅含量的测定 分光光度法和重量法

GB/T 24228—2009 铬矿石和铬精矿 化学分析方法 通则

GB/T 24229—2009 铬矿石和铬精矿 铝含量的测定 络合滴定法

GB/T 24230—2009 铬矿石和铬精矿 铬含量的测定 滴定法

GB/T 24231—2009 铬矿石 镁、铝、硅、钙、钛、钒、铬、锰、铁和镍含量的测定 波长色散X射线荧光光谱法

YB/T 190.1—2001 连铸保护渣化学分析方法 高氯酸脱水重量测定二氧化硅含量

YB/T 190.2—2001 连铸保护渣化学分析方法 EDTA滴定法测定氧化铝含量

YB/T 190.3—2001 连铸保护渣化学分析方法 EGTA滴定法测定氧化钙含量

YB/T 190.4—2001 连铸保护渣化学分析方法 CyDTA滴定法测定氧化镁含量

YB/T 190.5—2001 连铸保护渣化学分析方法 火焰原子吸收光谱法测定氧化钾、氧化钠含量

YB/T 190.6—2014 连铸保护渣化学分析方法 燃烧气体容量法和红外线吸收法测定游离碳含量

YB/T 190.7—2014 连铸保护渣化学分析方法 燃烧气体容量法和红外线吸收法测定碳含量

YB/T 190.8—2001 连铸保护渣化学分析方法 邻菲啰啉分光光度法和火焰原子吸收光谱法测定铁含量

YB/T 190.9—2001 连铸保护渣化学分析方法 火焰原子吸收光谱法测定氧化锂含量

YB/T 190.10—2014 连铸保护渣化学分析方法 离子选择电极法测定氟含量

YB/T 190.11—2001 连铸保护渣化学分析方法 高碘酸钠（钾）光度法和火焰原子吸收光谱法测定氧化锰含量

YB/T 190.12—2014 连铸保护渣 三氧化二硼含量的测定 电感耦合等离子体原子发射光谱法

YB/T 190.13—2014 连铸保护渣 二氧化硅、三氧化二铝、氧化钙、氧化镁、全铁含量的测定 波长色散X射线荧光光谱法

YB/T 4019—2006 轻烧氧化镁化学活性测定方法

JB/T 7995—1999 黑刚玉 化学分析方法

企业风采

武汉钢铁集团耐火材料有限责任公司

武汉钢铁集团耐火材料有限责任公司是武汉钢铁（集团）公司下属的全资子公司。公司坐落在“九省通衢”的武汉市东郊，占地面积32.6万平方米，资产净值5.57亿元。目前公司有21条生产线，年生产能力130余万吨。拥有3000吨全自动液压机、莱式压机、环形套筒窑等生产设备，其中包括从德国、日本、意大利等国引进的关键装备。公司技术先进、研发实力雄厚、检测手段齐全，是中国重要的大型国有耐火材料企业，武钢重要的耐火材料、冶金炉料生产和研发基地。

在五十余年为武钢服务的经验基础上，公司在国内耐火材料行业中开创了全面耐材服务总包模式，形成了完整的耐材产品创意、策划、设计、研究、生产、使用、砌筑及维护等方面的技术和管理体系，在国内市场稳固发展了宁波钢铁、黑龙江建龙、唐山新宝泰等总包市场，拥有国内外数十家钢厂的耐火材料产品供应、总包服务或代理权，国际触角延伸到印度、韩国、美国、日本、巴西等市场，销售收入稳定在20亿元以上，是国内具有领先地位的全面耐材服务商。公司是中国耐火材料行业协会副会长单位，被中国耐火材料行业协会评为企业信用评价“AAA级”信用企业，是湖北省规模领先的耐火材料企业，2008年至2013年连续被评为武汉市青山区纳税大户，多次被评为武汉市“优秀企业”、“和谐企业”。

地址：武汉市青山区工农村 **邮编：430082**
电话：027-86892471 **传真：027-86891385**

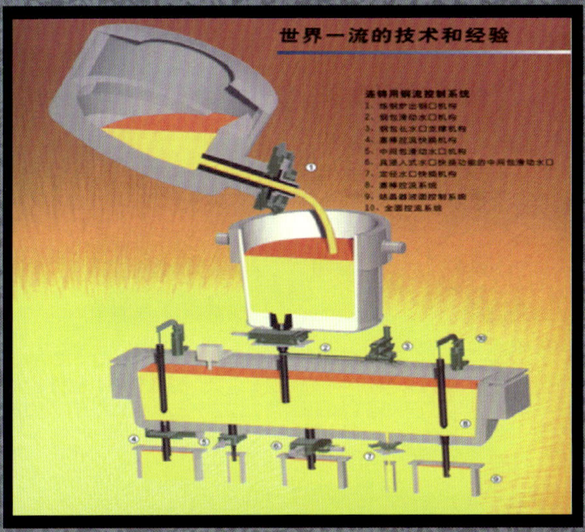

产品应用示意图

莱 式 压 机

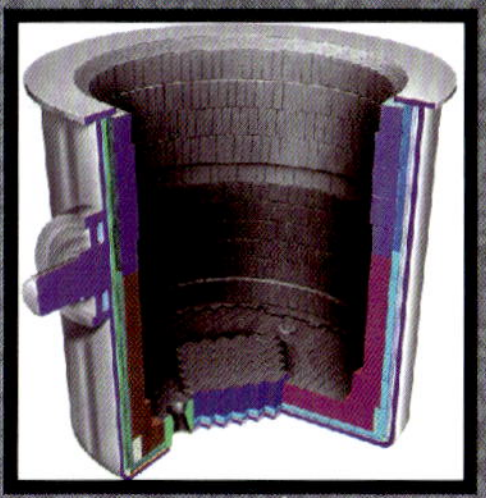
钢包设计方案示意图

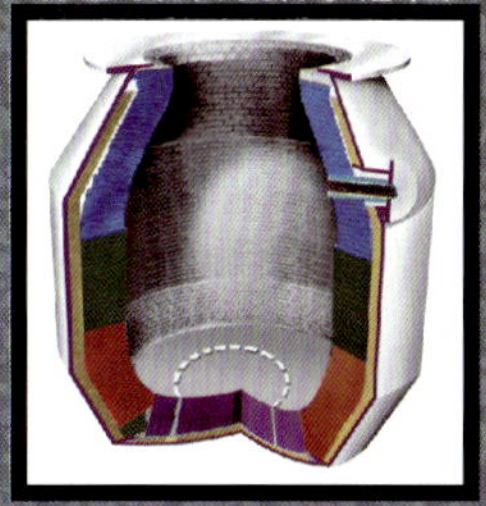
转炉设计方案示意图

炮泥公司生产线

物流仓储配送中心

营口金龙集团

Yingkou Jinlong Refractories Group

福建海源液压机

营口金龙集团是集科、工、贸为一体，国内生产碱性免烧砖制品规模领先的企业。集团现有员工2050人，其中耐火、炼钢等高级工程师20多位，并拥有完备的科研和质量检测系统。集团占地面积45万平方米，拥有资产总额11亿元，年产值11亿元，年销售额12亿元，年创利税1.3亿元左右。公司拥有中日合资营口九州耐火材料有限公司、中韩合资营口光阳耐火材料有限公司、中德合资营口雷法耐火材料有限公司、中日合资营口和泉耐火材料有限公司四个中外合资企业，并拥有营口东方耐火材料有限公司、营口泰华房地产开发有限公司等七个内资企业，累计招商引资亿多元人民币。拥有各类进口及国产压砖机70台及先进的配套设备，年生产免烧耐火砖20万吨，烧成砖14万吨，各类散状耐火材料10万吨，电熔镁砂8万吨。公司85%以上的产品出口到德国、韩国、日本、俄罗斯、乌克兰、美国等三十几个国家和地区，出口创汇1.2亿美元，是中国目前规模领先的镁质耐火材料生产基地之一。

公司在1999年10月与辽宁科技大学（原鞍山钢铁学院）成立了“金龙集团鞍山钢院耐火材料应用技术研究中心”；2005年、2006年又分别获批辽宁省企业技术中心和辽宁省重点工程。在技术创新和发展的同时，获得了社会与专业机构的认可，获得了省市多项技术殊荣：集团公司生产的钢包内衬用无碳砖通过“省科技成果鉴定”并获“营口市科技进步二等奖”；废弃镁碳砖回收再利用项目获得了“省科技进步三等奖”及“营口市科技进步一等奖”；高温烧成镁碳砖和高钙镁钙碳砖分别被国家和辽宁省质检部门授予 “国家质量免检产品”和“辽宁名牌产品”称号。

集团公司于1999年12月通过了ISO9002：1994国际质量管理体系认证，2003年4月顺利通过2000版换证审核，2003年分别通过了ISO14001环境管理体系认证和OHSAS18001职业健康管理体系认证。

企业信用等级在2011年被中国耐火材料行业协会评为“AAA”级，2012年1月又被中国出入境检验检疫协会授予“中国质量诚信企业”。

集团公司于2004年2月被辽宁省环境保护部门授予“辽宁省环境保护模范企业”、“辽宁省花园式单位”称号，辽宁省镁资源保护办公室授予“辽宁省镁质材料行业花园式企业”称号；200年底被国家环保部门授予 “国家环境友好企业”称号。

营口金龙集团将继续努力加强企业的全面科学管理，不断提高产品质量，生产高效、节能、环保产品。坚持以“用户需求为己任，视质量和信誉为企业生命”的经营理念，不断拓展国内、国际市场，发展壮大自己，最大限度地满足国内外顾客的需要。金龙集团的多元化、多极化、全球化生产和销售经营将为中国耐火材料行业再添辉煌一笔。

地　址：辽宁省大石桥市金龙工业园区
Add: Jinlong Industrial Park, Dashiqiao City, Liaoning PR. China
邮　编：115100
Post Code: 115100
电　话：0417-5211134 5211225 5211398 5211468 5211369
Tel: 0417-5211134 5211225 5211398 5211468 5211369
传　真：0417-5211478 5211228 5211004 5211768
Fax: 0417-5211478 5211228 5211004 5211768
网　址：//www.jinlonggroup.com
http: //www.jinlonggroup.com

德国进口莱斯液压机

德国进口莱斯液压机

开封特耐股份有限公司

河南特耐工程材料有限公司

开封特耐股份有限公司是一家集耐火材料开发、生产、销售、服务为一体的集团化股份制企业，注册资本4260万元，是河南省高新技术企业、国家重点守合同重信用单位、河南省加工贸易出口先进企业、河南省出口重点企业、河南省诚信民营企业、河南省优秀民营科技企业。

公司的主营业务为高纯合成耐火原料、耐火制品（含定型耐火制品和不定形耐火制品）的生产和销售，是国内少数几家掌握多系列高纯合成耐火原料生产技术的企业之一，主要产品包括“凯特”牌高纯铝镁尖晶石、活性$\alpha-Al_2O_3$微粉、电熔白刚玉、纯铝酸钙水泥、电熔莫来石、电熔锆莫来石、氧化铝空心球、不定形耐火浇注料及其制品和耐火砖等，最终应用于钢铁、建材、化工等高温行业。

公司在国内高纯合成耐火原料生产企业中品种最齐全，所生产的系列化产品能够满足针对各种高档定型和不定形耐火制品从骨料到基质的各种需求，具备了提供优质产品组合配套能力。公司产品的系列化可以有效抵御未来市场不确定性带来的风险。公司掌握和具备了生产各种高纯合成耐火原料产品的技术、工艺和设备，可以在市场变化中及时转型，快速占领市场。

公司拥有一个河南省重点企业技术中心和河南出入境检验检疫部门认定的注册实验室（证书编号：2002N5307）、公司通过了ISO9001：2000、GB/T19001—2000质量管理体系认证、ISO14001:2004环境管理体系认证、OHSAS18001:2007职安卫管理体系认证，为公司产品质量的稳定和管理技术水平的提高提供了科学保障。

公司产品活性$\alpha-Al_2O_3$微粉是国家重点新产品；大型钢包用新型铝镁尖晶石砖获得河南省科学技术部门颁发的高新技术产品证书，被列入国家火炬计划项目。公司产品不仅在国内大型钢铁、水泥企业广为应用，而且出口到欧、亚、非、美的30多个国家和地区，被评为“河南省出口名牌”，是“河南省著名商标”。

电熔铝镁尖晶石

电熔莫来石

电熔铁铝尖晶石

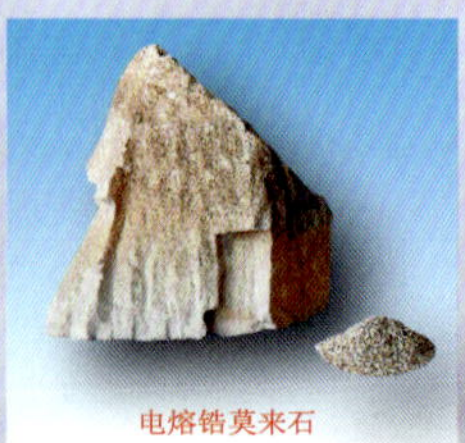
电熔锆莫来石

氧化铝空心球

电熔白刚玉

地址：河南省开封市金明大道南段
邮编：475003
国际贸易部：0086-378-3923112 3923113 3923116
国内贸易部：0086-378-3921234 3923199 3922138
技术服务中心：0086-378-3921293
传真：国际贸易部：0086-378-3921033 国内贸易部：0086-378-3922369
E-mail：zhang@kftn.com kts1@public.kfptt.ha.cn jsfw@kftn.com gnxs@kftn.com
http://www.kftn.com

维苏威高级陶瓷(中国)有限公司

VESUVIUS

简介

北亚区总裁：龙德泉

维苏威公司是全球知名的钢流控制系统及钢铁、玻璃、铸造等行业用耐火材料设计和生产企业，是目前能够为钢铁工业提供完整技术方案和全面热工服务的先驱，为其合作伙伴企业提高竞争力做出了重要贡献。目前为中国客户主要提供连铸工业用全部控流机械设备、工程设计及总包服务，日常消耗的铝碳、镁碳、铝硅等系列定型及不定形耐火材料均已形成全国规模领先的生产和供货能力。在中国过去十年的发展之中，维苏威公司不仅投资建设了多个独资企业，更通过与中国钢铁工业的深度合作，共同投资兴建了多家大规模的合资企业，使自身的发展真正融入到了中国钢铁及耐火材料工业的发展之中。维苏威公司的未来在中国，做好一个本地化企业，为中国人民服务是我们的崇高愿望。

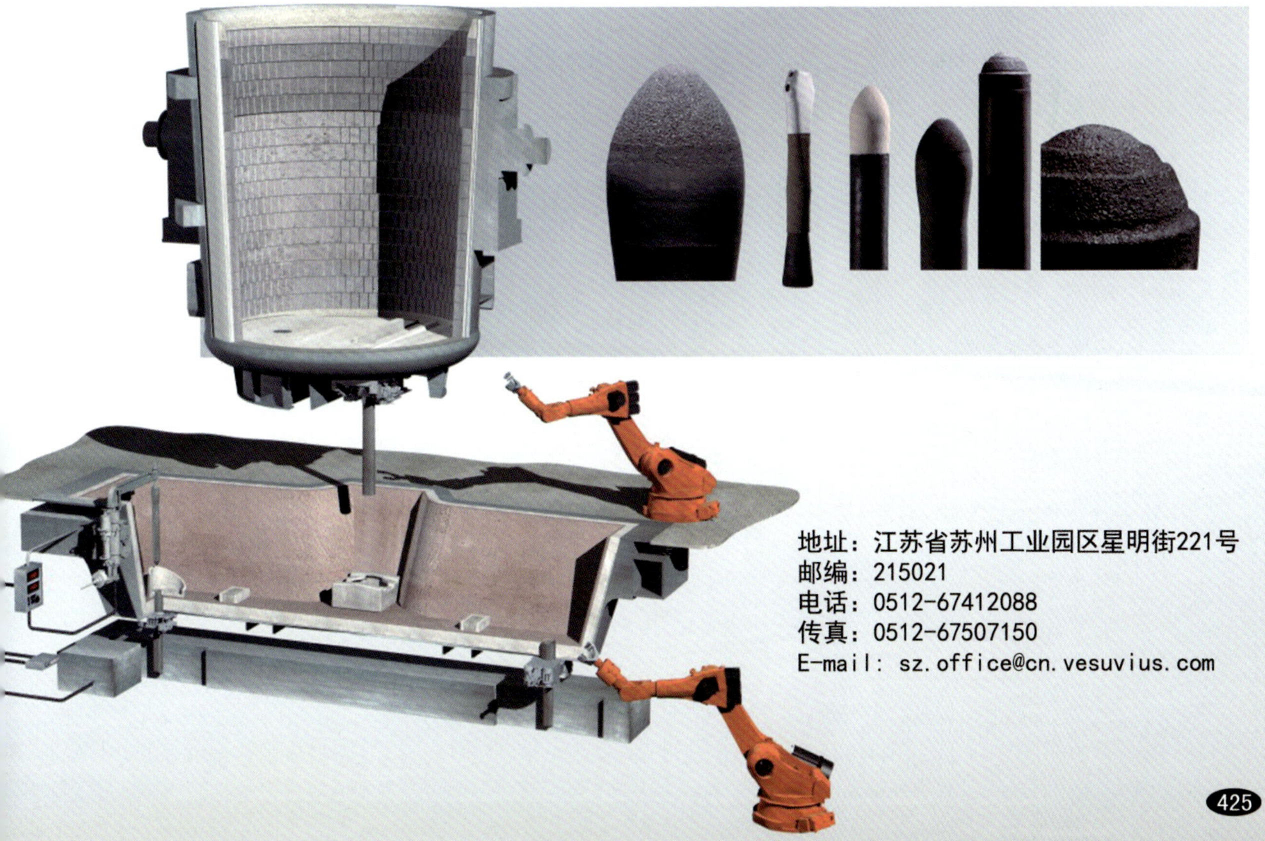

地址：江苏省苏州工业园区星明街221号
邮编：215021
电话：0512-67412088
传真：0512-67507150
E-mail: sz.office@cn.vesuvius.com

博赛集团

重庆市博赛矿业（集团）有限公司

棕刚玉段砂

棕刚玉号砂

棕刚玉大块

重庆市博赛矿业（集团）有限公司通过实施“抓大放小”和多次产业结构调整，现已形成年产高铝熟料60万吨、棕刚玉25万吨、氧化铝80万吨、电解铝20万吨及铝材加工12万吨的综合生产能力，在重庆、贵州、四川、广西以及南美圭亚那、西非加纳和新加坡等地区与国家建有十余家生产企业或分公司，产品畅销欧洲、北美、日本、印度等30多个国家和地区以及国内广大市场。其中，博赛生产的高铝熟料和棕刚玉产销量均居世界领先。在国家和重庆市各项权威排名中，博赛集团列中国制造企业500强、中国民营企业300强、中国有色金属企业50强、重庆工业企业20强、重庆民营企业10强。

在国家开始大力倡导“走出去”发展以及重庆打造“内陆开放高地”的战略背景下，博赛集团审时度势，于2006年底以6000万美元收购了南美洲圭亚那合作共和国欧迈矿业公司，获得了2亿吨世界上独一无二的高铝低铁铝矿资源，占据了40%的国际高铝熟料市场份额，产销量稳居世界前列，让中国人从此拥有该行业在全球市场上的发言权和影响力。经过六年多时间的精心经营和系统运作，博赛集团圭亚那工厂已在当地站稳了脚跟，每年实现数千万美元的利润。

2009年底，在世界金融危机全面爆发之际，博赛集团再次投资3000万美元成功收购世界矿业巨头力拓旗下西非加纳铝矿公司。经过勘探，该铝矿公司拥有世界上名列前茅的高铝低硅铝矿资源1亿吨以上。该矿从2013年起将生产高品位铝土矿250万吨，计划全部运回博赛集团旗下的重庆南川氧化铝厂使用，成为重庆除铁矿以外的第二大进口资源。截至2014年底博赛集团海外总投资额已达1.5亿美元。

值得一提的是，博赛集团于2011年底成功举办了“百亿博赛”庆典活动，成为目前重庆主城区外率先跻身“百亿俱乐部”的区县民营企业。

“十二五”期间，博赛集团还将进一步加大“走出去”发展的步伐，继续充当重庆“走出去”发展的“领头羊”，拟对外投资达20亿～30亿美元，占据重庆“十二五”期间对外投资额的十分之一。其中投资1.5亿美元实施博赛圭亚那工厂现有产能倍增计划是重点。受益于海外事业的发展，博赛到2015年的销售收入将达365亿元，届时实现一天销售一个亿的宏伟目标。

河南五耐集团实业有限公司

国内名列前茅　国际先进水平

安全长寿高炉炉缸炉底内衬及结构新技术

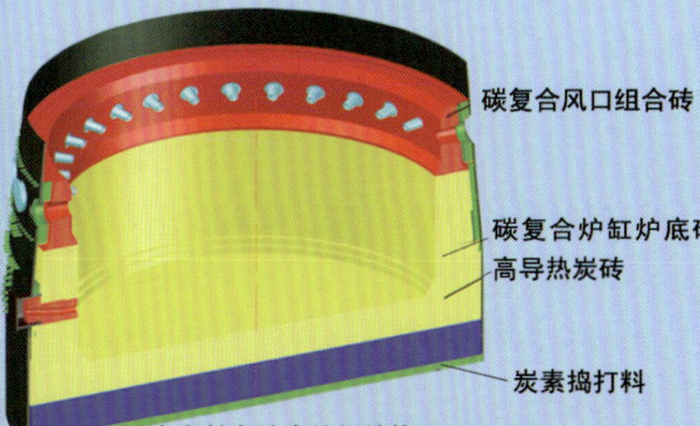

安全长寿炉底炉缸结构

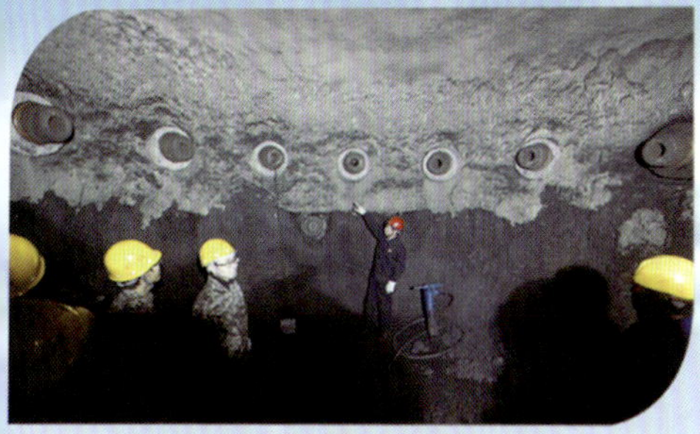
风口带完整没有上翘现象

通才2号高炉生产运行7年多渣口部位没有侵蚀

河南五耐集团实业有限公司（原巩义市第五耐火材料总厂）创建于1968年，是以炼铁系统用耐火材料为主的现代化大型专业生产企业，年产各种耐火材料25万吨。与北京科技大学、武汉科技大学、河南科技大学和武钢研究院等院校科研单位建立了广泛的合作关系，具有较强的自主研发能力。在热风炉用低蠕变系列、高炉用陶瓷杯系列、铁水预处理用铝碳化硅炭砖等方面多次填补国内空白，通过省部级鉴定10余项。在高炉、热风炉和鱼雷式铁水罐的长寿方面，有丰富的实践经验和较强的技术实力。

安全长寿高炉炉缸炉底内衬及结构新技术是本公司与北京科技大学、河南科技大学共同研制的碳复合砖为基础材料，重点解决炭砖的抗铁水溶蚀性、抗氧化性，以实现高炉的安全生产。碳复合砖的导热性能与高炉微孔炭砖相近，而抗铁水溶蚀性和抗氧化性分别为高炉微孔炭砖的20倍和10倍以上，可以代替炭砖作为高炉炉底炉缸砖衬使用，也可以作为陶瓷杯砖衬使用。采用安全长寿炉底炉缸结构，可有效防止局部漏水后，因炭砖抗铁水溶蚀性差，抗氧化性差而导致的短时间内炉缸“老鼠洞”式的烧穿，既提高炉缸操作的安全性，同时也延长高炉的寿命。

2013年9月，安全长寿高炉炉缸炉底内衬及结构新技术通过河南省科学技术部门科技成果鉴定，认为该技术在国内名列前茅，达到国际先进水平。

安全长寿炉底炉缸结构典型实绩：

山西通才2号高炉（410m³）采用安全长寿炉底炉缸结构，于2007年投产。2013年11月，为检查验证安全长寿炉底炉缸结构的使用效果，五耐与通才公司合作，利用2号高炉炉身上部更换冷却壁的机会，将炉底炉缸料扒干净，对炉底炉缸破损情况进行了观察（见左侧照片）。结果表示，2号高炉运行7年多的时间，仅铁口区碳复合砖有轻微侵蚀，其余炉缸均呈原砖面，基本没有侵蚀，既没有出现炉缸“象脚状”蚀损，也没有出现风口上翘，炉壳开裂等现象。目前，2号高炉仍在安全运行中。

安全长寿炉底炉缸结构目前已推广应用于20余座高炉，如：通才410m³高炉、1860m³高炉，冷水江630m³高炉，新金山550m³高炉，黎城太行450m³高炉，山西高义1080m³高炉，河北纵横450m³高炉，以及俄罗斯MMK1580m³高炉等。

河南五耐集团

河南省科学技术厅组织安全长寿高炉炉缸炉底内衬及结构新技术科技成果鉴定

http://www.hnwnjt.com

地　址：河南省巩义市南郊　　邮　编：451250
电　话：0371-64123325　　E-mail:29651@126.com
传　真：0371-64111568　　http://www.hnwnjt.com

全国最大露天菱镁矿山

海城镁矿耐火材料总厂

海镁产品获国家银牌奖

采场

窑炉

海城镁矿耐火材料总厂（以下简称海镁总厂）是集采矿、轻烧、重烧、制品于一身，具备生产各种耐火材料生产工艺及技术，形成产、供、销于一体的大规模镁质耐火材料生产企业。

海镁总厂具有丰富的菱镁矿资源。矿石质地优良、品位高，且分布集中，矿床大而厚，埋藏浅；开采成本低，经过几十年的发展，已经形成了一定规模。海镁总厂拥有一流的设备，并拥有一批在国内外市场有竞争力的产品和技术，现已开发出各种耐火材料原料的系列产品，在国内居领先水平，其中几项填补了国内空白。有适应市场经济良好的运营机构。有得天独厚的区域优势和良好的开放环境。地理位置优越，交通运输方便。有巨大的发展条件。

海镁总厂的产品主要有：天然菱镁石、电熔镁砂、高纯镁砂、中档镁砂、轻烧镁粉、普通镁砂、浮选精矿、精矿球、普球等。

海镁总厂具有得天独厚的菱镁矿资源，其总储量大约为8.3亿吨，其中$w(MgO)\geqslant 46\%$的优质矿石占48%以上。菱镁矿品位高，储量大。采区主要由下房身采场和金家堡采场组成，采场东西延长3500米，矿体宽500米。矿山开采采取至上而下水平分层、平行推进分段式的露天开采，采场阶段高10至12米，矿山开采全部采用大型机械化作业。目前矿石年开采量为226万吨左右。

海镁总厂有较强销售能力和稳定的销售渠道，企业具有出口权，中国冶金进出口辽宁镁矿公司是海镁的进出口企业，直接办理各种进出口业务。总部设在鞍山，在大连港、鲅鱼圈港和营口港都设有对外办事处。海镁总厂有完善的销售与服务体系，为客户提供全方位的售后服务，最终达到客户满意。

海镁总厂视用户为“上帝”，重合同，守信誉。“海美”牌产品得到了国内外广大用户的认可，畅销国内钢铁、有色、机械、化工、建材等行业，远销欧美、日本、东南亚等二十多个国家和地区。

地址：辽宁省鞍山市海城市牌楼镇　邮编：114207
电话：销售厂长 0412-3773116　　销售公司 0412-3772417　3773104
传真：0412-3772417　网址：www.hc-mag.com　邮箱：haimei@vip.163.com

矿山

海镁采场

江苏晶鑫高温材料有限公司
江苏晶辉耐火材料有限公司

晶辉
JINGHUI

江苏晶辉耐火材料有限公司、江苏晶鑫高温材料有限公司分别创办于1979年8月与2005年9月，厂区占地面积9.78万平方米，建筑面积2.88万平方米，系国家高新技术企业、省民营科技企业、省创新重点培育企业、“AAA”级资信企业，建有省高温材料工程中心与企业技术中心。公司现有员工230人，其中大专以上学历人员40人。主要产品为板状刚玉、合成莫来石、镁铝尖晶石、超微粉四大系列，设计年产能10万吨，主要服务于冶金、水泥、玻璃、陶瓷等行业，市场覆盖全国20个省市，远销中亚、欧美地区的10多个国家，外销额占20%以上。

目前，公司共拥有超高温竖窑生产线3条、超微粉制备线2条、高温隧道窑生产线1条，以及配套的运行数据分析处理中心，各种生产设备500余台（套），企业总资产近3亿元。

先后获得省著名商标1件；国家新产品1个；省高新技术产品6个；市科技进步奖6项；参加了冶金行业标准《烧结刚玉》、《莫来石》和国家标准《镁铝尖晶石》的制定，2000年通过ISO9001质量体系认证。

公司地址：江苏省扬州市江都区真武镇杨庄工业园区　邮政编码：225265
公司电话：0514-86236088/86236078/86278078
公司传真：0514-86278079/86236079
网　　址：www.jsjinghui.com　电子邮件：jsjh@vip.sina.com

广西扶绥县盛唐矿物材料有限责任公司

GUANGXI SHENGTANG MINERAL MATERIALS CO., LTD.

广西扶绥县盛唐矿物材料有限责任公司（原广西壮族自治区扶绥县昌平建筑材料厂）于1992年建成投产，是集开采、加工、销售“维罗”牌广西维罗白泥（球黏土）于一体的股份制企业，是生产广西维罗白泥（球黏土）的基地。公司现具有年产“维罗”牌广西维罗白泥（球黏土）细粉10万吨、广西维罗白泥（球黏土）原矿20万吨的生产能力。此外，公司还生产方解石粉。

公司地处东盟出口通道（南宁—友谊关）高速公路旁。距首府南宁市60千米、钦州港150千米、防城港170千米、南宁吴圩国际机场40千米、湘桂铁路扶绥车站10千米。水路可直达广州、香港。

公司占地面积13万多平方米。公司拥有开采权的白泥（球黏土）矿山2座，储藏量150万吨；拥有开采权的方解石矿山3座，储藏量50万吨。公司拥有雄厚的人才力量及丰富的矿产资源，为公司今后发展奠定了良好基础。

广西维罗白泥（球黏土）细粉

广西维罗白泥（球黏土）

广西维罗白泥产品说明

广西维罗白泥是一种软质高岭土，也可以叫软质耐火黏土，1992年经我国黏土专家刘长龄甄别后确认维罗白泥就是球黏土，所以现在也有人叫维罗球黏土。维罗白泥（球黏土）主要化学成分为SiO_2（二氧化硅），$w(SiO_2)$ 45.3%～51.6%；Al_2O_3（三氧化二铝），$w(Al_2O_3)$ 26%～36.8%；Fe_2O_3（三氧化二铁），$w(Fe_2O_3)$ 0.65%～2.2%；$w(K_2O+Na_2O)<1.5\%$。公司现在供应均为特级品：$w(Al_2O_3)\geqslant 33\%$、$w(Fe_2O_3)<1.5\%$、耐火度高于1700℃、可塑性指数大于28。维罗白泥（球黏土）是我国目前所发现质量上乘的软质耐火黏土。具有特有的物理性能：可塑性好、流动性好、结合性好、质很纯。矿物成分主要为无序高岭石。矿物颗粒极细，是制造高质量耐火材料及陶瓷（尤其电瓷）器优先选择的黏土，还是塑胶体增强、增白、增塑、增润，防止沉淀聚结的填充剂及功能材料，在某种程度上优于一般高岭石填充剂。

重质碳酸钙（方解石粉）

重质碳酸钙（方解石）

维罗白泥（球黏土）目前在耐火行业主要用在：制作出铁口炮泥、黏土浇注料、喷补料、高级耐火结合黏土，炮泥添加剂等等。

公司生产的维罗白泥（球黏土）所含铁质及其他杂质很低，生产产品主要应用在：高级耐火制品、电瓷、陶瓷、橡胶、填充剂、塑料填充剂等。也可根据用户特殊需要生产其他球黏土产品。

公司拥有自己开发的丰富的原料基地，加工产品颗粒微细，小于2μm的矿物含量占90%，为国内所特有超细料。不同土层不同晶形使得球黏土用途更广泛，使用效果更显著。

公司厂房设备

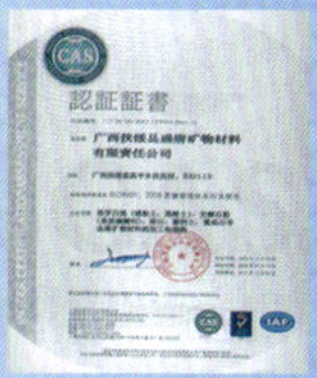

地 址：广西壮族自治区扶绥县昌平乡伏良村 ● 邮 编：532113 ● 电 话：0771-7500985 7500983 ● 传 真：0771-7500985

浙江立鑫高温耐火材料有限公司

立鑫

浙江立鑫高温耐火材料有限公司地处苏浙皖三省交界的长兴县林城工业园区，长湖申线流经全境，宣杭铁路和新长铁路全线贯通，杭宁和申苏浙皖高速公路以及 318 和 104 国道纵横环绕，形成了距上海、杭州、宁波、南京、合肥等大中港口和机场均在 260 千米以内的便捷交通区域优势。

公司创建于 1980 年，其前身为具有 20 多年生产历史的长兴仁民耐火材料厂。公司总占地面积 2.4 万平方米，注册资金 500 万元，资产上千万元，是目前浙江省生产电力、钢铁、水泥、玻璃化工、铜冶炼等大型热工窑炉用耐火材料和保温材料生产规模大、产品品种齐全的专业生产厂家之一。

公司有教授级高级工程师2名，专业技术人员多名。生产和检测设备先进齐全，生产加工全部机械化。公司现有1000吨、1250吨2台液压机，630吨摩擦压砖机和高温梭式窑。公司年生产定型制品4000吨、不定形制品3000余吨，拥有先进的检测设备，健全的质量管理体系，产品质量稳定。

公司与国内多家大专院校及科研院所均有合作，不断发展和创新，以满足市场需求。公司坚持“以质量拓市场，以管理求发展，以诚信服务顾客”的企业精神，不断强化ISO9001质量管理体系要求，精心制作，并以专业的施工队伍和良好的售后服务满足广大用户更高要求。公司董事长高寿林携全体员工热忱欢迎海内外各界友人真诚合作，共谋发展。

锆英石砖

锆莫来石唇砖

硅线石制品

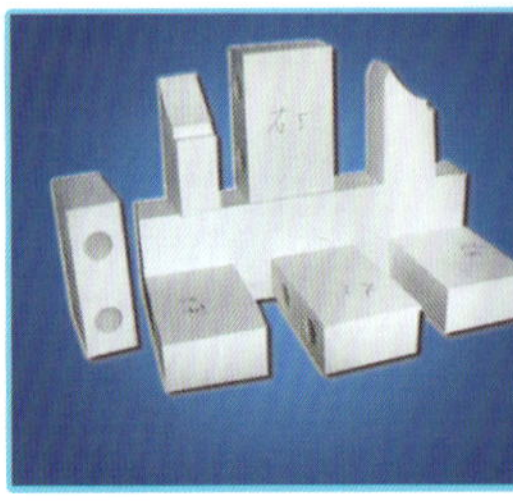

刚玉莫来石砖

地　址：浙江省长兴县林城工业集中区鼎兴路 28 号

电　话：0572-6293819

传　真：0572-6800969

网　址：www.zjlxnh.com

邮　箱：644481014@qq.com

刚玉莫来石制品

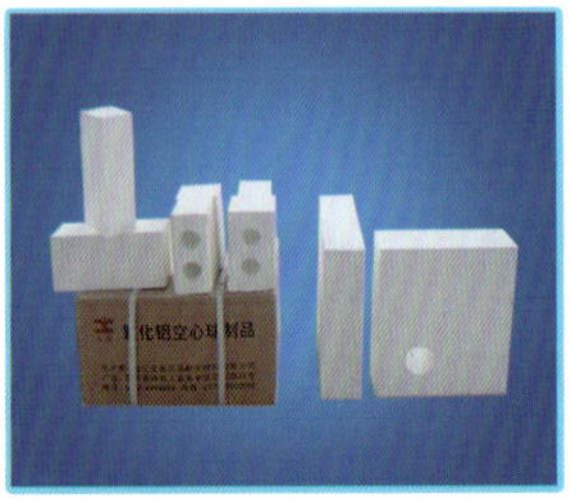

氧化铝空心球制品

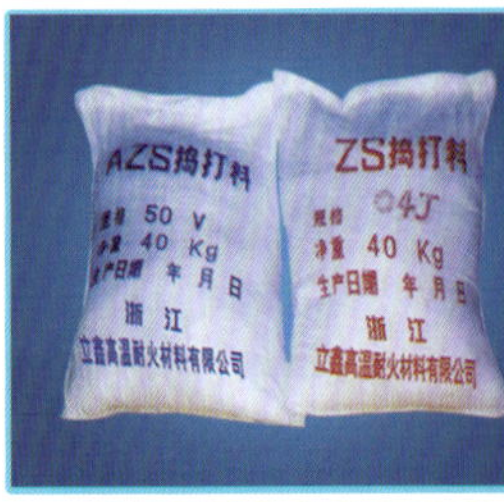

优质电熔AZS捣打料

锆英石捣打料

三山
THREE MOUNTAINS
"贵州三山"高档磨料磨具基地
POWER BEAR
威力熊

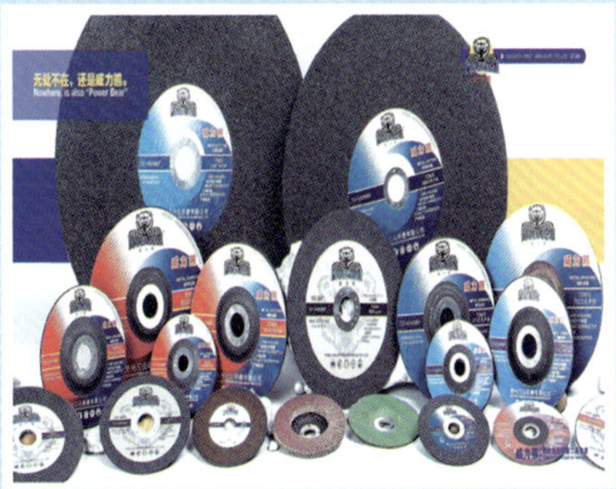

江苏华荣达热能科技有限公司

JIANGSU HuaRongDa HEAT Technology Co.,Ltd.

江苏华荣达热能科技有限公司自创建以来，在公司党支部一班人的领导下，团结一心、奋力拼搏，由原来的小作坊，发展成为集设计、制造、销售、服务于一体的股份公司。

公司现有员工 129 人，其中工程技术人员 62 人，拥有固定资产 2000 万元。车、刨、磨、钻、铣、剪、压、折、焊等机械加工设备精良，各种检测手段齐全。主产品：各种燃气干燥窑，远红外电热辐射干燥窑，干燥箱卧式旋风预热炉、移动式节能预热炉、三甘醇快速清洗炉等。

公司荣获盐城市明星企业，AAA 级资信企业，盐城市高新技术企业，县乡镇工业标兵企业等荣誉称号。

公司通过 ISO9001:2000 国际质量体系认证，在国内耐火、汽车、电子、摩擦材料、涂装和造纸等行业享有较高的知名度。

公司根据烟道窑烘干不易控温、污染环境和干燥不均匀的实际情况，同国内耐火、汽车、电子、摩擦材料、造纸行业精英及设计研究院的友好合作，联合开发科技含量高，技术先进的远红外辐射电热干燥烘干窑，燃气干燥窑，经市场检验完全达到节能、环保、干燥均匀的理想工艺和烘干要求。目前公司与中钢集团洛阳耐火材料研究院、中钢集团耐火材料有限公司、鞍钢维苏威耐火材料有限公司、山东耐火材料有限公司、洛阳利尔耐火材料有限公司等长期保持合作关系，产品自投入市场以来，深受用户好评。

燃气干燥窑

循环加热干燥窑

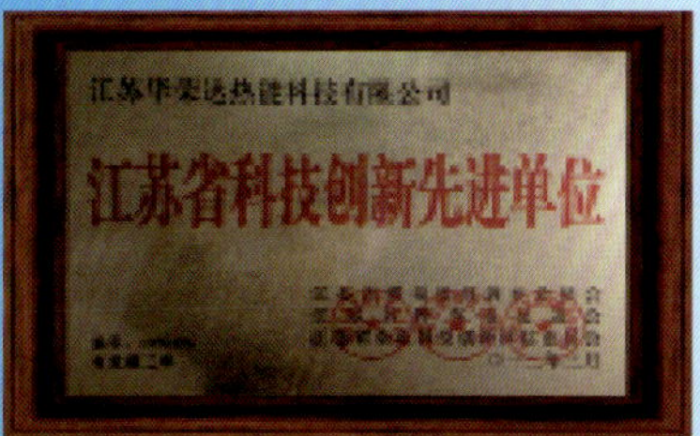

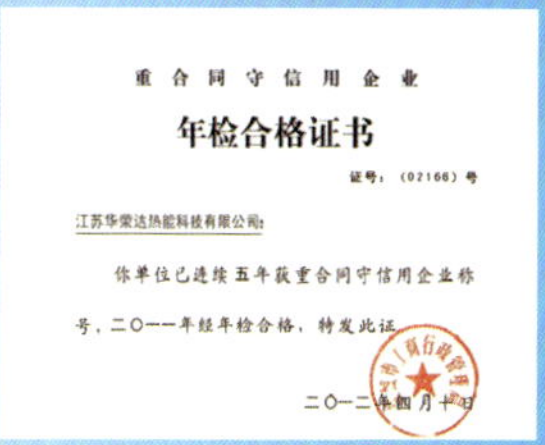

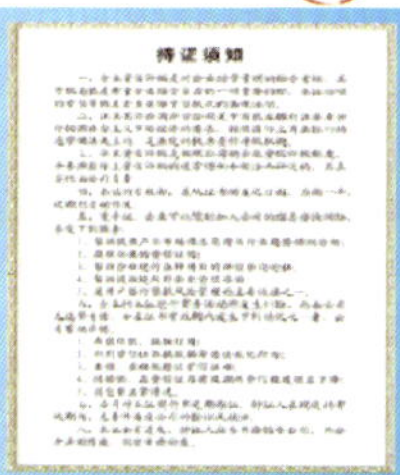

本厂将继续坚持“质量第一，用户至上，恪守信誉，服务至上”的经营方针，竭诚为用户提供优质产品与服务。

联系人：陈立和　陈鼎新　　手机：13961971808　13770000055　　电话：0515-83077388

传　真：0515-88665955　　邮箱：chenlihe502@163.com

网　址：www.hrdkj.com　　地址：江苏省盐城市义丰工业园区富民路 1 号

青岛正望钢水控制股份有限公司

QINGDAO HIWORLD MOLTEN STEEL CONTROL CO.,LTD.

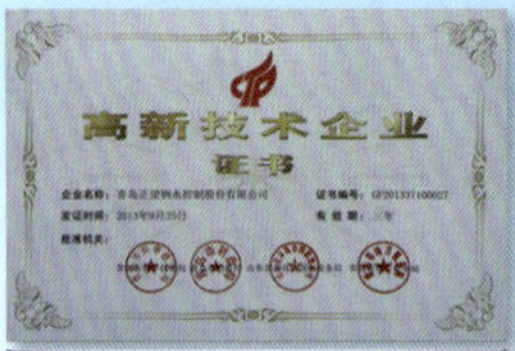

青岛正望钢水控制股份有限公司成立于1998年11月27日，是由青岛正望耐火材料有限公司于2011年7月1日整体改制而来的股份制企业。目前公司注册资本6600万元，在职员工550余人，占地面积约10万平方米，为中国耐火材料行业协会理事单位，国家重点高新技术企业。综合实力位居国内同行业前列。

公司主要从事钢铁行业连续铸钢用钢水控制和保护材料的专业化生产，主导产品有：连铸用长水口、浸入式水口、整体塞棒以及石墨坩埚、保护渣、不定形耐火材料等。多年来，公司不断地改进和提高生产装备和工艺技术，和东北大学、武汉科技大学、北京科技大学及洛耐院等科研院校有着广泛的合作，并聘请多年从事钢铁、连铸的专家，共同研发符合用户更高要求的新产品，并在广泛吸收世界先进工艺技术的基础上，探索出一套独特的生产钢水控制和保护材料的专有技术，特别是在无碳长水口、浸入式水口；无硅长水口、浸入式水口；镁质长水口、浸入式水口；低温、免烘烤浸入式水口；薄板坯系列产品等方面取得了重大突破，产品在国内武钢、唐钢、本钢、青钢等几十家钢厂已得到大力推广，并出口到美国、俄罗斯、韩国、日本、德国、比利时、法国、西班牙等国家。

公司于2012年取得"全国工业产品生产许可证"，并荣获中国耐火材料行业协会授予的"企业信用评价AAA级信用企业"、"山东省认定企业技术中心"、"青岛市耐火材料研发专家工作站"、"青岛市创新型企业"等荣誉称号；"正望"商标荣获"山东省著名商标"，并先后通过质量管理体系、环境体系、职业健康体系等多项认证。企业技术中心建有新产品研发实验室、水模实验室，具备产品设计、流场改善等方面研究的能力，不断地研发更高、更新的产品来满足客户日益提高的要求！

"人类因梦想而伟大，企业因文化而繁荣"。公司在发展壮大的同时，将企业文化建设提升到战略的高度。董事长张正民创建"心"学文化理念，以向心力思维管理企业。人、家庭、企业、组织、国家……万事万物，除有其"实"形，皆有其"虚"心，是"身"与"心"的统一，即"实"和"虚"的不可分割，共同构成了地球和宇宙。"心"与"心"的吸引力维持着宇宙的平衡。此大自然的客观规律，即"天理"，皆须遵守，不可逾越。万物一"心"，万事一"理"。引申到企业管理，人以凝心为上，事须顺势而为。企业之"心"就是由全体员工的心共同合成，号召全体员工团结一心，用心做事，聚焦用户，创造符合，做百年正望，树行业典范！

邮编：266201
地址：山东省即墨市环保产业园正望路1号
电话：0532-87521970　传真：0532-87521936

唐山时创耐火材料有限公司

唐山时创耐火材料有限公司位于河北省唐山市丰润区东山路三号，毗邻京秦铁路和京沈高速公路以及唐山港、天津新港、秦皇岛港，交通便利。

唐山时创耐火材料有限公司的前身为唐钢耐火材料有限公司，始建于1943年。1953年生产出中国第一块高铝砖，1986年开始生产滑动水口砖，1996年，在国内耐材行业率先通过ISO9001质量体系认证，2013年，公司改制为中外合资企业。

公司注册资本8000万元人民币，占地面积31万平方米，有丰润和古冶两个生产厂区，总资产3.6亿元。在册职工总人数1800人。

公司主要经营范围：耐火材料生产、销售；模具、通用零部件制造；电器机械、仪表批发、零售、维修；耐火材料产品设计、检验；耐火材料设备安装、维修；承担高温热工装备用耐火材料的整体设计、配置配套、安装施工、使用维护与技术服务为一体的整体承包业务。自营产品进出口业务。

经过70余年的耕耘，公司已发展成为以滑动水口为主导产品，品种结构齐全的钢铁用耐火材料生产企业。具备从产品研发、生产、施工设计以及钢包、中间包、滑动水口在线整体承包的雄厚实力。

公司的主导产品滑动水口在国内品种最全，有烧成Al_2O_3−ZrO_2−C系列、烧成Al_2O_3−C系列、不烧Al_2O_3−C系列、金属−氮化物结合Al_2O_3−C系列及碱性滑板等五大系列几十个品种，销往国内100多家大中型钢铁企业，并出口到欧洲、美国、日本、非洲、东南亚等国家和地区。

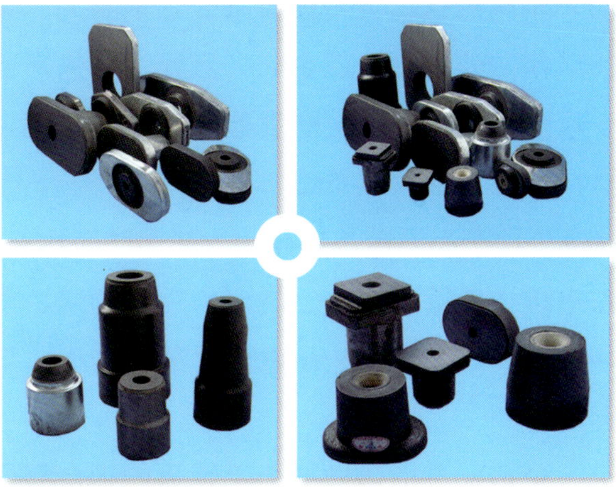

公司生产的主要产品有：

- 转炉挡渣滑板及钢包、中间包用滑动水口系列产品；
- 鱼雷罐衬砖
- 钢包衬砖（镁碳砖、铝镁碳砖）
- 不定形耐火材料
- 氧化锆制品
- 氮化硅结合碳化硅制品
- 高铝砖
- 轻质隔热耐火材料
- 钢包精炼用透气砖

综合办公室：0315−3088031
市场部：0315−3088097
国际业务部：0315−3088126
供应部：0315−3088090

湖南湘钢瑞泰科技有限公司

湖南湘钢瑞泰科技有限公司前身为“湘潭钢铁集团有限公司耐火材料公司”，成立于1954年。公司注册资金8500万元，年生产能力12万吨，是湖南省乃至中南地区规模领先的一家耐火材料生产与研发基地。公司是湖南省耐火材料行业协会会长单位，也是中国耐火材料行业协会理事单位。

公司产品涵盖炼铁高炉、热风炉系统及炼钢转炉、连铸、精炼系统用高炉、热风炉砖、铁水罐（鱼雷罐）砖、炮泥、钢水罐砖、滑板砖、炉外精炼用砖、通用砖、不定形产品等八大系列。公司率先研发的“整体造型，浇筑离心成型”工艺所生产的特异形耐火砖享誉国内外。

公司一直提倡做一个“优秀的综合服务商”，从2004年开始在湘钢炼铁厂试点产品、砌筑、维护总承包的模式，通过十多年的运行培养了一支优秀的现场服务队伍，我们将以优质的服务赢得客户的满意，共创合作双赢。

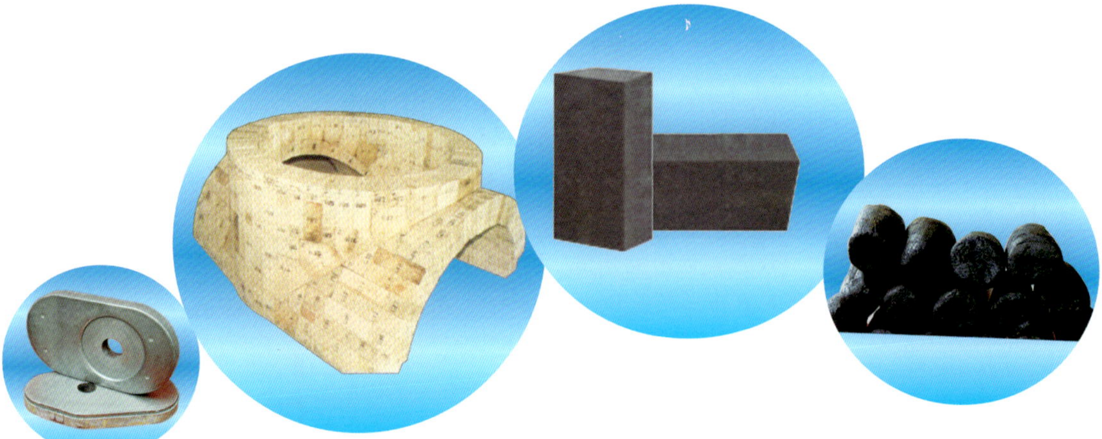

瑞泰科技
RUITAI TECHNOLOGY

单位地址：湖南省湘潭市高新区吉安路　邮编：411102
营销电话：0731-52512588　传真：0731-55573294
公司网站：www.hnxynh.com　E-mail:XSBGGYXNH@163.com

公司简介

中国有色集团晋铝耐材有限公司

中国有色集团晋铝耐材有限公司是中国铝业和山西省规模领先的综合性耐火材料高新技术企业，是专业致力于中铝公司及国内外氧化铝、电解铝、碳素、电力、石化等行业的高档耐火材料生产企业，集科研、设计、生产、销售、筑炉安装于一体，下设：重质耐火砖分厂、轻质隔热保温砖厂、不定型耐火材料分厂（浇注料、喷涂料、耐火泥浆）、氮化硅结合碳化硅砖分厂、特种耐火材料分厂（板状刚玉、烧结莫来石）、电熔刚玉分厂、特种氧化铝陶瓷分厂、筑炉安装分公司、耐磨铬钢球铸造厂、机械动力分厂、铁路货运站等11个分厂。

公司以科技为先导，以质量求生存，以信誉求发展，先后研发生产了氧化铝回转窑各工作带的复合耐火节能新材料、焙烧炉用耐火浇注料和喷涂料、铝电解槽新型耐腐蚀抗氧化氮化硅侧部复合块、95-SiC等、炭素煅烧窑抗渗碳耐热震浇注料、各种氧化铝合成高档耐火原料及赤泥、粉煤灰耐火保温材料等。多项科技成果获得山西省名牌产品和山西省科技进步奖，主持起草了国家标准一项。公司被中国耐火材料行业协会授予最高的“AAA”级耐火材料信用企业、中国资源综合利用科技先进企业、山西省高新技术企业、山西省省级企业技术中心、中国有色金属工业高温材料检测中心CMA授权企业。公司通过了ISO9001国际质量体系认证和ISO14001国际环境体系认证。公司具有完善的质量管理体系，拥有先进的检测设备，雄厚的技术力量，所有产品的技术指标均符合国家标准，部分产品技术指标超过国内外领先水平。

刚玉砖

板状刚玉、莫来石

氮化硅结合碳化硅砖

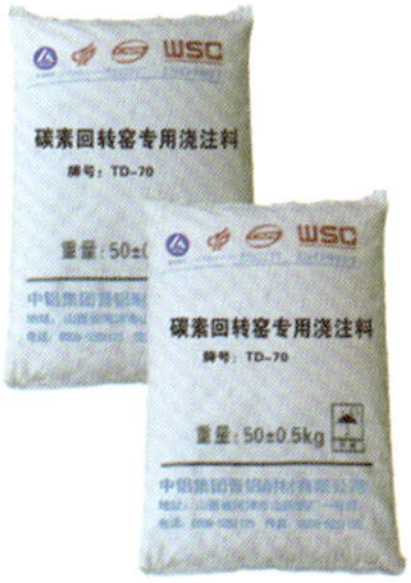

浇注料

锚固件

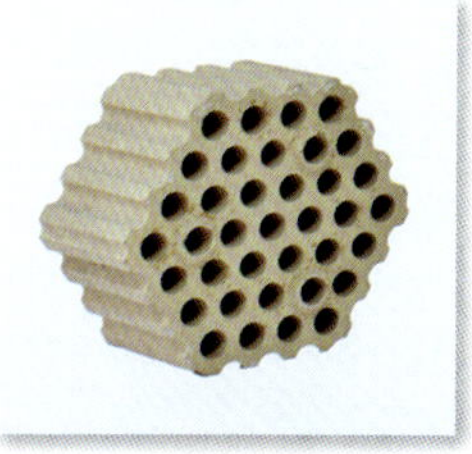
热风炉用硅砖

地址：山西省河津市山西铝厂一号路西　邮编：043300
电话（传真）：0359－5048557　E-mail: sxjlnc@163.com　网址：http://www.jlnc.cn

汉中秦元新材料有限公司

质量第一 顾客至上 开拓进取 精益求精

企业介绍

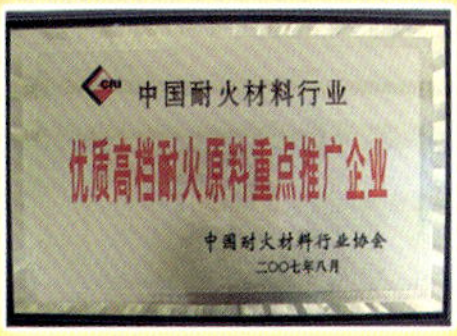

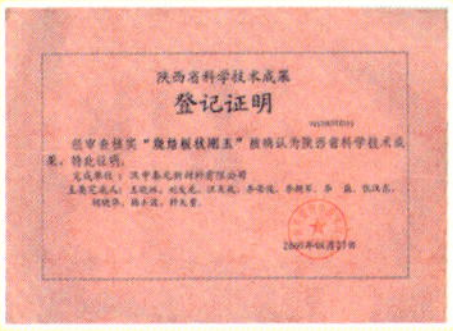

汉中秦元新材料有限公司成立于 2000 年，是专业研发和制造超高温竖窑工艺烧结板状刚玉的民营科技企业，是陕西省高新技术企业，《中华人民共和国黑色冶金行业标准 烧结刚玉》(YB/T4216—2010)的起草制订单位。公司采用自主研发的超高温竖窑工艺生产的烧结板状刚玉产品于 2005 年成功替代了进口产品，填补了国内同类产品生产的空白，因而被中国耐火材料行业协会认定为“优质高档耐火原料重点推广企业”。

汉中秦元新材料有限公司为我国烧结板状刚玉生产工艺技术研发的旗手和开路先锋，自 2000 年 11 月开始，投入大量人力、财力、物力，通过长达 5 年的研发攻关，于 2005 年底在国内率先突破掌握了超高温竖窑生产烧结板状刚玉的工艺方法，推动了国内氧化铝基耐火原料制造领域的技术进步，采用该工艺技术生产的烧结板状刚玉产品畅销国内和欧美、日本、南非及中东等海外市场。公司始终坚持以技术创新推动企业发展，在烧结板状刚玉制造工艺方面的两项研究成果被认定为“陕西省科学技术成果”，获得陕西省科学技术二等奖一项，汉中市科学技术一等奖两项。

根据市场发展需要，公司计划进一步扩大生产规模，在南郑县梁山工业园区建设具有国内领先水平的氧化铝基超高温耐火原料研发中心，并建设年产 10 万吨烧结板状刚玉生产基地。

热忱欢迎新老朋友光临惠顾、洽谈合作！

产品推荐

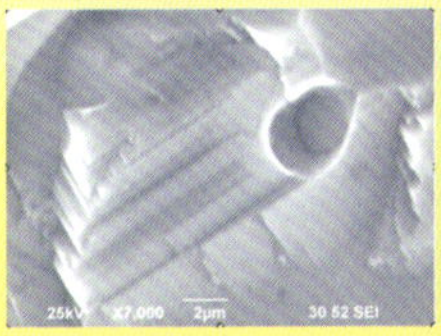
产品晶体结构

产品外观

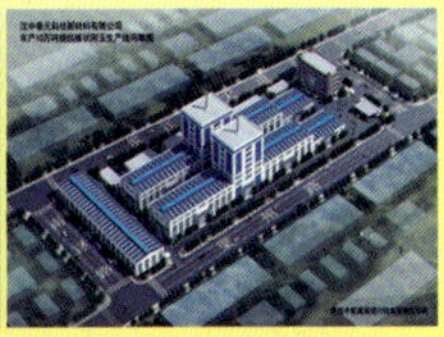
规划效果图

公司荣誉

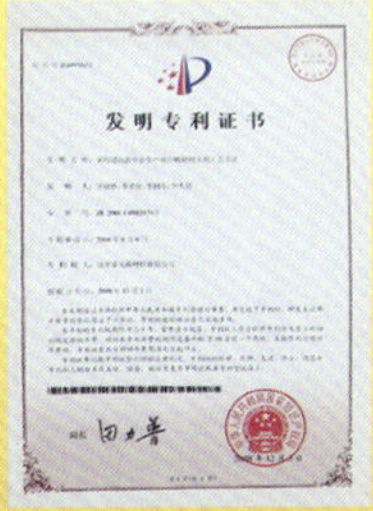

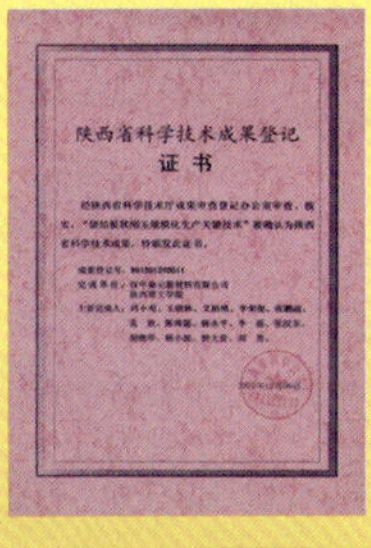

公司地址：陕西省南郑县城关镇司法路91号　　邮政编码：723100
联系电话：0916-5511787 5511797 5513778 5512690
传　　真：0916-5511797 5512690　　电子信箱：q.y.xcl@hotmail.com
网　　址：http://www.qyxcl.com

邢台兴国蓝晶石制造有限公司

邢台兴国蓝晶石制造有限公司前身为邢台县蓝晶石厂，成立于 1988 年，是我国比较早的蓝晶石生产厂之一，2009 年合并重组，改名为邢台兴国蓝晶石制造有限公司，公司旗下拥有铁矿、合成云母、达一特种纤维三个子公司。蓝晶石公司位于冀南名城古都河北邢台。公司区位优势明显，交通发达，距 G4 京港澳邢台北出口 21 公里，距京广铁路 20 公里。占地 380 亩，注册资金 2100 万元。兴国蓝晶石公司拥有 5 个矿山和两个蓝晶石加工厂。

公司始终秉承“ 科技为先 ”的理念，与中科院、北矿院、河北理工大学、保定实验中心、马鞍山矿山研究院等研究团队，共同研发了具有世界领先水平的高纯蓝晶石提纯技术和伴生矿物的综合回收技术。自投产以来，年生产蓝晶石量可达 30000 吨，石英精矿约 20 万吨，石榴子石 10 万吨。蓝晶石精矿纯度超过 98%，蓝晶石中 Al_2O_3 含量超过 60%，与国外高端产品相媲美，成为中国领先、世界一流的产品，真正实现了高纯度蓝晶石的生产制造，是一家集开采、提纯、加工、技术、市场销售于一体的邢台市重点与技术研发的高新技术企业。

原矿开采

生产车间

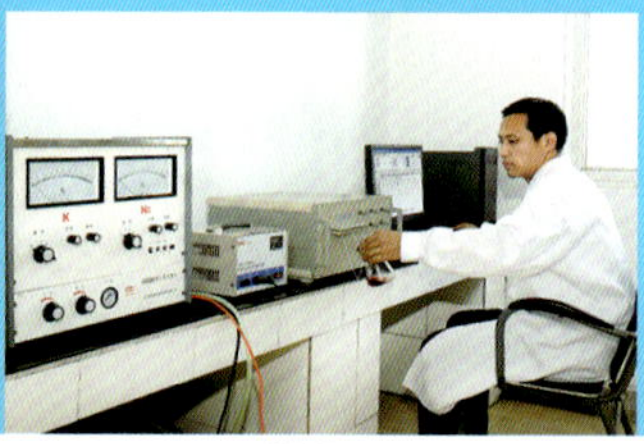
质量检验

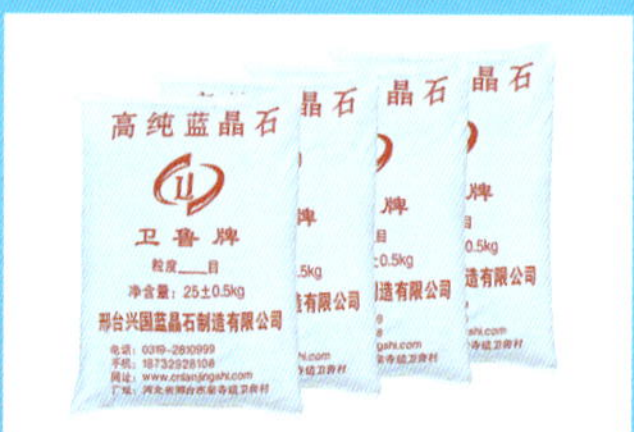

蓝晶石成品

蓝晶石原矿

蓝晶石晶体

蓝晶石

烧结后的蓝晶石

致力打造世界高纯蓝晶石生产基地

地　址：河北省邢台市皇寺镇卫鲁村
手　机：18732928108
传　真：0319-2810188
邮　箱：lj@cnlanjingshi.com
邮　编：054008
电　话：0319-2810999
网　址：www.cnlanjingshi.com

贵州博通特耐有限公司

贵州博通
Guizhou Botong

—— 贵阳新生磨料磨具进出口公司子公司 ——

贵州博通特耐有限公司是贵阳新生磨料磨具进出口公司的子公司，贵阳新生磨料磨具有限公司是一家拥有 20 余年棕刚玉生产历史的企业。公司独立研发出高品质的高铝刚玉，主要产品有棕刚玉号砂、段砂、高铝刚玉、高铝矾土熟料等。博通公司 2008 年落户于清镇市卫城镇，是一家独资的耐火矾土生产企业。

公司产品采用先进的生产工艺，专业的技术力量和完善的检测手段，保证了质量的稳定性，达到了国际标准的要求。厂区建有 2 台棕刚玉冶炼炉和 1 条长 50 米的回转窑，可根据需求生产不同级别的耐火矾土，年产量 6 万吨左右，棕刚玉 2 万吨左右。

◆ 棕刚玉理化指标 ◆

名称	$w(Al_2O_3)$/%	$w(Fe_2O_3)$/%	$w(TiO_2)$/%	$w(SiO_2)$/%	$w(TC)$/%	体积密度/$g \cdot cm^{-3}$
普通棕刚玉	≥95	≤0.3	≤3.0	≤1.2	≤0.18	≥3.85
低碳棕刚玉	≥95	≤0.25	≤2.8	≤1.0	≤0.12	≥3.88

◆ 高铝刚玉理化指标 ◆

名称	$w(Al_2O_3)$/%	$w(Fe_2O_3)$/%	$w(TiO_2)$/%	$w(SiO_2)$/%	$w(TC)$/%	体积密度/$g \cdot cm^{-3}$
高铝刚玉	≥97.5	≤0.2	≤1.0	≤0.8	≤0.18	≥3.5

◆ 高铝矾土熟料理化指标 ◆

牌号	化学组成			吸水率/%	体积密度/$g \cdot cm^{-3}$
	$w(Al_2O_3)$/%	$w(Fe_2O_3)$/%	$w(R_2O)$/%		
GAL-90	≥90	≤1.6	≤0.3	≤3.0	≥3.4
GAL-88	≥88	≤1.8	≤0.3	≤3.0	≥3.3
GAL-86	≥86	≤2.0	≤0.3	≤3.0	≥3.25
GAL-85	≥85	≤2.0	≤0.4	≤3.0	≥3.2
GAL-80	≥80	≤2.5	≤0.5	≤5.0	≥3.1

公司地址：贵州省贵阳市安云路 35 号　　工厂地址：贵州省清镇市　　邮　编：550004
电　话：0851-6831662　　传　真：0851-6827817　　电子信箱：gyxinsheng@sina.com

质量第一　客户至上　创新发展　追求卓越

贵州省耐火材料行业协会筹备组名单

企业名称

- 贵州博通特耐有限公司（贵阳新生磨料磨具有限公司）
- 贵州达众第七砂轮有限责任公司
- 贵州劲同矿业有限公司
- 贵州泰利磨料耐材工业有限公司
- 贵州省白云特种水泥厂
- 贵州盛华鑫耐火材料有限公司
- 贵州四达矿产有限公司
- 贵州金义磨料有限公司
- 贵州清镇敏康磨料厂
- 贵州红枫湖耐火材料有限公司
- 贵州博宏冶金炉料有限公司
- 清镇市同辉矿业有限公司
- 贵阳黔大众合耐火材料技术开发有限公司
- 贵州银都特铝酸盐有限公司

淄博泰贝利尔铝镁有限公司

会友

企业简介

淄博泰贝利尔铝镁有限公司，地处淄博市高新技术开发区，固定资产5000余万元，技术装备先进，检验设备齐全。拥有员工180人，专业技术人员15人。

公司依托中国板状刚玉研发人张会友的成熟技术和山东地区氧化铝原料优势，应用先进生产设备和合理创新的生产工艺，专业生产纯氧化物合成耐火原料。主要产品：烧结板状刚玉（年生产能力50000吨）、煅烧氧化铝（α-alumina 年生产能力4000吨）、纯氧化铝水泥（纯铝酸钙水泥，年生产能力2000吨）。其中板状刚玉生产，采用国内首创大型无铁管磨机、筒式成球机、燃气超高温竖窑烧成等先进设备与二步烧成工艺。产品显微结构和理化指标与国外同类产品类似，产品性能达到国外同类产品的先进水平。

经全体员工的不懈努力，公司产品已销往世界各地，近三十多个国家的耐材企业使用我公司产品。

公司以“敢为人先，创造无限”为己任，以“高品质的产品，优质的服务和具有市场竞争力的价格满足客户的需求”为宗旨，不断创新，不断进取。

以科会友，共图发展。董事长张会友携全体员工欢迎您的光临，愿与您携手共进，共图发展。为高温工程技术的发展与进步做出我们共同的努力与贡献。

检测设备

产品出炉

粉磨设备

地　址：山东省淄博市高新技术开发区宝山路24号　　邮　编：255088
电　话：0533-3980733　3980737　　传　真：0533-3980737
网　址：http://www.cn-tbl.com　http://www.cntbl.cn　　邮　箱：tbl@cn-tbl.com

山西高科耐火材料股份有限公司

山西高科耐火材料股份有限公司成立于2008年12月26日，注册资本6500万元，企业总资产2.4亿元，在太原市阳曲县拥有占地面积150亩的生产和研发基地，是专业从事钢铁、建材等高端耐火材料研发、生产、销售的股份制企业。

公司始终从战略高度强化企业研发能力，2009年被评为“高新技术企业”；拥有“国家行业纳米耐火材料产业化示范基地”、“山西省耐火材料工程技术中心”、“太原市铝质耐火材料工程中心”。公司在钢包整体浇注、玻璃熔窑节能、工业窑炉热态修补等技术领域拥有七项技术成果经省科技部门鉴定达到国际先进或领先水平。

公司自主研发产品服务于全国700余家高温工业企业，出口英国、菲律宾等10多个国家，多种产品在国内市场占有率名列前茅，在客户中享有良好的品牌信誉，产品获得山西省著名商标，2012年公司新建年产3万吨全自动化生产线。

- 地　　址：山西省太原市高新区长治路280号
- 邮政编码：030006
- 销售热线：0351-7033999　7033888
- 行政办公：0351-7023777　7033666　7029555
- 传　　真：0351-2209622　7033999
- 网　　址：www.gknh.com
- E-mail：gknh@vip.163.com

北方窑业工程有限公司

西安北窑热能科技有限公司

www.bfyaoye.cn

15000型喷雾干燥塔
（国内最大）

燃气煅烧竖炉
烧成带局部

北方窑业工程有限公司是一家具有独立法人资格的集科研设计、加工制造、施工安装、调试及售后服务一体化的专业窑炉公司。现有员工200余人，其中高级工程师15人、工程师25人，国家注册二级建造师7人。目前公司业务已涉及耐火材料、建筑卫生陶瓷、粉末冶金、非金属矿、工业废弃物处理等行业的热工设备。

2013年，由北方窑业工程有限公司独资组建的西安北窑热能科技有限公司正式成立，该公司位于西安国家高新区核心地带，依托西安高校、科研院所相对集中的人才和区域优势，致力于各种工业窑炉的开发以及新型燃烧和节能技术的研究。

公司宗旨：“以诚信、智慧、科技、管理，铸就更高质量的窑炉精品”

追求目标：“新型节能，高产环保”

信念承诺：“北方窑业，追求卓越”；“北方窑业，真诚为您服务”

公司业务：遍及河北、北京、山西、山东、河南、江苏、浙江、甘肃、辽宁、四川、新疆、湖南、安徽、内蒙古等省市自治区。

主要客户：青花集团、濮耐股份、巩义五耐、郑州东方、淄博鲁中、山东镁矿、美国LWB、瑞泰科技、辽宁奥鼎、巴西镁业、郑州安耐克、山西西小坪、湖南耀华冷耐、海城后英、新疆天山建材、河南银鸽实业等。

主导产品：年产5000~30000t耐火材料隧道窑；60~200m^3合成莫来石均质料、石灰、白云石、菱镁矿、高岭土等燃气煅烧竖炉；2~200m^3各式梭式窑；500~15000型喷雾干燥塔；新型墙材隧道窑；造纸污泥、陶瓷污泥等工业废弃物的处理等。

118.8m燃气自控镁钙砖烧成隧道窑

燃气计算机自控隧道窑操作室

1850℃燃气超高温耐火材料隧道窑

高邑县北方窑业工程有限公司
地址：石家庄市高新区长江大道9号
筑业高新国际资讯中心A座21GH
电话：0311-85118931 13703391230 13831139728
传真：0311-85118932
网址：http://www.bfyaoye.cn
邮编：050035
E-mail: bfyaoye@bfyaoye.cn

西安北窑热能科技有限公司
地址：西安市高新区高新路88号
尚品国际C座30层
电话：029-68782980 18591929230
传真：0311-84333180 邮编：710065

高邑机械厂：石家庄市高邑桥西工业区
电话&传真：0311-84066148

MTM expo 2015 钢铁冶金、金属材料产业链技术商务省会

2015上海国际耐火材料及工业窑炉展览会

同期举办：第十八届上海国际冶金工业展览会

2015年10月21~23日　上海新国际博览中心

中国耐材行业首选推广洽谈平台

同期举办

第十届中国钢铁年会暨第六届宝钢学术年会

第十八届上海国际冶金展

第十届上海国际钢管展

近200家知名耐材企业齐聚上海

重点锁定钢厂采购

搭建中国乃至全球耐火材料生产与应用行业的沟通桥梁

两年一届的“上海国际耐火材料及工业窑炉展览会”（简称上海耐材展），经过多年的发展，已逐步成为国内乃至亚洲极具影响力的行业盛会，借助同期举办的上海国际冶金工业展览会的成熟平台，上海耐材展更将吸引以钢铁企业为代表的重要应用行业买家现场洽谈。2015年上海耐材展，无论从展示规模、展商数量还是参观人数上都将再次刷新历史，我们期待与您的再次相聚，让上海耐材展成为您开拓新伙伴，发展新业务，提升品牌知名度的极好途径。

上届知名展商

河南省伯马股份有限公司 Henan Boma Co., Ltd.　河北濮都复合材料股份有限公司　中钢集团耐火材料有限公司 SINOSTEEL REFRACTORY CO.,LTD.　Morgan Advanced Materials

Kerneos Aluminate Technologies　中钢集团洛阳耐火材料研究院有限公司 Sinosteel Luoyang Institute of Refractories Research Co., Ltd.　郑州玉发磨料集团有限公司 ZHENGZHOU YUFA ABRASIVES GROUP CO., LTD. WWW.YFML.COM　联合荣大　PRCO 濮耐股份

ZILI LIMITED 自立股份　HONGYING　HYM 海源机械　TREND 创导高科

目经理
松 先生
话：021-52838700-806
箱：raosong@21expo.net

市场合作
张薇　女士
电话：021-52838700-836
邮箱：iris@21expo.net

水泥企业生产过程无铬化
整体解决方案专业服务商

由淄博市鲁中耐火材料有限公司和北京科技大学联合攻关，开发的镁铁铝尖晶石砖能完全替代镁铬砖。其性能特点有：

（1）窑皮形成迅速、挂窑皮性能好、窑皮稳定、停窑时不剥落；

（2）抗侵蚀性好、没有碱裂、疏松现象；

（3）温度扫描显示，回转窑筒体温度在220～300℃，比国外同类产品低40℃以上，节能显著。

全陶瓷预热器内筒，专利号：ZL200820016365.3和ZL200820188205.7,2009年5月通过了省科技部门鉴定；镁铝尖晶石砖2011年2月通过省科技部门鉴定，此两项产品均填补了国内空白，性能达到世界领先水平。

质量第一　顾客至上　每袋每块　不优不付

节能

环保

长寿命

淄博市鲁中耐火材料有限公司

地址：山东省淄博市淄川区罗村镇聂村
电话：耐火材料销售部　+86(533)5690136/5691659
传真：+86(533)5690920　5691508
邮编：　255138
网址：　http://www.zlnn.com
E-mail:　zilunai@126.com

山东圣川陶瓷材料有限公司

地址：　山东省淄博市淄川经济开发区马莲山圣川路6号
电话：　+86(533)5416366/5416977
传真：　+86(533)5416466
邮编：　255100
E-mail:　sheng_chuan@126.com

淄博八陡耐火材料有限公司

ZIBO BADOU REFRACTORY MATERLAL CO., LTD.

淄博八陡耐火材料有限公司是中国耐火材料行业协会理事单位、国家耐火材料标准修订委员会成员，有四十多年的硅质耐火材料生产历史，主要产品有“八耐”牌玻璃窑用优质硅砖、焦炉用硅砖、硅质保温砖以及优质硅火泥，常年销往国内外400余家客户。

2006年“八耐”品牌和“八耐”牌硅砖先后获得“山东省著名商标”和“山东名牌”两项殊荣，产品通过ISO9001:2000质量体系认证。

公司拥有两条168米环保节能隧道窑，配备21台300~500吨压力机和3座128立方米煤气倒焰窑，年生产能力5万吨，是国内较大的硅质耐火材料供应基地之一；公司曾为亚洲规模领先的129立方米瓶罐玻璃窑供应优质硅砖。

在改进生产的同时，公司也在探索符合公司实际的管理模式。公司董事长陈维国提出了“科技为先导，事事动脑筋，时时讲效率”的企业口号，倡导全公司职工不但要注重生产效率，而且要在生产实践中开动脑筋，发挥创造性，从而促进技术改进，节约生产消耗。

公司领导立足长远，以公司的持续健康发展、致力于更好地为玻璃窑炉用户服务为己任，公司于2007年至2009年投资几千万元新上电熔耐火材料生产线二条，在已有的硅质耐火砖基础上新增加锆质电熔耐火砖，年产能力6000吨以上，投放市场以来受到用户的一致好评，为更好地服务于更多的玻璃窑厂家用户增添了新的亮点。

该项目投产后，不仅可以带动企业周围地区经济和社会就业发展，而且壮大了八耐公司的规模和竞争力，提高了公司的知名度和社会影响力。同时该项目也是在国家提倡节能减排的号召下，八耐公司做出的有利于社会、有利于自身发展的一步重要举措。该项目投产后，使用电力作为生产能源，从能源使用上放弃了污染相对较大的煤炭，改用清洁环保的电力作为能源，既节省了排污治污的费用，又以实际行动响应了国家的号召，同时还提高了公司的技术水平，在真正意义上实现了一举多得。

八耐公司本着精纯优质、历久方真、诚信合作、共同发展的信念，一步一个脚印地向前迈着坚定的发展步伐，期待着五湖四海的朋友相聚八耐，共谋发展。

公司宗旨：精纯优质 历久方真 诚信合作 共同发展

专业生产玻璃窑用优质硅砖

主要产品展示

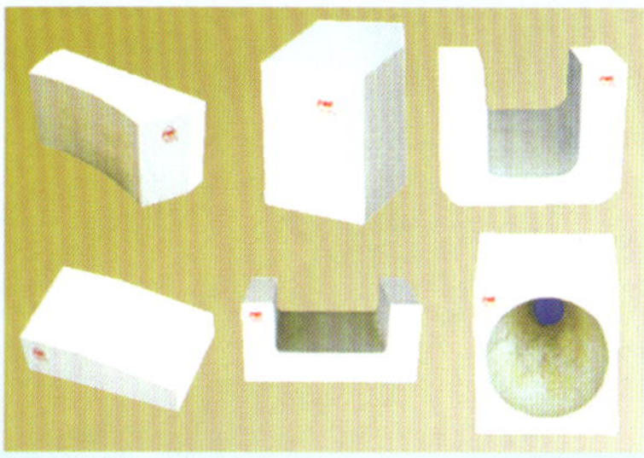
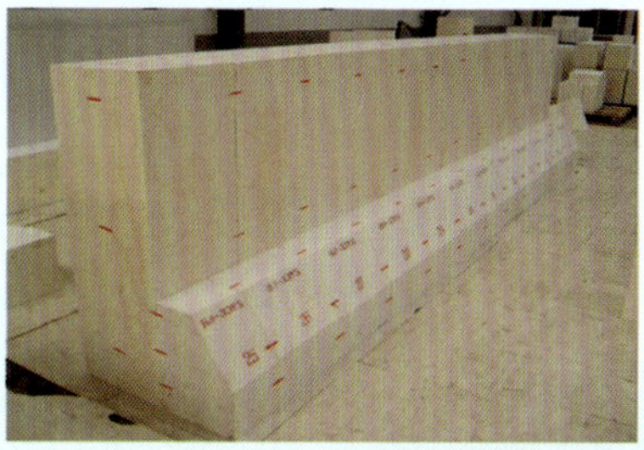

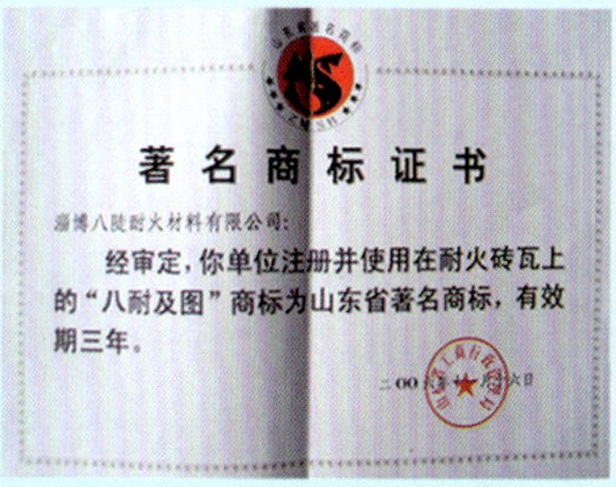

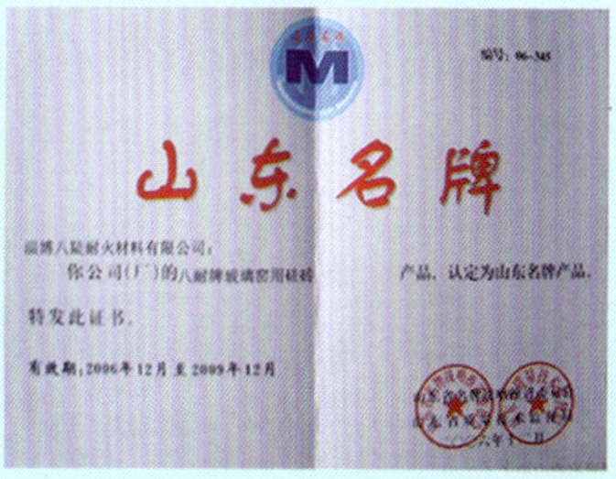

我们的精神：

诚信创新　持续高效

我们的愿景：

立足全国 放眼国际 创建一流现代化企业...

地　址：山东省淄博市博山区八陡魏家后门81号
电　话：0533-4591221
传　真：0533-4591365
网　址：http://www.zbbanai.com
E-mail：zbbanai@sina.com

永安达

淄博永安达工贸有限公司

CCTV.COM 广告合作伙伴

永安达 上央视网看 莫来石砖

公司简介 Company profile

淄博永安达工贸有限公司始创于1995 年，是一家进出口企业，公司地处中国旅游城市淄博市淄川区，理优越，交通便利。公司技术力量雄厚，拥有先进的自动化生产设备、完善的检测程序和专业技术人员、高级工程师等六十多人的专业科研队伍；是山东理工大学博士生工作站。历年的创业，造就了一支训练有素工作队伍。公司理化检测设备完善，检测人员技术高超。公司占地面积60000 平方米，年产量4 万多吨，定资产7000 万元。2000 年公司通过了ISO9001 认证。2012年公司成为CCTV广告合作伙伴。

公司是中国冶金行业的地方骨干企业，被评为省高新技术企业、省著名商标；国家重点创业之星先进业；山东省重合同守信用企业；惠民工程模范单位；纳税先进单位；中国耐火材料协会单位；银行信用A级等。公司以“质量重泰山，信誉跨五洲”为理念。以“客户的满意，我们的追求”为指导。是鞍山焦化耐材料设计总院耐火材料厂定点生产厂家。公司主要生产黏土砖、高铝砖、硅砖、莫来石、红柱石制品、碳化制品、刚玉制品、氧化铝空心球制品、镁制品、耐火浇注料、甩丝喷吹型硅酸铝针刺毯、硅酸铝纤维制品各种耐火材料。广泛应用于电力、冶金、钢铁、焦化、船舶、玻璃、建筑建材行业，公司产品不仅在国内行业中有较好的信誉和销售业绩，同时远销美国、德国、英国、意大利、土耳其、日本、韩国、印度、南非十几个国家和地区。

公司本着“可持续发展、环保、低碳、降耗、节能”的理念。2010年，公司投资2000多万元进行了房更新，生产设施自动化改造，改善了工人的工作环境，降低了工人的工作量。将煤气改为天然气，提高稳定了产品质量。2012年投资1.8亿元新上高纯合成莫来石生产线和石油压裂支撑剂生产线。于2013年月正式投产运行，项目完成后实现年产值3.7亿元，利税4600万元。淄博永安达工贸有限公司竭诚恭候海外朋友，洽谈业务，光临指导，携手并进，和谐双赢。

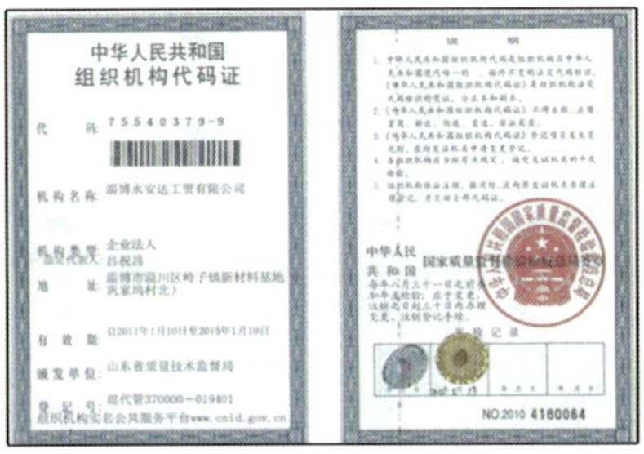

淄博永安达工贸有限公司竭诚恭候海内外朋友

生产设备及检测中心

全自动配料生产线

碳化硅罐及生产设备

场景

成型压机设备

高温梭式窑

质量检验中心

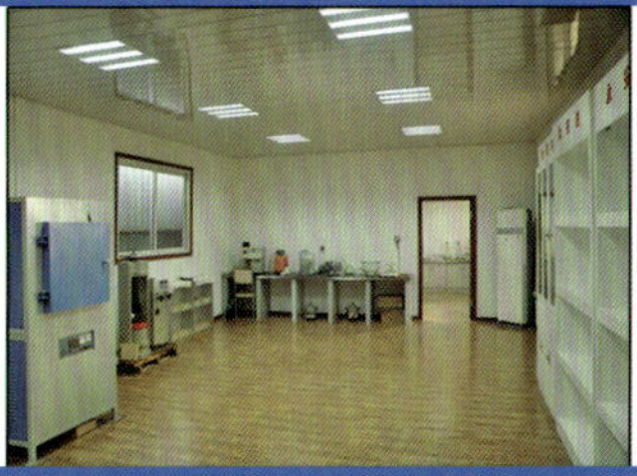
化验室

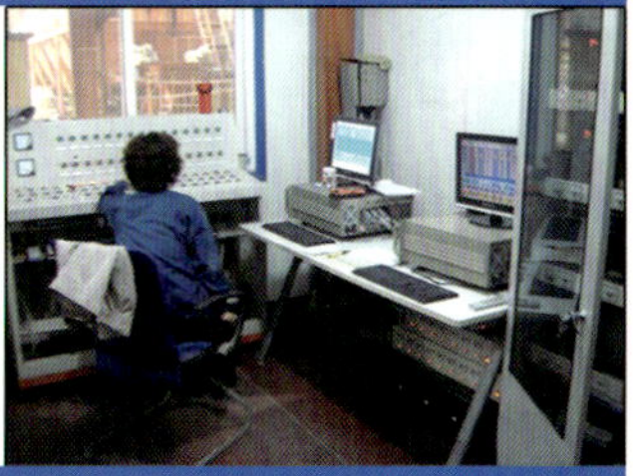
全自动配料生产电脑中控室

产品展示

碳化硅罐

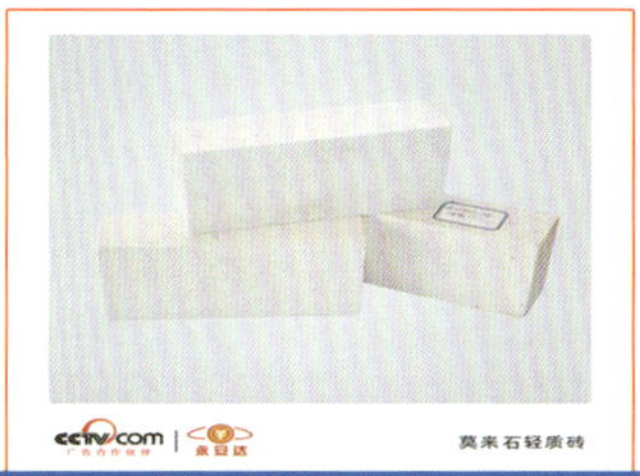
莫来石轻质砖

铝镁碳砖

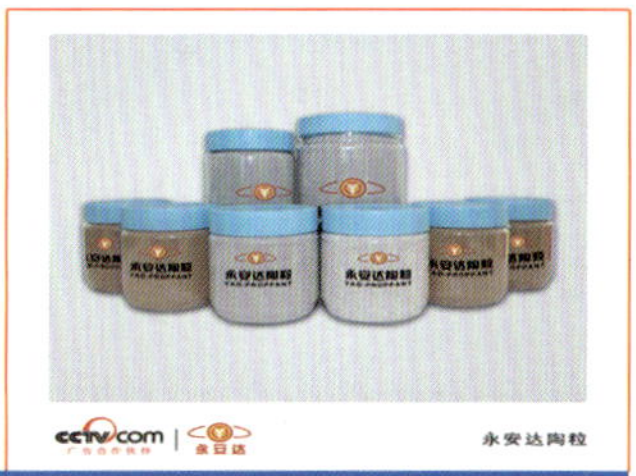
陶粒

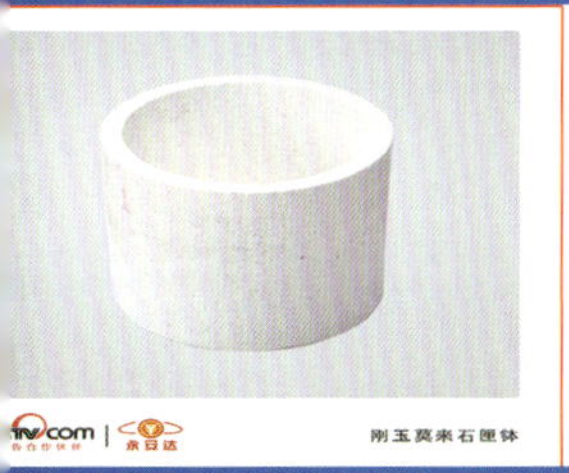
刚玉莫来石匣钵

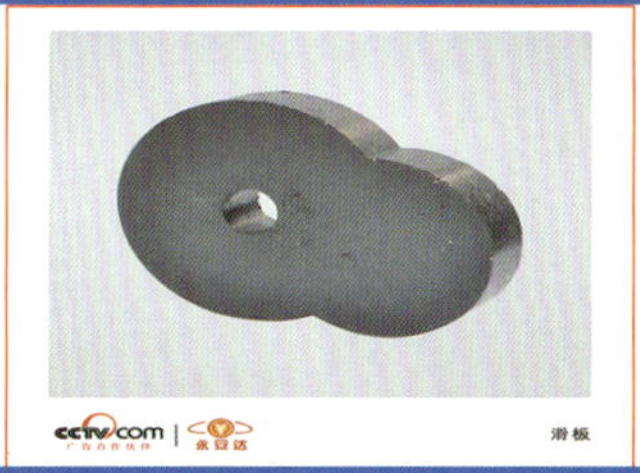
滑板

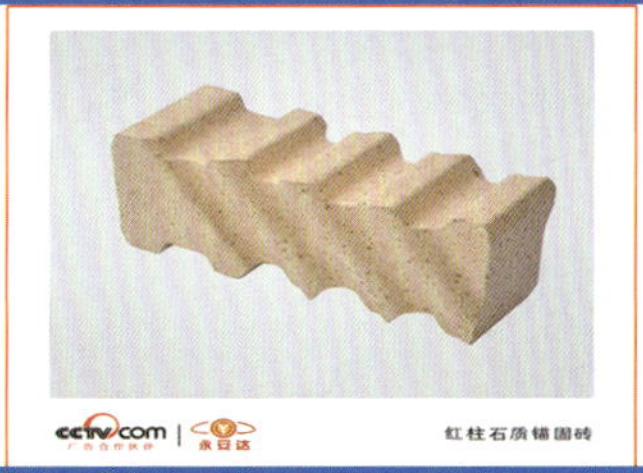
红柱石质锚固砖

硅砖

厂容厂貌

地　　址：山东省淄博市淄川区工业园　　邮　　编：255154
电　　话：0533-5589999　　传　　真：0533-5581888
E-mail：yonganda838@sina.com　　网　　址：www.sdyonganda.com

洽谈业务，光临指导，携手并进，和谐双赢。

济南同达机械工程有限公司

JINAN TONGDA MECHANICAL ENGINEERING CO.,LTD.

自动配料系统

压砖机及自动化改造

DS系列 强力逆流混炼机

DX系列 倾斜混合机

造粒干燥生产线

干燥系统

真空造粒机

电动螺旋压砖机

济南同达机械工程有限公司是原机械工业部济南铸造锻压机械研究所改制后成立的自主经营、自负盈亏具有独立法人资格的股份制公司。公司的主要技术人员都是原济南铸造锻压研究所从事耐火材料装备研发的专家、骨干，主要从事耐火材料成套装备的设计开发、制造、服务，产品主要有：混合设备、自动化配料设备及成型设备。

公司地址：山东省明水经济开发区龙山工业园潘王路9号
邮　　编：250216
销售专线：0531-83628117 13065025661
总　　机：0531-83628116
传　　真：0531-83628118
网　　址：www.jncdl.com
邮　　箱：jncdl@126.com

汇特耐材 HUITE REFRACTORIES

汇聚特色 铸造精品

Characteristics Create Competitive Products

企业简介

郑州汇特集团有限公司从成立伊始始终瞄准国际、国内耐材发展趋势和领先技术，现拥有注册资本5070万元，员工1350余人，其中中级以上技术职称130人，高级技术人员30人。先后同洛阳耐火材料研究院、武汉科技大学、河南科技大学高温材料研究院、鞍山钢铁学院等院校建立了技术合作关系，拥有市级的检测中心和研发机构，在新产品的研制与开发方面具有较强的能力。

公司地处中原腹地，位于嵩山脚下，毗邻京广、陇海两大铁路干线，距郑少高速新密西出口处1公里，交通运输方便。

集团公司下属有郑州汇特耐火材料有限公司、郑州原恒科技炉料有限公司、郑州汇硕窑炉工程有限公司、郑州汇特环保科技有限公司。拥有年产各类耐火材料20万吨的综合能力。主要应用于水泥、建材、有色、炭素、玻璃、冶金、石化等行业。公司于2004年4月通过了ISO9001:2000质量体系认证，产品畅销国内20多个省市自治区，同时也出口阿联酋、印度、俄罗斯等国家，得到用户一致的好评。

汇特水泥窑用耐火材料在以阿联酋联合水泥公司(UCC)10000吨/天生产线为代表的一大批国内外大型干法水泥窑上应用。主要产品有直接结合镁铬砖、镁铁尖晶石砖、镁铝尖晶石砖、硅莫砖、抗剥落高铝砖、系列耐碱砖、窑口专用浇注料、碳化硅抗结皮浇注料、喷煤管专用浇注料、莫来石浇注料和三次风管专用浇注料以及焙烧炉用特种黏土砖、玻璃窑用电熔烧结镁砖等一系列优质的定型及不定形产品。公司下属的郑州汇硕窑炉工程有限公司拥有窑炉工程设计施工二级资质和相应的施工经验，现拥有大型砌砖机8台，施工设备50余台（套），施工人员800余人，具备同时开工8个工地的施工能力，可为客户提供窑炉的设计、选材、制造、施工等方面的一体化服务。

郑州汇特集团有限公司

地 址：河南省新密市袁庄工业园区　邮编：452370

联系人：李大鹏（副总经理）手 机：15939009127

电 话：0371-69831588　传 真：0371-69831508

E-mail：xmhuite@sina.com　网址：http://www.zzhtnc.com

昆明办事处　贵州办事处

成都办事处　青海办事处

江西办事处　重庆办事处

山西省孝义市镁铝有限公司

山西省孝义市镁铝有限公司位于孝义市经济开发区内，始建于1989年，占地面积13万平方米，注册资本10000万元，总资产23718万元。公司现有职工513人，管理层由18人组成，领导层具有较高的专业知识和管理经验。

公司的主导产品为高铝质材料和金属镁锭。依托高铝、低铁、低钾钠钙镁的孝义铝矾土资源优势，在多年生产转窑高铝矾土熟料的基础上，于2001年在国内率先开发研制出了转窑合成莫来石产品，目前已经分别达到了年产转窑高铝矾土熟料（含均质矾土）10万吨、M70、M60、M47三大系列的合成莫来石5万吨的规模化生产能力，并可加工生产各种粒度、各种包装的骨料及粉料，以满足不同客户的需求。公司金属镁锭产能已达1万吨/年的水平。

我公司依托规模生产优势，资源价格优势，技术精湛优势，运销便利优势，凭借20年来丰富经营管理经验和对市场的充分研究把握，参与国际国内市场的竞争，产品以其质优、质稳、价廉的美誉盛享海内外。

合成莫来石

转窑均质矾土

转窑矾土

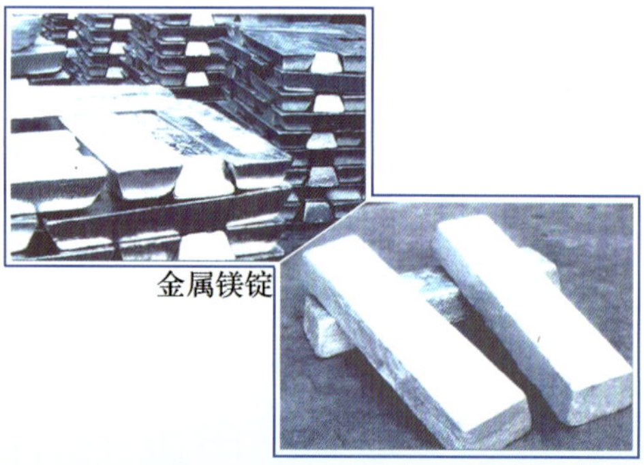

金属镁锭

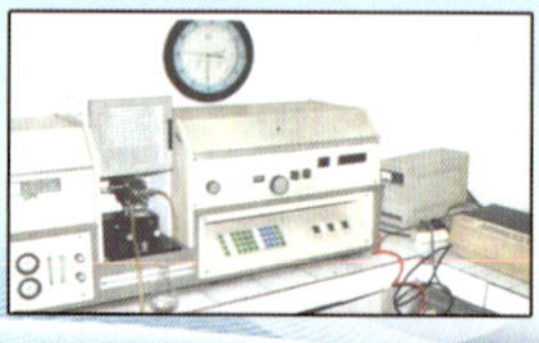

地址：山西省孝义市经济开发区
邮编：032300
电话：0358-5562807
传真：0358-7848072
网址：http://sxmeilv.cn.alibaba.com
E-mail:sxmeilv@alibaba.com.cn

国家重点节能技术

——纳微米高辐射覆层技术

高辐射覆层技术是山东慧敏科技开发有限公司自主研发、拥有自主知识产权的应用于工业炉窑的节能新技术，该技术通过在蓄热体表面涂覆一层高辐射率材料，强化了炉窑辐射传热，提高了热效率。本公司是蓄热体覆层材料研发生产基地。

- 提高蓄热量10%以上
- 延长送风时间10%以上
- 降低煤气消耗5%以上
- 提高热风温度10℃以上
- 减少CO_2排放2.4千克/吨铁

- 缩短结焦时间5%以上
- 降低煤气消耗3%~6%
- 减少CO_2排放
- 减少焦炉漏气率
- 提高焦炭质量

高辐射覆层技术已在国内外60余家钢铁企业的349座高炉热风炉及焦炉上应用，累计实现：

节约焦炭147.27万吨；节约资金46.02亿元；减少CO_2排放353.46万吨

- 强化辐射传热节能技术、蓄热体材料研发列入重点领域节能技术装备（国发【2013】30号文）
- （第六批）国家重点节能技术推广目录（国发2013年45号公告）
- 国家“十二五”科技支撑计划项目（课题编号2011BAE12B01）
- 2013年度国家重点新产品计划项目（项目编号2013GRC60067）
- 国家战略新兴产业重点产品和服务指导目录（属新型功能材料产业）
- 中国钢铁协会节能环保工程“钢铁好技术”十佳优选（第二名）

山东慧敏科技开发有限公司

地址：山东省济南市七里河路2号慧敏科技楼（250100）　电话：0531-88061276/88061287

网址：www.sdhmkj.com　邮箱：sdhmkj001@163.com

公司办公楼

均化料158米全自动高温隧道窑

2.5m×80m回转窑生产线

河南兴亚能源有限公司

www.bauxitechina.com

地　址：河南省济源市玉川产业集聚区
电　话：0391-6798888　6798686
传　真：0391-6798777　邮编：459010
业务联系人：孔经理　　手机：18939188688
E-mail：xyny2012@163.com

西格玛®

河北丰能耐火材料有限公司

河北丰能耐火材料有限公司是生产、销售耐火材料的专业厂家。

公司始建于 2007 年，在业内知名院校及科研专家的大力支持下，艰苦创业、不断进取，广集先进科技的精髓，使产品达到国内先进水平，并通过了有关部门认定和相关钢铁企业的好评。

公司以生产、销售无水炮泥和不定形耐火材料为主，同时，和原产地的供应商签订了原材料代销协议，增加水处理承包销售业务，完善了对钢铁企业的服务项目，增强企业自身的风险抵御能力。

公司以科技为龙头，招录业内专业人才为技术支持，生产建立自动化工艺流程，完善实验室设备，使产品质量达到长期稳定的效果，产品自投入市场以来，得到广大用户的一致好评。

河北丰能耐火材料有限公司，环境优雅，占地 10 万平方米，地处京、津之间，交通十分便利，公司采用 6S 国际管理体系，以精立业、以质取胜，是丰能人的理念；在激烈的市场竞争中，我们以互惠双赢的态度，竭诚欢迎各界朋友的到来。

地　址：河北省廊坊市大城县大祥连工业区　　**邮　编：065900**

电　话：0316-5615566　　**传　真：0316-5599996**

邮　箱：hbfnnc@163.com　　**网　址：www.hebeifengneng.com**

UNIFRAX

免费咨询电话:400-880-6528

无机热面涂料 Silplate Mass

*Silplate mass*是Unifrax的新型产品，可以通过喷射或涂抹的方法涂覆在陶瓷纤维模块，浇注料和耐火砖或隔热材料表面，起到保护作用，它是一种出色的耐久性和耐焊剂的无机热面涂料，并可以在最高1500摄氏度的温度下使用。

新型焦炉门内衬结构含*Silplate mass*高温涂料，不仅节能、使用寿命长，而且重量轻、能够很好的保护钢结构和改善操作工的工作环境。

产品的七点效果

1. 提高耐磨性
2. 防止纤维产品的收缩
3. 限制因隔热材料裂缝产生的热损失
4. 提高纤维对高速气体的抗冲击力
5. 热反射=节能
6. 填补裂缝
7. 延长耐火材料寿命

Foamfrax® 发泡喷涂隔热系统

*Foamfrax®*发泡喷涂隔热系统是美国Unifrax公司开发的一种整体式隔热系统，在Unifrax公司拥有专利的喷涂设备形成均匀的泡沫纤维混合物，通过*Foamfrax®*发泡喷涂设备的送料软管和喷嘴，将混合物喷射到目标表面上，热导率低，优异的抗震、化学性能，可显著提高燃料效率，提高安装速度，延长炉衬等使用寿命。

美国Unifrax公司是全球领先的高温隔热纤维制品的生产厂商，拥有大批忠实高质量客户。71年前，奇耐公司的科学家率先发明了陶瓷纤维。我们致力于不断研发出优异的产品，为各个相关行业客户提供创新的高温隔热解决方案。

奇耐联合纤维(苏州)有限公司

地址:江苏省苏州市浒墅关石阳路59号 电话:+86(0)512 66160011 传真:+86(0) 512 66166153

山东金都大展集团

山东金都大展集团总部

耐材产业资质证书

产品检测中心

400 吨液压机

山东金都大展集团始建于 1985 年 2 月，是改革开放中萌起的第一批民营企业，位于山东省滨州市邹平经济技术开发区。集团公司下辖 13 家分公司，资产已达 12.7 亿元，现有员工 1200 余人，技术研发人员 156 人。集团公司下辖的分公司，形成了以生产耐火材料、纳米碳管、医药中间体、处理赤泥（氧化铝尾渣）及矿渣、尾矿的资源综合利用项目为主导的实体经济，及国际贸易、现代物流、文化服务产业于一体的现代化科技型企业。集团公司调整产业结构，加强科研攻关，提高研发水平和自主创新能力，是山东省高新技术企业，“一企一技术”研发中心，已获得山东省科技成果 6 项，储备科技项目 62 项，被评为“全国质量诚信 AAA 级企业”、“全国用户满意品牌”、“重合同守信用企业”。董事长李咸伦先后被评为“全国创业之星”、“中国杰出企业家”、“建国 60 年影响山东 60 位新鲁商”、“全省见义勇为模范提名奖”、“滨州市第二届道德模范”等荣誉称号。

山东金都大展集团有限公司以耐火材料起家，是“《中国耐火材料市场》理事会”副会长单位。高温耐材通过 ISO9001 国际质量管理体系、职业健康安全管理体系和环境管理体系认证，拥有设备齐全的检测中心和先进的化验检验设备 70 余台（套），公司现有 180 米隧道窑 3 条，300～1000 吨压力机 40 余台，微机自动配料，破碎设备及除尘设备 100 余台（套），拥有大型装载机、叉车 20 余台（套），连续 20 年被评为“重合同守信用企业”。2012 年公司热风炉用硅砖上报“山东名牌”产品。主要产品有焦炉硅砖、热风炉硅砖、硅质格子砖、煅烧炉硅砖等，年产优质硅砖 10 万吨，高铝质、黏土质以及不定形耐材 3 万吨。公司的硅砖产品质量、产量、市场占有率及信誉度位居山东省前列、产品畅销日本、加拿大、印度、独联体及欧洲国家。

配料程序控制

高标准 严要求

严把半成品质量关

3 条 180 米隧道窑

模具自行研发加工

原料精选水洗

地　址：山东省邹平县临池镇
邮　编：256220
电　话：0543-8175299
传　真：0543-8175255
网　址：www.jindudazhan.com
邮　箱：jindudazhan@163.com

"洛华"企业概况——

洛阳市洛华粉体工程特种耐火材料有限公司

洛阳洛华窑业有限公司

LUOHUA 洛華

"洛华企业"创建于1991年，"洛华特耐公司"主要生产特种不定形耐火材料及异型特种耐火制品，生产规模为3万吨/年。"洛华窑业公司"是河南省具有二级炉窑工程专业承包施工资质和省安全资质的企业，主要从事窑炉内衬工程的配套设计、施工和服务，实施全新的"整体窑炉理念"，广泛服务于冶金、化工、建材、电力、国防等工业热设备，可针对不同的热设备炉衬的不同使用情况进行炉衬材料的配置和生产、热设备炉衬工程建造和各种维修维护工作。

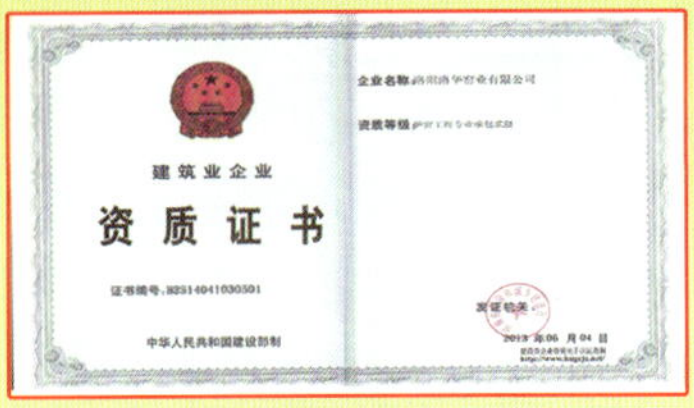

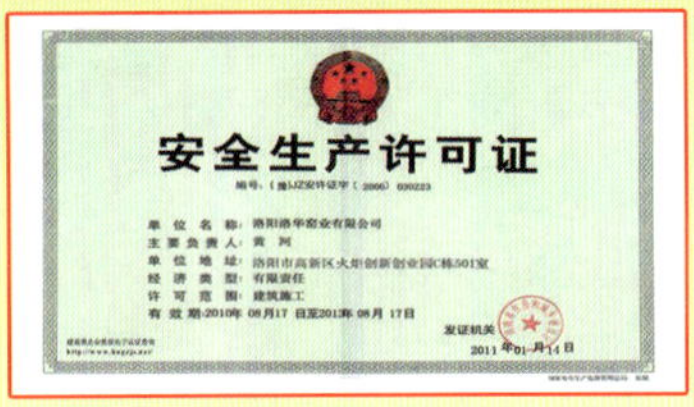

公司质量管理体系完善，从2001年开始即通过ISO9000国际质量体系认证。公司不但有严格的产品质量管理体系，而且具备对产品应用于炉衬的延伸设置能力。

公司对技术和产品有很强的开发研制能力，十二项科技成果经鉴定"属国内外名列前茅，达到国际先进水平"。近年来这些应用技术，高新技术产品相继列入《有色冶金炉设计手册》、《铅锌冶金学》、《现代铜冶金学》等手册、专著，并参与一些重要的新型耐火材料产品"国标"、"行标"的起草及修改。

企业以独立创新、技术进步和窑炉整体理念做好耐火材料的崭新思想，在国内外工业窑炉和耐火材料行业具有相当影响。2003年以来公司相继有八项成果被评为中国有色金属工业科学技术奖、政府科技进步奖。并有"进口窑炉耐火材料国产化"等八个系列的高新技术产品。这些高科技产品已被广泛应用于有色冶金、化工、化肥、兵器、电力、水泥等多行业、多领域中，并能够在超高温、强热震、偏低温、强氧化、强还原气氛、强酸、强碱、重腐蚀等苛刻条件下使用，不仅代替了进口耐火材料，还配合"中国恩菲"、"中色集团"在伊朗、赞比亚、缅甸等国电炉炼锑、铜冶炼、镍铁冶炼炉窑应用，主要产品取得了国内外领先地位。

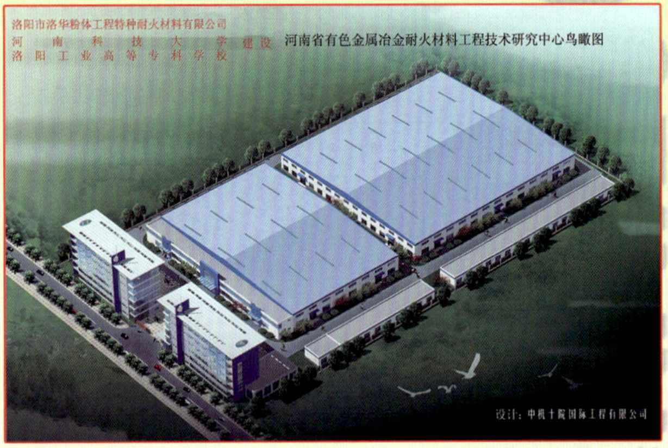

公司有着良好的技术底蕴，目前"在研"项目承担了国家重点节能技术推广项目、国家火炬计划项目、国家重点新产品项目、中国有色金属工业重点节能技术推广专项规划项目、省科技产业化、科技攻关项目十五项。

2010年，"洛华公司"申报的投资2580万元的全国有色金属冶金耐火材料暨炉窑工程技术研究中心（右图），获中国有色金属工业协会批准正在建设。目前，一期7000平方米实验楼，厂房已竣工，二期工程亦全面铺开。

多年来公司以高新技术产业化产品、科技进步奖产业化产品、环保产业化产品，以优质的产品质量，良好的企业信誉和售后服务赢得了国内外广大用户的信任，被河南省政府授予"全省企业科技进步先进单位"，"洛阳市知识产权先进企业"，"河南省工业节能减排成效显著单位"称号。

质量认证证书

六个系列"企标"

国家火炬计划证书

国家重点节能技术推广目录（第二批）

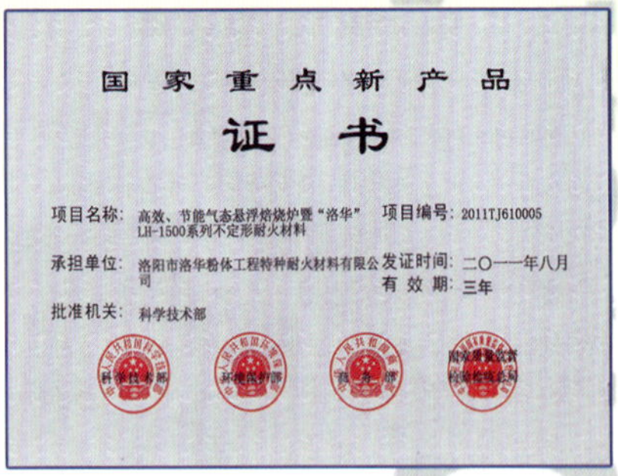

国家重点新产品计划证书

地　址：河南省洛阳国家高新区火炬创新创业园C栋501　　邮　编：471003

电　话：0379-64182996　　传　真：0379-64213525

网　址：www.lyluohua.com　　邮　箱：LyLhgs@126.com

佛山市南海区迈驰机械制造有限公司

双向耐火砖液压机

佛山市南海区迈驰机械制造有限公司是一家以设计制造液压、超高压设备为主的企业，多年来结合企业的需要，研发了多个领域的上百种专用设备，主要服务于特种陶瓷、耐火材料行业。主要产品有立式冷等静压机、卧式冷等静压机、干袋式冷等静压机、双向特种陶瓷液压机、陶瓷液压挤出成型机、双向耐火材料液压机、超高压液压设备等。目前生产的YS系列10～400吨四柱式双向特种陶瓷液压机，YSN系列50～400吨四柱式双向耐火材料液压机，YK系列600～3200吨框架式双向耐火材料液压机，JC系列20～300吨液压陶瓷挤出成型机，LDJ系列100~1000毫米缸径冷等静压机，广泛应用于瓷球、衬砖、耐磨陶瓷、耐酸陶瓷、陶瓷辊棒、耐火材料及制品的生产。公司是“佛山市机械工程学会”副理事长单位，“佛山市机械装备行业协会”监事单位。

双向格子砖液压机

迈驰公司生产的立式冷等静压机具有在恶劣环境下工作快速、高效、可靠等独特优势，卧式冷等静压机具有低投入、高产出、不需特别基础及厂房等特点，可广泛应用于瓷球等静压成型；“全自动等静压瓷球成型机”则具备了高效、高压力、低能耗、价格适宜的特点；双向陶瓷压机特别适用于成型陶瓷衬砖、衬片、陶瓷餐刀及其他特种陶瓷制品；陶瓷挤压成型机是陶瓷辊棒、石英辊及其他陶瓷管材市场的理想设备。双向耐火材料液压机以其高效、高制品质量、节省人力资源等诸多优势广泛取代摩擦压力机用于各种定型耐火材料的生产。

双向轻质砖液压机

压机用途：广泛用于耐火材料及制品，氧化铝耐磨衬砖、衬板、衬片、衬套、衬管，氧化锆陶瓷刀以及其他氧化铝、氧化锆、碳化硅、氮化硅等特种陶瓷制品的压制

联系人：刘光海 13302418068
电话：0757-86191088　传真：0757-86444199
地址：广东省佛山市南海罗村沙堤路45号　邮编：528226
网址：http://www.much-cn.com　E-mail:much6188@163.com

德阳迪泰机械有限公司

德阳迪泰机械有限公司成立于2002年10月，是一家致力于研究、设计和制造等静压机的中外合资企业。公司拥有技术力量雄厚的设计团队，并与德国以及西安交大等国内外知名科研院所建立了长期的合作关系，多项技术已获国家专利（专利名称：实用新型陶瓷球锥面单向阀，专利号：ZL201020100369.7等）。

公司已经成功制造出近40台不同型号的冷等静压机，应用于耐火材料、石墨炭素、陶瓷、粉末冶金、钨钼合金制品或稀有金属制品等领域，深受用户广泛好评。热等静压机采取与国外知名企业合作方式制造，打破了国外在该领域对我国的技术壁垒。

公司于2006年成功通过ISO 9001:2000质量管理体系认证。公司秉承“诚实守信，勤奋劳动，技术精良，勇于创新”的企业宗旨，积极开展技术引进、消化吸收和自主创新，产品技术质量已达到或接近当今国际先进水平。

精湛的技术
一流的设备
优质的服务

CIP1000-2500-300WO
科研实验用小型冷等静压机

CIP420-1600-250WO 型
等静压机，车间装配中

CIP830-3200-160WO
用户生产现场安装完毕

单介质 CIP630-2800-180W

进口组合式电气控制柜配置

压制出的耐火材料制品

◆荣誉证书

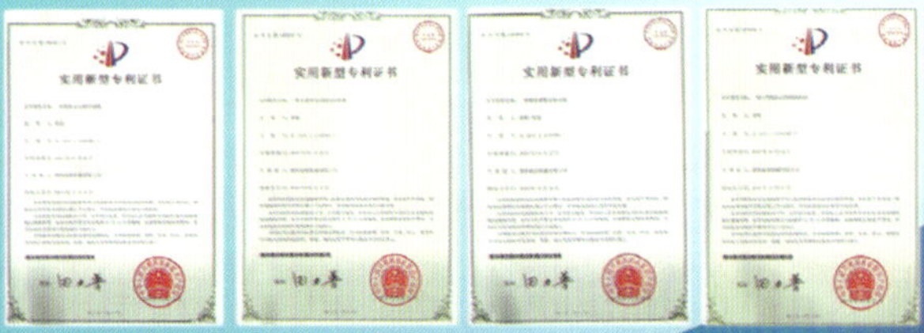

◆联系方式

地　　址：四川省德阳市龙泉山南路三段18号
邮　　编：618000
电　　话：0838-2902951
传　　真：0838-2902952
网　　址：www.dytech.cn
电子信箱：dytech@dytech.cn

孝义市金立耐材有限公司

孝义市金立耐材有限公司位于古今“孝、义”天下的山西省孝义市南阳乡。距孝义市30公里，厂区直通省道，交通便利通达。这里的铝矾土资源储量丰富，品位高纯。

公司创建于1991年，系集加工、运输、经营，铝矾土资源科研、深加工为一体的现代化工业企业。公司下设一厂、二厂、三厂和耐火材料检验试验室。固定资产7000万元，其中有：铝酸盐水泥、铝酸钙粉系列产品生产线；方型倒烟窑——煤气烧成高铝矾土熟料生产线；耐火材料颗粒、细粉深加工生产线。现有职工350余人，其中各类专业技术人员110人，科研人员50人。

主导产品有：铝酸盐水泥、铝酸钙粉系列产品，高铝矾土熟料和各种粒度的散装高铝矾土熟料及其散装材料等，年产量50多万吨。其中高铝矾土熟料副产品——生高铝矾土粉7万吨，高铝矾土熟料15万吨，散装材料8万吨，铝酸盐水泥系列产品20万吨等。

公司始终坚持以科技为先导，以质量求生存的宗旨，与洛阳耐火材料研究院、郑州大学长期技术合作，不断对铝矾土资源的深加工进行研究和加工新工艺的开发，生产出的高铝矾土系列产品畅销全国各地，受到用户的一致好评。产品经国家耐火材料质检中心多次检验，其理化指标均达到或优于国际同类产品先进水平。

全体员工以“慎言善行，智圆立金，自强不息，内外逢源”的企业理念，坚持“精益求精、一丝不苟、高效务实”的工作作风，贯彻“以人为本，德挈纲领，诚实信用”的企业方略，实现“产品出厂合格率百分之百，客户满意率百分之百”的质量目标，把公司办成专、精、强的现代化企业。以优质的产品和高质量的服务奉献社会。

持续、改进、提高、发展，不断满足市场、客户的新需求将是我们永恒的主题和对客户的庄重承诺！

一流的产品质量，高效、快捷的售后服务，锻打出“金立”精品。公司总经理携全体员工，热忱欢迎国内外客商、专家莅临指导，合作共事，使用金立产品！

会议室

办公室

铝酸盐水泥生产线

厂区

铝酸盐水泥

回转窑煅烧水泥生产线

煤气梭式窑煅烧铝矾土

骨料细粉生产线

精益求精 一丝不苟 高效务实

地址：山西省孝义市南阳乡南阳村 电话：0358-7666333 7680808 7665555 传真：0358-7668888 7680808 联系人：王春潮 手机：13363585858 13453835858

徐州徐耐耐火材料有限公司

徐州徐耐耐火材料有限公司（原徐州耐火材料厂），始建于1949年，是部直属的国有企业，并于1978年开始筹建电熔锆刚玉产品，于1979年投入生产，当时是国内较早生产电熔锆刚玉耐火制品的国有企业。33号电熔锆刚玉耐火材料于1983年荣获国家金龙奖及江苏省优质产品称号。

2004年徐州耐火材料厂改制后成立徐州徐耐耐火材料有限公司，属股份制有限公司，公司位于江苏省徐州市贾汪工业园区，地处苏、鲁、豫、皖交界地区，产品销售全国32个省、市、自治区及出口欧洲、东南亚各国。现拥有固定资产1.6亿元，占地面积68000平方米，生产用厂房面积30000平方米，具有年生产电熔锆刚玉制品20000吨的生产能力，2009年投入固定资产3000万元，建设具有国际一流的微机控制系统操作的8吨电炉一台及相应设备设施。2010年公司再投资2000万元，新建厂房8000平方米。并于2007年通过ISO19001:2008质量管理体系认证和ISO14001:2004环境管理体系认证；2009年被中国节能协会玻璃窑炉专业委员会指定为全国玻璃窑炉行业质量信得过产品以及荣获中国产品质量协会国际质量信用AAAAA企业；2012年我公司生产的电熔锆刚玉系列产品及技术指标被中国日用玻璃协会技术咨询委员会评为符合新型玻璃熔窑选用条件，特向全国玻璃行业推荐使用。

欢迎广大客户朋友来徐耐公司指导，洽谈业务。

徐耐与您携手共进，奔向辉煌！

地址：江苏省徐州市贾汪工业园区206国道东侧
电话：0516-87711990　87719000　传真：0516-87711880
邮箱：xzxn@xzxn.net　网址：www.xzxn.net

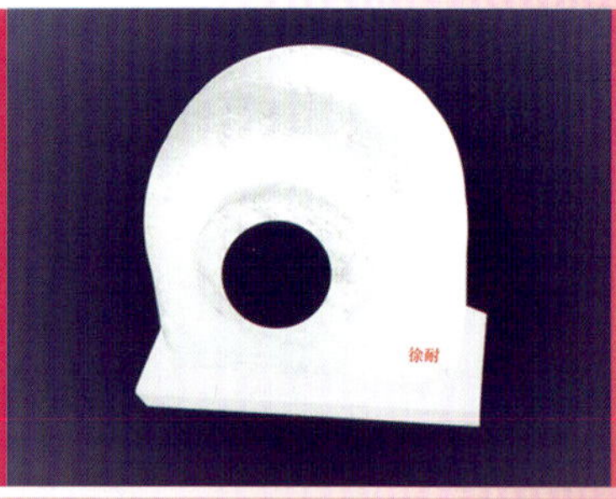

三兴東宝

平陆县东宝金刚砂制造有限公司

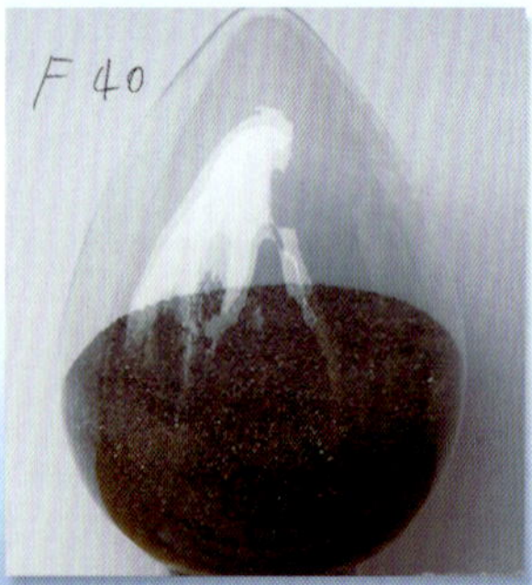

平陆县东宝金刚砂制造有限公司于2004年9月在平陆县工商部门注册成立。注册资本460万元。公司注册及生产地址：平陆县曹川镇曹川村。法定代表人：刘皂点。工商核准营业期限至2023年6月30日。组织机构代码76467914−8。公司2004年9月建成投产，是平陆县一家拥有棕刚玉自营出口权的规模性民营企业。主要设备有棕刚玉电弧炉两座，可年产棕刚玉，亚白刚玉2.6万吨，110米高温环保节能隧道窑一座，可年产耐火材料1万吨，产品主要销往德国，意大利，法国等地。公司发展到现在总资产达3600余万元，职工168人。

公司的良好发展，为平陆经济腾飞和山区人民致富奔小康做出了很大贡献，公司也多次受到上级政府的好评和表彰，2004年公司被县政府评为“投资发展先进单位”，2005年、2006年两次被县政府评为财税贡献先进单位，2005年被县工商部门评为“诚信企业”，被信用联社评为AA信用企业。2006年、2007年被县委县政府评为前20强优势企业，2008年被运城市人民政府评为进出口先进企业。2012年荣获平陆县财税突出贡献三等奖。2013年被平陆县工商部门评为“重合同守信用”企业。

公司法人刘皂点，男，汉族，出生于1963年6月14日，平陆县曹川镇下坪村人，平陆县政协委员。2000～2003年，在曹河铝矾土煅烧厂任厂长，2004～2010年，任平陆县东宝金刚砂制造有限公司副总经理，2011年至今，任平陆县东宝金刚砂制造有限公司总经理。2012年被评为平陆县财税贡献先进个人。

地址：山西省平陆县曹川镇曹川村
邮编：044300
电话：0359−3523234
传真：0359−3523234
邮箱：sxpldb@126.com

亨特利（海城）镁矿有限公司

高温竖窑鸟瞰

压球生产现场

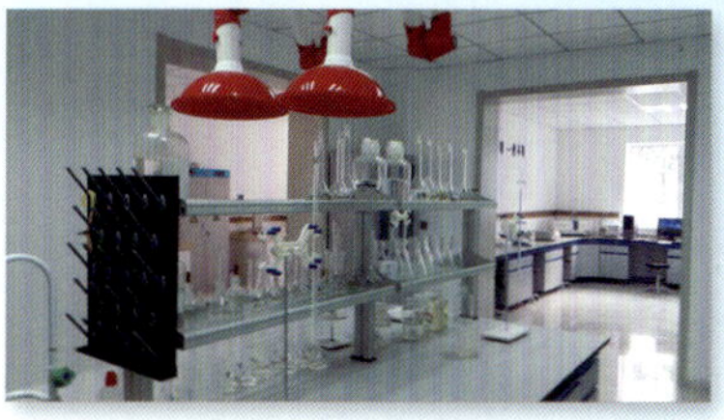

中央理化分析区

质量检测检验中心

亨特利（海城）镁矿有限公司位于海城市牌楼镇海城镁矿耐火材料总厂高纯镁砂厂厂区内，总占地面积32万平方米，公司位于辽宁省海城市东南17公里处，距大连港300公里，距营口港100公里，公司内的铁路专用线与京沈铁路线相连，海岫公路横穿厂区，与沈大高速公路连接，交通十分方便。产品可发往大连港、营口港、鲅鱼圈港各专用货场并直接销往国内外。

2006年，经辽宁省鞍山市人民政府招商引资，由亨特利投资集团有限公司与海城镁矿耐火材料总厂共同出资，组建成立亨特利（海城）镁矿有限公司。

公司注册资本1800万美元，投资总额2500万美元。

公司以其规范的管理体制和机制，科学的管理手段，在生产、营销、质量过程中建立了一整套严格、完整的管理控制体系。高纯镁砂产量及质量指标一直名列同行业前位。

公司工艺技术先进，员工操作精细，设备装备精良，生产环境整洁。现已形成年产高纯轻烧粉10万吨，年产高纯镁砂16万吨的生产能力。

公司计划投资1.5亿元建设年产30万吨浮选精矿粉和年产20万吨轻烧氧化镁悬浮炉项目，使高纯镁砂生产的产品档次再提升到一个新领域。

公司三年内发展规划目标是：加速镁制品行业的提档升级，创建高档耐火材料产业集群，加速建成一个绿色、环保、文明的现代化型企业，为社会和经济发展作出更大贡献。

轻烧粉生产现场

矿山厂区鸟瞰

地址：辽宁省海城市牌楼镇牌楼新区11号　　邮编：114207
电话：0412—3520062　　传真：0412—3520060
网址：www.htlkc.com　　邮箱：htlkc@163.com

唐山市国亮特殊耐火材料有限公司

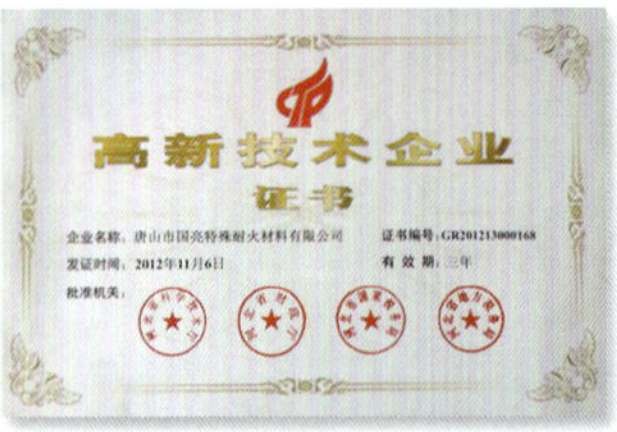

唐山市国亮特殊耐火材料有限公司始建于1994年，占地面积15万平方米，注册资本5000万元，主要从事定型和不定形耐火材料的设计、研发、生产、销售和施工。公司主导产品为“钢包用耐火材料”、“连铸中间包用耐火材料”、“工业炉用耐火材料”、“炼铁用耐火材料”等。公司现拥有三个分厂，十个现代化生产车间，年生产各种耐火材料15万吨。公司总资产4.8亿元，销售收入6.0亿元。公司生产工艺先进，主体装备精良，环保设施配套，已于2006年率先通过“三合一”（质量、环境、职业健康安全）管理体系认证。2011年“唐特”牌被评为“河北省著名商标”，2012年公司被认定为“国家高新技术企业”。2013年被评为“唐山市十大创新企业”。

镁碳砖

钢包浇注料

干式料

铁水包浇注料

透气砖

预制件

滑板

地址：河北省唐山市开平区赵庄村东侧　邮编：063021　网址：www.ts-tn.cn

电话：0315-3384926　传真：0315-3385111　邮箱：tsdgl@163.com

辽宁科英耐火材料有限公司

Liaoning Keying Refractory Co.,Ltd.

辽宁科英耐火材料有限公司建于 1994 年，是专业研制、开发、生产冶金用耐火材料并提供相关配套服务的股份制工业企业。公司占地面积 7.33 万平方米，注册资本 1000 万元，资产规模 1.2 亿元。公司现有 2 条不定形耐火材料生产线和 1 条定型耐火制品生产线。年生产能力：不定形耐材 2.8 万吨，耐火预制件 1.5 万吨，镁碳砖 1.5 万吨。年产值 23000 多万元。

公司通过了ISO9001:2000质量管理体系认证。核心团队励精图治、务实创新、勇于进取、追求卓越。公司坚持走科技创新的发展道路，技术力量雄厚，科研设施齐备。在加强自主创新能力建设的同时，与武汉科技大学、天津大学、东北大学、北京科技大学等科研院校建立了长期广泛的技术合作。公司自主研制生产的“直流电弧炉用导电热补料”获得“国家冶金科技进步奖”、“辽宁省科技新成果”，并取得国家专利（专利证号01138820.X）。近年来，公司相继推出的新型优质镁碳砖、转炉快速烧结补炉料、中间包环保干式料、转炉炉底透气修补料、出钢渣洗精炼剂等新产品，获得了良好的市场响应和经济效益。

公司现生产两大类、6个系列、三十几个品种的耐火材料及冶金精炼剂。十几年的专业积淀，使公司具备了整体承包转炉、电炉、中间包、钢包等冶炼设备用耐材的技术实力和丰富经验，具有为客户提供专业的全流程服务的能力。公司以优质的产品和细致的服务与客户建立了密切的合作关系，拥有优质稳定的客户资源。主要用户有：本溪钢铁集团、广州钢铁集团、大冶特钢集团、新疆八一钢铁集团、江苏沙钢集团、邢台钢铁集团、德龙钢铁有限公司、唐山建龙钢铁集团、西姆莱斯控股集团蒙丰特钢有限公司等。

坚持创新是科英发展壮大的动力，追求专业是科英立足市场的根本，创造价值是科英服务用户的宗旨。科英公司秉承“科技领创，英才汇聚，大展宏图，兴业报国”的企业理念，真诚地愿与广大朋友携手并肩，共谋发展，互动双赢，为我国的冶金事业作出应有的贡献。

荣誉证书

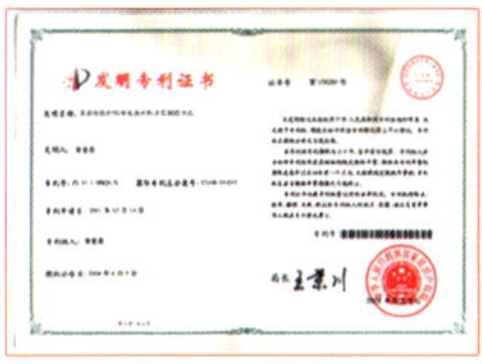

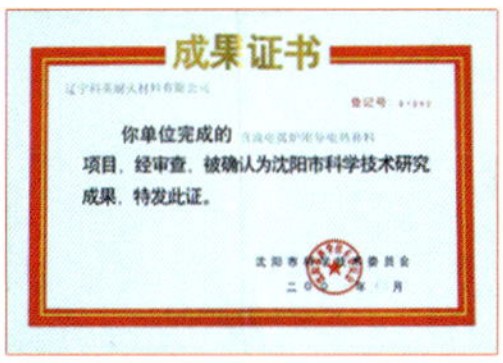

公司地址：辽宁省沈阳市铁西区建设东路78号东环国际大厦1704-1705
邮　编：110021
工厂地址：辽宁省沈阳市于洪区大兴工业园
邮　编：110149
电　话：024-89314729　89310622　传　真：024-89311173
联系人：张鸿伟　13889838168
电子信箱：lnkeying@163.com　网　址：www.lnkeying.com.cn

科技领创　英才汇聚　大展宏图　兴业报国

鞍山市永恒特种耐火材料厂

鞍山市永恒特种耐火材料厂是专业生产不定形耐火材料的高新技术企业，成立于1995年，注册资金300万元，法定代表人王东，工厂占地面积40000平方米，建筑面积25000平方米。地处辽宁省腹地，毗邻著名钢铁企业鞍钢，及有“镁都”之誉的海城市，沈大、京沈高速公路，沟海铁路，腾鳌飞机场等构成了方便快捷的交通网络，为本厂提供了经济理想的外部环境。本厂以不定形耐火材料为主导产品，做精、做细、做优、做特为宗旨，采用现代化管理模式，与各大设计院所建立长期合作关系，科研力量雄厚，开发出新型、长寿、高效、节能、环保、功能型产品，烧结、炼铁耐火系列，炼钢耐火系列，轧钢加热炉耐火系列。1995年建厂以来与中钢集团洛阳耐火材料研究院、中钢鞍山焦耐院、鞍山科技大学长期合作研制科技成果12项。2000年通过了ISO9001：2008质量体系认证，并被中国耐火材料协会吸收为会员单位。

本厂6大系列，170多个品种，产品销往全国各大钢厂，与几十家大型钢厂有长期稳定供求关系。我单位将始终秉承以人为本、诚信为先、务实创新、追求卓越的企业精神，依托永恒的技术人才和产业资源，为国内外各大钢厂提供优异的品质和个性化的服务，本厂以市场为导向，以质量求生存，发扬求新、求异、求变的企业精神，坚持走内涵式发展道路，提高企业经济运行的质量和效益，同时构建新而独特的“永恒企业文化”。

主要产品：

自流水管包扎料，无水有水压入料，塑性相复合压入料，混铁炉转炉喷补料；钢纤维增强浇注料，浇注料，加热炉免烘烤修补料，高炉喷涂料，轻质高强浇注料；DS低水泥高强度浇注料，铁水罐防挂渣喷补料，耐磨抗浸蚀喷补料等，耐酸耐碱喷涂料，混铁炉喷补料，纤维轻质喷涂料，重质喷涂料，锆质密封料，锆刚玉硬质压入料，硬质造衬压入料，陶瓷压入料，抗氧化涂抹料，强封闭灌浆料，高强涂抹料，抢修补炉料，陶瓷水管包扎料，抗渣浇注料，免烘烤浇注料，防爆快干低水泥浇注料，高温黏结剂

地址：辽宁省鞍山市海城市腾鳌镇接官村66号　　邮编：114225
电话：0412—8300555　　传真：0412—8300666　　邮箱：yonghengtenai@163.com

河南新拓耐火材料有限公司

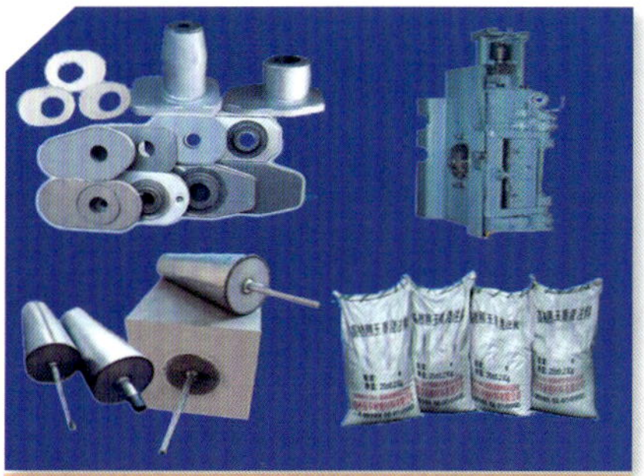
主要产品

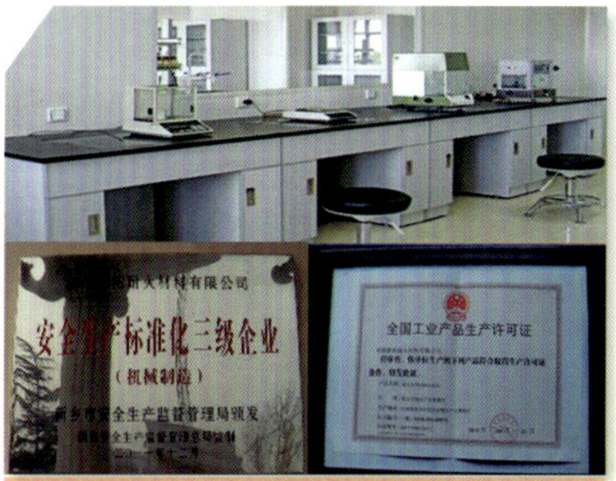
化验及证牌

成型设备

河南新拓耐火材料有限公司始建于1993年，专注于炼钢连铸用滑动水口的生产与销售。经过跨越式发展，现已成为集研发、生产功能系列耐火材料及钢包整体承包服务的专业化中型企业。

公司位于新乡经济技术开发区内，占地面积6.6万平方米，现有固定资产8000余万元，员工800余人（包括承包工程服务人员580余人）。拥有先进水平的滑动水口砖生产线二条，滑动水口机构生产线、座砖（含透气砖）生产线、钢包浇注料生产线、钢壳生产线、破碎生产线各一条。公司年产滑动水口砖系列产品1.7万吨，座砖透气砖系列产品2000吨，滑动水口机构1500台，各种不定形耐火材料8000余吨。

公司长年与国内几十家大中型炼钢企业保持供货关系，十几支专业的钢包热修、冷修服务队伍，为炼钢企业钢包提供全方位整体大包服务。技术经验方面：公司广招本领域的技术拔尖人才、经验丰富的管理人才及技能超群的生产能手，为工艺过程控制和质量保证体系提供人才保障；质量保证能力：我公司于2008年通过了ISO9001：2000版质量体系认证，2011年获产品质量安全生产标准化达标企业，2012年取得生产许可证。公司有严格的质量管理保证体系，设有质量控制机构和理化检验中心及近30台（套）先进的检验、测试仪器，分析检测手段完备，确保产品以质取胜。

为了更好地为客户提供信息、咨询服务，新拓公司热忱欢迎国内外客户光临指导、洽谈业务，并愿同国内外各界朋友、客商进行技术交流、合作共赢。

地址：河南省（国家级）新乡经济技术开发区
邮编：453000
电话：0373-7106818　传真：0373-7106812
邮箱：hnxtnhcl@163.com

GSAI 武汉吉赛机电科技有限公司

武汉吉赛机电科技有限公司（GSAI）成立于2008年，位于九省通衢的江城武汉市，坐落在国家自主创新示范区——武汉东湖新技术开发区，毗邻众多高等学府及高新企业。

GSAI是一家从事自动化系统集成及控制方案软硬件开发的企业。GSAI团队一直致力于高效、节能的传动产品开发和应用，为客户提供合理及更优化的方案。公司目前拥有成熟稳定的伺服压力机全自动化控制方案（全自动送料、锻压、机器人取料）伺服摩擦焊接机控制方案等。

GSAI将以“专业、高效、创新”的核心理念为引导，树立参天，根植沃土。以优质的产品、优质的服务，与各位合作伙伴同心经营，共创美好未来。

压力机控制柜

工业机器人

节能型高响应
同步伺服马达

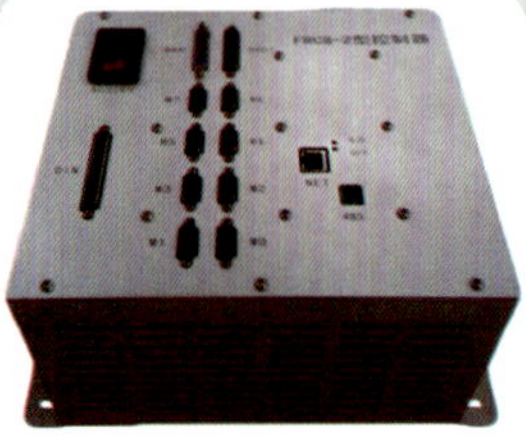

控制器

送料机

地址：湖北省武汉市光谷大道62号光谷总部国际2栋1806室
电话：027-87734997　　传真：027-67849713
网址：http://www.gsai.com.cn　　邮箱：gs@whgse.com

河南办事处　联系人：王先生　18696196353
辽宁办事处　联系人：邓先生　18672913344
山东办事处　联系人：汪先生　18827379400
浙江办事处　联系人：闫先生　13545140081

郑州东豫耐火材料有限公司

成型车间

168米隧道窑

荷软检测

化学分析

郑州东豫耐火材料有限公司位于河南省新密市，毗邻京广、陇海两大铁路干线，又邻京港澳、连霍高速公路，郑少洛高速贯穿境内，古刹少林寺、龙门石窟和黄帝故里等世界著名人文景观环绕四周，环境优雅。境内铝矾土、煤炭等资源丰富，品质优良。为耐火材料发展、运输提供了得天独厚的条件。

本公司主要以高炉、热风炉、白灰窑等设计、工程承包、施工为一体的民营企业，下属两个生产厂，一个轻质砖分公司，一个工程技术公司[中豫盛丰（北京）工程技术有限公司]，年生产各种耐火材料10万吨，其中黏土、高铝定型制品5万吨，轻质隔热制品1.5万吨，耐火蓄热球2万吨，各种不定形耐火材料1.5万吨。

公司具有完善的质量保障体系，通过了ISO9001:2008国际质量体系认证，计量和检测检验设施完善先进，被认定为“市合格企业质检机构”和“市重点企业技术中心”。

公司技术力量雄厚，先后同国家耐火材料研究院、西安建筑科技大学、中冶京诚有限公司、中冶设备研究设计院、马鞍山钢铁设计研究院、四川冶金设计院等科研单位建立了稳定的技术合作关系，为钢铁行业提供更完美的高炉、热风炉应用方案，推动了高炉、热风炉建设事业的技术进步。

“**质量第一、信誉第一、用户至上**”是我们东豫人的服务宗旨。“**科学的管理体制、雄厚的技术力量、完善的检测设备、完整的工艺装备**”是产品质量的保证，热诚欢迎国内外新老朋友光临惠顾！

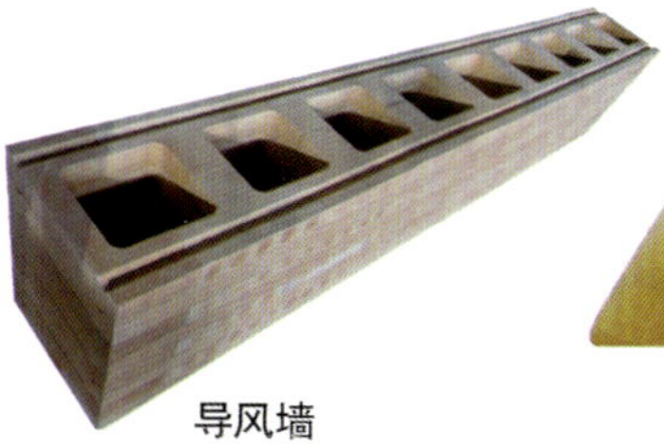
导风墙

锥体

拱顶组合砖

燃烧器

热风炉格子砖

热风出口

地址：河南省新密市平陌镇　邮编：452391　网址：www.dongyunc.com
电话：0371-63188090　传真：0371-63188536　邮箱：zzdync007@126.com

永昇锻压机床有限公司

永昇锻压机床有限公司，坐落在古城辽阳太子河畔河东经济开发区，它毗邻沈大高速、哈大铁路，地理位置得天独厚，交通运输方便快捷。

永昇锻压机床有限公司，是以生产机电一体化的锻压机床设备为主的新兴企业，产品主要服务于冶金、耐火、汽车、五金工具、医疗器械、餐具等行业。公司一期工程投资4000万元，购置了国内驰名厂家的φ200镗铣床，φ130落地镗铣床，50吨、20吨回转工作台，4米、2.5米立车，6米龙门刨床，φ1250×6米、φ1100×8米、3米车床，φ100摇臂钻，50吨吊车等大型高精密度数显设备。新建3000平方米钢结构机加工厂房。

之后还有二期工程投资4000万元，建设3000平方米，具有100吨起重能力的重型装配厂房，无论是机械加工还是装配能力国内都堪称一流水平。

公司高层管理人员是由具有丰富经验，多年从事锻压机床企业经营管理、产品设计、生产组织、市场营销的高级经济师、高级工程师组成的专家团队。技术力量雄厚，多名高级工程师担任过各种规格锻压机床产品的设计主管，设计经验丰富，设计手段先进。目前，已设计出4000吨以下的各种锻压及压砖，精压设备有多个系列多种规格的产品，可供用户选择，同时还可根据用户工艺要求提供个性化产品，满足用户需要的生产设备。

我公司服务的宗旨是：
质量第一、用户至上、诚实守信、广交朋友。

JD67—1600电动螺旋压砖机现在青花集团使用

JD54—1600电动螺旋精压机现在广东凌丰集团使用

地址：辽宁省辽阳市河东经济技术开发区　邮编：111000
电话：0419—3175777　传真：0419—3160799　联系人：苏总　18241977277
网址：www.lyysdy.com　邮箱：lyysdyjc@163.com

辽宁中镁集团

辽宁中镁集团坐落在素有“中国镁都”之称的辽宁省大石桥市南楼经济开发区。集团占地面积 44 万平方米，拥有员工 1200 多人，固定资产 8.7 亿元。下设辽宁中镁控股股份有限公司、辽宁中镁高温材料有限公司、营口关山耐火材料有限公司、营口中耐装备技术有限公司和中镁大酒店。

企业主要产品应用于：转炉、电炉、精炼炉、GOR 炉、AOD 炉、RH 炉、玻璃窑、水泥窑、石灰窑、炼铜炉及特种金属冶炼炉等。主体产品有：镁碳砖、镁钙碳砖、铝镁碳砖、无碳砖、预制块；镁钙砖、镁铬砖、镁铝砖、烧成镁砖；转炉大面（出钢口）修补料、自流料、捣打料、可塑料、无水泥浆、喷补料、电炉炉底打结料、中间包涂抹料、干式振动料、浇注料、转炉终渣改质剂、转炉及电炉造渣剂等。

企业年产耐火材料 20.5 万吨，产品销往宝钢集团、武钢集团、鞍钢集团、山东钢铁集团、河北钢铁集团、太钢集团、天津钢铁集团、华菱集团、建龙集团等钢铁企业，还销往美国、日本、韩国、印度、南非、沙特、阿根廷、土耳其、尼日利亚、马来西亚等国家。

企业通过了国家质量监督检验检疫部门颁发的《生产许可证》、《安全标准化》、《环境体系认证》，通过了 DNV（挪威船级社）ISO9001:2000 质量管理体系认证。

地址：辽宁省大石桥市南楼经济开发区　　邮编：115103
电话：0417-5252893 5252445　　传真：0417-5251105
邮箱：LNFCGS2008@163.com　　网址：http://www.zhongmeigroup.com

RHI 奥镁（大连）有限公司

奥镁（大连）有限公司实景

奥镁（大连）有限公司生产车间

奥镁（大连）有限公司产品展示

奥镁集团是一家在世界 6 大洲拥有近 32 家生产基地及 70 个销售服务机构的全球性工业实体，总部位于奥地利首都维也纳。奥镁集团是全球高档耐火制品制造技术和市场的领先者，为高温（大于 1200℃）工业提供耐材制品和系统解决方案。集团客户遍布全球，涉及钢铁、水泥、石灰、玻璃、有色金属、环境、能源、化工和石化等领域。

奥镁集团在中国的发展始于 1995 年，在两国领导人的重视下，将友好协作的高科技项目顺利建成，并成立了辽宁奥镁有限公司，相继稳步发展又成立了奥镁（大连）有限公司。同时将欧洲的高科技产品引入中国，实现了从欧洲到中国的水泥窑砖的无铬化理念。

奥镁（大连）有限公司成立于 2003 年 5 月，系奥地利独资企业。公司现已形成烧成镁碳砖、烧成镁铬砖和烧成镁铝砖产量达 22.5 万吨 / 年的规模。公司逐步完善了产品的生产制造、技术改进、检测调试、市场营销及售后服务多个环节，于 2005 年通过了 ISO9001 及 ISO14001 国际质量体系认证，2013 年通过 OHSAS18001 国际质量体系认证。

奥镁（大连）有限公司确立注重品牌建设，打造名牌企业的同时，也努力建设有本公司特色的企业文化，一是树立密切协作的团队精神，二是确立用优质产品和优质服务回报广大客户的信念和宗旨，软环境的建设使企业先后获得了“模范劳动关系和谐企业”、“年度出口百强企业”、“职工福利设施建设模范单位”、“法律法规诚信 AAA 级单位”等荣誉称号。奥镁（大连）有限公司目前已拥有了固定的客户群体，同时公司拥有精良的生产设备，为客户提供优质的产品；一流的技术服务，为客户提供优化的产品解决方案；全球销售网络平台，为客户提供一个便捷快速的绿色通道。

浸渍管

石灰窑砖

钢铁有色金属镁铬砖

水泥窑砖

蓄热室砖

联系方式
总 机：0411-87337788　　传 真：0411-87337799
地 址：辽宁省大连市金州新区铁山中路61号　　邮 编：116600

更多详情请登录官网：www.rhi-ag.com

中国宝安集团 CHINA BAOAN GROUP CO.,LTD. 新疆宝安新能源矿业有限公司

新疆宝安新能源矿业有限公司，是在深圳证券交易所上市的中国宝安集团股份有限公司所属的全资二级法人企业，宝安矿业成立于2008年7月10日，注册资金3000万元，矿区位于库尔勒市以西60公里的南天山内。公司目前主要经营红柱石矿的开采 、加工和销售。一期项目年产红柱石精矿产品15000吨。红柱石精矿产品目前主要用于定型、不定形耐火材料和水泥、玻璃窑炉的浇注料及工业陶瓷、铸造涂料等领域。

宝安矿业于2012年10月荣获中国耐火材料行业协会“AAA”信用等级和2010年自治区技术创新“双百”工程项目。同时，公司依托红柱石矿石资源的优势，在生产红柱石精矿的基础上，新投资成立的“新疆宝安新型建材有限公司”和“江西宝安新材料科技有限公司”，分别生产高品质的新型墙体建筑材料和工业陶瓷制品，促进矿产循环经济发展。至2015年，致力于红柱石产品的专业化、规模化和产业链化，把公司建设成为国内规模领先的红柱石产业化企业。

★一流的技术保障

公司采用的“红柱石强磁—重介质选矿”工业技术，是一项目前国内领先的创新工艺，能量消耗低、不添加任何药剂，符合当前国家节能减排的要求，属于国家政策支持的项目。生产的红柱石精矿各项指标均达到国内领先水平。

★优质的红柱石产品

公司目前按粒级生产的红柱石精矿200目、325目、0~0.5mm、0~1mm、0.5~1mm、1~2mm、1~3mm、2~3mm、3~5mm九个规格，已通过国家耐火材料质量监督中心检验，均达到国家行业HZ58、HZ57、HZ56、HZ55、HZ54级产品标准；同时公司亦可按客户要求，提供个性化、差异化的优质产品和优质服务。

宝安矿业红柱石精矿主要理化指标

项目＼品级	HZ58	HZ57	HZ56	HZ55	HZ54
$w(Al_2O_3)$/%	≥58	≥57	≥56	≥55	≥54
$w(Fe_2O_3)$/%	≤0.8	≤1.0	≤1.1	≤1.3	≤1.5
$w(TiO_2)$/%	≤0.1	≤0.15	≤0.2	≤0.25	≤0.3
$w(K_2O+Na_2O)$/%	≤0.6	≤0.7	≤0.8	≤1.0	≤1.1
灼减/%	≤1.0	≤1.0	≤1.2	≤1.2	≤1.2
水分/%	≤1.0	≤1.0	≤1.0	≤1.0	≤1.0
耐火度/℃	≥1800	≥1800	≥1800	≥1800	≥1800

办公地址：新疆维吾尔自治区库尔勒市建国北路138号宝安江南城办公楼一楼　　电话：0996-2021126 2915318 2036720
邮政编码：841000　　传真：0996-2036692 2915318
网址：http://www.baoanmining.cn　www.baky.fm086.com

郑州振东科技有限公司

HOU ZHEN DONG

郑州振东科技有限公司（原郑州振东耐磨材料有限公司）创建于1988年8月(1998年8月改制为有限公司)，经过二十五年的艰苦奋斗，振东人以“决心、苦心、信心”的三心精神创出了一条“自力更生、艰苦创业、务实高效、滚动发展、科技创新”的企业发展之路，把起初仅靠二亩七分地、5000元起家的作坊式小厂发展成为中型民营科技企业，并在全国冶金行业具有较高的知名度。

公司现有员工1600名，各类工程技术人员181名，建筑面积12万平方米，主要生产设备380多套，其中1000吨、800吨、630吨各类成型设备40台，破粉碎设备10台，混炼设备18台，机械加工设备18台，检测设备60多台，具有年产各种耐火材料20万吨的生产规模。2011年实现销售产值4.8亿元，上交税费3750万元，2012年实现销售产值5.2亿元，上交税费4248万元；2013年上半年实现销售产值3亿元，上交税费2625万元；再创振东历史新高，成为新密市的纳税大户。

地　址：河南省新密市曲梁镇草岗　　邮　编：452375　　电　话：0371-63192888　63192999
网　址：http://www.hzdac.com　　邮　箱：zdgsbgs@163.com

山东耐火材料集团有限公司

山东耐火材料集团有限公司（以下简称山东耐材集团）是隶属于山东钢铁集团有限公司的全资子公司，现有资产净值14.0亿元，占地面积348.6万平方米，职工4329人，下设六个子、分公司，分布于山东淄博、青岛、烟台、菏泽等地，是一家跨区的大型企业集团，其生产历史始于1904年，至今已有100多年的历史。

山东耐材集团主要产品有耐火原料、钢铁及非钢建设用材料、钢铁生产消耗性材料三大类，主要品种有焦宝石、莫来石料镁质原料、铝硅系耐火制品、含碳制品、不定形材料、特耐制品等，产品广泛应用于冶金、建材、化工、有色、电子等行业其中70%的产品供应钢铁生产企业，国内大型钢铁企业均为山东耐材集团的主要客户，产品还出口到世界各地的知名钢铁企业与世界著名的工程公司和设计公司、耐材生产企业等都有良好的合作。

山东耐材集团设有专门的技术中心负责产品研发，现有产品中的高炉热风炉用系列耐火材料、干熄焦用耐火材料、连铸用大件，以及高档焦宝石料和合成莫来石料都处于世界一流水平，有独特的技术优势。

山东耐材集团秉承“为客户提供满意的产品和服务”的企业使命，以“打造具有国际竞争力的耐材强企”为发展愿景，以百年管理和技术的深厚积累为基础，以一百年历史铸就的企业品牌为信誉保证，坚持为客户创造价值的营销理念，按照“产品服务”营销模式，致力于为客户提供最优质的产品和服务。

生产设备

高温隧道窑

程控螺旋压力机

不定形配料系统

不烧制品压力机车间

地址：山东省淄博市周村区王村宝山工业园　　邮编：255311
电话：0533-6691351　　传真：0533-6691398
网址：www.shannai.net　　www.sdnc.net.cn　　邮箱：sdnaicai@shannai.net

江苏嘉耐高温材料有限公司

江苏嘉耐高温材料有限公司是江苏振球集团的子公司之一，是一家民营高科技股份制公司，创立于2010年，注册资本1亿元人民币。公司是“国家非金属材料宜兴产业基地”的重点骨干企业。公司连续被评为“江苏省AAA级资信企业”、“无锡市先进企业”。

嘉耐公司与东北大学、郑州大学、武汉科技大学等科研院所保持着良好的合作关系，先后承担了国家火炬计划重点项目两项，参与国家“十五”、“十一五”攻关项目子课题各一项。

嘉耐公司现年产各种不定形耐火材料12万吨，预制件6万吨，镁碳砖5万吨，透气砖3万套，冶金熔剂材料120万吨，冶金精炼材料3万吨，主要销往全国20多个省、市、自治区，部分产品还出口到东南亚、独联体、北美等国家和地区。

企业经营理念：诚信，规范；合作，共赢。

企业使命：以为客户提供整合式、个性化服务；
为员工、股东、社会回报卓越价值为己任！

总部地址：江苏省宜兴市新庄镇湖滨路东　销售热线：0510-87561068　传　真：0510-87566881
联 系 人：黄剑　13915272576　总部网址：www.zomglobe.com

嵩山特材集团有限公司

嵩山 SONGSHAN

嵩山特材集团有限公司始建于2002年4月14日，是经国家工商部门核准设立的生产性实体企业，地址位于河南省登封市大冶镇川口村，邮编452473，网址http：//www.sstcjt.com，法人代表孔德夫。本公司是全国磨料磨具行业的重点骨干企业，是国家《耐火材料用电熔刚玉》行业标准（YB/T 102—2007）起草单位之一、河南省棕刚玉行业协会第一届理事长单位。

公司专业生产低碳棕刚玉磨料、低碳棕刚玉耐火原料、碳化硼、涂附磨具（砂带）等产品，注册商标为“嵩山”。各种产品的年生产能力为：低碳棕刚玉系列产品10万吨，碳化硼1000吨，涂附磨具（砂带）500万平方米。公司技术实力雄厚，生产装备先进，质量管理体系通过了ISO 9001—2008标准认证，产品质量居国内外领先水平。

公司先后获得登封市科技创新标兵、郑州市百家成长型民营企业、登封市优秀企业、登封市出口创汇先进企业、河南省原材料工业60强企业、公司技术中心被认定为“郑州市刚玉材料及制品工程技术中心”、“郑州市重点企业技术中心”。

地　址：河南省登封市大冶镇川口村（大冶工业园区）　　邮　编：452473
电　话：0371-56900360　　传　真：0371-56900358
网　址：http://www.sstcjt.com　　邮　箱：sstc2005@163.com

山东鲁桥新材料股份有限公司

山东鲁桥新材料股份有限公司（山东大桥耐火材料厂）是一家生产钢铁、焦化、玻璃等高温工业所用耐火材料的现代化生产企业。企业具备了年生产硅砖、熔融硅砖、高导热致密硅砖20万吨和年生产黏土砖、高铝砖及其他辅助材料10万吨的规模，拥有工程技术研发中心，建立健全了产品从原料到成品的生产控制体系和产品质量追溯管理系统，配备视频监控系统对企业各工艺生产质量点进行有效的监督控制，杜绝了生产过程中人为因素对质量的影响，强有力的管理控制措施保证了产品的优质化，从而成为宝钢、鞍钢、沙钢、首钢、五矿、中冶焦耐、德国伍德、日本JFE、美钢联、意大利PAUL WURTH等国内外知名企业的合格供货商和战略合作伙伴。是中国耐材协会首批“AAA”级信用企业，通过国内五大管理体系认证和清洁生产认证，获有焦炉用硅砖及黏土砖的生产许可证，荣获山东著名商标和山东名牌产品的荣誉称号。

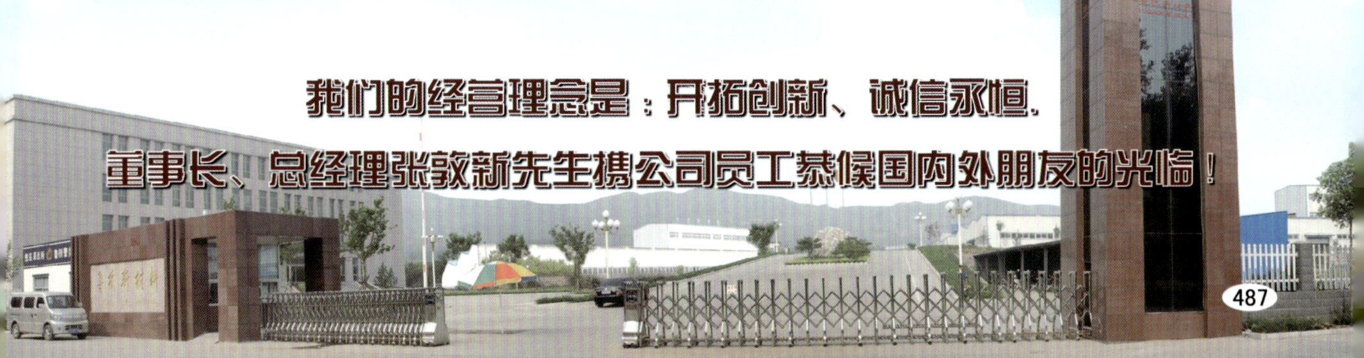

地址：山东省淄博市博山经济开发区　　电话：0533-4290064　0533-4292303

常州市武进合成材料有限公司

办公大楼

常州市武进合成材料有限公司位于常州市东郊古运河畔，紧靠沪宁高速公路横山道口。占地面积48000平方米，建筑面积30000平方米，固定资产800余万元。现有各级专业技术人员40名，职工300余名。是一个专业生产各种不定形耐火材料的厂家。公司于1991年被上级冶金部门指定为地方骨干企业，是中国耐火材料协会会员、中国水泥协会会员单位。长期与大、中专院校、科研单位进行技术协作，热忱为全国冶金、水泥、化工、机械、电力等行业服务。主要产品有PA-80耐高温胶粘剂、PA-80系列浇注料、CAL系列低水泥加热炉用浇注料、BL-2莫来石质脱喷枪和KR脱硫搅拌头浇注料、GNT系列刚玉质浇注料、CDL电炉炉盖浇注料、RH浸渍管浇注料、CQL高强度轻质莫来石浇注料及自流浇注料、可塑料、捣打料等十几个系列几十个品种的不定形耐火材料。并可根据用户需要，为顾客设计和制作各种不定形的耐火材料预制构件。

公司产品“金炉”牌PA-80耐高温胶粘剂及其制品，1988年获全国星火计划成果铜奖，1989年获江苏省优秀产品奖，同年获上海市第五届节能交易会受欢迎产品称号。“耐尔”牌BL-2莫来石质脱硫喷枪和KR脱硫搅拌头浇注料，1993年获江苏省科技进步四等奖，1994年获江苏省高新技术产品奖。“耐尔”牌GNT-95刚玉质高强耐火浇注料，1994年获江苏省优秀产品“金牛奖”，同年获江苏省科技进步二等奖。“耐尔”牌CAL系列低水泥加热炉用浇注料1994年9月通过江苏省科技部门的鉴定。

公司于1996年组建了一个装备精良，技术力量雄厚的专业筑炉公司，承包各种工业炉窑的设计、施工和调试。1999年通过ISO9002国际质量体系认证后，于2003年根据需要进行改制，并于同年5月成功通过了ISO9001:2000质量体系认证，可根据客户的需要，选择和使用GB/T19001—2000、ISO9001:2000标准的有关模式实施质量管理和质量保证，为顾客提供满意的产品和良好的售后服务。2003年6月被江苏省工商行政管理部门定为“免检企业”，并连续十五年被评为常州市“重合同、守信用”单位，以及多次被评为市文明单位、明星企业等称号。

公司重视产品技术开发，产品质量以“满足用户需要”为宗旨，市场不断扩大，用户遍及宝钢、武钢、鞍钢、攀钢、包钢等大、中型钢厂。

◆地址：江苏省武进市横山桥镇五一村
◆电话：0519-88601620
◆传真：0519-88601524
◆网址：www.wjhccl.com
◆邮箱：info@wjhccl.com

转炉挡渣塞　RH浸渍管　预制构件

脱硫搅拌头

顺杰耐材 SHUN JIE NAI CAI

古县顺杰耐火材料有限公司

骨料

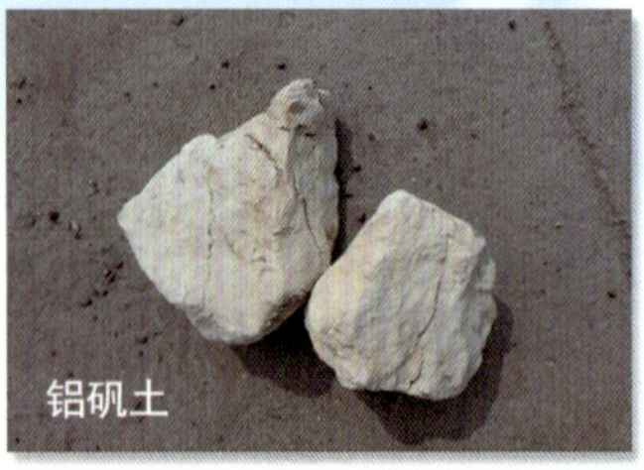
铝矾土

古县顺杰耐火材料有限公司创建于2012年9月，位于山西省临汾市古县岳阳镇城关村，公司注册资本3000万元。主要生产高铝矾土系列产品，拥有完整的加工破碎设备。依托当地优质铝矿资源优势，焦炉燃气优势，严格的检验手段，科学管理，年产优质铝矾土熟料3万吨以上。其产品销往全国各地。并与韩国、印度、越南等国际客户建立长期合作关系。公司目前以88、90铝矾土作为主打产品，体积密度可达3.40 g/cm^3。

公司始终坚持“管理细化、技术突破”的方针，遵循“公平交易、用户至上、诚信为本”的经商原则，恭请国内外用户光临指导，洽谈合作，努力共创双赢！

铝矾土理化指标：

牌号	化学组成（质量分数）/%					体积密度/g·cm^{-3}	吸水率/%
	Al_2O_3	Fe_2O_3	TiO_2	CaO+MgO	K_2O+Na_2O		
GAL–80	⩾80	⩽2.0	⩽4.0	⩽0.5	⩽0.5	⩾2.90	⩽5
GAL–85	⩾85	⩽1.8	⩽4.0	⩽0.4	⩽0.4	⩾3.25	⩽4
GAL–88	⩾88	⩽1.6	⩽4.0	⩽0.4	⩽0.4	⩾3.35	⩽4
GAL–90	⩾90	⩽1.5	⩽4.0	⩽0.4	⩽0.4	⩾3.40	⩽4

地　址：山西省临汾市古县岳阳镇城关村　电话：0357–6129996　传真：0357-8321867　邮编：042400
联系人：魏峰杰 18235708999　网址：http://www.shunjienc.fm086.com　邮箱：shunjienaicai@163.com

银丰 济南银丰硅制品有限责任公司

（银丰化工有限公司）

济南银丰硅制品有限责任公司（银丰化工有限公司）是致力于硅溶胶（胶状硅盐）、金属硅粉 、工业硅粉、金属硅等硅制品的研制、开发、生产和销售服务的专业公司。公司设有6条全新封闭硅粉生产线，年生产能力达到10万吨以上。硅溶胶年生产能力达到5万吨以上。

公司以“质量第一，用户至上”为宗旨，本着高效、执着、热情、完美的服务态度，热忱欢迎八方朋友来我公司指导，共谋发展。

产品类型 Item	产品规格 Specification				保存期
碱性硅溶胶	JN-16	JN-20	JN-25	JN-30	一年
耐火材料专用硅溶胶	NJN-20	NJN-25	NJN-30	NJN-40	一年
低钠硅溶胶	DJN-20	DJN-25	DJN-30		一年
中性硅溶胶	ZJN-20	ZJN-25	ZJN-30		一年
普通酸性硅溶胶	SW-20	SW-25	SW-30		六个月
高浓度硅溶胶	GJN-35	GJN-40 Ⅰ	GJN-40 Ⅱ		一年
高纯度硅溶胶	CJN-20	CJN-25	CJN-30		一年
电子级硅溶胶	EJN-20	EJN-25	EJN-30		一年
大粒径硅溶胶	JN-30B Ⅰ	JN-30B Ⅱ	JN-40B Ⅰ	JN-40B Ⅱ	一年
高稳定性酸性硅溶胶	YF-NSA-20ST	YF-NSA-25ST	YF-NSA-30ST		二年
蓄电池专用硅溶胶	DJN-30				一年
分子筛专用硅溶胶	FJN-20	FJN-30	FJN-40		一年
硅钢表面专用硅溶胶	JN-20 Ⅰ	JN-20 Ⅱ			一年

硅粉级别		规格	Si/%不小于	化学成分/%杂质不大于		
				Fe	Al	Ca
化工用硅粉	A-1级	Si-A(10～120目)	99.3	0.4	0.1	0.1
	A-2级	Si-A(10～120目)	99.1	0.4	0.2	0.1
	A-3级	Si-A(10～120目)	99.0	0.4	0.4	0.1
	B级	Si-B(10～120目)	98.5	0.5	0.3	0.2
电子行业用硅粉	2202级	Si-T1（600～1000目）	99.4	0.2	0.2	0.02
	3303级	Si-T2（600～1000目）	99.3	0.3	0.3	0.03
	421级	Si-T3（600～1000目）	99.2	0.4	0.2	0.1
冶金用硅粉	特级	Si-T1(180～500目)	99.0	0.4	0.2	0.1
	一级	Si-1(180～500目)	98.5	0.5	0.3	0.2
	二级	Si-2(180～500目)	98.0	0.6	0.4	0.3
	三级	Si-3(180～500目)	97.0	0.8	0.7	0.6
	B-1级	Si-3(180～500目)	96.0	杂质含量≤4.0		
	B-2级	Si-1(180～500目)	95.0	杂质含量≤5.0		

工业硅粉

金属硅

硅溶胶

电　话：0531-85600541　62313502　　地　址：山东省济南市西外环路美里湖开发区
济南化工产业园舜兴路中段
传　真：0531-85603017
邮　箱：yfsilicon@126.com
网　址：http://www.silicon-china.com

贵州四达矿产有限公司

Guizhou Star Minerals Co., Ltd.

IMERYS C-E Minerals

贵州四达矿产有限公司是法国益瑞石公司旗下美国C-E矿产公司在中国的子公司。专业生产烧结刚玉（阿尔法星）。产品特点：密度高，体积稳定，是优质的耐火材料原料。

理化指标		
$w(Al_2O_3)$	89.5%	Min
$w(Fe_2O_3)$	1.7%	Max
$w(TiO_2)$	4.0%	Max
$w(K_2O+Na_2O)$	0.40%	Max
B.D.	3.50g/cm^3	Min

烧结刚玉 →

地　址：贵州省贵阳市修文县龙场镇　　电　话：0851-2327420　0851-2322320
传　真：0851-2322484　　E-mail：Yuzhenguo35@hotmail.com

广州市保全普美建筑材料有限公司
(PROMAT CHINA LTD)

Promat High Performance Insulation　MICROTHERM THERMAL INSULATION SOLUTIONS

广州市保全普美建筑材料有限公司是比利时（Etex）埃泰工业集团下属的骨干企业之一。主要致力于生产和开发高级建筑材料和绝热系统。把保全公司的产品和服务应用在国内的工程项目上，为各类企业提供直接的服务和质量保障。

保全中国主要经营的产品是纳米微孔绝热制品（MICROTHERM®和PROMALIGHT®）和硅酸钙制品（PROMASIL®、MONOLUX®、MONALITE® M1/M1A、DURATEC）以及高温纤维（PROMAFORM®、ALSIFLEX®、PROMAGLAF®、PROMALAN®）、蛭石(PROMACLAD®)和隔热砖(PROMATON®)、轻质浇筑料（PROMACRET®）等产品。

电话：**020-81361167**
在广州、上海、北京、辽宁等地区均设有办事处

广州市保全普美建筑材料有限公司
地址：广东省广州市盘福路13-35号麒麟大厦A506室
网址：www.promat.com.cn　www.microthermgroup.com
邮箱：info@promat.com.cn

主要应用领域如下：

石化
炼油和石化工业炉的被衬绝热
工艺流程管道和设备
闪爆绝热

交通运输
海运
铁路
汽车
航空与国防

能源
燃煤，燃油燃气核电站
燃料电池和REFORMERS
太阳能发电站
建筑室内保温

烟囱
壁炉的墙壁防护
家庭烟囱的内衬
建筑中心的砌筑套件

家用电器
蓄热式采暖器
家用烤箱
冷藏器

玻璃
玻璃液料道
熔化炉和蓄热室

工业炉
水泥厂（预热器，旋风桶，冷却机）
热处理炉
陶瓷窑炉
感应加热炉

金属冶炼
钢包和铁水包
钢铁锻造和热处理炉
铝液流槽
阳极焙烧炉

长沙环宇耐火材料有限公司（原长沙环宇石英砂有限公司）

HUANYU

为钢铁铸造、冶金、冶炼用户提供卓越可靠的耐火材料，是环宇人一贯的宗旨！
为用户提供优质的售后服务是环宇人永恒的追求！

产品介绍：

普通酸性炉衬耐火材料　F-150A、F-155A、F-158A、F-160A、F-165A、F-170A适合无芯感应电炉熔炼、保温灰口铸铁、可锻铸铁、球墨铸铁、普通碳钢等，根据用户实际温度选择使用的规格牌号。

炼钢专用酸性炉衬耐火材料　F-170F7适用于大小无芯感应电炉熔化普通碳钢。

新型酸性炉衬耐火材料（半烧结酸性炉衬耐火材料）HYS-150F4、HYS-155F4、HYS-158F4、HYS-160F4、HYS-165F4、HYS-170F4适合间歇式生产的大型无芯感应电炉熔炼、保温灰口铸铁、可锻铸铁、球墨铸铁等，根据用户实际温度选择适用的规格牌号。

中性炉衬耐火材料　HYAC-90、HYAMS-90、HYAMS-85适合无芯感应电炉熔炼、保温各种碳钢、不锈钢、高低合金钢等。

碱性炉衬耐火材料　HYM-97、HYM-95、HYM-92、HYMA-86、HYMA-84适合3吨以及以下无芯感应电炉熔炼、保温高合金钢、不锈钢、工具钢、高锰钢等。

钢包、铁水包耐火浇注料　HYJ-1、HYJ-S适合各种规格的浇注包、中间包、炉口、炉嘴、炉盖的浇注或捣打。

感应线圈绝缘耐火胶泥　HYA95J、HYA85J适用于熔炼、保温黑色金属、有色金属的无芯感应电炉，保护感应线圈。

筑炉机　适用于无芯感应电炉的炉底、炉衬的干法打结，如200型电动筑炉机，QZ650型气动振动筑炉机。

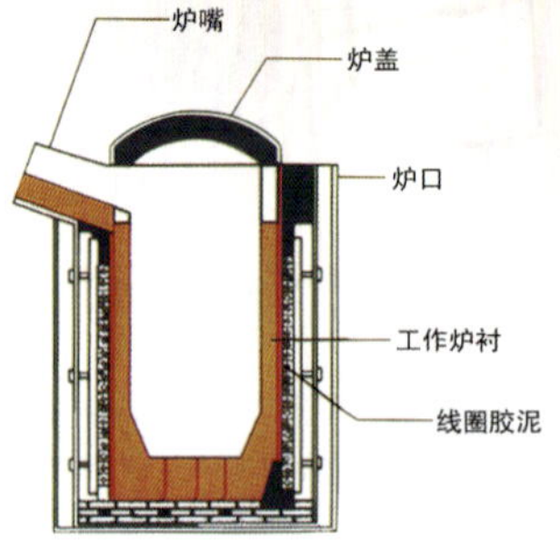

1958年建成投产，国内专业生产感应电炉炉衬耐火材料企业。

地址：湖南省长沙市开福区海棠巷289号　邮编：410003
电话：0731-84250591 84214591　传真：0731-84252047
网址：http://www.hncshy.com　E-mail: huanyu@hncshy.com

溧阳市荣鑫耐火材料有限公司

溧阳市荣鑫耐火材料有限公司是一家专业生产浇注料、工业窑炉设计、窑炉工程施工及自动化控制系统为一体的综合性公司。

公司特别在蓄热加热炉工程设计施工与多家国内外专业工业窑炉公司合作，选用先进的电子配件产品。自主生产各种浇注料处于行业领先水平。同时，我公司以产品质量作为企业生存和发展的第一依托，以服务和信誉作为树立和塑造企业形象的重要手段，严格生产过程的质量控制，加强质量管理，致力于提高产品的内在质量和实物质量，赢得了客户，拓宽了市场。

市场涵盖钢铁厂、锻造厂、轧钢厂、化工厂、机械厂、石灰窑、火力发电等行业。多年来，公司不断研究开发新型浇注料，适应现代化天然气工业窑炉，特别在天然气蓄热式加热炉方面能为用户节约天然气，平均每吨锻件节约25%～32%的天然气。炉体使用周期长，正常使用三年以上，为广大用户节约成本。

本着诚实守信，双向共赢的目的，愿与各位朋友精诚合作，一起发展。

总经理、工程师：王荣　15861118588

传真：0519—87106668　　QQ：1282707796

地址：江苏省溧阳市南渡镇工业集中区　邮编：213300

海南文盛新材料科技股份有限公司

董事长：董文

海南文盛新材料科技股份有限公司前身为海南文盛矿业有限公司，始建于2003年，总部设在海南省海口市，董事长董文先生，公司注册资金2.25亿元人民币，拥有员工500多人，目前是中国名列前茅的英砂、钛精矿、天然金红石、蓝晶石供应商之一。现下辖五家全资子公司，分别为：海南海拓矿业有限公司、福建文盛矿业有限公司、防城港市文盛矿业有限公司、雅安文盛精细锆有限公司、四川文盛钛业有限公司。

公司自成立以来，依托强大的技术精英团队及深厚的行业经验，不断做强做大，能够同时生产出各种规格的锆英砂、钛精矿、天然金红石、蓝晶石、独居石、氧氯化锆和氧化锆等高质量矿产品。产品在市场上具有较强的竞争力和客户认可度，被广泛应用于陶瓷、航空航天、核能、耐火材料、化工、冶金、铸造、涂料、人造宝石、焊材、电子工业等下游行业。公司具备强大的生产能力，及较强的产品创新能力，并根据ISO9001:2008标准建立了质量管理体系，产品质量稳定可靠。公司经营业绩良好，在行业内具有较高的影响力与知名度。

公司目前是中国有色金属工业协会钛锆铪分会常务理事单位，中国有色金属工业协会钛锆铪分会锆资源委员会主任单位，海南省工业经济联合会副会长单位及海南省科技企业联合会主席团主席单位。

公司地址：海南省海口市义龙西路侨汇大厦十楼

营销管理部电话：0898-65371862

传真：0898-65383498

营销总监：沈兵 13807689005

营销管理部经理：帅途 18689605533

公司网址：www.winsheen.net

产品年产能：

(1)年产锆英砂：16万吨；　(2)年产金红石：7万吨；

(3)年产钛精矿：51万吨；　(4)年产蓝晶石：4万吨。

鸡西市普晨石墨有限责任公司

鸡西市普晨石墨有限责任公司成立于2004年，地处鸡西柳毛地区，开采矿种为石墨，主要从事天然鳞片石墨的生产及深加工，是集采选为一体的石墨制造商，是黑龙江省优质石墨生产企业之一。公司拥有矿山开采权，石墨资源储量丰富，可持续开采百年以上。

公司现拥有中、高碳石墨生产线三条，员工210人，其中专业技术人员35人。年可生产中、高碳石墨35000吨，产品规格有+50目、+80目、+100目、−100目、−200目等多个品种，碳含量为90%～97%。公司所生产的石墨产品具有良好的耐高温、抗热震性、化学稳定性、润滑性、热电导性等，是碳素制品、高级铅笔、炼钢防缩孔、粉末冶金、导电涂料、膨胀密封材料以及国防、尖端科学部门的重要原料。产品远销世界十余个国家和地区，深受客户好评。凭借产品的优异品质，公司于2008年在行业内率先通过了ISO9001质量管理体系认证，并于2014年通过了ISO14001环境管理体系和OHSAS18001职业健康安全管理体系的认证。

企业本着绿色环保、节约能源、开拓创新、拼搏进取的精神，不断发展壮大。先后获得**“黑龙江省诚信企业”、“黑龙江省百强企业”、“鸡西市高新技术企业”、“黑龙江省名牌企业”**等荣誉称号，并于2012年获得非煤矿山安全生产标准化荣誉证书，迈入了国家级安全质量标准化石墨矿行列。

厚积薄发，志存高远。不远的将来，一个年产5万吨天然鳞片石墨及其制品的石墨基地必将展现在龙江大地，带动石墨深加工的发展，拉动地区经济。普晨石墨矿将以崭新的姿态、腾飞的翅膀和强劲的实力，力争成为中国石墨产业之都的璀璨明珠。

地　址：黑龙江省鸡西市恒山区柳毛乡　　邮编：158100
联系人：徐莹　宫宛辰　　电话：0467-8235588　　传真：0467-8235588
邮　箱：info@pcgraphite.com　　网址：www.pcgraphite.com

平果矿业有限责任公司

平果矿业有限责任公司是2003年5月改制的民营企业。是一家以生产冶炼棕刚玉磨料、中铝瓷球和树脂砂轮制造的综合生产经营企业。公司现有员工800多人，资质技术力量雄厚，其中中级职称15人，技术员38人，公司占地面积20万平方米，固定资产2.5亿多元。目前公司的磨料生产线有6台4000kV·A的棕刚玉冶炼炉和两条制粒生产线，年生产棕刚玉能力达5万吨；年生产14万吨的中铝瓷球生产线配套设备先进，年产1.3亿片树脂砂轮生产线正在建设之中，该生产线的生产原材料为本公司所生产的棕刚玉产品，产品的附加值高，该生产线计划今年5月投产。

平果矿业有限责任公司目前生产的“[商标]”牌棕刚玉磨料质量稳定，畅销国内外，远销东南亚和欧洲，深受用户的青睐。2009年11月公司通过了ISO9001质量管理体系认证。2012年被广西壮族自治区认定为“广西著名商标”。

公司地处平果县城，交通运输十分便利，南百高速二级公路环城而过，内河直达珠江三角洲，南昆铁路贯穿平果县城。

公司地处平果县境内矾土资源丰富、储量充足、品质稳定、价格极低，能长期为刚玉冶炼提供得天独厚稳定的资源。

公司始终坚持“安全第一，预防为主，综合治理”的方针，坚持以人为本的安全生产管理，认真贯切执行有关安全生产的法律法规，认真做好各项安全生产管理工作和环保管理工作，这几年通过县环保部门的检测，三废排放无超标现象。2014年5月被广西壮族自治区安监部门评为安全生产标准化三级企业。

“团结拼搏、开拓进取、求实创新、勇争第一”是公司的企业精神，公司坚持**“质量第一、用户至上”**的经营原则。公司以持续的技术改进和科学的管理，继续完善质量管理体系和安全生产各项管理工作，打造高品质产品，为用户提供优质服务。

地址：广西壮族自治区平果县马头镇那厘社区81号
邮编：531499
电话：0776-5835306
传真：0776-5832258
网址：www.pgky.net
邮箱：pgky2003@163.com

总经理下车间

仓库

装车

山东聊城中钢联特种钢管制造有限公司 φ35m环形加热炉

美国休斯顿DMV公司16m固溶炉

泰国AMATA工厂步进梁式淬火炉

青岛华拓电力环保有限公司SCR脱硝催化剂生产线

宜兴摩根热陶瓷有限公司106.8m 耐火材料隧道窑

山东鲁阳集团84m耐火材料隧道窑

重庆钢铁集团矿业有限公司耐火材料生产线

中石化催化剂北京燕山石化分公司21m热风循环焙烧炉

大石桥市东兴耐火材料有限公司

东方雄起甲天下，兴业求实点江山

大石桥市东兴耐火材料有限公司创建于2001年，其前身为大石桥市镁都新型炉料厂成立于1995年。主要以生产电熔镁砂、镁球、散装料为主。大石桥市东兴耐火材料有限公司隶属于大石桥市南楼经济技术开发区。毗邻哈大铁路，沈大高速公路，距离营口港28公里，鲅鱼圈港60公里，交通运输十分便利。

经过十余年的发展，公司现已发展成为集实业、投资、国内外贸易为一体的综合性企业。随着公司不断地发展壮大，于2008年投资兴建新工厂大石桥市东润耐火材料有限公司，并于同年交付投入使用；又于2012年投资兴建营口东成实业有限公司，并于2013年底交付投入生产。公司现有职工128人，其中各类专业技术人员36人，高级以上职称5人，总资产9000余万元。主要生产设备有1800kV·A冶炼电弧炉10座（其中7座冷式炉，3座倾倒式电弧炉）；2400kV·A铝镁尖晶石冶炼新型电弧炉1座，3000kV·A新型电熔镁炉1座，破粉碎加工生产线3条（包括破碎、筛分、磁选等设备）；原料混炼设备2套（包括混料机、压密机）；吊装设备5套；各类机床10余台（套）。公司设有产品技术研发中心，产品检验中心，公司主导产品有：电熔镁铝尖晶石、电熔锆莫来石、电熔锆刚玉、电熔镁铬砂、电熔镁锆共晶材料（被评为辽宁省科技进步二等奖）、镁铝铁尖晶石、镁铁尖晶石、铝铁尖晶石、电熔高铬刚玉、电熔氧化铬、电熔铝铬锆及各种不定形耐火材料，年生产镁质复合材料8万吨。正在兴建的营口东成实业有限公司拥有3150kV·A冶炼电弧炉9座；选矿设备1套；破粉碎加工生产线2条（包括破碎、筛分等设备），并新建6.6万kV·A变电所1座。主要产品为电熔镁砂，年生产电熔镁砂7万吨。

产品除销售到国内冶金、建材、陶瓷灯行业外，还远销到日本、韩国、印度、德国、土耳其、奥地利、美国、加拿大、俄罗斯、澳大利亚、南非等国家。公司将继续秉承和发扬“质量为本，用户至上”的宗旨，重合同守信誉，竭诚与国内外朋友进行广泛合作，谋求共同发展。

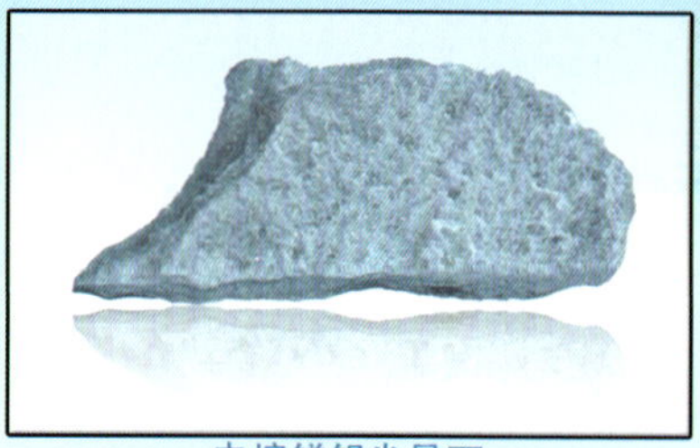
电熔镁铝尖晶石

电熔镁铬砂

电熔铝铁尖晶石

电熔镁铁尖晶石

电熔锆刚玉

地　　址：辽宁省大石桥市南楼经济技术开发区陈家村
邮　　编：115103
电　　话：0417-5271555　5271666
传　　真：0417-5271777
网　　址：www.dongxingrefln.com
邮　　箱：dongxingkuan@163.com